溶剂手册

SOLVENTS HANDBOOK

第五版

程能林　编著

化学工业出版社

·北京·

图书在版编目（CIP）数据

溶剂手册/程能林编著. —5版. —北京：化学工业出版社，2015.3（2024.3重印）

ISBN 978-7-122-22636-5

Ⅰ.①溶… Ⅱ.①程… Ⅲ.①溶剂-手册 Ⅳ.①TQ413-62

中国版本图书馆CIP数据核字（2014）第301666号

责任编辑：顾南君　　装帧设计：胡家军　张　辉
责任校对：宋　玮

出版发行：化学工业出版社（北京市东城区青年湖南街13号　邮政编码100011）
印　　装：北京建宏印刷有限公司
787mm×1092mm　1/16　印张74¾　彩插1　字数2277千字　2024年3月北京第5版第6次印刷

购书咨询：010-64518888　　售后服务：010-64518899
网　　址：http://www.cip.com.cn
凡购买本书，如有缺损质量问题，本社销售中心负责调换。

定　　价：298.00元

第五版修订说明

目前世界上已知的化学物品品种多达1000万种，常用的化学品超过8万种。据欧洲化学品管理局介绍，欧盟将化学物品分为两大类，即：已存在的化学物品，全称为"欧洲已存在商业化学物品目录"（EINECS）（包括1981年9月以前上市的）和新化学物品，全称为"欧洲已报告化学物品目录"（ELINCS）（1981年9月以后上市的）。目前市场上97%的化学物品属于已存在的化学物品。1981年报告的数量为100106种，其中销售量超过1t的化学物品目前估计有30000种。化学物品中作溶剂使用的部分仍然是化学工业的重要支柱，生产量大，用途广泛，涉及到各行各业，可以说几乎每件商品都被证明含有溶剂或其加工过程中使用了溶剂。

《溶剂手册》（以下简称《手册》）不是论著或专著，是属于"手册"类的大型参考书。要求并体现《手册》的可查性，可靠性，数据的可信性，其中安全性又成为首选。因为溶剂属于化学物品，绝大多数化学物品都具有一定的诸如爆炸性、燃烧性、毒性、刺激性、麻醉性、致敏性、窒息性、致癌性和腐蚀性等性能，故称为危险化学品，其中就包括大部分溶剂。因此世界各国在制定市场的法律法规和标准中，化学物品的法规是其中的重要部分，对生产、使用和贸易影响深远。有些国家规定化学物品销量超过10kg时，即需要试验和评估其对人体健康和环境的风险。对销售量更大的物品，则需要更深入的长期或慢性影响的试验。本《手册》在修订中将继续按照国务院颁发并施行的《危险化学品安全管理条例》（国务院令第344号），对列入《危险化学品名录》、《剧毒化学品目录》、《高毒物品目录》中的有关溶剂部分进行统一规范与整理，通过国家制定的一系列法律、法规及标准，进行有效的管理，做到安全、可靠、有效地使用这些溶剂。

《手册》第五版的基本内容继续保持原书的特色，修订后溶剂总数为995个，共分十二章。其中：烃类溶剂119种，卤代烃类溶剂128种，醇类溶剂84种，酚类溶剂10种，醚和缩醛类溶剂69种，酮类溶剂41种，酸和酸酐类溶剂24种，酯类溶剂181种，含氮化合物溶剂116种，含硫化合物溶剂18种，多官能团溶剂180种及无机溶剂25种。原书中的常用溶剂的国家标准已经多次进行了修订，此处收集采用的是2000年以后的相应化学试剂或化学工业品的强制性国家标准（GB）和推荐性国家标准（GB/T），同时也尽可能收集石油化工（SH/T）、化工（HG/T）、轻工业（QB/T），有色金属（YS/T）等各行业有关溶剂的推荐性标准，以供查阅参考。

995个溶剂都分别附有参考文献。文献中特别附有美国化学文摘对化学物质进行登录的检索号（即CAS）与欧洲已存在商业化学物品的检索号（即EINECS）（European Inventory of Existing Commercial Chemical Substances）。有了CAS和EINECS两个化合物目录的数据库，通过查阅，对《手册》中作为各类溶剂选用的化学物品的基本信息，物理化学性质，应用领域，上下游产品信息，化学品安全说明书，图谱信息，知名试剂公司产品信息，包装运输、存储等均一目了然，对溶剂的多种英汉化学词汇名称的不规范、不准确的习惯名称，通过CAS和EINECS与国际习惯取得一致，是对本《手册》的最大补充。

第五版修订过程中将上版书中存在的疏漏进行了改正。由于编者水平有限，肯定还会存在遗漏和不妥之处，恳请和盼望热心读者继续批评指正。本《手册》修订过程中，温宗珍、花景勇、吴颖辉、胡一琳、杨荣华、吴茜、胡家军等好友均参加了部分工作，在此表示感谢。

程能林

2014年11月

目　录

第一篇　总　论

第二篇 各 论

第一篇 总 论

第一章 溶剂的一般概述

一、溶解的定义

溶剂（solyent）一词广义指在均匀的混合物中含有的一种过量存在的组分：狭义指在化学组成上不发生任何变化并能溶解其他物（一般指固体）的液体。或者与固体发生化学反应并将固体溶解的液体。溶解生成的均匀混合物称为溶液。一般的溶剂在室温下是液体，但也可以是固体（离子溶剂）或气体（二氧化碳）。在溶液中过量的成分叫溶剂：量少的成分叫溶质。一种合格的溶剂应当是在溶液中溶剂与被溶的物质不发生化学变化。也就是说各种溶液都可以通过物理的分离方法（例如蒸馏、结晶、升华、吸收等）恢复到它的原始状态。溶剂与增塑剂不同，限制溶剂的沸点不超过250℃，为了区分溶剂与单体及其他活性物质，把溶剂看作非活性物质。

溶剂也称为溶媒，即含有溶解溶质的媒质之意。但是在工业上所说的溶剂，一般是指能够溶解油脂、蜡、树脂（这一类物质多数在水中不溶解）而形成均匀溶液的单一化合物或者两者以上组成的混合物。这类除水之外的溶剂称非水溶剂或有机溶剂，水、无机盐、液氮、液态金属、无机气体等则称为无机溶剂。由于大部分溶剂产品，特别是有机溶剂和某些添加剂，从涂料中均以有机挥发物的形式排放出来，因此国际上将“溶剂”和“挥发性有机化合物”（valatic organic compound，VOC）往往联系在一起进行定义。根据1999年3月11日公布的当年欧共体（EC）的第13号指令，溶剂的定义如下：有机溶剂指的是那些单独或混合使用而不需要经历化学变化的任意一种VOC，它可以用来溶解原材料、产品或废弃物，或用作污染物的清洗剂，或用作特种溶剂，或用作分散介质，或用作黏度调节剂，或作为表面张力调节剂，或增塑剂，或防腐剂。

根据CEN（欧洲标准化委员会）公布的VOC的定义：溶剂通常是指那些在常规条件（温度加压力）下可以自行挥发的任意一种有机液体或（和）有机固体物质。

美国ASTM D3690对挥发性有机化合物（VOC）定义为：除了一氧化碳、二氧化碳、碳酸、金属碳化物或碳酸盐以及碳酸铵之外的所有的含碳化合物，那些被排除的物质之所以被排除在外，因为它们都参与大气中的光化作用。VOC也不包括那些被称为具有微弱光化反应活性的有机化合物，其中包括甲烷、乙烷、二氯甲烷、1,1,1-三氯-2,2,2-三氟乙烷。此外，还有环状、带支链或线状的完全甲基化的硅烷、丙酮以及其他全氟碳化物。

在空气中各种物质，按照它们在混合状态的挥发性被划分为：

强挥发性有机化合物（VVOC）的沸点范围低于0℃到50～100℃；

挥发性机化合物（VOC）的沸点范围低于50～100℃到250～260℃；

半挥发性有机化合物（SVOC）的沸点范围在250～260℃到380～500℃；

TVOC是指全部挥发性有机化合物。

二、溶解现象

溶解本来表示固体或气体物质与液体物质相混合，同时以分子状态均匀分散的一种过程。事实上在多数情况下是描述液体状态的一些物质之间的混合，金与铜、铜与镍等许多金属以原子状态相混合的所谓合金也应看成是一种溶解现象。所以严格地说，只要是两种以上的物质相混合组成一个相的过程就可以称为溶解，生成的相称为溶液。一般在一个相中应呈均匀状态，其构成成分的物质可以以分子状态或原子状态相互混合。

溶解过程比较复杂，有的物质在溶剂中可以以任何比例进行溶解，有的部分溶解，有的则不溶。这些现象是怎样发生的，其影响的因素很多，一般认为与溶解过程有关的因素大致有以下几个方面。

(1) 相同分子或原子间的引力与不同分子或原子间的引力的相互关系（主要是范德华引力）。

(2) 分子的极性引起的分子缔合程度。

(3) 分子复合物的生成。

(4) 溶剂化作用。

(5) 溶剂、溶质的相对分子质量。

(6) 溶解活性基团的种类和数目。

化学组成类似的物质相互容易溶解，极性溶剂容易溶解极性物质，非极性溶剂容易溶解非极性物质。例如，水、甲醇和乙酸彼此之间可以互溶；苯、甲苯和乙醚之间也容易互溶，但水与苯，甲醇与苯则不能自由混溶。而且在水或甲醇中易溶的物质难溶于苯或乙醚；反之在苯或乙醚中易溶的却难溶于水或甲醇。这些现象可以用分子的极性或者分子缔合程度大小进行判断。纤维素衍生物易溶于酮、有机酸、酯、醚类等溶剂，这是由于分子中的活性基团与这类溶剂中氧原子相互作用的结果。有的纤维素衍生物在纯溶剂中不溶，但可溶于混合溶剂。例如硝化纤维素能溶于醇、醚混合溶剂；三乙酸纤维素溶于二氯乙烷、甲醇混合溶剂。这可能是由于在溶剂之间，溶质与溶剂之间生成分子复合物，或者发生溶剂化作用的结果。总之，溶解过程能够发生，其物质分子间的内聚力应低于物质分子与溶剂分子之间的吸引力才有可能实现。

三、溶液浓度的表示方法

溶质在溶剂中溶解的多少，彼此间存在着相对量的关系，通常用以下几种方法表示。

(1) 质量分数　即混合物中某一物质的质量与混合物的质量之比，符号为 ω。

$$物质B的质量分数(\omega_B)=\frac{物质B的质量\ (m_B)}{溶液的质量\ (m)}$$

例如：氯化钠的质量分数 $\omega_{(NaCl)}=15\%$，即表示 100g 该溶液中含有 NaCl 15g。

(2) 体积分数　通常用于表示溶质为液体的溶液浓度，符号为 φ。

$$物质B的体积分数(\varphi_B)=\frac{溶质B的体积\ (V_1)}{溶液的体积\ (V)}$$

例如：甲苯的体积分数 φ(甲苯)＝10%，即表示在 100mL 甲苯-乙苯溶液中，含有 10mL 甲苯。

(3) 物质的量的浓度　是指单位体积溶液中含溶质 B 的物质的量或 1L 溶液中所含溶质 B 的物质的量（mol），符号为 C。

$$C_B=\frac{n_B}{V}$$

式中　C_B——物质 B 的量浓度，mol/L；

n_B——物质 B 的物质的量，mol；

V——溶液的体积，L。

(4) 摩尔分数　溶液中某一组分（溶质或溶剂）的摩尔分数，是指该组分的摩尔数与溶液中各组分的总摩尔数的比值。

$$x_1=\frac{n_1}{n_1+n_2}$$

式中　x_1——溶质在溶液中的摩尔分数，%（mol）；

n_1——溶质的摩尔数；

n_2——溶剂的摩尔数。

四、溶剂的溶解能力判断

溶剂的溶解能力，简单地说就是指溶解物质的能力，即溶质被分散和被溶解的能力。在水溶液中一般用溶解度来衡量，这只适用于溶解低分子结晶化合物。对于有机溶剂的溶液，尤其是高分子物质，溶解能力往往表现在一定浓度溶液形成的速度和一定浓度溶液的黏度，无法明确地用溶解度表示。因此，溶剂溶解能力应包括以下几个方面：

(1) 将物质分散成小颗粒的能力；

(2) 溶解物质的速度；

(3) 将物质溶解至某一种浓度的能力；

(4) 溶解大多数物质的能力；

(5) 与稀释剂混合组成混合溶剂的能力。

工业上判断溶剂溶解能力的方法有稀释比法、恒黏度法、黏度・相图法、贝壳松脂・丁醇（溶解）试验、苯胺点试验等。

1. 稀释比法

稀释比（dilution ratio）是表示溶解能力的数值。例如，用来测定溶解硝酸纤维素的溶剂的溶解能力时，先配制成含量一定的硝酸纤维素溶液，再用稀释剂滴定到开始出现浑浊为止（稀释剂不是溶剂，因为它没有溶解硝酸纤维素的能力），求出溶剂的稀释比例。

溶剂的稀释比＝稀释剂加入量（呈浑浊点）：溶剂量

比数愈大愈好，即稀释剂加入量越多，溶剂的溶解能力越强。表 1-1-1、表 1-1-2 为各种溶剂和混合溶剂的稀释比。

表 1-1-1　各种溶剂的稀释比

溶剂	稀释剂①										
	1	2	3	4	5	6	7	8	9	10	11
丙酮		0.7	5.0	3.7	1.5		1.3				
乙二醇一异戊醚		1.1	2.4			2.2			0.5	0.7	0.9
乙二醇一异丁醚		1.6	2.0	2.0		1.5			1.1	1.3	1.6
乙二醇一异丙醚	1.3	1.6	4.3	3.8		3.2			1.5	2.3	2.5
乙二醇二乙醚	0.2			0.4							
乙二醇一苄醚				3.0							
羟基乙酸乙酯		1.3	4.5	3.7							
羟基乙酸丁酯		2.2		3.8							
二甘醇一乙醚			1.6	1.2							
二甘醇一乙酸酯	1.6		2.2	1.9							
乙二醇二乙酸酯				1.4							
乙酸戊酯（工业用）		1.5	2.7		1.9				1.7	2.1	2.3
乙酸戊酯（异构体混合物）		1.3	2.5	2.4	1.9						
乙酸仲戊酯		1.1	2.1	2.1	1.5		1.5		1.4	1.5	1.7
乙酸-2-乙基丁酯			2.1								
乙酸辛酯		0.8	1.3								
乙酸-2-乙基己酯	1.0			1.4							
乙酸环己醇酯		1.4	2.5								
乙酸丁酯	1.3	1.7	2.9	2.7	2.1	2.6	1.9				

续表

溶剂	稀释剂①										
	1	2	3	4	5	6	7	8	9	10	11
乙酸仲丁酯		1.4	2.8	2.6	1.8	1.5	1.7				
乙酸丙酯	1.2	1.2	3.0	2.0	1.7						
乙酸糠酯			1.7	1.3				0.5			
乙酸己酯	1.1			2.0							
乙酸仲己酯	0.8			1.8							
乙酸甲酯		0.9	2.3								
乙酸甲基戊酯	0.8	1.0	1.7	1.6			0.9				
乙酸-3-甲氧基丁酯	0.9			2.1							
二异丁基（甲）酮	0.6		1.5	1.5							
3-戊酮			0.7	3.0							
二甘醇二乙醚	0.5			1.4							
4-庚酮	0.3	0.9	3.1	2.7							
环己酮	1.0			7.5							
二甘醇二乙酸酯				1.3			0.8				
酒石酸二丁酯		1.4	8.0	7.7							
乙二醇一乙醚	0.7	1.1	5.3	4.3	1.8	4.8			1.6	2.6	4.5
乙二醇一乙酸酯	0.7	0.9	2.6	2.3	1.4						
碳酸二乙酯		0.5	1.1								
四氢糠醇			7.8	2.6							
乳酸戊酯		2.5	4.2								
乳酸异丙酯		1.2	5.0								
乳酸乙酯		0.7	5.5	4.7	2.5			0.8			
邻苯二甲酸二戊酯		2.0	2.2								
邻苯二甲酸二乙酯		0.7	3.8								
邻苯二甲酸二丁酯		1.7	2.7	2.6							
邻苯二甲酸二甲酯			2.9								
糠醛			2.9	1.6				0.2			
糠醇				1.5							
丙酸乙酯		0.8	2.1								
丙酸丁酯	0.7	1.4	2.5	2.3	1.5				1.3	1.4	1.5
环氧丙烷			2.5								
丙二醇一异戊醚		0.4	1.4	1.4		2.4			0.6	0.8	0.9
丙二醇一异丁醚		0.3	1.5	1.3		1.2			0.5	0.7	0.9
丙二醇一乙醚		0.8	2.8	2.8		2.7			1.3	1.9	2.7
丙二醇一丁醚		0.6	1.4	1.5		1.2			0.9	1.0	1.4
丙二醇一丙醚		0.7							1.1	1.3	1.8
丙二醇一甲醚		0.5	4.4	3.5		3.7			0.9	1.8	3.5
己二酮				1.8							
佛尔酮	0.7		2.2	2.2							
异亚丙基丙酮		0.9	3.8				1.9				
甲醇			2.5								
无水甲醇		0.3	2.5								
甲基异丁基（甲）酮		1.0	3.5	3.7	1.9		1.6				
丁酮		0.9	4.3	3.1	1.7		1.4				
二甘醇一甲醚			2.3	1.0							
甲基环己烷	1.0			4.5							
2-庚酮	1.1	1.2	3.9	3.6							
2-己酮		1.1	3.9								
2-辛酮		0.9	3.6								
乙二醇一甲醚		0.2	4.7	2.9		4.3			0.4	0.9	2.7
甲基异丙基（甲）酮		0.9	3.6								
2-戊酮		1.0	4.0	3.4			1.8				
丁酸戊酯		2.5	4.2								
丁酸乙酯		0.7	5.5	4.7	2.5			0.8			
丁酸丁酯	2.1	3.0	5.7	5.1	4.0						
磷酸三甲苯酯		0.7	3.2	3.5							

① 稀释剂：1—200号溶剂汽油；2—石脑油；3—甲苯；4—二甲苯；5—50%甲苯，50%石脑油；6—苯；7—芳香族石油稀释剂（42%～50%）；8—汽油；9—25%甲苯，75%汽油；10—50%甲苯，50%汽油；11—75%甲苯，25%汽油。

表 1-1-2　各种混合溶剂的稀释比

溶剂混合物	混合/%	稀释比 甲苯	稀释比 石脑油	稀释比 50%甲苯 50%石脑油
丙酮 丁醇	50 50	4.60		
丙酮 乙醇	50 50	4.60		
乙酸戊酯(异构体混合物) 戊醇(异构体混合物)	90 10	2.48		
乙酸戊酯(异构体混合物) 戊醇(异构体混合物)	85 15	2.46		
乙酸戊酯(异构体混合物) 戊醇(异构体混合物)	80 20	2.45		
乙酸戊酯(异构体混合物) 戊醇(异构体混合物)	67 33	2.30		
乙酸戊酯(异构体混合物) 戊醇(异构体混合物)	55 45	2.00		
乙酸戊酯(异构体混合物) 戊醇(异构体混合物)	45 55	1.60		
乙酸丁酯 丁醇	80 20	3.20		
乙酸丁酯 丁醇	67 33	3.15	1.70	2.15
乙酸丁酯 丁醇	60 40	3.10		
乙酸丁酯 丁醇	50 50	2.90	1.50	1.90
乙酸丁酯 丁醇	40 60	2.50		
乙酸丁酯 丁醇	30 70	2.10		
乙酸丁酯 丁醇	20 80	1.75		
乙酸丁酯 仲丁醇	50 50	2.30	1.00	
乙酸仲丁酯 丁醇	50 50	2.55	1.20	
乙酸仲丁酯 仲丁醇	50 50	2.20	0.90	
乙酸丁酯 乙酸乙酯	50 50	2.85	1.30	2.20
乙酸丁酯 杂醇油(精制)	50 50	2.50	1.30	
乙酸仲丁酯 杂醇油(精制)	50 50	2.15	1.05	
双丙酮醇 丁醇	50 50	3.10		
双丙酮醇 乙醇	50 50	2.75		
乙酸戊酯(异构体混合物) 戊醇(异构体混合物)	35 65	1.30		
乙酸戊酯(异构体混合物) 戊醇(异构体混合物)	30 70	0.90		
乙酸戊酯(异构体混合物) 戊醇(异构体混合物)	25 75	0.70		
乙酸仲戊酯 仲戊醇	67 33	1.70	1.10	1.30
乙酸仲戊酯 乙酸乙酯	50 50	2.70	0.75	
乙酸丁酯 仲戊醇	50 50	2.05	1.00	
乙酸仲丁酯 仲丁醇	50 50	1.90	0.80	
乙酸丁酯 丁醇	90 10	2.23		
邻苯二甲酸二丁酯 丁醇	50 50	2.70		
邻苯二甲酸二丁酯 乙醇	50 50	2.95		
酒石酸二丁酯 丁醇	50 50	2.70		
酒石酸二丁酯 乙醇	50 50	2.95		
乙酸乙酯 丁醇	50 50	3.00		
乙酸乙酯 仲丁醇	50 50	2.85	0.75	
乙酸乙酯 乙醇	50 50	3.55		
乙酸乙酯 杂醇油(精制)	50 50	2.50	0.95	
乙二醇一乙醚 丁醇	50 50	3.00		
乙二醇一乙醚 乙醇	50 50	3.40		
乙二醇一乙酸酯 丁醇	50 50	2.50		
乙二醇一乙酸酯 乙醇	50 50	3.00		
乳酸乙酯 丁醇	50 50	3.85		
乳酸乙酯 乙醇	50 50	4.25		
丁酮 乙醇	85 15	4.97		0.87

2. 黏度法

一般溶解能力大的溶剂，对溶质分子的分散能力也大，形成的溶液黏度低。因此，从溶液的黏度可以判断溶剂的溶解能力大小。溶液为真溶液时，可用绝对黏度表示，但对于纤维素衍生物、树脂等一类物质，多数形成胶体溶液，无法用绝对黏度表示。在同温度、同浓度下对于同一物质的各种溶液，只能通过比黏度的测定找出黏度与溶解能力之间的关系。

(1) 定浓度法　在制备一定浓度的溶液时，黏度愈低，溶剂的溶解能力愈大。用某一标准溶剂组成的溶液黏度作标准，选择同一浓度的溶液进行黏度比较，以此表示各种溶剂的溶解能力。

(2) 定黏度法　该法主要用来测定硝酸纤维素、树脂溶液的黏度，实用范围在 0.05～

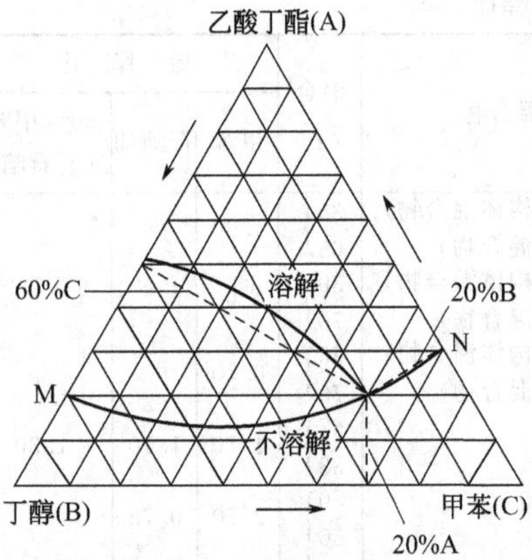

图 1-1-1 1/2RS 硝酸纤维素在乙酸丁酯、丁醇及甲苯混合物中的溶解度

0.13Pa·s（25℃）之间。测定时至少需要三种以上浓度的黏度，求出黏度-浓度曲线。根据曲线再求出在某一黏度下用（同一种树脂和稀释剂）各种溶剂组成的溶液中所含溶质的量，含量大的表示溶剂的溶解能力大。定黏度法所测结果和稀释比法的测定基本上是一致的。

3. 黏度·相图法

这是将稀释比法和定黏度法组合作图的方法。溶剂工业是利用三角坐标图，找出稀释剂对溶剂的比例、树脂的浓度和黏度三个变数之间的关系。图 1-1-1 为 1/2RS 硝酸纤维素在乙酸丁酯、丁醇及甲苯混合物中的溶解度（RS 为每秒转动数，revolutions per second）。

(1) A＝100％乙酸丁酯，B＝100％丁醇，C＝100％甲苯。

(2) x 成分为 20％A、20％B、60％C。

(3) MN 线表示溶解极限，线以上为溶解的，以下为不溶解的。

(4) 二组分体系

(a) 乙酸丁酯在 17％以上发生溶解（乙酸丁酯，丁醇混合溶剂）。

(b) 乙酸丁酯在 30％以上发生溶解（乙酸丁酯，甲苯混合溶剂）。

(c) 丁醇，甲苯混合溶剂中不发生溶解。

4. 贝壳松脂·丁醇（溶解）试验

这是测定石油系稀释剂溶解能力最常用的方法。即在一定量贝壳松脂·丁醇溶液中滴加石油系稀释剂至出现沉淀或浑浊时所需的毫升数。具体试验方法是将 100g 贝壳松脂溶于500g丁醇中配制成标准溶液，温度在（25±2)℃，取 20g 贝壳松脂·丁醇溶液滴加石油系稀释剂至出现浑浊时求所需稀释剂的毫升数，试验平均误差为±0.1mL。滴加毫升数的数值愈高表示溶解能力愈强。表 1-1-3 为石油系烃类溶剂的平均贝壳松脂·丁醇试验值。从表中可知，芳香烃溶剂的数值高，脂肪烃溶剂的数值低。

表 1-1-3 石油系烃类溶剂的平均贝壳松脂·丁醇试验值

溶剂		平均贝壳松脂·丁醇试验值	溶剂		平均贝壳松脂·丁醇试验值
脂肪烃	石油醚	25	脂肪烃	辛烷	32
	戊烷	25		松香水	37
	异己烷	27.5	芳香烃	工业纯苯	107
	己烷	30		工业甲苯	106
	异庚烷	35		工业二甲苯	103
	庚烷	35.5		重芳烃溶剂	100
	异辛烷	38			

5. 苯胺点法

苯胺点即为等体积的烃类溶剂和苯胺（各 5mL）相互溶解时的最低温度。这是在石油工业中常用的判断石油系溶剂溶解能力的方法，也是在烃类混合物中定量测定芳香烃含量的方法。苯胺点的高低与化学组成有关，烷烃最高（70～76℃），环烷烃次之（35～55℃），芳烃最低（30℃以下）。由于芳烃的苯胺点很低，故常常将芳烃溶剂和庚烷等体积混合所测定的苯胺点称为混合苯胺点。苯胺点或混合苯胺点愈低，则溶剂的溶解能力愈强，芳烃的含量也愈高。表 1-1-4 为各种溶剂的苯胺点。

表 1-1-4 各种溶剂的苯胺点

溶剂	苯	甲苯	乙苯	邻二甲苯	异丙苯	丙苯	丁烷	异戊烷	己烷	庚烷	异丁烯
苯胺点/℃	－30	－30	－30	－20	－5	－30	107.6	77.8	68.6	70.0	14.9

五、溶剂的分类

1. 按沸点高低分类

(1) 低沸点溶剂（沸点在100℃以下） 这类溶剂的特点是蒸发速度快，易干燥，黏度低，大多具有芳香气味。属于这类溶剂的一般是活性溶剂或稀释剂。

例如：

甲醚	乙酸异丙酯	甲酸甲酯	二氯甲烷
乙醚	丙酸甲酯	甲酸异丁酯	氯代丁烷
丙醚	丙酸乙酯	二氯乙烷	氯代异戊烷
甲醇	碳酸甲酯	三氯乙烷	四氯化碳
乙醇	丙酮	二氯乙烯	二硫化碳
丙醇	3-戊酮	二氯丙烷	苯
异丙醇	丁酮	溴乙烷	环己烷
乙酸乙酯	2-戊酮	碳酸二甲酯	

(2) 中沸点溶剂（沸点范围在100～150℃） 这类溶剂用于硝基喷漆，流平性能好。

例如：

丁醇	2-庚酮	乙酸仲戊酯	乙酸2-甲氧基乙酯
异丁醇	环己酮	丙酸戊酯	糠醛
仲丁醇	甲基环己酮	乳酸异丙酯	亚异丙基丙酮
戊醇	乙酸丁酯	碳酸二乙酯	氯苯
仲戊醇	乙酸异丁酯	乙二醇一乙醚	甲苯
甲基戊醇	乙酸仲丁酯	乙二醇一甲醚	二甲苯
四氢糠醇	乙酸甲基戊酯	乙二醇二乙醚	
4-庚酮	乙酸-5-甲氧基丁酯	乙二醇一异丙醚	
2-己酮	乙酸戊酯	乙二醇一乙酸酯	

(3) 高沸点溶剂（沸点范围在150～200℃） 这类溶剂的特点是蒸发速度慢，溶解能力强，作涂料溶剂用时涂膜流动性好，可以防止沉淀和涂膜发白。

例如：

苄醇	环己醇	乳酸乙酯	二甘醇一乙醚
2-乙基己醇	双丙酮	丁酸丁酯	二甘醇一甲醚
糠醇	二异丁基（甲）酮	草酸二乙酯	二甘醇二乙醚
双丙酮醇	乙酸环己酯	苯甲酸乙酯	甲氧基二甘醇乙酸酯
甲基己醇	乙酸-2-乙基丁酯	乙二醇一丁醚	丁氧基二甘醇乙酸酯
异佛尔酮	乙酸糠酯	乙二醇一苄醚	乙二醇二乙酸酯
二氯乙醚	乙酰乙酸乙酯	乙酸-2-丁氧基乙酯	二甘醇二乙酸酯

(4) 增塑剂和软化剂（沸点在300℃左右） 这类溶剂的特点是形成的薄膜黏结强度和韧性好。例如硝酸纤维素用的樟脑，乙基纤维素用的邻苯二甲酸二甲酯，聚氯乙烯用的邻苯二甲酸二辛酯等。

2. 按蒸发速度快慢分类

(1) 快速蒸发溶剂 蒸发速度为乙酸丁酯的3倍以上者，如丙酮、乙酸乙酯、苯等。

(2) 中速蒸发溶剂 蒸发速度为乙酸丁酯的1.5倍以上者，如乙醇、甲苯、乙酸仲丁酯等。

(3) 慢速蒸发溶剂 蒸发速度比工业戊醇快，比乙酸仲丁酯慢，如乙酸丁酯、戊醇、乙二醇一乙醚等。

(4) 特慢蒸发溶剂 蒸发速度比工业戊醇慢，如乳酸乙酯、双丙酮醇、乙二醇一丁醚。

3. 按溶剂的极性分类

(1) 极性溶剂 是指含有羟基或羰基等极性基团的溶剂。此类溶剂极性强、介电常数大，如乙醇、丙酮等，极性溶剂可溶解酚醛树脂、醇酸树脂。

（2）非极性溶剂　是指介电常数低的一类溶剂，如石油烃、苯、二硫化碳等。非极性溶剂溶解油溶性酚醛树脂、香豆酮树脂等，主要用于清漆的制造。

4. 按化学组成分类

（1）有机溶剂　如脂肪烃、芳香烃、氢化烃、萜烯烃、卤代烃、醇、醛、酸、酯、乙二醇及其衍生物、酮、醚、缩醛、含氮化合物、含硫化合物等。

（2）无机溶剂　如水、液氨、液态二氧化碳、液态二氧化硫、强酸、熔融盐等。

5. 按工业应用分类

（1）醋酸纤维素用溶剂　如丙酮等。

（2）硝酸纤维素用溶剂　如乙醇等。

（3）树脂及橡胶用溶剂　如二甲苯等。

（4）纤维素醚用溶剂　如乙酸乙酯等。

（5）氯化橡胶用溶剂　如乙酸丁酯等。

（6）合成树脂用溶剂　如异丁酯等。

（7）纤维素酯漆用溶剂及配合剂　如苄醇等。

6. 按溶剂用途分类

（1）黏度调节剂。

（2）增塑剂。

（3）共沸混合物。

（4）萃取剂。

（5）脱润滑剂。

（6）固体用溶剂。

（7）浸渍剂。

（8）制药用溶剂。

（9）载体。

第二章　溶剂的性质

一、溶 解 度

在一定的温度和压力下，物质在一定量的给定溶剂中溶解的最大量称为溶解度。一般用100g溶剂中能够溶解物质的克数表示。例如，20℃时100g水中可以溶解氯酸钾7.3g，氯酸钾在水中在该温度下的溶解度为7.3g/100g，简称7.3g。气体溶质的溶解度常用每升溶剂中所溶解气体的毫升数表示。

各种物质在给定溶剂中的溶解度可以有很大的差别，因为物质的溶解度除与溶质和溶剂的性质有关外，还与溶解时的温度、压力等条件有关。随着温度升高，大多数固体和液体的溶解度都随之增加，而气体的溶解度减小；随着压力的增大，气体的溶解度增加，固体和液体的溶解度变化很小。

二、蒸 气 压

在一定的温度下，于容器中放入纯净的液体，液体与其蒸气达到平衡，此时的平衡压力仅因液体的性质和温度而改变，称为该液体在该温度下的饱和蒸气压，简称蒸气压。蒸气压的大小与液体的量无关。蒸气压随温度而变化，随温度上升蒸气压增加，由两相变成一相时的温度称为临界温度。当蒸气压与外界压力达到平衡时，液体开始沸腾。此时液体的饱和蒸气压与外界压力相等时的温度称为该液体的沸点。在通常情况下，纯液态物质在大气压下都有一定的沸点，这是由于在一定的温度下，每种液体的饱和蒸气压是一个常数。如果在蒸馏过程中沸点时常发生变动，则说明物质不纯。在液体中溶解任何一种固态物质时，液体的蒸气压下降，沸点上升。但是有机化合物往往能和其他组分形成二元或三元共沸混合物，它们也有一定的沸点，所以不能认为沸点一定的物质都是纯物质。表1-2-1为蒸气压的测定方法。

表 1-2-1　蒸气压的测定方法

测定方法			测定范围/Pa	精密度/Pa
静止法	直接法	U形压力计	$130 \sim 2\times10^{6}$	$\pm10 \sim 30$
		改进U形压力计	$0.1 \sim 7000$	±0.1
		麦克劳德压力计	$130\times10^{-8} \sim 130$	1×10^{-6}
		绝对压力计	$130\times10^{-4} \sim 1$	6×10^{-4}
	间接法	玻璃隔膜压力计	$800 \sim 200$	3×10^{-3}
		差示隔膜压力计	$130\times10^{-4} \sim 30$	$\pm2\times10^{-3}$
		螺旋管压力计	$1 \sim 1\times10^{5}$	$\pm13 \sim 26$
		悬镜压力计	$1\times10^{3} \sim 1\times10^{5}$	13
		等压法	$600 \sim 4000$	0.3%
		露点法	$600 \sim 4000$	4
		蒸发法	$600 \sim 4000$	1.5%
气体流动法			$13\times10^{-3} \sim 3000$	
沸点测定法			$13 \sim 1\times10^{6}$	
根据气体分子运动论测定蒸气压		分子流出法	$1\times10^{-3} \sim 1$	2%
		流出旋转法	$1\times10^{-3} \sim 1$	2.2%
		表面蒸发法	$1\times10^{-26} \sim 1\times10^{6}$	
		气体黏度法	$70\times10^{-3} \sim 3$	1.5%
		Pirani真空计	$1\times10^{-3} \sim 1\times10^{3}$	10^{-3}
		放射计压力计	$1\times10^{-5} \sim 0.1$	$10^{-4} \sim 10^{-2}$
离子作用压力计		离子压力计	$5\times10^{-7} \sim 1$	130×10^{-9}

三、共　　沸

共沸混合物是指处于平衡状态下气相和液相组成完全相同时的混合溶液。对应的温度称共沸温度或共沸点。这类混合溶液不能用普通蒸馏的方法分开。共沸温度比低沸点成分的沸点低的混合物称最低共沸混合物；比高沸点成分的沸点高的称最高共沸混合物。高共沸混合物比低共沸混合物要少。图 1-2-1 为气-液组成的温度曲线，图 1-2-2 为二组分的共沸曲线，表 1-2-2、表 1-2-3 分别为二组分和三组分的共沸点。

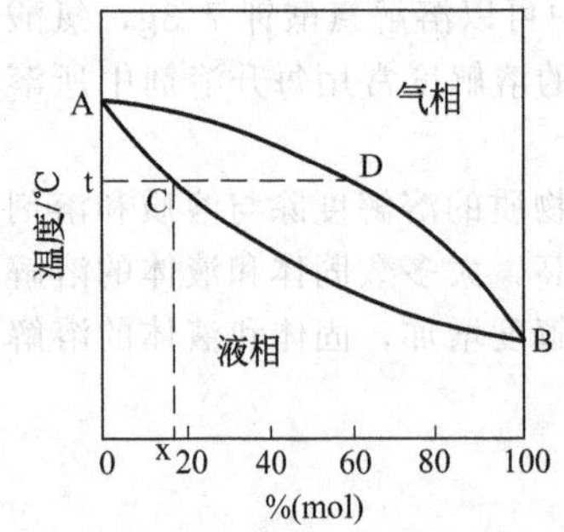

图 1-2-1　气-液组成的温度曲线

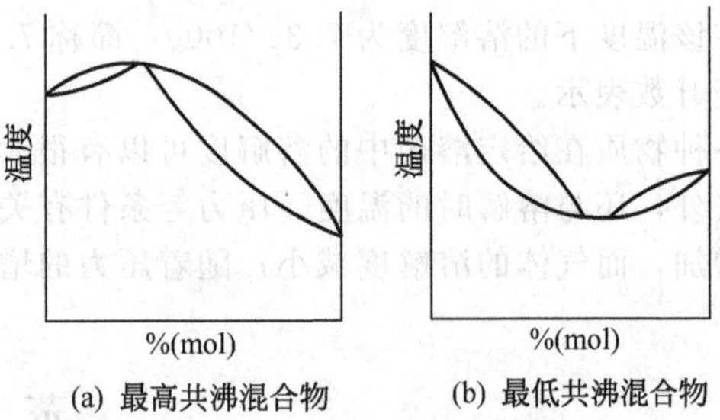

图 1-2-2　二组分的共沸曲线

表 1-2-2　二组分的共沸点

第一组分	%	第二组分	%	共沸点/℃
〈己烷〉	81	苯	19	68.9
〈环己烷〉	60①	叔丁醇	40①	71.8
〈苯〉				
	39	甲醇	61	58.3
	67.6	乙醇	32.4	68.2
	83	丙醇	17	77.1
	67	异丙醇	33	71.9
	91	异丁醇	9	79.8
	62①	叔丁醇	38①	74
	62	丁酮	38	78.4
〈甲苯〉				
	32	乙醇	68	76.7
	51	丙醇	49	92.6
	31	异丙醇	69	80.6
	56	异丁醇	44	101.1
	68	丁醇	32	105.5
	74	3-氯-1,2-环氧丙烷	26	108.3
〈间二甲苯〉				
	55①	乙酸异戊酯	45①	136
〈异丙基苯〉				
	23	壬烷		148.3
	80	α-蒎烯		151.8
〈伞花烃〉				
	60	二戊烯		175.8
	75	α-萜二烯		174.5
	20	α-萜品烯		173.0
	45	桉树脑		176.2
〈顺二氯乙烯〉				
	81①	乙醇		57.7

第一组分	%	第二组分	%	共沸点/℃
〈氯代丁烷〉				
	92	2-丁醇		77.7
	80	叔丁醇	19①	72.8
	96	异丁醇		77.65
〈溴乙烷〉				
	97	乙醇		37
	70	异戊烷		23.7
〈溴乙烷〉				
	50	戊烷		33
〈溴苯〉				
	66.5	环己醇		153.6
	66	己醇		151.6
	57	异戊酸丙酯		154.5
	56	莰烯		155.0
〈乙缩醛〉				
	40	甲基环己烷		99.65
	28	庚烷		97.75
	75	2,5-二甲基己烷		103.0
〈甲酸甲酯〉				
	30	乙硫醇		27
	62	二甲硫		29.0
	56	乙醚		28.2
	60	环戊烷		26.0
	54%(体积)	2-甲基-2-丁烯		24.3
	47	异戊烷		17.05
	53	戊烷		21.8
〈甲酸乙酯〉				
	69	溴代异丙烷		53

续表

第一组分	%	第二组分	%	共沸点/℃
〈甲酸乙酯〉				
	15	氯代异丙烷		46.25
	35	2-氯-2-甲基丙烷		48.5
	18	异戊烷		26.5
	30	戊烷		32.5
	75	甲基环戊烷		51.2
	52	2,3-二甲基丁烷		45.0
	67	己烷		49.0
〈甲酸丙酯〉				
	28	2-溴-2-甲基丙烷		71.8
	38	氯丁烷		76.1
	35	亚硝酸丁酯		76.8
	60	叔丁醇		78.0
	47	苯		78.5
	48	环己烷		75
	15	2,3-二甲基丁烷		56.0
	20	己烷		63
	71	戊烷		78.2
〈甲酸丁酯〉				
	35	叔戊醇		101.0
	35	甲基环戊烷		96.0
	40	庚烷		90.7
〈甲酸异丁酯〉				
	12	己烷		68.5
	57	甲基环己烷		92.4
	63	2,5-二甲基己烷		93.5
〈乙酸甲酯〉				
	68	溴代异丙烷		56
	50	2,3-二甲基丁烷		51.2
〈乙酸乙酯〉				
	95①	水		34.2
〈乙酸乙酯〉				
	81	甲醇	5①	54
	69	乙醇	19	71.8
	73	叔丁醇	31	76.0
	54	环己烷		72.8
	38	甲基环戊烷		67.2
〈乙酸苄酯〉				
	72	萘		214.65
	36	冰片		212.8
	65	α-萜品醇		214.5
	22	β-萜品醇		210.2
	73.5	薄荷醇		213.5
〈丙酸甲酯〉				
	38	氯丁烷		76.8
	63	叔丁醇		77.6
	52	苯		79.45
	52	环己烷		75
	28	甲基环戊烷		69.5
	12	己烷		67
〈丙酸乙酯〉				
	55	1-氯-3-甲基丁烷		98.4

第一组分	%	第二组分	%	共沸点/℃
〈丙酸乙酯〉				
	62	叔戊醇		98
	53	甲基环己烷		94.5
	47	庚烷		93.0
〈丁酸甲酯〉				
	57	叔戊醇		99
	55	乙缩醛		102
	45	甲基环己烷		97.0
	35	庚烷		95.1
〈水杨酸甲酯〉				
	43	苯乙醚		218.0
	60	马来酸二乙酯		221.95
	97	牻牛儿醇		222.2
	37	α-萜品醇		216.0
	15	薄荷醇		216.25
〈三甘醇〉				
	33	1-溴萘		273.4
	5	1-氯萘		261.5
	33	邻苯二甲酸二甲酯		277.0
〈二硫化碳〉				
	35	二氯甲烷		35.7
	83	甲酸		42.55
	40	碘甲烷		41.6
	90	硝基甲烷		44.25
	86	甲醇		37.65
	72	1,1-二氯乙烷		44.75
	33	甲酸甲酯		24.75
	36	溴乙烷		37.85
	91	乙醇		42.4
	67	丙酮		39.25
	63	甲酸乙酯		39.35
	70	乙酸甲酯		40.15
	55.5	氯丙烷		42.05
	20	2-氯丙烷		33.5
	22	甲基乙基醚		37.8
	94.5	丙醇		45.65
	92.4	2-丙醇		44.22
	84	丁酮		45.85
	92.7	乙酸乙酯		46.02
	82	甲酸异丙酯		43.0
	62	2-氯-2-甲基丙烷		43.5
	93	叔丁醇		44.9
	1	乙醚		34.5
	18	甲基丙基醚		36.2
	17	2-甲基-2-丁烯		36.5
	67	环戊烷		44.0
	11	戊烷		35.7
〈液氨〉				
	42.5	甲醚		−37
	75	丙炔		−35

续表

第一组分	%	第二组分	%	共沸点/℃	第一组分	%	第二组分	%	共沸点/℃
〈液氨〉					〈水〉				
	20	环丙烷		−44		6.6	氯丁烷		68.1
	73	三甲胺		−34		3.3	1-氯-2-甲基丙烷		61.6
	55	1,3-丁二烯		−37		42.5	丁醇		92.7
	45	丁烯		−37.5		33.0	异丁醇		89.8
	45	异丁烯		−38.5		27.3	2-丁醇		87.5
	45	丁烷		−37.1		11.76	叔丁醇		79.9
	35	异丁烷		−38.4		1.26	乙醚		34.15
	65	异戊烷		−34.5		52.5	溴化氢		126
〈苯甲酸甲酯〉						79.78	盐酸		108.58
	35	辛醇		194.4		11.5	乙酸甲酯		82.7
	42	沉香醇		197.8		6.8	异丁酸甲酯		77.7
〈苯甲酸乙酯〉						14	乙酸丙酯		82.4
	90	莰醇		212.2		10.6	乙酸异丙酯		76.6
	95	薄荷醇		212.3		30	碳酸二乙酯		91
〈水〉						35	哌啶		92.8
	43	碘化氢		127		40	硝酸异戊酯		95.0
	32	硝酸		120.5		54.4	戊醇		95.8
	28.5	肼		120		49.60	异戊醇		95.15
	4.1	四氯化碳		66		36.5	2-戊醇		91.7
	2.8	二硫化碳		42.6		27.5	叔戊醇		87.35
	2.8	氯仿		56.12		28.4	氯苯		90.2
	1.5	二氯甲烷		38.1		88%(体积)	硝基苯		98.6
	22.6	甲酸		107.2		8.83	苯		69.25
	23.6	硝基甲烷		83.6		90.79	苯酚		99.52
	5.4	三氯乙烯		73.6		48	2-甲基吡啶		93.5
	7	三氯乙醛		95		9	环己烷		68.95
	3.35	顺-1,2-二氯乙烯		55.3		80	环己酮		97.8
	1.9	反-1,2-二氯乙烯		45.3		24.3	4-甲基-2-戊酮		87.9
	14.2	乙腈		76.0		21	甲酸异戊酯		90.2
	19.5	1,2-二氯乙烷		72		16.5	乙酸异丁酯		87.4
	4.0	乙醇		78.17		28.7	乙酸丁酯		90.2
	12.5	丙烯腈		70.5		21.5	丁酸乙酯		87.9
	25	3-氯-1,2-环氧丙烷		88		15.2	异丁酸乙酯		85.2
	36.15	氯代乙酸甲酯		92.7		19.2	异戊酸甲酯		87.2
	12	1,2-二氯丙烷		78		23	丙酸丙酯		88.9
	27.7	烯丙醇		88.89		28.5	三聚乙醛		90
	82.2	丙酸		99.1		30	三噁烷		91.4
	1.0	氯丙烷		43.4		75	己醇		97.8
	0.3	2-氯丙烷		33.6		3.6	异丙醚		61.4
	28.3	丙醇(98.7 kPa)		87		25	乙二醇二乙醚		89.4
	12.6	2-丙醇		80.3		19.6	甲苯		84.1
	7.2	丙烯酸甲酯		71		2	甲基乙基醚		38.7
	11.3	丁酮		73.41		10.5	乙二醇二甲醚		76
	81.5	丁酸		99.4		57	吡啶		94
	79	异丁酸		99.3		80	糠醇		98.5
	8.47	乙酸乙酯		70.38		19.5	2-戊酮		83.3
	3.9	丙酸甲酯		71.4		14	3-戊酮		82.9
	3	甲酸异丙酯		65.0		13	3-甲基-2-丁酮		79
	2.3	甲酸丙酯		71.6		81.6	异戊酸		99.5
						16.5	甲酸丁酯		83.8
						18.9	甲酸异丁酯		79.5

续表

第一组分	%	第二组分	%	共沸点/℃	第一组分	%	第二组分	%	共沸点/℃
〈水〉					〈水〉				
	10	丙酸乙酯		81.2		90	辛醇		99.4
	91	苄醇		99.9		73	2-辛醇		98
	40.5	苯甲醚		95.5		87.5	乙酸苄酯		99.60
	35.09	乙酸异戊酯		94.05		84.0	苯甲酸乙酯		99.40
	30.2	异戊酸乙酯		92.2		63.5	丁酸异戊酯		98.05
	36.4	丁酸丙酯		94.1		56.0	异丁酸异戊酯		97.35
	41	己酸甲酯		95.3		84	萘		98.8
	30.8	异丁酸丙酯		92.15		95.5	肉桂酸甲酯		99.8
	23	异丁酸异丙酯		88.4		92.3	黄樟脑		99.72
	83	庚醇		98.7		90.9	苯甲酸丙酯		99.70
	79.2	苯甲酸甲酯		99.08		2.52	菸碱		99.85
	75.1	乙酸苯酯		98.9		57.0	桉树脑		99.55
	35.8	间二甲苯		92		54	异戊醚		97.4
	59	苯乙醚		97.3		92.6	苯甲酸异丁酯		99.82
	46	丁酸异丁酯		96.3		96.75	二苯醚		99.33
	39.4	异丁酸异丁酯		95.5		95.6	苯甲酸异戊酯		99.9

① 为%（mol）。

表 1-2-3　三组分的共沸点

第一组分	%	第二组分	%	第三组分	%	共沸点/℃
戊烷	52	甲酸甲酯	40	乙醚	8	20.4
己烷	74	丁酮	22	水	6	58.5（99 kPa）
苯	68.5	乙腈	23.3	水	8.2	66
苯	91.2	己醇	7.5	水	1.3	69.2
苯	82.26	烯丙醇	9.16	水	8.5	68.21
苯	73.8	2-丙醇	18.7	水	7.5	65.51
苯	73.6	丁酮	17.5	水	8.9	68.9
乙苯	67.2	乙二醇一甲醚	7.4	水	25.4	90.1
四氯化碳	90.43	烯丙醇	5.44	水	4.13	65.4
四氯化碳	84	丙醇	11	水	5	65.4
四氯化碳	74.8	丁酮	22.2	水	3	65.7
四氯化碳	93.94	2-丁醇	5.14	水	0.92	65.9
四氯化碳	85.0	叔丁醇	11.9	水	3.1	64.7
四氯乙烯	45	甲酸异戊酯	25	三聚乙醛	30	117.6
氯丁烷	91.6	丁醇	0.6	水	7.8	68.0
溴乙烷	22	甲酸甲酯	60	二硫化碳	18	24.7
氯苯	78.6	水	11.0	溴化氢	10.4	105
氯代甲苯	33	苯甲醛	31	蒎烯	36	163
戊醇	21.2	甲酸戊酯	41.2	水	37.6	91.4
戊醇	33.3	乙酸戊酯	10.5	水	56.2	94.8
苯乙醚	33	乳酸丙酯	31	蒎烯	36	163
丙酮	7.6	异戊二烯	92.0	水	0.4	32.5
二硫化碳	93.4	乙醇	5.0	水	1.6	41.3
二硫化碳	75.21	丙酮	23.98	水	0.71	38.04

四、熔点、熔化热与熔点降低常数

物质在其蒸气压下液体-固体达到平衡状态时的温度称为熔点或凝固点。这是由于固体中原子或离子的有规则排列因温度上升热运动变成杂乱而活化，形成不规则排列的液体的一种现象，相反的过程即为凝固。纯物质的熔化或凝固的温度范围通常是很狭小的，即有着固定的熔点或凝固点。当混入杂质时，熔点明显降低。因此利用熔点的测定可以检验物质的纯度。例如当A物质中溶解有少量B物质时，则A物质的熔点下降。如果A，B混合物是由理想溶液组成（即溶质与溶剂混合成为溶液时，既不放热，也不吸热，溶液体积恰好等于溶质体积和溶剂体积之和），其熔点下降（ΔT）可用下式表示

$$\Delta T=-\left(\frac{RT_0}{\Delta H}\right)\lg N_A$$

式中　N_A——A物质的摩尔分率；

ΔH——溶剂1mol的熔化热。

由上式可以求出含有0.1%（mol）A物质的各种溶液的熔点下降（ΔT）。各种不同溶剂的熔点降低常数是不同的，由熔点降低法测定分子量就是根据这个原理进行的。表1-2-4为各种溶剂的熔点降低常数（F）。

表1-2-4　熔点降低常数

溶　剂	熔点/℃	F①		溶　剂	熔点/℃	F①	
		计算值	测定值			计算值	测定值
苯	5.45	5.069	5.085	二噁烷	11.7	4.71	4.63
萘	80.1	6.98	6.899	乙酸	16.55	3.57	3.9
茚	−1.76	7.35	7.28	硝基苯	5.82	6.9	8.1
叔丁醇	25.1	8.15	8.37	乙基乙酰苯胺	52.0	8.7	8.58
莰醇	204.0		35.8	水	0.0	1.859	1.853
樟脑	178.4	37.7	40.0				

① $F=M_ART_0^2/1000\Delta H$；M_A为溶剂的相对分子质量；T_0为溶剂的熔点；ΔH为溶剂的熔化热。

熔化热是指在101.3 kPa❶下单位质量的晶体物质在熔点时从固态全部变成液态时所吸收的热量。表1-2-5为各种物质的熔化热。

表1-2-5　各种物质的熔化热

物　质	熔　点 /℃	相　对 分子质量	熔化热 /(kJ/kg)	熔化热 /(kJ/mol)	含0.1%(mol)溶质的熔点降低值(计算值)
苯	5.45	78.11	127.3	9.9	6.69
联苯	68.6	154.20	42.8	18.6	5.42
1,2-二苯基乙烷	51.2	182.25	128.5	23.4	3.88
萘	80.22	128.16	149.9	19.2	5.60
三苯甲烷	92.1	244.32	88.3	21.6	5.33
蒽	216.5	178.22	162.0	28.8	7.18
二溴乙烯	9.97	187.88	56.5	10.6	6.45
对二氯苯	53.2	147.10	124.3	18.3	5.02
叔丁醇	25.4	74.12	89.7	6.7	11.29
环己醇	25.46	100.16	17.9	1.8	38.03
十六醇	49.10	242.44	141.5	34.3	2.63
樟脑	178.4	152.23	45.0	6.9	24.27
二苯甲酮	47.85	182.21	98.4	17.9	4.96
乙酸	16.55	60.05	195.5	11.8	6.14
癸酸	31.3	172.26	162.4	27.7	2.88
硬脂酸	68.8	284.47	198.8	56.6	1.80
苯甲酸	122.5	122.12	141.9	17.3	7.76
三氯代乙酸	59.1	163.4	36.0	5.9	15.67
肉桂酸甲酯	34.5	162.18	110.9	18.0	5.54
苯胺	−6.15	93.12	113.4	10.6	5.79
硝基苯	5.85	123.11	98.5	12.1	5.50
水	0.0	18.00	333.5	6.0	10.45

❶ 101.3kPa系760mmHg（1atm）换算结果，以下同此。

五、密度与相对密度

密度是指物质单位体积内所含的质量，亦称绝对密度。密度的单位是千克每立方米（kg/m³）。习惯上常用单位为克每立方厘米（g/cm³）。液体或固体的相对密度一般无单位，是指物质在温度 20℃时的密度与纯水在 4℃时的密度之比，并以 d_4^{20}（或 20℃/4℃）表示。

有机化合物的密度因物质的种类结构而不同，其数值的范围较大，一般认为有如下的规律性。

(1) 密度随分子量增加而增大。

(2) 分子量接近的物质中，极性分子的密度比非极性分子大。

(3) 由碳链组成的化合物中，含有支链的密度变小。

(4) 含有几何异构体的物质，其密度的数值范围大多有所不同。

(5) 邻、间、对位取代的苯的衍生物，其密度相差小。

(6) 对称的醚、酮其密度比不对称的醚、酮要大。

(7) 分子中与碳原子上连接的原子，其原子量越大，或极性基团的数目越多，则密度也越大。

(8) 分子中同一个碳上取代基多的比取代基不在同一个碳上的密度要大。

表 1-2-6 为部分液体有机化合物的相对密度。

表 1-2-6　部分液体有机化合物的相对密度

结构式	d_4^{20}	结构式	d_4^{20}
$CH_3CH_2CH_2CH_2CH_3$	0.6263	C_2H_5SH	0.839
$H_2C{=}CH{-}CH{=}CH{-}CH_3$	0.6766		
$HC{\equiv}CCH_2CH_2CH_3$	0.691	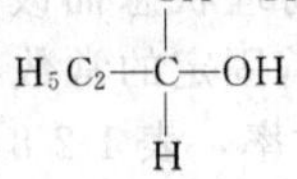	0.840
$H_3C{-}C{\equiv}C{-}CH_2CH_3$	0.693		
$(H_3C)_3{-}CNH_2$	0.698		
$C_2H_5{-}O{-}C_2H_5$	0.7193		
$(CH_3CH_2CH_2)_2NH$	0.722	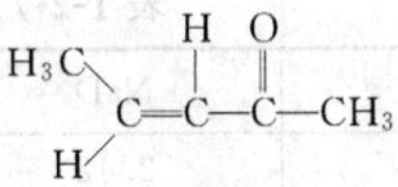	0.856
$CH_3{-}(CH_2)_8{-}CH_3$	0.7299		
n-$C_4H_9NH_2$	0.739		
CH_3CHO	0.783		
$(n$-$C_5H_{11})_2O$	0.7870	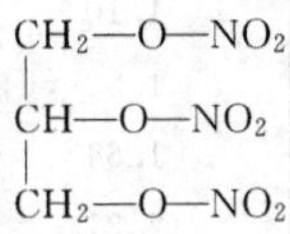	1.594
C_2H_5OH	0.7893		
		CCl_4	1.5940
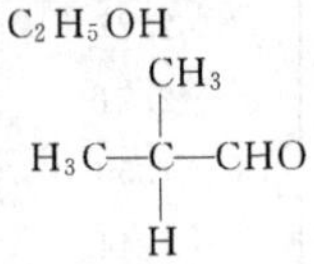	0.794	CCl_3NO_2	1.651
		$BrCH_2{-}CH_2Br$	2.055
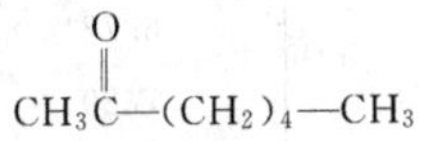	0.8154	$BrHC{=}CHBr$(反式)	2.267
		CH_3I	2.2930
$(n$-$C_3H_7)_2C{=}O$	0.8205	$BrHC{=}CHBr$(顺式)	2.285
$CH_3(CH_2)_{10}{-}CH_2OH$	0.822	CBr_2F_2	2.312
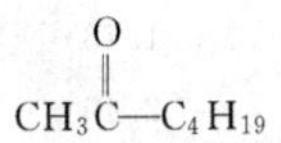	0.8256	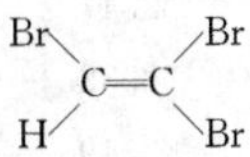	2.708
$(n$-$C_5H_{11})_2C{=}O$	0.8286	$H_2C{=}CI_2$	2.84
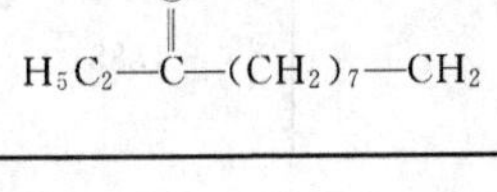	0.827	CH_2I_2	3.3345

六、折 射 率

折射率是表示光在两种不同（各向同性）介质中光速比值的物理量。光的速度因介质不同而不同，当光从一种介质进入密度相异的另一种介质时，由于其速度改变，在其进行方向亦发生改变，故称为折射。光在两种介质中的光速之比等于入射角（i）的正弦和折射角（r）的正弦之比，其比值对于一定的两种介质来说是一个常数，此常数称为第二种介质对第一种介质的折射率，用符号 n 表示。

$$n=\frac{\sin i}{\sin r}=\frac{v_1}{v_2}$$

一般表示的折射率 n 是指光由空气射入任一介质的数值。但空气本身的折光能力受温度、压力及湿度影响很大，在标准状态下空气的绝对折射率为 1.00027。因此由对空气的折射率求出对真空的折射率时需要将 n 值乘以 1.00027，则得到任一介质对真空（作为第一介质）的折射率，称为介质的绝对折射率，简称折射率。由于光在真空中的传播速度最大，故其他介质的折射率都大于 1。

折射率受光的波长和温度影响而改变，不同波长的光具有不同的折射率。通常所指的折射率是采用钠黄光（D 线，波长 5893×10^{-10}m），在 20℃进行测定的，用 n_D^{20} 表示。

折射率 n 与分子内原子排列的状态直接有关。例如物质受热膨胀时，原子排列状态发生改变，从而引起 n 值的变化。通过 n 与密度 d 之间的 Lorenz-Lorentz 关系式，可以求出比折射率 r。

$$r=\frac{n^2-1}{n^2+1}\times\frac{1}{d}$$

r 值不因温度，压力及其他物理状态而改变。比折射率与物质分子量的乘积值称为分子折射。分子折射对于各种物质都有着固定的常数，而且分子折射等于构成分子中各原子固有的原子折射之总和。表 1-2-7 为原子折射率，表 1-2-8 为测定折射率用的标准试样。

表 1-2-7　原子折射率

原子或功能团	NaD	原子或功能团	NaD
C	2.42	N(脂肪族腈)	3.05
H	1.10	N(芳香族腈)	3.79
O(OH)	1.52	N(脂肪族肟)	3.93
O(OR)	1.64	N(酰胺)	2.65
O(=C)	2.21	N(仲酰胺)	2.27
Cl	5.96	N(叔酰胺)	2.71
Br	8.86	NO_3(烷基硝酸酯)	7.59
I	13.90	NO_2(烷基亚硝酸酯)	7.44
S(SH)	7.69	NO_2(硝基烷烃)	6.72
S(R_2S)	7.97	NO_2(芳香族硝基化合物)	7.30
S(RCNS)	7.91	NO_2(硝胺)	7.51
S(R_2S_2)	8.11	NO(亚硝基)	5.91
N(羟胺)	2.48	NO(亚硝胺)	5.37
N(肼)	2.47	C=C	1.73
N(脂肪族伯胺)	2.32	C≡C	2.40
N(脂肪族仲胺)	2.49	三元环	0.71
N(脂肪族叔胺)	2.84	四元环	0.48
N(芳香族伯胺)	3.21	环氧基(末端)	2.02
N(芳香族仲胺)	3.59	环氧基(非末端)	1.85
N(芳香族叔胺)	4.36		

表 1-2-8　测定折射率用的标准试样

试样名称	t/℃	n_D^t	试样名称	t/℃	n_D^t
水	20	1.33299	环己醇	25	1.46477
	25	1.33250	苯	20	1.50110
2,2,4-三甲基戊烷	20	1.39145	碘乙烷	15	1.51682
	25	1.38898	氯苯	20	1.52460
甲基环己烷	20	1.42312	溴乙烯	15	1.54160
	25	1.42058	硝基苯	20	1.55230
甲苯	20	1.49693	溴苯	20	1.5602
	25	1.49413	邻甲苯胺	21.2	1.57021
甲醇	15	1.33057	溴仿	15	1.60053
丙酮	20	1.35911	碘苯	15	1.6230
乙酸乙酯	20	1.37243	喹啉	15	1.6298
庚烷	20	1.38775	均四溴乙烷	20	1.63795
丁醇	15	1.40118	1-溴萘	15	1.66009
氯丁烷	20	1.40223		20	1.6582
氯乙烯	20	1.44507	二溴甲烷	15	1.74428
环己酮	19.3	1.45066			

七、黏　度

黏度为流体（气体或液体）在流动中所产生的内部摩擦阻力。其大小由物质种类、温度、浓度等因素而决定。假设在流动的流体中平行于流动方向将流体分成流动速度不同的各层，则在任何相邻两层的接触面上就有着与面平行而与流动方向相反的阻力存在，称此阻力为黏滞力或内摩擦力。如果相距 1cm 的两层速度相差 1cm/s，则作用于 $1cm^2$ 面积上的黏滞力便规定为流体的黏性系数，用以表示流体的黏度大小，其单位为帕·秒（Pa·s）即加 10^{-5}N 的力于相距 1cm，面积为 $1cm^2$ 的流体两层上，使其产生每秒 1cm 之滑动速度时的黏度。

在一般溶液中当溶质的分子量小，溶液的浓度低时，黏度也比较小。黏度随温度而变化，即温度升高，液体的黏度变小，符合牛顿摩擦定律。但是在实际应用中，多数溶质是高分子物质时组成的溶液，其黏度并不遵守牛顿摩擦定律。因此有关溶剂或溶液的黏度必须从以下几个方面考虑：

(1) 沸点低、蒸气压低、溶解能力强的溶剂一般生成低黏度溶液；
(2) 溶质量少可以配制成低黏度溶液；
(3) 添加溶解能力差的溶剂，其溶液的黏度增加；
(4) 具有不饱和结构的溶剂可生成低黏度溶液；
(5) 溶剂本身的分子量大，黏度也大；
(6) 缔合程度高的溶液黏度大；
(7) 分子能发生凝聚作用的溶剂，一般黏度大；
(8) 温度上升，黏度减小；
(9) 溶质的分子量大，一般可制成高黏度溶液。

表 1-2-9 为液体有机化合物的黏度。

表 1-2-9 液体有机化

物质名称	温						
	−40	−20	0	10	15	20	30
乙酰丙酮			1.09				
乙酰胺							
乙醛			0.267	0.244		0.222	
苯乙酮							
丙酮	0.66	0.50	0.395	0.356	0.347	0.322	0.293
苯甲醚			1.78	1.51		1.32	1.21
苯胺			1.02	6.5		4.40	3.12
亚硫酸二甲酯			0.361			0.301	0.277
烯丙醇				1.72		1.22	0.75
异丁醇	51.3	18.4	8.3	5.65		3.95	2.85
异戊二烯			0.260	0.236		0.216	0.198
异己烷			0.38		0.32	0.31	
异戊醇			8.6	6.1		4.36	3.20
异戊烷			0.272	0.246		0.223	0.202
异丁酸				1.62		1.326	
乙醇	4.79	2.38	1.78	1.46		1.19	1.00
N-乙基苯胺				2.98		2.25	
乙苯			0.874	0.760		0.666	0.590
丁酮			0.52			0.441	
乙二醇						17.33 (25℃)	
烯丙基氯					0.353	0.337	
氯代异丁烷						0.451	0.390
异丙基氯			0.402	0.358		0.322	0.292
氯乙烷		0.392	0.320	0.291		0.266	0.244
氯丙烷			0.436	0.390		0.352	0.319
氯甲烷				0.202	0.183		0.166
甲酸				2.25		1.78	1.46
甲酸异丁酯						0.667	
甲酸异丙酯						0.521	
甲酸乙酯					0.419	0.402	0.358
甲酸丁酯						0.691	
甲酸丙酯							0.470
甲酸甲酯			0.43	0.38		0.345	0.315
邻二甲苯			1.10	0.93		0.81	0.71
间二甲苯			0.80	0.70		0.61	0.55
对二甲苯				0.74		0.64	0.57
戊酸						2.236	
甘油						14.99	6.24
43%溶液						4.31	
69%溶液						21.1	
81%溶液						69.3	
86%溶液						129.6	
邻甲酚						9.8	6.1
间甲酚			95	44		21	10
对甲酚						20.2	10.3
邻甲苯乙醚						1.446	
对甲苯乙醚						1.463	
邻甲苯丙醚						1.995	
邻甲苯甲醚						1.317	
邻氯酚							

合物的黏度/mPa·s

度/℃							
40	50	60	80	100	120	140	180
				1.41	1.06		
	1.246			0.734			
0.246							
1.12	1.04	0.97					
2.30	1.80	1.50	1.10	0.80	0.59		
			0.48				
2.12	1.61	1.24	0.78	0.52			
0.25	0.23						
2.41	1.85	1.45	0.93	0.63	0.45		
1.00				0.50		0.35	
0.825	0.701	0.591	0.435	0.326	0.248	0.190	
1.43		1.01	0.76	0.60			
0.527	0.475	0.432					
	0.32						
0.283							
	0.348	0.311					
0.224							
0.291							
0.152	0.140	0.129	0.108	0.089	0.072		
1.22	1.03	0.89	0.68	0.54			
0.425	0.380	0.344					
0.62	0.56	0.50	0.411	0.346	0.294	0.254	
0.490	0.443	0.403	0.339	0.289	0.250		
0.51	0.456	0.414	0.345	0.292	0.251		
	1.25						
4.3	3.2	2.3					
6.2	4.4	3.2	2.1	1.6			
6.7	4.7	3.5					
6.018(45℃)							

物质名称	温						
	−40	−20	0	10	15	20	30
间氯酚							
对氯酚							
乙酸						1.22	1.04
乙酸异丁酯							
乙酸异丙酯						0.526	
乙酸乙酯			0.578	0.507	0.473	0.449	0.400
乙酸丁酯			1.004	0.851		0.732	0.637
乙酸丙酯			0.77	0.67		0.58	0.51
乙酸戊酯							
乙酸甲酯						0.381	0.344
N,*N*-二乙基苯胺				2.85		2.18	1.75
乙醚	0.47	0.364	0.296	0.268		0.243	0.220
3-戊酮				0.55	0.51	0.469	0.425
四氯化碳			1.35	1.13		0.97	0.84
二噁烷						1.26	1.06
环己醇						68.0	36.1
环己烷						0.97	0.82
1,2-二氯乙烷			1.077			0.8	
二氯甲烷		0.68	0.537	0.481		0.435	0.396
二苯醚						3.864 (25℃)	
丙醚			0.54			0.425	0.38
4-庚酮						0.736	
1,2-二溴丙烷			2.29			1.68	1.40
N,*N*-二甲基苯胺				1.69		1.41	1.18
二甲胺	0.436 (−33.5℃)						
烯丙基溴				0.56		0.50	0.46
异丙基溴			0.605	0.538		0.482	0.435
溴乙烷						0.40	0.36
溴丙烷			0.465	0.575		0.517	0.467
噻吩			0.87	0.75		0.66	0.58
十氢化萘						2.40	
1,1,2,2-四氯乙烷			2.66	2.13		1.75	1.48
四氯乙烯			1.14	1.00		0.88	0.80
萘满						2.02	
十二烷						1.257 (23.3℃)	
三氯乙烯			0.71	0.64		0.58	0.53
α,*α*,*α*-三氯甲苯				3.07	2.69		
邻甲苯胺			10.2	6.4		4.35	3.20
间甲苯胺			8.7	5.5		3.81	2.79
对甲苯胺							
甲苯			0.768	0.667		0.586	0.522
萘							
邻硝基甲苯			3.83	2.96	2.62	2.37	1.91
间硝基甲苯						2.33	1.91
对硝基甲苯							

续表

度/℃							
40	50	60	80	100	120	140	180
4.722 (45℃)							
2.250 (45℃)							
0.90	0.79	0.70	0.56	0.46			
						0.173 (160℃)	0.1474
0.360	0.326	0.297	0.248	0.210	0.178	0.152	0.109
0.563		0.448	0.366	0.304			
0.46	0.41	0.368	0.304	0.250			
0.8055 (45℃)							
0.321	0.284	0.258	0.217	0.182	0.154	0.130	
1.42	1.2	1.02	0.777				
0.199		0.166	0.140	0.118			
	0.36		0.28				
0.74	0.65	0.59	0.472	0.387	0.323	0.276	0.201
0.917	0.778	0.685	0.539				
20.3		12.1	7.8	3.5			
0.71	0.61	0.54					
	0.565						
0.363							
	0.33		0.24				
	0.98		0.72	0.64		0.43	
1.02		0.79	0.64				
	0.39	0.35					
0.394	0.359						
0.33	0.30		0.23	0.20	0.17	0.15	
0.425	0.388	0.356					
0.52	0.468	0.424	0.350				
	1.58						
1.28	1.11	0.97	0.75				
0.72	0.66	0.60	0.51	0.441	0.383		
	1.3						
0.48	0.45	0.41					
2.44	1.94	1.57	1.11	0.83			
2.14		1.40	1.00	0.77			
	1.75	1.45	1.00	0.75	0.58	0.50	
0.466	0.420	0.381	0.319	0.271	0.231	0.199	
			0.967	0.776			
1.63		1.21	0.94	0.76			
1.60		1.18	0.92	0.75			
		1.20	0.94	0.76			

物质名称	温						
	−40	−20	0	10	15	20	30
硝基苯			3.09	2.46		2.01	1.69
硝基甲烷			0.844	0.742		0.657	0.587
二硫化碳			0.433	0.396		0.366	0.341
壬烷			0.97	0.83		0.71	0.62
联苯							
吡啶			1.33	1.12		0.95	0.83
苯乙醚						1.262	1.073
苯酚						11.6	7.0
丁醇	22.4	10.3	5.19	3.87		2.95	2.28
丁酰苯			4.07	3.03		2.36	1.89
丙醇	13.5	6.9	3.85	2.89		2.20	1.72
2-丙醇	32.2	10.1	4.60	3.26		2.39	1.76
丙酸			1.52	1.29		1.10	0.96
丙酸酐			1.61	1.33		1.12	0.96
丙酸乙酯					0.564		0.473
丙酸甲酯			0.59		0.47	0.461	
溴苯			1.52	1.31		1.13	1.00
1,5-己二烯			0.34		0.29	0.275	0.25
2-己酮						0.625	
己烷			0.397	0.355		0.320	0.290
庚烷			0.517	0.458		0.409	0.367
庚酸				5.62		4.34	3.40
苯			0.91	0.76		0.65	0.56
苄腈				1.62		1.33	1.13
戊醇					4.65		2.99
2-戊酮			0.64			0.499	
戊烷			0.283	0.254		0.229	0.208
甲酰胺			7.3	5.0		3.75	2.94
丙二酸二乙酯					2.38		1.75
乙酐			1.24	1.05		0.90	0.79
甲醇			0.734	0.715	0.64	0.611	0.51
2-甲基己烷			0.48		0.39		
薄荷醇							
烯丙基碘			0.93		0.74		0.65
碘代异丁烷			1.16			0.91	
碘乙烷						0.60	
碘甲烷			0.61			0.490	
碘苯				1.97		1.49	1.45
月桂酸							
丁酸			2.84			1.538	
丁酸乙酯					0.711		0.595
丁酸甲酯			1.77	1.45		1.21	1.03

续表

度/℃

40	50	60	80	100	120	140	180
1.44	1.24	1.09	0.87	0.70			
0.528	0.478	0.433	0.357				
0.319							
0.55		0.44	0.36	0.30			
		1.24	0.97				
0.73		0.58	0.482				
0.900							
4.77	3.43	2.56	1.59	1.05	0.78	0.69	
1.78	1.41	1.14	0.76	0.54			
1.56		1.13	0.87	0.69			
1.38		0.92	0.63				
1.33		0.80	0.52				
0.84	0.75	0.67	0.545	0.452	0.380	0.322	
0.83	0.73	0.65	0.52	0.430	0.360	0.306	
	0.34						
0.89	0.79	0.72	0.60	0.52			
	0.21						
0.264	0.241	0.221					
0.332	0.301	0.275	0.231				
2.74		1.89	1.38	1.06	0.82		
0.492	0.436	0.390	0.316	0.261	0.219	0.185	0.132
0.984	0.864	0.767	0.623	0.515			
	0.375						
2.43	2.04	1.71	1.17	0.83	0.63		
0.69	0.62	0.55	0.453	0.377	0.320		
	0.426						
0.32			0.22				
16.20							
			0.47		0.35		
0.49		0.41					
0.42							
1.265	1.12	0.995	0.815	0.69	0.585	0.51	
	6.88	5.37	3.51	2.46	1.79	1.35	
1.117		0.853	0.678	0.545			
0.89		0.69	0.55	0.45			

八、表面张力

表面张力是指液体表面相邻两部分间单位长度内的相互牵引力，它是分子力的一种表现。当液面上的分子受着液体内部分子的吸引作用而使液面趋向收缩，其方向与液面相切，单位是 N/m。表面张力的大小与液体的性质、纯度和温度有关。由于表面张力的作用，液体表面总是具有尽可能缩小的倾向，因此液滴呈球形。

测定表面张力的方法有毛细管上升法、毛细管测压法、液滴法和泡压法等。表 1-2-10 为有机化合物的表面张力。

表 1-2-10　有机化合物的表面张力

化合物	温度/℃	表面张力/(mN/m)	化合物	温度/℃	表面张力/(mN/m)
乙酰丙酮	17	30.26	氯丁烷	20	23.66
乙酰苯胺	120	35.24	氯丙烷	20	21.78
乙醛缩二甲醇	20	21.60	苄基氯	20.6	37.46
乙腈	20	29.10	丁子香酚	20	37.18
苯乙酮	20	39.8	辛醇	20	26.71
丙酮	20	23.32	2-辛醇	20	25.83
	30	22.01	3-辛醇	20	25.05
偶氮苯	76.9	35.5	4-辛醇	20	25.43
苯甲醚	20	35.22	辛烷	20	21.76
苯胺	26.2	42.5	辛酸	20	28.34
烯丙醇	20	25.68	辛酸乙酯	20	26.91
苯甲酸乙酯	25	34.6	辛胺	20	27.73
苯甲酸甲酯	20	37.6	辛烯	20	21.78
α-紫罗酮	17.5	32.45	油酸	90	27.0
β-紫罗酮	11.0	34.41	氨基甲酸乙酯	60	31.47
异戊酸	25	24.90	甲酸	20	37.58
异喹啉	26.8	46.28	甲酸乙酯	17	23.31
异丁胺	19.7	22.25	甲酸甲酯	20	24.64
异丁醇	20	22.8	邻二甲苯	20	30.03
异戊烷	20	14.97	间二甲苯	20	28.63
异丁酸	20	25.2	对二甲苯	20	28.31
茚	28.5	37.4	戊酸	19.2	27.29
十一烷	20	24.71	戊酸乙酯	41.5	23.00
十一酸	25	30.64	喹啉	26.0	44.61
十一酸乙酯	16.8	28.61	异丙苯	20	28.20
乙醇	20	22.27	邻甲酚	14	40.3
	30	21.43	间甲酚	14	39.6
	40	20.20	对甲酚	14	39.2
	80	17.97	氯代辛烷	17.9	27.99
乙胺	25	19.21	氯代乙酸	80.2	33.3
乙基环己烷	20	25.7	氯代乙酸乙酯	20	31.70
乙苯	20	29.04	氯代癸烷	21.8	28.72
丁酮	20	24.6	邻氯甲苯	20	33.44
环氧乙烷	−5	28.4	对氯甲苯	25	32.08
乙二胺	21.3	41.80	氯代己烷	20	26.21
3-氯-1,2-环氧丙烷	12.5	38.13	氯苯	20	32.28
反油酸	90	26.56	氯代戊烷	20	25.06

续表

化合物	温度/℃	表面张力/(mN/m)	化合物	温度/℃	表面张力/(mN/m)
芥酸	90	28.56		30	25.89
烯丙基氯	23.8	23.17	丁二酸二乙酯	19.3	31.82
氯乙烷	10	20.58	硬脂酸	90	26.99
乙酸	20	27.63	癸二酸二乙酯	20	33.17
	50	24.65	苯硫酚	25.5	37.67
乙酸异丁酯	16.9	23.94	噻吩	20	33.1
乙酸异丙酯	21	22.14	癸醇	20	27.32
乙酸乙酯	20	23.8	癸烷	20	23.92
乙酸乙烯	20	23.95	癸酸	31.9	27.7
乙酸丁酯	20.9	25.21	癸酸乙酯	16.1	28.52
乙酸丙酯	10	24.84	十四烷	21.5	26.53
乙酸己酯	20.2	25.60	十二醇	20	26.06
乙酸戊酯	20	25.68	十二烷	30	24.51
乙酸甲酯	21	25.17	三乙胺	20	19.99
水杨酸甲酯	25	39.1	三氯代乙酸	80.2	27.8
二乙胺	25	19.28	三氯代乙酸乙酯	20	30.87
乙醚	20	17.06	三氟三氯乙烷	20	17.75
	30	15.95	甘油三硬脂酸酯	80	28.1
3-戊酮	21.0	25.18	十三烷	21.3	25.87
邻二乙基苯	20	30.3	三丁胺	20	24.64
间二乙基苯	20	28.2	三丙胺	20	22.96
对二乙基苯	20	29.0	甘油三个十四(烷)酸酯	60	28.7
二噁烷	20	33.55	邻甲苯胺	50	37.49
环辛烷	13.5	29.9	间甲苯胺	25	37.73
环辛烯	13.5	29.9	对甲苯胺	50	34.60
1,1-二氯乙烷	20	24.75	甲苯	20	28.53
1,2-二氯乙烷	20	32.23		30	27.32
二氯代乙酸	25.7	35.4	萘	80.8	32.03
二氯代乙酸乙酯	20	31.34	菸碱	31.2	36.50
环己醇	20	34.5	邻硝基苯甲醚	25	45.9
环己酮	20.7	35.23	硝基乙烷	20	32.2
环己烷	20	24.95	甘油三硝酸酯	16.5	51.1
	30	23.75	邻硝基甲苯	20	41.46
环己烯	13.5	27.7	间硝基甲苯	20	40.99
环庚酮	20	35.38	对硝基甲苯	54	37.15
环庚烷	13.5	27.8	邻硝基酚	50	42.3
环庚烯	13.5	28.3	硝基苯	20	43.35
环戊醇	21	32.06	硝基甲烷	20	36.97
环戊酮	23	32.98	壬醇	20	26.41
环戊烷	13.5	23.3	3-壬酮	20	27.4
环戊烯	13.5	23.6	壬烷	20	22.92
二苯胺	60	39.23	软脂酸	65.2	28.6
二丁胺	20	24.50	二环己基	20	32.5
丁醚	20	22.90	α-蒎烯	33	26.13
二丙胺	20	22.32	哌啶	20	30.20
丙醚	20	20.53	吡啶	20	38.0
二溴代甲烷	20	26.52	吡咯	29.0	28.80
戊醚	20	24.76	二甲胺	5	17.7
氯仿	20	27.28	二甲亚砜	20	43.54

续表

化合物	温度/℃	表面张力/(mN/m)	化合物	温度/℃	表面张力/(mN/m)
	30	42.41	菲	120	36.3
溴乙烷	20	24.15	苯肼	20	45.55
溴丁烷	20	26.33	苯酚	20	40.9
溴丙烷	20	25.85	丁醇	20	24.57
草酸二乙酯	20	32.22	2-丁醇	20	23.47
硝酸乙酯	20	28.7	丁胺	20	23.81
氟丁烷	20	17.72	3-庚酮	20	26.30
氟苯	20	27.71	丁苯	20	29.23
丙醇	20	23.70	二苯甲酮	19.0	44.18
2-丙醇	20	21.35	十四烷	22.6	26.97
丙酸	20	26.7	戊醇	20	25.60
丙酸乙酯	20	24.27	戊烷	20	15.97
丙胺	20	21.98	戊胺	20.1	25.20
丙苯	20	28.99	戊苯	20	29.65
溴代己烷	20	28.04	甲酰苯胺	60	39.04
溴苯	20	36.34	甲醛缩二甲醇	20	21.12
溴代戊烷	20	27.29	丙二酸二乙酯	20	31.71
溴仿	20	41.91	十四(烷)酸	76.2	27.0
十一烷	21.1	27.52	十四(烷)酸乙酯	35	28.26
己醇	20	24.48	乙酐	20	32.65
2-己醇	25	24.25		30	31.22
3-己醇	25	24.04	邻苯二甲酸酐	130	39.50
六甲基二硅氧烷	20	15.7	1,3,5-三甲苯	20	28.83
己烷	20	18.42	甲醇	20	22.55
己酸	25	27.49		30	21.69
己酸乙酯	18.4	25.96	甲胺	25	19.19
己烯	20	18.41	甲基环己烷	20	23.7
十五烷酸	66.9	27.9	3-甲基-1-丁醇	20	24.3
庚醇	20	24.42	*L*-薄荷酮	30	28.39
庚烷	20	20.31	吗啉	20	37.5
庚酸	25	27.97	碘乙烷	20	28.83
庚酸乙酯	20	26.43	碘丁烷	20	29.15
庚烯	20	20.24	碘丙烷	20	29.28
全氟辛烷	35	12.4	碘甲烷	20	30.14
全氟癸烷	60	12.0	碘代辛烷	21.0	30.65
全氟十二烷	90	10.8	碘代己烷	20	29.93
全氟壬烷	35	14.7	碘苯	18.4	39.38
苄胺	20	39.07	十二(烷)酸乙酯	17.1	28.63
苄醇	20	39.0	丁酸	25	26.21
苯	15	29.55	丁酸酐	20	28.93
	20	28.86	丁酸乙酯	20	24.54
	30	27.56	丁酸甲酯	27.3	24.24
	40	26.41	二乙硫	17.5	25.0
	50.1	24.97	二苯硫	16.4	42.54
	80	20.28	二丁硫	18.3	27.40
苯甲醛	20	40.04	二甲硫	17.3	24.64
苄腈	20	38.59	硫酸二乙酯	14.9	34.02
			硫酸二甲酯	15.1	39.50

九、比 热 容

单位量物质温度升高1K时所需吸收的热量称为比热容，单位为kJ/(kg·K)。各种物质的比热容不同，同一种物质其比热容大小又与加热时的条件有关（如温度高低，压强和体积的变化等），而且同一种物质在不同的物态下比热容也不相同。在体积不变的条件下，温度升高1K时所需吸收的热量称为定容比热容。在压强不变的条件下，温度升高1℃时所需吸收的热量称为定压比热容。气体的定压比热容比定容比热容大，而液体和固体在温度升高1K时，体积几乎没有变化，其定压比热容和定容比热容差别很小，可以不必区分。

十、临界常数

当液态物质与其蒸气两种状态共存于边缘状态时称为临界状态。在这个状态下，液体和它的饱和气相密度相同，因此它们的分界面消失。但是这种状态只能在一定的温度和压力下才能实现。物质处于临界状态时的温度称为临界温度。各种物质的临界温度不同，在此温度以上，物质只能处于气体状态，不能单用压缩体积的方法使之液化。所以临界温度也就是物质以液态形式出现或者加压使气体液化时所允许的最高温度。临界压力是指物质处于临界状态时的压力，即在临界温度时使气体液化所需要的最小压力，也就是液体在临界温度时的饱和蒸气压。临界体积是指物质处于临界状态时的体积，通常用单位质量所占的体积（即比容）表示，即一定质量的液体所能占有的最大体积。

由于大多数有机化合物对热不稳定，难以直接求出临界常数，故大多采用近似计算的方法。表1-2-11为各种物质的临界温度和临界压力。

表1-2-11 物质的临界温度和临界压力

物质名称	相对分子质量	沸点/℃	临界温度/℃	临界压力/MPa	物质名称	相对分子质量	沸点/℃	临界温度/℃	临界压力/MPa
〈无机化合物〉					二氧化氮	46.01	22.4	158	10.132
一氧化碳	28.01	−192	−140	3.495	一氧化二氮	44.02	−88.7	36.5	7.265
二氧化碳	44.1	−56.6	31.0	7.386	硫	32.07	444.6	1040	11.753
		(52.7Pa)			氟化硫	146.06	升华	45.55	3.760
光气	98.92	8.3	182	5.674	二氧化硫	64.07	−10.0	157.5	7.883
氧硫化碳	60.07	−50.2	105	6.181	三氧化硫	80.07	44.6	218.2	8.491
二硫化碳	76.14	46.3	279	7.903	〈有机化合物〉				
溴化氢	80.92	−67.0	90.0	8.511	甲烷	16.04	−161.5	−82.1	4.640
氰化氢	27.03	26	183.5	5.390	乙烷	30.07	−88.6	32.3	4.884
氯化氢	36.47	−83.7	51.4	8.258	丙烷	44.10	−42.1	96.8	4.255
氟化氢	20.01	19.4	230.2		丁烷	58.12	−0.5	152.0	3.799
碘化氢	127.93	−39.38	150	8.207	异丁烷	58.12	−11.7	134.9	3.648
		(40.5Pa)			戊烷	72.15	36.1	196.6	3.374
水	18.016	100.0	374.2	22.118	异戊烷	72.15	27.8	187.8	3.333
硫化氢	34.08	−61.80	100.4	9.007	新戊烷	72.15	9.5	160.6	3.202
水银	200.61	356.9	>1550	>20.264	己烷	86.18	68.7	234.7	3.029
氨	17.03	−33.35	132.3	11.277	2-甲基戊烷	86.18	60.3	224.7	3.029
肼	32.05	113.5	380	14.691	3-甲基戊烷	86.18	63.3	231.5	3.121
氧化氮	30.01	−151	−93	6.484	2,2-二甲基丁烷	86.18	49.7	216.2	3.111

续表

物质名称	相对分子质量	沸点/℃	临界温度/℃	临界压力/MPa	物质名称	相对分子质量	沸点/℃	临界温度/℃	临界压力/MPa
2,3-二甲基丁烷	86.18	58.0	227.1	3.131	环己烷	84.16	80.7	280	4.053
庚烷	100.21	98.4	267.0	2.736	甲基环己烷	98.19	100.8	299.1	3.477
2-甲基己烷	100.21	90.0	257.9	2.756	苯	78.11	80.1	289	4.924
3-甲基己烷	100.21	91.9	262.4	2.847	甲苯	92.14	110.6	320.8	4.215
3-乙基戊烷	100.21	93.5	267.6	2.898	邻二甲苯	106.17	144.4	358.4	3.739
2,2-二甲基戊烷	100.21	79.2	247.7	2.877	间二甲苯	106.17	139.2	346	3.648
2,3-二甲基戊烷	100.21	89.8	264.6	2.959	对二甲苯	106.17	138.4	345	3.546
2,4-二甲基戊烷	100.21	80.5	247.1	2.776	乙苯	106.17	136.2	346.4	3.850
3,3-二甲基戊烷	100.21	86.1	263	3.039	1,2,3-三甲基苯	120.20	176.1	395	3.141
2,2,3-三甲基丁烷	100.21	80.9	258.3	3.014	1,2,4-三甲基苯	120.20	169.2	381.2	3.344
辛烷	114.23	125.6	296.7	2.492	1,3,5-三甲基苯	120.20	164.6	368	3.344
2-甲基庚烷	114.23	117.6	288	2.513	2-乙基甲苯	120.20	165.2	380	3.141
3-甲基庚烷	114.23	118.9	292	2.594	3-乙基甲苯	120.20	161.3	363	3.141
4-甲基庚烷	114.23	117.7	290	2.594	4-乙基甲苯	120.20	162.0	363	3.141
3-乙基己烷	114.23	118.5	294	2.675	丙苯	120.20	159.3	365.6	3.241
2,2-二甲基己烷	114.23	106.8	279	2.594	异丙苯	120.20	152.4	362.7	3.241
2,3-二甲基己烷	114.23	115.6	293	2.695	丁苯	134.22	183.1	387.8	
2,4-二甲基己烷	114.23	109.4	292	2.614	异丁苯	134.22	172.8	377	3.141
2,5-二甲基己烷	114.23	109.1	276.8	2.492	对异丙基甲苯	134.22	177.2	385	
3,3-二甲基己烷	114.23	112.0	291	2.756	1,2,4,5-四甲基苯	134.22	195.9	402.5	
3,4-二甲基己烷	114.23	117.7	298	2.766	顺-十氢化萘	138.25	194.6	418.5	
2-甲基-3-乙基戊烷	114.23		295	2.766	反-十氢化萘	138.35	185.5	408.3	
3-甲基-3-乙基戊烷	114.23		305	2.928	氯甲烷	50.49	−24.1	143.1	6.677
2,2,3-三甲基戊烷	114.23	109.8	303	2.938	二氯甲烷	84.94	40.0	237	6.079
2,2,4-三甲基戊烷	114.23	99.2	270.9	2.574	氯仿	119.39	61.2	263.4	5.471
2,3,4-三甲基戊烷	114.23	113.5	295	2.296	四氯化碳	153.84	76.7	283.2	4.559
2,2,3,3-四甲基丁烷	114.23	106.3	270.8	2.482	氯乙烷	64.52	12.3	187.2	5.269
癸烷	142.29	174.0	330.4	2.148	1,1-二氯乙烷	98.97	57.2	250	5.066
乙烯	28.05	−103.9	9.2	5.066	1,2-二氯乙烷	98.97	83.5	288	5.369
丙烯	42.08	−47.0	91.8	4.620	氟甲烷	34.03	−78.4	44.6	5.877
丁烯	56.11	−6.1	146.4	4.022	二氟一氯甲烷	86.48	−40.8	96.4	4.914
2-丁烯	56.11	+1	157	4.154	一氟二氯甲烷	102.93	8.9	178.5	5.167
2-甲基丙烯	56.11	−6	144.7	4.002	三氟一氯甲烷	104.47	81.2	28.8	3.951
戊烯	70.14	30	201	4.053	二氟二氯甲烷	120.93	−29.8	111.5	4.012
2-戊烯	70.14	36.4	202.4	4.093	一氟三氯甲烷	137.38	23.7	198.0	4.377
3-甲基丁烯	70.14	21	191.6	3.435	四氟化碳	88.01	−128.0	−45.5	
2-甲基-2-丁烯	70.14	37	197	3.445	氟乙烷	48.06	−32.0	102.2	5.025
己烯	84.16	63.5	243.5		四氟二氯乙烷	170.94	3.5	145.7	3.273
庚烯	112.22	122.5	304.8		三氟三氯乙烷	187.39	47.6	214.1	3.414
丙二烯	40.07	−35.0	120.7	5.248	二氟四氯乙烷	203.85	92.8	278.0	
1,3-丁二烯	54.09	−4.5	152	4.326	十氟代丁烷	238.04	−1.7	113.3	2.330
1,5-己二烯	82.15	59.6	234.4		十六氟代庚烷	388.08	82.47	201.6	1.621
乙炔	26.04	−83.8	35.50	6.246	三氯六氟环己烷	350.08	76.32	213.4	2.432
丙炔	40.07	−23.1	128	5.349	四氟乙烯	100.02	−76.3	33.3	
丁炔	54.09	18	190.5		三氟一氯乙烯	116.48	−27.9	106	4.053
2-丁炔	54.09	27.2	215.2		二溴甲烷	173.86	97.0	309.8	7.153
戊炔	68.12	40.0	220.3		三氟一溴甲烷	148.93	−58.7	66.6	
环戊烷	70.14	49.3	238.6	4.519	溴乙烷	108.98	38.4	230.7	6.231
甲基环戊烷	84.16	72.0	259.6	3.789	氟苯	96.11	84.7	286.6	4.519
乙基环戊烷	98.19	103.5	296.3	3.394	氯苯	112.56	132.2	359.2	4.519

续表

物质名称	相对分子质量	沸点/℃	临界温度/℃	临界压力/MPa	物质名称	相对分子质量	沸点/℃	临界温度/℃	临界压力/MPa
溴苯	157.2	156.2	397	4.519	异戊酸丙酯	144.22	155.9	335.9	
碘苯	204.02	188.6	448	4.519	异戊酸异丁酯	158.24	168.7	348.2	
甲醇	32.04	64.65	240.0	7.954	辛酸乙酯	172.27	208.3	385.5	
乙醇	46.07	78.3	243	6.383	壬酸乙酯	186.30	227.0	400.8	
丙醇	60.10	97.2	264	5.086	乙酐	102.09	139.4	296	4.681
异丙醇	60.10	82.0	235.6	5.369	乙酸	60.05	118.1	321.6	5.785
烯丙醇	58.08	97.1	271.9		丙酸	74.08	140.7	339	5.369
丁醇	74.12	117	288	4.965	丁酸	88.11	163.5	355	5.269
异戊醇	88.15	130.0	309.7		异丁酸	88.11	154.4	336	4.053
叔戊醇	88.15	102.3	271.7		戊酸	102.14	187.0	337	
庚醇	116.21	174.0	365.3		异戊酸	102.14	176.5	361	
辛醇	130.23	194.5	385.5		苯酚	94.11	181.9	419.2	6.129
仲辛醇	130.23	179.0	364.1		邻甲酚	108.14	190.8	422	5.005
甲醚	46.07	−23.65	126.9	5.369	间甲酚	108.14	202.8	432	4.559
甲基乙基醚	60.10	7.6	164.7	4.397	对甲酚	108.14	201.8	426	5.147
乙醚	74.12	34.60	194	3.607	百里酚	150.22	231.8	425.0	
乙基丙基醚	88.15	63.6	227.4	3.252	巴豆酸乙酯	114.15	136.5	326.0	
烯丙基乙基醚	86.14	64.0	245.0		甲胺	31.06	−6.3	156.9	7.457
二苯醚	170.21	258.5	494.0		二甲胺	45.09	7.4	164.5	5.309
甲缩醛	76.10	12.3	215.2		三甲胺	59.11	3.5	160.1	4.073
乙缩醛	118.18	102.0	254.4		乙胺	45.09	16.6	183	5.623
环氧乙烷	44.05	10.7	192.0		二乙胺	73.14	55.5	223	3.708
二噁烷	88.11	101.1	312	5.137	三乙胺	101.19	89.4	259	3.039
乙醛	44.05	20.2	188		丙胺	59.11	48.5	233.8	4.742
三聚乙醛	132.16	124	290.0		二丙胺	101.19	109.2	277	3.141
丙酮	58.08	56.3	235.5	4.722	乙腈	41.05	81.8	274.7	4.833
丁酮	72.11	79.6	260	4.002	丙腈	55.08	97.1	291.2	4.185
甲酸甲酯	60.05	31.8	214.0	5.998	丁腈	69.11	117.5	309.1	3.789
甲酸乙酯	74.08	54.1	235.3	4.742	己腈	97.16	163.7	348.8	3.252
甲酸丙酯	88.11	81.2	264.9	4.063	硝基甲烷	61.04	101.2	315	6.312
甲酸异丁酯	102.14	97.7	278.2	3.881	苯胺	93.13	184.4	425.6	5.299
甲酸戊酯	116.16	130.4	302.6		甲基苯胺	107.15	195.5	428.4	5.198
乙酸甲酯	74.08	57.1	233.7	4.691	二甲基苯胺	121.18	193.1	414.7	3.627
乙酸乙酯	88.11	77.1	250.1	3.829	苄腈	103.13	190.6	426.2	4.215
乙酸丙酯	102.14	101.6	276.2	3.333	吡啶	79.10	115.4	344.2	6.079
乙酸丁酯	116.16	126.1	305.9		噻吩	84.14	84.4	317	4.863
乙酸异戊酯	130.19	142.0	326.1		乙硫醇	62.14	35.0	226	5.492
丙酸丙酯	116.16	122.4	304.8		二甲硫	62.14	36.0	229.9	5.532
丙酸异丁酯	130.19	136.8	318.7		二乙硫	90.19	88.0	284	3.962
丙酸异戊酯	144.22	160.2	338.2		烯丙基化硫	114.21	138.6	380.4	
丁酸甲酯	102.14	102.3	281.3	3.475	二异戊基硫	174.35	216.0	391.2	
异丁酸甲酯	102.14	92.3	267.6	3.435	二乙二硫	122.26	153.0	369.0	
异丁酸乙酯	116.16	110.1	280	3.039	硅烷	32.09		−3.5	4.843
丁酸丙酯	130.19	142.7	326.6		四氟化硅	104.06		−14.1	3.718
异丁酸丙酯	130.19	133.9	316.0		三氟一氯硅烷	120.52		34.5	3.465
丁酸异丁酯	144.22	156.9	338.2		二氟二氯硅烷	136.97		95.8	3.496
异丁酸异丁酯	144.22	147.5	328.7		一氟三氯硅烷	153.43		165.3	3.577
丁酸异戊酯	158.24	178.6	345.6		四氯化硅	169.89	57.57	233	
戊酸乙酯	130.19	145.5	297.0						
异戊酸乙酯	130.19	134.7	314.8						

十一、燃烧热与生成热

单位量有机物质在纯氧中完全燃烧时所发生的热量称为燃烧热。在燃烧时，有机物质中的碳变成 CO_2，氢变成 H_2O，硫变成 SO_2，氮变成 N_2，氯变成 Cl_2 等。气体的燃烧热用火焰量热计测定，液体或固体物质的燃烧热用弹式量热器测定。

在 25℃和 101.3kPa 下由最稳定的单质生成 1mol 化合物时的热量变化（热效应）称为生成热。化合物的生成热可用燃烧热进行计算。燃烧热和生成热的单位为 J/mol。

十二、蒸发速度

蒸发是指在液体表面发生的气化现象，表示在同一时间内从液面逸出的分子数多于由液面外进入液体的分子数。蒸发过程在任何温度下都能进行，液体在蒸发时必须从其周围吸收热量。所以温度越高，暴露面越大，或在液面附近该物质的蒸气密度越小，则蒸发越快（即一定时间内液体的蒸发量愈大）。在相同条件下各种液体的蒸发速度是不同的。有机溶剂的蒸发速度受着多种因素的影响，如溶剂本身及外界的温度、溶剂的热导率、分子量、蒸气压、蒸发潜热以及溶剂的表面张力和密度，还要加上湿气影响、溶液中溶质的含量的影响，因此要准确地进行测定是比较困难的。蒸发速度一般用溶剂的沸点高低来判断，其中决定蒸发速度的最根本的因素是溶剂在该温度下的蒸气压，其次是溶剂的分子量。表 1-2-12 为溶剂的比蒸发速度（蒸发速度以乙酸丁酯为 100 进行比较）。

表 1-2-12 溶剂的比蒸发速度

溶剂名称	分子式	相对分子质量	沸点/℃	比蒸发速度
乙酸甲酯	$CH_3CO_2CH_3$	74.08	59～60	1040
丙酮	CH_3COCH_3	58.08	56.1	720
乙酸乙酯	$CH_3CO_2C_2H_5$	88.10	77.1	525
丁酮	$CH_3COC_2H_5$	72.10	79.6	465
苯	C_6H_6	78.11	79.6	500
乙酸异丙酯	$CH_3CO_2CH(CH_3)_2$	102.13	89.0	435
甲醇	CH_3OH	32.04	64.5	370
丙酸乙酯	$C_2H_5CO_2C_2H_5$	102.13	99.1	300
异丙醇	$(CH_3)_2CHOH$	60.09	82.5	205
乙醇	C_2H_5OH	46.07	78.5	203
3-戊酮	$(C_2H_5)_2CO$	86.13	102.2	
甲苯	$C_6H_5CH_3$	92.13	111.0	195
乙酸仲丁酯	$CH_3CO_2CH(CH_3)C_2H_5$	116.15	111.5	180
乙酸异丁酯	$CH_3CO_2CH_2CH(CH_3)_2$	116.15	118.3	152
异丁基甲基酮	$CH_3COC_4H_9$	100.15	118.0	145
仲丁醇	$CH_3CHOHC_2H_5$	74.12	99.5	115
乙酸丁酯	$CH_3CO_2C_4H_9$	116.15	126.5	100
亚异丙基丙酮	$(CH_3)_2CCHCOCH_3$	98.14	128.7	87
乙酸戊酯	$CH_3CO_2C_5H_{11}$	130.18	130	87
异丁醇	$(CH_3)_2CHCH_2OH$	74.12	107	83
二甲苯	$C_6H_4(CH_3)_2$	106.16	135	68
乙酸戊酯	$CH_3CO_2C_5H_{11}$	130.18	130	
乙二醇一甲醚	$CH_3OC_2H_4OH$	76.09	124.5	55
4-庚酮	$(C_3H_7)_2CO$	114.18	143.5	49
丁醇	$C_2H_5CH_2CH_2OH$	74.12	117.1	45
乙酸-2-甲氧基乙酯	$CH_3CO_2C_2H_5OCH_3$	118.13	143.0	40
乙二醇一乙醚	$C_2H_5OC_2H_4OH$	90.12	135.0	40
甲基双丙酮醚	$(CH_3)_2C(OCH_3)CH_2COCH_3$	130.16	157.0	35
戊醇	$C_5H_{11}OH$	88.14	120	30
乳酸甲酯	$CH_3CHOHCO_2CH_3$	104.10	144.8	29
环己酮	$CH_2(CH_2)_4CO$	98.14	155	25
乙酸-2-乙氧基乙酯	$CH_3CO_2C_2H_4OC_2H_5$	132.16	156.2	24

续表

溶剂名称	分子式	相对分子质量	沸点/℃	比蒸发速度
乳酸乙酯	$CH_3CHOHCO_2C_2H_5$	118.13	155.0	22
双丙酮醇	$(CH_3)_2COHCH_2COCH_3$	116.15	166.0	15
乙二醇一丁醚	$C_4H_9OC_2H_4OH$	118.17	170.6	10
环已醇	$CH_2(CH_2)_4CHOH$	100.15	160	9
乳酸丁酯	$CH_3CHOHCO_2C_4H_9$	146.18	188.0	6
二甘醇一乙醚	$C_2H_5OCH_2OC_2H_4OH$	134.17	201.9	

十三、介电常数与偶极矩

介电常数是指在同一个电容器中用某一物质作为电介质时的电容（C）和为真空时电容（C_0）的比值，表示电介质在电场中贮存静电能的相对能力。介电常数愈小，绝缘性能愈好。

$$\varepsilon=\frac{C}{C_0}$$

在测定液体的介电常数时，真空和空气的介电常数分别为 1 和 1.0006，因此介质为空气或真空中的数值差不多是相等的。介电常数表示分子的极性大小，故根据介电常数的测定可以求出偶极矩。

偶极矩是指两个电荷中，一个电荷的电量与这两个电荷间的距离的乘积。即在 1 个分子中正电荷（$+\varepsilon$）与负电荷（$-\varepsilon$）的中心分别为 p_1、p_2 时，则偶极矩 $\mu=\varepsilon p_1p_2$，用以表示 1 个分子中的极性大小。如果 1 个分子中的正电荷与负电荷排列不对称，则引起电性的不对称，分子中的一部分具有较显著的阳性，另一部分具有较显著的阴性，这些分子彼此之间能够互相吸引。$\mu=0$ 的分子为非极性分子。

偶极矩的大小表示分子极化程度的大小。根据极性相似的物质相互容易溶解的规则，在溶剂的选用时偶极矩是一个重要的参考因素。

十四、酸　碱　性

酸性或两性溶剂（酸、醇、酰胺）离解为

$$HA \rightleftharpoons A^- + H^+$$

温度为 20℃或 25℃时的溶剂 HA 的酸强度用下式表示

$$pK_a=-\log\frac{[H^+][A^-]}{[HA]}$$

碱性或两性溶剂的离解为

$$BH^+ \rightleftharpoons B + H^+$$

温度为 20℃或 25℃时溶剂 B 的碱性用其共轭酸 BH^+ 的电离常数表示

$$pK_a=-\log\frac{[B][H^+]}{[BH^+]}$$

电离常数 pK_a 的测定方法有电位滴定法、光谱测定法、传导率法、溶解度法和分散法等。表 1-2-13 为一些溶剂的电离常数 pK_a。

表 1-2-13　一些溶剂的电离常数 pK_a

溶剂名称	酸性(pK_a)	碱性(pK_a)	溶剂名称	酸性(pK_a)	碱性(pK_a)
环已烯		<−4	叔丁醇		−3.8
水	15.7	−6.66	烯丙醇	15.5	
甲醇	15.5	−2.2	四氢呋喃		−2.08
乙醇	15.9		二噁烷		−3.22
异丙醇		−3.2	甲基苯基醚		−6.54
丁醇		−4.1	乙基苯基醚		−6.44

续表

溶剂名称	酸性(pK_a)	碱性(pK_a)	溶剂名称	酸性(pK_a)	碱性(pK_a)
异丙基苯基醚		−5.80	二异丙基醚		−4.30
丁基苯基醚		−6.99	丁醚		−5.40
戊基苯基醚		−7.40	邻甲酚	10.28	
苯甲醚		−6.54	间甲酚	10.08	
丙酮		−7.2	对甲酚	10.14	
丁酮		−7.2	硝基甲烷	10.21	−11.93
甲基异丙基(甲)酮		−7.1	硝基乙烷	8.44	
环戊酮		−7.5	硝基苯		−11.33
环己酮		−6.8	丙胺		10.53
环庚酮		−6.6	丁胺		10.60
苯乙酮		−6.17	环己胺		10.64
对甲基苯乙酮		−5.47	烯丙基胺		9.67
乙醛	14.5		二乙胺		10.93
苯甲醛		−7.10	三乙胺		0.87
乙酸乙酯		−6.5	苯胺	27	4.58
马来酸二乙酯	13.3		邻氯苯胺		2.64
苯甲酸甲酯		−7.78	间氯苯胺		3.34
苯甲酸乙酯		−7.46	对氯苯胺		3.98
乙二醇	15.5		邻甲苯胺		4.39
甘油	14		间甲苯胺		4.69
甲酸	3.75		对甲苯胺		5.12
乙酸	4.76	−6.10	乙二胺		$2H^+_{7.00}$
三甲基乙酸	5.05				$H^+_{10.09}$
丙酸	4.87	−6.8	哌啶		11.22
戊酸	4.86		吡咯		0.5
辛酸	4.89		吡啶		5.25
二氯代乙酸	1.25		甲酰胺		−2.60
三溴代乙酸	0.23		*N*,*N*-二甲基甲酰胺		−0.01
苯酚	9.95	−6.2	乙酰胺	15.1	−0.48
邻氯酚	8.48		*N*,*N*-二甲基乙酰胺		−0.19
间氯酚	9.02		乙腈		−4.2
对氯酚	9.38		丙腈		−4.3
氯乙醇	14.3		苄腈		−10.45
三氯乙醇	12.24		二甲硫		−5.3
甲醚		−3.83	二甲亚砜		0
乙醚		−3.59	丁硫醇	10.66	
乙基丁基醚		−4.12	噻吩	6.52	
丙醚		−4.40			

十五、体膨胀系数与热导率

体膨胀系数是指物体温度改变1K时，其体积的变化和它在273K时体积的比值。在固体、液体和气体中，气体的体膨胀系数最大，固体最小。所有气体的体膨胀系数都近似相等，约为0.00367/K，即约等于$\frac{1}{273}$/K。

热导率又称导热系数，即在物体内部垂直于导热方向取两个相距1cm、面积为1cm^{2}的平行平面，如果在这两个平面的温度相差1K（℃），则在1s内从一个平面传导到另一个平面的热量就规定为该物质的热导率，其单位为W/(m·K)。

第三章 溶剂的纯度与精制

一、溶剂的纯度

在使用溶剂时，如果将市售品直接当作纯品来使用是不妥的，因为其纯度无论如何达不到纯品要求。所谓纯物质是指由100%的相同分子所组成的物质。纯度虽然能够表示物质纯净的程度，但是，要使物质的纯度达到100%是困难的，即使运用近代物理和化学方法，也只能检验是否存在着其他分子而达不到提纯的目的。

1. 溶剂中的杂质

在溶剂中由于其他分子的混入而使纯度降低，这些其他的分子称为杂质。杂质的混入是多方面的。以氯仿为例，首先在制备氯仿时，制备的原料有可能原封不动地残留下来（包括操作和后处理使用的试剂），如丙酮、四氯化碳、水等；其次是制备氯仿时由副反应生成的副产物（包括后处理时的副产物）保留下来；第三由于氯仿本身的性质而混入的杂质或者由于光的影响，吸收或分解生成的物质，如光气、氯化氢；最后由于添加了稳定剂，如乙醇、酚类等。由于如此众多的因素而使杂质混入，所以在使用溶剂之前必须弄清楚，至少应该将对使用有影响的那一部分杂质除去。

2. 溶剂的纯度测定

物质有各种各样的特有性质，如外观、气味、沸点、熔点、凝固点、溶解度、相对密度、折射率、旋光度、紫外吸收光谱、红外吸收光谱等，这些性质都是表示和测定溶剂纯度的主要指标。由于大部分溶剂都含有杂质，因此除上述项目测定外，还有蒸馏试验、闪点、燃点等物理性质和水分、pH值、硫酸着色试验、高锰酸钾试验、灼烧残渣、氯化物、硫酸盐、铅、砷、游离酸、游离碱、醇、醛、酮等预测可能混入杂质的测定方法。

世界各国对品种如此众多的溶剂（包括化学药品）纯度都规定有测定纯度的方法，并将每一种溶剂的纯度规格化。如日本工业标准JIS（Japanese Industrial Standard），美国材料试验学会ASTM（American Society For Testing Material），英国标准BS（British Standard），德国工业标准DIN（Deutsche Industrie-Normen）。我国规定有国家标准和行业标准。

其他测定溶剂纯度的方法有气相色谱、质谱、核磁共振谱法等，特别是气相色谱法，除个别溶剂外，几乎可以测定所有溶剂中的杂质，同时还可以测定溶剂本身的含量，这是测定纯度不可缺少的一种方法。特殊的纯度测定方法还有离子电极法、原子吸收光谱分析法等。

二、溶剂的精制

一般的溶剂因种种原因总是含有杂质，这些杂质如果对溶剂的使用目的没有什么影响的话，可直接使用。可是在进行化学实验或进行一些特殊的化学反应时，必须将杂质除去。虽然除去全部杂质是有困难的，但至少应该将杂质减少到对使用目的没有妨碍的限度。除去杂质的操作称为溶剂的精制。水是溶剂中含量最多的杂质，故溶剂的精制几乎都要进行脱水，其次再除去其他的杂质。

1. 溶剂的脱水干燥

溶剂中水的混入往往是由于在溶剂制造、处理或者由于副反应时作为副产物带入的，其次，在保存中吸潮也会混入水分。水的存在不仅对许多化学反应，就是对重结晶、萃取、洗涤等一系列的化学实验操作都会带来不良的影响。因此溶剂的脱水和干燥在化学实验中是重要的，又是经常进行的操作步骤。尽管在除去溶剂中的其他杂质时有时往往要加入水分，但在最后还是要进行脱水和干燥。精制后充分干燥的溶剂在保存中往往还必须加入适当的干燥剂，以防止溶剂吸潮。溶剂脱水的方法有下列几种。

(1) 干燥剂脱水　这是液体溶剂在常温下脱水干燥最常使用的方法。干燥剂有固体、液体和气体；分为酸性物质、碱性物质、中性物质以及金属和金属氢化物等。干燥剂的性质各有不同，在使用时要充分考虑干燥剂的特性和欲干燥溶剂的性质，才能有效地达到干燥的目的。

在选择干燥剂时首先要确保进行干燥的物质与干燥剂不发生任何反应；干燥剂兼作催化剂时，应不使溶剂发生分解、聚合，并且干燥剂与溶剂之间不形成加合物。此外，还要考虑到干燥速度、干燥效果和干燥剂的吸水量。在具体使用时，酸性物质的干燥最好选用酸性物质干燥剂，碱性物质的干燥选用碱性物质干燥剂，中性物质的干燥用中性物质干燥剂。溶剂中有大量水存在时，应避免选用与水接触着火（如金属钠等）或者发热猛烈的干燥剂，可以先选用如氯化钙一类缓和的干燥剂进行干燥脱水，使水分减少后再使用金属钠干燥。加入干燥剂后应搅拌，放置一夜。温度可以根据干燥剂的性质，对干燥速度的影响加以考虑。干燥剂的用量应稍有过剩。在水分多的情况下，干燥剂因吸收水分发生部分或全部溶解，生成液状或泥状分为两层，此时应进行分离并加入新的干燥剂。溶剂与干燥剂的分离一般采用倾析法，将残留物进行过滤，但过滤时间太长或周围的湿度过大会再次吸湿而使水分混入，因此，有时可采用与大气隔绝的特殊的过滤装置。有的干燥操作危险时，可在安全箱内进行。安全箱内置有干燥剂，使箱内充分干燥，或者吹入干燥空气或氮气。使用分子筛或活性氧化铝等干燥剂时应装填在玻璃管内，溶剂自上向下流动或者从下向上流动进行脱水，不与外界接触效果较好。大多数溶剂都可以用这种方法脱水，而且干燥剂还可以回收使用。常用的干燥剂有以下几种。

① 金属，金属氢化物

Al、Ca、Mg：常用于醇类溶剂的干燥。

Na、K：适用于烃、醚、环己胺、液氨等溶剂干燥。注意用于卤代烃时有爆炸危险，绝对不能使用。也不能用于干燥甲醇、酯、酸、酮、醛和某些胺等。醇中含有微量水分时可加入少量金属钠直接蒸馏。

CaH_2：1g 氢化钙定量地与 0.85g 水反应，因此比碱金属、五氧化二磷干燥效果好。适用于烃、卤代烃、醇、胺、醚等，特别是四氢呋喃等环醚、二甲亚砜、六甲基磷酰胺等溶剂的干燥。有机反应常用的极性非质子溶剂也是用此法进行干燥。

$LiAlH_4$：常用于醚类等溶剂的干燥。

② 中性干燥剂

$CaSO_4$、Na_2SO_4、$MgSO_4$：适用于烃、卤代烃、醚、酯、硝基甲烷、酰胺、腈等溶剂的干燥。

$CuSO_4$：无水硫酸铜为白色，含有 5 个分子结晶水时变成蓝色，常用于检验溶剂中微量的水分。$CuSO_4$ 适用于醇、醚、酯、低级脂肪酸的脱水，甲醇与 $CuSO_4$ 能形成加成物，故不宜使用。

CaC_2：适用于醇干燥。注意使用纯度差的碳化钙时，会产生硫化氢和磷化氢等恶臭气体。

$CaCl_2$：适用干燥烃、卤代烃、醚、硝基化合物、环己胺、腈、二硫化碳等。$CaCl_2$ 能与伯醇、甘油、酚、某些类型的胺、酯等形成加成物，故不适用。

活性氧化铝：适用于烃、胺、酯、甲酰胺的干燥。

分子筛：分子筛在水蒸气分压低和温度高时吸湿容量都很显著，与其他干燥剂相比，吸湿能力是非常大的。表 1-3-1 为各种干燥剂的吸湿能力（指常温下经足够量的干燥剂干燥的 1L 空气中残存水分的毫克数）比较。分子筛在各种干燥剂中，其吸湿能力仅次于五氧化二磷。由于各种溶剂几乎都可以用分子筛脱水，故在实验室和工业上获得广泛的应用。

表 1-3-1　各种干燥剂的吸湿能力

干燥剂	1 L 干燥空气中的残存水分/mg	再生温度/℃	干燥剂	1 L 干燥空气中的残存水分/mg	再生温度/℃
五氧化二磷	2×10^{-5}		无水氯化钙	2×10^{-1}	
氢氧化钾(熔融)	2×10^{-3}		95%硫酸	3×10^{-1}	
浓硫酸	3×10^{-3}		无水硫酸铜	1.4	400
无水硫酸钙	4×10^{-3}	230～250	分子筛	1×10^{-4}	200～400
氧化镁	8×10^{-3}		活性氧化铝	1.8×10^{-3}	180
氢氧化钠(熔融)	1.6×10^{-1}		硅胶	6×10^{-3}	150
氧化钙	2×10^{-1}	300			

③ 碱性干燥剂

KOH、NaOH：适用于干燥胺等碱性物质和四氢呋喃一类环醚。酸、酚、醛、酮、醇、酯、酰胺等不适用。

K_2CO_3：适用于碱性物质、卤代烃、醇、酮、酯、腈、溶纤剂等溶剂的干燥。不适用于酸性物质。

BaO、CaO：适用于干燥醇、碱性物质、腈、酰胺。不适用于酮、酸性物质和酯类。

④ 酸性干燥剂

H_2SO_4：适用于干燥饱和烃、卤代烃、硝酸、溴等。醇、酚、酮、不饱和烃等不适用。

P_2O_5：适用于烃、卤代烃、酯、乙酸、腈、二硫化碳、液态二氧化硫的干燥。醚、酮、醇、胺等不适用。

(2) 分馏脱水 沸点与水的沸点相差较大的溶剂可用分馏效率高的蒸馏塔（精馏塔）进行脱水，这是一般常用的脱水方法。

(3) 共沸蒸馏脱水 与水生成共沸物的溶剂不能采用分馏脱水的方法。如果含有极微量水分的溶剂，通过共沸蒸馏，虽然溶剂有少量的损失，但却能除去大部分水。一般多数溶剂都能与水组成共沸混合物。

(4) 蒸发和蒸馏干燥 进行干燥的溶剂很难挥发而又不能与水组成共沸混合物的，可以通过加热或减压蒸馏使水分优先除去。例如乙二醇、乙二醇一丁醚、二甘醇一乙醚、聚乙二醇、聚丙二醇、甘油等溶剂都适用。

(5) 用干燥的气体进行干燥 将难挥发的溶剂进行加热时，一面慢慢回流，一面吹入充分干燥的空气或氮气，气体带走溶剂中的水分，从冷凝器末端的干燥管中放出。此法适用于乙二醇、甘油等溶剂的干燥。

(6) 其他 在特殊情况下，乙酸脱水可采用在乙酸中加入与所含水分等摩尔的乙酐，或者直接加入乙酐干燥。甲酸的脱水可用硼酸经高温加热熔融、冷却粉碎后得到的无水硼酸进行脱水干燥。此外，还有冷却干燥的方法。如烃类用冷冻剂冷却，其中水分结成冰而达到脱水目的。

2. 溶剂的精制方法

一般通过蒸馏或精馏塔进行分馏的方法得到几乎接近纯品溶剂。然而对于一些用精馏塔难以将杂质分离的溶剂，必须将这些杂质预先除去，方法之一是分子筛法。分子筛的种类按有效直径进行分类，例如有效直径为 3×10^{-8}cm 的称 3A 分子筛；4×10^{-8}cm 的称 4A 分子筛；5×10^{-8}cm 的称 5A 分子筛；9×10^{-8}cm 的称 10X 分子筛；10×10^{-8}cm 的称 13X 分子筛。表 1-3-2 为各种分子筛所吸附的主要分子。例如用 5A 分子筛可以从丁醇异构体混合物中吸附分离丁醇，用 4A 型分子筛从甲胺中分离二甲胺。使用方法与干燥剂脱水法相同，用填充层装置较好。

表 1-3-2 各种分子筛所吸附的主要分子

3A	4A	5A	10X		13X
H_2	CH_4	C_3H_8	$CHCl_3$	C_6H_6	1,3,5-三甲苯
O_2	C_2H_6	C_4H_{10}	$CHBr_3$	$C_6H_5CH_3$	
N_2	CH_3OH	C_2H_5Cl	$(CH_3)_2CHOH$	$C_6H_4(CH_3)_2$	
CO	CH_3CN	C_2H_5Br	$(CH_3)_2CHCl$	环己烷	
CO_2	CH_3NH_2	C_2H_5OH	i-C_4H_{10}	噻吩	
NH_3	CH_3Cl	$C_2H_5NH_2$	$(CH_3)_3N$	呋喃	
H_2O	CH_3Br	CH_2Cl_2	$(C_2H_5)_3N$	吡啶	
	C_2H_2	CH_2Br_2	$C(CH_3)_4$	二噁烷	
	CS_2	$(CH_3)_2NH$	$C(CH_3)_3Cl$	萘	
		CH_3I	$C(CH_3)_3OH$	喹啉	
			CCl_4		

溶剂进行精制时，其装置、器皿等材料的选择对溶剂的纯度有影响，一般使用玻璃仪器较好。

(1) 脂肪烃的精制　脂肪烃中易混有不饱和烃和硫化物，可加入硫酸搅拌至硫酸不再显色为止，用碱中和洗涤，再经水洗干燥蒸馏。

(2) 芳香烃的精制　与脂肪烃的精制相同。苯还可用重结晶精制。

(3) 卤代烃的精制　卤代烃含有水、酸、同系物及不挥发物等，在水和光的作用下可能生成光气和氯化氢，以及含有醇、酚、胺等添加的稳定剂。精制时用浓硫酸洗涤数次至无杂色为止，除去醇及其他有机杂质。然后用稀氢氧化钠洗涤，再用冷水充分洗涤、干燥、蒸馏。四氯化碳中含二硫化碳较多，可用稀碱溶液煮沸分解除去，水洗干燥后蒸馏。

(4) 醇的精制　醇中主要杂质是水，可参照溶剂的脱水干燥进行精制。

(5) 酚的精制　酚中含有水、同系物以及制备时的副产物等杂质，可用精馏或重结晶精制。甲酚有邻、间、对位三种异构体。邻位异构体用精馏分离；间位异构体与乙酸钠形成络合物，或与2,6-二甲基吡啶、尿素形成加成物而分离；对位异构体与γ-皮考啉及4-乙基-2-甲基吡啶形成结晶而得以分离。

(6) 醚、缩醛的精制　醚、缩醛的主要杂质是水、原料及过氧化物。在二噁烷及四氢呋喃中尚含有酚类等稳定剂。精制时用酸式亚硫酸钠洗涤，其次用稀碱、硫酸、水洗涤，干燥后蒸馏。因为蒸馏时往往有过氧化物生成，因此注意蒸馏到干涸之前就必须停止，以免发生爆炸事故。

(7) 酮的精制　酮中主要含有水、原料、酸性物等杂质，脱水后通过分馏达到精制目的。在有还原性物质存在时，加入高锰酸钾固体，摇动，放置3～4日到紫色消失后蒸馏，再进行脱水分馏。需要特别纯净的酮时，可加入酸式亚硫酸钠与酮形成加成物，重结晶后用碳酸钠将加成物分解、蒸馏，再进行脱水、分馏，得到精制产物。苯乙酮用重结晶精制。

(8) 脂肪酸和酸酐的精制　脂肪酸中主要含有水、醛、同系物等杂质。甲酸除水以外的杂质可用蒸馏除去。其他脂肪酸可与高锰酸钾等氧化剂一起蒸馏，馏出物再用五氧化二磷干燥分馏。乙酸也可用重结晶精制。乙酐的杂质主要是乙酸，用精馏可达精制目的。

(9) 酯的精制　酯中主要杂质有水、原料（有机酸和醇）。用碳酸钠水溶液洗涤，水洗后干燥、精馏可达精制目的。

(10) 含氮化合物的精制

① 硝基化合物　主要杂质是同系物。脂肪族硝基化合物加中性干燥剂放置脱水后分馏。芳香族硝基化合物用稀硫酸、稀碱溶液洗涤，水洗后加氯化钙脱水分馏。硝基化合物在蒸馏结束前，蒸馏烧瓶内应保持少量残液，以防止爆炸。

② 腈　主要杂质是水、同系物。乙腈能与大多数有机物形成共沸物，很难精制。水可用共沸蒸馏除去，高沸点杂质用精馏除去。也可加五氧化二磷回流常压蒸馏。

③ 胺　胺中主要含有同系物、醇、水、醛等杂质。胺分为伯、仲、叔胺。

甲胺的精制：从其水溶液中萃取、蒸馏，以除去三甲胺；分馏除去二甲胺；纯品甲胺的精制可将甲胺盐酸盐用干燥的氯仿萃取，用醇重结晶数次，再用过量的氢氧化钾分解；气态甲胺用固体氢氧化钾干燥，氧化银除去氨，再经冷冻剂冷却液化以精制。

二甲胺的精制：加压下精馏除去甲胺，或将二甲胺盐酸盐用乙醇重结晶，氢氧化钾分解后通过活性氧化铝，并用冷冻剂冷却液化可得到纯品。

三甲胺的精制：其精制用萃取蒸馏或共沸蒸馏。加乙酐蒸馏，伯胺和仲胺发生乙酰化，沸点增高，分馏便可得到三甲胺。

④ 酰胺　含有水、氨、酯、铵盐等杂质，用分子筛脱水后精馏。

(11) 硫化物的精制　二硫化碳含有水、硫、硫化物等杂质，用玻璃蒸馏器精馏。二甲亚砜用分子筛或氢氧化钙脱水后，用玻璃蒸馏器精馏。

(12) 无机溶剂的精制　主要杂质是水分，重复蒸馏可达精制目的。

第四章　溶剂的安全使用与处理

一、危险化学品的基本概念

化学品是指由各种化学元素组成的化合物及其混合物，无论是天然的或是人造的。在化学品中凡属于具有易燃、易爆、有毒、有腐蚀性，对人员、设施、环境造成伤害或损害的则称为危险化学品。如各种易燃（包括不燃的）、有毒的压缩气体和液化气体；易燃液体，易燃固体，自燃物品和遇湿易燃物品；氧化剂和过氧化物；毒害品和感染性物品；酸、碱类腐蚀品及其他腐蚀品等。其中列入《危险化学品名录》的有3828种，列入《剧毒化学品目录》的有355种，列入《高毒物品目录》的有54种，以及列入《中国禁止或严格限制的有毒化学品目录》（第一批）的27种等。

危险化学品的危害主要包括燃爆危害、健康危害和环境危害。燃爆危害是指化学品能引起燃烧、爆炸的危险程度；健康危害是指与化学品接触后能对人体产生的危害程度（如因化学品的毒性、刺激性、致癌性、致畸变性、致突变性、腐蚀性、麻醉性、窒息性等特性，导致人员中毒、伤亡的事故）；环境危害是指化学品对环境影响的危害程度（如在充分利用化学品的同时，也产生了大量的化学废物的排放，严重污染环境，对大气、土壤、水质，以及对人体的危害等）。这些危险化学品中所固有的易燃、易爆、有毒、有害等特性，由于对其管理不当，很容易导致事故发生，污染环境、损害人类的生命健康，对人类社会的生活环境构成极大的威胁，也造成国家经济的损失。因此，国家制定了一系列的有关危险化学品管理的法规、条例，最大限度地加强对化学品，特别是危险化学品的管理，保障其在生产、经营、储存、运输、使用及其废弃物处置过程中的安全性，消除或者降低其产生危害、污染的风险。例如国务院颁发，2002年3月15日起施行的《危险化学品安全管理条例》（国务院令第344号），并将危险化学品列入国家标准公布的《危险货物品名表》（GB 12268）。

根据我国国家标准GB 13690《常用危险化学品的分类及标志》的规定，危险化学品按其主要危险特性分为8类，各类可再分成若干项。这些类别和项别分别是：

(1) 第一类　爆炸品

本类化学品指在外界作用下（如受热、受压、撞击等），能发生剧烈的化学反应，瞬时产生大量的气体和热量，使周围压力急剧上升，发生爆炸，对周围环境造成破坏的物品，也包括无整体爆炸危险，但具有燃烧、抛射及较小爆炸危险的物品。

第1项　具有整体爆炸危险的物质和物品。

第2项　具有抛射危险但无整体爆炸危险的物质和物品。

第3项　具有燃烧危险和较小爆炸或较小抛射危险，或两者都有，但无整体爆炸危险的物质或物品。

第4项　无重大危险的爆炸物质和物品。

第5项　非常不敏感的爆炸物质。

(2) 第二类　压缩气体和液化气体

本类化学品系指压缩、液化或加压溶解的气体，并应符合下述两种情况之一者：

(a) 临界温度低于50℃，或在50℃时，其蒸气压力大于294kPa的压缩或液化气体；

(b) 温度在21.1℃时，气体的绝对压力大于275kPa，或在54.4℃时，气体的绝对压力大于715kPa的压缩气体；或在37.8℃时，雷德蒸气压力大于275kPa的液化气体或加压溶解的气体。

第1项　易燃气体。

第2项　不燃气体。

第3项　有毒气体。

本项的毒性指标与第6类毒性指标相同。

(3) 第三类　易燃液体

本类化学品系指易燃的液体、液体混合物或含有固体物质的液体，但不包括由于其危险特性已列入其他类别的液体。其闭杯试验闪点等于或低于61℃。

闪点是指在规定条件下，可燃性液体的蒸气与空气混合的气体接触火焰时，能产生闪火时的最低温度。分开杯和闭杯两种，是评价可燃性液体燃爆危险的重要指标。GB 13690—92 规定易燃的液体、液体混合物或含有固体物质的液体，其闭杯试验的闪点应等于或低于61℃。闪点越低，燃爆危险性越大。GB 6944—86 规定易燃液体中将闭杯试验闪点低于－18℃的液体称低闪点液体；闪点在－18～23℃的液体称中闪点液体；闪点在23～61℃的液体称高闪点液体。

第1项　低闪点液体。

本项系指闪点低于－18℃的液体（闭杯试验）。

第2项　中闪点液体。

本项系指闪点在－18℃至低于23℃的液体（闭杯试验）。

第3项　高闪点液体。

本项系指闪点在23～61℃的液体（闭杯试验）。

(4) 第四类　易燃固体、自燃品和遇湿易燃物品

易燃固体系指燃点低，对热、撞击、摩擦敏感，易被外部火源点燃，燃烧迅速，并可能散发出有毒烟雾或有毒气体的固体，但不包括已列入爆炸品的物品。

自燃物品系指自燃点低，在空气中易发生氧化反应，放出热量，而自行燃烧的物品。

遇湿易燃物品系指遇水或受潮时，发生剧烈化学反应，放出大量的易燃气体和热量的物品。有的不需明火，即能燃烧或爆炸。

第1项　易燃固体。

第2项　自燃物品。

第3项　遇湿易燃物品。

(5) 第五类　氧化剂和有机过氧化物

氧化剂系指处于高氧化态，具有强氧化性，易分解并放出氧和热量的物质。包括含有过氧基的无机物，其本身不一定可燃，但能导致可燃物的燃烧，与松软的粉末状可燃物能组成爆炸性混合物，对热、震动或摩擦较敏感。

有机过氧化物系指分子组成中含有过氧基的有机物，其本身易燃易爆，极易分解，对热、震动或摩擦极为敏感。

第1项　氧化剂。

第2项　有机过氧化物。

(6) 第六类　毒害品

本类化学品系指进入肌体后，累积达一定的量，能与体液和器官组织发生生物化学作用或生物物理学作用，扰乱或破坏肌体的正常生理功能，引起某些器官和系统暂时性或持久性的病理改变，甚至危及生命的物品。其急性毒性数据（经口腔、经皮肤或吸入的半数致死量LD_{50}或半数致死浓度LC_{50}）为：经口摄取半数致死量：固体$LD_{50} \leqslant 500mg/kg$，液体$LD_{50} \leqslant 2000mg/kg$；经皮肤接触24h，半数致死量$LD_{50} \leqslant 1000mg/kg$；粉尘、烟雾及蒸气吸入半数致死浓度$LC_{50} \leqslant 10mg/L$。

(7) 第七类　放射性物品

本类化学品系指放射性比活度大于$7.4 \times 10^4 Bq/kg$的物品。

(8) 第八类　腐蚀品

本类化学品系指能灼伤人体组织并对金属等物品造成损坏的固体或液体。与皮肤接触在4h内出现可见坏死现象，或温度在55℃时，对20号钢的表面均匀年腐蚀率超过6.25mm/a的固体或液体。

第1项　酸性腐蚀品。

第2项　碱性腐蚀品。

第 3 项　其他腐蚀品。

二、溶剂的危害性

近代工业中经常是大量和多方面地使用各种溶剂，但是人们至今尚未发现一类不燃烧、不爆炸、无毒、对皮肤无伤害的理想的工业溶剂。无着火爆炸危险的溶剂往往对生理有毒害；对生理无毒害的却很容易着火，并且大多数有机溶剂都有着火爆炸的危险以及大小程度不等的毒性。因此我们应该把溶剂看成是和一般的化学药品一样是有毒、有害的。特别是挥发性溶剂，其蒸气带来的毒性、易燃性、爆炸性更不可忽视，即使是挥发性很小的溶剂，直接与之接触也是有害的。

有机溶剂的危害性一般是指溶剂与人之间的关系而言的。也就是说，必须从溶剂自身的特性、个人的差异、人与溶剂的关系三个方面加以认真考虑，才能对溶剂的危害性有比较全面的认识。

1. 溶剂的特性

溶剂本身的物理、化学性质与危害性有着密切的关系。例如熔点、沸点、蒸气压、蒸气密度的高低以及溶剂的蒸发速度都决定着溶剂侵入人体的难易，溶剂对水和脂肪的溶解性能或分配系数则决定了溶剂通过呼吸、消化道或皮肤被吸收的难易程度。总之，溶剂被人体摄取的难易是判断溶剂的危险性的一个重要参考因素。

2. 个人对溶剂的感受差异

有机溶剂进入体内时发生的反应，严格地说因各人对毒物的敏感程度不同而不尽相同，有些人对某些溶剂作用有过敏现象，而这些溶剂对大多数人却毫无影响。这种不同表现在：溶剂被体内吸入、在体内的分配和代谢情况以及向体外排泄程度三个方面。

有机溶剂从肺细胞流入血液的量和速度因呼吸、血液循环量、血液、肺细胞膜的性质而异，进入体内的溶剂在代谢以及与代谢有关的酵素的分布与活性也因人的体质不同差异很大，分配排泄更是如此。所以人的年龄、性别、营养程度、体质、病历史、遗传、习惯等都是人对溶剂毒性感受程度的重要参考因素。溶剂的毒性则是根据对大多数人的作用而确定的。侵入体内并能引起死亡的毒物剂量称为致死量。

3. 人与溶剂的关系

溶剂可以通过皮肤、消化道或呼吸道被人体吸收而引起毒害。大多数有机溶剂对人体的共同毒性是在与高浓度蒸气接触时表现的麻醉作用。吸入蒸气时出现困倦、昏睡状态，血压、体温下降而导致死亡。如果是少量轻度中毒，则出现精神兴奋、头痛、眩晕、恶心、心跳、呼吸困难等症状。这些症状的出现可能是由于溶剂使中枢神经系统和激素的调节系统发生障碍的结果，详细的机理尚有待研究。例如乙醇对中枢神经系统的作用，一般认为是进入体内的乙醇首先作用于大脑皮质的活动表现为兴奋，当乙醇作用进一步加强时，皮质下中枢和小脑活动受累出现步态蹒跚，共济失调等运动障碍，最后由于延髓血管运动中枢和呼吸中枢受到抑制而产生虚脱、呼吸困难而致死亡。也有人认为乙醇促使睡眠是由于乙醇在体内降解生成的乙醛使睡眠生理活动的神经系统出现反常引起的。

溶剂除引起麻醉外，尚可引起皮肤、角膜、结膜的变化，其中脱脂性强的溶剂更应特别注意。

三、溶剂的毒性分类和毒性表示方法

1. 溶剂的毒性

毒害品是指进入肌体后，累积达一定的量，能与液体和器官组织发生生物化学作用或生物物理作用，扰乱或破坏肌体的正常生理功能，引起某些器官和系统暂时性或持久性的病理改变，甚至危及生命的物品。毒害品的主要特征表现为：①溶解性。很多毒害品水溶性或脂溶性较强。毒害品在水中溶解度越大，毒性越大，更易被人吸收而中毒。有的毒害品不溶于水但可溶于脂肪，也会对人体产生一定危害。②挥发性。大多数有机毒害品挥发性较强易引起蒸气的吸入中毒。毒害品的挥发性越强，导致中毒的机会越多。一般沸点越低的物质，挥发性越强，空气中存在的浓度高，易发生中毒。③分散性。固体毒害品颗粒越小，分散性越好，特别是一些悬浮于空气中的毒害品颗粒，更易吸入肺泡而中毒。

溶剂的毒性表现在溶剂与人体接触或被人体吸收时引起的局部麻醉或整个肌体功能发生的障碍。毒性进入肌体后，累积达一定的量，能与肌体和器官组织发生生物化学作用或生物物理作用，扰乱或破坏肌体的正常生理功能，引起某些器官或系统暂时性或持久性的病理改变，甚至危及生命的安全。一切有挥发性的物质，其蒸气长时间、高浓度与人体接触，通过中枢神经系统、眼睛、肠道、肾脏、肝脏、肺脏、呼吸系统、皮肤等吸收而产生毒性。随着中毒程度的加深和持续性的影响出现急性中毒和慢性中毒。急性中毒是在高浓度、短时间的暴露情况下发生的，表现出全身中毒之症状。慢性中毒虽然也可以在同一条件下发生，但通常是在较低浓度、长时间暴露情况下发生，毒性侵入人体后发生累积中毒。急性中毒除造成致命的危险外，一般危险性较小，比慢性中毒容易得到恢复，而且急性中毒的症状明显、急迫、容易辨认。无论是急性中毒或慢性中毒对人体都是不利的。最近发现某些溶剂，如含氯、含硫、含氮的化合物可能属于致癌物，有的能诱导有机体突变的物质引起遗传的突变或染色体的结构和数目的变化，乙二醇类和甲酰胺类中的一些溶剂被认为是能损害生殖力。这对于职业性的工作场所常常发生的溶剂事故（高的溶剂浓度，间歇性的高浓度暴露，长时间的暴露）更应引起高度重视和必要的危险评估。

支配毒性的最重要的因素之一是溶剂的挥发性。常温下挥发性溶剂在空气中的浓度比低挥发性溶剂高得多。因此，达到致命浓度的可能性主要发生在低沸点溶剂。高沸点溶剂挥发性小，比较安全，但是如果内服或经皮肤吸收同样会发生中毒。

关于溶剂对皮肤的毒害作用比较复杂，原理还不十分清楚，大多数表现出感觉迟钝到变态反应症状。溶剂对皮肤的毒害作用一般分为以下四种：

(1) 造成皮肤表面脂肪层脱除，使皮肤易受细菌感染；

(2) 由于皮肤表面角朊（一种硬蛋白质）的脱除容易引起急性和慢性皮肤炎；

(3) 溶剂通过皮肤吸收到体内引起中毒作用；

(4) 与一般皮肤病有关的变态反应。

以上四种作用以第一种最普遍，因为许多溶剂都容易溶解动物性脂肪。因此在使用溶剂时应常常在皮肤表面涂敷适当的防护膏，以防止溶剂的侵蚀。挥发性溶剂一般从特殊的气味和对眼、鼻、喉的刺激以及引起头痛、呕吐、眼花等症状感觉。

人们对液体溶剂或蒸气浓度大的溶剂容易进行防护，而对溶剂蒸气浓度小的往往容易忽视。为了避免工业溶剂造成对健康的损害，在技术管理上应注意以下几点：

(1) 操作时，溶剂蒸气浓度应保持在安全限度以下；

(2) 即使是短暂的或断续的操作也不应该与高浓度的溶剂相接触；

(3) 不要将皮肤与溶剂直接接触。

使用溶剂的设备最好全部采用密闭式。小型工厂使用溶剂时也应注意通风，通风设备对易燃性溶剂也是必要的。表 1-4-1 为皮肤对某些溶剂的吸收。

表 1-4-1　皮肤对某些溶剂的吸收

苯	环已酮	2-已酮	1,1,2,2-四氯乙烷
溴甲烷	二甲基甲酰胺	甲醇	四氯乙烯
2-丁酮	二甲亚砜	乙二醇-甲醚	四氯化碳
乙二醇-丁醚	1,4-二噁烷	甲酸甲酯	甲苯
二硫化碳	乙二醇-乙醚	硝基苯	甲苯胺
2-氯乙醇	乙苯	硝基甲苯	1,1,2-三氯乙烷
氯甲烷	甲酸乙酯	酚	三氯甲烷
甲酚	乙二醇	异丙苯	二甲苯
环已醇	已烷	正丙醇	

2. 溶剂的毒性分类

(1) 根据溶剂对生理作用产生的毒性分类

① 损害神经的溶剂　如伯醇类（甲醇除外）、醚类、醛类、酮类、部分酯类、苄醇类等。

② 肺中毒的溶剂　如羧酸甲酯类、甲酸酯类等。

③ 血液中毒的溶剂　如苯及其衍生物、乙二醇类等。

④ 肝脏及新陈代谢中毒的溶剂　如卤代烃类等。表 1-4-2 为导致急性和慢性肝病的溶剂。

表 1-4-2　导致急性和慢性肝病的溶剂

四氯化碳 三氯甲烷 三氯乙烯 四氯乙烯	卤代乙烷 三氯联苯 三硝基甲苯 乙醇	甲苯和二甲苯混合溶剂 二氯甲烷 二硝基苯

⑤ 肾脏中毒的溶剂　如四氯乙烷及乙二醇类等。

⑥ 致癌溶剂（表 1-4-3），表 1-4-4 为选定溶剂的特殊影响，表 1-4-5 为主要溶剂的浓度与毒性。

表 1-4-3　各种致癌溶剂

溶剂	组织系统	溶剂	组织系统
苯	淋巴生成系	六甲基磷酰胺	鼻腔，肺（硕鼠）
溴甲烷	上肠胃道	2-硝基苯	肝（硕鼠）
四氯化碳	淋巴系统，肝（耗子，硕鼠），乳房（硕鼠），肾上腺	硝基苯	肝，甲状腺，乳房（耗子），肝，肾，子宫（硕鼠）
表氯醇	肺，CNS，前胃（硕鼠），鼻腔，皮肤（耗子）	2-硝基甲苯	附睾（硕鼠）
氯乙烷	子宫（耗子）	酚	淋巴系统，血生成系统，肾上腺，甲状腺，皮肤（耗子，硕鼠）
环己酮	肾上腺（硕鼠）	四氯乙烷	肝（耗子）
1,2-二溴乙烷	前胃（耗子），肺（耗子，硕鼠），鼻腔，腹膜，乳房，结缔组织	四氯乙烯	食道，肾，血生成系统，淋巴系统，肝（耗子），血生成系统（硕鼠）
1,2-二氯乙烷	脑，淋巴和血生成系统，胃，胰，肺，乳房，胃（耗子，硕鼠），淋巴系统（耗子）	四氯甲烷	胃，肝，肾，甲状腺（耗子，硕鼠）
二氯甲烷	肝，肺（耗子，硕鼠），乳房（硕鼠），淋巴肉瘤（耗子）	邻-甲苯胺	乳房，皮肤，膀胱，肝，脾，腹膜结缔组织（硕鼠），脉管（耗子）
1,2-二氯丙烷	肝（耗子），乳房（硕鼠）	1,1,2-三氯乙烷	肝，肾上腺（耗子）
二甲基甲酰胺	睾丸	三氯乙烯	肾，肝，胆道，肾，肺，颈，睾丸，淋巴系统（耗子，硕鼠）
1,4-二噁烷	肝（硕鼠，基因猪），胆道（基因猪），乳房，腹膜（硕鼠），鼻腔（耗子）	氯仿	胃，肝肾，甲状腺（耗子，硕鼠）
1,2-环氯丙烷	乳房，上呼吸道，甲状腺（耗子，硕鼠）	1,2,3-三氯丙烷	口黏膜（耗子，硕鼠），子宫（耗子），肝，胰，前胃，肾，乳房（硕鼠）

表 1-4-4　选定溶剂的特殊影响

组织系统	溶　　剂	症　　状
肝	卤代烃（如：四氯化碳，四氯乙烷，三氯甲烷），乙醇，1,1,1-三氯乙烷，三氯乙烯，溴苯，二甲基甲酰胺	急性肝毒害病症（肝坏死，脂肪肝），慢性肝毒害病症（肝硬化）
肾	卤代烃（如：四氯化碳），甲苯，二噁烷，二甘醇，乙二醇，乙二醇醚，三氯乙烯共轭物	急性血管坏死，球性和管性功能不良（如：蛋白尿），球性肾炎，注意：可能有的肾功能障碍可改变溶剂的毒效
生殖系统	二硫化碳，苯，乙二醇醚，硝基苯	月经失调，少精，毒胚
淋巴系统	苯代谢物（如：苯醌，氢醌）	骨髓发育不良，骨髓毒害
神经系统	正己烷，乙醇，苯乙烯，四氯乙烯	末梢神经病（特别是末梢轴突，轴突肿大和变质，敏感性丧失，肌肉萎缩，腱反应丧失）
眼	甲醇	失明

注：所示数据主要来自职业性暴露数据。

表 1-4-5　主要溶剂的浓度与毒性

溶剂蒸气	在暴露时间内对人体产生剧毒时的浓度			短时间暴露下出现病态的浓度		在此浓度以上，出现不愉快的感觉	
	ppm	(mg/m³)(20℃)	暴露时间/min	ppm	(mg/m³)(20℃)	ppm	(mg/m³)(20℃)
乙醛	1000	1830	60	500	915	200	366
乙酰乙酸乙酯	200	1080	60	100	540	50	270
2,5-己二酮	300	1424	60	150	712	75	356
丙酮	4000	9650	60	800	1930	400	965
苯胺	80	312	60	20	78	10	39
烯丙醇	40	96	1	20	48	5	12
异戊醇	400	1404	60	200	732	100	366
异丙醇	2000	4995	60	800	1998	400	999
异佛尔酮	40	228	60	20	114	10	57
乙醇	8000	15312	60	2000	3828	1000	1914
2-氯乙醇	20	68	60	10	34	2	7
烯丙基氯	200	635	60	100	318	50	159
氯乙烷	10000	26830	60	5000	13415	2000	5366
苄基氯	20	100	1	10	50	5	25
二氯甲烷	2000	7072	60	1000	3536	500	1768
二甲苯	1000	4410	60	300	1323	100	441
甲酸乙酯	1000	3080	60	400	1232	200	616
甲酸甲酯	1000	2495	60	400	998	200	499
氯苯	400	1872	60	200	936	75	351
氯仿	2000	9960	60	500	2490	50	249
乙酸	200	500	60	40	100	20	50
乙酸异戊酯	1000	5410	60	300	1623	100	541
乙酸乙酯	2000	7326	60	800	2928	400	1464
乙酸丁酯	2000	9650	60	500	2412	200	965
乙酸甲酯	500	1540	60	200	616	100	308
二异丁基酮	400	1896	60	200	948	100	474
乙醚	8000	24624	60	2000	6156	500	1539
四氯化碳	2000	12800	60	500	3200	50	320
二噁烷	500	1830	60	300	1098	200	732
二氯乙醚	100	593	1	30	178	15	89
二氯乙烯	2000	8072	60	1000	4036	500	2018
环己醇	1000	4160	60	400	1664	100	416
环己酮	1000	4080	60	200	816	75	306
环己烷	2000	6990	60	800	2796	400	1398
碳酸二乙酯	800	3928	60	400	1964	200	982
四氯乙烷	50	350	60	20	140	10	70
四氯乙烯	1000	6905	60	400	2762	200	1381
三氯乙烯	2000	10940	60	800	4376	400	2188
甲苯	1000	3830	60	300	1149	100	383
1,1-二氯乙烷	400	1648	60	200	824	50	206
1,2-二氯乙烷	500	2050	60	100	410	50	205
二硫化碳	500	1600	60	150	480	10	32
丁醇	1000	3080	60	100	308	50	154
苯	1500	4800	60	500	1600	50	160
亚异丙基丙酮	200	816	1	100	408	50	204
甲醇	2000	2500	60	500	640	200	256
甲基异丁基(甲)酮	1000	4160	60	400	1004	200	832
丁酮	2000	5990	60	500	1498	200	599
甲基环己酮	300	1400	60	150	700	75	350

(2) 根据溶剂对健康的损害程度分类　表 1-4-6 为危险化学品名录；表 1-4-7 为剧毒化学品目录；表 1-4-8 为高毒物品目录。

表 1-4-6　危险化学品名录（2002 版，可选作溶剂部分）

危险货物编号	品　名	英　文　名	CAS 号	UN 号
11035	2,4,6-三硝基甲苯	2,4,6-frinitrotoluene	118-96-7	0209
21009	乙烷[压缩的]	ethane	74-84-0	1035
21010	乙烷[液化的]	ethane	74-84-0	1961
21011	丙烷	propane	74-98-6	1978
21012	丁烷	butane	106-97-8	1011
21015	环丁烷	cyclobutane	287-23-0	2601
21016	乙烯[压缩的]	ethylene	74-85-1	1962
21017	乙烯[液化的]	ethylene	74-85-1	1038
21018	丙烯	propene	115-07-1	1077
21019	1-丁烯	1-butene	106-98-9	1012
21019	2-丁烯	2-butene	590-18-1	1012
21020	异丁烯	isobutylene	115-11-7	1055
21022	1,3-丁二烯	1,3-butadiene	106-99-0	1010
21028	1,1-二氟乙烷	1,1-difluoroethane	75-37-6	1030
21031	1,2-二氟乙烯	1,1-difluoroethylene	75-38-7	1959
21036	氯乙烷	chloroethane	75-00-3	1037
21037	氯乙烯	chloroethylene	75-01-4	1086
21039	环氧乙烷	epoxyethane	75-21-8	1040
21040	甲醚	methyl ether	115-10-6	1033
21043	甲胺	methylamine	74-89-5	1061
21044	二甲胺	dimethylamine	124-40-3	1032
21045	三甲胺	trimethylamine	75-50-3	1083
21046	乙胺	ethylamine	75-04-7	1036
21050	硅烷	silane	7803-65-2	2203
22015	氙[压缩的]	xenon	7440-63-3	2036
22016	氙[液化的]	xenon	7440-63-3	2591
22017	氧化亚氮[压缩的]	nitrous oxide	10024-97-2	1070
22018	氧化亚氮[液化的]	nitrous oxide	10024-97-2	2201
22020	二氧化碳[液化的]	liquid carbon dioxide	124-39-8	2187
22021	六氟化硫	sulphur hexafluoride	2551-62-4	1080
22032	三氟甲烷	trifluoromethane	75-46-7	1984
22033	四氟甲烷	tetra fluoromethane	75-73-0	1982
22039	二氟一氯乙烷	1-chloro-1,1-difluoroethane	75-45-6	1080
22040	三氟一氯甲烷	chlorotrifluoromethane	75-72-9	1022
22041	三氟一氯乙烷	1-chloro-2,2,2-trifluoroethane	75-88-7	1983
22044	一氟二氯甲烷	dichlorofluoromethane	75-43-4	1029
22045	二氟二氯甲烷	dichlorodifluoromethane	75-71-8	1028
22046	1,2-四氟二氯乙烷	1,2-dichloro-1,1,2,2-tetrafluoroethane	76-14-2	1958
22047	一氟三氯甲烷	trichlorofluoromethane	75-69-4	
22049	三氟一溴甲烷	bromotrifluoromethane	75-63-8	1009
23003	液氨	liquid ammonia	7664-41-7	1005
23009	一氧化氮	nitric oxide	10102-43-9	1160
23013	二氧化硫[液化的]	liquid sulfurdioxide	744-09-5	1079
23033	氧硫化碳	carbonyl sulfide	463-58-1	2204
23040	氯甲烷	methyl chloride	74-87-3	1063
23041	溴甲烷	methyl bromide	74-83-9	1062
31001	汽油	gasoline	8006-61-9	1203,1257
31002	2-甲基丁烷	2-methylbutane	78-78-4	1265
31002	戊烷	pentane	109-66-0	1265
31003	环戊烷	cyclopentane	289-92-3	1146

危险货物编号	品　　名	英　文　名	CAS 号	UN 号
31004	环己烷	cyclohexane	110-82-7	1145
31005	2,3-二甲基丁烷	2,3-dimethylbutane	79-29-8	2457
31005	2,2-二甲基丁烷	2,2-dimethylbutane	75-83-2	
31005	3-甲基戊烷	3-methylpentane	96-14-0	1208
31005	2-甲基戊烷	2-methylpentane	107-83-5	1208
31005	己烷	hexane	110-54-3	1208
31006	1-戊烯	1-pentene	109-67-1	1108
31006	2-戊烯	2-pentene	109-68-2	
31009	1-己烯	1-hexene	592-41-6	2370
31012	异戊二烯	isoprene	78-75-9	1218
31013	2-氯-1,3-丁二烯	2-chloro-1,3-buladiene	126-99-8	1991
31019	氯丙烷	1-chloropropane	540-54-5	1278
31020	2-氯丙烷	2-chloropropane	75-29-6	2356
31021	3-氯丙烯	3-chloropropene	107-05-1	1100
31021	氯丙烯	chloropropene	557-98-2	2456
31022	乙醛	acetaldehyde	75-07-0	1089
31023	异丁醛	isobutyraldehyde	78-84-2	2045
31024	丙烯醛	acrolein	107-02-8	1092
31025	丙酮	acetone	67-64-1	1090
31026	乙醚	ethyl ether	60-29-7	1155
31027	异丙醚	isopropyl ether	108-20-3	1159
31027	丙醚	propyl ether	111-43-3	2384
31028	甲基丙基醚	methyl propyl ether	557-17-5	2612
31029	乙基乙烯基醚	ethyl vinyl ether	109-92-2	1032
31031	乙缩醛	1,1-diethoxyethane	105-57-7	1088
31031	甲醛缩二乙醇	diethoxymethane	462-95-3	2373
31031	乙醛缩二甲醇	1,1-dimethoxyethane	534-15-6	2377
31031	甲缩醛	dimethoxymethane	109-87-5	1234
31032	1,2-环氧丙烷	1,2-epoxypropane	75-56-9	1280
31033	甲硫醚	dimethyl sulfide	75-18-3	1164
31034	乙硫醇	ethyl mercaptan	75-08-1	2363
31035	正丙硫醇	*n*-propyl mercaptan	107-03-9	2402
31035	异丙硫醇	isopropyl mercaptan	75-33-2	
31037	甲醇甲酯	methyl formate	107-31-3	1243
31038	甲酸乙酯	ethyl formate	109-94-4	1190
31040	呋喃	furan	110-00-9	2389
31041	2-甲基呋喃	2-methylfuran	534-22-5	2301
31042	四氢呋喃	tetrahydrofuran	109-99-9	2056
31043	四氢吡喃	tetrahydropyran	142-68-7	
31046	二乙胺	diethylamine	109-89-7	1154
31047	异丙胺	isopropylamine	75-31-0	1221
31047	丙胺	propylamine	107-10-8	1277
31048	烯丙基胺	allyl amine	107-11-9	2334
31049	四甲基硅烷	tetramethylsilane	75-76-3	2749
31050	二硫化碳	carbon disulfide	75-15-0	1131
32002	石油醚	petroleum	8032-32-4	1271
32004	溶剂石脑油	solvent naphtha	8030-30-6	1256,2553
32006	庚烷	heptane	142-82-5	1206
32007	庚烷异构体	heptane isomers		1206
32008	辛烷	octane	111-65-9	1262
32009	2,2,4-三甲基戊烷	2,2,4-trimethylpentane	540-84-1	1262

续表

危险货物编号	品　　名	英　文　名	CAS号	UN号
32009	2,3,4-三甲基戊烷	2,3,4-trimethylpentane	565-75-3	1262
32009	2,2,3-三甲基戊烷	2,2,3-trimethylpentane	564-02-3	1262
32010	2,2,5-三甲基己烷	2,2,5-trimethylhexane	3522-94-9	
32011	甲基环戊烷	methyl cyclopentane	96-37-7	2298
32012	甲基环己烷	methyl cyclohexane	108-87-2	2296,2263
32012	1,3-二甲基环己烷	1,3-dimethylcyclohexane	592-21-9	2263
32012	反式-1,2-二甲基环己烷	*trans*-1,2-dimethylcyclohexane	583-57-3	2263
32013	环庚烷	cycloheptane	291-64-5	2241
32015	1-庚烯,3-庚烯	1-heptene	592-76-7	2278
32016	1-辛烯	1-octene	111-66-0	
32017	二异丁烯	2,2,4-trimethyl-1-pentene	107-39-1	2050
32021	1,2-环戊二烯	1,3-cyclopentadiene	542-92-7	
32022	环己烯	cyclohexene	110-83-8	2256
32033	1-氯丁烷	1-chlorobutane	109-62-3	1127
32033	2-氯-2-甲基丙烷	2-chloro-2-methyl propane	507-20-0	
32033	1-氯-2-甲基丙烷	1-chloro-2-methyl propane	513-36-0	
32033	2-氯丁烷	2-chlorobutane	78-86-4	1127
32034	1-氯-3-甲基丁烷	1-chloro-3-methylbutane	107-84-6	
32034	1-氯戊烷	1-chloropentane	543-59-9	1107
32035	1,1-二氯乙烷	1,1-dichloroethane	75-34-3	2362
32035	1,2-二氯乙烷	1,2-dichloroethane	107-06-2	1184
32036	1,2-二氯丙烷	1,2-dichloropropane	78-87-5	1279
32040	1,1-二氯乙烯	1,1-dichloroethylene	75-35-4	1303
32040	1,2-二氯乙烯	1,2-dichloroethylene	51192-14-4	1150
32041	2,3-二氯丙烯	2,3-dichloropropene	78-88-6	2047
32042	2-溴丙烷	2-bromopropane	75-26-3	2344
32043	1-溴丁烷	1-bromobutane	109-65-9	1126
32043	2-溴丁烷	2-bromobutane	78-76-2	2339
32043	1-溴-2-甲基丙烷	1-bromo-2-methylpropane	78-77-3	2342
32043	2-溴-2-甲基丙烷	2-bromo-2-methylpropane	507-19-7	
32047	2-碘丙烷	2-iodopropane	75-30-9	
32047	1-碘丙烷	1-iodopropane	107-08-4	2392
32048	2-碘-2-甲基丙烷	2-iodo-2-methylpropane	588-17-8	
32048	1-碘-2-甲基丙烷	1-iodo-2-methylpropane	513-38-2	2391
32048	2-碘丁烷	2-iodobutane	513-48-4	2390
32050	苯	benzene	71-43-2	1114
32052	甲苯	toluene	108-88-3	1294
32053	乙苯	ethylbenzene	100-41-4	1175
32054	氟(代)苯	fluorobenzene	462-06-6	2387
32057	三氟甲苯	benzotrifluoride	98-08-8	2338
32058	甲醇	methanol	67-56-1	1230
32061	乙醇	ethanol	64-17-5	1170
32064	异丙醇	isopropanol	67-63-0	1219
32064	丙醇	1-propanol	71-23-8	1274
32065	烯丙醇	2-propen-1-01	107-18-6	1098
32066	叔丁醇	*tert*-butanol	75-65-0	1120
32067	丙醛	propionaldehyde	123-38-6	1275
32068	丁醛	butyraldehyde	123-72-8	1129
32071	2-丁烯醛	2-butenal	4170-30-3	1143
32073	丁酮	2-butanone	78-93-3	1193
32074	3-戊酮	3-pentanone	96-22-0	1156

续表

危险货物编号	品　　名	英　文　名	CAS号	UN号
32074	2-戊酮	2-pentanone	107-87-9	1249
32074	3-甲基-2-丁酮	3-methyl-2-butanone	563-80-4	2397
32075	2-甲基-3-戊酮	2-methyl-3-pentanone	565-69-5	1249
32075	4-甲基-2-戊酮	4-methyl-2-pentanone	108-10-1	1245
32076	2,4-二甲基-3-戊酮	2,4-dimethyl-3-pentanone	565-80-0	2401
32077	4-羟基-4-甲基-2-戊酮	4-hydroxy-4-methyl-2-pentanone	123-42-2	1148
32081	2,3-丁二酮	2,3-butanedione	431-03-8	2346
32083	甲基正丁基醚	*n*-butyl methyl ether	628-28-4	2350
32084	甲基叔丁基醚	methyl-tert-butyl ether	1634-04-4	2398
32085	乙基丁基醚	ethyl butyl ether	628-81-9	1179
32087	丁基乙烯基醚	butyl vinyl ether	111-34-2	2352
32089	氯甲基甲醚	chloromethyl methyl ether	107-30-2	1239
32093	乙二醇二甲醚	ethylene glycol dimethyl ether	110-71-4	2252
32096	1,3-二噁烷	1,3-dioxane	646-06-0	1166
32097	1,2-环氧丁烷	1,2-epoxybutane	106-88-7	3022
32098	二噁烷	dioxane	123-91-1	1165
32099	2,5-二甲基呋喃	2,5-dimethylfuran	625-86-5	2401
32100	2-甲基四氢呋喃	2-methyl tetrahydrofuran	96-47-9	2536
32102	二氢吡喃	dihydropyran	110-87-2	2376
32103	四氢吡咯	tetrahydropyrole	123-75-1	1922
32104	吡啶	pyridine	110-86-1	1282
32105	1,2,3,4-四氢吡啶	1,2,3,4-tetrahydropyridine	694-05-3	2410
32106	哌啶	piperidine	110-89-4	2401
32109	*N*-甲基吗啉	*N*-methylmorpholine	109-02-4	2535
32110	噻吩	thiophene	110-02-1	2414
32111	四氢噻吩	tetrahydrothiophene	110-01-0	2412
32114	二甲基二硫	dimethyldisulfide	624-92-0	2381
32115	乙硫醚	diethyl sulfide	352-93-2	2375
32116	正丁硫醇	*n*-butyl mercaptan	109-79-5	2347
32117	1-戊硫醇	1-pentanethiol	110-66-7	1111
32119	乙酰氯	acetyl chloride	75-36-5	1717
32122	甲酸丙酯	propyl formate	110-74-7	1281
32122	甲酸异丙酯	isopropyl formate	625-55-8	1281
32123	甲酸丁酯	butyl formate	592-84-7	1128
32123	甲酸异丁酯	isobutyl formate	542-55-2	2393
32124	原甲酸三甲酯	trimethyl orthoformate	149-73-5	2379
32126	乙酸甲酯	methyl acetate	79-20-9	1231
32127	乙酸乙酯	ethyl acetate	141-78-6	1173
32128	乙酸丙酯	propyl acetate	109-60-4	1276
32128	乙酸异丙酯	isopropyl acetate	108-21-4	1220
32130	乙酸仲丁酯	*sec*-butyl acetate	105-46-4	1123
32130	乙酸异丁酯	isobutyl acetate	110-19-0	1213
32130	乙酸丁酯	butyl acetate	123-86-4	1123
32131	乙酸乙烯酯	vinyl acetate	108-05-4	1301
32133	乙酸烯丙酯	allyl acetate	591-87-7	2333
32135	丙酸甲酯	methyl propionate	554-12-1	1248
32136	丙酸乙酯	ethyl propionate	105-37-3	1195
32138	丙酸异丁酯	isobutyl propionate	540-42-1	2394
32140	丁酸甲酯	methyl butyrate	623-42-7	1237
32140	异丁酸甲酯	methyl isobutyrate	547-63-7	1237
32141	异丁酸乙酯	ethyl isobutyrate	97-62-1	2385

续表

危险货物编号	品名	英文名	CAS号	UN号
32144	戊醇甲酯	methyl valerate	624-24-8	
32146	丙烯酸甲酯	methyl acrylate	96-33-7	1919
32147	丙烯酸乙酯	ethyl acrylate	140-88-5	1917
32148	丁烯酸甲酯	methyl crotonate	623-43-8	1862
32148	丁烯酸乙酯	ethyl crotonate	623-70-1	1862
32149	甲基丙烯酸甲酯	methyl methacrylate	80-62-6	1247
32149	甲基丙烯酸乙酯	ethyl methacrylate	97-63-2	2277
32150	氯甲酸甲酯	methyl chloroformate	79-22-1	1238
32151	氯甲酸乙酯	ethyl chloroformate	541-41-3	1182
32153	亚硝酸丁酯	butyl nitrite	544-16-1	2351
32153	亚硝酸异丙酯	isopropyl nitrite	541-42-4	
32153	亚硝酸异丁酯	isobutyl nitrite	542-56-3	2351
32153	亚硝酸异戊酯	isoamyl nitrite	110-46-3	1113
32155	硝酸异丙酯	isopropyl nitrate	1712-64-7	1222
32156	硼酸三甲酯	trimethyl borate	121-43-7	2416
32157	碳酸二甲酯	dimethyl carbonate	616-38-6	1161
32159	乙腈	acetonitrile	75-05-8	1648
32160	丙腈	propionitrile	107-12-0	2404
32161	丁腈	butyronitrile	109-74-0	2411
32161	异丁腈	isobutyronitrile	78-82-0	2284
32162	丙烯腈	acrylonitrile	107-13-1	1093
32164	异氰酸甲酯	methyl isocyanate	624-83-9	2480
32168	三乙胺	triethylamine	121-44-8	1296
32170	二丙胺	dipropylamine	142-84-7	2383
32170	二异丙胺	diisopropylamine	108-18-9	1158
32172	丁胺	butylamine	109-73-9	1125
32172	异丁胺	isobutylamine	78-81-9	1214
32172	仲丁胺	*sec*-butylamine	13952-84-6	
32172	叔丁胺	*tert*-butylamine	75-64-9	
32175	戊胺	pentylamine	110-58-7	1106
32175	异戊胺	isopentylamine	107-85-7	
32175	仲戊胺	*sec*-amylamine	625-30-9	
32183	甲基肼	methyl hydrazine	60-34-4	1244
32184	1,1-二甲肼	1,1-dimethyl hydrazine	57-14-7	1163
32187	六甲基二硅醚	hexamethyldisiloxane	107-46-0	
33501	煤油	kerosene	8008-20-6	1223
33504	环辛烷	cyclooctane	292-64-8	
33505	壬烷	nonane	111-84-2	1920
33506	癸烷	decane	124-18-5	2247
33508	乙基环己烷	ethyl cyclohexane	1678-91-7	
33510	丁基环己烷	butyl cyclohexane	1678-93-9	
33514	1-壬烯	1-nonene	124-11-8	
33515	1-癸烯	1-decene	872-05-9	
33519	1,5-环辛二烯	1,5-cyclooctadiene	111-78-4	2520
33520	硝基甲烷	nitromethane	75-52-5	1261
33521	硝基乙烷	nitroethane	79-24-3	2842
33522	1-硝基丙烷	1-nitropropane	108-03-2	2608
33522	2-硝基丙烷	2-nitropropane	79-46-9	2608
33524	1-硝基丁烷	1-nitrobutane	627-05-4	
33524	2-硝基丁烷	2-nitrobutane	600-24-8	
33525	1,3-二氯丙烷	1,3-dichloropropane	142-28-9	

危险货物编号	品　　名	英　文　名	CAS号	UN号
33525	1,4-二氯丁烷	1,4-dichlorobutane	110-56-5	
33525	1,5-二氯戊烷	1,5-dichloropentane	628-76-2	1152
33526	1-氯己烷	1-chlorohexane	544-10-5	
33527	1-溴己烷	1-bromohexane	111-25-1	
33528	1,3-二氯丙烯	1,3-dichloropropene	542-75-6	
33530	溴丙烷	bromopropane	106-94-5	
33531	1-溴戊烷	1-bromopentane	110-53-2	
33533	1-碘丁烷	1-iodobutane	542-69-8	
33534	1-碘戊烷	1-iodopentane	628-17-1	
33535	邻二甲苯	*o*-xylene	95-47-6	1307
33535	间二甲苯	*m*-xylene	108-38-3	1307
33535	对二甲苯	*p*-xylene	106-42-3	1307
33535	二甲苯	xylene		1307
33536	1,2,3-三甲苯	1,2,3-trimethylbenzene	526-73-8	
33536	1,2,4-三甲苯	1,2,4-trimethylbenzene	95-63-6	
33537	二乙苯	diethylbenzene	135-01-3	
			141-93-5	2049
			105-05-5	
33538	异丙苯	iso propylbenzene	98-82-8	1918
33538	丙苯	*n*-propylbenzene	103-65-7	2364
33539	对甲基异丙苯	*p*-cymene	99-87-6	2046
33540	丁苯	butylbenzene	104-51-8	2709
33540	异丁基苯	isobutylbenzene	538-93-2	
33540	叔丁基苯	*tert*-butylbenzene	98-06-6	
33541	苯乙烯	styrene	100-42-5	2055
33544	α-甲基苯乙烯	α-methylstyrene	98-83-9	2303
33545	苯乙炔	phenylacetylene	536-74-3	
33546	氯苯	chlorobenzene	108-90-7	1134
33547	溴苯	bromobenzene	108-86-1	2514
33547	邻二溴苯	*o*-dibromobenzene	583-53-9	2514
33547	间二溴苯	*m*-dibromobenzene	108-36-1	2711
33548	对氯甲苯	*p*-chlorotoluene	106-43-4	2238
33548	间氯甲苯	*m*-chlorotoluene	108-41-8	2238
33548	邻氯甲苯	*o*-chlorotoluene	95-49-8	2238
33549	3-氯三氟甲苯	trifluorotoluene chloride	98-15-7	2234
33550	十氢化萘	decalin	91-17-8	1147
33552	丁醇	1-butanol	71-36-3	1120
33552	异丁醇	isobutanol	78-83-1	1112
33552	仲丁醇	*sec*-butanol	78-92-2	1120
33553	戊醇	1-pentanol	71-41-0	1105
33553	2-甲基-1-丁醇	2-methyl-1-butanol	137-32-6	
33553	异戊醇	isopentyl alcohol	123-51-3	
33553	仲戊醇	2-pentanol	6032-29-7	
33553	叔戊醇	*tert*-pentyl alcohol	75-85-4	
33553	3-甲基-2-丁醇	3-methyl-2-butanol	598-75-4	
33553	杂醇油	fusel oil	8013-75-0	
33554	3-己醇	3-hexanol	623-37-0	
33554	4-甲基-2-戊醇	4-methyl-2-pentanol	108-11-2	
33554	2-己醇	2-hexanol	626-93-7	2282
33554	2-乙基丁醇	2-ethyl-1-butanol	97-95-0	

续表

危险货物编号	品名	英文名	CAS 号	UN 号
33554	2-甲基戊醇	2-methyl-1-pentanol	105-30-6	
33554	2-甲基-2-戊醇	2-methyl-2-pentanol	590-36-3	
33554	2-甲基-3-戊醇	2-methyl-3-pentanol	565-67-3	
33556	环戊醇	cyclopentanol	96-41-3	2244
33557	2-甲基环己醇	2-methylcyclohexanol	583-59-5	2617
33557	1-甲基环己醇	1-methylcyclohexanol	590-07-0	2617
33557	3-甲基环己醇	3-methylcyclohexanol	591-23-1	2617
33557	4-甲基环己醇	4-methylcyclohexanol	589-91-3	2617
33559	炔丙醇	propargyl alcohol	107-19-7	
33560	2-甲基-3-丁炔-2-醇	2-methyl-3-butyn-2-ol	115-19-4	
33564	三氟乙醇	2,2,2-trifluoroethanol	75-89-8	
33565	丁醚	butyl ether	142-96-1	1149
33567	苯甲醚	phenylmethyl ether	100-66-3	2222
33569	乙二醇二乙醚	ethylene glycol diethyl ether	629-14-1	1153
33569	1-乙氧基-2-丙醇	1-ethoxy-2-propanol	1569-02-4	
33569	乙二醇-异丙醚	ethylene glycol isopropyl ether	109-59-1	
33569	乙二醇-甲醚	ethylene glycol monomethyl ether	109-86-4	1188
33569	乙二醇-乙醚	ethylene glycol monoethyl ether	110-80-5	1171
33570	乙酸-2-甲氧基乙酯	2-methoxy ethyl acetate	110-49-6	1189
33570	乙酸-2-乙氧基乙酯	2-ethoxy ethyl acetate	111-15-9	1172
33571	乙酸-3-甲氧基丁酯	3-methoxy butyl acetate	4435-53-4	2708
33576	三聚乙醛	paraldehyde	123-63-7	1264
33581	糠醛	furfural	98-01-1	1199
33582	3-己酮	3-hexanone	589-38-3	
33582	2-己酮	2-hexanone	591-78-6	
33582	3,3-二甲基-2-丁酮	3,3-dimethyl-2-butanone	75-97-8	
33583	2-庚酮	2-heptanone	110-43-0	
33583	3-庚酮	3-heptanone	106-35-4	
33583	4-庚酮	4-heptanone	123-19-3	2710
33585	2,6-二甲基-4-庚酮	2,6-dimethyl-4-heptanone	108-83-8	1157
33586	甲基环己酮	methyl cyclohexanone	583-60-8	2297
33587	乙酰丙酮	acetylacetone	123-54-6	2310
33588	异亚丙基丙酮	mesityl oxide	141-79-7	1229
33590	环戊酮	cyclopentanone	120-92-3	2245
33590	环己酮	cyclohexanone	108-94-1	1915
33592	异丁酸	isobutyric acid	79-31-2	2529
33595	甲酸异戊酯	isoamyl formate	110-45-2	1109
33595	甲酸己酯	hexyl formate	629-33-4	
33595	甲酸戊酯	pentyl formate	638-49-3	1109
33596	乙酸-2-乙基丁酯	2-ethylbutyl acetate	10031-87-5	1177
33596	乙酸环己酯	cyclohexyl acetate	622-45-7	2243
33596	乙酸异戊酯	isopentyl acetate	123-92-2	
33596	乙酸己酯	hexyl acetate	142-92-7	
33596	乙酸仲己酯	*sec*-hexyl acetate	108-84-9	1233
33596	乙酸叔丁酯	*tert*-butyl acetate	628-63-7	1104
33597	丙酸丁酯	butyl propionate	590-01-2	1914
33597	丙酸戊酯	pentyl propionate	624-54-4	
33597	丙酸异戊酯	isopentyl propionate	105-68-0	
33598	2-羟基-2-甲基丙酸乙酯	ethyl-2-hydroxy-2-methylpropionate	80-55-7	
33598	异丁酸异丁酯	isobutyl isobutyrate	97-85-8	2528
33598	丁酸乙酯	ethyl butyrate	105-54-5	1180

续表

危险货物编号	品名	英文名	CAS号	UN号
33598	丁酸丙酯	propyl butyrate	105-66-8	
33598	丁酸丁酯	butyl butyrate	109-21-7	
33598	丁酸异丙酯	isopropyl butyrate	638-11-9	2405
33598	丁酸戊酯	pentyl bulyrate	540-18-1	2620
33599	戊酸乙酯	ethyl valerate	539-82-2	
33599	戊酸丙酯	propyl valerate		
33599	异戊酸乙酯	ethyl isovaterate	108-64-5	
33600	己酸乙酯	ethyl capronate	123-66-0	
33600	己酸甲酯	methyl capronate	106-70-7	
33601	丙烯酸丁酯	butyl acrylate	141-32-2	2348
33601	丙烯酸异丁酯	isobutyl acrylate	106-63-8	2527
33601	甲基丙烯酸丁酯	butyl methacrylate	97-88-1	2227
33601	甲基丙烯酸异丁酯	isobutyl methacrylate	97-86-9	
33602	乳酸乙酯	ethyl lactate	97-64-3	1192
33602	乳酸甲酯	methyl lactate	547-64-8	
33604	2-氯丙酸乙酯	ethyl-2-chloropropionate	623-71-2	2935
33604	3-氯丙酸乙酯	ethyl-3-chloropropionate	623-71-2	
33606	硝酸戊酯	amyl nitrate	1002-16-0	1112
33608	碳酸二乙酯	diethyl carbonate	105-58-8	2366
33608	碳酸二丙酯	dipropyl carbonate	623-96-1	
33609	正硅酸乙酯	ethyl silicate	78-10-4	1292
33610	亚磷酸二丁酯	dibutyl phosphite	1809-19-4	
33613	吡咯	pyrrole	109-97-7	
33614	2-甲基吡啶	2-methylpyridine	109-06-8	2313
33614	3-甲基吡啶	3-methylpyridine	108-99-6	
33614	4-甲基吡啶	4-methylpyridine	108-89-4	
33615	2,4-二甲基吡啶	2,4-dimethylpyridine	108-47-4	
33615	2,6-二甲基吡啶	2,6-dimethylpyridine	108-47-5	
33617	*N*-乙基吗啉	*N*-ethylmorpholine	100-74-3	
33618	三丙胺	tripropylamine	102-69-2	2260
33619	二异丁胺	diisobutylamine	110-96-3	2361
33624	2-(二甲氨基)乙醇	2-(dimethylamino)ethanol	108-01-0	2051
33626	2-(二乙氨基)乙醇	2-(diethylamino)ethanol	100-37-8	2686
33627	*N*,*N*-二甲基甲酰胺	*N*,*N*-dimethylformamide	68-12-2	2265
33631	无水肼	hydrazine anhydrous	302-01-2	2029
33636	樟脑油	camphor oil	8008-51-3	1130
33638	松节油	turpentine oil	8006-64-2	1299
33638	松油	pine oil	8002-09-3	1272
33639	1,8-萜二烯	dipentene	138-86-3	2052
33642	蒎烯	α-pinene;β-pinene	7885-20-4 18172-67-3	2368
33648	3-甲基-1-戊炔-3-醇	3-methyl-1-pentyn-3-ol	77-75-8	
41511	萘	naphthalene	91-20-3	1334
41512	α-甲基萘	α-methylnaphthalene	90-12-0	
41532	三噁烷	trioxane	110-88-3	
41536	樟脑	camphor	76-22-2	2717
51015	高氯酸[含酸 50%～72%]	perchroric acid	7601-90-3	1873
52051	过乙酸	peracetic acid	79-21-0	2131,3045
61003	氰化氢	hydrogen cyamide	174-90-8	1051
61052	3-氯-1,2-环氧丙烷	epichlorohydrin	106-89-8	2023
61053	1-溴-2,3-环氧丙烷	1-bromo-2,3-epoxypropane	3132-64-7	2588

续表

危险货物编号	品　　名	英　文　名	CAS号	UN号
61056	硝基苯	nitrobenzene	98-95-3	1662
61057	间二硝基苯	*m*-dinitrobenzene	99-65-0	1597
61057	对二硝基苯	*p*-dinitrobenzene	100-25-4	1597
61057	邻二硝基苯	*o*-dinitrobenzene	528-29-0	1597
61058	硝基甲苯	nitrotoluene	88-72-2 99-08-1 99-99-0	1664
61062	多氯联苯	polychloroinated biphenyls	1338-24-3	2315
61063	苄基氯	benzyl chloride	100-44-7	1738
61065	苄基溴	benzyl bromide	100-39-0	1737
61067	苯酚	phenol	108-95-2	1671,2313
61073	甲酚	cresol	1319-77-3	
61073	邻甲酚	*o*-cresol	95-48-7	2076
61073	间甲酚	*m*-cresol	108-39-4	2076
61073	对甲酚	*p*-cresol	106-44-5	2076
61077	吖丙啶	ethyleneimine	151-56-4	2843
61080	六氟丙酮水合物	hexafluoroacetone hydrate	13098-39-0	2552
61082	对称二氯四氟代丙酮水合物	*sym*-dichlorotetrafluoroacetone hydrate	127-21-9	
61085	2-吡咯烷酮	2-pyrrolidone	616-45-5	
61086	双(氯甲基)醚	bis(chloromethyl)ether	542-88-1	2499
61087	双(2-氯异丙基)醚	bis(2-chloroisopropyl)ether	39638-22-9	2490
61088	丙酮氰醇	acetone cyanohydrin	75-86-5	1541
61089	全氯甲硫醇	perchloromethylmercaptane	594-42-3	1670
61102	氯乙酸甲酯	methyl chloroacetate	96-34-4	2295
61102	氯乙酸乙酯	ethyl chloroacetate	105-39-5	1181
61103	溴乙酸甲酯	methyl bromoacetate	96-32-2	2643
61111	六亚甲基二异氰酸酯	hexamethylene diisocyanate	822-06-0	2281
61111	甲苯-2,4-二异氰酸酯	toluene-2,4-diisocyanate	584-84-9	2078
61112	磷酸三甲苯酯	tricresyl phosphate	1330-78-5	2574
61116	磷酸二甲酯	dimethyl sulfate	77-78-1	1595
61552	二氯甲烷	dichloromethane	75-09-2	1593
61553	三氯甲烷	trichloromethane	67-66-3	1888
61554	四氯化碳	tetrachloromethane	56-23-5	1846
61555	1,1,1-三氯乙烷	1,1,1-trichloroethane	71-55-6	2831
61555	1,1,2-三氯乙烷	1,1,2-trichloroethane	79-00-5	
61556	1,1,2,2-四氯乙烷	1,1,2,2-tetrachloroethane	79-34-5	1702
61557	五氯乙烷	pentachloroethane	76-01-7	1669
61558	六氯乙烷	hexachloroethane	67-72-1	
61559	1,2,3-三氯丙烷	1,2,3-trichloropropane	96-18-4	
61560	2-氯-2-甲基丁烷	2-chloro-2-methyl butane	594-36-5	
61561	二溴甲烷	dibromomethane	74-95-3	2664
61562	三溴甲烷	tribromomethone	75-25-2	2515
61564	溴乙烷	bromoethane	74-96-4	1891
61565	1,2-二溴乙烷	1,2-dibromoethane	106-93-4	1605
61566	1,1,2,2-四溴乙烷	1,1,2,2-tetrabromoethane	79-27-6	2504
61567	1,2-二溴丙烷	1,2-dibromopropane	78-75-1	
61568	碘甲烷	iodomethane	74-88-4	2644
61572	1-碘-3-甲基丁烷	1-iodo-3-methylbutane	541-28-6	
61573	1,1,2-三氟-1,2,2-三氯乙烷	1,2,2-trichloro-1,1,2-trifluoroethane	76-13-1	
61574	氯溴甲烷	chlorobromomethane	74-97-5	1887
61575	1-氯-2-溴乙烷	1-chloro-2-bromoethene	107-04-0	

续表

危险货物编号	品　　名	英　文　名	CAS 号	UN 号
61580	六氯-1,3-丁二烯	hexachlorobutadiene	87-68-3	2279
61580	三氯乙烯	trichloroethylene	79-01-6	1710
61580	四氯乙烯	tetrachloroethylene	127-18-4	1897
61582	2-丁炔-1,4-二醇	2-butyne-1,4-diol	110-65-6	2716
61583	2-氯乙醇	2-chloroethanol	107-07-3	1135
61584	1-氯-2-丙醇	1-chloro-2-propanol	127-00-4	
61584	3-氯-1-丙醇	3-chloro-1-propanol	627-30-5	2849
61585	1,3-二氯-2-丙醇	1,3-dichloro-2-propanol	96-23-1	2750
61586	3-氯-1,2-丙二醇	3-chtoro-1,2-propanediol	96-24-2	2689
61587	2-溴乙醇	2-bromoethanol	540-51-2	
61590	2-呋喃甲醇	2-funylmethamol	98-00-0	2874
61591	叔十二硫醇	*tert*-dodecanethiol	25103-58-67	
61592	乙二醇-丁醚	ethylene glycol monobutyl ether	111-76-2	2369
61594	双(2-氯乙基)醚	*bis*(2-chloroethyl)ether	111-44-4	1916
61596	环丁砜	tetramethylene sulfoxide	1600-44-8	
61598	3-羟基丁醛	3-hydroxybutyraldehyde	107-89-1	2839
61599	水杨醛	salicylaldehyde	90-02-8	
61613	二氯乙酸乙酯	ethyl dichloroacetate	535-15-9	
61621	草酸二甲酯	dimethyl oxalate	553-90-2	
61621	草酸二丁酯	dibutyl oxalate	2050-60-4	
61621	草酸二乙酯	diethyl oxalate	95-92-1	
61624	苯甲酸甲酯	methyl benzoate	93-58-3	2938
61625	硫酸二乙酯	diethyl sulfate	64-67-5	1594
61629	戊腈	valeronitrile	110-59-8	
61630	己二腈	adiponitrile	111-69-3	2205
61630	丁二腈	butanedinitrile	110-61-2	
61634	氯乙腈	chloroacetonitrile	107-14-2	2668
61634	二氯乙腈	dichloroacetonitrile	3018-12-0	
61636	3-二甲氨基丙腈	3-(dimethylamino)propionitrile	1738-25-6	
61638	苄腈	benzonitrile	100-47-0	2224
61641	苯乙腈	phenylacetonitrile	140-29-4	2470
61646	氰基乙酸乙酯	ethyl cyanoacetate	105-56-6	2666
61646	氰基乙酸甲酯	methyl cyanoacetate	105-34-0	
61657	邻二氯苯	*o*-dichlorobenzene	95-50-1	1591
61657	间二氯苯	*m*-dichlorobenzene	541-73-1	
61657	对二氯苯	*p*-dichlorobenzene	106-46-7	1592
61658	1,2,4-三氯苯	1,2,4-trichlorobenzene	120-82-1	2321
61658	1,2,3-三氯苯	1,2,3-trichlorobenzene	87-61-6	2321
61659	1,2,4,5-四氯苯	1,2,4,5-tetrachlorobenzene	95-94-3	
61660	3,4-二氯甲苯	3,4-dichlorotoluene	95-75-0	
61660	2,6-二氯甲苯	2,6-dichlorotoluene	118-69-4	
61660	2,4-二氯甲苯	2,4-dichlorotoluene	95-73-8	
61660	2,5-二氯甲苯	2,5-dichlorotoluene	19398-61-9	
61666	*α*-氯萘	*α*-chloronaphthalene	90-13-1	
61666	*β*-氯萘	*β*-chloronaphthelene	91-58-7	
61668	4-氯三氟甲苯	4-chlorobenzotrifluoride	98-56-6	
61669	邻溴甲苯	*o*-bromotoluene	95-46-5	
61669	间溴甲苯	*m*-bromotoluene	591-17-3	
61678	对氯硝基苯	*p*-chloronitrobenzene	200-00-5	1578
61678	邻氯硝基苯	*o*-chloronitrobenzene	88-73-3	1578
61678	间氯硝基苯	*m*-chloronitrobenzene	121-73-3	1578

续表

危险货物编号	品　名	英　文　名	CAS号	UN号
61681	2,4-二硝基氯苯	1-chloro-2,4-dinitrobenzene	97-00-7	1577
61697	邻硝基苯甲醚	*o*-nitroanisole	91-23-6	2730
61698	邻硝基苯乙醚	*o*-nitrophenetole	610-67-3	
61699	对溴苯甲醚	*p*-bromoanisole	104-92-7	
61700	二甲酚	xylenols	1300-71-6	2261
61701	对叔丁基苯酚	*p*-tert-butylphenol	98-54-4	2229
61703	邻氯苯酚	*o*-chlorophenol	95-57-8	2021
61703	间氯苯酚	*m*-chlorophenol	108-43-0	2020
61703	对氯苯酚	*p*-chlorophenol	106-48-9	
61704	2,4-二氯苯酚	2,4-dichlorophenol	120-83-2	
61705	2,4,6-三氯苯酚	2,4,6-trichlorophenol	88-06-2	
61710	邻溴苯酚	*o*-bromophenol	95-56-7	
61710	间溴苯酚	*m*-bromophenol	591-20-8	
61710	对溴苯酚	*p*-bromophenol	106-41-2	
61725	1,4-对苯二酚	1,4-benzenediol	123-319	2662
61728	庚胺	heptylamine	111-62-8	
61733	二戊胺	dipentylamine	2050-92-2	2841
61735	*N*-亚硝基二甲胺	*N*-nitrosodimethylamine	62-75-9	2810
61740	丙烯酰胺	acrylamide	79-06-1	2074
61746	苯胺	aniline	62-53-3	1547
61750	邻甲苯胺	*o*-toluidine	95-53-4	1708
61750	间甲苯胺	*m*-toluidine	108-44-1	1708
61750	对甲苯胺	*p*-toluidine	106-49-0	1708
61753	3,5-二甲苯胺	3,5-dimethylaniline	108-69-0	1171
61756	*N*-甲基苯胺	*N*-methylaniline	100-61-8	2294
61756	*N*,*N*-二甲苯苯胺	*N*,*N*-dimethylaniline	121-69-7	2272
61756	*N*-丙基苯胺	*N*-propylaniline	622-80-0	
61756	*N*,*N*-二乙基苯胺	*N*,*N*-diethylaniline	91-66-7	2432
61756	*N*,*N*-二丁基苯胺	*N*,*N* dibutylaniline	613-29-6	
61759	苄胺	benzyl amine	100-46-9	
61766	间氯苯胺	*m*-chloroaniline	108-42-9	2019
61766	对氯苯胺	*p*-chloroaniline	106-47-8	2018
61766	邻氯苯胺	*o*-chloroaniline	95-51-2	2019
61847	喹啉	quinoline	91-22-5	2656
61874	对硫磷	parathion	56-38-2	2783
81002	硝酸	nifric acid	7697-37-2	2031
81007	硫酸	sulfric acid	7664-93-9	1830
81015	氟化氢	hydrogen fluoride	7664-39-3	1052
81015	高氯酸(含酸≤50%)	perchloric acid	9601-90-3	1802
81024	氟硫酸	fluorosulfuric acid	7789-21-1	1777
81035	硫酰氯	sulfuryl chloride	7791-25-5	1834
81037	亚硫酰(二)氯	thionyl chloride	7719-09-7	1836
81101	甲酸	formic acid	64-18-6	1779
81102	三氟乙酸	trifluoroacetic acid	76-05-1	2699
81102	三氟乙酸酐	trifluoroacetic anhydride	407-25-0	
81118	氯乙酰氯	chloroacetyl chloride	79-04-9	1752
81119	二甲氨基甲酰氯	dimethylcarbamoyl chloride	79-44-7	2262
81505	多聚磷酸	polyphosphoric acid	8017-16-1	
81601	乙酸	acetic acid	64-19-7	2789
81602	乙酸酐	acetic anhydride	108-24-7	1715
81602	氯乙酸	chloroacetic acid	79-11-8	1750

续表

危险货物编号	品名	英文名	CAS号	UN号
81605	二氯乙酸	dichloroacetic acid	79-43-6	1764
81606	三氯乙酸	trichloroacetic acid	76-03-9	1839,2564
81611	巯基乙酸	thioglycollic acid	68-11-1	1940
81613	丙酸	propinic acid	79-09-4	1848
81614	丙酸酐	propionic anhydride	123-62-6	2496
81617	丙烯酸	acrylic acid	79-10-7	2218
81620	丁酸	butyric acid	107-92-6	2820
81621	丁酸酐	butyric anhydride	106-31-0	2739
81622	己酸	caproic acid	142-62-1	2829
82020	水合肼	hydrazine hydrate	7805-57-8	2030
82021	环己胺	cyclohexylamine	108-91-8	2357
82025	二亚乙基三胺	diethylenetriamine	111-40-0	2079
82026	三亚乙基四胺	triethylene tetraamine	112-24-3	2259
82027	二丁胺	dibutylamine	111-92-2	2248
82028	乙二胺	ethylenediamine	107-15-3	1604
82030	丙二胺	propylenediamine	78-90-0	2258
82030	1,3-丙二胺	1,3-propylenediamine	109-76-2	
82032	多亚乙基多胺	polyethylene polyamine	29320-38-5	2733
82503	氢氧化胺	ammonium hydroxide	1336-21-6	2672
82504	2-氨基乙醇	2-aminoethanol	141-43-5	2491
82505	四亚乙基五胺	tetraethylenepentamine	110-57-2	2320
82507	二乙醇胺	diethanoamine	111-42-2	
82508	*N*,*N*-二异丙醇胺	*N*,*N*-di-iso-propanolamine	110-97-4	
82509	*N*,*N*-二乙基-1,3-丙二胺	*N*,*N*-diethyl-1,3-propyldiamine	104-78-9	2825
82510	三丁胺	tributylamine	102-82-9	2542
82511	2-乙基己胺	2-ethylhexylamine	104-75-6	2276
82512	二环己胺	dicyclohexylamine	101-83-7	2565
83012	甲醛溶液	formaldehyde solution	50-00-0	2209

表 1-4-7 剧毒化学品目录①（2002版，可选作溶剂部分）

序号	中文名称	英文名称	分子式	CAS号②	UN号③
10	氰化氢	hydrogen cyanide	HCN	74-90-8	1051
11	异氰酸甲酯	methyl isocyanate	C_2H_3NO	624-83-9	2480
12	丙酮氰醇	acetone cyanohydrin	C_4H_7NO	75-86-5	1541
13	异氰酸苯酯	isocyanic acid phenyl ester	C_7H_5NO	103-71-9	2487
14	甲苯-2,4-二异氰酸酯	toluene-2,4-diisocyanate	$C_9H_6N_2O_2$	584-84-9	2078
83	六氟丙酮	hexafluoroacetone	C_3OF_6	684-16-2	2420
97	六氯环戊二烯	hexachlorocyclopentadiene	C_5Cl_6	77-47-4	2646
112	甲基肼	methylhydrazine	CH_6N_2	60-34-4	1244
113	1,1-二甲基肼	1,1-dimethylhydrazine	$C_2H_8N_2$	57-14-7	1163
114	1,2-二甲基肼	1,2-dimethylhydrazine	$C_2H_8N_2$	540-73-8	2382
115	无水肼	hydrazine anhydrous	H_4N_2	302-01-2	2029
116	丙腈	propionitrile	C_3H_5N	107-12-0	2404
117	丁腈	butyronitrile	C_4H_7N	109-74-0	2411
118	异丁腈	isobutyronitrile	C_4H_7N	78-82-0	2284
119	2-丙烯腈	2-propenenitrile	C_3H_3N	107-13-1	1093
120	甲基丙烯腈	methacrylonitrile	C_4H_5N	126-98-7	3079
123	2-羟基丙腈	2-hydroxypropionitrile	C_3H_5NO	78-97-7	2810
125	亚乙基亚胺	ethyleneimine	C_2H_5N	151-56-4	1185
131	六亚甲基亚胺	hexamethyleneimine	$C_6H_{13}N$	111-49-9	2493
133	*N*-亚硝基二甲胺	*N*-nitrosodimethylamine	$C_2H_6N_2O$	62-75-9	2810

续表

序号	中文名称	英文名称	分子式	CAS号②	UN号③
134	碘甲烷	iodomethane	CH_3I	74-88-4	2644
142	1-氯-2,4-二硝基苯	1-chloro-2,4-dinitrobenzene	$C_6H_3ClN_2O_4$	97-00-7	1577
143	丙烯醛	acrolein	C_3H_4O	107-02-8	1092
144	2-丁烯醛	2-butenal	C_4H_6O	4170-30-3	1143
147	2-丙烯-1-醇	2-propen-1-ol	C_3H_6O	107-18-6	1098
149	2-氯乙醇	2-chloroethanol	C_2H_5ClO	107-07-3	1135
152	3-氯-1,2-丙二醇	3-chloro-1,2-propanediol	$C_3H_7ClO_2$	96-24-2	2810
156	氯甲基甲醚	chloromethyl methylether	C_2H_5ClO	107-30-2	1239
157	二氯(二)甲醚	dichlorodimethylether	$C_2H_4Cl_2O$	542-88-1	2249
167	氯乙酸	chloroacetic acid	$C_2H_3ClO_2$	79-11-8	1751
169	氯甲酸乙酯	ethyl chloroformate	$C_3H_5ClO_2$	541-41-3	1182
176	2-吡咯酮	2-pyrrolidone	C_4H_7NO	616-45-5	2810
284	硫酸(二)甲酯	dimethyl sulphate	$C_2H_6O_4S$	77-78-1	1595
294	二氯四氟丙酮	dichlorotetrafluoroacetone	$C_3Cl_2F_4O$	127-21-9	

① 剧毒化学品目录由国家安全生产监督管理局、公安部、国家环境保护总局、卫生部、国家质量监督检验检疫总局、铁道部、交通部、中国民用航空总局公告，2003年第2号，2003年6月24日。

② CAS为美国化学文摘对化学物质进行登录的检索服务号。

③ UN为联合国《关于危险货物运输的建议书》中采用的对危险货物制定的编号。

表 1-4-8　高毒物品目录① (2002版，可选作溶剂部分)

序号	毒物名称 CAS② NO.	英文名称	MAC③ /(mg/m³)	PC-TWA④ /(mg/m³)	PC-STEL⑤ /(mg/m³)
1	*N*-甲基苯胺　100-61-8	*N*-methyl aniline	—	2	5
3	氨　7664-41-7	ammonia	—	20	30
4	苯　71-43-2	benzene	—	6	10
5	苯胺　62-53-2	aniline	—	3	7.5
6	丙烯酰胺　79-06-1	acrylamide	—	0.3	0.9
7	丙烯腈　107-13-1	acrylonitrile	—	1	2
9	对硝基氯苯/二硝基氯苯 100-00-5/25567-67-3	*p*-nitrochlorobenzene/dinitrochlorobenzene	—	0.6	1.8
11	二甲基苯胺　121-69-7	dimethylaniline	—	5	10
12	二硫化碳　75-15-0	carbon disulfide	—	5	10
14	二硝基苯(全部异构体) 582-29-0/99-65-0/100-25-4	dinitrobenzene(all isomers)	—	1	2.5
17	甲苯-2,4-二异氰酸酯(TDI) 584-84-9	toluene-2,4-diisocyanate(TDI)	—	0.1	0.2
18	氟化氢　17664-39-3	hydrogen fluoride	2	—	—
25	甲(基)肼　60-34-4	methyl hydrazine	0.08	—	—
26	甲醛　50-00-0	formaldehyde	0.5	—	—
28	肼;联氨　302-01-2	hydrazine	—	0.06	0.13
32	硫酸二甲酯　77-78-1	dimethyl sulfate	—	0.5	1.5
34	氯化萘　90-13-1	chlorinated naphthalene	—	0.5	1.5
35	氯甲基醚　107-30-2	chloromethyl methyl ether	0.005	—	—
37	氯乙烯　75-01-4	vinyl chloride	—	10	25
41	偏二甲基肼　57-14-7	unsymmetric dimethyl hydrazine	—	0.5	1.5
43	氰化氢(按CN计)　460-19-5	hydrogen cyanide,as CN	1	—	—
45	三硝基甲苯　118-96-7	trinitrotoluene	—	0.2	0.5
53	硝基苯　98-95-3	nitrobenzene(skin)	—	2	5

① 高毒物品目录由卫生部，卫法监发［2003］142号，2003年6月10日。

② CAS为化学文摘号。

③ MAC为工作场所空气中有毒物质最高容许浓度。

④ PC-TWA为工作场所空气中有毒物质时间加权平均容许浓度。

⑤ PC-STEL为工作场所空气中有毒物质短时间接触容许浓度。

3. 有机溶剂的主要毒性表现

(1) 脂肪烃的毒性　烷烃类溶剂多属于低毒和微毒类，其毒性随碳原子数的增加而增强。高级烷烃在高温下难以蒸发、溶解度小、化学性质不活泼，因此中毒的可能性反而减少。甲烷和乙烷在高浓度时，由于排挤空气中的氧气而引起单纯的窒息作用。其他烷烃（辛烷以内）具有一般的麻醉作用和轻度的刺激作用。其中支链烷烃的麻醉性大于直链烷烃，不饱和烃的毒性大于饱和烃。

烷烃类溶剂主要经呼吸道吸入，液态烷烃可经皮肤吸收，但吸收量很小，不会造成全身性中毒。吸入高浓度烷烃时，由于窒息和麻醉作用可以引起人或动物在短期内死亡。长期接触辛烷以下的烷烃可发生多发性神经炎，与皮肤接触发生接触性皮炎。

脂环烃的毒性大于相应的直链烷烃。脂环烃是麻醉剂和中枢神经系统抑制剂，但急性毒性低，能完全由机体排出而不在体内积累。脂环烃一般没有慢性中毒危险。液态脂环烷对皮肤有刺激性，造成皮肤脱水、脱脂、引起皮炎，吸入时引起肺炎及肺出血，但对造血组织无损害作用。表 1-4-9 为脂肪族烷烃的急性毒性。

表 1-4-9　脂肪族烷烃的急性毒性

名　　称	小鼠 2 h 吸入浓度/(g/m³)		名　　称	小鼠 2 h 吸入浓度/(g/m³)	
	侧倒	死亡		侧倒	死亡
丁烷	500	680	异庚烷	50	70～80
戊烷	200～300	377(37min)	辛烷	35	80
己烷	100	100～150	异辛烷		50
庚烷	40	65			

(2) 芳香烃的毒性　芳香烃具有麻醉、刺激作用，一般是由吸入蒸气造成中毒。毒性表现在绝大多数对神经系统有毒害作用，少数可使造血系统损害。长时间与皮肤接触会造成皮炎，对呼吸道有较强的刺激作用。在芳香烃的毒性中以苯的毒性较为特殊，在高浓度时，苯与其衍生物一样具有麻醉和刺激作用，但苯能在神经系统和骨髓内蓄积，使神经系统和造血组织受到损害，引起血液中白血球、血小板数减少，红血球数也逐渐减少。其原因可能是苯在机体内约有 60%～70%代谢转变成酚、邻苯二酚、醌、对苯二酚等，这些代谢产物可与硫酸及葡糖醛酸结合由尿中排泄。但当苯的氧化速度超过与硫酸和葡糖醛酸结合的速度时，酚类转化物在体内蓄积，从而直接抑制造血细胞的核分裂。甲苯、二甲苯等衍生物虽然没有像苯那样使造血系统发生毒害，但这些物质刺激作用强，具有麻醉作用，对心脏、肾脏等均有损害。表1-4-10为苯及其衍生物的急性毒性。

表 1-4-10　苯及其衍生物的急性毒性

名　　称	小鼠 2 h 吸入浓度/(g/m³)		名　　称	小鼠 2 h 吸入浓度/(g/m³)	
	侧倒	死亡		侧倒	死亡
苯	15	45	乙苯	15	45
甲苯	10～12	30～35	丙苯	10～15	20
二甲苯(异构体混合物)	15	50	异丙苯	20	
邻二甲苯	15～20	30	1,3,5-三甲苯	25～35	
间二甲苯	10～15	50	对二乙苯	30	
对二甲苯	10	15～35			

(3) 卤代烃的毒性　卤代烃的毒性相差较大，有的在短期内大量吸入时具有强烈的麻醉作用，抑制中枢神经，并造成肝、肾的损害。在同一类卤代烃中，毒性随碳原子数增加而减小，随卤素原子数目增加而增强。卤代烃具有刺激黏膜、皮肤及其他全身中毒作用，其中碘代烃、溴代烃的毒性较大。对肝脏有毒害的物质有四氯化碳、氯仿、二氯甲烷、氯乙烷、二氯乙烯、碘仿、氯甲烷、碘乙烷、二氯乙烷、四氯乙烷、五氯乙烷、三氯乙烯等。

卤代烃造成的中毒主要是由呼吸道吸入其蒸气引起的，有的可经皮肤吸收。表 1-4-11 为卤代脂肪烃的毒性伤害。

表 1-4-11　卤代脂肪烃的毒性伤害

脂肪区和中心区坏死	脂肪区坏死	轻微脂肪肝或无害	脂肪区和中心区坏死	脂肪区坏死	轻微脂肪肝或无害
CCl_4	CH_2ClBr	CH_3Cl	CH_2ClCH_2Cl		CH_3CH_2I
CI_4	CH_2Cl_2	CH_3Br	CH_2BrCH_2Br		CH_3CH_2Br
CCl_3Br	$CHCl=CHCl$(顺式)	CH_3I	CH_3CCl_3		$CH_3CH_2CH_2CH_2Cl$
$CHCl_3$	$CCl_2=CCl_2$	CCl_2F_2	$CHCl_2CCl_3$		
CHI_3	$CH_3CH_2CHClCH_3$	$CHCl=CHCl$(反式)	$CHCl=CCl_2$		
$CHBr_3$		CH_3CH_2Cl	$CH_3CHClCH_3$		
$CHCl_2CHCl_2$			$CH_3CHClCH_2Cl$		

(4) 醇的毒性　醇类具有较弱的麻醉和刺激作用，其麻醉作用随碳原子数增多而增强，这是由于在体内代谢、排泄速度减慢的原因。醇类毒性对不同的动物表现相差较大，主要表现在对视神经有特殊的选择作用。例如甲醇在醇脱氢酶的作用下转化成甲醛、甲酸而使视神经萎缩，严重者导致失明。醇类可经皮肤吸收。一般中毒症状表现在头痛、眩晕、乏力、恶心、呕吐和黏膜刺激等。

(5) 酮的毒性　酮类化学性质稳定，其饱和蒸气一般具有麻醉作用，经呼吸道吸入和对皮肤、眼有刺激，其刺激性和麻醉作用随分子量增加而增大。长期反复地与皮肤接触可造成皮炎，与酮类蒸气接触出现头痛、恶心、呕吐、眩晕、嗜睡、感觉迟钝和情绪急躁等。

(6) 醛的毒性　醛为刺激性物质，对皮肤、眼和呼吸道黏膜有刺激作用，其刺激程度随碳原子数增多而减弱；麻醉作用随碳原子数增多而增强。醛类对皮肤有刺激性，出现接触性皮炎。脂肪醛和芳香醛在体内代谢速度快，因此一般不会造成蓄积性组织损害。

(7) 醚的毒性　醚类一般对中枢神经具有麻醉作用，但毒性不大，故可用作麻醉剂。醚类对皮肤和黏膜也有一定的刺激作用，其中卤代醚的刺激性大，而且随着卤原子和不饱和程度增加其刺激性和毒性也相应增强。此外，大多数醚类中存在的过氧化物对人体也会造成毒性。

(8) 酯的毒性　大多数酯类溶剂的毒性都比较小，属微毒至中等毒类，具有麻醉性。从甲酸甲酯起，随碳原子数增多麻醉性增强。对眼、呼吸道黏膜和皮肤都有不同程度的刺激作用。但脂肪酸酯类和芳香酸酯类对生理作用不显著，长期吸入蒸气或与之接触虽有轻度刺激，但未发现过敏现象。表 1-4-12 为一些酯的毒性。

表 1-4-12　一些酯的毒性

名　称	半数致死剂量 LD_{50} /(mg/kg)	对动物或人体健康的危害
甲酸甲酯	1622(兔经口)	有麻醉作用和刺激性，反复接触可致痉挛和死亡
甲酸乙酯	1850(大鼠经口) 20000(兔经皮)	有麻醉、刺激作用，吸入后引起上呼吸道刺激、头痛、头晕、恶心、呕吐、神志丧失。对眼和皮肤有刺激作用。口服刺激或灼伤口腔和胃。引起中枢神经系统抑制
乙酸甲酯	5450(大鼠经口) 3700(兔经口)	有麻醉刺激作用，接触蒸气引起眼睛灼热感、流泪、呼吸困难、心悸、忧郁、头晕等。可引起视神经萎缩
乙酸乙酯	5620(大鼠经口) 4940(兔经口)	对眼、鼻、咽喉有刺激作用。反复长时间接触引起皮肤干裂、湿疹样皮炎
乙酸丙酯	9370(大鼠经口)	对眼和上呼吸道黏膜有刺激作用。吸入高浓度时恶心、胸闷、乏力并有麻醉作用
乙酸丁酯	13100(大鼠经口)	对眼和上呼吸道均有强烈刺激作用，角膜上皮可有空泡形成。高浓度时可有麻醉作用。可引起皮炎
乙酸戊酯	16600(大鼠经口)	对眼和上呼吸道黏膜有刺激作用，可引起结膜炎、皮炎、喉炎。重者伴有头痛、嗜睡、胸闷、心悸、食欲不振、恶心、呕吐等
乙酸异丙酯	3000～6500(小鼠经口)	对眼睛、鼻、咽喉有刺激作用，反复接触引起皮肤脱脂干裂
乙酸异丁酯	3200～6400(小鼠经口)	对眼睛和皮肤有刺激作用

名　　称	半数致死剂量 LD_{50} /(mg/kg)	对动物或人体健康的危害
乙酸异戊酯	16600(大鼠经口)	对眼和上呼吸道有刺激作用。有麻醉作用。接触使皮肤干裂,引起皮炎、湿疹
乙酸正己酯	42000(大鼠经口)	吸入、摄入或经皮肤吸收对身体可能有害
乙酸-2-乙基己酯	5890(小鼠经口)	对眼睛和皮肤有刺激作用
乙酸-2-乙氧基乙酯	5100(小鼠经口) 10300(兔经皮)	长时间接触能引起刺激、穿透皮肤。对眼睛有轻微刺激性
乙酸烯丙酯	130(大鼠经口) 1021(兔经皮)	蒸气对眼、鼻、喉、支气管有刺激性,吸入后引起鼻出血、声嘶、咳嗽和胸部紧束感。高浓度吸入可产生肺水仲、呼吸困难
丁酸乙酯	13000(大鼠经口)	工业生产中未发现对人体的危害,对动物有危害
丁酸丙酯	15000(大鼠经口)	工业生产中未发现对人体的危害,对动物有危害
丁酸丁酯	9520(兔经口)	动物中毒表现为暂时的兴奋、共济失调、刺激上呼吸道,迅速发展至呼吸紊乱
丁酸烯丙酯	250(大鼠经口) 530(兔经皮)	吸入、摄入或经皮肤吸收后对身体有害,可能有刺激作用
丙烯酸甲酯	277(大鼠经口) 1243(兔经皮)	高浓度接触引起流涎,刺激眼及呼吸道,严重时因肺水肿而死亡。误服急性中毒时,腐蚀口腔、食管、胃,伴有虚脱、呼吸困难、躁动等
丙烯酸乙酯	800(大鼠经口) 1834(兔经皮)	对皮肤和呼吸道有刺激作用,高浓度吸入引起肺水肿。眼直接接触引起灼伤。口服强烈刺激消化道。有麻醉性
丙烯酸丁酯	900(大鼠经口) 2000(兔经皮)	吸入、摄入或经皮肤吸收对身体有害。蒸气烟雾对眼睛、黏膜和呼吸道有刺激,中毒表现为灼烧感、咳嗽、喘息、气短、恶心呕吐等
2-甲基丙酸乙酯	800(小鼠静注)	蒸气或烟雾对眼、黏膜、上呼吸道有刺激性,对皮肤有刺激性
2-甲基丁酸乙酯	7031(兔经口)	吸入、摄入或经皮肤吸收对身体可能有害
2-羟基丙酸乙酯	2500(小鼠经口) 600(小鼠静注)	吸入蒸气或烟雾对眼、鼻、喉有刺激性。眼接触可能造成灼伤。长时间接触刺激皮肤。大量口服引起恶心、呕吐
苯甲酸甲酯	3430(大鼠经口)	吸入、口服或经皮吸收对机体有害。蒸气对眼和上呼吸道有刺激性。对呼吸道和皮肤有致敏作用
乙二酸二乙酯	400(大鼠经口)	有强烈刺激性。高浓度严重损害黏膜、上呼吸道、眼和皮肤。接触后引起咳嗽、喘息、喉炎、气短、头痛、恶心及呕吐
富马酸二甲酯	2240(大鼠经口)	蒸气对皮肤有刺激作用,反复接触可使皮肤皲裂、水肿、发炎
马来酸二乙酯	2590(小鼠经口)	毒性相当小而且蓄积性很弱。反复接触刺激皮肤及眼结膜
癸二酸二丁酯	25500(小鼠经口)	对动物和人的皮肤无刺激及致敏作用
癸二酸-2-乙基己酯	19600(小鼠经口)	对动物和人的皮肤无刺激及致敏作用
邻苯二甲酸二甲酯	5.5mL/kg(小鼠经口)	从事该产品生产的工人可患多发性神经炎
邻苯二甲酸二丁酯	5280～21500(小鼠经口) 10100～17900(大鼠经口)	从事该产品生产的工人可患多发性神经炎、脊髓神经炎及脑多发神经炎
邻苯二甲酸-2-乙基己酯	6.5mL/kg(小鼠经口) 33.7mL/kg(大鼠经口)	从事本品生产两年的工人呈现眼及上呼吸道黏膜刺激症状

(9) 含氮化合物的毒性 脂肪族胺具有强烈的局部刺激作用，与其蒸气接触引起结膜炎、角膜水肿，液体溅入眼内出现灼伤、局部组织坏死，对皮肤有腐蚀作用。并且脂肪族胺类由皮肤、呼吸道或胃肠道吸收而引起头痛、头晕、恶心、呕吐等全身症状。硝酸酯与亚硝酸酯能使血管扩张，引起高铁血红蛋白症。芳香族氨基和硝基化合物多数能够氧化血红蛋白为高铁血红蛋白，并具有溶血作用，损害肝脏、肾脏和膀胱。含腈化合物能使呼吸停止，因此在使用各类含氮化合物时必须非常小心。表 1-4-13 为有机溶剂的毒性表现及进入途径。

表 1-4-13　有机溶剂的毒性表现及进入途径

有机溶剂	进入途径	靶器官①	致癌性②	致突变性③
脂肪族烃类	吸收、接触、摄取、吸入	血液、骨髓、中枢神经系统、眼睛、胃肠道、心脏、肾脏、淋巴系统、肝脏、肺脏、神经系统、周围神经系统、呼吸系统、皮肤、脾脏、胃、睾丸、甲状腺	—	正己烷
芳香烃类	吸收、接触、摄取、吸入	血液、骨髓、中枢神经系统、眼睛、肠道、肾脏、肝脏、肺脏、呼吸系统、皮肤	苯、苯乙烯	苯、乙苯、二甲苯
卤代烃类	吸收、接触、摄取、吸入	中枢神经系统、眼睛、肠道、心脏、肾脏、肝脏、肺脏、呼吸系统、皮肤	三氯甲苯、四氯化碳、三氯甲烷、1,2-二溴甲烷、对二氯苯，1,2-二氯乙烷、1,1,2,2-四氯乙烯	三氯甲苯、四氯化碳、三氯甲烷、氯化甲烷、氯二氟甲烷、二氟甲烷、1,2-二溴甲烷、氟里昂 MS-117TE、氟里昂 MS-178TE、1,1,2,2-四氯乙烯、1,1,1-三氯乙烷、1,1,2-三氯乙烯、三氟甲烷
含氮化合物（硝酸酯，腈）	吸收、接触、摄取、吸入	血液、中枢神经系统、眼睛、肾脏、呼吸系统、皮肤	丙烯腈、2-硝基丙烷	丙烯腈、2-硝基丙烷
有机硫化物	吸收、接触、摄取、吸入	中枢神经系统、眼睛、肝脏、肺脏	二乙基硫、二甲基硫	二乙基硫、二甲基硫、环丁砜
一元醇类	吸收、接触、摄取、吸入	中枢神经系统、眼睛、肾脏、肝脏、肺脏、淋巴系统、呼吸系统、皮肤	—	1-丁醇、2-丁醇、乙醇、1-辛醇、1-戊醇、1-丙醇
多元醇类	吸收、接触、摄取、吸入	血液、眼睛、肠道、肾脏、淋巴系统、肝脏、肺脏、呼吸系统、皮肤、脾脏	—	四甘醇、三甘醇、1,3-丙二醇
酚类	吸收、接触、摄取、吸入	中枢神经系统、眼睛、呼吸系统、皮肤	3-氯酚、邻氯酚	3-氯酚、邻氯酚
醛类	吸收、接触、摄取、吸入	眼睛、心脏、肝脏、呼吸系统、皮肤	乙醛、甲醛、糠醛	丙烯醛、甲醛、糠醛
醚类	吸收、接触、摄取、吸入	血液、中枢神经系统、眼睛、肾脏、肝脏、呼吸系统、皮肤	二(氯甲基)醚、氯甲基、甲基醚，1,4-二氧杂环己烷、环氧氯丙烷、环氧乙烷、环氧丙烷	乙醚、1,4-二氧杂环己烷、环氧乙烷、环氧丙烷
乙二醇醚类	吸收、接触、摄取、吸入	血液、脑、中枢神经系统、眼睛、肾脏、淋巴系统、肝脏、肺脏、呼吸系统、皮肤、脾脏、睾丸	—	二甘醇-丁醚、二甘醇二甲醚、2-乙氧基乙醇、乙二醇二乙醚、乙二醇单苯基醚、三甘醇二甲醚
酮类	吸收、接触、摄取、吸入	中枢神经系统、眼睛、肾脏、肝脏、肺脏、周围神经系统、呼吸系统、皮肤、胃、睾丸	—	双丙酮醇、甲基异丙基酮
酸类	吸收、接触、摄取、吸入	眼睛、肾脏、肝脏、呼吸系统、皮肤	—	甲酸
胺类	吸收、接触、摄取、吸入	眼睛、肾脏、淋巴系统、肝脏、肺脏、呼吸系统、皮肤、睾丸	乙酰胺、对氯苯胺、*N*,*N*-二甲基甲酰胺、肼、*N*-亚硝基二甲胺、对甲苯胺	二甲胺、乙二胺四乙酸、甲胺、*N*-甲基吡咯烷酮、*N*-亚硝基甲烷、四亚乙基五胺
酯类	吸收、接触、摄取、吸入	血液、脑、中枢神经系统、眼睛、肠道、肺脏、呼吸系统、皮肤、脾脏	丙烯酸乙酯、乙酸乙烯酯	丁酸甲酯、γ-丁内酯、邻苯二甲酸二丁酯、乙酸-2-乙氧基乙酯、乙酸乙酯、丙酸乙酯、乙二醇单甲醚乙酸酯、丙酸甲酯、乙酸丙酯

① 是指最有可能受溶剂暴露影响的器官。

② 溶剂可能属于一类致癌的物质。表中有几类溶剂是这类物质的代表。

③ 诱导有机体突变的物质，引起遗传学的改变或染色体的结构和数目的变化。

4. 毒性的几种表示方法

(1) 致死量（lethal dose，LD）与致死浓度（lethal concentration，LC） 毒性是指某种毒性物质引起机体损伤的能力。毒性大小，一般以毒物引起实验动物某种毒性反应所需的剂量表示，所需剂量越小，表示毒性越大。通常使用三个数值：LD_{50}-oral（口服致命剂量）、LD_{50}-demal（皮肤接触致命剂量）和 LC_{50}-inhalation（吸入致命浓度）来确定毒性物质对摄食、接触皮肤和吸入的影响。

致死量一般是表示剧毒物和医药品对动物生理作用强度的一种尺度，即动物致死时所需药物的剂量，LD_{50}是指引起 50%的试验动物死亡的剂量。动物（一群成年的雄、雌小白鼠）在 1 小时内连续服入药物或一次用药（经口或经皮肤）后，于 14 天内致死半数（50%）受试动物所施用药物的粉尘、气体或烟雾的剂量，单位 mg/kg。死亡率与药物用量的关系曲线如图 1-4-1 所示。致死浓度是用浓度表示急性中毒的一种尺度。其表示单位为 mg/m³。由于受药物浓度、暴露时间和死亡时间的影响，因此致死浓度与致死量相比，控制的因素较多。GB 13690—92 规定经口摄取半数致死量：固体 $LD_{50}\leqslant$500mg/kg，液体 $LD_{50}\leqslant$2000mg/kg；经皮肤接触 24 小时，半数致死量 $LD_{50}\leqslant$1000mg/kg；粉尘、烟雾及蒸气吸入半致死量 $LD_{50}\leqslant$10mg/L 的固体或液体。表 1-4-14 为溶剂的致死浓度。表 1-4-15 为常用溶剂的 LD_{50}值，表 1-4-16 为常用增塑剂的 LD_{50}值。表 1-4-17 为化学物的急性毒性分级标准。剧毒化学品是指具有非常剧烈毒性危害的化学品，其毒性判定的界限为：大鼠试验，经口 $LD_{50}\leqslant$50mg/kg，经皮 $LD_{50}\leqslant$200mg/kg，吸入 $LC_{50}\leqslant$500mg/m³（气体）或 2.0mg/L（蒸气）或 0.5mg/L（尘、雾），经皮 LD_{50}的试验数据，可参考兔试验数据。

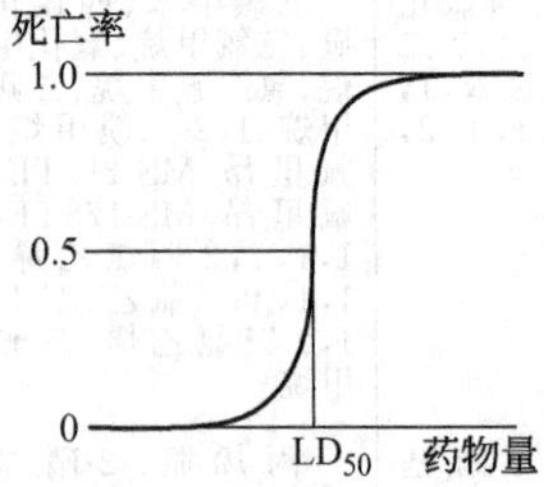

图 1-4-1 死亡率与药物用量的关系

表 1-4-14 溶剂的致死浓度[①]

溶剂	动物	配药用量	浓度/(mg/L)	浓度/(mg/m³)	暴露时间	死亡时间/min
苯	小鼠	MLC	38	37.94	连续	38
	小鼠	LC_{50}	31.79	31.84	7h	8h
	大鼠	LC_{50}	51	51.04	4h	
	猫	LC	170	169.74	连续	70
	狗	LC	146	145.78	连续	30
二硫化碳	兔	LC	16		6.25h	7d
	猫	LC	23	230.14	连续	3h
	猫	LC	122		48min	12h
溴甲烷	大鼠	LC_{100}	0.63	1639.67	连续	6h
	大鼠	LC_{100}	10	8198.3	连续	42
	大鼠	LC_{100}	0.84	16396.6	连续	24
	大鼠	LC_{100}	50	40991.5	连续	6
	兔	LC_{100}	10	8198.3	连续	132
	兔	LC_{100}	20	16396.6	连续	84
	兔	LC_{100}	50	40991.5	连续	30
乙苯	小鼠	LC	1.087	4123000	连续	5～10

① MLC——最小致死浓度(minimum lethal concentration)。
LC——致死浓度。
LC_{100}——100%死亡率的致死浓度。
LC_{50}——50%死亡率的致死浓度。

表 1-4-15 常用溶剂的 LD_{50}值

溶　剂	LD_{50}	溶　剂	LD_{50}
正己烷	49mL/kg(大鼠经口)	环己烷	29.8g/kg(大鼠经口)
120 号汽油	6.0g/kg(小鼠经口)	松节油	20g/kg(大鼠吸入)
200 号汽油	6.9g/kg(小鼠经口)	苯	3.8g/kg(大鼠经口)

续表

溶　剂	LD_{50}	溶　剂	LD_{50}
甲苯	2.4～7.5g/kg(大鼠经口)	乙二醇	5.5～8.5mL/kg(大鼠经口)
混合二甲苯	4.3g/kg(大鼠经口)	二乙二醇	14.8mL/kg(大鼠经口)
间二甲苯	14.1mL/kg(大鼠经皮)	三乙二醇	22.06g/kg(大鼠经口)
邻二甲苯	$29g/m^3$,4h(大鼠吸入)	1,4-丁二醇	1.525g/kg(大鼠经口)
对二甲苯	4.27g/kg(小鼠经口,3/5 死亡)	1,6-已二醇	3.73g/kg(大鼠经口)
乙苯	15.4g/kg(兔经皮)	二氧六环	4.2g/kg(大鼠经口)
苯乙烯	5g/kg(大鼠经口)	苯酚	0.53g/kg(大鼠经口)
甲基苯乙烯	3.16g/kg(大鼠经口)	甲酚	1.45g/kg(大鼠经口)
二乙烯基苯	4.0g/kg(大鼠经口)	邻甲酚	121mg/kg(大鼠经口)
萘	1.78g/kg(大鼠经口)	间甲酚	242mg/kg(大鼠经口)
1,2,3,4-四氢萘	2.86g/kg(大鼠经口)	对甲酚	207mg/kg(大鼠经口)
十氢化萘	4.17g/kg(大鼠经口)	乙二醇单甲醚	2.46g/kg(大鼠经口)
煤焦油	0.725g/kg(大鼠经口)	四氢呋喃	MLD3g/kg(大鼠经口)
三氯甲烷	2.0g/kg(大鼠经口)	乙醚	1.7g/kg(大鼠经口)
四氯化碳	7.92g/kg(大鼠经口)	乙二醇二甲醚	4.5g/kg(兔经口)
1,2-二氯乙烷	0.68g/kg(大鼠经口)	二缩水甘油醚	450mg/kg(大鼠经口)
1,1,1-三氯乙烷	10.3～12.3g/kg(大鼠经口)	正丁基缩水甘油醚	2.05g/kg(大鼠经口)
三氯乙烯	4.92g/kg(大鼠经口)	苯基缩水甘油醚	3.85g/kg(大鼠经口)
四氯乙烯	0.11g/kg(小鼠经口)	丙酮	MLD1.3g/kg(小鼠腹腔)
烯丙基氯	0.7g/kg(大鼠经口)	甲基异丁烯甲酮	1.12g/kg(大鼠经口)
氯苯	2.39g/kg(大鼠经口)	丁酮	3.3g/kg 中毒(大鼠经口)
硝基苯	640mg/kg(大鼠经口)	甲基异丁基甲酮	616mg/kg(小鼠腹腔)
甲醇	12～14mL/kg(大鼠经口)	环已酮	1.62g/kg(大鼠经口)
乙醇	10.8g/kg(大鼠经口)	甲基环已酮	2.14g/kg(大鼠经口)
异丙醇	5.84g/kg(大鼠经口)	乙酸	3.3g/kg(大鼠经口)
正丙醇	1.9g/kg(大鼠经口)	二甲基甲酰胺	4.2g/kg(大鼠经口)
正丁醇	4.36g/kg(大鼠经口)	二甲基乙酰胺	3.59g/kg(大鼠经口)
异丁醇	2.46g/kg(大鼠经口)	丙烯酰胺	170mg/kg(大鼠经口)
仲丁醇	6.48g/kg(大鼠经口)	乙酸乙酯	5.62g/kg(大鼠经口)
叔丁醇	3.5g/kg(大鼠经口)	乙酸正丁酯	14g/kg(大鼠经口)
正戊醇	2.7～3.0g/kg(大鼠经口)	硬脂酸丁酯	>32g/kg(大鼠经口)
正已醇	4.9g/kg(大鼠经口)	丙烯酸甲酯	300mg/kg(大鼠经口)
庚醇	$6.6g/m^3$,2h(小鼠吸入)	丙烯酸乙酯	1.0g/kg(大鼠经口)
正辛醇	7.32g/kg(大鼠经口)	丙烯酸丁酯	3.73g/kg(大鼠经口)
异辛醇	1.48g/kg(大鼠经口)	丙烯酸-2-羟乙酯	1.07g/kg(大鼠经口)
2-乙基已醇	3.2～6.4g/kg(大鼠经口)	甲基丙烯酸甲酯	8.42g/kg(大鼠经口)
糠醇	275mg/kg(大鼠经口)	甲基丙烯酸乙酯	14.8g/kg(大鼠经口)
四氢糠醇	2.3g/kg(大鼠经口)	甲基丙烯酸-2-羟乙酯	497mg/kg(小鼠腹腔)
丙烯醇	99mg/kg(大鼠经口)	甲基丙烯酸丁酯	1.49g/kg(大鼠经口)
苯甲醇	3.1g/kg(大鼠经口)	甲基丙烯酸月桂酯	25g/kg(大鼠经口)
环已醇	2.06g/kg(大鼠经口)		

表 1-4-16　常用增塑剂的 LD_{50} 值

增　塑　剂	LD_{50}	增　塑　剂	LD_{50}
已二酸二(2-乙基)丁酯	5.620g/kg(大鼠经口)	壬二酸二(2-乙基)已酯	8.72g/kg(大鼠经口)
已二酸二(2-乙基)已酯	9.110g/kg(大鼠经口)	壬二酸二正已酯	16g/kg(大鼠经口)
已二酸二烯丙酯	180mg/kg(小鼠经口)	二苯甲酸二乙二醇酯	2.83g/kg(大鼠经口)
已二酸二癸酯(混合酯)	20.5g/kg(大鼠经口)	二苯甲酸乙二醇酯	5.34g/kg(大鼠经口)
已二酸二异丁酯	5.95g/kg(大鼠腹腔)	二苯甲酸二丙二醇酯	9.80g/kg(大鼠经口)
已二酸二异戊酯	640mg/kg(大鼠静脉)	乙酰基柠檬酸三乙酯	8.0g/kg(大鼠经口)
已二酸二异丙酯	640mg/kg(大鼠静脉)	柠檬酸三乙酯	7.0g/kg(大鼠经口)
已二酸二(丁氧基乙氧基)乙酯	6.0g/kg(大鼠经口)	环氧化大豆油	22.5mL/kg(大鼠经口)
已二酸二(丁氧基)乙酯	600mg/kg(大鼠经口)	油酸缩水甘油酯	3.52mL/kg(大鼠经口)
已二酸二丁酯	12.9g/kg(大鼠经口)	9,10-环氧硬脂酸烯丙酯	1.41mL/kg(大鼠经口)

续表

增塑剂	LD_{50}	增塑剂	LD_{50}
9,10-环氧硬脂酸-2-乙基己酯	30.8mL/kg(大鼠经口)	亚磷酸三苯酯	1.6～3.2g/kg(大鼠经口)
环氧化妥尔油脂肪酸-2-乙基己酯	22.6mL/kg(大鼠经口)	磷酸二苯甲苯酯	6.4g/kg(大鼠经口)
环氧化妥尔油脂肪酸烷基酯	45.3mL/kg(大鼠经口)	磷酸二丁苯酯	2.1g/kg(大鼠经口)
环氧化(乙二醇二妥尔油脂肪酸酯)	53.8mL/kg(大鼠经口)	邻苯二甲酸二烯丙酯	770mg/kg(大鼠经口)
环氧四氢邻苯二甲酸二(2-乙基)己酯	＞64.0mL/kg(大鼠经口)	邻苯二甲酸丁苄酯	2.33g/kg(大鼠经口)
环氧四氢邻苯二甲酸二异癸酯	＞64.0mL/kg(大鼠经口)	邻苯二甲酸二丁酯	12.0g/kg(大鼠经口)
硬脂酸聚乙二醇酯	53g/kg(大鼠经口)	邻苯二甲酸二乙酯	6.17g/kg(大鼠经口)
硬脂酸丁酯	＞32g/kg(大鼠经口)	邻苯二甲酸二癸酯	45g/kg(大鼠经口)
乙酰蓖麻酸甲酯	50g/kg(大鼠经口)	邻苯二甲酸(2-乙基)己酯	31g/kg(大鼠经口)
乙酰蓖麻酸甲氧乙酯	20g/kg(大鼠经口)	邻苯二甲酸二壬酯	2.0g/kg(大鼠经口)
油酸甲氧乙酯	16g/kg(大鼠经口)	邻苯二甲酸二正辛酯	45.2g/kg(大鼠经口)
丁基苯二甲酰基羟乙酸丁酯	15g/kg(大鼠经口)	邻苯二甲酸二甲酯	6.9g/kg(大鼠经口)
磷酸三丁酯	3.0g/kg(大鼠经口)	六氢邻苯二甲酸二乙酯	3.9g/kg(大鼠经口)
磷酸三(2-氯)乙酯	1.4g/kg(大鼠经口)	癸二酸二丁酯	16.0g/kg(大鼠经口)
磷酸三(2-乙基)己酯	3.7g/kg(大鼠经口)	癸二酸二乙酯	14.47g/kg(大鼠经口)
磷酸三苯酯	3.0g/kg(大鼠经口)	癸二酸二(2-乙基)己酯	1.28g/kg(大鼠经口)
磷酸三甲苯酯	0.94g/kg(大鼠经口)	间苯二甲酸二(2-乙基)己酯	17.3g/kg(大鼠经口)
磷酸甲苯二苯酯	6.4～12.8g/kg(小鼠经口)	间苯二甲酸二甲酯	4.39g/kg(大鼠经口)
亚磷酸三丁酯	3.0g/kg(大鼠经口)	异丁醇	2.46g/kg(大鼠经口)
		己醇	2.46g/kg(大鼠经口)
		辛醇	1.79g/kg(小鼠经口)
		壬醇	1.4g/kg(大鼠经口)

表 1-4-17　化学物的急性毒性分级标准

毒性分级	大鼠一次经口 LD_{50}/(mg/kg)	6 只大鼠吸入 4h 死亡 2～4 只的浓度/(mg/kg)	兔涂皮时 LD_{50}/(mg/kg)	人的可能致死剂量/g
剧毒	≤1	＜10	≤5	0.06
高毒	1～50	10～100	5～43	4
中等毒	50～500	100～1000	44～340	30
低毒	500～5000	1000～10000	350～2810	250
实际无毒	5000～15000	10000～100000	2820～22590	1200
基本无毒	＞15000	＞100000	＞22600	＞1200

(2) 最高容许浓度（maximum allowable concentrations，MAC）　多数溶剂的毒性是使用在每日工作 8 小时的环境中，溶剂的蒸气在对健康无害时的粗略极限值。这个极限值即表示工厂安全操作的最高容许浓度或称为阈限值（threshold limit）。最高容许浓度通常用空气中蒸气容量的百万分率表示，这是溶剂毒性的粗略估计数字，但其因人而异，不是绝对的极限值。我国 1980 年颁布的 TJ 36—79《工业企业卫生设计标准》规定了 111 种气态毒物；1983～1996 年又增加了 109 种共 219 种工业毒物和生产性粉尘的最高容许浓度标准（含时间加权容许浓度）。根据国家职业卫生标准《工作场所有害因素职业接触限值》（GBZ 2-2002）有三种表示方法：

MAC 最高容许浓度，指在一个工作日内任何时间都不应超过的浓度；

TWA 时间加权平均容许浓度（8h）；

STEL 短时间接触容许浓度（15min）。

表 1-4-18 为车间空气中有害物质的最高容许浓度。

表 1-4-18　车间空气中有害物质的最高容许浓度

编号	物质名称	最高容许浓度/(mg/m^3)	编号	物质名称	最高容许浓度/(mg/m^3)
1	一氧化碳①	30	4	乙酸(MAC-TWA 10mg/m³)②	20
2	一甲胺		5	乙醚	500
3	一甲基肼(皮)	0.08	6	乙腈	3

续表

编号	物质名称	最高容许浓度/(mg/m³)	编号	物质名称	最高容许浓度/(mg/m³)
7	乙二醇	20	56	戊醇	100
8	乙胺	18	57	甲苯	100
9	乙二胺	4	58	甲醇	50
10	乙苯	50	59	甲醛	3
11	二甲胺	10	60	甲酚(皮)(MAC-TWA 5mg/m³)②	10
12	二甲苯	100	61	甲基丙烯酸甲酯	30
13	二甲基甲酰胺(皮)	10	62	甲基丙烯酸环氧丙酯	5
14	二甲基乙酰胺(皮)	10	63	四氢呋喃	300
15	二甲基二氯硅烷	2	64	四氯化碳(皮)	25
16	二氧化碳	18000	65	四氯乙烯	200
17	二氧化硫	15	66	白僵菌孢子	6×10^7 孢子数/m³
18	二氧化锡(以 Sn 计)	2	67	对硝基苯胺(皮)	3
19	二氧化硒	0.1	68	光气	0.5
20	二氯甲烷	200	69	内吸磷(E059)(皮)	0.02
21	二氯乙烷	25	70	对硫磷(E605)(皮)	0.05
22	1,2-二氯乙烷	15	71	甲拌磷(3911)(皮)	0.01
23	二氯丙醇(皮)	5	72	马拉硫磷(4049)(皮)	2
24	二硫化碳(皮)	10	73	甲基内吸磷(甲基 E059)(皮)	0.1
25	二异氰酸甲苯酯	0.2	74	甲基对硫磷(甲基 E605)(皮)	0.2
26	二月桂酸二丁基锡(皮)	0.2	75	可的松(MAC-TWA 1mg/m³)②	3
27	丁烯	100	76	百菌清	0.4
28	丁二烯	100	77	乐戈(乐果)(皮)	1
29	丁醇	200	78	异丙醇	750
30	丁醛	10	79	异稻瘟净(皮)	1
31	三甲苯磷酸酯(皮)	0.3	80	异佛尔酮二异氰酸酯(皮)	0.1
32	三乙基氯化锡(皮)	0.01	81	杀螟松(皮)	1
33	三氧化二砷及五氧化二砷	0.3	82	敌百虫	0.5
34	三氧化铬、铬酸盐、重铬酸盐(换算成 CrO_3)	0.05	83	敌敌畏(皮)	0.3
35	三氯甲烷	20	84	呋喃	0.5
36	三氯化磷	0.5	85	邻苯二甲酸酐	1
37	三氯氢硅	3	86	邻苯二甲酸二丁酯(MAC-TWA 1mg/m³)②	2.5
38	三氯乙烯	30	87	间苯二酚	10
39	三次甲基三硝基胺(黑索今)(MAC-TWA 1.5mg/m³)②	3	88	吡啶	4
40	三氟甲基次氟酸酯	0.2	89	汞	0.02
41	己内酰胺	10	90	升汞	0.1
42	久效磷(皮)	0.01	91	有机汞化合物(皮)	0.005
43	五氧化二磷	1	92	松节油	300
44	五氯酚及其钠盐	0.3	93	环氧氯丙烷(皮)	1
45	六氟化硫	6000	94	环氧乙烷	2
46	六六六	0.1	95	环己酮	50
47	丙体六六六	0.05	96	环己醇	50
48	丙醇	200	97	环己烷	100
49	丙酮	400	98	抽余油(50～220℃)	300
50	丙烯酸(皮)	6	99	苯(皮)	40
51	丙烯腈(皮)	2	100	苯及其同系物的一硝基化合物(硝基苯及硝基甲苯等)(皮)	5
52	丙烯醛	0.3			
53	丙烯醇(皮)	2			
54	丙烯酸甲酯	20	101	苯及其同系物的二及三硝基化合物(二硝基苯、三硝基甲苯等)(皮)	1
55	丙烯酰胺(皮)	0.3			

续表

编号	物质名称	最高容许浓度/(mg/m^3)
102	苯的硝基及二硝基氯化物(一硝基氯苯、二硝基氯苯等)(皮)	1
103	苯胺、甲苯胺、二甲苯胺(皮)	5
104	苯乙烯	40
105	金属钒、钒铁合金、碳化钒	1
106	钒化合物尘	0.1
107	钒化合物烟	0.02
108	苛性碱(换算成 NaOH)	0.5
109	肼(皮)	0.13
110	氟化氢	1
111	氟化物(不含氟化氢,以 F 计)	1
112	草酸(MAC-TWA $1mg/m^3$)②	2
113	氢化锂	0.05
114	氨	30
115	钨及碳化钨	6
116	臭氧	0.3
117	氧化氮(换算成 NO_2)	5
118	氧化镁(烟)	10
119	氧化锌	5
120	氧化镉	0.1
121	氧化乐果(皮)	0.3
122	砷化氢	0.3
123	铅尘	0.03
124	铅烟	0.05
125	四乙基铅(皮)	0.005
126	硫化铅	0.5
127	钴及其氧化物(以 Co 计)	0.1
128	铍及其化合物	0.001
129	钼(可溶性化合物)	4
130	钼(不溶性化合物)	6
131	铊	0.01
132	黄磷	0.03
133	萘	50
134	萘烷、四氢化萘	100
135	酚(皮)	5
136	偏二甲基肼(皮)	0.5
137	氰化氢及氢氰酸盐(换算成 HCN)(皮)	0.3
138	联苯-联苯醚	7
139	硫化氢	10
140	硫酸及三氧化硫	2
141	锆及其化合物	5
142	锰及其化合物(换算成 MnO_2)	0.2
143	氯	1
144	氯化氢及盐酸	15
145	氯甲烷	40
146	氯乙醇(皮)	2
147	氯乙烯	30
148	氯丙烯	2
149	氯丁二烯(皮)	4
150	氯苯	50
151	氯萘及氯联苯(皮)	1
152	氯化锌(烟)(MAC-TWA $1mg/m^3$)②	2
153	氯化苦	1
154	硝化甘油(皮)	1
155	硫酰氟	20
156	硫酸二甲酯(皮)	0.5
157	液化石油气	1000
158	硒	0.1
159	铜尘(烟)	1(0.2)
160	锑及其化合物(以锑计算)	1.0
161	氰戊菊酯(皮)	0.05
162	溴氰菊酯	0.03
163	溴甲烷(皮)	1
164	碘甲烷(皮)	1
165	溶剂汽油	300
166	滴滴涕	0.3
167	叠氮化钠	0.3
168	叠氮酸	0.2
169	聚乙烯	10
170	聚丙烯	10
171	羰基镍	0.001
172	乙酸甲酯	100
173	乙酸乙酯	300
174	乙酸丙酯	300
175	乙酸丁酯	300
176	乙酸戊酯	100
177	金属镍与难溶性镍化合物(以 Ni 计)	1
178	可溶性镍化合物(以 Ni 计)	0.5
179	糠醛	10
180	磷化氢	0.3
181	磷胺(皮)	0.02
182	呼吸性矽尘 10%~50%游离 SiO_2 50%~80%游离 SiO_2 80%以上游离 SiO_2	1 0.5 0.3
183	游离 SiO_2 粉尘 10%~50%	2
184	游离 SiO_2 粉尘 50%~80%	1.5
185	游离 SiO_2 粉尘 80%以上	1
186	凝聚 SiO_2 粉尘	3
187	石棉粉尘及含有 10%以上石棉的粉尘(矿山作业)	2
188	石棉纤维(MAC-TWA 0.8f/mL)②	1.5f/mL

续表

编号	物质名称	最高容许浓度/(mg/m^3)	编号	物质名称	最高容许浓度/(mg/m^3)
189	二氧化钛粉尘	10	205	活性炭粉尘	10
190	大理石粉尘	10	206	氧化铝粉尘	6
191	木粉尘(游离 SiO_2 粉尘<10%)	8	207	硅藻土粉尘 游离 SiO_2 粉尘<10% 游离 SiO_2 粉尘>10%	 10 2
192	云母粉尘(游离 SiO_2 粉尘<10%)	4			
193	电焊烟尘	6	208	桑蚕丝	10
194	白云石粉尘	10	209	烟草及茶叶粉尘	3
195	石灰石粉尘	10	210	铝、铝合金粉尘	4
196	石膏粉尘	10	211	麻尘(游离 SiO_4 粉尘<10%) 亚麻 黄麻 苎麻	 3 4 6
197	石墨粉尘(游离 SiO_2 粉尘<10%)	6			
198	皮毛粉尘(游离 SiO_2 粉尘<10%)	10	212	萤石混合性粉尘	2
199	谷物粉尘(游离 SiO_2 粉尘<10%)	8	213	蛭石粉尘(游离 SiO_2 粉尘<10%)	5
200	呼吸性水泥粉尘(游离 SiO_2 粉尘<10%)	2	214	棉尘(游离 SiO_2 粉尘<10%)	3
			215	稀土粉尘(游离 SiO_2 粉尘<10%)	5
201	呼吸性煤尘(游离 SiO_2 粉尘<10%)	3.5	216	玻璃棉和矿渣棉粉尘	5
202	珍珠岩粉尘(游离 SiO_2 粉尘<10%)	10	217	碳化硅粉尘(游离 SiO_2 粉尘<10%)	10
203	炭黑粉尘	8	218	滑石粉尘(游离 SiO_2 粉尘<10%)	4
204	砂轮磨尘(游离 SiO_2 粉尘<10%)	10	219	其他粉尘③	10

① 一氧化碳的最高容许浓度在作业时间短暂时可予以放宽：作业时间 1h 以内，一氧化碳浓度可达到 $50mg/m^3$；0.5h 以内可达到 $100mg/m^3$；15～20min 可达到 $200mg/m^3$。在上述条件下反复作业时，每次作业之间须间隔 2h 以上。

② MAC-TWA 表示时间加权容许浓度。

③ 其他粉尘是指游离二氧化硅含量在 10%以下，不含有毒物质的矿物性和动植物性粉尘。

四、溶剂着火的危险性

1. 溶剂着火条件

燃烧必须是可燃性物质与氧化剂以适当的比例混合，并且要获得一定的能量才能进行。如果不能同时满足这 3 个条件就不能发生着火。因此溶剂的着火危险性由以下几个因素决定。

(1) 燃烧极限　易燃性溶剂在一定的温度、压力下，其蒸气与空气或氧组成可燃性的混合物（爆炸混合物）。如果混合物的组成不在一定的范围内，则供给的能量再大也不会着火，这种着火可能的组成（浓度）范围称为燃烧范围或爆炸范围，其组成极限称为燃烧极限（inflammable limits）或爆炸极限（explosive limits）。溶剂蒸气与空气混合并达到一定的浓度范围，遇到火源就会燃烧或爆炸的最低浓度称下限；最高浓度称上限。浓度用溶剂蒸气在混合物的体积百分数即%（体积）表示。浓度低于或高于这一范围都不会发生爆炸。

易燃性溶剂都有一定的爆炸范围，爆炸范围越宽，危险性越大。例如乙炔的爆炸下限是 2.5%，上限是 80%；乙烷的爆炸下限是 3.22%，上限是 12.45%。表 1-4-19 为各种气体和蒸气在空气中的爆炸极限（燃烧极限）。

(2) 闪点　闪点表示可燃性液体加热到其液体表面上的蒸气和空气的混合物与火焰接触发生闪火时的最低温度。测定闪点有开口杯法和闭口杯法两种，一般前者用于测定高闪点液体，后者用于测定低闪点液体。

(3) 燃点　燃点又称着火点，是指可燃性液体加热到其表面上的蒸气和空气的混合物与火焰接触立即着火并能继续燃烧时的最低温度。

表 1-4-19　各种气体和蒸气在空气中的爆炸极限（燃烧极限）

化合物名称		燃烧极限/%(体积)		化合物名称		燃烧极限/%(体积)	
		下限	上限			下限	上限
甲烷	CH_4	5.00	15.00	乙酸乙酯	$C_4H_8O_2$	2.18	11.40
乙烷	C_2H_6	3.22	12.45	乙酸丙酯	$C_5H_{10}O_2$	1.77	8.00
丙烷	C_3H_8	2.12	9.35	乙酸异丙酯	$C_5H_{10}O_2$	1.78	7.80
丁烷	C_4H_{10}	1.86	8.41	乙酸丁酯	$C_6H_{12}O_2$	1.39	7.55
异丁烷	C_4H_{10}	1.80	8.44	乙酸戊酯	$C_7H_{14}O_2$	1.10	
戊烷	C_5H_{12}	1.40	7.80	氨	NH_3	15.50	27.00
异戊烷	C_5H_{12}	1.32		吡啶	C_5H_5N	1.81	12.40
2,2-二甲基丙烷	C_5H_{12}	1.38	7.50	二噁烷	$C_4H_8O_2$	1.97	22.25
己烷	C_6H_{14}	1.18	7.40	松节油	$C_{10}H_{16}$	0.80	
庚烷	C_7H_{16}	1.10	6.70	甲醇	CH_4O	6.72	36.50
2,3-二甲基戊烷	C_7H_{16}	1.12	6.75	乙醇	C_2H_6O	3.28	18.95
辛烷	C_8H_{18}	0.95		烯丙醇	C_3H_5O	2.50	18.00
壬烷	C_9H_{20}	0.83		丙醇	C_3H_8O	2.15	13.50
癸烷	$C_{10}H_{22}$	0.77	5.35	异丙醇	C_3H_8O	2.02	11.80
乙烯	C_2H_4	2.75	28.60	丁醇	$C_4H_{10}O$	1.45	11.25
丙烯	C_3H_6	2.00	11.10	异丁醇	$C_4H_{10}O$	1.68	
1-丁烯	C_4H_8	1.65	9.95	戊醇	$C_5H_{12}O$	1.19	
2-丁烯	C_4H_8	1.75	9.70	异戊醇	$C_5H_{12}O$	1.20	
戊烯	C_5H_{10}	1.42	8.70	糠醛	$C_5H_4O_2$	2.10	
乙炔	C_2H_2	2.50	80.00	甲基乙基醚	C_3H_8O	2.00	10.00
苯	C_6H_6	1.40	7.10	乙醚	$C_4H_{10}O$	1.85	36.50
甲苯	C_7H_8	1.27	6.75	二氯乙烯	$C_2H_2Cl_2$	6.20	15.90
邻二甲苯	C_8H_{10}	1.00	6.00	二氯丙烯	$C_3H_6Cl_2$	3.40	14.50
环己烷	C_6H_{12}	1.26	7.75	溴甲烷	CH_3Br	13.50	14.50
甲基环己烷	C_7H_{14}	1.15		溴乙烷	C_2H_5Br	6.75	11.25
丙酮	C_3H_6O	2.55	12.80	烯丙基溴	C_3H_5Br	4.36	7.25
丁酮	C_4H_8O	1.81	9.50	甲胺	CH_5N	4.95	20.75
2-戊酮	$C_5H_{10}O$	1.55	8.15	乙胺	C_2H_7N	3.55	13.95
2-己酮	$C_6H_{12}O$	1.35	7.60	二甲胺	C_2H_7N	2.80	14.40
氯甲烷	CH_3Cl	8.25	18.70	氯代异丁烷	C_4H_9Cl	2.05	8.75
氯乙烷	C_2H_5Cl	4.00	14.80	烯丙基氯	C_3H_5Cl	3.28	11.15
氯丙烷	C_3H_7Cl	2.60	11.10	氯代戊烷	$C_5H_{11}Cl$	1.60	8.63
氯丁烷	C_4H_9Cl	1.85	10.10	氯乙烯	C_2H_3Cl	4.00	21.70
乙酸	$C_2H_4O_2$	5.40		丙胺	C_3H_9N	2.01	10.35
甲酸甲酯	$C_2H_4O_2$	5.05	22.70	二乙胺	$C_4H_{11}N$	1.77	10.10
甲酸乙酯	$C_3H_6O_2$	2.75	16.40	三甲胺	C_3H_9N	2.00	11.60
乙酸甲酯	$C_3H_6O_2$	3.15	15.60	三乙胺	$C_6H_{15}N$	1.25	7.90

2. 溶剂着火的爆炸性

有的溶剂容易着火，有的溶剂在常温常压下容易爆炸或发生爆炸性分解，有的需要在强火源下才能爆炸。溶剂的着火爆炸性通常必须满足以下几个条件：

(1) 沸点低，挥发性大，在常温常压下容易蒸发；

(2) 闪点低；

(3) 溶剂蒸气与空气能形成爆炸性的混合气体；

(4) 溶剂蒸气的密度大于空气的密度。

溶剂的闪点低表示着火的危险性大，可是闪点不是指溶剂继续燃烧的温度，仅仅表示液面的蒸气可燃，要能够不断地燃烧，必须连续地产生蒸气。燃烧继续发生的温度比闪点通常高出

10℃左右。在一般情况下闪点低的溶剂是易燃的溶剂。

在用闪点、燃点和爆炸极限表示溶剂的着火危险性时还需要注意以下几点：

(1) 醚类能够生成爆炸性过氧化物；

(2) 不易燃的溶剂或四氯化碳与钠、钾、钙、镁、钡等金属接触能发生爆炸性的反应；

(3) 三氯乙烯与氢氧化钠、氢氧化钾接触生成二氯乙炔，二氯乙炔因自氧化而爆炸；

(4) 硝基化合物（即使是一硝化物）具有爆炸性。

3. 易燃性溶剂使用时的注意事项

易燃性溶剂由于具有着火、燃烧、爆炸的危险，因此使用时必须注意以下事项：

(1) 溶剂和溶剂蒸气必须用密闭式容器贮存；

(2) 溶剂和溶剂蒸气不要靠近火源，而且由于溶剂蒸气比空气重，低处容易达到爆炸极限，所以更应注意远离火源；

(3) 工作场所注意换气通风，由于溶剂流动而易发生静电积蓄，所以装置设备应接地线；

(4) 容器避免日光照射，贮存时不要置于高处。

表 1-4-20 为部分可燃性气体和蒸气的火灾、爆炸危险性参数。

表 1-4-20　部分可燃性气体和蒸气的火灾、爆炸危险性参数[1]

物质名称[2]	分子式	相对密度		熔点/℃	沸点/℃	闪点[2]/℃	爆炸极限[3]/%		最大爆炸压力/$10^2\times kPa$	引燃温度/℃
		水=1	空气=1				下限	上限		
甲烷	CH_4		0.6	−182	−162		5.0	16	7.17	537
乙烷	C_2H_6		1.0	−172	−89		3.0	16		472
丙烷	C_3H_8	0.5	1.6		−42		2.1	9.5	8.428	450
丁烷	C_4H_{10}		2.0		−1	−60*	1.5	8.5		287
戊烷	C_5H_{12}	0.6	2.5		36	<−40	1.7	9.75	8.134	260
乙烯	C_2H_4		1.0		−104		2.7	36		425
丙烯	C_3H_6	0.5			−47		1.0	15	8.82	455
1-丁烯	$CH_3CH_2CH=CH_2$	0.8	3.11		−6	−80*	1.6	10	6	385
顺-2-丁烯	$CH_3CH=CHCH_3$	0.6	1.9		4	−73*	1.6	10		325
反-2-丁烯	$CH_3CH=CHCH_3$		1.9		1	−73*	1.6	10		324
异丁烯	$CH_2C(CH_3)CH_3$	0.59	1.9	−140	−7	−82.78*	1.8	8.8		465
1,3-丁二烯	$CH_2=CHCH=CH_2$		1.9		−4	−78*	1.4	16.3		415
1-戊烯	$CH_3(CH_2)_2CH=CH_2$	0.7	2.4		30	<−20	1.4	8.7		275
1,3-戊二烯（顺反式混合）	$CH_2=CHCH=CHCH_3$	0.7	2.4		−43	−29	3	3		
苯	C_6H_6	0.9	2.8	6	80	−11	1.2	8.0	8.8	560
甲苯	$C_6H_5CH_3$	0.9	3.1		111	4	1.2	7.0	7.84	535
对二甲苯	$C_6H_4(CH_3)_2$	0.9	3.7		138	25	1.1	7.0		525
邻二甲苯	$C_6H_4(CH_3)_2$	0.9	3.7		144	30	1.0	7.0	7.644	463
乙苯	$C_2H_5C_6H_5$	0.9	3.7		136	15	1.0	6.7		432
苯乙烯	$C_6H_5C_2H_3$	0.9	3.6		146	32	1.1	6.1		490
苯酚	C_6H_5OH	1.1	3.2		181	79	1.3	9.5		595
氯乙烯	CH_2CHCl	0.9	2.2		−14		3.6	31	6.66	415
氯苯	C_6H_5Cl	1.1	3.9		132	28	1.3	9.6	5.6	590
氯乙烷	C_2H_5Cl	0.9	2.2		12	−50	3.6	14.8		510
联苯	$C_6H_5C_6H_5$	1.2		70	254	113	0.6	5.8		540
萘	$C_{10}H_8$	1.1	4.4	80	218	79	0.9	5.9		526
甲胺	CH_3NH_2	1.0		−92	−6	0*	4.3	21		430
乙胺*	$C_2H_5NH_2$			−80.6	16.6	<−17.78	3.5	14		385
乙二胺*	$NH_2CH_2CH_2NH_2$			8.5	117.2	43.3				385
苯胺	$C_6H_5NH_2$	1.0	3.2	−6	184	70	1.2	11		615

续表

物质名称②	分子式	相对密度		熔点/℃	沸点/℃	闪点②/℃	爆炸极限③/%		最大爆炸压力/$10^2\times$kPa	引燃温度/℃
		水＝1	空气＝1				下限	上限		
苯甲醚	$C_6H_5OCH_3$	1.0	3.7	−3.7	154	41	0.3	6.3		475
硝基苯	$C_6H_5NO_2$	1.2	4.3		211	88	1.8			480
甲醇	CH_3OH	0.8	1.1	−98	64	11	5.5	44		385
乙醇	C_2H_5OH	0.8	1.6		78	12	3.3	19		363
正丙醇	$CH_3CH_2CH_2OH$	0.8	2.1		97	15	2.0	13.7		392
异丙醇	$(CH_3)_2CHOH$	0.8	2.1	−88	82	14	2.0	12.7		399
1,2-乙二醇	HOC_2H_4OH	1.1			197	111	3.2			398
丁醇	$CH_3(CH_2)_2CH_2OH$	0.8	2.6		117	35	1.4	11.2		340
2-丁醇	$CH_3CH_2CHOHCH_3$	0.8	2.6		94	24	1.7	9.8		390
氯乙醇	CH_2ClCH_2OH	1.2	2.8	−70	129	55	4.9	15.9		425
甲醛	HCHO		1.0	−117	−19	50	7.0	73		420
丙酮	CH_3COCH_3	0.8	2.0	−96	56	−20	2.5	13	8.7	465
乙醚*	$C_2H_5OC_2H_5$			−116.2	34.6	−45	1.85	36.5		160
二甲醚	$(CH_3)_2O$		1.6		−24		2.0	50	8.8	350
(二)苯醚	$(C_6H_5)_2O$	1.1		27	259	115	0.8	1.5		618
甲酸	HCOOH	1.2	1.6	8	101	50	18	57		434
乙酸	CH_3COOH	1.0	2.1	17	118	39	4.0	17		463
丙烯酸	$CH_2=CHCOOH$	1.1	2.5	13	42	50	2.4	8.0		438
丙烯酸甲酯	$CH_2=CHCOOCH_3$	1.0	3.0	<−75	80	−3	1.2	25		468
丙烯酸乙酯	$CH_2=CHCOOC_2H_5$	0.9	3.5		99	9	1.4	14		350
乙酸乙酯	$CH_3COOC_2H_5$	0.9	3.0	−83	77	−4	2.0	11.5	8.5	426
乙酸甲酯	CH_3COOCH_3	0.9	2.8	−99	60	−10	3.1	16	8.6	454
丙烯酸丁酯	$CH_2=CHCOOC_4H_9$	0.9	4.4		145	37	1.2	9.9		275
乙腈	CH_3CN	0.8	1.4	−45	82	2	3.0	16		524
丙烯腈	$CH_2=CHCN$	0.8	1.8	−82	77	−5	2.8	28		480
甲苯-2,4-二异氰酸酯	$CH_3C_6H_3(NCO)_2$	1.2	6.0		251	127	0.9	9.5		
环氧乙烷	$H_2C—CH_2$ (以O桥连成三元环)	0.9	1.5		11	<−18	2.6	100		429
四氢呋喃	$OCH_2CH_2CH_2CH_2$ (环状)	0.9	2.5		66	−20	1.5	12.4		230
环丁砜	$CH_2(CH_2)_3SO_2$	1.3		27	285					
乙炔	C_2H_2	0.4	0.9	−81	−83		2.1	100 (80)		
丙炔	$CH_3C\equiv CH$		1.4		−23		1.7			
2-丁炔	$CH_3C\equiv CCH_3$	0.69	1.86	−32.2	27	<−20	1.4			
丙烯醛	$CH_2=CHCHO$	0.8	1.9	−88	52	−26	2.8	31		220
丙二烯	$H_2C=C=CH_2$	1.4		−146	−34		1.7	12		
丁苯	$C_6H_5C_4H_9$	0.9	4.6		180	48～60	0.7	6.9		410
丁基氯	C_4H_9Cl	0.9	3.2		77	−12	1.8	10.1		240
环己烷	C_6H_{12}	0.8	2.9	7	82	−16.5	1.2	8.4	8.43	245
乙硼烷	B_2H_6		0.95		−93		0.8	9.8		38～52
二乙胺	$(C_2H_5)_2NH$	0.7	2.5	−50	57	−23	1.7	10.1		312
二甲胺	$(CH_3)_2NH$				7		2.8	14.4		400
乙硫醇	C_2H_5SH	0.8	2.1	−148	35	−45	2.8	18		
硝酸乙酯	$CH_3CH_2ONO_2$	1.1	3.1	−112	88	10	3.8			
亚硝酸乙酯	CH_3CH_2ONO	0.9	2.6		17	−35	3.0	50		90
醋酐	$(CH_3CO)_2O$	1.1	3.5	−73	140	49	2.0	10.3	6.0	316

续表

物质名称②	分子式	相对密度		熔点/℃	沸点/℃	闪点②/℃	爆炸极限③/%		最大爆炸压力/10^2×kPa	引燃温度/℃
		水＝1	空气＝1				下限	上限		
一氧化碳	CO	1.0		−205	−192		12	74	7.2	605
二硫化碳	CS_2	1.3	2.6		46	−30	1.0	60	7.6	90
樟脑	$C_{10}H_{16}O$	1.0	5.24		204	66	0.6	4.5		460
氨	NH_3	0.61	0.6	−78	−33	132	15	30.2	5.8	630
氢氰酸	HCN	0.7	0.9	−13	26	−18	5.4	46.6	9.2	535
氢	H_2		0.1	−259	−252		4	75		500
硫化氢	H_2S	0.79	1.2	−86	−60		4.0	44* 46	4.9	260
砷化氢	AsH_3						4.5	100		

① 表中所列数据摘自中华人民共和国公安部消防局编《可燃气体、蒸气、粉尘火灾危险性参数手册》，黑龙江科学技术出版社，1990。

② 带*的数据，摘自《防火检查手册》，上海科学技术出版社，1982。

③ 爆炸极限为体积分数。

五、溶剂的腐蚀性

1. 腐蚀性溶剂

有机溶剂，除有机酸、卤化物、硫化物外，对金属的腐蚀一般很小，对金属-无机质材料如玻璃、陶瓷、搪瓷、水泥等也不腐蚀，对有机材料按其种类不同，具有一定的腐蚀作用。

腐蚀性溶剂分以下几种。

(1) 卤化物　卤化物如四氯化碳、三氯乙烯、四氯乙烯等置于密闭阴凉处贮存或加入稳定剂时一般不腐蚀工业用金属材料。可是这些卤化物长时期与空气和水接触或经光照和热的作用而发生分解，生成的卤素或卤化氢对金属则有一定的腐蚀作用。

(2) 有机酸　有机酸中如乙酸虽为弱酸，仍然能腐蚀金属（对电离倾向小的金属不易腐蚀）。其他如苯甲酸等焦油酸对金属也有腐蚀作用。液态酸腐蚀铅，气态酸能侵蚀铅、铜、锌等金属。

(3) 硫化物　作溶剂使用的硫化物，如二硫化碳及其他含有不愉快气味的各种硫化物，对金属均有腐蚀作用。

(4) 其他　如乙醇等虽在普通情况下不腐蚀金属，但长时间与之接触可以逐渐腐蚀铅和铝。

2. 在溶剂中混入腐蚀性杂质

(1) 水　水对金属的腐蚀起着很大的作用。虽然水本身并无腐蚀性，可是水能溶解腐蚀性的酸雾和盐类而造成对金属的腐蚀。因此含有水分的溶剂同样是腐蚀金属的重要因素。

溶剂中所含的水分是由于制备时或水洗后脱水不彻底等因素带入的，因此使用时必须防止水的混入，并且，容器应密闭并置阴凉处保存，温差范围要小。

(2) 酸　在车间或贮存场所，酸雾同水一样也有可能混入溶剂中。无机酸的混入是由于酸洗后脱酸不充分造成的；有机酸的混入是由于天然或合成溶剂中存在的有机酸在洗涤或蒸馏时未能彻底除去的缘故。

(3) 其他　石油及煤焦油的各馏分作溶剂使用时，常混有硫及含硫化合物。

3. 溶剂的容器及使用装置的材料选用

溶剂的容器及使用溶剂的装置通常选用各种金属和非金属材料，这些材料如果因某些原因（如容器出现小孔或受酸雾的腐蚀）损耗和破损，则溶剂发生泄漏而容易造成灾害事故。因此溶剂的容器和装置材料必须是耐腐蚀和不易破损的。装置材料的选择方法与使用其他化学药品装置材料的选择基本相同，要求耐腐蚀、有一定的硬度、机械强度、耐磨耗性和加工性能。表 1-4-21 为溶剂使用的合成树脂材料。

表 1-4-21　溶剂使用的合成树脂材料

溶剂名称	适用的材料	不适用的材料
乙醛	丁基橡胶、硅橡胶	丁腈橡胶、氯丁橡胶
丙酮	硅橡胶、氟树脂	丁腈橡胶、聚氯乙烯树脂
戊醇	天然橡胶、合成橡胶、聚酯树脂	硅橡胶
苯胺	硬质聚氯乙烯树脂、氟树脂	丁腈橡胶、聚硫橡胶、聚酯树脂
异丁醇	天然橡胶	
异丙醇	天然橡胶、软质聚氯乙烯	
乙醇	天然橡胶、合成橡胶	
乙醚	聚氯乙烯	天然橡胶
乙二醇	天然橡胶、合成橡胶、硬质橡胶	
汽油	氯丁橡胶、聚氯乙烯、聚乙烯树脂、氟树脂	天然橡胶、聚苯乙烯树脂
二甲苯	聚乙烯醇树脂、酚醛树脂	天然橡胶、合成橡胶
氯苯		天然橡胶、合成橡胶
甘油	天然橡胶、合成橡胶、硬质橡胶	
氯仿		天然橡胶、合成树脂、软质聚氯乙烯
煤油	丁腈橡胶、聚硫橡胶、软质聚氯乙烯	天然橡胶、硅橡胶
冰乙酸	氯丁橡胶、聚硫橡胶	
乙酐	天然橡胶、氯丁橡胶、酚醛树脂	聚乙烯醇、锦纶、硬质聚氯乙烯
乙酸戊酯	氟树脂	氯丁橡胶、硅橡胶
乙酸异丙酯	丁基橡胶、聚硫橡胶	丁腈橡胶、氯丁橡胶
乙酸乙酯		氯丁橡胶、硬质橡胶
乙基溶纤剂	软质聚氯乙烯、聚硫橡胶	氯丁橡胶、丁腈橡胶
乙酸丁酯		天然橡胶、氯丁橡胶、硬质橡胶
四氯化碳	聚乙烯醇	天然橡胶、聚氯乙烯、酚醛树脂
溶纤剂	合成橡胶、软质聚氯乙烯	
松节油	丁腈橡胶	天然橡胶、硬质橡胶
甲苯	聚硫橡胶、酚醛树脂、聚乙烯醇	天然橡胶、硅橡胶、硬质橡胶
三氯乙烯	聚乙烯醇	天然橡胶、合成橡胶、硬质橡胶
石脑油	聚乙烯醇、环氧树脂	天然橡胶、硬质橡胶
硝基苯	丁基橡胶、氟树脂	硬质橡胶、氯丁橡胶、软质聚氯乙烯
硝基乙烷	天然橡胶、丁基橡胶、聚硫橡胶	丁腈橡胶
二硫化碳	软质聚氯乙烯、聚硫橡胶、氟树脂	天然橡胶合成橡胶、硬质橡胶
对伞花烃	聚乙烯醇	天然橡胶、合成橡胶
吡啶	丁基橡胶	天然橡胶、合成橡胶、软质聚氯乙烯
苯酚	聚乙烯醇、酚醛树脂	丁腈橡胶、聚硫橡胶、锦纶
苯基乙基醚	软质聚氯乙烯、硬质橡胶	天然橡胶
丙醇	天然橡胶、合成橡胶、硬质橡胶	
丁烷		天然橡胶、硅橡胶
丁醇	天然橡胶、合成橡胶	
丁基溶纤剂	天然橡胶、合成橡胶	
苯	聚乙烯醇、酚醛树脂	天然橡胶、硬质橡胶、软质聚氯乙烯、聚乙烯
苄醇	天然橡胶、聚氯乙烯、氟树脂	丁腈橡胶、聚硫橡胶
苄基氯	丁基橡胶、聚乙烯	硬质橡胶、氯丁橡胶
己烷	氯丁橡胶、聚氯乙烯、酚醛树脂	天然橡胶
甲醇	天然橡胶、合成橡胶、硬质橡胶	
丁酮	聚硫橡胶	软质聚氯乙烯、氯丁橡胶
氯甲烷	丁基橡胶	天然橡胶、硬质橡胶
甲基异丁基(甲)酮	聚硫橡胶	天然橡胶、软质橡胶、氯丁橡胶

六、溶剂的回收与废弃

1. 溶剂的回收

在近代化学工业的制造过程中，大量使用着各种溶剂用以完成溶解、萃取和洗涤等操作。由于在最终的产品中并不含有这些溶剂，溶剂蒸发扩散到大气中造成对环境的污染，经济上也带来损失。而且大部分溶剂沸点低，具有可燃性，其蒸气散发到空气中容易燃烧和爆炸，造成灾害事故，溶剂对人体也有一定的毒性。由此可知，在使用溶剂时，从溶剂的经济损失、环境污染、着火危险、损害健康等各方面都说明溶剂的回收、精制和再使用是完全必要的，也是可能的。

溶剂回收的方法有冷凝法、压缩法、吸收法、吸附法和蒸馏法。冷凝法是指溶剂蒸气与大气或惰性气体的混合气体冷却至露点以下，使溶剂蒸气冷凝成液体回收的方法。用加压使溶剂蒸气变成液体而回收的方法称为压缩法。这两种方法的共同特点是回收溶剂的操作简单，不需要特别的分离设备，回收的溶剂纯度高。但这两种方法都要求溶剂的蒸气浓度高，如果溶剂的蒸气浓度达不到一定要求，则回收效果差。并且，用冷凝法和压缩法在溶剂回收前都要将溶剂的蒸气预先达到一定的浓度。溶剂回收后，空气或惰性气体所含的热量及未回收的溶剂蒸气可以循环使用。

吸收法指用吸收液从溶剂蒸气和空气的混合物中溶解溶剂达到溶剂回收的一种方法。为了使气化的溶剂从大气中尽可能地完全回收，蒸气需具有适当温度，而且必须与吸收液紧密接触，蒸气才能充分地被吸收液吸收。吸收完毕后，吸收液还要与溶剂进行分离。溶剂回收后的空气由于残存有溶剂蒸气，可以作加热空气循环使用。吸收液的选择要求对溶剂的溶解度大、与溶剂不发生化学反应、吸收液的沸点至少比溶剂要高出20℃以上，并且，吸收后的吸收液与溶剂容易分离。一般采用的吸收液有两种。

无机吸收液——水、弱酸性水溶液、海水、亚硫酸钠水溶液、硫酸等。

有机吸收液——乙醇、丁醇、戊醇、动植物油、矿物油、煤焦油（200～350℃）、甲酚等。

与冷凝法相比，吸收法回收溶剂效率高，适用于多种溶剂和各种浓度，设备简单。但回收溶剂的浓度较低，需要蒸馏装置将回收溶剂和吸收液进行分离，废气不能循环使用，易造成溶剂损失等。

吸附法指用活性炭、硅胶等固体吸附剂对溶剂蒸气混合物进行选择性的吸附回收的方法。用吸附法回收溶剂包括溶剂被固体吸附和从吸附剂中将溶剂脱附两步。在选择吸附剂时，要求对溶剂蒸气的吸附效果好，对其余的混合气体不易吸附，同时被吸附的溶剂蒸气容易放出，吸附剂容易再生（其吸附能力并不降低）。一般广泛采用活性炭作吸附剂。与冷凝法和吸收法相比，吸附法的特点是在空气或其他气体中浓度很低的溶剂蒸气也能充分吸附和回收。活性炭还适用于从气体混合物中回收挥发性、易燃性的溶剂。表1-4-22为清除和回收溶剂的净化过程。

表 1-4-22　清除和回收溶剂的净化过程

过程	基本原理	备注
焚烧	溶剂完全被破坏，借助于： 热氧化（$>10g/m^3$） 催化氧化（$3\sim10g/m^3$）	仅回收热量是可能的
冷凝	用冷冻冷凝器直接或间接冷凝的方法降低溶剂的浓度（$>50g/m^3$）	有效减少重质的排放物 回收的溶剂质量好 难以实现低的排放水平
吸收	洗涤器使用非挥发性的有机物作为洗涤介质以回收溶剂。解吸用过的洗涤流体	如果洗涤流体可以直接重新使用而不用解吸被吸收的溶剂和有可能用过冷的溶剂本身洗涤，则这种过程是有利的
膜渗透	膜渗透过程主要适合少量高浓度的气体净化，例如将烃浓度从几百克每立方米减少至$5\sim10g/m^3$	为了满足环境保护的要求，与其他的净化过程联合是必要的
生物处理	借助于细菌和使用生物净化器或生物滤池实现生物分解	对温度和溶剂浓度敏感
吸附	废空气通过装填活性炭的吸附器吸附溶剂	借助于水蒸气脱附，所得到的解吸物使用重力分离器（或精馏步骤）分离成一个水相和一个有机相

2. 废溶剂的处理

废溶剂应尽可能回收、精制和再使用，实在无法使用的，废弃时也应该考虑安全和污染环境，处理要慎重。废溶剂在处理前首先应将废溶剂进行分类、保管，提出废弃处理的具体方法，然后再按照废溶剂的不同性质特点进行废弃处理。其中最普遍采用的是焚烧处理，其次是大气散放、下水道流放、地下埋设等方法。注意在处理这些废溶剂时，尽量不要对大气、水质、地下水带来污染，散放到大气中的气体和蒸气应该是无害的，埋设在地下的废溶剂希望能被土壤中的微生物作用而分解。具有各种危险性的废溶剂在废弃处理前应先用化学方法如中和、水解、氧化、还原或稀释处理，使其转变成无害物并确认对环境不造成污染之后再进行废弃处理。对各种不同的废溶剂处理方法有以下几种。

(1) 烃类废溶剂 可采用焚烧处理。易燃的烃类在焚烧炉内进行喷雾燃烧，难燃的烃类加入易燃的溶剂混合焚烧。焚烧要完全，无黑烟。

(2) 由碳、氢、氧组成的化合物 大部分采用焚烧法，难燃的化合物可与易燃的溶剂混合在焚烧炉内喷雾焚烧，或者使用复燃室使之完全燃烧。这类化合物有醇、酚、酮、有机酸酯、羟基酸酯、酮酸酯、碳酸酯、醚酯、醚醇、羰基醇等。醚类虽然可以用焚烧处理，但应注意醚类长时间与空气接触或日光照射有可能生成爆炸性的过氧化物。缩醛类处理和醚类相同。醛类应预先溶于可燃性溶剂中，再放入备有复燃室的燃烧炉喷雾使之燃烧。也可以加入亚硫酸氢钠和少量水并充分摇动，使之生成加成物，一小时后与过量的水一同由下水道流放。脂肪酸、脂肪酸酐和羟基酸都可以采用焚烧处理，难燃的脂肪酸等加入易燃的溶剂放入备有复燃室的燃烧炉喷雾燃烧。低分子量的脂肪酸用碱石灰或碳酸氢钠中和与过量的水一起由下水道排放。

(3) 由碳、氢、氮组成的化合物 这类化合物大部分可进行焚烧处理，脂肪族胺和芳香族胺应预先溶于易燃性溶剂中（如废弃的苯、醇等溶剂），再放入备有复燃室的燃烧炉内进行喷雾燃烧。脂肪族胺还可采用硫酸氢钠覆盖、喷水呈中性后与过量水一同由下水道排放。芳香族胺用砂与碱石灰（以 90∶10 的比例）组成的混合物混合，再于燃烧炉中燃烧。腈类用备有复燃室的燃烧炉焚烧，或用过量的氢氧化钠醇溶液处理转变成水溶性的氰酸钠，放置 1 小时，待醇蒸发后加次氯酸钙，此时应残留有过量的氢氧化钠与次氯酸盐，24 小时后，氰酸钠与过量的水一起由下水道排放。

(4) 由碳、氢、氧、氮组成的化合物 脂肪族硝基化合物可用备有复燃室和洗涤室的燃烧炉内焚烧。硝基甲烷，特别是其金属盐的爆炸可能性很大，故每次焚烧的量不宜过多。芳香族硝基化合物与锯木屑混合后进行焚烧，或者溶于可燃性溶剂中，在燃烧炉内喷雾燃烧。酰胺类预先溶于易燃性溶剂（如废弃的醇、苯等溶剂），再放入备有复燃室和碱性水溶液洗涤室的燃烧炉内喷雾焚烧。

(5) 含硫化合物 处于流动状态的二硫化碳易产生静电，使用的容器和装置最好接地，以防着火，废弃时采用焚烧处理，燃烧生成的二氧化硫必须用碱性溶液吸收。有机硫化物可溶于易燃的溶剂（如废醇等），然后放入备有复燃室和中和二氧化硫洗涤室的燃烧炉内焚烧。也可与次氯酸盐的稀溶液混合 12 小时后，与过量的水一起由下水道排放。含有硫、碳、氢、氧的有机化合物溶于易燃的溶剂中进行焚烧。亚砜、砜的废弃处理和上述方法相同。

(6) 卤化物 由卤素、碳和氢组成的可燃化合物采用焚烧处理，不易燃烧的应备有复燃室，燃烧后生成的卤化氢用碱液中和弃去。含卤素多的烃类难以燃烧，不溶于水，而且有毒，应考虑尽可能回收，通过蒸馏精制再使用。这类卤代烃有氯仿、四氯化碳、三氯乙烷、三氯乙烯、四氯乙烯、溴仿等。二氯甲烷毒性较小，可由大气中放出。氯代烃、溴代烃、氟代烃的处理方法同上。由卤素、碳、氢、氧组成的化合物溶于易燃溶剂再放入备有复燃室和洗涤室的燃烧炉中焚烧处理。也可与过量的碳酸氢钠混合，24 小时后与过量水一起由下水道排放。氯代乙酸、氟代乙酸的处理方法同上。

(7) 其他

① 直接排放在大气中的：液氮、液氧、液态二氧化碳等。

② 液氨：气化后用水吸收成稀水溶液，再由稀盐酸、稀硫酸等中和后加大量水稀释排放。

③ 液态二氧化硫：气化后用碱液吸收，加次氯酸钙放置，将氧化的溶液中和，再与过量水一起由下水道排放。

④ 无机酸：将碱石灰-熟石灰混合物先用水充分搅拌混合再徐徐加到无机酸中进行中和，与大量水一起由下水道排放。氟化氢的处理可徐徐加入大量的熟石灰溶液并搅拌，上层清液用碱中和后与大量水一起由下水道排放。硫酸用石灰乳中和后用大量水稀释排放。硼酸酯的处理采用焚烧法，残留物用碱液中和，与大量水一起由下水道排放。磷酸酯的处理用备有复燃室的燃烧炉焚

烧处理，生成的磷的氧化物用碱溶液洗涤除去。

表 1-4-23 为国家危险废物名录（第一批）（有关溶剂废物部分）。

表 1-4-23　国家危险废物名录（第一批）(有关溶剂废物部分)

编号	废物类别	废物来源	常见危害组分或废物名称
HW05	木材防腐剂废物	从木材防腐化学品的生产、配制和使用中产生的废物(不包括与 HW04 类重复的废物) ——生产单位生产中产生的废水处理污泥、工艺反应残余物、吸附过滤物及载体 ——使用单位积压、报废或配制过剩的木材防腐化学品 ——销售经营部门报废的木材防腐化学品	含五氯酚、苯酚、2-氯酚、甲酚、对氯间甲酚、三氯酚、屈萘、四氯酚、杂酚油、萤蒽、苯并[a]芘、2,4-二甲酚、2,4-二硝基酚、苯并[b]萤蒽、苯并[a]蒽、二苯并[a]蒽的废物
HW06	有机溶剂废物	从有机溶剂生产、配制和使用过程中产生的废物(不包括 HW42 类的废有机溶剂) ——有机溶剂的合成、裂解、分离、脱色、催化、沉淀、精馏等过程中产生的反应残余物、吸附过滤物及载体 ——配制和使用过程中产生的含有机溶剂的清洗杂物	废催化剂、清洗剥离物、反应残渣及滤渣、吸附物与载体废物
HW07	热处理含氰废物	从含有氰化物热处理和退火作业中产生的废物 ——金属含氰热处理 ——含氰热处理回火池冷却 ——含氰热处理炉维修 ——热处理渗碳炉	含氰热处理钡渣、含氰污泥及冷却液、含氰热处理炉内衬、热处理渗碳氰渣
HW11	精(蒸)馏残渣	从精炼、蒸馏和任何热解处理中产生的废焦油状残留物 ——煤气生产过程中产生的焦油渣 ——原油蒸馏过程中产生的焦油残余物 ——原油精制过程中产生的沥青状焦油及酸焦油 ——化学品生产过程中产生的蒸馏残渣和蒸馏釜底物 ——化学品原料生产的热解过程中产生的焦油状残余物 ——被工业生产过程中产生的焦油或蒸馏残余物所污染的土壤 ——盛装过焦油状残余物的包装和容器	沥青渣、焦油渣、废酸焦油、酚渣、蒸馏釜残物、精馏釜残物、甲苯渣、液化石油气残液(含苯并[a]芘、屈萘、萤蒽、多环芳烃类废物)
HW12	染料、涂料废物	从油墨、染料、颜料、涂料的生产配制和使用过程中产生的废物 ——生产过程中产生的废弃的颜料、染料、涂料和不合格产品 ——染料、颜料生产硝化、氧化、还原、磺化、重氮化、卤化等化学反应中产生的废母液、残渣、中间体废物 ——涂料、油墨生产、配制和使用过程中产生的含颜料、油墨的有机溶剂废物 ——使用酸、碱或有机溶剂清洗容器设备产生的污泥状剥离物 ——含有染料、颜料、油墨、涂料残余物的废弃包装物 ——废水处理污泥	废酸性染料、碱性染料、媒染染料、偶氮染料、直接染料、冰染染料、还原染料、硫化染料、活性染料、醇酸树脂涂料、丙烯酸树脂涂料、聚氨酯树脂涂料、聚乙烯树脂涂料、环氧树脂涂料等、油墨、重金属颜料
HW13	有机树脂类废物	从树脂、胶乳、增塑剂、胶水/胶合剂的生产、配制和使用过程中产生的废物 ——生产、配制、使用过程中产生不合格产品、废副产物 ——在合成、酯化、缩合等反应中产生的废催化剂、高浓度废液 ——精馏、分离、精制过程中产生的釜残液、过滤介质和残渣 ——使用溶剂或酸、碱清洗容器设备剥离下的树脂状、黏稠杂物 ——废水处理污泥	含邻苯二甲酸酯类、脂肪酸二元酸酯类、磷酸酯类、环氧化合物类、偏苯三甲酸酯类、聚酯类、氯化石蜡、二元醇和多元醇酯类、磺酸衍生物的废物
HW34	废酸	从工业生产、配制、使用过程中产生的废酸液、固态酸及酸渣(pH≤2 的液态酸) ——工业化学品制造 ——化学分析及测试 ——金属及其他制品的酸蚀、出光、除锈(油)及清洗 ——废水处理 ——纺织印染前处理	废硫酸、硝酸、盐酸、磷酸、(次)氯酸、溴酸、氢氟酸、氢溴酸、硼酸、砷酸、硒酸、氰酸、氯磺酸、碘酸、王水

编号	废物类别	废物来源	常见危害组分或废物名称
HW35	废碱	从工业生产、配制使用过程中产生的废碱液、固态碱及碱渣(pH≥12.5的液态碱) ——工业化学品制造 ——化学分析及测试 ——金属及其他制品的碱蚀、出光、除锈(油)及清洗 ——废水处理 ——纺织印染前处理 ——造纸废液	废氢氧化钠、氢氧化钾、氢氧化钙、氢氧化锂、碳酸(氢)钠、碳酸(氢)钾、硼砂、(次)氯酸钠、(次)氯酸钾、(次)氯酸钙、磷酸钠
HW37	有机磷化合物废物	从农药以外其他有机磷化合物生产、配制和使用过程中产生的含有机磷废物 ——生产过程中产生的反应残余物 ——生产过程中过滤物、催化剂(包括载体)及废弃的吸附剂 ——废水处理污泥 ——配制、使用过程中的过剩物、残渣及其包装物	含氯硫磷、硫磷嗪、磷酰胺、丙基磷酸四乙酯、四磷酸六乙酯、硝基硫磷酯、苯腈磷、磷酰酯类化合物、苯硫磷、异丙膦、三氯氧磷、磷酸三丁酯的废物
HW38	有机氰化物废物	从生产、配制和使用过程中产生的含有机氰化物的废物 ——在合成、缩合等反应中产生的高浓度废液及反应残余物 ——在催化、精馏、过滤过程中产生的废催化剂、釜残及过滤介质物 ——生产、配制过程中产生的不合格产品 ——废水处理污泥	含乙腈、丙烯腈、己二腈、氨丙腈、氯丙烯腈、氰基乙酸、氰基氯戊烷、乙醇腈、丙腈、四甲基琥珀腈、溴苯甲腈、苯腈、乳酸腈、丙酮腈、丁基腈、苯基异丙酸酯、氰酸酯类的废物
HW39	含酚废物	酚、酚化合物的废物(包括氯酚类和硝基酚类) ——生产过程中产生的高浓度废液及反应残余物 ——生产过程中产生的吸附过滤物、废催化剂、精馏釜残液(包括石油、化工、煤气生产中产生的含酚类化合物废物)	含氨基苯酚、溴酚、氯甲苯酚、煤焦油、二氯酚、二硝基苯酚、对苯二酚、三羟基苯、五氯酚(钠)、硝基苯酚、三氯酚、氯酚、甲酚、硝基苯甲酚、苦味酸、二硝基苯酚钠、苯酚胺的废物
HW40	含醚废物	从生产、配制和使用过程中产生的含醚废物 ——生产、配制过程中产生的醚类残液、反应残余物、水处理污泥及过滤渣 ——配制、使用过程中产生的含醚类有机混合溶剂	含苯甲醚、乙二醇单丁醚、甲乙醚、丙烯醚、二氯乙醚、苯乙基醚、二苯醚、二氧基乙醇乙醚、乙二醇甲基醚、乙二醇醚、异丙醚、二氯二甲醚、甲基氯甲醚、丙醚、四氯丙醚、三硝基苯甲醚、乙二醇二乙醚、亚乙基二醇丁基醚、二甲醚、丙烯基苯基醚、甲基丙基醚、乙二醇异丙基醚、乙二醇苯醚、乙二醇戊基醚、氯甲基乙醚、氯甲基丁醚、氯甲基乙醚、二甘醇二乙基醚、乙二醇二甲基醚、乙二醇单乙醚的废物
HW41	废卤化有机溶剂	从卤化有机溶剂生产、配制、使用过程中产生的废溶剂 ——生产、配制过程中产生的高浓度残液、吸附过滤物、反应残渣、水处理污泥及废载体 ——生产、配制过程中产生的报废产品 ——生产、配制、使用过程中产生的废物卤化有机溶剂。包括化学分析、塑料橡胶制品制造、电子零件清洗、化工产品制造、印染涂料调配、商业干洗、家庭装饰使用的废溶剂	含二氯甲烷、氯仿、四氯化碳、二氯乙烷、二氯乙烯、氯苯、二氯二氟甲烷、溴仿、二氯丁烷、三氯苯、二氯丙烷、二溴乙烷、四氯乙烷、三氯乙烷、三氯乙烯、三氯三氟乙烷、四氯乙烯、五氯乙烷、溴乙烷、溴苯、三氯氟甲烷的废物
HW42	废有机溶剂	从有机溶剂的生产、配制和使用中产生的其他废有机溶剂(不包括HW41类的卤化有机溶剂) ——生产、配制和使用过程中产生的废溶剂和残余物。包括化学分析、塑料橡胶制品制造、电子零件清洗、化工产品制造、印染染料调配、商业干洗和家庭装饰使用过的废溶剂	含糠醛、环己烷、石脑油、苯、甲苯、二甲苯、四氢呋喃、乙酸丁酯、乙酸乙酯、乙酸甲酯、硝基苯、甲基异丁基酮、环己酮、二乙基酮、乙酸异丁酯、丙烯醛二聚物、异丁醇、乙二醇、甲醇、苯乙酮、异戊烷、环戊酮、环戊醇、丙醛、二丙基酮、苯甲酸乙酯、丁酸、丁酸丁酯、丁酸乙酯、丁酸甲酯、异丙醇、*N*,*N*-二甲基乙酰胺、甲醛、二乙基酮、丙烯醛、乙醛、丙酮、甲基乙基酮、甲基乙烯酮、甲基丁酮、甲基丁醇、苯甲醇的废物
HW43	含多氯苯并呋喃类废物	含任何多氯苯并呋喃类同系物的废物	多氯苯并呋喃同系物废物
HW45	含有机卤化物废物	从其他有机卤化物的生产、配制、使用过程中产生的废物(不包括上述HW39、HW41、HW42、HW43、HW44类别的废物) ——生产、配制过程中产生的高浓度残液、吸附过滤物、反应残渣、水处理污泥及废催化剂、废产品 ——生产、配制过程中产生的报废产品 ——化学分析、塑料橡胶制品制造、电子零件清洗、化工产品制造、印染染料调配、商业、家庭使用产生的卤化有机废物	含苄基氯、苯甲酰氯、三氯乙醛、1-氯辛烷、氯代二硝基苯、氯乙酸、氯硝基苯、2-氯丙酸、3-氯丙烯酸、氯甲苯胺、乙酰溴、乙酰氯、二溴甲烷、苄基溴、1-溴-2-氯乙烷、二氯乙酰甲酯、氟乙酰胺、二氯萘醌、二氯乙酸、二溴氯丙烷、溴萘酚、碘代甲烷、2,4,5-三氯苯酚、三氯酚、1,4-二氯丁烷、2,4,6-三溴苯酚、二氯丁胺、1-氨基-4-溴蒽醌-2-磺酸的废物

第五章　溶剂的利用

一、涂料工业

1. 涂料用溶剂的分类

溶剂在涂料工业中仍然起着很重要的作用，大约占涂料用材料的47%。涂料所使用的溶剂根据涂料的种类不同而不同，溶剂在涂装过程中使涂料的成膜物质溶解或分散为液态，并获得流动性，以适用于表面涂装，溶剂在涂膜形成后便被蒸发掉。虽然溶剂不是涂膜的组成部分，但对涂膜的性能好坏（如光泽、流展性、附着力等）影响很大。涂料用溶剂一般有以下几种分类方法。

(1) 按化学结构分类　有烃类溶剂（烷烃、烯烃、环烷烃、芳香烃）；醇、酯、酮、醚类溶剂；卤代烃溶剂；含氮化合物溶剂以及缩醛类、呋喃类、酸类、含硫化合物等溶剂。

(2) 按溶剂的沸点分类　有低沸点溶剂（常压下沸点在100℃以下）；中沸点溶剂（沸点在100～150℃）；高沸点溶剂（沸点在150℃以上）。

(3) 按溶剂的极性分类　极性溶剂（指酮、酯等具有极性和较大的介电常数以及偶极矩大的溶剂）；非极性溶剂（指烃类等无极性功能基团、介电常数、偶极矩小的溶剂）。

(4) 按溶剂的溶解能力分类

① 溶剂　指能单独溶解溶质，一般不包含助溶剂和稀释剂的溶剂。

② 助溶剂（潜伏性溶剂）　单独不能溶解溶质，和其他成分混合使用时才能表现出溶解能力（例如醇类对硝酸纤维素的溶解）。

③ 稀释剂　对溶质没有溶解性，可稀释溶液又不使溶质析出或沉淀的溶剂，有时也称非溶剂。例如甲苯、二甲苯、庚烷等烃类都可作为硝酸纤维素的稀释剂。

(5) 用作增塑剂　一般蒸发速度非常慢的溶剂可作增塑剂。增塑剂由于蒸发速度慢，长时间停留在涂膜中，起着软化、增塑作用。其软化、增塑效果除与增塑剂的分子量、蒸发速度有关外，还要求与涂膜形成组分的相互溶解性大。涂膜受着增塑剂的影响，使得分子间引力、涂膜的玻璃化温度转化点虽有所降低，但能使涂膜的附着力提高，延伸弯曲性能增加。

2. 天然油性涂料

属于这一类涂料的有色漆、清漆。要求溶剂具有以下性质：

(1) 对干性油、树脂的溶解能力大；

(2) 具有适当的挥发速度；

(3) 无色或浅色；

(4) 蒸气挥发无恶臭和毒性；

(5) 不含硫分。

一般干性油易溶于烃类溶剂，这类溶剂包括石油系烃类（如200号溶剂汽油、煤油、高芳香烃成分的粗汽油等）、煤焦油系烃类（如苯、甲苯、二甲苯、石脑油等）和植物性烃类（如松节油等）。其中煤焦油系烃类溶剂的溶解能力最强，植物性溶剂次之，石油系烃类溶剂最弱。但由于石油系烃类溶剂原料丰富、价廉，故一般干性油和天然树脂大多数仍然以石油系烃类溶剂为主。当天然树脂与醇酸树脂、尿素树脂等合成树脂配合使用时，由于石油系烃类溶剂的溶解能力差，需要同时加入含芳香族的石油粗汽油、煤焦油系溶剂，以及溶纤剂、丁醇等溶剂。表1-5-1为主要天然树脂在溶剂中的溶解性能。

3. 合成树脂涂料

(1) 热塑性树脂

① 乙烯类树脂　作涂料用的这一类高分子树脂有聚乙酸乙烯、氯乙烯与乙酸乙烯共聚物、

聚乙烯醇缩醛、丙烯酸或甲基丙烯酸聚合物等，在涂膜形成前后不发生化学反应。其中聚乙酸乙烯树脂耐水性差，不单独作涂料使用，它能与硝酸纤维素相混溶。低分子量的聚乙酸乙烯可作混合漆用溶剂（黏结性能优良，主要作黏结剂用）。聚乙酸乙烯类树脂溶于酯类、卤代烃类、硝基丙烷、低沸点芳香烃中，不溶于无水乙醇和石油系烃类。在醚类中不溶或发生溶胀，易溶于丙酸，在醇中的溶解性易受醇中水含量的影响。

表 1-5-1　主要天然树脂在溶剂中的溶解性能

树脂名称	可溶	部分可溶	不溶
松香、橄香脂、乳香	醇类、烃、酮类、酯类		
达玛树脂、甘油三松香酸酯、香豆酮树脂	酯类、烃、醇类＋烃或酯类	醇类、酮类	
虫胶、山达脂	醇类、醇类＋酯类、酮类		酯类、烃
贝壳松脂、软质马尼拉树脂	醇类、醇类＋酯类、醇类＋烃	酮类	酯类、烃
硬质马尼拉树脂、刚果树脂、安哥拉树脂		醇类、醇类＋酯类	酯类、烃、酮类

氯乙烯、乙酸乙烯共聚树脂溶于酮类、硝基丙烷等溶剂，在酯类溶剂中易发生凝胶化。稀释剂可用芳香烃，也可适当加入少量脂肪烃。在共聚物中一般随氯乙烯成分增多，溶解性能降低。

聚乙烯醇缩醛树脂的耐水性、黏结力和强度等性能优良，作涂料用途广泛。但缩醛类树脂因醛的种类、聚合程度、缩醛化程度等影响其性能有所不同。这类树脂主要是用甲醛、乙醛、丁醛进行缩醛化反应制备的，这三种缩醛树脂在各种溶剂中的溶解性能见表 1-5-2。

表 1-5-2　三种缩醛树脂在溶剂中的溶解性能

缩醛	溶剂							
	甲醇	乙醇	丁醇	丙酮	苯	环已酮	二噁烷	二氯乙烷
聚乙烯醇缩甲醛				×	×	○	○	×
聚乙烯醇缩乙醛	○	○	○	○	○	○	○	○
聚乙烯醇缩丁醛	○	○	○	○	×	○	○	○

注：溶解性○＞×。

② 丙烯酸类树脂　这是由丙烯酸、甲基丙烯酸甲酯、甲基丙烯酸乙酯和甲基丙烯酸丁酯为主体所生成的一类树脂，具有类似的性质。这一类单体和聚合物在溶剂中的溶解性能如下所示。

能溶解单体和聚合物的溶剂有：芳香烃（苯、甲苯、二甲苯）、氯代烃（氯仿、二氯乙烯）、酯类（乙酸甲酯、乙酸乙酯、乙酸丁酯）、酮类（丙酮、二噁烷）、溶纤剂溶剂。

溶解单体而不溶解聚合物的有：甲醇、乙醇、异丙醇、丁醇、汽油、乙二醇等。

这一类树脂随着聚合度的增加，在溶剂中的溶解能力减弱，而且随着树脂中烷基碳原子数的增加，在醇和脂肪族烃类溶剂中的溶解能力增大。例如聚甲基丙烯酸丁酯能够溶解于汽油、松节油，而聚甲基丙烯酸甲酯则不溶解。

丙烯酸类树脂可以单独或者与其他树脂混合作涂料使用。表 1-5-3 为丙烯酸清漆配方。

③ 分散性涂料　这是将分子量大的树脂用分散剂分散成低黏度，在涂覆后利用加热形成连续涂膜的一种涂料。其分散类型有以下两种。

表 1-5-3　丙烯酸清漆配方

树脂组成/%		溶剂组成/%	
低聚合度聚丙烯酸甲酯	50	甲苯	55.5
1/2s 硝酸纤维素	10	乙酸乙酯	14.3
		乙酸丁酯	29.3
		乙醇	1.4

a. 有机分散体

有机溶胶——将聚合物分散在增塑剂、分散剂中，再用挥发性溶剂进行稀释。

塑性溶胶——将聚合物用增塑剂分散。

b. 水性分散体

乳胶——用水相乳液将单体聚合的树脂制成水相分散体。

水溶胶——用干燥的聚合物制成的水相分散体。

在这些分散性涂料中，主要是有机溶胶利用溶剂。在乙烯类树脂的分散性涂料中，主要是聚氯乙烯树脂，这种树脂的微粒在分散剂中进行分散，形成溶胶。膨胀力过大的分散剂，溶胶的黏度高；膨胀力小的分散剂，树脂微粒容易发生沉降，得不到稳定的分散体系。因此树脂的种类和分散剂的分散能力必须选择配合得当。分散剂一般为极性化合物，对树脂的溶解能力适中，如聚氯乙烯树脂选用酮类、酯类、醚类、醇类、硝基烷烃等。溶解能力大的得到高黏度分散体；溶解能力低的易得到低黏度分散体。稀释剂的作用是将树脂用分散剂分散后再稀释成适当的黏度，一般用芳香烃、脂肪烃作稀释剂。

(2) 热固性树脂　以醇酸树脂、尿素树脂、酚醛树脂为主体的热固性树脂涂料，其溶剂的使用量特别大。这类树脂在使用前分子量低（约5000左右），涂覆后由空气或加热作用才转变成巨大体型的高分子。因此从溶解性能考虑，可以参照油性涂料、清漆对溶剂要求的指标。

① 醇酸树脂　醇酸树脂是由邻苯二甲酸酐和甘油聚合而成，也可以用顺丁烯二酸酐、己二酸（松香酸）部分或全部代替邻苯二甲酸酐；用季戊四醇、乙二醇代替甘油，或者利用油脂或脂肪酸部分代替邻苯二甲酸酐进行醇酸树脂的改性。这类树脂与其他树脂的相容性好，涂膜性能优良，因而在涂料工业中获得广泛应用。其中应用最多的是油改性醇酸树脂，如氧化型树脂是用干性油或其脂肪酸进行改性；漆用树脂是用不干性油或其脂肪酸进行改性。这类油改性醇酸树脂的溶解性能按油和树脂的比例不同而不同，短油度醇酸树脂易溶于芳香烃，其溶液的黏度高；长油度醇酸树脂易溶于脂肪烃，其溶液的黏度低。

② 尿素树脂与三聚氰胺树脂　这类树脂和醇酸树脂情况相同，初期为低分子量，易溶解于醇类溶剂。但未改性的尿素树脂和三聚氰胺树脂使用丁醇、辛醇作溶剂时容易发生龟裂、老化等缺点，不宜作涂料使用。一般用丁醇改性成烷基化尿素树脂，烷基化三聚氰胺树脂其改性后与其他树脂的相容性好，特别是与醇酸树脂混合，作烘烤型涂料用时，涂膜性能优良。

丁醇改性的尿素树脂和三聚氰胺树脂都可以溶于烃类溶剂，与醇酸树脂配合使用的涂料，可以添加丁醇或高级醇（20%～25%）增加相容性并能长期保存。这种涂料还可加入少量乙二醇醚类（如乙二醇一丁醚、乙二醇一乙酸酯、二甘醇一乙醚等），使涂膜的致密性、耐水性、耐溶剂性、耐药品性能增强，代替硝基喷漆用于汽车、冷冻机、缝纫机等涂装用磁漆。

③ 酚醛树脂

a. 醇溶性树脂　苯酚与甲醛在酸、碱催化下缩合而成的树脂，分热塑性酚醛树脂（酸催化）和可溶性酚醛树脂（碱催化）。前者溶于醇类，后者溶于丙酮。

b. 油溶性树脂　将酸催化酚醛树脂用天然树脂或干性油改性，或者用苯酚衍生物代替苯酚与甲醛缩合可生成油溶性酚醛树脂。用这种树脂作清漆并与干性油配合使用可用200号溶剂汽油作溶剂。

c. 苯溶性树脂　将碱催化的可溶性酚醛树脂中的羟甲基进行醚化所得产物不溶于醇类，但可溶于苯中。一般与干性油，醇酸树脂等配合作烘烤涂料使用。

④ 环氧树脂　环氧树脂的溶剂最好用乙二醇一乙酸酯。一般易溶于酮、酯、酮醇、有机环氧化物中，不溶于烃、醇类溶剂。作涂料用的环氧树脂与醇酸树脂、三聚氰胺树脂配合用于烘烤涂装，可用乙二醇一乙酸酯和甲苯作混合溶剂。

4. 纤维素类涂料

纤维素类涂料所用的溶剂应能将形成涂膜的纤维素衍生物、增塑剂、树脂三种主要成分溶解，得到适合于涂装的低黏度溶液。溶剂在涂装后自行挥发，虽不参与涂膜的形成，但溶剂的选用对涂膜的性能影响很大，而且溶剂的选用也因涂装方法（如刷涂、喷涂、浸渍等）不同而不同。因此纤维素类涂料所用溶剂比油性涂料、清漆、热固性合成树脂等要复杂些。

(1) 纤维素涂料用溶剂应具备的条件

① 对纤维素衍生物、树脂都有一定的溶解能力（增塑剂一般在大多数溶剂中都可以溶解）；

② 尽可能用少量溶剂生成低黏度的溶液；

③ 挥发速度适中，涂膜性能良好（用单一溶剂困难，一般与适当的溶剂配合使用）；

④ 溶剂在挥发完毕之前对所溶解成分仍不失去其溶解能力；

⑤ 溶剂为中性，与其他成分不发生反应；

⑥ 无吸水性，吸湿性；

⑦ 蒸气无毒害，无刺激性臭味；

⑧ 贮存稳定性好。

(2) 溶剂、助溶剂、稀释剂

纤维素涂料用的溶剂，根据对纤维素衍生物的溶解能力大小分为溶剂、助溶剂和稀释剂三种。溶剂能够溶解纤维素衍生物；助溶剂不能单独溶解纤维素衍生物，加入溶剂中增加其溶解能力，使溶液的黏度降低；稀释剂不溶解纤维素衍生物，加至一定的程度并不析出沉淀，可用作树脂、增塑剂的溶剂，以降低成本。表1-5-4为硝酸纤维素喷漆用溶剂、助溶剂、稀释剂，表1-5-5为醋酸纤维素涂料用溶剂。

表1-5-4 硝酸纤维素喷漆用溶剂、助溶剂、稀释剂

种类		沸点	特性	物质名称
溶剂	低沸点	100℃以下	大多数具有愉快的香味，能使喷漆黏度降低，快干，价格便宜	乙酸乙酯、丁酮、丙酮、乙酸异丙酯
	中沸点	110～145℃	喷漆流展性好，能抑制漆膜发白	乙酸丁酯、甲基异丁基（甲）酮、乙酸戊酯
	高沸点	145～170℃	长时间留在漆膜内，使漆膜光泽流展性好，同时有一定的致密性与耐候性	乳酸乙酯、丙酸丁酯、双丙酮醇、环己烷、乙二醇一乙醚
	特高沸点	170℃以上	蒸发速度慢，刷涂用漆时用以抑制高湿度环境中的漆膜发白	乙二醇一丁醚、乳酸丁酯、乙酸辛酯
助溶剂	低沸点	100℃以下	吸湿性显著，漆膜易发白，不宜大量使用。乙醇比甲醇吸湿性小，能降低溶液黏度	乙醇、甲醇
	中沸点	110～145℃	挥发速度慢，有流展性，吸湿性小，能降低溶液黏度	丁醇、戊醇
	高沸点	145℃以上		苄醇、辛醇、环己醇
稀释剂	低沸点	100℃以下	芳香烃对硝酸纤维素的稀释能力大，对配合的树脂也有优良的溶解性能，大量使用时，喷漆不发生凝胶化。石油烃的稀释能力小	苯
	中沸点	110～145℃		甲苯、二甲苯
	高沸点	145℃以上		200号溶剂汽油、高沸点溶剂汽油

表1-5-5 醋酸纤维素涂料用溶剂

类别	溶解能力强的溶剂	溶解能力差的溶剂	加入助溶剂（醇类）后表现出溶解能力的溶剂
低沸点溶剂	丙酮	丁酮 甲酸甲酯 甲酸乙酯 乙酸甲酯 乙二醇二甲醚	苯 二氯甲烷 二氯乙烯 乙酸乙酯
中沸点溶剂	二噁烷 氯代乙酸乙酯	乙二醇一甲醚 乙二醇一甲醚乙酸酯 2-氯乙醇 碳酸二乙酯	甲苯 二甲苯
高沸点溶剂	乳酸乙酯 乙二醇二乙酸酯	双丙酮醇 环己酮 甲基环己酮 苄醇 乙二醇一乙酸酯 乙酸苄酯 乙酸环己酯 乳酸丁酯	二氯乙醚

5. 脱漆剂

(1) 有机可燃性脱漆剂 这种类型的脱漆剂及与之相应的涂膜见表1-5-6。缺点是脱漆能力不强，对烘烤型涂料的漆膜不易剥落，易燃，而且作蒸发抑制剂使用的石蜡在脱漆后处理困难。

表 1-5-6 有机可燃性脱漆剂

油性涂料用		醇类清漆用		硝基喷漆用		一般涂料用		一般涂料用	
配方	%	配方	%	配方	%	配方	%	配方	%
苯	65	醇	60	丙酮	50	石蜡	5	石蜡	10
200号溶剂汽油	25	醚	10	醇	25	丙酮	25	乙酸甲酯	20
石蜡	5	苯胺	30	甲苯	25	甲醇	25	氯苯	10
醇	5					苯	20	二氯甲烷	20
						氯苯	25	苯	20

(2) 有机阻燃性脱漆剂　这种类型的溶剂主要是氯代烃（二氯甲烷、氯仿、四氯化碳、二氯乙烷、三氯乙烯、氯苯等），对涂膜有很大的溶解性与良好的渗透剥离性能。特别是二氯甲烷在单独使用或者加入20%的醇类、酯类混合使用时，对烘烤的三聚氰胺漆膜剥离效果好，其特点是脱漆能力强、水洗容易、不易燃烧。但这类溶剂对尿素树脂的涂膜脱漆效果差。表1-5-7为有机阻燃性脱漆剂。表1-5-8为常用聚合物的适用溶剂。

表 1-5-7 有机阻燃性脱漆剂

配方1	%	配方2	%	配方3	%
二氯甲烷	72	二氯甲烷	68	二氯甲烷	76.5
甲醇	6	甲醇	12	甲醇	6.5
溶纤剂	4	乙酸甲酯	6	溶纤剂	4.0
水	3	水	3	甲基纤维素	2.0
石蜡	3	石蜡	2.5	石油磺酸钠盐	5.0
甲基纤维素	2	合成洗涤剂	7	石蜡	4.0
胺	5	甲基纤维素	1.5	水	3.0
合成洗涤剂	5	乙醇胺	5		

表 1-5-8 常用聚合物的适用溶剂

聚合物名称	溶剂
丙烯腈-丁二烯共聚物	乙腈、三氯甲烷、环已烷、正已烷、正辛烷、正戊烷
丙烯腈-苯乙烯共聚物	苯、1,2-二氯乙烷、丙苯、甲苯、邻二甲苯、间二甲苯、对二甲苯
对溴代苯乙烯-对甲基苯乙烯共聚物	甲苯
醋酸纤维素	丙酮、*N*,*N*-二甲基甲酰胺、1,4-二氧杂环已烷、乙酸甲酯、吡啶
三醋酸纤维素	三氯甲烷、二氯乙烷
二(三甲基甲硅烷基)-聚环氧丙烷	甲苯、正癸烷
乙烯-乙酸乙烯酯共聚物	苯、乙酸丁酯、三氯甲烷、环已烷、乙酸乙酯、乙酸甲酯、乙酸丙酯、甲苯、邻二甲苯、对二甲苯
羟丙基纤维素	丙酮、乙醇、四氢呋喃、水
天然橡胶	丙酮、苯、2-丁酮、乙酸乙酯、甲苯
硝酸纤维素	丙酮、乙腈、甲酸乙酯、环戊酮、3,3-二甲基-2-丁酮、2,4-二甲基-3-戊酮、1,4-二氧杂环已烷、乙酸乙酯、乙丙醚、乙酸甲酯、3-甲基-2-丁酮、硝基甲烷、2-戊酮、丙酸丙酯
聚丙烯酸	乙醇、水
聚酰胺型胺类树脂型聚合物	丙酮、三氯甲烷、环已烷、四氢呋喃、甲苯、正戊烷
聚对溴代苯乙烯	甲苯
聚丁二烯	苯、三氯甲烷、环已烷、二氯甲烷、乙苯、正已烷、正壬烷、正戊烷、四氯化碳、甲苯
聚丙烯酸正丁酯	苯、三氯甲烷、二氯甲烷、四氯化碳、甲苯
聚甲基丙烯酸正丁酯	苯、2-丁酮、三氯甲烷、异丙苯、1,2-二氯乙烷、3,3-二甲基-2-丁酮、乙苯、1,3,5-三甲基苯、3-戊酮、丙苯、甲氯化碳、甲苯、邻二甲苯、间二甲苯、对二甲苯
聚甲基丙烯酸叔丁酯	苯、2-丁酮、三氯甲烷、异丙苯、1,2-二氯乙烷、3,3-二甲基-2-丁酮、乙苯、1,3,5-三甲苯、3-戊酮、丙苯、四氯化碳、甲苯、邻二甲苯、间二甲苯、对二甲苯
聚(ε-已内酯)	四氯化碳
双酚A型聚碳酸酯	氯苯、乙醇、乙苯、1,3,5-三甲苯、正戊烷、甲苯、水、间二甲苯、对二甲苯
聚邻氯苯乙烯	苯、2-丁酮

续表

聚合物名称	溶剂
聚对氯苯乙烯	甲苯
聚癸烯	甲苯
聚二甲基硅氧烷	苯、2-丁酮、三氯甲烷、环己烷、二氯甲烷、正庚烷、正己烷、六甲基二硅醚、正壬烷、八甲基环四硅氧烷、正辛烷、甲苯、正戊烷、2,2,4-三甲基戊烷
聚(1,3-二氧戊环)	苯
聚十二碳烯	甲苯
聚丙烯酸乙酯	苯、三氯甲烷、四氯化碳、甲苯
聚乙烯	氯苯、环戊烷、乙苯、正庚烷、正戊烷、3-戊醇、3-戊酮、1-戊烯、乙酸丙酯、2-丙胺、甲苯、邻二甲苯、间二甲苯、对二甲苯
聚乙二醇	苯、1-丁醇、三氯甲烷、乙醇、乙苯、1-己醇、甲醇、1-丙醇、四氯化碳、甲苯、水、对二甲苯
聚乙二醇二甲醚	三氯甲烷、四氯化碳
聚乙二醇单甲醚	四氯化碳
聚环氧乙烷	丙酮、苯、2-丁酮、三氯甲烷、环己烷、甲苯、对二甲苯、
聚甲基丙烯酸乙酯	苯、三氯甲烷、二氯甲烷、四氯化碳、甲苯
聚庚烯	甲苯
聚4-羟基苯乙烯	丙酮
顺-1,4-聚异戊二烯	苯、三氯甲烷、环己烷、二氯甲烷、四氯化碳、甲苯
聚异丁烯	苯、正丁烷、三氯甲烷、环己烷、2,2-二甲基丁烷、乙苯、正庚烷、正己烷、2-甲基丁烷、2-甲苯丙烷、正壬烷、正戊烷、丙烷、四氯化碳、甲苯、2,2,4-三甲基戊烷
氢化聚异戊二烯	环己烷
聚丙烯酸甲酯	苯、三氯甲烷、二氯甲烷、四氯化碳、甲苯
聚甲基丙烯酸甲酯	丙酮、苯、2-丁酮、三氯甲烷、环己酮、二氯甲烷、1,2-二氯乙烷、3,3-二甲基-2-丁酮、乙酸乙酯、乙苯、1,3,3-三甲苯、乙酸甲酯、四氯化碳、甲苯、对二甲苯
聚α-甲基苯乙烯	异丙苯、1,4-二氧化杂环己烷、α-甲基苯乙烯、四氢呋喃、甲苯
聚对甲基苯乙烯	甲苯
聚十八碳烯	甲苯
聚丙烯	2,4-二甲基-3-戊酮、3-戊酮、四氯化碳
聚丙二醇	正癸烷、乙苯、正己烷、甲醇、四氯化碳、甲苯、水
聚丙二醇二甲醚	三氯甲烷、四氯化碳
聚吖丙啶树脂型聚合物	丙酮、乙腈、三氯甲烷、正庚烷、正己烷、正壬烷、正辛烷、四氢呋喃、甲苯、三乙胺
聚环氧丙烷	苯、乙醇、甲醇、丙醇、水
聚苯乙烯	丙酮、乙腈、苯甲醚、苯、2-丁酮、乙酸丁酯、乙酸叔丁酯、三氯甲烷、环己烷、1,2-二氯乙烷、二氯甲烷、1,4-二氧杂环己烷、二丙基醚、乙酸乙酯、乙苯、正己烷、乙酸甲酯、正壬烷、3-戊酮、乙酸丙酯、四氯化碳、甲苯、1,2,4-三甲苯、邻二甲苯、间二甲苯、对二甲苯
聚四氢呋喃	苯、四氢呋喃、1,4-二氧杂环己烷
聚乙酸乙烯酯	丙酮、3-氯丙烯、苯、1-丁醇、三氯甲烷、1-氯丙烷、1,2-二氯乙烷、乙酸乙酯、甲醇、1-丙醇、1-丙胺、甲苯、乙酸乙烯酯
聚乙烯醇	水
聚乙烯咔唑	苯
聚氯乙烯	2-丁酮、环己酮、二丁醚、1,4-二氧杂环己烷、四氯化碳、四氢呋喃、甲苯、氯乙烯
聚乙烯基甲基醚	苯、氯苯、三氯甲烷、环己烷、乙苯、丙苯、甲苯、邻二甲苯、间二甲苯、对二甲苯
苯乙烯-丁二烯共聚物	丙酮、苯、三氯乙烷、环己烷、乙苯、正己烷、1,3,5-三甲苯、正壬烷、甲苯、对二甲苯
苯乙烯-甲基丙烯酸丁酯共聚物	丙酮、三氯甲烷
苯乙烯-甲基丙烯酸甲酯共聚物	丙酮、苯、三氯甲烷、乙苯、1,3,5-三甲苯、乙酸甲酯、甲苯、对二甲苯
乙酸乙烯酯-氯乙烯共聚物	苯、1-丁酮、氯苯、乙苯、正辛烷、对二甲苯
天然橡胶	苯、甲苯、二甲苯、三氯甲烷、四氯化碳
丁苯橡胶	苯、甲苯、二甲苯、四氯化碳
丁腈橡胶	苯、甲苯、二甲苯、丙酮、三氯甲烷、乙酸乙酯、吡啶
聚氨基甲酸酯橡胶	间甲酚、二甲基甲酰胺、二甲基亚砜、四氢呋喃、硝基苯
氯丁橡胶	甲乙酮、环己酮、乙酸乙酯、甲苯、二甲苯、三氯甲烷
氯醇橡胶	苯、环己酮
丁基橡胶	苯、甲苯、二甲苯、二氯甲烷、四氯化碳

二、油脂与医药工业

1. 油脂工业用溶剂

在油脂工业中利用溶剂从油脂原料中将油脂萃取、精制，以促使油脂成分的高度利用。油脂可以溶解在多种有机溶剂中，一般低级脂肪酸油脂或不饱和程度大的油脂溶解度大。

将油脂原料用溶剂处理，使油分浸析出来的方法称溶剂萃取法。这是油脂加工中最有效的方法，特别应用的含油量低的大豆、蓖麻、橄榄等，其萃取效果好。通常采用压榨法榨油时，在油饼中总是残留有4%～7%的油分。例如大豆经压榨法榨油时，大豆油饼中尚残留有20%～25%的大豆油，而用溶剂萃取法可使大豆油饼中的残油量控制在1%以下。溶剂萃取法的采油率虽然高，但由于溶剂残留在油脂中具有恶臭，而且与细粉碎的原料分离困难，溶剂的损失大，因此一般仍先使用压榨法榨油，压榨过的油饼再用萃取法萃取出残油。

油脂萃取所用的溶剂最好具备以下性质：

(1) 浸透性强，速度快，对应萃取的油分能选择性地萃取；

(2) 对油分的溶解性强；

(3) 可以回收（溶剂的沸点范围窄，无高沸点部分），回收效率高（溶剂损失一般为0.3%～0.1%）；

(4) 中性、无毒、不易燃烧，而且在油脂、油饼中不残留恶臭；

(5) 汽化热、比热容小，性质稳定；

(6) 对装置无腐蚀。

油脂萃取用的溶剂要全部满足上述条件比较困难，目前大量使用的仍然是石油醚，其次是苯。表1-5-9为油脂萃取用溶剂。

表1-5-9 油脂萃取用溶剂

溶剂	优点	缺点
石油醚	不引起油脂、油饼变质，不萃取色素及其他杂质，可以从油中完全回收。特别适用于食用油的萃取，溶解性、稳定性好、渗透力强，无腐蚀作用，适用于沸点范围在70～80℃的油脂	易燃、其蒸气带有一定的麻醉性
苯	溶解能力强，沸点恒定	有毒，易燃
三氯乙烯 四氯化碳	不易燃，溶解性、稳定性好，无溶剂损失	有水分存在时腐蚀设备，在油中残留时对还原性催化剂有毒
戊烷	沸点30～35℃，用于对热不稳定的油脂萃取	
己烷	沸点63～69.4℃	
庚烷	沸点88～92℃	
辛烷	沸点100～140℃，适用于与烃类不能充分混合的蓖麻油的萃取	
环烷烃	沸点68～85℃，主要是环已烷	
二硫化碳	溶解能力强，曾用于橄榄油的萃取	易燃，毒性大
乙醇	常温下对油脂溶解能力小，温度提高，溶解能力增大，可在加压下在120℃进行萃取，冷却下将醇与油的混合物分离。但色素及其他成分也可被醇萃取	原料含水分时，溶解能力降低

2. 医药工业用溶剂

在医药工业中常使用大量的有机溶剂通过萃取、浸析、洗涤等方法对药物进行精制。如乙醇、乙醚和丙酮在维生素、激素、抗生素等的浓缩和精制过程中是传统的常用溶剂。此外高级醇、酮类、氯代烃溶剂、高级醚、酯等也常被使用。表1-5-10是医药品的萃取和精制用溶剂。

药物中残留的溶剂的可接受数量对于患者应该是安全的。即每日容许接触量在药物学上是可以接受的残留溶剂的摄入量。依据危险性评估可将残留溶剂分为三类：

第1类溶剂：已知作为人类的致癌物或极其可疑的致癌物，并且对环境具有危害性，应当避免使用的溶剂（表1-5-11）。

第2类溶剂：限制使用的溶剂。动物的非遗传毒性致癌物或可能引起其他不可逆中毒，例如神经系统中毒或畸形的溶剂。怀疑具有明显的、但是可逆性中毒的溶剂（表1-5-12）。

表 1-5-10 医药品的萃取和精制用溶剂

物质名称	方法	溶剂
吗啡	植物萃取	甲醇、乙醇、异丙醇、乙醚、异丙醚、丙酮、二氯乙烷、苯、石油醚
咖啡因	茶叶中萃取	二氯乙烷、三氯乙烯
芦亭	荞麦中萃取、精制	甲醇、异丙醇
胰岛素	牛的消化腺中萃取	乙醇
甲状腺分泌的激素	动物甲状腺中萃取	醇类
孕甾酮	牝马尿中萃取	丁醚、1,2-二氯乙烷、乙醚、丁醇、己醇
维生素 A、D	鱼的肝脏中萃取	1,2-二氯乙烷、二氯甲烷
维生素 A、D	沉淀剂	乙醇、异丙醇
维生素 B	谷物萃取	丙酮、异丙醇
维生素 B	酵母中萃取	乙酸乙酯(98%)
维生素 B_{12}	精制	丁醇、煤焦油烃类
维生素 C	从合成的水溶液中沉淀	丙酮、甲醇混合溶液
青霉素	活性炭吸附后萃取	丙酮
青霉素	酸性水溶液中萃取	氯仿、氯苯、乙醚
青霉素	钠盐萃取	丁酮、丁醇、仲丁醇
青霉素	发酵液中萃取	乙酸戊酯、乙酸甲基戊酯、甲基异丁基(甲)酮
青霉素	精制	丁酮、丁醇、仲丁醇
氯霉素	发酵液中萃取精制	乙酸乙酯、乙酸异丙酯、乙酸戊酯
金霉素	萃取	丙酮、丁醇、乙二醇一乙醚

表 1-5-11 药品中的第 1 类溶剂（应当避免使用的溶剂）

溶剂	浓度限/1×10^{-6}	危害性	溶剂	浓度限/1×10^{-6}	危害性
苯	2	致癌物	1,1-二氯乙烯	8	有毒
四氯化碳	4	有毒并危害环境	1,1,1-三氯乙烷	1500	危害环境
1,2-二氯乙烷	5	有毒			

表 1-5-12 药品中的第 2 类溶剂

溶剂	每日容许接触量/(mg/d)	浓度限/1×10^{-6}	溶剂	每日容许接触量/(mg/d)	浓度限/1×10^{-6}
乙腈	4.1	410	正己烷	2.9	290
氯苯	3.6	360	甲醇	30.0	3000
氯仿	0.6	60	2-甲氧基乙醇	0.5	50
环己烷	38.8	3880	甲丁酮	0.5	50
1,2-二氯乙烯	18.7	1870	甲基环己烷	11.8	1180
二氯甲烷	6.0	600	*N*-甲基吡咯烷酮	48.4	4840
1,2-二甲氧基乙烷	1.0	100	硝基甲烷	0.5	50
N,*N*-二甲基乙酰胺	10.9	1090	吡啶	2.0	200
N,*N*-二甲基甲酰胺	8.8	880	环丁砜	1.6	160
1,4-二噁烷	3.8	380	1,2,3,4-四氢萘	1.0	100
2-乙氧基乙醇	1.6	160	甲苯	8.9	890
乙烯乙二醇	6.2	620	1,1,2-三氯乙烯	0.8	80
甲酰胺	2.2	220	二甲苯	21.7	2170

第 3 类溶剂：对人体具有潜伏性的低毒溶剂，需要有基于健康考虑的不可接触限量，每日容许接触量（PDE）为 50mg 或略多（表 1-5-13）。

表 1-5-13 应由 GMP 或其他基于质量要求做出限制的第 3 类溶剂

乙酸	正庚烷	异丙苯	2-甲基-1-丙醇
丙酮	乙酸异丁酯	二甲基亚砜	正戊烷
苯甲醚	乙酸异丙酯	乙醇	1-戊醇
1-丁醇	乙酸甲酯	乙酸乙酯	1-丙醇
2-丁醇	3-甲基-1-丁醇	乙醚	2-丙醇
乙酸丁酯	甲乙酮	甲酸乙酯	乙酸丙酯
叔丁基甲醚	甲基异丁基酮	甲酸	四氢呋喃

注：参照溶剂手册〔加拿大〕George Wypych 主编，范耀华等译，P883～885。

三、橡胶工业

1. 天然橡胶与溶剂

生胶不溶于水、醇、丙酮、醚类等溶剂，但可在下列溶剂中慢慢溶解，形成胶体溶液，如石脑油、苯、甲苯、二甲苯、十氢化萘、松节油、四氯化碳、氯仿、二氯乙烷、五氯乙烷、四氯乙烷、二硫化碳。

生胶在溶剂中溶解的初期先发生膨胀，然后逐渐分散成黏性溶液。这是由于生胶是由异戊二烯（C_5H_8）聚合形成的网状结构中同时掺有低聚合度异戊二烯分子的缘故。溶剂分子首先使低聚物发生膨胀，破坏网状结构，同时使高聚物也发生膨胀分散成胶体状态，进而发生溶解。

经过塑炼过的生胶比未塑炼的生胶的溶解速度快，容易形成均匀的溶液，而且黏度小。溶剂溶解生胶的速度次序如下：

三氯乙烯＞六氯乙烷＞五氯乙烷＞四氯化碳＞氯仿＞二硫化碳＞苯＞甲苯＞二甲苯＞石脑油＞煤油。

表 1-5-14 为生胶在各种溶剂中的溶解特性。

表 1-5-14　生胶在各种溶剂中的溶解特性

溶剂名称	溶解特性
脂肪烃	可使生胶完全分散，环烷烃溶剂比烷烃溶剂分散能力大，在汽油中加入苯时，其溶解能力增大
芳香烃	完全分散，溶液透明
氯化物	完全分散，但溶液呈浑浊
醇类	不溶解生胶，加入到其他溶液中能使溶液黏度下降
酮类	和醇类溶剂作用相同。溶解氯化橡胶
酯类	溶解氯化橡胶
二硫化碳	溶解生胶，但易燃，有毒

2. 硫化橡胶与溶剂

硫化橡胶在溶剂中很难溶解，即使是分子中结合有少量的硫，其溶解度也显著降低。但硫化橡胶在溶剂中，于 180～200℃长时间加热可转变成均匀的溶液。表 1-5-15 为硫化橡胶（橡胶 95、硫黄 5，硫化系数 4.54）在 25℃时的膨胀度。

表 1-5-15　硫化橡胶在 25℃ 时的膨胀度

溶剂名称	膨胀度	溶剂名称	膨胀度	溶剂名称	膨胀度
四氯化碳	659	十氢化萘	510	乙酸环己酯	307
氯仿	651	甲苯	504	石蜡油	303
二硫化碳	583	环己烷	458	乙醚	243
四氢化萘	564	挥发油	389	乙酸戊酯	237

3. 合成橡胶与溶剂

(1) 布纳（Buna）橡胶　布纳橡胶在溶剂中的溶解性能，除布纳 N 橡胶（指丁二烯与丙烯腈共聚物，即丁腈橡胶）外，布纳 S 橡胶（指丁二烯与苯乙烯共聚物，即丁苯橡胶）、布纳 85、115 橡胶（以金属钠为催化剂的聚丁二烯橡胶）和天然橡胶几乎相同。布纳 N 橡胶在矿物油、挥发油中不发生膨胀，体积增加甚微。这一点和天然橡胶制品是根本不同的。经硫化的布纳 N 橡胶在脂肪烃、植物油，动物性油脂中微有膨胀。因此，布纳 N 橡胶的耐油性能优良。

(2) 氯丁橡胶　氯丁橡胶的耐油性能比天然橡胶优良。溶剂对氯丁橡胶膨胀能力的大小依溶剂、油脂的种类而定，膨胀能力最弱的溶剂有石油、润滑油、植物油类；膨胀能力稍大的有原油、燃料油、油酸、鱼油、石蜡油；膨胀能力最大的有苯及其衍生物、四氯化碳、氯代烃、石脑油、松节油、漆用稀释剂、二硫化碳等。

(3) 多硫化合成橡胶　这类橡胶是由有机多硫化合物合成的，其耐油性、耐老化性能优良。表 1-5-16 为四硫化乙烯聚合物的耐油性能。

表 1-5-16　四硫化乙烯聚合物的耐油性能

溶　剂	%①	溶　剂	%①	溶　剂	%①
苯	0.40	煤油	0	氯仿	15.38
汽油	0	乙醇	0	二硫化碳	溶解
甲苯	0	松节油	0	乙醚	0
溶剂汽油	0.35	四氯化碳	2.14	丙酮	0

① 指室温下浸渍 72 h 的质量增加百分率。

4. 橡胶工业用溶剂

溶剂在橡胶工业中有多种用途，主要分以下两方面。

(1) 橡胶精制　橡胶在塑炼时，溶剂可暂时作增塑剂、脱硫剂使用。

(2) 加工用（主要是橡胶糊）　可作织物的涂装溶剂、喷涂用溶剂、黏结剂溶剂等。

橡胶工业用的溶剂除松节油外，还可使用石脑油（含有脂肪烃、脂环烃、芳香烃）、苯、甲苯、二甲苯、十氢化萘、四氯化碳、1,2-二氯乙烷、三氯乙烷、四氯乙烷、五氯乙烷、二氯甲烷、二硫化碳等。表 1-5-17 为橡胶工业常用有机溶剂的闪点、自燃点及爆炸范围。

表 1-5-17　橡胶工业常用有机溶剂的闪点、自燃点及爆炸范围

溶　剂	闪点/℃	自燃点/℃	爆炸范围(体积分数)/%	
			下限	上限
汽油	−25	230～260	1.2	7
环己烷	—	400	1.3	8.3
二氯乙烷	18	403	5.8	15.9
乙醇	12	404	3.3	19
正丁醇	34	366	3.7	10.2
丙酮	−17.7	—	2.4	13.1
丁酮	−14	—	2.0	12.0
甲基异丁基酮	−34.0	—	1.7	11.7
乙醚		188	1.85	36.5
乙酸乙酯	−8.2	484	1.8	9.5
乙酸丁酯	23.6	—	1.5	5.8
苯	−13～10	580	1.4	9.5
甲苯	6.5	550	1.2	7.0
二甲苯	23	500	1.0	5.5
二硫化碳	—	124	—	—
松节油	—	250	—	—

四、石 油 工 业

溶剂在石油工业中主要用于石油烃的精制，如润滑油的精制、柴油机燃料油、煤油及其他特殊油的精制，还可用于芳香烃的萃取精制。表 1-5-18 为溶剂在石油工业中的主要应用。

表 1-5-18　溶剂在石油工业中的主要应用

用　途	目　的	主 要 溶 剂
萃取芳香烃	以萃取烃类油为主,同时将环状烃和链状烃分离	液体二氧化硫、乙二醇、含氨的乙二醇、二甘醇(含水)
脱蜡	用溶剂萃取石蜡	丙烷、苯-丙酮、苯-液体二氧化硫、丁酮、各种氯化物
脱沥青	除去沥青	液体丙烷、脂肪族醇
润滑油	除去蒸馏残油中的杂质	糠醛、苯酚、二氯乙醚、硝基苯、液体二氧化硫、苯、丙烷、丙烷与酚的混合溶剂、苯胺、甲酚、丙酮、苯酚

溶剂萃取法有单一溶剂和混合溶剂萃取法，一般选择萃取溶剂的溶解性好，对萃取成分溶解度大，回收容易，且要求被萃取液和溶剂之间的相对密度相差大，两种液相之间的分离容易，无毒，无腐蚀性，热稳定性好等。表 1-5-19 为石油工业中常用的溶剂。

表 1-5-19　石油工业中常用的溶剂

溶　剂	优　点	缺　点	用　途
液体二氧化硫	选择性好，对润滑油馏分溶解度小，可与15%～16%的苯一起作用	蒸气压高，溶解度小	从重整石脑油中萃取芳香烃（苯、甲苯、二甲苯）及煤油、粗柴油、润滑油的精制
苯胺	选择性，溶解度好	毒性大	润滑油的精制
苯酚	化学性质稳定，回收容易，根据水分的含量，其选择性与溶解度可以调节，使用量为原料油的1～2倍	毒性大，凝固点高，芳香族含量多的原料油不宜使用	润滑油的精制
硝基苯	对芳香烃溶解度大，可以将烷烃、环烷烃精确地分离	沸点高，回收困难，由于溶解度大，要求在低温进行萃取	润滑油的精制
糠醛	在32～138℃之间具有优良的选择性，可用于高黏度、高蜡分的原料油，能除去沥青、硫化物及有色物质	稍有毒性	润滑油精制，轻油、催化裂解原料油的改性
二氯乙醚	对热稳定，不易水解，选择性、溶解度好，与精制油分离容易，萃取时用量为原料油的1/2～3/4，温度为75～100℃	回收时生成酸	润滑油精制，轻油、催化裂解原料油的改性
丙烷-甲酚	甲酚溶解芳香烃、环烷烃；丙烷稀释原料油，使沥青沉淀		精制润滑油，脱沥青
乙二醇-水的混合物	对芳香烃具有优良的选择性和溶解性，其混合比可以调节，无腐蚀性		在石油馏分中萃取芳香族组分

五、纤 维 工 业

溶剂与纤维工业关系十分密切，主要用在以下几个方面。

(1) 纤维原料的精制　用肥皂-溶剂-水作分散液除去棉织品、毛织品、丝织品中的油脂和树胶质。

(2) 纺丝、纺织时的润滑、湿润及软化剂。

(3) 染色、印刷时的染料分散剂。

(4) 精制过程中的特殊加工溶剂。

(5) 合成纤维的溶剂。

(6) 薄膜制造的溶剂。

表 1-5-20 为纤维工业用的主要溶剂。

表 1-5-20　纤维工业用的主要溶剂

用　途	溶　剂	适 用 对 象
脱脂、脱蜡、脱树胶	丁醇、松油、乙二醇一丁醚、二氯乙醚、二氯乙烷、三氯乙烯、二氯乙醚、四氯化碳、己烷、溶剂汽油、四氯乙烯	与稀碱一起用于棉织品脱蜡 与碱一起用于毛织品的脱脂
	乙二醇一丁醚、松油	与有机皂一起用于丝织品的脱树胶
润滑剂	异丙醇、丁醇	矿物油，植物油和乳化剂之间的偶合剂
湿润剂	乙二醇一丁醚、卡必醇、二甘醇、2-甲基-2,4-戊二醇、甘油、二甘醇	毛织品的润滑剂
	聚(烷亚烷基)二醇	毛织品、锦纶，醋酸纤维的润滑剂
软化剂、增塑剂	二甘醇、甘油、山梨糖醇、乙二醇、卡必醇	织物涂覆的软化剂
染色、印刷	变性乙醇、甲醇、异丙醇	重氮染料的胶糊、浓厚液的偶合剂、分散剂
	乙酸、甲酸、乳酸	酸性染料的中和剂、重氮染料的显色剂、碱性染料的缓染剂
	3-壬醇、二甘醇二异丁醚、十二醇等脂肪醇	染缸的消泡剂
	硫二甘醇	印刷胶糊的染料、浓厚胶糊的制造
	溶纤剂、卡必醇	碱性铬、重氮染料的分散剂
	乙二醇、山梨糖醇、二甘醇	防止印刷油墨的干燥
精加工	异丙醇	作防锈剂用于溶解环烷酸铜
	双丙酮醇、乙二醇一丁醚、石油烃、煤焦油烃	作防水剂，溶解脂肪族化合物
	聚乙二醇	人造丝的软化剂
	各种溶剂	树脂加工（尿素树脂、硝酸纤维素、乙烯化合物）的溶剂
	石脑油、乙醚、丙醚、氯化物溶剂	去污剂

六、重结晶用溶剂

1. 溶剂的选择依据

(1) 使用溶剂的原则，沸点应比进行重结晶物质的熔点低，但熔点在 40～50℃的物质也可以用己烷、乙醇进行重结晶。

(2) 根据相似者相溶的原则，极性强的物质能溶于极性大的溶剂；极性低的物质易溶于非极性溶剂，例如聚羟基化合物能很好地溶解在醇类溶剂中。但是在进行重结晶时则要求所选择的溶剂最好和进行重结晶的化合物在结构上不完全相似。

(3) 最好选用单一的溶剂进行重结晶（也可使用混合溶剂）。

(4) 对于几乎在所有的溶剂中都能溶解的物质，最好选用含水的有机溶剂或用水作溶剂进行重结晶。

(5) 进行重结晶时最好选用普通溶剂，对一些在普通有机溶剂中难溶解的物质可用乙酸、吡啶和硝基苯等进行重结晶。结晶后用适当的溶剂洗涤、干燥。

(6) 对用己烷、环己烷等脂肪烃和甲醇、乙醇等醇类都可以重结晶的化合物，选用醇类溶剂所得制品的纯度高。

2. 选择溶剂时的注意事项

(1) 注意重结晶物质和溶剂之间有可能发生化学反应。例如羧酸类化合物不能用醇类溶剂进行重结晶，防止部分酯化。在使用碱性溶剂时（如吡啶），有的物质会发生双键移动和立体构型的反转。

(2) 重结晶用的溶剂要求纯度高。例如在氯仿中含有 1%的乙醇作稳定剂，对于一些能够与含活泼氢化合物发生反应的物质（如酸酐等）则不适宜用氯仿进行重结晶。即使是纯度很高的氯仿，在普通的实验室条件下，注意在 2～3 小时内也有可能生成氯气和光气。使用酯类溶剂时，注意其中是否含有微量的醇和酸。

(3) 使用石油醚、轻汽油等进行重结晶时，注意这类溶剂中由于低沸点成分的蒸发，高沸点成分不断增多，结果引起溶解度的变化。

(4) 吸湿性物质进行重结晶时，最好不使用乙醚、二氯甲烷等沸点较低的溶剂。因为这类溶剂的蒸发速度快，在结晶过滤时水分有可能在晶体表面上被冷凝下来。

(5) 经过重结晶的化合物，常常含有重结晶用溶剂。某些结晶物质因含有结晶溶剂而呈美丽的晶体，在减压下干燥时，由于结晶溶剂的离去而变成无定形。

3. 重结晶用的溶剂种类及特性

表 1-5-21 为最常使用的重结晶用溶剂。表 1-5-22 为主要的重结晶用溶剂，次序按溶剂极性递增排列。表 1-5-23 为重结晶用的混合溶剂。

表 1-5-21 最常使用的重结晶用溶剂

溶剂名称	熔点/℃	沸点/℃	水溶性	溶剂名称	熔点/℃	沸点/℃	水溶性
石油醚		30～70	—	乙醚	−116.3	34.6	—
轻汽油		50～90	—	异丙醚	−85.89	68.47	—
溶剂汽油		75～120	—	氯仿	−63.55	61.15	—
己烷	−95.3	68.7	—	乙酸乙酯	−83.8	77.11	—
环己烷	6.54	80.72	—	丙酮	−94.7	56.12	+
苯	5.53	80.10	—	乙醇	−114.5	78.32	+
四氯化碳	−22.95	76.75	—	甲醇	−97.49	64.51	+

注：“+”表示溶解；“—”表示不溶解。

表 1-5-22 中的溶剂特征及使用时的注意事项说明如下。

(1) 烃类溶剂　为非极性溶剂，能溶解非极性化合物，常用作具有中等极性化合物的重结晶溶剂使用，一般芳香烃溶剂比脂肪烃和脂环烃溶剂的溶解能力强，这类溶剂很少与重结晶物质发生反应，其中苯的毒性比较高，大量使用时要注意安全。

表 1-5-22　主要的重结晶用溶剂（表 1-5-21 中列举的除外）

溶剂名称	熔点/℃	沸点/℃	水溶性	溶剂名称	熔点/℃	沸点/℃	水溶性
烃类				苯甲酸甲酯	−12.5	199.6	—
戊烷	−129.7	36.1		邻苯二甲酸二丁酯	−35	339	—
庚烷	−90.6	98.4	—	酮类			
甲基环己烷	−126.6	100.93	—	丁酮	−86.69	79.64	部分溶解
辛烷	−56.8	125.67	—	环己酮	−45	155.65	—
α-蒎烯	−64	156.0	—	醇类			
十氢化萘	顺:−42.82	顺:195.82	—	异丙醇	−89.5	82.40	+
	反:−30.38	反:187.31	—	烯丙醇	−129	96.9	+
甲苯	−94.99	110.63	—	丙醇	−126.2	97.2	+
二甲苯		137~140	—	异丁醇	−108	107.9	部分溶解
		(邻、间、对异		丁醇	−89.8	117.7	部分溶解
		构体混合物)		异戊醇	−117.2	130.8	—
异丙苯	−93.0①	152.39	—	环己醇	25.15	161	—
对伞花烃	−67.94	177.10	—	1,2-丙二醇	−59.5	187.3	+
卤代烃类				苄醇	−15.3	205.4	—
二氯甲烷	−95.14	39.75	—	甘油	18.18	290.0(分解)	+
1,2-二氯乙烷	−35.4	83.48	—	苯酚	40.90	181.75	部分溶解
三氯乙烯	−86.4	87.19	—	甲酚		195~205	—
四氯乙烯	−22.35	121.20	—			(邻、间、	
1,2-二溴乙烷	10.06	131.41	—			对位异构体	
1,1,2,2-四氯	−42.5	146.3	—			混合物)	
乙烷				酸类			
氯苯	−45.58	131.69	—	甲酸	8.27	100.56	+
溴苯	−30.6①	156.06	—	乙酸	16.66	118.1	+
邻二氯苯	−17.01	180.48	—	胺类			
醚类				苯胺	−6①	184.7	—
四氢呋喃	−108.5	66	+	吡啶	−42①	115.3	+
丙醚	−122	90.5	—	2,6-二甲基吡啶	−6.16	144.05	部分溶解
二噁烷	10.80	101.32	+	喹啉	−15.6	237.10	—
异丁醚		122~124	—	硝基化合物			
丁醚	−98	142.4	—	硝基甲烷	−28.5	101.2	—
苯甲醚	−37.3	153.75	—	硝基苯	5.76	210.9	—
异戊醚	>−75	172	—	氰化合物类			
苯乙醚	−28.6	172	—	乙腈	−43.84	81.60	+
二苯醚	28	258.3	—	丙腈	−92.78	97.35	部分溶解
醚醇类				酰胺类			
乙二醇一甲醚	−85.1①	124.6	—	*N*,*N*-二甲基甲酰胺	−60.43	153.0	+
乙二醇一乙醚	−70①	135.6	—	*N*,*N*-二甲基乙酰胺	−20	166.1	+
二甘醇一乙醚	<−76	202.0	—	六甲基磷酸三酰胺	7.20	233	+
酯类				酸酐类			
甲酸乙酯	−79.4	54.15	—	乙酐	−73.1	140.0	发生反应
乙酸甲酯	−98.05	57.80	部分溶解	硫化合物类			
乙酸异丙酯	−73.4	89	—	二硫化碳	−111.57	46.23	—
乙酸异丁酯	−98.85	118.0	—	二甲亚砜	18.54	189.0	+
乙酸异戊酯	−78.5	142.0	—	环丁砜	28.45	287.3	+

① 凝固点。

表 1-5-23　重结晶用的混合溶剂

苯-石油烃(石油醚，轻汽油，溶剂汽油，己烷)	乙醚-丙酮	醇(甲醇，乙醇)-水
苯-环己烷	乙醚-醇(甲醇，乙醇)	丙酮-水
乙醚-石油烃(石油醚，轻汽油，溶剂汽油，己烷)	乙醚-乙酸乙酯	乙酸-水

(2) 卤代烃类溶剂　卤代烃的溶解能力比相应的烃类溶剂大。由于普通的氯仿中含有少量乙醇，二氯甲烷中含有少量甲醇。因此能与活性氢发生反应的化合物在进行重结晶时，必须预先将醇除去。氯仿、四氯化碳等卤代烃一般不适用于碱性物质的重结晶。氯仿、四氯化碳的毒性也需考虑。

(3) 醚类溶剂　这是一类常用的溶剂，其中异丙醚的沸点适中，使用量较大。由于在保存中大多数醚容易生成过氧化物，特别是无水四氢呋喃生成的过氧化物能引起自由基反应，使环开裂形成聚合物，因此溶解能力有所下降。过氧化物有爆炸性，使用醚类溶剂时要特别注意。

(4) 酯类溶剂 这是一类溶解能力相当强的极性溶剂，用于重结晶时效率高。注意未精制的酯类溶剂中含有微量的醇和酸，必须除去。伯胺、仲胺、硫醇类、醇类、羧酸类等化合物进行重结晶时，有可能与酯类发生反应，因此最好不要使用这类溶剂。

(5) 酮类溶剂 这是一类重结晶时常用的溶剂，可是酮能与各种化合物发生反应，例如，重结晶化合物中存在的碱性基团或酸性基团都可以使酮类溶剂自身发生缩合反应，而使溶解能力下降。另外含有 NH_2 基团的化合物、硫醇、含活性亚甲基的化合物、某些 1,2-二元醇、1,3-二元醇等也能与酮类发生反应。

(6) 醇类溶剂 这是一类最常使用的溶剂，低级醇与水相混溶可作混合溶剂使用，戊醇、乙二醇、甘油等溶剂黏度高，可以与甲醇或水混合使用。注意酸酐、酰卤等能与活性氢反应的化合物不可用醇进行重结晶。此外，与羧酸能发生酯化反应，与酯类发生酯交换反应，故都不宜用醇类溶剂。

(7) 酸与胺类溶剂 在一般溶剂中难溶的化合物可以使用这类溶剂进行重结晶。酸类溶剂中常用的是甲酸和乙酸。注意甲酸有还原作用，乙酸熔点 16.7℃，可用水或适当的溶剂稀释使用。胺类溶剂中使用最多的是吡啶。注意吡啶能使含双键化合物的双键发生移动，立体构型反转。

(8) 其他 在硝基化合物、氰化合物、酰胺、酸酐、硫化物等溶剂中，以硝基化合物比较有用，氰化合物毒性强，二硫化碳具有毒性和易燃性。环丁砜和二甲基甲酰胺长时间在沸点附近加热时会逐渐发生分解。因此以上化合物都不宜作溶剂使用。

七、洗涤用溶剂

1. 干洗

干洗的过程是将织物在溶剂中搅动，利用溶剂将织物中的油脂萃取，萃取后用离心分离机将萃取液（溶剂）与织物分离，萃取液经蒸馏、脱色后重新使用。干洗用的溶剂要求对织物、染料无影响，化学性质稳定、无毒，与水不混溶，蒸馏范围小，闪点高，不易燃，而且价廉。目前使用的干洗用溶剂主要是石油系溶剂和氯代烃类溶剂（见表 1-5-24）。

表 1-5-24 干洗用溶剂的特征

项　目	石油系溶剂	合成溶剂
特征	① 价格便宜 ② 化学性质稳定，无腐蚀性 ③ 去污能力强 ④ 无毒害	① 不易燃，使用简便 ② 短时间内去污能力强，节省劳力 ③ 回收时热源消耗小 ④ 脱润滑脂能力强，约为石油系溶剂的 10 倍
溶剂	工业用汽油 200 号溶剂汽油	四氯化碳、三氯乙烯、六氯乙烷

在干洗用溶剂中，氯代烃能够溶解润滑脂、油脂、树脂、色素，是最理想的溶剂。汽油、苯、石脑油也广泛用作干洗用溶剂，但易燃，易挥发，苯还有毒，使用时应注意安全。

2. 金属表面的处理

金属在进行涂装、电镀及其他处理时，要求表面清洁无污垢。金属表面的前处理即脱脂和去锈如果不充分，则对涂膜和镀膜的致密性、附着力都有一定的影响。因此，使用溶剂进行脱脂处理是金属表面加工前处理的必不可少的环节。脱脂的方法很多，其中碱脱脂法只能适用于可皂化性油脂，对于非皂化性油脂即矿物油等油脂则采用有机溶剂脱脂效果较好。

金属表面洗涤用的溶剂有挥发油、煤油、醇、苯、甲苯以及三氯乙烯、四氯乙烯等。洗涤方法有擦洗、浸渍洗涤、蒸气脱脂和乳化液洗涤。擦洗法是用布蘸浸价廉的溶剂在金属表面擦拭的方法，此法方便、毒性小，但易着火，对一些形状复杂的制品处理困难。石油系溶剂有轻油、煤油、汽油等，还可使用三氯乙烯、四氯乙烯、溶剂汽油、己烷以及涂料用的稀释剂等；浸渍洗涤法是将物件浸渍在溶剂槽中将油脂、润滑油溶解达到去污的目的。一般使用不易燃的三氯乙烯、四氯乙烯作溶剂。蒸气脱脂法是在备有加热器的槽中将三氯乙烯或四氯乙烯加热成蒸气，金属物件在与溶剂蒸气不断地接触过程中达到完全脱脂的目的。

八、波谱分析用溶剂

在进行各种光谱测定时，如何有效地利用溶剂是一个重要的问题。红外光谱、紫外光谱、核磁共振谱在测定时，溶剂的选用必须与测定的目的要求相适应，如果选择有误，由波谱得到的数据资料不准确，往往导致错误的结论。

波谱分析用的溶剂选择标准有以下几点：

① 对各种试样具有广泛的溶解能力；

② 溶剂本身尽可能不显示光谱特征；

③ 溶质和溶剂之间不发生任何化学反应，溶剂效应小；

④ 对光谱测定用的容器无侵蚀作用；

⑤ 纯度高、毒性小、价廉；

⑥ 溶剂的吸湿性、挥发性小，不易燃。

1. 紫外光谱用溶剂

紫外光谱（ultraviolet spectroscopy）常用符号 UV 表示，紫外光谱一般是指波长区域在 200～400nm 的吸收光谱，对共轭体系有吸收，而波长在 400～800nm 的称可见光谱。常用的分光光度计包括紫外和可见两部分。

在典型的紫外光谱图中，横坐标为波长（nm），纵坐标为吸光度 A。

$$A=\lg\frac{I_0}{I}$$

式中，I_0 为入射单光强度；I 为透射单光强度。

紫外光谱图一般是波长范围很宽的吸收带，而文献中指出的仅仅是吸光度极大处的波长 λ_{max} 及其摩尔消光系数 ε。

由于饱和烃、醇、醚等化合物在近紫外区域不产生吸收，因此在紫外光谱中常作溶剂使用。紫外及可见光谱所用的溶剂纯度要求达到光谱纯，并且在引用吸收带数据时要注意“溶剂效应”。溶剂的选择主要取决于溶剂在整个选用的波长范围内是否完全“透明”，以及对样品能否充分溶解。表 1-5-25 为紫外及可见光谱的常用溶剂。

表 1-5-25　紫外及可见光谱的常用溶剂

溶剂	吸收池长度				溶剂	吸收池长度			
	1mm	1cm	2cm	4cm		1mm	1cm	2cm	4cm
环己烷	190	195	200	207	乙醇	198	204	209	214
己烷	187	200	205	209	甲醇		225		
四氯化碳	245	257		262	乙醚		225		
氯仿	223	237	243	246	异戊烷		179		
水	187	191	193	195					

2. 红外光谱用溶剂

红外光谱（infrared spectroscopy）常用符号 IR 表示。一般红外光谱仪所用的频率为4000～625cm^{-1}，谱图中的吸收带是指有机物质在红外光照射下，只能吸收与其分子振动频率（包括伸缩振动与弯曲振动）一致的红外光线，各种分子振动所产生的谱带只能在一定的频率范围内出现，形成各自特征的红外光谱。由于各种溶剂在红外区域都能表现出吸收，因此可以利用作红外光谱用的溶剂非常有限，并且溶剂对吸收也有影响，极性强的溶剂常与极性强的溶质互相作用，致使吸收位置和强度发生改变。在测定红外光谱时最常使用的溶剂为非极性的，吸收峰少的二硫化碳、四氯化碳，其次是极性小的氯仿。测定时一般用 0.1mm 吸收池，试样不易溶解的可用 0.5mm 以上的吸收池。

3. 核磁共振谱用溶剂

核磁共振谱（nuclear magnetic spectrum）常用符号 NMR 表示。目前所使用的核磁共振谱有 ^{1}H、^{13}C、^{19}F、^{31}P 等，但作有机化合物分析用的一般是 ^{1}H、^{13}C。

质子是有自旋的，由于质子带电，自旋时产生小的磁矩。有机化合物中的质子在外加磁场中有两种倾向，即其磁矩与外加磁场方向相同或相反，这两种取向相当于两个能级，其能量差（ΔE）与外加磁场的强度（H_0）成正比。

$$\Delta E = r\frac{h}{2\pi}H_0$$

式中，r 为质子的特征常数；h 为普朗克常数。

如果用能量恰好等于原子核两个能级的能量差，同时满足于 $h\nu=\Delta E$ 的电磁波通过样品进行照射时，则可以使质子吸收该能量并从能量低的能级跃迁到能量高的能级，即发生核磁共振吸收。利用核磁共振谱来推测有机化合物分子中有几种位置不同的质子及其数目比，从而确定有机化合物的结构。

核磁共振谱在测定时可以直接使用液体有机化合物，或者溶解在适当的溶剂中进行。在使用氢核磁共振谱时，最好使用不含质子的溶剂。四氯化碳、二硫化碳也可使用。其他溶剂如重氯仿（$CDCl_3$）、重水（D_2O）、重苯（C_6D_6）、重丙酮[$(CD_3)_2C{=}O$] 等，要求纯度高，不含杂质。

4. 拉曼光谱

拉曼光谱（Raman spectrum）与红外光谱同样都是振动光谱，因此可以使用相同的溶剂。但由于装置仪器的差异，溶剂的选用稍有不同。

(1) 可以用水作溶剂，用于生物化学的研究。试样在水溶液中或含水试样的测定都比红外光谱的应用广泛。

(2) 沸点低的溶剂由于长时间受激光作用而使温度上升，因此测定速度要快。

(3) 不能使用与激光光源的波长一致，具有可见吸收光谱的溶剂，或者含有荧光的溶剂。

(4) 红外、拉曼两种光谱的强度比因振动类型不同而不同，对于红外光谱使用困难的溶剂可适用于拉曼光谱。

5. 液相色谱选用的溶剂（表 1-5-26）

表 1-5-26 液相色谱选用的溶剂

序号	溶剂	序号	溶剂	序号	溶剂	序号	溶剂
1	二硫化碳	21	2,6-二甲基吡啶	41	正丙醇	61	壬基酚氧乙酸酯
2	环己烷	22	异三十烷	42	二苯醚	62	*N*-甲基-2-吡咯烷酮
3	三乙胺	23	六氟苯	43	丙酮	63	乙腈
4	乙醚	24	苯乙醚	44	苯腈	64	苯胺
5	溴乙烷	25	2-甲基吡啶	45	四甲基脲	65	甲基甲酰胺
6	正己烷	26	1,2-二氯乙烷	46	二苄醚	66	氰基吗啉
7	异辛烷	27	乙酸乙酯	47	苯乙酮	67	丁内酯
8	四氢呋喃	28	碘苯	48	六甲基磷酸三酰胺	68	硝基甲烷
9	异丙醚	29	丁酮	49	乙醇	69	十二氟庚醇
10	甲苯	30	二(2-乙氧基乙基)醚	50	喹啉	70	甲酰吗啉
11	苯	31	苯甲醚	51	硝基苯	71	碳酸丙烯酯
12	对二甲苯	32	正辛醇	52	间甲酚	72	二甲亚砜
13	氯仿	33	环己酮	53	*N*,*N*-二甲基乙酰胺	73	四氟丙醇
14	四氯化碳	34	叔丁醇	54	乙酸	74	四氢噻吩-1,1-二氧化物
15	正丁醚	35	四甲基胍	55	硝基乙烷	75	三氰基乙氧基丙烷
16	二氯甲烷	36	异戊醇	56	甲醇	76	氧二丙腈
17	正癸烷	37	吡啶	57	苯甲醇	77	二甘醇
18	氯苯	38	二氧六环	58	二甲基甲酰胺	78	三甘醇
19	溴苯	39	正丁醇	59	磷酸三甲苯脂	79	乙二醇
20	氟苯	40	异丙醇	60	甲氧基乙醇	80	甲酰胺
						81	水

九、其他方面的应用

1. 化学中间体

大多数有机化合物既作溶剂使用，也是重要的化学品中间体。例如甲醇有一半以上是制备甲醛的原料。在烃类溶剂中，苯是油脂、蜡等的优良溶剂，同时又是生产苯酚、苯胺、苯乙烯、顺丁烯二酸酐、环己烷等产品的原料。甲苯、二甲苯是重要的涂料用溶剂，也是生产染料、火药、合成纤维的重要中间体。四氯化碳大量用于碳氟化合物的制备，二氯乙烷用于生产氯乙烯，二硫化碳用于生产人造丝的中间体。

有些有机溶剂还可被利用作其他更有效的溶剂制造原料。例如丙酮、丁酮可以分别用异丙醇，仲丁醇作原料通过氧化制备。由丙酮出发合成双丙酮醇、亚异丙基丙酮、甲基异丁基（甲）酮、甲基异丁基甲醇等溶剂。由乙二醇可以衍生出溶纤剂、甲基溶纤剂、二噁烷等有效溶剂。由二甘醇衍生出卡必醇、甲基卡必醇。甲酚氢化可得到甲基环己醇、甲基环己酮。

2. 化学反应的载体

在无机化学反应中，大多数无机药品都是在水溶液中进行反应的，这是由于在溶液中比气相、固相更容易进行反应。有机化合物在进行有机反应时多数也是在有机溶剂中进行的。有机溶剂不参与反应，它与有机原料互溶成均匀溶液，并且有助于生成物形成沉淀。经溶剂稀释的有机物黏度降低，反应容易控制。

溶剂的选择应根据反应类型不同而不同。一般要求溶剂对反应物、催化剂和生成物都不起作用，不减少催化剂的活性，并且从反应生成物中容易将溶剂回收。各种反应类型与使用的溶剂见表 1-5-27。

表 1-5-27 反应类型与使用的溶剂

反应类型	溶剂	反应类型	溶剂
加氢	低级醇、乙酸、烃类、二噁烷	弗瑞德-克莱福特反应(Friedel-Crafts)	硝基苯、苯、二硫化碳、四氯化碳、四氯乙烷、二氯乙烷
氧化	乙酸、吡啶、硝基苯	乙烯醚缩合	乙醚、苯、甲苯
卤化	四氯化碳、乙酸、四氯乙烷、二氯代苯、三氯代苯、硝基苯	脱水	苯、甲苯、二甲苯、三氯乙烯
酯化	苯、甲苯、二甲苯、丁醚	磺化	硝基苯、二噁烷
硝化	乙酸、二氯代苯、硝基苯	脱氢	喹啉、己二胺
重氮化合物偶联反应	乙醇、乙酸、吡啶、甲醇	脱羧	喹　啉
格利雅反应(Grignard)	乙醚、高级醚	缩醛化	苯、己烷
		酮缩合	乙醚、苯、二甲苯、丙酮

3. 黏结剂

黏结剂的种类繁多，这里所指的是利用溶剂进行黏结的方法。即在塑料的表面上涂布适当的溶剂，利用溶剂的溶解作用使表面发生膨胀、软化，将两个表面合在一起，轻轻加压使两个面接合的方法。一般要求溶剂具有如下性能：

(1) 化学性质活泼，能使接合表面均匀地软化，并且具有流动性；

(2) 能迅速蒸发，促使接合部分固化；

(3) 不出现发白现象（即有水凝固，或聚合物析出）。

表 1-5-28 为主要的溶剂黏结树脂及溶剂。

4. 防冻液

为了防止发动机在冬季停止使用时冷却水冻结，需要在水中混有防冻液，使冷却水的冻结温度下降。这类防冻液应具有如下性质：

(1) 在冬季最低温度时，防冻液的冻结温度仍在水的冻结温度以下；

(2) 化学性质稳定；

(3) 能防止水对金属的腐蚀；

表 1-5-28 主要的溶剂黏结树脂及溶剂

黏结剂树脂	溶 剂	黏结剂树脂	溶 剂
丁基橡胶	环己烷、氯代烃、己烷、庚烷、石脑油、芳香烃	聚乙烯醚	醇类、酮类、脂肪酸酯、芳香烃、脂肪烃
丁腈橡胶	酮类、硝基烷、芳香烃、氯代烃、硝基乙烷-苯、氯苯-丁酮	硝酸纤维素	脂肪酸酯、酮类、醇类、酮类混合物、芳香烃混合物
苯乙烯-丁二烯橡胶	芳香烃、脂肪烃、氯代烃、酮	乙酸纤维素	氯代烃、脂肪酸酯、酮类
丙烯酸-丁二烯橡胶	酮类(如丁酮)、芳香烃	乙酸丁酸纤维素	醇类-芳香烃混合物、氯代烃类、硝基烃、酮类
氯丁橡胶	芳香烃(含脂肪烃、脂环烃、酯类)、氯代烃、丁酮、甲基异丁基(甲)酮	乙基纤维素	醇类、酯类、芳香烃、酮类
酚醛树脂	水、醇类、酮类	甲基纤维素	水
间苯二酚树脂	水、醇类、酮类	羟乙基纤维素	水
氨基树脂①	水、醇类	异氰酸酯树脂	氯代烃、烃类
聚乙烯缩醛②	环己烷、双丙酮醇、二噁烷、二氯乙烷、甲基溶纤剂、甲基-1-丁醇、甲基-1-戊醇、甲苯-乙醇(60∶40)	乙酸乙烯树脂③	醇类、氯代烃、脂肪酸酯、芳香烃、酮类、水
		骨胶、酪朊、淀粉糊精	水
		松香、虫胶	醇类

① 包括尿素-甲醛树脂、三聚氰胺树脂、甲醛树脂、尿素-三聚氰胺-甲醛树脂。
② 包括聚乙烯缩甲醛、聚乙烯缩丁醛。
③ 包括丙烯酸酯、甲基丙烯酸酯、氯乙烯等共聚物。

(4) 对连接部位（橡皮管）无作用；
(5) 其水溶液沸点适中，膨胀系数小；
(6) 无恶臭，对涂料无作用。

表 1-5-29 为两种类型防冻液的特性。在二元醇溶剂中还需加入金属防腐剂、消泡剂和防漏剂。

表 1-5-29 两种类型防冻液的特性

类 型	挥 发 型	非 挥 发 型
特性	①冷却效果好 ②易蒸发,必须不断补充 ③易燃	①沸点高,无蒸发损失 ②难燃 ③从发动机溢出时变成树胶质
使用的溶剂	乙醇、甲醇、异丙醇	乙二醇、丙二醇、二甘醇、甘油

5. 刹车油

一般汽车用的刹车油对活塞盖的橡胶制品（天然橡胶和合成橡胶）的耐油性能有所影响。为了使橡胶与金属（汽缸、活塞等）之间的润滑性能提高，在使用蓖麻油作刹车油的主要成分中还需加入各种醇类，以调节刹车油的黏度和流动性。刹车油应具有以下性质：

(1) 在传动温度下保持良好的流动性和黏度；
(2) 化学稳定性好，不使橡胶变质；
(3) 不发生蒸气闭塞。

表 1-5-30 为刹车油中使用的醇。

表 1-5-30 刹车油中使用的醇

醇 类 名 称	沸点/℃	醇 类 名 称	沸点/℃
甲醇	6451	双丙酮醇	168
乙醇	78	己醇	157
丙醇	97	丁二醇	184
异丙醇	82.4	乙二醇	197
丁醇	117	二甘醇	244

表 1-5-31 为有机溶剂的应用领域。

表 1-5-31　有机溶剂的应用领域

应用类别	溶质名称或溶剂用途	可用溶剂
天然油性涂料	涂料、清漆、磁漆的组分	石油系烃类(如200号溶剂汽油、煤油、高芳香烃成分的粗汽油等) 煤焦油系烃类(如苯、甲苯、二甲苯、重质苯) 植物性烃类(如松节油等)
天然树脂涂料	松香、榄香脂、乳香	醇类、烃、酮类、酯类
	达玛树脂、甘油三松香酸酯、香豆酮树脂	醇类、烃、醇类＋烃或酯类
	虫胶、山达脂	醇类、醇类＋酯类、酮
	贝壳松脂、软性马尼拉树脂	醇类、醇类＋酯类、酮类
	硬质马尼拉树脂、刚果树脂、安哥拉树脂	醇类、醇类＋酯类、醇类＋烃
合成树脂涂料	聚乙酸乙烯类树脂	酯类、卤代烃类、硝基丙烷、低沸点芳香烃
	氯乙烯-乙酸乙烯共聚树脂	酮类、硝基丙烷
	聚乙烯醇缩甲醛	环已酮、二噁烷
	聚乙烯醇缩乙醛	醇类、丙酮、苯、环已酮、二噁烷
	聚乙烯醇缩丁醛	醇类、丙酮、环已酮、二噁烷、二氯乙烷
	丙烯酸树脂(单体与聚合物)	芳香烃(苯、甲苯、二甲苯) 氯代烃(氯仿、二氯乙烷) 酯类(乙酸甲酯、乙酸乙酯) 酮类(丙酮) 醚类(二噁烷) 树脂单体亦可用甲醇、乙醇、异丙醇、丁醇、汽油、乙二醇等
	醇酸树脂	短油度醇酸树脂易溶于芳香烃 长油度醇酸树脂易溶于脂肪烃
	脲醛树脂、三聚氰胺树脂	低分子量时，易溶于醇类溶剂；丁醇改性后，可溶于烃类溶剂
	酚醛树脂	有醇溶性、油溶性、苯溶性之分
	环氧树脂	乙二醇、乙酸酯、酮、酯、酮醇、有机环氧化物
纤维素涂料	硝酸纤维素、喷漆(助溶剂、稀释剂)	低沸点溶剂，100℃以下，快干，价格便宜，常用乙酸乙酯、丁酮、丙酮、乙酸异丙酯。助溶剂用乙醇、甲醇。稀释剂用苯 中沸点溶剂，110～150℃，能抑制涂膜发白，常用溶剂有乙酸丁酯、甲基异丁基(甲)酮、乙酸戊酯，助溶剂用丁醇、戊醇。稀释剂用甲苯、二甲苯 高沸点溶剂，145℃以上，溶剂用乳酸乙酯、丙酸丁酯、双丙酮醇、环已烷、乙二醇-乙醚、乙二醇-丁醚、乳酸丁酯、乙酸辛酯。助溶剂用苄醇、辛醇、环已醇。稀释剂用200号溶剂汽油、高沸点溶剂汽油
	醋酸纤维素涂料	低沸点溶剂用丙酮、丁酮、甲酸甲酯等。助溶剂用苯、二氯甲烷、乙酸乙酯等 中沸点溶剂用二噁烷、氯代乙酸乙酯、乙二醇-甲醚。助溶剂用甲苯、二甲苯 高沸点溶剂用乳酸乙酯、乙二醇二乙酸酯、环已酮。助溶剂用二氯乙醚
油脂工业	油脂萃取剂	石油醚、苯、三氯乙烯、四氯化碳、戊烷、已烷、庚烷、辛烷、环已烷、乙醇
医药工业	萃取剂、洗涤剂、浸析剂	常用乙醇、乙醚、丙酮、氯代烷、高级醚、酯等
橡胶工业	天然橡胶(生胶)溶于适当溶剂形成胶体	石脑油、苯、甲苯、二甲苯、十氢化萘、松节油、四氯化碳、氯仿、三氯乙烷、五氯乙烷、二硫化碳
	塑炼过的生胶	三氯乙烯、六氯乙烷、四氯化碳、氯仿、二硫化碳、苯、甲苯、二甲苯、煤油
石油工业	萃取芳香烃	液体二氧化硫、乙二醇、二甘醇
	脱蜡	丙烷、苯-丙酮
	脱沥青	丙烷、脂肪族醇
	润滑油精制	苯酚、糠醛、二氯乙醚、硝基苯、液体二氧化硫、苯、丙烷

应用类别	溶质名称或溶剂用途	可用溶剂
纤维工业	脱脂、脱蜡、脱树胶	丁醇、松油、二氯乙醚、二氯乙烷、四氯化碳
	润滑剂、软化剂、染色	异丙醇、丁醇、二甘醇、甘油、山梨糖醇、乙二醇、变性乙醇、甲醇、异丙醇、乙酸、甲酸、乳酸
有机物重结晶精制	溶解有机化合物	石油醚、己烷、环己烷、苯、四氯化碳、乙醚、异丙醚、氯仿、乙酸乙酯、丙酮、乙醇、甲醇
洗涤业	织物干洗	石油类溶剂：工业用汽油、200# 溶剂汽油 氯代烃类：四氯乙烯、三氯乙烯、三氯乙烷
金属加工业	金属表面脱脂处理	碱只适用于皂化性油脂，非皂化性油脂可用煤油、汽油、醇、苯、甲苯、三氯乙烯、四氯化碳
交通运输业	防冻液	乙醇、甲醇、异丙醇等挥发性溶剂，乙二醇、丙二醇、二甘醇、甘油等非挥发性溶剂
	刹车油	各种醇
黏结剂	丁基橡胶	环己烷、氯代烷、己烷、庚烷、石脑油、芳香烃
	丁腈橡胶	酮类、硝基烷、芳香烃、氯代烷、硝基烷-苯
	苯乙烯-丁二烯橡胶	芳香烃、脂肪烃、氯代烷、酮
	丙烯酸-丁二烯橡胶	酮类（如丁酮）、芳香烃
	氯丁橡胶	芳香烃（内含脂肪烃、脂环烷、酯类）、氯代烃、丁酮、甲基异丁基酮
	酚醛树脂	水、醇类、酮类
	间苯二酚树脂	水、醇类、酮类
	氨基树脂（尿素-甲醛树脂、三聚氰胺-甲醛树脂、尿素-三聚氰胺-甲醛树脂）	水、醇类
	聚乙烯醇缩甲醛、聚乙烯醇缩丁醛	环己烷、双丙酮醇、二噁烷、二氯乙烷、甲基溶纤剂
	聚乙烯醚	醇类、酮类、脂肪酸酯、芳香烃、脂肪烃
	硝酸纤维素	脂肪酸酯、酮类、醇类、芳香烃
	醋酸纤维素	氯代烷、脂肪酸酯、酮类
	醋酸丁酸纤维素	醇类、芳香烃混合物、氯代烃类、硝基烃、酮类
	乙基纤维素	醇类、酯类、芳香烃、酮类
	甲基纤维素	水
	羧乙基纤维素	水
	异氰酸酯树脂	氯代烷、烃类
	乙酸乙烯树脂	醇类、氯代烷、脂肪酸酯、芳香烃、酮类、水
	骨胶、酪朊、淀粉糊精	水
	松香、虫胶	醇类

参考文献

[1] 有機合成化学協会.溶剤ポケットブック.オーム社，1977

[2] 〔加〕伟丕(Wypych.G)主编.溶剂手册.范耀华等译.北京：中国石油出版社，2003

[3] 《化工百科全书》编辑委员会，化学工业出版社《化工百科全书》编辑部编.化工百科全书：1～19卷.北京：化学工业出版社，1999

[4] 全国危险品管理标准化技术委员会秘书处编.常用危险化学品包装储运手册.北京：化学工业出版社，2004

第二篇　各　论

第一章　烃类溶剂

1. 乙　烷

ethane

(1) 分子式　C_2H_6。　　相对分子质量　30.07。

(2) 示性式或结构式　$CH_3—CH_3$

(3) 外观　无色、无臭的气体。

(4) 物理性质

沸点(101.3kPa)/℃	-88.3	临界温度/℃	32.6
熔点/℃	-173.6	临界压力/MPa	4.88
表面张力/(mN/m)	17.93	燃烧热/(kJ/mol)	1541.4
密度(101.3kPa,℃)/(kg/m³)	1.3567	生成热/(kJ/mol)	106.7
闪点/℃	-135	汽化热/(kJ/mol)	14.68
燃点/℃	515	爆炸极限(上限)/%(体积)	12.5
		(下限)/%(体积)	3.2

(5) 化学性质　乙烷属于非极性和没有其他官能团的饱和烃化合物，不能发生加成反应。

(6) 溶解性质　微溶于水、丙酮，可溶于苯。

(7) 用途　用作燃料、制冷剂、化工原料。

(8) 使用注意事项　危险特性属第 2.1 类易燃气体。危险货物编号：21009 [压缩的]，21010 [液化的]，UN 编号：1035，1961。属易燃、易爆气体。乙烷与甲烷类似，对人体亦无毒害作用，属“单纯窒息性”气体。人吸入 61.36mg/m³ 时，无明显毒害。空气中浓度过高可导致缺氧窒息。

(9) 附表

表 2-1-1　液体乙烷的热导率

温度/K	热导率/[mW/(m·K)]	温度/K	热导率/[mW/(m·K)]
93.35	249.9	173.25	182.1
97.65	247.0	199.95	165.4
103.45	243.3	245.65	121.4
112.15	234.9	273.75	104.7
142.65	211.4		

表 2-1-2　乙烷在有机溶剂中的溶解度

溶剂	温度/℃	β/(mL/mL)	溶剂	温度/℃	β/(mL/mL)
丙酮	0	4.202	乙醇	25	2.87
	10	3.761		30	2.22
	20	3.389		40	2.07
	30	3.067	苯	10	4.885
	40	2.790		20	4.360
四氯化碳	0	7.648		30	3.921
	10	6.604		40	3.552
	20	5.716		50	3.255
	30	5.016	甲醇	25.0	2.34
	40	4.446		30.1	1.88
二硫化碳	25	1.26		42.5	1.73

注：β 为 Ostwald 溶解度系数，即气体分压为 101.325kPa，温度为 t℃时，1mL 溶剂溶解气体体积的 mL 数。

表 2-1-3　乙烷在水中的溶解度

温度/K	$\alpha\times10^3$/(mL/mL)	$q\times10^3$/(g/100g)	温度/K	$\alpha\times10^3$/(mL/mL)	$q\times10^3$/(g/100g)
273.15	98.74	13.17	293.15	47.24	6.20
274.15	94.76	12.63	294.15	45.89	6.02
275.15	90.93	12.12	295.15	44.59	5.84
276.15	87.25	11.62	296.15	43.35	5.67
277.15	83.72	11.14	297.15	42.17	5.51
278.15	80.33	10.69	298.15	41.04	5.35
279.15	77.09	10.25	299.15	39.97	5.20
280.15	74.00	9.83	300.15	38.95	5.06
281.15	71.06	9.43	301.15	37.99	4.93
282.15	68.26	9.06	302.15	37.09	4.80
283.15	65.61	8.70	303.15	36.24	4.68
284.15	63.28	8.38	308.15	32.30	4.12
285.15	61.06	8.08	313.15	29.15	3.66
286.15	58.94	7.80	318.15	26.60	3.27
287.15	56.94	7.53	323.15	24.59	2.94
288.15	55.04	7.27	333.15	21.77	2.39
289.15	53.26	7.03	343.15	19.48	1.85
290.15	51.59	6.80	353.15	18.26	1.34
291.15	50.03	6.59	363.15	17.6	0.8
292.15	48.58	6.39	373.15	17.2	0

注：α 为实验测量溶解于 1mL 水中的气体标准状态（273.15K，101.325kPa）体积（mL）；q 为当气体压强与水蒸气压强之和为 101.325kPa 时，溶解于 100g 水中的气体质量（g）。

表 2-1-4　低温下乙烷的密度

温度/K	密度/(g/cm³)		温度/K	密度/(g/cm³)		温度/K	密度/(g/cm³)	
	液体	蒸气		液体	蒸气		液体	蒸气
175	0.546	0.00126	220	0.5030	0.00920	265	0.4290	0.0366
180	0.5510	0.00168	225	0.4946	0.01092	270	0.4180	0.0419
185	0.5444	0.00218	230	0.4892	0.01289	275	0.4070	0.0484
190	0.5400	0.00274	235	0.4820	0.01518	280	0.3944	0.0563
195	0.5342	0.00341	240	0.4745	0.01773	285	0.3795	0.0661
200	0.5273	0.00421	245	0.4576	0.02064	290	0.3619	0.0787
205	0.5221	0.00520	250	0.4663	0.02394	295	0.3406	0.0951
210	0.5160	0.00636	255	0.4486	0.02773	300	0.3127	0.1187
215	0.5097	0.00766	260	0.4392	0.03219			

参考文献

1. CAS 74-84-0
2. EINECS 200-814-8
3. Beil., **1**, 80; **1**(4), 108
4. The Merck Index. **10**, 3670; **11**, 3676
5. 张海峰主编．危险化学品安全技术大典：第1卷．北京：中国石化出版社，2010

2. 丙烷

propane [dimethylmethane, propylhydride]

(1) 分子式　C_3H_8。　　相对分子质量　44.09。

(2) 示性式或结构式　$CH_3CH_2CH_3$

(3) 外观　常温常压下为无色无臭的气体。

(4) 物理性质

沸点(101.3kPa)/℃	−42.1	燃烧热(液体)	
熔点/℃	−187.7	总发热量/(kJ/kg)	2352.3
相对密度(−44.5℃/4℃)	−0.585	最低发热量/(kJ/kg)	2029.4
折射率(−42.2℃)	1.3397	比热容(℃,液体,定压)/[J/(g·K)]	2.77
介电常数(0℃)	1.61	临界温度/℃	96.7
黏度(−50℃,液体)/mPa·s	0.228	临界压力/MPa	4.26
表面张力(−40℃)/(mN/m)	15.15	溶解度(17.8℃,水)/(mg/100g)	11.4
闪点/℃	−104.4	热导率/[W/(m·K)]	0.1042
燃点/℃	466.1	爆炸极限(下限)/%(体积)	2.37
蒸发热(25℃)/(kJ/mol)	15.1	(上限)/%(体积)	7.3
熔化热/(kJ/kg)	79.95	体膨胀系数(10～37.7℃)/K^{-1}	0.00324
生成热(液体)/(kJ/kg)	−119.92		

(5) 化学性质　丙烷为脂肪族饱和烃，化学性质稳定。常温常压下与酸、碱不作用，但在高温和适当的催化剂存在下，也可发生某些反应。例如在日光或紫外线照射下与卤素发生取代反应，生成卤素衍生物。加热至780℃以上发生热解，生成甲烷和乙烯。用铬、钼、钯和钛的氧化物作催化剂进行加热，发生脱氢反应，生成丙烯。丙烷在硝酸存在下加热使之硝化，生成1-硝基丙烷、2-硝基丙烷、硝基乙烷和硝基甲烷等硝基化合物。丙烷氧化时生成丙醇、异丙醇、丙醛、丙酮、甲醇、甲醛和乙酸等。

(6) 精制方法　除天然气中含有丙烷外，丙烷也溶于原油中。在石油开采和炼制时，可作为石油气收集。石油馏分在裂化和催化裂化时，也有大量的丙烷生成。故与丙烷共存的杂质有甲烷、乙烷、丁烷、乙烯、丙烯以及低沸点硫化物、水分等。

精制时将石油经蒸馏和裂化等过程中生成的气体用油吸收，活性炭吸附，压缩和冷却使之液化等方法进行浓缩，再于低温或加压下分馏以分离丙烷。丙烯等不饱和成分可用浓硫酸除去或进行氢化。含硫化合物可用碱洗涤或用脱硫剂除去。水分用浓硫酸、乙二醇、固态干燥剂（如白土、氧化铝类）和金属钠等脱水，也可用共沸蒸馏的方法除去。丙烷的回收一般用蒸馏，也可用高沸点的烃类吸收或用吸附剂吸附的方法回收。

(7) 溶解性能　丙烷为低分子的链状烃，是有代表性的非极性溶剂。性能和石脑油、石油醚相似。液体丙烷可溶解石蜡、油脂和矿物油，树脂和沥青等高分子物质则不溶解。丙烷微溶于水，溶于醇、醚和各种烃类溶剂中。例如丙烷在100份体积溶剂中的溶解度是：水中为6.5份(17.8℃，100.4kPa)；无水乙醇中为790份（16.6℃，100.5kPa)；醚中为926份（16.6℃，100.9kPa)；氯仿中为1452份（21.6℃，100.9kPa)；苯中为1452份（21.5℃，100.9kPa)；松节油中为1857份（17.7℃，100.9kPa)。

(8) 用途　丙烷主要用于润滑油馏分的脱蜡和脱沥青。因润滑油馏分中的沥青不溶于液体的丙烷中，可分离除去。将除去沥青后的丙烷萃取液蒸发，由于丙烷气化时吸收大量的热，温度下降，石蜡成晶体析出。除去石蜡后即可得到不含沥青和石蜡的润滑油。此外，丙烷还用来从香料植物的花中提取香精油，从农副产品中提取油脂。丙烷是制造乙烯和丙烯的石油化工原料。丙烷和丁烷的混合物可用作家庭和汽车的燃料。

(9) 使用注意事项　危险特性属第 2.1 类易燃气体。危险货物编号：21011，UN 编号：1978。一般用筒状高压气体容器贮藏。贮气瓶应竖直置于阴凉通风处，温度在 40℃以下，防止翻倒和转动。由于丙烷比空气重，易滞留在较低的地方，爆炸极限低，危险性较大，故在使用时要防止泄漏，并严禁靠近火源。属无毒类。大量吸入丙烷虽有麻醉作用，但无急性和慢性毒性，工作场所最高容许浓度为 1800mg/m³。人在 10%的浓度下无刺激症状，只有轻度头晕；1%则无影响。

(10) 附表

表 2-1-5　丙烷的蒸气压

温度/℃	蒸气压/kPa	温度/℃	蒸气压/kPa	温度/℃	蒸气压/kPa	温度/℃	蒸气压/kPa
−108.51	1.33	−73.26	20.00	−43.60	94.66	−41.19	105.32
−100.91	2.67	−68.43	26.66	−43.29	96.00	−40.90	106.66
−96.07	4.00	−64.51	33.33	−42.98	97.33	−38.47	119.99
−92.44	5.33	−61.17	40.00	−42.67	98.66	−35.68	133.32
−89.51	6.67	−55.65	53.33	−42.37	100.00	−31.2	159.99
−87.02	8.00	−51.14	66.66	−42.07	101.33	−25.4	199.98
−82.94	10.67	−47.29	80.00	−41.77	102.60		
−79.63	13.33	−43.92	93.33	−41.48	103.99		

表 2-1-6　丙烷-水的气液平衡

温度/℃	压力/MPa	丙烷中的水/%(mol)		温度/℃	压力/MPa	丙烷中的水/%(mol)	
		液　体	气　体			液　体	气　体
26.6	1.12	0.092	0.387	82.2	33.9	0.177	0.217
37.8	1.34	0.114	0.360	90.5	39.6	0.182	0.201
51.7	1.78	0.127	0.297	96.5	43.9	0.192	0.192
65.5	2.42	0.158	0.260				

(11) 附图

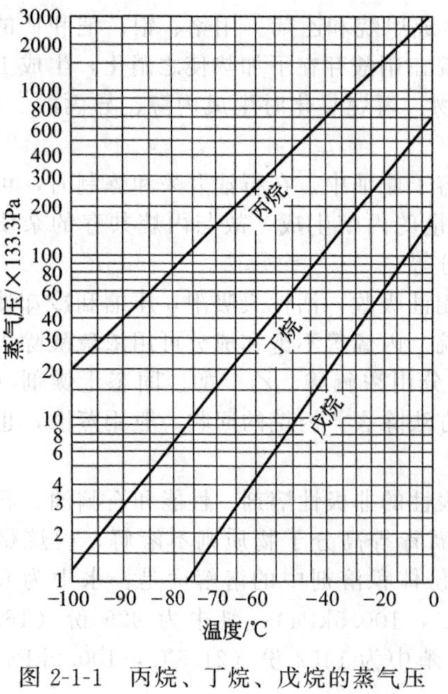

图 2-1-1　丙烷、丁烷、戊烷的蒸气压

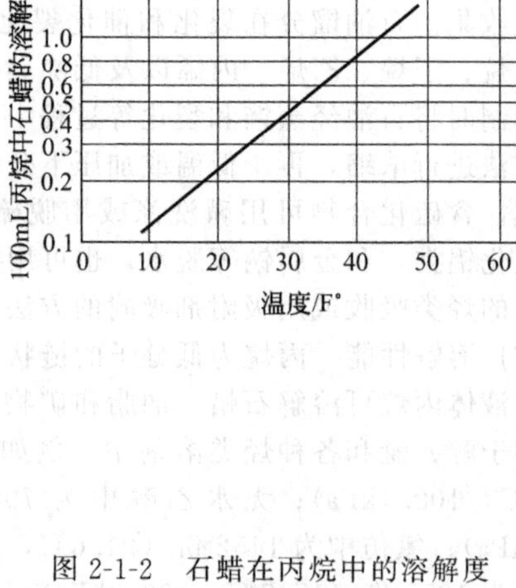

图 2-1-2　石蜡在丙烷中的溶解度

$$F° = \frac{5}{9}(t-32)℃$$

参 考 文 献

1 CAS 74-98-6
2 EINECS 200-827-9
3 Beilstein. Handbuch der Organischen chemie. H，1-103
4 The Merck Index. 10，7701；11，7809
5 N. A. Lange. Handbook of Chemistry. 9th ed. McGraw. 1956. 661
6 Kirk-Othmen. Encyclopedia of Chemical Technology. 1st ed. Vol. 7，Wiley. 603
7 日本化学会. 化学便覧基礎編. 丸善. 1966. 1009
8 API Research Project 44. Selected Values of Physical and Thermodynamic Properties of Hydrocarbons and Related Compounds，No. [A] 23-2 (1. 101) C，e，Thermodynamic Research Center. Texas A & M Uuiv
9 F. S. Bonscher et al.. Hydrocarbon Process. 1974，53 (4)：169
10 J. H. Perry. Chemical Engineering Handbook. 3rd ed. McGraw. 1950. 224
11 R. W. Gallant. Hydrocarbon Process. 1965，44 (7)：95
12 K. A. Kobe and R. E. Lynn. Chem. Rev. 1953，52：117
13 N. I. Sax. Dangerous Properties of Indusrial Materials. 2nd ed. Van Nostrand Reinhold. 1963. 1134
14 W. L. Nelson. Petroleum Refinery Enginiering.，McGraw-Hill. 1958. 184
15 I. Mellan. “Industrial Solvents”. 2nd ed. Van Nostrand Reinhold. 1953. 203
16 高圧ガス保安協会. 高圧ガス工業技術. 共立出版. 1972. 135
17 斯波忠夫監修. 石油炭化水素化学. 第1巻，共立出版. 163
18 原伸宜，島田浩，守屋邦彦，山路一男. 石油学会誌. 1958，1：47
19 API Research Project 44. Numerical Index to the Catalogue of Infrared Spectra，No. [B] 0060，0099，0529，0791，Thermodynamic Research Center，T exas A & M Univ. 1953
20 API Research Project. Selected Values of Physical and Thermodynamics Properties of Hydrocarbons and Related Compounds. 1953
21 张海峰主编. 危险化学品安全技术大典：第1卷. 北京：中国石化出版社，2010

3. 丁 烷

butane [*n*-butane]

(1) 分子式 C_4H_{10}。　　相对分子质量　58.12。

(2) 示性式或结构式 $CH_3CH_2CH_2CH_3$

(3) 外观 常温常压下为无色无臭的气体。

(4) 物理性质

沸点(101.3kPa)/℃	−0.5	燃点/℃	430
熔点/℃	−138.3	燃烧热(液体)	
相对密度(20℃/4℃)	0.579	总发热量/(kJ/g)	2.86
折射率(20℃)	1.3326	最低发热量/(kJ/g)	2.68
偶极矩	0.00	比热容(0℃，液体、定压)/[J/(g·K)]	2.39
黏度(0℃，液体)/mPa·s	0.210	临界温度/℃	152.0
表面张力(0℃)/(mN/m)	14.8	临界压力/MPa	3.80
蒸发热(0℃)/(kJ/mol)	22.5	溶解度(17℃，水)/(mg/100g)	35
熔化热/(J/g)	80.2	爆炸极限(下限)/%(体积)	1.6
生成热(25℃，液体)/(kJ/mol)	−146.3	(上限)/%(体积)	6.5
闪点/℃	−60	体膨胀系数(10～37.7℃)/K^{-1}	0.00203

(5) 化学性质 常温常压下化学性质稳定，不与酸、碱作用。但在高温或适当催化剂存在下可以发生某些反应。例如，在高温和催化剂存在下可发生脱氢反应，生成丁烯和丁二烯。催化剂有铬、钼、钯、钛和铈等氧化物。用氧化铝作载体，在三氯化铝与氯化氢，或三溴化铝与溴化氢存在下发生异构化生成异丁烷。丁烷直接氧化生成醇、醛、酮和酸等。在日光或紫外光照射下易发生卤化反应，生成卤素衍生物。丁烷与硝酸的混合物加热进行气相硝化，生成硝基

化合物。丁烷与硫加热至650℃时生成噻吩。低温与水易形成包合物。

(6) 精制方法　在油井气、天然气（湿气）中含有丁烷，石油裂化时也有大量丁烷生成。因此易与丁烷共存的杂质有甲烷、乙烷、丙烷、乙烯、丙烯、异丁烷、丁烯、戊烷和戊烯等低沸点烃类以及含硫化合物。精制时丁烯可预先用浓硫酸洗涤除去，或者加氢使之饱和，再加压低温蒸馏进行精制。其他方法可参考丙烷的精制法。

(7) 溶解性能　溶于醇、醚和氯仿中。在1体积的乙醇中能溶解丁烷气体18体积（17℃，102.668kPa）。1体积的乙醚或氯仿中能溶解丁烷气体25～30体积（17℃）。1体积水中可溶解丁烷气体0.15体积（17℃）。

(8) 用途　用作汽车燃料、合成橡胶的制造原料及其他石油化工原料。作溶剂时用于动植物油脂的精制。与丙烷的混合物用于重质油脱沥青。用Ziegler催化剂使烯烃进行聚合时可用丁烷作溶剂。

(9) 使用注意事项　危险特性属第2.1类易燃气体。危险货物编号：21012，UN编号：1011。使用时注意着火危险，其蒸气与空气混合形成爆炸性气体。丁烷属微毒类，毒性主要表现在麻醉和微弱的刺激作用。大鼠LD_{50}为658g/kg，小鼠LD_{50}为680g/kg。人在23.73g/m^3浓度下停留10分钟有嗜睡反应，但无全身反应。嗅觉阈浓度❶ 11765mg/m^3。

(10) 附表

表 2-1-7　丁烷的蒸气压

温度/℃	蒸气压/kPa	温度/℃	蒸气压/kPa	温度/℃	蒸气压/kPa	温度/℃	蒸气压/kPa
−77.76	1.33	−36.76	20.00	−2.28	94.66	0.52	105.32
−68.93	2.67	−31.16	26.66	−1.92	96.00	0.86	106.66
−63.30	4.00	−26.59	33.31	−1.56	97.33	4.04	119.99
−59.08	5.33	−22.71	40.00	−1.20	98.66	6.95	133.32
−55.66	6.67	−16.29	53.33	−0.85	100.00	12.2	159.99
−52.77	8.00	−11.04	66.66	−0.50	101.33	18.9	199.98
−48.02	10.67	−6.57	80.00	−0.16	102.66		
−44.17	13.33	−2.65	93.33	0.19	104.00		

表 2-1-8　丁烷-糠醛的气液平衡［丁烷(37.78℃)/%(mol)］

液相组成	气相组成	压力/kPa	液相组成	气相组成	压力/kPa
4.59	99.5	156.52	8.31	99.7	246.51
4.65	99.5	156.52	11.66	99.8	309.17
7.81	99.7	239.85	12.04	99.8	310.91
7.95	99.7	239.85			

表 2-1-9　丁烷-己烷的气液平衡［丁烷/%(mol)］

液相组成	气相组成	沸点/℃	压力/kPa
15.9	15.9	255.6	3113.1
42.5	42.5	231.6	3706.4
80.1	80.1	237.4	4106.3

参　考　文　献

1　CAS 106-97-8
2　EINECS 203-448-7
3　N. A. Lange. Handbook of Chemistry. 9th ed.，McGraw. 1956. 441
4　Kirk-Othmer. Encyclopedia of Chemical Technology. 2nd ed. Vol. 3，Wiley. 815
5　A. E. Arkel et al. Rec. Trav. Chim. 1942，61：767

❶ 系指人的嗅觉所能察觉到有气味化学物质的最低浓度。在这一浓度下，50%的人能嗅到气味即作为嗅觉阈。

6 API Research Project 44. Selected Values of Physical and Thermodynamic Properties of Hydrocarbons and Related Compounds, No. [A] 23-2-(1.101) c, Thermodynamic Research Center. Texas A & M Univ
7 R. W. Gallant, Hydrocarbon Process. 1965, 44 (7): 95
8 J. H. Perry. Chemical Engineering Handbook, 3rd ed. McGraw. 1950. 244
9 K. A. Kobe and R. E. Lynn. Chem. Rev. 117, 1953, 52: 117
10 API Research Project 44. Numerical Index to the Catalogue of Infrared Spectral Data, No. [B] 0061, 0373, 0438, 2806, Thermodynamic Research Center. Texas A & M Univ. 1953
11 N. I. Sax, Dangerous Properties of Industrial Materials, 2nd ed. Van Nostrand Reinhold. 1963. 533
12 W. L. Nelson. Petroleum Refinery Engineering. McGraw. H Ⅲ, 1958. 184
13 Kirk-Othmen. Encyclopedia of Chemical Technology, Vol. 7, Reinhold. 1961. 603
14 API Research Project 44. Selected Values of Physical and Thermodynamics Properties of Hydrocarbons and Related Compounds. 1953
15 Beistein. Handbuch der Organischen Chemie. E Ⅳ, 1-236
16 The Merck Index. **10**, 1483; **11**, 1507
17 张海峰主编. 危险化学品安全技术大典：第1卷. 北京：中国石化出版社，2010

4. 戊　烷

pentane [*n*-pentane]

(1) 分子式　C_5H_{12}。　　　相对分子质量　72.15。

(2) 示性式或结构式　$CH_3(CH_2)_3CH_3$

(3) 外观　常温常压下为无色液体，微带薄荷气味。

(4) 物理性质

沸点(101.3kPa)/℃	36.1	燃烧热	
熔点/℃	−129.7	总发热量/(kJ/mol)	3511.87
相对密度(20℃/4℃)	0.626	最低发热量/(kJ/mol)	3247.6
折射率(25℃)	1.35472	比热容(0℃,定压)/[J/(g·K)]	2.25
介电常数(20℃)	1.844	临界温度/℃	196.3
偶极矩	0.00	临界压力/MPa	3.37
黏度(20℃,液体)/mPa·s	0.299	电导率/(S/m)	$<2\times10^{-10}$
表面张力(25℃)/(mN/m)	15.5	溶解度(水,16℃)/(mg/100g)	22.5
闪点/℃	−49	热导率(25℃,液体)/[W/(m·K)]	110.95×10^{-3}
燃点/℃	309	爆炸极限(下限)/%(体积)	1.4
蒸发热(0℃)/(kJ/mol)	27.98	(上限)/%(体积)	8.0
熔化热/(kJ/mol)	8.42	体膨胀系数	0.001569
生成热(25℃,液体)/(kJ/mol)	−173.17	苯胺点/℃	70.7

(5) 化学性质　戊烷为脂肪族饱和烃，化学性质稳定，常温常压下与酸、碱不作用。600℃以上高温或在适当催化剂存在下发生热解，生成丙烯、丁烯、异丁烯、丁烷和异丙烷等混合物。用三氯化铝作催化剂发生异构化，生成2-甲基丁烷。

(6) 精制方法　戊烷可由天然气或石油催化裂解、热分解过程中获得。由于精制程度不同，常含有 C_5 烃的异构体、甲基环戊烷等沸点相近的烃类以及不饱和化合物、水分、含硫化合物等杂质。精制时，不饱和化合物用硫酸洗涤除去，可用氯化钙、无水硫酸钠、五氧化二磷或金属钠等脱水剂脱水，再进行蒸馏。也可用分子筛脱水。

(7) 溶解性能　可与乙醇、乙醚等多种有机溶剂以任意比例相混溶。

(8) 用途　用作低沸点溶剂、塑料工业发泡剂，还与2-甲基丁烷一同用作汽车和飞机燃料、液相色谱溶剂。

(9) 使用注意事项 危险特性属第 3.1 类低闪点易燃液体。危险货物编号：31002，UN 编号：1265。故应密封贮存。由于其闪点低，常温时蒸气压为 53.3～66.7kPa，因此要严格注意着火危险。着火时不能用水灭火，应用二氧化碳等化学灭火剂。对金属无腐蚀性，可用铁、软钢、铜或铝制容器贮存。戊烷属低毒类。蒸气对中枢神经有麻醉作用和轻度刺激作用。大鼠急性毒性致死浓度为 380g/m³，小鼠在 9%～12%浓度下 5～10 分钟出现麻醉状态。对人的慢性作用主要是对眼和呼吸道的轻度刺激。人每日 8h 接触戊烷的安全浓度为 300mg/m³。嗅觉阈浓度 217～2950mg/m³，工作环境最高容许浓度为 2940mg/m³。

(10) 附表

表 2-1-10 戊烷的蒸气压

温度/℃	蒸气压/kPa	温度/℃	蒸气压/kPa	温度/℃	蒸气压/kPa
−50.1	1.33	7.01	33.33	35.687	100.00
−40.2	2.67	11.34	40.00	36.074	101.32
−33.93	4.00	18.49	53.33	36.458	102.66
−29.22	5.33	24.337	66.66	36.838	103.99
−25.41	6.67	29.319	79.99	37.214	105.32
−22.18	8.00	33.685	93.33	37.587	106.66
−16.89	10.67	34.094	94.66	41.12	119.99
−12.59	13.33	34.499	95.99	44.37	133.32
−4.33	20.00	34.899	97.33	50.17	159.99
1.92	26.66	35.295	98.66	57.6	199.98

表 2-1-11 戊烷-丙酮的气液平衡［C_5H_{12}（101.3kPa）］ 单位：%(mol)

液相组成	气相组成	沸点/℃	液相组成	气相组成	沸点/℃
2.1	10.8	49.15	50.3	67.8	32.35
6.1	30.7	45.76	61.1	71.1	31.97
13.4	47.5	39.58	72.8	73.9	31.93
21.05	55.0	36.67	86.9	81.0	32.27
29.2	61.45	34.35	95.3	90.65	33.89
40.5	66.4	32.85			

表 2-1-12 含戊烷的二元共沸混合物

第二组分	共沸点/℃	戊烷含量/%	第二组分	共沸点/℃	戊烷含量/%
1,2-环氧丙烷	27.5	43	丙酮	31.9	79
溴乙烷	33	50	甲酸甲酯	21.8	47
异丙基溴	32	48	甲酸乙酯	33.5	75
甲 醇	30.8	91	甲 酸	34.2	90
乙 醇	34.3	95	二硫化碳	35.7	90
异丙醇	35.5	94	二甲硫	33.9	53
甲丙醚	35.3	78	乙硫醇	32	50
乙 醚	33.4	30	甲醛缩二甲醇	33.7	65
碘甲烷	35.0	68	二乙胺	35	85
亚硝酸丙酯	35.9	89	2-甲基-1,3-丁二烯	33.8	10

参 考 文 献

1 CAS 109-66-0

2 EINECS 200-515-2

3 N. A, Lange. Handbook of Chemistry. 9th ed. McGraw. 1956. 648

4 API Research Project 44. Selected Values of Physical and Thermodynamic Properties of Hydrocarbons and Related Compounds. No. [A] 23-2-(1. 101) fb, Thermodynamic Research Center. Texas A & M Univ

5 R. W. Dornte and C. P. S myth. J. Amer. Chem. Soc. 1930, 52: 3546

6 A. E. Arkel et al. Rec. Trav. Chim. 1942，61：767
7 日本化学会. 化学便覧，基礎編. 丸善. 1975. 575
8 R. W. Gallant，Hydrocarbon Process. 1967，46 (7)：121
9 J. H. Perry. Chemical Engineering Hand book. 3rd ed.. McGraw. 1950. 244
10 D. Ambrose et al. Trans. Faraday Soc. 1960，56：1452
11 K. A. Kobe and R. E. Lynn. Chem. Rev. 1953，52：117
12 R. M. Deanesly and L. T. Carleton. J. Phys. Chem. 1941，45：1104
13 R. S. Rasmussen. J. Chem. Phys. 1948，16：712
14 R. Suhrmann and P. Klein. Z. Physik. Chem. Leipzig. 1941，508：23
15 M. R. Fenske. Anal. Chem. 1947，19：700
16 N. Sheppard. J. Chem. Phys. 1948，16：690
17 R. Sneddon. Petrol. Eng. 1945，16 (13)：148
18 N. I. Sax，Dangerous Properties of Industrial Materials. 2nd ed. Van Nostrand Reinhold. 1953. 1074
19 Kirk-Othmer. Encyclopedia of Chemical Technology. 2nd ed. Vol. 14，Wiley. 707
20 化学工学協会編. 物性定数. 第二集，丸善. 1964. 177
21 Timmermans. Physico-Chemical Constant of Binary Systems. Vol. 1. Interscience. 1959. 388
22 张海峰主编. 危险化学品安全技术大典：第1卷. 北京：中国石化出版社，2010

5. 2-甲基丁烷

2-methylbutane

(1) 分子式　C_5H_{12}。　　相对分子质量　72.15。

(2) 示性式或结构式

$$\begin{array}{l} \quad CH_3 \\ \quad | \\ CH_3CHCH_2CH_3 \end{array}$$

(3) 外观　常温常压下为无色透明液体。

(4) 物理性质

沸点(101.3kPa)/℃	27.9	熔化热/(kJ/mol)	5.158
熔点/℃	−159.9	生成热(25℃,液体)/(kJ/mol)	−179.40
相对密度(19℃/4℃)	0.621	燃烧热	
折射率(25℃)	1.35088	总发热量/(kJ/mol)	3505.65
介电常数(20℃)	1.843	最低发热量/(kJ/mol)	3241.38
偶极矩/(C·m)	0.0	比热容(25℃,定压)/[kJ/(kg·K)]	2.27
黏度(25℃,液体)/mPa·s	0.215	临界温度/℃	187.2
表面张力(25℃)/(mN/m)	14.9	临界压力/MPa	3.33
闪点/℃	−51	热导率(25℃,液体)/[W/(m·K)]	105.51×10^{-3}
燃点/℃	420	爆炸极限(下限)/%(体积)	1.4
蒸发热(0℃)/(kJ/mol)	25.89	(上限)/%(体积)	7.6

(5) 化学性质　常温下对酸、碱稳定，化学性质不活泼。但由于叔碳原子上有氢原子，故与其他同族化合物相比，易受氧化。

(6) 精制方法　所含杂质有沸点相近的烷烃、环烷烃、不饱和烃以及水分。不饱和烃用浓硫酸洗涤除去，水用氯化钙、五氧化二磷、金属钠等脱水剂除去，也可用分子筛脱水。最后再分馏精制。

(7) 溶解性能　与乙醇、乙醚以任意比例混溶。溶解能力比戊烷稍差。

(8) 用途　辛烷值高，可用作汽车、飞机燃料。作溶剂使用时和戊烷、己烷、庚烷等的作用相同。

(9) 使用注意事项　危险特性属第3.1类低闪点易燃液体。危险货物编号：31002，UN编号：1265。敞露在空气中时，其蒸气浓度易达爆炸极限，故应密封贮存，严密注意着火危险。毒性和戊烷相似。对金属无腐蚀性，可用铁、软钢、铜或铝制容器贮存。

参 考 文 献

1 CAS 78-78-4
2 EINECS 201-142-8
3 N. A. Lange. Handbook of Chemistry. 9th ed. McGraw. 1956. 648
4 API Research Project 44. Selected Values of Physical and Thermodynamic Properties of Hydrocarbons and Related Compounds，No. ［A］23-2-（1.200）C，fb Thermodynamic Research Center. Texas A & M Univ
5 A. A. Maryott and E. A. Smith. Table of Dielectric Comstants of Pure Liquids，NBC Circular. 1951. 514
6 R. E. Gallant. Hydrocarbon Process. 1967，46（9）：155
7 J. H. Perry. Chemical Engineering Handbook，3rd ed. McGraw. 1950. 244
8 D. J. Ambrose et al. Trans. faraday Soc. 1960，56：1452
9 K. A. Kobe and R. E. Lynn. Chen. Rev. 1953，52：117
10 R. S. Rasmussen. J. Chem. Phys. 1948，16：712
11 R. Suhrmann and P. Klein. Z. Physik. Chem. Leipzig. 1941，50B：23
12 N. Sheppard. J. Chem. Phys. 1948，16：690
13 R. Mecke. Z. Physik. Chemi Leipzig. 1947，36B：347
14 API Research Project 44. Numerical Index to the Catalogue of Mass Spectral Data. No. ［E］0007，0146，Thermodynamic Research Center. Texas A & M Univ. 1953
15 R. Sneddon. Petrol. Eng. 1945，16（13）：148
16 N. I. Sax，Dangerous Properties of Industrial Materials. 2nd ed. Van Nostrand Reinhold. 1953. 912
17 日本化学会．防灾指針．Ⅰ-10，丸善．1962. 40
18 Beilstein. Handbuch der Organischen Chemie. H，1～134；E Ⅳ，1～320
19 张海峰主编．危险化学品安全技术大典：第1卷．北京：中国石化出版社，2010

6. 己　烷

hexane［*n*-hexane］

(1) 分子式　C_6H_{14}。　　相对分子质量　86.17。

(2) 示性式或结构式　$CH_3(CH_2)_4CH_3$

(3) 外观　常温常压下为无色透明微带异臭的液体。

(4) 物理性质

沸点(101.3kPa)/℃	68.7	燃烧热	
熔点/℃	−95.3	总发热量/(kJ/mol)	4165.9
相对密度(20℃/4℃)	0.659	最低发热量/(kJ/mol)	3857.6
折射率(25℃)	1.37226	比热容(0℃、定压、液体)/[kJ/(kg·K)]	2.278
介电常数(20℃)	1.890	临界温度/℃	234.1
偶极矩/(10^{-30}C·m)	0.27	临界压力/MPa	3.03
黏度(25℃,液体)/mPa·s	0.307	热导率(25℃,液体)/[W/(m·K)]	116.81×10^{-3}
表面张力(0℃)/(mN/m)	17.9	爆炸极限(下限)/%(体积)	1.2
闪点/℃	−23 以下	(上限)/%(体积)	6.9
燃点/℃	260	体膨胀系数/K^{-1}	0.0013607
蒸发热(0℃)/(kJ/mol)	33.12	苯胺点/℃	63.6
熔化热/(kJ/mol)	13.04	IR(参照图 2-1-3)	
生成热(25℃,液体)/(kJ/mol)	−198.96		

(5) 化学性质　常温常压下化学性质稳定，但在高温和适当的催化剂存在下可以发生反应。例如己烷在高温下热解生成甲烷、乙烯、丁二烯、碳和氢等。用钯催化剂在300℃处理发生脱氢反应，并生成少量己烯混合物。在三氯化铝存在下发生异构化，得到2-甲基戊烷和3-甲基戊烷。用氧化铬-氧化铝或铂作催化剂，500～600℃时发生芳构化生成苯。在日光或紫外光照射下发生卤化反应，生成卤素衍生物。硝化时生成1-硝基己烷、2-硝基己烷及氧化副产物。

(6) 精制方法　己烷是从天然汽油、直馏汽油和轻馏分获得的，故杂质是沸点相近的烃类、苯和水等。除去沸点相近的化合物比较困难。除去苯可用等体积的硝化剂（58%浓硫酸、

25%浓硝酸、17%水的混合物）一起摇动8小时后分层，分去混酸后，分别用浓硫酸、碱和水洗涤。水分的除去可用氯化钙、金属钠、五氧化二磷和分子筛等。最后再分馏精制。

(7) 溶解性能　己烷是具代表性的非极性溶剂，能溶解各种烃类及卤代烃。蒽在己烷中的溶解度：25℃时为0.37g/100g，萘的溶解度稍大，甲醇部分溶解，比乙醇分子量高的醇类、醚类、丙酮和氯仿可与己烷混溶。含水的乙醇按其含水量不同溶解度有所改变。己烷用作萃取溶剂时，若其中含有少量甲基环戊烷能增大其溶解能力。

(8) 用途　己烷可作各种油脂、精油类的萃取用溶剂、精油稀释剂、橡胶糊用溶剂、精密仪器洗涤剂、液相色谱溶剂。

(9) 使用注意事项　危险特性属第3.1类低闪点易燃液体。危险货物编号：31005，UN编号：1208。要求置阴凉处密封贮存。常温附近的蒸气压为13.3～26.6kPa。故应严禁烟火。属低毒类。大量吸入有麻醉性，刺激皮肤黏膜，其中所含少量的芳香烃和硫化物杂质有较大的毒性。工作场所的最大容许浓度为1760mg/m³。对金属无腐蚀性，可用铁、软钢、铜或铝制容器贮存。

(10) 附表

表 2-1-13　己烷的蒸气压

温度/℃	蒸气压/kPa	温度/℃	蒸气压/kPa	温度/℃	蒸气压/kPa	温度/℃	蒸气压/kPa
−25.1	1.33	24.807	20.00	66.589	94.66	69.979	105.32
−14.3	2.67	31.609	26.66	67.028	95.99	70.383	106.66
−7.4	4.00	37.147	33.33	67.463	97.33	74.23	119.99
−2.3	5.33	41.852	40.00	67.893	98.66	77.75	133.32
1.85	6.67	49.631	53.33	68.319	99.99	84.05	159.99
5.36	8.00	55.985	66.66	68.740	101.32	92.1	199.98
11.13	10.67	61.4	79.99	69.157	102.66		
15.81	13.33	66.144	93.33	69.570	103.99		

表 2-1-14　硝基苯在己烷中的溶解度

温度/℃	硝基苯/%(在己烷溶液中)
6.50	30.18
8.54	34.94
10.14	45.14

表 2-1-15　糠醛在己烷中的溶解度

温度/℃	糠醛/%(在己烷溶液中)
26.4	5.22
41.4	7.91
49.2	9.71
60.6	13.17

表 2-1-16　二氧化硫在己烷中的溶解度

温度/℃	二氧化硫/%(在己烷溶液中)	温度/℃	二氧化硫/%(在己烷溶液中)
−19.0	15.9	3.0	30.7
−3.3	24.5	7.0	38.5

表 2-1-17　己烷-苯的气液平衡［C_6H_{14}(101.3kPa)］　单位：%(mol)

液相组成	气相组成	沸点/℃	液相组成	气相组成	沸点/℃	液相组成	气相组成	沸点/℃
0.073	0.140	77.6	0.462	0.540	70.9	0.828	0.838	69.0
0.172	0.268	75.1	0.585	0.644	70.0	0.883	0.888	68.9
0.268	0.376	73.4	0.692	0.725	69.4	0.947	0.950	68.8
0.372	0.460	72.0	0.792	0.807	69.1	0.962	0.964	68.8

表 2-1-18　己烷-乙醇的气液平衡［C_6H_{14}(55℃)］　单位：%(mol)

液相组成	气相组成	总压/kPa	液相组成	气相组成	总压/kPa
0.011	0.178	46.04	0.498	0.621	89.93
0.070	0.431	65.49	0.537	0.622	90.19
0.100	0.487	71.79	0.603	0.635	90.22
0.141	0.520	78.45	0.724	0.650	89.94
0.206	0.568	83.19	0.810	0.682	89.79
0.303	0.583	87.25	0.900	0.704	87.32
0.332	0.595	88.03	0.943	0.746	85.39
0.387	0.606	89.11	0.961	0.802	80.26
0.409	0.609	89.75			

表 2-1-19　含己烷的二元共沸混合物

第二组分	共沸点/℃	己烷/%	第二组分	共沸点/℃	己烷/%
异丁基氯	66.3	45	丁酮	64.2	63
溴丙烷	67.5	67	甲酸乙酯	49.5	33
氯仿	59.9	28	甲酸丙酯	63.6	70
甲醇	50.6	72	甲酸异丙酯	57.0	52
乙醇	56.7	79	甲酸烯丙酯	64.5	74
丙醇	65.7	95.7	乙醇甲酯	56.65	10
异丁醇	68.3	97.5	乙酸乙酯	65.1	61
仲丁醇	67.2	92	乙酸异丙酯	68.5	91
叔丁醇	63.7	74.8	丙酸甲酯	69.5	78
烯丙醇	65.2	95.5	丙酮	49.8	41
硼酸三甲酯	66.3	50	异丙醇	61	78
异丁基溴	68.0	62	叔戊醇	68.3	96
亚硝酸丁酯	68.0	82	异丁胺	60.0	50
亚硝酸异丁酯	65.0	44	甲酸异丁酯	68.5	82

(11) 附图

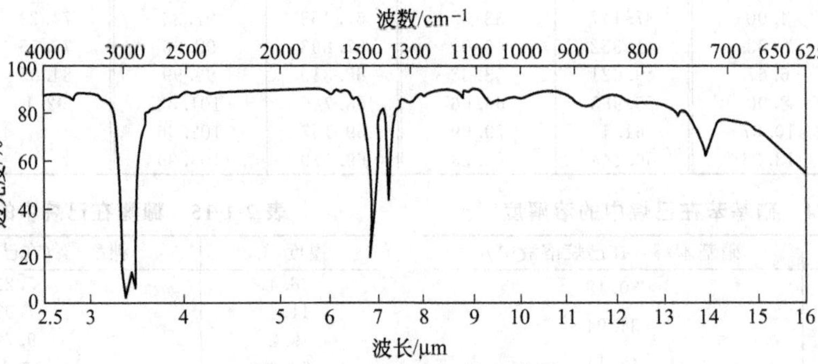

图 2-1-3　己烷的红外光谱图

参　考　文　献

1　CAS 110-54-3

2　EINECS 203-523-4

3　N. A. Lange. Handbook of Chemistry. 9th ed. McGraw. 1956. 572

4　API Research Project 44. Selected Values of Physical and Thermodynamic Properties of Hydrocarbons and Related Compounds, No. [A] 23-2- (1, 101) fb, W, Thermodynamic Research Center. Texas A & M Univ

5　R. W. Dornte and C. P. Smyth. J. Amer. Chem. Soc. 1930, 52: 3546

6　J. W. Williams and E. F. Ogg. J. Amer. Chem. Soc. 1928, 50: 94

7　R. W. Gallant, Hydrocarbon Process. 1967, 46 (7): 121

8　J. H. Perry. Chemical Engineering Handbook. 3rd ed. McGraw. 1950. 244

9　D. J. Ambrose et al. Trans Faraday Soc. 1960, 56: 1452

10　K. A. Kobe and R. E. Lynn. Chem. Rev. Trans, Faraday Soc. 1953, 52: 117

11　R. M. Deanesly and L. T. Carleton. J. Phys. Chem. 1941, 45: 1104

12　R. Suhrmann and P. Klein. Z. Physik. Chem. Leipzig. 1941, 50B: 23

13　P. Lambert and J. Lecomete. Ann. Phys. 1938, 10: 503

14　M. Takeda. J. Chem. Soc. Japan. 1941, 62: 896

15　E. J. Rosenbaum et al. J. Amer. Chem. Soc. 1939, 61: 689

16　R. Sneddon. Petrol. Eng. 1945, 16 (13): 148

17　R. H. Roberts and S. E. Johnson. Anal. Chem. 1948, 20 (690), 1225

18　N. I. Sax. Dangerous Properties of Industrial Materials., 2nd ed. Van Nostrand Reinhold. 1953. 874

19　N. F. Timofeev and R. M. Stakorskii. Ukr. Khim. Zh. 1926, 2: 395

20 E. N. Pennington and S. J. Marwil. Ind. Eng. Chem. 1953, 45: 1371
21 R. E. Treybal and O. J. Vondrak. Ind, Eng. Chem. 1949, 41: 1762
22 P. S. E. Prabho. M. V. Winkel. J. Chem. Eng. Data. 1963, 8 (2): 210～214
23 化学工学協会. 物性定数. 第3集. 丸善. 1965. 184
24 J. H. Perry. Chemical Engineer's Handbook. Kogakusha (Asia Edition). 635
25 API Research Project. Selected Values of Physical and Thermodynamics Properties of Hydrocarbons and Related Compounds. 1953
26 Beilstein. Handbuch der Organischen Chemie. H, 1-142; E Ⅳ, 1-338
27 The Merck Index. **10**, 4586; **11**, 4613

7. 2-甲基戊烷

2-methylpentane [isohexane]

(1) 分子式 C_6H_{14}。 相对分子质量 86.18。

(2) 示性式或结构式

$$\begin{array}{l} \quad\;\; CH_3 \\ \quad\;\; | \\ CH_3CHCH_2CH_2CH_3 \end{array}$$

(3) 外观 常温下为无色透明液体。

(4) 物理性质

沸点(101.3kPa)/℃	60.3	比热容(25℃,液体,定压)/[kJ/(kg·K)]	2.240
熔点/℃	−153.7	燃烧热	
相对密度(20℃/4℃)	0.654	总发热量/(kJ/mol)	4160.46
折射率(25℃)	1.36873	最低发热量/(kJ/mol)	3852.15
黏度/mPa·s	0.300	临界温度/℃	223.3
表面张力(20℃)/(mN/m)	17.31	临界压力/MPa	3.04
闪点/℃	−7以下	热导率(25℃,液体)/[W/(m·K)]	110.95×10^{-3}
燃点/℃	306	爆炸极限(下限)/%(体积)	1.2
蒸发热(b.p.)/(kJ/mol)	37.785	(上限)/%(体积)	7.0
熔化热/(kJ/mol)	6.280	苯胺点/℃	73.9
生成热(25℃,液体)/(kJ/mol)	−204.399		

(5) 化学性质 较稳定，在日光或紫外光作用下能发生卤化反应，生成卤素衍生物。硝化反应时生成硝基化合物。

(6) 精制方法 用浓硫酸除去不饱和化合物，碱洗、水洗后，用金属钠、五氧化二磷、氯化钙或固体干燥剂除去水分。

(7) 溶解性能 不溶于水，但能与醇、醚、丙酮和苯等混溶。

(8) 使用注意事项 危险特性属第3.1类低闪点易燃液体。危险货物编号：31005，UN编号：1208。属低毒类。有麻醉性。对黏膜有刺激作用，对金属无腐蚀性，可用铁、软钢、铜或铝制容器贮存。

(9) 附表

表 2-1-20 2-甲基戊烷的蒸气压

温度/℃	蒸气压/kPa	温度/℃	蒸气压/kPa	温度/℃	蒸气压/kPa
−32.1	1.33	29.084	33.33	59.855	99.99
−21.6	2.67	33.724	40.00	60.271	101.33
−14.8	4.00	41.400	53.33	60.683	102.66
−9.8	5.33	47.672	66.66	61.091	103.99
−5.7	6.67	53.020	79.99	61.495	105.32
−2.2	8.00	57.706	93.33	61.895	106.66
3.45	10.67	58.145	94.66	65.69	119.99
8.06	13.33	58.579	95.99	69.18	133.32
16.92	20.00	59.009	97.33	75.40	159.99
23.624	26.66	59.434	98.66	83.4	199.98

参 考 文 献

1 CAS 107-83-5
2 EINECS 203-523-4
3 N. A., Lange. Handbook of Chemistry. 9th ed. McGraw. 1956. 572
4 API Research Project 44. Selected Values of Physical and Thermodynamic Properties of Hydrocarbons and Related Compounds, No. [A] 23-2- (1. 201) fb, W, Thermodynamic Research Center. Texas A & M Univ
5 A. E. Dunstan and F. B Thole. J. Chem. Soc., 1913, 127
6 J. P. Wibaut and H. Hoog. Rec. Trav. Chim. 1940, 59: 1220
7 R. E. Gallant. Hydrocarbon Process. 1967, 46 (10): 135
8 J. H. Perry. Chemical Engineering Handbook. 3rd ed. McGraw. 1950. 244
9 D. J. Ambrose et al.. Trans. Faraday Soc. 1960, 56: 1452
10 K. A. Kobe and R. E. Lynn. Chem. Rev. 1953, 52: 117
11 P. Lambert and J. Lecomte. Ann. Phys. 1938, 10: 503
12 API Research Project 44. Numerical Index to the Catalogue of Infrared Spectral Data. No. [B] 0243, 0551, 0554, Thermodynamic Research Center. Texas A & M Univ. 1953
13 E. J. Rosenbaum et al. J. Amer. Chem. Soc. 1939, 61: 689
14 R. Mecke. Z. Physik. Chem. Leipzig. 1937, 36B: 347
15 R. Sneddon. Petrol. Eng. 1945, 16 (13): 148
16 API Research Project 44. Numerical Index to the Catalogue of Mass Spectral Data. No.[E] 0010, 0040, 0148, Thermodynamic Research Center, Texas A & M Univ. 1953
17 N. I. Sax, Dangerous Properties of Industrial Material. 2nd ed., Van Nostrand Reinhold. 1953. 1001
18 日本化学会. 防灾指針. Ⅰ-10, 丸善. 1962. 82
19 张海峰主编. 危险化学品安全技术大典: 第1卷. 北京: 中国石化出版社, 2010

8. 3-甲基戊烷

3-methylpentane

(1) 分子式 C_6H_{14}。　　相对分子质量　86.18。

(2) 示性式或结构式

$$CH_3CH_2\underset{}{\overset{CH_3}{\overset{|}{C}}}HCH_2CH_3$$

(3) 外观　无色透明液体。

(4) 物理性质

沸点(101.3kPa)/℃	63.3	临界压力/MPa	3.12
熔点/℃	−118	引燃温度/℃	306
相对密度(20℃/4℃)	0.6643	闪点/℃	−6.6
折射率(24℃)	1.3765	爆炸极限(下限)/%(体积)	1.0
蒸气压(10.5℃)/kPa	13.33	(上限)/%(体积)	7.0
临界温度/℃	231.5		

(5) 溶解性能　能与乙醇、乙醚、丙酮等有机溶剂混溶，不溶于水。

(6) 用途　溶剂、色谱分析标准物质。

(7) 使用注意事项　3-甲基戊烷的危险特性属第3.1类低闪点易燃液体。危险货物编号：31005，UN编号：1208。吸入、食入经皮肤吸收对身体有害，对眼睛、黏膜、皮肤及呼吸道有刺激性，其蒸气与空气可形成爆炸性混合物。遇高热、明火有燃烧爆炸危险。

参 考 文 献

1 CAS 96-14-0
2 EINECS 202-481-4

3 张海峰主编. 危险化学品安全技术大典：第1卷. 北京：中国石化出版社，2010

9. 2,2-二甲基丁烷

2,2-dimethylbutane [neohexane, tert-butylethane, 2-ethylisobutane]

(1) 分子式 C_6H_{14}。　　相对分子质量 86.18。

(2) 示性式或结构式

$$\begin{array}{c} \qquad\qquad CH_3 \\ \qquad\qquad | \\ CH_3CH_2CCH_3 \\ \qquad\qquad | \\ \qquad\qquad CH_3 \end{array}$$

(3) 外观　无色透明液体。

(4) 物理性质

沸点(101.3kPa)/℃	49.7	比热容(定压,27℃,液体)/[kJ/(kg·K)]	2.20
熔点/℃	−99.7	燃烧热	
相对密度(20℃/4℃)	0.649	总发热量/(kJ/mol)	4151.29
折射率(20℃)	1.36595	最低发热量/(kJ/mol)	3842.97
表面张力/(mN/m)	16.18	临界温度/℃	215.5
闪点/℃	−48 以下	临界压力/MPa	3.11
燃点/℃	425	爆炸极限(下限)/%(体积)	1.2
蒸发热(b.p.)/(kJ/mol)	26.322	(上限)/%(体积)	7.0
熔化热/(kJ/mol)	0.5798	苯胺点/℃	81.2
生成热(25℃,液体,定压)/(kJ/mol)	−213.53		

(5) 化学性质　较稳定，在日光或紫外光作用下发生卤化反应，生成卤素衍生物。硝化反应时，生成硝基化合物。

(6) 精制方法　不饱和化合物用浓硫酸洗涤除去。水分可用氯化钙、五氧化二磷、金属钠或固体干燥剂等除去。

(7) 溶解性能　不溶于水，能与醇、醚、丙酮、苯和石油醚等混溶。溶解能力与己烷、2-甲基戊烷类似。

(8) 用途　2,2-二甲基丁烷有很高的辛烷值，可作车用汽油和航空汽油的添加剂。

(9) 使用注意事项　危险特性属第3.1类低闪点易燃液体。危险货物编号：31005，UN 编号：1208 蒸气与空气易形成爆炸性混合物，遇明火、高热会引起燃烧爆炸。

(10) 附表

表 2-1-21　2,2-二甲基丁烷的蒸气压

温度/℃	蒸气压/kPa	温度/℃	蒸气压/kPa	温度/℃	蒸气压/kPa
−41.5	1.33	18.81	33.33	49.327	99.99
−31.1	2.67	23.403	40.00	49.741	101.33
−24.5	4.00	31.008	53.33	50.151	102.66
−19.5	5.33	37.228	66.66	50.556	103.99
−15.5	6.67	42.536	80.00	50.958	105.32
−12.1	8.00	47.192	93.33	51.355	106.66
−6.5	10.67	47.628	94.66	55.13	119.99
−2.0	13.33	48.059	95.99	58.60	133.32
6.79	20.00	48.486	97.33	64.80	159.99
13.41	26.67	48.909	98.66	72.8	199.98

参 考 文 献

1 CAS 75-83-2

2 EINECS 200-906-8

3 N. A. Lange. Handbook of Chemistry. 9th ed. McGraw. 1956. 572

4 API Research Project 44. Selected Values of Physical and Thermodynamic Properties of Hydrocarbons and Related Compounds, No. [A] 23-2- (1. 201) fb. W, Thermodynamic Research Center, Texas A & M Univ

5 J. P. Wibaut and H. Hoog. Rec. Trav. Chim. 1939, 58: 329

6 J. H. Perry. Chemical Engineering Handbook. 3rd ed. McGraw. 1950. 244

7 D. R. Stull. J. Amer. Chem Soc. 1937, 59: 2726

8 D. J. Ambrose et al. Trans. Faraday Soc. 1960, 56: 1452

9 K. A. Kobe and R. E. Lynn. Chem. Rev. 1953, 52: 117

10 API Research Project 44. Numerical Index to the Catalogue of Infrared Spectral Data; No. [B] 0066, 0067, 0245, 0655, Thermodynamic Research Center. Texas A & M Univ. 1953

11 P. Lambert and J. Lecomte. Ann. Phys. 1938, 10: 503

12 M. Takeda. J. Chem. Soc. Japan. 1941, 62: 896

13 E. J. Rosenbaum et al. J. J. Amer. Chem. Soc. 1939, 61: 689

14 API Research Project 44. Numerical Index to the Catalogue of Mass Speclral Data, No. [E] 0012, 0150, Thermodynamic Research Center. Texas A & M Univ. 1953

15 R. Sneddon. Petrol. Eng. 1945, 16 (13): 148

16 日本化学会．防灾指針．Ⅰ-10，丸善．1962. 50

17 N. I. Sax. Dangerous Properties of Industrial Materials, 2nd ed. Van Nostrand Reinhold. 1953. 738

18 张海峰主编. 危险化学品安全技术大典：第 1 卷. 北京：中国石化出版社，2010

10. 2,3-二甲基丁烷

2,3-dimethylbutane [di-*iso*-propyl]

(1) 分子式　C_6H_{14}。　　　　相对分子质量　86.18。

(2) 示性式或结构式

$$\begin{array}{c} CH_3 \\ | \\ CH_3CHCHCH_3 \\ | \\ CH_3 \end{array}$$

(3) 外观　无色透明液体。

(4) 物理性质

沸点(101.3kPa)/℃	58.0	燃烧热	
熔点/℃	−128.4	总发热量/(kJ/mol)	4157.70
相对密度(20℃/4℃)	0.662	最低发热量/(kJ/mol)	3849.38
折射率(25℃)	1.37231	临界温度/℃	226.7
表面张力/(mN/m)	17.43	临界压力/MPa	3.13
闪点/℃	−29 以下	蒸气压(0℃)/kPa	10.24
燃点/℃	420	(25℃)/kPa	31.28
蒸发热/(kJ/mol)	27.294	爆炸极限(下限)/%(体积)	1.2
熔化热/(kJ/mol)	0.812	(上限)/%(体积)	7.0
生成热(25℃,液体)/(kJ/mol)	−207.16	苯胺点/℃	71.9
比热容(27℃,定压)/[kJ/(kg·K)]	2.00		

(5) 化学性质　较稳定，在日光或紫外光作用下发生卤化反应，生成卤素衍生物。硝化反应时，生成硝基化合物。

(6) 精制方法　不饱和化合物用浓硫酸洗涤除去。水分可用氯化钙、五氧化二磷、金属钠或固体干燥剂等除去。

(7) 溶解性能　不溶于水，能与乙醇、乙醚、氯仿等混溶。溶解能力与己烷类似。

(8) 使用注意事项　危险特性属第 3.1 类低闪点易燃液体。危险货物编号：31005，UN 编号：2457。与氧化剂发生强烈反应，遇明火、高热会引起燃烧爆炸。

参 考 文 献

1 CAS 79-29-8
2 EINECS 201-193-6
3 N. A. Lange. Handbook of Chemistry. 10th ed. McGraw. 1967. 572
4 API Research Project 44. Selected Values of Physical and Thermodynamic Properties of Hydrocarbons and Compounds, No. [A] 23-2- (1. 201) fb. W, Thermodynamic Research Center. Texas A & M Univ
5 J. P. Wibaut and Hoog. Rec. Trav. Chim. 1939, 58: 329
6 J. H. Perry. Chemical Engineering Handbook. 3rd ed. McGraw. 1950. 244
7 D. R. Douslin and H. M. Huffman, J. Amer. Chem. Soc. 1946, 68: 1704
8 D. J. Ambrose et al. Frans. Faraday Soc. 1960, 58: 1452
9 K. A. Kobe and R. E. Lynn. Chem. Rev. 1953, 52: 117
10 N. A. Lange. Handbook of Chemistry, 10th ed. McGraw. 1967. 1430
11 API Research Project 44. Numerical Index to the Catalogue of Infrared Spectral Data. No. [B] 0246, 0656, 0670, Thermodynamic Research Center. Texas A & M Univ. 1953
12 P. Lambert and J. Lecomte. Ann. Phys. 1938, 10: 503
13 E. J. Rosenbaum et al. J. Amer. Chem. Soc. 1939, 61: 689
14 R. Mecke. Z. Physik. Chem. Leipzig. 1937, 36B: 347
15 API Research Project 44. Numerical Index to the Catalogue of Mass Spectral Data. No. [E] 0013, 0151, Thermodynamic Research Center. Texas A & M Univ. 1953
16 R. Sneddon. Petrol. Eng. 1945, 16 (13): 148
17 日本化学会. 防灾指針. Ⅰ-10, 丸善. 1962. 50
18 N. I. Sax. Dangerous Properties of Industrial Materials. 2nd ed. Van Nostrand Reinhold. 1953. 738

11. 庚　烷

heptane [*n*-heptane, hexylmethane]

(1) 分子式　C_7H_{16}。　　相对分子质量　100.21。

(2) 示性式或结构式　$CH_3(CH_2)_5CH_3$

(3) 外观　无色透明液体。

(4) 物理性质

沸点(101.3kPa)/℃	98.4	比热容(0℃,定压)/[kJ/(kg·K)]	2.233
熔点/℃	−90.6	燃烧热	
相对密度(20℃/4℃)	0.684	总发热量/(kJ/mol)	4820.13
折射率(25℃)	1.38512	最低发热量/(kJ/mol)	4467.78
介电常数(25℃)	1.924	临界温度/℃	267.1
偶极矩	0.0	临界压力/MPa	2.74
黏度(20℃,液体)/mPa·s	0.409	电导率/(S/m)	$<1\times10^{-12}$
表面张力(25℃)/(mN/m)	19.6	热导率(25℃,液体)/[W/(m·K)]	122.25×10^{-3}
闪点/℃	−4	爆炸极限(下限)/%(体积)	1.2
燃点/℃	233	(上限)/%(体积)	6.7
蒸发热(0℃)/(kJ/mol)	38.016	体膨胀系数/K^{-1}	0.001236
熔化热/(kJ/mol)	14.059	苯胺点/℃	70.6
生成热(25℃,液体)/(kJ/mol)	−224.54		

(5) 化学性质　在常温常压下化学性质稳定。在三氯化铝的催化下能发生异构化反应。在日光或紫外光作用下和卤素发生反应，生成卤素衍生物。硝化反应时生成2-硝基庚烷。用铂作催化剂，在500～600℃时发生芳构化，生成甲苯。

(6) 精制方法 庚烷中除含沸点相近的烷烃、环烷烃化合物外，尚含有不饱和化合物、水分和苯。苯的除去方法与己烷相同。不饱和烃用浓硫酸洗涤除去，除去水分可用氯化钙、五氧化二磷、金属钠和钾等，也可用分子筛作固体干燥剂。最后再分馏精制。

(7) 溶解性能 与己烷类似。对水和甲醇的溶解度比己烷小。能与其他的醇、醚以及氯仿等完全混溶。

(8) 用途 可用作动植物油脂的萃取溶剂，快干性橡皮胶合剂。橡胶工业用溶剂。还用于涂料、清漆、快干性油墨及印刷工业中作清洗溶剂。纯品用作测定汽油辛烷值的标准燃料。液相色谱溶剂。

(9) 使用注意事项 危险特性属第3.2类中闪点易燃液体。危险货物编号：32006，UN编号：1206。常温下蒸气压为6.7～8kPa。应严格注意着火危险，要用密封容器贮存。着火时不能用水，必须用二氧化碳等化学灭火剂灭火。对金属没有腐蚀性，故可用铁、软钢、铜或铝制容器贮存。

属低毒类。具有刺激和麻醉作用，对血象稍有影响。在商品庚烷中所含少量的甲基环己烷和芳香烃使其毒性增加。人在4.09mg/m^{3}浓度下接触6min或在8.18mg/m^{3}浓度下接触4分钟即可引起眩晕、平衡失调。嗅觉阈浓度204mg/m^3。工作场所最高容许浓度为1600mg/m^3。

(10) 附表

表 2-1-22 庚烷的蒸气压

温度/℃	蒸气压/kPa	温度/℃	蒸气压/kPa	温度/℃	蒸气压/kPa	温度/℃	蒸气压/kPa
−2.11	1.33	51.410	20.00	96.127	94.66	99.751	105.32
9.49	2.67	58.695	26.66	96.596	95.99	100.183	106.66
16.84	4.00	64.624	33.33	97.061	97.33	104.29	119.99
22.35	5.33	69.662	40.00	97.521	98.66	108.06	133.32
26.808	6.67	77.987	53.33	97.977	99.99	114.79	159.99
30.573	8.00	84.786	66.66	98.427	101.33	123.41	199.98
36.758	10.67	90.578	79.99	98.873	102.66		
41.772	13.33	95.651	93.33	99.314	103.99		

表 2-1-23 庚烷-甲基环己烷的气液平衡［庚烷(101.3kPa)］ 单位：%（mol）

液相组成	气相组成	沸点/℃	液相组成	气相组成	沸点/℃
3.10	3.50	100.7	55.90	57.80	
5.80	6.20	100.6	59.90	61.80	99.0
9.50	10.30	100.5	64.70	66.60	98.9
13.30	14.30	100.4	70.90	72.80	98.8
18.00	19.20	100.3	75.60	77.10	
21.60	22.90	100.2	79.60	81.00	98.6
27.15	28.90	100	84.30	85.35	98.55
31.70	33.30	100	87.90	89.00	
36.30	38.10	99.9	90.60	91.30	
40.10	42.00	99.8	93.10	94.00	98.5
45.60	47.50	99.6	95.40	96.25	
50.10	52.10	99.3	98.00	98.60	98.42

表 2-1-24 庚烷-甲苯的气液平衡［庚烷(101.3kPa)］ 单位：%（mol）

液相组成	气相组成	沸点/℃	液相组成	气相组成	沸点/℃
0.0	0.0	110.62	45.5	54.0	101.72
2.5	4.8	110.75	49.7	57.7	101.35
6.2	10.7	108.60	56.8	63.7	100.7
12.9	20.5	106.80	58.0	64.7	100.6
18.5	27.5	105.65	69.2	74.2	99.73
23.5	33.3	104.80	84.3	86.4	98.9
25.0	34.9	104.5	94.0	94.8	98.5
28.0	39.6	103.83	97.5	97.6	98.4
35.4	45.4	102.95	99.4	99.3	98.33
41.2	50.4	102.25	100.0	100.0	98.3
44.8	54.1	101.78			

表 2-1-25　含庚烷的二元共沸混合物

第二组分	共沸点/℃	庚烷/%	第二组分	共沸点/℃	庚烷/%
甲醇	59.1	48.5	丁醇	94.4	82
乙醇	70.9	51	异丁醇	90.8	73
丙醇	84.8	62	仲丁醇	89	62
烯丙醇	84.5	63	叔丁醇	78	38
乙二醇	98.3	99	甲酸丁酯	90.7	60
乙缩醛	97.5	80	甲酸异丁酯	92.0	50
丁酮	77.0	30	乙酸异丙酯	87.5	33
3-戊酮	93.0	65	乙酸甲酯	94.9	66
甲基异丙基酮	97.5	87	异丁酸甲酯	88.5	40
甲酸丙酯	78.2	29	乙酸丙酯	93.6	62
乙酸乙酯	76.9	6	亚硝酸异戊酯	95.0	46
甲酸	79.5	67	叔戊醇	92.2	73.5
乙酸	92.3	70	异戊醇	97.7	93
丙酸乙酯	93.0	53	苯	80.1	0.7
硝酸乙酯	82.5	32	甲基叔丁基酮	<97	<85
烯丙基碘	97.0	52	异丁酸乙酯	97.0	90
碳酸二甲酯	82.35	39	甲基环己烷	98.3	90
异丙醇	76.4	49.5	三氯乙醛	93	47
溴丁烷	96.7	50			

注：庚烷、乙醇、水可形成三元共沸混合物，共沸点 69.5 ℃，组成未报道。

参 考 文 献

1 CAS 142-82-5
2 EINECS 205-563-8
3 N. A. Lange. Handbook of Chemistry. 9th ed. McGraw. 1956. 566
4 API Research Project 44. Selected Values of Physical and Thermodynamic Properties of Hydrocarbons and Related Compounds No. [A] 23-2- (1. 101) fb. w, Thermodynamic Research Center. Texas A & M Univ
5 日本化学会. 化学便覧. 基礎編. 丸善. 1975. 577
6 K. Hojendahl. J. Chem. Soc. 1926, 2798
7 R. E. Gallant, Hydrocarbon Process. 1967, 48 (7): 121
8 J. H. Perry. Chemical Engineering Handbook, 3rd ed. McGraw. 1950. 244
9 D. J. Ambrose et al. Trans. Faraday Soc. 1960, 56: 1452
10 K. A. Kobe and R. E. Lynn. Chem. Rev. 1953, 52: 117
11 R. M. Deanesly and L. T. Carleton. J. Phys. Chem. 1941, 45: 1104
12 API Research Project 44. Nmerical Index to the Catalogue of Infrared Spectral Data, No. [B] 0387, 0637, 0638, Thermodynamic Research Center. Texas A & M Univ. 1953
13 R. Suhrmann and P. Klein. Z. Physik. Chem. Leipzig. 1941, 50B: 23
14 N. Sheppard. J. Chem. Phys. 1948, 16: 690
15 F. F. Clevaland and D. E. Lee. Phys. Rev. 1944, 65: 350
16 API Research Project 44. Numerical Index to the Catalogue of Mass Spectral Data, No. [E] 0014, 0163, Thermodynamic Research Center. Texas A and M Univ. 1953
17 R. H. Roberts and S. E. Johnsen. Anal. Chem. 1948, 20 (690): 1225
18 N. I. Sax. Dangerous Properties of Industrial Materials. 2nd ed. Van Nostrand Reinhold. 1953. 868
19 Ju Chin Chu. Distillation Equilibrium Data. Van Nostrand Reinhold, 1950. 109
20 C. Marsden. Solvents Guide. 2nd ed. Cleaver-Hume, 1963. 308
21 Beilstein. Handbuch der Organischen Chemie. H, 1-154; E Ⅳ, 1-376
22 The Merck Index. **10**, 4511; **11**, 4580

12. 庚烷异构体

heptane isomers

(1) 分子式　C_7H_{16}。　　　　相对分子质量　100.21。

(2) 性状 庚烷异构体是在石油蒸馏时所得，由含支链的庚烷同分异构体组成。含有少量的甲基环戊烷、环己烷、二甲基环戊烷以及微量的苯。

(3) 物理性质

性 能	2-甲基己烷	3-甲基己烷	2,3-二甲基戊烷	2,4-二甲基戊烷
沸点(101.3kPa)/℃	90.1	92.0		80.5
熔点/℃	−118.3	−119.4		−119.2
相对密度(20℃/4℃)	0.679	0.687		0.673
折射率(25℃)	1.38227	1.38609	1.38946	1.37822
介电常数(20℃)	1.919	1.927	1.939	1.914
黏度(20℃)/mPa·s	0.378	0.372	0.406	0.361
表面张力(20℃)/(mN/m)	19.17	19.56	19.65	18.12
闪点/℃	≤18		≤−7	−12
燃点/℃			337	
蒸发热/(kJ/mol)	30.685	30.806	30.405	29.517
熔化热/(kJ/mol)	8.876			6.700
生成热(25℃,液体)/(kJ/mol)	−226.08～238.64	−226.08～−238.64	−226.08～−238.64	−226.08～−238.64
燃烧热				
总发热量/(kJ/mol)	4.806～4.815	4.806～4.815	4.806～4.815	4.806～4.815
最低发热量/(kJ/mol)	4.459～4.501	4.459～4.501	4.459～4.501	4.459～4.501
比热容(19.2℃,定压)/[kJ/(kg·K)]	2.189			
临界温度/℃	257.1	262.4	264.6	247.1
临界压力/MPa	2.76	2.85	2.96	2.78
蒸气压(25℃)/kPa	8.8	8.2	9.2	13.1
爆炸极限(下限)/%(体积)			1.1	
(上限)/%(体积)			6.7	
苯胺点/℃	73.6			

(4) 溶解性能 与己烷类似。

(5) 使用注意事项 危险特性属第3.2类中闪点易燃液体。危险货物编号：32007，UN编号：1206。毒性与己烷、庚烷相同。

参 考 文 献

1 CAS 31394-54-4；591-76-4；589-34-4；590-35-2；565-59-3；108-08-7；562-49-2；617-78-7；464-06-2
2 EINECS 250-610-8；209-730-6；209-643-3；209-680-5；209-280-0；209-230-8；210-529-0；207-346-3
3 N. A. Lange. Handbook of Chemistry. 9th ed. McGraw. 1956. 566
4 API Research Project 44. Selected Values of Physical and Thermodynamic Properties of Hydrocarbons and Related Compounds，No. [A] 23-2-(1.1202)，(1.202) fb，w，Thermodynamic Research Center. Texas A & M Univ
5 A. A. Maryott and E. A. Smith. Table of Dielectric Constants of Pure Liquids. NBC Circular. 1951
6 C. P. Smyth and W. N. Stoops. J. Amer. Chem，Soc. 1928，50：1883
7 G. Edgar and G. Calingaert. J. Amer. Chem. Sec. 1929，51：1540
8 J. H. Perry. Chemical Engineering Handbook. 3rd ed. McGraw. 1950. 244
9 G. S. Parks et al. J. Amer. Chem. Soc. 1930，52：1032
10 D. J. Ambrose et al. Trans Faraday Soc. 1960，56：1452
11 K. A. Kobe and R. E. Lynn. Chem. Rev. 1953，52：117
12 API Research Project 44. Numerical Index to the Catalogue of Infrared Spectral Data，No. [B] 0069，0070，0072，0073，Thermodynamic Research Center. Texas A&M Univ. 1953
13 N. Sheppard. J. Chem. Phys. 1948，18：690
14 E. J. Rosenbaum et al.. J. Amer. Chem Soc. 1939，61：689
15 API Research Project 44. Numerical Index to the Catalogue of Mass Spectral Data，No. [E] 0015，0016，0019，0020，Thermodynamic Research Center. Texas A&M Univ. 1953
16 N. I. Sax. Dangerous Properties of Industrial Materials. 2nd ed. Van Nostrand Reinhold. 1953. 868
17 日本化学会. 防灾指針. I-10，丸善. 1962. 52

13. 辛 烷

octane [n-octane]

(1) 分子式 C_8H_{18}。 相对分子质量 114.23。

(2) 示性式或结构式 $CH_3(CH_2)_6CH_3$

(3) 外观 无色透明液体。

(4) 物理性质

沸点(101.3kPa)/℃	125.665	熔化热/(kJ/mol)	20.754
熔点/℃	−56.795	生成热(气体)/(J/mol)	−208.59
相对密度(20℃/4℃)	0.70252	(液体)/(J/mol)	−250.12
(25℃/4℃)	0.69849	燃烧热(液体)	
折射率(20℃)	1.39743	总发热量/(J/mol)	5474.36
(25℃)	1.39505	最低发热量/(J/mol)	5077.96
介电常数(25℃)	1.948	比热容(理想液体,25 ℃,定压)/[kJ/(kg·K)]	1.65
偶极矩	0.0	(液体,25℃,101.3kPa)/[kJ/(kg·K)]	2.23
黏度(20℃)/mPa·s	0.5466	临界温度/℃	296.2
(25℃)/mPa·s	0.5151	临界压力/MPa	2.50
表面张力(20℃)/(mN/m)	21.76	热导率(20℃)/[mW/(m·K)]	131.047
(25℃)/(mN/m)	21.26	(30℃)/[mW/(m·K)]	128.250
闪点/℃	15.6	爆炸极限(下限)/%(体积)	0.84
燃点/℃	218	(上限)/%(体积)	3.2
蒸发热(25℃)/(kJ/mol)	41.512	体膨胀系数(15.6℃)/K^{-1}	11.16×10^{-4}
(b.p.)/(kJ/mol)	34.390	苯胺点/℃	70.6

(5) 化学性质 常温常压下性质稳定，与酸、碱不发生反应。450℃时发生热解。在三氯化铝以及氯化氢催化下发生分解和异构化，生成异丁烷、异戊烷和烯烃。

(6) 精制方法 含硫杂质加硫酸洗涤除去，再经蒸馏、分子筛脱水精制。

(7) 溶解性能 几乎不溶于水。25℃时在水中溶解 0.002%，20℃时水在辛烷中溶解 0.014%。微溶于乙醇，能与醚、丙酮、氯仿、苯、石油醚以及汽油等混溶。溶解能力与己烷、庚烷相似。

(8) 用途 主要用作溶剂汽油、工业用汽油的成分。其他用作印刷油墨溶剂、涂料用溶剂的稀释剂、丁基橡胶用溶剂以及烯烃聚合等有机反应的溶剂。

(9) 使用注意事项 危险特性属第 3.2 类中闪点易燃液体。危险货物编号：32008，UN 编号：1262。严禁烟火，着火时用泡沫灭火剂、二氧化碳、粉末灭火剂灭火。辛烷属低毒类，有麻醉性。大量吸入时致使中枢神经功能降低，引起结膜炎、脱脂性皮肤炎。小鼠 2h 吸入致死浓度为 $80g/m^3$，吸入 30～$60g/m^3$ 时 30～90min 使小鼠麻醉。嗅觉阈浓度 2.335 mg/m^3，工作场所最高容许浓度为 $2350mg/m^3$。

(10) 附表

表 2-1-26 辛烷的蒸气压

温度/℃	蒸气压/kPa	温度/℃	蒸气压/kPa	温度/℃	蒸气压/kPa	温度/℃	蒸气压/kPa
19.2	1.33	75.912	20.00	123.233	94.66	127.065	105.32
31.5	2.66	83.626	26.66	123.729	95.99	127.522	106.66
39.28	4.00	89.903	33.33	124.221	97.33	131.86	119.99
45.12	5.33	95.235	40.00	124.707	98.66	135.85	133.32
49.847	6.67	104.045	53.33	125.189	99.99	142.96	159.99
53.838	8.00	111.238	66.66	125.665	101.33	152.1	199.98
60.392	10.67	117.364	79.99	126.136	102.66		
65.704	13.33	122.730	93.33	126.602	103.99		

表 2-1-27　辛烷-乙基环己烷的气液平衡［辛烷(101.3kPa)］　　单位：%(mol)

沸点/℃	辛烷/%(mol)		沸点/℃	辛烷/%(mol)	
	液相	气相		液相	气相
131.2	11.9	14.3	128.0	58.9	62.3
130.9	19.2	22.0	127.4	68.9	71.5
130.05	28.6	31.5	126.9	78.5	80.6
129.35	38.8	42.4	126.3	89.4	90.2
128.75	48.9	52.5			

表 2-1-28　辛烷-丁醇的气液平衡［辛烷(101.3kPa)］　　单位：%(mol)

沸点/℃	辛烷/%(mol)		沸点/℃	辛烷/%(mol)	
	液相	气相		液相	气相
114.0	6.1	17.4	109.3	39.7	43.8
111.9	13.0	28.5	109.2	45.8	45.7
111.4	15.2	30.3	109.7	59.1	49.4
110.3	21.0	35.1	110.5	74.1	53.8
109.7	28.8	39.3	115.6	90.6	70.5

表 2-1-29　辛烷-乙二醇-乙醚的气液平衡［辛烷(101.3kPa)］　　单位：%(mol)

沸点/℃	辛烷/%(mol)		沸点/℃	辛烷/%(mol)	
	液相	气相		液相	气相
133.6	1.00	6.40	118.4	30.20	53.95
131.1	2.40	14.75	117.45	40.10	56.75
129.6	3.75	20.00	117.0	52.50	60.20
127.75	5.35	26.06	117.05	65.10	63.00
125.5	7.75	33.00	117.25	74.75	66.25
123.45	10.75	38.55	117.05	77.90	68.00
121.95	15.75	45.40	119.0	88.00	74.55
119.55	22.30	49.75	122.6	94.75	86.90

表 2-1-30　辛烷-乙二醇-丁醚的气液平衡［辛烷(101.3kPa)］　　单位：%(mol)

沸点/℃	辛烷/%(mol)		沸点/℃	辛烷/%(mol)	
	液相	气相		液相	气相
142.0	2.2	20.4	106.0	58.0	86.2
132.5	6.0	40.7	105.0	73.8	88.6
122.7	12.8	60.6	105.0	74.4	88.2
116.0	21.0	72.2	104.5	88.2	92.8
109.3	32.2	79.6	104.3	93.8	95.2
107.0	45.0	82.8			

表 2-1-31　含辛烷的二元共沸混合物

第二组分	共沸点/℃	辛烷/%	第二组分	共沸点/℃	辛烷/%
甲醇	63.0	28	3-氯-1,2-环氧丙烷	114.5	20
乙醇	76.3	24	甲酸	93.5	20
丙醇	95.0	22.7	乙酸	105.5	47.5
异丙醇	81.6	16	甲酸异戊酯	<116.5	45
异丁醇	102.5	65	乙醇丁酯	119.0	48
乙二醇一甲醚	110.0	52	乙酸异丁酯	114.0	<30
乙二醇一乙醚	116.0	62	乙酸-2-甲氧基乙酯	125.2	89
甲基异丁基酮	113.4	35	乙酰胺	125.5	92
亚异丙基丙酮	123.0	70	吡啶	112.8	10
二异丁基酮	122.0	90	2-氨基乙醇	123	84
二噁烷	100.5	6	乙腈	77.4	36
丙酸丙酯	118.2	40	丁酸丁酯	118.5	35

表 2-1-32　各种辛烷异构体的主要常数

溶　　剂	沸　点 (101.3kPa) /℃	熔　点 /℃	相对密度 (25℃/4℃)	折射率 (25℃)	表面张力 (25℃) /(mN/m)	蒸发热/(kJ/mol)	
						(25℃)	(b. p.)
2-甲基庚烷	117.647	−109.040	0.69392	1.39257	20.14	39.703	33.83
3-甲基庚烷	118.925	−120.50	0.70175	1.39610	20.70	39.858	33.91
4-甲基庚烷	117.709	−120.955	0.70055	1.39553	20.54	39.699	33.91
3-乙基己烷	118.534		0.70948	1.39919	21.04	39.670	33.63
2,2-二甲基己烷	106.840	−121.18	0.69112	1.39104	19.14	37.313	32.28
2,3-二甲基己烷	115.607		0.70809	1.39880	20.53	38.816	33.22
2,4-二甲基己烷	109.429		0.69620	1.39291	19.59	37.790	32.62
2,5-二甲基己烷	109.103	−91.200	0.68934	1.39004	19.28	37.882	32.66
3,3-二甲基己烷	111.969	−126.10	0.70596	1.39782	20.18	37.560	32.49
3,4-二甲基己烷	117.725		0.71516	1.40180	21.18	39.000	33.29
2-甲基-3-乙基戊烷	115.650	−114.960	0.71522	1.40167	21.05	38.548	32.98
3-甲基-3-乙基戊烷	118.259	−90.870	0.72354	1.40549	21.53	38.016	32.81
2,3,3-三甲基戊烷	114.760	−100.70	0.72232	1.40522	21.10	37.242	32.36
2,3,4-三甲基戊烷	113.467	−109.210	0.71503	1.40198	20.68	37.73	32.75
2,2,3,3-四甲基丁烷	106.47	100.69				42.873	31.44

参　考　文　献

1　CAS 111-65-9
2　EINECS 203-892-1
3　API Research Project 44. Selected Values of Physical and Thermodynamic Properties of Hydrocarbons and Related Compounds, No. [A] 23-2-(1.100) a-E, c, e, i. p. q; (1.1100) (1.1101) (1.1200) (1.1201) (1.1202) (1.1203) a-E, e, q, om-Thermodynamic Research Center. Texas A & M Univ
4　A. Weissberger. Organic Solvents. 2nd ed. Wiley. 64
5　ASTM Special Technical Pubication. No. 109A. 1963
6　R. W. Gallant. Physical Properties of Hydrocarbons. Vol. 1. Gulf Pub. Co., 1958. 139
7　G. M. Mallan et al. J. Chem. Eng. Data. 1972, 17: 412
8　C. J. Pouchert. The Aldrich Library of Infrared Spectra, p. 3, Aldrich Chemical Co.. 1970
9　M. R. Fenske et al. Ind. Eng. Chem. Anal. Ed. 1947, 19: 700
10　E. Stenhagen et al. Atlas of Mass Spectral Data, Vol. 1 Wiley. 1969. 412
11　化学と工業. 1959, 12: 156
12　日本化学会. 化学便覧. 基礎編, 丸善. 1958. 689, 820
13　N. I Sax. Dangerous Properties of Industrial Materials. Van Nostrand Reinhold. 1951. 283
14　P. S. Praubhu and M. V. Winkle. J. Chem. Eng. Data. 1964, 9: 9
15　コーガンはか (平田光穂訳). 気液平衡デ-タブック講談社. 1974. 709, 813
16　H. H. Voge and G. M. Good. J. Amer. Chem. Soc. 1949, 71: 597
17　V. B. Kogan et al. Zh. Fiz. Khim. 1959, 33: 1521
18　P. S. Murti and M. V. Winkle. A. I. Ch. E. J. 1957, 3: 517
19　P. S. Prabhu and M. V Winkle. J. Chen. Eng. Data. 1963, 8: 14
20　J. H. Perry. Chemical Engineering Handbook. 3rded., McGraw, 1950. 636
21　J. Timmermans. The Physico-Chemical Constants of Binary Systems in Concentrated Solution. Vol. 2. Wiley. 1959. 23
22　J. Timmermans. The Physico-Chemical Constants of Binary Systems in Concentrated Solution. Vol. 1, Wiley. 1959. 399, 527
23　Beilstein. Handbuch der Organischen Chemie. H, 1-159; E Ⅳ 1-412
24　The Merck Index. **10**, 6592; **11**, 6672

14. 2,2,4-三甲基戊烷

2,2,4-trimethylpentane [isooctane, isobutyltrimethylmethane]

(1) 分子式　C_8H_{18}。　　　　相对分子质量　114.23。

(2) 示性式或结构式 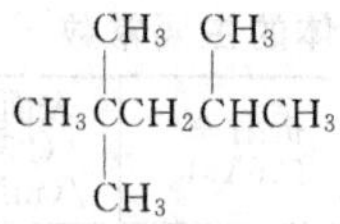

(3) 外观　无色透明液体，有类似汽油的气味。

(4) 物理性质

沸点(101.3kPa)/℃	99.238	熔化热/(kJ/mol)	9.219
熔点/℃	−107.365	热导率/[W/(m·K)]	100.48×10^{-3}
相对密度(20℃/4℃)	0.69192	生成热(气体)/(kJ/mol)	−208.59
(25℃/4℃)	0.68777	(液体)/(kJ/mol)	−250.20
折射率(20℃)	1.39145	燃烧热(25℃,液体)	
(25℃)	1.38901	总发热量/(kJ/mol)	5468.98
介电常数(20℃)	1.943	最低发热量/(kJ/mol)	5068.58
黏度(20℃)/mPa·s	0.504	比热容(25℃,理想气体,定压)/[kJ/(kg·K)]	1.655
(40℃)/mPa·s	0.403	(25℃,液体,定压)/[kJ/(kg·K)]	2.09
表面张力(20℃)/(mN/m)	18.77	临界温度/℃	271.15
(25℃)/(mN/m)	18.32	临界压力/MPa	2.58
闪点/℃	−12.2	电导率(25℃)/(S/m)	$<1.7\times10^{-8}$
燃点/℃	530	爆炸极限(下限)/%(体积)	1.1
蒸发热(25℃)/(kJ/mol)	35.152	(上限)/%(体积)	6.0
(b.p.)/(kJ/mol)	31.024	体膨胀系数(15.6℃)/K^{-1}	11.9×10^{-4}

(5) 化学性质　化学性质稳定。与95%的硫酸不作用。在硝酸和硫酸的混酸中，140℃发生硝化反应。由于分子中叔碳上含有氢原子，故比辛烷易氧化。与卤素能发生光化学反应。与烯烃发生烷基化反应。在$AlCl_3$-HCl催化下与苯反应生成1,4-二叔丁基苯。

(6) 精制方法　通过硅胶柱分离烯烃，再蒸馏精制。

(7) 溶解性能　不溶于水，微溶于醇，能与醚、酮、苯、甲苯、二甲苯、氯仿、四氯化碳、二硫化碳和二甲基甲酰胺等相混溶。

(8) 用途　用作测定汽油辛烷值的标准燃料。也用作车用汽油、航空汽油的添加剂。丁二烯聚合时用作溶剂。液相色谱溶剂。

(9) 使用注意事项　危险特性属第3.2类中闪点易燃液体。危险货物编号：32009，UN编号：1262。严禁火源，着火时用泡沫灭火剂、二氧化碳、粉末灭火剂灭火。对金属无腐蚀性，可用软钢、铜或铝制容器贮存。由于对天然橡胶和某些合成橡胶有溶胀作用，故要选择合适的垫圈和密封垫。属低毒类。毒性略大于正辛烷，小鼠吸入异辛烷20～30g/m³，2h，40%死亡。人接触异辛烷1g/m³，5min，出现呼吸道和眼黏膜受刺激的症状。

(10) 附表

表 2-1-33　2,2,4-三甲基戊烷的蒸气压

温度/℃	蒸气压/kPa	温度/℃	蒸气压/kPa	温度/℃	蒸气压/kPa	温度/℃	蒸气压/kPa
−4.3	1.33	50.597	20.00	96.851	94.66	100.613	105.32
7.5	2.67	58.112	26.66	97.338	95.99	101.062	106.66
15.05	4.00	64.234	33.33	97.821	97.33	105.33	119.99
20.70	5.33	69.440	40.00	98.298	98.66	109.24	133.32
25.277	6.67	78.051	53.33	98.771	99.99	116.24	159.99
29.147	8.00	86.092	66.66	99.238	101.33	125.22	199.98
35.507	10.67	91.095	79.99	99.701	102.66		
40.667	13.33	96.358	93.33	100.159	103.99		

表 2-1-34　2,2,4-三甲基戊烷-甲苯的气液平衡［2,2,4-三甲基戊烷(101.3kPa)］

单位：%(mol)

液相组成	气相组成	沸点/℃	液相组成	气相组成	沸点/℃
2.02	3.45	110.3	52.04	59.60	103.1
6.99	11.25	109.1	57.93	63.92	102.8
7.36	12.38	109.0	61.80	67.46	101.7
14.00	20.30	107.3	72.20	76.73	101.1
21.80	30.20	107.2	80.20	82.90	100.2
28.64	38.06	107.3	88.70	90.10	100.0
40.97	50.50	103.9	91.81	92.6	99.6
47.12	54.90	103.3	96.61	96.85	99.4

表 2-1-35　2,2,4-三甲基戊烷-苯酚的气液平衡［2,2,4-三甲基戊烷(101.3kPa)］

单位：%(mol)

液相组成	气相组成	沸点/℃	液相组成	气相组成	沸点/℃
23.80	88.40	125.6	97.50	98.67	100.0
42.70	93.64	113.3	97.68	98.70	100.0
66.60	91.40	107.8	97.95	98.64	100.6
90.15	94.59	103.9	98.78	99.17	100.0
95.15	97.50	100.6	98.92	99.14	100.6
95.30	96.93	101.1	99.51	99.66	100.0
95.46	97.04	101.1			

参　考　文　献

1 CAS 540-84-1

2 EINECS 208-759-1

3 API Research Project 44. Selected Values of Physical and Thermodynamic Properties of Hydrocarbons and Related Compounds. No. ［A］ 23-2-(1.203) a-E，e，i，n，q. Thermodynamic Research Center. Texas A & M Univ

4 Landolt-Börnstein. 6th ed. Vol Ⅱ-6，Springer. 620

5 J. M. Geist and M. R. Cannon. Ind. Eng. Chem. Anal. Ed. 1946，18：612

6 ASTM Special Technical Publication. No. 109A. 1963

7 R. W. Gallant. Physical Properties of Hydrocarbons. Vol. 1. Gulf Pub. Co.，1968. 167

8 C. J. Pouchert. The Aldrich Library of Infrared Spectra. Aldrich Chemical Co.，1970. 9

9 M. R. Fenske et al. Ind. Eng. Chem. Anal. Ed. 1947，19：700

10 E. Stenhagen et al. Atlas of Mass Spectral Data. Vol. 1 Wiley. 1969. 409

11 API Research Project 44. Selected NMR Spectral Data. No. ［F］ 0026，0065，0068，0230，0424. Thermodynamic Research Center. Texas A & M. Univ. 1965

12 化学と工業. 1959，12：153

13 Ju. Chin Chu. Distillation Equilibrium Data，Reinhold. 1950. 178

14 Ju. Chin Chu. Distillation Equilibrium Data. Reinhold. 1950. 177

15 API Research Project. Selected Values of Physical and Thermodynamic Properties of Hydrocarbons and Related Compounds. 1953

16 Beilstein. Handbuch der organischen chemie. EⅡ，1-127；E Ⅳ，1-439

17 The Merck Index. **10**，5040；**11**，5079

15. 2,3,4-三甲基戊烷

2,3,4-trimethylpentane

(1) 分子式　C_8H_{18}。　　相对分子质量 114.23。

(2) 示性式或结构式

```
        CH3  CH3  CH3
        |    |    |
H3C—CH—CH—CH—CH3
```

(3) 外观 无色液体。

(4) 物理性质

沸点(101.3kPa)/℃	113.5	折射率(20℃)	1.4042
熔点/℃	−109.2	闪点/℃	5
相对密度(20 ℃/4℃)	0.7191		

(5) 溶解性能 溶于乙醚、苯、氯仿，不溶于苯。

(6) 用途 溶剂，液相色谱溶剂。

(7) 使用注意事项 2,3,4-三甲基戊苯的危险特性属第 3.2 类中闪点易燃液体。危险货物编号：32009，UN 编号：1262。蒸气吸入有毒，有刺激作用。其蒸气与空气可形成爆炸性混合物。遇明火、高热能引起燃烧爆炸。

参 考 文 献

1 CAS 565-75-3

2 EINECS 209-292-6

3 Beil.，**1** (3)，500

16. 2,2,3-三甲基戊烷

2,2,3-trimethylpentane

(1) 分子式 C_8H_{18}。 相对分子质量 114.23。

(2) 示性式或结构式 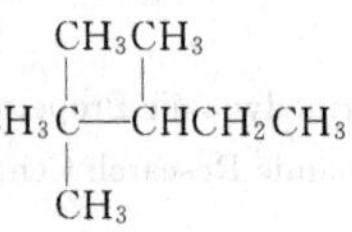

(3) 外观 无色液体。

(4) 物理性质

沸点(101.3kPa)/℃	109.841	生成热(气体)/(kJ/mol)	−220.27
熔点/℃	−112.27	(液体)/(kJ/mol)	−257.24
相对密度(20℃/4℃)	0.71602	燃烧热(液体)	
(25℃/4℃)	0.71207	总发热量/(kJ/mol)	5550.15
折射率(20℃)	1.40295	最低发热量/(kJ/mol)	5070.84
(25℃)	1.40066	比热容(25℃,理想气体,定压)/[kJ/(kg·K)]	1.65
介电常数(20℃)	1.96	(25℃,液体,定压)/[kJ/(kg·K)]	2.13
黏度(20℃)/mPa·s	0.598	临界温度/℃	294
(40℃)/mPa·s	0.471	临界压力/MPa	2.86
表面张力(20℃)/(mN/m)	20.67	体膨胀系数(15.6℃)/K^{-1}	11.32×10^{-4}
(25℃)/(mN/m)	20.22	苯胺点/℃	70.8
蒸发热(25℃)/(kJ/mol)	36.94	爆炸极限(下限,估计值)/%(体积)	1.0
(b.p.)/(kJ/mol)	32.20	蒸气压(23.69℃)/kPa	4.0
熔化热/(kJ/mol)	8.62		

(5) 精制方法 用硅胶柱分离烯烃，再蒸馏精制。

(6) 溶解性能 介于辛烷和 2,2,4-三甲基戊烷之间。

(7) 用途 液相色谱溶剂。

(8) 使用注意事项 危险特性属第 3.2 类中闪点易燃液体。危险货物编号：32009，UN 编号：1262。吸入、食入经皮肤吸收，有刺激性。蒸气与空气易形成爆炸性混合物，遇明火、高热会引起燃烧爆炸。

参 考 文 献

1 CAS 564-02-3
2 EINECS 209-266-4
3 API Research Project 44. Seleted Values of Physical and Thermodynamic Properties of Hydrocarbons and Related Compounds, No. [A] 23-2-(1.1203) a-E, e, i, n, q, Thermodynamic Research Center. Texas A & M Univ
4 Landolt-Börnstein. 6th ed. Vol Ⅱ-6, Springer. 620
5 J. M. Geist and M. R Cannon. Ind. Eng. Chem. Anal. Ed. 1946, 18: 612
6 ASTM Special Technical Publication. No. 109A. 1963
7 C. J. Pouchert. The Aldrich Library of Infrared Spectra. Aldrich Chemical Co. 1970. 9
8 M. R. Fenske et al. Ind. Eng. Chem. Anal. Ed. 1947, 19: 700
9 E. Stenhagen et al. Atlas of Mass Spectral Data. Vol. 1. Wiley. 1969. 411
10 API Research Project 44. Seleted NMR Spectral Data. No. [F] 0064c, 043, Thermodynamic Research Center. Texas A & M Univ. 1965.
11 Beil., **1** (1), 62

17. 壬 烷

nonane [*n*-nonane]

(1) 分子式 C_9H_{20}。　　　　相对分子质量　128.26。

(2) 示性式或结构式　$CH_3(CH_2)_7CH_3$

(3) 外观　无色透明液体。

(4) 物理性质

沸点(101.3kPa)/℃	150.789	生成热(25℃,气体)/(kJ/mol)	−229.19
熔点/℃	−53.519	(25℃,液体)/(kJ/mol)	−275.66
相对密度(20℃/4℃)	0.71763	燃烧热(25℃,液体)	
(25℃/4℃)	0.71381	总发热量/(kJ/mol)	6128.63
折射率(20℃)	1.40542	最低发热量/(kJ/mol)	5688.18
(25℃)	1.40311	比热容(25℃,理想气体,定压)/[kJ/(kg·K)]	1.65
介电常数(20℃)	1.972	(25℃,液体,定压)/[kJ/(kg·K)]	2.19
黏度(20℃)/mPa·s	0.7160	临界温度/℃	322
(25℃)/mPa·s	0.6696	临界压力/MPa	2.28
表面张力(20℃)/(mN/m)	22.92	热导率(30℃)/[W/(m·K)]	128.28×10^{-3}
(25℃)/(mN/m)	22.44	爆炸极限(下限)/%(体积)	0.87
闪点/℃	30.0	(上限)/%(体积)	2.9
蒸发热(25℃)/(kJ/mol)	46.469	体膨胀系数(15.6℃)/K^{-1}	11.35×10^{-4}
(b.p.)/(kJ/mol)	37.807	苯胺点/℃	73.7
熔化热/(kJ/mol)	15.479	蒸气压(39.12℃)/kPa	1.33

(5) 化学性质　与辛烷相似。和酸、碱不作用。

(6) 精制方法　用浓硫酸洗涤或通过硅胶柱除去烯烃后，再蒸馏精制。

(7) 用途　壬烷常用作洗净仪器的无臭溶剂，干洗用溶剂和涂料稀释剂。

(8) 使用注意事项　危险特性属第3.3类高闪点易燃液体。危险货物编号：33505，UN编号：1920。对呼吸道有刺激作用，高浓度呈麻醉作用。长期或反复接触可使皮肤脱脂。工作场所最高容许浓度1050mg/m^3。

参 考 文 献

1 CAS 111-84-2
2 EINECS 203-913-4

3 API Research Project 44. Selected Values of Physical and Thermodynamic Properties of Hydrocarbons and Related Compounds, No. [A] 23-2-(1.101) a-E, c, e, i, m, Thermodynamic Research Center. Texas A & M Univ
4 A. Weissberger. Organic Solvents. 2nd ed. Wiley. 67
5 ASTM Special Technical Publication. No. 109A. 1963
6 G. M. Mallan et al. J. Chem. Eng. Data. 1972, 17: 412
7 C. J. Pouchert. The Aldrich Library of Infrared Spectra, Aldrich Chemical Co. 1970. 3
8 N. J. Sheppard. J. Chem. Phys. 1948, 16: 690
9 E. Stenhagen et al. Atlas of Mass Spectral Data. Vol. 1, Wiley. 1969. 579
10 API Research Project 44. Selected NMR Spectral Data, No. [F] 0069c, 0343, Thermodynamic Research Center. Texas A & M Univ. 1965
11 张海峰主编. 危险化学品安全技术大典：第1卷. 北京：中国石化出版社，2010

18. 2,2,5-三甲基己烷

2,2,5-trimethylhexane

(1) 分子式 C_9H_{20}。　　相对分子质量 128.26。

(2) 示性式或结构式

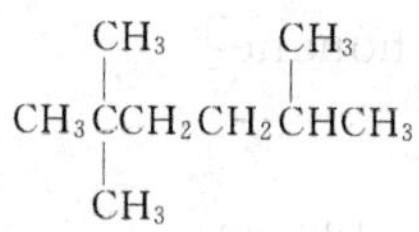

(3) 外观 无色透明液体。

(4) 物理性质

沸点(101.3kPa)/℃	124.084	生成热(25℃,气体)/(kJ/mol)	−254.18
熔点/℃	−105.780	(25℃,液体)/(kJ/mol)	−294.92
相对密度(20℃/4℃)	0.70721	燃烧热(25℃,液体)	
(25℃/4℃)	0.70332	总发热量/(kJ/mol)	6109.37
折射率(20℃)	1.39972	最低发热量/(kJ/mol)	5668.92
(25℃)	1.39728	临界温度(估计值)/℃	299
表面张力/(mN/m)	19.60	临界压力(估计值)/MPa	2.28
蒸发热(25℃)/(kJ/mol)	40.198	体膨胀系数(15.6℃)/K^{-1}	10.44×10^{-4}
(b.p.)/(kJ/mol)	33.788	爆炸极限(下限估计值)/%(体积)	0.85
熔化热/(kJ/mol)	6.197	苯胺点/℃	82.7
比热容(25℃,液体,定压)/[kJ/(kg·K)]	2.22	蒸气压(28℃)/kPa	2.667

(5) 精制方法 用浓硫酸洗涤或用硅胶柱除去烯烃后，再蒸馏精制。

(6) 溶解性能 不溶于水，能与醇、醚、丙酮和苯等混溶。溶解能力与2,2,4-三甲基戊烷相似。

(7) 使用注意事项 危险特性属第3.2类中闪点易燃液体。危险货物编号：32010。对皮肤有刺激性，口服毒性低，易燃，其蒸气和空气混合可形成爆炸性混合物。

参 考 文 献

1 CAS 3522-94-9
2 EINECS 222-537-1
3 API Research Project 44. Selected Values of Physical and Thermodynamic Properties of Hydrocarbon and Related Compounds. No. [A] 23-2-(1.204) a-E, e, i, m. Thermodynamic Research Center. Texas A & M Univ
4 ASTM Special Technical Publication. No. 109A. 1963
5 M. R. Fenske et al. Ind. End. Chem. Anal. Ed. 1947, 19: 700
6 E. Stenhagen et al. Atlas of Mass Spectral Data. Vol. 1, Wiley. 1969. 572
7 API Research Project 44. Selected NMR Spectral Data. No. [F] 0069c, 0343. Thermodynamic Research Center. Texas A & M Univ. 1965
8 张海峰主编. 危险化学品安全技术大典：第1卷. 北京：中国石化出版社，2010

19. 癸　烷

decane [*n*-decane, decyl hydride]

(1) 分子式　$C_{10}H_{22}$。　　相对分子质量　142.99。

(2) 示性式或结构式　$CH_3(CH_2)_8CH_3$

(3) 外观　无色液体，有特殊气味。

(4) 物理性质

沸点(101.3kPa)/℃	174.123	熔点/℃	−29.661
相对密度(20℃/4℃)	0.73005	折射率(20℃)	1.41189
(25℃/4℃)	0.72625	(25℃)	1.40967
介电常数(20℃)	1.991	燃烧热(25℃,液体)	
黏度(20℃)/mPa·s	0.9284	总发热量/(kJ/mol)	6782.86
(25℃)/mPa·s	0.8614	最低发热量/(kJ/mol)	6298.37
表面张力(20℃)/(mN/m)	23.92	比热容(25℃,理想气体,定压)/[kJ/(kg·K)]	1.65
(25℃)/(mN/m)	23.44	(25℃,液体,定压)/[kJ/(kg·K)]	2.21
闪点/℃	46.1	临界温度/℃	346
蒸发热(25℃)/(kJ/mol)	51.397	临界压力/MPa	2.11
(b.p.)/(kJ/mol)	39.31	热导率/[W/(m·K)]	132.499×10^{-3}
燃点/℃	207.8	爆炸极限(下限)/%(体积)	0.78
熔化热/(kJ/mol)	28.734	(上限)/%(体积)	2.6
生成热(25℃,气体)/(kJ/mol)	−249.83	体膨胀系数(15.6℃)/K^{-1}	9.90×10^{-4}
(25℃,液体)/(kJ/mol)	−334.74	苯胺点/℃	77.0

(5) 化学性质　对酸、碱稳定。

(6) 精制方法　通过分子筛脱水后进行精馏。

(7) 溶解性能　能溶解各种烃类和卤代烃，其他与己烷、辛烷类似。一般脂肪族饱和烃随分子量的增加对醇类、低级脂肪酸等极性化合物的溶解度减小，对烷烃等非极性化合物的溶解度则增大。

(8) 用途　属石油系中沸点溶剂，可用作仪器洗涤、干洗用溶剂、印刷油墨的无臭溶剂、液相色谱溶剂。

(9) 使用注意事项　危险特性属第3.3类高闪点易燃液体。危险货物编号：33506，UN编号：2247。吸入、口服或经皮肤吸收有害，长期或反复接触使皮肤脱脂。蒸气对眼睛、皮肤、黏膜和呼吸系统有刺激性，可引起肺炎、肺气肿。易燃、着火时用泡沫灭火剂、二氧化碳、粉末灭火剂灭火。属低毒类。

(10) 附表

表 2-1-36　癸烷的蒸气压

温度/℃	蒸气压/kPa	温度/℃	蒸气压/kPa	温度/℃	蒸气压/kPa
57.7	1.33	135.054	33.33	173.603	100.00
71.6	2.67	140.883	40.00	174.123	101.32
79.65	4.00	150.511	53.33	174.638	102.66
86.05	5.33	158.369	66.66	175.147	103.99
91.220	6.67	165.060	79.99	175.652	105.32
95.591	8.00	170.919	93.33	176.150	106.66
102.767	10.67	171.468	94.66	180.89	119.99
108.582	13.33	172.010	95.99	185.24	133.32
119.752	20.00	172.547	97.33	193.0	159.99
128.190	26.67	173.078	98.66	202.9	199.98

参 考 文 献

1 CAS 124-18-5
2 EINECS 204-686-4
3 API Research Project 44. Selected Values of Physical and Thermodynamic Properties of Hydrocarbons and Related Compounds. No. ［A］ 23-2-(1. 101) a-E，c，e，i，m，p，q. Thermodynamic Research Center，Texas A & M Univ
4 A. Weissberger. Organic Solvents. 2nd ed. Wiley. 71
5 ASTM Special Technical Publication. No. 109A. 1963
6 G. M. Mallan et al. J. Chem. Eng. Data，1972，17：412
7 C. J. Pouchert. The Aldrich Library of Infrared Spectra. Aldrich Chemical. Co. 1970. 3
8 M. R. Fenske et al. Ind Eng. Chem. Anal. Ed. 1947. 19：700
9 E. Stenhagen et al. Atlas of Mass Spectral Data. Vol. 2. Wiley 1969. 780
10 I. Mellan. Industrial Solvents. 2nd ed. Van Nostrand Reinhold. 1950. 198
11 Beilstein，Handbuch der organischen chemie，H，1-168；E Ⅳ，1-464
12 张海峰主编. 危险化学品安全技术大典：第 1 卷. 北京：中国石化出版社，2010

20. 十 一 烷

undecane

（1）分子式 $C_{11}H_{24}$。 相对分子质量 156.31。

（2）示性式或结构式 $CH_3(CH_2)_9CH_3$

（3）外观 无色液体。

（4）物理性质

沸点(101.3kPa)/℃	196	临界温度/℃	365.6
熔点/℃	−25.6	临界压力/MPa	1.966
相对密度(20℃/4℃)	0.7402	闪点/℃	60
折射率(20℃)	1.4173		

（5）溶解性能 不溶于水，易溶于乙醇、乙醚等溶剂。

（6）用途 溶剂、色谱分析标准物质。

（7）使用注意事项 使用时避免吸入蒸气，避免与眼睛、皮肤接触。

参 考 文 献

1 CAS 1120-21-4
2 EINECS 214-300-6
3 Beil.，**1**，170

21. 十 二 烷

dodecane ［*n*-dodecane］

（1）分子式 $C_{12}H_{26}$。 相对分子质量 170.34。

（2）示性式或结构式 $CH_3(CH_2)_{10}CH_3$

（3）外观 无色透明液体。

（4）物理性质

沸点(101.3kPa)/℃	216.278	蒸发热(25℃)/(kJ/mol)	61.312
熔点/℃	−9.587	(b.p.)/(kJ/mol)	43.702
闪点/℃	73.9	熔化热/(kJ/mol)	36.856
相对密度(20℃/4℃)	0.74869	燃烧热(25℃,液体)	
(25℃/4℃)	0.74516	总发热量/(kJ/mol)	8091.36
折射率(20℃)	1.42160	最低发热量/(kJ/mol)	7518.82
(25℃)	1.41949	比热容(25℃,理想气体,定压)/[kJ/(kg·K)]	1.65
介电常数(20℃)	2.016	临界温度/℃	386
黏度(20℃)/mPa·s	1.508	临界压力/MPa	1.81
(25℃)/mPa·s	1.378	热导率(30℃)/[W/(m·K)]	132.722×10^{-3}
表面张力(20℃)/(mN/m)	25.44	爆炸极限(下限)/%(体积)	0.6
(25℃)/(mN/m)	24.98		

(5) 化学性质　对酸、碱稳定。

(6) 精制方法　硫酸洗涤或通过硅胶柱分离烯烃后，进行蒸馏。

(7) 溶解性能　不溶于水，能与醇、醚、苯和丙酮等混溶。

(8) 用途　主要用于直链烷基苯、直链醇和卤代烷的制造。也用作印刷油墨、杀虫剂的溶剂。

(9) 附表

表 2-1-37　十二烷黏度、相对密度和温度的关系

温度/℃	相对密度	黏度/(mPa·s)	温度/℃	相对密度	黏度/(mPa·s)
0	0.7637	2.278	110	0.6824	0.4706
10	0.7562	1.833	120	0.6745	0.4291
20	0.7487	1.508	130	0.6667	0.3932
30	0.7416	1.265	140	0.6589	0.3617
40	0.7344	1.079	150	0.6509	0.3338
50	0.7271	0.9321	160	0.6427	0.3089
60	0.7198	0.8147	170	0.6344	0.2865
70	0.7123	0.7188	180	0.6260	0.2664
80	0.7048	0.6398	190	0.6173	0.2480
90	0.6976	0.5743	200	0.6082	0.2311
100	0.6900	0.5183	210	0.5985	0.2153

参 考 文 献

1 CAS 112-40-3
2 EINECS 203-967-9
3 API Research Project 44. Selected Values of Physical and Thermodynamic Properties of Hydrocarbons and Related Compounds No. [A] 23-2-(1.101) a-E, c, e, i, m, n, p, q, Thermodynamic Research Center. Texas A & M Univ
4 Landolt-Börnstein. 6th ed., Vol. Ⅱ-6, Springer. 620
5 G. M. Mallan et al. J. Chem. Eng. Data. 1972, 17: 412
6 C. J. Pouchert. The Aldrich Library of Infrared Spectra, Aldrich Chemical Co. 1970. 3
7 E. Stenhagen et al. Atlas of Mass Spectral Data. Vol. 2. Wiley. 1969. 1140
8 API Research Project 44. Selected NMR Spectral Data, No. [F] 0098c, 0350, Thermodynamic Research Center, Texas A & M Univ. 1965
9 K. L. Hoy. J. Paint Technol. 1970, 42: 76
10 Associated Factory Mutual Fire Insurance Co. Ind. Eng. Chem. 1940, 32: 882
11 Beilstein. Handbuch der Organischen Chemie. H, 1-171; E Ⅳ, 1-498

22. 十 三 烷

tridecane

(1) 分子式　$C_{13}H_{28}$。　　相对分子质量　184.37。

(2) 示性式或结构式　$CH_3(CH_2)_{11}CH_3$

(3) 外观　无色液体。

(4) 物理性质

沸点(101.3kPa)/℃	235	折射率(20℃)	1.4256
熔点/℃	−5.45	闪点/℃	70
相对密度(20℃/4℃)	0.7563		

(5) 溶解性能　不溶于水，能与乙醇、丙酮混溶。

(6) 用途　溶剂、有机合成中间体、色谱分析标准物质。

(7) 使用注意事项　低毒，可燃。对眼睛、呼吸系统及皮肤有刺激性，使用时应穿防护服。

参 考 文 献

1 CAS 629-50-5

2 EINECS 211-093-4

3 Beil.，**1**，171

4 《化学化工大辞典》编写委员会，化学工业出版社辞书编辑部编. 化学化工大辞典：下册. 北京：化学工业出版社，2003

23. 十　四　烷

tetradecane

(1) 分子式　$C_{14}H_{30}$。　　　　相对分子质量　198.40。

(2) 示性式或结构式　$CH_3(CH_2)_{12}CH_3$

(3) 外观　无色透明液体。

(4) 物理性质

沸点(101.3kPa)/℃	253.5	闪点/℃	99
熔点/℃	5.9	临界温度/℃	418.7
相对密度(20℃/4℃)	0.7630	临界压力/MPa	1.62
折射率(20℃)	1.4290		

(5) 溶解性能　与乙醇、乙醚等溶剂混溶，不溶于水。

(6) 用途　溶剂。色谱分析标准物质。有机合成原料。

(7) 使用注意事项　易燃，遇明火、高热易引起燃烧。对眼睛、黏膜与皮肤有一定的刺激性。

参 考 文 献

1 CAS 629-59-4

2 EINECS 211-096-0

3 Beil.，**1**，171

24. 十　五　烷

pentadecane

(1) 分子式　$C_{15}H_{32}$。　　　　相对分子质量　212.42。

(2) 示性式或结构式　$CH_3(CH_2)_{13}CH_3$

(3) 外观　无色液体。

沸点(101.3kPa)/℃	270	闪点/℃	132
熔点/℃	9.9	临界温度/℃	433.6
相对密度(20℃/4℃)	0.7684	临界压力/MPa	1.520
折射率(20℃)	1.4319		

(4) 溶解性能　不溶于水，溶于乙醇、丙酮及乙醚。

(5) 用途　有机合成、溶剂、色谱分析标准物。

(6) 使用注意事项　可燃，低毒。

参 考 文 献

1 CAS 629-62-9

2 EINECS 211-098-1

3 Beil.，**1**，170

25. 十 六 烷

hexadecane [*n*-hexadecane，*n*-hexadecyl hydride]

(1) 分子式　$C_{16}H_{34}$。　　　　相对分子质量　226.44。

(2) 示性式或结构式　$CH_3(CH_2)_{14}CH_3$

(3) 外观　无色液体。

(4) 物理性质

沸点/℃	287	折射率(20℃)	1.4352
熔点/℃	18.17	闪点/℃	135
相对密度(20℃/4℃)	0.7733		

(5) 溶解性能　不溶于水，微溶于热乙醇，能与乙醚和石油醚混溶。

(6) 用途　用于气相色谱固定液、分析试剂和溶剂，有机合成中间体。

(7) 使用注意事项　易燃，遇明火、高热和氧化剂能燃烧。蒸气与空气形成爆炸性混合物，其爆炸极限（下限）为0.6%（体积）。应置于阴凉通风处，远离火、热源及氧化剂。

(8) 附表

表 2-1-38　十六烷的蒸气压

温 度/℃	蒸气压/kPa	温 度/℃	蒸气压/kPa
105.3	0.13	193.2	8.00
135.2	0.67	208.5	13.33
149.8	1.33	231.7	26.66
164.7	2.67	258.3	53.33
181.3	5.33	287.5	101.33

参 考 文 献

1 CAS 544-76-3

2 EINECS 208-878-9

3 Beilstein. Handbuch der Organischen Chemie. E Ⅳ，1-1537

26. 十 七 烷

heptadecane

(1) 分子式　$C_{17}H_{36}$。　　　　相对分子质量　240.48。

(2) 示性式或结构式　$CH_3(CH_2)_{15}CH_3$

(3) 外观　无色液体。

(4) 物理性质

沸点(101.3kPa)/℃	303	折射率(20℃)	1.4368
熔点/℃	21.98	临界温度/℃	460.2
相对密度(20℃/4℃)	0.7779	临界压力/MPa	1.32

(5) 溶解性能　与乙醚混溶、微溶于乙醇、不溶于水。

(6) 用途　溶剂，气相色谱参比物。

(7) 使用注意事项　易燃，遇明火、高热能引起燃烧。避免蒸气吸入，对眼睛、皮肤黏膜接触有刺激性。

参 考 文 献

1 CAS 629-78-7

2 EINECS 211-108-4

3 Beil., **1**, 173

27. 十　八　烷

octadecane

(1) 分子式　$C_{18}H_{38}$。　　　　相对分子质量　254.50。

(2) 示性式或结构式　$CH_3(CH_2)_{16}CH_3$

(3) 外观　无色液体。低温时凝固为白色固体。

(4) 物理性质

沸点(101.3kPa)/℃	317	临界温度/℃	472.1
熔点/℃	28.2	临界压力/MPa	1.216
相对密度(28℃/4℃)	0.7767	闪点/℃	165
折射率(28℃)	1.4367		

(5) 溶解性能　不溶于水，溶于乙醇、乙醚、丙酮、石油醚和煤焦油烃。

(6) 用途　溶剂、气相色谱固定液、色谱分析标准物质。

(7) 使用注意事项　可燃，低毒。使用时避免吸入本品蒸气，避免与眼睛及皮肤接触。

参 考 文 献

1 CAS 593-45-3

2 EINECS 209-790-3

3 Beil., **1**, 173

28. 角鲨烷［异三十烷］

squalane

(1) 分子式　$C_{30}H_{62}$。　　　　相对分子质量　422.81。

(2) 示性式或结构式

$$\underset{\displaystyle CH_3}{CH_3\overset{}{C}H}(CH_2)_2\underset{\displaystyle CH_3}{CH}(CH_2)_3\underset{\displaystyle CH_3}{CH}(CH_2)_4\underset{\displaystyle CH_3}{CH}(CH_2)_3\underset{\displaystyle CH_3}{CH}(CH_2)_3\underset{\displaystyle CH_3}{CHCH_3}$$

(3) 外观　无色透明油状液体，几乎无气味。

(4) 物理性质

沸点(101.3kPa)/℃	350	闪点/℃	218
凝固点/℃	−38	相对密度(20℃/4℃)	0.8115
折射率(20℃)	1.4530		

(5) 溶解性能　微溶于甲醇、乙醇、丙酮、冰醋酸。能与苯、氯仿、四氢呋喃、石油醚混合。

(6) 精制方法　主要采取加氢法。以鲨鱼的肝脏中提取的角鲨烯为原料，进行加氢反应，再精制而得。

(7) 用途　液相色谱溶剂。−55℃仍能保持流动状态。为化妆品重要的油性基质原料。

(8) 使用注意事项　刺激性物质，对眼睛、呼吸道和皮肤有刺激作用。

参 考 文 献

1　CAS 111-01-3
2　EINECS 203-825-6
3　孙毓庆，胡育筑主编．液相色谱溶剂系统的选择与优化．北京：化学工业出版社，2008.

29. 乙　烯

ethylene

(1) 分子式　C_2H_4。　　　　相对分子质量　28.0536。

(2) 示性式或结构式　$CH_2=CH_2$

(3) 外观　无色气体，略带烃类特有的臭味。

(4) 物理性质

沸点(101.3kPa)/℃	−103.71	临界温度/℃	9.2
熔点/℃	−169.15	临界压力/MPa	5.042
气体相对密度(空气=1)	0.9852	闪点/℃	<−66.9
液体密度(−103.8℃)/(g/cm³)	0.5669	燃点/℃	490
熔化热/(kJ/mol)	3.35	爆炸极限(25℃)(上限)/%(体积)	36.0
蒸发热/(kJ/mol)	13.540	(下限)/%(体积)	2.7

(5) 化学性质　分子中具有双键，性质非常活泼。能发生许多亲电加成反应，又可以发生氧化、取代、聚合、卤化、烷基化、羰基合成、齐聚等反应。

(6) 溶解性能　略溶于乙醇，溶于乙醚、丙酮和苯，几乎不溶于水。

(7) 用途　石油化工和基本有机化工的重要原料，水果催熟剂。

(8) 使用注意事项　危险特性属第 2.1 类易燃气体。危险货物编号：21016，21017，UN 编号：1962，1038。对眼、鼻、咽喉和呼吸道黏膜有轻微刺激性，属低毒类气体。短期接触不会引起人体慢性病痛，长期接触可引起头昏、全身不适、乏力、胃肠道功能紊乱。高浓度吸入时有麻醉作用，使人失去知觉，甚至窒息。遇明火、高热、助燃剂、氧化剂能引起燃烧爆炸。

(9) 规格　GB 7715—2003　工业用乙烯

项　目		优等品	一等品	项　目		优等品	一等品
乙烯(体积分数)/%	≥	99.95	99.90	氧/(mL/m³)	≤	2	5
甲烷+乙烷/(mL/m³)	≤	500	1000	乙炔/(mL/m³)	≤	5	10
C_3 和 C_3 以上/(mL/m³)	≤	20	50	硫/(mg/kg)	≤	1	2
一氧化碳/(mL/m³)	≤	2	5	水/(mL/m³)	≤	5	10
二氧化碳/(mL/m³)	≤	5	10	甲醇①/(mg/kg)	≤	10	10
氢含量/(mL/m³)	≤	5	10	外观		常温常压下为气味	

① 该项目按用户要求需要时测定。

(10) 附表

表 2-1-39 乙烯在有机溶剂中的溶解度

溶剂	温度/℃	β/(mL/mL)	溶剂	温度/℃	β/(mL/mL)
丙酮	0	4.843	乙醇	25	2.76
	10	4.308	苯	5	4.268
	20	3.847		10	4.017
	30	3.473		20	3.591
	40	3.142		30	3.241
四氯化碳	0	5.027		40	2.955
	10	4.415	甲醇	10	2.88
	20	3.922		20	2.38
	30	3.511		25	2.33
	40	3.163			

注：β为Ostwald溶解度系数，即气体分压为101.325kPa，温度为t℃时，1mL溶剂溶解气体体积的mL数。

表 2-1-40 乙烯在水中的溶解度

温度/K	$\alpha \times 10^3$	$q \times 10^3$	温度/K	$\alpha \times 10^3$	$q \times 10^3$
273.15	226	28.1	277.15	197	24.4
274.15	219	27.2	278.15	191	23.7
275.15	211	26.2	279.15	184	22.6
276.15	204	25.3	280.15	178	22.0
281.15	173	21.4	293.15	122	14.9
282.15	167	20.7	294.15	119	14.6
283.15	162	20.0	295.15	116	14.2
284.15	157	19.4	296.15	114	13.9
285.15	152	18.8	297.15	111	13.5
286.15	148	18.3	298.15	108	13.1
287.15	143	17.6	299.15	106	12.9
288.15	139	17.1	300.15	104	12.6
289.15	136	16.7	301.15	102	12.3
290.15	132	16.2	302.15	100	12.1
291.15	129	15.8	303.15	98	11.8
292.15	125	15.3			

注：1. α为实验测量溶解于1mL水中的气体标准状态（273.15K，101.325kPa）体积（mL）。
2. q为当气体压强与水蒸气压强之和为101.325kPa时，溶解于100g水中的气体质量（g）。

参考文献

1 CAS 74-85-1
2 EINECS 200-815-3
3 Beil.，**1**，180；**1**（4），677
4 The Merck Index. **10**. 3737；**11**. 3748
5 《化工百科全书》编辑委员会，化学工业出版社《化工百科全书》编辑部编. 化工百科全书：第18卷. 北京：化学工业出版社，1998
6 张海峰主编. 危险化学品安全技术大典：第1卷. 北京：中国石化出版社，2010

30. 丙 烯

propene [propylene]

(1) 分子式 C_3H_6。 相对分子质量 42.08。

(2) 示性式或结构式 $CH_3CH=CH_2$

(3) 外观　无色气味，略带芳香味。

(4) 物理性质

沸点(101.3kPa)/℃	−47.7	临界温度/℃	91.4～92.3
熔点/℃	−185.2	临界压力/MPa	4.5～4.56
相对密度(20℃/4℃)	0.5139	燃点/℃	455
折射率(−25℃)	1.3625	闪点/℃	−108
偶极矩/(10^{-30}C·m)	1.33	爆炸极限(下限)/%(体积)	2.4
黏度(25℃)/mPa·s	8.4(0℃)	(上限)/%(体积)	10.1

(5) 化学性质　丙烯分子中具有双键，性质非常活泼，在催化剂作用下，能与氢、卤素或卤化氢发生加成反应。还可发生氧化、取代、聚合、齐聚等反应。在酸作用下可间接水合，在固体催化剂存在下可直接水合生成异丙醇。

(6) 溶解性能　可溶于乙醇、乙醚，微溶于水。

(7) 用途　溶剂、有机合成中间体。

(8) 使用注意事项　危险特性属第2.1类易燃气体。危险货物编号：21018，UN编号：1077。易燃易爆，与空气、氧均能形成爆炸性混合物。丙烯毒性不大。空气中最大容许浓度为4000mg/m³。丙烯蒸气密度比空气密度大，泄漏的气体或液体沉积在地面低洼处，在无风情况下会弥散至很远地方。液体丙烯触及人体时，由于液体骤然蒸发，会引起人体皮肤烧伤。

(9) 规格　GB 7716-2002　工业用丙烯

项　目		优等品	一等品	项　目		优等品	一等品
丙烯(体积分数)/%	≥	99.6	99.2	一氧化碳/(mL/m³)	≤	2	5
烷烃(体积分数)/%	≤	余量	余量	二氧化碳/(mL/m³)	≤	0	10
乙烯/(mL/m³)	≤	50	100	丁烯+丁二烯/(mL/m³)	≤	5	20
乙炔/(mL/m³)	≤	2	5	硫/(mg/kg)	≤	1	5
甲基乙炔+丙二烯/(mL/m³)	≤	5	20	水/(mg/kg)	≤	10	10
氧/(mL/m³)	≤	5	10	甲醇/(mg/kg)	≤	10	10

参 考 文 献

1 CAS 115-07-1

2 EINECS 204-062-1

3 Beil. **1**, 196; **1** (4), 725

4 The Merck Index, **10**, 7750; **11**, 7862

5 张海峰主编. 危险化学品安全技术大典: 第1卷. 北京: 中国石化出版社, 2010

31. 1-丁烯

1-butene

(1) 分子式　C_4H_8。　　相对分子质量　56.10。

(2) 示性式或结构式　$CH_3CH_2CH{=}CH_2$

(3) 外观　常温下无色稍有臭味的气体。

(4) 物理性质

沸点(101.3kPa)/℃	−6.25	生成热(气体,25℃,101.3kPa)/(kJ/kg)	−0.12
熔点(101.3kPa)/℃	−185.35	燃烧热(气体,25℃,101.3kPa)/(kJ/kg)	2717.6
相对密度(20℃/4℃)/(g/cm³)	0.5995	熔化热/(kJ/kg)	3.8505
(15.5℃/15.5℃)/(g/cm³)	0.6013	蒸发热(25℃)/(kJ/kg)	20.3897
折射率(液体,−25.5℃)	1.3792	(沸点)/(kJ/kg)	21.9304
表面张力(20℃)/(N/m)	1.25×10^{-5}	比热容(25℃,气体,理想状态)/[kJ/(kg·K)]	1.5291
闪点/℃	−44	(液体,101.3kPa)/[kJ/(kg·K)]	2.3006
燃点/℃	440	临界温度/℃	146.6
爆炸极限(上限)/%(体积)	9.3～10	临界压力/MPa	4.02
(下限)/%(体积)	1.6	热导率(20℃)/[W/(m·K)]	0.1055

(5) 化学性质 具有典型烯烃的化学性质，能发生加成、异构化反应，在催化剂存在下发生聚合反应，生成一系列高分子化合物。

(6) 溶解性能 不溶于水，溶于苯，易溶于醇和醚等溶剂。

(7) 精制方法 经过硫酸吸收法和甲基叔丁基醚法脱除异丁烯后再精馏得纯 1-丁烯。

(8) 用途 高分子化合物的主要单体，仲丁醇，丁酮的制备原料。

(9) 使用注意事项 危险特性属第 2.1 类易燃气体。危险货物编号：21019，UN 编号：1012。能引起弱的麻醉和刺激作用。嗅觉阈浓度为 59mg/m^3。工作场所最高容许浓度为 100mg/m^3。

(10) 规格 SH/T 1546—2009 工业用 1-丁烯

项　目		优等品	一等品	项　目		优等品	一等品
1-丁烯(质量分数)/%	≥	99.3	99.0	水分/(mg/kg)	≤	20	25
正、异丁烷(质量分数)/%		报告	报告	硫(S)/(mg/kg)	≤	1	1
异丁烯+2-丁烯(质量分数)/%	≤	0.4	0.6	甲醇/(mL/m^3)	≤	5	10
1,3-丁二烯+丙二烯/(mL/m^3)	≤	120	200	甲基叔丁基醚/(mL/m^3)	≤	5	10
丙炔/(mL/m^3)	≤	5	5	一氧化碳/(mL/m^3)	≤	1	1
总碳基(以乙醛计)/(mg/kg)	≤	5	10	二氧化碳/(mL/m^3)	≤	5	5

(11) 附表

表 2-1-41　1-丁烯的蒸气压

温度/℃	蒸气压/kPa	温度/℃	蒸气压/kPa
−80	1.48	40	458.80
−70	3.28	50	597.72
−60	6.52	60	765.71
−50	12.16	20	966.13
−40	21.31	80	1202.73
−30	35.41	90	1479.53
−20	56.18	100	1799.53
−10	85.63	110	2169.37
0	126.00	120	2592.91
10	179.79	130	3076.23
20	254.73	140	3627.44
30	345.52		

参考文献

1　CAS 106-98-9

2　EINECS 203-449-2

3　Beilstein. Handbuch der Organischen Chemie. H，1-203；E Ⅳ，1-765

4　The Merck Index. **10**，1488；**11**，1513

32. 2-丁烯

2-butene [butylene]

(1) 分子式 C_4H_8。　　　　相对分子质量　56.10。

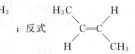

(2) 示性式或结构式

顺式 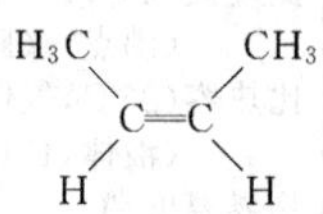 ；反式 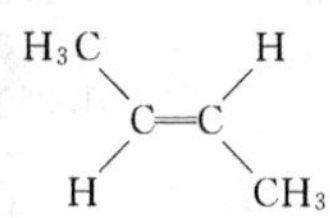

(3) 外观 无色气体。

(4) 物理性质

项　　　　目	顺-2-丁烯	反-2-丁烯
熔点(101.3kPa)/℃	−138.922	−105.533
沸点(101.3kPa)/℃	3.718	0.88
密度(20℃/4℃)/(g/cm³)	0.6213	0.6042
(15.5℃/15.5℃)/(g/cm³)	0.6271	0.6100
折射率(−25.5℃)	1.3946	1.3862
表面张力(20℃)/(N/m)	1.507×10^{-5}	1.343×10^{-5}
闪点/℃	−37.7	−37.7
燃点/℃	323.89	323.89
生成热(气体,25℃,101.3kPa)/(kJ/kg)	−6.99	−11.17
燃烧热(气体,25℃,101.3kPa)/(kJ/kg)	2710.23	2704.79
熔化热/(kJ/kg)	7.3135	9.7631
蒸发热(25℃)/(kJ/kg)	22.1900	21.5620
(沸点)/(kJ/kg)	23.3623	22.7720
比热容(气体,25℃,101.3kPa)/[J/(kg·K)]	1.4089	1.5677
(液体,25℃,101.3kPa)/[J/(kg·K)]	2.352	2.7776
临界温度/℃	162.55	155.6
临界压力/MPa	5.40	5.53
爆炸极限(上限)/%(体积)	9.7	9.7
(下限)/%(体积)	1.8	1.8

(5) 化学性质　具有典型烯烃的化学性质，能发生加成反应、异构化反应和聚合反应。在铂、钯、铑等催化剂作用下加氢生成相应的烷烃（用于提高石油制品的质量）。

(6) 溶解性能　不溶于水，能溶于苯、乙醇和乙醚。

(7) 用途　用作溶剂、燃料、有机化工原料及高聚物单体。

(8) 使用注意事项　危险特性属第 2.1 类易燃气体。危险货物编号：21019，UN 编号：1012。引起弱的麻醉和刺激作用。极易燃，与空气混合物具有爆炸性。严禁明火、火花接触、设备密闭，加强通风。

(9) 附表

表 2-1-42　顺反-2-丁烯的蒸气压

温度/℃	顺-2-丁烯的蒸气压/kPa	反-2-丁烯的蒸气压/kPa	温度/℃	顺-2-丁烯的蒸气压/kPa	反-2-丁烯的蒸气压/kPa
−70	1.76	2.20	50	441.98	490.11
−60	3.71	4.54	60	572.49	634.90
−50	7.24	8.66	70	729.74	809.38
−40	13.20	15.50	80	917.19	1017.30
−30	22.70	26.26	90	1137.88	1261.49
−20	37.13	42.38	100	1397.27	1547.23
−10	58.17	65.62	110	1698.21	1878.57
0	87.73	97.92	120	2046.76	2258.53
10	127.93	141.66	130	2448.01	2695.25
20	181.29	199.09	140	2909.04	3193.76
30	248.86	276.11	150	3438.97	3761.18
40	335.08	371.56	160	4046.92	

参 考 文 献

1　CAS 590-18-1
2　EINECS 209-673-7
3　张海峰主编. 危险化学品安全技术大典：第 1 卷. 北京：中国石化出版社，2010

33. 异 丁 烯

isobytylene [2-methylpropene]

(1) 分子式　C_4H_8。　　相对分子质量　56.108。

(2) 示性式或结构式

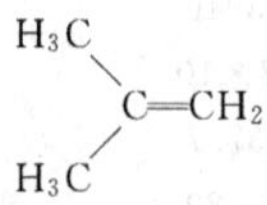

(3) 外观　无色气体。

(4) 物理性质

沸点(101.3kPa)/℃	−6.9	黏度(25℃)/mPa·s	8.16
熔点/℃	−140.34	燃点/℃	465
相对密度(25℃/4℃)	0.5879	闪点/℃	−76
临界温度/℃	144.85	爆炸极限(上限)/%(体积)	8.8
临界压力/MPa	4.00	(下限)/%(体积)	1.8
表面张力(25℃)/(mN/m)	0.0117		

(5) 化学性质　具有典型的烯烃化学性质，能发生加成反应、异构化反应和聚合反应。还可发生氧化、取代、齐聚等反应。

(6) 用途　用作溶剂、燃料、有机化工原料。

(7) 使用注意事项　危险特性属第 2.1 类易燃气体。危险货物编号：21020，UN 编号：1055。易燃、易爆，与空气、氧均能形成爆炸性混合物。丁烯不能被认为是有毒物品。但对人体也有麻醉作用，高浓度吸入时会引起窒息。

(8) 规格　SH/T 1726-2004　工业用异丁烯

项　目		优 等 品	一 等 品	合 格 品
外观		无色透明		
异丁烯/%	≥	99.7	99.0	88.5
丙烷/%	≤	0.05	余量 (烃类总量)	余量 (烃类总量)
丙烷/%	≤	0.005		
丁烷/%	≤	余量		
2-丁烯/%	≤	0.03		
1-丁烯/%	≤	0.02		
丁二烯/%	≤	0.005		
甲醇/%	≤	0.0005		
二甲醚/%	≤	0.0005	0.7 (含氧化物总量)	1.0 (含氧化物总量)
叔丁醇/%	≤	0.001		
甲基叔丁基醚/%	≤	0.0005		
水/%	≤	0.01	无游离水	无游离水
二聚物/%	≤	供需双方商定		

参 考 文 献

1 CAS 115-11-7

2 EINECS 204-066-3

3 Beil.，**1**，207；**1** (4)，7796

4 The Merck Index. **10**，4987；**11**，5024；**13**，5157

5 张海峰主编. 危险化学品安全技术大典：第 1 卷. 北京：中国石化出版社，2010

34. 1,3-丁二烯

1,3-butadiene

(1) 分子式　C_4H_6。　　相对分子质量　54.09。

(2) 示性式或结构式　$CH_2═CH—CH═CH_2$

(3) 外观　无色略带芳香味的气体。

(4) 物理性质

沸点(101.3kPa)/℃	−4.413	蒸发热(25℃)/(kJ/kg)	20.8799
熔点(101.3kPa)/℃	−108.92	(沸点)/(kJ/kg)	21.9851
相对密度(−6℃/4℃)/(g/cm³)	0.650	燃烧热(25℃)/(kJ/kg)	−2545.16
(20℃/4℃)/(g/cm³)	0.6211	生成热(气体,25℃)/(kJ/kg)	112.457
(25℃/4℃)/(g/cm³)	0.6149	(液体,25℃)/(kJ/kg)	88.80
(50℃/4℃)/(g/cm³)	0.5818	比热容(0℃)/(kJ/kg·K)	1.3586
折射率(−26℃)	1.4293	(25℃)/(kJ/kg·K)	1.4717
黏度(20℃)/mPa·s	0.152	(100℃)/(kJ/kg·K)	1.7798
表面张力(20℃)/(mN/m)	13.58	临界温度/℃	152
闪点/℃	−78	临界压力/MPa	4.24
(液体发火温度)/℃	<−17.8	热导率(20℃)/[W/(m·K)]	0.1377
燃点/℃	420	爆炸极限(上限)/%(体积)	11.5
熔化热/(kJ/mol)	7.9896	(下限)/%(体积)	2.16

(5) 化学性质　活泼，易与卤素、卤化氢以及含氧、氮、硫等化合物发生加成反应。与芳烃发生烷基化反应。1,4 位聚合时生成顺式和反式两种结构；1,2 位聚合时生成等规，交规及无规结构的聚合物。

(6) 精制方法　一般采用萃取蒸馏分离出聚合级的丁二烯。

(7) 溶解性能　微溶于水，稍溶于甲醇和乙醇，与丙酮、苯、醚、二氯乙烷混溶，极易溶于乙腈、糠醛、二甲基甲酰胺等有机溶剂。

(8) 用途　主要用作合成橡胶单体（如丁苯橡胶、顺丁橡胶、丁腈橡胶、氯丁橡胶等），其次用于合成树脂（如 ABS 树脂、BS 树脂、环氧化聚丁二烯树脂等）、合成己二腈、1,4-丁二醇等化工原料。

(9) 使用注意事项　致癌物。危险特性属第 2.1 类易燃气体。危险货物编号：21022，UN 编号：1010。具有刺激和麻醉作用。人吸入 10%有轻度反应，头痛、口干、嗜睡，吸入 30%～35%出现胸闷、呼吸困难、抽搐等。嗅觉阈浓度 0.38mg/m³。工作场所最高容许浓度为 100mg/m³。1,3-丁二烯易挥发，极易燃，易聚合，与氧接触易形成具有爆炸性的过氧化物。运输、贮存和使用时必须采取严格安全措施，并有明显标记。

(10) 规格　GB/T 13291—2008　工业用丁二烯

项　目		优级品	一级品	合格品
外观			无色透明,无悬浮物	
1,3-丁二烯/%	≥	99.5	99.3	99.0
二聚物(4-乙烯基环己烯计)/(mg/kg)	≤		1000	
总炔/(mg/kg)	≤	20	50	100
乙烯基乙炔/(mg/kg)	≤	5	5	
水/(mg/kg)	≤	20	20	300
羰基化合物(乙醛计)/(mg/kg)	≤	10	10	20
过氧化物(过氧化氢计)/(mg/kg)	≤	5	10	10
阻聚物 TBC/%			由供需双方商定	
气相氧/%	≤	0.2	0.3	0.3

(11) 附表

表 2-1-43　1,3-丁二烯的蒸气压

温度/℃	蒸气压/kPa	温度/℃	蒸气压/kPa	温度/℃	蒸气压/kPa
−70	2.91	10	172.00	100	1732.66
−60	5.92	20	240.24	110	2704.36
−50	11.15	30	326.87	120	2516.91
−40	19.94	50	568.23	130	3001.25
−30	33.06	60	729.44	140	3557.52
−20	52.83	70	922.46	150	4197.89
−10	81.04	80	1151.05		
0	119.94	90	1419.56		

表 2-1-44　含 1,3-丁二烯的二元共沸混合物

第二组分	共沸点/℃	1,3-丁二烯/%	第二组分	共沸点/℃	1,3-丁二烯/%
氨	−37	45	乙醛	−5.0	94.8
甲胺	−9.2	58.7	2-丁烯	−5.53	77.0

参 考 文 献

1　CAS 106-99-0
2　EINECS 203-450-8
3　Beilstein Handbuch der Organischen Chemie. H，1-249；E Ⅳ，1-976
4　The Merck Index. **10**，1476；**11**，1500
5　张海峰主编. 危险化学品安全技术大典：第 1 卷. 北京：中国石化出版社，2010

35. 混合戊烯

mixed pentenes

(1) 分子式　C_5H_{10}。　　　　相对分子质量　70.14。

(2) 外观　无色液体。

(3) 物理性质

混合戊烯的特性

蒸馏特性			戊烷含量/%	<	5
初馏点/℃	>	32	相对密度(20℃)		0.66
90%以下/℃	<	45	颜色		无色
终点/℃	<	60			

(4) 溶解性能　商用混合戊烯是等量的 2-戊烯与 2-甲基-2-丁烯以及少量异构体组成。不溶于水，溶于甲醇、乙醚、乙酸乙酯、丙酮、芳香烃及脂肪烃。能溶解不挥发性油、矿物油、油酸和硬脂酸。

(5) 使用注意事项　危险特性属第 3.1 类低闪点易燃液体。危险货物编号：31006，31007，UN 编号：1108，2460。蒸气与空气混合易形成爆炸性混合物，与强氧化剂发生强烈反应。遇明火、高热会引起燃烧爆炸。

参 考 文 献

I. Mellan. Induatrial Solvents. 2ed. Reinhold. 1950. 268

36. 1-戊烯

1-pentene

(1) 分子式　C_5H_{10}。　　　　相对分子质量　70.13。

(2) 示性式或结构式　$CH_3(CH_2)_2CH{=}CH_2$

(3) 外观　无色易挥发液体。

(4) 物理性质

1-戊烯的物理性质

沸点(101.3 kPa)/℃	29.968	偶极矩/(10^{-30}C·m)	1.57
熔点/℃	−165.220	黏度(0℃)/mPa·s	0.24
相对密度(20℃/4℃)	0.64050	表面张力(20℃)/(mN/m)	15.8
(25℃/4℃)	0.63533	(30℃)/(mN/m)	14.9
折射率(20℃)	1.37148	蒸发热(25℃)/(kJ/mol)	25.489
(25℃)	1.36835	(b.p.)/(kJ/mol)	25.213
介电常数(20℃)	2.100	临界温度/℃	201
熔化热/(kJ/mol)	5.811	临界压力/MPa	4.04
生成热(25℃,气体)/(kJ/mol)	−20.934	热导率(20℃)/[W/(m·K)]	120.998×10^{-3}
燃烧热(25℃,液体)		爆炸极限(下限)/%(体积)	1.4
总发热量/(kJ/mol)	3352.62	(上限)/%(体积)	8.7
最低发热量/(kJ/mol)	3132.39	体膨胀系数(15.6℃)/K^{-1}	18.02×10^{-4}
比热容(25℃,理想气体,定压)/[kJ/(kg·K)]	1.56	苯胺点/℃	19.0
(25℃,液体,定压)/[kJ/(kg·K)]	2.22		

(5) 化学性质 由于不饱和的碳碳双键存在，能发生许多亲电加成反应。也可发生氧化、聚合、取代、羰基加成、炔化等反应。

(6) 溶解性能 不溶于水，能与醇、醚、苯等混溶。

(7) 用途 高辛烷汽油的添加剂、有机合成中间体、溶剂。

(8) 使用注意事项 危险特性属第3.1类低闪点易燃液体。危险货物编号：31006，UN编号：1108。蒸气与空气易形成爆炸性混合物。与氧化剂会发生强烈反应，遇明火、高热会引起爆炸。吸入时刺激黏膜，引起结膜炎、脱脂性皮炎、麻醉及发绀等症状。

参 考 文 献

1 CAS 109-67-1

2 EINECS 203-694-5

3 《化工百科全书》编辑委员会，化学工业出版社《化工百科全书》编辑部编. 化工百科全书：第16卷. 北京：化学工业出版社，1997

4 API Research Project 44. Selected NMR Spectral Data, No. [F] 0224c. 0366，Thermodynamic Research Center，Texas A & M Univ. 1965

5 API Research Project 44. Ultraviolet Spectral Data，No. [F] 0497，Thermodynamic Research Center. Texas A & M Univ. 1953

6 M. R. Fenske et al. Ind. Eng. Chem. Anal. Ed. 1947，19：700

7 E. Stenhagen et al. Atlas of Mass Spectral Data. Vol. 1. Wiley. 1969

8 Beil.，**1**，210

9 The Merck Index，**13**，7199

10 张海峰主编. 危险化学品安全技术大典：第1卷. 北京：中国石化出版社，2010

37. 2-戊烯

2-pentene

(1) 分子式 C_5H_{10}。 相对分子质量 70.13。

(2) 示性式或结构式 $CH_3CH{=}CHCH_2CH_3$

(3) 外观 无色易挥发液体。

(4) 物理性质

反-2-戊烯的物理性质

沸点(101.3kPa)/℃	36.353	生成热(25℃,气体)/(kJ/mol)	−31.78
熔点/℃	−140.244	燃烧热(25℃,液体)	
相对密度(20℃/4℃)	0.6482	总发热量/(kJ/mol)	3340.56
(25℃/4℃)	0.6431	最低发热量/(kJ/mol)	3120.33
折射率(20℃)	1.3793	比热容(25℃,理想气体,定压)/[kJ/(kg·K)]	1.55
(25℃)	1.3761	(25℃,液体,定压)/[kJ/(kg·K)]	2.24
表面张力(20℃)/(mN/m)	16.38	临界温度/℃	202.6
闪点/℃	−18	临界压力/MPa	4.09
蒸发热(25℃)/(kJ/mol)	26.72	爆炸极限(下限,估计值)/%(体积)	1.4
(b.p.)/(kJ/mol)	26.08	体膨胀系数(15.6℃)/K^{-1}	14.22×10^{-4}
熔化热/(kJ/mol)	8.35	苯胺点/℃	18.3

顺-2-戊烯物理性质

沸点(101.3kPa)/℃	39.942	生成热(25℃,气体)/(kJ/mol)	−28.09
熔点/℃	−151.390	燃烧热(25℃,气体)	
相对密度(20℃/4℃)	0.6556	总发热量/(kJ/mol)	3344.96
(25℃/4℃)	0.6504	最低发热量/(kJ/mol)	3124.73
折射率(20℃)	1.3830	比热容(25℃,理想气体)/[kJ/(kg·K)]	1.45
(25℃)	1.3798	(25℃,液体)/[kJ/(kg·K)]	2.16
介电常数(100℃,气体)	1.0028	临界温度/℃	202.6
表面张力/(mN/m)	17.14	临界压力/MPa	4.09
闪点/℃	−18	爆炸极限(下限,估计值)/%(体积)	1.4
蒸发热(25℃)/(kJ/mol)	26.84	体膨胀系数(15.6℃)/K^{-1}	16.2×10^{-4}
(b.p.)/(kJ/mol)	26.13	苯胺点/℃	18.3
熔化热/(kJ/mol)	7.116		

(5) 化学性质 含碳碳双键，富有反应性，能参与水合作用、磺化作用、聚合、氧化等各种反应。通过氧化作用易生成氧化物。

(6) 溶解性能 不溶于水，溶于甲醇、乙醚、丙酮、芳香烃及脂肪烃。能溶解矿物油及硬脂酸等。

(7) 用途 有机合成中间体、溶剂。

(8) 使用注意事项 危险特性属第3.1类低闪点易燃液体。危险货物编号：31006。蒸气与空气易形成爆炸性混合物。遇明火、高热会引起燃烧爆炸。能刺激中枢神经使之功能下降。吸入蒸气能刺激黏膜，引起结膜炎、脱脂性皮炎、麻醉及发绀等症状。

(9) 附表

表 2-1-45 反-2-戊烯的蒸气压

温度/℃	蒸气压/kPa	温度/℃	蒸气压/kPa
−49.4	1.33	33.984	93.33
−39.6	2.67	34.390	94.66
−33.28	4.00	34.791	95.99
−28.58	5.33	35.187	97.33
−24.78	6.67	35.580	98.66
−21.56	8.00	35.968	99.99
−16.28	10.67	36.353	101.33
−12.00	13.33	36.733	102.66
−3.776	20.00	37.109	103.99
2.443	26.66	37.483	105.32
7.504	33.33	37.852	106.66
11.803	40.00	41.357	119.99
18.909	53.33	44.571	133.32
24.711	66.66	50.31	153.99
29.654	79.99	57.68	199.98

表 2-1-46 顺-2-戊烯的蒸气压

温度/℃	蒸气压/kPa	温度/℃	蒸气压/kPa
−48.7	1.33	34.571	93.33
−38.9	2.67	34.977	94.66
−32.66	4.00	35.378	95.99
−27.96	5.33	35.775	97.33
−24.17	6.67	36.169	98.66
−20.96	8.00	36.558	99.99
−15.69	10.67	36.942	101.33
−11.42	13.33	37.324	102.66
−3.199	20.00	37.701	103.99
3.105	26.66	38.074	105.32
8.074	33.33	39.956	106.66
12.373	40.00	41.176	119.99
19.481	53.33	45.176	133.32
25.287	66.66	50.93	153.99
30.235	79.99	58.31	199.98

参 考 文 献

1 CAS 109-68-2
2 EINECS 203-695-0
3 《化工百科全书》编辑委员会，化学工业出版社《化工百科全书》编辑部编．化工百科全书：第16卷．北京：化学工业出版社，1997
4 M. R. Fenske et al. Ind. Eng. Chem. Anal. Ed. 1947. 19：700
5 E. Stenhagen et al. Atlas of Mass Spectral Data. Vol. 1. Wiley. 1969
6 API Research Project 44. Ultraviolet Spectral Data，No. [C] 0498. Thermodynamic Research Center. Texas A & M Univ. 1953
7 C. J. Pouchert. The Aldrich Library of Infrared Spectra. Aldrich Chemical Co.，1970. 12
8 API Research Project 44. Selected NMR Spectral Data，No. [F] 0154，0225，0429，0460，Thermodynamic Research Center，Texas A & M Univ. 1965
9 API Research Project 44. Uitraviolet Spectral Data，No. [C] 0499，Thermodynamic Research Center. Texas A & M Univ. 1953
10 API Research Project 44. Selected NMR Spectral Data，No. [F] 0029，0226c. 0430，0461，Thermodynamic Research Center，Texas A & M Univ. 1965
11 The Merck Index，**13**，7200
12 张海峰主编．危险化学品安全技术大典：第1卷．北京：中国石化出版社，2010

38. 异 戊 二 烯

isoprene [2-methyl-1,3-butadiene]

(1) 分子式　C_5H_8。　　　　相对分子质量　68.11。

(2) 示性式或结构式　$CH_2{=}C(CH_3)CH{=}CH_2$

(3) 外观　无色、易挥发液体。

(4) 物理性质

沸点(101.32kPa)/℃	34.067	燃点/℃	220
熔点/℃	−145.95	生成热(25℃,气体)/(kJ/kg)	−75.7811
相对密度(液体,0℃)/(g/cm³)	0.7003	(25℃,液体)/(kJ/kg)	−49.4042
(液体,20℃)/(g/cm³)	0.6806	蒸发热(34.07℃)/(kJ/kg)	25.8557
(液体,30℃)/(g/cm³)	0.6729	燃烧热(气体,25℃)/(kJ/kg)	−3012.61
折射率(20℃)	1.4219	比热容(液体,20℃)/[kJ/(kg·K)]	2.2198
(30℃)	1.4152	临界压力/MPa	3.85
黏度(液体,20℃)/mPa·s	0.209	临界温度/℃	211
表面张力(20℃)/(mN/m)	18.13	热导率(20℃)/[W/(m·K)]	0.1394
(30℃)/(mN/m)	17.08	爆炸极限(上限)/%(体积)	8.9
闪点/℃	−48.3	(下限)/%(体积)	2.0

(5) 化学性质　具有较高的反应性，能与卤素、含卤化合物、氢以及烃类等化合物发生加成反应。在催化剂存在下发生聚合反应，与丁二烯、苯乙烯、丙烯腈等单体在烷基铝等催化剂存在下进行共聚合反应，生成相应的二元及三元共聚物。还可以发生取代反应。

(6) 精制方法　一般蒸馏方法难以得到高纯度产品。工业上主要采用萃取蒸馏及共沸蒸馏（如乙腈法、二甲基甲酰胺法，*N*-甲基吡咯烷酮法）方法制得。

(7) 溶解性能　几乎不溶于水，溶于大多数烃、醇和醚类等有机溶剂中，能与许多有机物形成二元及三元共沸物。

(8) 用途　主要用于制备顺式聚异戊二烯橡胶、丁苯橡胶。用于合成胶黏剂及聚酯改良剂，是合成多种香料、医药的重要原料。

(9) 使用注意事项　危险特性属第3.1类低闪点易燃液体。危险货物编号：31012，UN编号：1218。对眼、鼻及上呼吸道黏膜有刺激作用，经由呼吸道和消化系统吸收，影响神经系统，严重者失去知觉。本品为易燃易爆物，与空气混合易爆炸。贮存和运输中防止泄出，避免与强氧化剂、卤素、强酸、氧化物等接触。

（10）附表

表 2-1-47 异戊二烯的蒸气压

温度/℃	蒸气压/kPa	温度/℃	蒸气压/kPa	温度/℃	蒸气压/kPa
−50	1.48	40	123.79	130	1091.27
−40	2.97	50	170.16	140	1307.09
−30	5.56	60	223.93	150	1552.29
−20	9.81	70	293.34	160	1828.92
−10	16.45	80	377.74	170	2139.98
0	26.40	90	478.96	180	2489.56
10	40.74	100	599.03	190	2880.67
20	60.76	110	739.77	200	3318.39
30	87.90	120	903.31	210	3806.78

表 2-1-48 含异戊二烯的二元共沸混合物

第二组分	共沸点/℃	异戊二烯/%	第二组分	共沸点/℃	异戊二烯/%
甲醇	29.57	94.8	丙酮	30.5	80
戊烷	33.6	72.5	环氧丙烷	31.6	40
二硫化碳	<34.15	<93	甲酸乙酯	<32.5	>76
甲酸甲酯	22.5	50	缩甲醛	32.8	70
溴乙烷	32	>65	乙醚	33.2	52
乙醇	32.65	97	乙腈	33.5～33.6	97.5
二甲硫醚	32.5	65			

参 考 文 献

1 CAS 78-79-5

2 EINECS 201-143-3

3 Beilstein. Handbuch der Organischen Chemie. H. 1-252；E Ⅳ，1-1001

4 The Merck Index. **10**，5048；**11**，5087

5 张海峰主编. 危险化学品安全技术大典：第1卷. 北京：中国石化出版社，2010

39. 1-己烯

1-hexene

（1）分子式　C_6H_{12}。　　　　相对分子质量　84.156。

（2）示性式或结构式　$CH_3(CH_2)_3CH=CH_2$

（3）外观　无色液体。

（4）物理性质

1-己烯的物理性质

沸点(101.3 kPa)/℃	63.485	生成热(25℃,气体)/(kJ/mol)	−41.70
熔点/℃	−139.819	(25℃,液体)/(kJ/mol)	−72.43
相对密度(20℃/4℃)	0.67317	燃烧热(25℃,液体)	
(25℃/4℃)	0.66848	总发热量/(kJ/mol)	4006.43
折射率(20℃)	1.38788	最低发热量/(kJ/mol)	3742.16
(25℃)	1.38502	比热容(25℃,理想气体,定压)/[kJ/(kg·K)]	1.57
介电常数(20℃)	2.06	(25℃,液体,定压)/[kJ/(kg·K)]	2.18
黏度(20℃)/mPa·s	0.26	临界温度/℃	231
(25℃)/mPa·s	0.25	临界压力/MPa	3.15
表面张力(20℃)/(mN/m)	18.65	热导率(20℃)/[W/(m·K)]	133.14×10^{-3}
(30℃)/(mN/m)	17.7	爆炸极限(下限,估计值)/%(体积)	1.2
蒸发热(25℃)/(kJ/mol)	30.73	体膨胀系数/K^{-1}	13.68×10^{-4}
(b.p.)/(kJ/mol)	28.30	苯胺点/℃	22.8

(5) 化学性质　含有碳碳双键、化学反应活泼，能发生加氢、卤素、卤化氢加成、聚合等反应，能参与水合作用。

(6) 溶解性能　不溶于水，溶于醇、醚及丙酮等溶剂。

(7) 用途　有机合成中间体、油类添加剂和高辛烷值燃料、溶剂。

(8) 使用注意事项　危险特性属第 3.1 类低闪点易燃液体。危险货物编号：31009，UN 编号：2370。与空气易形成爆炸性混合物，与氧化剂会发生强烈反应，遇明火、高热会引起燃烧爆炸。蒸气吸入时刺激黏膜，引起结膜炎、脱脂性皮炎、麻醉及发绀等症状。

参 考 文 献

1 CAS 592-41-6

2 EINECS 209-753-1

3 《化工百科全书》编辑委员会，化学工业出版社《化工百科全书》编辑部编. 化工百科全书：第 16 卷，北京：化学工业出版社，1997

4 E. Stenhagen et al. Atlas of Mass Spectral Data. Vol. 1. Wiley. 1969

5 C. J. Pouchert. The Aldrich Library of Infrared Spectra. Aldrich Chemical Co.，1970. 10

6 API Research Project 44. Selected NMR Spectral Data，No. [F] 0155，0231c，0368，Thermodynamic Research Center，Texas A & M Univ. 1965

7 Beil.，**1**，215

8 张海峰主编. 危险化学品安全技术大典：第 1 卷. 北京：中国石化出版社，2010

40. 1-庚烯

1-heptene

(1) 分子式　C_7H_{14}。　　　　相对分子质量　98.182。

(2) 示性式或结构式　$CH_3(CH_2)_4CH=CH_2$

(3) 外观　无色液体。

(4) 物理性质

1-庚烯的物理性质

沸点(101.3kPa)/℃	93.643	生成热(25℃,气体)/(kJ/mol)	−62.34
熔点/℃	−119.029	(25℃,液体)/(kJ/mol)	−97.51
相对密度(20℃/4℃)	0.69693	燃烧热(25℃,液体)	
(25℃/4℃)	0.69267	总发热量/(kJ/mol)	4660.62
折射率(20℃)	1.39980	最低发热量/(kJ/mol)	4352.30
(25℃)	1.39713	比热容(25℃,理想气体,定压)/[kJ/(kg·K)]	1.58
介电常数(20℃)	2.071	(25℃,液体,定压)/[kJ/(kg·K)]	2.16
黏度(20℃)/mPa·s	0.35	临界温度/℃	264.1
(25℃)/mPa·s	0.34	临界压力/MPa(估计值)	2.94
表面张力(20℃)/(mN/m)	20.5	爆炸极限(估计值)/%(体积)	1.0
(25℃)/(mN/m)	19.5	体膨胀系数(15.6℃)/K^{-1}	12.6×10^{-4}
蒸发热(25℃)/(kJ/mol)	35.67	苯胺点/℃	27.2
(b.p.)/(kJ/mol)	31.11		

(5) 化学性质　烯烃富有反应性，能参与水合作用、磺化作用、聚合、氧化等各种反应。通过氧化作用易生成氧化物。

(6) 溶解性能　不溶于水，溶于乙醇、乙醚、丙酮等溶剂。

(7) 用途　有机合成中间体、溶剂。

(8) 使用注意事项　危险特性属第 3.2 类中闪点易燃液体。危险货物编号：32015，UN 编号：2278。其蒸气可与空气形成爆炸性混合物。遇明火、高热会引起燃烧爆炸。刺激中枢神经使之功能下降。吸入时刺激黏膜，引起结膜炎、脱脂性皮炎、麻醉及发绀等症状。

参　考　文　献

1 CAS 592-76-7
2 EINECS 209-767-8
3 《化工百科全书》编辑委员会，化学工业出版社《化工百科全书》编辑部编. 化工百科全书：第 16 卷. 北京：化学工业出版社，1997
4 E. Stenhagen et al. Atlas of Mass Spectral Data. Vol. 1. Wiley. 1969
5 C. J. Pouchert. The Aldrich Library of Infrared Spectra. Aldrich Chemical Co. 1970. 10
6 API Research Project 44. Selected NMR Spectral Data，No. [F] 0157，0250c，0384，Thermodynamic Research Center，Texas A & M Univ. 1965
7 Beil.，**1**，219
8 张海峰主编. 危险化学品安全技术大典：第 1 卷. 北京：中国石化出版社，2010

41. 3-庚烯

3-heptene

(1) 分子式　C_7H_{14}。　　　　相对分子质量　98.182。

(2) 示性式或结构式　$CH_3(CH_2)_2CH=CHCH_2CH_3$

(3) 外观　无色液体。

(4) 物理性质

沸点(101.3kPa)/℃	95.7	闪点/℃	−7
熔点/℃	−136.5	折射率(20℃)	1.406
相对密度(水=1)	0.703	爆炸极限/%	1.0～7.8
临界压力/MPa	2.8	燃点/℃	290

(5) 化学性质　与氧化剂、卤素发生反应。其蒸气与空气混合能形成爆炸性混合物。

(6) 溶解性能　不溶于水。可溶于乙醇、乙醚、丙酮、石油醚。

(7) 用途　溶剂及植物生长抑制剂。有机合成中间体。

(8) 使用注意事项　危险特性属第 3.2 类中闪点易燃液体。危险货物编号：32015，UN 编号：2278。动物试验本品有麻醉作用。

参　考　文　献

1 CAS 7642-10-6
2 张海峰主编. 危险化学品安全技术大典：第 1 卷. 北京：中国石化出版社，2010

42. 1-辛烯

1-octene

(1) 分子式　C_8H_{16}。　　　　相对分子质量　112.208。

(2) 示性式或结构式　$CH_3(CH_2)_5CH=CH_2$

(3) 外观　无色液体。

(4) 物理性质

1-辛烯的物理性质

沸点(101.3kPa)/℃	121.280	生成热(25℃,气体)/(kJ/mol)	−82.98
熔点/℃	−101.736	(25℃,液体)/(kJ/mol)	−122.67
相对密度(20℃/4℃)	0.71492	燃烧热(25℃,液体)	
(25℃/4℃)	0.71085	总发热量/(kJ/mol)	5314.84
折射率(20℃)	1.40870	最低发热量/(kJ/mol)	4962.48
(25℃)	1.40620	比热容(25℃,理想气体,定压)/[kJ/(kg·K)]	1.59
介电常数(20℃)	2.084	(25℃,液体,定压)/[kJ/(kg·K)]	2.15
黏度(20℃)/mPa·s	0.470	临界温度/℃	293.5
(25℃)/mPa·s	0.447	临界压力(估计值)/MPa	2.73
表面张力(20℃)/(mN/m)	21.8	热导率(20℃)/[W/(m·K)]	146.538×10^{-3}
(30℃)/(mN/m)	20.9	爆炸极限(下限,估计值)/%(体积)	0.9
蒸发热(25℃)/(kJ/mol)	40.61	体膨胀系数/K^{-1}	10.44×10^{-4}
(b.p.)/(kJ/mol)	33.79	苯胺点/℃	32.5

(5) 化学性质　含碳碳双键，富有反应性。能参与水合作用、磺化作用、聚合、氧化等各种反应。

(6) 溶解性能　不溶于水，能与醇混溶，溶于醚、丙酮、苯等溶剂。

(7) 用途　有机合成中间体、溶剂。

(8) 使用注意事项　危险特性属第3.2类中闪点易燃液体。危险货物编号：32016。蒸气与空气可形成爆炸性混合物。遇明火、高热会引起燃烧爆炸。吸入时刺激黏膜，引起结膜炎、脱脂性皮炎、麻醉及发绀等症状。

参 考 文 献

1 CAS 111-66-0
2 EINECS 203-893-7
3 《化工百科全书》编辑委员会，化学工业出版社《化工百科全书》编辑部编. 化工百科全书：第16卷. 北京：化学工业出版社，1997
4 E. Stenhagen et al. Atlas of Mass Spectral Date. Vol. 1. Wiley. 1969
5 C. J. Pouchert. The Aldrich Library of Infrared Spectra. Aldrich Chemical Co. 1970, 10
6 API Research Project 44. Raman Spectral Data, No. [D] 0027, Thermodynamic Research Center, Texas A & M Univ. 1953
7 Beil., **1**, 221
8 The Merck Index, **13**, 1770
9 张海峰主编. 危险化学品安全技术大典：第1卷. 北京：中国石化出版社，2010

43. 二异丁烯 [2,4,4-三甲基-1-戊烯]

di-*iso*-butylene [2,4,4-trimethyl-1-pentene]

(1) 分子式　C_8H_{16}。　　相对分子质量 112.21。

(2) 示性式或结构式

(3) 外观　无色液体，有特臭。

(4) 物理性质

沸点(101.3kPa)/℃	101.2	折射率(20℃)	1.4079
熔点/℃	−93.6	闪点/℃	−6
相对密度(20℃/4℃)	0.72		

（5）溶解性能　溶于乙醚、苯、氯仿，不溶于水。

（6）用途　溶剂、紫外线吸收剂、增塑剂。

（7）使用注意事项　危险特性属第3.2类中闪点易燃液体。危险货物编号：32017，UN编号：2050。其蒸气与空气混合能形成爆炸性混合物，遇明火、高热极易燃烧或爆炸。大鼠经口LD_{50}：>2500mg/kg。

参 考 文 献

1 CAS 107-39-1

2 EINECS 246-690-9

3 Beil., **1** (3), 848

4 张海峰主编. 危险化学品安全技术大典：第1卷. 北京：中国石化出版社，2010

44. 1-壬烯

1-nonene

（1）分子式　C_9H_{18}。　　相对分子质量　126.234。

（2）示性式或结构式　$CH_3(CH_2)_6CH=CH_2$

（3）外观　无色液体。

（4）物理性质

1-壬烯的物理性质

沸点(101.3kPa)/℃	146.868	生成热(25℃,气体)/(kJ/mol)	−103.58
熔点/℃	−81.37	(25℃,液体)/(kJ/mol)	−147.84
相对密度(20℃/4℃)	0.72922	燃烧热(25℃,液体)	
(25℃/4℃)	0.72531	总发热量/(kJ/mol)	5969.12
折射率(20℃)	1.41572	最低发热量/(kJ/mol)	5572.71
(25℃)	1.41333	比热容(25℃,理想气体,定压)/[kJ/(kg·K)]	1.59
黏度(20℃)/mPa·s	0.620	(25℃,液体,定压)/[kJ/(kg·K)]	2.15
(25℃)/mPa·s	0.586	临界压力(估计值)/MPa	2.49
表面张力(25℃)/(mN/m)	22.56	爆炸极限(下限,估计值)/%(体积)	0.8
蒸发热(25℃)/(kJ/mol)	45.55	体膨胀系数/K^{-1}	10.44×10^{-4}
(b.p.)/(kJ/mol)	36.34	苯胺点/℃	38.0
临界温度(估计值)/℃	328		

（5）化学性质　含碳碳双键、能参与水合作用、磺化作用、聚合、氧化等各种反应。

（6）溶解性能　不溶于水，能溶于醇、醚。

（7）用途　有机合成中间体、溶剂。

（8）使用注意事项　危险特性属第3.3类高闪点易燃液体。危险货物编号：33514。蒸气与空气形成爆炸性混合物。遇明火、高热会引起燃烧爆炸。蒸气吸入时刺激黏膜，引起结膜炎、脱脂性皮炎、麻醉及发绀等症状。

参 考 文 献

1 CAS 124-11-8

2 EINECS 204-681-7

3 《化工百科全书》编辑委员会，化学工业出版社《化工百科全书》编辑部编. 化工百科全书：第16卷. 北京：化学工业出版社，1997

4 E. Stenhagen et al. Altas of Mass Spectral Data. Vol. 1. Wiley. 1969

5 C. J. Pouchert. The Aldrich Library of Infrared Spectra. Aldrich Chemical Co. 1970. 10

6 API Research Project 44. Selected NMR Spectral Data, No, [F] 0261c, Thermodynamic Research Center, Texas A & M Univ. 1965

7 Beil., **1** (2), 202
8 张海峰主编. 危险化学品安全技术大典：第1卷. 北京：中国石化出版社，2010

45. 1-癸烯

1-decene

(1) 分子式　$C_{10}H_{20}$。　　　　相对分子质量　140.26。

(2) 示性式或结构式　$CH_3(CH_2)_7CH=CH_2$

(3) 外观　无色液体

(4) 物理性质

1-癸烯的物理性质

沸点(101.3kPa)/℃	170.570	介电常数(16.7℃)	2.24
熔点/℃	−66.310	黏度(20℃)/mPa·s	0.805
相对密度(20℃/4℃)	0.74081	(25℃)/mPa·s	0.756
(25℃/4℃)	0.73693	表面张力(25℃)/(mN/m)	23.54
折射率(20℃)	1.42146	蒸发热(25℃)/(kJ/mol)	50.49
(25℃)	1.41913	(b.p.)/(kJ/mol)	38.69
生成热(25℃,气体)/(kJ/mol)	−103.58	比热容(25℃,理想气体,定压)/[kJ/(kg·K)]	1.60
(25℃,液体)/(kJ/mol)	−147.84	(25℃,液体,定压)/[kJ/(kg·K)]	2.14
燃烧热(25℃,液体)		爆炸极限(下限,估计值)/%(体积)	0.7
总发热量/(kJ/mol)	6623.35	体膨胀系数/K^{-1}	10.8×10^{-5}
最低发热量/(kJ/mol)	6182.89		

(5) 化学性质　含碳碳双键，可与氢、卤素、卤化氢发生加成反应，能参与水合作用，能发生聚合反应。

(6) 溶解性能　不溶于水、能与醇、醚混溶。

(7) 用途　有机合成中间体、溶剂。

(8) 使用注意事项　危险特性属第3.3类高闪点易燃液体。危险货物编号：33515。蒸气与空气能形成爆炸性混合物。与明火、高热会引起燃烧爆炸。蒸气吸入时刺激黏膜，引起结膜炎、脱脂性皮炎、麻醉及发绀等症状。

参 考 文 献

1 CAS　872-05-9
2 EINECS 212-819-2
3《化工百科全书》编辑委员会，化学工业出版社《化工百科全书》编辑部编. 化工百科全书：第16卷. 北京：化学工业出版社，1997
4 E. Stenhagen. et al. Atlas of Mass Spectral Data. Vol. 1. Wiley. 1969
5 C. J. Pouchert. The Aldrich Library of Infrared Spectra. Aldrich Chemical . Co. 1970. 10
6 Beil., **1** (3), 646
7 张海峰主编. 危险化学品安全技术大典：第1卷. 北京：中国石化出版社，2010

46. 1-十一烯

1-undecene

(1) 分子式　$C_{11}H_{22}$。　　　　相对分子质量　154.30。

(2) 示性式或结构式　$CH_3(CH_2)_8CH=CH_2$

(3) 外观　无色液体。

(4) 物理性质

沸点(101.3kPa)/℃	193	折射率(20℃)	1.4261
熔点/℃	−49	闪点/℃	71
相对密度(20℃/4℃)	0.7503		

(5) 溶解性能 不溶于水，溶于乙醇、氯仿等溶剂。

(6) 用途 溶剂、色谱分析标准物。

参 考 文 献

1 CAS 821-95-4

2 EINECS 212-483-7

3 Beil.，**1**，225

4 《化学化工大辞典》编委会，化学工业出版社辞书编辑部编. 化学化工大辞典. 下册. 北京：化学工业出版社，2003

47. 1-十二烯

1-dodecene

(1) 分子式 $C_{12}H_{24}$。 相对分子质量 168.32。

(2) 示性式或结构式 $CH_3(CH_2)_9CH{=}CH_2$

(3) 外观 无色液体。

(4) 物理性质

沸点(101.3kPa)/℃	213.4	折射率(20℃)	1.4294
熔点/℃	−35.2	闪点/℃	79
相对密度(20℃/4℃)	0.7584	燃点/℃	255

(5) 溶解性能 不溶于水，溶于醇、醚、丙酮、石油醚中。

(6) 用途 溶剂，有机合成中间体。

参 考 文 献

1 CAS 112-41-4

2 EINECS 203-968-4

3 Beil.，**1**，225；**1** (4)，1914

48. 1-十四烯

1-tetradecene

(1) 分子式 $C_{14}H_{28}$ 相对分子质量 196.38

(2) 示性式或结构式 $CH_3(CH_2)_{11}CH{=}CH_2$

(3) 外观 无色液体

(4) 物理性质

沸点(101.3kPa)/℃	251.2	折射率(20℃)	1.4361
熔点/℃	−12.9	闪点/℃	115
相对密度(20℃/4℃)	0.7713		

(5) 溶解性能 不溶于水，溶于苯，易溶于醇、醚等。

(6) 用途 有机合成中间体、溶剂。

参 考 文 献

1 CAS 1120-36-1

2 EINECS 214-306-9
3 Beil., 1, 226
4 《化学化工大辞典》编委会，化学工业出版社辞书编辑部编. 化学化工大辞典：下册. 北京：化学工业出版社，2003

49. 1-十八烯

1-octadecene

(1) 分子式 $C_{18}H_{36}$。　　相对分子质量 252.49。

(2) 示性式或结构式 $CH_3(CH_2)_{15}CH=CH_2$

(3) 外观 无色液体，低温为白色固体。

(4) 物理性质

沸点(101.3kPa)/℃	314.2	闪点/℃	145.8
熔点/℃	17～19	燃点/℃	250
相对密度(20℃/4℃)	0.7888	爆炸极限(下限)/%(体积)	0.4
折射率(20℃)	1.4450	(上限)/%(体积)	5.4

(5) 溶解性能 溶于热丙醇，不溶于水。

(6) 用途 溶剂，有机合成中间体。

(7) 使用注意事项 易燃，蒸气与空气混合易形成爆炸性混合物，遇明火、高热、强氧化剂易发生燃烧。避免蒸气吸入。

参 考 文 献

1 CAS 112-88-9
2 EINECS 204-012-9
3 Beilstein. Handbuch der Organischen Chemie. H, 1-266; E Ⅳ, 1-930

50. 环 丁 烷

cyclobutane

(1) 分子式 C_4H_8。　　相对分子质量 56.10。

(2) 示性式或结构式 

(3) 外观 无色气体。

(4) 物理性质

沸点(98.8kPa)/℃	13.08	相对密度(0℃/4℃)	0.7038
熔点/℃	−91	折射率(0℃)	1.3752

(5) 溶解性能 不溶于水，能溶于乙醇、乙醚和丙酮等有机溶剂。

(6) 用途 纤维素醚的溶剂。

(7) 使用注意事项 危险特性属第 2.1 类易燃气体。危险货物编号：21015，UN 编号：2601。能燃烧，爆炸极限（下限）/%（体积）为 1.8。

参 考 文 献

1 CAS 287-23-0
2 EINECS 206-014-5
3 Beil., 5, 17
4 《化学化工大辞典》编委会，化学工业出版社辞书编辑部编. 化学化工大辞典. 上册. 北京：化学工业出版社，2003

51. 环 戊 烷

cyclopentane

(1) 分子式 C_5H_{10}。　　　相对分子质量 70.14。

(2) 示性式或结构式 

(3) 外观 无色透明液体，有类似汽油的臭味。

(4) 物理性质

沸点(101.3kPa)/℃	49.252	生成热(25℃)/(kJ/mol)	−105.84
熔点/℃	−93.839	燃烧热(25 ℃)/(kJ/mol)	3072.94
相对密度(20 ℃/4℃)	0.74536	比热容(25 ℃,气体,定压)/[kJ/(kg·K)]	1.18
折射率(20 ℃)	1.40645	(25 ℃,液体,定压)/[kJ/(kg·K)]	1.81
介电常数(20 ℃)	1.965	临界温度/℃	238.5
偶极矩	0.00	临界压力/MPa	4.51
黏度(25 ℃)/mPa·s	0.416	溶解度(20 ℃,水)/%	0.0142
表面张力(25 ℃)/mN/m	21.82	蒸气压(−40.4 ℃)/kPa	1.33
闪点/℃	−42.0	(−1.3 ℃)/kPa	13.33
燃点/℃	385	(23.572 ℃)/kPa	40.00
蒸发热(25 ℃)/(kJ/mol)	28.546	热导率/[W/(m·K)]	116.393×10^{-3}
(b.p.)/(kJ/mol)	27.315	爆炸极限(下限)/%(体积)	1.4
熔化热/(kJ/mol)	0.609	苯胺点/℃	16.8

(5) 化学性质 对酸碱比较稳定，常温下与一般氧化剂不起作用。在金属镍催化下，300 ℃时与氢反应生成戊烷。在热或光作用下，与溴不发生加成而发生取代反应。

(6) 精制方法 用硫酸、碱和水分别洗涤后，脱水剂干燥、精馏。

(7) 溶解性能 不溶于水，能与丙酮、四氯化碳、苯、醚、乙醇和庚烷混溶。

(8) 用途 可作聚异戊二烯橡胶等溶液聚合用溶剂和纤维素醚的溶剂。

(9) 使用注意事项 危险特性属第 3.1 类低闪点易燃液体。危险货物编号：31003，UN 编号：1146。应用密封容器贮存，注意避免接近火源。毒性与戊烷相似，对皮肤黏膜有刺激作用，溅液大量接触时能损伤皮肤。工作场所最高容许浓度为 $1720mg/m^3$（美国）。

(10) 附表

表 2-1-49 含环戊烷的二元共沸混合物

第二组分	共沸点/℃	环戊烷/%	第二组分	共沸点/℃	环戊烷/%
甲酸甲酯	28.0	25	1-氯丙烷	<44.5	>36
溴乙烷	<37.5	>20	乙醇	44.7	92.5
二氯甲烷	38.0	30	甲酸	46.0	84
甲醇	38.8	86	甲酸异丙酯	<47.0	82
二甲氧基甲烷	40.0	38	2-丙醇	<47.3	
丙酮	41.0	64	硝基甲烷	<47.5	<91
甲酸乙酯	<42.0	>55	2-甲基-2-丙醇	48.2	约 93
二硫化碳	44.0	33			

参 考 文 献

1 CAS 287-92-3

2 EINECS 206-016-6

3 ASTM Committee D-2 and API Research Project 44. Physical Constants of Hydrocarbons C_1 to C_{10}. ASTM Data Series Publication DS_4A. 1971. 38，39

4 R. R. Dreisbach. Advan. Chem. Ser. 1955，15：359

5 A. Weissberger. Organic Solvents. 3rd ed. Wiley. 70, 590
6 API Research Project 44. Selected Values of Physical and Thermodynamic Properties of Hydrocarbons and Related Compounds, p. 233, 776, Carnegie Press. 1953
7 R. W. Gallent. Hydrocarbons Process. 1970, 49 (1): 137
8 API Research Project 44. Infrared Spectral Data, Serial No. 1135, 1136. Thermodynamic Research Center, Texas A & M Univ. 1950
9 API Research Project 44. Raman Spectral Data, Serial No. 158, Thermodynamic Research Center, Texas A & M Univ. 1950
10 API Research Project 44. Mass Spectral Data, Serial No. 182, Thermodynamic Research Center, Texas A & M Univ. 1948
11 API Research Project 44. Nuclear Magnetic Resonance Spectral Data, Serial No. 578. Thermodynamic Research Center, Texas A & M Univ. 1968
12 安全工学協会. 安全工学便覧. コロナ社. 1973. 177, 191
13 Beilstein. Handbuch der Organischen chemie. H, 9-10
14 张海峰主编. 危险化学品安全技术大典：第1卷. 北京：中国石化出版社，2010

52. 甲基环戊烷

methyl cyclopentane

(1) 分子式 C_6H_{12}。 相对分子质量 84.16。

(2) 示性式或结构式

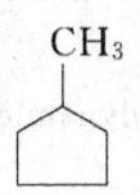

(3) 外观 无色透明液体，有类似汽油的臭味。

(4) 物理性质

沸点(101.3kPa)/℃	71.804	生成热(25℃)/(kJ/mol)	−137.83
熔点/℃	−142.469	燃烧热(25℃)/(kJ/mol)	3676.72
相对密度(20℃/4℃)	0.74862	比热容(25℃,气体,定压)/[kJ/(kg·K)]	1.31
折射率(20℃)	1.40970	(25℃,液体,定压)/[kJ/(kg·K)]	1.89
介电常数(20℃)	1.985	临界温度/℃	259.64
黏度(25℃)/mPa·s	0.478	临界压力/MPa	3.78
表面张力(25℃)/(mN/m)	21.61	溶解度(20℃,水)/%	0.0131
闪点/℃	−25.0	蒸气压(−23.7℃)/kPa	1.33
燃点/℃	323	(17.86℃)/kPa	13.33
蒸发热(25℃)/(kJ/mol)	31.652	(44.395℃)/kPa	40.00
(b.p.)/(kJ/mol)	28.95	苯胺点/℃	33.0
熔化热/(kJ/mol)	6.933		

(5) 化学性质 对酸碱比较稳定。性质和环己烷相似。在三氯化铝的催化作用下加热到80℃时，异构化为环己烷。

(6) 精制方法 与甲醇一起共沸蒸馏精制。

(7) 溶解性能 不溶于水，能与丙酮、四氯化碳、苯、乙醚、庚烷和乙醇等有机溶剂混溶。能溶解树脂、蜡（地）、沥青、橡胶和干性油。

(8) 用途 参照环己烷。

(9) 使用注意事项 危险特性属第3.2类中闪点易燃液体。危险货物编号：32011，UN编号：2298。毒性同戊烷相似，主要有麻醉作用。

(10) 附表

表 2-1-50　合成橡胶在甲基环戊烷中的溶解度（25℃，10%橡胶溶液）

合成橡胶种类	剪切速度/s^{-1}	溶解度①	合成橡胶种类	剪切速度/s^{-1}	溶解度①
顺聚异戊二烯	10000	123	异丁烯-异戊二烯	10000	117
顺聚丁二烯	10000	150(117)②	反聚异戊二烯	5000	155
丁苯橡胶(28%苯乙烯)	10000	181(126)②	乙丙橡胶(43.7%乙烯)	1000	205
丁苯橡胶(54%苯乙烯)	5000	<10%③			

① 溶解度$=\dfrac{100\times\text{甲苯溶液的黏度}}{\text{甲基环戊烷溶液的黏度}}$。

② 8g/100mL 甲基环戊烷溶液。

③ 凝聚成非均质体。

参　考　文　献

1　CAS 96-37-7

2　EINECS 202-503-2

3　ASTM Committee D-2 and API Research Project 44. Physical Constants of Hydrocarbons C_1 to C_{10}，ASTM Data Series P ublication DS4A. 1971. 38，39

4　R. R. Dreisbach. Advan. Chem. Ser. 1955，15：360

5　API Research Project 44. Selected Values of Physical and Thermodynamic Properties of Hydrocarbons and Related Compounds，p. 233，348，638，776，Carnegie Press. 1953

6　A. Weissberger. Organic Solvents. 3rd ed. Wiley. 76，586

7　API Research Project 44. Infrared Spectral Data，Serial No. 1556，Thermodynamic Research Center，Texas A & M Univ. 1953

8　API Research Project 44. Raman Spectral Data，Serial No. 159，Thermodynamic Research Center，Texas A & M Univ. 1950

9　API Research Project 44. Mass Spectral Data，Serial No. 183，Thermodynamic Research Center，Texas A & M Univ. 1948

10　API Research Project 44. Nuclear Magnetic Resonance Spectral Data，Serial No. 534. Thermodynamic Research Center. Texas A & M Univ. 1965

11　安全工学協会. 安全工学便覧. コロナ社. 1973. 181，191

12　L. F. King. J. Chem. Eng. Data. 1966，11：243

13　Beilstein. Handbuch der Organischen Chemie. H，5-27；E Ⅳ 5-84

14　张海峰主编. 危险化学品安全技术大典：第 1 卷. 北京：中国石化出版社，2010

53. 环　己　烷

cyclohexane [hexahydrobenzene，hexamethylene，hexanapthene，benzenehexahydride]

(1) 分子式　C_6H_{12}。　　　相对分子质量　84.16。

(2) 示性式或结构式　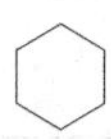

(3) 外观　无色液体，有类似汽油气味。

(4) 物理性质

沸点(101.3kPa)/℃	80.719	燃点/℃	259
熔点/℃	6.541	蒸发热(25℃)/(kJ/mol)	33.059
相对密度(20℃/4℃)	0.77853	(b. p.)/(kJ/mol)	29.98
折射率(20℃)	1.42623	熔化热/(kJ/mol)	2.678
介电常数(20℃)	2.052	生成热(25℃)/(kJ/mol)	−156.34
黏度(25℃)/mPa・s	0.888	燃烧热(25℃)/(kJ/mol)	3658.21
表面张力(25℃)/(mN/m)	24.38	比热容(25℃,气体,定压)/[kJ/(kg・K)]	1.26
闪点/℃	−17	(25℃,液体,定压)/[kJ/(kg・K)]	1.86

续表

临界温度/℃	280.4	UV 210nm 以上无吸收
临界压力/MPa	4.07	IR $2920cm^{-1}$,$1426cm^{-1}$等
电导率/(S/m)	7×10^{-18}	Raman$800cm^{-1}$,$2851cm^{-1}$等
热导率/[mW/(m·K)]	135.234	MS*m/e*(强度):M^+(84),M-15(69),
爆炸极限(下限)/%(体积)	1.3	M-28(56),M-43(41),M-55(29),
(上限)/%(体积)	8	M-59(27)
体膨胀系数(25℃)/K^{-1}	0.001217	NMRτ8.58
苯胺点/℃	31.0	

(5) 化学性质 环己烷对酸、碱比较稳定，与中等浓度的硝酸或混酸在低温下不发生反应，与稀硝酸在100℃以上的封管中发生硝化反应，生成硝基环己烷。在铂或钯催化下，350℃以上发生脱氢反应生成苯。环己烷与氧化铝、硫化钼、镍-铝一起于高温下发生异构化，生成甲基戊烷。与三氯化铝在温和条件下则异构化为甲基环戊烷。

环己烷也可以发生氧化反应，在不同的条件下所得的主要产物不同。例如在185～200℃、1～4MPa下，用空气氧化时，得到90%的环己醇。若用脂肪酸的钴盐或锰盐作催化剂在120～140℃、1.8～2.4MPa下，用空气氧化，则得到环己醇和环己酮的混合物。高温下用空气、浓硝酸或二氧化氮直接氧化环己烷得到己二酸。在钯、钼、铬、锰的氧化物存在下，进行气相氧化则得到顺丁烯二酸。在日光或紫外光照射下与卤素作用生成卤化物。与氯化亚硝酰反应生成环己肟。用三氯化铝作催化剂将环己烷与乙烯反应生成乙基环己烷、二甲基环己烷、二乙基环己烷和四甲基环己烷等。

(6) 精制方法 环己烷是由苯、环己烯和环己二烯等催化加氢或由汽油分馏而得。故常含有戊烷异构体和苯等杂质。除去苯的方法是将其冷却到0℃，环己烷结晶，即可分离除苯。或用硝酸和硫酸的混酸一起振摇，令苯生成硝基苯，因二者沸点不同，即可蒸馏分离。此外，也可将含有苯的环己烷与2-氯乙醇或乙二醇-乙酸酯等溶剂一起进行分馏精制。

(7) 溶解性能 能与乙醇、高级醇、醚、丙酮、烃类、卤代烃、高级脂肪酸、胺类以及大部分涂料溶剂混溶。能溶解油脂、树脂、蜡（地）、沥青、橡胶和乙基纤维素等。溶解能力与己烷相似。

(8) 用途 用作橡胶、涂料、清漆用溶剂，油脂萃取溶剂、液相色谱溶剂。因其毒性比苯小，故常代替苯用于脱油脂、脱润滑脂和脱漆剂。还用作制造锦纶、环己醇和环己酮的原料。

(9) 使用注意事项 危险特性属第3.1类低闪点易燃液体。危险货物编号：31004，UN编号：1145。应密封贮存，注意远离火源。由于对金属无腐蚀性，可用铁、软钢、铜、铝、铅或不锈钢容器贮存。在阀门和垫圈中要避免使用橡胶。

环己烷和其他低级烷烃一样属低毒类。对中枢神经系统有抑制作用，高浓度有麻醉作用。毒性比苯小，约为苯的1/40，且不会形成血液中毒。长时间接触液态环己烷对皮肤有刺激作用，其蒸气刺激黏膜。兔经口LD_{50}为5.5g/kg。哺乳动物吸入LD_{50} 150mg/L。嗅觉阈浓度1.4mg/m^3。TJ36—79规定车间空气中最高容许浓度为100mg/m^3。

(10) 规格 SH/T 1673—1999 工业用环己烷

项 目		优等品	一等品	合格品
外观		18.3～25.6℃下无沉淀、无浑浊的透明液体		
色度(铂-钴色号)	≤	10	15	20
密度(20℃)/(g/cm³)		0.777～0.782		
纯度/%	≥	99.90	99.70	99.50
苯/(mg/kg)	≤	50	100	800
甲基环己烷/(mg/kg)	≤	200	500	800
正己烷/(mg/kg)	≤	200	500	800
甲基环戊烷/(mg/kg)	≤	150	400	800
馏程(101.3kPa 含 80.7℃)/℃	≤	1.0	1.5	2.0
硫/(mg/kg)	≤	1	2	5
不挥发物/(mg/100mL)		1	5	10

(11) 附表

表 2-1-51 环己烷的蒸气压

温度/℃	蒸气压/kPa	温度/℃	蒸气压/kPa	温度/℃	蒸气压/kPa	温度/℃	蒸气压/kPa
6.69	5.33	47.772	33.33	78.950	96.00	82.032	105.32
11.01	6.67	52.678	40.00	79.405	97.33	82.454	106.66
14.67	8.00	60.792	53.33	79.854	98.66	86.47	119.99
20.672	10.67	67.422	66.66	80.299	99.99	90.15	133.32
25.543	13.33	73.074	79.99	80.738	101.32	96.73	159.99
34.912	20.00	78.028	93.33	81.174	102.66	105.2	199.98
42.00	26.66	78.492	94.66	81.604	103.99		

表 2-1-52 合成橡胶在环己烷中的溶解度(10%橡胶溶液,25℃)

合成橡胶种类	剪切速度/s^{-1}	溶解度①	合成橡胶种类	剪切速度/s^{-1}	溶解度①
顺聚异戊二烯	10000	97	异丁烯-异戊二烯	10000	65
顺聚丁二烯	10000	108	反聚异戊二烯	5000	100
丁苯橡胶(28%苯乙烯)	10000	118	乙丙橡胶(43.7%乙烯)	1000	124
丁苯橡胶(54%苯乙烯)	5000	195			

① $溶解度=\frac{100\times 甲苯溶液的黏度}{环己烷溶液的黏度}$。

表 2-1-53 环己烷在水中的溶解度

温度/℃	环己烷溶解度/(g/100gH_2O)	温度/℃	环己烷溶解度/(g/100gH_2O)	温度/℃	环己烷溶解度/(g/100gH_2O)
25	0.008	94	0.028	162	0.146
56	0.017	127	0.0517	220.5	1.785

表 2-1-54 含环己烷的二元、三元共沸混合物

组　分	共沸点/℃	环己烷/%	组　分	共沸点/℃	环己烷/%
水	68.95	91.6	2-丁醇	76.0	82
四氯化碳	76.5	—	叔丁醇	71.3	63
福尔马林	70.7	30	甲基异丙基(甲)酮	79.0	<88
甲醇	54.2	61	甲酸异丁酯	80	>80
水合氯醛	76	78	乙酸异丙酯	78.9	75
乙酸	79.7	98	异丁酸甲酯	78.6	88
硝酸乙酯	74.5	62	叔戊醇	78.5	84
乙醇	64.9	70	3-戊醇	80.0	97
1,2-二氯丙烷	80.4	84	苯	77.8	45
丙酮	<54.0	>15	环己二烯	79.2	52
烯丙醇	74.0	80	2,2,3-三甲基丁烷	80.2	47.8
异丙醇	68.6	67	水-乙醇-环己烷	62.1	7∶17∶76
丙醇	74.3	80	水-烯丙醇-环己烷	66.18	8∶11∶81
丁酮	72.0	60	水-丙醇-环己烷	66.55	8.5∶10∶81.5
二噁烷	79.5	75.4	水-异丙醇-环己烷	64.3	7.5∶18.5∶74
乙酸乙酯	72.8	46	水-2-丁醇-环己烷	67.0	
丙酸甲酯	75	48	水-叔丁醇-环己烷	65.0	8∶21∶71
甲酸丙酯	75	52	甲醇-乙酸甲酯-环己烷	50.8	16∶48.6∶35.4
亚硝酸丁酯	76.5	37	乙醇-乙酸乙酯-环己烷	64.33	
1-丁醇	79.8	96	异丙醇-乙酸乙酯-环己烷	74	
异丁醇	78.1	86	苯-异丙醇-环己烷	63.3	

表 2-1-55　环己烷-甲基环己烷的气液平衡［环己烷（101.3kPa）］单位：%（mol）

液相组成	气相组成	沸点/℃	液相组成	气相组成	沸点/℃	液相组成	气相组成	沸点/℃	液相组成	气相组成	沸点/℃
9.1	18.5	98.3	27.8	56.4	94.1	56.4	67.5	90.5	80.7	90.2	84.2
18.5	27.8	96.0	44.7	63.7	91.6	63.7	70.9	87.4	95.2	96.5	83.6

表 2-1-56　环己烷-2,2,3-三甲基丁烷的气液平衡［环己烷（99.2kPa）］

单位：%（mol）

液相组成	气相组成	沸点/℃	液相组成	气相组成	沸点/℃
0.0	0.0	80.1	52.2	52.2	79.45
4.2	6.6	80.0	66.5	65.4	79.45
11.8	14.9	79.9	75.7	74.8	79.5
22.5	25.5	79.75	83.4	82.3	79.6
27.9	30.6	79.7	87.1	86.0	79.7
37.9	39.6	79.55	91.2	90.0	79.8
43.5	44.3	79.5	94.0	92.7	79.9
48.4	49.1	79.45	96.3	95.2	80.0
51.7	51.8	79.45	100.0	100.0	80.1

表 2-1-57　环己烷-丙酮的气液平衡［环己烷（101.3kPa）］　单位：%（mol）

液相组成	气相组成	沸点/℃	液相组成	气相组成	沸点/℃
0.00	0.00	56.2	26.50	25.25	53.1
1.25	2.50	55.6	31.00	25.50	53.1
2.50	5.75	55.1	34.50	26.00	53.1
3.75	8.25	54.8	38.50	26.50	53.3
5.75	11.25	54.3	45.50	27.50	53.8
9.00	15.00	53.85	50.25	28.75	54.2
12.50	18.75	53.45	54.75	29.00	54.5
16.00	20.50	53.20	61.00	30.50	55.0
19.00	22.50	53.15	67.00	32.50	56.0
22.75	23.80	53.1	73.00	37.00	57.6

表 2-1-58　环己烷-丁酮的气液平衡［环己烷（101.3kPa）］　单位：%（mol）

液相组成	气相组成	沸点/℃	液相组成	气相组成	沸点/℃
0.00	0.00	79.6	78.00	65.00	73.2
3.00	9.50	77.8	80.50	67.00	73.65
5.50	14.00	76.7	82.00	69.50	75.15
12.00	21.30	75.1	85.00	72.50	74.9
19.50	30.50	73.6	86.50	74.00	75.3
32.00	41.00	72.2	88.00	75.50	75.8
40.25	45.50	71.8	90.50	79.00	76.7
56.25	52.00	71.6	92.50	82.90	77.6
60.50	54.50	71.7	94.25	85.10	78.0
66.50	59.00	72.0	94.50	88.00	78.6
71.00	60.50	72.3	100.00	100.00	80.8
75.00	63.25	72.8			

表 2-1-59　环己烷-无水乙酸的气液平衡［环己烷（101.3kPa）］　单位：%（mol）

液相组成	气相组成	沸点/℃	液相组成	气相组成	沸点/℃
10	75.0	101.5	70	89.9	81.0
20	85.0	87.5	80	90.3	80.6
30	87.8	84.0	90	92.2	80.4
40	88.5	82.7	95	94.4	80.2
50	89.0	81.8	97.5	96.7	80.4
60	89.2	81.3			

表 2-1-60　环己烷-吡啶的气液平衡［环己烷(101.3kPa)］　单位：%(mol)

液相组成	气相组成	沸点/℃	液相组成	气相组成	沸点/℃
10	38.0	102.0	70	83.2	82.8
20	55.5	94.8	80	86.6	81.8
30	64.5	90.8	90	92.0	81.1
40	71.0	88.8	95	96.0	80.8
50	78.5	86.0	97.5	98.0	80.8
60	80.0	84.2			

参 考 文 献

1 CAS 110-82-7

2 EINECS 203-806-2

3 ASTM Committee D-2 and API Research Project 44, Physical Constants of Hydrocarbons C_1 to C_{10}. ASTM Data Series Publication DS4A. 1971. 42

4 A. Weissberger. Organic Solvents. 3rd ed. Wiley. 77, 352

5 API Research Project 44. Selected Values of Physical and Thermodynamic Properties of Hydrocarbons and Related Compounds. Carnegie Press. 1953. 235, 353, 777

6 R. W. Gallant. Hydrocarbon Process. 1970, 49 (1): 137

7 R. M. Silversteinand G. C. Bassier. Spectrometric Identification of Organic Compounds. Wiley. 1963. 96

8 API Research Project 44. Infrared Spectral Data. Serial No. 1565. Thermodynamic Research Center. Texas A & M Univ. 1953

9 API Research Project 44. Raman Spectral Data. Serial No. 230. Thermodynamic Research Center. Texas A & M Univ. 1955

10 API Research Project 44. Mass Spectral Data. Serial No. 1605. Thermodynamic Research Center. Texas A & M Univ. 1959

11 API Research Project 44. Nuclear Magnetic Resonance Spectral Data. Serial No. 451. Thermodynamic Research Center.

12 Texas A & M Univ. 1964

13 安全工学協会. 安全工学便覧. コロナ社. 1973. 177, 191, 217, 295, 311

14 Kirk-Othmer. Encyclopedia of Chemical Technology. 2nd ed. Vol. 11. Wiley. 295

15 L. F. King. J. Chem. Eng. Data. 1966. 11: 243

16 C. Marsden. Slovents Manual. Cleaver-Hume. 1954. 101

17 Ju Chin Chu. Distillation Equilibrium Data. Reinhold. 1950. 68

18 Ju Chin Chu. Distillation Equilibrium Data. Reinhold. 1950. 69

19 平田光穗. 化学工学. 1960, 24: 669

20 化学工学協会. 物性定数. 第2集. 丸善. 1964. 168

21 化学工学協会. 物性定数. 第3集. 丸善. 1965. 258

22 Beilstein. Handbuch der Organischen Chemie. H, 5-20; E Ⅳ, 5-27

23 The Merck Index. **10**, 2717; **11**, 2729

24 张海峰主编. 危险化学品安全技术大典：第1卷. 北京：中国石化出版社，2010

54. 甲基环己烷

methylcyclohexane［hexahydrotoluene, heptanaphthene］

(1) 分子式　C_7H_{14}。　　相对分子质量　98.19。

(2) 示性式或结构式

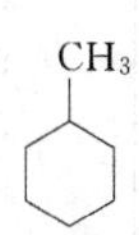

(3) 外观　无色液体，有特殊香味。

(4) 物理性质

沸点(101.3kPa)/℃	100.934	蒸发热(25℃)/(kJ/mol)	35.383
熔点/℃	−126.596	(b.p.)/(kJ/mol)	31.15
相对密度(20℃/4℃)	0.76937	生成热(25℃)/(kJ/mol)	−190.29
折射率(20℃)	1.42312	燃烧热(25℃)/(kJ/mol)	4259.98
介电常数(25℃)	2.02	比热容(25℃,气体,定压)/[kJ/(kg·K)]	1.35
偶极矩	0	(25℃,液体,定压)/[kJ/(kg·K)]	1.84
黏度(25℃)/mPa·s	0.685	临界温度/℃	299.04
表面张力(25℃)/(mN/m)	23.17	临界压力/MPa	3.47
闪点/℃	−1.0	电导率/(S/m)	$<10^{-16}$
燃点/℃	265	爆炸极限(下限)/%(体积)	1.15
熔化热/(kJ/mol)	6.7549	苯胺点/℃	41.0

(5) **化学性质**　与环己烷类似，对酸、碱比较稳定。在三氯化铝作用下异构化为乙基环戊烷和二甲基环戊烷。在紫外光或过氧化物存在下能发生氧化反应。在催化剂存在下发生脱氢反应生成甲苯。

(6) **精制方法**　甲基环己烷由石油馏分分馏或甲苯催化加氢而得。因此，主要杂质是甲苯和沸点相近的烃类。精制时用浓硫酸、碱、水依次洗涤，脱水剂干燥，蒸馏。

(7) **溶解性能**　不溶于水，能与丙酮、苯、乙醚、四氯化碳、乙醇、高级醇相混溶。能溶解树脂、蜡（地）、沥青、橡胶和干性油等。

(8) **用途**　参照环己烷。

(9) **使用注意事项**　危险特性属第3.2类中闪点易燃液体。危险货物编号：32012，UN编号：2296。毒性比环己烷低，但麻醉作用比环己烷强。皮肤接触能引起红肿、皲裂、溃疡等。兔经口致死量为4.0～4.5g/kg。当吸入甲基环己烷浓度达60g/m³时出现抽搐、呼吸困难、流涎及结膜充血，70分钟死亡。工作场所最高容许浓度2005mg/m³（美国）。

(10) **附表**

表 2-1-61　甲基环己烷的蒸气压

温度/℃	蒸气压/kPa	温度/℃	蒸气压/kPa	温度/℃	蒸气压/kPa
−3.2	1.33	65.776	33.33	100.465	99.99
8.7	2.67	70.998	40.00	100.934	101.33
16.30	4.00	79.652	53.33	101.400	102.66
21.99	5.33	86.725	66.66	101.859	103.99
26.592	6.67	92.756	79.99	102.315	105.32
30.485	8.00	98.074	93.33	102.766	106.66
36.882	10.67	98.537	94.66	107.05	119.99
42.072	13.33	99.027	95.99	110.98	133.32
52.057	20.00	99.511	97.32	118.01	159.99
59.612	26.66	99.990	98.66	127.0	199.98

表 2-1-62　合成橡胶在环己烷中的溶解度（10%橡胶溶液，25℃）

合成橡胶种类	剪切速度/s^{-1}	溶解度①	合成橡胶种类	剪切速度/s^{-1}	溶解度①
顺聚异戊二烯	10000	100	异丁烯-异戊二烯	10000	93
顺聚丁二烯	10000	130(93②)	反-聚异戊二烯	5000	125
丁苯橡胶(28%苯乙烯)	10000	130(109②)	乙烯-丙烯(43.7%乙烯)	1000	136
丁苯橡胶(54%苯乙烯)	5000	340			

① 溶解度＝$\frac{100\times\text{甲苯溶液的黏度}}{\text{甲基环己烷溶液的黏度}}$。

② 8g橡胶/100mL甲基环己烷溶液。

表 2-1-63　含甲基环己烷的二元共沸混合物

第二组分	共沸点/℃	甲基环己烷/%	第二组分	共沸点/℃	甲基环己烷/%
丙醇	86.0	58.5	烯丙基碘	99	30
烯丙醇	85.0	58	丙基碘	99.4	40
丁酮	78.0	30	异丙醇	77.4	52.5
2-戊酮	100.6	59.7	丁醇	96.4	79
甲酸异丁酯	92.4	43	异丁醇	93.2	70
三氯硝基甲烷	100.75	71	叔丁醇	78.2	35
三氯乙醛	94.45	43	甲基异丙基酮	100.6	60
硝酸乙酯	83.85	28	3-戊酮	95	60
乙二醇	100.8	96	乙酸异丙酯	89.0	22
丙酸乙酯	94.5	47	叔戊醇	93.4	59
甲酸	80.2	53.5	异戊醇	100.1	94
乙酸	96.3	69	3-戊醇	97.4	77
硝基甲烷	81.25	60.5	甲基叔丁基酮	98	70
甲醇	59.45	57	异丁酸乙酯	100.1	>80
丁酸甲酯	97.0	55	三乙缩醛	99.4	60
异丁酸甲酯	91	25	庚烷	98.3	10
亚硝酸异戊酯	95.5	18			

参　考　文　献

1　CAS 108-87-2
2　EINECS 203-624-3
3　ASTM Committee D-2 and API Research Project 44, Physical Constants of Hydrocarbons C_1 to C_{10}. ASTM Data Series Publication DS4A. 1971. 42
4　R. R. Dreisbach. Advan. Chem. Ser. 1955. 15：442
5　大田弘毅ほか. 有機合成化学. 1968. 26：994
6　A. Weissberger. Organic Solvents. 3rd ed. Wiley. 85
7　API Research Project 44. Infrared Spectral Data. Serial No. 1566, Thermodynamic Research Center. Texas A & M Univ. 1953
8　API Research Project 44. Raman Spectral Data, Serial No. 251. Thermodynamic Research Center. Texas A & M Univ. 1955
9　API Research Project 44. Mass Spectral Data. Serial No. 217, Thermodynamic Research Center. Texas A & M Univ. 1948
10　API Research Project 44. Nuclear Magnetic Resonance Spectral Data, Serial No. 452. Thermodynamic Research Center. Texas A & M Univ. 1964
11　安全工学協会. 安全工学便覧. コロナ社. 1973. 186, 191, 299
12　N. I. Sax. Handbook of Dangerous Materials. Van Nostrand Reinhold. 1951. 248
13　API Research Project. Selected Values of Physical and Thermodynamic Properties of Hydrocarbons and Related Compounds. 1953
14　L. F. King. J. Chem Eng. Data. 1966, 11：243
15　C. Marsden. Solvents Guide. 2nd ed. Cleaver-Hume. 1963. 381
16　张海峰主编. 危险化学品安全技术大典：第 1 卷. 北京：中国石化出版社，2010

55. 反式-1,2-二甲基环己烷

trans-1,2-dimethylcyclohexane

(1) 分子式　C_8H_{16}。　　　相对分子质量　112.22。

(2) 示性式或结构式

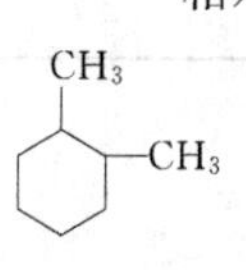

(3) 外观　无色透明液体。

(4) 物理性质

沸点(101.3kPa)/℃	123.42	相对密度(20℃/4℃)	0.7760
熔点/℃	−88.19	折射率(20℃)	1.4269

(5) 溶解性能　与丙酮、苯混溶，不溶于水。

(6) 用途　溶剂，色谱分析标准物质，有机合成中间体。

(7) 使用注意事项　反式-1,2-二甲基环己烷的危险特性属第3.2类中闪点易燃液体。危险货物编号：32012，UN编号：2263。蒸气与空气易形成爆炸性混合物。遇高热、明火及强氧化剂易引起燃烧。对眼、黏膜或皮肤有刺激性。

参考文献

1 CAS 583-57-3

2 EINECS 209-509-4

3 Beil., **5**, 36

56. 1,3-二甲基环己烷

1,3-dimethylcyclohexane

(1) 分子式　C_8H_{16}。　　　　相对分子质量　112.22。

(2) 示性式或结构式

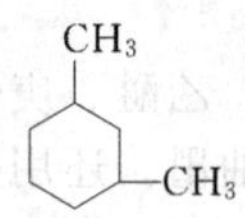

(3) 外观　无色透明液体。

(4) 物理性质

顺式-1,3-二甲基环己烷		反式-1,3-二甲基环己烷	
沸点(101.3kPa)/℃	120.09	沸点(101.3kPa)/℃	124.46
熔点/℃	−75.57	熔点/℃	−90.11
相对密度(20℃/4℃)	0.7660	相对密度(20℃/4℃)	0.7847
折射率(20℃)	1.4229	折射率(20℃)	1.4309

(5) 溶解性能　能与乙醇、乙醚、苯等相混溶，不溶于水。

(6) 用途　能溶解树脂、蜡、沥青、纤维素醚及干性油。有机合成中间体。

(7) 使用注意事项　1,3-二甲基环己烷的危险特性属第3.2类中闪点易燃液体。危险货物编号：32012，UN编号：2263。蒸气与空气易形成爆炸性混合物。遇高热、明火及强氧化剂易引起燃烧。对眼、黏膜或皮肤有刺激性。

参考文献

1 CAS 592-21-9

2 EINECS 234-232-0

3 Beil., **5**, 36; **5** (2), 21

57. 乙基环己烷

ethyl cyclohexane

(1) 分子式　C_8H_{16}。　　　　相对分子质量　112.22。

(2) 示性式或结构式 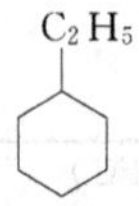

(3) 外观　无色透明液体，有芳香味。

(4) 物理性质

沸点(101.3kPa)/℃	131.789	燃烧热(25℃)/(kJ/mol)	4872.84
熔点/℃	−111.311	比热容(25℃,气体,定压)/[kJ/(kg·K)]	1.42
相对密度(20℃/4℃)	0.78790	(25℃,液体,定压)/[kJ/(kg·K)]	1.89
折射率(20℃)	1.43304	临界温度/℃	336
介电常数(20℃)	2.054	临界压力/MPa	3.04
黏度(25℃)/mPa·s	0.787	蒸气压(20.6℃)/kPa	1.33
表面张力(25℃)/(mN/m)	25.12	(52.5℃)/kPa	6.67
闪点/℃	22.0	(69.044)/kPa	13.33
燃点/℃	262	爆炸极限(下限)/%(体积)	1.1
蒸发热(25℃)/(kJ/mol)	40.478	(上限)/%(体积)	6.7
(b.p.)/(kJ/mol)	34.33	体膨胀系数/K^{-1}	0.00102
熔化热/(kJ/mol)	8.3372	苯胺点/℃	43.8
生成热(25℃)/(kJ/mol)	−212.31		

(5) 化学性质　与环己烷、甲基环己烷相似。对酸、碱比较稳定。在三氯化铝作用下异构化为二甲基环己烷、甲基乙基环戊烷和三甲基环戊烷。

(6) 精制方法　与环己烷相同，通过装有硅胶的填充塔后再进行蒸馏。也可与乙二醇一乙醚共沸蒸馏进行精制。

(7) 溶解性能　不溶于水，能与丙酮、四氯化碳、苯、乙醚、庚烷和乙醇等混溶。

(8) 用途　与环己烷相似，用于涂料、粘接剂、印刷油墨。还用作金属表面处理剂、萃取溶剂和聚合反应用溶剂等。

(9) 使用注意事项　危险特性属第3.3类高闪点易燃液体。危险货物编号：33508。毒性比苯、甲苯、二甲苯低。工作场所最高容许浓度2290mg/m^3。

(10) 附表

表 2-1-64　乙基环己烷对涂料用树脂的溶解性能

树　脂　清　漆	添加量/g①	溶解性②	树　脂　清　漆	添加量/g①	溶解性②
10%椰子油改性短油性醇酸树脂清漆	8	△	75%聚氨基甲酸酯树脂清漆	5	×
50%亚麻油改性中油性醇酸树脂清漆	10	○	1/4硝酸纤维素	100	×
70%大豆油改性长油性醇酸树脂清漆	6	○	DBP③	100	○
50%三氯氰胺树脂清漆	10	△			

① 10g树脂清漆、硝基纤维素和DBP所需乙基环己烷添加量。

② ○—溶解成透明溶液；△—稍有浑浊；×—不溶解。

③ DBP——邻苯二甲酸二丁酯。

参　考　文　献

1 CAS 1678-91-7

2 EINECS 216-835-0

3 ASTM Committee D-2 and API Research Project 44, Physical Constants of Hydrocarbons C_1 to C_{10}. ASTM Data Series Publication DS4A. 1971. 42

4 R. R. Dreisbach. Advan. Chem. Ser. 1955, 15: 443

5 API Research Project 44. Selected Values of Physical and Thermodynamic Properties of Hydrocarbons and Related Compounds. Carnegie Press. 1953. 235, 353, 639, 717

6 名児耶光也. 石油と石油化学. 1972, 16 (12): 29

7 API Research Project 44. Infrared Spectral Data, Serial No. 618. Thermodynamic Research Center. Texas A &M Univ. 1947
8 API Research Project 44. Raman Spectral Data, Serial No. 232. Thermodynamic Research Center. Texas A &M Univ. 1955
9 API Research Project 44. Mass Spectral Data, Serial No. 218. Thermodynamic Research Center. Texas A &M Univ. 1948
10 API Research Project 44. Nuclear Magnetic Resonance Spectral Data, Serial No. 552. Thermodynamic Research Center. Texas A &M Univ. 1965
11 安全工学協会. 安全工学便覧. コロナ社. 1973. 173, 191, 217
12 Beilstein, Handbuch der Organischen Chemie. H 5-35

58. 1,1′-双环己烷

bicyclohexyl [dicyclohexyl, dodecahydrobiphenyl]

(1) 分子式 $C_{12}H_{22}$。　　相对分子质量 166.31。

(2) 示性式或结构式

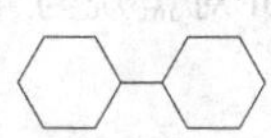

(3) 外观　无色液体，有芳香味。

(4) 物理性质

沸点 顺-顺式(101.3kPa)/℃	233～238	表面张力(20.5℃)/(mN/m)	32.68
反-反式(101.3kPa)/℃	217～219	闪点/℃	73.9
熔点 顺-顺式/℃	2.25	燃点/℃	243.9
反-反式		蒸发热/(kJ/mol)	51.9
相对密度 顺-顺式(20℃/4℃)	0.8914	燃烧热(25℃)/(kJ/mol)	3819.7
反-反式(20℃/4℃)	0.8594	比热容(40℃,定压)/[kJ/(kg·K)]	1.81
折射率 顺-顺式(20℃)	1.4766	蒸气压(20℃)/kPa	0.01373
反-反式(20℃)	1.4663	热导率(62.8℃)/[W/(m·K)]	107.182×10^{-3}
偶极矩/(10^{-30}C·m)	<1.40	爆炸极限(下限)/%(体积)	0.7
黏度(20℃)/mPa·s	3.75	(上限)/%(体积)	5.1

(5) 化学性质　对酸、碱、氧化剂比较稳定。有顺式和反式两种立体异构体，一般以混合物形式存在。

(6) 精制方法　硫酸洗涤，碱中和，水洗处理后加脱水剂干燥，精馏。

(7) 溶解性能　能与乙醇、乙醚、丙酮、四氯化碳和苯等多种有机溶剂混溶。

(8) 用途　用作高沸点溶剂、渗透剂、橡胶增塑剂、绝缘材料等。

参 考 文 献

1 CAS 92-51-3
2 EINECS 202-161-4
3 化学大辞典. 7卷. 共立出版. 1961. 345
4 A. Weissberger. Organic Solvents. 3rd ed. Wiley. 105, 604
5 日本化学会. 防灾指针. Ⅰ-10. 丸善. 1963. 14
6 B. J. Gudzinowicz et al. J. Chem. Eng. Data. 1964, 9: 79
7 API Research Project 44. Infrared Spectral Data, Serial No. 1837, 1838. Thermodynamic Research Center. Texas A &M Univ. 1956
8 API Research Project 44. Mass Spectral Data, Serial No. 1288, 1508. Thermodynamic Research Center. Texas A &M Univ. 1962
9 API Research Project 44. Nuclear Magnetic Resonance Spectral Data. Serial No. 139, Thermodynamic Research Center. Texas A &M Univ. 1962

59. 对蓋烷［萜烷］

p-menthane[1-methyl-4-isopropylcyclohexane]

(1)分子式　$C_{10}H_{20}$。　　相对分子质量　140.27。

(2)示性式或结构式

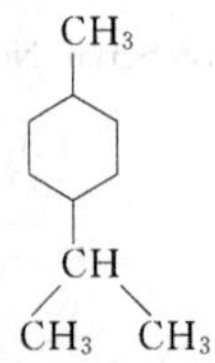

(3)外观　无色液体，有萜烯臭味。

(4)物理性质

沸点(101.3kPa)/℃	169～170	折射率(20℃)	1.4393
相对密度(20℃/20℃)	0.793	黏度(20℃)/mPa·s	0.0102

(5) 化学性质　易受空气氧化或发生氯化反应。1mol对蓋烷与4.7mol硫脲生成结晶性包合物。在氯仿中与三氯化锑或苯胺、浓盐酸发生显色反应。

(6) 精制方法　用碳酸钠溶液洗涤后蒸馏。

(7) 溶解性能　不溶于水，溶于乙醚、乙醇。能溶解树脂，但溶解能力比伞花烃弱。

(8) 用途　与萜烯溶液一起混合使用。

(9) 附表

表 2-1-65　对蓋烷的蒸气压

温度/℃	蒸气压/kPa	温度/℃	蒸气压/kPa	温度/℃	蒸气压/kPa	温度/℃	蒸气压/kPa
9.7	0.13	48.3	1.33	88.6	8.00	146.0	53.33
35.7	0.67	62.7	2.67	122.7	26.66	169.5	101.33

参　考　文　献

1　CAS 99-82-1

2　EINECS 202-790-4

3　日本化学会.化学便覧.丸善.1958.200,531

4　Beilstein,Handbuch der Organischen Chemie.E Ⅲ.5-134

5　J.G.Grasselli.Atlas of Spectral Data and Physical Constants for Organic Compounds.B-645.CRC Press,1973

6　R.B.Barnes et al.Ind.Eng.Chem.Anal.Ed.1943,15:659,764

7　G.B.Bonino and F.Cella.Mem.Acad.Italia 2 Chimica.1931,4,5,18

60. 丁基环己烷

butylcyclohexane

(1) 分子式　$C_{10}H_{20}$。　　相对分子质量 140.27。

(2) 示性式或结构式

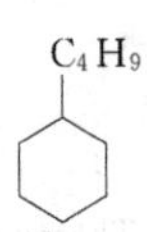

(3) 外观　无色透明液体。

(4) 物理性质

沸点(101.3kPa)/℃	180～181	折射率(20℃)	1.441
熔点/℃	−78	闪点/℃	41
相对密度(20℃/4℃)	0.799		

(5) 溶解性能　能与乙醇、乙醚、苯等混溶，不溶于水。

(6) 用途　溶剂、色谱物质标准液。

(7) 使用注意事项　危险特性属第 3.3 类高闪点易燃液体。危险货物编号：33510。

参 考 文 献

1 CAS 1678-93-9

2 EINECS 216-833-1

3 Beil.，**5**（1），20

4 张海峰主编. 危险化学品安全技术大典：第 1 卷. 北京：中国石化出版社，2010

61. 环 庚 烷

cycloheptane

(1) 分子式　C_7H_{14}。　　　　　相对分子质量　98.18。

(2) 示性式或结构式 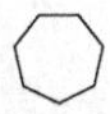

(3) 外观　无色油状液体。

(4) 物理性质

沸点(101.3kPa)/℃	118	折射率(20℃)	1.4455
熔点/℃	−8.0	闪点/℃	6
相对密度(20℃/4℃)	0.8090		

(5) 化学性质　可发生卤化反应。

(6) 溶解性能　易溶于醇、醚，不溶于水。

(7) 用途　溶剂、有机合成中间体。

(8) 使用注意事项　危险特性属第 3.2 类中闪点易燃液体。危险货物编号：32013，UN 编号：2241。口服有毒。可能使肺脏损伤。使用时避免吸入本品蒸气。避免与眼睛及皮肤接触。

参 考 文 献

1 CAS 291-64-5

2 EINECS 206-030-2

3 Beil.，**5**，29

4《化学化工大辞典》编委会，化学工业出版社辞书编辑部编. 化学化工大辞典. 上册. 北京：化学工业出版社，2003

62. 环 辛 烷

cyclooctane

(1) 分子式　C_8H_{16}。　　　　　相对分子质量　112.22。

(2) 示性式或结构式 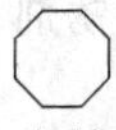

(3) 外观　无色液体，有樟脑气味。

(4) 物理性质

沸点(99.86kPa)/℃	148～149	折射率(20℃)	1.4586
熔点/℃	14.3	闪点/℃	90
相对密度(20℃/4℃)	0.8349		

(5) 化学性质　可发生卤化反应。

(6) 溶解性能　溶于醇、醚、苯等溶剂，不溶于水。

(7) 用途　溶剂、试剂、有机合成中间体。

(8) 使用注意事项　危险特性属第 3.3 类高闪点易燃液体。危险货物编号：33504。口服有毒，可能损伤肺脏。

参考文献

1 CAS 292-64-8

2 EINECS 206-031-8

3 Beil.，5，35

4《化学化工大辞典》编委会，化学工业出版社辞书编辑部编. 化学化工大辞典. 上册. 北京：化学工业出版社，2003.

63. 1,3-环戊二烯

1,3-cyclopentadiene

(1) 分子式　C_5H_6。　　相对分子质量　66.10。

(2) 示性式或结构式 

(3) 外观　无色液体，甜萜烯味。

(4) 物理性质

沸点/℃	41.5～42	燃烧热/(kJ/kg)	1702.964
熔点/℃	−85	蒸发热/(kJ/kg)	6.9919
相对密度(0℃/4℃)	0.8239	裂解热/(kJ/kg)	24.5765
(10℃/4℃)	0.8133	熔化热/(kJ/kg)	0.4605
(20℃/4℃)	0.8024	比热容/[kJ/(kg·K)]	1.7208
(30℃/4℃)	0.7913	热导率(20℃)/[W/(m·K)]	0.1436
折射率(16℃)	1.4463	表面张力(20℃)/(mN/m)	25.30
(20℃)	1.4429		

(5) 化学性质　活泼，常温下能自发地聚合成双环戊二烯，受热仍变成环戊二烯。几乎能与所有的不饱和化合物，如乙烯及其衍生物、乙炔等发生二烯加成反应。还能发生卤化、氧化、亚甲基的缩合反应。

(6) 精制方法　纯的环戊二烯由双环戊二烯裂解得到。工业制备将粗的双环戊二烯在 350～400 ℃下短时间气相裂解生成环戊二烯。

(7) 溶解性能　不溶于水，可与乙醇、乙醚、四氯化碳等混溶。能溶于二硫化碳、冰乙酸、苯胺及石蜡油中。

(8) 用途　制造石油树脂。用于增稠剂、增塑剂、涂料、防锈剂、印刷油墨等方面制造。也可作多氯农药，阻燃剂及高级燃料等原料。

(9) 使用注意事项　危险特性属第 3.2 类中闪点易燃液体。危险货物编号：32021。对黏膜有强烈刺激作用，大量吸入可引起急性中毒。工作场所最高容许浓度为 200mg/m^3（美国）。本品室温下会自发聚合成双环戊二烯，为高放热反应，贮存的容器必须保持较低的温度环境，蒸馏裂解制取环戊二烯时应在惰性介质中进行，以防过氧化物生成。

(10) 附表

表 2-1-66 1,3-环戊二烯的蒸气压

温度/℃	蒸气压/kPa	温度/℃	蒸气压/kPa	温度/℃	蒸气压/kPa
−80	0.066	30	68.15	140	1245.28
−70	0.18	40	97.71	150	1496.57
−60	0.43	50	136.59	160	1781.29
−50	0.99	60	186.64	170	2104.52
−40	1.97	70	249.77	180	2469.29
−30	3.77	80	328.09	190	2879.66
−20	6.82	90	423.64	200	3337.65
−10	11.72	100	539.35	210	3850.35
0	19.25	110	676.85	220	4421.82
10	30.36	120	838.67	230	5059.16
20	46.21	130	1027.44		

参 考 文 献

1 CAS 542-92-7
2 EINECS 208-835-4
3 The Merck Index.10,2732;12,2807
4 张海峰主编.危险化学品安全技术大典:第1卷.北京:中国石化出版社,2010

64. 环 己 烯

cyclohexene[tetrahydrobenzene]

(1) 分子式 C_6H_{10}。 相对分子质量 82.15。

(2) 示性式或结构式 

(3) 外观 无色液体,有特殊刺激臭味。

(4) 物理性质

沸点(101.3kPa)/℃	82.974	生成热(25℃)/(kJ/mol)	−38.22
熔点/℃	−103.493	燃烧热(25℃)/(kJ/mol)	3533.65
相对密度(20℃/4℃)	0.81094	比热容(25℃,气体,定压)/[kJ/(kg·K)]	1.28
折射率(20℃)	1.44654	(25℃,液体,定压)/[kJ/(kg·K)]	1.82
介电常数(25℃)	2.220	临界温度/℃	287.26
偶极矩(20℃,液体)/(10^{-30}C·m)	0.93	临界压力(计算值)/MPa	4.35
黏度(20℃)/mPa·s	0.650	电导率/(S/m)	1.5×10^{-5}
表面张力(20℃)/(mN/m)	26.54×10^{-3}	溶解度(20℃,水)/%	0.0317
闪点/℃	−29	蒸气压(25℃)/kPa	11.84
燃点(氧气中)/℃	325	热导率/[W/(m·K)]	145.282×10^{-3}
蒸发热(b.p.)/(kJ/mol)	30.499	苯胺点/℃	−20.0
熔化热/(kJ/mol)	40.01		

(5) 化学性质 空气中长期放置时被氧化生成过氧化物。在硫酸存在下经磺化、水解反应生成环己醇。热解时通过反 Diels-Alder 反应生成丁二烯和乙烯。用骨架镍作催化剂加氢生成环己烷。

(6) 精制方法 易含的杂质是微量过氧化物,水洗后加入约10%的硫酸亚铁水溶液洗涤,再用水洗涤,加入脱水剂干燥后精馏。

(7) 溶解性能 不溶于水,能与丙酮、四氯化碳、苯、乙醚、庚烷、乙醇等有机溶剂混溶。溶解能力比环己烷稍强。

(8) 使用注意事项 危险特性属第3.2类中闪点易燃液体。危险货物编号:32022,UN编

号：2256。置阴凉处、避光、密封贮存。毒性与环己烷相同，具有麻醉作用。30g/m^{3}浓度会致小鼠侧倒，40～50g/m^{3}浓度下暴露2小时，小鼠血压下降，严重者因呼吸停止而死亡。工作场所最高容许浓度670～1005mg/m^3。

(9) 规格 HG/T 4002—2008 工业用环己烯

项 目		优等品	一等品	合格品
外观		透明液体,有特殊刺激气味		
环己烯/%	≥	99.0	97.0	95.0
环己烷/%	≤	1.0	1.5	2.3
氯代环己烷/%	≤	1.0	1.5	1.5
苯/%	≤	0.5	1.0	2.2
色度(Hazen单位,铂-钴色号)	≤	10	15	20
水/%	≤	0.03	0.05	0.10

参 考 文 献

1 CAS 110-83-8
2 EINECS 203-807-8
3 ASTM Committee D-2 and API Research Project 44. Physical Constants of Hydrocarbons C_1 to C_{10}. ASTM Data Series Publication DS4A. 1971. 52
4 R. R. Dreisbach. Advan. Chem. Ser. 1955，15：489
5 A. Weissberger. Organic Solvents. 3rd ed. Wiley. 139
6 安全工学協会. 安全工学便覧. コロナ社. 1973，177，191，296
7 A. P. Kudchadker et al. Chem. Rev. 1968，68：659
8 R. W. Gallant. Hydrocarbon Process.，1970，49 (2)：112
9 API Research Project 44. Ultraviolet Spectral Data. Serial No. 570. Therm odynamic Research Center. Texas. A & M Univ.，1954
10 API Research Project 44. Infrared Spectral Data. Senial No. 697. Therm odynamic Research Center. Texas. A & M Univ.，1948
11 API Research Project 44. Raman Spectral Data. Serial No. 38. Thermondynamic Research Center. Texas. A & M Univ. 1948
12 API Research Project 44. Mass Spectral Data. Serial No. 1644. Thermodynamic Research Center. Texas. A & M Univ. 1959
13 The Merck Index，**10**，2721；**11**，2733
14 张海峰主编. 危险化学品安全技术大典：第1卷. 北京：中国石化出版社，2010

65. 1-甲基-1-环己烯

1-methyl-1-cyclohexene

(1) 分子式 C_7H_{12}。 相对分子质量 96.17。

(2) 示性式或结构式 

(3) 外观 无色液体。

(4) 物理性质

沸点(101.3kPa)/℃	110～111	折射率(20℃)	1.4502
熔点/℃	−121	闪点/℃	−3
相对密度(20℃/4℃)	0.809		

(5) 溶解性能 能与乙醇、乙醚相混溶，不溶于水。

(6) 用途 溶剂。

(7) 使用注意事项 高度易燃。对眼睛、呼吸系统及皮肤有刺激性。口服有毒，并可能损伤肺脏。使用时应穿防护服。参照4-甲基-1-环己烯。

参 考 文 献

1 CAS 591-49-1
2 EINECS 209-718-0
3 Beil.，5，66

66. 4-甲基-1-环己烯

4-methyl-1-cyclohexene

(1) 分子式 C_7H_{12}。 相对分子质量 96.17。

(2) 示性式或结构式 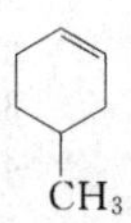

(3) 外观 无色透明液体。

(4) 物理性质

沸点 (101.3kPa) /℃	101～102	折射率 (20℃)	1.4412
熔点/℃	－115.5	闪点/℃	－1
相对密度 (20℃/4℃)	0.799		

(5) 溶解性能 能与乙醇、乙醚相混溶，不溶于水。

(6) 用途 溶剂。

(7) 使用注意事项 危险特性属第3.2类中闪点易燃液体。对眼睛、呼吸系统及皮肤有刺激性。口服有毒，并可能伤害肺脏。使用时应穿防护服。远离火种于通风处密封保存。

参 考 文 献

1 CAS 591-47-9
2 EINECS 209-715-4
3 Beil.，5，67

67. 1,5-环辛二烯

1,5-cyclooctadiene [cycloocta-1,5-diene]

(1) 分子式 C_8H_{12}。 相对分子质量 108.17。

(2) 示性式或结构式 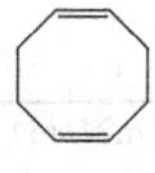

(3) 外观 无色液体。

(4) 物理性质

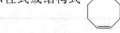

沸点(101.3kPa)/℃	150.9	比热容(50℃)/[kJ/(kg·K)]	2.010
熔点/℃	－70	(100℃)/[kJ/(kg·K)]	2.180
相对密度(20℃/4℃)	0.881	(150℃)/[kJ/(kg·K)]	2.390
折射率(20℃)	1.4933	热导率(30℃)/[W/(m·K)]	0.1289
黏度(20℃)/mPa·s	1.38	蒸发热(101.3kPa)/(kJ/kg)	38.940
(50℃)/mPa·s	0.87	闪点/℃	35
(100℃)/mPa·s	0.51	燃点/℃	270
表面张力(30℃)/(mN/m)	27.36	蒸气压(20℃)/kPa	0.67

(5) 化学性质　加氢生成环辛烷或环辛烯，环氧化反应可得环辛二酸，为不饱和聚酯和醇酸树脂的重要原料。能发生双烯加成反应，卤素加成得到四氯环辛烷，是一种重要的阻燃剂。

(6) 使用注意事项　危险特性属第 3.3 类高闪点易燃液体。危险货物编号：33519，UN 编号：2520。对黏膜及皮肤有强烈刺激作用，引起皮肤过敏。对人尚未永久性危害。使用及贮运时严格避免接触皮肤及眼睛。

(7) 附表

表 2-1-67　1,5-环辛二烯的蒸气压

温度/℃	蒸气压/kPa	温度/℃	蒸气压/kPa	温度/℃	蒸气压/kPa
30	2.88	140	150.47	250	1244.27
40	4.43	150	191.91	260	1439.83
50	7.50	160	241.66	270	1657.68
60	11.50	170	300.73	280	1898.83
70	17.13	180	370.14	290	2166.33
80	24.86	190	451.00	300	2461.18
90	35.22	200	544.52	310	2786.44
100	48.83	210	631.82	320	3144.11
110	66.38	220	774.22	330	3538.27
120	88.61	230	912.84		
130	116.32	240	1068.98		

参　考　文　献

1　CAS 111-78-4

2　EINECS 203-907-1

68. 蒎　　烯

pinene

(1) 分子式　$C_{10}H_{16}$。　　　　相对分子质量　136.23。

(2) 示性式或结构式

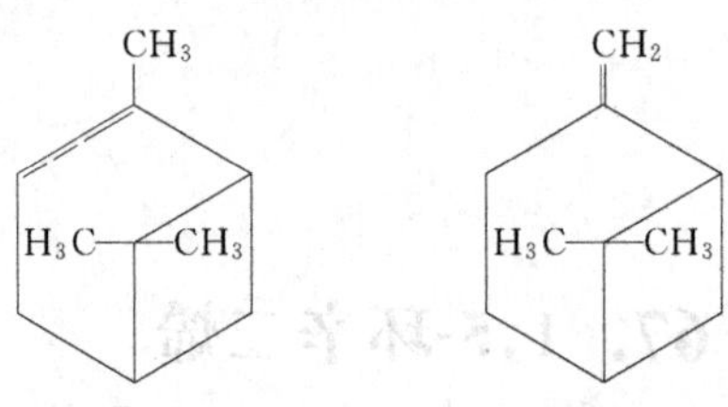

α-蒎烯　　　β-蒎烯

α：2,6,6-三甲基二环[1,1,3]-2-庚烯

β：6,6-二甲基-2-亚甲基二环[1,1,3]-庚烷

(3) 外观　无色透明液体，有松节油气味。

(4) 物理性质

沸点(101.3kPa)/℃	156.0	表面张力(30℃)/(mN/m)	25.8
熔点/℃	−64	闪点(闭口)/℃	32.8
相对密度(20℃/20℃)	0.8582	蒸发热(215～760℃)/(kJ/mol)	39.69
折射率(20℃)	1.4658	生成热/(kJ/mol)	−6205
介电常数(30℃)	2.2588	燃烧热(25℃)/(kJ/mol)	1465.3
偶极矩(30℃)/(10^{-30}C·m)	1.20	旋光度$[\alpha]_D$	±50
黏度(20℃)/mPa·s	1.40		

(5) 化学性质　蒎烯是松柏科的精油及松节油的主要成分，其中大部分是α-蒎烯，约占80%，少量为β-蒎烯。α-蒎烯有左旋性和右旋性，β-蒎烯多属左旋性。α-蒎烯分子中含有双键，化学性质比较活泼。在空气中放置时，因氧化、聚合而黏度增加，与氯化氢反应生成氯化莰。β-

蒎烯用冰乙酸、硫酸混合物处理转变成萜品烯。

(6) 精制方法　加金属钠、氯化钙脱水后蒸馏。

(7) 溶解性能　与松节油相同。不溶于水。能与乙醇、乙醚、氯仿和冰乙酸混溶。

(8) 用途　作涂料、清漆的溶剂及合成香料的原料。

(9) 使用注意事项　危险特性属第3.3类高闪点易燃液体。危规号：33642，UN编号：2368。置阴凉处避光密封贮存。对金属无腐蚀性，可用铁、软钢、铜和铝制容器贮存。在空气中氧的影响下，能聚合成树脂状物质，光照能加速其树脂化。这种树脂状物质能堵塞管道，必须经常检查和清除。

α-蒎烯能强烈刺激皮肤、黏膜和神经系统，引起皮炎、头痛、恶心、呕吐、嗜眠、妄语、肌肉活动失调、麻痹、痉挛等症状，对肝、肾、肠等内脏器官都有损害。工作场所最高容许浓度556 mg/m^3。

(10) 附表

表 2-1-68　α-蒎烯的蒸气压

温度/℃	蒸气压/kPa	温度/℃	蒸气压/kPa	温度/℃	蒸气压/kPa	温度/℃	蒸气压/kPa
23.64	0.53	52.25	2.67	83.72	10.67	139.23	66.67
27.35	0.67	60.50	4.00	86.87	12.00	145.88	80.00
30.39	0.80	67.15	5.33	89.48	13.33	151.55	93.33
35.31	1.07	72.51	6.67	108.98	26.66	154.75	103.32
39.25	1.33	76.76	8.00	121.55	40.00	156.72	119.99
46.46	2.00	80.46	9.33	131.23	53.33		

表 2-1-69　含 α-蒎烯的二元共沸混合物

第二组分	共沸点/℃	α-蒎烯/%	第二组分	共沸点/℃	α-蒎烯/%
甲醇	64.5	5	二丙基酮	142.5	20
丙醇	97.1	1～2	苯胺	155.3	85
异丙醇	107.9	5	乙二醇	149.5	81.5
丁醇	117.4	12	乙酰胺	152.5	87
异戊醇	130.0	20	1,2,3-三氯丙烷	150.0	15
甲酸	118.2	1.5	1,3-二氯-1-丙醇	150.4	63.5
乙酸	117.2	17	2,3-二氯-1-丙醇	153.0	80
丙酸	136.2	41.5	草酸二甲酯	144.1	61
丁酸甲酯	144.2	10	溴代乙酸乙酯	152.5	54
丙酸丁酯	145.8	15	丁酸	150.3	70
溴仿	146.0	30	异丁酸	146.7	35
乙酸戊酯	148.0	25	乳酸甲酯	138	23
苯甲醚	150.5	44	异丁醇	107.95	>1
环己酮	149.8	60	乙酰乙酸甲酯	150.5	64
丙酸异戊酯	154.0	75	丙二酸二甲酯	151.5	78
环己醇	149.9	64.5	乳酸乙酯	143.1	50.2
糠醛	143.4	62	溴苯	153.4	50
异戊酸	154.2	89	乙酰乙酸乙酯	153.35	78
苯酚	152.8	81	草酸二乙酯	154.8	80
己醇	150.8	60	丁二酸二甲酯	155.5	>90
苯甲醛	155.0	90	乙酸异戊酯	142.05	2.5
苯甲醚	150.45	44	丁酸异丁酯	<153.0	>50

表 2-1-70　β-蒎烯的物理性质

沸点(101.3kPa)/℃	163～164
相对密度(15℃)	0.8728
折射率(18℃)	1.479
旋光度(15℃)$[\alpha]_D$	−19.8

表 2-1-71　含 *β*-蒎烯的二元共沸混合物

第二组分	共沸点/℃	*β*-蒎烯/%	第二组分	共沸点/℃	*β*-蒎烯/%
草酸二甲酯	147.1	49	苯酚	159	75
丁酸	158	>62	乙酰乙酸乙酯	159.5	65
糠醛	146.3	50	草酸二乙酯	161.5	73
丁二酸二甲酯	158	72			

(11) 附图

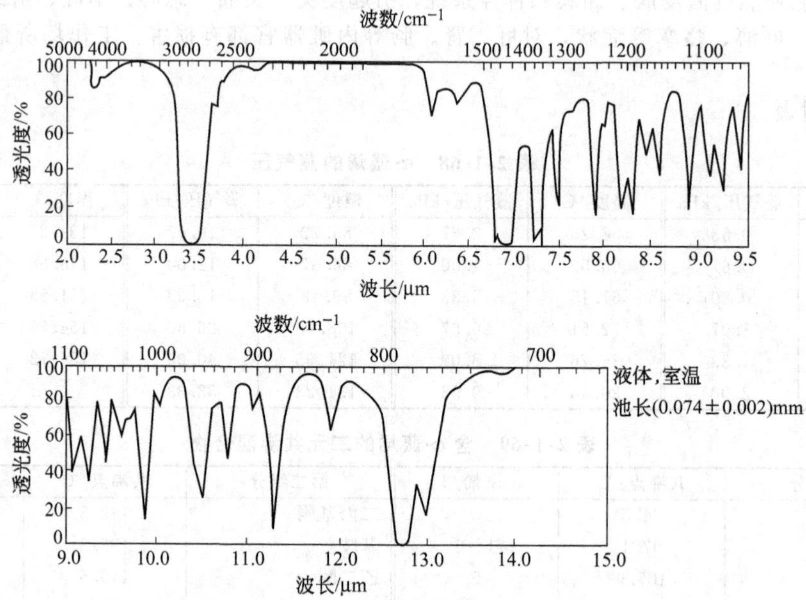

图 2-1-4　*α*-蒎烯的红外光谱图

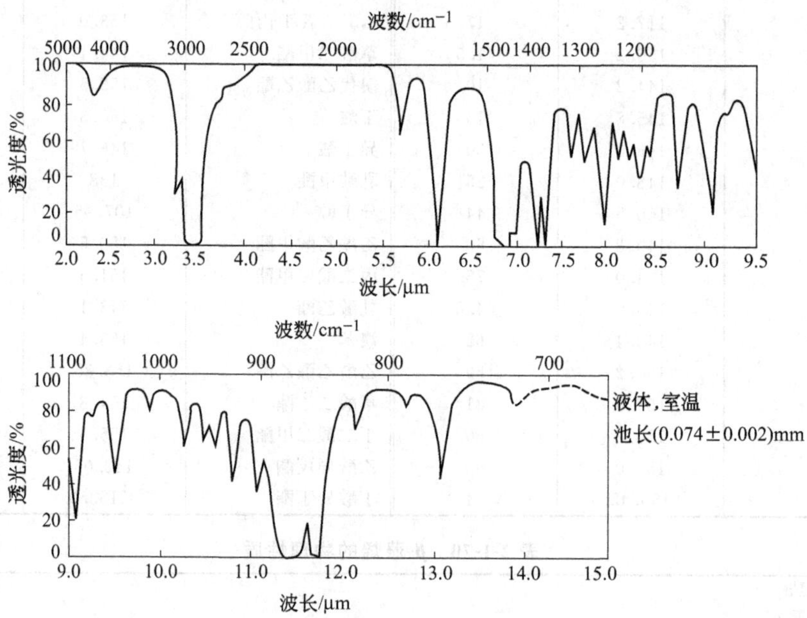

图 2-1-5　*β*-蒎烯的红外光谱图

参 考 文 献

1 CAS 2437-95-8
2 EINECS 201-291-9
3 奥西平曹ほか. 香料化学. 修教社書院. 1940. 186
4 A. Weissberger. Organic Solvents. 3rd ed. Wiley. 142
5 奥西，ハホ，池田. 香料化学. 修教社書院. 1940. 186～187
6 日本化学会. 防灾指針. Ⅰ-10，丸善. 1963
7 Landolt-Börnstein. 6th ed. Vol. Ⅱ-5. Springer. 276
8 D. W. Turner. J. Chem. Soc. 1959，30
9 IRDCカード. No. 14192
10 G. V. Nergi and S. K. K. Jatker. J. Indian Inst. Sci.. 1934，17A：189
11 A. F. Thomas and B. Willbalm. Helv. Chim Acta. 1964，47：475
12 Varian Associate NMR Spectra，No. 272
13 E. Guenther. The Essential Oil. Vol. 1. Van Nostrand Reinhold. 1948. 389
14 J. H. Perry. Chemical Engineers'Handbook (Asian ed). Kogakusha. 1963. 637
15 有機合成化学協会. 溶剤ポケットブック. オーム社. 1977. 187
16 C. Marsden. Solvents Guide. 2nd ed. Cleaver-Hume. 1963. 441
17 Beilstein. Handbuch der Organis Chen Chemie. H，5-144；E Ⅳ5-455
18 The Merck Index. **10**，7319；**11**，7414

69. 1,8-萜二烯［苎烯］

limonene［dipentene，1,8-*p*-menthadiene］

(1) 分子式　$C_{10}H_{16}$。　　　　相对分子质量　136.23。

(2) 示性式或结构式

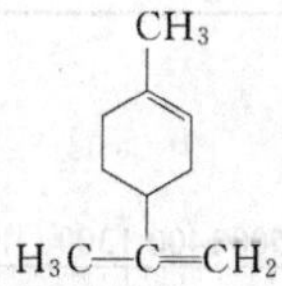

(3) 外观　无色或浅黄色液体，有类似柠檬的香味。

(4) 物理性质

沸点(101.3kPa)/℃	177.7	闪点(闭口)/℃	45
熔点/℃	−96.6	燃点/℃	237
相对密度(20℃/10℃)	0.8447	生成热/(kJ/mol)	−6170
折射率(20℃)	1.4784	燃烧热/(kJ/mol)	6166.0
介电常数(20℃)	2.30	蒸气压(79.5℃)/kPa	41.3
偶极矩/(10^{-30}C·m)	2.03	爆炸极限(下限)/%(体积)	0.7
表面张力(33.5℃)/(mN/m)	27.45	(上限)/%(体积)	6.1

(5) 化学性质　1,8-萜二烯有左旋性和右旋性异构体。热解时生成异戊二烯。无旋光性的则称为双戊烯。

(6) 精制方法　氯化钙或无水硫酸钠脱水后减压蒸馏。

(7) 溶解性能　不溶于水，能与大多数有机溶剂混溶。除能溶解松香、甘油三松香酸酯、醇酸树脂、香豆酮树脂外，尚可溶解矿物油、蜡和金属皂。

(8) 用途　作用涂料溶剂，可防止漆膜结皮、胶化和初期硬化。由于有适当的挥发性，故延展性和流平性好。溶解性能类似松节油，在地板蜡和家具光泽剂中用作松节油或石油溶剂的代用品。此外尚可用作油脂、树脂、颜料的分散剂和合成树脂清漆和磁漆的稀释剂，磁漆颜料润湿剂，橡胶脱硫剂等。石油系稀释剂与1,8-萜二烯（12%～20%）组成的混合溶剂可溶解石油中不溶解的树脂状物质。

(9) 使用注意事项　致癌物。危险特性属第3.3类高闪点易燃液体。危险货物编号：33639，UN编号：2052。对金属无腐蚀性，可用铁、软钢、铜或铝制容器贮存。属低毒类。毒性参照α-蒎烯，会刺激皮肤黏膜，并可被皮肤吸收。

(10) 附表

表 2-1-72　1,8-萜二烯的蒸气压

温度/℃	蒸气压/kPa	温度/℃	蒸气压/kPa	温度/℃	蒸气压/kPa	温度/℃	蒸气压/kPa
41.30	0.53	71.00	2.67	103.60	10.67	161.50	66.66
45.10	0.67	79.50	4.00	106.90	12.00	168.40	79.99
48.25	0.80	86.40	5.33	109.75	13.33	171.27	93.33
53.35	1.07	92.00	6.67	129.95	26.66	177.60	101.32
57.50	1.33	96.40	8.00	143.05	40.00	179.65	119.99
64.90	2.00	100.25	9.33	153.15	53.33		

表 2-1-73　含萜二烯的二元共沸混合物

第二组分	共沸点/℃	萜二烯/%	第二组分	共沸点/℃	萜二烯/%
甲醇	64.6	0.8	甲基己基甲酮	170.0	45
2-正丙氧基乙醇	148.5	32	苯甲醛	171.2	57
乳酸乙酯	<153.0	>12	苯胺	171.3	61
乙醇胺	153.0	63	1-庚醇	171.7	50
糠醛	156.0	35	2-(2-乙氧基)乙醇	173.0	77
1-己醇	157.2	20	1,2-二乙酰氧基乙烷	<173.5	>63
环己醇	159.3	26.5	2-辛醇	174.8	58
丁酸	160.9	44	对异丙基苯甲烷	175.8	40
乙二醇	166.3	77	苯甲醇	176.4	89
2-丁氧基乙醇	164.0	47	二(2-氯乙基)醚	<176.8	>65
2-甲基环己醇	165.3	40	1,2-二氯苯	177.5	<80
2-(2-甲氧乙氧基)乙醇	168.5	67	1-辛醇	177.5	约94
2,3-二氯-1-丙醇	169.0	<56	丙三醇	177.7	约99

(11) 附图

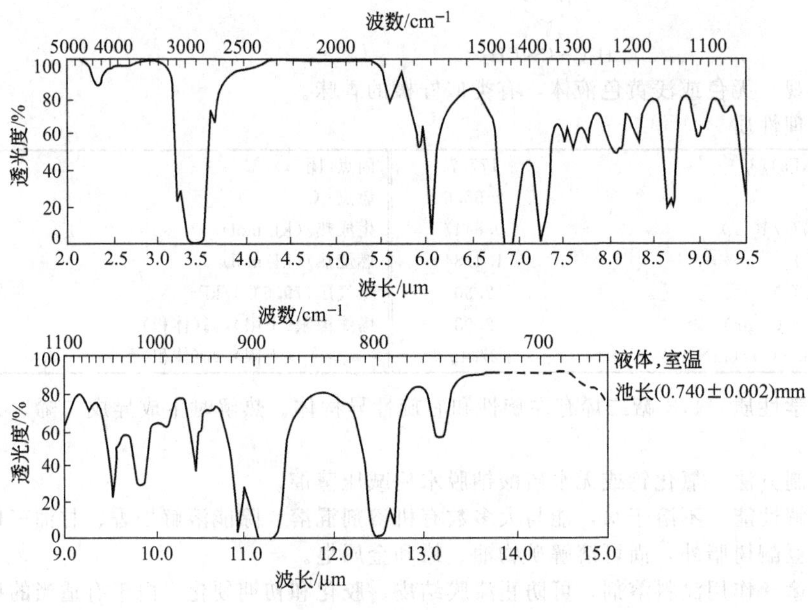

图 2-1-6　1,8-萜二烯的红外光谱图

参考文献

1　CAS 138-86-3

2 EINECS 227-815-6
3 Beilstein, Handbuch der Organischen Chemie. E Ⅲ. 5-348
4 E. Guenther. The Essential Oils. Vol. 1. Van Nostrand Reinhold. 1948. 389
5 Kirk-Othmer. Encyclopedia of Chemical Technologylst ed., Vol. 13. Wiley. 722
6 International Critical Tables. Ⅵ-95
7 Landolt-Börnstein. 6th ed. Vol. Ⅱ-5. Springer. 276
8 International Critical Tables. Ⅴ 164
9 日本化学会.防灾指针.Ⅰ-10 丸善.1963.
10 Beilstein. Handbuch der Organischen Chemie. H, 5-137; E Ⅳ 5-440
11 The Merck Index. **10**, 5321; **11**, 5371; **12**, 5518

70. 苯

benzene [benzol, benzole, cyclohexatriene, phene]

(1) 分子式 C_6H_6。　　**相对分子质量** 78.11。

(2) 示性式或结构式 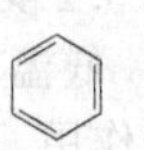

(3) 外观 无色透明液体，有芳香族特有的气味。

(4) 物理性质

沸点(101.3kPa)/℃	80.100	比热容(25℃,定压)/[kJ/(kg·K)]	1.05
熔点/℃	5.533	临界温度/℃	288.94
相对密度(25℃/4℃)	0.87372	临界压力/MPa	4.90
折射率(20℃)	1.50112	沸点升高常数	2.53
(25℃)	1.49794	电导率/(S/m)	76×10^{-9}
介电常数(20℃)	2.283	热导率(25℃)/[W/(m·K)]	0.1442
偶极矩(20～60℃)	0	爆炸极限(下限,空气中)/%(体积)	1.4
黏度(25℃)/mPa·s	0.6010	(上限,空气中)/%(体积)	7.1
表面张力(25℃)/(mN/m)	28.18	体膨胀系数/K^{-1}	0.00121
闪点(闭口)/℃	−11.1	UV λ_{max}(logε)243(2.2),249(2.3),256(2.4),261(2.2)	
燃点/℃	562.2	IR 参照图 2-1-7	
蒸发热(25℃)/(kJ/mol)	33.9	Raman 603 cm^{-1}, 845cm^{-1}, 885 cm^{-1}, 930 cm^{-1}, 988cm^{-1},	
熔化热/(kJ/mol)	9.872	1171 cm^{-1}, 1581 cm^{-1}, 1596cm^{-1}	
生成热(25℃,气体)/(kJ/mol)	82.966	MS$m/e$(强度):78(100),51(72),52(20),(50)18,39(14),77	
(25℃,液体)/(kJ/mol)	49.051	(14),79(7),38(6)	
燃烧热(25℃,气体)/(kJ/mol)	3303.08	NMR τ2.734(CCl_4)	
(25℃,液体)/(kJ/mol)	3269.18		

注：CO_2 气体，H_2O 液体。

(5) 化学性质 主要化学反应有加成、取代及开环反应。在浓硫酸-硝酸作用下，容易发生取代反应生成硝基苯。与浓硫酸或发烟硫酸反应生成苯磺酸。以三氯化铁等金属卤化物为催化剂，在较低温度下发生卤化反应生成卤代苯。以三氯化铝为催化剂，与烯烃、卤代烃发生烷基化反应，生成烷基苯；与酸酐、酰氯发生酰化反应生成酰基苯。在氧化钒催化剂存在下，苯经氧或空气氧化生成顺丁烯二酸酐。苯加热到700℃发生裂解，生成碳、氢及少量的甲烷和乙烯等。用铂、镍作催化剂，进行加氢反应生成环己烷。以氯化锌为催化剂，与甲醛和氯化氢发生氯甲基化反应生成苄基氯。但苯环比较稳定，例如与硝酸、高锰酸钾、重铬酸盐等氧化剂亦不发生反应。

(6) 精制方法 苯是由煤干馏、石油催化裂解、催化重整得到的。因此，易含的杂质主要是芳香族同系物、噻吩及饱和烃等。精制时加5%～10%的浓硫酸激烈摇动，静置分层，分去酸层后用水充分洗涤，再加氯化钙等脱水剂干燥后蒸馏。其他方法有与三氯化铝共同蒸馏、汞盐处理及共沸蒸馏等。纯度高的苯容易凝固，可重复进行结晶分离，最后用五氧化二磷或金属钠干燥后蒸馏。

除去苯中少量水的方法除加氯化钙、无水硫酸钠、五氧化二磷和金属钠等脱水剂外，尚可利用苯和水组成的二元共沸混合物进行共沸蒸馏。除去初馏部分，很容易达到脱水目的。苯既可蒸馏回收，也可用重结晶的方法回收。

(7) 溶解性能　苯难溶于水。除甘油、乙二醇、二甘醇、1,4-丁二醇等多元醇外，能与乙醇、氯仿、乙醚、四氯化碳、二硫化碳、冰乙酸、丙酮、甲苯、二甲苯以及脂肪烃等大多数有机溶剂相混溶。除碘和硫稍溶解外，无机物在苯中不溶解。

苯能溶解松香、乳香、热带芳香脂等树脂，还能溶解甘油三松香酸酯、甘油醇酸树脂、香豆酮树脂、乙烯基树脂、苯乙烯树脂、丙烯酸树脂等合成树脂。达玛树脂、虫胶、珐琊树脂在苯中部分溶解或难溶。聚乙酸乙烯酯、氯代聚乙酸乙烯酯等部分溶解。聚乙烯、聚丙烯、聚氯乙烯、聚乙烯醇缩乙醛等则不溶解。乙基纤维素、苄基纤维素可溶，但醋酸纤维素、硝酸纤维素难溶。生胶、氯化橡胶溶解于苯，硫化橡胶则不溶解，发生显著的膨胀。

(8) 用途　作合成染料、医药、农药、照相胶片以及石油化工制品的原料，清漆、硝基纤维漆的稀释剂、脱漆剂、润滑油、油脂、蜡、赛璐珞、树脂、人造革等溶剂。液相色谱溶剂。

(9) 使用注意事项　属高毒物品。致癌物。危险特性属第 3.2 类中闪点易燃液体。危险货物编号：32050，UN 编号：1114。用瓶、罐、油罐等容器密封，低温下避光贮存。对金属无腐蚀性，但品级较低的苯中含硫杂质对铜和某些金属有明显的腐蚀作用。因此，铁和软钢和容器可贮存各种规格的苯。铜和铝制容器只适于贮存纯品。

苯的蒸气对人有强烈的毒性，急性中毒时出现酒醉状态、眩晕、瞳孔放大、网膜出血、皮肤苍白、体温和血压下降、脉搏微弱，终因呼吸麻痹、痉挛而死亡。慢性中毒时能使造血功能发生障碍，引起恶性贫血，白血球减少，疲劳、头痛、恶心、呕吐、食欲减退等症状。大鼠经口 LD_{50} 为 5700mg/kg，空气中若混有 63800mg/m^3（2%）的苯蒸气时，5～10 分钟即可使人受到致命的毒害。嗅觉阈浓度 0.516mg/m^3。TJ 36—79 规定车间空气中最高容许浓度为 40 mg/m^3。液体苯有脱脂作用，可被皮肤吸收而中毒，故应避免与皮肤接触。

(10) 规格

① GB/T 2283—2008 焦化苯

项　目		优等品	一等品	合格品
外观		透明液体,无可见杂质		
颜色(铂-钴)/号	≤	20		
密度(20℃)/(g/cm^3)		0.878～0.881		0.876～0.881
苯/%	≥	99.9	99.6	—
甲苯/%	≤	0.05	—	—
非芳烃/%	≤	0.1	—	—
馏程(101.325Pa,包括 80.1℃)/℃	≤	—	—	0.9
结晶点/℃	≥	5.45	5.25	5.00
酸洗比色(按标准比色液)	≤	0.05	0.10	0.20
溴值/(g/100mL)	≤	0.03	0.06	0.15
二硫化碳/(g/100mL)	≤	—	0.005	0.006
噻吩/(g/100mL)	≤	—	0.04	0.06
总硫/(mg/kg)	≤	1	—	—
中性试验		中性		
水分(室温 18～25℃)		目测无可见不溶解的水		

② GB/T 3405—2011　石油苯

项　目		石油苯-535	石油苯-545
外观		透明溶液,无不溶水及机械杂质	
颜色(铂-钴色号)	≤	20	20
纯度/%	≥	99.80	99.90

续表

项　目		石油苯-535	石油苯-545
甲苯/%	≤	0.10	0.05
非芳烃/%	≤	0.15	0.10
噻吩/(mg/kg)	≤	报告	0.6
酸洗比色		酸层颜色不深于1000mL稀酸中含0.20g重铬酸钾的标准溶液	酸层颜色不深于1000mL稀酸中含0.10g重铬酸钾的标准溶液
总硫/(mg/kg)	≤	2	1
溴值/(mg/100g)	≤		20
结晶点(干基)/℃	≥	5.35	5.45
1,4-二氧己烷(质量分数)/%		由供需双方商定	
氮/(mg/kg)		由供需双方商定	
水/(mg/kg)		由供需双方商定	
密度(20℃)/(kg/m^3)		报告	
中性试验		中性	

③ GB/T 690—2008 试剂用苯

名　称		分析纯	化学纯
含量(C_6H_6)/%	≥	99.5	99.0
色度/黑曾单位	≤	10	20
结晶点/℃	≥	5.2	4.5
蒸发残渣/%	≤	0.001	0.003
酸度(以H^+计)/(mmol/100g)	≤	0.0001	0.0001
碱度(以OH^-计)/(mmol/100g)	≤	0.0001	0.0001
易碳化物质		合格	合格
硫化合物(以SO_4计)/%	≤	0.0015	0.003
噻吩(C_4H_4S)/%	≤	0.0002	0.0002
水分/%	≤	0.03	0.05

(11) 附表

表 2-1-74　苯的蒸气压

温度/℃	蒸气压/kPa	温度/℃	蒸气压/kPa	温度/℃	蒸气压/kPa	温度/℃	蒸气压/kPa
−11.6	1.33	35.266	20.00	77.454	93.33	80.945	103.99
−2.6	2.67	42.24	26.66	77.907	94.66	81.362	105.32
2.99	4.00	47.868	33.33	78.354	95.99	81.774	106.66
7.55	5.33	52.672	40.00	78.798	97.33	85.691	119.99
11.80	6.67	60.611	53.33	79.236	98.66	89.282	133.32
15.39	8.00	67.093	66.66	79.670	99.99	95.698	159.99
21.293	10.67	72.616	79.99	80.100	101.32	103.92	199.98
26.075	13.33			80.525	102.66		

表 2-1-75　苯-水的相互溶解度

温度/℃	水的溶解度/%	苯的溶解度/%
0		0.0275
5.4	0.0335	
10	0.041	0.036
20	0.057	0.050
30	0.082	0.072
40	0.114	0.102
50	0.155	0.147
60	0.205	0.255
70	0.270	0.279

表 2-1-76　碘、硫在苯中的溶解度

温度/℃	碘/[g/100g(苯)]	硫/[g/100g(苯)]
10		1.23
10.5	9.6	
16.3	11.23	
20		1.7
30		2.35
40		3.3
50		4.45
60		5.95
70		7.8

表 2-1-77　苯-环己烷的气液平衡［苯(101.3kPa)］　　单位：%(mol)

液相组成	气相组成	沸点/℃	液相组成	气相组成	沸点/℃
10.1	13.1	79.5	57.1	56.4	77.4
17.1	21.1	78.9	66.5	64.5	77.6
25.6	29.3	78.4	75.9	72.8	77.9
34.3	37.6	77.8	81.0	77.7	78.2
42.8	44.5	77.5	86.3	83.4	78.6
52.5	52.9	77.4	94.5	92.6	79.3

表 2-1-78　苯-甲苯的气液平衡［苯(101.3kPa)］　　单位：%(mol)

液相组成	气相组成	沸点/℃	液相组成	气相组成	沸点/℃
0.0	0.0	110.56	60.0	79.1	89.82
10.0	20.8	105.71	70.0	85.7	87.32
20.0	37.2	101.78	80.0	91.2	84.97
30.0	50.7	98.25	90.0	95.9	82.61
40.0	61.9	95.24	95.0	98.0	81.34
50.0	71.3	92.43	100.0	100.0	80.01

表 2-1-79　苯-1-丙醇的气液平衡［苯(101.3kPa)］　　单位：%(mol)

液相组成	气相组成	沸点/℃	液相组成	气相组成	沸点/℃
0.049	0.142	92.8	0.64	0.728	76.51
0.104	0.296	88.4	0.764	0.774	76.0
0.180	0.436	84.75	0.792	0.776	76.05
0.254	0.530	82.0	0.834	0.812	76.25
0.398	0.622	79.0	0.916	0.864	76.88
0.504	0.680	77.4	0.956	0.916	78.25

表 2-1-80　苯-1-丁醇的气液平衡［苯(101.3kPa)］　　单位：%(mol)

液相组成	气相组成	沸点/℃	液相组成	气相组成	沸点/℃
1.00	1.000	80.9	0.397	0.787	88.28
0.954	0.966	80.16	0.369	0.779	89.69
0.948	0.963	80.21	0.308	0.724	92.25
0.942	0.960	80.28	0.234	0.660	95.60
0.928	0.952	80.39	0.180	0.590	98.70
0.897	0.947	80.67	0.161	0.560	100.22
0.848	0.920	80.87	0.134	0.510	100.22
0.790	0.904	81.36	0.085	0.380	107.10
0.714	0.885	81.98	0.040	0.217	112.00
0.631	0.867	83.19	0.040	0.025	116.90
0.560	0.847	84.54	0.000	0.000	117.70
0.475	0.819	86.39			

表 2-1-81　苯-乙酸的气液平衡［苯(101.1kPa)］　　单位：%(mol)

液相组成	气相组成	沸点/℃	液相组成	气相组成	沸点/℃
0.9	6.1	115.1	88.9	93.3	80.0
2.7	24.0	109.0	92.6	96.2	79.8
7.1	40.0	100.0	96.2	96.8	
17.0	59.1	91.5	97.4	97.5	
34.0	70.2	85.8	98.1	98.1	
53.5	82.0	82.8	98.7	98.5	

表 2-1-82　含苯的二元共沸混合物

第二组分	共沸点/℃	苯/%	第二组分	共沸点/℃	苯/%
水	69.25	8.83	丙烯腈	73.3	47
甲醇	57.5	39.1	丙酸甲酯	79.45	52
乙醇	68.24	32.4	己烷	68.5	4.7
烯丙醇	76.75	17.36	庚烷	80.1	99.3
丙醇	77.12	16.9	2,2-二甲基戊烷	75.85	46.3
异丙醇	71.92	33.3	2,3-二甲基戊烷	79.4	78.8
2-丁醇	78.5	15.4	2,4-二甲基戊烷	75.2	48.3
叔丁醇	73.95	36.6	2,2,3-三甲基丁烷	76.6	49.7
异丁醇	79.84	9.3	2,2,4-三甲基戊烷	80.1	97.7
1-戊醇	80.0	15	甲基环戊烷	71.7	16
甲酸	71.05	31	环己烷	77.4	49.7
乙酸	79.6	1.7	环己烯	78.9	64.7
乙腈	73.7	31.8	1,3-环己二烯	<79.9	
硝基甲烷	79.2	85.7	乙酸乙酯	76.95	6
丁酮	78.4	37.5			

表 2-1-83　含苯的三元共沸混合物

第二组分	含量/%	第三组分	含量/%	共沸点/℃
水	7.4	乙醇	18.5	64.86
烯丙醇	9.1	水	7.3	68.20
丙醇	9.0	水	8.6	68.18
异丙醇	18.7	水	7.5	66.51
丁酮	17.5	水	8.9	68.90
2-丁醇	5.82	水	8.63	69.0
叔丁醇	21.4	水	8.1	67.30

表 2-1-84　苯吸入对人体的危害

空气中苯蒸气浓度/(mg/m³)	接触时间/min	反　应
61000～64000	5～10	死亡
24000	30	生命危险
4800	60	严重中毒症状
1600	60	一般中毒症状
160～480	300	头痛、乏力、疲劳

(12) 附图

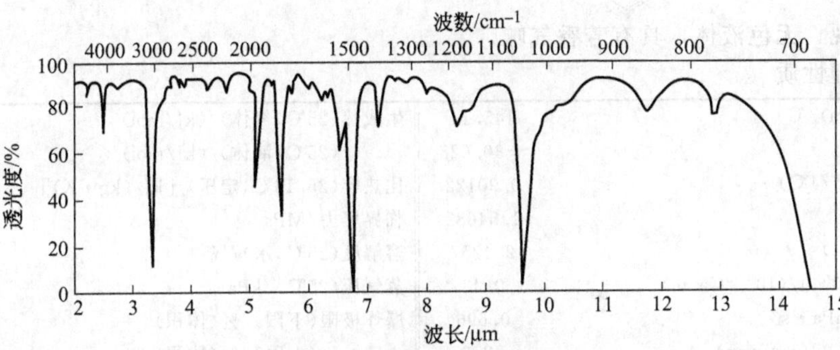

图 2-1-7　苯的红外光谱图

参 考 文 献

1　CAS 71-43-2

2　EINECS 200-753-7

3　API Research Project44. Selected Values of Physical and Thermodynamic Properties of Hydrocarbons and Related Compounds, No. 23-2- (33. 1110), Thermodynamic Research Center, Texas A & M Univ

4　International Critical Tables. Ⅵ-82

5　Landolt-Börnstein. 6th ed. Vol. Ⅰ-3. Springer. 394

6　F. N. Hill and A. Brown. Anal. Chem. 1950, 22: 562

7　International Critical Tables. Ⅵ-144

8　W. L. Nelson. Petroleum Refinery Engineering. McGraw-Hill. 1958. 187

9　Landolt-Börnstein. 6th ed. Vol. Ⅱ-5B. Springer. 78

10　R. C. Weast. Handbook of Chemistry and physics. 52th ed. C-140, CRC Press. 1971

11　Sadtler Standard IR Prism Spectra. No. 579

12　M. R. Fenske et al. Ind. Eng. Chem. Anal. Ed. 1947, 19: 720

13　Mass Spectrometry Data Center, Eight Peak Index of Mass Spectra, Her Mazesty's Stationery Office. 1970. 303

14　F. A. Bovey. NMR Data Table for Organic Compounds. Wiley. 1967. 119

15　日本化学会. 防灾指針, Ⅰ-10, 丸善. 1962. 14

16　H. F. Coward and G. W. jones. Bureau of Mines Bulletin. 1952, 503, 77

17　危険物・毒物取扱いマニユアル. 海外技術資料研究所. 1974. 450

18　International Critical Tables. Vol. 1. Vol. 5, McGraw-Hill. 1928. 225, 163

19　桑田勉. 溶剤. 丸善. 134

20　化学と工業. 1959. 12: 483～488

21 F. Todd. Ind. Eng. Chem.. 1940，38：287
22 化学工学協会编. 物性定数. 第3集. 丸善. 1965. 179
23 Ju. Chin Chu. Distllation Equilibrium Data. Reinhold. 1950. 28
24 R. F. Gould. Advan. Chem. Ser. 1973，116
25 C. Marsden，Solvents Guide. 2nd ed. Cleaver-Hume. 1963. 65
26 Beilstein. Handbuch der Organischen Chemie. H，5-179；E Ⅳ，5-583
27 The Merck Index. **10**，1063；**11**，1074
28 张海峰主编. 危险化学品安全技术大典：第1卷. 北京：中国石化出版社，2010

71. 苯 乙 烯

styrene

(1) 分子式 C_8H_8。 相对分子质量 104.15。

(2) 示性式或结构式

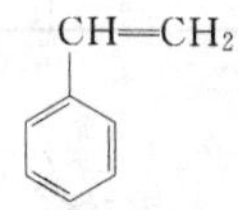

(3) 外观 无色液体，具有芳香气味。

(4) 物理性质

沸点(101.3kPa)/℃	145.14	生成热(25℃,气体)/(kJ/mol)	147.46
熔点/℃	−30.628	(25℃,液体)/(kJ/mol)	103.96
相对密度(25℃/4℃)	0.90122	比热容(25.16℃,定压)/[kJ/(kg·K)]	1.17
折射率(20℃)	1.54682	临界压力/MPa	3.68
介电常数(20℃)	2.4257	溶解度(25℃,水)/%	0.031
偶极矩(20～60℃)/(10^{-30}C·m)	0.43	蒸气压(25℃)/kPa	0.841
黏度(25℃)/mPa·s	0.696	爆炸极限(下限)/%(体积)	1.10
表面张力(20℃)/(mN·m)	32.3	(上限)/%(体积)	6.10
闪点(闭口)/℃	32.2	体膨胀系数/K^{-1}	0.00097
燃点/℃	490	燃烧热(25℃,气体,定压)/(kJ/mol)	4441.78①
蒸发热(25℃)/(kJ/mol)	43.96		4265.64②
熔化热/(kJ/mol)	10.95	(25℃,液体,压力)/(kJ·mol)	4398.28①
临界温度/℃	363.7		4222.14②

① H_2O液体，CO_2气体。
② H_2O气体，CO_2气体。

(5) 化学性质 在热、光或过氧化物作用下容易发生聚合作用，通常需加入81mg/m^{3}的丁基邻苯二酚作阻聚剂。在酸性催化剂、离子催化剂存在下也易发生聚合。用铂、镍等作催化剂在温和条件下加氢得到乙苯，加氢过量时生成乙基环己烷。氧化铬作催化剂氧化时生成苯甲酸。

(6) 精制方法 用无水硫酸钙干燥2日后，在阻聚剂（丁基邻苯二酚，0.005%）存在下减压蒸馏。

(7) 溶解性能 不溶于水，可溶于乙醇、乙醚、甲醇、丙酮、二硫化碳、乙酸、乙酸乙酯、烃类、卤代烃、硝基烷烃、高级醇、醚、酮等。

(8) 用途 用作聚苯乙烯、树脂、合成橡胶、聚酯树脂、ABS树脂、离子交换树脂的原料。

(9) 使用注意事项 致癌物。危险特性属第3.3类高闪点易燃液体。危险货物编号：33541，UN编号：2055。避免接近火源与热源，置阴凉处贮存。禁止与火药类、氧化性物质、有机过氧化物混载。

苯乙烯刺激皮肤和黏膜，有麻醉作用，对血液和肝有轻度损害作用。吸入1%的蒸气数分钟即失去知觉。与苯不同的是不会造成慢性中毒。大鼠经口LD_{50}为4920mg/kg。TJ36—79规定车间空气中最高容许浓度40mg/m^3。

(10) 规格 GB/T 3915—2011 工业用苯乙烯

项　目		优等品	一等品	合格品
外观		清晰透明,无机械杂质和游离水		
纯度/%	≥	99.8	99.6	99.3
聚合物/(mg/kg)	≤	10	10	50
过氧化物(以过氧化氢计)/(mg/kg)	≤	50	100	100
总醛(以苯甲醛计)/(mg/kg)	≤	100	100	200
色度(铂-钴色计)/号	≤	10	15	30
乙苯/%	≤	0.08	报告	—
阻聚剂(TBC)/(mg/kg)		10～15或供需双方商定		

参 考 文 献

1 CAS 100-42-5
2 EINECS 202-851-5
3 API Research Project 44, Selected Values of Physical and Thermodynamic Properties of Hydrocarbons and Related Compounds, No. 23-2-(37, 1110), Thermodynamic Research Center. Texas A & M Univ
4 A. J. Petro and C. P. Smyth. J. Amer. Chem. Soc. 1958, 80: 73
5 F. Ehrlich. Ber. Deut. Chem. Ges. 1933. 40: 2538
6 R. R. Dreisbach. Advan. Chem. Ser. 1955, 15: 159
7 K. S. Pitzer et al. J. Amer. Chem. Soc. 1946, 68: 2209
8 R. B. Scott and J. W. Mellorsl. J. Res. Nat. Bur. Std. 1945, 34: 243
9 W. H. Lane. Ind. Eng. Chem. Anal. Ed. 1946, 13: 295
10 D. R. Stull. Ind. Eng. Chem. 1947, 39: 517
11 Kirk Othmer. Encycopedia of Chemical Technology. 2nd et. Vol. 19. Wiley. 57
12 Sadtler Standard UV Spectra. No. 94
13 Sadtler Standard IR Prism Spectra. No. 241
14 A. K. Khalilov. lzv. Akad. Nauk. SSSR. Ser. Fiz., 1953, 17: 586; Chem. Abstr. 1954, 48: 5652
15 S. E. J. Johnsen. Anal. Chem. 1947, 19: 305
16 Sadtler Standard NMR Spectra. No. 6408
17 日本化学会. 防灾指针. Ⅰ-10. 丸善. 1962. 100
18 F. A. Patty. Industrial Hygiene and Toxicology. 2nd ed. Vol. 2. Wiley. 1967. 1222
19 Beilstein. Handbuch der Organischen Chemie. H, 5-474; E Ⅳ, 5-1334
20 The Merck Index. **10**, 8732; **11**, 8830
21 张海峰主编. 危险化学品安全技术大典：第1卷. 北京：中国石化出版社，2010

72. 苯 乙 炔

phenylacetylene

(1) 分子式 C_8H_6。　　**相对分子质量** 102.14。

(2) 示性式或结构式

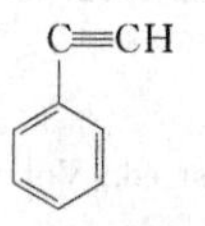

(3) 外观 无色液体，具有催泪性。

(4) 物理性质

沸点(101.3kPa)/℃	142.4	相对密度(20℃/4℃)	0.9300
(12kPa)/℃	75	折射率(20℃)	1.5489
(2kPa)/℃	39	闪点/℃	32
熔点/℃	−44.8		

(5) 溶解性能 与乙醇、乙醚相混溶，溶于一般有机溶剂，不溶于水。

(6) 用途 溶剂、有机合成中间体。

（7）使用注意事项　危险特性属第3.3类高闪点易燃液体。危险货物编号：33545。对眼睛及呼吸系统有刺激性。口服有害，并可能损伤肺脏。

参考文献

1 CAS 536-74-3
2 EINECS 208-645-1
3 Beil.，**5**（4），1525
4 The Merck Index. **11**，3817；**12**，3906；**13**，3892.

73. 环己基苯

cyclohexylbenzene [phenylcyclohexane]

（1）分子式　$C_{12}H_{16}$。　　相对分子质量　160.26。

（2）示性式或结构式 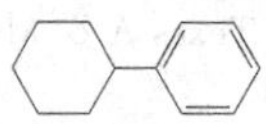

（3）外观　油状液体，有芳香味。

（4）物理性质

沸点(101.3kPa)/℃	240.12	黏度(0℃)/mPa·s	3.681
熔点/℃	6.99	表面张力(20℃)/(mN/m)	34.76
相对密度(20℃/4℃)	0.94272	闪点(开口)/℃	98.9
(25℃/4℃)	0.93874	燃点/℃	104
折射率(20℃)	1.52633	电导率/(S/m)	8.85×10^{-10}
(25℃)	1.52393	蒸气压(67.5℃)/kPa	0.133

（5）化学性质　对冷的高锰酸钾溶液稳定。

（6）精制方法　8.0kPa下蒸馏。

（7）溶解性能　不溶于水和甘油，能与乙醇、乙醚、丙酮、苯、四氯化碳等大多数有机溶剂混溶。

（8）用途　除用作有机合成、绝缘之外，尚可作高沸点溶剂使用。

（9）作用注意事项　毒性与环己烷类似，使用时注意火源。

参考文献

1 CAS 827-52-1
2 EINECS 212-572-0
3 T. W. Mears et al. J. Res. Nat. Bur. Std. A. 1963，67：475
4 Beilstein，Handbuch der Organischen Chemie. E Ⅲ. 5-1256
5 A. Weissberger. Organic Solvents. 3rd ed. Wiley. 128
6 N. I. Sax. Dangerous Properties of Industrial Materials. 3rd ed.，Van Nostrand Reinhold. 1968. 1010
7 R. C. Weast. Handbook of Chemistry and Physics. 52nd ed. CRC Press. 1972. C-145，146
8 Sadtler Standard IR Prism Spectra. No. 8033
9 K. Matsuno and K. Han. Bull. Chem. Soc. Japan. 1936，11：321
10 Mass Spectrometry Data Center. Eight peak Index of Mass Spectra. 1st ed. Vol. 1. Her Majesty's Stationary Office. 1970. 119
11 日本化学会. 防灾指針. Ⅰ-10，丸善. 1962. 32

74. 1,2-二苯乙烷

1,2-diphenylethane

（1）分子式　$C_{14}H_{14}$。　　相对分子质量　182.27。

(2) 示性式或结构式 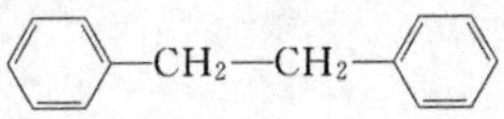

(3) 外观 白色针状或片状晶体。

(4) 物理性质

沸点(101.3kPa)/℃	284
熔点/℃	52
相对密度(25℃/4℃)	0.9782

(5) 溶解性能 易溶于氯仿、乙醚、二硫化碳、乙酸戊酯，溶于乙醇，不溶于水。

(6) 用途 硝酸纤维素的溶剂，有机合成。

参 考 文 献

1 CAS 103-29-7

2 EINECS 203-096-4

3 Beilstein. Handbuck der Organischen Chemie. H，5-598；E Ⅳ，5-1868

4 The Merck Index. **10**，1211；**11**，1219；**12**，1245

75. α-甲基苯乙烯［2-苯丙烯］

α-methylstyrene［2-phenylpropene］

(1) 分子式 C_9H_{10}。 相对分子质量 118.18。

(2) 示性式或结构式

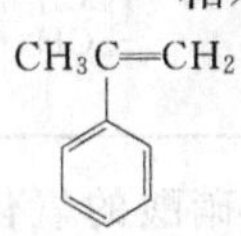

(3) 外观 无色液体。

(4) 物理性质

沸点(101.3kPa)/℃	165.38	表面张力(20℃)/(mN/m)	32.40
熔点/℃	−23.2	临界温度/℃	384
相对密度(25℃/25℃)	0.9062	临界压力/MPa	4.36
(20℃/4℃)	0.9106	蒸气压(20℃)/kPa	0.253
折射率(25℃)	1.5359	闪点/℃	45
黏度(20℃)/mPa·s	0.940	爆炸极限/%(体积)	0.7～3.4

(5) 溶解性能 与乙醇、丙酮、四氯化碳、苯、氯仿混溶，不溶于水。

(6) 用途 ABS树脂、聚酯树脂、改性剂、有机合成中间体、溶剂。

(7) 使用注意事项 危险特性属第3.3类高闪点易燃液体。危险货物编号：33544，UN编号：2303。对眼睛、皮肤有刺激性。

参 考 文 献

1 CAS 98-83-9

2 EINECS 202-705-0

3 Beilstein. Handbuch der Organischen Chemie. H，5-484；E Ⅳ，5-1364

4 张海峰主编. 危险化学品安全技术大典：第1卷. 北京：中国石化出版社，2010

76. 甲 苯

toluene［toluol，methyl benzene，phenylmethane］

(1) 分子式 C_7H_8。 相对分子质量 92.13。

(2) 示性式或结构式

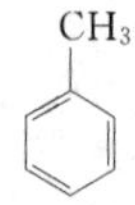

(3) 外观　无色液体，有类似苯的气味。

(4) 物理性质

沸点(101.3kPa)/℃	110.625	燃烧热/(kJ/mol)	3918
熔点/℃	−94.991	生成热(液体)/(kJ/mol)	12.004
相对密度(20℃)	0.86694	(气体)/(kJ/mol)	50.032
(25℃)	0.86230	比热容(25℃,定压)/[kJ/(kg·K)]	1.1266
折射率(20℃)	1.49693	临界温度/℃	320.8
(25℃)	1.49414	临界压力/MPa	4.05
介电常数(20℃)	2.24	沸点上升常数	3.33
偶极矩/(10^{-30}C·m)	1.23	电导率/(S/m)	1.4×10^{-14}
黏度(0℃)/mPa·s	0.773	热导率 $K_t=K_{20}[1+\alpha(t-20)]$/[W/(m·K)]	0.3823×10^{-3}
(20℃)/mPa·s	0.5866	$\alpha=-1.44\times10^{-3}$	
表面张力(0℃)/(mN/m)	30.92	爆炸极限(下限)/%(体积)	1.27
(20℃)/(mN/m)	28.53	(上限)/%(体积)	7.0
(25℃)/(mN/m)	27.92	体膨胀系数(10～30℃)/K^{-1}	0.00107
闪点(闭口)/℃	4.4	UV λ_{max}261nm	
(开口)/℃	7.2	IR 参照图 2-1-8	
燃点/℃	552	MS m/e(强度):91(100),92(68),65(12),51(6),63(6),93(5),45(4)	
蒸发热(25℃)/(kJ/mol)	38.01	NMR$\delta\times10^{-6}$(CCl_4 溶液),芳香族 2.905,$-CH_3$　7.663	
(b.p.)/(kJ/mol)	33.49		
熔化热/(kJ/mol)	6.624		

(5) 化学性质　在强氧化剂如高锰酸钾、重铬酸钾、硝酸的氧化作用下，被氧化成苯甲酸。在催化剂存在下，用空气或氧气氧化也得到苯甲酸。在硫酸存在下，40℃以下用二氧化锰氧化得到苯甲醛。在镍或铂作催化进行还原反应，生成甲基环己烷。

用三氯化铝或三氯化铁作催化剂，甲苯与卤素反应生成邻位和对位卤代甲苯。在加热和光照下，与卤素反应则生成苄基卤。与硝酸反应生成邻位和对位硝基甲苯。若用混酸（硫酸＋硝酸）硝化可得到2,4-二硝基甲苯；继续硝化生成2,4,6-三硝基甲苯（T.N.T.）。甲苯与浓硫酸或发烟硫酸发生磺化反应生成邻位和对位甲基苯磺酸。在三氯化铝或三氟化硼的催化作用下，甲苯与卤代烃、烯烃、醇发生烷基化反应，得到烷基甲苯的混合物。甲苯与甲醛和盐酸作用发生氯甲基化反应，生成邻位或对位甲基苄基氯。

(6) 精制方法　甲苯是由煤焦油的分馏或石油的芳构化而获得。因此，其中混有苯、二甲苯、烷烃以及微量的甲基噻吩等。精制时一般用浓硫酸洗涤除去噻吩。为了防止发生磺化反应，温度必须控制在30℃以下。分去硫酸层后，再加入新的硫酸洗涤，直到硫酸不再呈色为止。依次加入10%碳酸钠水溶液和水洗涤，无水氯化钙干燥，蒸馏。甲苯中的微量水分，可用金属钠或五氧化二磷作干燥剂除去。

(7) 溶解性能　与苯相似。不溶于水，能与甲醇、乙醇、氯仿、乙醚、丙酮和冰乙酸、苯等多种有机溶剂混溶。对丁二醇、甘油等多元醇类几乎不溶解。

甲苯能溶解玷玴胶、玷玴甘油酯、香豆酮树脂、甘油醇酸树脂、山达酯、乙烯树脂和醇酸树脂等。在甲苯中加入甲醇、乙醇能增加以醋酸纤维素和纤维素醚的溶解能力。

(8) 用途　用作染料、医药、香料、炸药等的原料，硝基喷漆、涂料、磁漆、树脂、纤维素的溶剂。在电子工业用作清洗剂。液相色谱溶剂。

(9) 使用注意事项　危险特性属第3.2类中闪点易燃液体。危险货物编号：32052，UN编号：1294。置阴凉处密封贮存。对金属无腐蚀性，可用铁、软钢、铜或铝制容器装贮。

甲苯属低毒类。具有麻醉作用，对皮肤的刺激作用比苯强，吸入甲苯蒸气时，对中枢神经的作用也比苯强烈。吸入8小时浓度为376～752mg/m³的甲苯蒸气时，会出现疲惫、恶心、错觉、活动失灵、全身无力、嗜睡等症状。短时间吸入 2256mg/m³ 浓度的甲苯蒸气时，会引起过度疲惫、激烈兴奋、恶心、头痛等。长期吸入低浓度的甲苯蒸气时，造成慢性中毒，引起食欲减退、疲劳、白血球减少、贫血。甲苯还可经皮肤吸收，溶解皮肤中的脂肪，应避免与皮肤直接接触。纯制品未见对造血系统的影响及染色体损伤作用。嗅觉阈浓度 140mg/m³。TJ36—79 规定车间空气中最高容许浓度为 100mg/m³。大鼠吸入 LD_{50} 为 7000mg/kg；大鼠腹腔注射 LD_{50} 为 1640mg/kg。

(10) 规格

① GB/T 684—1999 试剂用甲苯

项目		分析纯	化学纯
含量($C_6H_5CH_3$)/%	≥	99.5	98.5
密度(20℃)/(g/mL)		0.865～0.869	0.865～0.869
蒸发残渣/%	≤	0.001	0.002
酸度(以 H^+ 计)/(mmol/100g)	≤	0.01	0.03
碱度(以 OH^- 计)/(mmol/100g)	≤	0.01	0.06
易碳化物质		合格	合格
硫化合物(以 SO_4 计)/%	≤	0.0005	0.001
噻吩		合格	合格
不饱和化合物(以 Br 计)/%	≤	0.005	0.03
水分(H_2O)/%	≤	0.03	0.05

② GB/T 2284—2009 焦化甲苯

项目	优等品	一等品	合格品
外观	透明液体,无沉淀物及悬浮物		
颜色(铂-钴)/号	20		
密度(20℃)/(g/m³)	0.864～0.868		0.861～0.870
馏程(101.325Pa,包括 110.6℃)/℃	—	1.0	2.0
酸洗比色(按标准比色液)	0.15	0.20	0.25
苯/%	0.10	—	—
非芳烃/%	1.2	—	—
C_8 芳烃/%	0.10	—	—
总硫/(mg/kg)	2	150	—
溴值/(g/100mL)	—	—	0.2
水分(室温 18～25℃)	目测无可见不溶解的水		

③ GB/T 3406—2010 石油甲苯

项目		Ⅰ号	Ⅱ号
外观		透明液体,无不溶水及机械杂质	
颜色(Hazen 单位,铂-钴色号)	≤	10	20
密度(20℃)/(kg/m³)		—	865～868
纯度/%	≥	99.9	—
烃类杂质			
苯/%	≤	0.03	0.10
C_8 芳烃/%	≤	0.05	0.10
非芳烃/%	≤	0.10	0.25
酸洗比色		酸层颜色不深于 1000mL 稀酸中含 0.2g 重铬酸钾的标准溶液	
总硫/(mg/kg)	≤	2	
蒸发残余物/(mg/100mL)	≤	3	
中性试验		中性	
溴指数/(mg/100g)		由供需双方商定	

(11) 附表

表 2-1-85　甲苯的蒸气压

温度/℃	蒸气压/kPa	温度/℃	蒸气压/kPa	温度/℃	蒸气压/kPa	温度/℃	蒸气压/kPa
6.36	1.33	61.942	20.00	108.248	94.66	111.994	105.32
18.38	2.67	69.498	26.67	108.733	95.99	112.440	106.66
26.03	4.00	75.644	33.33	109.214	97.33	116.684	119.99
31.76	5.33	80.863	40.00	109.689	98.66	120.57	133.32
36.394	6.67	89.484	53.33	110.160	99.99	127.52	159.99
40.308	8.00	96.512	66.66	110.625	101.33	136.42	199.98
46.733	10.67	102.511	80.00	111.086	102.66		
51.940	13.33	107.757	93.33	111.542	103.99		

表 2-1-86　甲苯-苯酚的气液平衡

液相组成	气相组成	沸点/℃	液相组成	气相组成	沸点/℃
4.35	34.1	172.7	74.0	94.63	119.7
8.72	51.2	159.4	77.3	95.36	119.4
11.86	62.1	153.8	80.12	95.45	115.6
12.48	62.5	149.4	88.4	97.5	112.7
21.9	78.5	142.2	91.08	97.96	112.2
27.5	80.7	133.8	93.94	98.61	113.3
40.8	87.25	128.3	97.7	99.48	111.1
48.0	89.01	126.7	99.1	99.8	111.1
58.98	91.59	122.2	99.39	99.86	110.5
63.48	92.8	120.2	99.73	99.93	110.5
65.12	92.6	120.0			

表 2-1-87　气体在甲苯中的溶解度

气体分子式或结构式	温度/℃	溶解度	备注	气体分子式或结构式	温度/℃	溶解度	备注
H_2	25	3.80mL/g	5.07MPa	CO_2	20	57.91mL/mL	2.03MPa
O_2	20	0.128mL/mL		CH_4	50	0.454mL/mL	
NH_3	20	3.13(mol%)		$CH_3—CH_3$	24.8	0.145mol/L	
SO_2	20	217.5g/L		$CH_2═CH_2$	20	0.150mol/L	
HCl	−78.5	1.639(mol%)	0.49MPa	$CH_3—CH_2—CH_3$	25.7	0.446mol/L	

表 2-1-88　甲苯-水的相互溶解度

温度/℃	水的溶解度/%	甲苯的溶解度/%	温度/℃	水的溶解度/%	甲苯的溶解度/%
10	0.0335	0.035	30	0.0600	0.057
20	0.0450	0.045	50	0.0953	0.10

表 2-1-89　含甲苯的二元共沸混合物

第二组分	共沸点/℃	甲苯/%	第二组分	共沸点/℃	甲苯/%
水	84.1	86.5	2-甲基庚烷	110.3	82
甲醇	63.8	31	乙基环己烷	103.0	7
乙醇	76.7	32	1,1,3-三甲基环戊烷	103.8	16
异丙醇	80.6	42	顺-反-顺-1,2,4-三甲基环戊烷	107.0	39
丙醇	92.6	57	顺-反-顺-1,2,3-三甲基环戊烷	108.0	39
2-丁醇	95.3	45	顺-1,3-二甲基环己烷	110.6	96
丁醇	105.5	68	甲酸	85.8	50
2-戊醇	107	72	乙酸	104.95	66
3-戊醇	106	65	2-氯乙醇	106.9	75
2,5-二甲基己烷	107.0	35	二噁烷	101.8	20
乙二醇	110.20	93.5	乳酸甲酯	110.4	72
氯丙酮	109.2	71.5	异丁醇	100.9	56
3-氮-1,2-环氧丙烷	108.4	71	叔戊醇	100.0	44
烯丙醇	92.4	50	异戊醇	109.95	86
2,3,4-三甲基戊烷	109.5	60			

(12) 附图

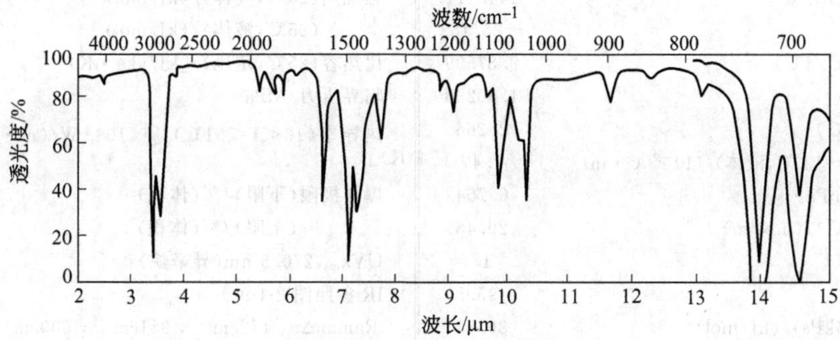

图 2-1-8 甲苯的红外光谱图

参 考 文 献

1 CAS 108-88-3
2 EINECS 203-625-9
3 Kirk-Othmer. Encyclopedia of Chemical Technology. 2nd ed. Vol. 20. Wiley. 527
4 Kirk-Othmer. Encyclopedia of Chemical Technology. 1st ed. Vol. 14. Wiley. 262
5 E. Gould. Mechanism and Structrue in Organic Chemistry. Holt, Reinhalt and Winston Inc., 1960. 60
6 International Critical Tables. V-163
7 API Research Project 44. Selected Values of Physical and Thermodynamic Properties of Hydrocarbons and Related Compounds, No. 23-2- (33. 1110) V G. Thermodynamic Research Center. Texas A & M Univ
8 G. Duffy. Physical Chemistry. McGraw. 1962. 309
9 日本化学会. 化学便覧. 基礎編. 丸善. 1966. 1029
10 International Critical Tables. V-228
11 L. Scheflan and M. B. Jacobs. The Handbook of Solvent. Van Nostrand Reinhold. 1963. 646
12 日本分析化学会. 分析化学便覧. 丸善. 1961. 606
13 Sadtler Standard IR Prism Spectra. No. 419
14 M. R. Fenske et al. Ind. Eng. Chem. Anal. Ed. 1947, 19. 720
15 Mass Spectrometry Data Center. Eight Peak Index of Mass Spectra, Her Majesty's Stationary Office. 1970. 27
16 F. A. Bovey. NMR Data Tables for Organic Compounds. Vol. 1. Wiley. 1967. 169
17 主要化学品 1000 種毒性データ特別调査レポート. 海外技術資料研究所. 1973. 344
18 A. P. I Research Project. Selected Values of Physical and Thermodynamic Properies of Hydrocarbons and Related Compounds. 1953
19 Ju Chin Chu, Distillation Equilibrium Data. Reinhold, 1950. 203
20 H. Stephen et al. Solubilities of Inorganic and Organic Compounds. Vol. 1. Pergamon. 1963
21 Beilstein. Handbuch der Organischen Chemie. H, 5-280
22 The Merck Index. **10**, 9357
23 张海峰主编. 危险化学品安全技术大典：第 1 卷. 北京：中国石化出版社，2010

77. 邻二甲苯

o-xylene [1,2-dimethylbenzene]

(1) 分子式 C_8H_{10}。 相对分子质量 106.17。

(2) 示性式或结构式

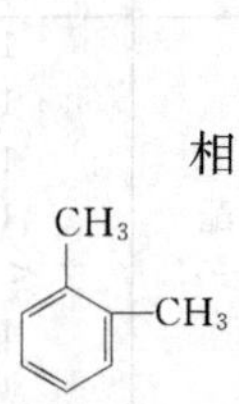

(3) 外观 无色透明液体。

(4) 物理性质

沸点(101.3kPa)/℃	144.411	燃烧热(25℃,气体)/(kJ/mol)	4599.36
熔点/℃	−25.182	(25℃,液体)/(kJ/mol)	4555.90
相对密度(25℃/4℃)	0.87599	比热容(25℃,定压)/[kJ/(kg·K)]	1.26
折射率(25℃)	1.50295	临界压力/MPa	3.73
介电常数(20℃)	2.266	热导率($16<t<91$℃)/[$\times10^{-4}$ W/(m·K)]	$(0.1320\sim1.6979)\times10^{-4}t$
偶极矩(−120~130℃,液体)/(10^{-30} C·m)	1.47	爆炸极限(下限)/%(体积)	1.09
黏度(25℃)/mPa·s	0.754	(上限)/%(体积)	6.40
表面张力(25℃)/(mN/m)	29.48	UVλ_{max} 270.5 nm(异辛烷)	
闪点(闭口)/℃	17	IR 参照图 2-1-9	
燃点/℃	495.5	RamanΔv: 172cm^{-1}, 251cm^{-1}, 500cm^{-1}, 1156cm^{-1}, 1285cm^{-1}, 1446 cm^{-1}, 1584 cm^{-1}, 1604cm^{-1}	
蒸发热(101.3kPa)/(kJ/mol)	36.84	MS$m/e$(强度比): 106(58), 105(24), 91(100), 71(13), 51(16), 50(8), 39(17), 27(11)	
(0.889kPa)/(kJ/mol)	43.463	NMRτ(恒温 40 MHz, CCl_4 溶液)	
熔化热(101.3kPa)/(kJ/mol)	13.607	CH_3 7.769, 芳香环 2.99	
生成热(25℃,气体)/(kJ/mol)	19.008		
(25℃,液体)/(kJ/mol)	−24.455		
临界温度/℃	357.1		

注：CO_2 气体，H_2O 液体。

(5) 化学性质 稀硝酸氧化生成邻甲苯甲酸。高锰酸钾氧化得到邻苯二甲酸和邻甲基苯甲酸。以五氧化二钒为催化剂，480℃气相氧化生成邻苯二甲酸酐。将二甲苯在光催化下煮沸并通入氯气，生成氯代二甲苯（$CH_3C_6H_4CH_2Cl$）；继续通氯时，两侧链上的氢可依次被氯取代。

(6) 精制方法 邻二甲苯的沸点与其他 C_8 芳香族异构体的沸点差别较大，可通过精密分馏分离。必要时可将其磺化，再通入过热水蒸气分解精制。

(7) 溶解性能 不溶于水，能与乙醇、乙醚、氯仿等混溶。

(8) 用途 除作溶剂外，还用于制造邻苯二甲酸酐、邻苯二甲腈、二甲苯酚和二甲苯胺的原料，航空汽油添加剂。

(9) 使用注意事项 危险特性属第 3.3 类高闪点易燃液体。危险货物编号：33535，UN 编号：1307。不腐蚀金属，可用铁、软钢、铜或铝制容器贮存。TJ 36—79 规定车间空气中最高容许浓度为 100 mg/m^3。大鼠经口 LD_{50} 为 4300 mg/kg。

(10) 附表

表 2-1-90 邻二甲苯的蒸气压

温度/℃	蒸气压/kPa	温度/℃	蒸气压/kPa	温度/℃	蒸气压/kPa	温度/℃	蒸气压/kPa
32.14	1.33	92.085	20.00	141.859	94.66	145.880	105.32
45.13	2.67	100.217	26.67	142.380	95.99	146.359	106.66
53.38	4.00	106.829	33.33	142.896	97.33	150.912	119.99
59.56	5.33	112.441	40.00	143.407	98.66	155.08	133.32
64.558	6.67	121.708	53.33	143.912	99.99	162.53	159.99
68.778	8.00	129.267	66.66	144.411	101.32	172.07	199.98
75.704	10.67	135.700	79.99	144.906	102.66		
81.314	13.33	141.332	93.33	145.395	103.99		

表 2-1-91 含邻二甲苯的二元共沸混合物

第二组分	共沸点/℃	邻二甲苯/%(mol)	第二组分	共沸点/℃	邻二甲苯/%(mol)
甲酸	95.7	13.2	环己醇	143.3	86.4
乙二醇	140.0	75.5	3-庚酮	142.4	59.8
乙酸	116.2	13.7	氯代乙酸	143.5	86.6
丙酸	135.4	48.1	氯代乙酸乙酯	140.2	45.5
丁醇	117.1	17.2	2-氨基乙醇	<138.0	69.7
丁酸	143.0	88.2	乙酰胺	142.6	81.8
异丁酸	141.0	74.6	丙酰胺	144.0	97
1-己醇	143.1	79.4	糠醛	<144.1	>91.9

（11）附图

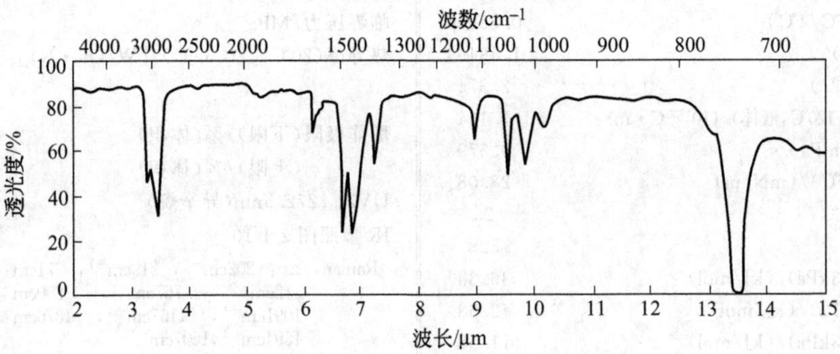

图 2-1-9 邻二甲苯的红外光谱图

参 考 文 献

1 CAS 95-47-6
2 EINECS 202-422-2
3 API Research Project 44，Selected Values of Physical and Thermodynamic Properties of Hydrocarbons and Related Compounds，No. 23-2-（33. 1110），Thermodynamic Research Center. Texas A & M Univ
4 R. R. Dreisbach. Advan. Chem. Ser. 1955，15：14
5 L. Heil. Phys. Rev. 1932，39：666
6 Landolt-Börnstein. 6th ed. Vol. Ⅱ-5b. Springer. 79
7 B. T. Brooks et al. The Chemistry of Petroleum Hydrocarbons. Vol. 1，Van Nostrand Reinhold，1955. 342
8 Sadtler Standard IR Prism Spectra. No. 11
9 M. R. Fenske et al. Ind. Chem. Anal. Ed. 1947，19：700
10 Mass Spectrometry Data Center，Eight Peak Index of Mass Spectra. Her Majesty's Stationary Office. 1970. 43
11 F. A. Bovey. NMR Data Table for Organic Compounds. Vol. 1. Wiley. 1967. 215
12 F. A. Patty. Industrial Hygiene and Toxicology. Vol. 2. Wiley. 1967. 1222
13 G. Armistead. Jr. Safety in Petroleum Refining and Related Industries. J. G. Simmonds & Co. 1950. 388
14 J. E. McKee and H. W. Wolf. Water Quality Criteria，No. 3-A. The Resource Agency of California State. Water Quality Board. 1963
15 Landolt-Börnstein. 6th ed. Vol. Ⅱ-2a. Springer. 674
16 API Research Project. Selected Values of Physical and Thermodynamic Properties of Hydrocarbons and Related Compounds. 1953
17 Beilstein. Handbuch der Organischen Chemie. H，5-362；E Ⅳ，5-917
18 The Merck Index. **10**，9890；**11**，9988
19 张海峰主编. 危险化学品安全技术大典：第1卷. 北京：中国石化出版社，2010

78. 间 二 甲 苯

m-xylene［1,3-dimethylbenzene］

（1）分子式 C_8H_{10}。 相对分子质量 106.17。

（2）示性式或结构式

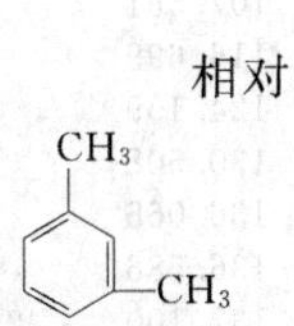

（3）外观 无色透明液体。

（4）物理性质

沸点(101.3 kPa)/℃	139.103	比热容(25℃,定压)/[kJ/(kg·K)]	1.20
熔点/℃	−47.872	临界温度/℃	343.82
相对密度(25℃/4℃)	0.85992	临界压力/MPa	3.54
折射率(25℃)	1.49464	热导率(20℃≤t<55℃)/[W/(m·K)]	(0.1368~2.3957)$\times 10^{-4}t$
介电常数(20℃)	2.374		
偶极矩(−40~120℃,液体)/(10^{-30}C·m)	1.134	爆炸极限(下限)/%(体积)	1.09
黏度(25℃)/mPa·s	0.579	(上限)/%(体积)	6.40
表面张力(25℃)/(mN/m)	28.08	UVλ_{max}272.5nm(异辛烷)	
闪点(开口)/℃	25	IR 参照图 2-1-10	
燃点/℃	528	Raman Δv: 202cm^{-1}, 219cm^{-1}, 271cm^{-1}, 512cm^{-1}, 767cm^{-1}, 890cm^{-1}, 1091cm^{-1}, 1167cm^{-1}, 1376cm^{-1}, 1594cm^{-1},1607cm^{-1}	
蒸发热(101.3kPa)/(kJ/mol)	36.38		
(1.1kPa)/(kJ/mol)	42.68		
熔化热(101.3kPa)/(kJ/mol)	11.58	MS$m/e$(强度比):106(63),105(28),91(100),77(13),51(15),50(8),39(19),27(10)	
生成热(25℃,气体)/(kJ/mol)	17.250		
(25℃,液体)/(kJ/mol)	−25.43		
燃烧热(25℃,气体)/(kJ/mol)	4597.60	NMRτ(定温,40 MHz·CCl_4 液体)	
(25℃,液体)/(kJ/mol)	4554.90	$CH_3$7.726,芳香环 3.053	

注:CO_2 气体,H_2O 液体。

(5) 化学性质 经铬酸氧化成间苯二甲酸。其他氧化剂的作用与邻二甲苯相似,氧化作用也相似。间二甲苯与发烟硝酸发生硝化反应,生成二硝基二甲基苯。与硫酸发生磺化反应;在三氯化铝催化作用下能发生烷基化反应。

(6) 精制方法 间二甲苯在混合二甲苯中含量最多,可利用与其他异构体磺化反应速度不同来加以分离,也可使其与 HF-BF_3 生成络合物来分离。

(7) 溶解性能 不溶于水,能与醇、醚、氯仿混溶。室温下可溶解苄醇、糠醇、2-氯乙醇、乙二醇一乙酸酯、糠醛、二甲基甲酰胺和乙腈。乙二醇、三甲基乙二醇、1,2-丙二醇、二甘醇、1,4-丁二醇、甲酸、氯代乙酸、2,5-己二酮和甲酰胺等不溶或部分溶解。

(8) 用途 除作溶剂外,用于医药、香料和染料中间体原料及彩色电影油溶性成色剂。还用作制造间苯二甲酸的原料。但和邻、对位的异构体相比,需要量较少,因此,常将其通过异构化转变成其他异构体。

(9) 使用注意事项 危险特性属第 3.3 类高闪点易燃液体。危险货物编号:33535,UN 编号:1307。对金属无腐蚀性,可用铁、软钢、铜或铝制容器贮存。TJ 36—79 规定车间空气中最高容许浓度为 100 mg/m^3。

(10) 规格 SH/T 1766.1—2008 石油间二甲苯

项 目		指 标	项 目		指 标
外观		清澈透明,无沉淀	非芳香烃/%	≤	0.10
纯度/%	≥	99.5	总硫/(mg/kg)	≤	2
乙苯/%	≤	0.10	色度(铂-钴色号)/号	≤	10
对二甲苯+邻二甲苯/%	≤	0.45	溴指数	≤	10

(11) 附表

表 2-1-92 间二甲苯的蒸气压

温度/℃	蒸气压/kPa	温度/℃	蒸气压/kPa
28.24	1.33	102.011	33.33
41.07	2.67	107.551	40.00
49.23	4.00	116.699	53.33
55.33	5.33	124.159	66.66
60.269	6.67	130.508	79.99
64.437	8.00	136.065	93.33
71.277	10.67	136.586	94.66
76.818	13.33	137.100	95.99
87.454	20.00	137.609	97.33
95.483	26.67	138.112	98.66

续表

温度/℃	蒸气压/kPa	温度/℃	蒸气压/kPa
138.610	99.99	141.025	106.66
139.103	101.33	145.517	119.99
139.591	102.66	149.63	133.33
140.073	103.99	156.98	159.99
140.552	105.32	166.39	199.98

表 2-1-93 含间二甲苯的二元共沸混合物

第二组分	共沸点/℃	间二甲苯/%(mol)	第二组分	共沸点/℃	间二甲苯/%(mol)
水	92	24.3	2-戊醇	118.3	26.2
甲酸	92.8	14.5	1-己醇	139.05	>84.5
乙二醇	135.8	77	环己醇	139.1	94.7
乙酸	115.35	17.7	4-庚醇	139.0	90.7
丙醇	98.08	3.4	氯乙酸	139.05	92.2
乙二醇一甲醚	119.5	34.2	氯乙酸乙酯	143.5	86.6
丁醇	116.5	21.8	2-氨基乙醇	133.0	72.5
丁酸	138.5	93	乙酰胺	138.4	83.5
异丁酸	136.9	82.6			

(12) 附图

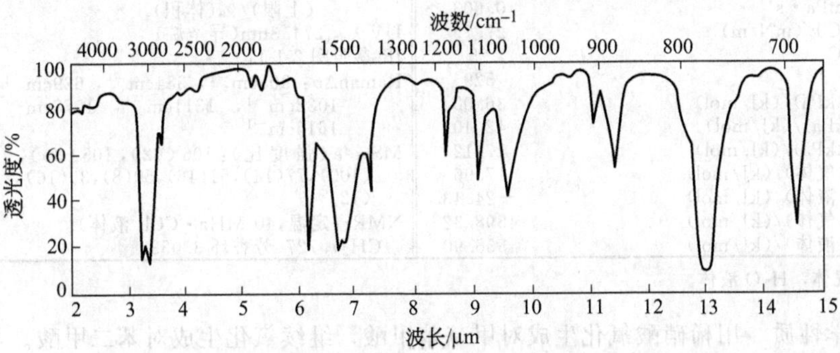

图 2-1-10 间二甲苯的红外光谱图

参 考 文 献

1 CAS 108-38-3

2 EINECS 203-576-3

3 API Research Project 44. Selected Values of Phycical and Thermodynamic Properties of Hydrocarbons and Related Compounds. No. 23-2-(33. 1110). Thermodynamic Research Center, Texas A & M Univ

4 A Weissberger. Organic Solvents. 2nd ed. Wiley. 270

5 L. Hell. Phys. Rev. 1932, 39: 666

6 Landolt-Börnstein. 6th ed. Vol. Ⅱ-5b. Springer. 79

7 B. T. Brooks et al. The Chemistry of Petroleum Hydrocarbons. Vol. 1. Van Nostrand Reinhold. 1955. 342

8 Sadtler Standard IR Prism Spectra. No. 1045

9 M. R. Fenske et al. Ind. Eng. Chem. Anal. Ed., 1947, 19: 700

10 Mass Spectrometry Dater Center. Eight Peak Index of Mass Spectra. Her Majesty's Stationary Office. 1970. 43

11 F. A. Bovey. NMR Data Tble for Organic Compounds. Vol, 1. Wiley. 1967. 215

12 F. A Patty. Industrial Hygiene and Toxicology. Vol. 2. Wiley. 1967. 1222

13 危険物・毒物取扱いマニユアル. 海外技術資料研究所. 1974. 133

14 API Research Project. Selected Values of Physical and Thermodynamic Properties of Hydrocarbons and Related Compounds. 1953

15 Landolt-Börnstein. 6th ed. Vol. Ⅱ-2a. Springer. 674

16 Beilstein. Handbuch der Organischen Chemie. E Ⅳ, 5-932

17 The Merck Index. **10**, 9890; **11**, 9988
18 张海峰主编. 危险化学品安全技术大典：第1卷. 北京：中国石化出版社，2010

79. 对二甲苯

p-xylene [1,4-dimethylbenzene]

(1) 分子式 C_8H_{10}。 相对分子质量 106.17。

(2) 示性式或结构式

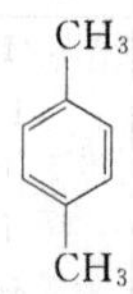

(3) 外观 无色液体。

(4) 物理性质

沸点(101.3kPa)/℃	138.351	比热容(25℃,定压)/[kJ/(kg·K)]	1.20
熔点/℃	13.263	临界温度/℃	343.0
相对密度(25℃/4℃)	0.85671	临界压力/MPa	3.51
折射率(25℃)	1.49325	热导率(30℃≤t≤125℃)/[W/(m·K)]	(0.1375～2.302)×$10^{-4}t$
介电常数(20℃)	2.270		
偶极矩(20℃,液体)/(10^{-30}C·m)	0	爆炸极限(下限)/%(体积)	1.08
黏度(25℃)/mPa·s	0.603	(上限)/%(体积)	6.60
表面张力(25℃)/(mN/m)	27.76	UV λ_{max}274.3nm(异辛烷)	
闪点(闭口)/℃	25	IR参照图2-1-11	
燃点/℃	529	RamanΔv：308cm^{-1}，384cm^{-1}，639cm^{-1}，1032cm^{-1}，1311cm^{-1}，1578cm^{-1}，1616cm^{-1}	
蒸发热(101.3kPa)/(kJ/mol)	36.00		
(1.16kPa)/(kJ/mol)	42.40		
熔化热(101.3kPa)/(kJ/mol)	17.12	MS$m/e$(强度比)：106(62)，105(30)，91(100)，77(14)，51(16)，50(8)，39(16)，27(12)	
生成热(25℃,气体)/(kJ/mol)	17.96		
(25℃,液体)/(kJ/mol)	−24.43		
燃烧热(25℃,气体)/(kJ/mol)	4598.32	NMRτ(定温,40 MHz·CCl_4液体)	
(25℃,液体)/(kJ/mol)	4555.90	$CH_2$7.727，芳香环3.053	

注：CO_2气体，H_2O液体。

(5) 化学性质 用稀硝酸氧化生成对甲基苯甲酸，继续氧化生成对苯二甲酸。与其他氧化剂的作用和邻二甲苯类似。对二甲苯在碳酸钠水溶液和空气存在下，于250℃，6 MPa下生成对甲基苯甲酸、对苯二甲酸、乙醛。用钴盐作催化剂，120℃经空气液相氧化生成对甲基苯甲酸。氯化反应与其他二甲苯类似。对二甲苯热解生成甲烷、氢、甲苯、对联甲苯、2,6-二甲基蒽。

(6) 精制方法 对二甲苯的熔点比其他异构体高，可通过重结晶精制。

(7) 溶解性能 不溶于水。能与醇、醚和其他有机溶剂混溶。

(8) 用途 液相色谱溶剂。主要用于制造对苯二甲酸和对甲基苯甲酸。

(9) 使用注意事项 危险特性属第3.3类高闪点易燃液体。危险货物编号：33535，UN编号：1307。对金属无腐蚀性，可用铁、软钢、铜或铝制容器贮存。TJ 36—79规定车间空气中最高容许浓度为100 mg/m^3。小鼠吸入LD_{50} 15016.4 mg/m^3（近似值）。

(10) 规格 SH/T 1486.1—2008 石油对二甲苯

项目		优等品	一等品
外观		清澈透明,无机械杂质、无游离水	
纯度/%	≥	99.7	99.5
非芳香烃/%	≤	0.10	
甲苯/%	≤	0.10	
乙苯/%	≤	0.20	0.30
间二甲苯/%	≤	0.20	0.30
邻二甲苯/%	≤	0.10	
总硫/(mg/kg)	≤	1.0	2.0

续表

项　目		优 等 品	一 等 品
颜色(铂-钴色号)/号		10	10
酸洗比色		酸层颜色应不深于重铬酸钾含量为0.10g/L标准比色液的颜色	
溴指/(mg Br/100g)	≤	200	200
馏程(101.3kPa,包括138.3℃)/℃	≤	1.0	1.0

(11) 附表

表 2-1-94 对二甲苯的蒸气压

温度/℃	蒸气压/kPa	温度/℃	蒸气压/kPa	温度/℃	蒸气压/kPa	温度/℃	蒸气压/kPa
21.32	1.33	86.583	20.00	135.826	94.66	139.804	105.32
40.15	2.67	94.626	26.66	136.341	95.99	140.278	106.66
48.31	4.00	101.167	33.33	136.852	97.33	144.787	119.99
54.42	5.33	106.719	40.00	137.357	98.66	148.91	133.32
59.363	6.67	115.887	53.33	137.856	99.99	156.29	159.99
63.535	8.00	123.366	66.66	138.351	101.32	165.73	199.98
70.383	10.67	129.732	79.99	138.840	102.66		
75.931	13.33	135.304	93.33	139.324	103.99		

表 2-1-95 含对二甲苯的二元共沸混合物

第二组分	共沸点/℃	对二甲苯/%(mol)	第二组分	共沸点/℃	对二甲苯/%(mol)
甲酸	94.5	17	异丁酸	136.4	83.7
乙二醇	135.2	77.5	1-戊醇	131.3	53.5
乙酸	115.2	18.8	2-氯乙醇	121.5	39.2
丙醇	97.0	—	氯代乙酸	138.35	95.3
丙酸	132.5	57.5	氯代乙酸甲酯	128.3	15.3
丁醇	116.2	24.8	氯代乙酸乙酯	137.0	72.4
异丁醇	107.6	12.5	乙酰胺	137.75	86.5
丁酸	137.8	93.5			

(12) 附图

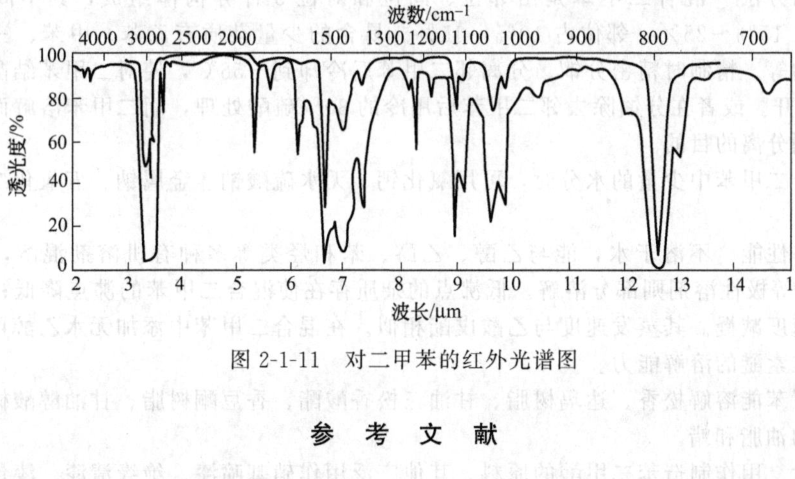

图 2-1-11 对二甲苯的红外光谱图

参 考 文 献

1 CAS 106-42-3

2 EINECS 203-396-5

3 API Research Project 44. Selected Values of Physical and Thermodynamic Properties of Hydrocarbons and Related Compounds. No. 23-2-(33.1110). Thermodynamic Research Center, Texas A & M Univ

4 A. Weissberger. Organic Solvents. 2nd ed. Wiley. 270
5 L. Heil. Phys. Rev. 1932，39：666
6 Landolt-Börnstein. 6th ed. Vol. Ⅱ-5b. Springer. 79
7 B.T. Brooks et al. The Chemistry of Petroleum Hudrocarbons. Vol. 1. Van Nostrand Reinhold. 1955. 342
8 Sadtler Standard IR Prism Spectra. No. 2276
9 M. R. Fenske et al. Ind. Eng. Chem. Anal. Ed. 1947，19：700
10 Mass Spectrometry Data Center，Eight Peak Index of Mass Spectra. Her Majesty's Stationary Office. 1970. 43
11 F. A. Bovey. NMR Data Table for Organic Compounds. Vol，1. Wiley. 1967. 215
12 F. A. Patty. Industrial Hygiene and Toxicology. Vol. 2. Wiley. 1967. 1222
13 危険物・毒物取扱いマニエアル. 海外技術資料研究所. 1974. 133
14 API Research Project. Selected Values of Physical and Thermodynam ic Properties of Hydrocarbons and Related Compounds. 1953
15 Landolt-Börnstein. 6th ed. Vol. Ⅱ-2a. Springer. 674
16 Beilstein. Handbuch der Organischen Chemie. H，5-382；E Ⅳ，5-951
17 The Merck Index. **10**，9890；**11**，9988
18 张海峰主编. 危险化学品安全技术大典：第1卷. 北京：中国石化出版社，2010

80. 二 甲 苯

xylene [xylol，dimethyl benzene]

(1) 分子式 C_8H_{10}。 相对分子质量 106.17。

(2) 示性式或结构式

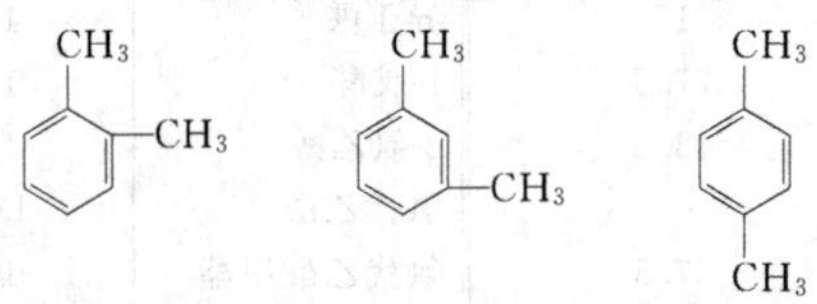

邻二甲苯 间二甲苯 对二甲苯

(3) 外观 无色透明液体，具芳香烃特有的气味。有时会发出微弱的荧光。

(4) 物理性质 参照邻、间、对二甲苯。

(5) 化学性质 参照邻、间、对二甲苯。

(6) 精制方法 混合二甲苯是由邻位、间位和对位3种异构体组成，其中间位占45%～70%，对位占15%～25%，邻位占10%～15%。易含的少量杂质有乙苯、甲苯、三甲苯、脂肪烃以及硫化物等。精制时精密分馏、分离邻二甲苯后冷却到-56℃，使对二甲苯结晶析出即可将3种异构体分开。或者在分馏除去邻二甲苯后用冷的80%硫酸处理，间二甲苯溶解而对二甲苯不溶，也可达到分离的目的。

除去混合二甲苯中少量的水分时，可用氯化钙、无水硫酸钠、金属钠、五氧化二磷或分子筛等作脱水剂。

(7) 溶解性能 不溶于水，能与乙醇、乙醚、苯和烃类等多种有机溶剂混溶，乙二醇、甲醇、2-氯乙醇等极性溶剂则部分溶解。低沸点的杂质存在使混合二甲苯的沸点降低；高沸点杂质使它的蒸发速度减慢。其蒸发速度与乙酸戊酯相似。在混合二甲苯中添加无水乙醇可增加它对纤维素酯、纤维素醚的溶解能力。

混合二甲苯能溶解松香、达玛树脂、甘油三松香酸酯、香豆酮树脂、甘油醇酸树脂等。还可溶解大部分的油脂和蜡。

(8) 用途 用作制造苯二甲酸的原料。其他广泛用作硝基喷漆、绝缘清漆、漆包线漆的稀释剂以及天然树脂、合成树脂、橡胶、染料、印刷油墨等的溶剂。

(9) 使用注意事项 危险特性属第3.3类高闪点易燃液体。危险货物编号：33535。UN编号：1307。爆炸极限低，应注意防火。属低毒类，对人体的毒性比苯、甲苯小，但对皮肤和黏膜的刺激比苯的蒸气强。高浓度的二甲苯蒸气除损害黏膜、刺激呼吸道之外，还呈现兴奋、麻醉作用，直到造成出血性肺水肿而死亡。混合二甲苯大鼠经口 LD_{50} 为 2～4.3g/kg，大鼠吸入浓度 65.0g/m³ 12 分钟轻度麻醉，43 分钟深度麻醉直到死亡。工作场所最高容许浓度 100 mg/m³。

(10) 规格

① GB/T 3407—2010 石油混合二甲苯

项　目		3℃混合二甲苯	5℃混合二甲苯
外观		透明液体,无不溶水及机械杂质	
颜色(Hazen 单位,铂-钴色号)		20	
密度(20℃)/(kg/m³)		862～868	860～870
馏程/℃			
初馏点	≥	137.5	137
终馏点	≤	141.5	143
总馏程范围	≤	3	5
酸洗比色,酸层颜色		不深于 1000mL 稀酸中含 0.3g 重铬酸钾的标准溶液	不深于 1000mL 稀酸中含 0.5g 重铬酸钾的标准溶液
总硫/(mg/kg)	≤	2	
蒸发残余物/(mg/100mL)	≤	3	
铜片腐蚀		通过	
中性试验		中性	
溴指数/(mg/100g)		由供需双方商定	

② GB/T 2600—2009 焦化二甲苯

项　目	指　标	项　目	指　标
密度(20℃)/(g/cm³)	1.01～1.04	二甲酚类含量/%	60
水分/%	1.0	三甲酚类含量/%	10
中性油试验(浊度法)/号	10	外观	浅黄色至褐色透明液体
苯酚含量/%	1		

注：二甲酚类包括 $C_8H_{10}O$ 全部异构体，三甲酚包括 $C_9H_{12}O$ 全部异构体。

(11) 附表

表 2-1-96　混合二甲苯中二甲苯异构体的分布

品　种	催化重整油	热裂残油	甲苯歧化油
邻二甲苯	16～23	10～19	23
间二甲苯	43～44	27～34	52
对二甲苯	18	12～16	22
乙苯	13～18	39～41	3

表 2-1-97　水在混合二甲苯中的溶解度

温度/℃	溶解度/%
−12	0.0025
7	0.010
14.5	0.015
23.5	0.028
41	0.060
75	0.200
97.5	0.357

表 2-1-98　气体在二甲苯中的溶解度

溶解气体	温度/℃	压力/kPa	气体的溶解度/(mL/mL)	溶解气体	温度/℃	压力/kPa	气体的溶解度/(mL/mL)
氢	−20	13.33	0.013	甲烷	20	13.33	0.070
	−20	101.33	0.099		20	101.33	0.565
	0	13.33	0.009		40	13.33	0.055
	0	101.33	0.075		40	101.33	0.410
	20	13.33	0.009	乙烯	−20	13.33	1.35
	20	101.33	0.075		−20	101.33	9.10
	40	13.33	0.010		0	13.33	0.55
	40	101.33	0.085		0	101.33	5.95
氧	16	101.33	0.179		20	13.33	0.45
甲烷	−20	13.33	0.100		20	101.33	3.80
	−20	101.33	0.740		40	13.33	0.40
	0	13.33	0.085		40	101.33	3.03
	0	101.33	0.660				

参 考 文 献

1 CAS 1330-20-7
2 EINECS 222-537-1
3 有機合成化学協会．溶剤ポケットブック．オーム社．1977．154
4 H. Stephen and T. Stephen. Solubilities of Inorganic and Organic Compounds. Vol. 1. Pergamon. 1963. 2

81. 乙　苯

ethylbenzene [phenylethane]

(1) 分子式　C_8H_{10}。　　相对分子质量　106.17。

(2) 示性式或结构式

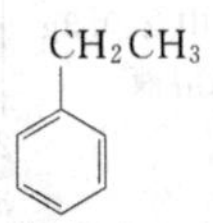

(3) 外观　无色透明液体，有芳香气味。

(4) 物理性质

沸点(101.3 kPa)/℃	136.186	熔化热(−94.975℃,101.3kPa)/(kJ/mol)	9.190
熔点(空气中,101.3 kPa)/℃	−94.975	生成热(25℃,气体)/(kJ/mol)	29.810
相对密度(25℃/4℃)	0.86231	(25℃,液体)/(kJ/mol)	−12.464
折射率(20℃)	1.49588	燃烧热(25℃,气体)/(kJ/mol)	4610.21①：4389.98
介电常数(20～30℃)	2.403～2.381	(25℃,液体)/(kJ/mol)	4567.92：4347.69②
偶极矩(70～200℃,气体)/(10^{-30}C·m)	1.93	比热容(298.16K)/[kJ/(kg·K)]	1.21
(20℃,液体)/(10^{-30}C·m)	1.17	临界温度/℃	343.94
黏度(25℃)/mPa·s	0.6354	临界压力/MPa	3.61
表面张力(20℃)/(mN/m)	29.04	溶解度(25℃,水)/%	0.0152
闪点(闭口)/℃	15	爆炸极限(下限)/%(体积)	0.99
燃点/℃	432	(上限)/%(体积)	6.70
蒸发热(25℃)/(kJ/mol)	42.278	体膨胀系数(0～40℃)/K^{-1}	0.00056

① H_2O 液体。
② CO_2（气体）。

(5) 化学性质　对酸碱比较稳定。氧化生成苯乙酮，脱氢生成苯乙烯。硝化反应生成 α-硝基-α-苯基乙烷。氯化反应生成 1-氯-1-苯基乙烷。在铂、氧化硅-氧化铝催化作用下，发生异构化反应生成二甲苯。

(6) 精制方法　浓硫酸洗涤后，分别用碳酸钠溶液和水洗涤，无水硫酸镁干燥，加金属钠蒸馏。

(7) 溶解性能　和苯相似，不溶于水，能与乙醇、乙醚、四氯化碳和苯等多种有机溶剂混溶。能溶解氯化橡胶、天然橡胶、丁基橡胶、氯丁橡胶、丁腈橡胶、乙基纤维素、环氧树脂、滴滴涕、油脂、石蜡油、蜡等。醋酸纤维素、醋酸丁酸纤维素、硝酸纤维素、三醋酸纤维素、聚氯乙烯、聚乙酸乙烯酯、聚偏二氯乙烯等则不溶。

(8) 用途　主要用途是脱氢制造苯乙烯。其他在医药上用作合霉素的中间体。也用作硝基喷漆的稀释剂，有机合成溶剂。与乙醇和乙酸乙酯混合后成为纤维素醚的良好溶剂。

(9) 使用注意事项　危险特性属第 3.2 类中闪点易燃液体。危险货物编号：32053，UN 编号：1175。注意远离火源及氧化性物质。对金属无腐蚀性，可用铁、软钢、铜或铝制容器贮存。但对橡胶和某些塑料有影响，在阀门和垫圈中应避免作用。

乙苯属低毒类，对皮肤的刺激性比甲苯、二甲苯更强，可经呼吸道，消化道、皮肤吸收，和甲苯、二甲苯一样，使中枢神经先兴奋，后呈现麻醉作用。蒸气浓度为 $4340mg/m^3$ 时对人的眼睛、皮肤有强烈的刺激作用。人长期接触可引起呼吸道刺激，白血球减少和淋巴细胞增加。皮肤持续接触可发生水肿、脱皮和皲裂。大鼠经口 LD_{50} 为 3.5～5.46g/kg。吸入 2 小时，50%动物的麻醉浓度为30.05g/kg。吸入乙苯的急性中毒浓度为43.5g/m³，豚鼠4小时致死。工作场所最高容许浓度为868mg/m³。

(10) 规格 SH/T 1140—2001 工业用乙苯

项 目	优 等 品	一 等 品
外观	无色透明均匀液体，无机械杂质和游离水	
密度(20℃)/(kg/m³)	866～870	
水浸出物酸碱性(pH值)	6.0～8.0	
纯度/%	99.70	99.50
二甲苯/%	0.10	0.15
异丙苯/%	0.03	0.05
二乙苯/%	0.001	0.001
硫/%	0.003	不测定

(11) 附表

表 2-1-99 乙苯的蒸气压

温度/℃	蒸气压/kPa	温度/℃	蒸气压/kPa	温度/℃	蒸气压/kPa	温度/℃	蒸气压/kPa
25.88	1.33	84.687	20.00	133.672	94.66	137.634	105.32
38.60	2.67	92.680	26.67	134.185	95.99	138.106	106.66
46.69	4.00	99.182	33.33	134.693	97.33	142.595	119.99
52.75	5.33	104.703	40.00	135.196	98.66	146.71	133.32
57.657	6.67	113.823	53.33	135.694	99.99	154.06	159.99
61.798	8.00	121.266	66.66	136.186	101.33	163.47	199.98
68.596	10.67	127.603	79.99	136.674	102.66		
74.105	13.33	133.152	93.33	137.156	103.99		

表 2-1-100 含乙苯的二元共沸混合物

第二组分	共沸点/℃	乙苯/%	第二组分	共沸点/℃	乙苯/%
1,2-二溴丙烷	136.0	95.1	乙酸	114.7	34
异戊烷	125.9	50.7	丙酸	131.1	72
乙酰丙酮	135.0	65	丁酸	135.9	>97
丙酸异丁酯	133.0	52.1	乙酰胺	135.6	92
甲酸	94.0	32	二溴乙烷	131.1	10
乙二醇	133.0	86.5	丁醇	114.8	33
氯代乙酸甲酯	127.2	37.5	异丁醇	107.2	20
异丁酸	134.3	88	碳酸二乙酯	124	23
乳酸甲酯	129.4	65			

参 考 文 献

1 CAS 100-41-4
2 EINECS 200-467-2
3 API Research Project 44. Selected Values of Physical and Thermodynamic Properties of Hydrocarbons and Related Compounds. No. 23-2-（33.1100），23-2-（33.1110）. Thermodynamic Research Center. Texas A & M Univ
4 J. Timmermans. Physico-Chemical Constants of Pure Organic Compounds. Vol. 2. Elsevier. 1965. 101
5 Landolt-Börnstein 6th ed. Vol. Ⅰ-3. Springer. 395
6 C. McAuliffe. J. Phys. Chem. 1966，70：1267
7 L. Scheflan and M. B. Jacobs. The Handbook of Solvents. Van Nostrand Reinhold. 1953. 348
8 Sadtler Standard UV Spectra. No. 246U
9 Sadtler Standard IR Prism Spectra. No. 246
10 M. R. Fenske et al.. Ind. Eng. Chem. Anal. Ed. 1947，19：700
11 E. Stenhagen et al.. Atlas of Mass SPectral Data. Vol. 1. Wiley. 1969. 321
12 Sadtler Standard NMR Spectra. No. 10210
13 日本化学会.防灾指針.Ⅰ-10. 丸善.1962. 57

14 E. A: Patty. Industrial Hygiene and Toxicology. Vol. 2. Wiley. 1967. 1231
15 API Research Project. Selected Value of Physical and Thermodynamic Properties of Hydrocarbons and Related Compounds. 1953
16 J. H. Perry. Chemical Engineer's Handbook. Kogakusha (Asia Edition). 640
17 Beilstein. Handbuch der Organischen Chemie. E Ⅱ, 5-274; E Ⅳ, 5-885
18 The Merck Index. **10**, 3714; **11**, 3723
19 张海峰主编. 危险化学品安全技术大典: 第1卷. 北京: 中国石化出版社, 2010

82. 二　乙　苯

diethylbenzene

(1) 分子式　$C_{10}H_{14}$。　　　　**相对分子质量**　134.22。

(2) 示性式或结构式

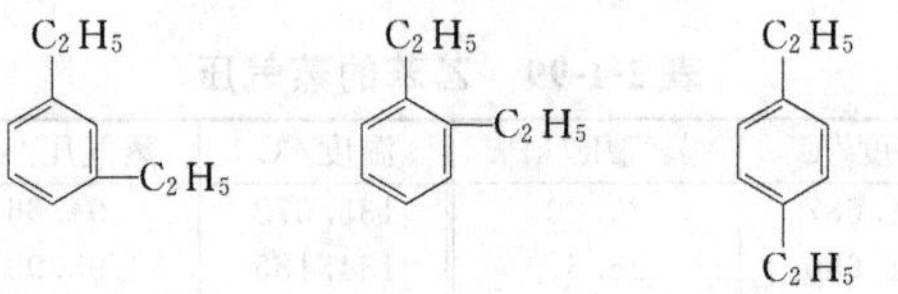

间二乙基苯　　邻二乙基苯　　对二乙基苯

(3) 外观　无色透明液体，有芳香气味。

(4) 物理性质

项　　目	邻二乙基苯	间二乙基苯	对二乙基苯
沸点(101.3kPa)/℃	183.423	181.102	183.752
熔点/℃	−31.247	−83.924	−42.850
相对密度(25℃/4℃)	0.87592	0.85993	0.85794
折射率(20℃)	1.50346	1.49552	1.49483
介电常数(20～30℃)		2.369～2.350	2.259～2.244
偶极矩(25℃,苯)/(10^{-30}C·m)			0.80
表面张力(20℃)/(mN/m)	30.30	29.17	29.00
闪点(闭口)/℃	57.2	56.1	56.7
燃点/℃	395	450	430
蒸发热(25℃)/(kJ/mol)	52.80	52.54	52.50
熔化热/(kJ/mol)	16.79	10.97	10.59
生成热(298K,气体)/(kJ/mol)	18.97	21.86	22.27
比热容(298K,定压)/[kJ/(kg·K)]	1.36	1.32	1.31
临界温度/℃			384.73
临界压力/MPa			2802.64
爆炸极限(下限)/%(体积)			0.8

(5) 精制方法　和乙苯的精制方法大致相同。

(6) 溶解性能　工业用的二乙基苯为三种异构体的混合物，其中邻位9.4%，间位61.5%，对位29.1%。

不溶于水，可溶于乙醇、乙醚、苯、四氯化碳、丙酮、庚烷、异辛烷、环己烷。

(7) 用途　二乙基苯脱氢得二乙烯基苯用作聚苯乙烯树脂的交联剂，其他尚可用作离子交换树脂的原料及高沸点溶剂。

(8) 使用注意事项　危险特性属第3.3类高闪点易燃液体。危险货物编号：33537，UN编号：2049。毒性稍大于单乙基衍生物，可引起肝、肾、脾、胃等脏器出血及营养不良，肝蛋白、糖原降低。水中嗅觉阈或味觉阈浓度0.04～0.05mg/L。

(9) 附表

表 2-1-101　二乙基苯的蒸气压

压力/kPa	邻二乙基苯/℃	间二乙基苯/℃	对二乙基苯/℃	压力/kPa	邻二乙基苯/℃	间二乙基苯/℃	对二乙基苯/℃
1.33	62.86	61.44	62.84	53.33	159.031	156.917	159.304
2.67	76.75	75.29	76.82	66.66	167.151	164.970	167.444
4.00	85.66	84.09	85.71	79.99	174.064	171.824	174.373
5.33	92.29	90.68	92.37	93.33	180.115	177.823	180.437
6.67	97.658	96.010	97.755	106.66	185.516	183.177	185.850
8.00	102.188	100.508	102.300	119.99	190.409	188.027	190.753
13.33	115.647	113.870	115.801	133.32	194.89	192.47	195.25
26.66	135.946	134.016	136.159	159.99	202.90	200.41	203.27
40.00	149.076	147.043	149.324	199.98	213.15	210.56	213.54

参　考　文　献

1 CAS 25340-17-4；135-01-3；105-05-5；141-93-5

2 EINECS 205-170-1；203-265-2；205-511-4；246-874-9

3 API Research Project 44. Selected Values of Physical and Thermodynamic Properties of Hydrocarbons and Related Compounds. No. 23-2-（33. 1111）. Thermodynamic Research Center，Texas A & M Univ

4 J. Timmermans. Physico-Chemical Constants of Pure Organic Compounds. Vol 2. Elsevier. 1965. 116

5 Landolt-Börnstein，6th ed.. Vol. Ⅰ-3. Springer. 396

6 D. R. Stull et al.. The Chemical Thermodynamics of Organic Compounds. Wiley. 1969. 374

7 日本化学会．防災指針．Ⅰ-10．丸善．1962. 42

8 有機合成化学協会．溶剤ポケットブック．オーム社．1967. 902

9 R. Stair. J. Res. Nat. Bur. Std. 1949，42：587

10 Sadtler Standard UV Spectra. No. 18713

11 API Research Project 44. Selected Infrared Spectral Data. Serial No. 331（1945），1419（1952）. Thermodvnamic Research Center. Texas A & M Univ

12 Sadtler Satandard IR Prism Spectra. No. 18713

13 Sadtler Standard IR Prism Spectra. No，24284

14 M. R. Fenske et al. Ind. Eng. Chem. Anal. Ed. 1947，19：700

15 H. Fromherg et al. Angew. Chem. 1947，59：142

16 R. Johnsen. Anal. Chem. 1948，20：1225

17 API Research Project 44. Selected Mass Spectral Data. Serial No. 439. Thermodynamic Research Center. Texas A & M Univ. 1949

18 API Research Project 44. Selected Mass Spectral Data，Serial No. 440. Thermodynamic Research Center. Texas A & M Univ. 1949

19 API Research Project 44. Selected Mass Spectral Data. Serial No. 441. Thermodynamic Research Center. Texas A & M Univ. 1949

20 Sadtler Standard MNR Spectra. No. 4993

21 Beilstein. Handbuch der Organischen Chemie. H，5-426；E Ⅳ，1065；1066；1067

22 张海峰主编．危险化学品安全技术大典：第1卷．北京：中国石化出版社，2010

83. 丙　苯

n-propylbenzene

(1) 分子式　C_9H_{12}。　　　　相对分子质量　120.20。

(2) 示性式或结构式

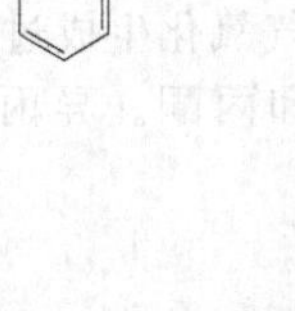

(3) 外观　无色液体。

(4) 物理性质

沸点(101.3kPa)/℃	159.2	临界温度/℃	365.6
熔点/℃	-99.5	临界压力/MPa	3.24
相对密度(20℃/4℃)	0.8621	闪点/℃	30
折射率(20℃)	1.4919	燃点/℃	450
蒸气压(43.4℃)/kPa	1.33	爆炸极限(下限)/%(体积)	0.8
燃烧热/(kJ/mol)	5209.9	(上限)/%(体积)	6.0

(5) 溶解性能　溶于乙醇、乙醚等多种有机溶剂，不溶于水。

(6) 用途　溶剂，有机合成中间体。

(7) 使用注意事项　丙苯的危险特性属第3.3类高闪点易燃液体。危险货物编号：33538，UN编号：2364。吸入、口服或经皮肤吸收对身体有害。对眼睛、黏膜、皮肤有刺激性。易燃。大鼠经口 LD_{50} 6040mg/kg。

参 考 文 献

1 CAS 103-65-7
2 EINECS 203-132-9
3 The Merck Index. **12**, 8029
4 Beil., **5**, 390
5 张海峰主编. 危险化学品安全技术大典：第1卷. 北京：中国石化出版社，2010

84. 异丙苯［枯烯］

isopropylbenzene [cumene, cumol]

(1) 分子式　C_9H_{12}。　　　相对分子质量　120.20。

(2) 示性式或结构式　$CH(CH_3)_2$

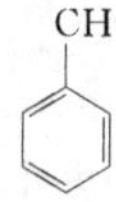

(3) 外观　无色透明液体，有芳香气味。

(4) 物理性质

沸点(101.3kPa)/℃	152.392	熔化热(-96.033℃,101.3kPa)/(kJ/mol)	7.992
熔点(空气中,101.3kPa)/℃	-96.035	燃烧热(定压,25℃,气体)/(kJ/mol)	5264.11①；4999.83②
相对密度(25℃/4℃)	0.85751		
折射率(20℃)	1.49145	(定压,25℃,液体)/(kJ/mol)	5218.92①；4954.65②
介电常数(20~30℃)	2.384~2.363		
偶极矩(70~200℃,气体)/(10^{-30}C·m)	2.17	比热容(298.16K,定压)/[kJ/(kg·K)]	1.26
黏度(25℃)/mPa·s	0.737	临界温度/℃	357.9
表面张力(20℃)/(mN/m)	28.20	临界压力/MPa	3.21
闪点(闭口)/℃	43.9	溶解度(25℃,水)/%	0.0050
燃点/℃	423.9	爆炸极限(下限)/%(体积)	0.88
蒸发热(25℃)/(kJ/mol)	45.171	(上限)/%(体积)	6.50
生成热(25℃,气体)/(kJ/mol)	3.936		
(25℃,液体)/(kJ/mol)	-41.232		

① H_2O（液体），CO_2（气体）。

② H_2O（气体），CO_2（气体）。

(5) 化学性质　用稀硝酸或铬酸氧化生成苯甲酸。在乙酸酐或乙酸存在下与发烟硝酸发生硝化反应，生成2,4-二硝基异丙苯。与浓硫酸作用时主要在对位发生磺化反应。在紫外线照射下，85℃通入氧气或在90~130℃、0.1~1MPa下，通入氧气氧化生成过氧化氢异丙苯。在硫酸或酸性离子交换树脂催化下，过氧化氢异丙苯分解为苯酚和丙酮。异丙苯在硅酸铝催化下，400~

500℃时分解成苯与丙烯。

(6) 精制方法　用浓硫酸洗涤后，依次用水、碳酸钠水溶液、水洗涤、无水硫酸镁干燥后精馏。

(7) 溶解性能　不溶于水，溶于乙醇、乙醚、四氯化碳和苯等有机溶剂。能溶解氯化橡胶和天然橡胶、丁基橡胶、氯丁橡胶、丁腈橡胶、环氧树脂、聚乙二醇、聚苯乙烯、DDT、油脂、碘、石蜡油、石蜡、乙基纤维素等。不溶解醋酸纤维素、硝酸纤维素、醋酸丁酸纤维素、三醋酸纤维素、聚乙烯、聚乙酸乙烯酯、聚氯乙烯、聚偏二氯乙烯和硫等。

(8) 用途　主要用来作苯酚、丙酮的原料。其他用作过氧化物、氧化促进剂的原料，硝基喷漆稀释剂，或与航空汽油混合使用。

(9) 使用注意事项　危险特性属第 3.3 类高闪点易燃液体。危险货物编号：33538，UN 编号：1918。对金属无腐蚀性，可用铁、软钢、铜或铝制容器贮存，但在阀门和垫圈中要避免使用橡胶制品。

属低毒类。能刺激皮肤和黏膜，有较强的麻醉作用。能引起结膜炎、皮肤炎，并对脾脏和肝脏有害。由于排泄缓慢，可产生积累作用。大鼠吸入 LD_{50} 为 2.910g/kg。嗅觉阈浓度 0.039mg/m^3，工作场所最高容许浓度 245.5～491mg/m^3。

(10) 规格　SH/T 1744—2004　工业用异丙苯

项　目		优　等　品	一　等　品	合　格　品
纯度/%	≥	99.92	99.70	99.50
α-甲基苯乙烯含量/%	≤	0.01	0.02	0.03
苯含量/%	≤	0.001	0.002	0.004
丁苯含量/%	≤	0.01	0.02	0.04
二异丙苯含量/%	≤	0.002	0.08	0.20
乙苯含量/%	≤	0.01	0.05	0.15
正丙苯含量/%	≤	0.03	0.06	0.10
溴指数/(mg Br/100g)	≤	50	100	100
色度(铂-钴)/号	≤	10	20	20
过氧化氢异丙苯含量(装载时)/(mg/kg)	≤	100	100	100
酚类含量/(mg/kg)	≤	5	10	50
硫含量/(mg/kg)	≤	1	2	2
外观		清晰液体，在 18～26℃时无沉淀和浑浊		

(11) 附表

表 2-1-102　异丙苯的蒸气压

温度/℃	蒸气压/kPa	温度/℃	蒸气压/kPa	温度/℃	蒸气压/kPa	温度/℃	蒸气压/kPa
38.29	1.33	99.076	20.00	149.787	94.66	153.892	105.32
51.43	2.67	107.346	26.66	150.319	95.99	154.382	106.65
59.79	4.00	114.074	33.33	150.846	97.33	159.033	119.99
66.06	5.33	119.789	40.00	151.367	98.63	163.30	133.32
71.123	6.67	129.230	53.33	151.882	99.99	170.91	159.99
75.407	8.00	136.937	66.66	152.392	101.33	180.67	199.98
82.433	10.67	143.501	79.99	152.897	102.66		
88.130	13.33	149.249	93.33	153.397	103.99		

表 2-1-103　含异丙苯的二元共沸混合物

第二组分	共沸点/℃	异丙苯/%	第二组分	共沸点/℃	异丙苯/%
水	95	56.2	乙二醇	147.0	82
乙酸	116.8		2-丙氧基乙醇	147.0	50
2-甲氧基乙醇	122.4	26.5	糠醛	148.5	73
2-氯乙醇	125.4	30	丁酸	149.5	80
3-甲基-1-丁醇	131.6	6	1-已醇	149.5	65
2-乙氧基乙醇	133.2	33	环已醇	150.0	72
乳酸甲酯	137.8	38	2-甲基环已醇	151.7	88
丙酸	139.0	35	α-蒎烯	151.8	80
乙醇胺	142.5		1-乙氧基-2-乙酰氧基乙烷	152.0	85
1-甲氧基-2-乙酰氧乙烷	144.3	6	1,3-二氯-2-丙醇	<152.5	
乳酸乙酯	144.5	54			

(12) 附图

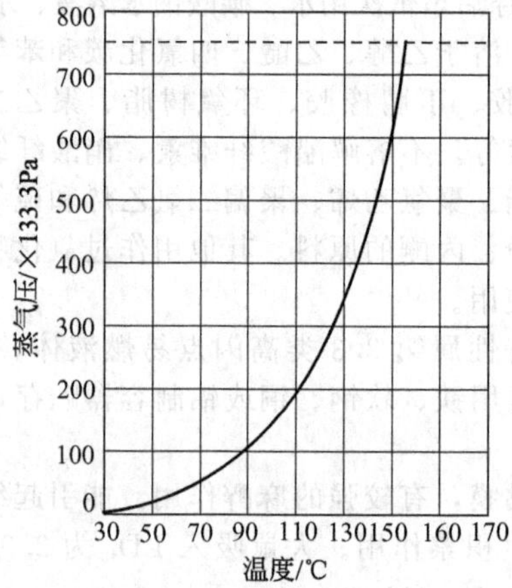

图 2-1-12 异丙苯的蒸气压

参 考 文 献

1 CAS 98-82-8
2 EINECS 202-704-5
3 API Research Project 44. Selected Values of Physical and Thermodynamic Properties of Hydrocarbons and Related Compounds. No. 23-2-(33.1110). Thermodynamic Research Center. Texas A & M Univ
4 J. Timmermans. Physico-Chemical Constants of Pure Organic Compounds. Vol. 1. Elsevier. 1965. 104
5 Landolt-Börnstein. 6th ed. Vol. Ⅰ-3. Sringer. 395
6 C. McAuliffe. J. Phys. Chem. 1966, 70: 1267
7 Sadtler Standard UV Spectra. No. 240
8 Sadtler Standard IR Prism Spectra. No. 240
9 M. R. Fenske et al.. Ind. Eng. Chem. Anal. Ed. 1947, 19: 700
10 R. H. Roberts and S. E. J. Johnsen. Anal. Chem. 1948, 20: 690, 1225
11 Sadtler Standard NMR Spectra. No. 10183
12 日本化学会. 防灾指針. Ⅰ-10. 丸善. 1962. 32
13 F. A. Patty. Industrial Hygiene and Toxicology. 2nd. ed. Vol. 2. Wiley. 1967. 1235
14 A. M. A. Arch. Ind. Health. 1951, 4: 119
15 A. I. Vogel. J. Chem. Soc. 1948. 607
16 API Research Project. Selected Values of Physical and Thermodynamic Properties of Hydrocarbons and Related Compounds. 1953
17 The Merck Index. **10**, 2605; **11**, 2619; **12**, 2683
18 Lecat M. Table Azeotropiques. loth. Brassells, 1949
19 张海峰主编. 危险化学品安全技术大典: 第1卷. 北京: 中国石化出版社, 2010

85. 1,2,4-三甲苯［假枯烯］

1,2,4-trimethylbenzene［pseudocumene］

(1) 分子式 C_9H_{12}。　　　　相对分子质量 120.20。

(2) 示性式或结构式

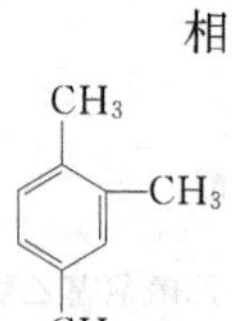

(3) 外观 无色液体，有特殊气味。

(4) 物理性质

沸点(101.3kPa)/℃	169.3	表面张力(20℃)/(mN/m)	29.60
熔点/℃	−61	临界压力/MPa	3.23
相对密度(20℃/4℃)	0.8758	临界温度/℃	379.5
(30℃/4℃)	0.8677	比热容/[kJ/(kg·K)]	1.7734
折射率(20℃)	1.5048	热导率/[W/(m·K)]	0.1344
(21℃)	1.5044	燃点/℃	500
闪点/℃	54.4	爆炸极限(下限)/%(体积)	0.9
黏度(20℃)/mPa·s	1.01	(上限)/%(体积)	6.4

(5) 溶解性能 不溶于水，与乙醇、苯、乙醚、丙酮混溶。

(6) 用途 用于制造香料、染料、树脂的原料，气液色谱参比物质。

(7) 使用注意事项 危险特性属第3.3类高闪点易燃液体。危险货物编号：33536。可经呼吸道、消化道、皮肤吸收。皮肤接触局部有轻微刺激性。急性吸入具麻醉作用，并可引起支气管炎症及贫血。人吸入50～330mg/m^3 出现神经衰弱及凝血障碍。

(8) 附表

表 2-1-104 1,2,4-三甲苯的蒸气压

温度/℃	蒸气压/kPa	温度/℃	蒸气压/kPa	温度/℃	蒸气压/kPa
60	2.04	170	102.99	280	901.29
70	3.32	180	131.75	290	1048.71
80	5.21	190	166.48	300	1214.89
90	7.93	200	208.32	310	1399.29
100	11.75	210	257.67	320	1604.99
110	16.98	220	315.63	330	1833.98
120	24.01	230	383.21	340	2086.28
130	33.25	240	461.33	350	2365.94
140	45.20	250	551.01	360	2674.98
150	60.39	260	653.45	370	3015.43
160	79.44	270	769.77		

参 考 文 献

1 CAS 95-63-6

2 EINECS 202-436-9

3 The Merck Index. **10**, 7816; **11**, 7929

4 Beil., **5**, 400

5 张海峰主编. 危险化学品安全技术大典：第1卷. 北京：中国石化出版社，2010

86. 1,2,3-三甲苯

1,2,3-frimethylbenzene

(1) 分子式 C_9H_{12}。 相对分子质量 120.20。

(2) 示性式或结构式

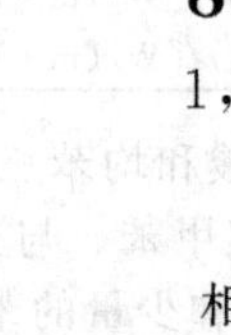

(3) 外观 无色透明液体。

(4) 物理性质

沸点(101.3kPa)/℃	176.1	闪点/℃	48
熔点/℃	−25.4	燃点/℃	470
相对密度(20℃/4℃)	0.8944	爆炸极限(下限)/%(体积)	0.8
折射率(20℃)	1.5139	(上限)/%(体积)	6.6

(5) 溶解性能　能与乙醇、乙醚和丙酮等混溶，不溶于水。

(6) 用途　染料中间体、溶剂。

(7) 使用注意事项　危险特性属第3.3类高闪点易燃液体。危险货物编号：33536。毒性参照1,2,4-三甲苯。对呼吸系统有刺激性。美国职业安全与健康管理局规定空气中最大容许暴露浓度为123mg/m³。

参　考　文　献

1　CAS 526-73-8

2　EINECS 208-394-8

3　Beil.，**5**，399

87. 1,3,5-三甲苯［苿］

1,3,5-trimethylbenzene［mesitylene，*sym*-trimethylbenzenel］

(1) 分子式　C_9H_{12}。　　　　相对分子质量　120.20。

(2) 示性式或结构式

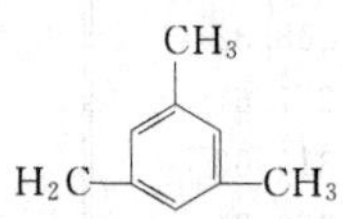

(3) 外观　无色液体，有特殊气味。

(4) 物理性质

沸点(101.3kPa)/℃	164.716	熔化热/(kJ/mol)	9.520
熔点/℃	−44.720	生成热(25℃,气体)/(kJ/mol)	−16.077
相对密度(20℃/4℃)	0.86518	(25℃,液体)/(kJ/mol)	−63.572
(25℃/4℃)	0.86111	燃烧热(气体→气体)/(kJ/mol)	4979.82
折射率(20℃)	1.49937	比热容(定压)/[kJ/(kg·K)]	1.25
(25℃)	1.49684	临界温度/℃	364.13
介电常数(20℃)	2.279	临界压力/MPa	3.12
偶极矩(20℃,苯)/(10^{-30} C·m)	0.23	电导率(25℃)/(S/m)	$<1\times10^{-16}$
黏度(20℃)/mPa·s	1.154	蒸气压(48.82℃)/kPa	1.33
(30℃)/mPa·s	0.936	(99.746℃)/kPa	13.33
表面张力(20℃)/(mN/m)	28.33	(141.387℃)/kPa	53.33
(30℃)/(mN/m)	28.81	热导率(−40℃)/[W/(m·K)]	0.1704
闪点/℃	43	(20℃)/[W/(m·K)]	0.1586
蒸发热(b.p.)/(kJ/mol)	39.06	(80℃)/[W/(m·K)]	0.1420

(5) 化学性质　用高锰酸钾氧化生成3-甲基间苯二甲酸和均苯三甲酸。在煮沸的1,3，5-三甲苯中通入氯气，生成ω-氯代均三甲苯和ω,ω′-二氯代均三甲苯。与三氯化铝一起煮沸，甲基发生移动，生成间二甲苯、1,2,3,5-四甲苯，1,2,4,5-四甲苯和少量的苯、甲苯、1,2,4-三甲苯等。

(6) 精制方法　主要杂质有间位、对位乙基甲苯、乙基苯等。使用高效蒸馏塔进行蒸馏，可得纯度为99.8%的1,3,5-三甲基苯。

(7) 溶解性能　不溶于水，可溶于乙醇、乙醚。

(8) 使用注意事项　危险特性属第3.3类高闪点易燃液体。危险货物编号：33536，UN编号：2325。毒性与二甲苯大致相同。急性中毒的症状是刺激黏膜和中枢神经。慢性中毒时，引起中枢神经障碍，皮肤出血性贫血，支气管炎、肺水肿等。大鼠腹腔注射 LD_{50} 为 2000mg/kg。

参 考 文 献

1 CAS 108-67-8
2 EINECS 203-604-4
3 API Research Project 44. Selected Values of Physical and Thermodynamic Properties of Hydrocarbons and Related Compounds, No. 23-2-(33. 1110) K. Thermodynamic Research Center. Texas A & M Univ
4 A. Weissberger. Organic Solvents. 3rd ed. Wiley. 118
5 小竹無二雄. 大有機化学. 9 卷. 朝倉書店. 1967. 42
6 櫻井德寿. 5874の化学商品. 化学工業日報社., 1974. 350
7 Landolt-Börnstein, 6th ed. Vol. Ⅱ-56. Springer. 79
8 分析化学会. 分析化学便覧. 改订 2 版. 丸善. 1971. 460
9 E. K. Herz et al. Monatsh. Chem. 1943, 74: 175; Chem. Abstr. 1944, 38: 1428
10 R. H. Roberts et al. Anal. Chem. 1948, 20: 690, 1225
11 F. A. Bovey. NMR Data Tables for Organic Compounds. Vol. 1. Wiley. 1967. 253
12 主要化学品 1000 種毒性データ特別调查レポート. 海外技術資料研究所. 1973. 222
13 The Merck Index. **11**, 5810; **12**, 5967
14 Beilstein. Hand buch der Organischen Chemie. H, 5-406; E Ⅳ, 5-1016
15 张海峰主编. 危险化学品安全技术大典: 第 1 卷. 北京: 中国石化出版社, 2010

88. 对甲基异丙苯［伞花烃］

p-cymene［*p*-cymol, methyl isopropyl benzene, *p*-isopropyltoluene］

(1) 分子式 $C_{10}H_{14}$。 相对分子质量 134.22。

(2) 示性式或结构式

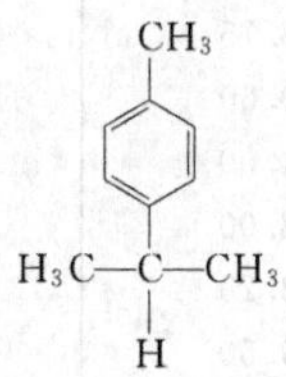

(3) 外观 无色透明液体，有芳香气味。

(4) 物理性质

沸点(101.3kPa)/℃	177.10	蒸发热(25℃)/(kJ/mol)	−50.33
熔点/℃	−67.935	(b.p.)/(kJ/mol)	−38.19
相对密度(20℃/4℃)	0.8573	生成热/(kJ/mol)	−9.667
(25℃/4℃)	0.8533	比热容(−23.9℃,定压)/[kJ/(kg·K)]	1.76
折射率(20℃)	1.4909	临界温度/℃	380
(25℃)	1.4885	临界压力/MPa	2.84
介电常数(20℃)	2.253	沸点上升常数/(℃/mol·1000g)	5.52
偶极矩(20～30℃)/(10^{-30} C·m)	0	电导率(25℃)/(S/m)	2×10^{-8}
黏度(20℃)/mPa·s	3.402	溶解度(水)/%	0.034
(30℃)/mPa·s	1.600	蒸气压(25℃)/kPa	0.20
表面张力(20℃)/(mN/m)	28.81	(79.2℃)/kPa	4.00
(30℃)/(mN/m)	27.74	(109.1℃)/kPa	13.33
闪点(闭口)/℃	47.2	爆炸极限(下限)/%(体积)	0.7
燃点/℃	436.1	(上限)/%(体积)	5.6
熔化热/(kJ/mol)	−9.667		

(5) 化学性质 氧化生成对甲基苯甲酸、对甲基苯乙酮、对异丙基苯甲酸和对苯二甲酸。用碱性高锰酸钾氧化则生成对羟基苯甲酸。加氢生成对蓋烷。加热裂化生成苯、甲苯、萘、蒽等。

用三氯化铝处理生成二异丙基苯、甲苯、二甲苯以及1-甲基-3,5-二异丙基苯。通过卤化、硝化、磺化反应合成香芹酚（2-甲基-5-异丙基苯酚）、百里酚（5-甲基-2-异丙基苯酚）、薄荷醇。

(6) 精制方法 用高锰酸钾水溶液洗净后，依次用浓硫酸和水洗涤、金属钠干燥、精馏。

(7) 溶解性能 不溶于水，溶于乙醇、乙醚、丙酮、氯仿等有机溶剂。沸点和松节油相近，但溶解能力比松节油大。能溶解油脂、树脂、橡胶等。

(8) 用途 作有机合成的原料。与乙醇、丁醇、丙酮的混合物是涂料、清漆、硝基喷漆、油脂、树脂的溶剂和稀释剂。

(9) 使用注意事项 危险特性属第3.3类高闪点易燃液体。危险货物编号：33539，UN编号：2046。久置变色，应置阴凉处避光密封贮存。对金属无腐蚀性，可用铁、软钢、铜或铝制容器贮存。但对橡胶的作用很快，阀门、垫圈中避免使用。着火时用泡沫灭火剂、二氧化碳、干式化学灭火剂、四氯化碳等灭火。毒性和甲苯类似，有刺激作用，吸入其液体可导致化学性肺炎。是皮肤原发性刺激物，低浓度长期接触可导致皮肤干燥、脱脂和红斑。大鼠吸入LD_{50}为5000mg/kg。

(10) 附表

表 2-1-105 各种有机物在对甲基异丙苯中的溶解度

化合物	g/100mL	温度/℃	化合物	g/100mL	温度/℃
乙酰苯胺	{7.23	{30	萘	14.22	30
	{9.24	{100	β-萘胺	8.63	30
蒽	98.60	176	邻硝基苯胺	6.33	30
1,3,7-三甲基黄嘌呤	15.58	175	间硝基苯胺	1.36	30
六氯苯	106.95	176	对硝基苯胺	0.83	25

表 2-1-106 对甲基异丙苯-苯胺的气液平衡［对甲基异丙苯(101.3kPa)］ 单位：%(mol)

液相组成	气相组成	沸点/℃	液相组成	气相组成	沸点/℃
0.0	0.0	184.1	57.30	58.25	172.85
3.80	8.80	180.60	58.75	59.50	172.85
6.40	14.40	179.30	60.50	60.50	172.80
7.40	16.40	178.75	64.00	63.90	172.85
12.30	22.40	177.30	68.00	66.80	172.90
17.75	28.75	176.10	73.25	70.80	173.00
21.75	32.50	175.55	79.50	76.00	173.20
25.70	36.50	174.90	83.00	79.25	173.60
31.40	40.90	174.30	87.50	83.90	174.05
36.50	44.50	173.75	93.00	89.90	174.80
43.60	49.50	173.10	100.0	100.0	177.7
47.60	52.00	173.00			

表 2-1-107 含对甲基异丙苯的二元共沸混合物

第二组分	共沸点/℃	对甲基异丙苯/%	第二组分	共沸点/℃	对甲基异丙苯/%
二氯丙醇	165.0	52	氯代乙酸	166	65
环己醇	159.0	29	乙二醇	163.2	74.5
糠醛	157.8	32	草酸二甲酯	175.3	20
丙二酸二甲酯	169.0	60	异戊酸	170.8	63
苯甲醛	171.0	72	乙酰乙酸乙酯	170.5	>55
丁酸	160.5	43	草酸二乙酯	175.3	85
苯酚	170.0	66	乳酸丙酯	167.0	40
邻氯苯酚	173.5	50	邻氯甲苯	175	>80
苯胺	170.0	70	辛醇	174	56
乙酰胺	170.5	81	α-蒎烯	174.5	75

(11) 附图

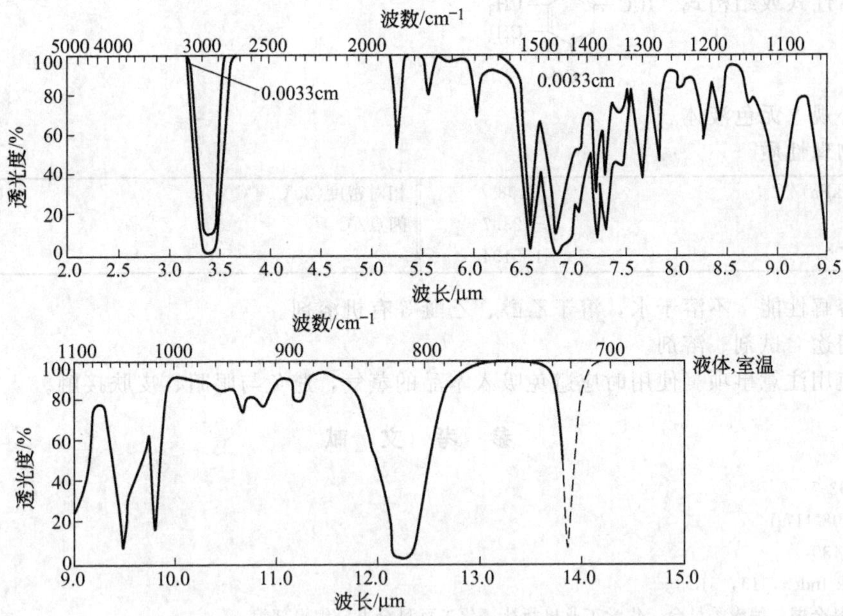

图 2-1-13　对甲基异丙苯的红外光谱图

参 考 文 献

1　CAS 99-87-6

2　EINECS 202-796-7

3　API Research Project 44. Selected Values of Physical and Thermodynamic Properties of Hydrocarbons and Related Compounds. No. 23-2-(33. 1111). Thermodynamic Research Center. Texas A & M Univ

4　A. P. Altschuller. J. Phys. Chem. 1954，58：392

5　A. Weissberger. Organic Solvents. 3rd ed. Wiley. 127

6　小竹無二雄. 大有機化学. 別巻 2. 朝倉書店. 1963. 564

7　H. M. Huffman et al. J. Amer. Chem. Soc. 1931，53：3876

8　E. Beckmann et al. Z. Physik. Chem. Leipzig. 1895，18：473

9　H. E. Patten. J. Phys. Chem. 1902，6：554

10　R. C. Weast. Handbook of Chemistry and Physics. 52nd ed. CRC Press. 1972. c-162

11　Sadtler Standard IR Prism Spectra. No. 1066

12　M. R. Fenske et al. Ind. Eng. Chem. Anal. Ed. 1947，19：700

13　Mass Spectrometry Data Center. Eight Peak Index of Mass Spectra. 1st ed.，Vol. 1. Her Majesty's Stationary Office. 1970. 81

14　Varian Associate NMR Spectra. No. 268

15　日本化学会. 防灾指針. Ⅰ-10. 丸善. 1962. 34

16　N. I. Sax. Dangerous Properties of Industrial Materials. 4th ed.，Van Nostrand Reinhold. 1973. 595

17　1 万 3 千種化学薬品毒性データ集成. 海外技術資料研究所. 1973. 162

18　I. Mellan. Industrial Solvents. 2nd ed. Van Nostrand Reinhold. 1950. 301

19　平田光穂. 化学工学. 1960，24：669

20　J. H. Perry. Chemical Engineers Handbook. 3rd ed. McGraw. 1950. 641

21　Beilstein. Handbuch der Organischen Chemie. EⅡ，5-322；EⅣ 5-1060

22　The Merck Index. **10**，2758；**11**，2770

89. 1,2,3,5-四甲苯［异杜烯］

1,2,3,5-tetramethylbenzene［isodurene］

(1) 分子式　$C_{10}H_{14}$。　　　　相对分子质量　134.22。

(2) 示性式或结构式 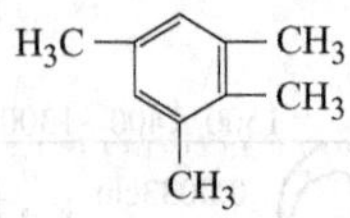

(3) 外观　无色液体。

(4) 物理性质

沸点(101.3kPa)/℃	198	相对密度(20℃/4℃)	0.8906
熔点/℃	−23.7	闪点/℃	63
折射率(20℃)	1.5134		

(5) 溶解性能　不溶于水，溶于乙醇、乙醚等有机溶剂。

(6) 用途　试剂、溶剂。

(7) 使用注意事项　使用时应避免吸入本品的蒸气，避免与眼睛、皮肤接触。

参 考 文 献

1 CAS 527-53-7
2 EINECS 208-417-1
3 Beil., **5**, 430
4 The Marck Index, **13**, 5184
5 《化工百科全书》编辑委员会，化学工业出版社《化工百科全书》编辑部编.

90. 均四甲苯［杜烯；1,2,4,5-四甲苯］

durene［1,2,4,5-tetramethylbenzene］

(1) 分子式　$C_{10}H_{14}$。　　　　相对分子质量　134.22。

(2) 示性式或结构式 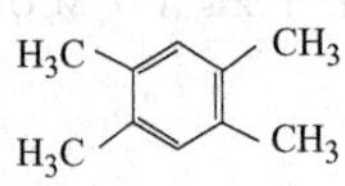

(3) 外观　有樟脑气味的叶状晶体。

(4) 物理性质

沸点(101.3kPa)/℃	196.8	相对密度(81℃/4℃)	0.84
熔点/℃	80	闪点/℃	73

(5) 溶解性能　与乙醇、乙醚、苯混溶、不溶于水。

(6) 用途　作试剂、均苯四甲酸原料。

(7) 使用注意事项　易燃。避免吸入该品粉尘，避免与眼睛、皮肤接触。

参 考 文 献

1 CAS 95-93-2
2 EINECS 202-465-7
3 Beil., **5**, 431
4 The Merck Index. **12**, 7520; **13**, 3501

91. 丁　苯

butylbenzene［phenylbutane］

(1) 分子式　$C_{10}H_{14}$。　　　　相对分子质量　134.22。

(2) 示性式或结构式

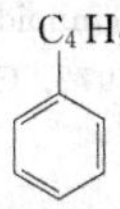

(3) 外观　无色液体。

(4) 物理性质

项　　目	丁　　苯	仲丁基苯	叔丁基苯
沸点(101.3kPa)/℃	183.270	178.305	169.119
熔点/℃	−87.970	−75.470	−57.850
相对密度(20℃/4℃)	0.86013	0.86207	0.86650
(25℃/4℃)	0.85607	0.85797	0.86240
折射率(20℃)	1.48979	1.49020	1.49266
(25℃)	1.48742	1.48779	1.49024
介电常数(20℃)	2.359	2.364	2.366
偶极矩(20～30℃液体)/(10^{-30}C·m)	1.20	1.23	1.20
黏度(20℃)/mPa·s	1.032	28.53	28.13
(25℃)/mPa·s	0.957	(30℃)27.53	(30℃)27.14
表面张力(20℃)/(mN/m)	29.23		
(30℃)/(mN/m)	28.19		
闪点(开口)/℃	71.1	(闭口)52.2	60
燃点/℃	412.2	417.8	450
蒸发热(25℃)/(kJ/mol)	−51.087	−49.53	−49.11
(b. p.)/(kJ/mol)	−39.27	−37.97	−37.634
熔化热/(kJ/mol)	(稳定相)−11.229	−9.84	−8.399
/(kJ/mol)	(准稳定相)−11.267		
生成热(25℃)/(kJ/mol)	63.97	66.5282×10^3	70.84
燃烧热/(kJ/mol)	5876		5874.9
比热容/[kJ/(kg·K)]	(27℃)1.82		(21.27℃)1.78
临界温度/℃	387.3	383.7	374.1
临界压力/MPa	2.89	2.98	2.96
溶解度(水)/%	(25℃)0.50	(20℃)0.0317	(20℃)0.0292
蒸气压(25℃)/kPa	0.15	0.23	0.28
/kPa	(85.21℃)4.00	(76.26℃)4.00	(73.07℃)4.00
/kPa	(115.286℃)13.33	(105.986℃)13.33	(102.449℃)13.33
爆炸极限(下限)/%(体积)	0.8	0.8	0.7
(上限)/%(体积)	5.8	6.9	5.7
体膨胀系数(0～30℃)	0.00053		

(5) 精制方法　多次重结晶后蒸馏。

(6) 溶解性能　不溶于水，能溶于乙醇、乙醚和苯等。

(7) 用途　用于有机合成，特别是杀虫剂的制备。仲丁基苯广泛用作芳香烃的溶剂和增塑剂以及染料、界面活性剂的制造原料。叔丁基苯作聚合用溶剂、聚合物交联剂以及有机合成原料。

(8) 使用注意事项　危险特性属第3.3类高闪点易燃液体。危险货物编号：33540，UN编号：2709。吸入、口服有害，可经皮肤吸入。遇高热、明火及强氧化剂易引起燃烧。

参 考 文 献

1 CAS 104-51-8

2 EINECS 203-209-7

3 API Research Project 44. Selected Values of Physical and Thermodynamlc Properties of Hydrocarbons and Related Compounds, No. 23-2- (33.1111). Thermodynamic Research Center, Texas A & M Univ

4 A. P. Altschuller. J. Phys. Chem. 1954, 58: 392

5 R. E. Donaldson and O. R. Quayle. J. Amer. Chem. Soc. 1950, 72: 35

6 J. F. Messerly et al. J. Phys. Chem. 1965, 69: 4304

7 E. J. Prosen et al. J. Res. Natl. Bur. Std., 1946, 36: 455

8 H. B. Klevens. J. Phys. Colloid. Chem. 1950, 54: 283

9 L. Schdflan and M. B. Jacobs. The Handbook of Solvents. Van Nostrand Reinhoid. 1953. 162
10 R. C. Weast. Handbook of Chemistry and Physics. 52nd ed. CRC Press. 1972. C-145，146
11 Sadtler Standard IR Prism Spectra. No. 247，679，6318
12 M. R. Fenske et al. Ind. Eng. Chem. Anal. Ed.. 1947，19：700
13 Mass Spectrometry Data Center. Einght Peak Index of Mass Spectra lst ed. Vol. 1，Her Majesty's Stationary Office. 1970. 81
14 Sadtler Standard NMR Spectra. No. 31，53，3425
15 日本化学会. 防灾指針. Ⅰ-10. 丸善. 1962. 18
16 D. L. Bond and G. Thodos. J. Chem. Eng Data. 1960，5：289
17 B. A. Englin et al. Khim. Teknol. Toplivn. Masel. 1965，10：42；Chem. Abstr，1965，63：14608
18 M. S. Kbarasch. J. Res. Nat. Bur. Std. 1929，2：359
19 The Merck Index. **10**，1522，1523；**11**，1549，1550；**12**，1588

92. 异丁基苯

isobutyl benzene

(1) 分子式 $C_{10}H_{14}$。　　　相对分子质量　134.22。

(2) 示性式或结构式

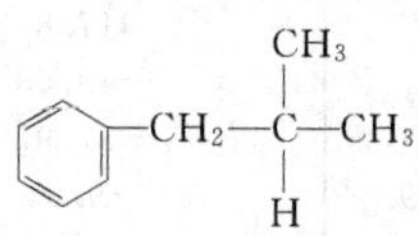

(3) 外观　无色液体。

(4) 物理性质

沸点(101.3kPa)/℃	173.5	临界压力/MPa	3.14
冰点/℃	−52	闪点(闭口)/℃	52.2
相对密度(20℃/4℃)	0.8532	自燃温度/℃	427
折射率(20℃)	1.4866	爆炸极限(下限)/%(体积)	0.8
蒸气压(18.6℃)/kPa	0.13	(上限)/%(体积)	6.0
临界温度/℃	377		

(5) 化学性质　与三氧化铬作用生成苯甲酸。

(6) 溶解性能　溶于乙醇、乙醚、苯、丙酮，不溶于水。

(7) 用途　溶剂，表面活性剂，有机合成中间体。

(8) 使用注意事项　异丁基苯的危险特性属第3.3类高闪点易燃液体。危险货物编号：33540。吸入、口服或经皮肤吸收对身体有害，有刺激性。易燃，遇高热、明火及氧化剂易引起燃烧。大鼠经口 LD_{50} 2240mg/kg。

参考文献

1 CAS 538-93-2
2 EINECS 208-706-2
3 Beilstein. Handbuch der Organischen Chemie. H，5-414；E Ⅳ，5-1042
4 The Merck Index. **10**，4981；**11**，5018；**12**，5149

93. 叔丁苯

tert-butylbenzene

(1) 分子式 $C_{10}H_{14}$。　　　相对分子质量　134.22。

(2) 示性式或结构式

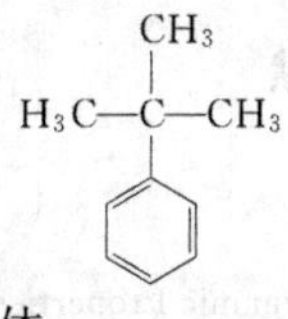

(3) 外观　无色透明液体。

(4) 物理性质

沸点(101.3kPa)/℃	168.5	闪点/℃	60
(2.93kPa)/℃	70～75	燃点/℃	450
熔点/℃	−58.1	爆炸极限(上限)/%(体积)	5.7
相对密度(20℃/4℃)	0.8665	(下限)/%(体积)	0.7
折射率(20℃)	1.4923		

(5) 溶解性能　不溶于水，能与苯、丙酮混溶，易溶于乙醇、乙醚等有机溶剂。

(6) 用途　聚合物交联剂、溶剂。

(7) 使用注意事项　危险特性属第3.3类高闪点易燃液体。危险货物编号：33540。易燃，接触氧化剂有燃烧危险。其蒸气吸入有害。对皮肤有刺激性，避免与眼睛、皮肤接触。

参 考 文 献

1 CAS 98-06-6
2 EINECS 202-632-4
3 Beil.，**5** (4)，1046
4 The Merck Index. **12**，1586；**13**，1550
5 《化工百科全书》编辑委员会，化学工业出版社化工百科编辑部编. 化工百科全书：第16卷. 北京：化学工业出版社，1997

94. 戊　　苯

pentylbenzene [*n*-amylbenzene；1-phenylpentane]

(1) 分子式　$C_{11}H_{16}$。　　　　相对分子质量　148.14。

(2) 示性式或结构式

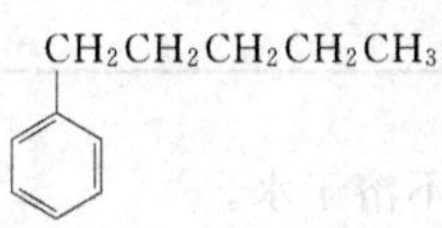

(3) 外观　无色透明液体，有芳香气味。

(4) 物理性质

沸点(101.3kPa)/℃	205.4	闪点(开口)/℃	65.6
熔点/℃	−75	生成热(气体)/(kJ/mol)	34.46
相对密度(20℃/4℃)	0.8585	燃烧热/(kJ/mol)	6232.97
折射率(20℃)	1.4878	比热容(27℃,气体,定压)/[kJ/(kg·K)]	1.34
介电常数(计算值)	2.213	临界温度(计算值)/℃	229.43
运动黏度(20℃)/(m^2/s)	1.553×10^{-6}	蒸气压(81℃)/kPa	1.33
表面张力(20℃)/(mN/m)	29.41		

(5) 精制方法　分子筛脱水后，用装有玻璃单环的填充塔蒸馏。

(6) 溶解性能　不溶于水和甲醇。但能与乙醇、乙醚、乙酸乙酯、丙酮和苯混溶。能溶解矿物油、油酸、脂肪烃以及芳香烃。

(7) 用途　作石蜡、巴西棕榈蜡的溶剂（加热）。

(8) 使用注意事项　易着火，使用时注意远离火源。着火时用泡沫灭火剂、二氧化碳、干式化学灭火剂及四氯化碳灭火。毒性不详，但能刺激黏膜。高浓度时有催眠作用。

参 考 文 献

1 CAS 538-68-1
2 EINECS 208-701-5
3 API Research Project 44. Selected Values of Physical and Thermodynamic Properties of Hydrocarbons and Related Compounds. No. 23-2-(33. 1110). Thermodynamic Research Center. A & M Univ
4 R. R. Dreisbach. Advan Chem. Ser. 1955，15：47
5 小竹無二雄，大有機化学，别卷 2，朝倉書店. 1963. 562
6 The Merck Index. 7th ed. 74
7 Sadtler Standard IR Prism Spectra. No. 23608
8 Mass Spectrometry Data Center. Eight Peak Index of Mass Spectra. lst ed. Vol. 1. Her Majesty's Stationary Office. 1970. 103
9 Sadtler Standard NMR Spectra. No. 3613
10 N. I. Sax，Dangerous Properties of Industrial Material. Van Nostrand Reinhold. 1963. 439
11 Beilstein. Handbuch der Organischen Chemie. H，5-434；E Ⅳ，5-1085
12 The Merck Index. **10**，626；**11**，625

95. 叔戊基苯

tert-amylbenzene

(1) 分子式　$C_{11}H_{16}$。　　　相对分子质量　148.14。

(2) 示性式或结构式

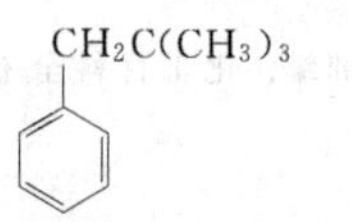

(3) 外观　无色或浅黄色液体。

(4) 物理性质

沸点(101.3kPa)/℃	189～190
相对密度(20℃/4℃)	0.867
折射率(20℃)	1.4915
闪点(闭口)/℃	60

(5) 溶解性能　能与乙醇、乙醚任意混溶，不溶于水。

(6) 用途　溶剂、有机合成中间体。

(7) 使用注意事项　参照戊苯。

参 考 文 献

1 CAS 2049-95-8
2 EINECS 218-076-0

96. 二　戊　苯

dipentylbenzene [di-*n*-amylbenzene]

(1) 分子式　$C_{16}H_{26}$。　　　相对分子质量　218.38。

(2) 示性式或结构式　$C_6H_4(C_5H_{11})_2$

(3) 外观　无色透明液体，有芳香气味。

(4) 物理性质

沸点(101.3kPa)/℃	255～280	闪点(开口)/℃	107.2
熔点/℃	－75	比热容(定压)/[kJ/(kg·K)]	1.901
相对密度(20℃/20℃)	0.86	蒸气压(150℃)/kPa	2.67
折射率(20℃)	1.4837	体膨胀系数/K^{-1}	0.008
黏度(20℃)/mPa·s	4.72		

(5) 精制方法　分子筛脱水后，用装有玻璃单环的填充塔蒸馏，取中间馏分。

(6) 溶解性能　不溶于水和甲醇，能溶于乙醇、乙醚、丙酮、乙酸乙酯、矿物油、油酸、脂肪烃和芳香烃。

(7) 用途　作石蜡、巴西棕榈蜡和硬脂酸的溶剂（加热）。

(8) 使用注意事项　难着火，但加热时仍须注意远离火源。毒性不详。

参 考 文 献

1 CAS 635-89-2
2 日本化学会．防灾指針．Ⅰ-10．丸善．1962．36
3 I. Mellan. Industrial Solvents. 2nd ed. Van Nostrand Reinhold. 1950. 285
4 L. Schdflan and M. B. Jacobs. The Handbook of Solvents., Van Nostrand Reinhold. 1953. 246
5 I. Mellan. Source Book of Industrial Solvents. Vol. 1, Van Nostrand Reinhold. 1957. 56
6 N. I. Sax. Dangerous Properties of Industrial Materials. Van Nostrand Reinhold. 1963. 776

97. 三 戊 苯

tripentyl benzene [triamyl benzene]

(1) 分子式　$C_{21}H_{36}$。　　相对分子质量　288.50。

(2) 示性式或结构式　$C_6H_3(C_5H_{10})_3$

(3) 外观　无色液体，略有芳香气味。

(4) 物理性质

沸点(101.3kPa)/℃	300～320,301.7	闪点(开口)/℃	132.2
相对密度	0.87	蒸气相对密度(空气=1)	9.95

(5) 溶解性能　与二戊苯相似。

参 考 文 献

1 I. Mellan. Industrial Solvents. 2nd ed. Reinhold. 1950. 285
2 日本化学会編．諸物質の火灾危険性．防灾指針．Ⅰ-10
3 化学と工業．1959，12：153～169

98. 四 戊 苯

tetrapentyl benzene [tetraamyl benzene]

(1) 分子式　$C_{26}H_{46}$。　　相对分子质量　358.63。

(2) 示性式或结构式　$C_6H_2(C_5H_{11})_4$

(3) 外观　浅黄色液体，略有芳香气味。

(4) 物理性质

沸点(101.3kPa)/℃	320～350
相对密度(20℃/20℃)	0.89
闪点(闭口)/℃	146.1

(5) 溶解性能 与二戊苯相似。

参 考 文 献

1 I. Mellan. Industrial Solvents, 2nd ed., Reinhold. 1950. 285

2 日本化学会編. 諸物質の火災危険性. 防災指針. Ⅰ-10

99. 十二烷基苯

dodecylbenzene [laurylbenzene, 1-phenyldodecane, dodecylbenzol]

(1) 分子式 $C_{18}H_{30}$。　　　　相对分子质量 246.44。

(2) 示性式或结构式

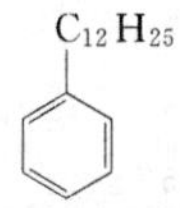

(3) 外观 无色透明液体，略带紫色荧光。

(4) 物理性质

沸点(101.3kPa)/℃	331	表面张力(20℃,计算值)/(mN·m)	30.12
熔点/℃	−7	闪点/℃	141
相对密度(20℃/4℃)	0.8551	燃烧热/(kJ/mol)	10538.9
折射率(20℃)	1.4824	比热容(27℃,气体,定压)/[kJ/(kg·K)]	1.461
介电常数(计算值)	2.198	蒸气压(172～174℃)/kPa	0.8
运动黏度(20℃)/(m^2/s)	6.39×10^{-6}		

(5) 化学性质 易与发烟硫酸或 SO_3 反应生成十二烷基苯磺酸。

(6) 精制方法 含有二烷基苯、烷基茚、烷基四氢化萘等杂质，精制时经分子筛脱水，再用装有玻璃单环的填充塔蒸馏。

(7) 溶解性能 不溶于水，但能很好溶解石油烃类。

(8) 用途 十二烷基苯磺酸钠是家庭用合成洗涤剂的主要原料。其氯甲基化的衍生物作阳离子杀菌剂。

(9) 使用注意事项 不易着火。属低毒类。直接吸入商品试剂可致化学性肝炎、肺出血而死亡。皮肤反复接触引起干燥、脱脂及皮炎。多次暴露于高浓度蒸气下对眼、鼻、喉、黏膜、中枢神经有刺激作用。

参 考 文 献

1 CAS 123-01-3

2 EINECS 204-591-8

3 API Research Project 44. Selected Values of Physical and Thermodynamic Properties of Hydrocarbons and Related Compounds. No. 23-2- (33. 1110). Thermodynamic Research Center. Texas A & M Univ

4 G. Harris. Dictionary of Organic Chemistry. 4th ed., Vol. 3. Eyre & Spcttiswoode. 1965. 1320

5 R. R. Dreisbach. Advan. Chem. Ser. 1955, 15: 107

6 Beilstein. Handbuch der Organischen Chemie. EⅡ, 5-472

7 Mass Spectrometry Data Center. Eight Peak Index of Mass Spectra, lst ed., Vol. 1. Her Majesty's Stationary Office 1970. 199

8 N. I. Sax Dangerous Properties of Industrial Materials. Van Nostrand Reinhold. 1963. 776

100. 双十二烷基苯

didodecylbenzene [dikerybenzene]

(1) 分子式 $C_{30}H_{54}$。　　　　相对分子质量 414.73。

(2) 示性式或结构式 $C_6H_4(C_{12}H_{25})_2$

(3) 外观 浅黄色液体，有芳香气味。

(4) 物理性质

沸点 (101.3kPa) /℃	359～429
相对密度 (20℃/20℃)	0.942
闪点/℃	160

(5) 溶解性能 与二戊苯相似。

参 考 文 献

1 CAS 39888-70-5

2 I. Mellan, Imdustrial Solvents. 2nd ed. Reinhold. 1950. 285

101. 戊基甲苯

amyl toluene

(1) 分子式 $C_{12}H_{18}$。 相对分子质量 162.27。

(2) 示性式或结构式 $C_5H_{11}—C_6H_4—CH_3$

(3) 外观 浅黄色液体，有芳香气味。

(4) 物理性质

沸点(101.3kPa)/℃	204.5～212.8
相对密度(20℃/20℃)	0.87
闪点(开口)/℃	82.2
蒸气相对密度	5.59

(5) 溶解性能 与二戊苯相似。

参 考 文 献

1 I. Mellan. Industrial Solvents. 2nd ed., Reinhold, 1950. 286

2 日本化学会编. 諸物質の火灾危険性. 防灾指針. Ⅰ-10

3 化学と工業. 1959, 12: 153～169

102. 联 苯

biphenyl [diphehyl, phenyl benzene]

(1) 分子式 $C_{12}H_{10}$。 相对分子质量 154.21。

(2) 示性式或结构式 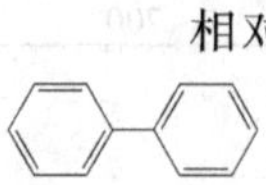

(3) 外观 常温下是无色鳞片状或白色云母状晶体。

(4) 物理性质

沸点(101.3kPa)/℃	255.2	熔化热(70.5℃)/(kJ/mol)	18.59
熔点/℃	69.2	生成热(固体)/(kJ/mol)	96.67
相对密度(20℃/4℃)	1.041	燃烧热/(kJ/mol)	6252.4
折射率(77℃)	1.588	比热容(定压)/[kJ/(kg·K)]	1.61
介电常数(17℃)	2.57	临界温度/℃	515.7
运动黏度(100℃)/(m²/s)	0.98×10^{-6}	临界压力/MPa	3.84
表面张力(129.2℃)/(mN/m)	29.5	热导率(100℃)/[W/(m·K)]	1339.77
闪点(闭口)/℃	113	爆炸极限(下限)/%(体积)	0.6
燃点/℃	540	(上限)/%(体积)	5.8
蒸发热(200℃)/(kJ/kg)	343.3		

(5) 化学性质 对热稳定，化学性质和苯相似，能发生卤化、硝化、磺化、加氢等反应。例如与溴反应生成溴的衍生物。硝化时生成硝基联苯。在硝基苯中与硫酸发生磺化反应，生成联苯-4-磺酸和联苯-4,4'-二磺酸。在氯仿中与臭氧反应，生成爆炸性四臭氧化物。烷基化反应生成4-烷基联苯和4,4'-二烷基联苯。在三氯化铝存在下与乙酰氯反应生成4-乙酰联苯和4,4'-二乙酰联苯。用二硫化碳作溶剂，与草酰氯反应后水解，生成联苯-4-羧酸。在氯化锌存在下与甲醛以及盐酸作用发生氯甲基化反应。

(6) 精制方法 粗联苯带淡黄橙色，主要杂质为芳香族衍生物。减压精馏后用90%乙醇重结晶。

(7) 溶解性能 不溶于水，能溶于乙醚、四氯化碳、二噁烷、芳香烃等。19.5℃时在乙醇中溶解9.1%。

(8) 用途 联苯是对热稳定的化合物，常用作低压高温的传热介质，可单独使用或与联苯醚混合作用。此外，联苯还用作染料、医药等制造的原料和果实的防霉剂。

(9) 使用注意事项 UN编号：3077易燃，注意勿近火源。属低毒类，对人有刺激性。其蒸气能刺激眼、鼻、气管，引起食欲不振、呕吐等，对神经系统、消化系统和肾脏有一定毒性。大鼠经口 LD_{50} 为3.28g/kg。工作场所最高容许浓度>1mg/m³（与联苯醚共存）。

(10) 附表

表 2-1-108 联苯的蒸气压

温度/℃	蒸气压/kPa	温度/℃	蒸气压/kPa	温度/℃	蒸气压/kPa	温度/℃	蒸气压/kPa
70.6	0.13	117.0	1.33	165.2	8.00	229.4	53.33
101.8	0.67	134.2	2.67	204.2	26.67	254.9	101.32

(11) 附图

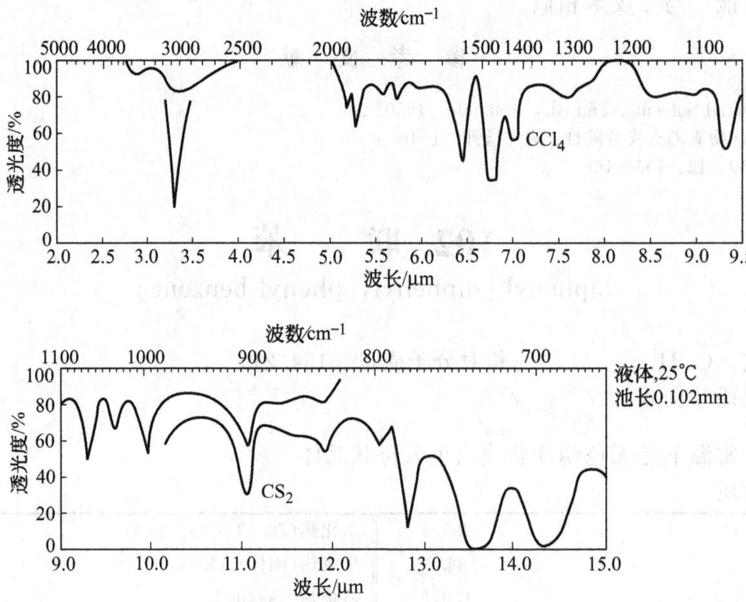

图 2-1-14 联苯的红外光谱图

参考文献

1 CAS 92-52-4

2 EINECS 202-163-5

3 Kirk-Othemen. Encyclopedia of Chemical Technology. 2nd ed. Vol. 7. Wiley. 192

4 The Merck Index. 7th ed. 380

5 小竹無二雄. 大有機化学. 别卷 2. 朝倉書店. 1963. 498
6 International Critical Tables. Ⅱ-161. Ⅳ-461. Ⅴ-112. 163. Ⅵ-144
7 化学工学協会. 化学工学便覧. 丸善. 1959. 66
8 日本化学会. 化学便覧. 基礎編. 丸善. 1966. 832
9 Sadtler Standard IR Prism Spectra. No. 783
10 Mass Spectrometry Data Cehter, Eight Peak Index of Mass Spectra, lst ed. Vol. 1. Her Majesty's Stationary Office. 1970. 111
11 Saddtler Standard NMR Spectra. No. 10318
12 日本化学会. 防灾指針. Ⅰ-10. 丸善. 1962. 14
13 有機合成化学協会. 溶剤ポケットブック. オーム社. 1977. 182
14 Beilstein. Handbuch der Organischen Chemie. H, 5-578; E Ⅳ, 5-1807
15 The Merck Index. **10**, 3326; **11**, 3314
16 张海峰主编. 危险化学品安全技术大典: 第 1 卷. 北京: 中国石化出版社, 2010

103. 萘

naphthalene

(1) 分子式 $C_{10}H_8$。 相对分子质量 128.16。

(2) 示性式或结构式 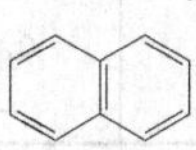

(3) 外观 白色有光泽的片状晶体，有特殊的气味。

(4) 物理性质

沸点(101.3kPa)/℃	217.942	熔化热/(kJ/mol)	19.18
熔点/℃	80.290	燃烧热/(kJ/g)	40.26
相对密度(20℃/20℃)	1.175	比热容(−258℃,定压)/[kJ/(kg·K)]	0.046
折射率(85℃)	1.5898	(87.5℃,定压)/[kJ/(kg·K)]	1.683
介电常数(80℃)	2.54	(90℃,定压)/[kJ/(kg·K)]	1.775
偶极矩(20℃,苯)/(10^{-30}C·m)	0	临界温度/℃	475.20
黏度(99.8℃)/mPa·s	0.7802	临界压力/MPa	4.04
表面张力(127.2℃)/(mN/m)	27.98	沸点上升常数	5.80
(190℃)/(mN/m)	21.8	电导率/(S/m)	4.35×10^{-10}
(b.p.)/(mN/m)	18.7	溶解度(0℃,水)/(g/L)	0.019
闪点(开口)/℃	87.78	(100℃,水)/(g/L)	0.030
(闭口)/℃	78.9	热导率($100\leqslant t\leqslant140$℃)/[W/(m·K)]	$0.1654-1.163\times10^{-4}t$
燃点/℃	559	爆炸极限(77.8℃,下限)/%(体积)	0.9
蒸发热(167.7℃)/(kJ/mol)	46.415	(121.8℃,上限)/%(体积)	5.9
生成热(25℃,固体)/(kJ/mol)	78.50	(粉末)/(mg/L)	50
(25℃,液体)/(kJ/mol)	96.38	体膨胀系数/K^{-1}	0.000853
(25℃,气体)/(kJ/mol)	151.77		

(5) 化学性质 用五氧化二钒和硫酸钾作催化剂，硅胶作载体，于 385～390℃用空气氧化得到邻苯二甲酸酐。在乙酸溶液中用氧化铬进行氧化，生成 α-萘醌。加氢生成四氢化萘，进一步加氢则生成十氢化萘。在氯化铁催化下，将氯气通入萘的苯溶液中，主要得到α-氯萘。光照下与氯作用则生成四氯化萘。萘的硝化比苯容易，常温下即可进行，主要产物是 α-硝基萘。萘的磺化产物和温度有关，低温得到 α-萘磺酸，较高的温度下，主要得到 β-萘磺酸。

(6) 精制方法 萘存在于煤焦油的中油和重油等馏分中，是煤焦油中含量最多的成分。主要杂质是同族的芳香烃、焦油质以及噻吩一类含硫化合物。粗制的萘依次用浓硫酸、热水、氯化钠溶液、热水洗涤，再进行蒸馏或升华。也可用适当的溶剂溶解后，用色层分离法进行分离。

(7) 溶解性能 溶于苯、甲苯、二甲苯、乙酸、四氢化萘、乙醚、丙酮、四氯化碳、二硫化碳、甲醇、乙醇等大多数有机溶剂中，熔融的萘是各种有机化合的优良溶剂，常温下在有机溶剂中难溶的靛蓝、硝基茜素蓝等染料可溶于熔融的萘。萘溶解大多数含磷、硫、碘的化合物。萘对水的溶解度极小。0℃时 1L 水中溶解 0.019g，100℃溶解 0.030g。

(8) 用途　用作染料中间体、杀虫剂、杀菌剂、抗氧剂、表面活性剂、医药等的原料及测定分子量用溶剂等。

(9) 使用注意事项　危险特性属第 4.1 类易燃固体。危险货物编号：41511，UN 编号：1334。密封贮存，附近不得放置强氧化剂物质。

萘属低毒类。在常温下挥发性大，对皮肤黏膜有刺激作用。高浓度可导致溶血性贫血，肾和肝脏损害，引起头痛、不适、食欲减退呕吐等。特别是能损害眼角膜，引起角膜浑浊、视神经炎。工作场所最高容许浓度 $131mg/m^3$。大鼠经口 LD_{50} 为 2200mg/kg，大鼠皮肤 LD_{50} > 2500mg/kg。

(10) 规格　GB/T 6699—1998 焦化萘

指标名称		精萘			工业萘		
		优等品	一等品	合格品	优等品	一等品	合格品
外观		白色粉状、片状结晶	白色略带微红或微黄粉状、片状结晶		白色、允许带微红或微黄粉状、片状结晶		
结晶点/℃	≥	79.8	79.6	79.3	78.3	78.0	77.5
不挥发物/%	≤	—	0.01	0.02	0.04	0.06	0.08
灰分/%	≤	—	0.006	0.008	0.01	0.01	0.02
酸洗比色按标准比色液	≤	2号	4号	—	—	—	—

(11) 附表

表 2-1-109　萘的蒸气压

温度/℃	蒸气压/kPa	温度/℃	蒸气压/kPa	温度/℃	蒸气压/kPa	温度/℃	蒸气压/kPa
87.59	1.33	156.807	20.00	214.957	94.66	219.681	105.32
102.51	2.67	166.265	26.67	215.569	95.99	220.244	106.66
112.02	4.00	173.967	33.33	216.175	97.33	225.600	119.99
119.14	5.33	180.513	40.00	216.775	98.66	230.51	133.32
124.914	6.67	191.340	53.33	217.368	99.99	239.29	159.99
129.791	8.00	200.187	66.66	217.955	101.33	250.56	199.98
137.805	10.67	207.728	79.99	218.536	102.66		
144.305	13.33	214.338	93.33	219.111	103.99		

表 2-1-110　含萘的二元共沸混合物

第二组分	共沸点/℃	萘/%	第二组分	共沸点/℃	萘/%
邻苯二酚	217.45	88.5	苯甲酸	217.7	95
1,3,5-三甲基苯	215	15	乙酸苄酯	214.65	28
苄醇	204.1	40	乙二醇	183.9	49
α-萜品醇	212	45	4-氯苯酚	216.3	63.5
香茅醛	217.0	70	间甲苯酚	202.08	97.2
莰醇	213.0	35	2-硝基苯酚	215.75	40
薄荷醇	215.15	25.5	乙酰胺	199.55	72.8

参 考 文 献

1 CAS 91-20-3

2 EINECS 202-049-5

3 API Research Project 44. Selected Values of Physical and Thermodynamic Properties of Hydrocarbons and Related Compounds. No. 23-2-(33. 5210) K, Thermodynamic Research Center A & M Univ

4 A. Weissberger. Organic Solvents. 3rd ed. Wiley. 120

5 Landolt-Börnstein. 6th ed. Vol. Ⅰ-3 Ⅱ. Springer. 396

6 International Critical Tables. Ⅱ-161; Ⅴ-112, 163, Ⅵ-144

7 Kirk-Othmer. Encyclopedia of Chemical Technology. 2nd ed. Vol. 13. Wiley. 670

8 日本化学会. 化学便覧. 基礎编. 丸善. 1966. 761
9 Landolt-Börnstein. 6th ed. Vol. Ⅱ-2a. Springer. 918
10 Snell-Ettre. Encyclopedia of Indutrial Chemical Analysis. Vol. 16. Wiley. 1972. 204
11 Landolt-Börnstein. 6th ed. Vol. Ⅱ-5b. Springer. 79
12 Landolt-Börnstein. 6th ed. Vol. Ⅰ-2. Springer. 507
13 分析化学会. 分析化学便覧. 改订 2 版. 丸善. 1971. 456
14 J. H. Beynon et al. J. Phys. Chem. 1960, 11: 128
15 F. A. Bovey. NMR Data Tables of Organic Compounds. Vol. 1. Wiley. 1967. 265
16 日本化学会. 防灾指針. Ⅱ-7. 丸善. 1963
17 主要化学品 1000 種データ特別調査レポート. 海外技術資料研究所. 1973. 246
18 API Research Project. Technical Data Book-Petroleum Refining. 1966
19 API Research Project. Selected Values of Physical and Thermodynamic Properties of Hy drocarbons and Related Compounds. 1953
20 日本化学会编. 化学便覧. 1958. 568. 711
21 Kirk-Othmer. Encyclopedia of Chemical Technology. Vol, 9., Interscience. 1952. 217～218
22 The Merck Index. **10**, 6220; **11**, 6289
23 张海峰主编. 危险化学品安全技术大典: 第 1 卷. 北京: 中国石化出版社, 2010

104. α-甲基萘 [1-甲基萘]

α-methylnaphthalene [1-methylnaphthalene]

(1) 分子式 $C_{11}H_{10}$。　　相对分子质量 142.20。

(2) 示性式或结构式

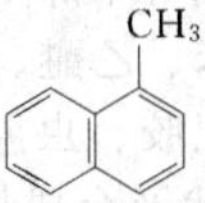

(3) 外观 无色油状液体，有似萘气味。

(4) 物理性质

沸点(101.3kPa)/℃	245	折射率(20℃)	1.6170
熔点/℃	−30.6	燃点/℃	529
相对密度(20℃/4℃)	1.0202	闪点/℃	82

(5) 溶解性能 易溶于乙醚、乙醇，不溶于水。

(6) 用途 溶剂，热载体，表面活性剂，硫磺提取剂。

(7) 使用注意事项 α-甲基萘的危险特性属第 4.1 类易燃固体。危险货物编号：41512。可燃，高于 80℃可形成爆炸性的蒸气与空气混合物。口服有害，有刺激性，避免与皮肤、眼睛接触。大鼠经口 LD_{50} 1840mg/kg。空气中最大容许浓度为 20mg/m³。

参 考 文 献

1 CAS 90-12-0
2 EINECS 201-966-8
3 Beilstein. Handbuch der Organischen Chemie. H, 5-566

105. 四氢化萘

tetraline [1,2,3,4-tetrahydronaphthalene]

(1) 分子式 $C_{10}H_{12}$。　　相对分子质量 132.20。

(2) 示性式或结构式 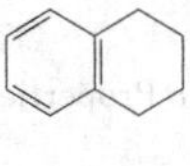

(3) 外观 无色或浅黄色透明液体，有类似薄荷醇的气味。

(4) 物理性质

沸点(101.3kPa)/℃	207.65	闪点(闭口)/℃	71.6
熔点/℃	−35.749	(开口)/℃	82
相对密度(20℃/4℃)	0.9695	燃点/℃	384
(25℃/4℃)	0.9660	蒸发热(206℃)/(kJ/mol)	45.6
折射率(20℃)	1.54135	生成热/(kJ/mol)	−40.6
(25℃)	1.53919	燃烧热(定容)/[kJ/(kg·K)]	5613.2
介电常数(20℃)	2.733	比热容(15～18℃)/[kJ/(kg·K)]	1.69
偶极矩(10～40℃,苯)/(10^{-30} C·m)	1.33	临界温度/℃	417.5
黏度(20℃)/mPa·s	2.02	沸点上升常数	5.582
(50℃)/mPa·s	1.3	热导率($20\leqslant t\leqslant 90$℃)/[W/(m·K)]	$(153.1-0.22t)10^{-3}$
表面张力(13.3℃)/(mN/m)	36.20	爆炸极限(下限)/%(体积)	0.8
(21.5℃)/(mN/m)	35.46	(上限)/%(体积)	5.0
(36.7℃)/(mN/m)	33.63	体膨胀系数(10～30℃)/K^{-1}	0.00083

(5) 化学性质 能发生卤化、硝化反应，生成卤素和硝基的衍生物。经空气或氧气氧化，生成过氧化物，并逐渐变成树脂状物质。用高锰酸钾或硝酸氧化生成邻苯二甲酸。用钒催化剂气相氧化时，生成邻苯二甲酸酐。在镍催化下，加氢生成十氢化萘，脱氢生成萘。热裂时生成甲苯、二甲苯等芳香烃。与醇、烯烃作用在苯环上发生烷基化反应。长期与空气接触时，吸收空气中的氧气生成氢过氧化物，有爆炸危险。

(6) 精制方法 四氢化萘是萘在镍的催化下加氢而制得的。故所含的杂质有萘、十氢化萘、过氧化四氢化萘等。精制时加氯化钙、无水硫酸钠或金属钠等干燥剂脱水后减压分馏。

(7) 溶解性能 不溶于水，能与乙醇、丁醇、丙酮、苯、乙醚、氯仿、石油醚、十氢化萘等大多数有机溶剂混溶。在甲醇中溶解 50.6%。除硬质玷玴胶、虫胶、酚醛树脂、脲醛树脂外，四氢化萘能溶解松香、香豆酮树脂、醇酸树脂等大多数天然及合成树脂。还能溶解沥青、油脂、硫化橡胶、润滑脂和纤维素醚，但不溶解纤维素酯。

(8) 用途 用作涂料，清漆、金属皂、氯化橡胶、蜡、油脂、树脂等的溶剂、油墨去污剂、液体干燥剂及再生胶的制造。

(9) 使用注意事项 为可燃性液体，要密封贮存。对金属无腐蚀性，可用铁、软钢、铜或铝制容器贮存。由于产生过氧化物有爆炸危险，故蒸馏时不宜蒸干。属低毒类。具麻醉和局部刺激作用。吸入蒸气能出现轻度神志不清、头痛、恶心、呕吐、咳嗽，并刺激眼结膜和鼻、咽黏膜或引起鼻炎，高浓度吸入可损害肝、肾、并引起化学性肺炎和晶体浑浊。皮肤接触可致皮炎。嗅觉阈浓度 0.018mg/L。TJ 36—79 规定车间空气中最高容许浓度为$100mg/m^3$。大鼠经口 LD_{50} 为 2.9g/kg。

(10) 附表

表 2-1-111 四氢化萘的蒸气压

温度/℃	蒸气压/kPa	温度/℃	蒸气压/kPa
38.0	0.13	121.3	8.00
65.3	0.67	135.3	13.33
79.0	1.33	157.2	26.66
93.8	2.67	181.8	53.33
110.4	5.33	207.65	101.33

参 考 文 献

1 CAS 119-64-2

2 EINECS 204-340-2

3 API Research Project 44. Selected Values of Physical and Thermodynamic Properties of Hydrocarbons and Related Com-

pounds. No. 23-2-（35. 5210）. Thermodynamic Research Center，Texas A& M Univ
4 A. Weissberger. Organic Solvents. 3rd ed. Wiley. 80；122
5 Landolt-Börnstein. 6th ed. Vol. Ⅰ-3Ⅱ，Springer. 396
6 日本化学会. 化学便覧. 基礎編. 丸善. 1966. 507，784
7 W. Forest. Ullmanns Encyklopädie der Technischen Chemie. Vol. 12，Urban & Schwarzenberg. 1960. 584
8 Landolt-Börnstein. 6th ed. Vol. Ⅱ-5b. Springer. 79
9 石桥弘毅. 溶剂便覧. 槇書店. 1967. 131
10 分析化学会. 分析化学便覧. 改订 2 版. 丸善. 1971. 455
11 F. A. Bovey. NMR Data Tables for Organic Compounds. Vol. 1. Wiley. 1967. 275
12 日本化学会. 防灾指針. Ⅰ-10. 丸善. 1962. 102
13 N. I. Sax. Dangerous Properties of Industrial Materials，4th ed.，Van Nostrand Reinhold. 1975. 1152
14 有機合成化学協会. 溶剤ポケットブック. オーム社. 1977. 177
15 Beilstein. Handbuch der Organischen Chemie. H，5-491；E Ⅳ 5-1388
16 The Merck Index. **10**，9044；**11**，9152

106. 十氢化萘［萘烷］

decalin［decahydronaphthalene，bicyclo（4,4,0）decane］

（1） 分子式　$C_{10}H_{18}$。　　相对分子质量　138.25。

（2） 示性式或结构式 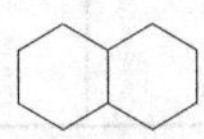

（3） 外观　无色液体，微带薄荷脑气味。

（4） 物理性质

项　目	顺　式	反　式
沸点(101.3kPa)/℃	195.815	187.310
熔点/℃	−42.98	−30.382
相对密度(20℃/4℃)	0.8967	0.86969
折射率(20℃)	1.48098	1.46932
介电常数(20℃)	2.197	2.172
偶极矩	约 0	约 0
黏度(20℃)/mPa·s	3.381	2.128
表面张力(20℃)/(mN/m)	32.18	29.89
闪点/℃	58(混合物)	
燃点/℃	262(混合物)	
蒸发热(25℃)/(kJ/mol)	51.38	49.91
(b. p.)/(kJ/mol)	41.026	40.26
熔化热/(kJ/mol)	9.49	14.424
生成热(25℃)/(kJ/mol)	−219.59	−230.86
燃烧热(25℃)/(kJ/mol)	5896.02	5884.75
比热容(25℃,液体,定压)/[kJ/(kg·K)]	1.68	1.65
临界温度/℃	429.0	413.8
临界压力/MPa	2.74	2.74
热导率(62.8℃,混合物)/[W/(m·K)]	107.182×10^{-3}	
苯胺点/℃	35.3	35.3
爆炸极限(下限)/%(体积)	0.7	0.4
(上限)/%(体积)	4.9	4.9

注：UV 见文献［6］；IR 见文献［7］；Raman 见文献［8］；MS 见文献［9］，NMR 见文献［10］。

（5） 化学性质　十氢化萘有顺式和反式两种异构体，通常以混合物存在。氧化则生成过氧化物。在酸性高锰酸钾水溶液中长时间摇动生成苯二甲酸。用钒酸锡为催化剂，经空气氧化为苯二甲酸酐。对酸碱比较稳定。反式十氢化萘用硝酸处理发生硝化反应。与发烟硫酸发生磺化反应。在少量碘存在下与氯作用，生成一氯或多氯代十氢化萘。

（6） 精制方法　分别用硫酸、碱和水洗涤后，加干燥剂干燥精馏。干燥剂可用氯化钙、无水硫酸钠或金属钠等。

(7) 溶解性能　不溶于水。能与甲醇、乙醇、氯仿、苯、丙酮和酯等多种有机溶剂混溶。溶解能力比四氢化萘小，能溶解达马树脂、乳香、含油树脂、醇酸树脂、油脂、蜡和胶乳等。不溶解硝酸纤维素、乙基纤维素、纤维素酯、玷inks树脂及新西兰软树脂。液态二氧化硫不溶，但气态二氧化硫可被十氢化萘吸收。苯、乙醇、乙酸乙酯等有机化合物的蒸气也溶于十氢化萘。

(8) 用途　代替松节油用于鞋油、地板蜡的制造。用作油脂、树脂、涂料、清漆的溶剂以及苯、乙醇、丙酮等蒸气的回收剂。

(9) 使用注意事项　危险特性属第 3.3 类高闪点易燃液体。危险货物编号：33550，UN 编号：1147。对金属无腐蚀性，可用铁、软钢、铜或铝制容器贮存。对橡胶作用快，在阀门和垫圈中应避免使用橡胶制品。属低毒类，毒性近于石油烃和环烷烃，大鼠吸入每日 1.1 g/$m^3$6 小时达 20 次未出现中毒症状。但其蒸气刺激眼和鼻，吸入后尿呈绿色，接触皮肤能引起皮肤炎。高剂量可引起肝、肾损害。嗅觉阈浓度 0.1mg/L，TJ 36—79 规定车间空气中最高容许浓度为 100mg/m^3。

(10) 附表

表 2-1-112　十氢化萘的蒸气压

蒸气压/kPa	温度/℃		蒸气压/kPa	温度/℃	
	顺　式	反　式		顺　式	反　式
0.13	22.5	−0.8	8.00	108.0	98.4
0.67	50.1	30.6	26.66	145.4	136.2
1.33	64.2	47.2	53.33	169.9	160.1
2.67	79.8	65.3	101.33	194.6	186.7

参 考 文 献

1 CAS 91-17-8

2 EINECS 202-046-9

3 ASTM Committee D-2 and API Research Project 44. physical Corstants of Hydrocarbons C_1 tp C_{10}. ASTM Data Series Publication DS 4A. 1971. 42

4 A. Weissberger. Organic Solvents. 3rd ed. Wiley. 100，601

5 A. P. Kudchadker et al. Chem. Rev. 1968，68：659

6 B. J. Gudzinowicz et al. J. Chem. Eng. Data. 1964，9：79

7 API Research Project 44. Uitraviolet Spectral Data，Serial No. 1116. Thermodynamic Research Center. Texas A & M Univ. 1970

8 API Research Project 44. Infrared Spectral Data，Serial No. 2357，2358. Thermodynamic Research Center. Texas A & M Univ. 1962

9 D. H. Rank et al. Ind. Eng. Chem.，1942，14 (10)：816

10 API Research Project 44. Mass Spectral Data，Serial No. 411，412，Thermodynamic Research Center，Texas A & M Univ. 1949

11 API Research Project 44. Nuclear Magnetic Resonance Spectral Data，Serial No. 14，15，Thermodynamic Research Center，Texas A & M Univ. 1960

12 安全工学協会. 安全工学便覧. コロナ社. 1973. 179，190

13 日本化学会编. 化学便覧. 丸善. 1958. 530

14 Beilstein. Handbuch der Organischen chemie. H，5-92；E Ⅲ，5-245

15 The Merck Index. **10**，2830；**11**，2839；**12**，2903

107. 松 节 油

turpentine oil [spirit of terpentine]

(1) 外观　无色或浅黄色液体，有松香气味。

(2) 物理性质

沸点/℃	153～175	比热容(0～95℃,定压)/[kJ/(kg·K)]	1.897
相对密度(20℃/20℃)	0.861～0.876	临界温度/℃	376
折射率(20℃)	1.459～1.470	蒸气压(-1.0℃)/kPa	0.137
黏度(25℃)/mPa·s	1.257	(51.4℃)/kPa	2.67
闪点(闭口)/℃	35	(90.1℃)/kPa	13.33
燃点/℃	253	(132.3℃)/kPa	53.33
蒸发热(156℃)/(kJ/kg)	288.1	(155.0℃)/kPa	101.32
燃烧热/(kJ/mol)	6112.7	爆炸极限(下限)/%(体积)	0.8

(3) 化学性质 对碱稳定，对酸不稳定。在空气中容易氧化、聚合、生成树脂状的物质。和次氯酸、氯化亚硝酰、氢卤酸等发生卤素取代反应。与五硫化二磷、硫化氢反应生成复杂的硫化物和硫醇。在Friedel-Crafts催化剂存在下，松节油聚合成树脂。在酸性白土催化下，异构化为莰烯。热裂时转变成萜烯。

(4) 精制方法 松节油主要成分是左旋和右旋α-蒎烯。还含有β-蒎烯、莰烯等。易共存的杂质有甲酸、乙酸等有机酸及其他含氧化合物。精制时加金属钠、氯化钙脱水后分馏。

(5) 溶解性能 不溶于水。能与无水乙醇、氯仿、乙醚、苯、石油醚等多种溶剂混溶。溶解油脂、蜡、树脂等。溶解能力介于石油系溶剂油和苯之间。对硫化橡胶不溶解，但经氧化的松节油在155℃左右能很容易溶解硫化橡胶。能使氧化亚麻仁油溶胀，促进干性油氧化聚合，使涂料黏度降低，便于操作。由于表面张力低，对木材渗透性、粘接性好，故为涂料、清漆、硝基喷漆的良好溶剂。

(6) 用途 用于合成松油醇、冰片、樟脑，用作油类、涂料、清漆、脂肪等的工业用溶剂及外用药的配制。

(7) 使用注意事项 危险特性属第3.3类高闪点易燃液体。危险货物编号：33638，UN编号：1299。应置阴凉处避光密封贮存。对金属无腐蚀性，可用铁、软钢、铜或铝制容器贮存。在空气中氧的影响下，能聚合成不溶性的树脂状物质，阻塞管道，需经常检查和清除。

低浓度的松节油蒸气刺激眼睛，高浓度的蒸气引起头痛、恶心、呕吐、嗜睡、妄语、肌肉活动失调、麻痹、痉挛等症状，对中枢神经、肝脏、肾脏、肠等都有损害。长时间吸入松节油，能引起慢性中毒，出现食欲不振、体力下降、无力、结膜炎、肾炎等症状。口服松节油150mL可使成人致死。误饮松节油时应服用液体石蜡，禁止使用催吐剂。TJ 36—79规定车间空气中最高容许浓度为300mg/m^3。

(8) 附表

表 2-1-113 美国松节油的化学成分 单位：%

成分	汽蒸松节油	水蒸气蒸馏木材松节油	硫酸盐法木材松节油
α-蒎烯	60～65	75～80	60～70
β-蒎烯	25～35	0～2	20～25
莰烯		4～8	
双戊烯、单环萜烯对异丙基甲苯	5～8	15～20	6～12

表 2-1-114 松节油完全溶解时所需各种浓度的乙醇量 单位：%（体积）

松节油 \ 乙醇浓度/%	70	80	85	90	95
美国松节油	60～64	17～19	12～14	5～6	2.2
法国松节油	80	17	12	6.7～7	2～2.4
前苏联松节油	49	16	11	5.6	2

表 2-1-115 日本市售松节油的物理性质

项目	汽蒸松节油	水蒸气蒸馏松节油		硫酸盐法木材松节油		干馏松节油
		A	B	A	B	
相对密度(15.5℃/15.5℃)	0.868	0.8615	0.8625	0.867	0.867	0.854
折射率(20℃)	1.470	1.4660	1.4661	1.470	1.468	1.470
聚合残渣/%	2(max)	0.8	0.6	1.4	0.4	2

续表

项　　目	汽蒸松节油	水蒸气蒸馏松节油		硫酸盐法木材松节油		干馏松节油
		A	B	A	B	
苯胺点/℃	17.0		20.6	14		−4
闪点/℃	37.8	38.3	41.1	41.1		46.1
ASTM 蒸馏						
初馏点/℃	156		156	157	156	152
5%		156		159	158	156
10%	161		157.0	159		158
30%			157.4			
50%	163	157	157.8	161	160	166
70%			158.3			
85%	165			163		172
90%	167	162	160.0	164	166	174
95%	171		162.1	170	170	176
97%			170.1		180	

参 考 文 献

1 CAS 8006-64-2

2 M. B. Jacobs and L. Scheflan. Chemical Analysis of Industrial Solvents. Wiley, 1953. 196

3 I. Mellan. Industrial Solvents. 2nd ed. Van Nostrand Reinhold, 1950. 291

4 Kirk-Othmer. Encyclopedia of Chemical Technology. 1st ed. Vol. 14, Wiley, 381

5 Landolt-Börnstein. 6th ed. Vol. Ⅱ-1, Springer. 342

6 Kirk-Othmer. Encyclopedia of Chemical Technology. Vol. 14. Interscience, 1954. 381～396

7 日本化学会. 防灾指針. Ⅰ-10. 丸善, 1963

8 桑田勉. 溶剂, 丸善, 151～157

108. 松 油

pine oil

(1) 外观 淡黄色或深褐色液体，有松根油的特殊气味。

(2) 物理性质

沸点(101.3kPa)/℃	195～225	闪点/℃	72.8～86.7
相对密度(15℃/15℃)	0.925～0.945	燃点/℃	81.1～95.6
折射率(20℃)	1.475～1.485		

(3) 化学性质 松油是由松树的残株、废材、枝、叶等用溶剂萃取或水蒸气蒸馏而制得。原料和制造方法不同，其组成也不同。一般为单萜烯烃、2-莰醇、葑醇、萜品醇、酮及酚等的混合物。

(4) 精制方法 将松油粗品（b. p. 185～225℃）用碱和水洗净后蒸馏。

(5) 溶解性能 经蒸馏沸点较低的松油能溶解玷玴树脂、达玛树脂、甘油三松香酸酯、贝壳松脂、马尼拉树脂、纤维素酯等树胶和树脂类。松油与乙醇混合后，溶解能力增大，溶解性能与松节油相同。

(6) 用途 松油的乳化作用强，湿润性、浸透性和流平性好，可用于洗涤、织物染色及涂料、清漆、油类等的溶剂。还用来作矿物浮选剂、酒精变性剂、防沫剂和润湿剂。

(7) 使用注意事项 危险特性属第 3.3 类高闪点易燃液体。危险货物编号：33638，UN 编号：1272。对金属无腐蚀性，可用铁、软钢、铜或铝制容器贮存。长期放置，特别是暴露在空气中和光照下，易产生树脂状物质，颜色变深。故应置阴凉通风处避光、密封贮存。要避免与皮肤接触。

参 考 文 献

1 CAS 8002-09-3
2 I. Mellan. Industrial Solvents. Van Nostrand, Reinhold. 1950. 303

109. 樟 脑 油

camphor oil

(1) 外观　淡黄色液体，有樟脑气味。

(2) 物理性质

沸点/℃	白油	160～185	相对密度(15℃/15℃)	白油	0.870～0.884
	红油	210～215		红油	1.000～1.035
	蓝油	220～300		蓝油	1.000 以下
折射率(20℃)	白油	约 1.4663	闪点(闭口)/℃	白油	41
	红油	约 1.5150		红油	50～80

(3) 化学性质　由樟树的干、根、枝、叶经水蒸气蒸馏而得。因含有多量的樟脑，常呈半固体状态。滤去樟脑后即得樟脑原油，为无色或淡黄色至红棕色的油状液体。所含成分有 30 种以上，主要为各种单萜烯、倍半萜烯及其醇、酮的衍生物。樟脑原油可再分馏为白油、红油和蓝油。

(4) 溶解性能　不溶于水，溶于氯仿、乙醚。1 体积樟脑油溶于 3 体积乙醇。溶解能力与松节油相似。

(5) 用途　用作医药、香料、赛璐珞等的原料。也可作涂料溶剂或代替松节油作稀释剂。樟脑油白油用于人造桉树油的制造及作浮选剂、防虫、防臭剂。樟脑红油用作香草醛、胡椒醛、农药等的原料。樟脑蓝油用作浮选剂、防虫、防臭剂和药品等。

(6) 使用注意事项　危险特性属第 3.3 类高闪点易燃液体。危险货物编号：33636。UN 编号：1130。易燃。置避光阴暗处密封贮存。要避免与皮肤接触。

参 考 文 献

1 CAS 8008-51-3
2 化学大辞典. 4 卷. 共立出版. 1960. 813
3 有機合成化学協会. 溶剤ポケットブック. オーム社. 1977. 191

110. 菲

phenanthrene

(1) 分子式　$C_{14}H_{10}$。　　相对分子质量　178.23。

(2) 示性式或结构式

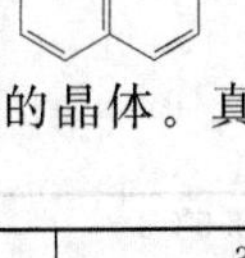

(3) 外观　无色有荧光的晶体。真空中能升华。

(4) 物理性质

沸点(101.3kPa)/℃	340	折射率(129℃)	1.5943
熔点/℃	100～101	燃点/℃	18.5
相对密度(25℃/4℃)	1.179	爆炸极限(下限)/%(体积)	5.04

(5) 溶解性能　不溶于水，稍溶于乙醇。溶于乙醚、冰乙酸、苯、四氯化碳和二硫化碳。溶液有蓝色荧光。

(6) 用途　溶剂，医药，染料合成中间体。

(7) 使用注意事项　口服有害，对眼睛、呼吸系统和皮肤有刺激性。小鼠经口 LD_{50} 700mg/kg，可能致癌。粉尘与空气混合能形成爆炸性混合物。

参 考 文 献

1 CAS 85-01-8
2 EINECS 201-581-5
3 Beilstein. Handbuch der Organischen Chemie. H, 5-667; EV, 5-2297
4 The Merck Index. **10**, 7075; **11**, 7167; **12**, 7354

111. 䓛

chrysene[1,2-benzophenanthrene]

(1) 分子式　$C_{18}H_{12}$。　　相对分子质量　228.28。

(2) 示性式或结构式

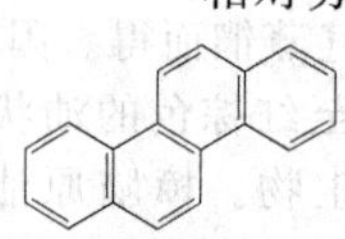

(3) 外观　无色或带银色、黄绿色片状结晶，紫外光下有荧光。

(4) 物理性质

沸点(101.3kPa)/℃	4.48	相对密度(70℃/4℃)	1.274
熔点/℃	254		

(5) 溶解性能　微溶于乙醇、乙醚、二硫化碳、冰乙酸，溶于热甲苯。不溶于水。

(6) 用途　代替洗油作农药敌稗的溶剂和增效剂，非磁性金属表面探伤用荧光剂、紫外线过滤剂、光敏剂和照相感光剂。合成染料中间体。

(7) 使用注意事项　易燃、有毒，防止皮肤接触，吸入蒸气有害。

参 考 文 献

1 CAS 218-01-9
2 EINECS 205-923-4
3 Beilstein. Handbuch der Organischen Chemie. H, 5-718
4 The Merck Index. **10**, 2235

112. 茚

indene

(1) 分子式　C_9H_8。　　相对分子质量　116.15。

(2) 示性式或结构式

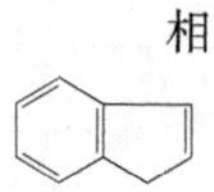

(3) 外观　无色液体。

(4) 物理性质

沸点/℃	181.6	折射率(18.5℃)	1.5773
熔点/℃	−1.8	(20℃)	1.5786
相对密度(20℃/4℃)	0.9968	闪点/℃	78.33
(50℃/4℃)	0.9692		

（5）溶解性能　不溶于水，溶于苯、丙酮、二硫化碳，并能与醇、醚混溶。

（6）用途　主要用于制造茚树脂，也可与其他液态烃混合作涂料的溶剂。

（7）使用注意事项　属低毒类。对皮肤黏膜有刺激作用，高浓度接触引起肝、脾、肾、肺等脏器损害。嗅觉阈浓度 0.001 mg/L，工作场所最大容许浓度 $45mg/m^3$（美国）。本品可燃，遇明火高温有燃烧危险，应密封贮存于阴凉通风处。

（8）附表

表 2-1-116　茚的蒸气压

温度/℃	蒸气压/kPa	温度/℃	蒸气压/kPa
16.4	0.13	100.8	8.00
44.3	0.67	114.7	13.33
58.5	1.33	135.6	26.66
90.7	5.33	157.8	53.33

参　考　文　献

1　CAS 95-13-6

2　EINECS 202-393-6

3　Beilstein. Handbuch der Organischen Chemie. H，5-515；E Ⅳ，5-1532

4　The Merck Index. **10**，4380；**11**，4851

113. 2,3-二氢茚［茚满］

2,3-dihydroindene［indane］

（1）分子式　C_9H_{10}。　　　　相对分子质量　118.18。

（2）示性式或结构式

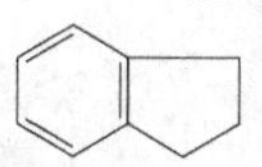

（3）外观　无色液体。

（4）物理性质

沸点(101.3kPa)/℃	178	相对密度(20℃/4℃)	0.9639
(9.33kPa)/℃	98	折射率(20℃)	1.5378
熔点/℃	−51.4	闪点/℃	50

（5）溶解性能　不溶于水，能以任何比例溶于醇、醚及其他有机溶剂。

（6）用途　航空燃料防震剂、溶剂、有机合成原料。

（7）使用注意事项　微毒。大鼠经口 LD_{50} 为 5000mg/kg。易燃。口服有毒，并可能损伤肺脏。使用时避免吸入本品蒸气，避免与眼睛、皮肤接触。参照茚。

参　考　文　献

1　CAS 496-11-7

2　EINECS 207-814-7

3　Beil.，**5** (4)，1371

4　The Merck Index. **10**，4825；**11**，4844；**13**，4956

114. 薁［甘菊环］

azulene

（1）分子式　$C_{10}H_8$。　　　　相对分子质量　128.07。

(2) 示性式或结构式 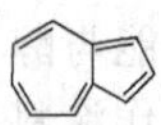

(3) 外观　来自乙醇中的蓝色小叶片或单斜片状结晶。有萘的气味。

(4) 物理性质

沸点(101.3kPa)/℃	242	熔点/℃	99～100

(5) 溶解性能　能溶于一般有机溶剂，不溶于水。

(6) 用途　溶剂、分析用标准物质。

(7) 使用注意事项　具有刺激性。使用时避免吸入本品的粉尘，避免与眼睛及皮肤接触。应密封避光保存。

参 考 文 献

1　CAS 275-51-4

2　EINECS 205-993-6

3　Beil., **5** (2), 432

115. 蒈　　烯

carene

(1) 分子式　$C_{10}H_{16}$。　　相对分子质量　136.23。

(2) 示性式或结构式

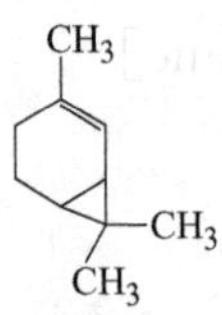

2-蒈烯

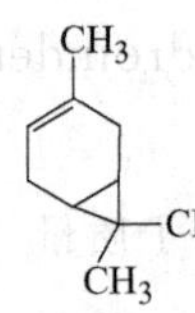

3-蒈烯

(3) 外观　油状液体，有松节油的气味。

(4) 物理性质

2-蒈烯与 3-蒈烯各有三种异构体存在，物理性质如下：

2-蒈烯的物理性质

编号	名称	性状	沸点/℃	相对密度	折射率	$[\alpha]_D^{30}$/(°)
Ⅰ	(+)-型	无色油状液体	123～124	0.8586_{30}^{30}	1.4745	+7.7
Ⅱ	(−)-型	油状液体	123～124	0.8586_{30}^{30}	1.4684^{30}	−5.72
Ⅲ	(±)-型		44～45 (1.07×10^5Pa)	0.8602	1.4759	

3-蒈烯的物理性质

编号	名称	性状	沸点/℃	相对密度	折射率	$[\alpha]_D^{30}$/(°)
Ⅰ	(−)-型	油状液体	101 (1.33×10^4Pa)	0.8441^{30}	1.4717^{30}	-54.8^{30}
Ⅱ	(+)-型		165～170 (9.13×10^4Pa)	0.8551_{30}^{30}	1.473^{30}	+90 (乙醇)
Ⅲ	(±)-型		44～45 (1.07kPa)	0.8602	1.4759	

(5) 溶解性能　溶于乙醚、丙酮、苯、乙酸和油类，不溶于水。

(6) 用途　2-蒈烯和 3-蒈烯广泛存在于植物（如芬兰松节油，印度松节油）中的两种异构体，由分馏松节油而得到。作溶剂、合成香料原料。

(7) 使用注意事项　易燃，具有刺激性。避免吸入本品蒸气，避免与眼睛、皮肤接触。

参 考 文 献

1　CAS 74806-04-5；13466-78-9

2　EINECS 226-383-6；236-719-3

3　The Merck Index. **13**，1848

4　《化工百科全书》编辑委员会，化学工业出版社《化工百科》编辑部编. 化工百科全书：第 16 卷. 北京：化学工业出版社，1997

116. 石 油 醚

petroleum ether

(1) 组成　是石油的低沸点馏分，为低级烷烃的混合物。国内按沸点不同分为30～60℃、60～90℃、90～120℃3类。

(2) 外观　无色透明液体，有类似乙醚的香味。

(3) 化学性质　与低级烷烃相似。

(4) 精制方法　工业石油醚中含有不饱和烃、芳香烃、硫化物、酸性物质和不挥发物等杂质。精制时用浓硫酸（98%～99%）洗涤至颜色消失，再用碱、水依次洗涤，脱水剂干燥后精馏。也可在浓硫酸洗涤后，再将石油醚用溶于10%硫酸中的高锰酸钾饱和溶液洗涤，直到水层中的紫色不再消失为止。然后用水洗涤，脱水剂干燥、蒸馏。用作脱水剂的有无水硫酸钠、五氧化二磷、金属钠和氯化钙等。

(5) 溶解性能　不溶于水，能与丙酮、乙醚、乙酸乙酯、苯、氯仿以及甲醇以上的高级醇等混溶。能溶解香豆酮树脂、甘油三松香酸酯等合成树脂。部分溶解松香、沥青、乳香和芳香类树脂。不溶解虫胶和生物碱。油脂除蓖麻油外多数液体油脂可溶，固体脂肪微溶。脂肪酸可溶，羟基酸难溶，故可用石油醚将脂肪酸中混有的羟基酸分离出来。生橡胶和硫化橡胶在石油醚中显著溶胀。氯化橡胶、硝酸纤维素、醋酸纤维素、苄基纤维素等在石油醚中不溶解。

(6) 用途　主要用作香料、油脂等的萃取剂和精制溶剂。

(7) 使用注意事项　危险特性属第3.2类中闪点易燃液体。危险货物编号：32002，UN编号：1271。应置阴凉处密封贮存，避免日光直射。因其沸点低，挥发性高，使用时严禁附近有火源。对金属无腐蚀性，可用铁、软钢、铜或铝制容器贮存。毒性与低级烷烃相似，大量吸入有麻醉症状。工作场所最高容许浓度参照低级烷烃类溶剂。

(8) 规格　GB/T 15894—2008　试剂用石油醚

项　　目		分析纯指标		
		第Ⅰ类	第Ⅱ类	第Ⅲ类
沸程/℃		30～60	60～90	90～120
色度/黑曾单位	≤	10	10	10
蒸发残渣/%	≤	0.001	0.001	0.001
水分(H_2O)/%	≤	0.015	0.015	0.015
酸度(以H^+计)/(mmol/g)	≤	0.000015	0.000015	0.000015
苯(C_6H_6)/%	≤	0.025	0.025	—
硫化合物(以SO_4计)/%	≤	0.015	0.015	0.015
铁(Fe)/%	≤	0.0001	0.0001	0.0001
铅(Pb)/%	≤	0.0001	0.0001	0.0001
易炭化物质		合格	合格	合格
性状		无色透明液体,有特殊臭味,极易燃		

参 考 文 献

1　CAS 8032-32-4

2　EINECS 232-453-7

3　张海峰主编. 危险化学品安全技术大典：第1卷. 北京：中国石化出版社，2010

117. 汽　油

gasoline

(1) 组成　溶剂汽油是由含C_4～C_{11}的烷烃、烯烃、环烷烃和芳香烃组成的混合物，主要成分是戊烷、己烷、庚烷和辛烷等。由原油直接蒸馏制造的直馏汽油基本不含烯烃，通过裂化而得的汽油则含有相当量的烯烃，作溶剂使用的汽油要求不含裂化馏分和四乙基铅。国内根据用途不同分成若干品级，例如香花溶剂油、6号抽提溶剂油、橡胶溶剂油、工业溶剂油、200号油漆溶剂油、洗涤用轻汽油和工业汽油等。品级不同其沸点范围和主要成分也不同。

(2) 外观 无色透明液体，有特殊的气味。

(3) 精制方法 用浓硫酸洗涤至无色，再用碱和水分别洗涤，无水硫酸钠、氯化钙或白土等干燥后蒸馏。

(4) 溶解性能 不溶于水，溶于无水乙醇、乙醚、氯仿和苯等。溶解性能和相应的烷烃相似。

(5) 用途 主要作溶剂。70号溶剂油用作香花香料及油脂工业作抽提溶剂；90号溶剂油用作化学试剂。医药溶剂等。120号溶剂油用作橡胶工业溶剂，及洗涤溶剂。190号溶剂油用作机械零件的洗涤和工农业生活用溶剂；260号溶剂油为煤油型特种溶剂，可用作矿石的萃取等。

(6) 使用注意事项 危险特性属第3.1类低闪点易燃液体。危险货物编号：31001，UN编号：1203。中闪点汽油［－18℃≤闪点＜23℃］的危险货物编号：32001，UN编号：1257。毒性与煤油相似。挥发性大，使用时严禁附近有火源。对金属无腐蚀性，可用铁、软钢、铜或铝制容器密封置阴凉处贮存，避免日光直射。吸入汽油蒸气能引起头痛、眩晕、恶心、心动过速等现象。吸入大量蒸气时，会引起严重的中枢神经障碍。空气中浓度为0.02％（体积）时，对敏感的人有轻度的症状，但普通的人在浓度为0.025％～0.05％（体积）范围内呼吸数小时也无明显的症状。工业用汽油长时间与皮肤接触会产生脱脂作用。误饮汽油时引起呕吐、消化管道的黏膜刺激症状，进而出现抽搐、不安、心力衰竭、呼吸困难。兔的致死量为20mL/kg。混有烷基铅等抗爆剂、抗氧剂的燃料用汽油其毒性更大、能引起肺水肿、肺癌和血液中毒等。需加着色剂以示区别。故应绝对避免作一般溶剂使用。工作场所最高容许浓度为350mg/m³。汽油中毒诊断可参照国家标准（GB E 27—2002），职业中毒诊断标准GB 8785—88。

(7) 规格

① GB 1922—80 溶剂油

代　号		NY-70	NY-90	NY-120	NY-190	NY-200	NY-260
密度(20℃)/(g/cm³)	≤					0.780	0.810
馏程:初馏点/℃	≥	60	60	80	40	140	195
50%馏出温度/℃	≤				140		
水溶性酸或碱		无	无	无	无		
腐蚀(铜片50℃,3 h)					合格	合格	
机械杂质及水分		无	无	无	无	无	无
闪点/℃						(闭口)33	(开口)65
硫含量/%	≤	0.05	0.05	0.05			
干点/℃	≤				190		260
碘值/(gI_2/100g)	≤	0.5	0.5	0.5			
芳香烃含量/%	≤			3.0		15	10
运动黏度(20℃)/(mm²/s)	≤						2.4
油渍试验		合格		合格			
外　观		无色透明					
用　途		用于香精、香料及油脂工业作抽提溶剂,原名香花溶剂油	用作化学试剂、医药溶剂等原名90号石油醚	用于橡胶工业	用于机械零件洗涤和工农业生产作溶剂	用作涂料工业溶剂和稀释剂	煤油型特种溶剂

② GB 3061—82 轻溶剂油

颜色		浅黄色透明液体	200℃前馏出量/%	≥	95
密度(20℃)/(g/cm³)	≤	0.845～0.910	反应		中性
初馏程/℃		135	水分(室温18～25℃)		目测无可见水滴

参 考 文 献

1 CAS 8006-61-9
2 EINECS 232-349-1
3 张海峰主编. 危险化学品安全技术大典：第1卷. 北京：中国石化出版社，2010

118. 煤 油

kerosene [kerosine，kerosine oil，lamp oil]

(1) 外观 无色或浅黄色液体，略带臭味。

(2) 物理性质

沸点(101.3kPa)/℃	175～325	闪点/℃	65～85
(101.3kPa)/℃	160～300	燃点/℃	400～500
相对密度(15℃/4℃)	0.78～0.80	电导率/(S/m)	$<1.7\times10^{-9}$
介电常数	2.0～2.2	热导率(0～34℃)/[W/(m·K)]	168.728×10^{-3}
黏度(室温)/mPa·s	2	爆炸极限(下限)/%(体积)	1.2
表面张力(20℃)/(mN/m)	23～32	(上限)/%(体积)	6.0

(3) 化学性质 煤油是沸点范围比汽油高的石油馏分，为碳原子数 C_{11}～C_{17} 的高沸点烃类混合物。主要成分是饱和烃类，还含有不饱和烃和芳香烃。其含量根据石油的种类、加工方法、用途等有所不同。化学性质和石油醚、汽油等石油系溶剂相似。

(4) 精制方法 除含硫化合物外，尚有含氮和含氧的化合物等杂质。在原油蒸馏时，将汽油和轻油之间的馏分用硫酸及碱进行精制，用氯化钙、无水硫酸钠和白土作脱水剂。

(5) 溶解性能 煤油可与石油系溶剂混溶。对水的溶解度非常小，含有芳香烃的煤油对水的溶解度比脂肪烃煤油要大。煤油能溶解无水乙醇。与醇的混合物在低温有水存在时会分层。

(6) 用途 除作燃料外，由于其挥发性低，用于涂料、清漆时其延展性、涂刷性和施工性能好，因此可用作慢干性涂料、底漆、磁漆、醇酸树脂清漆和沥青漆的溶剂。

(7) 使用注意事项 危险特性属第3.3类高闪点易燃液体。危险货物编号：33501，UN编号：1223。注意远离火源。毒性与汽油相似，但对皮肤、黏膜的刺激性较强。由于煤油中含有环烷烃和芳香烃、故毒性更大。家兔经口 LD_{50} 为28g/kg。人最大耐受浓度为 $15g/m^3$ （10～15分钟）。成人经口最小致死量估计为100mL。工作场所最高容许浓度参照高沸点烃类混合物溶剂。

参 考 文 献

1 CAS 8008-20-6
2 EINECS 232-366-4
3 The Merck Index. 8th ed. 599
4 石油の品質と規格. 第3改訂版. 石油連盟. 1974. 49
5 A. E. Dunstan. The Science of Petroleum. Vol. 2，Oxford Univ. Press. 1938. 1361
6 International Critical Tables. Ⅱ-146，151
7 International Critical Tables. Ⅵ. 146
8 日本石油（株）. 石油便覧. 5版. 石油经济研究会. 1972，541
9 日本化学会. 防灾指針. Ⅲ-6. 丸善. 1965，21
10 张海峰主编. 危险化学品安全技术大典：第1卷. 北京：中国石化出版社，2010

119. 液 体 石 蜡

mineral oil

(1) 组成 液体石蜡是由石油的精炼液态饱和脂肪烃（C_{14}～C_{18}）和环烃的混合物。

(2) 外观　无色、透明、黏稠油状液体。日光下不显荧光。冷却时几乎无味、无臭，加热时微有石油臭味。

(3) 物理性质

熔点/℃	＞360	黏度(20℃)/mPa·s	110～230
折射率(20℃)	1.4756～1.4800	闪点/℃	210～224
表面张力(25℃)/(mN/m)	约 35		

(4) 溶解性能　能与乙醚、苯、氯仿、二硫化碳、油类相混溶，不溶于水、乙醇。

(5) 用途　润肤油、润滑剂、油质赋形剂、溶剂。

(6) 使用注意事项　可燃。避免吸入蒸气而引起脂肪性肺炎，防止与皮肤接触。小鼠口服 LD_{50} 为 22g/kg。

参 考 文 献

1　CAS 8012-95-1

2　EINECS 232-384-2

3　[英] R.C. 罗等编. 药用辅料手册. 郑俊民主译. 北京：化学工业出版社，2005

第二章 卤代烃类溶剂

120. 氯 甲 烷

methyl chloride [chloromethane]

(1) 分子式 CH_3Cl。　　相对分子质量 50.49。

(2) 示性式或结构式 CH_3Cl

(3) 外观 常温常压下为无色气体，有乙醚气味。

(4) 物理性质

沸点(101.3kPa)/℃	−23.73	蒸发热(b.p.)/(J/g)	428.7
熔点/℃	−97.7	熔化热/(J/g)	129.8
相对密度(20℃/4℃,液体)	0.920	生成热(25℃,气体)/(kJ/mol)	−81.97
(0℃,常压,气体,空气)	1.74	燃烧热(20℃,气体)/(kJ/mol)	687.5
折射率(−23.7℃,液体)	1.3712	比热容(20℃,定压)/[kJ/(kg·K)]	1.60
介电常数(−25℃,液体)	12.93	临界温度/℃	143.12
偶极矩/(10^{-30}C·m)	6.20	临界压力/MPa	6.68
黏度(0℃,液体)/mPa·s	0.298	爆炸极限(下限)/%(体积)	8.1
表面张力(20℃)/(mN/m)	16.2	(上限)/%(体积)	17.2
闪点/℃	0以下	体膨胀系数(−30~30℃,平均)/K^{-1}	0.00209
燃点/℃	632		

(5) 化学性质 氯甲烷在脂肪族卤化物中对热最稳定，在干燥状态无空气存在时，即使与金属接触加热至400℃也几乎不发生分解。有水存在时，160℃以下分解生成甲醇和氯化氢。燃烧时生成二氧化碳和氯化氢。在干燥状态下，除碱金属、碱土金属、锌、铝之外，与一般金属不作用。在干燥的乙醚溶液中，与金属钠反应生成乙烷（Wurtz合成）；与钠-铅合金反应生成四甲基铅；与镁反应生成格利雅（Grignard）试剂；与硫化钠反应生成二甲硫。与氨在醇溶液中或在气相状态下反应，根据不同的条件，可生成甲胺、二甲胺、三甲胺或氯化四甲铵。在三氯化铝存在下，与芳香族化合物发生烷基化反应。氯甲烷与氯反应生成二氯甲烷、氯仿、四氯化碳。与溴反应生成氯溴甲烷、溴甲烷、二溴甲烷、溴仿等。

(6) 精制方法 易含的杂质除水分外，尚含有甲醚、甲醇、丙酮、氯乙烯、氯乙烷等。精制时将氯甲烷气体用40℃以下的水、25℃以下的稀碱溶液及80%以上的硫酸依次洗涤，除去甲醇、氯化氢和水分。

(7) 溶解性能 能溶于醇类、矿物油、氯仿等大多数有机溶剂。与水的相互溶解度小，25℃时氯甲烷在水中的溶解度为0.48%；水在氯甲烷中的溶解度为0.0725%。

气体氯甲烷在有机溶剂中的溶解度 [mL(CH_3Cl)/100mL（溶剂）] 于20℃、101.3kPa时，水：303；苯：4723；四氯化碳：3756；乙醇：3740；冰乙酸：3679；1,2-二氯乙烷：7600。26℃时、102.1kPa，环己烷：1783。

(8) 用途 主要用于甲基氯硅烷、四甲基铅的制造。化学工业中作溶剂、甲基化剂和氯化剂、聚硅氧烷聚合物的原料及泡沫塑料的发泡剂、冷冻剂、丁基橡胶聚合催化剂的载体。还用作激素、润滑脂、精油等的萃取剂。

(9) 使用注意事项 致癌物。危险特性属第2.3类有毒气体。危险货物编号：23040，UN编号：1063。贮存和运输时应避免日光直射，远离火源，温度保持在40℃以下。

氯甲烷属低毒类。主要作用于中枢神经系统，有刺激和麻醉作用，并能损害肝和肾。短时间吸入氯甲烷蒸气时，会引起头痛、恶心、呕吐、倦怠、嗜睡、运动失调，但易于恢复。长时间连续吸入少量蒸气时，能发生慢性或亚急性中毒，从眩晕、酒醉样进而引起食欲不振、嗜睡、行走不便、精神紊乱等，还会出现视觉障碍，重症时则呈现痉挛、昏睡而致死。由于其作用缓慢，初期刺激和麻醉作用不强，即使到了危险浓度也不易察觉。与液态氯甲烷接触会造成冻伤。嗅觉阈浓度 21mg/m³，工作场所最高容许浓度为 204.5mg/m³。小鼠吸入 LC_{50} 为 6500mg/m³。

(10) 规格　HG/T 3674—2000　工业用氯甲烷

项　目		优 等 品	一 等 品	合 格 品
外观			棕色黏稠液体	
纯度/%	≥	99.5	99.0	98.0
水分/%	≤	0.010	0.080	0.150
酸度(以 HCl 计)/%	≤	0.0015	0.005	0.008
蒸发残渣/%	≤	0.0030	0.005	0.008

(11) 附表

表 2-2-1　氯甲烷的蒸气压

温　度/℃	蒸气压/kPa	温　度/℃	蒸气压/kPa
−92.4	1.33	−24.0	101.32
−84.8	2.61	−6.4	202.65
−70.4	8.00	22.0	506.63
−51.2	26.66	77.3	2026.50
−38.0	53.33	126.0	5066.25

参 考 文 献

1　CAS 74-87-3
2　EINECS 200-817-4
3　Kirk-Othmer. Encyclopedia of Chemical Technology. 2nd ed. Vol. 5. Wiley. 100
4　I. Mellan. Source Book of Industrial Solvents. Vol. 2. van Nostrand Reinhold. 1957. 116
5　N. A. Lange. Handbook of Chemistry. 10th ed. Mc Graw. 1961. 1196，1571，1641
6　H. Tsubomura and K. Kimura. Bull. Chem. Soc. Japan. 1964，37：417
7　Sadtler Standard IR prism Spectra. No. 842
8　J. R. Nielsen and N. E. Ward. J. Chem. Phys. 1942，10：84
9　F. A. Bovey. NMR Data Tables for Organic Compounds. Vol. 1. Wiley. 1967. 7
10　有機化学品・危険物・毒物取扱いマニエアル．海外技術資料研究所．1974. 92
11　日本産業衛生学会．産業医学．1975，17：248
12　ACGIH（1974）．安全工学．1975，14：89
13　日本化学会編．化学便覧．丸善．1958. 516，534
14　Beilstein. Handbuch der Organischen Chemie，H，1-59；E Ⅳ，1-28
15　The Merck Index. **10**，5918；**11**，5964
16　张海峰主编．危险化学品安全技术大典：第 1 卷．北京：中国石化出版社，2010

121. 二 氯 甲 烷

dichloromethane [methylene chloride，methylene dichloride]

(1) 分子式　CH_2Cl_2。　　　相对分子质量　84.93。

(2) 示性式或结构式　CH_2Cl_2

(3) 外观　无色透明的流动性液体，有刺激性芳香气味。

(4) 物理性质

沸点(101.3kPa)/℃	39.75	燃点/℃	662
熔点/℃	−95.14	蒸发热(b. p.)/(kJ/mol)	329.5
相对密度(20℃/4℃)	1.326	熔化热/(kJ/mol)	4.187
折射率(20℃)	1.4244	生成热,(25℃,液体)/(kJ/mol)	121.54
介电常数(20℃)	9.1	燃烧热(25℃,液体)/(kJ/kg)	558.27
偶极矩(液体)/(10^{-30}C・m)	3.80	比热容(20℃)/[kJ/(kg・K)]	0.992
黏度(20℃)/mPa・s	0.425	临界温度/℃	237
表面张力(20℃)/(mN/m)	28.12	临界压力/MPa	6.17
闪点/℃	无	电导率(25℃)/(S/m)	4.3×10^{-11}

续表

蒸气压(0℃)/kPa	19.7	(上限,氧气)/%(体积)	66
(10℃)/kPa	30.6	体膨胀系数(10~40℃,液体)/K^{-1}	0.00137
(20℃)/kPa	46.5	MS$m/e$:M^+(84),M-35(49),M-36(48);	
(30℃)/kPa	68.2	M-37(47)M-49(35)	
(35℃)/kPa	80.00	NMRδ5.28×10^{-6}(CCl_4)	
爆炸极限(下限,氧气)/%(体积)	15.5		

(5) 化学性质 是脂肪族饱和氯代烃中最稳定的化合物之一。在干燥状态下与氧一起加热至290℃不发生氧化，也不发生热裂解。与空气的混合物在450℃通过氧化铜仅仅生成光气。在密封容器内与水一起，经140~170℃长时间加热，或者与碳酸氢钠水溶液一起加热至165℃，生成甲醛和氯化氢：

$$CH_2Cl_2 + H_2O \longrightarrow HCHO + 2HCl$$

二氯甲烷容易与卤化剂反应，与氯气或氯化氢及空气在氯化铜催化下发生反应，生成氯仿和四氯化碳。在铝存在下与溴反应，生成氯溴甲烷与二溴甲烷。在三氯化铝存在下与苯反应，生成二苯甲烷。

在常温干燥的情况下，与工业常用的金属材料不作用。但在水存在下，特别是高温时对铁、不锈钢、铜、镍等金属有腐蚀作用。为了防止二氯甲烷与空气和水分接触发生分解，可加入少量酚类（0.0001%~1.0%）、胺类、硝基甲烷与1,4-二噁烷的混合物作稳定剂。二氯甲烷与铝反应，或与钠、钾、钠钾合金接触，受机械或热的冲击能发生爆炸。在氢气流中与钠蒸气反应，生成甲烷（92%）与乙烯（8%）的混合物。在氮气流中生成乙烯（100%）。

(6) 精制方法 除含氯甲烷、氯仿、四氯化碳外，尚含有水分和酸等杂质。精制时，用水、碳酸钠洗涤后，氯化钙干燥，精馏。

(7) 溶解性能 能与醇、醚、氯仿、苯、二硫化碳等有机溶剂混溶。二氯甲烷在水中的溶解度比其他氯化物大，20℃时于水中溶解2.0%；25℃时水在二氯甲烷中溶解为0.17%。二氯甲烷能溶解生物碱、油脂、橡胶、树脂、纤维素酯等。与醇、醚或酯组成的混合溶剂溶解力增大。

(8) 用途 液相色谱溶剂。主要用作脱漆剂，使用时一般加入部分石蜡烃、冰乙酸、甲酸、醇类、丙酮等组成混合溶剂。加入极性溶剂能够缩短剥离时间，非极性溶剂则作为稀释剂。这种脱漆剂的特点是沸点低、快干、稳定、毒性较小。将其蒸气喷在金属表面上，除去漆膜特别有效。

二氯甲烷溶解能力强，不燃烧，毒性低，回收时稳定性好，因此广泛用于醋酸纤维、氯乙烯纤维的制造以及纤维加工、照相软片、人造革的制造和汽车、飞机工业、机械工业的洗涤剂。还可用作对热不稳定的天然物质的萃取剂。此外还用于灭火剂、冷冻剂、乌洛托品等的制造。

(9) 使用注意事项 致癌物。危险特性属第6.1类毒害品。危险货物编号61552，UN编号：1593。干燥纯净的二氯甲烷对金属无腐蚀性，可用铁、软钢或铝制容器贮存。和潮湿的空气接触时，水解生成微量的氯化氢，对金属的腐蚀性增强。光照能促进水解。应置阴凉处密封贮存。

二氯甲烷属低毒类。在甲烷的氯化物中最小。蒸气的麻醉性强，大量吸入会引起急性中毒，出现鼻腔疼痛、头痛、呕吐等症状。慢性中毒时会引起眼花、疲倦、食欲不振、造血功能受损、红血球减少。液体二氯甲烷与皮肤接触引起皮炎。由于其沸点低，蒸气比空气重，与明火或灼热的物体接触时生成剧毒的光气，故在贮运或使用时要注意通风和防止明火接近。大鼠吸入浓度90.5 g/m^3 蒸气90分钟死亡。嗅觉阈浓度522 mg/m^3，工作场所最高容许浓度为1740 mg/m^3。

(10) 规格

① GB/T 4117—2008 工业用二氯甲烷

项　目		优等品	一等品	合格品
外观		无色澄清,无悬浮物、无机械杂质液体		
二氯甲烷①/%	≥	99.90	99.50	99.20
水/%	≤	0.010	0.020	0.030
酸(以HCl计)/%	≤	0.0004		0.0008
色度(Hazen单位,铂-钴色号)	≤		10	
蒸发残渣/%	≤	0.0005		0.0010

① 添加的稳定剂的量不计入二氯甲烷。

② GB/T 16983—1997 化学试剂二氯甲烷

项　　目		分 析 纯	化 学 纯
含量(CH_2Cl_2)/%	≥	99.5	99.0
色度(黑曾单位)	≤	10	20
密度(20℃)/(g/mL)		1.320～1.330	1.320～1.330
蒸发残渣/%	≤	0.002	0.004
酸度(以 H^+ 计)/(mmol/100g)	≤	0.03	0.05
游离氯(Cl)/%	≤	0.0001	0.0002
铁(Fe)/%	≤	0.0001	0.0002
水分(H_2O)/%	≤	0.05	0.10

(11) 附表

表 2-2-2　含二氯甲烷的二元共沸混合物

第二组分	共沸点/℃	二氯甲烷/%	第二组分	共沸点/℃	二氯甲烷/%
水	38.1	98.5	环戊烷	38.0	70.0
甲醇	39.2	94.0	二硫化碳	37.0	61.0
乙醇	54.6	88.5	丙酸	140.65	27.0
异丙醇	56.6	92.0	乙二醇	168.7	86.0
乙醚	40.8	70.0	环氧丙烷	40.6	77.0
丙酮	57.6	70.0	叔丁醇	57.1	94.0
戊烷	<35.5	<49.0	仲丁醇	174.0	72.0
甲酸甲酯	30.8	20	糠醇	165.8	55.0
甲酸乙酯	41.0	92			

(12) 附图

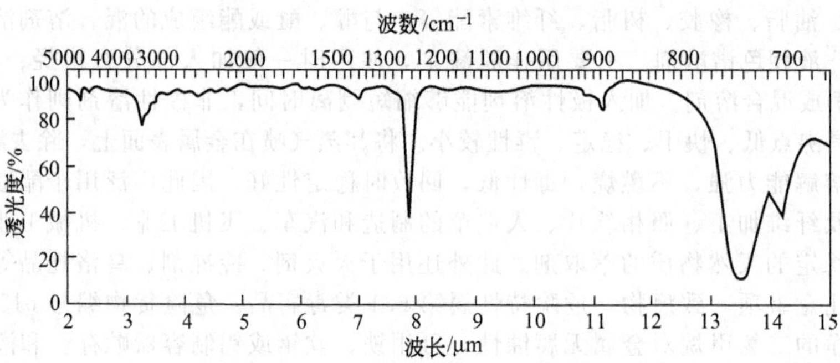

图 2-2-1　二氯甲烷的红外光谱图

参 考 文 献

1　CAS 75-09-2
2　EINES 200-838-9
3　A. Weissberger. Organic Solvents. 3rd ed. Wiley. 348，770
4　I. Mellan. Source Book of Industrial Solvents. Vol. 2. Van Nostrand Reinhold，1957，119
5　Kirk-Othmer. Encyclopedia of Chemical Technology. 2nd ed. Vol. 5. Wiley. 111
6　J. R. Lacher et al. J. Amer. Chem. Soc. 1950，72：5486
7　IRDCカード. No. 7447
8　R. N. Jones et al. J. Org. Chem. 1965，30：1822
9　R. B. Bernstein et al. Anal. Chem. 1953，25：135
10　F. A. Bovey. NMR Data Tables for Organic Compounds. Vol. 1. Wiley. 1967. 5
11　日本産業衛生学会. 産業医学. 1975，17：248
12　L. H. Horsley. Adran. Chem. Ser. 1952，6：23
13　Beilstein. Handbuch der Organischen chemie. H，1-60 E Ⅳ，1-35

14 The Merck Index. **10**, 5936; **11**, 5982
15 张海峰主编. 危险化学品安全技术大典: 第1卷. 北京: 中国石化出版社, 2010

122. 氯 仿

chloroform [trichloromethane, methenyl chloride]

(1) 分子式 $CHCl_3$。　　相对分子质量　119.38。

(2) 示性式或结构式 $CHCl_3$

(3) 外观　无色透明易挥发的液体，稍有甜味。

(4) 物理性质

沸点(101.3kPa)/℃	61.152	燃烧热(25℃,液体)/(kJ/mol)	402.23
熔点/℃	−63.55	比热容(20℃)/[kJ/(kg·K)]	1.189
相对密度(20℃/4℃)	1.4890	临界温度/℃	263.4
折射率(20℃)	1.4467	临界压力/MPa	5.45
介电常数(20℃)	4.9	沸点上升常数	3.88
偶极矩/(10^{-30} C·m)	3.84	电导率(25℃)/(S/m)	$<1\times10^{-10}$
黏度(20℃)/mPa·s	0.563	热导率(20℃)/[W/(m·K)]	0.12997
表面张力(20℃,空气)/(mN/m)	27.14	体膨胀系数/K^{-1}	0.001399
闪点/℃	无	蒸气密度(0℃,101.3kPa)/(g/L)	4.36
燃点/℃	无	IR(参照图 2-2-2)	
蒸发热(b.p.)/(kJ/mol)	247.0	MS$m/e$: M^+(118), M-70(48), M-71 (47), M-83(35)	
熔化热/(kJ/mol)	9.55		
生成热(25℃,液体)/(kJ/mol)	134.56	NMRδ($(7.249\pm0.014)\times10^{-6}$($CCl_4$))	

(5) 化学性质　氯仿没有氯甲烷和二氯甲烷稳定，常温长时间光照逐渐发生分解。在空气存在下，暗处也发生分解生成有剧毒的光气及氯化氢、二氧化碳、氯气和水：

$$CHCl_3 + \frac{1}{2}O_2 \longrightarrow COCl_2 + HCl$$

$$2CHCl_3 + \frac{5}{2}O_2 \longrightarrow 2CO_2 + 3Cl_2 + H_2O$$

为了防止分解，常加入0.5%～1%无水乙醇作稳定剂。也可用3-丁烯腈、甲基丙烯腈作稳定剂。常温、无空气存在时，长时间与水接触几乎不发生分解，但在225℃长时间加热，则分解为甲酸、一氧化碳和氯化氢。氯仿与氢氧化钾一起加热，生成甲酸钾和氯化钾：

$$CHCl_3 + 4KOH \longrightarrow HCOOK + 3KCl + 2H_2O$$

氯仿加热至450℃以上热裂成四氯乙烯、氯化氢及少量其他氯代烷。氯仿蒸气通红热的石棉网，或在1000℃与铂金丝接触，热裂为四氯乙烯、六氯乙烷、四氯化碳和六氯苯等。通过红热的铜或与钾汞齐接触生成乙炔：

$$2CHCl_3 + 6K[Hg] \longrightarrow CH\equiv CH + 6KCl[Hg]$$

氯仿在乙醇水溶液或乙酸中用锌粉还原，生成二氯甲烷、氯甲烷和甲烷。卤素或卤化剂都能迅速与氯仿发生反应。例如，在加热或光照下与氯反应生成四氯化碳，225～275℃与溴反应生成各种氯溴甲烷（CCl_3Br、CCl_2Br_2、$CClBr_3$），与三溴化铝反应生成溴仿（$CHBr_3$）。与氟不能直接发生氟化反应，但用金属氟化物作催化剂，与氟化氢反应生成三氟甲烷。在碱金属氢氧化物存在下，与丙酮在50℃发生缩合反应，生成氯代丁醇（白色晶体，有樟脑味）：

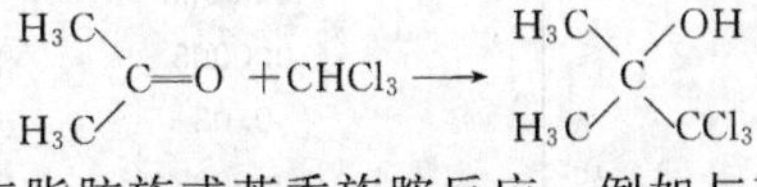

在醇的碱性溶液中，氯仿与脂肪族或芳香族胺反应，例如与苯胺反应生成苯胩。

$$CHCl_3 + C_6H_5NH_2 + 3KOH \longrightarrow C_6H_5N{=}C + 3KCl + 3H_2O$$

在三氯化铝催化下与过量的苯反应，生成三苯甲烷。在三氯化铝存在下于150℃、882MPa

与一氧化碳反应生成二氯代乙酰氯。

(6) 精制方法　工业氯仿中除含有作为稳定剂添加的醇、酚外，尚含有酸、二氯甲烷、四氯化碳等杂质。

氯仿的一般精制方法是：光气用碱液分解除去，醇可用水洗去或用浓硫酸洗涤数次后，分别用稀氢氧化钠水溶液和冰水充分洗涤，干燥剂干燥，蒸馏。用作干燥剂的有：碳酸钾、氯化钙、硫酸钠及五氧化二磷。金属钠因有引起爆炸的危险，不宜用作干燥剂。

(7) 溶解性能　能与乙醇、乙醚、石油醚、卤代烃、四氯化碳、二硫化碳等多种有机溶剂混溶。对脂肪、矿物油、精油、蜡、生物碱、树脂、橡胶、煤焦油等范围广泛的有机化合物都能很好地溶解。与低级醇、乙酸乙酯等的混合物是许多纤维素酯及纤维素醚的优良溶剂。20℃时在水中溶解 0.822%，22℃时水在氯仿中溶解 0.0806%。

(8) 用途　是不燃性、毒性低的制冷剂一氟二氯甲烷（氟里昂-22）的制造原料。也可作油脂、蜡、树脂、橡胶、磷和碘的溶剂，青霉素、精油、生物碱的萃取剂，土壤熏蒸剂和麻醉剂。液相色谱溶剂。

(9) 使用注意事项　致癌物。危险特性属第 6.1 类毒害品。危险货物编号：61553，UN 编号：1888。不燃烧，但在高温与明火或红热物体接触时，产生剧毒的光气、氯化氢等气体。应置阴凉处密封贮存，防止与明火及红热的物体接近。纯净干燥的氯仿对大多数金属无腐蚀性，但能缓慢地腐蚀铜。可用铁、软钢、镍或铝制容器贮存。在空气、水分和光的作用下，酸度增加，因而对金属有强烈的腐蚀性（可加入醇类作稳定剂）。

氯仿属中等毒类，有很强的麻醉作用。主要作用于中枢神经系统，并造成肝、肾损害。吸入高浓度的氯仿蒸气时，开始刺激眼、口腔、鼻孔黏膜、发生流泪、流涎、感觉麻痹、呕吐、痉挛、直到昏睡、不省人事、停止呼吸而突然死亡。人口服最小中毒剂量为 28g，蒸气浓度 120g/m^3 吸入 5～10 分钟死亡。氯仿中毒的后遗症有呕吐、胃、肝、心脏损害、黄疸、糖尿、血液变化等。氯仿蒸气会损害眼角膜，进入眼球时会患眼球震颤症。氯仿慢性中毒的症状为呕吐、消化不良、食欲减退、虚弱、失眠、神经错乱等。嗅觉阈浓度 974mg/m^3，工作场所最高容许浓度为 240mg/m^3（日本），121.75mg/m^3（美国）。兔经口 LD_{50} 为0.909g/kg。

(10) 规格

① GB/T 4118—2008 三氯甲烷（工业）

项　目		优等品	一等品	合格品
外观			无色澄清，无悬浮物，无机械杂质	
三氯甲烷①/%	≥	99.90	99.50	99.20
四氯化碳/%	≤	0.04	0.08	0.20
水/%	≤	0.010	0.020	0.030
酸(以 HCl 计)/%	≤	0.0004	0.0006	0.0010
色度(Hazen 单位，铂-钴色号)	≤	10	15	25

① 添加的稳定剂的量不计入三氯甲烷。

② GB/T 682—2002 氯仿（试剂）

项　目		分析纯	化学纯
三氯甲烷($CHCl_3$)/%	≥	99.0	98.5
乙醇(CH_3CH_2OH)稳定剂/%		0.3～1.0	0.3～1.0
密度(20℃)/(g/mL)		1.471～1.484	1.471～1.484
蒸发残渣/%	≤	0.0005	0.001
酸度(以 H^+ 计)/(mmol/100g)	≤	0.01	0.02
氯化物(Cl)/%		0.00005	0.0001
游离氯(Cl)/%	≤	0.0005	0.001
水分(H_2O)/%	≤	0.03	0.05
羰基化合物(以 CO 计)/%	≤	0.0003	0.0005
易炭化物质		合格	合格
适用于双硫腙试验		合格	—

(11) 附表

表 2-2-3 氯仿的蒸气压

温度/℃	蒸气压/kPa	温度/℃	蒸气压/kPa	温度/℃	蒸气压/kPa
−60	0.18	0	8.13	40	48.85
−50	0.27	10	13.40	45	58.53
−40	0.63	20	21.28	50	70.13
−30	1.33	25	26.54	55	83.35
−20	2.61	30	32.80	60	98.60
−10	4.63	35	40.17		

表 2-2-4 氯仿在水中的溶解度

温度/℃	溶解度/($g/100gH_2O$)	温度/℃	溶解度/($g/100gH_2O$)
0	1.062	20	0.822
10	0.895	30	0.776

表 2-2-5 含氯仿的二元共沸混合物

第二组分	共沸点/℃	氯仿/%	第二组分	共沸点/℃	氯仿/%
水	56.1	97.2	丁酮	79.7	4.0
甲醇	53.5	87.5	乙酸甲酯	64.8	7.0
乙醇	59.3	93.2	四氯化硅	55.0	—
异丙醇	60.8	95.5	甲酸	59.15	8
己烷	60.0	97.2	甲酸乙酯	62.7	8
丙酮	64.5	79.5	异丙基溴	62.7	6

表 2-2-6 含氯仿的三元共沸混合物

第二组分	含量/%	第三组分	含量/%	共沸点/℃
甲醇	23	丙酮	30	57.5
乙醇	4.0	水	3.5	55.5
1,2-二氯乙烷	28.6	苯	66.4	79.2

(12) 附图

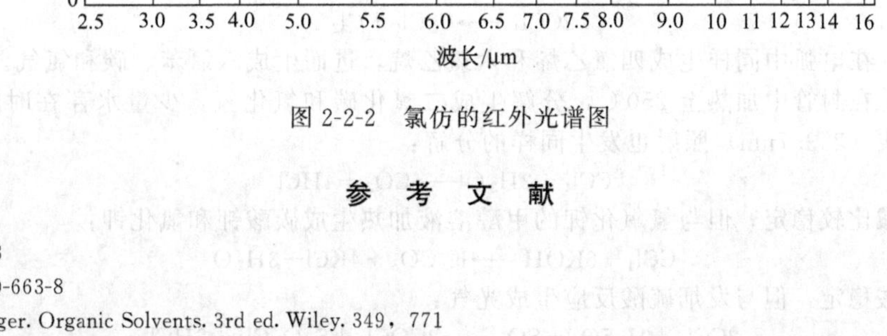

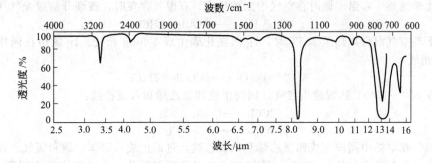

图 2-2-2 氯仿的红外光谱图

参 考 文 献

1 CAS 67-66-3

2 EINECS 200-663-8

3 A. Weissberger. Organic Solvents. 3rd ed. Wiley. 349, 771

4 Kirk-Othmer. Encyclopedia of Chemical Technology. 2nd ed., Vol. 5. Wily. 119

5 日本化学会. 化学便覧. 基礎編. 丸善. 1966. 620, 696

6 J. R. Lacher et al. J. Amer. Chem. Soc. 1950, 72: 5486

7 IRDCカード. No. 6135
8 R. N. Jones et al. J. Org. Chem. 1965，30：1822
9 R. B. Bernstein et al. Anal. Chem. 1953，25：139
10 F. A. Bovey. NMR Data Tables for Organic Compounds. Vol. 1. Wiley. 1967. 41
11 I. Mellan. Source Book of Industrial Solvents. Vol. 2. Van Nostrand Reinhold. 1957. 123
12 日本産業衛生学会. 産業医学. 1975，17：248
13 ACGIH (1974). 安全工学. 1975，14：89
14 A. K. Doolittle. The Technology of Solvents and Plasticizers. Wiley. 1954. 420，433
15 Beilstein. Handbuch der Organischen Chemie. H，1-61
16 张海峰主编. 危险化学品安全技术大典：第1卷. 北京：中国石化出版社，2010

123. 四氯化碳

tetrachloromethane [carbon tetrachloride，perchloromethane]

(1) 分子式 CCl_4。 相对分子质量 153.82。

(2) 示性式或结构式 CCl_4

(3) 外观 无色透明液体，有特殊气味。

(4) 物理性质

沸点(101.3kPa)/℃	76.75	燃烧热(25℃,液体)/(kJ/mol)	258.24
熔点/℃	−22.95	生成热(25℃,液体)/(kJ/mol)	135.5
相对密度(20℃/4℃)	1.59472	比热容(20℃)/[kJ/(kg·K)]	0.866
折射率(20℃)	1.46044	临界温度/℃	283.15
介电常数(20℃)	2.238	临界压力/MPa	4.56
偶极矩/(10^{-30} C·m)	0.0	沸点上升常数	4.88
黏度(20℃)/mPa·s	0.965	电导率(18℃)/(S/m)	4×10^{-18}
表面张力(20℃)/(mN/m)	26.77	体膨胀系数(20℃)	0.00127
闪点/℃	无	IR(参照图 2-2-3)	
燃点/℃	无	MS*m/e*：M-152(117)，M-70(82)，	
蒸发热(b.p.)/(kJ/mol)	29.982	M-105(47)，M-117(35)	
熔化热/(kJ/mol)	2.433		

(5) 化学性质 常温干燥时在空气中比较稳定，有湿气存在时，逐渐分解成光气和氯化氢：

$$CCl_4 + H_2O \longrightarrow COCl_2 + 2HCl$$

在铁存在下与空气混合加热至335℃时，1g四氯化碳生成375mg光气。1g氯仿在同样条件下生成2.4mg光气：

$$3CCl_4 + Fe_2O_3 \longrightarrow 3COCl_2 + 2FeCl_3$$

四氯化碳在600～1500℃热裂放出氯气，同时生成四氯乙烯和六氯乙烷：

$$2CCl_4 \longrightarrow C_2Cl_4 + 2Cl_2$$

$$2CCl_4 \longrightarrow C_2Cl_6 + Cl_2$$

四氯化碳蒸气在电弧中同样生成四氯乙烯和六氯乙烷，进而生成六氯苯、碳和氯气。四氯化碳与大量水混合，在封管中加热至250℃，分解生成二氧化碳和氯化氢，少量水存在时则生成光气。常温用紫外线（253.7nm）照射也发生同样的分解：

$$CCl_4 + 2H_2O \longrightarrow CO_2 + 4HCl$$

四氯化碳对碱比较稳定，但与氢氧化钾的甲醇溶液加热生成碳酸钾和氯化钾：

$$CCl_4 + 6KOH \longrightarrow K_2CO_3 + 4KCl + 3H_2O$$

四氯化碳对酸稳定，但与发烟硫酸反应生成光气：

$$2CCl_4 + H_2SO_4 + SO_3 \longrightarrow 2COCl_2 + S_2O_5Cl_2 + 2HCl$$

干燥的四氯化碳对常用的工业金属材料：如铁、镍等几乎不腐蚀，但有水存在时，逐渐对铁和其他金属有腐蚀作用。市售的四氯化碳中往往加入少量烷基氨基氰、二苯胺、乙酸乙酯、丙烯腈和脂肪酸衍生物作稳定剂。四氯化碳与活性高的金属如锂、钠、钾、钙、镁接触时，发生爆炸性反应。与钠汞齐一起加热，分解生成氯化钠和碳。用锌与酸还原生成氯仿。用钠汞齐和水还原生成甲烷。在催化剂存在下，400～600℃与1,1,2,2-四氯乙烷反应，生成四氯乙烯：

$$2CHCl_2-CHCl_2+2CCl_4 \longrightarrow 3CCl_2=CCl_2+4HCl$$

四氯化碳与三溴化铝在100℃反应生成四溴代甲烷。与碘化钙在75℃反应生成四碘代甲烷。与浓氢碘酸在130℃反应生成碘仿。四氯化碳常温下与氟不反应，与氟化氢在加压下230～300℃反应生成二氯二氟甲烷（氟里昂-12）。与硫一起加热到220℃生成二硫化碳和二氯化二硫。在无水三氯化铝存在下与苯反应生成氯三苯甲烷。与乙烯或乙烯衍生物反应生成各种调聚物，例如四氯化碳与乙烯在过氧化二苯甲酰引发剂存在下，100℃进行加压反应，生成一般式为$CCl_3(-CH_2CH_2)_nCl$的调聚物。n数值较小时，产物为液态混合物。

(6) 精制方法　除水分、不挥发物、光气、盐酸之外，尚含有二硫化碳和氯仿等杂质。精制时，粗四氯化碳一般经中和、干燥处理后，通过蒸馏精制。含有酸时，可加粒状碱石灰处理。含二硫化碳时，用稀碱煮沸分解后，水洗数次，再干燥蒸馏。干燥剂可用无水氯化钙、碳酸钾。金属钠能生成爆炸性物质，不宜用作干燥剂。

(7) 溶解性能　能与醇、醚、石油醚、石脑油、冰乙酸、二硫化碳、氯代烃等大多数有机溶剂混溶。能溶解油脂、润滑脂、蜡、精油、生胶、醇酸树脂和乙烯树脂等。但对氟树脂、聚氨酯树脂、环氧树脂、酚醛树脂等几乎不溶。四氯化碳与低级脂肪族醇或乙酸酯混合使用能提高对纤维素酯和纤维素醚的溶解能力。四氯化碳对氯、溴、碘、硫等溶解度不大。25℃时，水在四氯化碳中溶解0.013%；四氯化碳在水中溶解0.08%。

(8) 用途　四氯化碳大量用作制冷剂和喷气发动机燃料用的氟隆气的原料。还用作萃取剂、溶剂、干洗的去污剂、脱漆剂、灭火剂、熏蒸剂、杀虫剂、驱虫剂以及有机物氯化反应时的溶剂。液相色谱溶剂。

(9) 使用注意事项　致癌物。危险特性属第6.1类毒害品。危险货物编号：61554，UN编号：1846。干燥纯净的四氯化碳对铁、镍或铝无腐蚀性，但能缓慢地腐蚀铜和铅。在光照和水分存在时，释放出少量的氯化氢，大大增加对金属的腐蚀性。因此贮存时要经常检查它的酸度。一般用镀锌或镀锡的钢铁容器贮存。合成树脂制的容器一般会被四氯化碳溶解或溶胀，不宜使用。

四氯化碳有轻度麻醉作用，对心脏、肝、肾有严重的损害。在氯代甲烷中毒性最强。人口服四氯化碳2～4mL即能致死。由呼吸道吸入或经皮肤吸收也能中毒，是最危险的溶剂。对人体最初刺激咽喉引起咳嗽、头痛、呕吐，尔后呈现麻醉作用，昏睡，有时在兴奋后失去知觉，最后肺出血而死亡。慢性中毒时，引起眼损害、黄疸、肝脏肿大。小鼠经口LD_{50}为12800mg/kg。嗅觉阈浓度1260mg/m³，TJ 36—79规定车间空气中最高容许浓度为25mg/m³。四氯化碳虽不能燃烧，但与明火或赤热的物体接触能生成光气、氯气等有毒气体，需要十分注意。职业中毒诊断标准见GB 11509—89。

(10) 规格

① GB/T 4119—2008 四氯化碳（工业）

项　目		优　等　品	一　等　品
外观		无色澄清,无悬浮物、无机械杂质	
四氯化碳①/%	≥	99.80	99.50
三氯甲烷/%	≤	0.05	0.3
四氯乙烯/%	≤	0.03	0.1
水/%	≤	0.005	0.007
酸(以HCl计)/%	≤	0.0002	0.0008
色度(Hazen单位,铂-钴色号)	≤	15	25

① 添加的稳定剂的量不计入四氯化碳。

② GB/T 688—2011 四氯化碳（试剂）

名称		分析纯	化学纯	名称		分析纯	化学纯
含量(CCl_4)/%	⩾	99.5	99.0	游离氯(Cl_2)/%	⩽	0.0001	0.0001
密度(20℃)/(g/mL)		1.592～1.598	1.592～1.598	二硫化碳(CS_2)/%	⩽	0.0005	0.001
色度/黑曾单位	⩽	10	10	还原碘的物质		合格	合格
蒸发残渣/%	⩽	0.001	0.001	易炭化物质		合格	合格
水分/%	⩽	0.02	0.05	三氯甲烷($CHCl_3$)/%	⩽	0.05	0.2
酸度(以 H^+ 计)/(mmol/100g)	⩽	0.00005	0.0001	适用于双硫腙试验		合格	

(11) 附表

表 2-2-7 四氯化碳的蒸气压

温度/℃	蒸气压/kPa	温度/℃	蒸气压/kPa	温度/℃	蒸气压/kPa	温度/℃	蒸气压/kPa
−20	1.31	5	5.76	30	19.07	55	50.57
−15	1.80	10	7.47	35	23.49	60	60.10
−10	2.47	15	9.56	40	28.77	65	70.78
−5	3.31	20	12.13	45	35.00	70	82.97
0	4.39	25	15.27	50	42.28	76.75	101.32

表 2-2-8 氯在四氯化碳中的溶解度

温度/℃	溶解度(101.3kPaCl_2)/(molCl_2/kg 溶液)	温度/℃	溶解度(101.3kPaCl_2)/(molCl_2/kg 溶液)
40	0.793	70	0.425
50	0.596	80	0.335
60	0.522	90	0.296

表 2-2-9 含四氯化碳的二元共沸混合物

第二组分	共沸点/℃	四氯化碳/%	第二组分	共沸点/℃	四氯化碳/%
水	66.8	95.9	硝基甲烷	71.3	83
甲醇	55.70	79.44	硝酸乙酯	74.95	84.5
乙醇	65.08	84.15	丙烯腈	66.2	79
丙醇	73.4	92.1	烯丙醇	72.32	88.5
异丙醇	68.95	82	丙酸甲酯	76	75
丙酮	56.08	11.5	亚硝酸丁酯	74.8	65
丁酮	73.8	71	丁醇	76.55	97.5
乙酸乙酯	74.8	57	异丁醇	75.8	94.5
甲酸	66.65	18.5	仲丁醇	74.6	92.4
乙酸	76.0	98.46	叔丁醇	70.5	76
1,2-二氯乙烷	75.6	79	甲酸丙酯	74.6	69

表 2-2-10 含四氯化碳的三元共沸混合物

第二组分	含量/%	第三组分	含量/%	共沸点/℃
水	3.4	乙　醇	10.3	61.8
水	5	丙　醇	11	65.4
水	0.92	异丙醇	5.14	65.6
水	3.1	叔丁醇	11.9	64.7
水	4.13	烯丙醇	5.44	65.4
水	3.0	丁　酮	22.2	65.7

(12) 附图

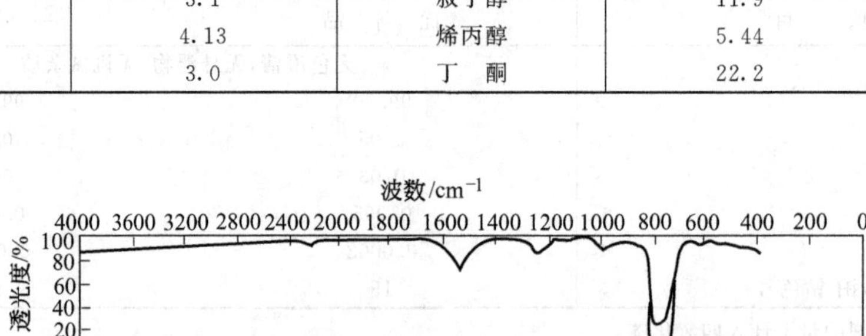

图 2-2-3 四氯化碳的红外光谱图

参 考 文 献

1 CAS 56-23-5
2 EINECS 203-453-4
3 A. Weissberger. Organic Solvents. 3rd. ed. Wiley. 351，773
4 Kirk-Othmer. Encyclopedia of Chemical Technology. 2nd ed. Vol. 5. Wiley. 128
5 日本化学会．化学便覧．基礎編．丸善．1966. 608，619，696，697
6 I. Mellan. Source Book of Industrial Solvents. Vol. 2 Van Nostrand Reinhold. 1957. 126
7 J. R. Lacher et al.. J. Amer. Chem. Soc. 1950，72：5486
8 IRDCカード. No. 9974
9 R. N. Jones et al. J. Org. Chem. 1965，30：1822
10 R. B. Bernstein et al. Anal. Chem. 1953，25：139
11 W. O. Negherbon. Handbook of ToXicology. Vol. 3. Saunders. 1959. 156
12 C. Marsden. Solvents Guide. 2nd ed. Cleaver-Hume. 1963. 126
13 A. K. Doolittle. The Technology of Solvents and Plasticizers. Wiley. 1954. 432
14 Beilstein，Handbuch der Organischen Chemie. H，1-64；E Ⅳ，1-56
15 The Merck Index. **10**，1799；**11**，1822
16 张海峰主编. 危险化学品安全技术大典：第1卷. 北京：中国石化出版社，2010

124. 氯 乙 烷

ethyl chloride [chloroethane，chloroethyl]

(1) 分子式　C_2H_5Cl。　相对分子质量　64.52。

(2) 示性式或结构式　CH_3CH_2Cl

(3) 外观　12.4℃以下为无色流动性液体，常温常压下为气体，有乙醚气味。

(4) 物理性质

沸点(101.3kPa)/℃	12.4	比热容(0℃)/[kJ/(kg·K)]	1.55
熔点/℃	−138.3	临界温度/℃	187.2
相对密度(20℃/4℃)	0.8970	临界压力/MPa	5.27
折射率(10℃)	1.3742	介电常数(20℃)	9.45
闪点(闭口)/℃	−50	偶极矩(20℃,液体)/(10^{-30} C·m)	6.54
(开口)/℃	−43	黏度(5℃,液体)/mPa·s	0.292
燃点/℃	519	表面张力(5℃)/(mN/m)	21.20
蒸发热(b. p.)/(kJ/kg)	383.0	电导率(0℃)/(S/m)	$<3\times10^{-9}$
熔化热/(kJ/kg)	69.04	热导率(液体)/[W/(m·K)]	0.14676
生成热(液体)/(kJ/mol)	132.3	爆炸极限(下限)/%(体积)	3.16
(气体)/(kJ/mol)	107.6	(上限)/%(体积)	14
燃烧热(25℃,液体)/(kJ/mol)	1351.5	体膨胀系数(0～15℃,平均)/K^{-1}	0.00156

(5) 化学性质　氯乙烷在无水分存在时，加热至400℃几乎不发生变化。400～500℃部分分解成乙烯和氯化氢。在浮石存在下加热至500～600℃，大部分分解成乙烯和氯化氢。金属、金属氯化物和金属氧化物能加速其分解。在醇碱溶液中，氯乙烷易脱去氯化氢生成乙烯。与水一起在封管中加热至100℃水解成乙醇。在二氧化钛、氯化钡等催化剂存在下，300～425℃与水蒸气反应生成乙醇、乙醛、乙烯。光照下与氯反应生成1,1-二氯乙烷。在五氧化锑存在下，则生成1,2-二氯乙烷。在Fridel-Crafts型催化剂存在下与苯反应生成乙苯。与铅钠合金反应得到四乙基铅：

$$4PbNa+4C_2H_5Cl \longrightarrow Pb(C_2H_5)_4+3Pb+4NaCl$$

(6) 精制方法　含有水和酸等杂质。精制时用浓硫酸洗净后，分步结晶，分级蒸馏。

(7) 溶解性能　能与甲醇、乙醇、乙醚、乙酸乙酯、二氯甲烷、氯仿、四氯化碳和苯等多种有机溶剂混溶。能溶解油脂、树脂、蜡等多种有机物以及硫、磷等无机物。氯乙烷在水中溶解0.447%；水在氯乙烷中溶解0.07%。

(8) 用途　工业上主要用作四乙基铅、乙基纤维素的原料。也用作有机合成的乙基化剂、制冷剂、麻醉剂、止痛剂以及烯烃聚合用溶剂。

(9) 使用注意事项　危险特性属第2.1类易燃气体。危险货物编号：21036，UN编号：1037。用盛液化气的耐压容器贮存。干燥时对金属无腐蚀性。有水存在时，由于水解释放出氯化氢能很快腐蚀金属。应用不锈钢容器贮存，不宜使用铜制容器。属中等毒类。高浓度时对中枢神经系统有抑制作用，亦可引起心律不齐。大鼠吸入LC_{50}为152mg/L。工作场所最高容许浓度为2600mg/m³。对肝脏有损害。液态氯乙烷刺激眼睛，有麻醉性。燃烧时产生光气。与水蒸气反应生成有毒的腐蚀性气体。

(10) 附表

表2-2-11　氯乙烷的蒸气压

温度/℃	蒸气压/kPa	温度/℃	蒸气压/kPa	温度/℃	蒸气压/kPa
−30	15.20	10	92.26	60	455.96
−20	25.33	12.2	101.32	80	750.87
−10	40.53	20	134.79	100	1165.23
0	61.86	40	264.38		

(11) 附图

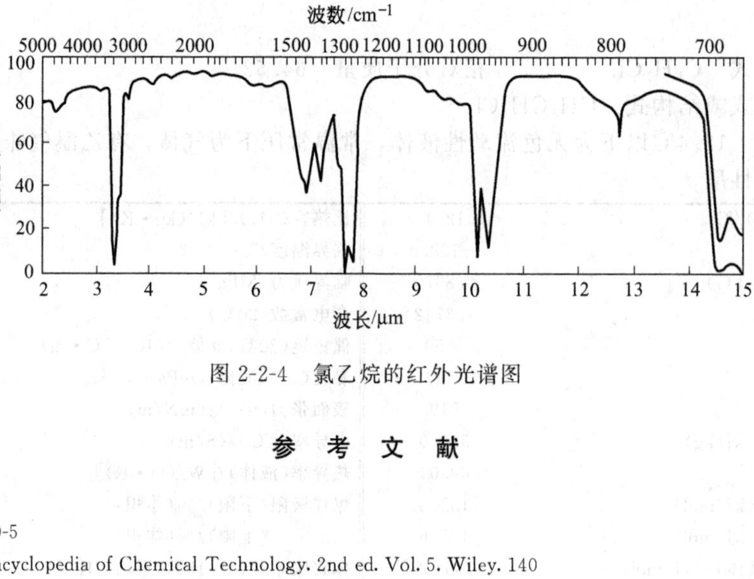

图2-2-4　氯乙烷的红外光谱图

参 考 文 献

1 CAS 75-00-3
2 EINECS 200-830-5
3 Kirk-Othmer. Encyclopedia of Chemical Technology. 2nd ed. Vol. 5. Wiley. 140
4 A. Weissberger. Organic Solvents. 3rd ed. Wiley. 334，764
5 I. Mellan. Source Book of Industrial Solvents. Vol. 2. Van Nostrand Reinhold. 1957. 131
6 H. Tsubomura et al. Bull. Chem. Soc. Japan. 1964，37：417
7 Sadtler Standard IR Prism Spectra. No. 533
8 N. T. McDevitt et al. J. Chem. Phys. 1966，42：1173
9 F. W. McLafferty. Anal. Chem. 1962，34：2
10 F. A. Bovey. NMR Data Tables for Organic Compounds. vol. 1. Wiley. 1967. 24
11 日本産業衛生学会．産業医学．1975，17：248；安全工学．1974，13：394
12 ACGIH（1974）．安全工学．1975，14：89
13 Beilstein. Handbuch der Organischen Chemie. H，1-82；E Ⅳ，1-124
14 The Merck Index. **10**，3729；**11**，3740
15 张海峰主编．危险化学品安全技术大典：第1卷．北京：中国石化出版社，2010

125. 1,2-二氯乙烷

1,2-dichloroethane [ethylene dichloride, *sym*-dichloroethane, ethylene chloride, EDC]

(1) 分子式　$C_2H_4Cl_2$。　　　　相对分子质量　98.96。

(2) 示性式或结构式　CH_2ClCH_2Cl

(3) 外观　无色液体，有类似氯仿的气味。

(4) 物理性质

沸点(101.3kPa)/℃	83.483	燃烧热(25℃,液体)/(kJ/mol)	1112.22
熔点/℃	−35.4	生成热(液体)/(kJ/mol)	157.4
相对密度(20℃/4℃)	1.2569	(气体)/(kJ/mol)	122.7
折射率(20℃)	1.4449	比热容(20℃)/[kJ/(kg·K)]	1.290
介电常数(20℃,液体)	10.45	临界温度/℃	288
偶极矩(25℃,苯)/(10^{-30} C·m)	6.20	临界压力/MPa	5.37
黏度(20℃)/mPa·s	0.840	电导率(25℃)/(S/m)	3×10^{-8}
表面张力(20℃)/(mN/m)	32.23	热导率(20℃)/[W/(m·K)]	1.4278
闪点(闭口)/℃	17	爆炸极限(下限)/%(体积)	6.20
(开口)/℃	21	(上限)/%(体积)	15.90
燃点/℃	449	体膨胀系数(0～30℃,平均)/K^{-1}	0.00117
蒸发热(b.p.)/(J/g)	323.6	NMRδ3.69×10^{-6}(CCl_4,TMS基准)	
熔化热/(J/g)	88.41		

(5) 化学性质　1,2-二氯乙烷常温干燥状态下稳定，但在空气、水分及光照下逐渐分解，酸度增加，颜色变深。加入少量烷基胺可完全防止分解发生。加压下160～175℃水解生成乙二醇，碱性水溶液可促进水解反应：

$$CH_2ClCH_2Cl+2H_2O \longrightarrow CH_2OHCH_2OH+2HCl$$

1,2-二氯乙烷在高温加热时发生热裂，生成氯乙烯和氯化氢。与强碱一起加热时也可发生脱氯化氢反应：

$$CH_2ClCH_2Cl \longrightarrow CH_2=CHCl+HCl$$

在光照或在氯化铁的催化作用下，发生液相氯化，生成1,1,2-三氯乙烷，继续氯化生成四氯乙烷等多氯衍生物。

1,2-二氯乙烷中的氯原子富有反应性。例如与氨在加压下加热至120℃生成乙二胺；与氰化钠反应生成丁二腈；在Fridel-Crafts型催化剂存在下与苯反应，生成二苯乙烷。

(6) 精制方法　1,2-二氯乙烷通常由乙烯氯化制取，因此常含有1,1-二氯乙烷、1,1,2-三氯乙烷等同类氯化物。长期贮存会产生盐酸、酰氯等酸性物质。此外，一般还含有稳定剂烷基胺类。精制时，用稀氢氧化钠或氢氧化钾水溶液洗涤后，再水洗、干燥、蒸馏。干燥剂可用氯化钙、无水硫酸钠、五氧化二磷和分子筛等。强酸、强碱会发生反应，故不宜用作干燥剂。

(7) 溶解性能　能与乙醇、乙醚、氯仿、四氯化碳等多种有机溶剂混溶，同族化合物中，含碳原子数越多，在1,2-二氯乙烷中的溶解倾向越小。20℃时1,2-二氯乙烷在水中的溶解度为0.869%；水在1,2-二氯乙烷中的溶解度为0.16%。

1,2-二氯乙烷是油脂、蜡、生物碱、生胶、樟脑、乙基纤维素、天然树脂、乙烯树脂、酚醛树脂和丙烯酸树脂等的优良溶剂。在1,2-二氯乙烷中加入甲醇、乙醇、乙酸甲酯或乙酸乙酯等能显著提高对纤维素酯和纤维素醚的溶解能力。

(8) 用途　主要用来制造氯乙烯、四乙基铅、乙二胺、乙二醇二乙酸酯。还用作油脂、橡胶、蜡、树脂等的溶剂和脱漆剂、萃取剂。液相色谱溶剂。

(9) 使用注意事项　致癌物。危险特性属第3.2类中闪点易燃液体。危险货物编号：32035，UN编号：1184。干燥时对金属无腐蚀性，可安全地用铁、软钢或铝制容器贮存。微量水分存在时释放出氯化氢、能剧烈的腐蚀金属。光照能促进分解放出氯化氢。属高毒类。对眼和呼吸道有刺激作用，其蒸气可使动物角膜浑浊，有麻醉性。能使动物皮肤产生硬结，并能引起心、肝、肾的脂肪性病变直到死亡。人口服 15～20mL 可致死，接触浓度为 0.1g/m³ 时有易倦、头痛、失眠、植物神经系统功能紊乱症状，对动物有明显致癌作用。TJ 36—79 规定车间空气中最高容许浓度为 25mg/m³。大鼠经口 LD_{50} 为 770mg/kg。

(10) 附表

表 2-2-12　1,2-二氯乙烷的蒸气压

温度/℃	蒸气压/kPa	温度/℃	蒸气压/kPa
0	3.33	50	32.00
10	5.33	60	46.66
20	8.53	70	66.66
30	13.33	80	933.25
40	21.33	83.5	101.33

表 2-2-13　脂肪酸在 1,2-二氯乙烷中的溶解度

脂肪酸的碳原子数	脂肪酸/(g/100g $C_2H_4Cl_2$)			脂肪酸的碳原子数	脂肪酸/(g/100g $C_2H_4Cl_2$)		
	0℃	20℃	40℃		0℃	20℃	40℃
8	144	∞	∞	14		5.0	164
10	21.7	260	∞	16		0.6	39.7
12	1.2	36.5	1230	18			10.0

表 2-2-14　含 1,2-二氯乙烷的二元共沸混合物

第二组分	共沸点/℃	1,2-二氯乙烷/%	第二组分	共沸点/℃	1,2-二氯乙烷/%
水	71.9	91.9	甲醇	59.5	65
庚烷	81	75.8	乙醇	70.5	63
环己烷	74.4	49.6	烯丙醇	80.9	85.5
四氯化碳	75.5	20	苯	80.1	15%(体积)
丙醇	80.7	81	三氯乙烯	82.9	82
异丙醇	72.7	60.8	叔戊醇	83	94
异丁醇	83.5	93.5	乙二醇	79.9	82
叔丁醇	<76.5	<78	甲酸	77.4	86
1,1-二氯乙烷	72	80.5	甲酸丙酯	84.05	90
氯仿	82.9	82			

表 2-2-15　含 1,2-二氯乙烷的三元共沸混合物

第二组分	含量/%	第三组分	含量/%	共沸点/℃
乙醇	15.7	水	7.2	67.8
异丙醇	19.0	水	7.7	69.7
苯	66.4	氯仿	5.0	79.2

(11) 附图

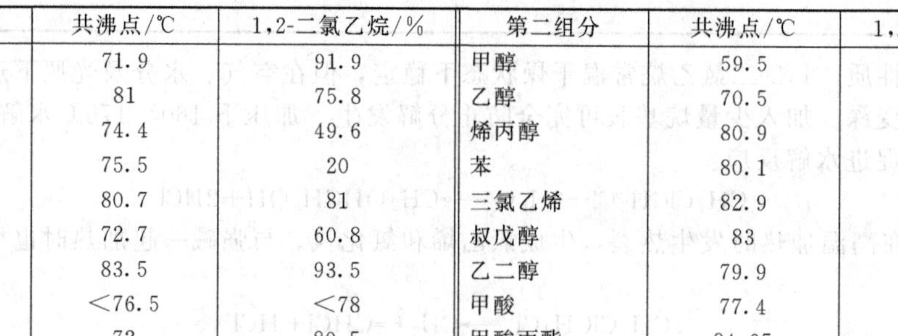

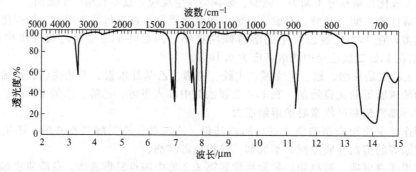

图 2-2-5　1,2-二氯乙烷的红外光谱

参考文献

1 CAS 107-06-2

2 EINECS 203-458-1

3 A. Weissberger. Organic Solvents. 3rd ed. Wiley. 355，776

4 Kirk-Othmer. Encyclopedia of Chemical Technology. 2nd ed.，Vol. 5. Wiley. 149

5 The Merck Index. 8th ed. 434

6 N. A. Lange. Handbook of Chemistry. 10th ed. McGraw，1961. 1210

7 IRDC カード. No. 9977

8 J. T. Neu et al. J. Chem. phys. 1948，16：1004

9 F. A. Bovey. NMR Data Tobles for Organic Compounds. Vol. 1. Wiley，1967. 20

10 ACGIH（1974）. 安全工学. 1975，14：89

11 L. H. Horsley. Advan. Chem. Ser. 1952，6；23；45

12 L. H. Horsley. Advan. Chem. Ser. 1962，35；21；23；27；60

13 日本化学会. 化学便覧. 基礎編，丸善，1966. 620

14 C. W. Hoerr et al. J. Org. Chem. 1946，11：603

15 Beilstein. Handbuch der Organischen Chemie. H，1-84；E Ⅳ，1-131

16 The Merck Index. **10**，3743；**11**，3754

17 张海峰主编. 危险化学品安全技术大典：第1卷. 北京：中国石化出版社，2010

126. 1,1-二氯乙烷

1,1-dichloroethane [ethylidene dichloride，ethylidene chloride，*as*-dichloroethane]

(1) 分子式　$C_2H_4Cl_2$。　　相对分子质量　98.96。

(2) 示性式或结构式　CH_3CHCl_2

(3) 外观　无色易挥发液体，有类似氯仿气味。

(4) 物理性质

沸点(101.3kPa)/℃	57.28	蒸发热(b.p.)/(kJ/mol)	28.60
熔点/℃	−97.6	熔化热/(kJ/mol)	7.88
相对密度(20℃/4℃)	1.175	生成热(20℃,液体)/(kJ/mol)	152.4
折射率(20℃)	1.4166	燃烧热(20℃,液体)/(kJ/mol)	118.3
介电常数(20℃)	10.9	比热容(25℃,液体,定压)/[kJ/(kg·K)]	1.28
偶极矩(25℃,苯)/(10^{-30} C·m)	6.60	临界温度/℃	250
黏度(20℃)/mPa·s	0.4983	临界压力/MPa	5.07
表面张力(20℃)/(mN/m)	24.75	电导率(25℃)/(S/m)	$<1.7\times10^{-8}$
闪点/℃	−8.5	爆炸极限(下限)/%(体积)	5.9
燃点/℃	457.8	(上限)/%(体积)	15.9

(5) 化学性质　1,1-二氯乙烷在液相按自由基历程进行氯化反应时，大致以3∶1的比例生成1,1,1-三氯乙烷和1,1,2-三氯乙烷。脱氯化氢生成氯乙烯。在氯或水蒸气存在下与金属钠加热至300℃以上生成乙烯。在三氯化铝存在下与苯反应生成1,1-二苯基乙烷。

(6) 精制方法　碳酸氢钠饱和水溶液充分洗涤后，水洗、干燥、分馏。

(7) 溶解性能　能与醇、醚等大多数有机溶剂混溶。溶解性能和1,2-二氯乙烷相似，但29℃时硅树脂在1,1-二氯乙烷中的溶解度比1,2-二氯乙烷大20倍。20℃时，水在1,1-二氯乙烷中溶解度为0.0009%；1,1-二氯乙烷在水中的溶解度为0.55%。

(8) 用途　为低毒性溶剂。用作1,1,1-三氯乙烷的制造原料。

(9) 使用注意事项　致癌物。危险特性属第3.2类中闪点易燃液体。危险货物编号：32035，UN编号：2362。比1,2-二氯乙烷容易着火，燃烧时生成剧毒的光气。属低毒类。对人的毒性和氯甲烷、氯仿相似，局部刺激作用强，对肝脏有损害。动物试验时发现眼球角膜产生浑浊。工作场所最高容许浓度为 400mg/m³（日本）；820mg/m³（美国）。大鼠经口 LD_{50} 为 14.1g/kg。

(10) 附表

表 2-2-16 含 1,1-二氯乙烷的二元共沸混合物

第二组分	共沸点/℃	1,1-二氯乙烷/%	第二组分	共沸点/℃	1,1-二氯乙烷/%
水	53.0	95.3	甲酸	56.0	95
甲醇	59.05	88.5	丙酮	57.55	70
乙醇	54.6	88.5	二硫化碳	46	6
异丙醇	56.6	约 92	二乙胺	52	约 45

参 考 文 献

1 CAS 75-34-3
2 EINECS 200-863-5
3 A. Weissberger. Organic Solvents. 3rd ed. Wiley. 353，775
4 Kirk-Othmer. Encyclopedia of Chemical Technology. 2nd ed. Vol. 5. Wiley. 148
5 The Merck Index. 8th ed. 437
6 N. A. Lange. Handbook of Chemistry. 10th ed. McGraw. 1961. 1210，1569，1635，1659
7 IRDC カード. No. 4063
8 M. Mazumder. Indian J. Phys. 1956，30：384，Chem. Abstr. 1957，51-9319
9 F. A. Bovery. NMR Data Tables for Organic Compounds. Vol. 1. Wiley，1967. 20
10 N. I. Sax. Dangerous Properties of Industrial Materials. 3rd ed. Van Nostrand Reinhold. 1968. 755
11 日本産業衛生学会．産業医学．1975，17：248
12 ACGIH（1974）．安全工学．1975，14：89
13 L. H. Horaley. Advan. Chem. Ser. 1952，6；23；28；44；45
14 L. H. Horaley. Advan. Chem. Ser. 1962，35；22
15 Beilstein. Handbuch der Organischen Chemie. E Ⅳ，1-130
16 张海峰主编. 危险化学品安全技术大典：第 1 卷. 北京：中国石化出版社，2010

127. 1,1,1-三氯乙烷

1,1,1-trichloroethane[ethylidyne trichloride, methyl chloroform, ethylidyne chloride, α-trichloroethane, MC]

(1)分子式 $C_2H_3Cl_3$。　　相对分子质量 133.41。

(2)示性式或结构式 CH_3CCl_3

(3)外观 无色透明液体，有特殊气味。

(4)物理性质

沸点(101.3kPa)/℃	74.0	爆炸极限(下限)/%(体积)	10
熔点/℃	−32.62	黏度(15℃)/mPa·s	0.903
相对密度(20℃/4℃)	1.3492	表面张力(20℃)/(mN/m)	25.56
折射率(20℃)	1.4379	蒸发热(b.p.)/(kJ/mol)	32.198
介电常数(20℃)	7.53	熔化热/(kJ/mol)	4.500
偶极矩(苯)/(10^{-30}C·m)	5.24	生成热(25℃,气体)/(kJ/mol)	138.1
临界温度/℃	260	比热容(−15～26℃,平均)/[kJ/(kg·K)]	1.0684
临界压力/MPa	5.07	(上限)/%(体积)	15.5
电导率/(S/m)	7.3×10^{-9}	NMRδ2.72×10^{-6}(CCl_4 TMS 基准)	

(5) 化学性质 气相加热至 360～440℃时分解为 1,1-二氯乙烯和氯化氢：

$$CH_3CCl_3 \longrightarrow CH_2{=}CCl_2+HCl$$

在钴、镍、铂、钯盐及其氧化物存在下，反应可在 150℃左右进行。在硫酸或金属氯化物存在下与水一起于加压下加热至75～160℃，生成乙酰氯和乙酸。在光照下氯化得到1,1,1,2-四氯乙烷。不含稳定剂的1,1,1-三氯乙烷于高温空气中氧化生成光气。1,1,1-三氯乙烷对石灰乳非常稳定，加热回流也几乎不发生分解。

(6) 精制方法　市售的1,1,1-三氯乙烷除含有作为稳定剂而加入的有机物外，尚含有水、酸和不挥发物等杂质。精制时用浓盐酸、10%碳酸钾溶液、10%氯化钠溶液分别洗涤后，用氯化钙干燥，精馏。

(7) 溶解性能　能与丙酮、甲醇、乙醚、苯、四氯化碳等常用有机溶剂混溶。可溶解脂肪、润滑脂、蜡等多种有机物。20℃时在水中溶解度为0.44%；水在1,1,1-三氯乙烷中溶解度为0.05%。

(8) 用途　1,1,1-三氯乙烷在脂肪族卤代烃中是毒性最低的物质之一，主要用作氯化聚醚热塑性高分子合成中的溶剂。机械、电子零部件的洗涤剂、粘接剂、金属切削添加剂等。

(9) 使用注意事项　危险特性属第6.1类毒害品。危险货物编号：61555，UN编号：2831。干燥的1,1,1-三氯乙烷对常用的金属无腐蚀性，但对铝和铝合金的作用强烈。有水存在时，分解放出氯化氢而有腐蚀作用。应置阴凉处密封贮存。高浓度时引起麻醉，遗忘症、痛觉和反射消失。急性中毒主要呈现麻醉作用，并刺激黏膜。慢性中毒使运动神经系统受损。嗅觉阈浓度2176mg/m^3，工作场所最高容许浓度为1100mg/m^3（日本），1900mg/m^3（美国）。大鼠经口LD_{50}为10.300～12.300g/kg，兔为5.600g/kg，豚鼠为9.470g/kg。

(10) 附表

表2-2-17　1,1,1-三氯乙烷的蒸气压

温度/℃	蒸气压/kPa	温度/℃	蒸气压/kPa
0	4.93	50	45.33
10	8.27	60	62.66
20	13.33	70	87.99
30	20.00	80	119.99
40	32.00		

表2-2-18　含1,1,1-三氯乙烷的二元共沸混合物

第二组分	共沸点/℃	1,1,1-三氯乙烷/%
水	65.2	91.7
甲醇	56	78.3

(11) 附图

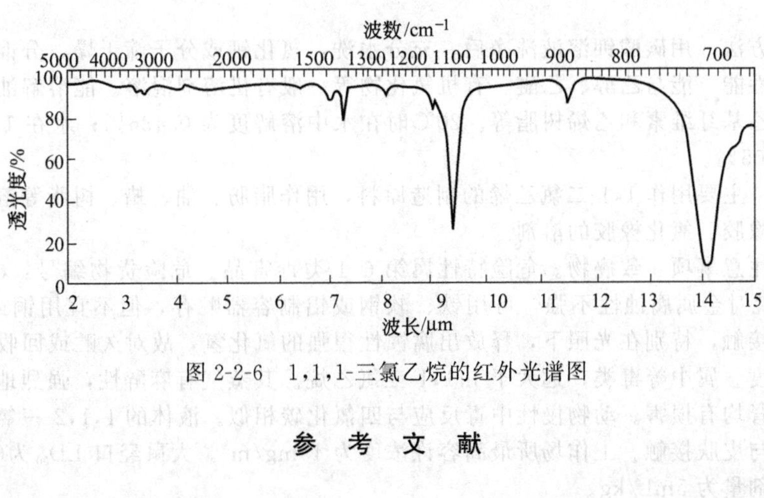

图2-2-6　1,1,1-三氯乙烷的红外光谱图

参考文献

1　CAS 71-55-6

2　EINECS 200-756-3

3 Kirk-Othmer. Encyclopedia of Chemical Technology. 2nd ed. Vol. 5. Wiley. 154
4 A. Weissberger. Organic Solvents. 3rd ed., Wiley. 357, 777
5 The Merck Index. 8th ed. 1068
6 IRDC カード. No. 4062
7 M. Mazumder. Indian J. Phys. 1956, 30: 384; Chem. Abstr. 1957, 51: 9319
8 F. A. Bovey. NMR Data Tables for Organic Compounds. Vol. 1. Wiley. 1967. 16
9 柳生昭三. 安全工学. 1967. 6: 45
10 日本産業衛生学会. 産業医学. 1975, 17: 248
11 ACGIH (1974). 安全工学. 1975, 14: 89
12 Beilstein. Handbuch der Organischen Chemie. H, 1-85, E Ⅳ, 1-138
13 The Merck Index. **10**, 9449; **11**, 9549
14 张海峰主编. 危险化学品安全技术大典: 第1卷. 北京: 中国石化出版社, 2010

128. 1,1,2-三氯乙烷

1,1,2-trichloroethane [ethylene trichloride, vinyl trichloride, β-trichloroethane]

(1) 分子式 $C_2H_3Cl_3$。 相对分子质量 133.41。

(2) 示性式或结构式 $CH_2ClCHCl_2$

(3) 外观 无色透明液体，有刺激性的特殊气味。

(4) 物理性质

沸点(101.3kPa)/℃	113.5	表面张力(20℃)/(mN/m)	33.57
熔点/℃	−37.0	蒸发热(b.p.)/(J/g)	287.6
相对密度(20℃/4℃)	1.4416	燃烧热(气体)/(kJ/mol)	1099.0
折射率(20℃)	1.47064	比热容(20℃)/[kJ/(kg·K)]	1.13
介电常数(20℃)	7.12	热导率(20℃,液体)/[W/(m·K)]	0.135
偶极矩(苯)/(10^{-30}C·m)	5.17	体膨胀系数(0～25℃,平均)/K^{-1}	0.0010
黏度(20℃)/mPa·s	1.20		

(5) 化学性质 通常状态下性质稳定。没有空气和水存在时，加热至110℃也不发生明显的分解，但在其沸点与水接触时发生水解。与氢氧化钠溶液或氢氧化钙悬浮液一起加热，生成1,1-二氯乙烯，高温气相热裂也发生脱氯化氢反应。在三氯化铝存在下，70～80℃与氯反应生成1,1,2,2-四氯乙烷。

(6) 精制方法 用碳酸钾溶液洗净后，充分水洗，氯化钙或分子筛干燥，分馏。

(7) 溶解性能 能与乙醇、乙醚、有机氯化物等一般有机溶剂混溶。能溶解油脂、蜡、天然树脂、橡胶、乙基纤维素和乙烯树脂等。20℃时在水中溶解度为0.436%；水在1,1,2-三氯乙烷中溶解度为0.05%。

(8) 用途 主要用作1,1-二氯乙烯的制造原料，用作脂肪、油、蜡、树脂等溶剂，还用作醋酸纤维、天然橡胶、氯化橡胶的溶剂。

(9) 使用注意事项 致癌物。危险特性属第6.1类毒害品。危险货物编号：61555。干燥的1,1,2-三氯乙烷对金属腐蚀性不强，可用铁、软钢或铝制容器贮存，但不宜用铜或黄铜制容器。和潮湿的空气接触，特别在光照下，释放出腐蚀性很强的氯化氢，故对久贮或回收的溶剂在使用前应检查其酸度。属中等毒类，远大于1,1,1-三氯乙烷。其蒸气有麻醉性，强烈地刺激眼鼻和咽喉，且对肝、肾均有损害。动物慢性中毒反应与四氯化碳相似。液体的1,1,2-三氯乙烷的脱脂作用强，应避免与皮肤接触。工作场所最高容许浓度为45mg/m³。大鼠经口LD_{50}为0.1～0.2g/kg。狗经口的致死剂量为5mL/kg。

(10) 附表

表 2-2-19 1,1,2-三氯乙烷的蒸气压

温度/℃	蒸气压/kPa	温度/℃	蒸气压/kPa
30	4.80	110	90.66
90	49.20	113.5	101.33
100	67.86	114	101.86

表 2-2-20 含 1,1,2-三氯乙烷的二元共沸混合物

第二组分	共沸点/℃	1,1,2-三氯乙烷/%	第二组分	共沸点/℃	1,1,2-三氯乙烷/%
甲醇	64.5	3	乙酸	106.0	70
乙醇	77.8	30	四氯乙烯	112	43
异丁醇	<103.8	>62			

(11) 附图

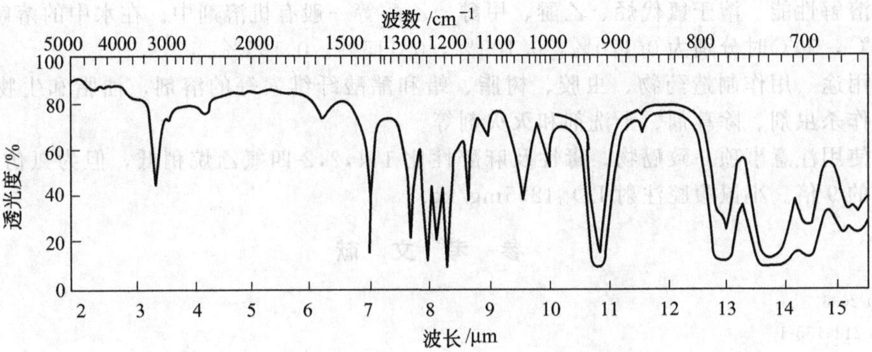

图 2-2-7 1,1,2-三氯乙烷的红外光谱图

参 考 文 献

1 CAS 79-00-5

2 EINECS 201-166-9

3 Kirk-Othmer. Encyclopedia of Chemical Technology. 2nd ed. ,Vol. 5. Wiley. 157

4 The Merck Index. 8th ed. 1068

5 Beilstein. Handbuch der Organischen Chemie. EⅢ. 1-154

6 I. Mellan. Source Book of Industrial Solvents. Vol. 2. Van Nostrand Reinhold. 1957. 141

7 Sadtler Standard IR Prism Spectra. No. 9721.

8 M. Mazumder. Indian J. Phys. ,1953,27:406;Chem. Abstr. 1957. 51-7862

9 F. A. Bovey. NMR Data Tables for Organic Compounds. Vol. 1. ,Wiley. 1967. 16

10 日本産業衛生学会．産業医学．1975,17:248

11 ACGIH(1974). 安全工学．1975,14:89

12 L. H. Horsley. Advan. Chem. Ser. ,1952,6:28;32:41

13 L. H. Horsley. Advan. Chem. Ser. 1962,35:8

14 Beilstein. Handbuch der Organischen Chemie. H,1-85;E Ⅳ 1-139

15 The Merck Index. **10**,9450;**11**,9550

16 张海峰主编.危险化学品安全技术大典:第1卷.北京:中国石化出版社,2010

129. 1,1,1,2-四氯乙烷

1,1,1,2-tetrachloroethane [*as*-tetrachloroethane]

(1) 分子式 $C_2H_2Cl_4$。 相对分子质量 167.85。

(2) 示性式或结构式　CH_2ClCCl_3

(3) 外观　无色质重油状液体，有类似氯仿的气味。

(4) 物理性质

沸点(101.3kPa)/℃	129.2	表面张力(20℃)/(mN/m)	32.92
熔点/℃	−68.1	蒸发热(b.p.)/(kJ/kg)	207.33
相对密度(20℃/4℃)	1.553	比热容(18℃)/[kJ/(kg·K)]	0.61
折射率(20℃)	1.4821	电导率(25℃)/(S/m)	2×10^{-9}
介电常数(20℃)	5.82	蒸气压(7.4℃)/kPa	0.67
偶极矩(苯或四氯化碳)/(10^{-30}C·m)	4.00	(19.3℃)/kPa	1.33
黏度(25℃)/mPa·s	1.38	(32.1℃)/kPa	2.67

(5) 化学性质　于550～650℃热解生成三氯乙烯和氯化氢。在碱性溶液中脱氯化氢比1,1,2,2-四氯乙烷困难，在氯化铁催化下反应则较易发生。与97%硫酸一起加热到130℃以上生成氯代乙酸。

(6) 溶解性能　溶于氯代烃、乙醚、甲醇、乙醇等一般有机溶剂中。在水中的溶解度：0℃，20℃，30℃，50℃时分别为0.120%，0.109%，0.115%，0.125%。

(7) 用途　用作制造药物、虫胶、树脂、蜡和醋酸纤维素等的溶剂，油脂和生物碱的萃取剂，还用作杀虫剂、除草剂、干洗剂和灭火剂等。

(8) 使用注意事项　致癌物。毒性及麻醉性比1,1,2,2-四氯乙烷稍低，但为氯仿的3.5倍，四氯化碳的9倍。小鼠腹腔注射 LD_{50} 1275mg/kg。

参 考 文 献

1 CAS 630-20-6
2 EINECS 211-135-1
3 Kirk-Othmer. Encyclopedia of Chemical Technology. 2nd ed., Vol. 5, Wiley. 159
4 Beilstein. Handbuch der Organischen Chemie. E Ⅲ, 1-158
5 R. R. Dreisbach. Advan. Chem. Ser., 1961, 29: 143
6 K. A. Kobe and P. H. Harrison, Petrol. Refiner, 1957, 36 (10): 155
7 Landolt-Börnstein. 6th ed., Vol. Ⅱ-7., Springer. 17
8 日本化学会. 化学便覧. 基礎編. 丸善. 1966. 565
9 G. Allen and H. J. Bernstein. Can. J. Chem.. 1954, 32: 1124
10 竹内康治. 産業医学. 1966. 8: 371

130. 1,1,2,2-四氯乙烷

1,1,2,2-tetrachloroethane [acetylene tetrachloride, *sym*-tetra-chloroethane]

(1) 分子式　$C_2H_2Cl_4$。　　相对分子质量　167.85。

(2) 示性式或结构式　$CHCl_2CHCl_2$

(3) 外观　无色液体，有类似氯仿的气味。

(4) 物理性质

沸点(101.3kPa)/℃	146.3	折射率(20℃)	1.49419
熔点/℃	−42.5	介电常数(20℃,液体)	8.00
相对密度(20℃/4℃)	1.5953	偶极矩(25℃,苯)/(10^{-30}C·m)	5.70
黏度(20℃)/mPa·s	1.77	比热(液)/[kJ/(kg·K)]	1.122
表面张力(20℃)/(mN/m)	36.04	临界温度/℃	388
蒸发热(b.p.)/(J/g)	229.8	电导率(25℃)/(S/m)	4.5×10^{-9}
生成热(25℃,气体)/(kJ/mol)	149.0	热导率/[W/(m·K)]	0.1364
燃烧热(18.7℃,定容)/(kJ/kg)	5788.8	体膨胀系数(0～30℃,平均)/K^{-1}	0.00103

(5) 化学性质　无空气、水分和光存在时，1,1,2,2-四氯乙烷是稳定的物质，但与空气接触时，慢慢脱去氯化氢，生成三氯乙烯及微量的光气。在水分存在下逐渐分解放出氯化氢。在空气或氧气存在下，经紫外光照射生成二氯乙酰氯。1,1,2,2-四氯乙烷在沸水或水蒸气存在下，用铁、铝、锌等金属处理，还原成1,2-二氯乙烯。常温下不与氯反应，紫外光照射下氯化生成六氯乙烷。1,1,2,2-四氯乙烷在活性炭等催化剂存在下热裂或与石灰乳反应都生成三氯乙烯。与强碱加热生成极易爆炸的二氯乙炔。

(6) 精制方法　含有三氯乙烷、三氯乙烯、酸和水等杂质。精制时加浓硫酸在80～90℃激烈搅拌10分钟后静置分层，分出硫酸后再用硫酸洗涤一次，然后水洗，水蒸气蒸馏，再水洗，干燥剂干燥，最后进行减压蒸馏。干燥剂可用无水碳酸钾、无水硫酸钙和分子筛等。

(7) 溶解性能　在氯代烃类溶剂中其溶解能力最强，能与甲醇、乙醇、乙醚、石油醚、苯、四氯化碳、二硫化碳、二甲基甲酰胺等多种有机溶剂完全混溶。能溶解油脂、蜡、沥青、煤焦油、樟脑、橡胶、染料、乙基纤维素、硝酸纤维素、聚氯乙烯等多种有机物及硫、磷、卤素、亚硫酸钠等无机物。特别对硫的溶解度，120℃时100g 1,1,2,2-四氯乙烷能溶解100g硫。25℃时在水中的溶解度为0.29%；水在1,1,2,2-四氯乙烷中的溶解度为0.13%。

(8) 用途　由于其毒性大、溶解力强，故除作特殊用途的溶剂外，主要用作三氯乙烯的制造原料。还用于杀虫剂、除草剂和照相软片等的制造。

(9) 使用注意事项　致癌物。危险特性属第6.1类毒害品。危险货物编号：61556，UN编号：1702。干燥纯净的1,1,2,2-四氯乙烷对金属腐蚀性不强，可用软钢或铝制容器贮存，铜制容器不宜使用。在潮湿空气中分解放出腐蚀性强的氯化氢，故应置阴凉处密封贮存。潮湿的情况下应用铸铁或铅衬里的容器。

1,1,2,2-四氯乙烷是液态氯代烃中毒性最强的物质，对中枢神经系统有麻醉和抑制作用，对肝、肾有严重损害。吸入其蒸气时，强烈刺激眼和气管的黏膜，引起头痛、恶心以及胃和神经障碍。长期吸入会引起肠胃障碍，还会损害心、肝、肾而死亡。即使在687mg/m^{3}以下也能引起慢性中毒，因神经障碍而引起严重的头痛、激烈的手颤、丧失味觉、四肢神经麻痹、关节痛、脑脊髓软化、白细胞增加、贫血等症状。经皮肤吸收也能引起慢性中毒。工作场所最高容许浓度34.35mg/m^3。大鼠腹腔注射LD_{50}为821mg/kg。

(10) 附表

表 2-2-21　1,1,2,2-四氯乙烷的蒸气压

温度/℃	蒸气压/kPa	温度/℃	蒸气压/kPa
32	1.33	104	29.33
45	2.60	118	46.66
60	5.33	128	62.66
70	8.27	138	82.66
91	18.67	146.3	101.33

表 2-2-22　含1,1,2,2-四氯乙烷的二元共沸混合物

第二组分	共沸点/℃	1,1,2,2-四氯乙烷/%	第二组分	共沸点/℃	1,1,2,2-四氯乙烷/%
水(101.33kPa)	93.2	68.9	氯代乙酸	146.25	98.2
异戊醇	131.3	2	氯代乙酸乙酯	147.45	73
糠醛	161.6	3	异丁酸	144.8	93
二丁基醚	148.0	70	乳酸甲酯	143.3	48
环己酮	159.1	45	亚异丙基丙酮	147.5	85
丙酸	140.4	40	乙二醇乙酸酯	158.2	26
乙二醇	145.1	91	丙酸丁酯	152.5	55
丁酸	145.7	96.2	乙酸异戊酯	150.1	68
甲酸	99.25	32	丙酸异丁酯	148.0	<85

(11) 附图

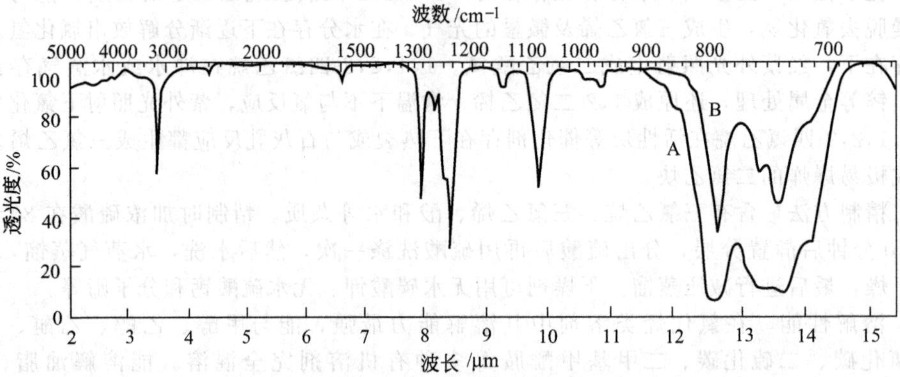

图 2-2-8　1,1,2,2-四氯乙烷的红外光谱图

参考文献

1　CAS 79-34-5

2　EINECS 201-197-8

3　Kirk-Othmer. Encyclopedia of Chemical Technology. 2nd ed. Vol. 5. Wiley. 159

4　R. R. Dreisbach. Advan. Chem. Ser. 1961, 29: 144

5　The Merck Index. 8th ed. 1023

6　A. Weissberger. Organic Solvents. 3rd. ed. Wiley. 358, 778

7　Beilsteis, Handbuch der Organischen Chemie. E Ⅲ. 1-159

8　Landolt-Bornstein. 6th ed. Vol. Ⅱ-7, Springer. 17

9　Sadtler Standard IR Prism Spectra. No. 182

10　水島三郎ほか. 日化. 1944, 65: 127

11　R. B. Bernstein et al. Anal. Chem. 1953, 25: 139

12　F. A. Bovey. NMR Data Tables for Organic Compounds. Vol. 1. Wiley. 1967. 13

13　竹内康浩. 産業医学. 1966, 8: 371

14　I. Mellan. Source Book of Industrial Solvents. Vol. 2. Van Nostrand Reinhold. 1957. 149

15　L. H. Horsley. Advan. Chem. Ser. 1952, 6: 19: 38

16　Beilstein. Handbuch der Organischen Chemie. H, 1-86

17　The Merck Index. **10**, 9016

131. 五氯乙烷

pentachloroethane

(1) 分子式　C_2HCl_5。　　　相对分子质量　202.30。

(2) 示性式或结构式　$CHCl_2CCl_3$

(3) 外观　无色液体，有类似氯仿的气味。

(4) 物理性质

沸点(101.3kPa)/℃	162.00	熔化热/(kJ/mol)	11.34
熔点/℃	−29	生成热(25℃,气体)/(kJ/mol)	144.45
相对密度(25℃/4℃)	1.6712	燃烧热(18.7℃,定容)/(kJ/kg)	4260.9
折射率(20℃)	1.5024	比热容(20℃,定压)/[kJ/(kg·K)]	0.900
介电常数(25℃,液体)	3.60	临界温度/℃	373.0
偶极矩(25～85℃,液体)/(10^{-30}C·m)	3.14	电导率(25℃)/(S/m)	1.4×10^{-9}
黏度(20℃)/mPa·s	2.5	体膨胀系数(0～30℃,平均)	0.000912
表面张力(20℃)/(mN/m)	34.72	热导率(20℃)/[W/(m·K)]	0.1299
蒸发热(b.p.)/(kJ/kg)	185.0		

(5) 化学性质　无水分存在时，100℃以下对铁不腐蚀。若有水分常温逐渐水解。光照下与氧反应，生成三氯乙酰氯。高温热裂脱氯化氢生成四氯乙烯。在氢氧化钙悬浮液等碱性溶液中也可发生脱氯化氢反应。在镍催化下，用氢还原生成三氯乙烯。

(6) 精制方法　用碳酸钾溶液洗涤后，加固体碳酸钾干燥，减压分馏。或用浓硫酸洗涤，水蒸气蒸馏后再分馏。

(7) 溶解性能　能与醇、醚等一般有机溶剂混溶。能溶解植物油、矿物油、精油等天然油类和达玛树脂、芳香树脂、乳香、山达树脂等天然树脂以及乙基纤维素等。20℃时在水中溶解度为0.05%；水在五氯乙烷中的溶解度为0.03%。

(8) 用途　溶解能力强，但毒性大，不宜作溶剂。主要用于四氯乙烯的制造。

(9) 使用注意事项　危险特性属第6.1类毒害品。危险货物编号：61577，UN编号：1669。干燥状态对金属无明显的腐蚀性，可安全地贮存在铁、软钢、铜或铝制容器中。有水分存在，特别是光照下，分解放出腐蚀性强的氯化氢。有麻醉作用。毒性和四氯乙烷相似，能引起肝脏脂肪性病变。强烈地刺激皮肤、黏膜和呼吸器官，能引起支气管炎和化脓性肺炎。小鼠致死浓度为34692mg/m^3，狗静脉注射LD_{50}为100mg/kg。工作场所最高容许浓度为41.3mg/m^3（德国）。

参考文献

1 CAS 76-01-7
2 EINECS 200-925-1
3 A.Weissberger.Organic Solvents,3rd ed.Wiley.360,779
4 Kirk-Othmer.Encyclopedia of Chemical Technology.2nd ed.Vol.5.Wiley.164
5 The Merck Index.8th ed.792
6 Beilstein.Handbuch der Organischen Chemie.E Ⅲ.1-165
7 Landolt-Börnstein.6th ed.Vol.Ⅱ-7.Springer.17
8 Sadtler Standard IR Prism Spectra.No.178
9 水島三郎ほか.日化.1944,65:127
10 R.B.Bernstein et.al.Anal.Chem.1953,25:139
11 F.A.Bovey.NMR Data Tables for Organic Compounds.Vol.1.Wiley.1967,12
12 安全工学協会.安全工学便覧.コロナ社.1973.299
13 The Merck Index.**10**,6969;**11**,7085

132. 六氯乙烷

hexachloroethane [carbon hexachloride, perchloroethane]

(1) 分子式　C_2Cl_6。　　相对分子质量　236.74。

(2) 示性式或结构式　CCl_3CCl_3

(3) 外观　白色晶体，有樟脑气味。

(4) 物理性质

沸点(101.3kPa,三相点)/℃	186.8	生成热(20℃,结晶)/(kJ/mol)	226
相对密度(20℃/4℃)	2.091	(20℃,气体)/(kJ/mol)	154.9
蒸发热(b.p.)/(J/g)	194.2	比热容(25℃,定压)/[J/(g·K)]	0.729
燃烧热(20℃,固体)/(kJ/mol)	461	蒸气压(20℃)/kPa	0.029

(5) 化学性质　六氯乙烷能升华，在空气中逐渐挥发。化学性质稳定，常温下与水接触不发生分解。在酸或碱的水溶液中也不反应。与氯化锌反应生成四氯化碳。用锌和硫酸还原则生成四氯乙烯。高温热解生成四氯化碳、四氯乙烯和氯气。

(6) 溶解性能　溶于乙醇、乙醚、苯、氯仿及油类，几乎不溶于水。22.3℃时在水中溶解度0.005%。

(7) 用途　主要用作生产氟里昂-113的原料。也用于溶剂、农药、医药、兽药、发烟剂、切削油添加剂、橡胶硫化促进剂及赛璐珞中樟脑溶剂代用品等。

(8) 使用注意事项　致癌物。危险特性属第6.1类毒害品。危险货物编号：61558。毒性和四氯化碳类似，能抑制中枢神经，产生麻醉作用，使血压下降，并对肝、肾有损害，对皮肤和黏膜刺激作用较弱。狗静脉注射最低致死量为325mg/kg。工作场所最高容许浓度为$10mg/m^3$（美国）。

(9) 规格　HG/T 3261—2002 六氯乙烷

项　目		优　级　品	一　等　品	合　格　品
外观		白色结晶		
纯度/%	≥	99.5	99.0	98.0
水分/%	≤	0.02	0.06	0.08
初熔点/℃	≥	184	183	
灰分/%	≤	0.02	0.04	0.06
铁(以Fe计)/%	≤	0.006	0.008	0.015
游离氯(Cl_2)试验		合格		—
氯化物(以Cl计)/%		0.01	0.04	0.06
醇不溶物/%	≤	0.02	0.05	0.10

参　考　文　献

1　CAS 67-72-1
2　EINECS 200-666-4
3　The Merck Index. 8th ed. 526
4　Kirk-Othmer. Encyclopedia of Chemical Technology. 2nd ed., Vol. 5. Wiley. 166
5　Sadtler Standard IR Prism Spectra. No. 4546
6　A. Dadieu and K. W. F. Kohlrausch. Chem. Ber., 1930, 63: 251
7　R. B. Bernstein et al. Anal. Chem. 1953, 25: 139
8　ACGIH (1974). 安全工学. 1975, 14: 89
9　张海峰主编. 危险化学品安全技术大典: 第1卷. 北京: 中国石化出版社, 2010

133. 1,1-二氯乙烯［偏二氯乙烯］

1,1-dichloroethylene［*as*-dichloroethylene, vinylidene dichloride, vinylidene chloride］

(1) 分子式　$C_2H_2Cl_2$。　　相对分子质量　96.94。

(2) 示性式或结构式　$CH_2=CCl_2$

(3) 外观　无色透明液体，有类似氯仿的气味。

(4) 物理性质

沸点(101.3kPa)/℃	31.56	熔化热/(kJ/mol)	6.519
熔点/℃	−122.5	生成热(25℃,液体)/(kJ/mol)	25.1
相对密度(20℃/4℃)	1.2132	燃烧热(25℃,液体)/(kJ/kg)	1096.64
折射率(20℃)	1.42468	比热容(25.15℃,定压)/[kJ/(kg·K)]	1.155
介电常数(16℃)	4.67	临界温度/℃	222
偶极矩(25℃,苯)/(10^{-30}C·m)	5.64	临界压力/MPa	5.20
黏度(20℃)/mPa·s	0.3302	蒸气压(20℃)/kPa	66.0
闪点(开口)/℃	−15	聚合热/(kJ/mol)	60.7
(闭口)/℃	12.78	爆炸极限(28℃,下限)/%(体积)	7.3
燃点/℃	570	(28℃,上限)/%(体积)	16.0
蒸发热(b.p.)/(kJ/mol)	26.197		

(5) 化学性质　在光或催化剂作用下极易聚合，可与氯乙烯或丙烯腈等共聚。在空气中容易

与氧发生自氧化反应，生成有爆炸危险的过氧化物。过氧化物会缓慢地分解，生成甲醛、光气和氯化氢。一般要加入少量对苯二酚、酚类、烷基胺作稳定剂。40～50℃与氯作用生成1,1,2,2-四氯乙烷。在无水氯化铁或三氯化铝存在下，与氯化氢反应生成1,1,1-三氯乙烷。

(6) 精制方法　除含有稳定剂外，尚含有水、1,2-二氯乙烯、1,1-二氯乙烷等杂质。精制时，1,1-二氯乙烯中的氯代烃等杂质可在氮气流中精馏除去。微量杂质用稀硫酸、稀碱、硫酸亚铁依次洗涤后，最后用硅胶干燥。1,1-二氯乙烯中的过氧化物也可在25℃时用10%氢氧化钠溶液洗涤数次或用新配的5%酸式亚硫酸盐洗净除去，用氯化钙、硫酸钠干燥后蒸馏。也可以加甲醇进行共沸蒸馏，再水洗除去甲醇的方法精制。所加稳定剂可在使用前进行洗涤或蒸馏除去。

(7) 溶解性能　能与多种有机溶剂混溶。25℃在水中的溶解度为0.021%；水在1,1-二氯乙烯中的溶解度为0.035%。

(8) 用途　主要用作偏氯乙烯树脂和1,1,1-三氯乙烷的制造原料。因挥发性很大，通常不作溶剂使用。

(9) 使用注意事项　致癌物。危险特性属第3.2类中闪点易燃液体。危险货物编号：32040，UN编号：1303。1,1-二氯乙烯与空气接触生成有爆炸性的过氧化物，并产生聚合作用，故需加入阻聚剂，或用氮、二氧化碳、碱的水溶液密封，置阴凉处贮存。贮存容器、管道、阀门等的材料用不锈钢或镍较好。铜或黄铜有生成易爆炸的乙炔化合物的危险，不宜使用。1,1-二氯乙烯极易挥发，和氯仿一样有麻醉性和毒性。刺激皮肤与眼睛。吸入高浓度的蒸气时，引起中枢神经麻痹、昏迷。长期吸入低浓度蒸气时，对肝、肾有损害，对动物和人有致瘤作用，故使用时要注意通风。小鼠吸入致死浓度为25209.5mg/m³。嗅觉阈浓度1985mg/m³。工作场所最高容许浓度为40mg/m³（美国）。

(10) 附图

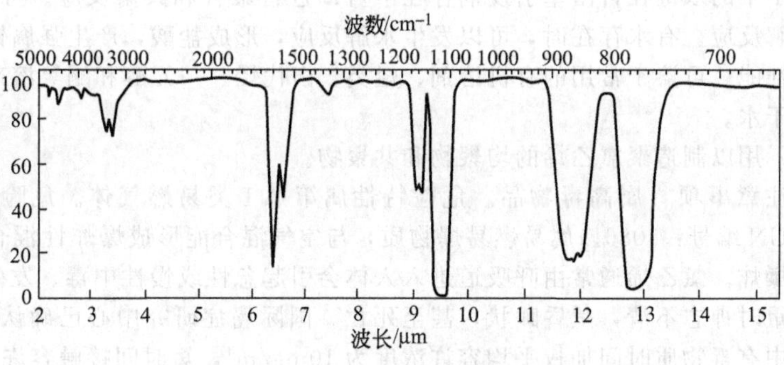

图2-2-9　1,1-二氯乙烯的红外光谱图

参考文献

1　CAS 75-35-4

2　EINECS 200-864-0

3　J. S. Sconce. Chlorine. Its Manufacture, Properties and Uses. Van Nostrand Reinhold. 1962. 729

4　Kirk-Othmer. Encyclopedia of Chemical Technology. 2nd ed. Vol. 5. Wiley. 178

5　A. Weissberger. Organic Solvents. 3rd ed. Wiley. 366, 782

6　J. R. Lacher et al. J. Amer. Chem. Soc. 1950, 72: 5486

7　Sadtler Standard IR Prism Spectra. No. 11632

8　F. A. Bovey. NMR Data Tables for Organic Compounds. Vol. 1. Wiley. 1967. 13

9　1万3千種化学薬品毒性データ集成. 海外技術資料研究所. 1973. 542

10　ACGIH (1974). 安全工学. 1975, 14: 89

11　豊田豊久. 塩化ビニリデン樹脂. 日刊工業新聞社. 1961. 7

12　Beilstein. Handbuch der Organischen. Chemie H. 1-186; E Ⅳ, 1-706

13　The. Merck Index. 10, 9798; 11, 9900

14　张海峰主编. 危险化学品安全技术大典：第1卷. 北京：中国石化出版社，2010

134. 氯 乙 烯

vinyl chloride[chloroethylene]

(1)分子式　C_2H_3Cl。　　　相对分子质量　62.499。

(2)示性式或结构式　$CH_2{=\!=}CHCl$

(3)外观　常温下无色,有微甜气味的气体。

(4)物理性质

沸点(101.3kPa)/℃	−13.4	临界压力/MPa	5.67
熔点/℃	−153.8	汽化热/(kJ/mol)	22.82
密度/(g/cm³)		熔化热/(kJ/mol)	4.744
(−14.2℃)	0.969	黏度(气体)/mPa·s	10.279
(20℃)	0.910	(液体)/mPa·s	0.174
(25℃)	0.901	闪点(开杯)/℃	−78
折射率(20℃)	1.445	(闭杯)/℃	−61.1
表面张力/(mN/m)	15.84	燃点/℃	472
介电常数(−17.2℃)	6.26	爆炸极限(上限)/%(体积)	22
水中溶解度(25℃)/%(质量)	0.11	(下限)/%(体积)	4
临界温度/℃	156.6		

(5) 化学性质　氯乙烯分子中的氯原子不太活泼，但在铯和其他过渡金属的存在下，可将氯迅速交换。分子中的双键在自由基引发剂存在下可以进行聚合和共聚反应。可以发生加成反应、氧化反应和热解反应。有水存在时，可以发生水解反应，形成盐酸，产生强腐蚀性。

(6) 溶解性能　可溶于常用的有机溶剂、烃类、卤代烃、一元醇和酮等溶剂，可以和氟氯烷烃互溶。微溶于水。

(7) 用途　用以制造聚氯乙烯的均聚物和共聚物。

(8) 使用注意事项　属高毒物品。危险特性属第 2.1 类易燃气体。危险货物编号：21037[抑制了的]，UN 编号：1086。属易燃易爆物质，与空气混合能形成爆炸性混合物，遇明火、高热能引起燃烧爆炸。氯乙烯通常由呼吸道进入人体会引起急性或慢性中毒、发生眩晕、头痛、恶心、胸闷，严重时神志不清，呈昏睡状，甚至死亡。国际癌症研究中心已确认氯乙烯为致癌物。工作场所空气中有毒物质时间加权平均容许浓度为 $10mg/m^3$，短时间接触容许浓度为 $25mg/m^3$。美国职业安全与健康管理局规定空气中最大容许暴露浓度为 $13mg/m^3$。

(9) 附表

表 2-2-23　氯乙烯的蒸气压

温度/℃	蒸气压/kPa	温度/℃	蒸气压/kPa
−30	50.7	20	333
−20	78.0	30	451
−10	115	40	600
0	164	50	756
10	243	60	—

表 2-2-24　氯乙烯的爆炸范围

充入稀释气体的量/%	氮　气		二氧化碳	
	20	40	20	30
爆炸范围/%	4.2～17.1	4.7～8.2	4.5～11.8	5～8.2

参 考 文 献

1 CAS 75-01-4
2 EINECS 200-831-0
3 Beil., **1** (4), 700
4 The Merck Index. **12**, 10132
5 《化工百科全书》编辑委员会，化学工业出版社化工百科编辑部编. 化工百科全书：第 11 卷. 北京：化学工业出版社，1996
6 张海峰主编. 危险化学品安全技术大典：第 1 卷. 北京：中国石化出版社，2010

135. 1,2-二氯乙烯

1,2-dichloroethylene [*sym*-dichloroethylene, acethylene dichloride]

(1) 分子式　$C_2H_2Cl_2$。　　　相对分子质量　96.94。

(2) 示性式或结构式

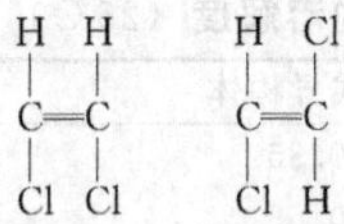

顺式　　反式

(3) 外观　无色液体，有类似氯仿的气味。

(4) 物理性质

项　　　目	顺　式	反　式
沸点(101.3kPa)/℃	60.63	47.67
熔点/℃	−80.0	−49.8
相对密度(20℃/4℃)	1.2837	1.2547
折射率(20℃)	1.4490	1.4462
介电常数(20℃)	9.31	2.15
偶极矩/(10^{-30}C·m)	7.74	0
黏度(20℃)/mPa·s	0.467	0.404
表面张力(20℃)/(mN/m)	28	25
闪点(闭口)/℃	3.9	3.9(开口)
蒸发热(b.p.)/(kJ/mol)	30.25	28.91
熔化热/(kJ/mol)	7.211	11.99
燃烧热(18.7℃)/(kJ/mol)	1093.42	1095.39
比热容(20℃)/[kJ/(kg·K)]	1.18	1.16
临界温度/℃	271.0	243.3
临界压力/MPa	5.87	5.53
电导率(25℃)/(S/m)	8.5×10^{-9}	
体膨胀系数(15～45℃)/K^{-1}	0.00127	0.00136

(5) 化学性质　1,2-二氯乙烯常为顺式和反式两种异构体的混合物。反式异构体的反应性比顺式异构体大。在热、光或催化剂作用下，互相发生异构化。在封闭管中加热至 360℃完全分解为碳和氯化氢。与弱碱不反应，但与氢氧化钠或氢氧化钾水溶液加热煮沸生成有爆炸性的氯乙炔。不含稳定剂的 1,2-二氯乙烯与水接触慢慢水解成盐酸，对金属有腐蚀作用。通常加入少量胺、酚或对苯二酚作稳定剂。在浓硫酸存在下，用氧气氧化生成氯乙酰氯。

(6) 精制方法　含有光气、氯化氢和有机杂质。精制时用碳酸钠水溶液洗涤后，加无水氯化钙、碳酸钾或无水硫酸钠干燥，再精馏。顺、反异构体的分离，可以在二氧化碳气氛中通过常压分馏进行。

(7) 溶解性能　微溶于水。能与乙醇、乙醚等多种有机溶剂混溶。是醋酸纤维素、橡胶、油脂、蜡和树脂等的优良溶剂。

(8) 用途　由于沸点低，挥发性大，可用作对热敏感的物质如咖啡因、香料等的低温萃取剂，还用作冷冻剂和橡胶、蜡、醋酸纤维素等的溶剂。

(9) 使用注意事项　危险特性属第 3.2 类中闪点易燃液体。危险货物编号：32040，UN 编号：1150。含有稳定剂的 1,2-二氯乙烯可用普通金属容器贮存。由于铜及其合金有可能生成具爆炸性的氯乙炔，故应避免使用。能与空气生成爆炸性的混合物。爆炸范围在 (50±3)℃时为 6.3%～17.8%（体积）。在空气中热解生成有毒的光气和氯化氢。高浓度的蒸气会刺激眼、鼻、黏膜、皮肤，且有麻醉性，能抑制中枢神经系统活动。1%的浓度就有很强的局部刺激作用，能引起暂时性的角膜浑浊。小鼠的最小致死浓度为 54.2g/m^3（4 小时）。工作场所最高容许浓度为 595.5mg/m^3（日本），790mg/m^3（美国）。

(10) 附表

表 2-2-25　1,2-二氯乙烯的蒸气压

温度/℃	蒸气压/kPa		温度/℃	蒸气压/kPa		温度/℃	蒸气压/kPa	
	顺式异构体	反式异构体		顺式异构体	反式异构体		顺式异构体	反式异构体
−20	2.67	5.33	10	14.67	24.66	40	46.66	76.66
−10	5.067	8.53	20	24.00	35.33	47.7	66.66	101.33
0	8.67	15.07	30	33.33	54.66	60.25	101.33	

表 2-2-26　1,2-二氯乙烯的溶解度（25℃）

项　　目	顺式异构体	反式异构体
1,2-二氯乙烯在水中的溶解度/(g/100g)	0.35	0.63
水在 1,2-二氯乙烯中的溶解度/(g/100g)	0.55	0.55

表 2-2-27　含 1,2-二氯乙烯的二元共沸混合物

第二组分	顺式异构体		反式异构体	
	共沸点/℃	1,2-二氯乙烯/%	共沸点/℃	1,2-二氯乙烯/%
水	55.3	96.65	45.3	98.1
乙醇	57.7	90.2	46.5	94.0
甲醇	51.5	87		

(11) 附图

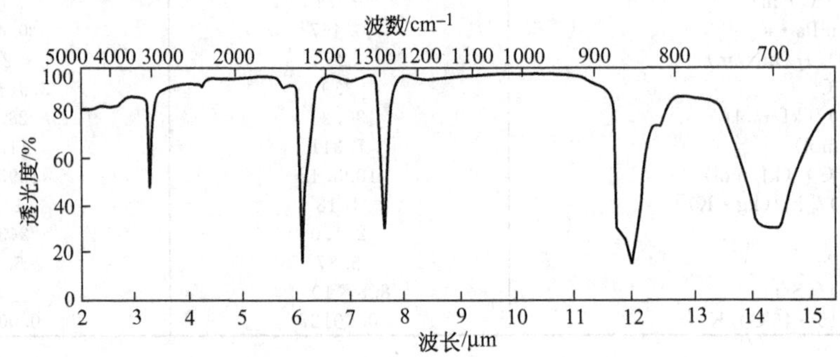

图 2-2-10　顺式 1,2-二氯乙烯的红外光谱图

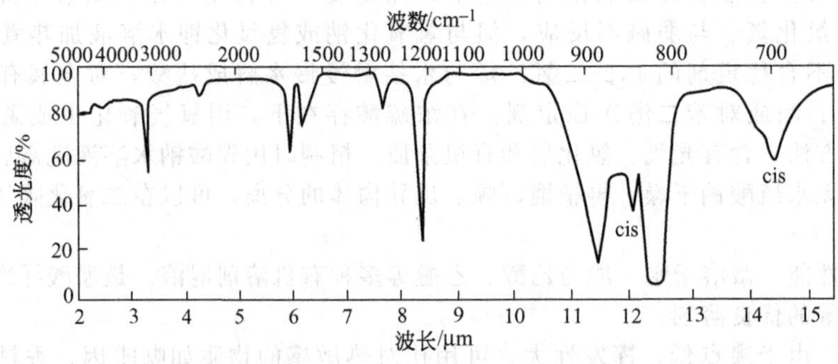

图 2-2-11　反式 1,2-二氯乙烯的红外光谱图

参 考 文 献

1 CAS 51192-14-4
2 A. Weissberger. Organic Solvents. 3rd ed. Wiley. 367，369，782
3 Kirk-Oth mer. Encyclopedia of Chemical Technology. 2nd ed. Vol. 5. Wiley. 180
4 日本化学会. 化学便覧. 基礎編. 丸善. 1966. 586
5 J. R. Lacher et al. J. Amer. Chem. Soc. 1950，72：5486
6 Sadtler Standard IR Prism Spectra. No. 3645
7 Sadtler Standard IR Prism Spectra. No，3646
8 A. Dadieu and K. W. F. Kohlrausch. Chem. Ber. 1930，65B：251
9 F. A. Bovey. NMR Data Tables for Organic Compounds. Vol. 1. Wiley. 1967. 15
10 日本産業衛生学会. 産業医学. 1975. 17：248
11 ACGIH (1974). 安全工学. 1975，14：89
12 L. H. Horsley. Advan. Chem. Ser. 1952，6；28；37；253
13 Beilstein. Handbuch der Organschen Chemie. H1-187；E Ⅳ，1-707
14 The Merck Index. 12. 93

136. 三 氯 乙 烯

trichloroethylene [triclene]

(1) 分子式　C_2HCl_3。　相对分子质量　131.39。

(2) 示性式或结构式　$CHCl{=}CCl_2$

(3) 外观　无色透明易流动液体，有类似氯仿的气味。

(4) 物理性质

沸点(101.3kPa)/℃	87.19	比热容(20℃,定压)/[kJ/(kg·K)]	0.93
熔点/℃	−86.4	临界温度/℃	298
相对密度(20℃/4℃)	1.4649	临界压力/MPa	4.92
折射率(20℃,液体)	1.4782	爆炸极限(80℃±3℃,空气,下限)/%(体积)	9.3
介电常数(20℃)	3.409	(80℃±3℃,空气,上限)/%(体积)	44.8
偶极矩/(10^{-30}C·m)	3.0	(80℃±3℃,氧气,下限)/%(体积)	8.0
黏度(20℃)/mPa·s	0.58	(80℃±3℃,氧气,上限)/%(体积)	79.0
闪点(开口,闭口)	无	电导率/(S/m)	8×10^{-12}
燃点(空气中)/℃	425	热导率/[W/(m·K)]	0.1386
(氧气中)/℃	396	体膨胀系数(0~40℃)	0.00117
蒸发热(b.p.)/(kJ/mol)	31.49	IR(参照图 2-2-12)	
生成热(25℃,气体)/(kJ/mol)	5.86	NMRδ6.44×10^{-6}(CCl_4,TMS基准)	
燃烧热(18.7℃)/(kJ/mol)	963.0		

(5) 化学性质　不含稳定剂的三氯乙烯逐渐在空气中被氧化，生成光气，一氧化碳和氯化氢。也有可能生成少量二聚物（六氯丁烯）：

$$CHCl{=}CCl_2+O_2\longrightarrow CHCl_2COCl\longrightarrow HCl+CO+COCl_2$$

反应按游离基历程进行，光照和加热明显地促进反应进行。有水分存在时，二氯乙酰氯分解成二氯代乙酸和氯化氢：

$$CHCl_2COCl+H_2O\longrightarrow CHCl_2COOH+HCl$$

分解生成的酸性物质腐蚀金属。因此，通常工业所用的三氯乙烯需加入微量的稳定剂如酚类（对苯二酚）、胺类或醇类等。添加稳定剂的三氯乙烯在空气、水分和光存在下，即使加热至130℃与一般工业用金属材料也不作用。三氯乙烯蒸气加热至700℃以上，分解生成二氯乙烯、四氯乙烯、四氯化碳、氯仿以及氯甲烷的混合物。三氯乙烯蒸气与空气一起受强烈时，完全氧化生成二氧化碳、氯化氢、一氧化碳和光气等。

$$CHCl=CCl_2+O_2 \longrightarrow CO_2+CO+HCl+Cl_2+COCl_2$$

三氯乙烯在一般使用条件下不易水解，但和90%的硫酸加热到130℃则水解成氯代乙酸：

$$CHCl=CCl_2+H_2O \longrightarrow CH_2ClCOOH+HCl$$

在有铜盐存在时，三氯乙烯在加压下加热175℃，与碱金属或碱土金属的氢氧化物水溶液或悬浊液反应，生成羟基乙酸盐：

$$CHCl=CCl_2+Ca(OH)_2 \longrightarrow (CH_2OH-COO)_2Ca+CaCl_2+HCl$$

冷时与盐酸及硝酸不反应，加热时与浓硝酸激烈反应而完全分解，控制反应条件可得到三氯硝基甲烷和一氯二硝基甲烷。在三氯化铝催化作用下，30～50℃与氯化氢反应，生成1,1,1,2-四氯乙烷。在苛性碱存在下易发生脱氯化氢反应生成二氯乙炔，二氯乙炔在空气中自燃并爆炸分解：

$$CHCl=CCl_2 \longrightarrow CCl\equiv CCl+HCl$$

碳酸钠及液态氨在通常条件下与三氯乙烯不反应。金属铝，特别是粉末状的金属铝，能促使不含稳定剂的三氯乙烯发生分解，生成氯化氢的同时，发生强烈的爆炸分解或炭化。反应先生成三氯化铝，三氯化铝作为Friedel-Crafts催化剂促使三氯乙烯发生缩合反应，生成五氯丁二烯，进一步缩合成树脂、焦油。

在三氯化铝存在下，三氯乙烯与氯仿反应，生成1,1,1,2,3,3-六氯丙烷。与四氯化碳反应生成1,1,1,2,3,3,3-七氯丙烷。在过氧化物，例如过氧化苯甲酰存在下，加压加热至150～200℃，得到三氯乙烯的二聚物和三聚物。在三氯化铁催化下，易氯化生成五氯乙烷和六氯乙烷。

(6) 精制方法　除含稳定剂外，尚含有水分、游离酸、不挥发物等杂质。精制时，用碳酸钠水溶液洗净后充分水洗，干燥剂干燥，精馏。用作干燥剂的有氯化钙、硫酸钠、硫酸镁等。

(7) 溶解性能　不溶于水、能与乙醇、乙醚、丙酮、苯、乙酸乙酯、脂肪族氯代烃、汽油等一般有机溶剂混溶。能溶解油脂、润滑脂、蜡、高级脂肪酸、天然树脂。氯乙烯树脂、聚乙烯树脂等则发生溶解或溶胀。氟树脂、环氧树脂、酚醛树脂等几乎不溶解。血液、碳水化合物、甘油在三氯乙烯中不溶。

(8) 用途　本品是一种优良溶剂，可用作苯和汽油的代用品。主要用作金属的脱脂剂和脂肪、油、石蜡等的萃取剂。还用作涂料稀释剂、脱漆剂、制冷剂、醇的脱水蒸馏添加剂、麻醉剂、镇静剂、杀虫剂、杀菌剂、熏蒸剂以及有机合成中间体等。

(9) 使用注意事项　致癌物。危险特性属第6.1类毒害品。危险货物编号：61580，UN编号：1710。防潮、避光、密封贮存。通常可用镀锌铁板、钢板制的容器安全贮存，由于工业用的三氯乙烯有稳定剂，故长期贮存对金属也不腐蚀；不含稳定剂的三氯乙烯可用棕色玻璃瓶、搪瓷容器或不锈钢容器贮存。合成树脂容器因会被三氯乙烯溶解或溶胀不宜使用。

三氯乙烯属蓄积性麻醉剂，对中枢神经系统有强烈抑制作用。人短时间吸入低浓度的三氯乙烯蒸气，引起眩晕、头痛，高浓度能引起心力衰竭昏倒而死亡。短时间吸入中等浓度的蒸气或在低浓度蒸气中长期呼吸时，能引起酒醉样感觉、恶心、呕吐。对眼睛和呼吸道有刺激作用，还会引起接触性皮炎。狗经口LD_{50}为5860mg/kg。小鼠吸入的致死浓度为42120mg/m³。嗅觉阈浓度1350mg/m³。TJ 36—79规定车间空气中最高容许浓度为30mg/m³。

(10) 附表

表 2-2-28　三氯乙烯的蒸气压

温度/℃	蒸气压/kPa	温度/℃	蒸气压/kPa
−20	0.72	30	12.53
−10.8	1.44	40	19.57
0	2.68	50	28.26
10	4.70	60	40.76
20	7.71	86.7	101.33

表 2-2-29　三氯乙烯的溶解度

温度/℃	溶解度 C_2HCl_3/(g/100g H_2O)	溶解度 H_2O/(g/100g C_2HCl_3)
0		0.01
25	0.11	0.033
60	0.125	0.080

表 2-2-30 含三氯乙烯的二元共沸混合物

第二组分	共沸点/℃	三氯乙烯/%	第二组分	共沸点/℃	三氯乙烯/%
水	73.6	94.6	异丁醇	85.4	91
1,2-二氯乙烷	82.9	18	叔戊醇	86.67	92.5
甲醇	59.3	62	甲酸	74.1	75
乙醇	70.9	72.5	乙酸	86.5	96.2
丙醇	81.75	83	甲酸丙酯	79.5	20
异丙醇	75.5	70	二乙氧基甲烷	89.2	53.5
丁醇	86.65	97	2-氯乙醇	86.55	97.5
2-丁醇	84.2	85	硝基甲烷	81.4	80
叔丁醇	75.8	约 67	碳酸二甲酯	85.95	90
一溴二氯甲烷	86.7	78			

表 2-2-31 含三氯乙烯的三元共沸混合物

第二组分	含量/%	第三组分	含量/%	共沸点/℃
乙醇	16.1	水	5.5	67
丙醇	12	水	7	71.55
烯丙醇	8.75	水	6.55	71.6
乙腈	20.5	水	6.4	67.5

（11）附图

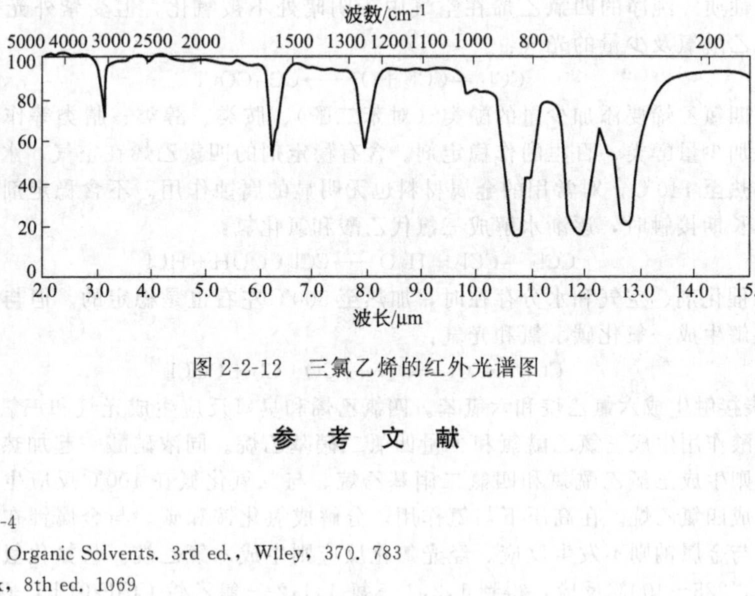

图 2-2-12 三氯乙烯的红外光谱图

参 考 文 献

1 CAS 79-01-6
2 EINECS 201-167-4
3 A. Weissberger. Organic Solvents. 3rd ed., Wiley, 370. 783
4 The Merck Index, 8th ed. 1069
5 Kirk-Othmer. Encyclopedia of Chemical Technology. 2nd ed. Vol. 5. Wiley. 183
6 Landolt-Bornstein. 6th ed. Vol. Ⅱ-6. Springer. 626
7 J. R. Lacher et al. J. Amer. Chem. Soc. 1950, 72: 5486
8 Sadtler Standard IR Prism Spectra. No. 185
9 A. Dadieu and K. W. F. Kohlrausch. Chem. Ber. 1930, 63B: 251
10 F. A. Bovey. NMR Data Tables for Organic Compounds. Vol. Wiley. 1967. 11
11 岩崎禎，北川徹三. 安全工学. 1969, 8: 91
12 L. H. Horsley. Advan. Chem. Ser. 1952, 6: 23, 26, 34
13 Beilstein. Handbuch der Organischen Chemie. E Ⅲ. 1-658
14 Beilstein. Handbuch Organischen chemie. H, 1-187; E Ⅳ, 1-712
15 The Merck Index. **10**, 9452; **11**. 9552
16 张海峰主编. 危险化学品安全技术大典：第 1 卷. 北京：中国石化出版社，2010

137. 四氯乙烯［全氯乙烯］

tetrachloroethylene［perchloroethylene］

(1) 分子式　C_2Cl_4。　　　　相对分子质量　165.82。

(2) 示性式或结构式　$CCl_2=CCl_2$

(3) 外观　无色透明液体，有类似氯仿的气味。

(4) 物理性质

沸点(101.3kPa)/℃	121.20	熔化热/(kJ/mol)	10.57
熔点/℃	−22.35	燃烧热（25℃，液体）/(kJ/mol)	680.4
相对密度(20℃/4℃)	1.62260	比热容（20℃，定压）/[kJ/(kg·K)]	0.904
折射率	1.50566	临界温度/℃	347.1
介电常数(25℃)	2.30	临界压力/MPa	4.49
偶极矩(25℃,四氯化碳)	0	电导率（20℃）/(S/m)	5.55×10^{-4}
黏度(20℃)/mPa·s	0.880	爆炸极限(80℃±3℃,空气中)	不爆炸
表面张力（20℃）/(mN/m)	32.32	(80℃±3℃,氧气中,下限)/%(体积)	10.8
闪点	无	(110℃±3℃,氧气中,上限)/%(体积)	54.5
蒸发热（b.p.）/(kJ/mol)	34.75	体膨胀系数（0～25℃）/K^{-1}	0.00102
生成热（气体）/(kJ/mol)	−25.12	（15～95℃）/K^{-1}	0.001079
（液体）/(kJ/mol)	12.56		

(5) 化学性质　纯净的四氯乙烯在空气中于阴暗处不被氧化，但受紫外光作用时逐渐被氧化，生成三氯乙酰氯及少量的光气：

$$CCl_2=CCl_2+O_2\longrightarrow CCl_3COCl$$

因此，工业用四氯乙烯要添加少量的酚类（对苯二酚）、胺类、醇类、腈类等作稳定剂。医药用四氯乙烯则添加少量醇类、百里酚作稳定剂。含有稳定剂的四氯乙烯在空气、水及光的存在或照射下，即使加热至140℃，对常用的金属材料也无明显的腐蚀作用。不含稳定剂的四氯乙烯，在光作用下与水长期接触时，逐渐水解成三氯代乙酸和氯化氢：

$$CCl_2=CCl_2+H_2O\longrightarrow CCl_3COOH+HCl$$

四氯乙烯在无催化剂、空气和水分存在时，加热至500℃左右也是稳定的。但与空气一起通过红热管时，则热解生成一氧化碳、氯和光气：

$$CCl_2=CCl_2+O_2\longrightarrow CO+Cl_2+COCl_2$$

700℃与活性炭接触生成六氯乙烷和六氯苯。四氯乙烯和臭氧反应生成光气和三氯乙酰氯。同硫酸和硝酸的混合酸作用生成三氯乙酰氯和少量四氯二硝基乙烷。同浓硝酸一起加热不发生反应，与发烟硝酸作用则生成三氯乙酰氯和四氯二硝基乙烷。与二氧化氮在100℃反应生成四氯二硝基乙烷。氢化时生成四氯乙烷。在高压下与氨作用，分解成氯化铵和碳。与金属钾在其熔点附近发生爆炸性反应，与金属钠则不发生反应。经光氯化反应则生成六氯乙烷。与氟化氢及氯的混合物在氟化锆催化下，225～400℃反应，得到1,2,2-三氯-1,1,2-三氟乙烷 $CClF_2CCl_2F$（氟里昂-113）。在三氯化铝存在下，与其他氯代烃发生缩合反应生成高沸点物质：

$$CCl_2=CCl_2+CHCl_3\longrightarrow CCl_3CCl_2CHCl_2$$

(6) 精制方法　除含有作为稳定剂添加的有机物质外，还含有1,1,2-三氯乙烷、1,1,1,2-四氯乙烷、水分、酸和不挥发物等杂质。精制时用碳酸钠水溶液洗涤后充分水洗，再用氯化钙或无水硫酸钠干燥后精馏。

(7) 溶解性能　能与乙醇、乙醚、苯、四氯化碳等常用有机溶剂混溶。能溶解脂肪、油类、焦油、橡胶、天然树脂及芳香族有机酸（苯甲酸、肉桂酸、水杨酸）。大多数合成树脂在四氯乙烯中溶解或溶胀。氟树脂、环氧树脂、酚醛树脂等几乎不溶。硫、碘和氯化汞等也可溶解。与水相互溶解度很小，25℃时四氯乙烯在水中的溶解度为0.015%；水在四氯乙烯中的溶解度为0.0105%。

(8) 用途　广泛用作天然及合成纤维的干洗剂。也用作金属的脱脂洗涤剂、干燥剂、脱漆剂、驱虫剂及一般溶剂、有机合成中间体等。

(9) 使用注意事项　致癌物。危险特性属第6.1类毒害品。危险货物编号：61580，UN编号：1897。一般条件下可用镀锌铁皮、硅铁或钢制容器安全贮存。工业用四氯乙烯加有稳定剂，长期贮存对金属也无腐蚀作用。不含稳定剂的四氯乙烷可用棕色玻璃瓶、搪瓷容器及不锈钢容器贮存。合成树脂制的容器因四氯乙烯对它们有溶解或溶胀作用，故不宜使用。

四氯乙烯属低毒性。毒性和三氯乙烯相似，吸入蒸气，接触皮肤、黏膜，口服等均能造成中毒，损害中枢神经、肺、皮肤、黏膜、消化系统、肝、肾。嗅觉阈浓度335mg/m³，工作场所最高容许浓度为670mg/m³（美国），335mg/m³（日本）。小鼠口服LD_{50}＝8850 mg/kg，小鼠吸入致死浓度为40740mg/m³。

(10) 规格　HG/T 3262—2002 工业用四氯乙烯

项　目	Ⅰ型	Ⅱ型
色度(Hazen单位)	15	50
密度(20℃)/(g/cm³)	1.615～1.625	1.615～1.630
纯度/%	99.6	98.5
蒸发残渣/%	0.005	0.007
水分/%	0.0050	0.0070
碱度(以NaOH计)/%	0.03	0.03
稳定性试验[铜片腐蚀量/(mg/cm²)]	0.50	1.0
残留气味(必要时测定)	无异味	

(11) 附表

表 2-2-32　四氯乙烯的蒸气压

温度/℃	蒸气压/kPa	温度/℃	蒸气压/kPa
−20.6	0.13	70	20.75
2.4	0.67	80	30.17
13.8	1.33	90	42.56
26.3	2.67	100	58.46
40.0	5.47	110	78.87
50.0	8.93	121.2	101.33
60.0	13.87		

表 2-2-33　含四氯乙烯的二元共沸混合物

第二组分	共沸点/℃	四氯乙烯/%	第二组分	共沸点/℃	四氯乙烯/%
水	87.7	84.2	乙酸	107.35	61.5
1,1,2-三氯乙烷	112	57	丙酸	119.1	91.5
2-氯乙醇	110.0	75.7	丁酸	121.0	98.8
3-氯-1,2-环氧丙烷	110.12	48.5	丁醇	108.95	71
1-氯-2丙醇	113.0	72	2-丁醇	97.0	43
2-氯-1-丙醇	115.0	87	异丁醇	103.05	60
甲醇	63.75	36.5	戊醇	117.0	85
乙醇	76.75	约37	叔戊醇	101.4	27
丙醇	94.05	52	异戊醇	116.2	81
异丙醇	81.7	30	2-戊醇	113.2	66
乙二醇一甲醚	109.7	75.5	异丁酸	120.5	约97
乙二醇一乙醚	116.25	83.5	乙酸丁酯	120.7	79
乙二醇	119.1	94	丁酸乙酯	119.5	57
环戊醇	118.8	92	碳酸二乙酯	118.55	74
3-己酮	118.15	55	乙酰胺	120.45	97.4
环戊酮	120.1	86	吡咯	113.35	80.5
甲酸	88.15	50.0	吡啶	112.85	51.5

(12) 附图

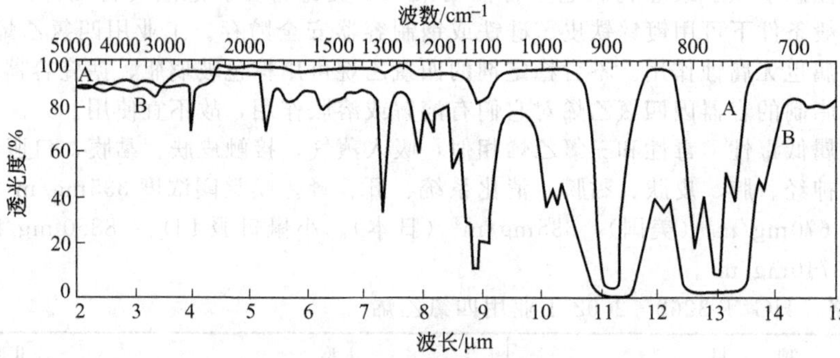

图 2-2-13　四氯乙烯的红外光谱图

参　考　文　献

1　CAS 127-18-4

2　EINECS 204-825-9

3　A. Weissberger. Organic Solvents. 3rd ed. Wiley. 372，784

4　Kirk-Othmer. Encyclopedia of Chemical Technology. 2nd ed. Vol. 5，Wiley. 195

5　J. R. Lacher et al. J Amer. Chem. Soc. 1950，72：5486

6　IRDC カード，No. 6102

7　R. N. Jones et al. J. Org. Chem. 1965，30：1822

8　R. B. Bernstein et al.，Anal. Chem. 1963，25：139

9　岩崎禎. 北川徹三. 安全工学. 1969，8：91

10　The Merck Index. 8th ed. 1023

11　日本産業衛生学会. 産業医学. 1975，17：248

12　ACGIH (1974). 安全工学. 1975，14：89

13　L. H. Horsley. Advan. Chem. Ser. 1952，6：23；28：32

14　Beilstein，Handbuch der Organischen chemie. H，1-187

15　The Merck Index. **10**，9017

16　张海峰主编. 危险化学品安全技术大典：第 1 卷. 北京：中国石化出版社，2010

138. 氯 丙 烷

1-chloropropane [propyl chloride]

(1) 分子式　C_3H_7Cl。　　　　相对分子质量　78.54。

(2) 示性式或结构式　$CH_3CH_2CH_2Cl$

(3) 外观　无色透明液体，有类似氯仿的气味。

(4) 物理性质

沸点(101.3kPa)/℃	46.60	熔化热/(kJ/mol)	5.55
熔点/℃	−122.8	生成热(25℃,液体)/(kJ/mol)	159.96
相对密度(20℃/4℃)	0.8909	燃烧热(25℃,液体)/(kJ/mol)	2022.2
折射率(20℃)	1.3879	比热容(25℃)/[kJ/(kg·K)]	1.68
介电常数(20℃)	7.7	临界温度/℃	230
偶极矩(液体)/(10^{-30}C·m)	6.57	临界压力/MPa	4.57
黏度(20℃)/mPa·s	0.352	溶解度(20℃,水)/%	0.271
表面张力(20℃)/(mN/m)	21.78	蒸气压(25.51℃)/kPa	40.00
闪点/℃	<−17.8	爆炸极限(下限)/%(体积)	2.60
燃点/℃	520	(上限)/%(体积)	11.10
蒸发热(b.p.)/(kJ/mol)	27.26	体膨胀系数(20℃)/K^{-1}	0.001447

(5) 化学性质　在三氯化铝存在下，200℃以下发生异构化，转变成2-氯丙烷。在氯化钡存在下，加热至380～400℃生成丙烯与2-氯丙烷。

(6) 溶解性能　不溶于水，能与醇、醚混溶。

(7) 用途　用作苯的烷基化试剂。

(8) 使用注意事项　危险特性属第3.1类低闪点易燃液体。危险货物编号：31019，UN编号：1278。刺激黏膜，高浓度时有麻醉作用，会抑制中枢神经系统，长期低浓度接触对肝、肾有损害。小鼠在81g/m^{3}浓度下，暴露80分钟引致侧倒，未发生死亡。

(9) 附表

表 2-2-34　含 1-氯丙烷的二元共沸混合物

第二组分	共沸点/℃	1-氯丙烷/%	第二组分	共沸点/℃	1-氯丙烷/%
戊烷	<34.6	>68	环戊烷	<44.5	<64
水(2.5)+乙醇(6.7)	40.0	90.8	乙醇	45.0	94
甲醇	40.6	90	甲酸	45.7	92
二硫化碳	42.1	44.5	甲醇乙酯	46.3	85
水	43.4	99	2-丙醇	约64.4	97.2

参　考　文　献

1　CAS 540-54-5

2　EINECS 208-749-7

3　A. Weissberger. Organic Solvents. 3rd ed. Wiley. 335，765

4　N. I. Sax. Danyerous Properties of Industrial Materials. 3rd ed. Van Nostrand Reinhold. 1968. 1059

5　日本化学会. 化学便覧. 基礎編. 丸善. 1966. 506

6　N. A. Lange. Handbook of Chemistry. 10th ed. McGraw. 1961. 1676

7　Sadtler Standard IR Prism Spectra. No. 193

8　N. T. McDovitt et al. J. Chem. Phys. 1965，42：1173

9　F. W. McLafferty. Anal. Chem. 1962，34：2

10　F. A. Bovey. NMR Data Tables for Organic Compounds. Vol. 1., Wiley. 1967. 47

11　安全工学协会. 安全工学便覧. コロナ社. 1973，195

12　Beilstein. Handbuch der Organischen Chemie. H，1-104，E Ⅳ，H189

13　The Merck Index. **10**，7749；**11**，7859

14　张海峰主编. 危险化学品安全技术大典：第1卷. 北京：中国石化出版社，2010

139. 2-氯丙烷［异丙基氯］

2-chloropropane［isopropyl chloride］

(1) 分子式　C_3H_7Cl。　　　　相对分子质量　78.54。

(2) 示性式或结构式　$CH_3CHClCH_3$

(3) 外观　无色透明液体，有类似乙醚的气味。

(4) 物理性质

沸点(101.3kPa)/℃	35.74	偶极矩(液体)/(10^{-30}C·m)	6.74
熔点/℃	−117.18	黏度(20℃)/mPa·s	0.322
相对密度(20℃/4℃)	0.8617	表面张力(20℃)/(mN/m)	18.09
折射率(20℃)	1.3777	闪点(闭口)/℃	−32.2
介电常数(20℃)	9.82	燃点/℃	593.3
蒸发热(b.p.)/(kJ/mol)	26.29	临界压力/MPa	4.72
熔化热/(kJ/kg)	94.12	蒸气压(25℃)/kPa	68.70
生成热(25℃,液体)/(kJ/mol)	164.1	爆炸极限(下限)/%(体积)	2.8
燃烧热(25℃,液体)/(kJ/mol)	2018.04	(上限)/%(体积)	10.7
临界温度/℃	212	体膨胀系数(20℃)/K^{-1}	0.001591

(5) 化学性质 高温（约400℃）分解成丙烯与氯化氢。水解时生成异丙醇。

(6) 精制方法 用五氧化二磷、无水碳酸钠干燥后分馏。

(7) 溶解性能 能与甲醇、乙醇、乙醚混溶。12.5℃时在水中溶解度为0.342%。

(8) 用途 用作脂肪和油类的溶剂以及有机合成的特殊溶剂。还用作外科麻醉剂及百里酚的制造原料 。

(9) 使用注意事项 危险特性属第3.1类低闪点易燃液体。危险货物编号：31020，UN编号：2356。具有很强的麻醉作用，对肝、肾有损害，但对皮肤、黏膜的刺激作用很轻。燃烧时生成光气等有毒气体。

(10) 附表

表 2-2-35 含 2-氯丙烷的二元共沸混合物

第二组分	共沸点/℃	2-氯丙烷/%	第二组分	共沸点/℃	2-氯丙烷/%
甲酸甲酯	29.0	43	二硫化碳	33.7	78
戊烷	31.0	57	乙醇	34.2	97
甲醇	32.3	94	甲酸	34.8	98.2
水	33.6	98.8			

参 考 文 献

1 CAS 75-29-6

2 EINECS 209-187-5

3 A. Weissberger. Organic Solvents. 3rd ed. Wiley. 337，765

4 日本化学会. 化学便覧. 基礎編. 丸善. 1966. 506

5 R. R. Dreisbach. Advan. Chem. Ser. 1959，22：210

6 N. A. Lange. Handbook of Chemistry. 10th ed. McGraw. 1961. 1676

7 Sadtler Standard IR Prism Spectra. No. 7849（气体）. No. 243（液体）

8 N. T. McDevitt et al. J. Chem. Phys. 1965，42：1173

9 F. W. McLafferty. Anal. Chem. 1962，34：2

10 F. A. Bovey. NMR Data Tables for Organic Compounds. Vol. 1. wiley. 1967. 47

11 N. I. Sax. Dangerous Properties of Industrial Materials. 3rd ed. Van Nostrand Reinhold. 1968. 852

12 The Merck Index. **10**，5060；**11**，5099

13 张海峰主编. 危险化学品安全技术大典：第1卷. 北京：中国石化出版社，2010

140. 1,2-二氯丙烷

1,2-dichloropropane [propylene dichloride，propylene chloride，DCP]

(1) 分子式 $C_3H_6Cl_2$。　　　　相对分子质量 112.99。

(2) 示性式或结构式 $CH_3CHClCH_2Cl$

(3) 外观 无色液体，有类似氯仿的气味。

(4) 物理性质

沸点(101.3kPa)/℃	96.37	蒸发热(b.p.)/(kJ/kg)	323.2
熔点/℃	−100.53	熔化热/(kJ/kg)	56.6
相对密度(20℃)	1.15597	燃烧热/(kJ/mol)	1545.4
折射率(20℃)	1.43937	比热容(20℃)/[kJ/(kg·K)]	1.30
介电常数(26.1℃)	8.925	临界温度/℃	304.3
偶极矩/(10^{-30}C·m)	1.85	临界压力/MPa	4.4
黏度(20℃)/mPa·s	0.865	蒸气压(20℃)/kPa	5.33
表面张力(20℃)/(mN/m)	28.65	爆炸极限(下限)/%(体积)	3.4
闪点/℃	15.6	(上限)/%(体积)	14.5
燃点/℃	557.2	体膨胀系数(20℃)/K^{-1}	0.001108

(5) 化学性质 加热至540～750℃生成3-氯丙烯和1-氯丙烯的混合物。加压下在碱的水溶

液中加热至96℃以上生成2-氯丙烯。与碱的醇溶液加热至60～75℃生成2-氯丙烯与1-氯丙烯的混合物。与低级脂肪酸盐反应生成1,2-丙二醇的酯。与浓氨水加热至80℃得到1,2-二氨基丙烷的盐酸盐。

(6) 溶解性能　能与乙醇、乙醚、苯、四氯化碳等大多数有机溶剂混溶。能溶解油脂、蜡、橡胶、树脂及多种染料。与丙酮的混合物可作纤维素醚和纤维素酯的溶剂。20℃时在水中的溶解度为0.26%；水在1,2-二氯丙烷中的溶解度为0.06%。

(7) 用途　用作树脂和蜡的溶剂，金属的脱脂剂，土壤的熏蒸剂、杀虫剂、氯化及磺化反应的介质以及胺类、橡胶、医药等的制造原料。

(8) 使用注意事项　致癌物。危险特性属第3.2类中闪点易燃液体。危险货物编号：32036。UN编号：1279。纯净干燥的1,2-二氯丙烷对金属无腐蚀性，可用铁、软钢或铝制容器贮存。有水存在时释放出有强烈腐蚀性的氯化氢，光照能加速分解反应的进行。能刺激眼睛、黏膜，引起皮肤炎。高浓度对中枢神经系统有抑制作用。并损害肝、肾脏。嗅觉阈浓度231mg/m^3，工作场所最高容许浓度350mg/m^3（美国）。小鼠经口LD_{50}为860mg/kg，大鼠吸入的致死浓度为9240mg/m^3。

(9) 附表

表2-2-36　1,2-二氯丙烷的蒸气压

温度/℃	蒸气压/kPa	温度/℃	蒸气压/kPa
−38.5	0.13	28.0	8.00
−17.0	0.67	39.4	13.33
−6.1	1.33	57.0	26.66
6.0	2.67	76.0	53.33
19.4	5.33	96.8	101.33

表2-2-37　含1,2-二氯丙烷的二元共沸混合物

第二组分	共沸点/℃	1,2-二氯丙烷/%
水	78.4	89.6
甲醇	62.9	47
乙醇	74.7	47.26
环乙烷	80.4	16
四氯化碳	76.6	16

参考文献

1　CAS 78-87-5
2　EINECS 201-152-2
3　R. R. Dreibach. Advan. Chem. Ser. 1959, 22: 211
4　Beilstein. Handbuch der Organischen Chemie. E Ⅲ. 1-225
5　E. W. McGovern. Ind. Eng. Chem. 1943, 35: 1230
6　I. Mellan. Source Book of Industrial Solvents. Vol. 2. Van Nostrand Reinhold. 1957. 160
7　日本化学会. 化学便覧. 基礎編. 丸善. 1966. 936
8　Kirk-Othmer. Encyclopedia of Chemical Technology. 1st ed. Vol. 3. Wiley. 774
9　Sadtler Standard IR Prism Spectra. No.. 3208
10　中村清. 日化. 1957, 78: 1160
11　F. A. Bovey. NMR Data Tables for Organic Compounds. Vol. 1. Wiley. 1967. 42
12　N. I. Sax. Dangerous Properties of Industrial Materials. 3rd ed. Van Nostrand. Reinhold. 1968. 649
13　The Merck Index. 8th ed. 876
14　ACGIH (1974). 安全工学. 1975, 14: 89
15　L. H. Horsley. Advan. Chem. Ser. 1952, 6: 7: 29: 79
16　C. Marsden. Solvents Guide. 2nd ed., Cleaver-Hume. 1963. 467
17　Beilstein. Handbuch der Organischen Chemie. H, 1-105; E Ⅳ, 1-195
18　The Merck Index. **10**, 7755; **11**, 7867
19　张海峰主编. 危险化学品安全技术大典：第1卷. 北京：中国石化出版社，2010

141. 1,3-二氯丙烷

1,3-dichloropropane

(1) 分子式　$C_3H_6Cl_2$。　　　　相对分子质量　112.99。

(2) 示性式或结构式　$ClCH_2CH_2CH_2Cl$

(3) 外观　无色液体，有类似氯仿气味。

(4) 物理性质

沸点(101.3kPa)/℃	118～122	折射率(20℃)	1.4481
熔点/℃	－99	闪点/℃	32
相对密度(20℃/4℃)	1.1896	蒸气压(20℃)/kPa	5.32

(5) 溶解性能　能与乙醇、乙醚混溶，微溶于水。

(6) 用途　溶剂、色谱物质参比物质、有机合成中间体。

(7) 使用注意事项　1,3-二氯丙烷的危险特性属第3.3类高闪点易燃液体。危险货物编号：33525。吸入、口服或经皮肤吸收对身体有害，其蒸气对眼睛、皮肤、黏膜和呼吸道有刺激作用。遇明火、高热易燃，受热分解放出剧毒的光气。与氧化剂能发生强烈反应。

参　考　文　献

1　CAS 142-28-9

2　EINECS 205-531-3

3　Beilstein. Handbuch der Organischen Chemie. H, 1-105; E Ⅳ, 1-196

142. 1,2,3-三氯丙烷

1,2,3-trichloropropane

(1) 分子式　$C_3H_5Cl_3$。　　　　相对分子质量　147.43。

(2) 示性式或结构式　$CH_2ClCHClCH_2Cl$

(3) 外观　无色液体。

(4) 物理性质

沸点(101.3kPa)/℃	156.85	燃点/℃	303.9
熔点/℃	－14.7	蒸发热(b.p.)/(kJ/mol)	40.56
相对密度(20℃/4℃)	1.3888	燃烧热(液体)/(kJ/mol)	1735.9
折射率(20℃)	1.4832	比热容(20℃)/[kJ/(kg·K)]	1.235
介电常数(21℃)	7.45	溶解度(水)/(g/100g)	<0.1
黏度(20℃)/mPa·s	0.2505	爆炸极限(下限)/%(体积)	3.2
表面张力(20℃)/(mN/m)	37.55	(上限)/%(体积)	12.6
闪点(闭口)/℃	73.3	体膨胀系数(20℃)/K^{-1}	0.00096
(开口)/℃	78.9		

(5) 化学性质　与固体氢氧化钾一起加热时，脱去氯化氢，反应的主要产物为1,3-二氯丙烯和少量的2,3-二氯丙烯。与水或碳酸氢钠水溶液在铜存在下加压加热生成甘油。

(6) 溶解性能　能与乙醇、乙醚等常用有机溶剂混溶；能溶解油脂、蜡、氯化橡胶、大多数天然及合成树脂；几乎不溶于水。

(7) 用途　用作清漆及涂料的脱漆剂，发动机洗涤用溶剂。还可用作农药如矮壮素和燕麦敌1号的原料。

(8) 使用注意事项　危险特性属第6.1类毒害品。危险货物编号：61559。对金属略有腐蚀性，干燥时可用软钢或铝制容器贮存。有水存在时，分解出腐蚀性强的氯化氢，光照可加速这一分解。对久贮或回收的1,2,3-三氯丙烷在使用前要检查其酸度。热解或燃烧时产生有毒气体，故应防止与赤热的物体接触。有麻醉性，能被皮肤吸收而中毒，对心脏，肝肾均有严重的损害。工作场所最高容许浓度300.5mg/m³（美国），150.25mg/m³（日本）。狗经口LD_{50}为200mg/kg。

(9) 附表

表 2-2-38　1,2,3-三氯丙烷的蒸气压

温度/℃	蒸气压/kPa	温度/℃	蒸气压/kPa
9.0	0.13	83.3	8.00
33.7	0.67	95.5	13.33
46.0	1.33	114.85	26.66
59.35	2.67	136.05	53.33
73.9	5.33	156.85	101.33

表 2-2-39　含 1,2,3-三氯丙烷的二元共沸混合物

第二组分	共沸点/℃	1,2,3-三氯丙烷/%	第二组分	共沸点/℃	1,2,3-三氯丙烷/%
氯代乙酸	154.5	90	异丁酸	149.2	62
乙酰胺	154.5	92.5	乳酸乙酯	153.5	15
乙二醇	150.8	87	溴苯	155.65	30
丙酸	140.5	30	苯酚	157.5	96
草酸二甲酯	154.0	72	环己酮	160.0	61
丁酸	153.0	75	环己醇	154.9	67

参 考 文 献

1 CAS 96-18-4
2 EINECS 202-486-1
3 R. R. Dreisbach. Advan. Chem. Ser., 1961. 29: 141
4 Kirk Othmer. Encyclopedia of Chemical Technology. 1st ed. Vol. 3. Wiley. 775
5 Beilstein, Hanbuch der Organischen Chemie. E Ⅳ. 1-199
6 日本化学会. 化学便覧. 基礎編. 丸善. 1966. 285, 813
7 日本化学会. 化学便覧. 応用編. 改订 2 版. 丸善. 1973. 699
8 Sadtler Standard IR Prism Spectra. No. 4653
9 N. I. Sax. Dangerous Properties of Industrial Materials. 3rd ed. Van Nostrand Reinhold. 1968. 1182
10 1万3千種化学薬品毒性データ集成. 海外技術資料研究所. 1973. 523
11 ACGIH (1974). 安全工学. 1975, 14: 89
12 C. Marsden. Solvents Guide. 2nd ed. Cleaver-Hume. 1963. 540
13 张海峰主编. 危险化学品安全技术大典: 第 1 卷. 北京: 中国石化出版社, 2010

143. 氯 丙 烯

chloropropene

(1) 分子式 C_3H_5Cl。　　相对分子质量 76.53。

(2) 示性式或结构式

顺-1-氯丙烯　　反-1-氯丙烯　　2-氯丙烯

(3) 外观　液体。

(4) 物理性质　有三种异构式。

名称	沸点(101.3kPa)/℃	熔点/℃	相对密度(20℃/4℃)	折射率(20℃)
顺-1-氯丙烯	32.8	−134.8	0.9347	1.4055
反-1-氯丙烯	37.4	−99	0.9350	1.4054
2-氯丙烯	22.65	−138.6	0.9014	1.3973

(5) 溶解性能　溶于乙醚、丙酮、苯、氯仿。

(6) 用途　溶剂、试剂、有机合成中间体。

(7) 使用注意事项　2-氯丙烯的危险特性属第 3.1 类低闪点易燃液体。危险货物编号：

31021。UN编号：2456。参照3-氯丙烯。

参 考 文 献

1 CAS 557-98-2
2 EINECS 209-187-5
3 《化学化工大辞典》编委会，化学工业出版社辞书编辑部编. 化学化工大辞典：上册. 北京：化学工业出版社. 2003
4 张海峰主编. 危险化学品安全技术大典：第1卷. 北京：中国石化出版社，2010

144. 3-氯丙烯

3-chloropropene [allyl chloride]

(1) 分子式　C_3H_5Cl。　　　相对分子质量　76.53。

(2) 示性式或结构式　$CH_2{=}CHCH_2Cl$

(3) 外观　无色液体，具有不愉快的气味。

(4) 物理性质

沸点(101.3kPa)/℃	44.96	蒸发热(b.p.)/(kJ/mol)	24.86
熔点/℃	−134.5	生成热(25℃,气体)/(kJ/mol)	29.3
相对密度(20℃/4℃)	0.9392	燃烧热(25℃,液体)/(kJ/mol)	1845.5
折射率(20℃)	1.41566	比热容(40℃,液体,计算值)/[kJ/(kg·K)]	1.65
介电常数(20℃)	8.2	临界温度/℃	约241
偶极矩(104℃,气体)/(10^{-30}C·m)	8.59	电导率(0℃)/(S/m)	$<3\times10^{-9}$
黏度(20℃)/mPa·s	0.3374	蒸气压(25℃)/kPa	48.9
表面张力(20℃)/(mN/m)	23.06	爆炸极限(下限)/%(体积)	2.90
闪点(闭口)	−31.7	(上限)/%(体积)	11.30
燃点/℃	487	体膨胀系数(30℃)/K^{-1}	0.001475

(5) 化学性质　兼有烯烃和卤代烃的反应性，与卤代氢加成一般生成1,2-二卤化物。低温用浓硫酸处理再用水稀释得到1-氯-2-丙醇。碱性水解生成烯丙醇。与氢氧化钾乙醇溶液反应生成烯丙基乙基醚。与氨反应生成烯丙胺、二烯丙胺和三烯丙胺。与各种有机酸的钠盐在适当的pH值下反应，生成烯丙基酯。

(6) 溶解性能　能与乙醇、乙醚、氯仿、四氯化碳、丙酮、汽油等混溶。20℃时在水中溶解0.36%；水在3-氯丙烯中溶解0.08%。

(7) 用途　用作环氧树脂、合成甘油、烯丙醇、农药、医药、涂料、黏结剂、润滑剂等的原料以及特殊反应的溶剂。

(8) 使用注意事项　致癌物。危险特性属第3.1类低闪点易燃液体。危险货物编号：31021，UN编号1100。干燥的3-氯丙烯对软钢、铸铁、锌铜合金等几乎无腐蚀作用，但能腐蚀铝。潮湿的3-氯丙烯腐蚀性大。属低毒类。能强烈地刺激皮肤、眼、鼻和咽喉。麻醉作用弱，对肝脏损害较小，但对肺、肾的损害大。吸入其蒸气会引起头痛、眼花，浓度高时失去知觉。大鼠吸入浓度为945mg/m^3的蒸气时，几小时内即可死亡。易被皮肤吸收并迅速分布到整个体内而损害内部组织。工作场所最高容许浓度为3mg/m^3（美国）。大鼠经口LD_{50}为700mg/kg。

参 考 文 献

1 CAS 107-05-1
2 EINECS 203-457-6
3 Kirk-Othmer. Encyclopedia of Chemical Technology. 2nd ed. Vol. 5. Wiley. 205
4 A. Weissberger. Organic Solvents. 3rd ed. Wiley. 365，781
5 N. A. Lange. Handbook of Chemistry. 10th ed. McGrow，1961. 1657，1675
6 Beilstein. Handbuch der Organischen Chemie. E Ⅲ. 1-699

7 Landolt-Börnstain. 6th ed. Vol Ⅱ-7. Springer. 17
8 Sadtler Standard IR Prism Spectra. No. 275，7848
9 W. D. Hurkins et al. J. Amer. Chem. Soc.，1932，54：2920
10 The Merck Index. 8th ed. 37；13. 286
11 安全工学協会．安全工学便覧．コロナ社．1973. 309
12 ACGIH（1974）．安全工学．1975，14：89
13 张海峰主编. 危险化学品安全技术大典：第1卷. 北京：中国石化出版社，2010

145. 1,3-二氯丙烯

1,3-dichloropropene

(1) 分子式 $C_3H_4Cl_2$。 相对分子质量 110.97。

(2) 示性式或结构式

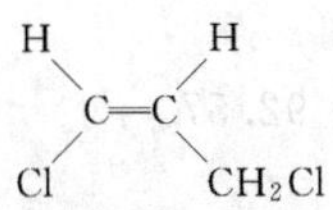

顺-1,3-二氯丙烯

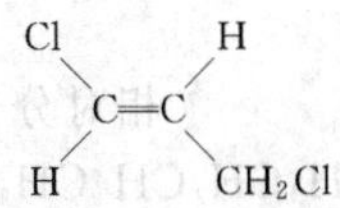

反-1,3-二氯丙烯

(3) 外观 无色液体，有类似氯仿气味。

(4) 物理性质

名称	沸点(101.3kPa)/℃	相对密度(20℃/4℃)	折射率(20℃)	闪点/℃
顺-1,3-二氯丙烯	112	1.2170	1.4730	
反-1,3-二氯丙烯	104.3	1.2240	1.4682	35

(5) 溶解性能 不溶于水，溶于多数有机溶剂。

(6) 用途 溶剂、化学试剂、土壤熏蒸剂。

(7) 使用注意事项 致癌物。危险特性属第3.3类高闪点易燃液体。危险货物编号：33528。易燃。吸入或与皮肤接触有毒。接触皮肤能引起过敏。对眼睛、呼吸系统及皮肤有刺激性。对水生物极毒，可能对水环境引起不利的结果。

参 考 文 献

1 CAS 542-75-6
2 EINECS 208-826-5
3 Beil.，**1**，199；**1**(3)，704
4 The Merck Index. **10**，3059；**11**. 3064；**13**，3101
5 《化学化工大辞典》编委会，化学工业出版社辞书编辑部编. 化学化工大辞典. 上册. 北京：化学工业出版社. 2003

146. 2,3-二氯丙烯

2,3-dichloropropene

(1) 分子式 $C_3H_4Cl_2$。 相对分子质量 110.97。

(2) 示性式或结构式 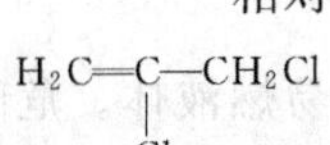

(3) 外观 无色液体，有似氯仿刺激性气味。

(4) 物理性质

沸点(101.3kPa)/℃	94	折射率(20℃)	1.4611
相对密度(20℃/4℃)	1.2041	闪点/℃	10

(5) 溶解性能　不溶于水，溶于多数有机溶剂。

(6) 用途　溶剂、合成试剂、土壤杀虫熏蒸剂。

(7) 使用注意事项　危险特性属第 3.2 类中闪点易燃液体。危险货物编号：32041，UN 编号：2047。参照 1,3-二氯丙烯。

参 考 文 献

1 CAS 78-88-6

2 EINECS 201-153-8

3 Beil., **1**, 199; **1** (4), 744

147. 氯 丁 烷

1-chlorobutane [butyl chloride]

(1) 分子式　C_4H_9Cl。　　　相对分子质量　92.57。

(2) 示性式或结构式　$CH_3CH_2CH_2CH_2Cl$

(3) 外观　无色透明液体。

(4) 物理性质

沸点(101.3kPa)/℃	78.44	生成热(298.16K,液体)/(kJ/mol)	186.7
熔点/℃	−123.1	(298.16K,气体)/(kJ/mol)	152.8
相对密度(20℃)	0.8862	燃烧热(17.2℃,定容)/(kJ/mol)	2701.07
折射率(20℃)	1.4021	比热容(20℃,定压)/[kJ/(kg·K)]	1.89
介电常数(20℃)	7.39	临界温度/℃	269
偶极矩(−90～70℃,庚烷)/(10^{-30}C·m)	6.34	临界压力/MPa	3.69
黏度(15℃)/mPa·s	0.469	电导率(30℃)/(S/m)	10^{-101}
表面张力(20℃)/(mN/m)	23.66	爆炸极限(下限)/%(体积)	1.85
闪点/℃	−6.7	(上限)/%(体积)	10.10
燃点/℃	460	体膨胀系数/K^{-1}	0.00080
蒸发热(b.p.)/(kJ/mol)	30.02		

(5) 化学性质　加热至 450～650℃脱去氯化氢，主要生成 1-丁烯。在氯化钙催化下加热至 450℃生成 1-丁烯（20%）和顺、反 2-丁烯（80%）的混合物。与苯胺反应生成 *N*-丁基苯胺和 *N*,*N*-二丁基苯胺。与 *N*-甲基苯胺、*N*-乙基苯胺、邻甲苯胺、对甲苯胺等同样发生反应。在无水三氯化铝存在下，与苯反应生成丁基苯，与甲苯反应生成丁基甲苯。

(6) 精制方法　与浓硫酸一起回流后充分水洗，氯化钙干燥，蒸馏。

(7) 溶解性能　溶于甲醇、乙醇、乙醚、丙酮、乙酸乙酯、四氯化碳、脂肪烃、芳香烃、油类、油酸。能溶解蜡、多种橡胶、天然树脂及聚乙酸乙烯酯。加热时则溶于硬脂酸和石蜡。20℃时在水中的溶解度为 0.08%，水在氯丁烷中的溶解度为 0.11%。

(8) 用途　用作油脂、橡胶、天然树脂、聚乙酸乙烯酯的溶剂，烷基化剂（如丁基纤维素的制造）和驱虫剂。液相色谱溶剂。

(9) 使用注意事项　危险特性属第 3.2 类中闪点易燃液体。危险货物编号：32033，UN 编号：1127。干燥的氯丁烷对金属没有明显的腐蚀作用。有水存在时分解放出腐蚀性强的氯化氢。久贮或回收的溶剂在使用前应检查其酸度。易着火，受热会产生剧毒的光气。

属低毒类。高浓度时出现麻醉作用。对皮肤的刺激性强，但毒性比低级氯代烃要小。大鼠经口 LD_{50} 为 2760mg/kg。

(10) 附表

表 2-2-40 氯丁烷的蒸气压

温度/℃	蒸气压/kPa	温度/℃	蒸气压/kPa
−49.0	0.13	13.0	8.00
−28.9	0.67	24.0	13.33
−18.6	1.33	40.0	26.66
−7.4	2.67	58.8	53.33
5.0	5.33	78.5	101.33

表 2-2-41 含氯丁烷的二元共沸混合物

第二组分	共沸点/℃	氯代丁烷/%	第二组分	共沸点/℃	氯代丁烷/%
水	68.1	93.4	丁酮	<77.0	>60
硝基甲烷	75.0	84	乙酸乙酯	76.0	>65
甲醇	57.0	73	丙酸甲酯	76.8	62
乙醇	65.7	79.7	甲酸丙酯	76.1	62
异丙醇	70.8	77	丁醇	77.7	98.1
丙醇	74.8	82	异丁醇	77.65	96

参 考 文 献

1 CAS 109-69-3
2 EINECS 203-696-6
3 A. Weissberger. Organic Solvents，3rd ed. Wiley. 338，766
4 I. Mellan. Source Book of Industrial Solvents. Vol. 2. Van Nostrand Reinhold. 1957. 162
5 化学工学協会．物性定数．2卷．丸善．1964. 123
6 Beilstein. Handbuch der Organischen Chemie. EⅢ. 1-275
7 Sadtler Standard IR Prism Spectra. No. 4621，4622
8 W. D. Harkins and R. R. Haun. J. Amer. Chem. Soc.，1932，54：3920
9 F. W. McLafferty. Anal. Chem. 1962，34：2
10 F. A. Bovey. NMR Data Tables for Organic Compounds. Vol. 1. Wiley. 1967. 75
11 The Merck index. 8th ed. 180
12 C. Marsden. Solvents Guide. 2nd ed.，Cleaver-Hume. 1963. 101
13 Beilstein. Handbuch der Organischen Chemie. H，1-118；E Ⅳ，1-246
14 The Merck Index. **10**，1533；**11**. 1560
15 张海峰主编. 危险化学品安全技术大典：第1卷. 北京：中国石化出版社，2010

148. 2-氯丁烷

2-chlorlbutane [*sec*-butyl chloride]

(1) 分子式 C_4H_9Cl。 相对分子质量 92.57。

(2) 示性式或结构式 $CH_3CH_2CHClCH_3$

(3) 外观 无色透明液体，有醚的气味。

(4) 物理性质

沸点(101.3kPa)/℃	68.25	黏度(15℃)/mPa·s	0.439
熔点(外消旋体)/℃	−131.3	表面张力(19.7℃)/(mN/m)	21.84
(光学活性体)/℃	−140.5	闪点(闭口)/℃	−28.9
相对密度(20℃/4℃，外消旋体)	0.87323	蒸发热(b.p.)/(kJ/mol)	29.22
折射率(20℃)	1.3971	临界温度/℃	247.5
介电常数(30℃)	7.090	电导率(30℃)/(S/m)	10^{-7}～10^{-10}
偶极矩(25℃，苯)/(10^{-30}C·m)	6.90		

(5) **化学性质** 无催化剂或在氯化钙存在下，加热至450～550℃脱去氯化氢生成1-丁烯与顺式和反式2-丁烯的混合物。在无水三氯化铝存在下与苯反应，生成仲丁基苯。

(6) **溶解性能** 能与醇、醚混溶。25℃时在水中溶解为0.1%，水在2-氯丁烷中的溶解为0.1%以下。

(7) **使用注意事项** 危险特性属第3.2类中闪点易燃液体。危险货物编号：32033，UN编号：1127。有刺激性和麻醉性，能损害肝脏，毒性比氯丁烷大。

参 考 文 献

1 CAS 78-86-4

2 EINECS 201-151-7

3 E. H. Huntress, The Preparation Properties, Chemical Behavior, and Identification of Organic Chlorine Compounds, Wiley. 1948. 985

4 A. Weissberger. Organic Solvents, 3rd ed.. Wiley. 340

5 Sadtler Standard IR Prism Spectra. No. 13902

6 N. T. McDevitt et al. J. Chem. Pheys. 1965 42: 1173

7 F. W. McLafferty. Anal. Chem. 1962 34: 2

8 F. A. Bovey. NMR Data Tables for Organic Compounds. Vol. 1 Wiley, 1967 75

9 Beilstein. Handbuch der Orgnischen Chemie. H, 1-119; E Ⅳ, 1-248

10 The Merck Index. **10**, 1534; **11**, 1561

11 张海峰主编. 危险化学品安全技术大典：第1卷. 北京：中国石化出版社，2010

149. 1-氯-2-甲基丙烷

1-chloro-2-methylpropane [isobutyl chloride]

(1) 分子式 C_4H_9Cl。 相对分子质量 92.57。

(2) 示性式或结构式 $(CH_3)_2CHCH_2Cl$

(3) 外观 无色透明液体。

(4) 物理性质

沸点(101.3kPa)/℃	68.85	蒸发热(b.p.)/(kJ/mol)	33.12
熔点/℃	−130.3	燃烧热(25℃,液体)/(kJ/mol)	2660.7
相对密度(20℃/4℃)	0.8773	比热容(20℃,定压)/[kJ/(kg·K)]	1.89
折射率(20℃)	1.3980	电导率(30℃)/(S/m)	10^{-7}～10^{-10}
介电常数(14℃)	6.49	爆炸极限(下限)/%(体积)	2.05
偶极矩(10～50℃,苯)/(10^{-30}C·m)	6.97	(上限)/%(体积)	8.75
黏度(20℃)/mPa·s	0.457	体膨胀系数(0～30℃)/K^{-1}	0.00129
表面张力(20℃)/(mN/m)	21.99		

(5) **化学性质** 受热分解成异丁烯和氯化氢。根据反应条件不同，分解产物可重新结合为2-氯-2-甲基丙烷。与无机碱性水溶液或悬浮液在加压下加热至120～350℃，生成异丁醇、叔丁醇和异丁烯的混合物。在液态氨中与钠反应生成异丁烷，与氨基钠反应生成异丁烯。

(6) **精制方法** 与1-氯-2-甲基丙烷共存的2-氯-2-甲基丙烷杂质，通过在碱性水溶液中水解时生成叔丁醇，故可用水萃取分离。或者将2-氯-2-甲基丙烷、2-甲基丙烯基氯等反应性高的氯代烃，在铜的存在下与适当的羧酸碱金属盐一起加压加热至125～255℃进行酯化，再分馏精制。还可用95%硫酸处理，饱和碳酸钠溶液、蒸馏水分别洗涤后，无水硫酸镁干燥、过滤、分馏的方法精制。或用含5%臭氧的氧气处理，再用碳酸钠水溶液洗涤，干燥、分馏。

(7) **溶解性能** 能与醇、醚混溶。12.5℃时在水中的溶解度为0.092%。

(8) **使用注意事项** 危险特性属第3.2类中闪点易燃液体。危险货物编号：32033。受高热或燃烧分解放出有毒气体。与氧化剂发生反应。遇明火、高热易引起燃烧。

参 考 文 献

1 CAS 513-36-0
2 EINECS 208-157-9
3 A. Weissberger. Organic Solvents. 3rd ed. Wiley. 341. 766
4 Landolt-Börnslein. 6th ed. Vol. Ⅱ-1. Springer. 659
5 Beilstein. Handbuch der Organischen Chemie. EⅣ. 1-287
6 Sadtler Standard IR Prism Spectra. No. , 13101
7 N. T. McDevitt et al. J. Chem. Phys. , 1965, 42: 1173
8 F. W. McLafferty. Anal. Chem. 1962, 34: 2
9 F. A. Bovey. NMR Data Tables for Organic Compounds. Wiley. 1967. 75
10 The Merck Index. **11**, 5022

150. 2-氯-2-甲基丙烷

2-chloro-2-methylpropane [*tert*-butyl chloride]

(1) 分子式 C_4H_9Cl。 相对分子质量 92.57。

(2) 示性式或结构式 $(CH_3)_3CCl$

(3) 外观 无色透明液体。

(4) 物理性质

沸点(101.3kPa)/℃	50.7	蒸发热(b. p.)/(kJ/mol)	27.42
熔点/℃	−25.4	熔化热/(kJ/mol)	2.09
相对密度(20℃/4℃)	0.8420	生成热(25℃,液体)/(kJ/mol)	179.99
折射率(20℃)	1.3857	燃烧热(25℃,气体)/(kJ/mol)	2682.1
介电常数(20℃)	9.961	比热容(−13.5℃,定压)/[kJ/(kg·K)]	1.65
偶极矩(20℃,苯)/(10^{-30}C·m)	7.17	电导率(30℃)/(S/m)	$<10^{-7}\sim10^{-10}$
黏度(15℃)/mPa·s	0.543	蒸气压(32.6℃)/kPa	53.33
表面张力(15℃)/(mN/m)	20.06	体膨胀系数(0～30℃)/K^{-1}	0.00145
闪点(闭口)/℃	−5		

(5) 化学性质 2-氯-2-甲基丙烷中的氯原子反应性很大，容易发生水解或醇解反应。与水在常温下摇动或加热回流生成叔丁醇。与芳香烃或苯酚容易发生缩合反应。例如在三氯化铝存在下与苯反应生成叔丁基苯。在无水氟化氢存在下与苯酚反应生成对-叔丁基苯酚。在催化剂存在下加热至300℃以上，分解为异丁烯和氯化氢。

(6) 精制方法 冰水洗涤，氯化钙干燥，精馏。或将主馏分（b. p. 50.3～50.5℃）进行分步结晶，最后用氯化钙和少量氧化钙干燥，精制。

(7) 溶解性能 微溶于水，能与醇、醚混溶。

(8) 使用注意事项 危险特性为第3.2类中闪点易燃液体。危险货物编号：32033。遇明火，高热能燃烧分解放出有毒气体。参照2-氯丁烷。

参 考 文 献

1 CAS 507-20-0
2 EINECS 208-066-4
3 A. Weisberger. Organic Solvents, 3rd ed. Wiley. 343, 766
4 E. H. Huntress. The Preparation. Properties Chemical Behavior, and Identification of Organic Chlorine Compounds, Wiley. 1948. 955
5 Beilstein. Handbuch der Organischen Chemie. . EⅣ, 1-288
6 The Merck Index. 8th ed. 180
7 Landolt-Börnstein. 6th ed. Vol. Ⅱ-1, Springer. 659

8 Sadltler Standard IR Prism Spectra. No. 4646，4649.
9 N. T. McDeritt et al. J. Chem. Phys. 1965 42：1173
10 F. W. McLafferty. Anal. Chem. 1962 34：2
11 F. A. Bovey. NMR Data Tables for Organic Compounds. Vol. 1. Wiley. 1967. 76
12 The Merck Index. **11**，1562

151. 1,4-二氯丁烷

1,4-dichlorobutane

(1) 分子式　$C_4H_8Cl_2$。　　　　相对分子质量　127.07。

(2) 示性式或结构式　$ClCH_2(CH_2)_2CH_2Cl$

(3) 外观　无色液体。

(4) 物理性质

沸点(101.3kPa)/℃	161～163	折射率(20℃)	1.4542
熔点/℃	约 38.7	蒸气压(20℃)/kPa	0.53
相对密度(20℃/4℃)	1.141	闪点/℃	40

(5) 溶解性能　溶于多数有机溶剂，不溶于水。

(6) 用途　溶剂，有机合成中间体。

(7) 使用注意事项　1,4-二氯丁烷的危险特性属第 3.3 类高闪点易燃液体。危险货物编号：33525。吸入、口服或经皮肤吸收对身体有害，对眼睛、皮肤、黏膜和呼吸道有刺激作用。易燃、遇明火、高热易燃，受热分解能放出剧毒的光气。

参　考　文　献

1 CAS 110-56-5
2 EINECS 203-278-1
3 Beil.，**1**，119

152. 氯丁二烯［2-氯-1,3-丁二烯］

chloroprene［2-chloro-1,3-butadiene］

(1) 分子式　C_4H_5Cl。　　　　相对分子质量　88.54。

(2) 示性式或结构式　$H_2C{=}CH{-}C(Cl){=}CH_2$

(3) 外观　无色透明液体，有辛辣气味，易挥发。

(4) 物理性质

沸点(101.3kPa)/℃	59	折射率(20℃)	1.4583
熔点/℃	－130±2	闪点/℃	－20
相对密度(20℃/4℃)	0.9583	爆炸极限(下限)/%(体积)	1.6
		(上限)/%(体积)	8.6

(5) 化学性质　化学性质活泼，易聚合。也可与其他单体共聚。

(6) 溶解性能　微溶于水，溶于大多数有机溶剂。

(7) 用途　溶剂、氯丁橡胶原料。

(8) 使用注意事项　致癌物。有毒、易燃，具麻醉性。危险货物编号：31013，UN 编号：1991。与空气形成爆炸性混合物，遇明火、高热能引起燃烧爆炸。对眼、鼻及上呼吸道有刺激症状，出现轻咳、胸痛、气急等。高浓度吸入会引起步态不稳，震颤、血压下降，甚至因中枢神经麻痹而陷入昏迷，可至死亡。

参 考 文 献

1 CAS 126-99-8
2 EINECS 204-818-0
3 Beil., **1** (4), 984
4 《化学化工大辞典》编委会，化学工业出版社辞书编辑部编. 化学化工大辞典：上册. 北京：化学工业出版社. 2003
5 张海峰主编. 危险化学品安全技术大典：第1卷. 北京：中国石化出版社，2010

153. 氯戊烷

1-chloropentane [*n*-amyl chloride, *n*-pentyl chloride]

(1) 分子式 $C_5H_{11}Cl$。 相对分子质量 106.60。

(2) 示性式或结构式 $CH_3(CH_2)_4Cl$

(3) 外观 无色或浅黄色液体，有香味。

(4) 物理性质

沸点(101.3kPa)/℃	107.76	燃烧热/(kJ/mol)	3064.3
熔点/℃	−99.0	生成热(298.16 K,液体)/(kJ/mol)	212.3
相对密度(20℃/4℃)	0.8818	(298.16 K,气体)/(kJ/mol)	173.8
折射率(20℃)	1.41280	比热容(20℃,定压)/[kJ/(kg·K)]	1.84
介电常数(11℃)	6.6	临界温度/℃	289
偶极矩(20℃,苯)/(10^{-30}C·m)	6.47	临界压力/MPa	3.42
黏度(20℃)/(mPa·s)	0.580	蒸气压(25℃)/kPa	4.14
表面张力(20℃)/(mN/m)	25.15	爆炸极限(下限)/%(体积)	1.6
闪点,(开口)/℃	12.2	(上限)/%(体积)	8.6
燃点/℃	259	体膨胀系数(20℃)/K^{-1}	0.001208
蒸发热(b.p.)/(kJ/mol)	32.74		

(5) 化学性质 在油酸钠催化下，于氢氧化钠水溶液中水解生成戊醇。与浓盐酸和氯化锌一起加热至126～134℃，部分异构化生成2-氯戊烷和3-氯戊烷的混合物。

(6) 溶解性能 能溶于醇、醚、乙酸乙酯、丙酮、油类、油酸、芳香烃、脂肪烃等。加热时还可溶于硬脂酸和石蜡。能溶解蜡、焦油和树脂等。几乎不溶于水，25℃在水中的溶解度为0.020%。与水的共沸混合物的沸点为82℃，与乙醇的共沸混合物的沸点为72.5℃。

(7) 用途 主要用于制造戊醇。纤维工业用作精炼剂。

(8) 使用注意事项 危险特性属第3.2类中闪点易燃液体。危险货物编号：32034，UN编号：1107。受热分解时产生剧毒的光气。

参 考 文 献

1 CAS 543-59-9
2 EINECS 208-846-4
3 A. Weissberger. Organic Solvents. 3rd ed. Wiley. 344
4 The Merck Index. 8th ed. 77
5 化学工学協会．物性定数．2巻．丸善．1964. 123
6 日本化学会．化学便覧．基礎編．丸善．1966. 936
7 Landolt-Börnstein. 6th ed. Vol. Ⅱ-1. Springer. 347
8 N. A. Lange. Handbook of Chemistry. 10th ed., McGraw, 1961. 1675
9 Sadtler Standard IR Prism Spectra. No., 63
10 W. D. Hardins et al. J. Amer. Chem. Soc. 1932, 54: 3920

11 F. W. McLafferty. Anal. Chem. 1962, 34: 2
12 N. I. Sax, Dangerous Properties of Industrial Materials. 3rd ed.. Van Nostrand Reinhold. 1968. 417
13 安全工学協会. 安全工学便覧., コロナ社. 1973. 195
14 The Merck Index. **10**, 633; **11**, 642

154. 2-氯-2-甲基丁烷［氯代叔戊烷］

2-chloro-2-methylbutane [*tert*-amyl chloride]

(1) 分子式　$C_5H_{11}Cl$。　　相对分子质量　106.60。

(2) 示性式或结构式　$CH_3CH_2C(CH_3)_2Cl$

(3) 外观　无色液体。

(4) 物理性质

沸点(101.3kPa)/℃	85～86	折射率(20℃)	1.405
熔点/℃	−73	闪点/℃	−9
相对密度(20℃/4℃)	0.866		

(5) 溶解性能　能与乙醇、乙醚混溶，不溶于水。

(6) 用途　溶剂、有机合剂中间体。

(7) 使用注意事项　2-氯-2-甲基丁烷的危险特性属第6.1类毒害品。危险货物编号：61560。高度易燃，遇明火、高热能燃烧，受热分解放出有毒气体。对眼睛、呼吸系统、皮肤有刺激性，触及皮肤易经皮肤吸收。有麻醉性。蒸气有毒，接触酸或酸雾产生有毒气体。

参 考 文 献

1 CAS 594-36-5
2 EINECS 209-836-2
3 Beil., **1**, 134

155. 1-氯-3-甲基丁烷［氯代异戊烷］

1-chloro-3-methylbutane [*iso*-amyl chloride]

(1) 分子式　$C_5H_{11}Cl$。　　相对分子质量　106.60。

(2) 示性式或结构式　$(CH_3)_2CHCH_2CH_2Cl$

(3) 外观　无色液体。

(4) 物理性质

沸点(101.3kPa)/℃	98～100
相对密度(20℃/4℃)	0.870
折射率(20℃)	1.410

(5) 溶解性能　能与乙醇、乙醚混溶，不溶于水。

(6) 用途　溶剂，有机合成中间体。

(7) 使用注意事项　1-氯-3-甲基丁烷的危险特性属第3.2类中闪点易燃液体。危险货物编号：32034。蒸气对眼睛、皮肤有刺激性。与氧化剂会发生反应。遇明火高热易引起燃烧并分解放出有毒气体。

参 考 文 献

1 CAS 107-84-6

2 EINECS 203-525-5

156. 混合氯代戊烷

mixed pentyl chloride [mixed amyl chloride]

(1) 分子式　$C_5H_{11}Cl$。　　　　　相对分子质量　106.60。

(2) 示性式或结构式　为戊烷和异戊烷的各种一氯代物的混合物。

(3) 外观　无色到淡褐色的液体。

(4) 物理性质　为各种异构体的混合物的性质。

沸点范围(101.3kPa)/℃	85～109	黏度(25℃)/mPa·s	0.54
相对密度(20℃/20℃)	0.88	(60℃)/mPa·s	0.36
(60℃/15℃)	0.84	闪点/℃	约 1
折射率(20℃)	1.406	体膨胀系数/K^{-1}	0.00109

(5) 溶解性能　微溶于水。能溶于甲醇、乙醇、乙醚、丙酮、乙酸乙酯、芳香烃、脂肪烃、油类、油酸等。加热时也可溶于硬脂酸和石蜡。与水的共沸混合物的沸点为 77～82℃，其中含水约 10%。

(6) 使用注意事项　刺激眼、鼻和咽喉。毒性比氯丁烷低。可用钢或铝制容器贮存，但要经常检查其酸度，因水解时放出腐蚀性强的氯化氢。

参 考 文 献

1 C. Marsden. Solvents Guide，2nd ed. Cleaver-Hume. 1963. 54

2 I. Mellan. Source Book of Industrial Solvents. Vol. 2. Reinhold. 1957. 163

157. 二 氯 戊 烷

dichloropentane

(1) 分子式　$C_5H_{10}Cl_2$。　　　　　相对分子质量　141.04。

(2) 外观　纯净的二氯戊烷为无色液体，通常呈淡黄色。

(3) 物理性质　二氯戊烷为各种异构体的混合物。无恒定的沸点，常压下 95% 的馏出温度为 130～200℃。液体相对密度约为 1.07～1.08 (20℃)。

(4) 溶解性能　微溶于水。能与甲醇、乙醚等常用有机溶剂混溶，能溶解油类、润滑脂、生胶及树脂。

参 考 文 献

I. Mellan. Source Book of Industrial Solvents. Vol. 2，Reinhold，1957. 165

158. 1,5-二氯戊烷

1,5-dichlorpantane

(1) 分子式　$C_5H_{10}Cl_2$。　　　　　相对分子质量　141.04。

(2) 示性式或结构式　$ClCH_2(CH_2)_3CH_2Cl$

(3) 外观　无色液体。

(4) 物理性质

沸点(101.3kPa)/℃	178～181	折射率(20℃)	1.457
熔点/℃	−72	闪点/℃	＜26
相对密度(20℃/4℃)	1.100		

(5) 溶解性能　与乙醇、乙醚、氯仿、二硫化碳混溶，不溶于水。

(6) 用途　用作油类、树脂、橡胶等溶剂、有机合成中间体。

(7) 使用注意事项　1,5-二氯戊烷的危险特性属第 3.3 类高闪点易燃液体。危险货物编号：33525，UN 编号：1152。吸入、食入或经皮肤吸收可能对身体有害，其蒸气对眼睛、黏膜、上呼吸道有刺激作用。易燃、遇明火、高热或氧化剂接触有引起燃烧爆炸危险，受热分解放出剧毒的光气。

参 考 文 献

1　CAS 628-76-2

2　EINECS 211-053-6

3　Beil.，**1**，131

159. 六氯-1,3-丁二烯［全氯丁二烯］

hexachlorobuta-1,3-diene［perchlorobutadiene］

(1) 分子式　C_4Cl_6。　　　相对分子质量　260.76。

(2) 示性式或结构式

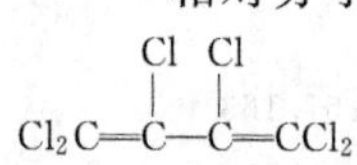

(3) 外观　无色透明液体，有特殊气味。

(4) 物理性质

沸点(101.3kPa)/℃	215～216	相对密度(20℃/4℃)	1.681
熔点/℃	−22～−19	折射率(20℃)	1.555

(5) 溶解性能　与乙醇、乙醚混溶，不溶于水。

(6) 用途　红外与核磁共振光谱用溶剂。

(7) 使用注意事项　致癌物。六氯-1,3-丁二烯的危险特性属第 6.1 类毒害品。危险货物编号：61580，UN 编号：2279。口服有毒，与皮肤接触有害。遇明火、高热燃烧分解放出有毒气体。

参 考 文 献

1　CAS 87-68-3

2　EINECS 201-765-5

3　Beil.，**1**，250

160. 六氯环戊二烯

hexachlorocyclopentadiene

(1) 分子式　C_5Cl_6。　　　相对分子质量　272.77。

(2) 示性式或结构式

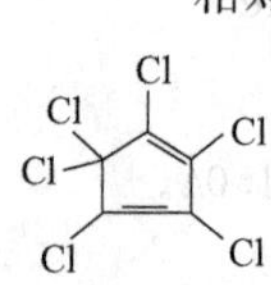

(3) 外观　浅黄色油状液体。

(4) 物理性质

沸点(101.3kPa)/℃	239	相对密度(25℃/4℃)	1.7019
(0.133～1.173kPa)/℃	68～70	折射率(20℃)	1.5644
熔点/℃	-10		

(5) 溶解性能　溶于乙醚、四氯化碳，不溶于水。

(6) 用途　农药中间体、溶剂。

(7) 使用注意事项　通过皮肤吸收引起中毒，对肝脏等器官有害。具有腐蚀性。大鼠在 250mg/m^3 的气氛中能存活的最长时间为 0.25h。大鼠和兔经口 LD_{50} 为 420～620mg/kg。接触皮肤后，应立即用碱性溶液清洗。

参考文献

1　CAS 77-47-4
2　EINECS 201-029-3

161. 氯己烷

1-chlorohexane [*n*-hexyl chloride]

(1) 分子式　$C_6H_{13}Cl$。　　　相对分子质量　120.62。

(2) 示性式或结构式　$CH_3(CH_2)_5Cl$

(3) 外观　无色液体，有香味。

(4) 物理性质

沸点/℃	132.9	折射率(20℃)	1.4236
熔点/℃	-83	闪点/℃	35
相对密度(20℃/4℃)	0.8780	表面张力(20.3℃)/(mN/m)	26.2

(5) 溶解性能　溶于甲醇、乙醇、乙醚、丙酮、油类、油酸、芳香烃及脂肪烃。加热时也可溶于石蜡。25℃时在水中的溶解度为 0.0083%。

(6) 使用注意事项　危险特性属第 3.3 类高闪点易燃液体。危险货物编号：33526。有毒。遇明火、高热燃烧分解放出有毒气体。

参考文献

1　CAS 544-10-5
2　EINECS 208-859-5
3　日本化学会编．化学便覧．丸善．1958．209
4　Kirk-Othmer. Encyclopedia of Chemical Technology. Vol. 3，Interscience. 1949. 839
5　The Merck Indes. 7th ed. 1960. 244
6　National Fire Codes. Vol. 1. 1962-63. National Fire Protection Association. 1962. 325～329
7　Beilstein. Handbuch der Organischen Chemie. E Ⅲ. 1-388
8　张海峰主编．危险化学品安全技术大典：第 1 卷．北京：中国石化出版社，2010

162. 1-氯-2-乙基己烷

1-chloro-2-ethylhexane [2-ethylhexyl chloride，3-chloromethylheptane]

(1) 分子式　$C_8H_{17}Cl$。　　　相对分子质量　148.68。

(2) 示性式或结构式　$CH_3(CH_2)_3CH(C_2H_5)CH_2Cl$

(3) 外观　无色液体。

(4) 物理性质

沸点/℃	172.9	相对密度(20℃/20℃)	0.8833
凝固点/℃	−135	折射率(20℃)	1.4324
黏度(20℃)/mPa·s	1.0	(55℃)	1.33
闪点(开口)/℃	60	(89℃)	6.67
蒸气压(20℃)/kPa	0.16		

(5) 溶解性能　是油脂和蜡的优良溶剂。因其沸点较高，可作高熔点固体脂肪和蜡的萃取剂。20℃时在水中的溶解度为0.1%；水在1-氯-2-乙基己烷中的溶解度为0.1%。

(6) 用途　可作高熔点固体脂肪和蜡的萃取剂，烷基化剂以及表面活性剂的制造原料。

参　考　文　献

1　CAS 123-04-6
2　EINECS 204-594-4
3　N. I. Sax, Dangerous Properties of Industrial Materials, 2nd ed. 1963. Reinhold. 814
4　National Fire Codes, Vol. 1, 1962-63. National Fire Protection Association. 1962. 325～374
5　I. Mellan. Source Book of Industrial Solvents, Vol. 2. Reinhold. 1957. 174
6　C. Marsden. Solvents Guide. 2nd ed. Cleaver-Hume. 1963. 295

163. 1-氯十二烷［十二烷基氯］

1-chlorododecane [*n*-dodecyl chloride]

(1) 分子式　$C_{12}H_{25}Cl$。　　　相对分子质量　204.79。

(2) 示性式或结构式　$CH_3(CH_2)_{10}CH_2Cl$

(3) 外观　无色透明或浅黄色油状液体。

(4) 物理性质

沸点(101.3kPa)/℃	260	相对密度(20℃/4℃)	0.8682
(1.33kPa)/℃	126	折射率(20℃)	1.4433
熔点/℃	−15～−10		

(5) 溶解性能　能与乙醇、丙酮、四氯化碳、石油醚、苯混溶，不溶于水。

(6) 用途　溶剂，表面活性剂，增塑剂。

(7) 使用注意事项　避免蒸气吸入，对眼睛、黏膜、皮肤有刺激性。遇明火、高温能燃烧分解放出有毒气体。

参　考　文　献

1　CAS 112-52-7
2　EINECS 203-981-5
3　Beilstein. Handbuch der Organischen Chemie. E Ⅳ, 1-501

164. 四氟化碳［四氟甲烷］

tetra fluoromethane [carbon tetrafluoride]

(1) 分子式　CF_4。　　　相对分子质量　88.01。

(2) 示性式或结构式

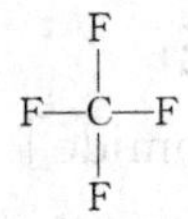

(3) 外观 无色、无味、无臭气体。

(4) 物理性质

沸点(101.3kPa)/℃	-128	蒸气压(-50.7℃)/kPa	13.33
熔点/℃	-184	临界温度/℃	-45.5
液体密度(-184℃)/(g/cm³)	1.96	临界压力/MPa	3.74
(-130℃)/(g/cm³)	1.613		

(5) 化学性质 化学性质稳定，不燃。常温下只有液氨-金属钠试剂能发生作用。

(6) 溶解性能 溶解性能差，只能溶于醚、酮、含氯烷烃和氟氯烷烃中。

(7) 用途 用于低温制冷剂、溶剂、润滑剂，红外检波管的冷却剂。

(8) 使用注意事项 四氟化碳的危险特性属第 2.2 类不燃气体。危险货物编号：22033，UN 编号：1982。吸入可引起快速窒息，接触后可引起头痛、恶心、呕吐。不燃，遇高热后容器内压增大，有开裂、爆炸危险。

参 考 文 献

1 CAS 75-73-0

2 EINECS 200-896-5

3 Beilstein. Handbuch der Organischen Chemie. H，1-59；E Ⅳ，1-26

4 The Merck Index. **10**，1800；**11**，1823

165. 1,1-二氟乙烯［偏氟乙烯］

1,1-difluoroethylene［vinylidene fluoride］

(1) 分子式 $C_2H_2F_2$。 相对分子质量 64.0。

(2) 示性式或结构式 $CH_2=CF_2$

(3) 外观 无色气体，稍具有醚的气味。

(4) 物理性质

沸点(101.3kPa)/℃	-82	临界压力/MPa	4.43
熔点/℃	-144	蒸发热(-40℃)/(kJ/mol)	13.189
相对密度(24℃/4℃)	0.617	爆炸极限(下限)/%(体积)	5.5
临界温度/℃	30.1	(上限)/%(体积)	21.3

(5) 溶解性能 溶于乙醇、乙醚，微溶于水。

(6) 用途 特殊溶剂，高分子单体。

(7) 使用注意事项 1,1-二氟乙烯的危险特性属第 2.1 类易燃液体。危险货物编号：21031，UN 编号：1959。吸入对身体有害，接触后可引起头痛、头晕、恶心。与空气混合能形成爆炸性混合物。遇高热、明火、氧化剂易引起燃烧爆炸。

参 考 文 献

1 CAS 75-38-7

2 EINECS 200-867-7

3 Beil.，**1**，186

166. 溴 甲 烷

bromomethane [methyl bromide]

(1) 分子式 CH_3Br。　　相对分子质量 94.95。

(2) 示性式或结构式 CH_3Br

(3) 外观 常温常压下为无色无臭的气体，4℃以下为无色透明液体。高浓度时有类似氯仿的气味。

(4) 物理性质

沸点(101.3kPa)/℃	4.6	比热容(−13℃)/[kJ/(kg·K)]	0.825
熔点/℃	−93	(25℃)/[kJ/(kg·K)]	0.448
相对密度(0℃/4℃)/(g/L)	1.730	燃烧热(20℃,气体)/(kJ/mol)	773.34
(20℃,气体)/(g/L)	3.974	临界温度/℃	194
折射率(−20℃)	1.4432	电导率(0℃)/(S/m)	122×10^{-10}
介电常数(0℃)	9.77	溶解度(20℃,水)/%	1.75
黏度(0℃)/mPa·s	0.397	蒸气压(20℃)/kPa	189.32
闪点	无	热导率(20℃)/[W/(m·K)]	7.1176×10^{-3}
燃点/℃	537.2	爆炸极限(下限)/%(体积)	13.5
蒸发热(b.p.)/(kJ/kg)	252.00	(上限)/%(体积)	14.5
熔化热(179.48K)/(kJ/mol)	5.98	体膨胀系数(−15～3℃)	0.00163
生成热(25℃,气体)/(kJ/mol)	34.3	蒸气相对密度(空气=1)	3.3

(5) 化学性质 碱性水解生成甲醇。

(6) 精制方法 将溴甲烷蒸气通入浓硫酸中洗涤，纯度可达99.9%以上。

(7) 溶解性能 能与乙醇、乙醚、氯仿、二硫化碳、四氯化碳、苯及氯代烃等多种有机溶剂混溶。在冷水中生成结晶性水合物（$CH_3Br\cdot20H_2O$）。微溶于水。

(8) 用途 用作低沸点溶剂、阻燃剂、制冷剂、木材和土壤的熏蒸剂。化工方面用作甲基化剂。

(9) 使用注意事项 致癌物。危险特性属第2.3类有毒气体。危险货物编号：23041，UN编号：1062。干燥的溴甲烷气体对大多数金属无腐蚀性，但能腐蚀铝和镁。特别是铝会生成能自然的三甲基铝。可将其溶解于大量溶剂中贮存或用耐压容器贮存。在空气中不燃烧，但在纯氧中可以燃烧。毒性比氯甲烷强，为较强的神经毒物。其蒸气对大鼠的致死浓度为1999.5mg/m^3。人若吸入高浓度的溴甲烷蒸气时，引起头痛、眩晕、呕吐、倦怠、并常产生视力障碍。严重时引起运动失调，震颤、痉挛、神志昏迷、昏睡而死亡。也可经皮肤吸收而中毒，中毒后恢复缓慢。空气中最高容许浓度为1mg/m^3。

参 考 文 献

1 CAS 74-83-9
2 EINECS 200-813-2
3 The Merck Index. 8th ed., 682
4 Chemical Safety Data Sheet. SD-35. Manufacturing Chemists Assoc. 1968
5 Kirk-Othmer. Encyclopedia of Chemical Technology. 2nd ed., Vol. 3, Wiley. 772
6 National Fire Codes. Vol. 1. National Fire Protection Assoc. 1962. 325
7 日本化学会. 化学便覧. 基礎編. 丸善. 1958. 708
8 N. A. Lange. Handbook of Chemistry. 10th ed.. McGraw. 1961. 1571, 1641
9 Landolt-Börnstein. 6th ed., Vol. Ⅱ-7. Springer. 17
10 R. G. Vines and L. A. Bennett. J. Chem. Phys. 1950, 22: 360
11 J. G. Grasselli. Atlas of Spectral Data and Physical Constants for Organic Compounds, B-649. CRC Rress. 1973
12 Silverstein, Bassler (荒木峻, 益子洋一郎訳). 有機化合物のスペクトルたよる同定法. Ⅰ版, 东京: 化学同人. 1965. 87

13 The Merck Index. **10**，5905；**11**，5951
14 张海峰主编. 危险化学品安全技术大典：第1卷. 北京：中国石化出版社，2010

167. 二溴甲烷

dibromomethane [methylene bromide]

(1) 分子式　CH_2Br_2。　　　　　相对分子质量　173.85。

(2) 示性式或结构式　CH_2Br_2

(3) 外观　无色或浅黄色液体。

(4) 物理性质

沸点(101.325kPa)/℃	96.9	临界温度/℃	310
熔点/℃	−52.7	临界压力/MPa	7.19
密度(20℃)/(g/cm³)	2.4956	蒸发热(沸点)/(kJ/kg)	36.46
(25℃)/(g/cm³)	2.4831	比热容(20℃)/[kJ/(kg·K)]	0.66
折射率(20℃)	1.5419	热导率(20℃)/[W/(m·K)]	0.1026
(25℃)	1.5390	蒸气压(20℃)/kPa	4.63
黏度(20℃)/mPa·s	1.02×10	蒸气相对密度(空气=1)	6.05
表面张力(20℃)/(mN/m)	39.8	相对蒸发速度(乙醚=1)	7
介电常数(20℃)	7.04		

(5) 溶解性能　微溶于水，20℃在水中的溶解度为1.135%。溶于乙醇、乙醚、三氯甲烷及丁酮。

(6) 用途　有机合成原料，亦用作溶剂，制冷剂、阻燃剂、选矿剂以及医药的原料。

(7) 使用注意事项　致癌物。危险特性属第6.1类毒害品。危险货物编号：61561，UN编号：2664。长期接触可引起肝、肾损害。吸入引起头痛、眩晕、呕吐、视力障碍，举止失调、痉挛。甚至出现昏睡致死。工作场所要求通风，设备密闭。

(8) 附表

表 2-2-42　二溴甲烷的蒸气压

温度/℃	蒸气压/kPa	温度/℃	蒸气压/kPa	温度/℃	蒸气压/kPa
0	1.07	110	153.61	220	1901.87
10	2.02	120	206.30	230	2253.47
20	3.65	130	272.46	240	2653.70
30	6.29	140	354.49	250	3104.59
40	10.42	150	454.44	260	3613.25
50	16.64	160	575.32	270	4182.69
60	25.72	170	719.81	280	4820.03
70	38.60	180	890.65	290	5532.35
80	56.40	190	1091.27	300	6324.71
90	80.46	200	1324.32		
100	112.27	210	1592.83		

表 2-2-43　含二溴甲烷的二元共沸混合物

第二组分	共沸点/℃	二溴甲烷/%	第二组分	共沸点/℃	二溴甲烷/%
甲醇	64.3	52	乙酸	94.8	84
乙醇	75.5	60	2-甲基-1-丙醇	94.8	82
2-丙醇	<81.0	>32	庚烷	<95.5	>58
丙醇	<90.5	>74	甲基环己烷	<96.4	>75

参 考 文 献

1 CAS 74-95-3

2 EINECS 200-824-2
3 Beilstein. Handbuch der Organischen Chemie. H, 1-67; E Ⅳ, 1-78
4 The Merck Index. **10**, 5934; **11**, 5980

168. 溴　仿

bromoform [tribromomethane]

(1) 分子式　$CHBr_3$。　　　相对分子质量　252.73。

(2) 示性式或结构式　$CHBr_3$

(3) 外观　无色重质液体，有类似氯仿的气味。

(4) 物理性质

沸点(101.3kPa)/℃	148.1	燃点	无
熔点/℃	4.8	蒸发热/(kJ/mol)	11.56
相对密度(25℃/25℃)	2.847	比热容(18～50℃,定压)/[kJ/(kg·K)]	0.519
折射率(15℃)	1.6005	电导率(25℃)/(S/m)	$<2\times10^{-8}$
介电常数(20℃)	4.5	溶解度(30℃,水)/%	0.318
黏度(15℃)/mPa·s	2.152	蒸气压(22℃)/kPa	0.67
表面张力(20℃)/(mN/m)	41.53	(48℃)/kPa	2.67
闪点	无	体膨胀系数/K^{-1}	0.00091

(5) 化学性质　碱性水解生成一氧化碳与甲酸盐。

(6) 精制方法　浓硫酸洗涤后，用稀氢氧化钠溶液和水洗涤，无水硫酸钠干燥，减压蒸馏。

(7) 溶解性能　微溶于水，溶于乙醇、乙醚、四氯化碳、溶剂汽油、苯、氯仿等。

(8) 用途　工业上作相对密度大的溶剂使用。还用于医药、有机合成以及矿物分析的浮选试验。

(9) 使用注意事项　危险特性属第6.1类毒害品。危险货物编号：61562，UN编号：2515。不燃烧。毒性比氯仿稍强，主要抑制中枢神经系统，具麻醉作用。能损害肝脏。家兔皮下注射LD_{50}为1.0g/kg。人吸入溴仿蒸气引起流泪、流涎、咽部和喉头痒痛，面部发红。溴仿受光和空气作用逐渐分解成黄色，常加入4%乙醇作稳定剂，置阴凉处密封贮存。工作场所最高容许浓度为$5mg/m^3$。

参　考　文　献

1 CAS 75-25-2
2 EINECS 200-854-6
3 I. Mellan. Source Book of Industrial Solvents. Vol. 2. Van Nostrand Reinhold. 1957. 227
4 A. Weissberger. Organic Solvents. 3rd ed. Wiley. 381
5 J. E. Jolles. Bromine and Its Compounds. Ernest Benn, 1966. 595
6 J. G. Grasselli. Atlas of Spectral Data and Physical Constants for Organic Compounds. B-654. CRC Press. 1973
7 N. I. Sax. Dangerous Properties of Industrial Materials. Van Nostrand Reinhold. 1957. 490

169. 溴 乙 烷

bromoethane [ethyl bromide]

(1) 分子式　C_2H_5Br。　　　相对分子质量　108.97。

(2) 示性式或结构式　CH_3CH_2Br

(3) 外观　无色液体，有类似氯仿的气味。

(4) 物理性质

沸点(101.3kPa)/℃	38.4	燃烧热(20℃,气体)/(kJ/mol)	1425.6
熔点/℃	−118.5	比热容(25℃,定压)/[kJ/(kg·K)]	1.214
相对密度(25℃/4℃)	1.4512	(15~20℃,定压)/[kJ/(kg·K)]	0.900
折射率(20℃)	1.4244	临界温度/℃	230.7
介电常数(25℃,λ=3.22cm)	8.87	临界压力/MPa	6.23
(20℃)	9.39	溶解度(20℃,水)/%	0.906
偶极矩(气体)/(10^{-30}C·m)	6.74	蒸气压(4.5℃)/kPa	26.66
黏度(20℃)/(mPa·s)	0.402	(20℃)/kPa	51.46
表面张力(20℃)/(mN/m)	24.15	(21℃)/kPa	53.33
燃点/℃	511.1	爆炸极限(下限)/%(体积)	6.75
蒸发热(b.p.)/(kJ/mol)	250.8	(上限)/%(体积)	11.25
熔化热/(kJ/mol)	6.196	体膨胀系数(20℃)	1.418×10^{-3}
生成热(25℃,气体)/(kJ/mol)	54.4	蒸气相对密度(空气=1)	3.76
(25℃,液体)/(kJ/mol)	85.4		

(5) 化学性质　与强碱反应生成乙烯，在弱碱中水解生成乙醇。

(6) 精制方法　粗蒸馏的溴乙烷用5%碳酸钠冰水溶液洗涤，再用冰水洗涤，无水氯化钙干燥，蒸馏。

(7) 溶解性能　能与乙醇、乙醚、氯仿、四氯化碳等常用溶剂混溶。

(8) 用途　溴乙烷是制造巴比妥的原料。还用作制冷剂、麻醉剂、熏蒸剂、液相色谱溶剂。

(9) 使用注意事项　致癌物。危险特性属第6.1类毒害品。危险货物编号：61564，UN编号：1891。溴乙烷是有甜味的可燃性液体，在光照或火焰下易分解生成溴化氢和碳酰溴，后者有类似光气的剧毒作用。属中等毒类。机体吸入后有麻醉作用，刺激呼吸器官，引起心脏、肝的脂肪性病变和坏死。大鼠吸入的致死浓度为89200mg/m³。工作场所最高容许浓度为892 mg/m³。

(10) 规格　2560—2006　工业用溴乙烷

项　目		优等品	一等品	合格品
密度(20℃)/(g/cm³)			1.440~1.460	
溴乙烷/%	≥	99.5	99.0	98.0
蒸发残渣/%	≤	0.003	0.006	0.01
水分/%	≤	0.05	0.10	0.15
酸度试验		合格	合格	合格

(11) 附表

表 2-2-44　含溴乙烷的二元共沸混合物

第二组分	共沸点/℃	溴乙烷/%	第二组分	共沸点/℃	溴乙烷/%
甲醇甲酯	29.9	34	环戊烷	<37.5	<80
戊烷	<32.8	<52	乙醇	37.6	96.5
二硫化碳(约40%)+甲醇(约10%)	33.9	约50	二硫化碳	37.8	67
甲醇	35.0	94.5	二氯甲烷	38.1	80
水	37	约99	甲酸	38.2	97

参考文献

1 CAS 74-96-4
2 EINECS 200-825-8
3 Beilstein. Handbuch der Organiscem Chemie. EⅢ. 1-171
4 N. A. Lange. Handbook of Chemistry, 10th ed. McGraw. 1961. 39, 543, 1223, 1495, 1525, 1553, 1569, 1636, 1650, 1659, 1675
5 小竹无二雄. 大有機化学. 別巻2. 朝倉書店. 1963. 577
6 日本化学会. 化学便覧. 基礎編. 丸善. 1958. 537

7 I. Mellan. Source Book of Industrial Solvents. Vol. 2. Van Nostrand Reinhold. 1957. 228
8 F. S. Mortima et al. J. Amer. Chem. Soc. 1947，69：822
9 J. Söderqvist，Z. Phys. 1929，59：446；Chem. Abstr. 1948，24：1796
10 The Merck Index. 7th ed. 424
11 危険物．毒物取扱いマニェアル．海外技術資料研究所．1974．255
12 Beilstein. Handbuch der Organischen Chemie. H，1-28；E Ⅳ，1-150
13 The Merck Index. **10**，3720；**11**，3730

170. 1,2-二溴乙烷

1,2-dibromoethane [ethylene dibromide，*sym*-dibromoethane，ethylene bromide，EDB]

(1) 分子式 $C_2H_4Br_2$。　　相对分子质量　187.86。

(2) 示性式或结构式　CH_2BrCH_2Br

(3) 外观　无色透明液体，有类似氯仿的气味。

(4) 物理性质

沸点(101.3kPa)/℃	131.41	溶解度(25℃,水)/%	0.54
熔点/℃	10.06	黏度(25℃)/mPa·s	0.01613
相对密度(25℃/4℃)	2.1686	表面张力(20℃)/(mN/m)	38.91
折射率(25℃)	1.5359	蒸发热(b.p.)/(kJ/mol)	190.9
介电常数(25℃)	4.76	熔化热/(kJ/mol)	10.84
偶极矩(10℃)/(10^{-30}C·m)	2.87	生成热(25℃,液体)/(kJ/mol)	80.805
比热容(定压)/[kJ/(kg·K)]	0.72	燃烧热(液体)/(kJ/mol)	1217.9
临界温度/℃	309.8	蒸气压(20℃)/kPa	1.09
临界压力/MPa	7.15	体膨胀系数(15～30℃)/K^{-1}	0.000958
电导率(25℃)/(S/m)	1.28×10^{-11}		

(5) 化学性质　常温下稳定，不易燃烧。在光作用下部分发生分解。与强碱反应生成溴代乙烯。

(6) 精制方法　水蒸气蒸馏后分去水层，再用水洗涤，通入干燥的氮气干燥，精馏。

(7) 溶解性能　微溶于水。能溶于四氯化碳、苯、汽油、乙醚、及无水乙醇。能溶解油脂、蜡、橡胶、树脂、赛璐珞等。

(8) 用途　用作汽车、航空燃料添加剂，赛璐珞的不燃性溶剂，谷物、水果的杀菌剂以及木材的杀虫剂等。

(9) 使用注意事项　致癌物。危险特性属第 6.1 类毒害品。危险货物编号：61565，UN 编号：1605。具有中度麻醉作用，易被皮肤吸收，其蒸气刺激眼黏膜和上呼吸道。麻醉性小，但能引起感觉迟钝、抑郁、呕吐。服用 40g 即可致死。慢性中毒时，能引起眼球结膜炎、支气管炎、喉头炎、食欲不振、抑郁等症状。潜在致癌物。嗅觉阈浓度 199.94mg/m³。工作场所最高容许浓度为 192.25mg/m³。大鼠经口 LD_{50} 为 117mg/kg。

(10) 附表

表 2-2-45　含 1,2-二溴乙烷的二元共沸混合物

第二组分	共沸点/℃	1,2-二溴乙烷/%	第二组分	共沸点/℃	1,2-二溴乙烷/%
甲酸	94.7	48.5	1-氯-2-丙醇	<124.8	>38
烯丙醇	<96.7		1-戊醇	<127.3	<78
1-丙醇	97.0	9	2-乙氧基乙醇	127.8	77
2-甲基-1-丙醇	106.8	37	丙酸	128.0	82.5
乙酸	114.3	45	2-氯-1-丙醇	128.0	67
2-戊醇	<119.0	<47	乳酸甲酯	130.0	82
2-甲氧基乙醇	120.6	63.5	氯苯	130.1	59
2-氯乙醇	122.3	66.5	乙二醇	130.9	96.5
甲酸异戊酯	123.7	约 8	丁酸	131.1	96.5
3-甲基-1-丁醇	124.2	69.5	乙苯	131.4	90

参 考 文 献

1 CAS 106-93-4
2 EINECS 203-444-5
3 Beilstein. Handbuch der Organischen Chemie. E Ⅲ. 1-182
4 Kirk-Othmer. Encyclopedia of Chemical Technology. 2nd ed.. Vol. 3. Wiley. 771
5 N. A. Lange. Handbook of Chemistry. 10th ed. McGraw. 1961. 1210，1223，1525，1635，1650
6 日本化学会. 化学便覧. 基礎編. 丸善. 1958. 854
7 S. Mizushima and Y. Morino. Bull. Chem. Soc. Japan. 1938，13：138
8 1万3千種化学薬品毒性データ集成. 海外技術資料研究所. 1973. 256
9 The Merck Index. **10**，3742；**11**，3753

171. 1,1,2,2-四溴乙烷

1,1,2,2-tetrabromoethane [*sym*-tetrabromoethane, acetylene tetrabromide, TBE]

(1) 分子式　$C_2H_2Br_4$。　　相对分子质量　345.65。

(2) 示性式或结构式　$CHBr_2CHBr_2$

(3) 外观　无色或黄色的油状液体，有类似樟脑的气味。

(4) 物理性质

沸点(101.3kPa)/℃	243.5	蒸气压(65℃)/kPa	0.13
熔点/℃	0.1	介电常数(25℃)	6.60
相对密度(20℃/4℃)	2.9501	偶极矩(25℃,己烷)/(10^{-30}C·m)	4.37
折射率(20℃)	1.6353	黏度(19.19℃)/mPa·s	9.80
蒸发热/(kJ/kg)	133.97	表面张力(25℃)/(mN/m)	49.07
熔化热/(kJ/kg)	33.78	(110℃)/(mN/m)	1.33
比热容(16.1～99.02℃,定压)/[kJ/(kg·K)]	0.513	(170℃)/(mN/m)	13.33
溶解性(30℃,水)/%	0.0651		

(5) 化学性质　与强碱反应放出溴化氢。常温下稳定，加热至239～242℃则分解放出溴、溴化氢等。

(6) 精制方法　用碳酸氢钠或碳酸钠水溶液洗涤后，再用水洗，通入干燥的氮气干燥，减压蒸馏。馏出物易变色时，可将馏出物用蒸馏水洗涤后，再通入干燥氮气干燥。

(7) 溶解性能　与乙醇、乙醚、氯仿、四氯化碳、苯胺、冰乙酸等混溶，是油脂和蜡的优良溶剂。微溶于水，30℃时在水中溶解度为0.065%。

(8) 用途　用作显微镜检查用试剂、浮选剂、制冷剂、阻燃剂、熏蒸剂和溶剂等。

(9) 使用注意事项　危险特性属第6.1类毒害品。危险货物编号：61566，UN编号：2504。剧毒。对中枢神经系统有强烈抑制作用，大剂量造成麻醉和昏睡，引起呼吸困难，运动失调，肺出血而死。家兔经口LD_{50}为400 mg/kg。

参 考 文 献

1 CAS 79-27-6
2 EINECS 201-191-5
3 Beilstein. Handbuch der Organischen Chemie. E Ⅲ. 1-192
4 A. Weissberger. Organic Solvents. 2nd ed. Wiley. 214
5 Kirk-Othmer. Encyclopedia of Chemical Technology. 2nd ed. Vol. 3. Wiley. 776
6 Bromine and Bromunated Products Handbook. Dow Chemicals Co.，1962. 56

7 V. Y. Kurbatov. Zh. Obshck. Khim.. 1948, 18: 372
8 1万3千種化学薬品毒性データ集成. 海外技術資料研究所. 1973. 321
9 Beilstein. Handbuch der Organischen Chemie. H, 1-94; E Ⅳ, 1-162
10 The Merck Index. **10**, 9012; **11**, 9121

172. 溴 丙 烷

propyl bromide [bromopropane]

(1) 分子式 C_3H_7Br。 相对分子质量 122.99。

(2) 示性式或结构式 $CH_3CH_2CH_2Br$

(3) 外观 无色液体，有强烈的刺激性气味。

(4) 物理性质

沸点(101.3kPa)/℃	70.97	燃点(490℃,空气中)/℃	无
熔点/℃	−109.8	蒸发热(68.8℃)/(kJ/kg)	242.8
相对密度(20℃/4℃)	1.35965	熔化热(−108.1℃)/(kJ/kg)	27.3
折射率(15℃)	1.43695	生成热(298.16℃)/(kJ/mol)	−124.47
介电常数(25℃)	5.46	燃烧热(气体)/(kJ/mol)	2081
偶极矩(气体)/(10^{-30}C·m)	5.70	比热容(25℃,定压)/[kJ/(kg·K)]	1.12
黏度(25℃)/mPa·s	0.00495	电导率,(25℃)/(S/m)	$<2\times10^{-8}$
表面张力(20℃)/(mN/m)	25.84	溶解度(30℃,水)/%	0.230
闪点(79℃,闭口)/℃	无	蒸气压(25℃)/kPa	18.44

(5) 化学性质 与三溴化铝加热发生异构化生成2-溴丙烷。加热或与火焰接触热解生成有毒的溴化物气体。

(6) 精制方法 水洗，干燥后蒸馏，收集70～73℃之馏分。注意蒸馏的残留物有催泪性。

(7) 溶解性能 难溶于水，能与丙酮、苯、四氯化碳、乙醚、庚烷、甲醇等混溶。

(8) 用途 用作Grignard试剂原料和芳香族化合物的烷基化剂。

(9) 使用注意事项 危险特性属第3.3类高闪点易燃液体。危险货物编号：35530。毒性与溴乙烷相似，对中枢神经系统有抑制作用。动物接触麻醉浓度可引起肺、肝损害。小鼠接触浓度50 g/m³，30分钟侧倒，次日死亡。着火时可用水及泡沫灭火剂、二氧化碳、干式化学灭火剂、四氯化碳等灭火。

参 考 文 献

1 CAS 106-94-5
2 EINECS 203-445-0
3 Beilstein. Handbuch der Organischen Chemie. E Ⅲ. 1-239
4 化学工学協会. 物性定数. 1集. 丸善. 1963. 311
5 Landolt-Börnstein. 6th ed. Vol. Ⅱ-4. Springer. 299
6 化学工学協会. 物性定数. 2集. 丸善. 1964. 122
7 International Critical Tables. V-168
8 International Critical Tables. Ⅵ-143
9 A. Weissberger. Organic Solvents. 3rd ed. Wiley. 376
10 R. R. Dreisbach. Advan. Chem. Ser. 1961, 29: 149
11 A. K. Abas-Zade et al. Teplofiz. Svoistva Zhidk. Mater Uses. Teplofiz Konf. Svoistvam Veshchestv. Vys. Temp. 1970. 82; Chem. Abstr. 1971, 75: 41259 h
12 J. G. Grasselli, Atlas of Spectral Data and Physical Constants for Organic Compounds. CRC Press. 1973. 635
13 I. Mellan. Source Book of Industrial Solvents. Vol. 2. Van Nostrand Reinhold. 1957. 245
14 化学工学協会. 物性定数. 6集. 丸善. 1968. 5
15 Beilstein. Handbuch der Organischen Chemie. H. 1-108; E Ⅳ, 1-205

16 The Merck Index. **10**, 7745; **11**, 7857

173. 2-溴丙烷

2-bromopropane [isopropyl bromide]

(1) 分子式　C_3H_7Br。　　　相对分子质量　122.99。

(2) 示性式或结构式　$CH_3CHBrCH_3$

(3) 外观　无色液体，有香甜味。

(4) 物理性质

沸点(101.3kPa)/℃	59.41	蒸发热(58.6℃)/(kJ/kg)	231.07
熔点/℃	−90.0	熔化热(−89.0℃)/(kJ/kg)	27.34
相对密度(25℃/4℃)	1.3060	生成热/(kJ/mol)	−125.2
折射率(25℃)	1.4221	燃烧热/(kJ/mol)	2053.3
介电常数(25℃,λ=1.27cm)	6.77	临界温度/℃	230.8
偶极矩(气体)/(10^{-30}C·m)	2.19	临界压力/MPa	6.23
黏度/mPa·s	0.444	/MPa	5.60
表面张力(23.3℃)/(mN/m)	22.46	溶解度(18℃,水)/%	0.286
闪点/℃	无	蒸气压(25℃)/kPa	31.5
燃点	无		

(5) 精制方法　用硫酸、稀氢氧化钠溶液分别洗涤后，氯化钙干燥，精馏。

(6) 溶解性能　难溶于水。能与丙酮、苯、四氯化碳、乙醚、庚烷、甲醇等混溶。

(7) 用途　用作 Grignard 试剂的原料和芳香族化合物的烷基化剂。

(8) 使用注意事项　危险特性属第 3.2 类中闪点易燃液体。危险货物编号：32042，UN 编号：2344。毒性比溴丙烷弱。

(9) 附表

表 2-2-46　含 2-溴丙烷的二元共沸混合物

第二组分	共沸点/℃	2-溴丙烷/%	第二组分	共沸点/℃	2-溴丙烷/%
二硫化碳	46.1	10.5	甲酸	56.1	86
甲醇	49.0	85.5	2-丙醇	57.7	93
甲酸乙酯	53.0	30	2-甲基-2-丙醇	59.0	94.8
丙酮	54.1	58	已烷	59.3	98.5
乙醇	55.3	88.5	氯仿	62.2	35
乙酸甲酯	56.0	32			

参　考　文　献

1　CAS 75-26-3

2　EINECS 200-855-1

3　Beilstein. Handbuch der Organischen Chemie. E Ⅲ, 1-242

4　R. R. Dreisbach, Advan. Chem. Ser. 1961, 29: 187

5　Landolt-Börnstein, 6th ed. Vol. Ⅱ-4. Springer. 299

6　A. Weissberger. Organic Solvents. 3rd ed. Wiley. 377

7　Landolt-Börnstein. 6th ed. Vol. Ⅱ-1. Springer. 346

8　I. Mellan. Source of Industrial Solvents. Vol. 2. Van Nostrand Reinhold. 1957. 238

9　Beilstein, Handbuch der Organischen Chemie, H, 1-108; E Ⅳ, 1-208

10　The Merck Index. **10**, 5059; **11**, 5098

174. 1,2-二溴丙烷

1,2-dibromopropane [propylene bromide]

(1) 分子式　$C_3H_6Br_2$。　　　相对分子质量　201.91。

(2) 示性式或结构式　$CH_2BrCHBrCH_3$

(3) 外观　无色或浅黄色液体。

(4) 物理性质

沸点(101.3kPa)/℃	141.6	介电常数(20℃)	4.30
熔点/℃	−58.0	黏度(20℃)/mPa·s	1.62
密度(20℃)/(g/cm³)	1.9324	表面张力(20℃)/(mN/m)	34.5
(25℃)/(g/cm³)	1.9238	蒸气压(20℃)/kPa	0.80
折射率(20℃)	1.5201	蒸气密度(空气=1)	7.0
(25℃)	1.5176	相对蒸发速度(乙醚=1)	28

(5) 化学性质　不燃烧，不爆炸。加热时部分变成1,3-二溴丙烷。能发生取代、加成反应。分解温度约425℃。

(6) 溶解性能　20℃在水中溶解度为0.25%。能与醇、醚、丙酮和四氯化碳相混溶。

(7) 用途　用于灭火剂及有机合成。

(8) 使用注意事项　危险特性属第6.1类毒害品。危险货物编号：61567。蒸气有毒，浓度高时起麻醉作用。刺激呼吸道，损伤肝脏和肾脏。液体与皮肤接触能引起溃烂。生产使用时注意通风，防护。

(9) 附表

表 2-2-47　含1,2-二溴丙烷的二元共沸混合物

第二组分	共沸点/℃	1,2-二溴丙烷/%	第二组分	共沸点/℃	1,2-二溴丙烷/%
乙酸	116.0	30	对二甲苯	<138.5	>25
丁醇	<117.1	39	丁酸	138.5	92
3-甲基-1-丁醇	<128.5	>52	间二甲苯	<138.8	>32
乙氧基乙醇	131.5	50	邻二甲苯	<140.2	>78
丙酸	134.5	67	二丁基醚	146.0	40

表 2-2-48　1,2-二溴丙烷的蒸气压

温度/℃	蒸气压/kPa	温度/℃	蒸气压/kPa
−7.0	0.13	66.4	8.00
17.3	0.67	78.7	13.33
29.4	1.33	97.8	26.66
42.3	2.67	118.5	53.33
57.2	5.33	141.6	101.33

参　考　文　献

1　CAS 78-75-1

2　EINECS 201-139-1

3　Beilstein. Handbuch der Organischen Chemie. H，1-109；E Ⅳ，1-215

4　The Merck Index. **10**，7754；**11**，7866

175. 1,3-二溴丙烷

1,3-dibromo propane

(1) 分子式　$C_3H_6Br_2$。　　　　相对分子质量　201.91。

(2) 示性式或结构式　$BrCH_2CH_2CH_2Br$

(3) 外观　无色或浅黄色液体，易吸潮，味甜。

(4) 物理性质

沸点(101.3kPa)/℃	166～167	折射率(20℃)	1.5232
熔点/℃	−34.2	闪点/℃	54
相对密度(20℃/4℃)	1.9822		

(5) 溶解性能　与乙醇、丙酮、乙醚混溶。

(6) 用途　溶剂，有机合成中间体。

(7) 使用注意事项　1,3-二溴丙烷吸入、口服有害，避免与皮肤接触。

参　考　文　献

1　CAS 109-64-8

2　EINECS 203-690-3

3　Beilstein. Handbuch der Organischen Chemie. H，1-110；E Ⅳ，1-216

4　The Merck Index. **10**，9521；**11**，9628；**12**，9844

176. 1,2,3-三溴丙烷

1,2,3-tribromopropane

(1) 分子式　$C_3H_5Br_3$。　　　　相对分子质量　280.80。

(2) 示性式或结构式　$CH_2BrCHBrCH_2Br$

(3) 外观　无色或浅黄色液体。

(4) 物理性质

沸点(101.3kPa)/℃	220	折射率(20℃)	1.5840
熔点/℃	16～17	闪点/℃	94
相对密度(20℃/4℃)	2.398		

(5) 溶解性能　溶于乙醇、乙醚、氯仿、不溶于水。

(6) 用途　溶剂，有机合成中间体。

(7) 使用注意事项　有毒，吸入、口服有害，避免与皮肤接触有刺激性。

参　考　文　献

1　CAS 96-11-7

2　EINECS 202-478-8

3　The Merck Index. **12**，9745；**13**，9688

177. 溴　丁　烷

bromobutane [butyl bromide]

(1) 分子式　C_4H_9Br。　　　　相对分子质量　137.03。

(2) 示性式或结构式　$CH_3(CH_2)_3Br$

(3) 外观　无色液体，有香味。

(4) 物理性质

沸点/℃	101.3	闪点(闭杯)/℃	23.9
熔点/℃	−112.4	(开杯)/℃	18.33
密度(25℃/4℃)/(g/cm³)	1.2686	燃点/℃	265
(25℃/25℃)/(g/cm³)	1.274	爆炸极限(上限)/%(体积)	6.6
折射率(20℃)	1.4398	(下限)/%(体积)	2.6
(25℃)	1.437		

(5) 溶解性能　微溶于水，25℃在水中溶解度<0.01%。能溶于醇、醚等溶剂。

(6) 用途　稀有元素萃取剂，烃化剂及有机合成原料。

(7) 使用注意事项　危险特性属第3.2类中闪点易燃液体。危险货物编号：32043，UN编号：1126。对黏膜的刺激性和毒性比同类氯代烃要大，大鼠经口 LD_{50} 为 47 mg/kg。嗅觉阈浓度为 0.0018 mg/cm^3。浓度高时有麻醉作用。

(8) 附表

表 2-2-49　溴丁烷的蒸气压

温度/℃	蒸气压/kPa	温度/℃	蒸气压/kPa
−33.0	0.13	33.4	8.00
−11.2	0.67	44.7	13.33
−0.3	1.33	62.0	26.66
11.6	2.67	81.7	53.33
24.8	5.33	101.6	101.33

参　考　文　献

1　CAS 109-65-9

2　EINECS 203-691-1

3　Beilstein. Handbuch der Organischen Chemie. H，1-119；E Ⅳ，1-258

4　The Merck Index. **10**，1526；**11**，1553

178. 2-溴丁烷

2-bromobutane

(1) 分子式　C_4H_9Br。　　　　相对分子质量　137.03。

(2) 示性式或结构式

$$CH_3CH_2\overset{\overset{\displaystyle Br}{|}}{C}HCH_3$$

(3) 外观　无色或浅黄色透明液体，有香味。

(4) 物理性质

沸点(101.3kPa)/℃	90～92	折射率(20℃)	1.4366
熔点/℃	−112	闪点/℃	21
相对密度(20℃/4℃)	1.2585		

(5) 溶解性能　能与乙醇、乙醚、丙酮、苯混溶，不溶于水。

(6) 用途　溶剂，有机合成中间体。

(7) 使用注意事项　2-溴丁烷的危险特性属第3.2类中闪点易燃液体。危险货物编号：32043，UN编号：2339。高度易燃，遇明火、高热易燃烧分解放出有毒气体。对眼睛、皮肤有刺激性，避免吸入蒸气。

参　考　文　献

1　CAS 78-76-2

2　EINECS 201-140-7

3　Beilstein. Handbuch der Organischen Chemie. H，1-119；E Ⅳ，1-261

4　The Merck Index. **10**，1527；**11**，1554；**12**，1589

179. 1-溴-2-甲基丙烷

1-bromo-2-methylpropane

(1) 分子式　C_4H_9Br。　　　　相对分子质量　137.03。

(2) 示性式或结构式　CH_3CHCH_2Br（2位上连 CH_3）

(3) 外观　无色液体，有香味。

(4) 物理性质

沸点(101.3kPa)/℃	91	折射率(20℃)	1.435～1.437
熔点/℃	－117.4	闪点/℃	18
相对密度/(20℃/4℃)	1.253		

(5) 溶解性能　能与乙醇、乙醚混溶，微溶于水。

(6) 用途　溶剂、有机合成及医药中间体。

(7) 使用注意事项　1-溴-2-甲基丙烷的危险特性属第3.2类中闪点易燃液体。危险货物编号：32043，UN编号：2342。高浓度时有麻醉作用。遇明火、高热易燃烧并放出有毒气体。

参考文献

1　CAS 78-77-3

2　EINECS 201-141-2

3　Beilstein. Handbuch der Organischen Chemie. H，1-126；E Ⅳ，1-294

4　The Merck Index. **10**，4982；**11**，5019；**12**，5150

180. 2-溴-2-甲基丙烷［叔丁基溴］

2-bromo-2-methylpropane［*tert*-butyl bromide］

(1) 分子式　C_4H_9Br。　　　　相对分子质量　137.02。

(2) 示性式或结构化　$(CH_3)_3CBr$

(3) 外观　无色或浅黄色液体，有特殊的气味。

(4) 物理性质

沸点(101.3kPa)/℃	73.3	折射率(25℃)	1.425
熔点/℃	－16.3	(20℃)	1.428
相对密度(25℃/25℃)	1.215	闪点/℃	18
(20℃/4℃)	1.216		

(5) 溶解性能　能与普通溶剂无限混溶，不溶于水。

(6) 用途　溶剂、有机合成中间体。

(7) 使用注意事项　2-溴-2-甲基丙烷的危险特性属第3.2类中闪点易燃液体。危险货物编号：32043。遇明火、高热易引起燃烧。受高热或燃烧发生分解放出有毒气体。有特殊的刺激性气味。

参考文献

1　CAS 507-19-7

2　EINECS 208-065-9

3　Beilstein. Handbuch der Organischen Chemie. H，1-127

4 The Merck Index. **10**, 1528; **11**, 1555; **12**, 1590

181. 溴 戊 烷

1-bromopentane [1-amyl bromide]

(1) 分子式 $C_5H_{11}Br$。 相对分子质量 151.06。

(2) 示性式或结构式 $CH_3(CH_2)_3CH_2Br$

(3) 外观 无色液体。

(4) 物理性质

沸点(101.3kPa)/℃	120	蒸气压(130℃)/kPa	98.65
熔点/℃	−95.25	闪点/℃	31
相对密度(15℃/4℃)	1.2237	燃点/℃	130
折射率(25℃)	1.437		

(5) 溶解性能 溶于乙醇、乙醚，不溶于水。

(6) 用途 溶剂、有机合成中间体、合成药物、染料和香料。

(7) 使用注意事项 溴戊烷的危险特性属第3.3类高闪点易燃液体。危险货物编号：33531。吸入、口服、经皮肤吸收对身体有害，对黏膜、呼吸道有刺激性。易燃，遇明火、高热、氧化剂有引起燃烧爆炸危险。受高热分解放出有毒的溴化物气体。

参 考 文 献

1 CAS 110-53-2
2 EINECS 203-776-0
3 Beilstein. Handbuch der Organischen Chemie. H, 1-131; E Ⅳ, 1-312
4 The Merck Index. **10**, 628; **11**, 637

182. 溴 己 烷

1-bromohexane [*n*-hexyl bromide]

(1) 分子式 $C_6H_{13}Br$。 相对分子质量 165.08。

(2) 示性式或结构式 $CH_3(CH_2)_5Br$

(3) 外观 无色或浅黄色液体，有刺激性气味。

(4) 物理性质

沸点(101.3kPa)/℃	154～158	折射率(20℃)	1.448
熔点/℃	−85	闪点/℃	47
相对密度(20℃/4℃)	1.175		

(5) 溶解性能 溶于乙醇、乙醚和酯类，不溶于水。

(6) 用途 溶剂，有机合成中间体。

(7) 使用注意事项 溴己烷的危险特性属第3.3类高闪点易燃液体。危险货物编号：33527。吸入、口服或经皮肤吸收对身体有害。对眼睛、黏膜、上呼吸道及皮肤有刺激作用。易燃，遇高热、明火、氧化剂有引起燃烧的危险。受热分解放出有毒气体。

参 考 文 献

1 CAS 111-25-1
2 EINECS 203-850-2
3 Beil., **1**, 144

183. 溴庚烷

1-bromoheptane

(1) 分子式　$C_7H_{15}Br$。　　相对分子质量　179.11。

(2) 示性式或结构式　$CH_3(CH_2)_6Br$

(3) 外观　无色液体。

(4) 物理性质

沸点(101.3kPa)/℃	180	折射率(20℃)	1.4505
熔点/℃	−58	闪点/℃	60
相对密度(20℃/4℃)	1.1384		

(5) 溶解性能　能与乙醇、乙醚混溶，不溶于水。

(6) 用途　溶剂、有机合成中间体。

(7) 使用注意事项　具有刺激性。避免蒸气吸入，参照溴己烷。

参考文献

1 CAS　629-04-9

2 EINECS 211-068-8

3 Beil., **1**, 155

184. 1-溴十二烷

1-bromododecane [*n*-dodecyl bromid]

(1) 分子式　$C_{12}H_{25}Br$。　　相对分子质量　249.23。

(2) 示性式或结构式　$CH_3(CH_2)_{11}Br$

(3) 外观　无色或琥珀色液体，有椰子气味。

(4) 物理性质

沸点(101.3kPa)/℃	276	折射率(20℃)	1.4583
熔点/℃	−9.5	闪点/℃	110
相对密度(20℃/4℃)	1.0399		

(5) 溶解性能　能与乙醇、乙醚、丙酮混溶，不溶于水。

(6) 用途　溶剂、有机合成中间体。

(7) 使用注意事项　有毒，长期吸入能引起神经障碍，有麻醉作用。遇明火、高热能燃烧分解放出有毒气体。

参考文献

1 CAS 143-15-7

2 EINECS 205-587-9

3 Beilstein. Handbuch der Organischen Chemie. H, 1-133; E Ⅳ, 1-502

4 The Merck Index. **10**, 5221; **11**, 5260; **12**, 5402

185. 碘甲烷

iodomethane

(1) 分子式　CH_3I。　　相对分子质量　141.95。

(2) 示性式或结构式　CH_3I

(3) 外观　无色液体，有特臭味，见光变红棕色。

(4) 物理性质

沸点(101.3kPa)/℃	42.5	折射率(20℃)	1.5308
熔点/℃	-66.5	蒸气压(25.3℃)/kPa	53.32
相对密度(20℃/4℃)	2.2789	分解温度/℃	270

(5) 溶解性能　微溶于水，溶于乙醇、乙醚、四氯化碳。

(6) 用途　甲基化试剂、有机合成、溶剂。

(7) 使用注意事项　属剧毒化学品。危险特性属第6.1类毒害品。危险货物编号：61568，UN编号：2644。经呼吸道、消化道和皮肤吸收。对中枢神经和周围神经有损害作用，对皮肤黏膜有刺激作用。美国职业安全与健康管理局规定空气中最大容许暴露浓度为$15mg/m^3$。大鼠经口LD_{50}为76mg/kg。

参　考　文　献

1 CAS 74-88-4

2 EINECS 200-819-5

3 Beil.，**1**，69

4 The Merck Index. **13**，6110

5 《化学化工大辞典》编委会，化学工业出版社辞书编辑部编. 化学化工大辞典：上册. 北京：化学工业出版社. 2003

6 张海峰主编. 危险化学品安全技术大典：第1卷. 北京：中国石化出版社，2010

186. 1-碘丙烷

1-iodopropane

(1) 分子式　C_3H_7I。　　相对分子质量　169.99。

(2) 示性式或结构式　$CH_3CH_2CH_2I$

(3) 外观　无色或浅黄色液体。

(4) 物理性质

沸点(101.3kPa)/℃	103	折射率(20℃)	1.5058
熔点/℃	-98	闪点/℃	<23.9
相对密度(20℃/4℃)	1.7489	燃烧热/(kJ/mol)	2149.8

(5) 溶解性能　溶于乙醇、乙醚，不溶于水。

(6) 用途　溶剂、分析化学试剂、有机合成中间体。

(7) 使用注意事项　1-碘丙烷的危险特性属第3.2类中闪点易燃液体。危险货物编号：32047，UN编号：2392。其蒸气或雾对眼睛，黏膜和上呼吸道有刺激作用，对皮肤有刺激性。易燃，遇明火、高热和氧化剂能燃烧，并放出有毒气体。

参　考　文　献

1 CAS 107-08-4

2 EINECS 203-460-2

3 Beilstein. Handbuch der Organischen Chemie. H，1-113；E Ⅳ，1-222

4 The Merck Index. **10**，7763；**11**，7875；**12**；8047

187. 2-碘丙烷

2-iodopropane

(1) 分子式　C_3H_7I。　　　　相对分子质量　169.99。

(2) 示性式或结构式　$\begin{array}{l}CH_2—\underset{\displaystyle I}{\underset{|}{CH}}—CH_3\end{array}$

(3) 外观　无色液体，接触空气和光变色。

(4) 物理性质

沸点(101.3kPa)/℃	88～90	折射率(20℃)	1.499
熔点/℃	－90	闪点/℃	42
相对密度(20℃/4℃)	1.700		

(5) 溶解性能　能与乙醇、乙醚、氯仿混溶，微溶于水。

(6) 用途　溶剂、有机合成中间体。

(7) 使用注意事项　2-碘丙烷的危险特性属第3.2类中闪点易燃液体。危险货物编号：32047。受高热或燃烧发生分解，放出有毒气体。高度易燃，遇明火能燃烧。

参 考 文 献

1　CAS 75-30-9

2　EINECS 200-859-3

3　The Merck Index. **12**，5233

4　Beil.，**1**，144

188. 碘丁烷

1-iodobutane [*n*-iodobutane]

(1) 分子式　C_4H_9I。　　　　相对分子质量　184.02。

(2) 示性式或结构式　$CH_3CH_2CH_2CH_2I$

(3) 外观　无色液体，久置变色。

(4) 物理性质

沸点(101.3kPa)/℃	130.53	折射率(20℃)	1.4979
熔点/℃	－103	闪点/℃	33
相对密度(20℃/4℃)	1.6154		

(5) 溶解性能　易溶于氯仿，与乙醇、乙醚混溶，不溶于水。

(6) 用途　溶剂、杀菌剂、分析试剂、有机合成中间体。

(7) 使用注意事项　碘丁烷的危险特性属第3.3类高闪点易燃液体。危险货物编号：33533。吸入、口服或经皮肤吸收对身体有害，对眼睛、皮肤、黏膜和呼吸道有刺激作用。易燃，遇明火、高热、氧化剂有引起燃烧爆炸危险，受热分解放出有毒的碘化物蒸气。

参 考 文 献

1　CAS 542-69-8

2　EINECS 208-824-4

3　Beilstein. Handbuch der Organischen Chemie. H，1-123；E Ⅳ，1-271

4　The Merck Index. **10**，1546；**11**，1572

189. 2-碘丁烷

2-iodobutane

(1) 分子式　C_4H_9I。　　　　相对分子质量 184.02。

(2) 示性式或结构式　$CH_3CH_2CH(I)CH_3$

(3) 外观　无色液体，见光变棕色。

(4) 物理性质

沸点(101.3kPa)/℃	118～120	折射率(20℃)	1.499
相对密度(20℃/4℃)	1.595		

(5) 溶解性能　与乙醇、乙醚混溶，不溶于水。

(6) 用途　溶剂、有机合成中间体。

(7) 使用注意事项　2-碘丁烷的危险特性属第 3.2 类中闪点易燃液体。危险货物编号：32048，UN 编号：2390。高度易燃，遇明火、高热燃烧分解放出有毒气体。

参 考 文 献

1 CAS 513-48-4

2 EINECS 208-163-1

3 The Merck Index. **12**，1608

4 Beil.，**1**，123

190. 1-碘-2-甲基丙烷［异丁基碘］

1-iodo-2-methylpropane［isobutyl iodide］

(1) 分子式　C_4H_9I。　　　　相对分子质量　184.02。

(2) 示性式或结构式　$(CH_3)_2CHCH_2I$

(3) 外观　无色或浅黄色液体，遇光渐变成棕色。

(4) 物理性质

沸点(101.3kPa)/℃	118～120	折射率(20℃)	1.4960
熔点/℃	−93	闪点(开口)/℃	22.2
相对密度(20℃/4℃)	1.588		

(5) 溶解性能　与乙醇、乙醚混溶，不溶于水。

(6) 用途　溶剂、分析试剂、有机合成中间体。

(7) 使用注意事项　1-碘-2-甲基丙烷的危险特性属第 3.2 类中闪点易燃液体。危险货物编号：32048，UN 编号：2391。吸入、食入对呼吸道有刺激作用，对眼睛和皮肤有刺激性，接触后可引起咳嗽、喉炎、恶心、呕吐。易燃，遇明火、高热、氧化剂能燃烧并放出有毒气体。大鼠吸入 LD_{50} 6700mg/kg。

参 考 文 献

1 CAS 513-38-2

2 EINECS 208-160-5

3 Beilstein. Handbuch der Organischen Chemie. H，1-128；E Ⅳ，1-299

4 The Merck Index. **10**，4990；**11**，5027；**12**，5158

191. 2-碘-2-甲基丙烷

2-iodo-2-methylpropane [*tert*-butyliodide]

(1) 分子式　C_4H_9I。　　　　相对分子质量　184.02。

(2) 示性式或结构式

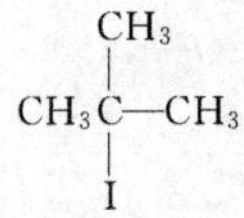

(3) 外观　无色或浅黄色液体，遇光变棕色。

(4) 物理性质

沸点(101.3kPa)/℃	90～100	相对密度(20℃/4℃)	1.54
	部分分解	折射率(20℃)	1.491
熔点/℃	−34	闪点/℃	7

(5) 溶解性能　与乙醇、乙醚混溶，不溶于水。

(6) 用途　溶剂，有机合成中间体。

(7) 使用注意事项　危险性类别属第3.2类中闪点易燃液体。危险货物编号：32048。遇明火、高热、氧化剂能燃烧，并放出有毒气体。吸入、口服或经皮肤吸收对身体有害，蒸气对眼、黏膜和上呼吸道有刺激性。

参 考 文 献

1　CAS 558-17-8

2　EINECS 209-190-1

3　Beil.，**1** (3)，326

192. 碘戊烷 [1-碘戊烷]

1-iodopentane [1-amyl iodide]

(1) 分子式　$C_5H_{11}I$。　　　　相对分子质量　198.05。

(2) 示性式或结构式　$CH_3(CH_2)_3CH_2I$

(3) 外观　无色液体。

(4) 物理性质

沸点(101.3kPa)/℃	154～156	折射率(20℃)	1.4955
熔点/℃	−85.6	闪点/℃	51
相对密度(20℃/4℃)	1.5174		

(5) 溶解性能　溶于乙醇、乙醚，不溶于水。

(6) 用途　溶剂、有机合成中间体。

(7) 使用注意事项　碘戊烷的危险特性属第3.3类高闪点易燃液体。危险货物编号：33534。吸入、食入、经皮肤吸收对人体有害，其蒸气或雾对眼睛、黏膜和上呼吸道有刺激作用。遇明火、高热易燃烧，受热分解放出有毒的碘化物烟气。大鼠静脉 LD_{50} 948mg/kg。

参 考 文 献

1　CAS 628-17-1

2　EINECS 211-030-0

3　Beilstein. Handbuch der Organischen Chemie. H，1-133；E Ⅳ，1-315

193. 1-碘-3-甲基丁烷

1-iodo-3-methylbutane

(1) 分子式　$C_5H_{11}I$。　　　相对分子质量　198.05。

(2) 示性式或结构式

$$\begin{array}{l} \quad CH_3 \\ \quad | \\ CH_3CHCH_2CH_2I \end{array}$$

(3) 外观　无色液体，见光或置于空气中易变棕色。

(4) 物理性质

沸点(101.3kPa)/℃	146～148
相对密度(20℃/4℃)	1.505
折射率(20℃)	1.495

(5) 溶解性能　溶于乙醇、乙醚，不溶于水。

(6) 用途　溶剂、有机合成中间体。

(7) 使用注意事项　1-碘-3-甲基丁烷的危险特性属第6.1类毒害品。危险货物编号：61572。易燃，燃烧时分解放出有毒气体。

参 考 文 献

1 CAS 541-28-6

2 EINECS 208-773-8

3 The Merck Index. **12**，5134

194. 氯溴甲烷

chlorobromomethane [bromochloromethane，methylene chlorobromide，CB]

(1) 分子式　CH_2ClBr。　　　相对分子质量　129.38。

(2) 示性式或结构式　CH_2BrCl

(3) 外观　无色透明液体，有类似氯仿的特殊气体。

(4) 物理性质

沸点(101.3kPa)/℃	69～71	表面张力(20℃)/(mN/m)	33.32
(101.3kPa)/℃	68.3～69.9	(30℃)/(mN/m)	31.87
熔点/℃	−88	(40℃)/(mN/m)	30.39
相对密度(20℃/4℃)	1.944	闪点/℃	无
折射率(20℃)	1.4841	燃点/℃	无
介电常数(20℃)	7.14	蒸发热(b.p.)/(kJ/kg)	232.02
(−10℃)	7.98	生成热(25℃)/(kJ/mol)	−50
运动黏度(20℃)/(m^2/s)	0.3486×10^{-6}	比热容(定压)/[J/(kg·K)]	0.41
(40℃)/(m^2/s)	0.2949×10^{-6}	临界温度/℃	297
(60℃)/(m^2/s)	0.2659×10^{-6}	临界压力/MPa	6.08
蒸气压(25℃)/kPa	19.62	溶解度(25℃,水)/%	0.9

(5) 溶解性能　难溶于水。能与乙醇、丙酮、苯、四氯化碳、乙醚等多种有机溶剂混溶。

(6) 用途　与其他卤代烃类相比，毒性较小，主要用作小型灭火剂，效果比四氯化碳高2倍。还用作矿物浮选剂和涂料的渗透剂。

(7) 使用注意事项　危险特性属第6.1类毒害品。危险货物编号：61574，UN编号：1887。

干燥的氯溴甲烷可用钢制的容器贮存，但不能用铝、镁制容器。有3%的水分存在时，对钢和青铜有腐蚀作用。毒性较小，高浓度时为麻醉剂，能损害中枢神经，对皮肤有去脂作用。使用时要注意通风，避免与皮肤接触。工作场所最高容许浓度为1056mg/m³，小鼠经口 LD_{50} 为64mg/kg。

参考文献

1 CAS 74-97-5
2 EINECS 200-826-3
3 Beilstein. Handbuch der Organischen Chemie. E Ⅲ, 1-84
4 Kirk-Othmer. Encyclopedia of Chemical Technology. 2nd ed. Vol. 3. Wiley. 774
5 日本化学会. 化学便覧. 基礎編. 丸善. 1972. 1008
6 R. R. Dreisbach. A dvan. Chem. Ser. 1959, 22: 198
7 Landolt-Börnstein. 6th ed. Vol. Ⅱ-4Springer. 293
8 日本化学会. 化学便覧. 基礎編. 丸善. 1972. 768
9 IRDC カード. No. 4376
10 J. G. Grasselli, Atlas of Spectral Data and Physical Constants for Organic Compounds. B-649, CRC Press, 1973
11 小竹无二雄. 大有機化学. 别卷 2, 朝倉書店. 1963. 479
12 I. Mellan. Source Book of Industrial Solvernts. Van Nostrand Reinhold. 1957. 226
13 有機化学品. 危険品. 毒物取扱いマニュアル. 海外技術資料研究所. 1974. 437
14 産業医学. 1970. 12: 491

195. 1-溴-2-氯乙烷

1-bromo-2-chloroethane [*sym*-chlorobromoethane, ethylene chlorobromide, ECB]

(1) 分子式　C_2H_4BrCl。　　　　相对分子质量　143.41。

(2) 示性式或结构式　CH_2ClCH_2Br

(3) 外观　无色液体，有类似氯仿的气味。

(4) 物理性质

沸点(101.3kPa)/℃	106.6～106.7	闪点/℃	无
(98kPa)/℃	104～105	燃点/℃	无
熔点/℃	16.6	蒸发热(82.7℃)/(kJ/mol)	33.1
相对密度(20℃/4℃)	1.7392	熔化热/(kJ/mol)	9630
折射率(20℃)	1.49174	比热容(25℃,定压)/[kJ/(kg·K)]	0.91
介电常数(20℃)	7.14	溶解度(30～80℃,水)/(g/100g)	0.7
偶极矩(65.77℃,气体)/(10^{-30}C·m)	3.64	蒸气压(86.0℃)/kPa	53.33
(162.44℃,气体)/(10^{-30}C·m)	4.27	(38℃)/kPa	8.00

(5) 化学性质　与碱反应脱去卤化氢。

(6) 精制方法　所含的二氯乙烷、二溴乙烷等杂质容易通过精馏分离。

(7) 溶解性能　难溶于水。能与乙醇、乙醚、四氯化碳、庚烷等有机溶剂混溶。能溶解纤维素酯及纤维素醚。

(8) 用途　用作熏蒸剂及有机合成原料。

(9) 使用注意事项　危险特性属第6.1类毒害品。危险货物编号：61575。毒性与1,2-二氯乙烷相同，对肝、肾有害。接触皮肤、口服和吸入蒸气均能造成中毒。受热分解时放出含氯和含溴的有毒气体。小鼠经口 LD_{50} 为64mg/kg。

参考文献

1 CAS 107-04-0
2 EINECS 203-456-0

3 Beilstein. Handbuch der Organischen Chemie. E Ⅲ. 1-179
4 R. E. Railing. J. Amer. Chem. Soc. 1939，61：3349
5 日本化学会. 化学便覧. 基礎編. 丸善. 1972. 1008；566
6 Landolt-Börnstein. 6th ed. Vol. Ⅱ. 4. Springer. 296
7 I. Mellan. Source Book of Industrial Solvents. Van Nostrand Reinhold. 1957. 244
8 IRDC カード. No. 9861
9 J. G. Grasselli. Atlas of Spectral Data and Physical Constants for Organic Compounds. B-503. CRC Press. 1973
10 1万3千種化学薬品毒性データ集成. 海外技術資料研究所. 1973. 100

196. 溴二氯甲烷

bromodichloromethane

(1) 分子式　$CHBrCl_2$。　　　相对分子质量　163.83。

(2) 示性式或结构式　$BrCHCl_2$

(3) 外观　无色液体。

(4) 物理性质

沸点(101.3kPa)/℃	87	相对密度(20℃/4℃)	1.980
熔点/℃	−55	折射率(20℃)	1.4967

(5) 溶解性能　以任何比例溶于有机溶剂。微溶于水。

(6) 用途　溶剂、有机合成中间体。

(7) 使用注意事项　口服有害。对眼睛、呼吸系统及皮肤有刺激性。对机体有不可逆损伤的可能性。使用时应穿防护服、戴手套。雄、雌小鼠经口 LD_{50} 为 450mg/kg、900mg/kg。参照溴氯甲烷。

参 考 文 献

1 CAS 75-27-4
2 EINECS 200-856-7
3 Beil.，**1**，67
4 The Merck Index. **13**，1401

197. 氯二溴甲烷

chlorodibromomethane

(1) 分子式　$CHBr_2Cl$。　　　相对分子质量　208.29。

(2) 示性式或结构式　$HCClBr_2$

(3) 外观　无色液体。

(4) 物理性质

沸点(101.3kPa)/℃	121.3～121.8	相对密度(15℃/4℃)	2.4450
熔点/℃	−22	折射率(20℃)	1.5471

(5) 溶解性能　能以任何比例与乙醇、乙醚、苯混溶。

(6) 用途　溶剂、有机合成中间体。

(7) 使用注意事项　口服有毒。对机体有不可逆损伤的可能性。雄、雌大鼠经口 LD_{50} 为 370mg/kg、760mg/kg。使用时应穿防护服和戴手套。参照氯溴甲烷。

参 考 文 献

1 CAS 124-48-1

2 EINECS 204-704-0

3 Beil., **1**, 67

4 The Merck Index. **13**, 2154

198. 1,2-二溴-3-氯丙烷

1,2-dibromo-3-chloropropane [DBCP]

(1) 分子式 $C_3H_5Br_2Cl$。 相对分子质量 237.36。

(2) 示性式或结构式 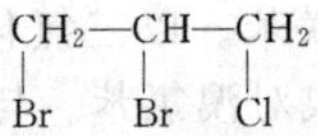

(3) 外观 浅黄色液体，有刺激性臭味。

(4) 物理性质

沸点(101.3kPa)/℃	200	相对密度(20℃/4℃)	2.081
熔点/℃	6	折射率(25℃)	1.552

(5) 溶解性能 微溶于水，与油类、二氯丙烷、异丙醇混溶。

(6) 用途 溶剂、土壤熏蒸剂、杀线虫剂。

(7) 使用注意事项 对人体有害。毒性较强，对老鼠经口试验发现有致癌作用。大鼠经口 LD_{50}为 0.17g/kg，小鼠经口 LD_{50}为 0.26g/kg。限于特殊场合使用。毒性参照 1-溴-2-氯乙烷。

参 考 文 献

1 CAS 96-12-8

2 EINECS 202-479-3

3 The Merck Index. **10**, 2994; **11**, 3003

4 《化学化工大辞典》编委会，化学工业出版社辞书编辑部编. 化学化工大辞典：上册. 北京：化学工业出版社，2003.

199. 氯 苯

chlorobenzene [phenyl chloride, monochlorobenzene]

(1) 分子式 C_6H_5Cl。 相对分子质量 112.56。

(2) 示性式或结构式 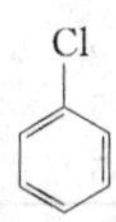

(3) 外观 无色透明液体，有类似杏仁的气味。

(4) 物理性质

沸点(101.3kPa)/℃	131.687	表面张力(20℃)/(mN/m)	33.28
熔点/℃	−45.58	闪点(闭口)/℃	29.4
相对密度(20℃/4℃)	1.10630	燃点/℃	637.8
折射率(20℃)	1.52460	蒸发热(b.p.)/(kJ/mol)	36.57
介电常数(20℃)	5.6493	熔化热/(kJ/mol)	9.56
偶极矩(25℃,苯)/(10^{-30}C·m)	5.14	生成热(25℃,液体)/(kJ/mol)	−10.68
黏度(20℃)/mPa·s	0.799	燃烧热(25℃,液体)/(kJ/mol)	3110.96

续表

比热容(20℃,液体,定压)/[kJ/(kg·K)]	1.29	爆炸极限(下限)/%(体积)	1.3
临界温度/℃	359.2	(上限)/%(体积)	7.1
临界压力/MPa	4.52	体膨胀系数(20℃)/K^{-1}	0.00098
电导率(25℃)/(S/m)	7×10^{-11}	MS$m/e$:M^+(99),M-3.5(77),M-61(51),M-60(50)	
溶解度(30℃,水)/%	0.0488	NMRδ7.244×10^{-6}(CCl_4,TMS基准)	

(5) 化学性质　性质稳定，常温常压下不受空气、水分和光的作用，长时间煮沸也不发生分解。常温下与水蒸气、碱、盐酸、稀硫酸等也不发生反应。氯苯蒸气通过红热的铂丝或铁管时生成4,4′-二氯联苯、联苯、4-氯联苯等。在高温高压下与氢氧化钠溶液作用，或在常压和催化剂存在下与水蒸气作用则水解为苯酚。与氨气不作用，但在高温高压和铜催化剂存在下，与浓氨水反应生成苯胺。与浓硝酸和浓硫酸的混合物在0℃时发生硝化反应，以7∶3的比例生成对氯硝基苯和邻氯硝基苯。与热浓硫酸易发生磺化反应，生成对氯苯磺酸。用镍作催化剂加氢还原生成苯和联苯，在沸腾的醇存在下与钠或钠汞齐反应也生成联苯。以三氯化铁为催化剂进行氯化反应，生成邻二氯苯和对二氯苯的混合物。与溴加热主要生成对溴氯苯。与熔融的三溴化铝反应生成溴苯。与碘的反应缓慢。与一般的氟化剂不生成氟苯。在发烟硫酸存在下与三氯乙醛缩合，生成二氯二苯基三氯乙烷（DDT）。

(6) 精制方法　所含的主要杂质是二氯苯等同族化合物和酸。精制时用浓硫酸洗涤数次，至硫酸不再呈现颜色为止。再用水和稀碳酸氢钾水溶液依次洗涤，氯化钙或五氧化二磷干燥，分馏。

(7) 溶解性能　能与醇、醚、脂肪烃、芳香烃和有机氯化物等多种有机化合物混溶。能溶解油脂、蜡、橡胶、天然树脂及合成树脂。氯苯中添加甲醇、乙醇、丁醇等低级醇类和它们的乙酸酯能提高氯苯的溶解能力。

(8) 用途　用作硝基喷漆、涂料及清漆的溶剂。工业上用作制造苯胺、苯酚、苦味酸、染料、医药、香料、杀虫剂等的原料。液相色谱溶剂。

(9) 使用注意事项　危险特性属第3.3类高闪点易燃液体。危险货物编号：33546，UN编号：1134。纯净干燥的氯苯对金属无腐蚀性，可用铁、软钢或铝制容器贮存。有水分存在并受热时，逐渐分解放出腐蚀性强的氯化氢，故应置阴凉处密封贮存并经常检查其酸度。其毒性比苯低，能刺激呼吸器官，损害中枢神经系统，引起急性或慢性的神经障碍。在体内有积累性，逐渐损害肝、肾和其他器官。因此在工作场所应注意通风，防止吸入氯苯蒸气。猫吸入毒性致死浓度为17094mg/m³。嗅觉阈浓度0.97mg/m³。TJ36—79规定车间空气中最高容许浓度为50mg/m³。

(10) 规格

GB 2404—2006 氯苯

指 标 名 称		优等品	一等品	合格品
外观		无色或微带黄色的透明液体		
水分/%	≤	0.05	0.10	0.15
酸度(以H_2SO_4计)/%	≤	0.001	0.001	0.001
氯苯/%	≥	99.8	99.5	99.0
低沸物/%	≤	0.05	0.15	0.20
高沸物/%	≤	0.15	0.35	0.65

(11) 附表

表 2-2-50　氯苯的蒸气压

温度/℃	蒸气压/kPa	温度/℃	蒸气压/kPa	温度/℃	蒸气压/kPa
0	0.34	50	5.60	100	39.03
10	0.65	60	8.74	110	53.67
20	1.17	70	13.05	120	72.37
30	2.06	80	19.30	130	95.85
40	3.47	90	27.78	131.8	101.33

表 2-2-51 脂肪酸在氯苯中的溶解度

脂肪酸的碳原子数	脂肪酸的溶解度/(g/100g 氯苯)			脂肪酸的碳原子数	脂肪酸的溶解度/(g/100g 氯苯)		
	0℃	20℃	40℃		0℃	20℃	40℃
8	178	∞	∞	14	2.0	23.6	220
10	43.0	30.5	∞	16	<0.1	7.8	76.4
12	10.6	87.0	1360	18		2.2	38.3

表 2-2-52 含氯苯的二元共沸混合物

第二组分	共沸点/℃	氯苯/%	第二组分	共沸点/℃	氯苯/%
水	90.2	71.6	丙酸	128.9	82
丙醇	96.9	17	1,2-二溴乙烷	129.75	45
丁醇	115.3	44	乙酰胺	131.85	97
异丁醇	107.1	37	丙酮酸	128.6	85
2-氯乙醇	119.95	58	氯代乙酸甲酯	126.0	40
乙二醇	130.05	94.4	烯丙醇	96.2	15
甲酸	93.7	41	异戊醇	124.3	65
乙酸	114.65	41.5	丙酸异丁酯	131.2	76

表 2-2-53 含氯苯的三元共沸混合物

第二组分	含量/%	第三组分	含量/%	共沸点/℃
水	20.2	氯化氢	5.3	96.9

表 2-2-54 氯苯的二元共晶混合物

成分	共晶点/℃	氯苯/%	成分	共晶点/℃	氯苯/%
硝基苯	-50.7	78.3	乙酸	-48.5	97
邻氯甲苯	约-71	39.4(mol)	吡啶	-63.5	54
碘苯	-51.5	57			

(12) 附图

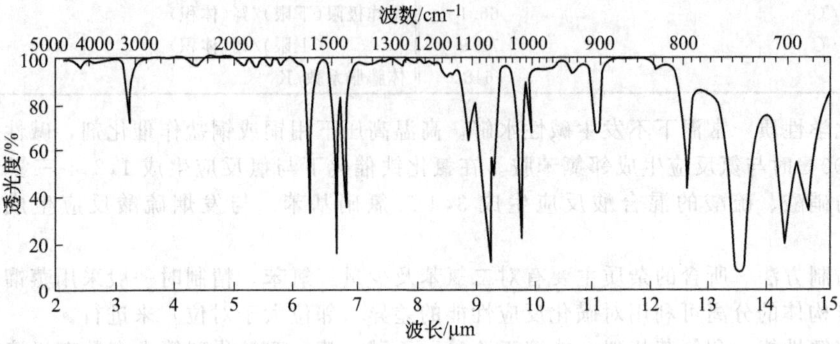

图 2-2-14 氯苯的红外光谱图

参 考 文 献

1 CAS 108-90-7

2 EINECS 203-628-5

3 A. Weissberger. Organic Solvents. 3rd ed. Wiley. 345, 767

4 Kirk-Othmer. Encyclopedia of Chemical Technology. 2nd ed. Vol. 5. Wiley. 254

5 N. A. Lange. Handbook of Chemistry. 10th ed. McGraw. 1961. 1522

6 田村善藏. 河合聡. 分析化学. 1955, 15: 64

7 IRDC カード. No. 34

8 H. Sponer and J. S. Kirby-Smith. J. Chem. Phys. 1941, 9: 667
9 F. W. McLafferty. Anal. Chem. 1962, 34: 16
10 F. A. Bovey. NMR Data Tables for Organic Compounds. Vol. 1 Wiley. 1967. 117
11 N. I. Sax. Dangerous Properties of Industrial Material. 3rd ed. Van Nostrand Reinhold. 1968. 556
12 C. Marsden. Solvents Guide. 2nd ed., Cleaver-Hume. 1963. 133
13 C. W. Hoerr, et al. J. Org. Chem. 1946, 11: 603
14 日本化学会. 化学便覧. 基礎編. 丸善. 1966. 607
15 E. H. Huntress. The Preparation, Properties Chemical Behavior, and Identification of Organic Chlorine Compounds. Wiley. 1948. 1077
16 张海峰主编. 危险化学品安全技术大典：第 1 卷. 北京：中国石化出版社，2010

200. 邻二氯苯

o-dichlorobenzene [1,2-dichlorobenzene]

(1) 分子式　$C_6H_4Cl_2$。　　相对分子质量　147.00。

(2) 示性式或结构式

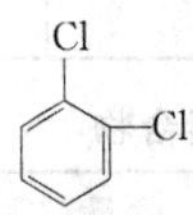

(3) 外观　无色液体，有独特的芳香味。

(4) 物理性质

沸点(101.3kPa)/℃	180.48	蒸发热(b. p.)/(kJ/mol)	39.69
熔点/℃	−17.01	熔化热/(kJ/mol)	12.60
相对密度(20℃/4℃)	1.30589	生成热/(kJ/mol)	18.42
折射率(20℃)	1.55145	燃烧热(25℃,液体)/(kJ/mol)	2964.13
介电常数(25℃)	6.8281	比热容(0℃,液体)/[kJ/(kg·K)]	1.13
偶极矩(24℃,苯)/(10^{-30}C·m)	7.57	临界温度/℃	424.1
黏度(25℃)/mPa·s	1.324	临界压力/MPa	4.10
表面张力(20℃)/(mN/m)	26.84	电导率(25℃)/(S/m)	3×10^{-11}
闪点(闭口)/℃	66.1	爆炸极限(下限)/%(体积)	2.2
(开口)/℃	73.9	(上限)/%(体积)	9.2
燃点/℃	648	体膨胀系数/K^{-1}	0.00085

(5) 化学性质　常温下不发生碱性水解。高温高压下用铜或铜盐作催化剂，碱性水解生成邻氯苯酚。200℃时与氨反应生成邻氯苯胺。在氯化铁催化下与氯反应生成 1,2,4-三氯苯和 1,2,3-三氯苯。与硝酸、硫酸的混合酸反应生成 3,4-二氯硝基苯。与发烟硫酸反应生成3,4-二氯苯磺酸。

(6) 精制方法　所含的杂质主要有对二氯苯及少量三氯苯。精制时一般采用蒸馏和结晶的方法精制。异构体的分离可利用对磺化反应性能的差异（邻位大于对位）来进行。

(7) 溶解性能　和氯苯相似，能溶于乙醇、乙醚、苯、四氯化碳等大多数有机溶剂。能溶解非铁金属氧化物、蜡、焦油、橡胶、润滑脂、油脂、沥青、硫及有机硫化物、树脂、醋酸纤维素等。难溶于水，20℃时 1L 水中溶解 0.134g；60℃时为 0.232g。

(8) 用途　溶解能力强，渗透性好，蒸发速度慢，故用作硝基喷漆、清漆的添加剂及蜡和焦油的溶剂。还用作金属、皮革、汽车、飞机工业的脱脂剂。与少量高级醇的混合物作防锈剂。其他还用作制造制冷剂、杀虫剂、熏蒸剂、防腐剂、染料、医药等的中间体和有机载热体。液相色谱溶剂。

(9) 使用注意事项　危险特性属第 6.1 类毒害品。危险货物编号：61657，UN 编号：1591。干燥时对金属无腐蚀性，工业上用铝、铅或镀锌铁制容器贮存。铁或钢制容器长期贮存会慢慢变色。在水分和光照作用下，放出微量腐蚀性强的氯化氢。由于对橡胶的腐蚀性强，故应注意垫圈和泵的选择。毒性比间二氯苯和对二氯苯强。吸入高浓度蒸气会引起中枢神经麻痹，主要损害肝、肾。能刺激皮肤和黏膜，易被皮肤吸收。嗅觉阈浓度 305mg/m³。工作场所最高容许浓度为 300mg/m³（美国、日本）。家兔静脉注射 LD_{50} 为 500mg/kg。

(10) 规格　HG/T 3602-2010 邻二氯苯

项　目		优等品	一等品	合格品
外观		无色或微黄色透明液体		
密度(20℃)/(g/cm³)		1.300～1.330		
邻二氯苯纯度/%	≥	99.00	95.00	90.00
低沸物/%	≤	0.10	0.20	0.50
间二氯苯/%	≤	0.20	0.50	1.00
对二氯苯/%	≤	0.50	3.50	6.00
高沸物/%	≤	0.20	2.00	15.00
水分/%	≤	0.03	0.03	0.05
酸度(以 H_2SO_4 计)/%	≤	0.001	0.001	0.001

(11) 附表

表 2-2-55　邻二氯苯的蒸气压

温度/℃	蒸气压/kPa	温度/℃	蒸气压/kPa
19.99	0.134	98.38	8.00
45.59	0.67	132.56	26.66
58.43	1.33	155.86	53.33
72.61	2.67	180.42	101.33

表 2-2-56　含邻二氯苯的二元共沸混合物

第二组分	共沸点/℃	邻二氯苯/%	第二组分	共沸点/℃	邻二氯苯/%
糠醛	161.0	22	邻甲酚	179.1	85
戊酸	175.8	78	苯胺	177.4	70
乙二醇	165.8	80	苯甲醛	<178.5	>48
丁酸	163.0	35	己酸	179.0	92
苯酚	173.7	65	氯代乙酸	170.8	72

参 考 文 献

1 CAS 95-50-1
2 EINECS 202-425-9
3 A. Weissberger. Organic Solvents. 3rd ed. Wiley. 361，780
4 Kirk-Othmer. Encyclopedia of Chemical Technology. 2nd ed.，Vol. 5. Wiley. 258
5 N. A. Lange. Handbook of Chemistry. 10th ed.，McGraw. 1961. 37，1524
6 田村善三，河合聡. 分析化学. 1955，15：64
7 Sadtler Standard IR Prism Spectra. No. 1003.
8 H. Sponer and J. S. Kirby-Smith. J. Chem. Phys. 1941，9：667
9 F. A. Bovey. NMR Data Tables for Organic Compounds. Vol. 1. Wiley. 1967. 114
10 N. I. Sax. Dangerous Properties of Industrial Material. 3rd ed. Van Nostrand Reinhold. 1968. 636
11 The Merck Index. 8th ed. 350
12 日本産業衛生学会. 産業医学. 1975，17：248
13 ACGIH (1974). 安全工学. 1975，14：89
14 Advances in Chemistry Series No. 6. Azeotropic Data. Am. Chem. Soc.. 1952
15 日本化学会. 化学便覧. 基礎編. 丸善. 1975. 718
16 Beilstein. Handbuch der Organischen Chemie. H，5-201；E Ⅳ，5-654
17 The Merck Index. **10**，3040；**11**，3044

18 张海峰主编. 危险化学品安全技术大典：第 1 卷. 北京：中国石化出版社，2010

201. 间二氯苯

m-dichlorobenzene

(1) 分子式 $C_6H_4Cl_2$。 相对分子质量 147.00。

(2) 示性式或结构式

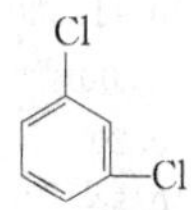

(3) 外观 无色液体，有类似邻二氯苯的气味。

(4) 物理性质

沸点(101.3kPa)/℃	173.00	闪点/℃	72.2
熔点/℃	−24.76	蒸发热(b.p.)/(kJ/mol)	38.64
相对密度(20℃/4℃)	1.2881	生成热(25℃,液体)/(kJ/mol)	20.47
折射率(20℃)	1.54586	燃烧热(25℃,液体)/(kJ/mol)	2957.72
介电常数(25℃)	5.04	比热容(0℃,液体)/[kJ/(kg·K)]	1.13
偶极矩(24℃,苯)/(10^{-30}C·m)	1.38	临界温度/℃	410.8
黏度(23.3℃)/mPa·s	1.0450	临界压力/MPa	3.88
表面张力(20℃)/(mN/m)	36.16	溶解度(20℃,水)/%	0.0111

(5) 化学性质 在氯化铁或铝汞齐存在下进行氯化反应时，主要生成 1,2,4-三氯苯。在催化剂存在下，550～850℃水解生成间氯苯酚和间苯二酚。以氧化铜为催化剂，在加压下 150～200℃与浓氨水反应生成间苯二胺。在发生硝化或磺化反应时，生成 2,4-二氯硝基苯和 2,4-二氯苯磺酸。

(6) 精制方法 参照邻二氯苯。

(7) 溶解性能 微溶于水，能溶于醇、醚等多种有机溶剂。

(8) 使用注意事项 致癌物。危险特性属第 6.1 类毒害品。危险货物编号：61657。毒性稍低于邻二氯苯，可经皮肤和黏膜吸收。可引起肝、肾损害。嗅觉阈浓度 0.2mg/L（水质）。

(9) 附表

表 2-2-57 间二氯苯的蒸气压

温度/℃	蒸气压/kPa	温度/℃	蒸气压/kPa
12.1	0.13	92.2	8.00
39.0	0.67	125.9	26.66
52.0	1.33	149.0	53.33
66.2	2.67	173.0	101.33

参 考 文 献

1 CAS 541-73-1
2 EINECS 208-792-1
3 A. Weissberger. Organic Solvents. 3rd ed. Wiley. 363，780
4 Kirk-Othmer. Encyclopedia of Chemical Technology. 2nd ed. Vol. 5. Wiley. 258
5 N. A. Lange. Handbook of Chemistry. 10th ed. McGraw. 1961. 1524
6 田村善三. 河合聡. 分析化学. 1955. 15：64
7 Sadtler Standard IR Prism Spectra. No. 5934.
8 H. Sponer and J. S. Kirby-Smith，J. Chem. Phys. 1941. 9：667
9 日本化学会. 化学便覧. 基礎編. 丸善. 1975. 718
10 Beilstein. Handbuch der Organischen，Chemie. H，5-202；E Ⅳ，5-654
11 The Merck Index. **10**，3039；**11**，3043

12 张海峰主编. 危险化学品安全技术大典，第1卷. 北京：中国石化出版社，2010

202. 对二氯苯

p-dichlorobenzene

(1) 分子式　$C_6H_4Cl_2$。　　　　　相对分子质量　147.00。

(2) 示性式或结构式

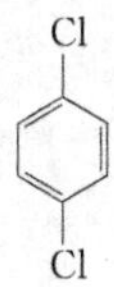

(3) 外观　白色晶体，常温下升华，有类似樟脑的气味。

(4) 物理性质

沸点(101.3kPa)/℃	174.12	偶极矩(24℃,苯)/(10^{-30}C·m)	0
熔点/℃	53.13	黏度(55.4℃)/mPa·s	0.8394
相对密度(55℃/4℃)	1.248	表面张力(68℃)/(mN/m)	30.69
折射率(60℃)	1.52849	闪点(闭口)/℃	65.6
介电常数(50℃)	2.41	(开口)/℃	73.9
蒸发热(b.p.)/(kJ/mol)	38.81	比热容(−50℃,固体)/[kJ/(kg·K)]	0.92
熔化热/(kJ/mol)	18.17	(53～59℃,液体)/[kJ/(kg·K)]	1.25
生成热(25℃,固体)/(kJ/mol)	42.37	升华热 α 形/(kJ/kg)	64.81
燃烧热(25℃,固体)/(kJ/mol)	2936.08	β 形/(kJ/kg)	63.05
溶解度(35℃,水)/%	0.010		

(5) 化学性质　在氯化铁或铝汞齐存在下进行氯化反应，主要生成1,2,4-三氯苯。以铜或铜盐作催化剂，在高温高压下碱性水解生成对氯酚。用铜化合物作催化剂，加压下于150～200℃时与浓氨水或醇氨溶液反应，生成对氯苯胺、对苯二胺。硝化时生成2,5-二氯硝基苯和2,5-二氯-1,3-二硝基苯。与发烟硫酸在140～160℃反应，生成2,5-二氯苯磺酸。

(6) 精制方法　参照邻二氯苯。

(7) 溶解性能　微溶于水，能溶于醇、醚、苯、氯仿、二硫化碳等多种有机溶剂。

(8) 用途　用于杀虫剂、消毒剂以及染料、农药、有机合成中间体。

(9) 使用注意事项　致癌物。危险特性属第6.1类毒害品。危险货物编号：61657，UN编号：1592。性质稳定，纯品对金属没有腐蚀性，可用密封的金属容器或纸袋贮运。对二氯苯主要损害肝脏，其次是肾脏。长期处在含有对二氯苯的空气中能引起头痛、恶心、呕吐、衰弱、肝脏萎缩、白内障等症状，且皮肤、眼睛、咽喉有痛感，严重时损害肝、脏，可发展成肝硬化以致坏死。嗅觉阈浓度0.03mg/L。工作场所最高容许浓度450mg/m³（美国），300mg/m³（日本）。大鼠腹腔注射 LD_{50} 为2560mg/kg。

(10) 附表

表 2-2-58　对二氯苯的蒸气压

温度/℃	蒸气压/kPa	温度/℃	蒸气压/kPa
67.97	2.67	149.80	53.33
93.24	8.00	174.06	101.33
126.83	26.66		

参 考 文 献

1 CAS 106-46-7
2 EINECS 203-400-5

3 A. Weissberger. Organic Solvents. 3rd ed. Wiley. 364，781
4 Kirk-Othmer. Encyclopedia of Chemical Technology. 2nd ed.，Vol. 5. Wiley. 259
5 N. A. Lange. Handbook of Chemistry. 10th ed.. McGraw，1961. 37. 1524
6 田村善三，河合聡. 分析化学. 1955，15：64
7 Sadtler Standard IR Prism Spectra. No.，146
8 H. Sponer and J. S. Kirby-Smith. J. Chem. Phys. 1941，9：667
9 F. W. McLafferty. Anal. Chem. 1956，28：306
10 F. A. Bovey. NMR Data Tables for Organic Compounds. Vol. 1. Wiley. 1967. 114
11 The Merck Index. 8th ed. 350.
12 日本産業衛生学会. 産業医学. 1975，17：248
13 ACGIH (1974). 安全工学. 1975，14：89
14 日本化学会. 化学便覧. 基礎編. 丸善. 1975. 718
15 Beilstein. Handbuch der Organischen Chemie. H，5-203，E Ⅳ，5-658
16 The Merck Index. **10**，3041；**11**，3045
17 张海峰主编. 危险化学品安全技术大典：第1卷. 北京：中国石化出版社，2010

203. 1,2,4-三氯苯

1,2,4-trichlorobenzene

(1) 分子式 $C_6H_3Cl_3$。　　相对分子质量 181.45。

(2) 示性式或结构式

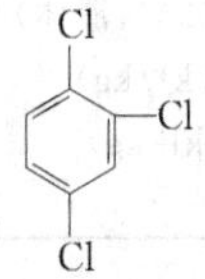

(3) 外观 无色液体，17℃以下为结晶性固体。

(4) 物理性质

沸点(101.3kPa)/℃	210	闪点(闭口)/℃	110
熔点/℃	17	蒸发热/(kJ/mol)	15.5
相对密度(25℃/4℃)	1.4460	熔化热/(kJ/mol)	62.4
折射率(19℃)	1.5732	燃烧热(定容)/(kJ/kg)	15449

(5) 化学性质 水解生成2,5-二氯苯酚。硝化生成2,4,5-三氯硝基苯。

(6) 溶解性能 不溶于水，微溶于醇，能溶于醚、石油醚、苯、甲苯、二硫化碳等多种有机溶剂。

(7) 用途 用作高熔点物质重结晶用溶剂、电器设备冷却剂、润滑油添加剂、脱脂剂、油溶性染料溶剂、白蚁驱除剂液相色谱溶剂。也用作制造2,5-二氯苯酚的原料。工业品为各种异构体(1,2,3-,1,2,4-,1,2,5-三氯苯）的混合物。

(8) 使用注意事项 危险特性属第6.1类毒害品。危险货物编号：61658，UN编号：2321。干燥纯净的1,2,4-三氯苯对金属无腐蚀性，可用铁、软钢或铝制容器贮存。在热和水作用下，放出微量腐蚀性强的氯化氢，故贮存时要检查它的酸度。毒性和二氯苯相同，对上呼吸道及黏膜刺激。嗅觉阈浓度0.01mg/L（水质）。

参 考 文 献

1 CAS 120-82-1
2 EINECS 204-428-0
3 Kirk-Othmer. Encyclopedia of Chemical Technology. 2nd ed. Vol. 5. Wiley. 260
4 I. Mellan. Source Book of Industrial Solvents. Vol. 2，Van Nostrand Reinhold. 1957. 186
5 Beilstein. Handbuch der Organischen Chemie. E Ⅲ. 5-548
6 Sadtler Standard IR Prism Spectra. No. 4600

7 F. A. Bovey. NMR Data Tables for Organic Compounds. Vol. 1 Wiley, 1967. 111
8 Beilstein. Handbuch der Organischen Chemie. H, 5-204; E Ⅳ, 5-664
9 The Merck Index. **10**, 9443; **11**, 9543

204. 1,2,3-三氯苯

1,2,3-trichlorobenzene

(1) 分子式 $C_6H_3Cl_3$。 相对分子质量 181.45。

(2) 示性式或结构式

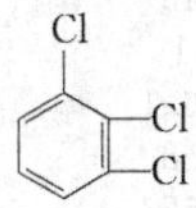

(3) 外观 无色液体或板状结晶。

(4) 物理性质

沸点(101.3kPa)/℃	218～220	折射率(20℃)	1.5776
熔点/℃	53～55	闪点/℃	126
相对密度(固体)	1.69	燃点/℃	＞500

(5) 化学性质 受热或燃烧时分解，生成含氯、氯化氢和一氧化碳的有毒和腐蚀性烟雾。与强氧化剂发生反应。

(6) 溶解性能 不溶于水。微溶于乙醇。易溶于乙醚、苯、石油醚、二硫化碳、氯化烃等有机溶剂。

(7) 用途 溶剂、医药中间体。

(8) 使用注意事项 危险特性属第 6.1 类毒害品。危险货物编号：61658，UN 编号：2321。刺激眼睛和呼吸道，引起咳嗽，咽喉疼痛。眼睛发红。该物质对水生生物是有毒的。

参 考 文 献

1 CAS 87-61-6
2 EINECS 201-757-1
3 Beil., **5**, 203
4 The Merck Index. **12**, 9759; **13**, 9703
5 《化学化工大辞典》编委会，化学工业出版社辞书编辑部编. 化学化工大辞典：下册. 北京：化学工业出版社. 2003

205. 1,2,4,5-四氯苯

1,2,4,5-tetrachlorobenzene

(1) 分子式 $C_6H_2Cl_4$。 相对分子质量 215.89。

(2) 示性式或结构式

四氯苯有 3 种异构式分别为：

1,2,4,5-四氯苯（1,2,4,5-tetrachlorobenzene）

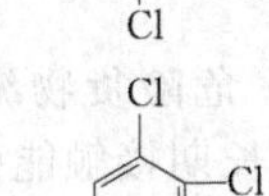

1,2,3,5-四氯苯（1,2,3,5-tetrachlorobenzene）

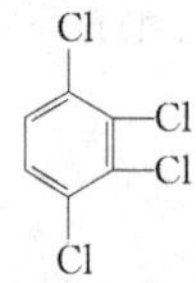

1,2,3,4-四氯苯（1,2,3,4-tetrachlorobenzene）

(3) 外观　1,2,4,5-四氯苯为无色的可升华的针状晶体。1,2,3,4-四氯苯和1,2,3,5-四氯苯为无色的针状晶体。四氯苯具有强烈的令人不愉快的气味。

(4) 物理性质

项　　目	1,2,4,5-四氯苯	1,2,3,5-四氯苯	1,2,3,4-四氯苯
沸点(101.3kPa)/℃	248.0	246	254.9
熔点/℃	139.5	51	46.0
临界温度/℃	489.8	526.1	450
临界压力/MPa	3.38	2.8	3.38
液体密度(100℃)/(g/cm³)	1.454(150℃)	1.523	1.539
蒸气压的温度/℃			
(5.33kPa)	146	140.0	149.2
(8.0kPa)	157.7	152.0	160.0
(13.3kPa)	173.5	168.0	175.7
(26.7kPa)	196	193.7	198.0
(53.3kPa)	220.3	225.3	183.0
(101.3kPa)	245	246.0	254.0

(5) 化学性质　为中性化合物，具有较强的热稳定性。在200℃的氢氧化钠水溶液中可水解分别生成相应的三氯苯酚。

(6) 溶解性能　不溶于水，溶于许多有机溶剂。

(7) 用途　有机合成和农药中间体、阻燃剂。

(8) 使用注意事项　危险特性属第6.1类毒害品。危险货物编号：61659。毒性比苯低。对皮肤只能引起轻微刺激。1,2,4,5-四氯苯的大白鼠经口LD_{50}为1500mg/kg。

参 考 文 献

1 CAS 95-94-3；634-66-2；634-90-2

2 EINECS 202-466-2

3 Beil.，**5**，205

4 《化工百科全书》编辑委员会，化学工业出版社《化工百科全书》编辑部编. 化工百科全书：第11卷. 北京：化学工业出版社，1996

206. 多氯联苯

polychlorinated biphenyls

(1) 分子式　$C_{12}H_{10-n}Cl_n$。

(2) 外观　流动性油状液体或白色结晶固体或非结晶树脂。含氯量在41.4%以下是流动性油状液体，48.6%～54.4%是黏稠液体，59%以上是固体。

(3) 物理性质

沸点(101.3kPa)/℃	340～375	闪点/℃	195
相对密度(30℃/4℃)	1.44		

(4) 溶解性能　不溶于甘油、乙二醇和水，溶于多数有机溶剂。

(5) 用途　润滑材料、增塑剂、杀菌剂、溶剂。

(6) 使用注意事项　致癌物。危险特性属第6.1类毒害品。危险货物编号：61062，UN编号：2315。遇明火、高热可燃烧，受高热分解放出有毒的烟气。长期接触能引起肝脏损害和痤疮样皮炎。

参考文献

1 CAS 1338-24-3
2 《化工百科全书》编辑委员会，化学工业出版社《化工百科全书》编辑部编. 化工百科全书：第 11 卷. 北京：化学工业出版社

207. 邻氯甲苯

o-chlorotoluene［2-chloro-1-methylbenzene］

(1) 分子式　C_7H_7Cl。　　　　相对分子质量　126.59。

(2) 示性式或结构式

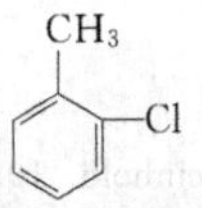

(3) 外观　无色透明液体，有类似杏仁的气味。

(4) 物理性质

沸点(101.3kPa)/℃	159.3	黏度(15℃)/mPa·s	1.037
熔点[纯度 99.6%(mol)]/℃	−35.59	表面张力(20℃)/(mN/m)	33.44
相对密度(20℃/4℃)	1.0817	闪点(开口)/℃	57.8
折射率(20℃)	1.5258	蒸发热(158.07℃)/(kJ/kg)	304.0
介电常数(20℃)	4.45	体膨胀系数(30℃)	0.00092
偶极矩(苯)/(10^{-30}C·m)	4.64		

(5) 化学性质　于氢氧化钠溶液中与空气一起在加压下加热至 260℃，生成邻氯苯甲酸、邻氯苯甲醛及少量的甲酸、乙酸和草酸。在铜存在下与氢氧化钠溶液一起在加压下加热至 350～360℃，生成邻甲酚和间甲酚。在加压和催化剂存在下与氨反应，生成邻甲苯胺。用氯化铁、氯化锑、铝汞齐为催化剂进行氯化反应，生成二氯甲苯和三氯甲苯。在光照或五氯化磷催化下进行氯化，侧链上发生氯取代反应，生成邻氯苄基氯、邻氯二氯苄和三氯苄。与三氯化铝和氯化氢一起加热时，部分发生异构化，转变成间氯甲苯和对氯甲苯。用发烟硫酸进行磺化，生成 4-氯-3-甲基苯磺酸。

(6) 精制方法　主要杂质是对氯甲苯，可用分馏方法分离，但两者沸点相差不到 3℃，故需用高效分馏塔，也可利用磺化反应速度的差别（邻位＞对位）进行分离，或利用熔点不同用分步结晶法分离。

(7) 溶解性能　能溶于苯、甲苯、醇、醚、酮、乙酸丁酯、1,2-二氯乙烷、氯仿等多种有机溶剂中。25℃时在水中溶解度为 0.037%；水在邻氯甲苯中的溶解度为 0.014%。

(8) 用途　用作染料、医药、有机合成的中间体及橡胶、合成树脂的溶剂。

(9) 使用注意事项　致癌物。危险特性属第 3.3 类高闪点易燃液体。危险货物编号：33548，UN 编号：2238。干燥的邻氯甲苯对金属无腐蚀性，可用铁、软钢或铝制容器贮存，但不宜用铜制容器。在加热和水分的影响下，逐渐放出腐蚀性强的氯化氢。生理作用与氯苯相似，主要经呼吸道吸收，对黏膜（尤以眼结膜）有刺激作用。对中枢神经和内脏都有损害。皮肤接触可引起红斑和大疱乃至湿疹。工作场所最高容许浓度为 250mg/m³（美国）。

(10) 附表

表 2-2-59　邻氯甲苯的蒸气压

温度/℃	蒸气压/kPa	温度/℃	蒸气压/kPa	温度/℃	蒸气压/kPa	温度/℃	蒸气压/kPa
5.4	0.13	43.2	1.33	81.8	8.00	137.9	53.33
30.6	0.67	56.9	2.7	115.0	26.66	159.3	101.33

表 2-2-60　含邻氯甲苯的二元共沸混合物

第二组分	共沸点/℃	邻氯甲苯/%	第二组分	共沸点/℃	邻氯甲苯/%
甲酸	98.5	28	α-蒎烯	154.5	
2-氯乙醇	128.0	15	糠醛	155.0	65
丙酸	140.2	32	环己醇	155.2	63
乙醇胺	146.5	74	1-乙氧基-2-乙酰氧基乙烷	156.6	10
2-丙氧基乙醇	149.5	40	1,3-二氯-2-丙醇	157.8	85
乳酸乙酯	151.0	35	2-甲基环己醇	158.4	
乙二醇	152.5	87	2-丁氧基乙醇	158.5	88
丁酸	154.5	73			

参　考　文　献

1 CAS 95-49-8
2 EINECS 202-424-3
3 I. Mellan. Source Book of Industrial Solvents. Vol. 2. Van Nostrand Reinhold. 1957. 179. 181
4 日本化学会. 化学便覧. 基礎編. 丸善. 1966. 221, 573
5 The Merck Index. 8th ed. 249
6 Beilstein. Handbuch der Organischen Chemie. E Ⅱ. 5-224
7 田村善三, 河合聡. 分析化学. 1955, 15: 64
8 Sadtler Standard IR Prism Spectra. No. 91
9 F. W. Mc Lafferty. Anal. Chem. 1962, 34: 16
10 H. A. Szymanski et al. NMR Band Handbook. IFI-Plenum. 1968. 97
11 ACGIH (1974). 安全工学. 1975, 14: 89
12 日本化学会. 化学便覧. 基礎編. 丸善. 1975. 715
13 The Merck Index. **10**, 2147; **11**, 2172

208. 对氯甲苯

p-chlorotoluene［4-chloro-1-methylbenzene］

(1) 分子式　C_7H_7Cl。　　　相对分子质量　126.59。

(2) 示性式或结构式

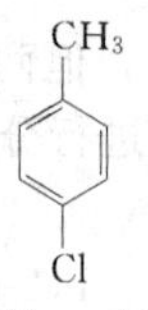

(3) 外观　无色透明液体，有类似杏仁的气味。

(4) 物理性质

沸点(101.3kPa)/℃	161.99	黏度(10℃)/mPa·s	1.0325
熔点/℃	7.20	表面张力(25℃)/(mN/m)	34.60
相对密度(20℃/4℃)	1.0697	闪点(开口)/℃	60
折射率(20℃)	1.5208	蒸发热(160.38℃)/(kJ/kg)	306.22
介电常数(20℃)	6.08	体膨胀系数(30℃)/K^{-1}	0.00092
偶极矩(苯)/(10^{-30}C·m)	5.80		

(5) 化学性质　和邻氯甲苯类似。

(6) 精制方法　参照邻氯甲苯。

(7) 溶解性能　能与醇、醚、酮、乙酸丁酯等常用有机溶剂混溶。25℃在水中的溶解度为0.037%；水在对氯甲苯中的溶解度为0.014%。

(8) 用途　用作染料、医药、有机合成的中间体及橡胶、合成树脂的溶剂。最近大量用作硫氨基甲酸酯类除草剂的制造原料。

(9) 使用注意事项　危险特性属第 3.3 类高闪点易燃液体。危险货物编号：33548，UN 编号：2238。毒性参照邻氯甲苯。

(10) 附表

表 2-2-61　对氯甲苯的蒸气压

温度/℃	蒸气压/kPa	温度/℃	蒸气压/kPa	温度/℃	蒸气压/kPa	温度/℃	蒸气压/kPa
5.5	0.13	83.3	8.00	43.8	1.33	139.8	53.33
31.0	0.67	117.1	26.66	57.8	2.67	162.3	101.33

表 2-2-62　含对氯甲苯的二元共沸混合物

第二组分	共沸点/℃	对氯甲苯/%	第二组分	共沸点/℃	对氯甲苯/%
水	95		α-蒎烯	<155.5	<20
甲酸	99.1	27	环己醇	156.5	55
丙酸	140.8	23	丁酸	156.8	68
乙醇胺	148.3	72	糠醛	157.2	58
2-丙氧基乙醇	149.7	30	1,3-二氯-2-丙醇	160.0	78
乳酸乙酯	152.0	28	2-甲基环己醇	161.1	约 75
1-己醇	<154.0	>46	1-庚醇	161.9	约 92
乙二醇	154.8	86			

参　考　文　献

1　CAS 106-43-4
2　EINECS 202-397-0
3　The Merck Index. 8th ed. 249
4　Beilstein. Handbuch der Organischen Chemie. E Ⅲ. 5-683
5　Beilstein. Handbuch der Organischen Chemie. E Ⅱ, 5-226
6　I. Mellan. Source Book of Industrial Solvents. Vol. 2. Van Nostrand Reinhold. 1957. 179. 184
7　田村善三，河合聡. 分析化学. 1955，15：64
8　Sadtler Standard IR Prism Spectra. No. 629
9　F. W. McLafferty. Anal. Chem. 1962，34：16
10　F. A. Bovey. NMR Data Tables for Organic Compounds. Vol. 1，Wiley. 1967. 164
11　日本化学会. 化学便覧. 基礎編. 丸善. 1975. 715
12　Beilstein. Handbuch dex Organischen Chemie. H，5-292；E Ⅳ，5-806
13　The Merck Index. **10**，2148；**11**，2147；**12**，2224

209. 间氯甲苯

m-chlorotoluene［3-chloro-1-methylbenzene］

(1) 分子式　C_7H_7Cl。　　　　相对分子质量　126.59。

(2) 示性式或结构式

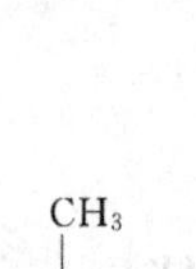

(3) 外观　无色液体，有类似杏仁的气味。

(4) 物理性质

沸点(101.3kPa)/℃	161.6	相对密度(20℃/4℃)	1.0727
(13kPa)/℃	96.3	(30℃/4℃)	1.0625
(1.33kPa)/℃	43.3	(40℃/4℃)	1.0530
(0.13kPa)/℃	4.8	(50℃/4℃)	1.0438
熔点/℃	−47.8	折射率(20℃)	1.5224

续表

黏度(0℃)/mPa·s	1.178	介电常数(20℃)	5.55
(10℃)/mPa·s	1.0177	(58℃)	5.04
(20℃)/mPa·s	0.877	闪点/℃	50
(60℃)/mPa·s	0.552	燃点/℃	>500
(100℃)/mPa·s	0.392	燃烧热(18.8℃)/(kJ/mol)	−3749

(5) 溶解性能　能与乙醇、乙醚、苯、氯仿等有机溶剂混溶，不溶于水。

(6) 用途　参照邻氯甲苯。

(7) 使用注意事项　间氯甲苯的危险特性属第 3.3 类高闪点易燃液体。危险货物编号：33548，UN 编号：2238。毒性参照邻氯甲苯。大鼠经口 LD_{50} 3600mg/kg。

参 考 文 献

1 CAS 108-41-8
2 EINECS 203-580-5
3 Beilstein. Handbuch der Organischen Chemie. H，5-291；E Ⅳ，5-806
4 The Merck Index. **10**，2148；**11**，2147；**12**，2224

210. 2,5-二氯甲苯

2,5-dichlorotoluene

(1)分子式　$C_7H_6Cl_2$。　　　相对分子质量　161.03。

(2)示性式或结构式

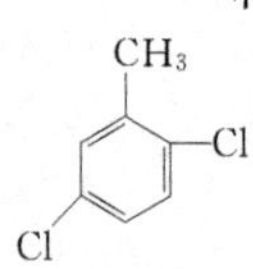

(3)外观　无色液体。

(4)物理性质

沸点(101.3kPa)/℃	201.8	折射率(20℃)	1.5449
熔点/℃	3.25	闪点/℃	88
相对密度(20℃/4℃)	1.254		

(5) 溶解性能　能与乙醇、乙醚、氯仿混溶，不溶于水。

(6) 用途　溶剂、有机合成中间体。

(7) 使用注意事项　2,5-二氯甲苯的危险特性属第 6.1 类毒害品。危险货物编号：61660。避免蒸气吸入，与眼睛、皮肤接触有刺激性。有毒，遇明火、高热燃烧分解放出有毒气体。

参 考 文 献

1 CAS 19398-61-9
2 EINECS 243-032-2

211. 3,4-二氯甲苯

3,4-dichlorotoluene

(1) 分子式　$C_7H_6Cl_2$。　　　相对分子质量　161.03。

(2) 示性式或结构式

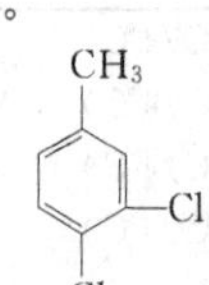

(3) 外观　无色液体，有刺激性气味。

(4) 物理性质

沸点(101.3kPa)/℃	208.9	折射率(20℃)	1.547
熔点/℃	−15.3	闪点/℃	85
相对密度(20℃/4℃)	1.254	燃点/℃	>500

(5) 溶解性能　与乙醇、乙醚、丙酮、苯、四氯化碳混溶，不溶于水。

(6) 用途　溶剂，有机合成中间体。

(7) 使用注意事项　3,4-二氯甲苯的危险特性属第6.1类毒害品。危险货物编号：61660。吸入、食入、经皮肤吸收对身体有害，对黏膜、皮肤有刺激性。遇明火能燃烧，受高热分解产生有毒的腐蚀性烟气。

参　考　文　献

1 CAS 95-75-0
2 EINECS 202-447-9
3 Beil., 5, 296

212. 2,6-二氯甲苯

2,6-dichlorotoluene

(1) 分子式　$C_7H_6Cl_2$。　　相对分子质量　161.03。

(2) 示性式或结构式

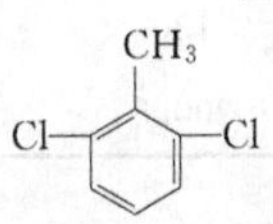

(3) 外观　无色液体。

(4) 物理性质

沸点(101.3kPa)/℃	198	折射率(20℃)	1.5507
熔点/℃	2.6	闪点/℃	82
相对密度(20℃/4℃)	1.254	燃点/℃	>500

(5) 溶解性能　溶于氯仿、二氯甲烷，不溶于水。

(6) 用途　溶剂，有机合成中间体。

(7) 使用注意事项　2,6-二氯甲苯的危险特性属第6.1类毒害品。危险货物编号：61660。吸入、经皮肤吸入对身体有害，对黏膜、皮肤有刺激性。高浓度蒸气吸入出现呼吸道炎症，甚至发生肺水肿。遇明火、高热、氧化剂有引起燃烧爆炸危险。

参　考　文　献

1 CAS 118-69-4
2 EINECS 204-269-7
3 Beilstein. Handbuch der Organischen Chemie. H, 5-296; E Ⅳ, 5-815

213. 2,4-二氯甲苯

2,4-dichlorotoluene [benzyl dichloride]

(1) 分子式　$C_7H_6Cl_2$。　　相对分子质量　161.03。

(2) 示性式或结构式

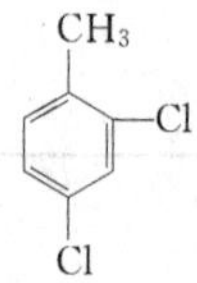

(3) 外观 无色澄清液体。

(4) 物理性质

沸点(101.3kPa)/℃	201.1	表面张力(25℃)/(mN/m)	38.29
熔点/℃	−13.35	闪点/℃	86
密度(20℃/20℃)/(g/cm³)	1.2498	着火点/℃	>500
(25℃/25℃)/(g/cm³)	1.247(最低)	爆炸极限(下限)/%(体积)	1.9
	1.251(最高)	(上限)/%(体积)	4.5
折射率(20℃)	1.5511		

(5) 溶解性能 不溶于水，溶于醇、醚和丙酮。

(6) 用途 高沸点溶剂、除草剂、医药和染料中间体。

(7) 使用注意事项 危险特性属第6.1类毒害品。危险货物编号：61660。刺激性强，高浓度引起中枢神经系统抑制。大鼠经口 LD_{50} 为3249mg/kg。密封贮存。

(8) 附表

表 2-2-63 2,4-二氯甲苯的蒸气压

温度/℃	蒸气压/kPa	温度/℃	蒸气压/kPa
77	1.33	130	13.33
113	6.67	200.5	101.33

参 考 文 献

1 CAS 95-73-8

2 EINECS 202-445-8

3 Beilstein. Handbuch der Organischen Chemie. H，5-295；E Ⅳ，5-815

214. 三氯甲苯

trichlorotoluene [benzotrichloride]

(1) 分子式 $C_7H_5Cl_3$。 相对分子质量 195.48。

(2) 示性式或结构式 $C_6H_5CCl_3$

三氯甲苯有6种异构体分别为：

2,3,4-三氯甲苯 (2,3,4-trichlorotoluene，1,2,3-trichloro-4-methylbenzene)

2,3,5-三氯甲苯 (2,3,5-trichlorotoluene，1,2,5-trichloro-3-methylbenzene)

2,3,6-三氯甲苯 (2,3,6-trichlorotoluene，1,2,4-trichloro-3-methylbenzene)

2,4,5-三氯甲苯 (2,4,5-trichlorotoluene，1,2,4-trichloro-5-methylbenzene)

2,4,6-三氯甲苯 (2,4,6-trichlorotoluene，1,3,5-trichloro-2-methylbenzene)

3,4,5-三氯甲苯 (3,4,5-trichlorotoluene，1,2,3-trichloro-5-methylbenzene)

(3) 外观 无色中性结晶。

(4) 物理性质

项　　目	2,3,4-三氯甲苯	2,3,5-三氯甲苯	2,3,6-三氯甲苯	2,4,5-三氯甲苯	2,4,6-三氯甲苯	3,4,5-三氯甲苯
结构式	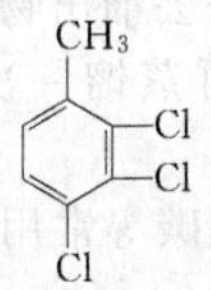	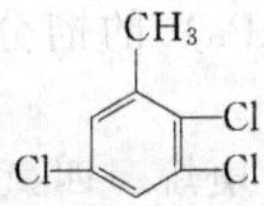	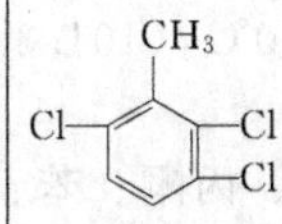	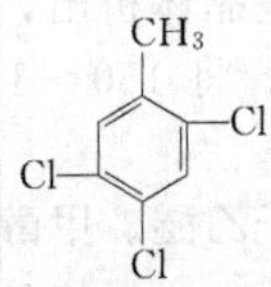	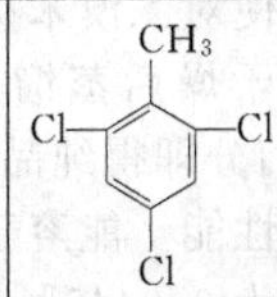	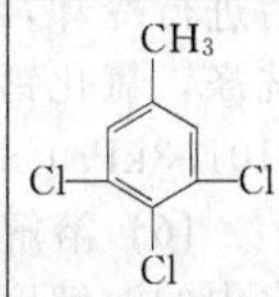
结晶点/℃	42.9	44.65	42.95	79.95	32.0	44.85
沸点(在 101.3kPa)/℃	249.3	240.4	241.8	240.5	235.4	248.3
液体密度(100℃)/(kg/m³)	1337	1319	1334	1319	1318	1317

(5) 化学性质　为中性、稳定的化合物。在中等温度、压力下，对水蒸气、碱、胺、酸（如盐酸、磷酸）的作用都是稳定的。

(6) 溶解性能　溶于热的普通溶剂，不溶于水。

(7) 用途　生产除草剂的中间体。

(8) 使用注意事项　致癌物。属微毒品。

参 考 文 献

1　CAS 7359-72-0；56961-86-5；2077-46-5；6639-30-1；23749-65-7；21472-86-6

2　EINECS 218-202-4；250-252-2；229-644-2

3　《化工百科全书》编辑委员会，化学工业出版社化工百科编辑部编. 化工百科全书：第 11 卷. 北京：化学工业出版社，1996

215. 溴　　苯

bromobenzene［phenyl bromide，monobromobenzene］

(1) 分子式　C_6H_5Br。　　　　相对分子质量　157.02。

(2) 示性式或结构式

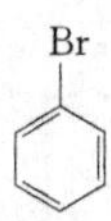

(3) 外观　无色液体，有类似苯的气味。

(4) 物理性质

沸点(101.3kPa)/℃	156.06	熔化热/(kJ/mol)	10.63
熔点/℃	−30.6	(15℃)/(kJ/kg)	67.77
相对密度(−34℃,结晶)	1.6926	生成热(液体)/(kJ/mol)	43.88
(20℃/4℃)	1.4950	生成热(25℃)/(J/g)	682.4
(气体,空气=1)	5.410	燃烧热/(kJ/kg)	19916.6
折射率(20℃)	1.55972	/(kJ/mol)	3129.6
(25℃)	1.55709	比热容(25℃,定压)/[kJ/(kg·K)]	1.0
介电常数(1℃)	2.95	(29℃,定压)/[kJ/(kg·K)]	0.93
(25℃)	3.08	临界温度/℃	397.7
(55℃)	3.18	临界压力/MPa	4.52
偶极矩/(10^{-30}C·m)	5.70	沸点上升常数	3.887
黏度(20℃)/mPa·s	1.13	电导率(25℃)/(S/m)	2×10^{-11}
(40℃)/mPa·s	0.89	溶解度(30℃,水)/(g/100g)	0.0446
(100℃)/mPa·s	0.52	蒸气压(−21.9℃)/kPa	0.0015
表面张力(空气)/(mN/m)	36.2	(26.1℃)/kPa	0.1201
闪点/℃	51	(70℃)/kPa	5.7328
燃点(空气)/℃	688	爆炸极限(下限)/%(体积)	1.6
蒸发热/(kJ/mol)	37.93	体膨胀系数(25℃)/K^{-1}	1.000
(25℃)/(kJ/mol)	297.7	(b.p.)	0.9491

(5) 精制方法　溴苯是由苯和溴反应制得的，产物除溴苯外，尚有对二溴苯。故在反应完成后进行冷却，使对二溴苯呈晶体析出，分离后进行水蒸气蒸馏，分去馏出物中的水分，用少量水洗涤，氯化钙干燥后蒸馏。将 150～170℃（101.3kPa）的馏分再蒸馏一次，收集 154～155℃（101.3kPa）馏分即得纯品。

(6) 溶解性能　能溶于乙醚、甲醇、丙酮、苯、庚烷、四氯化碳等常用有机溶剂中。25℃在水中的溶解度为 0.0446%。

(7) 用途　用作油脂、蜡、树脂的溶剂及糠醛的萃取剂。液相色谱剂溶。

(8) 使用注意事项　危险特性属第 3.3 类高闪点易燃液体。危险货物编号：33547；UN 编号：2514。对皮肤、黏膜的刺激比氯苯强。有麻醉性，能使中枢神经中毒，并能抑制动物生长和引起动物肝脏坏死。

(9) 附表

表 2-2-64　含溴苯的二元共沸混合物

第二组分	共沸点/℃	溴苯/%	第二组分	共沸点/℃	溴苯/%
甲酸	98.1	32	乙二醇	150.2	88
乙酸	118.0	5	1-己醇	151.6	66
2-氯乙醇	127.5	32	丁酸	152.2	82
3-甲基-1-丁醇	131.7	15	糠醛	153.3	77
2-乙氧基乙醇	135.2	14	α-蒎烯	153.4	50
丙酸	140.2	37.5	环己醇	153.6	69
乳酸甲酯	141.5	78	1,3-二氯-2-丙醇	155.5	约 91
乙醇胺	145.0	约 78	1-乙氧基-2-乙酰氧基乙烷	155.5	63
2-丙氧基乙醇	148.2	约 52	1,2,3-三氯丙烷	155.6	70
乳酸乙酯	150.1	47	2-丁氧基乙醇	155.9	93.5

参　考　文　献

1　CAS 108-86-1
2　EINECS 203-623-8
3　Beilstein. Handbuch der Organischen Chemie. E Ⅲ. 5-554
4　Assoc. Factory Insurance Co. ind. Eng. Chem. 1940，32：881
5　R. R. Dreisbach and R. A. Martin. Ind. Eng. Chem. 1949，41：2875
6　W. M. Heston et al. J. Amer. Chem. Soc. 1948，70：4093，4096
7　日本化学会. 化学便覧. 基礎編. 丸善. 1966. 507
8　I. M. Korenman et al. Tr. Khim. Khim. Teckhnol. 1970. 2：66
9　J. Timmermans. Physico-Chemical Contants of Pure Organic Compounds. Vol. 2，Elsevier. 1965. 242
10　日本化学会. 化学便覧. 基礎編. 丸善. 1952. 571
11　The Merck Index. 7th ed. 168
12　J. Timmermans. Advan. Chem. Ser，1955，15：150
13　P. M. Gross and J. H. Saylor. J. Amer. Chem. Soc. 1931，53：1750
14　J. G. Grasselli. Atlas of Spectral Data and Physical Constants. CRC Press，1973. B-210
15　W. Foerst. Ullmanns Encyclopädia der Technischen Chemie. 3rd ed. Vol. 4. Urban und Schwarzenberg. 1956. 753
16　H. J. Masson and W. F. Hamilton. Ind. Eng. Chem. 1928. 20：814
17　Beilstein. Handbuch der Organischen Chemie. H，5-206；E Ⅳ，5-670
18　The Merck Index. **10**，1376；**11**，1394

216. 邻 二 溴 苯

o-dibromobenzene

(1) 分子式　$C_6H_4Br_2$。　　　　相对分子质量　235.92。

(2) 示性式或结构式

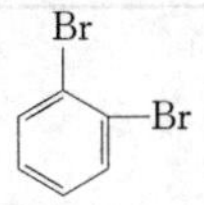

(3) 外观　无色液体，有芳香气味。

(4) 物理性质

沸点(101.3kPa)/℃	223～224	偶极矩/(10^{-30}C·m)	2.03
熔点/℃	5.27	蒸发热(25℃)/(kJ/kg)	233.75
相对密度(20℃/4℃)	1.9843	熔化热/(kJ/kg)	53.59
(25℃/4℃)	1.9759	比热容(定压)/[kJ/(kg·K)]	0.75
折射率(20℃)	1.6110	/[kJ/(kg·K)]	0.81
(25℃)	1.6086	临界温度/℃	486.6
介电常数(20℃)	7.50	临界压力/MPa	4.26
运动黏度(20℃)/m^2/s	1.4686×10^{-6}	蒸气压(70℃)/kPa	0.67
(40℃)/m^2/s	1.0520×10^{-6}	(104℃)/kPa	1.33
(60℃)/(m^2/s)	0.8062×10^{-6}	(150.81℃)/kPa	13.33
表面张力(20℃)/(mN/m)	43.02	体膨胀系数(25℃)/K^{-1}	1.000
(30℃)/(mN/m)	41.80	(b.p.)/K^{-1}	0.9199
(40℃)/(mN/m)	40.64		

(5) 精制方法　用少量浓硫酸反复洗涤至硫酸几乎不呈现颜色。再依次用水、5%NaOH、水洗涤，氯化钙干燥，减压蒸馏。收集 b.p.70℃ (0.67kPa) 时的馏分。

(6) 溶解性能　不溶于水，能溶于乙醇，乙醚、丙酮、乙酸、苯、石油醚、四氯化碳等。

(7) 使用注意事项　危险特性属第 3.3 类高闪点易燃液体。危险货物编号：33547，UN 编号：2514。

参 考 文 献

1 CAS 583-53-9

2 EINECS 209-507-3

3 Beilstein. Handbuch der Organischen Chemie. E Ⅲ，5-564

4 R.R.Dreisbach and R.A.Martin. Ind. Eng. Chem. 1949，41：2875

5 Beilstein. Handbuch der Organischen Chemie. E Ⅱ，5-162

6 J.Timmermans. Advan. Chem. Ser. 1955，15：151

7 N.A.Lange. Handbook of Chemistry. 10th ed. McGraw，1961. 1524

8 日本化学会. 化学便覧. 基礎編. 丸善. 1952. 525

9 L.N.Ferguson et al. J.Amer. Chem. Soc. 1954. 76：1250

10 I.Heilbon. Dictionary of Organic Compounds. Vol. 2. E & F.N.Spon. 1965. 910

11 J.G.Grasselli. Atlas of Spectral Data and Physical Constants for Organic Compounds. CRC Press. 1973. B-224

12 Beilstein. Handbuch der Organischen Chemie. H，5-210；E Ⅳ，5-682

217. 间 二 溴 苯

m-dibromobenzene

(1) 分子式　$C_6H_4Br_2$。　　　　相对分子质量　235.92。

(2) 示性式或结构式

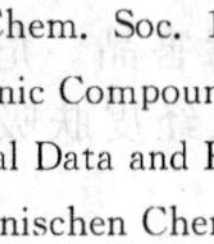

(3) 外观　无色或浅黄色液体。

(4) 物理性质

沸点(101.3kPa)/℃	219.5	折射率(17℃)	1.6083
熔点/℃	−7	闪点/℃	93
相对密度(20℃/4℃)	1.9523		

(5) 溶解性能　能与乙醇、苯、乙醚混溶，不溶于水。

(6) 用途　溶剂，有机合成中间体。

(7) 使用注意事项　间二溴苯的危险特性属第3.3类高闪点易燃液体。危险货物编号：33547；UN编号：2711。易燃、有毒、具有刺激性，避免蒸气吸入以及与眼睛、皮肤接触。

参 考 文 献

1 CAS 108-36-1

2 EINECS 203-574-2

3 Beilstein. Handbuch der Organischen Chemie. H，5-211；E Ⅳ，5-682

218. 邻溴甲苯

o-bromotoluene

(1) 分子式　C_7H_7Br。　　相对分子质量　171.04。

(2) 示性式或结构式

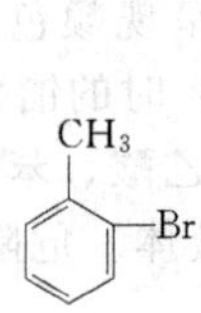

(3) 外观　无色液体。

(4) 物理性质

沸点(101.3kPa)/℃	181.7	燃点/℃	536
熔点/℃	−26	闪点/℃	78
相对密度(20℃/4℃)	1.4232	爆炸极限(上限)/%(体积)	10.0
折射率(20℃)	1.5565	(下限)/%(体积)	16.0
蒸气压(59.1℃)/kPa	1.33		

(5) 化学性质　经氧化可生成邻溴苯甲酸。

(6) 溶解性能　溶于乙醇、乙醚、苯、四氯化碳。

(7) 用途　溶剂，有机合成中间体。

(8) 使用注意事项　邻溴甲苯的危险特性属第6.1类毒害品。危险货物编号：61669。受高热或燃烧发生分解放出有毒气体。可燃，有毒。吸入、食入经皮肤吸收，对眼睛皮肤有刺激性。大鼠经口 LD_{50} 1864mg/kg。

参 考 文 献

1 CAS 95-46-5

2 EINECS 202-421-7

3 Beilstein. Handbuck der Organischen Chemie. H，5-304；E Ⅳ，5-825

4 The Merck Index. **10**，1413；**11**，1429；**12**，1463

219. 间溴甲苯

m-bromotoluene

(1) 分子式　C_7H_7Br。　　相对分子质量　171.04

(2) 示性式或结构式 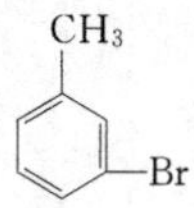

(3) 外观 无色透明液体。

(4) 物理性质

沸点(101.3kPa)/℃	183.7	折射率(20℃)	1.5510
熔点/℃	−39.8	闪点/℃	60
相对密度(20℃/4℃)	1.4099		

(5) 溶解性能 能与乙醇、乙醚混溶，不溶于水。

(6) 用途 溶剂，有机合成中间体。

(7) 使用注意事项 间溴甲苯的危险特性属第6.1类毒害品。危险货物编号：61669。受高热、燃烧发生分解放出有毒气体。有毒、易燃。具有刺激性，吸入或口服有害。

参 考 文 献

1 CAS 591-17-3

2 EINECS 209-702-3

3 Beil.，**5**，305

4 The Merck Index. **10**，1413；**11**，1429；**12**，1463

220. 对 溴 氯 苯

p-bromo chlorobenzene [*p*-chloro bromobenzene]

(1) 分子式 C_6H_4BrCl。 相对分子质量 191.46。

(2) 示性式或结构式 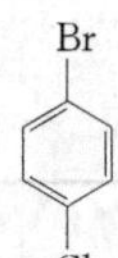

(3) 外观 无色针状结晶。

(4) 物理性质

沸点(101.3kPa)/℃	196	相对密度(71℃/4℃)	1.576
熔点/℃	66	折射率(70℃)	1.5331

(5) 溶解性能 溶于乙醚、三氯甲烷、苯、热乙醇，不溶于水。

(6) 用途 溶剂、有机合成中间体。

(7) 使用注意事项 参照邻溴氯苯。

参 考 文 献

1 CAS 106-39-8

2 EINECS 203-392-3

3 Beil.,**5**,209;**5**(4),681

221. 间 溴 氯 苯

m-bromo chlorobenzene[*m*-chloro bromobenzene]

(1)分子式 C_6H_4BrCl。 相对分子质量 191.46。

(2)示性式或结构式 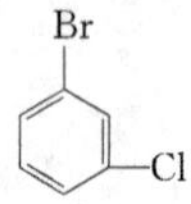

(3)外观 油状液体。

(4)物理性质

沸点(101.3kPa)/℃	196	相对密度(20℃/4℃)	1.6302
(1.467kPa)/℃	68～70	折射率(20℃)	1.5770
熔点/℃	−21	闪点/℃	80

(5) 溶解性能 易溶于乙醇、乙醚、不溶于水。

(6) 用途 溶剂、有机合成中间体。

(7) 使用注意事项 参照邻溴氯苯。对眼睛、呼吸系统及皮肤有刺激性。使用时应穿防护服。

参 考 文 献

1 CAS 108-37-2
2 EINECS 203-575-8
3 Beil., **5**, 209

222. 碘 苯

iodobenzene

(1) 分子式 C_6H_5I。 相对分子质量 204.02。

(2) 示性式或结构式 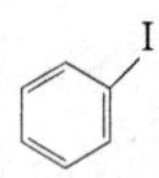

(3) 外观 无色液体，在空气中即刻变黄，特臭。

(4) 物理性质

沸点(101.3kPa)/℃	188	折射率(20℃)	1.6200
熔点/℃	−31	闪点/℃	74
相对密度(20℃/4℃)	1.8204		

(5) 化学性质 在醚溶液中与金属锂反应生成苯基锂，在干燥乙醚中与镁反应生成格林雅试剂。

(6) 溶解性能 不溶于水，与乙醇、乙醚、氯仿、丙酮混溶。

(7) 用途 有机试剂、折射率标准液、液相色谱溶剂。

(8) 使用注意事项 吸入或口服有毒。使用时避免本品的蒸气吸入。避免与眼睛、皮肤接触。

参 考 文 献

1 CAS 591-50-4
2 EINECS 209-719-6
3 Beil., **5**, 215
4 The Merck Index. **13**, 5051
5 《化工百科全书》编辑委员会，化学工业出版社《化工百科全书》编辑部编. 化工百科全书：第3卷，北京：化学工业出版社，1997

223. 苄 基 氯

benzyl chloride [chloromethyl benzene]

(1) 分子式 C_7H_7Cl。 相对分子质量 126.58。

（2）示性式或结构式 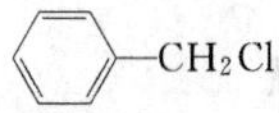

（3）外观　无色液体，有强烈刺激性气味。

（4）物理性质

沸点(101.3kPa)/℃	179.4	偶极矩(稀释在苯溶液中)/(10^{-3}C·m)	6.24
熔点/℃	−49～−43	蒸发热(25℃)/(kJ/mol)	51.1
密度(20℃)/(g/cm³)	1.1004	燃烧热/(kJ/mol)	3708.7
折射率(20℃)	1.5389	闪点/℃	67
表面张力(20℃)/(mN/m)	37.8	燃点/℃	585
黏度(20℃)/mPa·s	1.38	爆炸极限(上限)/%(体积)	14
(30℃)/mPa·s	1.175	(下限)/%(体积)	1.1

（5）化学性质　热水中会缓慢水解生成苄醇。芳环可以发生氯化、硝化、磺化等反应。氯甲基可以水解、氧化生成苯甲醇和苯甲酸。

（6）溶解性能　溶于乙醇、乙醚、氯仿、丙酮、乙酸乙酯等有机溶剂，不溶于冷水。

（7）用途　有机合成中间体、溶剂。

（8）使用注意事项　危险特性属第6.1类毒害品。危险货物编号：61063，UN编号：1738。苄基氯对大白鼠有致癌性。大白鼠经口LD_{50}为1231mg/kg，小鼠为1624mg/kg。易通过肺和消化系统吸收。具有强的催泪性，对人的眼睛、鼻子和咽喉具有强烈刺激作用，能引起肺水肿。空气中最高容许浓度为5mg/m³。

参 考 文 献

1 CAS 100-44-7

2 EINECS 202-853-6

3 Beil., 5 (4), 809

4 The Merck Index. **12**, 1164; **13**, 1131

5 《化工百科全书》编写委员会，化学工业出版社《化工百科全书》编辑部编. 化工百科全书：第11卷. 北京：化学工业出版社，1996

224. 苄 基 溴

benzyl bromide

（1）分子式　C_7H_7Br。　　　　相对分子质量　171.04。

（2）示性式或结构式

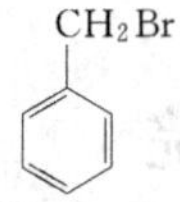

（3）外观　具有强折光性的无色液体，有香味。

（4）物理性质

沸点(101.3kPa)/℃	199	折射率(20℃)	1.5752
熔点/℃	−3.9	闪点/℃	86
相对密度(22℃/0℃)	1.4380		

（5）化学性质　与苄基氯相似，化学性质活泼，溴原子易被羟基、氨基等取代生成苄醇、苄胺等。

（6）溶解性能　溶于乙醇、乙醚、苯等有机溶剂，难溶于水。

（7）用途　有机合成中间体、发泡剂、溶剂。

（8）使用注意事项　危险特性属第6.1类毒害品。危险货物编号：61065，UN编号：1737。对眼睛和黏膜有强刺激作用。对机体有不可逆损伤的可能性。

参 考 文 献

1 CAS 100-39-0
2 EINECS 202-847-3
3 Beil.，**5**，306
4 The Merck Index. **13**，1130

225. 三 氟 甲 烷

trifluoromethane [Freon-23]

(1) 分子式 CHF_3。　　　相对分子质量　70.02。

(2) 示性式或结构式　CHF_3

(3) 外观　无色、不可燃气体。

(4) 物理性质

沸点(101.3kPa)/℃	−82.0	汽化热/(kJ/mol)	16.62
熔点/℃	−163	熔化热/(kJ/mol)	4.059
临界温度/℃	32.3	黏度(气体)/mPa·s	14.366
临界压力/MPa	4.77	(液体)/mPa·s	0.054
液体密度(−80℃)/(g/cm³)	1.442	表面张力/(mN/m)	0.03
介电常数(液体)(21℃)	5.2		

(5) 化学性质　不活泼，低毒，不易燃烧，具有较高的热稳定性。与可燃性气体混合燃烧分解生成有毒的氟化物。

(6) 溶解性能　微溶于水，能溶于大部分有机溶剂。

(7) 用途　超临界萃取法溶剂、低温制冷剂。

(8) 使用注意事项　危险特性属第 2.2 类不燃气体。危险货物编号：22032，UN 编号：1984。不燃烧，属低毒类气体。高浓度三氟甲烷具有窒息麻醉作用，对脑神经有损害。液体接触时可能引起冻伤。

参 考 文 献

1 CAS 75-46-7
2 EINECS 200-872-4
3 Beil.，**1**，59
4 《化工百科全书》编辑委员会，化学工业出版社《化工百科全书》编辑部编. 化工百科全书：第 5 卷，北京：化学工业出版社. 1993

226. 二氟二氯甲烷

dichlorodifluoromethane [Freon-12]

(1) 分子式　CCl_2F_2。　　　相对分子质量 120.913。

(2) 示性式或结构式　$CClF_2$

(3) 外观　无色气体，略具芳香味。

(4) 物理性质

沸点(101.3kPa)/℃	−29.8	汽化热/(kJ/mol)	20.61
熔点/℃	−157.85	熔化热/(kJ/mol)	4.140
临界温度/℃	111.5	黏度(气体)/mPa·s	12.500
临界压力/MPa	4.11	(液体)/mPa·s	0.234
液体相对密度(−30℃/4℃)	1.486	表面张力/(mN/m)	8.79
介电常数(气体)	1.0016		

(5) 化学性质　具有极强的化学稳定性和热稳定性，对金属材料无腐蚀性，室温下与强酸、强碱无作用。

(6) 溶解性能　溶于乙醇、乙醚、乙酸，不溶于水。

(7) 用途　制冷剂、气雾剂、发泡剂、溶剂和电子元件清洗剂。

(8) 使用注意事项　危险特性属第 2.2 类不燃气体。危险货物编号：22045。UN 编号：1028。属低毒类。人吸入 11%浓度，数分钟内可丧失知觉，更高浓度可突然死亡。美国职业安全与健康管理局规定空气中最大容许暴露浓度为 $4950mg/m^3$。

参 考 文 献

1 CAS 75-71-8

2 EINECS 200-893-9

3 Beil.，1，61

4 《化工百科全书》编辑委员会，化学工业出版社《化工百科全书》编辑部编. 化工百科全书：第 5 卷. 北京：化学工业出版社，1993

227. 1,1-二氟乙烷

1,1-difluoroethare

(1) 分子式　$C_2H_4F_2$。　　相对分子质量 66.05。

(2) 示性式或结构式　CH_3CHF_2

(3) 外观　无色气体，有乙醚味。

(4) 物理性质

沸点(101.3kPa)/℃	−24.7	临界温度/℃	113.6
熔点/℃	−117	临界压力/MPa	4.44
相对密度(−25℃/4℃)	1.004	蒸气压(21.1℃)/kPa	531.96
折射率(−72℃)	1.3011	爆炸极限(下限)/%(体积)	3.7
		(上限)/%(体积)	18.0

(5) 溶解性能　溶于有机溶剂，微溶于水。

(6) 用途　制冷剂、溶剂、有机合成中间体。

(7) 使用注意事项　危险特性属第 2.1 类易燃液体。危险货物编号：21028，UN 编号：1030。易燃、低毒。与空气能形成爆炸性混合物，遇明火、高热、能引起燃烧、爆炸。通过呼吸道吸入体内，有窒息作用。高浓度接触会引起眩晕、定向障碍。有麻醉神经作用。

(8) 规格　GB/T 19602—2004 工业用 1,1-二氟乙烷

项　目		Ⅰ型	Ⅱ型
1,1-二氟乙烷/%	≥	99.8	99.5
水/%	≤	0.001	0.002
酸(以 HCl 计)/%	≤	0.0001	
蒸发残留物/%	≤	0.01	
气相中不凝性气体(25℃)/%(体积)	≤	15	—
氯化物(Cl^-)试验		合格	—

参 考 文 献

1 CAS 75-37-6

2 EINECS 200-866-1

3 Beil.，1 (3)，130

4 《化工百科全书》编辑委员会，化学工业出版社《化工百科全书》编辑部编. 化工百科全书：第 5 卷，北京：化学工业

出版社. 1993

228. 三氟一氯甲烷

chlorotrifluoromethane [Freon-13]

(1) 分子式　$CClF_3$。　　　　相对分子质量 104.459。

(2) 示性式或结构式　$CClF_3$

(3) 外观　无色气体，有醚的气味。

(4) 物理性质

沸点(101.3kPa)/℃	−81.1	汽化热/(kJ/mol)	15.60
熔点/℃	−181	黏度(气体)/mPa·s	14.425
临界温度/℃	29.05	(液体)/mPa·s	0.061
临界压力/MPa	3.87	介电常数(气体)	1.0013
密度(20℃)/(kg/m³)	0.924	表面张力/(mN/m)	0.26

(5) 化学性质　具有极强的化学稳定性和热稳定性，对浓硫酸和强碱均显示稳定。但中碳钢在 200℃以上会受到氟氯烷的轻微腐蚀。

(6) 溶解性能　水中溶解度很小，但可与烃类、卤代烃、一元醇溶剂相互混溶。

(7) 用途　制冷剂、气雾剂、发泡剂、溶剂和电子元件清洗剂。

(8) 使用注意事项　危险特性属第 2.2 类不燃气体。危险货物编号：22040，UN 编号：1022。属低毒物质。毒性比全氟烷稍大。

参 考 文 献

1 CAS 75-72-9

2 EINECS 200-894-4

3 Beil.，**1** (3)，646

4 《化工百科全书》编辑委员会，化学工业出版社《化工百科全书》编辑部编. 化工百科全书：第 5 卷. 北京：化学工业出版社，1993

229. 三氟一氯乙烷

1-chloro-2,2,2-trifluoroethane [2-chloro-1,1,1-trifluoroethane]

(1) 分子式　$C_2H_2ClF_3$。　　　　相对分子质量 118.5。

(2) 示性式或结构式　$CH_2Cl—CF_3$

(3) 外观　无色气体。

(4) 物理性质

沸点(101.3kPa)/℃	6.9	相对密度(水=1)	1.4
熔点/℃	−105.5	蒸气相对密度(空气=1)	4.1
折射率/℃	1.3090	蒸气压(20℃)/kPa	180

(5) 化学性质　该物质与热表面或火燃接触时分解生成含氯化氢和氟化氢的有毒和腐蚀性气体。

(6) 溶解性能　在 25℃在水中溶解度为 0.89%。

(7) 用途　制冷剂、气雾剂、溶剂、电子元件清洗剂。

(8) 使用注意事项　危险特性属第 2.2 类不燃气体。危险货物编号：22041，UN 编号：1983。不可燃，受热引起压力升高有爆炸危险，在火焰中释放出有刺激性或有毒烟雾。吸入时，高浓度能引起缺氧，有神志不清或死亡危险。与液体接触引起皮肤冻伤。长期或反复接触作用，通过动物试验表明，可能对人类生殖引起毒害作用。

参 考 文 献

1 CAS 75-88-7

2 EINECS 200-912-0

3 Beil.，1，(3)，138

230. 1,1,1-三氟二氯乙烷［二氯三氟乙烷］

dichloro-1,1,1-trifluoroethane

（1）分子式　$C_2HCl_2F_3$。　　　相对分子质量 152.94。

（2）示性式或结构式　$CHCl_2CF_3$

（3）外观　无色液体，有特殊气味。

（4）物理性质

沸点(101.3kPa)/℃	28.7	临界温度/℃	185.0
熔点/℃	−107	临界压力/MPa	3.74
相对密度(25℃/4℃)	1.46	蒸气压(25℃)/kPa	90

（5）化学性质　受热分解，生成光气、氟化氢和氯化氢。

（6）用途　清洗剂、发泡剂、溶剂。

（7）使用注意事项　蒸气比空气重，可能累积在低层空间，造成缺氧。不可燃，吸入时产生意识模糊、头晕、倦睡、神志不清，刺激眼睛、发红、疼痛。长期或反复接触作用，可能对肝发生作用。

参 考 文 献

1 CAS 306-83-2

2 EINECS 206-190-3

231. 1,2-四氟二氯乙烷

1,2-dichloro-1,1,2,2-tetrafluoroethane

（1）分子式　$C_2Cl_2F_4$。　　　相对分子质量 170.93。

（2）示性式或结构式　$CClF_2$—$CClF_2$

（3）外观　无色气体。

（4）物理性质

沸点(101.3kPa)/℃	3.6	折射率(20℃)	1.3092
熔点/℃	−94	临界温度/℃	145.7
相对密度(20℃/4℃)	1.470	临界压力/MPa	3.27

（5）化学性质　该物质与热表面或火焰接触时分解，生成含氯化氢和氟化氢的腐蚀性和有毒气体。

（6）溶解性能　可溶于乙醇、乙醚，不溶于水。

（7）用途　溶剂、电子元件清洗剂、制冷剂。

（8）使用注意事项　危险特性属第 2.2 类不燃气体。危险货物编号：22046，UN 编号：

1958。不可燃，受热引起压力升高有爆炸危险。液体迅速蒸发可能引起冻伤。该物质可能对心血管系统发生作用，导致心律失常。美国职业安全与健康管理局规定，空气中最大容许暴露浓度为 $7000mg/m^3$。

参 考 文 献

1 CAS 76-14-2
2 EINECS 200-937-7
3 Beil., **1** (3), 152
4 The Merck Index. **11**, 2608

232. 3-氯三氟甲苯

3-chlorobenzotrifluoride

(1) 分子式　$C_7H_4ClF_3$。　　　　相对分子质量 180.56。

(2) 示性式或结构式

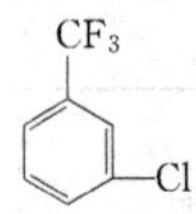

(3) 外观　无色液体，有芳香气味。

(4) 物理性质

沸点(101.3kPa)/℃	138.4	折射率(20℃)	1.446
熔点/℃	−56	闪点/℃	38
相对密度(20℃/4℃)	1.331		

(5) 用途　溶剂、染料中间体。

(6) 使用注意事项　3-氯三氟甲苯的危险特性属第 6.1 类毒害品。危险货物编号：61668。易燃，遇高热、明火燃烧并放出有毒气体。对呼吸系统和皮肤有刺激性。

参 考 文 献

1 CAS 98-15-7
2 EINECS 202-642-9
3 Beil., **5** (3), 692

233. 4-氯三氟甲苯

4-chlorobenzotrifluoride [*p*-chloro-*α*,*α*,*α*-trifluorotoluene]

(1) 分子式　$C_7H_4ClF_3$。　　　　相对分子质量 180.56。

(2) 示性式或结构式

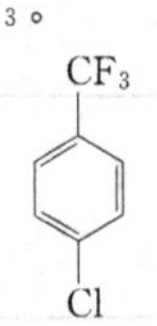

(3) 外观　无色油状液体。

(4) 物理性质

沸点(101.3kPa)/℃	136～138	折射率(20℃)	1.447
熔点/℃	−33	闪点/℃	47
相对密度(20℃/4℃)	1.341		

(5) 用途　溶剂、染料中间体。

(6) 使用注意事项　4-氯三氟甲苯的危险特性属第 6.1 类毒害品。危险货物编号：61668。易燃，对眼睛、呼吸系统和皮肤有刺激性。

参 考 文 献

1 CAS 98-56-6

2 EINECS 202-681-1

3 Beilstein. Handbuch der Organischen Chemie. E Ⅳ，5-815

4 The Merck Index. **13**，2145

234. 六 氟 代 苯

hexafluorobenzene [perfluorobenzene]

(1) 分子式　C_6F_6。　　　　相对分子质量 186.06。

(2) 示性式或结构式

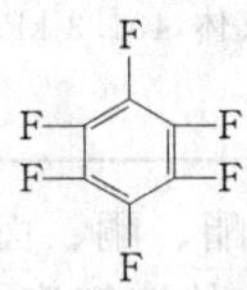

(3) 外观　无色流动性液体，有芳香味。

(4) 物理性质

沸点(101.3kPa)/℃	80.261	熔化热/(kJ/mol)	11.60
熔点/℃	5.10	生成热(25℃,液体)/(kJ/mol)	−958.95
相对密度(15℃/4℃)	1.60682	燃烧热/(kJ/mol)	−2.4±0.01
折射率(25℃)	1.376	比热容(23℃,定压)/[kJ/(kg·K)]	1.19
偶极矩(25℃)/(10^{-30}C·m)	1.10	临界温度/℃	243.57±0.03
表面张力(20℃)/(mN/m)	22.6	临界压力/MPa	3.30±0.05
蒸发热(25℃)/(kJ/mol)	35.71±0.08	蒸气压(19.75℃)/kPa	8.71
(b.p.)/(kJ/mol)	32.71	体膨胀系数(25℃)/K^{-1}	0.001412

(5) 化学性质　对热非常稳定，500℃加热 3 周只有极微量的分解。对放射线的作用不如苯稳定，分解主要生成聚合物。与碱及其他亲核试剂反应可得五氟苯酚、五氟苯胺。

(6) 精制方法　主要杂质为五氟代苯。可用发烟硫酸在室温处理 4h，使杂质磺化，再经水洗，五氧化二磷干燥，分步结晶，可得纯度为 99.95%±0.05%、熔点为 (5.082±0.005)℃的精制品。

(7) 用途　为各种有机物的优良溶剂，特别用作氢核磁共振谱或闪烁计数器用溶剂。

(8) 使用注意事项　毒性比苯低。多为麻醉剂，毒性随氟化程度增高而减低。小鼠的致死浓度为 92 mg/(1～2h)。

参 考 文 献

1 CAS 392-56-3

2 EINECS 206-876-2

3 Kirk-Othmer. Encyclopedia of Chemical Technology. 2nd ed. Vol. 9. Wiley. 789

4 W. A. Duncan et al. Trans. Faraday Soc. 1966，62：1090

5 W. J. Pummer. J. Chem. Eng. Data. 1961. 6：76

6 C. R. Patrick and G. S. Prosser. Trans. Faraday Soc. 1964，60：700

7 G. W. Parshall. J. Org. Chem. 1962，27：4649

8 M. Ballester et al. J. Amer. Chem. Soc. 1964，86：4276

9 C. J. Pouchert. The Aldrich Library of Infrared Spectra. No. 959E. Aldrich Chemical Co. 1970

10 L. Delbouille. Bull. Classe Sci. Acad. Roy. Belg. 1958，44：791

11 J. R. Majer. Advances in Fluorine Chemistry. 1964. 2：83

12 N. Boden et al. Mol. Phys. 1964，8：133
13 孙毓庆，胡育筑主编. 液相色谱溶剂系统的选择与优化. 北京：化学工业出版社。2008

235. 一氟三氯甲烷［氟里昂-11］

trichlorofluoromethane［fluorotrichloromethane，(商) Freon-11，freon-MF，genetron-11］

(1) 分子式　CCl_3F。　　相对分子质量 137.38。

(2) 示性式或结构式　CCl_3F

(3) 外观　无色无臭液体。

(4) 物理性质

沸点(101.3 kPa)/℃	23.8	黏度(25℃,液体)/(mPa·s)	0.42
熔点/℃	−111	(25℃,气体,101.3 kPa)/mPa·s	0.011
相对密度(25℃/4℃)	1.476	蒸发热(b.p.)/(kJ/kg)	182.2
折射率(25℃)	1.374	比热容(25℃,气体,101.3 kPa)/[kJ/(kg·K)]	0.57
介电常数(29℃,液体)	2.28	临界温度/℃	198.0
(26℃,气体,50.1 kPa)	1.0019	临界压力/MPa	4.38

(5) 溶解性能　能与脂肪烃、芳香烃、醇、乙二醇、酯、酮、卤代烃等多种有机溶剂混溶。溶解能力比二氯二氟甲烷（氟里昂-12）大。25℃时在水中的溶解度为 0.11%；水在一氟三氯甲烷中的溶解为 0.013%。

(6) 用途　为低沸点挥发性液体。由于不燃烧、无毒、对金属无腐蚀性，化学性质稳定，对塑料、氟橡胶无作用，对油脂溶解力强等优点，故用作中温制冷剂、萃取剂、灭火剂及精密仪器的洗涤用溶剂。

(7) 使用注意事项　危险特性属第 2.2 类不燃气体。危险货物编号：22047。属低毒类，是一种弱麻醉剂。高浓度可诱发心律不齐和抑制呼吸功能。浓度在 10% 以上引起兴奋、痉挛、最后陷入麻醉。嗅觉阈浓度 2.8mg/m³。工作场所最高容许浓度为 5600mg/m³。

参 考 文 献

1 CAS 75-69-4
2 EINECS 200-892-3
3 Kirk-Othmer. Encyclopedia of Chemical Technology. 2nd ed. Vol. 9，Wiley. 744.
4 R. B. Bernstein et al. J. Chem. Phys. 1953. 21：1778
5 J. P. Zeitolow et al. J. Chem. Phys. 1950. 18：1076
6 J. R. Majer. Advances in Fluorine Chemistry. 1961. 2：62
7 J. E. Emaley et al. High Resolution Nuclear Magnetic Resonance Spectroscopy. Vol. 2. Pergamon. 1966. 873
8 Beilstein. Handbuch der Organischen Chemie. E Ⅳ，1-54
9 The Merck Index. **10**，9453；**11**，9553

236. 一氟二氯甲烷［氟里昂-21］

dichlorofluoromethane［fluorodichloromethane，(商) *R*-21，freon-21，daiflon-21］

(1) 分子式　$CHCl_2F$。　　相对分子质量 102.92。

(2) 示性式或结构式　$CHCl_2F$

(3) 外观　常温为气体，有类似乙醚和四氯化碳的气体。

(4) 物理性质

沸点(101.3 kPa)/℃	8.92	比热容(0℃,液体)/[kJ/(kg·K)]	1.03
熔点/℃	−135	临界温度/℃	178.5
相对密度(0℃,液体)	1.426	临界压力/MPa	5.17
折射率(26.5℃)	1.361	蒸气密度(b.p.)	4.57
黏度(0℃)/mPa·s	0.412	蒸气压(0℃)/kPa	70.86
表面张力(25℃)/(mN/m)	19×10^{-3}	(20℃)/kPa	153.18
蒸发热(b.p.)/(kJ/kg)	249.32	(40℃)/kPa	295.87

(5) 溶解性能　不溶于水。能溶于醇、醚等常用有机溶剂。各种合成橡胶在一氟二氯甲烷中发生溶胀。

(6) 使用注意事项　危险特性属第 2.2 类不燃气体。危险货物编号：22044，UN 编号：1029。受热时分解成含氯化氢、氟化氢和光气的腐蚀性和有毒烟雾，可通过吸入到体内、对中枢神经系统发生作用。液体可能引起冻伤。对环境有危害，对臭氧层应给予特别注意。

参　考　文　献

1 CAS 75-43-4
2 EINECS 200-869-8
3 Ullmanns. Enzyklopädie der technische Chemie. 3Aufl. 7Bd. 1956. 621.
4 N. A. Lange. Handbook of Chemistry. 10th ed. McGraw-Hill. 1961. 1196
5 日東フロロケミカル（株）. フレオン
6 Beilstein. Handbuch der Organischen Chemie. E Ⅲ, 1-47
7 Beilstein. Handbuch der Organischen Chemie. H, 1-61; E Ⅳ, 1-39

237. 三氟一溴甲烷

bromotrifluoromethane [trifluoromonobromomethame,
(商) Freon-13Bl, kulene-131]

(1) 分子式　$CBrF_3$。　　相对分子质量 148.91。

(2) 示性式或结构式　$CBrF_3$

(3) 外观　气体。

(4) 物理性质

沸点(101.3kPa)/℃	−58.67	临界温度/℃	67.0
熔点/℃	−166	临界压力/MPa	3.97
相对密度(21℃)	1.567		

(5) 使用注意事项　危险特性属第 2.2 类不燃气体。危险货物编号：22049，UN 编号：1009。属低毒类。毒性表现在能使中枢神经系统兴奋。麻醉作用较弱，可使心肌对肾上腺素类药物的敏感性增高，诱发心律不齐。

参　考　文　献

1 CAS 75-63-8
2 EINECS 200-887-6
3 Ullmanns. Enzyklopädie der technische Chemie. 3Aufl. 7Bd. 1956. 624

238. 二氟一氯乙烷

1-chloro-1,1-difluoroethane[difluorochloroethane,
(商) Genetron-101,1,1-difluoro-1-chloroethane]

(1) 分子式　$C_2H_3ClF_2$。　　相对分子质量 100.50。

(2) 示性式或结构式 CH_3CClF_2

(3) 外观 无色气体。

(4) 物理性质

沸点(101.3kPa)/℃	−9.0	蒸发热(b.p.)/(kJ/kg)	22.45
熔点/℃	−131	爆炸极限(下限)/%(体积)	9.0
相对密度(25℃/4℃)	1.12	(上限)/%(体积)	14.8
黏度(−40℃)/mPa·s	0.560		

(5) 溶解性能 能与酮、醇、氯化烃等溶剂混溶。21.1℃时在水中的溶解度为0.19%；水在二氟一氯乙烷中的溶解度为0.048%。

(6) 使用注意事项 有爆炸危险。受高热或燃烧发生分解放出有毒气体。对大气臭氧层破坏力极强。

参 考 文 献

1 CAS 75-68-3

2 EINECS 200-891-8

3 Kirk-Othmer. Encyclopedia of Chemical Technology, Vol. 6. Interscience. 1951. 754

239. 1,1,2-三氟-1,2,2-三氯乙烷 [氟里昂-113]

1,2,2-trichloro-1,1,2-trifluoroethane [(商) Freon-113, freon-TF, genetron-226, daiflon S-3]

(1) 分子式 $C_2Cl_3F_3$。 相对分子质量 187.38。

(2) 示性式或结构式 CCl_2FCClF_2

(3) 外观 无色透明液体，有乙醚气味。

(4) 物理性质

沸点(101.3kPa)/℃	47.6	比热容(25℃,定压)/[kJ/(kg·K)]	0.91
熔点/℃	−35	临界温度/℃	214.1
介电常数(25℃)	2.41	相对密度(25℃/4℃)	1.565
黏度(25℃)/mPa·s	0.66	折射率(25℃)	1.354
表面张力(20℃)/(mN/m)	17.75	临界压力/MPa	3.41
蒸发热/(kJ/kg)	146.80	溶解度(25℃,101.3kPa,水)/%	0.017
生成热(25℃,气体)/(kJ/mol)	−695.43	蒸气压(25℃)/kPa	44.02

(5) 化学性质 化学性质稳定，在空气中不发生燃烧和爆炸。加热至300℃只微量分解。

(6) 精制方法 用水及稀氢氧化钾溶液洗涤后，氯化钙或浓硫酸干燥，分馏。

(7) 溶解性能 是醇、卤代烃、脂肪烃、芳香烃、酚类、油类的优良溶剂。但对一般无机盐、有机酸、水溶性树胶及多种合成树脂的溶解性差。

(8) 用途 主要用作冷冻机的制冷剂和空气溶胶用喷雾剂。也用作发泡剂和灭火剂。由于无毒、不燃烧，对金属和聚合物无腐蚀性，故可用作精密仪器的清洗剂。

(9) 使用注意事项 危险特性属第6.1类毒害品。危险货物编号：61573。大鼠经口 LD_{50} 为 (43±0.48) g/kg。工作场所最高容许浓度为7650mg/m^3。

(10) 附表

表 2-2-65 含 1,1,2-三氟-1,2,2-三氯乙烷的二元共沸混合物

第二组分	共沸点/℃	1,1,2-三氟-1,2,2-三氯乙烷/%
水	44.5	99.0
甲醇	39.9	94.0
乙醇	43.8	96.2

表 2-2-66 含 1,1,2-三氟-1,2,2-三氯乙烷的三元共沸混合物

第二组分	含量/%	第三组分	含量/%	共沸点/℃
甲醇	3.0	水	0.6	39.4
乙醇	3.9	水	0.6	42.6

参 考 文 献

1 CAS 76-13-1
2 EINECS 200-936-1
3 Kirk-Othmer. Encyclopedia of Chemical Technology. 2nd ed. Vol. 9. Wiley. 744
4 A. Weissberger. Organic Solvents. 3rd ed. Wiley. 330
5 D. Klabol and J. R. Nielsem. J. Mol. Spectr. 1961，6：379
6 J. R. Majer. Advances in Fluorine Chemistry. 1961，2：64
7 P. Jouve. Ann. Phys. Paris，1966，1：127
8 J. B. Michaelson and D. J. Huntsman. J. Med. Chem. 1964：7：378
9 石橋弘毅. 溶剤便覧. 槙書店. 1967. 220

240. 1,2-二氟-1,1,2,2-四氯乙烷

1,1,2,2-tetrachloro-1,2-difluoroethane[1,2-difluoro-1,1,2,2-tetrachloroethane，(商) Freon BF，daiflon S-2]

(1) 分子式 $C_2Cl_4F_2$。 相对分子质量 203.85。

(2) 示性式或结构式 CCl_2FCCl_2F

(3) 外观 无色液体。

(4) 物理性质

沸点(101.3kPa)/℃	92.8	蒸发热(b.p.估计值)/(kJ/kg)	154.9
熔点/℃	26	比热容(20℃,定压)/[kJ/(kg·K)]	0.51
相对密度(30℃/4℃)	1.634	临界温度/℃	278
折射率(25℃)	1.413	临界压力/MPa	3.45
介电常数(25℃)	2.52	溶解度(25℃,水)/%	0.012
黏度(25℃)/mPa·s	1.21	蒸气压(28.1℃)/kPa	8.78
表面张力(30℃)/(mN/m)	22.73		

(5) 溶解性能 能与脂肪烃、芳香烃、卤代烃、酚、醇和精油等混溶。对水、有机酸和无机盐等不溶解。溶解能力和四氯化碳相似。

(6) 用途 工业品是对称和非对称异构体的混合物。不燃烧，无爆炸性，用于冷冻机的制冷剂、空气溶胶喷雾剂以及精密仪器的洗涤剂等。

(7) 使用注意事项 致癌物。属低毒类。因接触或呼吸造成的急性中毒少，高浓度引起肺损害，大鼠的呼吸致死浓度约为 125100mg/m^3（暴露 4h）。工作场所最高容许浓度为4170mg/m^3。

参 考 文 献

1 CAS 76-12-0
2 EINECS 200-935-6
3 Kirk-Othmer. Encyclopedia of Chemical Technology. 2nd ed. Vol. 9. Wiley. 744
4 A. Weissberger. Organic Solvents. 3rd ed. Wiley. 331
5 R. E. Kagarise and L. W. Baasch. J. Chem. Phys. 1955，23：113
6 J. R. Majer. Advances Fluorine Chemistry. 1961，2：61
7 R. A. Newmark and C. H. Sederholm. J. Chem. Phys. 1965，43：602

241. *α*-氯萘

α-chloronaphthalene [1-chloronaphthalene]

(1) 分子式 $C_{10}H_7Cl$。 相对分子质量 162.62。

(2) 示性式或结构式

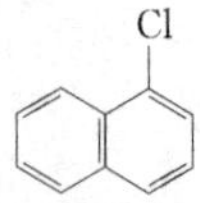

(3) 外观　纯品为无色油状液体。通常为浅黄色，有杂酚油的气味。

(4) 物理性质

沸点(101.3kPa)/℃	259.3	黏度(25℃)/mPa·s	2.940
熔点/℃	−2.3	表面张力(20℃)/(mN/m)	42.05
相对密度(20℃/4℃)	1.1938	闪点(开口)/℃	132
折射率(20℃)	1.63321	燃点/℃	558 以上
介电常数(25℃)	5.04	蒸发热(b.p.)/(kJ/mol)	52.08
偶极矩(25℃,液体)/(10^{-30} C·m)	4.44	体膨胀系数/K^{-1}	0.000252

(5) 化学性质　化学性质稳定，对一般的金属材料不腐蚀。300℃以上与15℃的氢氧化钠反应12h生成α-萘酚。与镁在200～220℃反应数分钟，生成10%～13%的α-萘基氯化镁（α-$C_{10}H_7MgCl$）。在0℃用浓硝酸和浓硫酸的混合酸进行硝化。可在α-氯萘的4-,5-,8-位引入硝基，生成三种α-氯萘的硝基衍生物。与浓硫酸在140℃反应，生成1-氯-4-萘磺酸。

(6) 精制方法　将α-氯萘精馏，取中间馏分进行分步结晶精制。

(7) 溶解性能　难溶于水，能溶于醚、苯、石油醚、醇等多种有机溶剂。溶解性能与氯苯相似。

(8) 用途　用于电线的绝缘材料、特殊润滑油的添加剂、杀虫剂、油脂及DDT等的溶剂。

(9) 使用注意事项　危险特性属第6.1类毒害品。危险货物编号：61666。通过吸入、食入或皮肤吸收而中毒，引起头痛、呕吐、食欲不振、结膜炎、肝肿大等症状，严重时出现急性黄色肝萎缩。α-氯萘的蒸气压低，闪点高，化学性质稳定，可用镀锌软钢制的容器贮存。

(10) 附表

表 2-2-67　α-氯萘的蒸气压

温度/℃	蒸气压/kPa	温度/℃	蒸气压/kPa	温度/℃	蒸气压/kPa	温度/℃	蒸气压/kPa
80.6	0.13	118.6	1.33	165.6	8.00	230.8	53.33
104.8	0.67	134.4	2.67	204.2	26.66	259.3	101.33

参 考 文 献

1 CAS 90-13-1
2 EINECS 200-967-3
3 Kirk-Othmer. Encyclopedia of Chemical Technology. 2nd ed., Vol. 5. Wiley. 299
4 A. Weissberger. Organic Solvents. 3rd ed. Wiley. 347, 768
5 E. H. Huntress, The Preparation Properties. Chemical Behavior and Identification of Organic Chlorine Compounds. Wiley. 1948. 914
6 The Merck Index. 8th ed. 244
7 J. Ferguson. J. Chem. Soc. 1954, 304
8 Sadtler Standard IR Prism Spectra. No. 3659
9 F. W. McLafferty. Anal. Chem. 1962, 34: 16
10 N. I. Sax. Dangerous Properties of Industrial Materials. 3rd ed. Van Nostrand Reinhold. 1968. 562
11 日本化学会. 化学便覧. 基礎編. 丸善. 1975. 715
12 Beilstein. Handbuch der Organischen Chemie. H, 5-541; E Ⅳ, 5-1658
13 The Merck Index. **10**, 2119; **11**, 2149; **12**, 2201

242. β-氯萘

β-chloronaphthalene [2-chloronaphthalene]

(1) 分子式　$C_{10}H_7Cl$。　　相对分子质量162.62。

(2) 示性式或结构式 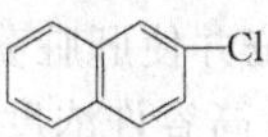

(3) 外观　片状结晶，可升华。

(4) 物理性质

沸点(101.3kPa)/℃	258.6	相对密度(20℃/4℃)	1.178
(1.33kPa)/℃	118	(16℃/4℃)	1.2656
(2.67kPa)/℃	132.6	(80℃/4℃)	1.1297
(8.00kPa)/℃	161.2	折射率(70.7℃)	1.6079
熔点/℃	59.6		

(5) 化学性质　化学稳定性好，不易燃烧，能发生卤化、硝化、磺化、氯甲基化反应。260～300℃与氢氧化钠水溶液中水解生成β-萘酚。

(6) 溶解性能　溶于乙醇、乙醚、苯、氯仿及二硫化碳。

(7) 用途　高沸点溶剂，油脂溶剂、气相色谱固定液。

(8) 使用注意事项　β-氯萘的危险特性属第6.1类毒害品。危险货物编号：61666。参照α-氯萘。大白鼠经口 LD_{50} 2078mg/kg。小鼠经口 LD_{50} 886mg/kg。

参考文献

1　CAS 91-58-7
2　EINECS 202-079-9
3　The Merck Index. **12**，2202

243. 氯化萘

chlorinated naphthalenes[(商)Halowax, seekay wax, nibren wax]

(1) 物理性质　氯化萘是萘氯化时得到的一氯和多氯衍生物的混合物。根据氯含量的不同，可以是油状液体或蜡状固体。

编　号	1031	1000	1037	1001	1013	1014	1052	1051
主要成分	一氯化萘	一氯和二氯化萘	二氯化萘	三氯和四氯化萘	四氯和五氯化萘	五氯和六氯化萘	七氯化萘	八氯化萘
外观	白色～浅黄色液体	白色～浅黄色液体	白色晶体	白色～浅黄色固体	浅黄色固体	浅黄色固体	浅黄色固体	浅黄色固体
氯含量约/%	22	26	32	50	56	62	66	70
软化点/℃(约)	−25	−33	50	93	120	137	115	185
初馏点(101.3kPa)/℃	250	258	275	308	328	344		
相对密度(25℃)	1.20	1.22		1.58	1.67	1.78	1.92	2.00
黏度(Saybolt单位)/s	35(25℃)	34(25℃)	33(60℃)	30(130℃)	33(130℃)	35(150℃)		
闪点/℃	121	110	130	141	180	180	265	<430
燃点/℃	160	171	240	沸点以上	沸点以上	沸点以上	430以上	沸点以上

(2) 化学性质　化学性质稳定，在干燥空气中于120～125℃或水分存在下于40～50℃对铜和软钢不腐蚀。但有水分存在于120～125℃时放出少量腐蚀性强的氯化氢。

(3) 溶解性能　不溶于水和醇。能与脂肪烃、芳香烃、卤代烃混溶。在丙酮、醚及乙酸乙酯中溶解度不大，对橡胶、醇酸树脂、聚苯乙烯、酚醛树脂、石蜡、氟橡胶、增塑剂等的溶解性能较好。

(4) 用途　由于氯化萘有优良的电性能及阻燃性和防潮性，故在电器工业中多用作电容器的介电质和电线涂料的添加剂。还用作防水剂、阻燃剂、杀虫剂及润滑油、切削油的添加剂。

(5) 使用注意事项　属高毒物品。毒性随氯化程度提高而增大。对人体的露出部分如脸、手腕等的皮脂腺有强烈的作用，严重时引起皮肤产生氯痤疮并使肝脏萎缩等。由于极不易挥发，工业急性中毒的可能性极少。TJ 36—79 规定车间空气中最高容许浓度为 $1mg/m^3$。

(6) 附表

表 2-2-68　氯化萘的最大容许浓度

氯　化　萘	最大容许浓度/(mg/m^3)	氯　化　萘	最大容许浓度/(mg/m^3)
三氯化萘	5	五氯化萘	1
四氯化萘	5	六氯化萘	0.5

参　考　文　献

1　I. Mellan. Source Book of Industrial Solvents. Vol. 2. Van . Nostrand Reinhold. 1957. 191

2　H. B. Elkins. The Chemistry of Industrial Toxicology. 2nd ed. Wiley, 1959. 151

244. α-溴萘

α-bromonaphthalene [1-bromonaphthalene]

(1) 分子式　$C_{10}H_7Br$。　　相对分子质量 207.07。

(2) 示性式或结构式

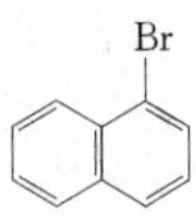

(3) 外观　无色液体。

(4) 物理性质

沸点(101.3kPa)/℃	281.2～281.6	表面张力(15℃)/(mN/m)	45.10
熔点/℃	6.10	(30℃)/(mN/m)	43.36
相对密度(20℃/4℃)	1.4826	闪点/℃	152
折射率(20℃)	1.6580	燃点/℃	无
(40℃)	1.6490	熔化热(15℃)/(kJ/kg)	85.79
介电常数(20.1℃)	5.115	燃烧热/(kJ/kg)	24285.5
偶极矩/(10^{-30} C·m)	5.27	比热容(16.84℃,定压)/[kJ/(kg·K)]	1.33
黏度(15℃)/mPa·s	5.993	(36.84℃,定压)/[kJ/(kg·K)]	1.35
(30℃)/mPa·s	4.03	溶解度(25℃,水)/(g/100 g)	<0.1

(5) 精制方法　加粒状或片状氢氧化钠，于 90～100℃ 的水浴上搅拌几小时，再减压蒸馏，收集 b. p. 135℃ (1.60 kPa) 的馏分。

(6) 溶解性能　不溶于水，能溶于甲醇、乙醚、丁胺、丙酮、苯、四氯化碳、三丁基胺等溶剂。

(7) 用途　用作冷冻剂以及分子量大的物质的溶剂。还用作测定聚乙烯聚合度的指示剂等。

(8) 附表

表 2-2-69　α-溴萘的蒸气压

温度/℃	蒸气压/kPa	温度/℃	蒸气压/kPa	温度/℃	蒸气压/kPa	温度/℃	蒸气压/kPa
84.2	0.13	133.6	1.33	183.5	8.00	252.0	53.33
117.5	0.67	150.2	2.67	224.2	26.66	281.1	101.33

参　考　文　献

1　CAS 90-11-9

2　EINECS 201-965-2

3　Beilstein. Handbuch der Organischen Chemie. E Ⅲ. 5-1580.

4 J. Timmermans. Physico-Chemical Constants of Pure Organic Compounds. Elsevier. 1965.247
5 Bromine and Brominated Products Handbook. Dow Chemicals Co. 1962.32
6 J.G.Grasselli. Atlas of Spectral Data and Physical Constants for Organic Compounds. CRC Press. 1973. B-668
7 日本化学会.化学便覧.基礎編.丸善.1975.715
8 Beilstein. Handbuch der Organischen Chemie. H, 5-547; E Ⅳ, 5-1665
9 The Merck Index. **10**, 1395; **11**, 1413

245. 氟(代)苯

fluorobenzene

(1) 分子式 C_6H_5F。 相对分子质量 96.10。

(2) 示性式或结构式

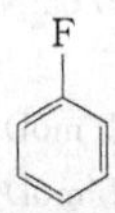

(3) 外观 无色流动性液体,有芳香味。

(4) 物理性质

沸点(101.3kPa)/℃	84.734	蒸发热(25℃)/(kJ/mol)	34.60
熔点/℃	−42.22	(b.p.)/(kJ/mol)	31.22
相对密度(25℃/4℃)	1.0183	生成热(25℃,液体)/(kJ/mol)	−145.49
折射率(25℃)	1.4629	燃烧热/(kJ/g)	31.0
介电常数(30℃)	5.24	比热容(25℃,定压)/[kJ/(kg·K)]	146.4
偶极矩/(10^{-30} C·m)	4.90	临界温度/℃	286.6
黏度(9.3℃)/mPa·s	0.647	临界压力/MPa	4.52
(19.9℃)/mPa·s	0.577	溶解度(30℃,水)/%	0.154
表面张力(9.3℃)/(mN/m)	28.49	蒸气压(39.404℃)/kPa	19.93
(20.0℃)/(mN/m)	27.71	(50.48℃)/kPa	31.16
闪点(开口)/℃	−15	体膨胀系数/K^{-1}	0.00116
熔化热/(kJ/mol)	11.31		

(5) 化学性质 对热稳定,在 350℃、40 MPa 下加热 24h 也不发生分解。但和苯一样能发生氯化、硝化和磺化反应。

(6) 使用注意事项 危险特性属第 3.2 类中闪点易燃液体。危险货物编号:32054;UN 编号:2387。属低毒类,毒性与苯近似。兔一次经口能耐受 500~1000mg/kg。大鼠 IC_{50} 为 98250mg/m^3 (8h)。

参 考 文 献

1 CAS 462-06-6
2 EINECS 207-321-7
3 D. R. Douslin et al. J. Amer. Chem. Soc. 1958, 80: 2031
4 Kirk-Othmer. Encyclopedia of Chemical Technology. 2nd ed. Vol. 9. Wiley. 782
5 D. W. Scott et al. J. Amer. Chem. Soc. 1956, 78: 5457
6 E. S. Stern and C. J. Timmons. Electronic Absorption Spectroscopy in Organic Chemistry. 3rd ed. Edward Arnold. 1970. 127
7 C. J. Pouchert. The Aldrich Library of Infrared Spectra. No. 444A. Aldrich Chemical Co. 1970
8 API Research Project 44. Selected Raman Spectral Data, Thermodynamic Research Center, Texas A & MUniv
9 J. R. Majer. Advances in Fluorine Chemistry. 1961, 2: 86
10 J. W. Emsley et al. High Resolution Nuclear Magnetic Resonance Spectroscopy. Vol. 2. Pergamon, 1966. 873
11 Beilstein. Handbuch der Organischen Chemie. H, 5-198; E Ⅳ, 5-632
12 The Merck Index. **10**, 4075; **11**, 4099

246. 三氟甲苯

benzotrifluoride [α,α,α-trifluorotoluene，benzylidynetrifluoride]

(1) 分子式　$C_7H_5F_3$。　　　　相对分子质量 146.11。

(2) 示性式或结构式

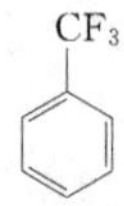

(3) 外观　无色液体，有芳香气味。

(4) 物理性质

沸点(101.3kPa)/℃	102.05	表面张力(20℃)/(mN/m)	23.39
(101.3kPa)/℃	102.3	(19.3℃)/(mN/m)	29.9
熔点/℃	−29.02	闪点/℃	6.2
/℃	−28.9	蒸发热(b.p.)/(kJ/mol)	32.66
相对密度(25℃/4℃)	1.1813	/(kJ/mol)	33.95
(20℃/4℃)	1.189	熔化热/(kJ/mol)	13.79
(30℃/4℃)	1.175	生成热(气体)/(kJ/mol)	−581.13
折射率(25℃)	1.4114	(液体)/(kJ/mol)	-618.809×10^3
(20℃)	1.4145	燃烧热/(kJ/g)	−23.1
介电常数(30℃)	9.14	电导率(25℃)/(S/m)	1×10^{-7}
偶极矩/(10^{-30} C·m)	8.54	溶解度(室温,水)/%	0.045
运动黏度(20℃)/(m^2/s)	0.75×10^{-6}	蒸气压(55℃)/kPa	19.92
(30℃)/(m^2/s)	0.69×10^{-6}	体膨胀系数(30~40℃)/K^{-1}	0.00121

(5) 化学性质　对热稳定，在铁或铜存在下加热至 300℃ 不发生变化。用硫酸水解生成苯甲酸。用氢氟酸也可发生水解。三氟甲苯还可以发生硝化和磺化反应。

(6) 溶解性能　可与醇、丙酮、苯、四氯化碳、乙醚、己烷等混溶。能溶解大多数有机化合物。

(7) 用途　用于制造染料、药物，还用作硫化剂和杀虫剂。

(8) 使用注意事项　危险特性属第 3.2 类中闪点易燃液体。危险货物编号：32057，UN 编号：2338。毒性较低，大量内服时能损害中枢神经。

参考文献

1 CAS 98-08-8
2 EINECS 202-635-0
3 D. W. Scott et al. J. Amer. Chem. Soc. 1959，81：1015
4 Fluoro Chemicals. c-2，ダイキン工業（株）
5 C. J. Pouchert. The Aldrich Library of Infrared Spectra，No. 452 B，Aldrich Chemical Co. 1970
6 N. A. Narasimham et al. J. Chem. Phys. 1957，27：740
7 J. R. Majer. Advances in Fluorine Chemistry. 1961，2：94
8 G. Filipovich and G. V. D. Tiers，J. Phys. Chem. 1959，63：761
9 Beilstein. Handbuch der Organischen Chemie. H，5-290；E Ⅳ，5-802
10 The Merck Index. **10**，1114；**11**，1121；**12**，1442

247. 间二（三氟甲基）苯

1,3-bis (trifluoromethyl) benzene

(1) 分子式　$C_8H_4F_6$。　　　　相对分子质量 214.11。

(2) 示性式或结构式

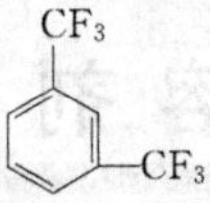

(3) 外观　无色透明液体。

(4) 物理性质

沸点(101.3kPa)/℃	116	折射率(25℃)	1.3916
熔点/℃	−34.7	闪点/℃	26
相对密度(20℃/4℃)	1.378		

(5) 用途　医药和农药的中间体、照相和钟表行业用溶剂。

(6) 使用注意事项　有毒，液体刺激皮肤，吸入过重蒸气可麻醉中枢神经。空气中最高容许浓度为 $2.5mg/m^3$。

参考文献

1　CAS 402-31-3

2　EINECS 206-939-4

3　Beil.，**5** (3)，834

第三章 醇类溶剂

248. 甲 醇

methanol [methyl alcohol，carbinol，wood alcohol，wood spirit]

(1) 分子式 CH_4O。 相对分子质量 32.04。

(2) 示性式或结构式 CH_3OH

(3) 外观 无色透明液体，略有乙醇的气味。

(4) 物理性质

沸点(101.3kPa)/℃	64.51	生成热(液体)/(kJ/mol)	−238.82
熔点/℃	−97.49	(气体)/(kJ/mol)	−201.39
相对密度(20℃/4℃)	0.7913	比热容(20℃,定压)/[kJ/(kg·K)]	2.51
(10℃/4℃)	0.8005	临界温度/℃	240.0
折射率(20℃)	1.3286	临界压力/MPa	7.95
介电常数(20℃)	31.2	沸点上升常数	0.785
偶极矩/(10^{-30}C·m)	5.55	电导率(25℃)/(S/m)	1.5×10^{-9}
黏度	参照表 2-3-3	热导率/[W/(m·K)]	21.3527
表面张力(15℃)/(mN/m)	22.99	爆炸极限(下限)/%(体积)	6.0
(20℃)/(mN/m)	22.55	(上限)/%(体积)	36.5
(30℃)/(mN/m)	21.69	体膨胀系数(20 ℃)/K^{-1}	0.00119
闪点(开口)/℃	16.0	(55℃)/K^{-1}	0.00124
(闭口)/℃	12.0	UVλ_{max}183(ε_{max}151)(气体)	
燃点/℃	470.0	IR(参照图 2-3-1)	
蒸发热(b. p.)/(kJ/mol)	35.32	MS$m/e$(强度):31(100);32(74),29 (31),15(13),30(6),28(4),14(2)	
熔化热/(kJ/kg)	98.81		
燃烧热(25℃)/(kJ/mol)	726.83	NMR τ($CDCl_3$)—$CH_3$8.57,—OH6.53	

(5) 化学性质 具有饱和一元醇的通性，由于只有一个碳原子，因此有其特有的反应。例如：

① 与氯化钙形成结晶状物质 $CaCl_2\cdot4CH_3OH$，与氧化钡形成 $BaO\cdot2CH_3OH$ 的分子化合物并溶解于甲醇中；类似的化合物有 $MgCl_2\cdot6CH_3OH$、$CuSO_4\cdot2CH_3OH$、$CH_3OK\cdot CH_3OH$、$AlCl_3\cdot4CH_3OH$、$AlCl_3\cdot6CH_3OH$、$AlCl_3\cdot10CH_3OH$ 等；

② 与其他醇不同，由于—CH_2OH 基与氢结合，氧化时生成的甲酸进一步氧化为 CO_2；

③ 甲醇与氯、溴不易发生反应，但易与其水溶液作用，最初生成二氯甲醚$(CH_2Cl)_2O$，因水的作用转变成 HCHO 与 HCl；

④ 与碱、石灰一起加热，产生氢气并生成甲酸钠；

$$CH_3OH+NaOH \longrightarrow HCOONa+2H_2$$

⑤ 与锌粉一起蒸馏，发生分解，生成 CO 和 H_2O。

(6) 精制方法 由合成法制造的甲醇易含有甲醚、甲缩醛、乙酸甲酯、甲醛、乙醇、乙醛、丙酮和水等杂质，其中含量较多的是丙酮、甲醛和水。由于甲醇与水不形成共沸混合物，故可用蒸馏法脱水。微量的水分可加入镁条，用生成的烷氧基镁进行脱水：

$$2CH_3OH+Mg \longrightarrow Mg(OCH_3)_2+H_2$$

$$Mg(OCH_3)_2+2H_2O \longrightarrow Mg(OH)_2+2CH_3OH$$

也可用分子筛、CaH_2，CaC_2 除去微量的水分。但不宜用氧化钙和金属钠。若不纯物中含有羰基化合物，可在 1L 甲醇中加入 50mL 糠醛和 120mL10%NaOH 溶液，回流 6～12 小时后分馏，羰基化合物成树脂物质残留在瓶内而除去。

为了得到高纯度的甲醇，可在无水甲醇中加入无水氯化钙，形成 $CaCl_2 \cdot 4CH_3OH$，加热到 100 ℃，蒸馏除去杂质后，再水解，蒸馏回收纯甲醇。

(7) 溶解性能　能与水、乙醚、醇、酯、氯代烃、酮、苯等混溶。对油脂、脂肪酸、树脂、橡胶等溶解性小。能溶解或溶胀极性大的硝酸纤维素、醋酸纤维素、松香及多种染料。对某些无机物也能很好地溶解。

(8) 用途　用作涂料、清漆、虫胶、油墨、胶黏剂、染料、生物碱、醋酸纤维素、硝酸纤维素、乙基纤维素、聚乙烯醇缩丁醛等的溶剂。也是制造农药、医药、塑料、合成纤维及有机化工产品如甲醛、甲胺、氯甲烷、硫酸二甲酯等的原料。其他用作汽车防冻液、金属表面清洗剂和酒精变性剂，液相色谱溶剂。

(9) 使用注意事项　危险特性属第 3.2 类中闪点易燃液体。危险货物编号：32058，UN 编号：1230。甲醇对金属特别是黄铜和青铜有轻微的腐蚀性。空气和水分能加速其腐蚀作用。贮存期不长时可用钢制容器。长期贮存以铝或衬铅的容器较好。甲醇属中等毒类。主要作用于神经系统，具有麻醉作用。可被皮肤吸收、饮用或吸入蒸气而造成中毒，其特征是刺激视神经及网膜，导致眼睛失明。乙醇在体内能迅速分解排除，而甲醇排出缓慢，故有累积性。吸入甲醇蒸气会刺激眼、鼻和咽喉，引起眩晕、头痛、沉醉、流泪和视力模糊。重症时呈现麻醉、呼吸困难、恶心、呕吐、胃痛、疝痛、膀胱痛、便秘、有时还会出血。一般误饮 5～10mL 可致严重中毒，15mL 可致失明，30mL 左右可致死。兔经口致死量为 10mL/kg。嗅觉阈浓度 140mg/m³。TJ 36—79 规定车间空气中最高容许浓度为 50mg/m³。职业中毒诊断标准见 GB 16373—1996。

(10) 规格

① GB 338—2011 工业用甲醇

项　目	优等品	一等品	合格品
色度(Hazen 单位,铂-钴色号)	5	5	10
密度(20℃)/(g/cm³)	0.791～0.792	0.791～0.793	0.791～0.793
沸程①(0℃,101.3kPa)/℃	0.8	1.0	1.5
高锰酸钾试验/min	50	30	20
水混溶性试验	通过试验(1+3)	通过试验(1+9)	—
水/%	0.10	0.15	0.20
酸(以 HCOOH 计)/%	0.0015	0.0030	0.0050
碱(以 NH_3 计)/%	0.0002	0.0008	0.0015
羰基化合物(以甲醛计)/%	0.002	0.005	0.010
蒸发残量/%	0.001	0.003	0.010
硫酸洗涤试验(Hazen 单位,铂-钴色号)	50	50	—
乙醇/%	供需双方协商		

① 包括 64.6℃±0.1℃。

② GB/T 683—2006 试剂用甲醇

项　目		分析纯	化学纯	项　目		分析纯	化学纯
CH_3OH/%	≥	99.5	99.5	酸度(以 H^+ 计)/(mmol/g)	≤	0.0004	0.0008
密度(20℃)/(g/mL)		0.791～0.793	0.791～0.795	碱度(以 OH^- 计)/(mmol/g)	≤	0.00008	0.00016
				易炭化物质		合格	合格
与水混合试验		合格	合格	羰基化合物(以 CO 计)/%	≤	0.005	0.01
蒸发残渣/%	≤	0.001	0.001	还原高锰酸钾物质(以 O 计)	≤	0.0005	0.0005
水分(H_2O)/%	≤	0.1	0.3				

③ GB/T 23510—2009 车用燃料甲醇

项　目		指　标
外观		无色透明液体,无可见杂质
密度(20℃)/(g/cm³)		0.791～0.793
沸程(0℃,101.3kPa,在 64.0～65.5℃范围内,包括(64.6℃±0.1℃)/℃	≤	1.0
水/%	≤	0.15
酸(以 HCOOH 计)/%	≤	0.003

续表

项　　目		指　标
碱(以 NH_3 计)/%	≤	0.0008
无机氯/(mg/L)	≤	1
钠/%	≤	2
蒸发残渣/%	≤	0.003

(11) 附表

表 2-3-1　甲醇在 101.3kPa 以下时的蒸气压

温度/℃	蒸气压/kPa	温度/℃	蒸气压/kPa
−44.0	0.13	12.1	8.00
−25.3	0.67	21.2	13.33
−16.2	1.33	34.8	26.66
−6.0	2.67	49.9	53.33
5.0	5.33	64.7	101.33

表 2-3-2　甲醇在 101.3kPa 以上时的蒸气压

温度/℃	蒸气压/kPa	温度/℃	蒸气压/kPa	温度/℃	蒸气压/kPa	温度/℃	蒸气压/kPa
64.7	101.33	120	633.79	180	2669.91	230	6755.34
70	123.62	130	832.18	190	3265.70	235	7343.02
80	178.74	140	1077.08	200	3959.78	240.0	7071.24
90	252.71	150	1374.98	210	4765.31		
100	349.77	160	1733.67	220	5692.44		
110	475.01	170	2162.28	225	6206.16		

表 2-3-3　纯甲醇的黏度

温度/℃	黏度/(mPa·s)	温度/℃	黏度/(mPa·s)
15	0.6405	25	0.5525
20	0.5945	30	0.5142

表 2-3-4　各种气体在甲醇中的溶解性　　单位：mL/mL

气体	温　度/℃						
	0	15	20	25	30	35	50
N_2	0.0236%			0.0239%			0.0245%
O_2	0.0405%			0.0386%			0.0380%
He		0.0298	0.0313	0.0328	0.0343		
Ne		0.0413	0.0430	0.0444	0.0459		
Ar		0.253	0.250	0.245	0.243		
CO			0.224			0.230	0.248
CO_2		4.606	4.205	3.837			
NH_3	29.3	21.6		16.5			
C_2H_4			2.38	2.12			
SO_2	71.1%		44.0%	31.7%			

表 2-3-5　烃类在甲醇中的溶解度　　单位：g/100mL CH_3OH

烃　类	温　度/℃							
	5	10	15	20	25	30	35	40
戊烷	62.0	81	混合	混合	混合	混合	混合	混合
己烷	32.4	37.0	42.7	49.5	60.4	83	混合	混合
3-甲基戊烷	38.9	45.0	53.0	65	91	混合	混合	混合

续表

烃类	温度/℃							
	5	10	15	20	25	30	35	40
2,2-二甲基丁烷	59	80	混合	混合	混合	混合	混合	混合
2,3-二甲基丁烷	49.5	59.3	76	170	混合	混合	混合	混合
庚烷	18.1	20.0	22.5	25.4	28.7	32.7	37.8	45.0
辛烷	12.2	13.6	15.2	16.7	18.4	20.6	23.0	26.0
3-甲基庚烷	15.4	17.0	19.0	21.2	24.2	27.4	31.4	36.5
异辛烷	24.9	27.9	31.4	35.3	40.2	46.0	56.0	76
壬烷	8.4	9.5	10.5	11.6	12.9	14.2	15.5	17.0
2,2,5-三甲基己烷	16.2	17.9	20.0	22.1	24.7	28.0	31.6	36.0
癸烷	6.2	6.8	7.4	8.1	8.9	9.8	10.9	12.0
环戊烷	68	86	14.0	混合	混合	混合	混合	混合
甲基环戊烷	38.0	41.5	50.0	59.5	74	110	混合	混合
环己烷			34.4	38.4	43.5	50.3	60	74
甲基环己烷	26.9	29.8	33.2	37.2	42.2	48.8	57.5	70.9

表 2-3-6 无机化合物在甲醇水溶液中的溶解度 单位：g/100mL 溶剂

温度/℃ \ 甲醇/%	化合物	20	25	40	50	60	75	80	90
25	$HgCl_2$	8.9		16.9		38.9		78.6	
25	KBr	45		26.5		13.5		5.8	
15	KCl			10.1					
25	KI	113		62		55		32.5	
40			33		19		7.5		0.5
15				14.0					

表 2-3-7 无水甲醇对无机化合物的溶解度

化合物	甲醇			化合物	甲醇		
	θ	溶解度			θ	溶解度	
$NaNO_2$	19.5	S'	4.23	$MgCl_2 \cdot 6alc$	0	S'	15.5
S(斜方)	18.5	S'	0.03		20	S'	16.0
NH_4Cl	25	S'	3.42		40	S'	17.7
$CdCl_2$	20	S'	2.10		60	S'	20.3
KCl	19.9	S'	0.417	LiCl	15	S'	30.6
$CaCl_2$	0	S	21.8	RbCl	25	S'	1.41
	20	S	29.2	NH_4ClO_4	25	S'	6.41
	40	S	38.7	$KClO_4$	25	S'	0.105
	75	S	51	$Ca(ClO_4)_2$	25	S'	70.36
	100	S	56	$Sr(ClO_4)_2$	25	S'	67.95
$CoCl_2$	20	S'	27.80	$CsClO_4$	25	S'	0.093
$HgCl_2$	0	S	22	$NaClO_4$	25	S'	33.93
	20	S	52.2	$Ba(ClO_4)_2$	25	S'	68.46
	40	S	150	$Mg(ClO_4)_2$	25	S'	34.14
	80	S	190	$LiClO_4$	25	S	64.57
	100	S	220	$LiClO_4 \cdot 3H_2O$	25	S	60.95
	127	S	303	$RbClO_4$	25	S'	0.060
$SrCl_2 \cdot H_2O$	6～7	S'	38.7	Na_2CrO_4	25	S'	0.35
$CuCl_2$	20	S'	26.9	KCN	19.5	S'	4.68
NaCl	19.5	S'	1.39	$Hg(CN)_2$	25	S'	31.9
$BaCl_2$	15.5	S'	2.13	NH_4Br	25	S'	11.4
$BaCl_2 \cdot 2H_2O$	6～7	S'	6.8	$CdBr_2$	15	S'	11.9

续表

化合物	甲醇			化合物	甲醇		
	θ	溶解度			θ	溶解度	
KBr	15	S′	1.96	NaOH	约28	S′	19.3
$CaBr_2$	15	S′	34.90	CdI_2	20	S′	67.39
$HgBr_2$	25	S′	41.0	KI	19.9	S′	12.20
$SrBr_2$	20	S′	54.42		25	S	17.2
$NaBr_2$	20	S′	15.6		100	S	25
$NiBr_2$	20	S′	26.0		200	S	29
$BaBr_2$	15	S′	29.8	CaI_2	15	S′	55.30
$MgBr_2\cdot 6alc$	0	S′	26.3	HgI_2	25	S′	3.17
	20	S′	27.9	NaI	20	S′	42.16
	40	S′	29.7	$MgI_2\cdot 6alc$	0	S	41.5
	100	S′	37.4		20	S	45.1
NH_4NO_3	18.5	S′	14.0		40	S	48.5
$UO_2(ON_3)_2$	11	S′	4.07		100	S	59.8
$Ca(NO_3)_2\cdot 2alc$	80	S	169.3	$LiI\cdot 3H_2O$	25	S	77.46
	10	S	136	$ZnSO_4$	18	S′	0.65
	40	S	144.2	$ZnSO_4\cdot 7H_2O$	17	S′	37
	60	S	158	$CoSO_4$	18	S′	1.03
	70	S	168.5	$CoSO_4\cdot 7H_2O$	15	S′	33.7
$AgNO_3$	20	S′	3.47	$CuSO_4$	18	S′	1.04
$NaNO_3$	19.5	S′	0.41	$CuSO_4\cdot 5H_2O$	15	S′	12.8
$Pb(NO_3)_2$	20.5	S′	1.35	$NiSO_4$	18	S′	0.5
$Ba(NO_3)_2$	20	S′	0.057	$NiSO_4\cdot 6H_2O$	15	S′	31.0
$Mg(NO_3)_2$	20	S′	1.47	$MgSO_4$	18	S′	1.16
KOH	约28	S′	28.7	$MgSO_4\cdot 7H_2O$	17	S′	28.6

注：S—100g溶剂中溶解无水物的最大量（g）；S′—100g饱和溶液中溶解无水物的量（g）；θ—温度（℃）；alc—醇。

表 2-3-8　含甲醇的二元共沸混合物

第二组分	共沸点/℃	甲醇/%	第二组分	共沸点/℃	甲醇/%
四氯化碳	55.7	20.6	碘丙烷	63.1	50
二硫化碳	37.65	14	碘代异丙烷	61.0	38
一溴二氯甲烷	63.8	40	甲缩醛	41.82	7.85
氯仿	53.43	12.6	丙硫醇	<58.0	<35
二溴甲烷	64.25	48	硼酸甲酯	54.6	32
二氯甲烷	37.8	7.3	2,3-二氯-1,3-丁二烯	61.5	50.0
溴甲烷	3.55	0.55	呋喃	<30.5	<7
碘甲烷	37.8	4.5	噻吩	<59.55	<55
硝基甲烷	64.5	92	联乙酰	<62.0	<75
硝酸甲酯	52.5	27	丙烯酸甲酯	62.5	54
乙酸甲酯	54	19.5	丁酮	63.5	70
碳酸二甲酯	62.7	约70	异丁醛	62.7	40
溴丙烷	54.5	21	1,2-二甲氧基乙烯	63～64	90
溴代异丙烷	49.0	14.5	甲基丙烯酸甲酯	64.2	82
氯丙烷	40.6	10	环戊烷	38.8	14
氯代异丙烷	33.4	6	2-甲基-2-丁烯	31.75	7

续表

第二组分	共沸点/℃	甲醇/%	第二组分	共沸点/℃	甲醇/%
3-甲基-1-丁烯	19.8	3	溴代叔丁烷	55.6	约 24
2-戊烯	31.5	12(体积)	氯丁烷	57.2	28.5
甲酸异丁酯	64.6	约 95	氯代仲丁烷	52.7	20
乙酸异丙酯	64.5	80	氯代异丁烷	53.05	23
异丁酸甲酯	64.0	75	氯代叔丁烷	43.75	10
氯代异戊烷	62.0	57	碘代仲丁烷	<64.60	<65
异戊烷	24.5	约 4	碘代异丁烷	64	<70
戊烷	30.8	9	甲丙醚	38	11.94
甲丁醚	56.3	35.35	1,1-二甲氧基乙烷	57.5	24.2
乙丙醚	55.5	24	乙氧基甲氧基甲烷	57.1	25.3
甲基叔丁基醚	51.6	15	二乙硫	61.2	62
二乙氧基甲烷	63.2	65	2-甲基呋喃	51.5	22.3
氟苯	59.7	32	3-甲基-1,3-丁二烯	约 35	约 10
苯	57.50	39.1	1,5-己二烯	47.05	22.5
1,3-环己二烯	56.38	38.8	环己烯	55.9	40
1,4-环己二烯	58	42.5	2,3-二甲基-1,3-丁二烯	52	25
1,1-二氯乙烷	59.05	11.5	甲基环戊烯	53.0	35
四氯乙烯	63.75	63.5	环己烷	54	38
三氯乙烯	59.3	38	己烯	49.5	27(体积)
反-1,2-二溴乙烯	约 64.1	约 72	甲基环戊烷	51.3	32
顺-1,2-二氯乙烯	51.5	约 13	2,3-二甲基丁烷	45.0	20
1,1,1-三氯乙烷	56	21.7	己烷	50	26(体积)
1,1,2-三氯乙烷	约 64.5	97	甲基叔戊基醚	62.3	50
乙腈	63.45	19	二丙醚	63.8	72
1,1-二溴乙烷	64.2	约 82	1,2-二氯乙烷	60.95	32
丙酮	55.5	12	溴乙烷	35	5
甲酸乙酯	50.95	16	氯甲基甲基醚	56	约 35
顺-1-溴丙烯	48	12	碘乙烷	55	17
2-溴丙烷	42.7	11	硝酸乙酯	61.77	57
烯丙基溴	54.0	20.5	二甲硫	<34.5	<13
2-氯丙烷	22.0	3	丙烯腈	61.4	61.3
烯丙基氯	39.85	10	1,2-二氯丙烯	56.5	25
烯丙基碘	63.5	约 62	反-1-溴丙烯	50.8	15
1,2-二氯丙烷	62.9	53	甲苯	63.8	69
2,2-二氯丙烷	55.5	21	甲基环己烷	59.2	54
乙酸乙酯	62.25	44	庚烷	59.1	51.5
甲酸异丙酯	57.2	33	2,5-二甲基己烷	61.0	60
丙酸甲酯	62.45	47.5	辛烷	63.0	72
甲酸丙酯	61.9	50.2	异辛烷	59.4	53
溴丁烷	63.5	59	α-萜二烯	64.63	99.2
溴代仲丁烷	61.5	41.5	α-蒎烯	64.55	90.7
溴代异丁烷	61.55	42	2,7-二甲基辛烷	<64.6	>3

表 2-3-9 含甲醇的三元共沸混合物

第二组分	含量/%	第三组分	含量/%	共沸点/℃
二硫化碳	约 40	溴乙烷	约 50	33.92
二硫化碳	55	甲缩醛	38	35.55
氯仿	47	丙酮	30	57.5
溴乙烷	55	2-甲基-2-丁烯	30	31.4
丙酮	43.5	环己烷	40.5	51.1
乙酸甲酯	48.6	环己烷	33.6	50.8
丙酮	5.8	乙酸甲酯	76.8	53.7
乙酸甲酯	27.0	己烷	59.0	45.0

表 2-3-10 甲醇水溶液的性质

甲醇/%	甲醇/%(体积)	凝固点/℃	沸点/℃	闪点(闭口)/℃	密度/(g/cm³) 0℃	密度 10℃	密度 15℃	密度 20℃	黏度/(mPa·s) 25℃	黏度 35℃	黏度 45℃	黏度 55℃
0	0	0	100		0.9999	0.9997	0.9993	0.9982	8.9	7.2	5.9	5.1
10	12.35	−5.7	91.9	54.4	0.9842	0.9834	0.9824	0.9815	11.8	9.2	7.4	6.2
20	24.33	−14.5	86.3	41.7	0.9725	0.9700	0.9681	0.9666	14.1	10.9	8.6	7.1
30	35.95	−25.9	82.2	34.4	0.9604	0.9560	0.9537	0.9515	15.5	11.9	9.4	7.7
40	47.11	−39.5	79	28.9	0.9459	0.9403	0.9372	0.9345	15.8	12.3	9.7	7.9
50	57.71	−54.3	76.4	24.4	0.9287	0.9221	0.9185	0.9156	15.7	12.2	9.7	7.9
60	67.69	−74	74.2	20.6	0.9090	0.9018	0.8978	0.8946	14.0	10.9	8.8	7.2
70	76.98	−104.5	72	17.2	0.8869	0.8794	0.8751	0.8715	12.2	9.6	7.8	6.4
80	85.50	−115	69.7	14.4	0.8634	0.8551	0.8505	0.8469	10.1	8.1	6.7	5.6
90	93.19	−113	67.2	11.7	0.8374	0.8287	0.8240	0.8202	7.9	6.5	5.5	4.6
100	100.0	−97	64.6	9.4	0.8102	0.8009	0.7958	0.7917	5.5	4.8	4.1	3.6

蒸气压/kPa 20 ℃	蒸气压 60 ℃	蒸气压 100 ℃	蒸气压 140 ℃	甲醇气体(101.3kPa)/%	热导率/[W/(m·K)] 10℃	热导率 40℃	热导率 70℃	比热容/[kJ/(kg·K)] 30℃	比热容 50℃	比热容 80℃	比热容 100℃
2.33	19.86	101.33	359.97	0	0.5778	0.62383	0.66989	4.145	4.162	4.187	4.204
3.73	27.46	137.32	485.29	43.4	0.52754	0.56522	0.60709	4.249	4.279	4.321	4.350
4.73	34.40	167.79	573.29	61.2	0.48148	0.51079	0.54009	4.187	4.245	4.333	4.392
5.53	40.93	193.32	637.28	70.5	0.43961	0.46055	0.48148	4.078	4.174	4.316	4.413
7.00	46.66	213.32	693.27	76.5	0.40193	0.41031	0.41868	3.965	4.099	4.296	4.425
6.93	52.00	231.98	749.27	81.0	0.36844	0.36844	0.36844	3.718	3.885	4.137	4.304
7.87	56.93	250.65	805.27	84.8	0.33076	0.32657	0.31819	3.437	3.638	3.939	4.145
8.87	61.59	269.31	862.59	88.5	0.30145	0.28889	0.27633	3.199	3.433	3.789	4.024
10.07	67.06	291.98	929.25	92.2	0.27214	0.25539	0.23865	3.039	3.308	3.709	3.982
12.00	74.26	317.31	1006.58	96.0	0.24702	0.22609	0.20515	2.784	3.086	3.542	3.843
13.20	82.66	346.64	1086.57	100.0	0.22190	0.20097	0.18003	2.621	2.956	3.458	3.714

(12) 附图

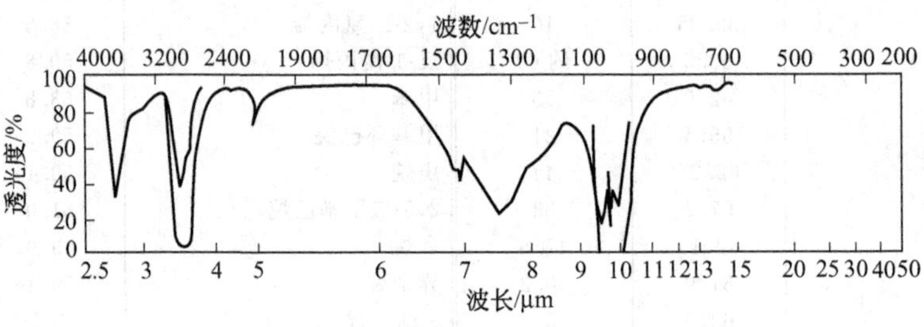

图 2-3-1 甲醇的红外光谱图（气体）

参 考 文 献

1 CAS 67-56-1
2 EINECS 200-659-6
3 A. Weissberger. Organic Solvents. 2nd ed. Wiley. 90
4 山本為親. メタノールおよびホルマリン. 誠文堂新光社. 1962. 9
5 I. Mellan. Source Book of Industrial Solvents. Vol. 3. Reinhold (1959). 6～24
6 Kirk-Othmer. Encyclopedia of Chemical Technology. 2nd ed. Vol. 13. Wiley. 370
7 J. A. Monick, Alcohols. Van Nostrand Reinhold. 1968. 94
8 C. Marsden. Solvents Guide. 2nd ed. Cleaver-Hume. 1963. 347
9 日本化学会. 化学便覧. 基礎編. 丸善. 1966

10 J. G. Grasselli. Atlas of Spectral Data and Physical Constants for Organic Compounds. CRC Press. 1973. B-656
11 Documentation of Molecular Spectroscopy. Butterworth. 1959. 1645
12 W. G. Braun et al. Anal. Chem. 1950, 22: 1074
13 Varian Associate NMR Spectra. No. 1
14 International Critical Tables. Vol. 3. 237
15 日本化学会. 化学便覧. 1957. 576～8
16 日本化学会. 化学便覧. 613
17 L. H. Horsley. Advan. Chem. Ser. 1952. 6; 1962, 35
18 I. Mellan. Source Book of Industrial Solvents. Vol. 3. Reinhold. 1959. 16
19 Beilstein. Handbuch der Organischen Chemie. H, 1-273; E Ⅳ, 1-1227
20 The Merck Index. **10**, 5816; **11**, 5868
21 张海峰主编. 危险化学品安全技术大典：第1卷. 北京：中国石化出版社，2010

249. 乙　醇

ethanol [ethyl alcohol, methyl carbinol, grain alcohol, spirits of wine]

(1) 分子式　C_2H_6O。　　　相对分子质量　46.07。

(2) 示性式或结构式　CH_3CH_2OH

(3) 外观　无色透明液体，有特殊的芳香气味。

(4) 物理性质

沸点(101.3kPa)/℃	78.32	比热容(20 ℃,定压)/[kJ/(kg·K)]	2.42
熔点/℃	−114.5	临界温度/℃	243.1
相对密度(20℃/4 ℃)	0.7893	临界压力/MPa	6.38
折射率(20℃)	1.3614	沸点上升常数	1.03～1.09
介电常数(20℃)	25.7	热导率/[W/(m·K)]	18.00
偶极矩(20℃,气体)/(10^{-30}C·m)	5.60	爆炸极限(下限)/%(体积)	4.3
黏度　参照表 2-3-3		(上限)/%(体积)	19.0
表面张力(20℃)/(mN/m)	22.27	电导率/(S/m)	1.35×10^{-19}
(25℃)/(mN/m)	22.10	体膨胀系数(20℃)	0.00108
闪点(开口)/℃	16	UV λ_{max}　181(ε_{max}324)(气体)	
(闭口)/℃	14	IR 参照图 2-3-2	
燃点/℃	390～430	MS m/e(强度);31(100),45(49),46(23),27	
蒸发热(b. p.)/(kJ/mol)	38.95	(18),29(15),43(11),30(5),26(5)	
熔化热/(kJ/kg)	104.7	NMR τ($CDCl_3$)—OH7.42,—$CH_2$6.30	
生成热(液体)/(kJ/mol)	−277.8	(四重峰),—$CH_3$8.18(三重峰)	
燃烧热/(kJ/mol)	1367.8		

(5) 化学性质　乙醇是醇类的代表物质，化学性质如下所示。

① 生成金属衍生物　乙醇与钠、钾等碱金属反应生成乙醇化物；低级醇容易发生此反应，有时有着火的危险

$$2C_2H_5OH+2Na \longrightarrow 2C_2H_5ONa+H_2$$

高级醇反应较慢，特别是高级仲醇、叔醇反应速度小，不容易生成醇化物；铝、镁、钙、钡等金属与醇一起煮沸，也能生成醇化物。

② 生成酯　醇与有机酸、无机酸反应时脱水生成酯，反应是可逆的

$$C_2H_5OH+RCOOH \rightleftharpoons RCOOC_2H_5+H_2O$$

此反应常用强酸、金属盐、离子交换树脂等作催化剂；甲醇的反应性最大，C_2～C_5 的伯醇反应速度大致相等；仲醇、叔醇的反应性小，而且叔醇在酸性介质中容易脱水生成烯烃，一般用间接的方法制备叔醇的酯；酰氯和酸酐与醇更易进行酯化反应。

③ 生成卤代烷　乙醇与卤代氢、亚硫酰氯或卤化磷反应时，羟基被卤原子置换，生成卤代烷

$$C_2H_5OH + HX \rightleftharpoons C_2H_5X + H_2O$$
$$3C_2H_5OH + PX_3 \longrightarrow 3C_2H_5X + H_3PO_3$$
$$C_2H_5OH + SOCl_2 \longrightarrow C_2H_5Cl + SO_2 + HCl$$

叔醇的反应速度最快，仲醇、伯醇的反应速度依次降低；卤化氢以碘化氢最快，氯化氢最慢。

④ 脱水反应　醇的脱水有分子间脱水和分子内脱水两种方式；分子间脱水生成醚，分子内脱水生成烯烃。反应按哪种方式进行取决于醇的结构和反应条件；一般高温有利于生成烯烃，低温有利于生成醚；叔醇易脱水成烯，难以得到醚；反应常在催化剂存在下进行，常用的催化剂有硫酸、磷酸、三氧化二铝、磷酸铝等。

$$CH_3CH_2OH \xrightarrow[\text{或 } Al_2O_3\text{，}360\ ℃]{\text{浓 } H_2SO_4\text{，}170\ ℃} CH_2{=}CH_2 + H_2O$$
$$2C_2H_5OH \xrightarrow[\text{或 } Al_2O_3\text{，}240\ ℃]{\text{浓 } H_2SO_4\text{，}140\ ℃} C_2H_5OC_2H_5 + H_2O$$

⑤ 缩醛的生成　乙醇在室温下与醛反应生成半缩醛，并放出热量。在酸性催化剂如 HCl、H_2SO_4 或 $CaCl_2$ 存在下，进一步与 1mol 醇反应生成缩醛：

$$CH_3CH_2OH + CH_3CHO \rightleftharpoons CH_3{-}\underset{OCH_2CH_3}{\overset{OH}{C}}{-}H \xrightleftharpoons{H^+\text{，}CH_3CH_2OH} CH_3{-}\underset{OCH_2CH_3}{\overset{OCH_2CH_3}{C}}{-}H$$

⑥ 氧化反应　伯醇氧化生成醛，醛再继续氧化成羧酸。仲醇氧化生成酮。叔醇难氧化，但在剧烈的条件下氧化生成碳原子数较叔醇少的产物。常用的氧化剂有重铬酸钠、硫酸或三氧化铬和冰乙酸。乙醇氧化生成乙醛或乙酸。

⑦ 脱氢反应　伯醇或仲醇的蒸气在高温下通过脱氢催化剂如铜、银、镍或铜-氧化铬时，则脱氢生成醛或酮。叔醇不能脱氢，只能脱水成烯烃。

⑧ 其他　乙醇易与乙烯酮、环氧乙烷、异氰酸酯等反应性大的物质发生反应，分别生成乙酸酯、烷氧基醇和氨基甲酸乙酯；乙醇用漂白粉溶液氧化生成氯仿，用碘和氢氧化钾氧化生成碘仿；与不含亚硝酸的硝酸作用生成硝酸乙酯；与汞和过量的硝酸作用生成雷酸汞 $Hg(ONC)_2$；与氧化汞和氢氧化钠一起加热生成爆炸性物质 $C_2Hg_6O_4H_2$。

(6) 精制方法　乙醇通常是用乙烯水合法或发酵法制造。发酵法制取的乙醇含有杂醇油、醛、酮、酯和水等杂质。合成法制取的乙醇所含的杂质和甲醇相同。

由于乙醇和水形成共沸混合物，故常含有约 5% 的水分，不能用蒸馏的方法除去。乙醇与氯化钙能形成结晶状物质：$CaCl_2 \cdot 3C_2H_5OH$，故不能用氯化钙作干燥剂。要得到无水乙醇必须用特殊的方法。工业上采用三元共沸蒸馏脱水。实验室内采用下列方法。

① 生石灰脱水法　于圆底烧瓶中加入 2/3 体积的 95% 乙醇和新粉碎的生石灰，生石灰的用量要超过乙醇液面，插入带有氯化钙干燥管的回流冷凝器，加热回流 1h，放置2～3 天至生石灰大部分崩解呈粉末状，再回流 1h 进行蒸馏，可得纯度为 99.5% 的乙醇。

② 醇镁脱水法　将纯度为 99.5% 的乙醇 60mL、5g 镁条和数滴四氯化碳放入大的圆底烧瓶内，插入带氯化钙干燥管的回流冷凝器；加热回流，反应激烈进行，至镁完全溶解后再加入 900mL99.5% 乙醇，回流 1h 后蒸馏，此法可得含量 99.95% 的乙醇；四氯化碳可用溴乙烷或碘 (0.5g) 代替。

$$Mg + 2C_2H_5OH \longrightarrow Mg(OC_2H_5)_2 + H_2$$
$$Mg(OC_2H_5)_2 + H_2O \longrightarrow Mg(OH)_2 + 2C_2H_5OH$$

③ 羧酸乙酯、醇钠脱水法　利用羧酸乙酯、醇钠和水之间的不可逆反应达到脱水的目的；所用的酯要求过量并且不随乙醇一同蒸出，可用丁二酸二乙酯，邻苯二甲酸二乙酯，草酸二乙酯等；例如在 2L 圆底烧瓶中加入 1L 99.5% 乙醇和 7g 清洁干燥的金属钠，插入带有氯化钙的干燥管的回流冷凝器。金属钠反应完毕后加入 25g 干燥的丁二酸二乙酯或27.5g 干燥的邻苯二甲酸二乙酯。回流 2h 后蒸馏，也可得到纯度 99.95% 的乙醇。

$$2C_2H_5OH + 2Na \longrightarrow 2C_2H_5ONa + H_2$$

$$(CH_2COOC_2H_5)_2 + 2C_2H_5ONa + H_2O \longrightarrow (CH_2COONa)_2 + 4C_2H_5OH$$

(7) 溶解性能　能与水、乙醚、氯仿、酯、烃类衍生物等有机溶剂混溶。随着含水量增加，对烃类的溶解度显著减小。无水乙醇能溶解某些无机盐，含水乙醇对无机盐的溶解度会增大。

(8) 用途　用作黏合剂、硝基喷漆、清漆、化妆品、油墨、脱漆剂等的溶剂以及农药、医药、橡胶、塑料、人造纤维、洗涤剂等的制造原料。防冻液、燃料、消毒剂液相色谱溶剂。

(9) 使用注意事项　危险特性属第3.2类中闪点易燃液体。危险货物编号：32061，UN编号：1170。密封贮存。对金属没有腐蚀性，可用铁、软钢、铜或铝制容器贮存。乙醇属微毒类。为麻醉剂，对眼黏膜有轻微刺激作用。少量饮用能加快血液循环，刺激食欲、促进胃液分泌，有利于食物的消化吸收。但大量的饮用时，使中枢神经和运动反射麻痹，运动失调，意识不清，还会引起胃炎、消化不良、慢性肝病和肝硬变，甚至引起胰腺和心脏疾病。人饮用乙醇的中毒剂量为75～80g，致死剂量为250～500g。

某些有毒物质如苯胺、硝基苯、硝化甘油、四氯化碳、卤代烃等可使人对乙醇的抵抗力显著下降。某些物质如石灰氮、TETD（二硫化四乙基秋兰姆）、TMTD［双(二甲基氨基硫代甲酰)化二硫］等可促使乙醇引发过敏症，即使饮用少量的酒也会引起头痛、呕吐、不适、血压下降、虚脱等症状。故接触上述物质的人应禁止饮酒。吸入乙醇蒸气主要起麻醉作用。经常吸入乙醇蒸气能刺激黏膜（眼、喉头、支气管），引起头痛、食欲不振、呕吐、发抖、昏睡等症状，也能引起肝硬变和损害心脏。乙醇长时间与皮肤接触时，能被皮肤吸收而中毒。嗅觉阈浓度$94mg/m^3$，工作场所最高容许浓度为$1880mg/m^3$。大鼠经口LD_{50}为13.7g/kg。家兔经皮LD_{50}为9.4mL/kg。

(10) 规格

① GB 678—2002 无水乙醇（试剂）

名　　称		优级纯	分析纯	化学纯
含量(CH_3CH_2OH)/%	≥	99.8	99.7	99.5
密度(20℃)/(g/mL)		0.789～0.791	0.789～0.791	0.789～0.791
与水混合试验		合格	合格	合格
蒸发残渣/%	≤	0.0005	0.001	0.001
水分(H_2O)/%	≤	0.2	0.3	0.5
酸度(以H^+计)/(mmol/100g)	≤	0.02	0.04	0.1
碱度(以OH^-计)/(mmol/100g)	≤	0.005	0.01	0.03
甲醇(CH_3OH)/%	≤	0.02	0.05	0.2
异丙醇[$(CH_3)_2CHOH$]/%	≤	0.003	0.01	0.05
羰基化合物(以CO计)/%	≤	0.003	0.003	0.005
铁(Fe)/%	≤	0.00001		
锌(Zn)/%	≤	0.00001		
还原高锰酸钾物质(以O计)/%	≤	0.00025	0.00025	0.0006
易炭化物质		合格	合格	合格

② GB/T 679—2002 试剂用95%乙醇

项　目		分　析　纯	化　学　纯
外观		无色透明液体	
乙醇(CH_3CH_2OH)/%	≥	95	95
色度/黑曾单位	≤	10	—
与水混合试验		合格	合格
蒸发残渣/%	≤	0.001	0.002
酸度(以H^+计)/(mmol/100g)	≤	0.05	0.10
碱度(以OH^-计)/(mmol/100g)	≤	0.01	0.02
甲醇(CH_3OH)/%	≤	0.05	0.20
丙酮及异丙醇(以CH_3COCH_3计)/%	≤	0.0005	0.001
杂醇油		合格	合格
还原高锰酸钾物质(以O计)/%	≤	0.0004	0.0004
易炭化物质		合格	合格

③ GB 10343—2008 食用酒精

<table>
<tr><th>项　目</th><th>特　级</th><th>优　级</th><th>普通级</th></tr>
<tr><td>外观</td><td colspan="3">无色透明</td></tr>
<tr><td>气味
口味</td><td colspan="2">乙醇固有香气，香气纯正
纯净、微甜</td><td>无异臭
较纯净</td></tr>
<tr><td>色度/号 ≤</td><td colspan="3">10</td></tr>
<tr><td>乙醇/%(体积) ≥</td><td>96.0</td><td>95.5</td><td>95.0</td></tr>
<tr><td>硫酸试验(色度)/号 ≤</td><td colspan="2">10</td><td>60</td></tr>
<tr><td>氧化时间/min ≥</td><td>40</td><td>30</td><td>20</td></tr>
<tr><td>醛(以乙醛计)/(mg/L) ≤</td><td>1</td><td>2</td><td>30</td></tr>
<tr><td>甲醇/(mg/L) ≤</td><td>2</td><td>50</td><td>150</td></tr>
<tr><td>正丙醇/(mg/L) ≤</td><td>2</td><td>15</td><td>100</td></tr>
<tr><td>异丁醇＋异戊醇/(mg/L) ≤</td><td>1</td><td>2</td><td>30</td></tr>
<tr><td>酸(以乙酸计)/(mg/L) ≤</td><td>7</td><td>10</td><td>20</td></tr>
<tr><td>酯(以乙酸乙酯计)/(mg/L) ≤</td><td>10</td><td>18</td><td>25</td></tr>
<tr><td>不挥发物/(mg/L) ≤</td><td>10</td><td>15</td><td>25</td></tr>
<tr><td>重金属(以 Pb 计)/(mg/L) ≤</td><td colspan="3">1</td></tr>
<tr><td>氰化物(以 HCN 计)/(mg/L) ≤</td><td colspan="3">5</td></tr>
</table>

④ 欧洲、美国的乙醇规格

<table>
<tr><th colspan="2">欧洲药典，2000 补充
乙醇(96%)</th><th colspan="2">美国药典 24
酒精</th></tr>
<tr><th>监控项目</th><th>标准</th><th>监控项目</th><th>标准</th></tr>
<tr><td>定义</td><td>不小于 95.1%体(92.6%质)不大于 96.9%体(95.2%质)的乙醇在 20℃与水</td><td>定义</td><td>不少于 92.3%(质)不多于 93.8%(质)，相当于不少于 94.9%(体)不多于 96.0%(体)在 15.56℃</td></tr>
<tr><td>品质</td><td>无色、透明、挥发、易燃的液体、吸湿与水及二氯甲烷互溶、燃烧时火焰为蓝色无烟。沸点约 78℃</td><td></td><td></td></tr>
<tr><td>鉴别　A—相对密度</td><td>0.8051～0.8124</td><td>鉴别</td><td>相符</td></tr>
<tr><td>B—红外光谱</td><td>相符</td><td>A</td><td>相符</td></tr>
<tr><td>C</td><td>相符</td><td>B</td><td></td></tr>
<tr><td>D</td><td>相符</td><td></td><td></td></tr>
<tr><td>测试　外观</td><td>相符</td><td>测试</td><td></td></tr>
<tr><td>酸碱度</td><td>相符</td><td>酸度</td><td>相符</td></tr>
<tr><td>相对密度</td><td>0.8051～0.8124</td><td>相对密度</td><td>0.812～0.816 表明 92.3%(质)与 93.8%(质)或 94.9%(体)与 96.0(体)之间</td></tr>
<tr><td>吸光度</td><td>相符</td><td></td><td></td></tr>
<tr><td>挥发性杂质(气相色谱)</td><td></td><td></td><td></td></tr>
<tr><td>甲醇</td><td>不大于 200×10⁻⁶(体)</td><td>甲醇</td><td>相符</td></tr>
<tr><td>乙醛与乙缩醛之和</td><td>不大于 10×10⁻⁶(体)以乙醛表示</td><td>醛与其他外来有机物</td><td>相符</td></tr>
<tr><td>苯</td><td>不大于 2×10⁻⁶(体)</td><td>戊醇与不挥发，能炭化物质</td><td>相符</td></tr>
<tr><td>4-甲基-2-戊醇</td><td>不大于 300×10⁻⁶</td><td>丙酮与异丙醇含量限度</td><td>相符</td></tr>
<tr><td></td><td></td><td>非挥发物限度</td><td>不大于 1mg</td></tr>
<tr><td></td><td></td><td>水不溶物</td><td>相符</td></tr>
<tr><td>贮存</td><td>在密闭容器内保存防光</td><td>包装与贮存</td><td>在密闭容器内保存，远离火源</td></tr>
</table>

(11) 附表

表 2-3-11　乙醇在 101.3kPa 以下时的蒸气压

温度/℃	蒸气压/kPa	温度/℃	蒸气压/kPa
−31.5	0.13	26.0	8.00
−12.0	0.67	34.9	13.33
−2.3	1.33	48.4	26.66
8.0	2.67	63.5	53.33
19.0	5.333	78.3	101.33

表 2-3-12　乙醇在 101.3kPa 以上时的蒸气压

温度/℃	蒸气压/kPa	温度/℃	蒸气压/kPa	温度/℃	蒸气压/kPa	温度/℃	蒸气压/kPa
78.3	101.33	120	429.92	170	1581.68	220	4294.15
80	108.32	130	576.03	180	1969.76	230	5109.82
90	158.27	140	758.52	190	2425.72	240	6071.39
100	225.75	150	982.85	200	2958.69	243.1	6394.62
110	314.82	160	1255.42	210	3577.79		

表 2-3-13　乙醇的黏度

温度/℃	黏度/（mPa·s）	温度/℃	黏度/（mPa·s）
0	1.82	40	0.81
10	1.49	50	0.68
20	1.17	60	0.58
25	1.06	70	0.50
30	0.97	80	0.43

表 2-3-14　苯在 50%乙醇中的溶解度

温度/℃	黏度/（mPa·s）	温度/℃	黏度/（mPa·s）
1.2	4.57	18.0	5.30
3.2	4.78	20.2	5.61
15.5	5.05	22.6	5.97

表 2-3-15　乙醇与硝化甘油的相互溶解度

温度/℃	乙醇在硝化甘油中的溶解度/%	硝化甘油在乙醇中的溶解度/%	温度/℃	乙醇在硝化甘油中的溶解度/%	硝化甘油在乙醇中的溶解度/%
15	3.2	25.0	30	5.9	32.9
20	3.9	27.3	32		34.3
25	4.85	30.0	35	7.4	36.7
28		31.8	40	9.7	41.4

表 2-3-16　各种气体在乙醇中的溶解度

单位：mL/mL

气体	温度/℃ 0	15	20	25	30	35	40	50
H_2	0.0718①		0.0769②		0.0802		0.0840	0.0864
N_2	0.0215（%）			0.0217				0.0221
O_2	0.0426（%）			0.0402（%）				0.0394（%）
He		0.0268	0.0281	0.0294	0.0306			
Ne		0.0381	0.0402	0.0417	0.0433			
Ar		0.243	0.240	0.237	0.234			
CO			0.200			0.207		0.216
CO_2		3.130	2.923	2.706				
NH_3	20.95	13.00		10.0				
C_2H_2	8.5							
C_2H_6			2.334③		2.215		2.066	
SO_2	53.5（%）			24.4（%）④				

①0.6℃；②20.3℃；③22℃；④26.0℃。

表 2-3-17　乙醇水溶液的相对密度

乙醇/%	相对密度 15℃/4℃	相对密度 20℃/4℃	乙醇/%	相对密度 15℃/4℃	相对密度 20℃/4℃
0	0.99913	0.99823	55	0.90659	0.90258
5	0.99032	0.98938	60	0.89523	0.89113
10	0.98304	0.98187	65	0.88364	0.87948
15	0.97669	0.97514	70	0.87187	0.86766
20	0.97068	0.96864	75	0.85988	0.85564
25	0.96424	0.96168	80	0.84772	0.84344
30	0.95686	0.95382	85	0.83535	0.83095
35	0.94832	0.94494	90	0.82227	0.81797
40	0.93882	0.93518	95	0.80852	0.80424
45	0.92852	0.92472	100	0.79360	0.78934
50	0.91776	0.91384			

表 2-3-18 乙醇水溶液的沸点

乙醇/%	沸点（101.3kPa）/℃	乙醇/%	沸点（101.3kPa）/℃
0.00	100	63.03	80.8
4.96	95.1	71.88	80.0
11.86	90.5	79.33	79.4
16.14	88.6	88.48	78.7
22.13	86.5	95.60（共沸混合物）	78.15
38.97	83.2	95.84	78.2
52.29	81.7	100.00	78.3

表 2-3-19 饮用乙醇的中毒症状

血中浓度/%	中毒症状
0.05	麻痹抑制神经中枢，失去判断力
0.1	麻痹运动神经及知觉神经
0.2	全运动神经紊乱
0.37	麻痹脑中枢神经，发生知觉麻痹
0.4～0.5	侵袭脑全知觉领域，呈睡眠状态
0.6～0.7	麻痹呼吸中枢及心脏中枢神经，发生死亡

表 2-3-20 不同温度下乙醇的相对密度

温度/℃	相对密度(20℃/4℃)	温度/℃	相对密度(20℃/4℃)
10	0.79784	30	0.78075
15	0.79360	35	0.77641
20	0.78934	40	0.77203
25	0.78506		

表 2-3-21 乙醇水溶液的黏度

温度/℃	黏度/（mPa·s）			温度/℃	黏度/（mPa·s）		
	20%乙醇	50%乙醇	70%乙醇		20%乙醇	50%乙醇	70%乙醇
0	4.70	6.60	5.25	60	0.80	0.90	0.75
10	3.30	4.20	3.30	70	0.70	0.75	0.60
20	2.35	2.85	2.15	80	0.60	0.60	0.50
30	1.75	2.00	1.55	90	0.50	0.50	0.45
40	1.35	1.45	1.15	100	0.40	0.45	0.35
50	1.00	1.15	0.95				

表 2-3-22 乙醇水溶液的折射率（15.6℃）

乙醇/%	折射率	乙醇/%	折射率	乙醇/%	折射率
0.00	1.33336	26.06	0.35162	59.35	0.36471
6.00	1.33721	26.80	0.35250	63.01	0.36535
11.33	0.34105	29.87	0.35443	68.32	0.36591
17.56	0.34581	33.82	0.35654	72.50	0.36630
20.35	0.34787	38.98	0.35883	83.63	0.36651
22.11	0.34919	46.00	0.36152	91.09	0.36574
24.21	0.35075	56.09	0.36408	100.00	0.36316

表 2-3-23 己烷(3)-乙醇(2)-水(1)的相互溶解性的饱和溶液的相对密度（25℃）

a. 相互溶解性/%

1	2	3	d_{25}^{25}	1	2	3	d_{25}^{25}
0.1	0.0	99.9	0.656	8.0	65.5	26.5	0.765
0.6	13.4	86.0	0.671	12.3	71.3	16.4	0.792
1.2	22.5	76.3	0.683	12.8	71.7	15.5	0.794
2.4	34.6	63.0	0.702	15.2	72.4	12.4	0.806
3.2	42.1	54.7	0.714	24.4	69.7	5.9	0.841
4.4	50.9	44.7	0.731	35.6	61.8	2.6	0.875
4.6	52.5	45.9	0.733	48.3	50.4	1.3	0.908
6.0	59.5	34.5	0.748	67.3	32.5	0.2	0.948

b. 液液平衡/%

己烷相			水相		
1	2	3	1	2	3
0.1	0.7	99.2	46.7	51.8	1.5
0.2	3.6	96.2	20.0	71.4	8.6
0.3	7.2	92.5	11.4	70.7	17.9
0.6	12.4	87.0	7.7	65.3	27.0
1.0	19.6	79.4	5.4	55.8	38.8
1.3	24.1	74.6	4.3	49.9	45.8
1.6	27.0	71.4	3.8	46.6	49.6
1.8	28.8	69.4	3.6	45.0	51.4

表 2-3-24　庚烷(3)-乙醇(2)-水(1)的相互溶解性及饱和溶液的相对密度（25℃）

a. 相互溶解度/%

1	2	3	d_{25}^{25}	1	2	3	d_{25}^{25}
0.1	0.0	99.9	0.681	10.0	73.1	16.9	0.791
0.8	17.8	81.4	0.698	14.4	75.1	10.5	0.810
1.8	32.5	65.7	0.715	18.5	74.5	7.0	0.826
2.9	41.7	55.4	0.728	23.5	72.1	4.4	0.842
3.7	53.5	42.8	0.743	31.3	66.1	2.6	0.861
5.0	61.3	33.7	0.757	42.0	57.2	0.8	0.892
5.4	62.7	31.9	0.763	59.7	39.9	0.4	0.933
6.4	67.0	26.6	0.770				

b. 液液平衡/%

庚烷相			水相		
1	2	3	1	2	3
<0.1	<0.1	100	40.0	59.1	0.9
<0.1	1.4	98.6	27.7	69.7	2.6
0.3	6.4	93.3	9.0	71.6	19.4
0.7	15.0	84.3	4.9	60.1	35.0
0.5	11.6	87.9	6.3	65.9	27.8
1.0	19.0	80.0	4.0	55.3	40.7
1.2	23.3	75.5	3.4	50.2	46.4
1.4	25.0	73.6	3.2	48.2	48.6

表 2-3-25　壬烷(3)-乙醇(2)-水(1)的相互溶解性及饱和溶液的相对密度（25℃）

a. 相互的溶解度/%

1	2	3	d_{25}^{25}	1	2	3	d_{25}^{25}
0.1	0.0	99.9	0.716	3.4	66.4	30.2	0.770
0.2	9.4	90.4	0.720	6.2	75.3	18.5	0.786
0.3	13.3	86.4	0.723	7.6	77.7	14.7	0.794
0.4	17.7	81.9	0.725	9.6	79.3	11.1	0.802
0.7	25.3	74.0	0.731	11.6	79.8	8.6	0.810
0.8	30.3	68.9	0.735	15.6	78.9	5.5	0.823
1.0	35.2	63.8	0.739	15.8	78.8	5.4	0.824
1.3	39.9	58.8	0.743	26.5	71.8	1.7	0.855
1.6	49.3	49.1	0.751	35.6	63.7	0.7	0.879
2.7	60.5	36.8	0.762	42.9	56.8	0.3	0.895

b. 液-液平衡/%					
壬 烷 相			水 相		
1	2	3	1	2	3
<0.1	<0.1	100	20.0	76.4	3.6
<0.1	2.4	97.6	13.6	79.6	6.8
0.1	4.8	95.1	8.3	78.6	13.1
0.2	11.6	88.2	3.8	68.2	28.0
0.3	13.6	86.1	3.2	65.0	31.8
0.5	18.4	81.1	2.4	58.8	38.8
0.7	28.0	71.3	1.6	46.6	51.8
0.8	29.5	69.7	1.5	45.4	53.1

表 2-3-26 辛烷(3)-乙醇(2)-水(1)的相互溶解度及饱和溶液的相对密度（25℃）

a. 相互的溶解度/%

1	2	3	d_{25}^{25}	1	2	3	d_{25}^{25}
0.1	0.0	99.9	0.700	8.7	75.3	16.0	0.794
0.6	17.3	82.1	0.712	11.0	76.7	12.3	0.801
1.1	29.1	69.8	0.723	12.9	77.1	10.0	0.808
2.0	42.8	55.2	0.738	18.9	75.7	5.4	0.833
2.9	56.3	40.8	0.752	25.5	71.2	3.3	0.850
3.4	59.0	37.6	0.756	27.6	70.0	2.4	0.855
4.3	66.5	29.2	0.767	31.3	66.7	2.0	0.866
5.1	67.7	27.2	0.770	51.2	48.4	0.4	0.915
7.2	72.9	19.9	0.785	58.1	41.7	0.2	0.929
8.4	74.5	17.1	0.790	64.2	35.8	<0.1	0.942

b. 液-液平衡/%					
辛 烷 相			水 相		
1	2	3	1	2	3
<0.1	<0.1	100	29.6	68.4	2.0
<0.1	2.8	97.2	17.2	76.4	6.4
0.1	4.6	95.3	12.5	77.0	10.5
0.2	7.4	92.4	7.2	73.8	19.0
0.5	18.4	81.1	3.2	58.8	38.0
0.8	23.4	75.8	2.5	51.5	46.0
1.1	29.8	69.1	2.0	44.2	53.8

表 2-3-27 含乙醇的二元共沸混合物

第 二 组 分	共沸点/℃	乙醇/%	第 二 组 分	共沸点/℃	乙醇/%
水	78.17	96.0	顺 1-溴-1,2-二氯乙烯	77.4	69.1
三氯硝基甲烷	77.5	66	反 1-溴-1,2-二氯乙烯	74.9	34.5
四氯化碳	65.08	15.85	反 1-溴-2,2-二氯乙烯	77.25	60.5
二硫化碳	42.6	9	1,2-二溴氯乙烯	74.9	34.5
一溴二氯甲烷	75.5	28	三氯乙烯	70.9	27.5
氯仿	59.35	7	顺 1-溴-2-氯乙烯	72.4	26.7
二溴甲烷	76	38	反 1-溴-2-氯乙烯	66.3	18
二氯甲烷	<39.85	<5	反 1-氯丙烯	36.7	4
碘甲烷	41.2	3.2	烯丙基氯	44	5
硝基甲烷	75.95	73.2	顺 1,2-二溴乙烯	77.7	67.5
硝酸甲酯	<59.5	<36	反 1,2-二溴乙烯	75.6	36
四氯乙烯	76.75	约 63	顺 1,2-二氯乙烯	57.7	9.8

续表

第二组分	共沸点/℃	乙醇/%	第二组分	共沸点/℃	乙醇/%
反1,2-二氯乙烯	46.5	6.0	2-甲基-2-丁烯	37.3	约4
1,1,2-三氯乙烷	77.8	70	2-戊酮	77.7	91.17
乙腈	72.5	56	丙酸乙酯	78.0	75
1-溴-2-氯乙烷	约76.5	约50	甲酸异丁酯	77.0	67
1,1-二溴乙烷	77	54	2-溴-1-丁烯	67.4	22.18
1,1-二氯乙烷	54.6	11.5	顺2-溴-2-丁烯	72.3	33.7
1,2-二氯乙烷	70.5	37	反2-溴-2-丁烯	69.1	26.7
溴乙烷	37	3	反1-氯-1-丁烯	61.2	20.2
氯甲基甲基醚	58.4	约16	顺1-氯-1-丁烯	57	14.8
碘乙烷	63	14	2-氯-1-丁烯	53.6	11.5
硝酸乙酯	71.85	44	反2-氯-2-丁烯	60	18.4
反1-溴丙烯	58.7	11	顺2-氯-2-丁烯	56.8	15.4
顺1-溴丙烯	56.4	9	丁酮	75.7	＞46
2-溴丙烯	46.2	6	二噁烷	78.13	90.7
联乙酰	73.9	47	乙酸乙酯	71.81	30.98
丙烯酸甲酯	73.5	42.4	丙酸甲酯	72.0	33
反1-溴-1-丁烯	72.8	35.71	甲酸丙酯	71.75	约41
顺1-溴-1-丁烯	69.6	77.48	溴丁烷	75.0	43
3-碘丙烯	75.4	42	溴代仲丁烷	72.5	33
丙腈	81	25.0	环己烷	64.9	30.5
1,1-二氯丙烷	74.7	52.74	甲基环戊烷	60.3	25
2,2-二氯丙烷	63.2	14.5	乙酸异丙酯	76.8	53
溴代叔丁烷	63.8	1.5	乙酸丙酯	78.18	约85
溴代异丁烷	71.4	41.0	溴代异戊烷	77.3	72.0
丁酸甲酯	78.0	约83	氯代异戊烷	74.8	41
乙酸甲酯	56.9	约3	异戊烷	26.75	3.5
碳酸二甲酯	73.5	约45	戊烷	34.3	5
溴丙烷	63.6	16.24	乙丙醚	61.2	25
溴代异丙烷	55.5	11.5	二乙氧基甲烷	74.2	42
氯丙烷	44.95	6	氟苯	70.0	25
氯代异丙烷	35.6	2.8	苯	68.24	32.4
碘丙烷	75.4	44	1,3-环己二烯	60.7	34
碘代异丙烷	70.2	25	联烯丙基	53.5	13
丙硫醇	＜63.5	＜19	环己烯	66.7	34
硼酸甲酯	63.0	约25	1-己炔	62.8	23.2
噻吩	70.0	45	3-己炔	67.5	34.4
甲酸烯丙基酯	71.5		甲基环戊烯	63.3	28
氯丁烷	65.7	20.3	2,3-二甲基丁烷	51.5	12
氯代仲丁烷	61.2	15.8	己烷	58.68	21.0
氯代异丁烷	61.45	16.3	二丙醚	74.4	44
氯代叔丁烷	约49	约6.5	乙缩醛	78.2	65.5
碘代仲丁烷	77.2	70	二乙氧基二甲基硅烷	77	83
碘代异丁烷	77	70	甲苯	76.7	68
碘代叔丁烷	77.65	73	1-庚烯	74.2	54.6
1,1-二甲氧基乙烷	61.6	12	5-甲基-1-己炔	71.0	39.8
乙氧基甲氧基甲烷	63.95	13.3	甲基环己烷	72.1	47
二乙硫	72.6	56	庚烷	70.9	49
2-甲基呋喃	＜60.5	＜15	乙基叔丁基醚	66.6	21
2-甲基-1,3-丁二烯	32.65	3	1,3-二甲基环己烷	175.8	70
丙烯酸乙酯	77.5	72.7	2,5-二甲基己烷	73.6	59
环庚烷	44.7	7.5	辛烷	77	78
3-甲基-1-丁烯	21.9	约2			

表 2-3-28　含乙醇的三元共沸混合物

第二组分	含量/%	第三组分	含量/%	共沸点/℃	第二组分	含量/%	第三组分	含量/%	共沸点/℃
水	10	氢氟酸	30	103	水	7	环己烯	73	64.05
水	4.5	四氯化碳	85.5	62	水	11.4	乙缩醛	61.0	77.8
水	7.5	一溴二氯甲烷	＞70	72.0	水	9	三乙基胺	78	74.7
水	3.5	氯仿	92.5	55.4	水	7.2	1,2-二氯乙烷	77.1	67.8
水	5.5	三氯乙烯	78.4	67	水	8.7	乙腈	71.0	69.5
水	1.1	反-1,2-二氯乙烯	94.5	44.4	水	4.8	丁烯醛	7.3	78.0
水	5	1,2-二氯乙烷	78	66.7	水	11	丁酮	75	73.2
水	约 5	碘乙烷	约 86	61	水	9	丁醛	80	67.2
水	3	顺-1-溴丙烯	91	54	水	7.5	丁胺	50.0	81.8
水	4	反-1-溴丙烯	7.5	54.5	水	10.1	丙烯酸乙酯	41.6	77.1
水	1	2-溴丙烯	95	43.3	水	6.8	1-丁烯基乙基醚	78.9	61.4
水	5	溴丙烷	83	60	水	9.8	乙酸异丁酯	70.8	74.8
水	17.5	氯代乙酸乙酯	20.8	81.35	水	6.3	甲基丁基醚	85.1	62
水	9.0	乙酸乙酯	82.6	70.23	水	7	环己烷	76	62.1
水	约 8	异丁基溴	约 65	69.5	水	5.1	乙烯基丙基醚	73.7	57
水	4.5	异丁基氯	82.5	58.62	水	8	乙烯基异丁基醚	70	60
水	12.8	二乙氧基甲烷	69.5	73.2	水	4.0	二异丙基醚	89.5	61.0
水	7.4	苯	74.1	64.86	水	12	甲苯	51	74.4
水	7	1,3-环己二烯	73	63.6					

表 2-3-29　乙醇-水-苯三元共沸混合物馏出物的组成

馏出物	上层（苯层）	下层（水层）
苯/%	84.5	11
水/%	1.0	36
乙醇/%	14.5	53

(12) 附图

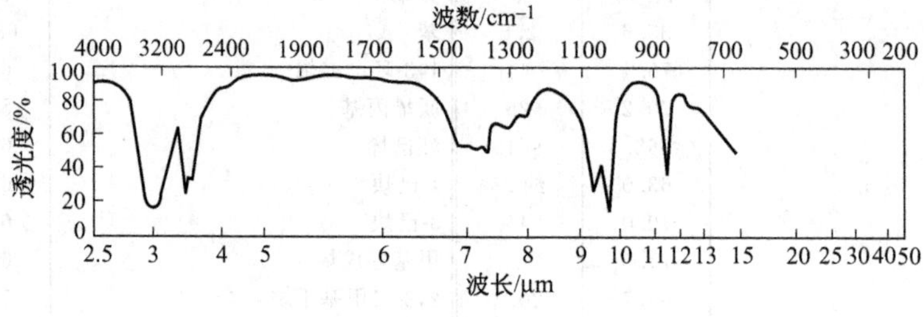

图 2-3-2　乙醇的红外光谱图

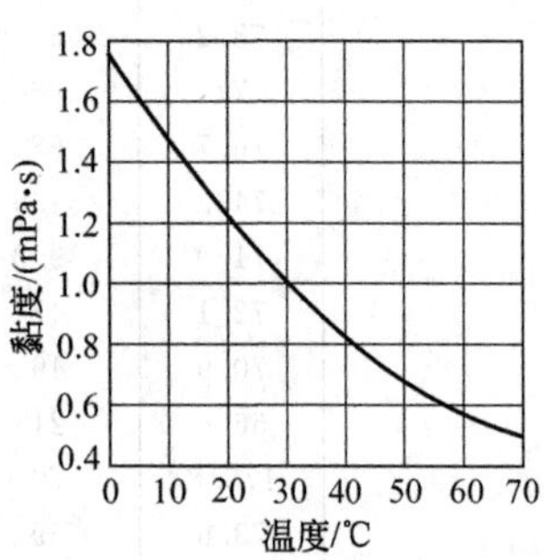

图 2-3-3　乙醇的黏度

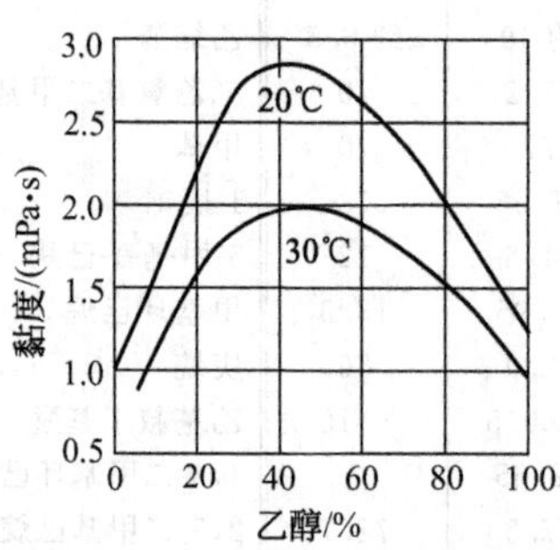

图 2-3-4　乙醇-水溶液的黏度

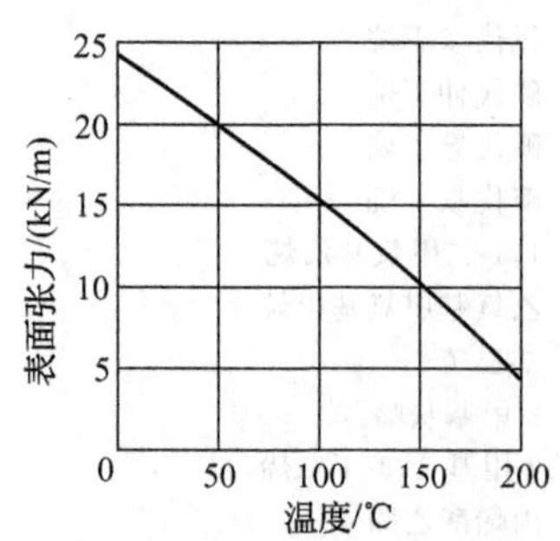

图 2-3-5　乙醇的表面张力

参 考 文 献

1 CAS 64-17-5
2 EINECS 200-578-6
3 A. Weissberger. Organic Solvents. 2nd ed. Wiley. 91
4 Kirk-Othmer. Encyclopedia of Chemical Technology. 2nd ed. Vol. 8, Wiley. 424
5 I. Mellan. Source Book of Industrial Solvents. Vol. 3. 25～128
6 C. Marsden. Solvents Guide. 2nd ed. Cleaver-Hume. 1963. 234
7 日本化学会. 化学便覧. 基礎編. 丸善. 1966
8 J. G. Grasselli. Atlas of Spectral Data and physical Constants for Organic Compounds. CRC Press. 1973. B-512
9 Documentation of Molecular Spectroscopy. Butterworth, 1959. 3777
10 W. G. Braun et al. Anal. Chem. 1950, 22: 1074
11 Varian Associate NMR Spectra. No. 14
12 H. F. Smyth. Jr. J. Ind. Hyg. Toxicol. 1941, 23: 253
13 N. I. Sax. Dangerous Properties of Industrial Materials. 2nd ed. Van Nostrand Reinhold. 1963. 790
14 C. Marsden. Solvents Guide. 2nd ed. Cleaver-Hume. 1963. 236
15 International Critical Tables. Vol. 3. 238
16 A. Seidell. Solubilities of Organic Compounds. D. Van Nostrand. 1941. 134
17 L. W. Winkler. Ber. 1905, 38: 612
18 化学工学協会. 物性定数. 6集. 丸善. 1968. 187, 189
19 L. H. Horsley. Advan. Chem. Ser. 1952, 6: 1962, 35
20 Beilstein. Handbuch der Organischen Chemie. E Ⅳ 1-1289
21 The Merck Index. **10**, 212; **11**, 3716
22 张海峰主编. 危险化学品安全技术大典：第1卷. 北京：中国石化出版社，2010

250. 丙 醇

1-propanol [*n*-propanol, *n*-propyl alcohol]

(1) 分子式 C_3H_8O。 相对分子质量 60.09。

(2) 示性式或结构式 $CH_3CH_2CH_2OH$

(3) 外观 无色液体，具有芳香气味。

(4) 物理性质

沸点(101.3kPa)	97.2	生成热/(kJ/mol)	−300.9
熔点/℃	−126.2	燃烧热/(kJ/mol)	2022.64
相对密度(20℃/4℃)	0.8036	比热容(20℃,定压)/[kJ/(kg·K)]	2.45
折射率(20℃)	1.3856	临界温度/℃	263.7
介电常数(25℃)	22.20	临界压力/MPa	5.06
偶极矩/(10^{-30}C·m)	5.53	沸点上升常数	1.59
黏度(20℃)/mPa·s	2.26	电导率(18℃)/(S/m)	9.17×10^{-9}
表面张力(20℃)/(mN/m)	23.8	热导率(20℃)/[W/(m·K)]	1.7166
闪点(开口)/℃	27	爆炸极限(下限)/%(体积)	2.6
燃点/℃	439	(上限)/%(体积)	13.5
蒸发热(b. p.)/(kJ/kg)	680.8	体膨胀系数(20℃)/K^{-1}	0.00107
熔化热/(kJ/mol)	5.20		

(5) 化学性质 与乙醇相似，氧化生成丙醛，进一步氧化生成丙酸。用硫酸脱水生成丙烯。

(6) 精制方法 主要杂质是水和烯丙醇。精制时可用共沸蒸馏法脱水（共沸点 87.7℃，水的含量 28.3%）。若含水较多，可加生石灰回流 5h，通过长 1m 的蒸馏塔蒸馏，将 b. p. 97～97.3℃的馏分在氢气流下，压力 5.3～6.7kPa 再蒸馏一次。或在加生石灰回流、蒸馏后，用干燥剂脱除微量的水分就可得到几乎无水的丙醇。干燥剂先用氢氧化钠、硫酸钙或碳酸钾，再用氢化钙、铝汞齐、活性镁和碘或少量金属钠。还可用丁二酸二丙酯或邻苯二甲酸二丙酯和丙醇回流后蒸馏的方法除去丙醇中的水分。要除去烯丙醇，可在丙醇中加入溴（15mL/L），然后在少量碳酸钾存在下分馏。若丙醇中含有碱性杂质，可在对氨基苯磺酸或酒石酸存在下蒸馏精制。

(7) 溶解性能　与水、醇、醚、烃等多种有机溶剂混溶。能溶解植物油、动物油、天然树脂（玷玴、松脂、虫胶）及某些合成树脂。但对纤维素酯、淀粉、砂糖、甲醛树脂、明胶、达玛树脂、橡胶等不溶解。

(8) 用途　用作植物油类、天然橡胶和树脂类、某些合成树脂以及乙基纤维素、聚乙烯缩丁醛的溶剂。还用于硝基喷漆、涂料、化妆品、牙科洗涤剂、杀虫剂、杀菌剂、油墨、塑料、防冻液、黏结剂、液相色谱溶剂。

(9) 使用注意事项　危险特性属第3.2类中闪点易燃液体。危险货物编号：32064，UN编号：1274。对金属无腐蚀性、可用铁、软钢、铜或铝制容器贮存。属低毒类。生理作用和乙醇相似，麻醉性和对黏膜的刺激比乙醇略强。毒性也较乙醇大，杀菌能力比乙醇强三倍。嗅觉阈浓度73.62mg/m³。TJ 36—79规定车间空气中最高容许浓度为200mg/m³。大鼠经口LD_{50}为1.9g/kg。家兔经皮LD_{50}为5.0mL/kg。

(10) 附表

表 2-3-30　丙醇的蒸气压

温度/℃	蒸气压/kPa	温度/℃	蒸气压/kPa
-15.0	0.13	43.5	8.00
5.0	0.67	52.75	13.33
14.7	1.33	66.7	26.66
25.3	2.667	81.6	53.33
36.4	5.333	97.19	101.33

表 2-3-31　含丙醇的二元共沸混合物

第二组分	共沸点/℃	第二组分/%	第二组分	共沸点/℃	第二组分/%
水	87.7	28.3	2-碘丁烷	94.2	47
苯	77.1	83.1	溴丙烷	69.7	91
1-氯-2-甲基丙烷	67.7	78	3-甲基-2-丁醇	93.5	65
己烷	65.7	96	乙缩醛	92.4	63
1-碘-2-甲基丙烷	93.0	55	二噁烷	95.3	45
2-戊烯	96.0	32	二丙醚	85.7	70
3-戊烯	96.0	37	联乙酰	85.0	75
α-蒎烯	97.1	1.5	甲酸丁酯	95.5	36
甲苯	92.4	47.5	丙酸乙酯	93.4	49
溴丁烷	89.5	31	甲酸异丁酯	93.2	60
2-溴丁烷	85.3	89.5	丙烯酸甲酯	70.9	94.6
氯丁烷	74.8	82	丁酸甲酯	94.4	53
四氯化碳	73.1	88.5	异丁酸甲酯	89.5	74
氯苯	96.9	17	乙酸丙酯	94.2	60
2-氯丁烷	67.2	91	甲酸丙酯	80.6	90.2
1-氯-3-甲基丁烷	89.4	69	二乙氧基甲烷	86.2	89
氯乙烯	80.7	81	异丁腈	95.0	30
氟苯	80.2	82	二乙硫	85.5	72
碘丁烷	96.2	34			

表 2-3-32　含丙醇的三元共沸混合物

第二组分	含量/%	第三组分	含量/%	共沸点/℃	第二组分	含量/%	第三组分	含量/%	共沸点/℃
水	7.6	苯	82.3	67.0	水	8.5	环己烷	81.5	66.6
水	9	1,3-环己二烯	79	67.8	水	9	环己烯	79.5	63.2

续表

第二组分	含量/%	第三组分	含量/%	共沸点/℃	第二组分	含量/%	第三组分	含量/%	共沸点/℃
水	5	四氯化碳	84	65.4	水	21	乙酸丙酯	59.5	82.2
水	8	3-碘丙烯	72	78.2	水	25.3	氯代乙酸丙酯	16.5	88.6
水	7	三氯乙烯	81	71.6	水	13	甲酸丙酯	82	70.8
水	27.4	乙醛缩二丙醇	21	87.6	水	17.5	硝基甲烷	55.9	82.3
水	11.7	丙醚	68.1	74.8	水	8	二丙氧基甲烷	47.2	86.4
水	20	3-戊酮	60	81.2	水	17.6	乙氧基丙氧基甲烷	59.5	83.8

(11) 附图

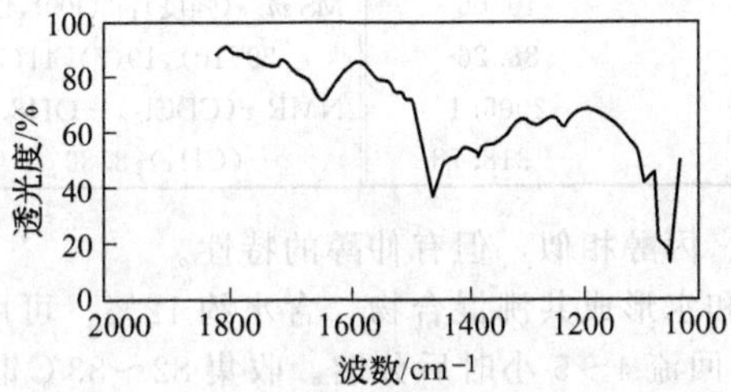

图 2-3-6　丙醇的红外光谱图

参 考 文 献

1 CAS 71-23-8
2 EINECS 200-746-9
3 J. A. Monik. Alcohols Van Nostrand Reinhold. 1968. 117
4 C. Marsden. Solvents Guide. 2nd ed. Cleaver-Hume. 1963. 446
5 A. Weissberger. Organic Solvents. 2nd ed. Wiley. 92
6 J. H. Perry. Chemical Engineer's Handbook. 4th ed. McGraw. 1963. 3
7 日本化学会. 化学便覧. 基礎編. 丸善. 1967. 586
8 I. Mellan. Industrial Solvents. Vol. 3. Van Nostrand Reinhold. 1959
9 J. G. Grasselli. Atlas of Spectral Data and Physical Constants for Organic Compounds. CRC Press. 1973. B-818
10 Sadtler Standard IR Grating Spectra. No. 10961
11 G. Radinger and H. Wittek. Z. Physik. Chem. Leipzing. 1939, 45B: 329
12 Varian Associate NMR Spectra. No. 43
13 F. A. Patty. Industrial Hygiene and Toxicology. Vol. 2. Wiley. 1963. 1435
14 Kirk-Othmer. Encyclopedia of Chemical Technology. 2nd ed., Vol. 16. Wiley. 559
15 H. F. Smyth. Jr. et al. Arch. Ind. Hyg. Occupational Med. 1954, 10: 61
16 C. Marsden. Solvents Guide. 2nd ed. Cleaver-Hume. 1963. 447
17 Beilstein. Handbuch der Organischen Chemie. E Ⅳ, 1-1413
18 The Merck Index. **10**, 7742; **11**, 7854
19 张海峰主编. 危险化学品安全技术大典: 第1卷. 北京: 中国石化出版社, 2010

251. 异 丙 醇

isopropanol [isopropyl alcohol, 2-propanol]

(1) 分子式　C_3H_8O。　　　相对分子质量　60.09。

(2) 示性式或结构式　$CH_3\underset{\displaystyle OH}{\underset{|}{C}H}CH_3$

(3) 外观　无色透明液体，有类似乙醇的气味。

(4) 物理性质

沸点(101.3kPa)/℃	82.40	比热容(20℃,定压)/[kJ/(kg·K)]	2.55
熔点/℃	−89.5	临界温度/℃	234.9
相对密度(20℃/20℃)	0.7863	临界压力/MPa	5.37
折射率(20℃)	1.3775	电导率/(S/m)	35.1×10^{-7}
介电常数(25℃)	18.3	热导率(20℃)/[W/(m·K)]	15.49
偶极矩(气体)/(10^{-30}C·m)	5.60	爆炸极限(下限)/%(体积)	2.02
黏度(20℃)/mPa·s	2.431	(上限)/%(体积)	7.99
表面张力(20℃)/(mN/m)	21.7	体膨胀系数(20℃)/K^{-1}	0.00107
闪点(闭口)/℃	11.7	UV λ_{max} 181(ϵ_{max}617)(气体)	
燃点/℃	460	IR 参照图 2-3-7	
蒸发热(b.p.)/(kJ/mol)	40.06	MS m/e(强度):45(100),43(17),27(16),	
熔化热/(J/g)	88.26	29(10),19(7),41(7),39(6),60(1)	
生成热/(kJ/mol)	2005.1	NMR τ($CDCl_3$)—OH8.40,—CM6.00,	
燃烧热/(kJ/mol)	−318.78	—$(CH_3)_2$8.80	

(5) 化学性质 和乙醇、丙醇相似，但有仲醇的特性。

(6) 精制方法 异丙醇和水形成共沸混合物，含水约12%。可用下述方法除去其中的水分。

① 加生石灰（200g/L）回流4～5小时后分馏。收集82～83℃馏分，用无水硫酸铜干燥数天后分馏，含水量可降至0.01%以下。还可用氢化钙、镁条、氧化钡、硫酸钙和分子筛脱水。

② 加入其量10%的粒状氢氧化钠振摇，分出碱层，再加粒状氢氧化钠振摇，分出异丙醇，再分馏而得。

③ 若含水量超过20%，可加氯化钙振摇，分层后取出上层液分馏，可得含水的恒沸液，再照上述方法脱水。

④ 工业上利用异丙醇、水、二异丙醚或苯组成的三元共沸混合物进行共沸蒸馏脱水。

对氨或其他碱性杂质，可与对氨基苯磺酸一起蒸馏除去。若含有过氧化物，可加固体氯化亚锡（10～15g/L）回流除去。含有丙酮时可用2,4-二硝基苯肼处理后再蒸馏的方法精制。

(7) 溶解性能 能与乙醇、乙醚、氯仿和水混溶。能溶解生物碱、橡胶、虫胶、山达脂、松香、乳香、珐琤树脂、合成树脂等多种有机物和某些无机物。

(8) 用途 主要用作虫胶、硝酸纤维素、生物碱、橡胶、油脂等的溶剂。液相色谱溶剂。是精制润滑油的优良脱蜡溶剂、棉籽油的萃取剂。还用于防冻剂、脱水剂、防腐剂、防雾剂、医药、农药、香料、化妆品、有机合成等方面。

(9) 使用注意事项 危险特性属第3.2类中闪点易燃液体。危险货物编号：32064，UN编号：1219。对金属无明显的腐蚀作用，可用铁、软钢、铜或铝制容器贮存。属微毒类。生理作用和乙醇相似，毒性、麻醉性以及对上呼吸道黏膜的刺激都比乙醇强，但不及丙醇。在体内几乎无蓄积，杀菌能力比乙醇强2倍。嗅觉阈浓度1.1mg/m^3。工作场所最高容许浓度为1020mg/m^3。大鼠经口LD_{50}为5.84g/kg，家兔经皮LD_{50}为16.4mL/kg。

异丙醇容易产生过氧化物，使用前有时需作鉴定。方法是：取0.5mL异丙醇，加入1mL 10%碘化钾溶液和0.5mL 1∶5的稀盐酸及几滴淀粉溶液，振摇1分钟，若显蓝色或蓝黑色即证明有过氧化物。

(10) 规格

① HG/T 2892—2010 化学试剂异丙醇

项　目		分析纯	化学纯
含量[$(CH_3)_2CHOH$]/%	≥	99.7	98.5
密度(20℃)/(g/mL)		0.784～0.786	
蒸发残渣/%	≤	0.001	0.004
与水混合试验		合格	合格
酸度(以H^+计)/(mmol/100g)	≤	0.0003	0.0006

续表

项　目		分析纯	化学纯
还原高锰酸钾物质/%		合格	合格
易炭化物质		合格	合格
羰基化合物(以CO计)/%	≤	0.005	0.01
甲醇(CH_3OH)/%	≤	0.1	—
铁(Fe)/%	≤	0.00001	—
水分(H_2O)/%	≤	0.2	0.3

② GB/T 7814—2008 工业用异丙醇

项　目		指标	项　目		指标
异丙醇/%	≥	99.7	酸(以乙酸计)/%	≤	0.002
色度(Hazen单位,铂-钴色号)	≤	10	蒸发残渣/%	≤	0.002
密度(20℃)/(g/cm³)		0.784～0.786	羰基(以丙酮计)/%	≤	0.02
水混溶性试验		通过试验	硫化物(以S计)/(mg/kg)	≤	2
水/%	≤	0.20			

③ 欧洲、美国的异丙醇规格

异丙醇规格

欧洲药典(2000补充)		美国药典	
异　丙　醇			
监控项目	标　准	监控项目	标　准
			不小于99.0%
品质	透明无色液体,与水、乙醇、醚互溶		
鉴别		鉴别	
A—相对密度	0.785～0.789	A—相对密度	0.783～0.787
B—折射率	1.376～1.379	B—折射率	1.376～1.378
C	相符		
测试		测试	
外观	相符		
酸碱度	相符	酸度	相符
苯与相关物质(气相色谱)			
2-丁醇	不大于0.1%		
其他杂质	不大于0.3%		
苯	不大于2×10^{-6}		
过氧化物	相符		
不挥发物	不大于2mg,(20×10^{-6})	不挥发残留物限度	不大于2.5mg(0.005%)
水	不大于0.5%	化验	不小于99.0%
贮存	避光保存		
杂质			
A	丙酮		
B	苯		
C	二异丙基醚		
D	二乙醚		
E	甲醇		
F	丙醇		

(11) 附表

表 2-3-33　异丙醇的蒸气压

温度/℃	蒸气压/kPa	温度/℃	蒸气压/kPa	温度/℃	蒸气压/kPa	温度/℃	蒸气压/kPa
0.00	1.19	25.00	5.867	50.00	23.57	75.00	74.85
5.00	1.61	30.00	7.88	55.00	30.32	80.00	92.23
10.00	2.27	35.00	10.52	60.00	30.46	85.00	112.74
15.00	3.17	40.00	14.08	65.00	48.41	90.00	136.08
20.00	4.32	45.00	18.24	70.00	60.63		

表 2-3-34 异丙醇-水混合物的物理性质

异丙醇/%	相对密度(25℃/4℃)	折射率(25℃)	黏度(25℃)/mPa·s	异丙醇/%	相对密度(25℃/4℃)	折射率(25℃)	黏度(25℃)/mPa·s
0	0.9971	1.3325	0.891	60	0.8786	1.3700	3.033
10	0.9810	1.3413	1.397	70	0.8549	1.3729	2.848
20	0.9666	1.3503	2.059	80	0.8310	1.3747	2.545
30	0.9478	1.3574	2.587	90	0.8067	1.3756	2.204
40	0.9256	1.3626	2.917	100	0.7808	1.3751	2.061
50	0.9022	1.3669	3.059				

表 2-3-35 异丙醇-丙酮-甲醇三组分气-液平衡(101.3kPa)

mol%(液相)		mol%(气相)		沸点/℃	mol%(液相)		mol%(气相)		沸点/℃
丙酮	甲醇	丙酮	甲醇		丙酮	甲醇	丙酮	甲醇	
0.0360	0.5460	0.1050	0.6750	69.30	0.1231	0.6965	0.2469	0.6776	63.27
0.0930	0.5230	0.2390	0.5810	66.84	0.3948	0.4841	0.5346	0.4237	58.43
0.1360	0.2980	0.3350	0.3690	68.83	0.2635	0.3920	0.4576	0.3861	62.95
0.0370	0.1120	0.1210	0.1699	76.97	0.3089	0.1895	0.5465	0.2040	64.65
0.8708	0.0761	0.8866	0.0912	56.32	0.0820	0.5602	0.1955	0.6259	66.79
0.5459	0.2693	0.6680	0.2569	53.45	0.3167	0.4201	0.4923	0.4023	61.29
0.3555	0.1917	0.5780	0.2096	63.65	0.3732	0.5910	0.4982	0.4923	57.54
0.0520	0.0287	0.1606	0.0485	77.41	0.4062	0.5355	0.5315	0.4490	57.56
0.1324	0.2635	0.3218	0.3391	69.23	0.4089	0.0351	0.6596	0.0552	64.73
0.0950	0.4453	0.2306	0.5135	68.18	0.4854	0.1379	0.6768	0.1480	61.77
0.0601	0.8993	0.1300	0.8556	63.10					

表 2-3-36 异丙醇溶液的相对密度

相对密度	20℃/20℃		相对密度	20℃/20℃		相对密度	20℃/20℃	
	%(体积)	%		%(体积)	%		%(体积)	%
1.000	0.0	0.0	0.9770	19.1	15.5	0.9540	35.7	29.2
0.9990	0.8	0.6	0.9760	19.9	16.2	0.9530	36.3	29.7
0.9998	1.6	1.3	0.9750	20.8	16.9	0.9520	36.8	30.3
0.9970	2.4	1.9	0.9740	21.7	17.5	0.9510	37.4	30.8
0.9960	3.2	2.6	0.9730	22.5	18.2	0.9500	38.0	31.3
0.9950	4.0	3.3	0.9720	23.4	18.8	0.9490	38.5	31.8
0.9940	4.8	3.9	0.9710	24.2	19.4	0.9480	39.0	32.3
0.9930	5.6	4.5	0.9700	25.1	20.1	0.9470	39.6	32.8
0.9920	6.5	5.2	0.9690	25.8	20.7	0.9460	40.1	33.3
0.9910	7.3	5.8	0.9680	26.6	21.3	0.9450	40.6	33.8
0.9900	8.1	6.5	0.9670	27.3	22.0	0.9440	41.1	34.3
0.9890	8.9	7.1	0.9660	28.0	22.6	0.9430	41.6	34.8
0.9880	9.8	7.8	0.9650	28.7	23.2	0.9420	42.1	35.2
0.9870	10.6	8.4	0.9640	29.4	23.8	0.9410	42.7	35.7
0.9860	11.5	9.1	0.9630	30.1	24.4	0.9400	43.2	36.1
0.9850	12.3	9.8	0.9620	30.8	25.0	0.9390	43.7	36.6
0.9840	13.2	10.5	0.9610	31.4	25.6	0.9380	44.2	37.0
0.9830	14.0	11.2	0.9600	32.1	26.2	0.9370	44.7	37.5
0.9820	14.9	11.9	0.9590	32.7	26.7	0.9360	45.2	38.0
0.9810	15.7	12.6	0.9580	33.3	27.2	0.9350	45.6	38.4
0.9800	16.6	13.3	0.9570	33.9	27.7	0.9340	46.1	38.8
0.9790	17.4	14.1	0.9560	34.5	28.2	0.9330	46.6	39.3
0.9780	18.3	14.8	0.9550	35.1	28.7	0.9320	47.1	39.7

续表

相对密度	20℃/20℃		相对密度	20℃/20℃		相对密度	20℃/20℃	
	%（体积）	%		%（体积）	%		%（体积）	%
0.9310	47.5	40.2	0.8930	64.1	56.5	0.8550	78.44	72.43
0.9300	48.0	40.6	0.8920	64.5	56.9	0.8540	78.80	72.85
0.9290	48.5	41.1	0.8910	64.9	57.3	0.8530	79.16	73.27
0.9280	48.9	41.5	0.8900	65.3	57.7	0.8520	79.52	73.69
0.9270	49.4	42.0	0.8890	65.7	58.1	0.8510	79.88	74.11
0.9260	49.8	42.4	0.8880	66.1	58.6	0.8500	80.24	74.54
0.9250	50.3	42.9	0.8870	66.5	59.0	0.8490	80.60	74.95
0.9240	50.7	43.3	0.8860	66.9	59.4	0.8480	80.96	75.37
0.9230	51.2	43.7	0.8850	67.3	59.8	0.8470	81.32	75.79
0.9220	51.6	44.2	0.8840	67.7	60.2	0.8460	81.68	76.21
0.9210	52.0	44.6	0.8830	68.0	60.7	0.8450	82.04	76.63
0.9200	52.5	45.0	0.8820	68.4	61.1	0.8440	82.40	77.04
0.9190	52.9	45.5	0.8810	68.8	61.5	0.8430	82.76	77.45
0.9180	53.4	45.9	0.8800	69.2	61.9	0.8420	83.12	77.86
0.9170	53.8	46.3	0.8790	69.6	62.3	0.8410	83.48	78.27
0.9160	54.2	46.7	0.8780	69.9	62.8	0.8400	83.84	78.68
0.9150	54.7	47.2	0.8770	70.3	63.2	0.8390	84.20	79.09
0.9140	55.1	47.6	0.8760	70.7	63.6	0.8380	84.55	79.50
0.9130	55.5	48.0	0.8750	71.1	64.0	0.8370	84.90	79.91
0.9120	56.0	48.5	0.8740	71.4	64.4	0.8360	85.25	80.32
0.9110	56.4	48.9	0.8730	71.8	64.9	0.8350	85.60	80.73
0.9100	56.4	48.9	0.8720	72.2	65.3	0.8340	85.95	81.14
0.9090	57.3	49.7	0.8710	72.6	65.7	0.8330	86.30	81.55
0.9080	57.7	50.2	0.8700	72.9	66.1	0.8320	86.65	81.96
0.9070	58.1	50.6	0.8690	73.3	66.5	0.8310	87.00	82.37
0.9060	58.6	51.0	0.8680	73.7	67.0	0.8300	87.33	82.78
0.9050	59.0	51.4	0.8670	74.0	67.4	0.8290	87.69	83.19
0.9040	59.4	51.8	0.8660	74.4	67.8	0.8280	88.03	83.60
0.9030	59.8	52.3	0.8650	74.8	68.2	0.8270	88.36	84.01
0.9020	60.3	52.7	0.8640	75.2	68.6	0.8260	88.69	84.42
0.9010	60.7	53.1	0.8630	75.5	69.1	0.8250	89.02	84.83
0.9000	61.1	53.5	0.8620	75.9	69.5	0.8240	89.35	85.24
0.8990	61.5	53.9	0.8610	76.3	69.9	0.8230	89.68	85.65
0.8980	62.0	54.4	0.8600	76.6	70.3	0.8220	90.01	86.06
0.8970	62.4	54.8	0.8590	77.00	70.75	0.8210	90.34	86.47
0.8960	62.8	55.2	0.8580	77.36	31.17	0.8200	90.67	86.88
0.8950	63.2	55.6	0.8570	77.72	71.59			
0.8940	63.6	56.0	0.8560	78.08	72.01			

表 2-3-37 含异丙醇的二元共沸混合物

第二组分	共沸点/℃	异丙醇/%	第二组分	共沸点/℃	异丙醇/%
水	80.3	87.4	乙酸异丙酯	80.1	52.3
三氯硝基甲烷	81.95	65	异丁酸甲酯	81.4	65
四氯化碳	68.95	18	溴代异戊烷	82.2	约82
二硫化碳	44.22	17.6	三氯乙烯	75.5	30
一溴二氯甲烷	79.4	38	1,1-二氯乙烷	56.6	8
二溴甲烷	<81.0	<68	1,2-二氯乙烷	74.7	43.5
碘甲烷	42.4	11.8	乙腈	74.5	48
硝基甲烷	79.3	71.8	溴乙烷	38.35	1
硝酸甲酯	<62.5	<22	碘乙烷	66	13
四氯乙烯	81.7	70	硝酸乙酯	77.0	47
二乙硫	78.0	约52	乙酸乙酯	74	26

续表

第二组分	共沸点/℃	异丙醇/%	第二组分	共沸点/℃	异丙醇/%
丙酸甲酯	76.35	38	2,5-二甲基己烷	79.0	62
溴代仲丁烷	77.5	34	碘丙烷	79.8	42
甲酸丙酯	75.85	约36	异丙基碘	76.0	32
溴代异丁烷	77.5	33	噻吩	<76.0	<43
氯丁烷	70.8	23	联乙酰	77.3	约66
氯代叔丁烷	64.8	17	丙烯酸甲酯	76.0	46.5
氯代仲丁烷	64.0	18	丁酮	77.9	32
溴代叔丁烷	67	<20	乙丙醚	62.0	10
碘代异丁烷	81～82	70	二乙氧基甲烷	79.6	52
氯代异戊烷	79.2	43	氟苯	74.5	30
异戊烷	27.8	5	苯	71.92	33.3
戊烷	35.5	6	1,3-环己二烯	70.4	36
异丙基丁基醚	79	71.9	1,5-己二烯	55.8	11
甲基环己烷	77.6	53	环己烯	70.5	27
丙烯腈	71.7	44	环己烷	68.6	33
烯丙基溴	66.5	20	甲基环戊烷	63.6	25
烯丙基碘	约79	约42	2,3-二甲基丁烷	53.8	9
丙腈	81.5	82	己烷	62.7	23
2,2-二氯丙烷	66.8	17	乙缩醛	81.3	约63
氯仿	60.8	4.5	二异丙醚	66.2	16.3
碳酸二甲酯	78.75	56	二丙醚	78.2	52
溴丙烷	65.2	16	甲苯	80.6	58
异丙基溴	57.7	7	庚烷	76.4	50.5
氯丙烷	46.4	2.8	辛烷	81.6	84
1,3-二甲基环己烷	81.0	78	异辛烷	76.8	54

表 2-3-38 异丙醇的三元共沸混合物

第二组分	含量/%	第三组分	含量/%	共沸点/℃	第二组分	含量/%	第三组分	含量/%	共沸点/℃
水	6	硝基甲烷	32	78	水	8.2	苯	72.0	65.7
水	7.5	环己烯	71	66.1	水	10.4	乙基丁基醚	67.7	73.4
水	7.5	环己烷	74	64.3	水	5	二异丙醚	91	61.8
水	11	丁酮	88	73.4	水	13.1	甲苯	48.7	76.3
水	12.5	丁胺	47	83	水	9.3	二异丁烯	59.1	72.3
水	11	乙酸异丙酯	76	75.5					

(12) 附图

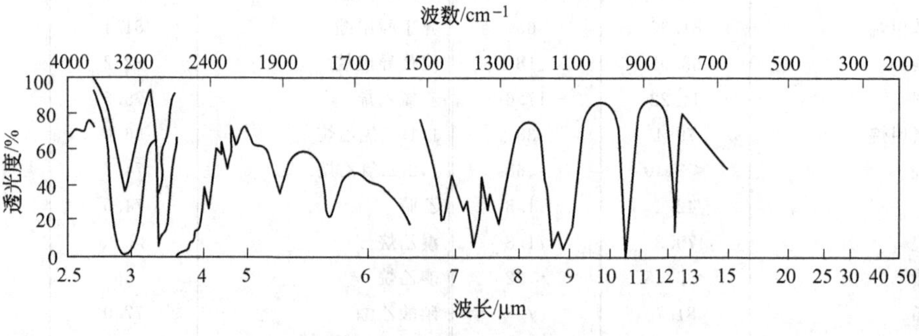

图 2-3-7 异丙醇的红外光谱图

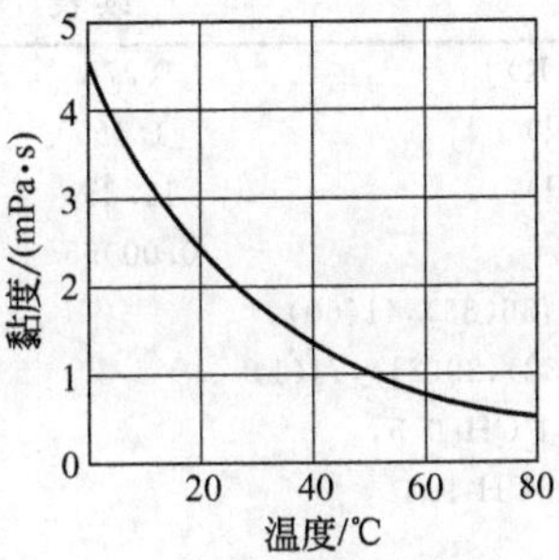

图 2-3-8 异丙醇的黏度曲线

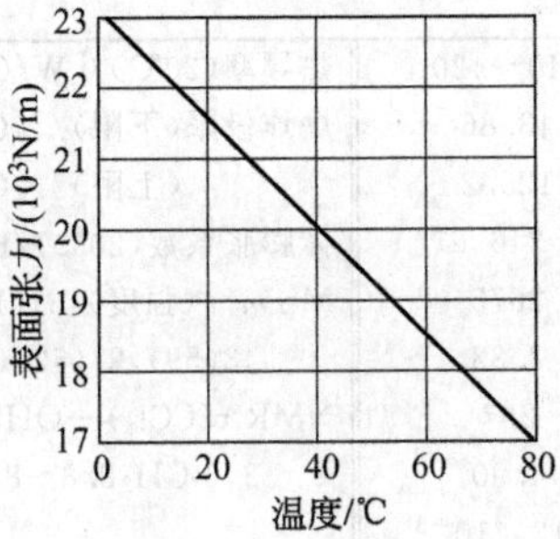

图 2-3-9 异丙醇的表面张力-温度曲线

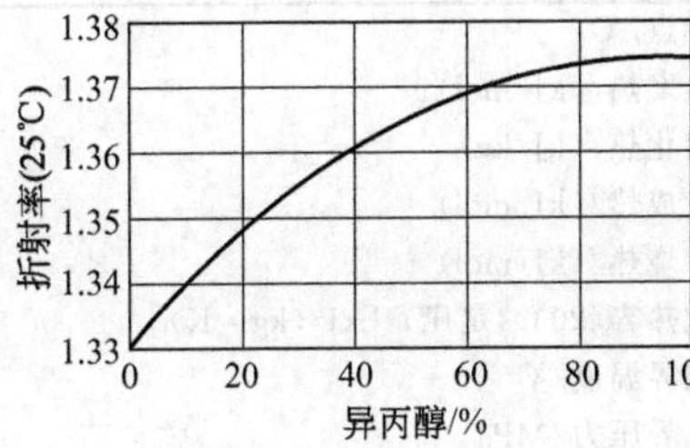

图 2-3-10 异丙醇-水的折射率曲线（25℃）

参 考 文 献

1 CAS 67-63-0
2 EINECS 200-661-7
3 A. Weissberger. Organic Solvents. 2nd. ed. Wiley. 93
4 C. Marsden. Solvents Guide. 2nd ed. Cleaver-Hume，1963. 450
5 Kirk-Othmer. Encyclopedia of Chemical Technology. 2nd ed. Vol. 16. Wiley. 564
6 日本化学会. 化学便覧. 基礎編. 丸善. 1966. 835
7 日本化学会. 化学便覧. 基礎編. 丸善. 1966. 500
8 J. G. Grasselli. Atlas of Spectral Data and Physical Constants for Organic Compounds. CRC Press. 1973. B-818
9 Documentation of Molecular Spectroscopy. Butterworth. 1959. 3778
10 W. G. Braun et al. Anal. Chem. 1950，22：1074
11 Varian Associate NMR Spectra. No. 44
12 The Merck Index. 7，579；10，1057；11，5098
13 H. F. Smyth et al. J. Ind. Hyg. Toxicol. 1948，30：63
14 N. I. Sax. Dangerous Properties of Industrial Materials. 2nd ed. Van Nostrand Reinhold. 1963. 914
15 J. Timmermans. Physico-Chemical Constants of Pure Organic Compounds. 316
16 化学工学協会. 物性定数. 7集. 丸善，1966. 148
17 I. Mellan. Source Book of Industrial Solvents. Vol. 3. 152～4
18 L. H. Horsley. Advan. Chem. Ser. 1952，6；1962，35
19 Beilstein. Handbuch der Organischen Chemie. H，1-360；E Ⅳ，1-1461
20 张海峰主编. 危险化学品安全技术大典：第1卷. 北京：中国石化出版社，2010

252. 丁　醇

1-butanol［*n*-butanol，*n*-butyl alcohol，butyric alcohol，propylcarbinol］

(1) 分子式　$C_4H_{10}O$。　　相对分子质量　74.12。

(2) 示性式或结构式　$CH_3CH_2CH_2CH_2OH$

(3) 外观　无色透明液体，有特异的芳香气味。

(4) 物理性质

沸点(101.3kPa)/℃	117.7	偶极矩(20℃)/(10^{-30}C·m)	5.60
熔点/℃	−89.8	黏度(20℃)/mPa·s	2.95
相对密度(20℃/20℃)	0.8097	表面张力(20℃)/(mN/m)	24.6
折射率(20℃)	1.3993	闪点(闭口)/℃	35
介电常数(25℃)	17.1	(开口)/℃	40

续表

燃点/℃	340～420	热导率(20℃)/[W/(m·K)]	16.75
蒸发热/(kJ/mol)	43.86	爆炸极限(下限)/%(体积)	1.45
熔化热/(kJ/kg)	125.2	(上限)/%(体积)	11.25
生成热/(kJ/mol)	−246.67	体膨胀系数(20℃)/K^{-1}	0.00095
燃烧热/(kJ/mol)	2675	MS m/e(强度)：31(100),56(85),41(60),43(59),27(52),42(32),29(31),71(1)	
比热容(20℃,定压)/[kJ/(kg·K)]	2.33		
临界温度/℃	287	NMR τ(CCl_4)—OH5.9,1-$CH_2$6.5,2,3-$CH_2$8.3～8.9,—$CH_3$9.1	
临界压力/MPa	4.90		
电导率/(S/m)	9.12×10^{-9}		

(5) 化学性质 与乙醇和丙醇一样，具有伯醇的化学反应性。

(6) 精制方法 丁醇除含水分外，尚含有醛、酮、酯和盐类等杂质。精制时用稀硫酸及亚硫酸氢钠溶液分别洗涤，以除去盐类、醛和酮。再用20%氢氧化钠溶液煮沸1.5小时除去酯类。用碳酸钾、硫酸镁或氧化钡干燥后分馏。

(7) 溶解性能 20℃时在水中溶解7.8%。能与醇、醚、苯等多种有机溶剂混溶。能溶解生物碱、樟脑、染料、橡胶、乙基纤维素、树脂酸盐（钙盐、镁盐）、油脂、蜡及多种天然和合成树脂。例如甘油三松香酸酯、刚果树脂、达玛树脂、榄香脂、贝壳松脂、马尼拉树脂、山达树脂、虫胶、醇酸树脂和脲醛树脂等。

(8) 用途 主要用于制造邻苯二甲酸酯、脂肪族二元酸酯、磷酸酯类增塑剂。也用作溶剂、脱水剂、抗乳化剂以及油脂、香料、抗生素、激素、维生素等的萃取剂，醇酸树脂涂料的添加剂，硝基喷漆的助溶剂等。液相色谱溶剂。

(9) 使用注意事项 危险特性属第3.3类高闪点易燃液体，危险货物编号：33552，UN编号：1120。对金属无腐蚀性，可用铁、软钢、铜或铝制容器贮存。丁醇属低毒类。麻醉作用比丙醇要强，与皮肤多次接触可导致出血和坏死。对人的毒性较乙醇约大三倍。其蒸气刺激眼、鼻、喉部。浓度75.75mg/m^3即使人有不愉快感觉，但由于沸点高，挥发性低，除高温使用外，危险性不大。大鼠经口LD_{50}为4.36g/kg。嗅觉阈浓度33.33mg/m^3。TJ 36—79规定车间空气中最高容许浓度为200mg/m^3。

(10) 规格

① GB/T 6027—1998 工业用正丁醇

项 目		优等品	一级品	合格品
外观		透明液体，无可见杂质		
色度（Hazen单位，铂-钴色号）	≤	10		15
密度（20℃）/(g/cm^3)		0.809～0.811		0.808～0.812
沸程(0℃,101.3kPa)(包括117.7℃)/℃	≤	1.0	2.0	3.0
正丁醇含量①/%	≥	99.5	99.0	98.0
硫酸显色试验②/(铂-钴号)≤		20	40	—
酸度(以乙酸计)/%	≤	0.003	0.005	0.01
水分/%	≤	0.1		0.2
蒸发残渣/%	≤	0.003	0.005	0.01

① ASDM D 304—1990 未设此项。

② ASDM D 304—1990 未设此项。

② GB/T 12590—2008 正丁醇（试剂）

名 称		分析纯	化学纯
含量/%	≥	99.5	98.0
色度/黑曾单位	≤	10	15
密度(20℃)/(g/mL)		0.808～0.811	0.808～0.811
蒸发残渣/%	≤	0.001	0.005

续表

名称		分析纯	化学纯
水分/%	≤	0.2	
酸度(以 H^+ 计)/(mmol/100g)	≤	0.0005	0.0015
羰基化合物(以 CO 计)/%	≤	0.02	0.04
酯(以 $CH_3COOC_4H_9$ 计)/%	≤	0.1	0.3
不饱和化合物(以 Br 计)/%	≤	0.005	0.05
铁(Fe)/%	≤	0.00005	0.0001
易炭化物质		合格	合格

(11) 附表

表 2-3-39 丁醇的蒸气压

温度/℃	蒸气压/kPa	温度/℃	蒸气压/kPa	温度/℃	蒸气压/kPa	温度/℃	蒸气压/kPa
20	0.59	40	2.48	60	7.89	84.3	26.66
25	0.86	45	3.32	65	10.36	100.8	53.33
30	1.27	50	4.49	70	14.97	117.75	101.33
35	1.75	55	5.99	75	17.51		

表 2-3-40 丁醇-水的相互溶解度

温度/℃	丁醇/%	水/%	温度/℃	丁醇/%	水/%
0	10.5	—	70	6.7	25.2
10	8.9	19.7	80	6.9	26.4
20	7.8	20.0	90	7.7	30.1
30	7.1	20.6	100	9.2	33.8
40	6.6	21.4	110	10.5	37.6
50	6.5	22.4	120	16.1	46.0
60	6.5	23.6			

表 2-3-41 含丁醇的二元共沸混合物

第二组分	共沸点/℃	丁醇/%	第二组分	共沸点/℃	丁醇/%
水	92.7	57.5	3-己酮	117.2	80
三氯硝基甲烷	106.65	20	4-甲基-2-戊酮	114.35	30
四氯化碳	76.55	2.5	乙酸丁酯	116.2	63.3
硝基甲烷	97.8	30	丁酸乙酯	115.7	约 64
四氯乙烯	108.95	29	异丁酸乙酯	109.2	17
三氯乙烯	86.65	3	甲酸异戊酯	115.9	69
1,2-二溴乙烷	114.75	44	乙酸异丁酯	114.5	50
硝基乙烷	107.7	45	异戊酸甲酯	113.5	40
硝酸乙酯	87.45	4	三聚乙醛	115.75	52
3-溴-1,2-环氧丙烷	117.0	80	乙缩醛	101	13
1-氯-2-丙酮	112.5	43	二异丙基硫	112.0	45
3-氯-1,2-环氧丙烷	112.0	43	硼酸三乙酯	113	52
烯丙基碘	98.7	13	丁腈	113.0	50
1,2-二溴丙烷	<117.1	61	1,2-二氯乙基醚	<117.0	<99.4
碘丙烷	99.5	13.5	溴丁烷	98.6	13
异丙基碘	88.6	6	溴代仲丁烷	90.6	6
硝酸丙酯	106.5	32	溴代异丁烷	90.2	7
环己烷	79.8	4	碘丁烷	113.8	41.5
甲基环戊烷	71.8	<8	碘代异丁烷	110.5	30
乙烯基丁基醚	93.3	7.75	硝酸异丁酯	112.8	55
2-己酮	116.5	81.8	吡啶	118.7	71

续表

第二组分	共沸点/℃	丁醇/%	第二组分	共沸点/℃	丁醇/%
甲酸丁酯	105.8	23.6	乙苯	114.8	约 67
碳酸二乙酯	116.5	63	间二甲苯	116.5	71.5
溴代异戊烷	110.65	31.5	邻二甲苯	116.8	75
氯代异戊烷	97.0	12	对二甲苯	115.7	68
碘代异戊烷	117.3	约 78	1,3-二甲基环己烷	108.5	43
氯苯	115.3	56	2,5-二甲基己烷	101.9	28
环己烯	82.0	5	辛烷	110.2	50
甲基环己烷	95.3	20	二丁醚	117.25	88
异丁酸异丙酯	115.5	54	二异丁基醚	113.5	48
庚烷	93.95	18	莰烯	117.73	98
丁氧基三甲基硅烷	111.0	40～44	α-蒎烯	117.4	约 88
苯乙烯	约 116.5	79	甲苯	105.5	32

表 2-3-42　含丁醇的三元共沸混合物

第二组分	含量/%	第三组分	含量/%	共沸点/℃	第二组分	含量/%	第三组分	含量/%	共沸点/℃
水	21.3	甲酸丁酯	68.7	83.6	水	50	丙烯酸甲酯	12.4	92
水	41.8	氯代乙酸丁酯	7.9	93.1	水	60	辛烷	25.4	86.1
水	29.3	二丁醚	27.7	91	水	41.4	庚烷	51	78.1
水	10	乙烯基丁基醚	88	77.4	水	69.9	壬烷	11.8	90
水	29	乙酸丁酯	63	90.7	吡啶	20.7	甲苯	67.4	108.7
水	19.2	己烷	77.9	61.5	苯	48	环己烷	48	77.42

(12) 附图

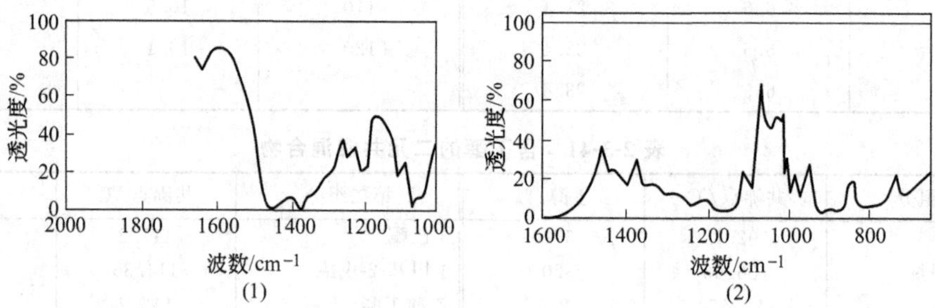

图 2-3-11　丁醇的红外光谱图（1，2）

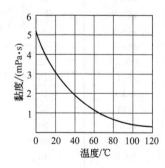

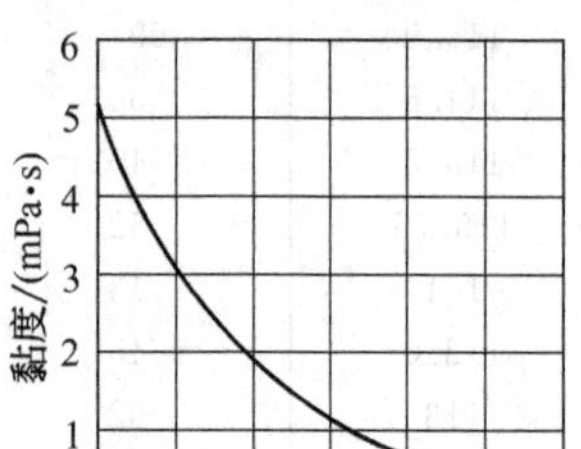

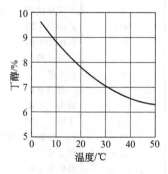

图 2-3-12　丁醇的黏度-温度曲线

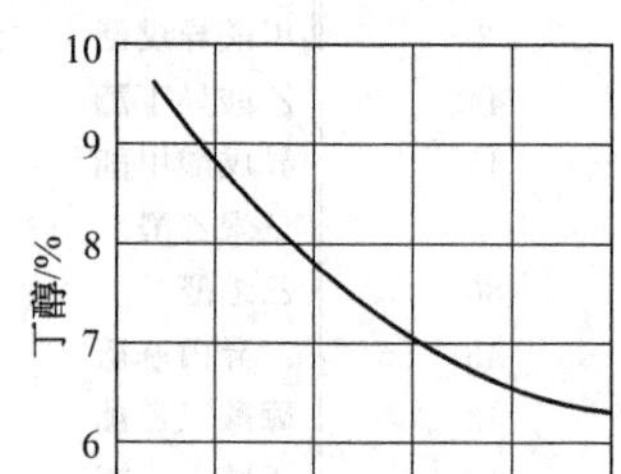

图 2-3-13　丁醇在水中的溶解度

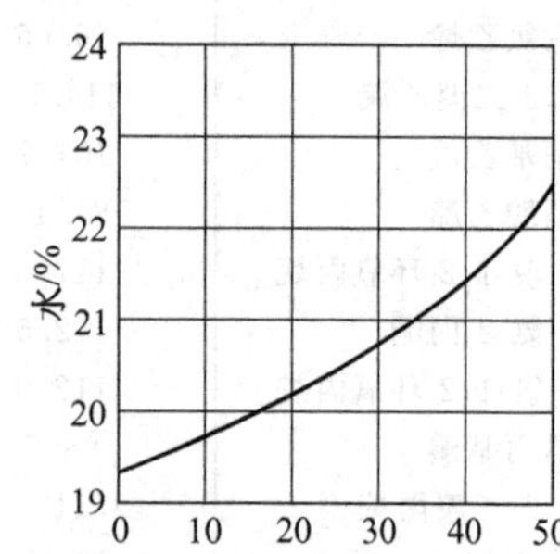

图 2-3-14　水在丁醇中的溶解度

参　考　文　献

1　CAS 71-36-3

2 EINECS 200-751-6
3 J. A. Monick. Alcohols. Van Nostrand Reinhold，1968. 126
4 Kirk-Othmer. Encyclopedia of Chemical Technology. 2nd ed. Vol. 3.，Wiley. 822
5 C. Marsden. Solvents Guide. 2nd ed. Clearer-Hume. 1963. 73
6 A. Weissberger. Organic Solvents. 2nd ed. Wiley. 94
7 A. K. Doolittle. The Technology of Solvents and Plasticizers. Wiley. 1954. 640
8 日本化学会. 化学便覧. 基礎編. 丸善. 1966. 835
9 日本化学会. 化学便覧. 基礎編. 丸善. 1966. 500
10 Documentation of Molecular Spectroscopy.，Butterworth. 1959. 787
11 W. G. Braun. et al. Anal. Chem. 1950，22：1074
12 J. G. Grasselli. Atlas of Spectral Data and Physical Constants for Organic Compounds. CRC Press. 1973. B-376
13 Sadtler Standard NMR Spectra. No. 7200M
14 H. F. Smyth，Jr. et al. A. M. A. Ind. Health. 1951，4，119
15 L. H. Horsley. Advan. Chem. Ser. 1952，6：1962，35
16 Beilstein. Handbuch der Organischen Chemie. H，1-367；E Ⅳ，1-1506
17 The Merck Index. **10**，1513；**11**，1540
18 张海峰主编. 危险化学品安全技术大典：第1卷. 北京：中国石化出版社，2010

253. 异 丁 醇

isobutanol［isobutyl alcohol，2-mthyl-1propanol，
isopropylcarbinol，fermentation butyl alcohol］

(1) 分子式　$C_4H_{10}O$。　　相对分子质量　74.12。

(2) 示性式或结构式　CH_3CHCH_2OH
$\quad\quad\quad\quad CH_3$

(3) 外观　无色透明液体，具有特殊的气味。

(4) 物理性质

沸点(101.3kPa)/℃	107.9	生成热/(kJ/mol)	－339.4
熔点/℃	－108	燃烧热/(kJ/kg)	36041
相对密度(20℃/4℃)	0.8020	比热容(定压)/[kJ/(kg·K)]	2.39
折射率(20℃)	1.3959	临界温度/℃	265.0
介电常数(20℃)	17.95	临界压力/MPa	4.86
偶极矩/(10^{-30}C·m)	5.97	沸点上升常数	2.01
黏度(20℃)/mPa·s	4.0	电导率/(S/m)	8×10^{-8}
表面张力(20℃)/(mN/m)	23.0	热导率(0℃)/[W/(m·K)]	15.49
闪点(开口)/℃	27.5	爆炸极限(下限)/%(体积)	1.68
蒸发热(b.p.)/(kJ/kg)	574.3	体膨胀系数(20℃)/K^{-1}	0.00095

(5) 化学性质　和丁醇相似，具有伯醇的化学性质。脱水生成异丁烯。

(6) 精制方法　异丁醇所含的杂质除水之外，尚含有丙醇、戊醇等同系物。精制时先加生石灰煮沸5小时，再加金属钙摇动1.5小时，然后反复分馏精制。为了除去碱性物质，可用稀硫酸处理，水洗后用生石灰干燥。过滤后于160～175℃与硼酸反应6小时，使生成硼酸酯，再于减压下分馏数次，用碱的水溶液水解，生石灰干燥，蒸馏。或者用邻苯二甲酸酐与异丁醇反应生成邻苯二甲酸二异丁酯、石油醚重结晶，加15%氢氧化钾水解后蒸馏，馏出物用碳酸钾、无水硫酸铜，最后用金属镁干燥后分馏。

(7) 溶解性能　能与醇、醚等有机溶剂混溶。15℃时在水中的溶解性为10%，20℃为8.5%。水在异丁醇中的溶解性15℃时为15%，25℃时为16.4%。

(8) 用途　用作硝酸纤维素的助溶剂，乙基纤维素、聚乙烯醇缩丁醛、多种油类、橡胶、天然树脂的溶剂。还用作石油添加剂、抗氧剂、增塑剂和合成橡胶、人造麝香、果子精油、酯类等

的制造以及锶、钡、锂等盐类的提纯。

(9) 使用注意事项 危险特性属第3.3类高闪点易燃液体。危险货物编号：33552，UN编号：1112。对金属无腐蚀性，可用铁、软钢、铜或铝制容器贮存。属低毒类。毒性比甲醇和丙醇小，后效作用也比丙醇小，能刺激眼和咽喉的黏膜，麻醉作用则较丁醇稍强。可经皮肤吸收，但对皮肤无刺激作用。嗅觉阈浓度 $120mg/m^3$。工作场所最高容许浓度 $300mg/m^3$。大鼠经口 LD_{50} 为 6.2mL/kg，家兔经皮 LD_{50} 为 4.24g/kg。

(10) 规格 HG/T 3270—2002 工业用异丁醇

项目		优等品	合格品
色度(Hazen单位，铂-钴)/号	≤	10	20
密度(20℃)/(g/cm^3)		0.801～0.803	
异丁醇/%	≥	99.3	99.0
酸度(以乙酸计)/%	≤	0.003	0.005
蒸发残渣/%	≤	0.004	0.008
水分/%	≤	0.15	0.30

(11) 附表

表 2-3-43 异丁醇的蒸气压

温度/℃	蒸气压/kPa	温度/℃	蒸气压/kPa	温度/℃	蒸气压/kPa	温度/℃	蒸气压/kPa
−9.0	0.13	44.1	5.33	70	21.13	91.4	53.33
11.0	0.67	51.9	8.00	75.9	26.66	100.0	77.79
21.7	1.33	60.0	13.21	80.0	33.18	108.0	101.33
32.4	2.67	61.5	13.33	90.0	51.28		

表 2-3-44 含异丁醇的二元共沸混合物

第二组分	共沸点/℃	第二组分/%	第二组分	共沸点/℃	第二组分/%
苯	79.9	90.7	甲苯	101.2	55
1,3-环己二烯	79.4	88	2,2,4-三甲基戊烷	92.0	73
环己烷	78.1	86	1-溴-3-甲基丁烷	103.4	36.4
环己烯	80.5	85.8	氯苯	107.1	37
1,3-二甲基环己烷	102.2	44	1-氯-3-甲基丁烷	94.5	78
庚烷	90.8	73	氟苯	84.0	91
己烷	68.3	97.5	乙烯基异丁基醚	82.7	93.8
甲基环己烷	92.6	68	甲酸异丁酯	97.8	79.4
2-戊酮	101.8	81	丁酸甲酯	101.3	75
3-戊酮	101.7	80	4-甲基-2-戊酮	107.9	9
二丙醚	89.5	90	频哪酮	105.5	68
甲酸丁酯	103.0	60	乙酸丙酯	101.0	83
异丁酸乙酯	105.5	48	异戊酸甲酯	107.5	10
丙酸乙酯	98.9	87	二异丙基硫	105.8	27
乙酸异丁酯	107.4	45	水	89.92	33.2
甲基环戊烷	71.0	95			

表 2-3-45 含异丁醇的三元共沸混合物

第二组分	含量/%	第三组分	含量/%	共沸点/℃
水	30.4	乙酸异丁酯	46.5	86.8
水	17.3	甲酸异丁酯	76	80.2
水	33.6	氯代乙酸异丁酯	13.3	90.2
水	4.5	叔丁基氯	1.9	61.6
水	29.3	二丁醚	27.7	91.0

(12) 附图

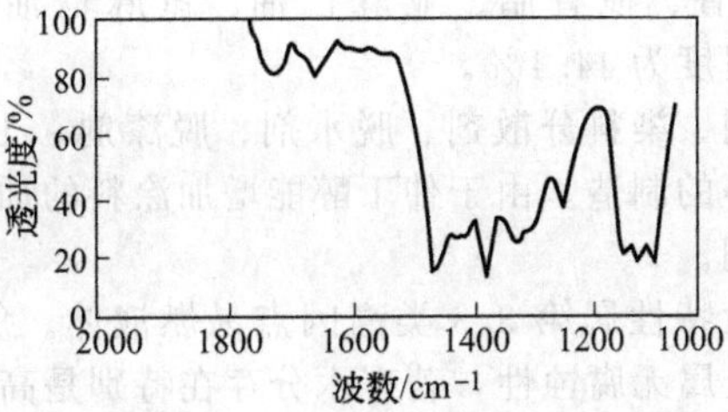

图 2-3-15 异丁醇的红外光谱图

参 考 文 献

1 CAS 78-83-1
2 EINECS 201-148-0
3 J. A. Monick. Alcohols. Van Nostrand Reinhold. 1968. 130
4 C. Marsden. Solvents Guide. 2nd ed. Cleaver-Hume，1963. 80
5 A. Weissberger. Organic Solvents. 2nd ed. Wiley. 96
6 日本化学会. 化学便覧. 基礎編. 丸善. 1967. 500
7 American Conference of Governmental Industrial Hygienists. TLV of Airborne Contaminants for 1970
8 Sadtler Standard IR Grating Spectra. No. 13
9 V. I. Malyshev et al. Dokl. Akad. Nauk. SSSR. 1949，66：833
10 E. Stenhagen et al. Atlas of Mass Spectral Data. Vol. 1. Wiley. 1969. 85
11 Sadtler Standard NMR Spectra. No. 7219
12 F. A. Patty. Industrial Hygiene and Toxicology. Vol. 2. Wiley. 1963. 1447
13 C. Marsden. Solvents Guide. 2nd ed. Cleaver-Hume. 1963. 81
14 I. Mellan. Source Book of Industrial Solvents. Vol. 3. Reinhold. 176～177
15 Beilstein. Handbuch der Organischen Chemie. H，1-373；E Ⅳ，1-1588
16 The Merck Index. **10**，4978；**11**，5015
17 张海峰主编. 危险化学品安全技术大典：第1卷. 北京：中国石化出版社，2010

254. 仲 丁 醇

sec-butanol [*sec*-butyl alcohol，2-butanol，methyl ethylcarbinol]

(1) 分子式 $C_4H_{10}O$。 相对分子质量 74.12。

(2) 示性式或结构式

$$\underset{\displaystyle OH}{CH_3\underset{|}{C}HCH_2CH_3}$$

(3) 外观 无色透明液体，有葡萄酒香味。

(4) 物理性质

沸点(101.3kPa)/℃	99.50	闪点(开口)/℃	24.4
熔点/℃	−114.7	蒸发热(b.p.)/(kJ/kg)	562.6
相对密度(20℃/4℃)	0.8069	生成热/(kJ/mol)	−279.09
折射率(20℃)	1.3969	燃烧热/(kJ/mol)	2662.4
介电常数(19℃)	15.5	比热容(20℃,定压)/[kJ/(kg·K)]	2.81
黏度(20℃)/mPa·s	4.210	临界温度/℃	265
表面张力(10℃)/(mN/m)	23.5	体膨胀系数(20℃)/K^{-1}	0.00097

(5) 化学性质 具有仲醇的化学反应特性。

(6) 精制方法 所含杂质有水分和其他丁醇异构体。精制方法参照丁醇。

(7) 溶解性能 能与醇、酯、醚、芳香烃等多种有机溶剂混溶。能溶解甘油三松香酸酯、贝壳松脂、虫胶、山达脂、乳香、榄香脂、亚麻仁油、蓖麻仁油等。20℃时在水中溶解度为12.5%；水在仲丁醇中的溶解度为44.1%。

(8) 用途 用作抗乳化剂、染料分散剂、脱水剂、脱漆剂、工业洗涤剂等。还用作增塑剂、油脂萃取剂、润湿剂、香料等的制造。由于仲丁醇能增加涂料的加工性和延展性，故可用作硝基喷漆、硝基漆稀释剂的助溶剂。

(9) 使用注意事项 危险特性属第3.3类高闪点易燃液体。危险货物编号：33552，UN编号：1120。干燥的仲丁醇对金属无腐蚀性，若有水分存在特别是高温时，能腐蚀铝，故适于用软钢制的容器贮存。属微毒类，毒性介于甲醇和丁醇之间，高浓度时具有麻醉作用。后效作用比丙醇和异丁醇强。嗅觉阈浓度121.2mg/m³。工作场所最高容许浓度为450mg/m³。大鼠经口LD_{50}为6.48g/kg。长期使用时应避免与皮肤接触。

(10) 附表

表 2-3-46 仲丁醇的蒸气压

温度/℃	蒸气压/kPa	温度/℃	蒸气压/kPa	温度/℃	蒸气压/kPa
−12.2	0.13	20.0	1.61	54.1	13.33
0	0.33	27.3	2.67	67.9	26.66
7.2	0.67	30.0	3.19	83.9	53.33
10.0	0.76	38.1	6.53	99.5	101.33
16.9	1.33	45.2	8.00		

表 2-3-47 含仲丁醇的二元共沸混合物

第二组分	共沸点/℃	第二组分/%	第二组分	共沸点/℃	第二组分/%
苯	78.6	84.6	二丙醚	87.0	78
环己烯	78.7	79	乙酸仲丁酯	99.6	13.7
2,5-二甲基己烯	93.0	46	甲酸丁酯	98.0	32
庚烷	89.0	62	丙酸乙酯	95.7	53
己烷	67.2	92	甲酸异丁酯	94.7	60
甲基环己烷	89.9	59	丁酸甲酯	97.7	41
甲基环戊烷	69.7	88.5	频哪酮	99.1	16
甲苯	95.3	45	乙酸丙酯	96.5	48
1-氯-3-甲基丁烷	91.5	71	异丁酸甲酯	92.0	77
乙基叔戊基醚	94.5	61	二乙硫	89.0	68
3-戊酮	98.0	42	甲基叔戊基醚	86.0	93
水	88.5	32	四氯化碳	74.6	92.4

(11) 附图

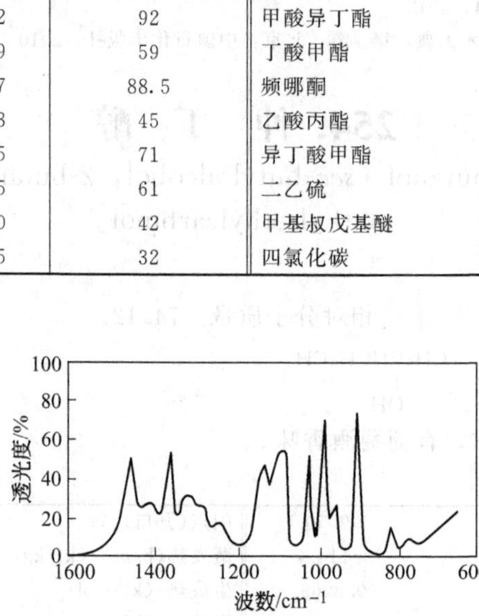

图 2-3-16 仲丁醇的红外光谱图

参 考 文 献

1 CAS 15892-23-6

2 EINECS 201-158-5

3 J. A. Monick. Alcohols. Van Nostrand Reinhold. 1968. 131
4 C. Marsden. Solvents Guide. 2nd ed. Cleaver-Hume，1963. 84
5 J. H. Perry. Chemical Engineer's Handbook. 4th ed. MoGraw. 1963. 3
6 J. G. Grasselli. Atlas of Spectral Data and Physical Constants for Organic Compounds. CRC Press. 1973. B-376
7 Sadtler Standard IR Grating Spectra. No. 10984
8 W. G. Braun et al. Dokl. Akad. Nauk SSSR. 1949，66：833
9 E. Stenhagen et al. Atlas of Mass Spectral Data. Vol. 1. Wiley. 1969. 85
10 Sadtler Standard NMR Spectra. No. 7952
11 F. A. Patty. Industrial Hygiene and Toxicology. Vol. 2. Wiley. 1963. 1445
12 I. Mellan. Source Book of Industrial Solvents. Vol. 3. Reinhold. 178～181
13 Beilstein. Handbuch der Organischen Chemie. H，1-371；E Ⅳ，1-1566
14 The Merck Index. **10**，1514；**11**，1541

255. 叔　丁　醇

tert-butanol [*tert*-butyl alcohol，2-methyl-2-propanol，trimethyl carbinol]

(1) 分子式　$C_4H_{10}O$。　　相对分子质量　74.12。

(2) 示性式或结构式

```
      CH3
       |
   CH3COH
       |
      CH3
```

(3) 外观　无色液体，有类似樟脑气味。

(4) 物理性质

沸点(101.3kPa)/℃	82.50	熔化热/(kJ/kg)	91.6
熔点/℃	25.55	燃烧热/(kJ/kg)	35540
相对密度(20℃/4℃)	0.7867	比热容(27℃,定压)/[kJ/(kg·K)]	3.04
折射率(20℃)	1.3838	临界温度/℃	236
介电常数(19℃)	11.4	临界压力/MPa	4.96
偶极矩/(10^{-30}C·m)	5.54	沸点上升常数	8.37
黏度(30℃)/mPa·s	3.35	电导率/(S/m)	2.9×10^{-7}
表面张力(25℃)/(mN/m)	19.45	爆炸极限(下限)/%(体积)	2.35
闪点(开口)/℃	8.9	(上限)/%(体积)	8
燃点/℃	450～500	体膨胀系数(20℃)/K^{-1}	0.00133
蒸发热(b.p.)/(kJ/kg)	546.3		

(5) 化学性质　具有叔醇的化学反应特性。比伯醇、仲醇容易发生脱水反应，与盐酸振摇易生成氯化物。

(6) 精制方法　所含杂质为水分及各种醇类。精制时用CaO、K_2CO_3、$CaSO_4$或$MgSO_4$干燥，过滤后蒸馏。馏出物再分步结晶精制。若含水较多，则可用与苯组成的三元共沸混合物进行共沸蒸馏脱水。

(7) 溶解性能　能与水、醇、酯、醚、脂肪烃、芳香烃等多种有机溶剂混溶。

(8) 用途　用作工业用洗涤剂的溶剂，药品萃取剂、杀虫剂、蜡用溶剂、纤维素酯、塑料和油漆的溶剂，还用于制造变性酒精、香料、果子精、异丁烯等。液相色谱溶剂。

(9) 使用注意事项　危险特性属第3.2类中闪点易燃液体。危险货物编号：32066，UN编号：1120。对金属无腐蚀性，可用软钢或铝制容器贮存。属微毒类。和其他丁醇相比有较高的毒性和麻醉性。嗅觉阈浓度2.21mg/m^3。工作场所最高容许浓度为300mg/m^3。大鼠经口LD_{50}为3.5g/kg。

(10) 规格　SH/T 1495—2002　工业用叔丁醇

项　　目		TBA-85	TBA-95	TBA-99
外观		无色透明液体或结晶体		
叔丁醇/%	≥	85.0	95.0	99.0
色度(铂-钴号)	≤	10	10	10
密度(20℃)/(kg/m³)		812～820	—	—
(26℃)		—	783～790	778～783
水分/%	≤	—	—	0.3
沸程　初馏点/℃	≥	—	—	81.5
干点/℃	≤	—	—	83.5
酸度(以乙酸计)/%	≤	0.003	0.003	0.003
蒸发后干残渣/%	≤	0.002	0.002	0.002

(11) 附表

表 2-3-48　叔丁醇的蒸气压

温度/℃	蒸气压/kPa	温度/℃	蒸气压/kPa	温度/℃	蒸气压/kPa
−20.4	0.13	24.5	5.33	40.0	13.73
−3.0	0.7	25.0	5.60	52.7	26.66
5.5	1.33	30.0	7.64	68.0	53.33
14.3	2.67	31.0	8.00	82.55	101.33
20.0	4.08	39.8	13.33		

表 2-3-49　含叔丁醇的二元共沸混合物

第　二　组　分	共沸点/℃	第二组分/%	第　二　组　分	共沸点/℃	第二组分/%
苯	74.0	63.4	己烷	63.7	78
1,3-环己二烯	73.4	61.5	甲基环己烷	78.8	34
环己烷	71.3	63	甲基环戊烷	66.6	74
环己烯	73.2	60	戊烷	35.9	97
环戊烯	48.2	93	四氯化碳	70.5	76
2,3-二甲基丁烷	55.3	87	1-氯-3-甲基丁烷	81.2	41
1,3-二甲基环己烷	82.2	10	二氯二溴甲烷	79.0	65
2,5-二甲基己烷	81.5	23	1,1-二氯乙烷	57.1	94
庚烷	78.0	38	丙酸甲酯	77.6	63
氟苯	76.0	69	甲酸丙酯	78.0	60
氟代异丁烷	65.5	83	硝酸乙酯	78.0	38
三氯乙烯	75.8	67	硝基甲烷	79.5	42
二丙醚	79.0	48	二硫化碳	45.7	94
乙酸乙酯	76.0	75	二乙硫	79.8	30
水	79.91	11.76			

表 2-3-50　叔丁醇的三元共沸混合物

第二组分	含量/%	第　三　组　分	含量/%	共沸点/℃
水	8.1	苯	70.5	67.3
水	8.0	环己烷	71.0	65.0

(12) 附图

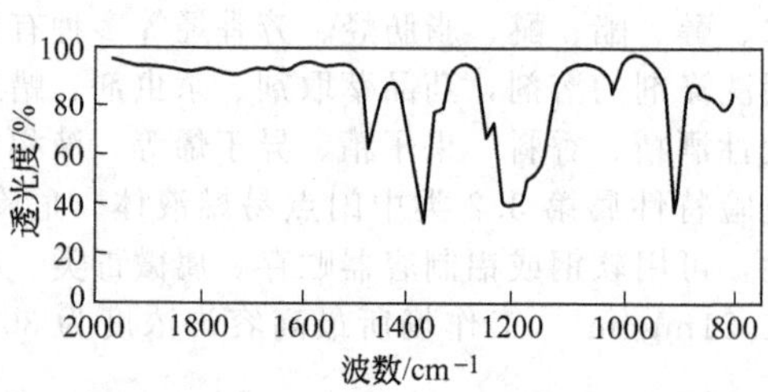

图 2-3-17　叔丁醇的红外光谱图

参 考 文 献

1 CAS 76-65-0
2 EINECS 200-889-7
3 J. A. Monick. Acohols. Van Nostrand Reinhold, 1968. 134
4 A. Wissberger. Organic Solvents. 2nd ed. Wiley. 97
5 C. Marsden. Solvents Guide. 2nd ed. Cleaver-Hume. 1963. 87
6 J. H. Perry. Chemical Engineer's Handbook, 4th ed. McGraw. 1963. 3
7 J. G. Grasselli. Atlas of Spectral Date and Physical Constants for Organic Compounds. CRC Press. 1973. B-821
8 Coblentz Societiy IR Spectra. No. 6880
9 W. G. Braun et al. Anal, Chem. 1950, 22: 1074
10 E. Stenhagen et al. Atlas of Mass Spectral Data. Vol. 1. Wiley. 1969. 84
11 Varion Associate NMR Spectra. No. 423
12 松田種光，箱島勝，鎌苅藤行共著. 溶剤ハンドブック. 產業図書. 419
13 F. A. Patty. Industrial Hygiene and Toxicology. 2nd ed. Vol. 2. Wiley. 1963. 1446
14 I. Mellan. Source Book of Industrial Solvents. Vol. 3. Reinhold. 185～186
15 Beilstein. Handbuch der Organischen Chemie. H, 1-379; E Ⅳ, 1-1609
16 The Merck Index. **10**, 1515; **11**, 1542
17 张海峰主编. 危险化学品安全技术大典：第1卷. 北京：中国石化出版社，2010

256. 戊 醇

1-pentanol [*n*-amyl alcohol, pentyl alcohol, *n*-butyl carbinol]

(1) 分子式 $C_5H_{12}O$。 相对分子质量 88.15。

(2) 示性式或结构式 $CH_3(CH_2)_3CH_2OH$

(3) 外观 无色透明液体，有特殊气味。

(4) 物理性质

沸点(101.3kPa)/℃	138.0	蒸发热(b.p.)/(kJ/kg)	504.9
熔点/℃	−78.2	熔化热/(kJ/kg)	111.6
相对密度(20℃/4℃)	0.8144	生成热/(kJ/mol)	−360.2
折射率(20℃)	1.4099	燃烧热/(kJ/mol)	3318.87
介电常数(25℃)	13.9	比热容(20℃,定压)/[kJ/(kg·K)]	2.98
偶极矩/(10^{-30}C·m)	6.0	热导率(20℃)/[W/(m·K)]	16.33
黏度(25℃)/mPa·s	3.31	爆炸极限(下限)/%(体积)	1.2
表面张力(20℃)/(mN/m)	25.6	体膨胀系数(20℃)	0.00092
闪点(开口)/℃	51		

(5) 化学性质 具有伯醇的化学反应特性。

(6) 精制方法 杂质除水分外，还含有少量异戊醇等异构体。精制时用无水碳酸钾或无水硫酸铜干燥，过滤，分馏。也可用1%～2%的金属钠处理，加热回流15个小时以除去水和氯化物。微量的水可用少量的金属钠在2%～3%的邻苯二甲酸二戊酯或丁二酸二戊酯存在下，加热回流后再蒸馏除去。欲得高纯度的戊醇可以用羟基苯甲酸酯化，二硫化碳重结晶，再用氢氧化钾醇溶液皂化，硫酸钙干燥后分馏。此外也可加入5%～10%的苯进行共沸蒸馏除去戊醇中的水分。

(7) 溶解性能 微溶于水，20℃时在水中溶解1.7%。能与乙醇、乙醚、丙酮、四氯化碳、苯、庚烷等多种有机溶剂混溶。能溶解植物油、动物油、矿物油、乙基纤维素、松香、甘油三松香酸酯、虫胶等。

(8) 用途 主要用于制造乙酸戊酯。与其他溶剂组成的混合物用作硝基喷漆的助溶剂。还用于从木材中提取松脂，以及香料、药物的制造。

(9) 使用注意事项　危险特性属第 3.3 类高闪点易燃液体。危险货物编号：33553，UN 编号：1105。对金属无腐蚀性，可用软钢、铜或铝制容器贮存。属微毒类。其蒸气有麻醉性，能刺激眼、鼻和呼吸器官，引起头痛、恶心、咳嗽、呕吐、耳鸣、谵语。在体内吸收后会造成高铁血红蛋白病，高铁血红蛋白尿和糖尿病。嗅觉阈浓度 $56.16mg/m^3$。TJ36—79 规定车间空气中最高容许浓度为 $100mg/m^3$。

(10) 附表

表 2-3-51　戊醇的蒸气压

温度/℃	蒸气压/kPa	温度/℃	蒸气压/kPa
13.6	0.13	75.5	8.00
34.7	0.7	102.0	26.66
44.9	1.33	119.8	53.33
55.8	2.67	137.8	101.33

表 2-3-52　戊醇-水的相互溶解度

温度/℃	戊醇/%	水/%
10	2.6	6.4
30	2.1	7.2
50	1.9	8.5
70	1.8	10.7

表 2-3-53　含戊醇的二元共沸混合物

第　二　组　分	共沸点/℃	第二组分/%	第　二　组　分	共沸点/℃	第二组分/%
氯苯	126.2	75	对二甲苯	131.3	58
乙苯	129.8	60	1,3-二甲基环己烷	118.2	80
水	95.95	54	二丁醚	134.0	48
甲酸戊酯	130.4	57	二异丁醚	121.2	90

表 2-3-54　含戊醇的三元共沸混合物

第二组分	含量/%	第　三　组　分	含量/%	共沸点/℃
水	37.6	甲酸戊酯	41.2	91.4
水	56.2	乙酸戊酯	10.5	94.8

(11) 附图

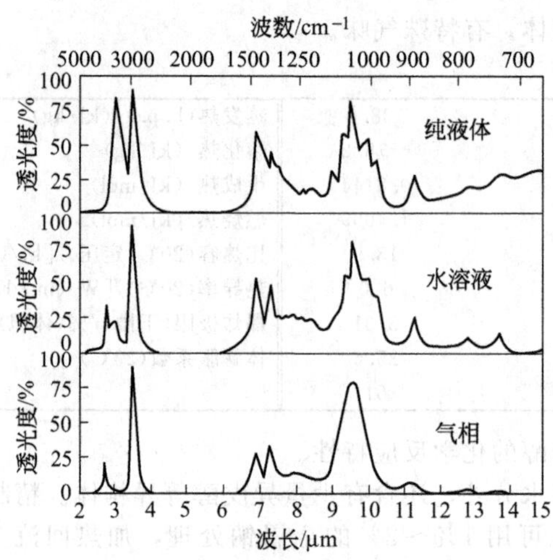

图 2-3-18　戊醇的红外光谱图

参　考　文　献

1　CAS 71-41-0

2　EINECS 200-752-1

3　J. A. Monick. Alcohols. Van Nostrand Reinhold. 1968. 140

4　A. Weissberger. Organic Solvents. 2nd ed. Wiley. 98

5　日本化学会. 化学便覧. 基礎編. 丸善. 1966. 500

6　C. Marsden. Solvents Guide. 2nd ed. Cleaver-Hume, 1963. 38

7 J. G. Grasselli. Atlas of Spectral Data and Physical Constants for Organic Compounds. CRC Press. 1973. B-737
8 Sadtler Standard IR Grating Spectra. No. 205
9 E. Stenhagen et al. Atlas of Mass Spectral Data. Vol. 1. Wiley. 1969. 168
10 Sadtler Standard NMR Spectra. No. 10132
11 F. A. Patty. Industrial Hygiene and Toxicology. Vol. 2. Wiley. 1963. 1451
12 I. Mellan. Source Book of Industrial Solvents. Vol. 3. Reinhold. 190～193
13 C. Marsden. Solvents Guide. 2nd ed. Cleaver-Hume. 1963. 41
14 Beilstein. Handbuch der Organischen Chemie. H，1-383；E Ⅳ，1-1640
15 The Merck Index. **10**，6985；**11**，7074
16 张海峰主编. 危险化学品安全技术大典：第 1 卷. 北京：中国石化出版社，2010

257. 2-甲基-1-丁醇［旋光性戊醇］

2-methyl-1-butanol [active amyl alcohol，*sec*-butyl carbinol]

(1) 分子式　$C_5H_{12}O$。　相对分子质量　88.15。

(2) 示性式或结构式　$CH_3CH_2CH(CH_3)CH_2OH$

(3) 外观　无色透明液体，有特殊气味。

(4) 物理性质

沸点(101.3kPa)/℃	128.0	闪点(开口)/℃	46
相对密度(20℃/4 ℃)	0.8193	蒸发热(b. p.)/(kJ/kg)	472
折射率(20 ℃)	1.4107	体膨胀系数(20 ℃)/K^{-1}	0.00078
黏度(20 ℃)/mPa·s	5.09	IR*dl* 体	

(5) 精制方法　存在于杂醇油中，有左旋性，用高效分馏塔即可从杂醇油中分离出高纯度的 *dl*-2-甲基丁醇。若要除去 2-甲基丁醇中的水分，可用氧化钙回流后分馏，馏出物与镁回流后再分馏。

(6) 溶解性能　微溶于水，能与醇、醚混溶。

(7) 用途　除用作溶剂外，在有机合成中用来引进旋性戊基。

(8) 使用注意事项　危险特性属第 3.3 类高闪点易燃液体。危险货物编号：33553。属低毒类。对眼有强烈的刺激作用，对皮肤的刺激作用较弱，但能由皮肤吸收。

(9) 附表

表 2-3-55　2-甲基丁醇的蒸气压

温度/℃	蒸气压/kPa
65.7	6.67
79.6	13.33
104.1	40.00
117.3	66.66

表 2-3-56　2-甲基丁醇-水的相互溶解度

温度/℃	2-甲基丁醇/%	水/%
10	5.0	7.0
20	2.2	8.3
30	3.6	7.8
50	3.1	9.2
70	3.0	11.3

(10) 附图

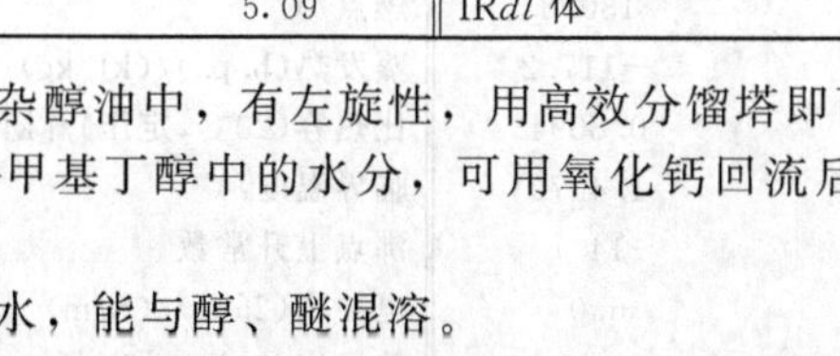

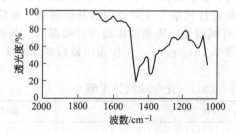

图 2-3-19　2-甲基丁醇的红外光谱图

参 考 文 献

1 CAS 137-32-6
2 EINECS 205-289-9
3 J. A. Monick. Alcohols. Van Nostrand Reinhold. 1968. 142
4 C. Marsden. Solvents Guide. 2nd ed. Cleaver-Hume. 1963. 41
5 Coblentz Society IR Spectra. No. 2104
6 W. G. Braun et al. Anal. Chem.. 1939, 22: 1074
7 E. Stenhagen et al. Atlas of Mass Spectral Data. Vol. 1. Wiley. 1969. 171
8 Sadtler Standard NMR Spectra. No. 2869
9 Tech. Org. Chem. 7: 100

258. 异 戊 醇

isopentyl alcohol [3-methyl-1-butanol, isoamyl alcohol, isobutyl carbinol, fermentation amyl alcohol]

(1) 分子式 $C_5H_{12}O$。　　相对分子质量 88.15。

(2) 示性式或结构式 $CH_3CHCH_2CH_2OH$（第二个碳上连 CH_3）

$$\begin{array}{l}CH_3CHCH_2CH_2OH\\ \quad\quad | \\ \quad\quad CH_3\end{array}$$

(3) 外观　无色透明液体，有不愉快的刺激臭味。

(4) 物理性质

沸点(101.3kPa)/℃	130.8	燃点/℃	343
熔点/℃	−117.2	蒸发热(b.p.)/(kJ/kg)	485.69
相对密度(20℃/4℃)	0.8094	比热容(20℃,定压)/[kJ/(kg·K)]	2.87
折射率(20℃)	1.4070	临界温度/℃	307.0
介电常数(25℃)	14.7	沸点上升常数	2.65
偶极矩/(10^{-30}C·m)	6.07	电导率(25℃)/(S/m)	1.4×10^{-9}
黏度(20℃)/mPa·s	4.2	热导率(20℃)/[W/(m·K)]	15.073
表面张力(20℃)/(mN/m)	23.8	爆炸极限(下限)/%(体积)	1.2
闪点(开口)/℃	52	体膨胀系数/K^{-1}	0.00089

(5) 化学性质　具有伯醇的化学反应性。与浓硫酸作用生成异戊烯。

(6) 精制方法　用发酵法制得的戊醇含有旋光性戊醇和异戊醇。这两种成分的分离，可先制成酸式硫酸酯的钡盐，利用异戊醇的酯盐溶解度小而进行分离。或将异戊醇与浓硫酸在蒸气浴上加热 8 小时后，分去酸，与碳酸钙一起摇动，重复水蒸气蒸馏进行精制。或用浓氢氧化钾溶液与异戊醇煮沸，稀磷酸溶液洗涤，碳酸钾、无水硫酸铜干燥，分馏。

(7) 溶解性能　微溶于水，与乙醇、乙酸乙酯、乙酸丁酯、酮、醚、苯、甲苯、汽油等混溶。

(8) 用途　用于制造药物、摄影药品、香料等，也是涂料的溶剂和掺合剂。液相色谱溶剂。

(9) 使用注意事项　危险特性属第 3.3 类高闪点易燃液体。危险货物编号：33553，UN 编号：1105 异戊醇属低毒类。有刺激性，能刺激眼睛及呼吸器官。长期暴露在其蒸气中能引起头痛、咳嗽等症状。嗅觉阈浓度 0.151mg/m^3。工作场所最高容许浓度 360mg/m^3。家兔经口 LD_{50} 为 4.24 mL/kg。

(10) 规格　HG/T 2891—2011　化学试剂异戊醇

项　目		分析纯	化学纯
含量[$C_5H_{12}O$]/%	≥	98.5	98.0
沸点/℃		130±1.0	130±1.0

续表

项　　目		分析纯	化学纯
蒸发残渣/%	≤	0.002	0.004
酸度(以 H^+ 计)/(mmol/g)	≤	0.0004	0.0008
酸与酯[以 $CH_3COO(CH_2)_4CH_3$ 计]/%	≤	0.06	0.1
羰基化合物(以 CO 计)/%	≤	0.1	0.2
易炭化物质		合格	合格
铁(Fe)/%	≤	0.00003	0.00006
水分(H_2O)/%	≤	0.2	0.4
密度(20℃)/(g/mL)		0.811	

(11) 附表

表 2-3-57　异戊醇的蒸气压

温度/℃	蒸气压/kPa	温度/℃	蒸气压/kPa
10	0.13	110	47.81
20	0.31	120	69.77
40	1.29	130	99.09
60	4.44	140	137.72
80	12.79	150	186.65
100	31.81		

表 2-3-58　异戊醇-水的相互溶解度

温度/℃	异戊醇/%	水/%
10	3.7	6.5
20	2.4	9.7
30	2.8	7.4
50	2.5	8.7
70	2.4	10.8

表 2-3-59　异戊醇的二元共沸混合物

第　二　组　分	共沸点/℃	第二组分/%	第　二　组　分	共沸点/℃	第二组分/%
莰烯	130.9	76	乙烯基异戊基醚	112.1	88
异丙基苯	131.6	6	二异丁基醚	119.8	78
1,3-二甲基环己烷	116.6	73	三聚乙醛	122.9	78
2,5-二甲基己烷	107.6	85	亚异丙基丙酮	129.2	76
庚烷	97.7	93	乙酸丁酯	125.9	82.5
甲基环己烷	98.2	87	异戊酸乙酯	130.5	42
辛烷	120.0	65	乙酸异戊酯	129.1	2.6
α-蒎烯	137.7	26	甲酸异戊酯	123.6	74.5
2,2,4-三甲基戊烷	99.0	95	丙酸异丁酯	131.2	28
邻二甲苯	128.0	40	异丁酸丙酯	130.2	47
间二甲苯	127.0	47	二丙硫	130.5	21
对二甲苯	126.8	49	溴仿	129.9	45
氯苯	124.4	66	溴苯	131.05	15
二丁醚	129.8	35	甲苯	109.95	86
乙苯	125.9	51	硝基乙烷	112.2	78
四氯乙烯	116.0	81	氯代乙酸甲酯	124.9	60.5
3-氯-1,2-环氧丙烷	115.4	81	氯代乙酸乙酯	129.2	28
水	95.15	49.6	碳酸乙酯	124.8	73.5
硝基甲烷	100.45	87.7	异戊基溴	116.8	79
1,1,2,2-四氯乙烷	131.25	2	异戊基碘	129.2	46

表 2-3-60　异戊醇的三元共沸混合物

第二组分	含量/%	第　三　组　分	含量/%	共沸点/℃
水	44.8	乙酸异戊酯	24.0	93.6
水	46.2	氯代乙酸异戊酯	6.5	95.4
水	32.4	甲酸异戊酯	48	89.8

参 考 文 献

1 CAS 123-51-3
2 EINECS 204-633-5
3 J. A. Monick. Alcohols. Van Nostrand Reinhold，1968. 143
4 A. Weissberger. Organic Solvents. 2nd ed. Wiley. 101
5 C. Marsden. Solvents Guide. 2nd ed. Cleaver-Hume. 1963. 43
6 日本化学会. 化学便覧. 基礎編. 丸善. 1967. 500，586
7 H. R. Williams and H. S. Mosher. Anal. Chem. 1955，27：517
8 E. Stenhagen et al. Atlas of Mass Spectral Data. Vol. 1. Wiley. 1969. 170
9 F. A. Patty. Industrial Hygiene and Toxicology. 2nd ed. Vol. 2. Wiley. 1963. 1454
10 American Conference of Governmental Industrial Hygienists. TLV of Airborne Contaminants for 1970
11 有機化学協会. 溶剤ポケットブック. オーム社. 1977. 288
12 I. Mellan. Source Book of Industrial Solvents. Vol. 3. 196
13 C. Marsden. Solvents Guide. 2nd ed. Cleaver-Hume. 1963. 45
14 Beilstein. Handbuch der Organischen Chemie. H，1-392；E Ⅳ，1-1677
15 The Merck Index. **10**，5042；**11**，5081
16 张海峰主编. 危险化学品安全技术大典：第1卷. 北京：中国石化出版社，2010

259. 仲 戊 醇

2-pentanol [*sec*-amyl alcohol，methyl propyl carbinol]

(1) 分子式　$C_5H_{12}O$。　　相对分子质量　88.15。

(2) 示性式或结构式　$CH_3CH_2CH_2CH(OH)CH_3$

(3) 外观　无色透明液体。

(4) 物理性质

沸点(101.3kPa)/℃	119.3	表面张力(15℃)/(mN/m)	24.42
相对密度(20 ℃/4 ℃)	0.8103	(30℃)/(mN/m)	22.96
折射率(20 ℃)	1.4053	闪点(开口)/℃	42
黏度(15℃)/mPa·s	5.130	蒸发热/(kJ/mol)	36.09
(30℃)/mPa·s	2.78	体膨胀系数	0.00097

(5) 化学性质　具有仲醇的化学反应性。

(6) 精制方法　由乙醛制取的仲戊醇可用无水碳酸钾干燥后分馏。由酮制取的用分馏精制。

(7) 溶解性能　微溶于水，能与乙醇、乙醚混溶。

(8) 用途　主要用作硝基喷漆、涂料的溶剂，也用作制药的化学中间体。

(9) 使用注意事项　危险特性属第3.3类高闪点易燃液体。危险货物编号：33553，UN编号：1105毒性参照异戊醇。家兔经口LD_{50}为3.5mL/kg。

(10) 附表

表 2-3-61　仲戊醇的蒸气压

温度/℃	蒸气压/kPa	温度/℃	蒸气压/kPa
1.5	0.13	61.5	8.00
22.1	0.67	70.7	13.33
32.2	1.33	85.7	26.67
42.6	2.67	102.3	53.33
54.1	5.33	119.7	101.33

表 2-3-62　仲戊醇-水的相互溶解度

温度/℃	仲戊醇/%	水/%
10	7.5	8.0
30	5.3	8.8
50	4.4	9.9
70	4.1	11.4

表 2-3-63　含仲戊醇的二元共沸混合物

第二组分	共沸点/℃	第二组分/%	第二组分	共沸点/℃	第二组分/%
氯苯	118.2	45	间二甲苯	118.3	30
1,3-二甲基环己烷	113.0	62	二异丁基醚	115.0	59
乙苯	118.0	33	丁酸乙酯	118.5	53
庚烷	96.0	85	乙酸异丁酯	116.5	68
甲基环己烷	98.6	82	异戊酸甲酯	115.8	80
辛烷	114.8	44	甲苯	107.0	72

(11) 附图

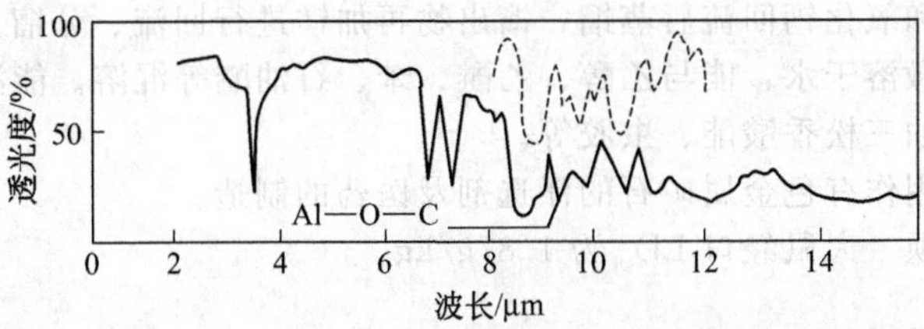

图 2-3-20　仲戊醇的红外光谱图

参　考　文　献

1　CAS 6032-29-7
2　EINECS 227-907-6
3　J. A. Monick. Alcohols. Van Nostrand Reinhold. 1968. 140
4　C. Marsden. Solvents Guide. 2nd ed. Cleaver-Hume. 1963. 46
5　A. Weissberger. Organic Solvents. 2nd ed. Wiley. 99
6　I. Mellan. Source Book of Industrial Solvents. Vol. 3，Van Nostrand Reinhold. 1959. 193
7　Sadtler Standard IR Prism Spectra. No. 803
8　V. Z. Malyshev et al. Dokl. Akad. Nauk SSSR. 1949. 66：833
9　E. Stenhagen et al. Atlas of Mass Spectral Data. Vol. 1. Wiley. 1969. 169
10　Sadtler Standard NMR Spectra. No. 7319
11　F. A. Patty. Industrial Hygiene and Toxicology. 2nd ed. Vol. 2.，Wiley. 1962. 1454
12　T. E. Jordan. Vapor Pressure of Organic Compounds. 1954，77
13　有機合成化学協会. 溶剤ポケットブック. オーム社. 1976. 290
14　The Merck Index. **12**，7258
15　张海峰主编. 危险化学品安全技术大典：第 1 卷. 北京：中国石化出版社，2010

260. 3-戊醇

3-pentanol [diethyl carbinol，1-ethyl-1-propanol，*sec-n*-amyl alcohol]

(1) 分子式　$C_5H_{12}O$。　相对分子质量　88.15。

(2) 示性式或结构式　$CH_3CH_2\underset{\displaystyle OH}{\underset{|}{C}}HCH_2CH_3$

(3) 外观　无色透明液体。

(4) 物理性质

沸点(101.3kPa)/℃	115.6	蒸发热(b.p.)/(kJ/kg)	405.28
相对密度(20℃/4℃)	0.8157	蒸气压(30℃)/kPa	1.60
折射率(20℃)	1.4057	爆炸极限(下限)/%(体积)	1.2
黏度(25℃)/mPa·s	4.12	(上限)/%(体积)	9.0
闪点(开口)/℃	38	体膨胀系数(20℃)/K⁻¹	0.001049

(5) 化学性质 具有仲醇的化学反应性。与HI反应可将其转变为仲戊醇：

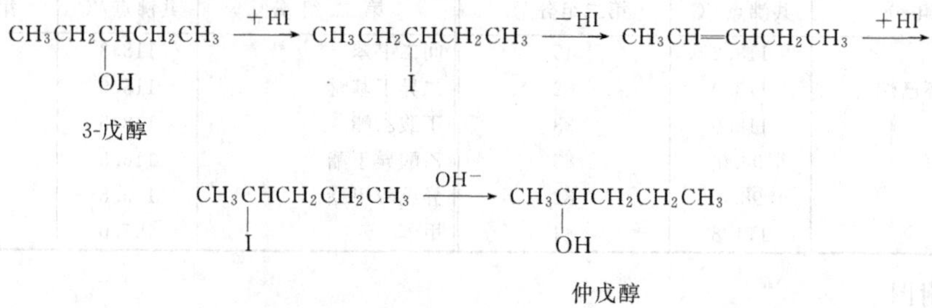

(6) 精制方法 和氧化钙回流后蒸馏，馏出物再加镁进行回流、分馏。

(7) 溶解性能 微溶于水，能与乙醇、乙醚、苯、石油醚等混溶。能溶解乙基纤维素、乙烯树脂、亚麻仁油、甘油三松香酸酯、虫胶等。

(8) 用途 主要用作有色金属矿石的浮选剂及医药的制造。

(9) 使用注意事项 大鼠经口 LD_{50} 为 1.87g/kg。

(10) 附表

表 2-3-64 3-戊醇和水的相互溶解度

温度/℃	3-戊醇/%	水/%
10	8.0	8.2
30	5.5	9.1
50	4.5	10.2
70	4.2	11.8

表 2-3-65 含 3-戊醇的二元共沸混合物

第二组分	共沸点/℃	3-戊醇/%
水	91.7	64
硝基甲烷	97.0	33
环己烷	80.0	3
甲苯	106.0	35
甲基环己烷	97.4	23

参 考 文 献

1 CAS 584-02-1
2 EINECS 209-526-7
3 J. A. Monick. Alcohols. Vand Nostrand Reinhold. 1968. 141
4 C. Marsden. Solvents Guide. 2nd ed. Cleaver-Hume. 1963. 47
5 Sadtler Standard IR Prism Spectra. No. 804
6 E. Stenhagen et al. Atlas of Mass Spectral Data. Vol. 1. Wiley. 1969. 170
7 Sadtler Standard NMR Spectra. No. 7319
8 有機合成化学協会. 溶剤ポケットブック. オーム社. 1977. 906
9 F. A. Patty. Industrial Hygiene and Toxicology. 2nd ed. Vol. 2. Wiley. 1962. 1454
10 C. Marsden. Solvents Guide. 2nd ed. Cleaver-Hume. 1963. 48

261. 叔 戊 醇

tert-pentyl alcohol [*tert*-amyl alcohol，*tert*-pentanol，
2-methyl-2-butanol，dimethylethyl carbinol]

(1) 分子式 $C_5H_{12}O$。　　相对分子质量 88.15。

(2) 示性式或结构式

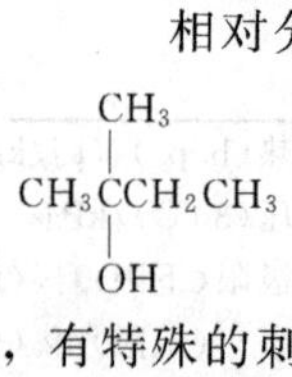

(3) 外观 无色透明液体，有特殊的刺激性气味。

(4) 物理性质

沸点(101.3kPa)/℃	101.9	闪点(开口)/℃	21
熔点/℃	−11.9	蒸发热(b.p.)/(kJ/kg)	444.63
相对密度(20℃/4℃)	0.8090	熔化热/(kJ/kg)	52.75
折射率(20℃)	1.4052	生成热/(kJ/mol)	−403.73
介电常数(25℃)	5.82	比热容(定压)/[kJ/(kg·K)]	3.15
偶极矩/(10^{-30}C·m)	5.64	临界温度/℃	272
黏度(25℃)/mPa·s	3.70	体膨胀系数/K^{-1}	0.00133
表面张力(20℃)/(mN/m)	22.77		

(5) 化学性质　具有叔醇的化学反应性。

(6) 精制方法　用无水碳酸钾、氧化钙、氢化钙或金属钠回流后分馏。

(7) 溶解性能　微溶于水，能溶解甲醇、乙醇、丙酮、乙酸乙酯、油酸、硬脂酸和石蜡等。

(8) 用途　用作各种纤维素酯、纤维素醚、涂布漆、清漆的溶剂、矿物浮选剂、医药原料及硝基喷漆的助溶剂。

(9) 使用注意事项　危险特性属第3.3类高闪点易燃液体。危险货物编号：33553。属低毒类。生理作用与戊醇相似。大鼠经口 LD_{50} 为1.00g/kg。在戊醇异构体中，麻醉性按仲戊醇、叔戊醇、异戊醇的顺序依次减弱。

(10) 附表

表 2-3-66　叔戊醇的蒸气压

温度/℃	蒸气压/kPa	温度/℃	蒸气压/kPa
−12.9	0.13	46.0	8.00
7.2	0.67	55.3	13.33
17.2	1.33	69.7	26.66
27.9	2.67	85.7	53.33
38.8	5.33	101.7	101.33

表 2-3-67　叔戊醇-水的相互溶解度

温度/℃	叔戊醇/%	水/%
10	20.5	17.6
30	14.0	17.7
50	10.6	17.8
70	8.7	17.9

表 2-3-68　含叔戊醇的二元共沸混合物

第　二　组　分	共沸点/℃	第二组分/%	第　二　组　分	共沸点/℃	第二组分/%
苯	80.0	85	己烷	68.3	96
1,3-环己二烯	79.7	85	甲基环己烷	92.0	60
环己烷	78.5	84	甲基环戊烷	71.5	95
环己烯	80.8	83	辛烷	101.1	25
1,3-二甲基环己烷	101.1	32	甲苯	88.8	44
2,5-二甲基己烷	97.0	50	二丙醚	100.5	80
庚烷	92.2	73.5	水	87.35	27.5
四氯化碳	102.2	95.5	异丁基溴	87.5	82
一溴二氯甲烷	88.8	92.0	3-戊酮	98.5	50
硝基甲烷	93.1	49.5	丙酸乙酯	98	62
三氯乙烯	86.67	92.5	丁酸甲酯	99	57
1,2-二氯乙烷	83.0	94.0	乙酸丙酯	99.5	58
硝基乙烷	98.7	30	异戊基氯	95.85	73.5
3-氯-1,2-环氧丙烷	100.1	30			

(11) 附图

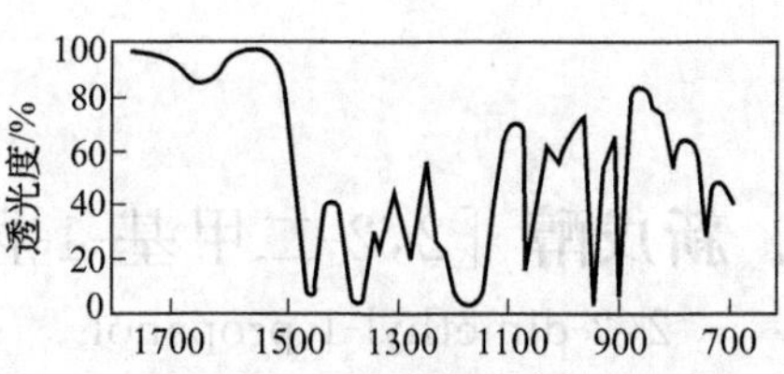

图 2-3-21　叔戊醇的红外光谱图

参 考 文 献

1 CAS 75-85-4
2 EINECS 200-908-9
3 J. A. Monick, Alcohols. Van Nostrand Reinhold. 1968. 145
4 A. Weissberger. Organic Solvents. 2nd ed. Wiley. 102
5 日本化学会. 化学便覧. 基礎編. 丸善. 1966. 586
6 C. Marsden. Solvents Guide. 2nd ed., Cleaver-Hume. 1963. 50
7 A. R. Philpots and W. Thain. Anal. Chem. 1952, 24: 638
8 W. G. Braun et al. Anal. Chem. 1950, 22: 1074
9 E. Stenhagen et al. Atlas of Mass Spectral Data. Vol. 1. Wiley. 1969. 167
10 Sadtler Standard NMR Spectra. No. 7048
11 F. A. Patty. Industrial Hygiene and Toxicology. 2nd ed. Vol. 2., Wiley, 1963. 1454
12 Tech. Org. Chem. 7. 102
13 有機合成化学協会. 溶剤ポケットブック. オーム社. 1977. 292
14 C. Marsden. Solvents Guide. 2nd ed. Cleaver-Hume. 1963. 52
15 Beilstein. Handbuch der Organischen Chemie. H, 1-388; E Ⅳ 1-1668
16 The Merck Index. **10**, 7006; **11**, 7096

262. 3-甲基-2-丁醇［仲异戊醇］

3-methyl-2-butanol［*dl*-sec-iso-amyl alcohol］

(1) 分子式　$C_5H_{12}O$。　　相对分子质量　88.15。

(2) 示性式或结构式

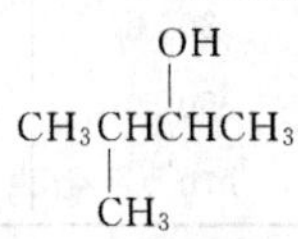

(3) 外观　无色透明液体，有果香味。

(4) 物理性质

沸点(101.3kPa)/℃	111.5	临界压力/MPa	3.96
相对密度(20℃/4℃)	0.829	汽化热(沸点)/(kJ/mol)	40.10
折射率(20℃)	1.4095	生成热(25℃)/(kJ/mol)	−314.22
黏度(20℃)/mPa·s	3.51	比热容/[kJ/(kg·K)]	2.63
蒸气压(20℃)/kPa	1.07	闪点(开口)/℃	35
表面张力(20℃)/(mN/m)	23.0	(闭口)/℃	39.4
临界温度/℃	300.85		

(5) 溶解性能　能与乙醇、乙醚混溶，微溶于水，20℃在水中溶解 6.5%。

(6) 用途　溶剂，照相化学药品，香精原料，分析试剂。

(7) 使用注意事项　3-甲基-2-丁醇的危险特性属第 3.3 类高闪点易燃液体。危险货物编号：33553。参照异戊醇。

参 考 文 献

1 CAS 598-75-4
2 EINECS 209-950-2
3 Beil., **1**, 391

263. 新戊醇［2,2-二甲基-1-丙醇］

2,2-dimethyl-1-propanol

(1) 分子式　$C_5H_{12}O$。　　相对分子质量　88.15。

(2) 示性式或结构式

$$\begin{array}{c} CH_3 \\ | \\ CH_3CCH_2OH \\ | \\ CH_3 \end{array}$$

(3) 外观　无色结晶。有薄荷气味。

(4) 物理性质

沸点(101.3kPa)/℃	113.4	折射率(50℃)	1.3915
熔点/℃	53.0	溶解度(20℃)/%(质量)	
密度(20℃)/(g/cm³)	0.812	醇在水中	3.9
		闪点(闭口)/℃	37

(5) 化学性质　具有伯醇的化学反应性。

(6) 溶解性能　微溶于水，与醇、醚、酮、酯及芳烃等许多有机溶剂混溶，也与矿物油和植物油相溶。

(7) 用途　溶剂，有机合成原料。

(8) 使用注意事项　高度易燃。使用时应避免吸入本品的粉尘，避免与眼睛及皮肤接触。参照戊醇。

参考文献

1 CAS 75-84-3
2 EINECS 200-907-3
3 Beil., **1**, 406
4 The Merck Index. **13**, 6485
5 《化工百科全书》编辑委员会，化学工业出版社《化工百科全书》编辑部编. 化工百科全书：第 17 卷. 北京：化学工业出版社，1998

264. 杂　醇　油

fusel oil [commercial amyl alcohol]

(1) 组成　杂醇油是发酵法生产酒精的副产品。由白氨酸、异白氨酸等蛋白质分解物经酵母作用生成。其中含有异戊醇 45%，异丁醇 10%，旋光性戊醇 5%，丙醇 1.2%。此外尚含有乙醇、水及少量的丁醇、戊醇、己醇、庚醇和微量的醛、酸、酯、吡啶、生物碱等。粗制杂醇油经化学处理和精馏后，含异戊醇 85%，旋光性戊醇 15%。

(2) 外观　无色至黄色的油状液体，有特殊的臭味。

(3) 物理性质

沸点范围(101.3kPa)<110℃	无	酸度(以乙酸计)/%		<0.01
(101.3kPa)110～120℃	约 15%	色相(APHA)		<10
(101.3kPa)120～130℃	60%	蒸发速度(35℃)/min	5%	3.5
(101.3kPa)>135℃	无	(35℃)/min	25%	17
相对密度(20℃/20℃)	0.810～0.815	(35℃)/min	50%	36.5
闪点(开口)/℃	50.6	(35℃)/min	75%	65.75
(闭口)/℃	41.1	(35℃)/min	90%	90.25
溶解度(25℃,水)/%(体积)	9.9	(35℃)/min	95%	103.5
体膨胀系数	0.00051～0.0006			

(4) 精制方法　为除去其中的水分，可加入 40% 的食盐搅拌，静置一夜，盐析脱水后分馏。所得杂醇油收率为 85%。若要得到纯度高的戊醇组分，可加入浓氢氧化钠溶液，使 pH 值达 8.0～8.2，分出醇后再蒸馏，收集 129～132℃ 的馏分。

(5) 溶解性能 能与醇、醚、酮、酯、汽油、苯、甲苯等混溶。能溶解亚麻仁油、蓖麻油、樟脑、生物碱、染料、硫、磷、天然橡胶、贝壳松脂、乳香、松香、虫胶、醇酸树脂、顺丁烯二酸酯树脂、酚醛树脂、脲醛树脂等。

(6) 用途 杂醇油直接使用不多，常用乙酸酯化作涂料用溶剂和醋酸纤维素类合成树脂的制造。其128～132℃馏分经乙酸酯化后可用作涂料、硝基喷漆、清漆、樟脑等的溶剂和香料、赛璐珞的制造原料。另外，与二硫化碳反应所得的异戊基黄原酸钾盐或钠盐，可作有色金属的浮选剂。

(7) 使用注意事项 危险特性属第3.3类高闪点易燃液体。危险货物编号：33553，UN编号：1201。对金属无腐蚀性，可用铜、铝或软钢制容器贮存。蒸气有麻醉性，明显地刺激眼睛和呼吸系统。长期暴露在其蒸气中时，引起头痛、呕吐、咳嗽和腹泻，并伴随有神经和视觉障碍。工作场所最高容许浓度（异戊醇）为360mg/m^3。

参 考 文 献

1 CAS 8013-75-0

2 EINECS 232-395-2

3 I. Mellan. Source Book of Industrial Solvents. Vol. 3. Van Nostrand Reinhold. 1959. 187

265. 己 醇

1-hexanol [*n*-hexyl alcohol, amyl carbinol, pentyl carbinol, *prim*-*n*-hexyl alcohol]

(1) 分子式 $C_6H_{14}O$。 相对分子质量 102.18。

(2) 示性式或结构式 $CH_3(CH_2)_4CH_2OH$

(3) 外观 无色透明液体。

(4) 物理性质

沸点(101.3kPa)/℃	157.1	蒸发热/(kJ/kg)	458.6
(6.67kPa)/℃	88	熔化热/(kJ/kg)	150.64
(1.33kPa)/℃	60	生成热/(kJ/mol)	−387.82
相对密度(20℃/4℃)	0.8186	比热容(13℃,定压)/[kJ/(kg·K)]	2.09
折射率(20℃)	1.4181	临界温度/℃	452
介电常数(25℃)	13.3	热导率(20℃)/[W/(m·K)]	1.63
黏度(20℃)/mPa·s	5.2	体膨胀系数/K^{-1}	0.00070
表面张力(20℃)/(mN/m)	24.48	凝固点/℃	−44.6
闪点(开口)/℃	65		

(5) 化学性质 具伯醇的化学反应性。

(6) 精制方法 己醇中常含有其他的醇，分离困难。较好的方法是用对羟基苯甲酸进行酯化，将酯重结晶后，皂化，分去水层，用碳酸钾或硫酸钙干燥，蒸馏。若需要无水己醇，可将其与邻苯二甲酸二己酯或丁二酸二己酯回流后再蒸馏的方法精制。若需要高纯度的己醇，最好选择能避免生成同系物的合成方法，例如格利雅试剂合成法。

(7) 溶解性能 能与乙醇、乙醚、苯等多数有机溶剂相混溶。20℃时在水中的溶解度为0.58%；水在己醇中的溶解度为7.2%。

(8) 用途 用作染料、各种橡胶、特殊印刷油墨、油类、天然树脂等的溶剂，硝酸纤维素的助溶剂，还用于增塑料、合成润滑油、香料、医药等的制造。

(9) 使用注意事项 为可燃性液体。对金属无腐蚀性，可用铁、软钢、铜或铝制容器贮存。蒸气压低，在一般条件下使用危险性不大。属低毒类。能刺激皮肤，对眼睛有损害，应避免吸入蒸气和长期与皮肤接触。工作场所最高容许浓度为417mg/m^3。大鼠经口LD_{50}为4.59g/kg。家兔经皮LD_{50}为3.10mL/kg。

(10) 附表

表 2-3-69 含己醇的二元共沸混合物

第 二 组 分	共沸点/℃	第二组分/%	第 二 组 分	共沸点/℃	第二组分/%
莰烯	150.8	52	邻二甲苯	143.6	82
异丙苯	149.5	65	对二甲苯	137.0	87
2,7-二甲基辛烷	152.5	53	邻氯甲苯	153.5	56
1,3,5-三甲苯	153.5	45	对氯甲苯	154.0	46
α-蒎烯	150.8	60	苯甲醚	151.0	63.5
丙基苯	152.5	55	甲基苄基醚	156.7	27
1,2,4-三甲苯	156.3	32	苯乙醚	157.7	19
苯乙烯	144.0	77	丙酸异戊酯	156.7	40
间二甲苯	138.3	85	丁酸异丁酯	155.0	60
水	97.8	75	二异戊醚	157.0	11
溴仿	147.7	86	对二氯苯	157.75	81
五氯乙烷	155.75	54	溴苯	151.6	66
乳酸乙酯	153.6	82	环己酮	155.7	94

(11) 附图

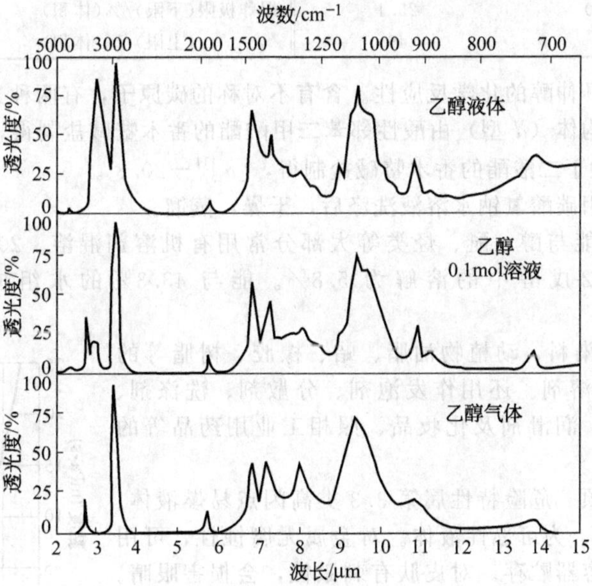

图 2-3-22 己醇的红外光谱图

参 考 文 献

1 CAS 111-27-3
2 EINECS 203-852-3
3 J. A. Monick. Alcohols. Van Nostrand Reinhold, 1968. 155
4 C. Marsden. Solvents Guide. 2nd ed. Cleaver-Hume, 1963. 325
5 A. Weissberger. Organic Solvents. 2nd ed. Wiley. 105
6 Coblentz Society IR Spectra. No. 4808
7 E. Stenhagen et al. Atlas of Mass Spectral Data. Vol. 1. Wiley, 1969. 280
8 Sadtler Standard NMR Spectra. No. 198
9 I. Mellan. Source Book of Industrial Solvents. Vol, 3, Van Nostrand Reinhold, 1959. 210
10 C. Marsden. Solvents Guide. 2nd ed. Cleaver-Hume 1963. 326
11 Beilstein. Handbuch der Organischen Chemie. H, 1-689; E Ⅳ, 1-3298
12 The Merck Index. **10**, 5909; **11**, 5955

266. 4-甲基-2-戊醇

4-methyl-2-pentanol [methyl amyl alcohol, methyl isobutyl carbinol]

(1) 分子式 $C_6H_{14}O$。 相对分子质量 102.18。

(2) 示性式或结构式 $CH_3CHCH_2CHCH_3$（CH_3 连于第二个碳原子，OH 连于第四个碳原子）

```
CH3CHCH2CHCH3
   |     |
  CH3    OH
```

(3) 外观 无色透明液体，有强的刺激性气味。

(4) 物理性质

沸点(101.3kPa)/℃	131.8	蒸发热/(kJ/kg)	414.07
(6.67kPa)/℃	62	比热容(25℃,定压)/[kJ/(kg·K)]	2.74
(1.33kPa)/℃	32	临界温度/℃	312
(0.67kPa)/℃	20	临界压力/MPa	4.30
相对密度(20℃/4℃)	0.8069	电导率(25℃)/(S/m)	7×10^{-8}
折射率(20℃)	1.4110	体膨胀系数/K^{-1}	0.00082
黏度(20℃)/mPa·s	4.59	凝固点/℃	−90
表面张力(25℃)/(mN/m)	25.1	爆炸极限(下限)/%(体积)	1.0
闪点(开口)/℃	46	(上限)/%(体积)	5.5

(5) 化学性质 具仲醇的化学反应性。含有不对称的碳原子，有两种光学异构体。含成产品为外消旋体。右旋异构体（*d* 型）由酸性邻苯二甲酸酯的番木鳖碱盐制得，$[\alpha]_D^{21.3}$ +20.4°。左旋异构体（*l* 型）由酸性丁二酸酯的番木鳖碱盐制得，$[\alpha]_D^{14}$ −20.8°。

(6) 精制方法 用碳酸氢钠水溶液洗涤后，干燥，蒸馏。

(7) 溶解性能 能与醇、醚、烃类等大部分常用有机溶剂混溶。20℃时在水中的溶解为1.7%；水在4-甲基-2-戊醇中的溶解为5.8%。能与43.3%的水组成共沸混合物，共沸点94.3℃。

(8) 用途 用作染料、动植物油脂、蜡、橡胶、树脂等的溶剂及硝基喷漆的助溶剂。还用作发泡剂、分散剂、洗涤剂、增塑剂、表面活性剂、润滑剂及化妆品、照相工业用药品等的制造。

(9) 使用注意事项 危险特性属第3.3类高闪点易燃液体。危险货物编号：33554。为可燃性液体。对金属无腐蚀性，可用铁、软钢、铜或铝制容器贮存。对皮肤有刺激性，会损害眼睛。应避免吸入蒸气和长时间与皮肤接触。工作场所最高容许浓度为$100mg/m^3$。大鼠经口 LD_{50} 为 2.59g/kg，家兔经皮 LD_{50} 为 3.56mL/kg。美国职业安全与健康管理局规定空气中最大容许暴露浓度为$104mg/m^3$。

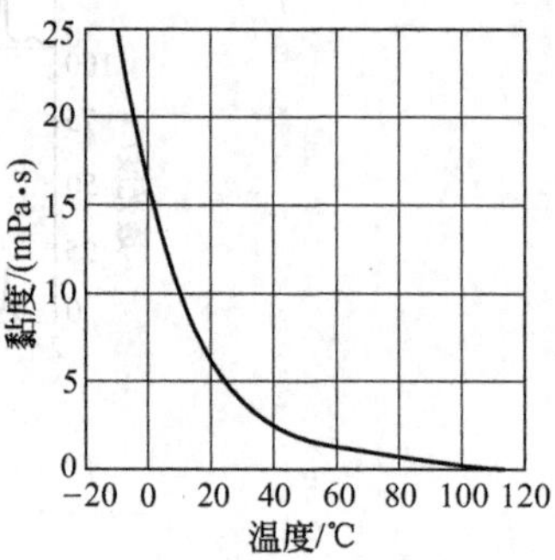

图 2-3-23 4-甲基-2-戊醇的黏度

(10) 附图

参 考 文 献

1 CAS 108-11-2

2 EINECS 210-790-0

3 J. A. Monick. Alcohols., Van Nostrand Reinhold, 1968. 156

4 I. Mellan. Source Book of Industrial Solvents. Vol. 3 Van Nostrand Reinhold. 1959. 201

5 C. Marsden. Solvents Guide. 2nd ed. Cleaver-Hume, 1963. 375

6 Sadtler Standard IR Grating Spectra. No. 10933

7 E. Stenhagen et al. Atlas of Mass Spectral Data. Vol. 1. Wiley. 1969. 280

8 Sadtler Standard NMR Spectra. No. 4279
9 H. F. Smyth et al. A. M. A. Arch. Ind. Health. 1951，4：119
10 American Conference of Government Industrial Hygienists. Threshold Limit Values for Chemical Substances and Physical Agents in the Workroom Environment with Intended Changes for 1973
11 Beilstein. Handbuch der Organischen Chemie. H，1-410；E Ⅳ，1-1717

267. 2-己醇

2-hexanol

(1) 分子式 $C_6H_{14}O$。 相对分子量 102.18。

(2) 示性式或结构式 $CH_3(CH_2)_3CH(OH)CH_3$

(3) 外观 无色透明液体。

(4) 物理性质

沸点(101.3kPa)/℃	137～140	折射率(20℃)	1.415
相对密度(20℃/4℃)	0.814	闪点/℃	46

(5) 溶解性能 与乙醇、乙醚混溶，难溶于水。

(6) 用途 参照己醇。

(7) 使用注意事项 2-己醇的危险特性属第3.3类高闪点易燃液体。危险货物编号：33554，UN编号：2282。对眼睛、黏膜与皮肤有刺激性。易燃，遇明火，高热能引起燃烧。

参 考 文 献

1 CAS 626-93-7
2 EINECS 210-971-4
3 Beil.，1，408
4 张海峰主编. 危险化学品安全技术大典：第1卷. 北京：中国石化出版社，2010

268. 2-乙基丁醇

2-ethyl-1-butanol [2-ethylbutyl alcohol，hexyl alcohol，pseudohexyl alcohol]

(1) 分子式 $C_6H_{14}O$。 相对分子质量 102.18。

(2) 示性式或结构式 $CH_3CH_2CHCH_2OH$（CH 上连 C_2H_5）

$$\begin{array}{l}CH_3CH_2\underset{\displaystyle |\atop\displaystyle C_2H_5}{CH}CH_2OH\end{array}$$

(3) 外观 无色透明液体，有特臭。

(4) 物理性质

沸点(101.3kPa)/℃	147.0	蒸发热(b.p.)/(kJ/kg)	422.9
相对密度(20℃/4℃)	0.8328	比热容(25℃,定压)/[kJ/(kg·K)]	2.45
折射率(20℃)	1.4224	蒸气压(20℃)/kPa	0.24
黏度(20℃)/mPa·s	5.63	体膨胀系数(0～55℃)	0.00092
表面张力(20℃)/(mN/m)	28.0	凝固点/℃	−114.4
闪点(开口)/℃	54		

(5) 化学性质 具有伯醇的化学反应性。

(6) 精制方法 用无水硫酸钙干燥后分馏。

(7) 溶解性能 能与醇、醚等大多数有机溶剂混溶。能溶解油类、蜡、橡胶、染料和天然树脂等。20℃时在水中的溶解为0.4%；水在2-乙基丁醇中溶解为4.56%。与57.9%的水组成共沸混合物，共沸点 96.7℃。

(8) 用途 用作硝基喷漆、合成树脂清漆的助溶剂或稀释剂、印刷油墨溶剂。还用于香料、表面活性剂、增塑剂的制造和润滑油添加剂的合成等。

(9) 使用注意事项 危险特性属第 3.3 类高闪点易燃液体。危险货物编号：33554。为可燃性液体。对金属无腐蚀性，可用铁、软钢、铜或铝制容器贮存。属低毒类。蒸气压低，使用时危险性不大，但对皮肤有刺激作用，对眼睛也有损害。故应避免吸入蒸气和长期与皮肤接触。大鼠经口 LD_{50} 为 1.85g/kg，家兔经皮 LD_{50} 为 1.26mL/kg。

参 考 文 献

1 CAS 97-95-0
2 EINECS 202-621-4
3 J. A. Monick. Alcohols. Van Nostrand Reinhold. 1968. 159
4 C. Marsden. Solvents Guide. 2nd ed. Cleaver-Hume. 1963. 253
5 Sadtler Standard IR Grating Spectra. No. 10963
6 E. Stenhagen et al., Atlas of Mass Spectral Data. Vol. 1. Wiley. 1969
7 Sadtler Standard NMR Spectra. No. 14
8 H. F. Smyth et al. A. M. A. Arch. Ind. Health. 1954. 10: 61

269. 2-甲基戊醇

2-methyl-1-pentanol

(1) 分子式 $C_6H_{14}O$。 相对分子质量 102.18。

(2) 示性式或结构式 $CH_3CH_2CH_2CH(CH_3)CH_2OH$

```
CH3CH2CH2CHCH2OH
          |
          CH3
```

(3) 外观 无色透明液体，有强的刺激气味。

(4) 物理性质

沸点(101.3kPa)/℃	148.0	闪点(开口)/℃	57
相对密度(20℃/4℃)	0.8239	蒸发热/(kJ/kg)	443.8
折射率(20℃)	1.4182	比热容(15℃,定压)/[kJ/(kg·K)]	2.08
黏度(20℃)/mPa·s	6.6	体膨胀系数	0.00075

(5) 化学性质 具有伯醇的化学反应性。

(6) 精制方法 无水硫酸钠干燥后蒸馏。

(7) 溶解性能 能与醇、醚等大多数有机溶剂混溶。20℃时在水中溶解 0.31%；水在 2-甲基戊醇中溶解 5.4%。与 60%的水组成共沸混合物，共沸点 97.2℃。

(8) 用途 主要用作硝基喷漆、精漆的溶剂或稀释剂及染料、油类的溶剂。

(9) 使用注意事项 危险特性属第 3.3 类高闪点易燃液体。危险货物编号：33554。为可燃性液体。干燥时不腐蚀金属，可用铁、软钢、铜或铝制容器贮存。和水所形成的共沸混合物中含 2-甲基戊醇 40%。属低毒类。对皮肤有刺激性，能损害眼睛，应避免吸入蒸气和长期与皮肤接触。大鼠经口 LD_{50} 为 1.41 kg，家兔经皮 LD_{50} 为 3.56mL/kg。

(10) 附表

表 2-3-70 2-甲基戊醇的蒸气压

温度/℃	蒸气压/kPa	温度/℃	蒸气压/kPa	温度/℃	蒸气压/kPa
15.4	0.13	74.7	5.33	111.3	26.66
38.0	0.67	83.4	8.00	129.8	53.33
49.6	1.33	94.2	13.33	147.9	101.33
61.6	2.67				

参 考 文 献

1 CAS 105-30-6
2 EINECS 203-285-1
3 J. A. Monick. Alcohols. Van Nostrand Reinhold. 1968. 158
4 C. Marsden. Solvents Guide. 2nd ed. Cleaver-Hume. 1963. 327
5 Sadtler Standard IR Grating Spectra. No. 18545
6 E. Stenhagen et al. Atlas of Mass Spectral Data. Vol. 1. Wiley. 1969. 283
7 Sadtler Standard NMR Spectra. No. 7451
8 H. F. Smyth et al. A. M. A. Arch. Ind. Health. 1954, 10: 61

270. 2-甲基-2-戊醇

2-methyl-2-pentanol

(1) 分子式　$C_6H_{14}O$。　　　　相对分子质量　120.18。

(2) 示性式或结构式　$CH_3CH_2CH_2C(CH_3)_2OH$

(3) 外观　无色透明液体。

(4) 物理性质

沸点(101.3kPa)/℃	122～124	折射率(20℃)	1.411
熔点/℃	−109～−107	闪点/℃	21
相对密度(20℃/4℃)	0.807		

(5) 溶解性能　能与乙醇、乙醚等大部分有机溶剂混溶。

(6) 用途　参照4-甲基-2-戊醇。

(7) 使用注意事项　2-甲基-2-戊醇的危险特性属第3.3类高闪点易燃液体。危险货物编号：33554，UN编号：2560。对眼睛、黏膜与皮肤有刺激性。易燃，遇明火、高热能引起燃烧。

参 考 文 献

1 CAS 590-36-3
2 EINECS 209-681-0

271. 2-甲基-3-戊醇

2-methyl-3-pentanol

(1) 分子式　$C_6H_{14}O$。　　　　相对分子质量　102.18。

(2) 示性式或结构式　$CH_3CH_2CH(OH)CH(CH_3)_2$

(3) 外观　无色透明液体。

(4) 物理性质

沸点(101.3kPa)/℃	126～128	折射率(20℃)	1.416～1.418
相对密度(20℃/4℃)	0.83	闪点/℃	46

(5) 溶解性能　与乙醇、乙醚、苯等混溶，不溶于水。

(6) 用途　参照4-甲基-2-戊醇。

(7) 使用注意事项　2-甲基-3-戊醇的危险特性属第3.3类高闪点易燃液体。危险货物编号：33554。对眼睛、黏膜与皮肤有刺激性。易燃，遇明火、高热能引起燃烧。

参 考 文 献

1 CAS 565-67-3
2 EINECS 209-286-3

272. 3-乙基-3-戊醇

3-ethyl-3-pentanol [triethyl carbinol]

(1) 分子式 $C_7H_{16}O$。 相对分子质量 116.20。

(2) 示性式或结构式

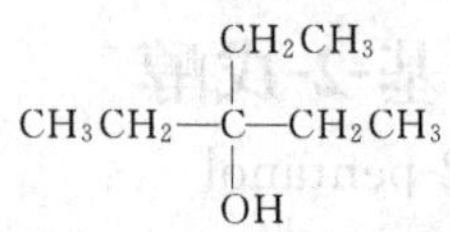

(3) 外观 无色透明黏稠状液体。有樟脑气味。

(4) 物理性质

沸点(101.3kPa)/℃	143.1～143.2	折射率(20℃)	1.4294
(5.92kPa)/℃	73	闪点/℃	40
相对密度(20℃/4℃)	0.8407		

(5) 溶解性能 溶于乙醇、乙醚，不溶于水。

(6) 用途 溶剂，有机合成中间体。

参 考 文 献

1 CAS 597-49-9
2 EINECS 209-902-0
3 Beilstein. Handbuch der Organischen Chemie. H，1-417；E Ⅳ，1-1750

273. 3-己醇

3-hexanol

(1) 分子式 $C_6H_{14}O$。 相对分子质量 102.18。

(2) 示性式或结构式 $CH_3CH_2CH_2CH(OH)CH_2CH_3$

(3) 外观 无色液体。

(4) 物理性质

沸点(101.3kPa)/℃	135	折射率(20℃)	1.4160
相对密度(20℃/4℃)	0.8193	闪点/℃	41

(5) 溶解性能 能与乙醇、乙醚相混溶，不溶于水。

(6) 用途 溶剂、有机合成中间体。

(7) 使用注意事项 危险特性属第3.3类高闪点易燃液体。危险货物编号：33554。参照4-甲基-2-戊醇。

参 考 文 献

1 CAS 623-37-0
2 EINECS 210-790-0
3 Beil.，**1**，408

274. 4-甲基-1-戊醇

4-methyl-1-pentanol

(1) 分子式　$C_6H_{14}O$。　　　　相对分子质量　102.18。

(2) 示性式或结构式　$CH_3CHCH_2CH_2CH_2OH$

$$\begin{array}{l} CH_3CHCH_2CH_2CH_2OH \\ \quad\;\; | \\ \quad\; CH_3 \end{array}$$

(3) 外观　无色液体。

(4) 物理性质

沸点(101.3kPa)/℃	151～152	折射率(20℃)	1.416
相对密度(20℃/4℃)	0.814	闪点/℃	57

(5) 溶解性能　能与乙醇、乙醚混溶，不溶于水。

(6) 用途　溶剂、有机合成中间体。

(7) 使用注意事项　参照 4-甲基-2-戊醇。

参 考 文 献

1　CAS 626-89-1

2　EINECS 210-969-3

275. 3,3-二甲基-2-丁醇

3,3-dimethyl-2-butanol

(1) 分子式　$C_6H_{14}O$。　　　　相对分子质量　120.18。

(2) 示性式或结构式

$$\begin{array}{c} CH_3 \\ | \\ H_3C-C-CH-CH_3 \\ |\quad\;\; | \\ CH_3\; OH \end{array}$$

(3) 外观　无色液体。

(4) 物理性质

沸点(101.3kPa)/℃	120	折射率(20℃)	1.4151
熔点/℃	5.6	闪点/℃	28
相对密度(20℃/4℃)	0.8185		

(5) 溶解性能　能与乙醇、乙醚和苯等相混溶，微溶于水。

(6) 用途　溶剂、萃取剂、有机合成中间体。

(7) 使用注意事项　易燃液体。使用时应避免吸入蒸气，避免与眼睛、皮肤接触。应远离火源密封保存。参照 2-甲基戊醇。

参 考 文 献

1　CAS 464-07-3

2　EINECS 207-347-9

3　Beil.，**1**，412

276. 庚　醇

1-heptanol [*n*-heptyl alcohol，*n*-heptanol，1-hydroxyheptane，enanthic alcohol]

(1) 分子式　$C_7H_{16}O$。　　　　相对分子质量　116.20。

（2）示性式或结构式　$CH_3(CH_2)_5CH_2OH$

（3）外观　无色黏稠状液体，有强烈芳香气味。

（4）物理性质

沸点(101.3kPa)/℃	176.3	生成热/(kJ/mol)	－406.92
相对密度(20℃/4℃)	0.8219	燃烧热/(kJ/mol)	4635.2
折射率(20℃)	1.4241	临界温度/℃	365
闪点(闭口)/℃	77	热导率(20℃)/[W/(m·K)]	16.33
蒸发热/(kJ/mol)	213.52	凝固点/℃	－35

（5）化学性质　具伯醇的化学反应性。

（6）精制方法　反复同碱性高锰酸钾溶液一起摇振，直到高锰酸钾的颜色在15min内不消失为止，然后用碳酸钾或氧化钙干燥，分馏。

（7）溶解性能　微溶于水，能与醇、醚等一般有机溶剂相混溶。

（8）用途　为石竹花及茉莉花香型的香料之合成原料，化妆品用溶剂及有机合成原料。

（9）使用注意事项　为可燃性液体，对金属无腐蚀性，可安全地用铁、软钢、铜或铝制容器贮存。蒸气压低，使用较安全。属低毒类。毒性和己醇相近。嗅觉阈浓度0.27 mg/m³。工作场所最高容许浓度为474 mg/m³。

（10）附表

表 2-3-71　庚醇的蒸气压

温度/℃	蒸气压/kPa	温度/℃	蒸气压/kPa
42.4	0.13	99.8	5.33
64.3	0.67	119.5	13.33
74.7	1.33	136.6	26.66
85.8	2.67	155.6	53.33

表 2-3-72　庚醇在水中的溶解度

温度/℃	庚醇/(g/100 g 水)	温度/℃	庚醇/(g/100 g 水)
70	0.125	110	0.355
80	0.170	120	0.430
90	0.225	130	0.515
100	0.285		

表 2-3-73　庚醇的黏度

温度/℃	黏度/(mPa·s)	温度/℃	黏度/(mPa·s)
20	7.009	50	2.68
25	5.68	90	1.00

表 2-3-74　含庚醇的二元共沸混合物

第二组分	共沸点/℃	第二组分/%	第二组分	共沸点/℃	第二组分/%
伞花烃	172.5	53	二异戊基醚	170.4	63
莰烯	159.3	90	对甲苯甲醚	173.0	48
二戊烯	171.7	50	苯乙醚	169.0	72
α-萜品烯	169.7	60	异戊酸异丁酯	171.0	92
甲基苄基醚	167.0	80	水	98.7	83
苯酚	185.0	72	苯胺	174.8	30
桉树脑	173.5	55			

参 考 文 献

1　CAS 111-70-6

2　EINECS 203-897-9

3　J. A. Monick. Alcohols., Van Noslrand Reinhold, 1968. 160

4　International Critical Tables. Ⅴ-137

5　日本化学会. 化学便覧. 基礎编. 丸善. 1966. 500

6　J. H. Perry. Chemical Engineer's Handbook. 4th ed. McGraw. 1963. 3

7　Sadtler Standard IR Prism Spectra. No. 4571

8　E. Stenhagen et al. Atlas of Mass Spectral Data. Vol. 1. Wiley. 1969. 433

9 Sadtler Standard NMR Spectra. No. 215
10 E. Browning. Toxicity and Metabolism of Industrial Solvents. Elsevier. 1965. 371
11 The Merck Index of Chemicals and Drugs. 6Ed. Merck & Co., Inc. Rahway. N. J., U. S. A. 1952. 489
12 H. Stephan and T. Stephan. Solubilities of Inorganic and Organic Compounds. Vol. 1. Pergamon. 1963. 482, 488
13 Gartenmeister. 7, 6, 524, 90
14 I. Mellan. Source Book of Industrial Solvents. Vol. 3. 212
15 Beilstein. Handbuch der Organischen Chemie. H, 1-414; E Ⅳ, 1-1731
16 The Merck Index. **10**, 4553; **11**, 4582

277. 2-庚醇

2-heptanol [2-heptyl alcohol, methyl amyl carbinol, 2-hydroxyheptane]

(1) 分子式 $C_7H_{16}O$。　　相对分子质量 116.20。

(2) 示性式或结构式 $CH_3(CH_2)_4\underset{OH}{\underset{|}{C}}HCH_3$

(3) 外观 无色黏稠状液体，有不愉快的特殊气味。

(4) 物理性质

沸点(101.3kPa)/℃	160.4	闪点(开口)/℃	71
相对密度(20℃/4℃)	0.8187	蒸气压(20℃)/kPa	0.13
折射率(20℃)	1.4210	体膨胀系数(20℃)/K^{-1}	0.00094
介电常数(22℃)	9.21	IR *l* 体	
黏度(20℃)/mPa·s	6.53		

(5) 化学性质 具有仲醇的化学反应性。

(6) 溶解性能 能与醇、醚、苯相混溶。能溶解动、植物油、矿物油、脂肪、蜡、染料、橡胶、天然和合成树脂等。20℃时在水中溶解 0.35%；水在 2-庚醇中溶解 5.80%。

(7) 用途 加到硝基喷漆的溶剂中作助溶剂，以增加溶解能力。还用作制造增塑剂、润湿剂、医药、香料等的原料。

(8) 使用注意事项 为可燃性液体。对金属无腐蚀性，可用铁、软钢、铜或铝制容器贮存。属低毒类。毒性和 4-甲基-2-戊醇相近，大鼠经口 LD_{50} 为 2.58 g/kg，家兔经皮 LD_{50} 为 1.78mL/kg。

(9) 附图

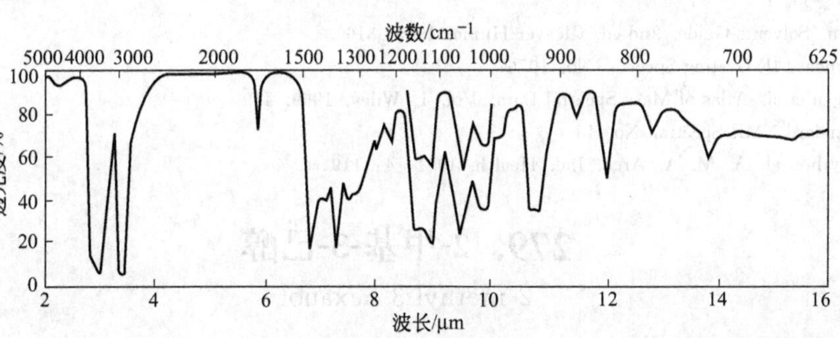

图 2-3-24 2-庚醇的红外光谱图

参 考 文 献

1 CAS 543-49-7

2 EINECS 208-844-3
3 J. A. Monick. Alcohols. Van Nostrand Reinhold. 1968. 161
4 C. Marsden. Solvents Guide. 2nd ed. Cleaver-Hume. 1963. 315
5 Sadtler Standard IR Grating Spectra. No. 15013
6 E. Stenhagen et al. Atlas of Mass Spectral Data. Vol. 1. Wiley. 1969. 438
7 Sadtler Standard NMR Spectra. No. 7310
8 H. F. Smyth et al. A. M. A. Arch. Ind. Health. 1954，10：61
9 Beilstein. Handbuch der Organischen Chemie，H，1-415；E Ⅳ，1-1740
10 The Merck Index. **10**，4554；**11**，4583

278. 3-庚醇

3-heptanol［3-heptyl alcohol，1-ethylpentyl alcohol］

(1) 分子式 $C_7H_{16}O$。　　相对分子质量　116.20。

(2) 示性式或结构式　$CH_3(CH_2)_3CH(OH)CH_2CH_3$

(3) 外观　无色透明液体，略有气味。

(4) 物理性质

沸点(101.3kPa)/℃	156.2	蒸发热/(kJ/kg)	406.0
熔点/℃	−70	比热容(13℃,定压)/[kJ/(kg·K)]	2.42
相对密度(20℃/20℃)	0.8224	体膨胀系数(55℃)	0.00100
黏度(20℃)/mPa·s	7.1	IR *d* 体	

(5) 化学性质　具有仲醇的化学反应性。

(6) 溶解性能　能溶解多种油类、橡胶、天然树脂。20℃时在水中溶解 0.45%；水在 3-庚醇中溶解 3.03%。

(7) 用途　为涂料用溶剂和稀释剂，浮选矿石的消泡剂及有机合成的中间体。

(8) 使用注意事项　为可燃性液体。干燥时不腐蚀金属，可用铁、软钢、铜或铝制容器贮存。属低毒类。大鼠经口 LD_{50} 为 1.87g/kg，家兔经皮 LD_{50} 为 4.36mL/kg。

参　考　文　献

1 CAS 589-82-2
2 EINECS 209-661-1
3 C. Marsden. Solvents Guide. 2nd ed. Cleaver-Hume. 1963. 316
4 Sadtler Standard IR Grating Spectra. No. 10767
5 E. Stenhagen et al. Atlas of Mass Spectral Data. Vol. 1. Wiley. 1969. 439
6 Sadtler Standard NMR Spectra. No. 45
7 H. F. Smyth et al. A. M. A. Arch. Ind. Health. 1951，4：119

279. 2-甲基-3-己醇

2-methyl-3-hexanol

(1) 分子式 $C_7H_{16}O$。　　相对分子质量　116.20。

(2) 示性式或结构式　$CH_3CH_2CH_2CH(OH)CH(CH_3)CH_3$

(3) 外观　无色液体。

(4) 物理性质

沸点(101.3kPa)/℃	145～146	折射率(20℃)	1.4210
相对密度(20℃/4℃)	0.821	闪点/℃	40

(5) 溶解性能　能与乙醇、乙醚、苯相混溶，不溶于水

(6) 用途　溶剂、有机合成中间体。

(7) 使用注意事项　易燃。参照庚醇。

参考文献

1 CAS 617-29-8
2 EINECS 210-508-6

280. 辛　醇

1-octanol [*n*-octanol, *n*-octyl alcohol, caprylic alcohol]

(1) 分子式　$C_8H_{18}O$。　　　　相对分子质量　130.23。

(2) 示性式或结构式　$CH_3(CH_2)_6CH_2OH$

(3) 外观　无色透明液体，有类似柠檬的气味。

(4) 物理性质

沸点(101.3kPa)/℃	195	蒸发热/(kJ/kg)	411.14
相对密度(20℃/4℃)	0.8239	燃烧热/(kJ/kg)	40570
折射率(20℃)	1.4292	比热容(20～30℃,定压)/[kJ/(kg·K)]	2.23
介电常数(20℃)	10.34	临界温度/℃	385.0
偶极矩/(10^{-30}C·m)	5.60	溶解度(水)/%	0.01～0.05
黏度(20℃)/mPa·s	8.93	热导率(20℃)/[W/(m·K)]	16.75
表面张力(20℃)/(mN/m)	26.06	体膨胀系数/K^{-1}	0.000828
(30℃)/(mN/m)	25.21	凝固点/℃	−15.2
闪点(开口)/℃	91	UV(蒸气中)λ_{max}	197

(5) 化学性质　具伯醇的化学反应性。在氧化铝作用下脱水成辛烯。在催化剂存在下，可与酸发生酯化作用。氧化生成相应的醛或酸。

(6) 精制方法　减压分馏，用金属钠干燥再分馏。或加三氧化二硼回流后蒸馏，馏出物用氢氧化钠中和，再分馏。

(7) 溶解性能　和其他高级醇一样，几乎不溶于水，但能与醇、醚、氯仿等混溶。

(8) 用途　用作油脂、橡胶、树脂、聚乙烯、醇缩丁醛等的溶剂，辛酸、辛醛、乙酸辛酯、增塑剂邻苯二甲酸二辛酯、化妆品、香料的制造原料。还用作消泡剂、润滑油添加剂。液相色谱溶剂。

(9) 使用注意事项　为可燃性液体。对金属无腐蚀性，可用铁、软钢、铜或铝制容器贮存。辛醇属低毒类。对皮肤和眼睛有刺激作用，但由于蒸气压低，在一般条件使用危险性不大。

(10) 附表

表 2-3-75　辛醇的蒸气压

温度/℃	蒸气压/kPa	温度/℃	蒸气压/kPa	温度/℃	蒸气压/kPa
54	0.13	115.2	5.33	152.0	26.66
76.5	0.67	123.8	8.00	173.8	53.33
88.3	1.33	135.2	13.33	195.2	101.33
101.0	2.67				

表 2-3-76 含辛醇的二元共沸混合物

第二组分	共沸点/℃	第二组分/%	第二组分	共沸点/℃	第二组分/%
水	99.4	90	对甲苯胺	194.4	33
乙二醇	184.36	36.5	苯乙酮	194.9	12.5
苯酚	195.4	13	甲酸苄酯	195.0	3
苯胺	183.95	83	苯甲酸甲酯	194.35	36
顺丁烯二酸二甲酯	193.55	32	乙酸苯酯	192.4	53
丁二酸二甲酯	192.5	50	*N*,*N*-二甲基苯胺	191.75	50.5
二氯甲基苯	194.5	10	*N*,*N*-二乙基苯胺	194.7	17
间甲酚	203.3	62	*N*,*N*-二甲基邻甲苯胺	184.8	80
邻甲酚	196.9	38	碳酸二异丁酯	189.5	80
N-甲基苯胺	193.0	43	异戊酸异戊酯	192.6	85
伞花烃	179.6	93	佛尔酮	193.5	20
α-萜品烯	182.5	90	甲基异丙基醚	191.9	70

参 考 文 献

1 CAS 111-87-5
2 EINECS 203-917-6
3 J. A. Monick. Alcohols. Van Nostrand Reinhold. 1968. 162
4 A. Weissberger. Organic Solvents. 2nd ed. Wiley. 1955. 109
5 C. Marsden. Solvents Guide. 2nd ed. Cleaver-Hume. 1963. 417
6 J. H. Perry. Chemical Engineer's Handbook. 4th ed. McGraw. 1963. 3
7 日本化学会. 化学便覧. 基礎编. 丸善. 1966. 500
8 J. G. Grasselli. Atlas of Spectral Data and Physical Constants for Organic Compounds., CRC Press. 1973. B-713
9 Sadtler Standard IR Grating Spectra. No. 15016
10 V. I. Malyshev et al. Dokl. Akad. Nauk SSSR. 1949, 66: 833
11 E. Stenhagen et al. Atlas of Mass Spectral Data. Vol, 1. Wiley. 1969. 607
12 Sadtler Standard NMR Spectra. No. 6392
13 Beilstein. Handbuch der Organischen Chemie. H, 1-418; E Ⅳ, 1-1755
14 The Merck Index. **10**, 6594; **11**, 6674

281. 2-辛醇

2-octanol [capryl alcohol, 1-methylheptyl alcohol, *sec*-*n*-octyl aclcohol]

(1) 分子式 $C_8H_{18}O$。　　相对分子质量 130.23。

(2) 示性式或结构式 $CH_3(CH_2)_5CHCH_3$（CH 上连 OH）

$$\begin{array}{l} CH_3(CH_2)_5\underset{|}{C}HCH_3 \\ \qquad\qquad\ \ OH \end{array}$$

(3) 外观 无色黏稠状液体，有刺激气味。

(4) 物理性质

沸点(101.3kPa)/℃	178～179	闪点(开口)/℃	82
熔点/℃	−38	临界温度/℃	364.0
相对密度(20℃/4℃)	0.8216	IR *dl* 体	
折射率(20℃)	1.4256		

(5) 化学性质 具仲醇的化学反应性。在催化剂存在下与酸作用生成酯。氧化生成醛或酸。在氧化铝作用下脱水成烯烃。2-辛醇有光学异构体存在，可利用其酸式邻苯二甲酸酯在番木鳖碱作用下进行离析。

(6) 精制方法 用 15% 亚硫酸氢钠洗涤后蒸馏。或用苯肼处理，洗净后蒸馏。

(7) 溶解性能 能与醇、醚、芳香烃、脂肪烃等多数有机溶剂混溶。20℃时在水中溶解

0.05%以下；水在2-辛醇中溶解0.1%以下。

(8) 用途　用作硝基喷漆、磁漆的溶剂，能改善延展性、光泽性和流动性。还用作纤维润湿剂、刹车油、抗乳化剂以及制造增塑剂和香料的原料。此外，2-辛醇尚用来调整脲醛树脂的黏度。

(9) 使用注意事项　为可燃性液体。对金属无腐蚀性，可用铁、软钢、铜或铝制容器贮存。蒸气压低，一般条件下使用危险性不大。属低毒类，对皮肤有轻度刺激。大鼠经口 LD_{50} >3.2 g/kg。豚鼠经皮 LD_{50} >0.5 g/kg。

(10) 附表

表 2-3-77　2-辛醇的蒸气压

温度/℃	蒸气压/kPa	温度/℃	蒸气压/kPa	温度/℃	蒸气压/kPa
32.8	0.13	98.0	5.33	138.0	26.66
57.6	0.67	107.4	8.00	157.5	53.33
70.0	1.33	119.8	13.33	178.5	101.33
83.3	2.67				

表 2-3-78　含 2-辛醇的二元共沸混合物

第二组分	共沸点/℃	第二组分/%	第二组分	共沸点/℃	第二组分/%
水	98	73	苄基氯	176.5	70
乙二醇	175	12	邻甲酚	191.4	92
草酸二甲酯	163.8	86	对甲基苯甲醚	176.3	79
苯酚	184.5	50	茚	176	40
苯胺	179.0	36	*N*,*N*-二甲基邻甲苯胺	179.0	35
邻溴甲苯	177.0	48	丁酸异戊酯	178.3	60
苄腈	180.05	11	伞花烃	174	56
苯甲醛	174	25			

参考文献

1 CAS 123-96-6
2 EINECS 204-667-0
3 J. A. Monick. Alcohols. Van Nostrand Reinhold. 1968. 163
4 J. H. Perry. Chemical Engineer's Handbook. 4th ed. McGraw. 1963. 3
5 J. G. Grasselli. Atlas of Spectral Data and Physical Constants for Organic Compounds. CRC Press. 1973. B-712
6 Sadtler Standard IR Grating Spectra. No. 18118
7 E. Stenhagen et al. Atlas of Mass Spectral Data. Vol. 1. Wiley. 1969. 610
8 Sadtler Standard NMR Spectra. No. 8079，8080
9 F. A. Patty. Industrial Hygiene and Toxicology. 2nd ed. Wiley. 1963. 1461
10 C. Marsden. Solvents Guide. 2nd ed. Cleaver-Hume. 1963. 120
11 Beilstein. Handbuch der Organischen Chemie. H. 1-419；E Ⅳ，1-1770
12 The Merck Index. **10**，6595；**11**，6675

282. 2-乙基己醇

2-ethyl hexanol [2-ethylhexyl alcohol，2-ethyl-1-hexanol]

(1) 分子式　$C_8H_{18}O$。　　相对分子质量　130.23。

（2）示性式或结构式 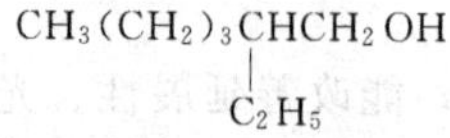

（3）外观 无色黏稠状液体，有特殊气味。

（4）物理性质

沸点(101.3kPa)/℃	184.7	比热容(25℃,定压)/[kJ/(kg·K)]	2.36
相对密度(20℃/4℃)	0.8325	蒸气压(20℃)/kPa	0.048
折射率(20℃)	1.4328	(79℃)/kPa	1.33
黏度(20℃)/mPa·s	9.8	(110℃)/kPa	6.67
表面张力(22℃)/(mN/m)	30.0	体膨胀系数/K^{-1}	0.00073
闪点(开口)/℃	85	凝固点/℃	−70
蒸发热/(kJ/kg)	367.6		

（5）化学性质 具有伯醇的化学反应性。

（6）溶解性能 能与多种有机溶剂混溶，能溶解橡胶、树脂、蜡、植物油、矿物油、动物油、染料等。20℃时在水中溶解0.07%；水在2-乙基己醇中溶解2.6%。

（7）用途 主要用于制造邻苯二甲酸、壬二酸、癸二酸等二元羧酸的酯类增塑剂和耐寒辅助增塑剂。也用作制造分散剂、润滑剂、抗氧化剂的原料。本品又是优良的消泡剂和溶剂。做硝基喷漆的混合溶剂可防止漆膜发白。

（8）使用注意事项 为可燃性液体。对金属无腐蚀性，可用铁、软钢、铜或铝制容器贮存。属低毒类。避免吸入蒸气和长期与皮肤接触。大鼠经口 LD_{50} 为2.46g/kg，家兔经皮 LD_{50} 为2.38mL/kg。

参 考 文 献

1 CAS 104-76-7
2 EINECS 203-234-3
3 J. A. Monick. Alcohols. Van Nostrand Reinhold. 1968. 165
4 C. Marsden. Solvents Guide. 2nd ed. Cleaver-Hume. 1963. 291
5 Sadtler Standard IR Grating Spectra. No. 10974
6 Sadtler Standard NMR Spectra. No. 98
7 H. F. Smyth et al. Amer. Ind. Hyg. Assoc. J. 1969, 30: 470
8 Beilstein, Handbuch der Organischen Chemie. E Ⅳ, 1-1783
9 The Merck Index. **10**, 3753; **11**, 3764

283. 2,5-二甲基-2,5-己二醇

2,5-dimethyl-2,5-hexanediol

（1）分子式 $C_8H_{18}O_2$。 相对分子质量 146.22。

（2）示性式或结构式

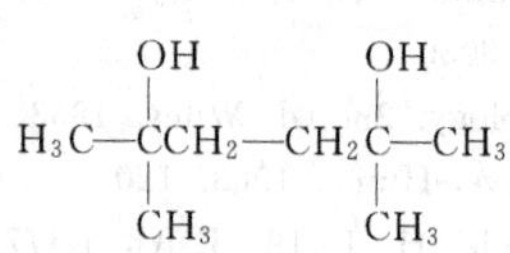

（3）外观 白色结晶。

（4）物理性质

沸点(101.3kPa)/℃	214～215	相对密度(20℃/20℃)	0.898
熔点/℃	88.5～89	闪点/℃	126

（5）溶解性能 溶于水、醇、丙酮，不溶于苯、四氯化碳和汽油。

（6）用途 溶剂、有机合成中间体。

（7）使用注意事项 参照2-乙基-1,3-己二醇。

参 考 文 献

1 CAS 110-03-2

2 EINECS 203-731-5

3 Beil., **1**, 492; **1** (4), 2600

284. 2,2,4-三甲基-1,3-戊二醇

2,2,4-trimethyl-1,3-pentanediol [TMPD]

(1) 分子式　$C_8H_{18}O_2$。　　　　相对分子质量　146.23。

(2) 示性式或结构式

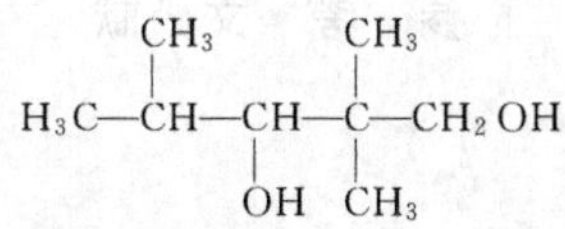

(3) 外观　白色结晶状固体。

(4) 物理性质

沸点(101.3kPa)/℃	232	黏度(50℃)/mPa·s	27
熔点/℃	52～56	闪点(开杯)/℃	113
密度/(g/cm³)	0.897	折射率(15℃)	1.4513

(5) 化学性质　参与一般二元醇的典型反应形成多种化合物。与各种羧酸或二元酸反应形成单酯、二酯或聚酯。

(6) 溶解性能　溶于大多数醇类、二元醇、芳烃和酮，微溶于水和脂肪烃。

(7) 用途　涂料、印刷油墨的溶剂。

(8) 使用注意事项　微毒，对人体皮肤无明显刺激作用，吸入 TMPD 易于自尿中排泄。大鼠急性经口 LD_{50} 为 2500mg/kg，小鼠 LD_{50} 为 2200mg/kg。

(9) 附表

表 2-3-79　TMPD 在各种溶剂中的溶解度

溶　剂	溶解度/(g/100g)	溶　剂	溶解度/(g/100g)
水	1.9	乙醚	29.0
甲醇	75.0	苯	21.8
乙醇	75.0	丙二醇	49.8
2-丙醇	80.0	汽油	4.7
乙二醇	35.4	煤油	<1.0
丙酮	25.4		

参 考 文 献

1 CAS 144-19-4

2 EINECS 205-619-1

3 Beil., **1** (4), 2604

4 《化工百科全书》编辑委员会，化学工业出版社《化工百科全书》编辑部编. 化工百科全书：第 3 卷. 北京：化学工业出版社，1997.

285. 4-甲基-3-庚醇

4-methyl-3-heptanol

(1) 分子式　$C_8H_{18}O$。　　　　相对分子质量　130.23。

(2) 示性式或结构式

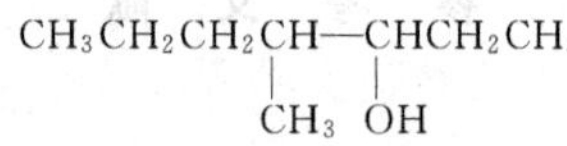

(3) 外观　无色液体。

(4) 物理性质

沸点(9.999kPa)/℃	98～99	折射率(20℃)	1.4300
相对密度(20℃/4℃)	0.827	闪点/℃	54

(5) 溶解性能　能与乙醇、乙醚混溶，不溶于水。

(6) 用途　溶剂、有机合成中间体。

(7) 使用注意事项　参照辛醇。

参　考　文　献

1　CAS 14979-39-6

2　EINECS 239-058-9

286. 3,5,5-三甲基己醇

3,5,5-trimethylhexanol [3,5,5-trimethylhexyl alcohol]

(1)分子式　$C_9H_{20}O$。　　相对分子质量　144.25。

(2)示性式或结构式

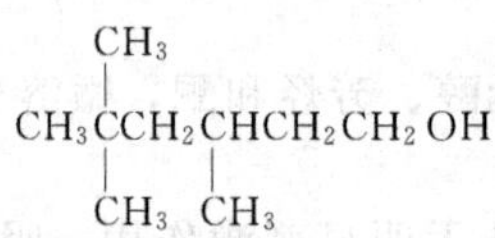

(3)外观　无色黏稠状液体，略有气味。

(4)物理性质

沸点(101.3kPa)/℃	194	黏度(37.8℃)/mPa·s	10.4
(1.33kPa)/℃	83	(25℃)/mPa·s	11.06
熔点/℃	<－70	闪点(开口)/℃	约 77
相对密度(25℃/4℃)	0.8236	蒸发热/(kJ/kg)	303.5
折射率(20℃)	1.4331	比热容(100℃,定压)/[kJ/(kg·K)]	2.43
(25℃)	1.4300	体膨胀系数(20～60℃)/K^{-1}	0.000849
表面张力(18.5℃)/(mN/m)	25.5		

(5) 化学性质　具有高级伯醇的化学反应性。与各种羧酸生成酯。与不饱和羧酸生成的酯，经聚合得油溶性树脂，可用来改进润滑油的黏度-温度特性。

(6) 溶解性能　能与甲醇、丙酮、乙醚、乙酸乙酯、环己烷、苯、氯仿、石油醚等混溶。20℃时在水中溶解 0.1%；水在 3,5,5-三甲基己醇中溶解 2.2%。3,5,5-三甲基己醇能和水形成二元共沸混合物。101.3kPa 时，共沸点为 99.5℃，共沸馏出物中含 3,5,5-三甲己醇 17%。12.67 时，共沸点为 50.5℃，共沸馏出物中含 3,5,5-三甲己醇 9%。

(7) 用途　用作硝基喷漆的面漆溶剂，也用于印刷油墨、消泡剂、润滑油添加剂、增塑剂等方面。

(8) 使用注意事项　为可燃性液体。干燥时对金属无腐蚀性，可用铁、软钢、铜或铝制容器贮存。由于沸点高，蒸气压低，一般条件下使用危险性不大。家兔皮下注射（24 小时）LD_{50}<3.6mL/kg。

(9) 附表

表 2-3-80　C_9 醇的毒性

C_9 醇	经　口	经　皮	吸　入
壬醇	大鼠，LD_{50} 3.2～6.4g/kg	豚鼠，LD_{50} ＞10mL/kg	大鼠，4417.5mg/m³，6h 无死亡
2,6-二甲基-4-庚醇	大鼠，LD_{50} 3.56g/kg	家兔(24h)，LD_{50} 5.66mL/kg	大鼠，饱和蒸气 8h 无死亡
3,5,5-三甲基己醇		家兔(24h)，LD_{50} ＜3.6mL/kg	

参　考　文　献

1　CAS 3452-97-7
2　EINECS 222-376-7
3　C. Marsden. Solvents Guide. 2nd ed. Cleaver-Hume. 1963. 415
4　E. Stenhagen et al. Atlas of Mass Spectral Data. Vol. 2. Wiley. 1969. 801
5　Sadtler Standard NMR Spectra. No. 1197
6　F. A. Patty. Industrial Hygiene and Toxicology. 2nd ed. Wiley. 1963. 1466

287. 壬　醇

1-nonanol［nonyl alcohol，*n*-nonyl alcohol］

(1) 分子式　$C_9H_{20}O$。　　　相对分子质量　144.25。

(2) 示性式或结构式　$CH_3(CH_2)_7CH_2OH$

(3) 外观　无色黏稠状液体，略有玫瑰香味。

(4) 物理性质

沸点(101.3kPa)/℃	214	燃烧热/(kJ/mol)	5946.1
相对密度(20℃/4℃)	0.8269	比热容(13℃，定压)/[kJ/(kg·K)]	2.34
折射率(20℃)	1.4311	蒸气压(20℃)/kPa	0.40
黏度(0℃)/mPa·s	56.0	热导率(20℃)/[W/(m·K)]	16.75
(20℃)/mPa·s	14.3	体膨胀系数(55℃)/K^{-1}	0.00091
闪点(闭口)/℃	99	凝固点/℃	−5
蒸发热/(kJ/kg)	561.0		

(5) 化学性质　具有典型的高级伯醇的反应性。

(6) 溶解性能　能与醇、醚等混溶。20℃时在水中溶解 0.06%；水在壬醇中溶解 0.99%。

(7) 用途　用作硝基喷漆和磁漆的溶剂、润湿剂、消泡剂等，也用作界面活性剂及香料的制造原料。

(8) 使用注意事项　为可燃性液体。对金属无腐蚀性，可用铁、软钢、铜或铝制容器贮存。属低毒类。动物实验中发现能引起中枢神经和肝脏障碍。大鼠经口 LD_{50} 为 3.2～6.4g/kg。

(9) 附表

表 2-3-81　壬醇的蒸气压

温度/℃	蒸气压/kPa	温度/℃	蒸气压/kPa	温度/℃	蒸气压/kPa
59.5	0.13	129.0	5.33	192.1	53.33
86.1	0.67	139.0	8.00	213.5	101.33
99.7	1.33	151.3	13.33		
113.8	2.67	170.5	26.66		

参　考　文　献

1　CAS 143-08-8
2　EINECS 205-583-7
3　J. A. Monick. Alcohols. Van Nostrand Reinhold. 1968. 168

4 C. Marsden. Solvents Guide. 2nd ed. Cleaver-Hume，1963. 173
5 日本化学会. 化学便覧. 基礎編. 丸善. 1966. 500
6 Sadtler Standard IR prism Spectra. No. 1491.
7 E. Stenhagen et al. Atlas of Mass Spectral Data. Vol. 2.，Wiley. 1969. 801
8 Sadtler Standard NMR Spectra. No. 102
9 T. E. Jordan. Vapor Pressure of Organic Compounds. Wiley. 1954. 78
10 Beilstein. Handbuch der Organischen chemie. H，1-432；E Ⅳ，1-1798
11 The Merck Index. **10**，6521；**11**，6598

288. 2-壬醇

2-nonanol

(1) 分子式　$C_9H_{20}O$。　　相对分子质量　144.25。

(2) 示性式或结构式　$CH_3(CH_2)_6CH(OH)CH_3$

(3) 外观　无色液体。

(4) 物理性质

沸点(101.3kPa)/℃	197～199	折射率(20℃)	1.431
熔点/℃	−35～−36	闪点/℃	96
相对密度(20℃/4℃)	0.823		

(5) 溶解性能　能与乙醇、乙醚相混溶，不溶于水。

(6) 用途　溶剂、有机合成中间体、香料。

(7) 使用注意事项　对眼睛、呼吸系统及皮肤有刺激性。使用时应穿防护服。参照壬醇。

参考文献

1 CAS 628-99-9
2 EINECS 211-065-1

289. 3-壬醇

3-nonanol

(1) 分子式　$C_9H_{20}O$。　　相对分子质量　144.25。

(2) 示性式或结构式　$CH_3(CH_2)_5CH(OH)CH_2CH_3$

(3) 外观　无色液体。

(4) 物理性质

沸点(101.3kPa)/℃	192～195	折射率(20℃)	1.431
相对密度(20℃/4℃)	0.824	闪点/℃	96

(5) 溶解性能　能与乙醇、乙醚相混溶，不溶于水。

(6) 用途　溶剂、有机合成中间体。

(7) 使用注意事项　参照壬醇。

参考文献

1 CAS 624-51-1
2 EINECS 210-850-6

290. 2,6-二甲基-4-庚醇

2,6-dimethyl-4-heptanol [diisobutyl carbinol]

(1) 分子式　$C_9H_{20}O$。　　　　相对分子质量　144.25。

(2) 示性式或结构式　$CH_3CH(CH_3)CH_2CH(OH)CH_2CH(CH_3)CH_3$

(3) 外观　无色液体，略有香味。

(4) 物理性质

沸点(101.3kPa)/℃	173.3	闪点(开口)/℃	80
相对密度(20℃/20℃)	0.8121	燃点/℃	165
折射率(20℃)	1.4390	比热容/[kJ/(kg·K)]	2.36
黏度(0℃)/mPa·s	56.0	蒸发热(37.8℃)/(kJ/mol)	51.29
(20℃)/mPa·s	14.3	体膨胀系数(55℃)/K^{-1}	0.00091

(5) 化学性质　具仲醇的化学反应性。

(6) 溶解性能　20℃时在水中溶解 0.06%；水在2,6-二甲基-4-庚醇中溶解 0.99%。与26.6%的水组成共沸混合物，共沸点 98.5℃。

(7) 用途　用作尿素、三聚氰胺等树脂的溶剂，也用于消泡剂、润滑油添加剂、增塑剂等的制造。

(8) 使用注意事项　为可燃性液体。对金属无腐蚀性，可用铁、软钢、铜或铝制容器贮存。属低毒类。大鼠经口 LD_{50} 为 3.56g/kg。

参考文献

1 CAS 108-82-7
2 EINECS 203-619-6
3 I. Mellan. Source Book of Industrial Solvents. Vol. 3. 228
4 C. Marsden. Solvents Guide, 2nd ed. Cleaver-Hume, 1963. 174
5 K. Doolittle. The Technology of Solvents and Plasticizers. 680, 402

291. 癸　醇

1-decanol [*n*-decanol, *n*-decyl alcohol, nonylcarbinol]

(1) 分子式　$C_{10}H_{22}O$。　　　　相对分子质量　158.28。

(2) 示性式或结构式　$CH_3(CH_2)_8CH_2OH$

(3) 外观　无色或浅黄色黏稠液体，略有芳香气味。

(4) 物理性质

沸点(101.3kPa)/℃	231	燃烧热/(kJ/g)	41.7
相对密度(20℃/4℃)	0.8310	比热容(20～30℃,定压)/[kJ/(kg·K)]	2.24
折射率(20℃)	1.4368	体膨胀系数(53℃)/K^{-1}	0.00086
黏度(20℃)/mPa·s	13.83	凝固点/℃	6.9
闪点(开口)/℃	104		

(5) 化学性质　具高级伯醇的化学反应性。

(6) 精制方法　含有辛醇、二甲基戊醇等杂质。精制时可先在 1.33kPa 下分馏，然后将馏出物分步结晶。

(7) 溶解性能　能与醇、醚、丙酮、苯、冰乙酸、环己烷、四氯化碳等混溶。20℃时在水中溶解 0.02%；水在癸醇中溶解 3%。

(8) 用途 用作橡胶、树脂、蜡、染料、硝酸纤维素、油墨等的溶剂。还用作消泡剂和润滑油添加剂。磺化后可作界面活性剂。与邻苯二甲酸反应后所得的酯作增塑剂。精制的癸醇用于制造类似玫瑰、香橙、紫罗兰香味的香料。

(9) 使用注意事项 为可燃性液体。对金属无腐蚀性，可用铁、软钢、铜或铝制容器贮存。属微毒类，对眼黏膜和皮肤有刺激作用。毒性见表 2-3-84。

(10) 附表

表 2-3-82 癸醇的蒸气压

温度/℃	蒸气压/kPa	温度/℃	蒸气压/kPa
69.5	0.13	152.0	8.00
97.3	0.67	165.8	13.33
111.3	1.33	182.6	26.66
125.8	2.67	208.8	53.33
142.1	5.33	231.0	101.33

表 2-3-83 癸醇的黏度和温度的关系

温度/℃	黏度/(mPa·s)	温度/℃	黏度/(mPa·s)
99	1.76	−31.7	701
20	21	−40.0	1649
−9.4	115	−53.9	8826
−17.8	209		

表 2-3-84 含癸醇的二元共沸混合物

第二组分	共沸点/℃	第二组分/%	第二组分	共沸点/℃	第二组分/%
乙酰胺	211.1	49	水杨酸乙酯	230.5	48
乙二醇	194.65	67.5	邻甲基苯甲酸乙酯	228.55	94
丙酰胺	215.9	70	苯甲酸丙酯	230.7	75
对二溴苯	220.2	98	香芹酮	230.8	81
间硝基甲苯	228.5	60	百里酚	234.5	60
邻硝基甲苯	221.0	85	对硝基甲苯	231.8	30

表 2-3-85 C_{10}醇的毒性

混合物	经口	经皮	吸入
癸醇和2-癸醇混合物	大鼠,LD_{50} 12.8～25.5g/kg	豚鼠,LD_{50}>10mL/kg	大鼠,5846.3mg/m^3,6h,无死亡
癸醇异构体混合物	大鼠,LD_{50} 9.80g/kg	家兔,LD_{50} 3.56mL/kg	大鼠,饱和蒸气,8h,无死亡

(11) 附图

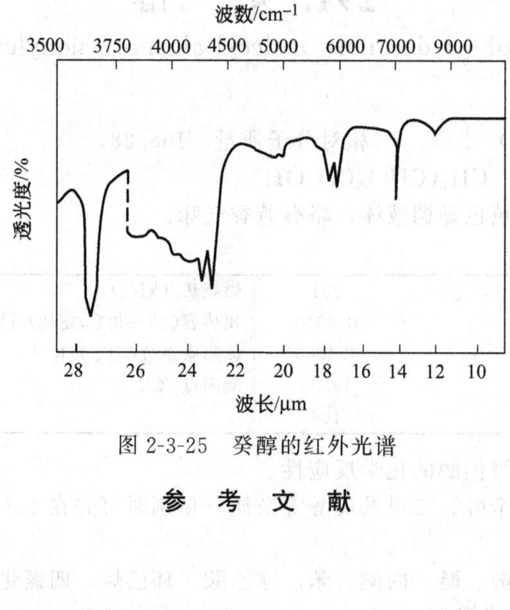

图 2-3-25 癸醇的红外光谱

参 考 文 献

1 CAS 112-30-1

2 EINECS 203-956-9

3 J. A. Monick. Alcohols. Van Nostrand Reinhold. 1968. 171

4 C. Marsden. Solvents Guide. 2nd ed. Cleaver-Hume. 1963. 163
5 I. Mellan. Source Book of Industrial Solvents. Vol. 3. Van. Nostrand Reinhold. 1959. 223
6 Coblentz Society IR Spectra. No. 4811
7 E. Stenhagen et al. Atlas of Mass Spectral Data. Vol. 2. Wiley. 1969. 996
8 Sadtler Standard NMR Spectra. No. 10207
9 T. E. Tordan. Vapor Pressure of Organic Compounds. 1954. 80
10 C. Marsden, Solvents Guide. 2nd ed. Cleaver-Hume. 1963. 164
11 F. A. Patty. Industrial Hygiene and Toxicology. 2nd ed. Wiley. 1963. 1467
12 Beilstein. Handbuch der Organischen Chemie. H, 1-425; E Ⅳ. 1-1815
13 The Merck Index. **10**, 2837; **11**, 2847
14 张海峰主编. 危险化学品安全技术大典：第1卷. 北京：中国石化出版社，2010

292. 十 一 醇

1-undecanol [*n*-undecyl alcohol]

(1) 分子式 $C_{11}H_{24}O$。　　相对分子质量 172.31。

(2) 示性式或结构式 $CH_3(CH_2)_9CH_2OH$

(3) 外观 无色或浅黄色液体，有柠檬香味。

(4) 物理性质

沸点(101.3kPa)/℃	243	折射率(20℃)	1.4404
(2.0kPa)/℃	131	闪点(闭口)/℃	>100
相对密度(20℃/4℃)	0.8298	凝固点/℃	19

(5) 化学性质 具典型的高级伯醇的化学反应性。有催化剂存在下，与酸酯化生成酯。氧化转变成醛或酸。在氧化铝存在下脱水成烯烃。

(6) 溶解性能 不溶于水，能溶于醇、醚。

(7) 用途 用于制造金合欢、月下香等香味的香料。

(8) 使用注意事项 为可燃性液体。对金属无腐蚀性，可用铁、软钢、铜或铝制容器贮存由于沸点高，蒸气压低，在一般条件下使用危险性不大。

参 考 文 献

1 CAS 112-42-5
2 EINECS 203-970-5
3 J. A. Monick. Alcohols. Van Nostrand Reinhold. 1968. 172
4 Sadtler IR Grating Spectra. No. 15616
5 E. Stenhagen et. al. Atlas of Mass Spectral Data. Vol. 2. Wiley. 1969. 1161
6 Sadtler Standard NMR Spectra. No. 6851

293. 5-乙基-2-壬醇

5-ethyl-2-nonanol

(1) 分子式 $C_{11}H_{24}O$。　　相对分子质量 172.31。

(2) 示性式或结构式 $CH_3(CH_2)_3CH(C_2H_5)CH_2CH_2CH(OH)CH_3$

(3) 外观 无色液体。

(4) 物理性质

沸点(2.0kPa)/℃	131	折射率(20℃)	1.4404
熔点/℃	19	黏度/mPa·s	17.2
相对密度(23℃/4℃)	0.8334		

(5) **化学性质** 具仲醇的化学反应性。

(6) **用途** 用于润湿剂、洗涤剂的制造。

(7) **附表**

表 2-3-86 5-乙基-2-壬醇-苯溶液的密度与介电常数

苯/%(mol)	密度(25℃)	介电常数	苯/%(mol)	密度(25℃)	介电常数
0.00	0.872	2.26	7.19	0.862	2.53
1.15	0.869	2.27	9.62	0.859	2.65
2.17	0.866	2.32	12.47	0.856	2.74
3.34	0.865	2.38	100	0.833	
5.29	0.864	2.44			

参 考 文 献

1 CAS 103-08-2

2 Kirk-Other. Encyclopedia of Chemical Technology. Vol. 1. Interscience. 543

3 J. Timmermans. Physico-Chemical Constants of Binary Systems. Vol 2. 93

294. 十二醇［月桂醇］

1-dodecanol [*n*-dodecyl alcohol, lauryl alcohol]

(1) **分子式** $C_{12}H_{26}O$。 **相对分子质量** 186.34。

(2) **示性式或结构式** $CH_3(CH_2)_{10}CH_2OH$

(3) **外观** 白色结晶，有椰子油香味。

(4) **物理性质**

沸点(101.3kPa)/℃	259	闪点(闭口)/℃	>100
相对密度(24℃/4℃)	0.8309	蒸发热/(kJ/mol)	78.34
折射率(60℃)	1.4282	蒸气压(91℃)/kPa	0.13
黏度(20℃)/mPa·s	1.15	凝固点/℃	23.95

(5) **化学性质** 具高级伯醇的化学反应性。

(6) **精制方法** 于乙醇水溶液中重结晶。

(7) **溶解性能** 室温下不溶于水。30℃以上能与甲醇、95%乙醇、乙醚、苯等混溶。

(8) **用途** 是洗涤剂、润湿剂、乳化剂的重要原料。广泛用于润滑油、牙膏、药膏、纺织、医药、皮革、化妆品香料等的生产。

(9) **使用注意事项** 属微毒类。动物实验证明毒性不大，大鼠经口 LD_{50}>12.8g/kg，腹腔注射 LD_{50} 为 0.8～1.6g/kg。豚鼠经皮 LD_{50}>10mL/kg。对皮肤无刺激作用。嗅觉阈浓度 0.054mg/m^3。

(10) **规格**

HG/T 2310—92 (2004) 十二醇(月桂醇)

项　　目		指　　标	
	优等品	一等品	合格品
色度/Hazen ≤	20	30	40
酸值/(mgKOH/g) ≤	0.1	0.2	

续表

项目		指标		
		优等品	一等品	合格品
皂化值/(mgKOH/g)	≤	2.0	3.0	
碘值/(g I_2/100 g)	≤	0.5	1.0	1.5
羟值/(mgKOH/g)		295～301	294～304	285～315
纯度/%	≥	97.0	95.0	90.0
烷烃含量/%	≤	1.0	2.0	3.0

(11) 附表

表 2-3-87 十二醇的蒸气压

温度/℃	蒸气压/kPa	温度/℃	蒸气压/kPa	温度/℃	蒸气压/kPa
91.0	0.13	167.2	5.33	235.7	53.33
120.2	0.67	177.8	8.00	259.0	101.33
134.7	1.33	192.0	13.33		
150.0	2.67	213.0	26.66		

表 2-3-88 十二醇混合溶液的凝固点

混合溶液	凝固点/℃	十二醇/%(体积)	混合溶液	凝固点/℃	十二醇/%(体积)
(1)己烷＋十二醇	−10.0	0.5	(8)丁酮＋十二醇	0.0	16.2
	0.0	8.5		＋10.0	46.8
	＋10.0	49.0		20.0	92.0
	20.0	87.9		23.95	100
(2)环己烷＋十二醇	−0.9	15.8E	(9)乙酸乙酯＋十二醇	−20.0	2.5
	＋10.0	55.6		0.0	13.9
	20.0	92.8		10.0	43.1
	23.95	100		20.0	90.7
(3)苯＋十二醇	2.5	23.9E		23.95	100
	10.0	58.2	(10)乙酸丁酯＋十二醇	−20.0	5.2
	20.0	93.3		0.0	17.8
	23.95	100		10.0	45.7
(4)氯仿＋十二醇	−40.0	1.3		20.0	90.7
	−20.0	3.9		23.95	100
	0.0	32.2	(11)乙腈＋十二醇	0.0	1.3
	＋20.0	89.1		10.0	3.7
	23.95	100		20.0	14.2
(5)四氯化碳＋十二醇	−23.3	1.1E		—	22.9
	−20.0	1.3		23.95	100
	0.0	15.9	(12)甲醇＋十二醇	−40.0	0.5
	＋10.0	45.3		−20.0	2.9
	20.0	81.8		0.0	42.2
	23.95	100		＋20.0	96.0
(6)乙醚＋十二醇	−40.0	1.4		23.95	100
	−20.0	4.9	(13)异丙醇＋十二醇	−40.0	1.5
	0	30.7		−20.0	9.1
	20	90.5		0.0	41.9
	23.90	100		＋20.0	93.0
(7)丙酮＋十二醇	−20.0	1.6		23.95	100
	0.0	11.4	(14)丁醇＋十二醇	−40.0	3.5
	＋10.0	42.9		−20.0	10.2
	20.0	92.0		0.0	38.7
	23.95	100		＋20.0	90.5
(8)丁酮＋十二醇	−20.0	3.5		23.95	100

表 2-3-89　十二醇-乙醇-水的溶解度

混合比率/%		十二醇的溶解度/%	温度/℃
乙醇	水		
95	5	0.6	−40
95	5	4.03	−20
95	5	34.21	0
95	5	95.49	20
95	5	∞	30

表 2-3-90　十二醇的低温特性

品　种	共熔点/℃	十二醇/%
十二醇+苯	2.5	23.9
十二醇+环己烷	−0.9	15.8
十二醇+四氯化碳	−23.3	1.1

表 2-3-91　十二醇的相对密度

温度/℃	相对密度	温度/℃	相对密度	温度/℃	相对密度	温度/℃	相对密度
20	0.8316	40	0.8169	60	0.8019	80	0.7865
30	0.8243	50	0.8097	70	0.7943	90	0.7787

表 2-3-92　十二醇在各种溶剂中的溶解度

溶　剂	溶　解　度/[g/(100 g溶剂)]					
	−40℃	−20℃	0℃	10℃	20℃	30℃
苯				139	1390	∞
环己烷				125	1290	∞
硝基甲烷			0.9	4.2	20.2	∞
乙腈			1.0	3.9	16.7	29.9
四氯化碳		1.3	18.9	83	450	∞
乙酸乙酯		2.7	16.1	76.0	980.0	∞
乙酸丁酯		5.5	21.8	84.0	980.0	∞
丙酮		1.6	12.9	75.0	1150	∞
2-丁醇		3.7	19.6	88	1150	∞
氯仿	1.3	4.1	47.5		820	∞
乙醚	1.4	5.3	44.2		960	∞
甲醇	0.5	3.0	73.0		2340	∞
95%乙醇	0.6	4.2	52.0		2120	∞
异丙醇	1.5	10.0	72		1330	∞
丁醇	3.6	11.3	63		950	∞

表 2-3-93　十二醇的表面张力

温度/℃	表面张力/(mN/m)	温度/℃	表面张力/(mN/m)	温度/℃	表面张力/(mN/m)	温度/℃	表面张力/(mN/m)
20	28.60	40	26.92	60	25.35	80	23.75
30	27.65	50	26.06	70	24.49		

参　考　文　献

1　CAS 112-53-8
2　EINECS 203-982-0
3　J. A. Monick, Alcohols. Van Nostrand Reinhold. 1968. 174
4　化学工学協会. 物性定数. 2集. 丸善. 1964. 65; 66
5　T. E. Jordan. Vapor Pressure of Organic Compounds. Wiley. 1954. 80
6　Sadtler Standard IR Grating Spectra. No. 251
7　E. Stenhagen et al. Atlas of Mass Spectral Data. Vol. 2. Wiley. 1969. 1289
8　Sadtler Standard NMR Spectra. No. 103
9　F. A. Patty. Industrial Hygiene and Toxicology. 2nd ed. Wiley. 1963. 1468
10　J. H. Perry. Chamical Engineers Handbook. 4th ed. 3-52
11　J. Tinimermans. Physico-Chemical Constants of Binary Systems. Vol. 2
12　Solubilities of Inorganic and Organic Compounds. Vol. 2, Pergamon Press. 1189
13　Solubilities of Inorganic and Organic Compounds. 3rd ed. D. Van. Nostrands. 748, 749
14　Beilstein. Handbuch der Organischen Chemie. H, 1-428; E Ⅳ, 1-1844

15 The Merck Index. **10**, 3413; **11**, 3402

295. 2,6,8-三甲基-4-壬醇

2,6,8-frimethyl-4-nonanol

(1) 分子式　$C_{12}H_{26}O$。　　　　相对分子质量　186.33。

(2) 示性式或结构式　$CH_3CH[CH_2CH]_2(CH_2)_3OH$（两个 CH 上各连 CH_3）

(3) 外观　无色液体。

(4) 物理性质

沸点(101.3kPa)/℃	225.2	折射率(20℃)	1.4345
熔点/℃	−60	闪点(闭口)/℃	93
相对密度(20℃/4℃)	0.8193		

(5) 化学性质　具高级伯醇的化学反应性。

(6) 用途　用于制造增塑剂、消泡剂及其他界面活性剂等。

(7) 使用注意事项　属低毒类。

参 考 文 献

1 CAS 123-17-1
2 EINECS 204-606-8
3 松田種光. 箱島勝. 鐮苅藤行共著, 溶剤ハンドブック. 产业图书. 98, 99
4 I. Mellan. Source Book of Industrial Solvents. Vol. 3. 180

296. 十　四　醇

tetradecanol [*n*-tetradecyl alcohol, myristyl alcohol]

(1) 分子式　$C_{14}H_{30}O$。　　　　相对分子质量　214.38。

(2) 示性式或结构式　$CH_3(CH_2)_{12}CH_2OH$

(3) 外观　白色晶体。

(4) 物理性质

沸点(2.0kPa)/℃	167
熔点/℃	38.3
相对密度(38℃/4℃)	0.8236

(5) 化学性质　具高级伯醇的化学反应性。

(6) 溶解性能　能与醚混合。20℃时在水中溶解 0.02%。

(7) 用途　用于制造十四烷基硫醇和洗涤剂等。

(8) 使用注意事项　属低毒类。

(9) 附表

表 2-3-94　十四醇-乙醇-水的相互溶解度

乙醇/%	水/%	十四醇/%	温度/℃
95	5	0.4	−20
95	5	6.01	0
95	5	51.21	20
95	5	86.30	30
95	5	∞	40

表 2-3-95　十四醇在其他溶剂中的溶解度

溶剂	溶解度/[g/(100g 溶剂)]							
	−40℃	−20℃	0℃	10℃	20℃	30℃	40℃	50℃
环己烷				13.4	72	350	∞	
苯				14.2	74	355	∞	
氯仿		0.6	8.2		85.0	305	∞	
四氯化碳		0.2	2.0	10.5	210	∞		
异丙醇		1.2	12.8		123	545	∞	
95%乙醇		0.4	6.4		105	630	∞	
丁醇	0.2	2.3	14.0		105	365	∞	
2-丁醇		0.6	4.7	16.5	60.0	340.0	∞	
甲醇		0.2	4.6		158	870	∞	
乙醚	0.1	1.2	9.3		100	380	1180	
丙酮		0.1	2.4	8.7	38.6	340.0	∞	
乙酸乙酯		0.1	3.2	10.2	41.5	272.0	∞	
乙酸丁酯		1.1	6.2	17.0	58	276	∞	
乙腈				<6.1	1.3	7.7	22.1	∞
硝基甲烷				<0.1	1.9	14.5	∞	

表 2-3-96　十四醇混合溶液的凝固点

混合溶液	凝固点/℃	十四醇/%
(1) 己烷＋十四醇	0	0.1
	10	3.6
	20	31.5
	30	75.0
(2) 环己烷＋十四醇	4.8	5.6
	10.0	11.8
	20.0	41.9
	30.0	77.8
	38.26	100
(3) 苯＋十四醇	5.2	6.5
	10.0	12.4
	20.0	42.5
	30.0	78.0
	38.26	100
(4) 氯仿＋十四醇	−20.0	0.6
	0.0	7.6
	20.0	46.0
	30.0	75.3
	38.26	100
(5) 四氯化碳＋十四醇	−23.0	0.1
	−20.0	0.2
	0.0	1.9
	10.0	9.5
	20.0	35.0
	30.0	67.7
	38.26	100
(6) 乙醚＋十四醇	−40.0	0.1
	−20.0	1.2
	0.0	8.5
	20.0	50.0
	30.0	79.1
	34.5	92.1
	38.26	100
(7) 丙酮＋十四醇	−20.0	0.1
	0.0	2.4
(7) 丙酮＋十四醇	10.0	7.9
	20.0	27.8
	30.0	77.5
	38.26	100
(8) 乙酸乙酯＋十四醇	−20.0	0.1
	0.0	3.3
	10.0	9.2
	20.0	29.3
	30.0	73.1
	38.26	100
(9) 乙酸丁酯＋十四醇	−20.0	1.1
	0.0	5.8
	10.0	14.5
	20.0	36.7
	30.0	73.3
	38.26	100
(10) 乙腈＋十四醇	10.0	0.1
	20.0	1.3
	30.0	7.0
	38.26	100
(11) 硝基甲烷＋十四醇	10.0	0.1
	20.0	1.9
	30.0	12.7
	38.26	100
(12) 甲醇＋十四醇	−20.0	0.2
	0.0	4.4
	20.0	61.3
	30.0	89.7
	38.26	100
(13) 异丙醇＋十四醇	−20.0	1.2
	0.0	11.3
	20.0	55.2
	30.0	84.5
	38.26	100

参 考 文 献

1 CAS 112-72-1
2 EINECS 2004-000-3
3 Kirk-Othmer. Encyclopedia of Chemical Technology. Vol. 1. Interscience. 543
4 H. Stephem. T. Stephen. Solubilities of Inorganic and Organic Compounds. Vol. 2
5 Solubility of Inorganic and Organic Compounds. 3rd. 764
6 J. Timmermans. Physico-Chemical Constants of Binary Systems. Vol. 2

297. 十 五 醇

1-pentadecanol

(1) 分子式 $C_{15}H_{32}O$。 相对分子质量 228.38。

(2) 示性式或结构式 $CH_3(CH_2)_{13}CH_2OH$

(3) 外观 无色结晶。

(4) 物理性质

沸点(101.3kPa)/℃	269～271	闪点/℃	112
熔点/℃	40～44		

(5) 溶解性能 溶于乙醇、乙醚，不溶于水。

(6) 用途 溶剂、气相色谱标准物。

(7) 使用注意事项 属低毒类。

参 考 文 献

1 CAS 629-76-5
2 EINECS 211-107-9

298. 十六醇［鲸蜡醇，棕榈醇］

hexadecanol［cetyl alcohol］

(1) 分子式 $C_{16}H_{34}O$。 相对分子质量 242.43。

(2) 示性式或结构式 $CH_3(CH_2)_{14}CH_2OH$

(3) 外观 白色晶体。

(4) 物理性质

熔点/℃	49	折射率(20℃)	1.4283
沸点/℃	344	黏度(50℃)/mPa·s	13.4
密度(20℃/20℃)/(g/cm³)	0.8176		

(5) 化学性质 易与无机酸及有机酸生成酯类。

(6) 溶解性能 不溶于水，溶于乙醇、乙醚和氯仿。

(7) 用途 用于香料制造及某些增塑剂、表面活性剂的制备。

(8) 使用注意事项 属微毒类。对皮肤有轻度刺激作用。大鼠经口 LD_{50} 为6.4～12.8g/kg。

(9) 规格 HG/T 2545—93（2004）十六醇（棕榈醇）

项　　目		优等品	一等品	合格品
外观		白色针状或叶片状结晶		
十六醇含量/%	≥	98.0	95.0	90.0
烷烃/%	≤	0.5	1.5	2.5
熔点/℃		47.5～51.5	47.5～57.5	46.0～52.0
熔融色度(Pt-Co 号)/黑曾单位	≤	20	20	30
酸值(以 KOH 计)/(mg/g)	≤	0.1	0.1	0.2
皂化值(以 KOH 计)/(mg/g)	≤	1.0	1.5	2.0
碘值/(g/100g)	≤	0.5	1.0	1.5
羟值(以 KOH 计)/(mg/g)	≤	228～235	225～235	225～240

(10) 附表

表 2-3-97　十六醇的蒸气压

温度/℃	蒸气压/kPa	温度/℃	蒸气压/kPa
172.1	0.79	227.3	7.37
185.3	1.37	238.7	10.77
193.4	2.01	251.6	16.04
201.0	2.64	269.3	26.73
211.0	4.01	285.0	40.28
218.6	5.39	305.9	66.98

参　考　文　献

1　CAS 36653-82-4
2　EINECS 253-149-0
3　Beilstein. Handbuch der Organischen Chemie. H，1-429；E Ⅳ，1-1876
4　The Merck Index. **10**，1983；**11**，2020
5　张海峰主编. 危险化学品安全技术大典：第 1 卷. 北京：中国石化出版社，2010

299. 十　七　醇

heptadecanol [heptadecyl alcohol，3,9-diethyl-6-tridecanol，(3-ethyl-*n*-amyl) (3-ethyl-*n*-heptyl) carbinol]

(1) 分子式　$C_{17}H_{36}O$。　　　相对分子质量　256.48。

(2) 示性式或结构式　$CH_3(CH_2)_3CH(C_2H_5)CH_2CH_2CH(OH)CH_2CH_2CH(C_2H_5)CH_2CH_3$

(3) 外观　微有气味的固体。

(4) 物理性质

沸点(101.3kPa)/℃	309	相对密度(20℃/20℃)	0.8475
熔点/℃	53.83	折射率(20℃)	1.4531

(5) 化学性质　具高级仲醇的化学反应性。

(6) 溶解性能　可溶于乙醇、乙醚及多种烃类。20℃时在水中溶解 0.02%以下。

(7) 用途　用作难挥发的抗乳化剂及制造增塑剂的原料。

(8) 使用注意事项　属低毒类。

(9) 附表

表 2-3-98 十七醇-水-乙酸的相互溶解度（50℃）

水/%	乙酸/%	十七醇/%	水/%	乙酸/%	十七醇/%
0.8	0.0	99.2	27.5	72.0	0.5
5.1	57.9	37.0	32.2	67.5	0.3
10.2	77.5	12.3	35.2	64.6	0.2
15.5	80.5	4.0	43.2	56.6	0.2
22.5	76.5	1.0	99.9	0.0	0.1

表 2-3-99 十七醇-乙醇-水的相互溶解度（25℃）

水/%	乙醇/%	十七醇/%	水/%	乙醇/%	十七醇/%
0.1	0.0	99.9	42.5	55.7	1.8
6.7	37.0	56.3	58.7	41.1	0.2
17.1	58.1	24.8	68.5	31.3	0.2
26.8	65.7	7.5	78.8	21.1	0.1
32.7	63.8	3.5	99.9	0.0	0.1

参 考 文 献

1 CAS 1454-85-9
2 EINECS 215-932-5
3 J. Timmermans. Physico-Chemical Constants of Binary Systems. Vol. 2
4 Kirk-Othmer. Encyclopedia of Chemical Technology. Vol. 1. Interscience. 320

300. 十八醇［硬脂醇］

octadecanol［stearyl alcohol］

(1) 分子式 $C_{18}H_{38}O$。 相对分子质量 270.48。

(2) 示性式或结构式 $CH_3(CH_2)_{16}CH_2OH$

(3) 外观 白色蜡状片叶晶体，有香味。

(4) 物理性质

熔点/℃	58.5	密度(20℃/20℃)/(g/cm³)	0.8137
沸点(2.0kPa)/℃	210.5	折射率(20℃)	1.4388

(5) 化学性质 与浓硫酸发生磺化作用，遇碱不起化学反应。

(6) 溶解性能 不溶于水，溶于乙醇、乙醚、苯和丙酮。

(7) 用途 用作彩色胶片及摄影的成色剂、乳化剂、润滑剂、医药的原料。还可用作稻田保温剂等。

(8) 使用注意事项 属微毒类。蒸气压低，对人类皮肤无刺激性和危害性。

(9) 附表

表 2-3-100 十八醇的蒸气压

温度/℃	蒸气压/kPa	温度/℃	蒸气压/kPa	温度/℃	蒸气压/kPa
162.8	0.17	200.9	1.13	24.00	5.28
171.6	0.28	216.9	2.89	245.5	6.39
177.2	0.37	222.3	2.76	255.7	8.94
181.5	0.46	225.6	3.13	273.6	13.44
187.5	0.61	229.7	3.66	285.4	21.60
193.1	0.80	235.2	4.45	301.2	32.81

参 考 文 献

1 CAS 112-92-5

2 EINECS 204-017-6
3 Beilstein. Handbuch der Organischen Chemie. H，1-431；E Ⅳ，1-1888
4 The Merck Index. **10**，8655；**11**，8762
5 张海峰主编. 危险化学品安全技术大典：第1卷. 北京：中国石化出版社，2010

301. 环戊醇［羟基环戊烷］

cyclopentanol［hydroxycyclopentane］

(1) 分子式 $C_5H_{10}O$。　　相对分子质量 86.13。

(2) 示性式或结构式

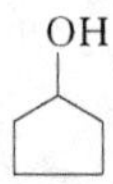

(3) 外观 无色芳香黏稠液体。

(4) 物理性质

沸点(101.3kPa)/℃	140.8	折射率(20℃)	1.4520
熔点/℃	−19	闪点/℃	51
相对密度(20℃/4℃)	0.9488		

(5) 溶解性能 溶于乙醇，微溶于水。

(6) 用途 药物和香料的溶剂，有机合成中间体。

(7) 使用注意事项 环戊醇的危险特性属第3.3类高闪点易燃液体。危险货物编号：33556，UN编号：2244。吸入、口服对身体有害。有刺激性，高浓度下可能有麻醉作用。易燃，遇明火、高热及氧化剂有引起燃烧爆炸的危险。

参 考 文 献

1 CAS 96-41-3
2 EINECS 202-504-8
3 The Merck Index. **10**，2735；**11**，2747；**12**，2810
4 Beilstein. Handbuch der Organischen Chemie. H，6-5；E Ⅳ，6-5

302. 环 己 醇

cyclohexanol［cyclohexyl alcohol，hexahydrophenol，hexalin］

(1) 分子式 $C_6H_{12}O$。　　相对分子质量 100.16

(2) 示性式或结构式

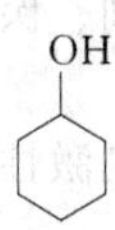

(3) 外观 25℃时为无色透明液体有樟脑气味。

(4) 物理性质

沸点(101.3kPa)/℃	161	熔化热/(kJ/kg)	20.5
熔点/℃	25.15	生成热/(kJ/mol)	−349.31
相对密度(20℃/4℃)	0.9493	燃烧热/(kJ/mol)	3726.67
折射率(25℃)	1.4648	比热容(定压)/[kJ/(kg·K)]	2.15
介电常数(25℃)	15.0	IR参照图2-3-26	
偶极矩/(10^{-30} C·m)	6.34	MS m/e(强度)：57(100),82(45),44(24),67(23),41(21),71(14),29(12),100(16)	
黏度(25℃)/mPa·s	4.6		
表面张力(20℃)/(mN/m)	34.4	NMRτ($CDCl_3$) 3,4,5-$CH_2$8.69,2,6-$CH_2$8.22,—OH7.80,1—CH6.39	
闪点(开口)/℃	68		
蒸发热(158.7℃)/(kJ/mol)	45.51		

(5) 化学性质　具仲醇的化学反应性。与金属钠作用生成醇钠。氧化时生成环己酮，继续氧化生成己二酸。

(6) 精制方法　含有酚及环己酮等杂质。精制时，用新制的生石灰回流 24 小时后分馏。馏出液用少量金属钠处理，再分馏。也可以在减压蒸馏后用分步结晶的方法精制。

(7) 溶解性能　能与醇、醚、二硫化碳、丙酮、氯仿、苯、松节油、脂肪烃、芳香烃、卤代烃等混溶。20℃时在水中溶解 3.6%；水在环己醇中溶解 11%。

(8) 用途　用作醇酸树脂、甘油三松香酸酯、贝壳松脂、马尼拉树脂、乳香、虫胶、金属皂、酸性染料、精油、矿物油等的溶剂。也用作乳胶稳定剂、涂料及清漆的脱漆剂，还用于香料、增塑剂等方面。

(9) 使用注意事项　为可燃性物质。对大多数金属无明显的腐蚀性。属低毒类。吸入环己醇蒸气时略有麻醉性。与苯不同之处是对血液无毒。对皮肤、黏膜的刺激比环己烷强，动物实验发现能引起肝、肾、血管的病变。大鼠经口 LD_{50} 为 2.06g/kg。环己醇吸湿性很强，在贮存和使用中应注意。嗅觉阈浓度 0.20mg/m^3。TJ 36—79 规定车间空气中最高容许浓度为 50mg/m^3。

(10) 规格　HG/T 4121—2009　工业用环己醇

项　目		优等品	一等品	合格品
外观		温室下为透明液体或固体,有特殊刺激性气味		
环己醇/%	≥	99.50	97.0	95.0
环己酮/%	≤	0.05	2.00	3.00
换组分/%	≤	0.3	0.5	1.0
重组分/%	≤	0.2	0.4	0.5
色度(铂-钴色号)/黑曾单位	≤	10	15	20
水/%	≤	0.05	0.15	0.50

(11) 附表

表 2-3-101　环己醇的蒸气压

温度/℃	蒸气压/kPa	温度/℃	蒸气压/kPa	温度/℃	蒸气压/kPa
21.0	0.13	83.0	5.33	121.7	26.66
44.0	0.67	91.8	8.00	141.4	53.33
56.0	1.13	103.7	13.33	160.65	101.33
68.5	2.67				

表 2-3-102　含环己醇的二元共沸混合物

第二组分	共沸点/℃	环己醇/%	第二组分	共沸点/℃	环己醇/%
水	约 97.8	约 20	苯甲醚	152.45	30
溴仿	149.5	5	γ-萜品烯	160.3	83
五氯乙烷	157.9	36	萜品油烯	160.5	87
1,3-二溴丙烷	158.5		百里烯	159.8	78
1,2,3-三氯丙烷	154.9	33	*d*-蓋烯	约 157.5	约 62
草酸二甲酯	155.6	59	苯乙烯	144	
溴代乙酸乙酯	156.0		间二甲苯	138.9	5
糠醛	156.5	94.5	邻二甲苯	143.0	14
氯代乙酸丙酯	159.0	53	甲基苄基醚	159.0	62
乳酸乙酯	153.75	约 5	苯乙醚	159.2	72
碘代异戊烷	147.0	约 10	对甲基苯甲醚	160.5	92
对二氯苯	160.2		丙酸异戊酯	157.7	约 63
溴苯	153.6	33.5	丁酸异丁酯	156	约 20
苯酚	183.0	13	异戊酸丙酯	155.1	17
己腈	158.0	64	茚	160	75
溴代己烷	<153.7	66	异丙苯	150.0	28
氯代乙缩醛	155.6	15	1,3,5-三甲苯	156.3	约 50
邻氯甲苯	155.5	38	丙苯	153.8	40
对氯甲苯	156.5	55	1,2,4-三甲苯	158	约 60

续表

第二组分	共沸点/℃	环己醇/%	第二组分	共沸点/℃	环己醇/%
伞花烃	159.5	72	α-萜品烯	158.3	65
莰烯	151.9	41	桉树脑	160.55	92
d-萜二烯	159.25	73.5	2,7-二甲基辛烷	153.0	约 62
α-水芹烯	158	65	二异戊基醚	158.8	78
α-蒎烯	149.5	35.5			

(12) 附图

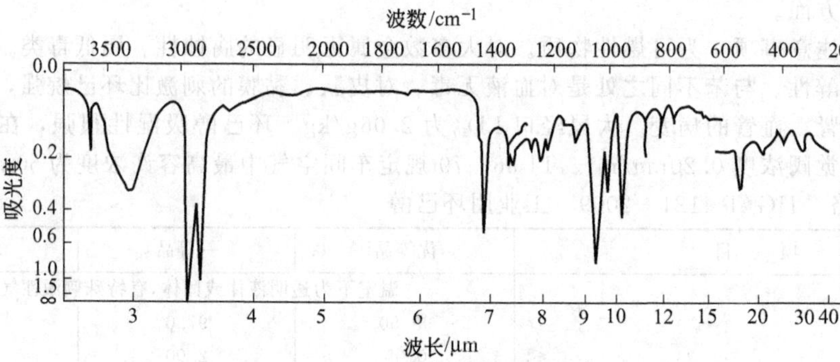

图 2-3-26　环已醇的红外光谱

参 考 文 献

1　CAS 108-93-0
2　EINECS 203-630-6
3　Kirk-Othmer. Encyclopedia of Chemical Technology 2nd ed. Vol. 6. Wiley. 683
4　A. Weissberger. Organic Solvents 2nd ed. Wiley. 104
5　C. Maraden. Solvents Guide. 2nd ed. Cleaver-Hume. 1963. 147
6　日本化学会. 化学便覧. 基礎編. 丸善. 1966. 530, 833
7　Coblentz Society IR Spectra. No. 4226
8　B. D. Saksena. Proc Indian Acad. Sci. Sec. A. 1940, 12: 416
9　J. G. Grasselli. Atlas of Spectral Data and Physical Constants for Organic Compounds. CRC Press. 1973. B-450
10　Sadtler Standard NMR Spectra. No. 7
11　H. F. Smyth, Jr. et al. A. M. A. Arch. Ind. Health. 1954, 10: 61
12　L. H. Horsley. Advan. Chem. Ser. 1952, 6
13　张海峰主编. 危险化学品安全技术大典: 第1卷. 北京: 中国石化出版社, 2010

303. 1-甲基环己醇

1-methylcyclohexanol [hexahydrocresol]

(1) 分子式　$C_7H_{14}O$。　　　　相对分子质量　114.18。

(2) 示性式或结构式

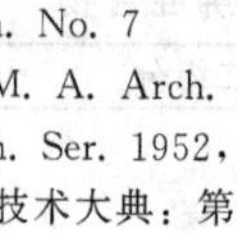

(3) 外观　无色黏稠液体。有芳香和薄荷脑气味。

(4) 物理性质

沸点(101.3kPa)/℃	155	相对密度(20℃/4℃)	0.9194
(3.33kPa)/℃	70	折射率(20℃)	1.4595
熔点/℃	25	闪点/℃	67

(5) 溶解性能　溶于乙醇、苯、氯仿，不溶于水。

(6) 用途　溶剂、有机合成中间体。

(7) 使用注意事项　危险特性属第3.3类高闪点易燃液体。危险货物编号：33557，UN编号：2617。参照2-甲基环己醇。

参考文献

1 CAS 590-67-0

2 EINECS 209-688-9

3 Beil.，6，11

304. 2-甲基环己醇

2-methylcyclohexanol [2-methylcyclohexyl alcohol，hexahydrocresol，hexahydromethylphenol]

(1) 分子式　$C_7H_{14}O$。　　相对分子质量　114.18。

(2) 示性式或结构式

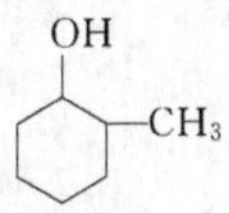

(3) 外观　无色或浅黄色液体，有类似甲醇的气味。

(4) 物理性质

沸点顺式(101.3kPa)/℃	165	偶极矩/(10^{-30} C·m)	6.50
反式(101.3kPa)/℃	165.5	黏度(210℃)/mPa·s	1.516
熔点顺式/℃	−9.2	(100℃)/mPa·s	13.83
反式/℃	−20.5	表面张力(20℃)/(mN/m)	30.75
相对密度顺式(20℃/20℃)	0.937	(24.7℃)/(mN/m)	20.42
反式(20℃/20℃)	0.9238	闪点(闭口)/℃	67.8
折射率顺式(20℃)	1.4640	溶解度(20℃,水)/(g/100g)	3～4
反式(20℃)	1.4611	IR 顺式 *dl* 体	
介电常数(20℃)	13.3	反式 *dl* 体	

(5) 化学性质　参照环己醇。

(6) 溶解性能　和环己醇相似，微溶于水，能与醇、醚等多数有机溶剂混溶。

(7) 用途　用作橡胶、油类、蜡、树脂、醋酸纤维素、硝酸纤维素等的溶剂，硝基喷漆、橡胶的配合剂。还用作杀虫剂、纤维洗涤剂、润滑油抗氧剂以及特殊肥皂的原料。

(8) 使用注意事项　危险特性属第3.3类高闪点易燃液体。危险货物编号：33557。UN编号：2617。为可燃性液体。应密封贮存，防止与强氧化剂接近。干燥时对金属无腐蚀性，有水分和空气存在时，能慢慢地腐蚀铁或钢，一般可用铝或软钢制的容器贮存。属低毒类。高浓度吸入或经皮肤吸收，可引起黏膜刺激及头痛，亦可有肝、肾功能损害。工作场所最大容许浓度为470mg/m^3。

(9) 附表

表 2-3-103　含 2-甲基环己醇的二元共沸混合物

第二组分	共沸点/℃	第二组分/%	第二组分	共沸点/℃	第二组分/%
丁基苯	168.0	30	1,2,4-三甲基苯	164.0	52
莰烯	155.5	75	α-蒎烯	152.8	80
异丙苯	151.7	88	水	98.4	80
甲基苄基醚	165.0	54	苯乙醚	165.7	50
二异戊醚	166.2	40	异戊酸异丁酯	167.5	38
对甲基苯甲醚	167.5	29	α-萜品烯	163.7	48
伞花烃	166.5	32	桉树脑	167.2	30
二戊烯	165.3	40			

参 考 文 献

1 CAS 583-59-5
2 EINECS 209-512-0
3 C. Marsden. Solvents Guide, 2nd ed. Cleaver-Hume. 1963. 383
4 A. Weissberger. Organic Solvents (2nd ed.). Wiley. 107
5 P. Anziani and R. Cornubert. Bull. Soc. Chim. France. 1945, 3: 5359
6 Sadtler Standard IR Prism Spectra. No. 13370; 13371
7 I. Mellan. Source Book of Industrial Solvents, Vol. 3. 258～260

305. 3-甲基环己醇

3-methylcyclohexanol [3-methylcyclohexyl alcohol]

(1) 分子式　$C_7H_{14}O$。　　　相对分子质量　114.18。

(2) 示性式或结构式

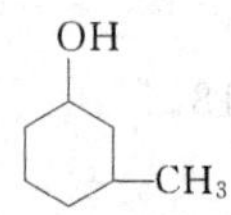

(3) 外观　糖浆状液体。

(4) 物理性质

沸点顺式(101.3kPa)/℃	173	偶极矩/(10^{-30} C·m)	6.34
反式(101.3kPa)/℃	174～175	表面张力(20℃)/(mN/m)	27.75
相对密度(22℃/4℃)	0.9145	(23.1℃)/(mN/m)	27.62
折射率(21.8℃)	1.45497	闪点(闭口)/℃	67.8
介电常数(20℃)	12.3	IR 顺式 *l* 体,反式 *l* 体	

(5) 化学性质　和 2-甲基环己醇相似。有顺、反异构体存在。由间甲酚催化还原制得的主要是顺式异构体。由 3-甲基环己酮催化还原制得的则是反式异构体。

(6) 溶解性能　参照 2-甲基环己醇。3-甲基环己醇和苯乙醚形成二元共沸混合物，共沸点 167.5℃，共沸馏出物中含 3-甲基环己醇 46.5%。

(7) 用途　参照 2-甲基环己醇。

(8) 使用注意事项　危险特性属第 3.3 类高闪点易燃液体。危险货物编号：33557，UN 编号：2167。工作场所最高容许浓度 241.5mg/m³。家兔经口最低致死量 1.75～2.0g/kg，经皮最低致死量为 6.8～9.4g/kg。

(9) 附表

表 2-3-104　3-甲基环己醇的蒸气压

温度/℃	蒸气压/kPa	温度/℃	蒸气压/kPa	温度/℃	蒸气压/kPa	温度/℃	蒸气压/kPa
50	0.43	70	1.53	90	4.48	174.5	101.33
60	0.81	80	2.67	170	89.33	180	118.12

参 考 文 献

1 CAS 591-23-1
2 EINECS 209-709-1
3 C. Marsden. Solvents Guide. 2nd ed. Cleaver-Hume. 1963. 383
4 A. Weissberger. Organic Solvents. 2nd ed. Wiley. 107
5 Sadtler Standard IR Prism Spectra. No. 13372; 13362
6 E. Stenhagen et. al. Atlas of Mass Spectral Data. Vol. 1. Wiley. 1969. 400

7 A. K. Doolittle. The Technology of Solvents and Plasticizers. Wiley. 1954. 249，672
8 F. A. Patty. Industrial Hygiene and Toxicology. 2nd ed. Vol. 2. Wiley. 1963. 1481
9 T. E. Jordan. Vapor Pressure of Organic Compounds. Wiley. 1954. 77

306. 4-甲基环己醇

4-methylcyclohexanol［4-methylcyclohexyl alcohol］

(1) 分子式　$C_7H_{14}O$。　　相对分子质量　114.18。

(2) 示性式或结构式

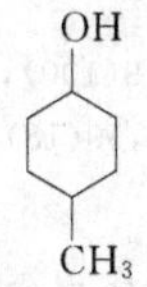

(3) 外观　无色液体，有芳香味。

(4) 物理性质

沸点 顺式(101.3kPa)/℃	173～174	偶极矩/(10^{-30}C·m)	6.33
反式(101.3kPa)/℃	174～174.5	表面张力/(mN/m)	27.63
相对密度 顺式(20℃/20℃)	0.9129	蒸气压(75.0℃)/kPa	1.60
反式(20℃/20℃)	0.9118	IR 顺式	
折射率 顺式(21.5℃)	1.45327	反式	
反式(20.7℃)	1.45307	NMR 顺式	
介电常数(20℃)	13.3		

(5) 化学性质　甲基环己醇的三种异构体的化学性质相似。但它们的苯基尿烷衍生物的熔点不同。2-甲基环己醇苯基尿烷衍生物的熔点为 104.5℃；3-甲基环己醇的为 92℃；4-甲基环己醇的为 123℃。

(6) 溶解性能　参照 2-甲基环己醇。

(7) 用途　参照 2-甲基环己醇。

(8) 使用注意事项　危险特性属第 3.3 类高闪点易燃液体。危险货物编号：33557，UN 编号：2617。吸入蒸气有毒。人接触高浓度蒸气会引起头痛，刺激眼睛及上呼吸道黏膜。贮存时在无湿气存在下对金属无腐蚀作用，湿气存在时能缓慢地腐蚀铁。

参 考 文 献

1 CAS 589-91-3
2 EINECS 209-664-8
3 C. Marsden. Solvents Guide. 2nd ed. Cleaver-Hume. 1963. 383
4 A. Weissberger. Organic Solvents. 2nd ed. Wiley. 108
5 Sadtler Standard IR Prism Spectra. No. 13373. 13363
6 E. Stenhagen et al. Atlas of Mass Spectral Data. Vol. 1. Wiley. 1969. 405
7 Sadtler Standard NMR Spectra. No. 7053

307. 苄醇［苯甲醇］

benzyl alcohol［phenyl carbinol，α-hydroxytoluene］

(1) 分子式　C_7H_8O。　　相对分子质量　108.14。

(2) 示性式或结构式

(3) 外观　无色透明液体，有辛辣刺激气味。

(4) 物理性质

沸点(101.3kPa)/℃	205.45	熔化热/(kJ/mol)	17.05
熔点/℃	−15.3	生成热/(kJ/mol)	−161.1
相对密度(20℃/4℃)	1.0455	燃烧热/(kJ/mol)	3739.7
折射率(20℃)	1.5403	比热容(15～20℃,定压)/[kJ/(kg·K)]	2.26
介电常数(20℃)	13.1	电导率(25℃)/(S/m)	18×10^{-7}
偶极矩/(10^{-30} C·m)	5.54	体膨胀系数/K^{-1}	0.00075
黏度(15℃)/mPa·s	7.760	UV 267(112),263(165),257(229),252(233)	
(30℃)/mPa·s	4.650	IR 参照图 2-3-27	
表面张力(15℃)/(mN/m)	40.41	MS m/e(强度):79(100),108(90),77(57),	
(30℃)/(mN/m)	38.94	51(34),39(19),50(18),91(18)	
闪点(开口)/℃	100.6	NMR τ($CDCl_3$)	
燃点/℃	436.1	 2.72,—$CH_2$5.42,—OH7.57	
蒸发热(b.p.)/(kJ/mol)	50.52		

(5) 化学性质　具伯醇的化学反应性。在氯化锌、三氟化硼等催化剂存在下，酯化得到有机酸酯。在酸催化下与过量的乙醛生成乙缩醛。苄醇氧化得苯甲醛，进一步氧化得苯甲酸。苄醇也可发生硝化、磺化、氯化反应。

(6) 精制方法　苄醇含有苯甲醛、氯化苄、苄基醚、苯甲酸等杂质。精制时可在二氧化碳或氯气流下减压分馏精制。或将苄醇与氢氧化钾水溶液一起摇动，再用不含过氧化物的乙醚萃取。萃取液用饱和亚硫酸氢钠溶液处理，过滤，用水洗涤，无水碳酸钾干燥。蒸去乙醚后再用氧化钙干燥，减压分馏。

(7) 溶解性能　20℃时在水中溶解3.8%。100g 0.4mol/L油酸钠溶液溶解19.0 g苄醇。能与乙醇、乙醚、氯仿等混溶。能溶解硝酸纤维素、乙酸苄酯、香豆酮树脂、甘油三松香酸酯、乳香、酪朊、明胶、虫胶等。

(8) 用途　用作高沸点溶剂、脱漆剂、防腐剂。也用于增塑剂、香料、圆珠笔油等的制造。液相色谱溶剂。

(9) 使用注意事项　为可燃性液体。属低毒类。毒性为丁醇的2～3倍。对眼、咽喉上呼吸道黏膜有刺激作用，进入体内，代谢迅速。大鼠经口 LD_{50} 为3.1g/kg。

(10) 规格　QB/T 2794—2010　食用苯甲醇

项　目		指　标
色状		无色液体,弱果香,芳香
相对密度(25℃/25℃)		1.042～1.047
折射率(20℃)		1.5360～1.5410
溶解度(25℃)		1mL试样全溶于30mL蒸馏水、乙醇中
含量/%	≥	98.0
酸值/(mgKOH/g)	≤	0.5
含氮化合物		通过试验

(11) 附表

表 2-3-105　苄醇的蒸气压

温度/℃	蒸气压/kPa	温度/℃	蒸气压/kPa	温度/℃	蒸气压/kPa
58.0	0.13	141.7	13.33	183.0	53.33
119.8	5.33	160.0	26.66		

表 2-3-106　含苄醇的二元共沸混合物

第二组分	共沸点/℃	苄醇/%	第二组分	共沸点/℃	苄醇/%
水	99.9	9	*N*,*N*-二甲基邻甲苯胺	185.2	7
六氯乙烷	182	12	*N*,*N*-二甲基对甲苯胺	202.8	58
乙二醇	193.35	46.5	萘	204.1	60
对二溴苯	204.2	65.5	*N*,*N*-二乙基苯胺	204.2	72
碘苯	187.75	12	α-萜二烯	176.4	11
硝基苯	204.2	62	萜品油烯	182.5	15
对硝基苯	约 184.5	约 8	百里烯	179.0	14
间甲酚	207.1	61	莰醇	205.07	85.8
对甲酚	206.8	62	香茅醛	202.9	56
N-甲基苯胺	195.8	30	辛酸乙酯	<204.8	<82
间甲苯胺	203.1	47	二异戊氧基甲烷	198.7	约 50
邻二甲氧基苯	202.5	50	1,3,5-三乙基苯	203.2	57
N,*N*-二甲基苯胺	193.9	6.5	乙基异莰醚	201	39
N-乙基苯胺	202.8	50	乙基莰基醚	<203.0	<50

(12) 附图

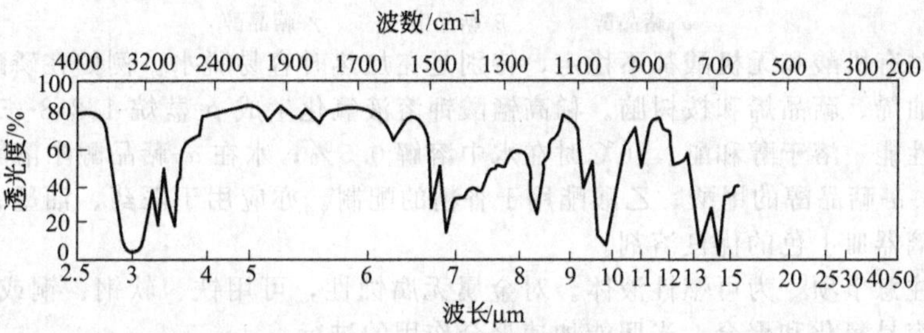

图 2-3-27　苄醇的红外光谱

参考文献

1　CAS 100-51-6

2　EINECS 202-859-9

3　A. Weissberger. Organic Solvents. 2nd ed. Wiley. 110

4　J. A. Monick, Alcohols. Van Noslrand Reinhold. 1968. 252

5　日本化学会. 化学便覧. 基礎編. 丸善. 1966. 835; 815; 573

6　I. Mellan. Industrial Solvents. Vol. 3. Van Nostrand Reinhold. 1959. 246

7　Krik-Othmer. Encyclopedia of Chemical Technology 2nd ed. Vol. 3. Wiley. 443

8　J. G. Grasselli. Atlas of Spectral Data and Physical Constants for Organic Compounds. CRC Press, 1973. B-960

9　Documentation of Molecular Spectroscopy. Butterworth, 1959. 1530

10　E. K. Herz et al. Monatsh. Chem. 1946, 76: 112

11　L. H. Horsley. Advan. Chem. Ser. 1952, 6; 1962, 35

12　Beilstein. Handbuch der Organischen Chemie. H, 6-428; E Ⅳ, 6-2222

13　The Merck Index. **10**, 1130; **11**, 1138

14　张海峰主编. 危险化学品安全技术大典: 第 1 卷. 北京: 中国石化出版社, 2010

308. α-萜品醇［α-松油醇］

α-terpineol [lilacine, 1-methyl-4-isopropyl-1-cyclohexene-8-ol, 1-*p*-menthen-8-ol]

(1) 分子式　$C_{10}H_{18}O$。　　　相对分子质量　154.24。

（2）示性式或结构式

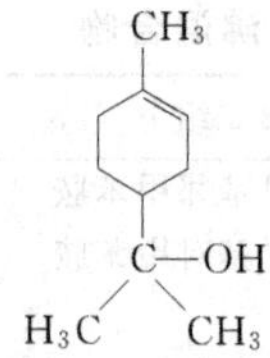

（3）外观　无色黏稠液体，有类似紫丁香的气味。

（4）物理性质

沸点(101.3kPa)/℃	219	折射率(20℃)	1.4831
(13.33kPa)/℃	149	介电常数(21℃)	3.7
熔点(*dl* 型)/℃	35	燃烧热/(kJ/mol)	6150.4～6196.5
相对密度(20℃/4℃)	0.9336	电导率/(S/m)	1.7×10^{-9}

（5）化学性质　萜品醇有 *α*、*β*、*γ* 三种异构体。天然存在的只有 *α*-萜品醇。合成的萜品醇是 *α*、*β*、*γ* 三种异构体的混合物。*α*-萜品醇在自然界中以 *α*-，*l*-或 *dl*-形式广泛存在。

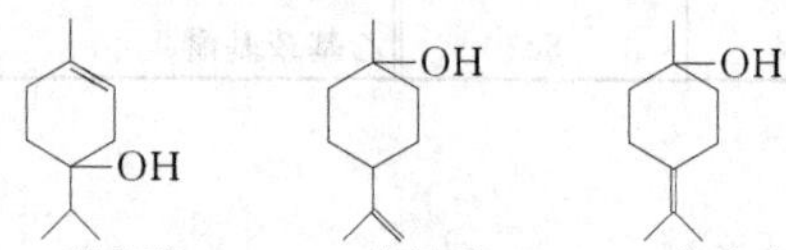

α-萜品醇对有机酸和无机酸都不稳定，特别是在加热时容易脱水。例如在磷酸或稀硫酸作用下，生成萜品油烯、萜品烯和桉树脑。稀高锰酸钾溶液氧化生成 *p*-蓋烷-1,2,8-三醇。

（6）溶解性能　溶于醇和醚。20℃时在水中溶解 0.5%；水在 *α*-萜品醇中溶解 5%。

（7）用途　*α*-萜品醇的甲酸、乙酸酯用于香精的配制。亦应用于医药、油墨、仪表、电讯工业中。又是玻璃器皿上色的优良溶剂。

（8）使用注意事项　为可燃性液体。对金属无腐蚀性，可用铁、软钢、铜或铝制容器贮存。和空气接触时容易氧化和聚合。光照能加速聚合作用的进行。

（9）规格　QB/T 2617—2003　松油醇

指标名称	甲级松油醇	松油醇
色状	无色稠厚液体，色泽不超过标准比色液 3 号色标	无色稠厚液体，色泽不超过标准比色液 3 号色标，会析出结晶
香气	似紫丁香花香气	
密度(20℃)/(g/cm³)	0.932～0.938	0.931～0.937
折射率(20℃)	1.4825～1.4850	1.4825～1.4855
旋光度(20℃)	−0°10′～0°10′	—
沸程/%	214～224℃任意 5℃内≥90(体积)	214℃以下馏分≤4(体积)
溶解度(25℃)	试样 1mL 全溶于 50%(体积)乙醇 8mL 或更多体积	试样 1mL 全溶于 70%(体积)乙醇 2mL
冰点/℃	2	—

（10）附图

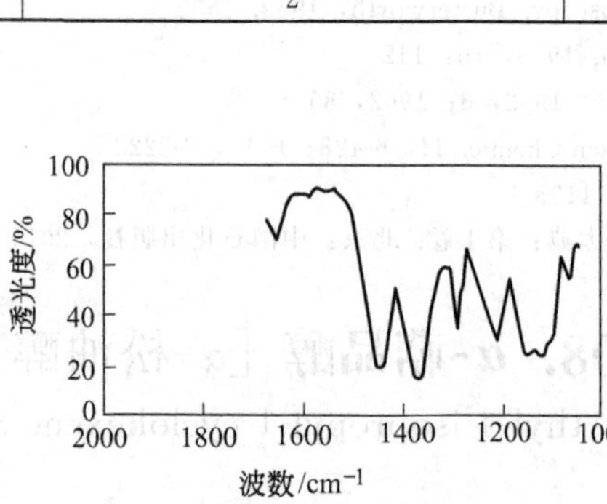

图 2-3-28　*α*-萜品醇的红外光谱

参 考 文 献

1 CAS 8000-41-7
2 J. A. Monick. Alcohols. Van Nostrand Reinhold. 1968. 245
3 International Critical Tables. Ⅴ-164. Ⅵ-87. Ⅵ-142
4 J. G. Grasselli. Atlas of Spectral Data and Physical Constants for Organic Compounds. CRC Press. 1973. B-925
5 Coblentz Society IR Spectra. No. 5807
6 Sadtler Standard NMR Spectra. No. 5807
7 Kirk-Othmer. Encyclopedia of Chemical Technology. 2ed. Vol. 1. Interscience. 1947. 309
8 Beilstein. Handbuch der Organischen Chemie. H, 6-58; E Ⅳ, 6-251
9 The Merck Index. **10**, 8996; **11**, 9103

309. *α*-苯乙醇

α-phenylethyl alcohol [1-phenylethanol]

(1) 分子式　$C_8H_{10}O$。　　　　相对分子质量　122.16。

(2) 示性式或结构式

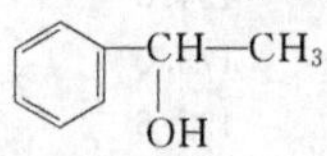

(3) 外观　无色液体，略有香味。

(4) 物理性质

沸点(101.3kPa)/℃	203.5	折射率(20℃)	1.5275
熔点/℃	20.1	(25℃)	1.5253
密度(20℃)/(g/cm³)	1.0135	蒸气相对密度(空气=1)	4.22
(25℃)/(g/cm³)	1.0095	相对蒸发速度(乙醚=1)	约 1700
闭点(闭杯)/℃	88	蒸气压(20℃)/kPa	0.0073

(5) 化学性质　室温下与浓盐酸反应生成*α*-氯代乙苯。与硫酸一起加热生成苯乙烯或其聚合物。被氧化剂氧化成苯乙酮或苯甲酸。

(6) 溶解性能　20℃在水中溶解度为2.3%；水在*α*-苯乙酮中溶解度为5.9%。能与乙醇、乙醚等混溶。

(7) 使用注意事项　属低毒类。可燃，96℃以上其蒸气与空气混合物具有爆炸性。大鼠经口LD_{50}为1790 mg/kg。

参 考 文 献

1 CAS 98-85-1
2 EINECS 232-268-1
3 EINECS 202-707-1
4 Beilstein. Handbuch der Organischen Chemie. H, 6-475; E Ⅱ, 6-444; E Ⅳ, 6-3029

310. *β*-苯乙醇

β-phenylethyl alcohol [2-phenylethanol]

(1) 分子式　$C_8H_{10}O$。　　　　相对分子质量　122.16。

(2) 示性式或结构式

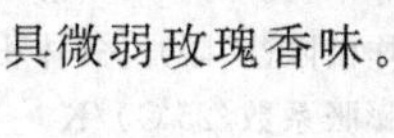

(3) 外观　无色液体，具微弱玫瑰香味。

(4) 物理性质

沸点(101.3kPa)/℃	219.5～220	黏度(25℃)/mPa·s	7.58
(1.33kPa)/℃	99～100	(50℃)/mPa·s	3.19
熔点/℃	−25.8	闪点/℃	102.2
密度(15℃/15℃)/(g/cm³)	1.0242	蒸气压(58℃)/kPa	0.1333
折射率(20℃)	1.5323		

(5) 化学性质　具有芳香醇的反应。羟基能被卤素取代，在硫酸存在下被所有的有机酸所酯化。芳环可被硝化、磺化及卤化。加氢生成环己基乙醇。

(6) 溶解性能　可溶于水，与乙醇、乙醚和甘油任意混溶。

(7) 用途　用于制造香料、化妆品、防腐剂等原料。

(8) 使用注意事项　属低毒类。具麻醉作用，对皮肤有轻度刺激性。大鼠经口 LD_{50} 为 1.79～2.46g/kg。

(9) 附表

表 2-3-107　β-苯乙醇的蒸气压

温度/℃	蒸气压/kPa	温度/℃	蒸气压/kPa
58.2	0.13	141.2	8.00
85.9	0.67	154.0	13.33
100.0	1.33	175.0	26.66
114.8	2.67	197.5	53.33
130.5	5.33	219.5	101.33

参 考 文 献

1　CAS 60-12-8
2　EINECS 200-456-2
3　Beilstein. Handbuch der Organischen Chemie. H，6-478；E Ⅳ，6-3067
4　The Merck Index. **10**，7097；**11**，7185

311. 乙　二　醇

ethylene glycol [glycol，1,2-ethandiol，*sym*-dihydroxyethane]

(1) 分子式　$C_2H_6O_2$。　　　　相对分子质量　62.07。

(2) 示性式或结构式　$HOCH_2CH_2OH$

(3) 外观　无色无臭有甜味的黏稠状液体。

(4) 物理性质

沸点(101.3kPa)/℃	197.85	表面张力(0℃)/(mN/m)	49
熔点/℃	−12.6	(20℃)/(mN/m)	46.49
相对密度(20℃/20℃)	1.1155	(80℃)/(mN/m)	42.3
(20℃/15℃)	1.1145	燃点/℃	118
(20℃/4℃)	1.1135	蒸发热/(kJ/mol)	57.11
折射率(15℃)	1.43312	熔化热/(kJ/kg)	187.2
(20℃)	1.4318	生成热/(kJ/mol)	−452.6
介电常数(20℃)	38.66	燃烧热(20℃,定压)/(kJ/mol)	1186.1
(25℃)	37.7	/(kJ/kg)	1186.1
偶极矩(30℃)/(10^{-30}C·m)	7.34±0.067	比热容(定压)/[kJ/(kg·K)]	2.35
黏度(−7℃)/mPa·s	86.9	电导率(25℃)/(S/m)	1.07×10^{-6}
(16℃)/mPa·s	25.66	热导率(20℃)/[W/(m·K)]	0.28888
(38℃)/mPa·s	10.38	爆炸极限(下限)/%(体积)	3.2
闪点/℃	111.1	体膨胀系数(25℃)/K^{-1}	0.000566

(5) 化学性质

① 酯化反应　与有机酸或无机酸反应生成酯。例如与二元酸反应生成聚酯纤维或聚酯树脂。与盐酸反应生成 2-氯乙醇。与硝酸反应生成硝酸酯。

② 醚化反应　与硫酸烷基酯和氢氧化钠反应生成烷基醚。

③ 缩醛的生成　在酸性催化剂作用下，与醛反应生成环缩醛。

④ 脱水反应　用硫酸或氧化锌脱水，生成二噁烷、乙醛、巴豆醛等。

⑤ 氧化反应　硝酸氧化、气相氧化生成乙二醛、羟基乙酸、草酸等。

⑥ 醇金属的生成　经碱金属或碱性氢氧化物处理变成醇金属。

⑦ 和环氧乙烷反应　生成二甘醇、三甘醇以及高分子的聚乙二醇。

(6) 精制方法　乙二醇由于吸湿的原因，常带有水分。也含有由原料乙烯中带入的杂质和制造时产生的副产物，如二甘醇、环氧化物、丙二醇、丁二醇以及微量的醛、酸等杂质。由于乙二醇的沸点高。因此常用减压蒸馏进行精制。馏出物用无水硫酸钠干燥后重复进行减压蒸馏。

(7) 溶解性能　能与水、乙醇、丙酮、乙酸、甘油、吡啶等混溶。但对氯仿、乙醚、苯、二硫化碳等难溶，对烃类、氯代烃、油类、橡胶、天然树脂等则不溶解。能溶解食盐、氯化锌、碳酸钾、氯化钾、碘化钾、氢氧化钾等无机化合物。

(8) 用途　主要用作聚酯纤维涤纶的原料。也用于制造聚酯树脂、增塑剂、化妆品、炸药、防冻液、耐寒润滑油、表面活性剂等。还用作清漆、染料、油墨、某些无机化合物的溶剂以及气体脱水剂、肼的萃取剂等。液相色谱溶剂。

(9) 使用注意事项　为可燃性液体。对金属无腐蚀，可用铁、软钢、铜或铝制容器贮存。但长期贮存时宜用涂覆的钢、铝或不锈钢制容器。由于吸湿性强应密封贮存。低温场所应采取保温措施，以防止黏度上升和凝固。着火时用泡沫灭火剂、二氧化碳、干式化学灭火剂、四氯化碳等灭火。乙二醇属低毒类。毒性较小，可经皮肤中毒。但大量饮用会刺激中枢神经，引起呕吐、疲倦、昏睡、呼吸困难、震颤、肾脏充血和出血、脂肪肝、闭尿、支气管炎、肺炎等而致死。对人的致死量为 100mL。大鼠经口 LD_{50} 为 5.5～5.8 mL/kg。小鼠经口 LD_{50} 为 1.31～13.8mL/kg。嗅觉阈浓度 90mg/m³。工作场所最高容许浓度为 125mg/m³（美国）。

(10) 规格　GB/T 4649—2008　工业用乙二醇

项　目		优等品	一等品	合格品
外观		无色透明,无机械杂质	无色透明,无机械杂质	无色或微黄色透明,无机械杂质
乙二醇/%	⩾	99.8	99.0	—
色度(铂-钴色号)				
加热前	⩽	5	10	40
加热后	⩽	20	—	—
密度(20℃)/(g/cm³)		1.1128～1.1138	1.1125～1.1140	1.1120～1.1150
沸程(0℃,101.3kPa)				
初馏点/℃	⩾	196	195	193
终馏点/℃	⩽	199	200	204
水分/%	⩽	0.1	0.20	—
酸度(以乙酸计)/%	⩽	0.001	0.003	0.01
铁/%	⩽	0.00001	0.0005	—
灰分/%	⩽	0.001	0.002	—
二乙二醇/%	⩽	0.10	0.80	—
醛(以甲醛计)/%	⩽	0.0008	—	—
紫外线透光率/%				
200nm 时	⩾	75		
275nm 时	⩾	92	—	—
350nm 时	⩾	99		

(11) 附表

表 2-3-108 乙二醇的蒸气压

温度/℃	蒸气压/kPa	温度/℃	蒸气压/kPa	温度/℃	蒸气压/kPa	温度/℃	蒸气压/kPa
50	0.09	109	3.33	93	1.73	197.6	101.33
70	0.36	150	20.40	100	2.13		

表 2-3-109 无机盐类在乙二醇中的溶解度 单位:[g/(100g 乙二醇)]

无机盐	温度/℃	溶解度	无机盐	温度/℃	溶解度
氯化钡	25	36.8	碘化钾	25	49.9
氯化钙	25	20.6	碘化钾	30	50.58
五水硫酸铜	30	46.88	高氯酸钾	25	1.03
溴化锂	25	39.4	硫酸钾	30	0.0
氯化锂	25	14.3	溴化钠	25	35.4
醋酸汞	25	17.8	氯酸钠	25	16.0
溴化钾	25	15.5	氯化钠	25	7.15
溴化钾	30	15.85	氯化钠	30	7.09
氯酸钾	25	1.21	碘化钠	25	107.4
氯化钾	25	5.18	高氯酸钠	25	75.5
氯化钾	30	5.37	氯化锶	25	36.4

表 2-3-110 各种物质在乙二醇中的溶解性能

单位:[g/(100mL 乙二醇)]

溶质	溶解性	温度/℃	溶质	溶解性	温度/℃	溶质	溶解性	温度/℃
乙酸	∞	25	二己基醚	0.06	0	椰子油	IS	
丙酮	∞	25	二己基醚	0.09	20	棉子油	IS	
苯	6.0	25	二己基醚	0.12	40	橄榄油	IS	
双(2-氯乙基)醚	11.8	25	二己基醚	0.17	60	猪油	IS	
二硫化碳	SS	25	二己基醚	0.23	80	桐油	IS	
四氯化碳	6.6	25	达玛树脂	SS		含水羊毛油	SS	
氯苯	6.0	25	贝壳松脂	SS		亚麻仁油	IS	
氯仿	SS	25	硝酸纤维素	IS		石蜡油	IS	
苯二甲酸二丁酯	0.5	25	松香	SS		松油	∞	
乙二醇硬脂酸酯	SS	25	邻二氯苯	4.7	25	大豆油	VSS	
庚烷	VSS	25	二乙醇胺	∞	25	鲸蜡油	VSS	
甲基橙	1.8	25	乙醇	∞	25	妥尔油	1.1	
甲醇	∞	25	乙醚	8.9	25	硫酸化蓖麻油	3.3	
2-氨基乙醇	∞	25	甘油	∞	25	动物骨胶	VSS	
戊醇	∞	25	甲苯	3.1	25	醋酸纤维素	IS	
二苯醚	1.7	30	二甲苯	SS	25	糊精	SS	
二苯醚	1.8	40	吡啶	∞	25	橡胶	IS	
二苯醚	2.1	50	苯酚	∞	25	虫胶	VSS	
二苯醚	2.3	60	尿素	44.0		乙烯基树脂 AYAF	IS	
二苯醚	2.6	70	蓖麻油	IS		乙烯基树脂 VYHH	IS	

注：∞—完全溶解；SS—稍溶；VSS—微溶；IS—不溶。

表 2-3-111 含乙二醇的二元共沸混合物

第二组分	共沸点/℃	乙二醇/%	第二组分	共沸点/℃	乙二醇/%
1,2,3-三氯丙烷	150.8	13	邻溴甲苯	166.8	25
对二溴苯	183.9	32.5	间溴甲苯	168.3	23
对氯硝基苯	192.85	57.8	对溴甲苯	169.2	30
溴苯	150.2	12.5	甲苯	110.20	6.5

续表

第二组分	共沸点/℃	乙二醇/%	第二组分	共沸点/℃	乙二醇/%
苄醇	193.35	53.5	邻氨基苯乙醚	194.8	67.8
邻甲酚	189.6	27	对氨基苯乙醚	197.35	97
间甲酚	195.2	60	反丁烯二酸二乙酯	189.35	48.5
对甲酚	195.2	53.5	顺丁烯二酸二乙酯	193.1	55
苯甲醚	150.45	10.5	2-辛酮	168.0	20
N-甲基苯胺	181.6	40.2	丁酸异丁酯	153.7	10
邻甲苯胺	186.45	42.5	异戊酸丙酯	152	10
间甲苯胺	188.55	42	辛醇	184.35	36.5
对甲苯胺	187.0	27	2-辛醇	175.55	21
甲基环己烷	100.8	4	喹啉	196.35	79.5
乙酸异戊酯	141.98	3	茚	168.4	26
丁酸丙酯	142.7	3	苯丙酮	190.2	57
庚烷	97.9	3	乙酸苄酯	186.5	45
庚醇	174.1	20	苯甲酸乙酯	186.1	46
苯乙烯	139.5	16.5	水杨酸乙酯	190.7	51.5
苯乙酮	185.65	52	丙苯	152	19
苯甲酸甲酯	182.2	36.5	乙基苄基醚	169.0	22
乙酸苯酯	182.9	34	3-苯胺-1-丙醇	195.5	75
水杨酸甲酯	188.8	48	*N*,*N*-二甲邻甲苯胺	169.3	23
乙苯	133.0	13.5	*N*,*N*-二甲对甲苯胺	182.0	47
邻二甲苯	139.6	16	佛尔酮	184.5	50
间二甲苯	135.6	15	丁酸异戊酯	167.9	24.5
苄基氯	167.0	30	异丁酸异戊酯	161.5	20
邻氯甲苯	150.5	13	异戊酸异丁酯	163.7	21.7
邻硝基甲苯	188.55	48.5	1-溴萘	194.95	71.2
对硝基甲苯	192.4	63.5	1-氯萘	192.9	65.2
对二甲苯	136.95	14.5	萘	183.9	51
苯乙醚	161.45	19	肉桂酸甲酯	196.2	85
苯乙醇	194.4	69	黄樟脑	190.05	55
N,*N*-二甲基苯胺	178.55	33.5	对烯丙基苯甲醚	182.3	40
N-乙基苯胺	183.7	43	丁子香酚	196.8	90
莰烯	152.5	20	苯甲酸丙酯	190.35	55
α-萜二烯	163.5	26	伞花烃	163.2	25.5
α-蒎烯	149.5	18.5	香芹酮	192.5	60.8
樟脑	186.15	40	*N*,*N*-二乙基苯胺	183.4	33
异戊醇	162.8	19	二甘醇一甲醚	192	30
二丁醚	139.5	6.4	2-异丙氨基乙醇	121(13.33kPa)	68
二己醚	112.8(6.67kPa)	35.6	2-异丙氨基乙醇	104(6.67kPa)	15
二苯醚	120.4(6.67kPa)	62.3	邻氯甲苯	167.1	30
二苯醚	192.3	64.5	对二氯苯	162.7	18
二甘醇一丁醚	196.2	72.5	四氯乙烯	119.1	6
二甘醇二乙醚	178	26.1	1,1,2,2-四氯乙烷	145.1	9
二甘醇一乙醚	192	45.5	1-癸酮	193.0	67
二甘醇一乙醚	134(4.00kPa)	33	莰醇	189.3	54.2
二甘醇一甲醚	114(6.67kPa)	4	顺丁烯二酸二乙酯	193.1	55
二甘醇一甲醚	149(26.66kPa)	12	乙二醇一乙酸酯	184.8	25
氯苯	130.05	5.6	苯酚	199	78
硝基苯	185.9	59	α-萜品醇	189.6	56
苯胺	180.55	24	溴仿	146.75	6.5
顺丁烯二酸二甲酯	189.6	42	1,2-二碘乙烷	168.7	14

(12) 附图

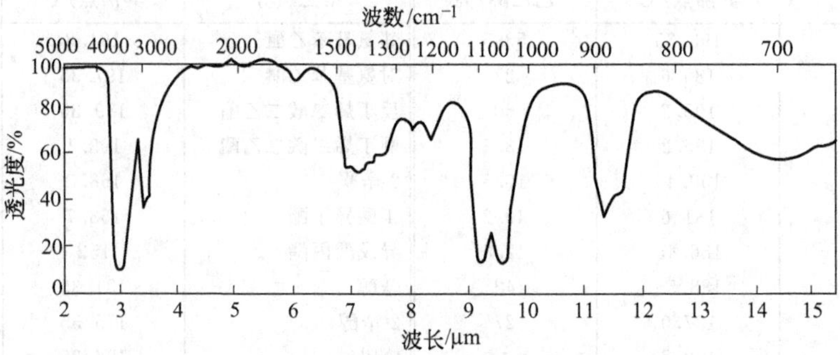

图 2-3-29 乙二醇的红外光谱

参 考 文 献

1 CAS 107-21-1
2 EINECS 203-473-3
3 J. Timmermas and M. Hennaut-Roland. J. Chim. Pys. 1935, 32: 501, 589
4 G. O. Curme and F. Johnoston, Glycols. Van Nostlrand Reinhold. 1952
5 S. O. Morgan and W. A. Yager. Ind. Eng. Chem. 1940, 32: 1519
6 Y. L. Wang. Z Physik. Chem. Leipzing. 1940, B45: 323
7 L. Scheflan and M. Jacobs. Handbook of Solvents., Van Nostrand Reinhold, 1953. 418
8 P. Walder. Z. Physik. Chem. Leipzig. 1910, 70: 569
9 A. F. Gallangher and H. Hibbert. J. Amer. Chem. Soc. 1937, 59: 2521
10 G. S. Parks and K. K. Kelley. J. Amer. Chem. Soc. 1925, 47: 2089
11 The Merck Index. 7, 429; 10, 3744; 11, 3755
12 R. Müller et al. Monatsh. Chem. 1928, 48: 661
13 C. Marsden. Solvents Manual. Cleaver-Hume, 1954. 187
14 Sadtler Standard IR Prism Spectra. No. 2166.
15 E. Stenhagen et al. Atlas of Mass Spectral Data. Vol. 1. Willey, 1969. 44
16 Sadtler Standard NMR Spectra. No. 6406M
17 A. K. Doolittle. The Technology of Solvents and Plasticizers. Wiley, 1954. 248, 634
18 E. Browning. Toxicity and Metabolism of Industrial Solvents. Elsevier, 1965. 594
19 L. H. Horsley. Anal. Chem. 1947, 19: 508
20 L. H. Horsley. Anal. Chem. 1949, 21: 831
21 Beilstein. Handbuch der Organischen Chemic. H. 1-465; E Ⅳ, 1-2369
22 张海峰主编. 危险化学品安全技术大典: 第1卷. 北京: 中国石化出版社, 2010

312. 1,2-丙二醇

1,2-propanediol [propylene glycol, 1,2-dihydroxypropane, methyl ethylene glycol]

(1) 分子式 $C_3H_8O_2$。 相对分子质量 76.09。

(2) 示性式或结构式 CH_3CHOHC_2HOH

(3) 外观 无色黏稠状液体，微有辛辣味。

(4) 物理性质

沸点(101.3kPa)/℃	187.3	折射率(20℃)	1.4329
(101.3kPa)/℃	188.2	介电常数(20℃)	32.0
熔点(流动点)/℃	−59.5	偶极矩/(10^{-30} C·m)	7.51
相对密度(20℃/20℃)	1.0381	黏度(0℃)/mPa·s	243

续表

(20℃)/mPa·s	56.0	临界压力/MPa	6.09
(40℃)/mPa·s	18	热导率/[W/(m·K)]	217.714×10^{-3}
表面张力(25℃)/(mN/m)	72.0	爆炸极限(下限)/%(体积)	2.6
闪点(闭口)/℃	98.9	(上限)/%(体积)	12.5
(开口)/℃	107	体膨胀系数(20℃)/K^{-1}	0.000695
燃点/℃	421.1	(55℃)/K^{-1}	0.000743
燃烧热(定压)/(kJ/mol)	1827.5	IR 3.0μm, 3.4μm, 6.9μm, 7.1μm, 7.3μm,	
(定容)/(kJ/mol)	1825.0	7.5μm, 7.8μm, 8.1μm, 8.8μm, 9.3μm,	
(20 ℃,101.3kPa)/(kJ/mol)	1853.1	9.6μm, 10.1μm, 10.6μm, 10.9μm,	
蒸发热(kJ/kg)	538.1	12.0μm,12.5μm	
生成热(20℃)/(kJ/mol)	500.3	MS 45,18,29,43,31,27,28,76	
比热容(20℃,定压)/[kJ/(kg·K)]	2.48	NMR δ1.1,3.2～3.6,3.7～4.1	
临界温度/℃	351	4.3×10^{-6} ($CDCl_3$)	

(5) 化学性质　与二元酸反应生成聚酯，与硝酸反应生成硝酸酯，与盐酸作用生成氯代醇。与稀硫酸在170℃加热转变成丙醛。用硝酸或铬酸氧化生成羟基乙酸、草酸、乙酸等。与醛反应生成缩醛。1,2-丙二醇脱水生成氧化丙烯或聚乙二醇。

(6) 精制方法　无水硫酸钠干燥后在氮气流中减压分馏。

(7) 溶解性能　能与水、乙醇、乙醚、氯仿、丙酮等多种有机溶剂混溶。对烃类、氯代烃、油脂的溶解度虽小，但比乙二醇的溶解能力强。

(8) 用途　由于毒性低，在食品工业中用作香料、食用色素的溶剂。在医药工业中用作调合剂、防腐剂、软膏、维生素、青霉素等的溶剂。也用作烟草润湿剂、防霉剂、水果催熟防腐剂、防冻液和热载体等。1,2-丙二醇也用于制造不饱和聚酯树脂、增塑剂、表面活性剂等。

(9) 使用注意事项　为可燃性液体。有吸湿性，对金属不腐蚀，可用铁、软钢、铜、锡、不锈钢制容器或经树脂涂覆的容器贮存。属低毒类。毒性和刺激性都很小。大鼠经口 LD_{50} 为32.5mL/kg。但有溶血性，不宜用于静脉注射。把它添加到食品和饮料中时，和乙二醇一样，有引起肾脏障碍的危险。因此有些国家已禁止在食品工业中使用。

(10) 附表

表 2-3-112　1,2-丙二醇的蒸气压

温度/℃	蒸气压/kPa	温度/℃	蒸气压/kPa	温度/℃	蒸气压/kPa	温度/℃	蒸气压/kPa
55	0.19	100	3.08	135	12.20	170	56.00
75	0.73	110	2.24	150	27.33	187.4	101.33
85	1.33	120	8.27				

表 2-3-113　1,2-丙二醇水溶液的相对密度

相对密度(20℃/20℃)	1,2-丙二醇/%	相对密度(20℃/20℃)	1,2-丙二醇/%	相对密度(20℃/20℃)	1,2-丙二醇/%
1.0000	0.00	1.0330	39.32	1.0455	66.3
1.0050	6.78	1.0340	40.65	1.04595	72.95①
1.0100	12.83	1.0350	42.01	1.0455	79.9
1.0150	18.55	1.0360	43.43	1.0450	82.8
1.0200	24.16	1.0370	44.95	1.0440	86.6
1.0250	29.74	1.0380	46.58	1.0430	89.5
1.0260	30.90	1.0390	48.37	1.0420	92.0
1.0270	32.05	1.0400	50.3	1.0410	94.3
1.0280	33.21	1.0410	52.3	1.0400	96.4
1.0290	34.38	1.0420	54.4	1.0390	98.4
1.0300	32.58	1.0430	56.9	1.03813	100.0
1.0310	36.78	1.0440	59.7		
1.0320	38.04	1.0450	63.5		

① 相对密度最大点。

表 2-3-114　1,2-丙二醇与一缩二丙二醇混合液的相对密度

相对密度(20℃/20℃)	一缩二丙二醇/%	相对密度(20℃/20℃)	一缩二丙二醇/%	相对密度(20℃/20℃)	一缩二丙二醇/%
1.03809	0.00	1.03765	3.41	1.03720	6.90
1.03805	0.31	1.03760	3.80	1.03715	7.29
1.03800	0.70	1.03755	4.19	1.03710	7.67
1.03795	1.09	1.03750	4.57	1.03705	8.06
1.03790	1.47	1.03745	4.96	1.03700	8.45
1.03785	1.86	1.03740	5.35	1.03695	8.84
1.03780	2.25	1.03735	5.74	1.03690	9.22
1.03775	2.64	1.03730	6.12	1.03685	9.61
1.03770	3.02	1.03725	6.51	1.03680	10.00

表 2-3-115　1,2-丙二醇水溶液的折射率（n_D^{25}）

折射率	1,2-丙二醇/%	折射率	1,2-丙二醇/%	折射率	1,2-丙二醇/%
1.3325	0.0	1.3920	54.3	1.4170	81.1
1.3350	2.3	1.3940	56.2	1.4180	82.3
1.3400	6.8	1.3960	58.2	1.4190	83.6
1.3450	11.3	1.3980	60.2	1.4200	84.9
1.3500	15.8	1.4000	62.2	1.4210	86.2
1.3550	20.3	1.4020	64.2	1.4220	87.5
1.3600	24.9	1.4040	66.3	1.4230	88.8
1.3650	29.5	1.4060	68.5	1.4240	90.1
1.3700	34.0	1.4080	70.6	1.4250	91.4
1.3750	38.5	1.4100	72.8	1.4260	92.7
1.3800	43.0	1.4110	74.0	1.4270	94.0
1.3820	44.8	1.4120	75.2	1.4280	95.4
1.3840	46.6	1.4130	76.3	1.4290	96.8
1.3860	48.5	1.4140	77.5	1.4300	98.3
1.3880	50.3	1.4150	78.7	1.4310	99.7
1.3900	52.3	1.4160	79.7	1.4312	100.0

表 2-3-116　1,2-丙二醇水溶液的冻结温度

浓度/%	冻结温度/℃	浓度/%	冻结温度/℃
10	−2.2	40	−20.6
20	−7.2	50	−34
30	−13.3	60	−64

表 2-3-117　物质在 1,2-丙二醇中的溶解度(25 ℃)

单位：g/100 g 1,2-丙二醇

溶质	溶解度	溶质	溶解度	溶质	溶解度	溶质	溶解度
四氯化碳	23.4	苯胺	48.1	苯乙烯	15	蓖麻油	0.8
四氯乙烯	22.5	苯二甲酸二丁酯	8.1	氯苯	22.5	椰子油	不溶
乙酸戊酯	∞	水杨酸甲酯	24.7	邻二氯苯	19.4	猪油	不溶
尿素	29	对氨基苯磺酰胺	11.1	苯酚	∞	大豆油	不溶
三聚乙醛	很好溶解	薄荷醇	>50	百里酚	溶解	鲸蜡油	不溶
石脑油	不溶	樟脑	10.8	苄醇	25	维生素 A	溶解
苯	19.2	苯比巴妥	溶解	苯甲醛	∞		
甲苯	12.3	甲基橙	0.6	糊精	<1		

表 2-3-118　含 1,2-丙二醇的二元共沸混合物

第二组分	共沸点/℃	1,2-丙二醇/%	第二组分	共沸点/℃	1,2-丙二醇/%
十二烷	>175	67	间甲氧基苯酚	242.2	约 7
十四烷	179	76	*N*-甲基苯酚	<181.0	>46
苯胺	179.5	43	苯乙酮	<183.5	
邻硝基酚	<186.0	>62	*N*,*N*-二甲基苯胺	<177.0	>45
2-辛酮	<169.5		樟脑	<185.0	
二丁醚	136		甲苯	108	

(11) 附图

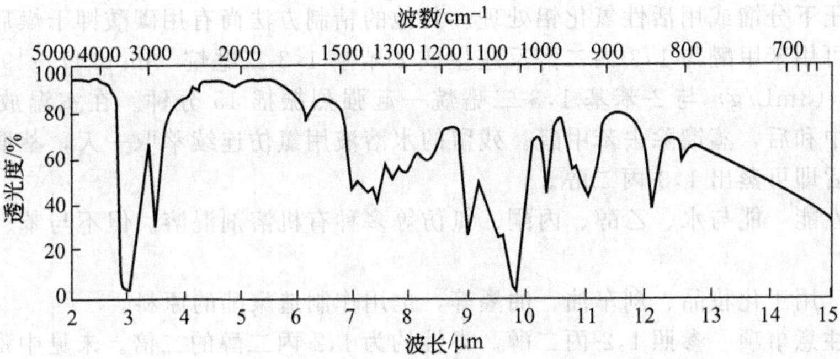

图 2-3-30 1,2-丙二醇的红外光谱

参 考 文 献

1 CAS 57-55-6
2 EINECS 200-338-0
3 Kirk-Othmer. Encyclopedia of Chemical Technology 2nd ed. Vol. 10. Wiley. 1966. 649
4 S. Coffey. Rodd' s Chemistry of Carbon Compounds. 2nd ed. Vol. 1. Elsevier. 1965. D-12
5 I. Mellan. Industrial Solvents Handbook. Noyes Data Corp. 1970. 193
6 G. O. Curme et al. Glycols, Van Nostrand Reinhold. 1953. 210
7 A. Weissberger. Organic Solvents. 2nd ed. Wiley. 1955. 117
8 化学工学协会. 物性定数. 2集. 丸善. 1964. 288
9 R. W. Gallant. Hydrocarbon Process Petrol. Refiner. 1967, 46 (5): 201
10 C. Marsden. Solvents Guide. 2nd ed. Cleaver-Hume. 1963. 469
11 J. G. Grasselli. Atlas of Spectral Data and Physical Constants. CRC Press. 1973. B-798
12 R. B. Barnes et al. J. Chem. Phys. 1936, 4: 772
13 日本化学. 防灾指针. Ⅰ-10, 丸善. 1962. 98
14 F. A. Patty. Industrial Hygiene and Toxicology. Vol. 2. Wiley. 1963. 1497
15 Beilstein. Handbuch der Organischen Chemie. H, 1-472
16 The Merck Index. 11, 7868
17 张海峰主编. 危险化学品安全技术大典: 第1卷. 北京: 中国石化出版社, 2010

313. 1,3-丙二醇

1,3-propanediol [trimethylene glycol, 1,3-dihydroxypropane]

(1) 分子式 $C_3H_8O_2$。 相对分子质量 76.09。

(2) 示性式或结构式 $HOCH_2CH_2CH_2OH$

(3) 外观 无色或浅黄色黏稠状液体，略有刺激的咸味。

(4) 物理性质

沸点(101.3kPa)/℃	214	运动黏度(20℃)/(m^2/s)	0.466×10^{-4}
熔点/℃	−32	表面张力(0℃)/(mN/m)	47.43
相对密度(20℃/20℃)	1.0554	(b.p.)/(mN/m)	28.30
折射率(20℃)	1.4389	蒸发热(b.p.)/(kJ/mol)	57.9
介电常数(20℃)	35.0	燃烧热(20℃,101.3kPa)/(kJ/mol)	1846.8
偶极矩/(10^{-30} C·m)	8.51	体膨胀系数(20～40℃)/K^{-1}	0.61×10^{-3}

(5) 化学性质 长时间煮沸生成双(3-羟基丙基)醚。在金属催化剂存在下气相脱水时，生成丙醛、烯丙醇、丙烯醛等。在过氧化氢作用下生成丙醛。用钒酸氧化生成2-羟基丙醛、甲酸等。与羰基化合物形成环状缩醛。与羧酸酯化生成单酯或双酯。

(6) 精制方法 用活性炭处理后分馏或与甲基环己烷共沸蒸馏可以除去甘油。若要除去1,2-丙二醇可在减压下分馏或用活性氧化铝处理。其他的精制方法尚有用碳酸钾干燥后减压蒸馏。欲得高纯度产品可用苯甲醛与1,3-丙二醇反应生成2-苯基-1,3-二噁烷（m.p. 47～49℃），分离后用0.5mol/L HCl（3mL/g）与2-苯基-1,3-二噁烷一起强烈振摇15分钟。在室温放置过夜使其分解，用碳酸钾中和后，蒸馏除去苯甲醛。残留的水溶液用氯仿连续萃取一天，萃取液用碳酸钾干燥，蒸去氯仿后即可蒸出1,3-丙二醇。

(7) 溶解性能 能与水、乙醇、丙酮、氯仿等多种有机溶剂混溶。但不与苯、四氯化碳、石油醚混溶。

(8) 用途 用于化妆品、刹车油、油墨等，也用作制造聚酯的原料。

(9) 使用注意事项 参照1,2-丙二醇。毒性约为1,2-丙二醇的二倍。未见中毒报道。毒性约为1,2-丙二醇的两倍。大鼠经口 LD_{50} 约14～15mL/kg。

(10) 附表

表 2-3-119 1,3-丙二醇的蒸气压

温度/℃	蒸气压/kPa	温度/℃	蒸气压/kPa
59.4	0.13	141.1	8.00
87.2	0.67	153.4	13.33
100.6	1.33	172.8	26.66
115.5	2.67	193.8	53.33
131.0	5.33	214.2	101.33

表 2-3-120 1,3-丙二醇水溶液的冻结温度

浓度/%	冻结温度/℃	浓度/%	冻结温度/℃
10	−2.7	50	−24.2
20	−6.0	60	−36.8
30	−10.4	70	−53.0
40	−16.2		

参 考 文 献

1 CAS 504-63-2
2 EINECS 207-997-3
3 I. Mellan. Industrial Solvents Handbook. Noyes Date Corp. 1970. 201
4 S. Coffey. Rodd's Chemistry of Carbon Compounds. 2nd ed. Vol. 1. Elsevier. 1962. D-13
5 Landolt-Börnstein. 6th ed. Vol. Ⅱ-4, Springer. 179
6 A. Weissberger. Organic Solvents. 2nd ed. Wiley. 117
7 Y. Toshiyasu et al. Bull. Chem. Soc. Japan，1970，43：2676
8 T. A. Litovitz et al. J. Chem. Phys. 1954，22：1281
9 A. F. Gallaugher et al. J. Amer. Chem. Soc. 1937，59：2514
10 化学工学協会. 物性定数. 2集. 丸善. 1964. 288
11 J. G. Grasselli. Atlas of Spectral Data and Physical Constants for Organic Compounds. CRC Press. 1973. B-798
12 W. Sawodny et al. Spectrochim. Acta Part A. 1967，23：799
13 D. R. Stull. Ind. Eng. Chem. 1947，39：517
14 H. K. Ross. Ind. Eng. Chem. 1954，46：601

314. 甘油［丙三醇］

glycerine［glycerol，1，2，3-propanetriol，trihydroxypropane］

(1) 分子式 $C_3H_8O_3$。 相对分子质量 92.09。

(2) 示性式或结构式

$$\underset{OH}{CH_2}\underset{OH}{CH}\underset{OH}{CH_2}$$

(3) 外观 无色无臭的黏稠状液体，有甜味。

(4) 物理性质

沸点(101.3kPa)/℃	290.9	相对密度(15℃/15℃)	1.26526
熔点/℃	18.18	(20℃/20℃)	1.26331

续表

(25℃/25℃)	1.26170	(150℃)/(mN/m)	51.9
折射率(15℃)	1.47547	燃点/℃	523(Pt上);429(玻璃上)
(20℃)	1.4746	蒸发热(55℃)/(kJ/mol)	88.17
(25℃)	1.4730	(b.p.)/(kJ/mol)	61.09
介电常数(25℃)	42.5	生成热(15℃,液体)/(kJ/mol)	669.05
黏度(20℃)/mPa·s	1412	燃烧热(25℃,液体)/(kJ/mol)	1656.42
(25℃)/mPa·s	945	比热容(15℃)/[kJ/(kg·K)]	2.46
(30℃)/mPa·s	612	电导率(20℃)/(S/m)	1.0×10^{-8}
(50℃)/mPa·s	142	热导率/[W/(m·K)]	0.29
闪点/℃	177	体膨胀系数/K^{-1}	0.000615
表面张力(20℃)/(mN/m)	63.3	IR 3311 cm^{-1},2898 cm^{-1},	
(90℃)/(mN/m)	58.6	1111 cm^{-1},1041 cm^{-1}	

(5) 化学性质　与酸发生酯化反应，如与苯二甲酸酯化生成醇酸树脂。与酯发生酯交换反应。与氯化氢反应生成氯代醇。甘油脱水有两种方式：分子间脱水得到二甘油和聚甘油；分子内脱水得到丙烯醛。甘油与碱反应生成醇化物。与醛、酮反应生成缩醛与缩酮。用稀硝酸氧化生成甘油醛和二羟基丙酮；用高碘酸氧化生成甲酸和甲醛。与强氧化剂如铬酸酐、氯酸钾或高锰酸钾接触，能引起燃烧或爆炸。甘油也能起硝化和乙酰化等作用。

(6) 精制方法　杂质主要是水。由天然油脂制得的甘油中含有低级脂肪酸和油脂的分解产物。由氯丙烯法合成的甘油中含有氨丙烷、二氯丙醇等杂质。精制时，由于甘油与水的沸点相差很大，在200℃附近相互间几乎不溶解，容易蒸馏分离。也可进行真空脱水，或在90～100℃长时间的通入干燥空气，或用五氧化二磷真空干燥以除去水分。离子性杂质用离子交换树脂处理除去。有色杂质可用活性炭或用2,2,4-三甲戊烷萃取除去。其他精制方法有：将甘油用等体积的丁醇（或丙醇、戊醇、液氨）溶解，冷却结晶，离心过滤，用冷的丙酮或异丙醚洗涤。对粗甘油的精制，可用热的浓硫酸处理，石灰乳皂化，再用硫酸酸化，过滤后用离子交换树脂处理，减压分馏。

(7) 溶解性能　能与水、乙醇混溶。不溶于乙醚、氯仿、二硫化碳、苯、四氯化碳、石油醚等溶剂中。某些无机物能在甘油中溶解。

(8) 用途　用作制造硝化甘油、醇酸树脂、聚氨酯树脂和环氧树脂的原料。甘油还广泛用于医药、食品、日用化工、纺织、造纸、涂料等工业。并用作汽车和飞机燃料以及油田的防冻剂。

(9) 使用注意事项　为可燃性液体。吸湿性强，应注意密封贮存。对金属无腐蚀性，可用镀锡或不锈钢容器贮存。食用对人体无毒。作溶剂使用时可被氧化成丙烯醛而有刺激性。小鼠经口 LD_{50} 为 31.5g/kg，静脉注射 LD_{50} 为 7.56g/kg，工作场所最高容许浓度为10mg/m^3。

(10) 附表

表 2-3-121　甘油的蒸气压

温度/℃	蒸气压/kPa	温度/℃	蒸气压/kPa	温度/℃	蒸气压/kPa	温度/℃	蒸气压/kPa
125.5	0.13	208.0	8.00	182.2	2.67	290.0	79.99
158.3	0.67	220.1	13.33	198.0	5.33		
167.2	1.33	240.1	26.66	263.0	53.33		

表 2-3-122　各种化合物在甘油（95%以上）中的溶解度

品　名	温度/℃	溶解度/(份/100份)	品　名	温度/℃	溶解度/(份/100份)
明矾	15	40	硫化钙	15	5
碳酸铵	15	20	乙酸铜	15	10
氯化铵	15	20.06	硫酸铜	15	30
氯化钡	15	9.73	硫酸亚铁	15	25
硼酸	20	24.8	碘	15	2
氢氧化钙	25	1.3(35%甘油)	乙酸铅	15	10
硫酸钙	15	5.17	硫酸铅	15	30.3

续表

品　　名	温度/℃	溶解度/(份/100份)	品　　名	温度/℃	溶解度/(份/100份)
氯化汞	15	8	乙酸苄酯	15	0.1
氯化亚汞	15	7.5	番木鳖碱	15	2.25
氰化汞	15	27	辛可芬	15	0.3
溴化钾	15	25	硫酸辛可芬	15	6.7
氯化钾	15	3.72	肉桂醛	15	0.1
氯酸钾	15	3.54	次氯酸可待因	20	11.1
氰化钾	15	31.84	乙酸乙酯	20	1.9
碘酸钾	15	1.9	乙醚	20	0.65
碘化钾	15	39.72	丁子香酚	15	0.1
碳酸氢钠	15	8.06	愈疮木酚	20	13.1
硼酸氢钠		111.15	碳酸愈疮木酚	20	0.043
碳酸钠	15	98.3	碘仿	15	0.12
氯酸钠	15	20	吗啡	15	0.45
12水合硫酸钠	25	8.1	乙酸吗啡	15	20
硫	15	0.1	次氯酸吗啡	15	20
磷	15	0.25	盐酸普鲁卡因	20	11.2
四硼酸钠	15	60	草酸	15	15.1
次磷酸钠	20	32.7	季戊四醇	100	9.3
焦磷酸钠	20	9.6(87%甘油)	非那西丁	20	0.47
氯化锌	15	49.87	苯酚	20	276.4
碘化锌	15	39.78	苯乙醇	15	1.5
硫酸锌	15	35.18	奎宁	15	0.47
油酸钙	15	1.18(45%甘油)	硫酸奎宁		1.32
油酸镁	15	0.94(45%甘油)	鞣酸奎宁	20	2.8
酒石酸铁钾	15	8	柳醇	15	12.5
乳酸铁	15	16	水杨酸		1.63
油酸铁	15	0.71(45%甘油)	山道年	15	6
砷酸钾	15	50.13	硬脂酸	20	0.089
砷酸钠	15	50	马钱子碱	15	0.25
戊酸锌	20	0.336	硝酸马钱子碱	15	4
茴香醛	15	0.1	硫酸马钱子碱	15	22.5
砷酸	15	20	鞣酸	15	48.8
亚砷酸	15	20	丹宁	15	48.83
阿托品	15	3	可可碱	20	0.028
硫酸阿托品	20	45.2	尿素	15	50
苯甲酸	23	2.01			

表 2-3-123　含甘油的二元共沸混合物

第　二　组　分	共沸点/℃	第二组分/%	第　二　组　分	共沸点/℃	第二组分/%
萘	215.2	90	苊	259.1	71
α-萜二烯	177.7	99	联苯	243.8	45
百里烯	179.6	99	1,3,5-三乙基苯	212.9	92
1-甲基萘	237.25	82	二苯甲烷	250.8	73
2-甲基萘	233.7	83.5	对二溴苯	217.1	90
1,2-二苯乙烷	261.3	68	苯甲酸乙酯	228.6	93
甲基-α-萜品醇醚	214.0	92	苯甲酸丙酯	228.8	92
间二甲氧基苯	212.5	93	苯甲酸丁酯	243.0	83
异黄樟脑	243.8	84	苯甲酸异丁酯	237.4	86
黄樟脑	231.3	85.5	苯甲酸异戊酯	251.6	78
草蒿脑	213.5	92.5	水杨酸异戊酯	267.0	—
间二乙氧基苯	231.0	87	乙酸冰片酯	226.0	90
1-烯丙基-3,4-二甲氧基苯	248.3	82	苯甲酸苯酯	279.0	45
二苯醚	246.3	78	苯甲酸苄酯	282.5	—
1,2-二甲氧基-4-丙烯基苯	258.4	75	丁子香酚	251.0	87
香芹酮	230.85	97	间硝基甲苯	229.5	68
水杨酸甲酯	221.4	92.5	邻硝基甲苯	220.8	92
水杨酸乙酯	230.5	89.7	对硝基甲苯	235.7	83

表 2-3-124 甘油水溶液的相对密度

甘油/%	相对密度		甘油/%	相对密度		甘油/%	相对密度	
	15℃/15℃	20℃/20℃		15℃/15℃	20℃/20℃		15℃/15℃	20℃/20℃
100	1.26557	1.26362	86	1.22885	1.22690	50	1.12985	1.12845
99	1.26300	1.26105	84	1.22355	1.22155	45	1.11620	1.11490
98	1.26045	1.25845	82	1.21820	1.21620	40	1.10255	1.10135
97	1.25785	1.25585	80	1.21290	1.21090	35	1.08905	1.08805
96	1.25525	1.25330	78	1.20740	1.20540	30	1.07560	1.07470
95	1.25270	1.25075	76	1.20190	1.19995	25	1.06250	1.06175
94	1.25005	1.24810	74	1.19640	1.19450	20	1.04935	1.04880
93	1.24740	1.24545	72	1.19090	1.18900	15	1.03675	1.03635
92	1.24475	1.24280	70	1.18540	1.18355	10	1.02415	1.02395
91	1.24210	1.24020	65	1.17155	1.16980	5	1.01210	1.01195
90	1.23950	1.23755	60	1.15770	1.15605	1	1.00240	1.00240
88	1.23415	1.23220	55	1.14375	1.14220			

表 2-3-125 甘油水溶液的折射率

甘油/%	折射率	折射率的变动值(1%浓度)	甘油/%	折射率	折射率的变动值(1%浓度)	甘油/%	折射率	折射率的变动值(1%浓度)
100	1.47399	0.00165	66	1.42193	0.00149	32	1.37338	0.00134
99	1.47234	0.00163	65	1.42044	0.00149	31	1.37204	0.00134
98	1.47071	0.00161	64	1.41895	0.00149	30	1.37070	0.00134
97	1.45909	0.00157	63	1.41746	0.00149	29	1.36936	0.00134
96	1.46752	0.00156	62	1.41597	0.00149	28	1.36802	0.00133
95	1.46597	0.00154	61	1.41448	0.00149	27	1.36669	0.00133
94	1.46443	0.00153	60	1.41299	0.00149	26	1.36536	0.00132
93	1.46290	0.00151	59	1.41150	0.00149	25	1.36404	0.00132
92	1.46139	0.00150	58	1.41001	0.00149	24	1.36272	0.00131
91	1.45989	0.00150	57	1.40852	0.00149	23	1.36141	0.00131
90	1.45839	0.00150	56	1.40703	0.00149	22	1.36010	0.00131
89	1.45689	0.00150	55	1.40554	0.00149	21	1.35879	0.00130
88	1.45539	0.00150	54	1.40405	0.00149	20	1.35749	0.00130
87	1.45389	0.00152	53	1.40256	0.00149	19	1.35619	0.00129
86	1.45237	0.00152	52	1.40107	0.00149	18	1.35490	0.00129
85	1.45085	0.00155	51	1.39958	0.00149	17	1.35361	0.00128
84	1.44930	0.00156	50	1.39809	0.00149	16	1.35233	0.00127
83	1.44770	0.00160	49	1.39660	0.00147	15	1.35106	0.00126
82	1.44612	0.00162	48	1.39513	0.00145	14	1.34980	0.00126
81	1.44450	0.00160	47	1.39368	0.00141	13	1.34854	0.00125
80	1.44290	0.00155	46	139227	0.00138	12	1.34729	0.00125
79	1.44135	0.00153	45	1.39089	0.00136	11	1.34604	0.00123
78	1.43982	0.00150	44	1.39953	0.00135	10	1.34481	0.00122
77	1.43832	0.00149	43	1.38818	0.00135	9	1.34359	0.00121
76	1.43683	0.00149	42	1.38683	0.00135	8	1.34238	0.00120
75	1.43534	0.00149	41	1.38548	0.00135	7	1.34118	0.00119
74	1.43385	0.00149	40	1.38413	0.00135	6	1.33999	0.00119
73	1.43236	0.00149	39	1.38278	0.00135	5	1.33880	0.00118
72	1.43087	0.00149	38	1.38143	0.00135	4	1.33762	0.00117
71	1.42938	0.00149	37	1.38008	0.00134	3	1.33645	0.00115
70	1.42789	0.00149	36	1.37874	0.00134	2	1.33530	0.00114
69	1.42640	0.00149	35	1.37740	0.00134	1	1.33416	0.00113
68	1.42491	0.00149	34	1.37606	0.00134	0	1.33303	0.00113
67	1.42342	0.00149	33	1.37472	0.00134			

(11) 附图

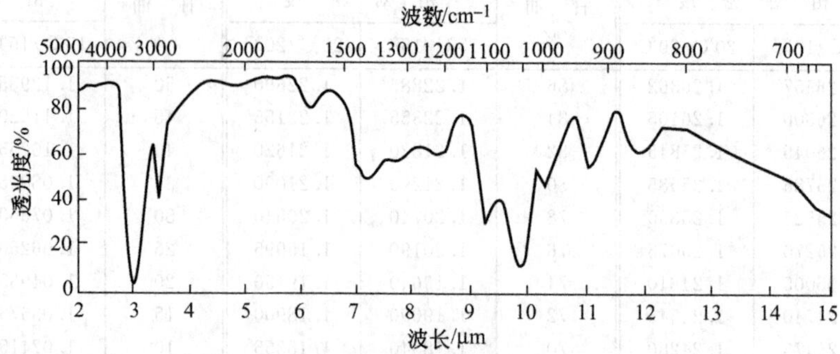

图 2-3-31　甘油的红外光谱

参　考　文　献

1　CAS 56-81-5
2　EINECS 200-289-5
3　A. A. Newman. Glycerol. Morgan-Grampian. 1968. 4，10，23
4　A. Weissberger. Organic Solvents. 3rd ed. Wiley. 201，689
5　G. S. Parks et al. J. Amer. Chem. Soc. 1946，68：2524
6　石橋弘毅. 溶剤便覧. 槙書店. 1967. 344
7　Sadtler Standard IR Prism Spectra. No. 169.
8　H. J. Masson and W. F. Hamilton. Ind. Eng. Chem. 1928，20：813
9　T. E. Jordan. Vapor Pressure of Organic Compounds. wiley. 1954. 80
10　C. S. Miner and N. N. Dalton，Glycerol. Van Nostrand Reinhold. 1953
11　L. H. Horsley. Ind. Eng. Chem. Anal. ed. 1947，19：508
12　L. W. Bosart and A. O. Snoddy. Ind. Eng. Chem. 1927，19：506
13　A. A. Newman. Glycerol. Morgan-Grampian. 1968. 17
14　Beilstein. Handbuch der Organischen Chemie. H，1-502；E Ⅳ，1-2751
15　The Merck Index. **10**，4347，**11**，4179
16　张海峰主编. 危险化学品安全技术大典：第 1 卷. 北京：中国石化出版社，2010

315. 1,1,1-三羟甲基丙烷

1,1,1-trioxyhydromethylpropane

(1) 分子式　$C_6H_{14}O_3$。　　　　相对分子质量　134.18。

(2) 示性式或结构式　$CH_3CH_2C(CH_2OH)_3$

(3) 外观　无臭的白色晶体，有甜味。

(4) 物理性质

沸点(101.3kPa)/℃	295	蒸发热/(kJ/mol)	600.0
(0.67)/℃	160	熔化热/(kJ/mol)	183.5
熔点/℃	58.5	燃烧热/(kJ/mol)	3617.4
相对密度(70℃/4℃)	1.0889	比热容(31℃,定压)/[kJ/(kg·K)]	2.43
闪点(开口)/℃	180		

(5) 化学性质　具一般脂肪族醇的化学性质，能发生酯化、醚化、缩醛化、卤化等反应。

(6) 精制方法　一般用减压蒸馏精制。由于制造时有甲酸钠混入而易发生热解作用，需先用离子交换树脂除去，并在蒸馏时加入铵盐、对苯二酚或 α-萘酚作稳定剂。若需进一步精制，可用乙醚-丙酮（1∶1）进行重结晶。

(7) 溶解性能 能与水、低级脂肪族醇、丙酮、甘油混溶。在氯仿、甲氯化碳、乙醚中也有相当的溶解性，在脂肪烃和芳香烃中则不溶解。

(8) 用途 在高分子物质中可以溶解聚乙烯醇、聚甲醛树脂。因此，可作这些树脂的增塑剂使用。也用作醇酸树脂、聚氨酯树脂、表面活性剂、炸药、润滑剂、纤维加工剂等的原料。

(9) 使用注意事项 为可燃性固体。有吸湿性，沸点、闪点高，不被皮肤吸收。大气中最高容许浓度为 $50mg/m^3$。大鼠经口 LD_{50}为 14.1g/kg。

参 考 文 献

1 CAS 77-99-6

2 EINECS 201-074-9

3 J. A. Monick. Alcohols. Van Nostrand Reinhold, 1968. 400

4 H. Hein and R. Burkhardt. Chem. Ber. 1957, 90: 921

5 Sadtler Standard IR Prism Spectra. No. 6350

6 Sadtler Standard NMR Spectra. No. 6080

7 R. Kaufhold. D. R. Pat. 61345. 1968

316. 1,2-丁二醇

1,2-butanediol [1,2-butylene glycol, α-butylene glycol]

(1) 分子式 $C_4H_{10}O_2$。　　相对分子质量 90.12。

(2) 示性式或结构式 $\underset{\text{OH}}{CH_2}\underset{\text{OH}}{CH}CH_2CH_3$

(3) 外观 无色液体，有甜味。

(4) 物理性质

沸点(101.3kPa)/℃	190.5
相对密度(20℃/4℃)	1.0024
折射率(20℃)	1.4378

(5) 化学性质 硝酸氧化生成羟基乙酸、二羟基乙酸。

(6) 溶解性能 微溶于水，溶于乙醇、苯等。

(7) 使用注意事项 属微毒类。对皮肤无刺激。大剂量对动物有麻醉和胃肠道刺激作用，并引起肾明显出血。大鼠经口 LD_{50}约 16 g/kg。

参 考 文 献

1 CAS 26171-83-5

2 EINECS 209-527-2

3 Beilstein. Handbuch der Organischen Chemie. E Ⅲ, 1-2166; E Ⅳ, 1-2507; H 1-477

4 Sadtler Standard IR Prism Spectra. No. 5314

317. 1,3-丁二醇

1,3-butanediol [1,3-butylene glycol, β-butylene glycol, 1,3-dihydroxybutane]

(1) 分子式 $C_4H_{10}O_2$。　　相对分子质量 90.12。

(2) 示性式或结构式 $\underset{\text{OH}}{CH_2}CH_2\underset{\text{OH}}{CH}CH_3$

(3) 外观　无色黏稠状液体，有甜味。

(4) 物理性质

沸点(101.3kPa)/℃	207.5	黏度(20℃)/mPa·s	130.3
(1.60kPa)/℃	108	(25℃)/mPa·s	98.3
(1.33kPa)/℃	98	(35℃)/mPa·s	89
熔点/℃	−50	燃点/℃	392.8
相对密度(20℃/4℃)	1.0053	蒸发热(b.p.)/(kJ/mol)	58.49
折射率(20℃)	1.441	燃烧热(液体)/(kJ/mol)	2491.2
(25℃)	1.439	蒸气压(74℃)/kPa	0.067
表面张力(25℃)/(mN/m)	37.8	爆炸极限(下限)/%(体积)	1.9
闪点(开口)/℃	121		

(5) 溶解性能　能与水、乙醇、丙酮、丁酮、苯二甲酸二丁酯混溶。不溶于脂肪烃、苯、甲苯、四氯化碳、苯酚、2-氨基乙醇、矿物油、棉子油等。

(6) 用途　用于制备聚酯树脂、聚氨基甲酸酯树脂、增塑剂、油墨等。也用作纺织品、纸张和烟草的润湿剂和软化剂。

(7) 使用注意事项　为可燃性液体。有吸湿性，对金属不腐蚀，可用软钢、铜或铝制容器贮存。毒性和甘油相似，属微毒类，对人的黏膜和皮肤无刺激，急性中毒时动物表现深麻醉状。小鼠经口 LD_{50} 为 23.45g/kg，大鼠 29.59g/kg。

参 考 文 献

1 CAS 107-88-0
2 EINECS 203-529-7
3 A. Weissberger. Organic Solvents. 3rd ed. Wiley. 201，688
4 Sadtler Standard IR Prism Spectra. No. 265
5 N. I. Sax. Dangerous Properties of Industrial Materials. Van Nostrand Reinhold，1968. 505
6 工業薬品取报法. ダイセル（株）大竹工场. 1974
7 Beilstein. Handbuch der Organischen Chemie. E Ⅳ，1-2508
8 The Merck Index. **10**，1539；**11**，1566

318. 1,4-丁二醇

1,4-butanediol [tetramethylene glycol，1,4-dihydroxybutane，1,4-butylene glycol]

(1) 分子式　$C_4H_{10}O_2$。　　　相对分子质量　90.12。

(2) 示性式或结构式　$HO(CH_2)_4OH$

(3) 外观　无色黏稠状液体，低温下为针状晶体。

(4) 物理性质

沸点(101.3kPa)/℃	229.2	表面张力(22℃)/(mN/m)	45.27
熔点/℃	20.1	闪点(开口)/℃	>121
相对密度(20℃/4℃)	1.069	蒸发热/(kJ/kg)	576.1
(25℃/4℃)	1.0154	燃烧热/(kJ/mol)	2518.8
折射率(25℃)	1.4445	比热容(20～75℃,定压)/[kJ/(kg·K)]	2.41
介电常数(20℃)	31.1	临界温度/℃	446
偶极矩/(10^{-30} C·m)	2.40	临界压力/MPa	4.26
黏度(25℃)/mPa·s	71.5	热导率(20℃)/[W/(m·K)]	0.160
(20℃)/mPa·s	88.8		

(5) 精制方法　含有水、丁醇、丁烯二醇、γ-丁内酯和四氢呋喃等杂质。一般用减压蒸馏精

制。若有酸混入时，加热容易生成四氢呋喃和水，可以加入少量碱进行蒸馏。也可用无水乙醚和丙酮的混合物重结晶两次后蒸馏的方法进行精制。

(6) 溶解性质　能与水、丙酮、醇混溶。对乙醚、苯、卤代烃等微溶。

(7) 用途　用于制造增塑剂、药物、聚酯树脂、聚氨基甲酸酯树脂等。电镀工业中用作增亮剂。

(8) 使用注意事项　为可燃性液体。有吸湿性，对金属不腐蚀，可用软钢、铝或铜制容器密封贮存。属低毒类，在四种异构体中1,4-丁二醇毒性最大，约为1,3-丁二醇的10倍。与受伤或患病的皮肤接触或饮用时，开始出现麻醉，后会因中枢神经麻痹而突然死亡。还会引起肾、肝的特殊病变。大鼠经口 LD_{50} 为2g/kg。

(9) 规格　GB/T 24768—2009　工业用1,4-丁二醇

项　　目		优等品	合格品
外观		无色透明液体,无可见杂质	
1,4-丁二醇/%	≥	99.70	99.50
色度(Hazen)(铂-钴色号)	≤	10	10
水/%	≤	0.03	0.05

参 考 文 献

1　CAS 110-63-4
2　EINECS 203-786-5
3　Beilstein.Handbuch der Organischen Chemie.E Ⅲ,1-2173
4　Kirk-Othmer.Encyclopedia of Chemical Technology.2nd ed.Vol.10.Wiley.668
5　W.Forest.Ullmanns Encyklopädie der Technischen chemie.Vol.4.Urban und Schwarzenberg.1953.754
6　L.P. Kuhn et al.J.Amer.Chem.Soc.1964,86:652
7　Beilstein.Handbuch der Organischen Chemie.H,1-478;E Ⅳ,1-2515

319. 2,3-丁二醇

2,3-butanediol [2,3-butylene glycol, β,γ-butylene glycol, 2,3-dihydroxybutane]

(1) 分子式　$C_4H_{10}O_2$。　　　相对分子质量　90.12。

(2) 示性式或结构式　$CH_3CHCHCH_3$（两个CH上各连OH）

```
CH3CHCHCH3
   |  |
   OH OH
```

(3) 外观　无色黏稠状液体，低温下为晶体。

(4) 物理性质

项　目	内消旋体	外消旋体	(+)	(−)
沸点/℃	(2.13kPa) 89	(2.13kPa) 86	(101.3kPa) 179～182	(101.3kPa) 179～180
	(98.9kPa) 181.7	(98.9kPa) 176.7		
熔点/℃	34.2～34.4	7.6		
相对密度	(25℃/4℃) 0.9939		(25℃/4℃) 0.9872	(25℃/4℃) 0.9869
折射率	(35℃) 1.4324	(25℃) 1.4310	(25℃) 1.4306	(25℃) 1.4308
黏度/mPa·s				(25℃) 121
				(35℃) 90
表面张力/(mN/m)			(25℃) 30.67	

(5) 溶解性能　溶于水和醇。

(6) 用途　用于调湿剂、增塑剂、偶联剂等方面。

(7) 使用注意事项 为可燃性液体。有吸湿性，不腐蚀金属，可用铁、软钢、铜或铝制容器贮存。属低毒类。毒性介于1,4-丁二醇和1,2-丁二醇之间。未见对人有损害报道。小鼠经口LD_{50}为9.08g/kg。

参 考 文 献

1 CAS 513-85-9

2 EINECS 208-173-6

3 Beilstein.Handbuch der Organischen Chemie.E Ⅲ.1-2178

4 J.T. Harvey et al.J.Amer.Chem.Soc.1943,65:1131

320. 1,2,4-丁三醇

1,2,4-butanetriol [1,2,4-trihydroxybutane]

(1) 分子式 $C_4H_{10}O_3$。　　相对分子质量 106.12。

(2) 示性式或结构式 $HOCH_2CHCH_2CH_2OH$（CH上连 OH）

$$\begin{array}{c} HOCH_2\underset{\large |}{C}HCH_2CH_2OH \\ \quad\; OH \end{array}$$

(3) 外观 无色黏性液体，甜焦味，吸湿。

(4) 物理性质

沸点(101.3kPa)/℃	312	生成热/(kJ/mol)	690.8
(2.39kPa)/℃	190～191	气化热/(kJ/mol)	58.6
相对密度(20℃/4℃)	1.184	黏度(25℃)/mPa·s	1.227
折射率(20℃)	1.4668	燃点/℃	197
燃烧热/(kJ/mol)	1767		

(5) 溶解性能 溶于乙醇中，丙酮中微溶。

(6) 用途 参照甘油。可作溶剂、湿润剂和医药、炸药合成中间体。

参 考 文 献

1 CAS 3068-00-6

2 EINECS 221-323-5

3 Beilstein. Handbuch der Organischen Chemie. H，1-519；E Ⅳ，1-2775

321. 2,2-二甲基-1,3-丙二醇［新戊二醇］

2,2-dimethyl-1,3-propanediol [neopentyl glycol]

(1) 分子式 $C_5H_{12}O_2$。　　相对分子质量 104.15。

(2) 示性式或结构式

$$\begin{array}{c} CH_3 \\ | \\ HOCH_2CCH_2OH \\ | \\ CH_3 \end{array}$$

(3) 外观 白色结晶固体，有吸湿性。

(4) 物理性质

沸点(101.3kPa)/℃	212	熔融热/(kJ/mol)	21.77
熔点/℃	129	升华温度/℃	128
相对密度(25℃/4℃)	1.066	闪点(开口)/℃	129
燃烧热/(kJ/mol)	－3100	燃点/℃	388

(5) 溶解性能　溶与水、乙醇、乙醚、丙酮、甲苯等溶剂。

(6) 用途　聚酯树脂的热稳定剂，高级润滑油的润滑剂，增塑剂。

(7) 使用注意事项　低毒，对皮肤刺激性小，大量误食会刺激中枢神经，引起呕吐、呼吸困难等症状。大鼠经口 LD_{50} >6400mg/kg。

参 考 文 献

1 CAS 126-30-7
2 EINECS 204-781-0
3 Beil.，1，483

322. 1,5-戊二醇

1,5-pentanediol [pentamethylene glycol]

(1) 分子式　$C_5H_{12}O_2$。　　相对分子质量　104.15。

(2) 示性式或结构式　$HO(CH_2)_5OH$

(3) 外观　无色黏稠状液体，有苦味。

(4) 物理性质

沸点(101.3kPa)/℃	242.4	偶极矩(二噁烷)/(10^{-30} C·m)	8.37
(6.67kPa)/℃	160	黏度(20℃)/mPa·s	128
(1.33kPa)/℃	134	表面张力(20℃)/(mN/m)	43.2
熔点/℃	−15.5	闪点(开口)/℃	130
相对密度(20℃/20℃)	0.994	燃点/℃	335
(20℃/4℃)	0.9938	蒸发热(b.p.)/(kJ/kg)	606
折射率(20℃)	1.4499	生成热/(kJ/mol)	439.9
介电常数(25℃,二噁烷) $\omega=0\sim0.02$	$2.2083+7.46\omega$	燃烧热/(kJ/mol)	3158.9

(5) 溶解性能　能与水、低分子醇、丙酮混溶。对苯、二氯甲烷、石油醚不溶。25℃时在乙醚中溶解11%。

(6) 用途　用作切削油、特殊洗涤剂、乳胶漆的溶剂，油墨的溶剂或润湿剂。也用于制造增塑剂、刹车油、醇酸树脂、聚氨酯树脂等。

参 考 文 献

1 CAS 111-29-5
2 EINECS 203-854-4
3 J. A. Monick. Alcohols. Van Nostrand Reinhold. 1968. 342，474
4 L. Schefian and M. B. Jacobs. The Handbook of Solvents. Van Nostrand Reinhold. 1953. 580
5 Y. Toshiyasu et al. Bull. Chem. Soc. Japan. 1970，43：2676
6 P. Miller. Iowa State Coll. J. Sci. 1936. 10：91；Chem. Abstr. 1936，30-2477
7 N. I. Sax. Dangerous Properties of Industrial Materials. 3rd ed. Van Nostrand Reinhold. 1968. 998
8 Sadtler Standard IR Prism Spectra. No. 113
9 J. F. Harrod. J. Polymer Sci. Pt. A，1963，1：385
10 E. Stenhagen et al. Atlas of Mass Spectral Data. Vol. 1. Wiley. 1969. 307
11 Sadtler Standard NMR Spectra. No. 6397
12 T. Yonezawa et al. Bull. Chem. Soc. Japan. 1965，38：1431

323. 2-丁烯-1,4-二醇

2-butene-1,4-diol

(1) 分子式　$C_4H_8O_2$。　　相对分子质量　88.10。

(2) 示性式或结构式　$HOCH_2CH{=}CHCH_2OH$

(3) 外观　无色黏稠状液体。

(4) 物理性质

项　目	顺式	反式	项　目	顺式	反式
沸点(101.3kPa)/℃	235	235～238	黏度(20℃)/mPa·s	21.8	
熔点/℃	11.77	22.5	(60℃)/mPa·s	5.9	
相对密度(20℃/4℃)	1.080	1.070	闪点/℃	128	
折射率	(25℃)1.4716	(20℃)1.4755	燃烧热/(kJ/mol)	2328.7	
偶极矩/(10^{-30} C·m)	8.27	8.17	比热容(20℃,定压)/[kJ/(kg·K)]	2.25	

(5) 化学性质　为顺、反异构体的混合物。具有一般烯烃和伯醇的性质。在酸存在下，加热生成2,5-二氢呋喃或丁烯醛，特别是顺式异构体容易发生反应。加热至165℃以上逐渐脱水发生聚合反应。

(6) 精制方法　含有水及少量的丁炔二醇、丁二醇、3-丁烯-1,2-二醇、4-羟基丁醛、2,5-二氢呋喃等杂质，一般用减压蒸馏进行精制。但顺反异构体用蒸馏方法难以分离，可用分步结晶的方法精制。

(7) 溶解性能　能与水、醇、丙酮、酯、醚等混溶，对苯、卤代烃难溶。

(8) 使用注意事项　为可燃性液体。吸湿性强，应密封贮存。大鼠经口 LD_{50} 为1.25mL/kg。

参 考 文 献

1 CAS 110-64-5

2 EINECS 228-085-1；203-787-0

3 Beilstein. Handbuch der Organischen Chemie. EⅡ. 1-567；E Ⅲ，1-2255

4 Kirk Othmer. Encyclopedia of Chemical Technology. 2nd ed. Vol. 1. Wiley. 612

5 W. Forest. Ullmanns Encyklopädie der Technischen Chemie. Vol. 4. Urban und Schwerzenberg. 1953. 765

6 Sadtler Standard IR Prism Spectra. No. 6604

7 E. Stenhagen et al. Atlas of Mass Spectral Data. Wiley. 1969. 158

8 Sadtler Standard NMR Spectra. No. 6511

324. 1,6-己二醇

1,6-hexanediol

(1) 分子式　$C_6H_{14}O_2$。　　相对分子质量　118.18。

(2) 示性式或结构式　$HOCH_2(CH_2)_4CH_2OH$

(3) 外观　白色针状结晶。

(4) 物理性质

沸点(101.3kPa)/℃	250	密度(50℃)/(g/cm³)	0.965
(2.27kPa)/℃	152	(104℃)/(g/cm³)	0.927
(1.2kPa)/℃	132	黏度(48.0℃)/mPa·s	46.86
熔点/℃	43	(104℃)/mPa·s	6.91
折射率(25℃)	1.4579		
闪点/℃	101		

(5) 溶解性能　易溶于水、甲醇、丁醇、乙酸丁酯，微溶于热醚，不溶于苯。

(6) 用途　增塑剂、溶剂、配制印刷油墨。

(7) 使用注意事项　低毒或无毒，一般无吸入的危险性，鼠经口 LD_{50} 为 3730mg/kg。

参 考 文 献

1 CAS 629-11-8

2 EINECS 211-074-0
3 Beil., **1** (4), 2556; **1**, 484
4 The Merck Index, **12**, 4726; **13**, 4709
5 《化工百科全书》编辑委员会，化学工业出版社《化工百科全书》编辑部编. 化工百科全书. 第3卷，北京：化学工业出版社，1997

325. 2,5-己二醇

2,5-hexanediol

(1) 分子式　$C_6H_{14}O_2$。　　相对分子质量　118.18。

(2) 示性式或结构式

$$\underset{\text{OH}}{\text{CH}_3\text{CH}}\text{CH}_2\text{CH}_2\underset{\text{OH}}{\text{CH}}\text{CH}_3$$

(3) 外观　无色液体。

(4) 物理性质

沸点(101.3kPa)/℃	220.8	折射率(20℃)	1.4465
熔点/℃	−50	闪点/℃	101
相对密度(45℃/16℃)	0.9617		

(5) 溶解性能　能溶于水、乙醇、乙醚。

(6) 用途　溶剂、有机合成中间体。

(7) 使用注意事项　口服有毒。对眼睛、呼吸系统及皮肤有刺激性。

参 考 文 献

1 CAS 2935-44-6
2 EINECS 220-910-3
3 Beil., **1**, 485

326. 2-甲基-2,4-戊二醇

2-methyl-2,4-pentanediol [hexylene glycol, methyl amylene glycol]

(1) 分子式　$C_6H_{14}O_2$。　　相对分子质量　118.17。

(2) 示性式或结构式

$$\text{CH}_3\overset{\text{CH}_3}{\underset{\text{OH}}{\text{C}}}\text{CH}_2\underset{\text{OH}}{\text{CH}}\text{CH}_3$$

(3) 外观　无色透明液体，略有臭味。

(4) 物理性质

沸点(101.3kPa)/℃	197.1	折射率	1.4263
(6.67kPa)/℃	125	表面张力(20℃)/(mN/m)	27
(1.33kPa)/℃	94	闪点(开口)/℃	102
熔点(玻璃状)/℃	−50以下	蒸发热/(kJ/mol)	81.2
相对密度	0.9234	比热容(20℃,定压)/[kJ/(kg·K)]	1.84
黏度(100℃)/mPa·s	2.6	临界温度/℃	400
(20℃)/mPa·s	34.4	临界压力/MPa	3.43
(−1.1℃)/mPa·s	220	蒸气压(20℃)/kPa	0.0027
(−25.5℃)/mPa·s	4400	体膨胀系数/K^{-1}	0.00078

(5) 化学性质　和乙二醇相似，对碱稳定，加氢氧化钠煮沸也不发生分解。有酸存在时容易与醛发生缩合反应，生成 1,3-二噁烷的衍生物。

(6) 精制方法　用 1% 氢氧化钠溶解 2-甲基-2,4-戊二醇，140℃加热 1h 后，在 140℃以下进行减压蒸馏。

(7) 溶解性能　能与水，低级醇、醚、各种芳香烃、脂肪烃等混溶。溶解松香、达玛树脂、硝酸纤维素、天然树脂等。

(8) 用途　2-甲基-2,4-戊二醇有渗透性，对无机物有良好的分散能力。除作溶剂外，尚用于干洗剂、汽车刹车油、印刷油墨、颜料分散剂、木材防腐剂等。

(9) 使用注意事项　为可燃性液体。容易吸湿，对金属无腐蚀性，可用铁、软钢、铜或铝制容器贮存。属低毒类。长时间与皮肤接触有刺激作用，能经皮肤吸收。大量饮用时刺激中枢神经，引起呕吐、疲倦、昏睡、呼吸困难、肾脏充血和出血、肝脏的脂肪性病变、尿闭、支气管炎、肺炎以致死亡。大鼠经口 LD_{50} 为 4.76g/kg。嗅觉阈浓度小于 241.5mg/m^3，工作场所最高容许浓度为 125mg/m^3（美国）。

参考文献

1 CAS 107-41-5

2 EINECS 203-489-0

3 G. O. Curme and F. Johnston. Glycols, Van Nostrand Reinhold. 1952. 285

4 A. K. Doolittle. The Technology of Solvents and Plasticizers. Wiley. 1954. 673

5 C. Marsden. Solvents Manual. Cleaver-Hume. 1954. 224

6 Sadtler Standard IR Prism Spectra. No. 239

7 E. Stenhagen et al. Atlas of Mass Spectral Data. Vol. 1. Wiley. 1969. 464

8 Sadtler Standard NMR Spectra. No. 7315

9 N. I. Sax. Dangerous Properties of Industrial Materials. Van Nostrand Reinhold. 1957. 904

10 堀口博. 公害と毒・危険物. 有機編. 三共出版. 1972. 534

11 Beilstein. Handbuch der Organischen Chemie. H, 1-486, E Ⅳ, 1-2565

12 The Merck Index. **10**, 4607; **11**, 4631

327. 2-乙基-1,3-己二醇

2-ethyl-1,3-hexanediol [octylene glycol, ethohexadiol]

(1) 分子式　$C_8H_{18}O_2$。　　　相对分子质量　146.22。

(2) 示性式或结构式

$$\begin{array}{c} \qquad\quad C_2H_5 \\ \qquad\quad | \\ CH_3(CH_2)_2CHCHCH_2OH \\ | \qquad\quad \\ OH \qquad\quad \end{array}$$

(3) 外观　无色无臭液体。

(4) 物理性质

沸点(103.3kPa)/℃	243.2	黏度(20℃)/mPa・s	323
熔点/℃	−40	闪点(开口)/℃	127
相对密度(20℃/4℃)	0.9405	蒸发热/(kJ/kg)	395.2
折射率(20℃)	1.4511	蒸气压(20℃)/kPa	<0.0013

(5) 化学性质　含不对称碳原子，有旋光异构体，也具有一般二元醇的化学性质。

(6) 溶解性能　20℃时在水中溶解 4.2%；水在 2-乙基-1,3-己二醇中溶解 1.17%。

(7) 用途　蚊、蝇的有效驱虫剂。也用于化妆品、油墨和作溶剂使用。

(8) 使用注意事项　为可燃性液体。对金属无腐蚀性，可用铁、软钢、铜或铝制容器贮存。属低毒类。常温时蒸气压低，吸入蒸气造成中毒的可能性不大。大剂量吸入导致深麻醉。对皮肤和黏膜的刺激性也小，一般看成是无害药品。大鼠经口 LD_{50} 为 2.71 g/kg。豚鼠经口 LD_{50} 4.2mL/kg。

参 考 文 献

1 CAS 94-96-2
2 EINECS 202-377-9
3 J. A. Monick. Alcohols. Van Nostrand Reinhold. 1968. 353
4 C. Marsden. Solvents Guide. 2nd ed. Cleaver-Hume. 1963. 290
5 Sadtler Standard IR Prism Spectra. No. 4226
6 J. G. Grasselli. Atlas of Spectral Data and Physical Constants for Organic Compounds. CRC Press. 1973. B-590
7 M. Beroza et al. J. Econ. Entomol. 1966, 59: 376
8 The Merck Index. 7th ed. 431
9 H. F. Smyth, Jr. et al. A. M. A. Arch. Health. 1951, 4: 119

328. 频哪醇［2,3-二甲基-2,3-丁二醇］

pinacol［2,3-dimethyl-2,3-butanediol］

(1) 分子式　$C_6H_{14}O_2$。　　　　相对分子质量　118.18。

(2) 示性式或结构式　$HOC(CH_3)_2C(CH_3)_2OH$

(3) 外观　无色针状晶体。

(4) 物理性质

沸点(101.3kPa)/℃	174.4	密度(15℃/4℃,过冷液体)/(g/cm³)	0.967
熔点/℃	41.1	（六水合物）	

(5) 化学性质　能发生分子重排反应生成 3,3-二甲基-2-丁酮。

(6) 溶解性能　稍溶于冷水，溶于热水、醇、醚，微溶于二硫化碳。

(7) 使用注意事项　微毒类。具可燃性。

(8) 附表

表 2-3-126　含频哪醇的二元共沸混合物

第二组分	共沸点/℃	频哪醇/%	第二组分	共沸点/℃	频哪醇/%
苯甲醚	153.5		丙苯	156.3	28
2-辛酮	171.5	35	苄甲醚	163.5	28
异戊醇	167.2	40	邻甲酚	191.5	8

参 考 文 献

1 CAS 76-09-5
2 EINECS 200-933-5
3 Beilstein. Handbuch der Organischen Chemie. H, 1-487; E Ⅳ, 1-2575
4 The Merck Index. **10**, 7313; **11**, 7408

329. 1,2,6-己三醇

1,2,6-hexanetriol

(1) 分子式　$C_6H_{14}O_3$。　　　　相对分子质量　134.18。

(2) 示性式或结构式　$HOCH_2CHOH(CH_2)_3CH_2OH$；$\underset{OH}{CH_2}\underset{OH}{CH}(CH_2)_3\underset{OH}{CH_2}$

(3) 外观 无色黏稠状液体，－20℃以下为玻璃状固体。

(4) 物理性质

沸点(0.67kPa)/℃	178	折射率(20℃)	1.4766
(0.27kPa)/℃	165～167	黏度(20℃)/mPa·s	2584
熔点/℃	－20	闪点(开口)/℃	175
相对密度(20℃/4℃)	1.1030		

(5) 化学性质 具有一般脂肪族醇的化学性质，能发生酯化、醚化、缩醛化、卤化反应。

(6) 精制方法 由于脱水缩合或分解而使杂质混入，可在减压下蒸馏精制。

(7) 溶解性能 能与水、低级脂肪族醇、甘油混溶。溶解胺及铵盐，不与脂肪族烃或芳香族烃相混溶。

(8) 用途 很少作反应溶剂使用，常用作萃取溶剂，例如从含有烃类的油溶性醇中有效地进行选择性萃取。由于毒性小，可作木糖、阿拉伯糖、葡萄糖等糖类的溶剂。也用作直链淀粉、明胶、酪朊、玉米朊等的膨胀剂和聚氨酯树脂、醇酸树脂、增塑剂、润滑剂的原料。

(9) 使用注意事项 为可燃性液体。大鼠经口 LD_{50} 为 16mL/kg。大鼠皮肤用 25% 水溶液涂覆无影响，可以认为实际上没有毒性。沸点、闪点高，易于贮藏和运输。

参 考 文 献

1 CAS 106-69-4
2 EINECS 203-424-6
3 J. A. Monick. Alcohols. Van Nostrand Reinhold，1968. 402
4 H. Meister. Chem. Ber. 1965，98：2862
5 Shell Developments Co.，U. S. Pat.，2，768，219. 1956
6 Sadtler Standard IR Prism Spectra. No. 4664
7 Sadtler Standard NMR Spectra. No. 7324
8 H. F. Smyth，Jr. and C. P. Carpenter. Toxicol. Appl. Pharmacol. 1969，282

330. 季戊四醇

pentaerythritol [2,2-*bis*(hydroxymethyl)-1,3-propanediol]

(1) 分子式 $C_5H_{12}O_4$。 相对分子质量 136.15。

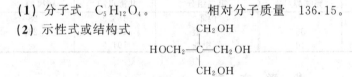

(2) 示性式或结构式

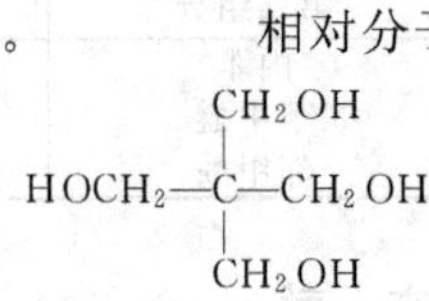

(3) 外观 白色粉末状晶体。

(4) 物理性质

沸点(4kPa)/℃	276	生成热/(kJ/kg)	948
熔点/℃	261～262	升华热/(kJ/kg)	131.5
密度/(g/cm³)	1.395	熔化热/(kJ/kg)	约 21
折射率(20℃)	1.548	蒸发热/(kJ/kg)	约 92
燃烧热/(kJ/kg)	2765	燃点/℃	约 370

(5) 化学性质 季戊四醇中的羟基能发生酯化、硝化、卤化、醚化及氧化等反应。与金属形成络合物。

(6) 溶解性能 见表 2-3-127。

(7) 用途 大量用于涂料工业生产醇酸树脂、合成高级润滑剂、增塑剂、表面活性剂以及医药、炸药等原料。

(8) 使用注意事项　属微毒类。大剂量经口可引起腹泻，未见皮肤刺激作用或炎症。粉尘对人体同样无害。

(9) 规格　GB/T 7815—2008　工业用季戊四醇

项　　目	98 级	95 级	90 级	86 级
外观	白色结晶			
季戊四醇[以 $C(CH_2OH)_4$ 计]①/%　　≥	98.5	95.0	90.0	86.0
羟基/%　　≥	48.5	47.5	47.0	46.0
干燥减量/%　　≤	0.20	0.50		
灼烧残渣/%　　≤	0.05	0.10		
邻苯二甲酸树脂着色度/(Fe、Co、Cu 标准比色液)号　　≤	1	2		4
终熔点/℃　　≥	250			

① 季戊四醇和季戊四醇状缩甲醛折算为 $C(CH_2OH)_4$ 计入。

(10) 附表

表 2-3-127　季戊四醇的蒸气压

温度/℃	蒸气压/kPa	温度/℃	蒸气压/kPa	温度/℃	蒸气压/kPa
290	1.10	410	62.15	530	956.81
300	1.67	420	84.93	540	1149.03
310	2.50	430	109.74	550	1374.98
320	3.68	440	140.64	560	1637.41
330	5.33	450	178.74	570	1942.40
340	7.60	460	225.45	580	2295.01
350	10.71	470	282.39	590	2701.32
360	14.88	480	351.29	600	3178.57
370	20.45	490	434.18	610	3702.42
380	27.75	500	531.55	620	4314.42
390	37.27	510	651.42		
400	49.52	520	791.15		

表 2-3-128　季戊四醇在各种溶剂中的溶解度

溶　剂	温　度/℃	溶解度/%	温　度/℃	溶解度/%
水	25	7.23	97	77.2
甲醇(100%)	25	0.75	50	2.1
甲醇(65%)	25	3.0	50	8.1
乙醇(100%)	25	0.33	50	1.0
乙醇(65%)	25	3.1	50	8.0
丁胺	25	16	78	16
二甲基亚砜	25	4.5	90	30
乙醇胺	25	16.5	100	44.5
乙二醇	25	1.0	100	12.9
甲酰胺	25	1.7	100	21.3
甘油	25	0.8	100	10.3
吡啶	25	1.1	100	5.7
四羟基糠醇	25	1.2	100	3.7
丙酮	56	<1.0		
乙酸戊酯	100	<1.0		
苯	80	<1.0		
四氯化碳	78	<1.0		
乙醚	34	<1.0		
二噁烷	100	<1.0		
糠醛	100	<1.0		
硝基苯	100	<1.0		

参 考 文 献

1 CAS 115-77-5
2 EINECS 204-104-9
3 Beilstein. Handbuch der Organischen Chemie. H，1-578，E Ⅳ，1-2812
4 The Merck Index. **10**，6973；**11**，7067
5 张海峰主编. 危险化学品安全技术大典：第1卷. 北京：中国石化出版社，2010

331. 山 梨 醇

sorbitol [D-glucitol]

(1) 分子式 $C_6H_{14}O_6$。 相对分子质量 182.17。

(2) 示性式或结构式

H_2COH
|
HCOH
|
HOCH
|
HCOH
|
HCOH
|
H_2COH

(3) 外观 无色、无臭、略带甜味，有吸湿性。

(4) 物理性质 有稳定态和亚稳定态两种结晶形态。熔点110～112℃（无水物）；92～93℃（亚稳态，一水合物）；96～97.7℃（稳定态，1/2水合物）。沸点295℃（466.627Pa）。密度1.489g/cm³。山梨醇水溶液略具旋光性，10%水溶液的 $[\alpha]_D^{25}=-1.995$。

(5) 化学性质 能参与酐化、酯化、醚化、氧化、还原和异构化等反应，并能与多种金属形成络合物。

(6) 溶解性能 易溶于水（2.56g/100g水，25℃）和热的甲醇，微溶于乙醇、乙酸和苯酚等，几乎不溶于高级醇、酮类和烃类等有机溶剂。

(7) 用途 食品添加剂、化妆品原料、有机合成原料、保湿剂、溶剂等。

(8) 使用注意事项 无毒、对人体无害，小鼠急性经口 LD_{50} 为23.2g/kg。

(9) 规格 GB 7658—2005 食品用山梨糖醇液

固形物/%	69.0～71.0	铅(Pb)/%	≤0.0001
山梨糖醇/%	≥50.0	重金属(以Pb计)/%	≤0.0005
pH值(样品：水=1：1)	5.0～7.5	氯化物(以Cl计)/%	≤0.001
相对密度(d_{20}^{20})	1.285～1.315	硫酸盐(以 SO_4 计)/%	≤0.005
还原糖(以葡萄糖计)/%	≤0.21	镍(Ni)/%	≤0.0002
总糖(以葡萄糖计)/%	≤8.0	灼烧残渣/%	≤0.10
砷(As)/%	≤0.0002		

注：砷（As）、铅（Pb）、重金属（以Pb计）为强制性要求。

(10) 附表

表 2-3-129 山梨醇溶液的相对密度和黏度

溶液浓度/%	5	10	25	50	60	70
相对密度(20℃/4℃)	1.014	1.038	1.099	1.198	1.249	1.299
黏度/(mPa·s)	1.230	1.429	2.689	11.09	35.73	185

参 考 文 献

1 CAS 50-70-4

2 EINECS 200-061-5
3 Beil., **1** (4), 2839
4 The Merck Index, **12**, 8873; **13**, 8797
5 《化工百科全书》编辑委员会，化学工业出版社《化工百科全书》编辑部编. 化工百科全书：第3卷，北京：化学工业出版社，1997

第四章　酚类溶剂

332. 苯酚［石炭酸］

phenol［carbolic acid，hydroxybenzene，phenic acid，phenylic acid phenyl hydroxide，oxybenzene］

(1) 分子式　C_6H_6O。　　　相对分子质量　94.11。

(2) 示性式或结构式

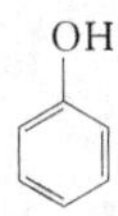

(3) 外观　无色针状晶体，有特殊气味。见光或空气逐渐变成淡红色。

(4) 物理性质

沸点[101.3kPa,99.96%(mol)]/℃	181.75	燃烧热/(kJ/kg)	3261
(101.3kPa)/℃	181.2	比热容(22.6℃,定压)/[kJ/(kg·K)]	1.42
(101.3kPa)/℃	181.6	介电常数(0℃)	2.84
相对密度/(41℃/4℃)	1.05760	(20℃)	2.92
(46℃/4℃)	1.05331	(30℃)	3.00
(70℃/4℃)	1.0325	(45℃)	11.06
熔点/℃	40.90	偶极矩/(10^{-30}C·m)	5.77
折射率(41℃)	1.54178	黏度(10℃)/mPa·s	20.10
(46℃)	1.53957	(20℃)/mPa·s	11.04
表面张力(50℃)/(mN/m)	37.77	(30℃)/mPa·s	7.09
(60℃)/(mN/m)	36.69	闪点(闭口)/℃	79.4
蒸发热(25℃)/(kJ/kg)	596.7	临界温度/℃	419
(b.p.)/(kJ/kg)	487.3	临界压力/MPa	6.13
熔化热(25℃)/(kJ/mol)	10.59	电导率/(S/m)	$1\sim3\times10^{-8}$

(5) 化学性质　苯酚有弱酸性（25℃，$K_a=1.3\times10^{-10}$），与碱作用生成盐。其大多数盐类是水溶性的，能被碳酸（$K_a=4.3\times10^{-7}$）所游离，利用此特性可以区分酚类和羧酸，工业上用来从复杂的煤焦油中分离苯酚。苯酚与氯化铁的水溶液或醇溶液作用。呈现蓝色或紫蓝色。大多数酚类在浓硫酸中加入亚硝酸钾都发生利伯曼（Liebermann）显色反应。

苯酚容易发生醚化或酯化反应，可以制得乙酸苯酯（$C_6H_5OOCCH_3$）、磷酸三苯酯［$(C_6H_5)_3PO_4$］、水杨酸苯酯（$C_6H_5OOC_6H_5OH$）、苯甲醚（$C_6H_5OCH_3$）、二苯醚（$C_6H_5OC_6H_5$）等。苯酚容易氧化，生成多羟基衍生物、联苯和二苯醚衍生物、醌类、草酸及树脂状物质。苯酚与锌一起蒸馏得到苯，催化加氢生成环己醇。

苯酚容易发生亲电取代反应。例如与溴水反应立即生成2,4,6-三溴苯酚，要得到一溴取代物必须用特殊的方法。与稀硝酸在常温即可发生硝化反应，生成邻硝基酚和对硝基酚的混合物。与浓硫酸在常温即可发生磺化反应，主要生成邻羟基苯磺酸，若在100℃下进行磺化，则主要产物为对羟基苯磺酸。苯酚也容易与醇或烯烃发生烷基化反应。与重氮盐发生偶合反应得到偶氮染料。

苯酚最主要的反应是与羰基化合物进行缩合，与甲醛水溶液反应生成酚醛树脂，与苯二甲酸酐反应生成酚酞。酚钠与二氧化碳反应生成水杨酸。

(6) 精制方法　苯酚所含杂质大部分是水。由于制法不同，所含杂质也不同。由苯磺酸碱熔法制得的苯酚，含有邻位或对位羟基联苯。氯苯水解制得的含有二苯醚。由煤焦油制得的含有萘等。精制时，通常采用精馏或在烷烃类溶剂中重结晶的方法精制。欲得纯度高的苯酚可用下列3

种方法。①将水蒸气通入含有1mol苯酚，1.5～2.0mol氢氧化钠和5L水的沸腾溶液中进行水蒸气蒸馏，直到所有的非酸性物质蒸去后，将剩余物冷却，用20% H_2SO_4 酸化，分出苯酚，无水硫酸钙干燥，减压蒸馏。再将馏出物熔融后分步结晶几次进行精制。②将苯酚的苯甲酸酯用95%乙醇重结晶，然后用两个当量的氢氧化钾醇水溶液水解，盐酸酸化后乙醚萃取。醚层再用饱和碳酸氢钠水溶液萃取除去苯甲酸，干燥后蒸去乙醚，蒸馏即得纯净的苯酚。③在苯酚中加入12%水，0.1%铝屑（也可用锌）和0.05%碳酸氢钠。常压下蒸馏至不再蒸出共沸混合物为止。再减压蒸馏出纯净的苯酚。

若苯酚中的杂质仅仅是水，可以加苯进行共沸蒸馏脱水，蒸去过剩的苯后，在氮气流下减压蒸馏即得苯酚。

(7) 溶解性能　能溶于乙醇、乙醚、乙酸、甘油、氯仿、二硫化碳和苯等，难溶于烷烃类溶剂。65.3℃以上能与水相混溶，65.3℃以下分层。

(8) 用途　广泛用于制造酚醛树脂、环氧树脂、锦纶纤维、增塑剂、显影剂、防腐剂、杀虫剂、杀菌剂、染料、医药、香料和炸药等。

(9) 使用注意事项　危险特性属第6.1类毒害品。危险货物编号：61067，UN编号：1671［固体］；2821［液体或溶液］；2312［熔融的］。无论气态或液态对金属都有腐蚀性，但对镍、铬钢腐蚀较小。苯酚属高毒类，对皮肤和黏膜有强烈的腐蚀性，又能经皮肤和黏膜吸收而造成中毒，开始出现刺激，局部麻醉，进而变为溃疡。低浓度能使蛋白质变性，高浓度能使蛋白质沉淀，故对各种细胞有直接损害。而且苯酚在体内分离后可造成肾脏损伤，从而引起继发性死亡。误服苯酚时强烈地刺激胃，引起腹部剧痛。与之接触之组织受到明显腐蚀。长期吸入苯酚蒸气时，可患苯酚虚脱症，开始感到头痛、咳嗽、倦怠、虚弱、食欲减退，后期出现不断咳嗽、皮肤痛痒、肾区有压迫感、胸部有沉重感、严重失眠、皮肤苍白、蛋白尿，最后因慢性肾炎而死亡。人口服苯酚的致死量约2～15g，纯苯酚的毒性更大。TJ 36—79规定车间空气中最高容许浓度为 $5mg/m^3$。大鼠经口 LD_{50} 为530mg/kg。

(10) 规格

① GB/T 339—2001　工业合成苯酚

指标名称		优等品	一等品	合格品
结晶点/℃	≥	40.6	40.5	40.2
溶解试验[(1∶20)吸光度]	≤	0.03	0.04	0.14
水分/%	≤	0.10		

② GB/T 6705—2008　焦化苯酚

项目			焦化苯酚			工业酚
			优等品	一等品	合格品	
外观			白色或略有颜色的结晶			
水分/%		≤	0.2	0.2	0.3	1.0
苯酚/%		≥	99.5	99.0	98.0	80.0
中性油	容量法(体积分数)/%	≤	0.05	0.1	0.1	0.5
	浊度法/号	≤	2	4	4	—
吡啶碱(质量/体积)/%		≤	—	—	—	0.3

(11) 附表

表 2-4-1　苯酚的蒸气压

温度/℃	蒸气压/kPa	温度/℃	蒸气压/kPa	温度/℃	蒸气压/kPa	温度/℃	蒸气压/kPa
5.4	0.007	44.6	0.13	93.8	4.00	141.1	28.53
7.8	0.009	62.5	0.67	99.8	5.33	152.6	42.26
11.4	0.013	73.5	1.33	104.7	6.67	168.3	68.66
14.7	0.018	80.6	2.00	113.81	10.11	173.6	80.13
28.6	0.064	85.8	2.67	125.95	16.50	181.0	98.66

表 2-4-2 苯酚的黏度

温度/℃	黏度/mPa·s	温度/℃	黏度/mPa·s
10	20.10	100.2	1.108
20	11.04	119.8	0.834
30	7.09	139.8	0.6426
40	4.74	150.0	0.5721
45	4.076	160.8	0.5091
60	2.578	174.7	0.4416
80.2	1.608	183.0	(0.406)

表 2-4-3 苯酚的介电常数

温度/℃	介电常数	温度/℃	介电常数
−200.0	2.54	20	2.92
−166.2	2.33	30	3.00
−137.3	2.60	40	3.27
−60	2.66	45	11.06
−20	2.75	48	9.68
0	2.84	60	9.78
10	2.90		

表 2-4-4 苯酚在水中的溶解度

温度/℃	溶解度/(g/100g 溶液)	温度/℃	溶解度/(g/100g 溶液)
−0.174	6.839	30	9.22
−0.534	2.803	35	9.91
0	7.005	57.3	14.87
20	8.36	62.7	19.35
25	8.66	66.0	29.13

表 2-4-5 含苯酚的二元共沸混合物

第二组分	共沸点/℃	苯酚/%	第二组分	共沸点/℃	苯酚/%
茚	173.2	45	伞花烃	约 170.5	37
1,3,5-三甲苯	163.5	21	莰烯	156.1	22
丙苯	158.0	约 4	α-萜二烯	169.0	40.5
1,2,4-三甲苯	166.0	25	α-蒎烯	152.75	19
丁苯	175.0	46	α-萜品烯	166.7	36
萜品烯	171.5	45	佛尔酮	198.6	18
萜品油烯	172.8	46	2,6-二甲基-4-庚酮	183.4	80
γ-萜品烯	172.25	40	葑酮	196.2	25
癸烷	168.0	35	反丁烯二酸二甲酯	194.85	23
2,7-甲基辛烷	159.5	6	草酸二乙酯	189.5	41
邻溴甲苯	174.35	40	2-乙氧基乙酸乙酯	184.9	72
间溴甲苯	175.7	43	乳酸异丙酯	184.8	73
对溴甲苯	176.2	44	乳酸丙酯	约 185	约 78
邻氯甲苯	159.0	3	乳酸异丁酯	189.05	约 46
对氯甲苯	161.5	约 12	乙酸苯酯	196.6	约 12
环己醇	183.0	87	乳酸异戊酯	约 203.5	12
乙二醇一丁醚	186.35	63	异戊酸丁酯	184.0	70
2-(2-乙氧乙氧基)乙醇	208.0	36	庚酸乙酯	190.0	12
2-甲基己醇	183.1	80	丁酸异戊酯	185.0	约 58
庚醇	185.0	72	异戊酸异丁酯	182.8	92
辛醇	195.4	13	乙二醇二乙酸酯	189.9	40
仲辛醇	184.5	50	频哪醇	185.5	71
苯甲醛	185.6	51	1,3-丁二醇甲醚乙酸酯	187.0	55
对甲基苯甲醚	177.02	约 3	苯胺	186.2	42
桉树脑	182.85	72	3-皮考啉	185.5	76
二戊醚	180.2	78	4-皮考啉	190	67.5
二异戊醚	172.2	15	苄腈	192.0	80
环己酮	184.5	72	苄胺	196.8	45
苯乙酮	202.0	7.8	2,6-二甲基吡啶	185.5	72.5
甲基庚基甲酮	184.6	67	N,N-二甲基邻甲苯胺	180.6	69.5
2-辛酮	184.5	68	碳酸二异丁酯	192.5	26

参考文献

1 CAS 108-95-2
2 EINECS 203-632-7
3 R. R. Dreisbach and R. A. Martin. Ind. Eng. Chem. 1949，41：2875
4 I. Mellan. Industrial Solvents. Van Nostrand Reinbold. 1950
5 Beckmann and Liesche. Z. Physik，Chem. Leipzig. 1915，89：111
6 Bridgman，Froc. Amer. Acad. Art. Sci. 1916，51：55
7 O. W. Howell. Proc. Roy. Soc. London，1932，137A：418
8 Deward and Fleming. Proc，Roy. Soc. 1897. 61：358
9 C. P. Smyth and C. S. Hitchcock. J. Amer. Chem. Soc. 1932，54：4631
10 Drude. Z. Physik. Chem. Leipzig. 1897. 23：267
11 C. P. Smyth and S. O. Morgan. J. Amer. Chem. Soc. 1927，49：1030
12 N. C. C. Li. J. Chem Phys. 1939，7：1068
13 J. Timinermans and M. Hennaut-Roland. J. Chim. Phys. 1937，34：639
14 R. R. Dreisbach. Advan. Chem. Ser. 1955，15：273
15 J. F. Eykman. Z. Physik. Chem. Leipzig. 1889，4：497
16 International Critical. Tables，Ⅵ-144
17 Sammia. J. Phys. Chem. 1906. 10：593
18 Sadtler Standard UV Spectra. No. 258
19 Sadtler Standard IR Prism Spectra. No. 843
20 E. Stenhagen et al. Atlas of Mass Spectral Data. Vol. 1. Wiley. 1969. 199
21 Sadtler Standard NMR Spectra. No. 3152
22 F. A. Patty. Industrial Hygine and Toxicology. Vol. 2. Wiley. 1949
23 Goldbium et al. Ind. Eng. Chem. 1947. 39：1474
24 Advances in Chemistry Series，No. 6，Azeotropic Data，167，Am. Chem. Soc.，1952
25 Beilstein. Handbuch der Organischen Chemie. H，6-110；E Ⅳ，6-531
26 The Merck Index. **10**，7115；**11**，7206
27 张海峰主编. 危险化学品安全技术大典：第1卷. 北京：中国石化出版社，2010

333. 甲　酚

cresol［methyl-phenols］

(1) 分子式　C_7H_8O。　　　　相对分子质量　108.13。

(2) 示性式或结构式

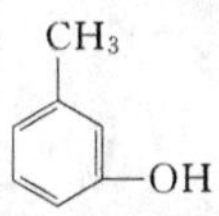

(3) 外观　无色或黄色液体，有苯酚气味。

(4) 性质　为邻甲酚、间甲酚和对甲酚三种异构体的混合物。化学性质和苯酚相似，有弱酸性，与氢氧化钠作用生成可溶性的钠盐，但不与碳酸钠作用。甲酚钠盐与硫酸二甲酯一类的烷基化剂反应，生成酚醚。与醛类反应得到合成树脂。催化加氢生成甲基环己醇。在温和条件下，甲酚即可进行硝化、卤化、烷基化和磺化反应。甲酚容易氧化，与光和空气接触颜色即变深，生成醌类及其他复杂的化合物。

甲酚的异构体中，对甲酚熔点最高，邻甲酚最易挥发。甲酚能与有机碱、有机酸、无机酸、离子等形成各种分子复合物。

(5) 精制方法　由合成法或煤焦油分馏法制得的甲酚，都可以通过蒸馏进行精制。各种异构体中邻甲酚可以蒸馏分离。对甲酚和间甲酚沸点接近，不能用蒸馏的方法分离，可以利用与醋酸钠、尿素、苯酚、吡啶、乌洛托品等形成加成物的方法分离。例如间甲酚与苯酚所形成的间甲酚-苯酚加成物的凝固点高于对甲酚-苯酚加成物的凝固点，可以离心分离，再分馏。此法可得到纯度在90%以上的间甲酚。还可以用烷基化的方法分离，用异丁烯作烷基化剂，两种烷基化产品的沸点相差较大，可以精馏分离，然后在酸催化下加热脱去异丁烯，再蒸馏得纯间甲酚。此法可得纯度在95%以上的间甲酚，且产量较高。此外，尚可利用二者的磺化产物在水蒸气蒸馏时水解速度不同加以分离。

(6) 溶解性能　微溶于水，能与乙醇、乙醚、苯、氯仿、乙二醇、甘油等混溶。

(7) 用途　用于酚醛树脂、电器绝缘漆、磷酸三甲酚酯的制造以及用作杀菌消毒液、杀虫剂、表面活性剂、水溶性木材防腐剂、浮选剂、润滑添加剂、磁漆溶剂、增塑剂及癸二酸生产中的溶剂等。

(8) 使用注意事项　危险特性属第6.1类毒害品。危险货物编号：61073。对金属有腐蚀性，可用镀镍钢、不锈钢或玻璃衬里容器密封阴凉处贮存。属低毒类。毒性和苯酚相似。吸入高浓度的甲酚蒸气时，引起全身疲倦、呕吐、失眠、痉挛，严重时产生虚脱甚至死亡。误饮时腐蚀内脏器官，引起剧烈腹痛，成人致死量为8g。长时期吸入低浓度的甲酚蒸气，会使消化器官和神经受损，引起下咽困难，唾液过多，下泻，食欲减退，头痛，眼花，精神不安定，慢性肾炎，苯酚尿等。甲酚和苯酚一样能使蛋白质变性，与皮肤接触时使皮肤受损，出现斑疹。经皮肤吸收也能引起中毒。工作场所最高容许浓度22.1mg/m³。三种异构体中邻甲酚毒性最大，间甲酚的毒性最小。大鼠经口 LD_{50} 邻甲酚为1.35g/kg、间甲酚为2.02g/kg、对甲酚为1.8g/kg。

(9) 规格　GB 2279—2008　焦化甲酚

项目	邻甲酚		间对甲酚		工业甲酚	
	优等品	一等品	优等品	一等品	优等品	一等品
外观	白色至浅黄褐色结晶		无色至透明褐色液体		无色至棕褐色透明液体	
密度(20℃)/(g/cm³)	—	—	1.030～1.040		1.030～1.040	
间甲酚含量/%	—	—	50	45	41	34
水分/%	0.3	0.5	0.3	0.5	1.0	1.0
甲酚类＋二甲酚类含量/%	—		—		60	
三甲酚类含量/%	—		—		5	
中性油试验(浊度法)/号	2	—	10		10	
苯酚含量/%	—	2.0	5		—	
邻甲酚含量/%	99.0	96.0	—		—	
2,6-二甲酚含量/%	—	2.0	—		—	

注：1. 邻甲酚液体状态时外观为无色或略有颜色的透明液体。

2. 甲酚类包括 C_7H_8O 全部异构体，二甲酚类包含 $C_8H_{10}O$ 全部异构体。

3. 三甲酚类包含 $C_9H_{12}O$ 全部异构体。

参考文献

1　CAS 1319-77-3

2　EINECS 215-293-2

3　The Merck Index. **10**, 2564; **11**, 2580

334. 邻甲酚

o-cresol [*o*-methylphenol]

(1) 分子式　C_7H_8O。　　　相对分子质量　108.13。

(2) 示性式或结构式

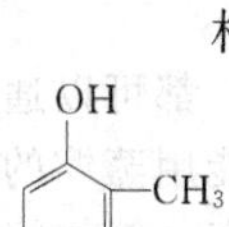

(3) 外观　白色晶体，有苯酚气味。

(4) 物理性质

沸点(101.3kPa)/℃	190.95	比热容(定压)/[kJ/(kg·K)]	2.09
熔点/℃	30.94	临界温度/℃	422
相对密度/(20℃/4℃)	1.0465	临界压力/MPa	5.00
折射率/(20℃)	1.5453	电导率(25℃)/(S/m)	0.127×10^{-8}
介电常数(25℃)	11.5	爆炸极限(下限)/%(体积)	1.35
偶极矩/(10^{-30}C·m)	4.70	UV 272.5nm 吸收	
黏度(20℃)/mPa·s	9.56	IR(参照图 2-4-1)	
表面张力(41℃)/(mN/m)	40.64	MS m/e(强度):108(100),107(75.4),	
闪点(闭口)/℃	81.1	77(32.1),79(31.8),51(25.8)	
燃点/℃	598.9	NMR $\delta\times10^{-6}$CH6.45~7.12(多重峰)	
蒸发热(b. p.)/(kJ/mol)	415.0	$CH_3$2.17(单峰)	
燃烧热/(kJ/mol)	3695.8	OH5.18(单峰)	

(5) 化学性质　参照甲酚。

(6) 精制方法　参照甲酚。也可以在其苯溶液中加入石油醚使之结晶。

(7) 溶解性能　参照甲酚。

(8) 使用注意事项　危险特性属第 6.1 类毒害品，危险货物编号：61073，UN 编号：2076，对皮肤、黏膜有强烈刺激作用和腐蚀作用。遇明火、高热或氧化剂能引起燃烧。大鼠经口 LD_{50} 121mg/kg。与甲酚毒性类似，参照甲酚。嗅觉阈浓度 7.956×10^{-4} mg/m³，工作场所最高容许浓度 22mg/m³（美国）。

(9) 附表

表 2-4-6　邻甲酚的蒸气压

温度/℃	蒸气压/kPa	温度/℃	蒸气压/kPa
50	0.25	120	9.88
60	0.47	130	14.59
70	0.83	140	21.08
80	1.53	150	29.72
90	2.59	160	41.10
100	4.21	170	56.16
110	6.56	180	75.58

表 2-4-7　邻甲酚的黏度

温度/℃	黏度/mPa·s	温度/℃	黏度/mPa·s
0	39.7	80	1.47
10	17.90	91.6	1.134
20	9.56	120	0.737
40	4.15	150	0.507
45	3.506	185	0.3528
53.4	2.705		

表 2-4-8　邻甲酚在水中的溶解度

温度/℃	溶解度/%	温度/℃	溶解度/%	温度/℃	溶解度/%	温度/℃	溶解度/%
25	2.2	155.35	10.93	86.7	4.0	169.25	35.51
46.2	2.9	164.6	19.81	121.0	6.9		

表 2-4-9　含邻甲酚的二元共沸混合物

第二组分	共沸点/℃	邻甲酚/%	第二组分	共沸点/℃	邻甲酚/%
茚	182.9	9	葑酮	199.6	43
α-萜二烯	175.35	25	乳酸异丁酯	193.3	69
α-萜品烯	172.0	16	苯甲酸甲酯	200.3	21
萜品烯	177.8	28	乙酸苯酯	198.5	36
萜品油烯	179.5	34	乳酸异戊酯	204.2	18
γ-萜品烯（百里烯）	176.6	73	戊酸乙酯	193.7	60
辛醇	196.9	38	丁酸异戊酯	191.6	约 83
α-辛醇	191.4	92	癸酸甲酯	195.8	33
异冰片基甲醚	189.7	68	异戊酸异戊酯	195.45	33
苯乙酮	203.75	26	*N*-甲基苯胺	196.7	约 10
甲基戊酮	191.9	85	*N*，*N*-二甲基邻甲苯胺	185.3	5
2-辛酮	192.05	76	二丁硫	183.8	29
佛尔酮	201.3	35	碳酸二异丁酯	194.5	49
樟脑	209.85	15			

（10）附图

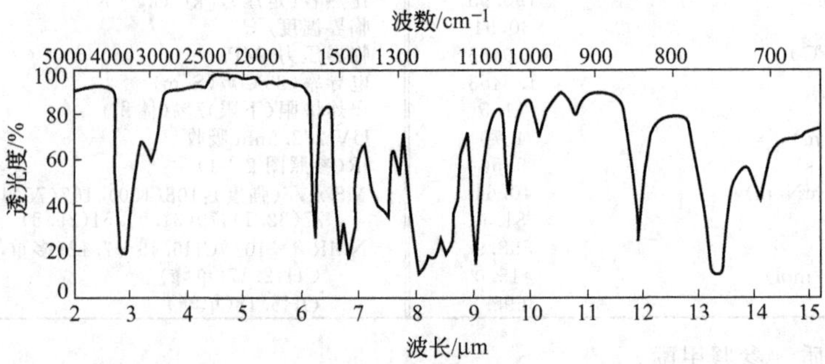

图 2-4-1　邻甲酚的红外光谱

参 考 文 献

1 CAS 95-48-7
2 EINECS 202-423-8
3 A. Weissberger. Organic Solvents. 2nd ed. Wiley. 112
4 Kirk Othemer. Encyclopedia of Chemical Technology. 1st ed. Vol. 4. Wiley. 600
5 有機合成化学協会．溶剤ポケットブック．オーム社．1977. 607
6 R. R. Dreisbach. Advan. Chem. Ser. 1955. 15；274
7 J. Timmermans. Physico Chemical Constants of Organic Compounds. Vol. 2. Elsevier. 1965. 298
8 Sadtler Standard UV. Spectra. No. 259
9 Sadtler Standard IR Prism Spectra. No. 844B
10 E. Stenhagen et al. Atlas of Mass Spectral Data. Vol. 1. Wiley. 1969. 335
11 Sadtler Standard NMR Spectra. No. 3153M
12 National Fire Codes. Vol. 1. 325M 45. National Fire Protection Assoc. 1966～1967
13 日本化学会．防灾指针．Ⅲ-7. 丸善．1971
14 International Critical Tables. Ⅲ 223
15 H. S. Booth and. H. E. Everson. Ind Eng. Chem. 1948，40：1491；Michels and Ten Haaf. Proc. Koninkl Nederland Akad. Wetenschap. 1927，30：52
16 L. H. Horsley. Advan. Chem. Ser. 1952，6：203
17 Beilstein. Handbuch der Organischen Chemie. H，6-349 E Ⅳ，6-1940
18 The Merck Index. **10**，2566；**11**，2580
19 张海峰主编．危险化学品安全技术大典：第 1 卷．北京：中国石化出版社，2010

335. 间 甲 酚

m-cresol [*m*-methylphenol]

（1）分子式　C_7H_8O。　　　　相对分子质量　108.13。

（2）示性式或结构式

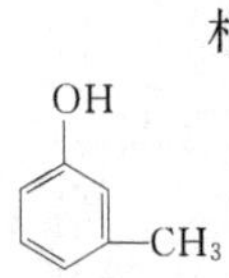

（3）外观　无色液体，有苯酚气味，与光或空气接触颜色变深。

（4）物理性质

沸点(101.3kPa)/℃	202.7	偶极矩/(10^{-30}C・m)	5.15
熔点/℃	11.95	黏度(20℃)/mPa・s	16.9
相对密度/(20℃/4℃)	1.0344	表面张力(30℃)/(mN/m)	36.54
折射率(20℃)	1.5438	闪点(闭口)/℃	86
介电常数(25℃)	11.8	燃点/℃	558.9

续表

蒸发热(b. p.)/(kJ/kg)	438.27	UV 273nm 吸收
熔化热/(kJ/mol)	9.37	IR 参照图 2-4-2
燃烧热/(kJ/mol)	3706.4	MS m/e(强度):108(100),107(94.2), 79(353),39(320),77(315)
比热容(0～20℃,定压)/[kJ/(kg·K)]	2.01	
临界温度/℃	426	NMR$\delta\times10^{-6}$ CH_3 2.18(单峰)
临界压力/MPa	4.80	OH6.51(单峰)
电导率/(S/m)	1.397×10^{-8}	2,4,6-CH 6.36～6.70(多重峰)
爆炸极限(下限)/%(体积)	1.06	5-CH6.94(单峰)

(5) 化学性质　参照甲酚。

(6) 精制方法　参照甲酚。

(7) 溶解性能　参照甲酚。

(8) 用途　液相色谱溶剂。

(9) 使用注意事项　危险特性属第 6.1 类毒害品。危险货物编号：61073，UN 编号：2076。毒性与甲酚类似，参照甲酚。大鼠经口为 LD_{50} 为 242mg/kg。嗅觉阈浓度 1.193mg/m^3，工作场所最高容许浓度 22mg/m^3（美国）。

(10) 附表

表 2-4-10　间甲酚的蒸气压

温度/℃	蒸气压/kPa	温度/℃	蒸气压/kPa	温度/℃	蒸气压/kPa	温度/℃	蒸气压/kPa
60	0.24	100	2.54	140	14.25	180	54.82
70	0.45	110	4.13	150	20.56	190	73.27
80	0.85	120	6.48	160	29.24		
90	1.51	130	9.66	170	40.36		

表 2-4-11　间甲酚的黏度

温度/℃	黏度/mPa·s	温度/℃	黏度/mPa·s	温度/℃	黏度/mPa·s	温度/℃	黏度/mPa·s
0	84.4	20	16.9	62	2.908	172	0.4490
10	34.6	30	9.807	102.3	1.197	192.3	0.3622
15	24.666	40	6.222	141.6	0.6383		

表 2-4-12　间甲酚在水中的溶解度

温度/℃	溶解度/%	温度/℃	溶解度/%	温度/℃	溶解度/%	温度/℃	溶解度/%
−0.2	2.24	47.0	2.66	92.2	4.5	140.4	14.0
24.7	2.36	78.7	3.6	121.7	10.8	148.7	29.7

表 2-4-13　含间甲酚的二元共沸混合物

第二组分	共沸点/℃	间甲酚/%	第二组分	共沸点/℃	间甲酚/%
萘	202.08	2.8	苯甲酸甲酯	204.6	63
辛醇	203.3	62	乙酸苯酯	204.4	70
香茅醇	211.0	30	乳酸异戊酯	207.6	50
苯乙酮	208.45	47.2	乙酸苄酯	215.5	12
苯丙酮	218.6	17	苯甲酸乙酯	212.75	约 9
佛尔酮	206.5	55	邻甲苯胺	203.65	61.5
樟脑	213.35	36.5	间甲苯胺	205.5	53
甲酸苄酯	207.1	46	对甲苯胺	204.3	62

(11) 附图

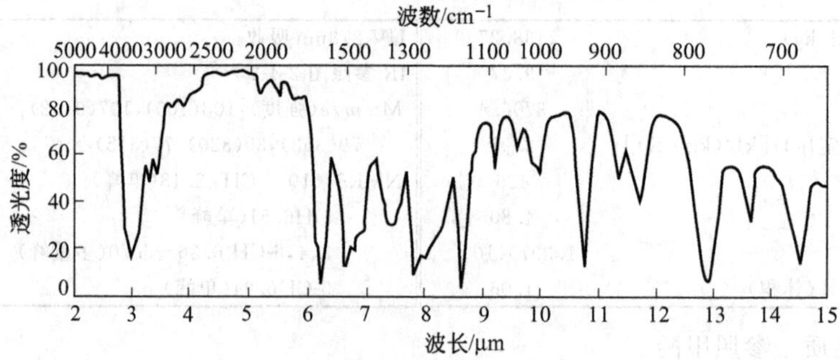

图 2-4-2　间甲酚的红外光谱

参　考　文　献

1 CAS 108-39-4
2 EINECS 203-577-9
3 A. Weissberger. Organic Solvents. 2nd ed. Wiley. 112
4 Kirk-Othmer. Encyclopedia of Chemical Technology. 1st ed. Vol，4. Wiley. 600
5 有機合成化学協会. 溶剤ポケットブック. オーム社. 1977. 607
6 R. R. Dreisbach. Advan. Chem. Ser. 1955，15：274
7 J. Timmermans. Physico Chemical Constants of Organic Compounds. Vol. 2. Elsevier. 1965. 298
8 H. S. Booth and H. E. Everson. Ind. Eng. Chem. 1948，40：1491 Michels and Ten Haaf. Proc. Koninkl Nederland Akad. Weterschap. 1927. 30：52
9 Sadtler Standard UV Spectra. No. 622
10 Sadtler Standard IR Prism Spectra. No. 2338
11 E. Stenhagen et al. Atlas of Mass Spectral Data. Vol. 1. Wiley. 1969. 335
12 Sadtler Standard NMR Spectra. No. 10804 M
13 National Fire Codes. Vol. 1. 325M 45. National Fire Protection Assoc. 1966～1967
14 日本化学会. 防灾指針. Ⅲ-7. 丸善. 1971
15 International Critical Tables. Ⅲ-223
16 L. H. Horsley. A dvan. Chem. Ser. 1952，6：203
17 Beilstein. Handbuch der Organischen Chemie. H，6-373；E Ⅳ，6-2035
18 The Merck Index. **10**，2566；**11**，2599
19 张海峰主编. 危险化学品安全技术大典：第 1 卷. 北京：中国石化出版社，2010

336. 对　甲　酚

p-cresol [*p*-methylphenol]

(1) 分子式　C_7H_8O。　　　　相对分子质量　108.13。

(2) 示性式或结构式

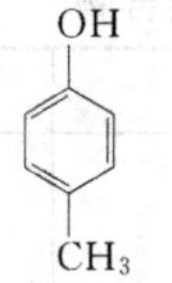

(3) 外观　白色固体，有苯酚气味，与光或空气接触颜色变深。

(4) 物理性质

沸点(101.3kPa)/℃	201.88	介电常数(58℃)	9.91
熔点/℃	34.78	偶极矩/(10^{-30}C·m)	5.15
相对密度/(20℃/4℃)	1.0347	黏度(20℃)/mPa·s	18.95
折射率(20℃)	1.5359	表面张力(20℃)/(mN/m)	38.88

续表

比热容(9～28℃)/[J/(kg·K)]	2.04	燃烧热/(kJ/mol)	3701.1
临界温度/℃	426	UV 279nm 吸收	
临界压力/MPa	4.66	IR 参照图 2-4-3	
电导热(25℃)/(S/m)	1.378×10^{-8}	MS m/e(强度)：107(100),107(99.4),77(17.7),28(14.5),79(13.9)	
爆炸极限(下限)/%(体积)	1.06		
闪点(闭口)/℃	86	NMRδ×10^{-6} CH_3 2.20(单峰)	
燃点/℃	558.9	OH6.45(单峰)	
蒸发热(b.p.)/(kJ/kg)	438.9	2,6-CH 6.69(单峰)	
熔化热/(kJ/mol)	12.27	3,5-CH(单峰)	

(5) 化学性质　参照甲酚。

(6) 精制方法　参照甲酚。

(7) 溶解性能　参照甲酚。

(8) 使用注意事项　危险特性属第 6.1 类毒害品。危险货物编号：61073，UN 编号：2076。毒性类似甲酚，大鼠经口 LD_{50} 为 207mg/kg。嗅觉阈浓度 0.884mg/m^3。工作场所最高容许浓度为 22mg/m^3。

(9) 附表

表 2-4-14　对甲酚的蒸气压

温度/℃	蒸气压/kPa	温度/℃	蒸气压/kPa
60	0.23	130	9.67
70	0.45	140	14.25
80	0.85	150	20.56
90	1.51	160	29.24
100	2.54	170	40.36
110	4.13	180	54.82
120	6.48	190	73.27

表 2-4-15　对甲酚的黏度

温度/℃	黏度/mPa·s	温度/℃	黏度/mPa·s
0	98.4	80	2.00
10	39.65	80.3	1.956
20	18.95	100.64	1.271
40	6.50	130	0.801
45	5.607	160	0.547
59.65	3.46	190	0.3971

表 2-4-16　对甲酚在水中的溶解性

温度/℃	溶解度/%	温度/℃	溶解度/%	温度/℃	溶解度/%	温度/℃	溶解度/%
25	2.1	105.0	5.4	127.9	9.2	142.6	32.1
82.1	3.74	118.5	6.9	138.0	16.4		

表 2-4-17　含对甲酚的二元共沸混合物

第二组分	共沸点/℃	对甲酚/%	第二组分	共沸点/℃	对甲酚/%
α-萜二烯	177.6	4	樟脑	213.5	30.5
γ-萜品烯	181.8	13	葑酮	205.5	72
萜品油烯	183	16	甲酸苄酯	207.0	42
1,3,5-三乙基苯	201.5	约 96	苯甲酸甲酯	204.35	40
冰片基氯	200.5	70	乙酸苯酯	204.3	68
辛醇	202.25	70	乳酸异戊酯	207.25	48
蒲勒酮	224.2	97	辛酸乙酯	209.5	25
冰片	213.6	约 10	1,3-丁二醇甲醚乙酸酯	203.3	82
苯乙酮	208.4	46.5	邻甲苯胺	203.5	57
苯丙酮	218.5	16.2	间甲苯胺	204.9	47
佛尔酮	206.0	55	对甲苯胺	204.05	57

(10) 附图

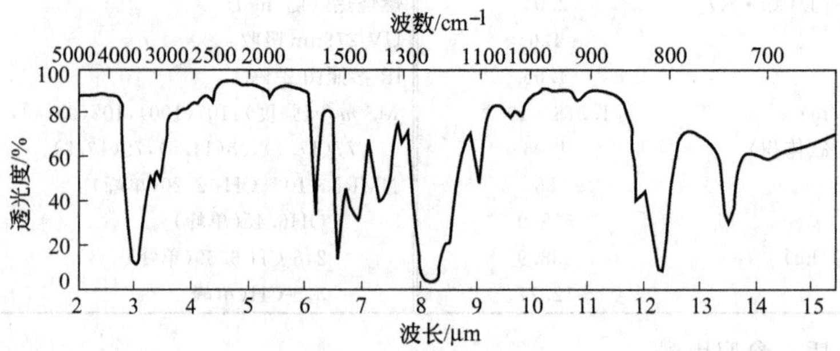

图 2-4-3 对甲酚的红外光谱

参 考 文 献

1 CAS 106-44-5
2 EINECS 203-398-6
3 A. Weissberger. Organic Solvents. 2nd. ed. Wiley. 112
4 Kirk Othmer. Encyclopedia of Chemical Technology. 1st ed. Vol. 4. Wiley. 600
5 有機合成化学協会. 溶剤ポケットブック. オーム社. 1967. 607
6 R. R. Dreisbach. Advan. Chem. Ser. 1955，15：274
7 J. Timmermans. Physico Chemical Constants of Organic Compounds Vol. 2. Elsevier. 1965. 298
8 H. S. Booth and H. E. Everson. Ind Eng. Chem. 1948，40：1491；Koninkl Nederland Akad. Wetenschap. 1927. 30：52
9 Sadtler Standard UV Spectra. No. 15
10 Sadtler Standard IR Prism Spectra. No. 33c
11 E. Stenhagen et al. Atlas of Mass Spectral Data. Vol. 1. Wiley. 1969. 335
12 Sadtler Standard NMR Spectra. No. 9491M
13 National Fire Codes. Vol. 1. 325M45. National Fire Prolection Assoc. 1966～1967
14 日本化学会. 防灾指針. Ⅲ-7. 丸善. 1971
15 International Critical. Tables Ⅲ-223
16 L. H. Horsley. Advan. Chem. Ser. 1952. 6：203
17 Beilstein. Handbuch der Organischen Chemie. H，6-389；E Ⅳ，6-2093
18 The Merck Index. **10**，2567，**11**，2581
19 张海峰主编. 危险化学品安全技术大典：第1卷. 北京：中国石化出版社，2010

337. 二 甲 酚

xylenols [dimethylphenols]

(1) 分子式 C_8H_9O。 相对分子质量 122.17。

(2) 示性式或结构式

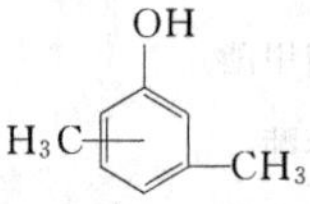

(3) 外观 白色晶体。

(4) 物理性质 混合二甲酚有 6 种异构体。

① 2,3-二甲酚的物理性质

沸点(101.3kPa)/℃	216.870±0.001	熔点/℃	72.57±0.02
(101.3kPa)/℃	218	/℃	75
(13.3kPa)/℃	150	相对密度(25℃/25℃,固体)	1.164±0.001
(2.67kPa)/℃	112	折射率(20℃)	1.5420

续表

偶极矩/(10^{-30}C·m)	4.17±0.02	燃烧热/(kJ/mol)	4338.91
蒸发热/(kJ/mol)	47.34±0.15	临界温度/℃	449.7
生成热/(kJ/mol)	241.45		

② 2,4-二甲酚的物理性质

沸点(101.3kPa)/℃	210.931±0.001	表面张力(40℃)/(mN/m)	31.23
(13.3kPa)/℃	143	(159℃)(mN/m)	20.55
(2.67kPa)/℃	105	熔点/℃	24.54±0.01
相对密度(25℃/25℃,液体)	1.01601	蒸发热/(kJ/mol)	47.18±0.15
(20℃/20℃)	1.02017	生成热/(kJ/mol)	229.0
(30℃/30℃)	1.01186	燃烧热/(kJ/mol)	4351.38
折射率(14℃)	1.5420	临界温度/℃	434.4
介电常数(60℃)	5.39	溶解度(25℃,水)/%	0.5
偶极矩/(10^{-30}C·m)	4.64±0.013		

③ 2,5-二甲酚的物理性质

沸点(101.3kPa)/℃	211.132±0.002	运动黏度(80℃)/(m^2/s)	0.0161×10^{-4}
(101.3kPa)/℃	210	(120℃)/(m^2/s)	0.00825×10^{-4}
(13.3kPa)/℃	143	(160℃)/(m^2/s)	0.00528×10^{-4}
(2.67kPa)/℃	105	表面张力(80℃)/(mN/m)	30.20
熔点/℃	74.85±0.02	(154℃)/(mN/m)	23.4
/℃	76	蒸发热/(kJ/mol)	46.97±0.15
相对密度(25℃/25℃,固体)	1.189±0.001	生成热/(kJ/mol)	246.85
(80℃/4℃)	0.9770	燃烧热/(kJ/mol)	4333.51
偶极矩(20℃)/(10^{-30}C·m)	4.77	临界温度/℃	449.9
(60℃)/(10^{-30}C·m)	5.07	溶解度(25℃,水)/%	0.25
/(10^{-30}C·m)	4.80±0.017		

④ 2,6-二甲酚的物理性质

沸点(101.3kPa)/℃	201.030±0.001	蒸发热/(kJ/mol)	44.55±0.18
熔点/℃	45.62±0.01	生成热/(kJ/mol)	237.60
/℃	48	燃烧热/(kJ/mol)	4342.76
相对密度(25℃/25℃,固体)	1.132±0.001	临界温度/℃	427.8
偶极矩/(10^{-30}C·m)	4.70±0.013		

⑤ 3,4-二甲酚的物理性质

沸点(101.3kPa)/℃	226.947±0.001	溶解度(25℃,水)/%	0.4
(101.3kPa)/℃	225	偶极矩/(10^{-30}C·m)	5.10±0.013
(13.33kPa)/℃	160	运动黏度(80℃)/(m^2/s)	0.0305×10^{-4}
(2.67kPa)/℃	122	(120℃)/(m^2/s)	0.01270×10^{-4}
熔点/℃	65.11±0.01	(160℃)/(m^2/s)	0.00737
	62	表面张力(75℃)/(mN/m)	29.02
相对密度(25℃/25℃,固体)	1.138±0.001	(157℃)/(mN/m)	21.50
(80℃/4℃)	0.983	蒸发热/(kJ/mol)	49.70±0.18
介电常数(16.8℃)	4.8	生成热/(kJ/mol)	242.54
临界温度/℃	456.7	燃烧热/(kJ/mol)	4337.82

⑥ 3,5-二甲酚的物理性质

沸点(101.325kPa)/℃	21.692±0.003	运动黏度(80℃)/(m^2/s)	0.0250×10^{-4}
(101.325kPa)/℃	219.5	(120℃)/(m^2/s)	0.01075×10^{-4}
(13.33kPa)/℃	155	(160℃)/(m^2/s)	0.00635×10^{-4}
(2.67kPa)/℃	117.5	表面张力(74℃)/(mN/m)	28.42
熔点/℃	63.27±0.02	(158℃)/(mN/m)	21.03
	66	蒸发热/(kJ/mol)	49.34±0.18
相对密度(25℃/25℃,固体)	1.115±0.003	生成热/(kJ/mol)	244.64
(80℃/4℃)	0.968	燃烧热/(kJ/mol)	4335.72
偶极矩/(10^{-30}C·m)	5.57	临界温度/℃	442.4
/(10^{-30}C·m)	5.10±0.02		

(5) 化学性质 参照苯酚和甲酚。

(6) 精制方法 二甲酚的精制方法有：钠盐水溶液玻璃纸渗析法；钠盐水溶液水蒸气蒸馏法；酸性催化剂（$AlCl_3$、BF_3 等）存在下，用芳香族溶剂处理后，再用活性铝处理法；5%$K_3Fe(CN)_6$ 水溶液处理法；浓硫酸热处理法等。各异构体的分离，可用精馏和结晶的方法，或利用与二异丁烯反应速度不同进行分离。

(7) 溶解性能 难溶于水，能与乙醇、氯仿、乙醚、苯等相混溶。能溶于氢氧化钠水溶液。

(8) 用途 主要用于制造酚醛树脂、增塑剂、染料、浮选剂、杀虫剂、杀菌剂、铸模黏合剂、木材防腐剂、抗氧化剂、润滑油添加剂等。

(9) 使用注意事项 危险特性属第6.1类毒害品。危险货物编号：61700，UN编号：2261。有腐蚀性、有毒。遇明火能燃烧。蒸气对眼及呼吸道黏膜有刺激作用，2,4-二甲酚能经皮肤吸收，大鼠 LD_{50} 为 1g/kg。

(10) 附表

表 2-4-18 3,5-二甲酚在水中的溶解性

温度/℃	3,5-二甲酚/%	温度/℃	3,5-二甲酚/%
28.8	0.62	78.8	1.41
37.8	0.82	89.7	1.60
52.0	1.00	94.7	1.80
64.8	1.17	98	2.01

参 考 文 献

1 CAS 1300-71-6；526-75-0；105-67-9；95-87-4；576-26-1；95-65-8；108-68-9

2 EINECS 202-461-5；202-439-5；203-321-6；203-606-5；208-395-3；209-400-1

3 R. J. L. Amdon. J. Chem. Soc. 1960. 5246

4 W. A. Pardell and W. Weinrich. Ind. Eng. Chem. 1944，36：595

5 W. Hückel and W. Rothkegel. Chem. Ber. 1948，81：71

6 Landolt Börnstein. 6th. ed. Vol. Ⅵ-6. Springer. 486

7 W. Suetaka and M. Sanesi. Ann. Chim. Rome. 1956，46：1133

8 D. Ambrose. Trans. Faraday. Soc. 1963，59：1988

9 J. Martimer and M. Kamlet. Organic Electronic Spectral Data. Vol. 4. Wiley. 1963，179

10 IRDC カード. No. 3822. 5867～5870，8279

11 E. Stenhagen et al. Atlas of Mass Spectral Data. Vol. 1. Wiley. 1969，507

12 Sadtler Standard NMR Spectra. No. 36，82，83，193，6016，6024

13 G. Baddeley. J. Chem. Soc. 1944，330

14 P. D. Lamson et al. J. Pharmacol. Exp. Therap. 1935，53：227

15 J. Martimer and M. Kamlet. Organic Electronic Spectral Data. Vol. 1. Wiley. 1960，211

16 K. L. Wolf and Weghofer. Z. Physik. Chem. Leipzig. 1938，39B：194

17 D. K. Dobrosserdow. Z. Russ. Fiz. Chim. Obsc. 1949，43：118，Chem. Zentr.，1911 Ⅰ，954

18 Megson. Trans. Faraday Soc. 1938，34：525

19 The Merck Index. **10**，9891；**11**，9989
20 张海峰主编. 危险化学品安全技术大典：第1卷. 北京：中国石化出版社，2010

338. 对叔丁基苯酚

p-tert-butylphenol

(1) 分子式 $C_{10}H_{14}O$。　　相对分子质量 150.22。

(2) 示性式或结构式

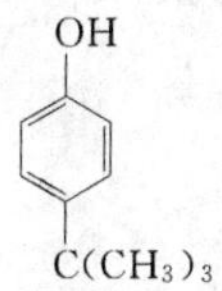

(3) 外观 白色结晶，具有轻微的苯酚臭味。

(4) 物理性质

沸点(101.3kPa)/℃	239.5
相对密度(80℃/4℃)	0.908
熔点/℃	101
折射率(114℃)	1.4787

(5) 溶解性能 溶于丙酮、苯、甲醇，微溶于水。

(6) 用途 溶剂、软化剂、染料及涂料的添加剂、有机合成中间体。

(7) 使用注意事项 对叔丁基苯酚的危险特性属第6类有毒品。危险货物编号：61701。有毒，对眼、皮肤、黏膜有刺激性，有烧伤危险。遇明火能燃烧，分解放出有毒气体。

参 考 文 献

1 CAS 98-54-4
2 EINECS 202-679-0
3 Beil.，**6**，524
4 张海峰主编. 危险化学品安全技术大典：第1卷. 北京：中国石化出版社，2010

339. 对苯基苯酚

p-phenylphenol

(1) 分子式 $C_{12}H_{10}O$。　　相对分子质量 170.21。

(2) 示性式或结构式

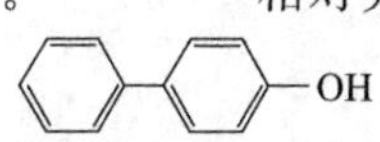

(3) 外观 白色针状或片状结晶。

(4) 物理性质

沸点(101.3kPa)/℃	308	闪点/℃	165
熔点/℃	166		

(5) 溶解性能 几乎不溶于水，溶于乙醇、乙醚、丙酮。溶于碱溶液。

(6) 用途 水溶性漆的增溶剂。

(7) 使用注意事项 对眼睛、呼吸系统及皮肤有刺激性。使用时应穿防护服。

参 考 文 献

1 CAS 92-69-3
2 EINECS 202-179-2

3 Beil., **6** (4), 4600
4 The Merck Index. **12**, 7459

340. 壬基苯酚

nonylphenol

(1) 分子式 $C_{15}H_{24}O$。 相对分子质量 220.36。

(2) 示性式或结构式

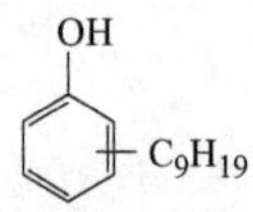

(3) 外观 浅黄色黏稠液体，略有苯酚气味。

(4) 物理性质 各种异构体的混合物，其中主要是对壬基苯酚。物理性质如表所示。

沸点(0.1MPa)/℃	298～303	相对密度(20℃/20℃)	0.950
熔点/℃	1	闪点/℃	140.5

(5) 溶解性能 不溶于水。略溶于石油醚。溶于丙酮、四氯化碳、乙醇和氯仿。

(6) 用途 溶剂、清洗剂、抗静电剂、发泡剂。

(7) 使用注意事项 口服有毒。具有腐蚀性，能引起烧伤。使用时应穿防护服。

参 考 文 献

1 CAS 25154-52-3;
2 EINECS 246-672-0
3 Beil., **6** (3), 2067
4 The Merck Index. **12**, 6775; **13**, 6715
5 《化工百科全书》编辑委员会，化学工业出版社《化工百科全书》编辑部编. 化工百科全书：第 16 卷，北京：化学工业出版社. 1997

341. 1,4-对苯二酚

1,4-benzenediol

(1) 分子式 $C_6H_6O_2$。 相对分子质量 110.11。

(2) 示性式或结构式

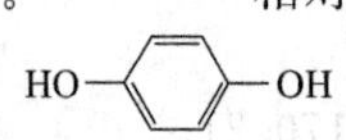

(3) 外观 无色或白色结晶。

(4) 物理性质

沸点(101.3kPa)/℃	285	临界压力/MPa	7.45
熔点/℃	170.5	临界温度/℃	549.9
相对密度(水=1)	1.33	闪点(闭环)/℃	165
相对蒸气密度(空气=1)	3.81	燃点/℃	516
燃烧热/(kJ/mol)	2849.8		

(5) 化学性质 可燃。粉体与空气可形成爆炸性混合物。接触空气能被氧化成醌。

(6) 溶解性能 溶于水，易溶于热水、乙醇、乙醚。难溶于苯。

(7) 用途 用作显像剂、合成氨助溶剂、涂料及香料的稳定剂。

(8) 使用注意事项 危险特性属第 6.1 类毒害品。危险货物编号：61725，CN 编号：2662。毒性比苯酚大，毒性表现与苯酚相似。可经呼吸道、胃肠道和皮肤吸收。大鼠经口 LD_{50} 320mg/kg。

(9) 规格　GB/T 23959—2009　工业用对苯二酚

项　　目		优等品	合格品
外观		白色或近白色固体	白色或浅色固体
对苯二酚/%		99.0～100.5	
邻苯二酚/%	≤	0.05	
终熔点/℃		171～175	
灼烧残渣/%	≤	0.10	0.30
重金属(以 Pb 计)/%	≤	0.002	—
铁(以 Fe 计)/%	≤	0.002	—
溶解性试验		通过试验	—

参　考　文　献

1　CAS 123-31-9
2　EINECS 204-617-8
3　张海峰主编. 危险化学品安全技术大典：第 1 卷. 北京：中国石化出版社，2010.

第五章　醚和缩醛类溶剂

342. 甲　　醚

methyl ether [dimethyl ether]

(1) 分子式　C_2H_6O。　　　相对分子质量　46.07。

(2) 示性式或结构式　CH_3OCH_3

(3) 外观　无色气体，有挥发性醚气味。

(4) 物理性质

沸点(101.3kPa)/℃	−24.9	熔融热/(kJ/kg)	107.3
熔点/℃	−141.5	生成热(气态)/(kJ/mol)	−185.5
相对密度(20℃/4℃)	0.661	燃烧热(气态)/(kJ/mol)	144.5
折射率(20℃)	1.3441	临界温度/℃	128.8
气体黏度(20℃)/mPa·s	85.1	临界压力/MPa	5.32
表面张力(气相)(−20℃)/(mN/m)	18	爆炸极限(下限)/%(体积)	3.45
闪点(开口)/℃	−41.4	(上限)/%(体积)	26.7
燃点/℃	350	蒸气压(20℃)/kPa	533.2
蒸发热(−24.8℃)/(kJ/mol)	467.4		

(5) 化学性质　甲醚具有甲基化反应性能。与一氧化碳反应生成乙酸或乙酸甲酯；与二氧化碳反应生成甲氧基乙酸；与氰化氢反应生成乙腈。可氯化成各种氯化衍生物。

(6) 溶解性能　溶于水及汽油、乙醇、乙醚、四氯化碳、氯苯、丙酮等有机溶剂。

(7) 用途　溶剂，制冷剂，萃取剂，烷基化剂等。

(8) 使用注意事项　甲醚的危险特性属第 2.1 类易燃气体。危险货物编号：21040，UN 编号：1033。吸入对中枢神经系统有抑制作用。吸入后可引起麻醉、窒息作用，麻醉作用比乙醚弱。对皮肤有刺激性。与空气混合能形成爆炸性混合物，在空气中允许浓度为 400mg/kg。

参　考　文　献

1　CAS 115-10-6
2　EINECS 204-065-8
3　Beilstein. Handbuch der Organischen Chemie. H，1-281；E Ⅳ，1-245
4　The Merck Index. **10**，5944；**11**，5990
5　张海峰主编. 危险化学品安全技术大典：第 1 卷. 北京：中国石化出版社，2010

343. 乙　　醚

ethyl ether [diethyl ether，ether，ethoxyethane，ethyl oxide]

(1) 分子式　$C_4H_{10}O$。　　　相对分子质量　74.12。

(2) 示性式或结构式　$CH_3CH_2OCH_2CH_3$

(3) 外观　无色透明易流动液体，有芳香刺激气味。

(4) 物理性质

沸点(101.3kPa)/℃	34.6	相对密度(0℃/4℃)	0.7364
(101.3kPa)/℃	34.48	(20℃/4℃)	0.7143
熔点(稳定型)/℃	−116.3	(10℃/4℃)	0.7249
(不稳定型)/℃	−123.3	(30℃/4℃)	0.7019

折射率(15℃)	1.3555	(120℃,定压)/[kJ/(kg·K)]	3.36
(20℃)	1.3527	(180℃,定压)/[kJ/(kg·K)]	4.36
(25℃)	1.3497	临界温度/℃	194.6
介电常数(26.9℃,85.8kHz)	4.197	临界压力/MPa	3.61
偶极矩/(10^{-30}C·m)	3.74,3.80	沸点上升常数	21.6
黏度(20℃)/mPa·s	0.2448	电导率(25℃)/(S/m)	3.7×10^{-13}
(25℃)/mPa·s	0.2230	爆炸极限(下限)/%(体积)	1.85
表面张力(mN/m)	16.96	(上限)/%(体积)	48.0
闪点(闭口)/℃	−45	体膨胀系数/K^{-1}	0.00164
燃点/℃	180～190	(0～100℃)	0.00215
蒸发热(30℃)/(kJ/mol)	26.02	蒸气相对密度(空气=1)	2.56
熔化热/(kJ/kg)	98.53	UV 215mm 透明界限	
生成热(25℃)/(kJ/kg)	−272.98	IR 12500～4000cm^{-1}(0.8～7.5 μm)	
燃烧热(20℃)/(kJ/kg)	2728.53	4000～400cm^{-1}(7.5～25 μm)	
比热容(0℃,定压)/[kJ/(kg·K)]	2.25	NMRδ3.36×10^{-6}	
(30℃,定压)/[kJ/(kg·K)]	2.30		

(5) 化学性质　乙醚的化学性质稳定，接近于饱和烃的性质，对碱、氧化剂、还原剂都相当稳定，常温下与金属钠不起反应。但强酸能使醚键断裂，例如浓的氢碘酸能定量地生成碘乙烷，因此，可用来定量测定化合物中乙氧基的含量。乙醚与无水硝酸或浓硫酸和浓硝酸的混合物反应会发生猛烈的爆炸。乙醚气相硝化生成硝基甲烷、硝基乙烷和2-硝基乙基乙醚($NO_2CH_2CH_2OC_2H_5$)。乙醚用无水铬酸、硝酸氧化生成乙酸。乙醚蒸气与空气一起通过加热至100℃的铜-铂黑粉时，生成乙醛和甲醛。在醚键上的氧原子的未被公用的电子对，故能接受强酸中的质子形成锌盐，因此，乙醚能溶于强酸中，锌盐只于低温下存在于强酸中，加水稀释又放出乙醚，乙醚还可以和三氟化硼、三氯化铝、Grignard试剂、氯化铍、溴化氢、四氯化钛以及锑、锌的卤化物形成加成产物。乙醚与卤素反应生成各种卤素衍生物。乙醚与空气接触时，逐渐生成有爆炸性的过氧化物。

(6) 精制方法　乙醚通常含有的杂质为水、乙醇、乙醛、丙酮、过氧化物等。过氧化物可用下法检验：将试管用乙醚洗净，加入10mL乙醚和1mL新配制的10%碘化钾溶液和0.5mL 1∶5的稀盐酸，摇动10min，放置1min，若醚层显棕色，证明有过氧化物存在。加1滴淀粉溶液，能提高检验的灵敏度，若有过氧化物存在则显蓝色。过氧化物可用硫酸亚铁、亚硫酸钠、亚硫酸氢钠、氯化亚铁、氯化亚锡等分解除去。碱也能慢慢分解过氧化物。例如在1000mL分液漏斗中加入500mL乙醚和50mL 10%的新配制的亚硫氢钠溶液或10mL硫酸亚铁溶液和100mL水充分振摇，静置分层，醚层中即不含过氧化物。然后用水洗涤，无水氯化钙干燥，过滤，加金属钠蒸馏精制。硫酸亚铁的配制方法是在100mL水中，加入6mL浓硫酸和60g硫酸亚铁溶液即得。

一般的精制方法是用氢氧化钠溶液、高锰酸钾溶液和水分别洗涤后干燥、过滤、蒸馏。欲得高纯度的乙醚，可在乙醚中加入1/10体积的10%亚硫酸氢钠振摇1小时。接着用含10%氢氧化钠的饱和食盐水溶液和含少量硫酸的饱和食盐水溶液各洗涤1次，最后用饱和食盐水溶液洗涤两次，干燥后在氮气流中精馏。用作干燥剂的有无水硫酸钠、氯化钙和金属钠等。五氧化二磷能同乙醚反应，不宜作干燥剂使用。

(7) 溶解性能　微溶于水。由于生成锌盐，易溶于盐酸。能与醇、醚、石油醚、苯、氯仿等大多数有机溶剂混溶。能溶解油脂、蜡、脂肪酸、松香、甘油三松香酸酯、达玛树脂、榄香油、油溶性酚醛树脂等，但不能溶解虫胶。

(8) 用途　可作油脂、树脂、蜡、橡胶、生物碱、有机金属化合物等的溶剂。与乙醇的混合物是硝酸纤维素的优良溶剂。液相色谱溶剂。此外，也用作有机合成溶剂、有机酸萃取剂和麻醉剂等。

(9) 使用注意事项　危险特性属第3.1类低闪点易燃液体。危险货物编号：31026，UN编号：1155。对金属无腐蚀性，可用软钢、铜或铝制容器贮存。由于沸点、闪点低，挥发性大，贮存时要避免日光直射，远离热源，注意通风，置阴凉处在25℃以下贮存。乙醚具有优良的绝缘性，在空气中振动或用丝绸过滤时因摩擦发生静电也有自然着火的危险。大量运输时要防止容器破损和冲击。并不得与火药、毒物、放射性物质、氧化性物质、有机过氧化物等混载。乙醚见光或久置空气中能形成有爆炸性的过氧化物。在贮存和使用前都应加以检查。蒸馏时不宜蒸干，以免未除尽的过氧化物发生爆炸。为了防止过氧化物的生成要加入抗氧剂。抗氧剂中最有效的是钠汞齐。将浸有碱性连苯三酚溶液的石棉放入乙醚中效果也很好。工业上用1-萘酚作抗氧剂。实验室中常将铁屑、铜丝、铜屑或固体氢氧化钾加入乙醚中，置棕色瓶内贮存。

乙醚对人有麻醉性，当吸入含乙醚3.5%（体积）的空气时，30～40分钟就可失去知觉。当乙醚的浓度达7%～10%（体积）时，能引起呼吸器官和循环器官的麻痹，最后致死。严重的急性中毒，呼气中带醚味，并出现呕吐、流涎、出汗、喷嚏、咳嗽、头痛、记忆力减退、无力、兴奋，并常并发肾炎、支气管炎、肺炎。长期吸入少量乙醚可造成慢性中毒，引起食欲减退、疲劳、衰弱、头痛、耳鸣、神经质、失眠、痉挛、震颤、精神失常、肾炎等。嗅觉阈浓度1mg/m^3。TJ 36—79规定车间空气中最高容许浓度为500mg/m^3。大鼠经口LD_{50}为3.56g/kg。家兔经皮LD_{50}为20mL/kg。

(10) 规格

GB 12591—2002 乙醚（试剂）

名称		分析纯	化学纯
含量/%	≥	99.5	98.5
色度/黑曾单位	≤	10	20
密度(20℃)/(g/mL)		0.713～0.715	0.713～0.717
蒸发残渣/%	≤	0.001	0.001
水分/%	≤	0.2	0.3
酸度(以H^+计)/(mmol/100g)	≤	0.02	0.05
甲醇(CH_3OH)/%	≤	0.02	0.05
乙醇(CH_3CH_2OH)/%	≤	0.3	0.5
羰基化合物(以CO计)/%	≤	0.001	0.002
过氧化物(以H_2O_2计)/%	≤	0.00003	0.0001
易炭化物质		合格	合格

(11) 附表

表 2-5-1 乙醚的蒸气压

温度/℃	蒸气压/kPa	温度/℃	蒸气压/kPa	温度/℃	蒸气压/kPa	温度/℃	蒸气压/kPa
−74.3	0.13	−38.5	2.67	−11.5	13.33	34.6	101.33
−56.9	0.67	−27.7	5.33	+2.2	26.66		
−48.1	1.33	−21.8	8.00	17.9	53.33		

表 2-5-2 乙醚-水的相互溶解度

温度/℃	乙醚/%	水/%	温度/℃	乙醚/%	水/%
−3.8～+3.5	①	②	70	3.10	2.00
40	4.55	1.50	80	2.75	2.17
50	4.04	1.60	90		2.33
60	3.60	1.72			

① $\%=11.60-0.2998t+0.003016t^2$。

② $\%=0.9828+0.01302t$。

表 2-5-3　无机盐在乙醚中的溶解度

溶　　质	温度/℃	溶解度/%	溶　　质	温度/℃	溶解度/%
氯化铜 $CuCl_2$	室温	0.0237	高氯酸镁 $Mg(ClO_4)_2$	25	0.097
氯化铜 $CuCl_2 \cdot 2H_2O$	室温	0.0265	高氯酸锂 $LiClO_4 \cdot 3H_2O$	25	0.0907
氯化钴 $CoCl_2 \cdot 6H_2O$	室温	0.091	高氯酸铷 $RbClO_4$	25	0.000
高氯酸铵 NH_4ClO_4	25	0.000	硝酸铀 $UO_2(NO_3)_2 \cdot 6H_2O$	12.5	0.89
高氯酸钾 $KClO_4$	25	0.000	硝酸银 $AgNO_3$	19	0.000
高氯酸钙 $Ca(ClO_4)_2$	25	0.137	溴化铵 NH_4Br	15	0.093
高氯酸锶 $Sr(ClO_4)_2$	25	0.000	溴化镉 $CdBr_2 \cdot 4H_2O$	15	0.086
高氯酸钠 $NaClO_4$	25	0.000	碘化镉 CdI_2	20	0.0507
高氯酸钡 $Ba(ClO_4)_2$	25	0.000	碘化汞 HgI_2	0	0.102

表 2-5-4　含乙醚的二元共沸混合物

第二组分	共沸点/℃	乙醚/%	第二组分	共沸点/℃	乙醚/%
2-甲基-1,3-丁二烯	33.2	48	二硫化碳	34.5	99.0
2-甲基-2-丁烯	34.2	85	氟化氢	74	40
庚烷	33.4	70	甲酸甲酯	28.25	44
2-甲基丁烷	37.15	88	水	34.15	98.7
二氯乙烷	40.8	70	戊烷	33.4	70
三氟化硼	125	52			

表 2-5-5　含乙醚的三元共沸混合物

第二组分	含量/%	第三组分	含量/%	共沸点/℃
甲酸甲酯	40	戊烷	52	20.4
水	1.6	二硫化碳	93.4	41.3

参　考　文　献

1　CAS 60-29-7
2　EINECS 200-467-2
3　C. Marsden. Solvents Guide. 2nd ed. Cleaver-Hume. 1963. 203
4　T. E. Jordan. Vapor Pressure of Organic Compounds. Wiley. 1954. 89
5　Kirk-Othmer. Encyclopedia of Chemical Technology. 2nd ed. Vol. 8. Wiley. 477
6　M. Wojciechowski. J. Res. Natl. Bur. Std. 1936，17：459
7　J. Timmermans et al. Compt. Rend. 1922，174：365
8　The Merck Index. 3th ed. 435；K. A. Kobe and R. E. Lynn. Jr.，Chem. Rev.，1952，52：117
9　J. Timmermans. J. Chem. Phys. 1928，25：411
10　C. P. Smyth and W. S. Walls. J. Amer. Chem. Soc. 1932，54：3235
11　H. A. Stuart. Z. Physik. Chem. Leipzig. 1928，51：490
12　I. Heilbron. Dictionary of Organic Compounds. 4th ed. Vol. 2. E&F. N. Spon. 1965. 106
13　J. R. Platt and H. B. Klevens. Rev. Mod. Phys. 1944，16：182
14　堀口博. 赤外線吸光図説総覧. 三共出版. 1973. 144
15　林通郎. 日化. 77，1956，77：1692，1804；1957，78：101. 222，536. 627
16　F. W. McLafferty. Anal. Chem. 1957，29：1782. 鹿又一郎. 日化. 1961，34：1596
17　J. N. Shoolery. Technical Information Bulletin. Varian Associates. 1956. 2：3
18　N. I. Sax. Dangerous Properties of Industrial Materials. 3rd ed. Van Nostrand Reinhold. 1968. 750
19　W. Dasler and C. D. Bauer. Ind. Eng. Chem. Anal. Ed. 1946，18：52
20　International Critical Tables. Ⅲ-388. Ⅳ-210
21　E. T. Hjermstad and C. C. Kesler (Penick & Ford Ltd). U. S. Pat.，2，773，057. 1956
22　L. H. Horsley. Advan. Chem. Ser. 1952，6：127
23　Beilstein. Handbuch der Organischen Chemie. E Ⅳ，1-134

24 The Merck Index. **10**, 3751; **11**, 3762
25 张海峰主编. 危险化学品安全技术大典: 第1卷. 北京: 中国石化出版社, 2010

344. 丙 醚

propyl ether [dipropyl ether, *n*-propyl ether]

(1) 分子式 $C_6H_{14}O$。 相对分子质量 102.17。

(2) 示性式或结构式 $CH_3CH_2CH_2OCH_2CH_2CH_3$

(3) 外观 无色液体，有特殊的醚的气味。

(4) 物理性质

沸点(101.3kPa)/℃	90.4	折射率(20℃)	1.3809
(101.3kPa)/℃	90.5	介电常数(26℃)	3.39
熔点/℃	−122	闪点/℃	−21.1
相对密度(0℃/0℃)	0.7661	IR C—O 1130cm^{-1}	
(20℃/4℃)	0.7360		

(5) 化学性质 与乙醚相似，在光和空气中氧的作用下，发生自氧化作用，形成有爆炸性的过氧化物。

(6) 精制方法 参照乙醚。

(7) 溶解性能 能与醇、醚混溶。25℃时在水中溶解0.25%；水在丙醚中溶解0.68%。

(8) 使用注意事项 危险特性属第3.1类低闪点易燃液体。危险货物编号：31027，UN编号：2384。对金属无腐蚀性，可用铁、软钢、铜或铝制容器贮存。由于露置于光和空气中能形成爆炸性的过氧化物，故应置暗处密封贮存。使用和贮存前应检查是否有过氧分物存在。丙醚的毒性稍大于乙醚，与1%浓度的蒸气接触1小时，即出现轻度中毒症状。丙醚的脱脂能力强，应避免与皮肤接触。

(9) 附表

表 2-5-6 丙醚的蒸气压

温度/℃	蒸气压/kPa	温度/℃	蒸气压/kPa	温度/℃	蒸气压/kPa
−43.3	0.13	+13.2	5.33	70.0	52.33
−22.3	0.67	21.6	7.99	90.4	101.33
−11.8	1.33	33.0	13.33		
0	2.67	50.4	26.66		

表 2-5-7 丙醚的二元共沸混合物

第二组分	共沸点/℃	丙醚/%	第二组分	共沸点/℃	丙醚/%
乙醇	74.5	56	异丁醇	89.5	88
异丙基碘	89.0	65	仲丁醇	87.4	78
异丙醇	77.9	55	乙酸异丙酯	<89.5	<50
丙醇	85.7	70	叔戊醇	88.8	80

表 2-5-8 丙醚的三元共沸混合物

第二组分	含量/%	第三组分	含量/%	共沸点/℃
水	11.7	丙醇	20.2	74.8

参 考 文 献

1 CAS 111-43-3
2 EINECS 203-869-6
3 A. I. Vogel. J. Chem. Soc. 1948, 616; Kirk-Othmer. Encyclopedia of Chemical Technology. 2nd ed. Vol. 8.

Wiley. 487
4 C. Marsden. Solvents Guide. 2nd ed. Cleaver-Hume. 1963. 228
5 A. Weissberger. Organic Solvents. 2nd ed. Wiley. 120
6 島内武彦．赤外線吸収スプクトル解析法．南江堂．1960. 81
7 N. I. Sax. Dangerous Properties of Industrial Materials. 3rd ed. Van Nostrand Reinhold. 1968. 1063
8 Beilstein. Handbuch der Organischen Chemie. H，1-354；E Ⅳ，1-1422
9 The Merck Index. **10**，7758；**11**，7870

345. 异丙醚

isopropyl ether [diisopropyl ether，2-isopropoxypropane]

(1) 分子式　$C_6H_{14}O$。　　相对分子质量　102.17。

(2) 示性式或结构式　$CH_3CH(CH_3)OCH(CH_3)CH_3$

```
CH3CHOCHCH3
   |    |
  CH3  CH3
```

(3) 外观　无色液体，有类似乙醚的气味。

(4) 物理性质

沸点(101.3kPa)/℃	68.47	黏度(20℃)/mPa·s	0.329
熔点/℃	−85.89	(25℃)/mPa·s	0.379
相对密度(20℃/20℃)	0.7244	闪点(开口)/℃	−9.4
(20℃/4℃)	0.7257	(闭口)/℃	−27.8
折射率(20℃)	1.3682	燃点/℃	443
介电常数(25℃,85.8kHz)	4.49	蒸发热/(kJ/kg)	28.55
偶极矩(20℃)/(10^{-30}C·m)	4.00	/(kJ/mol)	29.17
表面张力(25℃)/(mN/m)	19.4	生成热/(kJ/kg)	3520
熔化热/(kJ/kg)	107.96	临界温度/℃	228
/(kJ/mol)	11.03	临界压力/MPa	2.74
燃烧热/(kJ/mol)	3996.7	体膨胀系数/K^{-1}	0.00144
比热容(20℃,定压)/[kJ/(kg·K)]	2.20	蒸气相对密度(空气=1)	3.52
(30℃,定压)/[kJ/(kg·K)]	2.21	UV　200nm 以上透明	
爆炸极限(下限)/%(体积)	1.4	IR　C—O 1120cm^{-1}	
(上限)/%(体积)	21.0	C—C 1170cm^{-1}(8.55μm)	
(100℃,下限)/%(体积)	1.1	C—H 1380cm^{-1}(7.23μm)	
(100℃,上限)/%(体积)	4.5	1370cm^{-1}(7.28μm)	

(5) 化学性质　对碱稳定，氧化、氧化反应和一般醚类相同。氯化时得到双（2-氯异丙基）醚，在氟化氢作用下与苯发生烷基化反应，生成1,4-1,2,4-以及1,2,4,5-异丙基苯。高温高压下与五氧化二磷反应，得到磷酸三异丙酯。异丙醚能生成有爆炸性的过氧化物。异丙基过氧化物[$(i\text{-}C_3H_7)_2O\cdot O_2$]不稳定，能分解成丙酮和水。贮存中过氧化物分解生成的丙酮与过氧化氢反应，生成有高爆炸性的三丙酮过氧化物。因此，需加入对苯二酚、萘酚、多羟基酚或20%氢氧化钠溶液以抑制过氧化物的生成。

(6) 精制方法　参照乙醚。

(7) 溶解性能　能与醇、醚、苯、氯仿等多种有机溶剂混溶。是动植物油脂、矿物油、蜡和树脂的优良溶剂。与异丙醇的混合物能够很好地溶解纤维素酯。与醇、醚的混合物可溶解硝酸纤维素和乙基纤维素，但不溶解醋酸纤维素。20℃时在水中溶解0.94%；水在异丙醚中溶解0.55%。

(8) 用途　异丙醚比乙醚、丙酮的沸点高，挥发性低，对水的溶解能力小。因此，工业上比乙醚更易使用。除作油脂、蜡、矿物油、部分天然树脂、乙基纤维素等的溶剂外，尚用于乙酸或丁酸稀溶液的浓缩回收。与异丙醇的混合物用于油脂脱蜡和蜡的脱油。液相色谱溶剂。

(9) 使用注意事项　危险特性属第3.1类低闪点易燃液体。危险货物编号：31027，UN编号：1159。干燥时对金属无腐蚀性，可用铁、软钢、铜或铝制容器贮存。在光和空气作用下能生成具有爆炸性的过氧化物，贮存和使用前必须加以检验。属微毒类。毒性比乙醚稍大，主要生理效应是麻醉作用。工作场所最高容许浓度2085mg/m³。大鼠的致死浓度（空气中）为66720mg/m³，大鼠经口LD_{50}为8.47g/kg，家兔经皮LD_{50}为20mL/kg。

(10) 附表

表 2-5-9　异丙醚的蒸气压

温度/℃	蒸气压/kPa	温度/℃	蒸气压/kPa	温度/℃	蒸气压/kPa
-57.0	0.13	-4.8	5.33	30.3	26.66
-37.4	0.67	3.4	8.00	48.8	53.33
-27.4	1.33	13.8	13.33	68.4	101.33
-16.7	2.67	20.0	16.03		

表 2-5-10　含异丙醚的二元共沸混合物

第二组分	共沸点/℃	异丙醚/%	第二组分	共沸点/℃	异丙醚/%
水	62.2	95.5	异丙醇	66.2	83.7
2,2-二氯丙烷	74.0	40	丙酮	54.2	39
甲基环戊烷	<68.0	>80	1-丙硫醇	66.0	35
己烷	67.5	53	丙腈	<67.5	<96
氯仿	70.5	64			

参　考　文　献

1 CAS 108-20-3
2 EINECS 203-560-6
3 Kirk-Othmer. Encyclopedia of Chemical Technology. 2nd ed. Vol. 8. 487 Wiley；Beilstein. Handbuch der Organischen Chemie. EⅢ. 1-362
4 R. R. Dreisbach and R. A. Martin. Ind. Eng. Chem. 1949，41：2874
5 A. I. Vogel. J. Chem. Soc. 1948，616
6 A. Weissberger. Organic Solvents. 2nd ed. Wiley. 121
7 H. R. Fife and E. W. Reid. Ind. Eng. Chem. 1930，22：513
8 C. Marsden. Solovents Guide. 2nd ed. Cleaver-Hume，1963. 229
9 J. S. Parks et al. J. Amer. Chem. Soc. 1933. 55：2733
10 イソプロピルエーテルデータ．日本石油化学（株）.1969
11 Silwrstein，Bassler（荒木峻，益子洋一郎訳）有機化合物のスペクトルによる同定法．2版．東京化学同人.1969.183
12 島内武彦．赤外線吸収スペクトル解析法．南江堂.1960.81
13 F. F. Cleveland et al. J. Chem. Phys.. 1940，8：153
14 N. I. Sax. Dangerous Properties of Industrial Materials. 3rd ed. Van Nostrand Reinhold. 1968. 853
15 The Merck Index（8th ed.）. 590
16 L. H. Horsley. Advan. Chem. Ser. 1952，6：278
17 Beilstein. Handbuch der Organischen Chemie. H，1-362；EⅣ，1-1471
18 The Merck Index. **10**，5061；**11**，5100

346. 甲基丙基醚

methyl propyl ether

(1) 分子式　$C_4H_{10}O$。　　相对分子质量　74.12。

(2) 示性式或结构式　$CH_3OCH_2CH_2CH_3$

(3) 外观　无色液体。

(4) 物理性质

沸点(101.3kPa)/℃	39.1	折射率(25℃)	1.3579
相对密度(20℃/4℃)	0.7380	闪点/℃	<−20

(5) 溶解性能　易溶于水、乙醇、乙醚、丙酮。

(6) 用途　溶剂、麻醉剂。

(7) 使用注意事项　危险特性属第3.1类低闪点易燃液体。危险货物编号：31028，UN编号：2612。参照乙醚。

参考文献

1 CAS 557-17-5
2 EINECS 209-158-7
3 Beil., **1**, 354
4 The Merck Index. **13**, 6136

347. 甲基正丁基醚

n-butyl methyl ether

(1) 分子式　$C_5H_{12}O$。　　相对分子质量　88.15。

(2) 示性式或结构式　$CH_3CH_2CH_2CH_2OCH_3$

(3) 外观　无色液体。

(4) 物理性质

沸点(101.3kPa)/℃	70.3	折射率(20℃)	1.3776
熔点/℃	−115.5	闪点/℃	−10
相对密度(20℃/4℃)	0.7443		

(5) 溶解性能　能与乙醇、乙醚相混溶，不溶于水。

(6) 用途　溶剂、麻醉剂制备、有机合成中间体。

(7) 使用注意事项　危险特性属第3.2类中闪点易燃液体。危险货物编号：32083，UN编号：2350。高度易燃，能形成爆炸性过氧化物。使用时避免吸入本品蒸气。

参考文献

1 CAS 628-28-4
2 EINECS 211-033-7

348. 丁　醚

butyl ether [*n*-butyl ether，dibutyl ether]

(1) 分子式　$C_8H_{18}O$。　　相对分子质量　130.22。

(2) 示性式或结构式　$CH_3(CH_2)_3O(CH_2)_3CH_3$

(3) 外观　无色液体，微有乙醚气味。

(4) 物理性质

沸点(101.3kPa)/℃	142.4	介电常数(25℃)	3.06
熔点/℃	−95.37	偶极矩/(10^{-30}C·m)	4.07
相对密度(20℃/4℃)	0.7704	黏度(15℃)/mPa·s	0.741
(20℃/20℃)	0.7694	(30℃)/mPa·s	0.602
		表面张力(15℃)/(mN/m)	23.47
折射率(20℃)	1.39925	(20℃)/(mN/m)	22.90
(25℃)	1.39685	(30℃)/(mN/m)	21.99

续表

燃点/℃	194.4	爆炸极限(下限)/%(体积)	1.5
闪点(开口)/℃	37.8	(上限)/%(体积)	7.6
(闭口)/℃	25	体膨胀系数	0.00087
蒸发热/(kJ/kg)	375.1	蒸气相对密度(空气=1)	4.48
(kJ/mol)	34.45	IR C—O 1125cm^{-1}	
蒸气压(127.7℃)/kPa	76.06	C—O 1200cm^{-1}(液体)	
(29.7℃)/kPa	1.93		
(11.3℃)/kPa	1.00		

(5) 化学性质　具有醚的一般化学性质。氧化和硝化时醚键发生断裂。将丁醚与磷酸、五氧化二磷和碘化钾的混合物加热时，生成碘代丁烷。与四氯化钛一起加热生成氯化物。氯化时生成二氯代丁醚。丁醚也能形成过氧化物。

(6) 精制方法　参照乙醚。

(7) 溶解性能　能与醇、醚等多种有机溶剂混溶。能溶解油脂、树脂、橡胶、有机酸、酯、生物碱等。不能溶解醋酸纤维素、硝酸纤维素、苄基纤维素。但含有乙醇和丁醇的丁醚能溶解乙基纤维素。20℃时在水中溶解 0.03%；水在丁醚中溶解 0.19%。

(8) 用途　有机合成中用作溶剂，也用作有机酸、蜡、树脂等的萃取剂和精制剂。液相色谱溶剂。

(9) 使用注意事项　危险特性属第 3.3 类高闪点易燃液体。危险货物编号：33565，UN 编号：1149。对金属无腐蚀性，可用钢、铜或铝制容器贮存。贮存中容易产生具有爆炸性的过氧化物，因此要除去过氧化物后才能进行蒸馏。光照能促进过氧化物的生成，故应密封置阴凉处贮存。属低毒类。毒性较小，但应避免吸入蒸气。大鼠经口 LD_{50} 为 7.4g/kg，家兔经皮 LD_{50} 为 10.1mL/kg。

(10) 附表

表 2-5-11　含丁醚的二元共沸混合物

第二组分	共沸点/℃	丁醚/%	第二组分	共沸点/℃	丁醚/%
水	92.9	67	2-氯乙醇	123.0	56.8
1,1,2,2-四氯乙烷	148.0	30	糠醛	<138.5	<89
2,2-二氯乙醇	136.0	55	乙酰胺	<142.0	90
乙二醇	140.0	90	戊醇	134.0	48
丁醇	117.25	12	乙酸异戊酯	141.4	55

参考文献

1　CAS 142-96-1

2　EINECS 205-575-3

3　C. Marsden. Solvents Guide. 2nd ed. Cleaver-Hume，1963；176；Beilstein. Handbuch der Organischen Chemie. EⅢ. 1-401

4　Kirk-Othmer. Encyclopedia of Chemical Technology. 2nd ed. Vol. 8. Wiley. 491

5　R. R. Dreisbach et al. Ind Eng. Chem. 1949，41：2875

6　A. Weissberger. Organic Solvents. 2nd ed. Wiley. 122

7　N. C. C. Li. J. Chinese Chem. Soc.，1946，13：11；Chem. Abstr. 1947，41：3672

8　J. H. Mathews. J. Amer. Chem. Soc. 1931，53：3212

9　Union Carbide Chemicals Corp. Technical Bulletin 1960. F-4763G

10　島内武彦．赤外線吸収スペクトル解析法．南江堂．1960. 81

11　H. A. Ory. Anal. Chem. 1960，32：509

12　N. I. Sax. Dangerous Properties of Industrial Materials. 3rd ed. Van Nostrand Reinhold，1968. 506

13　Advances in Chemistry Series. Azeotropic Data，Am. Chem. Soc.，1952，6：297

14　Beilstein. Handbuch der Organischen Chemie. H，1-369；E Ⅳ，1-1510

15　The Merck Index. **10**，1541；**11**，1568

349. 戊 醚

amyl ether [diamyl ether]

(1) 分子式 $C_{10}H_{22}O$。 相对分子质量 158.28。

(2) 示性式或结构式 $CH_3(CH_2)_4O(CH_2)_4CH_3$

(3) 外观 无色至黄色液体。

(4) 物理性质

沸点(101.3kPa)/℃	186.8	黏度(20℃)/mPa·s	1.08
熔点/℃	−69.4	表面张力(20℃)/(mN/m)	24.76
密度(20℃)/(g/cm³)	0.7833	比热容(20℃)/[kJ/(kg·K)]	2.1318
(30℃)/(g/cm³)	0.7792	热导率(20℃)	0.1264
折射率(20℃)	1.4120	蒸气压(20℃)/kPa	0.10
(30℃)	1.4099	蒸气相对密度(空气=1)	5.46
介电常数(20℃)	约2.8	闪点(开杯)/℃	57

(5) 化学性质 具有脂肪族醚的一般化学性质。对酸碱稳定，与空气接触能形成过氧化物。

(6) 溶解性能 不溶于水，能与醇、醚、酯及丙酮等混溶。

(7) 用途 参见异戊醚。

(8) 使用注意事项 能由呼吸道、消化道及皮肤吸收，影响神经系统。对眼、皮肤等有刺激作用。可燃，注意防火，避光并与氧化剂隔离。

(9) 附表

表 2-5-12 戊醚的蒸气压

温度/℃	蒸气压/kPa	温度/℃	蒸气压/kPa
50	0.51	210	177.62
60	0.89	220	222.21
70	1.50	230	275.30
80	2.45	240	338.02
90	3.87	250	411.58
100	5.94	260	497.10
110	8.89	270	596.20
120	13.00	280	710.19
130	18.59	290	840.80
140	26.05	300	989.74
150	35.85	310	1159.16
160	48.49	320	1350.66
170	64.57	330	1567.49
180	84.76	340	1811.69
190	109.74	350	2087.29
200	140.44		

表 2-5-13 含戊醚的二元共沸混合物

第二组分	共沸点/℃	戊醚/%	第二组分	共沸点/℃	戊醚/%
水	98.4	35	苯甲醛	175.2	32
糠醛	<158.5	<17	二(2-氯乙基)醚	<176.5	>12
乙醇胺	<160.0	>50	苯胺	177.5	45
乙二醇	168.8	74	1,2-二乙酰氧基乙烷	<179.0	>40
2-丁氧基乙醇	169.0	33	2-辛醇	179.8	14

参 考 文 献

1 CAS 693-65-2

2 EINECS 211-756-8

3 Beilstein. Handbuch der Organischen Chemie. E Ⅰ, 1-193; E Ⅳ, 1-1643
4 The Merck Index. **10**, 637; **11**, 646

350. 异 戊 醚

isoamyl ether [diisoamyl ether]

(1) 分子式 $C_{10}H_{22}O$。 相对分子质量 158.28。

(2) 示性式或结构式 $CH_3CH(CH_3)CH_2CH_2OCH_2CH_2CH(CH_3)CH_3$

(3) 外观 无色液体。

(4) 物理性质

沸点(101.3kPa)/℃	173.4	蒸发热/(kJ/mol)	35.17
相对密度(20℃)	0.7777	比热容/[kJ/(kg·K)]	2.40
(28℃)	0.7713	蒸气压(18.6℃)/kPa	0.13
折射率(20℃)	1.40850	(57.0℃)/kPa	1.33
黏度(11℃)/mPa·s	1.40	(109.6℃)/kPa	13.33
表面张力(28.0℃)/(mN/m)	22.31	(129.0℃)/kPa	26.67
介电常数(20℃)	2.82	(150.3℃)/kPa	53.33

(5) 化学性质 具有脂肪族醚的一般化学性质。对酸、碱稳定，但与空气接触能发生自氧化作用，生成过氧化物。

(6) 精制方法 异戊醚含有水、过氧化物、双戊烯以及少量戊醚的异构体等杂质。可将异戊醚与10%碘化钾一起摇动，再与10%硫代硫酸钠摇动，除去生成的游离碘。水洗后一面冷却一面加入浓硫酸以除去不饱和烃。经无水硫酸钠干燥后蒸馏。也可以用金属钠或氯化钙作干燥剂。

(7) 溶解性能 不溶于水，能溶解甲醇、乙醚、乙酸乙酯、丙酮、烃类、油酸以及热的硬脂酸、热的石蜡等。异戊醚与低级脂肪醚不同，与乙醇的混合物不溶解硝酸纤维素，但与戊醚及20%乙醇的混合液能溶解乙基纤维素。

(8) 用途 用作油脂、生物碱的萃取剂，Grignard反应的溶剂。

(9) 附表

表 2-5-14 含异戊醚的二元共沸混合物

第二组分	共沸点/℃	异戊醚/%	第二组分	共沸点/℃	异戊醚/%
水	97.4	46	丙二酸二甲酯	171.5	<78
二氯甲烷	166.5	45	异戊酸	169.0	70
2,2-二氯乙醇	<145.5	<15	对二氯苯	172.4	63.5
1,3-二氯-2-丙醇	165.9	52	苯胺	169.55	72.0
乙二醇	162.8	81	乙酰乙酸乙酯	169.5	70
氯化乙酸	171.95	84	环已醇	158.8	22
乙酰胺	178.0	80	乙二醇-丁醚	164.95	46
2-氨基乙醇	<160.0	>50	甲基环已醇	166.2	40
糠醛	153.9	45	对甲基苯甲醚	172.5	70.5
草酸二甲酯	154.8	46	苯乙醚	169.2	35
二氯乙醚	169.35	61	乙酸已酯	171.2	20
丁酸	160.0	35	异戊酸异丁酯	170.95	10
糠醇	165.7	50			

(10) 使用注意事项 危险特性属第3.3类高闪点易燃液体。危规号：33566。吸入、口服或经皮肤吸收对身体有害。易燃，遇高热、明火有引起燃烧危险。

参 考 文 献

1 CAS 544-01-4

2 EINECS 208-857-4
3 D. R. Stully. Ind. Eng. Chem. 1947. 39: 517
4 A. I. Vogel. J. Chem. Soc. 1948, 616
5 A. Weissberger et al. Organic Solvents. 1955, 123
6 Advances in Chemistry Series No. 6. Azeotropic Data. Am. Chem. Soc. 1952. 305
7 C. Marsden. Solvents Guide. 2nd ed. Cleaver-Hume. 1963. 172～173

351. 己　醚

hexyl ether [dihexyl ether, *n*-hexyl ether]

(1) 分子式　$C_{12}H_{26}O$。　　　相对分子质量　186.33。

(2) 示性式或结构式　$CH_3(CH_2)_5O(CH_2)_5CH_3$

(3) 外观　无色液体，微有乙醚气味。

(4) 物理性质

沸点(101.3kPa)/℃	226.2	闪点(开口)/℃	76.7
(6.67kPa)/℃	136	燃点/℃	187.2
(1.33kPa)/℃	100	蒸气压(20℃)/kPa	0.0093
熔点/℃	-43	爆炸极限(下限)/%(体积)	0.6
相对密度(20℃/20℃)	0.7942	体膨胀系数(20℃)/K^{-1}	0.00096
(20℃/4℃)	0.7936	蒸气相对密度(空气=1)	6.4
折射率(20℃)	1.4183	IR C—O 1120cm^{-1}	
黏度(20℃)/mPa·s	1.68		

(5) 化学性质　在同族的醚中，己醚的化学性质比较稳定。在无水氯化锌催化下，与3,5-二硝基苯甲酰氯反应，生成3,5-二硝基苯甲酸己酯。

(6) 精制方法　分别用10%亚硫酸氢钠、10%氢氧化钠、饱和氯化钠溶液洗涤后，用氯化钙、金属钠等干燥，精馏。

(7) 溶解性能　能与多种有机溶剂混溶。20℃时在水中溶解0.01%；水在己醚中溶解0.12%。

(8) 用途　在化学反应中用作溶剂及消泡剂。

(9) 使用注意事项　属微毒类。

(10) 附表

表 2-5-15　含己醚的二元共沸混合物

第二组分	共沸点/℃	己醚/%
二甘醇	129.9(7.00kPa)	84.5
乙二醇	112.8(7.00kPa)	64.4

参 考 文 献

1 CAS 112-58-3
2 EINECS 203-987-8
3 C. Marsden. Solvents Guide. 2nd. ed. Cleaver-Hume, 1963. 210
4 Kirk-Othmer. Encyclopedia of Chemical Technology. 2nd ed. Vol. 8. Wiley. 493
5 Beilstein Handbuch der Organischen Chemie. EⅢ. 1-1656
6 島内武彦。赤外線吸収スペクトル解析法．南江堂．1960. 81
7 N. I. Sax. Dangerous Properties of Industrial Materials. 3rd ed. Van Nostrand Reinhold, 1968. 817
8 M. G. Zabetakis. U. S. Bur. Mines Bull. 1965, 627
9 Union Carbide Chemicals Corp. Technical Bulletin Glycols. 1962, 29; G. O. Curme and F. Johnston. Glycols. Van Nostrand Reinhold, 1952. 114

352. 乙基丁基醚

ethylbutyl ether

(1) 分子式　$C_6H_{14}O$。　　　相对分子质量　102.18。

(2) 示性式或结构式　$CH_3(CH_2)_3OCH_2CH_3$

(3) 外观　无色液体，略有醚味。

(4) 物理性质

沸点(101.3kPa)/℃	92.0	黏度(20℃)/mPa·s	0.421
熔点/℃	−103	表面张力(20℃)/(mN/m)	20.75
密度(20℃)/(g/cm³)	0.7495	蒸气相对密度(空气=1)	3.52
(25℃)/(g/cm³)	0.7448	蒸气压(20℃)/kPa	5.75
折射率(20℃)	1.3818	闪点(开杯)/℃	4
(25℃)	1.3798		

(5) 化学性质　具有脂肪族醚的一般化学性质。

(6) 溶解性能　能与醇、醚等多种有机溶剂混溶。20℃在水中溶解度为0.44%。

(7) 使用注意事项　危险特性属第3.2类中闪点易燃液体。危险货物编号：32085，UN编号：1179。蒸气与空气易形成爆炸性混合物。遇明火、高热会引起燃烧爆炸。有麻醉性，有毒或蒸气有毒。属低毒类。具有刺激性，大鼠经口LD_{50}为510mg/kg。其饱和蒸气5分钟后导致死亡。

(8) 附表

表 2-5-16　含乙基丁基醚的二元共沸混合物

第二组分	共沸点/℃	乙基丁基醚/%
甲醇	62.6	44
乙醇	73.8	50.7
水	76.6	87.9

参 考 文 献

1　CAS 628-81-9

2　EINECS 211-055-7

3　Beil., **1**, 369

353. 甲基叔丁基醚［2-甲基-2-甲氧基丙烷］

methyl *tert*-butyl ether［2-methyl-2-methoxypropane］

(1) 分子式　$C_5H_{12}O$。　　　相对分子质量　88.15。

(2) 示性式或结构式　$CH_3OC(CH_3)_3$

(3) 外观　无色透明液体，似樟脑气味。

(4) 物理性质

沸点(101.3kPa)/℃	55.3	蒸发热(沸点时)/(kJ/kg)	337
凝固点/℃	−108.6	生成热(25℃)/(kJ/mol)	−314
相对密度(20℃/4℃)	0.7407	闭点(闭口)/℃	−28
折射率(20℃)	1.3692	燃点/℃	460
黏度(20℃)/mPa·s	0.36	临界温度/℃	224
表面张力(20℃)/(mN/m)	1.94	临界压力/MPa	3.43
比热容(25℃)/[kJ/(kg·K)]	2.14	在空气中的爆炸极限/%(体积)	1.65～8.4

(5) 化学性质　在碱性、中性及弱酸性条件下，非常稳定。在强酸的作用下分解为甲醇和异丁烯，异丁烯反应生成异丁烯的低聚物。

(6) 溶解性能　在常温下与乙醇、乙醚、脂肪烃和芳香烃均能完全互溶，微溶于水。

(7) 用途　用作石蜡、香料、生物碱、树脂、天然及合成橡胶、脂肪物质的溶剂，高辛烷值汽油掺加组分。液相色谱溶剂。

(8) 使用注意事项　甲基叔丁基醚的危险特性属第 3.2 类中闪点易燃液体。危险货物编号：32084，UN 编号：2398。蒸气对眼睛、黏膜和上呼吸道有刺激作用，对皮肤有刺激性。易燃，其蒸气与空气混合能形成爆炸性混合物。遇明火、高热、氧化剂可引起燃烧爆炸危险。大鼠经口 LD_{50} 3030mg/kg。

(9) 附表

表 2-5-17　甲基叔丁基醚的蒸气压

温度/℃	蒸气压/kPa	温度/℃	蒸气压/kPa
10	17.4	50	85.59
20	26.8	70	157.45
30	40.6	90	264.51
40	60.5		

参 考 文 献

1　CAS 1634-04-4

2　EINECS 216-653-1

3　Beilstein. Handbuch der Organischen Chemie. H，1-381；E Ⅳ，1-1615

4　The Merck Index. 10，5908；**11**；5954；**12**，6111

5　张海峰主编. 危险化学品安全技术大典：第 1 卷. 北京：中国石化出版社，2010

354. 乙基叔丁基醚

tert-butyl etheyl ether [ethyl *tert* butyl ether]

(1) 分子式　$C_6H_{14}O$。　　相对分子质量　102.18。

(2) 示性式或结构式　$(CH_3)_3COCH_2CH_3$

(3) 外观　无色液体，有醚味。

(4) 物理性质

沸点(101.3kPa)/℃	73.1	折射率(20℃)	1.3760
熔点/℃	−97	蒸气压(25℃)/kPa	17.3
相对密度(20℃/4℃)	0.7404	表面张力(24℃)/(mN/m)	19.8

(5) 化学性质　与空气接触时易发生自氧化作用，生成过氧化物。

(6) 溶解性能　能与醇、醚等有机溶剂混溶。

(7) 用途　溶剂、汽油添加剂、抗震剂、胆固醇结石的直接溶解剂。

(8) 使用注意事项　参照乙基丁基醚。

参 考 文 献

1　CAS 637-92-3

2　EINECS 211-309-7

3　Beil.，**1**，381

4　The Merck Index，**12**，3821

355. 乙基乙烯基醚

ethyl vinyl ether [vinyl ethyl ether]

(1) 分子式　C_4H_8O。　　　相对分子质量　72.11。

(2) 示性式或结构式　$CH_2=CHOCH_2CH_3$

(3) 外观　无色液体。

(4) 物理性质

沸点(101.3kPa)/℃	35.72	燃点/℃	201.7
熔点/℃	−115.3	爆炸极限(下限)/%(体积)	1.7
相对密度(20℃/20℃)	0.7541	(上限)/%(体积)	28
折射率(20℃)	1.3754	体膨胀系数(55℃)/K^{-1}	0.00165
(25℃)	1.3739	(10～40℃)	0.00102
黏度(20℃)/(mPa·s)	0.22	蒸气相对密度(空气=1)	2.5
闪点/℃	<17.8	IR C—O $1205cm^{-1}$(CS_2)	
蒸气压(20℃)/kPa	56.80	C=C $1608cm^{-1}$,$1634cm^{-1}$(CCl_4)	
(−49.0℃)/kPa	1.33		

(5) 化学性质　对碱稳定。在无机酸作用下容易水解，生成乙醇和乙醛。在骨架镍催化作用下，常温加氢生成乙醚。低温与卤化氢加成得到α-卤代醚。受热、光、过氧化物作用能发生聚合反应。

(6) 精制方法　乙基乙烯基醚主要含有乙醇、乙醛、缩醛以及为防止水解而加入的三乙醇胺等杂质。精制方法是用水或稀氢氧化钾充分洗涤。过氧化物可用硫酸亚铁、亚硫酸钠、氯化亚锡等还原剂溶液洗涤，再用氢氧化钾、氯化钙干燥，加氢氧化钾或金属钠蒸馏精制。

(7) 溶解性能　能与丙酮、苯、乙醚、庚烷、甲醇、四氯化碳等多种有机溶剂混溶。20℃时在水中溶解0.9%；水在乙基乙烯基醚中溶解0.2%。

(8) 用途　用于柔软剂、黏结剂、涂料、皮革涂料、纺织品表面处理剂、合成橡胶改良剂以及制造磺胺嘧啶的中间体。

(9) 使用注意事项　危险特性属第3.1类低闪点易燃液体。危险货物编号：31029，UN编号：1302。在空气中放置虽不会很快形成过氧化物，但生成的过氧化物有爆炸性。为了抑制过氧化物的生成，可添加铜粉、1%的水、对苯二酚等。添加三乙醇胺可防止水解。闪点低，室温下容易生成爆炸性的混合气体，注意远离火源和热源。着火时用泡沫灭火剂、二氧化碳、干式化学灭火剂、四氯化碳灭火，用水无效。吸入为低毒类。经口与皮肤属微毒类。但麻醉性比乙醚强。避免吸入蒸气，注意通风。动物试验的急性毒性参照丁基乙烯基醚。

参 考 文 献

1 CAS 109-92-2
2 EINECS 203-718-4
3 C. D. Hurd and D. G. Botteron, J. Amer. Chem. Soc. 1946, 68: 1200; W. Reppe. Acetylene Chemistry. B 18852-s, C. A. Meyer & Co. 1949
4 Union Carbide Chemicals Corp. Product Bulletin. No, F-40800 A. 1965.
5 Kirk-Othmer. Encyclopedia of Chemical Technology. 2nd ed. Vol 21. Wiley. 412
6 D. A. Barr et al. J. Chem. Soc. 1954, 3766
7 W. H. T. Davison et al. J. Chem. Soc. 1953, 2607
8 N. I. Sax. Dangerous Properties of Industrial Materials, 3rd ed. Van Nostrand Reinhold, 1968. 1229

356. 丁基乙烯基醚

butyl vinyl ether [vinyl butyl ether]

(1) 分子式　$C_6H_{12}O$。　　　相对分子质量　100.16。

(2) 示性式或结构式　$CH_2=CHO(CH_2)_3CH_3$

(3) 外观　无色液体。

(4) 物理性质

沸点(101.3kPa)/℃	94.3	蒸气压(65.9℃)/kPa	40.00
熔点/℃	−112.7	(20℃)/kPa	5.60
相对密度(20℃/20℃)	0.7803	(−5℃)/kPa	1.33
折射率(20℃)	1.4017	体膨胀系数(55℃)/K^{-1}	0.00133
(25℃)	1.3997	(10～40℃)/K^{-1}	0.00100
黏度(20℃)/mPa·s	0.47	蒸气相对密度(空气=1)	3.45
表面张力(20℃)/(mN/m)	21.95	IR C—O $1200cm^{-1}(CS_2)$	
闭点(开口)/℃	−9.4	C=C $1632cm^{-1}$,$1610cm^{-1}(CCl_4)$	

(5) 化学性质　对碱稳定，酸中容易发生水解。丁基乙烯基醚中的双键，因受烷氧基的影响而活化，能与多种化合物发生加成作用，生成各种衍生物。与苯甲酰胺加成生成丁醇。丁烯乙烯基醚单独不发生均相聚合反应。在催化剂存在下首先与碱性化合物发生加成。在 Friedel-Crafts 型酸性催化剂如三氯化铝、三氟化硼存在下，可发生聚合反应。低温聚合时水是最大的阻聚剂。

(6) 精制方法　和乙基乙烯基醚相同。首先用溶解在二噁烷中的碘化钾检查醚中是否有过氧化物存在，然后再进行精制。

(7) 溶解性能　能与苯、乙醚、四氯化碳、已烷等有机溶剂混溶。20℃时在水中溶解0.30%；水在丁基乙烯基醚中溶解0.09%。

(8) 使用注意事项　危险特性属第3.2类中闪点易燃液体。危险货物编号：32087，UN编号：2352。属微毒类。注意事项参照乙基乙烯基醚。

(9) 附表

表 2-5-18　烷基乙烯基醚的毒性

项　目	乙基乙烯基醚	丁基乙烯基醚	异丁基乙烯基醚	2-氯乙基乙烯基醚
LD_{50}(大鼠,经口)	8.16g/kg	10.30g/kg	17.0mL/kg	0.21g/kg
LD_{50}(兔,经皮)	20mg/kg 死亡 25%	4.24mL/kg	20mL/kg	2.4g/kg
蒸气吸入浓度(大鼠)	261760mg/m^3, 4h,无死亡	32720mg/m^3, 4h,无死亡	32720mg/m^3, 4h,无死亡	2045mg/m^3, 4h,死亡 83%
初期皮肤刺激(兔)	无	轻度	无	无
对眼的伤害(兔)	轻度	轻度		轻度

参　考　文　献

1 CAS 111-34-2
2 EINECS 203-860-7
3 Union Carbide Chemicals Corp. Product Bulletin. No. F-40800A. 1965
4 Kirk-Othmer. Encyclopedia of Chemical Technology. 2nd ed. Vol. 21. Wiley. 412
5 堀口博，赤外線吸光図説総覧. 三共出版，1973. 144；三川幸夫. 日化. 1956，29：110
6 D. A. Barr. J. Chem. Soc. 1954. 3766
7 W. H. T. Davison et al. J. Chem. Soc. 1953. 2607
8 N. I. Sax. Dangerous Properties of Industrial Materials. 3rd ed. Van Nostrand Reinhold. 1968. 1227
9 Beilstein. Handbuch der Organischen Chemie. E Ⅳ，1-2052

357. 苯甲醚［茴香醚］

anisole［methyl phenyl ether，methoxybenzene］

(1) 分子式　C_7H_8O。　　　相对分子质量　108.13。

(2) 示性式或结构式

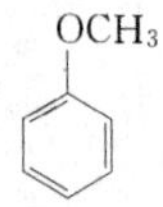

(3) 外观　无色透明液体，有芳香气味。

(4) 物理性质

沸点(101.3kPa)/℃	153.75	蒸发热/(kJ/mol)	36.85
熔点/℃	−37.3	沸点上升常数	45.02
相对密度(18℃/4℃)	0.9956	燃烧热(定压)/(kJ/kg)	3788.6
(20℃/4℃)	0.9954	(定容)/(kJ/kg)	3784
(45℃/4℃)	0.9701	比热容(31.6℃,定压)/[kJ/(kg·K)]	1.93
折射率(20℃)	1.51791	临界温度/℃	368.5
(25℃)	1.51430	临界压力/MPa	4.17～4.18
介电常数(25℃)	4.33	电导率(25℃)/(S/m)	1×10^{-13}
偶极矩(20℃)/(10^{-3}C·m)	4.00	蒸气压(55.8℃)/kPa	2.66
黏度(20℃)/mPa·s	1.20	蒸气相对密度(空气=1)	3.72
表面张力(15℃)/(mN/m)	36.18	IR　CH 2835cm^{-1} CH_3 1466cm^{-1},1441cm^{-1} C—O—C *asym*.1301cm^{-1},1290cm^{-1},1244cm^{-1} C—O—C *sym*1039cm^{-1}	
(30℃)/(mN/m)	34.15		
闪点(开口)/℃	51.7		
燃点/℃	475		

(5) 化学性质　和碱一起加热，醚键容易断裂。与碘化氢加热至130℃时，分解生成碘甲烷和苯酚。与三氯化铝和三溴化铝加热时，分解成卤代甲烷和酚盐。加热到380～400℃分解成苯酚和乙烯。将苯甲醚溶于冷的浓硫酸中，加入芳香族亚磺酸，则在芳环对位发生取代反应，生成亚砜，并呈现蓝色。此反应可用来检验芳香族亚磺酸（Smiles 试验）。

(6) 精制方法　苯甲醚中主要含有苯酚、醛、过氧化物等杂质。可先用等量的10%氢氧化钠洗涤，以除去苯酚。再用等量的水洗涤除去残留的氢氧化钠。醚层用氯化钙干燥后减压蒸馏。若含有醛类可用对硝基苯肼沉淀除去。过氧化物的检验和除去与乙醚相同。

(7) 溶解性能　不溶于水，能与醇、醚等多种有机溶剂混溶，溶解性与乙醚、丁醚类似，由于具有苯核，溶解能力比脂肪族醚强。

(8) 用途　除作溶剂使用外，广泛用于配制许多花香型香精，特别是栀子、紫丁香、葵花型香精。还用作啤酒的抗氧剂，乙烯聚合物紫外线稳定剂和肠内杀虫剂的原料。液相色谱溶剂。

(9) 使用注意事项　危险特性属第3.3类高闪点易燃液体。危险货物编号：33567，UN编号：2222。为可燃性液体。着火时可用泡沫灭火剂、二氧化碳灭火剂灭火，用水无效。属微毒类。避免吸入蒸气和与皮肤接触。大鼠皮下注射 LD_{50} 为4g/kg。

(10) 附表

表 2-5-19　含苯甲醚的二元共沸混合物

第二组分	共沸点/℃	苯甲醚/%	第二组分	共沸点/℃	苯甲醚/%
水	95.5	59.5	乙二醇	150.45	89.5
糠醇	153.3	90	2-氨基乙醇	145.75	74.5
三氯乙酸乙酯	149	<40	氨基甲酸乙酯	153.5	95
丙酸	141.17	87	异硫氰酸烯丙基酯	151.5	68
2-氯乙醇	128.55	2.5			

参 考 文 献

1　CAS 100-66-3

2　EINECS 202-876-1

3　R. R. Dreisbach and R. A. Martin. Ind. Eng. Chem. 1949, 41: 2875

4　N. I. Sax. Dangerous Properties of Industrial Materials. 3rd ed. Van Nostrand Reinhold. 1968. 426

5　The Merck Index. 8th ed. 86

6　Kirk-Othmer. Encyclopedia of Chemical Technology. 2nd ed. Vol. 10. Wiley. 166

7 A. Weissberger. Organic Solvents. 2nd ed. 128；3rd ed. 66，552，Wiley，C. P. Smyth and W. S. Walls. J. Amer. Chem. Soc. 1932，54：3235
8 A. I. Vogel. J. Chem. Soc. 1938. 1323
9 I. Heilbron. Dictionary of Organic Compounds. 4th ed. Vol. 1. E & F. N. Spon. 1965，248；R. J. Williams and M. A. Wood. J. Amer. Chem. Soc. 1937，59：1508
10 G. S. Bien et al. J. Amer. Chem. Soc. 1934，56：1860
11 F. Smith and L. M. Turton. J. Chem. Soc. 1951，1701
12 荒木峻，益子洋一郎. 有機化合物のスペクトルによゐ同定法. 2 版. 東京化学同人. 1969. 168
13 H. Tas Chamler et al. Monatsh. Chem. 1952，83：1502；A. R. Katritzky et al. J. Chem. Soc. 1959，2062
14 K. W. F. Kohlrausch. Chem. Abstr. 1947，41：6153
15 J. H. Beynon. Mass Spectrometry and Its Application to Organic Chemistry. Elsevier. 1960. 272
16 W. H. McFadden et al. Anal. Chem. 1964，63：1031
17 J. M. Wilson. Experimenta. 1960，16：403
18 R. I. Reed and J. M. Wilson. Chem. Ind. London. 1962，1428
19 Varian Associate NMR Spectra. No. 162；C. J. Pouchert and J. R. Campbell，The Aldrich Library of NMR Spectra. Vol. 4. Aldrich Chem. Co.，1974. 88
20 C. Heathcock. Can. J. Chem. 1962，40：1865
21 Advances in Chemistry Series No. 6，Azeotropic Data，Am. Chem. Soc. 1952. 289
22 Beilstein. Handbuch der Organischen Chemie. H，6-138；E Ⅳ，6-548
23 The Merck Index. **10**，691；**11**，699
24 张海峰主编. 危险化学品安全技术大典：第 1 卷. 北京：中国石化出版社，2010

358. 苯 乙 醚

phenetole［ethylphenyl ether，ethoxybenzene］

(1) 分子式 $C_8H_{10}O$。　　相对分子质量 122.16。

(2) 示性式或结构式

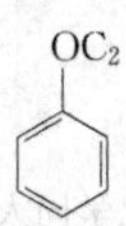

(3) 外观 无色油状液体，有芳香味。

(4) 物理性质

沸点(101.3kPa)/℃	172	蒸发热/(kJ/mol)	44.80
熔点/℃	−30.2	燃烧热(定压)/(kJ/kg)	4423.4
相对密度(0℃/4℃)	0.9852	比热容(20℃,定压)/[kJ/(mol·K)]	1.8672
(20.2℃/4℃)	0.9666	临界温度/℃	374.0
折射率(20℃)	1.50735	临界压力/MPa	3.42
(25℃)	1.50485	电导率(25℃)/(S/m)	$<1.7\times10^{-8}$
介电常数(20℃)	4.22	蒸气压(20℃)/kPa	0.17
偶极矩/(10^{-30}C·m)	3.33	(18.1℃)/kPa	0.13
黏度(25℃)/mPa·s	1.158	蒸气相对密度(空气＝1)	4.2
(45℃)/mPa·s	0.825	UV λ_{max}222nm,254nm,260nm,267nm(异辛烷),	
表面张力(22℃)/(N/m)	32.85	log ε_{max}3.88nm,3.12nm,3.28nm,3.25nm	
闪点(闭口)/℃	63	IR1300cm^{-1},1289cm^{-1},1239cm^{-1},1045cm^{-1}	

(5) 化学性质 与脂肪族醚相比，对胺类或碱的水溶液比较稳定，与醇钠一起加热只有20％发生分解。在吡啶中与钠或钾一起加热 90％以上转变成苯酚。对酸不稳定，特别是浓的氢碘酸和氢溴酸作用下醚键容易断裂，分解生成苯酚和碘乙烷或溴乙烷。在二硫化碳或硝基苯中与无水三氯化铝一起回流，在苯中与三溴化铝一起加热，与苯胺盐酸盐或吡啶盐酸盐一起加热并水解都生成卤代乙烷和苯酚。高温加热到 400℃时，生成苯酚和乙烯。

(6) 精制方法 用氢氧化钠水溶液洗去残存的苯酚后，再用水洗涤，氯化钙干燥，蒸馏。

(7) 溶解性能　不溶于水，能与醇、醚混溶。溶解能力和苯甲醚相似。

(8) 用途　用于有机合成、香料和检验芳香族亚磺酸。

(9) 使用注意事项　急性毒性很低，但有刺激性。对大鼠皮下注射最低致死量为4.0g/kg。

(10) 附表

表 2-5-20　苯乙醚的蒸气压

温度/℃	蒸气压/kPa	温度/℃	蒸气压/kPa	温度/℃	蒸气压/kPa	温度/℃	蒸气压/kPa
18.1	0.13	70.3	2.67	108.4	13.33	172.0	101.33
43.7	0.67	86.6	5.33	127.9	26.66		
56.4	1.33	95.4	8.00	149.8	53.33		

表 2-5-21　含苯乙醚的二元共沸混合物

第二组分	共沸点/℃	苯乙醚/%	第二组分	共沸点/℃	苯乙醚/%
水	97.3	41	乙酰胺	168.3	89.2
2-碘代乙醇	166.0	62	2-氨基乙醇	151.0	70
1,3-二氯-2-丙醇	168.8	63	氨基甲酸乙酯	166.2	78
乙酰乙酸乙酯	169.8	76	丁酸	162.35	35
乙二醇	161.45	81			

参　考　文　献

1　CAS 103-73-1

2　EINECS 203-139-7

3　I. Heilbron. Dictionary of Organic Compounds. 4th ed. Vol. 4. E & F. N. Spon. 1965. 2659

4　R. R. Dreisbach and R. A. Martin. Ind. Eng. Chem. 1949，41：2875

5　A. Weissberger. Organic Solvents. 2nd ed. Wiley. 129

6　A. I. Vogel. J. Chem. Soc. 1938，1323

7　G. S. Bien et al. J. Amer. Chem. Soc. 1934，56：1860

8　M. G. Zabetakis. U. S. Bur. Mines Bull. 1965，627

9　荒木峻，益子洋一郎. 有機化合物のスペクトルによる同定法. 3版. 東京化学同人. 1971. 35

10　A. R. Katrizky et al. J. Chem. Soc. 1959，2062

11　K. W. F. Kohlrausch. Chem. Abstr. 41，6153

12　J. M. Wilson. Experientia，1960，16：403，R. I. Reed and J. M. Wilson. Chem. Ind. London. 1962，1428

13　N. I. Sax. Dangerous Properties of Industrial Materials. 3rd ed. Van Nostrand Reinhold. 1968. 1013

14　Flash Point. The British Drug Houses Ltd. 1963

15　T. E. Jordan. Vapor Pressure of Organic Compounds. Wiley. 1954. 107

16　Advances in Chemistry Series No. 6. Azeotropic Data，Am. Chem. Soc. 1952. 294

17　Beilstein. Handbuch der Organischen Chemie. H，6-140；E Ⅳ，6-554

18　The Merck Index. **10**，7098；**11**，7189

359. 丁基苯基醚

butyl phenyl ether［*n*-butyl phenyl ether，butoxybenzene］

(1) 分子式　$C_{10}H_{14}O$。　　　相对分子质量　150.22。

(2) 示性式或结构式

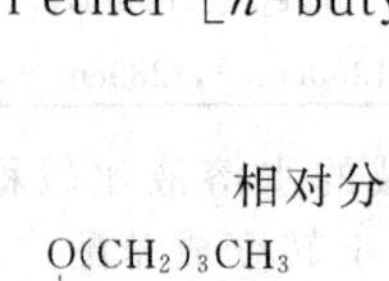

(3) 外观　无色液体，有特殊香味。

(4) 物理性质

沸点(101.3kPa)/℃	210.3	折射率(26℃)	1.5019
(101.3kPa)/℃	213.3	闪点(开口)/℃	82.2
相对密度(20℃/4℃)	0.929	蒸气相对密度(空气=1)	5.6
(26℃/4℃)	0.9547	IR C—O 1245cm^{-1}	

(5) 化学性质 对胺类或碱的水溶液比较稳定。但与氢氧化钠醇溶液一起加热时，分解成酚盐和丁醇。在硫酸、氢碘酸、三氯化铝或三溴化铝作用下，醚键发生断裂。与无水三氯化铝一起加热后用冷盐酸水解，生成邻丁基苯酚和对丁基苯酚。丁基苯基醚在空气中也能形成过氧化物。

(6) 精制方法 参照苯甲醚和苯乙醚。

(7) 溶解性能 不溶于水，能与醇、醚等有机溶剂混溶。

(8) 用途 用作香料和杀虫剂原料。

(9) 使用注意事项 为可燃性液体，着火时用泡沫灭火剂或二氧化碳灭火。

参 考 文 献

1 CAS 1126-79-0
2 EINECS 214-426-1
3 Beilstein. Handbuch der Organischen Chemie. E Ⅲ，4-4
4 J. Pinette. Ann. Chim. 1888，243：36
5 N. I. Sax. Dangerous Properties of Industrial Materials. 3rd ed. Van Nostrand Reinhold. 1968. 511
6 R. A. Smith. J. Amer. Chem. Soc. 1934，56：1419
7 F. Smith and I. M. Turton. J. Chem. Soc. 1951，1701
8 K. W. F. Koblrausch. Chem. Abstr. 1947，41，6153
9 Beilstein. Handbuch der Organischen Chemie. E Ⅳ，6-558

360. 戊基苯基醚

amyl phenyl ether

(1) 分子式 $C_{11}H_{16}O$。 相对分子质量 164.24。

(2) 示性式或结构式

戊基苯基醚 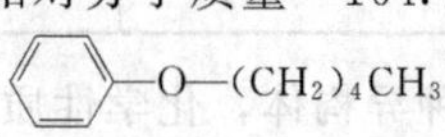

异戊基苯基醚 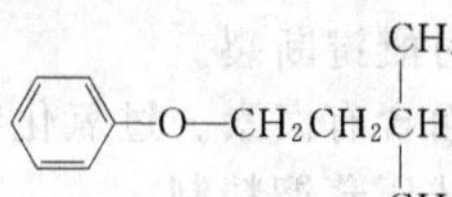

(3) 外观 无色液体，有芳香气味。

(4) 物理性质

戊基苯基醚		异戊基苯基醚	
沸点(101.3kPa)/℃	214	沸点(101.3kPa)/℃	224～225
(1.47kPa)/℃	111	(101.3kPa)/℃	215～220
相对密度(20℃/4℃)	0.920	相对密度(22.1℃/4℃)	0.9198
折射率(20℃)	1.4941～1.4950	折射率(22.1℃)	1.4876
闪点(开口)/℃	85	蒸气相对密度(空气=1)	5.7

(5) 化学性质 与其他烷基苯基醚相似，醚键比较牢固，在碱或稀酸作用下不易断裂。与碱金属加热至180℃以上时分解成酚盐与戊醇。在无水乙醇一类无水溶剂中与氢溴酸回流，或在硝基苯中与三氯化铝回流，都分解为卤代烷和苯酚。

(6) 精制方法 参照苯甲醚和苯乙醚。

(7) 溶解性能 不溶于水，能与醇、醚等有机溶剂混溶。能溶解油脂、蜡和树脂等。

(8) 用途 香料。

(9) 使用注意事项 为可燃性液体。着火时可用泡沫灭火剂和二氧化碳灭火。

参 考 文 献

1 N. I. Sax. Dangerous Properties of Industrial Materials. 3rd ed. Van Nostrand Reinhold. 1968. 421

2 E. Profft. Chem. Abstr. 53, 2222, 1959

3 Beilstein. Handbuch der Organischen Chemie. E Ⅲ. 6-82, 6-143

4 A. Hantzsch and R. Vock. Chem. Ber. 1903, 36: 2062

361. 甲氧基甲苯

methoxytoluene [cresyl methyl ether, methylanisole, methyl tolyl ether]

(1) 分子式 $C_8H_{10}O$。　　　相对分子质量 122.17。

(2) 示性式或结构式

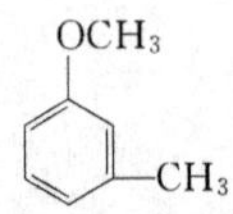

(3) 外观 无色液体，微有乙醚气味。

(4) 物理性质

项　　目	邻甲氧基甲苯	间甲氧基甲苯	对甲氧基甲苯
沸点(101.3kPa)/℃	171.8	176.5	176.7
			176.5
熔点/℃	−34.10	−55.92	−32.05
相对密度(20℃/4℃)	0.9798	0.9716	0.9702
折射率(20℃)	1.5178	1.5137	1.5123
IR	CH_3 2850cm^{-1},1467cm^{-1},1436cm^{-1} *asym* 290cm^{-1},1260cm^{-1} *sym* 1054cm^{-1},1042cm^{-1}		
NMR			δ3.75×10^{-6}(CCl_4,TMS基准)
UV			λ_{max}277nm,285.5nm ε_{max}2190nm,1786nm

(5) 化学性质 甲氧基甲苯有三种异构体，化学性质与苯甲醚相似。对弱酸不发生分解，与三氯化铝、三溴化铝、氯化锑作用时醚键断裂。

(6) 精制方法 根据制法不同而含有卤素、过氧化物等杂质。一般在液态氨中用钠处理后进行共沸蒸馏，馏出的共沸混合物再减压蒸馏精制。

(7) 溶解性能 不溶于水，能与醇、醚等多种有机溶剂混溶。

(8) 用途 香料原料。

(9) 使用注意事项 为可燃性液体。不挥发。着火时可用泡沫灭火剂或二氧化碳灭火。毒性同其他烷基苯基醚相似。

(10) 附表

表 2-5-22 含对甲氧基甲苯的二元共沸混合物

第二组分	共沸点/℃	对甲氧基甲苯/%	第二组分	共沸点/℃	对甲氧基甲苯/%
邻二氯苯	179.6	95	糠醛	161.35	11
1,3-二氯-2-丙醇	173.1	41	异戊酸丁酯	176.4	58
2,3-二氯-1-丙醇	175.5	68	丙二酸二甲酯	<174.8	40
仲辛醇	176.3	79	乙二醇	166.6	77.2
2-甲基环己醇	167.5	29	苯酚	177.02	>97
桉树脑	175.35	35	乙酰胺	174.2	89
二异戊醚	172.5	29.5	氨基甲酸乙酯	154.5	63

参 考 文 献

1 CAS 104-93-8
2 EINECS 203-253-7
3 W. T. Olson et al. J. Amer. Chem. Soc. 1945, 69：823
4 Kirk-Othmer. Encyclopedia of Chemical Technology. 2nd ed. Vol. 15. Wiley. 166
5 H. Taschamler et al. Monatsh. Chem. 1952, 83：1502
6 Varian Associate NMR Spectra. No. 205
7 荒木峻，益子洋一郎. 有機化合物のスペクトルによる同定法. 2版. 東京化学同人. 1969. 169
8 Advances in Chemistry Series No. 6. Azeotropic Data，Am. Chem. Soc. 1952. 294

362. 苄基甲基醚

benzyl methyl ether

(1) 分子式　$C_8H_{10}O$。　　相对分子质量　122.17。

(2) 示性式或结构式

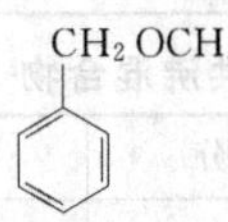

(3) 外观　无色液体。

(4) 物理性质

沸点(101.3kPa)/℃	174	折射率(20℃)	1.5020
熔点/℃	−52.6	闪点/℃	135
相对密度(20℃/4℃)	0.987		

(5) 化学性质　对碱、氧化剂、还原剂等较稳定，可被酸分解为甲醇和苯甲醇。

(6) 溶解性能　溶于乙醇、乙醚，不溶于水。

(7) 用途　溶剂、有机合成中间体。

(8) 使用注意事项　参照苯甲醚。

参 考 文 献

1 CAS 538-86-3
2 EINECS 208-705-7
3 The Merck Index. **13**，1422

363. 乙基苄基醚

ethyl benzyl ether［benzyl ethyl ether］

(1) 分子式　$C_9H_{12}O$。　　相对分子质量　136.19。

(2) 示性式或结构式

(3) 外观　无色油状液体，有芳香味。

(4) 物理性质

沸点(101.3kPa)/℃	185	折射率(20℃)	1.4955
相对密度(10℃/4℃)	0.9577	介电常数(20℃)	3.9
(20℃/4℃)	0.9490	闪点(闭口)/℃	51

(5) 化学性质 与脂肪族醚相比，富有反应性。例如，低温与氯作用即分解成苯甲醛与氯乙烷。硫酸存在下与乙酸反应生成乙酸苄酯。在沸腾的苯中与五氧化二磷反应，分解为二苯甲烷和乙烯。

(6) 精制方法 由氯化苄得到的乙基苯基醚用氢氧化钠溶液洗涤后，碳酸钾或氢氧化钠干燥，分馏。或者用水蒸气精馏后，浓缩，再用适当的方法与水分离、干燥、分馏。

(7) 溶解性能 不溶于水，能与醇、醚混溶。

(8) 用途 用作溶剂及有机合成原料。

(9) 使用注意事项 为可燃性液体。着火时用二氧化碳、四氯化碳及干式化学灭火法灭火。高浓度蒸气有麻醉性和刺激性。

(10) 附表

表 2-5-23 乙基苄基醚的蒸气压

温度/℃	蒸气压/kPa	温度/℃	蒸气压/kPa	温度/℃	蒸气压/kPa	温度/℃	蒸气压/kPa
26.0	0.13	79.6	2.67	118.9	13.33	185.0	101.33
52.0	0.67	95.4	5.33	139.6	26.66		
65.0	1.33	105.5	8.00	161.5	53.33		

表 2-5-24 含乙基苄基醚的二元共沸混合物

第二组分	共沸点/℃	乙基苄基醚/%	第二组分	共沸点/℃	乙基苄基醚/%
丙二酸二甲酯	178.0	63	吡唑	<184.2	<20
乙二醇	169.0	78	丙酰胺	182.5	92
乙酰胺	179.0	83	硫酸二甲酯	<182.8	>53
2-氨基乙醇	159.8	55	氨基甲酸乙酯	175.0	66

参 考 文 献

1 CAS 539-30-0
2 EINECS 208-714-6
3 D. R. Stull. Ind. Eng. Chem. 1947，39：517
4 A. Weissberger et al. Organic Solvents. 3rd ed. Wiley. 127
5 Flash Point. The British Drug Houses Ltd. 1963
6 T. E. Jordan. Vapor Pressure of Organic Compounds. 1954. 109
7 Advances in Chemistry Series No. 6. Azeotropic Data. Am. Chem. Soc. 1952. 299
8 The Merck Iudex. **13**，1135

364. 二 苯 醚

diphenyl ether［phenyl ether］

(1) 分子式 $C_{12}H_{10}O$。 **相对分子质量** 170.20。

(2) 示性式或结构式 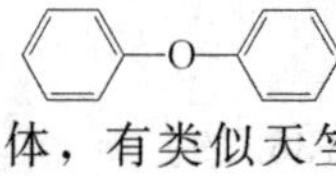

(3) 外观 无色针状晶体，有类似天竺葵的气味。

(4) 物理性质

沸点(101.3kPa)/℃	258.3	燃点/℃	617.8
熔点/℃	28	临界温度/℃	494.0
相对密度(20℃/20℃,液体)	1.0728	蒸气相对密度(空气=1)	5.86
(20℃/20℃)	1.0863	UV K吸收带 λ_{max}255nm,ε_{max}11000nm	
折射率(27℃)	1.5780	B吸收带 λ_{max}272nm,ε_{max}2000nm	
偶极矩/(10^{-30}C·m)	3.50	278nm,ε_{max}1800nm	
黏度(25℃)/mPa·s	3.864	IR1240cm^{-1}	
闪点/℃	115		

(5) **化学性质** 在胺类或碱的水溶液中比较稳定，加热时醚键容易断裂，分解成苯酚。例如二苯醚在吡啶中与金属钠或钾一起加热回流，90%以上变成苯酚。Grignard 试剂也能使醚键断裂。用无水氯化钴作催化剂时，反应在常温即可进行。与碘化氢一起加热到 250℃不发生分解。在乙酸中对氧化铬（CrO_3，Cr_2O_3）也比较稳定。二苯醚与浓硝酸反应时，生成 4,4′-二硝基二苯醚。

(6) **精制方法** 用氢氧化钠溶液和水洗涤，氯化钙干燥后减压分馏。醛类杂质可用对硝基苯肼沉淀除去。

(7) **溶解性能** 不溶于水，溶于醇、醚、苯、冰乙酸等。在浓硫酸中不溶解。

(8) **用途** 二苯醚对热稳定，和联苯的混合物在工业上广泛用作热载体，在 1MPa 下能加热至 400℃而不分解。此外，也用作香皂的香料、消泡剂、液相色谱溶剂。

(9) **使用注意事项** 为可燃性物质。注意火源，着火时用泡沫灭火剂、二氧化碳或干式灭火剂灭火。属低毒类。二苯醚的口服毒性很低，对皮肤刺激不明显，但其不适气味使人感到恶心。大鼠经口 LD_{50} 为 3.99g/kg。TJ 36—79 规定车间空气中最高容许浓度为 $7mg/m^3$。

(10) **规格** HG/T 3265—2002 二苯醚

指标名称		优等品	一等品	合格品
色度(Hazen 单位，铂-钴色号)	≤	20	30	50
结晶点/℃	≥		26.5	
水分/%	≤	0.03	0.04	0.05
二苯醚/%	≥	99.8	99.5	99.0
苯酚/%	≤	0.005	0.010	0.020
总氯(ng/μL)	≤	10	20	40
总硫(ng/μL)	≤	5	8	10

(11) **附表**

表 2-5-25 二苯醚的蒸气压

温度/℃	蒸气压/kPa	温度/℃	蒸气压/kPa	温度/℃	蒸气压/kPa	温度/℃	蒸气压/kPa
66.1	0.13	130.8	2.6664	178.8	13.33	258.5	101.33
97.8	0.67	150.0	5.3328	203.3	26.66		
114.0	1.33	162.0	8.00	230.7	53.33		

参 考 文 献

1 CAS 101-84-8
2 EINECS 202-981-2
3 Beilstein. Handbuch der Organischen Chemie. E Ⅲ. 6-146
4 I. Heilbron. Dictionary of Organic Compounds. 4th ed. Vol. 3. E & F. N. Spon. 1965. 1280
5 Kirk-Othmer. Encyclopedia of Chemical Technology. 2nd ed. Vol. 15. Wiley. 172
6 C. P. Smyth and W. S. Walls. J. Amer. Chem. Soc. 1932，54：3235
7 松田種光ほか. 溶剤ハソドブツク. 産業図書. 1963. 48
8 K. A. Kobe and R. E. Lynn，Jr，Chem. Rev. 1952，52：117，L. Riedel，Chem. Ing. Tech. 1952，24：353
9 N. I. Sax. Dangerous Properties of Industrial Materials. 3rd ed. Van Nostrand Reinhold. 1968. 708
10 荒木峻，益子洋一郎. 有機化合物のスペクトルによる同定法. 2 版. 東京化学同人. 1971. 20，168
11 M. Dahlgard et al. J. Amer. Chem. Soc. 1958，80：5861
12 C. S. Barnes and J. L. Occolowitz. Australian J. Chem. 1963，16：219
13 C. J. Pouchert and J. R. Campbell. The Aldrich Library of NMR Spectra. Vol. 4 Aldrich Chemical Co. 98 1974；Beilstein. Handbuch der Organischen Chemie. E Ⅲ，6-146
14 T. E. Jordan. Vapor Pressure of Organic Compounds Wiley. 1954. 113
15 Beilstein. Handbuch der Organischen Chemie. E Ⅳ，6-568
16 The Merck Index. **10**，7169；**11**，7259

365. 二 苄 醚

dibenzyl ether［benzyl ether］

(1) 分子式　$C_{14}H_{14}O$。　　　　　相对分子质量　198.25。

(2) 示性式或结构式 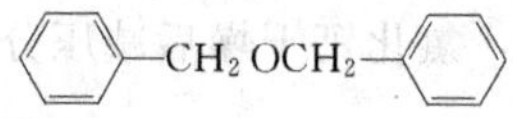

(3) 外观　无色油状液体。

(4) 物理性质

沸点(101.3kPa)/℃	295～298	闪点(闭口)/℃	135
熔点/℃	5	蒸气压(200～201℃)/kPa	2.67
相对密度(20℃/4℃)	1.0428	(170℃)/kPa	2.13
(15℃/15℃)	1.036	(160℃)/kPa	1.47
折射率(20℃)	1.54057	蒸气相对密度(空气=1)	6.84

(5) 化学性质　二苄醚不稳定，常温下也可被空气中的水分逐渐分解成苯甲醛。在40～250℃加热时，受空气的氧化作用，80%～85%转变为苯甲醛、苯甲酸和苯甲酸苄酯。与金属钠或氢氧化钠一同加热，生成甲苯和苯甲酸。二苯醚在金属钠上加热，或在液氨中与氨基钠反应，发生重排，生成1,2-二苯基乙醇（$C_6H_5CH_2CHOHC_6H_5$）。在氯化钴存在下，与丁基氯化镁(Grignard试剂）作用时，室温下即分解成甲苯及苄醇。

(6) 精制方法　二苄醚中常含有苯甲醛和甲苯等杂质。用氢氧化钠溶液和亚硫酸氢钠溶液充分洗涤以除去苯甲醛。经碳酸钾干燥后，减压分馏除去甲苯。蒸馏在氮气或二氧化碳气流中进行。也可以用结晶的方法精制。

(7) 溶解性能　不溶于水，溶于醇、醚、氯仿、丙酮、苯等有机溶剂中。

(8) 用途　用作硝酸纤维素、醋酸纤维素的增塑剂、树脂、橡胶、蜡、人造麝香等的溶剂。二苄醚与氧化锌的混合物是蚊、蝇、蚋、跳蚤的驱避剂。液相色谱溶剂。

(9) 使用注意事项　为可燃性液体。着火时可用水、泡沫灭火剂、二氧化碳、四氯化碳等灭火。有刺激性，高浓度蒸气有麻醉性。

参 考 文 献

1　CAS 103-50-4
2　EINECS 203-118-2
3　W. Foerst. Ullmanns Encyklopädie der Technischen Chemie. 3rd ed. Vol. 4. Urban & Schwarzenberg. 1958. 311
4　Kirk-Othmer，Encyclopedia of Chemical Technology. 2nd ed. Vol. 8，Wiley. 498
5　N. I. Sax. Dangerous Properties of Industrial Materials. 3rd ed. Van Nostrand Reinhold. 1968. 624
6　R. R. Dreisbach and R. A. Martin，Ind. Eng. Chem. 1949，41：2875
7　三井生喜雄ほか. 日化. 1962，83：581；1963，84：42；1964，85：497，682；1965，86：229
8　The Merck Index. **13**，1134

366. 邻二甲氧基苯

veratrole［*o*-dimethoxybenzene］

(1) 分子式　$C_8H_{10}O_2$。　　　　　相对分子质量　138.16。

(2) 示性式或结构式

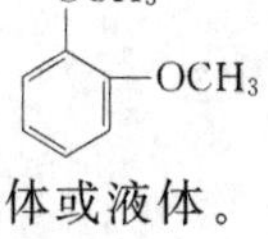

(3) 外观　室温下为晶体或液体。

(4) 物理性质

沸点(101.3kPa)/℃	206.7	(88～90℃)/kPa	1.33
熔点/℃	22.5	(58℃)/kPa	0.53
相对密度(25℃/25℃)	1.0842	IR CH 2841 cm^{-1},1253 cm^{-1},1176 cm^{-1},1125 cm^{-1}, 1028 cm^{-1}(CCl_4)	
折射率(21.2℃)	1.52870		
蒸气压(206℃)/kPa	101.20		

(5) 化学性质 与氢氧化钾在加压下加热至200℃时，生成邻甲氧基苯酚和甲醇。与碱金属在常温下不作用。高温加热时分解为酚盐和甲醇。与氢碘酸反应生成邻苯二酚和碘代甲烷。与三氯化铝、三溴化铝都可发生分解反应。

(6) 精制方法 主要杂质有邻苯二酚、过氧化物和醛等。邻苯二酚可用水洗涤除去。醛用对硝基苯肼沉淀除去。邻二甲氧基苯也可用石油醚重结晶精制。

(7) 溶解性能 微溶于水。溶于乙醇、乙醚及其他有机溶剂以及油脂类。

(8) 用途 用于香料及防腐剂。

(9) 使用注意事项 为可燃性物质。着火时可用泡沫灭火剂、二氧化碳或干式化学灭火剂灭火。属低毒类。毒性和邻苯二酚相同（大鼠经口 LD_{50} 为 3.89g/kg）。其他注意事项参照二苯醚、苯甲醚、苯乙醚。

参 考 文 献

1 CAS 91-16-7
2 EINECS 202-045-3
3 Kirk-Othmer. Encyclopedia of Chemical Technology. 2nd ed. Vol. 15. Wiley. 166
4 Beilstein. Handbuch der Organischen Chemie. E Ⅲ. 6-771
5 I. Heilbron. Dictionary of Organic Compounds. 4th ed. Vol. 2. E & F. N. Spon. 1965. 1127
6 L. H. Briggs et al. Anal. Chem. 1957, 29: 904
7 P. L. Corio et al. J. Amer. Chem. Soc. 1956, 78: 3043
8 C. J. Pouchert and J. R. Campbell. The Aldrich Library of NMR. Spectra. Vol. 4. Aldrich Chemical Co
9 1974, 86. Beilstein, Handbuch der Organischen Chemie. E Ⅲ, 6-771
10 The Merck Index. 8th ed. 894
11 The Merck Index. **10**, 9753; **11**, 9857

367. 环氧乙烷

epoxyethane [ethylene oxide]

(1) 分子式 C_2H_4O。 相对分子质量 44.05。

(2) 示性式或结构式 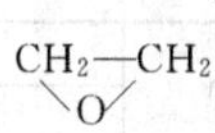

(3) 外观 无色气体，低于12℃冷凝为流动性液体。

(4) 物理性质

沸点(101.3kPa)/℃	10.4	燃烧热(25℃,101.3kPa)/(kJ/kg)	1264
(6.67kPa)/℃	−44	生成热(蒸气)/(kJ/kg)	71.13
(1.33kPa)/℃	−66	(液体)/(kJ/kg)	97.49
熔点/℃	−112.5	熔化热/(kJ/kg)	5.17
密度(20℃/4℃)/(g/cm^3)	0.8671	比热容(25℃)/[kJ/(kg·K)]	1.96
(20℃/20℃)/(g/cm^3)	0.8711	临界温度/℃	195.8
折射率(7℃)	1.3597	热导率(蒸气,25 ℃)/[W/(m·K)]	0.1239×10^{-3}
黏度(0℃)/mPa·s	0.31	体膨胀系数(20℃)/K^{-1}	0.00147
(10℃)/mPa·s	0.28	(55℃)/K^{-1}	0.00161
表面张力(20℃)/(mN/m)	24.3	蒸气压(20℃)/kPa	149.32
闪点(开杯)/℃	<17.7	爆炸极限(上限)/%(体积)	78
燃点/℃	447	(下限)/%(体积)	3.6
蒸发热/(kJ/kg)	569.87		

(5) 化学性质 活泼、易发生开环反应，能与许多化合物进行加成反应，与水反应生成乙二醇，与醇类反应生成乙二醇单醚，与苯酚反应生成苯氧基乙醇，与无机酸如硝酸反应生成乙二醇二硝酸酯。环氧乙烷能发生聚合反应生成聚乙二醇。

(6) 精制方法 主要杂质是醛类（如甲醛、乙醛），通过蒸馏装置可使含醛量不超过54mg/m³。其他精制方法有分子筛吸附法，2-乙基己酸处理法和甲醇蒸取蒸馏法等。

(7) 溶解性能 能与水、乙醇、乙醚及许多其他有机化合物以任何比例混溶。

(8) 用途 主要用于制造其他各种溶剂（如溶纤剂等），稀释剂，非离子型表面活性剂，合成洗涤剂、抗冻剂、消毒剂、增韧剂和增塑剂等。与纤维素发生羟乙基化可合成得水溶性树脂(其环氧乙烷含量约75%)。还可用作熏蒸剂、涂料增稠剂、乳化剂、胶黏剂和纸张上浆剂等。

(9) 使用注意事项 致癌物。危险特性属第2.1类易燃气体。危险货物编号：21039，UN编号：1040。液体对眼睛会造成严重伤害，其蒸气对眼、鼻和咽喉有刺激性，对神经系统产生抑制作用。大鼠经口 LD_{50} 为330mg/kg。工作场所最高容许浓度5mg/m³。人吸入180mg/m³出现有害症状，450mg/m³时60分钟会产生严重中毒。与空气混合物具有爆炸性，严禁明火，加强通风及安全防护。需采用专用钢瓶或受压容器包装并低温贮存。

(10) 规格 GB/T 13098—2006 环氧乙烷

项目		优等品	一等品
环氧乙烷/%	≥	99.95	99.90
总醛(以乙醛计)/%	≤	0.003	0.01
水/%	≤	0.01	0.05
酸(以乙酸计)/%	≤	0.002	0.010
二氧化碳/%	≤	0.001	0.005
色度(Hazen单位,铂-钴色)/号	≤	5	10

(11) 附表

表 2-5-26 环氧乙烷的蒸气压

温度/℃	蒸气压/kPa	温度/℃	蒸气压/kPa	温度/℃	蒸气压/kPa
−70	0.98	20	149.07	110	1701.25
−60	2.18	30	212.50	120	2073.11
−50	4.48	40	289.28	130	2502.73
−40	8.56	50	392.53	140	2994.15
−30	15.41	60	521.93	150	3553.47
−20	26.30	70	681.21	160	4186.75
−10	42.90	80	874.44	170	4902.10
0	67.23	90	1105.46	180	5707.64
10	101.69	100	1380.05	190	6613.48

表 2-5-27 环氧乙烷在水中的溶解度 单位：[mL(蒸气)/mol(溶剂)]

压力/kPa	水/℃			压力/kPa	水/℃		
	5	10	20		5	10	20
2.00	45	33	20	66.66	240	178	101
26.66	60	46	29	79.99		294	134
40.00	105	76	49	93.33			170
53.33	162	120	74	101.33			195

表 2-5-28 环氧乙烷-水二组分的气液平衡 (101325Pa)

温度/℃	环氧乙烷组成/%(mol)		温度/℃	环氧乙烷组成/%(mol)	
	液体	蒸气		液体	蒸气
100.0	0	0	16.4	21.0	98.16
50.0	4.0	86.00	14.3	43.2	98.53
37.6	6.5	93.7	12.0	87.5	98.88
31.5	8.2	95.95	11.5	95.1	99.27
31.0	9.5	96.48	10.4	100.0	100.0

参 考 文 献

1 CAS 75-21-8
2 EINECS 200-849-9
3 The Merck Index. **10**, 3747; **11**, 3758
4 Beil., **17**, 4
5 张海峰主编. 危险化学品安全技术大典: 第1卷. 北京: 中国石化出版社, 2010

368. 1,2-环氧丙烷

1,2-epoxypropane[propylene oxide, 1,2-propylene oxide]

(1) 分子式 C_3H_6O。 相对分子质量 58.08。

(2) 示性式或结构式 $CH_3CH—CH_2$（CH与CH_2间经O桥连：\O/）

(3) 外观 无色液体，有类似乙醚的气味。

(4) 物理性质

沸点(101.3kPa)/℃	34.0	爆炸极限(下限)/%(体积)	2.4
熔点/℃	−111.8	(上限)/%(体积)	21.5
相对密度(20℃/20℃)	0.8304	体膨胀系数(液体)/K^{-1}	0.00213
折射率(5℃)	1.3712	IR 11 μm,12 μm	
(20℃)	1.3667	1266 cm^{-1},950 cm^{-1},827 cm^{-1}	
偶极矩/(10^{-30} C·m)	6.27,3.66	MS m/e(强度):−15(11.2),−26(43.2),−28(100),	
黏度(0℃)/mPa·s	0.410	−36(0.7)−43(38.1),−56(0.2),−58(57.7),	
(20℃)/mPa·s	0.327	−60(0.1)	
蒸发热(25℃)/(kJ/mol)	26.38		
熔化热/(kJ/mol)	6.5	NMR $\delta\times10^{-6}$(CCl_4,TMS基准)	
燃烧热/(kJ/mol)	1886.57	CH_3 8.74 γ(双峰)	
比热容(15℃,定压)/[kJ/(kg·K)]	1.95	CH_2 7.41γ,7.22γ(多重峰)	
临界温度/℃	215.3	CH 7.17γ(多重峰)	

(5) 化学性质 化学性质极其活泼，特别是能与含有活泼氢的化合物反应，生成各种衍生物。例如，与水反应生成1,2-丙二醇；与氨反应生成异丙醇胺；与醇反应生成羟基醚；与脂肪酸反应生成羟基酯；与卤化氢反应生成卤代醇；与丙二醇反应生成聚丙二醇。在500℃通过浮石时部分发生重排，生成丙酮和丙醛。在无水状态下与氯作用，生成氯代丙酮和1-氯-2-丙醇。氧化时生成乙酸，用钠汞齐还原生成异丙醇。

(6) 精制方法 主要杂质是水、醛和缩醛等。精制时，先加入粒状氢氧化钾回流2h，再用无水硫酸钠或氯化钙干燥后精馏。

(7) 溶解性能 能与醇、醚等多种有机溶剂混溶。能溶解硝酸纤维素、醋酸纤维素、乙酸乙烯酯等。对虫胶、橡胶、亚麻仁油、未硫化橡胶也有很好的溶解能力。20℃时在水中溶解40.5%；水在1,2-环氧丙烷中溶解12.8%。

(8) 用途 用作硝酸纤维素、醋酸纤维素、各种树脂的溶剂，氯乙烯树脂和含氯溶剂的稳定剂，硝基喷漆褪色的防止剂等。还用于表面活性剂（润湿剂、洗涤剂、乳化剂等）以及医药、农药、香料、人造皮革的制造。

(9) 使用注意事项 致癌物。危险特性属第3.1类低闪点易燃液体。危险货物编号：31032，UN编号：1280。对金属无腐蚀性，可用铁、软钢、铜或铝制容器贮存。由于对某些橡胶和塑料有作用，应注意选择垫圈和阀门。由于沸点低，挥发性大，易燃，化学性质活泼，应注意防止与电火花、静电、热源、酸、碱等接近。属低毒类。毒性比环氧乙烷小，但积累性比环氧乙烷强。对皮肤、眼睛、气管黏膜有刺激作用，特别是它的水溶液对皮肤的刺激作用强烈，应避免与湿润的皮肤直接接触。工作场所最高容许浓度50mg/m³（美国）。大鼠经口LD_{50}为1.14g/kg；空气中致死浓度为9488mg/m³。

(10) 规格　GB/T 14491—2001　环氧丙烷

项　目		优级品	一级品	合格品
色度(铂-钴色号)	≤	5	10	20
酸度(以乙酸计)/%	≤	0.003	0.006	0.01
水分/%	≤	0.02	0.04	0.10
醛(以丙醛计)/%	≤	0.010	0.030	0.10
环氧乙烷/%	≤	0.01	0.10	0.30

(11) 附表

表 2-5-29　1,2-环氧丙烷的蒸气压

温度/℃	蒸气压/kPa	温度/℃	蒸气压/kPa	温度/℃	蒸气压/kPa	温度/℃	蒸气压/kPa
−75.0	0.13	−39.3	2.67	−12.0	13.33	34.0	101.33
−57.8	0.67	−28.4	5.33	2.0	26.66		
−49.3	1.33	−21.3	8.00	17.5	53.33		

表 2-5-30　环氧化合物的毒性

项　目	环氧乙烷	1,2-环氧丙烷	3-氯-1,2-环氧丙烷	1,2-环氧丁烷
LD_{50}(大鼠,经口)/(g/kg)	0.33	1.14	0.09	1.41
LD_{50}(兔,皮肤)/(mL/kg)		1.50	1.3	2.10
吸入蒸气(兔)	7200 mg/m³,4 h,无死亡	9488mg/m³,8h,死亡33%	950mg/m³,8h,死亡33%	23520mg/m³,8h,死亡100%
对眼的伤害(兔)	重度	重度	轻度	轻度

表 2-5-31　含1,2-环氧丙烷的二元共沸混合物

第二组分	共沸点/℃	1,2-环氧丙烷/%	第二组分	共沸点/℃	1,2-环氧丙烷/%
水	33.8	99.0	2-戊烯	30	54
2-甲基-1,3-丁二烯	31.6	60	戊烷	27.5	57
2-甲基-1-丁烯	27	47	二氯甲烷	40.6	23

参　考　文　献

1　CAS 75-56-9
2　EINECS 200-879-2
3　Union Carbide Chemicals Corp. Technical Bulletin. Alkylene Oxide. 1961
4　F. L. Oetting. J. Chem. Phys. 1964，41：149
5　C. Marsden. Solvents Guide. 2nd ed. Cleaver-Hume. 1963. 472
6　P. V. Zimakov and V. A. Sokolova. Zh. Fiz. Khim. 1953，27：1079；Chem. Abstr. 49，3597，1955
7　H. Hibbert and J. S. Allen. J. Amer. Chem. Soc. 1932，54：4115
8　M. T. Rogers. J. Amer. Chem. Soc. 1947，69：2544
9　F. R. Bichowsky and F. D. Rossini. The Thermochemistry of the Chemical Substances. Van Nostrand Reinhold. 1936. 46
10　R. W. Zubow and W. Swientoslawski. Bull. Soc. Chim. France. 1925，37：271
11　O. O. Shreve et al. Anal. Chem. 1951，23：277
12　W. A. Patterson. Anal. Chem. 1954，26：823，H. B. Henbest，J. Chem. Soc. 1957，1459
13　O. Ballaus and J. Wagner. Z. Physik. Chem. Leipzig. 1939，B45：272
14　Kirk-Othmer. Encyclopedia of Chemical Technology. 2nd ed. Vol. 13. Wiley. 92
15　Kirk-Othmer. Encyclopedia of Chemical Technology. 2nd ed. Vol. 14. Wiley. 54
16　Varian Associate NMR Spectra. No. 32
17　G. V. D. Tiers. Tables of Tau Values. Minnesota Mining and Manufacturing Co. 1958
18　N. I. Sax. Dangerous Properties of Industrial Materials. 3rd ed. Van Nostrand Reinhold. 1968. 1062
19　Advances in Chemistry Series No. 6，Azeotropic Date，Am. Chem. Soc. 1952. 273
20　The Merck Index. **10**，7757；**11**，7809

21 Beil., **17**, 6
22 张海峰主编. 危险化学品安全技术大典：第1卷. 北京：中国石化出版社，2010

369. 1,2-环氧丁烷

1,2-epoxybutane[1,2-butylene oxide]

(1) 分子式　C_4H_8O。　　　　　相对分子质量　72.11。

(2) 示性式或结构式　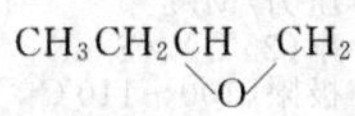

(3) 外观　无色流动性液体。

(4) 物理性质

沸点(101.3kPa)/℃	63.2	蒸发热(63.2℃)/(kJ/kg)	420.7
熔点/℃	−150	燃烧热(25℃)/(kJ/kg)	34.1
相对密度(20℃/20℃)	0.8312	蒸气压(20℃)/kPa	18.80
折射率(20℃)	1.3840	(−0.9℃)/kPa	6.67
黏度(20℃)/mPa·s	0.41	爆炸极限(下限)/%(体积)	1.5
闪点/℃	<−17.8	(上限)/%(体积)	18.3

(5) 化学性质　富反应性，能与多种试剂发生开环反应。例如与水、乙醇、多元醇、硫醇、苯酚、氨、胺、酸等含有活泼氢原子的化合物作用，开环生成各种化合物。氧化时生成羟基酸。用镍、铂作催化剂进行催化还原时生成1-丁醇。加热或与无机酸一起加热时重排为羰基化合物。能单独聚合或与其他烷基环氧化合物共聚成聚醚。

(6) 精制方法　参照1,2-环氧丙烷。

(7) 溶解性能　能与多种有机溶剂混溶。20℃时在水中溶解5.91%；水在1,2-环氧丁烷中溶解2.65%。

(8) 用途　用作三氯乙烯一类含氯化合物的抗氧剂。在制造氯乙烯及其共聚物时，加入0.25%～0.5%的1,2-环氧丁烷，可以有效地控制因容器腐蚀对树脂色泽和性能的影响。其他用作制造丁醇胺、表面活性剂、汽油添加剂。

(9) 使用注意事项　危险特性属第3.2类中闪点易燃液体。危险货物编号：32097，UN编号：3022。着火时用泡沫灭火剂、二氧化碳、干式化学灭火剂灭火。对皮肤有刺激性，能被皮肤吸收而中毒。贮存和使用时注意通风，避免吸入其蒸气。环氧丁烷混合体属中等毒到低毒类。毒性参照1,2-环氧丙烷。大鼠经口 LD_{50} 为1.41g/kg。

参 考 文 献

1 CAS 106-88-7
2 EINECS 203-438-2
3 Union Carbide Chemicals Corp. Technical Bulletin. Alkylene Oxides 1961
4 Kirk-Othmer. Encyclopedia of Chemical Technology. 2nd ed. Vol. 8. Wiley. 288
5 N. I. Sax. Dangerous Properties of Industrial Materials. 3rd ed. Van Nostrand Reinhold. 1968. 726
6 N. I. Sax. Dangerous Properties of Industrial Materials. 3rd ed. Van Nostrand Reinhold. 1968. 505
7 Beil., **17** (2), 17
8 张海峰主编. 危险化学品安全技术大典：第1卷. 北京：中国石化出版社，2010

370. 二 噁 烷

dioxane [1,4-dioxane, diethylene dioxide, *p*-dioxane, ethylene glycol ethylene ether]

(1) 分子式　$C_4H_8O_2$。　　　　　相对分子质量　88.10。

(2) 示性式或结构式 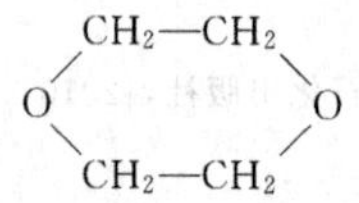

(3) 外观　无色液体，微有香味。

(4) 物理性质

沸点(101.3kPa)/℃	101.32	熔化热/(kJ/mol)	12.5
熔点/℃	11.80	燃烧热/(kJ/mol)	2432.5
相对密度(20℃/4℃)	1.03375	比热容(20℃)/[kJ/(kg·K)]	1.72
(20℃/20℃)	1.03560	临界温度/℃	312
折射率(15℃)	1.42436	临界压力/MPa	5.14
(20℃)	1.42241	电导率(25℃)/(S/m)	$<2\times10^{-8}$
(25℃)	1.42025	爆炸极限(100～110℃,下限)/%(体积)	1.97
介电常数(25℃)	2.209	(100～110℃,上限)/%(体积)	22.5
偶极矩/(10^{-30} C·m)	1.50	体膨胀系数(20℃)/K^{-1}	0.001030
黏度(20℃)/mPa·s	1.3	(0～55℃)/K^{-1}	0.001070
(25℃)/mPa·s	1.2	(55℃)/K^{-1}	0.00113
(30℃)/mPa·s	1.087	蒸气相对密度(空气=1)	3.03
表面张力(20℃)/(mN/m)	36.9	UV 220nm 透明界限	
闪点(闭口)/℃	12.2	IR(图 2-5-1)C—O(*sym*)811 cm^{-1}	
(开口)/℃	15.6	C—O(*asym*)1111 cm^{-1}	
燃点/℃	180	NMR δ3.57×10^{-6}	
蒸发热/(kJ/mol)	35.80		

(5) 化学性质　化学性质与一般的饱和醚相似，是比较稳定的化合物。在空气中氧的作用下，特别在散射光照射时，形成有爆炸性的过氧化物。对碱、金属钠和弱酸稳定。强酸、强氧化剂在高温、高压下使醚键破裂而开环。与卤化氢作用时，生成1,2-二卤代乙烷和乙二醇。加热时与浓硫酸作用生成2-甲基-1,3-二噁戊烷等：

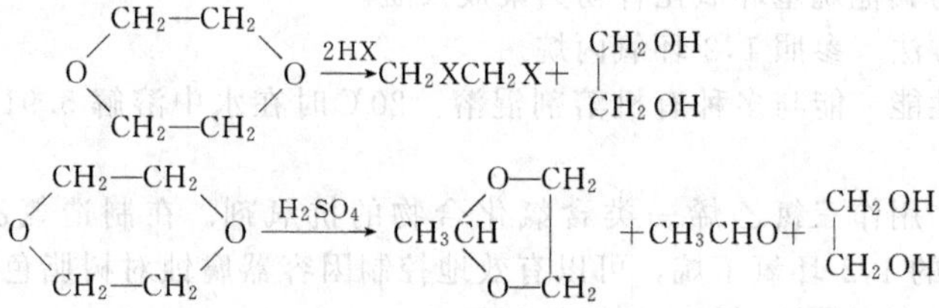

与乙酸或乙酐在加热时作用，生成乙二醇二乙酸酯。能与卤素、硝酸、硫酸以及其他无机化合物形成络合物。例如与卤素形成 $C_4H_8O_2Br_2$ (m.p.66℃)、$C_4H_8O_2I_2$ (m.p.84℃)、$C_4H_8O_2Cl_2$，与硫酸形成 $C_4H_8O_2H_2SO_4$ (m.p.101℃) 等氧鎓化合物。与氯化锂或三氟化硼也能形成络合物 $LiCl\cdot C_4H_8O_2\cdot H_2O$，$BF_3\cdot 2H_2O\cdot C_4H_8O_2$。在钯、铑、镍等金属催化下，二噁烷在重氢和醚间进行同位素交换。二噁烷与四硝基甲烷反应呈鲜黄色，此反应可用来检验二噁烷。

(6) 精制方法　主要杂质有乙醛、2-甲基-1,3-二噁戊烷、缩醛、过氧化物及水分。杂质含量不多时，可加金属钠回流 6～12 小时后，直接进行蒸馏。含有多量的缩醛时，需要进行水解除去。在 2 L 二噁烷中加入 27mL 浓盐酸和 200mL 水，回流 12 小时。在回流过程中漫漫通入氮气以除去生成的乙醛；冷却后加入固体氢氧化钾，直到不再溶解为止。分去水层，再加入氢氧化钾干燥 24 小时。将初步干燥的二噁烷加金属钠回流 6～12 小时，然后在金属钠存在下进行蒸馏。过氧化物的除去与乙醚相同。

(7) 溶解性能　能与水及多数有机溶剂混溶。溶解能力很强。能很好地溶解醋酸纤维素、乙基纤维素、苄基纤维素以及多种天然及人造树脂。对无机物如氯化铁、氯化汞、盐酸、碘和磷等也有相当的溶解能力。与少量水的混合物能溶解高锰酸钾。

(8) 用途　用作硝酸纤维素、赛璐珞、纤维素树脂、植物油、矿物油以及油溶性染料等的溶剂。也用于制造喷漆、清漆、增塑剂、润湿剂、抛光剂、脱漆剂、香料、防腐剂、熏蒸消毒剂、防臭剂以及医药用品等方面。此外，尚用作木质素萃取剂以及从钠、钾、锂的氯化物中萃取分离锂。液相色谱溶剂。

(9) 使用注意事项　致癌物。危险特性属第 3.2 类中闪点易燃液体。危险货物编号：32098，

UN 编号：1165。在常温下易着火，应防止接近火源。化学性质虽较稳定，但能与氧化性物质作用。温度、压力上升时也变得不稳定。吸湿性强，应密封贮存。干燥的二噁烷对金属无腐蚀性，可用铁、软钢、铜或铝制容器贮存。贮存时特别是在光的影响下，能形成爆炸性的过氧化物。使用前需加以检验和除去。二噁烷属微毒类。毒性比乙醚强 2～3 倍。中毒时最初出现麻醉、呕吐，尿频后尿减少，终至停止排尿。同时血液中尿素增加，嗜眠，昏睡，2～3 日后死亡。长期接触或吸入其蒸气时，刺激眼、鼻、咽喉和肺，损害肝、肾、脑和皮肤。工作场所最高容许浓度 360mg/m^3，超过 720mg/m^3 时即能引起头痛和胃痛等症状。二噁烷能经皮肤吸收而中毒，接触皮肤时应用大量水冲洗和用肥皂洗净。大鼠经口 LD_{50} 为 6.0g/kg。大鼠致死浓度（空气中）为 18000mg/m^3。

(10) 规格　HG/T 3499—2004　化学试剂 1,4-二氧六环

项　目		分析纯	化学纯
1,4-二氧六环[$(C_2H_4)_2O_2$]/%	≥	99.5	98.5
色度(Hazen 单位)	≤	10	—
密度(20℃)/(g/mL)		1.030～1.035	—
结晶点/℃	≥	11.0	9.5
蒸发残渣/%	≤	0.005	0.01
酸度(以 H^+ 计)/(mmol/100g)	≤	0.2	0.3
水分(以 H_2O 计)/%	≤	0.1	0.4
过氧化物(以 H_2O_2 计)/%	≤	0.005	—
铁(Fe)/%	≤	0.0001	—

(11) 附表

表 2-5-32　二噁烷的蒸气压

温度/℃	蒸气压/kPa	温度/℃	蒸气压/kPa	温度/℃	蒸气压/kPa	温度/℃	蒸气压/kPa
−35.8	0.13	12.0	2.67	45.1	13.33	101.3	101.33
−12.8	0.67	25.2	5.33	62.3	26.66		
−1.2	1.33	33.8	8.00	81.8	53.33		

表 2-5-33　各种树脂在二噁烷中的溶解性能

溶解	松脂、达玛脱蜡树脂、榄香脂、贝壳松树胶、愈疮木树脂、马尼拉树脂、刚果珐琚脂、乳香、山达树脂、虫胶、甘油三松香酸酯、醋酸纤维素、硝酸纤维素、乙基纤维素、苄基纤维素、氯乙烯-乙酸乙烯聚合物、香豆酮树脂、氯化橡胶、聚苯乙烯①，聚甲基有机酸甲酯、聚乙酸乙烯酯
部分溶解	达玛树脂(未处理)、天然皱纹薄橡胶
微溶	聚氯乙烯(相对分子质量在 500 以下者溶解)
不溶	三醋酸纤维素、聚乙烯、聚偏二氯乙烯

① 也有不溶解的。

表 2-5-34　含二噁烷的二元共沸混合物

第二组分	共沸点/℃	二噁烷/%	第二组分	共沸点/℃	二噁烷/%
水	66.0(34.66kPa)	84.6	环己烯	<81.8	>20
水	87.8	81.6	甲基环戊烷	<71.5	>5
乙醇	78.13	9.3	甲苯	101.8	80
溴丁烷	98.0	47	庚烷	91.85	44
环己烷	79.5	24.6	2-丁醇	<98.8	<60
1-氯-2-甲基丁烷	97.5	36	叔戊醇	100.65	80
苯	82.4	12	硼酸乙酯	100.7	92

(12) 附图

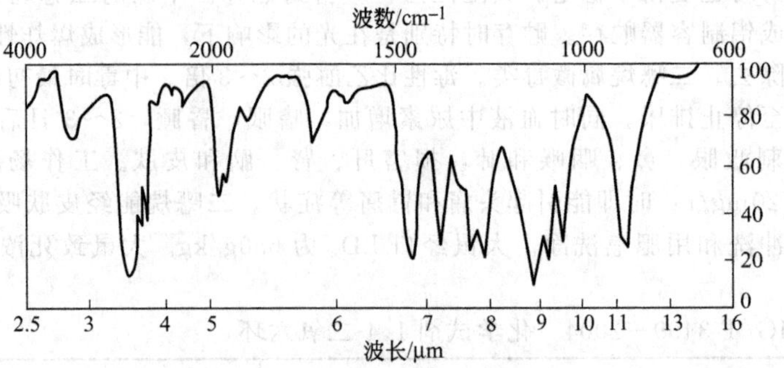

图 2-5-1 二噁烷的红外光谱

参 考 文 献

1 CAS 123-91-1
2 EINECS 204-661-8
3 C. Marsden. Solvents Guide. 2nd ed. Cleaver-Hume. 1963. 222
4 The Merck Index. 8th ed. 384
5 W. Foerst. Ullmanns Encyklopädie der Technischen Chemie. 3rd ed. Vol. 6. Urban & Schwarzenberg. 1955. 8
6 Kirk-Othmer. Encyclopedia of Chemical Technology. 1st ed. Vol. 5. Wiley. 142
7 R. C. Little and C. R. Singleterry. J. Phys. Chem. 1964，68：3453
8 A. F. Gallangher and H. Hibbert. J. Amer. Chem. Soc. 1937，59：2514
9 荒木峻，盖子洋一郎. 有機化合物のスペクトルによる同定法. 2 版. 東京化学同人. 1969. 156
10 堀口博. 赤外線吸光図説総覧. 三共出版. 1973. 161
11 R. N. Jones et al. Chemical Applications of Spectroscopy. Wiley，1954，247 G. M. Barrow et al. J. Amer. Chem. Soc. 1953，75：1175
12 H. M. Randall et al. Infrared Determination of Organic Structures. Van Nostrand Reinhold. 1949. 68
13 K. Rumpf et al. Z. Physik. Chem. Leipzig. 1939，44B：290，Chem. Abstr. 1940，34：676
14 S. A. Barker et al. J. Chem. Soc. 1954，3468，4550
15 A. Gaudemer et al. Bull. Soc. Chim. France. 1964，407
16 N. I. Sax. Dangerous Properties of Industrial Materials. 3rd ed. Van Nostrand Reinhold. 1968. 703
17 G. W. Jones et al. Ind. Eng. Chem. 1933，25：1283
18 C. Marsden. Solvents Guide. 2nd ed. Cleaver-Hume. 1963. 596
19 L. H. Horaley. Advan. Chem. Ser. 1952，6：114
20 The Merck Index. **10**，3304；**11**，3294
21 张海峰主编. 危险化学品安全技术大典：第 1 卷. 北京：中国石化出版社，2010

371. 三 噁 烷

trioxane [1,3,5-trioxane,*a*-trioxymethylene,meformaldehyde]

(1) 分子式　$C_3H_6O_3$。　　　　相对分子质量　90.08。

(2) 示性式或结构式

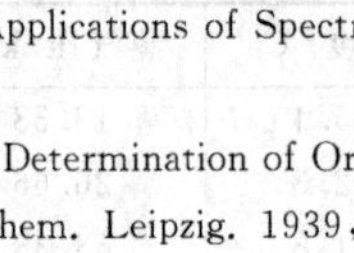

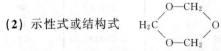

(3) 外观　无色晶体，有类似氯仿的气味。

(4) 物理性质

沸点(101.3kPa)/℃	114.5	蒸发热/(kJ/mol)	41.0
熔点/℃	64	生成热/(kJ/mol)	181.7
相对密度(65℃/20℃)	1.170	燃烧热(23℃)/(kJ/kg)	16568.6±42
(65℃/4℃)	1.1765	爆炸极限(下限)/%(体积)	3.6
介电常数(20℃)	3.2～3.4	(上限)/%(体积)	28.7
偶极矩(苯)/(10^{-30} C·m)	7.27	蒸气相对密度(空气=1)	3.1
闪点/℃	45	IR 1175 cm^{-1}	
燃点/℃	413.9	NMR δ(C—H)5.00×10^{-6}	

(5) 化学性质　三噁烷为甲醛的环状三聚体。易升华变成无色针状或单斜晶体。化学性质比较稳定，在封管中 224 ℃加热 6 小时几乎不发生分解。用硫酸钾、活性炭、硫酸氢钾-碳化硅以及磷酸-碳化硅作催化剂，加热到 220～270℃时，89%～90%变成无水甲醛。在中性或碱性溶液中稳定。在强酸性水溶液中慢慢被水解而解聚。用硫酸作催化剂时，在乙酸或其他有机溶剂中的解聚速度比水中快 1000 倍左右。三噁烷在气相、液相或溶液中，在 Friedel-Crafts 型阳离子催化剂作用下发生开环聚合，生成高分子量的聚甲醛。用高氯酸及乙酰高氯酸作催化剂可得到分子量为 10^6 的聚合体。在固相用放射线辐射时也得到高聚物。

(6) 精制方法　主要杂质是甲醛。用氯仿一类不溶于水的溶剂萃取出三噁烷，再进行常压蒸馏精制。

(7) 溶解性能　溶于水、醇、酮、醚、二硫化碳、四氯化碳、苯、脂肪族及芳香族氯化烃和有机酸。不溶于戊烷、石油醚等脂肪烃类。

(8) 用途　用于有机合成，并用作消毒剂和无色无焰的燃料。

(9) 使用注意事项　危险特性属第 4.1 类易燃固体。危险货物编号：41532。遇明火、高热及强氧化剂易引起燃烧。受热、遇酸或酸雾产生有毒、易燃气体。对眼、黏膜或皮肤有刺激性，有烧伤危险。能与空气形成爆炸性混合物，故应注意火源。着火时用泡沫灭火剂、二氧化碳、四氯化碳或干式化学灭火剂灭火。加热或与强酸接触能放出甲醛。

(10) 附表

表 2-5-35　三噁烷的蒸气压

温度/℃	蒸气压/kPa	温度/℃	蒸气压/kPa	温度/℃	蒸气压/kPa	温度/℃	蒸气压/kPa
25	1.69	86	37.73	90	44.00	129	161.85
37.5	4.16	87	39.46	114.5	101.19		

表 2-5-36　三噁烷的溶解度

溶　剂	溶　解　度/(g/100mL)			
	18℃	25℃	35℃	45℃
水	17.2	21.1		
乙酸		40	52	
苯		37	49	62
甲苯			41	58
三氯乙烷		23	35	47

参 考 文 献

1　CAS 110-88-3
2　EINECS 203-812-5
3　I. Heilbron. Dictionary of Organic Compounds. 4th ed. Vol. 5. E & F. N. Spon. 1965. 3197
4　N. I. Sax. Dangerous Properties of Industrial Materials. 3rd ed. Van Nostrand Reinhold. 1968. 1204
5　A. Weissberger. Organic Solvents. 2nd ed. Wiley. 127
6　A. A. Maryott et al. National Bureau of Standards. 1944，33：71
7　J. F. Walker. Formaldehyde. Van Nostrand Reinhold，1953. 116
8　G. F. Palfrey. Formaldehyde (ed.，J. F. Walker) Van Nostrand Reinhold. 1953. 149
9　E. D. Bergmann et al. Rec. Trav. Chim. 1952，71：161，H. Tschamler et al. Monatsh Chem. 1952，82：1502 H.

O. House, J. Org. Chem. 1958, 23: 334
10 堀口博. 赤外線吸光図説総覧. 三共出版. 1973. 161
11 L. Kahovec and K. W. F. Kohlrausch. Z. Physik. Chem. Leipzig. 1937. B35: 29
12 N. F. Moerman. Rec. Trav. Chim. 1937, 56: 161
13 木村雅男，青木幸一郎. 日化. 1951. 72: 169
14 柴田承ニほか. 第 8 回天然物討論会要旨集. 1964. 155
15 The Merck Index. **10**, 9537; **11**, 9646

372. 1,3-二噁烷

1,3-dioxane

(1) 分子式 $C_4H_8O_2$。　　　　**相对分子质量**　88.10。

(2) 示性式或结构式

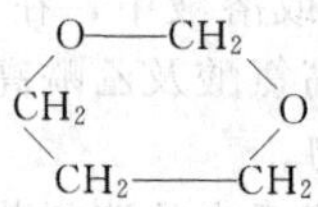

(3) 外观　无色液体。

(4) 物理性质

沸点(101.3kPa)/℃	103～106
相对密度(20℃/4℃)	1.034
折射率(20℃)	1.417
闪点/℃	5

(5) 溶解性能　参照二噁烷。

(6) 用途　溶剂。

(7) 使用注意事项　1,3-二噁烷的危险特性属第 3.2 类中闪点易燃液体。危险货物编号：32098；UN 编号：1165。遇高热、明火及强氧化剂易引起燃烧。触及皮肤易经皮肤吸收或误食、吸入蒸气会引起中毒。有毒或其蒸气有毒。

参 考 文 献

1 CAS 505-22-6
2 EINECS 208-005-1
3 Beil., **19**, 2

373. 1,3-二氧五环［1,3-二噁戊烷］

1,3-dioxacyclopentane［1,3-dioxolane］

(1) 分子式 $C_3H_6O_2$。　　　　**相对分子质量**　74.08。

(2) 示性式或结构式

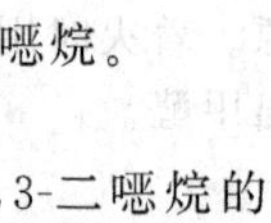

(3) 外观　无色透明液体。

(4) 物理性质

沸点(101.3kPa)/℃	74	生成热/(kJ/mol)	−341.7
凝固点/℃	−95	蒸发热/(kJ/mol)	481.16
相对密度(20℃/4℃)	1.060	蒸气压(20℃)/kPa	9.33
折射率(20℃)	1.3974	闪点/℃	1

(5) 溶解性能　溶于乙醇、乙醚、丙酮和苯等溶剂，能与水混溶。

(6) 用途　溶剂、丝绸整理剂及封口用胶。

(7) 使用注意事项　1,3-二氧五环的危险特性属第 3.2 类中闪点易燃液体。危险货物编号：32096；UN 编号：1166。吸入蒸气有刺激作用，长期接触皮肤可致脱脂老化。易燃，其蒸气与空气可形成爆炸性混合物。遇明火、高热能引起燃烧爆炸。大鼠经口 LD_{50} 3000mg/kg。空气中最高允许浓度 50mg/m³。

参 考 文 献

1 CAS 646-06-0

2 EINECS 211-463-5

3 Beilstein. Handbuch der Organischen Chemie. H，19-2；E Ⅴ，1-6

374. 呋 喃

furan [furfuran]

(1) 分子式　C_4H_4O。　　　　相对分子质量　68.07。

(2) 示性式或结构式

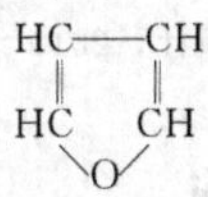

(3) 外观　无色液体，有温和的香味。

(4) 物理性质

沸点(101.3kPa)/℃	31.36	燃烧热/(kJ/mol)	2093.8
熔点/℃	−85.68	蒸气相对密度(空气＝1)	2.35
相对密度(19.4℃/4℃)	0.9371	UV λ_{max} 200 nm，ε_{max} 10000(环己烷)	
折射率(20℃)	1.4214	λ_{max} 252 nm，ε_{max} 1(环己烷)	
偶极矩(20℃)/(10^{-30} C·m)	2.23	IR 1560 cm^{-1}，1510 cm^{-1}，873 cm^{-1} 附近	
闪点(开口)/℃	−40	NMR $\delta\times10^{-6}$(CCl_4，TMS 基准)	
蒸发热(31.2℃)/(J/mol)	399.8	2,3-CH_2 1.3～2.0(1.8)	
生成热/(kJ/mol)	62.0	2,4-CH_2 0～1(0)	
爆炸极限(下限)/%(体积)	2.3	3,4-CH_2 3.1～3.8(3.6)	
(上限)/%(体积)	14.3	2,5-CH_2 1～2(1.5)	

(5) 化学性质　与空气接触时，形成不稳定的过氧化物。对热比较稳定，与无机酸作用发生树脂化。蒸馏时也容易发生树脂化。在氧化铝催化下，350～450℃时与氨反应生成吡咯，与硫化氢反应生成噻吩。呋喃容易在 2 位和 5 位发生取代和加成反应。与硝酸乙酰酯反应生成 2-硝基呋喃。与吡啶和三氧化硫加成物作用生成呋喃-2-磺酸。0℃时在二噁烷中与溴反应生成 2-溴呋喃，在氯化锌催化下，与异丁烯反应生成 2-叔丁基呋喃。在四氯化锡催化下，与乙酐反应生成 2-乙酰基呋喃。呋喃含有共轭双键，容易与顺丁烯二酸酐发生 Diels-Alder 反应。在 100℃和 5 MPa 下，用镍作催化剂，与氢加成得到四氢呋喃。呋喃在靛红和硫酸中呈紫色，盐酸浸过的松木片遇呋喃显绿色，可用来检验呋喃。

(6) 精制方法　用 5%氢氧化钾水溶液洗涤，无水硫酸钙或无水硫酸钠干燥，使用前在氢氧化钾或金属钠存在下蒸馏。若有过氧化物，可用硫酸氢钠和弱酸性硫酸亚铁水溶液洗涤除去。

(7) 溶解性能　能与乙醇、乙醚等普通有机溶剂混溶。25 ℃时在水中溶解 1.0%；水在呋喃中溶解 0.3%。

(8) 用途　用作制造己二腈、丁二烯以及四氢呋喃等的原料。作溶剂使用的情况较少。

(9) 使用注意事项　危险特性属第 3.1 类低闪点易燃液体。危险货物编号：31040；UN 编号：2389。由于沸点和闪点低，挥发性大，在空气中容易达到爆炸浓度，应防止与热源和火源接近，并注意通风、换气，空气中呋喃的蒸气浓度不得超过 27.8mg/m^3。呋喃能使血液循环、肠、胃、肝脏功能出现异常。其蒸气有麻醉性，又能被皮肤吸收而中毒，接触皮肤后用水及肥皂充分洗净。大鼠的致死浓度（空气中）为 84512mg/m^3。着火时用四氯化碳、二氧化碳或干式化学灭火剂灭火。

参 考 文 献

1 CAS 110-00-9

2 EINECS 203-727-3

3 N. I. Sax. Dangerous Properties of Industrial Materials. 3rd ed. Van Nostrand Reinhold. 1968. 785

4 Kirk-Othmer. Encyclopedia of Chemical Technology. 2nd ed. Vol. 10. Wiley. 248

5 The Merck Index. 8th ed. 475

6 A. Weissberger. Organic Solvents. 2nd ed. Wiley. 125，371；C. P. Smyth and W. S. Walls. J. Amer. Chem. Soc.，1932，54：3235

7 W. C. Price and A. D. Walsh，Proc. Roy. Soc. London Ser. A，1941，179：201；荒木峻，盖子洋一郎. 有機化合物のスペクトルによる同定法. 2版. 東京化学同人. 1969. 171

8 藤野明，山口正雄. 赤外緑吸収スベクトル（化学の领域增刊号）. 3集. 南江堂. 1958，101；A. Quilico et al. Tetrahedron，1957，1：177；H. W. Thompson and R. B. Temple. Trans. Faraday Soc. 1945，41：27

9 A. W. Reitz. Z. Physik. Chem. Leipzig. 1938，38B：275

10 G. S. Reddy and J. H. Goldstein. J. Amer. Chem. Soc. 1961，83：5020

11 The Merck Index. **10**，4171；**11**，4206

12 张海峰主编. 危险化学品安全技术大典：第1卷. 北京：中国石化出版社，2010

375. 2-甲基呋喃

2-methylfuran [*a*-methylfuran，*a*-methylfurfuran，sylvan]

(1) 分子式 C_5H_6O。　　相对分子质量 82.10。

(2) 示性式或结构式

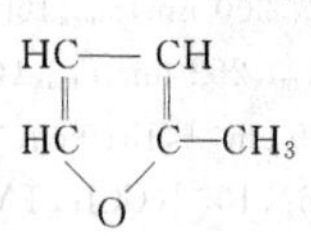

(3) 外观 无色流动性液体，有类似乙醚的气味。

(4) 物理性质

沸点(101.3kPa)/℃	63.7	蒸气压(15℃)/kPa	14.73
熔点/℃	−88.68	(20℃)/kPa	18.53
相对密度(20℃/0℃)	0.9159	(25℃)/kPa	23.20
(20℃/4℃)	0.915	(30℃)/kPa	28.80
折射率(20℃)	1.4344	NMR δ×10^{-6}(四甲基硅)	
闪点(闭口)/℃	30	τ_3 4.19；τ_4 3.90；τ_5 2.87	
蒸气相对密度(空气=1)	2.8		

(5) 化学性质 能被强碱（NaOH）所分解。空气中放置时逐渐变成黄色，添加少量盐酸醇溶液时颜色消失。与浓硫酸和靛红加热时呈紫红色，与硝酸作用时，在2位和5位发生硝化反应。与 *N*-溴代丁二酰亚胺反应时，在甲基上发生溴代作用。用阮来镍催化加氢时，生成2-甲基四氢呋喃。与稀盐酸一起加热发生开环作用。

(6) 精制方法 参照呋喃。

(7) 溶解性能 能与乙醇、乙醚、丙酮等有机溶剂混溶。25℃时在水中溶解 0.3%。

(8) 用途 除作溶剂外，也是生产维生素 B_1 和磷酸氯喹的中间体。

(9) 使用注意事项 危险特性属第3.1类低闪点易燃液体。危险货物编号：31041，UN 编号：2301。对金属无腐蚀性，可用铁、软钢、铜或铝制容器贮存。由于闪点低，易着火，与氧化性物质反应激烈，应防止与热源、火源和氧化剂接近。着火时用二氧化碳、干式化学灭火剂、四氯化碳灭火。在空气中氧的作用下，能生成不稳定的过氧化物，应避光、密封置阴凉处贮存。生理作用和呋喃相似。

参 考 文 献

1 CAS 534-22-5

2 EINECS 208-594-5

3 N. I. Sax. Dangerous Properties of Industrial Materials. 3rd ed. Van Nostrand Reinhold. 1968. 926

4 Kirk-Othmer. Encyclopedia of Chemical Technology. 2nd ed. Vol. 10. Wiley. 248

5 W. Forest. Ullmann Encyklopädie der Technischen Chemie, 3rd ed. Vol. **7**. Urban & Schwarzenberg. 1956. 715

6 C. Marsden. Solvents Guide. 2nd ed. Cleaver-Hume. 1963. 400

7 堀口博. 赤外線吸収図説総覧. 三共出版. 1973. 156

8 G. S. Reddy and J. H. Goldstein. J. Amer. Chem. Soc. 1961. 83: 5020

376. 3-甲基呋喃

3-methylfuran[β-methylfuran]

(1) 分子式　C_5H_6O。　　相对分子质量　82.10。

(2) 示性式或结构式

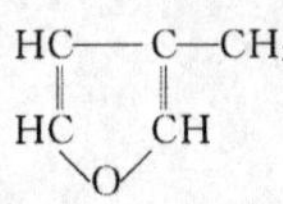

(3) 外观　无色流动液体，有类似乙醚气味。

(4) 物理性质

沸点(101.3kPa)/℃	65.5
相对密度(18℃/4℃)	0.923
折射率(18℃)	1.4255

(5) 溶解性能　能与乙醇、乙醚、丙酮等溶剂混溶，不溶于水。

(6) 用途　溶剂、有机合成中间体。

(7) 使用注意事项　参照2-甲基呋喃。有毒，易燃。

参 考 文 献

1 CAS 930-27-8

2 Beil., **17**, 36

377. 2,5-二甲基呋喃

2,5-dimethylfuran

(1) 分子式　C_6H_8O。　　相对分子质量　96.13。

(2) 示性式或结构式

(3) 外观　无色液体。

(4) 物理性质

沸点(101.3 kPa)/℃	90～95	折射率(20℃)	1.443
熔点/℃	−62	闪点/℃	7
相对密度(20℃/4℃)	0.913		

(5) 溶解性能 溶于乙醇、乙醚、氯仿和苯，不溶于水。

(6) 用途 溶剂。

(7) 使用注意事项 2,5-二甲基呋喃的危险特性属第 3.2 类中闪点易燃液体。危险货物编号：32099。高度易燃，遇高热、明火易引起燃烧。有毒，对眼睛、黏膜、皮肤有刺激性。

参 考 文 献

1 CAS 625-86-5

2 EINECS 210-914-3

3 Beil., **17**, 41

378. 四氢呋喃

tetrahydrofuran [tetramethylene oxide, oxolan, diethylene oxide, 1,4-oxidobutane, THF]

(1) 分子式 C_4H_8O。　　相对分子质量　72.11。

(2) 示性式或结构式

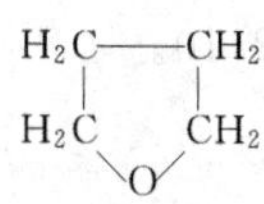

(3) 外观 无色透明液体，有类似乙醚的气味。

(4) 物理性质

沸点(101.3kPa)/℃	66	燃点/℃	321.1
熔点/℃	−108.5	蒸发热(66℃)/(kJ/kg)	410
相对密度(20℃/4℃)	0.8892	比热容(20℃,定压,液体)/[kJ/(kg·K)]	1.96
折射率(20℃)	1.4073	(60℃,定压,气体)/[kJ/(kg·K)]	1.55
(25℃)	1.4040	临界温度/℃	26.8
介电常数(25℃)	7.58	临界压力/MPa	5.19
偶极矩/(10^{-30}C·m)	5.70,5.67	爆炸极限(下限)/%(体积)	2.3
黏度(0℃)/mPa·s	0.66	(上限)/%(体积)	11.8
(20℃)/mPa·s	0.55	蒸气相对密度(空气=1)	2.5
(30℃)/mPa·s	0.47	UV 220 nm(透明界限)	
(40℃)/mPa·s	0.42	NMR $\delta\times10^{-6}$(CCl_4,TMS 基准)	
表面张力/(mN/m)	26.4	CH_2O 3.63　CH_2 1.79	
闪点(闭口)/℃	17.2		

(5) 化学性质 在空气中由于自氧化作用生成有爆炸性的过氧化物。用硝酸氧化时生成丁二酸。在氧化铝催化作用下，300～400℃与氨反应得到吡咯烷；400℃与硫化氢反应得到四氢噻吩。在氯化锌存在下，受酸或酰氯的作用，容易开环生成 1,4-丁二醇、1,4-二卤化物。在光的影响下，常温氯化生成 2,3-二氯四氢呋喃。其第二位的氯原子很活泼，可直接被烷氧基、乙酸基或 Grignard 试剂的烷基所取代。用酸式磷酸盐作催化剂，270℃时四氢呋喃脱水生成丁二烯。加热时四氢呋喃与氯化氢气体作用，重排成 4-氯丁醇。在三氯化铝存在下，四氢呋喃与氢化铝锂作用，定量地生成丁醇。

(6) 精制方法 四氢呋喃可由 1,4-丁二醇脱水或呋喃氢化而得。除含有制造过程中带入的杂质外，还含有为了防止自氧化作用而加入的各种抗氧剂。精制之前必须检查有无过氧化物存在，否则不能进行蒸馏或加热蒸发，以免发生爆炸。过氧化物的检查方法与乙醚相同，可用 2% 的酸性碘化钾溶液进行。过氧化物可用硫酸亚铁和硫酸氢钠的混合水溶液处理除去。或将四氢呋喃通过活性氧化铝以除去过氧化物。一般的精制方法是将四氢呋喃与四氢化铝锂一起回流，然后在氢化铝锂存在下蒸馏，即可除去水、过氧化物、抗氧剂和其他杂质。回流和蒸馏应在氮气流下进行。并应先用小量进行试验，确定其含水和过氧化物不多，反应不过于激烈时方可进行。也可在除去过氧化物后，用氯化钙或无水硫酸钠干燥、过滤、分馏的方法进行精制。

(7) 溶解性能　四氢呋喃能和水混溶。与水组成的共沸混合物能溶解醋酸纤维素及咖啡因一类的生物碱，溶解性能比单独使用四氢呋喃的效果好。一般的有机溶剂如乙醇、乙醚、脂肪烃、芳香烃、氯化烃等在四氢呋喃中都能很好地溶解。

(8) 用途　四氢呋喃是性能优良的有机溶剂，由于具有溶解速度快，对树脂表面和内部的渗透扩散性好等特征而得到广泛的应用。特别是对聚氯乙烯、聚偏氯乙烯及其共聚物的溶解，可得到低黏度的溶液，因而用于表面涂料、保护性涂料、黏结剂和薄膜等的制造。也用于油墨、脱漆剂、萃取剂、人造革表面处理剂液相色谱溶剂。在 Grignard 反应、聚合反应、$LiAlH_4$ 还原缩合反应、酯化反应中可作用溶剂。四氢呋喃还是制造丁二烯、锦纶、聚丁二醇醚、γ-丁内酯、聚乙烯吡咯烷酮、四氢噻吩等的中间体。

(9) 使用注意事项　危险特性属第 3.1 类低闪点易燃液体。危险货物编号：31042；UN 编号：2056。对金属无腐蚀性，可用铁、软钢、铜或铝制容器贮存，但要仔细选择垫圈、衬垫和密封套，因四氢呋喃对许多塑料和橡胶都有侵蚀作用。由于沸点、闪点低、常温下易着火，应远离火源。贮存时空气中的氧能和四氢呋喃作用生成有爆炸性的过氧化物。光照和无水的情况下，过氧化物更易形成。因此，常加入 0.05%～1%的对苯二酚、间苯二酚、对甲苯酚或亚铁盐等还原性物质作抗氧剂，以抑制过氧化物的生成。在密封的容器内充满氮气，置阴凉处贮存也能防止过氧化物的生成。四氢呋喃吸入为微毒类，经口属低毒类。对皮肤和眼、鼻、舌的黏膜有刺激作用。其蒸气有麻醉性，长时间吸入高浓度蒸气能引起头昏、眼花、头痛、呕吐等症状。当血液中的浓度达 160mg/kg 时，会完全陷于麻醉；达300～400mg/kg时，即能致死。但纯品的毒性比丙酮低，是毒性最小的溶剂之一。嗅觉阈浓度 88.2mg/m^3，工作场所最高容许浓度为 590mg/m^3。当浓度大于 73.5～147mg/m^3 时，即能感到四氢呋喃的特有气味。

(10) 规格　GB/T 24772—2009　工业用四氢呋喃

项　目		优等品	合格品
外观		无色透明液体,无可见杂质	
四氢呋喃/%	≥	99.95	99.80
水分/%	≤	0.02	0.05
色度(Hazen 单位,铂-钴色号)	≤	5	10

(11) 附表

表 2-5-37　四氢呋喃的蒸气压

温度/℃	蒸气压/kPa	温度/℃	蒸气压/kPa	温度/℃	蒸气压/kPa
15	15.20	35	35.07	55	73.33
25	23.46	45	51.33	66	101.33

表 2-5-38　四氢呋喃对树脂的溶解性能

可溶性树脂	溶胀或部分可溶性树脂	不溶性树脂
烃类		
聚异丁烯、聚苯乙烯、ABS 树脂		聚乙烯、聚丙烯
乙烯类		
聚甲烯丙烯酸甲酯、聚乙酸乙烯酯		氟树脂
聚氯乙烯、聚乙烯醇缩丁醛、聚乙烯醚		
橡胶类		
SBR、NBR、天然橡胶、氯化橡胶	丁苯橡胶、氯丁橡胶	聚硫橡胶
纤维素类		
醋酸纤维素、硝酸纤维素、乙基纤维素、苄基纤维素		三醋酸纤维素(酯)
聚酯类		
醇酸树脂、聚酯树脂①		

续表

可溶性树脂	溶胀或部分可溶性树脂	不溶性树脂
甲醛类		
三聚氰酰胺、尿素树脂、酚醛树脂		
天然树脂类		
松香、虫胶、香豆酮-茚树脂、甘油三松香酸酯		
其他		
聚氨基甲酸酯①、环氧树脂(加硫前)、软质聚酰胺树脂		

① 也有不溶解的。

参考文献

1 CAS 109-99-9

2 EINECS 203-726-8

3 C. Marsden. Solvents Guide. 2nd ed. Cleaver-Hume. 1963. 514

4 H. H. Sisler et al. J. Amer. Chem. Soc. 1948. 70: 3822

5 The Merck Index. 8th ed. 1026

6 C. P. Smyth and W. S. Walls. J. Amer Chem. Soc. 1932, 54: 3235

7 テトラヒドロフラン/1，4-ブタンジオール/1，4-ブテンジオール. 東洋曹達工業（株）

8 堀口博. 赤外線吸収図説総覧. 三共出版. 1973. 156

9 G. M. Barrow et al. J. Amer. Chem. Soc. 1953. 75: 1175 R. N. Jones, Chemical Application of Spectroscopy. Wiley. 1954. 247

10 G. V. D. Tiers. Table of Tau Values, Minnesota Mining and Manufacturing Co. 1958

11 N. I. Sax. Dangerous Properties of Industrial Materials. 3rd ed. Van Nostrand Reinhold. 1968. 1146

12 C. Marsden. Solevnts Guide. 2nd ed. Appendixes. Cleaver Hume. 1963. 605

13 Beilstein. Handbuch der Organischen Chemie. H, 17-10

14 The Merck Index. **10**, 9036

15 张海峰主编. 危险化学品安全技术大典：第1卷. 北京：中国石化出版社，2010

379. 四氢吡喃

tetrahydropyran [pentamethylene oxide, 1, 5-oxidopentane]

(1) 分子式 $C_5H_{10}O$。 相对分子质量 86.13。

(2) 示性式或结构式

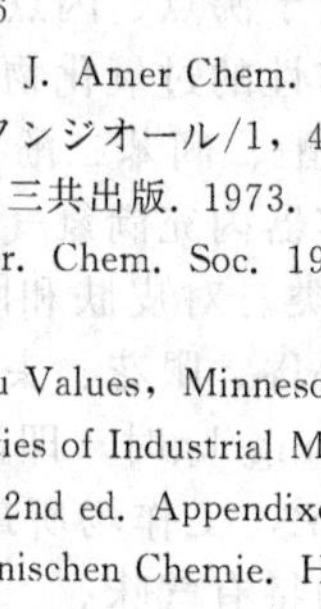

(3) 外观 无色易流动液体，有类似乙醚的气味。

(4) 物理性质

沸点(101.3kPa)/℃	88	偶极矩/(10^{-30}C·m)	6.24
熔点/℃	−49.2	闪点/℃	−20
相对密度(15℃/4℃)	0.8855	蒸气密度/(g/cm^3)	4.0
(20℃/4℃)	0.8814	NMR $\delta\times10^{-6}$	
折射率(20℃)	1.4211	α3.56；β1.58	
介电常数(25℃)	5.44		

(5) 化学性质 四氢吡喃与脂肪族醚一样化学性质不活泼，在空气中氧的作用下，能生成过氧化物。光对过氧化物的生成有促进作用，与氯反应得到各种氯代四氢吡喃。与酰氯反应生成ω-氯代戊酯。与氨及脂肪族胺、芳香族胺反应得到哌啶或哌啶取代物。

(6) 精制方法 参照四氢呋喃和二噁烷的精制方法。

(7) 溶解性能 能与水、乙醇、乙醚及一般有机溶剂混溶。对树脂和橡胶的溶解度大。作硝酸纤维素的溶剂，能得到透明的涂膜。

(8) 用途　用作硝基喷漆、橡胶等的溶剂及 Grignard 反应的溶剂。

(9) 使用注意事项　危险特性属第 3.1 类低闪点易燃液体。危险货物编号：31043。贮存时能形成爆炸性的过氧化物，故常加入亚硫酸氢钠、氯化亚锡等还原剂以抑制过氧化物的生成。与酸性物质反应激烈。加温加压时不稳定，使用时应注意。蒸气有麻醉性。

参　考　文　献

1 CAS 142-68-7

2 EINECS 205-552-8

3 Heilbron. Dictionary of Organic compounds. 4th ed. Vol. 5. E & F. N. Spon. 1965. 2996

4 The Merck Index. 8th ed. 1027，H. H. Sisler et al. J. Amer. Chem. Soc. 1948，70：3822

5 J. L. Down et al. J. Chem. Soc. 1959. 3769

6 I. Mollan. Industrial Solvents. 2nd ed. Van Nostrand Reinhold. 1953. 680

7 H. M. Randall et al. Infrared Determination of Organic Structurs. 3rd ed. Van Nostrand Reinhold. 1956，181；G. M. Barrow et al. J. Amer. Chem. Soc. 1953，75：1175

8 堀口博. 赤外線吸収図説総覧. 三共出版，1973. 159

9 G. V. D. Tiers. Tables of Tau Values，Minnesota Mining and Manufacturing Co. 1958

10 N. I. Sax. Dangerous Properties of Industrial Materials. 3rd ed. Nostrand Reinhold. 1968. 1147

11 The Merck Index. **12**，9356

380. 2-甲基四氢呋喃

2-methyl tetrahydrofuran

(1) 分子式　$C_5H_{10}O$。　　　相对分子质量　86.13。

(2) 示性式或结构式

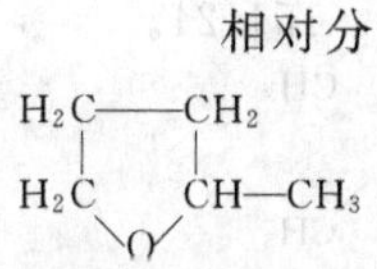

(3) 外观　无色液体，类似醚的气味。

(4) 物理性质

沸点(101.3kPa)/℃	80.2	折射率(25℃)	1.4025
熔点/℃	−13.6	闪点(闭口)/℃	−11
相对密度(20℃/4℃)	0.8540		

(5) 溶解性能　易溶于有机溶剂，20℃在水中溶解度为 13.1%。

(6) 用途　树脂、天然橡胶、乙基纤维素的溶剂、药物合成中间体。

(7) 使用注意事项　2-甲基四氢呋喃的危险特性属第 3.2 类中闪点易燃液体。危险货物编号：32100；UN 编号：2536。空气中易氧化，遇明火、高热易引起燃烧，毒性与 2-甲基呋喃类似。

参　考　文　献

1 CAS 96-47-9

2 EINECS 202-507-4

3 Beilstein. Handbuch der Organichen Chemie. E Ⅳ，17-60

381. 二氢吡喃

dihydropyran[3,4-dihydro-2*H*-pyran]

(1) 分子式　C_5H_8O。　　　相对分子质量　84.12。

(2) 示性式或结构式

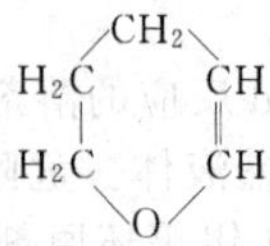

(3) 外观　无色易流动液体。

(4) 物理性质

沸点(101.3kPa)/℃	84～88	折射率(20℃)	1.441
熔点/℃	−70	闪点(闭口)/℃	−15
相对密度(20℃/4℃)	0.982		

(5) 溶解性能　能与乙醇、乙醚及一般有机溶剂混溶。

(6) 用途　溶剂、有机合成中间体。

(7) 使用注意事项　二氢吡喃的危险特性属第 3.2 类中闪点易燃液体。危险货物编号：32102；UN 编号：2376。易燃，遇高热、明火及氧化剂能引起燃烧或爆炸。

参 考 文 献

1　CAS 110-87-2
2　EINECS 203-810-4.

382. 桉 树 脑

cineole[1,8-cineole,eucalyptol,cafeputol,1,8-epoxy-*p*-menthane]

(1) 分子式　$C_{10}H_{18}O$。　　　相对分子质量　154.24。

(2) 示性式或结构式

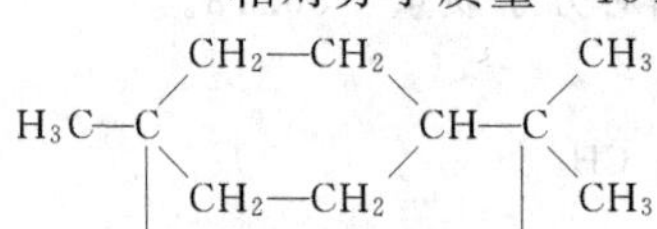

(3) 外观　无色透明液体，有类似樟脑的刺激气味。

(4) 物理性质

沸点(101.3kPa)/℃	176.0	折射率(15℃)	1.4584
熔点/℃	1.3	(20℃)	1.4575
相对密度(15.5℃/15.5℃)	0.9294	介电常数(23.5)	4.57
(20℃/4℃)	0.9267	燃烧热/(kJ/kg)	6110
闪点(闭口)/℃	50		

(5) 化学性质　是极其稳定的化合物，常压蒸馏不发生分解，与还原剂也不作用。与溴化氢反应生成加成物 $C_8H_{18}O \cdot HBr$ (m. p. 56～57℃)。用高锰酸钾氧化时，生成桉树脑酸 (m. p. 204～206℃)。与酚类和磷酸也可生成加成产物。

(6) 精制方法　将桉树脑与间苯二酚、邻苯二酚等生成的加成物用石油醚重结晶后，用水蒸气蒸馏法精制。也可将桉树脑用等体积的石油醚稀释，然后用溴化氢饱和，过滤出沉淀，用少量石油醚洗涤后放入水中搅拌，桉树脑即可再生。

(7) 溶解性能　不溶于水，能与乙醇、氯仿、冰乙酸、挥发性油或不挥发性油等混溶。溶解性能和松节油类似。

(8) 用途　用于香料和医药。

(9) 使用注意事项　为可燃性液体。对毒物敏感的人少量即可引起皮肤斑疹，3～30mL 就有致命危险，症状为窒息感、头昏、呕吐、精神错乱、抽搐。过量使用能侵害中枢神经。

(10) 附表

表 2-5-39 桉树脑的蒸气压

温度/℃	蒸气压/kPa	温度/℃	蒸气压/kPa	温度/℃	蒸气压/kPa	温度/℃	蒸气压/kPa
15.0	0.13	54.1	1.33	94.3	8.00	151.6	53.33
40.9	0.67	68.5	2.67	128.7	26.66	176.0	101.33

表 2-5-40 桉树脑加成物及其熔点

加成物	熔点/℃	加成物	熔点/℃	加成物	熔点/℃
α-萘酚	75	邻甲酚	56.3	对甲酚	1.5
β-萘酚	48	间甲酚	−5	水杨酸甲酯	−15
苯酚	8	磷酸	80	四碘吡咯	112
对苯二酚	106.5	间苯二酚	89		
邻甲氧基苯酚	5	百里酚	4.5		

表 2-5-41 含桉树脑的二元共沸混合物

第二组分	共沸点/℃	桉树脑/%	第二组分	共沸点/℃	桉树脑/%
水	99.55	43.0	乙酰乙酸甲酯	<164.5	80
二氯甲烷	169.6	40	乙二醇	164.75	85
双(2-氯乙基)醚	173.35	57	乙酰胺	170.9	83
糠醛	157.25	41	2-氨基乙醇	153.4	36
草酸甲酯	158.85	45	丙酰胺	173.8	92
乙二醇乙酸酯	174.1	78	氨基甲酸乙酯	168.4	72

参 考 文 献

1 CAS 470-82-6
2 EINECS 207-431-5
3 D. R. Stull. Ind. Eng. Chem. 1947，39：517
4 P. A. Berry and T. B. Swanson. Perfumery Essent. Oil Record. 1932，23：373
5 I. Heilbron. Dictionary of Organic Compounds. 4th ed. Vol. 2. E & F. N. Spon. 1965. 709
6 A. Weissberger. Organic Solvents. 2nd ed. Wiley. 370
7 Flash Point. The British Drug Hauses Ltd. 1963
8 日本化学会编. 化学便覧. 基礎編Ⅱ. 丸善. 1975. 718
9 A. Baeyer and V. Villiger. Chem. Ber. 1902，35：1209
10 P. A. Berry and T. B. Swanson. Perfumery Essent. Oil Record. 1933，24：224；J. Read. Perfumery Essent. Oil Record，1932，23：340；A. R. Penfold and F. M. Morrison. Perfumery Essent. Oil Record. 1928，19：468；J. Allan. Chemist Druggist 1927，107：19，515
11 Beilstein. Handbuch der Organischen Chemie. E Ⅲ，17-24
12 L. H. Horsley. Azeotropic Data. 1952，303

383. 乙二醇二甲醚［1,2-二甲氧基乙烷］

ethylene glycol dimethyl ether［monoglyme,1,2-dimethoxyethane］

(1) 分子式 $C_4H_{10}O_2$。 相对分子质量 90.12。

(2) 示性式或结构式 CH_2OCH_3
$|$
CH_2OCH_3

(3) 外观 无色透明液体，有类似醚的气味。

(4) 物理性质

沸点(101.3kPa)/℃	85.2	蒸发热/(kJ/mol)	28.14
熔点/℃	69	熔化热/(kJ/kg)	139.4
相对密度(15℃/4℃)	0.86877	生成热/(kJ/mol)	491.95
(20℃/20℃)	0.8683	燃烧热/(kJ/mol)	2520.82
折射率(20℃)	1.3792	比热容(定压)/[kJ/(kg·K)]	1.83
介电常数(25℃)	5.50	临界温度/℃	362
(25℃±0.02℃,苯)	5.5495	临界压力/MPa	3.87
黏度(20℃)/mPa·s	1.1	电导率(25℃)/(S/m)	0.47×10^{-7}
表面张力(20℃)/(mN/m)	22.9	蒸气压(20℃)/kPa	6.40
闪点(开口)/℃	1.11	蒸气相对密度(空气=1)	3.11
燃点/℃	745	IR νC—H 2818cm^{-1}(参照图 2-5-2)	
偶极矩(25℃±0.02℃,二噁烷)/(10^{-30}C·m)	5.97	NMR $\delta\times10^{-6}$ 3.46(—CH_2—O—CH_3)	

(5) 化学性质　性质稳定，不易发生反应。但能与碘化氢、溴化氢、浓硫酸反应。酸性催化剂存在时，高温能发生分解。在150℃以下对碱金属稳定，金属钠可用乙二醇二烷基醚干燥。但能与钠-钾合金或钾反应。苯基锂、丁基锂使乙二醇二甲醚稍有分解。与活性小的 Grignard 试剂如甲基氯化镁在通常条件下不发生反应，但加热到150～200℃时与活性大的试剂如甲基碘化镁作用而分解。对碱金属的氢化物稳定，可作氢化铝锂的稳定剂、精制剂。在氧的作用下生成过氧化物，光和热对过氧化物的生成有促进作用。生成的过氧化物不稳定，分解成醛、酮、酸及其他杂质。

(6) 精制方法　过氧化物的检验方法与乙醚相同。过氧化物可用氯化亚锡一起回流或通过活性氧化铝除去。然后添加少量的金属钠以除微量的水分。其他精制方法有先用钠丝干燥，在氮气流下加氢化铝锂蒸馏。也可以先用无水氯化钙干燥数天，过滤、加金属钠蒸馏，或加氢化铝锂保存，用前蒸馏。

(7) 溶解性能　溶于水，能与醇、醚、酮、酯、烃、氯代烃等多种有机溶剂混溶。能溶解各种树脂，能与多种金属化合物形成配位化合物而溶解。它还是二氧化硫、氯代甲烷、乙烯等气体的优良溶剂。对各种纤维素也有很好的溶解能力，俗称二甲基溶纤剂。

(8) 用途　用作硝酸纤维素、树脂等的溶剂以及制备碱金属氧化物、硼烷时的溶剂。萘、联苯、三联苯、蒽等芳香烃在乙二醇二甲醚中与钠生成络合物。钠-萘络合物在聚四氟乙烯等含氟树脂黏合时用于表面处理。钠-联苯络合物用于汽油中的卤素测定。还可用于从稀乙酸水溶液中回收乙酸。也用于脱漆剂、稀释剂及增加润滑油的黏度等。

(9) 使用注意事项　危险特性属第3.2类中闪点易燃液体。危险货物编号：32093；UN编号：2252。注意火源，着火时用泡沫灭火剂灭火，水无效。有吸湿性，贮存时能形成过氧化物，应避光，密封置阴凉处贮存。吸入和经口属低毒类。吸入高浓度蒸气时，对肺、肝、肾等器官都有损害。大鼠经口 LD_{50} 为 7 g/kg。

(10) 附表

表 2-5-42　各种树脂在乙二醇二甲醚中的溶解性能

溶解性能	树　　脂
可溶	聚丙烯酸酯、乙基纤维素、醋酸纤维素、硝酸纤维素、聚甲基丙烯酸甲酯、环氧树脂、氯化橡胶、苯酚糠醛树脂
溶胀	聚氯乙烯、硅橡胶、聚丙烯腈、聚硫橡胶、酚甲醛树脂
难溶	聚苯乙烯、偏氯乙烯树脂、三聚氰胺甲醛树脂、改性异构化橡胶
不溶	聚四氟乙烯、聚乙烯、锦纶、脲醛树脂、聚对苯二甲酸乙二醇酯、聚乙烯醇、呋喃树脂、苯胺甲醛树脂、硬橡胶、氯化三氟乙烯树脂

表 2-5-43　乙烯在各种溶剂中的溶解度(0.97MPa)

溶　　剂	温度/℃	溶解度/(mL/g)	C_2H_4/(mol/溶剂 mol)
乙二醇二甲醚	10	323.1	0.568
乙二醇二甲醚	0	406.6	0.623

续表

溶　　剂	温度/℃	溶解度/(mL/g)	C_2H_4/(mol/溶剂 mol)
二甘醇二甲醚	10	264.7	0.616
二甘醇二甲醚	0	331.4	0.667
三甘醇二甲醚	10	235.2	0.654
三甘醇二甲醚	0	292.1	0.701
四甘醇二甲醚	10	221.4	0.689
四甘醇二甲醚	0	289.6	0.744
二甘醇二丁醚	10	156.7	0.607
二甘醇二丁醚	0	190.5	0.652
二甘醇二叔丁醚	10	158.5	0.610
二甘醇二叔丁醚	0	198.8	0.662
二甲基甲酰胺(DMF)	0	426.7	0.584
二甲亚砜(DMSO)	0	316.5	0.576
吗啉	0	300.3	0.541

(11) 附图

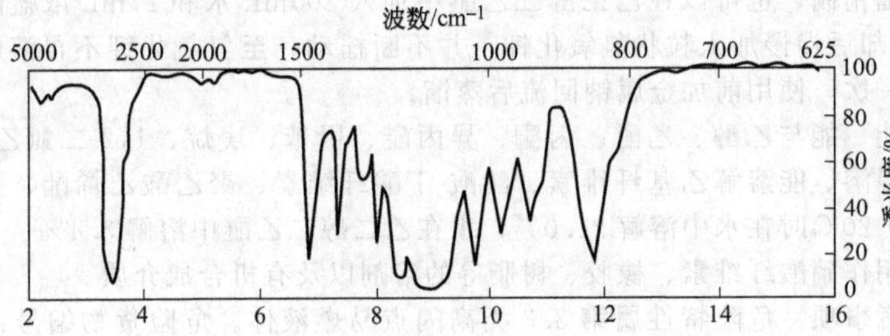

图 2-5-2　乙二醇二甲醚的红外光谱

参 考 文 献

1　CAS 110-71-4
2　EINECS 203-794-9
3　Ansul Ethers (Chemical Products Bulletin). Ansul Chem. Co. Data Sheet No. C-5986, 1959; No. C-6749, 11-1-68
4　The Merck Index. 8th ed. 373
5　Kirk-Othmer. Encyclopedia of Chemical Technology. 2nd ed. Vol. 10. Wiley. 643
6　J. L. Down et al. J. Chem. Soc. 1959, 3767
7　利安義雄，藤代亮一. 日化. 1973, 431, 433
8　クライム (技术サービスリポート). No. 1. 東燃石油化学 (株). 1968
9　额田健吉. 日化. 1958, 80: 976
10　汤川泰秀. 大有機化学. 别卷 2. 朝倉書店. 1963. 469
11　N. I. Sax. Dangerous properties of Industrial Materials. 3rd ed. Van Nostrand Reinhold. 1968. 746
12　竜谷文吉. 日化. 1960. 81: 1192
13　Beilstein, Handbuch der Organischen Chemie, H, 1-467; E Ⅳ, 1-2376
14　The Merck Index. **10**, 3215; **11**, 3213

384. 乙二醇二乙醚［1,2-二乙氧基乙烷］

ethylene glycol diethyl ether［1,2-diethoxyethane,（商）diethyl cello solve,（商）diethyl glycol］

(1) 分子式　$C_6H_{14}O_2$。　　　相对分子质量　118.17。

(2) 示性式或结构式　$CH_2OCH_2CH_3$
$|$
$CH_2OCH_2CH_3$

(3) 外观　无色液体，微有醚味。

(4) 物理性质

沸点(101.3kPa)/℃	121.4	闪点/℃	35
熔点/℃	−74.0	燃点/℃	207.8
相对密度(20℃/20℃)	0.8417	蒸发热/(kJ/mol)	48.99
折射率(20℃)	1.3922	蒸气压(20℃)/kPa	1.25
介电常数(25℃)	5.10	体膨胀系数(10～30℃)	0.000120
黏度(20℃)/mPa·s	0.65	蒸气密度(空气=1)	6.56

(5) 化学性质　与氧形成过氧化物。对稀酸稳定，强酸不稳定。与卤化氢、三氯化铝、三溴化铝作用时，醚键发生断裂。其他化学性质与乙二醇二甲醚类似。

(6) 精制方法　加无水氯化锡回流或通过活性氧化铝以除去过氧化物。微量水分可加金属钠蒸馏除去，再分馏精制。也可以在乙二醇二乙醚中加入 200mL 水和 27mL 浓盐酸，在氮气流下回流 12 小时，冷却后慢慢加入粒状氢氧化钾，并不断摇动，至氢氧化钾不再溶解时，倾出有机层。再重复操作一次。使用前加金属钠回流后蒸馏。

(7) 溶解性能　能与乙醇、乙醚、丙酮、异丙醚、甲苯、庚烷、1,2-二氯乙烷、乙酸乙酯、蓖麻油、松油等混溶。能溶解乙基纤维素、醋酸-丁酸纤维素、聚乙酸乙烯酯、聚苯乙烯、聚甲基丙烯酸甲酯等。20℃时在水中溶解 21.0%；水在乙二醇二乙醚中溶解 3.4%。

(8) 用途　用作硝酸纤维素、橡胶、树脂等的溶剂以及有机合成介质。

(9) 使用注意事项　危险特性属第 3.3 类高闪点易燃液体。危险货物编号：33569，UN 编号：1153。遇高热、明火及氧化剂易引起燃烧。着火时用二氧化碳、干式化学灭火剂灭火。贮存时能产生过氧化物，应避光密封置阴凉处贮存。有毒或其蒸气有毒。工作场所最高容许浓度 $600mg/m^3$。毒性比乙二醇一乙醚稍强。

参 考 文 献

1　CAS 629-14-1
2　EINECS 211-076-1
3　Kirk-Othmer. Encyclopedia of Chemical Technology. 2nd ed. Vol. 10. Wiley. 644
4　A. K. Doolittle. The Technology of Solvents and Plasticizers. Wiley. 1954. 539
5　J. L. Down et al. J. Chem. Soc. 1959, 3767
6　L. Scheflan and M. Jacobs. Handbook of Solvents. Van Nostrand Reinhold. 1953. 257
7　湯川泰秀. 大有機化学. 別巻 2. 朝倉書店. 1958. 469
8　N. I. Sax. Dangerous Properties of Industrial Materials. 3rd ed. Van Nostrand Reinhold. 1968. 654
9　Beilstein. Handbuch der Organischen Chemie. H, 1-468; E Ⅳ, 1-2379
10　张海峰主编. 危险化学品安全技术大典：第 1 卷. 北京：中国石化出版社，2010

385. 乙二醇二丁醚［1,2-二丁氧基乙烷］

ethylene glycol dibutyl ether［1，2-dibutoxyethane，dibutyl cellosolve（商），dibutyl glycol（商）］

(1) 分子式　$C_{10}H_{22}O_2$。　　　　相对分子质量　174.28。

(2) 示性式或结构式　$CH_2O(CH_2)_3CH_3$
$|$
$CH_2O(CH_2)_3CH_3$

(3) 外观　无色液体，微有醚的气味。

(4) 物理性质

沸点(101.3kPa)/℃	203.3	闪点(开口)/℃	85
熔点/℃	−69.1	蒸发热/(kJ/mol)	47.73
相对密度(20℃/4℃)	0.8374	比热容(20℃,定压)/[kJ/(kg·K)]	2.01
折射率(20℃)	1.4131	蒸气压(20℃)/kPa	0.012
黏度(20℃)/mPa·s	1.34		

(5) 化学性质 对碱稳定，与强酸反应时醚键破裂。在空气中氧的作用下能形成过氧化物。

(6) 精制方法 过氧化物的检验与乙醚相同。过氧化物及水分的除去方法与乙二醇二乙醚相同。最后分馏精制。

(7) 溶解性能 能与丙酮、乙醇、1,2-二氯乙烷、乙酸乙酯、甲苯、乙醚、庚烷、蓖麻油、松油、异丙醚等混溶。20℃时在水中溶解0.2%；水在乙二醇二丁醚中溶解0.6%。能与水形成二元共沸混合物，共沸点99.1℃，共沸馏出物中含水76.8%。

(8) 用途 用作分散剂，也用于从脂肪酸稀溶液中萃取脂肪酸、烷基磷酸的分离精制以及铀矿萃取时的惰性溶剂等。

(9) 使用注意事项 为可燃性液体。着火时用二氧化碳灭火。对金属无腐蚀性，可用铁、软钢、铜或铝制容器贮存。贮存时受空气中氧的作用能生成过氧化物，光照能促进过氧化物的生成，故应避光密封贮存，并加入硫酸亚铁、氯化亚锡、亚硫酸钠等还原剂以控制过氧化物的生成。常温时蒸气压低，吸入其蒸气引起中毒的可能性小。毒性比乙二醇一丁醚低。但慢性中毒时对肾脏有损害，应避免高温和喷雾使用。

参考文献

1 CAS 112-48-1

2 EINECS 203-976-8

3 C. Marsden. Solvents Guide. 2nd ed. Cleaver-Hume. 1963. 178

4 A. K. Doolittle. The Technology of Solvents and Plasticizers. Wiley. 1954. 540

386. 二甘醇二甲醚

diethylene glycol dimethyl ether [*bis* (2-methoxyethyl) ether, (商) dimethyl carbitol, diglyme]

(1) 分子式 $C_6H_{14}O_3$。 相对分子质量 134.18。

(2) 示性式或结构式

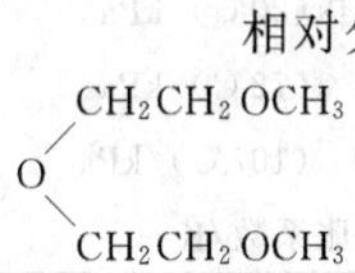

(3) 外观 无色透明液体，微有醚的气味。

(4) 物理性质

沸点(101.3kPa)/℃	159.76	表面张力(25℃)/(mN/m)	29.5
相对密度(25℃/4℃)	0.9440	(b.p.)/(mN/m)	14.44
折射率(20℃)	1.4097	闪点/℃	63
(25℃)	1.4043	蒸发热(b.p.)/(kJ/mol)	43.17
偶极矩(25℃,双环己基)/(10^{-30}C·m)	6.57	蒸气压(25℃)/kPa	0.45
黏度(25℃)/mPa·s	0.981		

(5) 化学性质 参照乙二醇二甲醚。

(6) 精制方法 参照乙二醇二甲醚。也可先用粒状氢氧化钠干燥，然后在氢化钙、氢化铝锂、氢化硼钠或氢化钠存在下回流、减压蒸馏精制。操作要在氮气流中进行。若二甘醇二甲醚有类似胺的气味，可在干燥和蒸馏前将它与弱酸性离子交换树脂一起振摇除去。保存时加入0.01%的氢化硼钠，以防止过氧化物生成。

(7) 溶解性能　能与水、醇、烃类等混溶。与水组成共沸混合物，共沸点99.8℃，含二甘醇二甲醚约25%。

(8) 用途　二甘醇二甲醚为非质子极性溶剂，可用作极性有机反应、阴离子聚合、配位离子聚合用溶剂。其他用途参照乙二醇二乙醚。

参 考 文 献

1 CAS 111-96-6
2 EINECS 203-924-4
3 A. F. Gallaugher and H. Hibbert. J. Amer. Chem. Soc. 1936, 58: 813; 1937, 59: 2521, 2514
4 J. Hampton and J. A. Riddick. Commercial Solvent Corp. Technical Bulletin
5 K. Kimura and R. Fujishiro, Bull. Chem. Soc. Japan. 1966, 39: 608
6 I. B. Rabinovitch and V. I. Tel'noi. Dokl. Akad. Nauk SSSR. 1962, 143: 133; Chem. Abstr. 57, 4557, 1962
7 C. J. Pouchert. The Aldrich Li brary of Infrared Spectra. No 99C, Aldrich Chemical Co. 1970
8 K. Nukada et al. Bull. Chem. Soc. Japan. 1960. 33: 1606
9 Beilstein. Handbuch der Organischen Chemie. E Ⅱ, 1-519; E Ⅳ, 1-2394
10 The Merck Index. **10**, 3102; **11**, 3108

387. 二甘醇二乙醚

diethylene glycol diethyl ether [*bis* (2-ethoxyethyl) ether, (商) diethyl carbitol]

(1) 分子式　$C_8H_{18}O_3$。　　相对分子质量　162.22。

(2) 示性式或结构式

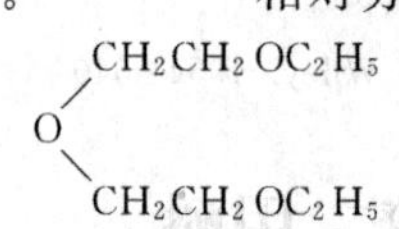

(3) 外观　无色液体。

(4) 物理性质

沸点(101.3kPa)/℃	188.4	蒸发热/(kJ/mol)	48.99
凝固点/℃	−44.3	比热容(定压)/[kJ/(kg·K)]	2.11
相对密度(20℃/20℃)	0.9082	蒸气压(20℃)/kPa	0.05
折射率(20℃)	1.4115	(72℃)/kPa	1.33
黏度(20℃)/mPa·s	1.40	(107℃)/kPa	6.67
闪点(开口)/℃	82	体膨胀系数/K^{-1}	0.00106

(5) 化学性质　具有醚的化学性质。

(6) 精制方法　除去过氧化物后减压蒸馏。

(7) 溶解性能　能与醇及其他有机溶剂混溶，20℃时与水完全混溶。能溶解松香、甘油三松香酸酯、油脂、乙基纤维素、硝酸纤维素、氯丁橡胶、聚苯乙烯和醇酸树脂等。和69%的水组成共沸混合物，共沸点99.4℃和26.1%的乙二醇组成的共沸混合物共沸点178.0℃。

(8) 用途　用作有机合成溶剂，刷涂用硝基喷漆成分，纤维及皮革的匀染剂，照相印刷的调平剂等。

(9) 使用注意事项　为可燃性液体。贮存时会生成过氧化物，蒸馏时需用还原剂除去。可用氯化钙、硫酸镁作干燥剂，进一步干燥可用金属钠、氢化钙或氢化铝锂等。属低毒类。大鼠经口LD_{50}为4.79g/kg。家兔经皮LD_{50}为6.70g/kg。

(10) 附表

表 2-5-44　二甘醇二烷基醚的溶解性能

品　　名	二甘醇二乙醚	二甘醇二丁醚	品　　名	二甘醇二乙醚	二甘醇二丁醚
酚醛乙烯树脂 AYAF	可溶	不溶	明胶	不溶	不溶
酚醛乙烯树脂 VYHH	可溶	不溶	亚麻仁油	可溶	可溶
硝酸纤维素(干燥)	可溶	不溶	虫胶	部分可溶	部分可溶
醋酸纤维素	不溶	不溶	贝壳松脂	可溶	可溶
布纳 S(丁二烯、苯乙烯系)	不溶	不溶	甘油三松香酸酯	可溶	可溶
氯丁橡胶 GN(离子改性 氯丁胶)	可溶	可溶	未固化橡胶	不溶	溶胀
			石蜡	不溶	不溶
巴西棕榈蜡	不溶	不溶	醋酸纤维素 17%丁酸酯	不溶	
蜂蜡	不溶	不溶	醋酸纤维素 13%～15%丙酸酯	不溶	
松香	可溶	可溶	醋酸纤维素 37%丁酸酯	可溶	
脱蜡达玛树脂	部分可溶	可溶	醋酸纤维素 31%丙酸酯	不溶	
玉米朊	不溶	不溶	乙基纤维素	可溶	
烃	可溶	可溶	聚苯乙烯	可溶	
可溶性淀粉	不溶	不溶	酚醛乙烯树脂乙烯丁缩醛	部分可溶	

参　考　文　献

1　CAS 112-36-7

2　EINECS 203-963-7

3　Ethers. Union Carbide Chemicals Corp. 1960

4　A. K. Doollttle. The Technology of Solvents and Plasticizers. Miley. 1954. 544

5　Beilstein. Handbuch der Organischen Chemie. E Ⅱ，1-519；E Ⅳ，1-2394

6　The Merck Index. **10**，3102；**11**，3108

388. 二甘醇甲乙醚

diethylene glycol methyl ethyl ether［methyl ethyl carbitol］

(1) 分子式　$C_7H_{16}O_3$。　　相对分子质量　148.21。

(2) 示性式或结构式

$$O\begin{cases}CH_2CH_2OC_2H_5\\CH_2CH_2OCH_3\end{cases}$$

(3) 物理性质

沸点(40.00kPa)/℃	14.5	比热容(15℃)/[kJ/(kg·K)]	2.11
熔点/℃	−71.7	闪点(开口)/℃	82
相对密度(20℃/20℃)	0.9245	蒸气压(20℃)/kPa	0.09
折射率(20℃)	1.4049	(64℃)/kPa	1.33
黏度(20℃)/mPa·s	1.22	(98℃)/kPa	6.67

(4) 溶解性能　能与乙醚、甲醇、丙酮、苯、四氯化碳、庚烷等混溶。与 82%的水形成共沸混合物，共沸点 99.5℃。

(5) 使用注意事项　注意生成过氧化物。属微毒类。大鼠经口 LD_{50} 为 6.50mL/kg。家兔经皮 LD_{50} 为 7.67mL/kg。

参　考　文　献

1　CAS 1002-67-1

2　EINECS 213-690-5

3　Union Carbide Chem.Co.Ethers.1960

389. 二甘醇二丁醚

diethylene glycol dibutyl ether[*bis*(2-butoxyethyl) ether,(商)dibutyl carbitol]

(1) 分子式　$C_{12}H_{26}O_3$。　　　　相对分子质量　218.33。

(2) 示性式或结构式

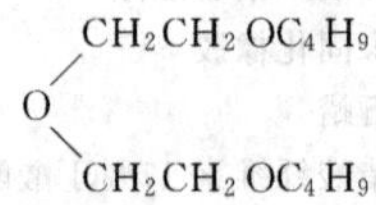

(3) 外观　无色液体，微有醚味。

(4) 物理性质

沸点(101.3kPa)/℃	254.6	蒸发热/(kJ/mol)	56.1
凝固点/℃	−60.2	比热容(13℃,定压)/[kJ/(kg·K)]	1.80
相对密度(20℃/20℃)	0.8853	蒸气压(20℃)/kPa	0.0013
折射率(20℃)	1.4233	(122℃)/kPa	1.33
黏度(20℃)/mPa·s	2.4	(162℃)/kPa	6.67
闪点/℃	118		

(5) 化学性质　具有醚的化学性质。

(6) 精制方法　将二甘醇二丁醚慢慢通过一个填有活性氧化铝的柱子，以除去过氧化物。流出液和碳酸钠一起摇动除去酸性杂质。再用水洗涤，氯化钙干燥后减压分馏。

(7) 溶解性能　溶于醇，20℃时在水中溶解0.3%；水在二甘醇二丁醚中溶解1.4%。能溶解油脂、松香、甘油三松香酸酯、氯丁橡胶、烃类等。与94.7%的水组成共沸混合物，共沸点99.8℃。

(8) 用途　用作聚氯乙烯乳胶的稀释剂。也用于从水溶液中萃取脂肪酸，烷基磷酸分离精制，铀矿萃取，合成香料、制药工业等。

(9) 使用注意事项　为可燃性液体。对金属无腐蚀性，可用铁、软钢、铜或铝制容器贮存。贮存时在空气中氧的作用下，能生成过氧化物，故应密封避光贮存。大鼠经口 LD_{50} 为 3.90g/kg。家兔经皮 LD_{50} 为 5.40mL/kg。

参 考 文 献

1 CAS 112-73-2
2 EINECS 204-001-9
3 Ethers. Union Carbide Chemicals Corp. 1960
4 A. K. Doolittle. The Technology of Solvents and Plasticizers. Wiley. 1954. 548
5 Beilstein. Handbuch der Organischen Chemie. E Ⅳ, 1-2395

390. 三甘醇二甲醚

triethylene glycol dimethyl ether

(1) 分子式　$C_8H_{18}O_4$。　　　　相对分子质量　178.23。

(2) 示性式或结构式　$CH_3O(CH_2CH_2O)_3CH_3$

(3) 外观　无色液体。

(4) 物理性质

沸点(101.3 kPa)/℃	216	黏度(20℃)/(mPa·s)	3.8
熔点/℃	−45	蒸发热/(kJ/mol)	59.83
相对密度(20℃/4℃)	0.9862	闪点(开口)/℃	110
折射率(20℃)	1.4233		

(5) 溶解性能　与水及烃类溶剂混溶。

(6) 用途　溶剂、特种增塑剂。

(7) 使用注意事项　有刺激性。大鼠经口 LD_{50} 2.5～5mg/kg。遇明火，高热能燃烧。

参 考 文 献

1　CAS 112-49-2

2　EINECS 203-977-3

3　The Merck Index. **12**，9820；**13**，9763

391. 四甘醇二甲醚

tetraethylene glycol dimethyl ether

(1) 分子式　$C_{10}H_{22}O_5$。　　　　　相对分子质量　222.28。

(2) 示性式或结构式　$CH_3O(CH_2CH_2O)_4CH_3$

(3) 外观　无色透明液体。

(4) 物理性质

沸点(101.3kPa)/℃	275～276	折射率(20℃)	1.4325
熔点/℃	－27	闪点/℃	140
相对密度(20℃/4℃)	1.0087		

(5) 溶解性能　能与水及各种有机溶剂混溶。

(6) 用途　溶剂、气相色谱固定液、有机合成中间体。

(7) 使用注意事项　毒性较小，近似二甘醇，接触皮肤过敏，对眼睛、黏膜和皮肤有刺激作用。易燃，能形成爆炸性过氧化物。

参 考 文 献

1　CAS 143-24-8

2　EINECS 205-594-7

3　Beil.，**1** (3)，2107

4　The Merck Index. **13**，9282

392. 甘 油 醚

glycerine ether [glycerol ether]

(1) 示性式　$C_2H_5(OR_2)_3$。R 为 H 或烷基。

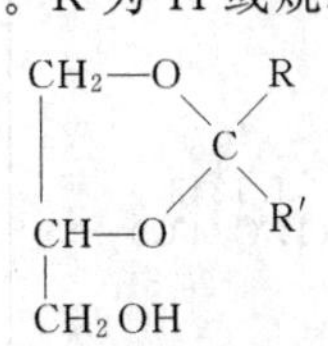

1,2-环醚

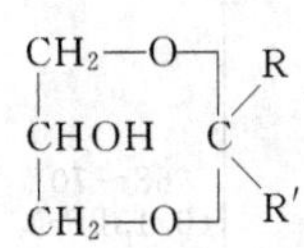

1,3-环醚

(2) 物理性质

(3) 制备　甘油的脂肪族单醚是由甘油钠与卤代烷或烷基硫酸酯作用制备的。在碱催化下将 3-氯-1,2-丙二醇与过量的醇作用可得到脂肪族 1-单醚；甘油二氯代醇与醇作用则生成二醚。甘油的单醚有 1-单醚和 2-单醚两种异构体，比例为 85∶15。二醚有 1,2 和 1,3-异构体，比例为 40∶60。

将甘油单醚用氢氧化钠处理后再与硫酸二甲酯反应生成二醚，二醚再用金属钠处理后与硫酸二甲酯作用生成三醚。

甘油的芳香族醚是由苯醚与 3-氯-1,2-丙二醇、3-氯-1,2-环氧丙烷或与缩水甘油加热得到。不饱和乙烯醚是将甘油在固体氢氧化钾存在下，于高温、高压与乙烯反应制备的。环醚是由甘油与丙酮、多聚甲醛、苯甲醛在二氧化碳气流中加热生成的。

一缩二甘油醚是由甘油与缩水甘油，甘油与醋酸钠，甘油与甘油-1-氯代醇在氢氧化钠存在下加热得到的。或者将二烯丙基醚、双（2-环氧丙基）醚在氯化氢水溶液中水解制备。

(4) 溶解性能　低级甘油烷基醚有挥发性，溶于水，能溶解硝酸纤维素和树脂。高级甘油烷基醚为黏稠状液体，吸湿性比甘油强，溶于水、乙醇。

(5) 使用注意事项　甘油醚的麻醉性比乙二醇醚强。脂肪族甘油醚的麻醉性比甘油强。

示性式或结构式	沸点(101.3kPa)/℃	相对密度(25℃/4℃)	折射率(25℃)	备　注
$CH_3OCH_2CHOHCH_2OH$	220	1.111	1.442	与水混溶
$HOCH_2CH(OCH_3)CH_2OH$	232	1.124	1.446	与水混溶
$CH_3OCH_2CH(OCH_3)CH_2OH$	180	1.016	1.421	与水混溶
$CH_3OCH_2CHOHCH_2OCH_3$	169	1.004	1.417	与水混溶
$CH_3OCH_2CH(OCH_3)CH_2OCH_3$	148	0.937	1.401	与水混溶
$CH_2{=}CHOCH_2CHOHCH_2OH$	128～130 (0.80)kPa	1.128 (20℃/4℃)	1.452(20℃)	
$CH_2{=}CHOCH_2CHOHCH_2OCH{=}CH_2$	83～84 (0.93kPa)	1.052 (20℃/4℃)	1.443(20℃)	
$CH_2{=}CHOCH_2CH(OCH{=}CH_2)CH_2OCH{=}CH_2$	164～165	1.034 (20℃/4℃)	1.438(20℃)	
$C_2H_5OCH_2CHOHCH_2OH$	222	1.063	1.441(20℃)	与水混溶
$C_2H_5OCH_2CHOHCH_2OC_2H_5$	191	0.953	1.420	与水混溶
$C_2H_5OCH_2CH(OC_2H_5)CH_2OC_2H_5$	181	0.886	1.407	溶解度 10g/100g 水
$C_6H_5OCH_2CHOHCH_2OH$	145～148 (0.08kPa)			大鼠经口 LD_{50} 为 2.65g/kg，熔点 54.68℃
$HOCH_2CH(OC_6H_5)CH_2OH$				熔点 68℃
$C_6H_5OCH_2CHOHCH_2OC_6H_5$				熔点 80～81℃
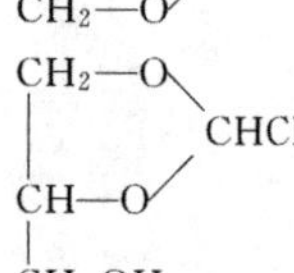	195	1.2113 (20℃/4℃)	1.4477 (20℃)	
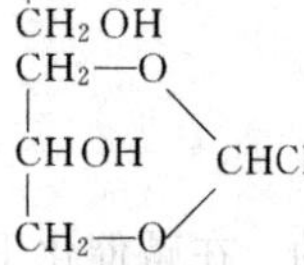	191	1.2256 (20℃/4℃)	1.4533 (20℃)	
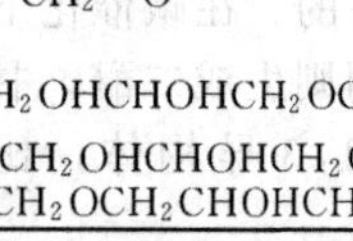	68～70 (0.13kPa)	1.1243 (17℃/4℃)	1.4413 (17℃)	
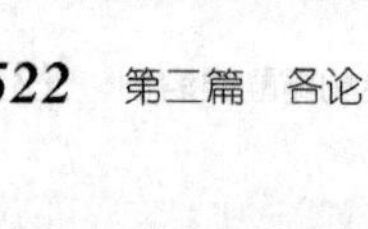	52(0.27kPa)	1.1477 (17℃/4℃)	1.4532 (17℃)	
$CH_2OHCHOHCH_2OCH_2CHOHCH_2OH$	265～270 (1.87～2.00kPa)	1.279 (20℃/20℃)	1.4837	黏度 731.6mPa·s (150℃)
$CH_2OHCHOHCH_2OCH_2CHOHCH_2OCH_2OCH_2CHOHCH_2OH$	265～275 (0.27～0.40kPa)	1.2805 (20℃/20℃)	1.4893	黏度 1518mPa·s (50℃)

参 考 文 献

1 H. Hibbert and M. S. Wheln. J. Amer. Chem. Soc. 1934, 58: 1946

2 A. Faibourne et al. J. Soc. Chem. Ind. 1930, 49: 1020

3 A. Faibourne. J. Chem. Soc. 1931. 445; 1929, 2232

4 H. Staudinger and R. Singer. Ann. Chem., 474, 264, 1929; H. S. Gilchrist and B. Purves. J. Chem. Soc. 1925, 127: 2735

5 W. Foerst. Ullmanns Encyklopädie der Technischen Chemie. 3rd ed. Vol. 8. Urban & Schwarzenberg. 1957. 207

6 C. F. Cross and J. M. Jocobs. J. Soc. Chem. Ind. London. 1926, 45: 3207

7 A. Faibourne et al. J. Chem. Soc. 1930, 374; 1932, 1965

8 I. Heilbron. Dictionary of Orgnic Compounds. 4th ed. Vol. 3. E & F. N. Spon. 1965. 1535

9 A. Faibourne and D. W. Stephens. J. Chem. Soc. 1932, 1972

10 H. Hibbert and N. M. Carter. J. Amer. Chem. Soc. 1928, 50: 3120

11 J. A. Nieuwald et al. J. Amer. Chem. Soc. 1930, 52: 1018

393. 冠 醚

crown ethers [crown polyethers, cyclic polyethers]

(1) 名称与结构式　冠醚是指一类具有环状结构的聚醚的总称。它可以由芳香族二元酚类合成。环上有 3～20 个氧原子。总的原子数为 9～60 个，组成 33 种环状聚醚。环醚的化学名称非常复杂，从结构上因类似王冠而简称之为冠醚或环状聚醚。分类上称做冠状化合物。命名方法由下述几个方面确定：(1) 环烃的数目与种类；(2) 聚醚环总的原子数；(3) 冠；(4) 聚醚环上的氧原子数。例如二环己基-18-冠-6，结构式如左图：

Pedersen 将这些冠醚进行编号，如表 2-5-45 所示。

表 2-5-45　冠醚的编号和简称

编　号	简　称	编　号	简　称
Ⅸ	十氢化萘基-15-冠-5	ⅩⅩⅦ	18-冠-6
ⅩⅣ	丁基环己基-18-冠-6	ⅩⅩⅧ	二苯并-18-冠-6
ⅩⅨ	二苯并-20-冠-4	ⅩⅩⅪ	二环己基-18-冠-6
ⅩⅩⅢ	不对称-二苯并-19-冠-6		

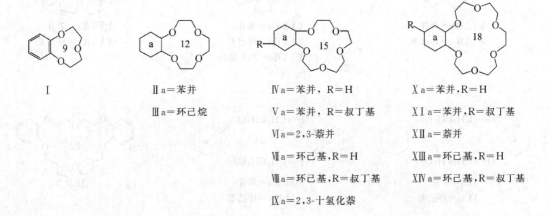

环状冠醚的结构式如下：

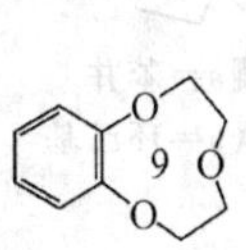

Ⅰ

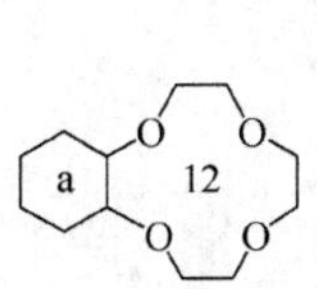

Ⅱ a=苯并

Ⅲ a=环己烷

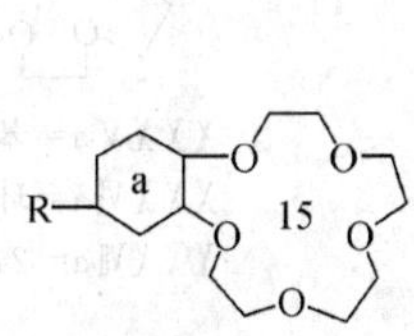

Ⅳ a=苯并，R=H

Ⅴ a=苯并，R=叔丁基

Ⅵ a=2,3-萘并

Ⅶ a=环己基,R=H

Ⅷ a=环己基,R=叔丁基

Ⅸ a=2,3-十氢化萘

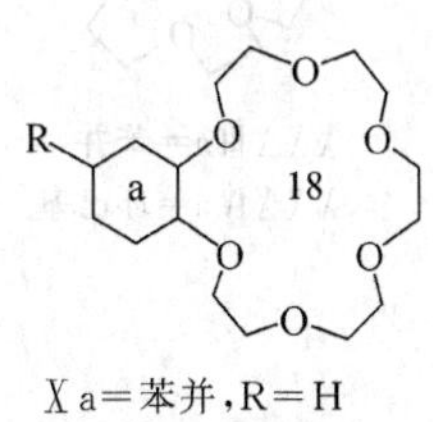

Ⅹ a=苯并,R=H

ⅩⅠ a=苯并,R=叔丁基

ⅩⅡ a=萘并

ⅩⅢ a=环己基,R=H

ⅩⅣ a=环己基,R=叔丁基

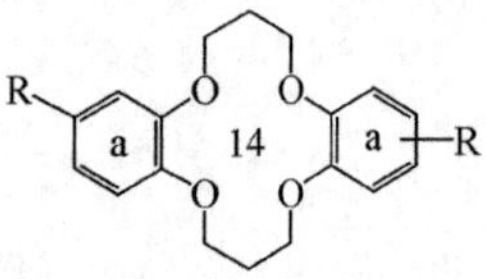

ⅩⅤa＝苯并，R＝H

ⅩⅥa＝苯并，R＝叔丁基

ⅩⅦa＝环己基，R＝H

ⅩⅧa＝环己基，R＝叔丁基

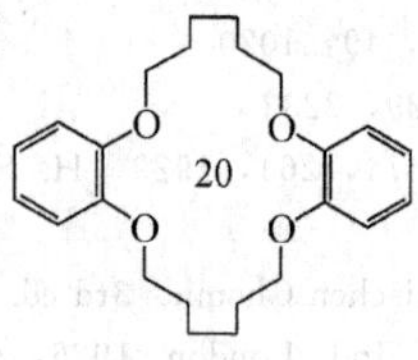

ⅩⅨ

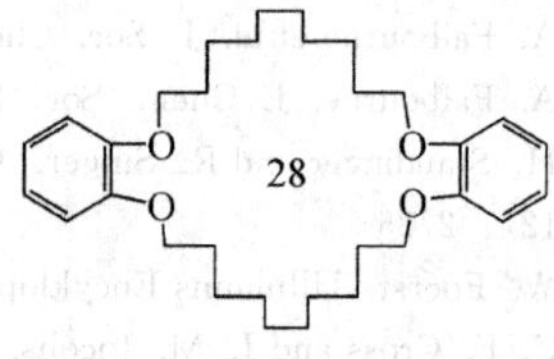

ⅩⅩ

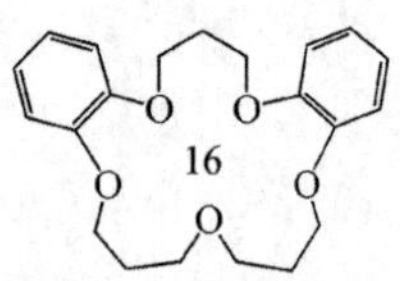

ⅩⅪ

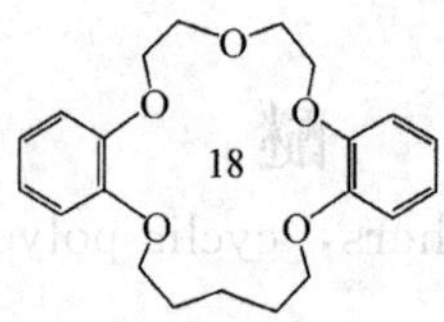

ⅩⅫ

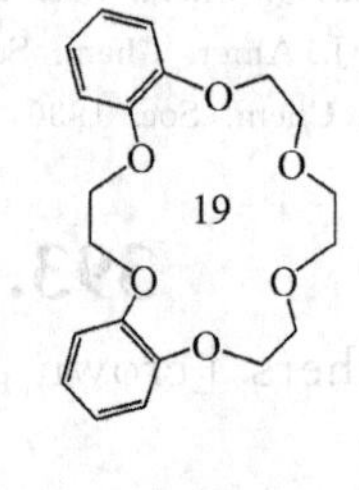

ⅩⅩⅢ

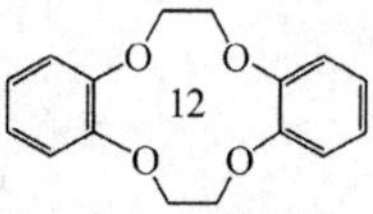

ⅩⅩⅣ

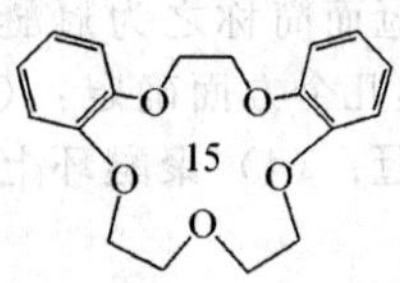

ⅩⅩⅤ

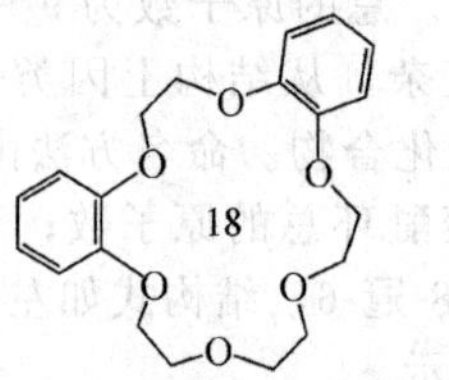

ⅩⅩⅥ

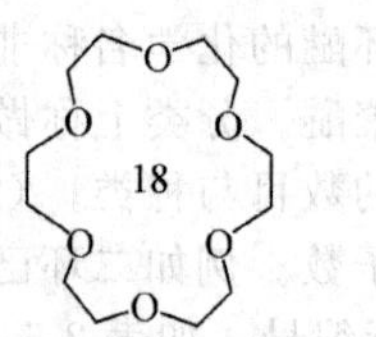

ⅩⅩⅦ

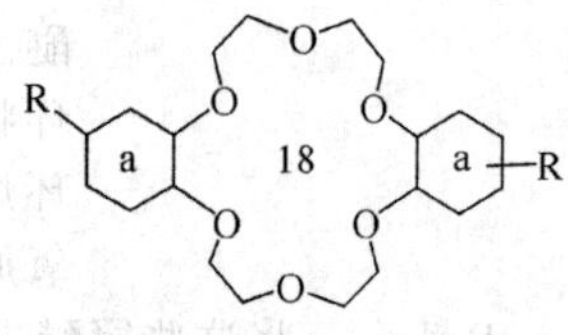

ⅩⅩⅧa＝苯并，R＝H

ⅩⅩⅨa＝苯并，R＝叔丁基

ⅩⅩⅩa＝2，3-萘并

ⅩⅩⅪa＝环己基，R＝H

ⅩⅩⅫa＝环己基，R＝叔丁基

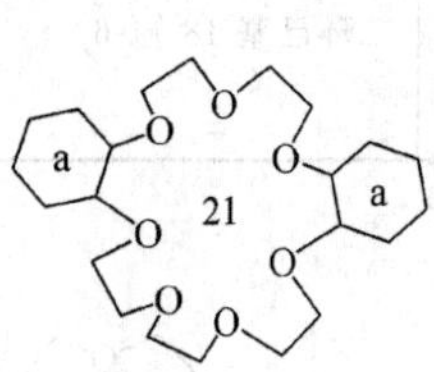

ⅩⅩⅩⅢa＝苯并

ⅩⅩⅩⅣa＝环己基

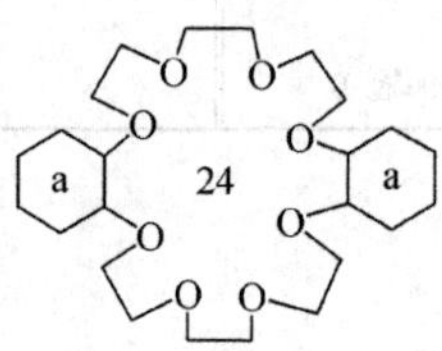

ⅩⅩⅩⅤa＝苯并

ⅩⅩⅩⅥa＝环己基

ⅩⅩⅩⅦa＝2，3-萘并

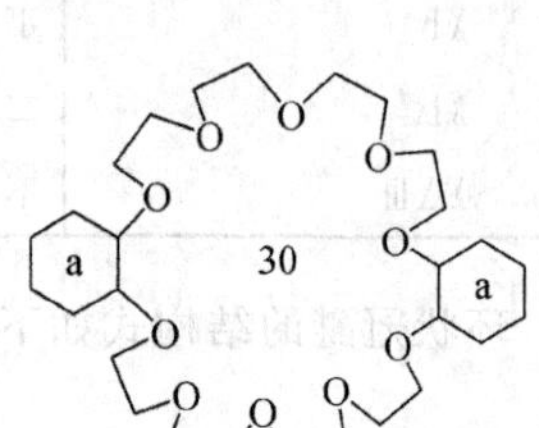

ⅩⅩⅩⅧa＝苯并

ⅩⅩⅩⅨa＝环己基

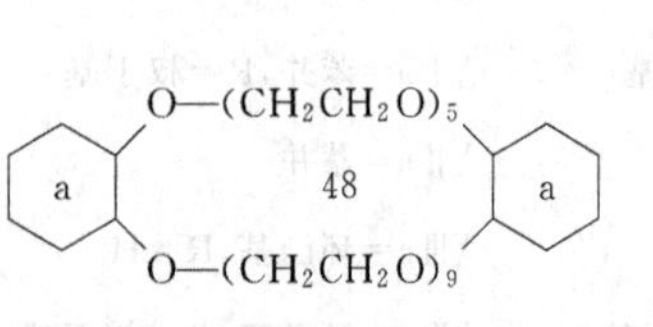

ⅩLa＝苯并

ⅩLⅠa＝环己基

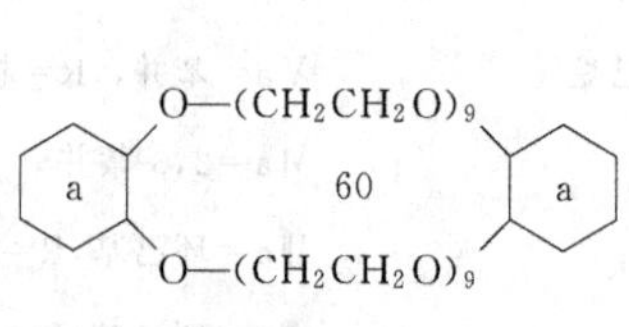

ⅩLⅡa＝苯并

ⅩLⅢa＝环己基

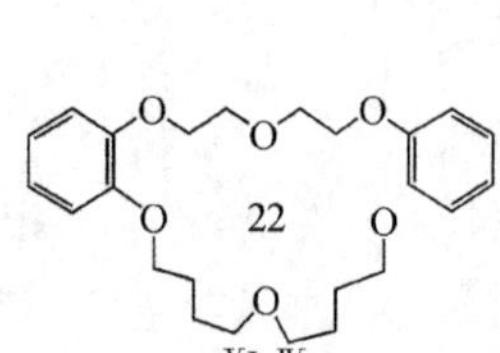

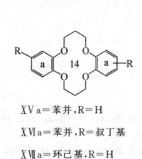

ⅩLⅣ

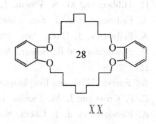

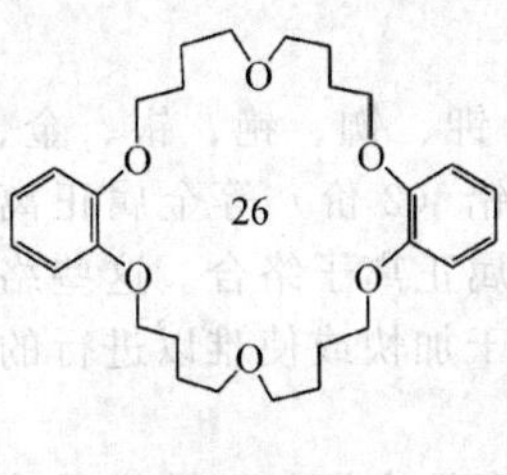

ⅩⅬⅤ

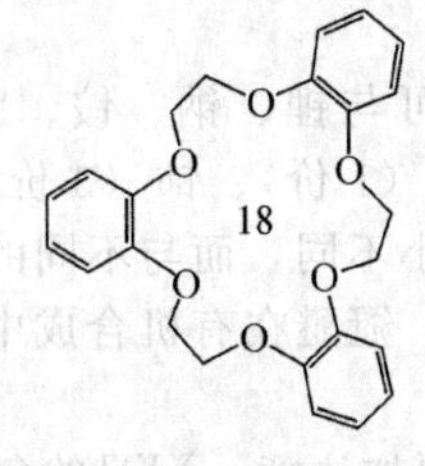

ⅩⅬⅥ

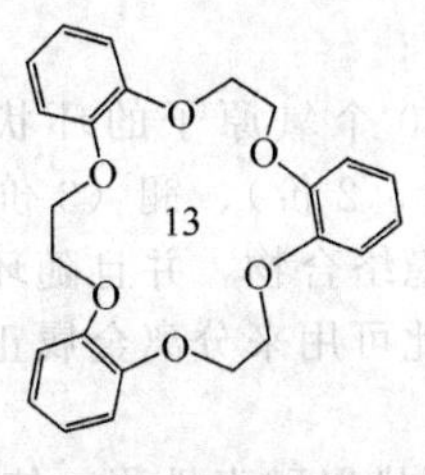

ⅩⅬⅦ

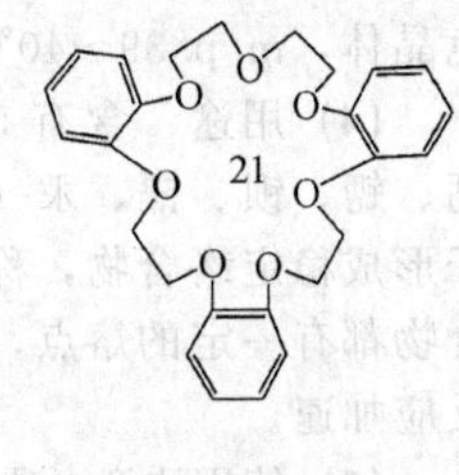

ⅩⅬⅧ

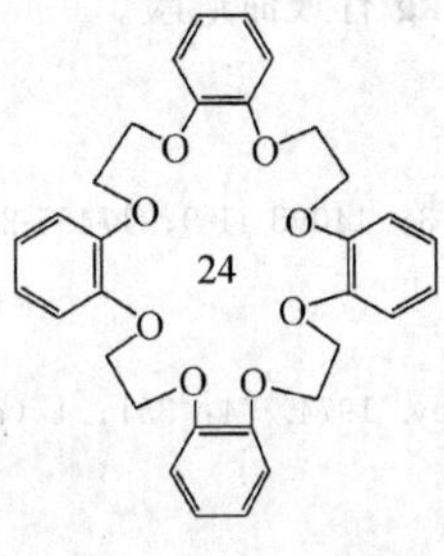

ⅩⅬⅨ

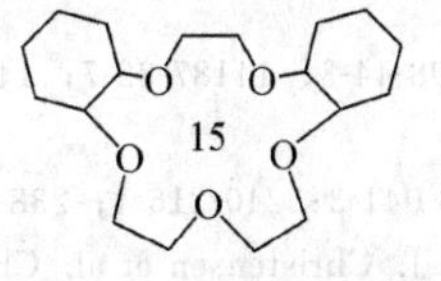

Ⅼ

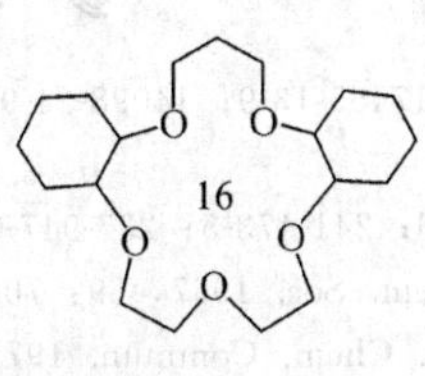

ⅬⅠ

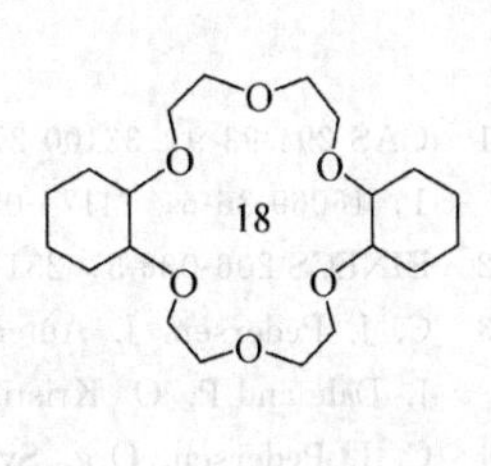

ⅬⅡ

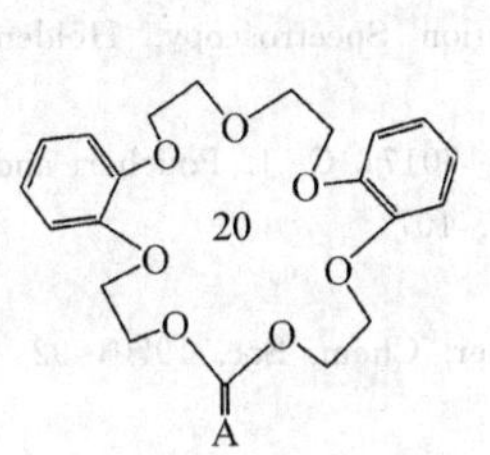

ⅬⅣA＝2H

ⅬⅤA＝次戊基

ⅬⅥA＝0

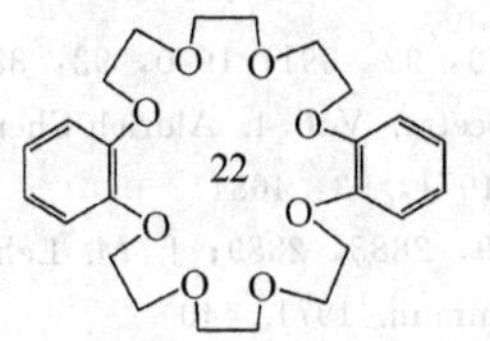

ⅬⅦ

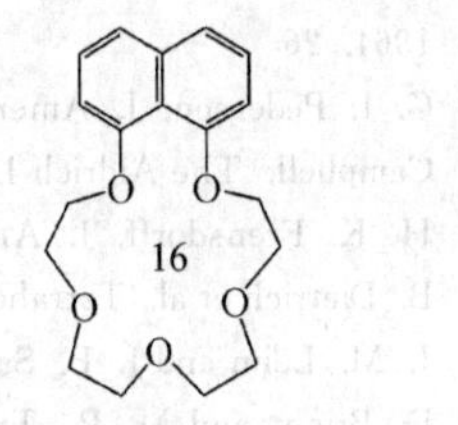

ⅬⅧ

(2) 制备　将邻苯二酚的钠盐与双（2-氯乙基）醚一起加热可得到环状聚醚：

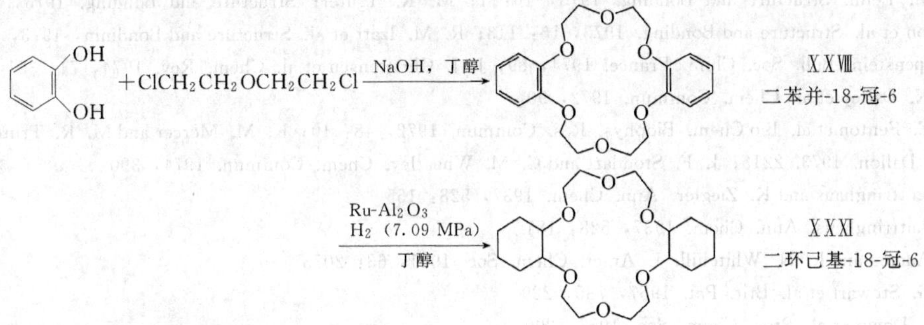

不含苯环的环状聚醚也可用类似方法合成

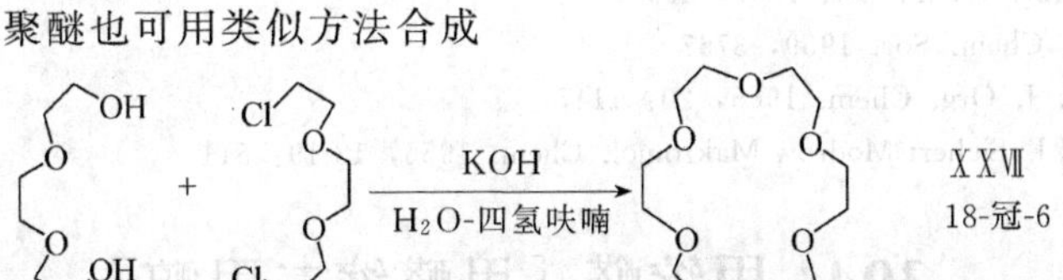

(3) 精制方法　ⅩⅩⅧ可用水和丙酮反复洗涤后，再用丙酮洗涤，干燥，用苯重结晶，得白色针状晶体，m. p. 162.5～163.5℃。

ⅩⅩⅪ溶于庚烷，重复通过经酸洗的氧化铝处理，用红外光谱分析至 OH 吸收带消失为止。由于ⅩⅩⅪ能形成过氧化物而使环醚开裂，因此要特别注意避免处于高温状态。

ⅩⅩⅦ溶于庚烷，通过活性氧化铝，所得黏稠状液体再用氯化钠盐析后，用石油醚精制得白色晶体，m. p. 39～40℃。

(4) 用途 含有5～10个氧原子的环状聚醚可与锂、钠、铵、胺、钾、铷、铯、银、金、钙、锶、钡、镉、汞（1价、2价）、镧（3价）、铊（1价）、铈（3价）、铅（2价）等金属正离子形成稳定络合物，称为隐络合物，并且随环的大小不同，而与不同的金属正离子络合。这些络合物都有一定的熔点，因此可用来分离金属正离子。冠醚在有机合成中用于加快或使难以进行的反应加速。

(5) 使用注意事项 环状聚醚毒性强，使用时须加注意。XXXI的急性毒性大鼠经口致死量为300mg/kg。对眼有刺激，在10%1,2-丙二醇溶液中能引起角膜炎、虹彩炎、结膜炎。侵入到眼睛内部会造成永久性伤害。能被皮肤吸收，对皮肤刺激性强。动物吸收性试验130mg/kg有致命危险。

参 考 文 献

1 CAS 294-93-9；33100-27-5；17455-13-9；14098-24-9；14098-44-3；14187-32-7；14262-60-3；14098-41-0；17455-23-1；16069-36-6；14174-09-5

2 EINECS 206-036-5；251-379-6；241-473-5；237-947-6；238-041-3；240-216-4；238-027-7

3 C. J. Pedersen. J. Amer. Chem. Soc. 1967，89：7017；J. J. Christensen et al. Chem. Rev. 1974. 74：351；1 (a) J. Dale and P. O. Kristiansen. Chem. Commun. 1971，670

4 C. J. Pedersen. Org. Syn. 1972，52：66

5 N. B. Colthup et al. Introduction to IR and Raman Spectroscopy. Academic. 1964. 195；C. J. Pedersen. Fed. Proc. Fed. Amer. Soc. Exp. Biol. 1968，27：1305；K. Nakanishi，Infrared Absorption Spectroscopy. Holden Day. 1964. 26

6 C. J. Pedersen. J. Amer. Chem. Soc. 1970，92：391；1970，92：386；1967，89：7017；C. J. Pouchert and J. R. Campbell. The Aldrich Library of NMR Spectra. Vol. 4. Aldrich Chemical Co. 1974. 107

7 H. K. Frensdorff. J. Amer. Chem. Soc. 1971，93：4684

8 B. Dietrich et al. Tetrahedron Letters. 1969，2885，2889；J. M. Lehn et al. J. Amer. Chem. Soc. 1970，92：2916；J. M. Lehn and J. P. Saurage. Chem. Commun. 1971. 440

9 D. Bright and M. R. Truter. Nature. 1970，225：176；J. Chem. Soc. (B) 1970. 1544；M. A. Bush and M. R. Truter. Chem. Commun. 1970. 1439

10 J. J. Christensen et al. Science. 1971，174：459

11 C. J. Pedersen and H. K. Frensdorff. Angew. Chem. Intern. Ed. Engl. 1972，11：16

12 J. M. Lehn. Structure and Bonding. 1973，16：1；M. R. Truter；Structure and Bonding. 1973，16：71；W. Simon et al. Structure and Bonding. 1973，16：113；R. M. Izatt et al. Structure and Bondinm，1973，16：161；C. Kappenstein. Bull. Soc. Chim. France. 1974，89；J. J. Christensen et al. Chem. Rev. 1974，74：351

13 N. K. Dalley et al. Chem. Commun. 1972，90

14 D. E. Fenton et al. Bio Chem. Biophys. Res. Commun. 1972，48：10；K. M. Mercer and M. R. Truter. J. Chem. Soc. Dallon. 1973. 2215；J. F. Stoddart and C. M. Wheatley. Chem. Commun. 1974，390

15 A. Luttringhaus and K. Ziegler. Ann. Chem. 1937，528：155

16 A. Luttringhaus. Ann. Chem. 1937，528：181

17 R. Adams and L. N. Whitehill. J. Amer. Chem. Soc. 1941，63：2073

18 D. G. Stewart et al. Brit. Pat. 1957，785，229

19 J. L. Down et al. Proc. Chem. Soc. 1957，209

20 J. L. Down et al. J. Chem. Soc. 1959，3767

21 R. C. Ackman et al. J. Org. Chem. 1965，20：1147

22 A. Luttringhaus and I. Sichert-Modrow Makroniol. Chem. 1956，18-19：511

394. 甲缩醛［甲醛缩二甲醇］

methylal [1,1-dimethoxymethane dimethyl ether，formaldehyde dimethyl acetal]

(1) 分子式 $C_3H_8O_2$。　　相对分子质量 76.09。

(2) 示性式或结构式 $H_2C\langle^{OCH_3}_{OCH_3}$

(3) 外观 无色透明液体，有类似氯仿的气味。

(4) 物理性质

沸点(101.3kPa)/℃	42.3	熔化热/(kJ/mol)	7.95
熔点/℃	−104.8	燃烧热(定容)/(kJ/kg)	1932.6
相对密度(20℃/4℃)	0.8601	(定压)/(kJ/kg)	1935.1
折射率(18℃)	1.3589	(定压,气体)/(kJ/kg)	1992
(20℃)	1.3534	比热容(20℃,定压)/[kJ/(kg·K)]	2.18
介电常数(25℃)	2.7	临界温度/℃	215.2
黏度(15℃)/mPa·s	0.340	蒸气压(20℃)/kPa	4.0
(30℃)/mPa·s	0.325	蒸气相对密度(空气=1)	2.63
表面张力(20℃)/(mN/m)	21.12	IR υ C—H1138 cm^{-1},1108 cm^{-1}	
(30℃)/(mN/m)	19.76	υ C—O1133 cm^{-1},1064 cm^{-1},992 cm^{-1}	
闪点(开口)/℃	−17.8	NMR α 位(CH_2)4.49×10^{-6}	
燃点/℃	237.2	β 位(—CH_3)3.28×10^{-6}	
蒸发热/(kJ/mol)	28.64		

(5) 化学性质 对碱比较稳定。与稀盐酸一起加热时，容易分解成甲醛和甲醇；与碘化氢反应生成碘代甲烷和甲醛；甲缩醛在硫酸存在下与萘作用，生成二(α-萘基甲烷)；与β-苯乙胺在盐酸存在下作用，生成四氢化异喹啉；与碘化苯基镁作用生成甲基苄基醚。

(6) 精制方法 主要杂质为甲醇和甲醛。少量甲醛可用碱性过氧化氢氧化除去。甲醇用金属钠蒸馏除去。精制时在甲醛除去后用水洗涤，无水碳酸钾或氯化钙干燥，过滤，加金属钠蒸馏。

(7) 溶解性能 与醇、醚、丙酮等混溶。能溶解树脂和油类，溶解能力比乙醚、丙酮强。和甲醇的共沸混合物能溶解含氮量高的硝酸纤维素。16℃时在水中溶解32.3%；水在甲缩醛中溶解4.3%。

(8) 用途 由于蒸气的麻醉性强，不宜作一般溶剂使用。通常用作树脂的增塑剂、催眠剂、止痛剂、香料以及Grignard反应和Reppe反应的溶剂。

(9) 使用注意事项 危险特性属第3.1类低闪点易燃液体。危险货物编号：31031；UN编号：1234。对金属无腐蚀性，可用铁、软钢、铜或铝制容器贮存。由于挥发性大，沸点低，应注意火源和热源，并置阴凉处密封贮存。着火时用泡沫灭火剂、二氧化碳或四氯化碳灭火。甲缩醛能引起肝、肾障碍，高浓度有麻醉性。对黏膜有明显刺激。工作场所最高容许浓度为3100mg/m^3。对大鼠的致死浓度（空气中）为46650mg/m^3。

(10) 附表

表 2-5-46 含甲缩醛的二元共沸混合物

第二组分	共沸点/℃	甲缩醛/%	第二组分	共沸点/℃	甲缩醛/%
水	42.05	98.6	戊烷	31.5	28(体积)
3-甲基-1,3-戊二烯	38.0	45	1-氯丙烷	42.1	95
2-甲基-1,3-丁二烯	32.8	30	二硫化碳	37.25	54
环戊烷	40.0	62	碘甲烷	39.35	43
2-甲基-2-丁烯	35.2	32	甲醇	41.85	91.8
1-戊烯	29.8	26(体积)	2,3-二甲基丁烷	41.5	80
2-戊烯	34.9	29(体积)	烯丙基氯	41.7	78
2-甲基丁烷	24.1	30(体积)			

参 考 文 献

1 CAS 109-87-5
2 EINECS 203-714-2

3 C. Marsden. Solvents Guide. 2nd ed. Cleaver-Hume. 1963. 367
4 Kirk-Othmer. Encyclopedia of Chemical Technology. 2nd ed. Vol. 1. Wiley. 107
5 I. Heilbron. Dictionary of Organic Compounds. 4th ed. Vol. 4. E & F. N. Spon. 1965. 2117
6 A. Weissberger. Organic Solvents. 2nd. ed. Wiley. 130，131，374，375
7 L. Riedel. Chem. Ing. Tech. 1952，24：353；K. A. Kobe and R. E. Lynn. Jr. Chem. Rev. 1952，52：117
8 N. I. Sax. Dangerous Properties of Industrial Materials. 3rd ed. Van Nostrand Reinhold. 1968. 910
9 L. J. Bellamy. Infrared Spectra of Complex Moleculers. Methuen. 1954. 105
10 L. H. Briggs et al. Anal. Chem. 1957. 29：904
11 日本化学会. 実験化学講座. 5巻. 上. 丸善. 1965. 500
12 The Merck Index. 8th ed. 680
13 有機合成化学協会. 溶剤ポケットブック. オーム社. 1977. 358
14 Beilstein. Handbuch der Organischen Chemie. E Ⅳ，1-3206
15 The Merck Index. **10**，5890；**11**，5936

395. 乙缩醛［乙醛缩二乙醇］

acetal［1,1-diethoxyethane，acetaldehyde diethyl acetal，ethylidene diethyl ether］

(1) 分子式　$C_6H_{14}O_2$。　　相对分子质量　118.17。

(2) 示性式或结构式

$$CH_3CH\begin{cases} O—C_2H_5 \\ O—C_2H_5 \end{cases}$$

(3) 外观　无色液体，有类似醚的气味。

(4) 物理性质

沸点(101.3kPa)/℃	102.7	燃烧热/(kJ/kg)	3890
熔点/℃	−100	比热容(9～99℃,定压)/[kJ/(kg·K)]	2.18
相对密度(20℃/4℃)	0.8254	临界温度/℃	254.4
折射率(20℃)	1.38193	爆炸极限(下限)/%(体积)	1.65
介电常数(25℃)	3.80	(上限)/%(体积)	10.4
表面张力(21.8℃)/(mN/m)	21.26	蒸气相对密度(空气=1)	4.08
闪点/℃	−20.6	IRν C—H2800～2820 cm^{-1}	
燃点/℃	230	ν C—O1160～1120 cm^{-1},1140～1090 cm^{-1}	
蒸发热(102.9℃)/(kJ/mol)	32.75	NMR δ(—C_2H_5)1.25×10^{-6}	

(5) 化学性质　稳定性比其他的醚小，放置时有聚合的倾向。对碱稳定，但与弱酸在低温时也可水解成乙醛和乙醇；与碘化氢气体作用生成碘代乙烷和乙醛；氧化时生成乙酸。

(6) 精制方法　主要杂质有乙醇、乙醛、三聚乙醛、过氧化物等。精制时可用碱性过氧化氢在40～45℃处理1小时。加入氯化钠到饱和，分出有机层。用无水碳酸钾干燥后过滤，加入金属钠蒸馏。也可以用碱性过氧化氢在65℃搅拌使醛氧化，然后用水洗涤，无水碳酸钾干燥，过滤，加金属钠蒸馏。

(7) 溶解性能　能与醇、醚等混溶；溶于庚烷、甲基环己烷、乙酸乙酯。溶解能力与乙醚相似。25℃时在水中溶解5%。和水能组成共沸混合物，共沸点82.6℃，共沸混合物中含乙缩醛85.5%。

(8) 用途　用于香料、染料中间体、树脂增塑剂、镇静剂、催眠剂以及作Grignard反应的溶剂等。由于乙缩醛不稳定，故一般不作溶剂使用。

(9) 使用注意事项　危险特性属第3.1类低闪点易燃液体。危险货物编号：31031，UN编号：1088。贮存时能生成过氧化物，并有聚合倾向。乙缩醛有麻醉性，对皮肤、眼均有轻度刺激作用。吸入高浓度蒸气会处于昏睡状态。大鼠经口LD_{50}为4.6g/kg。着火时用二氧化碳、四氯化碳或干式化学灭火剂灭火，水无效。

(10) 附表

表 2-5-47 乙缩醛的蒸气压

温度/℃	蒸气压/kPa	温度/℃	蒸气压/kPa
−23	0.13	31.9	5.33
−2.3	0.67	39.8	8.00
8.0	1.33	66.3	26.66

表 2-5-48 含乙缩醛的二元共沸混合物

第二组分	共沸点/℃	乙缩醛/%	第二组分	共沸点/℃	乙缩醛/%
水(11.4)+乙醇(48.2)	77.8	61.0	甲基环己环	99.7	40
乙醇	78.0	76	乙酸丙酯	101.3	约 68
水	82.5	85.5	二乙基甲酮	101.8	<25
庚烷	97.8	28	丁酸甲酯	102.0	约 45

参 考 文 献

1 CAS 105-57-7
2 EINECS 203-310-6
3 The Merck Index. 8th ed. 4
4 N. I. Sax. Dangerous Properties of Industrial Materials. 3rd ed. Van Nostrand Reinhold. 1968. 366
5 Kirk-Othmer. Encyclopedia of Chemical Technology. 2nd ed. Vol. 1. Wiley. 107
6 A. Weissberger. Organic Solvents. 2nd ed. Wiley. 131，374
7 I. Heibron. Dictionary of Organic Compounds. 4th ed. Vol. 1. E & F. N. Spon. 1965. 6
8 K. A. Kobe and R. E. Lynn. J. Chem. Rev. 1952，52：117
9 L. Riedel. Chem. Ing. Tech. 1952，24：353
10 藤野明，山口正雄. 赤外線吸収スペクトル. 3 集. 南江堂. 1961，105；S. A.，Barker et al. J. Chem. Soc. 1954，4211，4550
11 W. Brügel et al. Angew. Chem. 1956，68：411
12 R. A. Friedel and A. G. Sharkey. Anal. Chem. 1963，28：940
13 日本化学会. 実験化学講座. 5 巻上. 丸善. 1965. 500
14 Beilstein. Handbuch der Organischen Chemie. H，1-603；E Ⅳ，1 3103
15 张海峰主编. 危险化学品安全技术大典：第 1 卷. 北京：中国石化出版社，2010

396. 甲醛缩二乙醇

formaldehyde diethylacetal [diethoxy methane]

(1) 分子式 $C_5H_{12}O_2$。 相对分子质量 104.15。

(2) 示性式或结构式

$$H_2C\begin{matrix}\diagup OCH_2CH_3\\ \diagdown OCH_2CH_3\end{matrix}$$

(3) 外观 无色液体，醚味。

(4) 物理性质

沸点(101.3kPa)	88.0	介电常数(20℃)	2.885
熔点/℃	−66.5	表面张力(20℃)/(mN/m)	21.18
密度(20℃)/(g/cm³)	0.8294	蒸气压(20℃)/kPa	7.026
(25℃)/(g/cm³)	0.8242	蒸气相对密度(空气=1)	3.59
折射率(20℃)	1.3726	相对蒸发速度(乙醚=1)	5.0
(25℃)	1.3701		

(5) 溶解性能 水中溶解度为 9% (20℃)。

(6) 用途 生产甲苯基甲醛树脂，主要用作溶剂。

(7) 使用注意事项 危险特性属第 3.1 类低闪点易燃液体。危险货物编号：31031，UN 编号：2373。与氧化剂会发生强烈反应，遇明火、高热易引起燃烧。贮存阴凉通风处，远离火种，与氧化剂隔离。对眼黏膜有轻度刺激作用。

(8) 附表

表 2-5-49 含甲醛缩二乙醇的二元共沸混合物

第二组分	共沸点/℃	甲醛缩二乙醇/%	第二组分	共沸点/℃	甲醛缩二乙醇/%
甲醇	63.2	35	烯丙醇	87.0	89
乙醇	74.2	58	乙酸异丙酯	87.6	58
水	75.2	90	庚烷	87.8	96
2-丙醇	79.6	48	1,2-二氯乙烷	89.0	78
环己烷	81.1	17	三氯乙烯	89.3	47
丙醇	86.7	86			

参 考 文 献

1 CAS 462-95-3

2 EINECS 207-330-6

3 Beilstein. Handbuch der Organischen Chemie. E Ⅳ，1-3027

397. 乙醛缩二甲醇

acetaldehyde dlimethyl acetal [1,1-dimethoxyethane]

(1) 分子式 $C_4H_{10}O_2$。　　**相对分子质量** 90.12。

(2) 示性式或结构式 $CH_3CH(OCH_3)_2$

(3) 外观 无色液体。

(4) 物理性质

沸点(101.3kPa)/℃	64.3	介电常数(20℃)	3.85
熔点/℃	−113.2	表面张力(20℃)/(mN/m)	21.60
相对密度(20℃)/(g/cm³)	0.8516	蒸气压(20℃)/kPa	18.24
(25℃)/(g/cm³)	0.8460	蒸气相对密度(空气=1)	3.1
折射率(20℃)	1.3665	相对蒸发速度(乙醚=1)	2.8
(25℃)	1.3640	闪点(闭杯)/℃	−28

(5) 化学性质 能被稀酸水解成乙醛与甲醇。

(6) 溶解性能 能与醇醚等有机溶剂混溶。溶于水，20℃在水中溶解度为 3.85%；水在溶剂中溶解度为 28%。

(7) 用途 参照乙缩醛。

(8) 使用注意事项 危险特性属第 3.1 类低闪点易燃液体。危险货物编号：31031，UN 编号：2377。可经呼吸道和消化道进入体内，对眼、皮肤及呼吸道有刺激作用，影响神经系统。极易燃，防火，避光与氧化剂隔离。

(9) 附表

表 2-5-50 含乙醛缩二甲醇的二元共沸混合物

第二组分	共沸点/℃	乙醛缩二甲醇/%	第二组分	共沸点/℃	乙醛缩二甲醇/%
甲醇	57.5	75.8	己烷	64.0	70
水	61.0	96.4	氯仿	67.2	68
乙醇	62.0	88			

参 考 文 献

1 CAS 534-15-6
2 EINECS 208-589-8
3 Beilstein. Handbuch der Organischen Chemie. H，1-603；E Ⅳ，1-3103
4 The Merck Index. **10**，3217；**11**，3215

398. 甲 醛

formaldehyde［methylene oxide］

(1) 分子式 CH_2O。 相对分子质量 30.03。

(2) 示性式或结构式 $H_2C=O$

(3) 外观 无色气体，有特殊的刺激气味。

(4) 物理性质

沸点(101.3kPa)/℃	−19.5	临界温度/℃	137.2～141.2
熔点/℃	−92	临界压力/MPa	6.784～6.637
相对密度(−20℃/4℃)	0.815	燃点/℃	430
(空气=1)	1.067	闪点/℃	56
折射率(−20℃)	0.8153	爆炸极限(上限)/%(体积)	73
黏度(−20℃)/(mPa·s)	0.242	(下限)/%(体积)	7.0

(5) 化学性质 纯甲醛有强还原作用，特别是在碱溶液中。甲醛自身能缓慢进行缩合反应，特别容易发生聚合反应。

(6) 溶解性能 易溶于水和乙醚。水溶液浓度最高可达55%。工业品通常是40%（含8%甲醇）的水溶液，俗称福尔马林。纯甲醛气体在−19℃能液化成液体。在较低温度下能与非极性溶剂（如甲苯、乙醚、氯仿、乙酸乙酯等）以任何比例混溶。其溶解度大小随温度上升而减少。

(7) 用途 合成树脂、农药的原料，消毒剂、杀虫剂、仓库熏蒸剂等。

(8) 使用注意事项 属高毒物品。致癌物。危险特性属第8.3类腐蚀品。危险货物编号：83012，UN编号：2209，1198。甲醛对眼睛、呼吸道及皮肤有强烈刺激性。接触甲醛蒸气引起结膜炎、角膜炎、鼻炎、支气管炎等。重点发生喉痉挛、声门水肿、肺炎、肺水肿。对皮肤有原发性刺激和致敏作用。可致皮炎。浓溶液可引起皮肤凝固性坏死。口服灼伤口腔和消化道，可发生胃肠道穿孔、休克和肝肾损害。长期接触低浓度甲醛可有轻度眼及上呼吸道刺激症状、皮肤干燥、皲裂。甲醛能燃烧、蒸气与空气能形成爆炸性混合物。工作场所空气中有毒物质最高容许浓度为0.5mg/m³。

(9) 规格

① 中国工业甲醛溶液规格（GB 9009—2011）

项 目		50%级		44%级		37%级	
		优等品	合格品	优等品	合格品	优等品	合格品
密度(20℃)/(g/cm³)		1.147～1.152		1.125～1.135		1.075～1.114	
甲醛含量/%		49.7～50.5	49.0～50.5	43.5～44.4	42.5～44.4	37.0～37.4	36.5～37.4
酸(以甲酸计)/%	≤	0.05	0.07	0.02	0.05	0.02	0.05
色度(Hazen单位,铂-钴色号)	≤	10	15	10	15	10	—
铁/%	≤	0.0001	0.0010	0.0001	0.0010	0.0001	0.0005
甲醇/%	≤	1.5	供需双方协商	2.0		供需双方协商	

② 美国工业甲醛溶液规格（ASTM D2378—84）

指标名称		50%甲醛溶液	37%甲醛溶液	测定方法
外观		透明且无悬浮物出现		
色度(铂-钴)/号	≤	10	10	ASTM D1209
相对密度(25℃/25℃)①		1.1470～1.1520	1.0749～1.1139	ASTM D891
甲醛含量/%(质量)		49.75～50.5	37.0～37.4	ASTM D2194
甲醇含量/%(质量)	≤	1.5	买卖双方商定	ASTM D2380
酸度(甲酸计)/%(质量)	≤	0.05	0.02	ASTM D2379
铁含量/$\times10^{-6}$	≤	1.0	1.0	ASTM D2087

① 相对密度与甲醛含量和甲醇含量有关。

③ 主要国家工作场所甲醛最高允许浓度

国家	最高允许浓度/$\times10^{-6}$	备注	发布时间	国家	最高允许浓度/$\times10^{-6}$	备注	发布时间
澳大利亚	2	上限	1978	荷兰	1	TWA	1984
比利时	2	上限	1976		2	上限	
巴西	1.6	TLV		美国	1	TWA	1988
加拿大	2	上限			2	STEL(15min)	
	1	安大略省建议的	1985	挪威	1	上限	1979
丹麦	1	上限		瑞典	0.8	TWA	1985
	0.3	1982年起新建厂			1	上限(15min)	
联邦德国	0.5	TWA	1987		0.5	新建和改建厂	
	1	每班 8h×5min 最大允许上限	1987	瑞士	1	TWA	1976
						(以上为 mg/m^3)	
芬兰	1	STEL(15min)	1982	匈牙利		1	
法国	2	TWA	1982	波兰		5	
	2	STEL(15min)		罗马尼亚		3	
英国	2	TWA	1979	前苏联	0.4	0.5	
	2	STEL(10min)	1986	南斯拉夫	5	6	
意大利	1	TWA	1976	保加利亚		5	
日本	2	TWA	1975	捷克		5	
	2	上限	1979				

注：TLV (threshold limit value)，允许浓度；TWA (time weighted average)，时间权重平均；STEL (short term exposure limit)，短期暴露极限。

参考文献

1 CAS 50-00-0

2 EINECS 200-001-8

3 Beil.，**1**，555

4 The Merck Index. **12**，4262；**13**，4259

5 《化学化工大辞典》编委会，化学工业出版社辞书编辑部编. 化学化工大辞典. 北京：化学工业出版社，2003

6 张海峰主编. 危险化学品安全技术大典：第1卷. 北京：中国石化出版社，2010

399. 乙 醛

acetaldehyde

(1) 分子式 C_2H_4O。 相对分子质量 44.053。

(2) 示性式或结构式 CH_3CHO

(3) 外观 无色、易挥发、易流动液体。有辛辣刺激性气味。

(4) 物理性质

沸点(101.3kPa)/℃	20.16	偶极矩/(10^{-3}℃·m)	9.04
熔点/℃	−123.5	闪点/℃	−38
相对密度(18℃/4℃)	0.7834	燃点/℃	140
蒸气压(20℃)/kPa	98.64	临界温度/℃	181.5
折射率(20℃)	1.3316	临界压力/MPa	6.40
黏度(20℃)/mPa·s	0.210	爆炸极限(上限)/%(体积)	60.5
表面张力(20℃)/(mN/m)	21.5	(下限)/%(体积)	4.5

(5) 化学性质　化学性质活泼，分子中的羰基易进行加成、环化和聚合反应。易氧化成乙酸。在水中可形成水合物。

(6) 溶解性能　与水、乙醇、乙醚、丙酮、乙酸、苯等混溶。

(7) 用途　有机合成中间体、溶剂。

(8) 使用注意事项　致癌物。危险特性属第3.1类低闪点易燃液体。危险货物编号：31022，UN编号：1089。遇明火、高热极易燃烧爆炸。乙醛蒸气对眼、鼻、上呼吸道有强烈刺激作用，长时间或高浓度吸入时对人体有麻醉作用，甚至会造成死亡。低浓度长期接触时，可引起类似慢性酒精中毒的现象。皮肤接触有强烈灼热感，皮肤发红再变白、疼痛。乙醛液体或蒸气进入眼内会引起灼伤、视力下降。美国职业安全与健康管理局规定空气中最大容许暴露浓度为$45mg/m^3$。

(9) 附表

表 2-5-51　乙醛水溶液的冰点

浓度/%(质量)	4.8	13.5	31.0
冰点/℃	−2.5	−7.8	−23.0

表 2-5-52　乙醛(甲组分)共沸物的沸点及组成

乙组分名称	共沸温度/℃	共沸物组成/%(质量)		乙组分名称	共沸温度/℃	共沸物组成/%(质量)	
		甲	乙			甲	乙
丁烷	−7.0	16.0	84.0	1,3-丁二烯	50	52.0	48.0
乙醚	20.5	76.0	24.0	2-甲基丁烷	约17		
氯乙烷	<9	<32	>68				

表 2-5-53　乙醛水溶液蒸气压

温度/℃	浓度/%(mol)	蒸气压/kPa	温度/℃	浓度/%(mol)	蒸气压/kPa
10	4.9	9.9	20	5.4	16.7
10	10.5	18.6	20	12.9	39.3
10	46.6	48.4	20	21.8	57.7

参　考　文　献

1　CAS 75-07-0
2　EINECS 200-836-8
3　Beil., **1**, 594; **1** (3), 2617; **1** (4), 3094
4　The Merck Index. **10**, 31; **11**, 32; **13**, 40
5　《化工百科全书》编辑委员会，化学工业出版社《化工百科全书》编辑部编. 化工百科全书：第13卷. 北京：化学工业出版社，1997
6　张海峰主编. 危险化学品安全技术大典：第1卷. 北京：中国石化出版社，2010

400. 丙　醛

propionaldehyde [propanal]

(1) 分子式　C_3H_6O。　　相对分子质量　58.078。

(2) 示性式或结构式 CH_3CH_2CHO

(3) 外观 无色透明液体，有醛类的刺激性气味。

(4) 物理性质

沸点(101.3kPa)/℃	47.9	闪点(开杯)/℃	−7.22～−9.44
熔点/℃	−81	(闭杯)/℃	−34.4
蒸气压(20℃)/kPa	34.4	燃点/℃	220
相对密度(20℃/4℃)	0.7970	表面张力(20℃)/(mN/m)	21.8
(20℃/20℃)	0.7982	介电常数(20℃)	17.8
(25℃/25℃)	0.79664	黏度(20℃)/mPa·s	0.4
折射率(20℃)	1.3619	水中溶解度(20℃)/%(质量)	35
比热容(20℃)/[kJ/(kg·K)]	2.1856		

(5) 化学性质 和其他醛类一样，在缓和条件下，甚至不需要加热或催化剂的作用，就能和其他化合物发生反应。

(6) 溶解性能 能与醇、醚及许多有机溶剂完全互溶。与水完全互溶时，形成一个具有最低沸点的混合物。

(7) 用途 有机合成原料、溶剂。

(8) 使用注意事项 危险特性属第3.2类中闪点易燃液体。危险货物编号：32067，UN编号：1275。丙醛具有刺激性气味，对皮肤、眼、口、鼻腔黏膜有刺激作用。长期吸入或大量吸入丙醛会有窒息性症状，应在充分通风的条件下使用和处理，避免与皮肤、眼睛和衣服接触。大鼠经口 LD_{50} 为1.49g/kg。

(9) 附表

表 2-5-54 含丙醛的二元共沸混合物

第二组分	丙醛/%	共沸点/℃	相应的饱和蒸气压/kPa
水	99.8	25	40
	98	47.5	101.3
	95.7	80	267
二硫化碳	40	40	101.3
亚硝酸正丙酯	约82	47.3	101.3

参 考 文 献

1 CAS 123-38-6

2 EINECS 204-623-0

3 Beil., **1** (4), 3165; **1**, 629

4 The Merck Index. **12**, 8008; **13**, 7915

5 《化工百科全书》编辑委员会，化学工业出版社《化工百科全书》编辑部编. 化工百科全书：第1卷. 北京：化学工业出版社，1997

6 张海峰主编. 危险化学品安全技术大典：第1卷. 北京：中国石化出版社，2010

401. 丙 烯 醛

acrolein [propenal, acrylaldehyde]

(1) 分子式 C_3H_4O。 相对分子质量 56.06。

(2) 示性式或结构式 $CH_2═CHCHO$

(3) 外观 无色液体，有强烈刺激性、催泪性。

(4) 物理性质

沸点(101.3kPa)/℃	52.69	黏度(20℃)/mPa·s	0.35
熔点/℃	−87.0	闪点(开杯)/℃	−18
相对密度(20℃/20℃)	0.8427	(闭杯)/℃	−26
折射率(20℃)	1.4013	爆炸极限(上限)/%(体积)	31
蒸气压(20℃)/kPa	29.3	(下限)/%(体积)	2.8
临界温度/℃	233	燃点/℃	234
临界压力/MPa	5.07		

(5) 化学性质　丙烯醛兼含有双键和醛基，具有两种官能团的典型反应。丙烯醛的双键可以与醇、硫醇、水、胺、有机酸和无机酸，活泼亚甲基化合物在酸或碱催化下发生加成反应。丙烯醛的醛基可以与醇或多羟基物质在温和的酸性条件下发生缩醛反应。双键与醛基可以相互影响，使丙烯醛表现出特有的性质。

(6) 溶解性能　能溶于许多有机溶剂。

(7) 用途　有机合成中间体、溶剂。

(8) 使用注意事项　致癌物。属极毒化学品。危险特性属第3.1类低闪点易燃液体。危险货物编号：31024，UN编号：1092。丙烯醛是一种具有高度刺激性，极毒的液体，在空气中最高容许浓度为0.3mg/m^3。直接与其接触会损伤眼睛和呼吸道，是一种很强的催泪毒气。吸入人体会引起肠胃不适、肺充血和水肿。大鼠经口LD_{50}为46mg/kg，小鼠经口LD_{50}为26.4mg/kg。

参 考 文 献

1 CAS 107-02-8

2 EINECS 203-453-4

3 Beil., **1**, 725

4 The Merck Index. **13**, 130

5 《化工百科全书》编辑委员会，化学工业出版社《化工百科全书》编辑部编. 化工百科全书：第1卷. 北京：化学工业出版社，1997

6 张海峰主编. 危险化学品安全技术大典：第1卷. 北京：中国石化出版社，2010

402. 异丁醛

isobutyraldehyde [iso-butyric aldehyde]

(1) 分子式　C_4H_8O。　　相对分子质量　72.10。

(2) 示性式或结构式　$(CH_3)_2CHCHO$

(3) 外观　无色透明液体，有刺激性臭味。

(4) 物理性质

沸点(101.3kPa)/℃	64.5	闪点/℃	−40
熔点/℃	−65.9	燃点/℃	196
相对密度(20℃/4℃)	0.7988	爆炸极限(下限)/%(体积)	1.6
折射率(20℃)	1.3723	(上限)/%(体积)	10.6

(5) 化学性质　在空气中氧化。在有铂黑的情况下迅速氧化成异丁酸。水溶液与钠汞齐作用生成异丁醇。

(6) 溶解性能　能与乙醇、苯、氯仿、乙醚、甲苯、丙酮、二硫化碳混溶。

(7) 用途　溶剂、有机合成中间体。

(8) 使用注意事项　危险特性属第3.1类低闪点易燃液体。危险货物编号：31023，UN编号：2045。高度易燃。吸入或口服有毒。对眼睛、呼吸系统及皮肤有刺激性。使用时应穿防护服。

参 考 文 献

1 CAS 78-84-2
2 EINECS 201-149-6
3 Beil., **1**, 671; **1** (4), 3262
4 The Merck Index. **12**, 5169; **13**, 5171
5 张海峰主编. 危险化学品安全技术大典: 第1卷. 北京: 中国石化出版社, 2010

403. 丁 醛

butyraldehyde [butyric aldehyde]

(1) 分子式 C_4H_8O。 相对分子质量 72.10。

(2) 示性式或结构式 $CH_3(CH_2)_2CHO$

(3) 外观 无色透明液体，有醛类的刺激性气味。

(4) 物理性质

沸点(101.3kPa)/℃	75.7	燃点/℃	230
熔点/℃	−99.0	生成热/(kJ/kg)	240.45
密度(20℃/4℃)/(g/cm³)	0.8016	燃烧热/(kJ/kg)	2480.34±0.71
(20℃/20℃)/(g/cm³)	0.8048	蒸发潜热(74.7℃)/(kJ/kg)	437.1
折射率(20℃)	1.3843	比热容(20℃)/[kJ/(kg·K)]	2.20
黏度(20℃)/mPa·s	0.449	介电常数(液体,26℃)	13.4
表面张力(20℃)/(mN/m)	24.90	(液体,74.7℃)	10.78
(40℃)/(mN/m)	22.29	热导率(20℃)/[W/(m·K)]	0.1499
闪点(闭杯)/℃	−6.67	爆炸极限(上限)/%(体积)	12.5
(开杯)/℃	−9.4	(下限)/%(体积)	1.5

(5) 化学性质 易燃，能与强氧化剂及许多物质发生氧化、还原、缩合等反应，聚合生成环氧化物，能与烯烃、醇、氨及其衍生物发生加成反应。

(6) 溶解性能 25℃在水中溶解度为7.1%。能与乙醇、乙醚、乙酸乙酯、丙酮、甲苯等有机溶剂无限互溶。

(7) 用途 增塑剂、合成树脂、橡胶促进剂、杀虫剂等重要中间体原料。

(8) 使用注意事项 危险特性属第3.2类中闪点易燃液体。危险货物编号：32068，UN编号：1129。属低毒类。对皮肤和眼均有刺激作用。易燃，其蒸气与空气混合能形成爆炸性气体，空气中易被氧化成丁酸。不锈钢贮存、罐装运输。

(9) 附表

表 2-5-55 丁醛的蒸气压

温度/℃	蒸气压/kPa	温度/℃	蒸气压/kPa	温度/℃	蒸气压/kPa
−30	0.58	70	86.51	170	1082.15
−20	1.17	80	119.77	180	1304.05
−10	2.24	90	162.43	190	1559.39
0	4.05	100	216.33	200	1852.22
10	6.98	110	283.31	210	2183.55
20	11.54	120	365.38	220	2560.48
30	18.36	130	464.68	230	2986.05
40	28.23	140	583.53	240	3465.32
50	42.11	150	751.63	250	4004.36
60	61.11	160	889.53		

表 2-5-56 丁醛在水中的溶解度

温度/℃	丁醛/%	温度/℃	丁醛/%
0	8.7	30	6.3
10	7.9	40	5.4
20	7.1		

表 2-5-57 水在丁醛中的溶解度

温度/℃	水/%	温度/℃	水/%
0	3.01	30	3.27
10	3.08	40	3.39
20	3.17		

表 2-5-58 含丁醛的二元共沸混合物

第二组分	共沸点/℃	丁醛/%
乙醇	70.7	79.4
甲醇	62.6	49
水	68.0	88

参 考 文 献

1 CAS 123-72-8
2 EINECS 204-646-6
3 Beilstein. Handbuch der Organischen Chemie. H，1-662；E Ⅳ，1-3229
4 The Merck Index. **10**，1564；**11**，1591
5 张海峰主编. 危险化学品安全技术大典：第 1 卷. 北京：中国石化出版社，2010

404. 苯 甲 醛

benzaldehyde［benzoic aldehyde］

(1) 分子式 C_7H_6O。 相对分子质量 106.13。

(2) 示性式或结构式

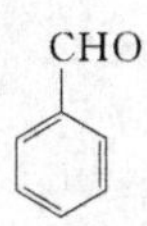

(3) 外观 无色或浅黄色液体，具苦杏仁味。

(4) 物理性质

沸点(101.3kPa)/℃	179.1	表面张力(20℃)/(mN/m)	40.04
熔点/℃	−26	(30.2℃)/(mN/m)	37.4
密度(20℃)/(g/cm^3)	1.0458	(50℃)/(mN/m)	35.3
(25℃)/(g/cm^3)	1.0415	介电常数(25℃)	17.9
折射率(20℃)	1.5450	蒸气相对密度(空气=1)	3.66
(25℃)	1.5426	闪点(开杯)/℃	73.9
黏度(0℃)/mPa·s	2.292	(闭杯)/℃	64.5
(20℃)/mPa·s	1.53	燃点/℃	192
(25℃)/mPa·s	1.395	爆炸极限(下限)/%(体积)	1.4

(5) 化学性质 易被空气或其他氧化剂氧化成苯甲酸，也能进行加氢或还原等反应，与碱共热转变成苯甲醇和苯甲酸。

(6) 溶解性能 微溶于水，20℃在水中溶解度为 0.3%，能与乙醇、乙醚、氯仿等混溶。

(7) 用途　制造染料的中间体，农药、医药、香料、调味料的原料，以及聚酰胺纤维染色用助剂，电镀液添加剂等。

(8) 使用注意事项　无毒。UN 编号：1990。对眼和上呼吸道黏膜有一定的刺激作用，对皮肤有脱脂作用。大鼠经口 LD_{50} 为 1300mg/kg。嗅觉阈浓度为 0.026mg/m^3。易燃，需密封贮存于避光阴凉处。

(9) 附表

表 2-5-59　苯甲醛的蒸气压

温度/℃	蒸气压/kPa	温度/℃	蒸气压/kPa
38.489	0.40	120.430	17.95
41.273	0.47	126.350	22.00
45.584	0.61	131.273	25.91
58.352	1.24	137.178	31.34
68.412	2.06	142.836	37.38
80.998	3.72	148.806	44.74
89.154	5.35	155.366	54.14
93.610	6.46	161.067	63.54
97.721	7.64	167.121	74.92
102.170	9.12	173.661	89.00
106.662	10.85	178.672	101.13
111.251	12.89	1379.710	103.80
115.947	15.31		

表 2-5-60　含苯甲醛的二元共沸混合物

第二组分	共沸点/℃	苯甲醛/%	第二组分	共沸点/℃	苯甲醛/%
二异戊基醚	168.6	37.5	邻二氯苯	<178.5	<52
2-丁氧基乙醇	171.0	9	对二氯苯	158.5	15.5
二戊烯	171.2	43	氯苯	177.9	54.0
乙二醇	<173.5	<85	苯酚	185.6	46.0
庚醇	<174.5	<45	莰醇	158.45	15.5
戊基醚	175.2	68	邻甲酚	192.0	23.0
2-辛醇	176.5	60			

参 考 文 献

1　CAS 100-52-7

2　EINECS 202-860-4

3　Beilstein. Handbuch der Organischen Chemie. H，7-174；E Ⅳ，7-505

4　The Merck Index. **10**，1054；**11**，1065

5　张海峰主编. 危险化学品安全技术大典：第 1 卷. 北京：中国石化出版社，2010

405. 三 聚 乙 醛

paraldehyde

(1) 分子式　$C_6H_{12}O_3$。　　　　相对分子质量　132.16。

(2) 示性式或结构式

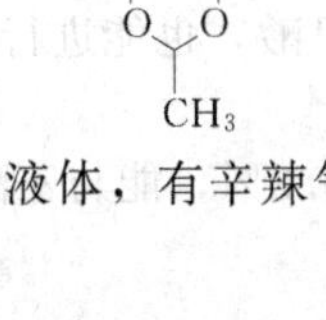

(3) 外观　无色流动性液体，有辛辣气味。

(4) 物理性质

沸点(101.3kPa)/℃	128	折射率(20℃)	1.4049
熔点/℃	12.6	闪点/℃	36
相对密度(20℃/4℃)	0.9943		

(5) 溶解性能 能与乙醇、乙醚、氯仿和油类混溶，微溶于热水。

(6) 用途 香料、医药、涂料的溶剂、稀释剂。

(7) 使用注意事项 三聚乙醛的危险特性属第 3.3 类高闪点易燃液体。危险货物编号：33576，UN 编号：1264。遇氧化剂会发生反应，遇明火、高热会引起燃烧爆炸。

参 考 文 献

1 CAS 123-63-7

2 EINECS 204-639-8

3 The Merck Index. **10**，6889；**11**，6975；**12**，7158

406. 巴豆醛［丁烯醛］

crotonaldehyde［2-butenal］

(1) 分子式 C_4H_6O。　　相对分子质量 70.09。

(2) 示性式或结构式

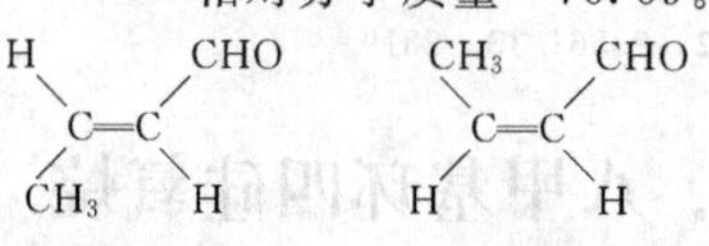

反式异构体　　顺式异构体

(3) 外观 无色或浅黄色液体，有辛辣味，催泪性。

(4) 物理性质

沸点(101.3kPa)/℃	102.2	生成热/(kJ/mol)	144.1±0.4
熔点/℃	−69	燃烧热/(kJ/mol)	2268
相对密度(25℃/4℃)	0.8495	气化热/(kJ/mol)	36.1
蒸气相对密度(空气=1)	2.41	闪点(开口)/℃	13
折射率(20℃)	1.4376	爆炸极限/%(体积)	2.91～15.5

(5) 化学性质 容易发生氧化、还原、加成、聚合等各类反应。与光和空气接触逐渐氧化成巴豆酸。

(6) 溶解性能 易溶于水，可与乙醇、乙醚、苯、甲苯、煤油、汽油等混溶。

(7) 用途 矿物油的纯化用溶剂、有机合成中间体。

(8) 使用注意事项 巴豆醛的危险特性属第 3.2 类中闪点易燃液体。危险货物编号：32071，UN 编号：1143。蒸气与空气易形成爆炸性混合物。与氧化剂发生强烈反应，遇火、高热会引起燃烧爆炸。对眼睛、黏膜或皮肤有强烈刺激性，会造成严重烧伤。有毒或其蒸气有毒，毒性比丁醛大。

参 考 文 献

1 CAS 4170-30-3

2 EINECS 204-647-1

3 Beilstein. Handbuch der Organischen Chemie. H，1-728；E Ⅳ，1-3447

4 The Merck Index. **10**，2585；**11**，2599；**12**，2663

407. 肉 桂 醛

cinnamaldehyde

(1) 分子式 C_9H_8O。　　相对分子质量 132.16。

(2) 示性式或结构式 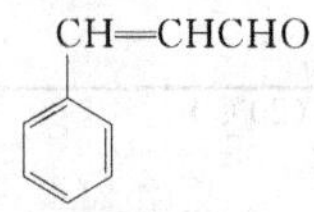

(3) 外观　无色至浅黄色油状液体。

(4) 物理性质

沸点(101.3kPa)/℃	252 (部分分解)	熔点/℃	−8
		相对密度(20℃/4℃)	1.0497
(2.67kPa)/℃	128	折射率(20℃)	1.6195
(1.33kPa)/℃	120	闪点/℃	50

(5) 溶解性能　溶于乙醇、乙醚、氯仿，微溶于水。

(6) 用途　溶剂、食品香料、药物香料、防腐剂、杀菌剂原料。

(7) 使用注意事项　对皮肤、黏膜、眼睛有刺激作用。甚至会导致眼睛失明。大鼠经口 LD_{50} 2200mg/kg，小鼠经皮 LD_{50} 为 715mg/kg。

参 考 文 献

1 CAS 14371-10-9

2 EINECS 203-213-9

3 Beilstein. Handbuch der Organischen Chemie. H，7-348；E Ⅳ，7-984

4 The Merck Index. **10**，2271；**11**，2298；**12**，2356；**13**，2319

408. 八甲基环四硅氧烷

octamethylcyclotetrasiloxane

(1) 分子式　$C_8H_{24}O_4Si_4$。　　相对分子质量　296.62。

(2) 示性式或结构式

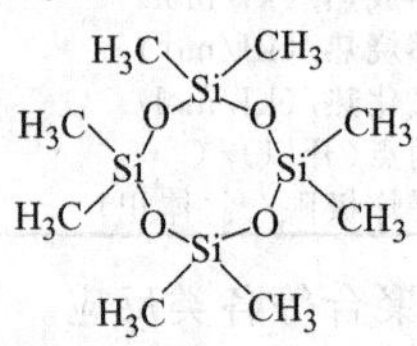

(3) 外观　无色油状液体。

(4) 物理性质

沸点(101.3kPa)/℃	176	折射率(20℃)	1.3958
熔点/℃	17～18	闪点/℃	60
相对密度(20℃/4℃)	0.9558		

(5) 溶解性能　能与有机溶剂相溶，不溶于水。

(6) 用途　溶剂，制备甲基硅油。

(7) 使用注意事项　口服或与皮肤接触有毒。使用时应穿防护服。

(8) 规格　GB/T 20435—2006　八甲基环四硅氧烷

外观	无色透明液体	八甲基环四硅氧烷/%	≥99.0
色度(Hazen 单位,铂-钴色号)	≤10	折射率 n_D^{20}	1.3960～1.3970

参 考 文 献

1 CAS 556-67-2

2 EINECS 209-136-7

3 Beil.，**4** (3)，1885

4 The Merck Index. **13**, 6779

409. 六甲基二硅醚

hexamethyldisiloxane

(1) 分子式 $C_6H_{18}OSi_2$。　　相对分子质量 162.38。

(2) 示性式或结构式

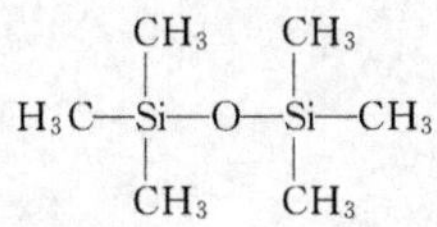

(3) 外观 无色透明液体。

(4) 物理性质

沸点(101.3kPa)/℃	101	折射率(20℃)	1.3775
熔点/℃	−67	闪点/℃	−2
相对密度(20℃/4℃)	0.764		

(5) 溶解性能 能与有机溶剂相混溶，不溶于水。

(6) 用途 溶剂、憎水剂、气相色谱固定液。

(7) 使用注意事项 危险特性属第 3.2 类中闪点易燃液体。危险货物编号：32187。高度易燃，使用时应远离火种，充氩气密封保存。对眼睛、呼吸系统及皮肤有刺激性。

参 考 文 献

1 CAS 107-46-0
2 EINECS 203-492-7
3 Beil., **4** (3), 1859

410. 氧化苯乙烯

styrene oxide

(1) 分子式 C_8H_8O。　　相对分子质量 120.15。

(2) 示性式或结构式

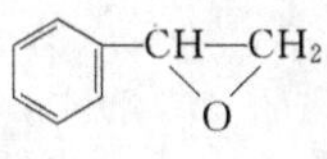

(3) 外观 无色至浅黄色液体，有特殊气味。

(4) 物理性质

沸点(101.3kPa)/℃	194	闪点/℃	79
(3.33kPa)/℃	91	燃点/℃	498
熔点/℃	−36.7	爆炸极限(下限)/%(体积)	1.1
相对密度(25℃/4℃)	1.0469	(上限)/%(体积)	22
折射率(20℃)	1.5350		

(5) 化学性质 在酸、碱或某些金属盐作用下，加热到 200℃时，该物质可能发生聚合。

(6) 溶解性能 微溶于水。与甲苯、苯、乙醚、氯代烷烃或乙酸乙酯混溶。

(7) 用途 香料中间体、环氧树脂稀释剂、溶剂。

(8) 使用注意事项 可燃，与空气能形成爆炸性混合物。可通过吸入、经皮肤和食入吸收到体内。该物质刺激眼睛、皮肤、产生头晕、倦睡、神志不清、呕吐，引起皮肤过敏。在长期或反复接触作用下该物质可能是人体致癌物。

参 考 文 献

1 CAS 96-09-3
2 EINECS 202-476-7
3 Beil.，**17**，49，**17**，**1**（5），577

第六章 酮类溶剂

411. 丙 酮

acetone [dimethyl ketone, methyl acetyl, 2-propanone, β-ketopropane, ketone propanone]

(1) 分子式 C_3H_6O。 相对分子质量 58.08。

(2) 示性式或结构式 $CH_3\underset{\underset{O}{\|}}{C}CH_3$

(3) 外观 无色液体，有刺激性的醚味和薄荷味。

(4) 物理性质

沸点(101.3kPa)/℃	56.12	生成热(25℃,液体)/(kJ/mol)	246.98
熔点/℃	−94.7	燃烧热(25℃,液体)/(kJ/mol)	1791.0
相对密度(20℃/4℃)	0.79055	比热容(25℃,定压,气体)/[kJ/(kg·K)]	1.28
(25℃/4℃)	0.78498	临界温度/℃	235.0
折射率(20℃)	1.35900	临界压力/MPa	4.7
(25℃)	1.35628	沸点上升常数	1.71
介电常数(24.9℃,气体)	1.0235	电导率(25℃)/(S/m)	5.8×10^{-8}
(25℃)	20.70	热导率(室温)/[W/(m·K)]	1.9762
偶极矩(20℃,液体)/(10^{-30}C·m)	8.97	爆炸极限(下限)/%(体积)	2.55
黏度(25℃)/mPa·s	0.316	(上限)/%(体积)	12.80
表面张力(20℃)/(mN/m)	23.7	体膨胀系数(20℃)/K^{-1}	0.00144
闪点(闭口)/℃	−17.8	(0～100℃平均)/K^{-1}	0.00162
(开口)/℃	−10	临界密度/(g/cm³)	0.278
燃点/℃	561	MS m/e:M(42.2),M 15(100),M 43(14.5)	
蒸发热(56.1℃)/(kJ/mol)	29.11	NMR $\delta\times10^{-6}$ 2—CH_3 2.11(单峰)	
熔化热(15℃)/(kJ/mol)	5.72		

(5) 化学性质 丙酮是脂肪族酮类最有代表性的化合物，具有酮类的典型反应。例如，与亚硫酸氢钠形成无色结晶的加成物。与氰化氢反应生成丙酮氰醇[$(CH_3)_2C(OH)CN$]。在还原剂作用下生成异丙醇与频哪酮。丙酮对氧化剂化较稳定。在室温以下不会被硝酸氧化。用碱性高锰酸钾或铬酸等强氧化剂氧化时，生成乙酸、甲酸、二氧化碳和水。在碱存在下发生双分子缩合，生成双丙酮醇。2mol丙酮在各种酸性催化剂（盐酸、氯化锌或硫酸）存在下，生成亚异丙基丙酮，再与1mol丙酮加成，生成佛尔酮（二亚异丙基丙酮）。3mol丙酮在浓硫酸作用下，脱去3mol水，生成1,3,5-三甲苯。在石灰、醇钠或氨基钠存在下，缩合生成异佛尔酮（3,5,5-三甲基-2-环己烯-1-酮）。在酸或碱存在下，与醛或酮发生缩合反应，生成酮醇、不饱和酮及树脂状物质。与苯酚在酸存在下，缩合成双酚-A。丙酮的α-氢原子容易被卤素取代，生成α-卤代丙酮。与次卤酸钠或卤素的碱溶液作用生成卤仿。丙酮与Grignard试剂发生加成作用，加成产物水解后得到叔醇。丙酮与氨及其衍生物如羟胺、肼、苯肼等也能发生缩合反应。此外，丙酮在500～1000℃时发生热裂，生成乙烯酮。在170～260℃通过硅-铝催化剂时，生成异丁烯和乙醛；300～350℃时生成异丁烯和乙酸等。

(6) 精制方法 由于制法不同，所含杂质也不同。主要杂质有水、醇、醛、醚以及微量的酸性物质等。精制时，一般用无水硫酸钙、碳酸钾、分子筛脱水后蒸馏即可。若要除去醛及其他还原性物质，可分批加入少量高锰酸钾回流，直至紫色不消失为止，再用无水硫酸钙或碳酸钾干燥后精馏；也可以用碱性硝酸银溶液与丙酮作用，过滤、干燥后蒸馏以除去有机杂质。欲得高纯度的丙酮，可将丙酮与亚硫酸氢钠作用，滤出生成的加成产物，乙醚洗涤后用碳酸钠溶液分解，无水碳酸钾干燥后蒸馏。也可以用碘化钠与丙酮反应，滤出结晶，加热即分解出纯丙酮。具体操作如下：

① 在1000mL丙酮中，加入溶解有4g硝酸银的30mL水溶解和30mL1mol/L氢氧化钠溶液。搅拌10分钟后过滤，用无水硫酸钙干燥后蒸馏。

② 分批加入粉末状的高锰酸钾于丙酮中，加热回流至紫色不消失为止。再加入无水硫酸钙干燥，过滤后分馏。此法适于精制大量的丙酮。

③ 将100g粉状碘化钠加入440g沸腾的丙酮中，用冰盐冷却到－8℃，析出碘化钠与丙酮的加成物（$NaI \cdot 3C_3H_6O$）。过滤后移入蒸馏瓶内，稍一加热即分解出纯丙酮。碘化钠可以重复使用。

丙酮在酸或碱作用下发生脱水缩合反应。因此，要得到无水物比较困难。用氯化钙、五氧化二磷、硅胶、氧化铝凝胶、硫酸钠、碳酸钾脱水时也能发生上述反应，故用无水硫酸钙或硫酸镁作干燥剂较好。

(7) 溶解性能　丙酮能与水、乙醇、多元醇、酯、醚、酮、烃、卤代烃等极性和非极性溶剂相混溶，是一种典型的溶剂。除棕榈油等少数油类外，几乎所有的油脂都能溶解。并能溶解纤维素、聚甲基丙烯酸、酚醛、聚酯等多种树脂。对环氧树脂溶解能力较差，对聚乙烯、呋喃树脂、聚偏二氯乙烯等树脂不易溶解。虫胶、橡胶、沥青、石蜡等则难以溶解。

丙酮能溶解少量有机酸铵盐。不溶解氯化钠和氯化钾。25℃时有3.86％氯化锂可溶解。氢氧化钠和氢氧化钾在无水状态时几乎不溶解。但可制得含NaOH 0.3％，丙酮73.3％，水26.4％以及KOH 0.4％，丙酮80.1％，水19.5％的饱和溶液。

(8) 用途　丙酮为代表性的低沸点、快干性极性溶剂。溶解能力强，又溶于水，除用作涂料、清漆、硝基喷漆等溶剂外，尚用作纤维素、醋酸纤维素、照相胶片等制造时的溶剂和脱漆剂。丙酮能萃取各种维生素与激素及石油脱蜡。液相色谱溶剂。丙酮还是重要的化工原料，用于制造乙酐、甲基丙烯酸甲酯、双酚A、亚异丙基丙酮、甲基异丁基甲酮、己二醇、氯仿、碘仿、环氧树脂、维生素C等。

(9) 使用注意事项　致癌物。危险特性属第3.1类低闪点易燃液体。危险货物编号：31025，UN编号：1090。对日光、酸碱不稳定。沸点低，挥发性大，应置阴凉处密封贮存，严禁火源。对金属无腐蚀性，可用铁、软钢、铜或铝制容器贮存。但久贮和回收的丙酮常有酸性杂质存在，对金属有腐蚀性。丙酮属低毒类，近似于乙醇。主要对中枢神经系统有麻醉作用，吸入蒸气能引起头痛、眼花、呕吐等症状，空气中的嗅觉界限为3.80mg/m³。对眼、鼻、舌黏膜多次接触能引起炎症。蒸气浓度为9488mg/m³时，60分钟后就会呈现头痛、刺激支气管、昏迷不醒等中毒症状。嗅觉阈浓度1.2～2.44mg/m³。TJ 36—79规定车间空气中最高容许浓度为360mg/m³。家兔经口LD_{50}为5～10mL/kg。

(10) 规格

① GB 6026—1998 丙酮（工业）

项　目		优级品	一级品	二级品
色度(Hazen单位,铂-钴色号)	≤	5	5	10
密度(20℃)/(g/cm³)		0.789～0.791	0.789～0.792	0.789～0.793
沸程(101.3kPa)(包括56.1℃)/℃	≤	0.7	1.0	2.0
蒸发残渣/％	≤	0.002	0.003	0.005
酸度(以乙酸计)/％	≤	0.002	0.003	0.005
高锰酸钾时间试验(25℃)/min	≥	120	80	35
水混溶性		合格	合格	合格
水分/％	≤	0.30	0.40	0.60
醇/％	≤	0.2	0.3	1.0
纯度/％	≥	99.5	99.0	98.5

② GB/T 686—2008　试剂用丙酮

项目		分析纯	化学纯
含量(CH_3COCH_3)/%	≥	99.5	99.0
密度/(g/mL)		0.790	
沸点/℃		56±1	
与水混合试验		合格	
蒸发残渣/%	≤	0.001	
水分/%	≤	0.3	0.5
酸度(以 H^+ 计)/(mmol/g)	≤	0.0005	0.0008
碱度(以 OH^- 计)/(mmol/g)	≤	0.0005	0.0008
醛(以 HCHO 计)/%		0.002	0.005
甲醇/%		0.05	0.1
乙醇/%		0.05	0.1
还原高锰酸钾物质		合格	

③ 欧洲、美国的丙酮规格。

丙酮的规格

欧洲药典,2000 补充		美国药典 NF19	
丙 酮			
监控项目	标 准	监控项目	标 准
品质	挥发性清液,无色,与水互溶,与乙醇互溶,与乙醚互溶,蒸气易燃		在无水基准上计算,不少于 99%
鉴别			
A	相符	红外光谱	相符
B	相符		
测试			
溶液外观	相符		
酸碱度	相符		
相对密度	0.790～0.793	相对密度	不大于 0.789
相关物质			
甲醇	不大于 0.05%(体)		
异丙醇	不大于 0.05%(体)		
附带杂质	不大于 0.05%(体)		
水中不溶物	相符		
还原性物质	相符	易氧化物质	相符
蒸发残留物	不大于 1mg(50×10^{-6})	不挥发性残留物	不大于 2mg(0.004%)
水(半微量测定)	不大于 3g/L	水(气相色谱)	不大于 0.5%
储存	避光保存	化验(气相色谱)	在无水基准上计算不小于 99.0%
杂质			
A	甲醇	包装与贮存	在密闭容器内保存、远离火源
B	异丙醇		

(11) 附表

表 2-6-1 丙酮的蒸气压

温度/℃	蒸气压/kPa	温度/℃	蒸气压/kPa
−94.8	0.0023	40	56.20
−90	0.0028	45	68.06
−70	0.045	50	81.67
−50	0.32	56.2	101.33
−30	1.49	60	115.51
−10	5.16	70	160.10
−2	8.00	80	214.81
5	11.88	90	284.72
10	15.41	100	371.86
20	24.64	120	608.96
25	30.56	150	1165.24
30	37.69	200	2837.10
35	46.18		

表 2-6-2 丙酮-水的气液平衡组成（总压 101.3kPa）

丙酮/%(mol)		温度/℃	丙酮/%(mol)		温度/℃
液 相	气 相		液 相	气 相	
0.0	0.0	100.0	50.0	85.1	59.8
1.0	27.9	92.0	60.0	86.3	59.2
2.5	47.0	84.2	70.0	87.5	58.8
5.0	63.0	75.6	80.0	89.7	58.2
10.0	75.4	66.9	90.0	93.5	57.4
20.0	81.3	62.4	95.0	96.2	56.9
30.0	83.2	61.1	97.5	97.9	56.7
40.0	84.2	60.3	100.0	100.0	56.5

表 2-6-3 丙酮-甲醇的气液平衡组成（总压 101.3kPa）

丙酮/%(mol)		温度/℃	丙酮/%(mol)		温度/℃
液 相	气 相		液 相	气 相	
0.0	0.0	64.6	55.0	62.1	56.0
2.0	4.7	64.0	60.0	65.5	55.8
5.0	10.8	63.0	65.0	69.1	55.6
10.0	19.6	61.6	70.0	72.6	55.5
15.0	27.0	60.5	75.0	76.3	55.4
20.0	33.5	59.5	80.0	80.02	55.4
25.0	38.8	58.7	80.1	80.1	55.4
30.0	43.2	58.1	85.0	83.6	55.4
35.0	47.6	57.4	90.0	88.5	55.6
40.0	51.4	56.9	95.0	94.1	55.8
45.0	54.9	56.5	98.0	97.7	56.0
50.0	58.8	56.2	100.0	100.0	56.1

表 2-6-4 丙酮-乙醇的气液平衡组成（总压 101.3kPa）

丙酮/%(mol)		温度/℃	丙酮/%(mol)		温度/℃
液 相	气 相		液 相	气 相	
0.0	0.0	78.3	40.0	60.5	63.6
5.0	15.5	75.4	50.0	67.4	61.8
10.0	26.2	73.0	60.0	73.9	60.4
15.0	34.8	71.0	70.0	80.2	59.1
20.0	41.7	69.0	80.0	86.5	58.0
25.0	47.8	67.3	90.0	92.9	57.0
30.0	52.4	65.9	100.0	100.0	56.1
35.0	56.6	64.7			

表 2-6-5 丙酮-乙酸的气液平衡组成（总压 101.3kPa）

丙酮/%(mol)		温度/℃	丙酮/%(mol)		温度/℃
液 相	气 相		液 相	气 相	
0.0	0.0	118.1	50.0	91.2	74.6
5.0	16.2	110.0	60.0	94.7	70.2
10.0	30.6	103.8	70.0	96.9	66.1
20.0	35.7	93.1	80.0	98.4	62.6
30.0	72.5	85.8	90.0	99.3	59.2
40.0	84.0	79.7	100.0	100.0	56.1

表 2-6-6　丙酮-水混合物的相对密度

丙酮/%	15℃	20℃	25℃	丙酮/%	15℃	20℃	25℃
100	0.79726	0.79197	0.78630	45	0.93518	0.93091	0.92678
95		0.80748	0.80205	40	0.94488	0.94075	0.93691
90		0.81297	0.81635	35	0.95293	0.94931	0.94547
85		0.83588	0.83073	30	0.96092	0.95748	0.95411
80		0.84981	0.84454	25	0.96783	0.96490	0.96221
75	0.86442	0.86129	0.85533	20	0.97444	0.97210	0.96961
70	0.88085	0.87545	0.87073	15	0.98038	0.97813	0.97604
65	0.89271	0.88785	0.88282	10	0.98681	0.98513	0.98342
60	0.90447	0.89953	0.89477	5	0.98921	0.99163	0.98979
55	0.91526	0.91053	0.90603	0	0.99913	0.99826	0.99712
50	0.92549	0.92051	0.91673				

表 2-6-7　合成高分子化合物在丙酮中的溶解性

名　　称	溶解性	名　　称	溶解性
醋酸纤维素	溶解	聚苯乙烯	部分溶解
醋酸丁酸纤维素	溶解	聚乙酸乙烯酯	溶解
硝酸纤维素	溶解	聚乙烯醇缩丁醛	部分溶解
乙基纤维素	溶解	聚氯乙烯	部分溶解
聚甲基丙烯酸甲酯	溶解	聚氯代乙酸乙烯酯	溶解

表 2-6-8　有机酸铵盐在丙酮中的溶解度

温度/℃	有机酸铵盐	溶解度/(g/100mL 丙酮)
19	乙酸铵	0.27
15	油酸铵	4.7
13	软脂酸铵	0.2
13	硬脂酸铵	0.08

表 2-6-9　含丙酮的二元共沸混合物

第二组分	共沸点/℃	丙酮/%	第二组分	共沸点/℃	丙酮/%
乙酸甲酯	55.8	48.3	碘甲烷	41.5	13
氯丙烷	45.8	15	甲醇	56.4	88
二乙胺	51.39	38.21	1,1-二氯乙烷	57.55	30
2-甲基-1,3-丁二烯	33.8	5.3	氯甲基甲基醚	56.1	87
1,3-戊二烯	41.4	18.1	碘乙烷	55.5	65
环戊烷	41.0	36	溴丙烷	56.33	99
戊烷	31.86	21.9	2-溴丙烷	54.0	50
环己烷	53.0	67.5	亚硝酸丙酯	47.5	8
甲基环戊烷	50.3	57	丙硫醇	54.5	67
己烷	49.8	59	硼酸三甲酯	55.55	82.5
二异丙基醚	54.2	61	丙胺	48.5	20
庚烷	55.85	89.5	异丁胺	56.0	85
四氯化碳	56.28	88.5	乙基丙基醚	56.1	90
二硫化碳	39.25	33	1,5-己二烯	47.5	47
氯仿	64.5	20.5			

表 2-6-10　丙酮的三元共沸混合物

第二组分	含量/%	第三组分	含量/%	共沸点/℃
水		2-甲基呋喃		55.6
水	0.4	2-甲基-1,3-丁二烯	92.0	32.5
水	1.8	二异丙基醚	44.7	53.8
水	3	二异丙基醚	48	75(204.78kPa)

参 考 文 献

1 CAS 67-64-1
2 EINECS 200-662-2
3 API Research Project 44. Selected Values of Physical and Thermodynamic Properties of Hydrocarbons and Related Compounds. No. 23-2-1 (1. 2010). Thermodynamic Research Center. Texas A & M Univ
4 C.Marsden. Solvents Guide. 2nd ed. Cleaver-Hume，1963
5 A.A.Mayott et al. Tables of Dielectric Constants of Pure Liquids. NBS Circular 514，1951
6 A.Weissberger. Organic Solvents. 3rd ed. Wiley. 242
7 C.Marsden. Solvents Manual. Cleaver-Hume. 1954. 3
8 Kirk-Othmer. Encyclopedia of Chemical Technology. 2nd ed. Vol. 1. Wiley. 160
9 K.K.Kelley. J. Amer. Chem. Soc. 1929，51：1145
10 Thermodynamic Research Center Data Project. Selected Values of Properties of Chemical Compounds. No. 23-2-1 (1. 2000)v. Thermodynamic Research Center，Texas A & M Univ
11 A.P Kudchadker. Chem. Rev. 1968，68：659
12 C.A.Glover et al. Anal. Chem. 1953，25：1379
13 L.Scheflan and M.B.Jacobs. The Handbook of Solvents. Van Nostrand Reinhold. 1953. 87
14 V.P.Frontas'er. J.Phys. Chem. USSR. 1946，20：91
15 溶剤カタログ. 三井石油化学工業（株）. 1973
16 Documentation of Molecular Spectroscopy. UV Atlas. B1/T1，00000/00040. Butterworths. 1966
17 Sadtler Standard IR Grationg Spectra. No. 77
18 W.G.Braun et al. Anal. Chem. 1950，22：1074
19 F.Stenhagen et al. Atlas of Mass Spectral Data. Vol. 1. Wiley. 1969. 30
20 Sadtler Standard NMR Spectra. No. 9288
21 L.Scheflan and M.B.Jacobs. The Handbook of Sovlents. Van Nostrand Reinhold. 1953. 86
22 F.A.Patty. Industrial Hygiene and Toxicology. 2nd ed. Vol. 1. Wiley. 1958
23 E.Browning. Toxicity and Metabolism of Industrial Solvents. Elsevier. 1965. 417
24 D.F.Othmer. F. R. Morley. Ind. Eng. Chem. 1944，36：1175
25 S.Uchida，S. Ogawa，M.Yamaguchi. Japan Sci. Rev. Eng. Sci. 1950，1：41
26 J.H.Perry. Chemical Engineer's Handbook. Mc Graw-Hill. 1941
27 D.F.Othmer. Ind. Eng. Chem. 1943，35：614
28 松田種光，溶剤ハンドブック. 産業図書. 1963. 117
29 桑田勉. 溶剂. 丸善，1941. 261
30 L.H.Horsley. Advan. Chem. Ser. 1973，116：169
31 C.Marsden. Solvents Guide. 2nd ed. Cleaver-Hume，1963. 13
32 张海峰主编. 危险化学品安全技术大典：第1卷. 北京：中国石化出版社，2010

412. 丁 酮

2-butanone［methyl ethyl ketone，ethyl methyl ketone，MEK］

(1) 分子式　C_4H_8O。　　相对分子质量　72.11。

(2) 示性式或结构式　$CH_3\underset{\underset{O}{\|}}{C}CH_2CH_3$

(3) 外观　无色透明液体，有类似丙酮的气味。

(4) 物理性质

沸点(101.3kPa)/℃	79.64	介电常数(20℃)	18.51
熔点/℃	−86.69	偶极矩/(10^{-30}C·m)	9.21
相对密度(20℃/4℃)	0.8049	黏度(25℃)/mPa·s	0.423
(25℃/4℃)	0.7997	(30℃)/mPa·s	0.365
折射率(20℃)	1.3788	表面张力(0℃)/(mN/m)	26.9
(25℃)	1.3764	(24.8℃)/(mN/m)	23.97

续表

燃点/℃	516	体膨胀系数(0～80℃)/K^{-1}	0.00142
闪点(闭口)/℃	−7.2	(0～30℃)/K^{-1}	0.00129
(开口)/℃	−5.6	临界密度/(g/cm^3)	0.270
蒸发热(b.p.)/(J/mol)	23.3	UV λ_{max}278nm,$\log\varepsilon_{max}$1.23 (异辛烷溶液)	
熔化热/(kJ/mol)	8.4		
生成热/(kJ/mol)	279.2	IR 参照图 2-6-1	
燃烧热/(kJ/mol)	2442.1	MS m/e:M(16),M-15(6),M-29(100) M-43(24),M-45(15)	
比热容(定压)/[kJ/(kg·K)]	2.21		
临界温度/℃	262.4	NMR $\delta\times10^{-6}$(CCl_4 溶液,TMS 基准)	
临界压力/MPa	4.2	4-CH_3 0.99(三重峰)	
电导率/(S/m)	3.6×10^{-9}	3-CH_2 2.40(四重峰)	
爆炸极限(下限)/%(体积)	1.81	1-CH_3 2.05(单峰)	
(上限)/%(体积)	11.5		

(5) 化学性质 丁酮由于具有羰基及与羰基相邻接的活泼氢，因此容易发生各种反应。与盐酸或氢氧化钠一起加热发生缩合，生成3,4-二甲基-3-己烯-2-酮或3-甲基-3-庚烯-5-酮。长时间受日光照射时，生成乙烷、乙酸、缩合产物等。用硝酸氧化时生成联乙酰。用铬酸等强氧化剂氧化时生成乙酸。丁酮对热比较稳定，500℃以上热裂生成烯酮或甲基烯酮。与脂肪族或芳香族醛发生缩合时，生成高分子量的酮、环状化合物、缩酮以及树脂等。例如与甲醛在氢氧化钠存在下缩合，首先生成2-甲基-1-丁醇-3-酮，接着脱水生成甲基异丙烯基酮。该化合物受日光或紫外光照射时发生树脂化。与苯酚缩合生成2,2-双(4-羟基苯基)丁烷。与脂肪族酯在碱性催化剂存在下反应，生成β-二酮。在酸性催化剂存在下与酸酐作用发生酰化反应，生成β-二酮。与氰化氢反应生成氰醇。与氨反应生成酮基哌啶衍生物。丁酮的α-氢原子容易被卤素取代生成各种卤代酮，例如与氯作用生成3-氯-2-丁酮。与2,4-二硝基苯肼作用生成黄色的2,4-二硝基苯腙（m.p.115℃）。

(6) 精制方法 主要杂质是丁醇、水及酸性物质。一般的精制方法是用无水碳酸钾、无水硫酸钠或无水硫酸钙干燥后分馏，收集79～80℃馏分。工业上则利用共沸蒸馏脱水再分馏精制。若含有酸性杂质可用碳酸钾饱和水溶液洗涤除去。醇类、醛类杂质可用粉状高锰酸钾加氧化钙回流除去。若要获得纯度高的丁酮，可将丁酮与碘化钠或亚硫酸氢钠制成加成物，除去杂质后，再将加成物分解，即可得到纯粹的丁酮。当丁酮与其他液体混溶在一起时，一般采用蒸馏后再分馏的方法进行分离。也可用其他溶剂将丁酮萃取出来后再蒸馏的方法分离。从稀水溶液中回收丁酮时可用1,1,2-三氯乙烷或氯苯作萃取剂。丁酮与11.3%的水组成共沸混合物，共沸点73.41℃。

(7) 溶解性能 与丙酮相似，能与醇、醚、苯等大多数有机溶剂混溶。对各种纤维素衍生物、合成树脂、油脂、高级脂肪酸的溶解能力强。

(8) 用途 常用作各种高分子化合物如硝酸纤维素、醋酸纤维素、乙烯树脂、丙烯酸树脂、醇酸树脂、酚醛树脂和涂料的溶剂以及染料、黏结剂、油墨等的溶剂。液相色谱溶剂。也用作洗涤剂、润滑油脱蜡剂、硫化促进剂和反应中间体等。

(9) 使用注意事项 危险特性属第3.2类中闪点易燃液体。危险货物编号：32073；UN编号：1193。应远离火源，避免与氧化剂接触，置阴凉处密封贮存。对金属无腐蚀性，可用铁、软钢、铜或铝制容器贮存。丁酮属低毒类。毒性比丙酮强，有麻醉性，能使中枢神经功能下降。吸入其蒸气时刺激眼睛与气管，引起头痛、头昏、呕吐和皮炎等。工作场所最高容许浓度735mg/m^3。大鼠经口LD_{50}为3980mg/kg。大鼠吸LD_{50}为2000mg/kg。

(10) 规格 SH/T 1755—2006 工业用甲乙酮

项目	指标		项目	指标	
	通用级	氨酯级		通用级	氨酯级
纯度/%	99.5	99.7	密度(20℃)/(g/cm^3)	0.804～0.806	0.804～0.806
水分/%	0.1	0.05	不挥发物/(mg/100mL)	5	5
沸程			酸度(以乙酸计)/%	0.005	0.03
初馏点/℃	78.5	78.5	醇(以丁醇计)/%	—	0.3
干点/%	81.0	81.0	外观	无色透明液体，无机械杂质	
色度(铂-钴)/号	10	10			

(11) 附表

表 2-6-11 丁酮的蒸气压

温度/℃	蒸气压/kPa	温度/℃	蒸气压/kPa	温度/℃	蒸气压/kPa	温度/℃	蒸气压/kPa
0	3.24	30	15.24	60	51.96	90	139.63
5	4.31	35	19.07	65	62.17	95	161.59
10	5.67	40	23.65	70	73.94	100	186.08
15	7.36	45	29.12	75	87.39		
20	9.49	50	35.58	80	102.71		
25	12.08	55	43.13	85	120.10		

表 2-6-12 丁酮-水的相互溶解度

温度/℃	丁酮/%		温度/℃	丁酮/%	
	下层	上层		下层	上层
0	30.6	89.6	80	15.7	85.8
20	22.6	90.1	100	16.4	82.6
40	18.6	89.6	120	18.6	77.3
60	16.5	88.2	140	26.4	65.5

表 2-6-13 丁酮-水混合物的折射率

丁酮/%	折射率(n_0^{25})	丁酮/%	折射率(n_0^{25})
0	1.33250	90	1.37748
5	1.33700	95	1.37687
10	1.34159	100	1.37616
15	1.34614		

表 2-6-14 丁酮-水的气液平衡(总压 101.3kPa)

温度/℃	丁酮/%		温度/℃	丁酮/%	
	液相	气相		液相	气相
78.3	99.3	96.3	73.5	66.7	66.1
76.4	95.8	89.8	73.3	65.5	65.5
74.5	88.0	76.7	74.4	19.0	64.5
73.9	80.3	70.7	81.2	1.7	51.5
73.5	78.4	69.8	84.6	1.1	39.4
73.8	74.4	68.3	93.2	0.4	18.4
73.8	72.1	67.6	97.6	0.2	8.5

表 2-6-15 合成树脂在丁酮中的溶解性

树脂	溶解性	树脂	溶解性	树脂	溶解性
硝酸纤维素	部分溶解	聚偏氯乙烯	部分溶解	聚乙烯醇	溶解
醋酸纤维素	部分溶解	锦纶	不溶	聚碳酸酯	不溶
醋酸丁酸纤维素	部分溶解	聚对苯二甲酸乙二醇酯	溶解	聚乙烯	不溶
乙基纤维素	溶解	聚苯乙烯	部分溶解	聚丙烯	不溶
聚乙烯醇缩丁醛	溶解	聚甲基丙烯酸甲酯	溶解	聚氧化乙烯	不溶
聚氯乙烯	部分溶解	聚乙酸乙烯酯	溶解		

表 2-6-16 含丁酮的二元共沸混合物

第二组分	共沸点/℃	丁酮/%	第二组分	共沸点/℃	丁酮/%
水	73.41	88.7	叔丁醇	77.5	73
苯	78.35	37.5	乙酸乙酯	76.7	22
环己烷	72	40	丙酸甲酯	79.25	52
1,3-环己二烯	73	40	甲酸丙酯	79.45	55
四氯化碳	73.8	29	二硫化碳	45.85	15
甲醇	64.1	69	丙硫醇	55.5	75
乙醇	74.8	66	噻吩	76	45
异丙醇	77.5	68	二乙硫	77.5	20
碘甲烷	<71.5	<25	氟苯	79.3	75
氯丁烷	77.0	38	己烷	64.3	29.5

表 2-6-17　含丁酮的三元共沸混合物

第二组分	含量/%	第三组分	含量/%	共沸点/℃
水	8.9	苯	73.6	68.9
水	5	环己烷	60	63.6
水	3.0	四氯化碳	74.8	65.7

表 2-6-18　丁酮-苯-水三元共沸混合物的相互溶解性（25℃）

成分	溶解性/%	
	上　层	下　层
水	0.4	96.4
苯	80.6	0.1
丁酮	19.0	3.5

注：共沸混合物中上层占 91.1%，下层占 8.9%。

(12) 附图

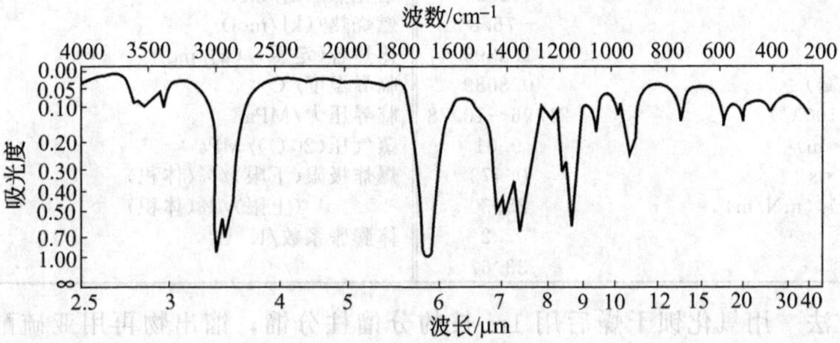

图 2-6-1　丁酮的红外光谱图

参 考 文 献

1 CAS 78-93-3

2 EINECS 201-159-0

3 Thermodynamic Research Center Data Project. Selected Values of Properties of Chemical Compounds. No. 23-2-1 (1. 1120). Thermodynamic Research Center. Texas A & M Univ

4 A.Weissberger. Organ Aic Solvents. 3rd ed., Wiley. 244

5 G.K.Estok and J.H.Sikes. J. Amer. Chem Soc. 1953, 75: 2745

6 R.R.Collerson et al. J. Chem. Soc. 1965. 3697

7 G.C.Sinke and F.L.Oetting. J.Phys. Chem. 1964, 68: 1354

8 G.E.Moore and M.L.Requist. J.Amer. Chem. Soc. 1940, 62: 1505

9 R.S.Crog and H.Hunt. J.Phys. Chem. 1942, 46: 1162

10 Thermodynamic Research Center Data Project. Selected Values of Chemical Compounds. No. 23-2-1 (1. 1130) i. Thermodynamic Research Center. Texas A & M Univ

11 Methyl Ethyl Ketone. Shell Chemical Corp. 1952

12 M.J.Kamlet. Organic Electrenic Spectral Data. Vol. 1. Wiley. 1957, 33

13 Sadtler Standard IR Grating Spectra. No. 101K

14 W.G.Braun et/al. Anal. Chem. 1950, 22: 1112

15 E.Stenhagen et al. Atlas of Mass Spectral Data. Vol. 1. Wiley. 1969, 70

16 Sadtler Standard NMR Spectra. No. 10292M

17 A.P.Kudchadker. Chem. Rev. 1968, 68: 659

18 N.I.Sax, Dangerous Properties of Industrial Materials. Van Nostrand Reinhold. 1957, 392

19 主要化学品 1000 種毒性データ特別調査レポート. 海外技術資料研究所. 1973, 231

20 有機合成化学協会. 溶剤ポケットブック. オーム社. 1977, 369

21 日本化学会. 化学便覧. 基礎編. 丸善. 1975, 690

22 D.F.Othmer et al. Ind. Eng. Chem. 1952, 44: 1872

23 The Merck Index. **10**, 5945; **11**, 5991

24 张海峰主编，危险化学品安全技术大典：第 1 卷. 北京：中国石化出版社，2010

413. 2-戊　酮

2-pentanone [methyl *n*-propyl ketone，ethyl acetone]

(1) 分子式　$C_5H_{10}O$。　　　相对分子质量　86.13。

(2) 示性式或结构式　$CH_3CH_2CH_2\overset{\displaystyle O}{\overset{\|}{C}}CH_3$

(3) 外观　无色透明液体，有丙酮气味。

(4) 物理性质

沸点(101.3kPa)/℃	102.26	熔化热/(kJ/mol)	10.63
熔点/℃	−76.80	燃烧热/(kJ/mol)	3074.8
折射率	1.3895	比热容(定压)/(kJ/mol)	2.14
相对密度(20℃/4℃)	0.8089	临界温度/℃	290.8
介电常数(−69～100℃)	21.96～10.78	临界压力/MPa	3.89
偶极矩/(10^{-30}C·m)	9.01	蒸气压(20℃)/MPa	1.53kPa
黏度(25℃)/mPa·s	0.473	爆炸极限(下限)/%(体积)	1.55
表面张力(15.6℃)/(mN/m)	25.30	(上限)/%(体积)	8.15
闪点(开口)/℃	7.2	体膨胀系数/K^{-1}	0.00111
蒸发热/(kJ/mol)	33.67		

(5) 精制方法　用氧化钡干燥后用1m长的分馏柱分馏，馏出物再用亚硫酸氢钠处理精制。也可以用理论塔板数为100的蒸馏塔，在101.3kPa，回流比100∶1的情况下进行精馏，馏出物与水进行共沸蒸馏，然后用无水硫酸钙干燥，再蒸馏，即可得纯度为99.93%±0.01%的纯品。

(6) 溶解性能　能与乙醇、乙醚、苯、庚烷、四氯化碳等混溶。能溶解植物油、松香、聚苯乙烯、聚乙酸乙烯酯、聚甲基丙烯酸甲酯等。部分溶解聚氯乙烯、聚乙烯醇缩乙醛。醋酸纤维素、聚偏二氯乙烯、石蜡等则不溶解。20℃时在水中溶解5.9%；在2-戊酮中溶解3.3%。

(7) 用途　是润滑油的优良脱蜡剂，也用作硝基喷漆、合成树脂涂料的溶剂以及有机合成原料。液相色谱溶剂。

(8) 使用注意事项　危险特性属第3.2类中闪点易燃液体。危险货物编号：32074，UN编号：1249。干燥时对金属无腐蚀性，可用铁、软钢、铜或铝制容器贮存。2-戊酮属低毒类。毒性和刺激性都比丁酮强。动物吸入高浓度蒸气时，产生麻醉，侵害肺、肝和肾脏器官。对人的毒性不详。当浓度达4576～17600mg/m³时，对人的眼、鼻、气管黏膜有强烈的刺激作用。工作场所最高容许浓度为704mg/m³。

(9) 附表

表 2-6-19　2-戊酮的蒸气压

温度/℃	蒸气压/kPa	温度/℃	蒸气压/kPa
−12.0	0.13	47.3	8.00
8.0	0.67	56.8	13.33
17.9	1.33	71.0	26.66
28.5	2.67	86.8	53.33
39.8	5.33	103.3	101.33

表 2-6-20　含2-戊酮的二元共沸混合物

第二组分	共沸点/℃	2-戊酮/%	第二组分	共沸点/℃	2-戊酮/%
水	83.8	80.4	碘丙烷	100.8	35
甲酸	105.3	68	丁酸甲酯	102.0	52
硝基甲烷	99.15	44	乙酸丙酯	101.0	38
乙醇	77.7	8.83	甲基环己烷	100.6	40
烯丙基碘	100.9	34			

参　考　文　献

1　CAS 107-87-9

2 EINECS 203-528-1
3 R.P.Collerson et al. J.Chem. Soc. 1965，3697
4 F.L.Oetting. J.Chem. Eng. Data. 1965，10：122
5 D.M.Cowan et al. J.Chem. Soc. 1940，171
6 J.G.Park and H.E.Hofmann. Ind. Eng. Chem. 1932，24：132
7 R.H.Cole. J.Chem. Phys. 1941，9：251
8 K.L.Wolf and W.J.Gross. Z. Physik. Chem. Leipzig. 1931，14B：310
9 W.Swietoslawski. J.Amer. Chem. Soc. 1920，42：1098
10 K.A.Kobe et al. Ind. Eng. Chem.. 1955，47：1767
11 D.R.Stull. Ind. Eng. Chem. 1947，39：517
12 A.K.Doolittle. Ind. Eng. Chem. 1935，27：1169
13 Sadtler Standard UV Spectra. No. 833
14 Sadtler Standard IR Grating Spectra. No. 8272
15 K.W.F. Kohlrausch and F.Köppl. Z. Physik. Chem. Leipzig. 1934，24B：370
16 E.Stenhagen et al. Atlas of Mass Spectral Data. Vol. 1. Wiley. 1969. 140
17 Sadtler Standard NMR Spectra. No. 177
18 L.Scheflan and M.B.Jacobs. The Handbook of Solvents. Van Nostrand Reinhold. 1953，583
19 E.Browings. Toxicity and Metabolism of Industrial Solvents. Elsevier. 1965，425
20 C.Marsden. Solvents Guide. 2nd ed. Cleaver-Hume. 1963，407：408
21 The Merck Index. **10**，5988；**11**，6032
22 张海峰主编. 危险化学品安全技术大典：第1卷. 北京：中国石化出版社，2010

414. 3-戊酮

3-pentanone［diethyl ketone，amyl ketone，dimethyl acetone］

(1) 分子式　$C_5H_{10}O$。　　相对分子质量　86.13。

(2) 示性式或结构式　$CH_3CH_2\underset{\underset{\displaystyle O}{\|}}{C}CH_2CH_3$

(3) 外观　无色透明液体，有丙酮气味。

(4) 物理性质

沸点(101.3kPa)/℃	101.96	蒸发热/(kJ/mol)	33.75
熔点/℃	−39.50	熔化热/(kJ/mol)	11.60
相对密度(20℃/4℃)	0.8138	生成热/(kJ/mol)	258.8
折射率(20℃)	1.3924	燃烧热/(kJ/mol)	3079.0
介电常数(−40～80℃)	19.77～12.52	比热容(25℃,定压)/[kJ/(kg·K)]	2.22
偶极矩/(10^{-30}C·m)	9.01	临界温度/℃	287.8
黏度(20℃)/mPa·s	0.4799	临界压力/MPa	3.74
表面张力(21℃)/(mN/m)	25.18	蒸气压(20℃)/kPa	1.67
闪点(开口)/℃	13	热导率(20℃)/[W/(m·K)]	142.35×10^{-3}
燃点/℃	452	体膨胀系数/K^{-1}	0.00113

(5) 精制方法　用氧化钡或硫酸钙干燥后蒸馏。也可以用氯化钙回流2小时后，加入新鲜氯化钙放置过夜，过滤后蒸馏。高纯度3-戊酮可用理论塔板数为100的蒸馏塔，在93.33kPa、回流比100：1的情况下精馏，馏出物分步结晶，再加氢氧化钙进行再蒸馏，纯度可达99.95%±0.01%。

(6) 溶解性能　能与乙醇、乙醚、苯、庚烷、四氯化碳等混溶。20℃时在水中溶解5.1%；水在3-戊酮中溶解1.5%。3-戊酮和水、硝基甲烷形成三元共沸混合物，共沸点82.4℃。共沸混合物中含3-戊酮65%，水18%，硝基甲烷17%。

(7) 用途　参照2-戊酮。

(8) 使用注意事项　危险特性属第 3.2 类中闪点易燃液体。危险货物编号：32074，UN 编号：1156。易着火，大量使用时注意火源和通风，不要与强氧化剂接近。对金属无腐蚀性，可用铁、软钢、铜或铝制容器贮存。毒性与丁酮相似。大鼠经口 LD_{50} 为 2.1g/kg。嗅觉阈浓度 33mg/m^3。工作场所最高容许浓度 705mg/m^3（美国）。

(9) 附表

表 2-6-21　3-戊酮的蒸气压

温度/℃	蒸气压/kPa	温度/℃	蒸气压/kPa
−12.7	0.13	46.7	8.00
7.5	0.67	56.1	13.33
17.2	1.33	70.4	26.66
27.9	2.67	86.0	53.33
39.4	5.333	102.2	101.33

表 2-6-22　含 3-戊酮的二元共沸混合物

第二组分	共沸点/℃	3-戊酮/%	第二组分	共沸点/℃	3-戊酮/%
水	82.9	86	异丁醇	10.95	78
硝基甲烷	99.1	45	仲丁醇	98.5	50
三氯乙醛	102.9	77	丁酸甲酯	<101.9	>60
甲酸	105.4	67	乙酸丙酯	100.75	40
烯丙基碘	100.8	34	叔戊醇	98.5	50
碘丙烷	100.9	35	甲基环已烷	95	40
丙醇	94.9	43	庚烷	93.5	35
溴丁烷	101.1	35	2,5-二甲基已烷	98	60

参　考　文　献

1　CAS 96-22-0

2　EINECS 202-490-3

3　R.P.Collerson et al. J.Chem. Soc. 1965，3697

4　R.R.Dreisbach and R.A.Martin. Ind. Eng. Chem. 1949，41：2876

5　D.M.Cowan et al. J.Chem. Soc. 1940，171

6　R.H.Cole. J.Chem. Phys. 1941，9：251

7　J.Granier. Compt. Rend. 1946，223：893

8　International Critical Tables. Ⅶ-216

9　R.J.L. Andon et al. J.Chem. Soc. 1968A，1894

10　E.Buckley and E.F.G.Herington. Trans. Faraday Soc. 1965，61：1618

11　W.Swietostealawski. J.Amer. Chem. Soc. 1920，42：1098

12　K.A.Kobe et al. Ind. Eng. Chem. 1955，47：1767

13　R.W.Gallant. Hydrocarbon Process. 1968，47 (8)：127

14　W.Jobst. Intern. J.Heat Mass Transfer. 1964，7：725

15　A.K.Doolittle. Ind. Eng. Chem. 1935，27：1169

16　Sadtler Standard UV Spectra. No. 274

17　Sadtler Standard IR Grating Spectra. No. 880

18　W.G.Braun et al. Anal. Chem. 1950，22：1074

19　E.Stenhagen et al. Atlas of Mass Spectral Data. Vol. 1. Wiley. 1969. 141

20　Sadtler Standard NMR Spectra. No. 10244

21　C.Marsden. Solvents Manual. Cleaver-Hume. 1954. 150

22　A.Weissberger. Organic Solvents. 3rd ed. Wiley. 729

23　The Merck Index. 6th ed. 353

24　C.Marsden. Solvents Guide. 2nd ed. Cleaver-Hume. 1963. 208；209

25　张海峰主编. 危险化学品安全技术大典：第 1 卷. 北京：中国石化出版社，2010

415. 乙酰丙酮［2,4-戊二酮］

acetylacetone［2,4-pentanedione］

(1) 分子式　$C_5H_8O_2$。　　　　相对分子质量　100.12。

(2) 示性式或结构式　$CH_3COCH_2COCH_3$

(3) 外观　无色或微黄色透明液体，有酯的气味。

(4) 物理性质

沸点(101.3kPa)/℃	140.5	折射率(17℃)	1.4541
熔点/℃	−23	(20℃)	1.4494
相对密度(25℃/4℃)	0.9721	闪点/℃	40.56
(20℃/20℃)	0.9753		

(5) 化学性质　在水中不稳定，易被水解为乙酸和丙酮。

(6) 精制方法　将20%乙酰丙酮粗品溶于80%的苯中，然后与等体积的蒸馏水振荡3小时，易溶于水的乙酸分配到水相中，而乙酰丙酮则溶于苯中。将苯蒸馏除去，精制得到乙酰丙酮。

(7) 溶解性能　能与乙醇、乙醚、氯仿、丙酮、冰乙酸等有机溶剂混溶。

(8) 用途　用于醋酸纤维素的溶剂，其金属络合物也作溶剂。汽油、润滑油的添加剂，涂料和清漆干燥剂。有机合成中间体。

(9) 使用注意事项　乙酰丙酮的危险特性属第3.3类高闪点易燃液体。危险货物编号：33587，UN编号：2310。遇高热、明火及强氧化剂易引起燃烧。中等毒性，能刺激皮肤、黏膜。人体在150～300mg/kg下长时间逗留即出现头痛、恶心、呕吐、眩晕和感觉迟钝等症状。

参 考 文 献

1 CAS 123-54-6

2 EINECS 209-984-8

3 Beilstein. Handbuch der Organischen Chemie. H, 1-777; E Ⅳ, 1-3662

4 The Merck Index. **10**, 76; **11**, 75; **12**, 82

5 张海峰主编. 危险化学品安全技术大典：第1卷. 北京：中国石化出版社，2010

416. 3-甲基-2-丁酮

3-methyl-2-butanone［methyl isopropyl ketone］

(1) 分子式　$C_5H_{10}O$。　　　　相对分子质量　86.13。

(2) 示性式或结构式

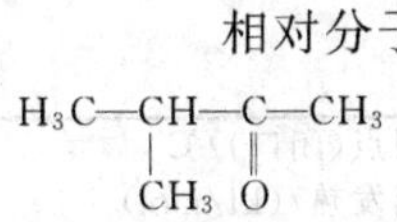

(3) 外观　无色液体，有低级酮特有气味。

(4) 物理性质

沸点/℃	94.2	折射率(20℃)	1.3879
熔点/℃	−92	表面张力(20℃)/(mN/m)	24.72
密度(20℃/4℃)/(g/cm³)	0.8030	比热容(20℃)/[kJ/(kg·K)]	2.076
黏度(20℃)/mPa·s	0.457	热导率(20℃)/[W/(m·K)]	0.1419

(5) 溶解性能　微溶于水，20℃在水中溶解度为2.3%，水在丙酮中溶解度为1.98%。能溶于醇、醚等有机溶剂。

(6) 使用注意事项　危险特性属第3.2类中闪点易燃液体。危险货物编号：32074，UN编号：2397。毒性较低，其蒸气会导致中枢神经系统衰弱，对眼、喉、鼻黏膜有刺激作用。易燃，应作易燃品处理。

(7) 附表

表 2-6-23　3-甲基-2-丁酮的蒸气压

温度/℃	蒸气压/kPa	温度/℃	蒸气压/kPa	温度/℃	蒸气压/kPa
0	1.55	100	119.06	200	1146.99
10	2.97	110	154.99	210	1360.79
20	5.31	120	198.13	220	1602.96
30	8.98	130	224.90	230	1877.35
40	14.43	140	342.78	240	2185.58
50	22.22	150	430.23	250	2532.11
60	32.96	160	533.68	260	2920.19
70	47.30	170	655.17	270	3353.86
80	65.95	180	796.32	280	3837.18
90	89.62	190	959.85		

表 2-6-24　含 3-甲基-2-丁酮的二元共沸混合物

第二组分	共沸点/℃	3-甲基-2-丁酮/%	第二组分	共沸点/℃	3-甲基-2-丁酮/%
水	79	87	溴丁烷	90	25
溴二氯甲烷	97	50	环己烷	79	>12
丙烯醇	93	70	庚烷	70	50

参 考 文 献

1　CAS 563-80-4

2　EINECS 209-294-7

3　Beil.，1，682

4　张海峰主编. 危险化学品安全技术大典：第 1 卷. 北京：中国石化出版社，2010

417. 2-己酮

2-hexanone [butyl methyl ketone，methyl *n*-butyl ketone，propylacetone]

(1) 分子式　$C_6H_{12}O$。　　相对分子质量　100.16。

(2) 示性式或结构式　$CH_3CH_2CH_2CH_2\underset{\underset{O}{\|}}{C}CH_3$

(3) 外观　无色液体，有丙酮的气味。

(4) 物理性质

沸点(101.3kPa)/℃	127.2	闪点(闭口)/℃	22.8
熔点/℃	−55.46	蒸发热/(kJ/mol)	34.75
相对密度(20℃/4℃)	0.8095	熔化热/(kJ/mol)	14.91
折射率(20℃)	1.40072	燃烧热/(kJ/mol)	3746.8
介电常数(0～20℃)	16.43～14.56	比热容(定压)/[kJ/(kg·K)]	2.13
偶极矩/(10^{-30}C·m)	8.87	爆炸极限(下限)/%(体积)	1.2
黏度(20℃)/mPa·s	0.626	(上限)/%(体积)	8
表面张力(21℃)/(mN/m)	25.32	体膨胀系数/K^{-1}	0.00099

(5) 精制方法　氧化钡干燥后用 1m 长的分馏柱进行分馏。高纯度制品可用与 3-戊酮同样的方法，精密分馏后再分步结晶精制，纯度可达 99.80%。

(6) 溶解性能　能与乙醇、乙醚、苯、庚烷、四氯化碳等混溶。能溶解松香、甘油三松香酸酯，但不溶解醋酸纤维素与石蜡。在合成树脂中能溶解聚苯乙烯和聚甲基丙烯酸甲酯。部分溶解聚乙酸乙烯酯、聚氯乙烯和聚偏二氯乙烯。对聚氯丁烯则不溶解。20℃时在水中溶解 1.75%；

水在2-己酮中溶解2.12%。

(7) 用途 为稳定的中沸点溶剂，溶解能力与乙酸丁酯类似。用于硝酸纤维素、树脂、油脂、制蜡等工业和涂料类的洗涤剂，也用作聚乙烯醇缩醛的制造原料。液相色谱溶剂。

(8) 使用注意事项 危险特性属第3.3类高闪点易燃液体。危险货物编号：33582。易着火，大量使用时注意通风和火源，不要与强氧化剂接近。对金属无腐蚀性，可用铁、软钢、铜或铝制容器贮存。2-己酮属低毒类局部刺激性和毒性较强，动物试验吸入高浓度（81800mg/m³）蒸气时，出现肺部充血、麻醉、呼吸困难，直至死亡。4090mg/m³ 时引起人的眼、鼻疼痛。工作场所最高容许浓度409mg/m³。大鼠经口 LD_{50} 为2.59g/kg。

(9) 附表

表2-6-25 2-己酮的蒸气压

温度/℃	蒸气压/kPa	温度/℃	蒸气压/kPa
7.7	0.13	69.8	8.00
28.8	0.67	79.8	13.33
38.8	1.33	94.3	26.66
50.0	2.67	111.0	53.33
62.0	5.33	127.5	101.33

表2-6-26 含2-己酮的二元共沸混合物

第二组分	共沸点/℃	2-己酮/%	第二组分	共沸点/℃	2-己酮/%
水	86.4	84.3	2-氯乙醇	129	25
碳酸二乙酯	125.4	30	乙二醇一甲醚	<121.5	>44
乙酸丁酯	124.9	12	丁醇	161.5	18.2
戊酸	125.7	35			

参 考 文 献

1 CAS 591-78-6
2 EINECS 209-731-1
3 J.G.Park and H.E.Hofmann, Ind. Eng. Chem. 1932, 24: 132
4 R.J.L.Andon et al. J.Chem. Soc. Ser. A, 1970, 833
5 D.M.Cowan et al. J.Chem. Soc. 1940, 171
6 E.L.Grove and G.E.Walden. J.Chem. Eng. Data. 1965, 10: 98
7 K.L.Wolf and W.J.Gross. Z.Physik. Chem. Leipzig. 1931. 14B: 310
8 International Critical Tables. Ⅶ-218
9 W.Swietoslawski. J.Amer. Chem. Soc. 1920, 42: 1098
10 A.K.Doolittle. Ind. Eng. Chem. 1935, 27: 1169
11 K.W.F.Kohlrausch and F.Föppl. Z. Physik. Chem. Leipzig. 1934, 24: 386
12 Sadtler Standard IR Prism Spectra. No. 27892
13 O.A.Raevskii et al. Dokl. Akad. Nauk. SSSR. 1966, 170, 114
14 E.Stenhagen et al. Atlas of Mass Spectral Data. Vol. 1 Wiley. 1965. 254
15 J.B.Scothers and P.L.Lauterbur. Can. J. Chem. 1964, 42: 1536
16 L.Scheflon and M.B.Jacobs. The Handbook of Solvents. Van Nostrand Reinhold. 1953. 433
17 E.Browings. Toxicity and Metabolism of Industrial Solvents. Elsevier. 1965. 429
18 涂料便覧. 日刊工業新聞社. 1965
19 L.H.Horsley. Advan. Chem. Ser. No. 116. 1973
20 The Merck Index. **10**, 5903; **11**, 5955

418. 3-己酮

3-hexanone

(1) 分子式 $C_6H_{12}O$。 **相对分子质量** 100.16。

(2) 示性式或结构式　$CH_3CH_2CH_2\overset{}{C}CH_2CH_3$（C=O）

$$\begin{array}{c} CH_3CH_2CH_2CCH_2CH_3 \\ \| \\ O \end{array}$$

(3) 外观　无色或浅黄色液体。

(4) 物理性质

沸点(101.3kPa)/℃	125	黏度(20℃)/(mPa·s)	0.592
相对密度(20℃/4℃)	0.8157	表面张力(20℃)/(mN/m)	25.54
(25℃/4℃)	0.8111	蒸气相对密度(空气=1)	3.46
折射率(20℃)	1.4007	爆炸极限(下限)/%(体积)	1.0
(25℃)	1.3983	(上限)/%(体积)	8.0

(5) 溶解性能　与乙醇、乙醚混溶，微溶于水。20℃时在水中溶解 1.57%；水在 3-己酮中溶解 1.53%。

(6) 用途　溶剂、有机合成中间体。

(7) 使用注意事项　3-己酮的危险特性属第 3.3 类高闪点易燃液体。危险货物编号：33582。吸入、口服，经皮肤吸收对身体有害，有刺激性。遇明火、高热有引起燃烧的危险。与氧化剂接触可发生氧化反应。大鼠经口 LD_{50} 为 3360mg/kg。

(8) 附表

表 2-6-27　含 3-己酮的二元共沸混合物

第二组分	共沸点/℃	3-己酮/%	第二组分	共沸点/℃	3-己酮/%
1-丁醇	117.2	20	丙酸丙酯	122.5	40
四氯乙烯	118.2	45	甲酸异戊酯	123.0	50
2-甲氧基乙醇	<119.5	>57	乙酸丁酯	123.1	

参　考　文　献

1　CAS 589-38-8

2　EINECS 209-645-4

3　Beil., **1**, 690

419. 2-甲基-3-戊酮

2-methyl-3-pentanone

(1) 分子式　$C_6H_{12}O$。　　相对分子质量　100.16。

(2) 示性式或分子式

$$\begin{array}{c} \qquad\quad CH_3 \\ \qquad\quad | \\ CH_3CH_2CCHCH_3 \\ \| \\ O \end{array}$$

(3) 外观　无色或浅黄色液体。

(4) 物理性质

沸点(101.3kPa)/℃	113
相对密度(20℃/4℃)	0.824～0.834
折射率(20℃)	1.3970～1.400
闪点/℃	13

(5) 溶解性能　与乙醇、乙醚等混溶，微溶于水。

(6) 用途　溶剂，参照 4-甲基-2-戊酮。

(7) 使用注意事项　2-甲基-3-戊酮的危险特性属第 3.2 类中闪点易燃液体。危险货物编号：32075。遇明火、高热易燃烧。对眼、黏膜和皮肤有刺激性。参照 4-甲基-2-戊酮。

参 考 文 献

1 CAS 565-69-5
2 EINECS 209-288-4

420. 3,3-二甲基-2-丁酮［频哪酮］

3,3-dimethyl-2-butanone［pinacolone］

(1) 分子式　$C_6H_{12}O$。　　　　相对分子质量　100.16。

(2) 示性式或结构式

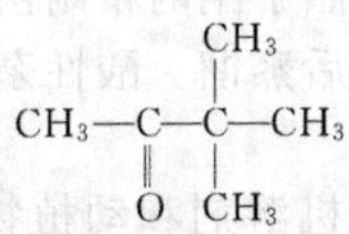

(3) 外观　无色液体，有薄荷气味。

(4) 物理性质

沸点(101.3kPa)/℃	106	相对密度(25℃/4℃)	0.8012
熔点/℃	−49.8	(20℃/4℃)	0.8070
折射率(20℃)	1.3986	闪点/℃	23

(5) 溶解性能　溶于乙醚、乙醇、丙酮，微溶于水。

(6) 用途　溶剂，萃取剂。

(7) 使用注意事项　3,3-二甲基-2-丁酮的危险特性属第3.3类高闪点易燃液体。危险货物编号：33582。吸入、口服或经皮肤吸收对身体有害、具有刺激性。易燃，遇明火、高热或与氧化剂接触有引起燃烧爆炸危险。豚鼠皮下注射 LD_{50} 为 700mg/kg。

参 考 文 献

1 CAS 75-97-8
2 EINECS 200-920-4
3 Beilstein. Handbuch der Organischen Chemie，H，1-694；EⅣ，1-3310
4 The Merck Index. **10**，7314；**11**，7409；**12**，7594

421. 4-甲基-2-戊酮

4-methyl-2-pentanone［methyl isobutyl ketone，isopropylacetone，MIBK］

(1) 分子式　$C_6H_{12}O$。　　　　相对分子质量　100.16。

(2) 示性式或结构式

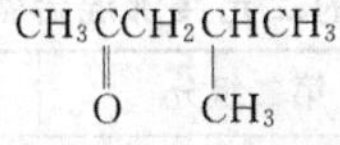

(3) 外观　无色透明液体，有类似樟脑的气味。

(4) 物理性质

沸点(101.3kPa)/℃	115.9	闪点(闭口)/℃	15.6
熔点/℃	−84.7	(开口)/℃	24.0
相对密度(25℃/4℃)	0.7960	燃点/℃	465
折射率(25℃)	1.3937	蒸发热/(kJ/mol)	36.47
(20℃)	1.3958	燃烧热(20℃)/(kJ/mol)	3079.8
介电常数(20℃)	13.11	比热容(20℃,定压)/[kJ/(kg·K)]	1.93
黏度(25℃)/mPa·s	0.542	临界温度/℃	298.3
表面张力(20℃)/(mN/m)	23.9	临界压力/Pa	3.27
(25℃)/(mN/m)	25.4		

续表

电导率(35℃)/(S/m)	$<5.2\times10^{-8}$	(上限)/%(体积)	7.60
热导率/[W/(m·K)]	138.583×10^{-3}	体膨胀系数(20～30℃)/K^{-1}	0.00116
爆炸极限(下限)/%(体积)	1.35	(10～30℃)/K^{-1}	0.00112

(5) 化学性质 分子中羰基及邻接的氢原子富有化学反应性，化学性质与丁酮相似。例如用铬酸等强氧化剂氧化时，生成乙酸、异丁酸、异戊酸、二氧化碳和水。催化加氢得到4-甲基-2-戊醇。与亚硫酸氢钠生成加成产物。在碱性催化剂存在下，与其他羰基化合物发生缩合反应。与肼缩合生成腙，与乙酸乙酯发生Claisen缩合反应。

(6) 精制方法 4-甲基-2-戊酮是由亚异丙基丙酮溶液加氢制取的，因而含有水、亚异丙基丙酮、4-甲基-2-戊醇、酸性物质等杂质。精制方法可参照丁酮的精制法。也可以用少量高锰酸钾回流后，用碳酸氢钠水溶液洗涤，无水硫酸钙干燥，然后蒸馏。酸性杂质可通过一个含有少量活性氧化铝的柱子除去。

(7) 溶解性能 能与乙醇、乙醚、苯等大多数有机溶剂和动植物油相混溶。是硝酸纤维素、聚氯乙烯、聚乙酸乙烯酯、聚苯乙烯、环氧树脂、天然及合成橡胶、DDT、2,4-D以及许多有机物的优良溶剂。能配制成低黏度溶液，防止凝胶化。25℃时在水中溶解1.7%；水在4-甲基-2-戊酮中溶解1.9%。

(8) 用途 工业上为稳定的中沸点溶剂，蒸发速度为乙酸丁酯的1.6倍。除大量用作涂料、脱漆剂、各种合成树脂的溶剂外，还用作DDT、2,4-D、除虫菊酯、青霉素、四环素、黏合剂、橡胶胶水的溶剂。也用作选矿剂、油脂脱蜡剂以及彩色影片的成色剂。它是一些无机盐有效的分离剂，可用于从核分裂物质中回收铀，从铀中分出钚，从钽中分出铌，从铪中分出锆等。对有机金属化合物有优良的溶解能力。此外，尚可作原子吸收分光光度分析用溶剂及液相色谱溶剂。

(9) 使用注意事项 危险特性属第3.2类中闪点易燃液体。危险货物编号：32075，UN编号：1245。挥发性大，蒸气密度高，易着火，使用时注意远离火源，应密封置阴凉处贮存。干燥时对金属无腐蚀性，可用铁、软钢或铝制容器贮存。不宜用铜制容器，因贮存中易产生酸性物质，使容器变色和腐蚀。毒性和局部刺激性都较强，浓度为409mg/m³时即能引起头痛、呕吐和不适。工作场所最高容许浓度409mg/m³。

(10) 附表

表2-6-28 4-甲基-2-戊酮的蒸气压

温度/℃	蒸气压/kPa	温度/℃	蒸气压/kPa
−1.4	0.13	60.1	8.00
19.7	0.67	69.9	13.33
30.0	1.33	84.3	26.66
40.7	2.67	100.3	53.33
52.6	5.33	115.9	101.33

表2-6-29 含4-甲基-2-戊酮的二元共沸混合物

第二组分	共沸点/℃	4-甲基-2-戊酮/%	第二组分	共沸点/℃	4-甲基-2-戊酮/%
水	87.9	75.7	甲基环己烷	100.1	<20
异戊酸甲酯	115.6	55	庚烷	97.5	13
二异丙基硫	114.9	72	1,3-二甲基环己烷	112.0	53
丁醇	114.35	70	辛烷	113.4	65
甲苯	110.7	3	四氯乙烯	113.85	52

参 考 文 献

1 CAS 108-10-1

2 EINECS 203-550-1

3 A.E.Karr et al. Anal, Chem. 1951, 23: 459

4 D.R.Stull. Ind. Eng. Chem. 1947. 39，517
5 C.Marsden. Solvents Guide. 2nd ed. Cleaver-Hume. 1963
6 R.C.Little and C.R.Singleterry. J. Phys. Chem. 1964，68：2709
7 E.T.J.Fuge et al. J. Phys. Chem. 1952，56：1013
8 L.Scheflan et al. The Handbook of Solvents. Van Nostrand Reinhold. 1953，424
9 A.Weissberger. Organic Solvents. 3rd ed. Wiley. 247
10 K.A.Kobe et al. Ind. Eng. Chem. 1955，47：1767
11 R. W. Gallant. Hydrocarbon Process. 1968，47 (8)：127
12 A.K.Doolittle. Ind. Eng. Chem. 1935，27：1169
13 Sadtler Standard IR Prism Spectra. No. 44
14 W.G.Braun et al. Anal. Chem. 1950，22：1074
15 API Research Project 44. Selected Values of Properties of Hydrocarbons and Related Compounds. No. 380. Thermodynamic Ressarch Center. Texas A & M Univ
16 E.Stenhagen et al. Atlas of Mass Spectral Data. Vol. 1. Wiley. 1969，252
17 Sadtler Standard NMR Spectra. No. 10201
18 A.Weissberger. Organic Solvents. 3rd ed. Wiley. 730
19 溶剂. 三井石油化学工業（株）. 1974
20 L.H.Horsley. Advan. Chem. Ser. 1973，116：342
21 The Merck Index. **10**，5056；**11**，5095
22 张海峰主编. 危险化学品安全技术大典：第1卷. 北京：中国石化出版社，2010
23 孙毓庆，胡育筑主编. 液相色谱溶剂系统的选择与优化. 北京：化学工业出版社，2008.

422. 2-庚酮

2-heptanone［methyl pentyl ketone，*n*-amyl methyl ketone，MAK］

(1) 分子式 $C_7H_{14}O$。　　相对分子质量　114.18。

(2) 示性式或结构式　$CH_3C(CH_2)_4CH_3$（C 上 ‖ O）

(3) 外观　无色透明液体，有类似梨的水果香味。

(4) 物理性质

沸点(101.3kPa)/℃	150.2	黏度(20℃)/mPa·s	0.80
熔点/℃	−26.9	(25℃)/mPa·s	0.766
相对密度(20℃/4℃)	0.81537	燃点/℃	533
(25℃/4℃)	0.81107	闪点(闭口)/℃	41.1
折射率(20℃)	1.40869	(开口)/℃	49
(25℃)	1.40655	蒸发热/(kJ/kg)	395.2
介电常数(22℃)	9.77	体膨胀系数(10～30℃)/K^{-1}	0.00103
偶极矩(22℃)/(10^{-30} C·m)	8.64		

(5) 精制方法　加氧化钡干燥后蒸馏。

(6) 溶解性能　能与醇、醚等多种有机溶剂以及硝基喷漆用溶剂相混溶。能溶解天然及合成橡胶、硝酸纤维素、乙烯树脂等。20℃时在水中溶解0.4%；水在2-庚酮中溶解1.4%。

(7) 用途　挥发性低，蒸发速度为乙酸丁酯的60%，常与其他低沸点溶剂混合用于硝基喷漆工业，涂膜的延展性、防潮性、光泽性好。除作溶剂使用外，还可作香料原料。

(8) 使用注意事项　危险特性属第3.3类高闪点易燃液体。危险货物编号：33583；UN编号：1110。对金属无腐蚀性，可用铁、软钢、铜或铝制容器贮存。使用时注意火源和通风，避免日光直射。常温时蒸气压低，故常温使用无明显的工业毒害。属低毒类，主要有麻醉和刺激作用，吸入其蒸气会引起头痛、疲倦、眼花、贫血等症状。工作场所最高容许浓度466mg/m³。

(9) 附表

表 2-6-30　2-庚酮的蒸气压

温度/℃	蒸气压/kPa	温度/℃	蒸气压/kPa
19.3	0.13	89.8	8.00
43.6	0.67	100.0	13.33
55.5	1.33	116.1	26.66
67.7	2.67	133.2	53.33
81.2	5.33	150.2	101.33

参 考 文 献

1 CAS 110-43-0
2 EINECS 203-767-1
3 L.Scheflan et al. The Handbook of Solvents. Van Nostrand Reinhold. 1953，424
4 Thermodynamic Research Center Data Project. Selected Values of Properties of Chemical Compounds. No. 23-2-1-(1. 1120)a，Thermodynamic Research Center，Texas A & M Univ
5 C.Marsden. Solvents and Allied Substance Manual. Cleaver-Hume. 1954，249
6 J.G.Park and H.E.Hofmann. Ind. Eng. Chem. 1932，24：132
7 J.Errera and M.L.Sherrill. J.Amer. Chem. Soc. 1930，52：1993
8 涂料便覧編集委員会. 涂料便覧. 日刊工業新聞社. 1971，1175
9 International Critical Tables. Ⅶ-219
10 Beilstein. Handbuch der Organischen Chemie. E Ⅲ. 1-2852
11 A.K.Doolittle. Ind. Eng. Chem. 1935，27：1169
12 J.E.Horwood and J.R.Williams. Spectrochimica Acta. 1963，19：1351
13 H.Ito et al. Bull. Chem. Soc. Japan. 1969，42：2453
14 Sadtler Standard IR Prism Spectra. No. 340
15 Sadtler Standard IR Grating Spectra. No. 10966
16 C.Cherrier. Compt. Rend. 1949，225：930
17 API Research Project 44. Selected Values of Properties of Hydrocarbons and Related Compounds. No. 666，Thermodynamic Research Center. Texas A & M Univ
18 E.Stenhagen et al. Atlas of Mass Spectral Data. Vol. 1. Wiley. 1969，406
19 Sadtler Standard NMR Spectra. No. 41
20 I.Mellan. Industrial Solvents. 2nd ed. Van Nostrand Reinhold. 1950，602
21 日本化学会編. 化学便覧. 基礎編. 丸善. 1975，727
22 The Merck Index. **10**，4555；**11**，4584

423. 3-庚酮

3-heptanone [ethyl *n*-butyl ketone]

(1) 分子式　$C_7H_{14}O$。　　相对分子质量　114.18。

(2) 示性式或结构式　$C_2H_5\underset{\underset{O}{\|}}{C}(CH_2)_3CH_3$

(3) 外观　无色透明液体，具有特殊的酮类香味。

(4) 物理性质

项目	数值	项目	数值
沸点(101.3kPa)/℃	147.8	闪点(开口)/℃	46
熔点/℃	−36.7	蒸发热/(kJ/mol)	41.24
相对密度(20℃)	0.8183	蒸气压(20℃)/kPa	0.52
折射率(20℃)	1.4085	体膨胀系数(20℃)	0.00106
黏度(20℃)/mPa·s	0.76	蒸气相对密度(空气=1)	3.93

(5) 溶解性能　能与乙醇、乙醚混溶。对硝酸纤维素、氯乙烯-乙酸乙烯共聚物的溶解能力

强。20℃时在水中溶解 0.43%；水在 3-庚酮中溶解 0.78%。

(6) 用途 为稳定的高沸点溶剂，用作硝基喷漆、合成树脂涂料的溶剂以及有机溶胶的分散剂。

(7) 使用注意事项 危险特性属第 3.3 类高闪点易燃液体。危险货物编号：33583。对金属无腐蚀性，可用铁、软钢、铜或铝制容器贮存。蒸气对眼和皮肤黏膜有刺激性，对皮肤有脱脂作用，长期接触可导致皮炎。大鼠经口 LD_{50} 为 2.76g/kg。工作场所最高容许浓度230mg/m^3。

参 考 文 献

1 CAS 106-35-4

2 EINECS 203-388-1

3 C. Marsden. Solvents Guide. 2nd ed. Cleaver-Hume，1963. 257

4 L. Scheflan，M. B. Jacobs. The Handbook of Solvents. D. Van Nostrand. 1953

5 溶剤の全容．化学市场研究所．1965

6 涂料便覧．日刊工業新闻社．1965

7 N. I. Sax，Dangerous Properties of Industrial Materials. Reinhold. 1963

424. 4-庚酮

4-heptanone [di-*n*-propyl ketone，dipropyl ketone，butyrone]

(1) 分子式 $C_7H_{14}O$。　　相对分子质量 114.18。

(2) 示性式或结构式 $CH_3CH_2CH_2\underset{\underset{O}{\|}}{C}CH_2CH_2CH_3$

(3) 外观 无色透明液体，微有刺激性的愉快气味。

(4) 物理性质

沸点(101.3kPa)/℃	144.05～114.12	闪点(ASTM,开口)/℃	49
熔点/℃	−32.1	蒸发热(b.p.)/(kJ/kg)	317
相对密度(20℃/4℃)	0.8145	生成热(气体)/(kJ/mol)	298.52±1.30
折射率(21.7℃)	1.40732	燃烧热/(kJ/mol)	4400
介电常数(17 ℃)	12.6±0.2	比热容(20～40℃,定压)/[kJ/(kg·K)]	2.310±0.5
偶极矩/(10^{-30}C·m)	9.01	体膨胀系数(约 20 ℃)/K^{-1}	0.001073
黏度(25℃)/mPa·s	0.685	(约 55 ℃)/K^{-1}	0.001115
表面张力(10～60℃)/(mN/m)	26.69～21.93		

(5) 精制方法 常混有其他酮类，一般用蒸馏法精制。也可以加硝酸银铵溶液搅拌，静置 30 分钟至不再呈色后水洗，无水硫酸钙干燥后蒸馏。

(6) 溶解性能 能与醇、醚等多种有机溶剂混溶。能溶解生胶、硝酸纤维素、油脂、天然树脂及各种乙烯类合成树脂。20℃时在水中溶解 0.43%；水在 4-庚酮中溶解 0.87%。

(7) 用途 主要用作硝酸纤维素、硝酸纤维素漆及合成树脂等的溶剂以及有机合成原料。

(8) 使用注意事项 危险特性属第 3.3 类高闪点易燃液体。危险货物编号：33583，UN 编号：2710。遇高热、明火或强氧化剂易引起燃烧。经口或经皮肤吸收引起的毒性很小，但对黏膜有刺激，应避免吸入蒸气或与皮肤接触。

(9) 附表

表 2-6-31 4-庚酮的蒸气压

温度/℃	蒸气压/kPa	温度/℃	蒸气压/kPa	温度/℃	蒸气压/kPa	温度/℃	蒸气压/kPa
23.0	0.13	55.0	1.33	85.8	8.00	127.3	53.33
44.4	0.67	66.2	2.67	111.2	26.66	143.7	101.33

表 2-6-32 含 4-庚酮的二元共沸混合物

第二组分	共沸点/℃	4-庚酮/%	第二组分	共沸点/%	4-庚酮/%
水	94		邻二甲苯	142.4	42
间二甲苯	139.0	10	乳酸甲酯	142.7	53
乙酸异戊酯	141.7	25	丁酸丙酯	143.0	47
α-蒎烯	142.0	80	1,1,2,2-四氯乙烷	>148.5	

参 考 文 献

1 CAS 123-19-3
2 EINECS 204-608-9
3 J. C. Rintelen, Jr. et al. J. Amer. Chem. Soc. 1937, 59: 1129
4 I. Mellan. Industrial Solvents. 2nd ed. Van Nostrand Reinhold. 1950, 608
5 D. M. Cowan et al. J. Chem. Soc. 1940, 171
6 International Critical Tables. Ⅶ-42; Ⅵ-92; Ⅶ-219; Ⅳ-457; Ⅴ-137; Ⅴ-167; Ⅴ-111
7 M. Aroney et al. J. Chem. Soc. 1951, 4148
8 J. E. Dubois and H. Herzog. Chem. Commun. 1972, 932
9 D. Biquard. Bull. Soc. Chem. France. 1940, 7: 894
10 H. Ito et al. Bull. Chem. Soc. Japan. 1969, 42: 2453
11 Sadtler Standard IR Prism Spectra. No. 9191
12 Sadtler Standard IR Grating Spectra. No. 15096
13 A. Cornu and R. Massot. Complication of Mass Spectral Data. No. 16H 2. Heyden & Son. 1966
14 Sadtler Standard NMR Spectra. No. 6004
15 日本化学会编. 化学便覧. 基礎编. 丸善. 1975, 727

425. 2,4-二甲基-3-戊酮

2,4-dimethyl-3-pentanone

(1) 分子式 $C_7H_{14}O$。 相对分子质量 114.18。

(2) 示性式或结构式 $(CH_3)_2CHCOCH(CH_3)_2$

(3) 外观 无色液体。

(4) 物理性质

沸点(101.3kPa)/℃	122～124	折射率(20℃)	1.400
熔点/℃	−69	闪点/℃	15
相对密度(20℃/4℃)	0.801		

(5) 溶解性能 与乙醇、乙醚混溶，不溶于水。

(6) 用途 溶剂、萃取剂。

(7) 使用注意事项 2,4-二甲基-3-戊酮的危险特性属第3.2类中闪点易燃液体。危险货物编号：32076。避免吸入蒸气。遇高热、明火及强氧化剂易引起燃烧。

参 考 文 献

1 CAS 565-80-0
2 EINECS 209-294-7
3 Beil., **1**, 703

426. 2-辛酮

2-octanone [methyl hexyl kefone]

(1) 分子式 $C_8H_{16}O$。 相对分子质量 128.22。

(2) 示性式或结构式　$CH_3(CH_2)_5COCH_3$

(3) 外观　无色透明略有苹果味的液体。

(4) 物理性质

沸点(101.3kPa)/℃	173.5	表面张力(20℃)/(mN/m)	26.90
熔点/℃	−20.9	介电常数(20℃)	10.39
密度(20℃)/(g/cm³)	0.8192	蒸气压(20℃)/kPa	<0.13
(25℃)/(g/cm³)	0.8151	蒸气相对密度(空气=1)	4.42
折射率(20℃)	1.4151	相对蒸发速度(乙醚=1)	65
(25℃)	1.1429	闪点(闭杯)/℃	71
黏度(20℃)/mPa·s	1.02		

(5) 化学性质　与亚硫酸氢钠生成加成化合物。被铬酸-硫酸氧化成乙酸和己酸。

(6) 溶解性能　微溶于水，20℃在水中溶解度为0.09%，水在2-辛酮中溶解度为0.6%。能与醚、醇等有机溶剂混溶。

(7) 用途　用作乙烯基化合物和染料的溶剂，水中萃取酚类，铝中分离镓的溶剂，特别用于分散染料的印刷油墨。

(8) 使用注意事项　属低毒类。易燃液体，应作易燃品处理。

(9) 附表

表 2-6-33　2-辛酮的蒸气压

温度/℃	蒸气压/kPa	温度/℃	蒸气压/kPa
23	0.13	99.0	8.00
48.4	0.67	111.7	13.33
60.9	1.33	130.4	26.66
74.3	2.67	151.0	53.33
89.8	5.33	172.9	101.33

表 2-6-34　含 2 辛酮的二元共沸混合物

第二组分	沸点/℃	2-辛酮/%
乙二醇	168.0	80
二戊烯	170.0	55
1,2-丙二醇	<169	
对异丙基苯甲烷	172.5	175
1,3-二氯-2-丙醇	179	约 33

参　考　文　献

1　CAS 111-13-7
2　EINECS 203-837-1
3　Beil.，**1**，704

427. 5-甲基-3-庚酮

5-methyl-3-heptanone

(1) 分子式　$C_8H_{16}O$。　　　相对分子质量　128.22。

(2) 示性式或结构式　$CH_3CH_2\underset{CH_3}{\underset{|}{C}}HCH\underset{O}{\underset{\|}{C}}CH_2CH_3$

(3) 外观　无色液体，水果香味。

(4) 物理性质

沸点(101.3kPa)/℃	157～162
相对密度(20℃/20℃)	0.820～0.824
折射率(20℃)	1.4195
闪点/℃	59

(5) 溶解性能　与乙醇、乙醚混溶，微溶于水。

(6) 用途　硝酸纤维素和乙烯树脂的溶剂。

(7) 使用注意事项　易燃。避免蒸气吸入。遇明火、高热及强氧化剂易引起燃烧。

参 考 文 献

1 CAS 541-85-5

2 EINECS 208-793-7

3 Beilstein. Handbuch der Organischen Chemie. E Ⅰ，1-363；E Ⅳ，1-3344

4 The Merck Index. **10**，3712；**11**，3721

428. 2,6-二甲基-4-庚酮

2,6-dimethyl-4-heptanone [diisobutyl ketone，isovalerone]

(1) 分子式　$C_9H_{18}O$。　　　相对分子质量　142.23。

(2) 示性式或结构式　$CH_3CHCH_2CCH_2CHCH_3$（2位、6位各连 CH_3，4位为 C=O）

$$\begin{array}{ccccccc} CH_3CH & CH_2 & C & CH_2 & CHCH_3 \\ | & & \| & & | \\ CH_3 & & O & & CH_3 \end{array}$$

(3) 外观　无色油状液体，有薄荷香味。

(4) 物理性质

沸点(101.3kPa)/℃	168.1	蒸发热(168.24～86.41℃)/(kJ/mol)	39.94～46.14×10^{-3}
熔点/℃	−46.04	生成热(液体)/(kJ/mol)	408.6
相对密度(20℃/4℃)	0.80600	(气体)/(kJ/mol)	357.7
折射率(20℃)	1.4123	比热容(15 ℃,定压)/[kJ/(kg·K)]	2.06
偶极矩/(10^{-30}C·m)	8.87	临界温度/℃	340
黏度(0～40℃)/mPa·s	1.32～0.665	临界压力/kPa	3.04
表面张力(22℃)/(mN/m)	23.92×10^{-3}	蒸气压(20℃)/kPa	0.27
闪点(开口)/℃	60	体膨胀系数/K^{-1}	0.00102

(5) 精制方法　一般用蒸馏法精制。也可以通过填有硅胶的柱子，除去醇、不饱和酮、水等之后再蒸馏。

(6) 溶解性能　能与醇、醚等大多数有机溶剂混溶。能溶解醋酸纤维素、硝酸纤维素、聚苯乙烯、乙烯树脂、蜡、清漆、天然树脂和生胶等。25℃时在水中溶解 0.043%；23℃时水在 2,6-二甲基-4-庚酮中溶解 0.4%。

(7) 用途　由于沸点高，蒸发速度慢，可用作硝基喷漆、乙烯树脂涂料以及其他合成树脂涂料的溶剂，提高其防潮能力。也用作制造有机气溶胶的分散剂以及食品精制用的溶剂和某些药物、杀虫剂的中间体。

(8) 使用注意事项　危险特性属第 3.3 类高闪点易燃液体。危险货物编号：33585，UN 编号：1157。注意火源、避免日光直射。对金属无腐蚀性，可用铁、软钢、铜或铝制容器贮存。由于蒸气压低，工业上使用无甚毒害。属微毒类，高浓度对肝、肾有损害，对黏膜有刺激，并有麻醉作用。吸入蒸气或反复接触会引起头痛、疲倦、眼花、贫血等症状，并能刺激眼、鼻。人体在 2324mg/m^3 浓度下吸入 1 小时，就能引起严重中毒。大鼠经口 LD_{50} 为 5.8g/kg。家兔经皮 LD_{50}

>16.2g/kg。工作场所最高容许浓度 2905mg/m³。

参 考 文 献

1 CAS 108-83-8
2 EINECS 203-620-1
3 C. Marsden. Solvents Manual. Cleaver-Hume. 1954，128
4 F. S. Stross et al. J. Amer. Chem. Soc. 1947，69：1629
5 M. Aroney et al. J. Chem. Soc. 1961，4148
6 D. M. Cowan et al. J. Chem. Soc. 1940，171
7 S. Peter，J. Chem. Thermodyn. 1970，211
8 涂料便覧編集委员会. 涂料便覧. 卷末一覧表. 日刊工業新闻社，1971
9 Sadtler Standard UV Spectra. No. 39
10 Sadtler Standard IR Grationg Spectra. No. 31
11 K. W. F. Kohlrausch. J. Chem. Phys. 1942，10：20
12 API Research Project 44. Selected Values of Properties of Hydrocarbons and Related Compounds. No. 832. Thermodynamic Research Center，Texas A & M Univ
13 Sadtler Standard NMR Spectra. No. 10135，10897
14 E. Browning. Toxicity and Metabolism of Industrial Solvents. Elsevier. 1965，435

429. 2-壬酮

2-nonanone

(1) 分子式 $C_9H_{18}O$。 相对分子质量 142.23。

(2) 示性式或结构式 $CH_3(CH_2)_5CH_2\underset{\underset{O}{\|}}{C}CH_3$

(3) 外观 无色至浅黄色油状液体，冷时凝固，有特有的芳香气味。

(4) 物理性质

沸点(99.03kPa)/℃	192	相对密度(20℃/4℃)	0.832
(1.333kPa)/℃	74	折射率(20℃)	1.4210
熔点/℃	−21	闪点/℃	64

(5) 溶解性能 能与乙醇、苯相混溶。

(6) 用途 溶剂、有机合成中间体。制备香料。

(7) 使用注意事项 使用时应避免吸入本品蒸气，避免与眼睛、皮肤接触。参照 2,6-二甲基-4-庚酮。

参 考 文 献

1 CAS 821-55-6
2 EINECS 212-480-0
3 Beil.，1，709

430. 3-壬酮

3-nonanone

(1) 分子式 $C_9H_{18}O$。 相对分子质量 142.23。

(2) 示性式或结构式 $CH_3(CH_2)_4CH_2\underset{\underset{O}{\|}}{C}CH_2CH_3$

(3) 外观　无色液体。

(4) 物理性质

沸点(101.3kPa)/℃	187～190	折射率(20℃)	1.4200
熔点/℃	−8	闪点/℃	67
相对密度(20℃/4℃)	0.823		

(5) 溶解性能　能与乙醇、乙醚相混溶。

(6) 用途　溶剂、有机合成中间体。

(7) 使用注意事项　参照2,4-二甲基-4-庚酮。

参 考 文 献

1 CAS 925-78-0

2 EINECS 213-125-2

3 Beil., **1**, 709

431. 5-壬酮

5-nonanone

(1) 分子式　$C_9H_{18}O$。　　　　相对分子质量　142.23。

(2) 示性式或结构式　$(CH_3CH_2CH_2CH_2)_2CO$

(3) 外观　无色液体。

(4) 物理性质

沸点(101.3kPa)/℃	185～187	折射率(20℃)	1.419
熔点/℃	−6～−4	闪点/℃	60
相对密度(20℃/4℃)	0.821		

(5) 溶解性能　易溶于氯仿、二硫化碳，能溶于乙醇、乙醚、丙酮，极微溶于水。

(6) 用途　溶剂、有机合成中间体。

(7) 使用注意事项　参照2,4-二甲基-4-庚酮。

参 考 文 献

1 CAS 502-56-7

2 EINECS 207-946-5

3 Beil., **1**, 710

432. 2,3-丁二酮

2,3-butanedione

(1) 分子式　$C_4H_6O_2$。　　　　相对分子质量　86.09。

(2) 示性式或结构式

CH_3—C=O
　　　|
CH_3—C=O

(3) 外观　黄绿色油状液体。具有酯的气味。

(4) 物理性质

沸点(101.3kPa)/℃	88	折射率(18℃)	1.3933
熔点/℃	−2.4	闪点/℃	26
相对密度(18.5℃/4℃)	0.9808		

(5) 溶解性能　能与乙醇、乙醚相混溶。溶于约 4 份水中。

(6) 用途　溶剂、有机合成中间体、食品工业中的香料。

(7) 使用注意事项　危险特性属第 3.2 类中闪点易燃液体。危险货物编号：32081，UN 编号：2346。高度易燃，其蒸气吸入有害。对眼睛、呼吸系统及皮肤有刺激性。使用时应穿防护服。

参 考 文 献

1 CAS 431-03-8

2 EINECS 207-069-8

3 Beil.，**1**，769，**1**（4），3644

4 The Merck Index. **13**，2985

433. 2,5-己二酮

2,5-hexanedione［acetonyl acetone］

(1) 分子式　$C_6H_{10}O_2$。　　　相对分子质量　114.14

(2) 示性式或结构式　$CH_3\underset{\substack{\|\\ O}}{C}CH_2CH_2\underset{\substack{\|\\ O}}{C}CH_3$

(3) 外观　无色液体，微有臭味，在空气中逐渐变为黄色。

(4) 物理性质

沸点(101.3kPa)/℃	191.4	表面张力(28℃)/(mN/m)	39.6
熔点/℃	−9.0	闪点/℃	79
相对密度(20℃/20℃)	0.9734	燃点/℃	504
折射率(17℃)	1.42395	蒸气压(20℃)/kPa	0.057
黏度(20℃)/(mPa·s)	1.62		

(5) 化学性质　具有酮的 般反应。与五硫化二磷反应生成 2,5-二甲基噻吩。与醇氨溶液反应或与碳酸铵一起加热时，生成 2,5-二甲基吡咯。脱水生成 2,5-二甲基呋喃。与2,4-二硝基苯肼反应生成双（2,4-二硝基苯基）腙，熔点为 257℃。

(6) 精制方法　主要杂质是水和酸性杂质。精制方法是用无水硫酸钙或无水硫酸钠干燥后精馏。

(7) 溶解性能　能与水、乙醇 乙醚混溶，不与烃类溶剂混溶。在浓氢氧化钾或碳酸钾溶液中也不溶解。能溶解聚甲基丙烯酸甲酯、聚苯乙烯、聚乙酸乙烯酯、氯乙烯与乙酸乙烯酯共聚物、硝酸纤维素、酚醛树脂等合成树脂以及松香、贝壳松脂、玷玔脂等天然树脂。对虫胶、脱蜡达玛树脂、甘油三松香酸酯、棉子油等则能部分溶解。

(8) 用途　用作合成树脂、硝基喷漆、着色剂、印刷油墨等的高沸点溶剂、皮革鞣制剂、橡胶硫化促进剂以及制造杀虫剂、医药品等的原料。

(9) 使用注意事项　为可燃性液体。沸点高，蒸气压低，通常条件下使用比较安全，但仍需注意防火。对人体危害不大。其蒸气对黏膜有刺激性，皮肤与之长期接触由于脂溶作用可致皮炎。大鼠经口 LD_{50} 为 2.7g/kg，豚鼠经皮 LD_{50} 为 6.426mg/kg。工作场所最高容许浓度 349.5mg/m^3。

参 考 文 献

1 CAS 110-13-4

2 EINECS 203-738-3

3 Beilstein. Handbuch der Organischen Chemie. E Ⅲ，1-3128

4 The Merch Index. 8th ed. 8
5 C. Marsden. Solvents Manual. Cleaver-Hume. 1954，7
6 International Critical Tables. Ⅶ-39.
7 L. Scheflan and M. B. Jacobs. The Handbook of Solvents. Van Nostrand Reinhold. 1953，432
8 Sadtler Standard UV Spectra No. 43
9 Sadtler Standard IR Grating Specetera. No. 15015
10 API Research Project 44. Selected Values of Properties of Hydrocarbons and Related Compounds. No. 821，Thermodynamic Research Center. Texas A & M Univ
11 Sadtler Standard NMR Spectra. No. 2709
12 N. I. Sax. Dangerous Properties of Industrial Materials. Van Nostrand Reinhold. 1957，234
13 E. Browning. Toxity and Metabolism of Industrial Solvents. Elsevier. 1965，446
14 Beilstein. Handbuch der Organischen Chemie. H，1-788；E Ⅳ，1-3688
15 The Merck Index. **10**，63；**11**，63

434. 2,6,8-三甲基-4-壬酮

2,6,8-trimethyl-4-nonanone

(1) 分子式　$C_{12}H_{24}O$。　　　　相对分子质量　184.19。

(2) 示性式或结构式

$$\begin{array}{l}CH_3\underset{|}{C}HCH_2\underset{\|}{C}CH_2\underset{|}{C}HCH_2\underset{|}{C}HCH_3\\ \quad\ \ CH_3\quad\ \ O\quad\ \ CH_3\quad\ CH_3\end{array}$$

(3) 外观　无色液体，有水果香味。

(4) 物理性质

沸点(101.3kPa)/℃	211～219	黏度(20℃)/mPa·s	1.91
熔点/℃	−75	闪点(开口)/℃	91
密度(20℃)	0.8165	蒸气相对密度(空气=1)	6.37
折射率(20℃)	1.4273		

(5) 溶解性能　不溶于水，能与醇、醚等相混溶。

(6) 用途　用作氯乙烯树脂的分散剂，合成树脂稳定剂的溶剂等。

(7) 使用注意事项　属微毒类。接触后引起皮炎。

参 考 文 献

1 CAS 123-18-2
2 EINECS 204-607-3
3 岩井信次. 涂料ハンドブック. 産業図書. 1958

435. 丙　酮　油

acetone oils［ketone oils］

(1) 组成　由木材干馏制取丙酮所得的蒸馏残油，根据馏出温度分为标准品、轻质、重质等几种。丙酮油为脂肪酸、醛类、丙酮的缩聚物、各种酮类等的混合物。分下列几种：

① 以丁酮为主要成分。

② 丙酮、甲基异丙基酮、二乙基酮、甲基丙基酮等的混合物，沸点 90～110℃。

③ 乙基丙基酮、乙基异丙基酮、甲基异丁基酮等的混合物，沸点 110～130℃。

(2) 外观　浅黄色或褐色液体，从无臭到有类似丙烯醛的气味。

(3) 物理性质

熔点(标准)/℃	75～160	相对密度(标准)	0.826～0.830
(轻质)/℃	75～105	(轻质)	0.812
(重质)/℃	80～225	(重质)	0.855～0.865

(4) 溶解性能　与丙酮相似，除溶解油脂外，尚能溶解多种天然及合成树脂、树胶、硝酸纤维素、醋酸纤维素等。溶解作用比丙酮、乙酸甲酯或乙酸乙酯慢，但挥发性及吸湿性低。

(5) 用途　用作纤维素酯、硝基喷漆、清漆、黏结剂等的溶剂。也用作乙醇变性剂及染料精制。由于重质丙酮油有臭味，工业上使用有所限制。

参 考 文 献

1　L. Scheflan, M. B. Jocobs. The Handbook of Solvents. D. Van Nostrand. 1953

2　I. Mallan. Industrial Solvents. 1939

436. 异亚丙基丙酮［4-甲基-3-戊烯-2-酮］

mesityl oxide［4-methyl-3-penten-2-one，isopropylidene acteone，methyl-*iso*-butenyl ketone］

(1) 分子式　$C_6H_{10}O$。　　相对分子质量　98.14。

(2) 示性式或结构式　$(CH_3)_2C{=}CH\underset{\underset{O}{\|}}{C}CH_3$

(3) 外观　无色或浅黄色油状液体，有类似蜂蜜的气味。

(4) 物理性质

沸点(101.3kPa)/℃	129.76	表面张力(20℃)/(mN/m)	28.4
熔点/℃	−52.85	闪点/℃	32
相对密度(20℃/4℃)	0.85482	燃点/℃	350
(60℃/4℃)	0.81834	蒸发热(20℃)/(kJ/kg)	433.1
折射率(20℃)	1.44575	比热容(21～121℃，定压)/[kJ/(kg·K)]	2.18
介电常数(0℃)	15.6	临界温度/℃	330
偶极矩(苯)/(10^{-30}C·m)	9.47	临界压力/MPa	3.55
(四氯化碳)/(10^{-30}C·m)	9.51	蒸气压(26℃)/kPa	1.33
黏度(0～40℃)/mPa·s	0.839～0.512	体膨胀系数(55℃)/K^{-1}	0.00112

(5) 化学性质　亚异丙基丙酮分子中含有羰基和与羰基共轭的双键，故富有反应性。除具有酮类的一般性质外，还容易发生氧化、聚合等反应。与酸作用时生成双丙酮醇和丙酮。与稀硝酸作用生成草酸和乙酸。与稀硫酸作用生成丙酮。亚异丙基丙酮能进行α-,β-不饱和酮的各种反应。2,4-二甲基苯腙的熔点为200℃。亚异丙基丙酮与异构体 $CH_2{=}C(CH_3){-}CH_2COCH_3$ 之间存在着平衡，其平衡组成比为91∶9。

(6) 精制方法　亚异丙基丙酮由双丙酮醇脱水制得。由于化学性活泼，常含有酸性物质、缩聚物等杂质。一般精制方法是用无水硫酸钠干燥后精馏。

(7) 溶解性能　能与乙醇、乙醚、丙酮、芳香烃、庚烷、四氯化碳等多种有机溶剂混溶。对纤维素酯、纤维素醚、油脂、聚苯乙烯、乙烯共聚物、烃、贝壳松脂、玷玔脂、甘油三松香酸酯、松香、合成橡胶等溶解能力强。20℃时在水中溶解2.8%～3.1%；水在亚异丙基丙酮中溶解3.1%～3.4%。能与水组成共沸混合物，共沸点91.8℃，共沸混合物中含异亚丙基丙酮65.2%。

(8) 用途　是中沸点强溶剂。蒸发速度介于丙酮与双丙酮醇之间，与异佛尔酮一起作硝基喷漆的低黏度稀释剂，乙烯类树脂、橡胶及纤维素酯类涂料、染料、油墨的溶剂或脱漆剂。也用于制造驱虫剂、矿物浮选剂等。

(9) 使用注意事项　危险特性属第3.3类高闪点易燃液体。危险货物编号：33588，UN编号：1229。长时间与空气接触发生氧化和聚合而变色。氧化时生成的过氧化物在蒸馏时有爆炸的危险，常加入二异丙胺作稳定剂。对金属无明显的腐蚀作用，可用铁、软钢或铝制容器贮存，但要注意选择衬垫和垫圈。毒性和刺激性强，必须注意通风换气。大鼠吸入急性致死浓度为 $10025mg/m^3$。$1002.5 \sim 2005mg/m^3$ 时，除有麻醉作用外，还出现蛋白尿、尿浑浊、浮肿等肾脏障碍。$401mg/m^3$ 吸入8小时，对肝、肾都有损害。人在 $100.25 \sim 200.5mg/m^3$ 时，对眼、舌等有强烈的刺激作用。工作场所最高容许浓度 $100.25mg/m^3$。

参考文献

1 CAS 141-79-7
2 EINECS 205-502-5
3 F. H. Stross et al. J. Amer. Chem. Soc. 1947，69：1628
4 S. O. Morgan and W. A. Yager. Ind. Eng. Chem. 1940，32：1519
5 J. B. Bentley et al. J. Chem. Soc. 1949，2957
6 E. T. J. Fuge et al. J. Phys. Chem. 1952，56：1013
7 International Critical Tables. Ⅴ-110
8 A. K. Doollttle. Ind. Eng. Chem. 1935，27：1173
9 N. I. Sax. Dangerous Properties of Industrial Materials. Van Nostrand Reinhold. 1957. 871
10 Kelones. Carbide and Carbon Chemicals Co. 1956
11 Sadtler Standard UV Spectra. No. 41
12 Sadtler Standard IR Grating Spectra. No. 18001
13 G. Dupont and M. L. Menut. Bull. Soc. Chim. France. 1939，6：V1215
14 API Pesearch Project 44. Selected Values of Properties of Hydrocarbonsand Related Compounds. No. 0381. 0451. Thermodynamic Research. Center. Texas A & M Univ
15 Sadtler Standard NMR Spectra. No. 2709
16 主要化学品1000種毒性データ特別调査レポ-ト. 海外技術資料研究所. 1973，222
17 The Merck Index. **10**，5753；**11**，5811；**12**，5968

437. 佛尔酮

phorone [*sym*-diisopropylidene acetone，
2,6-dimethyl-2,5-heptadien-4-one]

(1) 分子式　$C_9H_{14}O$。　　相对分子质量　138.21。

(2) 示性式或结构式　$CH_3C{=}CHCCH{=}CCH_3$（两端 C 上各连 CH_3，中间 C 上连 =O）

(3) 外观　黄色液体，冷时为黄绿色柱状晶体，有特殊香味。

(4) 物理性质

沸点(101.3kPa)/℃	197.8	黏度/mPa·s	1.3940
熔点/℃	27.7	表面张力(29.5℃)/(mN/m)	30.22
相对密度(20℃/4℃)	0.8850	(99℃)/(mN/m)	22.88
折射率(20℃)	1.49982	闪点(开口)/℃	85
偶极矩(25℃)/(10^{-30}C·m)	8.00	蒸气压(42℃)/kPa	0.13

(5) 化学性质　在水存在下与强酸作用，生成2,6-二甲基-2-庚烯-6-醇-4-酮。没有水存在时发生异构化，生成α-异佛尔酮。在光的作用下也可发生异构化作用。冷却时与氨反应，生成双丙酮胺。加热时生成三乙酰胺。与溴反应得到4-溴代佛尔酮。与五氧化二磷反应生成1,3,5-三甲苯和1,2,4-三甲苯。加氢得到二异丙基酮。

(6) 精制方法　蒸馏时取180～190℃馏分，用溶剂汽油重结晶，得佛尔酮，熔点25～27℃。也可用乙醇反复重结晶，可得熔点27℃的佛尔酮。

(7) 溶解性能　能与乙醇、乙醚等多数有机溶剂混溶。能溶解硝酸纤维素，醋酸纤维素、聚苯乙烯、乙烯基树脂、橡胶和蜡等。50℃时在水中的溶解度为0.1%。

(8) 用途　用作硝基喷漆的溶剂、矿物浮选剂。也用于香料的调制和有机合成。对植物生长有促进作用。

(9) 使用注意事项　为可燃性物质，但蒸发速度慢，难着火，应置阴凉处贮存并避免与火源和强氧化剂接触。对一般常用金属无腐蚀性。其毒性和刺激性较强，能引起试验动物明显的肾脏障阻。浓度为1128～1692mg/m³ 时能强烈地刺激眼、鼻、咽喉黏膜。工作场所最高容许浓度141mg/m³。

参考文献

1 CAS 504-20-1
2 EINECS 207-986-3
3 Beilstein. Handbuch der Organischen Chemie. E Ⅲ，1-3051；E Ⅰ，1-389；E Ⅱ，1-180
4 G. Harris et al. Dictionary Organic Compounds. 4th ed. Maruzen，1965. 3169
5 J. B. Bentley et al. J. Chem. Soc. 1949，2957
6 N. I. Sax. Handbook of Dangerous Materials. 306，Van Nostrand Reinhold. 1957
7 R. D. Stull. Ind. Eng. Chem. 1947，39：517
8 H. N. A. Al-Jallo and E. S. Waight. Arab. Sci. Congr. 5th Bagdad. Part 2. 1966，296
9 G. Michel. Bull. Soc. Chim. Belges. 1963，72：125
10 J. H. Bowie et al. Chem. Commun. 1965，402
11 Beilstein. Handbuch der Organischen Chemie. H，1-751；E Ⅳ，1-3564
12 The Merck Index. **10**，7218；**11**，7307；**12**，7488

438. 异佛尔酮

isophorone [3,5,5-trimethyl-2-cyclohexene-1-one，
3,5,5-trimethyl-cyclohexenone]

(1) 分子式　$C_9H_{14}O$。　　相对分子质量　138.21。

(2) 示性式或结构式

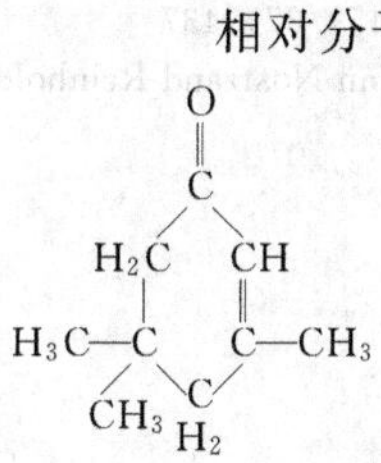

(3) 外观　无色液体，有类似樟脑的气味。

(4) 物理性质

沸点(101.3kPa)/℃	215.2	燃点/℃	462
熔点/℃	−8.1	蒸发热/(kJ/mol)	48.15
相对密度(20℃/20℃)	0.9215	燃烧热/(kJ/mol)	5272
折射率(20℃)	1.4775	比热容(15℃,定压)/[kJ/(kg·K)]	1.78
偶极矩(25℃)/(10^{-30}C·m)	13.2	爆炸极限(下限)/%(体积)	0.84
黏度(20℃)/mPa·s	2.62	(上限)/%(体积)	3.8
闪点(开口)/℃	96		

注：UV、IR见文献［7］；Raman见文献［8］；MS见文献［9］；NMR见文献［10］。

(5) 化学性质　在光照下生成二聚物；加热到670～700℃生成3,5-二甲苯酚；空气氧化时

生成4,6,6-三甲基-1,2-环己二酮；用发烟硫酸处理，则发生异构化和脱水作用；与亚硫酸氢钠不发生加成反应，但可与氢氰酸加成；加氢时生成3,5,5-三甲基环己醇。

(6) 精制方法　异佛尔酮是由丙酮缩合得到的，含有未反应的丙酮、双丙酮醇、异亚丙基丙酮等杂质。一般用减压蒸馏精制。或在粗异佛尔酮中加入0.05%～0.1%对甲苯磺酸进行减压蒸馏。也有用5%碳酸钠水溶液洗涤后减压蒸馏精制。

(7) 溶解性能　能与大部分有机溶剂和多数硝酸纤维素漆混溶。对纤维素酯、纤维素醚、油脂、天然及合成橡胶、树脂类，特别是对硝酸纤维素、乙烯基树脂、醇酸树脂、三聚氰胺树脂、聚苯乙烯等有较高的溶解能力。20℃时在水中溶解1.2%；水在异佛尔酮中溶解4.3%。异佛尔酮与87.5%的水组成共沸混合物，共沸点98℃。

(8) 用途　是硝基喷漆、合成树脂类涂料的高沸点溶剂。特殊涂料用作稀释剂。与甲基异丁基酮混合使用可溶解酚醛树脂和环氧树脂。也用作制造3,5,5-三甲基环己醇及3,5-二甲基苯酚的原料。

(9) 使用注意事项　为可燃性液体，但蒸发速度慢，难着火。属低毒类。蒸气毒性比简单的脂肪族酮大，但常温下蒸气压低，故危害性较小。大鼠试验结果表明异佛尔酮是毒性强的酮类之一，能引起肾脏障碍，损害眼的角膜。人接触后有烦躁感。当蒸气浓度达141mg/m³以上，对眼、鼻有刺激。脱脂作用强，应避免与皮肤接触。对金属无腐蚀性。工作场所最高容许浓度141mg/m³。

(10) 附表

表 2-6-35　异佛尔酮的蒸气压

温度/℃	蒸气压/kPa	温度/℃	蒸气压/kPa	温度/℃	蒸气压/kPa	温度/℃	蒸气压/kPa
20.0	0.04	87.2	1.33	125.6	8.00	188.7	53.33
38.0	0.13	96.8	2.67	140.6	13.33	215.2	101.323
66.7	0.67	114.5	5.33	163.3	26.66		

参 考 文 献

1 CAS 78-59-1
2 EINECS 201-126-0
3 Beilstein. Handbuch der Organischen Chemie. E Ⅲ，7-283
4 C. Marden. Solvents Manual. cleaver-Hume. 1954，228
5 W. D. Kumler and G. W. Fohlen. J. Amer. Chem. Soc. 1945，67，437
6 L. Scheflan and M. B. Jacobs. The Handbook of Solvents. Van Nostrand Reinhold. 1953，472
7 Beilstein. Handbuch der Organischen Chemie. H. 7-66
8 F. H. Cottee et al. J. Chem. Soc. 1967 B，1146
9 G. Michel. Bull. Soc. Chim. Belges. 1963，72：125
10 J. H. Bowie. Australian J. Chem. 1966，19：1619
11 M. Tomaeda et al. Tetrahedron. 1967，24：959
12 G. S. Scott et al. Anal. Chem. 1948，20：238
13 Beilstein. Handbuch der Organischen Chemie. E Ⅳ，7-165

439. 环　戊　酮

cyclopentanone

(1) 分子式　C_5H_8O。　　相对分子质量　84.12。

(2) 示性式或结构式

(3) 外观　无色液体，有特殊醚或薄荷的气味。

(4) 物理性质

沸点(101.3kPa)/℃	130.6	折射率(20℃)	1.4366
熔点/℃	−51	闪点/℃	26
相对密度(18℃/4℃)	0.9509		

(5) 化学性质 易聚合，在微量酸存在下更易聚合。

(6) 溶解性能 不溶于水，溶于乙醇和乙醚。

(7) 用途 溶剂、医药、香料、农药、合成橡胶中间体。

(8) 使用注意事项 危险特性属第 3.3 类高闪点易燃液体。危险货物编号：33590，UN 编号：2245。高浓度时具有麻醉性。对眼睛及皮肤有刺激性。使用时应避免吸入本品蒸气。

参考文献

1 CAS 120-92-3

2 EINECS 204-435-9

3 Beil.，7，5

4 The Merck Index. **13**，2771

5 《化工百科全书》编辑委员会，化学工业出版社《化工百科全书》编辑部编. 化工百科全书：第 16 卷. 北京：化学工业出版社，1997

6 张海峰主编. 危险化学品安全技术大典：第 1 卷. 北京：中国石化出版社，2010

440. 环己酮

cyclohexanone [ketohexamethylene，pimelin ketone，anon]

(1) 分子式 $C_6H_{10}O$。　　相对分子质量　98.15。

(2) 示性式或结构式

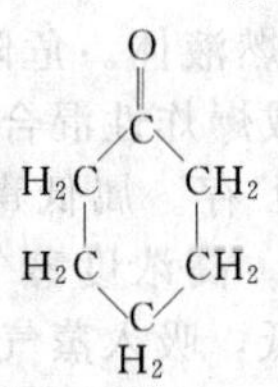

(3) 外观 无色或浅黄色油状液体，有薄荷气味。

(4) 物理性质

沸点(101.3kPa)/℃	155.65	临界压力/MPa	3.85
熔点/℃	−45	电导率(25℃)/(S/m)	5×10^{18}
相对密度(20℃/4℃)	0.9478	热导率/[W/(m·K)]	0.1378
折射率(20℃)	1.4507	爆炸极限(下限)/%(体积)	1.1
介电常数(20℃)	18.3	(上限)/%(体积)	8.1
偶极矩(苯)/(10^{-30}C·m)	10.0	体膨胀系数/K^{-1}	0.00091
黏度(25℃)/mPa·s	2.2	蒸气相对密度(空气=1)	3.38
表面张力(20℃)/(mN/m)	34.50	UV λ_{max} 293 nm(C_6H_{12})	
闪点/℃	44	IR (参照图 2-6-2)	
燃点/℃	420	MS m/e(强度)：55(100)，42(84)，41(34)，27(33)，	
蒸发热(29.21℃)/(kJ/mol)	44.88	98(31)，39(27)，69(26)，70(20)	
(b.p.)/(kJ/mol)	40.28	28(14)，43(13)	
生成热(25℃，液体)/(kJ/mol)	−271.47	NMR τ(CCl_4，TMS 基准)	
燃烧热(液体)/(kJ/mol)	3521.3	H(1)7.75(多峰)	
比热容(15~18℃，定压)/[kJ/(kg·K)]	1.81	H(2)8.05(多峰)	
临界温度/℃	356	H(3)8.18(多峰)	

(5) 化学性质　与脂肪族酮相似，能与羟胺、苯肼、氨基脲、Grignard试剂、氢氰酸、亚硫酸氢钠等反应。在氧和水存在下，受日光照射时，环己酮开环生成己二酸、己酸、5-己烯醛等。在酸或碱存在下能自行缩合，条件不同，所得产物也不同。例如可以生成2-（1-羟基环己基）环己酮，2-亚环己基环己酮，2,6-二亚环己基环己酮，2,6-双（1-环己烯基）环己酮，十氢化三亚苯等。环己酮易还原成环己醇。用硝酸、高锰酸钾氧化生成己二酸，与二氧化硒作用生成1,2-环己二酮，同过钡酸作用生成1,4-环己二酮以及副产物己二酸、己二醛。在无机酸或有机过氧酸作用下生成ε-己内酯。在过氧化氢作用下得到复杂的过氧化物。易与氯、溴反应生成2-卤代环己酮。在酸催化下与乙二醇反应生成环状缩醛。

(6) 精制方法　环己酮是环己烷直接用空气进行催化氧化或环己醇脱氢制得的，主要杂质是环己醇、水、己二酸等。精制时用重铬酸钾硫酸溶液（浓度约5%）处理，使环己醇氧化，再经水洗、无水硫酸钠干燥后分馏。高纯度的制品可用亚硫酸氢钠形成加成化合物，将等量的加成物与碳酸钠溶于热水后进行水蒸气蒸馏。馏出物用食盐饱和，苯萃取，干燥后蒸馏。

(7) 溶解性能　能与甲醇、乙醇、丙酮、苯、己烷、乙醚、硝基苯、石脑油、二甲苯、乙二醇、乙酸异戊酯、二乙胺以及其他多种有机溶剂相混溶。能溶解纤维素醚、纤维素酯、硝酸纤维素、碱性染料、胶乳、沥青、油脂、清漆、生胶、甘油三松香酸酯、醇酸树脂、聚氯乙烯、聚乙酸乙烯酯、聚甲基丙烯酸甲酯、聚苯乙烯以及多种天然树脂。20℃时在水中溶解2.3%；水在环己酮中溶解8.0%。

(8) 用途　主要利用作制造锦纶的原料ε-己内酰胺和己二酸，故在工业上占有重要的地位。对各种有机物有优良的溶解能力，特别用作硝基喷漆的溶剂，能提高涂料的防潮性、延展性和附着力，使涂膜平滑美观。环己酮的硝酸纤维素溶液黏度低，容易与树脂或油脂类混合。此外，尚可作聚氯乙烯、甲基丙烯酸甲酯等合成树脂的一般性溶剂及黏结剂。能溶解碱性染料，可用于木材染色。也可作DDT、有机磷杀虫剂等溶剂。其他还可用于脱漆剂，纺织品、皮革和金属的脱脂剂，丝绸的消光剂，印刷油墨。液相色谱溶剂。

(9) 使用注意事项　危险特性属第3.3类高闪点易燃液体。危险货物编号：33590，UN编号：1915。其蒸气比空气重，滞留于低处，易与空气形成爆炸性混合物。使用时注意通风和远离火源。对金属无腐蚀性，可用铁、软钢、铜或铝制容器贮存。属低毒类。毒性比甲基异丁烯酮、亚异丙基丙酮、环己醇低，但比环己烷和甲基环己醇高。高浓度蒸气有麻醉性，能引起呼吸衰竭，但不像苯那样能使血液中毒。由于沸点高，挥发性低，吸入蒸气引起中毒的情况较少。对人体，200.5mg/m^{3}时刺激黏膜，280.7mg/m^{3}时对眼、鼻、舌有明显刺激作用。液体进入眼睛时有强烈的刺激感，能伤害角膜。大鼠在32080mg/m^{3}时4小时死亡。能通过皮肤吸收而中毒，与皮肤接触时，应用水和肥皂洗净。嗅觉阈浓度0.24mg/m^3。TJ 36—79规定车间空气中最高容许浓度为50mg/m^3。大鼠经口LD_{50}为3460mg/kg，小鼠腹腔注射LD_{50}为1950mg/kg。

(10) 规格　GB 10669—2001　工业用环己酮

项　目	指　标		
	优等品	一等品	合格品
色度(Pt-Co色号)/黑曾单位	15	25	—
密度(ρ_{20})/(g/cm^3)	0.946～0.947	0.944～0.948	0.944～0.948
在0℃,101.3kPa时的馏程/℃	153.0～157.0	153.0～157.0	152.0～157.0
馏出95mL时的温度间隔/℃	1.5	3.0	5.0
水分/%	0.08	0.15	0.20
纯度/%	99.8	99.5	99.0
酸度(以乙酸计)/%	0.01	0.01	—
折射率n_D^{20}	供需双方协商确定		
外观	无色透明液体,不纯物为浅黄色,有强烈的刺鼻臭味,致癌		

(11) 附表

表 2-6-36 环己酮的蒸气压

温度/℃	蒸气压/kPa	温度/℃	蒸气压/kPa
1.4	0.13	77.5	8.00
26.4	0.67	90.4	13.33
38.7	1.33	110.3	26.66
52.5	2.67	132.5	53.33
67.8	5.33	155.6	101.33

表 2-6-37 高分子化合物在环己酮中的溶解性

物质名称	溶解性	物质名称	溶解性	物质名称	溶解性
醋酸纤维素	溶解	聚甲基丙烯酸甲酯	溶解	聚氯乙烯	溶解
醋酸丁酸纤维素	溶解	聚苯乙烯	溶解	聚氯代乙酸乙烯酯	溶解
硝酸纤维素	溶解	聚乙酸乙烯酯	溶解		
乙基纤维素	溶解	聚乙烯醇缩丁醛	溶解		

表 2-6-38 含环己酮的二元共沸混合物

第二组分	共沸点/℃	环己酮/%	第二组分	共沸点/℃	环己酮/%
水	95.0	38.4	己醇	155.65	94
四氯乙烷	159.0	55	丁酸异丁酯	155.3	60
1,2,3-三氯丙烷	160.0	39	异戊酸丙酯	155.2	45
莰烯	150.55	57.5	苯甲醚	152.5	25
异丙苯	152.0	65	2,7-二甲基辛烷	151.5	55
α-蒎烯	149.8	40	溴仿	158.5	48
β-蒎烯	152.2	65	五氯乙烷	165.4	28
异丁酸	>159	>62	苯酚	184.5	28
乳酸乙酯	153.55	34			

(12) 附图

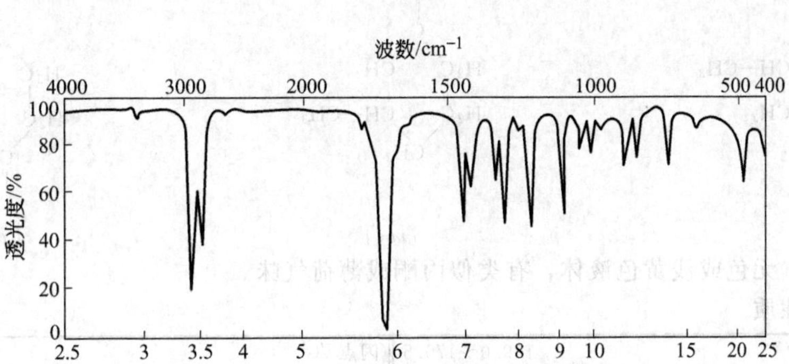

图 2-6-2 环己酮的红外光谱图

参 考 文 献

1 CAS 108-94-1

2 EINECS 203-631-1

3 D. R. Stull. Ind. Eng. Chem. 1947, 39: 517

4 J. Timmermans et al. J. Chim. Phys. 1937, 34: 693

5 S. I. Heilbron et al. Dictionary of Organic Compounds. 4th ed. Vol. 2. Eyre & Spottiswood. 1953, 785

6 Kirk-Othmer. Encyclopedia of Chemical Technology. 2nd ed. Vol. 6. Wiley. 683

7 A. A. Maryott et al. Tables of Dielectric Constants of Pure Liquids. NBS Circular. 1951, 514

8 J. B. Bentleg et al. J. Chem. Soc. 1949, 2957

9 C. Marsden, Solvents Guide. 2nd ed. Cleaver-Hume. 1963
10 B. J. Zwolinski et al. Heats of Formation and Heats of Combustion, Thermodynamic Research Center. Texas A & M Univ. 1968
11 F. Glaser et al. Chem. Ing. Tech. 1957, 29: 772
12 L. P. Filippov. Vestn. Mosk. Univ. Fiz. Astron, 1960, 3: 61; Chem. Abstr. 1962, 56: 10936
13 V. P. Frontas'ev et al. Uch. Zop. Saratovsk. Gos. Univ. 1960, 69: 237; Chem. Abstr. 1963, 58: 1923
14 L. Scheflan et al. The Handbook of Solvents. Van Nostrand Reinhold. 1953. 234
15 E. J. Moricone et al. Can. J. Chem. 1966, 44: 759
16 F. K. Scholl. Atlas der Kunststoff-Analyse. Vol. 2. Carl Hanser Verlag, 1972. 3079
17 D. Biquard. Bull Soc. Chim. France. 1940, 7: 894, Chem. Abstr. 1942, 36: 2207
18 C. Chlerrir. Compt. Rend. 1947, 225: 930, Chem. Abstr. 1948, 42: 2519
19 B. D. Saksena. Proc. Indian Acad. Sci. 1940, 12A: 321; Chem. Abstr. 1941, 35: 3173
20 A. Cornu et al. Coplicaton of Mass Spectral Data. Heyden. & Son Ltd. 1966, 1813
21 C. D. Guntsch et al. J. Amer. Chem. Soc. 1960, 82: 4067
22 Manifacturing Chemists'Assoc. Guide for Safetyin the Chemical Laboratory. 2nd ed. Van Nostrand Reinhold. 1972, 362
23 主要化学品 1000 種，毒性データ特別調査报告レポート．海外技術資料研究所．1973，42
24 松田種光．溶剤ハンドブック．産業図書．1962
25 C. Marsden. Solvents Manual. Cleaver-Hume. 1954, 106
26 I. Mellan. Industrial Solvents. 2nd ed. Van Nostrand. Reinhold, 1950. 79
27 L. H. Horsley. Anal. Chem. 1947, 19: 508; 1949, 21: 831
28 The Merck Index. **10**, 2720; **11**, 2732
29 张海峰主编. 危险化学品安全技术大典：第 1 卷. 北京：中国石化出版社，2010

441. 甲基环己酮

methylcyclohexanone [ketohexahydrotoluene, methylanon, sextone B]

(1) 分子式　$C_7H_{12}O$。　　　相对分子质量　112.17。

(2) 示性式或结构式　为邻、间、对甲基环己酮的混合物，以间位和对位异构体为主要成分。

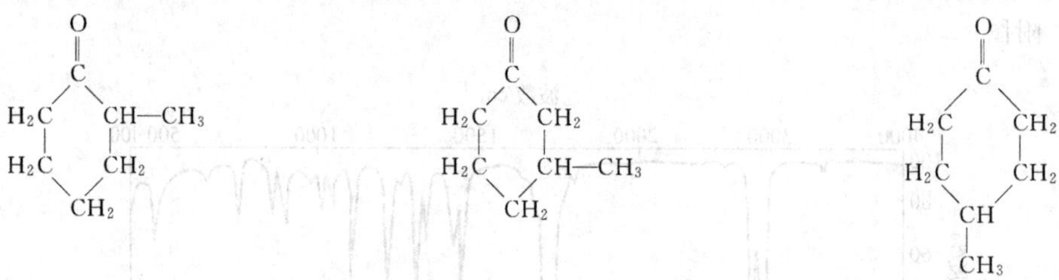

[o-]　　[m-]　　[p-]

(3) 外观　无色或浅黄色液体，有类似丙酮或薄荷气味。

(4) 物理性质

沸点(101.3kPa)/℃	169.0～170.5	闪点/℃	54
熔点/℃	－20	比热容(15～18℃,定压)/[kJ/(kg·K)]	1.85
相对密度(25℃/4℃)	0.910～0.914	溶解度(水)/%	3
折射率(20℃)	1.4485	蒸气压(55℃)/kPa	1.33
黏度(25℃)/mPa·s	1.78	体膨胀系数(10～30℃)/K^{-1}	0.00085

(5) 化学性质　与环己酮类似。

(6) 精制方法　甲基环己酮是由甲酚加氢或甲基环己醇脱氢制得的，含有四基环己醇及酸性杂质。精制方法与环己酮相同。

(7) 溶解性能　微溶于水。溶于乙醇、乙醚。溶解能力和环己酮相差不大。对酚醛树脂、醇酸树脂、天然橡胶、硝酸纤维素、甘油三松香酸酯、贝壳松脂有优良的溶解能力。

(8) 用途　代替环己酮作硝基喷漆的溶剂，橡胶黏合剂以及杀虫剂等的溶剂。

(9) 使用注意事项　危险特性属第 3.2 类高闪点易燃液体。危险货物编号：33586，UN 编号：2297。对金属无腐蚀性，可用铁、软钢、铜或铝制容器贮存。属低毒类。毒性略低于环己酮，其蒸气刺激眼睛和气管，使用时注意通风。工业上正常使用毒害不大。工作场所最高容许浓度 458mg/m³。大鼠经口 LD_{50} 为 4g/kg。

参 考 文 献

1 CAS 583-60-8
2 EINECS 209-513-6
3 I. Mellan. Industrial Solvents. 2nd ed. Van Nostrand Reinhold. 1950，614
4 C. Marsden. Solvents Manual. Cleaver-Hume. 1954，260
5 J. H. Perry. Chemical Engineer's Handbook. 4th ed. McGraw. 1963，3-125
6 L. Scheflan and M. B. Jacobs. The Handbook of Solvents. Van Noslrand Reinhold. 1953，516
7 労働省安全衛生部．危険有害物便覧．中央労働灾害防止協会．1973，438
8 主要化学品 1000 種毒性データ特別調査レポート．海外技術資料研究所．1973，230

442. 3,3,5-三甲基环己酮

3,3,5-trimethylcyclohexanone

(1) 分子式　$C_9H_{18}O$。　　　相对分子质量　142.23。

(2) 示性式或结构式

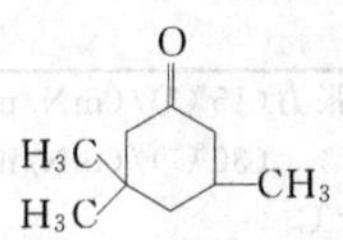

(3) 外观　无色低黏度液体。类似甲醇气味。

(4) 物理性质

沸点(101.3kPa)/℃	188.8	折射率(20℃)	1.4455
凝固点/℃	−10	闪点/℃	72
相对密度(20℃/4℃)	0.888		

(5) 溶解性能　溶于乙醇、乙醚，微溶于水，20℃在水中溶解 0.3%，水在其中溶解 1.4%。

(6) 用途　硝酸纤维素，低分子量聚氯乙烯以及醇酸树脂的优良溶剂。

(7) 使用注意事项　遇明火、高温、强氧化剂有燃烧危险。

参 考 文 献

1 CAS 873-94-9
2 EINECS 212-855-9

443. 环 庚 酮

cycloheptanone

(1) 分子式　$C_7H_{12}O$。　　　相对分子质量　112.17。

(2) 示性式或结构式　$\overline{CH_2(CH_2)_5CO}$

(3) 外观　无色液体，有薄荷气味。

(4) 物理性质

沸点(101.3kPa)/℃	178～180	折射率(20℃)	1.4608
相对密度(20℃/4℃)	0.9508	闪点/℃	55

(5) 溶解性能　能与乙醇、乙醚混溶，不溶于水。

(6) 用途　溶剂、有机合成中间体。

(7) 使用注意事项 环庚酮的危险特性属第 3.3 类高闪点易燃液体。危险货物编号：33590。吸入、食入对眼睛、皮肤有刺激作用，避免蒸气与眼睛、皮肤接触。易燃，遇明火、高热、氧化剂接触有引起燃烧爆炸危险。

参 考 文 献

1 CAS 502-42-1
2 EINECS 207-937-6
3 Beilstein. Handbuch der Organischen Chemie. H，7-13；E Ⅳ，7-39
4 The Merck Index. **10**，2716；**11**，2728；**12**，2791
5 张海峰主编. 危险化学品安全技术大典：第 1 卷. 北京：中国石化出版社，2010

444. 苯乙酮

acetophenone［methyl phenyl ketone，acetylbenzene，hypnone］

(1) 分子式 C_8H_8O。　　相对分子质量 120.15。

(2) 示性式或结构式

(3) 外观 常温为无色或浅黄色液体，低温为片状晶体，有类似山楂的香味。

(4) 物理性质

沸点(101.3kPa)/℃	202.0	表面张力(15℃)/(mN/m)	40.09
熔点/℃	19.62	(30℃)/(mN/m)	38.21
相对密度(20℃/4℃)	1.02810	燃点/℃	571
(25℃/4℃)	1.02382	蒸发热(25℃)/(kJ/mol)	53.42
折射率(15℃)	1.53631	(b. p.)/(kJ/mol)	38.83
(20℃)	1.53423	生成热(25℃液体)/(kJ/mol)	142.60
介电常数(25℃)	17.39	燃烧热(25℃液体)/(kJ/mol)	4157.1
偶极矩(25℃)/(10^{-30} C·m)	9.89	比热容(30℃,定压)/[kJ/(kg·K)]	1.90
黏度(15℃)/mPa·s	2.015	临界温度/℃	456
(25.50℃)/mPa·s	1.642	电导率(16.5℃)/(S/m)	21×10^{-8}
(30℃)/mPa·s	1.511	溶解性(水)/%	0.55
闪点(闭口)/℃	105		

(5) 化学性质 苯乙酮还原变成α-甲基苄醇。氧化生成苯酰甲酸、苯酰甲醇和苯甲酸。苯乙酮的甲基容易发生卤化反应，例如与溴反应生成α-溴代苯乙酮。苯乙酮与 Grignard 试剂、肼、氨基脲等也能发生反应。但与亚硫酸氢钠不生成加成化合物。硝化时，苯核发生取代反应，生成间硝基苯乙酮。

(6) 精制方法 主要杂质有α-甲基苄醇、苯酚、酸性物质和水等。一般的精制方法是用氯化钙或硫酸钙干燥后减压分馏。或在防止光照和湿气的情况下，从其熔融状态分步结晶精制。也可用异戊烷在低温结晶精制。与其他液体混在一起的苯乙酮，一般用水蒸气蒸馏后再分馏的方法回收。

(7) 溶解性能 能与醇、醚等多种有机溶剂相混溶。溶解能力与环己酮相似，能溶解硝酸纤维素、醋酸纤维素、乙烯基树脂、香豆酮树脂、醇酸树脂、甘油醇酸树脂等。

(8) 用途 用作纤维素醚、纤维素酯、树脂、防腐剂、橡胶、医药、染料等的溶剂。也用作增塑剂、香料成分及药物原料等。作溶剂使用时，有沸点高、稳定、气味愉快等特点，常与乙醇、酮、酯以及其他溶剂混合使用。液相色谱溶剂。

(9) 使用注意事项 为可燃性液体。但闪点高，通常无危险，大量使用时仍要注意远离火源。属低毒类。吸入蒸气有麻醉作用。皮肤接触有明显刺激甚至灼伤。大鼠经口 LD_{50} 为 3g/kg。嗅觉阈浓度 0.01mg/m³。

(10) 附表

表 2-6-39 苯乙酮的蒸气压

温度/℃	蒸气压/kPa	温度/℃	蒸气压/kPa
25	0.049	133.6	13.33
37.1	0.13	154.2	26.66
78.0	1.33	178.0	53.33

表 2-6-40 含苯乙酮的二元共沸混合物

第二组分	共沸点/℃	苯乙酮/%	第二组分	共沸点/℃	苯乙酮/%
辛醇	194.95	12.5	对乙基苯酚	219.5	15
沉香醇	198.0	14	2,4-二甲基苯酚	213.0	30
香茅醛	201.95	95			

参 考 文 献

1 CAS 98-86-2
2 EINECS 202-708-7
3 A. Weissberger. Organic Solvents. 3rd ed. Wiley. 249
4 J. Livingston et al. J. Amer. Chem. Soc. 1924，48：481
5 International Critical Tables. V1-144
6 E. Browning. Toxicity and Metabolism of Industrial Solvents. Elsevier. 1965. 448
7 The Merck Index. 8th ed. 8
8 D. R. Stull. Ind. Eng. Chem. 1947，39：517
9 L. H. Horsley. Anal. Chem. 1947，19：508；ibid. 1949，21：831
10 The Merck Index. **10**，65；**11**，65
11 张海峰主编. 危险化学品安全技术大典：第 1 卷，北京：中国石化出版社，2010

445. 4′-甲基苯乙酮

4′-methyl acetophenone

(1) 分子式 $C_9H_{10}O$。　　相对分子质量 134.18。

(2) 示性式或结构式

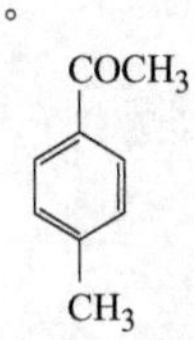

(3) 外观 无色针状结晶或无色至近似无色液体。有香豆素香味。

(4) 物理性质

沸点(101.3kPa)/℃	226	相对密度(20℃/4℃)	1.0051
(1.5kPa)/℃	113	折射率(20℃)	1.5328
熔点/℃	22～24	闪点/℃	92

(5) 化学性质 参照 2′-甲基苯乙酮。

(6) 溶解性能 能溶于乙醇、乙醚、苯、氯仿、丙二醇、不挥发油。几乎不溶于水。

(7) 用途 溶剂、果实食品香料。

(8) 使用注意事项 口服有毒。应避免吸入本品蒸气，避免与眼睛、皮肤接触。

参 考 文 献

1 CAS 122-00-9
2 EINECS 204-514-8
3 Beil.，**7**，307；**7** (4)，701

446. 3′-甲基苯乙酮

3′-methyl acetophenone

(1) 分子式　$C_9H_{10}O$。　　　相对分子质量　134.18。

(2) 示性式或结构式

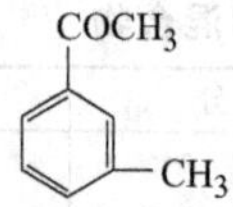

(3) 外观　无色液体。

(4) 物理性质

沸点(101.3kPa)/℃	220	相对密度(20℃/4℃)	1.0070
(1.6kPa)/℃	109	折射率(20℃)	1.5318
熔点/℃	−9	闪点/℃	84

(5) 化学性质　参照2′-甲基苯乙酮。

(6) 溶解性能　能溶于丙酮、乙醇、乙醚。

(7) 用途　聚酰胺树脂的溶剂、碱性染料助剂、有机合成中间体。

(8) 使用注意事项　应避免吸入本品蒸气，避免与眼睛、皮肤接触。

参　考　文　献

1 CAS 585-74-0

2 EINECS 209-561-8

3 Beil.，7，307；7 (4)，701

447. 2′-甲基苯乙酮

2′-methyl acetophenone

(1) 分子式　$C_9H_{10}O$。　　　相对分子质量　134.18。

(2) 示性式或结构式

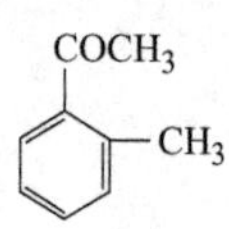

(3) 外观　无色液体。

(4) 物理性质

沸点(101.3kPa)/℃	209～213	折射率(20℃)	1.5318
(1.3kPa)/℃	89～92	闪点/℃	84
相对密度(20℃/4℃)	1.014		

(5) 化学性能　能发生氧化、还原、加成、取代、缩合等反应。

(6) 溶解性能　溶于乙醇、乙醚和苯，微溶或不溶于水。

(7) 用途　溶剂、聚合反应光引发剂、光敏剂。

(8) 使用注意事项　有毒。避免吸入本品蒸气，避免与眼睛、皮肤接触。

参　考　文　献

1 CAS 577-16-2

2 EINECS 209-408-5

3 Beil.，7，307；7 (4)，701

448. 环十五烷酮

cyclopentadecanone

(1) 分子式　$C_{15}H_{28}O$。　　　　　相对分子质量　224.39。

(2) 示性式或结构式

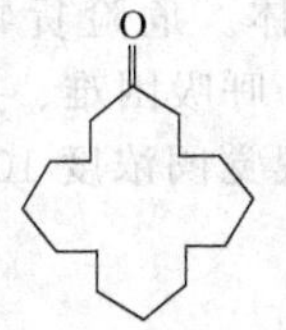

(3) 外观　白色或微黄色针状结晶。

(4) 物理性质

沸点(3.947kPa)/℃	120	密度/(g/cm³)	0.897
熔点/℃	64～66		

(5) 溶解性能　能溶于乙醇，微溶于水。

(6) 用途　甾醇、类胡萝卜素和偶氮染料的溶剂。

参　考　文　献

1　CAS 502-72-7

2　EINECS 207-951-2

449. 樟　脑

camphor [2-camphanone，1,7,7-trimethyl bicyclo (2,2,1)-heptan-2-one，2-keto-1,7,7-trimethylnorcamphane]

(1) 分子式　$C_{10}H_{16}O$。　　　　　相对分子质量　152.24。

(2) 示性式或结构式

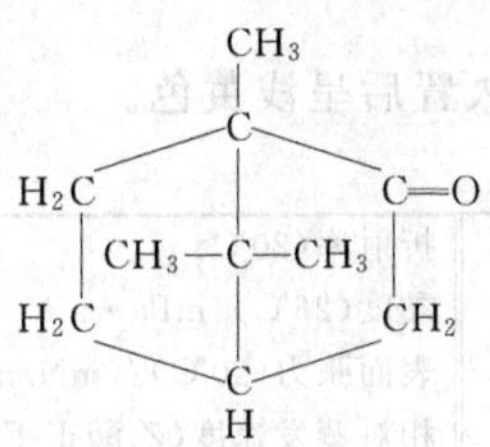

(3) 外观　半透明的粒状晶体，有樟木气味。

(4) 物理性质

沸点(101.3kPa)/℃	207.42	蒸发热(b.p.)/(kJ/mol)	59.54
熔点/℃	178.75	熔化热/(kJ/mol)	6.85
相对密度(0℃/4℃)	1.0000	燃烧热(25℃,液体)/(kJ/mol)	5916.8
(20℃/4℃)	0.9920	溶解度(水)/%	0.01
介电常数(20℃)	11.35	爆炸极限(下限)/%(体积)	0.6
偶极矩(20℃)/(10^{-30}C·m)	10.34	(上限)/%(体积)	3.5
闪点(闭口)/℃	49	蒸气压(24.2℃,固体)/kPa	0.052
燃点/℃	466		

(5) 化学性质　具有酮类的一般化学性质。还原生成莰醇和异莰醇。用铬酸、硝酸、高锰酸钾、二氧化硒氧化时，生成樟脑酮酸、异佛尔酮酸、樟脑酸、樟脑酮等。与亚硫酸氢钠不生成加成产物。与碘一起加热生成香芹酚。氯化时生成 α-氯代樟脑。由樟脑油得到的天然樟脑有旋光性，从蒎烯或莰醇合成的樟脑无旋光性。

(6) 精制方法　有升华法、蒸馏法、分步结晶法和溶剂结晶法等。用溶剂结晶法精制时常用的溶剂有 50%的乙醇水溶液和溶剂汽油。此外，也可以将樟脑溶解于浓乙酸后加水沉淀的方法进行精制。

(7) 溶解性能 微溶于水，易溶于乙醇、乙醚、丙酮、氯仿、冰乙酸、二硫化碳和苯等。

(8) 用途 用作硝酸纤维素、纤维素醚和纤维素酯的增塑剂。也用作防蛀剂、防腐剂以及制造火药、医药、香料、焰火等。

(9) 使用注意事项 危险特性属第 4.1 类易燃固体。危险货物编号：41536，UN 编号：2717。能引起人的心脏功能损害。吸入蒸气时引起昏睡、呼吸困难、抽搐以致死亡。对皮肤有刺激作用，进入眼内会引起炎症。易升华，应密封贮存。嗅觉阈浓度 100mg/m^3。工作场所最高容许浓度 2mg/m^3。大鼠腹腔注射 LD_{50} 为 900mg/kg。

参 考 文 献

1 CAS 76-22-2
2 EINECS 200-945-0
3 A. Weissberger. Organic Solvents. 3rd ed. Wiley. 248
4 N. I. Sax. Dangerous Properties of Industrial Materials. Van Nostrand Reinhold. 1957. 432
5 主要化学品 1000 種毒性データ特別調査レポート. 海外技術資料研究所，1973.85
6 労働省安全衛生部. 危険有害物便覧. 中央労働灾害防止協会. 1973.264

450. 葑 酮

d-fenchone [fenchanone]

(1) 分子式 $C_{10}H_{16}O$。 相对分子质量 152.23。

(2) 示性式或结构式

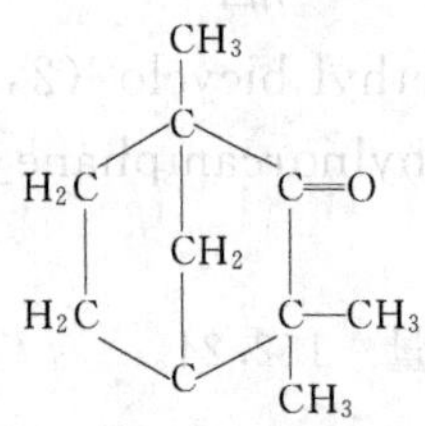

(3) 外观 类似樟脑叶的无色油状液体，久置后呈浅黄色。

(4) 物理性质

沸点/℃	193.5	折射率(20℃)	1.4636
熔点/℃	6.1	黏度(26℃)/mPa·s	3.62
密度(18℃)/(g/cm^3)	0.948	表面张力(20℃)/(mN/m)	31.1
(15.5℃)/(g/cm^3)	0.9457	相对蒸发速度(乙酸正丁酯=100)	8

(5) 溶解性能 不溶于水，能溶于醇，醚。

(6) 用途 用于油脂、蜡、树脂等溶剂。制造樟脑油的原料。

(7) 使用注意事项 微毒类。大鼠经口 LD_{50} 为 6160mg/kg。

(8) 附表

表 2-6-41 葑酮的蒸气压

温度/℃	蒸气压/kPa	温度/℃	蒸气压/kPa
40	0.28	110	8.35
50	0.49	120	12.03
60	0.86	130	17.07
70	1.48	140	23.66
80	2.40	150	31.99
90	3.77	160	42.93
100	5.61	170	55.80

参 考 文 献

1 CAS 4695-62-9
2 The Merck Index. **13**，3995

451. 1-四氢萘酮

1-tetralone［1-oxotetrahydronaphthalene］

(1) 分子式 $C_{10}H_{10}O$。 相对分子质量 146.19。

(2) 示性式或结构式

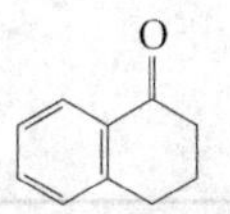

(3) 外观 无色油状液体，似樟脑气味。见光色渐深，加热薄荷味。

(4) 物理性质

沸点(101.3kPa)/℃	255～257	相对密度(20℃/4℃)	1.096
熔点/℃	8	折射率(20℃)	1.568

(5) 溶解性能 不溶于水。溶于乙醇、乙醚等溶剂。

(6) 用途 溶剂、塑料。

(7) 使用注意事项 对眼睛、皮肤和黏膜有刺激性。口服有害。避免蒸气吸入。

参 考 文 献

1 CAS 529-34-0
2 EINECS 208-460-6
3 Beilstein. Handbuch der Organischen Chemie. H. 7-30；E Ⅳ，7-1015

第七章 酸和酸酐类溶剂

452. 甲酸 [蚁酸]

formic acid

(1) 分子式 CH_2O_2。　　　相对分子质量 46.03。

(2) 示性式或结构式 HCOOH

(3) 外观 无色液体，有刺激性气味。

(4) 物理性质

沸点(101.3kPa)/℃	100.56	熔化热/(kJ/mol)	12.69
熔点/℃	8.27	生成热(25℃,液体)/(kJ/mol)	−425.04
相对密度(15℃/4℃)	1.22647	燃烧热(25℃,液体)/(kJ/mol)	254.81
(25℃/4℃)	1.21405	比热容(26.68℃,定压)/[kJ/(kg·K)]	2.15
折射率(20℃)	1.37140	临界温度/K	580
(25℃)	1.36938	临界压力/MPa	8.63
介电常数(16℃)	58.5	热导率(15℃)/[W/(m·K)]	13.9148
偶极矩(30℃,苯)/(10^{-30}C·m)	6.07	(30℃)/[W/(m·K)]	13.8456
黏度(25℃)/mPa·s	1.966	(60℃)/[W/(m·K)]	13.7744
(30℃)/mPa·s	1.443	(90℃)/[W/(m·K)]	13.6033
表面张力(20℃)/(mN/m)	37.58	UV λ_{max}206.5nm	
(30℃)/(mN/m)	36.48	logε1.7(H_2O)	
闪点(开口)/℃	69	IR 3125cm^{-1},约 1724cm^{-1},1351 cm^{-1},	
燃点/℃	601	1179 cm^{-1},约 820 cm^{-1}	
蒸发热(b.p.)/(kJ/mol)	23.19	MS *m/e*:46,45,44,29(M),18	
(25℃)/(kJ/mol)	19.90	NMR δ9.01×10^{-6},11.52×10^{-6}(CCl_4)	

(5) 化学性质 甲酸为强的还原剂，能发生银镜反应。在饱和脂肪酸中酸性最强，离解常数为 2.1×10^{-4}。在室温慢慢分解成一氧化碳和水。与浓硫酸一起加热至 60～80℃，分解放出一氧化碳。甲酸加热到 160℃以上即分解放出二氧化碳和氢。甲酸的碱金属盐加热至 400℃生成草酸盐。

(6) 精制方法 无水甲酸可在减压下直接分馏制得，分馏时用冰水冷却凝结。对含水甲酸，可用硼酐或无水硫酸铜做干燥剂。五氧化二磷和氯化钙能与甲酸作用，不宜用作干燥剂。对试剂级 88%的甲酸，可用邻苯二甲酸酐回流 6 小时后蒸馏的方法除去其中的水分。进一步纯化可利用分步结晶法。甲酸与乙酸混在一起时，可加入脂肪烃进行共沸蒸馏分离。

(7) 溶解性能 能与水、乙醇、乙醚、甘油等混溶。对烃类溶剂只部分溶解。

(8) 用途 广泛用于农药、医药、皮革、染料、橡胶等工业。用作皮革工业鞣软剂、印染工业的媒染剂、天然橡胶凝聚剂、消毒剂、防腐剂等。也是制造冰片、氨基比林、咖啡因、维生素 B_1、安乃近等药物和高效低毒农药杀虫脒以及二甲基甲酰胺的原料。

(9) 使用注意事项 危险特性属第 8.1 类酸性腐蚀品。危险货物编号：81101，UN 编号：1779。应密封置阴凉处贮存。属低毒类。甲酸对类脂物有溶解性，故可经皮肤吸收。对皮肤、黏膜刺激性强，接触后皮肤变红，黏膜充血。其蒸气特别对眼睛有强烈刺激。液体甲酸还能使皮肤发疱，并发生局部坏疽。对黏膜的腐蚀性和强的无机酸相似。嗅觉阈浓度40mg/m³。工作场所最高容许浓度 11.45mg/m³。大鼠经口 LD_{50} 为 1210mg/kg。家兔静脉注射最小致死量为 239mg/kg。

(10) 规格 GB/T 2093—2011 工业用甲酸

项　目		优等品			一等品			合格品		
		94%	90%	85%	94%	90%	85%	94%	90%	85%
外观		无色透明液体,无悬浮物								
甲酸/%	≥	94.0	90.0	85.0	94.0	90.0	85.0	94.0	90.0	85.0
色度(Hazen 单位,铂-钴色号)	≤	10	10	10	10	10	20	10	20	30
稀释试验(样品＋水＝1＋3)		不浑浊			不浑浊			通过试验		
氯化物(Cl 计)/%	≤	0.0005		0.002	0.001	0.002	0.004	0.002	0.004	0.006
硫酸盐(SO_4 计)/%		0.0005		0.01	0.001	0.001	0.002	0.001	0.002	0.020
铁含量(以 Fe 计)/%	≤	0.001		0.001	0.0004	0.0004	0.0004	0.0001	0.0004	0.0006
蒸发残渣/%	≤	0.006		0.006	0.015	0.015	0.020	0.006	0.020	0.060

(11) 附表

表 2-7-1　甲酸的蒸气压

温度/℃	蒸气压/kPa	温度/℃	蒸气压/kPa	温度/℃	蒸气压/kPa	温度/℃	蒸气压/kPa
10	2.52	30	6.96	60	25.29	100	100.45
20	4.41	40	11.01	80	53.08	100.75	101.33

表 2-7-2　甲酸的比热容

温度/℃	比热容/[kJ/(kg·K)]	温度/℃	比热容/[kJ/(kg·K)]
−258.05	0.04	11.06	2.14
−102.47	1.02	21.80	2.15
−10.98	1.29	26.69	2.15
1.82	1.39		

表 2-7-3　甲酸水溶液的相对密度(20℃)

甲酸/%	相对密度	甲酸/%	相对密度
10	1.0246	70	1.1655
20	1.0488	80	1.1806
30	1.0729	100	1.2212
50	1.1207		

表 2-7-4　甲酸和几种溶剂的互溶度

溶　剂	互溶度/% 甲　酸	互溶度/% 溶　剂	溶　剂	互溶度/% 甲　酸	互溶度/% 溶　剂
苯	21.59	87.41	棉子油	7.99	92.01
苯	86.86	13.14	棉子油	99.24	0.76
溴仿	2.39	97.61	煤油	0.89	99.11
溴仿	79.81	20.19	煤油	98.47	1.53
二硫化碳	1.26	98.74	甲苯	9.94	90.06
二硫化碳	95.55	4.45	甲苯	91.68	8.32
四氯化碳	3.32	96.68	二甲苯	8.04	91.96
四氯化碳	93.50	6.50	二甲苯	93.21	6.79

表 2-7-5　含甲酸的二元共沸混合物

第　二　组　分	共沸点/℃	甲酸/%	第　二　组　分	共沸点/℃	甲酸/%
环戊烷	46.0	16	1,2-二氯乙烷	77.4	14
2-甲基-2-丁烯	35.0	10.5	溴乙烷	38.23	3
2-甲基丁烷	27.2	4	碘乙烷	65.6	22
戊烷	34.2	10	3-溴丙烯	64.5	约 22
苯	71.05	31	3-氯丙烯	45.0	7.5
环己烯	71.5	21	3-碘丙烯	85	约 35
碘甲烷	42.1	6	1-溴丙烷	64.7	27
四氯乙烯	88.15	50.0	2-溴丙烷	56.0	14
三氯乙烯	74.1	25	1-氯丙烷	45.7	8
1,1,2,2-四氯乙烷	99.25	68	2-氯丙烷	34.7	1.5
1,2-二溴乙烷	94.65	51.5	1-碘丙烷	82	36
1,1-二氯乙烷	56.0	5	2-碘丙烷	75.2	29

续表

第二组分	共沸点/℃	甲酸/%	第二组分	共沸点/℃	甲酸/%
1-溴丁烷	81.4	35	2-氯-2-甲基丙烷	50.0	11.2
1-溴-2-甲基丙烷	76.7	30	1-碘丁烷	92.6	52
己烷	60.6	28	1-碘-2-甲基丙烷	89.5	45
甲苯	85.8	50	1-溴-3-甲基丁烷	90.5	47
甲基环己烷	80.2	46.5	1-氯-3-甲基丁烷	80.0	33.5
庚烷	78.2	56.5	溴苯	98.1	68
苯乙烯	95.75	73	氯苯	93.7	59
乙苯	约94	68	氟苯	73.0	27
环己烷	70.7	30	邻氯甲苯	100.2	83
甲基环戊烷	63.3	29	对氯甲苯	100.5	88
二甲基丁烷	52.5	22	二噁烷	113.35	43
1,3-二甲基环己烷	89.8	51	2-戊醇	105.5	32
2,5-二甲基己烷	83.2	48	3-戊醇	105.25	33
辛烷	90.5	63	硝基甲烷	97.05	45.5
邻二甲苯	95.5	74	吡啶	150～151	63.5
间二甲苯	92.8	71.8	2-皮考啉	158	25
对二甲苯	约95	70.0	二乙硫	82.2	35
2-溴-2-甲基丙烷	66.2	22	二烯丙基硫	97.5	80
1-氯丁烷	69.4	25	二异丙硫	93.5	62
1-氯-2-甲基丙烷	62.95	19			

表 2-7-6　甲酸密度　　单位：g/cm³

甲酸含量/% \ 室温/℃	15	20	25	30	甲酸含量/% \ 室温/℃	15	20	25	30
40.0	1.0997	1.0959	1.0921	1.0886	53.5	1.1317	1.1268	1.1223	1.1174
40.5	1.1014	1.0973	1.0935	1.0897	54.0	1.1328	1.1279	1.1234	1.1185
41.0	1.1022	1.0982	1.0945	1.0907	54.5	1.1347	1.1291	1.1245	1.1195
41.5	1.1037	1.0995	1.0956	1.0918	55.0	1.1351	1.1302	1.1256	1.1206
42.0	1.1048	1.1005	1.0967	1.0928	55.5	1.1363	1.1314	1.1267	1.1218
42.5	1.1061	1.1017	1.0978	1.0939	56.0	1.1373	1.1324	1.1278	1.1228
43.0	1.1071	1.1027	1.0988	1.0950	56.5	1.1386	1.1337	1.1289	1.1240
43.5	1.1084	1.1041	1.1001	1.0961	57.0	1.1397	1.1348	1.1300	1.1251
44.0	1.1095	1.1052	1.1011	1.0971	57.5	1.1408	1.1360	1.1312	1.1262
44.5	1.1107	1.1063	1.1023	1.0982	58.0	1.1420	1.1371	1.1321	1.1273
45.0	1.1118	1.1074	1.1034	1.0992	58.5	1.1432	1.1383	1.1324	1.1284
45.5	1.1131	1.1086	1.1046	1.1003	59.0	1.1443	1.1393	1.1344	1.1295
46.0	1.1142	1.1097	1.1056	1.1012	59.5	1.1455	1.1405	1.1355	1.1306
46.5	1.1154	1.1108	1.1068	1.1024	60.0	1.1465	1.1415	1.1365	1.1317
47.0	1.1164	1.1119	1.1078	1.1034	60.5	1.1478	1.1427	1.1378	1.1328
47.5	1.1178	1.1131	1.1089	1.1045	61.0	1.1490	1.1438	1.1390	1.1340
48.0	1.1188	1.1142	1.1100	1.1055	61.5	1.1503	1.1450	1.1401	1.1351
48.5	1.1201	1.1154	1.1112	1.1067	62.0	1.1512	1.1460	1.1411	1.1361
49.0	1.1212	1.1165	1.1122	1.1077	62.5	1.1524	1.1472	1.1422	1.1372
49.5	1.1224	1.1177	1.1134	1.1088	63.0	1.1536	1.1482	1.1433	1.1383
50.0	1.1236	1.1187	1.1142	1.1098	63.5	1.1548	1.1494	1.1445	1.1395
50.5	1.1248	1.1200	1.1157	1.1110	64.0	1.1560	1.1503	1.1456	1.1403
51.0	1.1260	1.1211	1.1167	1.1120	64.5	1.1572	1.1515	1.1467	1.1416
51.5	1.1272	1.1223	1.1178	1.1131	65.0	1.1583	1.1525	1.1478	1.1427
52.0	1.1282	1.1233	1.1188	1.1141	65.5	1.1594	1.1537	1.1488	1.1438
52.5	1.1294	1.1246	1.1201	1.1153	66.0	1.1605	1.1548	1.1498	1.1448
53.0	1.1304	1.1256	1.1211	1.1162	66.5	1.1617	1.1560	1.1511	1.1460

续表

甲酸含量/% \ 室温/℃	15	20	25	30	甲酸含量/% \ 室温/℃	15	20	25	30
67.0	1.1628	1.1571	1.1522	1.1471	84.0	1.1994	1.1934	1.1875	1.1816
67.5	1.1640	1.1581	1.1534	1.1482	84.5	1.2004	1.1943	1.1884	1.1825
68.0	1.1650	1.1594	1.1544	1.1493	85.0	1.2014	1.1953	1.1894	1.1835
68.5	1.1661	1.1604	1.1555	1.1504	85.5	1.2024	1.1964	1.1903	1.1844
69.0	1.1672	1.1615	1.1567	1.1515	86.0	1.2034	1.1974	1.1912	1.1854
69.5	1.1684	1.1627	1.1578	1.1526	86.5	1.2043	1.1984	1.1921	1.1863
70.0	1.1695	1.1637	1.1588	1.1536	87.0	1.2053	1.1994	1.1931	1.1873
70.5	1.1706	1.1648	1.1598	1.1547	87.5	1.2063	1.2003	1.1941	1.1883
71.0	1.1718	1.1660	1.1609	1.1557	88.0	1.2072	1.2012	1.1950	1.1890
71.5	1.1729	1.1671	1.1620	1.1567	88.5	1.2081	1.2021	1.1960	1.1900
72.0	1.1740	1.1681	1.1630	1.1577	89.0	1.2090	1.2030	1.1970	1.1908
72.5	1.1752	1.1693	1.1641	1.1587	89.5	1.2100	1.2038	1.1978	1.1917
73.0	1.1763	1.1703	1.1651	1.1597	90.0	1.2106	1.2045	1.1985	1.1926
73.5	1.1774	1.1715	1.1662	1.1607	90.5	1.2117	1.2055	1.1994	1.1935
74.0	1.1785	1.1726	1.1672	1.1617	91.0	1.2128	1.2065	1.2004	1.1943
74.5	1.1795	1.1736	1.1682	1.1628	91.5	1.2137	1.2075	1.2013	1.1951
75.0	1.1806	1.1747	1.1690	1.1638	92.0	1.2145	1.2083	1.2020	1.1958
75.5	1.1817	1.1758	1.1704	1.1648	92.5	1.2154	1.2091	1.2029	1.1967
76.0	1.1827	1.1768	1.1714	1.1658	93.0	1.2163	1.2099	1.2037	1.1974
76.5	1.1838	1.1780	1.1725	1.1668	93.5	1.2173	1.2108	1.2044	1.1983
77.0	1.1848	1.1790	1.1735	1.1679	94.0	1.2182	1.2115	1.2053	1.1990
77.5	1.1858	1.1800	1.1745	1.1690	94.5	1.2191	1.2124	1.2061	1.1998
78.0	1.1869	1.1810	1.1756	1.1699	95.0	1.2200	1.2133	1.2069	1.2005
78.5	1.1880	1.1821	1.1767	1.1709	95.5	1.2208	1.2142	1.2077	1.2016
79.0	1.1890	1.1831	1.1777	1.1719	96.0	1.2217	1.2151	1.2085	1.2022
79.5	1.1900	1.1840	1.1787	1.1729	96.5	1.2225	1.2158	1.2093	1.2030
80.0	1.1909	1.1850	1.1795	1.1739	97.0	1.2235	1.2167	1.2101	1.2036
80.5	1.1922	1.1862	1.1807	1.1749	97.5	1.2243	1.2177	1.2108	1.2042
81.0	1.1932	1.1873	1.1817	1.1759	98.0	1.2251	1.2183	1.2116	1.2050
81.5	1.1943	1.1883	1.1827	1.1769	98.5	1.2258	1.2191	1.2123	1.2057
82.0	1.1954	1.1894	1.1837	1.1779	99.0	1.2266	1.2198	1.2131	1.2064
82.5	1.1964	1.1904	1.1846	1.1788	99.5	1.2273	1.2205	1.2138	1.2072
83.0	1.1974	1.1914	1.1856	1.1798	100	1.2282	1.2212	1.2145	1.2077
83.5	1.1984	1.1924	1.1866	1.1806					

参 考 文 献

1 CAS 64-18-6
2 EINECS 200-579-1
3 A. Weissberger. Organic Solvents. 3rd ed. Wiley. 1971. 31，35，36，45，250，582，732
4 R. C. Reid and T. K. Sherwood. The Properties of Gases and Liquids. McGraw. 1958. 18
5 N. V. Tsederburg. Thermal Conductivity of Gases and Liquide. MIT Press. 1965
6 小竹無二雄．大有機化学．別巻 2，朝倉書店．1963. 41
7 Sadtler Standard IR Prism Spectra. No. 25
8 G. P. Harp and D. W. Stewart. J. Amer. Chem. Soc. 1952，74：4404
9 既存化学物質データ要覧．1 巻．海外技術資料研究所．1974. 2-49
10 Kirk-Othmer. Encyclopedia of Chemical Technology. Vol. 6. Interscience. 1951. 875
11 J. Timmermas. physico-Chemical Constants of Pure Organic Compounds，Elsevier. 1965
12 International Critical Tables. Vol. 3. 115

13 有機合成化学協会．溶剤ポケットブック．オーム社．1977．578
14 The Merck Index．**10**，4123；**11**，4153

453. 乙酸［醋酸］

acetic acid［ethanoic acid，vineger acid，methane-carboxylic acid］

(1) 分子式 $C_2H_4O_2$。 相对分子质量 60.05。

(2) 示性式或结构式 CH_3COOH

(3) 外观 无色液体，有刺激性气味。

(4) 物理性质

沸点(101.3kPa)/℃	118.1	蒸发热(25℃)/(kJ/mol)	23.05
熔点/℃	16.66	(b.p.)/(kJ/mol)	24.39
相对密度(20℃/4℃)	1.04926	熔化热/(kJ/kg)	108.83
(25℃/4℃)	1.04366	生成热(25℃,液体)/(kJ/mol)	−484.41
折射率(20℃)	1.3719	燃烧热(25℃,液体)/(kJ/mol)	876.72
(25℃)	1.3698	比热容(21.5℃,定压)/(kJ/mol)	2.08
介电常数(20℃)	6.15	临界温度/℃	321.30
偶极矩(30℃)/(10^{-30}C·m)	5.60	临界压力/MPa	5.8
黏度(15℃)/mPa·s	1.314	沸点上升常数(25℃)	1.0411
(30℃)/mPa·s	1.040	电导率(25℃)/(S/m)	6×10^{-9}
表面张力(20℃)/(mN/m)	27.42	离解常数(25℃)	1.75×10^{-5}
(30℃)/(mN/m)	26.34	爆炸极限(下限)/%(体积)	5.4
(42℃)/(mN/m)	25.4	(上限)/%(体积)	16.0
(50℃)/(mN/m)	24.6	UVλ_{max}204nm	
体膨胀系数(20℃)	1.0225×10^{-3}	logε1.6(已烷)	
(60℃)	1.0708×10^{-3}	IR 3077cm^{-1},2994cm^{-1},1712cm^{-1},	
(100℃)	1.1257×10^{-3}	1420cm^{-1},1290cm^{-1}	
闪点/℃	57	MS *m/e*:60(M^+),45,43,42,29,28	
燃点/℃	550	NMR δ2.10×10^{-6},11.37×10^{-6}	

(5) 化学性质 乙酸具弱酸性（$K_a=1.75\times10^{-5}$，25℃），能与碳酸氢钠、碳酸钠和氢氧化钠作用成盐。与三氯化磷、五氯化磷或亚硫酰氯作用时生成酰氯。与脱水剂一起加热生成乙酸酐。在浓硫酸催化下与醇反应生成酯。与氨、碳酸铵或胺作用生成酰胺。乙酸的钠盐与碱石灰共热时生成甲烷。乙酸的钙、钡、锰、铅盐强热时生成丙酮。乙酸的α-氢原子活泼，容易被卤素取代生成α-卤代乙酸。

(6) 精制方法 乙酸中含有水、乙醛、丙酮、甲酸、丙酸、酯类、硫酸盐、亚硫酸盐、氯化物、乙酸盐等杂质。精制方法是在乙酸中加入与水等摩尔的酐，使与存在的水反应，再加入铬酸酐（每100mL乙酸加2g铬酸酐），在接近沸点的温度加热1小时，然后分馏。也可加入2%～5%的高锰酸钾代替铬酸酐，回流2～6小时后分馏。进一步纯化可用分步结晶的方法。无水乙酸（冰醋酸）容易吸收水分。脱水的方法除用乙酸酐外，也可用干燥剂如高氯酸镁、无水硫酸铜、三乙酸硼、三乙酸铬等。此外，尚可利用乙酸乙酯、乙酸丁酯、苯、二异丙醚等与水组成的共沸混合物，进行共沸蒸馏脱水。

(7) 溶解性能 能与水及乙醇、乙醚、四氯化碳等常用有机溶剂混溶。不溶于二硫化碳和C_{12}以上的高级脂肪烃。能溶解大多数树脂和精油。

(8) 用途 用作制造橡胶、塑料、染料等的溶剂。也用作制造乙酸乙烯酯、醋酸纤维素、乙酸酯、乙酸盐、照相药品、医药、农药以及其他有机合成的原料。液相色谱溶剂。

(9) 使用注意事项 危险特性属第8.1类酸性腐蚀品，危险货物编号：81601，UN编号：2789（含量大于80%）。冰乙酸可用铝或不锈钢制容器贮存。稀乙酸对所有金属都有腐蚀性，宜用木制或衬蜡、衬沥青、陶瓷、搪瓷容器贮存。属低毒类。乙酸稀溶液（5%）即常用食醋对人无害。但浓溶液毒性强，能引起严重炎症，有腐蚀性，能刺激食道和胃，引起呕吐、腹泻、循环系统麻痹、酸中毒、尿毒症和血尿而致死。乙酸对类脂物有溶解性，能经皮肤吸收，对皮肤腐蚀性强，溅在皮肤上应立即用水和碳酸氢钠水溶液洗涤。乙酸的挥发性大，大量使用时危险性较大，吸入 490.8mg/m^3 浓度的蒸气 1 小时就能引起严重中毒。明显损伤眼黏膜和牙齿珐琅质。嗅觉阈浓度 40mg/m^3。工作场所最高容许浓度 25mg/m^3。大鼠经口 LD_{50} 为 3310mg/kg。小鼠经口 LD_{50} 为 4960mg/kg。

(10) 规格　GB/T 1628.1—2000 乙酸

项　目		优　级　品	一　级　品	合　格　品
色度(Hazen 单位,铂-钴色号)	≤	10	20	30
乙酸/%	≥	99.8	99.0	98.0
水分/%	≤	0.15	—	—
甲酸/%	≤	0.06	0.15	0.35
乙醛	≤	0.05	0.05	0.10
蒸发残渣/%	≤	0.01	0.02	0.03
铁(以 Fe 计)/%	≤	0.00004	0.0002	0.00004
还原高锰酸钾物质	≥	30	5	—

(11) 附表

表 2-7-7　乙酸的蒸气压

温度/℃	蒸气压/kPa	温度/℃	蒸气压/kPa	温度/℃	蒸气压/kPa	温度/℃	蒸气压/kPa
0	0.47	40	4.56	80	26.97	120	105.86
10	0.85	50	7.51	90	39.02	130	142.26
20	1.57	60	11.77	100	55.60	140	187.18
30	2.68	70	18.27	110	77.59	150	246.25

表 2-7-8　乙酸水溶液的气液平衡

温度/℃	乙酸/%(mol)		温度/℃	乙酸/%(mol)	
	液　相	气　相		液　相	气　相
100	0	0	105.8	60.0	47.0
100.3	5.0	3.7	107.5	70.0	57.5
100.6	10.0	7.0	110.1	80.0	69.8
101.3	20.0	13.6	113.8	90.0	83.3
102.1	30.0	20.5	115.4	95.0	89.0
103.2	40.0	28.4	118.1	100.0	100.0
104.4	50.0	37.4			

表 2-7-9　乙酸水溶液的相对密度

相对密度(20℃/4℃)	乙　酸/%	相对密度(20℃/4℃)	乙　酸/%	相对密度(20℃/4℃)	乙　酸/%
0.9982	0	1.0438	35	1.0685	70
1.0055	5	1.0488	40	1.0696	75
1.0125	10	1.0534	45	1.0700	80
1.0195	15	1.0575	50	1.0689	85
1.0263	20	1.0611	55	1.0661	90
1.0326	25	1.0642	60	1.0605	95
1.0384	30	1.0666	65	1.0492	100

注：乙酸与水混合时，体积减小，放热。乙酸浓度为 79%时，相对密度最大，为 1.0700，相当于一水合物。

表 2-7-10 乙酸水溶液的凝固点

乙酸/%	凝固点/℃	乙酸/%	凝固点/℃
100	16.6	98.5	14.0
99.5	15.65	98	13.25
99	14.8	97	11.95

表 2-7-11 乙酸水溶液的电阻(18℃)

乙酸浓度/(g/100 g溶液)	电阻/Ω·cm	乙酸浓度/(g/100 g溶液)	电阻/Ω·cm
10	654	30	714
15	616	40	925
20	622.5	50	1351
25	658		

表 2-7-12 含乙酸的二元共沸混合物

第二组分	共沸点/℃	乙酸/%	第二组分	共沸点/℃	乙酸/%
1,3-环己二烯	80.0	2	庚烷	95	17
1,4-环己二烯	84.0	6	苯乙烯	116.0	17
环己烯	81.8	6.5	1-溴-3-甲基丁烷	108.65	38
环己烷	79.7	2	1-氯-3-甲基丁烷	97.2	18.5
己烷	67.5	5	1-碘-3-甲基丁烷	117.65	80
甲苯	100.6	28.1	溴苯	118.35	95
甲基环己烷	96.3	31	氯苯	114.65	58.5
溴代己烷	117.5	92	碘代丁烷	112.4	47
二噁烷	119.5	77	2-碘丁烷	110.7	30
二异丁醚	113.5	48	硝酸丙酯	107.5	23
硝基己烷	112.4	30	三甲胺	148～150	80
乙苯	114.65	66	硝酸异丁酯	114.2	50
邻二甲苯	116.0	76	吡啶	139～141	53
间二甲苯	115.35	72.5	四氯化碳	76.55	3
对二甲苯	115.25	72	溴仿	118.3	82
1,3-二甲基环己烷	109.0	45	硝基甲烷	101.12	4
2,5-二甲基己烷	100.0	35	2-皮考啉	145	49
辛烷	105.1	52.5	3-皮考啉	152.5	30.4
莰烯	118.2	97	4-皮考啉	154.3	30.3
α-蒎烯	117.2	83	三乙胺	163	67
2,7-二甲基辛烷	117.0	94	2,6-二甲基吡啶	148	27.8
苯	80.05	2	四氢噻吩	<113.5	<4.1
3-氯-1,2-环氧丙烷	115.05	34.5	二乙硫	91.5	10
3-碘丙烯	97.2	15	二烯丙基硫	116.55	78.5
1,2-二溴丙烷	116.0	70	二异丙硫	111.5	48
碘丙烷	99.2	20	二丙硫	116.9	83
2-碘丙烷	88.3	9	三氟化硼	150	64
溴代丁烷	97.6	18	四氯乙烯	107.35	39.5
2-溴丁烷	89.0	13	三氯乙烯	86.5	3.8
1-溴-2-甲基丙烷	90.2	12	1-氯-2-溴乙烷	102	13

参考文献

1 CAS 64-19-7
2 EINECS 200-580-7
3 D. R. Stull. Ind. Eng. Chem. 1947，39：517
4 A. Weissberger. Organic Solvents. 3rd ed. Wiley. 1971. 251，734
5 O. R. Quayle. Chem. Rev. 1953，53：439
6 Acids and Anhydrides. Union Carbide Chemicals Corp. 1960. F-40255
7 International Critical Tables. Ⅴ-132
8 International Critical Tables. Ⅴ-165
9 Heyward Sucdder. The Electrical Conductivity and Ionization Constants of Organic Compounds. Van Nostrand Reinhold. 1914. 43

10 A. Weissberger. Technique of Organic Chemistry. Vol. 7. Organic Solvents. Interscience. 1955. 145
11 小竹無二雄．大有機化学．別巻 2. 朝倉書店．1962. 41
12 Sadtler Standard IR Prism Spectra. No. 76
13 G. P. Happ and D. W. Stewart. J. Amer. Chem. Soc. 1952，74：4404
14 Varian Associate NMR Spectra. No. 8
15 日本化学会．防灾指針．1集．丸善．1962
16 主要化学品 1000 種毒性データ特別調査レポート．海外技術資料研究所．1973. 19
17 Kirk-Othmer. Encyclopedia of Chemical Technology. Vol. 1. Interscience. 1947. 56
18 Advances in Chemistry Series No. 6. Azeotropic Data，Am. Chem. Soc. 1952. 48
19 The Merck Index. **10**，47；**11**，47
20 张海峰主编. 危险化学品安全技术大典：第 1 卷. 北京：中国石化出版社，2010

454. 草酸［乙二酸］

oxilic acid［ethanedioic acid］

(1) 分子式　$C_2H_2O_4$。　　相对分子质量　90.04。

(2) 示性式或结构式　COOH
|
COOH

(3) 外观　无色透明结晶。

(4) 物理性质

熔点/℃		燃烧热(25℃)/(kJ/mol)	−245.61
α 型(菱形)	189.5	标准生成热(25℃)/(kJ/mol)	−826.78
β 型(单斜晶形)	182	溶解热(水中)/(kJ/mol)	−9.58
相对密度(17℃)		升华热/(kJ/mol)	90.58
α 型	1.900	分解热/(kJ/mol)	826.78
β 型	1.895	热导率(0℃)/[W/(m·K)]	0.9
折射率(20℃)	1.540		

(5) 化学性质　草酸的酸性比其他的二元酸强，与甲酸类似。生成盐和酸式盐、酯和酸式酯。100℃开始升华，157℃开始分解为甲酸和 CO_2。二水化合物的熔点为 101.5℃。

(6) 溶解性能　易溶于乙醇，溶于水，微溶于乙醚，不溶于苯和氯仿。

(7) 用途　提炼稀有金属的溶剂、染料还原剂、药物及有机合成中间体。

(8) 使用注意事项　有腐蚀性，对皮肤和黏膜有刺激性，吸入蒸气、粉尘会引起中毒，吞入后引起肠胃炎、呕吐、腹泻等症状。成人最低致死量为 71mg/kg。

(9) 规格　GB/T 1626—2008 工业用草酸

项　目		Ⅰ型			Ⅱ型		
		优等品	一等品	合格品	优等品	一等品	合格品
含量(以 $H_2C_2O_4 \cdot 2H_2O$ 计)/%	≥	99.6	99.0	96.0	99.6	99.0	96.0
硫酸根(以 SO_4 计)/%	≤	0.07	0.10	0.20	0.10	0.20	0.40
灼热残渣/%	≤	0.01	0.08	0.20	0.03	0.08	0.15
重金属(以 Pb 计)/%	≤	0.0005	0.001	0.02	0.00005	0.0002	0.0005
铁(以 Fe 计)/%	≤	0.0005	0.0015	0.01	0.0005	0.0010	0.01
氯化物(以 Cl 计)/%	≤	0.0005	0.0002	0.01	0.002	0.004	0.01
钙(以 Ca 计)/%	≤	0.0005	—	—	0.0005	0.001	—

参　考　文　献

1 CAS 144-62-7
2 EINECS 205-634-3

3　Beilstein. Handbuch der Organischen Chemie. H，2-502；E Ⅳ，2-1819
4　The Merck Index. **10**，6784；**11**，6865

455. 丙　　酸

propionic acid［propanoic acid，methyl acetic acid，ethylformic acid］

(1) 分子式　$C_3H_6O_2$。　　　**相对分子质量**　74.08。

(2) 示性式或结构式　CH_3CH_2COOH

(3) 外观　无色液体，有与乙酸相似的刺激气味。

(4) 物理性质

沸点(101.3kPa)/℃	140.83	生成热(25℃,液体)/(kJ/mol)	−511.29
熔点/℃	−20.7	燃烧热(25℃,液体)/(kJ/mol)	−1526.9
相对密度(20℃/4℃)	0.9934	比热容(20℃,定压)/[kJ/(kg·K)]	2.08
(25℃/4℃)	0.9880	临界温度/℃	339.5
折射率(20℃)	1.3865	临界压力/MPa	5.37
(25℃)	1.3843	热导率(20℃)/[W/(m·K)]	28.8854
介电常数(40℃)	3.435	(60℃)/[W/(m·K)]	23.4337
偶极矩(30℃,苯)/(10^{-30}C·m)	5.60	(100℃)/[W/(m·K)]	19.0204
黏度(15℃)/mPa·s	1.175	体膨胀系数(20℃)/K^{-1}	1.10×10^{-3}
(30℃)/mPa·s	0.958	(55℃)/K^{-1}	1.14×10^{-3}
表面张力(20℃)/(mN/m)	26.70	(100℃)/K^{-1}	1.62×10^{-3}
(30℃)/(mN/m)	25.71	UV　203nm(ε46)/K^{-1}	
闪点/℃	57.8	IR　2976cm^{-1},1709cm^{-1},1471 cm^{-1},	
蒸发热(25℃)/(kJ/mol)	54.93	1418cm^{-1},1239cm^{-1}	
(b. p.)/(kJ/mol)	32.31	MS　m/e:74,73,57,56,55,45,29,28(M),27	
熔化热/(kJ/mol)	7.54	NMR　δ 1.14×10^{-6},2.37×10^{-6},10.49×10^{-6}	

(5) 化学性质　具有一般羧酸的化学性质，能形成酰氯、酸酐、酯、酰胺、腈等化合物。α-氢原子在三氯化磷催化下容易被卤素取代，生成α-卤代丙酸。

(6) 精制方法　用无水硫酸钠干燥后蒸馏，收集139～141℃馏分。馏出物加少量固体高锰酸钾再蒸馏。也可以将其转变为乙酯后分馏。再将丙酸乙酯水解的方法精制。

(7) 溶解性能　能与水、乙醇、乙醚、氯仿等混溶。在盐的水溶液中部分溶解。在水中的离解常数 $K_a=1.34\times10^{-5}$（25℃）。

(8) 用途　用作硝酸纤维素溶剂和增塑剂。也用于镀镍溶液的配制，食品香料的配制以及医药、农药、防霉剂等的制造。

(9) 使用注意事项　危险特性属第8.1类酸性腐蚀品。危险货物编号：81613，UN编号：1848。属低毒类。毒性比甲酸小，对眼睛、皮肤、黏膜有刺激作用。与乙酸一样有杀菌性，能抑制细菌的生长，在5%～7%溶液中，细菌15分钟就完全被杀死。与皮肤接触时立即用水冲洗。着火时用泡沫灭火剂、粉末灭火剂或二氧化碳灭火。大鼠经口 LD_{50} 为 4290mg/kg。小鼠经口 LD_{50} 为 1370mg/kg。嗅觉阈浓度 0.053mg/m^3。

(10) 附表

表 2-7-13　丙酸的蒸气压

温度/℃	蒸气压/kPa	温度/℃	蒸气压/kPa
4.6	0.13	74.1	8.00
28.0	0.67	85.8	13.33
39.7	1.33	102.5	26.66
52.0	2.67	122.0	53.33
65.8	5.33	141.1	101.33

表 2-7-14 丙酸的密度

温度/℃	相对密度(d_4)	温度/℃	相对密度(d_4)
0	1.01503	20	0.99336
15	0.99874	25	0.98797
18.7	0.9988	30	0.98260

表 2-7-15 丙酸的黏度

温度/℃	黏度/mPa·s	温度/℃	黏度/mPa·s
15	1.175	60	0.668
25	1.035	80	0.544
30	0.958	90	0.495
40	0.841		

表 2-7-16 含丙酸的二元共沸混合物

第二组分	共沸点/℃	丙酸/%	第二组分	共沸点/℃	丙酸/%
水	99.1	17.8	吡啶	148～150	74
溴仿	138.0	37	2,4-戊二酮	144	约 70
二氯甲烷	140.65	73	1-溴-3-甲基丁烷	119.45	7.5
四氯乙烯	119.1	8.5	1-碘-3-甲基丁烷	136.5	42
1,1,2,2-四氯乙烷	140.4	60	氯苯	128.9	18
1,2-二溴乙烷	127.75	17.5	二烯丙基硫	134.6	40
1,2,3-三溴丙烷	约 140.5	60	溴代己烷	139.0	60
1,2-二溴丙烷	134.5	33	二丙基硫	136.5	45
碘代丁烷	126.8	15	邻氯甲苯	139.4	67
1-碘-2-甲基丙烷	119.3	7	对氯甲苯	139.8	约 75
甲苯	110.45	3	二丁醚	136.0	45
苯甲醚	141.17	87	二异丁醚	<121.5	<6
苯乙烯	135.0	约 47	1,3,5-三甲苯	139.3	77
乙苯	131.1	28	丙苯	139.5	75
间二甲苯	132.65	35.5	莰烯	138	65
邻二甲苯	135.4	43	蒎烯	136.4	58.5
对二甲苯	132.5	34	百里烯	139	约 88
1,3-二甲基环己烷	118.2	18	癸烷	<140.5	<95
2,5-二甲基环己烷	108.0	8	2,7-二甲基辛烷	138.3	70
辛烷	121.5	<30	氯代乙酸乙酯	<140.35	<61

参 考 文 献

1 CAS 79-09-4
2 EINECS 201-176-3
3 A. Weissberger. Organic Solvents. 3rd ed. Wiley. 1971. 253, 737
4 Union Carbide Chemicals Corp. Bulletin. F-40255A. 1960
5 J. I. Edward and I. C. Wang. Can. J. Chem. 1962, 40:966
6 Sadtler Standard IR Prism Spectra. No. 307
7 G. P. Happ and D. W. Stewrad. J. Amer. Chem. Soc. 1952, 74:4404
8 Sadtler Slandard NMR Spectra. No. 5996
9 主要化学品 1000 種毒性データ特別調査レポート. 海外技術資料研究所. 1973. 292
10 Kirk-Othmer. Encyclopedia of Chemical Technology. Vol. 11. Interscience, 1953. 173
11 J. Timmermans. Physico-Chemical Constants of pure Organic Compounds. Vol. 2. Elserier. 1965. 279
12 Beilstein. Handbuch der Organischen Chemie. H, 2-234; E Ⅳ, 2-695
13 The Merck Index. **10**, 7726; **11**, 7837
14 张海峰主编. 危险化学品安全技术大典: 第 1 卷. 北京: 中国石化出版社, 2010

456. 丙 烯 酸

acrylic acid [propenoic acid]

(1) 分子式 $C_3H_4O_2$。　　相对分子质量 72.07。

(2) 示性式或结构式 CH_2═CHCOOH

(3) 外观 无色透明液体，有刺激性气味。

(4) 物理性质

沸点(101.3kPa)/℃	141	临界压力/MPa	5.06
熔点/℃	13.5	燃烧热/(kJ/mol)	1376
相对密度(20℃/20℃)	1.052	汽化热/(kJ/mol)	45.6
折射率(25℃)	1.4185	熔化热(13℃)/(kJ/mol)	11.1
黏度(25℃)/mPa·s	1.149	闪点/℃	63.8
临界温度/℃	380	燃点/℃	438

(5) 化学性质 具有双键及羧基官能团的联合反应，可发生加成反应、官能团反应以及酯交换反应。常用以制备多环和杂环化合物。易被氢还原成丙酸，遇碱能分解成甲酸和乙酸。

(6) 溶解性能 与水、醇类、酯类以及许多有机溶剂有高度的混溶性。

(7) 用途 有机合成中间体。

(8) 使用注意事项 危险特性属第 8.1 类酸性腐蚀品。危险货物编号：81617。UN 编号：2218。易燃，受热易分解产生有毒气体。对皮肤和眼睛有强烈刺激性，严重者可发生化学性肺炎、肺水肿。对皮肤可引起皮炎，甚至灼伤。大鼠经口 LD_{50} 为 0.95mg/kg。美国职业安全与健康管理局规定空气中最大容许暴露浓度为 5.9mg/m^3。

(9) 规格 GB/T 17529.1—2008 工业用丙烯酸

		精丙烯酸型	丙烯酸型	
			优等品	一等品
外观		无色透明液体,无悬浮物和机械杂质		
丙烯酸/%	≥	99.5	99.2	99.0
色度(Hazen 单位,铂-钴色号)	≤	10	15	20
水/%	≤	0.15	0.10	0.20
总醛/%	≤	0.001	—	—
阻聚剂[4-甲氧基苯酚(MEHO)]/(mg/kg)		200±20(可与用户协商)		

(10) 附表

表 2-7-17 丙烯酸的蒸气压

温度/℃	蒸气压/kPa	温度/℃	蒸气压/kPa
0	0.31	100	33.2
20	1.03	120	63.3
40	2.93	141	101.3
60	7.2		

表 2-7-18 不同浓度丙烯酸水溶液的冰点

含水率/%(质量)	冰点/℃	含水率/%(质量)	冰点/℃
0	13.5	40	−12.0
5	5.5	60	−8.0
10	1.0	80	−4.0
20	−5.5	100	0
30	−10.3		

参 考 文 献

1 CAS 79-10-7
2 EINECS 79-10-7
3 Beil., **2** (4), 1455
4 The Merck Index. **12**, 132; **13**, 132

5 《化工百科全书》编辑委员会，化学工业出版社《化工百科全书》编辑部编. 化工百科全书：第1卷. 北京：化学工业出版社，1997
6 张海峰主编. 危险化学品安全技术大典：第1卷. 北京：中国石化出版社，2010

457. 丁　酸

butyric acid [butanoic acid，propyl formic acid]

(1) 分子式　$C_4H_8O_2$。　　相对分子质量　88.11。

(2) 示性式或结构式　$CH_3CH_2CH_2COOH$

(3) 外观　无色油状液体，有不愉快的酸败味。

(4) 物理性质

沸点(101.3kPa)/℃	163.27	熔化热/(kJ/mol)	10.47
熔点/℃	−5.2	生成热(25℃,液体)/(kJ/mol)	−535.49
相对密度(20℃/4℃)	0.9582	比热容(20℃,定压)/(kJ/mol)	1.98
(25℃/4℃)	0.9532	燃烧热(25℃,液体)/(kJ/mol)	−2181.32
折射率(20℃)	1.3980	临界温度/℃	355.0
(25℃)	1.3958	临界压力/MPa	5.30
介电常数(20℃)	2.97	蒸气压(25℃)/kPa	0.096
偶极矩(30℃,苯)/(10^{-30}C·m)	5.50	热导率/[W/(m·K)]	0.1477
黏度(15℃)/mPa·s	1.814	爆炸极限(下限)/%(体积)	2.0
(30℃)/mPa·s	1.385×10^{-3}	(上限)/%(体积)	10.0
表面张力(20℃)/(mN/m)	26.74	IR　$2915cm^{-1}$,$1686cm^{-1}$,$1403cm^{-1}$, $1277cm^{-1}$,$1212cm^{-1}$	
(30℃)/(mN/m)	25.57		
闪点/℃	71.7	MS　m/e:88,73,60(M),55,45,43,42, 41,39	
蒸发热(25℃)/(kJ/mol)	60.58		
(b.p.)/(kJ/mol)	42.03	NMR　$\delta 0.99\times10^{-6}$,1.67×10^{-6}, 2.30×10^{-6}($CDCl_3$)	
燃点/℃	452.2		

(5) 化学性质　有羧酸的一般化学性质。能生成盐、酰氯、酯、酸酐和酰胺。在三氯化磷催化下与氯反应，生成α-氯代丁酸。将丁酸蒸气在400～500℃时通过钍、锰或镁的氧化物时，则发生脱羧反应生成二丙基甲酮。

(6) 精制方法　在250mL丁酸中加5g高锰酸钾蒸馏后再分馏，收集时将开始馏出的1/3弃去。

(7) 溶解性能　能与水、醇、醚等混溶。在盐的水溶液中溶解度较小，能随水蒸气挥发。丁酸的钙盐在冷水中比热水中溶解度大。在水中的离解常数 $K_a=1.5\times10^{-5}$ (25℃)。

(8) 用途　用于制造丁酸酯类、丁酸纤维素、清漆、药物、香料等。也用作乳化剂、杀菌剂和萃取剂。在皮革鞣制中用作脱钙剂。电解法测定铜时，用来消除铁的影响。

(9) 使用注意事项　危险特性属第8.1类酸性腐蚀品，危险货物编号：81620，UN编号：2820。对金属有腐蚀性。属低毒类。其蒸气能引起皮肤和眼睛的炎症。工作场所最高容许浓度 $10.0mg/m^3$。大鼠经口 LD_{50} 2940mg/kg。

(10) 附表

表 2-7-19　含丁酸的二元共沸混合物

第二组分	共沸点/℃	丁酸/%	第二组分	共沸点/℃	丁酸/%
苯乙烯	143.5	15	伞花烃	161.0	60
乙苯	135.8	4	莰烯	152.3	2.8
邻二甲苯	143.0	10	α-萜二烯	160.75	55
间二甲苯	138.5	6	α-蒎烯	150.2	28
对二甲苯	137.8	5.5	α-萜品烯	160.65	46

续表

第二组分	共沸点/℃	丁酸/%	第二组分	共沸点/℃	丁酸/%
γ-萜品烯	161.5	70	β-蒎烯	156	38
萜品油烯	162.5	72	糠醛	159.4	42.5
百里烯	160.5	68	苯甲醚	152.85	12
2,7-二甲基辛烷	152.5	33	苄基甲醚	160.0	55
碘代丁烷	129.8	2.5	苯乙醚	162.35	65
1-碘-3-甲基丁烷	144.4	13	二异戊醚	161.8	54
邻二氯苯	163.0	65	氯代乙酸丙酯	160.5	40
对二氯苯	162.0	57	乙酸-2-乙氧基乙酯	164.3	18
溴苯	147～148	19	硝酸异戊酯	147.85	12
氯苯	131.75	2.8	水	99.4	18.5
碘苯	161.6	26.4	溴仿	146.8	6.8
溴代己烷	151.5	25	二氯乙烷	159.1	40
邻溴甲苯	163	72	四氯乙烯	121.0	1.2
间溴甲苯	163.62	79.5	五氯乙烷	156.75	26
对溴甲苯	161.5	75	1,1,2,2-四氯乙烷	145.65	96.2
邻氯甲苯	154.5	27	1,2-二溴乙烷	137.1	96.5
对氯甲苯	156.8	32	丙酮酸	162.4	66
莳	162.65	84	1,2-二溴丙烷	138.5	8
异丙基苯	149.5	20	1,3-二溴丙烷	158.4	30
1,3,5-三甲苯	158.0	38	草酸甲酯	<160.8	<46
1,2,4-三甲苯	159.5	45	溴代乙酸乙酯	157.4	16
丁苯	162.5	75	二异丁基硫	<162.5	<78

(11) 附图

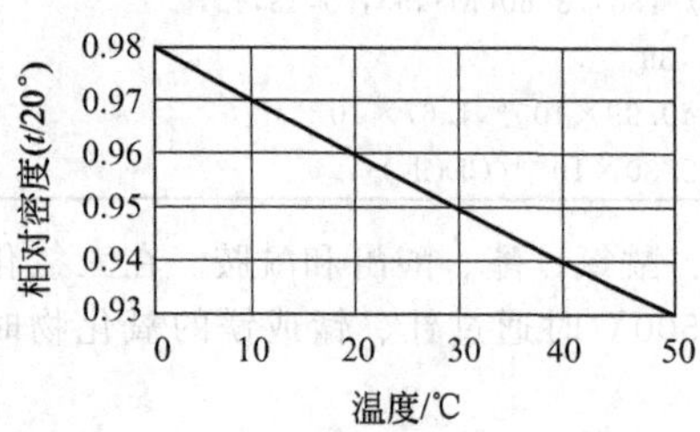

图 2-7-1　丁酸的相对密度

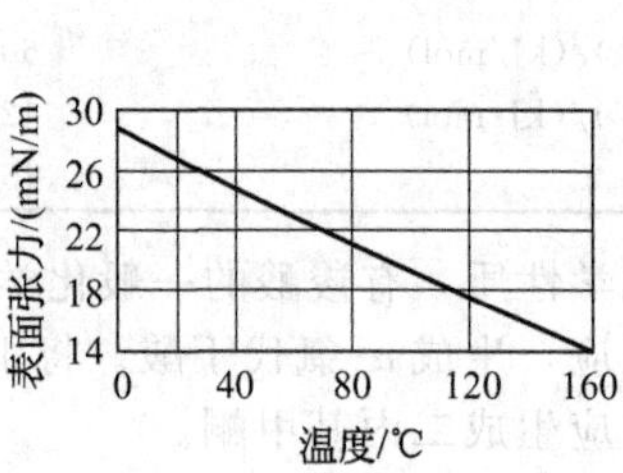

图 2-7-2　丁酸的表面张力

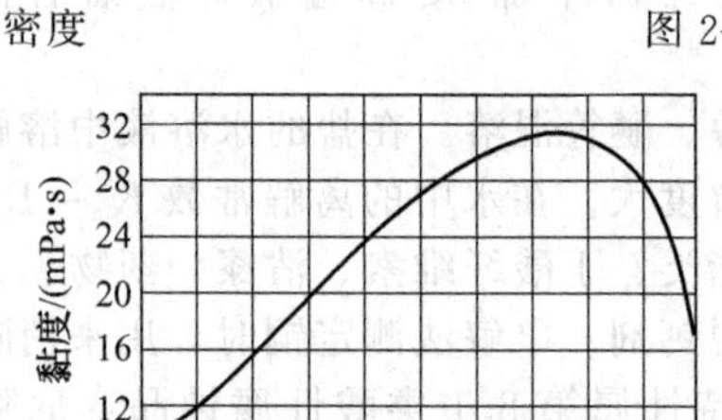

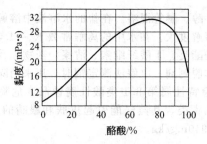

图 2-7-3　丁酸水溶液的黏度（25℃）

参考文献

1　CAS 107-92-6

2　EINECS 203-532-3

3　A. Weissberger. Organic Solvents. 3rd ed. Wiley. 1971. 254. 737

4　R. W. Gallant. Physical Properties of Hydrocarbons. Gulf Co. Publish. 1970. 11

5　Sadtler Standard IR Prism Spectra. No. 125

6 G. P. Happ and D. W. Stewart. J. Amer. Chem. Soc. 1952, 74: 4404
7 J. R. Cavanaugh and B. T. Daiey. J. Chem. Phys. 1961, 34: 1094
8 N. I. Sax, Dangerous Properties of Industrial Materials. 3rd ed. Van Nostrand Reinhold. 1968, 513
9 主要化学品1000種毒性データ特別調査レポート. 海外技術資料研究所. 1973, 75
10 A. I. Korbakova, Vestn. Akad. Nauk SSSR. 1964, 19: 17
11 有機合成化学協会. 溶剤ポケットブック. オーム社. 1977, 588
12 Beilstein. Handbuch der Organischen Chemie. H, 2-264; EⅣ, 2-779
13 The Merck Index. **10**, 1566; **11**, 1593
14 张海峰主编. 危险化学品安全技术大典: 第1卷. 北京: 中国石化出版社, 2010

458. 异丁酸

isobutyric acid [isopropylformic acid, α-methyl propionic acid]

(1) 分子式 $C_4H_8O_2$。　　相对分子质量 88.11。

(2) 示性式或结构式 $CH_3CHCOOH$（CH 上连 CH_3）

(3) 外观 无色油状液体，有酸败油的气味。

(4) 物理性质

沸点(101.3kPa)/℃	154.70	燃烧热(25℃,液体)/(kJ/mol)	−2181.32
熔点/℃	−46.1	闪点/℃	56
相对密度(20℃/4℃)	0.96815	燃点/℃	502
(25℃/4℃)	0.94288	蒸发热(25℃)/(kJ/mol)	57.11
折射率(15℃)	1.39525	(b.p.)/(kJ/mol)	44.46
(20℃)	1.39300	熔化热/(kJ/mol)	5.02
介电常数(40℃)	2.73	临界温度/℃	336
偶极矩(25℃,液体)/(10^{-30}C·m)	3.60	临界压力/MPa	4.05
黏度(25℃)/mPa·s	1.213	蒸气压(25℃)/kPa	0.19
(30℃)/mPa·s	1.126	IR 2976cm^{-1},1709 cm^{-1},1473cm^{-1}, 1287cm^{-1},1237cm^{-1}	
表面张力(20℃)/(mN/m)	25.55		
(30℃)/(mN/m)	25.13	MS m/e:88,73,55,45,43(M),42,41,39	

(5) 精制方法 主要杂质是丁酸。可利用异丁酸与丁酸的钙盐在水中溶解度不同使两者分离。

(6) 溶解性能 能与乙醇、乙醚、氯仿等多种有机溶剂混溶。20℃时在水中溶解 22.8%；水在异丁酸中溶解 44.6%。异丁酸盐在水中的溶解度比丁酸盐大。异丁酸在水中的离解常数 $K_a=1.62\times10^{-5}$ (25℃)。

(7) 用途 用作医药、香料、过氧化物等的制造原料。

(8) 使用注意事项 危险特性属第 3.3 类高闪点易燃液体。危险货物编号：33592，UN 编号：2529。属低毒类。和丙酸相同。对皮肤、眼有中等刺激，无过敏作用。大鼠经口 LD_{50} 为 400～800mg/kg。

(9) 附表

表 2-7-20 异丁酸的蒸气压

温度/℃	蒸气压/kPa	温度/℃	蒸气压/kPa	温度/℃	蒸气压/kPa	温度/℃	蒸气压/kPa
58.4	1.63	84.4	6.67	115.4	26.33	140.3	67.31
64.8	2.37	99.1	13.43	126.80	41.14	146.2	81.32

参 考 文 献

1 CAS 79-31-2

2 EINECS 201-195-7
3 A. Weissberger. Organic Solvents. 3rd ed. Wiley. 1971. 256, 737
4 Sadtler Standard IR Prism Spectra. No. 697
5 G. P. Happ and D. W. Stewart. J. Amer. Chem. Soc. 1952, 74: 4404
6 Sadtler Standard NMR Spectra. No. 54
7 N. I. Sax, Dangerous Properties of Industrial Materials. 3rd ed. Van Nostrand Reinhold. 1968. 846
8 有机合成化学协会．溶剤ポケットブック．オーム社．1977. 590
9 Beilstein. Handbuch der Organischen Chemie, H, 2-288; E Ⅳ, 2-843
10 The Merck Index. **10**, 5002; **11**, 5039

459. 戊　酸

valeric acid [valerianic acid, propylacetic acid, pentanoic acid]

(1) 分子式　$C_5H_{10}O_2$。　　相对分子质量　102.13。

(2) 示性式或结构式　$CH_3(CH_2)_3COOH$

(3) 外观　无色液体，具有不愉快的气味。

(4) 物理性质

沸点(101.3kPa)/℃	185.5	生成热(25℃,液体)/(kJ/mol)	−548.47
熔点/℃	−33.67	蒸发热(25℃)/(kJ/mol)	69.33
相对密度(20℃/4℃)	0.9390	(b.p.)/(kJ/mol)	44.09
(25℃/4℃)	0.9345	燃烧热(25℃,液体)/(kJ/mol)	−2793.85
折射率(20℃)	1.4080	比热容(25℃,定压)/[kJ/(kg·K)]	2.06
(25℃)	1.4060	临界温度/℃	378
偶极矩(20℃)/(10^{-30}C·m)	8.87	临界压力/MPa	4.67
黏度(15℃)/mPa·s	2.359	蒸气压(25℃)/kPa	0.019
(30℃)/mPa·s	1.774	IR　2941cm^{-1},1706cm^{-1},1418cm^{-1},1279cm^{-1},1220cm^{-1}	
表面张力(15℃)/(mN/m)	27.83		
(30℃)/(mN/m)	26.35	MS　m/e:102,86,74,73,60(M),57,55,45,43,41,39	
闪点(开口)/℃	96	NMR　δ0.93×10^{-6},1.53×10^{-6},2.31×10^{-6},11.74×10^{-6}(CCl_4)	
熔化热/(kJ/mol)	14.17		

(5) 精制方法　蒸馏除去水分，温度达183℃时加入水量固体高锰酸钾回流后继续蒸馏。也可减压蒸馏精制。

(6) 溶解性能　能与乙醇、乙醚混溶。20℃时在水中溶解2.4%；水在戊酸中溶解13.0%。在水中离解常数 $K_a=1.38\times10^{-5}$。

(7) 用途　用于制造香料、调味品、医药、增塑剂等。

(8) 使用注意事项　属低毒类。大鼠经口 $LD_{50}>400$mg/kg。浓酸对皮肤有强刺激。大鼠吸入中毒时产生结膜炎、运动兴奋等。

参 考 文 献

1 CAS 109-52-4
2 EINECS 203-677-2
3 A. Weissberger. Organic Solvents. 3rd ed. Wiley. 1971. 257, 738
4 Sadtler Standard IR Prism Spectra. No. 304
5 G. P. Happ and D. W. Stewart. J. Amer. Chem. Soc. 1952, 74: 4404
6 Sadtler Standard NMR Spectra. No. 5995
7 Beilstein. Handbuch der Organischen Chemie. H, 2-299; E Ⅳ, 2-868
8 The Merck Index. **10**, 9710; **11**, 9815

460. 异戊酸

isovaleric acid [3-methyl butanoic acid, isovalerianic acid, isopropylacetic acid]

(1) 分子式 $C_5H_{10}O_2$。　　相对分子质量 102.13。

(2) 示性式或结构式

$$\begin{array}{l} \quad CH_3 \\ \quad | \\ CH_3CHCH_2COOH \end{array}$$

(3) 外观 无色液体，有酸败味。

(4) 物理性质

沸点(101.3kPa)/℃	176.50	蒸发热(b.p.)/(kJ/mol)	43.21
熔点/℃	−29.3	熔化热/(kJ/mol)	7.33
相对密度(15℃/4℃)	0.9308	生成热(25℃,液体)/(kJ/mol)	−561.03
(30℃/4℃)	0.9171	燃烧热(25℃,液体)/(kJ/mol)	2838.65
折射率(15℃)	1.4064	临界温度/℃	361
(20℃)	1.4063	蒸气压(34.5℃)/kPa	0.13
(25℃)	1.4022	IR 2857cm^{-1},1681cm^{-1},1406cm^{-1},	
介电常数(20℃)	2.64	1295cm^{-1},1209cm^{-1}	
偶极矩(25℃,苯)/(10^{-30}C·m)	2.10	MS *m/e*:102,87,74,69,60(M),57,55,45,	
黏度(15℃)/mPa·s	2.73	53,42,41,39,38	
(30℃)/mPa·s	1.967	NMR δ1.05×10^{-6},2.08×10^{-6},2.20×10^{-6},	
表面张力(15℃)/(mN/m)	25.78	11.4×10^{-6}(CCl_4)	
(30℃)/(mN/m)	24.45		

(5) 精制方法 用于水硫酸钠干燥后分馏。

(6) 溶解性能 能与醇、醚、氯仿相混溶。21℃时在水中溶解 4.1%。在水中的离解常数 $K_a=1.67\times10^{-5}$。异戊酸与 81.6%的水形成共沸混合物，共沸点 99.5℃。

(7) 用途 用于制造医药、香料、调味品等。

(8) 使用注意事项 属低毒类。大鼠经口 LD_{50} $<$3.200mg/kg。浓酸对皮肤有强刺激。大鼠吸入中毒时发生结膜炎，运动兴奋，血管扩张。

(9) 附表

表 2-7-21 异戊酸的蒸气压

温度/℃	蒸气压/kPa	温度/℃	蒸气压/kPa
10	0.027	110	9.31
30	0.09	130	21.30
50	0.39	150	45.10
70	1.25	155.2	53.33
90	3.64	176.7	101.33

参 考 文 献

1 CAS 503-74-2
2 EINECS 207-975-3
3 A. Weissberger. Organic Solvents. 3rd. ed. Wiley. 1971. 258, 739
4 Sadtler Standard IR Prism Spectra. No. 1835
5 G. P. Happ and D. W. Stewart. J. Amer. Chem. Soc. 1952, 74: 4404
6 Sadtler Standard NMR Spectra. No. 16007
7 T. E. Jordan. Vapor Pressure of Organic Compounds. Wiley. 1954. 131
8 Beilstein. Handbuch der Organischen Chemie. H, 2-309; E Ⅳ, 2-895
9 The Merck Index. **10**, 5080; **11**, 5120

461. 叔戊酸

pivalic acid [trimethylacetic acid, (商)2,2,-dimethylpropanoic acid]

(1) 分子式　$C_5H_{10}O_2$。　　　　　相对分子质量　102.13。

(2) 示性式或结构式

$$\begin{array}{c} CH_3 \\ | \\ CH_3CCOOH \\ | \\ CH_3 \end{array}$$

(3) 外观　无色晶体。

(4) 物理性质

沸点(101.3kPa)/℃	163.7	生成热(25℃)/(kJ/mol)	−564.80
熔点/℃	35.3	IR　2950cm^{-1},1700cm^{-1},1480cm^{-1},	
相对密度(50℃/4℃)	0.905	1410cm^{-1},1360cm^{-1},1300cm^{-1},	
折射率(36.5℃)	1.3931	1190cm^{-1}	
闪点/℃	73.9	NMR　δ1.23×10^{-6},12.08×10^{-6}	

(5) 化学性质　由于立体的阻碍，使羧基受到保护，因此叔戊酸的酯化速度较慢，生成的酯也很难水解。

(6) 溶解性能　易溶于乙醇、乙醚。1g 叔戊酸能溶于 40mL 水中。在水中的离解常数 K_a = 9.76×10^{-6} (25℃)。

(7) 用途　用于制造医药、黏合剂、引发剂、香料以及聚氯乙烯的稳定剂。

(8) 使用注意事项　对金属有腐蚀性。动物试验表明毒性较低。

参 考 文 献

1 CAS 75-98-9

2 EINECS 200-922-5

3 Beilstein. Handbuch der Organischen Chemie. H, 2-319

4 I. Heilbron and H. M. Bunbury. Dictionary of Organic Compounds. Vol. 4. Oxford Univ. Press. 1953. 224

5 Kirk-Othmer. Encyclopedia of Chemical Technology. 1st ed., Vol. 6. Wiley. 174

6 Landolt-Börnstein. 6th ed. Vol. Ⅱ B-4. Springer. 312

7 Sadtler Standard IR Prism Spectra. No. 6355

8 F. A. Bovey. NMR Data Tables for Organic Compounds. Vol. 1. Wiley. 1967. 105

9 Kirk-Othmer. Encyclopedia of Chemical Technology. 2nd ed. Vol. 8. Wiley. 857

462. 2-甲基丁酸

2-methylbutyric acid

(1) 分子式　$C_5H_{10}O_2$。　　　　　相对分子质量　102.13。

(2) 示性式或结构式

$$\begin{array}{l} CH_3CH_2CHCOOH \\ \qquad\qquad\ \ | \\ \qquad\qquad CH_3 \end{array}$$

(3) 外观　无色液体。

(4) 物理性质

沸点(101.3kPa)/℃	176.5	折射率(20℃)	1.4055
相对密度(24℃/17℃)	0.938	闪点/℃	73

(5) 溶解性能　溶于水、乙醇、乙醚。

(6) 用途　溶剂、有机合成中间体。

(7) 使用注意事项　参照异戊酸。

参 考 文 献

1 CAS 600-07-7
2 EINECS 204-145-2
3 Beil., **2**, 305; **2** (4), 889

463. 己 酸

caproic acid [hexanoic acid, hexylic acid]

(1) 分子式　$C_6H_{12}O_2$。　　相对分子质量　116.16。

(2) 示性式或结构式　$CH_3(CH_2)_4COOH$

(3) 外观　无色或浅黄色油状液体，有汗臭味。

(4) 物理性质

沸点(101.3kPa)/℃	205.7	表面张力(20℃)/(mN/m)	28.05
熔点/℃	−3.95	(25℃)/(mN/m)	27.55
相对密度(20℃/4℃)	0.9272	蒸发热(94℃)/(kJ/mol)	64.69
(25℃/4℃)	0.9230	(190℃)/(kJ/mol)	54.85
折射率(20℃)	1.4168	熔化热/(kJ/mol)	15.07
(25℃)	1.4168	燃烧热(25℃,液体)/(kJ/mol)	3490.11
介电常数(71℃)	2.63	比热容(0～23℃,定压)/[kJ/(kg·K)]	2.14
偶极矩(25℃,液体)/(10^{-30}C·m)	3.77	蒸气压(61.7℃)/kPa	0.13
黏度(15℃)/mPa·s	3.525	IR　2907cm^{-1},1695cm^{-1},1406cm^{-1},	
(30℃)/mPa·s	2.511	1285cm^{-1},1209cm^{-1}	
闪点/℃	102		

(5) 精制方法　在6.67kPa的压力下，用理论塔板数为30的填充塔进行精馏。也可用分步结晶法精制。

(6) 溶解性能　微溶于水。能与乙醇、乙醚、丙酮、氯仿、苯等有机溶剂混溶。己酸和92.1%的水形成二元共沸混合物，共沸点99.8℃。在水中的离解常数 $K_a=1.32\times10^{-5}$。

(7) 用途　用于医药、香料、橡胶和树脂的制造。

(8) 使用注意事项　危险特性属第8.1类酸性腐蚀品。危险货物编号：81622，UN编号：2829。属低毒类。大鼠经口 LD_{50} 6400mg/kg。对皮肤及眼有明显刺激。嗅觉阈浓度0.029 mg/m^3。

(9) 附表

表 2-7-22　己酸在水中的溶解度

温度/℃	溶解度/(g/100g 水)	温度/℃	溶解度/(g/100g 水)
0	0.864	45	1.095
20	0.968	60	1.171
30	1.019		

表 2-7-23　水在己酸中的溶解度

温度/℃	溶解度/(g/100g 己酸)	温度/℃	溶解度/(g/100g 己酸)
−5.4	2.21	31.7	7.57
12.3	4.73	46.3	9.70

参 考 文 献

1 CAS 142-62-1
2 EINECS 205-550-7
3 A. Weissberger. Organic Solvents. 3rd ed., Wiley. 1971. 259. 739
4 Sadtler Standard IR Prism Spectra. No. 2707
5 R. N. Jones. Can. J. Chem. 1962, 40: 321
6 K. W. F. Kohlrausch and F. K. A. Pongratz. Z. Physik. Chem. Leipzig. 1933, 1321: 242
7 C. W. Hoerr, W. O. Pool, and A. W. Ralston. Oil and Soap. 1942, 19: 126～128
8 The Merck Index. **10**, 3352; **11**, 3340

464. 2-乙基丁酸

2-ethylbutyric acid [2-ethylbutanoic acid, diethylacetic acid]

(1) 分子式 $C_6H_{12}O_2$。 相对分子质量 116.16。

(2) 示性式或结构式 $CH_3CH_2CHCOOH$（CH 上连 C_2H_5）

(3) 外观 无色液体，有和丁酸相似的气味。

(4) 物理性质

沸点(101.3kPa)/℃	190	燃烧热/(kJ/mol)	3506.86
熔点/℃	−9.4	蒸气压(20℃)/kPa	0.0080
相对密度(10℃/4℃)	0.9331	(90℃)/kPa	1.87
(20℃/20℃)	0.9225	IR 2874cm⁻¹, 1689cm⁻¹, 1464cm⁻¹, 1272cm⁻¹, 1221cm⁻¹	
折射率(10℃)	1.41788		
闪点(开口)/℃	98.9		

(5) 溶解性能 能与醇、醚、苯相混溶。20℃时在水中溶解 0.22%；水在 2-乙基丁酸中溶解 3.3%。在水中的离解常数 $K_a = 2.03\times10^{-5}$ (25℃)。

(6) 用途 用于医药、染料的制造。2-乙基丁酸的乙二醇酯用作乙烯树脂的增塑剂。

(7) 使用注意事项 低毒。大鼠经口 LD_{50} 为 2200mg/kg，对眼有刺激。

参 考 文 献

1 CAS 88-09-5
2 EINECS 201-796-4
3 I. Heilbron and H. M. Bunbury. Dictionary of Organic Compounds. Vol. 1. Oxford Univ. Press. 1953. 179
4 N. I. Sax. Dangerous Properties of Industrial Materials, Van Nostrand Reinhold. 1968
5 I. Mellan. Industrial. Solvents. Van Nostrand Reinhold. 1950. 629
6 Sadtler Standard IR Prism Spectra. No. 67
7 Beilstein, Handbuch der Organischen Chemie. H, 2-333; E Ⅳ, 2-950
8 The Merck Index. **10**, 3089; **11**, 3099

465. 庚 酸

heptanoic acid [enanthic acid]

(1) 分子式 $C_7H_{14}O_2$。 相对分子质量 130.19。

(2) 示性式或结构式 $CH_3(CH_2)_5COOH$

(3) 外观 无色油状液体。有脂肪样气味，不纯时有恶臭。

(4) 物理性质

沸点(101.3kPa)/℃	223	相对密度(20℃/4℃)	0.9181
熔点/℃	−7.5	折射率(20℃)	1.4216

(5) 溶解性能 溶于乙醇、乙醚、二甲基甲酰胺、二甲亚砜，不溶于水。

(6) 用途 化学试剂、有机合成原料、溶剂。

(7) 使用注意事项 有腐蚀性，能引起烧伤。参照己酸。

参 考 文 献

1 CAS 111-14-8
2 EINECS 203-838-7
3 Beil., **2**, 238; **2** (4), 958
4 The Merck Index. **10**, 4552; **11**, 4581; **13**, 4680

466. 辛　酸

caprylic acid [octanoicacid，octylic acid]

(1) 分子式　$C_8H_{16}O_2$。　　　　相对分子质量　144.21。

(2) 示性式或结构式　$CH_3(CH_2)_6COOH$

(3) 外观　无色液体或白色片状晶体。

(4) 物理性质

沸点(101.3kPa)/℃	239.9	表面张力(20℃)/(mN/m)	29.2
熔点/℃	16.51	(25℃)/(mN/m)	28.7
相对密度(20℃/4℃)	0.9106	蒸发热(134℃)/(kJ/mol)	70.05
(25℃/4℃)	0.9066	(b. p.)/(kJ/mol)	58.49
折射率(20℃)	1.4280	熔化热/(kJ/mol)	21.39
(25℃)	1.4261	比热容(16～36℃,定压)/[kJ/(kg·K)]	约 2.15
介电常数(20℃)	2.45	电导率(m. p. 约 80℃)/(S/m)	3.7×10^{-3}
偶极矩(25℃,液体)/(10^{-30}C·m)	3.84	蒸气压(92℃)/kPa	0.13
黏度(20℃)/mPa·s	5.828	IR　$2941cm^{-1}$,$1701cm^{-1}$,$1471cm^{-1}$, $1416cm^{-1}$,$1279cm^{-1}$,$1227cm^{-1}$	
(30℃)/mPa·s	4.690		

(5) 精制方法　用分子筛脱水后减压分馏。也可用分步结晶法精制。

(6) 溶解性能　能溶于醚、氯仿、二硫化碳、石油醚和冰乙酸、乙酸乙酯等有机溶剂。20℃时在100g水中溶解0.068g，60℃时溶解0.113g。14.4℃时水在辛酸中溶解3.88%。10℃时在100g苯中溶770g。0℃时在100g乙醇中溶解262g，10℃时溶解1035g。0℃时在100g异丙醇中溶解280g，10℃时溶解990g。在水中的离解常数 $K_a=1.27\times10^{-5}$。

(7) 用途　用于制造医药、染料、香料、增塑剂、润滑剂、防腐剂、杀菌剂等，也用于矿石分离。

(8) 使用注意事项　大鼠经口 LD_{50} 为10.08g/kg。

(9) 附表

表 2-7-24　辛酸在水中的溶解度

温度/℃	溶解/(g/100g 水)	温度/℃	溶解/(g/100g 水)
0	0.044	30	0.079
20	0.068	60	0.133

参　考　文　献

1　CAS 124-07-2

2　EINECS 204-677-5

3　A. Weissberger. Organic Solvents. 3rd ed. 739，Wiley. 1971. 261

4　Saditer Standard IR Prism Spectra. No. 2707

5　R. N. Jones. Can. J. Chem. 1962，40：321

6　K. W. F. Kohlrausch and F. K. A. Pongratz. Z. Physik. Chem. Leipzig. 1933，1321：242

7　C. W. Hoerr，W. O. Pool and A. W. Ralston. Oil &Soap. 1942，19：126

467. 2-乙基己酸

2-ethylhexanoic acid [2-ethylhexoic acid]

(1) 分子式　$C_8H_{16}O_2$。　　　　相对分子质量　144.21。

(2) 示性式或结构式 $CH_3(CH_2)_3CH(C_2H_5)COOH$

(3) 外观　无色油状液体。

(4) 物理性质

沸点(101.3kPa)/℃	227.6	闪点(开口)/℃	126.7
熔点/℃	−118.4	蒸气压(20℃)/kPa	0.0040
相对密度(25℃/4℃)	0.9031	(106℃)/kPa	0.67
(20℃/4℃)	0.9077	体膨胀系数(20℃)/K^{-1}	0.00089
折射率(20℃)	1.4252	IR　2924cm^{-1},1689cm^{-1},1456cm^{-1},1408cm^{-1},1280cm^{-1},1220cm^{-1}	
(25℃)	1.4287		
黏度(20℃)/mPa·s	7.73		

(5) 溶解性能　20℃时在水中溶解0.25%；水在2-乙基己酸中溶解1.2%。

(6) 用途　2-乙基己酸的铅、锰、钴盐用作清漆的干燥剂，烃类胶凝剂。其甘油酯是优良的增塑剂。

(7) 使用注意事项　属低毒类。对皮肤、黏膜有刺激作用。

参 考 文 献

1 CAS 149-57-5
2 EINECS 205-743-6
3 Kirk-Othmer. Encyclopedia of Chemical Technology. 2nd ed. Vol. 8. Wiley. 849
4 N. I. Sax. Dangerous Properties of Industrial Materials. Van Nostrand Reinhold. 1968. 753
5 I. Heilbron and H. M. Bunbury. Dictionary of Organic Compounds. Vol. 2. Oxford Univ. Press. 1963. 495
6 I. Mellan. Industrial Solvents. Van Nostrand Reinhold. 1950. 629
7 Sadtler Standard IR Prism Spectra. No. 11287
8 张海峰主编. 危险化学品安全技术大典：第1卷. 北京：中国石化出版社，2010

468. 十四酸［豆蔻酸］

myristic acid［tetradecanoic acid］

(1) 分子式　$C_{14}H_{28}O_2$。　　相对分子质量　228.38。

(2) 示性式或结构式　$CH_3(CH_2)_{12}COOH$

(3) 外观　无色结晶。

(4) 物理性质

沸点(101.3kPa)/℃	326.2	相对密度(70℃/4℃)	0.8525
(13.3kPa)/℃	250.5	(54℃/4℃)	0.8622
(2.13kPa)/℃	199	折射率(70℃)	1.4273
熔点/℃	54		

(5) 溶解性能　不溶于水，溶于无水乙醇、甲醇、乙醚、石油醚、苯、氯仿。在自然界以甘油酯形式存在于豆蔻油（含量70%～80%）、棕榈油（含量1%～3%）、椰子油（含量17%～20%）等植物油脂中。

(6) 用途　表面活性剂原料。塑料、涂料、印刷油墨的添加剂、金属加工和香料的溶剂。

(7) 使用注意事项　对眼睛、呼吸系统及皮肤有刺激性。使用时应穿防护服。小鼠静脉注射LD_{50}为432.6mg/kg。

参 考 文 献

1 CAS 544-63-8
2 EINECS 208-875-2
3 Beil.，**2**，365；**2**（4），1126

4 The Merck Index. **10**, 6183; **11**, 6246; **12**, 6416; **13**, 6359
5 张海峰主编. 危险化学品安全技术大典：第1卷. 北京：中国石化出版社，2010

469. 油　酸

oleic acid [*cis*-9-octadecenoic acid]

(1) 分子式　$C_{18}H_{34}O_2$。　　相对分子质量　282.47。

(2) 示性式或结构式　$CH_3(CH_2)_7CH{=}CH(CH_2)_7COOH$

(3) 外观　浅黄色油状液体，有类似猪油的气味。

(4) 物理性质

沸点(101.3kPa,分解)/℃	360.0	表面张力(20℃)/(mN/m)	32.8
熔点/℃	13.38	(90℃)/(mN/m)	27.94
相对密度(15℃/4℃)	0.8939	(180℃)/(mN/m)	21.6
(25℃/4℃)	0.8870	比热容(50℃,定压)/[kg/(kg·K)]	2.05
(90℃/4℃)	0.8429	(100℃,定压)/[kg/(kg·K)]	2.30
折射率(20℃)	1.4599	(180℃,定压)/[kg/(kg·K)]	2.67
(35℃)	1.4544	临界压力/MPa	3.04
介电常数(20℃)	2.46	电导率(m.p.)/(S/m)	3×10^{-13}
偶极矩(20℃,CCl_4)/(10^{-30}C·m)	3.93	(b.p.)/(S/m)	2.8×10^{-9}
黏度(20℃)/mPa·s	38.80	IR 2899cm^{-1},1701cm^{-1},1466cm^{-1}, 1412cm^{-1},1282cm^{-1}	
(25℃)/mPa·s	27.64		
(60℃)/mPa·s	9.41		
(80℃)/mPa·s	4.85	NMR $\delta0.88\times10^{-6}$,1.29×10^{-6},2.00×10^{-6}, 2.25×10^{-6},5.28×10^{-6},11.45×10^{-6} ($CDCl_3$)	
蒸发热(b.p.)/(kJ/mol)	167.41		
燃烧热(25℃,液体)/(kJ/mol)	11153.2		

(5) 化学性质　在大气压下加热至80～100℃发生分解。放置时在空气中氧的作用下颜色逐渐变深，并产生酸败气味。与碱性高锰酸钾或过氧酸作用，氧化生成9,10-二羟基硬脂酸。与中性高锰酸钾作用，氧化成9-羟基-10-酮硬脂酸和10-羟基-9-酮硬脂酸。油酸氢化时变为硬脂酸。用氮的氧化物、硝酸亚汞、亚硫酸等处理时转变为反油酸。

(6) 精制方法　在−10～−60℃用丙酮重结晶，可从亚油酸和饱和脂肪酸中分离出油酸。残留的饱和脂肪酸可在乙醇中生成铅盐而沉淀，然后再蒸馏精制。一般市售油酸可用丙酮在−11℃结晶，将晶体研碎后真空干燥一周即可。其他的精制方法有：将油酸转变为油酸甲酯，分馏后将酯水解，游离酸用丙酮在−40～−45℃重结晶。每1g油酸用12mL丙酮。也有将油酸的熔融物分步结晶，然后在133.3mPa压力下进行分子蒸馏精制的方法。

(7) 溶解性能　不溶于水。能与醇、醚、氯仿、轻质汽油等相混溶。是油类、脂肪酸和油溶性物质的优良溶剂。

(8) 用途　用于制造肥皂、润滑油、浮选剂、增塑剂、农药乳化剂、印染辅助剂、脱模剂、复写纸、打字蜡纸、壬二酸、油膏以及油酸盐等。

(9) 规格　参考规格　日本工业标准　JIS K 8218 油酸（试剂）。

(10) 附表

表 2-7-25　油酸的蒸气压

温度/℃	蒸气压/kPa	温度/℃	蒸气压/kPa
176.5	0.13	269.8	8.00
208.5	0.67	286.0	13.33
223.0	1.33	309.8	26.66
240.0	2.67	334.7	53.33
257.2	5.33	360.0	101.33

参 考 文 献

1 CAS 112-80-1
2 EINECS 200-001-8

3 A. Weissberger. Organic Solvents. 3rd ed. Wiley. 1971. 265，741
4 R. H. Barnes et al. Anal. Chem. 1944，16：385
5 Sadtler Standard IR Prism Spectra. No. 915
6 H. Funakoshi，Bull. Chem. Soc. Japan. 1962，35：1027
7 Sadtler Standard NMR Spectra. No. 70
8 T. E. Jordan. Vapor Pressure of Organic Compounds. Wiley. 1954. 134
9 Beilstein. Handbuch der Organischen Chemie. H，2-463；E Ⅳ，2-1641
10 The Merck Index. **10**，6706；**11**，6788
11 张海峰主编. 危险化学品安全技术大典：第1卷. 北京：中国石化出版社，2010

470. 乙(酸)酐

acetic anhydride

(1) 分子式　$C_4H_6O_3$。　　相对分子质量　102.09。

(2) 示性式或结构式

$$\begin{matrix} CH_3CO \\ \quad O \\ CH_3CO \end{matrix}$$

(3) 外观　无色透明液体，有催泪性刺激气味。

(4) 物理性质

沸点(101.3kPa)/℃	140.0	生成热(25℃,液体)/(kJ/mol)	−624.50
熔点/℃	−73.1	燃烧热(25℃,液体)/(kJ/mol)	−1786.9
相对密度(20℃/4℃)	1.0820	比热容(30℃,定压)/[kg/(kg·K)]	1.88
(20℃/20℃)	1.0838	临界温度/℃	296
折射率(15℃)	1.39299	临界压力/MPa	4.68
(20℃)	1.3904	热导率(15℃)/[W/(m·K)]	0.2985
介电常数(19℃)	20.7	(30℃)/[W/(m·K)]	0.2921
偶极矩(25℃,CS_2)/(10^{-30}C·m)	9.41	(60℃)/[W/(m·K)]	0.2788
黏度(15℃)/mPa·s	0.971	爆炸极限(下限)/%(体积)	2.67
(30℃)/mPa·s	0.783	(上限)/%(体积)	10.13
表面张力(20℃)/(mN/m)	32.56	体膨胀系数(20℃)/K^{-1}	1.120×10^{-3}
(25℃)/(mN/m)	31.90	(55℃)/K^{-1}	1.160×10^{-3}
燃点/℃	392	UV　λ_{max}217,logε1.7(液体)	
闪点(闭口)/℃	49.4	IR　$1845cm^{-1}$,$1767cm^{-1}$,$1377cm^{-1}$,	
(开口)/℃	64.4	$1124cm^{-1}$,$997cm^{-1}$	
蒸发热(b.p.)/(kJ/mol)	38.23	NMR　$\delta2.197\times10^{-6}$(CCl_4)	

(5) 化学性质　乙酸酐在水中慢慢水解成乙酸，加热或无机酸存在下能加速其水解。乙酸酐与醇发生醇解反应生成酯。与氨或胺发生氨解反应生成酰胺。在三氯化铝催化下，乙酸酐与芳香族化合物发生酰化反应，在芳香族分子中引入乙酰基。乙酸酐与苯甲醛发生如下反应得到不饱和酸：

$$C_6H_5CHO+(CH_3CO)_2O \xrightarrow[175\sim180℃]{CH_3COOK} C_6H_5CH{=}CHCOOH$$

乙酸酐与过氧化钠作用生成过氧化乙酰：

$$2(CH_3CO)_2O+Na_2O_2 \longrightarrow CH_3\overset{\overset{O}{\|}}{C}{-}O{-}O{-}\overset{\overset{O}{\|}}{C}{-}CH_3+2CH_3COONa$$

(6) 精制方法　乙酸酐可用高效精馏塔精馏的方法精制。乙酸酐中所含的乙酸可用碳化钙回流除去。也可用镁片在80～90℃加热或利用与甲苯形成的二元共沸混合物进行共沸蒸馏除去。在10.0kPa压力下，加入1%喹啉蒸馏也可以除去乙酸。乙酸酐可用金属钠干燥或在金属钠存在下减压蒸馏。但在65～70℃时乙酸与金属钠会发生激烈反应需加注意。其他精制方法有在500g乙酸酐中加入50g五氧化二磷放置3小时，倾出乙酸酐，加入灼烧过的碳酸钾，放置3小时，将澄清液蒸馏，馏出物用五氧化二磷干燥12小时后与碳酸钾一起摇动，再分馏得纯品。

(7) 溶解性能　能与乙醇、乙醚、丙酮、氯仿、乙酸乙酯、苯等混溶。20℃时在水中溶解12.0%；水在乙酸酐中溶解2.63%。

(8) 用途　主要用于制造醋酸纤维素及不燃性电影胶片。也用于制造医药、香料、染料、增塑剂等。在有机合成中用作乙酰化剂和脱水剂。

(9) 使用注意事项　危险特性属第 8.1 类酸性腐蚀品。危险货物编号：81602，UN 编号：1715。属低毒类，对皮肤、眼睛、呼吸道黏膜都有伤害，有催泪作用。能引起组织细胞的蛋白质变性。其蒸气的刺激性极强，吸入蒸气而产生的中毒作用基本上与乙酸相同。经常接触会引起皮炎、慢性结膜炎等。皮肤接触时立即用大量水和肥皂冲洗，24 小时后再涂上烫伤药膏。着火时用粉末灭火剂或二氧化碳灭火。工作场所最高容许浓度 20.85mg/m^3。大鼠经口 LD_{50} 为 1.78g/kg，小鼠吸入致死浓度为 4170mg/m^3。

(10) 规格　GB/T 10668—2000　工业用乙酸酐

项　目		优等品	一等品	合格品
色度(Hazen 单位，铂-钴色号)	≤	10	15	25
乙酸酐/%	≥	99.0	98.0	96.0
蒸发残渣/%	≤	0.005	0.01	0.01
铁(以 Fe 计)/%	≤	0.0001	0.0002	0.0005
还原高锰酸钾物质指数/(mg/100ml)	≤	60	80	

(11) 附表

表 2-7-26　乙酸酐的蒸气压

温度/℃	蒸气压/kPa	温度/℃	蒸气压/kPa
30	0.73	110	40.00
50	2.93	130	78.26
70	8.0	139.5	101.33
90	19.33	150	146.66

表 2-7-27　乙酸酐的密度、表面张力、黏度和温度的关系

温度/℃	密度(d_4^t)	表面张力/(mN/m)	黏度/mPa·s	温度/℃	密度(d_4^t)	表面张力/(mN/m)	黏度/mPa·s
15	1.0871	33.14	6.971	35	1.0629	30.76	0.7447
20	1.0820	32.56	0.9120	40	1.0567	30.05	0.7015
25	1.0749	31.90	0.8511	45	1.0505	29.57	0.6592
30	1.0690	31.24	0.783	50	1.0443	29.00	0.6209

表 2-7-28　乙酸与乙酸酐混合物的凝固点

乙酸/%(mol)	凝固点/℃	乙酸/%(mol)	凝固点/℃
100	16.7	50	−12.4
90	11.0	40	−19.8
80	5.4	30	−30.0
70	0.2	20	−44.8
60	−5.8	10	−68.1

参　考　文　献

1　CAS 108-24-7
2　EINECS 203-564-8
3　A. Wessberger. Organic Solents. 3rd ed. Wiley. 1971. 266，743，744
4　Kirk-Othmer. Encyclopedia of Chemical Technology. 2nd ed. Vol. 8. Wiley. 405
5　N. V. Tsederberg. The Thermal Conductivity of Gases and Liquids. MIT Press. 1965
6　Union Carbide Chemicals Corp. Product Bulletin. F-40255A，1960
7　小竹無二雄. 大有機化学. 別巻 2. 朝倉書店. 1963. 41
8　S. Bruckenstein. Anal. Chem. 1956，28：1920
9　Sadtler Standard IR Prism Spectra. No. 70
10　F. A. Bovey. NMR Data Tables for Organic Compounds. Vol. 1. Wiley. 1967. 435
11　既存化学物質データ要覧. 1 巻，海外技術資料研究所. 1974. 2-178
12　Kirk-Othmer. Encyclopedia of Chemical Technology. Vol. 1. Interscience. 1947. 78

471. 丙 酸 酐

propionic anhydride [propanoic anhydride]

(1) 分子式 $C_6H_{10}O_3$。　　相对分子质量　130.14。

(2) 示性式或结构式

CH_3CH_2CO
　　　　　　\
　　　　　　　O
　　　　　　/
CH_3CH_2CO

(3) 外观　无色液体，有刺激性气味。

(4) 物理性质

沸点(101.3kPa)/℃	169.0	闪点/℃	74
熔点/℃	−43.0	燃点/℃	316
相对密度(20℃)	1.0110	蒸发热(b.p.)/(kJ/mol)	41.74
(25℃)	1.0057	生成热/(kJ/mol)	−555.59
折射率(20℃)	1.4045	燃烧热/(kJ/mol)	3127.87
介电常数(16℃)	18.3	比热容(25℃,定压)/(kJ/mol)	1.80
黏度(20℃)/mPa·s	1.144	临界温度/℃	342.7
(25℃)/mPa·s	1.061	临界压力/MPa	3.34
表面张力(20℃)/(mN·m)	30.30	蒸气压(20℃)/kPa	0.12
(25℃)/(mN·m)	29.70	热导率/[W/(m·K)]	0.1244

(5) 化学性质　遇水与乙醇分别分解成丙酸和丙酸酯。

(6) 精制方法　同五氧化二磷一起振摇几分钟后蒸馏。

(7) 溶解性能　溶于乙醚和氯仿。

(8) 用途　用于制造醇酸树脂、医药、染料、香料等，也用作酯化剂和磺化、硝化的脱水剂。

(9) 使用注意事项　危险特性属第 8.1 类酸性腐蚀品。危险货物编号：81614，UN 编号：2496。属低毒类。小鼠经口 LD_{50} 为 2.860g/kg。蒸气对眼睛、皮肤有明显的刺激。

参 考 文 献

1 CAS 123-62-6
2 EINECS 204-638-2
3 A. Weissberger. Organic Solvents, 3rd ed. Wiley. 1971. 31, 32, 267, 582, 744
4 R. C. Reid and T. K. Sherwood. Properties of Gases and Liquid, 2nd ed. McGraw. 1966. 109
5 Beilstein, Handbuch der Organischen Chemie. H, 2-242
6 R. C. Reid and T. K. Sherwood. Properties of Gases and Liquids, 2nd ed. McGraw. 1966. 18
7 J. Castell-Evans. Physico-Chemical Tabies. Charles Griffin & Co. 1920
8 Union Carbide Chemicals Corp. Bulletin. F-40255A. 1960
9 既存化学物質データ要覧. 1巻. 海外技術资料研究所. 1974. 2-178
10 Beilstein. Handbuch der Organischen Chemie. E Ⅳ, 2-722
11 The Merck Index. **10**, 7727; **11**, 7838
12 张海峰主编. 危险化学品安全技术大典：第1卷. 北京：中国石化出版社，2010

472. 丁 酸 酐

butyric anhydride [butanoic anhydride, butyryl oxide]

(1) 分子式　$C_8H_{14}O_3$。　　相对分子质量　158.20。

(2) 示性式或结构式

$CH_3CH_2CH_2CO$
　　　　　　　　\
　　　　　　　　　O
　　　　　　　　/
$CH_3CH_2CH_2CO$

(3) 外观　无色透明液体，有刺激性气味。

(4) 物理性质

沸点(101.3kPa)/℃	199.5	表面张力(20℃)/(mN/m)	28.93
熔点/℃	−65.7	(25℃)/(mN/m)	28.44
相对密度(20℃/4℃)	0.96677	燃点/℃	307
(25℃/4℃)	0.96199	蒸发热(b.p.)/(kJ/mol)	49.82
折射率(9℃)	1.4148	比热容(20℃,定压)/[kJ/(kg·K)]	1.79
(20℃)	1.4127	电导率(25℃)/(S/m)	1.6×10^{-7}
介电常数(20℃)	12.9	蒸气压(20℃)/kPa	0.0399
黏度(20℃)/mPa·s	1.615	体膨胀系数(20℃)/K^{-1}	0.00100
(25℃)/mPa·s	1.486	IR 1818cm^{-1},1754cm^{-1},1368cm^{-1},	
闪点/℃	87.8	1117cm^{-1},1031cm^{-1}	

(5) 溶解性能　溶于醚。遇水和醇分解生成丁酸或丁酸酯而溶解。

(6) 精制方法　用五氧化二磷干燥后蒸馏。

(7) 用途　用于制造丁酸纤维素、丁酸酯、香料、增塑剂等。也是胆囊造影剂碘番酸的原料。

(8) 使用注意事项　危险特性属第8.1类酸性腐蚀品。危险货物编号：81621，UN编号：2739。属微毒类。能伤害皮肤和眼睛。工作场所最高容许浓度0.001mL/L。大鼠经口LD_{50}为8.8g/kg，家兔经皮LD_{50}为6.4g/kg。

参　考　文　献

1 CAS 106-31-0
2 EINECS 203-383-4
3 A. Weissberger. Organic Solvents. 3rd ed. Wiley. 268，745
4 H. Scudder et al. The Electrical Conductivity and Ionizition Constants of Organic Compounds. Van. Nostrand Reinhold. 1914. 92
5 Sadtler Standard IR Prism Spectra. No. 5148
6 N. I. Sax. Dangerous Properties of Industrial Materials. 3rd ed. Van Nostrand Reinhold. 1968. 513
7 既存化学物質データ要覧. 1巻. 海外技術资料研究所. 1974. 2-179
8 张海峰主编，危险化学品安全技术大典：第1卷. 北京：中国石化出版社，2010

473. 癸二酸

sebacic acid [decanedioic acid]

(1) 分子式　$C_{10}H_{18}O_4$。　　相对分子质量　202.25。

(2) 示性式或结构式　$HOOC(CH_2)_8COOH$

(3) 外观　无色片状结晶。

(4) 物理性质

沸点(13.3kPa)/℃	294.5	相对密度(20℃/4℃)	1.207
(2.0kPa)/℃	243.5	折射率(134℃)	1.422
熔点/℃	134.5		

(5) 溶解性能　易溶于醇类、酯类和酮类，溶于醚，微溶于水。1g溶于700mL水，60mL沸水。

(6) 用途　纤维素树脂、乙烯基树脂及合成橡胶的增塑剂、软化剂和溶剂。

(7) 使用注意事项　口服有毒。对眼睛、呼吸系统及皮肤有刺激性。使用时应穿防护服。

参　考　文　献

1 CAS 111-20-6
2 EINECS 203-845-5
3 Beil., **2**, 718; **2** (4), 2078

4 The Merck Index. **12**，8558；**13**，8490

474. 过乙酸［过氧乙酸］

peracetic acid

(1) 分子式　$C_2H_4O_3$。　　相对分子质量　76.05。

(2) 示性式或结构式　CH_3COOOH

(3) 外观　无色液体。

(4) 物理性质

沸点(101.3kPa)/℃	110	相对密度(15℃/4℃)	1.226
熔点/℃	+0.1	折射率(15℃)	1.3994

(5) 溶解性能　能与水、醇、醚混溶，水溶液呈酸性。

(6) 用途　漂白剂、氧化剂、溶剂。

(7) 使用注意事项　危险特性属第5.2类有机过氧化物。危险货物编号：52051，UN编号：2131，3045。有毒。对皮肤有强烈刺激性。热至110℃有强烈爆炸危险。

参　考　文　献

1 CAS 79-21-0
2 EINECS 201-186-8
3 Beil.，**2**，169；**2**（4），390
4 The Merck Index. **12**，7293；**13**，7229

475. 石油酸［环烷酸］

naphthenic acid［cycloalkane acid］

(1) 分子式　$C_7H_{10}O_2$　　相对分子质量　170.25

(2) 示性式或结构式 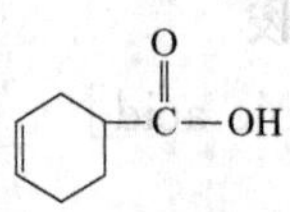

(3) 外观　棕褐色，透明黏稠液体。有特殊气体。

(4) 物理性质

沸点(101.3kPa)/℃	268.2	折射率(20℃)	1.4700
凝固点/℃	−30～−36	闪点/℃	127.4
相对密度(20℃/4℃)	0.960		

(5) 化学性质　环烷酸是一种很弱的酸，对某些金属有腐蚀作用，与金属作用生成盐。

(6) 溶解性能　几乎不溶于水，溶于石油醚、乙醇、苯和烃类。

(7) 用途　漆胶及苯胺染料溶剂。木材及电缆防腐剂。

(8) 使用注意事项　可燃，遇明火、高热引起燃烧或爆炸。对眼睛有中度刺激性，对皮肤有轻度刺激性。大鼠经口 LD_{50} 3g/kg。

参　考　文　献

1 CAS 1338-24-5
2 EINECS 215-662-8
3 张海峰主编. 危险化学品安全技术大典：第1卷. 北京：中国石化出版社，2010

第八章 酯类溶剂

476. 甲酸甲酯

methyl formate [methyl methanoate]

(1) 分子式 $C_2H_4O_2$。　　　相对分子质量 60.05。

(2) 示性式或结构式 $HCOOCH_3$

(3) 外观 无色液体，有类似醚的气味，极易挥发。

(4) 物理性质

沸点(101.3kPa)/℃	31.8	蒸发热(31.5℃)/(kJ/mol)	28.26
熔点/℃	−99.8	熔化热/(kJ/mol)	7.45
相对密度(20℃/20℃)	0.97421	生成热/(kJ/mol)	378.47
折射率(20℃)	1.34343	燃烧热/(kJ/mol)	975.94
介电常数(20℃)	8.5	比热容(15～20℃,定压)/[kJ/(kg·K)]	2.00
偶极矩(气体)/(10^{-30}C·m)	5.90	临界温度/℃	214
黏度(25℃)/mPa·s	0.328	临界压力/MPa	6.0
表面张力(20℃)/(mN/m)	24.62	沸点上升常数	1.649
闪点(闭口)/℃	−19	电导率(20℃)/(S/m)	3.60×10^{-5}
(开口)/℃	−32	爆炸极限(下限)/%(体积)	5.0
燃点/℃	456.1	(上限)/%(体积)	22.7

(5) 化学性质 易水解，空气中湿气的存在也能使其水解成甲酸和甲醇。

(6) 精制方法 易含的杂质是游离的甲酸和甲醇。精制时，加无水碳酸钾干燥后蒸馏，或者加五氧化二磷，在水浴上于80～90℃分馏。也可以先用浓碳酸钠水溶液洗涤，用固体碳酸钠干燥后，再加五氧化二磷分馏。

(7) 溶解性能 能与苯、丙酮、醚等有机溶剂混溶。对硝酸纤维素、醋酸纤维素有良好的溶解能力，溶解性能和乙酸甲酯相似。23℃时在水中溶解23%。

(8) 用途 用作硝酸纤维素、醋酸纤维素溶剂、熏蒸杀虫剂、杀菌剂。有机合成中的甲酰化剂。其他还可用于香料及干燥果品、处理谷类等方面。

(9) 使用注意事项 危险特性属第3.1类低闪点易燃液体。危险货物编号：31037，UN编号：1243。由于沸点低，挥发性大，能与空气形成爆炸性混合物，使用时严禁火源。其蒸气有麻醉作用。刺激鼻黏膜，引起呕吐、困倦，侵蚀肺部。吸入可作用于中枢神经系统引起视觉等障碍。最高允许浓度为245.4mg/m³（0.25mg/L空气）。处在1%的甲酸甲酯蒸气中2.5小时，或5%的蒸气中30分钟时，即有致命的危险。豚鼠在甲酸甲酯128g/m³的环境中接触30分钟致死。

(10) 附表

表 2-8-1　甲酸甲酯的蒸气压

温度/℃	蒸气压/kPa	温度/℃	蒸气压/kPa
−74.2	0.13	0	26.00
−57.0	0.67	10	441.25
−48.6	1.33	16	53.33
−39.2	2.67	20	63.51
−28.7	5.33	25.8	79.99
−21.9	8.00	30	94.38
−21.9	13.33	32.0	101.33

表 2-8-2　含甲酸甲酯的二元共沸混合物

第二组分	共沸点/℃	甲酸甲酯/%	第二组分	共沸点/℃	甲酸甲酯/%
乙醚(8)+戊烷(52)	20.4	40	乙醚	28.8	56
戊烷	21.8	53	2-氯丙烷	29.0	57
二硫化碳	24.8	67	溴乙烷	29.9	66
环戊烷	28.0	75			

(11) 附图

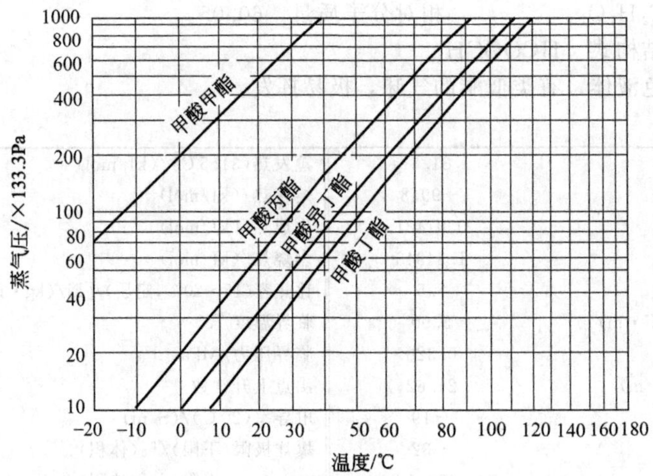

图 2-8-1　甲酸酯类的蒸气压

参 考 文 献

1　CAS 107-31-3
2　EINECS 203-481-7
3　Kirk-Othmer. Encyclopedia of Chemical Technology. 1st ed. Vol. 5. Wiley. 841
4　A. Weissberger. Organic Solvents. 3rd ed. Wiley. 1971. 270
5　Beilstein. Handbuch der Organischen Chemie. E Ⅲ, 2-229
6　C. Marsden. Solvents Manual. Cleaver-Hume. 1954. 272
7　T. Hannotte. Bull. Soc. Chem. Belges. 1926, 35: 86
8　IRDC カード. No. 9928
9　F. B. Thole. Z. Physik. Chem. Leipzig. 1910, 74: 683
10　A. G. Sharkey et al. Anal. Chem. 1959, 31: 87
11　Varian Associate NMR Spectra. No. 9
12　N. I. Sax. Handbook of Dangerous Materials. Van Nostrand Reinhold. 1951. 251
13　Beilstein. Handbuch der Organischen Chemie. E Ⅱ, 2-25
14　The Merck Index. **10**, 5947; **11**, 5994

477. 甲 酸 乙 酯

ethyl formate [formic ether, ethyl methanoate]

(1) 分子式　$C_3H_6O_2$。　　　相对分子质量　74.08。

(2) 示性式或结构式　$HCOOC_2H_5$

(3) 外观　无色液体，有类似甜酒的香味。

(4) 物理性质

沸点(101.3kPa)/℃	54.15	生成热/(kJ/mol)	369.28
熔点/℃	−79.4	燃烧热/(kJ/mol)	1639.97
相对密度(15℃/15℃)	0.92892	比热容(15～30℃,定压)/[kJ/(kg·K)]	2.00
折射率(20℃)	1.35994	临界温度/℃	235.3
介电常数(25℃)	7.16	临界压力/MPa	47.4
偶极矩(25℃)/(10^{-30}C·m)	6.47	沸点上升常数	2.086
黏度(15℃)/mPa·s	0.419	电导率(20℃)/(S/m)	1.45×10^{-9}
表面张力(15℃)/(mN/m)	24.37	热导率(12℃)/[W/(m·K)]	0.1583
闪点(闭口)/℃	−20	爆炸极限(下限)/%(体积)	2.75
燃点/℃	577	(上限)/%(体积)	16.5
蒸发热(54.15℃)/(kJ/mol)	30.15	体膨胀系数/K^{-1}	0.00141

(5) 化学性质　甲酸乙酯易水解，空气中的湿气作用下也能水解成甲酸和乙醇而呈酸性。在酸、碱存在下能促进水解。加热至300℃以上分解生成乙烯、甲酸、一氧化碳、二氧化碳、氢、水和甲醛。在氯化铁存在下加热至150℃分解得到乙醚、一氧化碳。在镍存在下加热至150～300℃生成一氧化碳、氢、甲烷及不饱和烃。氧化铝也能促进甲酸乙酯的热解。与五氧化二磷反应得到二氯甲基乙基醚。在三氯化铝存在下与苯反应生成乙苯、1,3-二乙基苯、1,3,5-三乙基苯。在三氟化硼存在下与苯反应主要生成乙苯。在氢氧化钾存在下与丙酮在醚溶液中反应生成α-羟基异丁酸。甲酸乙酯在醚溶液中也能与Grignard试剂反应，生成各种相应的化合物。例如与叔丁基氯化镁在−10～−15℃反应，生成三甲基乙醇，副产物为三甲基乙醛。

甲酸乙酯能与Lewis酸、四氯化锡、四氯化钛、五氯化锑、三氯化铝等生成复合物。

(6) 精制方法　由于甲酸乙酯易水解，因此常含有游离的甲酸和乙醇并显酸性。精制时先用碳酸钠溶液洗涤，再用无水碳酸钾或五氧化二磷干燥、分馏。氯化钙与甲酸乙酯形成结晶性复合物，不宜用作干燥剂。

(7) 溶解性能　能与醇、醚、苯等一般有机溶剂混溶。对硝酸纤维素、醋酸纤维素、油脂等也有良好的溶解能力。溶解性能与乙酸甲酯相似。25℃时在水中溶解11.8%；水在甲酸乙酯中溶解17%。

(8) 用途　用作硝酸纤维素、醋酸纤维素等的溶剂，香烟、食品工业、谷类、干燥果品等的杀菌剂以及医药工业的原料、香精配制等。

(9) 使用注意事项　危险特性属第3.1类低闪点易燃液体。危险货物编号：31038，UN编号：1190。干燥时对金属无腐蚀性，可用铁、软钢、铜或铝制容器贮存。有湿气存在时容易水解，生成的甲酸对金属除铝和不锈钢之外有腐蚀性。对久贮或回收的甲酸乙酯应检查其酸度。毒性较甲酸甲酯稍弱，猫吸入42420mg/m³的蒸气17分钟，会引起强烈的刺激，呼吸困难、眩晕，其后即能恢复；若达22分钟时，则因肺水肿而致死。999.9mg/m³能强烈地刺激人的鼻和轻度刺激眼睛。工作场所最高容许浓度300mg/m³空气。对大鼠LD_{50}为1850mg/kg。

(10) 附表

表 2-8-3　甲酸乙酯的蒸气压

温度/℃	蒸气压/kPa	温度/℃	蒸气压/kPa	温度/℃	蒸气压/kPa
−60.5	0.137	20	25.66	120	637.33
−42.2	0.67		(26.66)	140	979.81
−33.0	1.337	30	39.66	144.2	1013.25
−22.7	2.67	37.1	53.33	160	1588.78
−20	3.00	40	59.55	180	2046.77
−11.5	5.33	50	86.58	200	2826.97
−10	5.53	54.3	101.33	205	3039.75
−4.3	8.00	76	202.65	220	3809.82
0	9.66	80	227.98	225	4053.00
5.4	13.33	100	393.14	235.3	4742.01
10	16.05	113.1	506.63		

表 2-8-4 含甲酸乙酯的二元共沸混合物

第二组分	共沸点/℃	甲酸乙酯/%	第二组分	共沸点/℃	甲酸乙酯/%
三氟化硼	102	52	2-溴丙烷	52.5	60
二硫化碳	39.35	37	氯丙烷	46.4	18
氯仿	62.7	13	异丁基氯	48.5	35
二氯甲烷	41	8	异戊烷	26.5	18
甲醇	50.95	84	戊烷	32.5	30
氯甲基甲基醚	52	73	水	52.6	95
烯丙基氯	45.0	10			

(11) 附图

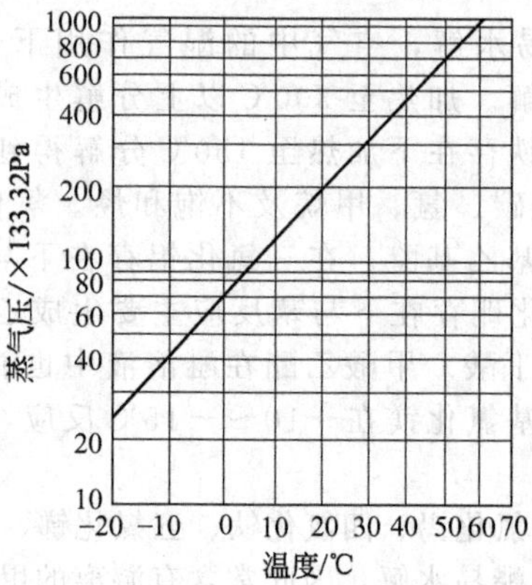

图 2-8-2 甲酸乙酯的蒸气压

参 考 文 献

1 CAS 109-94-4

2 EINECS 203-721-0

3 Beilstein. Handbuch der Organischen Chemie. E Ⅲ, 2-31

4 A. Weissberger. Organic Solvents. 3rd ed. Wiley. 1971. 271, 272

5 C. Marsden. Solvents Mannal. Cleaver-Hume. 1954. 195

6 N. A. Lange. Handbook of Chemistry. 11 th ed. Mc Graw. 1967. 1543

7 J. Bielecki and V. Hensi. Compt. Rend.. 1912, 155: 1617

8 IRDC カード. No. 3153

9 A. Dadieu and K. W. F. Kohlrausch. Monatsh. Chem.. 1929, 52: 220

10 A. G. Sharkeyet al. Anal. Ghem. 1959, 31: 87

11 J. G. Grasselli. Atlas of Spectral Data and Physical Constants for Organic Compounds. CRC Press. 1973. B-541

12 N. I. Sax. Dangerous Properties of Industrial Materials. Van Nostrand Reinhold. 1957. 689

13 P. M. Jenner et al.. Food Cosmet. Toxicol. 1954, 2 (3): 327

14 A. Weissberger. Organic Solvents. 3rd ed. Wiley. 1971. 747

15 T. E. Jordan. Vapor Pressure of Organic Compounds. 1954. 154

16 D. R. Stull. Ind. Eng. Chem.. 1947, 39: 517

17 C. Marsden. Solvents Guide. 2rd ed, Cleaver-Hume. 1963. 283

18 The Merck Index. **11**, 3763

478. 甲 酸 丙 酯

propyl formate

(1) 分子式 $C_4H_8O_2$。　　　相对分子质量 88.10。

(2) 示性式或结构式　$HCOOC_3H_7$

(3) 外观　无色液体，有类似甲酸乙酯的气味。

(4) 物理性质

沸点(101.3kPa)/℃	81.3	燃点/℃	455
熔点/℃	−92.9	蒸发热(80.85℃)/(kJ/mol)	32.51
相对密度(15℃/15℃)	0.91109	燃烧热/(kJ/mol)	2339.58
折射率(20℃)	1.37693	比热容(9～57℃,定压)/[kJ/(kg·K)]	2.03
介电常数(19℃)	7.72	临界温度/℃	264.9
偶极矩(22℃)/(10^{-30}C·m)	6.30	临界压力/MPa	4.06
黏度(15℃)/mPa·s	0.544	电导率(17℃)/(S/m)	5.5×10^{-5}
表面张力(20℃)/(mN/m)	29.49	热导率(12℃)/[W/(m·K)]	0.1495
闪点(密闭)/℃	−3		

(5) 化学性质　易水解，空气中湿气作用下分解成甲酸和丙醇，并显酸性。化学性质和甲酸乙酯相似。

(6) 精制方法　常含有游离的甲酸和丙醇。精制时用碳酸钠水溶液洗涤，碳酸钾或五氧化二磷干燥后分馏。也可以先蒸馏一次，馏出物用饱和氯化钠水溶液洗涤，再用含有固体氯化钠的饱和碳酸氢钠水溶液洗涤，无水硫酸镁干燥后分馏。

(7) 溶解性能　能与丙酮、乙醚、苯等有机溶剂混溶。能溶解硝酸纤维素、醋酸纤维素、油脂等。22℃时在水中溶解2.05%。与13%的水，5%的丙醇形成三元共沸混合物，共沸点为70.8℃。

(8) 用途　用作漆用溶剂，杀虫剂的分散剂，有机合成原料等。也用于香料、人造革、安全玻璃等的制造。

(9) 使用注意事项　危险特性属第3.2类中闪点易燃液体。危险货物编号：32122。应置于阴凉处密封贮存，使用时注意远离火源。毒性比乙酸乙酯稍低，其蒸气对眼、鼻、舌有强烈刺激作用。工作场所最高容许浓度360mg/m³（0.36mg/L空气），大鼠经口LD_{50}为3980mg/kg。

(10) 附表

表 2-8-5　甲酸丙酯的蒸气压

温度/℃	蒸气压/kPa	温度/℃	蒸气压/kPa
−43.0	0.13	30	13.88
−22.7	0.67	40	21.77
−10	1.53	50	33.25
0	2.85	60	48.65
10	5.05	70	69.85
20	8.52	81.3	101.33

表 2-8-6　含甲酸丙酯的二元共沸混合物

第二组分	共沸点/℃	第二组分/%	第二组分	共沸点/℃	第二组分/%
水	71.6	2.3	碘乙烷	72	90
四氯化碳	74.6	60	乙醇	71.75	约41
一溴二氯甲烷	90.9	82	硝酸丙酯	75.85	约36
甲醇	61.9	50.2	2,3-二甲基丁烷	56.0	85
三氯乙烯	79.5	20	乙烷	63	约80
乙腈	76.5	33	丙醇	80.6	9.8
1,1-二氯乙烷	84.05	约90	2-溴-2-甲基丙烷	71.8	72

续表

第二组分	共沸点/℃	第二组分/%	第二组分	共沸点/℃	第二组分/%
氯丁烷	76.1	62	环己烯	<75	>47
亚硝酸丁酯	76.8	65	环己烷	75	52
叔丁醇	78.0	40	甲基环戊烷	<67.5	>65
氟苯	<79.5	>23	甲基环己烷	<80.2	>12
苯	78.5	53	庚烷	78.2	29

参 考 文 献

1 CAS 110-74-7

2 EINECS 203-798-0

3 Kirk-Othmer. Encyclopedia of Chemical Technology. 1st. ed. Vol. 5. Wiley. 826

4 A. Weissberger. Organic Solvents. 3rd. ed, Wiley. 1971. 273

5 N. A. Lange. Handbook of Chemistry. 11th ed. Mc Graw. 1967. 1543

6 A. A. Zilberman-Granovskaya. J. Phys Chem. USSR. 1940, 14: 1004

7 IRDC カード. No. 3527

8 K. W. F. Kohlrausch and A. Pongratz. Chem. Ber. 1933, 66: 1357

9 A. P. Gifford et al. Anal. Chem.. 1949, 21: 1026

10 The Merck Index. 8th. ed. 877

11 N. I. Sax. Dangerous of Industrial Materials. Van Nostrand Reinhold. 1957. 689

12 J. M. Taylor et al. Toxicol. Appl. Pharmacol. 1964. 6: 378

13 A. Weissberger. Organic Solvents. 3rd ed. Wiley. 1971. 747

14 T. E. Jordan. Vapor Pressure of Organic Compounds. Wiley. 1954. 140

15 L. H. Horsley. Advan. Chem. Ser. 1952. 6, 8, 15, 18, 29, 34, 42, 45, 54, 61, 96, 98, 117, 118, 256

479. 甲酸异丙酯

isopropyl formate

(1) 分子式 $C_4H_8O_2$。　　　相对分子质量 88.11。

(2) 示性式或结构式 $HCOOCH(CH_3)_2$

(3) 外观 无色透明液体。

(4) 物理性质

沸点(101.3kPa)/℃	68.3	表面张力(20℃)/(mN/m)	22.28
熔点/℃	<−80	闪点(闭杯)/℃	−6
密度(20℃)/(g/cm³)	0.8774	燃点/℃	485
(25℃)/(g/cm³)	0.8716	蒸气压(20℃)/kPa	14.67
折射率(20℃)	1.3678	蒸气相对密度(空气=1)	3.03
(25℃)	1.3652	相对蒸发速度(乙醚=1)	2.7
黏度(20℃)/mPa·s	0.522		

(5) 溶解性能 略溶于水，20℃在水中的溶解度约为2%。能与醚、醇等溶剂混溶。

(6) 用途 可作硝酸纤维素、醋酸纤维素的溶剂。

(7) 使用注意事项 危险特性属第3.2类中闪点易燃液体。危险货物编号：32122，UN编号：1281。遇高热、明火及强氧化剂易引起燃烧。具刺激性，高浓度蒸气有麻醉性，豚鼠经口LD_{50}为1400mg/kg。

(8) 附表

表 2-8-7　甲酸异丙酯的蒸气压

温度/℃	蒸气压/kPa	温度/℃	蒸气压/kPa
25	18.874	55	63.227
35	29.980	65	90.199
45	43.340	68.3	101.325

表 2-8-8　含甲酸异丙酯的二元共沸混合物

第二组分	共沸点/℃	甲酸异丙酯/%	第二组分	共沸点/℃	甲酸异丙酯/%
二硫化碳	43.5	10	水	65.0	97
环戊烷	<47	18	1-氯-2-甲基丙烷	65.0	48
己烷	57	48	亚硝基异丁酯	65.5	40
甲醇	57.2	67	溴丙烷	<67	>57
甲基环戊烷	<61.5	55	氯仿	70.0	<86

参考文献

1　CAS 625-55-8
2　EINECS 210-901-2

480. 甲酸丁酯

butyl formate [*n*-butyl formate]

(1) 分子式　$C_5H_{10}O_2$。　　　　相对分子质量　102.13。

(2) 示性式或结构式　$HCOOC_4H_9$

(3) 外观　无色液体，有水果香味。

(4) 物理性质

沸点(101.3kPa)/℃	106.8	燃点/℃	332
熔点/℃	−90.0	蒸发热(106.6℃)/(kJ/mol)	37.10
相对密度(20℃/20℃)	0.8917	比热容(定压)/[kJ/(kg·K)]	1.92
折射率(20℃)	1.38903	临界温度/℃	285
介电常数(−80℃)	2.43	临界压力/kPa	3.46
黏度(20℃)/mPa·s	0.704	蒸气压(25℃)/kPa	3.73
表面张力(21.3℃)/(mN/m)	24.89	爆炸极限(下限)/%(体积)	1.73
闪点(闭口)/℃	18	(上限)/%(体积)	8.15

(5) 化学性质　容易水解生成甲酸和丁醇。

(6) 精制方法　常含有游离甲酸和丁醇，精制方法参照甲酸丙酯。

(7) 溶解性能　微溶于水，能与醇、醚、苯、石油醚等多种有机溶剂混溶。溶解油脂、蜡、松香、甘油三松香酸酯、乳香等。虫胶部分溶解。与乙醇的混合溶液可以溶解甘酞树脂。甲酸丁酯能很好地溶解硝酸纤维素、醋酸纤维素、纤维素醚等。和乙酸丁酯相比，所得溶液的黏度较低。甲酸丁酯和 16.5%的水组成共沸混合物，共沸点为 83.8℃。

(8) 用途　用作漆用溶剂，制造胶片时的溶剂。还用于人造革、香料和有机合成。

(9) 使用注意事项　危险特性属第 3.2 类中闪点易燃液体。危险货物编号：32123，UN 编号：1128。干燥时对金属无腐蚀性，有水分存在时，水解生成腐蚀性很强的甲酸。贮存时应经常检查其酸度。无甲酸存在时可用软钢或铝制容器贮存，但不宜使用铜制容器。甲酸丁酯有麻醉作用，且刺激性强。人体在 41700mg/m³ 浓度时，对眼的刺激性强，会造成视力模糊。猫在此浓度 20 分钟，对眼有持续性刺激，并流涎、昏迷。70 分钟则因肺出血而致死。嗅觉阈浓度 70mg/m³。

(10) 附表

表 2-8-9 含甲酸丁酯的二元共沸混合物

第二组分	共沸点/℃	甲酸丁酯/%	第二组分	共沸点/℃	甲酸丁酯/%
水(21.3)+1-丁醇(10.0)	83.6	68.7	硝基甲烷	98.7	>40
水	83.8	83.5	2-甲基-2-丁醇	101.0	35
庚烷	<94.0	<35	2-甲基-1-丙醇	103.0	60
1-丙醇	95.5	36	1-丁醇	106.0	>85
甲基环己烷	96.0	35	甲苯	<106.4	>70
2-丁醇	98.0	32	3-戊醇	<106.5	<98.5

参 考 文 献

1 CAS 592-84-7
2 EINECS 209-772-5
3 Kirk-Othmer. Encyclopedia of Chemical Technology. 1st ed. Vol. 5. Wiley. 826
4 A. Weissberger. Organic Solvents. 3rd ed. Wiley, 1971. 274
5 桑田勉. 溶剂. 丸善. 1947. 277
6 N. A. Lange. Handbook of Chemistry. 10th ed. Mc Graw. 1961. 1495
7 T. E. Jordan. Vapor Pressure of Organic Compounds. Wiley. 1954. 140
8 IRDC カード. No. 7214
9 K. W. F. Kohlrausch and A. Pongratz. Z. Physik. Chem. Leipzig, 1933, 22: 379
10 C. E. Brion and W. J. Dunning. Trans. Faraday Soc. 1963, 59: 647
11 C. Marsden. Solvents Manual. Cleaver-Hume. 1954. 78
12 N. I. Sax. Dangerous Properties of Industrial Materials. Van Nostrand Reinhold. 1957. 406
13 A. Weissberger. Organic Solvents 3rd ed. Wiley. 1971. 747
14 Beilstein. Handbuch der Organischen Chemie. H, 2-21; E Ⅳ, 2-28

481. 甲酸异丁酯

isobutyl formate

(1) 分子式 $C_5H_{10}O_2$。 相对分子质量 102.13。

(2) 示性式或结构式 $HCOOCH_2CH(CH_3)_2$

(3) 外观 无色液体，有乙酸戊酯的香味。

(4) 物理性质

沸点(101.3kPa)/℃	98.0	闪点(闭口)/℃	21
熔点/℃	−95.0	蒸发热(98.4℃)/(kJ/mol)	33.57
相对密度(20℃/20℃)	0.88535	燃烧热/(kJ/mol)	3014.08
折射率(20℃)	1.38546	比热容(58.2℃,定压)/[kJ/(kg·K)]	2.06
介电常数(19℃)	6.41	临界温度/℃	277.8
偶极矩(22℃)/(10^{-30}C·m)	6.27	临界压力/MPa	3.88
黏度(20℃)/mPa·s	0.680×10^{-3}	爆炸极限(下限)/%(体积)	2.00
表面张力/(mN/m)	23.66	(上限)/%(体积)	8.90

(5) 化学性质 容易水解生成甲酸和异丁醇。

(6) 精制方法 常含有游离甲酸和丁醇。精制方法参照甲酸乙酯。

(7) 溶解性能 能与醇、醚、石油醚、苯等多种有机溶剂混溶。能溶解松香、甘油三松香酸酯、乳香，部分溶解虫胶。对硝酸纤维素，醋酸纤维素、纤维素醚有很好的溶解能力。22℃时在水中溶解1.0%。与18.9%的水形成共沸混合物，共沸点为79.5℃。

(8) 用途 用作漆用溶剂，制造胶片时的溶剂。还用于香料，杀虫剂、有机合成等。

(9) 使用注意事项　危险特性属第 3.2 类中闪点易燃液体。危险货物编号：32123，UN 编号：2393。干燥时对金属无腐蚀性。其蒸气对眼、鼻、舌有强烈的刺激作用，毒性和甲酸丁酯相类似。兔经口 LD_{50} 为 3.064g/kg。

(10) 附表

表 2-8-10　甲酸异丁酯的蒸气压

温度/℃	蒸气压/kPa	温度/℃	蒸气压/kPa
−60	0.007	40	11.71
−50	0.021	50	18.31
−40	0.055	60	27.54
−30	0.14	70	40.40
−20	0.31	80	57.06
−10	0.64	90	79.46
0	1.29	97.68	101.33
10	2.47	100	107.99
20	4.35	110	145.19
30	7.20	120	196.78

表 2-8-11　含甲酸异丁酯的二元共沸混合物

第二组分	共沸点/℃	甲酸异丁酯/%	第二组分	共沸点/℃	甲酸异丁酯/%
甲醇	<64.6	<7	1-丙醇	91.5	57
己烷	<68.7	<7	烯丙醇	<91.7	<60
乙醇	76.7	28	甲基环己烷	92.5	55
环己烷	79.5	<19	硝基甲烷	94.5	68
水(17.3)+2-甲基-1-丙醇(6.7)	80.2	76.0	2-丁醇	94.7	60
水	80.4	91.8	氯代异戊烷	95.5	55
2-丙醇	<82.3	>10	2-甲基-2-丁醇	<97.0	<81
庚烷	<90.5	<50	2-甲基-1-丙醇	97.6	87

参考文献

1　CAS 542-55-2
2　EINECS 208-818-1
3　The Merck Index. 3th ed. 581
4　A. Weissberger. Organic Solvents. 3rd ed. Wiley. 1971. 275
5　IRDCカード，No. 3529
6　W. G. Braum et al. Anal. Chem. 1950，22：1074
7　J. G. Grasselli. Atlas of Spectral Date and Physical Constants for Organic Compounds. CRC Press. 1973. B-541
8　N. I. Sax. Handbook of Dangerous Materials. Van Nostrand Reinhold. 1957. 23
9　A. Weissberger. Organic Solvents. 3rd ed. Wiley. 1971. 747
10　T. E. Jordan. Vapor Pressure of Organic Compounds. Wiley. 1954. 140

482. 甲酸戊酯

pentyl formate [*n*-amyl formate]

(1) 分子式　$C_6H_{12}O_2$。　　相对分子质量　116.16。

(2) 示性式或结构式　$HCOO(CH_2)_4CH_3$

(3) 外观　无色液体，有水果香味。

(4) 物理性质

沸点(101.3kPa)/℃	130.4	黏度(30℃)/mPa·s	0.69×10
熔点/℃	−73.5	表面张力(24.8℃)/(mN/m)	25.60
相对密度(15℃/15℃)	0.8926	闪点(闭口)/℃	27
折射率(11.5℃)	1.3951	临界温度/℃	303
介电常数(25℃)	6.49	临界压力/MPa	3.46
偶极矩(气)/(10^{-30} C·m)	6.33	蒸气压(50℃)/kPa	6.53

(5) 化学性质　和低级甲酸酯类相比，甲酸戊酯较难水解。与溴化氢反应生成溴戊烷与甲酸。在对甲苯磺酸存在下，与硬脂酸发生酯交换反应。甲酸戊酯与四氯化钛形成摩尔比为 1∶2 的复合物，比乙酸戊酯形成的复合物稳定。

(6) 精制方法　常含有水分、酸等杂质。精制时先用食盐水洗涤，加入碳酸氢钠至不再发生二氧化碳为止，再用无水硫酸镁干燥后蒸馏。

(7) 溶解性能　溶于乙醇、乙醚。与烃类、油脂、蓖麻油等混溶。对松香、甘油三松香酸酯、乳香、香豆酮树脂、纤维素醚、硝酸纤维素等都有很好的溶解能力。虫胶部分溶解。与醇组成的混合物能溶解邻苯二甲酸树脂。20℃时在水中溶解 0.3%。与 28.4% 的水组成的共沸混合物，共混点 91.6℃，与 43% 的戊醇组成的共沸混合物，共沸点为 131.4℃。

(8) 用途　用作硝酸纤维素、涂料用溶剂，特别是人造革用的糊浆溶剂。其他可用作食品香料。

(9) 使用注意事项　危险特性属第 3.3 类高闪点易燃液体。危险货物编号：33595，UN 编号：1109。干燥时对金属无腐蚀性，可用铁、软钢、铜或铝制容器贮存。有麻醉性，小鼠经口 LD_{50} 为 6.3 g/kg，工作场所最高容许浓度 1.20mg/kg 空气。

参 考 文 献

1　CAS 638-49-3

2　EINECS 211-340-6

3　Kirk-Othmer. Encyclopedia of Chemical Technology. 1st ed., Vol. **5**. Wiley. 826

4　International Critical Tables. Ⅵ-91

5　Landölt-Börnstein 6th ed., Vol. Ⅱ-3. Springer. 422

6　M. J. Timmermanns andMme Hemiat-Roland. J. Chem. Phys.. 1959, 56: 990

7　Beilstein. Handbuch der organischen chemie. E Ⅲ. 2-42

8　N. A. Lange. Handbook of Chemistry. 10th ed.. McGraw. 1961. 1494

9　International Critical Tables. Ⅲ-222

10　IRDC カード. No. 8756

11　F. W. F. Kohlrausch and A. Pongratz. Z, Physik. Chem. Leipzig. 1933, 22: 380

12　F. W. Mclafferty et al. Atlas of Mass Spectral Data. Vol. 2. Wiley. 1969. 704

13　N. I. Sax. Handbook of Dangerous Materials, Van Nostrand Reinhold. 1951. 23

14　石橋弘毅. 溶剤便覧. 槇書店. 1967. 438

483. 甲酸异戊酯

isoamyl formate [formic acid isoamyl ester]

(1) 分子式　$C_6H_{12}O_2$。　　相对分子质量　116.16。

(2) 示性式或结构式　$HCOOCH_2CH_2CH(CH_3)_2$

(3) 外观　无色液体，有水果香味。

(4) 物理性质

沸点(101.3kPa)/℃	124.2	折射率(20℃)	1.3970
熔点/℃	−93.5	(25℃)	1.3947
密度(20℃)/(g/cm³)	0.8827	黏度(20℃)/mPa·s	0.794
(25℃)/(g/cm³)	0.8779	表面张力(20℃)/(mN/m)	24.9

续表

闪点(闭杯)/℃	22	蒸气压(20℃)/kPa	1.5332
介电常数(20℃)	498	蒸发热/(kJ/kg)	35.8675
蒸气相对密度(空气=1)	4.01		

(5) 溶解性能　难溶于水，20℃在水中溶解度为0.3%。能与醇、醚等有机溶剂任意混溶。

(6) 用途　用作硝酸纤维素、涂料用溶剂，以及香料制造原料。

(7) 使用注意事项　危险特性属第3.3类高闪点易燃液体。危险货物编号：33595，UN编号：1109。蒸气对眼、鼻、喉黏膜有刺激作用，高浓度蒸气有麻醉作用。大鼠经口LD_{50}为9.84g/kg。

(8) 附表

表 2-8-12　甲酸异戊酯的蒸气压

温度/℃	蒸气压/kPa	温度/℃	蒸气压/kPa
−17.5	0.1332	53.3	7.9993
−15.4	0.6666	65.4	13.3322
27.1	1.3332	83.2	26.6644
30.0	2.6664	102.7	53.3288
44.0	5.3328	123.3	101.325

表 2-8-13　含甲酸异戊酯的二元共沸混合物

第二组分	共沸点/℃	甲酸异戊酯/%	第二组分	共沸点/℃	甲酸异戊酯/%
水	89.7	77.7	1-氯-2-丙醇	123.0	约70
异丁醚	121.5	65	2-氯-1-丙醇	<123.7	<95
丁醇	116.0	33	3-己酮	123.0	50
环氧氯丙烷	116.2	约5	2-氯乙醇	123.2	79
四氯乙烯	118.2	35	3-甲基-1-丁醇	123.7	82
2-甲氧基乙醇	119.1	60	辛烷	<118.8	<57
二聚乙醛	123.0	56	1,2-二溴乙烷	123.7	约92

参考文献

1　CAS 110-45-2
2　EINECS 203-769-2
3　Beilstein, Handbuch der Organischen Chemie. EⅣ, 2-30
4　The Merck Index. **10**, 4965; **11**, 5001

484. 甲酸苄酯

benzyl formate [formic acid phenyl methyl ester]

(1) 分子式　$C_8H_8O_2$。　　相对分子质量　136.14。

(2) 示性式或结构式　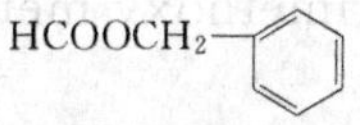

(3) 外观　无色液体，有水果香味。

(4) 物理性质

沸点/℃	203	折射率(25℃)	1.5121
熔点/℃	3.6	闪点/℃	42
密度/(g/cm³)	1.080～1.090	蒸气压(84℃)/kPa	1.3332

(5) 化学性质　能与氧化剂发生强烈反应。

(6) 用途　工业溶剂，用作硝酸纤维素、醋酸纤维素、硬脂酸、快胶漆等溶剂。香料合成原料。

(7) 使用注意事项　可由呼吸道和消化道进入体内，对皮肤黏膜有刺激作用。大鼠经口 LD_{50} 为 1700mg/kg。极易燃，应作易燃品处理。

(8) 附表

表 2-8-14　含甲酸苄酯的二元共沸混合物

第二组分	共沸点/℃	甲酸苄酯/%
水	99.2	20
辛醇	195	3

参 考 文 献

1　CAS 104-57-4

2　EINECS 203-214-4

3　The Merck Index. **10**，1141；**12**，1169

485. 甲酸己酯

hexyl formate

(1) 分子式　$C_7H_{14}O_2$。　　相对分子质量　130.19。

(2) 示性式或结构式　$HCOO(CH_2)_5CH_3$

(3) 外观　无色液体，有水果香味。

(4) 物理性质

沸点(101.3kPa)/℃	155.5
熔点/℃	−62.7
相对密度(20℃/4℃)	0.8813
折射率(20℃)	1.4071

(5) 溶解性能　与乙醇、乙醚混溶，微溶于水。

(6) 用途　溶剂、香料合成原料。

(7) 使用注意事项　甲酸己酯的危险特性属第 3.3 类高闪点易燃液体。危险货物编号：33595。吸入、食入、经皮肤吸收对身体有害，对眼睛、皮肤和黏膜有刺激作用。易燃，遇明火、高热或与氧化剂接触，有引起燃烧爆炸危险。

参 考 文 献

1　CAS 629-33-4

2　EINECS 211-087-1

486. 原甲酸三甲酯 [三甲氧基甲烷]

trimethyl orthoformate [trimethoxy methane]

(1) 分子式　$C_4H_{10}O_3$。　　相对分子质量　106.12。

(2) 示性式或结构式　$HC(OCH_3)_3$

(3) 外观　无色液体。

(4) 物理性质

沸点(101.3kPa)/℃	100.6	折射率(20℃)	1.3790
相对密度(20℃/4℃)	0.9676	闪点/℃	15

(5) 用途　溶剂。

(6) 使用注意事项　危险特性属第3.2类中闪点易燃液体。危险货物编号：32124。高度易燃。对眼睛和皮肤有刺激性。

参考文献

1 CAS 149-73-5
2 EINECS 205-745-7
3 Beil.，**2**，19

487. 乙酸甲酯

methyl acetate

(1) 分子式　$C_3H_6O_2$。　　相对分子质量　74.08。

(2) 示性式或结构式　CH_3COOCH_3

(3) 外观　无色液体，有酯的特有香味。

(4) 物理性质

沸点(101.3kPa)/℃	57.80	生成热/(kJ/mol)	414.91
熔点/℃	−98.05	燃烧热/(kJ/mol)	1596.01
相对密度(20℃/20℃)	0.9342	比热容(18～42℃,定压)/[kJ/(kg·K)]	2.10
折射率(20℃)	1.3614	临界温度/℃	233.7
介电常数(25℃)	6.68	临界压力/MPa	4.69
偶极矩(28℃)/(10^{-30} C·m)	5.37	沸点上升常数	2.061
黏度(20℃)/mPa·s	0.385	电导率(20℃)/(S/m)	3.4×10^{-6}
表面张力(20℃)/(mN/m)	24.8	热导率(12℃)/[W/(m·K)]	0.17104
闪点(闭口)/℃	−10	爆炸极限(下限)/%(体积)	4.1
燃点/℃	502	(上限)/%(体积)	13.9
蒸发热(56.3℃)/(kJ/mol)	30.43	体膨胀系数(20℃)/K^{-1}	0.00139

(5) 化学性质　乙酸甲酯容易水解，在常温下与水长时间接触也会水解生成乙酸而呈酸性。高温加热时分解成乙醛和甲醛，进一步可分解为甲烷、一氧化碳和氢。卤素，特别是碘对分解有促进作用。在镍存在下，将乙酸甲酯进行加热时，150℃以下不发生分解，超过150℃分解成甲烷、一氧化碳和水。用铜、银、铂等金属或其氧化物作催化剂与空气一同加热时，分解成甲醛与乙酸。

乙酸甲酯经紫外线照射分解成甲醇、丙酮、联乙酰、乙烷、甲烷、氢、一氧化碳和二氧化碳等。在光作用下与氯反应，生成氯代乙酸甲酯。在甲醇钠存在下，乙酸甲酯于57～80℃自行缩合，生成乙酰乙酸甲酯。

乙酸甲酯能与某些盐类，如三氟化硼、三氯化铝、三氯化铁、氯化镍等形成复合物，与氯化钙也能形成结晶性的复合物，故氯化钙不宜用作乙酸甲酯的干燥剂。

(6) 精制方法　由于乙酸甲酯容易水解，主要的杂质是游离的乙酸和甲醇。甲醇的存在可从其在水中的溶解度看出。常温下乙酸甲酯在水中溶解24%。若有1%甲醇存在时则可与水混溶。精制时，在1000mL乙酸甲酯中加入85mL乙酸酐，回流6小时后分馏。酸性杂质可用无水碳酸钾一起振摇，再蒸馏除去。甲醇也可用乙酰氯处理除去。高纯度的乙酸甲酯可用浓食盐水洗涤，氧化钙或硫酸镁干燥后蒸馏精制。

(7) 溶解性能　能与醇、醚、烃类等混溶。是纤维素酯、纤维素醚、尿素树脂、蜜胺树脂、乙烯基树脂、酚醛树脂等的优良溶剂，但不能溶解虫胶和香豆酮树脂。乙酸甲酯能溶解氯化铜、碘化镉、氯化汞、氯化铁和氯化钴等，但不能溶解氯化钾、氯化钠和硫酸钠等。常温下在水中溶解24%；水在乙酸甲酯中溶解8%。乙酸甲酯与17.8%的甲醇和33.6%的环己烷形成三元共沸混合物，共沸点50.8℃。

(8) 用途 用作硝酸纤维素和醋酸纤维素漆的快干性溶剂。其他可用作油脂萃取剂等。还可用于人造革、涂料，香料等的制造。

(9) 使用注意事项 危险特性属第3.2类中闪点易燃液体。危险货物编号：32126。UN编号：1231。干燥时对金属无腐蚀性，可用铁、软钢或铝制容器贮存，但不宜用铜制容器，因乙酸甲酯容易水解，产生的游离乙酸对铜有腐蚀性。对回收或久贮的乙酸甲酯，使用前应检查其酸度。乙酸甲酯属低毒类。有轻度的麻醉性，人接触后刺激眼、鼻、咽喉的黏膜，产生流泪、咳嗽、胸闷、头昏、头晕等症状，其中特别对眼的刺激强烈。严重中毒时发生呼吸困难，心悸，中枢神经抑制。动物吸入乙酸甲酯的毒性试验，浓度为65 g/m³，猫接触2～3小时致死；浓度为32g/m³，小鼠接触6小时麻醉致死。但乙酸甲酯在一般使用条件下基本无毒害。由于遇水易水解，生成的甲醇毒性大，因此，应在阴凉处密封贮存，避免与空气接触。着火时用二氧化碳、四氯化碳、粉末灭火剂灭火。嗅觉阈浓度0.63 mg/m³。TJ 36—79规定车间空气中最高容许浓度为100mg/m³。

(10) 附表

表2-8-15 乙酸甲酯的蒸气压

温度/℃	蒸气压/kPa	温度/℃	蒸气压/kPa
−57.2	0.13	57.8	101.33
−38.6	0.67	79.5	202.65
−29.3	1.33	80.0	210.76
−20.0	2.54	100.0	370.85
−19.1	2.67	113.1	506.63
−10.0	4.69	120.0	605.93
−7.9	5.33	140.0	945.36
−0.5	8.00	144.2	1013.25
0	8.28	160.0	1406.39
9.4	13.33	180.0	2016.37
10	13.98	181.0	2026.50
20	22.64	200.0	2816.84
24	26.66	205.0	3039.75
30	35.44	220	3840.22
40	53.38	225.0	4053.00
50	78.42	T_c 233.7	P_c 4691.35

注：T_c为临界温度；P_c为临界压力。

表2-8-16 含乙酸甲酯的二元共沸混合物

第二组分	共沸点/℃	第二组分/%	第二组分	共沸点/℃	第二组分/%
三氟化硼	110	48	丙酮	55.6	48
水	56.5	3.5	2-溴丙烷	55.8	50
二硫化碳	40.15	70	2-甲基-2-丁烯	<36.9	>88
氯仿	64.8	77	1,5-己二烯	51	40
甲醇	54	18	2,3-二甲基丁烷	51.2	50
乙醇	56.95	3	己烷	<56.65	>10

(11) 附图

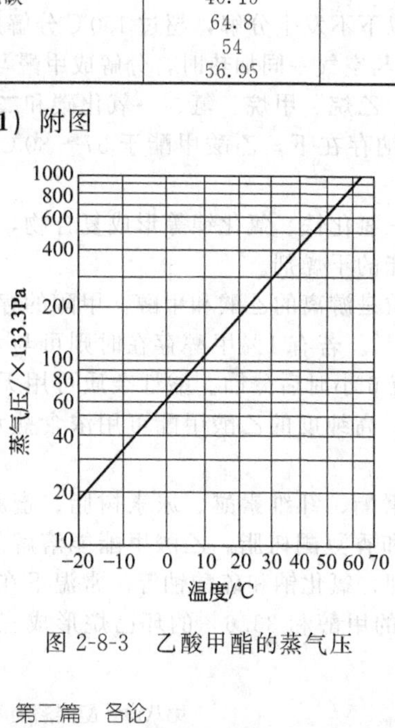

图2-8-3 乙酸甲酯的蒸气压

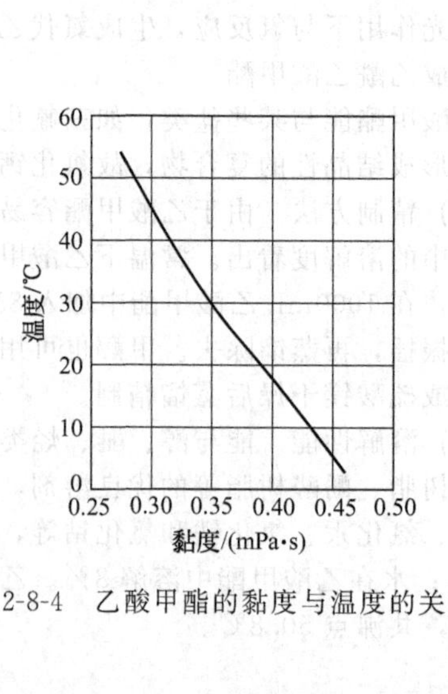

图2-8-4 乙酸甲酯的黏度与温度的关系

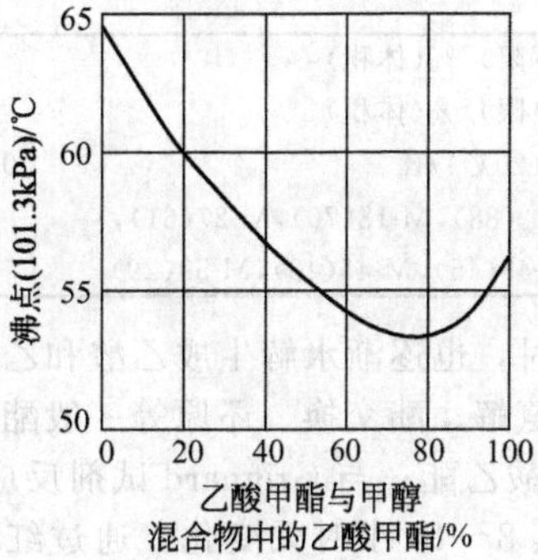

图 2-8-5　乙酸甲酯-甲醇混合物沸点与组成关系

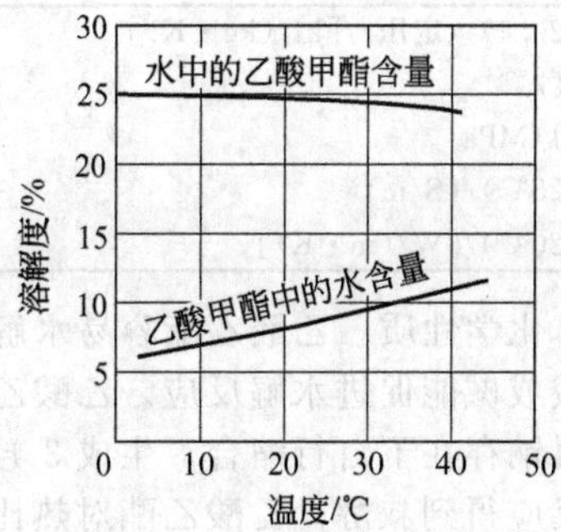

图 2-8-6　乙酸甲酯-水的相互溶解度与温度关系

参 考 文 献

1　CAS 79-20-9
2　EINECS 201-185-2
3　T. E. Jordon. Vapor Pressure of Organic Compounds. Wiley. 1954. 154
4　Kirk-Othmer. Encyclopedia of Chemical Technology. 1st ed., Vol. 5. Wiley. 842
5　Beilstein. Handbuch der Organischen Chemie. E Ⅱ. 2-125
6　A. Weissberger. Organic Solvents. 3rd ed., Wiley. 1971. 276
7　W. J. Dunning. Trans. Faraday Soc.. 1963，59：647
8　N. I. Sax. Dangerous Properties of Industrial. Materials. Van Nostrand Reinhold. 1975. 887
9　International Critical Tables. Ⅴ-214
10　C. Marsden. Solvents Manual. Cleaver-Hume. 1954. 241
11　J. Bielecki and V. Henri. Compt. Rend. 1912，155：456
12　IRDC カード. No. 603
13　A. Dadien and K. W. F. Kohlrausch. Naturwissenschaften. 1929，17：366
14　B. W. Thomas and W. D. Seyfried. Anal. Chem. 1949，21：1002
15　O. Rosado-Lojo et al.. J. Org. Chem.. 1966，31：1899
16　D. R. Stull. Ind. Eng. Chem.. 1947，39：517
17　L. H. Horsley. Aavan. Chem. Ser. 1952. 6，3，7，17，21，29，61，81，85，262
18　The Merck Index. **10**，5886；**11**，5932
19　张海峰主编. 危险化学品安全技术大典：第 1 卷：北京：中国石化出版社，2010

488. 乙 酸 乙 酯

ethyl acetate［acetic ether，vinegar naphtha］

(1) 分子式　$C_4H_8O_2$。　　　相对分子质量　88.07。

(2) 示性式或结构式　$CH_3COOC_2H_5$

(3) 外观　无色透明液体，有水果香味。

(4) 物理性质

沸点(101.3kPa)/℃	77.114	闪点(闭口)/℃	−4
熔点/℃	−83.8	(开口)/℃	7.2
相对密度(20℃/4℃)	0.90063	燃点/℃	425.5
折射率(20℃)	1.37239	蒸发热(b. p.)/(kJ/mol)	32.28
介电常数(20℃)	6.02	(b. p.)/(kJ/mol)	32.52
偶极矩(25℃)/(10^{-30} C·m)	6.27	熔化热/(kJ/mol)	118.99
黏度(20℃)/mPa·s	0.449	生成热/(kJ/mol)	446.31
表面张力(20℃)/(mN/m)	23.75	燃烧热/(kJ/kg)	2250.41

续表

比热容(20.4℃,定压)/[kJ/(kg·K)]	1.92	爆炸极限(下限)/%(体积)	2.18
临界温度/℃	250.1	(上限)/%(体积)	11.40
临界压力/MPa	3.83	体膨胀系数(20℃)/K^{-1}	0.00139
电导率(25℃)/(S/m)	3.0×10^{-9}	MS m/e:M^+(88),M-18(70),M-27(61),	
热导率(20℃)/[W/(m·K)]	0.15198	M-43(45),M-45(43),M-59(29)	

(5) 化学性质　乙酸乙酯容易水解，常温下有水存在时，也逐渐水解生成乙酸和乙醇。添加微量的酸或碱能促进水解反应。乙酸乙酯也能发生醇解、氨解、酯交换、还原等一般酯的共同反应。金属钠存在下自行缩合，生成3-羟基-2-丁酮或乙酰乙酸乙酯；与Grignard试剂反应生成酮，进一步反应得到叔醇。乙酸乙酯对热比较稳定，290℃加热8～10小时无变化。通过红热的铁管时分解成乙烯和乙酸，通过加热到300～350℃的锌粉分解成氢、一氧化碳、二氧化碳、丙酮和乙烯，360℃通过脱水的氧化铝可分解为水、乙烯、二氧化碳和丙酮。乙酸乙酯经紫外线照射分解生成55%一氧化碳，14%二氧化碳和31%氢或甲烷等可燃性气体。与臭氧反应生成乙醛和乙酸。

气态卤化氢与乙酸乙酯发生反应，生成卤代乙烷和乙酸。其中碘化氢最易反应，氯化氢在常温下则需加压才发生分解，与五氯化磷一起加热到150℃，生成氯乙烷和乙酰氯。

乙酸乙酯与金属盐类生成各种结晶性的复合物。例如：

$CaCl_2+2C_4H_8O_2$　　$MgCl_2+2C_4H_8O_2$

$MgCl+6C_4H_8O_2$　　$TiCl_4+2C_4H_8O_2$

$SbCl_5+C_4H_8O_2$

这些复合物溶于无水乙醇而不溶于乙酸乙酯，且遇水容易水解。

(6) 精制方法　乙酸乙酯常含有水、游离乙酸和乙醇等杂质。精制时先用碳酸氢钠或碳酸钠的饱和水溶液洗涤，再用饱和食盐水溶液洗涤，经固体碳酸钾干燥后蒸馏，收集中间馏分，常温下用五氧化二磷（10～20g/kg）干燥后再行蒸馏。蒸馏时应采取防潮措施。收集中间馏分，弃去少量后馏分。也可以在乙酸乙酯中加入乙酸酐进行回流、蒸馏，馏出物用碳酸钾处理后再用蒸馏的方法精制，纯度可达99.5%以上。氯化钙与乙酸乙酯形成结晶性复合物，不宜用作干燥剂。

(7) 溶解性能　能与醇、醚、氯仿、丙酮、苯等大多数有机溶剂混溶。能溶解大豆油、亚麻仁油、蓖麻油等植物油及松香、甘油三松香酸酯、乳香等天然树脂以及硝化纤维、氯乙烯树脂、聚苯乙烯树脂、香豆酮树脂、酚醛树脂等。与乙醇的混合物可溶解苯二甲酸树脂、醋酸纤维素、达玛树脂。虫胶、山达脂、马尼拉胶、玷玾脂等部分溶解。硬质玷玾脂、橡胶类不溶。25℃时在水中溶解8.08%；水在乙酸乙酯中溶解2.94%。

乙酸乙酯与乙酸甲酯相似，能溶解某些金属盐类，例如氯化锂、氯化钴、氯化锌、氯化汞等。但不溶解氯化钾、氯化钙、硝酸银、硫酸钾、碳酸钠等。氯化铁可溶，氯化亚铁不溶，故可用这种差别将氯化铁和氯化亚铁分离。

(8) 用途　乙酸乙酯是工业上的重要溶剂，广泛用作人造香精、乙基纤维素、硝酸纤维素、赛璐珞、清漆、涂料、人造革、油毡、人造纤维、印刷油墨等的溶剂。也用作人造珍珠的黏结剂，药物和有机酸的萃取剂以及水果味香料的原料。液相色谱溶剂。

(9) 使用注意事项　危险特性属第3.2类中闪点易燃液体。危险货物编号：32127，UN编号：1173。对金属的腐蚀性小，可用软钢或铝制容器贮存。但不宜用铜制容器，因微量的乙酸对铜有腐蚀作用。乙酸乙酯易挥发，其蒸气与空气形成爆炸性混合物，故应远离火源，置阴凉通风处密封贮存。着火时用二氧化碳或粉末灭火器灭火。乙酸乙酯属低毒类。有麻醉作用，其蒸气刺激眼、皮肤和黏膜，造成眼角膜浑浊。高浓度蒸气能引起肝、肾充血，持续性大量吸入，则可发生急性肺水肿。嗅觉阈浓度270mg/m^3。TJ 36—79规定车间空气中最高容许浓度为300mg/m^3。大鼠经口LD_{50}为5620mg/kg，豚鼠皮下注射LD_{50}为4000mg/kg，猫皮下注射LD_{50}为3000mg/kg，猫吸入15分钟LD_{50}为10800mg/m^3。大鼠每日经口13～115mg，5～9日发生肝脂肪性变。

(10) 规格　① GB/T 3728—2007　工业用乙酸乙酯

项　　目	优等品	一等品	合格品
外观	透明液体,无悬浮杂质		
乙酸乙酯/%	99.7	99.5	99.0
乙醇/%	0.10	0.20	0.50
水/%	0.05	0.10	
酸(以 CH_3COOH 计)/%	0.004	0.005	
色度(Hazen 单位,铂-钴色号)		10	
密度(20℃)/(g/cm^3)		0.897～0.902	
蒸发残渣/%	0.001	0.005	
气味①	符合特征气味,无异味,无残留气味		

① 为可选项目。

② QB/T 2244—2010　乙酸乙酯

项　目	指　标	项　目	指　标
色状	无色液体	折射率(20℃)	1.3710～1.3760
香气	果香、带白兰地酒香	酸值/(mgKOH/g)	1.0
相对密度(25℃/25℃)	0.894～0.898	含量(GC)/%	99.0

(11) 附表

表 2-8-17　乙酸乙酯的蒸气压

温度/℃	蒸气压/kPa	温度/℃	蒸气压/kPa	温度/℃	蒸气压/kPa
−43.4	0.13	30.0	15.83	136.6	506.63
−23.5	0.67	40.0	24.82	140	555.26
−20.0	0.87	42.0	26.66	160	849.10
−13.5	1.33	50.0	37.65	169.7	1013.25
−10.0	1.73	59.3	53.33	180	1242.25
−3.0	2.67	60.0	55.38	200	1757.96
0	3.24	70.0	79.50	209.5	2026.50
9.1	5.33	77.1	101.33	220	2431.80
10.0	5.69	100.0	201.64	235.0	3039.75
16.6	8.00	100.6	202.65	240.0	3313.33
20.0	9.71	120.0	344.51	T_c 250.1	P_c 3840.22
27.0	13.33				

表 2-8-18　烷基酯在乙酸乙酯中的溶解度

名　称	熔点/℃	溶　解　度/(g/100g 乙酸乙酯)								
		−50℃	−40℃	−30℃	−20℃	−10℃	0℃	10℃	20℃	30℃
辛酸甲酯	−33.8	76	340	∞	∞	∞	∞	∞	∞	∞
月桂酸甲酯	5.08	0.4	1.9	5.4	20.0	80	460	∞	∞	∞
肉豆蔻酸甲酯	18.39		0.3	1.2	4.1	12.4	40	225	∞	∞
软脂酸甲酯	28.90			0.3	1.0	2.7	8.6	34.8	215	∞
硬脂酸甲酯	37.85				0.1	0.5	2.1	8.6	42	350
硬脂酸乙酯	31.36				0.3	1.0	3.1	14.0	87	1050
硬脂酸丙酯	28.87				0.6	1.5	3.9	21.9	160	∞
硬脂酸丁酯	26.61				0.9	1.8	4.3	27.2	250	∞

表 2-8-19　含乙酸乙酯的二元共沸混合物

第二组分	共沸点/℃	乙酸乙酯/%	第二组分	共沸点/℃	乙酸乙酯/%
二硫化碳	46.02	7.3	水(192.18kPa)	89.08	0.06
氯仿	77.8	81.5%(mol)	乙醇(101.39kPa)	71.8	53.9%(mol)
2-溴-2-甲基丙烷	71.5	30	乙醇(77.09kPa)	64.4	56.9%(mol)
甲醇	62.3	71%(mol)	乙醇(56.40kPa)	56.2	60.0%(mol)
氯丁烷	76.0	<35	乙醇(29.20kPa)	40.5	66.0%(mol)
丁腈	76.3	71	乙醇(15.63kPa)	27.0	70.9%(mol)
叔丁醇	76.0	73	乙醇(10.32kPa)	18.7	73.3%(mol)
环己烯	75.5	<85	三氟化硼	119	56
环己烷	71.6	56	乙腈	74.8	77
甲基环戊烷	67.2	38	一溴二氯甲烷	90.55	12
异丙醇	75.9	75	庚烷	<76.9	<94
丁酮	77.0	82	溴丙烷	70	约 20
碘乙烷	70.9	24	硝酸丁酯	76.3	71
水(3.33kPa)	−1.90	96.40	四氯化碳	74.8	43.1
水(33.33kPa)	42.55	93.72	苯	76.95	94
水(101.33kPa)	70.38	91.53	二乙硫	73	23

表 2-8-20　含乙酸乙酯的三元、四元共沸混合物

组　　成	含量/%(mol)	共 沸 点/℃
环己烷-乙酸乙酯-异丙醇	51.1∶24.4∶24.5	68.3(101.3 kPa)
水-乙醇-乙酸乙酯	10.3∶12.1∶77.6	88.96(192.8kPa)
水-乙醇-乙酸乙酯	9.0∶8.4∶82.6	70.23(101.3kPa)
水-乙醇-乙酸乙酯	4.0∶4.0∶92.0	−1.40(3.33kPa)
水乙醇-巴豆醛-乙酸乙酯	8.7∶11.1∶0.1∶80.1	70(101.33kPa)

(12) 附图

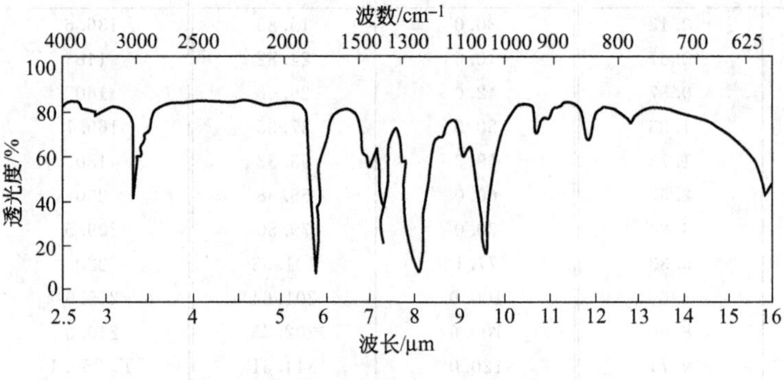

图 2-8-7　乙酸乙酯的红外光谱图

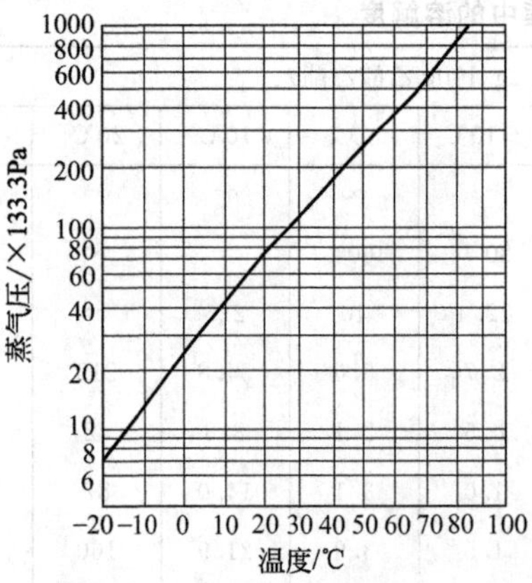

图 2-8-8　乙酸乙酯的蒸气压

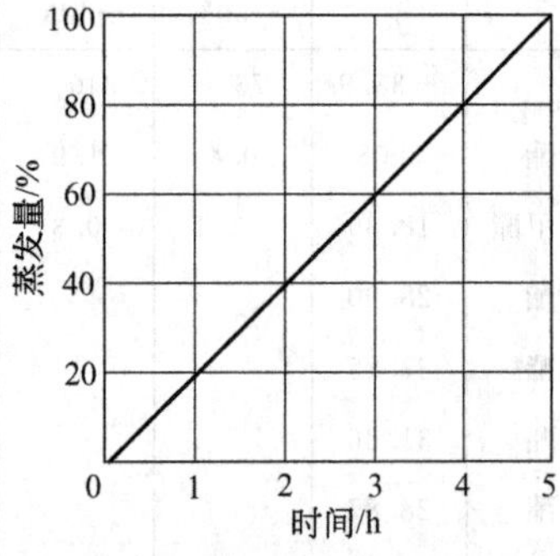

图 2-8-9　室温下乙酸乙酯的蒸发速度

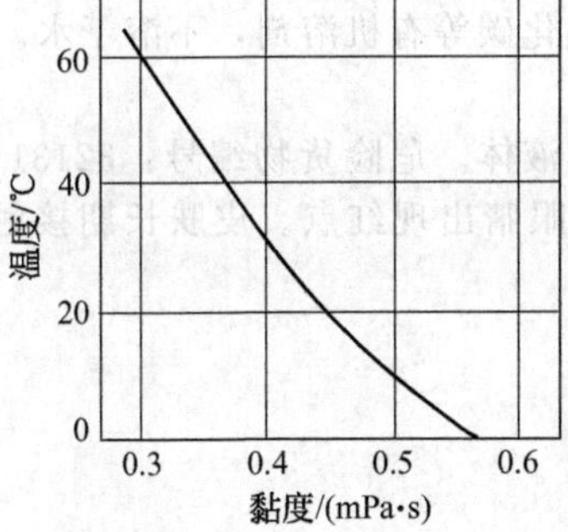

图 2-8-10 乙酸乙酯的黏度与温度的关系液相中的乙酸乙酯 [%(mol)]

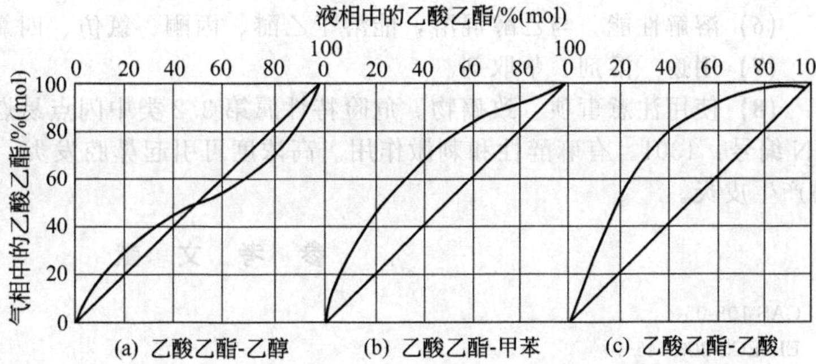

图 2-8-11 乙酸乙酯与乙醇、甲苯、乙酸之间的气液平衡

参 考 文 献

1 CAS 141-78-6
2 EINECS 205-500-4
3 A. Weissberger. Organic Solvents. 3rd ed. Wiley. 1971. 279
4 Landolt-Börnstein. 6th ed. Vol. Ⅱ-4., Springer. 310
5 日本化学会. 化学便覧. 基礎編. 丸善. 1966. 509
6 渡辺昭ほか. 工化. 1970, 73: 1744
7 Kirk-Othmer. Encyclopedia of Chemical Technology. 1st ed. Vol. 5. Wiley. 842
8 日本化学会. 化学実験の安全指針. 丸善. 1966. 226
9 R. W. Callant. Hydrocarbon Process.. 1968, 47 (10): 115
10 A. Weissberger. Organic Solvents. 2nd ed., Wiley. 152
11 化学工学協会. 物性定数. 1集. 丸善. 1963. 301
12 J. G. Grasselli. Atlas of Spectral Data and Physical Constants for Organic Compounds. CRC Press. 1973. B-104
13 IRDC カード. No. 353
14 W. G. Braun and M. R. Fensk. Anal. Chem.. 1950, 22: 1074
15 E. Stenhagen et al.. Atlas of Mass Spectral Data. Vol. 1. Wiley. 1969. 157, 163
16 Varian Associate NMR Spectra. No. 79
17 Kirk-Othmer. Encyclopedia of Chemical Technology. 1st ed. Vol. 5. Wiley. 842
18 F. A. O. Nutr. Meet. Rep. Ser.. No. 44A. WHO/FOOD Add. 1968, 33: 23
19 T. E. Jordan. Vapor Pressure of Organic Compounds. Wiley. 1954. 141
20 R. S. Segwick. C. W. Hoerr and H. J. Harwood. J. Org. Chem.. 1952, 17: 327
21 C. Marsden. Solvents Guide. 2nd ed. Cleaver-Hume. 1963. 243
22 化学工学協会. 物性定数. 7集. 丸善. 1969. 14
23 The Merck Index. **10**, 3706; **11**, 3713
24 张海峰主编. 危险化学品安全技术大典: 第1卷. 北京: 中国石化出版社, 2010

489. 乙酸乙烯酯

vinyl acetate

(1) 分子式 $C_4H_6O_2$。 相对分子质量 86.09。

(2) 示性式或结构式 $CH_3COOCH=CH_2$

(3) 外观 无色液体，有甜的醚香味。

(4) 物理性质

沸点(101.3kPa)/℃	72～73	闪点/℃	−8
熔点/℃	−93	燃点/℃	402
相对密度(20℃/4℃)	0.932	爆炸极限(下限)/%(体积)	2.6
折射率(20℃)	1.3954	(上限)/%(体积)	13.4

(5) 化学性质 易受热、光或微量的过氧化物的作用聚合成透明固体。

(6) 溶解性能 与乙醇混溶，能溶于乙醚、丙酮、氯仿、四氯化碳等有机溶剂，不溶于水。

(7) 用途 溶剂、萃取剂。

(8) 使用注意事项 致癌物。危险特性属第 3.2 类中闪点易燃液体。危险货物编号：32131，UN 编号：1301。有麻醉性和刺激作用。高浓度可引起鼻腔发炎，眼睛出现红点。皮肤长期接触易产生皮炎。

参 考 文 献

1 CAS 108-05-4
2 EINECS 203-545-4
3 Beil.，**2** (1)，63
4 The Merck Zndex. **10**，9794；**13**，10053
5 张海峰主编. 危险化学品安全技术大典：第 1 卷. 北京：中国石化出版社，2010

490. 乙酸丙酯

propyl acetate [*n*-propyl acetate]

(1) 分子式 $C_5H_{10}O_2$。　　相对分子质量 102.13。

(2) 示性式或结构式 $CH_3COOC_3H_7$

(3) 外观 无色液体，有水果香味。

(4) 物理性质

沸点(101.3kPa)/℃	101.55	蒸发热(b.p.)/(kJ/mol)	34.33
熔点/℃	−92.5	(b.p.)/(kJ/kg)	336.2
相对密度(20℃/4℃)	0.8887	生成热/(kJ/mol)	472.3
折射率(20℃)	1.3844	燃烧热/(kJ/mol)	2895.2
介电常数(20℃)	6.002	比热容(20℃,定压)/[kJ/(kg·K)]	1.92
偶极矩(22℃,苯)/(10^{-30} C·m)	5.94	临界温度/℃	276.2
黏度(20℃)/mPa·s	0.585	临界压力/MPa	3.33
表面张力(20℃)/(mN/m)	24.28	电导率/(S/m)	2.2×10^{-7}
闪点(闭口)/℃	14.4	爆炸极限(下限)/%(体积)	1.77
(开口)/℃	22.2	(上限)/%(体积)	8.0
燃点/℃	450	体膨胀系数(20℃)/K^{-1}	0.0012

(5) 化学性质 有水存在时逐渐水解，生成乙酸和丙醇。水解速度为乙酸乙酯的 1/4。乙酸丙酯加热到 450～470℃时，除生成丙烯和乙酸外，尚有乙醛、丙醛、甲醇、乙醇、乙烷、乙烯和水等。在镍催化剂存在下，加热至 375～425℃时，生成一氧化碳、二氧化碳、氢、甲烷和乙烷等。氯、溴、溴化氢与乙酸丙酯在低温即可反应。光照下与氯反应时，2 小时内生成 85%的一氯代丙基乙酸酯。其中 2/3 为 2-氯取代物，1/3 为 3-氯取代物。在三氯化铝存在下，乙酸丙酯同苯一起加热，生成丙基苯、4-丙基苯乙酮和异丙基苯等。

(6) 精制方法 乙酸丙酯常含有水、乙酸和丙醇等杂质。精制时用碳酸氢钠或碳酸钠饱和溶液将酸中和，再用饱和食盐水溶液洗涤，用无水硫酸钠或硫酸镁等干燥剂进行干燥后，蒸馏。

(7) 溶解性能 能与醇、醚、酮、酯、烃类、油脂等混溶。是硝酸纤维素和树脂的优良溶剂，但不溶解醋酸纤维素。与苯混合后能增加其溶解能力。20℃时在水中溶解 2.3%；水在乙酸丙酯中溶解 2.9%（体积）。

(8) 用途 大量用作各种有机和无机物的萃取溶剂，涂料、硝基喷漆、清漆及各种树脂的溶剂以及香料的制造。

(9) 使用注意事项 危险特性属第 3.2 类中闪点易燃液体。危险货物编号：32128，UN 编号：1276。应远离火源，置阴凉通风处密封贮存。干燥时对金属无腐蚀性，可用铁、软钢或铝制容器贮存。但不宜使用铜制容器，因酯水解生成的微量的乙酸对铜有腐蚀性。属微毒类。对黏膜有刺激和麻醉作用。吸入后有恶心、胸闷、乏力等。嗅觉阈浓度 83.4mg/m³。TJ 36—79 规定车间空气中最高容许浓度为 300mg/m³。大鼠经口 LD_{50} 为 9370mg/kg，小鼠经口 LD_{50} 为 8300mg/kg。

(10) 附表

表 2-8-21　乙酸丙酯的蒸气压

温度/℃	蒸气压/kPa	温度/℃	蒸气压/kPa	温度/℃	蒸气压/kPa
−60	0.004	30.0	5.69	126.8	202.7
−50	0.013	37.0	8.00	140.0	288.78
−40	0.036	40.0	9.44	160.0	459.0
−30	0.096	47.8	13.33	165.7	506.6
−26.7	0.133	50.0	14.96	180.0	695.1
−20	0.221	60.0	22.90	200.0	1007.2
−10	0.48	64.0	26.66	200.5	1013.3
−5.4	0.67	70.0	34.37	220.0	1418.6
0	0.99	80.0	49.70	240.0	1955.8
5.0	1.33	82.0	53.33	242.8	2026.5
10.0	1.85	90.0	69.97	260.0	2649.6
16.0	2.67	101.8	101.3	269.0	3039.8
20.0	3.35	120.0	171.2	T_c 276.2	P_c 3364.0
28.8	5.33				

表 2-8-22　含乙酸丙酯的二元共沸混合物

第二组分	共沸点/℃	乙酸丙酯/%	第二组分	共沸点/℃	乙酸丙酯/%
水	82.2	77.5	丙醇	94.7	50
甲基环己烷	95.5	48	异丁醇	101.0	83
庚烷	93.6	38	仲丁醇	96.5	48
2,5-二甲基己烷	98.0	63	叔戊醇	99.5	58
一溴,二氯甲烷	102.3	70.5	三氯乙醛	102.55	49.45
烯丙基碘	99.5	44	二乙缩醛	101.25	68
碘丙烷	99.0	<55	甲基丙基甲酮	101.0	62
溴丁烷	100.0	45	二乙基甲酮	100.75	60
氯代异戊烷	98.5	40	丁酸甲酯	101.58	97.5
乙醇	78.18	15	硝基甲烷	97.6	55
烯丙醇	94.2	47			

(11) 附图

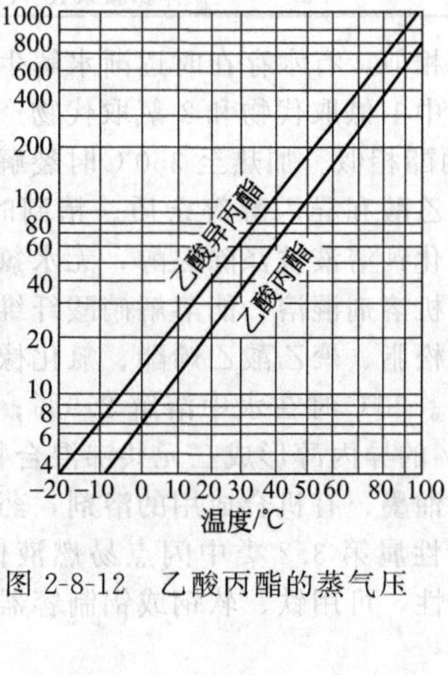

图 2-8-12　乙酸丙酯的蒸气压

参 考 文 献

1 CAS 109-60-4
2 EINECS 203-686-1
3 A. Weissberger. Organic Solvents. 3rd. ed. Wiley. 1971. 283
4 化学工学協会. 物性定数. 1集. 丸善. 1963. 301
5 渡辺昭ほか. 工化. 1970，73：1744
6 W. J. Dunning. Trans. Faraday Soc. 1963，59：647
7 Beilstein. Handbuch der Organischen Chemic. E Ⅱ. 2-137
8 C. Marsden. Solvents Manual. Cleaver-Hume. 1954. 315
9 J. Bielecki and V. Henri. Compt. Rend. 1912，155：1617
10 IRDC カード. No. 3531
11 E. Stenhagen et al. Atlas of Mass Spectral Data. Vol. 1. Wiley. 1969. 278
12 O. Rosado-Lojo et al. J. Org. Chem. 1966，31，1899
13 Krik-Othmer. Encyclopedia of Chemical Technology. 1st ed. Vol. 5. Wiley. 843
14 日本化学会. 化学便覧. 応用編，丸善. 1973. 1391
15 P. M. Jenner et al. Food Cosmet. Toxicol. 1964，2：327
16 T. E. Jordan. Vapor Pressure of Organic Compounds. Wiley. 1954. 156
17 The Merck Index. **10**，7741；**11**，7853

491. 乙酸异丙酯

isopropyl acetate

(1) 分子式 $C_5H_{10}O_2$。　　相对分子质量　102.13。

(2) 示性式或结构式 $CH_3COOCH(CH_3)_2$

(3) 外观 无色液体，有水果香味。

(4) 物理性质

沸点(101.3kPa)/℃	89	蒸发热(b. p.)/(kJ/mol)	33.08
熔点/℃	−73.4	生成热/(kJ/mol)	484.83
相对密度(20℃/4℃)	0.8718	燃烧热/(kJ/mol)	2799.7
折射率(20℃)	1.3773	比热容(定压)/[kJ/(kg·K)]	2.18
黏度(20℃)/mPa·s	0.569	临界温度/℃	243
表面张力(22℃)/(mN/m)	22.10	临界压力/MPa	3.50
闪点(闭口)/℃	4.44	爆炸极限(下限)/%(体积)	1.8
(开口)/℃	16	(上限)/%(体积)	8.0
燃点/℃	460	体膨胀系数/K^{-1}	0.00132

(5) 化学性质 和乙酸丙酯相似，有水存在时逐渐水解生成乙酸和异丙醇。进行光氯化反应时，生成氯代异丙基乙酸酯。其中1-氯取代物和2-氯取代物产率相等。在三氯化铝催化下与苯进行的Friedel-Crafts反应和乙酸丙酯相似。加热至350℃时裂解生成乙酸和丙烯。

(6) 精制方法 常含有水、乙酸和异丙醇等杂质。精制时于100mL酯中加入50 g碳酸钾，充分摇动以除去酸。再用浓的氯化钙溶液洗涤除去醇，无水氯化钙干燥1昼夜后蒸馏。

(7) 溶解性能 能与多种有机溶剂混溶。能溶解硝酸纤维素、甘油三松香酸酯、乳香、香豆酮树脂、榄香脂、山达脂、贝壳松脂、聚乙酸乙烯酯、氯化橡胶以及多种有机物，但不能溶解醋酸纤维素、珐玡胶、达玛树脂等。20℃时在水中溶解2.9%；水在乙酸异丙酯中溶解1.8%。乙酸异丙酯与10.1%的水和26.2%的异丙醇形成三元共沸混合物，共沸点76.2℃。

(8) 用途 用作涂料、印刷油墨、有机合成用的溶剂，药物萃取剂以及香料等。

(9) 使用注意事项 危险特性属第3.2类中闪点易燃液体。危险货物编号：32128，UN编号：1220。干燥时对金属无腐蚀性，可用铁、软钢或铝制容器贮存。不宜使用铜制容器，因水解生成的乙酸对铜有腐蚀性。浓的蒸气对眼睛、皮肤、黏膜有刺激作用。工作场所最高容许浓度 950mg/m³。大鼠在乙酸异丙酯 133.44g/m³ 的环境中接触 4 小时有 5/6 致死。

(10) 附表

表 2-8-23 乙酸异丙酯的蒸气压

温 度/℃	蒸气压/kPa	温 度/℃	蒸气压/kPa
−38.3	0.13	25.1	8.00
−17.4	0.67	35.7	13.33
−7.2	1.33	51.7	26.66
4.2	2.67	69.8	53.33
17.0	5.33		

表 2-8-24 含乙酸异丙酯的二元共沸混合物

第二组分	共沸点/℃	乙酸异丙酯/%	第二组分	共沸点/℃	乙酸异丙酯/%
水	77.4	93.8	异丙基碘	86.5	40
己烷	<68.5	<9	乙醇	76.8	47
庚烷	86.5	66	异丙醇	80.1	47.7
甲醇	64.5	20	三氯乙醛	98.2	15
环己烷	78.9	25	乙腈	79.5	40
甲基环己烷	89	78	二丙醚	88.5	50
溴代异丁烷	89.0	45.0	2,5-二甲基己烷	<89	<95
一溴二氯甲烷	96.0	45			

(11) 附图

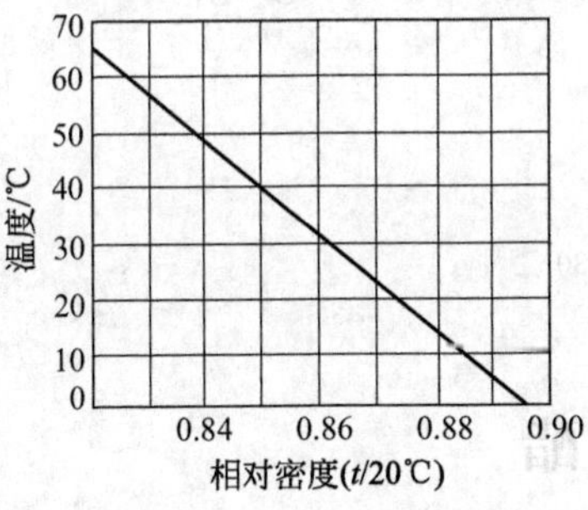

图 2-8-13 乙酸异丙酯的相对密度

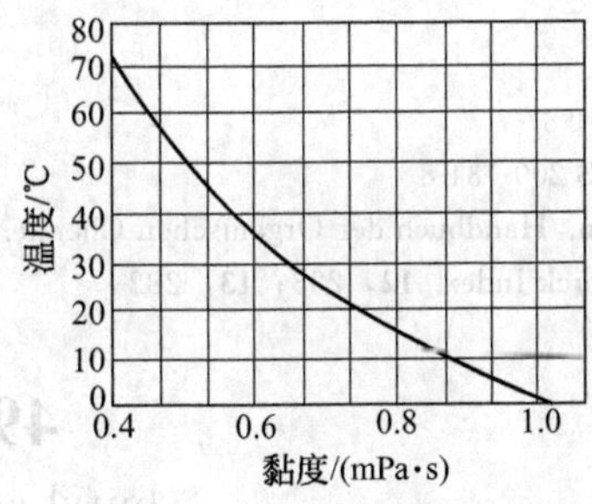

图 2-8-14 乙酸异丙酯的黏度

参 考 文 献

1 CAS 108-21-4

2 EINECS 203-561-1

3 化学工学協会. 物性定数. 1集. 丸善. 1963. 301

4 A. Weissberger. Organic Solvents. 3rd ed. Wiley. 1971. 284

5 W. J. Dunning. Trans. Faraday Soc. 1963, 59: 647

6 Beilstein. Handbuch der Organischen Chemie. E Ⅲ. 2-233

7 R. W. Gallant. Hydrocarbon Process. 1968, 47 (12): 89

8 化学工学協会. 物性定数. 8集. 丸善. 1970. 249

9 T. E. Jordan. Vapor Pressure of Organic Compounds. Wiley. 1954. 156

10 田中诚之ほか. 日化. 1966, 87: 390

11 IRDC カード. No. 3532

12 O. Rosado and C. Kinney. J. Org. Chem. 1966. 31: 1899

13 E. Stenhagen et al.. Atlas of Mass Spectral Data. Vol. 1. Wiley. 1969. 326

14 M. S. Munson and F. H. Field. J. Amer. Chem. Soc. 1966, 88: 4337

15 日本化学会. 化学実験の安全指針. 丸善. 1966. 294

16 Kirk-Othmer. Encyclopedia of Chemical Technology 1st ed., Vol. 5. Wiley. 843

17 A. Weissberger. Organic Solvents 3rd ed., Wiley. 747
18 有機合成化学協会. 溶剤ポケットブック. オーム社. 1977. 411
19 Advances in Chemistry Series. No. 6. Azeotropic Data, Am. Chem. Soc. 1952
20 The Merck Index. **10**, 5054; **11**, 5093
21 张海峰主编. 危险化学品安全技术大典：第1卷. 北京：中国石化出版社，2010

492. 乙酸烯丙酯［烯丙基乙酸酯］

allyl acetate［acetic acid 2-propenyl ester］

(1) 分子式　$C_5H_8O_2$。　　　相对分子质量　100.12。

(2) 示性式或结构式　$CH_3COOCH_2CH{=}CH_2$

(3) 外观　无色液体。

(4) 物理性质

沸点(101.3kPa)/℃	103～104	折射率(20℃)	1.4050
相对密度(20℃/4℃)	0.9276	闪点/℃	6

(5) 溶解性能　易溶于乙醇、乙醚、溶于丙酮，微溶于水。

(6) 用途　溶剂、黏合剂、有机合成中间体。

(7) 使用注意事项　乙酸烯丙酯的危险特性属第3.2类中闪点易燃液体。危险货物编号：32133，UN编号：2333。高度易燃，遇高热、明火或强氧化剂易引起燃烧。吸入、口服或皮肤接触有害，蒸气对眼、鼻、喉、支气管有刺激性。大鼠经口为 LD_{50} 130mg/kg。

参 考 文 献

1 CAS 591-87-7
2 EINECS 209-734-8
3 Beilstein. Handbuch der Organischen Chemie. H, 2-136; E Ⅳ, 2-180
4 The Merck Index. **12**, 293; **13**, 282

493. 乙 酸 丁 酯

butyl acetate［*n*-butyl acetate］

(1) 分子式　$C_6H_{12}O_2$。　　　相对分子质量　116.16。

(2) 示性式或结构式　$CH_3COOC_4H_9$

(3) 外观　无色液体，有水果香味。

(4) 物理性质

沸点(101.3kPa)/℃	126.114	蒸发热(b. p.)/(kJ/kg)	309.3
熔点/℃	−73.5	生成热/(kJ/mol)	499.9
相对密度(20℃/4℃)	0.8807	燃烧热(25℃)/(kJ/mol)	3496.2
(25℃/4℃)	0.87636	比热容(19.41℃,定压)/[kJ/(kg·K)]	2.08
折射率(20℃)	1.3941	(20℃,定压)/[kJ/(kg·K)]	1.91
介电常数(19℃)	5.01	临界温度/℃	306
偶极矩(22℃)/(10^{-30} C·m)	6.14	电导率(25℃)/(S/m)	13×10^{-9}
黏度(20℃)/mPa·s	0.734	爆炸极限(下限)/%(体积)	1.4
表面张力(20℃)/(mN/m)	25.09	(上限)/%(体积)	8.0
闪点(闭口)/℃	27	体膨胀系数/K^{-1}	0.0011
燃点/℃	421	IR3～14μm,0.7～2.5μm	

(5) 化学性质　与低级同系物相比，乙酸丁酯难溶于水，也较难水解。但在酸或碱的作用

下，水解生成乙酸和丁醇。乙酸丁酯在石英管中加热至500℃时，分解为乙酸和丁烯。与氮一起通过500℃的玻璃棉时，主要生成1-丁烯，少量的副产物有丙烯、2-丁烯、乙烯等。以氧化铝为催化剂加热至300～330℃，生成氯丁烷、氯代异丁烷、乙酸异丁酯，以及少量的甲烷、乙烷、丙烷、丁烯等。与苯一起在氯化铝存在下加热生成丁基苯及少量4-丁基苯乙酮。将乙酸丁酯用丁醇钠处理生成乙酰乙酸丁酯。与异丙醇铝一起加热生成乙酸异丙酯和丁基铝。乙酸丁酯也能发生醇解、氨解、酯交换等酯类共有的反应。发生光氯化反应时，得到70%1-氯取代物和30%4-氯取代物。乙酸丁酯与三氯化铝形成加成化合物，该化合物在0℃时为液体，132℃以上分解。

(6) 精制方法　一般含有游离的乙酸和丁醇。若原料是由发酵法制得者尚含有少量的乙酸异丁酯、异丁醇、乙酸戊酯、乙酸己酯等。精制时用碳酸氢钠或碳酸钠饱和溶液洗涤，再用氯化钠饱和溶液洗涤，经无水碳酸钾、硫酸钠或硫酸镁干燥后精馏。残存的水和醇与酯形成共沸混合物变成初馏分除去。其他的精制方法有先蒸馏，再分批加入少量高锰酸钾回流，直到高锰酸钾的紫色不消失为止，无水硫酸钙干燥、过滤、再精馏。

(7) 溶解性能　微溶于水，能与醇、醚等一般有机溶剂混溶。对油脂、亚麻仁油、蓖麻油、松香、甘油三松香酸酯、香豆酮树脂、聚乙酸乙烯酯、聚丙烯酸酯、聚甲基丙烯酸酯、聚苯乙烯、聚氯乙烯、氯化橡胶、榄香脂、乳香、贝壳松脂、马尼拉胶、杜仲胶、甘酞树脂等都有良好的溶解能力。对酚醛树脂、环己酮甲醛树脂的溶解能力也相当大，对玷玶甘油酯以及钙、锌、镁等树脂酸的金属盐能部分溶解，硬质橡胶则不溶。

(8) 用途　乙酸丁酯是优良的有机溶剂，广泛用作硝基喷漆、火棉胶、磁漆、赛璐珞、橡胶、人造革、人造珍珠、油毡制品以及各种树脂的溶剂。也用于安全玻璃，纺织品印刷、青霉素精制，荧光灯内部涂料、飞机涂料、香料、医药等工业中。还可用作萃取剂。

(9) 使用注意事项　危险特性属第3.2类中闪点易燃液体。危险货物编号：32130，UN编号：1123。干燥时对金属无明显的腐蚀性，可用软钢或铝制容器贮存。水解时产生的乙酸有腐蚀性，故在贮存和使用时应检查其酸度。蒸气密度为4.0，与空气形成爆炸性的混合物。注意火源，着火时用二氧化碳、四氯化碳或粉末灭火剂灭火。乙酸丁酯对中枢神经有抑制作用，吸入其蒸气对眼及上呼吸道均有强烈刺激作用，且刺激肺泡黏膜，引起肺充血和支气管炎。口服时刺激消化器官，引起胃、十二指肠和肠间膜充血。但乙酸丁酯在一般使用条件下毒害不大，上述症状在不与乙酸丁酯接触后很快消失，且无后遗症。TJ 36—79车间空气中最高容许浓度为$300mg/m^3$。

(10) 规格　① GB/T 3729—2007 工业用乙酸丁酯

项　目		优等品	一等品	合格品
乙酸正丁酯/%	≥	99.5	99.2	99.0
正丁醇/%	≤	0.2	0.5	—
水/%	≤	0.05	0.10	0.10
酸(以CH_3COOH计)/%	≤		0.010	
色度(Hazen单位,铂-钴色号)	≤		10	
密度(20℃)/(g/cm^3)			0.878～0.883	
蒸发残渣/%	≤		0.005	
气味①			符号特征气味,无异味,无残留气味	

① 为可选项目。

② HG/T 3498—1999　试剂用乙酸丁酯

项　目		分析纯	化学纯	项　目		分析纯	化学纯
$CH_3COO(CH_2)_3CH_3$/%	≥	99.0	98.0	正丁醇(C_4H_9OH)/%	≤	0.3	0.5
密度(20℃)/(g/mL)		0.878～0.883	0.878～0.883	易炭化物质		合格	合格
				重金属(以Pb计)/%	≤	0.0001	0.0001
蒸发残渣/%	≤	0.001	0.005	水分(H_2O)/%	≤	0.1	0.3
酸度(以H^+计)/(mmol/100g)	≤	0.08	0.16				

(11) 附表

表 2-8-25 乙酸丁酯的蒸气压

温度/℃	蒸气压/kPa	温度/℃	蒸气压/kPa
−16.0	0.13	60	9.33
0	0.40	68	13.33
10	0.76	100	45.33
15	1.00	118	79.99
20	1.33	126.5	101.33
40	4.00		

表 2-8-26 烷基酯类在乙酸丁酯中的溶解度

烷基酯	溶解度/（g/100 g 乙酸丁酯）								
	−50℃	−40℃	−30℃	−20℃	−10℃	0℃	10℃	20℃	30℃
辛酸甲酯	51	164	∞	∞	∞	∞	∞	∞	∞
月桂酸甲酯	0.7	1.8	6.9	22.2	62	260	∞	∞	∞
肉豆蔻酸甲酯		<0.1	0.9	3.5	11.9	39.7	172	∞	∞
软脂酸甲酯			0.2	0.8	3.4	10.8	36.0	147	∞
硬脂酸甲酯				<0.1	0.7	3.3	11.1	41.8	233

表 2-8-27 乙酸丁酯的蒸发热与温度的关系

温度/℃	蒸发热/（kJ/kg）	温度/℃	蒸发热/（kJ/kg）
−40	391.4	160	287.6
0	372.6	200	257.4
40	347.4	240	217.7
80	326.5	280	142.3
120	307.7		

表 2-8-28 乙酸丁酯和水的相互溶解度

温度/℃	溶解度/%	
	酯在水中	水在酯中
10		1.2
15	0.8	1.28
20	1.0	1.86
25	2.3	

表 2-8-29 含乙酸丁酯的二元共沸混合物

第二组分	共沸点/℃	乙酸丁酯/%	第二组分	共沸点/℃	乙酸丁酯/%
水	90.2	71.3	乙二醇-乙醚	125.35	90
辛烷	119	52	乙二醇-甲醚	119.5	52
丁醇	117.2	53	碘丁烷	124.4	75
1-氯-2-丙醇	125.5	69	异丙醇	80.1	48
1,2,2-三氯丙烷	126.4	62	丙醇	94.2	60
三聚乙醛	124.25	9	甲基乙二醇	119.45	52
1,3-二甲基环己烷	<118.0	<37	亚异丙基丙酮	125.95	90
2-己酮	125.4	68			

表 2-8-30 含乙酸丁酯的三、四元共沸混合物

组　　成	含量/%（mol）	共沸点/℃
水-丁醇-乙酸丁酯	29.0∶8.0∶63	90.7
水-丁醇-乙酸丁酯-乙醚	30∶13∶51∶6	90.6

表 2-8-31 乙酸丁酯的急性毒性

小鼠	经口	LD_{50}	7056mg/kg
			7.7g/kg
大鼠	经口	LD_{50}	14130mg/kg
			13.1g/kg
小鼠	吸入（2h）	LD_{50}	60mg/L
小鼠	吸入（2h）	LD_{100}	700mg/L
兔			3.2g/kg

（12）附图

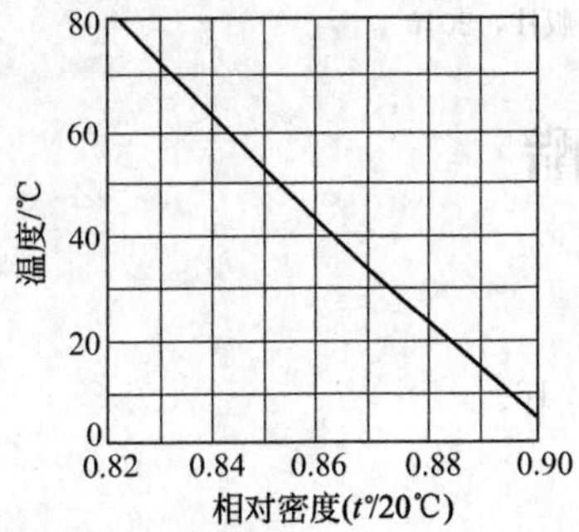

图 2-8-15　乙酸丁酯的相对密度

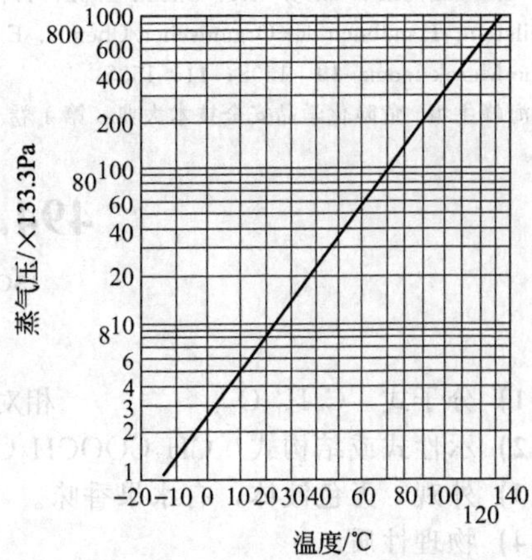

图 2-8-16　乙酸丁酯的蒸气压

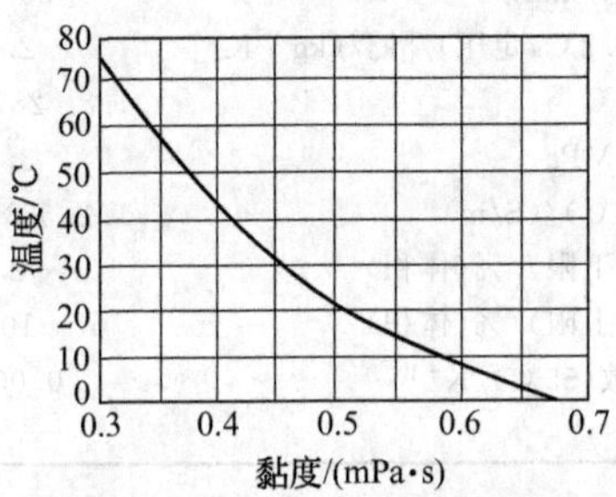

图 2-8-17　乙酸丁酯的黏度

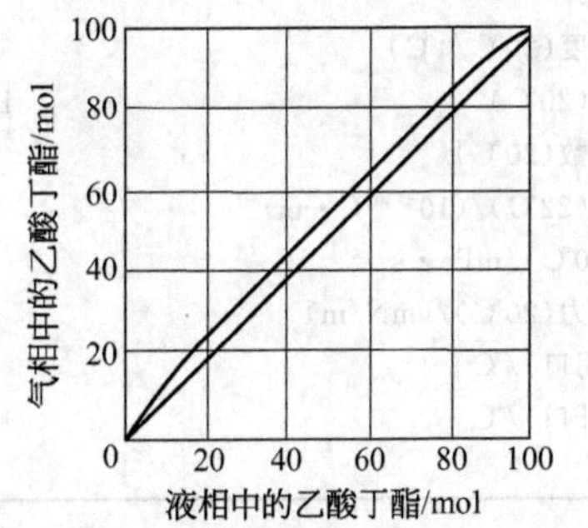

图 2-8-18　乙酸丁酯-甲苯的气液平衡

参　考　文　献

1　CAS 123-86-4
2　EINECS 204-658-1
3　A. Weissberger. Organic Solvents. 3rd ed. Wiley. 1971. 285
4　化学工学協会. 物性定数. 1集. 丸善. 1963. 301
5　渡辺　昭ほか. 工化. 1970，73：1744
6　W. J. Dunning . Trans. Faraday Soc. 1963，59：647
7　R. G. Gallant. Hydrocarbon Process. 1968，47（12）. 115
8　I. Mellan. Industrial Solvents. 2nd ed. Van Nostrand Reinhood. 1953. 699
9　J. Siigur and U. Haldua. Reakts Sposobnost Org. Soedin. 1970，7：211
10　C. J. Pouchert. The Aldrich Library of Infrared Spectra. G，Aldrich Chemical Co. 1970. 275
11　J. J. Lucier and F. F. Bentley. Spectrochim. Acta. 1964，20：1
12　IRDC カード. No. 354
13　J. G. Grasselli. Atlas of Spectral Data and Physical Constants for Organic Compounds. CRC Press. 1973. B-103
14　R. Hogler and L. Kohovee. Monatsh. Chem. 1946，**77**：27
15　E. Stenhagen et al.. Atlas of Mass Spectral Data. Vol. 1，Wiley. 1969. 427
16　H. A. Szymanski and R. E. yelin. NMR Band Handbook. IFI-Plenum. 1968. 62
17　Varian Associate NMR Spectra. No140
18　N. I. Sax. Dangerous Properties of Industrial Materials. Van Nostrand Reinhold. 1957. 394
19　A. Wessberger. Organic Sovents. 3rd ed. Wiley. 1971. 747
20　刘米達夫. 食品添加物公定書解说書. 3版. 広川書店. 1973. B-353
21　日本化学協会. 化学実験の安全指针. 丸善. 1966. 245
22　L. A. Bulbin. Gigienai Sanit. 1968，33（4）：22；Chem. Abstr. 1968，69：12827

23　有機合成化学協会. 溶剤ポケットブック. オーム社. 1977. 413
24　R. S. Sedgwick et al. J. Org. Chem. 1952，17：327
25　Beilstein. Handbuch der Organischen Chemie. E Ⅲ. 2-237
26　The Merck Index. **10**，1508；**11**，1535
27　张海峰主编. 危险化学品安全技术大典：第1卷. 北京：中国石化出版社，2010

494. 乙酸异丁酯

isobutyl acetate

(1) 分子式　$C_6H_{12}O_2$。　　　相对分子质量　116.16。

(2) 示性式或结构式　$CH_3COOCH_2CH(CH_3)_2$

(3) 外观　无色液体，有水果香味。

(4) 物理性质

沸点(101.3kPa)/℃	118.0	蒸发热/(kJ/mol)	35.87
熔点/℃	−98.85	生成热/(kJ/mol)	506.60
相对密度(20℃/4℃)	0.8745	燃烧热/(kJ/mol)	3539.5
折射率(20℃)	1.39018	比热容(70.2℃,定压)/[kJ/(kg·K)]	2.11
介电常数(20℃)	5.29	临界温度/℃	287.8
偶极矩(22℃)/(10^{-30} C·m)	6.24	临界压力/MPa	3.14
黏度(20℃)/mPa·s	0.697	电导率(19℃)/(S/m)	2.55×10^{-4}
表面张力(20℃)/(mN/m)	23.7	爆炸极限(下限)/%(体积)	2.4
闪点(闭口)/℃	17.8	(上限)/%(体积)	10.5
(开口)/℃	31.1	体膨胀系数(55℃)/K^{-1}	0.00126
燃点/℃	422.8		

(5) 化学性质　和乙酸丁酯相似，水解速度比乙酸丁酯慢。加热至450℃以上分解生成异丁烯、乙酸、丙酮、二氧化碳和甲烷。与氨作用生成酰胺。在三氧化铝存在下与苯反应生成叔丁基苯。进行光氯化反应时得到一氯取代酯，其中2-氯取代物和3-氯取代物是等量的。

(6) 精制方法　所含杂质除水、乙酸和异丁醇外，尚含有同系物的异松体混合物。精制时用碳酸氢钠或碳酸钠饱和水溶液中和、洗涤，再用氯化钠饱和水溶液充分洗涤，无水硫酸钠或硫酸镁干燥后精馏。

(7) 溶解性能　能与醇、醚、烃等多种有机溶剂混溶。能溶解硝酸纤维素、甘油三松香酸酯、达玛树脂、松香、贝壳松脂、乳香、榄香脂、山达树脂等天然树脂，以及香豆酮树脂、氯化橡胶、聚丙烯酸酯、聚乙酸乙烯酯、聚氯乙烯等合成树脂。虫胶部分溶解，醋酸纤维素和珐琊树脂则不溶。20℃时在水中溶解0.67%；水在乙酸异丁酯中溶解1.64%。乙酸异丁酯与30.4%的水和23.1%的异丁醇形成三元共沸混合物，共沸点86.8℃。

(8) 用途　用作涂料、硝基喷漆、清漆的溶剂，也用于制造果味香料。

(9) 使用注意事项　危险特性属第3.2类中闪点易燃液体。危险货物编号：32130。蒸气密度为4.00，应远离火源置阴凉处密封贮存。着火时用二氧化碳、四氯化碳或粉末灭火剂灭火。干燥时对金属无腐蚀性，可用软钢或铝制容器贮存。毒性较低，但应避免长期与浓的蒸气接触。大鼠在乙酸异丁酯99.75g/m^3的环境中接触150分钟，出现麻醉，100%致死。工作场所最高容许浓度1896mg/m^3。

(10) 规格　GB/T 26609—2011　工业用乙酸异丁酯

项　目	优等品	一等品	项　目	优等品	一等品
乙酸异丁酯/%	99.5	99.0	色度(铂-钴色号)/黑曾单位	10	
异丁醇/%	0.5	—	密度(ρ_{20})/(g/cm^3)	0.870～0.875	
水分/%	0.05	0.10	蒸发残渣/%	0.005	
酸度(以 CH_3COOH 计)/%	0.005	0.010	外观	透明液体,无悬浮杂质	

(11) 附表

表 2-8-32 乙酸异丁酯的蒸气压

温度/℃	蒸气压/kPa	温度/℃	蒸气压/kPa	温度/℃	蒸气压/kPa	温度/℃	蒸气压/kPa
−50	0.0044	10	0.87	50	8.49	100.0	61.02
−40	0.0125	12.8	1.33	59.7	13.33	110	84.02
−30	0.035	20	1.71	60.0	13.43	118	101.33
−21.2	0.133	25.5	2.67	70.0	20.57	120	113.59
−20	0.092	30.0	3.067	77.6	26.66	130	149.99
−10	0.21	39.2	5.33	80.0	30.25	140	192.65
0	0.43	40.0	5.21	90.0	43.93		
1.4	0.67	48.0	8.00	97.5	53.33		

表 2-8-33 乙酸异丁酯的二元共沸混合物

第 二 组 分	共沸点/℃	乙酸异丁酯/%	第 二 组 分	共沸点/℃	乙酸异丁酯/%
水	87.45	80.5	丁醇	114.5	50
庚烷	<98.2	<13	异丁醇	107.6	5
1，3-二甲基环己烷	<114.0	<62	2-戊醇	116.5	68
四氯乙烯	115.5	53	乙二醇-甲醚	115.6	84
氯代丙酮	116.7	70	溴代异戊烷	117.0	70
3-氯-1，2-环氯丙烷	<115.3	<50	硝基乙烷	112.5	40
碘代异丁烷	116.0	50	二异丙基硫	115.2	57

(12) 附图

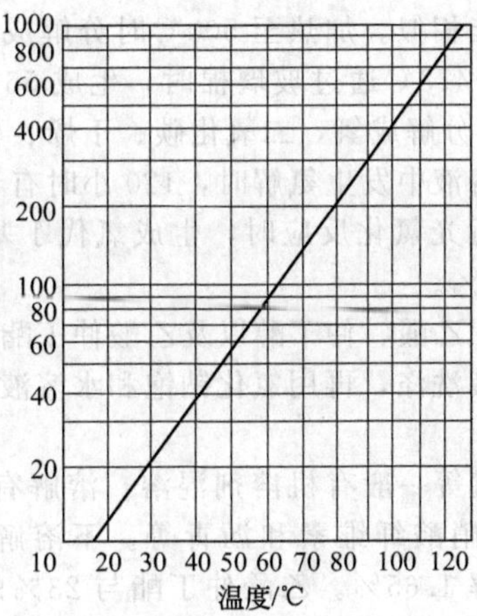

图 2-8-19 乙酸异丁酯的蒸气压

参 考 文 献

1 CAS 110-19-0
2 EINECS 203-745-1
3 A. Weissberger. Organic Solvents. 3rd ed. Wiley. 1971. 286
4 W. J. Dunning. Trans. Faraday Soc. 1963, 59: 647
5 Beilstein. Handbuch der Organischen Chemie. E Ⅱ. 2-142
6 Kirk-Othmer. Encyclopedia of Chemical Technology. 1st ed., Vol. 5. Wiley. 826
7 IRDC カード. No. 3533
8 J. G. Grasselli. Atlas of Spectral Data and Physical Constants for Organic Compounds. CRC Press. 1973. B-105
9 W. G. Braun et al.. Anal. Chem. 1950, 22: 1074
10 E. Stenhagen et al.. Atlas of Mass Spectral Data. Vol. 1. Wiley. 1969. 430
11 日本化学会. 化学実験の安全指針. 丸善. 1967. 249
12 日本化学会. 化学便覧. 応用編. 丸善. 1973. 1613

13 A. K. Doolittle. The Techology of Solvents and Platicizers. Wiley. 1954. 364
14 J. E. Jordan. Vapor Pressure of Organic Compounds. Wiley. 1954. 159
15 S. R. Stull, Ind Eng. Chem. 1947, 39: 517
16 M. Lecat Tables Azeotropizues. 2Ed. 1949
17 C. Marsden. Solvents Manual. 1954, 65
18 The Merck Index. **10**, 4977; **11**, 5014

495. 乙酸仲丁酯

sec-butyl acetate

(1) 分子式 $C_6H_{12}O_2$。　相对分子质量 116.16。

(2) 示性式或结构式 $CH_3COOCH(CH_3)CH_2CH_3$

(3) 外观 无色液体，有较弱的水果香味。

(4) 物理性质

沸点(101.3kPa)/℃	112.34	闪点(闭口)/℃	19
熔点/℃	−98.9	(开口)/℃	31.1
相对密度(20℃/4℃)	0.872	比热容(20℃,定压)/[J/(kg·K)]	1.92
折射率(20℃)	1.3894	蒸气压(25℃)/kPa	3.20
黏度(21.1℃)/mPa·s	23.33	爆炸极限(下限)/%(体积)	1.7
蒸发热(b.p.)/(kJ/kg)	36.33	体膨胀系数(10～30℃)/K^{-1}	0.00118

(5) 化学性质 和乙酸丁酯相似。加热至500℃时分解成1-丁烯、2-丁烯、乙烯和丙烯。将乙酸仲丁酯在氮气流中于460～473℃通过玻璃棉时，生成56%1-丁烯，43%2-丁烯及1%丙烯。在氧化钍存在下加热至380℃，分解成氢，二氧化碳、丁烯、仲丁醇和丙酮等。乙酸仲丁酯的水解速度较小。室温下在稀的醇溶液中发生氨解时，120小时有20%转变成酰胺。在三氟化硼存在下与苯反应生成仲丁基苯。进行光氯化反应时，生成氯代丁基乙酸酯。其中1-甲基-2氯丙基乙酸酯占66%，其他异构体占34%。

(6) 精制方法 常含有水、乙酸、仲丁醇以及乙酸仲丁酯的异构体如同系物等杂质。精制时先用碳酸氢钠或碳酸钠饱和溶液洗涤，再用氯化钠饱和水溶液洗涤，无水硫酸钠或硫酸镁干燥后精馏。

(7) 溶解性能 能与醇、醚等一般有机溶剂混溶。溶解有机酸、蓖麻油、亚麻仁油、松香、甘油三松香酸酯、达玛树脂、硝酸纤维素和沥青等。不溶解醋酸纤维素。20℃时在水中溶解0.62%；水在乙酸仲丁酯中溶解1.65%。乙酸仲丁酯与23%的水、45%仲丁醇形成三元共沸混合物，共沸点86.0℃。

(8) 用途 主要用于漆用溶剂、稀释剂、各种植物油与树脂溶剂。还用于塑料和香料制造。

(9) 使用注意事项 危险特性属第3.2类中闪点易燃液体。危险货物编号：32130。蒸气相对密度为4.00。应远离火源置阴凉处密封贮存。着火时用二氧化碳、甲氯化碳或粉末灭火剂灭火。避免长期与浓的蒸气接触。工作场所最高容许浓度为948mg/m³。

(10) 附表

表 2-8-34 含乙酸仲丁酯的二元共沸混合物

第二组分	共沸点/℃	乙酸仲丁酯/%	第二组分	共沸点/℃	乙酸仲丁酯/%
水	87.45	19.5	仲丁醇	99.6	86.3
辛烷	114.5	>70	异丁醇	107.6	95
四氯乙烯	115.5	47	氯代丙酮	116.7	30
3-氯-1,2-环氧丙烷	<115.3	>50	溴代异戊烷	117.0	30
碘代异丁烷	116.0	50	三乙基硼	116.85	35
丁醇	114.5	50			

参 考 文 献

1 CAS 105-46-4
2 EINECS 203-300-1
3 A. Weissberger. Organic Solvent. 3rd ed. Wiley. 1971. 288
4 石桥弘毅. 溶剤便覧. 槙書店. 1967. 449
5 International Critical Tables. Ⅴ-106
6 IRDC カード. No. 3534
7 J. G. Grasselli. Atlas of Spectral Data and Physical Constants for Organic Compounds. CRC Press. 1973. B-103
8 W. G. Braun el at.. Anal. Chem.. 1950, 22: 1074
9 J. H. Beynon et al.. Anal. Chem. 1961, 33: 221
10 E. Stenhagen et al. Atlas of Mass Spectral Data. Vol. 1. Wiley. 1969. 428
11 Kirk-Othmer. Encyclopedia of Chemical Technology. 1st ed., Vol. 5. Wiley. 826
12 安全工学協会. 安全工学便覧. コロナ社. 1973. 295
13 C. Marsden. Solvents Manual. Cleaver-Hume. 1954. 67
14 Beilstein. Handbuch der Organischen Chemie. E Ⅲ. 2-241

496. 乙酸叔丁酯

tert-butyl acetate

(1) 分子式　$C_6H_{12}O_2$。　　相对分子质量　116.16。

(2) 示性式或结构式　$CH_3COOC(CH_3)_3$

(3) 外观　无色液体。

(4) 物理性质

沸点(101.3kPa)/℃	94～96
相对密度(20℃/4℃)	0.866
折射率(20℃)	1.387

(5) 溶解性能　能与醇、醚等一般有机溶剂混溶。

(6) 用途　硝酸纤维素等溶剂。

(7) 使用注意事项　乙酸叔丁酯的危险特性属第 3.2 类中闪点易燃液体。危险货物编号：32130，UN 编号：1123。与氧化剂会发生强烈反应，遇明火、高热会引起燃烧爆炸。触及皮肤易经皮肤吸收，有麻醉性。有毒、易燃。

参 考 文 献

1 CAS 540-88-5
2 EINECS 208-760-7
3 Beilstein. Handbuch der Organischen Chemie. H, 2-131; E Ⅳ, 2-151
4 The Merck Index. **10**, 1510; **11**, 1537; **12**, 1572
5 张海峰主编. 危险化学品安全技术大典: 第 1 卷. 北京: 中国石化出版社, 2010

497. 乙酸戊酯

pentyl acetate [*n*-amyl acetate]

(1) 分子式　$C_7H_{14}O_2$。　　相对分子质量　130.18。

(2) 示性式或结构式　$CH_3COOC_5H_{11}$

(3) 外观　无色流动性液体，有香蕉香味。

(4) 物理性质

沸点(101.3kPa)/℃	149.55	燃点/℃	378.9
熔点/℃	−70.8	蒸发热(b.p.)/(kJ/mol)	41.03
相对密度(20℃/4℃)	0.8753	燃烧热/(kJ/mol)	4431.7
折射率(20℃)	1.40228	比热容(30.1℃,定压)/[kJ/(kg·K)]	2.12
介电常数(20℃)	4.75	临界温度/℃	332
偶极矩(液)/(10^{-30} C·m)	6.37	电导率(25℃)/(S/m)	1.6×10^{-9}
黏度(20℃)/mPa·s	0.924	蒸气压(25℃)/kPa	0.80
表面张力(20℃)/(mN/m)	25.68	爆炸极限(下限)/%(体积)	1.1
闪点(闭口)/℃	25	(上限)/%(体积)	7.5
(开口)/℃	26	体膨胀系数/K^{-1}	0.00104

(5) 化学性质　与乙酸异戊酯相似。在苛性碱存在下容易发生水解反应，生成乙酸和戊醇。加热至470℃分解生成1-戊烯。在氯化锌存在下加热，除生成1-戊烯外，还有乙酸、二氧化碳以及戊烯的聚合物生成。

(6) 精制方法　除含有水、乙酸、戊醇等杂质外，由于原料来源不同，尚可含有2-戊醇、异戊醇、2-甲基丁醇、丙醇、丁醇、己醇、庚醇及其乙酸酯类。精制时用碳酸氢钠或碳酸钠饱和溶液洗涤，再用氯化钠饱和溶液洗涤、无水硫酸钠或硫酸镁干燥后精馏。

(7) 溶解性能　能与醇、醚、苯、氯仿、二硫化碳等多种有机溶剂混溶。为硝酸纤维素、乙基纤维素、赛璐珞、聚乙酸乙烯酯、氯乙烯-乙酸乙烯酯共聚物，各种植物油、松香、达玛树脂等的优良溶剂。20℃时在水中溶解0.17%；水在乙酸戊酯中溶解1.15%。乙酸戊酯与41%的水形成二元共沸混合物，共沸点95.2℃。

(8) 用途　用作硝基喷漆，涂料的溶剂和稀释剂，人造珍珠的黏结剂，青霉素和丹宁、铂、钯、铑等金属的萃取剂，香料的制造原料。

(9) 使用注意事项　危险特性属第3.3类高闪点易燃液体。危险货物编号：33596，UN编号：1104。蒸气密度为4.5，贮存和使用时注意远离火源。干燥时对金属无腐蚀性，可用铁、软钢或铝制容器贮存，但不宜用铜制容器，因微量的乙酸对铜有腐蚀作用。对眼、黏膜有刺激作用，引起结膜炎、鼻炎、咽喉炎等。重者伴有头痛、嗜睡、心悸、食欲不振、恶心、呕吐等症状。嗅觉阈浓度0.05mg/m³。TJ 36—79规定车间空气中最高容许浓度为100mg/m³。

(10) 附表

表 2-8-35　含乙酸戊酯的二元共沸混合物

第二组分	共沸点/℃	乙酸戊酯/%	第二组分	共沸点/℃	乙酸戊酯/%
水(56.2)+1-戊醇(33.3)	94.8	10.5	α-蒎烯	<146.8	>62
水	95.2	59	乙二醇	147.6	94
1-甲氧基-2-乙酰氧乙烷	<144.5	>8	1,1,2,2-四氯乙烷	153.1	60

(11) 附图

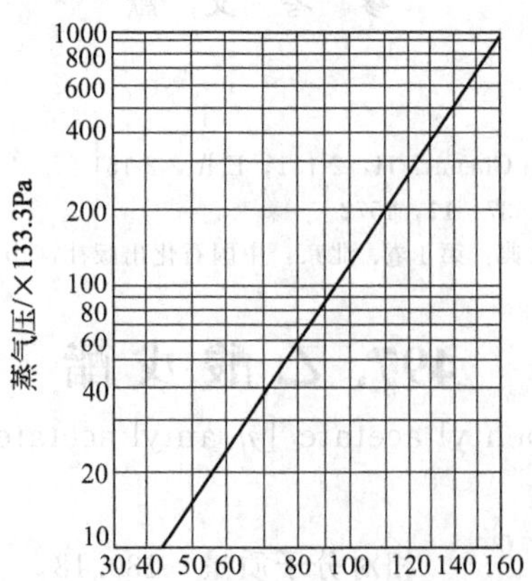

图 2-8-20　乙酸戊酯的蒸气压

参 考 文 献

1 CAS 628-63-7
2 EINECS 211-047-3
3 A. Weissberger. Organic Solvents. 3rd ed. Wiley. 1971. 289
4 化学工学協会. 物性定数. 1集. 丸善. 1963. 301
5 A. Weissberger. Organic Solvents. 3rd ed. Wiley. 165
6 日本化学会. 化学実験の安全指針. 丸善. 1967. 226
7 有機合成化学協会. 溶剤ポケットブック. オーム社. 1965. 421
8 A. Hantzsch and E. Scharf. Chem. Ber. 1913, 46: 3570
9 A. W. Smith and C. E. Boord. J. Amer. Chem. Soc. 1926, 48: 1512
10 C. H. Chih. Z. Physik. Chem. Leipzig. 1934, 24B: 293
11 J. H. Beynon et al. Aanl. Chem. 1961, 33: 221
12 E. Stenhagen et al. Atlas of Mass Spectral Date. Vol. 1. Wiley. 1969. 602
13 L. O. Rosado et al. J. Org. Chem. 1966, 31: 1899
14 Kirk-Othmer. Encyclopedia of Chemical Technology. 1st ed. Vol. 5. Wiley. 826

498. 乙酸异戊酯

isopentyl acetate [isoamyl acetate, amyl acetic ester, banana oil, pear oil]

(1) 分子式 $C_7H_{14}O_2$。 相对分子质量 130.18。

(2) 示性式或结构式 $CH_3COOCH_2CH_2CH(CH_3)_2$

(3) 外观 无色透明液体，微带香蕉香味。

(4) 物理性质

沸点(101.3kPa)/℃	142.0	燃点/℃	379.4
熔点/℃	−78.6	蒸发热/(kJ/mol)	37.56
相对密度(20℃/4℃)	0.8719	爆炸极限(下限)/%(体积)	1.0
折射率(20℃)	1.4007	(上限)/%(体积)	7.5
介电常数(30℃)	4.63	生成热/(kJ/mol)	532.14
偶极矩(22℃)/(10^{-30} C·m)	6.07	燃烧热/(kJ/mol)	4191.82
黏度(19.91℃)/mPa·s	0.872	比热容(20℃,定压)/[kJ/(kg·K)]	1.92
表面张力(21.1℃)/(mN/m)	24.62	临界温度/℃	326
闪点(闭口)/℃	25	体膨胀系数/K^{-1}	0.00119
(开口)/℃	27	蒸气压(20℃)/kPa	0.60

(5) 化学性质 与低级乙酸酯类相比，不易水解；但在苛性碱存在下，水解生成乙酸和异戊醇。乙酸异戊酯在氮气流中于700℃通过玻璃棉时，分解为3-甲基-1-丁烯及少量的丙酮。将氨和乙酸异戊酯的混合物通过热至490～500℃的氧化铝时，生成乙腈、异戊醇、乙烯和氢等。乙酸异戊酯在乙醚溶液中与碘化镁、四氯化钛生成结晶性的分子化合物。此外，乙酸异戊酯也能发生醇解、氨解、酯交换、还原等一般酯类的共同反应。

(6) 精制方法 除含有水、乙酸、异戊醇等杂质外，由于原料来源不同尚可含有丙醇、丁醇、己醇、庚醇及其乙酸酯等。精制时用碳酸氢钠或碳酸钠饱和溶液洗涤，再用氯化钠饱和水溶液洗涤，无水硫酸钠或硫酸镁干燥后精馏。

(7) 溶解性能 能与醇、醚、丙酮、烃类等一般有机溶剂混溶，溶解硝酸纤维素、甘油三松香酸酯、乙烯基树脂、香豆酮树脂、松香、乳香、达玛树脂、山达树脂、蓖麻油等。虫胶部分溶解，醋酸纤维素不溶。25℃时在水中溶解2%；水在乙酸异戊酯中溶解1.6%。

(8) 用途 用作油脂、橡胶、硝酸纤维素、清漆、鞋油、油墨、防水漆、织物染色处理、药品萃取精制等的溶剂以及香料制造。

(9) 使用注意事项　危险特性属第3.3类高闪点易燃液体。危险货物编号：33596。蒸气相对密度4.49，贮存和使用时注意远离火源。着火时用二氧化碳、四氯化碳或粉末灭火剂灭火。干燥时对金属无腐蚀性，可用铁、软钢或铝制容器贮存，但不宜使用铜制容器，因微量的乙酸存在能腐蚀铜。人体吸入乙酸异戊酯蒸气时，刺激眼睛和气管黏膜，引起咳嗽、胸闷、咽喉类、支气管炎、眼睛发炎、头痛、耳鸣、恶心、战栗、疲劳、轻度昏迷、眩晕、头部充血，心动过速、脉搏增加等症状。工作场所最高容许浓度5054mg/m³。大鼠经口LD_{50}为16.55g/kg，豚鼠吸入53200mg/m³ 5小时致死。

(10) 规格　①HG/T 3460—2003　试剂用乙酸异戊酯

项　目		分析纯	化学纯	项　目		分析纯	化学纯
含量[$CH_3COOCH_2CH_2CH(CH_3)_2$]/%		99.0～100.5	98.0～100.5	与乙酸混合试验		合格	合格
				蒸发残质/%	≤	0.002	0.005
沸程/℃	≤	138.0～143.0	138.0～143.0	游离酸(以CH_3COOH计)/%	≤	0.01	0.02
				水分/%	≤	0.2	0.2

② GB 6776—2006　食用乙酸异戊酯

项　目	指标	项　目	指标
酯含量(GC)/%	95.0	溶解度(25℃)	1mL 样品全溶于 3mL 60%(体积分数)乙醇中
相对密度(25℃/25℃)	0.868～0.878		
折射率(20℃)	约1.4000	砷(As)/(mg/kg)	3
酸值/(mgKOH/g)	1.0	重金属(以Pb计)/(mg/kg)	10
外观	无色液体	香气	有香蕉、生梨样香气

(11) 附表

表 2-8-36　乙酸异戊酯的蒸气压

温度/℃	蒸气压/kPa	温度/℃	蒸气压/kPa
0.0	0.13	71.0	8.00
23.7	0.67	83.2	13.33
35.2	1.33	101.3	26.66
47.8	2.67	121.5	53.33
62.1	5.33	142.0	

表 2-8-37　含乙酸异戊酯的二元共沸混合物

第二组分	共沸点/℃	乙酸异戊酯/%	第二组分	共沸点/℃	乙酸异戊酯/%
水	94.05	64.91	二丁醚	<141.2	<55
间二甲苯	136	50	二丙基甲酮	141.7	75
α-蒎烯	142.05	97.5	甲基异戊基甲酮	141.8	82
溴仿	150.2	18	氯代乙酸乙酯	141.7	60
1，1，2，2-甲氯乙烷	150.1	32	乳酸甲酯	138.5	56
1，2-二溴丙烷	<140.2	<9	丙酮酸	135.0	35
碘代异戊烷	141.75	85	乙二醇	141.95	97
异戊醇	131～132 (99.73kPa)	31.7	乙二醇一乙醚	133.8	30
			乙二醇一乙醚乙酸酯	141.5	80
环戊醇	<139.4	<52			

(12) 附图

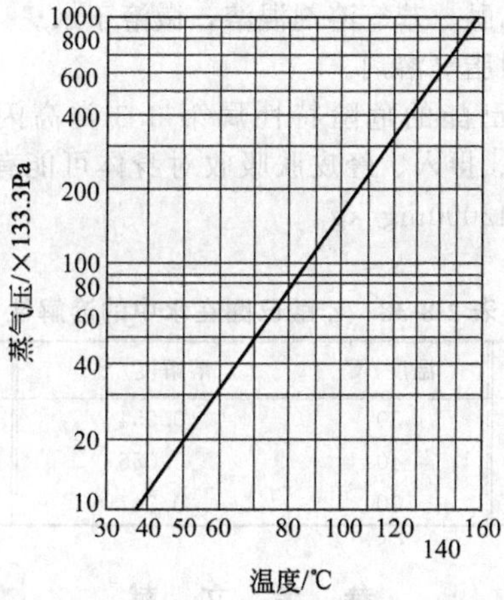

图 2-8-21　乙酸异戊酯的蒸气压

参 考 文 献

1　CAS 123-92-2
2　EINECS 204-662-3
3　A. Weissberger. Organic Solvents. 3rd ed. Wiley. 1971. 290
4　W. J. Dunning. Trans. Faraday Soc. 1963，59：647
5　Beilsstein. Handbuch der Organischen Chemie. EⅡ. 2-144
6　International Critical Tables. Ⅲ-249
7　A. Hantzach and E. Scharf. Chem，Ber. 1913，48：3870
8　IRDC カード. No. 6274
9　C. H. Chih. Z. Physik. Chem. Leipzig. 1934，24B：293
10　J. H. Beynon et al. Anal. Chem.. 1961，33. 221
11　F. Stenhagen et al. Atlas of Mass Spectral Data. Vol. 1. Wiley. 1969. 599
12　H. A. Szymanski and R. E. Yellin. NMR Band Handbook. IFI-plenum. 1968. 62
13　日本化学会. 化学実験の安全指針. 丸善. 1970. 249.
14　A. Weissberger. Organic Solvents. 2nd ed. Wiley. 166
15　P. M. Jenner et al. Food Gosmet. Toxicol. 1964. 2：327
16　安全工学協会. 安全工学便覧. コロナ社. 1973. 310
17　苅米达夫. 食品添加物公定書解説書. 3 版. 広川書店. 1973. B-327
18　有機合成化学協会. 溶剤ポケットブッグ. オーム社. 1977. 422
19　M. Lecat. Advances in Chemistry，Series. No. 6，1952
20　C. Marsden. Solvents Manual. 1954. 14
21　The Merck Index. **10**，4957；**11**，4493

499. 乙 酸 己 酯

hexyl acetate［acetic acid hexyl ester］

(1) 分子式　$C_8H_{16}O_2$。　　　　相对分子质量　144.22。

(2) 示性式或结构式　$CH_3COO(CH_2)_5CH_3$

(3) 外观　无色透明液体、水果香味。

(4) 物理性质

沸点(101.3kPa)/℃	171.5	折射率(20℃)	1.4092
熔点/℃	−80.9	闪点/℃	37
相对密度(20℃/4℃)	0.8779		

(5) 溶解性能　与乙醇、乙醚、苯等溶剂混溶，微溶于水。

(6) 用途　纤维素酯类、树脂等溶剂。

(7) 使用注意事项　乙酸己酯的危险特性属第 3.3 类高闪点易燃液体。危险货物编号：33596。有毒或蒸气有毒。吸入、摄入、经皮肤吸收对身体可能有害。遇高热、明火或强氧化剂易引起燃烧。大鼠经口 LD_{50} 为 42000mg/kg。

(8) 附表

表 2-8-38　乙酸己酯在水中的溶解性

温度/℃	溶解度/%	温度/℃	溶解度/%	温度/℃	溶解度/%
0	0.084	30	0.054	60	0.051
10	0.070	40	0.056	70	0.057
20	0.043	50	0.047	80	0.063

参 考 文 献

1　CAS 142-92-7

2　EINECS 205-572-7

3　Beilstein. Handbuch der Organischen chemie. H，2-132；E Ⅳ，2-159

500. 乙酸仲己酯

sec-hexyl acetate［4-methylpentyl-2-acetate］

(1) 分子式　$C_8H_{16}O_2$。　　　　相对分子质量　144.21。

(2) 示性式或结构式　$CH_3COOCHCH_2CHCH_3$（两个 CH 上各连有 CH_3）

$$\begin{array}{l}CH_3COO\underset{\displaystyle CH_3}{\underset{|}{C}}HCH_2\underset{\displaystyle CH_3}{\underset{|}{C}}HCH_3\end{array}$$

(3) 外观　无色液体，有水果香味。

(4) 物理性质

沸点(101.3kPa)/℃	146.3	闪点(开口)/℃	43
熔点/℃	−63.8	黏度(25℃)/mPa·s	0.9445
相对密度(20℃/4℃)	0.860	蒸气压(30℃)/kPa	1.33
折射率(20℃)	1.4012	体膨胀系数(10～30℃)/K^{-1}	0.00104

(5) 化学性质　具有酯的一般化学性质。在苛性钠存在下容易水解生成乙酸和仲己醇。

(6) 精制方法　含有游离酸和醇等杂质。精制时用碳酸氢钠或碳酸钠饱和水溶液洗涤，再用氯化钠饱和水溶液洗涤，无水硫酸钠或硫酸镁干燥后精馏。

(7) 溶解性能　20℃时在水中溶解 0.13%；水在乙酸仲己酯中溶解 0.68%。能溶解硝化纤维、橡胶、树脂等。

(8) 用途　用作硝酸纤维素、树脂类溶剂。

(9) 使用注意事项　危险特性属第 3.3 类高闪点易燃液体。危险货物编号：33596，UN 编号：1233。贮存和使用时注意火源。其蒸气对黏膜有刺激作用，应避免长期与浓的蒸气接触。工作场所最高容许浓度 295mg/m^3。毒性较小，大鼠在乙酸仲己酯的浓蒸气中接触 8 小时不致死。

参 考 文 献

1　CAS 108-84-9

2　EINECS 203-621-7

3　Kirk-Othmer. Encyclopedia of Chemical Technology. 1st ed. Vol. 5. Wiley. 826

4　Beilstein. Handbuch der Organischen Chemie. E Ⅰ. 2-61

5　石橋弘毅. 溶剂便覧. 槇書店. 1967. 462

6 有機合成化学協会. 溶剤ポケットブック. オーム社. 1977. 426
7 日本化学協会. 化学実験の安全指针. 丸善. 1967. 245

501. 乙酸-2-乙基丁酯

2-ethylbutyl acetate [3-acetoxymethyl pentane]

(1) 分子式 $C_8H_{16}O_2$。 相对分子质量 144.21。

(2) 示性式或结构式 $CH_3COOCH_2CH(C_2H_5)CH_2CH_3$

(3) 外观 无色液体，有水果香味。

(4) 物理性质

沸点(101.3kPa)/℃	162.7	闪点(闭口)/℃	57
熔点/℃	<−100	(开口)/℃	54.44
相对密度(20℃/20℃)	0.880	蒸气压(63℃)/kPa	2.67
折射率(20℃)	1.4103		

(5) 化学性质 具有酯的一般性质。在520～530℃热解时生成2-甲基-1-丁烯。

(6) 精制方法 常含有游离的酸和醇等杂质。精制时用碳酸氢钠或碳酸钠饱和水溶液洗涤后，用饱和的氯化钠水溶液洗涤，无水硫酸钠或硫酸镁干燥后精馏。

(7) 溶解性能 能与醇、醚、烃类等有机溶剂混溶。20℃时在水中溶解0.64%；水在乙酸-2-乙基丁酯中溶解0.57%。

(8) 用途 用作氯化橡胶、硝酸纤维素、聚乙酸乙烯酯、天然油脂等的溶剂以及漆用高沸点溶剂。也用于香料的制造。

(9) 使用注意事项 危险特性属第3.3类高闪点易燃液体。危险货物编号：33596，UN编号：1177。乙酸-2-乙基丁酯为可燃性液体，注意火源，置阴凉处贮存。干燥时对金属无腐蚀性，但有水存在时，由于水解逐渐放出有腐蚀性的乙酸。毒性较小，一般使用条件下危险性不大。

参 考 文 献

1 CAS 10031-87-5
2 Kirk-Othmer. Encyclopedia of Chemical Technology. 1st ed. Vol. 5. Wiley. 844
3 J. G. Grasselli. Atlas of Spectral Data and Physical Constants for Organic Compounds. CRC Press. 1973. B-104
4 Beilstein. Handbuch der Organischen Chemie. E Ⅲ. 2-257
5 N. I. Sax. Handbook of Dangerous Materials. Van Nostrand Reinhold. 1951. 161

502. 乙酸-2-乙基己酯

2-ethylhexyl acetate [octyl acetate]

(1) 分子式 $C_{10}H_{10}O_2$。 相对分子质量 172.27。

(2) 示性式或结构式 $CH_3COOCH_2CH(C_2H_5)(CH_2)_3CH_3$

(3) 外观 无色液体，有水果香味。

(4) 物理性质

沸点(101.3kPa)/℃	198.6	闪点(开口)/℃	88
熔点/℃	−80	蒸发热(25℃)/(kJ/mol)	48.15
相对密度(20℃/20℃)	0.8734	比热容(定压)/[kJ/(kg·K)]	2.09
折射率(20℃)	1.4201	蒸气压(20℃)/kPa	0.053
黏度(20℃)/mPa·s	1.5	热导率(10～30℃)/[W/(m·K)]	0.4145

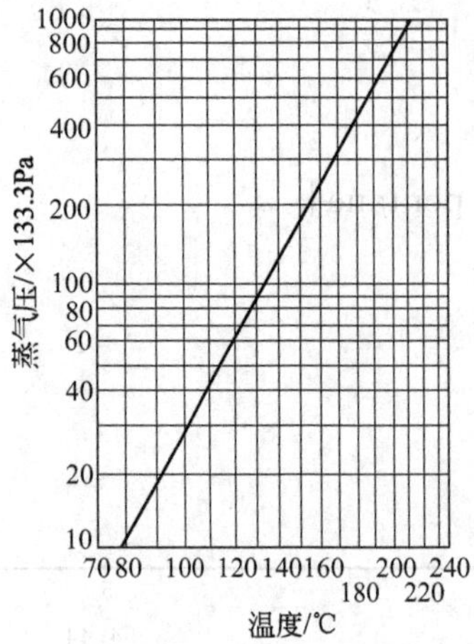

图 2-8-22 乙酸-2-乙基己酯的蒸气压

(5) 化学性质　具有酯类的一般化学性质，在苛性碱存在下容易水解。

(6) 精制方法　含有游离的酸和醇等杂质。精制时用碳酸氢钠或碳酸钠水溶液洗涤，无水碳酸钠或硫酸钠干燥后精馏。

(7) 溶解性能　能与醇、醚、烃等有机溶剂混溶，对天然或合成的树脂的溶解能力强。对硝酸纤维素有很强的溶解能力。是一种高沸点溶剂。20℃时在水中溶解 0.03%；水在乙酸-2-乙基己酯中溶解 0.55%。与 73.5% 的水形成共沸混合物，共沸点 99.0℃。

(8) 用途　用作刷涂、硝基喷漆、烘漆、乳胶漆等的溶剂。也用于香料制造。

(9) 使用注意事项　乙酸-2-乙基己酯为可燃性液体，蒸气相对密度 5.93，使用时注意通风与火源。干燥时对金属无腐蚀性，可用铁、软钢或铝制容器贮存。铜制容器不宜使用，因水解生成的微量乙酸对铜有腐蚀性。毒性小，能经口和呼吸道吸收。在一般使用条件下，不会引起重大的生理损害。大鼠在乙酸-2-乙基己酯的浓蒸气中接触 15 分钟不致死。

(10) 附图

参 考 文 献

1 CAS 103-09-3
2 EINECS 203-079-1
3 Kirk-Othmer. Encyclopedia of Chemical Techlogy. 1st ed., Vol. 5. Wiley. 844
4 G. B. Hatch and H. Adkins. J. Amer. Chem. Soc
5 A. Weissberger. Organic Solvents. 3rd ed. Wiley. 1971. 292
6 T. E. Jordan. Vapor Presure of Organic Compounds. Wiley. 1954. 148
7 H. McCombie et al. J. Chem. Soc. 1944. 24
8 A. K. Doolittle. Ind. Eng. Chem. 1935, 27: 1169
9 IRDC カード. No. 7466
10 E. Stenhagen et al.. Atlas of Mass Spectral Data. Wiley. 1969. 1151

503. 乙酸环己酯

cyclohexyl acetate [hexahydrophenyl acetate, hexalin acetate, adronol acetate]

(1) 分子式　$C_8H_{14}O_2$。　　相对分子质量　142.19。

(2) 示性式或结构式

```
              CH2—CH2
CH3COO—CH            CH2
              CH2—CH2
```

(3) 外观　无色液体，有水果香味。

(4) 物理性质

沸点(101.3kPa)/℃	173.5～174.5	黏度(10.44℃)/mPa·s	2.853
熔点/℃	−65	表面张力(20℃)/(mN/m)	31.22
相对密度(20℃/4℃)	0.963	闪点(闭口)/℃	58
折射率(20℃)	1.4417	蒸气压(100℃)/kPa	8.84
偶极矩(18℃)/(10^{-30}C·m)	6.34	爆炸极限(下限)/%(体积)	1.0

(5) 化学性质　具有酯类的典型化学性质。水解生成乙酸和环己醇。在二氧化碳或氮一类惰性气流中，将乙酸环己酯通过加热到 460～470℃的石英管时，发生热解反应，有 30%的乙酸环己酯分解为乙酸和环己烯。若通过加热到 550～560℃的石英管时，则全部分解为乙酸和环己烯。在三氟化硼存在下，与苯一起加热时，生成环己基苯、1,4-二环己基苯及其他化合物。

乙酸环己酯的水解速度常数在 0.1～0.25 mol/L 盐酸溶液中，25℃为 0.00392，35℃为 0.0087。在 0.5 mol/L 的氢氧化钠、90%的甲醇溶液中进行水解时，60℃ 10 分钟有 98.5%发生水解，20 分钟 99%水解，30 分钟 100%水解。

(6) 精制方法　含有水、乙酸、环己醇等杂质。精制时用碳酸氢钠或碳酸钠溶液洗涤，无水碳酸钠或硫酸钠干燥后精馏。

(7) 溶解性能　能与醇、醚、烃等多种有机溶剂混溶。溶解油脂、松香、甘油三松香酸酯、达玛树脂、碱性染料、硝酸纤维素、生胶等。虫胶、醋酸纤维素不溶解。20℃时在水中溶解 1.4%。

(8) 用途　对一般的树脂有很好的溶解能力，可用作漆用溶剂。在食品工业中用作香料。

(9) 使用注意事项　危险特性属第 3.3 类高闪点易燃液体。危险货物编号：33596，UN 编号：2243。乙酸环己酯为可燃性液体，贮存和使用时注意火源。干燥时对金属无腐蚀性，可用铁、软钢或铝制容器贮存。较难水解，但对久贮或回收的溶剂应检查其酸度，因水解生成的乙酸对金属有腐蚀性。乙酸环己酯属低毒类。麻醉作用较强，挥发性低，中毒的危险性较小，但有局部的刺激作用，除刺激眼睛外，动物试验证明，吸入乙酸环己酯刺激呼吸气管黏膜，出现肝、肺充血。猫皮下注射 LD_{50} 为 7.5g/kg。吸入 LD_{50} 为 54968.4mg/m^3。

参 考 文 献

1 CAS 622-45-7
2 EINECS 210-736-6
3 Beilstein. Handbuch der Organischen Chemie. EⅠ. 6-5；EⅡ. 6-10；EⅢ, 6-22
4 C. Marsden. Solvents Manual. leaver-Hume. 1954. 109
5 Landolt-Börnstein. 6th ed., Vol. Ⅰ-3. Springer. 425
6 有機合成化学協会. 溶剤ポケットブック. オーム社. 1977，429
7 R. J. Sheehan and S. H. Langer. J. Chem. Phys.. 1969，14：248
8 IRDC カード. No. 7222
9 E. Stenhangen et al,. Atlas of Mass Spectral Data. Wiley. 1969. 769
10 N. I. Sax. Dangerous Properties of Industrial Materials. Van Nostrand Reinhold. 1957. 527
11 防灾の手引. 東京大学工学部応用化学系四科安全委员会. 1974. 20
12 刘米达夫. 食品添加物公定書玷説書. 3 版. 広川書店. 1973. B-335

504. 乙酸甲基环己酯

methyl cyclohexyl acetate [methyl hexalinacetate]

(1) 分子式　$C_9H_{16}O_2$。　　相对分子质量　156.13。

(2) 示性式或结构式

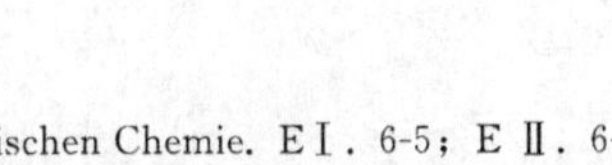

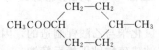

(3) 外观　无色液体，微带梨的香味。

(4) 物理性质

沸点(101.3kPa,邻位)/℃	181.5～182.5	折射率(14℃)	1.441
(101.3kPa,间位)/℃	188～189	黏度(25℃)/mPa·s	2.3
(101.3kPa,对位)/℃	186.5	表面张力(20℃,对位)/(mN/m)	29.21
熔点/℃	−77	蒸气相对密度(空气=1)	5.37
相对密度(0℃/4℃)	0.960～0.968	闪点(闭口)/℃	64

(5) 化学性质 与乙酸环己酯相似。市售商品为各种异构体的混合物，其中以间位和对位异构体为主，也含有少量邻位异构体。加热至490～510℃时热解生成环己烯。

(6) 精制方法 无水碳酸钾或硫酸钠干燥后精馏。

(7) 溶解性能 与乙酸环己酯相似，但溶解速度较小。

(8) 用途 作挥发性小的漆用溶剂使用。

(9) 使用注意事项 乙酸甲基环己酯为可燃性液体，避免与火源和强氧化剂接近，置阴凉通风处密封贮存。干燥时对金属无腐蚀性，但不宜用铜制容器贮存，因水解生成的微量乙酸对铜有腐蚀性。对久贮或回收的乙酸甲基环己酯使用前应检查其酸度。

参 考 文 献

1 CAS 54714-33-9

2 桑田勉. 溶剂. 丸善. 1955. 292

3 C. Marsden. Solvents Manual. 1954, 252

4 Beilstein. Handbuch der Organischen Chemie. E Ⅰ. 6-10; E Ⅱ. 6-24

5 N. I. Sax. Dangerous Properties of Industrial Materials. 1957, 890

505. 乙酸苄酯

benzyl acetate [phenymethyl acetate]

(1) 分子式 $C_9H_{10}O_2$。　　相对分子质量 150.17。

(2) 示性式或结构式

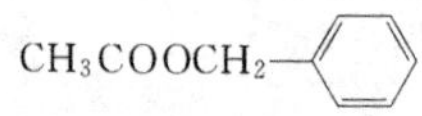

(3) 外观 无色液体，有茉莉花香味。

(4) 物理性质

沸点(101.3kPa)/℃	213.5	黏度(45℃)/mPa·s	1.399×10^{-3}
熔点/℃	−51.5	闪点(开口)/℃	102
相对密度(16℃/4℃)	1.057	(闭口)/℃	102.0
折射率(20℃/4℃)	1.5232	燃点/℃	461
介电常数(21℃)	5.1	蒸发热(10～55℃)/(kJ/mol)	60.29
偶极矩(25℃)/(10^{-30}C·m)	6.0	比热容(32.8℃,定压)/[kJ/(kg·K)]	1.03

(5) 化学性质 乙酸苄酯难溶于水，也不易水解，在丙酮溶液中用碱的醇溶液水解时，生成乙酸和苄醇。水解速度在20℃1小时为10%，3小时35%，5小时46%。用镍为催化剂，180℃进行水合作用得到甲苯和乙酸。在乙醇钠或甲醇钠与氯仿存在下，和苯甲酸甲酯一同加热，生成苯甲酸苄酯（收率30%～50%）。乙酸苄酯在150～170℃进行氯化反应，生成苯甲酰氯与乙酰氯。室温下与溴反应，生成邻或对溴苯甲酰溴。加热至沸点附近还有溴乙烷和苯甲酰溴生成。乙酸苄酯与金属钠一起加热，生成物用稀硫酸分解后，生成氢化肉桂酸苄酯和二苄基醚，其他还有肉桂酸、乙酰乙酸苄酯、苄醇和甲苯等。乙酸苄酯与无水乙醇或与160℃脱水的醋酸钠一同加热，能够定量得到苄醇。

(6) 精制方法 工业上乙酸苄酯是由氯化苄与乙酸钾制造的，因此主要杂质是氯。精制时用碳酸氢钠或碳酸钠水溶液洗涤，无水碳酸钠或硫酸钠干燥后精馏。

(7) 溶解性能 乙酸苄酯在水中溶解0.23%。不溶于甘油，但能与醇、醚、酮及脂肪烃、芳香烃等混溶。对油脂、硝酸纤维素、醋酸纤维素等都有良好的溶解能力。还能溶解松香、甘油三松香酸酯、香豆酮树脂等。与醇混合后可溶解虫胶、甘油醇酸树脂等。和87.5%的水形成共沸混合物，共沸点99.60℃。

(8) 用途 除用作硝酸纤维素、醋酸纤维素、硝基漆、染料、油脂、印刷油墨等的溶剂外，还用作香料原料。

(9) 使用注意事项　乙酸苄酯为可燃性液体。蒸气相对密度 5.1。应远离火源和强氧化剂，置阴凉通风处贮存。其蒸气刺激眼、皮肤和黏膜，口服后可引起呕吐、腹泻，终致消化器官障碍。大鼠经口 LD_{50} 为 2.49～3.69g/kg。小鼠在乙酸苄酯为 1.3g/m^3 的环境中接触7～13 小时，呼吸困难、麻醉致死。

(10) 附表

表 2-8-39　乙酸苄酯的蒸气压

温度/℃	蒸气压/kPa	温度/℃	蒸气压/kPa
46	0.053	140	10.39
49	0.093	150	14.93
60	0.19	160	21.13
70	0.35	170	28.93
80	0.62	180	39.33
90	1.09	190	52.33
100	1.88	200	68.13
110	3.01	210	88.39
120	4.68	215.5	101.33
130	7.03	220	112.79

(11) 附图

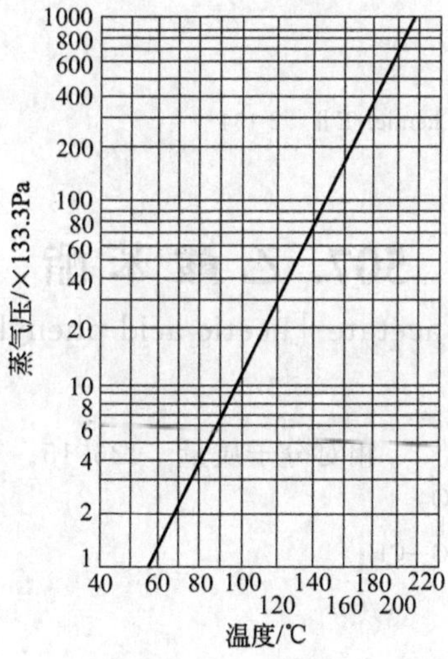

图 2-8-23　乙酸苄酯的蒸气压

参　考　文　献

1　CAS 140-11-4
2　EINECS 205-399-7
3　Kirk-Othmer，Encyclopedia of Chemical Technology (1st ed.)，Vol. 5. Wiley. 844
4　Landolt-Börnstein (6th ed.)，Vol. Ⅱ-6. Springer. 643
5　H. Müller and H. Sack. Phys. Zeitung. 1930，31：815；Chem. Zentr.. 1930，Ⅱ：3374
6　A. Weissberger. Organic Solvents (3rd ed.). Wiley. 1971. 293
7　J. G. Grasselli. Atlas of Spectral Data and Physical Constants for Organic Compounds. CRC Press. 1973，B-103
8　IRDC カード，No. 6275
9　G. V. L. N. Murty and T. R. Seshadri. Proc. Indiana Acad. Sci. 1941，14A：593；Chem. Abstr.. 1942，36：4026
10　E. Stenhagen et al.. Atlas of Mass Spectral Data，Wiley. 1969. 882
11　N. I. Sax. Dangerous Properties of Industrial Materials. Van Nostrand Reinhold. 1957. 352
12　P. M. Jenner et al. Food Cosmet. Toxicol. 1964，2：327
13　T. E. Jordan. Vapor Pressure of Organic Compounds. Wiley. 1954. 163
14　Beilstein. Handbuch der Organischen Chemie. H，6-435；E Ⅳ，6-2262
15　The Merck Index. **10**，1129；**11**，1137

506. 乙酸正辛酯

octyl acetate

(1) 分子式　$C_{10}H_{20}O_2$。　　　　相对分子质量　172.27。

(2) 示性式或结构式　$CH_3COOCH_2(CH_2)_6CH_3$

(3) 外观　无色液体，有水果香味。

(4) 物理性质

沸点(101.3kPa)/℃	210	折射率(20℃)	1.4150
熔点/℃	−38.5	闪点/℃	86
相对密度(20℃/4℃)	0.8705		

(5) 溶解性能　溶于醇、醚、烃类等溶剂，微溶于水。

(6) 用途　高沸点溶剂、香料制造。

(7) 使用注意事项　参照乙酸 2-乙基己酯。

参 考 文 献

1 CAS 112-14-1

2 EINECS 203-939-6

3 Beilstein. Handbuch der Organischen Chemie. EⅡ，2-134

4 The Merck Index. **10**，6602

507. 乙酸苯酯

phenyl acetate [acetic acid phenyl ester]

(1) 分子式　$C_8H_8O_2$。　　　　相对分子质量　136.15。

(2) 示性式或结构式

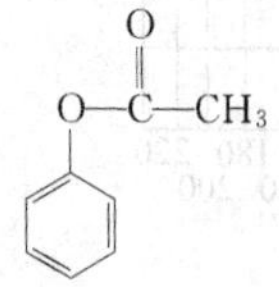

(3) 外观　无色液体，有强折光性，有苯酚气味。

(4) 物理性质

沸点(101.3kPa)/℃	195.7
相对密度(20℃/4℃)	1.0780
折射率(20℃)	1.5033
闪点/℃	76

(5) 溶解性能　与乙醇、乙醚、氯仿和乙酸混溶，微溶于水。

(6) 用途　溶剂、有机合成中间体。

(7) 使用注意事项　易燃。遇明火、高热易燃烧。大鼠经口 LD_{50} 为 1.63mL/kg。

参 考 文 献

1 CAS 122-79-2

2 EINECS 204-575-0

3 Beilstein. Handbuch der Organischen Chemie. H，6-152；E Ⅳ，6-611

4 The Merck Index. **10**，7147；**11**，7238

508. 丙酸甲酯

methyl propionate

(1) 分子式　$C_4H_8O_2$。　相对分子质量　88.10。

(2) 示性式或结构式　$CH_3CH_2COOCH_3$

(3) 外观　无色液体，有水果香味。

(4) 物理性质

沸点(101.3kPa)/℃	79.7	燃点/℃	468.9
熔点/℃	−87	蒸发热(b.p.)/(kJ/mol)	32.32
相对密度(20℃/4℃)	0.9148	燃烧热/(kJ/mol)	224.9
折射率(19℃)	1.3769	比热容(定压)/[kJ/(kg·K)]	1.921±0.05
介电常数(15℃)	5.5	临界温度/℃	257.6
偶极矩(CCl_4)/(10^{-30}C·m)	5.77	临界压力/MPa	4.0
黏度(25℃)/mPa·s	0.5022	蒸气压(20℃)/kPa	0.75
表面张力(19.5℃)/(mN/m)	25.08	爆炸极限(下限)/%(体积)	2.5
闪点(闭口)/℃	−2	(上限)/%(体积)	13

(5) 化学性质　具有酯的一般性质，在苛性碱存在下容易水解。

(6) 精制方法　常含有游离的酸和醇及水等杂质。精制时用碳酸氢钠或碳酸钠饱和溶液洗涤，无水碳酸钠或硫酸钠干燥后精馏。也可用饱和氯化钠水溶液洗涤，无水碳酸钠干燥后在五氧化二磷存在下蒸馏。

(7) 溶解性能　微溶于水，能与醇、醚、烃类等有机溶剂混溶。能溶解蓖麻油、亚麻仁油、松香、甘油三松香酸酯、达玛树脂、虫胶、硝酸纤维素等。

(8) 用途　除用作硝酸纤维素、硝基喷漆、涂料、清漆等的溶剂外，还可作香料和调味品溶剂。

(9) 使用注意事项　危险特性属第3.2类中闪点易燃液体。危险货物编号：32135，UN编号：1248。蒸气相对密度3.0，注意通风与远离火源。兔经口LD_{50}为2.5～3.2g/kg，中毒后表现为运动失调、喘息、体温过低、酸中毒。体内无蓄积作用。

(10) 附表

表 2-8-40　丙酸甲酯的蒸气压

温度/℃	蒸气压/kPa	温度/℃	蒸气压/kPa
−42.0	0.13	79.8	101.33
−20	0.75	100	187.45
0	2.92	120	320.19
10	5.18	140	517.77
20	8.83	160	754.87
30	14.37	180	1165.24
40	22.57	200	1653.62
50	34.22	220	2289.95
60	50.70	240	3313.33
70	73.06	T_c　257.4	P_c　4002.34

表 2-8-41　含丙酸甲酯的二元共沸混合物

第二组分	共沸点/℃	丙酸甲酯/%	第二组分	共沸点/℃	丙酸甲酯/%
甲醇	62.4	52	2-丙醇	76.4	65
己烷	66.8	22	1-氯丁烷	77.5	35
水	71.4	96.1	2-甲基-2-丙醇	77.6	64
乙醇	72.2	64	丁酮	79.0	40
环己烷	75.2	50	庚烷	<79.6	<92
四氯化碳	76.0	<20	1-丙醇	80.8	97

参 考 文 献

1 CAS 554-12-1
2 EINECS 209-060-4
3 Kirk-Othmer. Encyclopedia of Chemical Technology. 1st ed.，Vol. 5. Wiley. 844
4 Landolt-Börnstein. 6th ed.，Vol. Ⅱ-6. Springer. 643
5 H. Müller and H. Sack. Phys. Zeitung. 1930，31：815，Chem. Zentr. 1930，Ⅱ. 3374
6 A. Weissberger. Organic Solvents. 3rd ed. Wiley. 1971. 293
7 J. G. Grasselli. Atlas of Spectral Data and Physical Constants for Organic Compounds. CRC Press. 1973，B-103
8 IRDC カード. No. 6275
9 G. V. L. N. Murty and T. R. Seshadri. Proc. Indiana Acad. Sci. 1941，14A：593；Chem. Abstr. 1942，36：4026
10 E. Stenhagen et al.. Atlas of Mass Spectral Data. Wiley. 1969. 882
11 N. I. Sax. Dangerous Properties of Industrial Materials. Van Nostrand Reinhold. 1957. 352
12 P. M. Jenner et al. Food Cosmet. Toxicol. 1964，2：327
13 T. E. Jordan. Vapor Pressure of Organic Compounds. Wiley. 1954. 163
14 The Merck Index. **10**，5986；**11**，6030
15 张海峰主编. 危险化学品安全技术大典：第1卷. 北京：中国石化出版社，2010

509. 丙酸乙酯

ethyl propionate

(1) 分子式　$C_5H_{10}O_2$。　　　相对分子质量　102.13。

(2) 示性式或结构式　$CH_3CH_2COOC_2H_5$

(3) 外观　无色液体，有菠萝香味。

(4) 物理性质

沸点(101.3kPa)/℃	99.1	燃点/℃	476.7
熔点/℃	−73.9	蒸发热/(kJ/mol)	34.24
相对密度(20℃/4℃)	0.891	熔化热/(kJ/mol)	12.56
折射率(20℃)	1.38394	燃烧热(b.p.)/(kJ/mol)	2892.7
介电常数(19℃)	5.65	比热容(59.6℃,定压)/[kJ/(kg·K)]	2.07
偶极矩(22℃)/(10^{-30}C·m)	5.80	临界温度/℃	272.9
黏度(15℃)/mPa·s	0.89574	临界压力/MPa	3.36
表面张力(20℃)/(mN/m)	24.27	电导率(17℃)/(S/m)	8.3×10^{-4}
闪点(闭口)/℃	12	爆炸极限(下限)/%(体积)	1.9
(开口)/℃	12	(上限)/%(体积)	11

(5) 化学性质　具有一般酯的化学性质。

(6) 精制方法　含有水、丙酸、乙醇等杂质。精制时用碳酸钠溶液中和，再分别用水、氯化钙溶液洗涤，无水碳酸钾干燥后精馏。

(7) 溶解性能　能与醇、醚相混溶。能溶解硝酸纤维素，不溶解醋酸纤维素。20℃时在水中溶解1.92%；水在丙酸乙酯中溶解1.22%。与10%的水形成共沸混合物，共沸点81.2℃。

(8) 用途　用作各种天然及合成树脂的溶剂以及漆用溶剂。也用于人造香料和有机合成。

(9) 使用注意事项　危险特性属第3.2类中闪点易燃液体。危险货物编号：32136，UN编号：1195。蒸气相对密度3.25，注意远离火源，置阴凉通风处贮存，兔经口LD_{50}为3.2～3.9g/kg。中毒后表现为运动失调、喘息、体温过低、酸中毒。体内无蓄积作用。

(10) 规格　QB/T 1771—2006　丙酸乙酯

项目	QB/T 1771—2006(同 QB/T 1954—2007)
性状及香气	具有果香、朗姆酒样香气、醚香、无色液体

续表

项目	QB/T 1771—2006(同 QB/T 1954—2007)
相对密度(d_{25}^{25})	0.886～0.889
折射率(20℃)	1.3830～1.3850
酸值	≤1.0
含酯量(GC)/%	≥97.0

(11) 附表

表 2-8-42 含丙酸乙酯的二元共沸混合物

第二组分	共沸点/℃	丙酸乙酯/%	第二组分	共沸点/℃	丙酸乙酯/%
乙醇	78.0	28	2-丁醇	95.8	55
水	81.0	86.8	硝基甲烷	96.0	65
庚烷	93.0	47	氯代异戊烷	<98.0	>50
1-丙醇	93.4	54	2-甲基-2-丁醇	98.0	70
烯丙醇	<93.5	<57	2-甲基-1-丙醇	<98.9	87
甲基环己烷	94.8	53			

表 2-8-43 丙酸乙酯的蒸气压

温度/℃	蒸气压/kPa	温度/℃	蒸气压/kPa
−60	0.0044	70	37.32
−50	0.013	80	53.81
−40	0.037	90	79.53
−30	0.103	99.1	101.33
−20	0.24	120	185.43
−10	0.54	140	312.08
0	1.11	160	486.36
10	2.07	180	733.59
20	3.70	200	1059.86
30	6.37	220	1491.50
40	10.39	240	2056.90
50	16.40	260	2786.44
60	25.06	T_c 272.9	P_c 3346.77

参 考 文 献

1 CAS 105-37-3
2 EINECS 203-291-4
3 J. Timmermans and M. Hennaut-Roland. J. Chim. Phys. 1930，27：401；Chem. Abstr. 1931，25：2038
4 Kirk-Othmer. Encyclopedia of Chemical Technology. 1st ed.，Vol. 5. Wiley. 845
5 The Marck Index. 7th ed. 435
6 A. I. Vogel. J. Chem. Soc. 1948，624
7 A. A. Maryott and E. A Smith. Table of Dielectric Constants of Pure Liquids，NBS Circular. 1951. 514
8 K. L. Wolf and W. J. Gross. Z. Physik. Chem. Leipzig. 1931，14B：305；Chem. Zentr. 1931，Ⅱ. 3581
9 A. Weissberger. Organic Soovents. 2nd ed. Wiley. 162
10 K. S. Markley. Fatty Acids. Wiley. 1947. 106
11 Beilstein. Handbuch der Organischen Chemie. E Ⅱ. 2-219；E Ⅲ，2-521
12 R. Schiff. Ann. Chim. Paris. 1886，234：300
13 Landolt-Börnstein. 6th ed.，Vol. Ⅱ-7. Springer. 19
14 A. K. Doolittle. Ind. Eng. Chem. 1935，27，1169
15 J. Bielecki and V. Henri，Compt. Rend. 1912，155：1617，Chem. Zentr. 1913. Ⅱ. 649
16 J. G. Grasselli. Atlas of Spectral Data and Phyical Constants for Organic Compounds. CRC Press. 1973. B 104
17 C. V. L. N. Murty and T. R. Seshadri. Proc. Indian Acad. Sci. 1940，11A：32；Chem. Abstr. 1940，34：6881

18 N. I. Sax. Handbook of Dangerous Materials. Van Nostrand Reinhold. 1951. 173
19 日本化学会. 防灾指針. Ⅰ-10，丸善. 1967. 64
20 T. E. Jordan. Vapor Pressure of Organic Compounds. Wiley. 1954. 157
21 张海峰主编. 危险化学品安全技术大典：第1卷. 北京：中国石化出版社，2010

510. 丙酸丙酯

propyl pronionate

(1) 分子式 $C_6H_{12}O_2$。 相对分子质量 116.16。

(2) 示性式或结构式 $CH_3CH_2COOCH_2CH_2CH_3$

(3) 外观 无色液体。

(4) 物理性质

沸点(101.3kPa)/℃	123.4	黏度(20℃)/(mPa·s)	0.68
熔点/℃	−75.9	表面张力(20℃)/(mN/m)	24.61
相对密度(20℃/4℃)	0.8822	蒸气压(20℃)/kPa	1.40
(25℃/4℃)	0.8771	蒸气相对密度(空气=1)	4.01
折射率(20℃)	1.3932	蒸发相对速度(乙醚=1)	15.1
(25℃)	1.3908	闪点(闭口)/℃	19
介电常数(20℃)	5.2		

(5) 溶解性能 与乙醇、乙醚混溶，微溶于水。

(6) 用途 溶剂。

(7) 使用注意事项 丙酸丙酯的危险特性属第3.2类中闪点易燃液体。危险货物编号：32139。易燃，有刺激性。

(8) 附表

表 2-8-44 含丙酸丙酯的二元共沸混合物

第二组分	共沸点/℃	丙酸丙酯/%	第二组分	共沸点/℃	丙酸丙酯/%
水	89.3	73	辛烷	<118.8	<59
3-氯-1,2-环氧丙烷	<116.3	<12	四氯乙烯	119.8	35
1-丁醇	116.5		乙基正丙基甲酮	112.5	60
2-甲氧基乙醇	118.5	62	2-氯乙醇	112.7	

参 考 文 献

1 CAS 106-36-5
2 EINECS 203-389-7
3 The Merck Index. **12**, 8052
4 Beil., **2**, 240

511. 丙酸丁酯

butyl propionate

(1) 分子式 $C_7H_{14}O_2$。 相对分子质量 130.18。

(2) 示性式或结构式 $CH_3CH_2COO(CH_2)_3CH_3$

(3) 外观 无色液体，有苹果香味。

(4) 物理性质

沸点(101.32kPa)/℃	145.4	表面张力(15℃)/(mN/m)	25.94
熔点/℃	−89.55	闪点(闭口)/℃	32
相对密度(15℃/4℃)	0.8828	燃点/℃	427
折射率(25℃)	1.3982	蒸发热(b.p.)/(kJ/mol)	39.57
介电常数(20℃)	4.838	比热容(20℃,定压)/[kJ/(kg·K)]	1.92
偶极矩(15℃)/(10^{-30}C·m)	23.75	体膨胀系数(10～30℃)/K^{-1}	0.00106
黏度(25℃)/mPa·s	0.7618		

(5) 化学性质　具有酯的一般化学性质。

(6) 精制方法　常含有游离丙酸和丁醇等杂质。用碳酸钠溶液中和后，用水、氯化钙溶液洗涤，无水碳酸钾干燥后精馏。

(7) 溶解性能　微溶于水，能与醇、醚、酮、烃等多种有机溶剂混溶。能溶解矿物油、动植物油、硝酸纤维素、树脂等。溶解能力和乙酸戊酯类似。

(8) 用途　用作硝酸纤维素、天然及合成树脂等的溶剂和漆用溶剂。还用于杏、桃味的果实香精的制造。

(9) 使用注意事项　危险特性属第 3.3 类高闪点易燃液体。危险货物编号：33597，UN 编号：1914。使用时注意火源，置阴凉通风处贮存。毒性略高于乙酸丁酯，在一般工业操作条件下无毒害，生理作用和乙酸丁酯类似，有刺激性。

参 考 文 献

1 CAS 590-01-2
2 EINECS 209-669-5
3 Kirk-Othmer. Encyclopedia of Chemical Technology. 1st ed. Vol. 5. Wiley. 826
4 M. J. Timmermans and M. Hennaut-Roland. J. Chim. Phys. 1959, 56: 984
5 化学工学协会. 物性定数. 1集. 丸善. 1963. 139
6 Beilstein. Handbuch der Organishen Chemie. E Ⅱ, 2-221
7 Internotional Critical Tables. Ⅴ-111
8 A. K. Doolittle. Ind. Eng. Chem. 1935, 27: 1173
9 J. G. Grasselli. Atlas of Spectral Data and Physical Constants for Organic Compounds. B-803, CRC Press. 1973
10 F. W. McLafferty et al. Atlas of Mass Spectral Data. Vol. 1. Wiley. 1969. 598
11 N. I. Sax. Handbook of Dangerous Materials. Van Nostrand Reinhold. 1951. 68
12 The Merck Index. **12**, 1623
13 张海峰主编. 危险化学品安全技术大典：第 1 卷. 北京：中国石化出版社，2010

512. 丙酸异丁酯

isobutyl propionate

(1) 分子式　$C_7H_{14}O_2$。　　相对分子质量　130.18。

(2) 示性式或结构式　$CH_3CH_2COOCH_2CH(CH_3)CH_3$

(3) 外观　无色液体。

(4) 物理性质

沸点(101.3kPa)/℃	138	折射率(20℃)	1.3970
熔点/℃	−71.4	闪点/℃	26
相对密度(20℃/4℃)	0.869		

(5) 溶解性能　易溶于乙醇、乙醚，不溶于水。

(6) 用途　涂料溶剂、香料、有机合成中间体。

(7) 使用注意事项　丙酸异丁酯的危险特性属第 3.2 类中闪点易燃液体。危险货物编号：

32138，UN 编号：2394。吸入、食入高浓度时有麻醉作用，具有中等程度刺激性。易燃，其蒸气与空气可形成爆炸性混合物。遇明火、高热或强氧化剂能引起燃烧爆炸。

参 考 文 献

1 CAS 540-42-1

2 EINECS 208-746-0

3 The Merck Index. **12**，5164

4 Beil.，**2**，241

5 张海峰主编. 危险化学品安全技术大典：第1卷. 北京：中国石化出版社，2010

513. 丙酸戊酯

pentyl propionate [amyl propionate]

(1) 分子式　$C_8H_{16}O_2$。　　　　相对分子质量　144.21。

(2) 示性式或结构式　$CH_3CH_2COOCH_2CH_2CH_2CH_2CH_3$

(3) 外观　无色液体，有苹果香味。

(4) 物理性质

沸点/℃	164～166	闪点(开杯)/℃	41
熔点/℃	−73.1	比热容/[kJ/(kg·K)]	1.93
相对密度(15℃/4℃)	0.8761		

(5) 溶解性能　微溶于水，25℃水在丙酸戊酯中的溶解度为0.3%。能与油脂、烃及大多数有机溶剂混溶。

(6) 用途　为硝基漆、树脂胶等溶剂，可与大多数漆溶剂及油类混溶，对纤维素醚类具有缓慢的溶解作用，为惰性溶剂。是一种提高光泽，抗湿晕，减少“橙皮”现象的高沸点漆溶剂。

(7) 使用注意事项　危险特性属第3.3类高闪点易燃液体。危险货物编号：33597。UN 编号：3272。易燃。遇明火、高热能引起燃烧。可作安全溶剂使用，对金属无腐蚀，作易燃品处理。

(8) 附表

表 2-8-45　丙酸戊酯的蒸气压

温度/℃	蒸气压/kPa	温度/℃	蒸气压/kPa
8.5	0.13	85.2	8.00
33.7	0.67	97.6	13.33
46.3	1.33	117.3	26.66
60.0	2.67	138.4	53.33
75.5	5.33	160.2	101.33

参 考 文 献

1 CAS 624-54-4

2 EINECS 210-852-7

514. 丙酸异戊酯

isopentyl propionate [isoamyl propionate]

(1) 分子式　$C_8H_{16}O_2$。　　　　相对分子质量　144.21。

(2) 示性式或结构式　$CH_3CH_2COOCH_2CH_2CH(CH_3)CH_3$

(3) 外观　无色液体，有菠萝及梨香味。

(4) 物理性质

沸点(101.3kPa)/℃	160.3	蒸发热/(kJ/mol)	37.97
熔点/℃	−73	生成热/(kJ/mol)	588.2
相对密度(20℃/4℃)	0.858	燃烧热/(kJ/mol)	4847.9
折射率(20℃)	1.4065	比热容(20℃,定压)/[kJ/(kg·K)]	1.92
介电常数(20℃)	4.2	临界温度/℃	338
黏度(15℃)/mPa·s	1.377	蒸气压(25℃)/kPa	0.27
表面张力(20℃)/(mN/m)	26.60	体膨胀系数/K^{-1}	0.00108
闪点(闭口)/℃	63		

(5) 化学性质　与乙酸戊酯类似，具有酯的一般化学性质。

(6) 精制方法　常含有游离的酸和醇以及丙酸戊酯等杂质。精制时用碳酸氢钾溶液洗涤，无水硫酸钠或碳酸钾干燥后精馏。

(7) 溶解性能　几乎不溶于水。但能与醇、醚等多种有机溶剂混溶。能溶解油脂、松香、甘油三松香酸酯、香豆酮树脂、硝酸纤维素等。不溶解虫胶、达玛树脂、醋酸纤维素。

(8) 用途　用作硝酸纤维素、硝酸纤维素漆、树脂等的溶剂，也用作香料和萃取剂。

(9) 使用注意事项　危险特性属第 3.3 类高闪点易燃液体。UN 编号：3272。危险货物编号：33597。使用时注意火源，置阴凉处贮存。

参 考 文 献

1 CAS 105-68-0

2 EINECS 203-322-1

3 C. Marsden. Solvents Manual. Cleaver-Hume. 1954. 39

4 The Merck Index (7th ed.). 570

5 Landolt-Börnstein (6th ed.). Vol. Ⅱ-6. Springer. 642

6 Beilstein. Handbuch der Organischen Chemie. E Ⅲ, 2-529

7 W. J. Dunning. Trans. Faraday Soc. 1963, 59: 651

8 桑田勉. 溶剂. 丸善. 1955. 294

9 International Critical Tables. Ⅵ-94

10 J. G. Grasselli. Atlas of Spectral Data and Physical Constants for Organic Compounds. B-804. CRC Press. 1973

11 Beilstein. Handbuch der Organischen Chemie. E Ⅳ, 2-709

12 张海峰主编. 危险化学品安全技术大典. 第1卷: 北京: 中国石化出版社, 2010

515. 丙酸苄酯

benzyl propionate

(1) 分子式　$C_{10}H_{12}O_2$。　　相对分子质量　164.19。

(2) 示性式或结构式　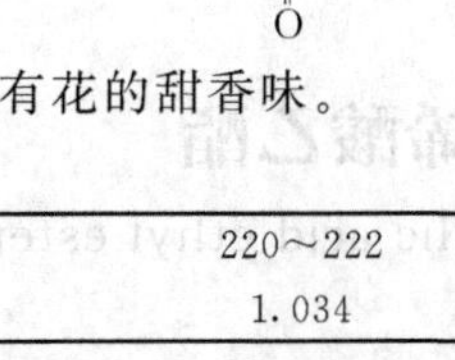

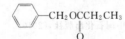

(3) 外观　无色液体，有花的甜香味。

(4) 物理性质

沸点(101.3kPa)/℃	220～222	折射率(20℃)	1.498
相对密度(20℃/20℃)	1.034	闪点/℃	160

(5) 溶解性能　溶于醇和醚，不溶于水和甘油。

(6) 用途　香料、溶剂

(7) 使用注意事项　参照丙酸戊酯

参 考 文 献

1 CAS 122-63-4
2 EINECS 204-559-3
3 Beil., **6** (4), 2243

516. 丙烯酸甲酯

methyl acrylate [acrylic acid methyl ester]

(1) 分子式 $C_4H_6O_2$。 相对分子质量 86.09。

(2) 示性式或结构式 CH_2 ═$CHCOOCH_3$

(3) 外观 无色液体，有特殊辛辣气味，具有催泪性。

(4) 物理性质

沸点(101.3kPa)/℃	80.5	黏度/mPa·s	
熔点/℃	−76.5	20℃	0.53
相对密度(20℃/4℃)	0.9535	25℃	0.49
(20℃/20℃)	0.9565	闪点(开口)/℃	−2
折射率(20℃)	1.4040	(闭口)/℃	−3
蒸气压/kPa		自燃点/℃	393
0℃	4.2	汽化热/(kJ/mol)	33.2
20℃	9.3	爆炸极限(上限)/%(体积)	25
50℃	35.9	(下限)/%(体积)	2.8

(5) 化学性质 丙烯酸甲酯在低于10℃时不聚合，高于10℃易发生聚合作用。光、热、过氧化物等会加速聚合作用。通常加入对苯二酚或4-甲氧基酚作阻聚剂。

(6) 溶解性能 易溶于乙醇、乙醚、丙酮、苯等溶剂，微溶于水（6g/100mL，20℃）。

(7) 用途 腈纶纤维原料、涂料。

(8) 使用注意事项 危险特性属第3.2类中闪点易燃液体。危险货物编号：32146，UN编号：1919。与皮肤和黏膜接触可造成刺激，对眼角膜特别敏感，有腐蚀性。大鼠急性口服 LD_{50} 为300mg/kg。空气中有害物质最高容许浓度为20mg/m³。美国职业安全与健康管理局规定空气中最大容许曝露浓度为35mg/m³。

参 考 文 献

1 CAS 96-33-3
2 EINECS 202-500-6
3 Beil., **2**, 399
4 The Merck Index. **12**, 6092; **13**, 6041
5 《化工百科全书》编辑委员会，化学工业出版社《化工百科全书》编辑部编. 化工百科全书：第1卷. 北京：化学工业出版社. 1997
6 张海峰主编. 危险化学品安全技术大典：第1卷. 北京：中国石化出版社，2010

517. 丙烯酸乙酯

ethyl acrylate [acrylic acid ethyl ester]

(1) 分子式 $C_5H_8O_2$。 相对分子质量 100.12。

(2) 示性式或结构式 CH_2 ═$CHCOOCH_2CH_3$

(3) 外观 无色液体，有特殊臭味，具有催泪性。

(4) 物理性质

沸点(101.3kPa)/℃	99.8	黏度/mPa·s	
熔点/℃	−72.2	20℃	0.69
蒸气压/kPa		25℃	0.55
0℃	1.2	40℃	0.50
20℃	3.9	燃点/℃	372
50℃	17.3	闪点(开口)/℃	19
折射率(20℃)	1.4068	(闭口)/℃	9
相对密度(20℃/20℃)	0.9231	爆炸极限(上限)/%(体积)	14
		(下限)/%(体积)	1.4

(5) 化学性质 温度高于10℃易发生聚合，光、热、过氧化物等加速聚合作用。

(6) 溶解性能 易溶于乙醇、乙醚，溶于氯仿，微溶于水（2g/100mL，20℃）。

(7) 用途 广泛用于纺织、涂料、皮革、黏合剂、造纸等工业。

(8) 使用注意事项 致癌物。危险特性属第3.2类中闪点易燃液体。危险货物编号：32147，UN编号：1917。有中度毒性，刺激皮肤和黏膜。大鼠急性口服 LD_{50} 为760～1020mg/kg。美国职业安全与健康管理局规定空气中最大容许曝露浓度为 $20mg/m^3$。

参 考 文 献

1 CAS 140-88-5
2 EINECS 205-438-8
3 Beil.，**2**，399
4 The Marck Index. **13**，3794
5 《化工百科全书》编辑委员会，化学工业出版社《化工百科全书》编辑部编. 化工百科全书：第1卷，北京：化学工业出版社，1997

518. 丙烯酸丁酯

butyl acrylate [acrylic acid *n*-butyl ester]

(1) 分子式 $C_7H_{12}O_2$。 相对分子质量 128.17。

(2) 示性式或结构式 $CH_2=CHCOO(CH_2)_3CH_3$

(3) 外观 无色液体

(4) 物理性质

沸点(101.3kPa)/℃	145	蒸气压(0℃)/kPa	0.14
熔点/℃	−64	(20℃)/kPa	0.44
相对密度(20℃/4℃)	0.8998	(50℃)/kPa	2.82
(20℃/20℃)	0.9015	(100℃)/kPa	21.9
折射率(20℃)	1.4190	黏度(20℃)/mPa·s	0.90
自燃点/℃	267	(25℃)/mPa·s	0.81
闪点(开口)/℃	47	(40℃)/mPa·s	0.70
(闭口)/℃	41	爆炸极限(上限)/%(体积)	9.9
		(下限)/%(体积)	1.5

(5) 化学性质 受热易聚合。

(6) 溶解性能 与乙醇、乙醚混溶，溶于丙酮，微溶于水（0.14mg/100mL，20℃）

(7) 用途 涂料、胶黏剂、树脂及丙烯酸类树脂的单体原料。

(8) 使用注意事项 危险特性属第3.3类高闪点易燃液体。危险物货编号：33601，UN编号：2348。大鼠急性口服 LD_{50} 为3730mg/kg。对眼睛、呼吸系统及皮肤有刺激性。接触皮肤能引起过敏。

参 考 文 献

1 CAS 141-32-2
2 EINECS 205-480-7
3 Beil., **2** (2), 388
4 The Marck Index. **13**, 1538
5 《化工百科全书》编辑委员会，化学工业出版社《化工百科全书》编辑部编. 化工百科全书：第 1 卷. 北京：化学工业出版社，1997
6 张海峰主编. 危险化学品安全技术大典：第 1 卷：北京：中国石化出版社，2010

519. 丙烯酸异丁酯

isobutyl acrylate [acrylic acid isobutyl ester]

(1) 分子式　$C_7H_{12}O_2$。　　　　　相对分子质量　128.17。

(2) 示性式或结构式　$CH_2=CHCOOCH_2CH(CH_3)_2$

(3) 外观　无色液体。

(4) 物理性质

沸点(101.3kPa)/℃	132	折射率(20℃)	1.4150
熔点/℃	−64.6	(25℃)	1.4124
相对密度(20℃/4℃)	0.8896	黏度(20℃)/mPa·s	0.78
(20℃/20℃)	0.8900	自燃点/℃	340
闪点(闭口)/℃	33	爆炸极限(上限)/%(体积)	8.0
		(下限)/%(体积)	1.9

(5) 化学性质　受热易聚合。

(6) 溶解性能　溶于乙醇、乙醚，微溶于水。

(7) 用途　用于制造涂料、胶黏剂、纤维处理剂等原料。

(8) 使用注意事项　危险特性属第 3.3 类高闪点易燃液体。危险货物编号：33601，UN 编号：2527。毒性参照丙烯酸丁酯。

参 考 文 献

1 CAS 106-63-8
2 EINECS 203-417-8
3 Beil., **2** (3), 388
4 《化工百科全书》编辑委员会，化学工业出版社《化工百科全书》编辑部编. 化工百科全书：第 1 卷. 北京：化学工业出版社，1997

520. 甲基丙烯酸甲酯

methyl methacrylate [MMA, methacrylic acid methyl ester]

(1) 分子式　$C_5H_8O_2$。　　　　　相对分子质量　100.12。

(2) 示性式或结构式　$CH_2=C(CH_3)-COOCH_3$

(3) 外观　无色液体。易挥发。

(4) 物理性质

沸点(101.3kPa)/℃	100.3	折射率(25℃)	1.412
(4.26kPa)/℃	24	黏度(25℃)/mPa·s	0.58
熔点/℃	−48	闪点/℃	10
相对密度(20℃/4℃)	0.944	爆炸极限(上限)/%(体积)	8.8
		(下限)/%(体积)	1.7

(5) 化学性质　易聚合。通常加入10^{-5}氢醌单甲醚作阻聚剂。

(6) 溶解性能　溶于多种有机溶剂，微溶于水。

(7) 用途　用于制造有机玻璃、涂料、润滑油添加剂、木材浸润剂、纸张上光剂等。

(8) 使用注意事项　危险特性属第3.2类中闪点易燃液体。危险货物编号：32149，UN编号：1247。毒性比丙烯酸酯的毒性小。长时间在甲基丙烯酸酯类蒸气中停留，会产生眼睛永久损伤甚至失明。一般会引起鼻、喉的刺激，头部眩晕嗜睡。吸入口中会导致口、喉、食道、胃的严重腐蚀，呕吐、腹泻。直接与皮肤接触会产生红肿。鼠经口LD_{50}为＞$9mg/m^3$。车间空气中有害物质的最高容许浓度为$30mg/m^3$。美国职业安全与健康管理局规定空气中最大容许曝露浓度为$410mg/m^3$。

参　考　文　献

1　CAS 80-62-6

2　EINECS 201-297-1

3　Beil.，**2**（4），1519

4　The Merck Index. **12**，6005；**13**，5967

5《化工百科全书》编辑委员会，化学工业出版社《化工百科全书》编辑部编. 化工百科全书：第8卷. 北京：化学工业出版社，1994

6　张海峰主编. 危险化学品安全技术大典：第1卷. 北京：中国石化出版社，2010

521. 甲基丙烯酸乙酯

ethyl methacrylate［EMA，methacrylic acid ethyl ester］

(1) 分子式　$C_6H_{10}O_2$。　　　相对分子质量　114.14。

(2) 示性式或结构式　$H_2C{=}C(CH_3){-}COOC_2H_5$

(3) 外观　无色液体。

(4) 物理性质

沸点(101.3kPa)/℃	119	折射率(20℃)	1.4147
(2.4kPa)/℃	30	黏度(25℃)/mPa·s	0.84
熔点/℃	−75	闪点(开杯)/℃	49.35
相对密度(20℃/4℃)	0.9135		

(5) 化学性质　易聚合。通常加入0.01%氢醌单甲醚作阻聚剂。

(6) 溶解性能　能与乙醇、乙醚混溶，微溶于水。

(7) 用途　用作聚合物单体。

(8) 使用注意事项　危险特性属第3.2类中闪点易燃液体。危险货物编号：32149，UN编号：2277。毒性比丙烯酸酯小，参考甲基丙烯酸甲酯。

参　考　文　献

1　CAS 97-63-2

2　EINECS 202-597-5

3 Beil.，2，423
4 《化工百科全书》编辑委员会，化学工业出版社《化工百科全书》编辑部编. 化工百科全书：第 8 卷. 北京：化学工业出版社，1994

522. 甲基丙烯酸丁酯

butyl methacrylate [BMA]

(1) 分子式 $C_8H_{14}O_2$。　　相对分子质量 142.20。

(2) 示性式或结构式 $H_2C{=}C(CH_3){-}COOC_4H_9$

(3) 外观 无色液体。

(4) 物理性质

沸点(101.3kPa)/℃	163.5	相对密度(20℃/4℃)	0.8936
(1.33kPa)/℃	52	折射率(20℃)	1.4240
熔点/℃	−76	闪点(开杯)/℃	50

(5) 溶解性能 溶于乙醇、乙醚等溶剂，不溶于水。

(6) 用途 涂料的溶剂、石油添加剂。

(7) 使用注意事项 危险特性属第 3.3 类高闪点易燃液体。危险货物编号：33601，UN 编号：2227。易聚合，通常加入氢醌单甲醚作阻聚剂。大鼠经口 LD_{50} 为 20g/kg。对眼睛、呼吸系统及皮肤有刺激性，接触皮肤引起过敏。

参 考 文 献

1 CAS 97-88-1
2 EINECS 202-615-1
3 Beil.，2 (3)，1286；2 (4)，1586
4 张海峰主编. 危险化学品安全技术大典：第 1 卷：北京：中国石化出版社，2010

523. 甲基丙烯酸异丁酯

isobutyl methacrylate [IBMA]

(1) 分子式 $C_8H_{14}O_2$。　　相对分子质量 142.20。

(2) 示性式或结构式 $H_2C{=}C(CH_3){-}COOCH_2CH(CH_3)CH_3$

(3) 外观 无色液体。

(4) 物理性质

沸点(101.3kPa)/℃	155	折射率(20℃)	1.4199
(1.33kPa)/℃	45	黏度(25℃)/mPa·s	1.24
相对密度(20℃/4℃)	0.8858	闪点(开杯)/℃	41

(5) 溶解性能 易溶于乙醇、乙醚等有机溶剂，不溶于水。

(6) 用途 合成树脂、涂料、溶剂。

(7) 使用注意事项 危险特性属第 3.3 类高闪点易燃液体。危险货物编号：33601。易聚合，通常加入氢醌单甲醚作阻聚剂。对眼睛、呼吸系统及皮肤有刺激性。接触皮肤能引起过敏。对水生物极毒。

参 考 文 献

1 CAS 97-86-9
2 EINECS 202-613-0
3 Beil., **2** (3), 1287

524. 丁酸甲酯

methyl butyrate

(1) 分子式 $C_5H_{10}O_2$。 相对分子质量 102.13。

(2) 示性式或结构式 $CH_3CH_2CH_2COOCH_3$

(3) 外观 无色液体，有水果香味。

(4) 物理性质

沸点(101.3kPa)/℃	102.3	闪点(闭口)/℃	14
熔点/℃	−95	蒸发热/(kJ/mol)	34.42
相对密度(20℃/4℃)	0.898	生成热/(kJ/mol)	495.3
折射率(20℃)	1.3879	燃烧热/(kJ/mol)	2901.5
介电常数(20℃)	5.6	临界温度/℃	281.3
偶极矩(苯)/(10^{-30} C·m)	5.70±0.06	临界压力/MPa	3.47
黏度(25℃)/mPa·s	0.526	蒸气压(−23.6℃)/kPa	0.13
表面张力(17.5℃)/(mN/m)	25.53	热导率/[W/(m·K)]	

(5) 化学性质 和丁酸乙酯相似。

(6) 精制方法 常含有因水解产生的游离丁酸和甲醇。精制时用碳酸氢钾溶液洗涤，再用水洗涤，无水硫酸钠或碳酸钾干燥后蒸馏。

(7) 溶解性能 能与醇、醚等有机溶剂混溶。微溶于水，21℃时在水中溶解 1.5%。

(8) 用途 除作树脂、漆用溶剂外，也用作人造甜酒和果实香精的原料。

(9) 使用注意事项 危险特性属第 3.2 类中闪点易燃液体。危险货物编号：32140；UN 编号：1237。遇高热、明火及强氧化剂易引起燃烧。使用时远离火源，置阴凉处贮存。

(10) 附表

表 2-8-46 丁酸甲酯的蒸气压

温度/℃	蒸气压/kPa	温度/℃	蒸气压/kPa
−60	0.0041	70	33.37
−50	0.012	80	48.18
−40	0.035	90	67.59
−30	0.093	102.86	101.33
−20	0.22	140	278.64
−10	0.47	160	443.80
0	0.97	180	669.76
10	1.84	200	972.72
20	3.27	220	1367.9
30	5.59	240	1891.74
40	9.23	260	2563.52
50	14.62	T_c 281.3	P_c 3465.32
60	22.33		

参 考 文 献

1 CAS 623-42-7

2 EINECS 210-792-1
3 Kirk-Othmer. Encyclopedia of Chemical Technology. 1st ed. Vol. 5. Wiley. 827, 845
4 International Critical Tables. Ⅲ-249. Ⅴ-137, Ⅵ-88. Ⅵ 94. Ⅵ-169
5 Landolt-Börnstein. 6th ed. Springer. Vol. Ⅱ-3. 420; Vol Ⅱ-2, 114; Vol Ⅱ-4, 313; Vol. Ⅱ-4, 327
6 Beilstein. Handbuch der Organischen Chemie. E Ⅱ, 2-243; E Ⅱ, 2-244, E Ⅱ, 2-247; E Ⅲ, 2-591; E Ⅲ, 2-594; E Ⅲ, 2-599
7 W. J. Dunning. Trans. Faraday Soc., 1963, 59: 647, 651
8 N. A. Lange. Handbook of Chemistry. 10th ed. McGraw. 1961. 442, 603, 1543
9 J. G. Grasselli. Atlas of Spectral Data and Physical Constants for Organic Compounds. CRC Press, 1973, B-364, B-365, B-366
10 IRDC カード. No. 4351, 7215, 9140
11 N. I. Sax. Handbook of Dangerous Materials., Van Nostrand Reinhold. 1951; 246; 1957; 2nd ed. 161, 401
12 T. E. Jordan. Vapor Pressure of Organic Compounds. Wiley. 1954. 156

525. 丁酸乙酯

ethyl butyrate [butyric ether、ethyl butanoate]

(1) 分子式 $C_6H_{12}O_2$。 相对分子质量 116.16。

(2) 示性式或结构式 $CH_3CH_2CH_2COOC_2H_5$

(3) 外观 无色液体，有菠萝香味。

(4) 物理性质

沸点(101.3kPa)/℃	121.3	燃点/℃	612
熔点/℃	−93.3	蒸发热(119℃)/(kJ/mol)	36.3
相对密度(20℃/4℃)	0.879	生成热/(kJ/mol)	504.1
折射率(20℃)	1.400	燃烧热/(kJ/mol)	3563.8
介电常数	5.2	比热容(24.1℃,定压)/[kJ/(kg·K)]	1.90
偶极矩(22℃)/(10^{-30}C·m)	5.80	临界温度/℃	293
黏度(25℃)/mPa·s	0.6127	临界压力/MPa	3.04
表面张力/(mN/m)	24.58	蒸气压(25℃)/kPa	2.27
闪点(闭口)/℃	26	体膨胀系数(10～30℃)/K^{-1}	0.00116
(开口)/℃	29.4		

(5) 化学性质 丁酸乙酯一般不发生水解作用。但在苛性碱作用下容易水解，生成丁酸和乙醇。在90%甲醇中与氢氧化钠作用时，常温下10分钟约90%的丁酸乙酯发生水解。丁酸乙酯加热至470～480℃，分解生成丁酸和乙烯，在氧化铝存在下加热至465℃，分解为二氧化碳和烯烃。在氧化铝存在下与氨一起加热至500℃时，生成丁腈、乙烯和氢。丁酸乙酯在乙醚溶液中与丙基氯化镁反应，生成三丙基甲醇及少量的二丙基甲酮。丁酸乙酯与丙酮混合，加金属钠和醋酸，并在醚中进行还原时，生成4-辛醇-5-酮、2,4-二甲基-3-丙基戊三醇、2-甲基-2-己醇-3-酮。在乙醇钠存在下，丁醇乙酯发生缩合得到2-丁基丁酸丁酯。在锰或铝粉存在下与碘反应，生成碘代乙烷与丁醇锰或丁醇铝。

(6) 精制方法 常含有丁酸、乙醇、水分和无机酸等杂质。精制时用碳酸氢钠溶液和水分别洗涤，无水硫酸钠或碳酸钾干燥后精馏。也可用无水硫酸铜干燥，然后在干燥氮气流中蒸馏精制。

(7) 溶解性能 能与醇、醚等有机溶剂混溶。能溶解硝酸纤维素、乙基纤维素、甘油三松香酸酯、乳香、香豆酮树脂、松香、石蜡、植物油等。但不溶解醋酸纤维素、苯二甲酸树脂。溶解能力介于乙酸乙酯和乙酸丁酯之间。20℃时在水中溶解0.49%；水在丁酸乙酯中溶解0.75%。

(8) 用途 用作甘油三松香酸酯、松香、香豆酮树脂、杜仲橡胶以及合成树脂的溶剂和漆用溶剂。也用作菠萝香料的原料和安全玻璃的制造。

(9) 使用注意事项 危险特性属第3.3类高闪点易燃液体。危险货物编号：33598，UN编号：1180。注意远离火源，置阴凉处密封贮存。着火时用二氧化碳、四氯化碳或粉末灭火剂灭火。干燥时对金属无腐蚀性，可用铁、软钢、铜或铝制容器贮存。对久贮或回收的丁酸乙酯应检查其酸度，因水解生成的游离丁酸对金属特别是对铜有明显的腐蚀作用。属微毒类。大鼠经口 LD_{50} 为 13050mg/kg。嗅觉阈浓度 0.039mg/m³。

(10) 规格 GB 4349—2006 食用丁酸乙酯

项目		指标	项目		指标
相对密度(25℃/25℃)		0.870～0.877	含酯量/%	≥	98.0
折射率(20℃)		1.3910～1.3940	砷含量/%	≤	3
酸值/(mgKOH/g)	≤	1.0	重金属含量(以Pb计)/(mg/kg)	≤	10
溶解度(25℃,1mL样品)		全溶于3mL 60%(体积分数)乙醇中	外观		无色透明液体

(11) 附表

表 2-8-47 丁酸乙酯的蒸气压

温度/℃	蒸气压/kPa	温度/℃	蒸气压/kPa
−50	0.0041	15.3	1.33
−40	0.0115	27.8	2.67
−30	0.028	41.5	5.33
−20	0.083	50.1	8.00
−18.4	0.13	62	13.33
−10	0.19	79.8	26.66
4	0.67	100.0	53.33

表 2-8-48 含丁酸乙酯的二元共沸混合物

第二组分	共沸点/℃	丁酸乙酯/%	第二组分	共沸点/℃	丁酸乙酯/%
水	88.2	75	2-戊醇	<118.5	<53
辛烷	<118.5	<65	二异丁基醚	120.5	20
碘代异丁烷	<119.5	<42	氯代丙酮	117.5	47
1，3-二甲基环己烷	116.7	<50	乙二醇一甲醚	117.8	68
溴代异戊烷	119.8	35	硝基乙烷	<113.7	<27
四氯乙烯	119.3	43	三乙基硼	117.6	35
3-氯-1，2-环氧丙烷	115.7	25	二异丙基硫	<120.0	<42
丁醇	115.9	42			

(12) 附图

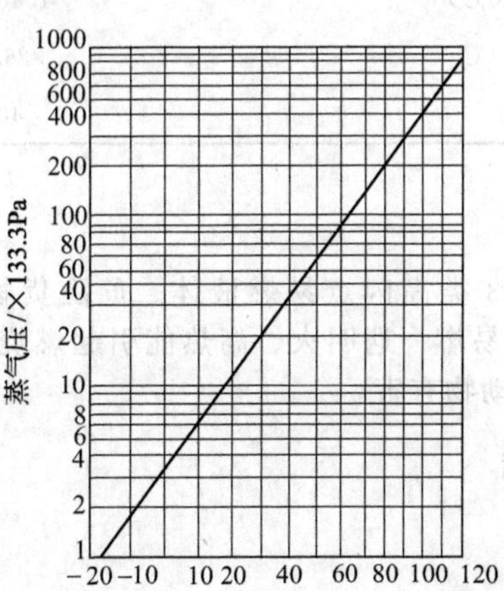

图 2-8-24 丁酸乙酯的蒸气压

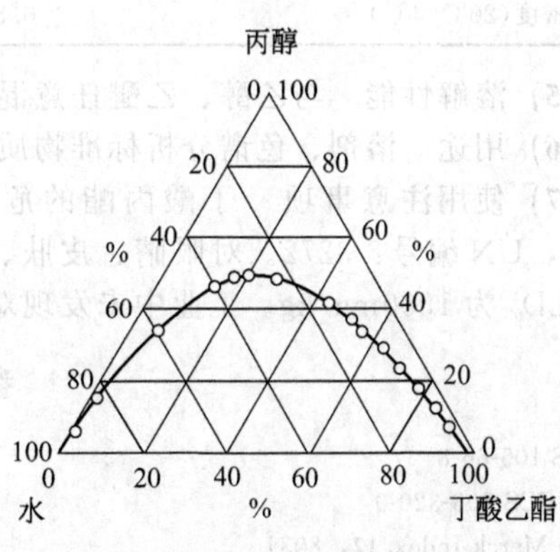

图 2-8-25 丁酸乙酯-水-丙醇的相互溶解性能

参 考 文 献

1 CAS 105-54-4
2 EINECS 203-306-4
3 Kirk-Othmer. Encyclopedia of Chemical Technology. 1st ed. Vol. 5. Wiley. 827, 845
4 International Critical Tables. Ⅲ-249, Ⅴ-137, Ⅵ-88, Ⅵ-91, Ⅵ-94, Ⅵ-169
5 The Merck Index 7th ed. 425, 579
6 Beilstein. Handbuch der Organischen Chemie. E Ⅱ, 2-243; E Ⅱ, 2-244, E Ⅱ 2-247; E Ⅲ, 2-591; E Ⅲ, 2-594; E Ⅲ, 2-599
7 W. J. Dunning. Trans. Faraday Soc. 1963, 59: 647, 651
8 N. A. Lange. Handbook of Chemistry. 10th ed. McGraw, 1961. 442, 603, 1543
9 J. G. Grasseli. Atlas of Spectral Data and Physical Constants for Organic Compounds. CRC Press. 1973 B-364, B-365, B-366
10 IRDC カード. No. 4351, 7215, 9140
11 N. I. Sax. Handbook of Dangerous Materials. Van Nostrand Reinhold, 1951 246; 1957 2nd ed., 161, 401
12 A. H. Gill and F. P. Dexter. Ind. Eng. Chem. 1934, 26: 881
13 A. K. Doolittle. Ind. Eng. Chem. 1935, 27: 1169
14 T. E. Jordan. Vapor Pressure of Organic Compounds. Wiley, 1950. 142
15 J. Bielecki and V. Henri. Chem. Ber. 1912, 45: 2819
16 K. W. F. Kohlraush et al. Z. Physik. Chem. Leipzig. 1933, 22B, 359
17 H. J. Masson and W. F. Hamilton. Ind. Eng. Chem. 1928, 20: 814
18 P. M. Jerner et al. Food Cosmet. Toxicol. 1964, 2: 327
19 D. R. Stull. Ind. Eng. Chem. 1947, 39: 517
20 The Merck Index. **10**, 3722; **11**, 3733; **12**, 3822
21 张海峰主编. 危险化学品安全技术大典: 第1卷: 北京: 中国石化出版社, 2010

526. 丁 酸 丙 酯

propyl butyrate

(1) 分子式 $C_7H_{14}O_2$。　　相对分子质量 130.19。

(2) 示性式或结构式 $CH_3CH_2CH_2COOCH_2CH_2CH_3$

(3) 外观 无色液体。

(4) 物理性质

沸点(101.3kPa)/℃	142～143	折射率(20℃)	1.4005
熔点/℃	−95	临界温度/℃	326.6
相对密度(20℃/4℃)	0.879	闪点/℃	40

(5) 溶解性能 与乙醇、乙醚任意混溶，微溶于水。

(6) 用途 溶剂、色谱分析标准物质。

(7) 使用注意事项 丁酸丙酯的危险特性属第3.3类高闪点易燃液体。危险货物编号：33598，UN编号：3272。对眼睛、皮肤、黏膜有刺激。易燃。遇明火、高热能引起燃烧。大鼠经口 LD_{50} 为 1500mg/kg。工业中未发现对人体有害、对动物有害。

参 考 文 献

1 CAS 105-66-8
2 EINECS 203-320-0
3 The Merck Index. **12**, 8031
4 Beil., **12**, 271
5 张海峰主编. 危险化学品安全技术大典: 第1卷: 北京: 中国石化出版社, 2010

527. 丁酸异丙酯

isopropyl butyrate

(1) 分子式 $C_7H_{14}O_2$。 相对分子质量 130.19。

(2) 示性式或结构式 $CH_3CH_2CH_2COOCH(CH_3)_2$

(3) 外观 无色液体。

(4) 物理性质

沸点(101.3kPa)/℃	130～131	蒸气压(20℃)/kPa	0.80
相对密度(20℃/4℃)	0.859	闪点/℃	30
折射率(20℃)	1.3930		

(5) 溶解性能 与乙醇、乙醚混溶，不溶于水。

(6) 用途 纤维素溶剂、有机合成中间体、香料制备。

(7) 使用注意事项 丁酸异丙酯的危险特性属第3.3类高闪点易燃液体。危险货物编号：33598，UN编号：2405。吸入、食入或经皮肤吸收对身体有害。蒸气对眼睛、黏膜、上呼吸道及皮肤有刺激性。易燃，遇明火、高热能引起燃烧爆炸。

参 考 文 献

1 CAS 638-11-9
2 EINECS 211-320-7
3 Beil., **2**, 271

528. 丁 酸 丁 酯

butyl butyrate [*n*-butyl butanoate]

(1) 分子式 $C_8H_{16}O_2$。 相对分子质量 144.21。

(2) 示性式或结构式 $CH_3CH_2CH_2COOC_4H_9$

(3) 外观 无色液体，有苹果香味。

(4) 物理性质

沸点(101.3kPa)/℃	166.4	闪点(闭口)/℃	51
熔点/℃	−91.5	(开口)/℃	53.3
相对密度(20℃/20℃)	0.872	燃烧热/(kJ/mol)	4847.5
折射率(20℃)	1.4049	比热容(定压)/[kJ/(kg·K)]	1.92
表面张力(15℃)/(mN/m)	12.0	临界温度/℃	338
生成热/(kJ/mol)	539.7		

(5) 化学性质 比较稳定，但在氢氧化钠醇溶液中能够水解，生成丁酸和丁醇。在60℃加热10分钟约有90%发生水解。

(6) 精制方法 含有游离的丁酸和丁醇等杂质。若以发酵法生产的丁醇为原料，尚含有异丁醇、戊醇和己醇的丁酸酯。精制时用碳酸氢钠和水洗涤，无水硫酸铜或碳酸钠干燥后精馏。

(7) 溶解性能 能与醇、醚等多种有机溶剂相混溶。能溶解硝酸纤维素、甘油三松香酸酯、虫胶、达玛树脂、乳香、榄香脂、香豆酮树脂、松香、石蜡、蓖麻油、松香酸乙酯等。不溶解醋酸纤维素、硬质珐琅脂、山达树脂等。常温时在水中溶解约0.05%；水在丁酸丁酯中溶解约0.5%。

(8) 用途 用作硝酸纤维素、虫胶、香豆酮等树脂的溶剂和漆用溶剂。还用于香料的制造。色谱分析标准物质。

(9) 使用注意事项　危险特性属第 3.3 类高闪点易燃液体。危险货物编号：33598，UN 编号：3272。丁酸丁酯为可燃性液体，蒸气相对密度 5.0，应注意远离火源置阴凉处密封贮存。着火时用二氧化碳、四氯化碳或粉末灭火器灭火。对金属无腐蚀性，可用软钢、铜或铝制容器贮存。毒性较低，在一般使用条件下无毒害。小鼠腹腔注射 LD_{50} 为 8825mg/kg。

(10) 附表

表 2-8-49　丁酸丁酯的二元共沸混合物

第二组分	共沸点/℃	丁酸丁酯/%	第二组分	共沸点/℃	丁酸丁酯/%
水	97.2	46	甲基苄基醚	166.0	70
α-萜品烯	<165.0	<74	草酸二甲酯	160.5	42
α-蒎烯	<155.0	<20	氨基甲酸乙酯	164.0	82
β-蒎烯	160.5	40	亚乙基二醇二乙酸酯	163.5	63
莰烯	158.0	30	乙二醇	160.3	84
碘甲烷	164.0	62	乙二醇一丁醚	165.0	80
2-溴-1-碘乙烯	141.5	44.5	乙酰胺	164.7	93
糠醇	164.0	70			

参 考 文 献

1 CAS 109-21-7
2 EINECS 203-656-8
3 Kirk-Othmer. Encyclopedia of Chemical Technology 1st ed. Vol. 5. Wiley. 827，845
4 A. Spon and I. Dinu. Igiena Bucharest. 1965，14 (5)：285
5 C. Marsden. Solvents Mannal. Cleaver-Hume. 1954. 69
6 Beilstein. Handbuch der Organischen Chemie. E Ⅱ，2-243；E Ⅱ，2-244；E Ⅱ，2-247；E Ⅲ，2-594；E Ⅲ，2-599
7 W. J. Dunning. Trans. Faraday Soc. 1963，59：647，651
8 N. A. Lange. Handbook of Chemistry. 10th ed. McGraw. 1961. 442，603，1543
9 J. G. Grasselli. Atlas of Spectral Data and Physical Constants for Organic Compounds. CRC Press. 1973 B-364，B-365，B-366
10 IRDC カード. No. 4351，7215，9140
11 N. I. Sax. Handbook of Dangerous Materials. p. 246 Van Nostrand. Reinhold. 1951；246；1957 2nd ed. 161，401
12 The Merck Index. **10**，1529；**11**，1556
13 张海峰主编. 危险化学品安全技术大典：第 1 卷：北京：中国石化出版社，2010

529. 丁 酸 戊 酯

pentyl butyrate

(1) 分子式　$C_9H_{18}O_2$。　　　　相对分子质量　158.23。

(2) 示性式或结构式　$CH_3CH_2CH_2COO(CH_2)_4CH_3$

(3) 外观　无色液体，有苦杏仁味。

(4) 物理性质

沸点(101.3kPa)/℃	185～188	折射率(20℃)	1.4123
熔点/℃	−73.2	闪点/℃	57
相对密度(20℃/4℃)	0.868～0.874	燃点/℃	582

(5) 溶解性能　与乙醇、乙醚混溶，微溶于水。

(6) 用途　溶剂，香料原料。

(7) 使用注意事项　丁酸戊酯的危险特性属第 3.3 类高闪点易燃液体。危险货物编号：33598，UN 编号：2620。易燃，遇明火、高热易引起燃烧爆炸，与氧化剂可发生反应。大鼠经口 LD_{50} 为 12210mg/kg。

参 考 文 献

1 CAS 540-18-1
2 EINECS 208-739-2
3 张海峰主编. 危险化学品安全技术大典：第1卷：北京：中国石化出版社，2010

530. 丁酸异戊酯

isopently butyrate [isoamyl butyrate]

(1) 分子式　$C_9H_{18}O_2$。　　相对分子质量　158.23。

(2) 示性式或结构式　$CH_3CH_2CH_2COOCH_2CH_2CH(CH_3)CH_3$

(3) 外观　无色液体，有梨香味。

(4) 物理性质

沸点(101.3kPa)/℃	184.8	闪点(闭口)/℃	72
熔点/℃	−73.2	蒸发热/(kJ/mol)	39.3
相对密度(19℃/15℃)	0.866	生成热/(kJ/mol)	621.6
折射率(20℃)	1.4106	燃烧热/(kJ/mol)	5494.8
介电常数(20℃)	4.23	临界温度/℃	346
表面张力(16.6℃)/(mN/m)	25.80	蒸气压(21.2/℃)/kPa	0.13

(5) 化学性质　丁酸异戊酯不易水解，但在盐酸或苛性碱存在下容易水解。

(6) 精制方法　所含杂质除丁酸、异戊醇外，尚有戊醇、丁醇、己醇的丁酸酯类。精制时用碳酸氢钠和水洗涤后，无水硫酸钠或碳酸钾干燥、精馏。

(7) 溶解性能　与丁酸丁酯和乙酸戊酯相似。常温下在水中溶解约0.66%。

(8) 用途　与乙酸戊酯类似。作制药和香料生产的萃取剂，醋酸纤维素的溶剂、油漆、涂料的溶剂。

(9) 使用注意事项　与乙酸戊酯相似。人鼠经口 LD_{50} 为 12210mg/kg。豚鼠经口 LD_{50} 为 11950mg/kg。

(10) 规格　QB/T 2646—2004　丁酯异戊酯

项　目	QB/T 2646—2004 食用级　QB/T 1775—2006
色状、香气	无色液体具有果香香味
相对密度(d_{25}^{25})	0.861～0.866
折射率(20℃)	1.4090～1.4140
溶解度	1mL 试样全溶于 4mL 70%(体积分数)乙醇中
酸值	1.0
含酯量(GC)/%	98.0
砷/(mg/kg)	3
重金属(以 Pb 计)/(mg/kg)	10

参 考 文 献

1 CAS 106-27-4
2 EINECS 203-380-8
3 Kirk-Othmer. Encyclopedia of Chemical Technology. 1st ed. Vol. 5. Wiley. 827，845
4 International Critical Tables. Ⅲ 249. Ⅴ-137. Ⅵ88，Ⅵ91，Ⅵ94，Ⅵ169
5 Landolt-Börnstein (6th ed.). Springer. Vol. Ⅰ. 3，420；Vol. Ⅱ2，114；Vol. Ⅱ-4，313. Vol. Ⅱ-4. 327
6 Beilstein. Handbuch der Organischen Chemie. E Ⅱ，2-247
7 W. J. Dunning. Trans. Faraday Soc. 1963，59：647，651
8 The Merck Index (7th ed.). 425，579
9 日本油化学協会. 油脂化学便覧2版. 丸善. 1971. 215

10 P. M. Jerner et al.. Food Cosmet. Toxicol. 1964，2：327
11 J. G. Grasselli. Atlas of Spectral Data and Physical Constants for Organic Compounds. B-364，B-365，B-366. CRC Press. 1973
12 The Merck Index. **10**，4961

531. 异丁酸甲酯

methyl isobutyrate

(1) 分子式 $C_5H_{10}O_2$。 相对分子质量 102.13。

(2) 示性式或结构式 $(CH_3)_2CHCOOCH_3$

(3) 外观 无色液体，有香味。

(4) 物理性质

沸点(101.3kPa)/℃	93
熔点/℃	−85～−84
相对密度(20℃/4℃)	0.891
折射率(20℃)	1.384
闪点/℃	3

(5) 溶解性能 与乙醇、乙醚混溶，微溶于水。

(6) 用途 溶剂，色谱分析标准物质，有机合成中间体。

(7) 使用注意事项 异丁酸甲酯的危险特性属第 3.2 类中闪点易燃液体。危险货物编号：32140。遇高热、明火及强氧化剂易引起燃烧。

参 考 文 献

1 CAS 547-63-7
2 EINECS 208-929-5
3 The Merck Index. 12，6162
4 Beil.，**2**，290

532. 异丁酸乙酯［2-甲基丙酸乙酯］

ethyl isobutyrate［ethyl 2-methyl propanoate］

(1) 分子式 $C_6H_{12}O_2$。 相对分子质量 116.16。

(2) 示性式或结构式 $(CH_3)_2CHCOOCH_2CH_3$

(3) 外观 无色液体，水果香味，易挥发。

(4) 物理性质

沸点(101.3kPa)/℃	111.0	临界温度/℃	280
熔点/℃	−88.2	临界压力/MPa	3.04
相对密度(20℃/4℃)	0.8693	闪点/℃	13
折射率(20℃)	1.3869	燃烧热/(kJ/mol)	3535.0
蒸气压(33.8℃)/kPa	5.33		

(5) 溶解性能 与乙醚、乙醇混溶，溶于丙酮，微溶于水。

(6) 用途 溶剂、香料、有机合成中间体。

(7) 使用注意事项 异丁酸乙酯的危险特性属第 3.2 类中闪点易燃液体。危险货物编号：32141，UN 编号：2385。吸入、食入、经皮肤吸收对身体有害，其蒸气对眼睛、黏膜和上呼吸道有刺激性，对皮肤有刺激性。易燃，遇明火、高温及强氧化剂易引起燃烧。小鼠静脉 LD_{50} 为 800 mg/kg。

参 考 文 献

1 CAS 97-62-1
2 EINECS 202-595-4
3 Beilstein. Handbuch der Organischen Chemie. H，2-291；E Ⅳ，2-846
4 The Merck Index. **10**，3759；**11**，3770

533. 异丁酸异丁酯

isobutyl isobutyrate

(1) 分子式　$C_8H_{16}O_2$。　　　　相对分子质量　144.21。

(2) 示性式或结构式　$(CH_3)_2CHCOOCH_2CH(CH_3)_2$

(3) 外观　无色液体，有菠萝香味。

(4) 物理性质

沸点(101.3kPa)/℃	147.51	闪点/℃	43.3
熔点/℃	−80.7	蒸发热(25℃)/(kJ/mol)	46.5
相对密度(18℃/15℃)	0.8635	(b.p.)/(kJ/mol)	38.3
折射率(18.2℃)	1.3986	临界温度/℃	328.74
表面张力(−76.5℃)/(mN/m)	33.8	蒸气压(25℃)/kPa	0.64
(134.5℃)/(mN/m)	13.1		

(5) 化学性质　具有酯的一般化学性质，在氢氧化钾作用下能发生水解。

(6) 精制方法　碳酸钾或无水硫酸钠干燥后蒸馏。

(7) 溶解性能　溶于醇、醚等主要有机溶剂，常温下在水中溶解 0.5%。

(8) 用途　用于配制有菠萝、李子香味的香精原料。

(9) 使用注意事项　异丁酸异丁酯危险特性属第 3.3 类高闪点易燃液体。危险货物编号：33598，UN 编号：2528。应远离火源，置阴凉通风处贮存。属微毒类。对皮肤有轻度刺激，大量吸入可引起麻醉。大鼠腹腔注射 6.3g/kg 时死亡，小鼠腹腔注射 1.6g/kg 死亡。

参 考 文 献

1 CAS 97-85-8
2 EINECS 202-612-5
3 T. E. Jordan. Vapor Pressure of Organic Compounds. Wiley. 1954. 146
4 W. Foerst. Ullmans Encyclopädie der Technischen Chemie. 3rd ed. Vol. 12. Urban and Schwarzenberg. 1960. 37
5 Beilstein. Handbuch der Organischen Chemie. EI，2-120
6 O. Ballans. Monatsh. Chem.，1943. 74：88；Chem. Abstr.，1943，37：6191
7 F. M. Jaeger. Z. Anorg. Chem. 1917，101：1
8 D. S. Viswanath and N. R. Kuloor. J. Chem. Eng. Data. 1966，11：544
9 J. C. Brown. J. Chem. Soc. 1906. 311
10 蒸気圧線図. 化学工業社，1961. 156
11 H. E. Thompson and P. Torkington. J. Chem. Soc. 1945. 640
12 J. G. Grasselli. Atlas of Spectral Data and Physical Constants for Organic Compounds. CRC Press. 1973. B814
13 Sadtler Standard NMR Spectra. No. 238

534. 2-羟基-2-甲基丙酸乙酯

ethyl-2-hydroxy-2-methylpropionate

[ethyl-2-hydroxy-iso-butyrate，ethyl oxybutyrate]

(1) 分子式　$C_6H_{12}O_3$。　　　　相对分子质量　132.16。

(2) 示性式或结构式 $(CH_3)_2C(OH)COOC_2H_5$

(3) 外观 无色或浅黄色液体，有芳香味。

(4) 物理性质

沸点(101.3kPa)/℃	147.5～149	闪点(闭口)/℃	49
相对密度(20℃/4℃)	0.987	蒸气压(46℃)/kPa	1.87
折射率(20℃)	1.4080		

(5) 化学性质 不易水解，在沸点时稍有分解。

(6) 精制方法 含有游离的酸、醇和水等杂质。精制时用无水碳酸钾或硫酸钠干燥后蒸馏。

(7) 溶解性能 能与醇、醚等主要有机溶剂相混溶。能溶解硝酸纤维素、醋酸纤维素等，但溶解速度较慢，所得溶液的黏度比乙酸戊酯小，比乳酸乙酯大。溶解能力与乳酸乙酯相似。

(8) 用途 主要用作涂料用溶剂，由于挥发速度慢，加到纤维素酯的涂料中使涂膜表面美观，涂刷性能好。

(9) 使用注意事项 危险特性属第3.3类高闪点易燃液体。危险货物编号：33598。应注意火源，置阴凉通风处贮存。

参 考 文 献

1 CAS 80-55-7
2 EINECS 201-290-3
3 Beilstein. Handbuch der Organischen Chemie. EⅢ，3-591
4 H. E. Hofman. Ind. Eng. Chem. 1929，21：957
5 J. G. Grasselli. Atlas of Spectral Data and Physical Constants for Organic Compounds. CRC Press. 1973. B-812
6 C. J. Pouchert. The Aldrich Library of Infrared Spectra. No. 297A，Aldrich Chemical Co. 1970

535. 戊酸甲酯

methyl valerate

(1) 分子式 $C_6H_{12}O_2$。 相对分子质量 116.16。

(2) 示性式或结构式 $CH_3(CH_2)_3COOCH_3$

(3) 外观 无色液体。

(4) 物理性质

沸点(101.3kPa)/℃	128	折射率(20℃)	1.3962
相对密度(20℃/4℃)	0.890	闪点/℃	22

(5) 溶解性能 能与乙醇、乙醚相混溶，微溶于水。

(6) 用途 溶剂、气相色谱分析标准物。

(7) 使用注意事项 危险特性属第3.2类中闪点易燃液体。危险货物编号：32144。参照戊酸乙酯。

参 考 文 献

1 CAS 624-24-8
2 EINECS 210-838-0
3 Beil.，2，301

536. 戊酸乙酯［吉草酸乙酯］

ethyl valerate［valeric acid ethyl ester］

（1）分子式　$C_7H_{14}O_2$。　　相对分子质量　130.19。

（2）示性式或结构式　$CH_3(CH_2)_3COOCH_2CH_3$

（3）外观　无色液体。

（4）物理性质

沸点(101.3kPa)/℃	145～146	折射率(20℃)	1.4008
熔点/℃	−91.0	临界温度/℃	297
相对密度(20℃/4℃)	0.877	闪点/℃	38

（5）溶解性能　与乙醇、乙醚混溶，不溶于水。

（6）用途　溶剂、色谱分析试剂、有机合成中间体。

（7）使用注意事项　戊酸乙酯的危险特性属第3.3类高闪点易燃液体。危险货物编号：33599。吸入、食入、经皮肤吸收对身体有害，对眼睛、黏膜、皮肤有刺激性。易燃，遇明火、高热有引起燃烧的危险。

参考文献

1 CAS 539-82-2
2 EINECS 208-726-1
3 Beilstein. Handbuch der Organischen Chemie. H，2-301；E Ⅳ，2-872
4 The Merck Index. **11**，9815；**12**，10042

537. 戊酸丙酯

propyl valerate

（1）分子式　$C_8H_{16}O_2$。　　相对分子质量　144.22。

（2）示性式或结构式　$CH_3(CH_2)_3COOCH_2CH_2CH_3$

（3）外观　无色透明液体，有果香味。

（4）物理性质

沸点(101.3kPa)/℃	166～169
相对密度(20℃/4℃)	0.868～0.872
折射率(20℃)	1.4055～1.4075

（5）溶解性能　与乙醇、乙醚混溶，微溶于水。

（6）用途　溶剂、香料配制、有机合成中间体。

（7）使用注意事项　戊酸丙酯的危险特性属第3.3类高闪点易燃液体。危险货物编号：33599。易燃，遇明火、高热易燃烧。对眼睛、皮肤有轻微刺激性。

参考文献

1 CAS 141-06-0
2 EINECS 205-452-4

538. 戊酸丁酯［吉草酸丁酯］

butyl valerate［valeric acid butyl ester］

（1）分子式　$C_9H_{18}O_2$。　　相对分子质量　158.24。

(2) 示性式或结构式 $CH_3(CH_2)_3COOCH_2CH_2CH_2CH_3$

(3) 外观 无色液体。

(4) 物理性质

沸点(101.3kPa)/℃	185.8
熔点/℃	−92.8
相对密度(15℃/4℃)	0.871
折射率(20℃)	1.4128

(5) 溶解性能 溶于乙醇、乙醚，微溶于水。

(6) 用途 溶剂、润滑剂、有机合成中间体。

(7) 使用注意事项 易燃，遇明火、高热有引起燃烧危险。大鼠经口为 LD_{50}>35000mg/kg。

参 考 文 献

1 CAS 591-68-4
2 EINECS 209-728-5

539. 戊酸戊酯［吉草酸戊酯］

amyl valerate [valeric acid pentyl ester]

(1) 分子式 $C_{10}H_{20}O_2$。 相对分子质量 172.27。

(2) 示性式或结构式 $CH_3(CH_2)_3COOCH_2(CH_2)_3CH_3$

(3) 外观 无色液体，有苹果香味。

(4) 物理性质

沸点(101.3kPa)/℃	191～194
相对密度(19℃/4℃)	0.86

(5) 溶解性能 与乙醇、乙醚混溶，微溶于水。

(6) 用途 溶剂、香料、有机合成中间体。

(7) 使用注意事项 易燃，遇高热、明火有引起燃烧危险，与氧化剂发生强烈反应。豚鼠经口 LD_{50}>17000mg/kg。

参 考 文 献

1 CAS 2173-56-0
2 EINECS 218-528-7

540. 异戊酸乙酯

ethyl isovalerate

(1) 分子式 $C_7H_{14}O_2$。 相对分子质量 130.19。

(2) 示性式或结构式 $(CH_3)_2CHCH_2COOC_2H_5$

(3) 外观 无色液体，有菠萝香味。

(4) 物理性质

沸点(101.3kPa)/℃	134.7	表面张力(21.1℃)/(mN/m)	23.82
熔点/℃	−99.3	(4.4℃)/(mN/m)	21.46
相对密度(20℃/4℃)	0.8652	蒸发热(25℃)/(kJ/mol)	47.3
(40.9℃/4℃)	0.8456	(b.p.)/(kJ/mol)	37.0
折射率(20℃)	1.39621	生成热(25℃)/(kJ/mol)	−540.1
(25℃)	1.3944	燃烧热/(kJ/mol)	4186.8
介电常数(18℃)	4.71	临界温度/℃	314.87

(5) 化学性质　具有酯的一般化学性质，在苛性碱存在下易水解。

(6) 精制方法　碳酸钠饱和溶液洗涤，无水硫酸钠或硫酸镁干燥后精馏。

(7) 溶解性能　能与醇、醚、苯相混溶。能溶解油脂、天然树脂、合成树脂以及丁二烯-丙烯腈橡胶等。能部分溶解氯丁橡胶，丁二烯-苯乙烯橡胶和天然橡胶则不溶。20℃时在水中溶解0.2%；水在异戊酸乙酯中溶解 0.3%。异戊酸乙酯与 30.2% 的水形成共沸混合物，共沸点 92.2℃。

(8) 用途　用作各种水果香味香精的原料，化妆品香料的调制及医药等。

(9) 使用注意事项　危险特性属第 3.3 类高闪点易燃液体。危险货物编号：33599。具刺激性。吸入、口服或经皮肤吸收对身体有害。注意远离火源，置阴凉处贮存。无毒性。

(10) 附表

表 2-8-50　异戊酸乙酯的蒸气压

温度/℃	蒸气压/kPa	温度/℃	蒸气压/kPa	温度/℃	蒸气压/kPa
0	0.20	60	6.93	120	65.99
10	0.40	70	10.93	130	89.06
20	0.77	80	16.53	134.55	101.33
30	1.47	90	24.26	140	117.99
40	2.59	100	34.60	150	152.25
50	4.36	110	48.66		

参　考　文　献

1 CAS 108-64-5

2 EINECS 203-602-3

3 J. Timmermans. Bull. Soc. Chim. Belges. 1914，27：334；Chem. Zentr. 1914，1：618

4 J. C. Munch. J. Amer. Chem. Soc. 1926，48：994

5 A. I. Vogel. J. Chem. Soc. 1948. 624

6 C. K. Hancock and G. M. Watson et al. J. Phys. Chem. 1954，58：127

7 P. Walden. Z. Physik. Chem. Leipzig. 1910，70：569

8 T. E. Jordan. Vapor Pressure of Organic Compounds. Wiley. 1954. 144

9 J. C. Brown. J. Chem. Soc. 1903. 987

10 安全工学協会. 安全工学便覧. コロナ社. 1973. 255

11 J. G. Brown. J. Chem. Soc. 1906，311

12 H. Stephen and T. Stephen. Solubilities of Inorganic and Organic Compounds. Vol. 1. Macmillan. 1963. 1～2

13 C. J. Pouchert. The Aldrick Library of Infrared Spectra. No. 278A，Aldrich Chemical Co. 1970

14 IRDC カード. No. 13886

15 H. E. Thompson and P. Torkington . J. Chem. Soc. 1945，640

16 F. W. Maclofferty. Atlas of Mass Spectral Data. Wiley，1969. 603

17 Beilstein. Handbuch der Organischen Chemie. H，2-312；EⅣ，2-898

18 The Merck Index. **10**，3761，**11**，3772

541. 异戊酸异戊酯

isopentyl isovalerate [isoamyl isovalerate，isoamyl valerianate，amyl valerate，apple oil]

(1) 分子式　$C_{10}H_{20}O_2$。　　　　相对分子质量　172.27。

(2) 示性式或结构式　$(CH_3)_2CHCH_2COOCH_2CH_2CH(CH_3)_2$

(3) 外观　无色透明液体，有苹果香味。

(4) 物理性质

沸点(101.3kPa)/℃	194.0	介电常数(19℃)	3.62
相对密度(18.7℃/4℃)	0.8583	蒸发热(25℃)/(kJ/mol)	49.0
(25℃/4℃)	0.8541	(b.p.)/(kJ/mol)	45.9
折射率(18.7℃)	1.4130	蒸气压(27℃)/kPa	0.1333
(25℃)	1.4100		

(5) 化学性质　具有酯的一般化学性质，和丁酸异戊酯相似。

(6) 精制方法　常含有异戊酸戊酯、异戊酸丁酯和异戊酸己酯等杂质。精制时用碳酸钠饱和水溶液洗涤，无水硫酸钠或硫酸镁干燥后精馏。

(7) 溶解性能　微溶于水，能与醇、醚相混溶。溶解能力与丁酸戊酯和丁酸丁酯类似。与74.1%的水形成共沸混合物，共沸点98.8℃。

(8) 用途　用作漆用溶剂和具有苹果、香蕉香味香精的制造。

(9) 使用注意事项　注意火源，置阴凉处贮存。无毒性。

(10) 附表

表 2-8-51　异戊酸异戊酯的蒸气压

温度/℃	蒸气压/kPa	温度/℃	蒸气压/kPa
27.0	0.13	111.3	8.00
54.4	0.67	125.1	13.33
68.6	1.33	146.1	26.66
83.8	2.67	169.5	53.33
100.6	5.33	194.0	101.33

参　考　文　献

1　CAS 659-70-1
2　EINECS 211-536-1
3　D. Dobrosserdow. J. Russ. Phys. Chem. Soc. 1911，43：73
4　K. V. Aumera and F. Eisenlohr. Z. Physik. Chem. Leipzig. 1913，83：429
5　D. R. Stull. Ind. Eng. Chem. 1947，39：517
6　J. Decomte. J. Phys. Radium. 1942，3：193
7　T. E. Jordan. Vapor Pressure of Organic Compounds. Wiley. 1954. 166
8　The Merck Index. **10**，4967

542. 己酸甲酯

methyl capronate [methyl hexanoate]

(1) 分子式　$C_7H_{14}O_2$。　　　　相对分子质量　130.19。

(2) 示性式或结构式　$CH_3(CH_2)_4COOCH_3$

(3) 外观　无色液体，带菠萝香味。

(4) 物理性质

沸点(101.3kPa)/℃	151	折射率(23℃)	1.4038
熔点/℃	−71	闪点/℃	45
相对密度(0℃/4℃)	0.9038		

(5) 溶解性能　不溶于水，溶于乙醇、乙醚。

(6) 用途　溶剂、香料和有机化学中间体。

(7) 使用注意事项　危险特性属第3.3类高闪点易燃液体。危险货物编号：33600。参照己酸乙酯。

参 考 文 献

1 CAS 106-70-7
2 EINECS 203-425-1
3 Beil.，**2**，323

543. 己酸乙酯

ethyl capronate［ethyl hexanoate］

(1) 分子式 $C_8H_{16}O_2$。 相对分子质量 144.21。

(2) 示性式或结构式 $CH_3(CH_2)_4COOCH_2CH_3$

(3) 外观 无色至浅黄色液体，有水果香味。

(4) 物理性质

沸点(101.3kPa)/℃	168	折射率(20℃)	1.4075
熔点/℃	−67.5	闪点/℃	49
相对密度(20℃/4℃)	0.8710		

(5) 溶解性能 与乙醇、乙醚混溶，微溶于水。

(6) 用途 溶剂、食品添加剂、有机合成中间体。

(7) 使用注意事项 己酸乙酯的危险特性属第3.3类高闪点易燃液体。危险货物编号：33600。毒性低微对人体无不良影响，高浓度有麻醉性。吸入对呼吸道、眼睛和皮肤有刺激性。遇高热、明火有引起燃烧危险。

(8) 规格 GB 8315—2008 食用己酸乙酯

项 目	GB 8315—2008 食用级	QB/T 1778—2005
色状	无色液体具有酒样香气	
相对密度(d_{25}^{25})	0.867～0.871	
折射率(20℃)	1.4060～1.4090	—
溶解度(25℃)	1mL 试样全溶于 2mL 70%(体积分数)乙醇中	
酸值	1.0	
含酯量(GC)/%	98.0	
重金属(以 Pb 计)/(mg/kg)	10	—
砷含量/(mg/kg)	3	—

参 考 文 献

1 CAS 123-66-0
2 EINECS 204-640-3
3 Beilstein. Handbuch der Organischen Chemie. H，2-323；E Ⅳ，2-921
4 The Merck Index. **10**，3724；**11**，3735

544. 己酸异戊酯

isoamyl hexanoate

(1) 分子式 $C_{11}H_{22}O_2$。 相对分子质量 186.30。

(2) 示性式或结构式

$$CH_3(CH_2)_4\overset{\overset{\displaystyle O}{\|}}{C}{-}OCH_2CH_2\underset{\underset{\displaystyle CH_3}{|}}{\overset{\overset{\displaystyle H}{|}}{C}}CH_3$$

(3) 外观 无色液体。

(4) 物理性质

沸点(101.3kPa)/℃	222	折射率(20℃)	1.4180～1.422
相对密度(15℃/4℃)	0.860～0.867		

(5) 溶解性能 不溶于水，溶于乙醇、乙醚等有机溶剂。

(6) 用途 香精、溶剂。

(7) 使用注意事项 参照己酸乙酯。

参 考 文 献

1 CAS 2198-61-0

2 EINECS 218-600-8

3 《化学化工大辞典》编委会，化学工业出版社辞书编辑部. 化学化工大辞典：上册. 北京：化学工业出版社，2003

545. 庚酸甲酯

methyl heptylate

(1) 分子式 $C_8H_{16}O_2$。 相对分子质量 144.21。

(2) 示性式或结构式 $CH_3(CH_2)_5COOCH_3$

(3) 外观 无色液体、有香味。

(4) 物理性质

沸点(101.3kPa)/℃	173.8
熔点/℃	−55.8
相对密度(20℃/4℃)	0.8815
折射率(20℃)	1.4152
闪点/℃	52

(5) 溶解性能 与乙醇、乙醚、苯、氯仿混溶，微溶于水。

(6) 用途 溶剂、香料、有机合成中间体。

(7) 使用注意事项 易燃，遇明火、高热易引起燃烧，与氧化剂可发生反应。

(8) 附表

表 2-8-52 庚酸甲酯在水中的溶解性

温度/℃	溶解度/%	温度/℃	溶解度/%	温度/℃	溶解度/%	温度/℃	溶解度/%
0	0.105	20	0.094	40	0.063	70	0.087
10	0.122	30	0.090	60	0.054	80	0.066

参 考 文 献

1 CAS 106-73-0

2 EINECS 203-428-8

3 The Merck Index. **12**，4695

4 Beil.，**2**，339

546. 十四酸甲酯

methyl myristate [methyl tetradecanoate]

(1) 分子式 $C_{15}H_{30}O_2$。 相对分子质量 242.40。

(2) 示性式或结构式 $CH_3(CH_2)_{12}COOCH_3$

(3) 外观　无色油状液体。

(4) 物理性质

沸点(101.3kPa)/℃	323	折射率(20℃)	1.4362
熔点/℃	18～20	闪点/℃	110
相对密度(20℃/4℃)	0.855		

(5) 溶解性能　溶于乙醇、乙醚、丙酮、苯、氯仿、四氯化碳，不溶于水。

(6) 用途　溶剂、增塑剂、有机合成中间体。

参 考 文 献

1 CAS 124-10-7

2 EINECS 204-680-1

3 Beilstein. Handbuch der Organischen Chemie. EⅡ，2-326；EⅣ，2-1131

547. 十四酸异丙酯

isopropyl myristate

(1) 分子式　$C_{17}H_{34}O_2$。　　　相对分子质量　270.46。

(2) 示性式或结构式　$CH_3(CH_2)_{12}COOCH(CH_3)_2$

(3) 外观　无色液体。

(4) 物理性质

沸点(2.666kPa)/℃	193
相对密度(20℃/4℃)	0.853
折射率(20℃)	1.4340
闪点/℃	110

(5) 溶解性能　与有机溶剂混溶，不溶于水、甘油。

(6) 用途　溶剂、有机合成中间体。

(7) 使用注意事项　易燃，遇明火、高热能引起燃烧。对眼睛、皮肤有刺激性。

参 考 文 献

1 CAS 110-27-0

2 EINECS 203-751-4

3 The Merck Index. 12，5234；13，5235

4 Beil.，**2** (3)，923

548. 巴豆酸甲酯［丁烯酸甲酯］

methyl crotonate［crotonic acid methyl ester］

(1) 分子式　$C_5H_8O_2$。　　　相对分子质量　100.12。

(2) 示性式或结构式　$CH_3CH{=}CHCOOCH_3$

(3) 外观　无色液体。

(4) 物理性质

沸点(101.3kPa)/℃	121
相对密度(20℃/4℃)	0.9444
折射率(20℃)	1.4242
闪点/℃	4

(5) 溶解性能　与乙醇、乙醚混溶，不溶于水。

(6) 用途　溶剂、有机合成中间体。

(7) 使用注意事项　巴豆酸甲酯的危险特性属第3.2类中闪点易燃液体。危险货物编号：32148。高度易燃。遇明火、高热能引起燃烧，对眼睛、黏膜、皮肤有刺激性。

参考文献

1 CAS 623-43-8

2 EINECS 210-793-7

3 Beilstein. Handbuch der Organischen Chemie. H，2-410；E Ⅳ，2-1500

4 The Merck Index. **10**，2586；**11**，2600；**12**，2664

549. 巴豆酸乙酯［丁烯酸乙酯］

ethyl crotonate［crotonic acid ethyl ester］

(1) 分子式　$C_6H_{10}O_2$。　　　相对分子质量　114.14。

(2) 示性式或结构式　$CH_3CH{=}CHCOOCH_2CH_3$

(3) 外观　无色油状液体，有辛辣气味。

(4) 物理性质

沸点(101.3kPa)/℃	136.5	折射率(20℃)	1.4243
熔点/℃	45	闪点/℃	2
相对密度(20℃/4℃)	0.9175		

(5) 溶解性能　溶于乙醇、乙醚，不溶于水。遇水易分解。

(6) 用途　涂料软化剂、纤维素酯的溶剂、有机合成中间体。

(7) 使用注意事项　巴豆酸乙酯的危险特性属第3.2类中闪点易燃液体。危险货物编号：32148，UN编号：1862。高度易燃，燃烧时有引起爆炸危险。对眼睛、黏膜、皮肤有刺激性。

参考文献

1 CAS 623-70-1

2 EINECS 210-808-7

3 Beilstein. Handbuch der Organischen Chemie. H，2-411；E Ⅳ，2-1500

4 The Merck Index. **10**，2586；**11**，2600

550. 油酸丁酯［十八烯酸丁酯］

butyl oleate［butyl-9-octadecenoate］

(1) 分子式　$C_{22}H_{42}O_2$。　　　相对分子质量　338.57。

(2) 示性式或结构式　$CH_3(CH_2)_7CH{=}CH(CH_2)_7COOC_4H_9$

(3) 外观　浅黄色油状液体。

(4) 物理性质

沸点(2.00kPa)/℃	277.278	折射率(25℃)	1.4480
熔点/℃	−26.4	黏度(20℃)/mPa·s	8.2
相对密度(20℃/4℃)	0.8704	闪点/℃	180

(5) 溶解性能　与乙醇、乙醚、植物油、矿物油混溶，不溶于水。

(6) 用途　增塑剂、溶剂、润滑剂、防水剂等，气相色谱固定液。

(7) 使用注意事项　毒性低微。

参 考 文 献

1 CAS 142-77-8
2 EINECS 205-559-6
3 Beilstein. Handbuch der Organischen Chemie. E Ⅳ, 2-1655
4 张海峰主编. 危险化学品安全技术大典：第1卷：北京：中国石化出版社，2010

551. 硬脂酸丁酯

butyl stearate

(1) 分子式　$C_{22}H_{44}O_2$。　　　　相对分子质量　340.58。

(2) 示性式或结构式　$CH_3(CH_2)_{16}COOC_4H_9$

(3) 外观　纯品为白色晶体，一般为无色或微黄色的蜡状固体或液体。

(4) 物理性质

沸点(101.3kPa)/℃	222～225	体膨胀系数	0.00083
熔点/℃	27.5	闪点(闭口)/℃	160
相对密度(20℃/4℃)	0.860	(开口)/℃	187.8
折射率(20℃)	1.4456	燃点/℃	355
介电常数(30℃)	3.111	蒸发热/(kJ/kg)	100.1
偶极矩(24℃,苯)/(10^{-30} C·m)	6.27	电导率(30℃)/(S/m)	2.1×10^{-13}
黏度(25℃)/mPa·s	8.26	蒸气压(20℃)/kPa	0.17×10^{-6}
表面张力(25℃)/(mN/m)	32.0		

(5) 化学性质　较稳定，不易水解。但在苛性碱存在下能水解。

(6) 精制方法　在沸点为100℃以下的溶剂中重结晶精制。所含酸性杂质用0.05mol/L氢氧化钠溶液或2%碳酸氢钠溶液中和，再水洗除去。

(7) 溶解性能　溶于丙酮、氯仿、乙酸乙酯、甲苯、甲醇等多种有机溶剂。不溶于甘油和1,2-丙二醇。能溶解油脂、松香、甘油三松香酸酯、香豆酮树脂等。但不溶解虫胶、苯二甲酸树脂和纤维素酯。25℃时在水中溶解0.2%；水在硬脂酸丁酯中溶解0.05%。

(8) 用途　用作化学纤维、塑料和橡胶的增塑剂，多种树脂成型加工的脱模剂和润滑剂，金属的润滑剂，混凝土和织物的防水剂，鞋油光泽剂和化妆品等方面。

(9) 使用注意事项　硬脂酸丁酯为可燃性物质，由于沸点高，蒸气压低，在一般使用条件下无危险。属微毒类。大鼠经口 LD_{50} 为32g/kg。以含有1.25%和6.25%硬脂酸丁酯的饲料饲养大鼠两年未出现不良影响。

参 考 文 献

1 CAS 123-95-5
2 EINECS 204-666-5
3 Kirk-Othmer. Encyclopedia of Chemical Technology. 1st ed. Vol. 5. Wiley. 845
4 A. Weissberger. Organic Solvents. 2nd ed.. Wiley. 172
5 K. V. G. Krishna. Indian. J. Phys. 1957, 31: 283; Chem. Abstr. 1957, 51: 17293
6 Beilstein. Handbuch der Organischen Chemie. E Ⅱ. 2-352
7 Butyl Stearate. Technical Data Sheet. Commercial Solvents Corp. 1963. 27
8 C. J. Pouchert. The Aldrich Library of Infrared Spectra., Aldrich Chemical Co., 1970. 280A
9 E. Stenhagen et al.. Atlas of Mass Spectral Data. Vol. 3. Wiley, 1969, 1972
10 N. I. Sax, Handbook of Dangerous Materials., Van Nostrand Reinhold, 1951. 68
11 安全工学協会. 安全工学便覧. コロナ社, 1973. 194
12 C. C. Smith. Arch. Ind. Hyg. Occupational Med., 1953, 7: 310

13 Beilstein. Handbuch der Organischen Chemie. EⅣ，2-1219
14 The Merck Index. **10**，1562；**11**，1589

552. 硬脂酸戊酯

pentyl stearate [*n*-amyl stearate]

(1) 分子式　$C_{23}H_{46}O_2$。　　　　相对分子质量　354.60。

(2) 示性式或结构式　$CH_3(CH_2)_{16}COOC_5H_{11}$

(3) 外观　白色片状晶体。

(4) 物理性质

沸点(101.3kPa)/℃	360	折射率(20℃)	1.444
熔点/℃	30	闪点(闭口)/℃	187
相对密度(20℃/4℃)	0.858		

(5) 化学性质　和硬脂酸丁酯相似，化学性质比较稳定。

(6) 精制方法　主要杂质是各种戊醇异构体的硬脂酸酯。可用沸点在100℃以下的溶剂重结晶精制。

(7) 溶解性能　与硬脂酸丁酯相似，不溶于水，也难溶于冷的乙醇。

(8) 用途　与硬脂酸丁酯同。

参 考 文 献

1 CAS 6382-13-4
2 EINECS 228-928-6
3 Kirk-Othmer. Encyclopedia of Chemical Technology. 1st ed. Vol. 5. Wiley. 829
4 N. I. Sax. Handbook of Dangerous Materials. Van Nostrand Reinhold. 1951. 24

553. 苯甲酸甲酯

methyl benzoate [essence (oil) of niobe]

(1) 分子式　$C_8H_8O_2$。　　　　相对分子质量　136.14。

(2) 示性式或结构式　

(3) 外观　无色油状液体，有类似冬青油的气味。

(4) 物理性质

沸点(101.3kPa)/℃	199.6	热导率/[W/(m·K)]	146.8×10^3
熔点/℃	−12.5	体膨胀系数/K^{-1}	0.000876
相对密度(15℃/4℃)	1.0937	表面张力(20℃)/(mN/m)	38.14
折射率(16℃)	1.5181	闪点(闭口)/℃	87.8
介电常数(20℃)	6.63	蒸发热(25℃)/(kJ/mol)	57.0
偶极矩(25℃)/(10^{-30} C·m)	6.20	熔化热/(kJ/mol)	9.7
黏度(15℃)/mPa·s	2.298	生成热/(kJ/mol)	3949
临界温度/℃	438	燃烧热/(kJ/mol)	3952.2
临界压力/MPa	4.0	比热容(20℃,定压)/[kJ/(kg·K)]	1.60
电导率(22℃)/(S/m)	1.37×10^{-5}		

(5) 化学性质　苯甲酸甲酯比较稳定，但在苛性碱存在下加热时水解生成苯甲酸和甲醇。在密封管中于380～400℃加热8小时无变化。在灼热的金属网上热解时，生成苯、联苯、苯基苯甲酸甲酯等。在10MPa、350℃加氢生成甲苯。苯甲酸甲酯在碱金属乙醇化物存在下，与伯醇发生酯交换反应。例如，在室温下与乙醇反应有94%变成苯甲酸乙酯；与丙醇反应有84%变成苯

甲酸丙酯。与异丙醇不发生酯交换反应。苯甲醇酯与乙二醇以氯仿作溶剂，加入少量碳酸钾回流时，得到乙二醇苯甲酸酯和少量乙二醇二苯甲醇酯。苯甲酸甲酯与甘油用吡啶作溶剂，在甲醇钠存在下加热时，也可进行酯交换反应，得到甘油的苯甲酸酯。

苯甲醇甲酯用硝酸（相对密度 1.517）在常温下进行硝化，以 2∶1 的比例得到 3-硝基苯甲酸甲酯与 4-硝基苯甲酸甲酯。用氧化钍为催化剂，与氨在 450～480℃反应生成苄腈。与五氯化磷一起加热至 160～180℃得到苯酰氯。

苯甲酸甲酯与三氯化铝和氯化锡形成结晶性的分子化合物，与磷酸形成片状结晶化合物。

(6) 精制方法　常含有游离的苯甲酸和甲醇等杂质。精制时用碳酸氢钠或碳酸钾溶液洗涤，无水碳酸钾或硫酸钠干燥后精馏。

(7) 溶解性能　能与醇、醚、氯仿等一般有机溶剂混溶。能溶解硝酸纤维素、醋酸纤维素以及蓖麻油等植物油。是橡胶、甘油三松香酸酯、香豆酮树脂、松香、石蜡等的优良溶剂。20℃时在水中溶解 0.21%；水在苯甲酸甲酯中溶解 0.74%。与 79.1%的水形成二元共沸混合物，共沸点 99.08℃。

(8) 用途　用于配制玫瑰型、老鹳草型等香精。还用作纤维素酯、纤维素醚、树脂、橡胶等的溶剂。

(9) 使用注意事项　危险特性属第 6.1 类毒害品。危险货物编号：61624，UN 编号：2938。苯甲酸甲酯为可燃性液体，注意火源，置阴凉通风处贮存。对金属无明显的腐蚀性，可用铁、软钢制的容器贮存。属低毒类。对皮肤有中等刺激，对眼有轻度刺激，能经皮肤、消化道、呼吸道侵入机体。大鼠经口 LD_{50} 为 3.5g/kg。大鼠吸入饱和蒸气 8 小时无死亡。

(10) 附表

表 2-8-53　苯甲酸甲酯的蒸气压

温度/℃	蒸气压/kPa	温度/℃	蒸气压/kPa
39	0.13	117.4	8.00
40	0.14	120	9.013
50	0.26	130	13.20
60	0.48	130.8	13.33
64.4	0.67	140	18.80
70	0.85	150	26.26
77.3	1.33	151.4	26.66
80	1.51	160	35.86
90	2.48	170	48.26
91.8	2.67	174.7	53.33
100	3.99	180	63.19
107.8	5.33	190	82.26
110	5.97	199.5	101.33

(11) 附图

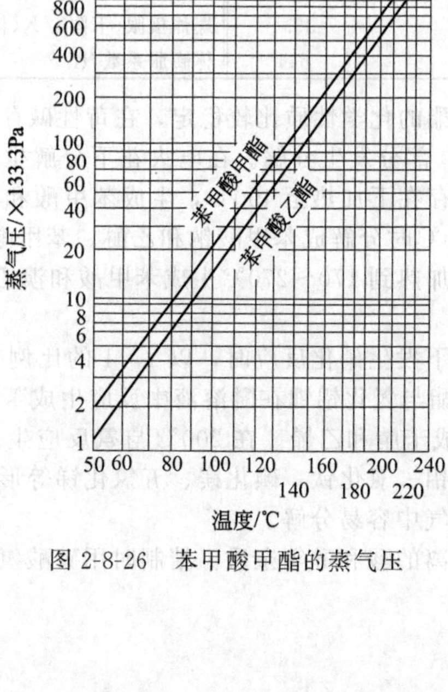

图 2-8-26　苯甲酸甲酯的蒸气压

参 考 文 献

1 CAS 93-58-3
2 EINECS 202-259-7
3 Kirk-Othmer. Encyclopedia of Chemical Technology. 1st ed. Vol. 5. Wiley. 833; 2nd ed. Vol. 3. 432
4 Landolt-Börnstein 6th ed. Springer. Vol. Ⅱ-2, 120, 624; Vol. Ⅱ-4, 324; Vol. Ⅱ-5, 87; Vol. Ⅱ-6, 643; Vol. Ⅱ-7, 19
5 A. Weissberger. Organic Solvents 3rd ed. Wiley. 1971. 305
6 Beilstein. Handbuch der Organischen Chemie. EⅢ, 9-87, 9-88, 9-92, 9-100; EⅢ 9-393, 9-397
7 K. L. Wolf and O. Strasser. Z. Physik. Chem. Leipzig. 1933, 21B: 389
8 IRDC カード. No. 411, 461, 584, 585, 3592, 14167
9 P. G. Puranik. Proc. Indian Acad. Sci. Sect. 1955, A42: 326; Chem. Abstr. 1956, 50: 7595
10 E. Stenhagen et al. Atlas of Mass Spectral Data, Wilev. 1969. Vol. 1, 691; Vol. 2, 880, 1207, 1511
11 A. A. Kravets-Bekker and O. P. Ivanova. Factory Venesh, Sredy Ikh Znachenie Zdorovga Naseleniya, 1970, 2: 125; Chem. Abstr. 1971, 75: 18045
12 有機合成化学协会. 溶剤ポケットブック. オーム社. 1977. 452
13 The Merck Index. **10**, 5900; **11**, 5947
14 张海峰主编. 危险化学品安全技术大典: 第1卷: 北京: 中国石化出版社, 2010

554. 苯甲酸乙酯

ethylbenzoate

(1) 分子式 $C_9H_{10}O_2$。　　相对分子质量 150.17。

(2) 示性式或结构式 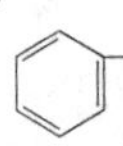 $-COOC_2H_5$

(3) 外观 无色油状液体，有水果香味。

(4) 物理性质

沸点(101.3kPa)/℃	213.2	闪点(闭口)/℃	95.5
熔点/℃	−34.6	(开口)/℃	93.3
相对密度(15℃/4℃)	1.0509	蒸发热/(kJ/mol)	40.49
折射率(17.3℃)	1.50682	燃烧热/(kJ/mol)	4602.6
介电常数(25℃)	5.98	比热容(15～30℃,定压)/[kJ/(kg·K)]	1.61
偶极矩/(10^{-30} C·m)	6.64	电导率(19℃)/(S/m)	$<2\times10^{-10}$
黏度(25℃)/mPa·s	1.956	热导率(32℃)/[W/(m·K)]	0.16
表面张力(20℃)/(mN/m)	35.4	爆炸极限(下限)/%(体积)	1
燃点/℃	644	体膨胀系数/K^{-1}	0.00089

(5) 化学性质 苯甲酸乙酯的化学性质比较稳定，在苛性碱存在下发生水解，生成苯甲酸和乙醇。在封管中加热至305℃，部分发生分解。在电火花下分解生成乙炔、氢、一氧化碳、二氧化碳及少量的甲烷。在氧化钍存在下加热至400℃，生成苯甲酸和乙烯。苯甲酸乙酯与乙醇钠加热到120℃比较稳定。但在160℃时分解成苯甲酸钠和乙醚。苯甲酸乙酯与氯在200℃反应得到苯酰氯及少量乙酰氯。与溴一起加热到170～270℃生成苯甲酸和溴乙烯。与五氯化磷在140℃反应生成氯乙烷和苯甲酰氯。

苯甲酸乙酯与硝酸在常温下发生硝化反应时，以2∶1的比例生成3-硝基苯甲酸乙酯和2-或4-硝基苯甲酸乙酯。苯甲酸乙酯与氢化铝锂在醚溶液中反应生成苄醇。在氧化铝或氧化钍存在下与氨一起加热约500℃时，生成苄腈和乙烯。在200℃与氨反应生成苯甲酰胺。苯甲酸乙酯能与多种金属盐和氯化锡、三氯化铝、氯化钛、碘化镁、五氯化锑等形成结晶性复合物，这类结晶性的复合物大多数不稳定，在空气中容易分解。

(6) 精制方法 常含有游离的酸和醇等杂质。精制时用碳酸氢钾或碳酸钠溶液洗涤，无水碳酸钾或硫酸钠干燥后精馏。

(7) 溶解性能　能与醇、醚、烃类等多种有机溶剂混溶。能溶解蓖麻油、亚麻仁油等植物油以及硝酸纤维素、醋酸纤维素、甘油三松香酸酯、山达树脂、乳香、虫胶、香豆酮树脂、苯二甲酸树脂、松香酸苄酯等。硬质玷玔树脂需经长时间煮沸才能溶解。硬质马尼拉树脂则不溶。20℃时在水中溶解 0.05%；水在苯甲酸乙酯中溶解 0.5%。苯甲酸乙酯与 84%的水组成共沸混合物，共沸点 99.40℃。

(8) 用途　用作硝酸纤维素漆、甘油三松香酸酯、树脂等的溶剂。还用于配成衣蓝型香精和皂用香精。

(9) 使用注意事项　苯甲酸乙酯为可燃性液体，注意火源，置阴凉通风处贮存。对金属无腐蚀性，可用铁、软钢或铝制容器贮存，但不宜用铜制容器。属微毒类。会引起咳嗽，大鼠经口 LD_{50} 为 6.5g/kg。大鼠吸入饱和蒸气 8 小时无死亡。

(10) 附表

表 2-8-54　苯甲酸乙酯的蒸气压

温度/℃	蒸气压/kPa	温度/℃	蒸气压/kPa	温度/℃	蒸气压/kPa	温度/℃	蒸气压/kPa
70	0.50	110	3.89	143.2	13.33	188.4	53.33
72	0.67	118.2	5.33	150	17.73	190	57.86
80	0.88	120	5.77	160	24.40	200	75.06
86.0	1.33	129	8.00	164.8	26.66	210	96.39
90	1.52	130	8.59	170	33.06	213.4	101.3
100	2.46	140	12.45	180	44.53	220	95.73
101.4	2.67						

参考文献

1 CAS 93-89-0

2 EINECS 202-284-3

3 Kirk-Othmer. Encyclopedia of Chemical Technology 1st ed. Wiley. Vol. 5. 833；2nd ed. Vol. 3，432

4 Landolt-Börnstein 6th ed. Springer. Vol. Ⅱ-2. 120，642；Vol. Ⅱ-4，324；Vol. Ⅱ-5，87；Vol. Ⅱ-6，643；Vol. Ⅱ-7，19

5 A. Weissberger. Organic Solvents 3rd ed. Wiley. 1971. 305

6 Beilstein. Handbuch der Organischen Ghemie. EⅡ，9-88，9-92，9-100，EⅢ，9-393，9-397

7 E. C. C. Baly and F. G. Tryhorn. J. Chem. Soc. 1915，1058

8 IRDC カード. No. 411，461，584，585，3592，14167

9 G. Michel. Bull. Soc. Chim. Belges，1959，68；643；Chem. Abstr. 1960，54；16178

10 E. Stenhagen et al. Atlas of Mass Spectral Data. Wiley. 1969. Vol. 1，691；Vol. 2，880，1207，1511

11 J. G. Grasselli. Atlas of Spectral Data and Physical Constants for Organic compounds. CRC Press. 1973. B-274，275，276

12 N. I. Sax. Dangerous Properties of Industrial Materials. Van Nostrand Reinhold，1957. 45，399，667

13 安全工学協会. 安全工学便覧. コロナ社. 1973. 172，194，219

14 International Critical Tables. V-228

15 The Merck Index. 8th ed. 431

16 A. Weissberger. Technique of Organic Chemistry. Vol. Ⅶ，170

17 T. H. Durans. Solvents. 1950，146

18 The Merck Index. **10**，3715；**11**，3725

555. 苯甲酸丙酯

propyl benzoate

(1) 分子式　$C_{10}H_{12}O_2$。　　　相对分子质量　164.20。

(2) 示性式或结构式 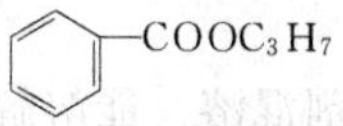

(3) 外观　无色液体，有水果香味。

(4) 物理性质

沸点(101.3kPa)/℃	231.2	表面张力(23.5℃)/(mN/m)	38.87
熔点/℃	－51.6	蒸发热(25℃)/(kJ/mol)	51.96
相对密度(15℃/4℃)	1.0274	燃烧热(25℃)/(kJ/mol)	5289.6
折射率(20℃)	1.50031	比热容(26℃,定压)/[kJ/(kg·K)]	1.67

(5) 化学性质　和苯甲酸乙酯相似。

(6) 精制方法　含有游离的酸和醇等杂质。精制时用碳酸氢钠或碳酸钠溶液洗涤。无水碳酸钾或硫酸钠干燥后精馏。

(7) 溶解性能　和苯甲酸乙酯相似。与80.9%的水形成共沸混合物，共沸点99.70℃。

(8) 用途　和苯甲酸乙酯相似。

(9) 使用注意事项　苯甲酸丙酯为可燃性液体，注意火源，置阴凉处贮存。对金属无腐蚀性，可用铁、软钢或铝制容器贮存。对皮肤有刺激性。小鼠的致死浓度为27511mg/m³。

(10) 附表

表 2-8-55　苯甲酸丙酯的蒸气压

温度/℃	蒸气压/kPa	温度/℃	蒸气压/kPa
54.6	0.13	143.3	8.00
83.8	0.67	157.4	13.33
98.0	1.33	180.1	26.66
114.3	2.67	205.2	53.33
131.8	5.33	231.0	101.33

参考文献

1 CAS 2315-68-6

2 EINECS 219-020-8

3 Kirk-Othmer. Encyclopedia of Chemical Technology. 1st ed. Wiley. Vol. 5. 833; 2nd ed. Vol. 3. 432

4 Landolt-Börnstein (6th ed.). Springer. Vol. Ⅱ-2. 120, 642; Vol. Ⅱ-4. 324; Vol. Ⅱ-5. 87; Vol. Ⅱ-6. 643; Vol. Ⅱ-7. 19

5 K. Matsuo and K. Han, Bull. Chem. Soc. Japan. 1933, 8: 341

6 IRDC ガード. No. 411, 461, 584, 585, 3592, 14167

7 T. E. Jordan. Vapor Pressure of Organic Compounds. Wiley. 1954. 165

556. 苯甲酸异丙酯

isopropyl benzoate [benzoic acid isopropyl ester]

(1) 分子式　$C_{10}H_{12}O_2$。　　　相对分子质量　164.20。

(2) 示性式或结构式 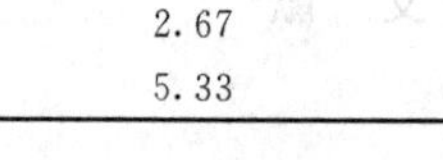

(3) 外观　无色液体，有水果香味。

(4) 物理性质

沸点/℃	219	折射率(20℃)	1.4944
熔点/℃	－26.4	黏度(20℃)/mPa·s	2.58
相对密度(15℃/4℃)	1.0162	膨胀系数(20℃)/K^{-1}	0.000897

(5) 溶解性能　不溶于水，20℃在水中溶解度为0.01%，水在苯甲酸异丙酯中溶解度为0.3%。能与醇、醚等溶剂混溶。

(6) 用途　与苯甲酸甲酯相似。

(7) 使用注意事项　参照苯甲酸丙酯。对皮肤有轻度刺激。大鼠经口 LD_{50} 为3700mg/kg。

参 考 文 献

1 CAS 939-48-0

2 EINECS 213-361-6

557. 苯甲酸丁酯

butyl benzoate

(1) 分子式　$C_{11}H_{14}O_2$。　　　　相对分子质量　178.22。

(2) 示性式或结构式　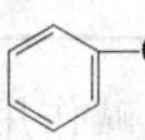 $—COOC_4H_9$

(3) 外观　无色油状液体，微带水果香味。

(4) 物理性质

沸点(101.3kPa)/℃	250.3	折射率(25℃)	1.4940
熔点/℃	−22.4	表面张力(20.8℃)/(mN/m)	33.54
相对密度(25℃/25℃)	1.005	闪点(开口)/℃	107

(5) 化学性质　比较稳定，在苛性碱作用下发生水解。

(6) 精制方法　含游离的酸和醇等杂质。精制时用碳酸氢钠或碳酸钠溶液洗涤，无水碳酸钾或硫酸钠干燥后蒸馏。

(7) 溶解性能　和苯甲酸异戊酯相似。20℃时在水中溶解<0.01%；水在苯甲酸丁酯中溶解0.32%。

(8) 用途　和苯甲酸异戊酯相似。

(9) 使用注意事项　苯甲酸丁酯为可燃性液体，注意火源，置阴凉处贮存。对金属无腐蚀性，可用铁、软钢或铝制容器贮存。能刺激皮肤、黏膜。大鼠经口 LD_{50} 为5.1g/kg。大鼠吸入饱和蒸气8小时无死亡。

参 考 文 献

1 CAS 136-60-7

2 EINECS 205-252-7

3 Kirk-Othmer. Encyclopedia of Chemical Technology. 1st ed. Wiley. Vol. 5. 833; 2nd ed. Vol. 3, 432

4 N. A. Lange. Handbook of Chemistry. 10th ed. McGraw. 1961. 443

5 J. G. Grasselli. Atlas of Spectral Data and Physical Constants for Organic Compounds CRC Press, 1973. B-274, 275, 276

6 Beilstein. Handbuch der Organischen Chemie. H, 9-113, 9-121, EⅠ, 9-64, 9-68; EⅡ, 9-87, 9-88, 9-92, 9-100; EⅢ, 9-393, 9-397

7 N. I. Sax. Dangerous Properties of Industrial Materials, Van Nostrand Reinhold. 1957. 45, 399, 667

8 IRDC カード. No. 411, 461, 584, 585, 3592, 14167

9 J. G. Grasselli. Atlas of Spectral Data and Physical Constants for Organic Compounds CRC Press, 1973. B-274, 275, 276

10 E. Stenhagen et al. Atlas of Mass Spectral Data Wiley. 1969. Vol. 1. 691; Vol. 2. 880, 1207, 1511

11 K. Matsuo and K. Han. Bull. Chem. Soc. Japan. 1933, 8: 341

12 The Merck Index. **10**, 1525; **11**, 1552

558. 苯甲酸异戊酯

isopentyl benzoate [isoamyl benzoate]

(1) 分子式　$C_{12}H_{16}O_2$。　　　　相对分子质量　192.25。

(2) 示性式或结构式

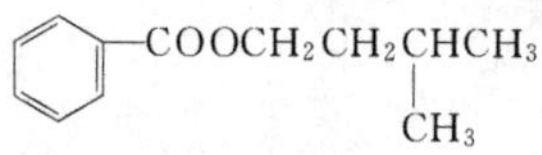

(3) 外观　无色液体，微带水果香味。

(4) 物理性质

沸点(101.3kPa)/℃	262	表面张力(20℃)/(mN/m)	32.2
相对密度(19℃/4℃)	0.9925	闪点/℃	110
折射率(15.3℃)	1.4960	燃烧热/(kJ/mol)	6575.3
介电常数(20℃)	5.03	电导率(25℃)/(S/m)	$<1.7\times10^{-8}$
偶极矩(CCl_4)/(10^{-30}C·m)	7.33		

(5) 化学性质　具有一般酯的化学性质。较稳定，在苛性碱作用下能发生水解。

(6) 精制方法　含有游离的酸、醇以及戊醇、旋性戊醇的苯甲酸酯类等杂质。精制时用碳酸氢钠或碳酸钠溶液洗涤，无水碳酸钾或硫酸钠干燥后蒸馏。

(7) 溶解性能　不溶于水，能与醇、醚等多种有机溶剂混溶。对油脂和蜡的溶解能力大，能溶解松香、甘油三松香酸酯、香豆酮树脂等。对硝酸纤维素、醋酸纤维素、虫胶等的溶解能力较小。甘油醇酸树脂不溶解。

(8) 用途　用作油脂、树脂等的溶剂和香料的原料。

(9) 使用注意事项　苯甲酸异戊酯为可燃性液体，注意火源，置阴凉处贮存。属低毒类。能刺激皮肤、黏膜，在动物试验中毒性不大。

参考文献

1 CAS 94-46-2

2 EINECS 202-334-4

3 Kirk-Othmer. Encyclopedia of Chemical Technology. 1st ed. Vol. 5. Wiley. 833; 2nd ed. Vol. 3, 432

4 安全工学協会. 安全工学便覧. コロナ社. 1973. 172, 194, 219

5 J. G. Grasselli. Atlas of Spectral Data and Physical Constants for Organic Compounds CRC Press. 1973. B274, 275, 276

6 Beilstein. Handbuch der Organischen Chemie. H, 9-113, 9-121; EⅠ, 9-64, 9-68; EⅡ, 9-87, 9-88, 9-92, 9-100; EⅢ, 9-393, 9-397.

7 IRDC カード. No. 411, 461, 584, 585, 3592, 14167

559. 苯甲酸苄酯

benzyl benzoate [benzoic acid benzylester, benzyl benzene carboxylate, ascabin, venzonate, venzoate, ascabiol, benylate]

(1) 分子式　$C_{14}H_{12}O_2$。　　　　相对分子质量　212.24。

(2) 示性式或结构式

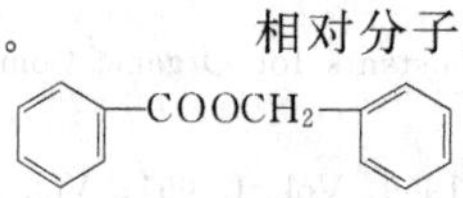

(3) 外观　无色黏稠液体，冷却时呈针状或鳞状结晶。

(4) 物理性质

沸点(101.3kPa)/℃	324	黏度(20℃)/mPa·s	8.45
熔点/℃	21	表面张力(210.5℃)/(mN/m)	26.6
相对密度(18℃/4℃)	1.114	闪点/℃	148
折射率(21℃)	1.5681	蒸发热(12～60℃)/(kJ/mol)	77.9
介电常数(20℃)	4.9	电导率(25℃)/(S/m)	$<1\times10^{-9}$
偶极矩/(10^{-30}C·m)	6.30～6.34		

(5) 化学性质 较稳定，在苛性碱作用下能发生水解。

(6) 精制方法 常含有游离的酸和醇等杂质。精制时用碳酸氢钠或碳酸钠洗涤，无水碳酸钾或硫酸钠干燥后蒸馏。

(7) 溶解性能 不溶于水，溶于乙醇、乙醚、氯仿、油脂和烃类。能溶解松香、甘油三松香酸酯、虫胶、香豆酮树脂、甘油醇酸树脂等。加热时也可溶解硬质玷𤧛树脂。纤维素酯不溶解。

(8) 用途 用作麝香的溶剂和香精定香剂，在赛璐珞中用作樟脑的代用品。还用作增塑剂，特别是硝酸纤维素中混有玷𤧛树脂时，可与苯二甲酸二乙酯或二丁酯混合使用。另外，还用于配制百日咳药、治气喘药和用作昆虫驱避剂、杀螨剂。

(9) 使用注意事项 苯甲酸苄酯为可燃性物质，注意火源。由于沸点高，挥发性低，一般使用危险性不大。会刺激皮肤、黏膜，大鼠经口 LD_{50} 为 1.7g/kg。兔经皮 LD_{50} 约 4mL/kg。

(10) 附表

表 2-8-56 苯甲酸苄酯的蒸气压

温 度/℃	蒸气压/kPa	温 度/℃	蒸气压/kPa
150	0.46	210	5.23
160	0.71	220	7.92
170	1.09	320	94.53
180	1.72	323.5	101.33
190	2.53	330	115.59
200	3.73		

参 考 文 献

1 CAS 120-51-4

2 EINECS 204-402-9

3 Kirk-Othmer. Encyclopedia of Chemical Technology. 1st ed. Wiley. Vol. 5. 2nd ed. Vol. 3，432

4 Landolt-Börnstein 6th ed. Springer. Vol. Ⅱ-2，120，642；Vol. Ⅱ-4，324；Vol. Ⅱ-5，87；Vol，Ⅱ-6，643；Vol. Ⅱ-7，19

5 A. Weissberger，Organic Solvents. 3rd ed.，p. 305 Wiley. 1971

6 Beilstein. Handbuch der Organischen Chemie. H 9-113，9-121；EⅠ. 9-64，9-68；EⅡ，9-87，9-88，9-92，9-100；EⅢ，9-393，9-397

7 N. I. Sax. Dangerous Properties of Industrial Materials. Van Nostrand Reinhold. 1957. 45，399，667

8 IRDC カード. No. 411，461，584，585，3592，14167

9 H. Mohler and Polya. Helv. Chim. Acta. 1937，20：96

10 E. Stenhagen et al. Atlas of Mass Spectral Data Wiley. 1969. Vol. 1. 691；Vol. 2. 880，1207，1511

11 G. Michel. Bull. Soc. Chim. Belges，1959，68：643；Chem. Abstr，1960，54：16178

12 T. E. Jordan. Vapor Pressure of Organic Compounds. Wiley. 1954. 169

13 The Merck Index. **10**，1123；**11**，1141

560. 苯乙酸乙酯

ethyl phenylacetate［benzene acetic acid ethyl ester］

(1) 分子式 $C_{10}H_{12}O_2$。 相对分子质量 164.20。

(2) 示性式或结构式 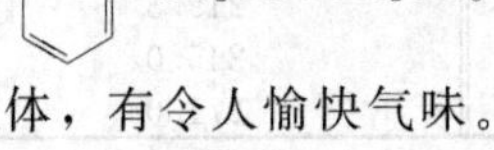

(3) 外观 无色透明液体，有令人愉快气味。

(4) 物理性质

沸点(101.3kPa)/℃	226	相对密度(25℃/4℃)	1.0277
(8.7kPa)/℃	141～142	(20℃/4℃)	1.0325
(4.3kPa)/℃	135	(85℃/4℃)	0.9743
(2.9kPa)/℃	121	折射率(25℃)	1.4979
(1.3kPa)/℃	100.5	(20℃)	1.4973
(0.01kPa)/℃	67～69	表面张力(16.7℃)/(mN/m)	35.74
闪点(闭口)/℃	77	(84.7℃)/(mN/m)	28.33

(5) 溶解性能　能与乙醇、乙醚、苯、氯仿混溶，不溶于水。

(6) 用途　合成香料及烟草、食用香精、医药合成。

(7) 使用注意事项　对眼睛、皮肤有刺激性，避免蒸气吸入。

参 考 文 献

1　CAS 101-97-3
2　EINECS 202-993-8
3　Beilstein. Handbuch der Organischen Chemie. H，9-434；E Ⅳ，9-1618
4　The Merck Index. **10**，3784；**11**，3794；**12**，3885

561. 肉桂酸乙酯

ethyl cinnamate [ethyl phenylacrylate]

(1) 分子式　$C_{11}H_{12}O_2$。　　相对分子质量　176.21。

(2) 示性式或结构式　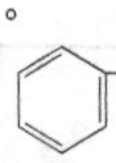—$CH{=}CHCOOC_2H_5$

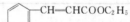

(3) 外观　无色或浅黄色黏稠液体，微带肉桂香味。

(4) 物理性质

沸点(101.3kPa)/℃	271	偶极矩(20.2℃)/(10^{-30}C・m)	6.14
熔点/℃	12	黏度(20℃)/mPa・s	8.7
相对密度(20℃/4℃)	1.0490	表面张力(19℃)/(mN/m)	37.08
折射率(20℃)	1.55982	蒸发热/(kJ/mol)	58.6
介电常数(18℃)	6.1	蒸气压(87.6℃)/kPa	0.13

(5) 化学性质　具有一般酯的性质，在苛性碱作用下发生水解。由于含有双键，在光和热作用下易发生聚合。在暗处长期贮存时发出蔷薇红的荧光，在透射光线照射下带绿色，同时产生白色不溶的粉末。

(6) 精制方法　含有游离的酸和醇及少量的聚合物等杂质。用减压蒸馏法精制。

(7) 溶解性能　不溶于水，能与醇、醚、苯混溶。在1,2-丙二醇中微溶。与97%的水形成共沸混合物，共沸点99.93℃。

(8) 用途　用作香精的定香剂和变调剂，配制皂用香精、化妆品用香精和果子香精等。

(9) 使用注意事项　注意火源，特别要避免日光照射，置阴凉处密封贮存。

(10) 附表

表 2-8-57　肉桂酸乙酯的蒸气压（反式）

温　度/℃	蒸气压/kPa	温　度/℃	蒸气压/kPa
87.6	0.13	181.2	8.00
108.5	0.67	196.0	13.33
134.0	1.33	219.3	26.66
150.3	2.67	245.0	53.33
169.2	5.33	271.0	101.33

参 考 文 献

1 CAS 103-36-6
2 EINECS 203-104-6
3 Kirk-Othmer. Encyclopedia of Chemical Technology. 2nd ed. Vol. 5, Wiley. 520
4 A. A. Maryott and E. A. Smith. Table of Dieletric Constants of Pure Liquids. NBS Circular. 1951. 514
5 E. Bergmann. J. Chem. Soc. 1936, 139: 402
6 D. Vordänder and R. Walter. Z. Physik. Chem. Leipzig. 1925, 118: 1
7 P. Walden and R. Swinne. Z. Physik. Chem. Leipzig. 1912, 79: 700
8 D. R. Stull. Ind. Eng. Chem. 1947, 39: 517
9 J. G. Grassell. Atlas of Spectral Data and Physical Constants for Organic Compounds. CRC Press. 1973. B-417
10 C. V. L. N. Murty and T. R. Seshadri. Proc. Indian Acad. Sci. Sect. 1938, A8: 519
11 T. E. Jordan. Vapor Pressure of Organic Compounds. Wiley. 1954. 166

562. 松香酸乙酯

ethyl abietate

(1) 分子式　$C_{22}H_{34}O_2$。　　　　相对分子质量　330.27。

(2) 示性式或结构式

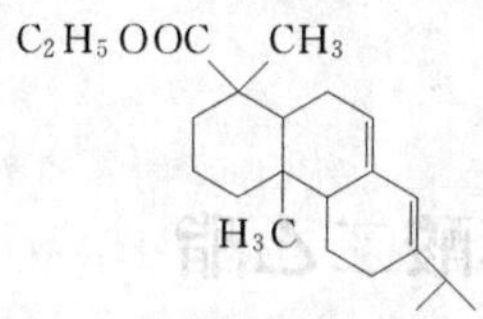

(3) 外观　浅黄褐色的黏稠液体，有微弱的树脂味。

(4) 物理性质

沸点(0.53kPa)/℃	204～207	闪点(闭口)/℃	178
熔点/℃	−45	燃点/℃	216
相对密度(20℃/4℃)	1.0233	蒸气相对密度(空气=1)	11.4
折射率(20℃)	1.5250	碘值/(gI_2/100g)	182

(5) 化学性质　具有酯的一般性质，是相当稳定的化合物。

(6) 精制方法　减压蒸馏。

(7) 溶解性能　不溶于水，但溶于多种有机溶剂。能溶解多种树脂，可增加树脂的塑性。松香酸乙酯几乎不发生皂化作用，可用来制耐碱性物质。

(8) 用途　在纤维素酯涂料中作增塑剂使用。

参 考 文 献

1 CAS 631-71-0
2 EINECS 211-166-0
3 Beilstein. Handbuch der Organischen Chemie. E Ⅱ, 9-431
4 A. C. Jonston. Ind. Eng. Chem. 1929, 21: 688
5 Le-Van-Thoi. Compt. Rend. 1949, 229: 615
6 N. I. Sax. Dangerous Properties of Industrial Materials. Van Nostrand Reinhold. 1957. 663

563. 草酸二甲酯

dimethyl oxalate

(1) 分子式　$C_4H_6O_4$。　　　　相对分子质量　118.09。

(2) 示性式或结构式　$COOCH_3$
|
$COOCH_3$

(3) 外观　无色片状晶体。

(4) 物理性质

沸点(101.3kPa)/℃	163.5	折射率(80℃)	1.379
熔点/℃	54	闪点/℃	75
相对密度(54℃/4℃)	1.1479		

(5) 化学性质　在热水或氢氧化钠溶液中加热，可分解为乙二酸和甲醇。与氨作用生成酰胺甲酸甲酯或乙二酰二胺。

(6) 溶解性能　微溶于水，溶于乙醇、乙醚。

(7) 用途　有机合成、溶剂、增塑剂。

(8) 使用注意事项　危险特性属第6.1类毒害品。危险货物编号：616211。对眼睛及皮肤有刺激性。参照草酸二乙酯。

参 考 文 献

1 CAS 553-90-2
2 EINECS 209-053-6
3 Beil.，**2**，534
4 The Merck Index. **10**，5976；**11**，6020；**13**，6128

564. 草酸二乙酯

diethyl oxalate [ethyl oxalate，diethyl ethanedioate]

(1) 分子式　$C_6H_{10}O_4$。　　相对分子质量　146.14。

(2) 示性式或结构式　$COOC_2H_5$
|
$COOC_2H_5$

(3) 外观　无色液体，有芳香气味。

(4) 物理性质

沸点(101.3kPa)/℃	185.4	闪点(闭口)/℃	76
熔点/℃	−40.6	(开口)/℃	75
相对密度(15℃/4℃)	1.08426	蒸发热/(kJ/mol)	41.58
折射率(20℃)	1.41023	燃烧热/(kJ/mol)	3028.3
介电常数(21℃)	1.8	比热容(定压)/[kJ/(kg·K)]	1.81
偶极矩(25℃)/(10^{-30}C·m)	8.27	电导率(25℃)/(S/m)	7.12×10^{-12}
黏度(15℃)/mPa·s	2.311	热导率(20℃)/[W/(m·K)]	0.12979
表面张力(20℃)/(mN/m)	32.22		

(5) 化学性质　较不稳定，在湿气存在下即能水解，生成草酸或酸性草酸乙酯。

(6) 精制方法　用稀碳酸钠溶液洗涤，无水碳酸钾或硫酸钠干燥后减压蒸馏。

(7) 溶解性能　能与醇、醚等多种有机溶剂混溶。能溶解松香、甘油三松香酸酯、纤维素酯等，虫胶部分溶解。25℃时在水中溶解3.6%；水在草酸二乙酯中溶解1.6%。

(8) 用途　用作纤维素酯的溶剂、乙炔萃取剂以及染料、医药、香料等的原料。

(9) 使用注意事项　危险特性属第6.1类毒害品。危险货物编号：61621，UN编号：2525。贮存和使用时注意火源。易水解，应防止吸入其蒸气。对皮肤有轻度刺激。大鼠经口LD_{50}为0.4～1.6g/kg。中毒症状为呼吸紊乱和肌肉颤动，肾脏中有大量草酸沉积和肾小管扩张。

(10) 规格　HG/T 3272—2002　工业用草酸二乙酯

项　目		一等品	合格品
酯含量(以 $C_6H_{10}O_4$ 计)/%	≥	98.5	97.0
蒸馏试验(180～188℃馏分)/mL	≥	95	93
酸度(以 $C_2H_2O_4$ 计)/%	≤	0.20	0.30
水分/%	≤	0.10	0.20
蒸发残渣/%	≤	0.005	0.010

(11) 附表

表 2-8-58　草酸二乙酯的蒸气压

温　度/℃	蒸气压/kPa	温　度/℃	蒸气压/kPa
47.5	0.13	119.7	8.00
71.8	0.67	130.8	13.33
83.8	1.33	147.9	26.66
96.8	2.67	166.2	53.33
110.6	5.33	185.7	101.33

参 考 文 献

1　CAS 95-92-1
2　EINECS 202-464-1
3　J. Timmermans and M. Hennaut-Roland. J. Chem. Phys., 1930, 27: 401; Chem. Abstr. 1931, 25: 2038
4　A. I. Vogel. J. Chem. Soc. 1948, 624
5　A. A. Maryott and E. A. Smith. Table of Dielectric Constants of Pure Liquids. NBS. Circular 514, 1951. 44
6　C. P. Smith and W. S Walls. J. Amer. Chem. Soc. 1931, 53: 527, 2115
7　Landolt-Börnstein 6th ed. Springer. Vol Ⅱ-4, 318, 330; Vol. Ⅱ-5, 86; Vol. Ⅱ-7, 19
8　M. S. Kharasch. J. Res. Nat. Bur. Std. 1929, 2: 359
9　W. Louguinie. Ann. Chim. Phys. 1898, 13: 289
10　J. G. Grasselli. Atlas of Spectral Data and Physical Constants for Organic Compounds. CRC Press. 1973. B716
11　IRDC カード. No. 7920
12　F. Jostand and M. Harrand. J. Phys. Radium. 1962, 23: 308
13　F. W. McLafferty. Atlas of Mass Spectral Data. Vol. 2. Wiley. 1969. 820
14　N. I. Sax. Dangerous Properties of Industrial Materials. Van Nostrand Reinhold. 1957. 543, 556, 594
15　Kirk-Othmer. Encyclopedia of Chemical Technology. 1st ed. Vol. 4. Wiley. 672
16　Beilstein. Handbuch der Organischen Chemie. H, 2-535; E Ⅳ, 2-1848
17　The Merck Index. **10**, 3110; **11**, 3115

565. 草酸二丁酯

dibutyl oxalate

(1) 分子式　$C_{10}H_{18}O_4$。　**相对分子质量**　202.25。

(2) 示性式或结构式　$COOC_4H_9$
|
$COOC_4H_9$

(3) 外观　无色液体，有微弱的芳香气味。

(4) 物理性质

沸点(101.3kPa)/℃	245.5	表面张力(22.2℃)/(mN/m)	29.41
熔点/℃	−29.6	闪点(闭口)/℃	105
相对密度(20℃/4℃)	0.9873	(开口)/℃	119
折射率(20℃)	1.424	蒸发热/(kJ/mol)	46.51
黏度(20℃)/mPa·s	3.40	比热容(20℃,定压)/[kJ/(kg·K)]	1.846

(5) 化学性质　较不稳定，空气中之水分能使其水解为草酸或酸性草酸丁酯。

(6) 精制方法　常含有游离的酸和酸性草酸酯等杂质。精制时用稀碳酸钠溶液洗涤，无水碳酸钾或硫酸钠干燥后减压蒸馏。

(7) 溶解性能　不溶于水，能与醇、醚、丙酮等多种有机溶剂混溶。能溶解油脂、松香、甘油三松香油脂、香豆酮树脂、甘油醇酸树脂等。对硝酸纤维素有良好的溶解能力，但不溶解醋酸纤维和玷玘树脂。

(8) 用途　用作硝酸纤维素的增塑剂及有机合成。缺点是易水解。

(9) 使用注意事项　危险特性属第 6.1 类毒害品。危险货物编号：61621。遇明火、高热能燃烧。有毒或蒸气有毒。应置阴凉通风处贮存，并注意火源。

参 考 文 献

1 CAS 2050-60-4
2 EINECS 218-092-8
3 Kirk-Othmer. Encyclopedia of Chemical Technology. 1st ed. Vol. 4，Wiley. 672
4 Beilstein. Handbuch der Organischen Chemie. EⅡ，2-307；EⅢ，2-1580
5 N. I. Sax. Dangerous Properties of Industrial Materials. Van Nostrand Reinhold. 1957. 543，556，594
6 International Critical Tables. Ⅴ-111
7 Landolt-Börnstein 6th ed. Springer. Vol. Ⅱ-4，318，330；Vol. Ⅱ-5，86；Vol. Ⅱ-7，19
8 J. G. Grasselli. Atlas of Spectral Data and Physical Constants for Organic Compounds. CRC Press. 1973. B716
9 Beilstein. Handbuch der Organischen Chemie. H，2-540；EⅣ，2-1850

566. 草酸二戊酯

dipentyl oxalate [diamyl oxalate]

(1) 分子式　$C_{12}H_{22}O_4$。　　相对分子质量　230.31。

(2) 示性式或结构式　$COOC_5H_{11}$ | $COOC_5H_{11}$

(3) 外观　无色液体。

(4) 物理性质

沸点(1.97kPa)/℃	154.1	黏度(20℃)/mPa·s	4.37
熔点/℃	−9	表面张力(24.6℃)/(mN/m)	29.23
相对密度(20℃/4℃)	0.9672	闪点(闭口)/℃	124
折射率(20℃)	1.4292		

(5) 化学性质　较不稳定，遇空气中水分即能水解。

(6) 精制方法　除含游离的酸、酸性草酸戊酯外，还含有异戊醇、旋性戊醇的草酸酯等杂质。精制时用稀碳酸钠溶液洗涤，无水碳酸钾或硫酸钠干燥后减压蒸馏。

(7) 溶解性能　参照草酸二丁酯。

(8) 用途　参照草酸二丁酯。

(9) 使用注意事项　可燃，有毒，置阴凉通风处贮存，注意火源。

参 考 文 献

1 CAS 20602-86-2
2 EINECS 243-914-7
3 Beilstein. Handbuch der Organischen Chemie. EⅡ，2-307；EⅢ，2-1580
4 N. I. Sax. Dangerous Properties of Industrial Materials. Van Nostrand Reinhold，1957. 543，556，594

567. 丙二酸二乙酯

diethyl malonate

(1) 分子式 $C_7H_{12}O_4$。 相对分子质量 160.17。

(2) 示性式或结构式 $CH_2\begin{matrix}\diagup COOC_2H_5\\ \diagdown COOC_2H_5\end{matrix}$

(3) 外观 无色液体，有水果香味。

(4) 物理性质

沸点(101.3kPa)/℃	198.9	表面张力(20℃)/(mN/m)	31.71
熔点/℃	−49.8	闪点(开口)/℃	93
相对密度(20℃/4℃)	1.055	蒸发热(b.p.)/(kJ/mol)	54.8
折射率(20℃)	1.4143	比热容(10.8℃,定压)/[kJ/(kg·K)]	1.88
介电常数(25℃)	7.87	电导率(25℃)/(S/m)	1.2×10^{-8}
偶极矩(25℃)/(10^{-30}C·m)	8.47	溶解度(20℃,水)/%	2.7
黏度(20℃)/mPa·s	2.15		

(5) 化学性质 较草酸二乙酯稳定。

(6) 精制方法 丙二酸二乙酯是由氰基乙酸钠在硫酸存在下与乙醇反应制得。因此，除含游离的酸和醇外，尚含有未反应的氰基乙酸等杂质。精制时将未反应的氰基乙酸用氨水除去，再用无水碳酸钾或硫酸钠干燥后精馏。

(7) 溶解性能 难溶于水，能与醇、醚、氯仿、苯等多种有机溶剂混溶。溶解树脂和硝酸纤维素等。与86%的水形成共沸混合物，共沸点99.5℃。

(8) 用途 由于亚甲基易反应，主要用于有机合成，用来制备染料、医药、香料等。还用作硝酸纤维素的增塑剂。

(9) 使用注意事项 丙二酸二乙酯为可燃性液体，贮存和使用时注意火源。属低毒类。大鼠经口 LD_{50}>1.6g/kg，豚鼠经皮 LD_{50}>10.0mL/kg。因易水解生成酸性较强的丙二酸，故要防止吸入蒸气或与皮肤接触。

(10) 附表

表 2-8-59 丙二酸二乙酯的蒸气压

温 度/℃	蒸气压/kPa	温 度/℃	蒸气压/kPa
40.0	0.13	123.0	8.00
67.5	0.67	136.2	13.33
81.3	1.33	155.5	26.66
95.9	2.67	176.8	53.33
113.3	5.33	198.9	101.33

参 考 文 献

1 CAS 105-53-3
2 EINECS 203-305-9
3 Kirk-Othmer. Encyclopedia of Chemical Technology. 1st ed. Vol. 5, Wiley. 831
4 A. Weissberger. Organic Solvents 3rd ed. Wiley. 1971. 315
5 C. P. Smith and W. S. Walls. J. Amer. Chem. Soc. 1931, 53: 527
6 D. R. Stull, Ind. Eng. Chem. 1947, 39: 517
7 International Critical Tables. Ⅵ-283
8 H. Sobotka and J. Kahn. J. Amer. Chem. Soc. 1931, 53: 2935
9 M. Ramart-Lucal and N. F. Salmon-Legagneur. Compt. Rend. 1930, 190: 492
10 J. G. Grasselli. Atlas of Spectral Data and Physical Constants for Organic Compounds. CRC Press. 1973. B-642

11 B. D. Saksena, Proc. Indian Acad. Sci. Sect. 1940, A. 12: 312
12 F. W. McLafferty. Atlas of Mass Spectral Data. Vol. 2. Wiley. 1969. 1006
13 N. I. Sax. Dangerous Properties of Industrial Materials. Van Nostrand Reinhold. 1957. 594
14 T. E. Jordan. Vapor Pressure of Organic Compounds. Wiley. 1954. 160
15 Beilstein. Handbuch der Organischen Chemie. H, 2-573; E Ⅳ, 2-1881
16 The Merck Index. **10**, 3768; **11**, 3779

568. 丁基丙二酸二乙酯

diethyl butylmalonate

(1) 分子式　$C_{11}H_{20}O_4$。　　　相对分子质量　216.28。

(2) 示性式或结构式　$C_4H_9CH(CO_2C_2H_5)_2$

(3) 外观　无色液体。

(4) 物理性质

沸点(101.3kPa)/℃	235～240	折射率(20℃)	1.4220
相对密度(20℃/4℃)	0.983	闪点/℃	93

(5) 溶解性能　易溶于乙醇、乙醚，不溶于水。

(6) 用途　溶剂、有机合成中间体。

(7) 使用注意事项　参照丙二酸二乙酯。

参考文献

1 CAS 133-08-4
2 EINECS 205-089-1
3 Beil., **2** (1), 282

569. 马来酸二甲酯

dimethyl maleate

(1) 分子式　$C_6H_8O_4$。　　　相对分子质量　144.13。

(2) 示性式或结构式　$CHCOOCH_3$
‖
$CHCOOH_3$

(3) 外观　无色透明液体。

(4) 物理性质

沸点(101.3kPa)/℃	200.4	闪点(开口)/℃	112
熔点/℃	−19.0	蒸发热/(kJ/mol)	51.1
相对密度(25℃/4℃)	1.1462	熔化热/(kJ/mol)	14.7
折射率(25℃)	1.4405	燃烧热/(kJ/mol)	2803.5
偶极矩(25℃)/(10^{-30}C·m)	8.27	比热容(0.41～24℃,定压)/[kJ/(kg·K)]	1.80
黏度(25℃)/mPa·s	3.21	蒸气压(25℃)/kPa	0.04
表面张力(25℃)/(mN/m)	41.2	体膨胀系数/K^{-1}	0.00089

(5) 化学性质　与碘或在醚溶液中与钾一同加热，转变成富马酸二甲酯。

(6) 精制方法　用稀碳酸钠溶液洗涤，无水碳酸钾或硫酸钠干燥后减压蒸馏。

(7) 溶解性能　能与多种有机溶剂混溶，在苯和氯仿中部分溶解。25℃时在水中溶解8.0%；水在马来酸二甲酯中溶解4.4%。与87.7%的水形成共沸混合物，共沸点99.3℃。

(8) 用途　用作高分子单体和合成树脂的增塑剂。还用于杀虫剂、杀菌剂、防锈添加剂等方面。

(9) 使用注意事项　马来酸二甲酯可以燃烧，使用和贮存时应注意火源。对眼有中等度的刺激性，防止吸入蒸气或与皮肤接触。大鼠经口 LD_{50} 为 1.41g/kg。兔经皮 LD_{50} 为 0.53mL/kg。大鼠吸入饱和蒸气 8 小时无死亡。

参 考 文 献

1 CAS 624-48-6
2 EINECS 210-848-5
3 G. H. Jeffry and A. I. Vogel. J. Chem. Soc. 1948. 658
4 Beilstein. Handbuch der Organischen Chemie. EⅡ，2-751；EⅢ，2-1921
5 C. G. LeFever and R. J. W. LeFevre. Australian J. Chem. 1957，10：218；Chem. Abstr.. 1958，52：819
6 A. Weissberger. Organic Solvents (3rd ed.). Wiley. 1971. 316
7 A. Wassermann. Z. Physik. Chem. Leipzig. 1930，146：418
8 J. G. Grasselli. Atlas of Spectral Data and Physical Constants for Organic Compounds. CRC Press. 1973. B-637
9 IRDC カード. No. 13337
10 M. Bourguerand and L. Piaux. Chem. Zentr. 1932，1493

570. 马来酸二乙酯

diethyl maleate

(1) 分子式　$C_8H_{12}O_4$。　　相对分子质量　172.18。

(2) 示性式或结构式　$CHCOOC_2H_5$
‖
$CHCOOC_2H_5$

(3) 外观　无色透明液体。

(4) 物理性质

沸点(101.3kPa)/℃	225.3	黏度(25℃)/mPa・s	3.14
熔点/℃	−8.8	表面张力(25℃)/(mN/m)	36.7
相对密度(25℃/4℃)	1.0637	闪点/℃	129
折射率(25℃)	1.4383	蒸发热/(kJ/mol)	52.3
介电常数(21℃)	8.08	蒸气压(30℃)/kPa	0.30
偶极矩(25℃)/(10^{-3}C・m)	8.47	体膨胀系数(20～30℃)/K^{-1}	0.00094

(5) 化学性质　参照马来酸二甲酯。

(6) 精制方法　用稀碳酸钾溶液洗涤，无水碳酸钾或硫酸钠干燥后减压蒸馏。

(7) 溶解性能　能与多种有机溶剂混溶，在苯和氯仿中部分溶解。30℃时在水中溶解 1.4%；水在马来酸二乙酯中溶解 1.9%。与 88.2%的水形成共沸混合物，共沸点 99.65℃。

(8) 用途　用作高分子单体，合成树脂增塑剂。还用作杀虫剂、杀菌剂、防锈添加剂等。

(9) 使用注意事项　可以燃烧，使用和贮存时注意火源。对皮肤和眼有轻微刺激性，防止吸入蒸气和避免与皮肤接触。大鼠经口 LD_{50} 为 3.2g/kg，兔经皮 LD_{50} 为 5.0mL/kg。大鼠吸入饱和蒸气 8 小时无死亡。

(10) 附表

表 2-8-60　马来酸二乙酯的蒸气压

温　度/℃	蒸气压/kPa	温　度/℃	蒸气压/kPa
57.3	0.13	142.4	8.00
85.6	0.67	156.0	13.33
100.0	1.33	177.8	26.66
115.3	2.67	201.7	53.33
131.8	5.33	225.0	101.33

参 考 文 献

1 CAS 141-05-9
2 EINECS 205-451-9
3 G. H. Jeffery and Vogel. J. Chem. Soc. 1948，658
4 L. K. Tong and W. V. Kenyon. J. Amer. Chem. Soc. 1949，71：1925
5 C. G. LeFevre and R. J. W. LeFevre. Australian J. Chem. 1957，10：218；Chem. Abstr. 1958，52：819
6 A. Weissberger. Organic Solvents 3rd ed. Wiley. 1971. 316
7 Landolt-Börnstein 6th ed.，Vol. Ⅱ-6.，Springer. 639
8 J. G. Grasselli. Atlas of Spectral Data and Physical Constants for Organic Compounds. CRC Press. 1973. B-637
9 C. P. Smith and W. S. Walls. J. Amer. Chem. Soc. 1931，53：527，2115
10 P. D. Bartlett and K. Nozaki. J. Amer. Chem. Soc. 1946，68：495
11 IRDC カード. No. 7982
12 E. E. Brinen. Helv. Chim. Acta. 1936，19，558，1163
13 T. E. Jordan. Vapor Pressure of Organic Compounds Wiley. 1954. 162
14 Beilstein. Handbuch der Organischen Chemie. H，2-751；E Ⅳ，2-2207
15 The Merck Index. **10**，5525；**11**，3113

571. 马来酸二丁酯

dibutyl maleate

(1) 分子式　$C_{12}H_{20}O_4$。　　　　相对分子质量　228.29。

(2) 示性式或结构式　
$$\begin{array}{l}CHCOOC_4H_9\\ \|\\ CHCOOC_4H_9\end{array}$$

(3) 外观　无色透明液体。

(4) 物理性质

沸点(101.3 kPa)/℃	280	表面张力(25℃)/(mN/m)	28.7
熔点/℃	<－80	闪点(开口)/℃	141
相对密度(25℃/4℃)	0.9907	蒸发热(140～225℃)/(kJ/mol)	59.5
折射率(25℃)	1.4435	蒸气压(25℃)/kPa	0.0021
黏度(25℃)/mPa·s	4.76	体膨胀系数(20～30℃)/K^{-1}	0.00088

(5) 化学性质　参照马来酸二甲酯。

(6) 精制方法　用稀碳酸钠溶液洗涤，无水碳酸钾或硫酸钠干燥后减压精馏。

(7) 溶解性能　能与多种有机溶剂混溶，在苯和氯仿中部分溶解。25℃时在水中溶解0.05%；水在马来酸二丁酯中溶解0.05%。和98.4%的水形成共沸混合物，共沸点99.9℃。

(8) 用途　用作高分子单体，合成树脂的增塑剂。还用于杀虫剂、杀菌剂和防锈添加剂。

(9) 使用注意事项　可燃，应注意火源，置阴凉处贮存。对皮肤和眼有轻度刺激性，防止吸入蒸气或与皮肤接触。大鼠经口 LD_{50} 为 3.7g/kg。兔经皮 LD_{50} 为 10.1mL/kg。

参 考 文 献

1 CAS 105-76-0
2 EINECS 203-328-4
3 G. H. Jeffery and A. I. Vogel. J. Chem. Soc. 1948，658
4 S. T. Preston. J. Gas Chromatog. 1963，1 (3)：8
5 C. G. LeFevre and R. J. W. LeFevre. Australian J. Chem.. 1957，10：218；Chem. Abstr. 1958，52：819
6 A. Weissberger. Organic Solvents 3rd ed.，Wiley. 1971. 316
7 IRDC カード. No. 10894
8 F. W. McLafferty. Atlas of Mass Spectral Data. Vol. 3，Wiley. 1969. 1625

9 Beilstein. Handbuch der Organischen Chemie. EⅣ，2-1925；E Ⅳ，2-2209

572. 马来酸二辛酯［马来酸二乙基己酯］

di（2-ethyhexyl）maleate［DOM］

(1) 分子式　$C_{20}H_{36}O_4$。　　　　相对分子质量　340.49。

(2) 示性式或结构式

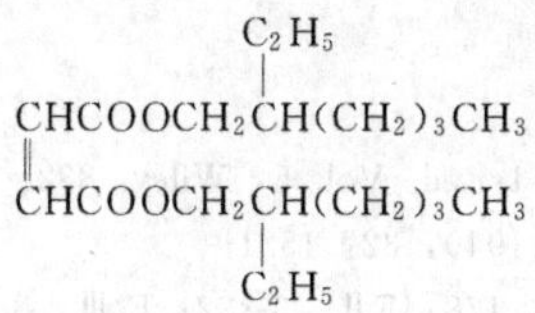

(3) 外观　无色透明液体，有特殊气味。

(4) 物理性质

沸点(0.67kPa)/℃	195～207	相对密度(25℃/4℃)	0.944
熔点/℃	−50	折射率(25℃)	1.4535
闪点/℃	110		

(5) 溶解性能　溶于大多数有机溶剂，不溶于水。

(6) 用途　增塑剂、石油添加剂、溶剂。

(7) 使用注意事项　该品具有刺激性，使用时避免吸入本品蒸气，避免与眼睛、皮肤接触。参照马来酸二丁酯。

参　考　文　献

1 CAS 142-16-5
2 EINECS 205-524-5
3 Beil.，**2** (3)，1925

573. 酒石酸二丁酯

dibutyl tartrate［dibutyl-2,3-dihydroxy butanedioate］

(1) 分子式　$C_{12}H_{22}O_6$。　　　　相对分子质量　262.30。

(2) 示性式或结构式

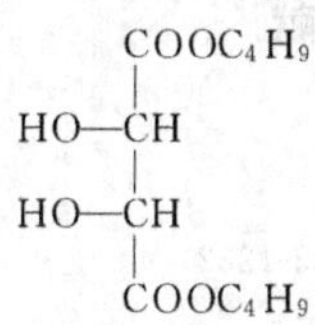

(3) 外观　纯品为白色晶体，多数为无色或淡黄色液体。

(4) 物理性质

沸点(101.3 kPa)/℃	312	表面张力(40℃)/(mN/m)	28.73
熔点/℃	21	闪点(闭口)/℃	91
相对密度(25℃/4℃)	1.086	(开口)/℃	132
折射率(20℃/4℃)	1.4463	蒸气压(175℃)/kPa	0.67
介电常数(41℃)	9.1	(186℃)/kPa	1.87
黏度(18℃)/mPa·s	10.59		

(5) 化学性质　较不稳定，有水存在时常温即发生水解，游离出酒石酸。

(6) 精制方法　含游离的酸和醇等杂质。精制时用无水碳酸钾或硫酸钠干燥后减压蒸馏。

(7) 溶解性能　能与醇、醚、氯仿、苯等多种有机溶剂混溶。能溶解氯化橡胶、松香、乳香、虫胶、甘油三松香酸酯、硝酸纤维素、石蜡油、聚氯代乙酸乙烯酯等。25℃时在水中溶解1%；水在酒石酸二丁酯中溶解4%。

(8) 用途　用作硝酸纤维素、醋酸纤维素的增塑剂。特别在硝酸纤维素中与磷酸三甲苯酯混合使用，或在醋酸纤维素中与苄醇混合使用时，能够生成稳定的耐水涂膜。

(9) 使用注意事项　酒石酸二丁酯为可燃性物质，注意火源，置阴凉处贮存。

参 考 文 献

1 CAS 87-92-3
2 EINECS 201-784-9
3 Kirk-Othmer. Encyclopedia of Chemical Technology. 1st ed. Vol. 5, Wiley. 832
4 S. O. Morgan and W. A. Yager. Ind. Eng. Chem.. 1940, 32: 1521
5 Beilstein. Handbuch der Organischen Chemie. EⅠ, 3-178; EⅡ, 3-332; EⅢ, 3-1021
6 J. G. Grasselli. Atlas of Spectral Data and Physical Constants for Organic Compounds, CRC Press. 1973. B-923
7 N. I. Sax. Dangerous Properties of Industrial Materials. Van Nostrand Reinhold. 1957. 558

574. 酒石酸二乙酯

diethyl tartrate [2,3-dihydroxybutanedioic acid diethyl ester]

(1) 分子式　$C_8H_{14}O_6$。　　相对分子质量　206.20。

(2) 示性式或结构式

$$\begin{array}{l}CHOHCOOC_2H_5\\ |\\ CHOHCOOC_2H_5\end{array}$$

(3) 外观　无色黏稠状液体。

(4) 物理性质

沸点(101.3 kPa)/℃	280	折射率(20℃)	1.4438
熔点/℃	18.7	闪点/℃	93
相对密度(20℃/4℃)	1.2046		

(5) 溶解性能　易溶于乙醇、乙醚，微溶于水。

(6) 用途　溶剂，增塑剂。

(7) 使用注意事项　易燃。易吸潮。

参 考 文 献

1 CAS 87-91-2
2 EINECS 201-783-3
3 Beilstein. Handbuch der Organischen Chemie. H, 3-512; EⅣ, 3-1232
4 The Merck Index. **10**, 3802; **11**, 3811; **12**, 3900

575. 丁二酸二乙酯［琥珀酸二乙酯］

diethyl succinate [butanedioic acid diethyl ester]

(1) 分子式　$C_8H_{14}O_4$。　　相对分子质量　174.20。

(2) 示性式或结构式

$$\begin{array}{l}CH_2COOC_2H_5\\ |\\ CH_2COOC_2H_5\end{array}$$

(3) 外观　无色液体。

(4) 物理性质

沸点(101.3 kPa)/℃	216.5	相对密度(20℃/4℃)	1.0402
(1.463kPa)/℃	105	折射率(20℃)	1.4198
熔点/℃	−20.6	闪点/℃	90

(5) 溶解性能　能与乙醇、乙醚混溶，溶于丙酮，不溶于水。

(6) 用途　溶剂，气相色谱固定液，食品添加剂。

(7) 使用注意事项　易燃，遇明火、高热易燃烧。

参 考 文 献

1 CAS 123-25-1

2 EINECS 204-612-0

3 Beilstein. Handbuch der Organischen Chemie. H，2-609；EⅣ，2-1914

576. 富马酸二甲酯［反丁烯二酸二甲酯］

dimethyl fumarate［DMF］

(1) 分子式　$C_6H_8O_4$。　　相对分子质量　144.13。

(2) 示性式或结构式　CH_3O_2CCH ‖ $CHCO_2CH_3$

(3) 外观　白色结晶或粉末，略带辛辣味。

(4) 物理性质

沸点(101.3kPa)/℃	192	相对密度(106℃/4℃)	1.045
熔点/℃	102		

(5) 溶解性能　溶于乙酸乙酯、氯仿、乙醇、乙醚、苯，微溶于水。

(6) 用途　溶剂、防霉保鲜剂。

(7) 使用注意事项　急性中毒近于食盐，属低蓄积性物质，无致畸变作用，大鼠经口 LD_{50} 为 2240mg/kg，对眼睛、呼吸系统及皮肤有刺激性，与皮肤接触有害。

参 考 文 献

1 CAS 624-49-7

2 EINECS 210-849-0

3 Beil.，**2**，741

577. 富马酸二乙酯［反丁烯二酸二乙酯］

diethyl fumarate［diethyl *trans*-butenedicarboxylate］

(1) 分子式　$C_8H_{12}O_4$。　　相对分子质量　172.18。

(2) 示性式或结构式　$C_2H_5O_2CCH$ ‖ $CHCO_2C_2H_5$

(3) 外观　无色液体。

(4) 物理性质

沸点(101.3 kPa)/℃	214	相对密度(20℃/4℃)	1.0452
(1.33kPa)/℃	98	折射率(20℃)	1.4412
熔点/℃	1～2	闪点/℃	91

(5) 溶解性能　溶于乙醇、乙醚、丙酮、氯仿，微溶于水。

(6) 用途　溶剂、有机合成中间体。

(7) 使用注意事项　遇明火、高热易引起燃烧。有毒，大鼠口服 LD_{50} 为 1780 mg/kg。

参 考 文 献

1 CAS 623-91-6

2 EINECS 210-819-7

3 Beilstein. Handbuch der Organischen Chemie. H，2-742；E Ⅳ，2-2207

578. 戊二酸二乙酯

diethyl pentanedioate

(1) 分子式　$C_9H_{16}O_4$。　　　　相对分子质量　188.22。

(2) 示性式或结构式　$C_2H_5OOC(CH_2)_3COOC_2H_5$

(3) 外观　无色，糖浆状液体。

(4) 物理性质

沸点(101.3kPa)/℃	237	相对密度(20℃/4℃)	1.0220
熔点/℃	−24.1	折射率(20℃)	1.4241
闪点/℃	96		

(5) 溶解性能　溶于醇、醚，微溶于水。

(6) 用途　溶剂、有机合成中间体。

参 考 文 献

1 CAS 818-38-2

2 EINECS 212-451-2

579. 己二酸二甲酯

dimethyl adipate [dimethyl hexanedioate]

(1) 分子式　$C_8H_{14}O_4$。　　　　相对分子质量　174.20。

(2) 示性式或结构式　$CH_3OOC(CH_2)_4COOCH_3$

(3) 外观　无色透明液体。

(4) 物理性质

沸点(1.73kPa)/℃	115	折射率(20℃)	1.4285
熔点/℃	8	闪点/℃	107
相对密度(20℃/4℃)	1.0600		

(5) 化学性质　在酸或碱催化作用下可发生水解、醇解、氨（胺）解反应。

(6) 溶解性能　不溶于水，能溶于醇和醚。

(7) 用途　溶剂、增塑剂、有机合成中间体。

(8) 使用注意事项　使用时避免与眼睛及皮肤接触。参照己二酸二乙酯。

参 考 文 献

1 CAS 627-93-0

2 EINECS 211-020-6

3 Beil.，**1**，652

580. 己二酸二乙酯

diethyl adipate [hexanedioic acid diethyl ester]

(1) 分子式　$C_{10}H_{18}O_4$。　　　　相对分子质量　202.25。

(2) 示性式或结构式　$C_2H_5OOC(CH_2)_4COOC_2H_5$

(3) 外观　无色油状液体。

(4) 物理性质

沸点(101.3 kPa)/℃	245	相对密度(20℃/4℃)	1.0076
(1.729kPa)/℃	127	折射率(20℃)	1.4272
熔点/℃	−19.8	闪点/℃	110

(5) 溶解性能　溶于乙醇及其他有机溶剂，不溶于水。

(6) 用途　溶剂、有机合成中间体。

(7) 使用注意事项　可燃，遇明火、高热能引起燃烧。有强烈刺激性，高浓度严重损害黏膜、上呼吸道、眼、皮肤。接触后引起咳嗽、头痛、恶心、呕吐。

参 考 文 献

1 CAS 141-28-6
2 EINECS 205-477-0
3 Beilstein. Handbuch der Organischen Chemie. H，2-652；E Ⅳ，2-1960

581. 己二酸二丁酯

dibutyl adipate

(1) 分子式　$C_{14}H_{26}O_4$。　　　　相对分子质量　258.36。

(2) 示性式或结构式　$CH_2CH_2COOC_4H_9$
|
$CH_2CH_2COOC_4H_9$

(3) 外观　无色透明液体。

(4) 物理性质

沸点(101.3 kPa)/℃	305	折射率(20℃)	1.4369
熔点/℃	−37.5	闪点/℃	110
相对密度(20℃/4℃)	0.9652		

(5) 溶解性能　与乙醇、乙醚混溶，不溶于水。

(6) 用途　溶剂、有机合成中间体。

(7) 使用注意事项　为可燃性液体。遇明火、高热易引起燃烧。

参 考 文 献

1 CAS 105-99-7
2 EINECS 203-350-4
3 Beilstein. Handbuch der Organischen Chemie. E Ⅱ，2-575

582. 己二酸二异丁酯

di-*iso*-butyl adipate

(1) 分子式　$C_{14}H_{26}O_4$。　　　　相对分子质量　258.36。

(2) 示性式或结构式　$CH_3CH(CH_3)CH_2OOC(CH_2)_4COOCH_2(CH_3)CHCH_3$

(3) 外观　无色液体。

(4) 物理性质

沸点(101.3 kPa)/℃	278～280	折射率(20℃)	1.4293
熔点/℃	−20	闪点/℃	160
相对密度(25℃/25℃)	0.950		

(5) 化学性质　在酸或碱的作用下，可发生水解、醇解和氨（胺）解反应。

(6) 溶解性能　不溶于水，溶于大多数有机溶剂。

(7) 用途　溶剂，纤维素、乙烯基树脂的增塑剂。

(8) 使用注意事项　参照己二酸二丁酯。

参 考 文 献

1 CAS 141-04-8
2 EINECS 205-450-3
3 Beil., **2** (4), 1962

583. 己二酸二己酯

dihexyl adipate

(1) 分子式　$C_{18}H_{34}O_4$。　　相对分子质量　314.47。

(2) 示性式或结构式

$$\begin{array}{l} COOC_6H_{13} \\ | \\ (CH_2)_4 \\ | \\ COOC_6H_{13} \end{array}$$

(3) 外观　油状液体，微具特殊气味。

(4) 物理性质

沸点(1.066kPa)/℃	205
熔点/℃	<−20
相对密度(25℃/4℃)	0.929～0.936
折射率(25℃)	1.4393
闪点/℃	185

(5) 溶解性能　溶于丙酮、甲醇、矿物油、甲苯、植物油、乙酸乙酯、氯仿，不溶于甘油，在水中溶解度为0.02%（25℃）。

(6) 用途　溶剂、耐寒增塑剂。

(7) 使用注意事项　参照己二酸二辛酯。

参 考 文 献

1 CAS 110-33-8
2 EINECS 203-757-7

584. 己二酸二辛酯

dioctyl adipate [di-2-ethylhexyl adipate]

(1) 分子式　$C_{22}H_{42}O_4$。　　相对分子质量　370.58。

（2）示性式或结构式

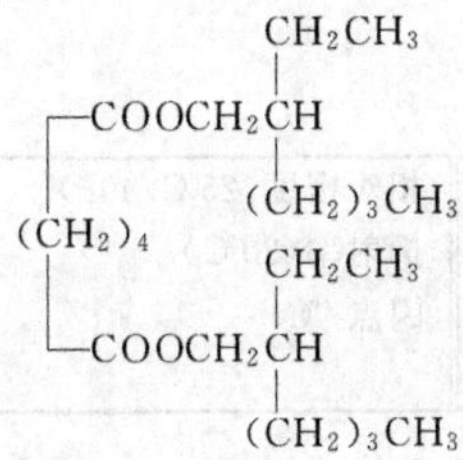

（3）外观　无色、无臭液体。

（4）物理性质

沸点(0.53 kPa)/℃	208～218	黏度(20℃)/mPa·s	13.7
熔点/℃	−65	闪点(闭口)/℃	194
相对密度(20℃/20℃)	0.9268	蒸发热/(kJ/mol)	95.0
折射率(25℃)	1.4466	蒸气压(85℃)/kPa	0.00013

（5）化学性质　是较稳定的化合物。

（6）精制方法　含有游离的酸和醇等杂质。精制时用无水碳酸钾干燥后减压精馏。

（7）溶解性能　在水中溶解0.01%以下，还溶于醇、醚、丙酮、氯仿和苯等有机溶剂。对氯乙烯、苯乙烯、硝酸纤维素等有很强的溶解能力。

（8）用途　用作树脂、橡胶的增塑剂。是聚氯乙烯树脂的优良耐寒增塑剂。耐热、耐光性能好。凝胶化速度比苯二甲酸二辛酯慢，适用于作乙烯树脂糊。此外，也用于橡胶柔软剂、合成润滑油。本品常和苯二甲酸二辛酯并用。

（9）使用注意事项　己二酸二辛酯为可燃性液体，应注意火源，置阴凉处贮存。属微毒类。大鼠经口 LD_{50} 为9.1g/kg；兔经皮 LD_{50} 为16.3mL/kg。大鼠吸入饱和蒸气8小时无死亡。

（10）规格　HG/T 3873—2008　己二酸二辛酯

项　　目		优等品	一等品	合格品
色度(Pt-Co)/号	≤	20	50	120
纯度/%	≥	99.5	99.0	98.0
酸度/(mgKOH/g)	≤	0.07	0.15	0.20
水分/%	≤	0.1	0.15	0.20
密度(20℃)/(g/cm³)		0.924～0.929	0.924～0.929	0.924～0.929
闪点/℃	≥	190	190	190
		透明、无可见杂质的油状液体		

参考文献

1　CAS 103-23-1

2　EINECS 203-090-1

3　化学大辞典. 1卷. 共立出版. 1960. 73

4　Beilstein. Handbuch der Organischen Chemie. EⅡ, 2-1715

5　F. W. McLafferty et al.. Atlas of Mass Spectral Data. Vol. 1. Wiley. 1969. 2094

585. 壬二酸二（2-乙基己基）酯

di-2-ethylhexyl azelate

（1）分子式　$C_{25}H_{48}O_4$。　　相对分子质量　412.66。

（2）示性式或结构式

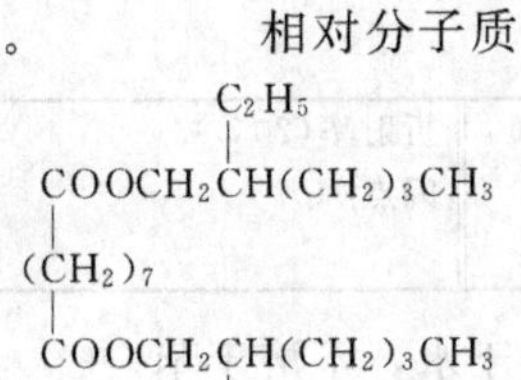

(3) 外观　几乎无色的透明液体。

(4) 物理性质

沸点(101.3kPa)/℃	376	相对密度(25℃/4℃)	0.917
(0.67kPa)/℃	237	折射率(20℃)	1.4512
(0.267kPa)/℃	208～210	闪点/℃	213
熔点/℃	－65		

(5) 溶解性能　溶于大多数有机溶剂，不溶于水。

(6) 用途　耐寒增塑剂、溶剂。

(7) 使用注意事项　毒性低。大鼠经口 LD_{50} 为 8.72mg/kg。

参 考 文 献

1 CAS 26544-17-2
2 EINECS 247-774-8

586. 癸二酸二甲酯

dimethyl sebacate

(1) 分子式　$C_{12}H_{22}O_4$。　　　　相对分子质量　230.31。

(2) 示性式或结构式　$CH_3OCO(CH_2)_8COOCH_3$

(3) 外观　无色或浅黄色针状或菱形结晶。

(4) 物理性质

沸点(101.3 kPa)/℃	288
熔点/℃	25～28
相对密度(20℃/4℃)	0.986
闪点/℃	145

(5) 溶解性能　溶于乙醚，不溶于水。

(6) 用途　硝酸纤维素、乙烯基树脂的溶剂，增塑剂。

(7) 使用注意事项　避免与眼睛、皮肤接触。

参 考 文 献

1 CAS 106-79-6
2 EINECS 203-431-4

587. 癸二酸二乙酯

diethyl sebacate

(1) 分子式　$C_{14}H_{26}O_4$。　　　　相对分子质量　258.36。

(2) 示性式或结构式　$C_2H_5OCO(CH_2)_8COOC_2H_5$

(3) 外观　无色或浅黄色液体，遇冷结晶。

(4) 物理性质

沸点(101.3 kPa)/℃	307(有分解现象)	折射率(20℃)	1.4369
熔点/℃	5	闪点/℃	110
相对密度(20℃/4℃)	0.9646		

(5) 溶解性能　与乙醇、乙醚混溶，微溶于水，不溶于苯。

(6) 用途　塑料耐寒增塑剂、溶剂、有机合成中间体。

(7) 使用注意事项　对眼睛、黏膜、皮肤有刺激性，避免蒸气吸入。

参 考 文 献

1 CAS 110-40-7
2 EINECS 203-764-5
3 Beilstein. Handbuch der Organischen Chemie. H，2-717

588. 癸二酸二丁酯

dibutyl sebacate

(1) 分子式　$C_{18}H_{34}O_4$。　　　　相对分子质量　332.46。

(2) 示性式或结构式

$$\begin{matrix} & CH_2COOC_4H_9 \\ (CH_2)_6 & \\ & CH_2COOC_4H_9 \end{matrix}$$

(3) 外观　无色透明油状液体。

(4) 物理性质

沸点(101.3kPa)/℃	345	黏度(25℃)/mPa·s	7.96
熔点/℃	1	闪点/℃	178
相对密度(15℃/4℃)	0.933	蒸发热(b.p.)/(kJ/mol)	92.9
折射率(25℃)	1.4397	电导率(30℃)/(S/m)	1.7×10^{-11}
介电常数(30℃)	4.540	溶解度(水)/%	0.004
偶极矩(20℃)/(10^{-30} C·m)	8.27	蒸气压(71℃)/kPa	0.00013

(5) 精制方法　减压蒸馏精制。

(6) 溶解性能　不溶于水，可溶于醇、醚、氯仿、丙酮、苯等有机溶剂。除醋酸纤维素外，能与其他的纤维素树脂、乙烯基类树脂、硝酸纤维素、聚苯乙烯等相混合。

(7) 用途　作耐寒性增塑剂，性能优良。但耐挥发性和耐久性较差，一般与苯二甲酸二辛酯混合使用。其他可用作包装食品用乙烯聚合物的增塑剂、橡胶软化剂以及香料的配制等。

(8) 使用注意事项　癸二酸二丁酯可以燃烧，贮存和使用时注意火源。大鼠经口 LD_{50} 为 16～32g/kg。

参 考 文 献

1 CAS 109-43-3
2 EINECS 207-395-0
3 C. R. Fordyce and L. W. A. Meyer. Ind. Eng. Chem. 1940. 32：1053
4 L. W. A. Meyer and W. M. Gearhart. Ind. Eng. Chem. 1984，40：1478
5 Kirk-Othmer. Encyclopedia of Chemical Tehnology 1st ed. Vol. 5. Wiley. 831
6 A. Weissberger. Organic Solvents 3rd ed. Wiley，1971. 321
7 A. A. Maryott and E. A. Smith. Table of Dielectric Constants of Pure Liquids. NBS Circular. 1951. 514
8 J. B. Romans and C. R. Singleterry. J. Chem. Eng. Data. 1961，6：56
9 E. M. Bried et al. Ind. Eng. Chem. 1947，39：484
10 E. S. Perry and W. H. Weber. J. Amer. Chem. Soc. 1949，71：3726
11 J. G. Grasselli. Atlas of Spectral Data and Physical Constants for Organic Compounds. CRC Press. 1973. B-471

589. 癸二酸二辛酯

dioctyl sebacate [di-2-ethylhexyl sebacate]

(1) 分子式　$C_{26}H_{50}O_4$。　　　　相对分子质量　426.66。

(2) 示性式或结构式 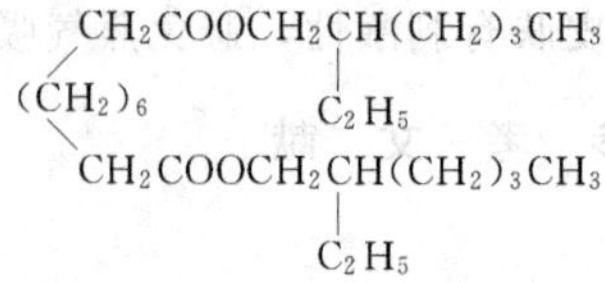

(3) 外观　淡黄色油状液体。

(4) 物理性质

沸点(0.53kPa)/℃	248	介电常数(26℃)	4.01
熔点/℃	−55	黏度(20℃)/mPa·s	19.9
相对密度(25℃/4℃)	0.913	闪点/℃	241
折射率(25℃)	1.449	蒸气压(240℃)/Pa	666.6

(5) 化学性质　较稳定。

(6) 精制方法　减压精馏法。

(7) 溶解性能　不溶于水，能与醇、醚、氯仿、丙酮、苯等有机溶剂混溶。能溶解硝酸纤维素、聚氯乙烯、聚苯乙烯、聚甲基丙烯酸甲酯等。聚乙酸乙烯酯微溶，醋酸纤维素不溶。

(8) 用途　用作硝酸纤维素、聚氯乙烯树脂的耐寒增塑剂，且耐挥发性、光稳定性、电绝缘性、润透性能好。还可用作多种合成橡胶、乙基纤维素、聚甲基丙烯酸甲酯、聚苯乙烯、氯乙烯-乙酸乙烯酯共聚物等的增塑剂。在航空工业上可作喷气发动机的润滑油和润滑脂。

(9) 使用注意事项　癸二酸二辛酯可以燃烧，贮存和使用时注意火源。大鼠经口 LD_{50} 为 12.8～25.6g/kg。豚鼠经皮 LD_{50} ＞10mL/kg。

(10) 规格　HG/T 3502—2008　工业癸二酸二辛酯

项　目		优等品	一等品	合格品
色度(Pt-Co)/号	≤	20	30	60
纯度/%	≥	99.5	99.0	99.0
密度(20℃)/(g/cm³)		0.913～0.917	0.913～0.917	0.913～0.917
酸值/(mgKOH/g)	≤	0.04	0.07	0.10
水分/%	≤	0.05		0.1
闪点(开口杯法)/℃	≥	215	210	205
外观		透明、无可见杂质的油状液体		

参 考 文 献

1 CAS 122-62-3

2 EINECS 204-558-8

3 N. I. Sax. Dangerous Properties of Industrial Materials. Van Nostrand Reinhold, 1963. 759

4 化学大辞典. 5卷. 共立出版社, 1960. 369

5 Landolt-Börnstein (6th ed.), Springer. Vol. Ⅱ-6. 647

6 日本油化学協会. 油脂化学便覧. 2版. 丸善, 1971. 219

7 IRDC カード. No. 13910

8 The Merck Index. **10**, 1249

590. 邻苯二甲酸二甲酯

dimethyl phthalate [DMP, methyl phthalate, dimethyl-1, 2-benzene dicarboxylate, (palatinol M, fermine, avolin, mipax)]

(1) 分子式　$C_{10}H_{10}O_4$。　　相对分子质量　194.19。

(2) 示性式或结构式 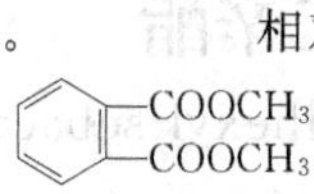

(3) 外观　无色液体。

(4) 物理性质

沸点(101.3kPa)/℃	282	闪点(闭口)/℃	146
熔点/℃	5.5	(开口)/℃	149
相对密度(20℃/4℃)	1.194	蒸发热/(kJ/mol)	78.7
折射率(20℃)	1.5169	燃烧热(定容)/(kJ/mol)	4689.6
黏度(25℃)/mPa·s	17.2	(定压)/(kJ/mol)	4690.9
燃点/℃	556	电导率(25℃)/(S/m)	8.1×10^{-9}

(5) 化学性质　对空气和热稳定，在沸点附近加热 50 小时不发生分解。将邻苯二甲酸二甲酯的蒸气以 0.4g/min 的速度通过 450℃的加热炉时，只有少量发生分解，生成物是 4.6%水、28.2%苯二甲酸酐、51%中性物质，其余为甲醛。在同样条件下，608℃有 36%、805℃有 97%、1000℃则 100%发生热解。

邻苯二甲酸二甲酯在苛性钾的甲醇溶液中于 30℃进行水解时，1 小时有 22.4%、4 小时有 35.9%、8 小时有 43.8%发生水解。

邻苯二甲酸二甲酯在苯中与甲基溴化镁反应，室温或在水浴上加热时，生成 1,2-双（α-羟基异丙基）苯。与苯基溴化镁反应生成 10,10-二苯基蒽酮。

邻苯二甲酸二甲酯与金属盐类例如四氯化钛、卤化锡等生成结晶性分子化合物。但这些化合物容易吸潮分解。

(6) 精制方法　含有游离的酸、甲醇和邻苯二甲酸一甲酯等杂质。精制时用稀氢氧化钠溶液洗涤，除去游离的酸和邻苯二甲酸一甲酯后，用无水碳酸钾或硫酸钠干燥，减压精馏。

(7) 溶解性能　溶于醇、醚、氯仿、丙酮、苯等一般有机溶剂。对氯化橡胶、甘油三松香酸酯、硝酸纤维素、聚苯乙烯、聚甲基丙烯酸甲酯、聚乙酸乙烯酯、聚氯乙烯等有很强的溶解能力，但对聚乙烯等聚烯类则不溶解。25℃时在水中溶解 0.43%；水在邻苯二甲酸二甲酯中溶解 1.8%。

(8) 用途　用作清漆、硝酸纤维素、颜料、氯乙烯薄膜、弹性塑料、透明纸、层压玻璃、驱虫剂等的制造。

(9) 使用注意事项　邻苯二甲酸二甲酯可燃，贮存和使用时应远离火源。着火时用水、泡沫灭火剂、二氧化碳、粉末灭火剂灭火。毒性低，无皮肤刺激和过敏产生，但刺激眼睛黏膜，使中枢神经功能下降。误食可致胃肠刺激症状，并伴有昏迷及低血压。工作场所最高容许浓度 $5mg/m^3$。大鼠经口 LD_{50} 为 8.2g/kg。小鼠腹腔注射 LD_{50} 为 1.58g/kg。

(10) 附表

表 2-8-61　邻苯二甲酸二甲酯的蒸气压

温度/℃	蒸气压/kPa	温度/℃	蒸气压/kPa
100.3	0.13	194.0	8.00
131.8	0.67	210.0	13.33
147.6	1.33	232.7	26.66
164.0	2.67	257.8	53.33
182.8	5.33	283.7	101.33

(11) 附图

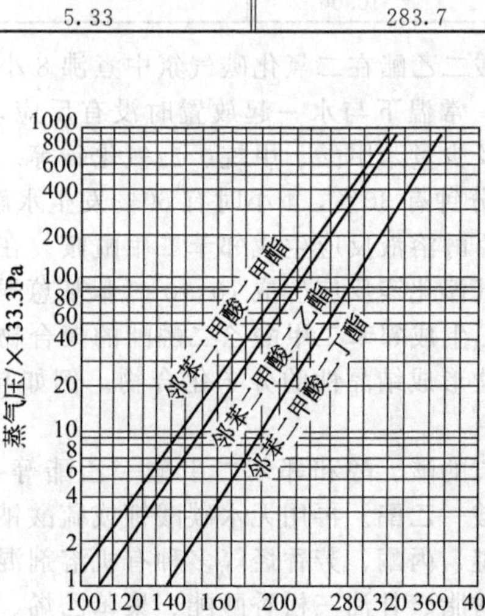

图 2-8-27　邻苯二甲酸酯的蒸气压

参 考 文 献

1 CAS 131-11-3

2 EINECS 205-011-6

3 Kirk-Othmer. Encyclopedia of Chemical Technology 1st ed. Vol. 5. Wiley. 833

4 The Merck Index 8th ed. 378

5 P. A. Small et al. Trans. Faraday Soc. 1948，44：810

6 化学大辞典. 7卷. 共立出版. 1961. 826

7 Landolt-Börnstein 6th ed. Vol. Ⅱ-7. Springer. 19

8 J. G. Grasselli. Atlas of Spectral Data and Physical Constants for Organic Compounds. CRC Press. 1973. B-77，773

9 N. I. Sax. Dangerous Properties of Industrial Materials. Van Nostrand Reinhold. 1957. 557，592，595，624

10 R. S. Roberts. J. Environ. Health. 1969，31 (6)：6

11 D. C. Washington. J. Pharm. Sci. 1966，55：158

12 東京大学工学部応用化学係四学科安全委員会. 防災の手引. 1974

13 有機合成化学協会. 溶剤ポケットブック. オーム社. 1977，467

14 The Merck Index. **10**，3250；**11**，3243

591. 邻苯二甲酸二乙酯

diethyl phthalate［DEP，ethyl phthalate，diethyl-1,2-benzene-dicarboxylate，(palationol A，unimoll DA，witicizer 332)］

(1) 分子式　$C_{12}H_{14}O_4$。　相对分子质量　222.24。

(2) 示性式或结构式

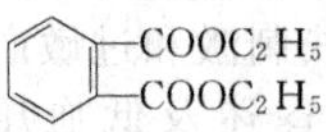

(3) 外观　无色液体。

(4) 物理性质

沸点(101.3kPa)/℃	295	闪点(闭口)/℃	117
熔点/℃	−40	(开口)/℃	152
相对密度(25℃/4℃)	1.118	表面张力(20.5℃)/(mN/m)	35.3
折射率(25℃)	1.499	蒸发热/(kJ/mol)	67.0
介电常数(20℃)	7.63	电导率(25℃)/(S/m)	1.1×10^{-9}
黏度(25℃)/mPa·s	10.06		

(5) 化学性质　邻苯二甲酸二乙酯在二氧化碳气氛中煮沸 8 小时，分解成乙烯、乙醇、邻苯二甲酸酐、苯二甲酸一乙酯等。常温下与水一起放置时没有反应，在 250～325℃、10MPa 时生成邻甲基苯甲酸、邻苯二甲酸及少量苯甲酸、甲烷、二氧化碳等。在氢氧化钠醇溶液中，25℃进行水解时，5 分钟有 10%，25 分钟有 30%，4 小时有 60%发生水解。

邻苯二甲酸二乙酯与氨的甲醇溶液反应生成邻苯二甲酰胺。在沸腾的醇中与尿素和乙醇钠反应生成邻苯二甲酰亚胺。与苯基溴化镁反应生成 10,10-二苯基蒽酮。与乙二醇一起在真空中加热时，190℃以上开始反应，300℃生成邻苯二甲酸乙二醇酯的聚合物。

邻苯二甲酸二乙酯与金属盐形成结晶性的分子化合物。例如与四氯化锡形成熔点为104℃的晶体，该晶体容易水解。

(6) 精制方法　常含有游离的酸、醇和邻苯二甲酸一乙酯等杂质。精制时用稀氢氧化钠洗涤，以除去游离酸和邻苯二甲酸一乙酯。再用无水碳酸钾或硫酸钠干燥后减压蒸馏。

(7) 溶解性能　能与醇、醚、丙酮、芳香烃等多种有机溶剂混溶。对氯化橡胶、松香、硝酸纤维素、松香酸苄酯、香豆酮树脂、甘油三松香酸酯、聚苯乙烯、聚甲基丙烯酸甲酯、聚乙酸乙烯酯、乙基纤维素、氯乙烯-乙酸乙烯酯共聚物等都有很好的溶解能力。但醋酸纤维素不大溶解。室温下在水中溶解 0.1%；水在邻苯二甲酸二乙酯中溶解 0.6%。

(8) 用途　用作塑料、合成橡胶的增塑剂，还用作定香剂、颜料润湿剂以及清漆的溶剂等。也用于涂料纸、赛璐珞和软片的制造。

(9) 使用注意事项　邻苯二甲酸二乙酯可燃，应远离火源与强氧化剂，置阴凉通风处贮存。着火时用泡沫灭火剂、二氧化碳或四氯化碳等灭火。邻苯二甲酸二乙酯刺激黏膜，但急性和慢性毒性都很低，对皮肤无任何明显的刺激或过敏作用。工作场所最高容许浓度5mg/m^3。兔经口LD_{50}为1.0g/kg。

(10) 附表

表 2-8-62　邻苯二甲酸二乙酯的蒸气压

温度/℃	蒸气压/kPa	温度/℃	蒸气压/kPa
108.8	0.13	204.1	8.00
140.7	0.67	219.5	13.33
156.0	1.33	243.0	26.66
173.6	2.67	267.5	53.33
192.1	5.33	294.0	101.33

参　考　文　献

1　CAS 84-66-2
2　EINECS 201-550-6
3　Kirk-Othmer. Encyclopedia of Chemical Technology 1st ed. Vol. 5 Wiley. 833
4　J. Timmermans et al.. Bull. Soc. Chem. Belges. 1955. 64：5
5　Beilstein. Handbuch der Organischen Chemie. E Ⅱ. 9-584
6　石井博，口山滕矢. 工化. 1959，62：385
7　Landolt-Börnstein 6th ed. Vol. Ⅱ-7. Springer. 19
8　N. I. Sax. Dangerous Properties of Industrial Materials. Van Nostrand Reinhold，1957. 557，592，595，624
9　J. G. Grasselli. Atlas of Spectral Data and Physical Constants for Organic Compounds. CRC Press. 1973. B-77，773
10　東京大学工学部応用化学係四学科安全委員会. 防災の手引. 1974
11　有機合成化学協会. 溶剤ポケットブック. オーム社，1977. 469
12　The Merck Index. **10**，3172

592. 邻苯二甲酸二丁酯

dibutyl phthalate［DBP，butyl phthalate］

(1) 分子式　$C_{16}H_{22}O_4$。　　　　相对分子质量　278.35。

(2) 示性式或结构式　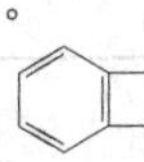

(3) 外观　无色或浅黄色的油状液体。

(4) 物理性质

沸点(101.3kPa)/℃	339	闪点(闭口)/℃	157
熔点/℃	−35	(开口)/℃	171
相对密度(20℃/4℃)	1.048	蒸发热/(kJ/mol)	79.3
折射率(20℃)	1.4926	生成热(液)/(kJ/mol)	1025.7
介电常数(30℃)	6.436	燃烧热(液，定压)/(kJ/mol)	8616.4
黏度(37.8℃)/mPa·s	9.72	比热容(21℃，定压)/[kJ/(kg·K)]	1.79
表面张力(20℃)/(mN/m)	33.40	电导率(25℃)/(S/m)	9×10^{-11}
燃点/℃	403		

(5) 化学性质　常温下非常稳定，但长时间煮沸会部分发生分解，游离出邻苯二甲酸酐。用铜-铬氧化物作催化剂，270℃于氢气流中发生分解，生成丁醛、邻二甲苯、丁醇、2-甲基环己基

甲醇、六氢化苯二甲酸二丁酯等。其他性质参照邻苯二甲酸二乙酯。

(6) 精制方法　含有游离的酸、醇和邻苯二甲酸一丁酯等杂质。精制时用水洗涤除去醇和酸，再用稀的氢氧化钠溶液洗涤除去邻苯二甲酸一丁酯，然后用无水碳酸钾或硫酸钠干燥，减压下蒸馏。

(7) 溶解性能　能与醇、醚、苯、丙酮等一般有机溶剂混溶。对氯化橡胶、松香、乳香、乙酰醋酸纤维素、硝酸纤维素、乙基纤维素、松香酸苄酯、香豆酮树脂、甘油三松香酸酯、聚苯乙烯、聚甲基丙烯酸甲酯、聚乙酸乙烯酯、氯乙烯-乙酸乙烯酯共聚物、聚氯乙烯等都有很强的溶解能力。虫胶、甘油醇酸树脂部分溶解，醋酸纤维素则不溶。20℃时在水中溶解 0.01%；水在邻苯二甲酸二丁酯中溶解 0.46%。

(8) 用途　本品是塑料、橡胶、人造革等的常用增塑剂，也是织品用润滑剂，香料的溶剂和定香剂，害虫驱避剂等。还用于软片、黏结剂、印刷油墨、安全玻璃、赛璐珞、染料的制造等。

(9) 使用注意事项　邻苯二甲酸二丁酯可燃，应远离火源置阴凉通风处贮存。着火时用二氧化碳、四氯化碳和粉末灭火剂灭火。邻苯二甲酸二丁酯食用时伤害肠胃，对人140mg/kg 即出现中毒症状。工作场所最高容许浓度 5mg/m^3。大鼠经口 LD_{50} 为 8.0g/kg。兔经皮 LD_{50} > 20mL/kg。

(10) 规格　GB/T 11405—2006　工业邻苯二甲酸二丁酯

项　目		优等品	一等品	合格品
外观		透明,无可见杂质的油状液体		
密度(20℃)/(g/cm^3)		1.044～1.048		
闪点/℃	≥	160		
色度(Pt-Co)	≤	20	25	60
纯度/%	≥	99.5	99.0	98.0
酸值(以 KOH 计)/(mg/g)	≤	0.07	0.12	0.20
水分/%	≤	0.10	0.15	0.20

(11) 附表

表 2-8-63　邻苯二甲酸二丁酯的蒸气压

温　度/℃	蒸气压/kPa	温　度/℃	蒸气压/kPa
148.2	0.13	247.8	8.00
182.1	0.67	263.7	13.33
198.2	1.33	287.0	26.66
216.2	2.67	313.5	53.33
235.8	5.33	340.0	101.33

参　考　文　献

1　CAS 84-74-2

2　EINECS 201-557-4

3　Kirk-Othmer. Encyclopedia of Chemical Technology 1st ed. Vol. 5. Wiley. 833

4　A. Weissberger. Organic Solvents 2nd ed. Wiley. 179

5　B. A. Arbuzov, and Z. Z. ValeevaZh. Fiz. Khim. 1953, 27: 713

6　N. I. Sax. Dangerous Properties of Industrial Materials. Van Nostrand Reinhold. 1957. 557, 592, 595, 624

7　安全工学協会. 安全工学便覧. コロナ社. 1973. 194

8　R. H. Ambler. J. Soc. Chem. Ind. 1936, 55: 2917

9　J. G. Grasselli. Atlas of Spectral Data and Physical Constants for Organic Conpounds. CRC Press. 1973. B-77, 773

10　V. M. Seliverstov and M. P. Sergievskaya. Tr Leningrad Inst. Vod. Transp. 1964, 75: 47

11　Landolt-Börnstein 6th ed. Vol. Ⅱ-7, Springer. 19

12　A. Weissberger. Organic Solvents 2nd ed. Wiley. 179

13 M. Baudler. Z. Elektrochem. 1955，59：173
14 有機合成化学協会. 溶剤ポケットブック. 丸善. 1977. 472
15 B. Prakash. J. Mol. Struct. 1971，8：195
16 Beilstein. Handbuch der Organischen Chemie. EⅡ，9-586；EⅢ，9-4102；EⅣ，9-3175
17 The Merck Index. **10**，1559；**11**，1585

593. 邻苯二甲酸二（2-乙基）己酯

di-2-ethylhexyl phthalate

(1) 分子式　$C_{24}H_{38}O_4$。　　　相对分子质量　390.56。

(2) 示性式或结构式

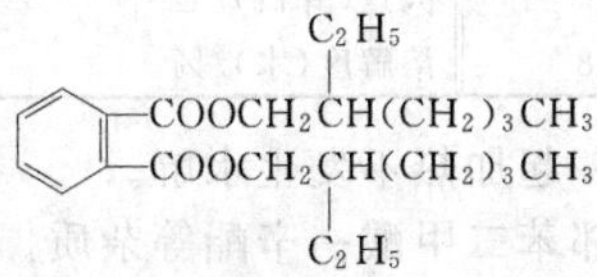

(3) 外观　无色或浅黄色无臭液体。

(4) 物理性质

沸点(101.3kPa)/℃	386	偶极矩(20℃)/(10^{-30}C·m)	9.47
(0.6666kPa)/℃	230	黏度(20℃)/mPa·s	81
熔点/℃	−55	闪点(开口)/℃	218
相对密度(20℃/4℃)	0.986	电导率(25℃)/(S/m)	7.4×10^{-13}
折射率(20℃)	1.4859	蒸气压(200℃)/kPa	0.16
介电常数(20℃)	5.3		

(5) 化学性质　非常稳定，不易水解。

(6) 精制方法　常含有游离的酸、醇和苯二甲酸-2-乙基己酯等杂质。精制时用稀的氢氧化钠溶液洗涤，无水碳酸钾或硫酸钠干燥后减压下蒸馏。

(7) 溶解性能　能与一般有机溶剂混溶。对乙酰醋酸纤维素、硝酸纤维素、聚甲基丙烯酸甲酯、合成橡胶、达玛树脂、香豆酮树脂、苯乙烯-氯乙烯-乙酸乙烯酯共聚物和氯乙烯等都有很强的溶解能力。聚乙酸乙烯酯和虫胶则难溶解。

(8) 用途　主要用作聚氯乙烯树脂的增塑剂，其耐水性、耐热性、耐紫外线性能优良。还广泛用于薄膜、薄板、人造革、电缆料等的制造。也用于硝酸纤维素漆，使漆膜具弹性和较高的拉伸强度。在多种合成橡胶中也有良好的软化作用。本品还用作气相色谱固定液。

(9) 使用注意事项　本品可燃，应注意火源。对人皮肤无刺激性和过敏性反应。工作场所最高容许浓度 $5mg/m^3$。大鼠经口为 LD_{50} 为 30～34g/kg。大鼠腹腔注射 LD_{50} 约为 24～30g/kg。

参 考 文 献

1 CAS 117-81-7
2 EINECS 204-211-0
3 Kirk-Othmer. Encyclopedia of Chemical Technology. 1st ed. Vol. 5. Wiley. 833
4 N. I. Sax. Dangerous Properties of Industrial Materials. Van Nostrand Reinhold. 1957. 557，592，595，624
5 P. A. Small et al.. Trans. Faraday Soc. 1948，44：810
6 J. B. Romans and C. R. Singleterry. J. Chem. Eng. Data. 1961，6：56
7 Landolt-Börnstein（6th ed.）. Vol. Ⅱ-7. Springer. 19
8 安全工学協会. 安全工学便覧. コロナ社，1973. 194
9 IRDCカード. No. 884，15120
10 F. W. McLafferty. Atlas of Mass Spectral Data. Wiley. 1969. 2141
11 東京大学工学部応用化学係四学科安全委员会. 防災の手引. 1974
12 Beilstein. Handbuch der Organischen Chemie. EⅢ，9-4114
13 The Merck Index. **10**，1248；**11**，1262

594. 邻苯二甲酸二辛酯

dioctyl phthalate [di-*n*-octyl phthalate, DNOP]

(1) 分子式　$C_{24}H_{38}O_4$。　　　　相对分子质量　390.56。

(2) 示性式或结构式 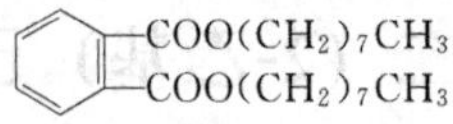

(3) 外观　无色无臭黏度高的液体。

(4) 物理性质

沸点(0.53kPa)/℃	284	折射率(25℃)	1.482
熔点/℃	−25	闪点(开口)/℃	218
相对密度(20℃/4℃)	0.978	溶解度(水)/%	<0.02

(5) 化学性质　性质非常稳定，与水一起加热不发生水解。

(6) 精制方法　含有游离的酸、醇和邻苯二甲酸一辛酯等杂质。精制时用稀的氢氧化钠溶液洗涤，无水碳酸钾或硫酸钠干燥后减压蒸馏。

(7) 溶解性能　难溶于水，对乙酰醋酸纤维素、硝酸纤维素、聚甲基丙烯酸甲酯、聚苯乙烯、氯乙烯-乙酸乙烯酯共聚物、聚氯乙烯、石蜡油、达玛树脂、香豆酮树脂等有很强的溶解能力。聚乙酸乙烯酯和虫胶难以溶解，醋酸纤维素则不溶。

(8) 用途　用作聚氯乙烯树脂的增塑剂，其耐水、耐紫外线、耐寒、耐热性能都很好。

(9) 使用注意事项　本品可燃，贮存和使用时注意火源。对眼有轻度刺激。小鼠经口$LD_{50}>$13g/kg。豚鼠经皮$LD_{50}>$5mL/kg。

(10) 规格　GB/T 11406—2001　工业邻苯二甲酸二辛酯

项　目		优等品	一等品	合格品
密度(20℃)/(g/cm³)		0.982～0.988		
色度(铂-钴色号)	≤	30	40	60
纯度/%	≥	99.5	99.0	
水分/%	≤	0.10	0.15	
闪点/℃	≥	196	192	
酸度(以苯二甲酸计)/%	≤	0.010	0.015	0.030
体积电阻率/($10^9\Omega\cdot m$)	≥	1.0	①	—

① 根据用户需要，由供需双方协商，可增加体积电阻率指标。

参 考 文 献

1　CAS 117-84-0
2　EINECS 204-214-7
3　Kirk-Othmer Encyclopedia of Chemical Technology. 1st ed.. Vol. 5. Wiley. 833
4　IRDC カード. No. 884. 15120
5　F. W. McLafferty. Atlats of Mass Spectral Data. Wiley. 1969. 2141
6　张海峰主编. 危险化学品安全技术大典：第1卷：北京：中国石化出版社，2010

595. 邻苯二甲酸二异辛酯

di-*iso*-octyl phthalate

(1) 分子式　$C_{24}H_{38}O_4$。　　　　相对分子质量　390.56。

(2) 示性式或结构式 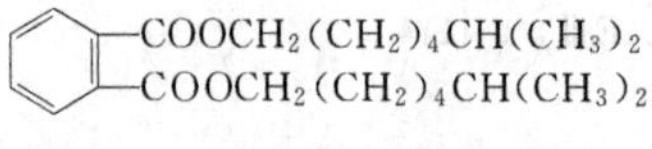

(3) 外观　无色黏稠液体，有微弱气味。

(4) 物理性质

沸点(101.3kPa)/℃	307	相对密度(20℃/0℃)	0.986
(0.53kPa)/℃	228～237	折射率(25℃)	1.483
熔点/℃	−50	闪点/℃	218

(5) 溶解性能　溶于大多数有机溶剂，难溶于甘油、乙二醇，不溶于水。

(6) 用途　增塑剂、溶剂。

(7) 使用注意事项　大鼠经口 LD_{50} 为 22.6mg/kg。参照邻苯二甲酸二辛酯。

参 考 文 献

1　CAS 27554-26-3

2　EINECS 248-523-5

3　张海峰主编. 危险化学品安全技术大典：第 1 卷. 北京：中国石化出版社，2010

596. 邻苯二甲酸丁苄酯

butyl benzyl phthalate

(1) 分子式　$C_{19}H_{20}O_4$。　　　相对分子质量　312.37。

(2) 示性式或结构式

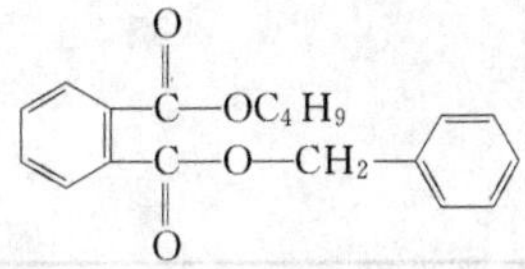

(3) 外观　透明油状液体，有芳香族化合物的特殊气味。

(4) 物理性质

沸点(101.3kPa)/℃	370	折射率(25℃)	1.5336～1.5376
熔点/℃	−35	闪点/℃	200
相对密度(25℃/4℃)	1.111～1.119		

(5) 溶解性能　几乎不溶于水，溶于有机溶剂。与聚氯乙烯树脂、醋酸乙烯树脂、聚苯乙烯、硝酸纤维素的互溶性较好。

(6) 用途　溶剂，能与大部分工业用树脂相溶，用作增塑剂。

(7) 使用注意事项　参照邻苯二甲酸酯类。

参 考 文 献

1　CAS 85-68-7

2　EINECS 201-622-7

3　Beil.，**9** (3)，4101

597. 邻苯二甲酸二壬酯

dinonyl phthalate

(1) 分子式　$C_{26}H_{42}O_4$。　　　相对分子质量　418.62。

(2) 示性式或结构式

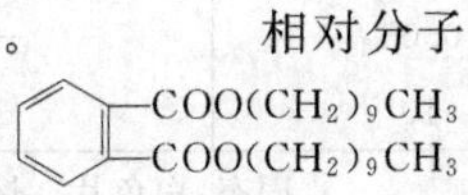

(3) 外观　无色或浅黄色透明液体。

(4) 物理性质

沸点(0.665kPa)/℃	246	相对密度(25℃/25℃)	0.979
(0.133kPa)/℃	205～220	(20℃/4℃)	0.966～0.972
熔点/℃	−52	折射率(20℃)	1.4871
闪点/℃	218		

(5) 溶解性能　与丙酮等有机溶剂混溶，不溶于水。

(6) 用途　溶剂、聚氯乙烯及乙烯基树脂的增塑剂，色相色谱固定液。

参 考 文 献

1 CAS 84-76-4

2 EINECS 201-560-0

598. 对苯二甲酸二甲酯

dimethyl *p*-phthalate

(1) 分子式　$C_{10}H_{10}O_4$。　　相对分子质量　194.19。

(2) 示性式或结构式

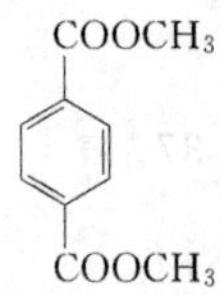

(3) 外观　白色针状结晶，易升华。

(4) 物理性质

沸点(101.3kPa)/℃	288	临界温度/℃	489
熔点/℃	141～142	临界压力/MPa	2.7
相对密度(150℃/4℃)	1.084	闪点(开口)/℃	146～147
折射率(150℃)	1.4752	燃点/℃	570
黏度(150℃)/mPa·s	0.965		

(5) 化学性质　能发生酯交换缩聚反应，加氢和氢解反应和水解反应。

(6) 溶解性能　溶于甲醇、乙醚、丙酮、氯仿中，随温度升高，溶解度增大，不溶于水。

(7) 用途　树脂的溶剂、韧化剂，有机合成中间体。

(8) 使用注意事项　蒸气或粉尘能与空气形成爆炸性混合物，最低爆炸极限为 0.03%（体积）。毒性较低，不经皮肤吸收，对皮肤无刺激性。大鼠经口 LD_{50} 为 10g/kg。

(9) 规格　SH 1543—93 (2004)　对苯二甲酸二甲酯

项　目		优等品	一等品	合格品
熔融色度/(Pt-Co 色号)	≤	10	20	30
结晶点/%	≥	140.62	140.60	140.60
酸值/(mgKOH/g)	≤	0.02	0.03	0.06
灰分/%	≤	0.001	0.003	0.003
挥发分/%	≤	0.005	0.005	0.005
铁含量/%	≤	0.0001	0.0001	0.0002
光密度(340mm)	≤	0.05	—	—
热稳定性(175℃下加热 4h)(铂-钴标号)	≤	10	—	—
外观		固态:白色片。熔融态:透明液体		

(10) 附表

表 2-8-64　对苯二甲酸二甲酯的蒸气压

温度/℃	蒸气压/kPa	温度/℃	蒸气压/kPa	温度/℃	蒸气压/kPa
148	1.3	190.5	6.7	250	40.0
158	2.0	196	8.0	261	53.3
166	2.7	201	9.3	270.6	66.7
171	3.3	204.5	10.7	277	80.0
176	4.0	209	12.0	283	93.3
180	4.7	212	13.3	288	101.3
183	5.3	235	26.7		

参考文献

1　CAS 120-61-6
2　EINECS 204-411-8
3　Beilstein. Handbuch der Organischen Chemie. H，9-843；E Ⅲ，9-4250
4　张海峰主编. 危险化学品安全技术大典：第1卷：北京：中国石化出版社，2010

599. β-丙内酯［β-丙酸内酯］

β-propiolactone

（1）分子式　$C_3H_4O_2$。　　相对分子质量　72.06。

（2）示性式或结构式 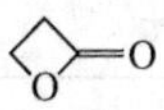

（3）外观　无色有刺激气味的液体。

（4）物理性质

沸点(101.3kPa)/℃	162.3	熔点/℃	−33.4
(6.65kPa)/℃	80.0	相对密度(20℃/4℃)	1.1460
(2.26kPa)/℃	61	折射率(20℃)	1.4131
(1.33kPa)/℃	51	闪点/℃	70

（5）化学性质　遇潮气慢慢分解为羟基丙酸，在水溶液中迅速全部水解。

（6）溶解性能　与丙酮、乙醚、氯仿任意混溶。

（7）用途　溶剂、有机合成中间体、分析用标准物质。

（8）使用注意事项　致癌物。对皮肤、黏膜和眼睛有强烈刺激性。

参考文献

1　CAS 57-57-8
2　EINECS 200-340-1
3　Beil.，**17**（1），130
4　The Merck Index，**10**，7721；**11**，7832；**13**，7912

600. γ-丁内酯

γ-butyrolactone

（1）分子式　$C_4H_6O_2$。　　相对分子质量　86.09。

（2）示性式或结构式 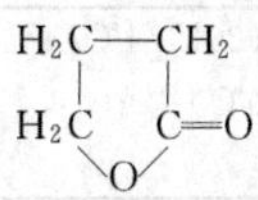

(3) 外观　无色液体，有类似丙酮的气味。

(4) 物理性质

沸点(101.3kPa)/℃	204	闪点(开口)/℃	98.3
熔点/℃	−43.53	蒸发热(204℃)/(kJ/mol)	52.3
相对密度(25℃/4℃)	1.1253	比热容(25℃,定压)/[kJ/(kg·K)]	1.67
折射率(15℃)	1.4348	(60℃,定压)/[kJ/(kg·K)]	1.88
介电常数(20℃)	39	临界温度/℃	436
偶极矩(25℃,苯)/(10^{-30}C·m)	13.74	临界压力/MPa	3.4
黏度(25℃)/mPa·s	1.7		

(5) 化学性质　是较稳定的化合物。在热碱的作用下易发生水解，水解是可逆的，当pH=7时，又生成内酯。在酸性介质中水解较慢。

(6) 精制方法　无水硫酸钙干燥后分馏。也可用水蒸气蒸馏法精制。

(7) 溶解性能　溶于水、甲醇、乙醇、丙酮、乙醚、苯、四氯化碳等。

(8) 用途　主要用作溶剂，如丙烯腈一类难溶的树脂在γ-丁丙酯中可以溶解。还用作制造吡咯烷酮、丁酸、琥珀酸等的原料。液相色谱溶剂。

(9) 使用注意事项　γ-内酯为可燃性液体，贮存和使用时注意火源。对金属无腐蚀性，可用铁或软钢制容器贮存。属低毒类溶剂，小鼠经口 LD_{50} 为 345mg/kg。属低毒类。对皮肤有刺激性，易被皮肤吸收，应防止与皮肤接触。

(10) 附表

表 2-8-65　γ-丁内酯的蒸气压

温度/℃	蒸气压/kPa	温度/℃	蒸气压/kPa
79	1.33	135	13.33
94	2.67	156	26.66
110	5.33	179	53.33
122	8.00	204	101.33

参 考 文 献

1 CAS 96-48-0
2 EINECS 202-509-5
3 A. Weissberger. Organic Solvents. 3rd ed. 757, Wiley. 1971. 311
4 Sadtler Standard IR Prism Spectra. No. 5330
5 Varian Associate NMR Spectra. No. 63
6 主要化学品1000種毒性データ特別調査レポート. 海外技術資料研究所. 1973. 75
7 C. Marsden. Solvents Guide (2nd ed). Cleaver-Hume. 1963. 119

601. γ-戊内酯 [1,4-戊内酯]

1,4-valerolactone [γ-methylbutyrolactone]

(1) 分子式　$C_5H_8O_2$。　　　相对分子质量　100.12。

(2) 示性式或结构式

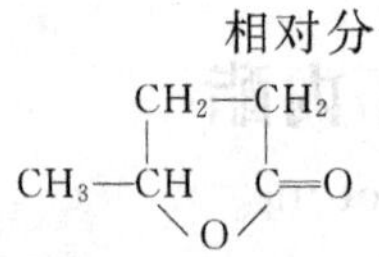

(3) 外观　无色或浅黄色液体，具有香兰素和椰子芳香味。

(4) 物理性质

沸点(101.3kPa)/℃	207～209	相对密度(20℃/4℃)	1.057
(1.73kPa)/℃	83～84	折射率(20℃)	1.4330
熔点/℃	−31	闪点/℃	81

(5) 溶解性能　能与水、许多有机溶剂、树脂和蜡混溶，不溶于环己烷、石油醚、甘油等。

(6) 用途　难溶性树脂的溶剂、有机合成中间体。

(7) 使用注意事项　对眼睛、呼吸系统及皮肤有刺激性。使用时应穿防护服。

参 考 文 献

1 CAS 108-29-2

2 EINECS 203-569-5

3 Beil.，**17**，235；**17**，9 (5)，24

602. ε-己内酯 [6-己内酯]

ε-caprolactone

(1) 分子式　$C_6H_{10}O_2$。　　　相对分子质量　114.14。

(2) 示性式或结构式

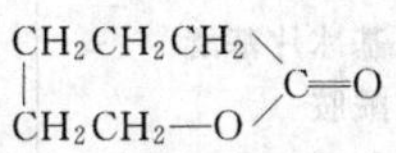

(3) 外观　无色油状液体，有芳香气味。

(4) 物理性质

沸点(101.3kPa)/℃	215	折射率(20℃)	1.4635
熔点/℃	−18	闪点/℃	109
相对密度(20℃/4℃)	1.076		

(5) 化学性质　不稳定，易聚合。加热变成二聚体或高分子聚酯。

(6) 溶解性能　能与水任意混合。

(7) 用途　涂料、环氧树脂的稀释剂和溶剂。

(8) 使用注意事项　具有刺激性。使用时避免吸入本品蒸气，避免与眼睛和皮肤接触。

参 考 文 献

1 CAS 502-44-3

2 EINECS 207-938-1

3 Beil.，**17** (2)，290；**17**，**9** (5)，34

603. 乙二醇一乙酸酯

ethylene glycol monoacetate [2-hydroxyethyl acetate，glycol monoacetin，glycol acetate，acetic acid-2-hydroxyethyl ester]

(1) 分子式　$C_4H_8O_3$。　　　相对分子质量　104.10。

(2) 示性式或结构式　$CH_3COOCH_2CH_2OH$

(3) 外观　无色液体，微带水果香味。

(4) 物理性质

沸点(101.3kPa)/℃	182	介电常数(30℃)	12.95
相对密度(20℃/4℃)	1.109	偶极矩(30℃)/(10^{-30}C·m)	7.77
折射率(18℃)	1.4175	闪点(开口)/℃	102

(5) 化学性质　和乙二醇二乙酸酯相似，在酸或碱存在下容易水解。

(6) 精制方法　用水-二异丙基醚不断进行萃取可除去乙二醇二乙酸酯。

(7) 溶解性能　溶于水、醇、醚、芳香烃等多种溶剂，不溶于直链烃。能溶解松香、樟脑、榄香脂、醋酸纤维素、醋酸-丁酸纤维素、硝酸纤维素、乙基纤维素、聚甲基丙烯酸甲酯、聚苯乙烯和聚乙酸乙烯酯等。

(8) 用途　用作醋酸纤维素溶剂以及化妆品香料溶剂。

(9) 使用注意事项　对金属无腐蚀性，可用铁、软钢或铝制容器贮存，但不宜使用铜制容器，因水解生成的乙酸对铜有腐蚀性。本品属微毒类溶剂，用含本品 50% 的水溶液喂养大鼠和豚鼠，LD_{50}分别为 8.25g/kg 和 3.80g/kg。小鼠腹腔注射 LD_{50}为 1.45g/kg。

(10) 附表

表 2-8-66　含乙二醇一乙酸酯的二元共沸混合物

第二组分	共沸点/℃	乙二醇一乙酸酯/%	第二组分	共沸点/℃	乙二醇一乙酸酯/%
苯酚	197.5	65	乙基苄基醚	180.5	35
间溴甲苯	182.0	32	丁酸异戊酯	180.2	21
间甲酚	206.5	31	异戊酸异戊酯	187.0	57
邻甲酚	199.45	51	二戊醚	180.8	42
对甲酚	206.0	33	二异戊醚	170.2	28
氯代乙酸异戊酯	189.3	50	甲基冰片基醚	185.0	60
辛醇	189.5	71	乙酰胺	190.7	95
茚	180.0	20	乙二醇	184.75	75

(11) 附图

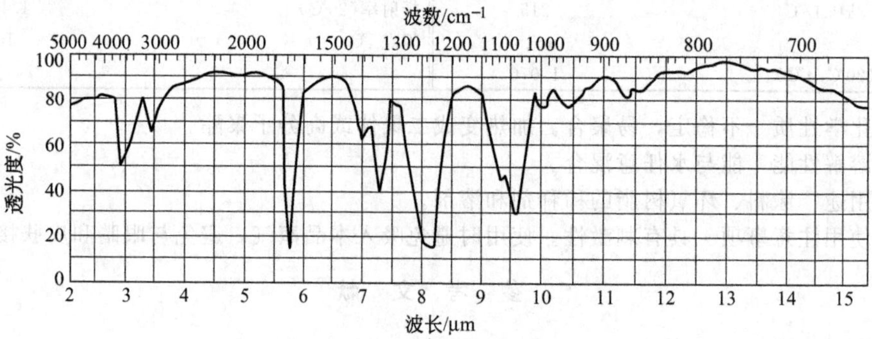

图 2-8-28　乙二醇一乙酸酯的红外光谱图

参考文献

1　CAS 542-59-6
2　EINECS 208-821-8
3　桑田勉. 溶剂. 丸善, 1957. 326
4　Beilstein. Handbuch der Organischen Chemie. E Ⅲ, 2-303
5　Landolt-Börnstein 6th ed, Vol. Ⅱ-6, Springer. 636
6　Landolt-Börnstein 6th ed, Vol. Ⅱ-3, Springer. 419
7　J. G. Grasselli. Atlas of Spectral Data and Physical Constants for Organic Compounds. CRC Press. 1973. B-104
8　F. W. McLafferty. Atlas of Mass Spectral Data. Vol. 1 Wiley. 1969. 295
9　N. I. Sax. Dangerous Properties of Industrial Materials. Van Nostrand Reinhold. 1957. 683
10　The Merck Index 8th ed. 435
11　L. H. Horsley. Advan. Chem. Ser. 1952, 6: 118

604. 乙二醇二乙酸酯

ethylene glycol diacetate [ethylene diacetate, glycol diacetate]

(1) 分子式　$C_6H_{10}O_4$。　相对分子质量　146.14。

(2) 示性式或结构式

$$\begin{array}{l}CH_2OOCCH_3\\ |\\ CH_2OOCCH_3\end{array}$$

(3) 外观　无色液体。

(4) 物理性质

沸点(101.3kPa)/℃	190.2	黏度(20℃)/mPa·s	3.13
熔点/℃	−41.5	闪点(开口)/℃	105
相对密度(20℃/20℃)	1.1063	燃点/℃	635
折射率(20℃)	1.4159	蒸发热/(kJ/mol)	50.7
介电常数(−54℃)	约 10	蒸气压(20℃)/kPa	0.033
偶极矩(30℃,苯)/(10^{-30}C·m)	7.81	体膨胀系数/K^{-1}	0.00106

(5) 化学性质　具有酯的一般化学性质。在苛性碱和无机酸存在下容易水解，生成乙二醇和乙酸。还容易发生醇解反应。

(6) 精制方法　乙二醇二乙酸酯是由乙二醇和乙酸酐反应制造的。主要杂质是乙二醇一乙酸酯。精制时用氯化钙和无水碳酸钾干燥，然后在减压下蒸馏。

(7) 溶解性能　易溶于醇、醚，难溶于石油系脂肪烃。油脂类除蓖麻油外不溶解。20℃时在水中溶解 21.3%；水在乙二醇二乙酸酯中溶解 21.2%。

(8) 用途　用于硝基喷漆、印刷油墨、纤维素酯、荧光涂料以及制造炸药时的溶剂。由于易水解，应用受限制。

(9) 使用注意事项　乙二醇二乙酸酯为可燃性液体，注意远离火源密封贮存。对金属无腐蚀性，可用铁、软钢或铝制容器贮存，但不宜用铜制容器，因分解产生的乙酸对铜有腐蚀性。属微毒类。毒性与乙二醇相似，误饮时会引起呕吐、昏睡、呼吸困难、痉挛、肾脏受损，进而引起尿中毒症直至死亡。对眼有轻度刺激。用含本品 50% 的水溶液喂大鼠和豚鼠，LD_{50} 分别为 6.86g/kg 和 4.94g/kg。

(10) 附表

表 2-8-67　乙二醇二乙酸酯的蒸气压

温　度/℃	蒸气压/kPa	温　度/℃	蒸气压/kPa
38.3	0.13	115.8	8.00
64.1	0.67	128.0	13.33
77.1	1.33	147.8	26.66
90.3	2.67	168.3	53.33
106.1	5.33	190.5	101.33

表 2-8-68　乙二醇二乙酸酯的溶解性①

品　　名	溶解性	品　　名	溶解性	品　　名	溶解性
玷玶树脂	N	硝酸纤维素	S	氯乙烯-乙酸乙烯酯共聚物	P
达玛树脂	N	三醋酸纤维素	N	氯乙烯	N
贝壳松脂	N	苄基纤维素	P	偏氯乙烯	N
榄香脂	S	乙基纤维素	S	油脂	P
松香	S	聚乙烯树脂	N	石蜡油	N
乳香	P	聚甲基丙烯酸甲酯	S	树脂酸金属皂	P
醋酸纤维素	S	聚苯乙烯	S	硫	N
醋酸-丁酸纤维素	S	聚乙酸乙烯酯	S		

① 表中：S—可溶；P—部分可溶；N—不溶。

表 2-8-69　含乙二醇二乙酸酯的二元共沸混合物

第二组分	共沸点/℃	乙二醇二乙酸酯/%	第二组分	共沸点/℃	乙二醇二乙酸酯/%
水	99.7	15.4	2-辛醇	179.2	
二异戊基醚	170.1		乙二醇	<179.5	>76
萜二烯	<173.5	<37	2-(2-甲氧基乙氧基)乙醇	181.5	约 70
二戊基醚	<179.0	<60	1-辛醇	<186.0	

(11) 附图

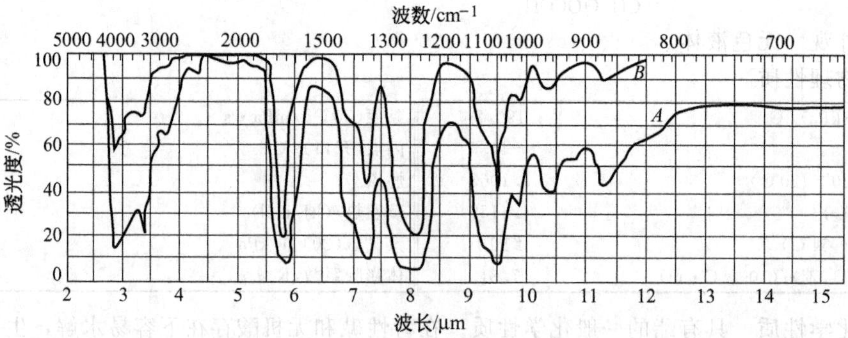

图 2-8-29 乙二醇二乙酸酯的红外光谱图

参 考 文 献

1 CAS 111-55-7
2 EINECS 203-881-1
3 D. R. Stull. Ind. Eng. Chem. 1947, 39: 517
4 Esters. Union Carbide Chemicals Corp. 1962
5 G. O. Curme and F. Johnston. Glycols, Van Nostrand Reinhold. 1952
6 A. V. Komandin and B. D. Shimit. Zh. Fiz. Khim. 1963, 37: 3, 510
7 D. A. McCaulay et al.. Ind. Eng. Chem. 1950, 42, 2103
8 D. Vorlander and R. Walten. Z. Physik. Chem. Leipzig. 1952, 118: 1
9 A. K. Doolittle. The Technology of Solvents and Plasticizers. Wiley. 1954. 578
10 A. K. Doolittle. Ind. Eng. Chem. 1935, 27: 1169
11 Sadtler Standard IR Prism Spectra. No. 8012
12 IRDC カード. No. 10529
13 J. G. Grasselli. Atlas of Spectral Data and Physical Constants for Organic Compounds. CRC Press. 1973. B-509
14 Synthetic Organic Chemcals. 12th ed.. Carbide & Carbon Chemicals Co. 1945
15 安全工学協会. 安全工学便覧. コロナ社. 1973. 194
16 C. Marsden. Solvents Guide. 2nd ed. Cleaver-Hume. 1963. 279
17 The Merck Index. **10**, 3745; **11**, 3756

605. 乙二醇羧酸酯类

ethylene glycol esters

(1) 制法 乙二醇羧酸酯类都是在酸催化剂存在下，乙二醇与有机酸、有机酸酐或有机酸的酰氯化物在加热下反应制备而得。

(2) 示性式或结构式 乙二醇一羧酸酯 $RCOOCH_2CH_2OH$

乙二醇二羧酸酯 $RCOOCH_2CH_2OOCR$

(3) 相对分子质量

羧酸名称	乙二醇一羧酸酯相对分子质量	乙二醇二羧酸酯相对分子质量	羧酸名称	乙二醇一羧酸酯相对分子质量	乙二醇二羧酸酯相对分子质量
甲酸(R=H)	90.08	118.09	十六酸($R=C_{15}H_{31}$)	300.48	539.34
丙酸($R=C_2H_5$)	118.13	174.64	十七酸($R=C_{16}H_{33}$)	314.51	567.40
丁酸($R=C_3H_7$)	132.07	202.70	硬脂酸($R=C_{17}H_{35}$)	328.54	595.46
十二酸($R=C_{11}H_{23}$)	244.37	427.12	油酸($R=C_{17}H_{33}$)	326.52	591.42
十四酸($R=C_{13}H_{27}$)	272.42	483.22			

(4) 物理性质

名　　称	沸点(101.3kPa)/℃	熔点/℃	相对密度	折　射　率
乙二醇一甲酸酯	119～180.5		1.1989(15℃/4℃)	
乙二醇一丁酸酯	220			
乙二醇一(十二酸)酯		27.5		
乙二醇一(十六酸)酯		47.5～51.5	0.8786(m.p./20℃)	1.4411(20℃)
乙二醇一(十七酸)酯		50.2～53.2		1.4440(m.p.)
乙二醇一硬脂酸酯		56～58.5	0.8780(m.p./20℃)	1.4310(20℃)
乙二醇一油酸酯	190～200(0.0066kPa)	1		1.4600(27℃)
乙二醇二甲酸酯	177	−10	1.2277(20℃/20℃)	1.3580(20℃)
乙二醇二丙酸酯	210.3		1.0484(25℃/25℃)	
乙二醇二丁酸酯	240		1.024(20℃/20℃)	
乙二醇二(十二酸)酯	188(2.67kPa)	49～54		
乙二醇二(十四酸)酯	208(2.67kPa)	63～64		
乙二醇二(十六酸)酯	226(2.67kPa)	65～72	0.8594(m.p./20℃)	1.4378(20℃)
乙二醇二(十七酸)酯		65.5～70.4	0.8605(m.p./20℃)	1.4392(20℃)
乙二醇二硬脂酸酯	241(2.67kPa)	73～79	0.8581(m.p./20℃)	1.4385(20℃)
乙二醇二油酸酯	183～185(0.40kPa)		0.90(25℃/25℃)	1.4492(70℃)

(5) 用途　在低级脂肪酸酯中，乙二醇甲酸酯可作溶剂使用。高级脂肪酸（C_{10}～C_{20}）的酯具有界面活性，可单独或与其他界面活性剂混合使用，用作乳化剂、稳定剂、分散剂、润湿剂、发泡剂、悬浮剂等。

参 考 文 献

1 M. H. Polomma. Chem. Zentr. 1913, 84: 11, 1956
2 A. Lourenco. Ann. Chem. Phys. 1963, 67: 267
3 Kirk-Othmer. Encyclopedia of Chemical Technology 1st ed. Vol. 7. Wiley. 248
4 G. O. Curme and F. Johnston. Glycols. Van Nostrand Reinhold. 1952. 129
5 J. G. Grasselli. Atlas of Spectral Data and Physical Constants for Organic Compounds CRC Press. 1973. B-510
6 A. Wurtz. Ann. Chim. Phys. 1859, 3: 55, 436

606. 二甘醇乙酸酯

diethylene glycol acetate

一、二甘醇一乙酸酯

diethylene glycol monoacetate

(1) 分子式　$C_6H_{12}O_4$。　　　　相对分子质量　148.10。

(2) 示性式或结构式　$CH_3COOC_2H_4OC_2H_4OH$

(3) 溶解性能　能与水和多种有机溶剂混溶，但不溶于脂肪族烃。能溶解松香，不能溶解甘油三松香酸酯、虫胶和玷[王巴]树脂。

(4) 用途　用作硝酸纤维素与醋酸纤维素的溶剂。

(5) 使用注意事项　易燃，使用时注意远离火源。

二、二甘醇二乙酸酯

diethylene glycol diacetate

(1) 分子式　$C_8H_{14}O_5$。　　　　相对分子质量　190.20。

(2) 示性式或结构式　$CH_3COOC_2H_4OC_2H_4OOCCH_3$。

(3) 物理性质

沸点(101.3kPa)/℃	250	蒸气压(20℃)/kPa	0.0027
熔点/℃	19.1	蒸气相对密度(空气=1)	6.56
相对密度(20℃/20℃)	1.1159	闪点/℃	124

参 考 文 献

1 CAS 628-68-2

2 EINECS 211-049-4

3 N. I. Sax. Dangerous Properties of Industrial Materials. Reinhold. 1957. 586

607. 甘油一乙酸酯

glycerol monoacetate [monoacetin, acetin, monacetin]

(1) 分子式　$C_5H_{10}O_4$。　　　　相对分子质量　134.13。

(2) 示性式或结构式　$CH_3COOC_3H_5(OH)_2$

(3) 外观　无色有黏性的液体，易吸湿。

(4) 物理性质

沸点(2.27kPa)/℃	158	表面张力(20℃)/(mN/m)	41.27
熔点/℃	−30	闪点/℃	134
相对密度(20℃/4℃)	1.206	燃点/℃	164
折射率(25℃)	1.4481	蒸发热/(kJ/kg)	544.2
黏度(20℃)/mPa·s	66.8	蒸气压(120℃)/kPa	0.2666

(5) 溶解性能　能与水、醇、氯代烃混溶，醚和苯中部分溶解，不溶于石油醚。

(6) 用途　用作醋酸纤维素涂料，碱性染料等的溶剂。在皮革鞣制和炸药制造时也作溶剂使用。

(7) 使用注意事项　毒性低，对皮肤有刺激。在体内能水解。大鼠皮下注射 LD_{50} 为 5.5mL/kg，小鼠皮下注射 LD_{50} 为 3.5mL/kg。

参 考 文 献

1 CAS 26446-35-5

2 EINECS 247-704-6

3 The Marck Index. 7th ed. 1960, 688

4 A. K. Doolittle. The Technology of Solvents and Plasticizers. Wiley. 1954. 948

5 桑田　勉. 溶剂. 丸善. 1957. 346

6 International Critical Tables. Ⅳ-452

7 Landolt-Börnstein 6th ed. Vol. Ⅱ-6, Springer. 115

8 蒸気圧線図. 化学工業社. 1961. 161

9 J. G. Grasselli. Atlas of Spectral Data and Physical Constants for Organic Compounds. CRC Press. 1973. B-566

608. 甘油二乙酸酯

glycerol diacetate [diacetin]

(1) 分子式　$C_7H_{12}O_5$。　　　　相对分子质量　176.17。

(2) 示性式或结构式　$CH_3COOCH_2CH(OH)CH_2OOCCH_3$

(3) 外观　无色液体，有吸湿性。

(4) 物理性质

沸点(5.33kPa,α,α′-)/℃	172～174	折射率(20℃,α,α′-)	1.4395
(5.33kPa,α,β-)/℃	172～173.5	偶极矩(25℃,二噁烷,α,α′-)/(10^{-30}C·m)	9.67
熔点/℃	−30	黏度(25℃)/mPa·s	35.7
相对密度(15℃/4℃,α,α′-)	1.179	闪点/℃	146
(15℃/4℃,α,β-)	1.1173		

(5) 精制方法　用无水硫酸钠干燥后减压精馏。

(6) 溶解性能　能与水、醇、酯等混溶，部分溶于醚类。不溶于苯、脂肪族烃和二硫化碳。对油脂和多种树脂溶解能力小。能溶解纤维素酯、虫胶以及聚乙酸乙烯酯和纤维素醚。

(7) 用途　用作增塑剂、软化剂以及碱性染料的溶剂和纤维素酯的溶剂。

(8) 使用注意事项　毒性低，对皮肤、黏膜和结膜有刺激作用。在体内能水解。大鼠皮下注射 LD_{50} 4mL/kg，小鼠皮下注射 LD_{50} 为 2.5mL/kg。

参 考 文 献

1 CAS 25395-31-7
2 EINECS 246-941-2
3 The Merck Index 8th ed. 336
4 A. K. Doolittle. the Technology of Solvents and Plasticizers. Wiley. 1954. 984
5 A. V. Komandin and V. Ya. Rosolovskiy. Zh. Fiz. Khim. 1954. 22：2215
6 J. G. Grasselli. Atlas of Spectral Data and Physical Constants for Organic Compounds CRC Press. 1973. B-556
7 R. Stenhagen et al. Atlas of Mass Spectral Data. Vol. 2，Wiley. 1969. 1192

609. 甘油三乙酸酯

glycerol triacetate [triacetin，glyceryl triacetin]

(1) 分子式　$C_9H_{14}O_6$。　　相对分子质量　218.20。

(2) 示性式或结构式　$C_3H_5(OOCCH_3)_3$

(3) 外观　无色无臭的黏稠状液体。

(4) 物理性质

沸点(5.33kPa)/℃	172	表面张力(21℃,N_2)/(mN/m)	35.6±2
熔点/℃	−78	闪点(闭口)/℃	138
相对密度(25℃/4℃)	1.1562	闪点(开口)/℃	146
折射率(20℃)	1.4307	燃点/℃	433
介电常数(21℃)	6.0±1	蒸发热(25℃)/(kJ/mol)	82.1±0.21
偶极矩(苯)/(10^{-30}C·m)	8.61	蒸气压(60℃)/kPa	0.00666
黏度(25℃)/mPa·s	16.1	蒸气相对密度(空气=1)	7.52

(5) 溶解性能　溶于醇、醚、苯、氯仿和蓖麻油，但不溶于亚麻仁油。能溶解硝酸纤维素、醋酸纤维素、丙烯酸树脂、聚乙酸乙烯酯等。对天然松香也有一定程度的溶解，但不与聚氯乙烯、聚苯乙烯、氯化橡胶混溶。

(6) 用途　用作赛璐珞、照相软片、防腐剂等的溶剂。还用作增塑剂、香料固定剂。

(7) 使用注意事项　毒性低，在体内能水解。大鼠经口 LD_{50} 为 6.4～12.8g/kg。小鼠经口 LD_{50} 为 3.2～6.4g/kg。大鼠皮下注射 LD_{50} 为 3.25g/kg。

参 考 文 献

1 CAS 102-76-1

2 EINECS 203-051-9
3 The Merck Index 8th ed. 1064
4 International Critical Tables. Ⅵ-94
5 Beilstein. Handbuch der Organischen Chemie. E Ⅲ，2-333
6 A. K. Doolittle. The Technology of Solvents and Plasticizers. Wiley. 1954. 986
7 F. M. Jaeger. Z. Anorg. Allgem. Chem. 1917，101：1
8 A. L. Woodman and A. Adicoff. J. Chem. Eng. Data. 1963，8：241
9 IRDC カード. No. 11013
10 J. G. Grasselli. Atlas of Spectral Data and Physical Constants for Organic Conpounds. CRC Press. 1973. B-558
11 L. Scheflan and M. Jocobs，Handbook of Solvents. Van Nostrand Reinhold. 1955. 652
12 The Merck Index. **10**，9407；**11**，9504

610. 柠檬酸三丁酯

tributyl citrate [*n*-butyl citrate]

(1) 分子式　$C_{18}H_{32}O_7$。　　相对分子质量　360.44。

(2) 示性式或结构式

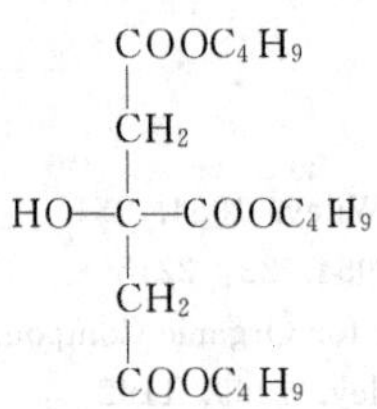

(3) 外观　无色至黄色无味的液体。

(4) 物理性质

沸点(0.67kPa)/℃	225	折射率(25℃)	1.4431
(0.13kPa)/℃	169～170	闪点(开口)/℃	182
熔点/℃	－20	燃点/℃	368
相对密度(25℃/25℃)	1.042	溶解度(25℃,水)/%	<0.002

(5) 化学性质　具有一般酯的化学性质，但较稳定，150℃加热 1 小时只有 0.1%的柠檬酸游离出来。在苛性碱存在下能发生水解。

(6) 精制方法　含有游离的酸和醇等杂质。精制时用无水碳酸钾或硫酸钠干燥后减压精馏。

(7) 溶解性能　微溶于水，能与醇、醚、苯、石油醚等多种有机溶剂混溶。能溶解达玛树脂、乙酰醋酸纤维素、硝酸纤维素、乙基纤维素、甘油三松香酸酯、聚苯乙烯、聚乙酸乙烯酯、聚氯乙烯、氯乙烯-乙酸乙烯酯共聚物等。

(8) 用途　用作硝酸纤维素及醋酸纤维素涂料的增塑剂，能增加涂膜的耐油性能，附着力好。还用作蛋白质溶液的消泡剂、防锈剂等。

(9) 使用注意事项　柠檬酸三丁酯为可燃性液体，贮存和使用时注意火源。毒性低，用含5%的柠檬酸三丁酯的饲料喂养大鼠 6 周，对生长无影响。大鼠经口 LD_{50} >30mL/kg，猫经口 LD_{50} >50mL/kg。

参 考 文 献

1 CAS 77-94-1
2 EINECS 201-071-2
3 Kirk-Othmer. Encyclopedia of Chemical Technology. 1st ed. Vol. 5. Wiley. 832
4 Kirk-Othmer. Encyclopedia of Chemical Technology. 1st ed. Vol. 4. Wiley. 21
5 安全工学协会. 安全工学便覧. コロナ社. 1973. 194

611. 甘油一丁酸酯

glycerol monobutyrate [monobutyrin]

(1) 分子式　$C_7H_{14}O_4$。　　　　相对分子质量　162.18。

(2) 示性式或结构式　$C_3H_7COOC_3H_5(OH)_2$

(3) 外观　稍带黏稠状的无色液体。

(4) 物理性质

沸点(0.53kPa)/℃	139～140	表面张力(20℃,空气)/(mN/m)	35.29
熔点/℃	−70	蒸发热/(kJ/kg)	497.1
相对密度(20℃/4℃)	1.1344	溶解度(30℃,水)/%	0.750
折射率(24℃)	1.4500	蒸气压(150℃)/kPa	0.93

(5) 精制方法　无水硫酸钠干燥后减压蒸馏。

(6) 溶解性能　和甘油一乙酸酯相似。

(7) 用途　和甘油一乙酸酯相同。且具有杀虫作用。

参　考　文　献

1　CAS 557-25-5

2　EINECS 209-165-5

3　Beilstein. Handbuch der Organischem Chemie. E Ⅲ. 2-609

4　别册化学工業. 5 卷. 1961. 1：156

5　J. G. Grasselli. Atlas of Spectral Data and Physical Constants for Organic Compounds. CRC Press. 1973. B-566

612. 碳酸二甲酯

dimethyl carbonate

(1) 分子式　$C_3H_6O_3$。　　　　相对分子质量　90.08。

(2) 示性式或结构式

$$CH_3O\overset{\overset{\displaystyle O}{\|}}{C}OCH_3$$

(3) 外观　无色透明液体，有刺激性气味。

(4) 物理性质

沸点(101.3kPa)/℃	90.2	蒸气压(20℃)/kPa	6.27
熔点/℃	2～4	黏度(20℃)/mPa·s	0.664
相对密度(20℃/4℃)	1.073	闪点(开口)/℃	21.7
折射率(20℃)	1.3697	(闭口)/℃	16.7

(5) 溶解性能　能与乙醇、乙醚混溶，不溶于水。

(6) 用途　溶剂、聚碳酸酯及农药除草剂的原料。

(7) 使用注意事项　碳酸二甲酯的危险特性属第 3.2 类中闪点易燃液体。危险货物编号：32157，UN 编号：1161。吸入、口服或经皮肤吸收对身体有害，对皮肤有刺激性。易燃，遇明火、高热易燃烧。大鼠经口 LD_{50} 为 6.4～12.8g/kg。

(8) 规格　YS/T　672—2008　碳酸二甲酯

项　　目		高纯级(电池级)	优级品	一级品
外观		无色透明刺激性芳香气味液体，无可见杂质		
碳酸二丁酯/%	≥	99.9	99.8	99.5

续表

项　　目	高纯级(电池级)	优级品	一级品
水分/% ⩽	0.0020	0.020	0.10
甲醇/% ⩽	0.0020	0.050	0.20
色度(Pt-Co) ⩽	5	5	10
酸度(以碳酸计)/(mmol/100g) ⩽	0.025	0.025	0.025
密度(25℃)/(g/cm³)	1.071±0.005		

参　考　文　献

1 CAS 616-38-6
2 EINECS 210-478-4
3 Beilstein. Handbuch der Organischen Chemie. H, 3-4; E Ⅳ, 3-3
4 The Merck Index. **10**, 5914; **11**, 5960

613. 碳酸二乙酯

diethyl carbonate [ethyl carbonate]

(1) 分子式 $C_5H_{10}O_3$。　　　　**相对分子质量** 118.13。

(2) 示性式或结构式 $C_2H_5O—\underset{\underset{O}{\|}}{C}—OC_2H_5$

(3) 外观 无色液体，微带醚气味。

(4) 物理性质

沸点(101.3kPa)/℃	126.8	表面张力(20℃)/(mN/m)	26.44
熔点/℃	−43.0	(30℃)/(mN/m)	25.47
相对密度(15℃/4℃)	0.98043	闪点(闭口)/℃	25
(25℃/4℃)	0.96926	(开口)/℃	46
(30℃/4℃)	0.96393	蒸发热(29.53℃)/(kJ/mol)	40.2
折射率(15℃)	1.38654	(b.p.)/(kJ/mol)	36.17
(25℃)	1.38287	燃烧热(25℃)/(kJ/mol)	2700.5
介电常数(20℃)	2.820	比热容(15～30℃,定压)/[kJ/(kg·K)]	1.79
偶极矩(25℃,苯)/(10^{-30}C·m)	3.0	沸点上升常数	0.042
黏度(15℃)/mPa·s	0.868	蒸气压(23.8℃)/kPa	1.33
(25℃)/mPa·s	0.748	体膨胀系数/K^{-1}	0.00119
电导率(25℃)/(S/m)	9.1×10^{-10}		

(5) 化学性质 碳酸二乙酯在室温下与钠作用，逐渐分解成二氧化碳和乙醇钠，若加热到110℃，则分解反应加速。在钠粉存在下于沸腾的醚中用丙酮处理和乙酸分解，生成乙酰乙酸酯。在钠粉存在下于沸腾的苯中用乙酸乙酯处理，用稀乙酸分解，生成少量的丙二酸二乙酯和乙酰乙酸酯。碳酸二乙酯在金属醇化物存在下，能与酮及有机酸酯发生缩合反应。碳酸二乙酯也具有一般酯的通性。

(6) 精制方法 碳酸二乙酯常含有水、酸和碳酸一酯等杂质。精制时用碳酸钠或碳酸氢钠水溶液洗涤，水洗后用生石灰或氯化钙干燥、蒸馏。

(7) 溶解性能 不溶于水，能与醇、酮、酯、芳香烃等混溶。能溶解多种天然的和合成的树脂、硝酸纤维素、纤维素醚等。与丙酮、酯、醇等混合使用时，其溶解能力增大。

(8) 用途 用作硝酸纤维素、纤维素醚、多种天然及合成树脂的溶剂。还用于真空管用的特殊漆的制备。此外，碳酸二乙酯还是有机合成的重要试剂和反应载体。

(9) 使用注意事项 危险特性属第3.3类高闪点易燃液体。危险货物编号：33608，UN编号：2366。碳酸二乙酯易燃，应远离火源，置阴凉处贮存。着火时用泡沫灭火器、二氧化碳、四氯化碳或干式化学灭火剂灭火。对金属无腐蚀性，可用铁、软钢、铜或铝制容器贮存。刺激性比碳酸二甲酯大，碳酸二乙酯对人体组织有刺激性，与高浓度的蒸气接触时，需对眼、皮肤、黏膜加以保护。

(10) 附表

表 2-8-70　碳酸二乙酯的蒸气压

温　度/℃	蒸气压/kPa	温　度/℃	蒸气压/kPa
−10.1	0.13	57.9	8.00
12.3	0.67	86.5	26.66
23.8	1.33	105.8	53.33
36.0	2.67	125.8	101.33

表 2-8-71　含碳酸二乙酯的二元共沸混合物

第　二　组　分	共沸点/℃	碳酸二乙酯/%	第　二　组　分	共沸点/℃	碳酸二乙酯/%
水	91	70	丁醇	116.4	39
四氯乙烯	118.55	26	异戊醇	124.8	73.5
吡咯	131.0	51	亚异丙基丙酮	125.8	10
碘丁烷	124.5	70	2-己酮	125.4	70
异丁基碘	118.2	20	乙苯	124.0	77

(11) 附图

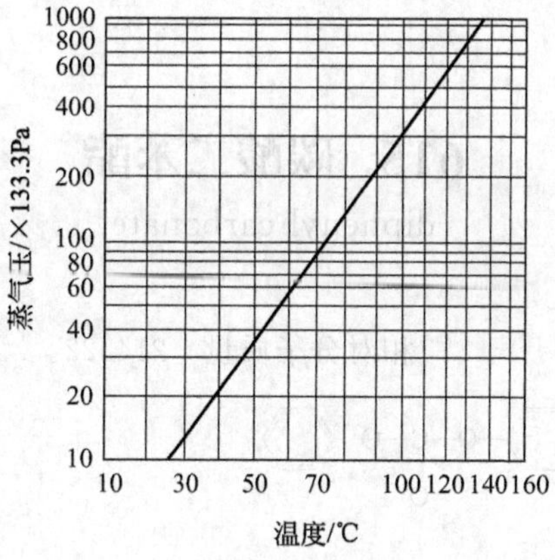

图 2-8-30　碳酸二乙酯的蒸气压

参　考　文　献

1　CAS 105-58-8
2　EINECS 203-311-1
3　A. Weissberger. Organic Solvents. 3rd ed. Wiley. 1971. 313
4　I. Mellan，Industrial Solvents，2nd ed. Van Nostrial Reinhold. 1950. 729
5　H. L. McMurry. J. Chem. Phys.. 1941，9：231
6　R. B. Barnes et al.. Ind. Eng. Chem. Anal. Ed. 1943，15：694
7　C. J. Pouchert. The Aldrich Library of Infrared Spectra. Aldrich Chemical Co. 1970. 280D
8　K. W. F. Kohlrausch and A. Pongratz. Chem. Ber. 1933，66：1365
9　Kirk-Othmer. Encyclopedia of Chemcal Technology. 2nd ed. Vol. 4. Wiley. 390
10　有機合成化学協会. 溶剤ポケットブック. オーム社. 1977. 737
11　C. Marsden. Solvents Guide. 2nd ed. Cleaver-Hume. 1963. 199
12　The Merck Index. **10**，3727；**11**，3738

614. 碳酸二丙酯

dipropyl carbonate

（1）分子式　$C_7H_{14}O_3$。　　　　相对分子质量　146.19。

（2）示性式或结构式　$(CH_3CH_2CH_2O)_2CO$

（3）外观　无色液体。

（4）物理性质

沸点(101.3kPa)/℃	165.5～166.6
相对密度(20℃/4℃)	0.944
折射率(20℃)	1.4022
闪点(闭口)/℃	64

（5）溶解性能　能与水、乙酯混溶。

（6）用途　溶剂。

（7）使用注意事项　碳酸二丙酯的危险特性属第3.3类高闪点易燃液体。危险货物编号：33608。吸入、口服或经皮肤吸收对身体有害。蒸气对眼睛、黏膜、呼吸道及皮肤有刺激性。易燃，遇明火、高热有引起燃烧危险。

参考文献

1 CAS 623-96-1

2 EINECS 210-822-3

615. 碳酸二苯酯

diphenyl carbonate

（1）分子式　$C_{13}H_{10}O_3$。　　　　相对分子质量　214.22。

（2）示性式或结构式

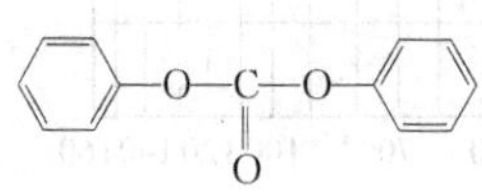

（3）外观　白色针状结晶。

（4）物理性质

沸点(101.3kPa)/℃	302
熔点/℃	78
相对密度(87℃/4℃)	1.1215
折射率(20℃)	1.1550

（5）化学性质　能起卤化、硝化、水解、氨解等反应。

（6）用途　硝酸纤维素的增塑剂和溶剂。

（7）使用注意事项　参照碳酸二乙酯。低毒，易引起皮肤过敏。

参考文献

1 CAS 102-09-0

2 EINECS 203-005-8

3 Beilstein. Handbuch der Organischen Chemie. H，6-158；E Ⅳ，6-629

4 The Merck Index. **10**，7160；**11**，7250；**12**，7433

616. 乙二醇碳酸酯

glycol carbonate [ethylene carbonate, 1,3-dioxolan-2-one]

(1) 分子式　$C_3H_4O_3$。　　　　相对分子质量　88.06。

(2) 示性式或结构式

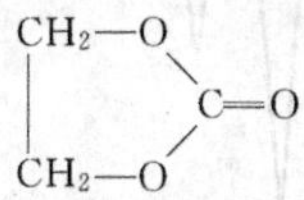

(3) 外观　常温下为无色无臭的针状或片状晶体。

(4) 物理性质

沸点(101.3kPa)/℃	238	蒸发热/(kJ/mol)	50.2
熔点/℃	36.4	熔化热/(kJ/mol)	10.05
相对密度(25℃/4℃)	1.3208	燃烧热/(kJ/mol)	834.0
折射率(40℃)	1.4199	比热容(100℃,定压)/[kJ/(kg·K)]	1.93
(50℃)	1.4158	沸点上升常数	0.043
介电常数(40℃)	89.6	电导率/(S/m)	$<1\times10^{-7}$
偶极矩(苯,25℃)/(10^{-30}C·m)	16.24	蒸气压(36.4℃)/kPa	0.0027
黏度(40℃)/mPa·s	1.92	MS m/e: M^+(88), CH_3CHO^+(44),	
(60℃)/mPa·s	1.42	CH_3CO^+(43), CHO^+(29)	
闪点/℃	160	NMR $\tau 5.80\times10^{-6}$(CCl_4 5%溶液,TMS基准)	

(5) 化学性质　比较稳定，碱能加速其水解，酸对水解则无促进作用。在金属氧化物、硅胶、活性炭存在下，200℃发生分解，生成二氧化碳和环氧乙烷。与酚、羧酸、胺反应时，分别生成β-羟乙基醚、β-羟乙基酯和β-羟乙基氨基甲酸乙酯：

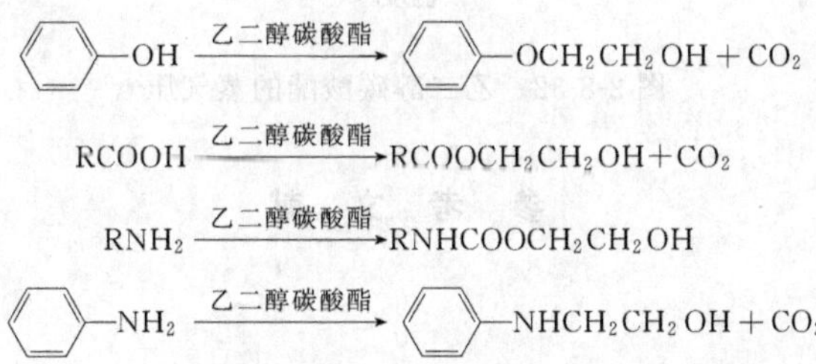

与碱一同煮沸生成碳酸盐。乙二醇碳酸酯用碱作催化剂高温加热生成聚环氧乙烷。在甲醇钠作用下生成碳酸一甲酯钠。将乙二醇碳酸酯溶于浓的氢溴酸，在封管中100℃加热数小时，分解成二氧化碳和溴代乙烯。

(6) 精制方法　减压精馏，馏出物溶于醚中，冷却、结晶、过滤，再用无水醚进行重结晶可得纯品。

(7) 溶解性能　能与热水（40℃）、醇、苯、氯仿、乙酸乙酯、乙酸等混溶。在干燥的醚、二硫化碳、四氯化碳、石油醚等中难溶。对多种高分子化合物如锦纶、聚酯纤维、丙烯腈等有很强的溶解能力。乙二醇碳酸酯对无机物表现出异常的溶解能力，例如能溶解氯化铁、氯化汞和重金属的氯化物等无机盐。

(8) 用途　用作锦纶、聚酯、聚丙烯腈等的溶剂，塑料和橡胶的发泡剂，合成润滑油的稳定剂以及制备药物、碳酸酯、缩水甘油等的原料。还用于从非芳香烃的混合物中选择性地萃取芳香烃。

(9) 使用注意事项　乙二醇碳酸酯是可燃性液体，应注意火源。对铜、软钢、不锈钢或铝没有腐蚀性，可以用这些材料制的容器贮存。动物试验证明毒性低，对皮肤和眼有刺激作用。兔经口 LD_{50} 为10.4g/kg。大鼠吸入浓蒸气8小时无死亡。

(10) 附图

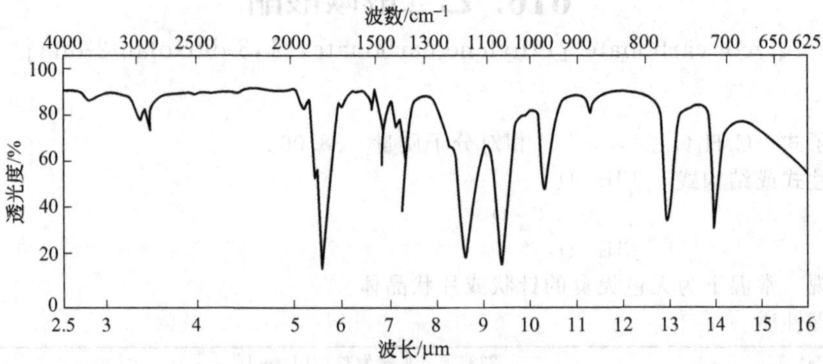

图 2-8-31　乙二醇碳酸酯的红外光谱

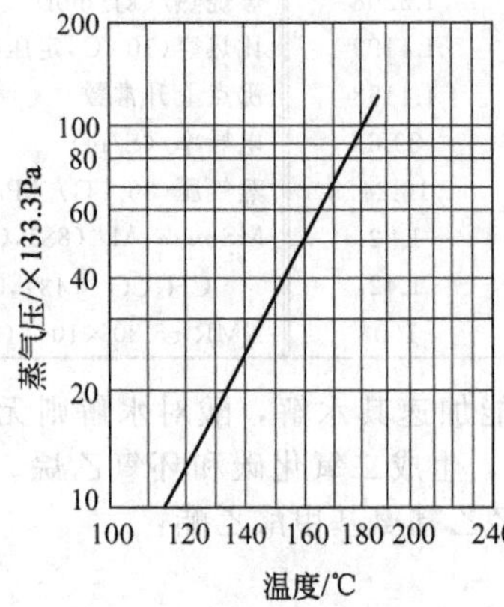

图 2-8-32　乙二醇碳酸酯的蒸气压

参 考 文 献

1　CAS 96-49-1

2　EINECS 202-510-0

3　A. Weissberger. Organic Solvents. 3rd ed. Wiley. 1971. 312，757

4　G. Hechler. Chem. Ing. Tech. 1971，43. 903

5　G. J. Pouchert. The Aldrich Library of Infrared Spectra. Aldrich Chemical Co. 1970. No. 280E

6　H. Budzikiewicz et al. Mass Spectrometry of Organic Compounds.，Holden Day. 1967. 491

7　F. A. Bovey. NMR Data Tables for Organic Compounds. Vol. 1. Wiley. 1967. 38

617. 1,2-丙二醇碳酸酯

1,2-propylene carbonate

(1) 分子式　$C_4H_6O_3$。　　相对分子质量　102.09。

(2) 示性式或结构式

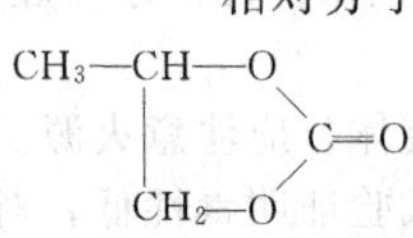

(3) 外观　无色无臭液体。

(4) 物理性质

沸点(101.3kPa)/℃	242	黏度(40℃)/mPa·s	1.38
熔点/℃	−48.8	(60℃)/mPa·s	1.00
相对密度(20℃/20℃)	1.2069	蒸发热(150℃)/(kJ/mol)	55.27
折射率(20℃)	1.4189	比热容(50℃,定压)/[kJ/(kg·K)]	1.80
介电常数(23℃)	69.0	电导率/(S/m)	(1～2)×10^{-8}

(5) 化学性质　200℃以上部分发生分解，微量的酸或碱能促进分解。丙二醇碳酸酯在酸特别是在碱的存在下，室温也能迅速发生水解。其他性质和乙二醇碳酸酯相似。

(6) 精制方法　主要杂质为水、二氧化碳、1,2-丙二醇、烯丙醇和氧化丙烯等。一般用减压蒸馏法精制。但作高能电池的溶剂使用时，杂质有显著的影响。可将其用分子筛干燥一夜，再通过一个干燥的分子筛柱，在减压下分馏两次，收集中间馏出的 2/3 部分，此法可使杂质含量降至标准要求以下。

(7) 溶解性能　溶于水、醇、醚　苯、四氯化碳、乙酸乙酯、氯仿、丙酮等溶剂中。能选择性地从气体混合物中溶解二氧化碳。

(8) 用途　用作合成纤维和其他聚合物溶剂，也用作萃取剂和增塑剂等。丙二醇碳酸酯还被用作高介电常数的电化学溶液。特别是丙二醇碳酸酯的金属盐溶液，作为非质子电解质用于输出高电压电池的研究，此外，还用于从气体混合物中分离二氧化碳及用于有机合成。由于丙二醇碳酸酯能稳定地溶解自由基，因此，被有效地用作 ESR（电子自旋共振）用的溶剂。液相色谱溶剂。

(9) 使用注意事项　丙二醇碳酸酯为易燃液体。动物试验证明服用或皮肤吸收均无毒性。对眼和呼吸系统的黏膜有中等程度的刺激，但无危险。大鼠经口 LD_{50} 为 29g/kg。大鼠吸入浓蒸气 8 小时无死亡。

参 考 文 献

1　CAS 108-32-7
2　EINECS 203-572-1
3　R. C. Weast. Handbook of Chemistry and Physics. 54th ed. CRC Press. 1973～1974. C-272
4　W. J. Peppel. Ind. Eng. Chem. 1958，50：768
5　G. Hechler. Chem. Ing. Tech. 1971，43：903
6　T. Fujinaga and K. Izutsu. Pure Appl. Chem. 1971，27：273
7　C. J. Pouchert. The Aldrich Library of Infrared Spectra. Aldrich Chemical Co. 1970. 280 G
8　P. Brown and C. Djerassi. Tetrahedron. 1968，24：2949
9　H. Finegold. J. Phys. Chem. 1968，72：3244
10　孙毓庆，胡育筑主编. 液相色谱溶剂系统的选择与优化. 北京：化学工业出版社，2008

618. 硼酸三甲酯

trimethyl borate

(1) 分子式　$C_3H_9BO_3$。　　　　相对分子质量　103.91。

(2) 示性式或结构式

$$\begin{array}{c} OCH_3 \\ | \\ CH_3O—B—OCH_3 \end{array}$$

(3) 外观　无色液体。

(4) 物理性质

沸点(101.3kPa)/℃	67～68	折射率(25℃)	1.3548
熔点/℃	−34	闪点/℃	29
相对密度(20℃/4℃)	0.915		

(5) 化学性质　遇水分解为甲醇和硼酸。

(6) 溶解性能　溶于四氢呋喃、乙醚、甲醇等有机溶剂。

(7) 用途　石蜡、树脂和石油的溶剂。

(8) 使用注意事项　硼酸三甲酯的危险特性属第 3.2 类中闪点易燃液体。危险货物编号：32156，UN 编号：2416。易燃。对眼睛、呼吸系统有刺激性，与皮肤接触有害。

参 考 文 献

1 CAS 121-43-7

2 EINECS 204-468-9

3 The Merck Index. **12**, 9842

4 Beil., **1**, 287

619. 硼酸三乙酯

triethyl borate

(1) 分子式　$C_6H_{15}O_3B$。　　相对分子质量　146.00。

(2) 示性式或结构式

$$C_2H_5O\text{—}\underset{}{\overset{OC_2H_5}{\overset{|}{B}}}\text{—}OC_2H_5$$

(3) 外观　无色液体。易吸潮。

(4) 物理性质

沸点(101.3kPa)/℃	120
相对密度(20℃/4℃)	0.8546
折射率(20℃)	1.3749

(5) 溶解性能　能与乙醇、乙醚混溶，遇水分解。

(6) 用途　增塑剂和焊接助溶剂，有机合成原料。

(7) 使用注意事项　危险特性属第 3.2 类中闪点易燃液体。危险货物编号：32156，UN 编号：1176。易燃，遇明火、高热能引起燃烧。

参 考 文 献

1 CAS 150-46-9

2 EINECS 205-760-9

3 Beil., **1**, 335

620. 硼酸三丁酯

tributyl borate

(1) 分子式　$C_{12}H_{27}O_3B$。　　相对分子质量　230.16。

(2) 示性式或结构式

$$CH_3(CH_2)_2CH_2O\text{—}\overset{OCH_2(CH_2)_2CH_3}{\overset{|}{B}}\text{—}OCH_2(CH_2)_2CH_3$$

(3) 外观　无色液体，易吸湿。

(4) 物理性质

沸点(101.3kPa)/℃	233.5	偶极矩(25℃)/(10^{-30}C·m)	2.57
相对密度(20℃/4℃)	0.8583	黏度(20℃)/mPa·s	1.20
折射率(20℃)	1.4096	表面张力(20℃)/(mN/m)	24.45

续表

蒸发热(25℃)/(kJ/mol)	52.79	临界压力/MPa	19.9
生成热/(kJ/mol)	−1192.0	沸点上升常数	0.051
燃烧热/(kJ/mol)	8060.4	蒸气压(103.8℃)/kPa	10
临界温度/℃	470.0		

(5) 化学性质　和硼酸三戊酯相同。

(6) 精制方法　主要含有因水解产生的硼酸和醇等杂质。用减压蒸馏法精制。

(7) 溶解性能　溶于苯及二噁烷。

(8) 用途　用作树脂、增塑剂、界面活性剂、杀菌剂等的溶剂。还用于制备半导体元件、有机硼化合物和高纯度的硼。

(9) 使用注意事项　硼酸三丁酯可燃，注意火源。易吸湿，遇水分解，应防潮，密封贮存。毒性不详。

参考文献

1 CAS 688-74-4
2 EINECS 211-706-5
3 P. M. Christopher and A. Schilman. J. Chem. Eng. Data. 1967，12：333
4 J. P. Laurent. Compt. Rend. 1961，252：3785
5 M. Aroney et al. J. Chem. Soc. 1961，4141
6 S. E. Haider et al. J. Appl. Chem. 1954，4：93
7 B. A. Arbuzov and V. S. Vinogradova. Compt. Rend. Acad. Sci.，URSS，1947. 55：411；Chem. Abstr. 1947. 41：7183
8 G. L. Galchenko et al. Vestn. Mosk. Univ. Ser. Ⅱ. Khim. 1965，20：3；Chem. Abstr. 1965，63：7703
9 P. M. Christopher. J. Chem. Eng. Data. 1960，5：568
10 R. L. Werner and K. G. O'Brien. Australian J. Chem. 1955，8：355

621. 硼酸三戊酯

tripentyl borate［amyl borate，tri-*n*-amyl borate］

(1) 分子式　$C_{15}H_{33}O_3B$。　　相对分子质量　272.24。

(2) 示性式或结构式

$$\begin{array}{c} OCH_2(CH_2)_3CH_3 \\ | \\ CH_3(CH_2)_3CH_2O{-}B{-}CH_2(CH_3)_3CH_3 \end{array}$$

(3) 外观　无色液体，易吸湿。

(4) 物理性质

沸点(101.3kPa)/℃	274.5～276.1	偶极矩(液)/(10^{-30}C·m)	2.83
相对密度(20℃/4℃)	0.8577	黏度(28℃)/mPa·s	2.88
折射率(20℃)	1.4204		

(5) 化学性质　硼酸三戊酯在水或稀酸作用下迅速发生水解。容易与醇结合生成络合物。所生成的络合物性质稳定，且与一般有机酸一样显酸性，其酸性比硼酸强。

$$B(OR)_3 + ROH \longrightarrow [B(OR)_4]H$$

(6) 精制方法　主要杂质是水解产生的硼酸和醇。用减压蒸馏法精制，收集 146～148℃ (16mmHg) 馏分。

(7) 溶解性能　溶于苯和二噁烷，能与大多数硝酸纤维素漆和稀释剂混合。

(8) 用途　用作树脂的溶剂，能增加纤维素涂膜对金属的黏结能力。还用作增塑剂、界面活性剂、杀菌剂等的溶剂。

(9) 使用注意事项　硼酸三戊酯能燃烧，注意火源。吸湿，遇水分解，应防潮密封贮存。

参 考 文 献

1 CAS 621-78-3
2 EINECS 210-706-2
3 A. Scatterrgood et al. J. Amer. Chem. Soc. 1945，67：2150
4 J. P. Laurent. Compt. Rend. 1961，252：3785
5 M. Aroney et al. J. Chem. Soc. 1961，4141
6 S. E. Haider et al. J. Appl. Chem. 1954，4：93
7 R. L. Werner and K. G. O'Brien. Australian J. Chem. 1955，8：355

622. 磷酸三甲酯

trimethyl phosphate

(1) 分子式　$C_3H_9O_4P$。　　　相对分子质量　140.08。

(2) 示性式或结构式

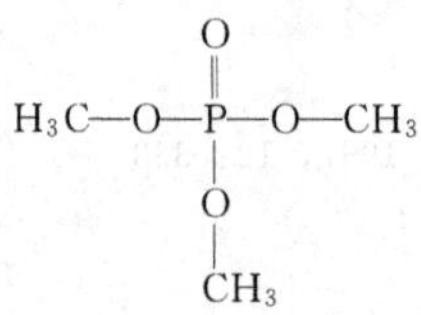

(3) 外观　无色液体。

(4) 物理性质

沸点(101.3kPa)/℃	193	相对密度(20℃/4℃)	1.2144
熔点/℃	−70	折射率(20℃)	1.3967

(5) 溶解性能　能与各种树脂、树胶、有机溶剂互溶，溶于水而分解。

(6) 用途　医药、农药用溶剂，萃取剂。

(7) 使用注意事项　不可燃，遇热分解产生氧化磷有毒烟雾。短期接触对中枢神经系统发生作用，长期接触导致虚弱、瘫痪。引起人类遗传损伤。大鼠经口 LD_{50} 为 1.65g/kg。

(8) 附表

表 2-8-72　磷酸三甲酯的蒸气压

温度/℃	蒸气压/kPa	温度/℃	蒸气压/kPa
26	0.13	110	8.0
53.7	0.67	124	13.3
67.8	1.33	145	26.66
83	2.66	167.8	53.33
100	5.33	192.7	101.3

参 考 文 献

1 CAS 512-56-1
2 EINECS 208-144-8
3 Beilstein. Handbuch der Organischen Chemie. H，1-286；E Ⅳ，1-1259

623. 磷酸三乙酯

triethyl phosphate [ethyl phosphate]

(1) 分子式　$C_6H_{15}O_4P$。　　　相对分子质量　182.16。

(2) 示性式或结构式

$$C_2H_5O—\overset{\overset{\displaystyle O}{\|}}{P}—OC_2H_5$$
$$|$$
$$OC_2H_5$$

(3) 外观　无色易流动液体，微带水果香味。

(4) 物理性质

沸点(101.3kPa)/℃	215～216	闪点(开口)/℃	117
相对密度(20℃/4℃)	1.06817	蒸发热/(kJ/mol)	57.36±4.9
折射率(25℃)	1.4948	生成热/(kJ/mol)	1248.5±5.0
偶极矩(20℃)/(10^{-30}C·m)	10.24	燃烧热/(kJ/mol)	4117.3±10.9
表面张力(18.3℃)/(mN/m)	30.22	溶解性(25℃,水)/%	100

(5) 化学性质　常温下稳定，加热时慢慢水解，生成磷酸二乙酯。于磷酸三乙酯中通入氯化氢时，生成氯代乙烷、磷酸一乙酯和磷酸二乙酯。与苯基溴化镁在醚-甲苯混合溶液中煮沸时，生成苯基膦酸二乙酯和二乙基膦酸。磷酸三乙酯与丁醇及少量的丁醇钠一同煮沸时，生成磷酸乙基二丁基酯、磷酸二乙基丁基酯、乙醚和乙基丁基醚等。将磷酸三乙酯与苯胺一同煮沸，再与稀氢氧化钠溶液充分煮沸，生成二乙基苯胺。与吗啉一起加热到157～159℃，生成4-乙基吗啉。

(6) 精制方法　一般用减压蒸馏精制。

(7) 溶解性能　溶解于水。能与醇、醚等多种有机溶剂混溶。不溶于石油醚。

(8) 用途　用作塑料的增塑剂和醋酸纤维素的溶剂，也可用作去漆剂及配制防火化合物，制造杀虫剂、聚酯以及乙烯酮等。

(9) 使用注意事项　磷酸三乙酯极难燃烧，在加热情况下能水解。对皮肤有轻度刺激。在相当高的剂量下产生一种麻醉现象和显著的肌肉松弛。体外试验对脑胆碱酯酶产生抑制。大鼠经口 LD_{50}＞0.8g/kg，小鼠经口 LD_{50} 约 1.5g/kg。

参 考 文 献

1 CAS 78-40-0
2 EINECS 201-114-5
3 A. E. Arubzov. Chem. Ber. 1903，38：1172
4 A. E. Arubzov and E. Ivanov. J. Russ. Phys. Chem. Soc. 1915，47：2015；Chem. Abstr. 1916，10：1342
5 A. J. Speziale and R. C. Freeman. J. Amer. Chem. Soc. 1960，82：903
6 W. Witold and G. Wojciech. Roczniki Chem. 1968，42：2183
7 I. D. Cox and G. Pilcher. Thermochemistry of Organometallic Compounds. Academic. 1970. 482
8 E. Bamann. et al. Chem. Ber. 1955，88：1729
9 A. Dodge and R. Keller. J. Phys. Chem. 1958，61：1448
10 C. B. Scott. J. Org. Chem. 1975，22：1118
11 E. Stenhagen et al. Atlas of Mass Spectral Data. Vol. 2. Wiley，1969. 1239
12 V. Mark et al. Topics Phosphorus Chem. 1967，5：227
13 Evans，Davies. Jones. J. Chem. Soc. 1930，1310
14 Simons. Handbook of Plastics
15 The Merck Index. **10**，9485；**12**，9806

624. 磷酸三丁酯

tributyl phosphate［TBP］

(1) 分子式　$C_{12}H_{27}O_4P$。　　　　相对分子质量　266.32。

(2) 示性式或结构式

$$C_4H_9O—\overset{\overset{\displaystyle O}{\|}}{P}—OC_4H_9$$
$$|$$
$$OC_4H_9$$

(3) 外观　无色几乎是无臭的液体。

(4) 物理性质

沸点(1.33kPa)/℃	154	闪点(开口)/℃	146
熔点/℃	71～75	蒸气密度(空气=1)	8.86
相对密度(20℃/4℃)	0.9766	蒸发热/(kJ/mol)	72.0±5.0
折射率(25℃)	1.4224	生成热/(kJ/mol)	1455.8±11.3
偶极矩(20℃)/(10^{-30}C・m)	7.77	燃烧热/(kJ/mol)	7979.6±11.3
表面张力(20℃)/(mN/m)	27.79		

(5) 化学性质　在室温下通入干燥的氯化氢，生成氯代丁烷。在三氟化硼存在下，与苯反应生成仲丁基苯和1,4-二仲丁基苯。用苯胺和稀氢氧化钠处理，生成二丁基苯胺。

(6) 精制方法　减压蒸馏精制。

(7) 溶解性能　难溶于水，165mL水能溶解1mL磷酸三丁酯。能与多种有机溶剂混溶。

(8) 用途　用作硝酸纤维素、醋酸纤维素、油墨的溶剂。也用作消泡剂、脱漆剂、铀的萃取剂、热交换介质、增塑剂等。

(9) 使用注意事项　对皮肤和呼吸道有强刺激作用，具有全身致毒作用。大剂量经口或腹腔会引起衰竭、肺水肿、抽搐。对中枢神经系统有兴奋作用。对人血、血浆中胆碱酯酶有轻度抑制作用。工作场所最高容许浓度5mg/m^3。大鼠经口LD_{50}约8.0mL。

(10) 规格　GB/T 15354—2011　试剂用磷酸三丁酯

项　　目		指　　标	
		分析纯	化学纯
含量[$(C_4H_9O_3)PO$]/%	≥	98.5	97.0
密度(20℃)/(g/mL)		0.974～0.980	0.974～0.980
酸度(以H^+计)/(mmol/100g)	≤	0.2	1.0
水分(H_2O)/%	≤	0.1	0.3

参　考　文　献

1　CAS 126-73-8
2　EINECS 204-800-2
3　A. E. Arubzov. Chem. Ber. 1903，38：1172
4　G. M. Kosolapoff and L. Maier. Organic Phosphorus Compound. Vol. 6. Wiley. 1973. 2111
5　Arbusow. Chem. Abstr. 1948，42：3312
6　W. Witold and G. Wojciech. Roczniki Chem. 1968，42：2183
7　I. D. Cox and G. Pilcher. Thermochemistry of Organometallic Compounds. Academic. 1970. 482
8　有機合成化学協会. 溶剤ポケットブック. ネーム社. 1977. 734
9　The Merck Index. 7th ed. 1058
10　L. C. Thomas. Spectrochim. Acta. 1964，20：467
11　United State Federal Register. Vol. 36. 1970，105
12　The Merck Index. **10**，9431；**11**，9531
13　张海峰主编. 危险化学品安全技术大典：第1卷：北京：中国石化出版社，2010

625. 磷酸三（2-乙基己基）酯

tri-（2-ethyl hexyl）phosphate

(1) 分子式　$C_{24}H_{51}O_4P$。　　　相对分子质量　434.65。

(2) 示性式或结构式

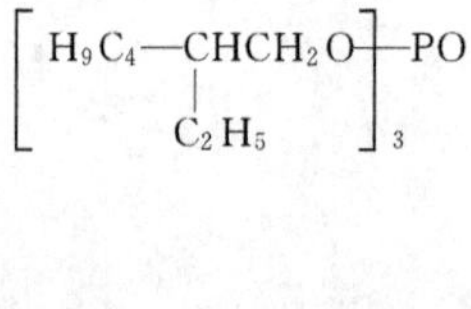

(3) 外观　无色或浅黄色透明液体。

(4) 物理性质

沸点(0.533kPa)/℃	216	相对密度(20℃/4℃)	0.924
(0.665kPa)/℃	220	折射率(20℃)	1.443
熔点/℃	−74	闪点/℃	216

(5) 溶解性能　与乙醇、乙醚、丙酮、苯混溶。

(6) 用途　溶剂、增塑剂、气相色谱固定液，农药合成。

(7) 使用注意事项　吸入有毒，对眼睛、呼吸系统、皮肤有刺激性。

参 考 文 献

1 CAS 78-42-2

2 EINECS 201-116-6

3 Beil., **1** (3), 1734

4 张海峰主编. 危险化学品安全技术大典：第 1 卷：北京：中国石化出版社，2010

626. 磷酸三苯酯

triphenyl phosphate

[phosphoric acid triphenyl ester]

(1) 分子式　$C_{18}H_{15}O_4P$。　　相对分子质量　326.28。

(2) 示性式或结构式

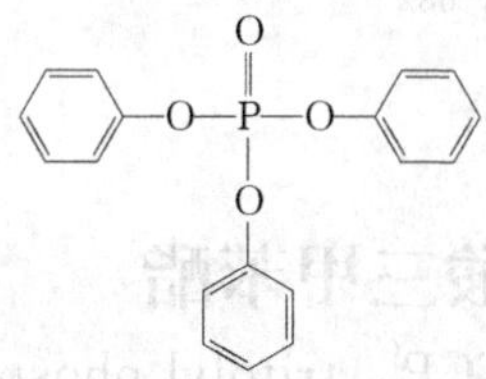

(3) 外观　白色无臭晶体。

(4) 物理性质

沸点(1.47kPa)/℃	245	黏度(50℃)/mPa·s	11
熔点/℃	49～51	表面张力(65.5℃)/(mN/m)	40.63
相对密度(50℃/4℃)	1.205	闪点(闭口)/℃	220
折射率(60℃)	1.552	(开口)/℃	235
偶极矩(25℃)/(10^{-30}C·m)	9.91		

(5) 化学性质　磷酸三苯酯对酸比较稳定，对碱容易发生皂化反应。与氢氧化钡醇溶液一同煮沸时，生成二苯基磷酸钡。在冷却情况下用硝酸（相对密度 1.5）进行硝化，主要生成磷酸三（4-硝基苯基）酯。用硝酸和硫酸的混酸进行硝化时，生成磷酸三（2,4-二硝基苯基）酯。磷酸三苯酯与碳酸钾一同加热时生成苯酚和少量的二苯醚及氧杂蒽酮。与氧化钙、氧化铝或氧化锌加热时，生成苯酚和苯杂蒽。用氧化镁处理生成少量的二苯醚。磷酸三苯酯用乙醇钠处理生成磷酸二乙酯的钠盐和乙基苯醚。

(6) 精制方法、常含有苯酚、磷酸和酸性磷酸苯酯等杂质。用乙醇或乙醇与溶剂汽油的混合液进行重结晶精制。

(7) 溶解性能　不溶于水，能与醇、醚、氯仿、丙酮、苯等混溶。溶于大多数漆用溶剂、稀释剂和油类。

(8) 用途　用作硝酸纤维素和醋酸纤维素、阻燃性增塑剂、耐火性溶剂、硝酸纤维素漆、合成树脂、屋顶用纸的浸润剂以及赛璐珞制造时的樟脑代用品等。

(9) 使用注意事项　非皮肤刺激物，不易为皮肤吸收。进入动物体内引起弛缓性瘫痪。大鼠经

口 LD_{50}>6.4g/kg。猫皮下注射 LD_{50} 为 0.1～0.2mL/kg。工作场所最高容许浓度 3mg/m^3（美国）。

(10) 规格 HG/T 2688—2005 磷酸三苯酯

项　目		优等品	一等品	合格品
外观		白色结晶粉末状或片状物		
色度(Pt-Co)/号	≤	40	50	80
热稳定性(Pt-Co)/号	≤	75	—	—
结晶点/℃	≥	48.5	48.0	47.0
酸值	≤	0.05	0.10	0.10
游离酚(以苯酚计)/%	≤	0.05	0.07	0.1
不溶性杂质(氯化物、硫酸盐、磷酸盐)		检不出	—	—

参 考 文 献

1 CAS 115-86-6
2 EINECS 204-112-2
3 Fordyle. Meyer. Ind. Eng. Chem. 1940，32：1054
4 G. M. Kosolapoff and L. Maier. Organic Phosphorus Compound. Vol. 6. Wiley. 1973. 2111
5 M. Holmes and MoCovbeg. J. Chem. Soc. 1964，5146
6 Ullmann. Enzyklopädie der technischem Chemic，Vol. 13，595
7 C. W. Cumper and. A. P. Thurston. J. Chem. Soc. B. 1971，422
8 Sugden. Reed，Wilkins. J. Chem. Soc. 1925，127：1539
9 The Associated Factory Mutual Fire Insurance Companies. Ind. Eng. Chem. 1940，32：880
10 Organic Electronic Spectral Data. Vol. 3. Wiley. 1956，682
11 L. C. Thomas. Spectrochim. Acta. 1964，20：467
12 V. Mark et al. Topics Phosphorus Chem. 1967，5：227

627. 磷酸三甲苯酯

tricresyl phosphate［TCP，tritolyl phosphate］

(1) 分子式 $C_{21}H_{21}O_4P$。　　相对分子质量　368.36。

(2) 示性式或结构式

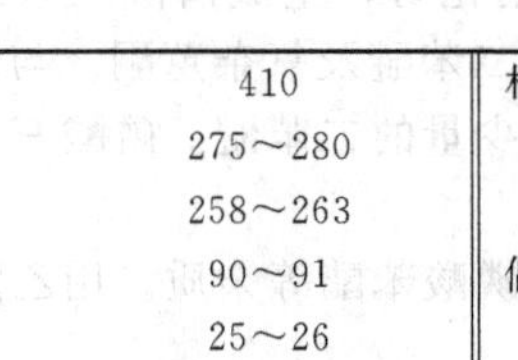

(3) 外观 无色或浅黄色油状液体，无臭或微带苯酚气味。

(4) 物理性质

沸点(101.3kPa,邻位)/℃	410	相对密度(25℃/4℃,邻位)	1.183
(0.40kPa,间位)/℃	275～280	(25℃,邻位)	1.5587
(5.47kPa,对位)/℃	258～263	(25℃,间位)	1.5553
熔点(邻位)/℃	90～91	偶极矩(25℃,邻位)/(10^{-30}C·m)	9.57
(间位)/℃	25～26	(25℃,间位)/(10^{-30}C·m)	10.21
(对位)/℃	77.5～78	(25℃,对位)/(10^{-30}C·m)	10.61

(5) 化学性质 工业制品为三种异构体的混合物，通常应尽可能除去毒性很大的邻位异构体。磷酸三甲苯酯是对热稳定的难燃性物质。在酸性溶液中较难水解。邻位异构体在乙酸中用硝酸硝化时，生成6-硝基-1-甲基苯酚。与碳酸钾加热时生成邻甲酚、4,5-二甲基氧杂蒽酮和具有杂酚油气味的液体。邻位异构体与氰化钾一起加热得到邻甲苯基氰和游离的邻甲酚。对位异构体与

氰化钾一同加热时，生成对甲苯基氰和对甲酚。

(6) 精制方法　异构体分离困难，一般仅用减压蒸馏除去异构体以外的杂质。

(7) 溶解性能　不溶于水，能与醇、醚、苯等一般有机溶剂和稀释剂、亚麻仁油、桐油、蓖麻油等相混溶。

(8) 用途　用作难燃性增塑剂，用于聚氯乙烯制品如电缆料、人造革、运输带、薄板、地板料等。还用于氯丁橡胶和粘胶纤维。此外，磷酸三甲苯酯还用作防水剂、润滑剂和硝酸纤维素的耐燃性溶剂。液相色谱溶剂。

(9) 使用注意事项　危险特性属第 6.1 类毒害品。危险货物编号：61112，UN 编号：2574。受高热或燃烧发生分解放出有毒气体。对皮肤无刺激，能经口、皮肤和呼吸道进入机体。为迟发性神经性毒物。

参 考 文 献

1　CAS 1330-78-5

2　EINECS 215-548-8

3　G. M. Kosolapoff and. L. Maier. Organic Phosphorus Compound. Vol. 6. Wiley. 1973. 2111

4　C. W. Cumper and A. P. Thurston. J. Chem. Soc. B. 1971，422

5　A. Dodge and R. Keller. J. Phys. Chem. 1958，61：1448

6　L. C. Thmoas. Spectrochim，Acta. 1964，20：467

628. 磷酸二甲酯

dimethyl phosphate

(1) 分子式　$C_2H_7O_4P$。　　相对分子质量　126.06。

(2) 示性式或结构式

$$(CH_3O)_2\overset{\displaystyle O}{\overset{\|}{P}}OH$$

(3) 外观　无色油状液体。

(4) 物理性质

沸点(101.3kPa)/℃	170～171	折射率(20℃)	1.4009
相对密度(20℃/4℃)	1.200	闪点/℃	29

(5) 溶解性能　溶于水、碱性溶液、乙醇、氯仿，不溶于苯、醚和石油醚。

(6) 用途　溶剂、农药、医药中间体。

(7) 使用注意事项　参照磷酸三甲酯。

参 考 文 献

1　CAS 813-78-5

2　EINECS 212-389-6

3　Beil.，**1**，285

629. 磷酸二乙酯

diethyl phosphate

(1) 分子式　$C_4H_{11}O_4P$。　　相对分子质量　154.10。

(2) 示性式或结构式

$$C_2H_5O—\underset{\underset{\displaystyle O}{\|}}{\overset{\overset{\displaystyle OH}{|}}{P}}—OC_2H_5$$

(3) 外观　无色透明油状液体。

(4) 物理性质

沸点(101.3kPa)/℃	203.3
相对密度(20℃/4℃)	1.175
折射率(20℃)	1.4170

(5) 溶解性能　溶于水、乙醇、乙醚、苯、丙酮及四氯化碳。

(6) 用途　溶剂、萃取剂、聚合反应催化剂。

(7) 使用注意事项　有毒。参照磷酸三乙酯。

参 考 文 献

1 CAS 598-02-7

2 EINECS 209-912-5

3 Beilstein. Handbuch der Organischen Chemie. E Ⅳ, 1-1339

630. 磷酸二丁酯

dibutyl phosphate

(1) 分子式　$C_8H_{19}O_4P$。　　　相对分子质量　210.20。

(2) 示性式或结构式

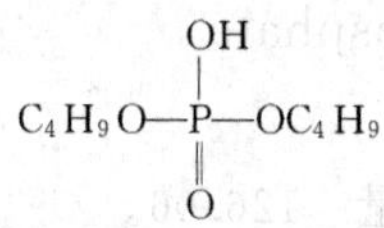

(3) 外观　无色至浅黄色黏稠状液体。

(4) 物理性质

相对密度(20℃/4℃)	1.060
折射率(20℃)	1.428
闪点/℃	157

(5) 溶解性能　溶于乙醚、四氯化碳及多种有机溶剂。

(6) 用途　溶剂，铀、钍的萃取剂，气相色谱固定液。

(7) 使用注意事项　口服有毒。使用时应避免吸入本品的蒸气，避免与眼睛及皮肤接触。

参 考 文 献

1 CAS 107-66-4

2 EINECS 203-509-8

631. 磷酸二（2-乙基己基）酯

bis-(2-ethylhexyl) phosphate [di-isooctyl phosphate]

(1) 分子式　$C_{16}H_{35}O_4P$。　　　相对分子质量　322.43。

(2) 示性式或结构式

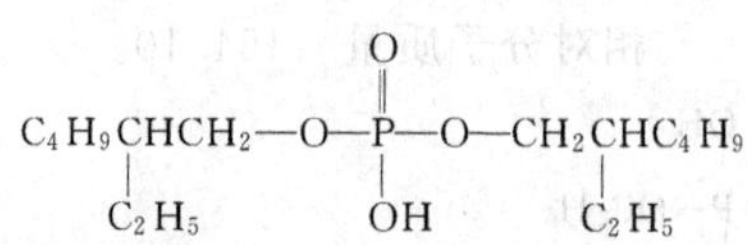

(3) 外观　无色透明黏稠状液体。

(4) 物理性质

沸点(1.33kPa)/℃	209	折射率(25℃)	1.4420
凝固点/℃	−60	闪点/℃	196
相对密度(25℃/25℃)	0.973		

(5) 溶解性能 溶于一般有机溶剂和碱中，不溶于水。

(6) 用途 溶剂、稀土金属萃取剂、润湿剂和表面活性剂原料，增料增塑剂。

(7) 使用注意事项 中等毒性，对眼睛、皮肤和黏膜有刺激性。

参 考 文 献

1 CAS 298-07-7

2 EINECS 206-056-4

3 Beilstein. Handbuch der Organischen Chemie. H，14-1786

632. 亚磷酸二丁酯

dibutyl phosphite

(1) 分子式 $C_8H_{19}O_3P$。　　　　相对分子质量 194.21。

(2) 示性式或结构式 $(CH_3CH_2CH_2CH_2O)_2POH$

(3) 外观 无色透明液体。

(4) 物理性质

沸点(1.1kPa)/℃	116～117	折射率(25℃)	1.4240
相对密度(20℃/4℃)	0.9860	闪点/℃	121
(20℃/20℃)	0.918		

(5) 溶解性能 溶于一般有机溶剂，不溶于水。

(6) 用途 阻燃剂、汽油添加剂、抗氧剂、溶剂、有机合成中间体。

(7) 使用注意事项 亚磷酸二丁酯的危险特性属第3.3类高闪点易燃液体。危险货物编号：33610。对皮肤有轻度刺激作用，对眼睛会造成损害。毒性低，大鼠经口 LD_{50} 为 3.2 g/kg。

参 考 文 献

1 CAS 1809-19-4

2 EINECS 217-316-1

3 Beilstein. Handbuch der Organischen Chemie. E Ⅳ，1-1525

4 张海峰主编. 危险化学品安全技术大典：第1卷. 北京：中国石化出版社，2010

633. 硫酸二甲酯

dimethyl sulfate

(1) 分子式 $C_2H_6O_4S$。　　　　相对分子质量 126.13。

(2) 示性式或结构式 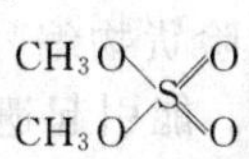

(3) 外观 无色油状液体，久置色变黄。

(4) 物理性质

沸点(101.3kPa)/℃	188.5	折射率(20℃)	1.3874
熔点/℃	−27	闪点/℃	83.3
相对密度(20℃/4℃)	1.3283		

(5) 化学性质　能被水或碱逐渐水解成相应的醇。

(6) 溶解性能　能与乙醚、乙醇、苯相混溶，难溶于水。

(7) 用途　芳香烃的溶剂、烷基化剂。

(8) 使用注意事项　硫酸二甲酯属致密物。剧毒化学品。高毒物品。危险特性属第 6.1 类毒害品。危险货物编号：61116，UN 编号：1595。剧毒，可燃。遇明火、高热能燃烧。对呼吸系统、黏膜、皮肤有强烈刺激作用，会造成严重烧伤，有腐蚀性。大鼠经口 LD_{50} 为 440 mg/kg。最高允许浓度为 0.5 mg/m^3。职业中毒诊断标准见 GB 11507—89。

(9) 规格　HG/T 4001—2008　工业用硫酸二甲酯

项　目		一等品	合格品
外观		无色或微黄色透明油状液体	
硫酸二甲酯/%	≥	98.5	98.0
酸(以$\frac{1}{2}H_2SO_4$计)/%	≤	0.60	0.80

参 考 文 献

1 CAS 77-78-1

2 EINECS 201-058-1

3 Beilstein. Handbuch der Organischen Chemie. H，1-283；E Ⅳ，1-1251

4 The Merck Index. **10**，3252；**11**，3244；**12**，3305

5 张海峰主编. 危险化学品安全技术大典：第 1 卷. 北京：中国石化出版社，2010

634. 硫酸二乙酯

diethyl sulfate

(1) 分子式　$C_4H_{10}O_4S$。　　相对分子质量　154.18。

(2) 示性式或结构式

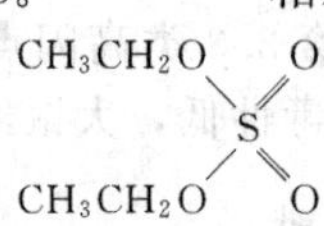

(3) 外观　无色油状液体。有薄荷香味。

(4) 物理性质

沸点(101.3kPa)/℃	208	相对密度(18℃/0℃)	1.180
(2.0kPa)/℃	96	折射率(18℃)	1.4010
熔点/℃	−24.5	闪点/℃	78
燃点/℃	436		

(5) 溶解性能　能与醇、醚混溶，不溶于水，遇水慢慢分解，在热水中迅速分解为硫酸单乙酯和醇。

(6) 用途　溶剂，有机合成原料。

(7) 使用注意事项　危险特性属第 6.1 类毒害品。危险货物编号：61625，UN 编号：1594。具有腐蚀性，能引起烧伤。吸入、口服或与皮肤接触有害。能引起遗传基因的损伤。可能致癌。

参 考 文 献

1 CAS 64-67-5

2 EINECS 200-589-6

3 Beil.，**1**，327；**1** (4)，1326

4 The Merck Index. **12**，3178；**13**，3156

635. 硝酸异丙酯

isopropyl nitrate

(1) 分子式　$C_3H_7NO_3$。　　　　相对分子质量　105.1。

(2) 示性式或结构式　$(CH_3)_2CHONO_2$

(3) 外观　无色液体。

(4) 物理性质

沸点(101.3 kPa)/℃	101～102	闪点/℃	12
相对密度(19℃/19℃)	1.0361	爆炸极限(下限)/%(体积)	2
折射率(15℃)	1.3910	(上限)/%(体积)	10

(5) 溶解性能　溶于乙醚，乙醇，不溶于水。

(6) 用途　溶剂、有机合成中间体、汽车燃料添加剂。

(7) 使用注意事项　硝酸异丙酯的危险特性属第 3.2 类中闪点易燃液体。危险货物编号：32155；UN 编号：1222。有毒，吸入、口服或经皮肤吸收对身体有害。对皮肤、眼睛、黏膜有刺激性。易燃遇明火、高热会引起燃烧爆炸。

参 考 文 献

1　CAS 1712-64-7

2　EINECS 216-983-6

636. 硝酸戊酯

amyl nitrate

(1) 分子式　$C_5H_{11}NO_3$。　　　　相对分子质量　133.15。

(2) 示性式或结构式　$CH_3(CH_2)_3CH_2ONO_2$

(3) 外观　无色或浅黄色液体，有醚气味。

(4) 物理性质

沸点(101.3kPa)/℃	147	折射率(20℃)	1.414
相对密度(20℃/4℃)	0.994	闪点/℃	51.7

(5) 溶解性能　与乙醇、乙醚混溶，微溶于水。

(6) 用途　溶剂、有机合成中间体。

(7) 使用注意事项　硝酸戊酯的危险特性属第 3.3 类高闪点易燃液体。危险货物编号：33606，UN 编号：1112。遇明火、高热易引起燃烧。与还原剂能发生反应，有氧化性。吸入、口服、恶心、呕吐。

参 考 文 献

1　CAS 1002-16-0

2　EINECS 213-684-2

637. 硝酸异戊酯

isopentyl nitrate

(1) 分子式　$C_5H_{11}NO_3$。　　　　相对分子质量　133.15。

(2) 示性式或结构式　$(CH_3)_2CHCH_2CH_2ONO_2$

(3) 外观　无色液体。

(4) 物理性质

沸点(101.3kPa)/℃	147～148	折射率(22℃)	1.4122
相对密度(22℃/4℃)	0.996		

(5) 溶解性能　与乙醇、乙醚混溶，微溶于水。

(6) 用途　溶剂、药物合成中间体。

(7) 使用注意事项　硝酸异戊酯的危险特性属第3.3类高闪点易燃液体。危险货物编号：33606。吸入、食入对身体有害，对眼睛、皮肤有刺激性。遇明火、高热易燃烧分解放出有毒气体。

参考文献

1 CAS 543-87-3
2 EINECS 208-852-7
3 The Merck Index. **12**，5136；**13**，5138

638. 亚硝酸丙酯

propyl nitrite

(1) 分子式　$C_3H_7NO_2$。　　　相对分子质量　89.10。

(2) 示性式或结构式　$CH_3CH_2CH_2ONO$

(3) 外观　无色液体。

(4) 物理性质

沸点(101.3kPa)/℃	46～48
相对密度(20℃/4℃)	0.89
闪点/℃	<10

(5) 溶解性能　溶于乙醇、乙醚，微溶于水。

(6) 用途　溶剂、有机合成中间体。

(7) 使用注意事项　亚硝酸丙酯的危险特性属第3.2类中闪点易燃液体。危险货物编号：32153。吸入、食入可使血管扩张，引起血压下降及心动过速。易燃、遇明火、高热易引起燃烧，并放出有毒气体。

参考文献

1 CAS 543-67-9
2 EINECS 208-848-5

639. 亚硝酸异丙酯

isopropyl nitrite

(1) 分子式　$C_3H_7NO_2$。　　　相对分子质量　89.09。

(2) 示性式或结构式　$(CH_3)_2CHONO$

(3) 外观　浅黄色油状液体，见光易分解。

(4) 物理性质

沸点(101.3kPa)/℃	39～41
相对密度(20℃/4℃)	0.850～0.858
折射率(20℃)	1.3520
闪点/℃	<－16.9

(5) 溶解性能　与乙醇、乙醚混溶，微溶于水。

(6) 用途　溶剂、有机合成中间体。

(7) 使用注意事项　亚硝酸异丙酯的危险特性属第3.2类中闪点易燃液体。危险货物编号：32153。吸入、食入可使血管扩张，引起血压下降及心动过速，大剂量可引起高铁血红蛋白病。遇明火、高热易引起燃烧，并放出有毒气体。

参 考 文 献

1 CAS 541-42-4

2 EINECS 208-779-0

3 The Merck Index. **12**，5236

640. 亚硝酸丁酯

butyl nitrite [nitrous acid butyl ester]

(1) 分子式　$C_4H_9NO_2$。　　相对分子质量　103.12。

(2) 示性式或结构式　$CH_3(CH_2)_3ONO$

(3) 外观　无色或黄色油状液体，有特殊气味。

(4) 物理性质

沸点(101.3kPa)/℃	78	折射率(20℃)	1.3767
(5.73kPa)/℃	24～27	闪点/℃	－13
相对密度(20℃/4℃)	0.8823		

(5) 溶解性能　能与乙醇、乙醚混溶，不溶于水。

(6) 用途　有机合成、溶剂。

(7) 使用注意事项　危险特性属第3.2类中闪点易燃液体。危险货物编号：32153，UN编号：2351。有毒，易燃，见光易分解。

参 考 文 献

1 CAS 544-16-1

2 EINECS 208-862-1

3 Beil.，**1**，369；**1** (4)，1523

4 The Merck Index. **13**，1581

641. 亚硝酸异丁酯

isobutyl nitrile

(1) 分子式　$C_4H_9NO_2$。　　相对分子质量　103.12。

(2) 示性式或结构式　$(CH_3)_2CHCH_2ONO$

(3) 外观　无色液体。

(4) 物理性质

沸点(101.3kPa)/℃	67～68	闪点/℃	<10
相对密度(22℃/4℃)	0.870		

(5) 溶解性能　与乙醇、乙醚混溶，微溶于水而逐渐分解。

(6) 用途　溶剂、有机合成中间体。

(7) 使用注意事项　亚硝酸异丁酯的危险特性属第 3.2 类中闪点易燃液体。危险货物编号：32153，UN 编号：2351。遇高热、明火及强氧化剂易引起燃烧，并放出有毒气体。吸入、食入主要使血管扩张，引起血压下降及心动过速。大鼠经口 LD_{50} 为 410 mg/kg。

参　考　文　献

1　CAS 542-56-3

2　EINECS 208-819-7

3　Beil.，**1**，377

642. 亚硝酸异戊酯

isoamyl nitrite

(1) 分子式　$C_5H_{11}NO_2$。　　　相对分子质量　117.15。

(2) 示性式或结构式　$(CH_3)_2CHCH_2CH_2NO_2$

(3) 外观　浅黄色透明液体，有水果香味，易挥发。

(4) 物理性质

沸点(101.3kPa)/℃	99	蒸气压(20℃)/kPa	3.5
相对密度(20℃/4℃)	0.875	闪点/℃	3
折射率	1.3871	燃点/℃	209

(5) 化学性质　遇光和空气会分解。

(6) 溶解性能　能与乙醇、乙醚混溶，不溶于水。

(7) 用途　用于香料、药物、重氮化合物的合成。可作溶剂、氧化剂。

(8) 使用注意事项　亚硝酸异戊酯的危险特性属第 3.2 类中闪点易燃液体。危险货物编号：32153，UN 编号：1113。吸入、食入可使血管扩张，引起血压降低及心动过速，大剂量可产生高铁血红蛋白血症。大鼠经口 LD_{50} 为 505 mg/kg。遇高热，明火及强氧化剂可引起燃烧，并放出含有氮氧化物的有毒气体。

参　考　文　献

1　CAS 110-46-3

2　EINECS 203-770-8

3　Beilstein. Handbuch der Organischen Chemie. H，1-402；E Ⅳ，1-1683

4　The Merck Index. **10**，4969；**11**，5005；**12**，5137

643. 柠檬酸三乙酯［枸橼酸三乙酯］

triethyl citrate

(1) 分子式　$C_{12}H_{20}O_7$。　　　相对分子质量　276.29。

(2) 示性式或结构式

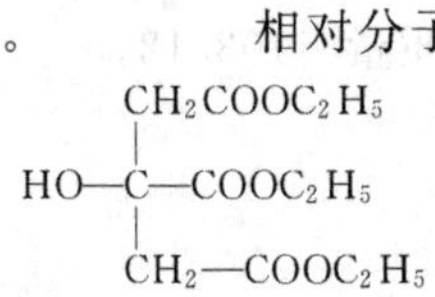

(3) 外观　无色透明液体。

(4) 物理性质

沸点(101.3kPa)/℃	294
(133Pa)/℃	127
熔点/℃	−55
相对密度(20℃/4℃)	1.1369
折射率(20℃)	1.4420
闪点/℃	110

(5) 溶解性能　溶于大多数有机溶剂，难溶于油类。25℃水中溶解度6.5g/100mL。

(6) 用途　硝酸纤维素的溶剂。纤维素树脂和乙烯基树脂的增塑剂。

参 考 文 献

1 CAS 77-93-0
2 EINECS 201-070-7
3 Beil.，**3**，568

644. 甘油单硬脂酸酯［十八酸甘油酯］

glycerol monostearate

(1) 分子式　$C_{21}H_{42}O_4$。　　相对分子质量　358.57。

(2) 示性式或结构式

$$\begin{array}{l} CH_2OH \\ | \\ CHOH \\ | \\ CH_2OOC(CH_2)_{16}CH_3 \end{array}$$

(3) 外观　白色或微黄色蜡状固体，有刺激性和脂肪味。

(4) 物理性质

熔点/℃	58～59
密度/(g/cm³)	0.97

(5) 溶解性能　溶于乙醇、矿物油、脂肪、油脂、苯、丙酮、醚等热的有机溶剂中，不溶于水，但分散在热水中。

(6) 用途　乳化剂、油类和蜡类的溶剂。

(7) 使用注意事项　无毒，可燃。

参 考 文 献

1 CAS 31566-31-1
2 EINECS 204-664-4
3 The Merck Index. **10**，4352

645. 香 豆 素

coumarin［1,2-benzopyrone］

(1) 分子式　$C_9H_6O_2$。　　相对分子质量　146.15。

(2) 示性式或结构式

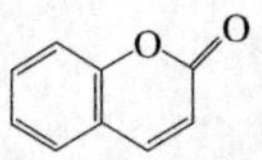

(3) 外观　无色叶片状或斜方结晶固体，味苦。

(4) 物理性质

沸点(101.3kPa)/℃	303	相对密度(20℃/4℃)	0.935
(1.3kPa)/℃	154	闪点/℃	151
(0.67kPa)/℃	139	升华温度/℃	100
熔点/℃	70.6	在水中溶解度(25℃)/(g/100mL)	0.25
		(100℃)/(g/100mL)	2.0

(5) 化学性质　香豆素是顺式邻位羟基肉桂酸的内酯。能发生卤化、硝化、磺化、氢化等反应。

(6) 溶解性能　易溶于乙醇、氯仿、乙醚、油类；亦溶于苛性碱溶液。

(7) 用途　合成香料的化学品。精细化工原料。溶剂。

(8) 使用注意事项　大鼠经口 LD_{50} 为 293mg/kg，小鼠经口 LD_{50} 为 196mg/kg，食品中最高用量是 5mg/kg 食品；含酒精饮料中是 10mg/kg 饮料。美国酒精、烟草、武器管理局（BATF）1974 年规定：在酒类中限制香豆素含量不超过 5mg/kg。

参　考　文　献

1　CAS 91-64-5

2　EINECS 202-086-7

3　Beil.，**17**，10（5），143

4　The Merck Index. **12**，2630；**13**，2588

5　《化工百科全书》编辑委员会，化学工业出版社《化工百科全书》编辑部编. 化工百科全书：第 17 卷. 北京：化学工业出版社，1998

646. 葵花籽油

sunflower oil

(1) 组成　葵花籽油属于一种油酸-亚油酸油。其组成有：亚油酸（66%）、油酸（21.3%）、棕榈酸（6.4%）、花生四烯酸（4.0%）、硬脂酸（1.3%）以及山萮酸（0.8%）。

(2) 外观　为透明、浅黄色液体，有柔和、可口的味道。

(3) 物理性质

沸点(101.3kPa)/℃	40～60	折射率(25℃)	1.472～1.474
熔点/℃	−18	(40℃)	1.466～1.468
相对密度(15℃/15℃)	0.922～0.926		

(4) 溶解性能　可与苯、氯仿、四氯化碳、乙醚及石油醚混溶，几乎不溶于乙醇和水。

(5) 用途　稀释剂、润肤剂、乳化剂、溶剂。

(6) 使用注意事项　无毒、无刺激性。

参　考　文　献

1　CAS 8001-21-6

2　EINECS 232-273-9

3　[英] R. C. 罗等编. 药用辅料手册. 郑俊民主译. 北京：化学工业出版社，2005

647. 大　豆　油

soybean oil

(1) 组成　大豆油是以各种脂肪酸的甘油酸的形式存在，其中亚油酸 50%～57%；亚油烯酸 5%～10%；油酸 17%～26%；棕榈酸 9%～13%；硬脂酸 3%～6%。

(2) 外观　为澄清、浅黄色、无臭或几乎无臭的液体。

(3) 物理性质

凝固点/℃	-10～-16	黏度(25℃)/mPa·s	50.09
相对密度(15℃/15℃)	0.922～0.927	闪点/℃	282
折射率(25℃)	1.471～1.475	燃点/℃	445
表面张力(20℃)/(mN/m)	25		

(4) 溶解性能　在乙醇及水中几乎不溶，与二硫化碳、氯仿、乙醚及石油醚混溶。

(5) 用途　油脂性载体、溶剂、沐浴添加剂。

(6) 使用注意事项　无毒、无刺激性。小鼠静脉注射 LD_{50} 为 22.1g/kg。大鼠静脉注射 LD_{50} 为 16.5g/kg。吸入时可引起过敏。

参 考 文 献

1 CAS 8001-22-7
2 EINECS 232-274-4
3 The Merck Index. **13**, 8803
4 [英] R.C. 罗等编，药用辅料手册，郑俊民主译. 北京：化学工业出版社，2005

648. 芝 麻 油

sesame oil

(1) 组成　芝麻油是以各种脂肪酸的甘油酯的形式存在，其中花生四烯酸 0.8%；亚油酸 40.4%；油酸 45.4%；棕榈酸 9.1%；和硬脂酸 4.3%。

(2) 外观　为透明、微有香味、味淡的浅黄色液体。

(3) 物理性质

凝固点/℃	5	黏度/mPa·s	43
相对密度(15℃/15℃)	0.920～0.926	闪点/℃	338
折射率(40℃)	1.4650～1.4665		

(4) 溶解性能　水中不溶，乙醇中几乎不溶，易与二硫化碳、氯仿、醚、己烷和石油醚混溶。

(5) 用途　油溶性物质的载体，溶剂。类固醇类药物缓释肌内注射剂的溶剂。

(6) 使用注意事项　无毒、无刺激性。家兔静脉注射 LD_{50} 为 678μg/kg。

参 考 文 献

1 CAS 8008-74-0
2 EINECS 232-370-6
3 [英] R. C. 罗等编. 药用辅料手册，郑俊民主译. 北京：化学工业出版社. 2005

649. 花 生 油

peanut oil

(1) 组成　花生油以甘油酯形式存在，以油酸和亚油酸的甘油三酸酯为主要成分。其中酸的组成如下：花生酸 2.4%；山萮酸 3.1%；棕榈酸 8.3%；硬脂酸 3.1%；木蜡酸 1.1%；亚油酸 26.0%和油酸 56.0%。

(2) 外观　无色或浅黄色油状液体，有坚果味。

(3) 物理性质

凝固点/℃	−5	黏度(37℃)/mPa·s	35.2
相对密度(15℃/15℃)	0.916～0.918	闪点/℃	283
折射率(25℃)	1.466～1.470	燃点/℃	443
表面张力(25℃)/(mN/m)	37.5		

(4) 溶解性能　极微溶于乙醇，可溶于苯、四氯化碳和油，可与二硫化碳、氯仿、乙醚和己烷混溶。

(5) 用途　油性溶剂、溶剂。维生素及激素的溶剂。

(6) 使用注意事项　文献报道有关食品或药物处方中花生油有不良反应，如过敏性皮疹和过敏性休克。食品等产品中应注明含有花生油。

参 考 文 献

1 CAS 8002-03-7
2 EINECS 232-296-4
3 ［英］R. C. 罗等编. 药用辅料手册. 郑俊民主译. 北京：化学工业出版社，2005

650. 橄 榄 油

olive oil

(1) 组成　橄榄油为脂肪酸甘油酯的混合物。主要成分是甘油三油酸酯，含高比例的非饱和脂肪酸。脂肪酸的组成如下：

肉豆蔻酸（14：0），≤0.5%	亚油酸（18：3），≤0.9%
棕榈酸（16：0），≤7.5%～20.0%	花生酸（20：0），≤0.6%
棕榈油酸（16：1），≤0.3%～5.0%	二十烯酸（20：1），≤0.4%
十七烯酸（17：1），≤0.3%	山萮酸（22：0），≤0.2%
硬脂酸（18：0），≤0.5%～5.0%	二十四烷酸（24：0），≤1.0%
油酸（18：1），≤55.0%～83.0%	还有甾醇类。
亚油酸（18：2），≤3.5%～21.0%	

(2) 外观　无色或绿黄色、澄清的油状液体。有令人愉快的气味。

(3) 物理性质

发烟点/℃	160～188
相对密度(15℃/15℃)	0.910～0.918
折射率(25℃)	1.4657～1.4893
闪点/℃	225

(4) 溶解性能　微溶于乙醇，与乙醚、氯仿、石油醚（50～70℃）和二硫化碳混溶，不溶于水。

(5) 用途　油质溶剂、润滑剂。

(6) 使用注意事项　无毒、无刺激性，因含高比例的不饱和脂肪酸所以易于氧化。

参 考 文 献

1 CAS 8001-25-0
2 EINECS 232-277-0
3 ［英］R. C. 罗等编. 药用辅料手册. 郑俊民主译. 北京：化学工业出版社，2005

651. 蓖　麻　油

castor oil

(1) 分子式　$C_{57}H_{104}O_9$。　　　　　相对分子质量　933.44。

(2) 示性式或结构式

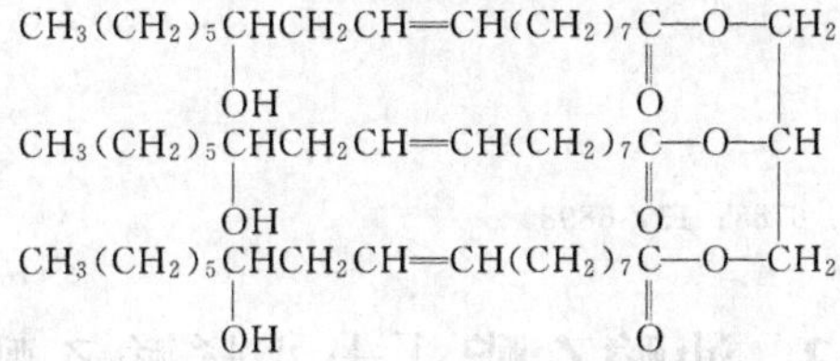

蓖麻油属脂肪酸的三甘油酯。脂肪酸的组成大约为蓖麻油酸（87%）；油酸（7%）；亚油酸（3%）；棕榈酸（2%）；硬脂酸（1%）以及微量的二羟硬脂酸。

(3) 外观　无色或浅黄色黏稠的油状液体，微臭。

(4) 物理性质

沸点(101.3kPa)/℃	313
熔点/℃	−12
相对密度(25℃/25℃)	0.945～0.965
折射率(25℃)	1.473～1.477
(40℃)	1.466～1.473
表面张力(20℃)/(mN/m)	39.0
(80℃)/(mN/m)	35.2
闪点/℃	229
燃点/℃	449

(5) 溶解性能　溶于氯仿、乙醚、乙醇、冰醋酸和甲醇；与石油醚、乙醇（95%）任意混溶；几乎不溶于水。

(6) 用途　润肤剂、食品和药品的制剂，肌注针剂的溶剂。

(7) 使用注意事项　医学上作致泻剂，口服可产生恶心、呕吐、急腹痛和严重泄泻。对皮肤和眼睛有轻微刺激。受热时易燃。

参　考　文　献

1　CAS 8001-79-4

2　EINECS 232-293-8

3　The Merck Index. **12**，1946；**13**，1908

4　［英］R. C. 罗等编. 药用辅料手册. 郑俊民主译. 北京：化学工业出版社，2005

5　张海峰主编. 危险化学品安全技术大典：第1卷：北京：中国石化出版社，2010

652. 油酸甲酯

methyl oleate［9-octadecenoic acid methyl ester］

(1) 分子式　$C_{19}H_{36}O_2$。　　　　　相对分子质量　296.55。

(2) 示性式或结构式　$CH_3(CH_2)_7CH{=}CH(CH_2)_7COOCH_3$

(3) 外观　无色或微黄色油状液体。

(4) 物理性质

沸点(2.66kPa)/℃	218.5	相对密度(20℃/4℃)	0.8739
(0.267kPa)/℃	168～170	折射率(20℃)	1.4522
熔点/℃	−19.9		

（5）溶解性能　能与无水乙醇、乙醚混溶，不溶于水。

（6）用途　溶剂，皮革、橡胶软化剂，抗水剂。

（7）使用注意事项　参照油酸丁酯。

参考文献

1 CAS 112-62-9
2 EINECS 203-992-9
3 Beil.，**2**. 467；**2**（4），1649
4 The Merck Index. **10**，6706；**11**. 6788；**13**，6898

653. 油酸乙酯［十八烯酸乙酯］

ethyl oleate［ethyl-9-octadecenoate］

（1）分子式　$C_{20}H_{38}O_2$。　　相对分子质量　310.53。

（2）示性式或结构式　$CH_3(CH_2)_7CH=CH(CH_2)_7COOCH_2CH_3$

（3）外观　浅黄色油状液体。略带臭味。

（4）物理性质

沸点(101.3kPa)/℃	205～208	折射率(20℃)	1.4506
熔点/℃	－32	闪点/℃	175.3
相对密度(20℃/20℃)	0.8735	表面张力(25℃)/(mN/m)	32.3
		黏度(25℃)/mPa·s	3.9

（5）溶解性能　能与乙醇、乙醚混溶，不溶于水。

（6）用途　溶剂、润滑剂、抗水剂，油质载体。

（7）使用注意事项　参照油酸丁酯。油酸乙酯有极微的刺激性。避免眼睛及皮肤接触。

参考文献

1 CAS 111-62-6
2 EINECS 203-889-5
3 Beil.，**2**，467；**2**（4），1651
4 The Merck Index. **10**，6706；**11**，6788；**13**，6898

654. 棉籽油

cottonseed oil

（1）组成　以甘油酯形式存在的脂肪酸组成如下：亚油酸39.3%；油酸33.1%；棕榈酸19.1%；硬脂酸1.9%；花生酸0.6%和肉豆蔻酸0.3%。

（2）外观　浅黄色或明亮的金黄色、澄清的油状液体。无臭，几乎无味或具有淡坚果味。

（3）物理性质

熔点/℃	－5～0	黏度(20℃)/mPa·s	70.4
相对密度(15℃/15℃)	0.915～0.930	闪点/℃	321
折射率(40℃)	1.4645～1.4655	燃点/℃	344

（4）溶解性能　微溶于乙醇（95%），与二硫化碳、氯仿、乙醚、己烷和石油醚混溶。

（5）用途　肌肉注射制剂的溶剂，农药溶剂。制造涂料的一种半干性油，人造奶油、猪油的替代品。

(6) 使用注意事项　棉籽油为可燃性液体，暴露于热或明火中可引起燃烧。粗制棉籽油中含有少量有毒的棉酚。

参　考　文　献

1　CAS 8001-29-4
2　EINECS 232-280-7
3　[英] R. C. 罗等编. 药用辅料手册，郑俊民主译. 北京：化学工业出版社. 2005
4　张海峰主编. 危险化学品安全技术大典：第1卷. 北京：中国石化出版社，2010

655. 棕榈酸异丙酯

isopropyl palmitate

(1) 分子式　$C_{19}H_{38}O_2$。　　　相对分子质量　298.51。

(2) 示性式或结构式　$CH_3(CH_2)_{14}COOCH(CH_3)_2$

(3) 外观　无色透明或浅黄色黏稠液体，无臭。

(4) 物理性质

沸点(0.266kPa)/℃	160	表面张力(25℃)/(mN/m)	29
熔点/℃	13～15	黏度(25℃)/mPa·s	5～10
折射率(20℃)	1.4385	闪点/℃	>100

(5) 溶解性能　溶于丙酮、氯仿、乙醇、乙酸乙酯、矿油、异丙醇、硅油、植物油、脂肪烃及芳香烃；不溶于甘油、二醇类和水。

(6) 用途　润肤剂、油脂性载体、溶剂。

(7) 使用注意事项　无毒、无刺激性。小鼠腹腔注射 LD_{50} 为 0.1g/kg。

参　考　文　献

1　CAS 142-91-6
2　EINECS 205-571-1
3　Beil.，**2** (2)，366
4　[英] R. C. 罗等编. 药用辅料手册，郑俊民主译. 北京：化学工业出版社. 2005

656. 硅酸乙酯 [四乙氧基（甲）硅烷]

ethyl orthosilicate [tetraethyl silicate]

(1) 分子式　$C_8H_{20}O_4Si$。　　　相对分子质量　208.33。

(2) 示性式或结构式　$Si(OC_2H_5)_4$

(3) 外观　无色透明液体，有刺激性气味。

(4) 物理性质

沸点(101.3kPa)/℃	168.8	黏度(20℃)/mPa·s	17.9
熔点/℃	−77	折射率(20℃)	1.3928
相对密度(20℃/4℃)	0.932	闪点	46

(5) 溶解性能　不溶于水，溶于乙醇，微溶于苯。遇水分解成二氧化硅的胶黏物。

(6) 用途　有机硅溶剂、精密铸造黏结剂。

(7) 使用注意事项　危险特性属第3.3类高闪点易燃液体。危险货物编号：33609，UN编号：1292。低毒。对呼吸道和眼睛有较强的刺激作用。空气中最高容许浓度为 $850mg/m^3$。

参 考 文 献

1 CAS 78-10-4
2 EINECS 201-083-8
3 Beil., **1**, 334; **1** (4), 1360
4 The Merck Index. **12**, 3895; **13**, 3882
5 张海峰主编. 危险化学品安全技术大典: 第1卷. 北京: 中国石化出版社, 2010

第九章 含氮化合物溶剂

657. 硝基甲烷

nitromethane

(1) 分子式 CH_3NO_2。 相对分子质量 61.04。

(2) 示性式或结构式 CH_3NO_2

(3) 外观 无色油状液体，有类似氯仿的气味。

(4) 物理性质

沸点(101.3kPa)/℃	101.2	熔化热(244.78K)/(kJ/mol)	9.71
熔点/℃	−28.5	生成热/(kJ/mol)	−89.51
相对密度(25℃/4℃)	1.1322	燃烧热(20℃)/(kJ/mol)	733.95
(25℃/4℃)	1.1312	(25℃)/(kJ/mol)	736.33
(20℃/4℃)	1.139	比热容(20℃,定压)/[kJ/(kg·K)]	1.72
折射率(22℃)	1.38056	沸点上升常数	18.6
(21.6℃)	1.38133	电导率(0℃)/(S/m)	4.4×10^{-7}
(20℃)	1.3817	(25℃)/(S/m)	5.4×10^{-7}
介电常数(30℃)	35.87	爆炸极限(下限)/%(体积)	7.3
(100℃,101.3 kPa,气体)	1.0247	体膨胀系数/K^{-1}	11.5×10^{-4}
偶极矩/(10^{-30}C·m)	11.54	蒸气相对密度(空气=1)	2.11
表面张力(20℃)/(mN/m)	37.0	UV	<2900nm
闪点(开口)/℃	44	IR(见文献[11],并参照图 2-9-1)	
燃点/℃	418	NMR 4.28×10^{-6}(单峰)	
蒸发热(298.15 K)/(kJ/mol)	38.3	(CCl_4,TMS基准)	
(25℃)/(kJ/mol)	38.1		
(30℃)/(kJ/mol)	36.6		

(5) 化学性质 用石蕊试纸检验硝基甲烷水溶液呈酸性，即 0.01mol/L 的水溶液 pH6.12；饱和水溶液 pH4.01；水饱和的硝基甲烷 pH4.82。硝基甲烷有互变异构，含有微量的酸硝式结构：

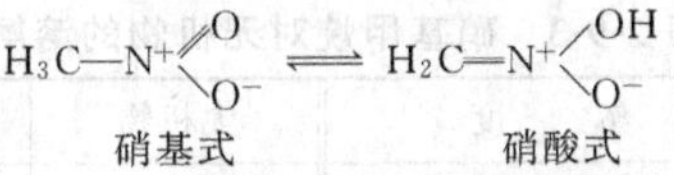

硝基式 硝酸式

在水中的互变异构常数 $K_T=1.1\times10^{-17}$。硝酸式中氧原子上的氢原子相当活泼，容易生成质子，因此显酸性，能与强碱作用生成盐。硝基甲烷与氢氧化钠形成的钠盐有爆炸性，此钠盐能与醛类发生亲核加成，生成β-硝基醇，例如在碱性溶液中与甲醛加成得到β-硝基乙醇。β-硝基醇容易脱水变成不饱和硝基化合物，例如硝基甲烷与苯甲醛生成ω-硝基苯乙烯。此外，硝基甲烷可以还原生成甲胺。

(6) 精制方法 根据合成方法不同，除含有水、硝基乙烷、硝基丙烷和2-硝基丙烷外，还可能含有醛、醇等杂质。精制时用无水硫酸钠、硫酸镁或氯化钙干燥，然后分馏。其他的精制方法有：在 1000mL 硝基甲烷中加入 150mL 浓硫酸，放置 1～2 天，分别用水、碳酸钠水溶液和水洗涤，然后用无水硫酸镁干燥数日，过滤后加入无水硫酸钙放置，使用前进行分馏。也可以将硝基甲烷同活性炭回流 24 小时，同时不断向液体中通入氮气，滤去悬浮物，用无水硫酸钠干燥、蒸馏，将馏出物通过一个填有活性氧化铝的柱后再蒸馏即得纯品。

(7) 溶解性能 能与醇、醚、四氯化碳、二甲基甲酰胺等有机溶剂混溶。能溶解染料、油脂、蜡、纤维素衍生物、树脂等，特别是对硝酸纤维素、醋酸纤维素有良好的溶解能力。能溶解芳烃，但不与烷烃、环烷烃相混合。这种选择特性可用于烃的分离，润滑油的精制。硝基甲烷和所有的硝基烷烃都容易溶解无水三氯化铝，能够制得含量约50%的溶液。溶解后形成的加成产物 $AlCl_3$-RNO_2 用于烃类的烷基化反应中，其催化作用比三氯化铝强。

(8) 用途　用作乙烯基树脂、硝酸纤维素、醋酸纤维素、聚丙烯腈、聚酯等的溶剂。也用于石油的精制、火箭燃料和制备医药、染料。液相色谱溶剂。

(9) 使用注意事项　危险特性属第3.3类高闪点易燃液体。危险货物编号：33520，UN编号：1261。不吸湿，激烈撞击时有爆炸危险。动物试验证明有麻醉性，能刺激黏膜，使中枢神经兴奋，经过潜伏期后引起抽搐和运动障碍，伤害脑、肝、肾等，具有剧烈的痉挛作用及后遗作用。工作场所最高容许浓度249.5mg/m³。经口致死量兔为0.75～1g/kg，狗为1.4～3.9g/kg，小鼠为1.44g/kg。

(10) 规格　HG/T 2031—2008　工业用硝基甲烷

项　目		优等品	一等品
外观		透明液体，有特殊气味	
硝基甲烷/%	⩾	99.5	99.0
色度(Hazen单位，铂-钴色号)	⩽	20	25
密度(20℃)/(g/cm³)		1.136～1.142	
水/%	⩽	0.3	0.5
酸(以乙酸计)/%	⩽	0.05	0.01

(11) 附表

表 2-9-1　硝基甲烷的蒸气压

温度/℃	蒸气压/kPa	温度/℃	蒸气压/kPa	温度/℃	蒸气压/kPa	温度/℃	蒸气压/kPa
−29.0	0.13	20	3.72	50	15.61	82	53.33
−7.9	0.67	25	4.83	60	23.76	90	70.69
2.8	1.33	30	6.22	63.5	26.66	100	97.38
10	2.15	35.5	8.00	70	35.02	101.2	101.33
14.1	2.67	40	10.03	80	50.36		

表 2-9-2　硝基甲烷的黏度

温度/℃	黏度/(mPa·s)	温度/℃	黏度/(mPa·s)	温度/℃	黏度/(mPa·s)	温度/℃	黏度/(mPa·s)
0	0.844	20	0.657	40	0.528	60	0.433
10	0.742	30	0.587	50	0.478	80	0.357

表 2-9-3　硝基甲烷对无机物的溶解度

无机物	温度/℃	溶　解　度	无机物	温度/℃	溶　解　度
$Cu(NO_3)_2$	20	5.1g/100g硝基甲烷	NaI	25	0.478g/100mL饱和溶液
$Zn(NO_3)_2$	20	0.45g/100g硝基甲烷	$CsReO_4$	25	1.16×10^{-3}mol/1000g饱和溶液
RbI	25	0.518g/100g饱和溶液	$RbReO_4$	25	9.05×10^{-4}mol/1000g饱和溶液
$CoCl_2$	25	0.01g/100g饱和溶液	$NaReO_4$	25	4.29×10^{-4}mol/1000g饱和溶液
LiI	25	2.52g/100mL饱和溶液	$KReO_4$	25	3.74×10^{-4}mol/1000g饱和溶液

表 2-9-4　硝基烷烃和其他溶剂的蒸发速度比较

溶　剂	沸点/℃	蒸发速度①	溶　剂	沸点/℃	蒸发速度①
丙酮	56.2	720	甲基异丁基甲酮	117.0	165
乙酸乙酯	77.2	525	硝基乙烷	114.0	121,145
丁酮	79.6	465	2-硝基丙烷	120.3	110,124
二噁烷	101.5	215	乙酸丁酯	126.1	100
乙醇	78.4	203	硝基丙烷	131.6	88,100
甲苯	110.6	195	二甲苯(异构体混合物)	135～145	68
硝基甲烷	101.2	180,189	乙二醇一甲醚	124.3	55

续表

溶　　剂	沸点/℃	蒸发速度①	溶　　剂	沸点/℃	蒸发速度①
丁醇	118.0	45	乳酸乙酯	155.0	22
3-庚酮	149.0	45	二异丁基酮	168.2	18
2-庚酮	151.5	40	双丙酮醇	167.9	15
环己酮	155.7	23			

① 以乙酸丁酯的蒸发速度［%（体积）］为 100 的比较值。

表 2-9-5　含硝基甲烷的二元共沸混合物

第二组分	共沸点/℃	硝基甲烷/%	第二组分	共沸点/℃	硝基甲烷/%
乙酸	101.2	96	2,5-二甲基己烷	85.5	43
异戊醇	100.6	88	甲基环己烷	81.25	39.5
水	83.6	76.9	庚烷	80.2	37
2-戊醇	98.5	73	丙酸乙酯	96.0	35
异丁酸乙酯	100.1	72	三氯乙醛	93	35
丁醇	97.8	70	甲酸异丁酯	94.7	32
3-戊醇	97.4	68	叔丁醇	79.4	32
乙缩醛	95	65	二乙硫	58.0	30
异丁醇	94.6	56.5	异丙醇	79.3	28.2
2-戊酮	99.15	56	环己烷	70.2	28
3-戊酮	99.1	55	乙醇	75.95	26.8
甲苯	96.5	55	甲基环戊烷	64.2	23
甲酸	97.05	54.5	己烷	62.0	21
辛烷	92.0	53	三氯乙烯	81.4	20
丁酸甲酯	97.95	50	四氯化碳	71.3	17
1,3-二甲基环己烷	90.2	50	氯丁烷	75.5	16
溴丁烷	90.0	50	苯	79.15	14
叔戊醇	93.1	49.5	甲醇	64.55	12.5
丙醇	89.3	47.5	碘乙烷	71.2	10
2-丁醇	91.1	46	二硫化碳	44.25	10
乙酸丙酯	97.6	45	溴丙烷	70.55	7
烯丙醇	89.3	43	1-氯-2-甲基丙烷	68.35	6

表 2-9-6　含硝基甲烷的三元共沸混合物

第二组分	含量/%	第三组分	含量/%	共沸点/℃
丙醇	26.6	水	17.5	82.3
异丙醇	62	水	6	78.0
3-戊酮	65	水	18	82.4

表 2-9-7　硝基甲烷-水-异丙醇的三组分平衡和溶解度

平　衡						溶解度(25℃)/%		
液　相/%			气　相/%					
异丙醇	水	硝基甲烷	异丙醇	水	硝基甲烷	异丙醇	水	硝基甲烷
80.0	10.0	10.0	73.8	8.0	18.2	0.0	89.0	11.0
80.0	14.0	6.0	78.3	9.5	12.2	13.6	73.5	12.9
80.0	6.0	14.0	73.6	5.8	20.6	21.6	58.9	19.5
60.8	21.4	17.8	62.6	10.9	26.5	23.9	49.5	26.6
59.2	32.0	8.8	68.8	13.2	18.0	24.1	49.1	26.8
60.7	13.3	26.0	63.0	7.6	29.4	24.2	41.5	34.3
58.8	4.4	36.8	59.5	6.0	34.5	24.2	41.6	34.2

续表

平衡						溶解度(25℃)/%		
液相/%			气相/%					
异丙醇	水	硝基甲烷	异丙醇	水	硝基甲烷	异丙醇	水	硝基甲烷
50.0	35.8	14.2	61.1	13.2	25.7	24.3	34.1	41.6
49.8	11.8	38.4	53.0	7.5	39.5	24.3	34.1	41.7
49.9	19.8	30.3	53.4	11.5	35.1	23.1	26.8	50.1
49.5	30.0	20.5	56.1	12.6	31.3	21.4	19.6	59.0
39.4	44.0	16.6	55.6	12.8	31.6	17.2	12.4	70.4
38.4	53.6	8.0	65.8	13.3	20.9	13.2	9.0	77.8
39.6	17.0	43.4	47.0	11.0	42.0	0.0	2.3	97.7
39.6	25.4	35.0	46.0	13.3	40.7			
39.1	36.3	24.6	47.0	13.6	39.4			
24.5	54.2	21.3	43.5	13.1	43.4			
23.7	64.8	11.5	53.9	14.0	32.1			
25.0	5.0	70.0	39.1	11.8	49.1			
28.0	29.0	43.0	37.7	15.1	47.2			

表 2-9-8　硝基甲烷-苯-环己烷三组分的相互溶解度（25℃）

环己烷/%	苯/%	硝基甲烷/%	环己烷/%	苯/%	硝基甲烷/%
97.80	0.00	2.20	30.97	28.63	40.41
91.63	5.09	3.29	23.56	26.72	49.73
84.98	10.46	4.56	18.32	23.87	57.81
76.40	17.03	6.57	13.06	18.91	68.03
67.68	22.66	9.67	8.87	11.40	79.72
57.64	27.19	15.17	7.51	7.73	84.76
45.61	29.86	24.52	7.05	6.12	86.83
39.13	29.74	31.13	5.10	0.00	94.90
35.01	27.19	37.81			

表 2-9-9　硝基甲烷-苯二组分的汽液平衡

苯/%		温度/℃	苯/%		温度/℃	苯/%		温度/℃
液相	气相		液相	气相		液相	气相	
90.0	89.1	90.45	59.3	73.0	95.30	28.6	58.0	99.3
80.0	82.8	90.70	49.3	68.7	96.27	18.0	47.8	101.2
69.6	77.3	94.40	38.7	63.2	98.70	8.2	30.0	108.3

(12) 附图

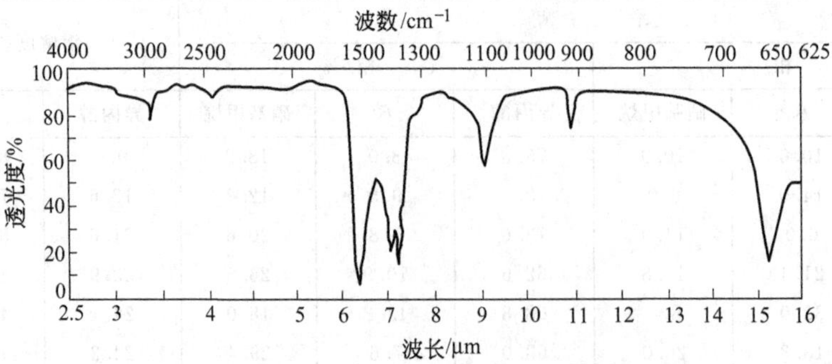

图 2-9-1　硝基甲烷的红外光谱图

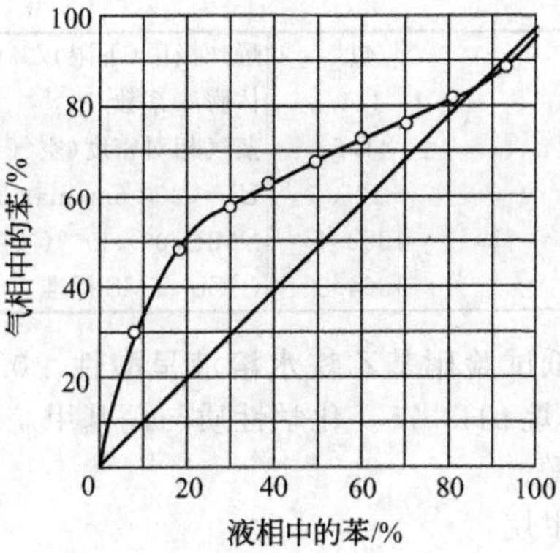

图 2-9-2 硝基甲烷-苯的二组分气液平衡

参 考 文 献

1 CAS 75-52-5
2 EINECS 200-876-6
3 日本化学会. 化学便覧. 基礎編. 丸善. 1966
4 The Merck Index 7th ed. 728
5 T. H. Durans. Solvents. Chapman，1957. 92
6 I. Mellan. Industrial Solvents. 2nd ed. Van Nostrand Reinhold. 1950. 381
7 D. E. Holcomb. Ind. Eng. Chem. 1949，41：2788
8 木村晢. 有機合成化学. 1960，18：900
9 桑田勉. 溶剂. 丸善. 1947. 384
10 佐佐木一雄. 天然ガス化学工業. 日刊工業新聞社. 1960. 170
11 G. P. Mueller. J. Amer. Chem. Soc. 1950，72：3626
12 C. J. Pouchrt, The Aldrich Library of Infrared Spectra. Aldrich Chemical Co. 1970. 180F，No. 10817-0
13 E. Stenhagen. Registry of Mass Spectral Data. Vol. 1. Wiley. 1974. 15
14 機器分析データ集. NMR-5F. N209SG，東京化成（株）. 1970
15 W. L. Faith et al. Industrial Chemicals. 3rd ed. Wiley. 1965. 547
16 浅原照三. 石油と石油化学. 1959，3：12，45
17 E. Browning. Toxicity and Metabolism of Industrial Solvents. Elsevier. 1965. 276
18 G. L. Gabriel. Ind. Eng. Chem. 1940. 32：887
19 J. E. Schumacher et al. Ind. Eng. Chem. 1942，34：701
20 H. I. Weck et al. Ind. Eng. Chem. 1954，46：2521
21 The Merck Index. **10**，6452；**11**，6532

658. 硝基乙烷

nitroethane

(1) 分子式　$C_2H_5NO_2$。　　　相对分子质量　75.07。

(2) 示性式或结构式　$CH_3CH_2NO_2$

(3) 外观　无色油状液体，有类似氯仿的气味。

(4) 物理性质

沸点(101.3kPa)/℃	114.0	折射率(20℃)	1.3916
熔点/℃	−89.5	介电常数(30℃)	28.06
相对密度(25℃/25℃)	1.041	偶极矩/(10^{-30} C·m)	13.24
(20℃/20℃)	1.052	黏度(25℃)/mPa·s	0.661
(15℃/15℃)	1.056	表面张力(20℃)/(N/m)	31×10^{-3}

续表

闪点(开口)/℃	41	爆炸极限(下限)/%(体积)	4.0
燃点/℃	414	体膨胀系数/K^{-1}	11.2×10^{-4}
蒸发热(25℃)/(kJ/mol)	41.6	蒸气相对密度(空气=1)	2.58
生成热/(kJ/mol)	−125.6	UV<300 nm，max 270 nm	
燃烧热(20℃)/(kJ/mol)	1362.4	NMR1.00×10^{-6}(三重峰)，2.60×10^{-6}(四重峰)	
(25℃)/(kJ/mol)	1364.0	(CCl_4，TMS标准)	

(5) 化学性质 用石蕊试纸试验硝基乙烷水溶液呈酸性。0.01mol/L 水溶液 pH5.20；饱和水溶液 pH3.85；水饱和硝基乙烷 pH3.75。化学性质与硝基甲烷相同，在碱性溶液中与羰基化合物发生加成反应，生成β-硝基醇。

(6) 精制方法 参照硝基甲烷。

(7) 溶解性能 能与醇、醚、氯仿等混溶。能溶解多种树脂和纤维素衍生物。例如，对硝酸纤维素、醋酸纤维素、聚乙酸乙烯酯等都有良好的溶解能力。20℃时在水中溶解 4.5%；水在硝基乙烷中溶解 0.9%。

(8) 用途 用作硝酸纤维素、醋酸纤维素、树脂、蜡、脂肪和染料等的溶剂和火箭燃料。液相色谱溶剂。

(9) 使用注意事项 危险特性属第 3.3 类高闪点易燃液体。危险货物编号：33521，UN 编号：2842。工作场所最大容许浓度 $307mg/m^3$。对呼吸道刺激作用较硝基甲烷为弱。但局部刺激性较强。动物试验证明，硝基乙烷不被皮肤吸收，口服后从尿中排出，但有一部分在血液中变成亚硝酸酯，进而氧化为硝酸酯，或者转变成醛。硝基乙烷能引起肠胃充血或脑充血，侵害肝、肾。处于高浓度的环境中能刺激眼黏膜，兴奋中枢神经，手脚抽搐，呼吸困难。但环境消除时，这些症状便可迅速消失。兔经口 LD_{50} 为 0.50～0.75g/kg。小鼠 LC_{50} 为$20g/m^3$。

(10) 附表

表 2-9-10 硝基乙烷的蒸气压

温度/℃	蒸气压/kPa	温度/℃	蒸气压/kPa	温度/℃	蒸气压/kPa	温度/℃	蒸气压/kPa
−21.0	0.13	24.8	2.67	50	9.94	90	48.14
1.5	0.67	25	2.79	60	15.09	94	53.33
10	1.14	30	3.65	70	23.18	100	66.58
12.5	1.33	40	6.16	74.8	26.66	110	90.21
20	2.09	46.5	8.00	80	33.89	114.0	101.33

表 2-9-11 含硝基乙烷的二元共沸混合物

第二组分	共沸点/℃	硝基乙烷/%	第二组分	共沸点/℃	硝基乙烷/%
异戊醇	112.2	78	甲基环己烷	90.8	30
水	87.1	73.6	庚烷	89.2	28
乙酸	112.4	70	异丁酸乙酯	108.5	27
丁酸异丁酯	112.5	60	甲苯	106.5	25
丁醇	107.7	55	溴丁烷	96.0	25
异丁醇	102.5	40			

参 考 文 献

1 CAS 79-24-3
2 EINECS 201-188-9
3 日本化学会. 化学便覧. 基礎編. 丸善. 1966
4 T. H. Durrans. Solvents. Chapman，1957. 92
5 D. E. Holcomb. Ind. Eng. Chem. 1949，41：2788
6 浅原照三. 石油と石油化学. 1955，3：12，45
7 The Merck Index 7th ed. 726

8 A. Weissberger. Organic Solvents 3rd ed. Wiley. 1971. 393
9 I. Mellan. Industrial Solvents. 2nd ed. Van Nostrand Reinhold. 1950. 381
10 佐佐木一雄. 天然ガス化学工業. 日刊工業新聞社，1960. 170
11 C. J. Pouchert. The Aldrich Library of Infrared Spectra. Aldrich Chemical Co. 1970. 180H，No. 13020-6
12 E. Stenhagen. Registry of Mass Spectral Data. Vol. 1，Wiley. 1974. 31
13 W. Hofman et al. J. Amer. Chem. Soc. 1964，86：554
14 W. L. Faith et al. Industrial Chemicals. 3rd ed. Wiley. 1965. 547

659. 硝基丙烷

1-nitropropane

(1) 分子式 $C_3H_7NO_2$。 相对分子质量 89.10。

(2) 示性式或结构式 $CH_3CH_2CH_2NO_2$

(3) 外观 无色或浅黄色油状液体。

(4) 物理性质

沸点(101.3 kPa)/℃	131.38	闪点(开口)/℃	34
熔点/℃	−108	燃点/℃	421
相对密度(25℃/4℃)	0.9934	蒸发热(25℃)/(kJ/mol)	43.4
(20℃/20℃)	1.003	生成热/(kJ/mol)	−167.6
(20℃/4℃)	1.0009	燃烧热(20℃)/(kJ/mol)	2014.7
折射率(20℃)	1.4018	(25℃)/(kJ/mol)	2015.2
介电常数(30℃)	23.24	爆炸极限(下限)/%(体积)	2.6
黏度(25℃)/mPa·s	0.798	体膨胀系数/K^{-1}	10.1×10^{-4}
表面张力(20℃)/(mN/m)	30	蒸气相对密度(空气=1)	3.06

(5) 化学性质 水溶液呈酸性，0.01mol/L 水溶液 pH5.61；硝基丙烷饱和水溶液 pH4.33；水饱和硝基丙烷 pH4.06。其他性质与硝基甲烷相同。

(6) 精制方法 参照硝基甲烷。

(7) 溶解性能 能与醇、醚、苯、氯仿混溶。为各种纤维素衍生物、乙烯基类树脂特别是共聚物、硝酸纤维素漆、合成橡胶、油脂、染料等的优良溶剂，但不溶解聚氯乙烯。20℃时在水中溶解 1.4%；水在硝基丙烷中溶解 0.05%。

(8) 用途 用作多种树脂、蜡、脂肪和染料等的溶剂。与其他溶剂组成的混合溶剂广泛用于涂料工业。还用作有机合成原料。

(9) 使用注意事项 致癌物。危险特性属第 3.3 类高闪点易燃液体。危险货物编号：33522，UN 编号：2608。毒性比硝基甲烷和硝基乙烷强，特别对局部刺激强烈。对肝、肾的毒性也强。在 1%以上浓度的蒸气中所有实验动物均死亡。工作场所最高容许浓度91mg/m^3。兔经口 LD_{50} 为 250～500mg/kg。

(10) 附表

表 2-9-12 硝基丙烷的蒸气压

温度/℃	蒸气压/kPa	温度/℃	蒸气压/kPa	温度/℃	蒸气压/kPa	温度/℃	蒸气压/kPa
−9.6	0.13	30	1.80	70	12.57	120	72.67
10	0.53	37.9	2.67	80	18.79	130	97.09
13.5	0.67	40	3.10	90	27.26	131.4	101.33
20	1.00	50	5.12	100	38.60		
25	1.33	60	8.16	110	53.49		

表 2-9-13　醋酸-丁酸纤维素在硝基丙烷及稀释剂混合物中的溶解性能

混合溶剂的组成/%					溶解性能
硝基丙烷	甲　苯	乙　醇	丁　醇	乙酸丁酯	
100					可　溶
60		40			可　溶
50		50			部分可溶
40		60			部分可溶
70	30				部分可溶
60	40				可　溶
40	30	30			可　溶
35	32.5	32.5			可　溶
35	25	40			可　溶
35	40	25			可　溶
30	35	35			可　溶
30	45	25			可　溶
25	37.5	37.5			可　溶
50	25		25		可　溶
40	30		30		可　溶
30	35		35		部分可溶
50				50	部分可溶
40		30		30	可　溶
30		35		35	不　溶

参 考 文 献

1　CAS 108-03-2
2　EINECS 203-544-9
3　日本化学会. 化学便覧. 基礎編. 丸善. 1966
4　The Merck Index. 7th ed. 730
5　T. H. Durrans. Solvents. Chapman，1957. 92
6　D. E. Holcomb. Ind. Eng. Chem. 1949，41：2788
7　I. Mellan，Industrial Solvents. 2nd ed. Van Nostrand Reinhold. 1950. 381
8　佐佐木一雄. 天然ガス化学工業，日刊工業新聞社. 1960. 170
9　C. J. Pouchert. The Aldrich Library of Infrared Spectra. Aldrich Chemical Co. 1970. No. 2285-1
10　E. Stenhagen. Registry of Mass Spectral Data. Vol. 1，Wiley. 1974. 60
11　W. Hofman et al. J. Amer. Chem. Soc. 1964，86：554
12　W. L. Faith et al. Industrial Chemicals. 3rd ed. Wiley. 1965. 547
13　浅原照三. 石油と石油化学. 1959，3：12，45
14　E. Browning. Toxicity and Metabolism of Industrial Solvents. Elsevies. 1965. 276
15　左右田礼典. 化学と工業. 1969；22：500
16　C. Bogin et al.. Ind. Eng. Chem. 1942，34：1091

660. 2-硝基丙烷

2-nitropropane［β-nitropropane］

(1) 分子式　$C_3H_7NO_2$。　　相对分子质量　89.10。

(2) 示性式或结构式　CH_3CHCH_3（NO_2 连于中间碳原子）

$$\begin{array}{c} CH_3CHCH_3 \\ | \\ NO_2 \end{array}$$

(3) 外观　无色油状液体。

(4) 物理性质

沸点(101.3kPa)/℃	120.3	闪点(开口)/℃	39
熔点/℃	−93	燃点/℃	428
相对密度(20℃/20℃)	0.992	蒸发热(25℃)/(kJ/mol)	41.4
(20℃/4℃)	0.9876	生成热/(kJ/mol)	−183.3
(25℃/4℃)	0.9821		−183.0
折射率(20℃)	1.3941	燃烧热(25℃)/(kJ/mol)	1999.6
(20℃)	1.3944	(20℃)/(kJ/mol)	1998.8
介电常数(30℃)	25.52	爆炸极限(下限)/%(体积)	2.6
黏度(25℃)/mPa·s	0.750	蒸气相对密度(空气=1)	3.06
表面张力(20℃)/(mN/m)	30	体膨胀系数/K^{-1}	10.4×10^{-4}

(5) 化学性质 水溶液呈酸性，0.01mol/L 水溶液 pH5.33；饱和水溶液 pH4.29；水饱和的 2-硝基丙烷 pH3.00。化学性质和硝基甲烷类似，可与醛反应生成一羟基硝基化合物。与氯反应生成 2-氯-2-硝基丙烷。与苛性碱反应生成酸硝式盐。

(6) 精制方法 参照硝基甲烷。

(7) 溶解性能 能与醇、醚等多种有机溶剂混溶。有很强的溶解能力，为各种纤维素衍生物、乙烯基树脂等的优良溶剂。20℃时在水中溶解 1.7%；水在 2-硝基丙烷中溶解 0.06%。

(8) 用途 用作纤维素衍生物、树脂、蜡、脂肪、染料等的溶剂，研磨颜料的润湿剂，以及棉织品的清洗与媒染剂。

(9) 使用注意事项 致癌物。危险特性属第 3.3 类高闪点易燃液体。危险货物编号：33522，UN 编号：2608。局部刺激性强，不被皮肤吸收，能经肠、胃吸收，伤害肝、肾。长时间接触 72.8～163.8mg/m^3 的 2-硝基丙烷时，引起食欲减退、呕吐、下痢和腹泻等症状。高浓度可引起肺水肿，出血、脑细胞选择性破坏，肝细胞损害以及全身性血管内皮细胞的损害。嗅觉阈浓度小于 110mg/m^3。工作场所最高容许浓度 91mg/m^3。兔经口 LD 为 500～750mg/kg。

(10) 附表

表 2-9-14 2-硝基丙烷的蒸气压

温度/℃	蒸气压/kPa	温度/℃	蒸气压/kPa	温度/℃	蒸气压/kPa
−18.8	0.13	28.2	2.67	80	28.13
4.1	0.67	30	3.02	90	39.88
10	0.94	40	5.08	100	55.52
15.8	1.33	50	8.18	110	75.22
20	1.73	60	12.69	120.3	101.33
25	2.30	70	19.15		

参 考 文 献

1 CAS 79-46-9
2 EINECS 201-209-1
3 The Merck Index. th ed. 730.
4 日本化学会. 化学便覧. 基礎編. 丸善. 1966.
5 T. H. Durrans. Solvents. Chapman，1957. 92
6 D. E. Holcomb. Ind. Eng. Chem. 1949，41：2788
7 佐佐木一雄. 天然ガス化学工業. 日刊工業新聞社. 1960. 170
8 N. Kornblum et al. J. Org. Chem. 1956，21：377
9 E. Stenhagen. Registry of Mass Spectral Data. Vol. 1，Wiley. 1974. 59
10 機器分析データ集. NMR-5G，東京化成（株）. 1970. N249EP
11 W. L. Faith et al.，Industrial Chemicals. 3rd ed. Wiley. 1965. 547
12 I. Mellan，Industrial Solvents. 2nd ed. Van Nostrand Reinhold. 1950. 381
13 木村暂. 有機合成化学. 1960，18：900
14 浅原照三. 石油と石油化学. 1959，3：12，45

15 左右田礼典. 化学と工業. 1969, 22: 500
16 E. Browning. Toxicity and Metabolism of Industrial Solvents. Elsevies. 1965. 276
17 The Merck Index. **10**, 6474; **11**, 6549

661. 硝基丁烷

1-nitrobutane

(1) 分子式 $C_4H_9NO_2$。 相对分子质量 103.12。

(2) 示性式或结构式 $CH_3(CH_2)_3NO_2$

(3) 外观 无色液体。

(4) 物理性质

沸点(101.3kPa)/℃	148～152	折射率(20℃)	1.4100
熔点/℃	−81	闪点/℃	47
相对密度(20℃/4℃)	0.974		

(5) 溶解性能 与乙醇、乙醚、碱溶液混溶，微溶于水。

(6) 用途 溶剂、有机合成中间体。

(7) 使用注意事项 硝基丁烷的危险特性属第3.3类高闪点易燃液体。危险货物编号：33524。吸入、食入除刺激黏膜外，对中枢神经系统有损害。易燃，其蒸气与空气形成爆炸性混合物。

(8) 附表

表 2-9-15 硝基丁烷的蒸气压

温度/℃	蒸气压/kPa	温度/℃	蒸气压/kPa	温度/℃	蒸气压/kPa
0	0.16	60	3.47	120	39.00
10	0.33	70	5.61	130	53.25
25	0.47	80	8.74	140	71.17
30	0.64	90	13.27	150	92.80
40	1.18	100	19.44		
50	2.07	110	27.61		

参 考 文 献

1 CAS 627-05-4
2 EINECS 210-980-3
3 Beil., **1**, 123

662. 2-硝基丁烷

2-nitrobutane

(1) 分子式 $C_4H_9NO_2$。 相对分子质量 103.12。

(2) 示性式或结构式 $CH_3CH_2CH(NO_2)CH_3$

(3) 外观 黄色液体。

(4) 物理性质

沸点(101.3kPa)/℃	139～141	折射率(20℃)	1.4055～1.4075
熔点/℃	−132	燃烧热/(kJ/mol)	25725
相对密度(25℃/4℃)	0.9604	蒸气压(20℃)/kPa	0.64

(5) 溶解性能 与乙醇、乙醚混溶，不溶于水。

(6) 用途 溶剂、有机合成中间体。

(7) 使用注意事项 2-硝基丁烷的危险特性属第3.3类高闪点易燃液体。危险货物编号：33524。易燃，遇明火、高热能燃烧。有毒，避免与眼睛、皮肤接触。

(8) 附表

表 2-9-16 2-硝基丁烷的蒸气压

温度/℃	蒸气压/kPa	温度/℃	蒸气压/kPa	温度/℃	蒸气压/kPa
0	0.37	50	3.82	100	30.41
10	0.73	60	6.16	110	42.51
25	1.00	70	9.56	120	58.20
30	1.35	80	14.43	130	77.80
40	2.31	90	21.17	140	101.33

参 考 文 献

1 CAS 600-24-8

2 EINECS 209-989-5

3 Beil., **12**, 690

663. 硝 基 苯

nitrobenzene [oil of mirbane]

(1) 分子式 $C_6H_5NO_2$。 相对分子质量 123.11。

(2) 示性式或结构式

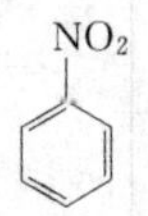

(3) 外观 无色或浅黄色油状液体，有苦杏仁味。

(4) 物理性质

沸点(101.3kPa)/℃	210.9	熔化热(278.98℃)/(kJ/mol)	11.60
熔点/℃	5.76	燃烧热(20℃)/(kJ/mol)	3094.9
相对密度(20℃/4℃)	1.2037	比热容(30℃,定压)kJ/(kg·K)	1.44
折射率(15℃)	1.55457	临界温度/℃	459
(20℃)	1.55291	沸点上升常数	5.27
介电常数(25℃)	34.82	冰点下降常数	6.9
(90℃)	24.9	电导率(23.6℃)/(S/m)	1.22×10^{-8}
(130℃)	20.8	(25℃)/(S/m)	9.1×10^{-7}
偶极矩/(10^{-30} C·m)	14.04	热导率(20℃)/[W/(m·K)]	0.13649
表面张力(20℃)/(mN/m)	43.35	爆炸极限(下限)/%(体积)	1.8
(20℃)/(mN/m)	43.55	体膨胀系数(0～30℃)/K^{-1}	0.83×10^{-3}
(30℃)/(mN/m)	42.17	蒸气相对密度(空气=1)	4.25
闪点(闭口)/℃	87.8	IR(参照图 2-9-3)	
燃点/℃	495.6	NMR 7.30～7.80×10^{-6}(多重峰)，	
蒸发热(484℃)/(kJ/mol)	47.73	8.20×10^{-6}(多重峰)(CCl_4,TMS标准)	

(5) 化学性质 对酸、碱比较稳定。能随水蒸气挥发，具弱的氧化作用。用铁、锌等金属与盐酸作用，或用镍、铜、银等为催化剂，加压进行还原，生成苯胺。与硫酸和硝酸的混合酸作用，生成二硝基苯或三硝基苯。在碘或氯化镁存在下进行氯化反应，生成间氯硝基苯。在氯化铁存在下进行氯化反应，常温下生成2,5-二氯硝基苯。100℃时生成2,3,5,6-四氯硝基苯。100℃以

上生成六氯苯。与发烟硫酸作用主要生成间硝基苯磺酸。与氢氧化钾作用生成邻硝基苯酚及少量对硝基苯酚。硝基苯能与 Grignard 试剂反应。

(6) 精制方法　硝基苯通常含有硝基甲苯、二硝基噻吩、二硝基苯和苯胺等杂质。精制时用稀硫酸、稀碱和水依次洗涤，氯化钙干燥后反复进行减压蒸馏。也可以用分步结晶或用绝对乙醇重结晶的方法精制。其他的精制方法有：在稀硫酸存在下进行水蒸气蒸馏，馏出物分去水层后，用氯化钙干燥，然后在氧化钡、五氧化二磷、三氯化铝或活性氧化铝存在下减压蒸馏。

(7) 溶解性能　几乎不溶于水。能与醇、醚、苯等有机溶剂相混溶。对有机物溶解能力强，能溶解纤维素醚和醋酸纤维素，并能溶解三氯化铝。

(8) 用途　用作纤维素醚等的溶剂。由于能溶解三氯化铝，故广泛用作 Friedel-Crafts 反应的溶剂。液相色谱溶剂。此外，硝基苯还是重要的化工原料，可用于多种医药和染料的中间体，如苯胺、二硝基苯、联苯胺、偶氮苯、间氨基苯磺酸等。

(9) 使用注意事项　属高毒物品。危险特性属第 6.1 类毒害品。危险货物编号：61056，UN 编号：1662。能吸湿，见光后颜色逐渐变深，故应密封避光置阴凉处贮存。硝基苯是剧毒物质，口服 15 滴即可致死。极易被皮肤吸收，由于生成高铁血红蛋白而成为紫绀症，并能引起呕吐、眩晕、持续的头痛，有时还能引起痉挛，最后深度昏睡而致死。吸入硝基苯浓蒸气可引起急性中毒，其症状为突然昏倒、神志不清、麻醉。长期吸入稀薄的蒸气时，会引起血液变化，最初脸色苍白，然后鼻、口唇、齿龈、指尖逐渐变成暗灰色。对肝、肾等组织破坏性大。嗅觉阈浓度 5.12mg/m^3。TJ 36—79 规定车间空气中最高容许浓度为 5mg/m^3。致死量 4～10g。兔经口致死量为 700mg/kg。

(10) 规格　硝基苯

项　　目		GB/T 9335—2009		HG/T 3451—2003	
		优等品	一等品	分析纯	化学纯
外观		浅黄色透明液体			
干品结晶点/℃	⩾	5.5	5.4	5.5	5.0
纯度/%	⩾	99.80	99.50	99.0	98.5
低沸物/%	⩽	0.05	0.10	—	—
硝基甲苯/%	⩽	0.05	0.10	—	—
高沸物/%	⩽	0.10	0.10	—	—
水分/%	⩽	0.10	0.10	—	—
酸度(以 H^+ 计)/(mmol/100g)	⩽	—	—	0.02	0.05
二硝基噻吩		—	—	合格	合格

(11) 附表

表 2-9-17　硝基苯的蒸气压

温度/℃	蒸气压/kPa	温度/℃	蒸气压/kPa
44.4	0.13	139.9	13.33
71.6	0.67	161.2	26.66
84.9	1.33	185.8	53.33
99.3	2.67	210.9	101.33
125.8	8.00		

表 2-9-18　硝基苯的黏度

温度/℃	黏度/(mPa·s)	温度/℃	黏度/(mPa·s)
0	3.09	50	1.24
10	2.46	60	1.09
20	2.01	80	0.87
30	1.69	100	0.70
40	1.44		

表 2-9-19　硝基苯-水的相互溶解度

温　　度/℃	水层中的硝基苯/%	硝基苯层中的硝基苯/%
20	0.19	99.76
60	0.4	99.3
100	1.0	98.7
160	2.8	95.8
220	11.8	87.0
240	23.0	72.0
244.5(上部临界温度)	50.1	

表 2-9-20 含硝基苯的二元共沸混合物

第 二 组 分	共沸点/℃	硝基苯/%	第 二 组 分	共沸点/℃	硝基苯/%
N,*N*-二甲基苯胺	210.72	97	苄醇	204.2	38
2-苯基乙醇	210.6	92	樟脑	208.4	35
苯甲酸乙酯	210.6	81	水	98.6	12
乙酰胺	210.95	76	马来酸二甲酯	203.9	7
乙二醇	185.9	41			

(12) 附图

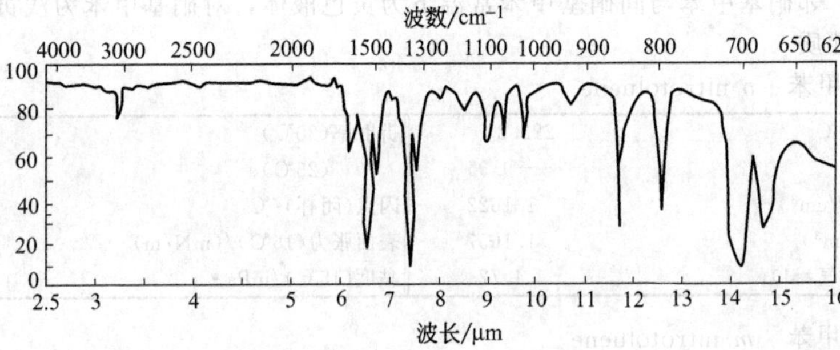

图 2-9-3 硝基苯的红外光谱图

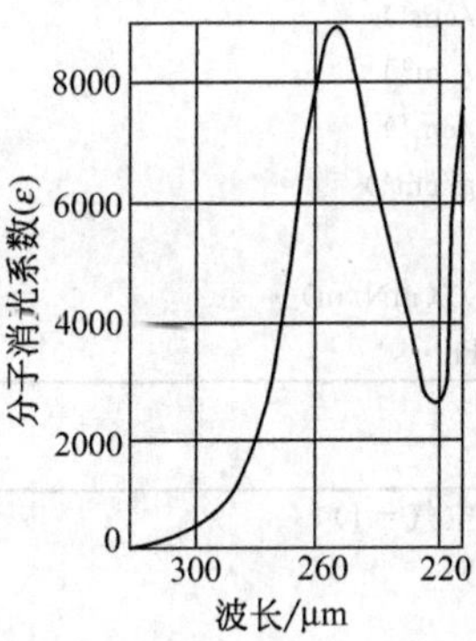

图 2-9-4 硝基苯的紫外光谱图

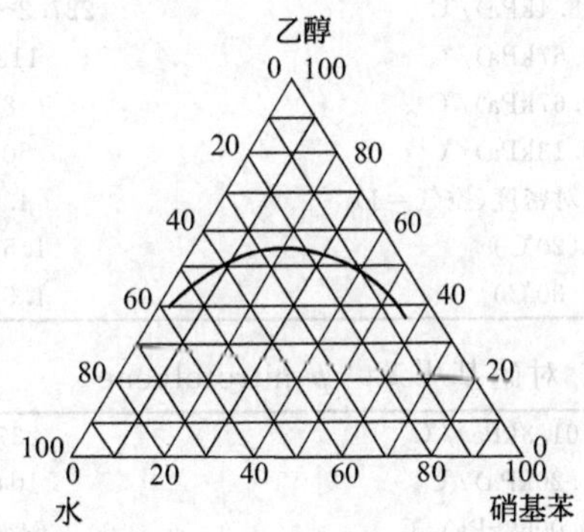

图 2-9-5 水-乙醇-硝基苯的三组分溶解度（%）

参 考 文 献

1 CAS 98-95-3
2 EINECS 202-716-0
3 日本化学会. 化学便覧. 基礎编. 丸善. 1966.
4 N. A. Lange. Handbook of Chemistry. McGraw. 1961. 626
5 A. Weissberger. Organic Solvents. 2nd ed. Wiley. 223
6 T. Urbanski. Roczn. 1937，17：585
7 化学工学協会. 物性定数. 1 集. 丸善. 1964. 268
8 日本化学会. 実験化学講座（続）. 5 卷下. 丸善. 1966. 987
9 C. J. Pouchert., The Aldrich Library of Infrared Spectra. Aldrich Chemical Co. 1970. 595 D，No. N 1095-0
10 E. Stenhage. Registry of Mass Spectral Data. Vol. 1. Wiley. 1974. 195
11 W. W. Simons and M. Zanger. Guide to NMR Spectra. Sadtler Research Lab. Inc. 1972. 332
12 W. L. Faith et al. Industrial Chemicals. 2nd ed. Wiley. 1957. 554
13 Beilstein. Handbuch der Organischen Chemie. H，5-233；E Ⅳ，5-708
14 The Merck Index. **10**，6434；**11**，6507
15 张海峰主编. 危险化学品安全技术大典：第 1 卷：北京：中国石化出版社，2010

664. 硝基甲苯

nitro toluene [methylnitrobenzene]

(1) 分子式　$C_7H_7NO_2$。　　　相对分子质量　137.14。

(2) 示性式或结构式

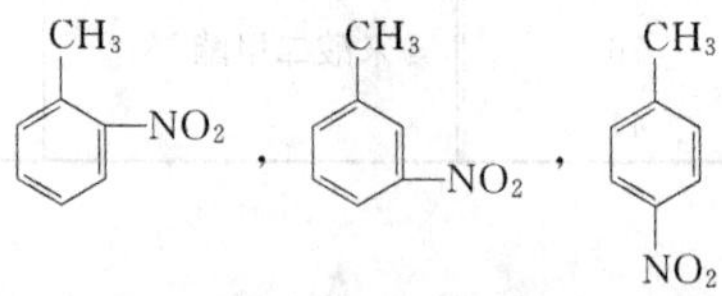

(3) 外观　邻硝基甲苯与间硝基甲苯常温下为黄色液体，对硝基甲苯为浅黄色结晶。

(4) 物理性质

① 邻硝基甲苯　*o*-nitrotoluene

沸点(101.3kPa)/℃	222.3	折射率(20℃)	1.5474
熔点/℃	−9.55	(25℃)	1.544
密度(19.2℃)/(g/cm³)	1.1622	闪点(闭杯)/℃	106
(18℃)/(g/cm³)	1.1657	表面张力(15℃)/(mN/m)	42.3
蒸气相对密度(空气=1)	4.72	黏度(15℃)/mPa·s	0.0262

② 间硝基甲苯　*m*-nitrotoluene

沸点(101.3kPa)/℃	231.87	熔点/℃	15.5
(98.4kPa)/℃	227.2～227.5	密度(15℃)/(g/cm³)	1.1630
(2.67kPa)/℃	112.8	(20℃)/(g/cm³)	1.1581
(0.67kPa)/℃	81	(59℃)/(g/cm³)	1.124
(0.13kPa)/℃	50.2	(121℃)/(g/cm³)	1.063
蒸气相对密度(空气=1)	4.72	闪点(闭杯)/℃	106
折射率(20℃)	1.5466	表面张力(30℃)/(mN/m)	39.9
(30℃)	1.5426	黏度(30℃)/mPa·s	0.0178

③ 对硝基甲苯　*p*-nitrotoluene

沸点(101.3kPa)/℃	237.7	蒸气相对密度(空气=1)	4.72
(1.20kPa)/℃	104.5	折射率(62.5℃)	1.5346
(0.0069kPa)/℃	64～65	闪点(闭杯)/℃	106
熔点/℃	54.5	表面张力(60℃)/(mN/m)	36.8
密度(20℃)/(g/cm³)	1.286	黏度(60℃)/mPa·s	0.01204
(55℃)/(g/cm³)	1.123	(75℃)/mPa·s	0.0098
(75℃)/(g/cm³)	1.1038		

(5) 溶解性能　邻硝基甲苯和间硝基甲苯难溶于水，能与乙醇，乙醚、苯、石油醚等混溶，能随水蒸气挥发。对硝基甲苯溶于乙醚、丙酮、乙酸乙酯、二硫化碳、氯仿、苯及甲苯中，在甲醇，乙醇中部分溶解。

(6) 用途　用作溶剂、染料中间体及有机合成。

(7) 使用注意事项　危险特性属第6.1类毒害品。危险货物编号：61058，UN编号：1664。可经皮肤和呼吸道吸收，慢性接触可引起贫血。大鼠经口 LD_{50} 邻硝基甲苯为891mg/kg，间硝基甲苯为1072mg/kg，对硝基甲苯为2144mg/kg。避火密封贮存。

参 考 文 献

1　CAS 88-72-2；99-08-1；99-99-0

2　EINECS 201-853-3；202-728-6；202-828-0

3　Beilstein. Handbuch der Organischen Chemie. H，5-318；5-321，5-323；EⅣ，5-845；5-847；5-848

4　The Merck Iudex. **10**，6497；**11**，6572

665. 邻二硝基苯

o-dinitrobenzene

（1）分子式　$C_6H_4N_2O_4$。　　相对分子质量　168.11。

（2）示性式或结构式

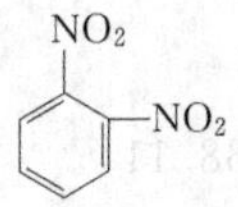

（3）外观　白色结晶。

（4）物理性质

沸点(103.6kPa)/℃	319	熔点/℃	118
(2.4kPa)/℃	182	相对密度	1.3119

（5）溶解性能　溶于乙醇、苯、氯仿、甲醇、甲苯、乙酸乙酯，不溶于水。

（6）用途　溶剂、有机合成中间体。

（7）使用注意事项　危险特性属第6.1类毒害品。属高毒物品。危险货物编号：61057。UN编号：1597。从皮肤吸收并能引起慢性中毒，具有蓄积性危害。美国职业安全与健康管理局规定，空气中最大容许暴露浓度为$1mg/m^3$。

参 考 文 献

1　CAS 528-29-0

2　EINECS 208-431-8

3　Beil.，**5**，257；**5**（4），738

4　The Merck Index. **10**，3273；**11**，3266；**13**，3301

666. 对二硝基苯

p-dinitrobenzene

（1）分子式　$C_6H_4N_2O_4$。　　相对分子质量　168.11。

（2）示性式或结构式

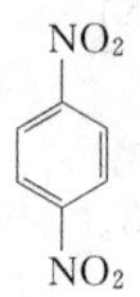

（3）外观　白色结晶。

（4）物理性质

沸点(103.6kPa)/℃	299	熔点/℃	174
(4.53kPa)/℃	183	相对密度(18℃/4℃)	

（5）溶解性能　溶于苯、丙酮、乙酸、甲苯、乙酸乙酯，微溶于乙醇、氯仿，不溶于水。

（6）用途　有机合成中间体、溶剂。

（7）使用注意事项　危险特性属第6.1类毒害品。属高毒物品。危险货物编号：61057，UN编号：1597。美国职业安全与健康管理局规定，空气中最大容许曝露浓度为$1mg/m^3$。

参 考 文 献

1　CAS 100-25-4

2　EINECS 202-833-7

3 Beil., **5**, 261; **5** (4), 741
4 The Merck Index. **10**, 3273; **11**, 3266; **13**, 3301

667. 间二硝基苯

m-dinitrobenzene

(1) 分子式 $C_6H_4N_2O_4$。 相对分子质量 168.11。

(2) 示性式或结构式

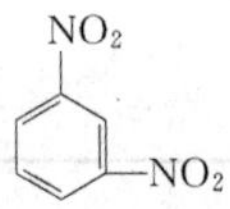

(3) 外观 浅黄色结晶。

(4) 物理性质

沸点(101.3kPa)/℃	297	熔点/℃	89~90
(100.8kPa)/℃	291	相对密度(0℃/4℃)	1.571
(1.87kPa)/℃	167		

(5) 溶解性能 易溶于苯、氯仿、乙酸乙酯，溶于醇，微溶于水。

(6) 用途 溶剂、染料中间体。

(7) 使用注意事项 危险特性属第6.1类毒害品。属高毒物品。危险货物编号：61057，UN编号：1597。美国职业安全与健康管理局规定，空气中最大容许曝露浓度为1mg/m^3。雄、雌大鼠经口LD_{50}为91mg/kg，81mg/kg。

参 考 文 献

1 CAS 99-65-0
2 EINECS 202-776-8
3 Beil., **5**, 258; **5** (4), 739
4 The Merck Index. **10**, 3273; **11**, 3266; **13**, 3301

668. 2,4,6-三硝基甲苯

2,4,6-trinitrotoluene[TNT]

(1) 分子式 $C_7H_5N_3O_6$。 相对分子质量 227.13。

(2) 示性式或结构式

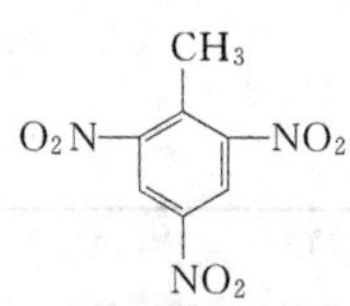

(3) 外观 黄色单斜菱形或针状结晶。

(4) 物理性质

熔点/℃	80.1	相对密度(20℃/4℃)	1.654

(5) 溶解性能 溶于甲醇、乙醇、氯仿、丙酮、硝基甲烷和苯，不溶于水、四氯化碳和正己烷。

(6) 用途 有机合成、有机分析、溶剂，制备高级炸药。

(7) 使用注意事项 属高毒物品。危险特性属第1.1类具有整体爆炸危险的物质和物品。危险货物编号：11035，UN编号：0209。于295℃时燃烧，其蒸气有毒。工作场所空气中有毒物质时间加权平均容许浓度为 $0.2mg/m^3$，短时间接触容许浓度为 $0.5mg/m^3$。美国职业安全与健康管理局规定空气中最大容许曝露浓度为 $1.5mg/m^3$。

参 考 文 献

1 CAS 118-96-7
2 EINECS 204-289-6
3 Beil., **5**, 347

669. 无 水 肼

hydrazine anhydrous

(1) 分子式 N_2H_4。 相对分子质量 32.05。

(2) 示性式或结构式 $H_2N—NH_2$

(3) 外观 无色油状液体，有氨的气味。

(4) 物理性质

沸点(101.3kPa)/℃	113.5	熔化热/(kJ/mol)	12.66
熔点/℃	1.4	燃烧热/(kJ/mol)	−622.1
相对密度(20℃/15℃)	1.011	生成热/(kJ/mol)	50.63
蒸气压(25℃)/kPa	1.92	闪点(开杯)/℃	52
表面张力(25℃)/(mN/m)	66.67	燃点/℃	23～270
介电常数(25℃)	51.7	爆炸极限(下限)/%(体积)	4.6
折射率(25℃)	1.4644	(上限)/%(体积)	100
蒸发热/(kJ/mol)	45.27		

(5) 化学性质 肼为吸热化合物，具有碱性和强还原性、腐蚀性，高温加热时分解为氮气、氢气和氨气。能侵蚀玻璃、橡胶、皮革、软木等。能与无机酸合成盐。

(6) 溶解性能 能与水、甲醇、乙醇、丙酮等混溶，不溶于乙醚、氯仿和苯。与水能形成恒沸点为 120.3℃的混合物（含 68%的肼）。

(7) 用途 肼产品多数是作为水溶液销售的。无水肼用作火箭燃料或卫星、宇宙飞船用的单元推进剂。发泡剂、农药、药物的原料。

(8) 使用注意事项 属高毒物品。剧毒化学品。致癌物。危险特性属第 3.3 类高闪点易燃液体。危险货物编号：33631；82020，UN 编号：2029；2030。即使在稀释的溶液中（通常含肼 68%），肼也有很高的毒性。通过口腔、皮肤及呼吸道进入人体，出现红肿、皮炎、过敏等症状；溅入眼睛可对角膜造成永久性伤害；口服会导致神经系统痉挛和忧郁。反复暴露于肼蒸气中会损伤肺、肝或肾，引起血液循环失调。长时间处于高浓度肼蒸气中，导致痉挛、休克，直至心血管损害而死亡。肼具有潜在致癌危险，中毒后无特效解毒剂。兔经皮 LD_{50} 为 25mg/kg，白鼠经口 LD_{50} 为 50mg/kg。工作场所空气中有毒物质时间加权平均容许浓度为 $0.06mg/m^3$；短时间接触容许浓度为 $0.13mg/m^3$。美国职业安全与健康管理局规定空气中最大容许曝露浓度为 $0.1mg/m^3$。

参 考 文 献

1 CAS 302-01-2；7805-57-8
2 EINECS 206-114-9
3 The Merck Index. **12**，4809；**13**，4789
4 《化工百科全书》编辑委员会，化学工业出版社《化工百科全书》编辑部编. 化工百科全书：第 8 卷，北京：化学工业出版社，1994

670. 1,1-二甲基肼［偏二甲基肼］

1,1-dimethylhydrazine［*unsem*-dimethylhydrazine］

(1) 分子式　$C_2H_8N_2$。　　　相对分子质量　60.11。

(2) 示性式或结构式　$(CH_3)_2NNH_2$

(3) 外观　无色液体。在空气中发烟，并逐渐变黄。有吸湿性。有氨的气味。

(4) 物理性质

沸点(101.3kPa)/℃	63.9	蒸发热/(kJ/mol)	35.02
熔点/℃	−58	熔化热/(kJ/mol)	10.08
燃点/℃	249	燃烧热/(kJ/mol)	−1979
相对密度(20℃/22℃)	0.7914	生成热/(kJ/mol)	49.37
蒸气压(25℃)/kPa	20.93	闪点(开杯)/℃	1
表面张力(25℃)/(mN/m)	24.0	爆炸极限(下限)/%(体积)	2
折射率(25℃)	1.4508	(上限)/%(体积)	95

(5) 化学性质　有强还原性，与任何氧化剂接触均导致燃烧、爆炸。有强吸湿性。与酸作用生成盐；与亚硝酸作用生成二甲胺；与醛、酮反应生成腙。

(6) 溶解性能　与水、乙醇、乙醚、二甲基甲酰胺、苯混溶。

(7) 用途　植物生长调节剂，有机合成、分析试剂，高能燃料，溶剂。

(8) 使用注意事项　属高毒物品。剧毒化学品。致癌物。危险特性属第3.2类中闪点易燃液体。危险货物编号：32184，UN编号：1163。剧毒，可致癌。蒸气吸入后出现鼻腔及咽喉部的刺激症状，呼吸困难，恶心、剧烈呕吐及神经系统症状，神经衰弱，步态不稳，抽搐、昏迷等。眼部表现为轻度结膜炎。白鼠经口 LD_{50} 为 265mg/kg。工作场所空气中有毒物质时间加权平均容许浓度为 0.5mg/m³；短时间接触容许浓度为 1.5mg/m³。中毒后无特效解毒剂，只能对症治疗。美国职业安全与健康管理局规定空气中最大容许曝露浓度为 1mg/m³。

参考文献

1 CAS 57-14-7

2 EINECS 200-316-0

3 Beil., **4**, 547; **4** (4), 3322

4 The Merck Index. **12**, 3296; **13**, 3274

5 《化工百科全书》编辑委员会，化学工业出版社《化工百科全书》编辑部编. 化工百科全书：第8卷，北京：化学工业出版社，1994

671. 甲　基　肼

methylhydrazine

(1) 分子式　CH_6N_2。　　　相对分子质量　46.07。

(2) 示性式或结构式　CH_3NHNH_2

(3) 外观　无色液体，有氨的气味。

(4) 物理性质

沸点(101.3kPa)/℃	87.8	闪点/℃	−8
熔点/℃	−20.9	爆炸极限(下限)/%(体积)	2.5
相对密度(20℃/4℃)	0.87	(上限)/%(体积)	98.0
蒸气压(25℃)/kPa	6.61		

(5) 溶解性能　溶于水、乙醇、乙醚。

(6) 用途　溶剂、有机合成中间体。

(7) 使用注意事项　甲基肼的危险特性属第3.2类中闪点易燃液体。危险货物编号：32183，UN编号：1244。遇明火、高热会引起燃烧爆炸。接触空气能自燃或干燥品久贮变质后能自燃。触及皮肤易经皮肤吸收或误食、吸入蒸气、粉尘会引起中毒。有强腐蚀性。

参 考 文 献

1 CAS 60-34-4

2 EINECS 200-471-4

3 Beilstein. Handbuch der Organischen Chemie. H，4-546；EⅡ，4-957；EⅣ，4-3322

4 The Merck Index. **10**，5957；**11**，6001

672. 乙　腈

acetonitrile［methyl cyanide，cyanomethane，ethanenitrile］

(1) 分子式　C_2H_3N。　　相对分子质量　41.05。

(2) 示性式或结构式　CH_3CN

(3) 外观　无色液体，有醚的气味。

(4) 物理性质

沸点(101.3kPa)/℃	81.60	表面张力(20℃)/(mN/m)	19.10
熔点/℃	−43.835	(30℃)/(mN/m)	27.80
相对密度(20℃/4℃)	0.7822	闪点/℃	5.6
(25℃/4℃)	0.7766	蒸发热(25℃)/(kJ/kg)	33.25
(30℃/4℃)	0.77125	(80.5℃)/(kJ/kg)	29.84
折射率(20℃)	1.34411	熔化热/(kJ/mol)	8.17
(25℃)	1.34163	生成热(25℃)/(kJ/mol)	51.50
介电常数(81.6℃)	26.2	燃烧热(25℃)/(kJ/mol)	1266.09
(20℃)	37.5	比热容(25℃,定压)/[kJ/(kg·K)]	1.31
(0℃)	42.0	临界温度/℃	274.7
偶极矩(20℃,苯)/(10^{-30} C·m)	11.47	临界压力/MPa	4.83
黏度(15℃)/(mPa·s)	0.375	电导率(25℃)/(S/m)	6×10^{-10}
(30℃)/(mPa·s)	0.325	体膨胀系数(20℃)/K^{-1}	0.00137

(5) 化学性质

① 乙腈为稳定的化合物，不易氧化或还原，但碳氮之间为叁键，易发生加成反应。例如：

与卤化氢加成　$CH_3C{\equiv}N \xrightarrow{HCl} CH_3C(Cl){=}NH \xrightarrow{HCl} CH_3CCl_2{-}NH_2$

与硫化氢加成　$CH_3C{\equiv}N \xrightarrow{H_2S} CH_3C({=}S){-}NH_2 \rightleftharpoons CH_3C(SH){=}NH$

无机酸存在下与醇加成　$CH_3C{\equiv}N \xrightarrow{RON} CH_3C(OR){=}NH$

与酸或酸酐加成　$CH_3C{\equiv}N \xrightarrow{CH_3COOH} (CH_3CO)_2NH$

$CH_3C{\equiv}N \xrightarrow{(CH_3CO)_2O} (CH_3CO)_3N$

与羟胺加成　$CH_3C{\equiv}N \xrightarrow{NH_2OH} CH_3C(NHOH){=}NH$

② 在酸或碱存在下发生水解，生成酰胺，进一步水解生成酸：

$$CH_3CN \xrightarrow{H_2O} CH_3CONH_2 \xrightarrow{H_2O} CH_3COOH$$

③ 还原生成乙胺。

④ 与 Grignard 试剂反应，生成物经水解得到酮。

⑤ 乙腈能与金属钠、醇钠或氨基钠发生反应。

(6) 精制方法 工业品常含有水、烃、丙烯腈、乙酸、氨等杂质。精制时首先利用乙腈与水的共沸混合物进行共沸蒸馏除去粗制乙腈中的水分，然后进行精馏以除去高沸点物质。进一步精制时，可先用氯化钙干燥，过滤后加 0.5%～1%的五氧化二磷回流，然后在常压下蒸馏。重复此操作，至五氧化二磷不再着色为止（回流和蒸馏时要接上装有五氧化二磷的干燥管，防止空气中水分进入），再加入新熔融过的碳酸钾蒸馏，以除去微量的五氧化二磷，最后再分馏得纯品。

除用共沸蒸馏和氯化钙脱水外，也可用无水硫酸钠、碳酸钾、4A 型分子筛或硅胶脱水。若有微量不饱和腈存在，可在开始时用少量氢氧化钾水溶液（每 1000mL 乙腈加 1mL 1%氢氧化钾水溶液）回流除去。若含有异腈，可用浓盐酸处理除去，再用碳酸钾干燥后蒸馏。

(7) 溶解性能 能与水、甲醇、乙酸甲酯、乙酸乙酯、丙酮、醚、氯仿、四氯化碳、氯乙烯以及各种不饱和烃相混溶，但不与饱和烃混溶。能溶解硝酸银、硝酸锂、溴化镁等无机盐，但氯化钠、硫酸钠等不易溶解。

(8) 用途 用于制造维生素 B_1 等药物和香料。也用作脂肪酸的萃取剂、酒精变性剂、丁二烯萃取剂和丙烯腈合成纤维的溶剂。液相色谱溶剂。

(9) 使用注意事项 危险特性属第 3.2 类中闪点易燃液体。危险货物编号：32159，UN 编号：1648。属中等毒类。在体内能释放—CN，其蒸气有刺激性，空气中浓度在 67.2mg/m³ 时即可嗅到。大量吸入其蒸气可引起急性中毒，一般有 4～12 小时的潜伏期，后出现氰化物中毒症状。衰弱、无力、面色苍白、恶心、呕吐、腹痛、腹泻、胸闷、胸痛。严重者呼吸和循环系统紊乱，呼吸浅、且慢而不规则，血压下降、脉搏细而慢，体温下降，阵发性抽搐、昏迷。此外还可有尿频、蛋白尿等。嗅觉阈浓度 68mg/m³。TJ 36—79 规定车间空气中最高容许浓度为 3mg/m³。大鼠经口 LD_{50} 为 3.8g/kg，小鼠经口 LD_{50} 为 0.2g/kg。

(10) 附表

表 2-9-21 乙腈的蒸气压

温度/℃	蒸气压/kPa	温度/℃	蒸气压/kPa	温度/℃	蒸气压/kPa	温度/℃	蒸气压/kPa
−47.0(固体)	0.13	−16.3	1.33	15.9	8.00	62.5	53.33
−26.6	0.67	−5.0	2.67	43.7	26.66	81.8	101.33

表 2-9-22 有机物质在乙腈中的溶解度

化合物	溶解度/(g/100mL)	化合物	溶解度/(g/100mL)	化合物	溶解度/(g/100mL)	化合物	溶解度/(g/100mL)
甲酸	溶	甲醛	溶	二甲苯	溶	二氯乙醚	溶
乙酸	溶	乙醛	溶	苯磺酸	不溶	丙酮	溶
巴豆酸	50	二丁胺	溶	苯酚	3.3	甲基异丁基甲酮	溶
乙酰丙酸	溶	三乙醇胺	不溶	乙酰氯	溶	硝基甲烷	溶
油酸	6.0	乙酐	溶	蓖麻油	溶	硝基乙烷	溶
甲醇	溶	吡啶	溶	邻苯二甲苯二丁酯	溶	硝基丙烷	溶
乙二醇一乙醚	溶	硝基苯	溶	乙二醇二硬脂酸酯	溶		
季戊四醇	不溶	苯胺	溶	二丁醚	溶		

注："溶"表示等量相互溶解。

表 2-9-23 电解质在乙腈中的溶解度

溶质	溶解度	溶质	溶解度	溶质	溶解度	溶质	溶解度
LiCl	2.6×10^{-2}	NaCl	3×10^{-5}	KCl	2×10^{-4}	RbBr	2×10^{-3}
LiBr	0.79	NaBr	3.0×10^{-3}	KBr	2×10^{-3}	RbI	6.2×10^{-2}
LiI	7.4	NaI	1.26	KI	0.10	CsCl	4×10^{-4}
NaF	5×10^{-4}	KF	3×10^{-4}	RbCl	0.2×10^{-4}	CsBr	5×10^{-3}

续表

溶 质	溶解度	溶 质	溶解度	溶 质	溶解度	溶 质	溶解度
CsI	3.0×10^{-2}	Et_4NCl	1.78	Pr_4NI	0.595	CuBr	0.27
Me_4NCl	3.0×10^{-2}	Et_4NBr	0.457	KSCN	1.17	CuI	0.19
Me_4NBr	1.2×10^{-2}	Et_4NI	0.118	NH_4SCN	0.99	$CuCl_2$	0.16
Me_4NI	9.6×10^{-3}	$AgNO_3$	17	CuCl	1.4	$CuBr_2$	1.7

注：1. 补充（定性数据）：易溶的有 $LiNO_3$、Et_4NClO_4（>0.1 mol/L）、$HgCl_2$、$Hg(CN)_2$、$KMnO_4$、$FeCl_3$。极难溶的有 NaOH、KOH、$NaNO_3$、Na_2SO_4。

2. 碱金属卤化物和季铵盐为体积摩尔浓度（25℃），其他为质量摩尔浓度（18℃）。

表 2-9-24 含乙腈的二元共沸混合物

第二组分	共沸点/℃	乙腈/%	第二组分	共沸点/℃	乙腈/%
水	76	85	甲基环戊烷	<60.5	>25
己烷	54.3	26	甲基环己烷	<75.0	>63
2,3-二甲基丁烷	48.0	13	异丙醇	74.5	52
庚烷	69.0	62	乙酸乙酯	74.8	23
2,5-二甲基己烷	<75.5	<84	乙酸异丙酯	79.5	60
环戊烷	<44.5	<14	丙酸甲酯	76.2	30
环己烷	62.5	43	*N*-丙基甲酰胺	76.5	33
苯	72.7～72.8	38.4	乙醇	72.5～72.6	44
甲苯	81.3～81.4	85.3	丙醇	<81.0	>78
溴丙烷	63.0	22	三氯乙腈	75.6	29
氯乙烷	67.2	33	三氟化硼	101	38
氯代异丁烷	62.0	20	四氯化硅	49	9.4
三氯乙烯	74.6	29	四氯化碳	65.1	17
甲醇	63.45～63.7	19～20	一氯三甲基硅烷	56	7.4

(11) 附图

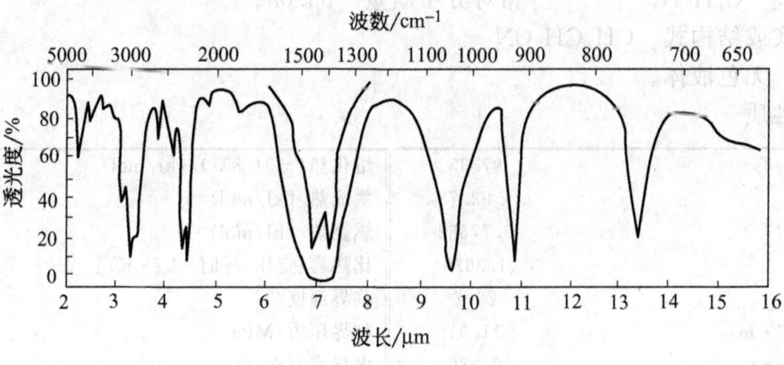

图 2-9-6 乙腈的红外光谱图

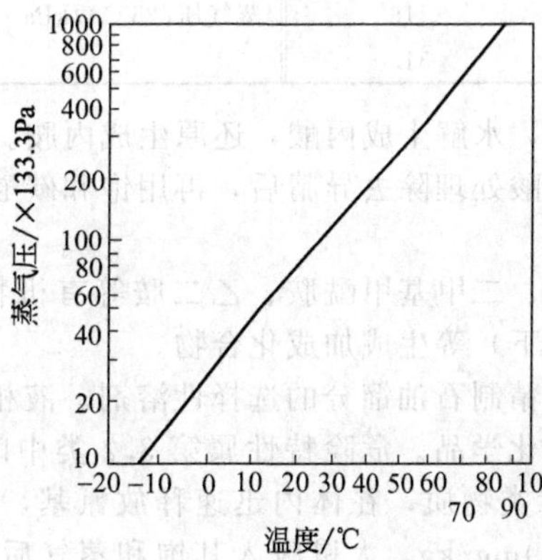

图 2-9-7 乙腈蒸气压与温度的关系

参考文献

1 CAS 75-05-8
2 EINECS 200-835-2
3 J.Timmermans and Hannaut-Roland.J.Chim.Phys.1930,27:401
4 J.Timmermans et al.Bull.Soc.Chim.Belges.1955,64:5
5 E.G.Cowley and J.R.Partington.J.Chem.Soc.1935,604
6 W.E.Putnam et al.J.Chem.Phys.1965,42:749
7 J.B.Moffat.J.Chem.Eng.Data.1968,13:36
8 W.Swietoslawski.Z.Physik.Chem.Leipzig.1910,72:49
9 R.H.Ewell and J.F.Bourland.J.Chem.Phys.1940,8:635
10 K.A.Kobe and R.E.Lynn.Chem.Rev.1953,52:117
11 有機合成化学協会.溶剤ポケットブック.オーム社.1977.710
12 G.J.Janz and S.S.Danyluk.J.Amer.Chem.Soc.1959,81:3846
13 The Merck Index 8th ed.8
14 A.Weissberger.Organic Solvents.3rd ed.Wiley.1971.805
15 I.Mellan.Industrial Solvent Handbook.Noyes Data Corp.1970.424
16 J.F.Coetzee.Progr.Phys.Org.Chem.1967.4:45
17 The Merck Index.**10**,62;**11**,62
18 张海峰主编.危险化学品安全技术大典:第1卷.北京:中国石化出版社,2010

673. 丙　　腈

propionitrile [propiononitrile, propane nitrile, ethyl cyanide]

(1) 分子式　C_3H_5N。　　　　相对分子质量　55.08。

(2) 示性式或结构式　CH_3CH_2CN

(3) 外观　无色液体。

(4) 物理性质

沸点(101.3kPa)/℃	97.35	熔化热(−91.8℃)/(kJ/mol)	6.07
熔点/℃	−92.78	生成热/(kJ/mol)	−1909
相对密度(25℃/4℃)	0.77682	燃烧热/(kJ/mol)	1910.9
折射率	1.3636	比热容(定压)/[kJ/(kg·K)]	2.17
介电常数	29.7	临界温度/℃	290.8
偶极矩/(10^{-30} C·m)	11.91	临界压力/MPa	4.18
黏度(30℃)/mPa·s	0.389	电导率/(S/m)	$(0.8\sim2.5)\times10^{-7}$
表面张力(30℃)/(mN/m)	26.19	溶解性(25℃,水)/%	10.3
闪点(开口)/℃	16	蒸气压(25℃)/kPa	5.95
蒸发热(97.1℃)/(kJ/mol)	31.0		

(5) 化学性质　和乙腈相似，水解生成丙酸，还原生成丙胺。

(6) 精制方法　用少量浓盐酸处理除去异腈后，再用饱和碳酸钾溶液和氯化钙溶液洗涤，无水硫酸镁干燥，蒸馏。

(7) 溶解性能　溶解醇、醚、二甲基甲酰胺、乙二胺等有机物。与多种金属盐如四氯化钛、四氯化锡、二氯化铂（胺类存在下）等生成加成化合物。

(8) 用途　用作分离烃类和精制石油馏分的选择性溶剂。液相色谱溶剂。

(9) 使用注意事项　属剧毒化学品。危险特性属第3.2类中闪点易燃液体。危险货物编号：32160，UN编号：2404。属高毒类物质，在体内迅速释放氰基，毒性作用与氢氰酸相似，但症状发展较慢。小鼠经口LD_{50}为39mg/kg。大鼠吸入其饱和蒸气后两分钟全部死亡。工作场所最高容许浓度13.5mg/m^3（美国）。

(10) 附表

表 2-9-25 含丙腈的二元共沸混合物

第二组分	共沸点/℃	丙腈/%	第二组分	共沸点/℃	丙腈/%
水	81.5	76	丙醇	90.5	50
异丙基碘	81.2	30	二丙醚	<83.5	>18
己烷	63.5	9	乙酸丙酯	95.4	55

参 考 文 献

1 CAS 107-12-0
2 EINECS 203-464-4
3 E. G. Cowley and T. R. Partington. J. Chem. Soc. 1935, 604
4 R. R. Dreisbach and R. A. Martin. Ind. Eng. Chem. 1949, 41: 2875
5 D. R. Stull. Ind. Eng. Chem. 1947, 39: 517
6 G. H. Jeffery and A. I. Vogel. J. Chem. Soc. 1948, 674
7 E. G. Cowley and J. R. Partington. J. Chem. Soc. 1936. 1184
8 L. G. Groves and S. Sudgen. J. Chem. Soc. 1937. 158
9 P. Walden. Z. Physik. Chem. Leipzig. 1909, 64. 129
10 F. J. Wright. J. Chem. Eng. Data. 1961, 6: 454
11 P. Arthur et al. J. Amer. Chem. Soc. 1954, 76: 5364
12 W. Dannahuser and A. F. Flueckinger. J. Phys. Chem.. 1964, 68: 1814
13 E. K. Ralph and W. A. Gilkerson. J. Amer. Chem. Soc. 1964, 86: 4783
14 E. C. Hurdes and C. P. Smyth. J. Amer. Chem. Soc. 1963, 65: 89
15 C. P. Smyth. J. Amer. Chem. Soc. 1941, 63: 57
16 Landolt-Börnstein 6th ed. Vol. Ⅱ-4. Springer. 350
17 R. C. Weast. Handbook of Chemistry and Physics. 50th ed.. CRC Press. 1969. D-150, D-261, F-63
18 P. Walden. Z. Physik. Chem. Leipzig. 1907. 58: 479
19 Landolt-Börnstein 6th ed. Vol. Ⅱ-7. Springer. 20
20 H. S. Booth and H. E. Everson. Ind. Eng. Chem. 1948, 40. 1491
21 J. A. Cutler. J. Chem. Phys. 1948, 16: 136
22 N. E. Duncan and G. J. Janz. J. Chem. Phys. 1955, 23: 434
23 R. T. Alpin et al. J. Amer. Chem. Soc. 1965, 87: 3180
24 N. C. Deus et al. J. Org. Chem. 1966, 31: 1967
25 危険物毒物取扱いマニユアル. 海外技術資料研究所. 1974. 432
26 1万3千種化学薬品毒性データ集成. 海外技術資料研究所. 1973. 444
27 Z. Rappoport. The Chemistry of the Cyano Group. Wiley. 1970. 70
28 The Merck Index. **10**, 7728; **11**, 7839

674. 丁 二 腈

succinonitrile [ethylene cyanide]

(1) 分子式 $C_4H_4N_2$。　　相对分子质量　80.09。

(2) 示性式或结构式 $NCCH_2CH_2CN$

(3) 外观 无色蜡状物质。

(4) 物理性质

沸点(101.3kPa)/℃	267	蒸发热(25℃)/(kJ/mol)	64.02
熔点/℃	57.88	熔化热/(kJ/mol)	3.71
相对密度(60℃/4℃)	0.98669	生成热(25℃)/(kJ/mol)	227.85
折射率(60℃)	1.41734	燃烧热/(kJ/mol)	2286.91
介电常数(57.4℃)	56.5	比热容(61.85℃,定压)/[kJ/(kg·K)]	2.00
偶极矩(30℃,甲苯)/(10^{-30} C·m)	12.28	电导率/(S/m)	5.64×10^{-4}
黏度(60℃)/mPa·s	2.591	溶解度(25℃,水)/%	11.5
表面张力(60℃)/(mN/m)	46.78		

(5) 化学性质　和乙腈相似。水解生成丁二酸，还原生成丁二胺。

(6) 精制方法　将丁二腈进行升华精制。或用丙酮重结晶后进行减压蒸馏，可得高纯度产品。

(7) 溶解性能　溶于水，易溶于乙醇和乙醚，微溶于二硫化碳和己烷。

(8) 用途　用于从石油馏分中萃取芳香烃，也用作镀镍中的上光剂和有机合成原料。

(9) 使用注意事项　危险特性属第 6.1 类毒害品。危险货物编号：61630。属中等毒类，小剂量引起中枢神经系统兴奋，大剂量引起抑制，致死剂量引起抽搐、窒息。大鼠经口 LD_{50} 为 450mg/kg。兔皮肤接触 95%水溶液有轻度刺激反应，连续接触 18 小时可引起死亡。

参 考 文 献

1 CAS 110-61-2
2 EINECS 203-783-9
3 V. A. Zasosov et al. J. Appl. Chem. USSR. 1945，18：75
4 C. A. Wulff and C. F. Westrum. J. Phys. Chem. 1963，67：2376
5 A. I. Vogel et al.. J. Chem. Soc.. 1952，514
6 A. H. White and S. O. Morgan. J. Chem. Phys. 1937，5：655
7 G. L. Lewis and C. P. Smyth. J. Chem. Phys. 1939，7：1085
8 A. L. Woodman and W. J. Hurbach. J. Phys. Cheml. 1960，64：658
9 E. F. Westrum et al. J. Amer. Chem. Soc. 1971，93：4363
10 P. Walden. Z. Physik. Chem. Leipzig. 1963，46：103
11 J. Timmermans and M. Hennaut-Roland. J. Chim. Phys. 1937，34：693
12 T. Fujiyama et al. Spectrochim. Acta. 1964，20：415
13 D. Wendisch. Z. Naturforsch. 1968，23B：616
14 Beilstein. Handbuch der Organischen Chemie. H，2-615；E Ⅳ，2-1923
15 The Merck Index. **10**，8746；**11**. 8843

675. 丁　腈

butyronitrile［propyl cyanide，butanenitrile］

(1) 分子式　C_4H_7N。　　　相对分子质量　69.11。

(2) 示性式或结构式　$CH_3CH_2CH_2CN$

(3) 外观　无色液体。

(4) 物理性质

沸点(101.3kPa)/℃	117.94	燃点/℃	502
熔点/℃	−111.9	蒸发热(25℃)/(kJ/mol)	37.01
相对密度(15℃/4℃)	0.79544	熔化热/(kJ/mol)	5.02
(30℃/4℃)	0.78183	生成热(25℃)/(kJ/mol)	−5.82
折射率(15℃)	1.3860	燃烧热(25℃)/(kJ/mol)	2570.40
介电常数(21℃)	20.3	临界温度/℃	309.1
偶极矩(25℃,苯)/(10^{-30} C·m)	11.91	临界压力/MPa	3.79
黏度(15℃)/mPa·s	0.624	溶解度(25℃,水)/%	3.3
(30℃)/mPa·s	0.515	蒸气压(25℃)/kPa	2.55
表面张力(20℃)/(mN/m)	27.33	爆炸极限(下限)/%(体积)	1.65
闪点/℃	29		

(5) 化学性质　和乙腈相似。水解生成丁酸，还原生成丁胺。

(6) 精制方法　在混有烃类的情况下，可加入乙腈通过共沸蒸馏除去。含有异腈杂质时用浓盐酸分解除去。水分用硫酸镁或五氧化二磷除去。最后通过蒸馏精制。

(7) 溶解性能　微溶于水，能溶于醇、醚、二甲基甲酰胺等。

(8) 用途 液相色谱溶剂。

(9) 使用注意事项 属剧毒化学品。危险特性属第 3.2 类中闪点易燃液体。危险货物编号：32161，UN 编号：2411。属中等毒类，应防止吸入蒸气和与皮肤接触。小鼠经口 LD_{50} 为 30～40mg/kg。大鼠经口 LD_{50} 为 50～100mg/kg。大鼠腹腔注射 LD_{50} ＜50mg/kg。中毒表现为无力、震颤、血管扩张、呼吸困难、临死时四肢抽搐。

参 考 文 献

1 CAS 109-74-0
2 EINECS 203-700-6
3 J.Timmermans and Y.Delcourt.J.Chim.Phys.1934,31:85;Chem.Zentr.1934,2:1277
4 E.G.Cowley and J.R.Partington.J.Chem.Soc.1936.604
5 F.Buckley and A.A.Maryott.J.Res.Nat.Bur.Std.1954,53:229
6 G.H.Jeffery and A.I.Vogel.J.Chem.Soc.1948,674
7 F.W.Evans and H.A.Skinner.Trans.Faraday Soc.1959,55:255
8 J.Timmermars.Bull.Soc.Chim.Belges.1935,44:17;Chem.Abstr.,1935,29:2433
9 S.W.Wan.J.Phys.Chem.1941.45:903
10 P.A.Guye and E.Mallet.Compt.Rend.1902,134:168;J.Chem.Soc.A Ⅱ,1902,243
11 A.Weissberger.Organic Solvents 3rd ed.Wiley,1971.404
12 H.B.Kleuens and J.P.Platt.J.Amer.Chem.Soc.1947,69:3055
13 C.J.Pouchert.The Aldrich Library of Infrared Spectra.Aldrich Chemical Co.1970,375
14 R.Liebaert and A.Lebrun.Compt.Rend.1961,253:2496;Chem.Abstr.1962.56:8070
15 F.W.Mclafferty.Anal.Chem.1962,34:2,16,26
16 J.R.Cavanaugh and B.P.Dailey.J.Chem.Phys.1961,34:1094.1099
17 1万3千種化学薬品毒性データ集成.海外技術資料研究所,1973.113
18 The Merck Inedx.**10**,1570;**11**,1597
19 张海峰主编.危险化学品安全技术大典:第1卷.北京:中国石化出版社,2010

676. 异 丁 腈

isobutyronitrile［2-methyl propanenitrile］

(1) 分子式 C_4H_7N。 相对分子质量 69.11。

(2) 示性式或结构式 $CH_3\underset{\displaystyle CH_3}{\underset{|}{C}}HCN$

(3) 外观 无色液体。

(4) 物理性质

沸点(101.3kPa)/℃	103.85	黏度/mPa·s	0.456
熔点/℃	−71.5	表面张力/(mN/m)	23.84
相对密度(30℃/4℃)	0.7608	蒸发热/(kJ/mol)	35.38
折射率(20℃)	1.3720	熔化热/(kJ/mol)	−12.23
介电常数(24℃)	20.4	生成热/(kJ/mol)	−12.22
偶极矩/(10^{-30}C·m)	12.04	燃烧热/(kJ/mol)	−2564.0

(5) 化学性质 具有腈的一般化学性质。

(6) 精制方法 用少量浓盐酸一起振摇以除去异腈。再用水和碳酸氢钠水溶液洗涤。或者用硅胶或 4A 型分子筛干燥后，加入氢化钙搅拌，直到不再放出氢气。倾出液体，然后在五氧化二磷存在下蒸馏（五氧化二磷用量不超过 5 g/L）。馏出物加氢化钙回流，并在氢化钙存在下慢慢蒸馏可得纯品。操作中要注意防止湿气进入。

(7) 溶解性能 微溶于水，溶于醇、醚等有机溶剂。

(8) 使用注意事项　属剧毒化学品。危险特性属第 3.2 类中闪点易燃液体。危险货物编号：32161，UN 编号：2284。属中等毒类，大鼠经口 LD_{50} 为 50～100mg/kg。20℃时吸入蒸气，小鼠两分钟内均死亡，大鼠 10 分钟死亡。动物急性中毒症状与其他腈类相似，出现无力、血管扩张、震颤和抽搐、呼吸明显抑制、尿中硫氰酸盐增加等。

参考文献

1 CAS 78-82-0
2 EINECS 201-147-5
3 P.Arthur et al.J.Amer.Chem.Soc.1954.76;5364
4 A.Weissberger.Organic Solvents.3rd ed.Wiley.1971.405
5 R.C.Weast.Handbook of Chemistry and Physics.50th ed.C-452,CRC Press.1964
6 H.Schlundt.J.Phys.Chem.1901.5;157
7 F.T.Rogers.J.Amer.Chem.Soc.1947,69;457
8 Beilstein.Handbuch der Organischen Chemie.E-Ⅲ,2-294
9 F.W.Evans and H.A.Skinner.Trans.Faraday Soc.1959,55;255
10 Landolt-Börnstein 6th ed.Vol.Ⅱ-4.Springer.351
11 J.R.Cavanaugh and B.P.Dailey.J.Chem.Phys.1961,34:1094.1099

677. 戊　腈

valeronitrile [pentane nitrile, butyl cyanide]

(1) 分子式　C_5H_9N。　　　　相对分子质量　83.13。

(2) 示性式或结构式　$CH_3CH_2CH_2CH_2CN$

(3) 外观　无色液体。

(4) 物理性质

沸点(101.3kPa)/℃	141.3	表面张力(20℃)/(mN/m)	27.44
熔点/℃	−96.2	蒸发热(25℃)/(kJ/mol)	44.48
相对密度(20℃/4℃)	0.7993	熔化热/(kJ/mol)	4.73
折射率(20℃)	1.3971	生成热/(kJ/mol)	3222.83
介电常数(25℃)	19.709	燃烧热/(kJ/mol)	3234.3
偶极矩(苯)/(10^{-30} C·m)	11.91	比热容(定压)/[kJ/(kg·K)]	2.18
黏度(15℃)/mPa·s	0.779	电导率/(S/m)	1.2×10^{-5}

(5) 化学性质　具有腈的一般化学性质。

(6) 精制方法　用无水氯化钙干燥后蒸馏。馏出物加入五氧化二磷保存，使用前进行蒸馏。其他的精制方法有：先用浓盐酸洗涤两次（浓盐酸为其体积的 1/2）。然后用饱和碳酸氢钠水溶液洗涤，无水硫酸镁干燥，在五氧化二磷存在下分馏。

(7) 溶解性能　不溶于水，能与醇、醚等混溶。

(8) 用途　用于从苯和环己烷的混合物中萃取苯。还用于有机合成。

(9) 使用注意事项　危险特性属第 6.1 类毒害品。危险货物编号：61629。使用时应避免与皮肤接触和吸入蒸气。小鼠皮下注射 LD_{50} 为 524.61mg/kg。

参考文献

1 CAS 110-59-8
2 EINECS 203-781-8
3 R.R.Dreisbach and R.A.Martin.Ind.Eng.Chem.1949,41;2875
4 J.M.Dereppe and M.Van Meerssche.Bull.Soc.Chim.Belges.1960,69;466
5 E.G.Cowley and J.R.Partington.J.Chem.Soc.1935,604

6 J.Timmermans and Y.Delcourt.J.Chem.Phys.1934,31:85
7 M.Hennant-Roland and M.Lek.Bull.Soc.Chim.Belges.1931,40:177
8 L.H.Thomas.J.Chem.Soc.1959,2132
9 J.Timmermans.Bull.Soc.Chim.Belges.1935,44:17
10 J.Konicek et al.Collection Czech.Chem.Commun.1969,34:2249
11 W.Swietoslawski and M.Popow.J.Chim.Phys.1925,22:395
12 L.Kahlenberg.J.Phys.Chem.1901,5:215;284
13 J.J.Banewicz et al.J.Phys.Chem.1968,72:1960
14 R.Suhrman and P.Klein.Z.Physik.Chem.Leipzig.1941.50B:23
15 J.J.Lucier et al.Spectrachim.Acta Pt.A.1968,24:771
16 F.W.McLafferty.Ann.Chem.1962,34:2,16,26
17 W.Heerma et al.Org.Mass Spectrom.1969,2:1103
18 吉川寿春.医学と生物学.1968,77:1;Chem.Abstr.1968,69:85093e
19 Beilstein.Handbuch der Organischen Chemie.H,2-301;E Ⅳ,2-875

678. 苄腈

benzonitrile［phenylcyanide，cyanobenzene］

(1) 分子式　C_7H_5N。　　相对分子质量　103.12。

(2) 示性式或结构式

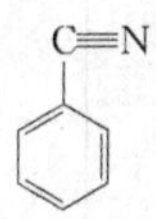

(3) 外观　无色透明的黏稠液体，有类似杏仁油的气味。

(4) 物理性质

沸点(101.3kPa)/℃	191.10	表面张力(27℃)/(mN/m)	38.43
熔点/℃	−12.75	闪点/℃	75
相对密度(15℃/4℃)	1.00948	蒸发热(25℃)/(kJ/mol)	55.52
(30℃/4℃)	0.99628	熔化热/(kJ/mol)	10.89
折射率(20℃)	1.52823	生成热(25℃)/(kJ/mol)	163.29
介电常数(25℃)	25.20	燃烧热(25℃)/(kJ/mol)	3634.77
偶极矩(25℃,苯)/(10^{-30} C·m)	13.51	比热容(定压)/[kJ/(kg·K)]	1.85
黏度(15℃)/mPa·s	1.447	临界温度/℃	426.2
(30℃)/mPa·s	1.111	临界压力/MPa	4.22
表面张力(15℃)/(mN/m)	38.65	电导率/(S/m)	5.0×10^{-8}

(5) 化学性质　具有腈的一般化学性质。用四氢化铝锂还原生成苄胺。与 Grignard 试剂反应，所得产物再水解得到酮。苄腈水解生成苯甲酸。溶解在发烟硫酸或硫酰氯中生成三分子环化的苄腈。与硫化氢作用生成硫代酰胺。在加压下与乙炔在钾存在下加热 170～200℃，生成 2,4-二苯基嘧啶。与三叠氮铝一同加热几乎定量地生成 5-苯基四唑。

(6) 精制方法　常含有苯及苯甲酸等杂质。精制时先将粗制品用水蒸气蒸馏，馏出物分去水层，有机层用碳酸钠水溶液洗涤，再溶于乙醚中用水洗涤，氯化钙干燥，蒸去乙醚后减压分馏。杂质含量少的苄腈可用硫酸钙或氢化钙干燥数日后，在五氧化二磷存在下，反复蒸馏 2～3 次。

(7) 溶解性能　溶于热水，能与醇、醚等多种有机溶剂混溶。能溶解多种无机盐及金属有机化合物。在冷水（25℃）中溶解约 0.2%；水在苄腈中溶解约 1%（28℃）。

(8) 用途　用作医药、染料、农药、橡胶用药品、苯甲酸等的中间体。也用作乙烯基类树脂的溶剂。液相色谱溶剂。

(9) 使用注意事项　危险特性属第 6.1 类毒害品。危险货物编号：61638，UN 编号：2224。属中等毒类，作用与氰化氢或脂肪族腈类相似，能引起动物组织的痉挛、神经麻痹，也能经皮肤吸收。小鼠皮下注射 LD_{50} 为 180mg/kg。乙醇可增强本品的毒性。

(10) 附表

表 2-9-26 苄腈的蒸气压

温　度/℃	蒸气压/kPa	温　度/℃	蒸气压/kPa
28.2	0.13	144.1	26.66
69.2	1.33	166.7	53.33
123.5	13.33		

表 2-9-27 三氟化硼与苄腈混合物的蒸气压（40 ℃）

苄腈/%(mol)	蒸气压/kPa	苄腈/%(mol)	蒸气压/kPa	苄腈/%(mol)	蒸气压/kPa	苄腈/%(mol)	蒸气压/kPa
100	0.25	94.6	0.68	54.0	0.96	49.7	7.76
98.1	0.43	87.3	0.89	53.2	0.93	49.1	11.71
96.8	0.51	73.9	0.92	51.7	0.96	48.8	16.11
95.4	0.61	58.1	0.93	50.8	1.03		

表 2-9-28 含苄腈的二元共沸混合物

第二组分	共沸点/℃	苄腈/%	第二组分	共沸点/℃	苄腈/%
水	98.9	16.7	乙酸异戊酯	180.85	8
间溴甲苯	183.8	11.5	异戊酸异戊酯	189.0	42
对溴甲苯	184.3	15	苯酚	192.0	80
辛醇	189.2	30	邻甲酚	195.95	49
异辛醇	180.0	88.5	间甲酚	202.5	11
戊醇	171.4	16	对甲酚	202.1	14
二戊醚	180.5	42	氨基甲酸乙酯	182.1	43
乙基苄基醚	182.5	27	二丁基硫	184.5	12
乙酸苯酯	189.5	51			

(11) 附图

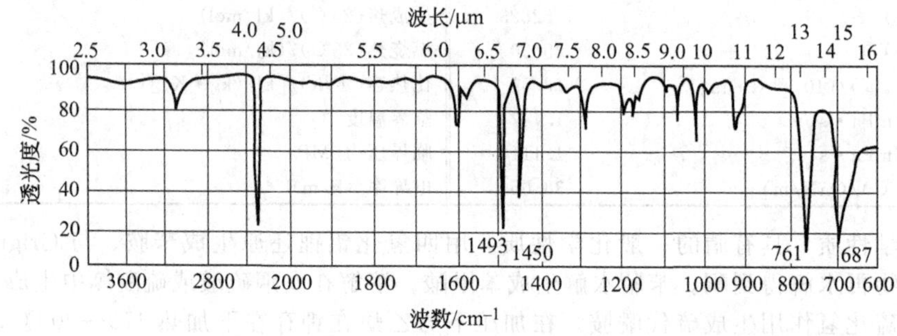

图 2-9-8 苄腈的红外光谱图

参 考 文 献

1 CAS 100-47-0

2 EINECS 202-855-7

3 J. Timmermans and M. Hennaut-Roland. J. Chim. Phys. 1935，32：589；Chem. Abstr. 1936，30：2072

4 P. Walden. Z. Physik. Chem. Leipzig. 1910，70：569

5 E. J. Moore and I. B. Johns. J. Amer. Chem. Soc. 1941，63：3336

6 E. G. Cowley and J. R. Partington. J. Chem. Soc. 1936，1184

7 J. F. Coetzee and D. K. Mcguire. J. Phys. Chem. 1963，67：1810

8 G. H. Jeffery and A. I. Vogel. J. Chem. Soc. 1948，674

9 P. Walden. Z. Physik. Chem. Leipzig. 1909，65：129

10 L. Kahlenberg. J. Phys. Chem. 1901, 5: 215, 284
11 Technical Data Bulletin. Velsicol Chemical Corp. 1965. No. 8163
12 F. W. Evans and H. A. Skinner. Trans. Faraday Soc. 1959, 55: 255
13 P. A. Guye and E. Mallet. Compt. Rend. 1902, 134: 168
14 J. Riddick, Organic Solvents. 2nd ed. Weissberger. 1955. 230
15 R. C. Hirt and J. P. Howe. J. Chem. Phys. 1948, 16: 480
16 M. L. Josien and J. M. Lefas. Bull. Soc. Chim. France. 1956, 53
17 J. Behringer. Z. Elektrochem. 1958, 62: 544; Chem. Abstr. 1958, 52: 16872
18 S. D. Mekhiev and R. G. Rizaev. Azerb. Khim. Zh. 1965, 70; Chem. Abstr. 1966. 64: 10539
19 N. C. Deno et al. J. Org. Chem. 1966. 31: 1967
20 1万3千種化学薬品データ集成. 海外技術資料研究所. 1973. 81
21 N. A. Lange, Handbook of Chemistry. McGraw-Hill. 1961. 1425, 1209
22 H. C. Brown, R. B. Johannesen. J. Am. Chem. Soc. 1950, 72. 2934
23 The Merck Index. **10**, 1100; **11**, 1102
24 张海峰主编. 危险化学品安全技术大典: 第1卷: 北京: 中国石化出版社, 2010

679. 苯乙腈

α-tolunitrile [benzyl cyanide, phenylacetonitrile]

(1) 分子式 C_8H_7N。 相对分子质量 117.14。

(2) 示性式或结构式

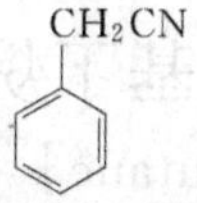

(3) 外观 无色油状液体，有芳香气味。

(4) 物理性质

沸点(101.3kPa)/℃	233.5	偶极矩/(10^{-30} C·m)	11.57
熔点/℃	−23.8	黏度(25 ℃)/mPa·s	1.956
相对密度(20 ℃/4 ℃)	1.0157	表面张力(20 ℃)/(mN/m)	42.3
折射率(20 ℃)	1.5230	电导率/(S/m)	$<0.5\times10^{-7}$
介电常数(27 ℃)	18.7		

(5) 化学性质 具有腈的一般化学性质。

(6) 精制方法 将苯乙腈与等量的50%硫酸一起在60℃激烈摇动除去异腈后，分离出苯乙腈，再分别用碳酸氢钠溶液和饱和食盐水洗涤，干燥后减压蒸馏。其他的精制方法有，将苯乙腈通过一个填有活性氧化铝的柱子，然后在骨架镍存在下蒸馏精制。

(7) 溶解性能 不溶于水。能与醇、醚、丙酮等有机溶剂混溶。

(8) 用途 用作气相色谱固定液，气体烃和卤代烃类的分离。也用作农药（如辛硫磷）、医药（如苯巴比妥）、染料等的中间体。

(9) 使用注意事项 危险特性属第6.1类毒害品。危险货物编号：61641，UN编号：2470。属中等毒类。毒作用与苄腈相似。刺激眼睛和皮肤，能在体内产生氢氰酸。狗中毒时出现运动失调、瘫痪、呼吸逐渐减慢直至死亡。硫代硫酸钠对本品有解毒作用。小鼠腹腔注射 LD_{50} 为 40mg/kg。

(10) 附表

表 2-9-29 苯乙腈的蒸气压

温度/℃	蒸气压/kPa	温度/℃	蒸气压/kPa	温度/℃	蒸气压/kPa	温度/℃	蒸气压/kPa
60.0	0.13	119.4	2.67	161.8	13.33	233.5	101.33
89.0	0.67	136.3	5.33	184.2	26.66		
103.5	1.33	147.7	8.00	208.5	53.33		

参 考 文 献

1 CAS 140-29-4
2 EINECS 205-410-5
3 R. C. Weast. Handbook of Chemistry and Physics. 50th ed. C-91，CRC Press. 1969
4 A. Weissberger. Organic Solvents. 3rd ed. Wiley. 1971. 411
5 D. R. Stull. Ind，Eng，Chem. 1947，39：517
6 F. J. Wright. J. Chem. Eng. Data. 1961，6：454
7 G. H. Jeffery and A. I. Vogel. J. Chem. Soc. 1948，674
8 C. P. Smyth and W. S. Walls. J. Amer. Chem. Soc. 1932，54：1854
9 S. Sudgen. J. Chem. Soc. 1924，1167
10 F. V. Grimm and W. A. Patrick. J. A mer. Chem. Soc. 1923. 45：2794
11 F. K. V. Koch. J. Chem. Soc. 1928，269
12 Beiltein. Handbuch der Organischen Chemie. E-Ⅲ，9-441
13 P. Walden. Z. Physik. Chem. Leipzig. 1912，78：257
14 P. Walden. Z. Physik. Chem. Leipzig. 1906，54：129
15 H. Mohler and J. Polya. Helv. Chim. Acta. 1937，20：96
16 A. Dadieu and K. W. F. Kohlrausch. Ber. Deut. Chem. Gesell. 1930，63：251
17 T. E. Jordan. Vapor Pressure of Organic Compounds. Wiley. 1954. 196
18 The Merck Index. **10**，1138；**11**，1145
19 张海峰主编. 危险化学品安全技术大典：第1卷：北京：中国石化出版社，2010

680. 己二腈［1,4-二氰基丁烷］

adiponitrile［1,4-dicyanobutane］

(1) 分子式　$C_6H_8N_2$。　　　相对分子质量　108.14。

(2) 示性式或结构式　$CNCH_2CH_2CH_2CH_2CN$

(3) 外观　无色油状液体。

(4) 物理性质

沸点(101.3kPa)/℃	295	临界压力/MPa	2.8
熔点/℃	2.3	闪点(开口)/℃	93
相对密度(20℃/4℃)	0.9676	(闭口)/℃	159
折射率(20℃)	1.4380	燃点/℃	550
(60℃)	1.417	爆炸极限(下限)/%(体积)	1.7
表面张力(20℃)/(mN/m)	47.02	(上限)/%(体积)	5.0
临界温度/℃	507		

(5) 化学性质　己二腈加氢还原生成己二胺，在酸和碱的催化下，水解生成己二酸和氨，可发生聚合反应。

(6) 溶解性能　溶于甲醇、乙醇、氯仿、苯和乙醚，微溶于水。

(7) 用途　溶剂、有机合成中间体、气相色谱固定液。

(8) 使用注意事项　己二腈的危险特性属第6.1类毒害品。危险货物编号：61630，UN编号：2205。吸入、食入、经皮肤吸收对身体有害、过量发生急性中毒。遇明火能燃烧，遇热分解放出剧毒的气体。与氧化剂可发生反应。大鼠经口 LD_{50} 为 300mg/kg。

参 考 文 献

1 CAS 111-69-3
2 EINECS 203-896-3
3 Beilstein. Handbuch der Organischen Chemie. H，2-653；E Ⅳ，2-1935

4 张海峰主编. 危险化学品安全技术大典：第1卷：北京：中国石化出版社，2010

681. 甲 胺

methylamine [monomethylamine, aminomethane]

(1) 分子式 CH_5N。 相对分子质量 31.06。

(2) 示性式或结构式 CH_3NH_2

(3) 外观 无色气体，有氨味。

(4) 物理性质

沸点(101.3kPa)/℃	−6.3	蒸发热(b.p.)/(kJ/mol)	25.58
熔点/℃	−93.5	生成热(25℃,气体)/(kJ/mol)	−23.03
相对密度(−10.8℃/4℃)	0.699	燃烧热(25℃)/(kJ/mol)	1072.2
介电常数(−15.0℃)	12.7	比热容(25℃,气体,定压)/[kJ/(kg·K)]	1.74
(−7.5℃)	17.9	临界温度/℃	156.9
偶极矩(25℃,气体)/(10^{-30} C·m)	4.27	临界压力/MPa	7.46
(25℃,苯)/(10^{-30} C·m)	4.87	爆炸极限(下限)/%(体积)	4.95
(25℃,液体)/(10^{-30} C·m)	3.60	(上限)/%(体积)	20.75
黏度(25℃,1.0mol/L溶液)/mPa·s	1.032	pK_a(25℃,水)	10.657
表面张力(15℃)/(mN/m)	20.60	蒸气相对密度(空气=1)	1.1
(35℃)/(mN/m)	17.65	UV 215nm(ε589,气体) 191 nm(ε3236,气体)	
闪点(30%水溶液,闭口)/℃	−17.8	MS 电离势 8.97eV	
(30%水溶液,开口)/℃	−12.2		
燃点/℃	430		

(5) 化学性质 具有伯胺的典型反应：

① 水溶液呈碱性，与无机酸、有机酸、酸性芳香族硝基化合物等作用生成具有一定熔点的盐。与铜、银等重金属氯化物生成络盐。

② 与酰氯、酸酐等发生酰基化反应，生成 *N*-取代酰胺。与羧酸生成的盐再经脱水也生成 *N*-取代酰胺。与苯磺酰氯反应，生成 *N*-取代苯磺酰胺。

③ 与卤代烃、醇、酚或胺盐等烃基化试剂作用，氮上的氢原子可被烃基所取代。

④ 与氰酸、二硫化碳、腈、环氧化物等能发生加成反应。

⑤ 伯胺与脂肪族或芳香族反应，脱水生成 Schiff 碱。

⑥ 伯胺对酸性高锰酸钾比较稳定，但容易被碱性高锰酸钾所氧化，生成醛或羧酸。在过硫酸、过氧化氢、有机过氧酸作用下，得到胺的含氧化合物。

⑦ 与亚硝酸反应定量地生成氮气。

⑧ 与氯仿、氢氧化钾醇溶液一起加热生成异腈。

⑨ 与 Grignard 试剂反应，生成烃。

此外，甲胺在 550～670℃发生热解，生成氨、氰化氢、甲烷、氢和氮等。在紫外光照射下也能发生分解，生成甲烷、氮等气体和液体。

(6) 精制方法 常含有二甲胺、三甲胺、甲醇、氨等杂质，精制时，首先将甲胺水溶液萃取蒸馏以除去三甲胺，其次进行分馏除去二甲胺。也可以将甲胺盐酸盐用干燥的氯仿萃取 30 小时以上，以除去高级胺，再用乙醇进行重结晶（m.p.225～226℃）精制。或先将甲胺与甲醛生成的缩合物进行分馏，馏出物于丁醇中用盐酸分解。所得的盐酸盐再用乙醇重结晶。如此所得的精制甲胺盐酸盐用过量的氢氧化钾或氢氧化钠分解，得到气态的甲胺通过固体氢氧化钾脱水后，用氧化银除去微量的氨。再用干冰-乙醚冷却液化，芴酮钠干燥可得纯净的甲胺。其他的精制方法有将甲胺盐酸盐用丁醇、无水乙醇或甲醇与氯仿的混合物进行重结晶后，用氯仿洗涤以除去微量的二甲胺盐酸盐，然后置真空干燥器中干燥。

(7) 溶解性能　液态甲胺能与水、醚、苯、丙酮及低级醇混溶。甲胺盐酸盐易溶于水，不溶于醇、醚、酮、氯仿和乙酸乙酯。液态甲胺是多种无机和有机化合物的优良溶剂。甲胺水溶液冷却时，甲胺以 $CH_3NH_2 \cdot 3H_2O$ 水合物的形式呈晶体析出。

(8) 用途　广泛用于制造医药、农药、炸药、染料、照相显影药、硫化促进剂、界面活性剂、防腐剂等。也用于从脂肪族烃中萃取芳香烃，从丁烯及 C_4 以外的烃的馏分中萃取丁二烯等。

(9) 使用注意事项　危险特性属第 2.1 类易燃气体。危险货物编号：21043，UN 编号：1061。甲胺水溶液的危险特性属第 3.1 类低闪点易燃液体。危险货物编号：31044，UN 编号：1235。甲胺水溶液或醇溶液均为易燃液体。由于闪点低，易挥发，有毒，和空气会形成爆炸性混合物，故应密封置阴凉通风处贮存，避免日光照射和使用易发生静电的装置。甲胺对铜或铜合金、铝、锡和镀锌铁板有腐蚀性，因此不能使用这些材料制成的装置和容器。一般用软钢、普通钢或聚乙烯、聚四氟乙烯等制作的容器。属中等毒类。对皮肤和黏膜有刺激及腐蚀作用。但处于 126.8mg/m^3 以上的甲胺蒸气中，对皮肤、眼睛、上呼吸道、肺等有强烈的刺激。长时间接触引起皮肤炎、结膜炎、中枢神经麻痹、贫血、血压上升、失明、窒息等症状。嗅觉阈浓度 4.3mg/m^3。TJ 36—79 规定车间空气中最高容许浓度为 5mg/m^3。大鼠皮下注射 LD_{50} 为 2500mg/kg。经口毒性 LD_{50} 为 0.1～0.2g/kg。

(10) 附表

表 2-9-30　甲胺的蒸气压

温度/℃	蒸气压/kPa	温度/℃	蒸气压/kPa
−95.8	0.13	−32.4	26.66
−81.3	0.67	−19.7	53.33
−73.8	1.33	−6.5	101.33
−65.9	2.67	10.1	202.65
−51.3	8.00		

表 2-9-31　甲胺在醇中的溶解度(4.5℃)

醇	甲胺/(mol/mol)
辛醇	0.408
乙二醇	0.662
1,3-丁二醇	0.652
二甘醇	0.653

表 2-9-32　水-甲胺体系的熔点

甲胺/%(mol)	温度/℃	甲胺/%(mol)	温度/℃
3.12	−3.39	13.79	−23.68
4.37	−4.94	16.23	−31.61
5.83	−6.96	18.43	−42.6
7.16	−8.97	20.40	−39.8
8.18	−10.65	23.87	−37.8
9.74	−13.58	30.75	−40.5
10.56	−15.36	37.32	−47.6
11.98	−18.69		

表 2-9-33　甲胺盐及其加成化合物的熔点

化合物	外观	熔点/℃	备注
$CH_3NH_2 \cdot HCl$	片状晶体	225～226	溶于乙醇、不溶于丙酮、氯仿
$CH_3NH_2 \cdot HBr$	片状晶体	250～251(稍有分解)	溶于乙醇，难溶于丙酮，不溶于乙醚、氯仿
$CH_3NH_2 \cdot HI$	片状晶体	260～270	溶于乙醇，不溶于乙醚、氯仿(从乙醇-氯仿重结晶)
$CH_3NH_2 \cdot HNO_3$(硝酸盐)	柱状晶体	99～100	$d_4^{100.7}$ 1.2607
$CH_3NH_2 \cdot C_6H_3N_3O_7$(苦味酸盐)	黄色片状、柱状晶体	211	用乙酸乙酯重结晶
$CH_3NH_2 \cdot H_2NSO_3H$(氨基磺酸盐)	潮解性晶体	91～93	用甲醇重结晶
$CH_3NH_2 \cdot HSCN$(硫氰酸盐)	潮解性晶体	73～74	
双(4-硝基苯基)甲胺		102	
$CH_3NH_2 \cdot C_{10}H_{15}O_4S$(α-樟脑-10-磺酸盐)		167～168	

表 2-9-34　含甲胺的二元共沸混合物

第二组分	共沸点/℃	甲胺/%	第二组分	共沸点/℃	甲胺/%
三甲胺	−6.5	70	反-2-丁烯	−10.4	48.5
三甲胺	36(0.4MPa)	85	1-丁烯-3-炔	−6.8	97.5
三甲胺	75(1.41MPa)	90～92	异丁烷	−19.9	25.5
丁二烯	−9.5	41.4	异丁烯	−14.3	32
1-丁烯	−13	22.2	丁烷	−14.0	37.6
顺-2-丁烯	−9.6	47.5			

(11) 附图

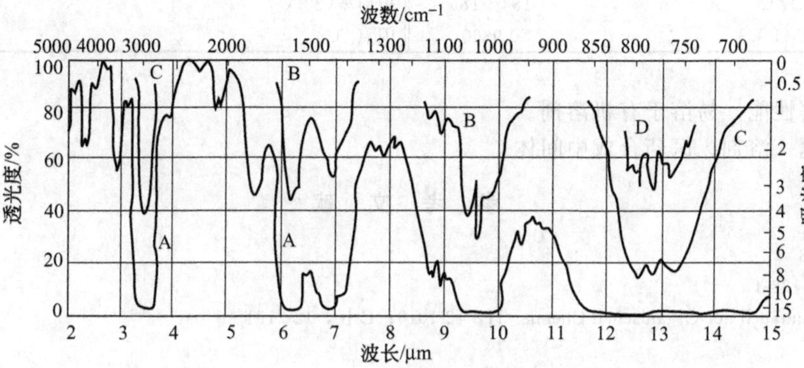

图 2-9-9　甲胺的红外光谱图

参　考　文　献

1　CAS 74-89-5
2　EINECS 200-820-0
3　D. R. Stull. Ind. Eng. Chem. 1947，39：517
4　The Merck Index 7th ed. 671
5　W. T. Cronenwett and L. W. Hoogendoorn. J. Chem. Eng. Data. 1972，17：298
6　R. J. W. LeFévre and P. Russell. Trans. Faraday Soc. 1947，43：374
7　International Critical Tables. Ⅴ-20
8　E. Swift. Jr. and C. R. Calkins. J. Amer. Chem. Soc. 1943，65：2415
9　D. S. Viswanath and N. R. Kuloor. J. Chem. Eng. Data. 1966，11：09
10　化学工学协会. 物性定数. 2集. 丸善. 1964. 296
11　W. A. Fesling and F. W. Jessen. J. Amer. Chem. Soc. 1933，55：4421
12　K. A. Kobe and R. E. Lynn，Jr. Chem. Rev. 1953，52：117
13　J. G. Grasselli. Atlas of Spectral Data and Physical Constants for Organic Compounds. CRC Press. 1973. B-647
14　E. Tannenbaum et al. J. Chem. Phys. 1953，21：311
15　Documentation of Molecular Spectroscopy Spectral Collection. No. 1651
16　A. J. Gordon and R. A. Ford. A Handbook of Practical Data，Techniques and References. Wiley. 1972. 228
17　A. J. Gordon and R，A，Ford，A Handbook of Practical Data，Techniques and References. Wiley. 1972. 60
18　日本化学会. 防灾指針. Ⅵ-8. 丸善. 1962. 16
19　The Associated Factory Mutual Fire Insurance Co. Ind. Eng. Chem. 1940，32：881
20　Kirk-Othmer. Encyclopedia of Chemical Technology 2nd ed. Vol. 2 Wiley. 120
21　1万3千種化学薬品毒性データ集成. 海外技術資料研究所. 1974. 335
22　M. J. Copley et al. J. Amer. Chem. Soc. 1941，63：254
23　I. Mellan. Industrial Solvents Handbook. 3rd ed. Noyes Data Corp. 1970. 385
24　有機合成化学協会編. 溶剤ポケットブック. オーム社. 1977. 632
25　The Merck Index. **10**，5891；**11**，5938

682. *N*-苄基甲胺

N-benzylmethylamine

(1) 分子式　$C_8H_{11}N$。　　　相对分子质量　121.18。

(2) 示性式或结构式

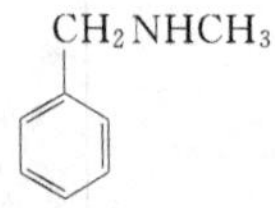

(3) 外观　无色至浅黄色液体。

(4) 物理性质

沸点(101.3kPa)/℃	184～186	折射率(20 ℃)	1.5210
相对密度(20 ℃/4 ℃)	0.9360	闪点/℃	77

(5) 溶解性能　易溶于有机溶剂。

(6) 用途　溶剂、医药合成中间体。

参 考 文 献

1　CAS 103-67-3

2　EINECS 203-133-4

3　Beilstein. Handbuch der Organischen Chemie. H，12-1019；E Ⅳ，12-2161

683. 二　甲　胺

dimethylamine

(1) 分子式　C_2H_7N。　　　相对分子质量　45.08。

(2) 示性式或结构式　$(CH_3)_2NH$

(3) 外观　无色液体，有氨味。低浓度时呈鱼腥味。

(4) 物理性质

沸点(101.3kPa)/℃	7.4	蒸发热(6.84℃)/(kJ/mol)	26.50
熔点/℃	−92.2	生成热(气体)/(kJ/mol)	−27.6
相对密度(0 ℃/4℃)	0.680	燃烧热/(kJ/mol)	1744.6
介电常数(0℃)	6.32	比热容(7.29℃,液体,定压)/[kJ/(kg·K)]	3.04
(2.5℃)	5.26	临界温度/℃	164.5
偶极矩(25℃,气体)/(10^{-30} C·m)	3.40	临界压力/MPa	5.31
(25℃,苯)/(10^{-30} C·m)	3.90	爆炸极限(下限)/%(体积)	2.8
(25℃,液体)/(10^{-30} C·m)	3.77	(上限)/%(体积)	14.4
表面张力(15℃)/(mN/m)	17.61	pK_a(25℃,水)	10.732
(35℃)/(mN/m)	15.08	蒸气相对密度(空气=1)	1.65
闪点/℃	−50	UV 222nm(ε100,气体)	
(闭口,25%水溶液)/℃	−6.25	191nm(ε3236,气体)	
燃点/℃	402	MS电离势 8.24eV	
	430		

(5) 化学性质　具有仲胺的典型性质。例如：

① 水溶液呈碱性，与无机酸、有机酸、酸性芳香族硝基化合物生成具有一定熔点的盐。与重金属化合物形成络盐。

② 与酰氯、酸酐等发生酰基化反应，生成 *N*-取代酰胺。与脂肪族羧酸生成的盐，经脱水后也生成 *N*-取代酰胺。与磺酰氯、芳香族磺酰氯反应，生成相应的 *N*-取代磺酰胺。

③ 与卤代烃、醇、酚或胺盐等烃基化试剂作用，则氮上的氢原子被烃基所取代。

④ 与氰酸、二硫化碳、腈、环氧物等能发生加成反应。

⑤ 仲胺与脂肪族或芳香族醛反应，脱水生成 Schiff 碱。在碱性溶液中与甲醛反应，生成双(二烷基氨基) 甲烷。或将二甲胺盐酸盐、甲醛与含有活性氢的化合物反应（Mannich 反应），生成活性氢被二甲氨基甲基取代的化合物。二甲胺在碳酸钾存在下与醛反应，生成二叔胺，经蒸馏得到 α,β-不饱和胺（烯胺）。

⑥ 仲胺对酸性高锰酸钾比较稳定，在碱性高锰酸钾中容易被氧化。与过硫酸、过氧化氢、有机过氧酸作用，得到胺的含氧化合物。例如，与过氧化氢作用生成二烷基羟基胺。经过氧化苯甲酸作用，生成邻苯甲酸衍生物。

⑦ 与亚硝酸反应，生成亚硝基胺。

⑧ 与 Grignard 试剂反应生成烃。

此外，二甲胺在 420～440℃发生热裂，生成甲胺、甲烷和氢等。在紫外光照射下也能发生分解，生成甲烷等气体和高分子物质。

(6) 精制方法 常含有甲胺、三甲胺、氨和甲醇等杂质。可用加压蒸馏法精制。或者将二甲胺盐酸盐用乙醇反复重结晶，直至其熔点达到 171℃。用氢氧化钾游离出二甲胺，再用干冰-乙醚冷却液体，固体氢氧化钾和芴酮钠干燥，可得纯净的二甲胺。其他的精制法有将二甲胺与对甲苯磺酸反应，转变成对甲苯磺酰胺。用 70%乙醇重结晶，熔点达 80～80.5℃后用盐酸水解使生成二甲胺盐酸盐，再按上述方法处理。

(7) 溶解性能 溶于水、低级的醇和醚，也溶于极性低的溶剂。二甲胺水溶液冷却时以水合物 $(CH_3)_2NH \cdot 7H_2O$ 的形式呈晶体析出。液态二甲胺为无机和有机化合物的优良溶剂。

(8) 用途 用作医药、染料、农药、橡胶硫化促进剂、电镀添加剂、乳化剂、洗涤剂、汽油稳定剂、浮选剂、抗氧剂等的原料。也用作植物杀菌剂、除草剂、杀虫剂及酸性气体吸收剂。皮革用石灰脱毛时，可用二甲胺硫酸盐作促进剂。

(9) 使用注意事项 危险特性属第 2.1 类易燃气体。危险货物编号：21044；UN 编号：1032。二甲胺溶液的危险特性属第 3.2 类中闪点易燃液体。危险货物编号：32166，UN 编号：1160。由于闪点低，易挥发、爆炸极限的下限低，应密封置阴凉通风处贮存。避免日光直射，远离火源。对铜、铜合金、铝、锡、锌等有腐蚀性，可使用低碳钢、普通钢、聚乙烯、聚四氟乙烯等制作的容器贮存。二甲胺溶液对皮肤和黏膜有强烈的刺激。长时间与高浓度蒸气接触时能引起皮肤炎、结膜炎、失明、窒息等症状。嗅觉阈浓度 165mg/m³。TJ 36—79 规定车间空气中最高容许浓度为 10mg/m³。大鼠经口 LD_{50} 为 698mg/kg。兔静脉注射 LD_{50} 为4.0g/kg。

(10) 附表

表 2-9-35 二甲胺的蒸气压

温度/℃	蒸气压/kPa	温度/℃	蒸气压/kPa
−87.7	0.13	−20.4	26.66
−72.2	0.67	−7.1	53.33
−64.6	1.33	7.4	101.33
−56.0	2.67	25.0	202.63
−40.7	8.00		

表 2-9-36 水-二甲胺体系的熔点

二甲胺/%(mol)	温度/℃	二甲胺/%(mol)	温度/℃	二甲胺/%(mol)	温度/℃	二甲胺/%(mol)	温度/℃
3.52	−3.94	8.44	−12.90	12.05	−16.59	16.44	−18.50
4.73	−5.61	10.02	−17.35	12.95	−16.49	17.84	−20.09
5.85	−7.50	10.40	−17.33	13.36	−16.71	18.64	−21.04
6.75	−9.14	10.99	−16.98	13.93	−16.82		
8.34	−12.62	11.86	−16.58	14.53	−17.18		

表 2-9-37 二甲胺盐及其加成化合物的熔点

化合物	熔点/℃	备注
$(CH_3)_2NH\cdot HCl$(挥发性晶体)	171	可溶于水、乙醇、氯仿,不溶于醚
$(CH_3)_2NH\cdot HBr$(挥发性晶体)	133.5	可溶于乙醇,难溶于氯仿,不溶于乙醚
$(CH_3)_2NH\cdot HI$	155	可溶于乙醇,不溶于氯仿、乙醚
$(CH_3)_2NH\cdot HNO_3$(挥发性晶体)	74	
$(CH_3)_2NH\cdot H_2NSO_3H$	86～87	微溶于水、乙醇,不溶于乙醚
$(CH_3)_2NH\cdot C_4H_6O_4$	159～160	微溶于水
2-硝基-1,3-四氢化茚二酮盐	210	
N,*N*-二甲基-3(或 4)-硝基苯磺酰胺	73～74	
	92～93	

表 2-9-38 含二甲胺的二元共沸混合物

第二组分	共沸点/℃	二甲胺/%
丁烷	0.2	12
三甲胺	3	26

(11) 附图

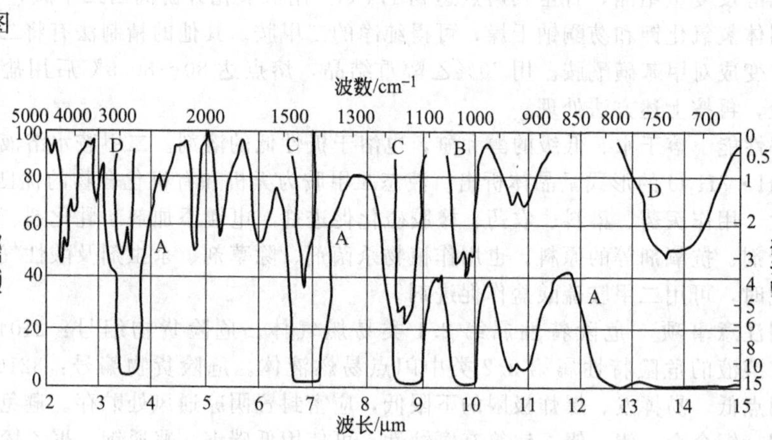

图 2-9-10 二甲胺的红外光谱图

参 考 文 献

1 CAS 124-40-3

2 EINECS 204-697-4

3 D. R. Stull. Ind. Eng. Chem. 1947, 39: 517

4 A. J. Gordon and R. A. Ford. A Handbook of Practical Data, Techniques and References. Wiley. 1972. 59

5 R. J. W. LeFévre and P. Russell. Trans. Faraday Soc. 1947, 43: 389

6 R. J. W. LeFévre and P. Russell. Trans. Faraday Soc. 1947, 43: 374

7 E. Swift, Jr. and C. R. Calkins. J. Amer. Chem. Soc. 1943, 65: 2415

8 N. A. Lange. Handbook of Chemistry, revised. 10th ed. McGraw. 1967

9 J. G. Aston et al. J. Amer. Chem. Soc. 1939, 61: 1540

10 K. A. Kobe and R. E. Lynn, Jr. Chem. Rev. 1953, 52: 192

11 J. G. Glasselli. Atlas of Spectral Data and Physical Constants for Organic Compounds. CRC Press. 1973. B-140

12 E. Tannenbaum et al. J. Chem. Phys. 1953, 21: 311

13 Sadtler Standard IR Prism Spectra. No. 1140

14 G. Gamer and H. Wolff. Spectrochim. Acta Pt. A, 1973, 129; Chem. Abstr. 1973, 78: 77565f

15 A. J. Gordon and R. A. Ford. A Handbook of Practical Data, Techniques and References. Wiley. 1972. 238

16 E. Stenhagen et al. Atlas of Mass Spectral Data. Vol. 1. Wiley. 1969. 14

17 Manufacturing Chemists' Assoc. Guide for Safety in the Chemical Laboratory. 2nd ed. Van Nostrand Reinhold. 1972. 371

18 危険物・毒物取扱いマニユアル. 海外技術資料研究所. 1974. 247
19 1万3千種化学薬品毒性データ集成. 海外技術資料研究所. 1974, 196
20 W. C. Someville. J. Phys. Chem. 1931, 35: 2421
21 有機合成化学協会. 溶剤ポケットブック. オーム社. 1977. 637
22 M. Lecat. Tables Azeotropiques. 2Aufl., Brüssel. 1949
23 The Merck Index. **10**, 3219; **11**, 3217; **12**, 3218
24 张海峰主编. 危险化学品安全技术大典: 第1卷: 北京: 中国石化出版社, 2010

684. 三 甲 胺

trimethylamine

(1) 分子式　C_3H_9N。　　　相对分子质量　59.11。

(2) 示性式或结构式　$(CH_3)_3N$

(3) 外观　无色气体，有氨味，低浓度时呈鱼腥味。

(4) 物理性质

沸点(101.3kPa)/℃	2.9	闪点/℃	−13～−8
熔点/℃	−117.1	(闭口,25%水溶液)/℃	3.3
相对密度(0℃/4℃)	0.6709	蒸发热(2.87℃,33.33 kPa)/(kJ/mol)	22.95
折射率(0℃)	1.3631	燃烧热(20℃,液体)/(kJ/mol)	2422.5
(−60℃)	1.3990	比热容(2.74℃,定压)/[kJ/(kg·K)]	2.23
介电常数(0℃)	2.57	临界温度/℃	160.1
(25℃)	2.44	临界压力/MPa	40.73
偶极矩(25℃,气体)/(10^{-30} C·m)	2.13	电导率/(S/m)	2.2×10^{-12}
(25℃,苯)/(10^{-30} C·m)	2.82	爆炸极限(下限)/%(体积)	2.0
(25℃,液体)/(10^{-30} C·m)	2.40	(上限)/%(体积)	11.6
黏度(−33.5℃)/mPa·s	3.208	pK_a(25℃,水)	9.81
表面张力(−4℃)/(mN/m)	17.4	蒸气相对密度(空气=1)	2.03
(15℃)/(mN/m)	14.53	UV227nm(ε891)	
(35℃)/(mN/m)	12.24	191nm(ε3890)(气体)	
燃点/℃	190	161nm(ε2512)	

(5) 化学性质　具有叔胺的典型性质。例如：

① 水溶液呈碱性。与卤代烷作用生成季铵盐。与无机酸、有机酸、重金属、氯化物等生成盐或络盐。

② 叔胺盐比较稳定。但呈游离状态时则比伯胺、仲胺易氧化。对酸性高锰酸钾比较稳定，易被碱性高锰酸钾氧化成仲胺。与过硫酸、过氧化氢、有机过氧酸等作用，得到胺的含氧化合物。

③ 与亚硝酸不反应。

④ 与溴化氰反应生成加成化合物，但不稳定，容易分解成溴代烷和二烷基氨基氰。后者水解生成仲胺。

此外，加热至380～400℃时发生热解，首先生成甲胺、甲烷等，其次生成大量的氮、乙烷和氢。在三甲胺水溶液中加入活性炭，35℃吹入氧气，生成甲醛、二甲胺等。三甲胺水溶液对光不稳定，紫外线照射下100℃时分解生成多种气态物质。

(6) 精制方法　常含有甲醇、甲胺、二甲胺等杂质。可利用萃取蒸馏或共沸蒸馏进行精制。要得到纯净的三甲胺，可加入醋酐或乙酰氯进行蒸馏。伯胺、仲胺生成乙酰化物，沸点高不易蒸出。将馏出的三甲胺用活性氧化铝处理后，加芴酮钠干燥备用。此外，将其通过一个装有固体氢氧化钾的干燥塔，可得纯的干燥气态三甲胺。若要精制三甲胺盐酸盐可用氯仿、乙醇、丙醇或苯和甲醇的混合液重结晶，并在盛有石蜡的真空干燥器中干燥。

(7) 溶解性能　易溶于甲苯、氯仿。溶于二甲苯、乙醚等有机溶剂。在下列溶剂中溶解度为：水 20g (40℃)；甲醇 21.3g (50.7℃)；丁醇 19.3g (70℃)；苯胺 9.0g (50.8℃)。

(8) 用途 与环氧乙烷的反应产物用作缩聚反应的催化剂。与2-氯乙醇的反应产物胆碱氯化物用作鸡饲料的添加剂。此外，也用作表面活性剂、杀菌剂、医药、离子交换树脂以及有机合成原料。

(9) 使用注意事项 危险特性属第2.1类易燃液体。危险货物编号：21045，UN编号：1083。三甲胺溶液的危险特性属第3.2类中闪点易燃液体。危险货物编号：32167，UN编号：1297。由于闪点低，易挥发，爆炸极限的下限低，应密封置阴凉通风处贮存。与水银接触能发生激烈反应而爆炸。对铜、铜合金、铝、锡、锌等有腐蚀性，可使用低碳钢、普通钢、聚乙烯、聚四氟乙烯等制作的容器贮存。与三甲胺气体接触时，对中枢神经有麻醉作用，引起兴奋、头痛、贫血、血压上升等症状。高浓度时出现皮肤炎症、失明、窒息等。小鼠腹腔注射 LD_{50} 为75mg/kg。

(10) 规格 GB/T 24770—2009 工业用三甲胺

项 目		优等品	一等品	合格品
三甲胺/%	≥	99.50	99.00	98.00
一甲胺/%	≤	0.02	0.10	0.20
二甲胺/%	≤	0.05	0.15	0.25
氨/%	≤	0.01	0.03	0.10
水/%	≤	0.50	1.00	1.50
N,*N*-二甲基乙胺(以二乙胺计)/%		供需双方协商		

(11) 附表

表 2-9-39 三甲胺的蒸气压

温度/℃	蒸气压/kPa	温度/℃	蒸气压/kPa	温度/℃	蒸气压/kPa	温度/℃	蒸气压/kPa
−97.1	0.13	−73.8	1.33	−48.8	8.00	−12.5	53.33
−81.7	0.67	−65.0	2.67	−27.0	26.66	3	101.33

表 2-9-40 水-三甲胺体系的熔点

三甲胺/%(mol)	温度/℃	三甲胺/%(mol)	温度/℃	三甲胺/%(mol)	温度/℃	三甲胺/%(mol)	温度/℃
2.38	−2.52	6.81	4.8	13.36	4.1	26.63	−9.4
3.84	0.1	9.18	5.4	16.31	1.7	32.66	−17.3
5.00	2.8	12.49	4.8	20.39	−2.0	40.70	−33

表 2-9-41 含三甲胺的二元共沸混合物

第二组分	共沸点/℃	三甲胺/%	第二组分	共沸点/℃	三甲胺/%
甲酸	170	75.5	二甲胺	3	74
乙酸	154	80	三氟化硼	230	47
甲胺	−6.5	30	氨	−34	27

(12) 附图

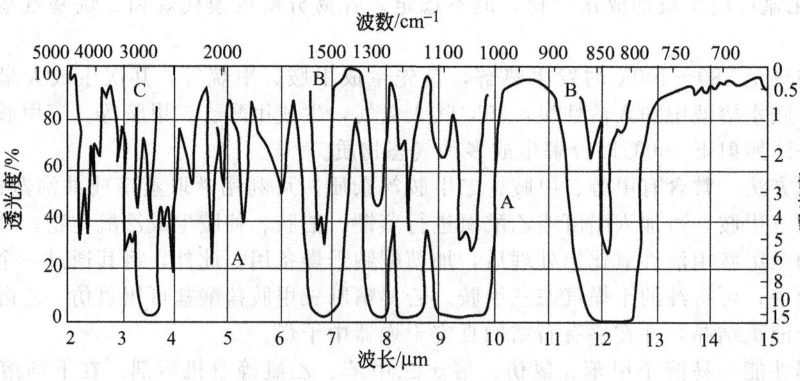

图 2-9-11 三甲胺的红外光谱图

参 考 文 献

1 CAS 75-50-3
2 EINECS 209-810-0
3 D. R. Stull. Ind. Eng. Chem. 1947，39：517
4 I. Mellan. Industrial Solvents Handbook. 3rd ed. Noyes Data Corp.. 1970. 381
5 A. V. Grosse et al. J. Phys. Chem. 1940，44：293
6 A. J. Gordon and R. A. Ford. A Handbook of Practical Data，Techniques and References.，Wiley. 1972. 39
7 R. J. W. LeFe'vre and P. Russel. Trans. Faraday Soc.. 1947，43：374
8 E. Swift，Jr. and C. R. Calkins. J. Amer. Chem. Soc. 1943，65：2415
9 J. G. Aston et al. J. Amer. Chem. Soc. 1944，66：1173
10 K. A. Kobe and R. E. Lynn. Jr，Chem. Rev. 1953，52：192
11 危険物・毒物取扱いマニュアル. 海外技術資料研究所. 1974. 434：344
12 J. G. Grasselli，Atlas of Spectral Data and Physical Constants for Organic Compounds，B-145. CRC Press. 1973
13 Sadtler Standard IR Prism Spectra. No. 9718
14 J. Kress and J. Guillermet. J. Chim. Phys.，1973，70：374；Chem. Abstr. 1973，78：153275d
15 E. Stenhagen et al. Atlas of Mass Spectral Data. Vol. 1. Wiley. 1969. 34
16 A. J. Gordon and R. A. Ford. A Handbook of Practical Data，Techniques and References. Wiley. 1972. 238；60
17 日本化学会. 化学便覧，応用編. 丸善. 1965. 1401
18 Manufacturing Chemists'Assoc. Guide for Safety in the Chemical Laboratory. 2nd ed. Van Nostrand Reinhold. 1972. 438
19 1万3千種化学薬品毒性データ集成. 海外技術資料研究所. 1974. 527
20 W. C. Somerville. J. Phys. Chem. 1931，35：242
21 M. Lecat. Tables Azéotropiques. 2Aufl，Brüssel. 1949
22 The Merck Index. **10**，9517；**11**，9625
23 张海峰主编. 危险化学品安全技术大典：第1卷：北京：中国石化出版社，2010

685. 乙 胺

ethylamine [monoethylamine，aminoethane]

(1) 分子式　C_2H_7N。　　相对分子质量　45.08。

(2) 示性式或结构式　$CH_3CH_2NH_2$

(3) 外观　室温为无色气体，冷却或加压时易液化，有氨味。

(4) 物理性质

沸点(101.3kPa)/℃	16.6	生成热(25℃,气体)/(kJ/mol)	−46.05
熔点/℃	−80.6	燃烧热(20℃,液体)/(kJ/mol)	1710.3
相对密度(15℃/15℃)	0.689	比热容(定压)/[kJ/(kg·K)]	2.89
折射率(20℃)	1.3663	临界温度/℃	183
介电常数(0℃)	8.7	临界压力/MPa	5.62
(−40℃)	11.9	电导率(0℃)/(S/m)	4×10^{-7}
偶极矩(气体)/(10^{-30}C·m)	4.09	热导率(37.8℃)/[W/(m·K)]	16.6216×10^{-3}
(苯)/(10^{-30}C·m)	4.66	爆炸极限(下限)/%(体积)	3.5
(液体)/(10^{-30}C·m)	3.64	(上限)/%(体积)	14.0
表面张力(15℃)/(mN/m)	20.56	pK_a(20℃,水)	10.807
(35℃)/(mN/m)	17.82	蒸气相对密度(空气=1)	1.56
闪点(开口)/℃	−17.8以下	UV213nm(ε794,气体)	
燃点/℃	384	177nm(ε1585,气体)	
蒸发热(b.p.)/(kJ/mol)	27.56		

(5) 化学性质　水溶液呈碱性，化学性质和甲胺相似。对光不稳定，在140～200℃时经紫外线照射，分解生成氢、氯、氨、甲烷和乙烷等。490～555℃于低压下进行热解，生成氢、氯、

甲烷等。乙胺与次氯酸钠作用生成 N-氯代乙胺。在乙胺水溶液中通入氯气，生成 N,N-二氯乙胺，与金属钠、锶反应，生成金属的乙氨基化合物。

(6) 精制方法　乙胺中常含有二乙胺、三乙胺等胺类以及合成原料乙醛等杂质。在氮气流下分馏精制，再用固体氢氧化钾脱水、脱碳酸后用芴酮钠干燥备用。若精制乙胺盐酸盐，可用无水乙醇或甲醇与氯仿的混合液重结晶，熔点 109～110℃。

(7) 溶解性能　能与水混溶，但可加氢氧化钠析出。还能与乙醇、乙醚等多种有机溶剂混溶，并能溶解碱金属。

(8) 用途　用作石油及油脂工业的萃取剂。也用于制造农药、染料、橡胶促进剂、表面活性剂、抗氧剂、洗涤剂、润湿剂、离子交换树脂等。

(9) 使用注意事项　无水乙胺及其水溶液或醇溶液均为一级易燃液体。危险特性属第 2.1 类易燃液体。危险货物编号：21046，UN 编号：1036。乙胺水溶液（浓度 50%～70%）的危险特性属第 3.1 类低闪点易燃液体。危险货物编号：31045，UN 编号：2270。应置阴凉处密封贮存。乙胺属中等毒类，能侵害皮肤、黏膜和呼吸器官，应避免吸入蒸气或与皮肤接触。工作场所最高容许浓度 18.4mg/m³。大鼠经口 LD_{50} 为 40mg/kg，小鼠经口 LD_{50} 为 530～580mg/kg。

(10) 规格　HG/T 23962—2009　工业用一乙胺

项　目		一乙胺(无水)		一乙胺(70%水溶液)	
		优等品	合格品	优等品	合格品
外观		透明液体,无机械杂质			
一乙胺/%	≥	99.50	99.20	70.00	70.00
二乙胺/%	≤	0.15	0.20	0.10	0.15
三乙胺/%	≤	0.10	0.15	0.05	0.10
乙醇/%	≤	0.10	0.20	0.07	0.15
氨/%	≤	0.10	0.10	0.07	0.15
水分/%	≤	0.10	0.10	—	—
色度(Pt-Co 号)/黑曾单位	≤	15	30	15	30

(11) 附表

表 2-9-42　乙胺的蒸气压

温度/℃	蒸气压/kPa	温度/℃	蒸气压/kPa	温度/℃	蒸气压/kPa	温度/℃	蒸气压/kPa
−82.3	0.13	−58.3	1.33	−33.4	8.00	2.0	53.33
−66.4	0.67	−48.6	2.67	−12.3	26.66	16.6	101.33

表 2-9-43　水-乙胺体系的熔点

乙胺/%(mol)	温度/℃	乙胺/%(mol)	温度/℃	乙胺/%(mol)	温度/℃	乙胺/%(mol)	温度/℃
1.53	−1.58	8.08	−11.42	14.23	−7.83	25.12	−13.02
2.99	−3.27	8.65	−12.64	15.83	−7.73	27.87	−17.5
4.40	−5.12	9.07	−13.30	16.71	−7.85	28.51	−18.5
5.33	−6.44	9.31	−12.74	18.62	−8.54		
6.87	−9.04	10.74	−10.33	21.92	−10.38		

表 2-9-44　乙胺盐及其加成化合物的熔点

化　合　物	熔　点/℃	备　注
$C_2H_5NH_2 \cdot HCl$	109～110	
$C_2H_5NH_2 \cdot NH_3SO_3H$	65～70	微溶于水、乙醇,不溶于乙醚
$C_2H_5NH_2 \cdot C_6H_3N_3O_7$(黄色柱状晶体)	170	甲醇重结晶
$C_2H_5(NHSO_2C_6H_5)$N-苯磺酰基化合物	58	
$C_2H_5(NHSO_2C_6H_4CH_3\text{-}p)$N-p-甲苯磺酰基化合物	63	
2-硝基-1,3-四氢化茚二酮盐	205～206	

化　合　物	熔　点/℃	备　注
乙脲	92～93	
N-乙基-*N′*-*α*-萘硫脲	120～121	

表 2-9-45　含乙胺的二元共沸混合物

第二组分	共沸点/℃	乙胺/%
异戊烯	15.4	54

(12) 附图

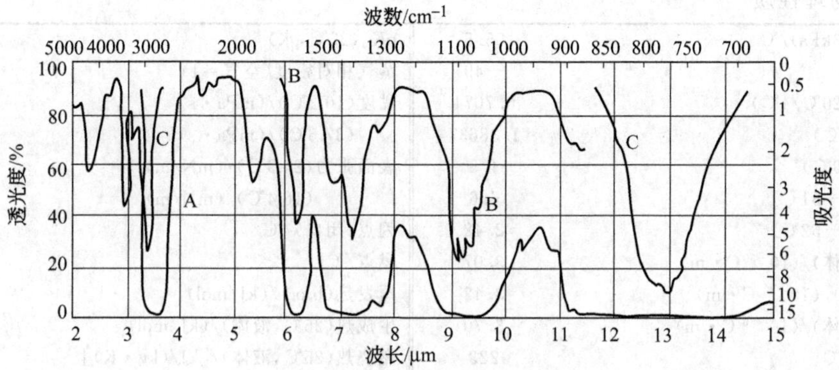

图 2-9-12　乙胺的红外光谱图

参　考　文　献

1 CAS 75-04-7
2 EINECS 200-834-7
3 D. R. Stull. Ind. Eng. Chem. 1947，39，517
4 N. A. Lange. Handbook of Chemistry，revised. 10th ed. McGraw. 1967. 561
5 A. J. Gordon and R. A. Ford. A Handbook of Practical Data，Techniques and References. Wiley. 1972. 38
6 S. K. Garg and P. K. Kadaba. J. Phys. Chem. 1964，68：737
7 G. A. Barclay et al. Trans. Faraday Soc. 1950，46：812
8 E. Swift. Jr. and C. R. Calkins. J. Amer. Chem. Soc. 1943，65：2415
9 D. S. Viswanath and N. R. Kuloor. J. Chem. Eng. Data. 1966，11：69
10 E. Pohland and W. Mehl. Z. Physik. Chem. Leipzig. 1933，A164：50
11 K. A. Kobe and R. E. Lynn Jr. Chem. Rev. 1953，52：193
12 J. G. Grasselli. Atlas of Spectral Data and Physical Constants for Organic Compounds. CRC Press. 1973. B-501
13 E. Tannenbaum et al. J. Chem. Phys. 1953，21：311
14 Documentation of Molecular Spectroscopy Spectral Collection. No. 1650
15 J. Konarski. Chem. Phys. Lett. 1971，12：249；Chem. Abstr. 1971，76：92454w
16 A. J. Gordon and R. A. Ford. A Handbook of Proctical Data. Techniques and References.，Wiley. 1972. 238
17 E. Stenhagen et al. Atlas of Mass Spectral Data. Vol. 1. Wiley. 1969. 14
18 Sadtler Standard NMR Spectra. No. 9700
19 A. J. Gordon and R. A. Ford. A Handbook of Practical Data，Techniques and References. Wiley. 1972. 59
20 日本化学会. 化学便覧. 応用編. 丸善. 1965. 1402
21 1万3千種化学薬品データ集成.，海外技術資料研究所. 1974. 239
22 危險物・毒物取扱いマニユアル.，海外技術資料研究所. 1974. 52
23 W. C. Somerville. J. Phys. Chem. 1931，35：2423
24 有機合成化学協会. 溶剤ポケットブック. オーム社. 1977. 642
25 M. Lecat. Tables Azéotropiques. 2nd ed. Brüssel，1949. 178；Beilstein，Handbuch der Organischen Chemie. E Ⅲ. 4-179

26 The Merck Index. 10，3709；11，3718
27 张海峰主编. 危险化学品安全技术大典：第1卷：北京：中国石化出版社，2010

686. 二 乙 胺

diethylamine

(1) 分子式 $C_4H_{11}N$。 相对分子质量 73.14。

(2) 示性式或结构式 $(CH_3CH_2)_2NH$

(3) 外观 无色透明液体，有氨味。

(4) 物理性质

沸点(101.3kPa)/℃	55.5	pK_a(25℃,水)	10.98
熔点/℃	−49	蒸气相对密度(空气=1)	2.5
相对密度(20℃/4℃)	0.7074	黏度(10.2℃)/(mPa·s)	0.3878
折射率(20℃)	1.38637	(37.6℃)/(mPa·s)	0.2732
介电常数(9℃)	4.5	表面张力(24.9℃)/(mN/m)	19.91
(−51℃)	6.6	(16.4℃)/(mN/m)	20.71
(−52℃)	2.42	闪点(闭口)/℃	−17.8以下
偶极矩(气体)/(10^{-30}C·m)	3.07	燃点/℃	312.2
(苯)/(10^{-30}C·m)	3.42	蒸发热(b.p.)/(kJ/mol)	29.20
(液体)/(10^{-30}C·m)	3.70	生成热(25℃,液体)/(kJ/mol)	−103.79
临界温度/℃	223	燃烧热(25℃,液体)/[kJ/(kg·K)]	3044.43
临界压力/MPa	3.7	比热容(定压)/[kJ/(kg·K)]	2.42
电导率(−33.5℃)/(S/m)	2.2×10^{-9}	UV222nm(ε295,气体)	
爆炸极限(下限)/%(体积)	1.8	194nm(ε2951,气体)	
(上限)/%(体积)	10.1		

(5) 化学性质 和二甲胺相似。水溶液呈强碱性。500℃发生光（分）解反应。二乙胺在铜存在下用氧进行氧化，或用高锰酸钾、30%过氧化氢进行氧化时都发生分解。

(6) 精制方法 常含有乙胺、三乙胺、乙醛等杂质。可用分馏的方法进行精制。馏出物用固体氢氧化钾脱水后，再用芴酮钠干燥备用。或在金属钠存在下加热回流2小时后再分馏精制。也可将二乙胺转变成盐酸盐，再用干燥的石油醚反复进行重结晶，直到熔点达223.5℃时为止。加氢氧化钾将二乙胺游离出来，再经干燥，蒸馏得纯品。

(7) 溶解性能 能与水、乙醇、乙醚、芳香烃、脂肪酸、乙酸乙酯等多种溶剂混溶。是一种优良的萃取剂和选择性溶剂。温热时能溶解固体石蜡和巴西棕榈蜡，并能使丁腈橡胶溶胀。

(8) 用途 用于制造医药、农药、染料、橡胶硫化促进剂、纺织助剂以及金属防腐剂、乳化剂、阻聚剂等。也用作蜡的精制溶剂、共轭双烯乳液聚合时的活化剂以及配制发动机的抗冻剂。液相色谱溶剂。

(9) 使用注意事项 危险特性属第3.1类低闪点易燃液体。危险货物编号：31046，UN编号：1154。和空气的混合物爆炸性强，应密封置阴凉处贮存。对皮肤、黏膜有刺激作用，液体溅入眼内可致严重灼伤、角膜水肿。污染皮肤可致水疱、坏死。嗅觉阈浓度0.897mg/m³。工作场所最高容许浓度74.5mg/m³。小鼠经口LD_{50}为649mg/kg。

(10) 规格

① GB/T 23963—2009 工业用二乙胺

项 目		优等品	合格品	项 目		优等品	合格品
二乙胺/%	≥	99.50	99.20	乙醇/%	≤	0.10	0.10
一乙胺/%	≤	0.05	0.10	水/%	≤	0.10	0.20
三乙胺/%	≤	0.10	0.10	色度(Pt-Co色号)/黑曾单位	≤	15	30

② HG/T 2720—1995 (2004) 二乙胺

项　目		优等品	一等品	合格品
外观		无色液体,有氨臭		
二乙胺含量/%	⩾	99.00	98.50	97.50
一乙胺含量/%	⩽	0.05	0.10	1.50
三乙胺含量/%	⩽	0.10	0.20	0.20
乙醇含量/%	⩽	0.10	0.10	0.20
乙腈含量/%	⩽	0.20	0.40	0.40
水含量/%	⩽	0.30	0.50	0.80

(11) 附表

表 2-9-46　二乙胺的蒸气压

温度/℃	蒸气压/kPa	温度/℃	蒸气压/kPa
−33.0	1.33	21.0	26.66
−22.6	2.67	32.2	42.13
−4.0	8.00	38.0	53.33
6.0	13.33	55.5	101.33

表 2-9-47　二乙胺-水的黏度　　单位：mPa·s

二乙胺/%(mol)	0.0℃	24.5℃	45.0℃	二乙胺/%(mol)	0.0℃	24.5℃	45.0℃
0.0		0.904	0.599	30.0	7.527	2.734	1.230
5.0	7.772	2.033	1.123	40.0		1.905	1.034
10.0	12.865	2.828	1.425	50.0	2.893	1.353	0.714
15.0	13.554	3.273	1.520	60.0	1.811	0.943	0.568
20.0	11.547	3.256	1.483	100.0	0.505	0.341	0.280

表 2-9-48　二乙胺-三乙胺的混合热　　单位：J/mol

二乙胺/%(mol)	14℃	18℃	25℃	50℃	55℃	60℃	65℃	70℃
0.1	103	115	151	442.5	407.5	360.5	292.0	244.5
0.2	152	186	216	451.0	369.0	343.5	319.5	300.5
0.3	205	273	267	425.5	415.5	398.0	373.5	358.5
0.4	258	283	325	460.5	489.5	462.0	432.5	399.5
0.5	281	306	360	469.5	457.5	448.0	427.5	416.0
0.6	260	285	332	447.0	430.0	416.0	399.5	378.0
0.7	209	243	281	384.5	370.5	355.5	338.5	320.0
0.8	160	176	210	295.5	276.5	262.0	243.5	227.5
0.9	96	104	139	165.5	161.5	148.5	143.5	129.5

表 2-9-49　二乙胺盐及其加成化合物的熔点

化　合　物	熔　点/℃	备　注
$(C_2H_5)_2NH \cdot HCl$(叶片状晶体)	223.5	可溶于水、乙醇、氯仿,不溶于乙醚
$(C_2H_5)_2NH \cdot HBr$(叶片状晶体)	213.5	可溶于水、乙醇、氯仿,不溶于乙醚
$2(C_2H_5)_2NH \cdot C_2H_2O_4$(草酸盐)	220	
$(C_2H_5)_2NH \cdot C_6H_3N_3O_7$(苦味酸盐)	155	
2-硝基-1,3-四氢化茚二酮盐	183	
N,*N*-二乙基-3-硝基苯磺酰胺	66	
N,*N*-二乙基-4-硝基苯磺酰胺	134	
N,*N*-二乙基-*β*-萘磺酰胺	83～84	
N,*N*-二乙基-*N*′,*N*′-二苯基硫脲	114	
N,*N*-二乙基-*N*′-*β*-萘硫脲	90	
2-二乙氨基-1-肟基环己烷	63	

表 2-9-50　含二乙胺的二元共沸混合物

第二组分	共沸点/℃	二乙胺/%
2,3-二甲基丁烷	55.0	62
丙酮	51.55	62

(12) 附图

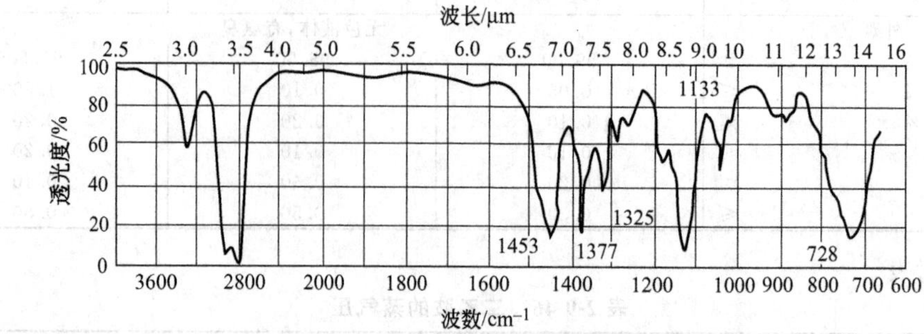

图 2-9-13 二乙胺的红外光谱图

参 考 文 献

1 CAS 109-89-7

2 EINECS 203-716-3

3 D. R. Stull. Ind. Eng. Chem. 1947，39：517

4 S. K. Garg and P.，K. Kadaba. J. Phys. Chem. 1964，68：737

5 A. I. Vogel. J. Chem. Soc. 1948，1825

6 G. A. Barclay et al. Trans. Faraday Soc. 1950，46：812

7 A. Weissberger. Organic Solvents. 3rd. ed. Wiley. 1971. 432

8 D. S. Viswanach and N. R. Kuloor. J. Chem. Eng. Data. 1966，11：69

9 Manufacturing Chemists'Assoc. Guide for Safety in the Chemical Laboratory. 2nd ed. Van Nostrand Reinhold. 1972. 368

10 N. A. Lange. Handbook of Chemnistry，revised. 10th ed. McGraw，1967

11 M. J. Copley et al. J. Amer. Chem. Soc. 1941，63：254

12 J. A. Hipple and M. Shepherd. Anal. Chem. 1949，21：32

13 Sadtler Standard IR Prism Spectra. No. 3194

14 IRDC カード. No. 4228

15 G. Gamer and H. Wolff. Spectrochim Acta pt. A. 1973，129；Chem. Abstr，1973，78：77565f

16 E. Stenhagen et al.. Atlas of Mass Spectral Data. Vol. 1. Wiley. 1969. 76

17 Sadtler Standard NMR Spectra. No. 7057

18 W. S. Muney and J. F. Coetzee. J. Phys. Chem. 1962，66：89

19 日本化学会. 化学便覧. 応用編. 丸善. 1965. 1402

20 1万3千種化学薬品毒性データ集成. 海外技術資料研究所. 1974. 183

21 化学工学協会，物性定数. 2集. 丸善. 1964. 229；113

22 有機合成化学協会. 溶剤ポケットブック. オーム社. 1977. 647

23 M. Lecat，Tables Azéotropiques. 2nd ed. Brüssel. 1949. 175，178；Beilstein. Handbuch der Organischen Chemie. E Ⅲ，4-89

24 The Merck Index. **10**，3090；**11**，3100

25 张海峰主编. 危险化学品安全技术大典：第1卷：北京：中国石化出版社，2010

687. 三 乙 胺

triethylamine

(1) 分子式 $C_6H_{15}N$。 相对分子质量 101.19。

(2) 示性式或结构式 $(CH_3CH_2)_3N$

(3) 外观 无色透明液体，有氨味。

(4) 物理性质

沸点(101.3 kPa)/℃	89.6	生成热(25℃,液体)/(kJ/mol)	−134.27
熔点/℃	−114.7	燃烧热(20℃,液体)/(kJ/mol)	4340.9
相对密度(20℃/4℃)	0.7275	闪点(开口)/℃	−6.7
折射率(25℃)	1.3978	比热容(25℃,定压)/[kJ/(kg·K)]	2.21
介电常数(25℃)	2.42	临界温度/℃	259
偶极矩(气体)/(10^{-30} C·m)	2.20	临界压力/MPa	30.4
(苯)/(10^{-30} C·m)	3.96	沸点上升常数	3.45
(液体)/(10^{-30} C·m)	2.53	爆炸极限(下限)/%(体积)	1.8
黏度(15℃)/mPa·s	0.394	(上限)/%(体积)	8.0
(30℃)/mPa·s	0.323	体膨胀系数	0.00126
表面张力(20℃)/(mN/m)	20.66	pK_a(18℃,水)	11.01
(30℃)/(mN/m)	19.62	蒸气相对密度(空气=1)	3.5
蒸发热(20℃)/(kJ/mol)	35.89	UV 196nm(ε5012,庚烷)	
(b.p.)/(kJ/mol)	32.13		

(5) 化学性质 具有叔胺的化学性质。水溶液呈碱性，与卤代烷反应可生成季铵盐。对氧化剂不稳定。与高锰酸钾作用易发生氧化而分解，生成乙酸、氨和硝酸。用过氧化氢氧化则生成三乙基胺化氧。在低压下于400℃热解时，首先生成四乙基联氨、丁烷，进而生成甲烷、氮气等。在钴、镍、铜或氯化铜存在下，与醇发生烷基交换反应，生成烷基二乙基胺、二烷基乙基胺等。

(6) 精制方法 常含有乙胺、二乙胺和乙醛等杂质，一般用分馏的方法精制。为了除去微量的伯胺和仲胺，可加入乙酸酐、苯甲酸酐或邻苯二甲酸酐回流后分馏，馏出物用活性氧化铝或固体氢氧化钾干燥后再蒸馏。其他精制方法有：将三乙胺转变成盐酸盐，再用乙醇重结晶，至熔点达到254℃时，与氢氧化钠水溶液作用，以游离出三乙胺，经固体氢氧化钾干燥后，在钠存在下于氮气流中蒸馏得纯品。

(7) 溶解性能 在18.7℃以下时，三乙胺可与水混溶，在此温度以上仅微溶于水。三乙胺易溶于丙酮、氯仿、苯，溶于乙醇、乙醚。对烃类的溶解能力与二乙胺相同。

(8) 用途 用作酸特别是氯化氢的捕集剂。也用于制造医药、染料、农药、表面活性剂、防水剂、橡胶硫化促进剂。液相色谱溶剂。

(9) 使用注意事项 危险特性属第3.2类中闪点易燃液体。危险货物编号：32168，UN编号：1296。和空气的混合物爆炸性强，应密封置阴凉处贮存。对皮肤和黏膜刺激性强，工作场所最高容许浓度103.25mg/m³。大鼠经口 LD_{50} 为460mg/kg，大鼠经皮 LD_{50} 为570mg/kg，大鼠吸入 LC_{50} 为1000mg/m³。动物中毒表现为眼及上呼吸道刺激，呼吸困难，骚动不安，协调动作破坏，阵发性强直性痉挛，最后死亡。

(10) 规格 GB/T 23964—2009 工业用三乙胺

项　目		优等品	合格品	项　目		优等品	合格品
三乙胺/%	≥	99.50	99.20	乙醇/%	≤	0.10	0.20
一乙胺/%	≤	0.10	0.10	水/%	≤	0.10	0.20
二乙胺/%	≤	0.10	0.20	色度(Pt-Co号)/黑曾单位	≤	15	30

(11) 附表

表 2-9-51 三乙胺的蒸气压

温度/℃	蒸气压/kPa	温度/℃	蒸气压/kPa	温度/℃	蒸气压/kPa
−14.8	1.20	20.4	8.49	59.9	38.04
12.4	5.07	25.0	9.88	64.4	43.73
15.5	5.59	30.0	11.28	90.25	103.50

表 2-9-52　水-三乙胺体系的熔点

三乙胺/%（mol）	温　度/℃	三乙胺/%（mol）	温　度/℃
0.83	−0.85	8.55	−4.64
1.43	−1.48	12.18	−5.53
2.70	−2.94	18.77	−8.00
3.54	−3.42	28.61	−14.1
4.09	−3.65	30.55	−15.3
4.70	−3.81	32.21	−19.21
5.42	−3.95	37.0	−19.8
6.79	−4.26	53.97	−22.9

表 2-9-53　三乙胺盐及其加成化合物的熔点

化　　合　　物	熔点/℃	备　　注
$(C_2H_5)_3N \cdot HCl$	253～254	245℃时不分解而升华；溶于水、乙醇、氯仿；难溶于苯，不溶于乙醚。用乙醇重结晶
$(C_2H_5)_3N \cdot HBr$	223～225	用氯仿、乙醇重结晶
$(C_2H_5)_3N \cdot HI$	181	溶于乙醚、氯仿
$(C_2H_5)_3N \cdot C_6H_3N_3O_7$（苦味酸盐，针状晶状）	172.5～173	用乙醇重结晶

表 2-9-54　乙醇-三乙胺体系的蒸气压

乙醇/%（mol）	蒸气压/kPa	乙醇/%（mol）	蒸气压/kPa
[34.85℃]			
100	13.60	47.35	15.76
91.90	13.97	41.75	15.84
81.25	14.55	27.50	15.68
71.35	15.08	10.95	15.03
65.50	15.32	5.85	14.55
59.90	15.50	0	13.95
[49.60℃]			
100	28.93	44.90	31.80
86.95	30.02	32.60	31.26
78.95	30.77	20.70	30.30
67.40	31.50	13.10	29.21
58.15	31.80	5.45	27.34
54.25	31.86	0	25.74
[64.85℃]			
100	58.06	34.60	59.40
89.60	59.63	28.70	58.34
75.95	61.21	22.70	57.11
69.60	61.61	15.15	54.62
62.95	61.77	7.20	45.04
55.85	61.69	0	45.42
39.45	60.15		

表 2-9-55　含三乙胺的二元共沸混合物

第二组分	共沸点/℃	三乙胺/%
水	92.8	65
丁酮	79.0	25
乙酸	162	12.5

(12) 附图

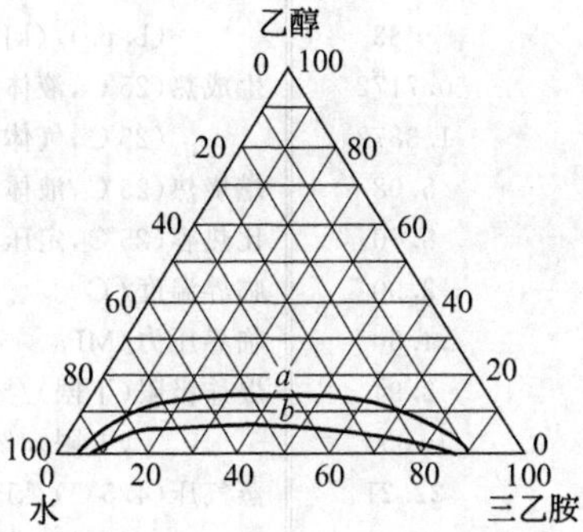

图 2-9-14 三乙胺-水体系的相互溶解度（%）

a—水-乙醇-三乙胺（35℃）；*b*—水-乙醇-三乙胺（25℃）

参 考 文 献

1 CAS 121-44-8

2 EINECS 204-469-4

3 J. L. Copp and T. J. V. Findlay. Trans. Faraday Soc. 1960，56：13

4 Chem. Zentr. 1933 Ⅰ，2227

5 A. I. Vogel. J. Chem. Soc. 1948，1825

6 N. A. Lange. Handbook of Chemistry，Revised 10th ed.. McGraw. 1967. 1237，1587

7 G. A. Barclay et al.. Trans. Faraday Soc. 1950，46：812

8 D. S. Viswanath and N. R. Kuloor. J. Chem. Eng. Data. 1966，11：69

9 A. Weissberger. Organic Solvents 3rd ed. Wiley. 1971. 823

10 K. A. Kobe and R. E. Lynn，Jr. Chem. Rev. 1953，52：193

11 J. G. Grasselli. Atlas of Spectral Data and Physical Constants for Organic Compounds. CRC Press. 1973. B-144

12 J. F. O'Donnell et al. Anal. Chem. 1964，36：2097

13 Cablentz Society IR Spectra. No. 4831

14 IRDC カード，No. 6658

15 E. Stenhagen et al. Atlas of Mass Spectral Data. Vol. 1.，Wiley. 1969. 264

16 Sadtler Standard IR Prism Spectra. No. 29

17 A. J. Gordon and R. A. Ford. A Handbook of Practical Data，Techniques and References. Wiley. 1972. 60

18 日本化学会. 化学便覧. 応用編. 丸善. 1966. 1403

19 1万3千種化学薬品毒性データ集成. 海外技術資料研究所. 1974. 524

20 Manufacturing Chemists' Assoc. Guide for Safety in the Chemical Laboratory. 2nd ed. Van Nostrand Reinhold. 1972. 437

21 有機合成化学協会. 溶剤ポケットブック. オーム社. 1977. 648

22 W. C. Somerville. J. Phys. Chem. 1931，35：2421

23 J. L. Copp，J. L. Everett. Discuss. Faraday Soc. 1953，15：174

24 M. Lecat. Tables Aźeotropiques. 2Aufl. Brüssel. 1949

25 The Merck Index. **10**，9477

688. 丙　胺

propylamine [*n*-propylamine]

(1) 分子式　C_3H_9N。　　　相对分子质量　59.11。

(2) 示性式或结构式　$CH_3CH_2CH_2NH_2$

(3) 外观　无色透明液体，有氨味。

(4) 物理性质

沸点(99.99kPa)/℃	48	蒸发热(25℃)/(kJ/mol)	31.36
熔点/℃	−83	(b.p.)/(kJ/mol)	29.75
相对密度(20℃/4℃)	0.7172	生成热(25℃,液体)/(kJ/kg)	−101.57
折射率(20℃)	1.3872	(25℃,气体)/(kJ/kg)	−70.21
介电常数(23.0℃)	5.08	燃烧热(25℃,液体)/(kJ/mol)	2366.84
(−69.0℃)	8.70	比热容(25℃,定压)/[kJ/(kg·K)]	2.70
偶极矩(气体)/(10^{-30} C·m)	3.90	临界温度/℃	223.8
(苯)/(10^{-30} C·m)	4.50	临界压力/MPa	4.74
(液体)/(10^{-30} C·m)	3.94	爆炸极限(下限)/%(体积)	2.0
黏度(25℃)/mPa·s	0.353	(上限)/%(体积)	10.4
表面张力(19.2℃)/(mN/m)	22.21	蒸气压(4.5℃)/kPa	14.13
(41.6℃)/(mN/m)	19.75	(32.2℃)/kPa	52.93
闪点/℃	−37	pK_a(25℃,水)	10.568
燃点/℃	317.8	蒸气相对密度(空气=1)	2.0

(5) 化学性质　有甲胺相似。其水溶液呈碱性，与亚硝酸反应放出氮气，并生成丙醇和丙烯。

(6) 精制方法　参照乙胺的精制方法。

(7) 溶解性能　能与水混溶。易溶于乙醇、乙醚、丙酮，溶于苯和氯仿。加热时可溶解石蜡、巴西棕榈蜡。

(8) 用途　用于医药、农药、染料、纤维和皮革的表面加工及石油的添加剂和防腐剂等。

(9) 使用注意事项　危险特性属第 3.1 类低闪点易燃液体。危险货物编号：31047，UN 编号：1277。和空气的混合物爆炸性强，应密封置阴凉处贮存。工作场所最高容许浓度 12.065mg/m³。大鼠经口 LD_{50} 为570mg/kg。

(10) 规格　HG/T 4146—2010　工业用-正丙胺

项　　目		优等品	合格品
外观		有强烈氨的气味透明液体	
一正丙胺/%	≥	99.5	99.0
二正丙胺/%	≤	0.2	0.4
三正丙胺/%	≤	0.1	0.2
正丙醇/%	≤	0.1	0.2
水/%	≤	0.1	0.3
色度(Hazen 单位,铂-钴色号)		15	15

参 考 文 献

1 CAS 107-10-8
2 EINECS 203-462-3
3 A. I. Vogel. J. Chem. Soc. 1948，1825
4 S. K. Garg and P. K. Kadaba. J. Phys. Chem. 1964. 68：737
5 E. G. Cowley. J. Chem. Soc. 1952，3557
6 W. T. Cronenwett and L. W. Hoogendoorn. J. Chem. Eng. Data. 1972，17：298
7 A. G. Mussell et al. J. Chem. Soc. 1912，101：1008
8 D. S. Viswanath and N. R. Kuloor. J. Chem. Eng. Data. 1966，11：69
9 J. Konicek and I. Wadsö. Acta Chem. Scand. 1971，25：1541
10 K. A. Kobe and R. E. Lynn，Jr.. Chem. Rev. 1953，52：193
11 M. J. Copley et al. J Amer. Chem. Soc. 1941，63：254
12 Sadtler Standard IR Prism Spectra. No. 2242
13 IRDC カート，No. 4225
14 E. Stenhagen et al.. Atlas of Mass Spectral Data. Vol. 1. Wiley. 1969. 34

15 Sadtler Standard NMR Spectra. No. 10252
16 A. Weissberger. Organic Solvents. 3rd ed. Wiley. 1971. 416
17 Manufacturing Chemists' Assoc. Guide for Safety in the Chemical Laboratory. 2nd ed. Van Nostrand Reinhold. 1972. 419
18 日本化学会. 防灾指針. Ⅰ-10，丸善. 1962. 96
19 1万3千種化学薬品毒性データ集成. 海外技術資料研究所. 1974. 446
20 The Merck Index. **10**，7743；**11**，7855
21 张海峰主编. 危险化学品安全技术大典：第1卷：北京：中国石化出版社，2010

689. 异 丙 胺

isopropylamine [monoisopropylamine，2-aminopropane]

(1) 分子式 C_3H_9N。 相对分子质量 59.11。

(2) 示性式或结构式 $CH_3CH(NH_2)CH_3$

(3) 外观 无色透明液体，有氨味。

(4) 物理性质

沸点(101.3kPa)/℃	33.0	燃点/℃	402.2
熔点/℃	−101.2	生成热(25℃,液体)/(kJ/mol)	−112.33
相对密度(20℃/4℃)	0.6875	(25℃,气体)/(kJ/mol)	−83.82
折射率(20℃)	1.3742	燃烧热(25℃)/(kJ/mol)	2356.08
介电常数(23.0℃)	5.11	比热容(25℃,定压)/[kJ/(kg·K)]	2.78
(−76.5℃)	9.21	临界温度/℃	203.0
黏度(25℃)/mPa·s	0.36	爆炸极限(下限)/%(体积)	2.0
表面张力(20℃)/(mN/m)	19.53	(上限)/%(体积)	10.4
闪点(开口)/℃	−26.1	pK_a(25℃,水)	10.63
蒸发热(25℃)/(kJ/mol)	28.5	蒸气相对密度(空气=1)	2.03
(b.p.)/(kJ/mol)	27.21		

(5) 化学性质 具有伯胺的化学性质，水溶液呈碱性。

(6) 精制方法 异丙胺是用溴代异丙烷与氨的醇溶液反应，或丙酮与氨和氢在镍-铜-白土的催化下反应制得的。因此可能含有丙酮、溴代异丙烷、异丙醇和其他各种丙基胺类等杂质。可用精馏法进行精制。要得到高纯度的异丙胺，可加入无水氧化钡放置数日，然后在钠存在下进行蒸馏，收集131.961Pa下31.4℃的馏分，进行再蒸馏。

(7) 溶解性能 能与水、乙醇、乙醚相混溶，易溶于丙酮，溶于芳香烃、脂肪烃、矿物油、石蜡及其他多种有机化合物。加热时能溶解固体石蜡和巴西棕榈蜡。和水、异丙醇能形成二元共沸混合物。

(8) 用途 用作溶剂、硬水处理剂、去垢剂。也用于制备医药、农药、染料、橡胶硫化促进剂、界面活性剂等。

(9) 使用注意事项 危险特性属第3.1类低闪点易燃液体。危险货物编号：31047，UN编号：1221。和空气的混合物爆炸性强，应密封置阴凉处贮存。异丙胺刺激眼、皮肤和黏膜，引起结膜炎、鼻炎、支气管炎、皮肤炎等。工作场所最高容许浓度12.065mg/m³。大鼠经口 LD_{50} 为820mg/kg。大鼠吸入 LC_{50} 为9652mg/m³。

(10) 规格 GB/T 23965—2009 工业用一异丙胺

项 目		无水物		70%水溶液	
		优等品	合格品	优等品	合格品
外观		透明液体,无机械杂质			
一异丙胺/%	≥	99.5	99.2	70.0	70.0

续表

项　　目	无水物		70%水溶液	
	优等品	合格品	优等品	合格品
二异丙胺/% ≤	0.1	0.2	0.1	0.2
异丙醇/% ≤	0.1	0.2	0.1	0.2
乙腈/% ≤	—	—	—	—
丙酮+异丙基异丙胺/% ≤	0.2	0.3	0.1	0.2
氨/% ≤	0.1	0.2	0.07	0.15
水/% ≤	0.1	0.2	—	—
色度(Hazen单位,铂-钴色号) ≤	15	30	15	30

(11) 附表

表 2-9-56　异丙胺的蒸气压

温度/℃	蒸气压/kPa	温度/℃	蒸气压/kPa
0	25.86	15	51.33
4.5	29.73	31.4	99.99

表 2-9-57　异丙胺在醇中的溶解度（4.5℃）

醇　　类	异丙胺/(mol/mol)	醇　　类	异丙胺/(mol/mol)
辛醇	0.488	三甘醇	0.522
二甘醇	0.517		

表 2-9-58　异丙胺盐及其加成化合物的熔点

化　合　物	熔点/℃	化　合　物	熔点/℃
$C_3H_9N \cdot C_2H_2O_4$(草酸盐)	160～160.5	3-硝基-1,3-四氢化茚二酮盐	205
$C_3H_9N \cdot HCl$	139.5	*N*-异丙基-3-硝基苯磺酰胺	64～65
$C_3H_9N \cdot C_6H_3N_3O_7$	150	*N*-异丙基-4-硝基苯磺酰胺	114～115
$C_3H_9N \cdot NH_2SO_3H$	74～75	*N*-异丙基-*β*-萘磺酰胺	100～101
$C_3H_9N \cdot H_2PtCl_6$(氯铂酸盐)	214(分解)		

参 考 文 献

1 CAS 75-31-0
2 EINECS 200-860-9
3 日本化学会. 化学便覧. 基礎編. 丸善. 1966. 186
4 A. Wissberger. Organic Solvents. 3rd ed. Wiley. 1971. 417
5 W. T. Cronenwett and L. W. Hoogendoorn. J. Chem. Eng. Data. 1972, 17: 298
6 D. S. Viswanath and N. R. Kuloor. J. Chem. Eng. Data. 1966, 11: 69
7 J. Konicek and I. Wadsö. Acta Chem. Scand. 1971, 25: 1541
8 M. J. Copley et al. J. Amer. Chem. Soc. 1941, 63: 254
9 Coblentz Society IR Spectra. No. 3813
10 E. Stenhagen et al. Atlas of Mass Spectral Data. Vol. 1. Wiley, 1969. 33
11 Sadtler Standard NMR Spectra. No. 9118
12 H. K. Hall. Jr. J. Phys. Chem. 1956, 60: 63
13 Manufacturing Chemists' Assoc. Guide for Safety in the Chemical Laboratory. 2nd ed. Van Nostrand Reinhold. 1972. 419
14 日本化学会. 防灾指針. 7～10. 丸善. 1962. 96
15 1万3千種化学薬品毒性データ集成. 海外技術資料研究所. 1974. 302
16 C. Herbert, Brown, et al. J. Amer. Chem. Soc. 1945, 67: 1767
17 有機合成化学協会. 溶剤ポケットブック. オーム社. 1977. 651
18 Beilstein. Handbuch der Organis-chen Chemie. H, 4-152; E Ⅳ. 4-5099

19 The Merck Index. **10**, 5058; **11**, 5097

690. 二丙胺

dipropylamine [di-*n*-propylamine]

(1) 分子式 $C_6H_{15}N$。 相对分子质量 101.19。

(2) 示性式或结构式 $(CH_3CH_2CH_2)_2NH$

(3) 外观 无色液体，有氨味。

(4) 物理性质

沸点(101.3kPa)/℃	109.4	折射率(20℃)	1.4045
熔点/℃	−39.6	(苯)/(10^{-30}C·m)	3.57
相对密度(20℃/4℃)	0.7387	(己烷)/(10^{-30}C·m)	3.44
黏度(20.1℃)/mPa·s	0.5335	闪点/℃	7.2
表面张力(16.9℃)/(mN/m)	23.13	偶极矩(液体)/(10^{-30}C·m)	3.47
(41.3℃)/(mN/m)	20.77	比热容(定压)/[kJ/(kg·K)]	2.5
蒸发热(25℃)/(kJ/mol)	40.86	临界温度/℃	277
(b.p.)/(kJ/mol)	34.90	临界压力/MPa	3.1
介电常数(20℃)	3.068	蒸气压(25℃)/kPa	3.21
(0℃)	3.73	pK_a(25℃,水)	11.00
(−55℃)	4.5		

(5) 化学性质 具有仲胺的化学性质。水溶液呈碱性，形成 $C_6H_{15}N \cdot 0.5H_2O$ 和 $C_6H_{15}N \cdot H_2O$ 两种稳定的水合物。

(6) 精制方法 参照二乙胺的精制方法。

(7) 溶解性能 能与乙醚混溶，易溶于丙酮和苯，溶于乙醇、乙酸乙酯、烷烃、矿物油等。加热时可溶解蜡和巴西棕榈蜡。25℃时在水中溶解 4%；水在二丙胺中溶解 21%。能和水形成共沸混合物，共沸点 86.7℃。

(8) 使用注意事项 危险特性属第 3.2 类中闪点易燃液体。危险货物编号：32170，UN 编号：2383。注意火源，密封置阴凉处贮存。大鼠经口 LD_{50} 为 930mg/kg。

(9) 规格 HG/T 4147—2010 工业用二正丙胺

项 目		优等品	合格品
外观		有强烈氨的气味透明液体	
二正丙胺/%	≥	99.5	99.0
一正丙胺/%	≤	0.1	0.2
三正丙胺/%	≤	0.1	0.2
正丙醇/%	≤	0.2	0.4
水/%	≤	0.1	0.3
色度(Hazen 单位,铂-钴色号)	≤	15	15

参 考 文 献

1 CAS 142-84-7
2 EINECS 205-565-9
3 J. G. Grasselli. Atlas of Spectral Data and Physical Constants for Organic Compounds. CRC Press. 1973. A-461
4 S. K. Garg and P. K. Kadaba. J. Phys. Chem. 1964, 68: 737
5 E. G. Cowley. J. Chem. Soc. 1952, 3557
6 J. N. Friend and W. D. Hargreaves. Phil. Mag. 1944, 35: 619; Chem. Abstr. 1945, 1098
7 A. I. Vogel. J. Chem. Soc. 1948, 1825
8 L. Kahlenberg. J. Phys. Chem. 1901, 5: 215, 284

9 K. A. Kobe and R. E. Lynn, Jr. Chem. Rev. 1953, 52: 193
10 A. Weissberger. Organic Solvents. 3rd ed. Wiley. 1971. 433
11 Sadtler Standard IR Prism Spectra No. 2243
12 IRDC カード. No. 4233
13 E. Stenhagen et al. Atlas of Mass Spectral Data. Vol. 1. Wiley. 1969. 264
14 H. K. Hall, Jr. J. Amer. Chem. Soc. 1957, 79: 5441
15 1万3千種化学薬品毒性データ集成. 海外技術資料研究所. 1974. 214

691. *N*,*N*-二乙基-1,3-丙二胺［二乙氨基丙胺］

N,*N*-diethyl-1,3-propyldiamine [diethylamino propylamine]

(1) 分子式　$C_7H_{18}N_2$。　　相对分子质量　130.23。

(2) 示性式或结构式　$(CH_3CH_2)_2NCH_2CH_2CH_2NH_2$

(3) 外观　无色黏稠状液体，有氨的气味。

(4) 物理性质

沸点(101.3kPa)/℃	164～168	折射率(20℃)	1.4416
凝固点/℃	−100	闪点/℃	58
相对密度(20℃/4℃)	0.826		

(5) 溶解性能　能与水混溶。

(6) 用途　溶剂、萃取剂、有机合成中间体。

(7) 使用注意事项　*N*,*N*-二乙基-1,3-丙二胺的危险特性属第 8.2 类碱性腐蚀品。危险货物编号：82509，UN 编号：2825。毒性较强。

参 考 文 献

1 CAS 104-78-9
2 EINECS 203-236-4
3 Beilstein. Handbuch der Organischen Chemie. E Ⅳ, 4-1260

692. 三　丙　胺

tripropylamine

(1) 分子式　$C_9H_{21}N$。　　相对分子质量　143.27。

(2) 示性式或结构式　$(CH_3CH_2CH_2)_3N$

(3) 外观　无色透明液体，有氨臭味。

(4) 物理性质

沸点(101.3kPa)/℃	156.5	折射率(20℃)	1.4181
熔点/℃	−93.5	闪点(开口)/℃	40.55
相对密度(20℃/4℃)	0.7558		

(5) 溶解性能　溶于乙醇、乙醚，微溶于水。

(6) 用途　溶剂、有机合成中间体。

(7) 使用注意事项　三丙胺的危险特性属第 3.3 类高闪点易燃液体。危险货物编号：33618，UN 编号：2260。遇高热、明火及强氧化剂易引起燃烧，并放出有毒气体。对眼、黏膜或皮肤有刺激性、有烧伤危险。触及皮肤易经皮肤吸收。有毒或其蒸气有毒。工作场所最高容许浓度为

$2mg/m^3$。

(8) 规格 HG/T 4148—2010 工业用三正丙胺

项目		优等品	合格品	项目		优等品	合格品
三正丙胺/%	≥	99.50	99.00	水分/%	≤	0.10	0.30
一正丙胺/%	≤	0.10	0.40	色度(铂-钴号)/黑曾单位	≤	15	25
二正丙胺/%	≤	0.20	0.60	外观		有类似氨味的透明液体	
正丙醇/%	≤	0.10	0.20				

参考文献

1 CAS 102-69-2

2 EINECS 203-047-7

3 Beilstein. Handbuch der Organischen Chemie. E Ⅱ, 4-623; E Ⅳ, 4-470

693. 二异丙胺

diisopropylamine

(1) 分子式 $C_6H_{15}N$。 相对分子质量 101.19。

(2) 示性式或结构式 $[(CH_3)_2CH]_2NH$

(3) 外观 无色液体，有氨味。

(4) 物理性质

沸点(101.3kPa)/℃	83.5	闪点(闭口)/℃	−1.1
熔点/℃	−61	(开口)/℃	−1
相对密度(20℃/4℃)	0.7169	蒸发热(b.p.)/(kJ/mol)	34.50
折射率(20℃)	1.39236	临界温度/℃	249.0
黏度(25℃)/mPa·s	0.40	蒸气压(20℃)/kPa	8.00
表面张力(16.0℃)/(mN/m)	20.04	pK_a(25℃,水)	11.05
(41.5℃)/(mN/m)	17.35	蒸气相对密度(空气=1)	3.49
燃点/℃	402.2	UV 301 nm(ε7,气体)	

(5) 化学性质 具有仲胺的化学性质和二甲胺相似。水溶液呈碱性。

(6) 精制方法 主要杂质有丙酮、异丙醇及其他异丙胺类。精制时加金属钠加热回流，再通过分馏精制。

(7) 溶解性能 溶于乙醇、乙醚、丙酮、苯、乙酸乙酯、脂肪烃等。加热时可溶解固态石蜡、巴西棕榈蜡。30℃时在水中溶解11%；水在二异丙胺中溶解40%。与9.2%的水形成共沸混合物，共沸点74.1℃。

(8) 用途 用作萃取溶剂，聚合反应的催化促进剂。也用于制造医药、农药、橡胶硫化促进剂、界面活性剂等。亚硝酸二异丙胺用作钢铁防腐剂。

(9) 使用注意事项 危险特性属第3.2类中闪点易燃液体。危险货物编号：32170，UN编号：1158。应密封置阴凉处贮存。毒性比丙胺和异丙胺低。高浓度的蒸气对动物呼吸道刺激强烈，染毒2～5分钟即出现流涎、流泪、喷嚏、咳嗽、脸面发红，随后出现震颤、痉挛、虚脱，角膜浑浊迅速发展。人在60～120mg/m³ 的二异丙胺蒸气下操作，会出现恶心和暂时性视力减退。200～500mg/m³ 浓度下除恶心、视力减退外，还觉头痛，严重时肺部发生浮肿。工作场所最高容许浓度 $20.65mg/m^3$。大鼠经口 LD_{50} 为770mg/kg。大鼠吸入 LC_{50} 为 $4130mg/m^3$。

(10) 规格 GB/T 23966—2009 工业用二异丙胺

项目		优等品	合格品
外观		透明液体、无机械杂质	
二异丙胺/%	≥	99.5	99.2

续表

项　　目		优等品	合格品
有机杂质/%	≤	0.3	0.5
水/%	≤	0.2	0.3
色度(Hazen 单位,铂-钴色号)	≤	15	30

参 考 文 献

1 CAS 108-18-9
2 EINECS 203-558-5
3 A. I. Vogel. J. Chem. Soc. 1948，1852
4 N. A. Lange. Handbook of Chemistry. Revised. 10th ed. McGraw. 1967. 551
5 A. Weissberger. Organic Solvents 3rd ed. Wiley，1971. 434
6 J. G. Grasselli. Atlas of Spectral Data and Physical Constants for Organic Compounds. CRC Press, 1973. A-432
7 Sadtler Standard IR Prism Spectra. No. 1059
8 E. Stenhagen et al.. Atlas of Mass Spectral Data. Vol. 1. Wiley. 1969. 264
9 Sadtler Standard NMR Spectra. No. 7049
10 H. K. Hall，Jr. J. Amer. Chem. Soc. 1957，79：5441
11 危險物. 毒物取扱マニユアル. 海外技術資料研究所. 1974. 199
12 1万3千種化学薬品毒性データ集成. 海外技術資料研究所. 1974. 191
13 Beilstein. Handbuch der Organischen Chemie. H，4-154；E Ⅳ，4-510
14 The Merck Index. **10**，3182；**11**，3181
15 张海峰主编. 危险化学品安全技术大典：第1卷：北京：中国石化出版社，2010

694. 丁　胺

butylamine [*n*-butylamine，1-aminobutane]

(1) 分子式　$C_4H_{11}N$。　　　相对分子质量　73.14。

(2) 示性式或结构式　$CH_3CH_2CH_2CH_2NH_2$

(3) 外观　无色透明液体，有氨味。

(4) 物理性质

沸点(99.99kPa)/℃	77	蒸发热/(kJ/mol)	33.49
熔点/℃	−50.5	生成热(25℃,液体)/(kJ/mol)	−127.82
相对密度(20℃/4℃)	0.7392	(25℃,气体)/(kJ/mol)	−94.2
折射率(20℃)	1.4014	燃烧热(20℃,液体)/(kJ/mol)	2975.1
介电常数(20℃)	4.88	比热容(25℃,定压)/[kJ/(kg·K)]	2.57
(0℃)	5.4	临界温度/℃	287.9
(−55℃)	6.85	临界压力/MPa	4.15
偶极矩(25℃,气体)/(10^{-30}C·m)	3.34	蒸气压(4.5℃)/kPa	3.20
(25℃,苯)/(10^{-30}C·m)	4.00	(32.2℃)/kPa	4.00
黏度(25℃)/mPa·s	0.681	爆炸极限(下限)/%(体积)	1.7
表面张力(19.2℃)/(mN/m)	24.03	(上限)/%(体积)	9.8
(40.8℃)/(mN/m)	21.20	pK_a(20℃,水)	10.777
闪点(开口)/℃	7.2	蒸气相对密度(空气=1)	2.5
燃点/℃	312.2		

(5) 化学性质　具有伯胺的化学性质。水溶液呈碱性，能发生光分解（100℃）和热解（650～950℃）。丁胺于260～270℃通过以浮石作载体的铜催化剂可生成二丁胺和三丁胺。

(6) 精制方法　丁胺是用卤代丁烷与氨在乙醇溶液中加热，或丁腈用锌与盐酸还原，或丁醛、氢、氨在镍催化剂存在下加热制备的。因此产物中常混有未反应的反应物和其他的丁基胺类。精制时先用氢氧化钾干燥，然后在金属钠存在下加热回流 2 小时，再进行蒸馏。

(7) 溶解性能　能与水、乙醇、乙醚、脂肪族烃类相混溶。能溶于多种有机溶剂。脂肪酸的丁胺盐可溶于烃类。76.66kPa 时与 1.3％的水形成共沸混合物，共沸点 69℃。

(8) 用途　用于医药、染料、农药、乳化剂、防腐剂、石油制品添加剂、浮选剂、特殊肥皂等的制造。也用于橡胶工业和彩色照相工业。

(9) 使用注意事项　危险特性属第 3.2 类中闪点易燃液体。危险货物编号：32172，UN 编号：1125。和空气的混合物爆炸性强，应置阴凉处密封贮存。每天接触 15～30mg/m³ 丁胺蒸气，会感到鼻、咽、眼刺激和头痛，面部皮肤发红。在 30～75mg/m³ 时数分钟即难以忍受。皮肤接触丁胺液体时出现严重的原发性刺激和二度灼伤。工作场所最高容许浓度20.65mg/m³。大鼠经口 LD_{50} 为 500mg/kg。大鼠吸入 LC_{50} 为 11960mg/m³。

(10) 规格　HG/T 4143—2010　工业用正丁胺

项　　目		优等品	合格品	项　　目		优等品	合格品
一正丁胺/％	≥	99.50	99.20	水分/％	≤	0.10	0.20
二正丁胺/％	≤	0.10	0.20	色度/黑曾单位	≤	15	15
三正丁胺/％	≤	0.10	0.20	外观		有氨味的透明液体	
正丁醇/％	≤	0.10	0.20				

(11) 附表

表 2-9-59　丁胺在二元醇中的溶解度（4.5℃）

二　　元　　醇	丁胺/(mol/mol)
乙二醇	0.400
三甘醇	0.405

表 2-9-60　丁胺盐及其加成化合物的熔点

化　合　物	熔点/℃	备　注	化　合　物	熔点/℃	备　注
$C_4H_9NH_2$ · HCl(片状晶体)	195	溶于水、乙醇	*N*-丁基-*N*′-*β*-萘硫脲	119	
2-硝基-1,3-四氢化茚二酮盐	147		2-丁氨基-1-肟基环己烷	81	
N-丁基-2,4-二硝基本磺酰胺	88.5～89		*N*-丁基-4-硝基苯磺酰胺	81～82	
4,6-二硝基-3-丁氨基甲苯	96				

(12) 附图

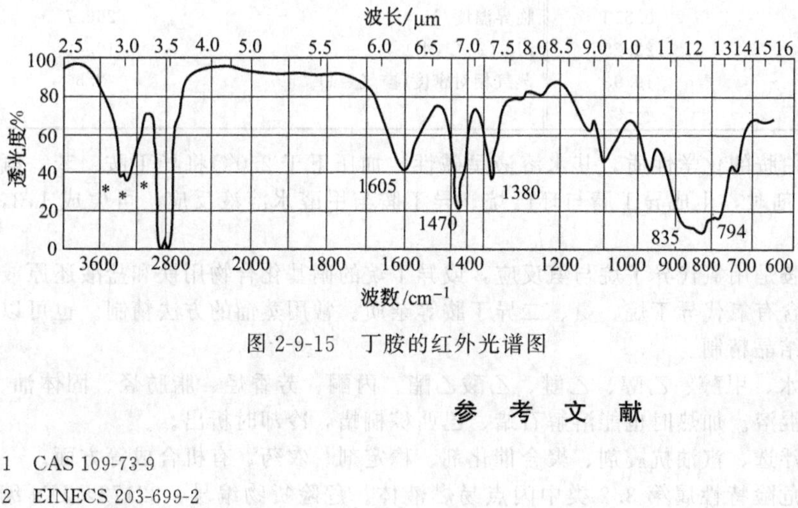

图 2-9-15　丁胺的红外光谱图

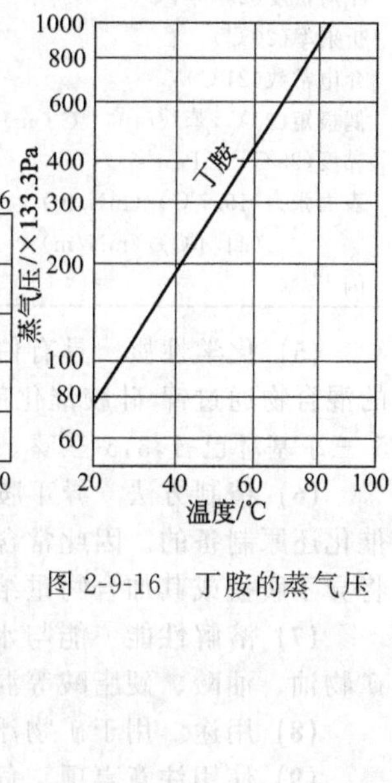

图 2-9-16　丁胺的蒸气压

参　考　文　献

1　CAS 109-73-9

2　EINECS 203-699-2

3 A. I. Vogel. J. Chem. Soc. 1949, 1825
4 S. K. Garg and P. K. Kadaba. J. Phys. Chem. 1964, 68: 737
5 E. G. Cowley. J. Chem. Soc. 1952, 3557
6 G. A. Barclay et al. Trans. Faraday Soc. 1951, 47: 357
7 A. G. Mussell et al. J. Chem. Soc. 1912, 101: 1008
8 F. W. Evans et al. Trans. Faraday Soc. 1959, 55: 399
9 D. S. Viswanath and N. R. Kuloor. J. Chem. Eng. Data. 1966. 11: 69
10 N. A. Lange. Handbook of Chemistry, Revised. 10th ed. McGraw, 1967. 1578
11 J. Konicek and I. Wadsö. Acta Chem. Scand. 1971. 25: 1541
12 A. Weissberger. Organic Solvents. 3rd ed. Wiley. 1971. 418
13 M. J. Copley et al. J. Amer. Chem. Soc. 1941. 63: 254
14 Sadtler Standard IR Grating Spectra. No. 8485
15 IRDC カード. No. 4227
16 E. Stenhagen et al. Atlas of Mass Spectral Data. Vol. 1. Wiley, 1969. 77
17 A. J. Gordon and R. A. Ford. A. Handbook of Practical Data, Techniques and References. Wiley, 1972. 59
18 日本化学会. 防灾指針, Ⅰ-10. 丸善, 1962. 18
19 1万3千種化学薬品毒性データ集成. 海外技術資料研究所, 1974. 107
20 Manufacturing Chemists' Assoc. Guike for Safety in the Chemical Laboratory. 2nd ed.. Van Nostrand Reinhold, 1972. 348
21 有機合成化学協会. 溶剤ポケットブック. オーム社, 1977. 654
22 The Merck Index. **10**, 1516; **11**, 1543

695. 异 丁 胺

isobutylamine [1-amino-2-methylpropane, 2-methylpropylamine]

(1) 分子式 $C_4H_{11}N$。 相对分子质量 73.14。

(2) 示性式或结构式 $(CH_3)_2CHCH_2NH_2$

(3) 外观 无色透明液体，有氨味或鱼腥味。

(4) 物理性质

沸点(100.39kPa)/℃	67.5	燃点/℃	378
熔点/℃	−85.0	蒸发热(25℃)/(kJ/mol)	33.52
相对密度(20℃/4℃)	0.7346	(b. p.)/(kJ/mol)	30.80
折射率(20℃)	1.39700	生成热/(kJ/mol)	−178.78
介电常数(21℃)	4.43	燃烧热(25℃,液体)/(kJ/mol)	2999.4
偶极矩(25℃,苯)/(10^{-30}C·m)	4.24	比热容(25℃,定压)/[kJ/(kg·K)]	2.66
黏度(25℃)/mPa·s	0.553	临界温度/℃	266.7
表面张力(19.7℃)/(mN/m)	22.25	pK_a(25℃,水)	10.42
(41.4℃)/(mN/m)	19.93	蒸气相对密度(空气=1)	2.5
闪点/℃	−9		

(5) 化学性质 具有伯胺的化学性质，其水溶液呈碱性。加压下于250℃将异丁胺、苯、氨的混合物通过镍-硅胶催化剂时，生成异丁腈与环己烷。异丁胺与甲醛水溶液反应，可生成1,3,5-三丁基环己-1,3,5-三嗪。

(6) 精制方法 异丁胺是用氯代异丁烷与氨反应，或异丁烷的硝基化合物用铁和盐酸还原或催化还原制备的。因此常含有氯代异丁烷、氨、二异丁胺等杂质。常用蒸馏的方法精制。也可以将异丁胺盐或其加合物重结晶精制。

(7) 溶解性能 能与水、甲醇、乙醇、乙醚、乙酸乙酯、丙酮、芳香烃、脂肪烃、固体油、矿物油、油酸、硬脂酸等混溶。加热时也能溶解石蜡、巴西棕榈蜡，冷却时析出。

(8) 用途 用于矿物浮选、汽油抗震剂、聚合催化剂、稳定剂、农药、有机合成等方面。

(9) 使用注意事项 危险特性属第3.2类中闪点易燃液体。危险货物编号：32172，UN编号：1214。毒性强，刺激皮肤和黏膜，接触皮肤引起皮炎而发疱。其蒸气能引起头痛、口渴、鼻黏膜干燥。应密封置阴凉处贮存。

(10) 附表

表 2-9-61　异丁胺的蒸气压

温度/℃	蒸气压/kPa	温度/℃	蒸气压/kPa
−50.0	0.13	18.8	13.33
−31.0	0.67	32.0	26.66
−21.0	1.33	50.7	53.33
−10.3	2.67	68	101.33
8.8	8.00		

表 2-9-62　异丁胺盐及其加成化合物的熔点

化　合　物	熔点/℃	化　合　物	熔点/℃
1-异丁氨基-2-羟氨基环己烷	73	$C_4H_{11}N \cdot HCl$	177~178
N-异丁基-*N'*-联二苯基硫脲	157	$C_4H_{11}N \cdot HBr$	138
4,6-二硝基-3-异丁氨基甲苯	137	$C_4H_{11}N \cdot C_6H_3N_3O_7$	151
N-异丁基-*N'*-β-萘基硫脲	112		

表 2-9-63　含异丁胺的二元共沸混合物

第　二　组　分	共沸点/℃	异丁胺/%
己烷	66.5	52
甲基环己烷	67.6	59
丙酮	56.0	4

(11) 附图

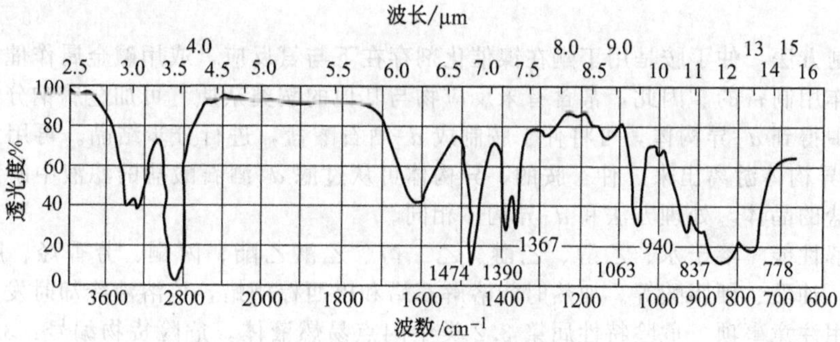

图 2-9-17　异丁胺的红外光谱图

参　考　文　献

1　CAS 78-81-9

2　EINECS 201-145-4

3　A. I. Vogel. J. Chem. Soc. 1948. 1825

4　D. R. Stull. Ind. Eng. Chem. 1947，39：517

5　A. Weissberger. Organic Solvents. 3rd ed. Wiley. 1971. 419

6　G. A. Barclay et al. Trans. Faraday Soc. 1951，47：357

7　A. G. Mussell et al. J. Chem. Soc. 1912，101：1008

8　P. Lemoult Compt. Rend. 1906，143：746

9　J. Konicek and I. Wadsö. Acta Chem. Scand. 1971，25：1541

10　IRDC カード. No. 4302

11　Manufacturing Chemists' Assoc. Guide for Safety in the Chemical Laboratory. 2nd ed. Van Nostrand Reinhold. 1972. 167

12 有機合成化学協会. 溶剤ポケットブック. オーム社. 1977. 658
13 M. Lecat. Tables Azéotropiques. 2 Aufl., Brüssel. 1949
14 Beilstein Handbuch der Organischen Chemie. H, 4-163; E Ⅳ, 4-625
15 The Merck Index. **10**, 4979; **11**, 5016

696. 仲 丁 胺

sec-butylamine [2-aminobutane, *α*-methylpropylamine]

(1) 分子式 $C_4H_{11}N$。 相对分子质量 73.14。

(2) 示性式或结构式

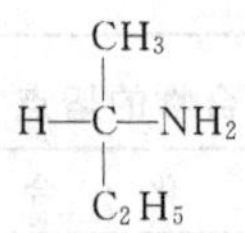
(Ⅰ)

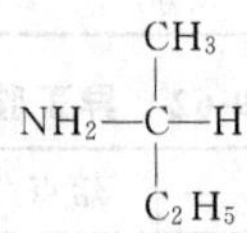
(Ⅱ)

(3) 外观 无色液体，有氨味。

(4) 物理性质

沸点(101.3kPa)/℃	62.5	折射率(25℃)	1.3907
熔点/℃	−104.0	(15℃,*d* 体)	1.3963
相对密度(25℃/4℃)	0.7201	表面张力(21℃)/(mN/m)	21.49
(15℃/4℃,*d* 体)	0.7308	闪点/℃	−6.8
(19℃/4℃,*l* 体)	0.728	蒸发热(25℃)/(kJ/mol)	32.67
生成热(25℃)/(kJ/mol)	−137.66	离解常数	3.6×10^{-4}
燃烧热(25℃)/(kJ/mol)	3010.64	旋光度 *d* 体$[\alpha]_D^{19}$	7.80°(neat)
蒸气压(25℃)/kPa	23.0	*l* 体$[\alpha]_D^{15}$	−7.64°

(5) 化学性质 具有伯胺的化学性质。有（Ⅰ）、（Ⅱ）两种光学异构体，通常以外消旋体存在。

(6) 精制方法 仲丁胺是用丁酮在镍催化剂存在下与氨反应，或用碱金属作催化剂，使 2-丁烯发生胺化作用制备的。因此，常含有未反应物与其他的胺类杂质。可加金属钠分馏精制。为了从外消旋体中得到 *d*-异构体，可将仲丁胺制成 *d*-酒石酸盐，进行分步结晶。再用氢氧化钠或氢氧化钾使 *d*-异构体游离出来。仲丁胺的 *l*-异构体可从过滤 *d*-酒石酸盐的滤液中游离出来，再制成 *l*-酒石酸盐的晶体。处理方法和 *d*-异构体相同。

(7) 溶解性能 溶于水、乙醇、乙醚、乙二醇、乙酸乙酯、丙酮、芳香烃、脂肪烃、矿物油、固态油、油酸、硬脂酸等。加热时能溶解石蜡和巴西棕榈蜡，该溶液冷却时发生固化。

(8) 使用注意事项 危险特性属第 3.2 类中闪点易燃液体。危险货物编号：32172。侵蚀皮肤和黏膜，刺激中枢神经，应密封置阴凉处贮存。大鼠经口 LD_{50} 为 0.2～0.4（10%溶液）g/kg。大鼠在仲丁胺的饱和蒸气下 5 小时未发生死亡。

(9) 附表

表 2-9-64 仲丁胺盐及其加成化合物的熔点

化 合 物	熔点/℃	备 注
dl-$C_4H_{11}N\cdot HCl$(针状晶体)	144～145	
dl-$(C_4H_{11}N)_2\cdot H_2PtCl_6$(黄色片状或针状晶体)	228(分解)	由乙醇重结晶。可溶于水、乙醇
d-$C_4H_{11}N\cdot HCl$(吸湿性晶体)		$[\alpha]_D^{20}-1.13°$。可溶于水、乙醇
l-$C_4H_{11}N\cdot HCl$(针状晶体)		由丙酮重结晶。$[\alpha]_D^{20}-0.88$,可溶于水、乙醇
d-$(C_4H_{11}N)_2H_2PtCl_6$(红色柱状晶体)	204～210	
N-仲丁基-3-硝基苯磺酰胺	58～59	
N-仲丁基-4-硝基苯磺酰胺	114～115	
N-仲丁基-*β*-萘磺酰胺	101～102	
$C_4H_{11}N\cdot C_6H_3N_3O_7$	129～130.5	

参 考 文 献

1 CAS 13952-84-6

2 EINECS 237-732-7

3 A. Weissberger. Organic Solvents. 3rd ed. Wiley. 1971. 420

4 N. A. Ilange. Handbook of Chemistry. 10th ed. McGraw. 1967. 462

5 The Merck Index. 7th ed. 178

6 C. J. Pouchert. The Aldrich Library of Infrared Spectra. Aldrich Chemical Co. 1970. 132c

7 Sadtler Standard IR Prism Spectra. No. 13484

8 E. Stenhagen et al. Atlas of Mass Spectral Data. Vol. 1. Wiley. 1969. 77

9 Varian Associate NMR Spectra. No. 88

10 有機合成化学協会. 溶剤ポケットブック. オーム社. 1977. 661

11 Beilstein. Handbuch der Organischen Chemie. H, 4-161; E Ⅳ, 4-617

12 The Merck Index. **10**, 1517; **11**, 1544

697. 叔 丁 胺

tert-butylamine [α,α-dimethylethylamine, trimethylcanbinylamine]

(1) 分子式 $C_4H_{11}N$。　　相对分子质量 73.14。

(2) 示性式或结构式

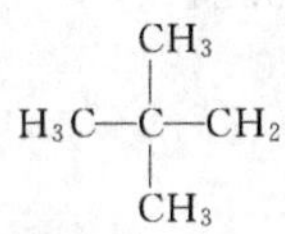

(3) 外观 无色液体，有氨味。

(4) 物理性质

沸点(101.3kPa)/℃	43.6	燃烧热/(kJ/mol)	2997.49
熔点/℃	−72.65	比热容(25℃,定压)/[kg/(kg·K)]	2.61±0.01
相对密度(25℃/4℃)	0.6908	临界温度/℃	210.7
折射率(25℃)	1.3761	临界压力/MPa	3.84
偶极矩(25℃,苯)/(10^{-30}C·m)	4.30	爆炸极限(100℃,下限)/%(体积)	1.7
闪点/℃	−8.9	(100℃,上限)/%(体积)	8.9
蒸发热(25℃)/(kJ/mol)	29.73	pK_a	10.87
生成热/(kJ/mol)	−150.72		

(5) 化学性质 与其他伯胺相似。但由于叔碳原子的立体效应，对反应有所选择。例如与环氧乙烷反应生成叔丁氨基乙醇，经高锰酸钾氧化得到硝基叔丁烷。且叔丁胺的衍生物比丁胺、仲丁胺的衍生物稳定。例如与醛反应得到稳定的Schiff碱，与氯化氰反应得到稳定的可以蒸馏的仲丁氨基氰。

(6) 精制方法 用蒸馏法精制。

(7) 溶解性能 能与水、醇、醚等溶剂混溶。

(8) 用途 叔丁胺的衍生物可用作润滑油添加剂和硫化添加剂。

(9) 使用注意事项 危险特性属第3.2类中闪点易燃液体。危险货物编号：32172。闪点低，毒性和其他丁胺相似。应密封置阴凉处贮存。

(10) 规格 GB/T 24771—2009 工业用叔丁胺

项　目		优等品	合格品
叔丁胺/%	≥	99.5	98.5
色度(Hazen单位,铂-钴色号)	≤	15	25
水分/%	≤	0.10	0.50

参 考 文 献

1 CAS 75-64-9
2 EINECS 200-888-1
3 K. A. Kobe and J. F. Mathews. J. Chem. Eng. Data. 1970. 15：182
4 A. Weissberger. Organic Solvernts. 3rd ed. Wiley. 1971. 421
5 J. Konicek and I. Wadsö. Acta Chem. Scand. 1971，25：1541
6 IRDC カード. No. 6003
7 C. J. Pouchert. The Aldrich Library of Infrared Spectra. Aldrich Chemical Co. 1970. 132E
8 S. Patai. The Chemistry of the Amino Group Wiley. 1968. 175
9 Manufacturing Chemists' Assoc. Guide for Safety in the Chemical Laboratory. 2nd ed. Van Nostrand Reinhold. 1972. 348
10 Beilstein. Handbuch der Organischen Chemie. H，4-173；E Ⅳ，4-657
11 The Merck Index. **10**，1518；**11**，1545
12 张海峰主编. 危险化学品安全技术大典：第 1 卷：北京：中国石化出版社，2010

698. 二 丁 胺

dibutylamine [*n*-dibutylamine]

(1) 分子式 $C_8H_{19}N$。 相对分子质量 129.24。

(2) 示性式或结构式 $(CH_3CH_2CH_2CH_2)_2NH$

(3) 外观 无色液体，有类似氨的气味。

(4) 物理性质

沸点(101.3kPa)/℃	159.6	表面张力(20℃)/(mN/m)	24.57
熔点/℃	−62	闪点/℃	52
相对密度(25℃/4℃)	0.7670	蒸发热(25℃)/(kJ/mol)	50.58
折射率(20℃)	1.4177	生成热/(kJ/mol)	−158.14
介电常数(20℃)	2.978	临界温度/℃	222.6
偶极矩(20℃，苯)/(10^{-30}C·m)	3.47	蒸气压(25℃)/kPa	0.30
黏度(20℃)/mPa·s	0.95	pK_a(25℃)	11.31

(5) 化学性质 具有仲胺的化学性质。对热比较稳定，长时间在减压下（13.33～33.33kPa）加热（200～270℃）并不发生变化。但与氯化铝等一起加热则发生分解，生成丁胺、氨等。

(6) 精制方法 二丁胺的制法与丁胺相同。因此混入的杂质有未反应的溴丁烷、氨、丁醇以及其他丁基胺类。精制时用固体氢氧化钠干燥后精馏。

(7) 溶解性能 溶于乙醇、乙酸乙酯、丙酮、脂肪烃、芳香烃、固体油、矿物油、油酸、硬脂酸等。加热时可溶解蜡、巴西棕榈蜡，该溶液冷却时发生固化。20℃时在水中溶解 0.47%；水在二丁胺中溶解 6.2%。与 50.5%的水形成共沸混合物，共沸点 97℃。

(8) 用途 用于医药、农药、染料、浮选剂、抗腐蚀剂、增塑剂、橡胶硫化促进剂等方面。

(9) 使用注意事项 危险特性属第 8.2 类碱性腐蚀品。危险货物编号：82027，UN 编号：2248。为可燃性液体。对皮肤和眼有强烈的刺激作用，能引起严重灼伤。应置阴凉处密封贮存，避免与皮肤接触。大鼠经口 LD_{50} 为 550mg/kg，大鼠吸入 LC_{50} 为 2640mg/m³。

(10) 规格 HG/T 4144—2010 工业用二正丁胺

项 目		优等品	合格品	项 目		优等品	合格品
二正丁胺/%	≥	99.50	99.20	水分/%	≤	0.10	0.20
一正丁胺/%	≤	0.10	0.20	色度(铂-钴号)/黑曾单位	≤	15	15
三正丁胺/%	≤	0.10	0.20	外观		有类似氨味的透明液体	
正丁醇/%	≤	0.10	0.20				

(11) 附表

表 2-9-65 二丁胺盐及其加成物的熔点

化 合 物	熔点/℃	备 注
$C_8H_{19}N \cdot H_2S$	28～32	微溶于水、乙醇
$C_8H_{19}N \cdot C_6H_3N_3O_7$	64.5	
N,*N*-二丁基-4-溴苯磺酰胺	60.5～60.6	
N,*N*-二丁基-*N'*-苯基脲	85.4	
N,*N*-二丁基-*N'*-苯基硫脲	85.5～86.0	
N,*N*-二丁基-*N'*-萘基脲	73.6	

(12) 附图

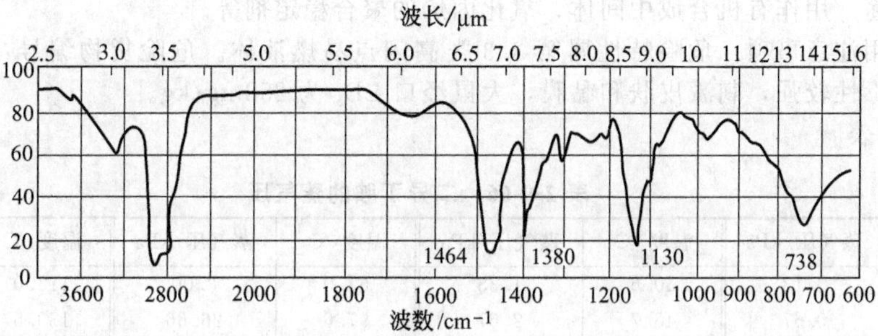

图 2-9-18 二丁胺的红外光谱图

参 考 文 献

1 CAS 111-92-2

2 EINECS 203-921-8

3 A. Weissberger. Organic Solvents. 3rd ed. Wiley. 1971. 435

4 J. G. Grasselli. Atlas of Spectral Data and Physical Constants for Organic Compounds. CRC Press. 1973. A-417

5 Ya. A. Kalin and G. Ya. Akwedova. Zh. Fiz. Khim. 1971, 45: 1357; Chem. Abstr.. 1971, 75: 81012d

6 IRDC カード. No. 5871

7 C. J. Pouchert. The Aldrich Library of Infrared Spectra. Aldrich Chemical Col. 1970. 136H

8 E. Stenhagen et al. Atlas of Mass Spectral Data. Vol. 1. Wiley. 1969. 581

9 Sadtler Standard NMR Spectra. No. 8772

10 Manufacturing Chemists' Assoc. Guide for Safety in the Chemical Laboratory. 2nd ed. Van Nostrand Reinhold. 1972. 365

11 1万3千種化学薬品毒性データ集成. 海外技術資料研究所. 1974. 175

12 有機合成化学協会. 溶剤ポケットブック. オーム社. 1977. 656

13 Beilstein. Handbuch der Organischen Chemie. H, 4-157; E Ⅳ, 4-550

14 The Merck Index. **10**, 3013; **11**, 3019

699. 二异丁胺

diisobutylamine

(1) 分子式 $C_8H_{19}N$。 相对分子质量 129.24。

(2) 示性式或结构式 $\left(\begin{array}{c} CH_3 \\ | \\ CH_3CHCH_2 \end{array}\right)_2 NH$

(3) 外观 无色液体，有氨味。

(4) 物理性质

沸点(101.3kPa)/℃	136～140	表面张力(15.1℃)/(mN/m)	22.58
熔点/℃	−70	闪点/℃	29.4
相对密度(20℃/4℃)	0.7460	蒸发热(134℃)/(kJ/mol)	275.1
折射率(20℃)	1.4124	pK_a	10.50

(5) 化学性质　具有仲胺的化学性质，水溶液呈碱性。二异丁胺的亚硝酸盐在氯化锌存在下用醋酐及硝酸进行分解，生成 *N*,*N*-二异丁基乙酰胺和二异丁基硝胺。

(6) 精制方法　因制法不同常含有未反应的原料和其他胺类等杂质。一般用分馏的方法进行精制。

(7) 溶解性能　微溶于水，溶于乙醇、甲醇、芳香烃、脂肪烃、乙醚、乙酸乙酯、丙酮、固态油、矿物油、有机酸等。加热时能溶解石蜡和巴西棕榈蜡，冷却时析出固体。

(8) 用途　用作有机合成中间体，氧化丙烯的聚合稳定剂等。

(9) 使用注意事项　危险特性属第 3.3 类高闪点易燃液体。危险货物编号：33619，UN 编号：2361。毒性较强，刺激皮肤和黏膜，大鼠经口 LD_{50} 为 258mg/kg。

(10) 附表

表 2-9-66　二异丁胺的蒸气压

温度/℃	蒸气压/kPa	温度/℃	蒸气压/kPa	温度/℃	蒸气压/kPa	温度/℃	蒸气压/kPa
−5.1	0.13	30.6	1.33	67.0	8.00	118.0	53.33
18.4	0.67	43.7	2.67	97.6	26.66	139.5	101.33

表 2-9-67　二异丁胺盐及其加成化合物的熔点

化　合　物	熔点/℃	备　注
$C_8H_{19}N \cdot HCl$	170～175	240℃以上升华
$C_8H_{19}N \cdot HBr$	313	
N,*N*-二异丁基-*N*′-*β*-萘基硫脲	136	
2-硝基-1,3-二氢化茚二酮盐	231	
N,*N*-二异丁基-*N*′-4-联苯基硫脲	160	
$C_8H_{19}N \cdot HNO_2$	145～146	
$C_8H_{19}N \cdot HNO_3$	210	
苦味酸盐	119	

表 2-9-68　含二异丁胺的三元共沸混合物

第二组分	共沸点/℃	二异丁胺/%	第二组分	共沸点/℃	二异丁胺/%
乙苯	135.5	38	甲基异戊基甲酮	136.3	70
间二甲苯	137.5	51	二丙酮	137.0	68
亚异丙基丙酮	128.5	75			

(11) 附图

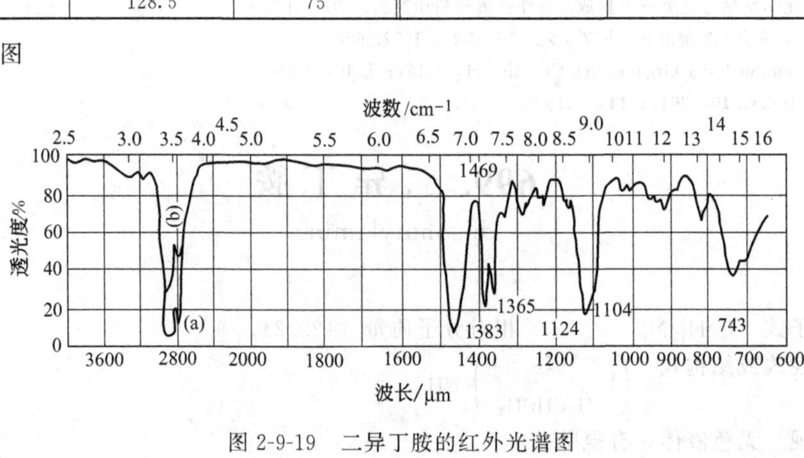

图 2-9-19　二异丁胺的红外光谱图

参考文献

1 CAS 110-96-3
2 EINECS 203-819-3
3 I. Mellan. Industrial Solvents Handbook. 3rd ed., Noyes Data Corp. 1970. 390
4 A. I. Vogel. J. Chem. Soc. 1948. 1831
5 N. A. Lange. Handbook of Chemistry. 10th ed. McGraw. 1967. 1565
6 D. R. Stull. Ind. Eng. Chem. 1947, 39: 2517
7 IRDC オード. No. 4183
8 C. J. Pouchert. The Aldrich Library of Infrared Spectra. Aldrich Chemical Co. 1970. 137 A
9 S. Patai. The Chemistry of the Amino Group. Wiley. 1968. 174
10 1万3千種化学薬品毒性データ集成. 海外技術資料研究所. 1974. 193
11 有機合成化学協会. 溶剤ポケットブック. オーム社. 1977. 660

700. 三丁胺

tributylamine [tri-*n*-butylamine]

(1) 分子式　$C_{12}H_{27}N$。　　相对分子质量　185.34。

(2) 示性式或结构式　$(CH_3CH_2CH_2CH_2)_3N$

(3) 外观　无色或浅黄色的吸湿性液体，有氨味。

(4) 物理性质

沸点(1.20kPa)/℃	91～92	黏度(25℃)/mPa·s	1.35
熔点/℃	−70	(60℃)/mPa·s	0.73
相对密度(20℃/0℃)	0.7770	表面张力(20℃)/(mN/m)	24.9
折射率(20℃)	1.4297	溶解度(水)/(mol/L)	0.0097
偶极矩(30℃,苯)/(10^{-30}C·m)	4.90	pK_a	10.87
闪点/℃	86.1		

(5) 化学性质　具有叔胺的化学反应性质。对氧化剂不稳定。在氯仿或甲醇中与臭氧反应，生成氮的氧化物、二丁胺等。

(6) 精制方法　三丁胺是由溴丁烷与氨，或丁醇与氨反应制造的。因此易含有丁胺、二丁胺及未反应的物质等。通常是在金属钠存在下通过分馏精制。为了除去丁胺、二丁胺等伯胺和仲胺，也可以加入对苯基苯磺酰氯，伯胺、仲胺与之反应，而叔胺不发生反应。加入稀盐酸将三丁胺转变为可溶于水的盐酸盐，从水层中分离后进行重结晶。再用碱分解盐酸盐，则三丁胺被游离出来，蒸馏后得纯品。

(7) 溶解性能　微溶于水，能与甲醇、乙醇、脂肪烃、芳香烃、乙酸乙酯、丙酮、固态油、矿物油等混溶。加热时能与石蜡、巴西棕榈蜡混溶。

(8) 用途　用作溶剂、萃取剂，也用于防腐蚀剂、乳化剂、染色剂、杀虫剂等。

(9) 使用注意事项　危险特性属第8.2类碱性腐蚀品。危险货物编号：82510；UN编号：2542。为可燃性液体，应密封置阴凉处贮存。能刺激眼睛和皮肤，与皮肤直接接触引起皮肤炎。大鼠吸入 LD_{50} 为 0.5g/kg。

(10) 规格　HG/T 4145—2010　工业用三正丁胺

项　目		优等品	合格品	项　目		优等品	合格品
三正丁胺/%	≥	99.50	99.20	水分/%	≤	0.10	0.20
一正丁胺/%	≤	0.10	0.20	色度(铂-钴号)/黑曾单位	≤	20	40
二正丁胺/%	≤	0.10	0.20	外观		有类似氨味的透明液体	
正丁醇/%	≤	0.10	0.20				

参 考 文 献

1 CAS 102-82-9
2 EINECS 203-058-7
3 J. G. Grosselli. Atlas of Spectral Data and Physical Constants for Organic Compounds, CRC Press. 1973. A-476
4 I. Mellan. Industrial Solvents Handbook. 3rd ed. Noyes Data Corp. 1970. 390
5 A. N. Srivastava and P. R. Talesara. J. Indian Chem. Soc. 1971. 48. 359 ; Chem. Abstr. 1971, 75: 41893
6 有機合成化学協会. 溶剤ポケットブック. オーム社. 1977. 656
7 Sadtler Standard IR Prism Spectra. No. 1187
8 E. Stenhagen et al. Atlas of Mass Spectral Data. Vol. 1. Wiley. 1969. 1275
9 Sadtler Standard NMR Spectra. No. 84
10 S. Patai. The Chemistry of the Amino Group. Wiley. 1968. 175
11 Beilstein. Handbuch der Organischen Chemie. H, 4-157; E Ⅳ, 4-554
12 The Merck Index. **10**, 9430; **11**, 9530

701. 戊　胺

pentylamine [*n*-amylamine, 1-aminopentane]

(1) 分子式　$C_5H_{13}N$。　　　相对分子质量　87.17。

(2) 示性式或结构式　$CH_3(CH_2)_4NH_2$

(3) 外观　无色液体，有氨味。

(4) 物理性质

沸点(101.3kPa)/℃	104	蒸发热/(kJ/kg)	452.1
熔点/℃	−55	燃烧热(20℃)/(kJ/mol)	3627.5
相对密度(20℃/4℃)	0.7547	比热容(25℃,定压)/[kJ/(kg·K)]	2.72
折射率(20℃)	1.4118	蒸气压(25℃)/kPa	4.67
黏度(20℃)/mPa·s	1.018	体膨胀系数(20～60℃)/K^{-1}	0.00116
表面张力(13℃)/(mN/m)	24.4	pK_a	10.63,10.61
闪点(开口)/℃	7		

(5) 化学性质　具有伯胺的化学反应性质，水溶液呈碱性。对氧化剂不稳定，在活性炭存在下能被过氧化氢水溶液所分解。光分解时除生成少量的丁烷、甲烷和氨外，生成大量的氢和高分子物质。戊胺与铬铝土催化剂一起加热至400℃，生成氰化氢、氨、氢、乙腈、戊异腈、饱和烃和不饱和烃等。

(6) 精制方法　戊胺是由卤代戊烷与液氨反应，或氯代戊烷的醇溶液氨解制备的。主要杂质有二戊胺、三戊胺等。一般采用金属钠脱水后分馏的方法精制。

(7) 溶解性能　能与水、甲醇、乙醇、丙酮、乙醚、乙酸乙酯、脂肪烃、固态油、矿物油、吡啶、油酸等混溶。加热时可溶解硬脂酸、石蜡和巴西棕榈蜡等。

(8) 用途　用于医药、染料、乳化剂、防腐蚀剂、抗氧剂、浮选剂、橡胶硫化促进剂等方面。

(9) 使用注意事项　危险特性属第3.2类中闪点易燃液体。危险货物编号：32175，UN编号：1106。应密封置阴凉处贮存。刺激皮肤和黏膜，能被皮肤吸收，直接与皮肤接触能引起1～2度灼伤。大鼠经口 LD_{50} 为470mg/kg。

(10) 附表

表 2-9-69　戊胺盐及其加成化合物的熔点

化　合　物	熔点/℃	化　合　物	熔点/℃
$C_5H_{13}N \cdot C_6H_3N_3O_7$(苦味酸盐)	138～138.5	$C_5H_{13}N \cdot C_{10}H_8N_4O_5$(苦酮酸盐)	198

续表

化合物	熔点/℃	化合物	熔点/℃
2-硝基-1,3-四氢化茚二酮盐	158	*N*-苯基-*N*′-*β*-萘基硫脲	114
4,6-二硝基-3-戊氨基甲苯	99	*N*-苯基-*N*′-联苯基硫脲	147

参 考 文 献

1 CAS 110-58-7
2 EINECS 203-780-2
3 I. Mellan. Industrial Solvents Handbook. 3rd ed. Noyes Data Corp.. 1970. 391
4 J. G. Grasselli. Atlas of Spectral Data and Physical Constants for Organic Compounds. CRC Press. 1973. 49
5 化学工学協会. 物性定数. 2集. 丸善. 1964. 296
6 J. Koricek and Wadsö. Acta Chem. Scand. 1971, 25: 540
7 Sadtler Standard IR Prism Spectra. No. 10988
8 E. Stenhagen et al. Atlas of Mass Spectral Data. Vol. 1. Wiley. 1969. 152
9 Sadtler Standard NMR Spectra. No. 9177
10 S. Patai. The Chemistry of the Amino Group. Wiley. 1968. 174
11 Manufucturing Chemists' Assoc.. Guide for Safety in the Chemical Laboratory. 2nd ed. Van Nostrand Reinhold. 1972. 411
12 1万3千種化学薬品毒性データ集成. 海外技術資料研究所. 1974. 394
13 有機合成化学協会. 溶剤ポケットブック. オーム社. 1977. 663
14 张海峰主编. 危险化学品安全技术大典：第1卷：北京：中国石化出版社，2010

702. 异戊胺［3-甲基丁胺］

isopentylamine［3-methyl butylamine］

(1) 分子式　$C_5H_{13}N$。　　　相对分子质量　87.17。

(2) 示性式或结构式　$(CH_3)_2CHCH_2CH_2NH_2$

(3) 外观　无色液体，有氨的气味。

(4) 物理性质

沸点(101.3kPa)/℃	95～97	折射率(20℃)	1.408
熔点/℃	＜－60	闪点/℃	18.3
相对密度(18℃/4℃)	0.749	燃烧热/(kJ/mol)	3623.2

(5) 溶解性能　能与水、乙醇、乙醚、丙酮、脂肪烃等混溶。

(6) 用途　溶剂、有机合成中间体。

(7) 使用注意事项　异戊胺的危险特性属第3.2类中闪点易燃液体。危险货物编号：32175。吸入低浓度蒸气对上呼吸道有刺激性，高浓度可致角膜水肿、溃疡，液体可致眼睛和皮肤灼伤。易燃。具有腐蚀性。大鼠经口 LD_{50} 为 470mg/kg。

参 考 文 献

1 CAS 107-85-7
2 EINECS 203-526-0
3 The Merck Index. **12**, 5126

703. 仲 戊 胺

sec-amylamine［2-aminopentane, 1-methyl butylamine］

(1) 分子式　$C_5H_{13}N$。　　　相对分子质量　87.17。

(2) 示性式或结构式　$CH_3CH(NH_2)CH_2CH_2CH_3$

(3) 外观　无色液体，有氨的气味。

(4) 物理性质

沸点(101.3kPa)/℃	91～92	闪点(闭口)/℃	-6.7
相对密度(20℃)	0.739	蒸气压(88～89℃)/kPa	87.73
折射率(20℃)	1.4047	蒸气相对密度(空气=1)	3.0

(5) 化学性质　具有仲胺的化学性质。

(6) 精制方法　仲戊胺是由2-戊酮与氨在甲醇溶液中用骨架镍为催化剂反应而成。因此所含杂质有戊胺类、丁胺类及未反应的物质。一般用加入金属钠脱水后蒸馏的方法精制。

(7) 溶解性能　能与水、甲醇、乙醇、丙酮、乙醚、乙酸乙酯、芳香烃、脂肪烃、固态油、有机酸等混溶，加热时也可溶解石蜡和巴西棕榈蜡。

(8) 使用注意事项　危险特性属第3.2类中闪点易燃液体。危险货物编号：32175。有毒，能刺激皮肤和黏膜。应密封置阴凉处贮存。

参考文献

1 CAS 625-30-9
2 EINECS 210-886-2
3 I. Mellan. Industrial Solvents. 422，1950
4 H. L. Bami，B. H. Iyer. P. C. Guha，J. Indian Inst. Sci. 1947.(A) 29：12
5 日本化学会. 防灾指针. 第1集. 丸善，1962. 10

704. 二戊胺

dipentylamine [diamylamine，di-*n*-amylamine]

(1) 分子式　$C_{10}H_{23}N$。　　相对分子质量　157.29。

(2) 示性式或结构式　$(CH_3CH_2CH_2CH_2CH_2)_2NH$

(3) 外观　无色或浅黄色液体，有氨味。

(4) 物理性质

沸点(1.87kPa)/℃	91～93	闪点(开口)/℃	72
相对密度(20℃/4℃)	0.7771	(闭口)/℃	51
折射率(20℃)	1.4272	比热容(定压)/[kJ/(kg·K)]	2.26
黏度(20℃)/mPa·s	1.264	蒸气压(26℃)/kPa	1.20
表面张力(13℃)/(mN/m)	24.4	体膨胀系数(20～60℃)/K^{-1}	0.00102
蒸发热/(kJ/kg)	347.4	pK_a	11.18

(5) 化学性质　具有仲胺的化学性质，水溶液呈碱性。

(6) 精制方法　二戊胺是由氨与氯代戊烷在乙醇中加热，或将戊醛肟、戊腈用镍催化剂在乙醇或乙醚中还原制得的。因此常含有其他戊胺和未反应的物质。常用加金属钠脱水后蒸馏的方法精制。

(7) 溶解性能　微溶于水，能与甲醇、乙醇、丙酮、乙醚、乙酸乙酯、脂肪烃、芳香烃、固态油、矿物油、油酸、硬脂酸等混溶。加热时可溶解石蜡、巴西棕榈蜡，但冷却时发生固化。

(8) 用途　用作油、树脂和某些纤维素酯的溶剂。矿物的选择性萃取剂、防腐蚀剂以及有机合成原料。

(9) 使用注意事项　危险特性属第6.1类毒害品。危险货物编号：61733，UV编号：2841。为可燃性液体，其蒸气与空气能形成爆炸性混合物。有毒，能刺激皮肤和黏膜，应密封置阴凉处贮存。大鼠经口LD_{50}为270mg/kg。

参 考 文 献

1 CAS 2050-92-2
2 EINECS 218-108-3
3 J. G. Glasselli. Atlas of Spectral Data and Physical Constants for Organic Compounds. CRC Press. 1937. A-441
4 I. Mellan. Industrial Solvents Handbook. 3rd ed. Noyes Data Corp. 1970. 391
5 Sadtler Standard IR Prism Spectra. No. 9728
6 E. Stenhagen et al.. Atlas of Mass Spectral Data. Vol. 2. Wiley. 1969. 977
7 S. Patai. The Chemistry of the Amino Group. Wiley. 1963. 174
8 危険物・毒物取扱いマニュアル. 海外技術資料研究所. 1974. 194
9 1万3千種化学薬品毒性データ集成. 海外技術資料研究所. 1974. 221

705. 三 戊 胺

tripentylamine [triamylamine, tri-*n*-amylamine]

(1) 分子式 $C_{15}H_{33}N$。 相对分子质量 227.42。

(2) 示性式或结构式 $(CH_3CH_2CH_2CH_2CH_2)_3N$

(3) 外观 无色或浅黄色液体。

(4) 物理性质

沸点(1.87kPa)/℃	130	闪点/℃	102
相对密度(20℃/4℃)	0.7907	蒸发热/(kJ/kg)	330.7
折射率(20℃)	1.4367	比热容(16℃,定压)/[kJ/(kg・K)]	2.14
黏度(20℃)/mPa・s	1.264	蒸气压(26℃)/kPa	0.93
表面张力(13℃)/(mN/m)	24.4	体膨胀系数/K^{-1}	0.00091

(5) 化学性质 具有叔胺的化学性质。

(6) 精制方法 常含有其他戊胺类杂质。精制时用固体氢氧化钾干燥后，加金属钠精馏。

(7) 溶解性能 不溶于水和甲醇，能与乙醇、乙醚、丙酮、乙酸乙酯、脂肪烃、芳香烃、固态油、矿物油、油酸、硬脂酸等混溶。加热时能溶解石蜡、巴西棕榈蜡，但冷却时固化。

(8) 用途 用于防腐蚀剂、乳化剂、染料、杀虫剂等的制造。

(9) 使用注意事项 为可燃性液体，毒性参照三丁胺。

参 考 文 献

1 CAS 621-77-2
2 EINECS 210-705-7
3 J. G. Grasselli. Atlas of Spectral Data and Physical Constants for Organic Compounds, CRC Press. 1973. A-490
4 I. Mellan. Industrial Solvents Handbook, 3rd ed. Noyes Data Corp. 1970. 392
5 Sadtler Standard IR Grasting Spectra. No. 521
6 E. Stenhagen et al. Registry of Mass Spectral Data. Vol. 2. Wiley. 1974. 1292-4
7 Manufacturing Chemists' Assoc.. Guide for Safety in the Chemical Laboratory, 2nd ed. Van Nostrand Reinhold. 1972. 435

706. 三异戊胺

triisoamylamine

(1) 分子式 $C_{15}H_{33}N$。 相对分子质量 227.42。

(2) 示性式或结构式 $[(CH_3)_2CHCH_2CH_2]_3N$

(3) 外观　无色液体。

(4) 物理性质

沸点(101.3kPa)/℃	265～270	折射率(20℃)	1.433
相对密度(20℃/4℃)	0.782	闪点/℃	77

(5) 溶解性能　能与乙醇、乙醚、四氯化碳相混溶。

(6) 用途　溶剂。

(7) 使用注意事项　具有腐蚀性，能引起烧伤。对眼睛、皮肤有刺激性，使用时应穿防护服。毒性参照三丁胺、二戊胺。

参 考 文 献

1　CAS 645-41-0

2　EINECS 211-441-5

707. 仲 己 胺

sec-hexylamine [2-aminohexane, 1-methyl pentylamine]

(1) 分子式　$C_6H_{15}N$。　　　相对分子质量　101.19。

(2) 示性式或结构式　$CH_3(CH_2)_3CH(NH_2)CH_3$

(3) 外观　无色液体，具有氨味。

(4) 物理性质

沸点(101.3kPa)/℃	107～110
相对密度	0.746
闪点(开口)/℃	13.8
蒸气压(70℃)/kPa	20.66

(5) 化学性质　具有伯胺的化学性质，有光学异构体存在。

(6) 溶解性能　溶于水、乙醇、乙醚、丙酮、乙酸乙酯、脂肪烃等。

(7) 使用注意事项　易燃液体。有毒，刺激皮肤和黏膜。应密封贮存。

参 考 文 献

1　CAS 70492-67-0

2　I. Mellan. Industrial Solvents. 1950

3　Levene, Rothen. Kuna, J. Biol. Chem.. 1937, 120: 764

708. 2-乙基丁胺

2-ethylbutylamine [3-aminomethyl pentane]

(1) 分子式　$C_6H_{15}N$。　　　相对分子质量　101.19。

(2) 示性式或结构式　$(CH_3CH_2)_2CHCH_2NH_2$

(3) 外观　无色液体，有氨味。

(4) 物理性质

沸点(101.3kPa)/℃	125
相对密度(20℃/20℃)	0.776
闪点(闭口)/℃	21.1
蒸气相对密度(空气=1)	3.49

(5) 化学性质　具有伯胺的化学性质。

(6) 精制方法　加金属钠脱水后蒸馏。

(7) 溶解性能　微溶于水，能与甲醇、乙醇、乙醚、丙酮、乙酸乙酯、芳香烃、脂肪烃、固态油、矿物油、有机酸等混溶。加热时能溶解石蜡和巴西棕榈蜡。

(8) 使用注意事项　易燃液体。有毒，能刺激皮肤和黏膜，应密封贮存。大鼠经口 LD_{50} 为 0.39g/kg，大鼠吸入浓度为 4.1g/m^3 的蒸气 4 小时死亡。

参 考 文 献

1 CAS 617-79-8

2 EINECS 205-565-9

3 I. Mellan. Industrial Solvents. 1950. 422

709. 二 己 胺

dihexylamine

(1) 分子式　$C_{12}H_{27}N$。　相对分子质量　185.36。

(2) 示性式或结构式　$(CH_3CH_2CH_2CH_2CH_2CH_2)_2NH$

(3) 外观　无色液体。

(4) 物理性质

沸点(101.3kPa)/℃	236	折射率(20℃)	1.433
相对密度(20℃/4℃)	0.786	闪点/℃	95

(5) 溶解性能　溶于醇、醚，微溶于水。

(6) 用途　溶剂、制药工业、有机合成中间体。

(7) 使用注意事项　口服有毒。与皮肤接触有毒。具有腐蚀性，能引起烧伤。使用时应穿防护服。参照二戊胺

参 考 文 献

1 CAS 143-16-8

2 EINECS 205-588-4

3 Beil., **4** (1), 384

710. 三 己 胺

trihexylamine

(1) 分子式　$C_{18}H_{39}N$。　相对分子质量　269.52。

(2) 示性式或结构式　$[CH_3(CH_2)_5]_3N$

(3) 外观　无色液体。

(4) 物理性质

沸点(101.3kPa)/℃	163～265	折射率(20℃)	1.442
(1.6kPa)/℃	150～159	闪点/℃	>110
相对密度(20℃/4℃)	0.798		

(5) 溶解性能　易溶于乙醇、乙醚，能溶于酸，微溶于水。

(6) 用途　溶剂、有机合成中间体。

(7) 使用注意事项　口服有毒。对眼睛、呼吸系统及皮肤有刺激性。对水生物有毒。能对水

环境引起不利的结果。使用时应穿防护服。参照三丁胺。

参 考 文 献

1 CAS 102-86-3

2 EINECS 203-062-9

3 Beil.，**4**，188

711. 庚 胺

heptylamine [1-aminoheplane]

(1) 分子式 $C_7H_{17}N$。 相对分子质量 115.21。

(2) 示性式或结构式 $CH_3(CH_2)_6NH_2$

(3) 外观 无色液体，有氨味。

(4) 物理性质

沸点(101.3 kPa)/℃	158.3	燃烧热(20℃)/(kJ/mol)	4939.6
熔点/℃	−23	蒸气压(57～58℃)/kPa	3.07
相对密度(20℃/4℃)	0.7770	蒸气相对密度(空气=1)	4.0
折射率(20℃)	1.4245	离解常数(25℃)	4.6×10^{-4}
闪点(开口)/℃	54.5		

(5) 化学性质 具有伯胺的化学性质。由盐酸和亚硝酸盐得到的庚胺亚硝酸盐热解时，生成48.3%的庚醇，少量的3-庚醇的混合物，25.5%的庚烯和5%的二庚基亚硝胺。

(6) 精制方法 根据合成方法不同，常含有二庚胺、三庚烷以及未反应的物质等杂质。一般用加金属钠脱水后蒸馏的方法精制。

(7) 溶解性能 难溶于水，溶于甲醇、乙醇、丙酮、乙醚、乙酸乙酯、脂肪烃、芳香烃等。加热时能溶解石蜡和巴西棕榈蜡。

(8) 使用注意事项 危险特性属第6.1类毒害品。危险货物编号：61728。属中等毒类，能刺激眼、皮肤和黏膜。庚胺硫酸盐的大鼠腹腔注射 LD_{50} 为42mg/kg。对人体有全身作用，口服2mg血压略有增高，服5mg出现心悸、口干、头痛、四肢麻木。应密封置阴凉处贮存。

(9) 附表

表 2-9-70 庚胺盐及其加成化合物的熔点

化 合 物	熔点/℃
$C_7H_{17}N\cdot HCl$	242～245
$(C_7H_{17}N)_2\cdot H_2PtCl_6$	242
$C_7H_{17}N\cdot C_6H_3N_3O_7$(黄色针状晶体)	120～122
2-硝基-1,3-四氢化茚二酮盐	149～150
1-庚氨基环己酮-2-肟	66
N-庚基-*N′*-对联苯基硫脲	149
N-庚基-*N′*-2-萘基硫脲	115
4,6-二硝基-3-庚氨基甲苯	50

参 考 文 献

1 CAS 111-68-2

2 EINECS 203-895-8

3 H. Beier. Brennstoff-Chem. 1963，44：263

4 E. H. Rodd. Chemistry of Carbon Compounds. Vol. 1A. 1951. 397

5 A. I. Vogel. J. Chem. Soc. 1948，1830

6 日本化学会．防灾指針．I．丸善．1962．68
7 化工工学協会．物性定数．第2集．丸善．1964．296
8 C. W. Hoerr et al. J. Am. Chem. Soc. 1943, 65: 328
9 有機合成化学協会．溶剤ポケットベック．オーム社．1977．668
10 张海峰主编. 危险化学品安全技术大典：第1卷：北京：中国石化出版社，2010

712. 2-乙基己胺

2-ethylhexylamine [3-aminomethyl heptane, 2-ethyl-1-aminohexane]

(1) 分子式　$C_8H_{19}N$。　　　相对分子质量　129.24。

(2) 示性式或结构式　$CH_3(CH_2)_3CHCH_2NH_2$（CH 上连 C_2H_5）

(3) 外观　无色液体，有氨味。

(4) 物理性质

沸点(101.3kPa)/℃	169.20	闪点(开口)/℃	60
相对密度(20℃/20℃)	0.7894	溶解度(水)/%	0.25
折射率(20℃)	1.4308	蒸气压(20℃)/kPa	0.16
黏度(20℃)/mPa·s	1.11	pK_a	4.14

(5) 化学性质　具有伯胺的化学性质，有光学异构体存在。

(6) 精制方法　加金属钠脱水后蒸馏。

(7) 溶解性能　微溶于水，溶于甲醇、乙醇、丙酮、乙醚、乙酸乙酯、脂肪烃、芳香烃、固态油、油酸、硬脂酸等。加热时能溶解石蜡、巴西棕榈蜡，冷却时固化。

(8) 用途　用作医药、染料、杀虫剂、硫化促进剂、抗氧剂、浮选剂、乳化剂等的原料。

(9) 使用注意事项　危险特性属第8.2类碱性腐蚀品。危险货物编号：82511，UN编号：2276。能刺激皮肤黏膜。大鼠经口 LD_{50} 为450mg/kg。大鼠吸入 LC_{50} 为1320mg/m³。

参考文献

1 CAS 104-75-6
2 EINECS 203-233-8
3 Kirk-Othmer. Encyclopedia of Chemical Technology. 2nd ed. Vol. 2. Wiley. 119
4 有機合成化学協会．溶剤ポケットブック．オーム社．1977
5 1万3千種化学薬品毒性データ集成．海外技術資料研究所．1974．247

713. 二辛胺

dioctylamine

(1) 分子式　$C_{16}H_{35}N$。　　　相对分子质量　241.45。

(2) 示性式或结构式　$[CH_3(CH_2)_7]_2NH$

(3) 外观　无色或浅黄色液体，有氨味。

(4) 物理性质

沸点(101.3 kPa)/℃	297	折射率(25℃)	1.4415
熔点/℃	11.1～11.6	离解常数(25℃)	10.2×10^{-4}
相对密度(26℃/4℃)	0.7968		

(5) 化学性质　具有仲胺的化学性质。

(6) 精制方法　二辛胺是氯代辛烷与氨在乙醇中加热，或在氧化铝-碳的催化下，辛醇与氨反应制得的。因此常含有未反应物及其他辛胺类杂质。用加金属钠脱水后蒸馏的方法精制。

(7) 溶解性能　不溶于水，溶于氯仿、石油醚、异丙醇和热的乙醚。

(8) 用途　溶剂、萃取剂。

(9) 使用注意事项　有腐蚀性，刺激皮肤和黏膜。

(10) 附表

表 2-9-71　二辛胺的蒸气压

温度/℃	蒸气压/kPa	温度/℃	蒸气压/kPa
121～122	0.13	170	2.40
159～161	1.33	297	101.33
164	1.60		

参　考　文　献

1 CAS 1120-48-5
2 EINECS 214-311-6
3 E. H. Rodd. Chemistry of Carbon Compounds. Ia. 1951
4 Glacet. Chaussumier, Bull. Soc. Chim. France. 1962. 344
5 Carrol. Wright, Canad. J. Research. [B] 1948, 26: 275
6 C. W. Hoerr, McCorkle, C. W. Ralston. J. Amer. Chem. Soc. 1943, 65: 328
7 有機合成化学協会. 溶剤ポケットベック. オーム社. 1977. 670

714. 癸　胺

decylamine [1-aminodecane]

(1) 分子式　$C_{10}H_{23}N$。　　相对分子质量　157.11。

(2) 示性式或结构式　$CH_3(CH_2)_9NH_2$

(3) 外观　无色油状液体，有氨味。低温时凝固。

(4) 物理性质

沸点(101.3kPa)/℃	216～218	折射率(20℃)	1.4369
熔点/℃	15～17	闪点/℃	85
相对密度(20℃/4℃)	0.7936		

(5) 溶解性能　能与乙醇、乙醚、苯、氯仿混溶，微溶于水。

(6) 用途　溶剂、有机合成中间体。

(7) 使用注意事项　易燃、有毒，能刺激皮肤引起皮炎，对中枢神经有一定的刺激作用。

参　考　文　献

1 CAS 2016-57-1
2 EINECS 217-957-1
3 Beilstein. Handbuch der Organischen Chemie. H, 4-199; E Ⅳ, 4-783

715. 二　癸　胺

didecylamine

(1) 分子式　$C_{20}H_{43}N$。　　相对分子质量　297.56。

(2) 示性式或结构式 $[CH_3(CH_2)_9]_2NH$

(3) 外观 白色固体。对二氧化碳敏感。

(4) 物理性质

沸点(0.266kPa)/℃	179～180	闪点/℃	>110
熔点/℃	42～45		

(5) 溶解性能 易溶于乙醇、乙醚、苯，不溶于水。

(6) 用途 溶剂、有机合成中间体、染料中间体。

(7) 使用注意事项 对眼睛、呼吸系统和皮肤有刺激性，使用时应穿防护服。

参 考 文 献

1 CAS 1120-49-6
2 EINECS 214-312-1

716. 烯丙基胺

allylamine [2-propenylamine]

(1) 分子式 C_3H_7N。 相对分子质量 57.09。

(2) 示性式或结构式 $CH_2{=}CHCH_2NH_2$

(3) 外观 无色或带黄色的油状液体，有浓烈的氨味。

(4) 物理性质

沸点(101.3kPa)/℃	53.3	表面张力(24.5℃)/(mN/m)	24.27
熔点/℃	−88.2	闪点/℃	−29
相对密度(20℃/4℃)	0.7629	燃点/℃	374
折射率(20℃)	1.4205	爆炸极限(下限)/%(体积)	2
偶极矩(25℃,苯)/(10^{-30}C·m)	4.37	(上限)/%(体积)	22
黏度(25℃)/mPa·s	0.3145	pK_a(25℃)	9.49

(5) 化学性质 具有伯胺的化学性质，还能在双键上发生各种反应。例如与卤素、卤化氢加成生成卤代丙胺。与苯反应得到β-氨基异丙基苯。烯丙基胺在自由基催化剂作用下不发生聚合反应。与环戊二烯反应得到2,5-亚甲基-1,2,5,6-四氢化苄胺。

(6) 精制方法 用分馏法精制。

(7) 溶解性能 易溶于水、乙醇、乙醚、氯仿等。

(8) 用途 用作聚合物改性剂和利尿药，有机合成的原料等。

(9) 使用注意事项 危险特性属第3.1类低闪点易燃液体。危险货物编号：31048，UN编号：2334。闪点低，应密封贮存，避免与氧化物、可燃物混合贮存。蒸气有强烈的刺激性，会使人打喷嚏、流泪，大量吸入时引起兴奋、抽搐、直至死亡。大鼠经口 LD_{50} 为 106mg/kg。兔经皮 LD_{50} 为 35mg/kg。

参 考 文 献

1 CAS 107-11-9
2 EINECS 203-463-9
3 A. Weissberger. Organic Solvents. 3rd ed. Wiley. 1971. 429
4 J. G. Grasselli. Atlas of Spectral Data and Physical Constants for Organic Compounds, CRC Press. 1973. 777
5 Coblentz Society IR Spectra. No. 1392
6 E. Stenhagen et al. Atlas of Mass Spectral Data. Vol. 1. Wiley. 1969. 26
7 Varian Associate NMR Spectra. No. 38
8 Manufacturing Chemists' Assoc. Guide for Safety in the Chemical Laboratory. 2nd ed. Van Nostrand Reinhold. 1972. 335

717. 苯　胺

aniline [phenylamine，aminobenzene，benzenamine]

(1) 分子式　C_6H_7N。　　相对分子质量　93.12。

(2) 示性式或结构式

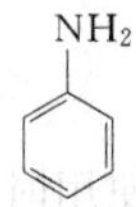

(3) 外观　无色或浅黄色透明油状液体，有特殊的气味。

(4) 物理性质

沸点(101.3kPa)/℃	184.7	pK_a(20℃)	4.60
熔点/℃	−6	生成热(液体,25℃)/(kJ/mol)	31.28
相对密度(20℃/20℃)	1.022	(气体,25℃)/(kJ/mol)	87.09
折射率(20℃)	1.05860	燃烧热(25℃,定压)/(kJ/mol)	3395.33
介电常数(20℃)	7.06	(25℃,定容)/(kJ/mol)	3392.23
偶极矩/(10^{-30}C·m)	5.04	比热容(20～25℃,定压)/[kJ/(kg·K)]	2.17
黏度(20℃)/mPa·s	4.423～4.435	临界温度/℃	425.6
表面张力(25℃)/(mN/m)	42.79	临界压力/MPa	5.31
闪点(闭口)/℃	76	沸点上升常数	3.69
(闭口)/℃	70	电导率(25℃)/(S/m)	2.4×10^{-8}
燃点/℃	617.2	溶解度(25℃,水)/(g/100g)	3.5
蒸发热/(kJ/kg)	476.8	热导率/[W/(m·K)]	199.710×10^{-3}
熔化热/(kJ/mol)	10.54	爆炸极限(下限)/%(体积)	1.2
体膨胀系数/K^{-1}	0.855×10^{-3}	(上限)/%(体积)	8.3

(5) 化学性质　苯胺和脂肪族胺相比，碱性较弱，pK_a=4.60 (20℃)。与亚硝酸作用，氨基发生重氮化反应生成重氮盐。重氮盐经偶合反应生成偶氮化合物。苯胺与无机酸发生中和反应生成水溶性盐，与氯化锌、铜、氯化钙等生成复盐。与醇在酸性溶液中发生烷基化反应，得到对应的*N*-烷基化合物。与烯烃、卤代烷也可发生同样的反应。苯胺与羧酸、酸酐、酰氯、酯等发生反应，生成酰替苯胺。苯胺由于氨基的存在而使芳核容易发生取代反应，例如在邻位或对位发生烷基化、卤化、磺化、硝化、亚硝化等反应。此外，苯胺容易氧化，根据条件不同可生成对苯醌、硝基苯、偶氮苯、氧化偶氮苯等。苯胺氢化生成环己胺。与醛反应生成树脂状缩合物。

(6) 精制方法　苯胺按照制备方法不同可能含有硝基苯、甲苯胺、苯、硫化物等杂质。如果苯胺溶于稀盐酸后得到无色透明的液体，则一般不含有烃类和硝基苯。精制时，将苯胺溶解于稀盐酸或稀硫酸中，如果有不溶物，则用水蒸气蒸馏除去，在残留液中加入氢氧化钠使成碱性，再次进行水蒸气蒸馏可得苯胺。将蒸出的苯胺用固体氢氧化钠干燥，加入锌粉煮沸回流后进行蒸馏。再用固体氢氧化钠干燥，然后在氮气流下减压蒸馏可得高纯度产品。也可以将苯胺转变成它的衍生物，如苯胺盐酸盐、乙酰替苯胺后，再重结晶精制。

(7) 溶解性能　微溶于水，能与醇、醚、苯、氯仿及大多数有机溶剂混溶，能溶解多种物质，并能随水蒸气挥发。

(8) 用途　用于医药、香料、染料、农药、塑料、清漆、照相显影剂、橡胶硫化促进剂、抗氧剂、环氧树脂固化剂、金属防腐剂、烯烃聚合催化剂、汽油及润滑油添加剂等液相色谱溶剂。

(9) 使用注意事项　致癌物。属高毒物品。危险特性属第6.1类毒害品。危险货物编号：61746，UN编号：1547。露置空气中或见光逐渐变为棕色，故应密封置阴凉处贮存。属中等毒类。苯胺能因口服、吸入蒸气、皮肤吸收而中毒，且皮肤吸收苯胺液体和蒸气常是造成中毒的主要原因。苯胺对血液和神经的毒性非常强烈，能形成高铁血红蛋白。急性中毒的症状表现在头痛、发绀、严重时致死亡。人吸入的浓度达406～619mg/m³，少于1小时，对健康无损害。TJ 36—79规定车间空气中最高容许浓度5mg/m³。大鼠经口LD_{50}为442mg/kg。大鼠吸入LC_{50}为

950mg/m³。职业中毒诊断 GB 8788—88。

(10) 规格　GB 2961—2006　苯胺

项　　目		优等品	一等品	合格品
外观		无色至浅黄色透明液体，贮存时允许颜色变浑		
苯胺/%	≥	99.80	99.60	99.40
干品结晶点/℃	≥	−6.2	−6.4	−6.6
水分/%	≤	0.10	0.30	0.50
硝基苯/%	≤	0.002	0.010	0.015
低沸物/%	≤	0.005	0.007	0.010
高沸物/%	≤	0.01	0.03	0.05
灼烧残渣(以硫酸盐计)/%		—	—	—

(11) 附表

表 2-9-72　苯胺的蒸气压

温度/℃	蒸气压/kPa	温度/℃	蒸气压/kPa
34.8	0.13	106.0	8.00
57.9	0.67	119.9	13.33
69.4	1.33	140.1	26.66
82.0	2.67	161.9	53.33
96.7	5.33	184.4	101.33

表 2-9-73　苯胺与水的相互溶解度

温度/℃	水层（苯胺/%）	温度/℃	苯胺层（苯胺/%）
13.8	3.611	20	94.88
30	3.7	30	94.6
50	4.2	50	93.6
70	5.0	70	92.3
90	6.4	90	90.1
110	8.0	110	87.0

表 2-9-74　各种物质在苯胺中的溶解度

化 合 物	溶解度/%	温度/℃	化 合 物	溶解度/%	温度/℃
$HgBr_2$	4.0 (mol)	60	硫	46.03	130
HgI_2	32.23	21.1	三硝基甲苯	90	68
	22.3	0.4		5.0	0
HgI_2	38.29	30.1	对二溴苯	8.5 (mol)	20
	71.2	96	邻氯硝基苯	69.15	10
$Hg(CN)_2$	3.7 (mol)	41	间氯硝基苯	49.29	10
$SbCl_3$	7.0	20	对氯硝基苯	38.50	10
	8.8	31	乙酰苯胺	19.38	30～31
$AgNO_3$	18.0	18	萘	200.00	22.0
CdI_2	1.7	40	芴	5.6 (mol)	20
	8.4	100	奎宁	12.6	20

表 2-9-75　含苯胺的二元共沸混合物

第二组分	共沸点/℃	苯胺/%	第二组分	共沸点/℃	苯胺/%
茚	179.75	41.5	辛醇	183.95	83
丁基苯	177.8	46	仲辛醇	179.0	35
对甲基异丙苯	173.5	27	乙基苄基醚	179.8	51
莰烯	157.5	13	二戊醚	177.5	55
α-蒎烯	155.25	15	草酸乙酯	约 181.5	约 40
邻溴甲苯	178.45	35	频哪醇	172.0	45
间溴甲苯	179.9	39	邻甲苯酚	191.25	8
对溴甲苯	180.2	40	苄胺	185.55	44
庚醇	175.4	22			

参 考 文 献

1 CAS 62-53-3
2 EINECS 200-539-3
3 J. Timmermans. Physico-Chemical Constants of Pure Organic Compounds. Vol. 2. Elsevier. 1965. 348
4 E. H. Rodd. Chemistry of Carbon Compounds. Vol. 3. Elsevier. 1954. 162
5 Kirk-Othemer. Encyclopedia of Chemical Technology 2nd ed. Vol. 2. Wiley. 1963. 411
6 A. Weissberger. Organic Solvents 2nd ed. Wiley. 1955. 235
7 W. E. Hatton et al. J. Chem. Eng. Data. 1962，7：229
8 A. P. Kudchadker et al. Chem. Rev. 1968，68：659
9 Beilstein. Handbuch der Organischen Chemie. EI. 12-132
10 D. R. Stull. Ind. Eng. Chem. 1947，39：517
11 日本化学会. 化学便覧. 基礎編. 丸善. 1966. 476
12 J. G. Grasselli. Atlas of Spectral Data and Physical Constants for Organic Compounds. CRC Press. 1973. B-149
13 J. H. Hibben. The Raman Effect and Its Chemical Applications. Van Nostrand Reinhold. 1939. 222
14 日本化学会. 防灾指针. Ⅲ-1，丸善. 1965. 1
15 有機合成化学協会. 溶剤ポケットブック. オーム社. 1977. 900
16 日本化学会. 防灾指针. Ⅰ-10.，丸善. 1962. 12
17 危険物・毒物取扱いマニユアル. 海外技術資料研究所. 1974. 23
18 H. Stephen et al.. Solubilities of Inorganic and Organic Compounds. Vol. 1. Pergamon. 1963
19 有機合成化学協会. 溶剤ポケットブック. オーム社. 1977. 677
20 J. S. Stadnicki. Chem. Abstr. 1963，58：3954
21 Beilstein. Handbuch der Organischen Chemie. H，12-59；EⅢ，12-217；EⅣ，12-223
22 The Merck Index. **10**，681；**11**，687
23 张海峰主编. 危险化学品安全技术大典：第1卷：北京：中国石化出版社，2010

718. *N*-甲基苯胺

N-methylaniline [monomethylaniline，methylaniline]

(1) 分子式　C_7H_9N。　　相对分子质量　107.15。

(2) 示性式或结构式

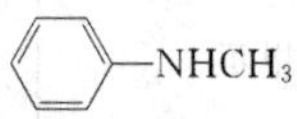

(3) 外观　无色或浅黄色液体，有特殊的气味。

(4) 物理性质

沸点(101.3kPa)/℃	196.1	闪点(闭口)/℃	85
熔点/℃	−57	蒸发热(193.6℃)/(kJ/kg)	423.6
相对密度(20℃/4℃)	0.989	生成热(液体)/(kJ/mol)	32.19
折射率(21.2℃)	1.5702	燃烧热(定容)/(kJ/mol)	4075.9
介电常数(25℃)	5.9032	比热容(20～190℃)/[kJ/(kg·K)]	2.148
偶极矩(25℃,苯)/(10^{-30}C·m)	5.90	临界温度/℃	428.4
黏度(15℃)/mPa·s	2.568	临界压力/MPa	5.20
(30℃)/mPa·s	1.766	电导率(20℃)/(S/m)	$<10^{-7}$
表面张力(17.7℃)/(mN/m)	40.39	热导率(室温)/[W/(m·K)]	185.057×10^{-3}
(40.1℃)/(mN/m)	37.27	体膨胀系数/K^{-1}	0.000815

(5) 化学性质　呈弱碱性，与酸生成盐。容易与烷基化剂发生反应，得到*N*-烷基衍生物。与亚硝酸反应生成亚硝基胺。在空气中逐渐变成褐色。

(6) 精制方法　用固体氢氧化钾干燥后减压分馏的方法可以除去颜色。由于*N*-甲基苯胺是由苯胺甲基化制备的，往往含有*N*,*N*-二甲基苯胺，靠蒸馏分离比较困难。可将其乙酰化，所得乙酰衍生物重结晶至熔点范围很小（m.p.101～102℃），然后用盐酸水解，减压下蒸馏。

(7) 溶解性能　微溶于水，溶于醇、醚、氯仿等。

(8) 用途　用作染料、炸药等的原料以及金属防腐剂。也用来提高汽油的辛烷值和作溶剂使用。

(9) 使用注意事项　属高毒物品。危险特性属第 6.1 类毒害品。危险货物编号：61756，UN 编号：2294。可经皮肤吸收而中毒。急性症状为伤害神经，出现血尿等。慢性症状为膀胱黏膜变质。有致癌性。TJ 36—1979 规定车间空气中最高容许浓度为 $5mg/m^3$。大鼠经口 LD_{50} 约 280mg/kg。

(10) 规格　HG/T 3409—2010　*N*-甲基苯胺

项　　目	优等品	一等品	合格品
外观	无色至浅黄色液体(贮存时允许颜色变浑)		
N-甲基苯胺/%	99.50	99.00	98.50
N,*N*-二甲基苯胺/%	0.50	0.70	0.90
苯胺/%	0.10	0.20	0.30
低沸物/%	0.03	0.06	0.10
高沸物/%	0.10	0.20	0.30
水分/%	0.10	0.20	0.30

(11) 附表

表 2-9-76　*N*-甲基苯胺的蒸气压

温度/℃	蒸气压/kPa	温度/℃	蒸气压/kPa
36.0	0.13	115.8	8.00
62.8	0.67	129.8	13.33
76.2	1.33	149.3	26.66
90.5	2.67	172.0	53.33
106.0	5.33	195.5	101.33

参考文献

1 CAS 100-61-8
2 EINECS 200-870-9
3 S. Coffey. Rodd's Chemistry of Carbon Compounds. 2nd ed. Vol. 3. Elsevier. 1974. B-240
4 Kirk-Othmer. Encyclopedia of Chemical Technology 2nd ed. Vol. 2. Wiley. 420
5 R. J. W. Le Fèvre. J. Chem. Soc. 1935，773
6 I. Fischer. Acta Chem. Scand. 1950，4：1197
7 J. Timmermans. Physico-Chemical Constants of Pure Organic Compounds. Elsevier. 1950. 554
8 A. I. Vogel. J. Chem. Soc. 1948，1825
9 J. H. Mathews et al. J. Amer. Chem. Soc. 1931，53：3212
10 日本化学会. 化学便覧. 基礎編. 丸善. 1966. 819
11 G. N. Vriens et al. Ind Eng. Chem. 1952，44：2732
12 Landolt-Börnstein 4th ed. Springer. 766
13 A. P. Kudchadker et al. Chem. Rev. 1968，68：659
14 Landolt-Börnstein 6th ed. Vol. Ⅱ-7. Springer. 15
15 V. P. Frontas'ev. Chem. Abstr. 1946，40：4284
16 J. Timmermans et al. Chem Abstr. 1936，30：2072
17 J. G. Grasselli. Atlas of Spectral Data and Physical Constants for Organic Compounds. CRC Press. 1973. B-161
18 A. S. Ganesan et al. Z. Physik. 1931，70：131
19 有機合成化学協会. 溶剤ポケットブック. オーム社. 1977. 900
20 危険物・毒物取扱いマニユアル. 海外技術資料研究所. 1974. 481
21 D. R. Stull. Ind. Eng. Chem. 1947，39：517

719. *N*,*N*-二甲基苯胺

N,*N*-dimethylaniline [dimethylphenylamine]

(1) 分子式 $C_8H_{11}N$。 相对分子质量 121.18。

(2) 示性式或结构式 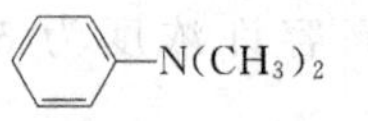

(3) 外观 浅黄色液体，具有特殊不愉快的气味。

(4) 物理性质

沸点(101.3kPa)/℃	193	比热容(18～64.5℃,定压)/[kJ/(kg·K)]	1.88
熔点/℃	2.0	临界温度/℃	414.4
相对密度(20℃/4℃)	0.9555	临界压力/MPa	3.6
折射率(20℃)	0.15584	沸点上升常数	4.84
介电常数(25℃)	4.8114	电导率(20℃)/(S/m)	2.10×10^{-8}
偶极矩(18℃)/(10^{-30}C·m)	5.37	热导率(20℃)/[W/(m·K)]	0.143
(25℃,苯)/(10^{-30}C·m)	5.17	爆炸极限(下限)/%(体积)	1.2
黏度(25℃)/mPa·s	1.528	(上限)/%(体积)	7.0
表面张力(20℃)/(mN/m)	36.56	体膨胀系数(0～30℃)/K^{-1}	854×10^{-6}
闪点(闭口)/℃	74	UV 298,251 nm(甲醇)	
(开口)/℃	77	IR 3.5μm, 6.2μm, 6.6μm, 6.9μm, 7.4μm, 8.1μm,8.4μm,8.6μm,8.3μm,9.4μm,9.7μm, 10.1μm,10.6μm,11.6μm,13.3μm,14.5μm	
燃点/℃	371		
蒸发热(476.66K)/(kJ/kg)	45.2		
熔化热/(kJ/kg)	97.5	MS 120,121,77,51,105,104,42,50	
生成热(液体)/(kJ/mol)	34.3	NMR δ. 2.9×10^{-6}, $6.4\sim6.7\times10^{-6}$, 7.1×10^{-6} (CCl_4)	
燃烧热(20℃)/(kJ/mol)	4784.3		
(25℃,计算值)/(kJ/mol)	4757.5		

(5) 化学性质 有弱碱性，与苦味酸作用生成熔点为163～164℃的苦味酸盐。与卤代烷反应生成季铵盐。还原时根据条件不同可得到二氢化*N*,*N*-二甲基苯胺和四氢化*N*,*N*-二甲基苯胺。用钯作催化剂氢化时，生成环己酮和二甲胺。*N*,*N*-二甲苯胺易被氧化，用高锰酸钾氧化或在浓硫酸中190～200℃氧化时，得到四甲基二氨基联苯。在氯仿中用二氧化锰氧化时，生成*N*-甲酰甲基苯胺。用中性过氧化氢和过氧酸等氧化时，生成二甲基苯胺亚氧化合物[$C_6H_5N(CH_3)_2O$]。*N*,*N*-二甲基苯胺与酰化剂发生反应时，甲基被酰基所取代。与四硝基甲烷在吡啶中反应，苯核不发生取代，而是甲基被亚硝基取代。发生卤代、硝化、磺化等反应时，都是邻、对位发生取代。亚硝化反应、偶合反应和Fridel-Crafts反应则发生在对位。

(6) 精制方法 常含有苯胺、*N*-甲基苯胺等杂质。精制时将*N*,*N*-二甲基苯胺溶解于40%硫酸中，进行水蒸气蒸馏。加入氢氧化钠使呈碱性。继续进行水蒸气蒸馏。馏出物分去水层，用氢氧化钾干燥。在乙酐存在下进行常压蒸馏。馏出物用水洗涤，除去微量的乙酐，用氢氧化钾，其次用氧化钡干燥，在氮气流中进行减压蒸馏。其他的精制方法有：加入10%的乙酐回流几小时，以除去伯胺和仲胺。冷却后加入过量的20%的盐酸，用乙醚萃取。盐酸层加碱使呈碱性，再用乙醚萃取，醚层用氢氧化钾干燥后在氮气流下减压蒸馏。也可以将*N*,*N*-二甲基苯胺转变成苦味酸盐，重结晶至熔点恒定后用温热的10%的氢氧化钠水溶液分解苦味酸盐。再用乙醚萃取，水洗和干燥后减压蒸馏。

(7) 溶解性能 微溶于水，能随水蒸气挥发。能与醇、醚、氯仿、苯等多种有机溶剂混溶，能溶解多种有机化合物。

(8) 用途 用作溶剂、金属防腐剂、环氧树脂固化剂、聚酯树脂的固化促进剂、乙烯类化合物聚合时的助催化剂等。也用于制备碱性三苯甲烷染料、偶氮染料和香草醛等。

(9) 使用注意事项 属高毒物品。危险特性属第6.1类毒害品。危险货物编号：61756，UN编号：2272。毒性和苯胺相似，能抑制中枢神经和循环系统，引起头痛、衰弱、局部或全身缺

氧，皮肤和黏膜发蓝、头昏和呼吸困难等。能通过皮肤吸收而中毒。触及皮肤时立即用浓肥皂水洗净。大鼠经口 LD_{50} 为1410mg/kg。嗅觉阈浓度 0.024mg/m³。TJ 36—79 规定车间空气中最高容许浓度为 5mg/m³。

(10) 规格　HG/T 3396—2011　*N*,*N*′-甲基苯胺

项　目		优等品	合格品	项　目		优等品	合格品
外观		浅黄色至黄色液体		*N*-甲基苯胺含量/%	≤	0.50	0.70
干品初熔点/℃	≥	2.00	1.80	苯胺含量/%	≤	0.03	0.05
N,*N*-二甲基苯胺含量/%	≥	99.00	98.50	水分/%	≤	0.10	0.20

(11) 附表

表 2-9-77　*N*,*N*-二甲基苯胺的蒸气压

温度/℃	蒸气压/kPa	温度/℃	蒸气压/kPa
29.5	0.13	111.9	8.00
56.3	0.67	125.8	13.33
70.0	1.33	146.5	26.66
84.8	2.67	169.2	53.33
101.6	5.33	193.1	101.33

表 2-9-78　乙酸、苯、*N*,*N*-二甲基苯胺三体系组分的相互溶解度（20℃）　单位：%

N,*N*-二甲基苯胺	乙　酸	苯	*N*,*N*-二甲基苯胺	乙　酸	苯
2.2	7.8	90.0	1.2	50.0	48.8
0.7	10.0	89.3	30.0	55.0	15.0
14.5	15.5	70.0	3.0	70.0	27.0
24.0	26.0	50.0	20.0	70.8	9.2
0.5	30.0	69.5	10.0	77.5	12.5
31.0	39.0	30.0			

表 2-9-79　含 *N*,*N*-二甲基苯胺的二元共沸混合物

第二组分	共沸点/℃	*N*,*N*-二甲基苯胺/%	第二组分	共沸点/℃	*N*,*N*-二甲基苯胺/%
α-蒎二烯	174	27	沉香醇	193.9	85
萜品油烯	约 179	约 35	二戊基醚	<187.0	<27
辛醇	191.75	49.5	1,2-丙二醇	<177.0	<55
葑酮	191	约 35			

参　考　文　献

1　CAS 121-69-7
2　EINECS 204-493-5
3　S. Coffey. Rodd's Chemistry of Carbon Compounds. 2nd ed. Vol. 3. Elsevier. 1974. B-245
4　J. Timmermans. Physico-Chemical Constants of Pure Organic Compounds. Vol. 2. Elsevier. 1965. 349
5　R. J. W. Le Fèvre. J. Chem. Soc. 1935，773
6　L. G. Groves et al. J. Chem. Soc. 1937，1782
7　I. Fischer. Acta Chem. Scand. 1950，4：1197
8　J. Timmermans et al. Chem. Abstr. 1936，30：2072
9　A. I. Vogel. J. Chem. Soc. 1948，1825
10　日本化学会. 化学便覧，基礎編. 丸善. 1966. 782
11　Beilstein. Handbuch der Organischen Chemie. EⅢ，12-245
12　日本化学会. 化学便覧. 基礎編. 丸善. 1966. 819
13　R. C. Weast. Handbook of Chemistry and Physics. 55th ed. CRC Press. 1974. D-243
14　G. N. Vriens et al.. Ind. Eng. Chem. 1952，44：2732
15　Beilstein. Handbuch der Organischen Chemie. EI. 12-151
16　A. P. Kudchadker et al.. Chem. Rev. 1968，68：659

17 F. Kaufler et al.. Chem. Ber. 1907, 40: 3262
18 D. Rădulescu et al.. Z. Physik. Chem. Leidzig. 1934, B26: 395
19 Landol-Börnstein 6th ed. Vol. Ⅳ-4b. Springer. 561
20 Landolt-Börnstein 6th ed. Vol. Ⅱ-1. Springer. 688
21 J. G. Grasselli. Atlas of Spectral Data and Physical Constants for Organic Compounds. CRC Press. 1973, B-156
22 A. S. Ganesan et al.. Z. Physik. 1931, 70: 131
23 有機合成化学協会. 溶剤ポケットブック. オーム社. 1977. 900
24 G. S. Scott et al.. Anal. Chem. 1948, 20: 238
25 危険物・毒物取扱いマニュアル. 海外技術資料研究所. 1974. 246
26 D. R. Stull. Ind. Eng. Chem. 1947, 39: 517
27 L. H. Horsley. Advan. Chem. Ser. 1952, 6: 101, 224
28 H. Stephen et al. Solubilities of Inorganic 2nd Organic Compounds. Vol. 2. Pergamon. 1964. 1570
29 The Merck Index. **10**, 3227; **11**, 3223

720. *N*,*N*-二乙基苯胺

N,*N*-diethylaniline [diethylaniline]

(1) 分子式 $C_{10}H_{15}N$。 相对分子质量 149.24。

(2) 示性式或结构式 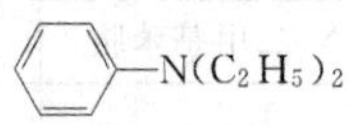

(3) 外观 无色或浅黄色液体。

(4) 物理性质

沸点(101.3kPa)/℃	217	闪点(闭口)/℃	85
熔点(稳定型)/℃	−21.3	(闭口)/℃	80
(不稳定型)/℃	−34.4	燃点/℃	332.2
相对密度(20℃/4℃)	0.9351	/℃	330
折射率(20℃)	1.5421	蒸发热(215.2℃)/(kJ/kg)	310.4
介电常数(30℃)	5.037	熔化热/(kJ/mol)	8489
偶极矩(苯)/(10^{-30}C・m)	6.04	生成热(液体)/(kJ/mol)	−16.29
(二噁烷)/(10^{-30}C・m)	6.30	燃烧热(25℃)/(kJ/mol)	6066.7
黏度(11℃)/mPa・s	3.251	(20℃)/(kJ/mol)	6077.6
(25℃)/mPa・s	1.9298	比热容(28.83℃,定压)/[kJ/(kg・K)]	1.84
表面张力(20℃)/(N/m)	34.17	热导率(20℃)/[W/(m・℃)]	0.136
临界温度/℃	438.9	爆炸极限(下限)/%(体积)	0.8

(5) 化学性质 *N*,*N*-二乙基苯胺与酸生成盐，与卤代烷生成季铵盐。用二氧化锰氧化时生成 *N*-甲酰苯胺。用铬酸氧化时分解生成乙酸和氨。用过氧化氢氧化时生成 *N*,*N*-二乙基苯胺的亚氧化合物。

(6) 精制方法 主要杂质是 *N*-乙基苯胺，可以通过蒸馏分离，或者将 *N*-乙基苯胺酰基化，由于 *N*-乙基苯胺的酰基化物挥发性低，故可将 *N*,*N*-二乙基苯胺蒸馏出来。其他参照 *N*,*N*-二甲基苯胺。

(7) 溶解性能 溶于醇、醚、氯仿等多种有机溶剂。12℃时，1g *N*,*N*-二乙基苯胺可溶于 70g 水中。

(8) 用途 用作化学反应中的脱酸剂、金属防腐剂、聚酯树脂固化剂、乙烯类化合物的聚合促进剂、丙烯腈的稳定剂等。也用于制造三苯甲烷染料、偶氮染料和医药等。

(9) 使用注意事项 危险特性属第 6.1 类毒害品。危险货物编号：61756，UN 编号：2432。毒性较苯胺小，但易为皮肤吸收，应防止与皮肤接触和吸入蒸气。

(10) 规格　GB/T 23674—2009　*N*,*N*-二乙基苯胺

项　　目		优等品	合格品
外观		无色至浅黄色透明液体	
N,*N*-二乙基苯胺纯度/%	≥	99.50	99.00
N-乙基苯胺含量/%	≤	0.10	0.30
苯胺含量/%	≤	0.05	0.20
低沸物含量/%	≤	0.20	0.30
高沸物含量/%	≤	015	0.20
水分/%	≤	0.10	0.30

(11) 附表

表 2-9-80　*N*,*N*-二乙基苯胺的蒸气压

温度/℃	蒸气压/kPa	温度/℃	蒸气压/kPa
49.7	0.13	133.8	8.00
78.0	0.67	147.3	13.33
91.9	1.33	168.2	26.66
107.2	2.67	192.4	53.33
123.6	5.33	215.5	101.33

参 考 文 献

1　CAS 91-66-7
2　EINECS 202-088-8
3　S.Coffey.Rodd's Chemistry of Carbon Compounds.2nd ed.Vol.3.B-245.Elsevier.1974
4　K.K.Srivastava.J.Phys.Chem.1970,74:152
5　K.Chitoku et al.Bull.Chem.Soc.Japan.1966,39:2160
6　J.Timmermans.Physico-Chemical Constants of Pure Organic Compounds.Elsevier.1955.557
7　Beilstein.Handbuch der Organischen Chemie.EⅢ.12-260
8　J.H.Mathews et al.J.Amer.Chem.Soc.1931,53:3212
9　柳沼得三ほか.工化.1932,35:365
10　日本化学会.化学便覧.基礎編.丸善.1966.819
11　G.N.Vriens et al.Ind.Eng.Chem.1952,44:2732
12　R.G.Weast.Handbook of Chemistry and Physics.55th ed.CRC Press.1974.D-243
13　J.G.Grasselli.Atlas of Spectral Data and Physical Constants for Organic Compounds.CRC Press.1973.B-155
14　Landolt-Börnstein 6th ed.Vol.Ⅳ-4b.Springer.561
15　A.S.Ganesan et al.Z.Physik.1931,70:131
16　日本化学会.防灾指針.Ⅰ-10.丸善.1962.42
17　有機合成化学協会.溶剂ポケットブック.オーム社.1967.900
18　D.R.Stull.Ind.Eng.Chem.1947,39:517
19　Beilstein.Handbuch der Organischen Chemie.H,12-164;EⅣ,12-252
20　The Merck Index.**10**,3096;**11**,3102

721. *N*-丙基苯胺

N-propylaniline

(1) 分子式　$C_9H_{13}N$。　　　相对分子质量　135.20。

(2) 示性式或结构式　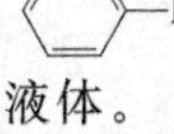—$NHCH_2CH_2CH_3$

(3) 外观　浅黄色油状液体。

(4) 物理性质

沸点(101.3kPa)/℃	221～223	折射率(20℃)	1.542
相对密度(20℃/4℃)	0.94		

(5) 溶解性能 能与乙醇、乙醚相混溶，不溶于水。

(6) 用途 溶剂、有机合成中间体。

(7) 使用注意事项 危险特性属第6.1类毒害品。危险货物编号：61756。

参 考 文 献

1 CAS 622-80-0

2 EINECS 210-754-4

722. *N*-丁基苯胺

N-mono-*n*-butylaniline [*n*-butylaniline]

(1) 分子式 $C_{10}H_{15}N$。　　相对分子质量 149.23。

(2) 示性式或结构式 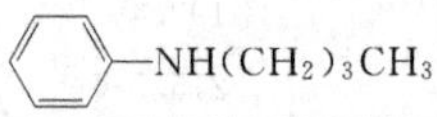

(3) 外观 无色或浅黄色液体，有氨味。

(4) 物理性质

沸点(101.3kPa)/℃	241.59	表面张力(20 ℃)/(mN/m)	33.85
熔点/℃	−14.40	(30℃)/(mN/m)	32.88
相对密度(20℃/4℃)	0.93226	(40℃)/(mN/m)	31.98
(25℃)	0.92835	闪点(开口)/℃	107
(30℃)	0.92444	蒸气压(69.59℃)/kPa	0.13
折射率(20℃)	1.53412	(111.65℃)/kPa	1.33
(25℃)	1.53167	(136.69℃)/kPa	4.00
(30℃)	1.52935	(169.26℃)/kPa	13.33
黏度(20℃)/mPa·s	3.2237		

(5) 化学性质 碱性和苯胺大致相等。*N*-丁基苯胺盐比苯胺盐易溶解，但难以结晶。易生成*N*-酰化物。与亚硝酸反应得到亚硝基胺。

(6) 溶解性能 不溶于水，能与乙醇、乙醚、丙酮、四氯化碳、苯、庚烷等混溶。加热时可溶解石蜡、硬脂酸。

参 考 文 献

1 CAS 104-13-2

2 EINECS 203-177-4

3 Advances in Chemistry Series No. 15. Physical Properties of Chemical Compounds. Vol. 1. Am. Chem. Soc. 1955. 340

4 I. Mellan. Industrial Solvents. 2ed. Reinhold, 1950. 428

723. *N*,*N*-二丁基苯胺

N,*N*-di-*n*-butylaniline

(1) 分子式 $C_{14}H_{23}N$。　　相对分子质量 205.35。

(2) 示性式或结构式

(3) 外观　浅黄色油状液体，微有氨味。

(4) 物理性质

沸点(101.3kPa)/℃	274.75	表面张力(20 ℃)/(mN/m)	31.88
熔点/℃	−32.20	(30℃)/(mN/m)	31.11
相对密度(25℃/4℃)	0.89995	(40℃)/(mN/m)	30.19
(30℃)	0.89622	蒸发热(25℃)/(kJ/kg)	358.7
折射率(20℃)	1.51856	(b.p.)/(kJ/kg)	252.8
(25℃)	1.51632	蒸气压(94.04℃)/kPa	0.13
(30℃)	1.50543	(138.79℃)/kPa	1.33
介电常数(25℃)	4.349	(165.18℃)/kPa	4.00
黏度(20℃)/mPa·s	6.7988	(199.33℃)/kPa	13.33
闪点(开口)/℃	110		

(5) 化学性质　参照 *N*,*N*-二甲基苯胺。

(6) 溶解性能　不溶于水和甲醇，溶于乙醇、乙醚、丙酮、乙酸乙酯、芳香烃和油酸等。

(7) 使用注意事项　危险特性属第 6.1 类毒害品。危险货物编号：61756。触及皮肤易经皮肤吸收或误食、吸入蒸气、粉尘会引起中毒。遇明火能燃烧。

参 考 文 献

1 CAS 613-29-6
2 EINECS 210-335-6
3 Advances in Chemistry Series No. 29. Physical Properties of Chemical Compounds. Vol. 3. Am. Chem. Soc.. 1961. 452
4 I. Mellan. Industrial Solvents. 2nd ed.. Reinhold，1950. 429

724. *N*-戊基苯胺

N-pentylaniline [*N*-monoamylaniline]

(1) 分子式　$C_{11}H_{17}N$。　　　相对分子质量　163.27。

(2) 示性式或结构式

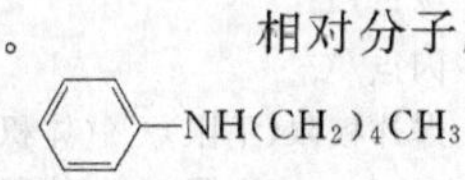

(3) 外观　浅黄色油状物，微有氨味。

(4) 物理性质

沸点(101.3kPa)/℃	260～262	闪点(开口)/℃	107
相对密度(20℃/4℃)	0.92	蒸气压(130℃)/kPa	1.47
折射率(20℃)	1.5285		

(5) 化学性质　参照 *N*-丁基苯胺。

(6) 溶解性能　不溶于水，溶于甲醇、乙醇、乙醚、丙酮、乙酸乙酯、烃类和油酸等。

参 考 文 献

1 CAS 33228-44-3
2 EINECS 251-409-8
3 Radcliffe. Grindley. J. Soc. Dyers Colourists. 1924，40：291
4 I. Mellan. Industrial Solvents. 2nd ed. Reinhold. 1950. 429

725. *N*,*N*-二戊基苯胺

N,*N*-dipentylaniline [*N*,*N*-diamylaniline]

(1) 分子式　$C_{16}H_{27}N$。　　　相对分子质量　233.40。

(2) 示性式或结构式 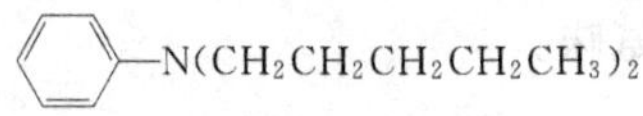

(3) 外观 黑褐色液体，微有氨味。

(4) 物理性质

沸点(101.3kPa)/℃	280～285
相对密度(20℃/4℃)	0.898
闪点(开口)/℃	127

(5) 化学性质 参照 *N*,*N*-二甲基苯胺。

(6) 溶解性能 不溶于水和甲醇，溶于乙醚、丙酮、乙酸乙酯、烃类和油酸等。

参 考 文 献

1 CAS 6249-76-9

2 Radcliffe. Grindley. J. Soc. Dyers Colourists. 1924, 40: 291

3 I. Mellan. Industrial Solvents. 2ed. Reinhold, 1950. 430

726. 3,5-二甲基苯胺

3,5-dimethylaniline

(1) 分子式 $C_8H_{11}N$。 相对分子质量 121.18。

(2) 示性式或结构式 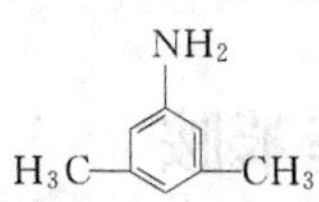

(3) 外观 黄色油状液体。

(4) 物理性质

沸点(101.3kPa)/℃	220.5	燃点/℃	317
熔点/℃	9.8	闪点/℃	93
相对密度(20℃/4℃)	0.9706	爆炸极限(下限)/%(体积)	1.0
折射率(20℃)	1.5578	(上限)/%(体积)	7.0

(5) 溶解性能 不溶于水，溶于乙醇、乙醚、氯仿、苯和酸溶液。

(6) 用途 溶剂、稳定剂、分析试剂。

(7) 使用注意事项 危险特性属第6.1类毒害品。危险货物编号：61753，UN编号：1711。蒸气与空气能形成爆炸性混合物，遇明火、高热有引起燃烧爆炸危险。其毒性与苯胺相似，形成高铁血红蛋白，造成组织缺氧，引起中枢神经系统、心血管系统和其他脏器损害。对中枢神经和肝脏损害较强。对血液作用较弱，也能引起皮炎。

参 考 文 献

1 CAS 108-69-0

2 EINECS 203-607-0

3 Beil., **12**, 1131

727. 苄 胺

benzyl amine

(1) 分子式 C_7H_9N。 相对分子质量 107.16。

(2) 示性式或结构式 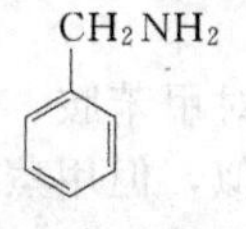

(3) 外观　无色液体。

(4) 物理性质

沸点(101.3kPa)/℃	185	相对密度(20℃/4℃)	0.9813
(1.60kPa)/℃	90	折射率(20℃)	1.5401
熔点/℃	10	闪点/℃	60

(5) 化学性质　具碱性，能吸收二氧化碳。

(6) 溶解性能　与水、乙醇、乙醚混溶，溶于丙酮和苯。

(7) 用途　溶剂、有机合成，用于微结晶分析中测定钼酸盐、钒酸盐、钨酸盐、钛、钴、铈、镧、镨和钕的沉淀剂。

(8) 使用注意事项　危险特性属第6.1类毒害品。危险货物编号：61759。口服有毒。具有腐蚀性，能引起烧伤。使用时应穿防护服戴手套。

参考文献

1 CAS 100-46-9
2 EINECS 202-854-1
3 Beil., 12, 1013
4 The Merck Index. 13, 1127
5 张海峰主编. 危险化学品安全技术大典：第1卷：北京：中国石化出版社，2010

728. 邻甲苯胺

o-toluidine [2-aminotoluene, *o*-methylaniline]

(1) 分子式　C_7H_9N。　　相对分子质量　107.15。

(2) 示性式或结构式 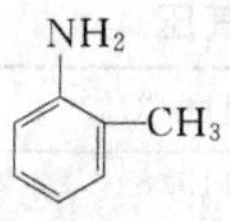

(3) 外观　无色或浅黄色液体。

(4) 物理性质

沸点(101.3kPa)/℃	200.7	热导率(液体)/[W/(m·K)]	0.1845
熔点(α型),℃	−24.4	(20℃)/[W/(m·K)]	0.1586
(β型),℃	−16.3	闪点(闭口)/℃	85
相对密度(20℃/4℃)	0.9989	燃点/℃	482
折射率(20℃)	1.5728	蒸发热(b.p.)/(kJ/kg)	416.4
介电常数(18℃)	6.34	熔化热/(kJ/kg)	70.3
偶极矩/(10^{-30} C·m)	5.34	生成热/(kJ/mol)	−2.76
黏度(15℃)/mPa·s	5.195	燃烧热(定压)/(kJ/mol)	4060.9
(25℃)/mPa·s	3.390	(定容)/(kJ/mol)	4035.2
表面张力(20℃)/(mN/m)	40.10	比热容(15～64℃,定压)/[kJ/(kg·K)]	2.05
(30℃)/(mN/m)	38.99	临界温度/℃	421
电导率(25℃)/(S/m)	3.792×10^{-7}	临界压力/MPa	3.75

(5) 化学性质　与苯胺相似。与酸生成盐。与亚硝酸发生重氮化反应，生成重氮化合物。与醇、卤代烃、烯烃等反应，生成*N*-烷基化合物。在芳核上能发生烷基化、卤化、磺化、硝化、亚硝化等反应，发生在氨基的邻位和对位。与粉末状硫加热到200℃生成噻唑环。在稀硫酸中用铬酸、二氧化锰氧化时，根据条件不同，生成对甲苯醌、2,2′-二甲基偶氮苯或邻硝基甲苯等。

用锂还原时得到2-甲基环己胺。

(6) 精制方法　按照制造方法不同，含有间甲苯胺、对甲苯胺、硝基甲苯等杂质。特别是对甲苯胺含量较多，并含有微量的水分。精制方法和苯胺类似，但用蒸馏的方法难以将其他的甲苯胺分离。因此首先将粗制邻甲苯胺蒸馏两次，再溶解于四倍体积的乙醚中，加入等当量的草酸乙醚溶液。将生成的对甲苯胺草酸盐过滤除去，滤液蒸去乙醚后滤出生成的邻甲苯胺草酸盐。用含有草酸的水重结晶5次，再用碳酸钠溶液处理。游离出的邻甲苯胺用氯化钙干燥后减压蒸馏三次可得纯品。

(7) 溶解性能　微溶于水，但能随水蒸气挥发。溶于乙醇、乙醚、丙酮、苯等多种有机溶剂。

(8) 用途　用于制备偶氮染料、三苯甲烷染料、硫化促进剂和糖精等。也用作分析试剂。

(9) 使用注意事项　致癌物。危险特性属第6.1类毒害品。危险货物编号：61750，UN编号：1708。其蒸气与空气形成爆炸性混合物。在空气和光的作用下逐渐变成棕红色，故应密封置阴凉处贮存。邻甲苯胺生成的高铁血红蛋白，引起神经障碍的作用很强，并能直接刺激膀胱，引起严重的膀胱炎、膀胱出血和血尿。本品能因皮肤吸收而中毒，应避免与皮肤接触。TJ 36—79规定车间空气中最高容许浓度为$5mg/m^3$。大鼠经口LD_{50}为940mg/kg。

(10) 规格　HG/T 2585—2009　邻甲苯胺

项　目		优等品	一等品	合格品
外观		浅黄色至棕红色油状透明液体(贮运时允许颜色加深)		
邻甲苯胺纯度/%	≥	99.40	99.00	98.50
低沸物含量/%	≤	0.10	0.10	0.20
苯胺含量/%	≤	0.20	0.20	0.30
对甲苯胺含量/%	≤	0.10	0.10	0.20
间甲苯胺含量/%	≤	0.20	0.40	0.50
高沸物含量/%	≤	0.20	0.30	0.40
水分/%	≤	0.30	0.30	0.30

(11) 附表

表2-9-81　邻甲苯胺的蒸气压

温度/℃	蒸气压/kPa	温度/℃	蒸气压/kPa
44.0	0.13	119.8	8.00
69.3	0.67	133.0	13.33
81.4	1.33	153.0	26.66
95.1	2.67	176.2	53.33
110.0	5.33	199.7	101.33

表2-9-82　物质在邻甲苯胺中的溶解度

溶质	溶解度/%	温度/℃
甲基环己烷	45.5	−5.6
水	2.50	20
水	6.87	122
甘油	7.80	100

表2-9-83　邻甲苯胺的溶解度

溶质	溶解度/%	温度/℃
甲基环己烷	44.0	−6.6
己烷	36.0	21.1
水	1.69	20
水	5.65	150
甘油	12.42	99.2

参 考 文 献

1　CAS 95-53-4
2　EINECS 202-429-0
3　S. Coffey. Rodd's Chemistry of Carbon Compounds. 2nd ed. Vol. 3. Elsevier. 1974. B-233
4　A. Weissberger. Organic Solvents 2nd ed. Wiley. 1955. 236
5　R. R. Dreisbach. Advan. Chem. Ser. 1955，15：336

6 J. D'Ans et al. Taschenbuch für Chemiker und Physiker. 2nd ed.. Springer. 1949. 709
7 G. Harris et al. Dictionary of Organic Compounds. Vol. 5. Maruzen. 1965. 3075
8 A. P. Kudchadker et al. Chem. Rev. 1968, 68: 659
9 L. P. Filippov. Chem. Abstr. 1962, 56: 10936
10 Landolt-Börnstein 6th ed. Vol. Ⅱ-56b. Springer. 76
11 Landolt-Börnstein 6th ed. Vol. Ⅱ-1. Springer. 688
12 J. G. Grasselli. Atlas of Spectral Data and Physical Constants for Organic Compounds. CRC Press. 1973, B-942
13 E. Herz et al. Monatsh. Chem. 1943, 74: 175; Chem. Abstr. 1947, 38: 1428
14 日本化学会. 防灾指針. Ⅰ-10. 丸善. 1962. 104
15 危險物・毒物取扱いマニユアル. 海外技術資料研究所. 1974. 348
16 D. R. Stull. Ind. Eng. Chem. 1947, 39: 517
17 H. Stephen et al.. Solubilities of Inorganic and Organic Compounds. Vol. 1. Pergamon. 1963
18 张海峰主编. 危险化学品安全技术大典: 第1卷: 北京: 中国石化出版社, 2010

729. 间甲苯胺

m-toluidine

(1) 分子式　C_7H_9N。　　相对分子质量　107.15。

(2) 示性式或结构式

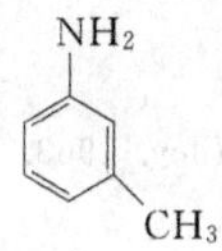

(3) 外观　无色液体。

(4) 物理性质

沸点(101.3kPa)/℃	203～204	蒸发热/(kJ/kg)	418.6
熔点/℃	−31.5	熔化热/(kJ/kg)	66.1
相对密度(25℃/25℃)	0.990	生成热/(kJ/mol)	1.36
折射率(22℃)	1.5711	燃烧热(定压)/(kJ/mol)	4042.8
介电常数(18℃)	5.95	(定容)/(kJ/mol)	4038.6
偶极矩/(10^{-30} C·m)	4.84	比热容(29.5℃,定压)/[kJ/(kg·K)]	2.03
黏度(15℃)/mPa·s	4.418	临界温度/℃	436
(30℃)/mPa·s	2.741	临界压力/MPa	4.15
表面张力(20℃)/(mN/m)	38.02	热导率(20℃)/[W/(m·K)]	0.1605
(30℃)/(mN/m)	37.16	体膨胀系数(0～30℃)/K^{-1}	820×10^{-6}

(5) 化学性质　间甲苯胺见光或在空气中被氧化，逐渐变成褐色。与酸生成盐。其他性质与苯胺相同。

(6) 精制方法　蒸馏2次，与稍过量的盐酸一同加热，生成盐酸盐，再于乙醇中重结晶5次，蒸馏水中重结晶3次，每次必须将最初析出的部分弃去。用稀碳酸钠溶液处理，所得游离的间甲苯胺在减压下蒸馏3次得纯品。

(7) 溶解性能　微溶于水，能随水蒸气挥发。能与乙醇、乙醚、丙酮、苯等多种有机溶剂混溶。

(8) 用途　用作聚酯树脂的溶剂，聚氨基甲酸乙酯泡沫塑料的添加剂，金属的防腐剂等也用作偶氮染料的原料。

(9) 使用注意事项　危险特性属第6.1类毒害品。危险货物编号：61750，UN编号：1708。大鼠经口 LD_{50} 为450mg/kg。毒理作用和邻甲苯胺相似。大鼠移植 LD_{50} 约150mg/kg。TJ 36—79规定车间空气中最高容许浓度为5mg/m³。

（10）附表

表 2-9-84　间甲苯胺的蒸气压

温度/℃	蒸气压/kPa	温度/℃	蒸气压/kPa
41.0	0.13	123.8	8.00
68.0	0.67	136.7	13.33
82.0	1.33	157.6	26.67
96.7	2.67	180.6	53.33
113.5	5.33	203.3	101.33

表 2-9-85　物质在间甲苯胺中的溶解度

溶　质	溶解度/%	温度/℃
己烷	55.8	21.3
甘油	16.38	33.4
水	2.92	20
水	2.77	20

表 2-9-86　间甲苯胺的溶解度

溶　质	溶解度/%	温度/℃
甲基环己烷	38.2	−8.3
己烷	47.7	21.3
甘油	13.99	23.0
水	1.77	0
水	1.30	0

参　考　文　献

1　CAS 108-44-1
2　EINECS 203-583-1
3　Kirk-Othmer. Encyclopedia of Chemical Technology 2nd ed. Vol. 2，Wiley. 1963. 421
4　A. Weissberger. Organic Solvents 2nd ed. Wiley. 1955. 237
5　R. R. Dreisbach. Advan. Chem. Ser. 1955，15：337
6　J. D'Ans et al. Taschenbuch für Chemiker und Physiker. 2nd ed. Springer. 1949. 709
7　G. Harris et al. Dictionary of Organic Compounds. Vol. 5. Maruzen. 1965. 3076
8　Beilstein. Handbuch der Organischen Chemie. EⅢ. 12-1949
9　A. P. Kudchadker et al. Chem. Rev. 1968. 68：659
10　Landolt-Börnstein 6th ed. Vol. Ⅱ-5b. Springer. 76
11　Landolt-Börnstein 6th ed. Vol. Ⅱ-1. Springer. 688
12　J. G. Grasselli. Atlas of Spectral Data and Physical Constants. CRC Press. 1973，B-943
13　K. W. F. Kohlrausch et al. Monatsh. Chem. 1933，63：427
14　V. E. Sahini et al. Chem. Abstr. 1968，69：51405t
15　H. Stephen et al. Solubilities of Inorganic and Organic Compounds. Vol. 1. Pergamon. 1963，1964. 2
16　危険物・毒物取扱いマニユアル. 海外技術資料研究所. 1974. 435
17　D. R. Stull. Ind. Eng. Chem. 1947，39：517

730. 对甲苯胺

p-toluidine

（1） 分子式　C_7H_9N。　　相对分子质量　107.15。

（2） 示性式或结构式

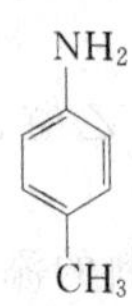

（3） 外观　无色固体，在空气中逐渐变成黄色。

（4） 物理性质

沸点(101.3kPa)/℃	200.4	相对密度(20℃/4℃)	1.046
熔点/℃	43.7	折射率(59℃)	1.5532

介电常数(54℃)	4.98	燃烧热(定压)/(kJ/mol)	4014
偶极矩/(10^{-30} C·m)	5.07	比热容(20℃,定压)/[kJ/(kg·K)]	1.16
黏度(45℃)/mPa·s	1.945	临界温度/℃	394
(55℃)/mPa·s	1.557	临界压力/MPa	2.38
表面张力(45℃)/(mN/m)	36.06	沸点上升常数	4.14
(60℃)/(mN/m)	34.10	电导率(100 ℃)/(S/m)	6.2×10^{-8}
闪点/℃	86.7	蒸气压(25 ℃)/Pa	44.70
燃点/℃	482	热导率(液体)/[W/(m·K)]	0.164
蒸发热(b.p.)/(kJ/mol)	41.20	(50 ℃)/[W/(m·K)]	0.1640
熔化热/(kJ/mol)	17.29	体膨胀系数(0～30℃)/K^{-1}	815×10^{-6}
生成热/(kJ/mol)	−27.63		

(5) 化学性质　有碱性，与酸生成盐。用水或含水的醇重结晶甚至在空气中放置时，都得到含 1 分子结晶水的晶体，其熔点为 42 ℃。用二氧化锰或铬酸氧化时，生成 4,4′-二甲基偶氮苯。

(6) 精制方法　一般可用精制苯胺的方法精制。从它的熔融物分步结晶，可使对甲苯胺与邻位和间位异构体分离。用于分步结晶的对甲苯胺是经过热水（活性炭）、乙醇、苯、石油醚或乙醇和水的混合物（1∶4）重结晶和真空干燥过的。也可以在减压下于 30℃升华精制。为了进一步的纯化可将其制成草酸盐、硫酸盐或乙酰基衍生物。例如将蒸馏 3 次，30℃升华 2 次的对甲苯胺溶解于 5 倍量的乙醚中，加入溶于乙醚的等当量草酸，析出对甲苯胺的草酸盐，过滤后用蒸馏水重结晶 3 次，再加入碳酸钠水溶液，将游离出的对甲苯胺用蒸馏水重结晶 3 次，再用乙醇反复重结晶可得纯品。

(7) 溶解性能　溶于醇、醚、丙酮、苯、二硫化碳等多种有机溶剂。20℃时在水中溶解 0.65%；32.4℃时水在对甲苯胺中溶解 30.0%。40℃时乙酰胺在对甲苯胺中溶解 21.38%。

(8) 用途　用作偶氮染料、三苯甲烷染料、蒽醌染料等的原料。

(9) 使用注意事项　致癌物。危险特性属第 6.1 类毒害品。危险货物编号：61750，UN 编号：1708。毒理作用和邻甲苯胺相似。小鼠腹腔注射 LD_{50} 约 150 mg/kg。TJ 36—79 规定车间空气中最高容许浓度为 5mg/m^3。

参 考 文 献

1 CAS 106-49-0

2 EINECS 203-403-1

3 S. Coffey Rodd's Chemistry of Carbon Compounds. 2nd ed. Vol. 3. Elsevier. 1974，B-233

4 Kirk-Othmer. Encyclopedia of Chemical Technology 2nd ed. Vol. 2. Wiley. 1963. 421

5 A. Weissberger. Organic Solvents 2nd ed. Wiley. 1955. 238

6 J. D'Ans et al. Taschenbuch für Chemiker und Physiker. 2nd ed. Springer. 1949. 209

7 G. Harris et al. Dictionary of Organic Compounds. Vol. 5. Maruzen. 1965. 3076

8 A. N. Campbell et al. J. Amer. Chem. Soc. 1940，62：291

9 A. P. Kudchadker et al. Chem. Rev. 1968，68：659

10 Landolt-Börnstein 6th ed. Vol. Ⅱ-2a. Springer. 917

11 R. R. Dreisbach. Advan. Chem. Ser. 1955，15：338

12 L. P. Filippov. Chem. Adstr. 1962，56：10036

13 Landolt-Börnstein 6th ed. Vol Ⅱ-5b. Springer. 76

14 Landolt-Börnstein 6th ed. Vol Ⅱ-1. Springer. 688

15 J. G. Grasselli. Atlas of Spectral Data and Physical Constants. CRC Press. 1973. B-943

16 E. Herz et al. Monatsh. Chem. 1947，76：200；Chem. Abstr. 1947，41：6153

17 I. Howe et al. J. Amer. Chem. Soc. 1969，91：7137

18 V. E. Sahini et al. Chem. Abstr. 1968，69：51405t

19 日本化学会. 防灾指针. Ⅰ-10. 丸善. 1962. 104

20 危険物・毒物取扱いマニュアル. 海外技術資料研究所. 1974. 348

731. 环己胺

cyclohexylamine [hexahydroaniline]

(1) 分子式 $C_6H_{13}N$。　　相对分子质量 99.17。

(2) 示性式或结构式

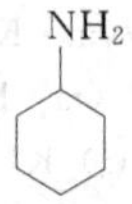

(3) 外观 无色液体，有强烈氨味。

(4) 物理性质

沸点(101.3kPa)/℃	134.5	闪点/℃	32
熔点/℃	−17.7	燃点/℃	293
相对密度(25℃/25℃)	0.8647	蒸发热(25℃)/(kJ/mol)	45.74
折射率(25℃)	1.4565	(b.p.)/(kJ/mol)	36.37
介电常数(20℃)	4.73	临界温度/℃	341.7
黏度(15℃)/mPa·s	2.517	蒸气压(25℃)/kPa	1.17
(20℃)/mPa·s	1.662	体膨胀系数/K^{-1}	0.001164
表面张力(20℃)/(mN/m)	31.51	pK_a	10.64

(5) 化学性质 具有伯胺的化学性质。有强碱性，在空气中吸收二氧化碳生成白色晶体的碳酸盐。能与酰氯、酸酐、酯反应生成 *N*-酰化物。与亚硝酸反应得到醇。在碱性溶液中与甲醛反应生成羟甲基化合物。与二硫化碳反应生成二硫代氨基甲酸。与醛类反应生成 Schiff 碱。

(6) 精制方法 常含有苯胺和水等杂质。精制时首先将环己胺转变为盐酸盐，用水重结晶，精制后在碱性溶液中用乙醚萃取，固体氢氧化钾干燥，在氮气流中蒸馏。在 4.65kPa 的压力下精馏，可将苯胺除去。

(7) 溶解性能 能与水、乙醇、乙醚、丙酮、乙酸乙酯、烃类、四氯化碳等多种有机溶剂混溶。与 55.8% 的水形成共沸混合物，共沸点 96.4 ℃。

(8) 用途 用于制造脱硫剂、缓蚀剂、硫化促进剂、乳化剂、抗静电剂、胶乳凝聚剂、石油产品添加剂、染料、杀虫剂和杀菌剂等，也用作酸性气体吸收剂。

(9) 使用注意事项 危险特性属第 8.2 类碱性腐蚀品。危险货物编号：82021，UN 编号：2357。注意火源，置阴凉处密封避光贮存。能刺激皮肤和黏膜，易被皮肤吸收而中毒。吸入其蒸气引起恶心、呕吐和麻醉。工作场所最高容许浓度 $81mg/m^3$。大鼠经口 LD_{50} 为710mg/kg。大鼠腹腔注射 LD_{50} 为 200mg/kg。

参 考 文 献

1 CAS 108-91-8
2 EINECS 203-629-0
3 I. Mellan. Industrial Solvents Handbook. 3rd ed. Noyes Data Corp. 1970. 394
4 A. Weissberger. Organic Solvents 3rd ed. Wiley. 1971. 815
5 IRDC カード. No. 4231
6 E. Stenhagen et al.. Atlas of Mass Spectral Data. Vol. 1. Wiley. 1969. 241
7 Sadtler Standard NMR Spectra. No. 6937
8 S. Patai. The Chemistry of the Amino Group. Wiley. 1968. 180
9 Manufacturing Chemists' Assoc. Guide for Safety in the Chemical Laboratory. 2nd ed. Van Nostrand Reinhold. 1972. 456
10 1万3千種化学薬品毒性データ集成. 海外技術資料研究所. 1974. 160
11 The Merck Index. **10**, 2723

12 张海峰主编. 危险化学品安全技术大典：第1卷：北京：中国石化出版社，2010

732. 二环己胺

dicyclohexylamine

(1) 分子式　$C_{12}H_{23}N$。　　　　相对分子质量　181.31。

(2) 示性式或结构式 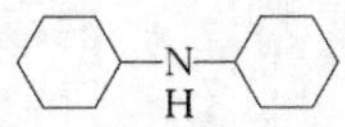

(3) 外观　无色液体，微有氨味。

(4) 物理性质

沸点(1.20kPa)/℃	113.5	闪点(开口)/℃	100
熔点/℃	−0.1	燃点/℃	160
相对密度(20℃/4℃)	0.9123	溶解度(28℃,水)/(g/100g)	0.16
折射率(20℃)	1.4842	pK_b	3.3

(5) 化学性质　具有仲胺的化学性质。碱性强，能与各种酸生成盐。与酰氯、酸酐、酯等反应得到*N*-酰化物。与对甲磺酰氯反应得到磺胺化合物。与亚硝酸反应生成亚硝基胺。与氯氧化物、磺酰氯、三氯化磷、四氯化硅等反应，均可得到卤素取代的衍生物。此外，二环己胺容易与水、乙醇分别生成含结晶水的水合物和醇合物。

(6) 精制方法　分馏精制。

(7) 溶解性能　能与醇、醚、苯等混溶，微溶于冷水，几乎不溶于热水。

(8) 用途　用作天然产物、有机合成的萃取剂，酸性气体吸收剂。与脂肪酸、硫酸生成的盐，具有优良的表面活性作用，用于印刷和纤维工业。与金属形成的络合物用作涂料、油墨的催化剂。亚硝酸二环己胺是优良的金属缓蚀剂。

(9) 使用注意事项　危险特性属第8.2类碱性腐蚀品，危规号：82512，UN编号：2565。能被皮肤吸收，毒性比环己胺强。其蒸气是一种致痉挛毒物，大量吸入时引起死亡。小鼠经口LD_{50}为500mg/kg。

参考文献

1 CAS 101-83-7
2 EINECS 202-980-7
3 J. G. Grasselli. Atlas of Spectral Data and Physical Constants for Organic Compounds. CRC Press. 1973. A-420
4 Manufacturing Chemists'Assoc. Guide for Safety in the Chemical Laboratory. 2nd ed. Van Nostrand Reinhold. 1972
5 IRDC カード. No. 6521
6 E. Stenhagen et al.. Registry of Mass Spectral Data. Vol. 1. Wiley. 1974. 743-4
7 Sadther Standard NMR Spectra. No. 10404
8 Kirk-Othmer. Encyclopedia of Chemical Technology. 2nd ed. Vol. 2. Wiley. 1963. 119
9 I. Mellan. Industrial Solvents Handbook. 3rd ed. Noyes Data Corp. 1970. 394
10 1万3千種化学薬品毒性データ集成. 海外技術資料研究所. 1974. 182
11 The Merck Index. **10**, 3080; **11**, 3085
12 张海峰主编. 危险化学品安全技术大典：第1卷：北京：中国石化出版社，2010

733. *N*,*N*-二乙基环己胺

N,*N*-diethylcyclohexylamine

(1) 分子式　$C_{10}H_{21}N$。　　　　相对分子质量　155.29。

(2) 示性式或结构式 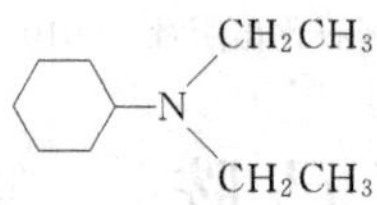

(3) 外观 无色澄清液体。

(4) 物理性质

沸点(101.3kPa)/℃	194～195	折射率(20℃)	1.4562
相对密度(20℃/4℃)	0.850	闪点/℃	57

(5) 溶解性能 能溶于乙醇、苯，微溶于水。

(6) 用途 溶剂、有机合成中间体。

(7) 使用注意事项 为碱性腐蚀品。具有腐蚀性，能引起烧伤。参照二环己胺。

参 考 文 献

1 CAS 91-65-6
2 EINECS 202-087-2
3 Beil.，**12**，6

734. 吡 咯

pyrrole

(1) 分子式 C_4H_5N。 相对分子质量 67.09。

(2) 示性式或结构式 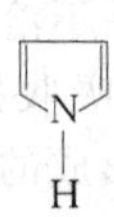

(3) 外观 无色液体，具有特殊的气味。

(4) 物理性质

沸点(101.3kPa)/℃	130～131	蒸发热(25℃)/(kJ/mol)	45.21
熔点/℃	−24	熔化热/(kJ/mol)	7.91
相对密度(20℃/4℃)	0.9691	生成热(25℃,液体)/(kJ/mol)	63.14
折射率(20℃)	1.5085	(25℃,气体)/(kJ/mol)	108.35
介电常数(20℃)	8.00	燃烧热(定容)/(kJ/mol)	2375.6
偶极矩(气体)/(10^{-3} C·m)	6.14	比热容(295.13K,定压)/[kJ/(kg·K)]	1.89
(苯)/(10^{-3} C·m)	6.00	临界温度/℃	366.5
黏度(20℃)/mPa·s	1.352	临界压力/MPa	5.67
表面张力(20℃)/(mN/m)	37.61	溶解度(25℃,水)/(g/100g)	8
闪点(闭口)/℃	39		

(5) 化学性质 吡咯与吡啶相比，碱性极弱，在浓酸中不形成稳定的盐而发生聚合，生成树脂状物质。吡咯与金属钠、钾、固体氢氧化钾或氢氧化钠作用，生成钠盐或钾盐。盐与卤代烷作用引入烷基，继续加热则发生重排，生成 α-烷基吡咯。吡咯容易发生卤代反应，生成四卤代吡咯。例如在碱性介质中与碘作用生成四碘代吡咯。在吡咯的 α-位置上可以发生硝化、磺化及偶合反应。吡咯催化加氢生成四氢吡咯（吡咯烷）。

(6) 精制方法 将吡咯在氮气流中进行蒸馏。或在氰化镍的氨溶液中制成纯净的络合物，然后进行干馏。

(7) 溶解性能 与醇、醚及其他有机溶剂混溶。能溶解多种有机物。

(8) 用途 主要用作聚酯纤维纺丝用溶剂。也用作金属防腐剂、环氧树脂固化剂、烯烃聚合时的催化剂以及医药工业的原料等。

(9) 使用注意事项 危险特性属第3.3类高闪点、易燃液体。危险货物编号：33613。在光和空气作用下颜色逐渐变成棕色，产生树脂状物质。在微量无机酸存在下也发生树脂化。与氧化剂发生激烈反应，故应密封置阴凉处避光贮存，防止与氧化剂接近。吡咯属低毒类。虽然急性口服毒性不强，但有积蓄性毒性。注射于哺乳动物能使尿变色。对中枢神经系统有抑制麻醉作用。应避免与皮肤接触。吡咯在空气中加热能产生毒性强的气体，使用时需加注意。

(10) 附表

表 2-9-87　吡咯的蒸气压

温度/℃	蒸气压/kPa	温度/℃	蒸气压/kPa	温度/℃	蒸气压/kPa	温度/℃	蒸气压/kPa
65.671	9.58	77.098	15.74	94.422	31.16	117.875	70.11
71.374	12.33	82.847	19.92	106.096	47.36	129.765	101.33

参 考 文 献

1 CAS 109-97-7
2 EINECS 203-724-7
3 Coffey. Rodd's Chemistry of Carbon Compounds. 2nd ed. Vol. 4. Elsevier. 1973. A-337
4 Kirk-Othmer. Encyclopedia of Chemical Technology 2nd ed. Vol. 16. Wiley. 1968. 841
5 J. Timmermans. Physico-Chemical Constants of Pure Organic Compounds. Vol. 2. Elsevier. 1965. 357
6 D. W. Scott et al. J. Phys. Chem. 1967, 71: 2263
7 G. Harris et al. Dictionary of Organic Compounds. Vol. 5. Maruzen. 1965. 2825
8 F. Glaser et al. Chem. Ing. Tech. 1957, 29: 772
9 J. G. Grasselli. Atlas of Spectral Data and Physical Constants for Organic Compounds. CRC Press. 1973. B-864
10 J. H. Hibben. The Raman Effect and Its Chemical Applications. Van Nostrand Reinhold. 1939. 287
11 A. G. Osborn et al. J. Chem. Eng. Data. 1968. 543
12 The Merck Index. **10**, 7918; **11**, 8025

735. 四氢吡咯

tetrahydropyrole

(1) 分子式　C_4H_9N。　　　　相对分子质量　71。

(2) 示性式或结构式

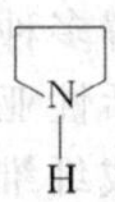

(3) 外观　无色至黄色液体，有刺鼻气味。

(4) 物理性质

沸点(101.3kPa)/℃	89	蒸气压(39℃)/kPa	1.8
熔点/℃	−63	闪点/℃	3
相对密度(20℃/4℃)	0.85	爆炸极限/%(体积)	2.9～13.0
蒸气相对密度(空气=1)	2.45		

(5) 化学性质　呈碱性，与酸反应生成盐，与氧化剂发生猛烈反应。

(6) 溶解性能　与醇、醚及其他有机溶剂混溶。

(7) 用途　参照吡咯、哌啶。

(8) 使用注意事项　四氢吡咯的危险特性属第 3.2 类中闪点易燃液体。危险货物编号：32103，UN 编号：1922。高度易燃，蒸气与空气混合形成爆炸性混合物。燃烧时放出有刺激性或有毒烟雾。对眼睛、呼吸道、皮肤有刺激性，吸入、吸收到体内引起头痛、咳嗽、呕吐，可能对神经系统发生作用。

参 考 文 献

1 CAS 123-75-1

2 EINECS 204-648-7

736. 哌啶

piperidine [hexahydropyridine]

(1) 分子式 $C_5H_{11}N$。 相对分子质量 85.15。

(2) 示性式或结构式 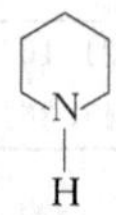

(3) 外观 无色液体，有氨味。

(4) 物理性质

沸点(101.3kPa)/℃	106	蒸发热(105.8℃)/(kJ/mol)	31.67
熔点/℃	−9	生成热(25℃)/(kJ/mol)	88.15
相对密度(20℃/4℃)	0.8606	燃烧热(定容)/(kJ/mol)	3453
折射率(20℃)	1.4530	比热容(25℃,定压)/[kJ/(kg·K)]	2.114
介电常数(22℃)	5.8	临界温度/℃	320.85
偶极矩(苯)/(10^{-30} C·m)	3.77	临界压力/MPa	4.65
黏度(20℃)/mPa·s	1.486	沸点上升常数	2.84
(25℃)/mPa·s	1.370	电导率(25℃)/(S/m)	3.8×10^{-7}
表面张力(20℃)/(mN/m)	30.05	蒸气压(21.13℃)/MPa	3.29
闪点/℃	16.1	热导率(室温)/[W/(m·K)]	180×10^{-3}

(5) 化学性质 呈碱性（pK_a11.1)，与盐酸、氢溴酸等生成盐。与酰化剂反应生成 *N*-酰基衍生物。与卤代烷反应生成 *N*-烷基衍生物，进一步反应得到铵盐。哌啶经催化氧化或与浓硫酸加热可生成吡啶。

(6) 精制方法 将派啶所含水分通过共沸蒸馏除去后，收集 106℃的馏分。沸点 117℃的馏分为四氢吡啶。也可以将哌啶制成 *N*-亚硝基化合物或 *N*-苯甲酰衍生物，通过氧化除去不饱和物质后再水解重新得到哌啶。

(7) 溶解性能 能与水、醇、醚、苯、氯仿等混溶。能溶解多种有机化合物。

(8) 用途 用作聚丙烯腈抽丝用溶剂，有机合成用溶剂，活性亚甲基与醛反应的催化剂，烯烃聚合的催化剂，环氧树脂固化剂，蒸气设备的防腐剂以及合成纤维染色用重氮氨基化合物的稳定剂、橡胶硫化促进剂等。也用于医药工业。

(9) 使用注意事项 危险特性属第 3.2 类中闪点易燃液体。危险货物编号：32106，UN 编号：2401。属中等毒类。可从消化道、呼吸道和皮肤吸收。中毒动物表现为恶心、呕吐、流涎、呼吸困难、心率增快、血压升高、无力、抽搐和瘫痪。豚鼠涂皮，引起剧烈刺激。滴入兔眼，产生严重刺激，伴角膜永久性损害。大鼠经口 LD_{50} 为 520mg/kg。

(10) 附表

表 2-9-88 哌啶的蒸气压

温度/℃	蒸气压/kPa	温度/℃	蒸气压/kPa
42.361	9.58	70.655	31.16
47.924	12.33	82.311	47.36
53.529	15.74	94.164	70.11
59.198	19.92	106.219	101.33

表 2-9-89 哌啶和水的共沸点

蒸气压/kPa	温度/℃	哌啶/%
26.66	61.4	76.0
53.33	76.9	68.1
101.33	93.7	63.0

参 考 文 献

1 CAS 110-89-4
2 EINECS 203-813-0

3 G. Harris et al. Dictionay of Organic Compounds. Vol. 5. Maruzen. 1965. 2760
4 日本化学会. 化学便覧. 基礎編. 丸善. 1966. 1003
5 A. N. Sharpe et al. J. Chem. Soc. 1961, 2974
6 J. Timmermans. Physico-Chemical Constants of Pure Organic Compounds. Elsevier. 1950. 574
7 Beilstein. Handbuch der Organishcen Chemie. H. 20-7
8 A. F. Bedford et al. J. Chem. Soc. 1963. 2039
9 W. D. Good. J. Chem. Eng. Data. 1972, 17: 28
10 J. Timmermans. Physico-Chemical Constants of Pure Organic Compounds. Vol. 2. Elsevier. 1965. 366
11 L. Riedel. Z. Elektrochem. 1949, 53: 222
12 Landolt-Börnstein. 6th ed. Vol. Ⅱ-2a. Springer. 917
13 R. Müller et al. Monatsh. Chem. 1927, 48: 659
14 V. P. Frontas'ev. Chem. Abstr. 1946, 40: 4284
15 J. G. Grasselli. Atlas of Spectral Data and Physical Constants for Organic Compounds. CRC Press. 1973. B-781
16 J. H. Hibben. The Raman Effect and Its Chemical Applications. Van Nostrand Reinhold. 1939. 287
17 High Resolution NMR Spectra. Vol. 2. 日本电子 (株), 1968. 100-135
18 日本化学会. 防灾指针. Ⅰ-10. 丸善. 1962. 94
19 危険物・毒物取扱いマニユアル. 海外技術資料研究所. 1974. 399
20 A. G. Oshborn et al. J. Chem. Eng. Data. 1968. 534
21 R. T. Fowler. J. Appl. Chem. London. 1, Suppl. 1951, 1: 48
22 The Merck Index. **10**, 7343; **11**, 7438

737. 吡 啶

pyridine

(1) 分子式 C_5H_5N。　　　　**相对分子质量** 79.10。

(2) 示性式或结构式

(3) 外观 无色液体，具有特殊的臭味。

(4) 物理性质

沸点(101.3kPa)/℃	115.3	燃烧热(定压)/(kJ/mol)	2826.51
熔点/℃	−42	(定容)/(kJ/mol)	2782.97
相对密度(20℃/4℃)	0.9831	比热容(21℃,定压)/[kJ/(kg·K)]	1.64
(25℃/4℃)	0.9780	临界温度/℃	346.85
折射率(20℃)	1.51016	临界压力/MPa	6.18
(25℃)	1.5073	沸点上升常数	2.69
介电常数(25℃)	12.3	电导率(25℃)/(S/m)	4.0×10^{-8}
偶极矩/(10^{-30} C·m)	7.44	热导率(20℃)/[W/(m·K)]	0.182
黏度(15℃)/mPa·s	1.038	爆炸极限(下限)/%(体积)	1.8
(20℃)/mPa·s	0.952	(上限)/%(体积)	12.4
(30℃)/mPa·s	0.829	体膨胀系数(0~90℃)/K^{-1}	1122×10^{-6}
表面张力(20℃)/(N/m)	36.88×10^{-3}	UV 170nm,195nm,250nm	
闪点(闭口)/℃	20	255nm(酸性)	
燃点/℃	482	Raman 3054cm^{-1}(CH),1571cm^{-1}(C═C),1581 cm^{-1}(C═N)	
蒸发热(25℃)/(kJ/mol)	40.4277	992cm^{-1}(吡啶环),1029cm^{-1}	
熔化热/(kJ/mol)	7.4133	MS 79,52,51,50,26,78,39,53	
生成热(液体)/(kJ/mol)	99.9808	NMR δ7.0×10^{-6},7.6×10^{-6},8.6×10^{-6}($CDCl_3$)	

(5) 化学性质 有弱碱性 ($K_b 2.3\times10^{-9}$, $pK_a 5.17$)，碱性比哌啶 ($K_b 1.6\times10^{-3}$) 弱，但比苯胺 ($K_b 3.8\times10^{-10}$) 稍强。吡啶除与盐酸、氢溴酸、苦味酸等生成盐外，与三氟化硼也能组成化合物。与锌、汞、钴、镍等金属盐类组成加成化合物。与卤代烷作用生成季铵盐。在金属催化剂存在下易被氢还原成哌啶。若用电解还原也主要生成哌啶，用氢化铝锂还原生成二氢吡啶，

用氢化硼钠还原生成四氢吡啶。

吡啶对氧化剂比较稳定，不被硝酸、氧化铬、高锰酸钾等所氧化，故在用高锰酸盐进行的氧化反应中可作溶剂使用。对过氧化氢或过酸作用变成 *N*-氧化物（C_5H_5NO）。

吡啶很难发生亲电取代反应，也不发生 Friedel-Crafts 反应。硝化时需要 300℃的高温才能得到 3-硝基吡啶，且收率低。但容易发生亲核取代反应。例如与氨基钠作用生成 2-氨基吡啶。用铂或碱作催化剂与重水作用时，吡啶第二位的氢可与重氢发生交换。

(6) 精制方法　主要杂质是水和它的同系物。水可用氢氧化钾、氢氧化钠、氧化钡、氧化钙或金属钠回流后蒸馏除去。也可用 4A 型分子筛、氢化钙、氢化铝锂脱水。工业上常用与苯或甲苯组成的共沸混合物进行共沸蒸馏脱水。同系物的分离除用分馏法外，可用与氯化锌或氯化汞形成加成化合物的方法精制。例如，将 424g 氯化锌和 365mL 水配成的溶液与 173mL 的浓盐酸和 345mL 95.6％乙醇混合，加入 500mL 新蒸馏的吡啶。经过一段时间后，组成为 $2C_5H_5N \cdot ZnCl_2$ 的产物从溶液中结晶析出。过滤后用无水乙醇重结晶两次。将此晶体用浓氢氧化钠溶液分解（每 100g 晶体用氢氧化钠 26.7g）。过滤，将所得游离吡啶用固体氢氧化钾或氧化钡干燥后分馏。为分离吡啶的同系物，也可以在搅拌下将吡啶加入草酸的丙酮溶液中。吡啶形成草酸盐沉淀，过滤后用冷的丙酮洗涤，再加碱使吡啶再生。吡啶中所含的非碱性杂质，可以在酸性溶液中用水蒸气蒸馏除去。此外，尚有用氧化剂处理的精制方法。例如将 135mL 吡啶，2.5L 水，90g 高锰酸钾于 100℃搅拌 2 小时，放置 15 小时后过滤，滤液中加入约 500g 氢氧化钠使吡啶分离。倾出吡啶，用氧化钙回流 3 小时后蒸馏。

(7) 溶解性能　能与水、醇、醚、石油醚、苯、油类等多种溶剂混溶。能溶解多种有机化合物与无机化合物。

(8) 用途　除用作医药、各种吡啶鎓化合物的原料外，在化学工业和实验室中作碱性溶剂使用。也是脱酸剂和酰化反应的优良溶剂，因为吡啶能与酰化剂结合形成 *N*-酰基吡啶鎓合物。吡啶与金属盐类或有机金属化合物组成的吡啶溶液，以络合物的形式用作聚合反应、氧化反应、丙烯腈的羰基化反应等的催化剂。还可用作硅橡胶稳定剂，阴离子交换膜的原料。液相色谱溶剂。

(9) 使用注意事项　危险特性属第 3.2 类中闪点易燃液体。危险货物编号：32104，UN 编号：1282。注意远离火源和通风。可用铁或铝制容器贮存，不宜使用铜制容器。贮存时避免和强氧化剂如过氧化物、硝酸等放在一起。属低毒类。吡啶溶液和蒸气对皮肤和黏膜有刺激作用。吸入高浓度蒸气引起头晕、头胀、口苦、咽干、无力、恶心、呕吐、步态不稳、呼吸困难、意识模糊、大小便失禁、强直性抽搐、血压下降、昏迷等症状。长期口服小量吡啶，可引起肝、肾严重损害。长期吸入 20～40mg/m^3 浓度的吡啶蒸气，可出现头晕、头痛、乏力、眼花、失眠、记忆力减退、步态不稳、手指震颤、食欲减退、恶心、腹泻、胃酸减少、血压偏低、多汗等症状。嗅觉阈浓度 0.323mg/m^3。TJ 36—79 规定车间空气中最高容许浓度 4mg/m^3。大鼠经口 LD_{50} 为 1580mg/kg。

(10) 附表

表 2-9-90　吡啶的蒸气压

温度/℃	蒸气压/kPa	温度/℃	蒸气压/kPa
－18.9	0.13	46.8	8.00
＋2.5	0.67	57.8	13.33
13.2	1.33	75.0	26.66
24.8	2.67	95.6	53.33
38.6	5.33	115.4	101.33

表 2-9-91　有机化合物在吡啶中的溶解度

化合物	溶解度/％	温度/℃	化合物	溶解度/％	温度/℃
d-葡萄糖	7.08	20	甘露糖醇	0.47	26
果糖	18.49	26	糊精	39.6	20
蔗糖	6.45	26	尿素	0.95	20

续表

化合物	溶解度/%	温度/℃	化合物	溶解度/%	温度/℃
硫脲	11.1	20	邻苯基苯酚	29.52[%(mol)]	17
甘氨酸	0.606	20	对苯基苯酚	40.05[%(mol)]	23.6
丙氨酸	0.16	20	偶氮苯	43.32	20
天冬氨酸	0.03	20	*N*,*N*-二甲氨基偶氮苯	21.81	20
氨基甲酸乙酯	17.57	20	荧光素	11.73	20
水合三氯乙醛	44.7	20	芴	10.1[%(mol)]	20
对甲苯胺	55.7	20	蒽(三水合物)	0.001	50
间二硝基苯	51.5	20	甲基橙	17.7	20
2,4,6-三硝基甲苯	57.80	20	刚果红	0.29	20
苯甲酰胺	23.8	20	吗啡	16.0	20
邻苯二甲酸酐	45.5	20	奎宁	50.2	20
邻苯二甲酰亚胺	12.39	20			

表 2-9-92　无机化合物在吡啶中的溶解度

化合物	溶解度/%	温度/℃	化合物	溶解度/%	温度/℃
LiCl	7.22	15	$CuCl_2$	0.348	25
LiCl	11.87	28	CuI	17.4(g/L)	25
$LiNO_3$	27.10	25	$(CH_3COO)_2Cu$	1.03	13
KI	0.26	10	$AgNO_3$	25.2	20
KCNS	5.79	20	$AgClO_4$	20.90	25
NH_4NO_3	3.4(g/L)	20	$HgCl_2$	19.78	18.78
$MgBr_2$	5.4(g/L)	25	$HgBr_2$	8.0[%(mol)]	30
$CaCl_2$	1.63	25	$Hg(CN)_2$	15.9[%(mol)]	20.5
$ZnCl_2$	2.55	20	$PbCl_2$	0.457	22
$ZnBr_2$	44.0(g/L)	18	$PbBr_2$	0.580	26
ZnI_2	126.0(g/L)	18	$Pb(NO_3)_2$	6.35	19.97
H_3BO_3	65.55(g/L)	25.3	$MnCl_2$	1.26	25
$AlBr_3$	3.86	20	$FeBr_2$	4.9(g/L)	25
$CdCl_2$	0.70	25	$CoCl_2$	0.575	25

表 2-9-93　一些物质在吡啶混合液中的溶解度

溶质	吡啶/%	第二溶剂		溶解度/%	温度/℃
		种类	%		
二硫化碳	54.7	水	39.8	5.5	20
四氯化碳	54.7	水	39.8	5.5	20
氯仿	48.5	水	36.9	14.6	20
草酸	50	水	50	48.21	20
乳酸	50	水	50	6.43	1
甘露糖醇	50	水	50	2.40	20
糊精	50	水	50	50.5	20
苯	43.4	水	52.3	4.3	25
甲苯	49.2	水	47.4	3.4	25
二甲苯	49.9	水	48.4	1.7	25
氯苯	48.40	水	45.85	5.75	25
苯酚	40	水	40	20.0	123.7
	50	水	50	57.26	20
对甲苯胺	50	水	50	49.0	20
荧光素	50	水	50	27.12	20
萘	2	水	98	0.0245	25
I_2	47.5	水	48.9	3.6	18
Na_2CO_3	49.9	水	49.09	1.01	36
KCl	50[%(体积)]	水	50[%(体积)]	6.34	10

续表

溶质	吡啶/%	第二溶剂		溶解度/%	温度/℃
		种类	%		
KCl	21.71[%(mol)]	水	75.95[%(mol)]	2.34[%(mol)]	20
$KClO_3$	0.5(N)	水		19.54(g/L)	25
$KBrO_3$	0.5(N)	水		69.31(g/L)	25
K_2SO_4	46.29	水	53.26	0.45	25
$AgBrO_3$	0.124	水	(99.876)	0.291	25
$AgIO_3$	6.739	水	(93.261)	0.498	25
Ag_2SO_4	0.164	水	(99.836)	1.039	25
CdI_2	50[%(mol)]	氯仿	50[%(mol)]	1.27	50.1
CdI_2	50[%(mol)]	苯	50[%(mol)]	1.77	57.9

表 2-9-94 含吡啶的二元共沸混合物

第二组分	共沸点/℃	吡啶/%	第二组分	共沸点/℃	吡啶/%
甲苯	110.15	22	乙酸	139.7	65
庚烷	<97.0	<14	丙酸	150.8	68.5
2,5-二甲基己烷	<105.5	<40	异戊酸甲酯	118.0	45
辛烷	<112.8	<90	碘代异丁烷	114.0	65
2,2,4-三甲基戊烷	95.75	23.4	溴代异戊烷	114.5	60
丁醇	118.7	29	二异丙基硫醚	<114.5	<72
3-戊醇	117.4	45	哌啶	106.1	8
4-甲基-2-戊酮	114.9	60	苯酚	183.1	13.1
甲酸	148.8	82			

(11) 附图

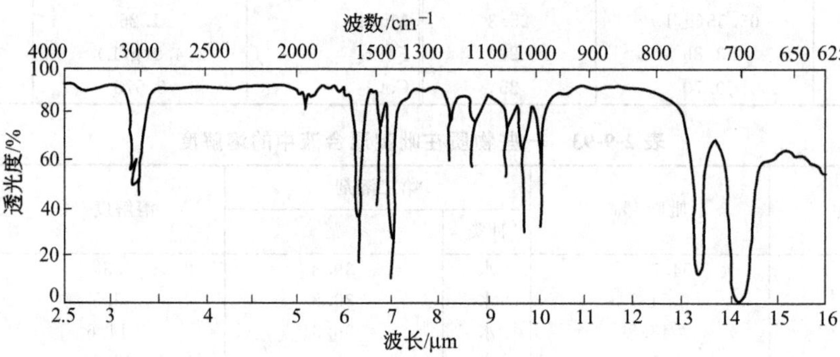

图 2-9-20 吡啶的红外光谱图

参 考 文 献

1 CAS 110-86-1
2 EINECS 203-809-9
3 Kirk-Othmer. Encyclopedia of Chemical Technology. 2nd ed. Vol. 16, Wiley. 1968. 780
4 J. Timmermans. Physico-Chemical Constants of Pure Organic Compounds. Vol. 2. Elsevier. 1965. 358
5 C. T. Kyte et al. J. Chem. Soc. 1960, 4454
6 A. Weissberger. Organic Solvents. 2nd ed. Wiley. 1971. 243
7 日本化学会. 化学便覧, 基礎編. 丸善. 1963. 819
8 G. Harris et al.. Dictionary of Organic Compounds. Vol. 5. Maruzen. 1965. 2814
9 L. Reidel. Z. Elektrochem. 1949, 53: 222
10 R. W. Gallant. Hydrocarbon Process. Petrol. Refiner. 1969, 48 (9): 199
11 Landolt-Börnstein. 6th ed. Vol. Ⅱ-1. Springer. 688

12 G. J. Pouchert. The Aldrich Library of Infrared Spectra. Aldrich Chemical Co. 1970. 995
13 J. H. Hibben. The Raman Effect and Its Chemical Applications. Van Nostrand Reinhold. 1939. 287
14 J. G. Grasselli. Atlas of Spectral Data and Physical Constants for Organic Conpounds. CRC Press. 1973. B-847
15 日本化学会．防災指針．Ⅰ-10．丸善．1962．98
16 危険物・毒物取扱いマニユアル．海外技術資料研究所．1974．400
17 C. Marsden，Solvents Guide. 2nd ed.. Cleaver-Hume. 1963. 474
18 H. Stephan et al. Solubilities of Inorganic and Organic Compounds. Vol. 1. Pergamon. 1963
19 H. Stephen et al.. Solubilities of Inorganic and Organic Componds. Vol. 2. Pergamon，1964
20 浅原照三．溶剤ハンドブック．講談社．1976．707

738. 1,2,3,4-四氢吡啶

1,2,3,4-tetrahydropyridine

（1）分子式 C_5H_9N。 相对分子质量 83.13。

（2）示性式或结构式 

（3）外观 无色或浅黄色液体，有特殊臭味，见光受热色变深。

（4）物理性质

沸点(101.3kPa)/℃	115.5～120
熔点/℃	−44
相对密度(20℃/4℃)	0.91
闪点/℃	16.1

（5）溶解性能 能与水、醇、醚等溶剂混溶。

（6）用途 溶剂，有机合成中间体。

（7）使用注意事项 1,2,3,4-四氢吡啶的危险特性属第 3.2 类中闪点易燃液体。危险货物编号：32105，UN 编号：2410。吸入、口服、经皮肤吸收对身体有害，蒸气对眼睛、黏膜、上呼吸道有刺激作用，对皮肤有刺激作用。遇高热、明火、强氧化剂易引起燃烧。

参 考 文 献

1 CAS 694-05-3
2 EINECS 211-766-2

739. 2-甲基吡啶［α-皮考啉］

2-methylpyridine［α-picoline，2-picoline］

（1）分子式 C_6H_7N。 相对分子质量 93.12。

（2）示性式或结构式 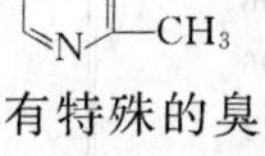

（3）外观 无色液体，有特殊的臭味。

（4）物理性质

沸点(101.3kPa)/℃	129.4	折射率(20℃)	1.50102
(101.3kPa)/℃	128～129	(20℃)	1.5020
熔点/℃	−64	介电常数(22℃)	9.46
相对密度(20℃/4℃)	0.9455	偶极矩(苯)/(10^{-30} C・m)	6.54
(20℃/4℃)	0.9443	黏度/mPa・s	0.805

续表

表面张力(20℃)/(mN/m)	33.18	比热容(25℃,定压)/[kJ/(kg·K)]	1.70
闪点(闭口)/℃	27	临界温度/℃	348
(开口)/℃	29	临界压力/MPa	4.60
(80℃)	0.001127	电导率(25℃)/(S/m)	5.5×10^{-7}
燃点/℃	535	爆炸极限(下限)/%(体积)	1.4
蒸发热/(kJ/mol)	42.94	(上限)/%(体积)	8.6
熔化热/(kJ/mol)	9.82	pK_a	5.97
生成热(液体)/(kJ/mol)	58.99	体膨胀系数(20℃)/K^{-1}	0.000992
燃烧热(25℃)/(kJ/mol)	3420		

(5) 化学性质　2-甲基吡啶和吡啶一样，能与无机酸或有机酸生成盐，与无机盐类、卤代烷等形成加成化合物。加氢时，根据条件不同得到α-甲基哌啶或吡啶。2-甲基吡啶中的2-位甲基富有反应性，氧化时生成吡啶-2-羧酸（皮考啉酸，$C_5H_4NCO_2H$）。在脱水剂存在下与苯甲醛发生缩合，生成苯亚甲基衍生物。在200℃与多聚甲醛反应，生成2-（β-羟乙基）吡啶。

(6) 精制方法　通常利用2-甲基吡啶与苯、水形成的共沸混合物进行共沸蒸馏脱水。也可以用氧化钡、氧化钙、氢化钙、氢化铝锂、金属钠或5A型分子筛脱水。异构体和同系物除用分馏方法进行分离外，尚可通过与脂肪酸、苯酚或水进行共沸蒸馏的方法除去。吡啶用过氯酸处理除去。此外，也可以通过与氯化锌或氯化汞形成加成产物的方法精制。例如，将90mL 2-甲基吡啶加入168g氯化锌、42mL浓盐酸与200mL无水乙醇的混合液中。滤出加成产物，用无水乙醇重结晶两次。熔点达118.5～119.5℃时加入过量的氢氧化钠水溶液，进行水蒸气蒸馏，馏出物加入固体氢氧化钠分层。分出上层，用粒状氢氧化钠干燥，再加入氧化钡放置数天后分馏。

(7) 溶解性能　能与水、乙醇、乙醚等混溶。常温下能与邻氯苯酚混溶。能溶解多种有机化合物。

(8) 用途　液相色谱溶剂。也用作医药、染料、农药、合成树脂和化肥增效剂的原料。

(9) 使用注意事项　危险特性属第3.3类高闪点易燃液体。危险货物编号：33614，UN编号：2313。可用铁、软钢或铝制容器贮存。但与铜接触时容易变色。属低毒类。毒理作用与吡啶相同，液体与皮肤接触数分钟即可引起皮肤变性。小鼠经口LD_{50}为674mg/kg。大鼠经口LD_{50}为900mg/kg。

(10) 附表

表 2-9-95　2-甲基吡啶的蒸气压

温度/℃	蒸气压/kPa	温度/℃	蒸气压/kPa
−11.1	0.13	59.9	8.00
12.6	0.67	71.4	13.33
24.4	1.33	89.0	26.66
37.4	2.67	108.4	53.33
51.2	5.33	128.8	101.33

表 2-9-96　2-甲基吡啶的黏度

温度/℃	黏度/(mPa·s)	温度/℃	黏度/(mPa·s)	温度/℃	黏度/(mPa·s)
0	1.0970	30	0.7096	60	0.5054
10	0.9351	40	0.6296	70	0.4585
20	0.8102	50	0.5621	80	0.4166

表 2-9-97　2-甲基吡啶、苯、水三组分体系的相互溶解度（20℃）　　单位：%

α-甲基吡啶	苯	水	α-甲基吡啶	苯	水
15.18	0.63	84.19	55.33	31.08	13.59
35.52	2.38	62.10	43.31	52.48	4.21
56.76	18.18	25.05	14.24	85.43	0.33

表 2-9-98 含 2-甲基吡啶的二元共沸混合物

第二组分	共沸点/℃	2-甲基吡啶/%	第二组分	共沸点/℃	2-甲基吡啶/%
水	92.8	52	乙酸	<142	60
甲酸	155.8	75			

注：表中共沸点为近似值，误差±1℃。

参 考 文 献

1 CAS 109-06-8
2 EINECS 203-643-7
3 J. Timmermans. Physico-Chemical Constants of Pure Organic Compounds. Vol. 2. Elsevier. 1965. 359
4 Kirk-Othmer. Encyclopedia of Chemical Technology. 2nd ed. Vol. 16. Wiley. 1968. 780
5 C. T. Kyte et al. J. Chem. Soc. 1960. 4454
6 R. Leading. Z. Elektrochem. 1901，7：815
7 K. Schofield. Hetero-Aromatic Nitrogen Compounds. Butterworth. 1967. 120
8 日本化学会. 化学便覧. 基礎編. 丸善. 1966. 819
9 D. W. Scott et al. J. Phys. Chem. 1963，67：680
10 K. A. Kobe et al. J. Chem. Eng. Data. 1970，15：182
11 Landolt-Börnstein. 6th ed. Vol. Ⅱ-7. Springer. 15
12 H. Freiser et al. J. Amer. Chem. Soc. 1948，70：2575
13 J. G. Grasselli. Atlas of Spectral Data and Physical Constants for Organic Compounds. CRC Press. 1973. B-854
14 K. Ramaiah et al.. Chem. Abstr. 1962，57：6761
15 有機合成化学協会. 溶剤ポケットブック. オーム社. 1967. 900
16 V. G. Veselov. Chem. Abstr. 1971，75：116956
17 V. G. Veselov. Chem. Abstr. 1970，72：41134
18 C. Marsden，Solvents Guide. 2nd ed. Cleaver-Hume. 1963. 437
19 H. Stephen et al. Solubilities of Inorganic and Organic Compounds. Vol. 2. Pergamon. 1964
20 The Merck Index. **10**，7281；**11**，7372
21 张海峰主编. 危险化学品安全技术大典：第1卷：北京：中国石化出版社，2010

740. 3-甲基吡啶［β-皮考啉］

3-methylpyridine［β-picoline，3-picoline］

(1) 分子式　C_6H_7N。　　相对分子质量　93.12。

(2) 示性式或结构式 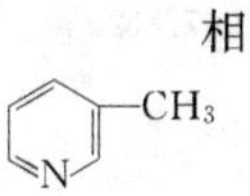

(3) 外观　无色液体，具有特殊的臭味。

(4) 物理性质

沸点(101.3 kPa)/℃	144.143	燃点/℃	500
(101.3 kPa)/℃	143.8	蒸发热(25℃)/(kJ/mol)	45.2625
熔点/℃	−17.7	熔化热/(kJ/mol)	10.33
相对密度(20℃/4℃)	0.9566	生成热(液体)/(kJ/mol)	68.27
(20℃/4℃)	0.9564	燃烧热(25℃)/(kJ/mol)	3424.86
折射率(20℃)	1.50682	比热容(25℃,定压)/[kJ/(kg·K)]	1.71
(20℃)	1.5049	临界温度/℃	371.7
介电常数(22℃)	10.71	临界压力/MPa	4.56
偶极矩(苯)/(10^{-30} C·m)	8.04	爆炸极限(下限)/%(体积)	1.4
黏度(25℃)/mPa·s	0.87228	pK_a	5.68
表面张力(20℃)/(mN/m)	35.06	体膨胀系数(25℃)/K^{-1}	969×10^{-6}
闪点(闭口)/℃	40		

(5) 化学性质　和吡啶相似，有碱性，能和无机酸、有机酸生成盐。与无机盐类、卤代烷等形成加成化合物。加氢时根据反应条件可以生成3-甲基哌啶或吡啶。氧化时生成吡啶-3-羧酸（菸酸，$C_5H_4N \cdot CO_2H$）或吡啶。

(6) 精制方法　与2-甲基吡啶精制方法相同。粗制的3-甲基吡啶含杂质较多，通过与水的共沸蒸馏可除去大部分杂质。用分馏的方法分离4-甲基吡啶和2,6-二甲基吡啶比较困难，大多利用其加成化合物的溶解度不同以达到分离的目的。例如用硫酸铜溶液处理后，收集加成产物，用氢氧化钙分解后进行水蒸气蒸馏精制。

(7) 溶解性能　能与水、乙醇、乙醚等混溶。常温下能与邻氯苯酚混溶。能溶解多种有机化合物。

(8) 用途　用于制备菸酸、菸酰胺、尼可刹米、染料、合成树脂、杀虫剂、防水剂、橡胶硫化促进剂等。也可作溶剂使用。

(9) 使用注意事项　危险特性属第3.3类高闪点易燃液体。危险货物编号：33614，UN编号：2313。毒理作用与吡啶相同。大鼠经口LD_{50}为0.4～0.8g/kg。

(10) 附表

表 2-9-99　3-甲基吡啶的蒸气压

温度/℃	蒸气压/kPa	温度/℃	蒸气压/kPa
81.28	12.87	137.71	84.94
92.06	19.48	140.87	87.89
103.92	29.75	142.64	97.27
115.58	43.80	143.99	100.93
121.93	53.44	144.32	101.79
129.37	66.82	144.66	102.73
132.17	72.47		

参 考 文 献

1 CAS 108-99-6
2 EINECS 203-636-9
3 J. Timmermas. Physico-Chemical Constants of Pure Organic Compounds. Vol. 2. Elsevier. 1965. 361
4 Kirk-Othmer. Encyclopedia of Chemical Technology 2nd ed. Vol. 16. Wiley. 1968. 780
5 C. T. Kyte et al. J. Chem. Soc. 1960，4454
6 R. Ladenburg. Z. Elektrochem. 1901，7，815
7 K. Schofield. Hetero-Aromatic Nitrogen Compounds. Butterworth. 1967. 120
8 A. E. Dunstan et al. J. Chem. Soc. 1907，91：1728
9 日本化学会. 化学便覧. 基礎編. 丸善，1966. 819
10 D. W. Scott et al. J. Phys. Chem. 1963，67：685
11 Landolt-Börnstein. 6th ed. Vol. Ⅱ-1. Springer. 354
12 D. P. Biddiscombe et al. J. Chem. Soc. 1954，1957
13 J. G. Grasselli. Atlas of Spectral Data and Physical Constants for Organic Compounds. CRC Press. 1973. B-854
14 K. Ramaiah et al. Chem. Abstr. 1962，57：6761
15 有機合成化学協会. 溶剤ポケットブック. オーム社. 1967. 900
16 Amines. Pyridine Bases. 広栄化学工业（株）. 1973
17 The Merck Index. **10**，7282；**11**，7373

741. 4-甲基吡啶［γ-皮考啉］

4-methylpyridine［γ-picoline，4-picoline］

(1) 分子式　C_6H_7N。　　　相对分子质量　93.12。

(2) 示性式或结构式

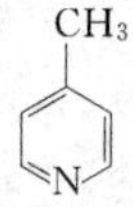

(3) 外观　无色液体，有特殊臭味。

(4) 物理性质

沸点(101.3 kPa)/℃	145.356	闪点(闭口)/℃	40
(101.3 kPa)/℃	145.3	(开口)/℃	57
熔点/℃	4.3	蒸发热(25℃)/(kJ/mol)	45.35
相对密度(20℃/4℃)	0.9548	熔化热/(kJ/mol)	11.58
(20℃/4℃)	0.9546	生成热(液体)/(kJ/mol)	56.80
折射率(20℃)	1.50584	燃烧热(25℃)/(kJ/mol)	3420
(20℃)	1.5040	比热容(25℃,定压)/[kJ/(kg·K)]	1.70
介电常数(20℃)	12.2	临界温度/℃	372.5
偶极矩(苯)/(10^{-30} C·m)	8.71	临界压力/MPa	4.66
黏度(20℃)/mPa·s	0.94	pK_a	6.02
表面张力(20℃)/(mN/m)	35.45	体膨胀系数(25℃)/K^{-1}	965×10^{-6}

(5) 化学性质　和吡啶相似。有碱性，能和无机酸、有机酸生成盐。与无机盐类、卤代烷等也能形成加成化合物。加氢时生成4-甲基哌啶。氧化时生成异菸酸。在脱水剂存在下与苯甲醛缩合，生成苯亚甲基衍生物。

(6) 精制方法　合成的产品，几乎不含2-甲基吡啶，容易通过蒸馏精制。从煤焦油中提取的产品含有2-甲基吡啶和2,6-二甲基吡啶。可在其中加入氯化钙溶液和盐酸，将所得加成物晶体用氯化钙溶液洗净后用水蒸气分解，再加食盐水处理以除去可溶成分，然后再用氢氧化钾溶液处理，提取油层，可得纯度99.2%的4-甲基吡啶。也可以将其制成草酸盐精制。例如将100mL 4-甲基吡啶加热到80℃，慢慢加入110g无水草酸和150mL沸腾的乙醇，冷后过滤，用少量乙醇洗涤，然后溶解在少量水中，加入过量的50%KOH蒸馏。馏出物用固体氢氧化钾干燥后再蒸馏。

(7) 溶解性能　能与水、乙醇、乙醚、邻氯苯酚等混溶。能溶解多种有机化合物。

(8) 用途　用于制备异菸酸、异菸肼、杀虫剂、合成树脂、橡胶硫化促进剂等。也可作溶剂使用。

(9) 使用注意事项　危险特性属第3.3类高闪点易燃液体。危险货物编号：33614，UN编号：2313。属低毒类。毒理作用与吡啶相同。大鼠经口 LD_{50} 为0.8g/kg。

(10) 附表

表 2-9-100　4-甲基吡啶的蒸气压

温度/℃	蒸气压/kPa	温度/℃	蒸气压/kPa
76.91	10.35	137.17	80.89
82.83	13.15	142.13	92.82
94.65	20.62	144.25	98.31
104.74	29.49	145.38	101.40
116.51	43.51	145.46	101.59
129.84	65.46		

表 2-9-101　4-甲基吡啶在水中的溶解度

4-甲基吡啶/%	下部临界温度/℃	上部临界温度/℃
12.7	61.0	125.7
16.4	54.5	140.0
26.4	49.4	152.5

参考文献

1 CAS 108-89-4

2 EINECS 203-626-4

3 J. Timmermans. Physico-Chemical Constants of Pure Organic Compounds. Vol. 2. Elsevier. 1965. 362

4 Kirk-Othmer. Encyclopedia of Chemical Technology 2nd ed. Vol. 16. Wiley. 1968. 780

5 C. T. Kyte et al. J. Chem. Soc. 1960. 4454

6 N. E. Hill. Proc. Roy. Soc. London Ser. 1957, A. 240: 101

7 K. Schofield. Hetero-Aromatic Nitrogen Compounds. Butterworth. 1967. 120

8 日本化学会. 化学便覧. 基礎編. 丸善. 1966. 819

9 W. D. Good. J. Chem. Eng. Data. 1972, 17: 28
10 K. A. Kobe et al. J. Chem. Eng. Data. 1970, 15: 182
11 D. D. Biddiscombe et al. J. Chem. Soc. 1954, 1957
12 J. G. Grasselli. Atlas of Spectral Data and Physical Constants for Organic Compounds. CRC Press. 1973. B-855
13 E. Spinner. J. Chem. Soc. 1963, 3860
14 有機合成化学協会. 溶剤ポケットブック. オーム社. 1977. 900
15 Amines. Pyridine Bases. 広栄化学工业 (株). 1973
16 H. Stephen et al. Solubilities of Inorganic and Organic Compounds. Vol. 1. Pergamon. 1963
17 The Merck Index. **10**, 7283; **11**, 7374

742. 2,4-二甲基吡啶

2,4-dimethylpyridine [2,4-lutidine]

(1) 分子式 C_7H_9N。　　相对分子质量 107.15。

(2) 示性式或结构式

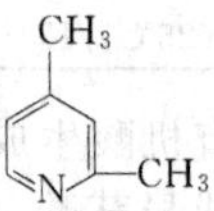

(3) 外观 无色液体，有胡椒气味。

(4) 物理性质

沸点(101.3 kPa)/℃	157～158	表面张力(20℃)/(mN/m)	33.18
熔点/℃	−64.00	闪点(闭口)/℃	46
相对密度(20℃/4℃)	0.9332	蒸发热(b. p.)/(kJ/mol)	38.9
(20℃/4℃)	0.9309	生成热(液体)/(kJ/mol)	16.07
折射率	1.5012	燃烧热(液体)/(kJ/mol)	4059.5
介电常数(20℃)	9.60	临界温度/℃	374
偶极矩/(10^{-30} C·m)	7.62	pK_a	6.63
黏度(20℃)/mPa·s	0.887	体膨胀系数(25℃)/K^{-1}	945×10^{-6}

(5) 化学性质 有碱性，能与无机酸、有机酸成盐。与无机盐、卤代烷等形成加成化合物。电解还原时生成2,4-二甲基哌啶。氧化时生成异菸酸。

(6) 精制方法 将煤焦油中的二甲基吡啶馏分用邻甲酚加热溶解后冷却，收集析出的晶体。用邻甲酚、2,4-二甲基吡啶及水组成的溶液洗净后，用氢氧化钠分解，水蒸气蒸馏，馏出液加氢氧化钠溶液，分出油层，用固体氢氧化钠干燥后蒸馏，可得纯度为99%的2,4-二甲基吡啶。

(7) 溶解性能 能与醇、酮、醚、烃及多种有机溶剂相混溶。能溶解多种有机物。

(8) 用途 用作溶剂及有机合成原料。

(9) 使用注意事项 危险特性属第3.3类高闪点易燃液体。危险货物编号：33615。大鼠经口LD_{50}为0.2～0.4 g/kg。

(10) 附表

表 2-9-102 2,4-二甲基吡啶的蒸气压

温度/℃	蒸气压/kPa	温度/℃	蒸气压/kPa
76.246	6.24	140.601	61.85
90.305	11.19	147.450	75.23
103.767	18.65	152.789	87.17
118.836	31.44	158.833	101.13
130.192	45.24	159.092	103.17

表 2-9-103 2,4-二甲基吡啶和水的相互溶解度

水/%	下部临界温度/℃	水/%	下部临界温度/℃
23.14	>150	67.96	23.0
30.92	68.5	79.54	23.0
37.50	53.0	93.00	35.0
45.14	39.0	95.06	54.3
55.11	27.2		

参 考 文 献

1 CAS 108-47-4

2 EINECS 203-586-8
3 Kirk-Othmer. Encyclopedia of Chemical Technology 2nd ed. Vol. 16. Wiley. 1968. 780
4 J. Timmermans. Physico-Chemical Constants of Pure Organic Compounds. Vol. 2. Elsevier. 1965. 363
5 C. T. Kyte et al. J. Chem. Soc. 1960，4454
6 E. Klingsberg. The Chemistry of Heterocyclic Compounds，Pyridine and Derivatives. Pt. 2，Wiley. 1961. 174
7 E. A. Coulson et al. J. Chem. Soc. 1959，1934
8 J. D. Cox. Chem. Abstr. 1960，54：23703
9 日本化学会. 化学便覧. 基礎編. 丸善. 1966. 819；811
10 J. G. Grasselli. Atlas of Spectral Data and Physical Constants for Organic Compounds CRC Press. 1973. B-851
11 K. C. Medhi et al. Spectrochim. Acta. 1965，21：895
12 W. Brügel. Z. Elektrochem. 1962，66：159
13 W. J. Jones et al. J. Amer. Chem. Soc. 1921，43：1867

743. 2,6-二甲基吡啶

2,6-dimethylpyridine［2,6-lutidine，α,α'-lutidine］

(1) 分子式　C_7H_9N。　　　　相对分子质量　107.15。

(2) 示性式或结构式

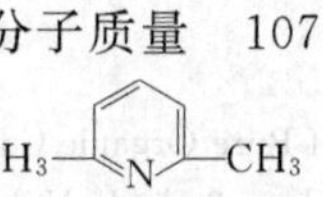

(3) 外观　无色油状液体，具有吡啶和薄荷的混合气味。

(4) 物理性质

沸点(101.3 kPa)/℃	144.045	闪点(闭口)/℃	38
(101.3 kPa)/℃	144.4	蒸发热(25℃)/(kJ/mol)	46.1
熔点/℃	−6.16	熔化热/(kJ/mol)	10.05
/℃	−5.9	生成热(液体)/(kJ/mol)	12.59
相对密度(20℃/4℃)	0.9225	燃烧热(25℃)/(kJ/mol)	4053
(20℃/4℃)	0.9237	临界温度/℃	350.6
折射率(20℃)	1.4971	临界压力/MPa	3.75
介电常数(22℃)	7.23	电导率/(S/m)	1.4×10^{-9}
偶极矩/(10^{-30} C·m)	6.24	pK_a	6.72
黏度(25℃)/mPa·s	0.87766	体膨胀系数(25℃)/K^{-1}	983×10^{-6}
表面张力(20℃)/(mN/m)	31.65		

(5) 化学性质　有碱性，能与无机酸、有机酸生成盐。与无机盐类和卤代烷等形成加成化合物。加氢时生成2,6-二甲基哌啶。用高锰酸盐氧化时，生成吡啶-2,6-二羧酸。2,6-二甲基吡啶气相时在脱氢催化剂的作用下，变成2-甲基吡啶和吡啶。

(6) 精制方法　通常含有3-和4-甲基吡啶，难用分馏的方法分离。一般利用与水组成的共沸混合物（共沸点95.5～96℃），进行精馏以达分离的目的。其他尚有与尿素形成加成物进行分离的方法；生成盐酸盐进行分离的方法；用硫酸亚镍、硫氰化铵混合溶液处理，使3-和4-甲基吡啶形成加成物而除去的方法等。

(7) 溶解性能　溶于水、醇、醚、二甲基甲酰胺、四氢呋喃等溶剂。能溶解多种有机化合物。

(8) 用途　2,6-二甲基吡啶在苯甲酰化反应中作催化剂使用。其他可用作环氧树脂的固化剂以及医药、农药、染料和橡胶硫化促进剂的原料。液相色谱溶剂。

(9) 使用注意事项　危险特性属第3.3类高闪点易燃液体。危险货物编号：33615。属低毒类。大鼠经口LD_{50}为0.4～0.8g/kg。

(10) 附表

表 2-9-104　2,6-二甲基吡啶的蒸气压

温度/℃	蒸气压/kPa	温度/℃	蒸气压/kPa	温度/℃	蒸气压/kPa	温度/℃	蒸气压/kPa
79.29	11.61	112.35	39.14	129.19	66.33	141.53	94.53
95.18	21.50	116.98	45.51	135.16	79.00	143.92	100.97
105.72	31.30	122.88	54.78	138.75	87.49	144.30	102.02

表 2-9-105　2,6-二甲基吡啶在水中的溶解性能

溶解性能/%	下部临界温度/℃	上部临界温度/℃
66.9	92.2	130.5
33.8	45.4	164.9(UCT)
27.2	45.3(LCT)	164.0
9.5	74.5	105.0

参　考　文　献

1 CAS 108-48-5
2 EINECS 203-587-3
3 J. Timmermans. Physico-Chemical Constants of Pure Organic Compounds. Vol. 2. Elsevier. 1965. 365
4 Kirk-Othmer. Encyclopedia of Chemical Technology 2nd ed. Vol. 16. Wiley. 1968. 780
5 C. T. Kyte et al. J. Chem. Soc. 1960. 4454
6 R. Ladenburg. Z. Elektrochem. 1901，7：815
7 K. Schofield. Hetero-Aromatic Nitrogen Compounds. Butterworth. 1967. 120
8 A. E. Dunstan et al. J. Chem. Soc. 1907，81：1728
9 日本化学会. 化学便覧. 基礎編. 丸善. 1966. 819
10 Landolt-Börnstein. 6th ed. Vol. Ⅱ-1. Springer. 354
11 Z. Siedlecka. Chem. Abstr. 1954，48：4938
12 E. A. Coulson et al. J. Chem. Soc. 1959，1934
13 J. G. Grasselli. Atlas of Spectral Data and Physical Constants for Organic Compounds CRC Press. 1973. B-851
14 K. C. Medhi et al. Spectrochim. Acta. 1965，21：895
15 有機合成化学協会. 溶剤ポケットブック. オーム社. 1967. 900
16 O. Flaschner. J. Chem. Soc. 1909，95：668

744. 2,4,6-三甲基吡啶

2,4,6-trimethylpyridine

(1) 分子式　$C_8H_{11}N$。　　　相对分子质量　128.18。

(2) 示性式或结构式

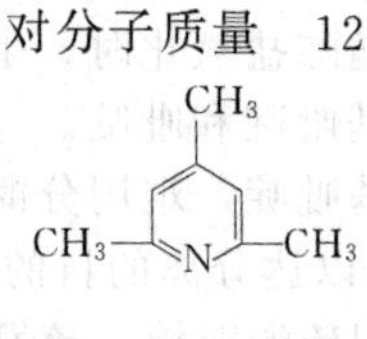

(3) 外观　无色液体。

(4) 物理性质

沸点(101.3 kPa)/℃	171	折射率(20℃)	1.4980
熔点/℃	−46	闪点/℃	57
相对密度(20℃/4℃)	0.914		

(5) 溶解性能　与醇、醚等有机溶剂混溶，微溶于水。

(6) 用途　溶剂、有机合成中间体。

(7) 使用注意事项　口服或与皮肤接触有害，对眼睛、呼吸系统、皮肤有刺激性。遇明火、

高热能燃烧。大鼠经口 LD_{50} 为 400mg/kg。

参 考 文 献

1 CAS 108-75-8
2 EINECS 203-613-3
3 The Merck Index. **12**, 9848; **13**, 9789
4 Beil., **20**, 250

745. 吡 唑

pyrazole

(1) 分子式 $C_3H_4N_2$。 相对分子质量 68.08。

(2) 示性式或结构式

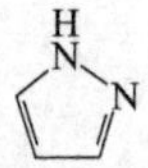

(3) 外观 无色或白色针状或棱柱体结晶。有类似吡啶气味，味苦。

(4) 物理性质

沸点(101.3kPa)/℃	187	折射率	1.4203
熔点/℃	68		

(5) 溶解性能 能溶于水、乙醇、乙醚、苯。

(6) 用途 含卤素溶剂、润滑油的稳定剂、螯合剂、有机合成中间体。

(7) 使用注意事项 口服有毒。对眼睛、呼吸系统和皮肤有刺激性。对机体有不可逆损伤的可能性。使用时应穿防护服和戴手套。小鼠经口 LD_{50} 为 21.22mmol/kg；静脉注射为 19.21mmol/kg。

参 考 文 献

1 CAS 288-13-1
2 EINECS 206-017-1
3 Beil., **23**, 39

746. 1-甲基哌嗪

1-methylpiperazine [*N*-methylpiperazine]

(1) 分子式 $C_5H_{12}N_2$。 相对分子质量 100.17。

(2) 示性式或结构式

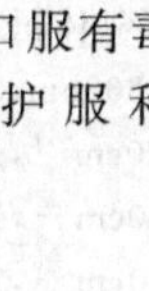

(3) 外观 无色液体。

(4) 物理性质

沸点(101.3kPa)/℃	138	折射率(20℃)	1.4378
相对密度(20℃/4℃)	0.903	闪点/℃	42

(5) 溶解性能 溶于水、乙醇、乙醚。

(6) 用途 有机合成中间体、溶剂。

(7) 使用注意事项 易燃。与皮肤接触有毒。具有腐蚀性，能引起烧伤。使用时应穿防护服，戴手套。

参 考 文 献

1 CAS 109-01-3
2 EINECS 203-639-5
3 Beil., **23** (4), 27

747. 喹　　啉

quinoline

(1) 分子式　C_9H_7N。　　　　相对分子质量　129.15。

(2) 示性式或结构式 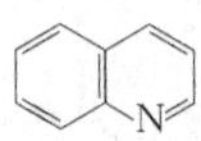

(3) 外观　无色液体，有特臭味。

(4) 物理性质

沸点(101.3kPa)/℃	237.10	比热容(26.84℃,定压)/[kJ/(kg·K)]	1.55
(101.3kPa)/℃	237.63	临界温度/℃	509
熔点/℃	−15.6	临界压力/MPa	5.78
相对密度(15℃/4℃)	1.0978	沸点上升常数	5.72
(20℃/4℃)	1.0929	电导率(25℃)/(S/m)	2.2×10^{-8}
折射率(20℃)	1.6273	热导率(20℃)/[W/(m·K)]	0.149
介电常数(25℃)	8.7044	爆炸极限(下限)/%(体积)	1.0
偶极矩/(10^{-30}C·m)	7.27	UV 276～277nm,300nm,313nm	
黏度(15℃)/mPa·s	4.354	IR 3050cm^{-1},1620cm^{-1},1600cm^{-1},1570cm^{-1},1500cm^{-1},1430cm^{-1},1390cm^{-1},1370cm^{-1},1310cm^{-1},1140cm^{-1},1120cm^{-1},1030cm^{-1},940cm^{-1},810cm^{-1},790cm^{-1},740cm^{-1}	
(30℃)/mPa·s	2.997		
表面张力(20℃)/(mN/m)	45.62		
(30℃)/(mN/m)	44.82		
闪点(闭口)/℃	99	Raman 521cm^{-1},758cm^{-1},1372cm^{-1},1369cm^{-1},1388cm^{-1},1428cm^{-1},1568cm^{-1},1589cm^{-1},3011cm^{-1},3062cm^{-1}	
燃点/℃	480		
蒸发热(b.p.)/(kJ/mol)	47.45		
熔化热/(kJ/kg)	83.64		
生成热(液体)/(kJ/mol)	149.23	MS 129,102,51,128,50,130,76,75	
燃烧热(定容)/(kJ/mol)	4697.9	NMR δ7.1×10^{-6},7.3～8.3×10^{-6},8.8×10^{-6}(CCl_4)	

(5) 化学性质　呈弱碱性（20℃ pK_a4.85）。能溶于酸而成盐，其苦味酸盐熔点 203～204 ℃。能与卤代烷反应生成季铵盐。还原时根据反应条件不同可以生成1,2-二氢喹啉和1,2,3,4-四氢喹啉。氧化时，生成吡啶-2,3-二羧酸，再脱去CO_2变成菸酸。

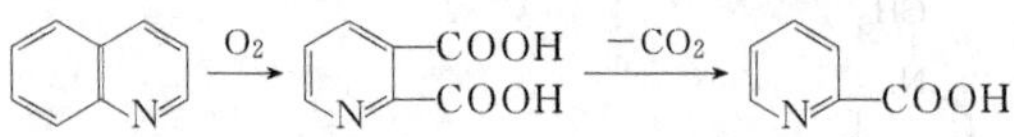

喹啉在浓硫酸中进行硝化时，3 位和 5 位发生取代。在乙酸中硝化时可得到 3-硝基喹啉。卤化反应通常在 3 位发生取代，但在浓硫酸中进行卤化时，可在 5 位和 8 位发生取代。

(6) 精制方法　粗产品中含有异喹啉和 2-甲基喹啉等杂质，蒸馏两次后纯度可达 93%（b.p.237～238.2 ℃），由于其中尚含有异喹啉，可加入少量盐酸，使异喹啉形成盐酸盐，于20℃过滤后，将滤液分馏可得纯度 99% 的喹啉。此外，也可以利用喹啉与重铬酸形成的盐（$2C_9H_7N\text{-}H_2Cr_2O_7$）溶解度小进行精制。其他的精制方法尚有：将重蒸馏过的喹啉用冰冷却，加入过量的盐酸形成盐酸盐。重氮化以除去苯胺，将溶液加热到 60℃破坏重氮化合物。非碱性杂质用乙醚萃取除去。加碱使喹啉游离出，固体氢氧化钾干燥后减压分馏。

(7) 溶解性能　喹啉的吸湿性强，能吸收 22% 的水分。可溶于热水、稀酸、乙醇、乙醚、丙酮、苯、氯仿和二硫化碳等。能溶解多种物质。

(8) 用途　用作合成树脂的溶剂以及医药、染料、菸酸等的原料。也可作阴离子交换树脂的原料。喹啉尚可作酰化反应和烯烃聚合反应的催化剂，可溶性酚醛树脂的固化剂、金属防腐剂等。与金属离子形成的不溶性盐，可用于定量分析。液相色谱溶剂。

(9) 使用注意事项　危险特性属第 6.1 类毒害品。危险货物编号：61847，UN 编号：2656。吸湿性强，能被水蒸气蒸馏。贮存时颜色逐渐变深。喹啉属中等毒类，且有杀菌性。对皮肤和眼有明显刺激作用，可引起较严重的持久性损害。大鼠经口 LD_{50} 为 460mg/kg。在接近 LD_{50} 时，动物出现昏睡、呼吸困难、虚脱和昏迷。

(10) 规格　YB/T 5281—2008　工业喹啉

项　目		指标	项　目		指标
喹啉含量/%	≥	95.0	水分/%	≤	0.5
密度(20℃)/(g/cm³)		1.086～1.096	外观		无色至浅褐色液体

(11) 附表

表 2-9-106　喹啉的蒸气压

温度/℃	蒸气压/kPa	温度/℃	蒸气压/kPa	温度/℃	蒸气压/kPa	温度/℃	蒸气压/kPa
75.3	0.34	115.9	2.34	164.67	15.40	229.43	84.72
83.05	0.50	126.05	3.57	187.51	30.05	232.92	91.53
93.65	0.82	141.05	6.31	199.18	41.05	235.27	96.29
104.3	1.42	154.95	10.29	216.53	57.022	237.75	101.63

表 2-9-107　喹啉的黏度

温度/℃	黏度/(mPa·s)	温度/℃	黏度/(mPa·s)	温度/℃	黏度/(mPa·s)
9.8	4.805	30	2.997	80	1.250
15	4.354	40	2.384	125	0.786
20.1	3.635	60	1.671	175	0.547

表 2-9-108　各种物质在喹啉中的溶解度

化合物	溶解度/%	温度/℃	化合物	溶解度/%	温度/℃
BaI_2	82.2(g/L)	25	间硝基苯甲醛	1.92	20
CdI_2	2.0	60	香草醛	5.22	20
$HgBr_2$	4.4[%(mol)]	88	肉桂酸	1.82	20
HgI_2	4.7	100	香豆素	0.56	20
$Hg(CN)_2$	4.2[%(mol)]	45	吲哚	10.22	20
乳糖	1.93	20	咔唑	25.04	20
水合三氯乙醛	11.16	20	安替比林	15.9	20
甘氨酸	0.07	20	酚酞	0.32	20
氨基甲酸乙酯	8.86	20	咖啡因	3.44	20～25
天冬氨酸	0.11	20	奎宁	18.2	20
乙酰苯胺	11.24	20～23	血红朊	0.23	20
苯甲酰胺	5.90	20	酪朊	0.38	20

表 2-9-109　含喹啉的二元共沸混合物

第二组分	共沸点/℃	喹啉/%	第二组分	共沸点/℃	喹啉/%
2-甲基萘	237.25	93	黄樟脑	235.15	27
香芹酚	244.3	48	间二乙氧基苯	235.0	22
百里酚	243.1	55	对叔戊基酚	267.5	6

参 考 文 献

1　CAS 91-22-5

2 EINECS 202-051-6
3 Kirk-Othmer. Encyclopedia of Chemical Technology. 2nd ed. Vol. 16. Wiley. 1968. 865
4 J. Timmermans. Physico-Chemical Constants of Pure Organic Compounds. Vol. 2. Elsevier. 1965. 367
5 G. Harris. et al. Dictionary of Organic Compounds. Vol. 5. Maruzen. 1965. 2840
6 R. J. W. LeFevre. J. Chem. Soc. 1935. 773
7 E. H. Rodd. Chemistry of Carbon Compounds. Vol. 4. Elsevier. 1957. 602
8 J. Timmermans. Physico-Chemical Constants of Pure Organic Compounds. Elsevier. 1950. 572
9 Beilstein. Handbuch der Organischen Chemie. E Ⅱ. 20-222
10 Landolt-Börnstein 6th ed. Vol. Ⅱ-4. Springer. 179
11 日本化学会. 化学便覧，基礎編. 丸善. 1966. 819
12 D. Ambrose. Chem. Abstr. 1963，59：14600
13 F. Glaser et al. Chem. Ing. Tech. 1957，29：772
14 日本化学会. 化学便覧，基礎編. 丸善. 1966，696；1028
15 Landolt-Börnstein 6th ed. Vol. Ⅳ-4b. Springer. 561
16 J. G. Grasselli. Atlas of Spectral Data and Physical Constants for Organic Compounds. CRC Press. 1973. B-869
17 J. H. Hibben. The Raman Effect and Its Chemical Applications，Van Nostrand Reinhold. 1939. 294
18 有機合成化学協会. 溶剤ポケットブック. オーム社，1977. 900
19 危険物・毒物取扱いマニュアル. 海外技術資料研究所. 1974，135
20 浅原照三. 溶剤ハンドブック. 講談社. 1976. 719
21 Bramely. J. Chem. Soc.，1916，109：10；Timmermans and Hennaut-Roland. J. Chim. Phys. 1937，39：693
22 有機合成化学協会. 溶剤ポケットブック. 丸善. 1977，724
23 The Merck Index. **10**，7991；**11**，8097

748. 异喹啉

isoquinoline

(1) 分子式　C_9H_7N。　　相对分子质量　129.15。

(2) 示性式或结构式 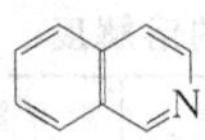

(3) 外观　无色液体或固体，有类似苯甲醛的气味。

(4) 物理性质

沸点(101.3 kPa)/℃	243.24	黏度(30℃)/mPa·s	3.2528
熔点(凝固点)/℃	26.48	闪点(闭口)/℃	>107
	24.6	熔化热/(kJ/mol)	5.61
相对密度/(30℃/4℃)	1.09101	生成热(液体,31℃)/(kJ/mol)	145.18
折射率(30℃)	1.62077	燃烧热/(kJ/mol)	4702
介电常数(30℃)	10.71	比热容(31℃,定压)/[kJ/(kg·K)]	1.47
偶极矩/(10^{-30} C·m)	8.31	临界温度/℃	530
(苯)/(10^{-30} C·m)	8.71	体膨胀系数(30℃)/K^{-1}	0.000722

(5) 化学性质　异喹啉的碱性比喹啉稍强（pK_a5.14)。溶于稀酸成盐，其苦味酸盐的熔点224～225℃。与卤代烷等反应生成季铵盐。用高锰酸氧化时生成吡啶3,4-二羧酸和苯二甲酸。异喹啉用混酸硝化时，在5位和8位发生取代。直接溴化时在4位发生取代。将异喹啉与三氯化铝生成的加成化合物进行溴化时，在第五位发生取代。

(6) 精制方法　将含量约40%的馏分加入硝酸镉，收集生成的沉淀。用硝酸镉-苯的混合液洗涤，水蒸气蒸馏处理后用30%氢氧化钠溶液分解，将游离出的油分进行水蒸气蒸馏即得纯品。收率73.0%～74.9%，熔点23.7～25℃。此外，也可用5A型分子筛或无水硫酸钠干燥后减压分馏的方法精制。

(7) 溶解性能　能与醇、醚、苯、四氯化碳、乙酸苯酯、苊、氧苊等混溶。80℃时能与萘以任意比例混溶。

(8) 用途 用作医药、染料、杀虫剂、阴离子交换树脂等的原料，铁的防腐剂，可溶性酚醛树脂的固化剂等。与金属形成的加成化合物可用于镍、镉的定量测定和贵金属的定性测定。在苯甲酰化反应和 α-烯烃的聚合反应中，异喹啉亦可作催化剂使用。

(9) 使用注意事项 毒性比喹啉强，且有杀菌性。动物试验证明对肝脏有损害。大鼠经口 LD_{50} 为 360mg/kg。

(10) 附表

表 2-9-110 异喹啉的蒸气压

温度/℃	蒸气压/kPa	温度/℃	蒸气压/kPa
63.5	0.13	152.0	8.00
92.7	0.67	167.6	13.33
107.8	1.33	190.0	26.66
123.7	2.67	214.5	53.33
141.6	5.33	240.5	101.33

表 2-9-111 异喹啉的黏度

温度/℃	黏度/(mPa·s)	温度/℃	黏度/(mPa·s)
25	3.57	100	1.0230
30	3.2528	150	0.6217
50	2.1323	200	0.4223
70	1.5269		

参 考 文 献

1 CAS 119-65-3
2 EINECS 204-341-8
3 J. Timmermas. Physico-Chemical Constants of Pure Organic Compounds. Vol. 2. Elsevier. 1965. 367
4 Kirk-Othmer. Encyclopedia of Chemical Technology. 2nd ed. Vol. 16. Wiley. 1968, 876
5 G. Harris et al. Dictionary of Organic Compounds. Vol. 3. Maruzen. 1965. 1966
6 A. D. Buckingham et al. J. Chem. Soc. 1956. 1405
7 H. Freiser et al. J. Amer. Chem. Soc. 1949, 71: 514
8 W. D. Good. J. Chem. Eng. Data. 1972, 17: 28
9 D. Ambrose. Chem. Abstr. 1963, 59: 14600
10 J. G. Grasselli. Atlas of Spectral Data and Physical Constants for Organic Compounds. CRC Press. 1973. B-626
11 P. J. Black et al. Australian. J. Chem. 1966, 19: 1287
12 有機合成化学協会. 溶剤ポケットブック. オーム社. 1977, 900
13 H. F. Smyth et al. Chem. Abstr. 1951, 45: 9710
14 D. R. Stull. Ind. Eng. Chem. 1947, 36: 517
15 The Merck Index. **10**, 5070; **11**, 5110

749. 8-羟基喹啉

8-hydroxy quinoline

(1) 分子式 C_9H_7NO。 相对分子质量 145.16。

(2) 示性式或结构式

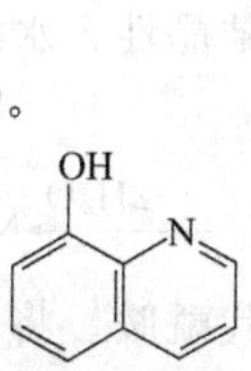

(3) 外观 白色粉末或针状结晶。

(4) 物理性质

沸点(101.3kPa)/℃	267	熔点/℃	76

(5) 溶解性能 不溶于水、乙醚，溶于乙醇、丙酮、氯仿、苯、无机酸。

(6) 用途 溶剂、络合指示剂，医药、农药中间体。

(7) 使用注意事项 参照喹啉。

(8) 规格　HG/T 4014—2008　试剂用8-羟基喹啉

项　　目	分析纯	化学纯	项　　目	分析纯	化学纯
C_9H_7NO/%　≥	99.5	99.0	对镁灵敏度试验	合格	合格
熔点范围/℃	73.0～74.5	72.5～74.5	乙酸溶解试验	合格	合格
	(1℃)	(1.5℃)	氯化物(Cl)/%　≤	0.002	0.004
灼烧残渣(以硫酸盐计)/%　≤	0.02	0.05	硫酸盐(SO_4)/%　≤	0.01	0.02

参　考　文　献

1　CAS 148-24-3
2　EINECS 205-711-1
3　Beil., **21**, 91; **21**, 3 (5), 252
4　The Merck Index. **10**, 4765; **11**, 4778

750. 乙　二　胺

ethylenediamine [1,2-ethanediamine,1,2-diaminoethane]

(1) 分子式　$C_2H_8N_2$。　　　　相对分子质量　60.11。

(2) 示性式或结构式　$H_2NCH_2CH_2NH_2$

(3) 外观　无色或微黄色黏稠液体，有强烈的氨味。

(4) 物理性质

沸点(101.3 kPa)/℃	117.26	闪点(开口)/℃	33.9
熔点/℃	11.3	(闭口)/℃	43.3
/℃	10.65	熔化热/(kJ/mol)	19.34
相对密度(20℃/20℃)	0.8995	生成热/(kJ/mol)	−26.63
折射率(20℃)	1.4568	燃烧热/(kJ/mol)	1894.95
介电常数(25℃)	12.9	比热容(30℃,定压)/[kJ/(kg·K)]	2.95
偶极矩(25℃,苯)/(10^{-30}C·m)	7.95	临界温度/℃	319.8
黏度(15℃)/mPa·s	1.722	临界压力/MPa	6.3
(25℃)/mPa·s	1.54	蒸气压(20℃)/kPa	1.43
(30℃)/mPa·s	1.226	pH(25%水溶液)	11.9
表面张力(20℃)/(mN/m)	40.77	溶解热(15℃)/(J/mol)	1.82
(30℃)/(mN/m)	39.40	NMR δ1.2,2.6×10^{-6}(CCl_4)	
蒸发热(20℃)/(kJ/mol)	46.89		

(5) 化学性质　在空气中放置时吸湿，或吸收二氧化碳生成氨基甲酸盐（白色固体）。化学性质活泼，溶于水放热，水溶液呈强碱性。与无机酸生成结晶性、水溶性的盐。其硝酸盐加热时脱去2分子水，生成具有爆炸性的乙二硝胺：

$$H_2NCH_2CH_2NH_2 + HNO_3 \longrightarrow HNO_3 \cdot H_2NCH_2CH_2NH_2 \xrightarrow{-2H_2O} NO_2NHCH_2CH_2NHNO_2$$

与有机酸、酯、酸酐或酰卤反应，生成一取代酰胺或二取代酰胺。将一取代酰胺加热时，缩合生成2-烷基咪唑啉。与二元酸缩合生成聚酰胺树脂。与卤代烷反应得到一烷基或二烷基乙二胺。与丙烯腈反应，生成腈乙基化合物。与环氧化合物反应，生成加成化合物。与醛反应主要生成(Schift)碱。与甲醛作用得到组成复杂的混合物。与氯代乙酸反应得到乙二胺四乙酸盐(EDTA)，是一种有用的螯合剂。与尿素、碳酸二乙酯、光气或二氧化碳反应，主要生成2-咪唑啉酮。在镍、钴或铜催化剂存在下加热到350℃生成哌啶。与二硫化碳反应生成二硫代乙二氨基甲酸，加热脱去硫化氢得到聚硫脲树脂：

$$H_2NCH_2CH_2NH_2 + CS_2 \longrightarrow H_2NCH_2CH_2NH—CSSH$$

$$n[H_2NCH_2CH_2NH—CSSH] \xrightarrow{-nH_2S} [—NHCH_2CH_2NH—CS—]_n$$

(6) 精制方法　于乙二胺中加入10%粒状氢氧化钠或氢氧化钾，振动数小时除去大部分水分和二氧化碳后，再用金属钠（2%～3%），分子筛或液态钠-钾合金等适当的干燥剂加热回流3小时后分馏。乙二胺与水虽能形成共沸混合物，但其共沸点比乙二胺沸点只高约2℃，故不宜用共沸蒸馏脱水。可以加入与水形成共沸混合物而与乙二胺不形成共沸混合物的第三种溶剂如苯、二异丙醚、哌啶等进行蒸馏精制。

(7) 溶解性能　溶于水、乙醇、苯和乙醚，微溶于庚烷。能溶解各种染料、酪朊、虫胶、树脂、纤维素等。也能溶解多种有机物，但对无机盐类的溶解性比液氨差。

(8) 用途　乙二胺在电化学、分析化学中作溶剂使用。由于对二氧化碳、硫化氢、二硫化碳、硫醇、硫、醛、苯酚等的亲和力强，可用作汽油添加剂、润滑油、鱼油、矿物油和醇的精制用。此外，也用作纤维朊和蛋白朊等的溶剂，环氧树脂固化剂和医药、农药、染料、纺织品整理剂、金属螯合剂、防腐剂、离子交换树脂、胶乳稳定剂、橡胶硫化促进剂、防冻液等的制造原料。

(9) 使用注意事项　危险特性属第8.2类碱性腐蚀品。危险货物编号：82028，UN编号：1604。量少时可用玻璃瓶密闭置阴凉处贮存。量大时可用不锈钢或铝合金容器贮存。乙二胺刺激皮肤、眼睛，并被皮肤所吸收，引起皮肤炎、头痛、头昏、呼吸困难，恶心、呕吐、气喘等症状。工作场所最高容许浓度为25mg/kg。大鼠经口LD_{50}为1160mg/kg。小鼠静脉注射LD_{50}为750mg/kg。

(10) 规格　HG/T 3486—2000　试剂用乙二胺

项　目		分析纯指标	项　目		分析纯指标
乙二胺($H_2NCH_2CH_2NH_2$)/%	≥	99.0	蒸发残渣/%	≤	0.03
结晶点/%	≥	10	重金属(以Pb计)/%	≤	0.0002
色度/黑曾单位	≤	10	性状		无色强碱性黏稠液体，具有挥发性，有氨的气味

(11) 附表

表 2-9-112　乙二胺的蒸气压

温度/℃	蒸气压/kPa	温度/℃	蒸气压/kPa
10.5	0.67	81.0	26.66
21.5	1.33	99.0	53.33
62.5	13.33	117.0	101.33

表 2-9-113　含乙二胺的二元共沸混合物

第二组分	共沸点/℃	乙二胺/%
乙二醇-甲醚	130	31～32
甲苯	103	30.0
水	119	81.6

表 2-9-114　胺类的溶解性能

溶　质	乙二胺	丙二胺	三亚乙基四胺	吗　啉	溶　质	乙二胺	丙二胺	三亚乙基四胺	吗　啉
水	M	M	M	M	石蜡油	I	I	I	I
醇	M	M	M	M	蓖麻油	M	M	M	M
乙二醇类	M	M	M	M	棉子油	I	I	I	M
乙二醇醚类	M	M	M	M	石蜡	SH	SH	SH	SH
丙酮	M	M	M	M	虫胶	S	S	S	S
2-己酮	S	S	S	M	松香	S	S	S	S
乙醚	S	S	S	M	甘油三松香酸酯	SS	SS	SS	S
丁醚	SS	S	SS	M	达玛胶	I	I	I	PS
溶剂石脑油	S	S	SS	S	珐琊胶	S	S	S	S
苯	M	M	S	M	硫	VS	VS	S	SS
松脂	I	I	I	M	醋酸纤维素	G	G	G	S
松针油	M	M	M	M	硝酸纤维素	S	S	S	S

续表

溶　质	乙二胺	丙二胺	三亚乙基四胺	吗　啉	溶　质	乙二胺	丙二胺	三亚乙基四胺	吗　啉
苄基纤维素	SS	SS	SS	S	油溶性染料	S	S	S	S
水溶性染料	S	S	SS	I	饱和食盐水	M	M	M	M
醇溶性染料	S	S	S	S					

注：M—任意比例混溶；S—5%以上可溶；SS—1%～5%可溶；PS—部分可溶；I—1%以下可溶；SH—加热时可溶；VS—易溶；G—凝胶化。

表 2-9-115　与乙二胺组成的二组分晶体及加成化合物

成　分	共晶物熔点/℃	乙二胺量/%（mol）	化合物	成　分	共晶物熔点/℃	乙二胺量/%（mol）	化合物
丁醇	−36 −94	39.9 4.8	1∶2m.p.　−34℃	水杨醛	—	—	1∶2
仲丁醇	−35.5 −115		1∶2　−33	马来酸	+4 +90	90 15	1∶1m.p.　148℃
异丁醇	−37 −125.5	44 7.5	1∶2　−31.5	苯甲酸	−23	74	1∶2　135
叔丁醇	−24	52	1∶2　−21	邻苯二甲酸	−2 +168	92 52	2∶1　212 1∶2　232
二苯基甲醇	−24 −3 +29	27 80 29	1∶2	水杨酸	+137 −20 +37	12 87 40	1∶1　50
三苯基甲醇			1∶1	二苯胺	+2.3 +32	81 31	1∶2
频哪醇	+1 +9	82.5 32	1∶1	顺丁烯二酸酐	+4 +122 +52	98 40 2	1∶1　196 1∶2　127

(12) 附图

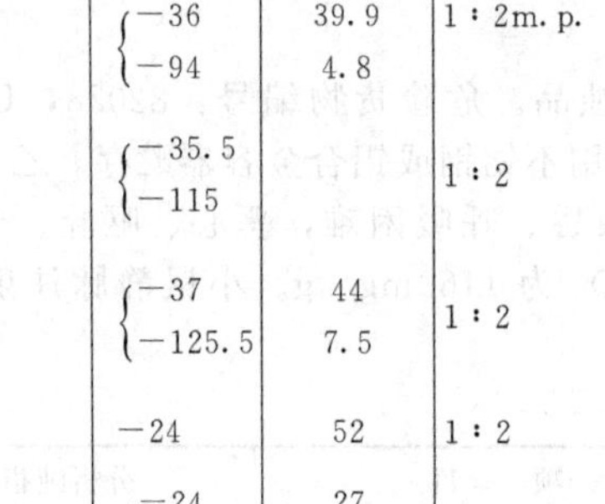

图 2-9-21　乙二胺的黏度

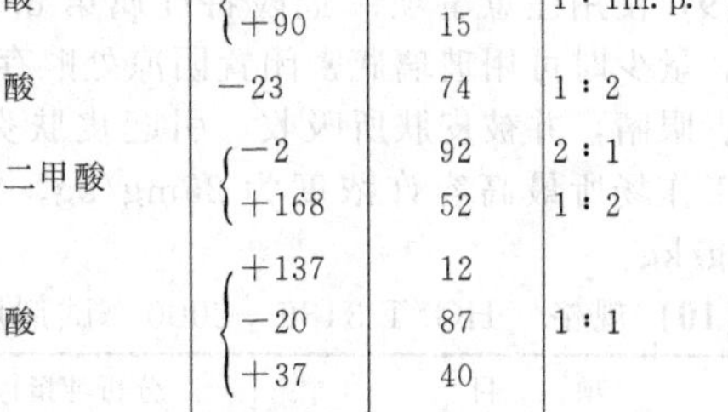

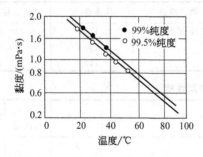

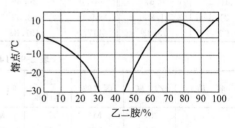

图 2-9-22　乙二胺-水的凝固点曲线

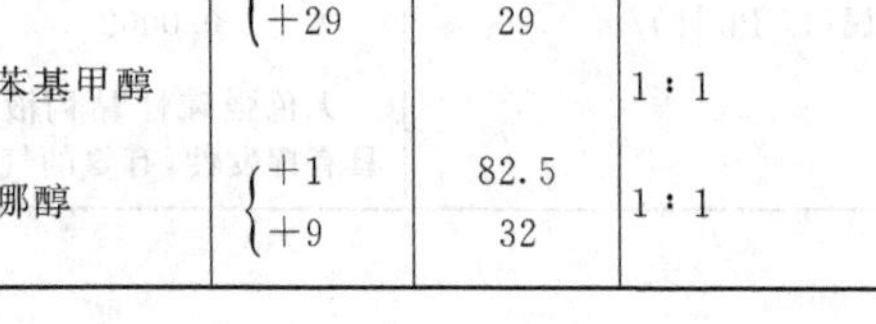

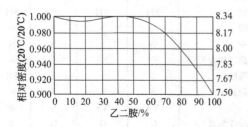

图 2-9-23　乙二胺-水的相对密度

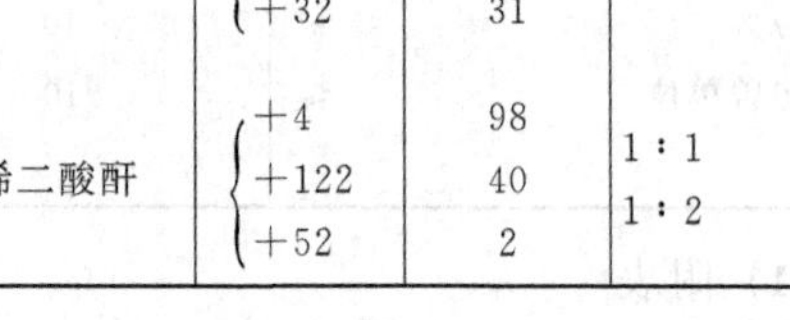

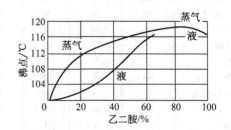

图 2-9-24　乙二胺-水的沸点

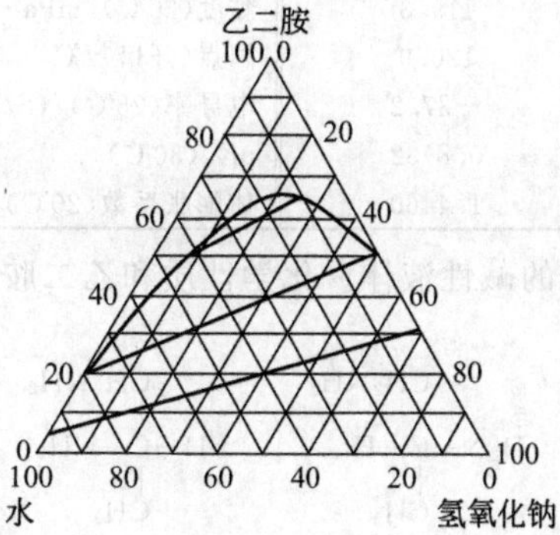

图 2-9-25　乙二胺-氢氧化钠-水三组分的相互溶解性（%）

参考文献

1　CAS 107-15-3
2　EINECS 203-468-6
3　A. Weissberger. Organic Solvents. 3rd ed. Wiley. 1971. 429
4　E. Ikada. Bull. Inst. Chem. Res. Kyoto Univ. 1967，45：352
5　I. Mellan. Industrial Solvents Handbook. 3rd ed. Noyes Data Corp. 1970，403
6　N. A. Lange. Handbook of Chemistry. 2nd ed. McGraw. 1961. 1637
7　A. L. Wilson. Ind. Eng. Chem. 1935，27：867
8　G. G. Hawley. Condensed Chemical Dictionary. 8th ed. Van Nostrand Reinhold. 1971. 363
9　W. C. G. Baldwin. Progr. Roy. Soc. 1937，A. 162：231
10　Coblentz Society IR Spectra. No. 5560
11　IRDC カード. No. 5141
12　E. Stenhagen et al. Atlas of Mass Spectral Data. Vol. 1. Wiley. 1969. 40
13　Sadtler Standard NMR Spectra. No. 7326
14　M. Witanovski. Can. J. Chem. 1969，47：1321
15　日本化学会. 防灾指針. Ⅰ-10. 丸善. 1962. 60
16　危険物. 毒物取扱いマニユアル. 海外技術資料研究所. 1974. 68
17　Manufacturing Chemists'Assoc. Guides for safety in the Chemical Laboratory. 2nd ed. Van Nostrand Reinhold. 1972. 378
18　J. Riddick. Organic Solvents. 2ed. Weissberger. 1955. 239
19　Kirk-Othmer. Encyclopedia of Chemical Technology. 2nd ed. Vol. 7，Wiley. 22
20　Dionissjew. Ž. obšč. Chem. 1933，3：984；Chem. Zentr. 1934. Ⅱ：1439
21　G. M. Dimitrijevič. Glasnik Chem. Prūstva Beograd. 1947. 12：206
22　The Merck Index. **10**，3741；**11**，3752
23　张海峰主编. 危险化学品安全技术大典：第1卷：北京：中国石化出版社，2010

751. 丙二胺

propylenediamine [1,2-propanediamine，1,2-diaminopropane]

(1) 分子式　$C_3H_{10}N_2$。　　　相对分子质量　74.13。

(2) 示性式或结构式　$CH_3CH(NH_2)CH_2NH_2$

(3) 外观　无色透明的吸湿性液体，有氨味。

(4) 物理性质

沸点(101.3kPa)/℃	119.3	黏度(20℃)/mPa·s	1.70
(101.3kPa)/℃	120.9	闪点(开口)/℃	33.3
熔点/℃	−37.2	电导率(25℃)/(S/m)	10^{-8}～10^{-10}
相对密度(20℃/20℃)	0.8732	pK_a(30℃)	7.07
折射率(20℃)	1.4460	体膨胀系数(20℃)/K^{-1}	0.00107

(5) 化学性质　为吸湿性强的碱性液体。化学性质和乙二胺相似。有光学异构体，但通常以外消旋体存在。

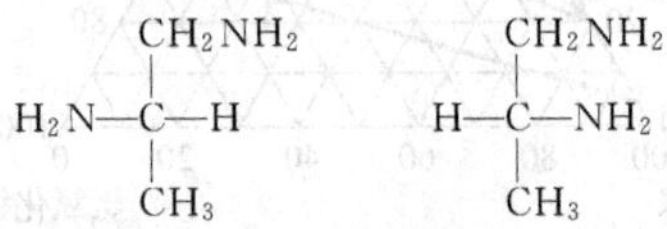

(6) 精制方法　丙二胺是由1,2-二氯丙烷在乙醇溶液中与氨加热制备的，故常混有其他胺和水等杂质。精制时用金属钠、无水硫酸钙等脱水后进行减压蒸馏。也可以用甲苯进行共沸蒸馏精制。

(7) 溶解性能　丙二胺可溶于水、乙醇和氯仿，微溶于乙醚。对其他有机溶剂以及有机、无机化合物的溶解性能可参照乙二胺，但溶解能力比乙二胺稍强。

(8) 用途　用作硝酸纤维素、涂料、植物油和松香等的溶剂，以及医药、染料、橡胶硫化促进剂、汽油添加剂、分析试剂等的制造原料。

(9) 使用注意事项　危险特性属第8.2类碱性腐蚀品。危险货物编号：82030，UN编号：2258。毒理作用和乙二胺类似。大鼠经口LD_{50}为2200mg/kg。兔经皮LD_{50}为0.5mL/kg。

参 考 文 献

1　CAS 78-90-0
2　EINECS 201-155-9
3　A. L. Wilson. Ind. Eng. Chem. 1935, 27: 868
4　Kirk-Othmer. Encyclopedia of Chemical Technology. 2nd ed. Vol. 7. Wiley. 22
5　D. Irish. Industrial Hygiene and Toxicology. Vol. 2. Wiley. 1965. 2046
6　G. G. Hawley. Condensde Chemical Dictionary. 8th ed. Van Nostrand Reinhold. 1971. 272
7　T. D. O'Brien and R. C. Toole. J. Amer. Chem. Soc. 1954, 76: 6009
8　D. Irish. Industrial Hygiene and Toxicology. Vol. 2. Wiley. 1965. 2046
9　Sadtler Standard IR Prism Spectra. No. 9059
10　IRDC カード. No. 7440
11　E. Stenhagen. et al. Atlas of Mass Spectral Data. Vol. 1. Wiley, 1969. 88
12　T. D. O'Brien and R. C. Toole. J. Amer. Chem. Soc. 1954, 76: 60009
13　1万3千種化学薬品毒性データ集成. No. 10534. 海外技術資料研究所. 1973. 434
14　The Merck Index. **10**, 7753; **11**, 7865

752. 1,3-丙二胺

1,3-propanediamine [1,3-diaminopropane]

(1) 分子式　$C_3H_{10}N_2$。　　　相对分子质量　74.13。

(2) 示性式或结构式　$H_2NCH_2CH_2CH_2NH_2$

(3) 外观　无色液体，有氨味。

(4) 物理性质

沸点(101.3kPa)/℃	139.7	闪点/℃	24
熔点/℃	−12	燃点/℃	350
相对密度(20℃/4℃)	0.887	临界温度/℃	333.4
折射率(20℃)	1.4555	临界压力/MPa	5.12
蒸气压(20℃)/kPa	$<$1.07	爆炸极限(下限)/%(体积)	2.8
黏度(20℃)/mPa·s	2.0	(上限)/%(体积)	15.2

(5) 化学性质　为极性化合物，能形成氢键，能发生烷基化、酰化作用，与无机酸和有机酸均能生成相应的盐。

(6) 溶解性能　易溶于水，与乙醇、乙醚混溶、溶于丙酮。

(7) 用途　有机合成中间体、溶剂、合成燃料油及润滑油添加剂。

(8) 使用注意事项　1,3-丙二胺的危险特性属第 8.2 类碱性腐蚀品。危险货物编号：82030。吸入、食入经皮肤吸收对身体有害，对黏膜、上呼吸道、眼睛和皮肤有强烈刺激性。遇明火、高热或氧化剂接触有引起燃烧爆炸危险。

参　考　文　献

1 CAS 109-76-2
2 EINECS 203-702-7
3 Beilstein. Handbuch der Organischen Chemie. H，4-261；E Ⅳ，4-1258
4 张海峰主编. 危险化学品安全技术大典：第 1 卷. 北京：中国石化出版社，2010

753. 吖丙啶［亚乙基亚胺］

ethyleneimine［aziridine］

(1) 分子式　C_2H_5N。　　　相对分子质量 43.05。

(2) 示性式或结构式　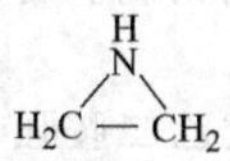

(3) 外观　液体，有强烈的氨味。

(4) 物理性质

沸点(101.3kPa)/℃	56	闪点/℃	−11
熔点/℃	−78	燃点/℃	320
相对密度(25℃/4℃)	0.8321	爆炸极限(下限)/%(体积)	3.3
折射率(25℃)	1.4123	(上限)/%(体积)	54.8

(5) 化学性质　强碱，易聚合。

(6) 溶解性能　与水混溶。可溶于醇类。

(7) 用途　有机合成原料、溶剂。

(8) 使用注意事项　致癌物。属剧毒品。危险特性属第 6.1 类毒害品。危险货物编号：61077，UN 编号：2843。对皮肤过敏，对眼睛、黏膜有强烈刺激。具有腐蚀性，经呼吸道和皮肤吸收可致呕吐。能严重腐蚀黏膜。人吸入 30～60 分钟便危及生命。

参　考　文　献

1 CAS 151-56-4
2 EINECS 205-793-9
3 The Merck Index，**10**，3748
4 Beil.，**20** (4)，3
5 《化学化工大辞典》编委会，化学工业出版社辞书编辑部编. 化学化工大辞典：上册. 北京：化学工业出版社，2003

754. 二亚乙基三胺

diethylenetriamine［2,2′-diaminodiethylamine］

(1) 分子式　$C_4H_{13}N_3$。　　　相对分子质量 103.17。

(2) 示性式或结构式　$H_2NCH_2CH_2NHCH_2CH_2NH_2$

(3) 外观　无色透明液体，有氨味。

(4) 物理性质

沸点(101.3kPa)/℃	206.7	燃点/℃	398.9
熔点/℃	-39	蒸发热(208℃)/(kJ/mol)	9751
相对密度(20℃/20℃)	0.9586	(133℃)/(kJ/mol)	5802
折射率(20℃)	1.48443	蒸气压(20℃)/kPa	21.3
介电常数(20℃)	12.63	体膨胀系数(20℃)/K^{-1}	0.00088
黏度(20℃)/mPa·s	7.1		
闪点/℃	101.7		

(5) 化学性质　呈强碱性，与无机酸或有机酸作用生成盐。容易与重金属盐类形成络合物。与酰氯发生酰化反应。与脂肪酸在二甲苯溶液中进行反应时，通过共沸蒸馏除去所生成的水。同时加热，生成 1-(2-氨乙基)-2-烷基 Δ^2-咪唑啉：

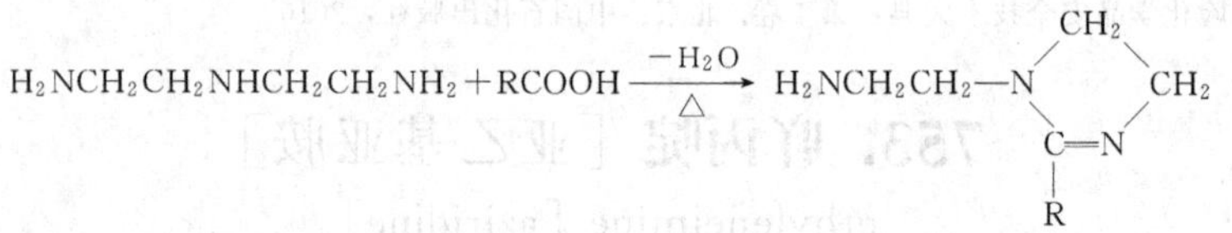

二亚乙基三胺与异氰酸酯或硫代异氰酸酯发生加成反应，生成脲或硫脲衍生物。与骨架镍或活性氧化铝一同加热生成哌嗪。

(6) 精制方法　用金属钠或无水硫酸钙脱水后减压蒸馏精制。若混有哌嗪时，可与四丙烯进行共沸分离。

(7) 溶解性能　能与水、乙醇、丙酮混溶。溶解能力比乙二胺强，为许多有机化合物的优良溶剂，但不溶于乙醚。

(8) 用途　用作硫、酸性气体、树脂、染料等的溶剂。也用作环氧树脂固化剂、气体净化剂、汽油添加剂、表面活性剂、织物整理剂等。此外，尚可用于合成聚酰胺树脂和离子交换树脂。

(9) 使用注意事项　危险特性属第 8.2 类碱性腐蚀品。危险货物编号：82025，UN 编号：2079。具强碱性。有毒，能刺激眼、鼻、舌等。吸入或接触时能引起结膜炎、角膜炎、皮肤炎、气管炎、气喘、恶心、呕吐等。大鼠经口 LD_{50} 为 2.08g/kg。豚鼠经皮 LD_{50} 为 0.17mL/kg。使用时注意通风、避免火源，置阴凉处贮存。

(10) 附表

表 2-9-116　二亚乙基三胺的盐类及其化合物的熔点

化合物	熔点/℃	备注
三盐酸盐 ($C_4H_{13}N_3 \cdot 3HCl$)	228～230	
三苦味酸盐 ($C_4H_{13}N_3 \cdot 3C_6H_3N_3O_7 \cdot 2H_2O$)	225～227	
草酸盐 ($2C_4H_{13}N_3 \cdot 3C_2H_2O_4 \cdot 4H_2O$)	110	棱柱状晶体(用水重结晶)，可溶于水
柠檬酸盐 ($C_4H_{13}N_3 \cdot C_6H_8O_7 \cdot H_2O$)	110	棱柱状晶体(用水重结晶)，可溶于水，不溶于乙醇、乙醚

(11) 附图

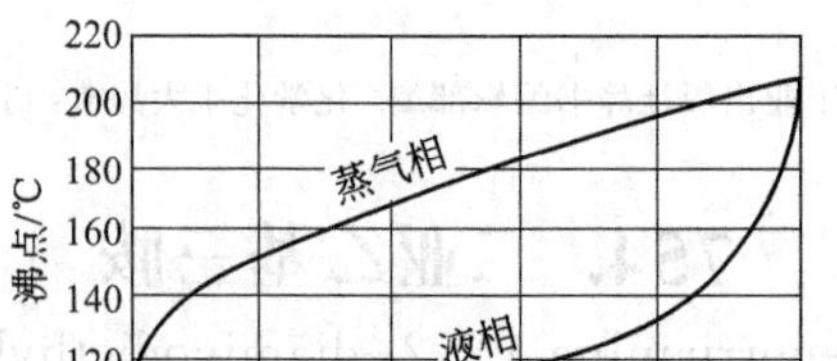

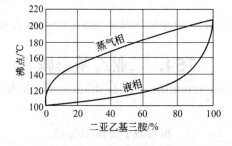

图 2-9-26　二亚乙基三胺水溶液的气液平衡

参 考 文 献

1 CAS 111-40-0
2 EINECS 203-865-4
3 A. L. Wilson. Ind. Eng. Chem. 1935，27：867
4 G. G. Hawley. Condensed Chemical Dictionary. 8th ed. Van Nostr and Reinhold. 1971. 295
5 E. Ikada. Bull. Inst. Chem. Res. Kyoto. Univ. 1967. 45：352
6 Kirk-Othmer. Encyclopedia of Chemical Technology. 2nd ed. Vol. 7. Wiley. 24
7 M. Sivokova et al. Chem. Prumysl. 1967，17：213；Chem. Abstr. 1967，67：474350
8 Sadtler Standard IR Grating. Spectra. No. 18071
9 日本化学会. 防灾指針. Ⅰ-10. 丸善. 1962. 44
10 危険物・毒物取扱いマニエアル. 海外技術資料研究所. 1974，208
11 Mann. J. Chem. Soc. 1934，465
12 J. Mitchell. W. M. D. Bryant. J. Amer. Chem. Soc. 1943，65：136

755. 三亚乙基四胺

triethylene tetramine

(1) 分子式 $C_6H_{18}N_4$。　　　相对分子质量　146.24。

(2) 示性式或结构式 $NH_2CH_2CH_2NHCH_2CH_2NHCH_2CH_2NH_2$

(3) 外观 无色至黄色黏性油状液体，有特殊刺激性气味。

(4) 物理性质

沸点(101.3kPa)/℃	266～267	闪点/℃	143
熔点/℃	12	燃点/℃	338
相对密度(20℃/20℃)	0.9818	爆炸极限/%(体积)	1.1～76.4
折射率(20℃)	1.4971		

(5) 化学性质 水溶液为一种强碱，能与酸性氧化物、酸酐、醛、酮，卤化物发生反应。能侵蚀金属如铝、锌、铜及其合金。

(6) 溶解性能 溶于水和乙醇，微溶于乙醚。

(7) 用途 溶剂、固化剂、橡胶助剂、乳化剂、表面活性剂。

(8) 使用注意事项 三亚乙基四胺的危险特性属第 8.2 类碱性腐蚀品。危险货物编号：82026，UN 编号：2259。可燃。与氧化剂接触有着火和爆炸危险。蒸气吸入对鼻、喉和呼吸道有刺激作用。能引起皮肤过敏，支气管哮喘等症状。大鼠经口 LD_{50} 为 4340mg/kg。

参 考 文 献

1 CAS 112-24-3
2 EINECS 203-950-6
3 Beilstein. Handbuch der Organischen Chemie. H，4-255；E Ⅳ，4-1242
4 The Merck Index. **10**，9483；**11**，9579
5 张海峰主编. 危险化学品安全技术大典：第 1 卷. 北京：中国石化出版社，2010

756. 四亚乙基五胺

tetraethylenepentamine [3,6,9-triazaundecane-1,11-dimine]

(1) 分子式 $C_8H_{23}N_5$。　　　相对分子质量　189.30。

(2) 示性式或结构式 $H_2N(CH_2)_2[NH(CH)_2]_3NH_2$

(3) 外观 吸湿性的黏稠液体。

(4) 物理性质

沸点 (101.3kPa) /℃	333	折射率 (20℃)	1.5042
熔点/℃	−30	介电常数 (20℃)	9.40
相对密度 (20℃/20℃)	0.9980	闪点/℃	163
(20℃/4℃)	0.9939	蒸气压 (20℃) /Pa	<1.3
(20℃/4℃)	0.9962		

(5) 化学性质 具强碱性。化学性质与二亚乙基三胺相似。热解时生成乙二胺和二亚乙基三胺。

(6) 精制方法 用金属钠或无水硫酸钙脱水后减压分馏。也可以将 150g 四亚乙基五胺溶解于 300mL95%的乙醇中，冷却下逐渐滴入 180mL 浓盐酸，温度保持在 20℃以下。滤出白色沉淀，用乙醇和水的混合液重结晶 3 次，乙醚洗涤，真空干燥即得纯净的四亚乙基五胺盐酸盐。

(7) 溶解性能 能与水及多种有机溶剂混溶。

(8) 用途 用作硫、树脂和染料的溶剂，酸性气体吸收剂，橡胶硫化促进剂，无氰电镀添加剂，环氧树脂固化剂，聚合用催化剂等。也用于制备阴离子交换树脂、润滑油添加剂、燃料油添加剂和聚酰胺树脂等。

(9) 使用注意事项 危险特性属第 8.2 类碱性腐蚀品。危险货物编号：82505，UN 编号：2320。毒理作用与乙二胺类似，可引起过敏反应。大鼠经口 LD_{50} 为 3900mg/kg。兔经皮 LD_{50} 为 0.66mL/kg。

参 考 文 献

1 CAS 112-57-2

2 EINECS 203-986-2

3 A. L. Wilson. Ind. Eng. Chem. 1935. 27: 867

4 G. G. Hawley. Condensed Chemical Dictionary. 8th ed. Van Nostrand Reinhold. 1971, 856

5 E. Ikada. Bull. Inst. Chem. Res. Kyoto Univ. 1967, 45: 352

6 Physical Properties. Union Carbide Chemicals Corp. 1966

7 J. G. Grasselli. Atlas of Spectral Data and Physical Constants for Organic Compounds. CRC Press. 1973. T-48

8 Sadtler Standard IR Grating Spectra. No. 15545

9 IRDC カード. No. 3339

10 Sadtler Standard NMR Spectra. No. 9439

11 Manufacturing Chemits'Assoc. Guides for Safety in the Chemical Laboratory. 2nd ed. Van Nostrand Reinhold. 1972. 432

12 1万3千種化学薬品毒性データ集成. No. 12187, 海外技術資料研究所. 1974, 501

757. 六亚甲基亚胺［高哌啶］

hexamethyleneimine

(1) 分子式 $C_6H_{13}N$。 相对分子质量 99.18。

(2) 示性式或结构式

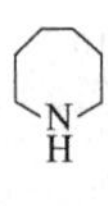

(3) 外观 无色液体。

(4) 物理性质

沸点(101.3kPa)/℃	138	折射率(20℃)	1.467
相对密度(20℃/4℃)	0.879	闪点/℃	18

(5) 溶解性能 参照哌啶。

(6) 用途　溶剂、树脂改性剂、农药、医药中间体。

(7) 使用注意事项　属剧毒物。UN 编号：2493。易燃。口服有毒。蒸气吸入有毒。具有腐蚀性，能引起烧伤。使用时应穿防护服。

参　考　文　献

1　CAS 111-49-9

2　EINECS 203-875-9

3　Beil.，**20**，94

758. 多亚乙基多胺

polyethylene polyamine

(1) 分子式　$C_{2n+2}H_{5n+8}N_{n+2}$　($n \geqslant 4$)

(2) 示性式或结构式　$NH_2(CH_2CH_2NH)_nCH_2CH_2NH_2 (5<n<9)$

(3) 外观　橘红色至棕褐色黏稠液体。有氨气味。

(4) 物理性质

多亚乙基多胺为五亚乙基六胺至九亚乙基十胺的混合物的总称。密度 1.000～1.025g/cm^3 (20℃)。沸点 (1.33kPa) ＞190℃。熔点－26℃。

(5) 化学性质　强碱性。在空气中吸收水分和二氧化碳。与酸生产相应的盐。

(6) 溶解性能　易溶于水和乙醇，不溶于苯和乙醚。

(7) 用途　溶剂、固化剂、无氰电镀添加剂。

(8) 使用注意事项　危险特性属第 8.2 类碱性腐蚀品。危险货物编号：82032。UN 编号：2733。

参　考　文　献

1　CAS 29320-38-5，68131-73-7

2　EINECS 205-793-9；268-626-9

3《化学化工大辞典》编委会，化学工业出版社辞书编辑部编. 化学化工大辞典：上册. 北京：化学工业出版社，2003

4　张海峰主编. 危险化学品安全技术大典：第 1 卷. 北京：中国石化出版社，2010

759. 甲　酰　胺

formamide［methanamide］

(1) 分子式　CH_3ON。　　　相对分子质量　45.04。

(2) 示性式或结构式

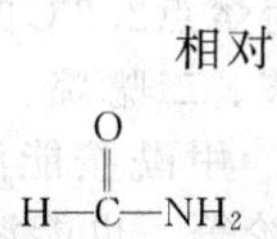

(3) 外观　无色透明的黏稠液体，吸湿。

(4) 物理性质

沸点(101.3kPa,部分分解)/℃	210.5	偶极矩(3℃)/(10^{-30} C·m)	11.24
熔点/℃	2.55	黏度(20℃)/mPa·s	3.764
相对密度(20℃/4℃)	1.13339	(25℃)/mPa·s	3.302
(25℃/4℃)	1.12918	表面张力(20℃)/(mN/m)	58.35
折射率(20℃)	1.44754	(25℃)/(mN/m)	57.91
(25℃)	1.44682	闪点(开口)/℃	154
介电常数(20℃)	111.0	(闭口)/℃	175

续表

燃点/℃	>500	MS m/e:M^+45(100),44(27),43(12),42(2),31(1),30(1),29(28),28(10),27(12),15(1)
蒸发热(25℃)/(kJ/mol)	65.021	
熔化热/(kJ/mol)	6.699	
生成热(25℃,液体)/(kJ/mol)	−254.1	NMR $\delta \times 10^{-6}$(丙酮,TMS基准)
燃烧热(25℃,液体)/(kJ/mol)	568.6	NH_2 7.07(宽峰)
比热容(25℃,定压)/[kJ/(kg·K)]	2.39	CH7.98(双峰)
电导率/(S/m)	$<2\times10^{-1}$	

(5) 化学性质　甲酰胺的碱性很弱，故与强酸生成的盐非常不稳定。在水溶液中甲酰胺容易水解成甲酸铵。甲酸铵加热脱水重新变成甲酰胺：

$$HCONH_2 + H_2O \rightleftharpoons HCOONH_4$$

甲酰胺的水解速度在常温下很慢，实际上是比较稳定的。但在高温特别是在酸、碱存在下水解速度比较快。甲酰胺热解有两种方式：常压下煮沸时分解成氨和一氧化碳：

$$HCONH_2 \longrightarrow NH_3 + CO$$

在脱水剂存在下，将气态甲酰胺于400～600℃热解时，得到氰化氢，收率90%：

$$HCONH_2 \longrightarrow HCN + H_2O$$

甲酰胺与强酸形成的加成物非常活泼　可以发生下列反应：

$$HCONH_2 \cdot H_2SO_4 + ROH \longrightarrow HCOOR + NH_4HSO_4$$

$$HCONH_2 \cdot H_2SO_4 + PhNH_2 \longrightarrow PhNHCHO + NH_4HSO_4$$

甲酰胺在氯化氢存在下与醇反应，生成甲酸酯。与次氯酸在冷水浴中反应生成 *N*,*N*-二氯甲酰胺 $HCONCl_2$，这个化合物纯净时有爆炸性。与金属钾、钠反应生成二甲酰胺（$(HCO)_2NH$）的金属化合物。与烯烃发生光化学反应生成脂肪酸酰胺。与卤代烷在150℃发生反应生成甲酰胺化合物和甲酸酯：

$$RX + 2HCONH_2 \longrightarrow RNHCHO + CO + NH_4X$$

$$RX + 2HCONH_2 \longrightarrow ROCOH + HCN + NH_4X$$

甲酰胺与金属盐发生反应生成取代物或加合物：

$$SbCl_3 + 3HCONH_2 \longrightarrow Sb(HCONH)_3 + 3HCl$$

$$CuSO_4 + 4HCONH_2 \longrightarrow Cu(HCONH)_2 \cdot 2HCONH_2 + H_2SO_4$$

$$PbCl_2 + HCONH_2 \longrightarrow PbCl_2 \cdot HCONH_2$$

甲酰胺在五氧化二磷作用下脱水生成氰化氢。

(6) 精制方法　甲酰胺是由一氧化碳与氨在15～20MPa、200℃的条件下大规模生产的。也可由甲酸铵加热或甲酸酯与氨反应而获得。因此常含有水、氨、甲醇、甲酸酯和甲酸铵等。使用减压分馏或分步结晶都可使甲酰胺的纯度提高。用于物理常数测定的甲酰胺可用下法精制：在甲酰胺中加入几滴溴代百里酚蓝。用氢氧化钠中和，将中和后的中性溶液于减压下80～90℃加热，再进行中和，重复操作几次，直到加热时溶液保持中性为止。然后加入甲酸钠，于80～90℃减压蒸馏。馏出物中和后再蒸馏，收集后面4/5馏分，得熔点2.2℃的甲酰胺。

(7) 溶解性能　能与水、醇、乙二醇、丙酮、乙酸、二噁烷、甘油、苯酚等混溶。但几乎不溶于脂肪烃、芳香烃、醚、氯代烃、氯苯、硝基苯等。甲酰胺能溶解酪朊、明胶、葡萄糖、丹宁、淀粉、木质素、聚乙烯醇、纤维素、乙酸酯、锦纶等。也能溶解铜、铅、锌、锡、镍、钴、铁、铝、锰的硝酸盐、氯化物以及其中一些硫酸盐。

(8) 用途　由于甲酰胺能溶解介电常数高的无机盐类和蛋白质，故可用于电解和电镀工业，以及用作有机合成的反应溶剂和精制溶剂。此外，甲酰胺也用作医药、染料、香料等的原料，纸张的处理剂，纤维工业的柔软剂以及动物胶的软化剂。液相色谱溶剂。

(9) 使用注意事项　甲酰胺吸湿性强。常温比较稳定，高温特别在酸或碱存在下容易发生水解，因此，需密闭置阴凉处贮存。甲酰胺及其水溶液对铜、黄铜和软钢等有腐蚀作用，可使用铝或不锈钢容器贮存。甲酰胺对皮肤、黏膜有刺激作用，偶可引起过敏，并能被皮肤吸收。大鼠经口致死量LD为7500mg/kg。大鼠经口LD_{50}>4000mg/kg。经皮毒性豚鼠LD_{50}<5mL/kg和LD_{50}

为 2539mg/kg。

(10) 附表

表 2-9-117　甲酰胺的蒸气压

温度/℃	蒸气压/kPa	温度/℃	蒸气压/kPa
20	0.00039	147.0	8.00
70.5	0.13	175.5	26.66
96.3	0.67	193.5	53.39
109.5	1.33	210.5	101.33
122.5	2.67	(部分分解)	

表 2-9-118　无机盐在甲酰胺中的溶解度(25℃)

单位:(g/100 g 甲酰胺)

NaCl	9.33	NH_4Cl	11.05
KCl	6.31	NH_4Br	36.1
NaBr	35.8	NaI	62.7
KBr	21.4	KI	62.5

表 2-9-119　甲酰胺-1,3-二噁烷溶液的黏度

甲酰胺/%	时间/s	密　度	黏度/(mPa·s)
	5℃		
100.00	780.9	1.146	5.9785
91.65	795.7	1.135	6.0531
76.73	726.2	1.118	5.4261
43.52	449.4	1.081	3.2470
0.00			
	25℃		
100.00	437.5	1.1302	3.3039
91.65	439.3	1.1207	3.3277
76.73	423.4	1.1025	3.1193
43.52	286.4	1.0651	2.0391
0.00	154.0	1.0269	1.0567
	40℃		
100.00	313.9	1.1126	2.3345
91.60	321.1	1.1026	2.3656
77.21	302.8	1.0852	2.1959
45.02	225.7	1.0485	1.5813
0.00	126.1	1.0039	0.8452

参 考 文 献

1　CAS 75-12-7
2　EINECS 200-842-0
3　A. Weissberger. Organic Solvents. 3rd ed. Wiley. 1971. 444
4　W. Parks, et al. J. Am. Chem. Soc. 1941, 63: 3333～4
5　H. D. Hunt and W. T. Simpson. J. Amer. Chem. Soc. 1953, 75: 4540
6　C. J. Pouchert. The Aldrich Library of Infrared Spectra. Aldrich Chemical Co. 1970. 332
7　P. G. Puranik and K. V. Ramiah. J. Mol. Spectr. 1959, 3: 486
8　J. A. Gilpin. Anal. Chem. 1959, 31: 935
9　Sadtler Standard NMR Spectra. No. 7220
10　Formamide. Badische Anilin & Soda Fabrik A. G. 1966
11　Kirk-Othmer. Encyclopedia of Chemical Technology. 2nd ed. Vol. 10. Wiley. 105
12　V. T. Von Kreybig et al. Arzneimittel-Forsch. 1968, 18: 645
13　F. A. Patty. Industrial Hygiene and Toxicology. 2nd ed. Vol. 2. Wiley. 1963
14　1万3千種化学薬品毒性データ集成．海外技術資料研究所．1973. 258
15　G. A. Stark et al. J. Chem. Eng. Data. 1964, 9: 416
16　The Merck Index. **10**, 4121; **11**, 4151

760. *N*-甲基甲酰胺

N-methylformamide

(1) 分子式 C_2H_5ON。　　相对分子质量　59.07

(2) 示性式或结构式

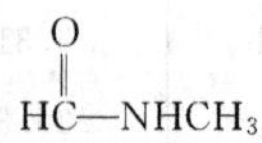

(3) 外观　无色液体。

(4) 物理性质

沸点(101.3kPa)/℃	180～185	偶极矩/(10^{-30}C·m)	16.1
熔点/℃	−3.8	表面张力(30℃)/(mN/m)	37.96
相对密度(15℃/4℃)	1.0075	(40℃)/(mN/m)	36.50
(25℃/4℃)	0.9988	(50℃)/(mN/m)	35.02
电导率/(S/m)	8×10^{-7}	MS　*m/e*;60(3),M^+59(100),58(8),44(1),	
体膨胀系数(25℃)	0.00008691	43(1),42(1),41(3),31(2),30(54),	
折射率(20℃)	1.4319	29(13),28(34),27(3),15(7)	
(25℃)	1.4300		
介电常数(25℃)	182.4	NMR　CH_3 2.82(双峰)	
黏度(25℃)/mPa·s	1.732	NH 7.00(宽谱带)	
(35℃)/mPa·s	1.468	CH 8.10(单峰)	
(45℃)/mPa·s	1.261		

(5) 化学性质　与氯化氢作用能形成两种盐；在非极性溶剂中生成 $HCONHCH_3\cdot HCl$；无溶剂时生成 $(HCONHCH_3)_2\cdot HCl$。与金属钠在室温下几乎不作用。受酸或碱的作用则发生水解。酸性水解速度是甲酰胺＞*N*-甲基甲酰胺＞*N*,*N* 二甲基甲酰胺。碱性水解速度是甲酰胺≫*N*-甲基甲酰胺＞*N*,*N*-二甲基甲酰胺。

(6) 精制方法　实验室常用碱处理脱水或利用苯-水共沸蒸馏脱水后精馏的方法精制。也可以用分子筛处理后精馏精制。

(7) 溶解性能　与苯混溶，溶于水和醇，不溶于醚。$CHFCl_2$ 与 CH_2Cl_2 在 *N*-甲基甲酰胺中的溶解度（g/100g *N*-甲基甲酰胺，32.2℃）分别为 0.768，0.365。

(8) 用途　参照甲酰胺。此外，尚可利用 *N*-甲基甲酰胺从烃类混合物中萃取芳香烃。液相色谱溶剂。

(9) 使用注意事项　为易燃液体。大鼠经口 LD_{50} 为 2700mg/kg。小鼠静脉注射 LD_{50} 为 4420mg/kg。小鼠腹腔注射 LD_{50} 为 707mg/kg。

(10) 附表

表 2-9-120　*N*-甲基甲酰胺的蒸气压

温度/℃	蒸气压/kPa	温度/℃	蒸气压/kPa
44	0.05	102～103	2.67
47	0.08	131	12.00
55	0.20	180～185	101.33
82	1.33		

表 2-9-121　无机盐在 *N*-甲基甲酰胺中的溶解度

[25℃/(g/100g*N*-甲基甲酰胺)]

NaCl	3.22	NaBr	28.6
KCl	2.04	KBr	9.97
LiCl	24.2	KI	44.0
NH_4Cl	5.03	NaI	86.2
NH_4Br	23.7		

参 考 文 献

1　CAS 123-39-7

2　EINECS 204-624-6

3　A. Weissberger. Organic Solvents. 3rd ed. Wiley. 1971. 445

4　M. J. Aroney et al. J. Chem. Soc. 1965，3179

5 D. Feakins and K. G. Lawrence. J. Chem. Soc. Pt. A，1968，212
6 Yu. I. Sinyakov et al. Izv. Akad. Nauk SSSR Otd. Khim. Nauk. 1961，1514
7 C. J. Pouchert. The Aldrich Library of Infrared Spectra. Aldrich Chemical Co. 1970. 334
8 P. E. De Graaf and G. B. B. M. Sutherland. J. Chem. Phys. 1957，26：716
9 J. A. Gilpin. Anal. Chem. 1959，31：935
10 Sadtler Standard NMR Spectra. No. 9350
11 V. T. Von Kreybig et al. Arzneimittel-Forsch. 1968，18：645
12 J. Farrant，J. Pharm. Pharmacol. 1964，16：472；Chem. Abstr. 1964，60：9931
13 R. P. Held and C. M. Criss. J. Phys. Chem. 1965，69：2611
14 M. Davies and D. K. Thomas. J. Phys. Chem. 1956，60：767
15 G. F. D'Alellio and E. E. Reid. J. Amer. Chem. Soc. 1937，59：109
16 G. A. Stark et al. J. Chem. Eng. Data. 1964，9：416
17 张海峰主编. 危险化学品安全技术大典：第1卷. 北京：中国石化出版社，2010

761. *N*,*N*-二甲基甲酰胺

N,*N*-dimethylformamide[DMF,formydimethylamine]

(1) 分子式 C_3H_7ON。　　相对分子质量　73.10。

(2) 示性式或结构式　$HC(=O)—N(CH_3)_2$

(3) 外观　无色透明液体。

(4) 物理性质

沸点(101.3kPa)/℃	153.0	比热容(25℃,定压)/[kJ/(kg·K)]	2.14
熔点/℃	−60.43	临界温度/℃	323.4
相对密度(25℃/4℃)	0.94397	临界压力/MPa	5.2
折射率(25℃)	1.42817	电导率/(S/m)	6×10^{-8}
介电常数(25℃)	36.71	热导率(20℃)/[W/(m·K)]	0.16579
偶极矩(25℃)/(10^{-30} C·m)	12.88	爆炸极限(下限)/%(体积)	2.2
黏度(25℃)/mPa·s	0.802	(上限)/%(体积)	15.2
表面张力(25℃)/(mN/m)	35.2	MS *m/e*:74(5),73M$^+$(100),72(7),58(5),56(1),45(2),44(55),43(6),42(24),41(3),30(14),29(6),28(12),27(2),15(11)	
闪点(开口)/℃	67		
(闭口)/℃	57.8		
蒸发热(25℃)/(kJ/mol)	47.545	NMR $\delta\times10^{-6}$(CCl_4 溶液,TMS基准)	
(100℃)/(kJ/mol)	43.585	$H^cC(=O)—N(CH_3^a)—CH_3^b$	
(b. p.)/(kJ/mol)	38.368	a 2.81(单峰)	
燃点/℃	445	b 2.98(单峰)	
熔化热/(kJ/mol)	16.165	c 7.89(单峰)	
燃烧热/(kJ/mol)	1915.46		

(5) 化学性质　在无酸、碱、水存在下，即使加热到沸点也是比较稳定的。在酸的作用下分解成甲酸和二甲胺盐，而在碱的作用下则分解成甲酸盐和二甲胺：

$$HCON(CH_3)_2+H_2O+H^+\longrightarrow HCOOH+NH_2(CH_3)_2^+$$
$$HCON(CH_3)_2+OH^-\longrightarrow HCOO^-+NH(CH_3)_2$$

受紫外线作用分解成二甲胺与甲醛，加热到350℃左右分解成二甲胺与一氧化碳。与盐酸形成比较稳定的等摩尔的加合物，其熔点为40℃，沸点为110℃。与 SO_3 也能形成结晶性加合物，其熔点为138℃，沸点为145℃，DMF-SO_3 可作为缓和的磺化剂和硫酸化剂使用。与 $POCl_3$、$COCl_2$、$SOCl_2$ 等形成的加合物可在电子密度高的芳香环上引入 CHO 基（Vilsmeier 反应）。P_2O_5 在室温下不溶于 *N*,*N*-二甲基甲酰胺，但在40℃以上形成稳定的络合物后，在室温即能溶解，而不发生

沉淀。在金属钠存在下加热时发生激烈反应并放出氢气。与三乙基铝在 0℃ 也能发生激烈反应。也能与 Grignard 试剂反应。与酰氯及酸酐发生反应时生成二甲酰胺的衍生物：

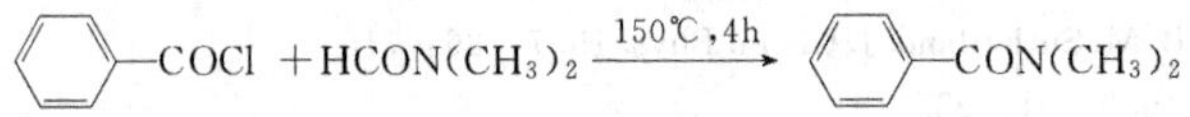

$$(CH_3CO)_2O+HCON(CH_3)_2 \xrightarrow[H_2SO_4]{150℃,6h} CH_3CON(CH_3)_2$$

N,*N*-二甲基甲酰胺在自由基引发剂存在下与烯烃发生下列反应：

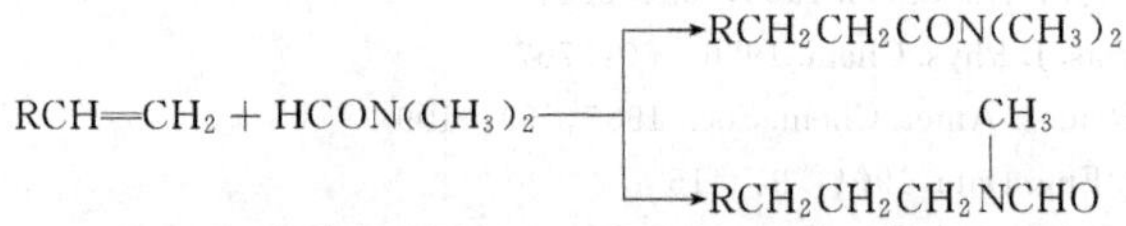

(6) 精制方法 *N*,*N*-二甲基甲酰胺常含有水、乙醇、伯胺、仲胺等杂质，并能与 2 分子水形成 $HCON(CH_3)_2 \cdot 2H_2O$。要得到高纯度产品，可使用干燥剂与蒸馏并用的方法。首先加入 1/10 体积的苯，常压下进行共沸蒸馏以除去水。再按下列方法精制：

① 加入无水硫酸镁（25g/L）干燥，减压下 2～2.67kPa 蒸馏。

② 加入粉状氧化钡，搅动后倾出液体，减压蒸馏。

③ 加入氧化铝粉末（50g/L，500～600℃烧成），混合摇动，减压下（0.67～1.33kPa）蒸馏。

④ 加入三苯基氯硅烷（5～10g/L），120～140℃加热 24 小时后减压（0.67kPa）蒸馏。

由以上方法所得产品电导率：(1)（0.9～1.5）$\times 10^{-7}$ S/m；(2)（0.4～1.0）$\times 10^{-7}$ S/m；(3)（0.3～0.9）$\times 10^{-7}$ S/m；(4)（0.2～0.5）$\times 10^{-7}$ S/m。

(7) 溶解性能 能与水、醇、醚、酯、酮、不饱和烃、芳香烃等混溶。但不与汽油、己烷、环己烷一类饱和烃混溶。

(8) 用途 *N*,*N*-二甲基甲酰胺在酰胺类溶剂中应用最广。主要用作聚丙烯腈纤维纺丝用溶剂。在石油化学工业中作为气体吸收剂，用于乙炔的选择性吸收和丁二烯的分离精制。在人造革生产中用作溶剂。在气液色层分析中用作固定相。在农药上用来合成杀虫脒。在医药上用来合成磺胺嘧啶、强力霉素、可的松、维生素 B_6 等。此外，*N*,*N*-二甲基甲酰胺为非质子型的极性溶剂，是许多有机合成反应的优良溶剂。液相色谱溶剂。

(9) 使用注意事项 致癌物。危险特性属第 3.3 类高闪点易燃液体。危险货物编号：33627。UN 编号：2265。*N*,*N*-二甲基甲酰胺对铁和软钢没有腐蚀性，但应避免使用铜或铝制容器贮存，因它们能使溶剂变色。*N*,*N*-二甲基甲酰胺有吸湿性，故容器应密闭，并通入惰性气体（如干燥氮气）封闭贮存。由于它的溶解能力强，应注意选择泵、阀门和垫圈等。属低毒类。动物试验证明，连续投给大量的 *N*,*N*-二甲基甲酰胺时，引起体重减轻，并阻碍造血机能。对眼、皮肤、黏膜有强烈的刺激作用，其液体或蒸气被皮肤吸收后还能引起肝脏障碍。吸入高浓度的蒸气能引起急性中毒，主要症状为严重刺激、全身痉挛、疼痛性便秘和恶心、呕吐等。慢性中毒除有皮肤、黏膜刺激外，尚有恶心、呕吐、胸闷、头痛、全身不适、食欲减少、胃痛、便秘、肝大和肝功能变化、尿胆素原和尿胆素亦可增加。使用时要求平均蒸气浓度在 29.9mg/m^3 以下，59.8mg/m^3 时即出现中毒症状（伤害中枢神经）。大鼠和小鼠的经口毒性 LD_{50} 为 3000～7000mg/kg。嗅觉阈浓度 0.14mg/m^3，TJ 36—79 规定车间空气中最高容许浓度为 10mg/m^3。

(10) 规格 HG/T 2028—2009 工业用二甲基甲酰胺。

项　目	优等品	一等品	合格品	项　目	优等品	一等品	合格品
二甲基甲酰胺/%	99.9	99.5		铁/%		0.050	
甲醇/%	0.0010	0.0030	0.0050	酸度(以甲酸计)/%	0.0010	0.0020	0.0030
重组分(以二甲基乙酰胺计)/%		供需双方协商确定		碱度(以二甲胺计)/%	0.0010	0.0020	0.0030
色度(Hazen 单位,铂-钴色号)	5	10	20	pH 值(25℃,20%水溶液)		6.5～8.0	
水/%		0.050		电导率(25℃)/(μS/cm)	2.0		—

(11) 附表

表 2-9-122 各种盐类在 *N*,*N*-二甲基甲酰胺中的溶解度（室温）

单位：g/100g DMF

盐	溶解度	盐	溶解度	盐	溶解度	盐	溶解度
$Al(NO_3)_3 \cdot 9H_2O$	20	I_2	>25	LiCl	11.04	NH_4SCN	15.2
$CaCl_2$	0.5	CH_3COOK	0.09	$NaBH_4$	25.5	$(NH_4)_2CO_3$	0.04
$Ca(NO_3)_2 \cdot 4H_2O$	20	K_3PO_4	0.015	HCOONa	0.1	NH_4NO_3	55.1
$CaSO_4 \cdot 2H_2O$	1.2	KCl	<0.05	NaCl	<0.05	$NiCl_2 \cdot 6H_2O$	>5
$CoCl_2 \cdot 6H_2O$	20	K_2CO_3	0.05	NaCN	0.76	$Ni(NO_3)_2 \cdot 6H_2O$	20
$Co(NO_3)_2 \cdot 6H_2O$	20	KCN	0.22	NaCNO	<0.05	S	0.2
$CrCl_2 \cdot 6H_2O$	40	KCNO	0.12	NaSCN	29.2	$SnCl_2 \cdot 2H_2O$	20
$CuCl_2 \cdot 2H_2O$	15	KSCN	18.2	Na_2CO_3	<0.05	NH_2SO_3H	37.6
$Cu(NO_3)_2 \cdot 3H_2O$	20	KI	32.5	NaI	14.4	$ZnCl_2$	>10
$CuSO_4$	1.8	$KMnO_4$	20	$NaNO_2$	1.88	$Zn(NO_3)_2 \cdot 6H_2O$	20
$Fe(NO_3)_3 \cdot 6H_2O$	20	KNO_2	0.64	$NaNO_3$	15.4	$ZnSO_4 \cdot 7H_2O$	20
$FeSO_4 \cdot 7H_2O$	微量	KNO_3	1.5	NH_4Br	12.7		
$FeCl_3$	>20	KOH	0.1	NH_4Cl	0.1		

表 2-9-123 各种气体在 *N*,*N*-二甲基甲酰胺中的溶解度 单位：g/100g DMF

无机气体	温度/℃	溶解度	有机气体	温度/℃	溶解度
NH_3	0	6.4	乙炔	20	5.1
	25	2.5		100	0.9
BF_3	0	120	丁二烯	20	11.2
HBr	0	253		100	2.5
HCl	20	106	丁烯	20	7.3
HF	0	35.4		100	1.5
HCN	60	47.2	丁烷	20	4.7
H_2S	25	5.6		100	1.3
SO_2	25	122	丙烯	20	0.78
CO_2	20	1.0	丙烷	20	0.85
CO	20	0.014	乙烯	20	0.29
H_2	20	4×10^{-4}	乙烷	20	0.184
N_2	20	0.007	甲烷	20	0.021

表 2-9-124 有机化合物在 *N*,*N*-二甲基甲酰胺中的溶解度（室温）

单位：g/100g DMF

间苯二酸	51.6	二硫化四甲基秋兰姆	85
对苯二酸	7.4	二甲基二硫代氨基甲酸锌	4
均苯四甲酸	S	季戊四醇	20 (100 ℃)
偏苯三酸	S	蔗糖	16.4
氰尿酸	I	淀粉	I
双氰胺	29 (0℃)	大豆蛋白质	I
尿素	>20	动物蛋白质	SW

注：S—溶解；I—不溶；SW—很少溶解。

表 2-9-125 各种树脂在 *N*,*N*-二甲基甲酰胺中的溶解性能（室温）

丙烯系树脂		乙烯系树脂	
聚丙烯腈	S	聚氯乙烯	S
聚甲基丙烯酸酯	S	聚乙酸乙烯酯	S
聚氰基丙烯酸酯	S	聚氟代乙烯	S
ABS	S	萨冉树脂 F-120	S

续表

聚苯乙烯树脂	S	锦纶-6、锦纶-66、锦纶-6,10、锦纶-8	I
环氧树脂		酚醛树脂	S
环氧树脂(Araldite)6097,6099(Ciba)	S	脲醛树脂	I
环氧树脂(Epikote)827(Shell)	S	聚氨基甲酸乙酯,聚酯系(醇酸树脂),苯氧基树脂	S
固化环氧树脂	I	聚碳酸酯,聚烯(烃)树脂	I
聚酰胺树脂			

注：表中 S—可溶；I—不溶。

表 2-9-126 *N*, *N*-二甲基甲酰胺的毒性（LD_{50}）　单位：mg/kg

实验动物	经口	皮下注射	静脉注射	腹腔注射
大鼠	7000	5060		
大鼠	3500	3600		1320
小鼠		5070		
小鼠	3750	3500		
大鼠	4000	3500		
小鼠			3650	6570
大鼠	>3000			

(12) 附图

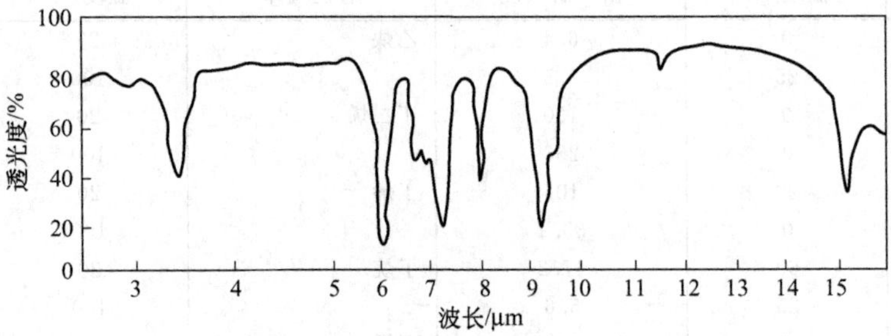

图 2-9-27 *N*,*N*-二甲基甲酰胺的红外光谱图

参 考 文 献

1 CAS 68-12-2
2 EINECS 200-679-5
3 A. Wissberger. Organic Solvents 3rd ed. Wiley. 1971. 446
4 DMF 技術資料. 日東化学工業（株）
5 DMF. Du Pont de Nemours & Co. 1967
6 H. D. Hunt and W. T. Simpson. J. Amer. Chem. Soc.. 1953，75：4540
7 C. J. Pouchert. The Aldrich Library of Infrared Spectra. Aldrich Chemical Co. 1970. 336
8 P. G. Puranik and K. V. Ramiah. Proc. Indian. Acad. Sci.，1961，54：69；Chem. Abstr. 1962，56：9592
9 J. A. Gilpin. Anal. Chem. 1959，31：935
10 Sadtler Standard NMR Spectra. No. 9537
11 1万3千種化学薬品毒性データ集成. 海外技術資料研究所. 1973，204
12 H. F. Smyth and C. P. Carpenter. Jr. J. Ind. Hyg. Toxicol. 1948，30：63；Chem. Abstr. 1948，42：1677e
13 W. Massmann. Brit. J. Ind. Med. 1956，13：51；Chem. Abstr. 1956，50：59496
14 藤崎圭次郎. 医学研究. 1960，30 (8)：87；Chem. Abstr. 1961，55：27644f
15 K. P. Strasenkova. Toksikol. Novykh. Prom. Khim. Veshchestv. 1961. 52；Chem. Abstr. 1963，57：15450g
16 J. Farrant. J. Pham. Pharmacol. 1964，16：472
17 V. T. Vob Kreybig et al. Arzneimittel-Forsch. 1968，18：645
18 Beilstein Handbuch der Organischen Chemie. H，4-58；E Ⅳ，4-171
19 The Merck Index. **10**，3237；**11**，3232
20 张海峰主编. 危险化学品安全技术大典：第1卷. 北京：中国石化出版社，2010

762. *N*,*N*-二乙基甲酰胺

N,*N*-diethylformamide

(1) 分子式　$C_5H_{11}ON$。　　相对分子质量　101.15。

(2) 示性式或结构式　$HC(=O)—N(C_2H_5)_2$

(3) 外观　无色液体。

(4) 物理性质

沸点(101.3kPa)/℃	177～178	蒸发热/(kJ/mol)	50.07
熔点/℃	−78	燃烧热/(kJ/mol)	3169
相对密度(19 ℃/4 ℃)	0.9080	电导率/(S/m)	0.61×10^{-6}
折射率(25℃)	1.4321	蒸气压(66～67 ℃)/kPa	1.87
黏度/mPa·s	1.366	(73 ℃)/kPa	2.5
闪点(闭口)/℃	69		

(5) 化学性质　对酸、碱的反应性、对热、光和贮存的稳定性以及化学性质都与*N*,*N*-二甲基甲乙酰（DMF）、*N*,*N*-二甲基乙酰胺（DMAC）相似。在加热下能吸收 HCl，并能与 Grignard 试剂反应。

(6) 精制方法　参照*N*,*N*-二甲基甲酰胺。

(7) 溶解性能　能与水、丙酮、苯等混溶。溶于醇和醚。能溶解聚丙烯腈、氨基甲酸乙酯预聚物、聚氯乙烯、偏氯乙烯和氯乙烯共聚物、聚乙烯醇缩甲醛、聚酰亚胺树脂等高分子化合物。

参 考 文 献

1　CAS 617-84-5

2　EINECS 210-533-2

3　Beilstein. Handbuch der Organischen Chemie. H，4-109；E Ⅰ. 4-352；E Ⅱ. 4-601；E Ⅲ. 4-207

4　B. V. Ioffe. Zh. Obshch. Khim. 1955，25：902；Chem Abstr. 1955，49：13717

5　J. G. Grasselli. Atals of Spectral Data and Physical Constants for Organic Compounds. CRC Press，1973. B-539

6　DEF. 大日本化成（株）

7　R. Gopal and S. A. Rizvi. J. Indian. Chem. Soc. 1966，43 (3)：179；Chem. Abstr. 1966，65：3739h

8　R. Gopal and S. A. Rizvi. J. Indian Chem. Soc. 1968，45 (1)：13；Chem. Abstr. 1968，68；98954r

9　V. V. Chalapathi and K. V. Ramiah. Current Sci. India. 1965，34：12

10　Sadtler Standard IR Prism Spectra. No. 5051

11　J. A. Gilpin. Anal. Chem. 1959，31：935

12　Sadtler Standard NMR Spectra. No. 17079

13　T. Yonezawa and I. Morishima. Bull. Chem. Soc. Japan. 1966，39：2346

763. 乙　酰　胺

acetamide［acetic acid amide，ethanamide］

(1) 分子式　C_2H_5ON。　　相对分子质量　59.07。

(2) 示性式或结构式　$H_3C—C(=O)—NH_2$

(3) 外观　无色晶体，纯品无气味。

(4) 物理性质

沸点(101.3kPa)/℃	221.15	偶极矩(30℃)/(10^{-30} C·m)	11.47
熔点/℃	81	闪点(闭口)/℃	>104
相对密度(91.1℃/4℃)	0.9892	蒸发热(b.p.)/(kJ/mol)	56.1
(111.8℃/4℃)	0.9711	熔化热(80℃)/(kJ/mol)	15.717
(131.7℃/4℃)	0.9538	生成热/(kJ/mol)	−320.7
折射率(80℃)	1.4270	燃烧热(25℃,液体)/(kJ/mol)	1199.5
(110℃)	1.4158	比热容(80～150℃,定压)/[kJ/(kg·K)]	2.81
(130℃)	1.4079	电导率(83.2℃)/(S/m)	8.8×10^{-7}
黏度(91.1℃)/mPa·s	2.182	(100℃)/(S/m)	4.3×10^{-5}
(111.8℃)/mPa·s	1.46	凝固点/℃	80.00
(131.7℃)/mPa·s	1.056	MS m/e:60(4),59M^+(100),45(2),44(76),43(57),42(28),	
表面张力(85℃)/(mN/m)	38.96	41(16),31(3),30(2),29(2);28(7),27(2),15(23)	
(95℃)/(mN/m)	37.95	NMR $\delta\times10^{-6}$(D_2O,TMS基准)	
(105℃)/(mN/m)	36.96	CH_3 1.98(单峰)	
介电常数(83℃)	59		

(5) 化学性质 乙酰胺水溶液加热时发生水解，生成醋酸铵。与五氧化二磷一类强脱水剂加热时生成乙腈。与甲胺盐酸盐反应生成 *N*-甲基乙酰胺 $CH_3CONHCH_3$。在乙酸溶液中，40～50℃时与乙炔和羰基镍作用，生成 *N*-乙酰基丙烯酰胺。与亚硝酸反应生成乙酸和氮气：

$$CH_3CONH_2+HNO_2\longrightarrow CH_3COOH+N_2+H_2O$$

在碱性溶液中与次氯酸钠作用变成 *N*-氯代乙酰胺，进而发生 Hofmann 反应，生成甲胺：

$$CH_3CONH_2+NaOCl\longrightarrow CH_3CONHCl+NaOH$$

$$CH_3CONHCl+3NaOH\longrightarrow CH_3NH_2+NaCl+Na_2CO_3+H_2O$$

与三氯乙醛反应生成 $CCl_3CH(OH)NHCOCH_3$。在碳酸钙存在下乙酰胺水溶液受日光照射时，发生光分解反应。

(6) 精制方法 乙酰胺通常采用蒸馏与溶剂重结晶的方法进行精制。常用的溶剂有丙酮、苯、乙酸乙酯、乙酸甲酯、氯仿、二噁烷或苯与乙酸乙酯混合液（3∶1 和 1∶1）等。此外，也可用减压升华的方法精制。

(7) 溶解性能 溶于液氨、脂肪族胺、水、醇、吡啶、氯仿、甘油、热苯、丁酮、丁醇、苄醇、环己酮、异戊醇等，微溶于乙醚。对大多数无机盐类都能很好地溶解。

(8) 用途 熔融的乙酰胺为多种有机物和无机物的优良溶剂。可用作对水溶解度低的一些物质在水中溶解时的增溶剂，例如纤维工业中用作染料的溶剂和增溶剂。还广泛用作增塑剂的稳定剂，化妆品工业的抗酸剂，造纸工业的润湿剂以及在合成氯霉素等抗生素中用作溶剂。

(9) 使用注意事项 致癌物。毒性较低，大鼠经口 LD_{50} 为 2500mg/kg。慢性毒性试验表明小鼠经 152 周出现有毒症状的量（TD）为 360mg/kg。小鱼试验的鱼毒性 96 小时的 TLm 为3000mg/L。

(10) 附表

表 2-9-127 乙酰胺的蒸气压

温度/℃	蒸气压/kPa	温度/℃	蒸气压/kPa
65.0	0.13	136	5.33
92	0.67	158	13.33
105	1.33	200	53.33
120	2.67	221	101.33

表 2-9-128 乙酰胺在水和乙醇中的溶解度 单位：(g/100g 水或乙醇)

温度/℃	水	乙 醇	温度/℃	水	乙 醇
0	138.0	29.0	40	410.0	145.0
10	170.0	43.0	50	560.0	220.0
20	220.0	65.0	60	850.0	370.0
30	300.0	100.0			

表 2-9-129　无机盐类在乙酰胺中的溶解度

单位：100℃/（g/100乙酰胺）

无机盐	溶解度	无机盐	溶解度
$Zn(CN)_2$	1.77	$Ni(NH_3)_6Br_2$	3.20
$Cd(CN)_2$	1.64	$Co(NH_3)_5Cl_3$	2.50
SnI_4	6.24	$K_3Co(CN)_6$	3.32
$PbCl_2$	2.78	CH_3COOTl	2.63

表 2-9-130　含乙酰胺的二元共沸混合物

第二组分	共沸点/℃	乙酰胺/%	第二组分	共沸点/℃	乙酰胺/%
苯乙烯	144	12	2-苯基乙醇	214.05	35
乙苯	135.6	8	百里酚	219.9	70.5
邻二甲苯	142.6	11	苯甲醛	178.6	6.5
间二甲苯	138.4	10	苯乙酮	197.45	16.5
对二甲苯	137.75	8	丙基苯基甲酮	204.0	31
辛烷	125.6	1	佛尔酮	194.8	12
茚	177.2	17.5	香芹酮	210.65	42.5
萘	199.55	27	乙酸苄酯	204.8	27.5
甲基异丙苯	170.5	19	苯甲酸乙酯	200.85	24
莰烯	155.5	12	水杨酸乙酯	209.2	40.2
d-萜二烯	169.2	16	丁酸异戊酯	174.75	11.8
α-蒎烯	152.5	13	异戊酸异丁酯	169.3	10.5
四氯乙烯	120.45	2.6	肉桂酸甲酯	219.1	62
五氯乙烷	160.5	3.0	苯甲酸丙酯	209.0	38
1，2，3-三氯丙烷	154.5	7.5	苯甲酸甲酯	193.8	15
对二溴苯	199.35	18	水杨酸甲酯	205.8	29
邻二氯苯	174.0	10	对氯酚	231.7	33
对二氯苯	169.9	10	苯乙醚	168.3	10.8
溴苯	154.85	4.2	丁子香酚	220.8	88
氯苯	131.85	3	邻硝基酚	207.7	24.2
碘苯	180	13	邻硝基甲苯	206.45	32.5
硝基苯	201.95	24	间硝基甲苯	210.8	42
邻溴甲苯	175	11.5	对硝基甲苯	213.4	48
对溴甲苯	178.0	12	*N*-甲基苯胺	193.8	14
苄基氯	173.7	11	邻甲苯胺	198.55	12
邻氯甲苯	157.8	8	间甲苯胺	200.95	14
对氯甲苯	160.0	8.5	对甲苯胺	198.7	12
对碘甲苯	195	17	邻氨基苯乙醚	216.0	55
1-溴代萘	217.35	56.5	黄樟脑	208.8	32
1-氯代萘	213.9	52.2			

参 考 文 献

1　CAS 60-35-5

2　EINECS 200-473-5

3　A. Weissberger. Organic Solvents. 3rd ed. Wiley. 1971. 447

4　有機合成化学協会. 溶剤ポケットブック. オーム社. 1977. 705，919

5　C. J. Pouchert. The Aldrich Library of Infrared Spectra. Aldrich Chemical Co. 1970. 332

6　P. G. Puranik and. K. V. Ramiah. Proc. Indian Acad. Sci. 1961，54：69 Chem. Abstr. 1962，56，9592

7　J. A. Gilpin. Anal. Chem. 1959，31：935

8　Sadtler Standard NMR Spectra. No. 4280

9　V. T. Von Kreybig et al. Arzneimittel-Forsch. 1968，18：645

10 1万3千種化学薬品データ集成. 海外技術資料研究所. 1973. 2
11 Toxicology and Applied Pharmacology. 1969, 14, 163
12 主要化学品1000種毒性データ特別調査レポート. 海外技術資料研究所. 1973. 006
13 J. E. Wallen et al.. Sewage Ind. Wastes. 1957. 29: 695
14 D. R. Stull. Ind. Eng. Chem. 1947, 39: 519
15 A. Seidell. Solubilities of Organic Compounds. 3rd, ed. Vol. 2. Van Nostrand Reinhold. 1941. 120
16 O. F. Stafford. J. Amer. Chem. Soc. 1933, 55: 3987
17 M. Lecat. Tables Azëotropiques. 2 Aufl, Interscience Brüssel. 1949
18 The Merck Index. **10**. 35; **11**, 36
19 张海峰主编. 危险化学品安全技术大典: 第1卷. 北京: 中国石化出版社, 2010

764. *N*-甲基乙酰胺

N-methylacetamide [acetylmethylamine, NMAC]

(1) 分子式 C_3H_7ON。 相对分子质量 73.10。

(2) 示性式或结构式

$$CH_3\overset{\overset{\displaystyle O}{\|}}{C}—NHCH_3$$

(3) 外观 针状晶体。

(4) 物理性质

沸点(101.3kPa)/℃	206	表面张力(30℃)/(mN/m)	33.67
熔点/℃	30.55	蒸发热(115～205℃)/(kJ/mol)	59.5
相对密度(30℃/4℃)	0.9498	熔化热/(J/mol)	8.37
折射率(28℃)	1.4286	临界温度/℃	417
介电常数(32℃)	191.3	电导率(40℃)/(S/m)	2×10^{-1}
偶极矩(20.1℃)/(10^{-30}C·m)	14.64	蒸气压(56℃)/kPa	0.2
黏度(35℃)/mPa·s	3.23		

(5) 化学性质 与氯化氢作用能生成两种形式的盐，即 $CH_3CONHCH_3\cdot HCl$（熔点67.2～69.4℃）和 $(CH_3CONHCH_3)_2\cdot HCl$。与金属钠在室温下几乎不发生反应。与亚硝酸反应生成亚硝基化合物。与乙酸酐回流煮沸生成 *N*-甲基二乙酰胺。受酸或碱的作用，*N*-甲基乙酰胺都能发生水解。

(6) 精制方法 *N*-甲基乙酰胺是由甲胺与乙酸反应合成的。一般利用多次分馏和分步结晶的方法精制，可以得到电导率为 5×10^{-8}S/m 的产品。作盐类电导率研究用的 *N*-甲基乙酰胺，可在其中加入五氧化二磷摇振，用玻璃棉过滤后真空蒸馏。重复此操作3次后再蒸馏2次，可得电导率为 4.2×10^{-7}S/m 的纯品。

(7) 溶解性能 易溶于水、醇、醚、丙酮、苯、氯仿，不溶于溶剂汽油。

(8) 用途 *N*-甲基乙酰胺的介电常数（165，40℃）比 *N*-甲基甲酰胺大，主要应用于电化学方面。也用于制药工业。

(9) 使用注意事项 致癌物。大鼠经口 LD_{50} 为 3200mg/kg。小鼠静脉注射 LD_{50} 为 4010mg/kg。小鼠腹腔注射 LD_{50} 为 4380mg/kg。妊娠13日的大鼠给予750mg/kg 的 *N*-甲基乙酰胺，出现畸胎。

参 考 文 献

1 CAS 79-16-3
2 EINECS 201-182-6
3 A. Weissberger. Organic Solvents. 3rd ed. Wiley. 1971. 447
4 S. I. Mizushima et al. J. Amer. Chem. Soc 1950, 72: 3490

5 C. J. Pouchert. The Aldrich Library of Infrared Spectra. Aldrich Chemical Co. 1970. 335
6 Beilstein. Handbuch der Organischen Chemie. E Ⅲ，4-145
7 J. A. Gilpin. Anal. Chem. 1959，31：935
8 Sadtler Standard NMR Spectra. No. 10244
9 V. T. Von Kreybiget et al. Arzneimittel-Forsch. 1968，18：645
10 J. Farrant. J. Pharm. Pharmacol. 1964，16：472；Chem. Abstr. 1964，60：9931f

765. *N*,*N*-二甲基乙酰胺

N,*N*-dimethylacetamide［DMAC］

(1) 分子式　C_4H_9ON。　　相对分子质量　87.12。

(2) 示性式或结构式

$CH_3C(=O)—N(CH_3)_2$

(3) 外观　无色液体。

(4) 物理性质

沸点(101.3kPa)/℃	166.1	比热容(20℃,定压)/[kJ/(kg·K)]	2.02
熔点/℃	−20	临界温度/℃	364
相对密度(25℃/4℃)	0.9366	临界压力/MPa	3.9
折射率(20℃)	1.4384	蒸气压(25℃)/kPa	0.17
(25℃)	1.4356	爆炸极限(下限,160℃)/%(体积)	2.0
介电常数(25℃)	37.78	(上限,160℃)/%(体积)	11.5
偶极矩/(10^{-30}C·m)	12.41	热导率(20℃)/[W/(cm·K)]	0.155
黏度(25℃)/mPa·s	0.92	MS*m/e*:88(4),87M⁺(69),72(15),60(2),58(1),56(2),52(2),45(23),44(100),43(46),42(19),41(2),30(8),29(1),28(5),27(1),15(11)	
(30℃)/mPa·s	0.838		
表面张力(30℃)/(mN/m)	32.43		
闪点(开口)/℃	77	NMR $\delta\times10^{-6}$(CCl_4,TMS基准)	
燃点/℃	420	$\overset{a}{CH_3}C(=O)—N(\overset{c}{CH_3})(\underset{b}{CH_3})$	a　1.98(单峰)
熔化热/(kJ/mol)	10.43		b　2.83或c(单峰)
蒸发热(25℃)/(kJ/mol)	53.2		c　3.01或b(单峰)
(b.p.)/(kJ/mol)	43.375		
燃烧热/(kJ/mol)	2546		

(5) 化学性质　化学性质与*N*,*N*-二甲基甲酰胺非常相似，是一种有代表性的酰胺类溶剂。在无酸、碱存在时，常压下加热至沸腾不分解，因此可以在常压下蒸馏。水解速度很慢，含有5%水的*N*,*N*-二甲基乙酰胺在95℃加热140小时，只有0.02%发生水解。但有酸碱存在时，水解速度增加。强碱存在时加热发生皂化：

$$CH_3CON(CH_3)_2+NaOH \longrightarrow CH_3COONa+(CH_3)_2NH$$

在H^+存在下加热时，与醇发生醇解反应：

$$CH_3CON(CH_3)_2+ROH \longrightarrow CH_3COOR+(CH_3)_2NH$$

(6) 精制方法　将工业品用固体氢氧化钾或氧化钙处理后蒸馏。也可以加入氧化钡摇动几天后，和氧化钡一起回流1小时，然后减压分馏。

(7) 溶解性能　对多种有机、无机物质都有良好的溶解能力。能与水、醚、酯、酮、芳香族化合物混溶。可溶解不饱和脂肪烃，对饱和脂肪烃难溶。能溶解丙烯腈共聚物、乙烯系树脂、纤维素衍生物、苯乙烯树脂、线型聚酯树脂等。

(8) 用途　主要用作聚丙烯腈和聚氨基甲酸乙酯纺丝用溶剂，也用作聚酰胺树脂的溶剂和从C_8馏分离苯乙烯的萃取蒸馏溶剂。还广泛用于高分子薄膜、涂料和医药等方面。此外，*N*,*N*-二甲基乙酰胺和*N*,*N*-二甲基甲酰胺一样，为非质子型的极性溶剂，为许多有机合成反应的优良溶剂。液相色谱溶剂。

(9) 使用注意事项　致癌物。N,N-二甲基乙酰胺的燃烧范围在空气中100℃为1.70%～18.5%（体积）；200℃为1.45%～15.2%（体积）。属低毒类，嗅觉阈浓度$165mg/m^3$。工作场所最高容许浓度$71.2mg/m^3$。大鼠经口LD_{50}为3.59g/kg。小鼠经口LD_{50}为4.20g/kg。小鼠腹腔注射LD_{50}为3920mg/kg。小鼠静脉注射LD_{50}为5910mg/kg。动物急性中毒表现为活动减少，四肢无力，侧卧，呼吸急促。严重时出现四肢震颤性抽动。皮肤染毒局部发红，并出现烧灼现象。尸检见肺明显淤血和灶性出血。肝细胞浊肿变性和大块坏死，并伴有灶性巨细胞及蓝染物质的浸润。还可见有睾丸病理损害。

(10) 附表

表 2-9-131　*N*,*N*-二甲基乙酰胺的水解率

（0.096mol/L H_2SO_4，含水5.07%）

温度/℃	时间/h	水解率/%
30	264	0.48
50	289	0.49
95	25	0.36

表 2-9-132　*N*,*N*-二甲基乙酰胺的水解率

[0.02mol/L$(CH_3)_4NOH$，含水7.48%]

温度/℃	时间/h	水解率/%
30	264	0.35
50	288	0.31
95	264	0.39

表 2-9-133　*N*,*N*-二甲基乙酰胺温度变化与物理性质的关系

温度/℃	相对密度	介电常数	表面张力/(mN/m)	黏度/mPa·s
15	0.9448(15.5℃)	40.1		
20		38.9		2.141(20.4℃)
25	0.9366	37.8		0.92
30	0.9323	36.8	32.43	0.838
35		35.8		
40	0.9232		30.92	0.766
50			29.50	

表 2-9-134　气体在*N*,*N*-二甲基乙酰胺中的溶解度

气　体	温度/℃	溶解度/(体积/体积)	气　体	温度/℃	溶解度/(体积/体积)
乙炔	25	24.4	二氧化硫	20	405
硫化氢	20	47.5	二氧化硫	70	130
硫化氢	70	13.1	二氧化碳	20	4.4

表 2-9-135　烃类在*N*,*N*-二甲基乙酰胺中的溶解度

单位：(g/100g *N*,*N*-二甲基乙酰胺)

化合物	温度/℃	溶解度	化合物	温度/℃	溶解度
异辛烷	25	33	环己烯	25	混溶
二异丁烯	25	混溶	煤油	25	16
己烷	25	混溶	$CHFCl_2$	32.2	1.87
庚烷	25	31	CH_2Cl_2	32.2	0.808
环己烷	25	混溶			

参 考 文 献

1 CAS 127-19-5

2 EINECS 204-826-4

3 A. Weissberger. Organec Solvents. 3rd ed. Wiley. 1971. 450

4 DMAC. 日東化学工業（株）

5 DMAC. du. Pont de Nemours & Co., 1967

6 C. J. Pouchert. The. Aldrich Library of Infrared Spectra. Aldrich Chemical Co., 1970. 336

7 K. W. P. Kohlrausch and A. Pongratz. Monatsh Chem. 1937, 70; 226; Chem. Abstr. 1937, 31; 4902; Beilstein

8 Handbuch der Organischen Chemie. E Ⅲ，4-145
9 J. A. Gilpin. Anal. Chem. 1959，31，935
10 Sadtler Standard NMR Spectra. No. 8875
11 1万3千種化学薬品毒性データ集成. 海外技術資料研究所. 1973. 196
12 J. Farrant. J. Pharmacol. 1964，16：472；Chem. Abstr. 1964，60：9931f
13 G. R. Leader and J. F. Gormley. J. Amer. Chem. Soc. 1951，73：5731

766. *N*-甲基丙酰胺

N-methylpropionamide

(1) 分子式　C_4H_9ON。　　　　相对分子质量　87.12。

(2) 示性式或结构式

$$CH_3CH_2\overset{O}{\overset{\|}{C}}—NHCH_3$$

(3) 外观　无色液体。

(4) 物理性质

沸点(13.33kPa)/℃	148	黏度(25℃)/mPa·s	5.215
熔点/℃	−30.9	表面张力(30℃)/(mN/m)	31.20
相对密度(25℃/4℃)	0.93050	蒸发热(1.33～13.33kPa)/(kJ/kg)	54.43
折射率(25℃)	1.4345	临界温度/℃	412
介电常数(25℃)	172.2	电导率(25℃)/(S/m)	8×10^{-8}
偶极矩(110℃,气体)/(10^{-30}C·m)	11.97	蒸气压(104℃)/kPa	2.13

(5) 化学性质　与氯化氢生成两种盐：在非极性溶剂中生成 $CH_3CH_2CONHCH_3\cdot HCl$；无溶剂时生成（$(CH_3CH_2CONHCH_3)_2\cdot HCl$（熔点 84～45℃）。与金属钠在室温下不发生反应，但能在沸腾的甲苯溶液中进行反应。*N*-甲基丙酰胺的碱性水解速度 $K\times10^4$ [1/(mol·s)] 在60℃，75.8℃，85.7℃分别为 2.51，1.44，2.73。

(6) 精制方法　于 *N*-甲基丙酰胺中加入氧化钙进行蒸馏。或与二甲苯进行共沸蒸馏，以除去水分和丙酸。再于减压下（0.67kPa）分馏精制。

(7) 溶解性能　能溶于水。

(8) 使用注意事项　大鼠经口 LD_{50} 为 1700mg/kg。妊娠 13 日的大鼠给予 500mg/kg 的 *N*-甲基丙酰胺出现畸胎。

(9) 附表

表 2-9-136　*N*-甲基丙酰胺的介电常数与温度的关系

温度/℃	介电常数	温度/℃	介电常数	温度/℃	介电常数
−40	348	20	170	40	139
	340		179.8	60	114
−20	267	25	163.1	80	96
0	210		172.2	100	82
15	179.8	30	164.3	120	71
	188.1	35	156.7		

参　考　文　献

1 CAS 1187-58-2
2 EINECS 214-699-7
3 A. Weissberger. Organic Solvents. 3rd ed. Wiley. 1971. 451
4 M. Beer et al. J. Chem. Phys. 1958，29：1097
5 Sadtler Standard IR Prism Spectra. No. 46187
6 K. V. Ramiah et al. Current Sci. India. 1966，35：350；Chem. Abstr. 1966，65：13038
7 Sadtler Standard NMR Spectra. No. 19013

8 V. T. Von Kreybig et al. Arzneimittel-Forsch. 1968，18：645

9 G. R. Leader and G. F. Gormley. J. Amer. Chem. Soc. 1951，73：5731

10 S. J. Bass et al. J. Phys. Chem. 1969，68：509

11 R. M. Meighan and R. H. Cole. J. Phys. Chem. 1964，68：503

767. *N*,*N*,*N*′,*N*′-四甲基脲

N,*N*,*N*′,*N*′-tetramethylurea［TMU］

(1) 分子式 $C_5H_{12}ON_2$。　　相对分子质量 116.16。

(2) 示性式或结构式

$$(CH_3)_2N-\overset{\overset{\displaystyle O}{\|}}{C}-N(CH_3)_2$$

(3) 外观　无色液体。

(4) 物理性质

沸点(101.3kPa)/℃	177.5	燃烧热/(kJ/mol)	3430
熔点/℃	−1.2	比热容(20℃,定压)/[kJ/(kg·K)]	2.23
相对密度(15℃/4℃)	0.972	电导率/(S/m)	$<6\times10^{-8}$
折射率(25℃)	1.4493	偶极矩/(10^{-30}C·m)	11.57
介电常数	23.06	黏度(20℃)/mPa·s	1.51
(60.0℃)/(mN/m)	31.1	(40℃)/mPa·s	1.13
闪点/℃	75	表面张力(25.5℃)/(mN/m)	34.7
蒸发热(60～175℃)/(kJ/mol)	45.64	(40.0℃)/(mN/m)	33.3
生成热(标准状态)/(kJ/mol)	−254.6	蒸气压(63～64℃)/kPa	1.6

(5) 精制方法　进行一般的蒸馏可得无水的制品。最好在多孔性的氧化钡存在下于干燥的氮气流中蒸馏精制。

(6) 溶解性能　能与醇、醚相混溶。对有机物质，特别对芳香族化合物有很大的溶解能力。对某些无机盐类也能很好地溶解。

(7) 用途　*N*,*N*,*N*′,*N*′-四甲基脲的介电常数比较低，适于作碱催化的异构化、烷基化、氰化及其他缩合反应的溶剂。也用作乙炔和聚丙烯腈的溶剂。

(8) 使用注意事项　大鼠经口 LD_{50} 为 1400mg/kg。对妊娠 13 日的大鼠给予 500mg/kg，则出现畸胎。

(9) 附表

表 2-9-137　盐类在 *N*,*N*,*N*′,*N*′-四甲基脲中的溶解度（22℃）

盐	溶解度/(g/100g TMU)	盐	溶解度/(g/100g TMU)
NaCl	0.14(75℃)	NH_4Cl	0.72
NaBr	5.8	NH_4NO_3	32
NaI	92	$CuSO_4$	0.22
NaCN	0.27	$AgNO_3$	易溶
$NaNO_3$	3.8	$CaCl_2$	2.0
$Na_2S_2O_3\cdot5H_2O$	0.47	$ZnSO_4\cdot7H_2O$	0.39
$CH_3COONa\cdot3H_2O$	0.26	$Cd(NO_3)\cdot4H_2O$	>60
KCl	0.15(75℃)	H_3BO_3	12
KBr	0.11	$MnCl_2\cdot4H_2O$	85
KI	14.2	$FeCl_3$	6.9
KCN	0.25	$Co(NO_3)_2\cdot6H_2O$	>60
KOCN	0.16	$Ni(NO_3)_2\cdot6H_2O$	74
KSCN	29.4	NbCl·2DMF	易溶
$K_2S_2O_3$	0.45	TMU·HCl	易溶
CH_3COOK	0.21	TMU·HBr	可溶

参 考 文 献

1 CAS 632-22-4
2 EINEC 211-173-9
3 A. Weissberger. Organic Solvents. 3rd ed. Wiley. 1971. 452, 846
4 Tetramethylurea. John Deere Chemical Co. Product Data Bulletin. PDB-5B. May. 1963
5 Technical Bulletin on Tetramethylurea. エ・ア・ブラウン・マクフアレン（株）
6 A. Lüttringhaus and H. W. Dirksen. Angew. Chem. Intern. Ed. Engl. 1964, 3: 260
7 C. J. Pouchert. The Aldrich Library of Infrared Spectra. Aldrich Chemical Co. 1970, 356
8 K. W. F. Kohlrausch and A. Pongratz. Monatsh. Chem. 1937, 70: 226; Chem. Abstr. 1937, 31: 4902; Beilstein Handbuch der Organischen Chemie. FⅢ, 4-145
9 J. G. Grasselli. Atlas of Spectral Data and Physical Constants for Organic Compounds. CRC Press. 1973. B-988
10 Sadtler Standard NMR Spectra. No. 3649
11 V. T. Von Kreybig et al. Arzneimittel-Forsch. 1969. 19: 1073
12 Beil., 4. 74
13 The Merck Index. **13**, 9302

768. 2-吡咯烷酮

2-pyrrolidone［2-oxopyrrolidine, α-pyrrolidone, butyrolactam］

(1) 分子式　C_4H_7ON。　　相对分子质量　85.11。

(2) 示性式或结构式

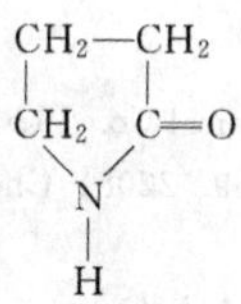

(3) 外观　无色晶体。

(4) 物理性质

沸点(101.3kPa)/℃	245	燃点/℃	145
熔点/℃	25	蒸发热(25℃)/(kJ/kg)	565
相对密度(25℃/4℃)	1.107	燃烧热,(标准状况)/(kJ/mol)	2290.6
(50℃/4℃)	1.087	比热容(25℃,定压)/[kJ/(kg·K)]	1.63
(100℃/4℃)	1.046	临界温度/℃	523
折射率(25℃)	1.486	临界压力/MPa	6.2
(30℃)	1.484	蒸气压(122℃)/kPa	1.3
偶极矩(25℃)/(10^{-30}C·m)	11.84	(181℃)/kPa	13.3
黏度(25℃)/mPa·s	13.3	(226℃)/kPa	53.3
表面张力(25℃)/(mN/m)	47	(251.7℃)/kPa	101.3
闪点(开口)/℃	129.4	热导率(25℃)/[W/(m·K)]	0.1861

(5) 化学性质　2-吡咯烷酮为无色的高沸点极性溶剂，也是有机合成的中间体。可用来制造锦纶-4。其钾盐在（1.38MPa）以上压力下，140～160℃与乙炔反应，生成 *N*-乙烯基-2-吡啶烷酮

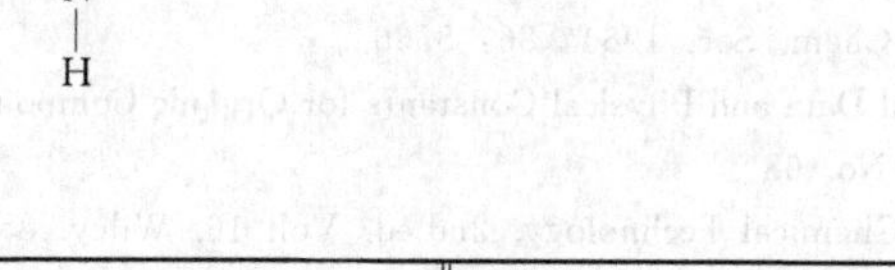

与碱金属、烃氧基金属或碱性氢氧化物能形成金属盐。用强酸或碱作催化剂进行水解时，生成4-氨基丁酸。与乙酸酐反应生成 *N*-乙酰基吡咯烷酮。与多聚甲醛在碱催化下进行反应得到 *N*-羟甲

基-2-吡咯烷酮。

(6) 精制方法　使用前减压蒸馏精制。

(7) 溶解性能　能与水、醇、醚、酯、酮、苯、四氯化碳、氯仿、二硫化碳等混溶。能溶解多种有机化合物。

(8) 用途　主要用作合成树脂、农药、多元醇、油墨、碘等的溶剂。也可用作丙烯酸类及丙烯酸-苯乙烯类树脂的增塑剂，芳香族化合物的萃取剂、煤油、松香、脂肪酸的脱色剂以及锦纶-4、聚乙烯吡咯烷酮、4-氨基丁酸及其衍生物的制备原料等。

(9) 使用注意事项　属剧毒化学品。危险特性属第 6.1 类毒害品。危险货物编号：61085。对皮肤有刺激性，接触皮肤后应立即用碱和水洗净。大鼠经口 LD_{50} 为 6.5mL/kg。

(10) 规格 GB/T 26602—2011 工业用 2-吡咯烷酮

项　目		优等品	一等品	合格品
外观		＞25℃无色或微黄色透明液体，无可见杂质		
2-吡咯烷酮/%	≥	99.5	99.0	98.5
水分/%	≤	0.10	0.20	
色度（Hazen 单位，铂-钴色号）	≤	20	30	
折射率 n_D^{25}		1.4820～1.4860		

参 考 文 献

1　CAS 616-45-5

2　EINECS 210-483-1

3　A. Weissberger. Organic Solvents. 3rd ed. Wiley. 1971. 453

4　2-ピロリドン. 三菱化成工業（株）

5　C. J. Pouchert. The Aldrich Library of Infrared Spectra Aldrich Chemical Co. 1970. 349

6　P. P. Shorygin et al. Izv. Akad. Nauk SSSR Otd. Khim. Nauk，1959. 2208；Chem. Abstr. 1960，54：10515

7　A. M. Duffield et al. J. Amer. Chem. Soc. 1964，86：5536

8　J. G. Grasselli. Atlas of Spectral Data and Physical Constants for Organic Compounds. CRC Press. 1973. B-867

9　Varian Associate NMR Spectra. No. 68

10　Kirk-Othmer. Encyclopedia of Chemical Technology. 2nd ed. Vol. 16. Wiley. 850

11　The Merck Index. **10**，7920；**11**，8027

769. *N*-甲基吡咯烷酮

N-methylpyrrolidone [1-methyl-2-pyrrolidone，NMP]

(1) 分子式　C_5H_9ON。　　　　相对分子质量　99.13。

(2) 示性式或结构式

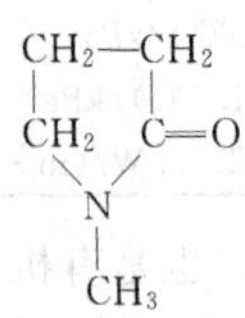

(3) 外观　无色液体，有氨味。

(4) 物理性质

项目	数值	项目	数值
沸点(101.3kPa)/℃	204	黏度/mPa·s	1.65
熔点/℃	−24.4	表面张力(25℃)/(mN/m)	41
相对密度(25℃/4℃)	1.0279	闪点/℃	95
折射率(25℃)	1.4680	燃点/℃	346
介电常数(25℃)	32.0	蒸发热(b.p.)/(kJ/kg)	439.5
偶极矩(30℃)/(10^{-30}C·m)	13.64	燃烧热/(kJ/mol)	3010

续表

临界温度/℃	445	UV 纯品 290nm 以上不吸收
临界压力/MPa	4.76	MS m/e：M^+(99)，M-1(98)，M-28(71)，M-29(70)，M-43(56)，M-55(44)，M-57(42)
电导率(25℃)/(S/m)	$(1\sim2)\times10^{-8}$	
蒸气压(150℃)/kPa	21.60	NMR $\delta\times10^{-6}$(CCl_4 溶液，TMS 基准)
(100℃)/kPa	3.20	3,4-CH_2 1.80～2.30(多重峰)
(78～79℃)/kPa	1.33	5-CH_2 3.31(三重峰)
(60℃)/kPa	0.53	1-CH_3 2.74(单峰)

(5) 化学性质　在中性溶液中比较稳定。在 4% 的氢氧化钠溶液中 8 小时后有 50%～70% 发生水解。在浓盐酸中逐渐发生水解，生成 4-甲氨基丁酸 $CH_3NH(CH_2)_3COOH$。由于羰基的反应，可以生成缩酮或硫代吡咯烷酮：

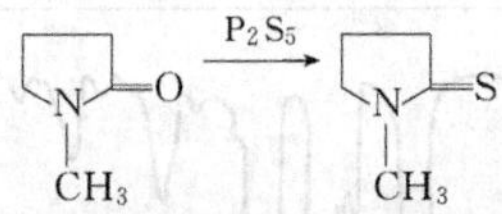

在碱催化剂存在下与烯烃作用，在第 3 位发生烷基化反应。*N*-甲基吡咯烷酮为弱碱性，能生成盐酸盐。与重金属盐形成加合物，例如与溴化镍加热到 150℃，生成 $NiBr_2(C_5H_9ON)_3$，熔点 105℃。

(6) 精制方法　将 *N*-甲基吡咯烷酮与苯共沸蒸馏或加分子筛放置数日以除去水分，然后用柱高 100 cm，填有玻璃螺旋的蒸馏柱进行减压蒸馏，收集中间馏分。

(7) 溶解性能　能与水混溶。除低级脂肪烃外，能溶解大多数有机与无机化合物、极性气体、天然及合成高分子化合物等。

(8) 用途　*N*-甲基吡咯烷酮的沸点、闪点高，溶解能力大，毒性小，是聚酰胺、聚酯、聚氨基甲酸乙酯、丙烯酸树脂等的优良溶剂。广泛用于聚合物的合成、精制，合成纤维的纺丝，涂料的涂装，塑料的表面处理，溶剂黏结和脱漆等。也用作农药、染料、颜料的溶剂和分散剂，精密仪器的清洗剂。此外，还用于乙炔、丁二烯的分离、回收以及从石油的脂肪族烃中分离、精制芳香族烃。液相色谱溶剂。

(9) 使用注意事项　虽然毒性低，但不能内服。大鼠急性经口毒性 LD_{10}。为 10mL/kg；LD_{50} 为 7mL/kg。用量为 0.25mg/kg 时对大鼠和兔的神经、血液无毒害。皮肤涂敷，蒸气吸入试验表明毒性低。由于蒸气压低，闪点高，故易于贮存和运输，但吸湿性强。溶解农药的 *N*-甲基吡咯烷酮溶液对皮肤的渗透性强，使用时应加以注意。

(10) 规格 GB/T 27563—2011 工业用 *N*-甲基-2-吡咯烷酮

项　目	优等品	合格品	项　目	优等品	合格品
外观	无色或微黄色透明液体		折射率	1.4680～1.4720	
N-甲基-2-吡咯烷酮/%	99.80	99.50	总胺(以 CH_3NH_2 计)/%	1.032～1.035	—
水分/%	0.05	0.10	pH 值[(1mL/10mL)水溶液]	7～10	
色度(Hazen 单位，铂-钴色号)	20	30			

(11) 附表

表 2-9-138　*N*-甲基吡咯烷酮及其碱金属加合物的红外光谱特性

加　合　物	$v_c=0(cm^{-1})$	加　合　物	$v_c=0(cm^{-1})$
(NMP)	1687	Li(NMP)I	1645
$Li(NMP)ClO_4$	1645	$Na(NMP)_3I$	1655
Li(NMP)SCN	1645	$Na(NMP)_3ClO_4$	1670
Li(NMP)Cl	1645	$NH_4(NMP)NO_3$	1658
Li(NMP)Br	1645	$NH_4(NMP)_2SCN$	1644

表 2-9-139 盐类在 *N*-甲基吡咯烷酮中的溶解度　　单位：25℃/(mol/L)

盐	溶解度	盐	溶解度	盐	溶解度	盐	溶解度
LiCl	2.01	LiBr	3.02	M_4NBr	0.0031	n-Bu_4NI	0.779
NaCl	0.0027	NaBr	0.546	n-Bu_4NBr	0.503	$NaBPh_4$	1.19
KCl	<0.001	KBr	0.0236	NaI	1.98	$KBPh_4$	1.01
RbCl	<0.001	RbBr	0.0144	KI	0.589	NH_4BPh_4	1.21
NH_4Cl	0.0306	NH_4Br	2.14	M_4NI	0.0106	n-Bu_4NBPh_4	0.964

(12) 附图

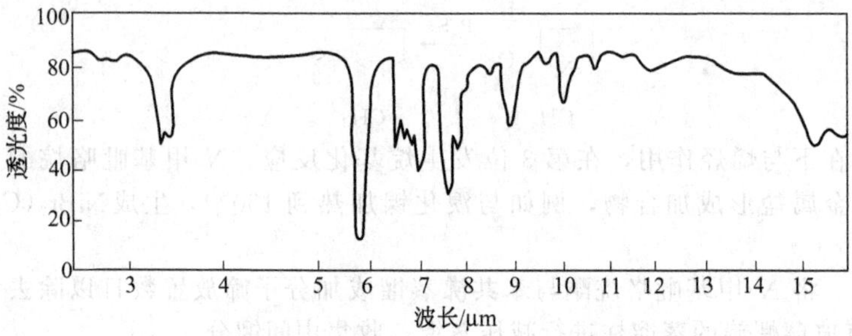

图 2-9-28　*N*-甲基吡咯烷酮的红外光谱图

参 考 文 献

1　CAS 872-50-4
2　EINECS 212-828-1
3　Methylpyrrolidone.General Aniline & Film Corp.1961
4　A.Weissberger.Organic Solvents.3rd ed.Wiley.1971.454
5　*N*-メチル-2-ピロリドン.三菱化成工業(株).1972
6　J.Schulz and H.Stübchen.Z.Elektrochem.1957,61:750
7　C.J.Pouchert.The Aldrich Library of Infrared Spectra.Aldrich Chemical Co.1970.349
8　A.M.Duffield et al.J.Amer.Chem.Soc.1964,86:5536
9　Sadtler Standard NMR Spectra.No.9468
10　J.L.Wuepper and A.I.Popov.J.Amer.Chem.Soc.1969,91:4352
11　M.Breant.Bull.Soc.Chim.France.1971,725
12　张海峰主编.危险化学品安全技术大典:第1卷.北京:中国石化出版社,2010

770. ε-己内酰胺

ε-caprolactam [caprolactam]

(1) 分子式　$C_6H_{11}ON$。　　相对分子质量　113.16。

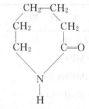

(2) 示性式或结构式

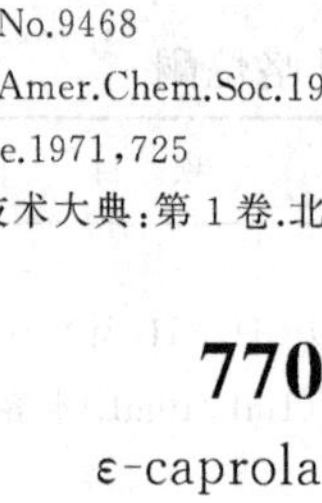

(3) 外观　白色的吸湿性晶体。

（4）物理性质

沸点(6.67kPa)/℃	180	蒸发热/(kJ/mol)	54.8
熔点/℃	69.2	熔化热/(kJ/mol)	16.14
相对密度(77℃/4℃)	1.02	燃烧热(标准状况)/(kJ/mol)	360.74
折射率(31℃)	1.4965	比热容(25℃,定压)/[kJ/(kg·K)]	2.49
(40℃)	1.4935	溶解度(25℃,水)/%	84
偶极矩(25℃)/(10^{-30}C·m)	12.94	蒸气压(100℃)/kPa	0.39
黏度(70℃)/mPa·s	19.7	(180℃)/kPa	6.67
(78℃)/mPa·s	9	聚合热/(kJ/mol)	83.7
闪点(开口)	125		

（5）化学性质　在酸或碱存在下加热容易水解，生成ε-氨基己酸。在水、氨基酸存在下加热，发生开环聚合，生成线型高分子化合物（锦纶-6）。ε-己内酰胺在液体状态时与空气接触变成黄色。

（6）精制方法　取250g有色的ε-己内酰胺，加入750g硝基甲烷和6ml 30%过氧化氢，加热1小时，再于0.5%氢氧化钠存在下减压蒸馏。所得纯品与光和空气接触时也不会变色。其他的精制方法有：减压蒸馏，馏出物用石油醚或丙酮重结晶后再蒸馏。

（7）溶解性能　能溶于水、醇、芳香烃、卤代烷等。其水溶液几乎呈中性。ε-己内酰胺可以溶解在其他溶剂中难以溶解的高分子物质。

（8）用途　用于制备己内酰胺树脂、聚己内酰胺纤维和人造皮革等。

（9）使用注意事项　属低毒类物质，但经常接触时会出现头痛、头晕、乏力、记忆力减退、睡眠障碍等神经衰弱等症状。在61mg/m^3浓度下出现鼻出血、鼻干、上呼吸道炎症、胃灼热感等症状。己内酰胺单体有很强的吸湿性，且易溶于皮脂，故可被皮肤吸收。接触时易引起皮肤损害，如皮肤光滑干燥，角质层增厚，皮肤皲裂，脱屑等，有时可发生全身性皮炎。大鼠经口LD_{50}为1155mg/kg。嗅觉阈浓度0.3mg/m^3，工作场所最高容许浓度10mg/m^3。

参 考 文 献

1 CAS 105-60-2
2 EINECS 203-313-2
3 A. Weissberger. Organic Solvents. 3rd ed. Wiley. 1971. 455. 849
4 R. Huisgen et al. Chem. Ber. 1957，90：1437
5 C. J. Pouchert. The Aldrich Library of Infrared Spectra，Aldrich Chemical Co. 1970. 351
6 J. G. Grasselli. Atlas of Spectral Data and Physical Constants for Organic Compounds. CRC Press. 1973. B-592
7 P. P. Shorygin et al. Izv. Akad Nauk SSSR Otd. Khim Nauk，1959，2208；Chem. Abstr. 1960，54：10515
8 R. M. Silverstein and G. C. Bossler. Spectrometric Indentification of Organic Compounds. Wiley. 1963. 147
9 Sadtler Standard NMR Spectra. No. 6492
10 Beil.，2 (2)，216；21，6 (5)，444
11 The Merck Index. **13**，1767
12 张海峰主编. 危险化学品安全技术大典：第1卷. 北京：中国石化出版社，2010

771. 氨基甲酸酯

carbamic esters [carbamates]

（1）分子式　$C_2H_5O_2N$；$C_3H_7O_2N$。　　相对分子质量　75.07；89.10。

（2）示性式或结构式　NH_2COOR

（3）外观　常温下为液体。

(4) 物理性质

氨基甲酸甲酯		氨基甲酸乙酯	
沸点(101.3kPa)/℃	177	沸点(101.3kPa)/℃	185.25
熔点/℃	54.2	熔点/℃	48.19
相对密度(55.9℃/4℃)	1.1358	相对密度(48℃/4℃)	1.0599
折射率(56.6℃)	1.41253	折射率(52℃)	1.41439
黏度(90℃,10%水)/mPa·s	1.43	(50℃)	14.24
生成热/℃		(70℃)	13.20
溶解度(15.5℃,水)/%	69.0	闪点/℃	>26.8
蒸气压(82℃)/kPa	1.87	生成热/(kJ/mol)	1.664
(160℃)/kPa	71.99	溶解度(15.5℃,水)/%	48
		蒸气压(103℃)/kPa	7.20
		(120.7℃)/kPa	14.40
		(177℃)/kPa	92.93

(5) 化学性质　氨基甲酸酯是氨基甲酸甲酯与氨基甲酸乙酯以48：52的比例组成的混合物，其熔点13～17℃，介电常数(25℃)20。其水溶液易被酸所水解，生成醇、二氧化碳和铵盐。在碱作用下，生成醇、氨和碳酸盐。在氢氧化钾醇溶液中水解，生成醇和氰酸钾。

(6) 精解性能　氨基甲酸酯能溶解除脂肪烃外几乎所有的有机液体，如芳香烃、酯类、有机酸、醇和醚等。也能溶解 SO_2、NH_3、H_2S、HCl、乙炔等气体和 $ZnCl_2$、$SnCl_2$、$KMnO_4$、$HgCl_2$、NH_4SCN、KI、CH_3COOK 等盐类。氨基甲酸甲酯和氨基甲酸乙酯以60：40的比例组成的混合物能溶解硝基漆、虫胶、硝酸纤维素、固体聚乙二醇、聚丙烯酸酯一类的树脂。

(7) 用途　氨基甲酸甲酯可用作芳香烃的选择性溶剂。氨基甲酸乙酯可用作各种有机物的溶剂和助溶剂。在医学上有催眠作用，可用于动物试验时兔或青蛙的麻醉。也用作马钱子碱、间苯二酚等的解毒剂和杀菌剂。此外，氨基甲酸甲酯或乙酯还用作有机合成的中间体。

(8) 附表

表 2-9-140　氨基甲酸酯的毒性

氨基甲酸甲酯	皮肤涂敷	TD45mg/kg，15 周
氨基甲酸乙酯	腹腔注射	TD2100mg/kg
氨基甲酸乙酯	皮下注射	LD_{50} 2230mg/kg
氨基甲酸乙酯	静脉注射(兔)	LD_{50} 2000mg/kg

注：试验动物为小鼠。

参考文献

1 CAS 598-55-0；51-79-6
2 EINECS 200-123-1；209-939-2
3 P. Adams and F. A. Baronl. Chem. Rer. 1965. 65：567
4 Beilstein. Handbuch der Organischen Chemie. H. 3-21；EⅠ. 9；EⅡ，18；EⅢ，40
5 石橋弘毅. 溶剤便覧. 槙書店，1967. 528
6 H. M. Chadwell and B. Asnes. J. Amer. Chem. Soc. 1930，52：3493，3507
7 A. Seidell. Solubilities of Organic Compounds. 3rd ed. Vol. 2. Van Nostrand Reinhold. 1941. 202
8 Kirk-Othmer. Encyclopedia of Chemical Technology. 1st ed. Vol. 14，Wiley. 473
9 Sadtler Standard IR Prism Spectra. No. 5160，12994
10 C. J. Pouchert. The Aldrich Library of Infrared Spectra. Aldrich Chemical Co. 1970. 342
11 J. G. Grasselli. Atlas of Spectral Data and Physical Constants for Organic Compounds，CRC Press. 1973. B-397，B-398
12 Sadtler Standard NMR Spectra. No. 245，5240
13 1万3千種化学薬品毒性データ集成. 海外技術資料研究所. 1973. 120，241，339

772. 苄基三甲基氯化铵

benzyltrimethylammonium chloride

(1) 分子式　$C_{10}H_{16}ClN$。　　相对分子质量　185.70。

(2) 示性式或结构式　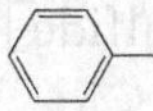$—CH_2N(CH_3)_3Cl$

(3) 外观　白色或浅黄色结晶，易吸潮。

(4) 物理性质

熔点/℃	239(分解)	折射率(20℃)	1.470
相对密度(20℃/4℃)	1.072		

(5) 溶解性能　易溶于水、乙醇和丁醇，不溶于醚。

(6) 用途　用于测定铂、钯、汞、金的试剂，乳化剂、纤维素溶剂。

(7) 使用注意事项　对眼睛、呼吸系统和皮肤有刺激性，使用时应穿防护服。

参　考　文　献

1　CAS 56-93-9

2　EINECS 200-300-3

3　Beil.，**12**，1020；**12**（4），2162

第十章 含硫化合物溶剂

773. 二硫化碳

carbon disulfide [carbon bisulfide]

(1) 分子式 CS_2。 相对分子质量 76.14。

(2) 示性式或结构式 S═C═S

(3) 外观 纯品为无色、几乎无臭的液体。

(4) 物理性质

沸点(101.3kPa)/℃	46.225	生成热/(kJ/mol)	89.47
熔点/℃	−111.57	燃烧热/(kJ/mol)	−1651.7
相对密度(30℃/4℃)	1.24817	比热容(25℃,定压)/[kJ/(kg·K)]	1.00
折射率(25℃)	1.62409	临界温度/℃	279
介电常数(20℃)	2.64	临界压力/MPa	7.90
偶极矩(20℃)/(10^{-30}C·m)	0.20	电导率(25℃)/(S/m)	3.7×10^{-3}
黏度(20℃)/mPa·s	0.363	爆炸极限(下限)/%(体积)	1
表面张力(20℃)/(mN/m)	32.25	(上限)/%(体积)	50
闪点(闭口)/℃	−30	IR c=s,650cm^{-1},1522cm^{-1}	
燃点/℃	100	Raman 645.2,653.5,794.5,	
蒸发热(25℃)/(kJ/mol)	27.54	MS 802.5 cm^{-1}	
熔化热/(kJ/mol)	4.392		

(5) 化学性质 对酸稳定，常温下与浓硫酸、浓硝酸不作用。但对碱不稳定，与氢氧化钾作用生成硫代硫酸钾和碳酸钾。与醇钠作用生成黄原酸盐：

$$RONa + CS_2 \longrightarrow ROC(=S){-}SNa$$

在空气中逐渐氧化，带黄色，有臭味。受日光作用发生分解：

$$nCS_2 \longrightarrow (CS)_n + nS$$

低温时与水生成结构为 $2CS_2 \cdot H_2O$ 的晶体。在适当条件下与氯反应生成四氯化碳和氯化硫。

(6) 精制方法 所含杂质有硫、硫化物和水等。精制方法有下列几种：

① 用玻璃制的蒸馏器蒸馏 3 次。

② 用氯化钙干燥后多次分馏。

③ 与水银一起摇动除去硫化物，再用五氧化二磷干燥、分馏。

④ 在 1L 二硫化碳中加入 5g 粉碎的高锰酸钾充分摇动，至完全除去硫化氢后放置，分离后再加少量水银摇动以除去硫，至界面处不进一步变黑为止。最后每 1L 二硫化碳中加入 5g 硫酸汞摇动，以消除臭味。分离后用氯化钙干燥、分馏。

(7) 溶解性能 微溶于水、但能与多种有机溶剂混溶。能溶解油脂、蜡、树脂、沥青、橡胶、精油、杜仲胶以及磷、硫、碘等，不溶解纤维素酯。

(8) 用途 用于制造黏胶纤维、玻璃纸、黄原酸盐、硫氰酸盐和四氯化碳。也用作油脂、蜡、漆、樟脑、树脂、橡胶、硫、磷、碘等的溶剂，羊毛的去脂剂，农业杀虫剂，土壤消毒剂，衣服的去渍剂等。在分析上用于伯胺、仲胺和 α-氨基酸的测定以及红外光谱用溶剂。液相色谱溶剂。

(9) 使用注意事项 属高毒物品。危险特性属第 3.1 类高闪点易燃液体。危险货物编号：31050，UN 编号：1131。对金属无腐蚀性，可用铁、软钢、铜或铝制容器贮存。铜的表面由于形成硫化物而变色，但不进一步作用。在贮存中会发生分解，生成腐蚀性强的含硫化合物。由于二硫化碳的着火性、爆炸性，且容易带电，大量贮存时宜用钢制容器，并用“水封”，容器要求接地，并连避雷针。本品是一种气体麻醉剂，其蒸气对皮肤、眼睛有强烈的刺激作用，易引起皮炎和烧伤。急性中毒开始引起谵语，以后进入麻醉，严重时意识丧失，甚至死于呼吸衰竭。长期吸入其蒸气引起胃弱、失眠、疲倦、食欲不振、头痛、眼花、感觉异常、血压下降、哆嗦，以致手足僵硬、动作缓慢、流涎、多汗、记忆力减退等症状。主要损害神经和心血管系统。当蒸气浓度为12440mg/m³ 时，30～60 分钟引起死亡。TJ 36—79 规定车间空气中最高容许浓度为10mg/m³。

(10) 规格　GB/T 1615—2008　工业二硫化碳

项　目		优等品	一等品	合格品
馏出率(15.6～46.6℃,101.32kPa)/%	⩾	97.5	97.0	96.0
密度(20℃)/(g/mL)		1.262～1.265	1.262～1.267	
不挥发物/%	⩽	0.005	0.007	0.01
碘还原物(以 H_2S 计)/%	⩽	0.0002	0.0005	0.0008
硫酸盐		通过试验	—	—
游离酸		通过试验	—	—
硫及其他硫化物		通过试验	—	—

(11) 附表

表 2-10-1　二硫化碳的蒸气压

温度/℃	蒸气压/kPa	温度/℃	蒸气压/kPa
−78.2	0.09	0	16.93
−42.6	1.57	11.54	28.17
−25.35	4.57	19.7	39.24
−21.5	5.69	46.3	101.33

表 2-10-2　二硫化碳在水中的溶解度

温度/℃	溶解度/(g/100g 水)
0	0.258
10	0.239
20	0.101
30	0.195

表 2-10-3　二硫化碳-甲醇的相互溶解度

温度/℃	甲　醇　层	二硫化碳层
10	44.92	98.23
15	47.60	97.91
20	50.43	97.42
30	57.88	95.62
40.5	80.5	(临界点)

表 2-10-4　二硫化碳对硫的溶解度

温度/℃	溶　解　度	
	g/100g 溶液	g/100g 二硫化碳
0	18.0	22.0
10	23.0	29.9
20	29.5	41.8
30	38.0	61.3
40	50.0	100.0
50	59.0	143.9

表 2-10-5　高分子化合物在二硫化碳中的溶解性能

高分子化合物	溶 解 性 能	高分子化合物	溶 解 性 能
醋酸纤维素	部分溶解	聚苯乙烯	溶　解
乙酸-丁酸纤维素	部分溶解	聚乙酸乙烯酯	部分溶解
硝酸纤维素	部分溶解	聚丁酸乙烯酯	溶　解
乙基纤维素	溶　解	聚氯乙烯	部分溶解
聚甲基丙烯酸甲酯	溶　解	聚氯代乙酸乙烯酯	部分溶解

表 2-10-6　含二硫化碳的二元共沸混合物

第二组分	共沸点/℃	二硫化碳/%	第二组分	共沸点/℃	二硫化碳/%
水	42.6	97	甲醇	37.65	86
二氯甲烷	35.7	35	1,2-二氯甲烷	44.75	72
甲酸	42.55	83	甲酸甲酯	24.75	33
碘甲烷	41.6	40	溴乙烷	37.85	33

续表

第二组分	共沸点/℃	二硫化碳/%	第二组分	共沸点/℃	二硫化碳/%
氯甲基甲基醚	43.1	75	硼酸三甲酯	44.0	84
亚硝酸乙酯	16.5	5	丁酮	45.85	84.7
乙醇	42.4	91	异丁醛	44.7	86
丙酮	39.25	67	乙酸乙酯	46.02	92.7
甲酸乙酯	39.35	63	甲酸异丙酯	43.0	82
乙酸甲酯	41.15	70	叔丁基氯	43.5	62
氯丙烷	42.05	55.5	亚硝酸异丁酯	45.45	86
2-氯丙烷	33.5	20	叔丁醇	44.9	93
亚硝酸丙酯	40.15	62	乙醚	34.5	1
亚硝酸异丙酯	34.5	42	甲基丙基醚	36.2	18
丙醇	45.7	97.4	2-甲基-2-丁烯	36.5	17
异丙醇	44.6	92	戊烷	35.7	10
甲缩醛	37.25	46	异戊烷	27.85	2

表 2-10-7　含二硫化碳的三元共沸混合物

第二组分	含量/%	第三组分	含量/%	共沸点/℃
水	1.6	乙醇	5.0	41.3
水	0.81	丙酮	23.98	38.04
甲醇	10	溴乙烷	50	33.92
甲醇	7	甲缩醛	38	35.45
甲酸甲酯	60	溴乙烷	22	24.7

(12) 附图

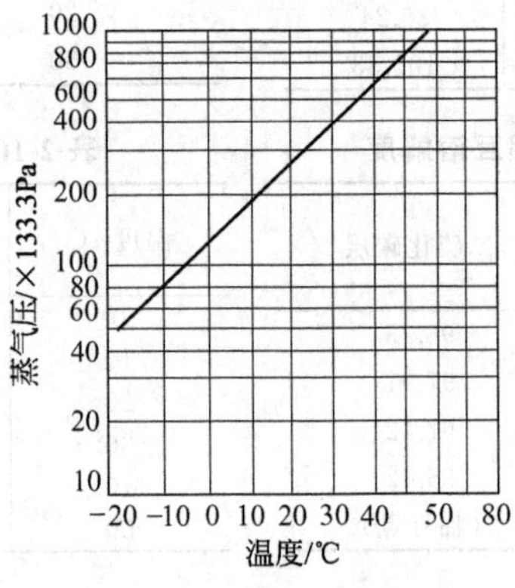

图 2-10-1　二硫化碳的蒸气压

参 考 文 献

1 CAS 75-15-0

2 EINECS 200-843-6

3 A. Weissberger. Organic Solvents. 3rd ed. Wiley. 1971. 456

4 The Merck Index. 8th ed. 208

5 L. T. Eellany. The Infrared Spectra of Complex Molecules. Wiley. 1964. 350

6 Uvasols. Solvents for Spectroscopy. E, Merck

7 松田種光ほか. 溶剤ハンドブック. 産業図書. 1963. 173

8 日本有機合成化学協会. 溶剤ポケットブック. オーム社. 1977. 729

9 C. Marsden. Solvents Guide. 2nd ed. Cleaver-Hume. 1963. 124

10 Beilstein. Handbuch der Organischen Chemie. H, 3-197; E Ⅳ, 3-395

11 The Merck Index. **10**, 1795; **11**, 1818

12 张海峰主编. 危险化学品安全技术大典：第1卷. 北京：中国石化出版社，2010

774. 甲硫醚［二甲硫］

dimethyl sulfide［methyl sulfide］

(1) 分子式　C_2H_6S。　相对分子质量　62.13。

(2) 示性式或结构式　$CH_3—S—CH_3$

(3) 外观　无色油状液体，有醚的气味。

(4) 物理性质

沸点(101.3kPa)/℃	37.34	闪点/℃	−46.78
熔点/℃	−98.27	蒸发热(25℃)/(kJ/mol)	27.61
相对密度(20℃/4℃)	0.83621	(b.p.)/(kJ/mol)	27.0174
(25℃/4℃)	0.83118	熔化热/(kJ/mol)	7.990
折射率(20℃)	1.44294	生成热(25℃)/(kJ/mol)	−65.48
(25℃)	1.44015	燃烧热(25℃)/(kJ/mol)	2181.69
介电常数(20℃)	6.2	比热容(25℃,定压)/[kJ/(kg·K)]	1.17
偶极矩(25℃)/(10^{-30}C·m)	4.84	临界温度/℃	229.0
黏度(20℃)/mPa·s	0.289	临界压力/MPa	5.69
(25℃)/mPa·s	0.279	沸点上升常数	1.85
表面张力(20℃)/(mN/m)	24.48	蒸气压(25℃)/kPa	64.6
(30℃)/(mN/m)	23.06		

(5) 化学性质　能与卤素、金属卤化物等形成加成化合物。或者与卤代烷发生反应生成锍化物。氧化时生成亚砜，继续氧化生成砜。

(6) 精制方法　利用氯化汞与甲硫醚生成络合物进行精制：在1250mL的乙醇中加入1mol氯化汞，再于此溶液中加入0.67mol甲硫醚的醇溶液。生成的固体经重结晶后得到具一定熔点，结构为$2(CH_3)_2S·HgCl_2$的络合物晶体。将250mL浓盐酸溶于780mL水中，加入500g精制的络合物进行加热，使甲硫醚分离。水洗后用氯化钙干燥，纯度可达99.995%（mol）。

(7) 溶解性能　溶于醇、醚、苯等有机溶剂中。25℃在水中溶解2%；水在甲硫醚中溶解0.5%。

(8) 用途　用作有机化合物、树脂和无机化合物的溶剂。也用作城市煤气试嗅剂和有机合成的原料。

(9) 使用注意事项　致癌物。危险特性属第3.1类低闪点易燃液体。危险货物编号：31033，UN编号：1164。蒸气对鼻、喉有刺激性，引起咳嗽和胸部不适。液体对眼睛有刺激性。可引起皮炎。遇明火、高热极易燃烧爆炸。热分解产生有毒的硫化物烟气。

(10) 附表

表 2-10-8　甲硫醚的蒸气压

温度/℃	蒸气压/kPa	温度/℃	蒸气压/kPa
−47.4	1.33	3.89	26.66
−37.7	2.67	37.33	101.33
−19.85	8.00		

参 考 文 献

1　CAS 75-18-3
2　EINECS 208-846-2
3　A. Weissberger. Organic Solvents. 3rd ed. Wiley. 1971. 460
4　W. E. Haines et al. J. Phys. Chem. 1954，58：270
5　G. R. A. Brandt et al. J. Chem. Soc. 1952，2549

6 E. J. Levy and W. A. Stall. Anal. Chem. 1961, 33: 707
7 J. R. Cavanaugh and B. P. Daily. J. Chem. Phys. 1961, 34: 1094
8 J. R. Cavanaugh and B. P. Daily. J. Chem. Phys. 1961, 34: 1099
9 日本化学会. 化学便覧. 基礎編. 丸善. 1975. 731
10 Beilstein. Handbuch der Organischen Chemie. H, 1-288; E Ⅳ, 1-1275
11 The Merck Index. **10**, 5998; **11**, 6042
12 张海峰主编. 危险化学品安全技术大典：第1卷. 北京：中国石化出版社，2010

775. 二甲基二硫

dimethyldi sulfide

(1) 分子式 $C_2H_6S_2$。 相对分子质量 94.2。

(2) 示性式或结构式 CH_3SSCH_3

(3) 外观 无色或淡黄色透明液体，有恶臭。

(4) 物理性质

沸点(101.3kPa)/℃	110	闪点(闭环)/℃	2.4
熔点/℃	−85	燃点/℃	300
相对密度(20℃/20℃)	1.065	临界温度/℃	340
蒸气压(25℃)/kPa	3.81	临界压力/MPa	5.28
折射率(20℃)	1.5219	爆炸极限/%	1.1～16.0

(5) 化学性质 与氧化剂接触会发生剧烈反应，并导致燃烧爆炸。释放有毒和刺激性氧化硫气味。受热分解或与硝酸、浓硫酸反应释放出有毒烟气。

(6) 溶解性能 不溶于水，可混溶于乙醇、乙醚、四氯化碳、苯等。

(7) 用途 溶剂，结焦抑制剂，农药中间体。

(8) 使用注意事项 易燃。危险特性属第3.2类中闪点易燃液体。危险货物编号：32114，UN编号：2381。属剧毒化学品。大鼠吸入 LD_{50} 1885mg/m^3 (2h)。误服或吸入可引起中毒。接触后可引起头痛、恶心和呕吐。

参 考 文 献

1. CAS 624-92-0
2 EINECS 210-871-0
3 张海峰主编. 危险化学品安全技术大典：第1卷. 北京：中国石化出版社，2010

776. 乙硫醚 [二乙硫]

diethyl sulfide [ethyl sulfide]

(1) 分子式 $C_4H_{10}S$。 相对分子质量 90.18。

(2) 示性式或结构式 $C_2H_5—S—C_2H_5$

(3) 外观 油状液体。

(4) 物理性质

沸点(101.3kPa)/℃	92.102	偶极矩(25℃)/(10^{-30}C·m)	5.37
熔点/℃	−103.93	黏度(20℃)/mPa·s	0.440
相对密度(20 ℃/4 ℃)	0.83621	(25℃)/mPa·s	0.417
(25 ℃/4℃)	0.83118	表面张力(20℃)/(mN/m)	25.2
折射率(20℃)	1.44294	(25℃)/(mN/m)	24.5
(25℃)	1.44015	蒸发热(25℃)/(kJ/mol)	35.80
介电常数(25℃)	5.72	(b.p.)/(kJ/mol)	31.78

续表

熔化热/(kJ/mol)	11.911	临界压力/MPa	3.33
生成热(25℃)/(kJ/mol)	－118.65	沸点上升常数	3.23
燃烧热(25℃)/(kJ/mol)	－3487.77	蒸气压(25℃)/kPa	7.78
比热容(25℃,定压)/[kJ/(kg·K)]	1.30	体膨胀系数/K^{-1}	1.45×10^{-6}
临界温度/℃	272.8		

(5) 化学性质　能与卤素、金属卤化物反应生成加成化合物。与卤代烷反应生成锍化物。氧化时先生成二乙亚砜（$(C_2H_5)_2SO$），继续氧化生成二乙砜($(C_2H_5)_2SO_2$)。

(6) 精制方法　将粗制乙硫醚蒸馏，可得纯度为99.4%(mol）的产品。欲得纯度更高的产品，可通过与氯化汞生成络合物进行精制。方法是将1mol氯化汞加入1250mL乙醇中，再滴加0.5mol乙硫醚，将生成的络合物（$(C_2H_5)_2S\cdot 2HgCl_2$ 进行重结晶精制后，加入含有250mL浓盐酸的1L水中，加热分离出乙硫醚，经水洗、氯化钙干燥后，可得纯度为99.8%(mol) 的产品。

(7) 溶解性能　不溶于水，溶于醇、醚等有机溶剂。

(8) 用途　用作有机化合物、树脂、无机化合物的溶剂。也用于金、银的电镀和有机合成。

(9) 使用注意事项　致癌物。危险特性属第3.2类中闪点易燃液体。危险货物编号：32115，UN编号：2375。应置阴凉处密封贮存。精制的乙硫醚的封闭管中于日光下放置一年不发生分解。但在空气中长时间（240小时）加热，部分发生分解，吸入73.6mg/m^3 的乙硫醚20分钟，对人体或动物均无害。

(10) 附表

表 2-10-9　乙硫醚的蒸气压

温度/℃	蒸气压/kPa	温度/℃	蒸气压/kPa
−6.5	1.33	25.58	26.66
4.9	2.67	53.16	101.33
12.1	8.00		

参　考　文　献

1　CAS 352-93-2
2　EINECS 206-526-9
3　A. Weissberger. Organic Solvents. 3rd ed. Wiley. 1971. 462
4　H. Mohler，Helv. Chim. Acta. 1937，20：1888
5　G. R. A. Brandt et al. J. Chem. Soc. 1952，2549
6　I. F. Trotler and H. W. Thompson. J. Chem，Soc. 1946，481
7　W. E. Haines et al. J. Phys. Chem. 1954，58：270
8　S. C. Sirkar and B. M. Bishui. Proc. Nat. Inst. Sci. India. 1943，9：287；Chem. Abstr. 1948，42：8651
9　H. R. Wogel. Acta Phys. Austriaca. 1948，1：311；Chem. Abstr. 1948，42：6663
10　E. J. Levy and W. A. Stall. Anal. Chem. 1961，33：707
11　J. R. Cavanaugh and B. P. Dailey. J. Chem. Phys. 1961，34：199，1094
12　P. Biscarini et al. Bull. Sci. Chim. Ind. Bologna. 1963. 21：169；Chem，Abstr. 1964，60：2464
13　日本化学会. 化学便覧. 基礎編. 丸善. 1975. 731

777. 噻　吩

thiophene [thiofuran]

(1) 分子式　C_4H_4S。　　　　相对分子质量　84.14。

(2) 示性式或结构式　

(3) 外观　无色液体，有苯的气味。

(4) 物理性质

沸点(101.3kPa)/℃	84.16	熔化热/(kJ/kg)	5.092
熔点/℃	−38.3	表面张力(20℃)/(mN/m)	32.8
相对密度(20 ℃/4 ℃)	1.06482	生成热(25℃,液体)/(kJ/mol)	81.73
折射率(20℃)	1.52890	燃烧热(25℃,液体)/(kJ/mol)	2828.39
介电常数	2.705	临界温度/℃	307
偶极矩(25℃)/(10^{-30}C·m)	1.73	临界压力/MPa	5.69
黏度(20℃)/mPa·s	0.654	蒸气压(25℃)/kPa	10.6
蒸发热(25℃)/(kJ/kg)	34.62	IR C—H 3.20～3.23μm,6.50～6.58μm	
(b.p.)/(kJ/kg)	31.493	7.04～7.11μm,14.0～14.5μm	

(5) 化学性质　噻吩加热到850℃并不发生分解，但通过红热管道时转变成2,2′-联噻吩和3,3′-联噻吩。溶于浓硫酸由红色变成褐色。在硫酸-亚硝酸盐中呈蓝色。在靛红的浓硫酸溶液中生成靛吩咛（indophenine）。这是噻吩环特有的反应：

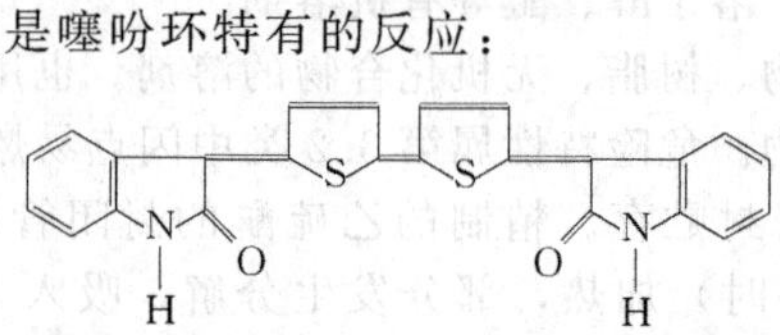

将噻吩的环己烷溶液同硝酸一起加热，除生成2-硝基及2,5-二硝基噻吩外，还生成顺丁烯二酸和草酸。噻吩与100%磷酸一起加热到90℃时，生成2,4-二（α-噻吩基）四氢化噻吩：

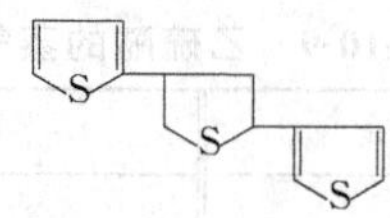

噻吩与苯一样，能发生烷基化、磺化、硝化、卤化、氰化、氯甲基化等核上取代反应。

(6) 精制方法　一般的精制方法是将噻吩用稀盐酸、水分别洗涤后，氯化钙干燥，用90cm高的蒸馏塔进行蒸馏，可得纯度99%(mol）的制品。欲得高纯度产品可将工业噻吩用稀盐酸、氢氧化钠、蒸馏水分别洗涤，氯化钙干燥，再用柱高235cm，填有2.4mm不锈钢制的拉希环的蒸馏塔，在回流比为50∶1的情况下进行常压蒸馏，收集中间馏分，分步结晶6次，然后在乙醇-醋酸钠溶液中用氯化亚汞处理，所得之固体加盐酸加热回流，冷却后用戊烷萃取噻吩。戊烷溶液用氯化钙干燥后分馏，可得纯度很高的制品。

(7) 溶解性能　不溶于水，但能与醇、醚、苯等大多数有机溶剂混溶。

(8) 用途　噻吩作溶剂使用，用途和苯相似，但与苯相比，噻吩可在低温或高温条件下使用。噻吩为树脂、染料、医药等的重要原料。

(9) 使用注意事项　危险特性属第3.2类中闪点易燃液体。危险货物编号：32110，UN编号：2414。触及皮肤易经皮肤吸收或吸入蒸气粉尘易引起中毒。有毒，易燃。小鼠吸入2小时LD_{50}为9.5mg/L。

(10) 附表

表2-10-10　噻吩的蒸气压

温度/℃	蒸气压/kPa	温度/℃	蒸气压/kPa
−12.3	1.33	46.14	26.66
−1.1	2.67	84.16	101.33
19.14	8.00		

参考文献

1　CAS 110-02-1
2　EINECS 203-729-4

3 A. Weissberger. Organic Solvents. 3rd ed. Wiley. 1971. 463
4 W. E. Haines et al. J. Phys, Chem. 1954, 58: 270
5 A. W. Reitz. Z. Physik. Chem. Leipzig. 1937, 38B: 179; Chem. Zentr. 1937, Ⅱ: 367
6 T. Schaefer and W. G. Schneider. J. Chem. Phys. 1960, 32: 1224
7 G. A. Mikhailets. Toksiskol, Seraorgan. Soedin. Ufa. Sb. 1964, 4; Chem. Abstr. 1965, 63: 7550
8 日本化学会. 化学便覧. 基礎編. 丸善. 1975. 720
9 The Merck Index. **10**, 9195; **11**, 9283

778. 四氢噻吩

tetrahydrothiophene [tetramethylene sulfide]

(1) 分子式　C_4H_8S。　　　相对分子质量　88.17。

(2) 示性式或结构式 

(3) 外观　有刺激性气体的液体。

(4) 物理性质

沸点(101.3kPa)/℃	120.9	表面张力/(mN/m)	35.8
熔点/℃	−96.16	蒸发热(25℃)/(kJ/mol)	38.64
相对密度(20℃/4℃)	0.99869	生成热(25℃,液体)/(kJ/mol)	−72.47
折射率(20℃)	1.52890	燃烧热(25℃,液体)/(kJ/mol)	3174.52
偶极矩(25℃)/(10^{-30} C·m)	6.34	临界温度/℃	358.8
黏度(20℃)/mPa·s	1.042	蒸气压(25℃)/kPa	2.45

(5) 化学性质　与卤素发生反应时得到 α-或 α,β-取代物。与碘甲烷反应生成锍盐。与氯化汞生成加合物。也能生成亚砜和砜。

(6) 精制方法　将四氢噻吩与氯化汞在乙醇中形成加合物。所得晶体用重结晶方法精制后，与浓盐酸一起加热。将生成的四氢噻吩从水层中分离出来，用水洗净后氯化钙干燥，减压分馏。

(7) 溶解性能　四氢噻吩可溶于一般有机溶剂。

(8) 使用注意事项　危险特性属第 3.2 类中闪点易燃液体。危险货物编号：32111，UN 编号：2412。有麻醉作用，小鼠吸入中毒时，出现运动性兴奋、麻醉，最后死亡。LD_{50} 为 27000mg/m³。2 小时（小鼠吸入）。

参 考 文 献

1 CAS 110-01-0
2 EINECS 203-728-9
3 A. Weissberger. Organic Solvents. 3rd ed. Wiley. 1971. 465
4 W. E. Haines et al. J. Phys. Chem. 1954, 58: 270
5 H. Tschamler and H. Voetter. Monatsh. Chem. 1952, 83: 302; Chem. Abstr. 1952, 46: 6935
6 L. B. Clark and W. T. Simpson. J. Chem. Phys. 1965, 43: 3666
7 N. G. Rambid. Dokl. Akad. Nauk. SSSR. 1955, 102. 747
8 G. E. Maciel and G. B. Savitsky. J. Phys. Chem. 1965, 69: 3925

779. 二甲亚砜

dimethyl sulfoxide [methyl sulfoxide, DMSO]

(1) 分子式　C_2H_6OS。　　　相对分子质量　78.13。

(2) 示性式或结构式

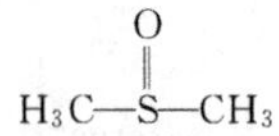

(3) 外观　无色、无臭的吸湿性液体。

(4) 物理性质

沸点(101.3kPa)/℃	189.0	表面张力(25℃)/(mN/m)	42.86
熔点/℃	18.54	闪点(开口)/℃	95
相对密度(25℃/4℃)	1.0958	燃点/℃	300～302
折射率(25℃)	1.4773	蒸发热(25℃)/(kJ/mol)	52.92
介电常数(20℃)	48.9	熔化热/(kJ/mol)	13.94
偶极矩/(10^{-30} C·m)	13.34	生成热/(kJ/mol)	−197.66
黏度(25℃)/(mPa·s)	1.996	燃烧热(定容)(kJ/mol)	1793.16
比热容(25℃,定压)/[kJ/(kg·K)]	1.95	UV 250nm 0 透过	
电导率(20℃)/(S/m)	3×10^{-8}	400nm 100%透过	
蒸气压(20℃)/kPa	0.049	IR SO(气)1102cm^{-1}	
(30℃)/kPa	0.101	MS $CH_3SO^{\oplus}$ m/e=63(约 100%)	
(47.4℃)/kPa	0.376	$HC{\equiv}S^{\oplus}$ m/e=45(约 60%)	
(56.6℃)/kPa	0.681	$CH_3—S{=}CH_2^{\oplus}$	
爆炸极限(下限)/%(体积)	2.6	m/e=61(约 20%)	
(上限)/%(体积)	28.5	NMR r=7.50($CDCl_3$)	
体膨胀系数	8.8×10^{-4}	r=7.50(CCl_4)TMS 基准	

(5) 化学性质　二甲亚砜还原生成甲硫醚。受强氧化剂作用氧化成二甲砜：

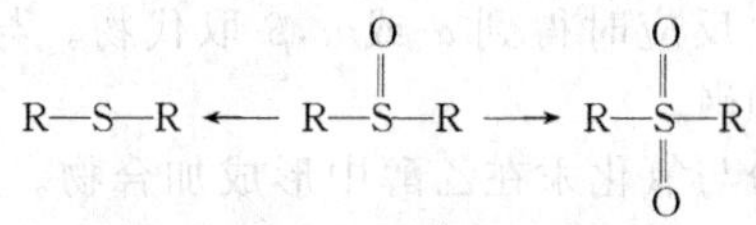

二甲亚砜与酰氯类物质如氰尿酰氯、苯酰氯、乙酰氯、苯磺酰氯、亚硫酰氯、硫酰氯、三氯化磷等接触时，发生激烈的放热分解反应。与硝酸结合，生成 $(CH_3)_2SO\cdot NHO_3$。与碳酸钡作用可使二甲亚砜再生。与浓氢碘酸作用，生成二甲硫碘化合物。

(6) 精制方法　将二甲亚砜减压蒸馏后，加入氧化铝放置一夜，用高 50cm，填有陶制鞍形填料的蒸馏塔，于 266.6～399.9Pa、50℃进行减压蒸馏，收集中间馏分。或将二甲亚砜与 CaH_2 一起加热一日，减压蒸馏后用分子筛干燥，在氮气流下再进行减压蒸馏。也可以分步结晶精制。

(7) 溶解性能　和 *N*,*N*-二甲基甲酰胺相似。能与水、甲醇、乙醇、辛醇、双丙酮醇、乙二醇、甘油、乙醛、丙酮、乙酸乙酯、苯二甲酸二丁酯、二噁烷、吡啶、芳香烃等混溶。但脂肪烃除乙炔外都不溶解。二甲亚砜对环氧乙烷、苯甲酸、樟脑、糖类、油脂、色素、醋酸纤维素、聚丙烯腈以及聚酯树脂等也有很好的溶解能力。二甲亚砜还能溶解二氧化硫、二氧化氮、氯化钙、硝酸钾、硝酸钠等。对金属离子有较强的溶剂化作用。

(8) 用途　是一种重要的溶剂，它是生产丙烯酸树脂、聚砜树脂用溶剂，聚丙烯腈及乙酸纤维抽丝用溶剂，聚氨基甲酸酯涂料用溶剂，黏结剂、墨水染料、颜料用溶剂等。也用作脱漆剂、合成纤维染色剂以及许多有机合成反应用溶剂。此外，还利用二甲亚砜从脂肪族饱和烃中分离、精制芳香族化合物，从不饱和化合物中萃取含硫化合物，从乙烯中分离出乙炔等。液相色谱溶剂。

(9) 使用注意事项　可用软钢、铜或铝制容器贮存。对锌和镀锌铁皮有腐蚀作用。在常压蒸馏时部分发生分解，有时会发生爆炸。纯品稳定。属微毒类，大鼠经口 LD_{50} 为18g/kg。但对人体皮肤有渗透性，对眼有刺激作用。二甲亚砜吸湿性强，可燃，贮存和使用时应加注意。

(10) 规格 GB/T 21395—2008　二甲基亚砜

项目		优等品	一等品	项目		优等品	一等品
结晶点/%	≥	18.10	18.00	折射率(20℃)		1.4775～1.4790	
酸值	≤	0.03	0.04	杂质/%	≤	0.10	0.15
透光度(400μm)/%	≥	96.0		水/%	≤	0.10	

(11) 附表

表 2-10-11　盐类在二甲亚砜中的溶解度　　单位：g/100mL 二甲亚砜

盐类	溶解度		盐类	溶解度	
	25℃	90～100℃		25℃	90～100℃
$ZnNO_3 \cdot 6H_2O$	550		$SmCl_2 \cdot 2H_2O$	40	
$AgNO_3$	130	180	NH_4SCN	30	
$Hg(OCOCH_3)_2$	100		CdI	30	
HgI_2	100		$FeCl_3 \cdot 6H_2O$	30	90
$HgBr_2$	90		NaI	30	
NH_4NO_3	80		$ZnCl_2$	30	60
$NiCl_2 \cdot 6H_2O$	90		$Al_2(SO_3)_3 \cdot 18H_2O$	不溶	5
$Ni(NO_3)_2$	60		$CuCl_2 \cdot 2H_2O$	不溶	27
$(NH_4)_2Cr_2O_7$	50		$MgCl_2 \cdot 6H_2O$	1	

表 2-10-12　气体在二甲亚砜中的溶解度　　单位：g/100g 溶液

气体	溶解度	气体	溶解度
乙炔	2.99	氟里昂-12	1.8
丁二烯	4.35	氦	不溶
混合丁烯	2.05	一氧化碳，氧	0.01
异丁烯	2.5～3.0	二氧化碳	0.5
乙烯	0.32	二氧化硫	57.4
环氧乙烷	60.0	氢	不溶

(12) 附图

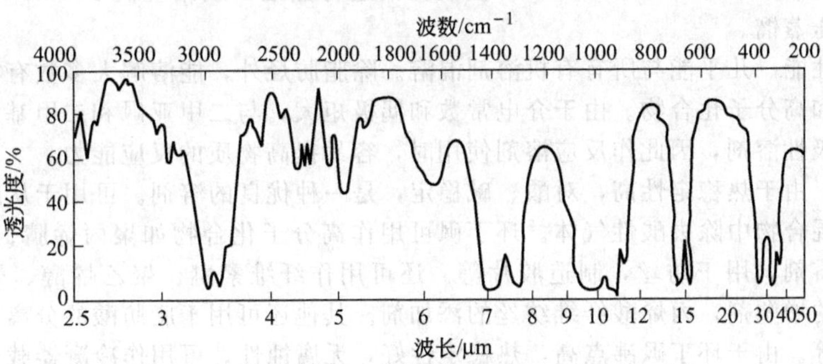

图 2-10-2　二甲亚砜的红外光谱图

参　考　文　献

1　CAS 67-68-5

2　EINECS 200-664-3

3　A. Weissberger. Organic Solvents. 3rd ed. Wiley, 1971. 857

4　Technical Bulletion Dimethyl Sulfoxide. Dimethyl Sulfoxide as a Reaction Solents. Crown Zellerbach Corp.; U. S. Pat, 1962, 3: 045, 051

5　D. Martin et al. Angew. Chem. 1967, 79: 340

6　H. L. Schiäfer and W. Schafferrichtr. Angew. Chem. 1960, 72: 618

7 Uvasols. Solvents for Spectroscopy. E. Merck
8 J. H. Bowie and D. H. Williams. Tetrahedron. 1960. 22：3515
9 H. Budzikiewicz et al. Mass Spectrometry of Organic Compounds. Holden-Day. 1967. 552
10 有機合成化学協会. 溶剤ポケットブック. オーム社. 1967. 731
11 The Merck Index. **10**，3255；**11**，3247
12 张海峰主编. 危险化学品安全技术大典：第1卷. 北京：中国石化出版社，2010

780. 环丁砜

sulfolane [tetrahydrothiophene-1,1-dioxide]

(1) 分子式 $C_4H_8O_2S$。　　相对分子质量 120.17。

(2) 示性式或结构式

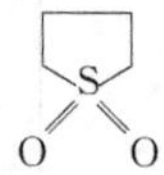

(3) 外观 无色透明液体。

(4) 物理性质

沸点(101.3kPa)/℃	287.3	闪点/℃	166
熔点/℃	28.45	蒸发热(100℃)/(kJ/mol)	62.8
相对密度(30℃/4℃)	1.2614	熔化热/(kJ/mol)	1.42
折射率(30℃)	1.4820	燃烧热/(kJ/kg)	11.42
介电常数(30℃)	43.3	比热容(30℃,定压)/[kJ/(kg·K)]	1.50
偶极矩(25℃)/(10^{-30} C·m)	16.04	电导率(30℃)/(S/m)	$<2\times10^{-8}$
黏度(30℃)/mPa·s	10.286	蒸气压(150℃)/kPa	1.93
表面张力(30℃)/(mN/m)	35.5	(118℃)/kPa	0.67

(5) 化学性质 热稳定性好，加热至220℃以上5小时，仅有2%发生分解生成二氧化硫。对酸和碱稳定，加热到沸点附近不发生分解。可与氯发生反应。能与钴和硼的化合物形成络合物。

(6) 精制方法 于环丁砜中加入粒状氢氧化钠进行蒸馏，或用柱高1.5m，装有玻璃填料的蒸馏塔进行减压蒸馏。

(7) 溶解性能 几乎能与所有有机溶剂混溶。除脂肪烃外，能溶解大多数有机化合物。也能溶解无机盐类和高分子化合物。由于介电常数和偶极矩大，与二甲亚砜和二甲基甲酰胺一样，为一种非质子型极性溶剂，因此作反应溶剂使用时，容易提高物质的反应能力。

(8) 用途 由于热稳定性高，对酸、碱稳定，是一种优良的溶剂。可用于从脂肪烃中萃取芳香烃，从气体混合物中除去酸性气体。环丁砜可用作高分子化合物如聚丙烯腈、丙烯腈共聚物、聚氟乙烯等的溶剂，用于纺丝，制造胶片等。还可用作纤维素醚、聚乙烯醇、聚乙烯、聚氯乙烯、聚酰胺等的增塑剂，丙烯酸纤维纺丝的添加剂。其他还可用于脂肪酸的分离，从木材中萃取非纤维素成分等。由于环丁砜沸点高，热稳定性好，无腐蚀性，可用作冷凝器载体。添加到压榨机油中可以改进耐腐蚀性、防燃性、热稳定性、黏度等性质。

(9) 使用注意事项 致癌物。危险特性属第6.1类毒害品。危险货物编号：61596。口服有毒。使用时避免与眼睛接触。

(10) 附表

表 2-10-13 无机酸、碱在环丁砜中的溶解性

酸、碱	溶解性	酸、碱	溶解性
$NH_4(OH)$(30%)	混溶	NaOH(10%)	可溶
KOH(50%)	不溶	H_2SO_4(93%)	可溶

表 2-10-14 硫在环丁砜中的溶解度

温度/℃	溶解度/(g/100g 环丁砜)	温度/℃	溶解度/(g/100g 环丁砜)
25.5	0.20	100.0	0.98
49.6	0.24	127.2	2.16
75.0	0.64	152.8	3.28

表 2-10-15　高分子物质在环丁砜中的溶解度

高分子物质	溶　解　度/%			高分子物质	溶　解　度/%		
	25℃	100℃	＞100℃		25℃	100℃	＞100℃
醇酸树脂	10			聚丙烯腈	约 2	＞10	
酚醛树脂	约 8	10		聚甲基丙烯酸甲酯	0	0	0
醋酸纤维素	约 10	＞10		聚苯乙烯	0	1	约 9（180～200℃）
三醋酸纤维素	7	＞10		萨兰树脂	0	1	10（180～200℃）

(11) 附图

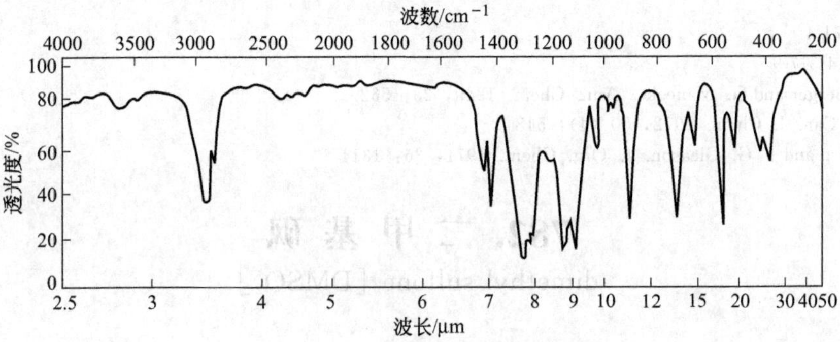

图 2-10-3　环丁砜的红外光谱图

参　考　文　献

1　CAS 126-33-0
2　EINECS 204-783-1
3　A. Weissberger. Organic Solvents. 3rd ed. Wiley. 1971. 467
4　山本保. 有機合成化学. 1970，28：853
5　Uvasols. Solvents for Spectroscopy. E. Merck
6　The Merck Index. 8th cd. 1002
7　The Merck Index. **10**，8836；**11**，8934
8　张海峰主编. 危险化学品安全技术大典：第 1 卷. 北京：中国石化出版社，2010
9　孙毓庆，胡育筑主编. 液相色谱溶剂系统的选择与优化. 北京：化学工业出版社，2008

781. 1,3-丙磺内酯

1,3-propanesultone [propane sultone，propylene sultone，γ-sultone]

(1) 分子式　$C_3H_6O_3S$。　　　　相对分子质量　138.14。

(2) 示性式或结构式

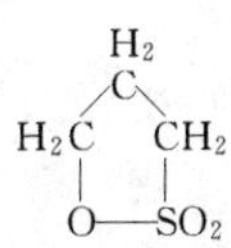

(3) 外观　无色无臭的液体。纯品为棱状晶体。

(4) 物理性质

沸点(1.87kPa)/℃	155～157
熔点/℃	31
偶极矩/(10^{-30} C·m)	15.68

(5) 化学性质　具有一般内酯的性质。与氢氧化钾一起加热，变成羟基磺酸钾盐。1,3-丙磺内酯富有反应性，能与金属醇化物、酚盐等反应引入磺酸基。与胺反应不用催化剂，与醇、酚、

酰胺、含活泼亚甲基化合物在碱性催化剂存在下，加热到130℃都可引入磺酸基。在氧化锌或氯化钙存在下进行常压蒸馏，生成呋喃衍生物。与三乙基胺等弱酸反应生成聚合物：

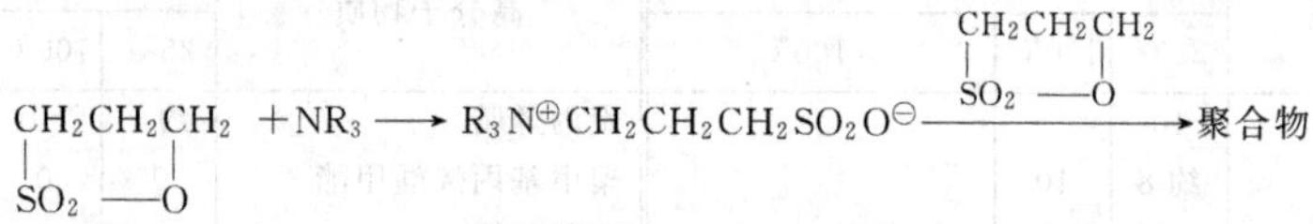

(6) 用途　用于表面活性剂、染料、医药、离子交换树脂、呋喃衍生物的制造和化妆品的配制。

参 考 文 献

1　CAS 1120-71-4

2　EINECS 214-317-9

3　J. H. Helberger and G. Manecke. Ann. Chem. 1949，23：562

4　O. Exner. Can. J. Chem. 1972，50 (4)：548

5　D. N. Harrp and J. G. Gleason. J. Org. Chem. 1971，36：1314

782. 二 甲 基 砜

dimethyl sulfone [$DMSO_2$]

(1) 分子式　$C_2H_6O_2S$。　　相对分子质量　94.33。

(2) 示性式或结构式

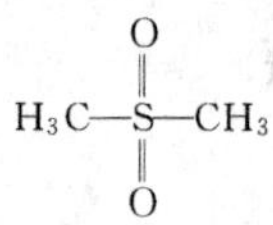

(3) 外观　结晶固体。

(4) 物理性质

沸点(101.3kPa)/℃	238	折射率	1.4226
熔点/℃	109	闪点/℃	143
偶极矩(蒸气)/(10^{-30} C·m)	14.8		

(5) 溶解性能　易溶于水、甲醇、乙醇、丙酮。难溶于乙醚

(6) 用途　高沸点溶剂、极性溶剂、萃取精馏的选择性溶剂、电镀浴溶剂、墨水及黏合剂溶剂。

(7) 使用注意事项　几乎无毒。

参 考 文 献

1　CAS 67-71-0

2　EINECS 200-665-9

3　Beilstein. Handbuch der Organischen Chemie. H，1-289；E Ⅳ，1-1279

4　The Merck Index. **10**，3254；**11**，3246

783. 2,4-二甲基环丁砜

2,4-dimethyl sulfolane

(1) 分子式　$C_6H_{12}O_2S$。　　相对分子质量　148.24。

(2) 示性式或结构式

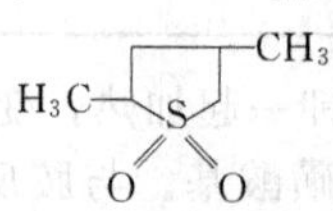

(3) 外观　无色至黄色液体。

(4) 物理性质

沸点/℃	280～281(部分分解)	折射率(20℃)	1.4733
闪点/℃	143	蒸气压(123.3℃)/kPa	0.6666
密度(20℃/4℃)	1.1362		

(5) 溶解性能　微溶于水，与低级芳烃混溶。溶于乙醚、丙酮、甲醇。能与环烷、烯烃和石蜡部分混溶。

(6) 用途　作液-液及气-液萃取过程中的溶剂。

(7) 使用注意事项　口服有毒。对眼睛、呼吸系统及皮肤有刺激性。

参 考 文 献

1　CAS 1003-78-7

2　EINECS 213-716-5

3　The Merck Index. **13**，3283

784. 乙 硫 醇

ethyl mercaptan

(1) 分子式　C_2H_6S。　　相对分子质量　62.14。

(2) 示性式或结构式　CH_3CH_2SH

(3) 外观　无色透明油状液体，有强烈刺激性蒜臭味。

(4) 物理性质

沸点(101.3kPa)/℃	35	临界压力/MPa	5.32
熔点/℃	−148	黏度(20℃)/(mPa·s)	0.293
相对密度(20℃/4℃)	0.8391	闪点/℃	−17
折射率(20℃)	1.4310	燃点/℃	299
临界温度/℃	225.5	爆炸极限(下限)/%(体积)	2.8
		(上限)/%(体积)	18.2

(5) 溶解性能　溶于醇和醚，在20℃水中的溶解度为$6.76g/m^3$。

(6) 用途　溶剂、农药中间体。

(7) 使用注意事项　危险特性属第3.1类低闪点易燃液体。危险货物编号：31034，UN编号：2363。本品高毒，大量吸入会引起血压降低、呼吸困难，并有呕吐、腹泻、血尿等症状。对水生物极毒。可能对水环境引起不利结果。

参 考 文 献

1　CAS 75-08-1

2　EINECS 200-837-3

3　Beil.，**1**，340；**1**(4)，1390

4　The Merck Index. **10**，3674；**11**，3680；**13**，3761

785. 正 丙 硫 醇

n-propyl mercaptan [1-propanethiol]

(1) 分子式　C_3H_8S。　　相对分子质量　76.16。

(2) 示性式或结构式　$CH_3CH_2CH_2SH$

(3) 外观　无色或浅黄色液体，有恶臭的气味。

(4) 物理性质

沸点(101.3kPa)/℃	67～68	折射率(20℃)	1.43832
熔点/℃	−113	闪点/℃	−20
相对密度(20℃/4℃)	0.8408		

(5) 溶解性能　溶于醇、醚，极微溶于水。

(6) 用途　溶剂、农药及其他有机合成中间体。

(7) 使用注意事项　危险特性属第3.1类低闪点易燃液体。危险货物编号：31035，UN编号：2402。加热分解放出氧化硫烟雾，刺激和抑制中枢神经系统，能刺激呼吸道、发热、使肌肉软弱无力、溶血性贫血、高铁血红蛋白血症、血尿、蛋白尿、发绀、痉挛，以致失去知觉。小鼠经口 LD_{50} 为 3g/kg。

参　考　文　献

1 CAS 107-03-9

2 EINECS 203-455-5

3 Beil.，**1**，359；**1** (4)，1449

786. 异丙硫醇

isopropyl mercaptane [2-propanethiol]

(1) 分子式　C_3H_8S。　　　相对分子质量　76.16。

(2) 示性式或结构式　$CH_3\underset{\underset{SH}{|}}{C}HCH_3$

(3) 外观　无色液体，有特殊臭味。

(4) 物理性质

沸点(101.3kPa)/℃	52.6	折射率(20℃)	1.4225
熔点/℃	−131	闪点/℃	−34
相对密度(25℃/4℃)	0.809		

(5) 溶解性能　能与乙醇、乙醚相混溶，微溶于水。

(6) 用途　溶剂、有机合成中间体。

(7) 使用注意事项　危险特性属第3.1类低闪点易燃液体。危险货物编号：31035。高度易燃。其蒸气吸入有毒。对眼睛、呼吸系统和皮肤有刺激性。毒性参照正丙硫醇。

参　考　文　献

1 CAS 75-33-2

2 EINECS 203-861-4

3 Beil.，**1**，367

787. 正丁硫醇

n-butyl mercaptan [*n*-butanethiol]

(1) 分子式　$C_4H_{10}S$。　　　相对分子质量　90.18。

(2) 示性式或结构式　$CH_3(CH_2)_2CH_2SH$

(3) 外观　无色液体，有恶臭。

(4) 物理性质

沸点(101.3kPa)/℃	98.4	折射率(20℃)	1.4440
熔点/℃	−115.7	闪点/℃	12
相对密度(20℃/4℃)	0.8337		

(5) 溶解性能　易溶于乙醇、乙醚，微溶于水。

(6) 用途　溶剂，有机合成中间体。

(7) 使用注意事项　正丁硫醇的危险特性属第 3.2 类中闪点易燃液体。危险货物编号：32116，UN 编号：2347。遇高热、明火及强氧化剂易引起燃烧，受热分解放出有毒气体。蒸气吸入可引起头痛、恶心及麻醉作用。大鼠经口 LD_{50} 为 2580mg/kg。

参　考　文　献

1　CAS 109-79-5

2　EINECS 203-705-3

3　Beilstein. Handbuch der Organischen Chemie. H，1-370；E Ⅳ，1-1555

4　The Merck Index. **10**，1549；**11**，1575；**12**，1611

788. 1-戊硫醇

1-pentanethiol

(1) 分子式　$C_5H_{12}S$。　　相对分子质量　104.22。

(2) 示性式或结构式　$CH_3(CH_2)_4SH$

(3) 外观　无色至微黄色液体，有特殊臭味

(4) 物理性质

沸点(101.3kPa)/℃	126.6	折射率(20℃)	1.4660
熔点/℃	−75.7	闪点/℃	18
相对密度(20℃/4℃)	0.840		

(5) 溶解性能　溶于乙醇，不溶于水。

(6) 用途　溶剂、有机合成中间体。

(7) 使用注意事项　危险特性属第 3.2 类中闪点易燃液体。危险货物编号：32117。吸入或口服有毒。使用时应避免吸入本品蒸气，避免与眼睛及皮肤接触。

参　考　文　献

1　CAS 110-66-7

2　EINECS 203-789-1

3　Beil.，**1**，384

4　The Marck Index. **13**，617

789. 1-癸硫醇

1-decanethiol

(1) 分子式　$C_{10}H_{22}S$。　　相对分子质量　174.35。

(2) 示性式或结构式　$CH_3(CH_2)_9SH$

(3) 外观　无色或浅黄色液体。有特殊臭味。

(4) 物理性质

沸点(1.733kPa)/℃	113～114	折射率(20℃)	1.4565
熔点/℃	−26	闪点/℃	98
相对密度(20℃/4℃)	0.847		

(5) 溶解性能　能与乙醇、乙醚相混溶，微溶于水。

(6) 用途　溶剂、有机合成中间体、合成橡胶中间体。

(7) 使用注意事项　对眼睛、呼吸系统及皮肤有刺激性。使用时应穿防护服。

参 考 文 献

1 CAS 143-10-2

2 EINECS 205-584-2

3 Beil., **1** (2), 459

790. 叔十二硫醇

tert-dodecanethiol

(1) 分子式　$C_{12}H_{26}S$。　　　　相对分子质量　202.40。

(2) 示性式或结构式　$CH_3(CH_2)_{10}(SH)CH_3$

(3) 外观　无色至浅黄色黏性液体。

(4) 物理性质

沸点(101.3kPa)/℃	227～248	相对密度(20℃/20℃)	0.8450
(5.19kPa)/℃	165～166	折射率(20℃)	1.4589
熔点/℃	−7	闪点/℃	90

(5) 溶解性能　溶于甲醇、乙醚、丙酮、苯、汽油和乙酸乙酯，不溶于水。

(6) 用途　溶剂，合成橡胶、合成纤维的聚合调节剂。

(7) 使用注意事项　危险特性属第6.1类毒害品。危险货物编号：61591。对眼睛、皮肤有刺激性。对水生物极毒。可能对水环境引起不利的后果。

参 考 文 献

1 CAS 25103-58-6

2 EINECS 246-619-1

第十一章 多官能团溶剂

791. 乙二醇一甲醚［甲基溶纤剂］

ethylene glycol monomethyl ether［2-methoxyethanol，β-hydroxy ethylmethyl ether，methyl glycol，（商）methyl cellosolve］

(1) 分子式 $C_3H_8O_2$。 相对分子质量 76.09。

(2) 示性式或结构式 CH_2OCH_3—CH_2OH（CH_2OCH_3 与 CH_2OH 上下以单键相连）

(3) 外观 无色液体，微有芳香气味。

(4) 物理性质

沸点(101.3kPa)/℃	124.6	电导率(20℃)/(S/m)	1.09×10^{-6}
熔点/℃	-85.1	蒸气压(25℃)/kPa	1.3
相对密度(20℃/4℃)	0.96459	(27℃)/kPa	1.3
(25℃/4℃)	0.96024	(56℃)/kPa	6.7
折射率(20℃)	1.4021	爆炸极限(125℃,下限)/%(体积)	2.5
(25℃)	1.4002	(140℃,上限)/%(体积)	19.8
介电常数(25℃)	16.93	偶极矩(25℃)/(10^{-30}C·m)	6.80
黏度(20℃)/mPa·s	1.72	表面张力(14.9℃)/(mN/m)	31.82
(25℃)/mPa·s	1.60	闪点(闭口)/℃	43
蒸发热(b.p.)/(kJ/mol)	39.48	(开口)/℃	46
燃烧热/(kJ/mol)	1844.7	燃点/℃	288
比热容(25℃,定压)/[kJ/(kg·K)]	2.20	体膨胀系数(20℃)/K^{-1}	0.00095

(5) 化学性质 具有醇和醚的化学性质，可与邻苯二甲酸、蓖麻酸、油酸等生成酯。

(6) 精制方法 易含杂质有水、二甘醇一甲醚（甲基卡必醇）和微量的酸、醛等。实验室的精制方法是用无水碳酸钠干燥后分馏。若有过氧化物存在，可加氯化亚锡回流或将其通过活性氧化铝柱除去。脂肪族酮可加2,4-二硝基苯肼除去。也可用碳酸钾、硫酸钙、硫酸镁或硅胶作干燥剂。

(7) 溶解性能 能与水、醇、醚、苯、乙二醇、四氯化碳、丙酮、二甲基甲酰胺等多种溶剂混溶。25℃时在庚烷中溶解11.2%。乙二醇一甲醚能溶解松香、虫胶、硝酸纤维素、醋酸纤维素、醇酸树脂、聚甲基丙烯酸甲酯、聚乙酸乙烯酯等，但不能溶解在烃类溶剂中溶解的树脂。

(8) 用途 乙二醇一甲醚广泛用作硝酸纤维素漆、清漆、磁漆等涂料用溶剂和稀释剂。也用作醇中可溶的染料、油墨、可的松等的溶剂和农药分散剂、皮革处理剂、增塑剂等。此外，尚可用于从环烷烃中分离带侧链的烃类。液相色谱溶剂。

(9) 使用注意事项 危险特性属第3.3类高闪点易燃液体。危险货物编号：33569，UN编号：1188。着火时用二氧化碳、四氯化碳、粉末灭火剂灭火。对金属无腐蚀性，但为了避免铁的混入，应用不锈钢制容器贮存。属低毒类。乙二醇-甲醚能引起贫血症、巨红血球症，出现新生颗粒性白血球，引起中枢神经障碍。嗅觉阈浓度190mg/m³。工作场所最高容许浓度77.75mg/m³。大鼠经口LD_{50}为2.46g/kg。兔经皮LD_{50}为1.34mL/kg。

(10) 附表

表 2-11-1　含乙二醇一甲醚的二元及三元共沸混合物

第二组分	共沸点/℃	乙二醇一甲醚/%	第二组分	共沸点/℃	乙二醇一甲醚/%
水	99.9	84.7	庚烷	92.5	77
甲苯	105.9	75	间二甲苯	119	48.8
乙苯	116.5	46	水	90.1	25.4
四氯乙烯	109.7	75.5	乙苯		67.2
2-氯乙醇	130	69	乙烯基-2-乙基己醚	97.7	39
乙酸丁酯	119.5	52	水		57
乙二胺	130(977kPa)	31			

(11) 附图

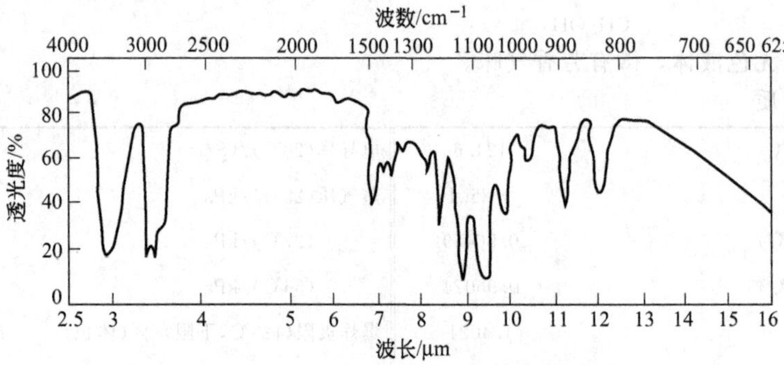

图 2-11-1　乙二醇一甲醚的红外光谱图

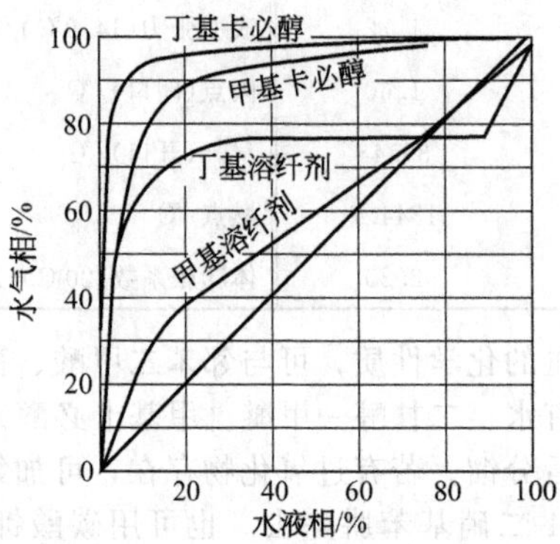

图 2-11-2　乙二醇-水系的气液平衡

参　考　文　献

1　CAS 109-86-4

2　EINECS 203-713-7

3　A. Bondi and D. J Simkin. A. I. Ch. E. J. 1957. 3: 473

4　Cellulose and Carbitol Solvents. Union Carbide Chemicals Corp. 1962

5　C. Marsden. Solvents Guide. 2nd ed. Cleaver-Hume, 1963

6　K-Yu Chu and A. R. Thompson. J. Chem. Eng. Data. 1960, 5: 147

7　J. Hoigené and T. Gaumann. Helv. Chim. Acta 1958, 41: 1933

8　A. I. Vogel. J. Chem. Soc. 1948, 1814

9　DOWANOL. Glycerol-Ether Solvents, Dow Chemical Co.. 1958

10　M. Simonetta. Chim. Ind. Milan. 1947, 29: 37; Chem. Abstr. 1947, 41: 7165

11　C. J. Pouchert. The Aldrich Library of Infrared Spectra. Aldrich Chemical Co.. 1970. 104D

12 L. E. Howlett. Can. J. Res. 1931. 4: 79
13 K. R. Way and M. E. Russel. J. Phys. Chem. 1965. 69: 4420
14 H. E. Hofmann and E. W. Reid. Ind. Eng. Chem. 1929. 21: 955
15 The Merck Index. 7th ed. 674
16 C. Marsden. Solvents Manual. Cleaver-Hume. 1954. 275
17 A. K. Doolittle. The Technology of Solvents and Plasticizers. Wiley, 1954. 589
18 Beilstein. Handbuch der Organischen Chemie. H, 1-467; E Ⅳ, 1-2375
19 The Merck Index. **10**, 5915; **11**, 5961
20 张海峰主编. 危险化学品安全技术大典：第1卷. 北京：中国石化出版社，2010

792. 乙二醇一乙醚［溶纤剂］

ethylene glycol monoethyl ether［2-ethoxyethanol，2-hydroxydiethyl ether，2-ethoxyethyl alcohol，ethyl cellosolve］

(1) 分子式　$C_4H_{10}O_2$。　　相对分子质量　90.12。

(2) 示性式或结构式　$CH_2OC_2H_5$ | CH_2OH

(3) 外观　无色液体，有温和的香味。

(4) 物理性质

沸点(101.3kPa)/℃	135.6	闪点(闭口)/℃	45
熔点(凝固点)/℃	−70	(开口)/℃	59
相对密度(20℃/4℃)	0.92945	燃点/℃	238
(25℃/4℃)	0.92520	蒸发热(25℃)/(kJ/mol)	47.28
折射率(20℃)	1.4077	(b. p.)/(kJ/mol)	40.56
(25℃)	1.4057	比热容(25℃,定压)/[kJ/(kg·K)]	2.32
介电常数(24℃)	29.6	电导率/(S/m)	9.3×10^{-8}
偶极矩(25℃)/(10^{-30}C·m)	6.94	蒸气压(25℃)/kPa	0.7
黏度(20℃)/mPa·s	2.05	爆炸极限(140℃,下限)/%(体积)	1.8
(25℃)/mPa·s	1.85	(150℃,上限)/%(体积)	14
表面张力(25℃)/(mN/m)	28.2	体膨胀系数/K^{-1}	0.00097
(75℃)/(mN/m)	23.6		

(5) 化学性质　具有醇、醚的一般化学性质。

(6) 精制方法　易含的杂质有水分、二甘醇一乙醚（乙基卡必醇）、乙二醇和微量的酸、醛等。精制时加入氯化钙或无水硫酸钠干燥，然后分馏。若有过氧化物存在，可用二氯化锡回流，或将其通过活性氧化铝柱除去。

(7) 溶解性能　和乙二醇一甲醚相似，但极性较小，对油脂或树脂的溶解能力较大。能与水、醇、醚、四氯化碳、丙酮等多种溶剂混溶。20℃时在庚烷中溶解0.7%。能溶解硝酸纤维素、醇酸树脂、聚乙酸乙烯酯、聚乙二醇，但不溶解醋酸纤维、聚甲基丙烯酸甲酯。对松香、虫胶、甘油三松香酸酯、香豆酮树脂等，也有一定的溶解能力。

(8) 用途　乙二醇一乙醚广泛用作漆用溶剂。由于对水的溶解能力大，单独使用时容易发生乳化现象，因此往往与其他溶剂混合使用。主要用作硝基喷漆用溶剂。其他也用作汽车引擎洗涤剂，电绝缘用硅氧烷改性聚酯涂料溶剂，印刷油墨载体，维生素 B_{12} 精制回收用溶剂，乙酸可的松溶剂，喷气燃烧添加剂，汽车刹车油，皮革着色剂，乳液稳定剂等。

(9) 使用注意事项　危险特性属第3.3类高闪点易燃液体。危险货物编号：33569，UN编号：1171。着火时可用二氧化碳、四氯化碳和粉末灭火剂灭火。对金属无腐蚀性，但大量贮存时宜用不锈钢制容器。属低毒类。可经皮肤吸收。嗅觉阈浓度 90mg/m^3。工作场所最高容许浓度 736mg/m^3。大鼠经口 LD_{50} 为 3.0g/kg。兔经皮 LD_{50} 为 3.5mL/kg。并观察到动物肠胃出血，轻度肝损害，严重肾损害和血尿。

(10) 附表

表 2-11-2 含乙二醇一乙醚的二元共沸混合物

第二组分	共沸点/℃	乙二醇一乙醚/%	第二组分	共沸点/℃	乙二醇一乙醚/%
水	66.4(26.66)	85	甲苯	110	90
	82.4(53.33)	76	庚烷	96.5	86
	98.2(98.66)	73	二丁醚	127	50
	99.4(101.33)	71.2	乙酸丁酯	125.8	64.3
乙苯	53.9(5.67)	72	乙酸异戊酯	133.8	30
	127.8(101.33)	52	间二甲苯	128.85	49
苯乙烯	59.8(5.67)	58			

(11) 附图

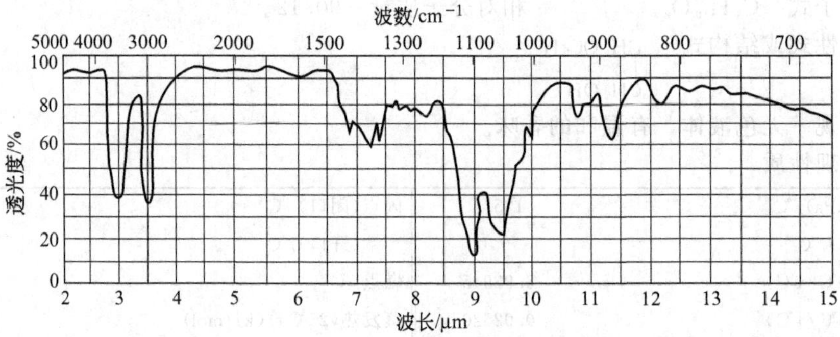

图 2-11-3 乙二醇一乙醚的红外光谱图

参 考 文 献

1 CAS 110-80-5
2 EINECS 203-804-1
3 W. F. Whitmore and E. Lieber. Ind. Eng. Chem. Anal. ed. 1935, 7: 127
4 The Merck Index. 8th ed. 428
5 K-Yu Chu and A. R. Thompson. J. Chem. Eng. Data. 1960, 5: (4)
6 J. L. Beal and C. A. Mann. J. Phys. Chem. 1938, 42: 283
7 W. H. Byers. J. Chem. Phys. 1939, 7: 175
8 C. Marsden. Solvents Guide. 2nd ed. Cleaver-Hune. 1963. 284
9 Dowanol. Glycerol-Ether Solvents. Dow Chemical Co. 1958
10 A. Bondi and D. J. Simkin. A. I. Ch. E. J. 1957, 3: 473
11 H. E. Hofmann and E. W. Reid. Ind. Eng. Chem. 1929, 21: 955
12 H. Mohler and J. Sorge. Helv. Chim. Acta. 1940, 23: 1200
13 G. M. Barrow. J. Phys. Chem.. 1955, 59: 1129
14 L. E. Howlett. Can. J. Res. 1931, 4: 79
15 J. G. Traynham and G. A. Knesel. J. Amer. Chem. Soc. 1965, 87: 4220
16 A. K. Doolittle. The Technology of Solvents and Plasticizers. Wiley. 1954. 593
17 Cellosolve and Carbitol Solvents. Union Carbide Chemicals Corp. 1962
18 Kirk-Othmer. Encyclopedia of Chemical Technology. 1st ed. Vol. 1. Wiley. 539
19 C. Marsden. Solvents Manual. Cleaver-Hume. 1954
20 Beilstein. Handbuch der Organischen Chemie. H, 1-467; E Ⅳ, 1-2377
21 The Merck Index. **10**, 3700; **11**, 3707
22 张海峰主编. 危险化学品安全技术大典：第1卷. 北京：中国石化出版社，2010

793. 2-(甲氧甲氧基)乙醇

2-(methoxymethoxy)ethanol

(1) 分子式　$C_4H_{10}O_3$。　　　　相对分子质量　106.12。

(2) 示性式或结构式　$\begin{array}{l}CH_2OCH_2OCH_3\\ |\\ CH_2OH\end{array}$

(3) 外观　无色无臭的吸湿性液体。

(4) 物理性质

沸点(101.3kPa)/℃	167.5	闪点/℃	91
熔点(凝固点)/℃	<−70	相对密度(25℃/25℃)	1.038

(5) 化学性质　2-(甲氧甲氧基) 乙醇在中性或碱性溶液中稳定，在酸性溶液中容易发生水解。

(6) 溶解性能　能与水、蓖麻油和多种有机溶剂混溶。对脂肪烃、其他植物油也有一定的溶解能力。能溶解醋酸纤维素、硝酸纤维素、聚乙酸乙烯酯、聚乙烯醇缩乙醛、油改性醇酸树脂等。

(7) 用途　主要用于纺织品印染，皮革表面加工，干洗溶剂成分，密封用玻璃纸等。

(8) 使用注意事项　大鼠经口 LD_{50} 为 6.50g/kg。兔经皮 LD_{50} 为 4.23mL/kg。

参考文献

1　CAS 4484-61-1

2　A. K. Doolittle. The Technology of Solvents and Plasticizers. Wiley. 1954. 596

794. 乙二醇单丙醚

ethylene glycol moxopropyl ether[2-propoxyethanol]

(1) 分子式　$C_5H_{12}O_2$。　　　　相对分子质量　104.09。

(2) 示性式或结构式　$\begin{array}{l}CH_2OCH_2CH_2CH_3\\ |\\ CH_2OH\end{array}$

(3) 外观　无色液体。

(4) 物理性质

沸点(101.3kPa)/℃	151.3	蒸气密度(空气=1)	3.6
密度(20℃)/(g/cm³)	0.9112	蒸发速度(乙醚=1)	68
折射率(20℃)	1.4133	蒸气压(25℃)/kPa	0.39
闪点(闭杯)/℃	53		

(5) 溶解性能　和乙二醇一乙醚相似。与水互溶。

(6) 用途　与乙二醇一异丙醚相似。

(7) 使用注意事项　属低毒类。对皮肤无明显刺激，大鼠经口 LD_{50} 500～1000mg/kg。长期置于其饱和蒸气可导致肺、肝及肾的损害。

(8) 附表

表 2-11-3　含乙二醇单丙醚的二元共沸混合物

第二组分	共沸点/℃	乙二醇一丙醚/%	第二组分	共沸点/℃	乙二醇一丙醚/%
水	98.8	28	乙苯	134.5	18
四氯乙烯	120.6	5	对二甲苯	136.3	24
辛烷	122.8	20	间二甲苯	137.0	25.5

续表

第二组分	共沸点/℃	乙二醇一丙醚/%	第二组分	共沸点/℃	乙二醇一丙醚/%
二丁基醚	138.5	37	2-氯甲苯	149.5	60
邻二甲苯	140.3	35	4-氯甲苯	149.7	70
苯乙烯	140.5	37	二异戊基醚	150.1	77
α-蒎烯	142.0	48	糠醛	151.1	86
丙酸丁酯	<145.0	约 20	乳酸乙酯	151.3	95
异丙苯	147.0	50	1-乙氧基-2-乙酰氧基乙醇	151.3	87.5
溴苯	148.2	约 48			
二戊烯	148.5	68			

参 考 文 献

1 CAS 2087-30-9

2 EINECS 220-548-6

795. 乙二醇单异丙醚

ethylene glycol isopropyl ether [2-isopropoxyethanol, 2-hydroxyethyl isopropyl ether, isopropyl glycol, glycol isopropyl ether]

(1) 分子式 $C_5H_{12}O_2$。　　相对分子质量　104.09。

(2) 示性式或结构式

$$\begin{array}{l} CH_2OCH(CH_3)_2 \\ | \\ CH_2OH \end{array}$$

(3) 外观　无色液体，微有芳香气味。

(4) 物理性质

沸点(99.0kPa)/℃	144	闪点(开口)/℃	33
相对密度(20℃/20℃)	0.906	蒸气压(20℃)/kPa	0.8
折射率(26℃)	1.4048	体膨胀系数(10~30℃)/K^{-1}	0.00093

(5) 精制方法　用氯化钙或无水硫酸钠干燥后分馏。

(6) 溶解性能　和乙二醇一乙醚相似，但对树脂的溶解能力较大。能与水和多种有机溶剂混溶。

(7) 用途　用作硝基纤维漆等涂料用溶剂。由于吸湿性小，作涂料溶剂使用时，涂膜不易产生乳化现象。

(8) 使用注意事项　危险特性属第 3.3 类高闪点易燃液体。危险货物编号：33569。乙二醇一异丙醚对金属无腐蚀性。大鼠经口 LD_{50} 为 0.5~1.0g/kg。对肾脏和肝脏有严重损害。滴入兔眼可引起显著的结膜刺激和角膜损伤。长时间与皮肤接触引起明显刺激甚至灼伤。致死剂量可通过皮肤迅速吸收。

参 考 文 献

1 CAS 109-59-1

2 EINECS 203-685-6

3 L. Scheflan and M. Jacobs. Handbook of Solvents. Van Nostrand Reinhold, 1953. 475

4 小竹无二雄. 大有機化学. 2卷. 朝倉書店, 1957. 332

796. 乙二醇一丁醚［丁基溶纤剂］

ethylene glycol monobutyl ether［2-butoxyethanol，2-hydroxyethyl butyl ether，（商）butyl cellosolve，butyl glycol］

（1）分子式　$C_6H_{14}O_2$。　　相对分子质量　118.17。

（2）示性式或结构式　$CH_2OC_4H_9$—CH_2OH（$CH_2OC_4H_9$ 与 CH_2OH 竖线相连）

（3）外观　无色液体，微有香味。

（4）物理性质

沸点(101.3kPa)/℃	170.2	燃点/℃	244
相对密度(20℃/4℃)	0.90075	蒸发热(平均)/(kJ/mol)	48.99
(27℃/4℃)	0.89460	比热容(25℃,定压)/[kJ/(kg·K)]	2.34
折射率(20℃)	1.41980	临界温度/℃	370
介电常数(25℃)	9.30	临界压力/MPa	3.90
偶极矩(25℃)/(10^{-30}C·m)	6.94	电导率(20℃)/(S/m)	4.32×10^{-7}
黏度(25℃)/mPa·s	3.15	蒸气压(94℃)/kPa	6.67
(60℃)/mPa·s	1.51	(61℃)/kPa	1.33
表面张力(25℃)/(mN/m)	27.4	(25℃)/kPa	0.11
(75℃)/(mN/m)	23.3	爆炸极限(170℃,下限)/%(体积)	1.1
闪点(闭口)/℃	61	(180℃,上限)/%(体积)	10.6
(开口)/℃	74	体膨胀系数(20℃)/K^{-1}	0.00092

（5）化学性质　具有醇的一般化学性质。

（6）精制方法　易含杂质有水、二甘醇一丁醚的聚合物、乙二醇以及微量的酸性物质等。可用分馏或经无水氯化钙、无水硫酸钠干燥后分馏的方法精制。

（7）溶解性能　溶于丙酮、苯、乙醚、甲醇、四氯化碳等有机溶剂和矿物油。约 46℃时能与水完全混溶。能溶解油脂、天然树脂、乙基纤维素、硝酸纤维素、醇酸树脂、聚乙二醇、聚乙酸乙烯酯和石蜡等，但不溶解醋酸纤维素。

（8）用途　一般用于涂料特别是硝基喷漆，可以防雾、防皱，提高涂膜的光泽性，流动性。也用作金属洗涤剂、脱漆剂、脱润滑油剂、汽车引擎洗涤剂、干洗溶剂、环氧树脂溶剂、药物萃取剂以及印刷油墨、切削油和纤维油剂的油分散用互溶剂等。

（9）使用注意事项　危险特性属第 6.1 类毒害品。危险货物编号：61592，UN 编号：2369。乙二醇一丁醚对金属无腐蚀性。本品容易被皮肤吸收，工作场所最高容许浓度 240mg/m^3。大鼠经口 LD_{50} 为 1.49g/kg。兔经皮 LD_{50} 为 0.56mL/kg。毒物的麻醉作用是引起动物死亡的主要原因。尸检见肺充血，严重肾脏充血和血红蛋白尿。滴入动物眼内可引起疼痛、结膜刺激和角膜的轻微暂时性损伤。

（10）附表

表 2-11-4　含乙二醇一丁醚的二元共沸混合物

第二组分	共沸点/℃	乙二醇一丁醚/%	第二组分	共沸点/℃	乙二醇一丁醚/%
苯酚	186.35	37	二异戊基醚	164.95	54
邻甲酚	191.55	15			

参 考 文 献

1　CAS 111-76-2

2　EINECS 203-905-0

3　G. Schneider and G. Wilhelm. Z. Physik，Chem. Frankfurt. 1959，20：219

4　G. O. Curme and F. Johnston，Glycols. Van Nostrand Reinhold. 1952. 116

5 G. Scatchard and G. M. Wilson. J. Amer. Chem. Soc. 1964，86：133
6 J. Hoigné and T. Gäumann. Helv. Chim. Acta. 1958. 41：1933
7 DOWANOL. Glycerol-Ether Solvents，Dow Chemical Co. 1958
8 C. Marsden，Solvents Guide. 2nd ed. Cleaver-Hume. 1963
9 H. L. Cox and L. H. Cretcher. J. Amer. Chem. Soc. 1926. 48：451
10 Sadtler Standard IR Prism Spectra. No，2292
11 A. K. Doolittle. The Technollgy of Solvents and Plasticizers. Wilev. 1954. 596
12 C. Marsden. Solvents Manual. Cleaver-Hume，1954. 79
13 Cellosolve and Carbitol Solvents. Union Carbide Chemicals Corp. 1962
14 The Merck Index. **10**，1532；**11**，1559

797. 乙二醇一叔丁醚

ethylene glycol tert-butyl ether

(1) 分子式 $C_6H_{14}O_2$。 相对分子质量 118.17。

(2) 示性式或结构式 $(CH_3)_3COCH_2CH_2OH$

(3) 外观 无色透明液体。

(4) 物理性质

沸点(101.3kPa)/℃	153	折射率(20℃)	1.415
熔点/℃	<120	闪点/℃	50
相对密度(20℃/4℃)	0.94		

(5) 溶解性能 与多数有机溶剂混溶，溶于水。

(6) 用途 涂料高沸点溶剂、纤维湿润剂、增塑剂、有机合成中间体。

(7) 使用注意事项 参照乙二醇一丁醚。

参 考 文 献

1 CAS 7580-85-0
2 EINECS 242-826-6
3 张海峰主编. 危险化学品安全技术大典：第1卷. 北京：中国石化出版社，2010

798. 乙二醇一异戊醚［异戊基溶纤剂］

ethylene glycol monoisoamyl ether［2-isopentyloxyethanol，(商) isoamyl cellosolve］

(1) 分子式 $C_7H_{16}O_2$。 相对分子质量 136.13。

(2) 示性式或结构式
$$\begin{array}{l}CH_2OC_3H_5(CH_3)_2\\|\\CH_2OH\end{array}$$

(3) 外观 无色液体，有特殊的芳香气味。

(4) 物理性质

沸点(101.3kPa)/℃	181	蒸气压(160℃)/kPa	53.33
相对密度(14℃/4℃)	0.900	(141℃)/kPa	26.67
折射率	1.4198	(110℃)/kPa	6.67

(5) 化学性质 具有醇的化学性质。

(6) 溶解性能 与乙二醇一丁醚相似。

(7) 用途 用作涂料溶剂。

(8) 使用注意事项　参照乙二醇一丁醚。

参 考 文 献

1　桑田　勉. 溶剂. 丸善. 1957. 335

2　I. Mellan. Industrial Solvents. Van Nostrand Reinhold. 1939. 436

799. 乙二醇一己醚［己基溶纤剂］

ethylene glycol monohexyl ether［2-hexyloxyethanol, hexyl-2-hydroxyethyl ether,（商）hexyl cellosolve］

(1) 分子式　$C_8H_{18}O_2$。　　相对分子质量　146.23。

(2) 示性式或结构式

$$\begin{array}{l} CH_2OC_6H_{13} \\ | \\ CH_2OH \end{array}$$

(3) 外观　无色液体。

(4) 物理性质

沸点(101.3kPa)/℃	208.1	闪点(开口)/℃	91
熔点/℃	−50.1	蒸发热/(kJ/mol)	47.3
相对密度	0.8887	蒸气压(20℃)/kPa	0.013
折射率(20℃)	1.4290	(92℃)/kPa	1.33
黏度(20℃)/mPa·s	5.2	(126℃)/kPa	6.667

(5) 精制方法　分馏精制。

(6) 溶解性能　20℃时在水中溶解 0.99%；水在乙二醇一己醚中溶解 18.8%。能溶解乙基纤维素，但不溶解醋酸纤维素、聚乙酸乙烯酯、聚甲基丙烯酸甲酯等。

(7) 用途　乙二醇一己醚为高沸点溶剂，可用作乳胶漆的基料等。

(8) 使用注意事项　乙二醇一己醚对金属无明显的腐蚀性。大鼠经口 LD_{50} 为 1.48g/kg。兔经皮 LD_{50} 为 0.89mL/kg。

(9) 附图

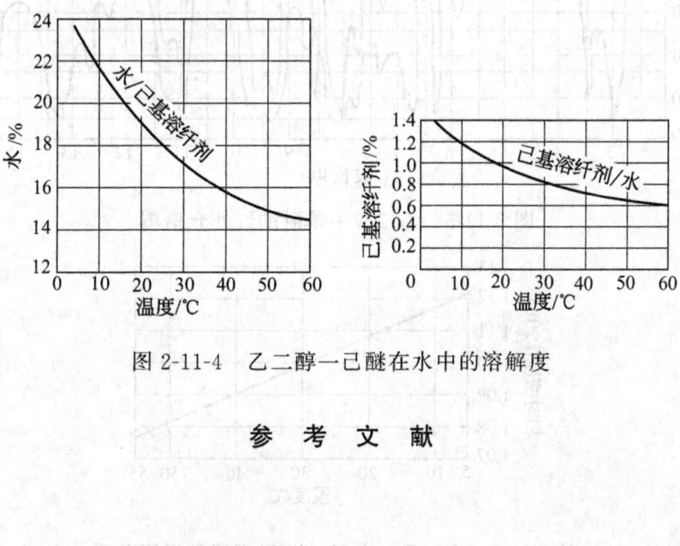

图 2-11-4　乙二醇一己醚在水中的溶解度

参 考 文 献

1　CAS 112-25-4

2　EINECS 203-951-1

3　Cellosolve and Carbitol Solvents. Union Carbide Chemicals Corp. 1962

800. 乙二醇一苯醚［苯基溶纤剂］

ethylene glycol monophenyl ether［2-phenoxyethanol，2-hydroxyethyl phenyl ether，（商）phenyl cellosolve］

(1) 分子式　$C_8H_{10}O_2$。　　　　相对分子质量　138.16。

(2) 示性式或结构式　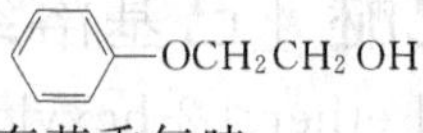

(3) 外观　无色液体，微有芳香气味。

(4) 物理性质

沸点(101.3kPa)/℃	244.7	蒸发热/(kJ/mol)	39.8
熔点(凝固点)/℃	14	比热容(15℃,定压)/[kJ/(kg·K)]	2.03
相对密度	1.1094	蒸气压(20℃)/kPa	0.004
折射率(20℃)	1.5386	(118℃)/kPa	1.333
黏度(20℃)/mPa·s	30.5	(157℃)/kPa	6.666
表面张力(25℃)/(mN/m)	45.6	体膨胀系数/K^{-1}	0.00077
闪点/℃	121		

(5) 化学性质　具有伯醇的化学性质。与氯化锌一起加热发生闭环反应，生成氧杂茚满。

(6) 精制方法　易含杂质有环氧乙烷的加成产物和乙二醇等。一般利用分馏精制。

(7) 溶解性能　20℃时在水中溶解 25%；水在乙二醇一苯醚中溶解 10.6%。可溶于醇、醚和氢氧化钠水溶液。能溶解油脂、天然树脂、醇酸树脂、醋酸纤维素、乙基纤维素、硝酸纤维素和聚乙酸乙烯酯等。

(8) 用途　利用乙二醇一苯醚挥发性低的特点，用作印模、刻印用油墨的溶剂，黏结剂和香皂化妆品的香料保持剂等。也用作醋酸纤维素、树脂、染料的溶剂以及合成增塑剂、杀菌剂、药物等。

(9) 使用注意事项　属低毒类。参照乙二醇一乙醚。大鼠经口 LD_{50} 约 1.0～2.0g/kg。不易被皮肤吸收，使用时要注意保护眼睛。

(10) 附图

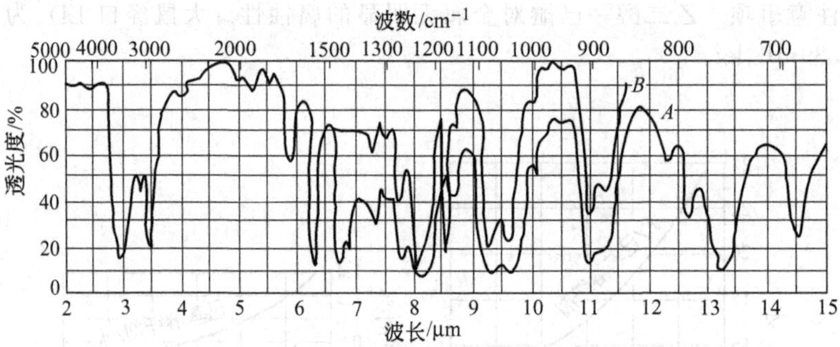

图 2-11-5　乙二醇一苯醚的红外光谱图

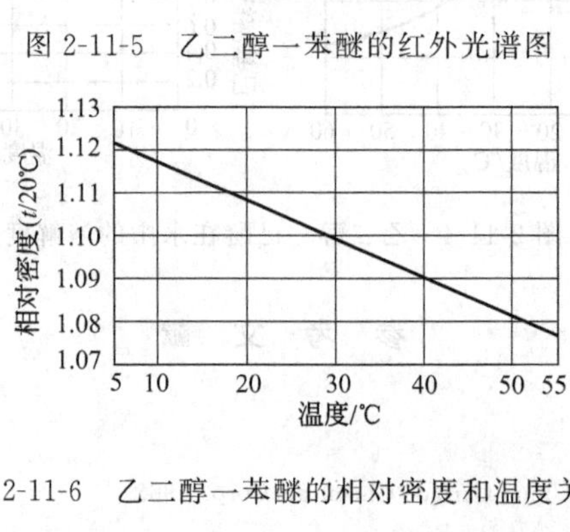

图 2-11-6　乙二醇一苯醚的相对密度和温度关系

参 考 文 献

1 CAS 122-99-6
2 EINECS 204-589-7
3 G. O. Curme and F. Johnstons. Glycols. Van Nostrand Reinhold. 1952. 116
4 L. Scheflan and M. Jacobs. Handbook of Solvents. Van Nostrand Reinhold. 1953. 593
5 A. K. Doolittle. The Technology of Solvents and Plasticizers. Wiley. 1954. 603
6 Beilstein. Handbuch der Organischen Chemie. H, 6-146; E Ⅳ, 6-571
7 The Merck Index. **10**, 7135; **11**, 7226

801. 乙二醇一苄醚［苄基溶纤剂］

ethylene glycol monobenzyl ether［2-benzyloxyethanol, benzyl 2-hydroxyethyl ether,（商）benzyl cellosolve］

(1) 分子式　$C_9H_{12}O_2$。　　相对分子质量　152.19。

(2) 示性式或结构式 —$CH_2OCH_2CH_2OH$

(3) 外观　无色液体，微有芳香气味。

(4) 物理性质

沸点(101.3kPa)/℃	265	闪点(开口)/℃	129
熔点/℃	<－25	蒸气压(20℃)/kPa	0.003
相对密度(20℃/20℃)	1.0700	(132.5℃)/kPa	2.00
折射率(20℃)	1.5218	体膨胀系数(10～30℃)	0.00076

(5) 精制方法　分馏。

(6) 溶解性能　20℃时在100mL水中溶解0.4g；水在100mL乙二醇一苄醚中溶解18g。乙二醇一苄醚溶于醇、醚，能溶解油脂、天然树脂、醇酸树脂、醋酸纤维素、乙基纤维素、聚乙酸乙烯酯等。

(7) 用途　利用乙二醇一苄醚挥发性低的特点，用作印刷油墨和黏结剂用溶剂以及香料保持剂等。

(8) 使用注意事项　参照乙二醇一乙醚。

参 考 文 献

1 CAS 622-08-2
2 EINECS 210-719-3
3 L. Scheflan and M. Jacobs. Handbook of Sovlents. Van Nostrand Reinhold. 1953. 125
4 化学大辞典. 8卷. 共立出版. 1960. 468
5 Beil., **6** (2), 413

802. 糠　醇

furfuryl alcohol［α-furyl carbinol, 2-furylmethanol］

(1) 分子式　$C_5H_6O_2$。　　相对分子质量　98.10。

(2) 示性式或结构式 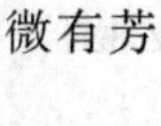—CH_2OH

(3) 外观　无色液体，微有芳香气味。

(4) 物理性质

沸点(101.3kPa)/℃	170.0	燃点/℃	391
熔点(凝固点,准稳定态)/℃	−29	熔化热/(kJ/mol)	13.138
(凝固点,稳定态)/℃	−14.63	蒸发热(25℃)/(kJ/mol)	50
相对密度(20℃/4℃)	1.1285	(b.p.)/(kJ/mol)	53.6
(30℃/4℃)	1.1238	生成热/(kJ/mol)	276.54
折射率(20℃)	1.4868	燃烧热(标准状况)/(kJ/mol)	2550.43
(30℃)	1.4801	比热容(26.8℃,定压)/[kJ/(kg·K)]	2.09
偶极矩(25℃)/(10^{-30}C·m)	6.40	蒸气压(25℃)/kPa	0.08
黏度(25℃)/mPa·s	4.62	爆炸极限(下限)/%(体积)	1.8
表面张力(20℃)/(mN/m)	约 38	(上限)/%(体积)	16.3
闪点(闭口)/℃	75		

(5) 化学性质　糠醇在加热时可以还原硝酸银的氨溶液。对碱稳定，但在酸或空气中氧的作用下，容易发生树脂化。特别是对强酸极其敏感，反应激烈时往往着火。与二苯胺、乙酸、浓硫酸的混合物一起加热时出现蓝色（二苯胺反应）。

(6) 精制方法　用无水硫酸钠或无水碳酸钾干燥后分馏。分馏最好在氮气流下进行。也可以先进行减压蒸馏，除去焦油状物质，再和亚硫酸氢钠水溶液一起摇动，无水硫酸钠干燥后在碳酸钠存在下减压分馏。

(7) 溶解性能　与水混溶，除烷烃外能溶于大多数有机溶剂。能溶解油脂，天然树脂、醋酸纤维素、乙基纤维素、硝酸纤维素、聚乙酸乙烯酯、聚甲基丙烯酸甲酯等。

(8) 用途　糠醇除用作呋喃树脂的原料外，还可作染料，清漆、酚醛树脂、呋喃树脂的溶剂或分散剂、润湿剂等。以它为原料制成的增塑剂，耐寒性优于丁醇和辛醇的酯类。

(9) 使用注意事项　危险特性属第 6.1 类毒害品。危险货物编号：61590，UN 编号，2874。糠醇受空气中氧的作用发生自氧化而呈褐色，水分含量和酸度也有所增加，故应密封避光，置阴凉处贮存。加入三丙胺等碱性物质，可以防止糠醇的自氧化。糠醇与强无机酸或强有机酸反应发生爆炸，贮存时应避免与强酸靠近。糠醇的可燃性与煤油相似，应远离水源，着火时用二氧化碳、粉末灭火剂灭火。干燥的糠醇对金属无腐蚀性，可用铁、软钢或铝制容器贮存。糠醇属中等毒类，对眼有强烈刺激。小剂量对人和兔的呼吸起刺激作用，较大剂量能抑制呼吸并降低体温，引起恶心、眩晕、流涎、腹泻、利尿。工作场所最高容许浓度为 200mg/m^3。大鼠经口 LD_{50} 为 275mg/kg。

(10) 规格 GB/T 14022.1—2009　工业糠醇

项目		优级品	一级品	项目		优级品	一级品
外观		无色至浅黄色透明液体,无机械杂质		浊点/℃	≤	10.0	—
密度(20℃)/(g/mL)		1.129～1.135	—	酸度/(mol/L)	≤	0.01	0.01
折射率(20℃)		1.485～1.488	—	醛(以糠醛计)/%	≤	0.7	1.0
水分/%	≤	0.3	0.6	糠醇/%	≥	98.0	97.5

(11) 附表

表 2-11-5　糠醇的蒸气压

温度/℃	蒸气压/kPa	温度/℃	蒸气压/kPa	温度/℃	蒸气压/kPa	温度/℃	蒸气压/kPa
31.8	0.13	68.0	1.33	100.0	7.13	144.0	45.73
40.0	0.24	75.5	2.13	115.9	13.33	151.8	53.33
56.0	0.67	80.0	2.71	120.0	16.99	157.0	69.59
60.0	0.84	95.5	5.87	133.1	26.66	170.0	101.33

表 2-11-6　含糠醇的二元共沸混合物

第二组分	共沸点/℃	第二组分/%	第二组分	共沸点/℃	第二组分/%
对二氯苯	172.5	30	乙基苯基醚	165.0	54
苯甲醚	153.3	90	丁酸丁酯	164.0	70
乙二醇一丁醚	167.5	40	1, 3-丁二醇甲醚乙酸酯	168.5	18
二异戊醚	165.7	50	苯酚	187.0	70

参 考 文 献

1 CAS 98-00-0
2 EINECS 202-626-1
3 D. R. Stull. Ind. Eng. Chem. 1947，39：517
4 C. R. Kinney. Ind. Eng. Chem. 1941，33：791
5 Furfuryl Alcohol Bulletin. 205-A，Quaker Oats Co.，Chem.. Division. 1963
6 E. C. Hughes and J. R. Johnson. J. Amer. Chem. Soc.. 1931，53：739
7 A. Weissler. J. Amer. Chem. Soc. 1948，70：1634
8 L. M. Nazarova and Y. K. Syrkin. Izv. Akad. Nauk SSSR Otd. Khim. Nauk. 1949，35；Chem. Abstr.，1949，43：4913
9 C. Marsden. Solvents Guide. 2nd ed. Cleaver-Hume. 1963
10 G. S. Parks and W. D. Kennedy. J. Amer. Chem. Soc. 1956，78：56
11 G. S. Parks et al. J. Chem. Phys. 1950，18：152
12 S. Menczel. Z. Physik. Chem. Leipzig. 1929，125：161
13 R. F. Raffauf. J. Amer. Chem. Soc. 1950，72：753
14 T. L. Brown. J. Amer. Chem. Soc. 1958，80：6489
15 J. Wrobel and K. Galuszko. Tetahedron Letters. 1965，4381
16 K. R. Heyns et al. Tetrahedron. 1966，22：2223
17 Varian Associate NMR Spectra. No. 102
18 A. Weissberger. Organic Solvents. 3rd ed. Wiley. 1971. 863
19 F. A. Patty. Industrial Hygiene and Toxicology. 2nd ed. Vol. 2. Wiley. 1963
20 A. K. Doolittle. The Technology of Solvents and Plasticizers
21 I. Mellan. Source Book of Industrial Solvents. Vol. 3. 248～251
22 张海峰主编. 危险化学品安全技术大典：第1卷. 北京：中国石化出版社，2010

803. 四氢糠醇

tetrahydrofurfuryl alcohol [tetrahydro-2-furancarbinol]

(1) 分子式　$C_5H_{10}O_2$。　　相对分子质量　102.13。

(2) 示性式或结构式

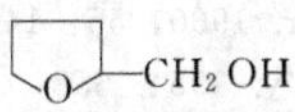

(3) 外观　无色透明液体，有吸湿性。

(4) 物理性质

沸点(101.3kPa)/℃	178	闪点(开口)/℃	89.5
熔点/℃	<80	燃点/℃	282
相对密度(20℃/4℃)	1.0524	蒸发热(25℃)/(kJ/mol)	51.58
(31℃)	1.0402	(b.p.)/(kJ/mol)	45.22
折射率(20℃)	1.4520	燃烧热/(kJ/mol)	2970.5
(25℃)	1.4499	比热容(20～27℃,定压)/[kJ/(kg·K)]	1.78
介电常数(23℃)	13.61	蒸气压(25℃)/kPa	0.107
偶极矩(35℃)/(10^{-30}C·m)	7.07	爆炸极限(下限)/%(体积)	1.5
黏度(20℃)/mPa·s	6.24	(上限)/%(体积)	9.7
表面张力(25℃)/(mN/m)	37	体膨胀系数(20～37.8℃)/K^{-1}	0.00052

(5) 化学性质　具有伯醇的化学性质。脱水生成2,3-二氢吡喃。

(6) 精制方法　分馏精制。

(7) 溶解性能　能与水、醇、醚、丙酮、氯仿、苯等多种溶剂混溶。能溶解松香、油脂、虫胶、香豆酮树脂、醋酸纤维素、乙基纤维素、苄基纤维素、硝酸纤维素、醇酸树脂、糠醇聚合物、聚乙酸乙烯酯、聚苯乙烯、氯化橡胶等。

(8) 用途 用作油脂、蜡、树脂、染料、醋酸纤维素、硝酸纤维素、乙基纤维素等的溶剂。也用作明胶溶液稳定剂、印染工业的润湿剂、分散剂以及某些药品的脱色、脱臭剂等。此外，四氢糠醇也用于制备二氢呋喃、赖氨酸、聚酰胺类塑料，增塑剂等。

(9) 使用注意事项 四氢糠醇对金属无腐蚀性，可用铁、软钢、铜或铝制容器贮存。属低毒类溶剂，大鼠经口 LD_{50} 为 1.6～3.2g/kg。豚鼠经口 LD_{50} 为 0.8～1.6g/kg。对皮肤有中等程度刺激，应避免与皮肤接触。大鼠吸入 2.74g/m^3 6 小时，出现共济失调、衰竭；52.9g/m^3 6 小时，部分动物死亡。

(10) 附表

表 2-11-7 四氢糠醇的蒸气压

温度/℃	蒸气压/kPa	温度/℃	蒸气压/kPa
50	0.40	136.5	31.60
56	0.73	159.5	60.80
75	2.13	178	101.33
99	6.60		

(11) 附图

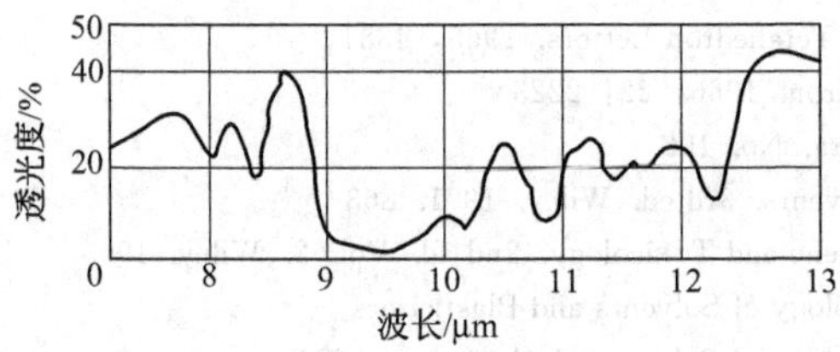

图 2-11-7 四氢糠醇的红外光谱图

参 考 文 献

1 CAS 97-99-4
2 EINECS 202-625-6
3 Q. O. Tetrahydrofurfuryl Alcohol Bulletin. Quaker Oats Co. 1960. 205-A
4 R. S. Drago et al. J. Amer. Chem. Soc. 1965, 87: 5010
5 C. J. Pouchert. The Aldrich Library of Infrared Spectra. Aldrich Chemical Co. 1970. No. 110-A
6 J. Collin. Bull. Soc. Chim. Belges. 1960, 69: 575; Chem. Abstr. 1960, 55: 14048
7 A. K. Doolittle. The Technology of Solvents and Plasticizers. Wiley. 1954. 658
8 C. Marsden. Solvents Guide. 2nd ed. Cleaver-Hume. 1963. 518
9 The Merck Index. **10**, 9038

804. 乙酰噻吩

2-acetylthiophene

(1) 分子式 C_6H_6OS。 相对分子质量 126.18。

(2) 示性式或结构式 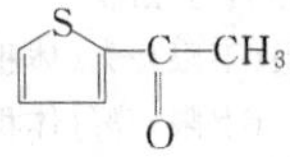

(3) 外观 无色液体。

(4) 物理性质

沸点(101.3kPa)/℃	214	相对密度(20℃/4℃)	1.1679
(1.73kPa)/℃	94～96	折射率(20℃)	1.5667
熔点/℃	10～11		

(5) 溶解性能 与有机溶剂互溶。

（6）用途 溶剂、萃取剂、医药中间体。

（7）使用注意事项 吸入、口服或与皮肤接触有害。参照噻吩。

参 考 文 献

1 CAS 88-15-3

2 EINECS 201-804-6

3 Beil.，**17**，287；**17**（4），4507

805. 2,5-二甲氧基四氢呋喃

2,5-dimethoxy tetrahydrofuran

（1）分子式 $C_6H_{12}O_3$。 相对分子质量 132.16。

（2）示性式或结构式 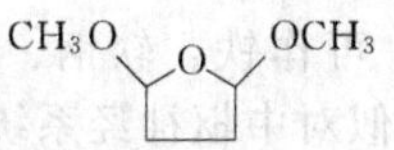

（3）外观 无色液体。

（4）物理性质

沸点(101.3kPa)/℃	145～147	折射率(20℃)	1.4182～1.4184
(2.7kPa)/℃	52～54	闪点/℃	35
相对密度(20℃/4℃)	1.023		

（5）溶解性能 能与水、乙醇、乙醚混溶。

（6）用途 溶剂、有机合成中间体。

（7）使用注意事项 受热分解，遇酸分解。易燃。对眼睛、呼吸系统及皮肤有刺激性。使用时应穿防护服。

参 考 文 献

1 CAS 696-59-3

2 EINECS 211-797-1

806. 二 甘 醇

diethylene glycol［2,2′-dihydroxydiethyl ether，*bis*（2-hydroxyethyl）ether，ethylene diglycol，glycol ether］

（1）分子式 $C_4H_{10}O_3$。 相对分子质量 106.12。

（2）示性式或结构式 $HOC_2H_4OC_2H_4OH$

（3）外观 无色无臭的黏稠液体，微有甜味。

（4）物理性质

沸点(101.3kPa)/℃	244.8	闪点(闭口)/℃	124
熔点(凝固点)/℃	−6.5	燃点/℃	229
/℃	−10.45	表面张力(20℃)/(mN/m)	48.5
相对密度(20℃/4℃)	1.1164	(b.p.)/(mN/m)	26.28
折射率(15℃)	1.4490	蒸发热(b.p.)/(kJ/mol)	52.297
(20℃)	1.4475	燃烧热/(kJ/mol)	2380.2
(25℃)	1.4461	比热容(20℃,定压)/[kJ/(kg·K)]	2.31
介电常数(20℃)	31.69	电导率(20℃)/(S/m)	5.86×10^{-7}
偶极矩(20℃)/(10^{-30} C·m)	7.70	蒸气压(20℃)/kPa	<0.0013
黏度(20℃)/mPa·s	35.7	体膨胀系数(20℃)	0.000635
(25℃)/mPa·s	30		

(5) 化学性质 具有醇、醚的一般化学性质。

(6) 精制方法 所含杂质有水、乙二醇、三甘醇等。可用减压蒸馏后分步结晶的方法精制。取二甘醇 1650mL 进行减压分馏，弃去 480mL 初馏分，收集 1000mL 中间馏分进行分步结晶，可得 700mL 二甘醇。

(7) 溶解性能 与乙二醇相似，但对烃类的溶解能力较强。二甘醇能与水、乙醇、乙二醇、丙酮、氯仿、糠醛等混溶。与乙醚、四氯化碳、二硫化碳、直链脂肪烃、芳香烃等不混溶。松香、虫胶、醋酸纤维素和大多数油脂不溶于二甘醇，但能溶解硝酸纤维素、醇酸树脂、聚酯树脂、聚氨基甲酸乙酯和大多数染料。

(8) 用途 主要用作气体脱水剂和芳烃萃取溶剂。也用作硝酸纤维素、树脂、油脂、印刷油墨等的溶剂，纺织品的软化剂、整理剂，以及从煤焦油中萃取香豆酮和茚等。此外，二甘醇还用作刹车油配合剂、赛璐珞柔软剂、防冻剂和乳液聚合时的稀释剂等。液相色谱溶剂。

(9) 使用注意事项 二甘醇对金属无腐蚀性，可作铁、软钢、铜或铝制容器贮存。属微毒类。可经皮吸收，对皮肤黏膜刺激小。与乙二醇相似对中枢神经系统有抑制作用。能引起肾脏病理改变及尿路结石。大鼠经口 LD_{50} 为 20.76g/kg。兔经皮 LD_{50} 为 11.9mL/kg。人一次口服致死量估计为 1mL/kg。服用二甘醇后约 24 小时出现恶心、呕吐、腹痛、腹泻等肠胃道症状。致死者随之出现头痛、肾区疼痛、一时性多尿然后少尿、嗜睡、面部轻度浮肿等。无尿发生后 2～7 日内昏迷而死。故本品应禁作药用，避免长期与皮肤接触。

(10) 附表

表 2-11-8 二甘醇的蒸气压

温度/℃	蒸气压/kPa	温度/℃	蒸气压/kPa	温度/℃	蒸气压/kPa
91.0	0.13	148.0	2.67	226.5	53.33
120.0	0.67	174.0	8.00	244.8	101.33
133.8	1.33	207.0	26.66		

表 2-11-9 二甘醇水溶液的相对密度

二甘醇/%	相对密度(20℃/20℃)	二甘醇/%	相对密度(20℃/20℃)
0	1.000	60	1.088
10	1.015	70	1.100
20	1.030	80	1.108
30	1.044	90	1.115
40	1.060	100	1.118
50	1.074		

表 2-11-10 二甘醇水溶液的凝固点

二甘醇/%	凝固点/℉	二甘醇/%	凝固点/℉
0	32	40	1
10	28	50	−17
20	22	60	−37
30	14		

表 2-11-11 含二甘醇的二元共沸混合物

第二组分	共沸点/℃	二甘醇/%	第二组分	共沸点/℃	二甘醇/%
2-甲基萘	225.45	61	邻氯硝基苯	233.5	59
双(2-氯乙基)醚	174.6	92	间氯硝基苯	228.2	68
二己醚	129.9(6.67kPa)	84.5	对氯硝基苯	229.5	66
水杨酸乙酯	225.15	70	硝基苯	210	90
苯甲酸异丁酯	228.65	63	邻硝基甲苯	218.2	82.5
三甘醇一乙醚	135(0.40kPa)	16.6	间硝基甲苯	224.2	75
三甘醇一乙醚	87(0.27kPa)	57	对硝基甲苯	228.75	65
邻苯二酚	259.5	54	喹啉	233.6	71

(11) 附图

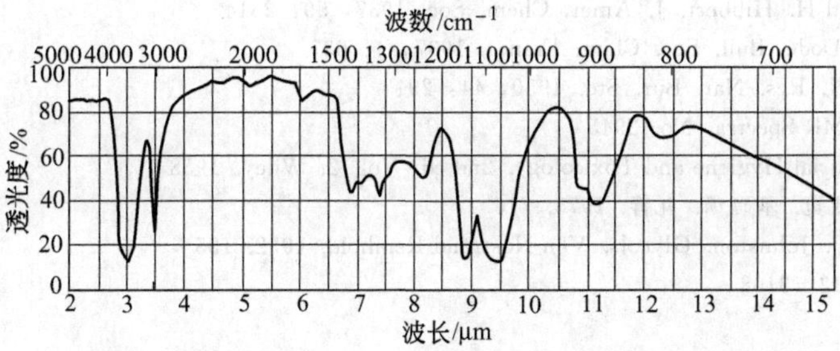

图 2-11-8 二甘醇的红外光谱图

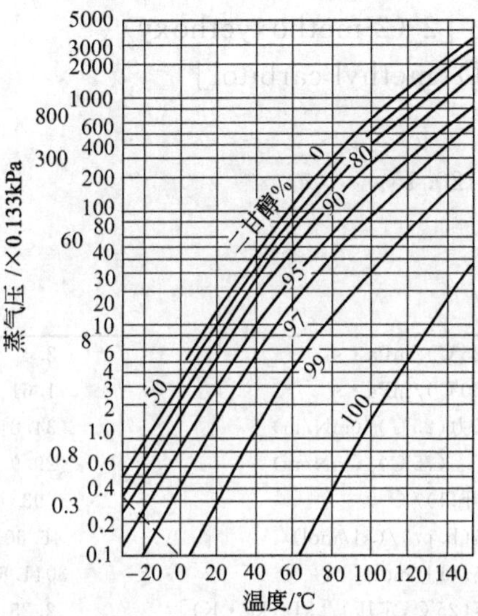

图 2-11-9 二甘醇水溶液的蒸气压

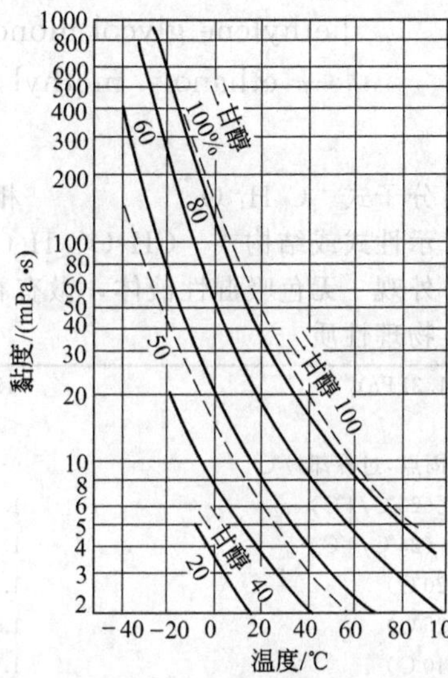

图 2-11-10 二甘醇水溶液的黏度

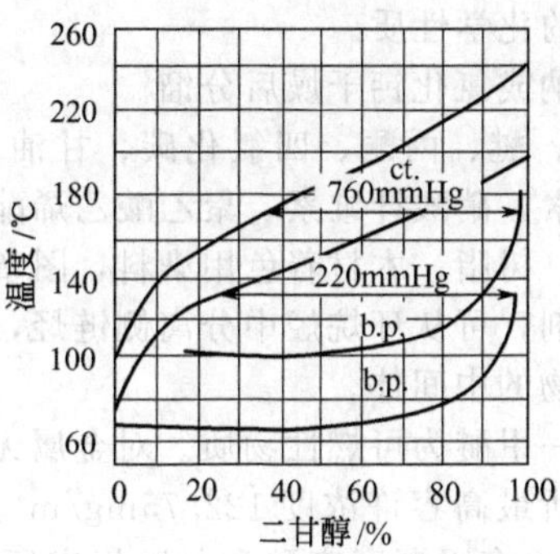

图 2-11-11 二甘醇的气液平衡

b. p. ：沸点　　ct. ：凝缩温度

760mmHg＝101. 3kPa；200mmHg＝26. 7kPa

参 考 文 献

1 CAS 111-46-6

2 EINECS 203-872-2

3 Glycols. Union Carbide Chemicals Corp. 1958

4 W. H. Rinkenbach. Ind. Eng. Chem. 1927；19：474

5 C. Marsden. Solvents Guied. 2nd ed. Cleaver-Hume. 1963

6 N. Koizumi and T. Hanai. J. Phys. Chem. 1956, 60: 1496
7 A. F. Gallaugher and H. Hibbert. J. Amer. Chem. Soc. 1937, 59: 2514
8 H. Moureu and M. Dode. Bull. Soc. Chim. France. 1937, 4: 637
9 F. L. Mohler et al. J. Res. Nat. Bur. Std. 1950, 44: 291
10 Sadtler Standard NMR Spectra. No. 2945
11 F. A. Patty. Industrial Hygiene and Toxicology. 2nd ed. Vol. 2. Wiley. 1958
12 日本化学会. 化学便覧. 基礎編. 丸善. 1975. 716
13 G. O. Curme and F. Johnston. Glycols. Van Nostrand Reinhold. 1952. 155
14 The Merck Index. **12**, 3168

807. 二甘醇一甲醚［甲基卡必醇］

diethylene glycol monomethyl ether［2-(2-methoxyethoxy) ethanol, methyl diglycol,（商）methyl carbitol］

(1) 分子式　$C_5H_{12}O_3$。　　　相对分子质量　120.15。

(2) 示性式或结构式　$CH_3OC_2H_4OC_2H_4OH$

(3) 外观　无色吸湿性液体，微有香味。

(4) 物理性质

沸点(101.3kPa)/℃	194.1	黏度(25℃)/mPa·s	3.48
熔点/℃	<−84	(60℃)/mPa·s	1.61
(凝固点,过冷却)/℃	−76	表面张力(25℃)/(mN/m)	34.8
相对密度(20℃/4℃)	1.0210	(75℃)/(mN/m)	29.9
(25℃/4℃)	1.0167	闪点(开口)/℃	93
折射率(20℃)	1.4264	蒸发热(b.p.)/(kJ/mol)	46.60
(25℃)	1.4245	燃烧热/(kJ/mol)	3011.6
(40℃)	1.4188	比热容(25℃,定压)/[kJ/(kg·K)]	2.25
体膨胀系数(20℃)/K^{-1}	0.00086	蒸气压(25℃)/kPa	0.024

(5) 化学性质　具有醇、醚的化学性质。

(6) 精制方法　用无水硫酸钠或氯化钙干燥后分馏。

(7) 溶解性能　能与水、醇、醚、丙酮、四氯化碳、甘油、二甲基甲酰胺等混溶。溶解油脂、天然树脂、染料、醋酸纤维素，硝酸纤维素、聚乙酸乙烯酯、氯乙烯-乙酸乙烯酯共聚物等。

(8) 用途　用作硝酸纤维素、树脂、木材着色用染料，图章用印台油墨、印刷油墨、醇溶性染料等的溶剂。也用作烃的萃取剂，可从环烷烃中分离侧链烃，从乙炔中分离丙炔。其他还用作烃类燃料改性剂和制备酯类衍生物的中间体。

(9) 使用注意事项　二甘醇一甲醚为可燃性物质。对金属无腐蚀性，可用铁、软钢、铜或铝制容器贮存。属低毒类，工作场所最高容许浓度 122.75mg/m³。大鼠经口 LD_{50} 为 9.21g/kg。兔经皮 LD_{50} 为 6.54mL/kg。动物死亡多因深度麻醉和肾脏损害所致。眼接触有时可引起疼痛和暂时性损害。皮肤刺激不明显，但中毒剂量可经皮肤吸收。

(10) 附表

表 2-11-12　二甘醇一甲醚水溶液的相对密度

二甘醇一甲醚/%	相对密度(20℃/20℃)	二甘醇一甲醚/%	相对密度(20℃/20℃)
10	1.010	60	1.050
20	1.019	70	1.053
30	1.029	80	1.052
40	1.038	90	1.048
50	1.045	100	1.035

表 2-11-13　二甘醇一甲醚水溶液的凝固点

二甘醇一甲醚/%	凝固点/℃	二甘醇一甲醚/%	凝固点/℃
10	−2.5	40	−17.5
20	−5.5	50	−29.5
30	−10.0	60	约−50

(11) 附图

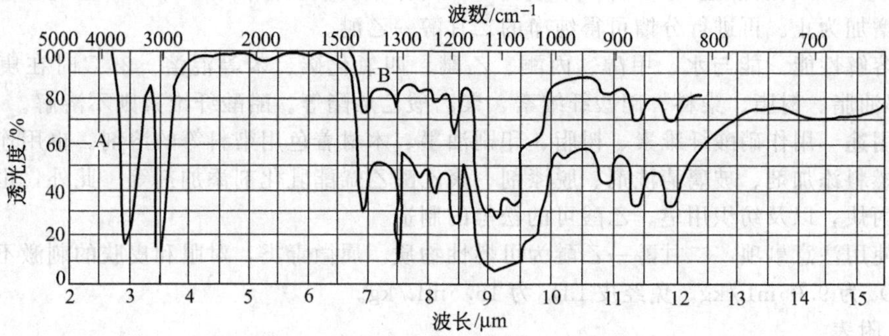

图 2-11-12 二甘醇一甲醚的红外光谱图

参 考 文 献

1 CAS 111-77-3
2 EINECS 203-906-6
3 DOWANOL. Clycerol-Ether Solvents. Dow Chemical Co. 1958
4 Cellosolve and Carbitol Solvents. Union Carbide Chemicals Corp. 1962
5 H. L. Wikoff et al. Ind. Eng. Chem. Anal. ed. 1940, 12: 92
6 Yu-M. Tseng and A. R. Thompson. J. Chem. Eng. Data. 1962, 7: 483
7 M. Simonetta. Chim. Ind. Milan. 1947, 29: 37; Chem. Abstr. 1947, 41: 7165
8 C. Marsden. Solvents Gnide. 2nd ed. Cleaver-Hume. 1963
9 R. B. Barnes et al. Ind. Eng. Chem. Anal. ed. 1943, 15: 695
10 L. Scheflan and M. Jacobs. Handbook of Solvents. Van Nostrand Reinholl. 1953. 508
11 F. A. Patty. Industrial Hygiene and Toxicology. 2nd ed. Vol. 2. Wiley. 1958
12 The Merck Index. **10**, 5913; **11**, 5959

808. 二甘醇一乙醚［乙基卡必醇］

diethylene glycol monoethyl ether［2-(2-ethoxyethoxy) ethanol, ethyl diglycol,（商）ethyl carbitol］

(1) 分子式 $C_6H_{14}O_3$。 相对分子质量 134.17。

(2) 示性式或结构式 $C_2H_5OC_2H_4OC_2H_4OH$

(3) 外观 具有芳香气味的吸湿性液体。

(4) 物理性质

沸点(101.3kPa)/℃	202.0	熔点/℃	<−76
相对密度(20℃/4℃)	0.9885	表面张力(25℃)/(mN/m)	31.8
(25℃/4℃)	0.9841	(75℃)/(mN/m)	27.2
折射率(20℃)	1.4273	闪点(闭口)/℃	94
(25℃)	1.4254	(开口)/℃	96
(40℃)	1.4194	蒸发热(b.p.)/(kJ/mol)	47.48
黏度(20℃)/mPa·s	3.85	比热容(25℃,定压)/[kJ/(kg·K)]	2.25
(25℃)/mPa·s	3.71	电导率(25℃)/(S/m)	2.5×10^{-8}
(60℃)/mPa·s	1.72	体膨胀系数(10~30℃)/K^{-1}	0.00082

(5) 化学性质 具有醇、醚的化学性质。

(6) 精制方法 一般含有30%的乙二醇、乙二醇一乙醚、三甘醇一乙醚以及少量的水和酸等。单用分馏难以除去乙二醇，需要同时采用溶剂分离的方法。为此将 750mL 苯和 5mL 水加入 250 g 试样中，摇动后静置 10 分钟，准确测水层的体积。最初体积有所增加，重复操作数次，至体积不再增加为止。再进行分馏可得纯净的二甘醇一乙醚。

(7) 溶解性能　能与水、甲醇、丙酮、乙醚、四氯化碳、苯等混溶。25℃时在庚烷中溶解 2%。溶解油脂、树脂、染料、硝酸纤维素、聚乙酸乙烯酯等。醋酸纤维素则不溶解。

(8) 用途　用作硝酸纤维素、树脂、印刷油墨、木材着色用染料等的溶剂。也用作汽车引擎洗涤剂、燃料添加剂、玻璃清洗剂、脱漆剂、聚乙酸乙烯酯乳化剂添加剂等。此外，也用于从乙炔中分离丙炔，以及纺织用皂、乙酸可的松等的制造。

(9) 使用注意事项　二甘醇一乙醚为可燃性物质。属微毒类，对眼和皮肤的刺激不明显。大鼠经口 LD_{50} 为 9.05mL/kg。兔经皮 LD_{50} 为 16.5mL/kg。

(10) 附表

表 2-11-14　二甘醇一乙醚的蒸气压

温度/℃	蒸气压/kPa	温度/℃	蒸气压/kPa
45.3	0.13	126.8	8.00
72.0	0.67	140.3	13.33
85.8	1.33	159.0	26.66
100.3	2.67	180.3	53.33
116.7	5.33	201.9	101.33

表 2-11-15　二甘醇醚的溶解性能

品　名	二甘醇一甲醚	二甘醇一乙醚	二甘醇一丁醚	二甘醇二乙醚	二甘醇二丁醚
丁二烯-苯乙烯橡胶、丁基橡胶、多硫橡胶、丁二烯-丙烯腈共聚物		N			
丁二烯-甲基丙烯酸甲酯、丁二烯-苯乙烯橡胶		L			
天然橡胶		L		N	
松香		H	S	S	S
玷把树脂		S			
达玛树脂、脱蜡达玛树脂		P	P		
贝壳松脂		S	S		
乳香、山达树脂		S			
虫胶		S	P	P	P
醋酸纤维素	S	N	N	N	
醋酸-丁酸纤维素	S	P	N	P	
硝酸纤维素	S	S	S	S	
三醋酸纤维素	N	N	N	N	N
乙基纤维素	P	P			
苯酚醇酸树脂与硝酸纤维素（Bedesol 785）	S			S	
甘油三松香酸酯		P		S	S
氯乙烯（Geon lol）	L	N	N	N	N
聚环烷系（Neville Rresins）	P			P	
油改性酚醛树脂（Paralac 285X）	S	S		S	
短油醇酸蓖麻油改性/二甲苯（Paralac 485X）	S	S	S	S	
（Paralac 685）	S				
改性脲-甲醛系/乙二醇（Paralac 2101）	S			S	S
改性脲-甲醛系/丁醇、乳酸乙酯（Paralac 3101）	S			S	S
Paralac 4001，6001	S		S	S	S
聚乙烯	N	N		N	
聚乙二醇 400		S	S		
聚甲基丙烯酸甲酯	N	N			
聚苯乙烯	N	N			
聚乙酸乙烯酯		P	N		

续表

品名	二甘醇一甲醚	二甘醇一乙醚	二甘醇一丁醚	二甘醇二乙醚	二甘醇二丁醚
氯乙烯-乙酸乙烯酯共聚物		N	N		
氯乙烯	N	N	N	N	N
乙烯系（Vinylite AYAF）	S	P		S	S
乙烯系氯乙烯 85%～87%，乙酸乙烯酯 13%（Yinylite VYHH）	N	N		S	S
天然油脂		N			S
石蜡油、蜡		P			S
磷	N				
硫	N	N		N	N

注：表中 S—可溶（可作溶剂）；P—部分可溶（不宜作溶剂）；L—微溶；N—不溶。

(11) 附图

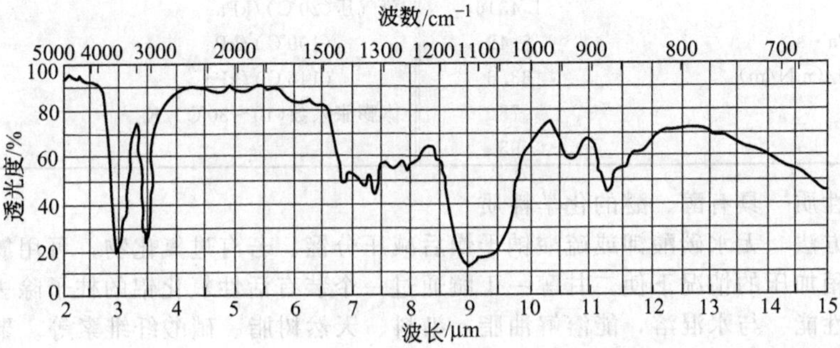

图 2-11-13　二甘醇一乙醚的红外光谱图

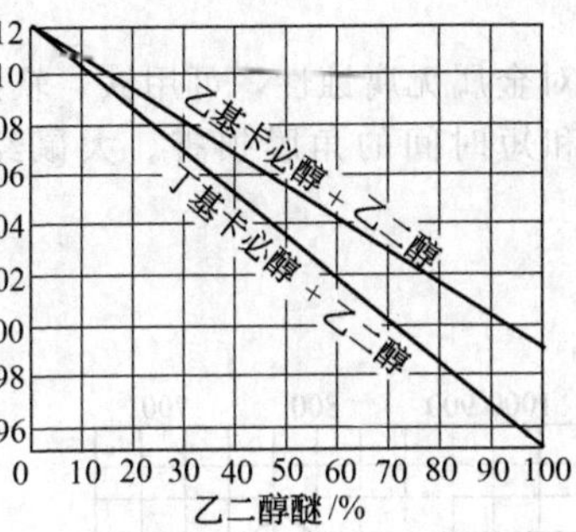

图 2-11-14　乙二醇与二甘醇醚混合物的相对密度

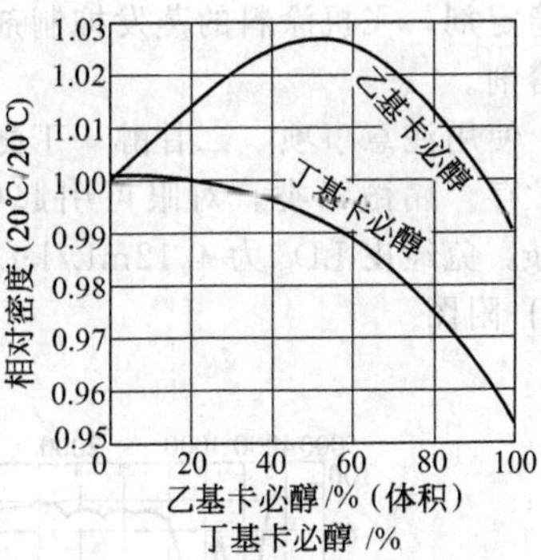

图 2-11-15　二甘醇一乙醚-水的相对密度

参 考 文 献

1　CAS 111-90-0

2　EINECS 203-919-7

3　DOWANOL. Glycerol-Ether Solvents. Dow Chemical Co. 1958

4　日本有機合成化学協会. 溶剤ポケットブック. オーム社. 1977. 523

5　L. Scheflan and M. Jacobs. Handbook of Solvents. Van Nostrand Reinhold. 1953. 190

6　Yu-M. Tseng and A. R. Thompson. J. Chem. Eng. Data. 1962，7：483

7　C. Marsden. Solvents Guide. 2nd ed. Cleaver-Hume. 1963

8　H. E. Hofmann and E. W. Reid. Ind. Eng. Chem. 1929，21：955

9　Sadtler Standard IR Prism Spectra. No. 2290

10　Cellosolve and Carbitol Solvents. Union Carbide Chemicals Corp. 1962

11　The Merck Index. **10**，1782；**11**，1806

809. 二甘醇一丁醚［丁基卡必醇］

diethylene glycol monobutyl ether [2-(2-butoxyethoxy) ethanol, butyl diglycol,（商）butyl carbitol]

(1) 分子式　$C_8H_{18}O_3$。　　相对分子质量　162.2。

(2) 示性式或结构式　$C_4H_9OC_2H_4OC_2H_4OH$

(3) 外观　无色液体，微有香味。

(4) 物理性质

沸点(101.3kPa)/℃	230.4	燃点/℃	227
熔点/℃	<−68.1	蒸发热(b.p.)/(kJ/mol)	41.9
相对密度(20℃/20℃)	0.9536	比热容(20℃,定压)/[kJ/(kg·K)]	2.29
折射率(20℃)	1.4316	蒸气压(20℃)/kPa	0.001
黏度(20℃)/mPa·s	6.49	(109℃)/kPa	1.33
表面张力(25℃)/(mN/m)	33.6	(145℃)/kPa	6.67
闪点(闭口)/℃	78	体膨胀系数(10～30℃)/K^{-1}	0.00087
(开口)/℃	93		

(5) 化学性质　具有醇、醚的化学性质。

(6) 精制方法　无水碳酸钾或硫酸钠干燥后减压分馏。若有过氧化物，可用氯化亚锡回流除去。也可以在稍加压的情况下使二甘醇一丁醚通过一个装有活性氧化铝的柱子除去过氧化物。

(7) 溶解性能　与水混溶，能溶解油脂、染料、天然树脂、硝酸纤维素等。聚乙酸乙烯酯部分溶解，醋酸纤维素、聚苯乙烯、聚甲基丙烯酸甲酯则不溶解。

(8) 用途　用作硝酸纤维素、清漆、印刷油墨、图章用印台油墨、油类、树脂等的溶剂。乳胶漆的稳定剂，飞机涂料的蒸发抑制剂，高温烘烤瓷漆的表面加工改进剂。也用作从乙炔中分离丙炔的溶剂。

(9) 使用注意事项　二甘醇一丁醚为可燃性物质。对金属无腐蚀性，可用铁、软钢、铜或铝制容器贮存。属微毒类，对眼可引起中等程度的刺激和短时间的角膜损害。大鼠经口 LD_{50} 为 6.56g/kg。兔经皮 LD_{50} 为 4.12mL/kg。

(10) 附图

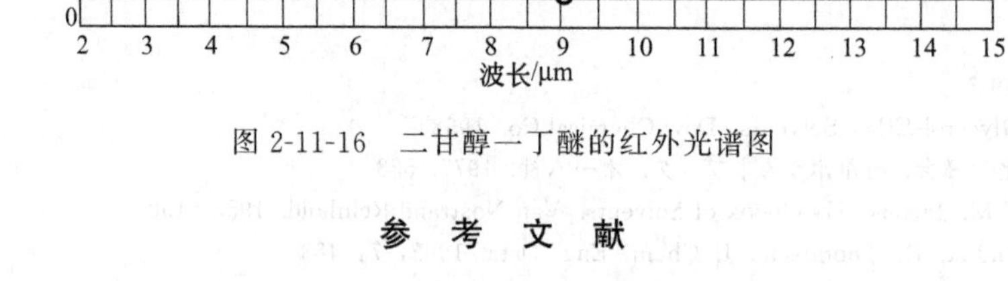

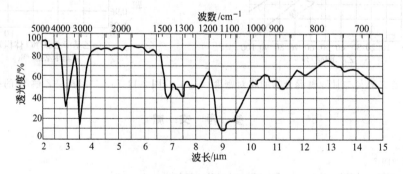

图 2-11-16　二甘醇一丁醚的红外光谱图

参 考 文 献

1　CAS 112-34-5

2　EINECS 203-961-6

3　G. O. Curme and F. Johnston. Glycols. Van Nostrand Reinhold, 1952. 163

4　A. K. Doolittle. The Technology of Solvents and Plasticizers. Wiley, 1954. 607

5　L. Schaflan and M. Jacobs. Handbook of Solvents. Van Nostrand Reinhold, 1953. 164

6 Sadtler Standard IR Prism Spectra. No. 2291
7 Cellosolve and Carbitol Solvents. Union Carbide Chemicals Corp. 1962
8 Beilstein. Handbuch der Organischen Chemie. EⅡ, 1-521; EⅣ. 1-2394
9 The Merck Index. **10**, 1530; **11**, 1557

810. 三 甘 醇

triethylene glycol [ethylene glycol bis-2-hydroxyethyl ether, 3,6-dioxaoctane-1,8-diol]

(1) 分子式 $C_6H_{14}O_4$。 相对分子质量 150.17。

(2) 示性式或结构式 $HOC_2H_4OC_2H_4OC_2H_4OH$

(3) 外观 无色无臭有吸湿性的黏稠液体。

(4) 物理性质

沸点(101.3kPa)/℃	288.0	蒸发热(b.p.)/(kJ/mol)	71.452
熔点(凝固点)/℃	−4.3	表面张力(20℃)/(mN/m)	45.2
相对密度(15℃/4℃)	1.1274	(b.p.)/(mN/m)	22.45
(20℃/4℃)	1.1235	燃烧热/(kJ/mol)	3563.4
折射率(15℃)	1.4578	比热容(20℃,定压)/[kJ/(kg·K)]	2.20
(20℃)	1.4561	电导率(20℃)/(S/m)	8.4×10^{-8}
介电常数(20℃)	23.69	爆炸极限(下限)/%(体积)	0.89
偶极矩(20℃)/(10^{-30} C·m)	5.58	(上限)/%(体积)	9.20
黏度(20℃)/mPa·s	49.0	蒸气压(25℃)/kPa	0.00018
(60℃)/mPa·s	8.5	(162℃)/kPa	1.33
闪点(闭口)/℃	177	(198℃)/kPa	6.67
(开口)/℃	196	体膨胀系数(55℃)/K^{-1}	0.00071
燃点/℃	371		

(5) 化学性质 具有醇、醚的化学性质。

(6) 精制方法 一般用精馏法精制。欲得高纯度的三甘醇,可将市售品用无水硫酸钠脱水后减压蒸馏 3 次,收集中间馏分再重结晶 2 次。

(7) 溶解性能 与水、醇、丙醇、苯等混溶。在 100mL 三甘醇中可溶解 40.6g 四氯化碳,20.4g 乙醚,17.7g 四氯乙烯,33.0g 甲苯。此外,三甘醇尚可溶解邻二氯苯、苯酚、硝酸纤维素、醋酸纤维素、糊精等,但不能溶解石油醚、树脂和油脂等。

(8) 用途 三甘醇主要用作空气脱湿剂溶剂,芳香烃萃取剂。也用于印刷油墨、柔软剂、保湿剂以及空调系统的消毒剂等。液相色谱溶剂。

(9) 使用注意事项 三甘醇为可燃性物质。对金属无腐蚀性,对大多数塑料和橡胶也不作用。可用铁、软钢、铜或铝制容器贮存。属微毒类,对眼和皮肤无刺激,长期接触可使皮肤浸软。大鼠经口 LD_{50} 为 16.8mL/kg。豚鼠经口 LD_{50} 为 7.9mL/kg。

参 考 文 献

1 CAS 112-27-6
2 EINECS 203-953-2
3 Glycols. Union Carbide Chemicals. Corp. 1958
4 A. F. Gllangher and H. Hibbert. J. Amer. Chem. Soc. 1937, 59: 2521
5 G. O. Curme and F. Johnston. Glycols. Van Nostrand Reinhold, 1952. 170
6 C. Matignon and H. Moureau. Bull. Soc. Chim. France. 1934, 1: 1308
7 N. Koizumi and T. Hanai. J. Phys. Chem. 1956, 60: 1496
8 W. Meissner. Z. Angew. Phvs. 1948, 1: 75
9 C. Marsden. Solvents Guide. 2nd ed. Cleaver-Hume. 1963

10 A. F. Gallaugher and H. Hibbert. J. Amer. Chem. Soc. 1937, 59: 2514
11 H. Moureau and M. Dode. Bull. Soc. Chim. France. 1937, 4: 637
12 T. T. Puck and H. Wise. J. Phys. Chem. 1946, 50: 329
13 R. B. Barnes and L. G. Bonner. J. Chem. Phys. 1936, 4: 772
14 L. Scheflan and M. Jacobs. Handbook of Solvents. Van Nostrand Reinhold. 1953. 668
15 F. A. Patty. Industrial Hygiene and Toxicology. 2nd ed. Vol. 2. Wiley. 1958
16 The Merck Index. **10**, 9480; **11**, 9585

811. 三甘醇一甲醚

triethylene glycol monomethyl ether
[3,6,9-trioxadecan-1-ol,methoxy triglycol]

(1) 分子式 $C_7H_{16}O_4$。　　相对分子质量 164.21。
(2) 示性式或结构式 $CH_3OC_2H_4OC_2H_4OC_2H_4OH$
(3) 外观 无色无臭的黏稠液体。
(4) 物理性质

沸点(101.3kPa)/℃	249	蒸发热/(kJ/mol)	54.0
熔点(凝固点)/℃	−44	比热容(定压)/[kJ/(kg·K)]	2.18
相对密度(20℃/20℃)	1.0494	蒸气压(20℃)/kPa	<0.00133
折射率(20℃)	1.4381	(126℃)/kPa	1.33
黏度(20℃)/mPa·s	7.5	(162℃)/kPa	6.67
闪点(开口)/℃	118		

(5) 化学性质 具有醇、醚的化学性质。
(6) 溶解性能 与水混溶,20℃时在庚烷中溶解0.8%。
(7) 使用注意事项 三甘醇一甲醚为可燃性物质。大鼠经口 LD_{50} 为 11.3mL/kg。兔经皮 LD_{50} 为 7.1mL/kg。大鼠吸入饱和蒸气后,最长存活时间为8小时。

参 考 文 献

1 CAS 112-35-6
2 EINECS 203-962-1
3 Cellosolve and Carbital Solvents. Union Carbide Chemicals Corp. 1962

812. 三甘醇一乙醚

triethylene glycol monoethyl ether [ethoxy triglycl]

(1) 分子式 $C_8H_{18}O_4$。　　相对分子质量 178.23。
(2) 示性式或结构式 $C_2H_5OC_2H_4OC_2H_4OC_2H_4OH$
(3) 物理性质

沸点(101.3kPa)/℃	255.9	蒸发热/(kJ/mol)	53.6
熔点/℃	−18.7	比热容/[J/(kg·K)]	2.18
相对密度(20℃/20℃)	1.0208	蒸气压(20℃)/kPa	0.00133
折射率(20℃)	1.4376	(130℃)/kPa	1.33
黏度(20℃)/mPa·s	7.8	(167℃)/kPa	6.67
闪点(开口)/℃	135		

(4) 溶解性能　与水混溶。20℃时在庚烷中溶解2%。溶解性能与二甘醇一乙醚相似。

(5) 使用注意事项　三甘醇一乙醚属微毒类，对眼和皮肤几乎无刺激性。大鼠经口LD_{50}为10.6g/kg。兔经皮LD_{50}为8mL/kg。

参考文献

1 CAS 112-50-5

2 EINECS 203-978-9

3 Union Carbide Chem. Co. Cellosolve and Carbitol Solvents. 1962

813. 三甘醇二氯化物

triglycol dichloride [2-(2-chloroethoxy) ethyl-2′-chloroethyl ether, triethylene glycol dichloride]

(1) 分子式　$C_6H_{12}O_2Cl_2$。　　相对分子质量　187.08。

(2) 示性式或结构式　$ClC_2H_4OC_2H_4OC_2H_4Cl$

(3) 外观　无色液体。

(4) 物理性质

沸点(101.3kPa)/℃	240.9	闪点(开口)/℃	121
熔点/℃	−31.5	蒸发热/(kJ/mol)	50.2
相对密度(20℃/20℃)	1.1974	蒸气压(20℃)/kPa	0.00133
折射率(20℃)	1.4608	(114℃)/kPa	1.33
黏度(20℃)/mPa·s	4.9	(151℃)/kPa	6.67

(5) 溶解性能　20℃时在水中溶解1.9%；水在三甘醇二氯化物中溶解0.83%。能溶解油脂、蜡、润滑脂等。

(6) 用途　用作萃取溶剂、清洗剂及脱蜡剂。

(7) 使用注意事项　大鼠经口LD_{50}为0.25g/kg。兔经皮LD_{50}为1.41mL/kg。

(8) 附表

表 2-11-16　三甘醇二氯化物的溶解性能

树　脂	溶解性能	树　脂	溶解性能
可溶性酚醛乙烯树脂 AYAF	可溶	亚麻仁油	可溶
可溶性酚醛乙烯树脂 VYHH	加热可溶	虫胶	加热可溶
醋酸纤维素	与醇共存部分可溶	松香	可溶
硝酸纤维素	与醇共存可溶	甘油三松香酯	可溶
烃	与醇共存可溶	未硫化硬橡胶	不溶

参考文献

1 CAS 112-26-5

2 EINECS 203-952-7

3 Union Carbide Chem. Co. Organic Chlorine Compounds. 1960

814. 四甘醇

tetraethylene glycol [3,6,9-trioxaundecan-1,11-diol]

(1) 分子式　$C_8H_{18}O_5$。　　相对分子质量　194.23。

(2) 示性式或结构式　$HOC_2H_4OC_2H_4OC_2H_4OC_2H_4OH$

(3) 外观　无色无臭的黏稠液体。

(4) 物理性质

沸点(101.3kPa)/℃	327.3	黏度(20℃)/mPa·s	55
熔点(凝固点)/℃	−6.2	闪点(开口)/℃	173.9
相对密度(20℃/20℃)	1.1248	蒸发热/(kJ/mol)	72.4
折射率(20℃)	1.4598	蒸气压(20℃)/kPa	<0.000133

(5) 溶解性能　能与水、醇混溶。不溶于苯、甲苯和脂肪烃。

(6) 用途　和脱湿溶剂、保湿剂、柔软剂、硝基喷漆、增塑剂等配合使用。由于沸点高，也可作载热体使用。

(7) 使用注意事项　参照三甘醇。

参 考 文 献

1 CAS 112-60-7

2 EINECS 203-989-9

3 化学大辞典. 6卷. 共立出版. 1960. 101

4 G. O. Curme and F. Johnston. Glycols. Van Nostrand Reinhold. 1952. 5

5 Glycols. Union Carbide Chemicals Corp. 1958

6 张海峰主编. 危险化学品安全技术大典：第1卷. 北京：中国石化出版社，2010

815. 聚乙二醇

polyethylene glycol [polyethyleneoxide, polyoxyethylene (glycol), (商) carbowax]

(1) 分子式　$C_{2n}H_{2n+2}O_{n+1}$。　　相对分子质量　见下表。

(2) 示性式或结构式　$HO(CH_2CH_2O)_nH$

(3) 外观　平均相对分子质量在200～700者，室温下为无色透明的黏稠液体。平均分子质量在1000以上者，室温下为白色脂状或蜡状固体。

(4) 物理性质

项　目	液体聚乙二醇				固体聚乙二醇(Carbowax)			
	200	300	400	600	1000	1500①	4000	6000
平均相对分子质量	190～210	285～315	380～420	570～630	950～1050	500～1600	3000～3700	6000～7500
相对密度(20℃/20℃)	1.12	1.13	1.13	1.13	1.13	1.151	1.15	1.204
凝固点/℃	过冷却	−15～8	4～10	20～25	38～41	38～41	53～56	60～63②
运动黏度(99℃)/(mm^2/s)	4.3	5.8	7.3	10.5	17.4	13～18	75～85	700～900
比热容/[kJ/(kg·K)]			2.05(30～60℃)		2.26(37～100℃)	2.26(38～100℃)	2.30(53～100℃)	2.30(60～100℃)
折射率(25℃)	1.459	1.463	1.465	1.467				
燃烧热/(kJ/kg)	23655	25204	25748	25874	26167	25790	26376	26460
蒸气压(100℃)/kPa		0.3866	1.1999×10^{-2}	0.6933×10^{-3}	0.4399×10^{-6}		$<0.2666\times10^{-9}$	$<0.2666\times10^{-9}$
水中溶解性(20℃)/%	∞	∞	∞	∞	约70	73	62	约50
吸湿性(甘油=100)	70	60	55	40	35	35		
闪点(开口)/℃	171	196	224	246	>246	221	>246	>246

① 聚乙二醇300和Carbowax1540（平均相对分子质量1300～1600）的等量混合物。

② 熔点范围。

(5) 化学性质　具有醇的化学性质，与脂肪酸能发生酯化反应生成酯。在空气中加热时发生氧化作用。300℃以上醚键发生断裂。室温下也逐渐被空气所氧化，且分子量越大，被氧化的倾向越大。可加入抗氧剂如对苯二酚、羟基苯甲醚等使其稳定。

(6) 精制方法　易含杂质有水、微量的灰分、酸以及氧化产物等。精制时用减压蒸馏的方法脱水。灰分和酸分的除去比较困难，相对分子质量在600以下者，可以通过分子蒸馏的方法除去灰分。

(7) 溶解性能　液态聚乙二醇与水完全混溶。并溶于脂肪族酮、醇、酯、乙二醇醚、芳香烃、氯代烃等。能溶解苯甲醛、肉桂油、丁香子油等香料和水杨酸苯酯、磺胺噻唑、磺胺甲基嘧啶等医药。与硝酸纤维素、松香、酪朊可以混合，但对一般的合成树脂不溶解，对橡胶也不发生溶胀。聚乙二醇在脂肪烃中不溶解，例如在庚烷中的溶解度在0.1%以下。高分子量的聚乙二醇常温下为固体，溶于水和醇。

(8) 用途　主要用途是与脂肪酸生成酯作非离子型表面活性剂。也广泛用作医药的黏结剂和溶剂，软膏、洗发剂、口红等的基料，纤维加工、陶器、金属加工、橡胶成形的润滑剂和黏结剂，以及增塑剂、润湿剂等。此外，还用于水性涂料、印刷油墨、电镀等方面。

(9) 使用注意事项　聚乙二醇不挥发、闪点高、对金属无腐蚀性，但为了避免吸收水分和微量酸的影响，一般用不锈钢或树脂涂覆的容器密封贮存。属微毒类，对眼和皮肤无明显刺激，经口毒性随分子量的增加而降低。慢性毒性也很低，以含2%平均相对分子质量为400，1540，4000的聚乙二醇食料分别喂狗一年无毒害作用。聚乙二醇对酚类的溶解能力强，当皮肤上附有苯酚、甲酚时，可用相对分子质量约400的聚乙二醇除去。

(10) 规格 HG/T 4134—2010　工业聚乙二醇 (PEG)

①

品名	外观(25℃)	色度/里曾单位 ≤	平均相对分子质量	pH值(5%水溶液)	水分(质量分数)/% ≤
PEG 200	透明液体	30	190～210	4.5～7.0	0.50
PEG 400	透明液体	30	380～420	4.5～7.0	0.50
PEG 600	透明液体或白色膏状	30	570～630	4.5～7.0	0.50
PEG 800	白色或微蓝膏体或液体	50	770～830	4.5～7.0	0.50

②

品名	外观(25℃)	平均相对分子质量	pH值(5%水溶液)	运动黏度(40℃)/(mm^2/s)
PEG 1000	白色蜡状固体	950～1050	4.5～7.0	—
PEG 1500	白色片状固体	1400～1600	4.5～7.0	—
PEG 2000		1800～2200		4.0～5.0
PEG 3000		2800～3200		5.0～6.0
PEG 4000		3600～4200		6.0～8.0
PEG 6000		—		12.0～16.0
PEG 8000		—		18.0～21.0
PEG 10000		—		21.0～28.0
PEG 20000		—		30.0～50.0

(11) 附表

表 2-11-17　聚乙二醇对其他溶剂的溶解性能（溶剂/聚乙二醇）[24℃/%(体积)]

名　称	200	300	400	600	名　称	200	300	400	600
二硫化碳	10	10	10	25	乙苯	10	35	75	S
四氯化碳	40	45	S	S	异丙基苯	I	25	35	S
二乙基苯	I	I	10	25	猪油	I	I	I	S
乙醚	25	25	25	25	橄榄油	I	2	10	30

续表

名　称	200	300	400	600	名　称	200	300	400	600
五氯二苯醚	I	S	S	S	十氢化萘	I	I	I	I
四氯乙烯	I	I	10	25	二氨基萘	I	I	I	I
四氢化萘	10	25	45	S	煤油	I	I	I	I
二甲苯	10	35	65	S	三乙基苯	I	I	I	I
蓖麻油	I	I	I	I	硬脂酸丁酯	I	I	I	I
橙油	I	I	I	I	癸二酸丁酯	I	I	I	I
大豆油	I	I	I	I	丁醛	I	I	I	I
蓖麻醇酸	I	I	I	I	棉子油	I	I	I	I
环己烷	I	I	I	I	鳕鱼肝油	I	I	I	I

注：S—溶解；I—不溶解。

表 2-11-18　各种化合物在聚乙二醇 400 中的溶解性能

溶　质	溶解性能	溶　质	溶解性能	溶　质	溶解性能	溶　质	溶解性能
阿拉伯树胶	G	十六醇	D	奎宁	B	茴香油	A
N-乙酰苯胺	B	水合三氯乙醛	A	雷琐酚	A	苯甲醛	A
N-乙酰对氨基苯乙醚	B	氯代丁醇	B	水杨酸苯酯	A	肉桂油	A
乙酰水杨酸	B	氯代百里酚	A	磺胺呋嗪	C	丁香子油	A
芦芸素	A	柠檬酸	A	磺胺甲基嘧啶	C	柠檬油	D
二乙基丙二酰尿	C	氨基甲酸乙酯	A	磺胺	B	水杨酸甲酯	A
苯唑卡因	A	己二胺	E	磺胺噻唑	B	甜橙油	D
苯甲酸	B	薄荷醇	B	鞣酸	A	三氧化二砷	G
苄醇	A	苯酚	A	水合萜烯	C	硼酸	E
咖啡因	D	哌嗪	B	百里酚	A	氧化铜	G
樟脑	B	砂糖	F	尿素	C		
氧化铁	G	氧化锌	G	香草醛	B		

注：A～G 为溶解 1 份溶质所需聚乙二醇的量。

A—1 以下；B—1～10；C—10～30；D—30～100；E—100～1000；F—1000～10000；G—10000 以上。

表 2-11-19　聚乙二醇的溶解性能　　单位：%

名　称	400		1500		4000		名　称	400	1500	4000
	20℃	50℃	20℃	50℃	20℃	50℃				
水	S	S	68.8	97	60.3	84	硝酸纤维素	C	C	P
甲醇	S	S	48	96	35	S	乙基纤维素	I	I	I
乙醇	S	S	<1	S	<1	S	甲基纤维素	P	I	I
丙酮	S	S	20	S	<1	99	虫胶	P	P	I
二氯乙醚	S	S	44	S	25	85	巴南棕榈蜡	I	I	I
三氯乙烯	S	S	50	90	30	80	石蜡	I	I	I
乙基溶纤剂	S	S	<1	S	<1	88	蜂蜡	I	I	I
丁基溶纤剂	S	S	<1	S	<1	52	甘油三松香酸酯	I	I	I
乙基卡必醇	S	S	2	S	<1	63	松香	C	P	P
丁基卡必醇	S	S	<1	S	<1	64	阿拉伯树胶	I	I	I
乙酸乙酯	S	S	15	S	<1	93	蓖麻油	I	I	I
邻苯二甲酸二甲酯	S	S	30	90	13	74	桐油	I	I	I
邻苯二甲酸二丁酯	S	S	<1	S	<1	55	矿物油	I	I	I
乙醚	I	I(b.p.)	I	I(b.p.)	I	I(b.p.)	橄榄油	I	I	I
异丙醚	I	I	I	I	I	I	松香	C	P	I
甲苯	S	S	13	S	<1	I	酪朊	C	C	P
庚烷	I	I	0.5	0.01	<0.01	<0.01	氯化淀粉	C	C	C
苯	S		S		32		明胶	I	I	I
四氯化碳	S		60		<0.1					

注：S—可溶（100 g 以上/100 g 溶剂）；1—不溶；C—混合；P—部分混合；I—不混合。

表 2-11-20　聚乙二醇对大鼠的经口毒性

相对分子质量	200	300	400	600	1000	1500	4000	6000
LD_{50}/(mL/kg)	28.9	31.7	43.6	38.1	42	44.2	50	50

(12) 附图

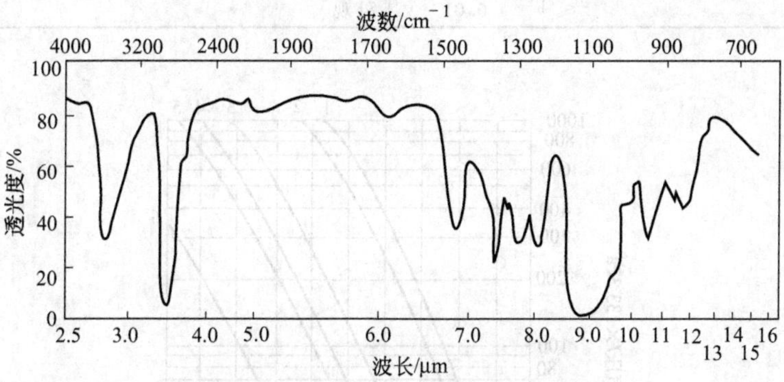

图 2-11-17　聚乙二醇 600 的红外光谱图

参考文献

1　CAS 25322-68-3

2　EINECS 203-849-9

3　Kirk-Othmer. Encyclopedia of Chemical Technology. 2nd ed. Vol. 10. Wiley. 651

4　Carbowax. Polyethylene Glycol. Union Carbide Chemicals Corp. 1961

5　Dow Polyethylene Glycol. Dow Chemical Co. 1958

6　The Merck Index. **13**, 7651

816. 1-甲氧基-2-丙醇［丙二醇甲醚］

1-methoxy-2-propanol [propylene glycolmonomethyl ether]

(1) 分子式　$C_4H_{10}O_2$。　　　　相对分子质量　90.12。

(2) 示性式或结构式　CH_3CHCH_2（CH 上连 OH，CH_2 上连 OCH_3）

```
CH3CHCH2
   |   |
   OHOCH3
```

(3) 外观　无色液体，微有醚味。

(4) 物理性质

沸点(101.3kPa)/℃	120	闪点(开口)/℃	39
熔点(流动点)/℃	−96.7	蒸发热/(kJ/mol)	40.6
相对密度(20℃/4℃)	0.9234	比热容(25℃,定压)/[kJ/(kg·K)]	2.56
折射率(20℃)	1.4036	蒸气压(2℃)/kPa	1.01
黏度(25℃)/mPa·s	1.75	(21.7℃)/kPa	1.33
表面张力(20℃)/(mN/m)	27.1		

(5) 精制方法　分馏精制。

(6) 溶解性能　与水混溶。能溶解油脂、橡胶、天然树脂、乙基纤维素、硝酸纤维素、聚乙酸乙烯酯、聚乙烯醇缩丁醛、醇酸树脂、酚醛树脂、脲醛树脂等。

(7) 用途　用作硝酸纤维素的溶剂，刹车油、洗涤剂的配合剂等。

(8) 使用注意事项　属微毒类，大鼠经口 LD_{50} 为 6.6g/kg。对皮肤刺激不明显，但中毒剂量可通过皮肤吸收。动物中毒后主要表现为抑制和不完全麻醉。大鼠暴露于 40.18g/m^3 的蒸气浓度中 5～6 小时，有半数死亡。

(9) 规格 HG/T 3939—2007 工业用丙二醇甲醚

项 目		指标	项 目		指标
丙二醇甲醚/%	≥	99.5	沸程(0℃,101.3kPa)/℃	≤	117～125
2-甲氧基-1-丙醇/%	≤	0.4	色度(Pt-Co色号)/里曾单位	≤	10
水/%	≤	0.1	密度(ρ_{20})/(g/cm³)	≤	0.918～0.924
酸(以乙酸计)/%	≤	0.01	外观		无色透明液体

(10) 附图

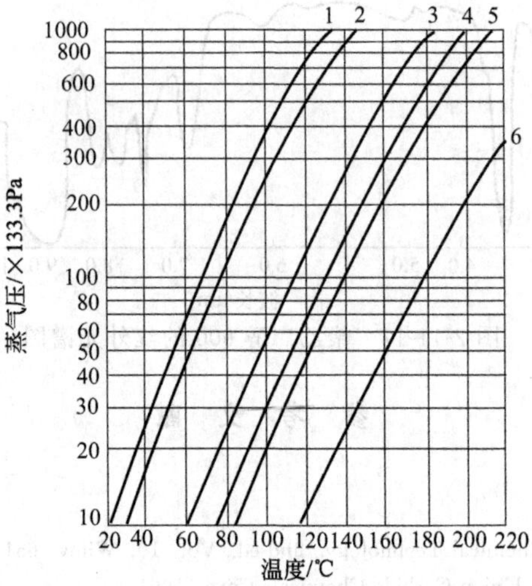

图 2-11-18 丙二醇醚的蒸气压

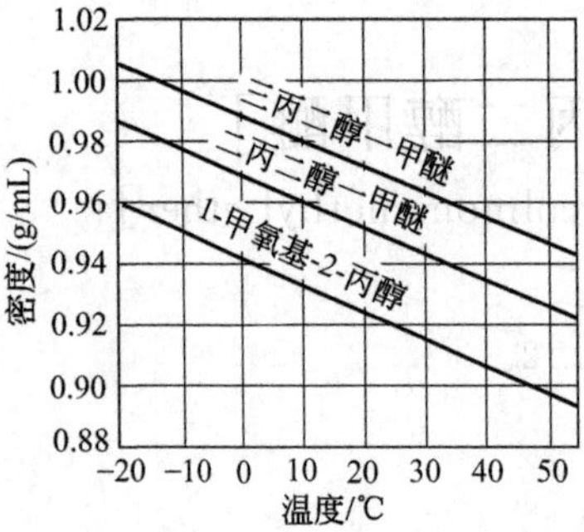

图 2-11-19 丙二醇醚的相对密度

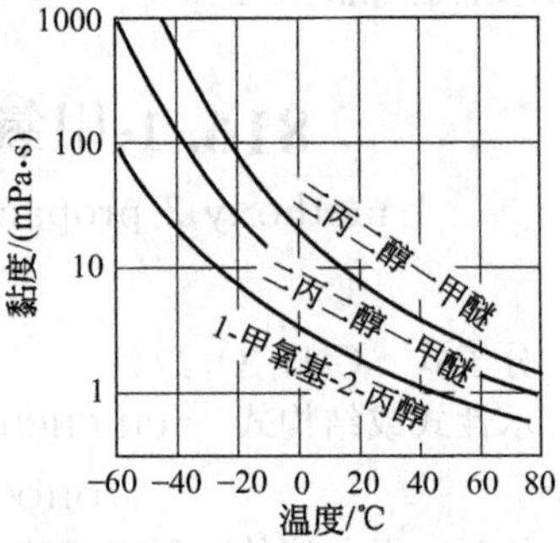

图 2-11-20 丙二醇醚的黏度

参 考 文 献

1 CAS 107-98-2
2 EINECS 203-539-1
3 G. O. Curme and F. Johnston, Glycols. Van Nostrand Reinhold. 1952. 264
4 N. I. Sax. Dangerous Properties of Industrial Materials. Van Nostrand Reinhold. 1957. 1066
5 A. K. Doolittle. The Technology of Solvents and Plasticizers. Wiley. 1954. 591

817. 1-乙氧基-2-丙醇

1-ethoxy-2-propanol [propylene glycol monoethyl ether, (商) dowanol 34 B]

(1) 分子式 $C_5H_{12}O_2$。 相对分子质量 104.15。

（2）示性式或结构式　CH_3CHCH_2

$\quad\quad\quad\quad\quad\quad\quad\quad\quad\quad\quad\quad$ | $\quad$ |

$\quad\quad\quad\quad\quad\quad\quad\quad\quad\quad\quad$ $OH\,OC_2H_5$

（3）外观　无色液体。

（4）物理性质

沸点(101.3kPa)/℃	132.2	表面张力(25℃)/(mN/m)	25.9
熔点(流动点)/℃	−90	闪点(开口)/℃	43
相对密度(25℃/25℃)	0.895	比热容(25℃,定压)/[kJ/(kg·K)]	2.72
折射率(25℃)	1.405	蒸气压(25℃)/kPa	0.96
黏度(25℃)/mPa·s	1.88	(30.6℃)/kPa	1.3

（5）精制方法　分馏精制。

（6）溶解性能　对水混溶。为硝酸纤维素、乙基纤维素、聚乙酸乙烯酯等的溶剂。

（7）用途　涂料、农药、油墨、染料的溶剂，清洗剂、萃取剂、燃料抗冻剂。

（8）使用注意事项　危险特性属第3.3类高闪点易燃液体。危险货物编号：33569。属低毒类，本品50%的水溶液大鼠经口 LD_{50} 为7.0～7.11g/kg。以每日2.14g/kg的剂量喂饲大鼠30天，引起生长迟缓和肾脏损害。连续15天用商品溶液滴眼，可引起结膜刺激和暂时性的角膜浑浊。对皮肤刺激不明显，但可通过皮肤吸收。

参　考　文　献

1　CAS 1569-02-4

2　EINECS 216-374-5

3　G. O. Curme and F. Johnston. Glycols. Van Nostrand Reinhold，1957. 264

818. 1-丁氧基-2-丙醇

1-butoxy-2-propanol [propylene glycol monobutyl ether，（商）dowanol 37 B]

（1）分子式　$C_7H_{16}O_2$。　　　　相对分子质量　132.20。

（2）示性式或结构式　CH_3CHCH_2

$\quad\quad\quad\quad\quad\quad\quad\quad\quad\quad\quad\quad$ | $\quad$ |

$\quad\quad\quad\quad\quad\quad\quad\quad\quad\quad\quad$ $OH\,OC_4H_9$

（3）外观　无色液体。

（4）物理性质

沸点(101.323kPa)/℃	171.1	表面张力(25℃)/(mN/m)	26.5
熔点(流动点)/℃	−90	闪点(开口)/℃	71
相对密度(25℃/25℃)	0.878	比热容(25℃)/[kJ/(kg·K)]	2.64
折射率(25℃)	1.415	蒸气压(25℃)/kPa	0.16
黏度(25℃)/mPa·s	2.9	(59.5℃)/kPa	6.67

（5）溶解性能　25℃时在水中溶解6.0%；水在1-丁氧基-2-丙醇中溶解1.5%。为硝酸纤维素等的溶剂。

（6）使用注意事项　属低毒类，大鼠经口 LD_{50} 为2.2mL/kg。对眼有明显刺激，滴入兔眼可引起结膜刺激和角膜浑浊。

参　考　文　献

1　CAS 29387-86-8

2　EINECS 249-598-7

3　G. O. Curme. F. Johnston. Glycols. Reinhold，1952. 264

819. 1-(丁氧乙氧基)-2-丙醇

1-(butoxyethoxy)-2-propanol

(1) 分子式　$C_9H_{20}O_3$。　　　相对分子质量　176.26。

(2) 示性式或结构式　$CH_3CH(OH)CH_2OC_2H_4OC_4H_9$

(3) 物理性质

沸点(101.3kPa)/℃	229.4	闪点(开口)/℃	121
熔点/℃	−90	蒸发热/(kJ/mol)	51.5
相对密度(20℃/20℃)	0.9310	蒸气压(20℃)/kPa	0.00133
折射率(20℃)	1.4289	(114℃)/kPa	1.33
黏度(20℃)/mPa·s	5.6	(143℃)/kPa	6.67

(4) 溶解性能　与庚烷混溶，26℃以下溶解于水。

(5) 使用注意事项　大鼠经口 LD_{50} 为 5.66mL/kg。兔经皮 LD_{50} 为 3.00mL/kg。

参 考 文 献

1 CAS 124-16-3

2 EINECS 204-684-3

3 Union Carbide Chem. Co. Cellosolve and Carbitol Solvents. 1962

820. 二丙二醇

dipropylene glycol [2,2′-dihydroxypropyl ether]

(1) 分子式　$C_6H_{14}O_3$。　　　相对分子质量　134.17。

(2) 示性式或结构式　有三种异构体，以（Ⅱ）、（Ⅲ）为主。

$HOCH_2CH(CH_3)OCH(CH_3)CH_2OH$　（Ⅰ）

$CH_3CH(OH)CH_2OCH_2CH(OH)CH_3$　（Ⅱ）

$CH_3CH(OH)CH_2OCH(CH_3)CH_2OH$　（Ⅲ）

(3) 外观　无色无臭的液体。

(4) 物理性质　[双(2-羟基丙基)醚]

沸点(101.3kPa)/℃	231.8	蒸发热/(kJ/mol)	96.3
熔点(流动点)/℃	−40	比热容(25℃,定压)/[kJ/(kg·K)]	2.38
相对密度(20℃/4℃)	1.0252	蒸气压(20℃)/kPa	<0.00133
折射率(20℃)	1.4440	(114℃)/kPa	1.33
黏度(20℃)/mPa·s	107	(151℃)/kPa	6.67
表面张力(25℃)/(mN/m)	32	体膨胀系数(20℃)/K^{-1}	0.00073
闪点(开口)/℃	138		

(5) 化学性质　具有醇的一般化学性质。

(6) 精制方法　易含杂质除1,2-丙二醇、三丙二醇之外，尚有少量的水分和酸性物质。一般用减压蒸馏精制。收集中间馏分，用无水硫酸钠干燥后重复进行分馏。

(7) 溶解性能　与水混溶。也能与油脂、天然树脂、硝酸纤维素、芳香烃等混溶，不与脂肪烃混溶。

(8) 用途　主要用作硝酸纤维素、虫胶、醋酸纤维素、印刷油墨等的溶剂，纤维润滑剂的组分，以及制备增塑剂、熏蒸剂、合成洗涤剂等。此外，二丙二醇可以单独或与二甘醇混合使用，从烃类中萃取芳香烃。

(9) 使用注意事项　二丙二醇为可燃性物质。对金属无腐蚀性，可用铁、软钢、铜或铝制容器贮存。属微毒类，大鼠经口 LD_{50} 为 14.85mg/kg。兔经皮 LD_{50} 为 20mL/kg 以上。在大鼠饮水中加二丙二醇 5%，经 77 天对动物无影响。若增至 10%，部分动物因肾小管上皮细胞和肝实质水肿变性而死亡。

(10) 附表

表 2-11-21　各种二元醇的溶解性能

品　名	三甘醇	二丙二醇	1,3-丙二醇	丁二醇	己二醇	辛二醇
丁苯橡胶,天然生胶,氯丁橡胶,氯化橡胶,丁腈橡胶	N	N	N	N	N	N
丁二烯-甲基丙烯酸共聚物;丁苯橡胶,丁基橡胶	N	N	N	N	N	
丁二烯-苯乙烯共聚物,丁腈硫化橡胶	N	N	N	N		N
松香	P	S	S	S	S	P
达玛树脂	N	N		P	P	P
达玛树脂(脱蜡)	N	N		P	S	P
贝壳松脂	N	S	N		P	P
乳香					P	
山达树脂				S		
虫胶		N		S	P	P
醋酸纤维素	N	N	N	N	N	N
硝酸纤维素	S	S	N	N	S	N
三醋酸纤维素	N	N	N	N	N	N
苄基纤维素	N	N	N	N		
乙基纤维素	N	N	N	N	S	
醋酸丁酸纤维素	N	N	N	N	P	N
香豆酮		S		N		
甘油三松香酸酯	N	N	N	N		
聚氯乙烯(Geon 101)	N	N	N	N	N	N
聚环烷烃(Neville R resins)	N	N	N	N		
短油蓖麻油改性醛(Paralac 385)				N		
聚乙二醇 400				N		
聚甲基丙烯酸甲酯	N		N	N		
聚苯乙烯				N	N	
聚乙烯醇缩乙醛				N		
聚乙酸乙烯酯			S	N		N
氯乙烯-乙酸乙烯酯共聚物				N		N
聚偏二氯乙烯	N	N	N	N	N	N
乙酸乙烯酯-聚乙烯醇(Vinylite A)			S	N		
乙烯类(Vinylite AYAF)		N		N	H	N
乙烯类(Vinylite VMCH)				N		
乙烯类(Vinylite VYHM)				N	H	
乙烯类(Vinylite VYLF)	N		N	N		N
乙烯类氯乙烯(88%～90%)(Vinylite VYNS)	N		N	N	N	N
六氯苯				N		
DDT	S	N		N	S	
精制羊毛脂	P	P	P			
石蜡油·蜡		S		N	N	
硫	N	N	N	N	N	N
碘					S	
聚乙烯	N	N	N	N	N	N
氯乙烯	N	N	N	N	N	N
氯乙烯(85%～87%)乙酸乙烯酯(13%)(Vinylite VYHH)	N	N	N	N		N
天然油脂		S		N	S	

注：S—可溶（可用作溶剂）；H—加热可溶；P—部分可溶（作溶剂价值小）；N—不溶。

(11) 附图

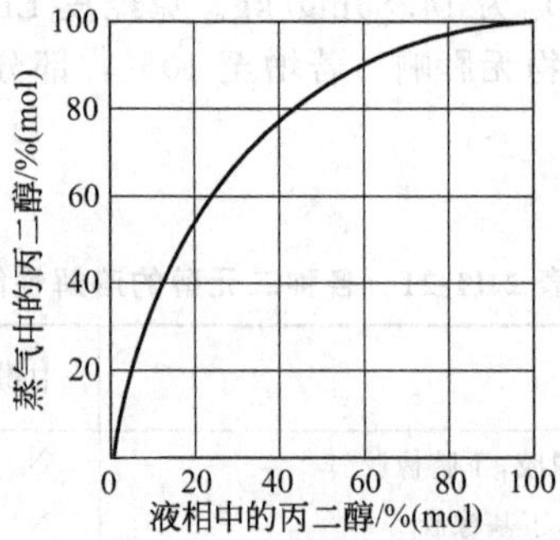

图 2-11-21 丙二醇与二丙二醇的气液平衡

参 考 文 献

1 CAS 110-98-5，25265-71-8

2 EINECS 203-821-4，246-770-3

3 G. O. Curme and F. Johnston，Glycols，Van Nostrand Reinhold. 1952. 275

4 L. Scheflan and M. Jacobs. Handbook of Solvents. Van Nostrand Reinhold. 1953. 328

5 A. K. Doolittle. The Technology of Solvents and Plasticizers. Wiley. 1954. 678

6 Glycols. Union Carbide Chemicals Corp，1958

7 C. Marsden. Solvents Manual，Cleaver-Hume. 1954

8 Beilstein. Handbuch der Organischen Chemie. EⅡ，1-537；EⅣ. 1-2473

9 张海峰主编. 危险化学品安全技术大典：第1卷. 北京：中国石化出版社，2010

821. 二丙二醇一甲醚

dipropylene glycol monomethyl ether [1-(2-methoxypropoxy)-2-propanol，(商) dowanol 50B]

(1) 分子式 $C_7H_{16}O_3$。 相对分子质量 148.20。

(2) 示性式或结构式 $CH_3OC_3H_6OC_3H_6OH$

(3) 外观 无色液体，微有醚的气味。

(4) 物理性质

沸点(101.3kPa)/℃	190	表面张力(25℃)/(mN/m)	28.8
相对密度(25℃/25℃)	0.950	闪点(开口)/℃	85
折射率(25℃)	1.419	蒸气压(25℃)/kPa	0.05
黏度(25℃)/mPa·s	3.33		

(5) 精制方法 分馏精制。

(6) 溶解性能 与水混溶。能溶解油脂、橡胶、天然树脂 乙基纤维素、硝酸纤维素、聚乙酸乙烯酯、聚乙烯醇缩丁醛、醇酸树脂、酚醛树脂、尿素树脂等。

(7) 用途 用作印刷油墨、磁漆的溶剂，也用作切削油、工作油洗涤用溶剂。

(8) 使用注意事项 属低毒类，雄大鼠经口 LD_{50} 为 5.50mL/kg，雌大鼠经口 LD_{50} 为 5.45mL/kg。动物中毒表现以中枢神经抑制为主，死于呼吸衰竭。

参 考 文 献

1 CAS 34590-94-8

2 EINECS 252-104-2

3 A. K. Doolittle. The Technology of Solvents and Plasticizers. Wiley. 1957. 605
4 N. I. Sax. Dangerous Properties of Industrial Materials. Van Nostrand Reinhold. 1957. 644

822. 二丙二醇一乙醚

dipropylene glycol monoethyl ether [1-(2-ethoxypropoxy)-2-propanol, (商) dowanol 51B]

(1) 分子式 $C_8H_{18}O_3$。 相对分子质量 162.22。

(2) 示性式或结构式 $C_2H_5OC_3H_6OC_3H_6OH$

(3) 外观 无色液体，微有醚的气味。

(4) 物理性质

沸点(101.3kPa)/℃	197.8	表面张力(25℃)/(mN/m)	27.7
相对密度(25℃/25℃)	0.930	比热容(25℃,定压)/[kJ/(kg·K)]	2.47
折射率(25℃)	1.419	蒸气压(25℃)/kPa	0.04
黏度(25℃)/mPa·s	3.34		

(5) 精制方法 分馏精制。

(6) 溶解性能 与水混溶。

(7) 用途 与二丙二醇一甲醚相似。

(8) 使用注意事项 属低毒类溶剂，大鼠经口 LD_{50} 为 4mL/kg。

参 考 文 献

1 CAS 15764-24-6
2 A. K. Doolittle. The Technology of Solvents and Plasticizers. Wiley. 1954. 609

823. 三丙二醇一甲醚

tripropylene glycol monomethyl ether [(商) dowanol 62B]

(1) 分子式 $C_{10}H_{22}O_4$。 相对分子质量 206.28。

(2) 示性式或结构式 $CH_3OC_3H_6OC_3H_6OC_3H_6OH$

(3) 外观 无色液体。

(4) 物理性质

沸点(101.3kPa)/℃	243	表面张力(25℃)/(mN/m)	30.0
相对密度(25℃/25℃)	0.968	闪点(开口)/℃	121
折射率(25℃)	1.428	比热容(25℃,定压)/[kJ/(kg·K)]	2.34
黏度(25℃)/mPa·s	6.16	蒸气压(20℃)/kPa	0.004

(5) 精制方法 分馏精制。

(6) 溶解性能 95℃以下与水混溶。可作油脂、橡胶、天然树脂、硝酸纤维素等的溶剂。

(7) 使用注意事项 属低毒类溶剂，大鼠经口 LD_{50} 约 3.3g/kg。中毒表现主要为中枢神经系统抑制和麻醉。对眼和皮肤刺激不明显，但中毒剂量可通过皮肤吸收。

参 考 文 献

1 CAS 10213-77-1
2 A. K. Doolittle. The Technology of Solvents and Plasticizers. Wiley. 1954. 609

3 N. I. Sax. Dangerous of Industrial Materials. Van Nostrand Reinhold. 1957. 1228

824. 聚丙二醇

polypropylene glycol [polyoxypropylene (glycol)]

(1) 分子式　$C_{3n}H_{6n+2}O_{n+1}$。

(2) 示性式或结构式　$R[(OC_3H_6)_nOH]_m$；R 为 H 或多元醇基团

(3) 外观　无色或浅黄色的黏稠液体。

(4) 物理性质

官能基数	二羟基	二羟基	二羟基	二羟基	三羟基	六羟基
平均分子质量	400	750	1200	2000	3000	700
相对密度(25℃/25℃)	1.007	1.004	1.003	1.002	1.009 (20℃/20℃)	1.094 (20℃/20℃)
黏度(38℃)/mPa·s	35.2	54.2	93.1	163.7	660	18720
流动点/℃	−45	−44	−40	−35	−31	−19
折射率(25℃)	1.445	1.447	1.448	1.450	1.452	
比热容(25℃)/[kJ/(kg·K)]	1.99	2.09	2.09	1.81		
表面张力(25℃)/(mN/m)	31.1	30.8	31.3	32.1		
闪点/℃	199	257	238	229	229	188
燃点/℃	207	274	263	266		

(5) 化学性质　具有醇的化学性质。与异氰酸酯反应生成氨基甲酸酯，可作聚氨基甲酸酯泡沫塑料的原料。加热时发生热解或氧化。聚丙二醇比聚乙二醇容易氧化，但比天然油脂稳定。在氮气流中加热到 270℃发生分解，在氧或空气存在下，低温也逐渐发生分解，生成醛等。

(6) 精制方法　水分利用减压蒸馏除去。不饱和化合物可用稀酸分解除去。

(7) 溶解性能　低分子量的聚丙二醇可溶于水，高分子量的聚丙二醇难溶于水。例如相对分子质量为 2000 的聚丙二醇 20℃时在水中溶解 0.2%；0℃时溶解 4%。聚丙二醇能与醇、醛、酮、酯、芳香烃、卤代烃、芳香族硝基化合物，各种油脂等多种有机物相混溶。

(8) 用途　用作植物油、树脂、石蜡、切削油、清漆、印刷油墨、润滑油、化妆品等的溶剂。也用于制备醇酸树脂、乳化剂、破乳剂和增塑剂等。

(9) 使用注意事项　聚丙二醇不挥发，闪点高，对金属腐蚀性小，但可使橡胶溶胀。一般用不锈钢和经磷化处理或树脂涂覆的容器贮存。低分子量的聚丙二醇（相对分子质量400～1200）属低毒类溶剂，能迅速经肠胃道吸收，为强烈的中枢神经兴奋剂，且易致心律紊乱。动物摄入几分钟内即出现兴奋与抽搐。高分子量的聚丙二醇（相对分子质量≥2000）属微毒类溶剂，经各种途径投给毒性都很低。

(10) 附表

表 2-11-22　各种聚丙二醇的急性经口毒性

平均分子质量	LD_{50}近似值/(g/kg)			平均分子质量	LD_{50}近似值/(g/kg)		
	大鼠		豚鼠		大鼠		豚鼠
	雄	雌	(两性)		雄	雌	(两性)
400	1.2	0.7	2.3	2000	10	5	17
425	2.91			2025	9.76		
750	0.5	0.3	1.7	3000	>40		
1025	2.15			4000	>40		
1200	0.6		1.5				

(11) 附图

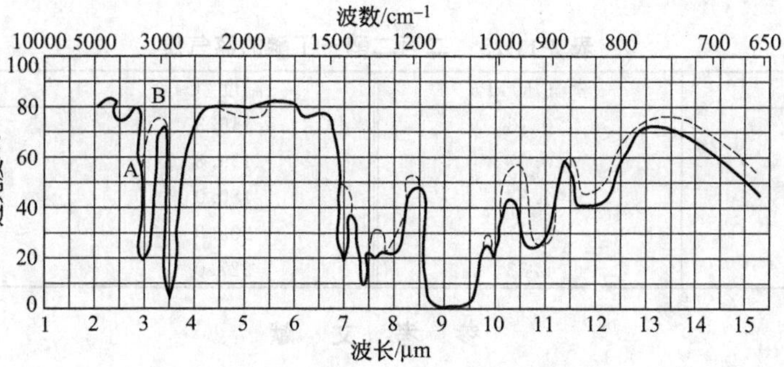

图 2-11-22 聚丙二醇的红外光谱图

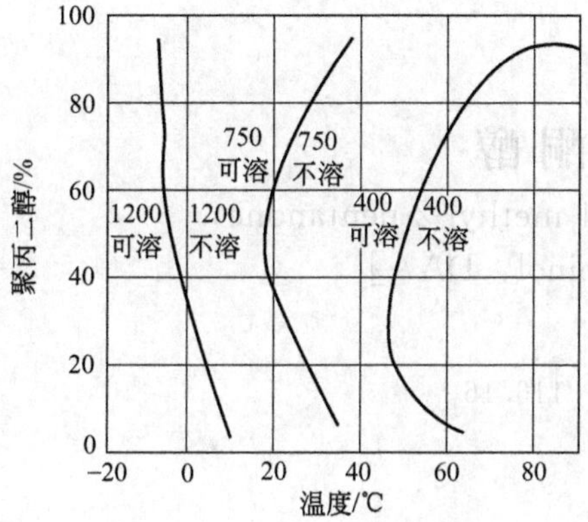

图 2-11-23 聚丙二醇的水溶性

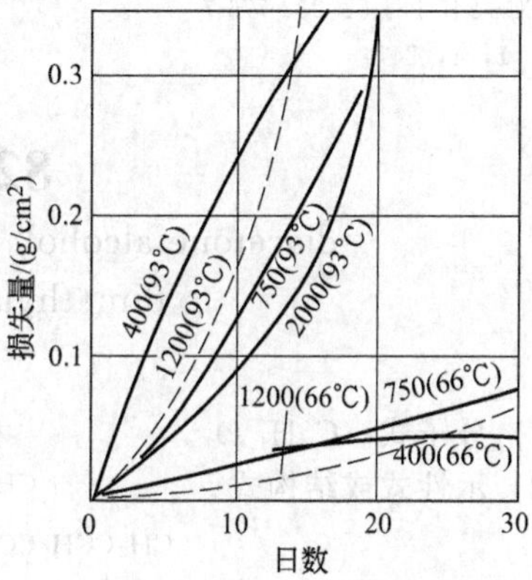

图 2-11-24 聚丙二醇的热稳定性

参 考 文 献

1 CAS 25322-69-4
2 EINECS 200-338-0
3 Polypropylene Glycol. Dow Chemical Co. 1964
4 Niax Polyol. Union Carbide Chemicals Corp. 1958

825. 二丙二醇一丁醚

dipropylene glycol monobutyl ether

(1) 分子式 $C_{10}H_{22}O_3$。 相对分子质量 190.29。

(2) 示性式或结构式 $HO(C_3H_6O)_2(CH_2)_3CH_3$

(3) 外观 无色液体，略有气味。

(4) 物理性质

沸点(101.3kPa)/℃	228	燃点/℃	118.3
(1.33kPa)/℃	105	黏度(75℃)/mPa·s	1.33
熔点/℃	−70	(25℃)/mPa·s	4.61
密度(20℃)/(g/cm³)	0.918	(−30℃)/mPa·s	93
(25℃)/(g/cm³)	0.914	表面张力(25℃)/(mN/m)	28.2
折射率(20℃)	1.429	(75℃)/(mN/m)	20.2
(25℃)	1.425	比热容(25℃)/[kJ/(kg·K)]	2.47
闪点(开杯)/℃	112.7	蒸气相对密度(空气=1)	1.57

(5) 用途 与二丙二醇一甲醚相似。

(6) 使用注意事项 属低毒类。对眼及皮肤刺激性小。大鼠经口 LD_{50} 为 2mL/kg。

(7) 附表

表 2-11-23 二丙二醇一丁醚的蒸气压

温度/℃	蒸气压/kPa	温度/℃	蒸气压/kPa
64.7	0.13	146.3	8.00
92.0	0.67	159.8	13.33
106.0	1.33	180.0	26.66
120.4	2.67	203.8	53.33
136.3	5.33	227.0	101.33

参 考 文 献

1 CAS 29911-28-2，35884-42-5

2 EINECS 249-951-5；252-776-7

3 Beil.，1，4，2474

826. 双丙酮醇

diacetone alcohol [4-hydroxy-4-methyl-2-pentanone, dimethylacetonyl carbinol, DAA]

(1) 分子式 $C_6H_{12}O_2$。 相对分子质量 116.16。

(2) 示性式或结构式

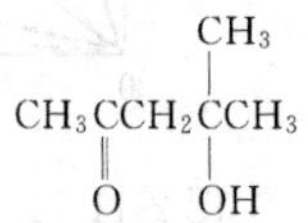

(3) 外观 无色液体，微有薄荷气体。

(4) 物理性质

沸点(101.3kPa,分解)/℃	168.1	表面张力(20℃)/(mN/m)	31.0
熔点(凝固点)/℃	−44	蒸发热(30～110℃)/(kJ/mol)	47.7295
相对密度(20℃/4℃)	0.9387	闪点(闭口)/℃	9
(25℃/4℃)	0.9342	(开口)/℃	13
折射率(20℃)	1.4235	燃烧热/(kJ/mol)	4186.8
(25℃)	1.4213	比热容(20℃,定压)/[kJ/(kg·K)]	1.88
介电常数(25℃)	18.2	蒸气压(25℃)/kPa	0.2266
偶极矩(20℃)/(10^{-30} C·m)	10.80	(61.7℃)/kPa	1.7332
黏度(20℃)/mPa·s	2.9	体膨胀系数(20℃)/K^{-1}	0.00099

(5) 化学性质 双丙酮醇的分子内含有羰基和羟基，具有酮和叔醇的化学性质。与碱作用或加热到 130℃以上时发生分解，产生 2 个分子丙酮。与硫酸或微量的碘一起加热，则脱水生成亚异丙基丙酮。与次溴酸钠作用生成 2-羟基异戊酸。催化加氢生成 2-甲基-2，4-戊二醇。

(6) 精制方法 用无水硫酸钙干燥后，于 2.6664kPa 压力下减压分馏。

(7) 溶解性能 能与水、醇、醚、酮、酯、芳香烃、卤代烃等多种溶剂混溶，但不与高级脂肪烃混溶。双丙酮醇除含有羰基外尚含有羟基，故对极性物质的溶解能力比丙酮大。能溶解油脂、蜡、天然树脂、硝酸纤维素、醋酸纤维素、乙基纤维素、聚甲基丙烯酸甲酯、聚苯乙烯、聚乙酸乙烯酯和染料等，但不能溶解橡胶。能和 87.3%的水形成二元共沸混合物，共沸点 99.8℃。

(8) 用途 双丙酮醇为高沸点有机溶剂。黏度低，温度对黏度的影响小。除用作纤维素酯漆、印刷油墨、合成树脂涂料等的溶剂和脱漆剂外，尚用作杀虫剂、杀菌剂、木材防腐剂、着色剂等的溶剂，油脂和芳香烃的萃取剂，照相胶片、人造丝、人造革的制造，抗冻剂、刹车油的配合成分等。

(9) 使用注意事项　危险特性属第 3.2 类中闪点易燃液体。危险货物编号：32077，UN 编号：1148。双丙酮醇经常含有一定量的丙酮，着火点低，注意火源，应置阴凉处密封贮存。对金属无腐蚀性，可用铁、软钢或铝制容器贮存，但对多种塑料有侵蚀作用。双丙酮醇属低毒类，嗅觉阈浓度 29.76mg/m^3；工作场所最高容许浓度为 238mg/m^3。大鼠经口 LD_{50} 为4g/kg。兔经皮 LD_{50} 为 13.6g/kg。其蒸气对皮肤、眼、鼻、喉和肺部有刺激作用。人吸入高浓度的双丙酮醇时，引起黏膜刺激、胸闷，严重者可造成麻醉。由于血压下降可使肝、肾受到损害，最后可因呼吸中枢抑制而死亡。

(10) 附表

表 2-11-24　双丙酮醇的蒸气压

温度/℃	蒸气压/kPa	温度/℃	蒸气压/kPa
22.0	0.13	96.0	8.00
46.7	0.67	108.2	13.33
58.8	1.33	126.8	26.66
72.0	2.67	147.5	53.33
86.7	5.33	167.9	101.33

表 2-11-25　双丙酮醇对合成高分子化合物的溶解性能

高分子化合物	溶解能力	高分子化合物	溶解能力
醋酸纤维素	溶解	聚苯乙烯	溶解
醋酸-丁酸纤维素	溶解	聚乙酸乙烯酯	溶解
硝酸纤维素	溶解	聚乙烯醇缩丁醛	不溶解
乙基纤维素	溶解	聚氯乙烯	不溶解
聚甲基丙烯酸甲酯	溶解	氯乙烯-乙酸乙烯酯共聚物	不溶解

参 考 文 献

1 CAS 123-42-2
2 EINECS 204-626-7
3 C. W. Hack and M. Var Winkle. Ind. Eng. Chem. 1954，46：2392
4 E. T. J. Fuge and S. T. Bowedn. J. Phys. Chem. 1952，56：1013
5 V. Lantz. J. Amer. Chem. Soc. 1940，62：3260
6 A. A. Maryott and E. A. Smith. Table of Dielectric Constants of Pure Liquids. NBS Circular 514. 1951
7 B. Krishna and K. K. Srivastava. J. Chem. Phys. 1960，32：663
8 C. Marsden. Solvents Guide. 2nd ed. Cleaver-Hume. 1963
9 MCA Catalog of Ultraviolet Spectra
10 R. S. Rasmussen and D. D. Tunnieliff. J. Amer. Chem. Soc. 1949，71：1068
11 API Research Project 44. Selected Values of Physical and Thermodynamic Properties of Hydrocarbons and Related Compounds. Thermodynamic Research Center. Texas A & M Univ
12 I. Yamaguchi. Bull. Chem. Soc. Japan. 1961，34：353
13 L. Mascarelli. Chem. Zentr. 1909，1：169
14 F. A. Patty. Industrial Hygiene and Toxicology. 2nd ed. Vol. 2. Wiley. 1963
15 松田種光. 溶剤ハンドブック. 産業図書. 1965
16 The Merck Index. **10**，2928；**11**，2944；**12**，3088；**13**，2983

827. 2-氯乙醇

2-chloroethanol [ethylene chlorohydrin，2-chloroethyl alcohol，glycol chlorohydrin]

(1) 分子式　C_2H_5ClO。　　相对分子质量　80.51。

(2) 示性式或结构式　$HOCH_2CH_2Cl$

(3) 外观　无色透明液体，具有醚的气味。

(4) 物理性质

沸点(101.3kPa)/℃	128.6	燃点/℃	425
熔点/℃	−67.5	蒸发热(b.p.)/(kJ/mol)	41.45
相对密度(20℃/4℃)	1.197	熔化热/(kJ/mol)	1215.0
折射率(20℃)	1.4419	生成热(液体)/(kJ/mol)	294.3
介电常数(25℃)	25.8	燃烧热(液体)/(kJ/mol)	1193.7
偶极矩(25℃)/(10^{-30}C·m)	6.27	爆炸极限(下限)/%(体积)	4.9
黏度(20℃)/mPa·s	3.4	(上限)/%(体积)	15.9
表面张力(20℃)/(mN/m)	38.9	体膨胀系数(55℃)/K^{-1}	0.00092
闪点(开口)/℃	60		

(5) 化学性质　2-氯乙醇具有氯和羟基两个官能团，因此表现出氯代烷和醇的性质。例如在碱存在下被氢还原，或用钠汞齐和水还原生成乙醇。用硝酸或铬酸氧化生成氯代乙酸。与水一起煮沸时逐渐水解生成乙二醇，添加碳酸氢钠对水解有促进作用。2-氯乙醇在氢氧化钠或石乳灰作用下，脱去氯化氢生成环氧乙烷。在封管中加热到 184 ℃时生成 1,2-二氯乙烷和乙醛。2-氯乙烷在浓硫酸存在下加热至 90～100℃，发生分子间脱水生成双（2-氯乙基）醚。与伯胺、仲胺、芳香胺反应，生成相应的乙醇胺。与氨反应生成乙醇胺、二乙醇胺和三乙醇胺。与羧酸或酰氯反应生成羧酸-2-氯乙酯。与硫酰氯或磷酰氯反应容易生成磺酸或磷酸酯。在无水硫酸钠存在下与甲酸酐反应生成甲酸-2-氯乙酯。

(6) 精制方法　2-氯乙醇是由环氧乙烷和盐酸或氯的水溶液制备的。因此含有少量的酸和环氧乙烷衍生物。精制时用无水硫酸钠和无水碳酸钾脱水、脱酸后分馏。

(7) 溶解性能　能与水、乙醇、苯及其他多种有机溶剂混溶。对脂肪烃的溶解能力小，对极性物质的溶解能力大。能溶解无机盐类和油脂、树脂、纤维素酯等多种物质，特别是对醋酸纤维素的溶解能力大。与甲醇混合后可作乙基纤维素的溶剂。

(8) 用途　用作纤维素酯、涂料、树脂等的溶剂。也用于乙二醇、环氧乙烷、丙烯腈、医药、农药、染料等的制造以及用作甘蔗催芽剂等。

(9) 使用注意事项　属剧毒化学品。危险特性属第 6.1 类毒害品。危险货物编号：61583，UN 编号：1135。可以燃烧，着火时用二氧化碳、四氯化碳、干式化学灭火剂灭火。受热分解生成剧毒的光气。与水或水蒸气反应生成有毒的腐蚀性气体。属中等毒类。对黏膜有较强刺激作用。2-氯乙醇可经呼吸道、皮肤、消化道进入肌体。急性中毒开始为头痛、头晕和消化道症状。数小时后转入狂躁兴奋状态，随即进入抑制状态，并出现昏迷和循环。呼吸衰竭。慢性中毒有头痛，乏力、黏膜刺激、食欲不振、消瘦等症状。工作场所最高容许浓度（美国）16mg/m³。大鼠经口 LD_{50}为 95mg/kg。大鼠吸入 LC_{50}为 104.64mg/m³。本品能渗透橡胶和树脂，应注意选择防护用品。

(10) 附表

表 2-11-26　2-氯乙醇的蒸气压

温度/℃	蒸气压/kPa	温度/℃	蒸气压/kPa
−4.0	0.13	64.1	8.00
19.0	0.67	75.0	13.33
30.3	1.33	91.8	26.66
42.5	2.67	110.0	53.33
56.0	5.33	128.8	101.33

表 2-11-27　2-氯乙醇水溶液的相对密度和折射率

2-氯乙醇/%	相对密度(20℃/20℃)	折射率(n_D^{20})	2-氯乙醇/%	相对密度(20℃/20℃)	折射率(n_D^{20})
100	1.20239	1.44197	98.37	1.19907	1.43951
99.12	1.20065	1.44065	96.71	1.19611	1.43769

续表

2-氯乙醇/%	相对密度(20℃/20℃)	折射率(n_D^{20})	2-氯乙醇/%	相对密度(20℃/20℃)	折射率(n_D^{20})
95.00	1.19294	1.43595	39.28	1.08649	1.37532
90.60	1.18490	1.43100	30.69	1.06846	1.36586
81.93	1.16884	1.42155	19.42	1.04349	1.35351
70.41	1.14706	1.40864	3.38	1.01796	1.34130
64.19	1.13529	1.40181	0	1.00000	1.33294
51.06	1.10986	1.38785			

表 2-11-28　含 2-氯乙醇的二元共沸混合物

第二组分	共沸点/℃	第二组分/%	第二组分	共沸点/℃	第二组分/%
水	97.8	57.7	甲苯	106.9	73
水	51.1(13.3kPa)	59.3	二丁醚	123	32
水	37.1(6.67kPa)	60.2	二氯乙醚	128.2	8.2

(11) 附图

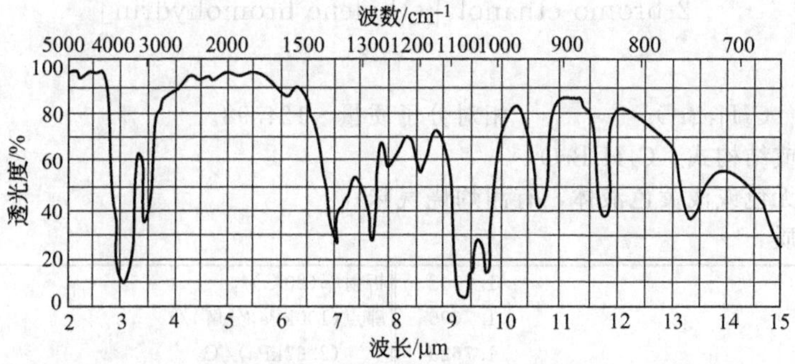

图 2-11-25　2-氯乙醇的红外光谱图

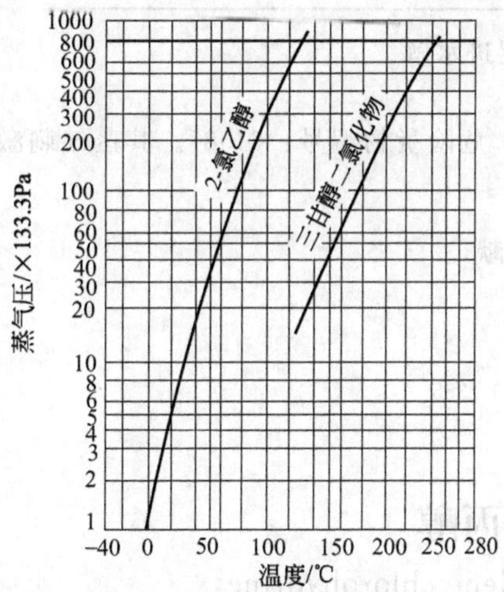

图 2-11-26　2-氯乙醇的蒸气压与温度的关系

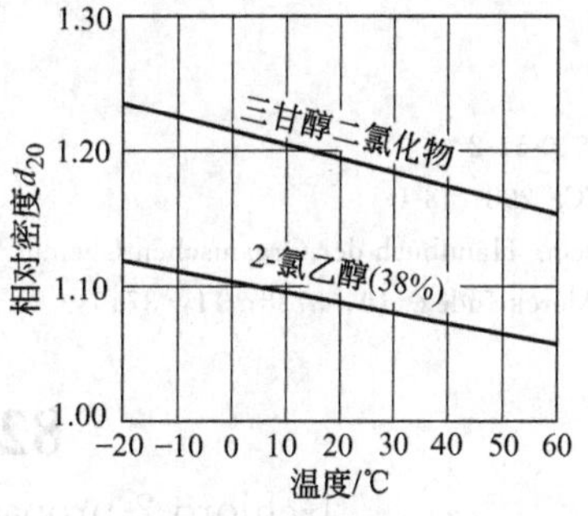

图 2-11-27　2-氯乙醇的相对密度与温度的关系

参 考 文 献

1　CAS 107-07-3
2　EINECS 203-459-7
3　A. Weissberger. Organic Solvents 3rd ed. Wiley. 1971. 480, 867
4　The Merck Index. 8th ed. 434

5 I. Mellan. Source Book of Industrial Solvents. Vol. 2. Van Nostrand Reinhold. 1957. 173
6 日本化学会. 化学便覧. 基礎編. 丸善. 1966. 812，833
7 H. de Laszlo. J. Amer. Chem. Soc. 1927，49：2106
8 Sadtler Standard IR Prism Spectra. No. 73
9 M. Mazumder. Indian J. Phys. 1959，33：92；Chem. Abstr. 1959，53：13778
10 F. A. Bovey. NMR Data Tables for Organic Compounds. Vol. 1. Wiley. 1967. 24
11 N. I. Sax. Dangerous Properties of Industrial Materials. 3rd ed. Van Nost-rand Reinhold. 1968. 743
12 ACGIH 1974. 安全工学. 1975，14：93
13 T. E. Jordan. Vapor Pressure of Organic Compounds. Wiley. 1954. 75
14 Metejka，Jelinek. J. Chim. Phys. 1937，34：611
15 Union Carbide Chem. Co. Organic Chlorine Compounds. 1960
16 E. H. Huntress. Organic Chloride Compounds. John Wiley. 1948. 706
17 The Merck Index. **10**，3739；**11**，3750
18 张海峰主编. 危险化学品安全技术大典：第1卷. 北京：中国石化出版社，2010

828. 2-溴乙醇

2-bromo-ethanol [ethylene bromohydrin]

(1) 分子式　C_2H_5BrO。　　　　相对分子质量　124.98。

(2) 示性式或结构式　C_2H_5BrO

(3) 外观　无色或浅黄色液体，有甜灼烧气味。

(4) 物理性质

密度(4℃)/(g/cm³)	1.7902	折射率(20℃)	1.4936
(15℃)/(g/cm³)	1.7696	沸点(100kPa,分解)/℃	140～150
(20℃)/(g/cm³)	1.7629	(2.67kPa)/℃	56～57
(25℃)/(g/cm³)	1.7560	(1.73kPa)/℃	48.5
(30℃)/(g/cm³)	1.7494		

(5) 化学性质　高热放出有毒气体，酸碱存在下促进水解。

(6) 用途　作为溶剂及有机合成原料。

(7) 使用注意事项　危险特性属第6.1类毒害品。危险货物编号：61587。其蒸气刺激眼和黏膜，小鼠腹腔最小致死浓度MLD为80mg/kg。

参考文献

1 CAS 540-51-2
2 EINECS 208-748-1
3 Beilstein. Handbuch der Organischen Chemie. H，1-338；E Ⅳ，1-1385
4 The Merck Index. **10**，3738；**11**，3749

829. 1-氯-2-丙醇

1-chloro-2-propanol [α-propylene chlorohydrine，β-chloroisopropyl alcohol]

(1) 分子式　C_3H_7ClO。　　　　相对分子质量　94.54。

(2) 示性式或结构式　$CH_2ClCH(OH)CH_3$

(3) 外观　无色透明液体，微有醚的气味。

(4) 物理性质

沸点(101.3kPa)/℃	127.4	表面张力(20℃)/(mN/m)	32.10
相对密度(20℃/20℃)	1.1128	闪点(开口)/℃	51.7
折射率(20℃)	1.4362	蒸气压(20℃)/kPa	0.65
黏度(20℃)/mPa·s	4.67	体膨胀系数(55℃)	0.00097

注：IR 见文献 [5]。

(5) 化学性质 具有醇和氯代烷的性质。在封管中加热至 140～160℃时生成 1,2-二氯丙烷和丙酮。加热其水溶液时生成丙酮与丙醛。在碱的水溶液中加热时，容易脱去氯化氢生成氧化丙烯。1-氯-2-丙醇氧化时生成氯代丙酮和乙酸。

(6) 精制方法 1-氯-2-丙醇是由烯丙基氯在酸催化下与水加成制取的。工业上由丙烯、氯和水相互反应制得。生成物中含有 75%1-氯-2-丙醇和 25%2-氯-1-丙醇，可通过减压（约 6.67kPa）蒸馏分离。

(7) 溶解性能 与水混溶，也溶于醇。

(8) 用途 主要用于有机合成，作氧化丙烯的原料和羟丙基化试剂等。

(9) 使用注意事项 危险特性属第 6.1 类毒害品。危险货物编号：61584。可以燃烧，受热时分解生成有毒的气体。属低毒类。对眼有强烈刺激作用。小鼠经口 LD_{50} 为 220mg/kg。可通过吸入、误饮或皮肤吸收而中毒。

(10) 附表

表 2-11-29 含 1-氯-2-丙醇的二元共沸混合物

第二组分	共沸点/℃	1-氯-2-丙醇/%	第二组分	共沸点/℃	1-氯-2-丙醇/%
水	95.4	54.2	间二甲苯	124.5	75
庚烷	96.5	17	1,2-二溴乙烷	<124.8	<62
甲苯	109.0	15	乙酸丁酯	125.5	约 25
四氯乙烯	113.0	28	邻二甲苯	125.5	85
氯苯	122.2	55	3-甲基-1-丁醇	<127.3	>81
甲酸异戊酯	123.0	约 30			

参 考 文 献

1 CAS 127-00-4
2 EINECS 204-819-6
3 I. Mellan. Source Book of Industrial Solvents. Vol. 2. Van Nostrand Reinhold. 1957. 172
4 The Merck Index. 8th ed.. 876
5 Kirk-Othmer. Encyclopedia of Chemical Technology. 2nd ed. Vol. 5. Wiley. 309
6 Sadtler Standard IR Prism Spectra. No. 2249
7 1万3千種化学薬品毒性データ集成. 海外技術資料研究所. 1973. 437
8 The Merck Index. **10**, 7752; **11**, 7864

830. 3-氯-1-丙醇

3-chloro-1-propanol

(1) 分子式 C_3H_7ClO。 相对分子质量 94.54。

(2) 示性式或结构式 $ClCH_2CH_2CH_2OH$

(3) 外观 无色透明液体。

(4) 物理性质

沸点(101.3kPa)/℃	160～162	折射率(20℃)	1.4469
相对密度(20℃/4℃)	1.131	闪点/℃	73

(5) 溶解性能　易溶于水。

(6) 用途　溶剂、有机合成中间体。

(7) 使用注意事项　3-氯-1-丙醇的危险特性属第6.1类毒害品。危险货物编号：61584，UN编号：2849。有毒，燃烧时分解放出有毒气体。

参 考 文 献

1 CAS 627-30-5

2 EINECS 210-992-9

3 Beilstein. Handbuch der Organischen Chemie. H, 1-356; E Ⅳ, 1-1441

831. 四氟丙醇

2,2,3,3-tetrafluoro-1-propanol

(1) 分子式　$C_3H_4F_4O$。　　相对分子质量　132.06。

(2) 示性式或结构式　CHF_2-CF_2-CH_2OH

(3) 外观　无色透明液体。

(4) 物理性质

沸点(101.3kPa)/℃	109～110	折射率(20℃)	1.322
熔点/℃	−15	闪点/℃	43
相对密度(水=1)	1.4853		

(5) 溶解性能　微溶于苯、甲苯、氯仿、四氯化碳。溶于甲醇、乙醚、乙酸。

(6) 用途　液相色谱溶剂。光盘涂料溶剂。颜料溶剂。具有无腐蚀性和优良润滑性的新型含氟溶剂。

(7) 使用注意事项　易燃。其蒸气遇空气可形成爆炸性混合物。遇明火、高热能形成燃烧爆炸。属低毒类，吸入、摄入会中毒，具刺激作用。

参 考 文 献

1 CAS 76-37-9

2 EINECS 200-955-5

3 孙毓庆，胡育筑主编. 液相色谱溶剂系统的选择与优化. 北京：化学工业出版社，2008

832. 2,3-二溴-1-丙醇

2,3-dibromo-1-propanol

(1) 分子式　$C_3H_6Br_2O$。　　相对分子质量　217.90。

(2) 示性式或结构式

$$\begin{array}{ccccc} CH_2 & — & CH & — & CH_2OH \\ | & & | & & \\ Br & & Br & & \end{array}$$

(3) 外观　无色油状液体。

(4) 物理性质

沸点(101.3kPa)/℃	219	相对密度(20℃/4℃)	2.0739
(1.6kPa)/℃	101	折射率(20℃)	1.5466
闪点/℃	110		

(5) 溶解性能　溶于醇、醚、苯、丙酮和乙酸，微溶于水。

(6) 用途　溶剂、阻燃剂、有机合成中间体。

(7) 使用注意事项　口服有毒。对眼睛、呼吸系统和皮肤有刺激性。对机体有不可逆损伤的可能性。

参 考 文 献

1 CAS 96-13-9
2 EINECS 202-480-9
3 Beil.，**1**，357；**1** (4)，1446

833. 1,3-二溴-2-丙醇

1,3-dibromo-2-propanol

(1) 分子式　$C_3H_6Br_2O$。　　　相对分子质量　217.90。

(2) 示性式或结构式　$BrCH_2—CH(OH)—CH_2Br$

(3) 外观　无色油状液体，有特殊臭味。久置空气中会氧化变黄。

(4) 物理性质

沸点(101.3kPa)/℃	219	相对密度(25℃/4℃)	2.1202
(5kPa)/℃	124	折射率(25℃)	1.5495
(0.9kPa)/℃	82～83	闪点/℃	46

(5) 溶解性能　溶于醇、醚，不溶于水。

(6) 用途　溶剂、有机合成中间体。

(7) 使用注意事项　具有刺激性。参照 2,3-二溴-1-丙醇。

参 考 文 献

1 CAS 96-21-9
2 EINECS 202-489-8
3 Beil.，**1**，365

834. 4-氯-1-丁醇

4-chloro-1-butanol

(1) 分子式　C_4H_9ClO。　　　相对分子质量　108.57。

(2) 示性式或结构式　$ClCH_2CH_2CH_2CH_2OH$

(3) 外观　无色透明黏稠状液体。

(4) 物理性质

沸点(2.13kPa)/℃	84～85	折射率(20℃)	1.4518
相对密度(20℃/4℃)	1.0883	闪点/℃	36

(5) 溶解性能　易溶于乙醇、乙醚。

(6) 用途　溶剂、有机合成中间体。

(7) 使用注意事项　对眼睛、皮肤和黏膜有刺激性。

参 考 文 献

1 CAS 928-51-8
2 EINECS 213-175-5

3 Beilstein. Handbuch der Organischen Chemie. E Ⅳ, 1-1550

835. 3-氯-1,2-丙二醇

3-chloro-1,2-propanediol [glycerol-α-monochlorohydrin, 3-chloropropylene glycol]

(1) 分子式　$C_3H_7ClO_2$。　　　　相对分子质量　110.54。

(2) 示性式或结构式　$CH_2ClCH(OH)CH_2OH$

(3) 外观　黏稠液体，无气味。

(4) 物理性质

沸点(101.3kPa,分解)/℃	213	燃烧热(20℃)/(kJ/mol)	1680.6
相对密度(20℃/4℃)	1.3218	蒸气压(141℃)/kPa	5.33
折射率(20℃)	1.4809	(113℃)/kPa	1.33
黏度(20℃)/mPa·s	159	(83℃)/kPa	0.13
闪点(开口)/℃	137.8		

(5) 化学性质　3-氯-1,2-丙二醇加热至140～142℃时部分发生分解。用浓硝酸氧化生成3-氯代乳酸。在稀硝酸溶液中用高碘酸钾氧化生成氯代乙醛。3-氯-1,2-丙二醇脱氯化氢生成缩水甘油。与水长时间回流时逐渐水解生成甘油。在与伯醇相当的烷氧基金属化合物作用下，生成甘油-α-一烷基醚。

(6) 精制方法　减压蒸馏精制。

(7) 溶解性能　能溶于水、甲醇、乙醇、甘油、乙醚、乙酸乙酯、丙酮、油酸等。不溶于苯、汽油、四氯化碳、矿物油、甘油三松香酸酯、蜡、松香等。与乙酸丁酯混合后可作醋酸纤维素及硝酸纤维素的溶剂。

(8) 用途　主要用作醋酸纤维素等的溶剂。也用于制备增塑剂、表面活性剂、染料、药物和甘油衍生物等。此外，还可用于使黄色炸药的凝固点降低。

(9) 使用注意事项　属剧毒化学品。危险特性属第6.1类毒害品。危险货物编号：61586，UN编号：2689。有吸湿性，见光或久置逐渐变为黄色。长时间与湿气接触时逐渐分解为酸。毒理作用与氯乙醇相似，小鼠经口 LD_{50} 为 562.5mg/m^3。

参 考 文 献

1 CAS 96-24-2

2 EINECS 202-492-4

3 The Merck Index. 8th ed. 246

4 E. H. Huntress. The Preparation, Properties, Chemical Behavior, and Identification of Organic Chlorine Compounds. Wiley. 1948. 1232

5 Beilstein. Handbuch der Organischen Chemie. E Ⅲ. 1-2150

6 日本化学会. 化学便覧. 基礎編. 丸善. 1966. 812

7 Sadtler Standard IR Prism Spectra. No. 13919

8 I. Mellan. Source Book of Industrial Solvents. Vol. 2. Van Nostrand Re inhold. 1957. 171

9 1万3千種化学薬品毒性データ集成. 海外技術資料研究所. 1973. 140

836. 1,3-二氯-2-丙醇

1,3-dichloro-2-propanol [glycerol-α,r-dichlorohydrin, *sym*-dichloroisopropyl alcohol, dichlorohydroxypropane]

(1) 分子式　$C_3H_6Cl_2O$。　　　　相对分子质量　128.99。

(2) 示性式或结构式　$CH_2ClCH(OH)CH_2Cl$

(3) 外观　无色透明液体，有醚的气味。

(4) 物理性质

沸点(101.3kPa)/℃	174.3	折射率(20℃)	1.4837
熔点/℃	−4	闪点/℃	74
相对密度(25℃/4℃)	1.359	蒸气压(28℃)/kPa	0.13

(5) 化学性质　1,3-二氯-2-丙醇在碱性溶液中迅速脱去氯化氢，生成3-氯-1,2-环氧丙烷。用重铬酸钠和硫酸进行氧化，生成α,α'-二氯丙酮。用浓硫酸氧化生成氯代乙酸。在过量的乙醇及氢氧化钠溶液中加热，生成1,3-二乙氧基-2-丙醇。

(6) 精制方法　减压蒸馏精制。

(7) 溶解性能　19℃时在水中溶解11%。能与醇、醚相混溶。溶于植物油和大多数有机溶剂。

(8) 用途　用作硝基喷漆、涂料、清漆用溶剂，赛璐珞黏合剂。也用于制备离子交换树脂和3-氯-1,2-环氧丙烷等。

(9) 使用注意事项　危险特性属第6.1类毒害品，危险货物编号：61585，UN编号：2750。1,3-二氯-2-丙醇遇火产生剧毒的光气。吸湿性强，遇水很快释放出氯化氢。干燥时对金属无腐蚀性，可用铁、软钢或铝制容器贮存，不宜使用铜制容器。属中等毒类，易经呼吸道和皮肤侵入肌体，小鼠经口LD_{50}为110mg/kg。兔经皮LD_{50}为200mg/kg。急性中毒可出现头晕、酒醉感和嗜睡。几小时后上腹疼痛、呕吐、体温上升、神志模糊、尿量减少。随后可出现鼻、口腔黏膜和皮下出血、全身皮肤轻度发黄、脉快细、血压下降等症状。TJ 36—79规定车间空气中最高容许浓度为$5mg/m^3$。

(10) 附表

表 2-11-30　1,3-二氯-2-丙醇的蒸气压

温度/℃	蒸气压/kPa	温度/℃	蒸气压/kPa
28.0	0.13	102.0	8.00
52.2	0.67	114.8	13.33
64.7	1.33	133.3	26.66
78.0	2.67	153.5	53.33
93.0	5.33	174.5	101.33

表 2-11-31　含1,3-二氯-2-丙醇的二元共沸混合物

第二组分	共沸点/℃	第二组分/%	第二组分	共沸点/℃	第二组分/%
五氯乙烷	159.7	77.5	1,3,5-三甲基苯	156	50
草酸二甲酯	163.3	85	1,2,4-三甲基苯	164.4	63
溴苯	155.5	91	丁酸异戊酯	174.9	10
对二氯苯	168.2	55	对异丙基苯甲烷	165.5	45
碘苯	173.0	30	莰烯	152.8	62
草酸二乙酯	<173.5	<30	*d*-苎烯	165.75	43
苯甲醛	<174	<15	*α*-水芹烯	163.0	57
邻溴甲苯	170.5	39	*α*-蒎烯	150.4	63.5
对溴甲苯	172.8	32	*γ*-萜品烯	166.8	38
α-氯甲苯	168.9	43	萜品油烯	168	30
邻氯甲苯	158.0	85	百里烯	166.5	40
对氯甲苯	160.0	78	2,7-二甲基辛烷	155	62
苯乙烯	142.5	85	二异戊醚	165.9	52
甲基庚烯酮	178.5	35	乳酸乙酯	143.0	50
茚	173.5	33.5	环已酮	160.0	61

参 考 文 献

1 CAS 96-23-1
2 EINECS 227-824-5
3 The Merck Index. 8th ed. 353
4 E. H. Huntress. The Preparation, Properties, Chemical Behavior, and Identification of Organic Chlorine Compounds. Wiley. 1948. 787
5 Sadtler Standard IR Prism Spectra. No. 17455
6 I. Mellan. Source Book of Industrial Solvents. Vol. 2. Van Nostrand Reinhold, 1957. 167
7 1万3千種化学薬品毒性データ集成. 海外技術資料研究所, 1973. 181
8 C. Marsden, Solvents Guide. 2nd ed. Cleaver-Hume. 1963. 187

837. 2,3-二氯-1-丙醇

2,3-dichloro-1-propanol

(1) 分子式 $C_3H_6Cl_2O$。 相对分子质量 128.99。

(2) 示性式或结构式 $CH_2ClCHClCH_2OH$

(3) 外观 无色液体。

(4) 物理性质

沸点(101.3kPa)/℃	182	比热容(20℃)/[kJ/(kg·K)]	1.60
密度(20℃)/(g/cm³)	1.3616	热导率(20℃)/[W/(m·K)]	0.134
折射率(20℃)	1.4849	蒸气相对密度(空气=1)	4.45
黏度(20℃)/mPa·s	7.38	相对蒸发速度(乙醚=1)	>200①
表面张力(20℃)/(mN/m)	30.78	蒸气压(20℃)/kPa	0.0399
介电常数(20℃)	约 16.1	(28℃)/kPa	0.1333
闪点(闭杯)/℃	74①		

① 指两种异构体的混合物。

(5) 溶解性能 溶于水，20℃在水中溶解度约为 12.7%，能与醇、醚混溶。

(6) 用途 参照 1,3-二氯-2-丙醇。

(7) 使用注意事项 属中等毒类。大鼠经口 LD_{50} 90mg/kg。

(8) 附表

表 2-11-32 2,3-二氯-1-丙醇的蒸气压

温度/℃	蒸气压/kPa	温度/℃	蒸气压/kPa
80	0.51	230	409.66
90	1.08	240	520.10
100	2.12	250	650.91
110	3.94	260	803.81
120	6.96	270	980.62
130	11.81	280	1182.46
140	19.10	290	1412.47
150	29.88	300	1669.84
160	45.24	310	1956.59
170	66.49	320	2274.75
180	95.09	330	2624.32
190	132.7	340	3006.21
200	181.07	350	3421.44
210	242.07	360	3870.72
220	317.55	370	4354.54

表 2-11-33　含 2,3-二氯-1-丙醇的二元共沸混合物

第二组分	共沸点/℃	2,3-二氯-1-丙醇/%	第二组分	共沸点/℃	2,3-二氯-1-丙醇/%
α-蒎烯	151.5	37	对异丙基苯甲烷	172.5	42
二异戊基醚	167.5	37	1,2-二氯苯	174.2	40
二戊烯	169.0	>44	2-辛醇	179.4	35

参 考 文 献

1　CAS 616-23-9
2　EINECS 210-470-0

838. 3-甲氧基丁醇

3-methoxy butanol

(1) 分子式　$C_5H_{12}O_2$。　　相对分子质量　104.15。

(2) 示性式或结构式　$CH_3CHCH_2CH_2OH$（3位连 OCH_3）

(3) 外观　无色透明液体。

(4) 物理性质

沸点(101.3kPa)/℃	160	蒸气压(20℃)/kPa	0.12
熔点/℃	−85	闪点/℃	46
相对密度(20℃/20℃)	0.917	燃点/℃	335
蒸气相对密度(空气=1)	3.57	爆炸极限(下限)/%(体积)	1.9
折射率(20℃)	1.4145		

(5) 化学性质　与氧化剂发生反应。

(6) 溶解性能　溶于大部分有机溶剂，微溶于水。

(7) 用途　高沸点溶剂。用于硝酸纤维素漆，环氧树脂漆、刹车油黏度调节剂，印刷油墨的溶剂，以及切削油、染料、颜料、农药、氯乙烯稳定剂的溶剂。

(8) 使用注意事项　可燃，蒸气与空气形成爆炸性混合物。遇明火、高热强氧化剂易引起燃烧。对眼睛、皮肤和呼吸道有刺激性，长期、反复接触皮肤可能引起皮肤炎和脱脂。

参 考 文 献

1　CAS 2517-43-3
2　EINECS 219-741-8

839. 烯　丙　醇

allyl alcohol [2-propen-1-ol]

(1) 分子式　C_3H_6O。　　相对分子质量　58.08。

(2) 示性式或结构式　$CH_2{=}CHCH_2OH$

(3) 外观　无色液体，带有刺鼻催泪气味。

(4) 物理性质

沸点(101.3kPa)/℃	96.90	(25℃/4℃)	0.8476
熔点/℃	−129	折射率(20℃)	1.4133
相对密度(20℃/4℃)	0.8520	(25℃)	1.4111

(30℃)	1.4029	临界温度/℃	271.9
黏度(15℃)/mPa·s	1.486	蒸气相对密度(空气=1)	2.00
(20℃)/mPa·s	1.361	相对蒸发速度(乙醚=1)	11
(30℃)/mPa·s	1.072	燃点/℃	378
表面张力(20℃)/(mN/m)	25.68	闪点(闭杯)/℃	22
(60.2℃)/(mN/m)	22.11	(开杯)/℃	32
蒸发热/(kJ/kg)	39.99	爆炸极限/%(体积)	2.50～18.0
燃烧热/(kJ/kg)	1853.9	蒸气压(20℃)/kPa	2.31
比热容(液体,20～95.5℃)/[kJ/(kg·K)]	2.78	热导率(20℃)/[W/(m·K)]	0.1754
介电常数(20℃)	约 21		

(5) 化学性质 室温稳定，高温（100℃）与空气中氧接触生成黏稠状的聚合物。在酸性介质被重铬酸钾氧化成丙烯醛或丙烯酸。浓盐酸作用生成烯丙基氯。烯丙醇加溴很容易生成2,3-二溴丙醇。

(6) 溶解性能 能与水及多种溶剂无限混溶，与水混合时体积缩小。40%烯丙醇与60%水组成的混合液体体积收缩到最小（为2.5%）。

(7) 用途 制造甘油、缩水甘油、医药、香料化妆品及农业化学品的重要中间体，也用于涂料和玻璃纤维工业。

(8) 使用注意事项 属剧毒化学品。危险特性属第3.2类中闪点易燃液体。危险货物编号：32065，UN编号：1098。对眼、鼻黏膜有强烈刺激作用，并有较强的全身毒性，导致肝、肾损害和内脏出血，有害影响将在体内长期积累。尽量防止与液体接触。大鼠经口 LD_{50} 为99mg/kg。

(9) 附表

表 2-11-34 烯丙醇的蒸气压

温度/℃	蒸气压/kPa	温度/℃	蒸气压/kPa	温度/℃	蒸气压/kPa	温度/℃	蒸气压/kPa
20	2.26	90	78.14	160	647.06	230	2818.86
30	4.30	100	112.65	170	822.56	240	3368.04
40	7.76	110	158.45	180	1033.52	250	3592.98
50	13.31	120	218.00	190	1285.81	260	4721.75
60	21.85	130	290.91	200	1584.72	270	5549.57
70	34.54	140	385.24	210	1935.31		
80	52.75	150	502.67	220	2344.66		

表 2-11-35 含烯丙醇的二元共沸混合物

第二组分	共沸点/℃	烯丙醇/%	第二组分	共沸点/℃	烯丙醇/%
二硫化碳	45.3	6.5	1-氯-3-甲基丁烷	88.3	29
已烷	65.2	4.5	水	88.9	>2.3
1-氯-2-甲基丙烷	67.0	7	硝基甲烷	89.3	57
溴丙烷	69.3	8	溴丁烷	89.5	30
四氯化碳	72.3	11.5	异丁酸甲酯	89.8	28
环己烷	74.1	20	甲酸异丁酯	93.0	52
氯丁烷	74.5	15	甲苯	92.3	52
环己烯	76.3	21.7	四氯乙烯	93.2	45
苯	76.8	17.3	辛烷	93.4	68
1,2-二氯乙烷	79.9	18	丙酸乙酯	93.2	54
甲酸丙酯	<80.8	<5	乙酸丙酯	94.6	52
三氯乙烯	81.0	16	丁酸甲酯	94.7	51
庚烷	84.4	约 37	3-氯-1,2-环氧丙烷	95.8	78
二乙基硫	85.1	45	丁酮	96.0	70
丙基醚	85.7	30	2-戊酮	96.0	72
甲基环已烷	85.8	42	氯苯	96.5	82.5
碳酸二甲酯	86.4	23	1-丙醇	96.7	74
二乙氧基甲烷	<87.0	>11			

表 2-11-36 含烯丙醇的三元共沸混合物

第二组分	含量/%	第三组分	含量/%	共沸点/℃
水	5	己烷	90	59.7
水	4.1	四氯化碳	90.4	65.4
水	8	环己烷	81	66.2
水	8.6	苯	82.2	68.2
水	6.5	三氯乙烯	84.7	71.6

参 考 文 献

1 CAS 107-18-6

2 EINECS 203-470-7

3 Beil., **2**, 436

840. 炔 丙 醇

propargyl alcohol

(1) 分子式 C_3H_4O。 相对分子质量 56.06。

(2) 示性式或结构式 $CH\equiv CCH_2OH$

(3) 外观 无色透明液体，挥发性带有刺激性气味。

(4) 物理性质

沸点(101.3kPa)/℃	114	折射率(20℃)	1.43064
(2.66kPa)/℃	30	黏度(20℃)/mPa·s	1.68
熔点/℃	−52	蒸气压(20℃)/kPa	1.55
相对密度(20℃/4℃)	0.9485	闪点/℃	36

(5) 溶解性能 与水、苯、氯仿、1,2-二氯乙烷、乙醚、乙醇、丙酮、二噁烷、四氢呋喃、吡啶混溶，部分溶于四氯化碳，但不溶于脂肪烃。

(6) 用途 有机合成中间体、溶剂、氯代烃类的稳定剂。

(7) 使用注意事项 危险特性属第 3.3 类高闪点易燃液体。危险货物编号：33559。有毒。对皮肤和眼睛有严重刺激作用。大鼠经口 LD_{50} 为 0.07g/kg。对水生物有毒。能对水环境引起不利的结果。

参 考 文 献

1 CAS 107-19-7

2 EINECS 203-471-2

3 Beil., **1**, 454; **1** (4), 2214

4 The Merck Index. **10**, 7710; **11**, 7819; **13**, 7901

5 张海峰主编. 危险化学品安全技术大典: 第 1 卷. 北京: 中国石化出版社, 2010

841. 2,2,2-三氟乙醇

2,2,2-trifluoroethanol [2,2,2-trifluoroethyl alcohol]

(1) 分子式 $C_2H_3F_3O$。 相对分子质量 100.04。

(2) 示性式或结构式 CF_3CH_2OH

(3) 外观 液体。

(4) 物理性质

沸点(101.3kPa)/℃	73.6	表面张力(32.5℃)/(mN/m)	20.6
熔点/℃	-44.6	闪点(开口)/℃	41
相对密度(25℃/4℃)	1.3823	燃烧热/(kJ/mol)	887.2
折射率(20℃)	1.2907		

(5) 溶解性能　能与水及多种有机溶剂混溶。

(6) 用途　2,2,2-三氟乙醇为一种优良溶剂，特别是在常温下可溶解锦纶等高分子物质。也可用作各种离子反应和电导率滴定的溶剂。

(7) 使用注意事项　危险特性属第3.3类高闪点易燃液体。危险货物编号：33564。中等毒类。小鼠经口 LD_{50} 为366mg/kg。小鼠腹腔注射 LD_{50} 为350mg/kg。急性中毒主要表现为呕吐、血性腹泻，嗜睡、持续性震颤、呼吸困难。致死原因多为对中枢神经系统的直接抑制。

参 考 文 献

1 CAS 75-89-8
2 EINECS 200-913-6
3 Kirk-Othmer. Encyclopedia of Chemical Technology. 2nd ed. Vol. 9. Wiley. 751
4 S. Kumar De and S. R. Palit. Advances in Fluorine Chemistry. 1970，6：72
5 V. P. Kolesov et al. Zh. Fiz. Khim. 1965，39：2474
6 L. M. Mukherjee and I. Grunwald. J. Phys. Chem. 1958，62：1311

842. 3-羟基丙腈

3-hydroxypropiononitrile [2-cyanoethanol，hydracrylonitrile]

(1) 分子式　C_3H_5NO。　　相对分子质量　71.08。

(2) 示性式或结构式　$HOCH_2CH_2CN$

(3) 外观　液体。

(4) 物理性质

沸点(101.3kPa,分解)/℃	220	蒸发热/(kJ/mol)	56.1
熔点/℃	-46	蒸气压(122℃)/kPa	3.07
相对密度(25℃/4℃)	1.0404		

(5) 精制方法　常压蒸馏时发生分解，应用减压蒸馏精制。

(6) 溶解性能　能与水、丙酮、丁酮、乙醇混溶。微溶于乙醚，不溶于苯、石油醚、二硫化碳和四氯化碳。

(7) 用途　主要用于制造丙烯腈和丙烯酸酯，也用作纤维素酯类的溶剂。还可从苯与环己烷混合物中选择性地分离苯。

(8) 使用注意事项　可经皮吸收。小鼠经口 LD_{50} 为1.8g/kg。小鼠皮下注射 LD_{50} 为2539.82 mg/kg。大鼠和豚鼠吸入饱和蒸气8小时，未见中毒反应。

(9) 附表

表 2-11-37　3-羟基丙腈的蒸气压

温度/℃	蒸气压/kPa	温度/℃	蒸气压/kPa
58.7	0.13	144.7	8.00
87.8	0.67	157.7	13.33
102.0	1.33	178.0	26.66
117.9	2.67	200.0	53.39
134.1	5.33	221.0	101.33

参 考 文 献

1 CAS 109-78-4

2 EINECS 203-704-8
3 K. W. F. Kohlrausch and G. D. Ypsilantic. Z. Phyvsik. Chem. Teipzig. 1935；29B：274
4 H. Matsui and S. Ishimotor. Tetrahedron Letters. 1966. 1827
5 The Merck Index. 7th ed. 527
6 J. Schurz，Z. Physik. Chem. Frankfurt. 1958，21：185
7 M. Schneider et al. Can. J. Chem. 1969，47：4685
8 J. G. Traynham and G. A. Knesel. J. Amer. Chem. Soc. 1965，87：4220
9 吉川寿春. 医学と生物学. 1968，77：1；Chem. Abstr. 1968，69：85093e
10 T. E. Jordan. Vapor pressure of Organic Compounds. Wiley. 1954. 190

843. 丙酮氰醇［丙酮合氰化氢］

acetone cyanohydrin［2-methyl-2-hydroxy propanenitrile］

(1) 分子式 C_4H_7NO。　　相对分子质量 85.10。

(2) 示性式或结构式

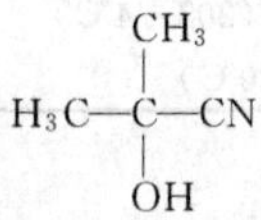

(3) 外观 无色无臭液体。

(4) 物理性质

沸点(5.33kPa)/℃	95	偶极矩(25℃,苯)/(10^{-30} C·m)	10.57
熔点/℃	−19	闪点/℃	76.7
相对密度(25℃/4℃)	0.9267	燃点/℃	687.78
折射率(15℃)	1.3980	蒸气压(82℃)/kPa	3.07

(5) 化学性质 丙酮合氰化氢是由丙酮合成甲基丙烯酸的中间体，容易发生碱性水解生成丙酮和氰化氢。丙酮合氰化氢中的羟基经乙酰化后，热解生成甲基丙烯腈。

(6) 精制方法 无水硫酸钠干燥后减压蒸馏，但要注意发生分解。

(7) 溶解性能 能与水、醇、醚及其他多种有机溶剂混溶。不溶于石油醚和二硫化碳。

(8) 用途 用作甲基丙烯酸、甲基丙烯酸酯、甲基丙烯腈、偶氮二异丁腈、农药等的中间体。

(9) 使用注意事项 属剧毒化学品。危险特性属第6.1类毒害品。危险货物编号：61088，UN编号：1541。遇碱或受热时容易发生分解，放出剧毒的氰化氢。成品中常加入少量硫酸使呈酸性或中性以减少分解。贮存或运输中应防止受热或日晒，以免产生大量氰化氢发生中毒或爆炸事故。本品属高毒类，小鼠经口 LD_{50} 为 15mg/kg。豚鼠经皮 LD_{50} 为 140mg/kg。兔涂皮 100mg/kg，在5～180分钟内均死亡。兔眼内滴入1滴立即死亡。本品可经呼吸道、皮肤和消化道吸收而中毒。急性中毒有潜伏期，其长短和毒物的量有关。一般接触4～5分钟后出现症状。早期症状有无力、头昏、头痛、胸闷、心悸、恶心、呕吐和食欲减退。随后出现呼吸困难、意识丧失、抽搐。最后因呼吸停止而死亡。

参 考 文 献

1 CAS 75-86-5
2 EINECS 200-909-4
3 K. N. Welch and G. R. Clemo. J. Chem. Soc. 1928. 2629
4 危険物・毒物取扱いマニユアル. 海外技術資料研究所，1974. 21
5 M. T. Rogers. J. Amer. Chem. Soc. 1947. 69：457
6 H. W. Thompson. J. Amer. Chem. Soc. 1939. 61：1397. 1398
7 J. P. Tesson and H. W. Thompson. Proc. Roy. Soc. London. Ser. 1962，A. 268：68

8 Varian Associate NMR Spectra. No. 1，70
9 The Merck Index. **10**，59；**11**，59
10 张海峰主编. 危险化学品安全技术大典：第1卷. 北京：中国石化出版社，2010

844. 羟基丙酮［丙酮醇］

hydroxyacetone

(1) 分子式 $C_3H_6O_2$。　　　　**相对分子质量** 74.08。

(2) 示性式或结构式 $H_3C—C(=O)—CH_2OH$

(3) 外观 无色液体。

(4) 物理性质

沸点(101.3kPa)/℃	146	熔点/℃	−17
(20kPa)/℃	96～97	相对密度(20℃/4℃)	1.0872
闪点/℃	56	折射率(20℃)	1.4235

(5) 溶解性能 溶于水、乙醇、乙醚。

(6) 用途 有机合成中间体、硝酸纤维素的溶剂、肽合成保护剂。

(7) 使用注意事项 易燃，易吸潮。使用时避免蒸气和烟雾吸入，避免与眼睛、皮肤接触。

参 考 文 献

1 CAS 116-09-6
2 EINECS 204-124-8
3 Beil.，**1**，820
4 The Merck Index. **13**，66

845. 3-羟基丁醛［丁醇醛］

3-hydroxybutyraldehyde

(1) 分子式 $C_4H_8O_2$。　　　　**相对分子质量** 88.11。

(2) 示性式或结构式 $CH_3CH(OH)CH_2CHO$

(3) 外观 无色或浅黄色黏稠液体。

(4) 物理性质

沸点(2.67kPa)/℃	83	折射率(20℃)	1.4238
相对密度(20℃/4℃)	1.103	闪点/℃	69

(5) 溶解性能 溶于水、丙酮、乙醇、乙醚。

(6) 用途 有机合成中间体、醋酸纤维素酯的溶剂。

(7) 使用注意事项 危险特性属第6.1类毒害品。危险货物编号：61598，UN编号：2839。小鼠经口 LD_{50} 为2200mg/kg。避免吸入本品蒸气。避免与眼睛及皮肤接触。

参 考 文 献

1 CAS 107-89-1
2 EINECS 203-530-2
3 Beil.，**1** (4)，3984

4 The Merck Index. **13**, 223

846. 氯乙腈

chloroacetonitrile [chloromethyl cyanide]

(1) 分子式 C_2H_2ClN。 相对分子质量 75.50

(2) 示性式或结构式 $ClCH_2CN$

(3) 外观 无色发烟液体。

(4) 物理性质

沸点(101.3kPa)/℃	126～127	相对密度(20℃/4℃)	1.1930
熔点/℃	38	折射率(20℃)	1.4202

(5) 溶解性能 与烃、乙醇、乙醚混溶，不溶于水。

(6) 用途 有机合成中间体、分析试剂、熏蒸剂、溶剂。

(7) 使用注意事项 危险特性属第6.1类毒害品。危险货物编号：61634，UN编号：2668。具有强刺激性和催泪作用。吸入、口服或与皮肤接触有毒。对水中生物有毒，可能对水环境引起不利的结果。

参 考 文 献

1 CAS 107-14-2
2 EINECS 203-467-0
3 Beil., **2**, 201
4 《化工百科全书》编辑委员会，化学工业出版社《化工百科全书》编辑部编. 化工百科全书：第8卷. 北京：化学工业出版社，1994

847. 二氯乙腈

dichloro acetonitrile

(1) 分子式 C_2HCl_2N。 相对分子质量 109.94。

(2) 示性式或结构式 Cl_2CHCN

(3) 外观 无色液体。

(4) 物理性质

沸点(101.3kPa)/℃	112～113
相对密度(20℃/4℃)	1.369
折射率(25℃)	1.4391

(5) 溶解性能 可与乙醇、乙醚、甲醇混溶。

(6) 用途 溶剂、有机合成中间体。

(7) 使用注意事项 二氯乙腈的危险特性属第6.1类毒害品。危险货物编号：61634。吸入、食入、经皮肤吸收对身体有害。大鼠经口为 LD_{50} 330mg/kg。遇明火能燃烧。受热分解放出剧毒的氰化物气体。

参 考 文 献

1 CAS 3018-12-0
2 EINECS 221-159-4
3 Beilstein. Handbuch der Organischen Chemie. E Ⅳ, 2-506

848. 3-二甲氨基丙腈

3-(dimethylamino) propionitrile

(1) 分子式　$C_5H_{10}N_2$。　　　　相对分子质量　98.15。

(2) 示性式或结构式

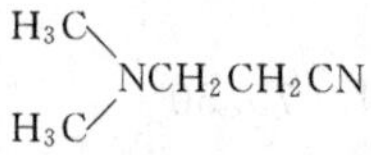

(3) 外观　无色液体，久置空气中变黄。

(4) 物理性质

沸点(101.3kPa)/℃	171～173	折射率(20℃)	1.4258
熔点/℃	−44.3	闪点/℃	62
相对密度(20℃/4℃)	0.8705		

(5) 溶解性能　能与乙醇、乙醚、苯相混溶，难溶于水。

(6) 用途　溶剂、高分子合成引发剂、分析试剂。

(7) 使用注意事项　3-二甲氨基丙腈的危险特性属第 6.1 类毒害品。危险货物编号：61636。易燃。蒸气有毒，能使神经系统异常兴奋过敏。小白鼠经口 LD_{50} 为 1500mg/kg。

参　考　文　献

1　CAS 1738-25-6

2　EINECS 217-090-4

3　Beilstein. Handbuch der Organischen Chemie. E Ⅲ，4-1265；E Ⅳ，4-2533

849. 丙　烯　腈

acrylonitrile

(1) 分子式　C_3H_3N。　　　　相对分子质量　53.06。

(2) 示性式或结构式　$CH_2{=}CHCN$

(3) 外观　无色易流动透明液体，具有桃仁气味。

(4) 物理性质

沸点(101.33kPa)/℃	77.3	燃点/℃	481
熔点/℃	−83～−84	临界温度/℃	246
相对密度(20℃/4℃)	0.8060	临界压力/MPa	3.5
(25℃/4℃)	0.8004	表面张力(24℃)/(mN/m)	27.3
折射率(20℃)	1.3888	偶极矩(液体)/(10^{-30} C·m)	11.71
黏度(25℃)/mPa·s	0.34	(气体)/(10^{-3} C·m)	12.94
介电常数	38	爆炸极限(25℃)/%(体积)	3.05～(17.0±0.5)
闪点/℃	−5		

(5) 化学性质　化学性质活泼，能发生双键加成反应，与相应的含有活泼氢的无机或有机化合物反应制成一系列氰乙基化产物。在缺氧或暴露在可见光情况下易聚合，在浓碱存在下能强烈聚合。与还原剂发生激烈反应，放出有毒气体。

(6) 溶解性能　溶于丙酮、苯、四氯化碳、乙醚、乙醇等溶剂，微溶于水。

(7) 用途　非质子型极性溶剂、有机合成原料。

(8) 使用注意事项　致癌物。属剧毒化学品。属高毒物品。丙烯腈的危险特性属第 3.2 类中闪点易燃液体。危险货物编号：32162，UN 编号：1093。蒸气与空气混合易形成爆炸性混合物，与氧化剂发生强烈反应，遇明火、高热会引起燃烧爆炸。有毒。蒸气有毒，可经皮肤吸收中毒，长时间吸入丙烯腈蒸气能引起恶心、呕吐、头痛、疲倦等不适症状。大鼠经口 LD_{50} 为 93mg/kg。见光、遇热、久贮易聚合，有燃烧爆炸危险。职业中毒诊断标准见 GB 7799—87。

(9) 规格　GB/T 7717.1—2008 工业用丙烯腈

项　目		优级品	一级品	合格品
外观[①]			透明液体，无悬浮物	
色度(Pt-Co)/号	≤	5	5	10
密度(20℃)/(g/cm^3)			0.800～0.807	
酸度(以乙酸计)/(mg/kg)	≤	20	30	—
pH 值(5%的水溶液)			6.0～9.0	
滴定值(5%的水溶液)/mL	≤	2.0	2.0	3.0
水分/%	≤	0.20～0.45		0.20～0.60
总醛(以乙醛计)/(mg/kg)	≤	30	50	100
总氰(以氢氰酸计)/(mg/kg)	≤	5	10	20
过氧化物(以过氧化氢计)/(mg/kg)	≤	0.20	0.20	0.40
铁/(mg/kg)	≤	0.10	0.10	0.20
铜/(mg/kg)	≤	0.10	0.10	—
丙烯醛/(mg/kg)	≤	10	20	40
丙酮/(mg/kg)	≤	80	150	200
乙腈/(mg/kg)	≤	150	200	300
丙腈/(mg/kg)	≤	100	—	—
噁唑/(mg/kg)	≤	200	—	—
甲基丙烯腈/(mg/kg)	≤	300	—	—
丙烯腈/(mg/kg)		99.5	—	—
沸程(0.10133MPa 下)/℃			74.5～79.0	
阻聚剂对羟基苯甲醚/(mg/kg)			34～35	

① 取 50～60mL 试样，置于清洁、干燥的 100mL 具塞比色管中，在日光或日光灯透射下，用目测法观察。

参　考　文　献

1　CAS 107-13-1

2　EINECS 203-466-5

3　Beil.，**2**，400

4　The Merck Index. **13**，133

5　张海峰主编. 危险化学品安全技术大典：第 1 卷. 北京：中国石化出版社，2010

850. 3-甲氧基丙腈

3-methoxy propionitrile

(1) 分子式　C_4H_7NO。　　　相对分子质量　85.11。

(2) 示性式或结构式　$CH_3OCH_2CH_2CN$

(3) 外观　无色透明液体。

(4) 物理性质

沸点(101.3kPa)/℃	163～165	折射率(20℃)	1.4043
相对密度(20℃/4℃)	0.9397	闪点/℃	61

(5) 溶解性能　溶于乙醇、乙醚。

(6) 用途　塑料树脂聚合用溶剂。

(7) 使用注意事项　易燃，有毒，避免与眼睛、皮肤接触。小鼠口服 LD_{50} 4g/kg。

参 考 文 献

1 CAS 110-67-8
2 EINECS 203-790-7
3 Beilstein. Handbuch der Organischen Chemie. EⅠ, 3-113; EⅣ, 3-708

851. *N*-乙基乙酰胺

N-ethyl acetamide

(1) 分子式 C_4H_9NO。 相对分子质量 87.12。

(2) 示性式或结构式 $CH_3\overset{O}{\overset{\|}{C}}NHC_2H_5$

(3) 外观 无色油状液体。

(4) 物理性质

沸点(101.3kPa)/℃	205	相对密度(20℃/4℃)	0.924
(1kPa)/℃	90～92	折射率(20℃)	1.4330
闪点/℃	106		

(5) 化学性质 与盐酸作用生成盐酸盐。

(6) 溶解性能 溶于水和醇。

(7) 用途 溶剂、有机合成中间体。

(8) 使用注意事项 参照 *N*,*N*-二甲基甲酰胺。

参 考 文 献

1 CAS 625-50-3
2 EINECS 210-896-7

852. *N*-亚硝基二乙胺

N-nitrosodiethylamine

(1) 分子式 $C_4H_{10}N_2O$。 相对分子质量 102.14。

(2) 示性式或结构式 $(CH_3CH_2)_2NNO$

(3) 外观 微黄色透明液体。

(4) 物理性质

沸点(101.3kPa)/℃	175～177	折射率(20℃)	1.4388
相对密度(20℃/4℃)	0.9422		

(5) 溶解性能 溶于水、乙醇、乙醚。

(6) 用途 溶剂。

(7) 使用注意事项 致癌物。吸入、口服或接触皮肤有毒。使用时应穿防护服。参照 *N*-亚硝基二甲胺。

参 考 文 献

1 CAS 55-18-5
2 EINECS 200-226-1
3 The Merck Index. **13**, 6670

853. 2-氨基乙醇

2-aminoethanol [monoethanolamine, 2-hydroxyethylamine, β-aminoethyl alcohol, colamine]

(1) 分子式　C_2H_7NO。　　相对分子质量　61.08。

(2) 示性式或结构式　$H_2NCH_2CH_2OH$

(3) 外观　无色黏稠液体，有氨味。

(4) 物理性质

沸点(101.3kPa)/℃	170.95	偶极矩/(10^{-30} C·m)	7.57
熔点/℃	10.53	闪点(开口)/℃	93
相对密度(20℃/4℃)	1.109	表面张力(15.8℃)(mN/m)	49.39
(20℃/20℃)	1.0179	(20℃)(mN/m)	48.89
折射率(20℃)	1.4539	(50℃)(mN/m)	45.59
介电常数(−15℃)	3.368	蒸发热(b.p.)/(kJ/mol)	49.86
(−10℃)	3.475	熔化热/(kJ/mol)	20.515
(25℃)	37.72	燃烧热(25℃)/(kJ/mol)	924.99
黏度(15℃)/mPa·s	30.855	比热容(30℃,定压)/[kJ/(kg·K)]	2.78
(30℃)/mPa·s	13.9	临界温度/℃	44.1
(90℃)/mPa·s	2.3	体膨胀系数(20℃)/K^{-1}	0.000770

(5) 化学性质　有醇和伯胺的性质。与酸作用生成铵盐。与脂肪酸在高温（140～160℃）加热或与酯反应生成酰胺。与硫酸加热生成硫酸酯，再与氢氧化钠一起加热转变成亚乙基胺。与甲醛反应生成羟甲基衍生物。与脂肪族胺和芳香醛反应生成 Schiff 碱。与卤代烷反应氮原子上发生烷基化。与环氧乙烷反应生成聚酯、聚酰胺。与二硫化碳反应生成二硫代氨基甲酸。2-氨基乙醇与氨一起通过金属还原催化剂生成哌啶。与钴、铜等金属生成络盐。

(6) 精制方法　易含杂质有水、乙二醇、二乙醇胺、三乙醇胺等。常压下蒸馏时部分发生分解，可在减压下（约 0.667kPa）反复分馏精制。分馏时注意防止吸收二氧化碳。馏出物用乙醚洗涤，乙醇重结晶后可得纯品。

(7) 溶解性能　能与水、乙醇、甘油等混溶。溶于氯仿，但在非极性溶剂中溶解度很小。例如，25℃时在苯中溶解 1.4%，乙醚中溶解 2.1%，四氯化碳中溶解 0.2%，庚烷中溶解 0.1%以下。

(8) 用途　2-氨基乙醇的水溶液在低温可以吸收二氧化碳、硫化氢及其他酸性气体，用于工业气体的精制。也用于防腐剂、蜡的乳化剂、硫化促进剂、染料等的制备。

(9) 使用注意事项　危险特性属第 8.2 类碱性腐蚀品。危险货物编号：82504，UN 编号：2491。2-氨基乙醇为可燃性物质，注意着火危险。为了防止 2-氨基乙醇着色，可用玻璃、不锈钢或铝制容器充入氮气贮存。对铜或铜合金有腐蚀作用，不宜用作容器。本品对皮肤、眼、黏膜、肺的刺激性强。工作场所最高容许浓度 7.485mg/m^3。大鼠经口 LD_{50} 为 2140mg/kg。嗅觉阈浓度为 5.0～7.5mg/m^3。在嗅觉阈浓度以下可防止吸入中毒。较高浓度引起呼吸道刺激，反复大量接触可致肝、肾损害。

(10) 附表

表 2-11-38　2-氨基乙醇的蒸气压

温度/℃	蒸气压/kPa	温度/℃	蒸气压/kPa
65.4	0.89	117.3	14.01
71.0	1.31	133.3	27.40
73.0	1.33	150.8	54.20
84.0	2.79	169.2	97.58
96.4	5.44		

表 2-11-39 含 2-氨基乙醇的二元共沸混合物

第二组分	共沸点/℃	2-氨基乙醇/%	第二组分	共沸点/℃	2-氨基乙醇/%
乙苯	131.0	15	溴苯	145.0	22
邻二甲苯	<138.0	20	氯苯	128.55	13.5
间二甲苯	133.0	18	苯甲醚	147.75	25.5
对二甲苯	154.7	37	二丁醚	136.5	16
邻二氯苯	157.3	40	苯胺	170.3	90
对二氯苯	154.6	35	二甲基苯胺	163.5	50

参 考 文 献

1 CAS 141-43-5
2 EINECS 205-483-3
3 J. Timmermans et al. J. Chim. Phys. 1959, 56: 984
4 A. Weissberger. Organic Solvents. 3rd ed. Wiley. 1971. 481
5 Kirk-Othmer. Encyclopedia of Chemical Technology. 2nd ed., Vol. 1 Wiley. 811
6 I. Lafontaine. Bull. Soc. Chim. Belges. 1958, 67: 153
7 I. Mellan. Industrial Solvents Handbook. 3rd ed. Noyes Data Corp. 1970. 406
8 R. E. Reitmeier et al. J. Amer. Chem. Soc. 1940, 62: 1943
9 J. Timmermans. Physico-Chemical Constants of Pure Organic Compounds. Vol. 2. Elsevier. 1965. 378
10 R. A. McDonald et al. J. Chem. Eng. Data. 1959, 4: 311
11 P. J. Krueger and H. J. Mettee. Can. J. Chem. 1965, 43: 2970
12 Sadtler Standard IR Prism Spectra. No. 123
13 S. A. S. Ghazanfar et al. J. Amer. Chem. Soc. 1964, 86: 559
14 E. Stenhagen et al. Atlas of Mass Spectral Data. Vol. 1 Wiley. 1969. 41
15 J. H. Day and A. Joachim. J. Org. Chem. 1965, 30: 4107
16 Sadtler Standard NMR Spectra. No. 9143
17 危険物・毒物取扱いマニユアル. 海外技術資料研究所. 1974. 47
18 Manufacturing Cheimists' Association. Guide for Safety in the Chemical Laboratory. 2nd ed. Van Nostrand Reinhold. 1972. 375
19 Honegger, et al. Nature. 1959, 184: 550
20 张海峰主编. 危险化学品安全技术大典: 第1卷. 北京: 中国石化出版社, 2010

854. 2-(乙氨基)乙醇

2-(ethylamino) ethanol [ethyl monoethanolamine]

(1) 分子式 $C_4H_{11}NO$。 **相对分子质量** 89.14。

(2) 示性式或结构式 $C_2H_5NHCH_2CH_2OH$

(3) 外观 无色液体，有氨味。

(4) 物理性质

沸点(101.3kPa)/℃	169	黏度(25℃)/mPa·s	12.40
熔点/℃	-8.8	(60℃)/mPa·s	3.22
相对密度(20℃/4℃)	0.9162	蒸气压(165℃)/kPa	98.66
折射率(20℃)	1.4411	体膨胀系数/K^{-1}	0.00091
闪点(开口)/℃	71		

(5) 化学性质 与二乙醇胺相似。

(6) 溶解性能 与水、甲醇、乙醇、醚、乙酸乙酯、丙酮、芳香烃、油酸等混溶。脂肪烃难溶。

(7) 使用注意事项 大鼠经口 LD_{50} 约 1.48g/kg。兔经皮 LD_{50} 约 0.36mL/kg。

参 考 文 献

1 CAS 110-73-6
2 EINECS 203-797-5
3 L. Mellan. Industrial Solvents. 2ed. Reinhold. 1950. 442
4 Lasselle. Sundet. J. Amer. Chem. Soc. 1941, 63: 2374
5 Giorgio. et al. J. Amer. Chem. Soc. 1949, 71: 3255

855. 2-(二甲氨基)乙醇

2-(dimethylamino) ethanol [*N*,*N*-dimethylethanolamine, *N*,*N*-dimethyl hydroxy ethylamine]

(1) 分子式 $C_4H_{11}NO$。 相对分子质量 89.14。

(2) 示性式或结构式 $(CH_3)_2NCH_2CH_2OH$

(3) 外观 无色液体，有氨味。

(4) 物理性质

沸点(101.32kPa)/℃	134.6	黏度(20℃)/(mPa·s)	3.8
熔点/℃	-59	闪点/℃	40.5
相对密度(20℃/20℃)	0.8866	蒸气压(78℃)/kPa	13.33
折射率(20℃)	1.4300		

(5) 化学性质 和2-(二乙氨基)乙醇相似。能生成六氯铂酸盐 $2C_4H_{11}NO \cdot H_2PtCl_6$ (熔点178℃)，过氯酸盐 $C_4H_{11}NO \cdot HClO_4$ (熔点400℃)，四氯金酸盐 $C_4H_{11}NO \cdot HAuCl_4$ (熔点194℃)。

(6) 精制方法 常压或减压蒸馏精制。

(7) 溶解性能 能与水、乙醇、丙酮、乙醚、苯等混溶。

(8) 用途 用作制造染料、纤维处理剂、医药、防腐添加剂等的中间体和环氧树脂固化剂。

(9) 使用注意事项 危险特性属第3.3类高闪点易燃液体。危险货物编号：33624，UN编号：2051。对眼和皮肤刺激性强。大鼠经口 LD_{50} 约 2.34g/kg。兔经皮 LD_{50} 约 1.37mL/kg。

参 考 文 献

1 CAS 108-01-0
2 EINECS 203-542-8
3 Kirk-Othmer. Encyclopedia of Chemical Technology 2nd ed. Vol. 1. Wiley. 811
4 G. G. Hawley. Condensed Chemical Dictionary. 8th ed. Van Nostrand Reinhold. 1971. 310
5 The Merck Index. 7th ed. 369
6 J. G. Grasselli. Atlas of Spetral Data and Physical Constants for Organic Compounds. CRC Press. 1972. B514
7 I. Mellan. Industrial Solvents. 2nd ed. Van Nostrand Reinhold. 1953. 443
8 Du Pont De Nemours. U. S. Pat. 1938, 2: 194, 294
9 Coblentz Society Spectra. No. 2225
10 Sadtler Standard NMR Spectra. No. 7047

856. 2-(二乙氨基)乙醇

2-(diethylamino) ethanol [*N*,*N*-diethylethanolamine, 2-hydroxytriethylamine]

(1) 分子式 $C_6H_{15}NO$。 相对分子质量 117.19。

(2) 示性式或结构式　$(C_2H_5)_2NCH_2CH_2OH$

(3) 外观　无色吸湿性液体。

(4) 物理性质

沸点(101.3kPa)/℃	162.1	折射率(20℃)	1.4412
熔点/℃	<−70	闪点(开口)/℃	57
相对密度(20℃/20℃)	0.8851	生成热/(kJ/mol)	309.8
(20℃/4℃)	0.8921	燃烧热/(kJ/mol)	4198.1
黏度(20℃)/mPa·s	3.5	蒸气压(55℃)/kPa	1.33
(25℃)/mPa·s	4.05	(100℃)/kPa	10.67
(60℃)/mPa·s	1.50	体膨胀系数/K^{-1}	0.0012

(5) 化学性质　具有叔胺和醇的化学反应性。用过氧化氢、高锰酸钾等氧化时，生成乙醇、乙酸、乙酰氧肟酸、氨、乙二醛和草酸等。用四乙酸铅氧化时，生成二乙胺与乙二醇醛。用硫代硫酸钾室温氧化生成乙醛。并可形成盐酸盐 $C_6H_{15}NO \cdot HCl$（熔点 135～136℃），苦味酸盐［$C_6H_{15}NO \cdot C_6H_3N_3O_7$（熔点 79℃）］。

(6) 精制方法　常压或减压蒸馏精制。

(7) 溶解性能　与水混溶，溶于醇、乙醚、丙酮、苯、石油醚、乙酸乙酯、芳香烃、油酸、矿物油等。

(8) 用途　2-(二乙氨基) 乙醇除用作普洛卡因等医药原料之外，还可用作防腐剂、中和剂、树脂固化剂、照相显影液和定影液添加剂等。与高级脂肪酸生成的胺皂，可作乳化剂、纤维处理剂。

(9) 使用注意事项　危险特性属第 3.3 类高闪点易燃液体。危险货物编号：33626。UN 编号：2686。为可燃性物质。对皮肤、黏膜有刺激性。工作场所最高容许浓度50mg/m^3。大鼠经口 LD_{50} 为 2460mg/kg。兔经皮 LD_{50} 为 1260mg/kg。

参 考 文 献

1 CAS 100-37-8
2 EINECS 202-845-2
3 Kirk-Othmer. Encyclopedia of Chemical Technology. 2nd ed. Vol. 1. Wiley. 811
4 L. Mellan. Industrial Solvents Handbook. 3rd ed. Noyes Data Corp. 1970. 412
5 J. G. Grasselli. Atlas of Spectral Data and Physical Constants for Organic Compounds. CRC Press. 1973，B514
6 Di Giorgio et al. J. Amer. Chem. Soc. 1947，71：3255
7 The Merck Index. 7th ed. 350
8 N. M. Cutner. Zh. Fiz. Khim. 1972，46：1055；Chem. Abstr. 1972. 77：38830k
9 Coblentz Society Spectra. No. 6294
10 IRDC カード. No. 4234
11 A. L. Mndzhogan et al. Arm. Khim. Zh. 1969，22：779
12 Sadtler Standard NMR Spectra. No. 7047
13 危険物・毒物取扱いマニュアル. 海外技術資料研究所. 1974. 203
14 The Merck Index. **10**，3092；**11**，3101

857. 二乙醇胺

diethanolamine［2,2′-dihydroxydiethylamine，bis (2-hydroxyethyl) amine，2,2′-iminodiethanol］

(1) 分子式　$C_4H_{11}NO_2$。　　　　相对分子质量　105.14。

(2) 示性式或结构式　$HN(CH_2CH_2OH)_2$

(3) 外观　无色黏稠液体，微有氨味。纯品为白色结晶性固体。

(4) 物理性质

沸点(101.3kPa)/℃	268.39	闪点(开口)/℃	138
熔点/℃	27.95	燃点/℃	662
相对密度(30℃/20℃)	1.0899	蒸发热(b.p.)/(kJ/mol)	65.3
折射率(30℃)	1.4753	熔化热/(kJ/mol)	25.1
(30℃)	1.4747	临界温度/℃	442.1
介电常数,(25℃,二噁烷)	2.81	临界压力/MPa	3.27
黏度(30℃)/mPa·s	380	蒸气压(20℃)/kPa	<0.00133
(40℃)/mPa·s	196.4	pK_a(25℃,水)	8.88

(5) 化学性质 具有仲胺和醇的化学性质。与酸作用生成铵盐，与高级脂肪酸一同加热生成酰胺和酯。与脂肪酸一同加热到110℃以上得到酰胺。与醛在碳酸钾存在下反应生成叔胺。二乙醇胺的盐酸盐在220℃长时间加热，脱水生成吗啉。用次氯酸钠氧化生成乙二醇醛和2-氨基乙醇。用高碘酸氧化生成乙醛和氨。

(6) 精制方法 工业制品中含有2%以下的乙醇胺、三乙醇胺和1.5%以下的水分。精制时先进行减压蒸馏，再用水蒸气蒸馏除去乙醇胺。三乙醇胺可在其水溶液中加入氢氧化钠使成碱金属盐析出除去。最后再进行减压蒸馏精制。操作中注意防止吸收二氧化碳。

(7) 溶解性能 易溶于水、丙醇和乙醇。在非极性溶剂中难溶。例如，25℃时在苯中溶解4.2%；乙醚中溶解0.8%；四氯化碳中溶解0.18%以下；庚烷中溶解0.1%以下。

(8) 用途 用于除去工业气体中的硫化氢、二氧化碳等酸性气体。也用于制备表面活性剂、树脂、增塑剂、橡胶硫化促进剂、擦光剂、软化剂、润滑剂和防腐添加剂等。

(9) 使用注意事项 危险特性属第8.2类碱性腐蚀品。危险货物编号：82507。对皮肤、黏膜有刺激性，动物试验证明对肝肾有损害。大鼠经口 LD_{50} 为1820mg/kg。小鼠腹腔注射 LD_{50} 为2300mg/kg。

参 考 文 献

1 CAS 111-42-2
2 EINECS 203-868-0
3 A. Weissberger. Organic Solvents. 3rd ed. Wiley. 1971. 483
4 I. Mellan. Industrial Solvents Handbook. 3rd ed. Noyes Data Corp. 1970. 407
5 Coblentz Society Spectra. No. 5638
6 IRDC カード. No. 8076
7 E. Stenhagen et al. Atlas of Mass Spectral Data. Vol. 1. Wiley. 1969. 313
8 Sadtler Standard NMR Spectra. No. 6576
9 危険物・毒物取扱いマニュアル. 海外技術資料研究所. 1974. 202
10 The Merck Index. **10**, 3087; **11**, 3097
11 张海峰主编. 危险化学品安全技术大典：第1卷. 北京：中国石化出版社，2010

858. 乙基二乙醇胺

ethyldiethanolamine

(1) 分子式 $C_6H_{15}NO_2$。　　相对分子质量 132.19。

(2) 示性式或结构式 $CH_3CH_2N(CH_2CH_2OH)_2$

(3) 外观 无色液体，具有氨味。

(4) 物理性质

沸点(101.3kPa)/℃	246～248	折射率(16℃)	1.4670
熔点/℃	−50	(20℃)	1.466
相对密度(20℃/4℃,液体)	1.0156	闪点(开口)/℃	124

续表

黏度(20℃)/mPa·s	86.8	蒸气压(117～118℃)/kPa	0.4
(25℃)/mPa·s	53	体膨胀系数/K^{-1}	0.00080
(60℃)/mPa·s	11.2		

(5) 化学性质和三乙醇胺相似。

(6) 溶解性能　溶于水、甲醇、乙醇、丙酮、芳香烃、油酸等，微溶于石蜡烃，不溶于亚麻仁油、棉子油和矿物油。

(7) 使用注意事项　大鼠经口 LD_{50} 为 4.57g/kg。

参 考 文 献

1 CAS 139-87-7
2 EINECS 205-379-8
3 Kirk-Othmer. Encyclopedia of Chemical Technology, 2ed., Vol. 1. Interscience. 1963. 811
4 I. Mellan. Industrial Solvents, 2ed. 1950. 442
5 Métayer. Bull. Soc. Chim. France. 1948, 1096
6 Hanby. Rydon. J. Chem. Soc. 1947, 516

859. 丁基二乙醇胺

butyldiethanolamine

(1) 分子式　$C_4H_{19}NO_2$。　　相对分子质量　161.24。

(2) 示性式或结构式　$C_4H_9N(CH_2CH_2OH)_2$

(3) 外观　浅黄色液体，微有氨味。

(4) 物理性质

沸点(98.8kPa)/℃	273～275	黏度(25℃)/mPa·s	55
熔点/℃	<－70	(60℃)/mPa·s	10.6
相对密度(20℃/20℃)	0.9681[1]	闪点(开口)/℃	118
折射率(20℃)	1.462	体膨胀系数/K^{-1}	0.00077

(5) 化学性质　和三乙醇胺相似。

(6) 精制方法　减压蒸馏精制。

(7) 溶解性能　溶于水、甲醇、乙醇、乙醚、丙酮、芳香烃和油酸等，不溶于亚麻仁油、棉子油、矿物油和石蜡等。

(8) 使用注意事项　参照三乙醇胺。

参 考 文 献

1 CAS 102-79-4
2 EINECS 203-055-0
3 E. Matthes. Ann. Chem. 1901, 315: 128
4 I. Mellan. Industrial Solvents Handbook. 3rd ed. Noyes Data Corp. 1970. 411

860. 2-(二丁氨基)乙醇

2-(dibutylamino) ethanol [di-*n*-buylethanolamine, *N*,*N*-dibutylethanolamine]

(1) 分子式　$C_{10}H_{23}NO$。　　相对分子质量　173.29。

(2) 示性式或结构式　$(C_4H_9)_2NCH_2CH_2OH$

(3) 外观　无色液体，微有氨味。

(4) 物理性质

沸点(101.3kPa)/℃	228.7	黏度(20℃)/mPa·s	7.7
熔点/℃	−75	(25℃)/mPa·s	6.50
相对密度(20℃/20℃)	0.8615	(60℃)/mPa·s	1.94
折射率(20℃)	1.444	体膨胀系数/K^{-1}	0.00114
闪点(开口)/℃	93		

(5) 化学性质和三乙醇胺相似。

(6) 溶解性能　溶于甲醇、乙醇、乙醚、乙酸乙酯、芳香烃和油酸等，微溶于烷烃。25℃时在100g水中溶解0.4g 2-(二丁氨基)乙醇。

(7) 使用注意事项　大鼠经口LD_{50}约1.07g/kg。兔经皮LD_{50}约1.68mL/kg。

参　考　文　献

1　CAS 102-81-8

2　EINECS 203-057-1

3　Kirk-Othmer. Encyclopedia of Chemical Technology. 2ed. Vol. 1. Interscience. 1963. 811

4　I. Mellan. Industrial Solvents. Reinhold. 1950. 442

5　Burnett，et al. J. Amer. Chem. Soc. 1937，59：2249

861. 1-氨基-2-丙醇［异丙醇胺］

1-amino-2-propanol［*iso*-propanolamine］

(1) 分子式　C_3H_9NO。　　相对分子质量　75.11。

(2) 示性式或结构式　$CH_3CH(OH)CH_2NH_2$

(3) 外观　无色或浅黄色液体，有氨味。

(4) 物理性质

沸点(101.3kPa)/℃	159.4	折射率(20℃)	1.4479
熔点/℃	1.7	闪点/℃	73
相对密度(20℃/20℃)	0.9681	黏度(20℃)/mPa·s	31

(5) 溶解性能　能与水、乙醇相混溶，不溶于乙醚。

(6) 用途　溶剂、表面活性剂、增塑剂、乳化剂、纤维工业的抗静电剂。

(7) 使用注意事项　对眼睛、黏膜、皮肤有一定的刺激性，严重的能引起灼伤。大鼠经口LD_{50} 4.26g/kg。

参　考　文　献

1　CAS 78-96-6

2　EINECS 201-162-7

3　Beilstein. Handbuch der Organischen Chemie. H，4-289；E Ⅳ，4-1665

862. 三乙醇胺

triethanolamine［2,2′,2″-nitrilotriethanol，tris (2-hydroxyethyl) amine，2,2′,2″-trihydroxytriethylamine，triethylolamine］

(1) 分子式　$C_6H_{15}NO_3$。　　相对分子质量　149.19。

(2) 示性式或结构式　$N(CH_2CH_2OH)_3$

(3) 外观　吸湿性强的黏稠液体，微有氨味。

(4) 物理性质

沸点(101.3kPa)/℃	360	闪点(开口)/℃	179
熔点/℃	21.2	蒸发热(b.p.)/(kJ/mol)	67.520
相对密度(20℃/20℃)	1.1258	熔化热/(kJ/mol)	27.214
(20℃/4℃)	1.1242	临界温度/℃	514.3
折射率(20℃)	1.4852	临界压力/MPa	2.45
介电常数(25℃)	29.36	蒸气压(20℃)/kPa	0.0013
偶极矩(25℃,二噁烷)/(10^{-30}C·m)	11.91	(210℃)/kPa	5.333
黏度(35℃)/mPa·s	280	(252.7℃)/kPa	8.707
(100℃)/mPa·s	15	(305.6℃)/kPa	46.064

(5) 化学性质　三乙醇胺的碱性比氨弱（pK_a7.82），具有叔胺和醇的性质。与有机酸反应低温时生成盐，高温时生成酯。与多种金属生成2～4个配位体的螯合物。用次氯酸氧化时生成胺氧化物。用高碘酸氧化分解成氨和甲醛。与硫酸作用生成吗啉代乙醇。三乙醇胺在低温时能吸收酸性气体，高温时则放出。

(6) 精制方法　工业品的三乙醇胺含量在80%以上，其余含有1.0%以下的水，2.5%以下的乙醇胺和15%的二乙醇胺以及少量的聚乙二醇等杂质。精制时用水蒸气蒸馏除去乙醇胺，加入氢氧化钠使三乙醇胺成碱金属盐而析出，分离后中和，再进行减压蒸馏得纯品。

(7) 溶解性能　溶于水，甲醇、丙酮、氯仿等。在非极性溶剂中几乎不溶解。例如，25℃时在苯中溶解4.2%，乙醚中溶解1.6%，四氯化碳中溶解0.4%，庚烷中溶解0.1%以下。

(8) 用途　三乙醇胺的长链脂肪酸盐几乎呈中性，可用作油脂和蜡的乳化剂。其油酸皂能增加汽油的洗涤能力；硬脂酸皂用于香味化妆品。三乙醇胺可用作酪朊、虫胶、染料等的溶剂。还可用作工业气体净化剂、纤维处理剂、防腐添加剂、增塑剂、保湿剂、螯合剂、橡胶硫化促进剂、照相显影液添加剂、洗涤剂、水泥增强剂、防积炭添加剂等。

(9) 使用注意事项　三乙醇胺闪点高，着火危险性小，但应防潮、避光、密封贮存。在醇胺类中口服毒性最低，小鼠经口LD_{50}为8680mg/kg。大鼠经口LD_{50}为9.11g/kg。

(10) 规格　HG/T 3268—2002　工业用三乙醇胺

项　目		Ⅰ型	Ⅱ型
三乙醇胺/%	≥	99.0	75.0
一乙醇胺/%	≤	0.50	由供需双方协商确定
二乙醇胺/%	≤	0.50	
水分/%	≤	0.20	
色度(Hazen单位,铂-钴色号)	≤	50	80
密度(20℃)/(g/cm³)		1.122～1.127	

参　考　文　献

1　CAS 102-71-6

2　EINECS 203-049-8

3　I. Mellan. Industrial Solvents Handbook. 3rd ed.. Noyes Data Corp. 1970. 407

4　Kirk-Othmer. Encyclopedia of Chemical Technology. 2nd ed. Vol. 1. Wiley 1968. 81

5　A. Weissberger. Organic Solvents 3rd ed. Wiley. 484

6　J. G. Grasselli. Atlas of Spectral Data and Physical Constants for Organic Compounds, CRC Press, 1973. B-145

7　The Merck Index 6th ed. 972

8　A. L. Wilson. Ind. Eng Chem. 1935, 27: 871

9　R. A. Mc Donald et al. J. Chem. Eng. Data. 1959. 4: 311

10　Coblentz Society Spectra. No. 6371

11　IRDC カード. No. 5142

12 E. Stenhagen et al. Registry of Mass Spectral Data. Vol. 1. Wiley，1974. 385-4
13 E. Stenhagen et al. Atlas of Mass Spectral Data. Vol. 2. Wiley，1969. 869
14 Sadtler Standard NMR Spectra. No. 7209
15 危险物・毒物取扱いマニユアル，海外技術資料研究所. 1974. 329
16 Beilstein. Handbuch der Organischen Chemie. E Ⅳ，4-1524
17 The Merck Index. **10**，9476；**11**，9581
18 张海峰主编. 危险化学品安全技术大典：第1卷. 北京：中国石化出版社，2010

863. *N*,*N*-二异丙醇胺

N,*N*-diisopropanolamine [DIPA]

(1) 分子式　$C_6H_{15}NO_2$。　　相对分子质量　133.19。

(2) 示性式或结构式　$\left(\begin{array}{l}CH_3CHCH_2\\ \quad\;|\\ \quad OH\end{array}\right)_2 NH$

(3) 外观　白色晶体，易吸湿。

(4) 物理性质

沸点(99.3kPa)/℃	249～250	相对密度(45℃/20℃)	0.9890
熔点/℃	44.5～45.5	闪点/℃	126

(5) 溶解性能　能与水混溶。溶于一般有机溶剂。

(6) 用途　酸性气体吸收剂、混合溶剂、乳化剂。

(7) 使用注意事项　危险特性属第8.2类碱性腐蚀品。危险货物编号：82508。参照三异丙醇胺。

参考文献

1 CAS 110-97-4
2 EINECS 203-820-9
3 Beil.，**4** (2)，737
4 张海峰主编. 危险化学品安全技术大典：第1卷. 北京：中国石化出版社，2010

864. 三异丙醇胺

triisopropanolamine [tris (2-hydroxypropyl) amine, 1,1,1-nitrilotri-2-propanol]

(1) 分子式　$C_9H_{21}NO_3$。　　相对分子质量　191.26。

(2) 示性式或结构式　$\begin{array}{l}(CH_3CHCH_2)_3N\\ \quad\;\;|\\ \quad\; OH\end{array}$

(3) 外观　无色固体。

(4) 物理性质

沸点(101.3kPa)/℃	305.4	闪点(开口)/℃	151.7
熔点/℃	46	蒸气压(20℃)/Pa	1.33
相对密度(50℃/20℃)	0.9996	NMR $\delta 1.1\times10^{-6}, 2.5\times10^{-6}$,	
(60℃/20℃)	0.9909	$3.8\times10^{-6}, 4.7\times10^{-6}(CDCl_3)$	
黏度(60℃)/mPa・s	138		

(5) 化学性质和三乙醇胺相似。用阮来镍还原时生成异丙醇。

(6) 溶解性能　溶于水、乙醇、乙醚等。

(7) 用途　用作医药原料，照相显影液溶剂。人造纤维工业中作石蜡油的溶剂。由于三异丙醇胺与长链脂肪酸生成的盐有良好的着色稳定性，因此特别适用作化妆品的乳化剂。

(8) 使用注意事项　参照三乙醇胺。大鼠经口 LD_{50} 约 6.50g/kg。

参 考 文 献

1 CAS 122-20-3

2 EINECS 204-528-4

3 I. Mellan. Industrial Solvents Handbook. 3rd ed. Noyes Data Corp. 1970. 409

4 Kirk-Othmer. Encyclopeia of Chemical Technology. 2nd ed. Vol. 1. Wiely. 1968. 811

5 Sadtler Standard IR Prism Spectra. No. 136

6 Sadtler Standard NMR Spectra. No. 10322

865. 异丙醇胺混合物

isopropanol amines

(1) 分子式　异丙醇胺　C_3H_9NO；　相对分子质量　75.11；

二异丙醇胺　$C_6H_{15}NO_2$；　133.19；

三异丙醇胺　$C_9H_{21}NO_3$。　191.26。

(2) 示性式或结构式　异丙醇胺　$CH_3CH(OH)CH_2NH_2$

二异丙醇胺　$(CH_3CH(OH)CH_2)_2NH$

三异丙醇胺　$(CH_3CH(OH)CH_2)_3N$

(3) 外观　无色液体。

(4) 物理性质　异丙醇胺混合物是由氨与氧化丙烯反应制取的。其中含异丙醇胺14%±2%，二异丙醇胺 43%±4%，三异丙醇胺 43%±4%。相对密度(20℃/20℃)为1.0040～1.0100。

(5) 化学性质　具有醇和各种胺的性质。与酸或酸酐反应生成酯，与酰氯反应生成酰胺，与卤代烷反应生成相应的衍生物。

(6) 用途　异丙醇胺混合物对烃的溶解能力特别强，将煤油、卤代烃、石脑油等与异丙醇胺(4%)，油酸（15%）一起在水中搅拌，可得稳定的乳液。与长链脂肪酸生成的盐可用作乙酸乙烯酯树脂的乳化剂，乳液的稳定性好，颜色稳定。

(7) 使用注意事项　参照 2-氨基乙醇、二乙醇胺和三乙醇胺。

参 考 文 献

I. Mellan. Industrial Solvents Handbook. 3rd ed. Noyes Data Corp. 1970. 409

866. 2,2′-硫代双乙醇［硫二甘醇］

2,2′-thiodiethanol [thiodiglycol]

(1) 分子式　$C_4H_{10}O_2S$。　相对分子质量　122.18。

(2) 示性式或结构式　$(HOCH_2CH_2)_2S$

(3) 外观　液体。

(4) 物理性质

沸点(101.3kPa)/℃	282	表面张力(20℃)/(mN/m)	53.8
熔点/℃	−10	折射率(20℃)	1.52031
相对密度(0℃/4℃)	1.1973	(25℃)	1.5146
(20℃/4℃)	1.1817	蒸发热/(kJ/mol)	约 75
(25℃/4℃)	1.1793		

(5) 化学性质　与氯化钙能形成加合物。

(6) 溶解性能　能与水、醇混溶。微溶于醚、苯和四氯化碳。

(7) 用途　用作芥子气、染料助剂等的原料，印刷油墨的溶剂。也用于抗氧剂、印染织物及有机合成。

参 考 文 献

1　CAS 114-48-8
2　EINECS 203-874-3
3　A. Weissberger. Organic Solvents. 3rd ed. Wiley, 1971. 485
4　H. Mohler and J. Sorge. Helv. Chim. Acta. 1940, 23: 1200
5　K. C. Schreiber. Anal. Chem. 1949, 21: 1168
6　The Merck Index. **13**, 9404

867. 糠　醛

furfural [2-furaldehyde, furfurol, furan-α-aldehyde, pyromucic aldehyde]

(1) 分子式　$C_5H_4O_2$。　　相对分子质量　96.09。

(2) 示性式或结构式

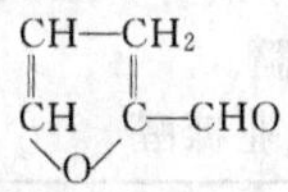

(3) 外观　无色液体，放置空气中变黄色或褐色，有苯甲醛气味。

(4) 物理性质

沸点(101.3kPa)/℃	161.8	闪点/℃	315
熔点/℃	−36.5	蒸发热/(kJ/mol)	43.25
相对密度(20℃/4℃)	1.1598	熔化热/(kJ/mol)	14.36
(25℃/4℃)	1.1545	燃烧热/(kJ/mol)	2345.9
折射率(20℃)	1.52608	比热容(25℃,定压)/[kJ/(kg·K)]	1.64
(25℃)	1.52345	临界温度/℃	397
介电常数(25℃)	38	临界压力/MPa	5.5
偶极矩/(10^{-30}C·m)	12.1	爆炸极限(125℃,下限)/%(体积)	2.1
运动黏度(25℃)/(m^2/s)	1.49×10^{-6}	蒸气压(25℃)/kPa	0.33
表面张力(30℃)/(mN/m)	41.1		

(5) 化学性质　糠醛具有醛的性质。例如与亚硫酸氢钠能生成加成化合物，氧化变成呋喃甲酸，还原得到糠醇。在浓氢氧化钾溶液中发生 Cannizzaro 反应，生成糠醇和呋喃甲酸。与氰化钾反应生成联糠醛（furoin）。与氨反应生成糠酰胺，与胺反应生成 Schiff 碱。将糠醛与钠石灰一起加热至 350～400℃，或者用镍或氧化锌与铬，五氧化二钒作催化剂加热至 200℃，转变成呋喃。

精制的糠醛放置时，由于受到空气中氧的作用，发生分解、聚合等一系列复杂的反应，使颜色变深。加热或光照都能加速其分解、聚合反应。

(6) 精制方法　糠醛放置时产生的酸性物质和树脂，可用水洗后减压蒸馏除去。也可用氯化钙、无水硫酸镁或无水硫酸钠干燥后再进行减压蒸馏。使用过的糠醛的回收方法是用水蒸气蒸馏后再分馏。其他的精制方法有在7%碳酸钠存在下蒸馏，馏出物加2%碳酸钠再蒸馏，最后在800Pa压力下减压分馏可得纯品。

(7) 溶解性能　能与醇、醚、氯仿、丙酮、苯等一般有机溶剂混溶。低沸点的脂肪烃部分溶解，高沸点的脂肪烃几乎不溶。无机化合物一般不溶于糠醛。但无水氯化锌、氢氧化钡、氯化铁水合物等在常温下可溶解10%～20%。20℃时在水中溶解8.3%；水在糠醛中溶解4.8%。糠醛具有选择性的溶解性能，对芳香族化合物，不饱和化合物、极性化合物、高分子化合物等溶解能力大，而对长链脂肪族化合物、饱和化合物的溶解能力小。因此，可用来从烃类混合物中萃取出不饱和化合物，或从脂肪烃与芳香烃的混合物中萃取芳香烃。糠醛能溶解松香、甘油三松香酸酯、香豆酮树脂、甘油醇酸树脂、甲缩醛树脂、硝酸纤维素、醋酸纤维素等。对聚乙酸乙烯酯、聚甲基丙烯酸甲酯、聚苯乙烯等在加热时可部分溶解。

(8) 用途　用作萃取剂，从烃类混合物中萃取不饱和烃，从C_4烃中萃取丁二烯，从脂肪烃与芳香烃的混合物中萃取芳香烃等效果良好。也用于润滑油、天然油脂、粗蒽等的精制，维生素A、D的浓缩，天然树脂的溶剂等。此外，糠醛还用于制备呋喃树脂、电绝缘材料、清漆、呋喃西林、顺丁烯二酸酐、四氢呋喃、糠醇等。

(9) 使用注意事项　致癌物。危险特性属第3.3类高闪点易燃液体。危险货物编号：33581，UN编号：1199。对金属无腐蚀性，可用铁、软钢、铜或铝制容器贮存。在空气中或遇光逐渐变为棕色，故应避光、充入惰性气体密封贮存。糠醛在氧气、空气、二氧化碳、氮气中放置40天后，生成氧化物（树脂状）的量分别为1.7%，0.3%，0.1%，0.05%。在糠醛中加入对羟基二苯胺、二苯胺、碘化镉、对苯二酚、连苯三酚或β-萘酚等，添加量0.1%即可有效地防止氧化。在糠醛中添加0.001%～0.1%的N-苯基取代脲、硫脲或萘胺，能够防止在60～170℃加热时生成树脂。其蒸气刺激眼睛，有催泪作用。嗅觉阈浓度1mg/m^3 TJ 36—79规定车间空气中最高容许浓度为10mg/m^3。糠醛易经皮肤吸收，引起中枢神经损害，呼吸中枢麻痹以致死亡。小鼠经口LD_{50}为425mg/kg，狗为2300mg/kg，豚鼠为541.7mg/kg。动物中毒后出现步态不稳、麻痹、抽搐，并能进一步损害肝、肾、血液和骨髓。

(10) 规格　GB/T 1926.1—2009　工业糠醛

项　目		优　级	一　级	二　级
外观		浅黄色至琥珀色透明液体，无悬浮物及机械杂质		
密度(20℃)/(g/m^3)		1.158～1.161		
折射率(20℃)		1.524～1.527		
水分/%	≤	0.05	0.10	0.20
酸度/(mol/L)	≤	0.008	0.016	0.016
糠醛/%	≥	99.0	98.5	98.5
初馏点/℃	≥	155	150	—
158℃前馏分/%	≤	2	—	—
总馏出物/%	≥	99.0	98.5	—
终馏点/℃	≤	170	170	—
残留物/%	≤	1.0		

(11) 附表

表 2-11-40　糠醛的蒸气压

温度/℃	蒸气压/kPa	温度/℃	蒸气压/kPa
18.5	0.13	91.5	8.00
42.6	0.67	103.4	13.33
54.8	1.33	121.8	26.66
67.8	2.67	141.8	53.33
82.1	5.33	161.8	101.33

表 2-11-41　水-糠醛的相互溶解度

温度/℃	糠醛/%		温度/℃	糠醛/%	
	水　层	糠醛层		水　层	糠醛层
10	7.9	96.1	60	11.7	91.4
20	8.3	95.2	70	13.2	90.3
30	8.8	94.2	80	14.8	88.7
40	9.5	93.3	90	16.6	86.5
50	10.4	92.4	97.9(沸点)	18.4	84.1

表 2-11-42　有机酸在糠醛中的溶解性

名　称	溶解性/%			名　称	溶解性/%		
	0℃	25℃	40℃		0℃	25℃	40℃
松香酸	M	M	M	草酸	3.2	4.8	9.1
苯甲酸	1.2	14.8	34.3	酒石酸	1.2	10.9	
甲酸	M	M	M	癸二酸	0.7	0.8	2.5
柠檬酸	0.3	3.6	9.9	乳酸	M	M	M
肉桂酸	0.6	4.1	10.9	邻苯二甲酸	6.2	17.6	—
琥珀酸	2.0	3.0	7.0	马来酸	5.1	R	R
水杨酸	1.5	11.0	28.8				

注：M—混溶；R—发生反应。

表 2-11-43　无机化合物在糠醛中的溶解度

无机化合物	溶解度(25℃)/%	无机化合物	溶解度(25℃)/%
$AlCl_3$	<0.01	NH_4NO_3	0.4
$FeCl_3 \cdot 6H_2O$	20.0	$Cr(NO_3)_3 \cdot 9H_2O$	<0.01
$BaCl_2$	<0.01	$Ba(OH)_2$	<0.01
$Ca(CH_3COO)_2 \cdot H_2O$	<0.01	$Ba(OH)_2 \cdot 8H_2O$	9.0
$Co(CH_3COO)_2 \cdot 4H_2O$	0.01	$CaCO_3$	0.04
$Pb(CH_3COO)_2 \cdot 3H_2O$	0.05	$(NH_4)_2MoO_4$	0.4
$Ba(CH_3COO)_2 \cdot 2H_2O$	<0.01	$CuSO_4 \cdot 5H_2O$	不溶
$(NH_4)_2C_2O_4 \cdot 2H_2O$	不溶		

表 2-11-44　含糠醛的二元共沸混合物

第二组分	共沸点/℃	糠醛/%	第二组分	共沸点/℃	糠醛/%
水	97.9	35	异戊基碘	146.1	15
溴苯	153.3	30	苯乙醚	161.0	83
莰烯	146.65	42	1,3,5-三甲苯	155.2	60
甲基异丙苯	157.8	68	邻二甲苯	140.5	13
α-蒎烯	143.4	38	对二甲苯	138.0	5
苯乙烯	141.0	15	间二甲苯	138.4	12
γ-萜品烯	158.5	72	邻氯甲苯	155.2	32
五氯乙烷	155.15	50	对氯甲苯	157.8	45
四氯乙烷	161.55	97	对二氯苯	160.3	64.5
丁酸	159.4	57.5	环己醇	155.55	55
桉树脑	157.25	59	*d*-苎烯	155.95	35
苯甲醚	153.25	22	α-萜品烯	154.5	63
1,2,4-三甲苯	156.0	60	萜品油烯	160.3	80
丙基苯	150.0	40	百里烯	158.5	72
丁基苯	160.5	82	2,7-二甲基辛烷	150	42
β-蒎烯	146.3	50			

参 考 文 献

1　CAS 98-01-1

2 EINECS 202-627-7
3 D. R. Stull. Ind. Eng. Chem. 1947，39：517
4 Q. O. Furfural Bulletin. 203-A，Quaker Oats Co
5 A. Weissberger. Organic Solvents. 3rd ed. Wiley. 1971. 869
6 A. Berton. Ann. Chim. Paris. 1944，19：394
7 A. D. Walsh. Trans. Faraday Soc. 1946，42：62
8 M. Czerny and P. Mollet. Z. Physik. 1937，108：85
9 W. Suetaka. Gazz. Chim. Ital. 1956，86：783
10 Sadtler Standard NMR Spectra. No. 10203M
11 主要化学品1000種毒性データ特別調査レポート. 海外技術資料研究所. 1973. 181
12 有機合成化学協会. 溶剤ポケットブック. オーム社. 1967. 351
13 I. Mellan. Industrial Solvents. Van Nostrand Reinhold. 1939. 576
14 C. Marsden. Solvents Guide. 2nd ed. Cleaver-Hume. 1963. 302
15 The Merck Index. **10**，4179；**11**，4214
16 张海峰主编. 危险化学品安全技术大典：第1卷. 北京：中国石化出版社，2010

868. 双(2-氯乙基)醚

bis（2-chloroethyl）ether［2,2′-dichlorodiethyl ether，sym-dichloroethyl ether］

(1) 分子式　$C_4H_8OCl_2$。　　相对分子质量　143.02。

(2) 示性式或结构式　$ClCH_2CH_2OCH_2CH_2Cl$

(3) 外观　无色油状液体，有类似氯仿的气味。

(4) 物理性质

沸点(101.3kPa)/℃	178.75	表面张力(20℃)/(mN/m)	37.6
熔点/℃	−46.8	(25℃)/(mN/m)	37.0
相对密度(20℃/4℃)	1.2192	闪点(开口)/℃	79
(25℃/4℃)	1.2130	(闭口)/℃	55
折射率(20℃)	1.45750	燃点/℃	369
(25℃)	1.45534	蒸发热(b. p.)/(kJ/mol)	42.26
介电常数(20℃)	21.2	熔化热/(kJ/mol)	8.67
偶极矩(25℃,苯)/(10^{-30}C·m)	8.6	比热容(30℃,定压)/[kJ/(kg·K)]	1.55
黏度(20℃)/(mPa·s)	2.41	蒸气压(75℃)/kPa	2.67
(25℃)/(mPa·s)	2.14	(25℃)/kPa	0.21
(25℃)/(mPa·s)	2.06	体膨胀系数(10～30℃)/K^{-1}	0.97×10^{-3}

(5) 化学性质　对热稳定。与醇钠作用生成乙醚。与胺类化合物反应生成吗啉衍生物。与氢氧化钠一起加热生成2-氯乙基乙烯醚。

(6) 精制方法　用浓盐酸多次洗涤后减压蒸馏。

(7) 溶解性能　除烷烃外能与多种有机溶剂混溶。对油脂、蜡和树脂溶解能力强。20℃时在水中溶解1.02%；水在双（2-氯乙基）醚中溶解0.1%。与10%～30%乙醇组成的混合液能溶解多种类型的纤维素酯和纤维素醚。双（2-氯乙基）醚与53%的水，25%的2-氯乙醇形成三元共沸混合物，共沸点97.5℃。

(8) 用途　用作脂肪、油、蜡、橡胶、焦油、沥青、树脂、乙基纤维素等的溶剂。也用作土壤杀虫剂、干洗剂以及制备涂料等。

(9) 使用注意事项　危险特性属第6.1类毒害品。危险货物编号：61594，UN编号：1916。干燥时对金属无明显的腐蚀性。可用铁、软钢或铝制容器贮存。有一定量的水分存在时，很快生成腐蚀性强的氯化氢。本品易燃，着火时可用水喷雾，或用二氧化碳、泡沫灭火剂灭火。容易被皮肤吸收，由于刺激性强而属于高毒类。人短暂地接触3.2g/m³以上浓度的蒸气时，对眼睛、鼻腔有明显刺激，并有难以忍受的感觉，发生咳嗽、恶心和呕吐。其蒸气能缓慢地损害肺部。工作场所最高容许浓度 90mg/m³。大鼠经口 LD_{50} 为 105mg/kg；小鼠为 136mg/kg；兔为126mg/kg。

(10) 附表

表 2-11-45 含双(2-氯乙基)醚的二元共沸混合物

第二组分	共沸点/℃	双(2-氯乙基)醚/%	第二组分	共沸点/℃	双(2-氯乙基)醚/%
甲基异丙苯	<176.4	<11	桉树脑	173.35	43
邻二氯苯	176.5	60	二异戊醚	169.35	39
对二氯苯	173.45	28	异戊酸丁酯	170.0	80
邻溴甲苯	<177.9	>63	乙二醇	171.05	79
2-氯乙醇	128.2	13.7	邻氯苯酚	<176.5	>14
己醇	<157.5	>22	苯酚	<176.2	>60
乙二醇一乙醚	170.85	25	乙酰胺	178.25	97
2-甲基环己醇	<167.5	<40	硫酸丁酯	178.4	88
庚醇	173.5	50	氨基甲酸乙酯	171.5	75
仲辛醇	<177.2	<62			

参 考 文 献

1 CAS 111-44-4
2 EINECS 203-870-1
3 A. F. Gallaugher and H. Hibbert. J. Amer. Chem. Soc. 1937，59：2521
4 H. Tschamler. Monatsh. Chem. 1948，79：162
5 A. V. Nikolave. Dokl. Akad. Nauk. SSSR. 1966，168：351
6 C. P. Smyth. J. Amer. Chem. Soc. 1932，54：2261
7 A. A. Maryott and E. A. Smith. Table of Dielectric Constants of Pure Liquids，NBS Circular 1951. 514
8 I. Mellan. Industrial Solvents Handbook. 3rd ed. Noyes Data Corp. 1970. 269
9 H. Tschamler et al. Chem. Abstr. 1950，44：421
10 H. R. Fife. Ind. Eng. Chem. 1930，22：513
11 F. A. Patty. Industrial Hygiene and Toxicology. 2nd ed. Vol. 1. Wiley. 1958. 527
12 L. H. Horsley. Advan. Chem. Ser. 1952，6：111
13 H. Mohler and J. Sorge. Helv. Chem. Acta. 1940，23：1200
14 Ts. N. Roginskaya and A. I. Finkelstein. Zhur. Anal. Khim. 1956，11：602
15 M. Katayama and Y. Morino. Rept. Radiation Chem. Research Inst. Tokyo Univ. 1949，4：1；Chem. Abstr. 1950，44：6276
16 L. H. Meyer et al. J. Amer. Chem. Soc. 1953，75：4567，4570
17 Handbook of Organic Industrial Solvents. 3rd ed. Amorican Mutual Insurance Alliance. 1966
18 F. A. Patty. Industrial Hygiene and Toxicology. 2nd ed. Vol. 1. Wiley，1958. 527
19 The Merck Index. **10**，3050；**11**，3055
20 张海峰主编. 危险化学品安全技术大典：第1卷. 北京：中国石化出版社，2010

869. 双(2-氯异丙基)醚

bis (2-chloroisopropyl) ether [2,2′-dichloroisopropyl ether]

(1) 分子式 $C_6H_{12}OCl$。 相对分子质量 171.07。

(2) 示性式或结构式 $ClCH_2CH(CH_3)OCH(CH_3)CH_2Cl$

(3) 外观 无色或微黄色液体，略有臭味。

(4) 物理性质

沸点(101.3kPa)/℃	187.0	折射率(20℃)	1.4413
熔点/℃	<−20	(25℃)	1.4391
密度(20℃)/(g/cm³)	1.1115	蒸气压(20℃)/kPa	0.075
(25℃)/(g/cm³)	1.1062	蒸气相对密度(空气=1)	5.90
黏度(20℃)/mPa·s	2.30	闪点(开杯)/℃	85

(5) 溶解性能 几乎不溶于水，不溶于盐酸。20℃在水中溶解度为0.17%，水在溶剂中的溶解度为0.14%。溶于大多数有机溶剂及酯类。与62.6%的水形成共沸混合物，共沸点98.5℃。

(6) 用途 参照双（2-氯乙基）醚。

(7) 使用注意事项 危险特性属第6类有毒品。危险货物编号：61087，UN编号：2490。吸入或经口属中等毒类。经皮肤属微毒类。高浓度的蒸气可发生眼和黏膜的刺激作用。大鼠经口 LD_{50} 为240mg/kg。

参 考 文 献

1 CAS 108-60-1
2 EINECS 203-598-3
3 张海峰主编. 危险化学品安全技术大典：第1卷. 北京：中国石化出版社，2010

870. 1-氯-2,3-环氧丙烷［环氧氯丙烷］

epichlorohydrin [1-chloro-2,3-epoxypropane]

(1) 分子式 C_3H_5OCl。　　相对分子质量　92.53。

(2) 示性式或结构式 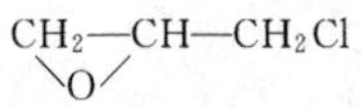

(3) 外观 无色液体，有类似氯仿的气味。

(4) 物理性质

沸点(101.3kPa)/℃	116.11	闪点/℃	40.6
熔点/℃	−57.2	蒸发热(b.p.)/(kJ/mol)	37.93
相对密度(15℃/4℃)	1.18683	生成热(计算值)/(kJ/mol)	582
(20℃/4℃)	1.18066	燃烧热/(kJ/mol)	1750
(25℃/4℃)	1.17455	比热容(20℃,定压)/[kJ/(kg·K)]	1.40
折射率(20℃)	1.43805	临界温度/℃	351,323
(25℃)	1.4358	临界压力/MPa	4.9
介电常数(21.5℃)	20.8	电导率(20℃)/(S/m)	5.4×10^{-8}
偶极矩/(10^{-30}C·m)	6.0	热导率(20℃)/[W/(m·K)]	73.3×10^{-3}
黏度(0℃)/mPa·s	1.56	爆炸极限(计算值,下限)/%(体积)	5.23
(25℃)/mPa·s	1.03	(计算值,上限)/%(体积)	17.86
表面张力(20℃)/(mN/m)	37.0	蒸气压(20℃)/kPa	1.73
(25℃)/(mN/m)	35.48	体膨胀系数(55℃)/K^{-1}	1.04×10^{-3}

(5) 化学性质 3-氯-1,2-环氧丙烷与水反应生成3-氯丙二醇。与盐酸作用生成β,β'-二氯异丙醇。与氰化氢发生加成反应生成γ-氯-β-羟基丁腈。用钠或钠汞齐还原生成烯丙醇。与硫化氢反应生成1-氯-3-巯基-2-丙醇等。与醇和酚在催化剂存在下发生反应，生成α-氯乙醇-γ-醚、缩水甘油醚或甘油-α，γ-二醚。

3-氯-1,2-环氧丙烷与氨或胺反应，生成1,3-二氨基丙醇和N-取代产物。与醛或酮反应得到二噁烷衍生物。与β-酮酸酯和丙二酸酯的钠盐反应，得到γ-内酯衍生物。3-氯-1,2-环氧丙烷用氟化氢或氟化硼作催化剂可以发生聚合作用。

(6) 精制方法 由于空气中水分的作用发生水解生成盐酸而显酸性。精制时需用碱洗涤，然后在100℃以下进行减压蒸馏。收集中间馏分，用氢氧化钙干燥。也可以先进行常压蒸馏，在馏出物中加入其质量1/4的氧化钙，在蒸气浴上加热。然后倾出产品，再进行分馏。

(7) 溶解性能　除水、甘油、石油系烃外，能与醇、醚、四氯化碳等多种有机溶剂混溶。对天然树脂、合成树脂、纤维素酯类、清漆、涂料等有较强的溶解能力。20℃时在水中溶解6.58%。

(8) 用途　用作纤维素酯、纤维素醚、树脂、橡胶、甘油三松香酸酯等的溶剂。也用作合成甘油、甲基丙烯酸缩水甘油酯、表面活性剂、离子交换树脂、耐油橡胶等的原料。此外，3-氯-1,2-环氧丙烷还可用作增塑剂、纤维处理剂、稳定剂、杀虫杀菌剂、医药原料等。

(9) 使用注意事项　致癌物。危险特性属第6.1类毒害品。危险货物编号：61052，UN编号：2023。着火时可用砂土、泡沫、干粉、二氧化碳。遇热有发生爆炸反应的危险。干燥时对金属无腐蚀性，有水存在时很快放出腐蚀性强的氯化氢。应用铁或钢制容器置阴凉处贮存。与铜或铝接触时颜色变深并发生浑浊，故不宜使用铜或铝制容器。属中等毒类。刺激皮肤和黏膜，并可经皮肤吸收。嗅觉阈浓度37.6mg/m³。TJ 36—79规定车间空气中最高容许浓度为1mg/m³。小鼠经口LD_{50}为（305.4±8.06）mg/kg。小鼠灌胃后行动缓慢、食欲减退，继而共济失调、瘫痪、呼吸减弱，最后角弓反张而死亡。人长期少量吸入本品可出现四肢酸痛、腿软乏力、运动不灵活、腓肠肌压痛和一般神经衰弱症。

(10) 规格　GB/T 13097—2007　工业用环氧氯丙烷

项　目		优等品	一等品	合格品
外观		无色透明液体,无机械杂质		
色度(Hazen单位,铂-钴色号)	≤	15	20	25
水/%	≤	0.020	0.060	0.10
环氧氯丙烷/%	≥	99.9	99.5	99.0
密度(20℃)/(g/cm³)		1.180～1.183	1.180～1.184	1.179～1.184

(11) 附表

表 2-11-46　3-氯-1,2-环氧丙烷的蒸气压

温度/℃	蒸气压/kPa	温度/℃	蒸气压/kPa
−16.5	0.13	79.3	26.66
16.6	1.33	98.0	53.33
62.0	13.33		

表 2-11-47　3-氯-1,2-环氧丙烷的急性毒性

动物	途径	剂量/(g/kg)或浓度/(g/m³)		结　果	动物	途径	剂量/(g/kg)或浓度/(g/m³)		结　果
大鼠	经口	0.09	g/kg	LD_{50}	小鼠	吸入	31.37	g/m³	20/20 死亡
豚鼠	经口	0.178	g/kg	LD_{50}	大鼠	吸入	0.95g/m³	(8h)	LC_{50}
兔	经皮	1.04	g/kg	LD_{50}	大鼠	吸入	1.89g/m³	(4h)	LC_{50}
大鼠	经皮	0.59g/kg	(3次涂皮)	LD_{50}	豚鼠	吸入	2.12g/m³	(4h)	LC_{50}
小鼠	吸入	8.96	g/m³	0/30 死亡	兔	吸入	1.68g/m³	(4h)	LC_{50}

表 2-11-48　含3-氯-1,2-环氧丙烷的二元共沸混合物

第二组分	共沸点/℃	3-氯-1,2-环氧丙烷/%	第二组分	共沸点/℃	3-氯-1,2-环氧丙烷/%
水	88	75	1,3-二甲基环己烷	113.6	65
碘丙烷	<100.5	<28	2,5-二甲基己烷	约107.0	25
碘丁烷	<115	<92	辛烷	114.5	约80
1-碘-2-甲基丙烷	111.0	47	烯丙醇	95.8	22
甲苯	108.4	29	丙醇	96.0	23
甲基环己烷	<100.8	>5	丁醇	112.0	57
庚烷	<98.1	>4	仲丁醇	98.0	25

续表

第二组分	共沸点/℃	3-氯-1,2-环氧丙烷/%	第二组分	共沸点/℃	3-氯-1,2-环氧丙烷/%
异丁醇	105.0	39.5	4-甲基-2-戊酮	<115.5	>32
戊醇	<116.2	<95	丁酸乙酯	115.75	75
叔戊醇	100.7	30	异丁酸乙酯	109.8	约 10
异戊醇	115.35	81	乙酸异丁酯	<115.3	>50
3-甲基-2-丁醇	109.5	48	丙酸丙酯	<116.3	>88
2-戊醇	113.0	60	四氢噻吩	<112.5	<70
3-戊醇	115.5	54	二异丙硫醚	111.5	67

参 考 文 献

1 CAS 106-89-8
2 EINECS 203-439-8
3 Technical Booklet. Shell Chemical Corp. 1949. SC-49-30
4 A. E. Van Arkel and J. L. Snoek. Z. Physik. Chem. Leipzig. 1932，18B：159
5 R. W. Gallant. Hydrocarbon Process. 1967，46 (3)：143
6 P. Walden. Z. Physik. Chem. Leipzig. 1909，65：129
7 D. R. Stull. Ind. Eng. Chem. 1947，39：517
8 C. Marsden. Solvents Guide. 2nd ed. Cleaver-Hume. 1963. 232
9 Alkylene Oxides，Union Carbide Chemicals Corp. 1961
10 W. A. Patterson. Anal. Chem. 1954，26：823
11 O. Ballaus et al. Z. Physik. Chem. Teipzig. 1939，45B：272
12 APIResearch Project 44. Mass Spectral Data，Serial No. 772，Petrolenm Research L ab. Carnegie Institute of Technology.
13 1952；I. V. Gol'denfel' d et al. Teor. Eksp. Khim. 1971，7 (4)：550
14 C. A. Reilly. J. Chem. Phys. 1961，35：1522
15 L. H. Horsely. Advan. Chem. Ser. 1952，6：272
16 张海峰主编. 危险化学品安全技术大典：第 1 卷. 北京：中国石化出版社，2010

871. 1-溴-2,3-环氧丙烷［环氧溴丙烷］

1-bromo-2,3-epoxypropane［epibromohydrin］

(1) 分子式　C_3H_5BrO。　　相对分子质量　136.98。

(2) 示性式或结构式　$CH_2—CH—CH_2Br$（CH_2与CH之间经 O 相连）

(3) 外观　无色或浅黄色透明液体，易挥发。

(4) 物理性质

沸点(101.3kPa)/℃	135～136	折射率(20℃)	1.4820
熔点/℃	－40	闪点/℃	56
相对密度(20℃/4℃)	1.615		

(5) 溶解性能　能与乙醚、乙醇、氯仿混溶，不溶于水。

(6) 用途　溶剂、有机合成中间体。

(7) 使用注意事项　1-溴-2,3-环氧丙烷的危险特性属第 6.1 类毒害品。危险货物编号：61053，UN 编号：2558。对眼睛、皮肤、黏膜和上呼吸道有刺激作用，触及皮肤易经皮肤吸收或误食、吸入蒸气、粉尘会引起中毒。与氧化剂发生反应、有燃烧危险。受高热或燃烧发生分解放出有毒气体。有毒、易燃。

参 考 文 献

1 CAS 3132-64-7

2 EINECS 221-525-3
3 Beilstein. Handbuch der Organischen Chemie. H. 17-9

872. 对甲氧基苯甲醇［茴香醇］

p-methoxy benzene methanol［anise alcohol］

(1) 分子式　$C_8H_{10}O_2$。　　相对分子质量　138.17。

(2) 示性式或结构式

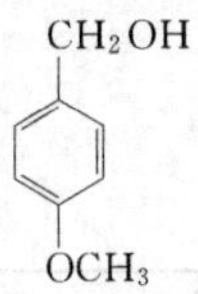

(3) 外观　无色或浅黄色液体或固体。

(4) 物理性质

沸点(101.3kPa)/℃	259	熔点/℃	24～25
相对密度(26℃/4℃)	1.109	折射率(25℃)	1.5420
(15℃/15℃)	1.113	(20℃)	1.5442

(5) 溶解性能　易溶于乙醇、乙醚，不溶于水。

(6) 用途　溶剂、食用香料、有机合成中间体。

(7) 使用注意事项　大鼠口服 LD_{50} 1.2mL/kg。

参 考 文 献

1 CAS 105-13-5
2 EINECS 203-273-6
3 Beilstein. Handbuch der Organischen Chemie. H，6-897；E Ⅳ，6-5909
4 The Merck Index. **10**，687；**11**，695

873. 对甲氧基酚［4-甲氧基酚］

p-methoxyphenol［4-methoxyphenol］

(1) 分子式　$C_7H_8O_2$。　　相对分子质量　124.14。

(2) 示性式或结构式

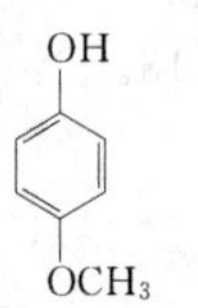

(3) 外观　白色片状或蜡状结晶。

(4) 物理性质

沸点(101.3kPa)/℃	243	相对密度(20℃/4℃)	1.55
熔点/℃	54.56	闪点/℃	110

(5) 溶解性能　易溶于乙醇、乙醚、丙酮、苯、乙酸乙酯、微溶于水。

(6) 用途　溶剂、抗氧剂、紫外线抑制剂。

(7) 使用注意事项　口服有害，对呼吸系统有刺激性，避免与皮肤、眼睛接触。

参 考 文 献

1 CAS 150-76-5

2 EINECS 205-769-8
3 Beilstein. Handbuch der Organischen Chemie. H，6-843；E Ⅳ，6-57-7

874. 对溴苯甲醚［对溴茴香醚］

p-bromoanisole［*p*-bromophenyl methyl ether］

(1) 分子式 C_7H_7BrO。 相对分子质量 187.04。

(2) 示性式或结构式

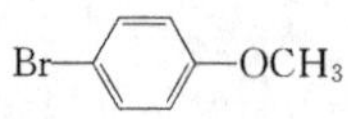

(3) 外观 无色或浅黄色液体。

(4) 物理性质

沸点(101.3kPa)/℃	215	折射率(20℃)	1.5642
熔点/℃	12～14	闪点/℃	94
相对密度(20℃/4℃)	1.4564		

(5) 溶解性能 易溶于乙醇、乙醚、氯仿，不溶于水。

(6) 用途 溶剂、药物合成中间体。

(7) 使用注意事项 对溴苯甲醚的危险特性属第 6.1 类毒害品。危险货物编号：61699。受高热或燃烧发生分解放出有毒气体。遇明火能燃烧。吸入蒸气对呼吸道有刺激性。大鼠经口 3800mg/kg。

参 考 文 献

1 CAS 104-92-7
2 EINECS 203-252-1
3 Beilstein. Handbuch der Organischen Chemie. H，6-199；E Ⅳ，6-1044
4 The Merck Index. **10**，1400
5 张海峰主编. 危险化学品安全技术大典：第 1 卷. 北京：中国石化出版社，2010

875. 邻硝基苯甲醚

o-nitroanisole［*o*-nitrophenol methyl ether，
1-methoxy-2-nitrobenzene］

(1) 分子式 $C_7H_7NO_3$。 相对分子质量 153.13。

(2) 示性式或结构式

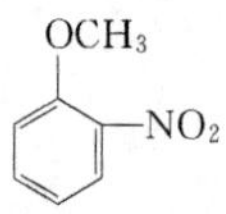

(3) 外观 纯品为无色液体，一般带黄色。

(4) 物理性质

沸点(101.3kPa)/℃	277	介电常数(25℃)	44.00
熔点/℃	9.4	偶极矩(20℃,苯)/(10^{-30}C·m)	16.11
相对密度(20℃/4℃)	1.2540	表面张力(26℃)/(mN/m)	45.7
折射率(20℃)	1.562		

(5) 化学性质 与氨一起加压加热时生成邻硝基苯胺。与水合肼一起加压加热生成 1-羟基苯三唑。

(6) 精制方法 在无空气存在下反复进行减压蒸馏。

(7) 溶解性能 能与乙醇、乙醚及其他多种有机溶剂混溶。溶解能力和硝基苯相似。可以进行水蒸气蒸馏。30℃时在水中溶解0.169%。

(8) 用途　用于制备染料、药物、洗净剂等，并有杀虫作用。

(9) 使用注意事项　危险特性属第6.1类毒害品。危险货物编号：61697，UN编号：2730。对皮肤眼睛和黏膜有刺激性。可燃。大鼠经口LD_{50}为740mg/kg。工作场所最高容许浓度2.3mg/m^3。

(10) 附表

表 2-11-49　邻硝基苯甲醚与有机液体的临界相溶温度

有机物名称	温度/℃	有机物名称	温度/℃
庚烷	115	二仲丁基苯	<−5
环己烷	70	润滑油	>100
甲基环己烷	77		

表 2-11-50　邻硝基苯甲醚与甘露糖醇六硝酸酯[$C_6H_8(ONO_2)_6$]之间的熔点关系

邻硝基苯甲醚/%	熔点/℃	共晶点/℃	邻硝基苯甲醚/%	熔点/℃	共晶点/℃
100.0	9.2		40.0	77.5	42.6
90.0	12.0	7.6	30.0	86.1	43.6
80.2	35.1	7.8	20.0	98.0	(35.3)
70.0	43.7	7.8	10.0	102.7	
60.0	57.3	43.3～7.6	0	112.0	
50.0	70.8	43.5			

表 2-11-51　邻硝基苯甲醚与四氯化锡之间的熔点关系

四氯化锡/%	熔点/℃	共晶点/℃	四氯化锡/%	熔点/℃	共晶点/℃
100	−33		42	21.5	
93.5	0		30	14	−25
82	14	−34	20	−0.5	−28
76.5	17.5		18	−13.2	
70	20.5		6	−10	
60	23		0	8	
50	23.5				

(11) 附图

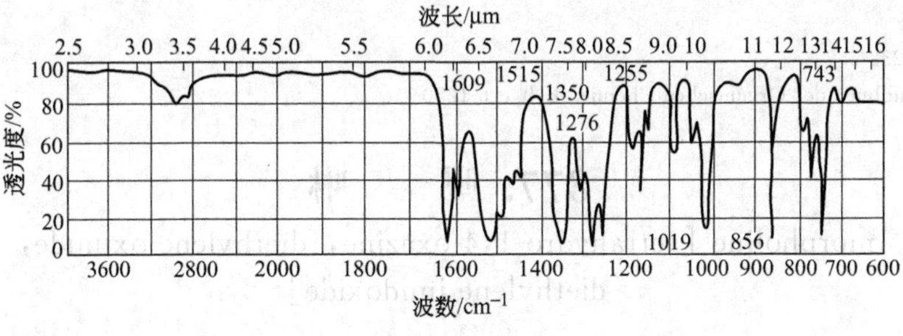

图 2-11-28　邻硝基苯甲醚的红外光谱图

参 考 文 献

1　CAS 91-23-6
2　EINECS 202-052-1
3　The Merck Index. 8th ed. 736
4　S. K. K. Jatkar et al. Indian J. Chem. 1969, 7: 88
5　E. G. Cowley and J. R. Partington. J. Chem. Soc. 1933. 1257

6 A. Buraway and I. Markowitsch-Buraway. J. Chem. Soc. 1936，36
7 P. M. Gross and J. H. Saylor. J. Amer. Chem. Soc. 1933，55：650
8 J. E. Purvis and N. P. McCleland. J. Chem. Soc. 1913，1088
9 IRDC カード. No. 565
10 H. Wittek. Z. Physik. Chem. Leipzig. 1942，52B：315，330 Beilstein. Handbuch der Organischen Chemie. E Ⅲ. 6-799
11 O. A. Mamer et al. Org. Mass. Spectram. 1970，3：1411
12 C. Heathcock. Can. J. Chem. 1962，40：1865
13 L. Magos et al.. A. M. A. Arch. Ind. Health. 1958，18：1
14 有機合成化学協会. 溶剤ポケットブック. オーム社. 1977. 629
15 T. Urbanski. Roczuiki. Chem. 1937. 17：585
16 J. Timmermans. Physico-Chemical Constants of Binary Systems. Vol. 3. Wiely. 1965. 1157

876. 邻硝基苯乙醚［1-乙氧基-2-硝基苯］

o-nitrophenetole［1-ethoxy-2-nitrobenzene］

(1) 分子式　$C_8H_9NO_3$。　　　相对分子质量　167.16。

(2) 示性式或结构式

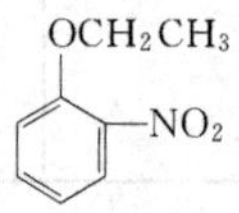

(3) 外观　黄色油状液体。

(4) 物理性质

沸点(101.3kPa)/℃	267	相对密度(15℃/4℃)	1.1903
熔点/℃	2.1	折射率(20℃)	1.5425

(5) 溶解性能　与乙醇、乙醚混溶，不溶于水。

(6) 用途　溶剂、有机合成中间体。

(7) 使用注意事项　邻硝基苯乙醚的危险特性属第 6.1 类毒害品。危险货物编号：61698。有毒。吸入或与眼睛、皮肤接触有害。

参 考 文 献

1 CAS 610-67-3
2 EINECS 210-232-6
3 Beilstein. Handbuch der Organischen Chemie. E Ⅳ，6-1250

877. 吗　啉

morpholine［tetrahydro-1,4-oxazine，diethylene oximide，diethylene imidoxide］

(1) 分子式　C_4H_9NO。　　　相对分子质量　87.12。

(2) 示性式或结构式

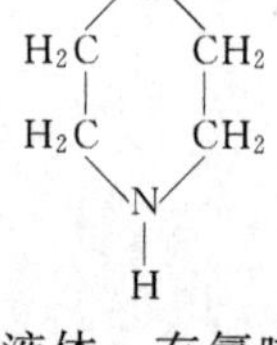

(3) 外观　无色吸湿性液体，有氨味。

(4) 物理性质

沸点(101.3kPa)/℃	128.94	偶极矩(25℃)/(10^{-30}C·m)	5.00
熔点/℃	−3.1	表面张力(20℃)/(mN/m)	37.5
相对密度(20℃/4℃)	0.9994	闪点/℃	37.8
(25℃/4℃)	0.99547	燃点/℃	310
折射率(20℃)	1.4545	蒸发热/(kJ/mol)	43.96
介电常数(25℃)	7.42	熔化热/(kJ/mol)	14.53
黏度(15℃)/mPa·s	2.5334	蒸气压(20℃)/kPa	0.93
(20℃)/mPa·s	2.33	(25℃)/kPa	1.34

(5) 化学性质 具有仲胺的性质，碱性介于哌啶与哌嗪之间（pK_a8.36，25℃）。与脂肪酸、酸酐、酰氯反应，生成酰胺。与烷基化试剂如氯代烷、硫酸二烷基酯、甲酸与醛的混合物等反应，生成 *N*-烷基取代物。与酮反应生成烯胺。与氯或次氯酸钠反应生成 *N*-氯代吗啉。在干燥的乙醚中与二氧化碳作用，得到氨基甲酸衍生物。在酸性高锰酸钾溶液中逐渐发生氧化作用。

(6) 精制方法 将吗啉与金属钠一起回流 1 小时，在干燥氮气流下常压蒸馏精制。或用无水硫酸钙干燥后分馏。也可以将吗啉制成草酸盐，用 60% 乙醇重结晶 2 次，加入浓氢氧化钾水溶液使吗啉游离出来，分离后用固体氢氧化钾干燥，再用金属钠干燥，然后分馏。

(7) 溶解性能 与水混溶，能溶解丙酮、苯、乙醚、甲醇、乙醇、乙二醇、2-己酮、蓖麻油、棉子油、松节油、松脂等。吗啉的溶解能力强，超过二噁烷、吡啶和苯等（吗啉＞二噁烷＞吡啶＞苯）。

(8) 用途 广泛用作树脂、染料、蜡、虫胶、酪朊等的溶剂，锅炉防腐剂和橡胶硫化促进剂。也用于制备表面活性剂、增塑剂、抗氧剂和医药等。

(9) 使用注意事项 危险特性属第 3.3 类高闪点易燃液体。危险货物编号：33617，UN 编号：2054。对金属无腐蚀性，可用铁、软钢、铝或不锈钢制容器，充氮置阴凉处贮存。对铜或铜合金容易侵蚀，应避免使用。吗啉能腐蚀皮肤，刺激眼和黏膜。吸入蒸气时能引起肝、肾病变。工作场所最高容许浓度 70mg/m^3。小鼠经口 LD_{50} 为 1050mg/kg。小鼠腹腔注射 LD_{50} 为 500mg/kg。

(10) 附表

表 2-11-52 吗啉的蒸气压

温度/℃	蒸气压/kPa	温度/℃	蒸气压/kPa
−37.0	0.13	70.54	13.33
24.86	1.33	128.29	101.33
44.73	4.00		

表 2-11-53 吗啉水溶液的黏度（20℃）

浓度/%	黏度/(mPa·s)	浓度/%	黏度/(mPa·s)
10	1.2	60	10.1
20	2.0	70	12.2
30	3.0	80	10.5
40	4.7	90	6.3
50	7.1		

表 2-11-54 一些物质在吗啉中的溶解度（25℃）

溶 质	溶解度/(g/100g 吗啉)	溶 质	溶解度/(g/100g 吗啉)	溶 质	溶解度/(g/100g 吗啉)
丙酮	∞	硝酸纤维素	5	2-己酮	∞
亚麻仁油	∞	虫胶	5	苯	∞
硫	＜5	四氯化碳	∞	苄基纤维素	＞5
乙醇	∞	二甲胺(气体)	1.09	聚氯乙烯	5
2-乙基丁醇	∞	三甲胺(气体)	34	聚乙酸乙烯酯	5
乙二醇	∞	甲苯	∞	聚乙烯醇缩丁醛	5
乙二醇一甲醚	∞	石脑油	5	蜜蜡	＜1
乙醚	∞	石蜡油	＜1	甲醇	∞
二甲苯	∞	石蜡	＞5	甲胺(气体)	33
醋酸纤维素	5	蓖麻油	∞	甲基环己醇	∞

(11) 附图

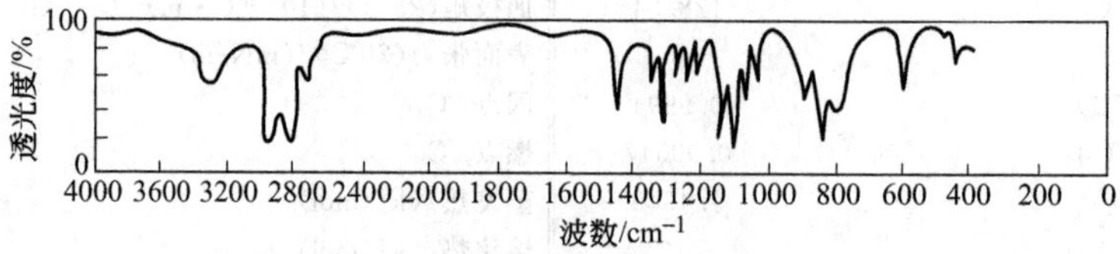

图 2-11-29 吗啉的红外光谱图

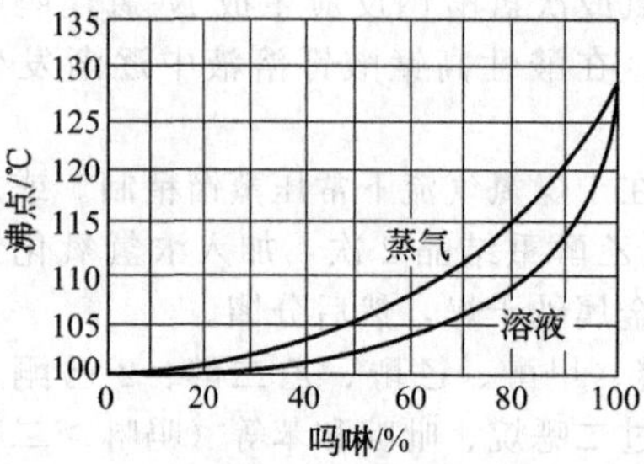

图 2-11-30 吗啉水溶液的沸点-组成曲线

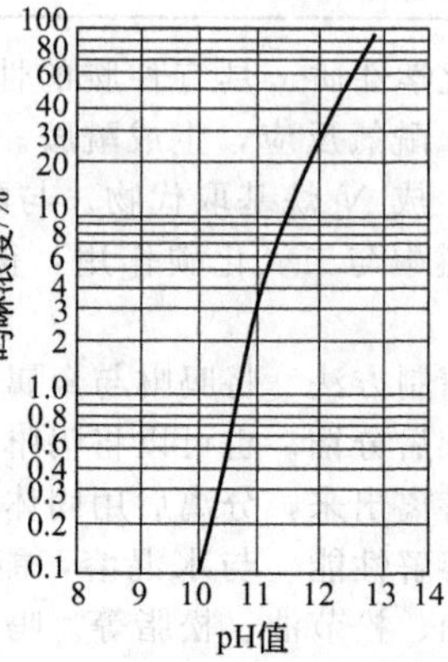

图 2-11-31 吗啉水溶液的 pH 值

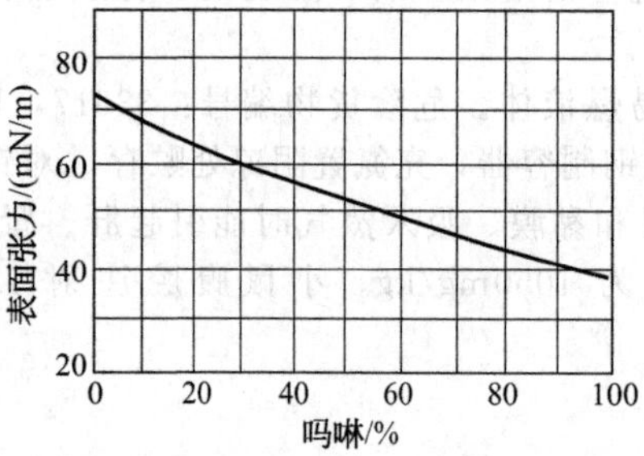

图 2-11-32 吗啉水溶液的表面张力

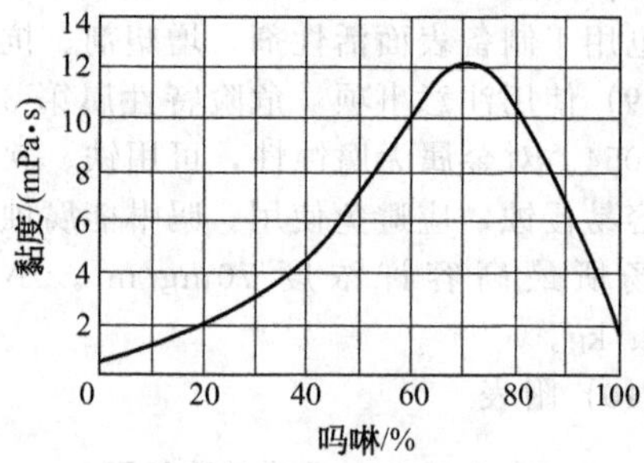

图 2-11-33 吗啉水溶液的黏度

参 考 文 献

1 CAS 110-91-8
2 EINECS 203-815-1
3 A. Weissberger. Organic Solvents 3rd ed. Wiley. 1971. 489
4 I. Mellan. Industrial Solvents Handbook. 3rd ed. Noyes Data Corp. 1970. 434
5 Kirk-Othmer. Encyclopedia of Chemical Technology 2nd ed. Vol. 13, Wiley. 659
6 R. R. Dreisbach. Advan. Chem. Ser. 1955, 15: 515
7 Sadtler Standard IR Grating Spectra. No. 10962
8 C. J. Pouchert. The Aldrich Library of Infrared Spectra. Aldrich Chemical Co. 1970. 174E
9 IRDC カード. No. 10852
10 E. Stenhagen et al. Atlas of Mass Spectral Data. Vol. 1, Wiley. 1969. 151
11 Varian Associate NMR Spectra. No. 83
12 Manufacturing Chemists'Assoc. Guide for Safety in the Chemical Laboratory. 2nd ed.. Van Nostrand Reinhold. 1972. 401
13 危険物・毒物取报いマニユアル. 海外技術資料研究所. 1974. 500
14 The Merck Index. **10**, 6137; **11**, 6194
15 张海峰主编. 危险化学品安全技术大典: 第1卷. 北京: 中国石化出版社, 2010

878. N-甲基吗啉

N-methylmorpholine

（1）分子式　$C_5H_{11}NO$。　　　相对分子质量　101.15。

（2）示性式或结构式

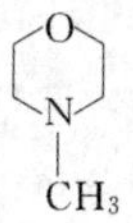

（3）外观　无色透明液体，有氨的臭味。

（4）物理性质

沸点(101.3kPa)/℃	114	蒸气压(20℃)/kPa	2.213
熔点/℃	−66	黏度(20℃)/mPa·s	0.90
相对密度(20℃/4℃)	0.919	闪点/℃	23
折射率(20℃)	1.4349		

（5）溶解性能　能与水、乙醇、苯混溶。

（6）用途　萃取溶剂、药物合成中间体、氯烃类的稳定剂。

（7）使用注意事项　*N*-甲基吗啉的危险特性属第 3.2 类中闪点易燃液体。危险货物编号：32109，UN 编号：2535。蒸气吸入对呼吸道有刺激性，与眼睛、皮肤接触有刺激作用，口服对人体有害。易燃，遇明火、高热、氧化剂接触有燃烧危险。受热分解放出有毒的氧化氮烟气。大鼠经口 LD_{50} 1960mg/kg。

参 考 文 献

1　CAS 109-02-4

2　EINECS 203-640-0

3　Beilstein. Handbuch der Organischen Chemie. H，27-6，E Ⅳ，27-22

4　The Merck Index. **11**，6194；**12**，6362

879. N-甲酰吗啉

N-formylmorpholine

（1）分子式　$C_5H_9NO_2$。　　　相对分子质量　115.13。

（2）示性式或结构式

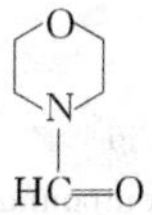

（3）外观　无色透明液体，略有氨味。

（4）物理性质

沸点(101.3kPa)/℃	236～237	折射率(20℃)	1.485
熔点/℃	20～23	闪点/℃	118
相对密度(25℃/4℃)	1.145		

（5）化学性质　具有酰胺一般化学性质，其水溶液在碱或酸存在条件下易水解成吗啉和甲酸。

（6）溶解性能　溶于水、苯等极性溶剂，其水溶液呈碱性。

（7）用途　芳烃及丁烯抽提溶剂，液相色谱溶剂。

（8）使用注意事项　无腐蚀，无毒害。

参 考 文 献

1 CAS 4394-85-8
2 EINECS 224-518-3
3 孙毓庆，胡育筑主编. 液相色谱溶剂系统的选择与优化. 北京：化学工业出版社，2008

880. *N*-乙基吗啉

N-ethylmorpholine

(1) 分子式　$C_6H_{13}NO$。　　　　相对分子质量　115.18。

(2) 示性式或结构式

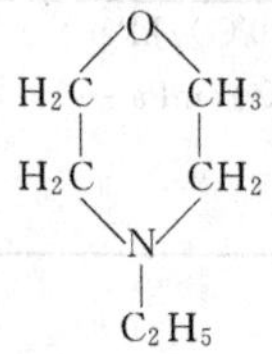

(3) 外观　无色液体，有氨味。

(4) 物理性质

沸点(101.3kPa)/℃	138	折射率(20℃)	1.4400
相对密度(20℃/20℃)	0.916	闪点/℃	29
(20℃/4℃)	0.8996		

(5) 化学性质　具有叔胺的化学性质（pK_a7.7）。

(6) 精制方法　蒸馏两次后通入氯化氢气体，将其转变为盐酸盐（极易吸湿），再用无水乙醇-丙酮（1：2）的混合液重结晶。

(7) 溶解性能　能与水、乙醇、乙醚混溶。溶于丙酮和苯。

(8) 用途　用作油脂、染料、树脂等的溶剂。也用作橡胶硫化促进剂，丁二烯聚合、共聚用催化剂，氨基甲酸酯聚合体制造用催化剂等。此外，*N*-乙基吗啉还可用作染料、医药、界面活性剂等的合成中间体。

(9) 使用注意事项　危险特性属第3.3类高闪点易燃液体。危险货物编号：33617。本品是一种比较稳定的化合物，但容易燃烧，对皮肤和眼有刺激作用。工作场所最高容许浓度 94mg/m^3。大鼠经口 LD_{50}为1.78g/kg。

参 考 文 献

1 CAS 100-74-3
2 EINECS 202-885-0
3 I. Mellan. Industrial Solvents Handbook. 3rd ed. Noyes Data Corp. 1970. 436
4 J. G. Grasselli. Atlas of Spectral Data and Physical Constants for Organic Compounds. CRC Press. 1973. B662
5 Sadtler Standard IR Prism Spectra. No. 11309
6 IRDC カード. No. 3570
7 A. Cornu and R. Massot. Complication of Mass Spectral Data. Heyden & Son. 1966. 34C
8 Manufacturing Chemists'Assoc. Guide for Safety in the Chemical Laboratory. Van Nostrand Reinhold. 1972. 379
9 H. F. Smyth, Jr. et al. Arch. Ind. Hvg. Occupational Med. 1954. 10：61

881. *N*-苯基吗啉

N-phenylmorpholine

(1) 分子式　$C_{10}H_{13}NO$。　　　　相对分子质量　163.22。

(2) 示性式或结构式

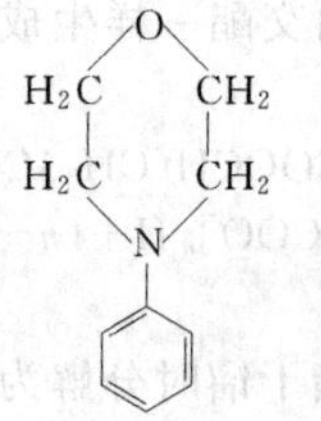

(3) 外观　无色固体。

(4) 物理性质

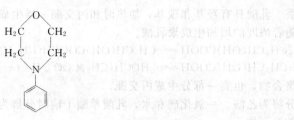

沸点(101.3kPa)/℃	268	闪点(开口)/℃	104
熔点/℃	57	蒸气压(20℃)/kPa	<0.013
相对密度(57℃/20℃)	1.06		

(5) 化学性质　pK_a3.20（25℃，水）。与苯甲醛发生缩合生成无色母体，重排得到孔雀绿型染料。由于吗啉基的存在使苯环邻对位活化，与硝酸作用得到邻、对位硝基化合物。对氧化比较稳定，用重铬酸氧化时只生成少量的甲醛。

(6) 精制方法　用水进行重结晶精制。

(7) 溶解性能　溶于乙醇、乙醚、难溶于水。

(8) 用途　用作防腐蚀添加剂、染料杀虫剂的中间体以及过氧化物分解时的催化剂等。

(9) 使用注意事项　*N*-苯基吗啉是一种相当稳定的化合物，不易着火。毒理作用与吗啉、*N*-乙基吗啉相似。大鼠经口 LD_{50} 为 930mg/kg。

参　考　文　献

1　CAS 92-53-5
2　EINECS 202-164-0
3　I. Mellan. Industrial Solvents Handbook. 3rd ed. Noyes Data Corp. 1970. 436
4　1万3千種化学薬品毒性データ集成. 海外技術資料研究所. 1974. 358
5　G. G. Hawley. Condenced Chemical Dictionay. 8th ed. Van Nostrand Reinhold. 1971. 683
6　Sadtler Standard IR Prism Spectra. No. 9170
7　Sadtler Standard NMR Spectra. No. 2380
8　W. B. Smith and B. A. Shoulders. J. Phys. Chem. 1965, 69: 579

882. 乳　酸

lactic acid [racemic lactic acid, *dl*-lactic acid, *α*-hydroxy propionic acid, 2-hydroxy propionic acid]

(1) 分子式　$C_3H_6O_3$。　　相对分子质量　90.08。

(2) 示性式或结构式

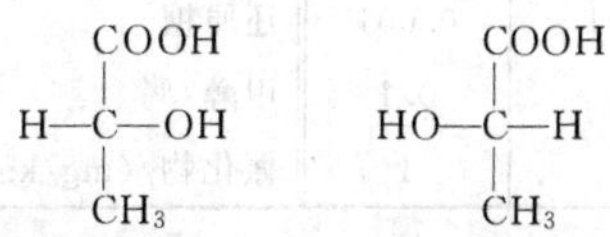

D(－)-乳酸；　　L(＋)-乳酸

(3) 外观　无色黏稠液体，有强烈的酸味。

(4) 物理性质

沸点(101.3kPa)/℃	119	介电常数(17℃)	22
熔点(DL-乳酸)/℃	16.8	燃烧热(25℃)/(kJ/mol)	1368.3
(D-,L-乳酸)/℃	52.8	比旋光度$[\alpha]_{5461}^{21-22}$ D-乳酸	－2.6
相对密度(25℃/4℃)	1.2060	L-乳酸	＋2.6
折射率(20℃)	1.4392		

(5) 化学性质 乳酸具有羟基和羰基，加热时和丙交酯一样生成线型聚酯。最初的酯化生成物为乳酰乳酸，随着浓度的增加生成聚乳酸。

$$2CH_3CH(OH)COOH \rightleftharpoons CH_3CH(OH)COOCH(CH_3)COOH + H_2O$$

$$nCH_3CH(OH)COOH \rightleftharpoons [HOCH(CH_3)COO]_n H + (n-1)H_2O$$

大部分生成线型聚合物，也有一部分生成丙交酯。

乳酸干馏时分解为乙醛、一氧化碳和水。乳酸单酯干馏时分解为乙醛和一氧化碳，在催化剂存在下变成乳酸的聚合物。

$$nCH_3CH(OH)COOR \xrightleftharpoons{H^+} HO[CH(CH_3)COO]_n R + (n-1)ROH$$

但乳酸二酯类干馏时生成丙烯酸酯和乙酸。

$$CH_3CH(OOCCH_3)COOR \xrightarrow{550℃} CH_2{=}CHCOOR + CH_3COOH$$

乳酸具有一般有机酸的性质，其盐类可溶于水。能与多数醇生成酯。为了抑制乳酸聚合物的生成，可以使用过量的醇。乳酸分子中的羟基，也可以与有机酸、酸酐、酰氯等反应生成酯。与稀硫酸一同加热时，分解成甲酸和乙醛。

(6) 精制方法 乳酸具有很强的吸湿性，浓缩时部分乳酸变成酸酐，加热时自身容易发生酯化反应。因此，即使在减压下蒸馏，要得到纯品也是困难的。精制时在13.3Pa压力下分馏，馏出物用等量乙醚与异丙醚的混合物进行溶解，在冰盐温度下冷却结晶。过滤后再重复结晶两次。也可以在干冰的温度下进行结晶。溶剂也可用含5%石油醚（b. p. 60～80℃）的等量苯和乙醚的混合溶剂。

(7) 溶解性能 溶于水及乙醇、丙酮、甘油等水溶性有机溶剂。与醚完全混溶，能溶解甲基纤维素。但不溶于氯仿、石油醚、二硫化碳等。

(8) 用途 用作吩嗪蓝、醇溶天蓝等非水溶性染料的溶剂。在食品工业中用作一般的酸味剂、杀菌剂、防腐剂、防霉剂等。染色工业中用作媒染剂和溶剂。皮革工业中用作脱灰剂等。

(9) 使用注意事项 乳酸属低毒类，大鼠经口 LD_{50} 为3.73g/kg。豚鼠经口 LD_{50} 为1.81g/kg。无蓄积作用，但每日经口给大鼠大剂量（1.5g/kg）乳酸，引起体重下降、贫血、血中二氧化碳含量增加。乳酸浓溶液能使皮肤发生灼伤，使眼角膜发生浑浊、坏疽，使用时要注意保护皮肤和眼睛。

(10) 规格 GB 2023—2003 食用乳酸（P42）

项目		L-(+)-乳酸	DL-乳酸	项目		L-(+)-乳酸	DL-乳酸
L(+)乳酸占总酸/%	≥	95	—	重金属(以Pb计)/(mg/kg)	≤	10	10
色度(APHA)	≥	50	150	钙盐		合格	合格
乳酸/%	≤	80～90	80～90	易炭化物质		合格	—
氯化物(以 Cl^- 计)/%	≤	0.002	0.002	醚中溶解度		合格	合格
硫酸盐(以 SO_4^{2-} 计)/%	≤	0.005	0.005	柠檬酸、草酸、磷酸、酒石酸		合格	好
铁盐(以Fe计)/%	≤	0.001	0.001	还原糖		合格	合格
灼烧残渣/%	≤	0.1	0.1	甲醇/%	≤	0.2	—
砷(以As计)/%	≤	1	1	氰化物/(mg/kg)	≤	5	5

(11) 附表

表 2-11-55 乳酸水溶液的黏度和密度（25℃）

乳酸浓度/%	黏度/(mPa·s)	密度/(g/cm³)	乳酸浓度/%	黏度/(mPa·s)	密度/(g/cm³)
0	0.89		64.89	6.96	1.1518
9.16	1.15	1.0181	75.33	13.03	1.1748
24.35	1.67	1.0545	85.32	28.50	1.1948
45.48	3.09	1.1054			

表 2-11-56 乳酸在水与溶剂之间的分配

（C_w：水层中的浓度，C_S：溶剂中的浓度，$K=C_w/C_S$）

溶剂	C_w	K	溶剂	C_w	K
丁醇	1.34	1.37	乙酸乙酯	1.77	4.07
异丁醇	1.41	1.60	乙酸丁酯	2.00	8.2
戊醇	1.65	2.45	乙酸环己酯	2.08	13.0
异戊醇	1.59	2.22	碳酸乙酯	2.12	21.0
苄醇	1.63	2.33	乳酸丁酯	2.56	1.88
环己醇	2.60	1.74	甲基异丁基甲酮	3.55	7.9
乙醚	1.88	9.8	二异丁基甲酮	2.22	36.0
二异丙醚	2.27	35	亚异丙基丙酮	1.84	3.76
氯仿	1.87	100	环己酮	2.26	1.87
硝基乙烷	1.81	11.0	糠醛	1.84	3.32
蒎烯	1.87	80			

参 考 文 献

1 CAS 50-21-5
2 EINECS 200-018-0
3 Kirk-Othmer. Encyclopedia of Chemical Technology. 2nd ed. Vol. 12. Wiley. 170
4 H. Borsook et al.. J. Biol. Chem. 1933，102：449
5 R. C. Weast. Handbook of Chemistry and Physics 54th ed. CRC Press. 1973. C-450
6 R. C. Weast. Handbook of Chemistry and Physics 54th ed. CRC Press. 1973. E-55
7 R. C. Weast. Handbook of Chemistry and Physics 54th ed. CRC Press. 1973. D-224
8 J. Bolard. J. Chem. Phys. 1965，62：887
9 O. Burkard and L. Kahovec. Monatsh. Chem. 1938，71：333
10 I. Peyohès. Bull. Soc. Chim. 1935，2：2195
11 R. J. Abraham and K. G. R. Pachler. Mol. Phys. 1963，64. 7：165
12 W. W. Simons and M. Zanger. The Sadtler Guide to NMR Spectra. Sadtler Research Lab. 1972. 58
13 Beilstein. Handbuch der Organischen Chemie，EⅢ. 3-442，448
14 R. A. Troupe，W. L. Aspy and P. R. Schrodt. Ind. Eng. Chem. 1951，43：1143
15 R. H. Leonard，W. H. Peterson and M. J. Johnson. Ind. Eng. Chem. 1948，40：57
16 The Merck Index. **10**，5173；**11**，5215

883. 乳酸甲酯

methyl lactate

(1) 分子式　$C_4H_8O_3$。　　　　相对分子质量　104.10。

(2) 示性式或结构式　$CH_3CH(OH)COOCH_3$

(3) 外观　无色液体，具有特殊的温和芳香气味。

(4) 物理性质

沸点(101.3kPa)/℃	144.8	闪点/℃	51.7
熔点/℃	−66	燃烧热/(kJ/kg)	2082
相对密度(20℃/4℃)	1.0939	蒸气压(42℃)/kPa	1.33
折射率(20℃)	1.4139		

(5) 化学性质　乳酸甲酯可溶于水，但易被水分解。常压下蒸馏含有水的乳酸甲酯时，除相当一部分水解生成乳酸和甲醇外，尚有部分发生聚合。水解速度比乳酸乙酯快两倍。乳酸甲酯与氯化钙形成分子化合物。在真空干燥器中保存时发生缩合，生成丙交酯。乳酸甲酯在加热或光照下用空气氧化，或将乳酸甲酯与氧一起通过灼热的五氧化二磷时，生成丙酮酸甲酯。

乳酸甲酯在硫酸存在下特别容易发生缩合反应，生成高分子化合物。与烯酮一起加热至

550℃生成丙烯酸甲酯。与氨反应分解生成乳酸酰胺与甲醇。乳酸甲酯加热时分解为乙醛、一氧化碳和甲醇。

(6) 精制方法　乳酸甲酯易水解，常含有游离的乳酸、甲醇和水等杂质。游离的酸可用碱中和后洗涤除去。水分可通过与苯组成的共沸混合物进行共沸蒸馏除去。然后在减压下蒸馏精制。由于氯化钙等与乳酸甲酯形成分子化合物，故不能用作干燥剂。乳酸甲酯与水混合时，可用苯、乙醚等萃取回收。与其他液体混合时，一般用蒸馏的方法回收。

(7) 溶解性能　能与水及大多数有机溶剂混溶，能溶解硝酸纤维素与醋酸纤维素。

(8) 用途　用作硝酸纤维素、醋酸纤维素、醋酸丁酸纤维素、醋酸丙酸纤维素以及纤维素醚的溶剂。作硝酸纤维素漆和涂料的溶剂时，可提高涂料的抗发白性和延展性。

(9) 使用注意事项　危险特性属第3.3类高闪点易燃液体。危险货物编号：33602。乳酸甲酯为可燃性物质，应避免接触火源，置阴凉处贮存。对铁、软钢或铝制容器无腐蚀性，但铜可被乳酸甲酯分解产生的乳酸腐蚀。乳酸甲酯的蒸气对黏膜刺激性小，但高浓度蒸气有麻醉性，一般使用条件下没有危害性。

(10) 附表

表 2-11-57　含乳酸甲酯的二元共沸混合物

第二组分	共沸点/℃	乳酸甲酯/%	第二组分	共沸点/℃	乳酸甲酯/%
辛烷	120.3	30	1,2,4-三甲基苯	<143.0	<90
2,5-二甲基己烷	<108.5	<17	1,3,5-三甲基苯	141.0	80
2,7-二甲基辛烷	137.8	68	溴代乙烯	130.0	18
α-萜品烯	<142.5	<88	碘丁烷	<128.5	>20
α-蒎烯	135.5	63	碘代异丁烷	<120	>6
β-蒎烯	138.5	70	碘代异戊烷	139.0	52
莰烯	137.0	67	四氯乙烯	120.0	10
乙苯	129.0	38	溴苯	141.5	22
邻二甲苯	133.5	50	苯乙烯	134.0	52
间二甲苯	131.2	42.5	环戊醇	<140.2	<81
对二甲苯	130.2	42	二丁醚	137.0	42
丙苯	140.0	73	硝酸异戊酯	141.2	68
异丙苯	137.8	62	二丙基甲酮	142.7	47
乙酸异戊酯	138.5	44	丁酸丙酯	138.5	45
乙酸-2-甲基乙酯	143.2	55	异丁酸异丁酯	141.5	70
氯代乙酸乙酯	140.4	51	戊酸乙酯	140.0	58
丙酸丁酯	140.5	60	己酸	141.7	70
丙酸异丁酯	135.8	40	丙硫醚	<138.0	<40

(11) 附图

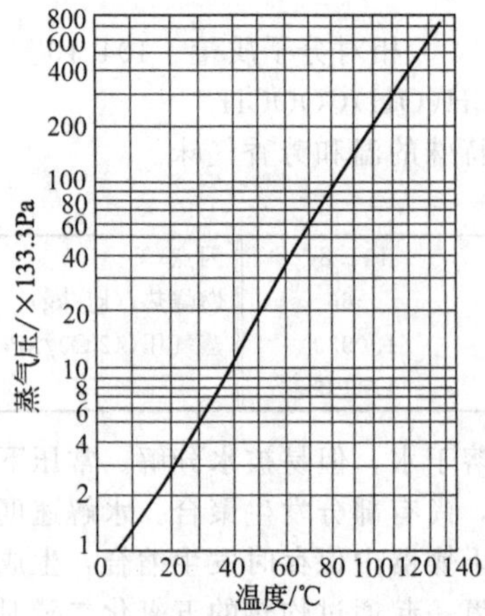

图 2-11-34　乳酸甲酯的蒸气压

参 考 文 献

1 CAS 547-64-8
2 EINECS 208-930-0
3 R. C. Weast. Handbook of Chemistry and Physics. 54th ed. CRC Press. 1973. C-450
4 Kirk-Othmer. Encyclopedia of Chemical Technology. 2nd ed. Vol. 12. Wiley. 185
5 I. Mellan. Industrial Solvents, 2nd ed. Van Nostrand Reinhold. 1953. 735
6 Beilsein. Handbuch der Organischen Chemie. E Ⅲ. 3-470, 205

884. 乳酸乙酯

ethyl lactate [ethyl-α-hydroxy propionate]

(1) 分子式 $C_5H_{10}O_3$。　　相对分子质量 118.13。

(2) 示性式或结构式 $CH_3CH(OH)COOC_2H_5$

(3) 外观 无色无臭液体，工业品有丁酸乙酯的气味。

(4) 物理性质

沸点(101.3kPa)/℃	154.5	闪点(闭口)/℃	47
熔点/℃	−26	蒸发热(25℃)/(kJ/mol)	49.4
相对密度(20℃/4℃)	1.0348	燃烧热/(kJ/mol)	2741.1
折射率(20℃)	1.4132	蒸气压(51℃)/kPa	1.33
黏度(20℃)/mPa·s	2.61	体膨胀系数/K^{-1}	0.00098
表面张力(20℃)/(mN/m)	29.20		

(5) 化学性质 乳酸乙酯溶于水，但可被水分解，水解速度比乳酸甲酯慢。含有水分的乳酸乙酯在加热时游离出乳酸和乙醇。乳酸乙酯含有不对称碳原子，因此具有两种光学异构体。在真空干燥器中保存时发生双分子缩合生成丙交酯。乳酸乙酯在催化剂存在下加热至200～300℃，或者在光照的同时用空气氧化，发生脱氢反应生成丙酮酸乙酯。将乳酸乙酯的蒸气与氧一起通过加热的五氧化二磷时，也生成丙酮酸乙酯。

乳酸乙酯加热时发生热解生成乙醛、一氧化碳和乙醇。在氨存在下加热，生成乳酸酰胺和乙醇。在硫酸存在下缩合生成高分子化合物。

(6) 精制方法 由于乳酸乙酯比较容易水解，故常含有水分、游离的乳酸和乙醇，也可能含有丙交酯和内酯。精制时先用氢氧化钾或消石灰中和游离的酸。洗涤后用无水碳酸钾进行干燥，然后分馏。乳酸乙酯中所含水分可加入苯进行共沸蒸馏除去。为了减少蒸馏时发生分解，可进行减压蒸馏。

(7) 溶解性能 能与水及大多数有机溶剂混溶。能溶解硝酸纤维素、醋酸纤维素、醇酸树脂、贝壳松脂、马尼拉树脂、松香、虫胶、乙烯树脂等，但溶解速度比乙酸丁酯慢。

(8) 用途 用作硝酸纤维素和醋酸纤维素的溶剂。因与碱性颜料作用会变色，故用作硝酸纤维素漆及其他涂料用溶剂时，要注意选择颜料。乳酸乙酯还可用作片剂的润滑剂。

(9) 使用注意事项 危险特性属第3.3类高闪点易燃液体。危险货物编号：33602，UN编号：1192。为可燃性物质，应远离火源及强氧化剂。着火时用二氧化碳、四氯化碳及粉末灭火剂灭火，不宜用水，对铁、软钢和铝制容器无腐蚀性，但水解生成的乳酸对铜有腐蚀性。属低毒类。一般条件下使用无危险。

(10) 规格 GB 8317—2006 食用乳酸乙酯

项　目		指　标	项　目		指　标
相对密度(25℃/25℃)		1.029～1.032	酯含量/%	≥	98.0
折射率(20℃)		1.410～1.420	砷(As)含量/%	≤	0.0002
酸值/(mgKOH/g)	≤	1.0	重金属含量(以Pb计)/%	≤	0.001

（11）附表

表 2-11-58 含乳酸乙酯的二元共沸混合物

第二组分	共沸点/℃	乳酸乙酯/%	第二组分	共沸点/℃	乳酸乙酯/%
五氯乙烷	153.45	65	间二甲苯	137.0	10
1,2,3-三氯丙烷	153.50	85	异戊酸丙酯	150.0	60
碘代异戊烷	146.0	<25	异丙基苯	143.5	48
溴苯	149.7	53	1,3,5-三甲基苯	150.05	73
环己酮	153.55	66	丙基苯	147.0	58
环己醇	153.75	95	1,2,4-三甲基苯	152.4	73
邻氯甲苯	152.0	65	莰烯	144.95	55
苯甲醚	150.0	56	α-蒎烯	143.1	49.8
己酸甲酯	<150.0	<32	2,7-二甲基辛烷	146.0	60
苯乙烯	140.5	25			

（12）附图

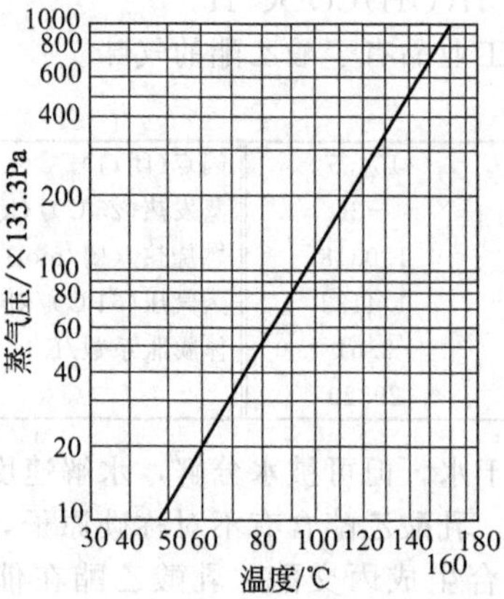

图 2-11-35 乳酸乙酯的蒸气压

参 考 文 献

1 CAS 687-47-8
2 EINECS 211-694-1
3 R. C. Weast. Handbook of Chemistry and Physics 54th ed. CRC Press，1973. C-450
4 Kirk-Othmer. Encyclopedia of Chemical Technology 2nd ed. Vol. 12. Wiley. 185
5 C. Marsden. Solvents Guide. 2nd ed. Cleaver-Hume，1963. 298
6 A. Weissberger. Organic Solvents 3rd ed. Wiley. 491
7 H. Engelhard et al. Ann. Chem. 1949. 563：239
8 A. K. Doolittle. Ind. Eng. Chem. 1935. 27：1172
9 Beilstein. Handbuch der Organischen Chemie. H，3-264；E Ⅳ，3-446
10 The Merck Index. **10**，3762；**11**，3773

885. 乳酸丁酯

butyl lactate

（1）分子式 $C_7H_{14}O_3$。 相对分子质量 146.18。

（2）示性式或结构式 $CH_3CH(OH)COOC_4H_9$

（3）外观 无色液体，有微弱的酯气味。

(4) 物理性质

沸点(101.3kPa)/℃	185	表面张力(20℃)/(mN/m)	30.6
熔点/℃	−43	闪点/℃	71
相对密度(20℃/4℃)	0.9837	蒸发热(20℃)/(kJ/kg)	324.0
折射率(20℃)	1.4217	蒸气压(75℃)/kPa	1.33
黏度(20℃)/mPa·s	3.58	体膨胀系数/K^{-1}	0.00099

(5) 化学性质　乳酸丁酯难溶于水，也不易水解。在180℃长时间通入空气时，逐渐被氧化为丙酮酸。在铜-铬催化剂存在下，225℃15～20MPa下加氢时，生成丙二醇。与氨反应生成乳酸酰胺和丁醇。

(6) 精制方法　将乳酸丁酯进行中和、水洗以除去酸性物质及其他水溶性杂质，干燥后精馏。

(7) 溶解性能　能与烃类、油脂混溶。溶解能力与乳酸乙酯类似，对极性小的树脂有良好的溶解能力。能溶解硝酸纤维素、醋酸纤维素、天然树脂与合成树脂等。与其他溶剂配合使用可提高涂膜的光泽、黏结性和增塑性能。20℃时在水中溶解4.0%；25℃时溶解3.4%。水在乳酸丁酯中20℃时溶解14.5%；25℃时溶解13%。

(8) 用途　用作硝酸纤维素漆、印刷油墨、天然及合成树脂等的溶剂。也用于干洗液、黏结剂、防结皮剂和香料等。

(9) 使用注意事项　为可燃性物质，应远离火源，置阴凉处密封贮存。对金属无腐蚀，可用铁、软钢或铝制容器贮存。本品常温时蒸气压低，毒性低，一般使用条件下无危险。但蒸气有麻醉性，使用加热的乳酸丁酯时应加注意。大鼠皮下注射 LD_{50} 为12.0g/kg。中毒动物表现呼吸困难、虚脱、反射消失等症状。工作场所最高容许浓度25mg/m^3（美国）。

(10) 附图

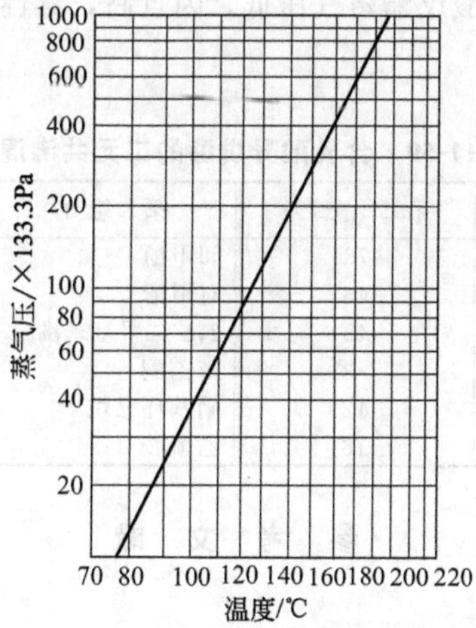

图2-11-36　乳酸丁酯的蒸气压

参 考 文 献

1 CAS 138-22-7

2 EINECS 205-316-4

3 I. Mellan. Industrial Solvents, 2nd ed. Van Nostrand Reinhold. 1953. 735

4 Kirk-Othmer. Encyclopedia of Chemical Technology. 2nd ed. Vol. 12. Wiley. 185

5 A. K. Doolittle. Ind. Eng. Chem. 1935, 27: 1172

6 Beilstein, Handbuch der Organischen Chemie. EⅡ, 3-207; EⅣ, 3-649

886. 乳酸戊酯

pentyl lactate [amyl lactate]

(1) 分子式　$C_8H_{16}O_3$。　　　相对分子质量　160.21。

(2) 示性式或结构式

$$\underset{\displaystyle OH}{CH_3\overset{|}{C}HCOOC_5H_{11}}$$

乳酸戊酯

$$CH_3\underset{\displaystyle OH}{CH}COOCH_2CH_2\underset{\displaystyle CH_3}{CH}CH_3$$

乳酸异戊酯

(3) 外观　无色或浅黄色液体，具有白兰地酒的气味。

(4) 物理性质

沸点(*n*)(5.33kPa)/℃	112	折射率(*n*)(25℃)	1.4254
(*iso*)(0.93kPa)/℃	82	(*iso*)(25℃)	1.4240
相对密度(*n*)(20℃)	0.952	闪点(*n*)/℃	79
(*iso*)(25℃)	0.9614		

(5) 化学性质　不溶于水，也难以发生水解。将乳酸戊酯加热至沸点通入空气，仅部分发生分解，生成丙酮酸戊酯。与氨反应生成乳酸酰胺和戊醇。

(6) 精制方法　乳酸戊酯比较稳定，与水不混溶，也不形成共沸混合物。精制时将游离的酸用碱中和，水洗后蒸馏精制。

(7) 溶解性能　不溶于水，可与醇、酮、酯、烃类混溶。能溶解玷玶树脂、乳香树脂、硝酸纤维素、虫胶、甘油三松香酸酯、香豆酮树脂等。乳酸戊酯与醇混合后可以溶解醇酸树脂和邻苯二甲酸甘油酯。

(8) 用途　用作各种纤维素的增塑剂，硝酸纤维素漆的溶剂。由于乳酸戊酯蒸发速度慢，可以推迟硝酸纤维素漆的干燥时间。

(9) 使用注意事项　由于乳酸戊酯蒸气压低，闪点高，毒性小，是一种安全的溶剂。但要防止和热的溶剂直接接触。

(10) 附表

表 2-11-59　含乳酸异戊酯的二元共沸混合物

第二组分	共沸点/℃	第二组分/%	第二组分	共沸点/℃	第二组分/%
苄基溴	197.6	73	间甲酚	207.6	50
α,α-二氯甲苯	202.4	45	对甲酚	207.25	48
马来酸二甲酯	200	45	2,4-二甲基苯酚	212.2	<30
二甘醇	<201	>38	苯乙酮	201.7	48
苯酚	203.5	12	硝基环己烷	<201	>28
邻甲酚	204.2	18	乙酰胺	<196	<28

参考文献

1　CAS 19329-89-6

2　EINECS 242-966-8

3　Beilstein. Handbuch der Organischen Chemie. E Ⅲ，3-484

4　I. Mellan. Industrial Solvents，2nd ed. Van Nostrand Reinhold. 1953. 735

5　L. H. Horsely. Advan. Chem. Ser. No. 6 (1952)

887. 2-糠酸甲酯 [2-呋喃甲酸甲酯]

methyl 2-furoat [2-furan carboxylic acid methyl ester]

(1) 分子式　$C_6H_6O_3$。　　　相对分子质量　126.11。

(2) 示性式或结构式 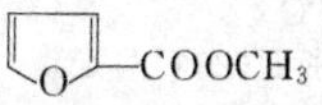

(3) 外观 无色液体，见光渐变黄，有令人愉快气味。

(4) 物理性质

沸点(101.3kPa)/℃	181～184	折射率(20℃)	1.487
相对密度(20℃/4℃)	1.178	闪点/℃	73

(5) 溶解性能 溶于乙醇、乙醚，微溶于水。

(6) 用途 溶剂、有机合成中间体。

(7) 使用注意事项 具有刺激性、催泪性，蒸气对眼睛、皮肤有刺激性。

参 考 文 献

1 CAS 611-13-2

2 EINECS 210-254-6

3 Beilstein. Handbuch der Organischen Chemie. H，18-274

4 The Merck Index. **12**，4329

888. 呋喃甲酸乙酯［糠酸乙酯］

ethyl furoate [α-furoic acid ethyl ester]

(1) 分子式 $C_7H_8O_3$。 相对分子质量 140.14。

(2) 示性式或结构式

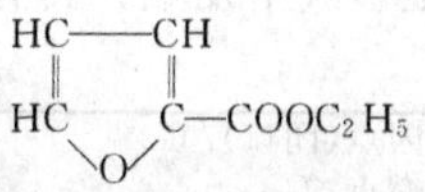

(3) 外观 白色叶状结晶，受热至熔点以上为浅黄色液体。

(4) 物理性质

沸点(101.3kPa)/℃	196	折射率(20.8℃)	1.4797
熔点/℃	34	闪点/℃	70
相对密度(20.8℃/4℃)	1.1174		

(5) 溶解性能 溶于乙醇，不溶于水。遇水易分解。

(6) 用途 溶剂、有机合成中间体。

参 考 文 献

1 CAS 614-99-3

2 EINECS 210-404-2

3 Beilstein. Handbuch der Organischen Chemie. H，18-275；EV，6-104

4 The Merck Index. **12**，4329

889. 甘氨酸［氨基乙酸］

glycine [aminoacetic acid]

(1) 分子式 $C_2H_5NO_2$。 相对分子质量 75.07。

(2) 示性式或结构式 NH_2CH_2COOH

(3) 外观 白色或结晶性粉末，有甜味。

(4) 物理性质

溶解度(0℃,水)/%	14.18	熔点/℃	232～236
(25℃,水)/%	24.99	相对密度(20℃/4℃)	1.1607
(50℃,水)/%	39.10		
(75℃,水)/%	54.39		
(100℃,水)/%	67.17		

(5) 溶解性能　不溶于乙醇、乙醚等有机溶剂，微溶于吡啶，溶于水。

(6) 用途　食品添加剂、pH值调节剂、生化试剂、化肥工业中作脱除二氧化碳的溶剂、有机合成中间体。

(7) 使用注意事项　无毒，无腐蚀性。

参 考 文 献

1 CAS 56-40-6

2 EINECS 200-272-2

3 Beilstein. Handbuch der Organischen Chemie. H，4-333；E Ⅳ，4-2349

4 The Merck Index. **10**，4354；**11**，4386

890. 乙 酰 氯

acetyl chloride [ethanoyl chloride]

(1) 分子式　C_2H_3ClO。　　　　相对分子质量　78.50。

(2) 示性式或结构式　CH_3COCl

(3) 外观　无色液体，有刺激性气味。在潮湿空气中发烟，具有催泪作用。

(4) 物理性质

沸点(101.3kPa)/℃	52	闪点(闭口)/℃	4.44
熔点/℃	−113	燃点/℃	390
相对密度(20℃/4℃)	1.1051	表面张力(14.8℃)/(mN/m)	26.7±1.0
折射率(20℃)	1.3886	(46.2℃)/(mN/m)	21.9

(5) 化学性质　乙酰氯的化学性质非常活泼，能进行很多化学反应，生成乙酰化物和氯化物，是有效的乙酰化剂。遇水或乙醇发生激烈反应，分解放出氯化氢。

(6) 溶解性能　能溶于丙酮、冰醋酸、乙醚、苯、甲苯、氯仿和二硫化碳。

(7) 用途　用作农药和医药的原料、溶剂。

(8) 使用注意事项　危险特性属第3.2类中闪点易燃液体。危险货物编号：32119，UN编号：1717。有强腐蚀性与刺激性，使用时要极为小心。与空气混合能组成爆炸性气体。有溅洒、漏泄时应立即用小苏打中和处理。

参 考 文 献

1 CAS 75-36-5

2 EINECS 200-865-6

3 Beil.，**2**，173

4 The Merck Index. **13**，87

5 《化工百科全书》编辑委员会，化学工业出版社《化工百科全书》编辑部编. 化工百科全书：第2卷，北京：化学工业出版社，1991

891. 氯乙酰氯

chloroacetyl chloride

(1) 分子式　$C_2H_2Cl_2O$。　　　　相对分子质量　112.94。

(2) 示性式或结构式　$ClCH_2COCl$

(3) 外观　无色透明液体。

(4) 物理性质

沸点(101.3kPa)/℃	106	相对密度(20℃/4℃)	1.4202
熔点/℃	−21.8	折射率(20℃)	1.4541

(5) 溶解性能　能与乙醚混溶，溶于丙酮。遇水、醇分解。

(6) 用途　酰化剂、萃取溶剂、有机合成中间体。

(7) 使用注意事项　危险特性属第 8.1 类酸性腐蚀品。危险货物编号：81118，UN 编号：1752。有毒，刺激眼睛和黏膜。吸入、口服或与皮肤接触有毒。具有强腐蚀性，能引起严重烧伤。对水生物极毒。

参考文献

1 CAS 79-04-9
2 EINECS 201-171-6
3 Beil., **2**, 199; **2** (4), 488
4 The Merck Index. **12**, 2107

892. 二甲氨基甲酰氯

dimethyl carbamoyl chloride

(1) 分子式　C_3H_6ClNO。　　相对分子质量　107.54。

(2) 示性式或结构式　$(CH_3)_2NCOCl$

(3) 外观　无色或黄色液体，有异味

(4) 物理性质

沸点(101.3kPa)/℃	168	折射率(20℃)	1.4540
熔点/℃	−33	闪点/℃	68
相对密度(20℃/4℃)	1.168		

(5) 溶解性能　不与水混溶。

(6) 用途　溶剂、有机合成。

(7) 使用注意事项　危险特性属第 8.1 类酸性腐蚀品。危险货物编号：81119，UN 编号：2262。与水发生反应放出氯化氢烟雾。可燃。遇高热、火焰或与氧化剂接触有燃烧危险。催泪剂。对皮肤、眼睛和黏膜有腐蚀性。

参考文献

1 CAS 79-44-7
2 EINECS 201-208-6
3 Beil., **4**, 73

893. 氯甲基甲醚［氯甲醚］

chloromethyl methyl ether [chloromethyl ether]

(1) 分子式　C_2H_5ClO。　　相对分子质量　80.85。

(2) 示性式或结构式　CH_3OCH_2Cl

(3) 外观　无色或略带黄色易挥发性液体，带有刺激味。

(4) 物理性质

沸点(101.3kPa)/℃	59	相对密度(20℃/4℃)	1.06～1.09
熔点/℃	−103.5	折射率(20℃)	1.39737

(5) 溶解性能　溶于大多数有机溶剂，遇微量水即水解。

(6) 用途　有机合成中间体、溶剂。

(7) 使用注意事项　属剧毒化学品。致癌物。属高毒物品。危险特性属第 3.2 类中闪点易燃液体。危险货物编号：32089，UN 编号：1239。为致癌物。吸入高浓度氯甲基甲醚后，立即产生流泪、咽痛、剧烈呛咳、胸闷、呼吸困难，并有发热、寒战症状，脱离环境后逐渐好转。工作场所空气中有毒物质最高容许浓度为 0.005mg/m³。

(8) 规格　HG/T 2543—93 (2004)　工业用氯甲基甲醚

项目	指标		项目	指标	
	一等品	合格品		一等品	合格品
总氯量/%	42.0	40.0	蒸馏试验(0℃,101.3kPa)		
密度(ρ_{20})/(g/cm³)	1.065～1.075	1.065～1.085	55～59.5℃馏出体积/mL	75	60

参 考 文 献

1 CAS 107-30-2

2 EINECS 203-480-1

3 Beil., **1**, 580

4 The Merck Index. **13**, 2165

5 《化工百科全书》编辑委员会，化学工业出版社《化工百科全书》编辑部编. 化工百科全书：第 11 卷. 北京：化学工业出版社，1996

894. 双(氯甲基)醚

bis (chloromethyl) ether [dichlorodimethyl ether]

(1) 分子式　$C_2H_4Cl_2O$。　　相对分子质量　114.96。

(2) 示性式或结构式　$ClCH_2OCH_2Cl$

(3) 外观　无色透明挥发性液体。

(4) 物理性质

沸点(101.3kPa)/℃	106
熔点/℃	−41.5
相对密度(20℃/4℃)	1.315
折射率(20℃)	1.4346

(5) 溶解性能　溶于乙醇和丙酮，遇水分解为甲醛和氯化氢。

(6) 用途　有机合成的原料、溶剂。

(7) 使用注意事项　属剧毒化学品。致癌物。危险特性属第 6.1 类毒害品。危险货物编号：61086，UN 编号：2249。对眼睛和呼吸系统有强烈刺激性。

参 考 文 献

1 CAS 542-88-1

2 EINECS 208-832-8

3 The Merck Index. **12**, 3119

4 《化工百科全书》编辑委员会，化学工业出版社《化工百科全书》编辑部编. 化工百科全书：第 11 卷. 北京：化学工业出版社，1996

895. 间氯硝基苯

m-chloronitrobenzene [*m*-nitrochlorobenzene]

(1) 分子式　$C_6H_4ClNO_2$。　　相对分子质量　157.56。

(2) 示性式或结构式

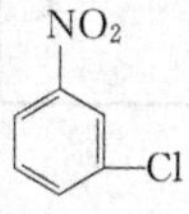

(3) 外观　浅黄色结晶。

沸点(101.3kPa)/℃	236
熔点/℃	46
相对密度(20℃/4℃)	1.534
闪点/℃	103

(4) 溶解性能　不溶于水，溶于乙醇、乙醚等多数有机溶剂。

(5) 用途　溶剂、有机合成中间体。

(6) 使用注意事项　危险特性属第 6.1 类毒害品。危险货物编号：61678，UN 编号：1578。参照邻氯硝基苯、对氯硝基苯。

参 考 文 献

1　CAS 121-73-3
2　EINECS 204-496-1
3　Beil.，**5**，243
4　The Merck Index. **13**，2170
5　张海峰主编. 危险化学品安全技术大典：第 1 卷. 北京：中国石化出版社，2010

896. 邻氯硝基苯

o-chloronitrobenzene [*o*-nitrochlorobenzene]

(1) 分子式　$C_6H_4ClNO_2$。　　相对分子质量　157.56。

(2) 示性式或结构式

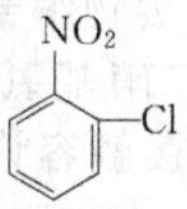

(3) 外观　黄色或浅黄色单斜晶体。

(4) 物理性质

沸点(101.3kPa)/℃	246	相对密度(22℃/4℃)	1.368
熔点/℃	33	蒸气压(119℃)/kPa	1.07
闪点/℃	123		

(5) 溶解性能　微溶于水，溶于乙醇、乙醚、丙酮、苯等有机溶剂。

(6) 用途　溶剂，农药、医药、染料中间体。

(7) 使用注意事项　危险特性属第 6.1 类毒害品。危险货物编号：61678，UN 编号：1578。遇明火、高热可燃烧。与强氧化剂发生反应。受高热分解，产生有毒的氮氧化物和氯化物气体。有腐蚀性。可通过呼吸道、消化道、皮肤吸收，侵入人体。对黏膜和皮肤有刺激作用，并引起高铁血红蛋白血症，从而引起组织缺氧。对水生物有毒，可致使水生物环境长期有害的结果。

（8）规格　GB/T 1653—2006　邻硝基氯苯

指标名称		优等品	合格品	指标名称		优等品	合格品
外观		浅黄色至黄色熔铸体或油状液体		对硝基氯苯/%	≤	0.20	0.30
干品结晶点/℃	≥	31.7	31.5	高沸物/%	≤	0.10	0.20
邻硝基氯苯/%	≥	99.5	99.0	2,4-二硝基氯苯/%	≤	0.05	0.10
低沸物/%	≤	0.10	0.20	水分/%	≤	0.10	0.20
间硝基氯苯/%	≤	0.10	0.20				

参 考 文 献

1 CAS 88-73-3
2 EINECS 201-854-9
3 Beil.，**5**，241
4 The Merck Index. **13**，2170
5 张海峰主编. 危险化学品安全技术大典：第1卷. 北京：中国石化出版社，2010

897. 对氯硝基苯

p-chloronitrobenzene [*p*-nitrochlorobenzene]

（1）分子式　$C_6H_4ClNO_2$。　　相对分子质量　157.56。

（2）示性式或结构式

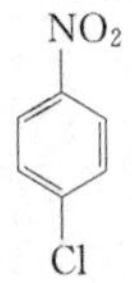

（3）外观　浅黄色晶体。

（4）物理性质

沸点(101.3kPa)/℃	242	相对密度(90℃/4℃)	1.2979
熔点/℃	83～84	蒸气压(38℃)/kPa	0.03
闪点/℃	127		

（5）溶解性能　难溶于水，微溶于冷乙醇，溶于热乙醇、乙醚、丙酮和苯等有机溶剂。

（6）用途　溶剂，染料、农药中间体。

（7）使用注意事项　危险特性属第6.1类毒害品。危险货物编号：61678，UN编号：1578。遇明火、高热可燃烧，与强氧化剂发生反应。对硝基氯苯/二硝基氯苯属高毒物品。工作场所空气中有毒物质时间加权平均容许浓度为$0.6mg/m^3$；短时间接触容许浓度为$1.8mg/m^3$。参照邻氯硝基苯。

（8）规格　GB/T 1653—2006　对硝基氯苯

指标名称		优等品	一等品	合格品
外观		浅黄色至黄色熔铸体		
干品结晶点/℃	≥	82.4	82.0	81.5
对硝基氯苯/%	≥	99.5	99.0	98.5
低沸物/%	≤	0.10	0.20	0.20
间硝基氯苯/%	≤	0.20	0.30	0.50
邻硝基氯苯/%	≤	0.20	0.30	0.50
2,4-二硝基氯苯/%	≤	0.05	0.10	0.10
水分/%	≤	0.10	0.20	0.20

参 考 文 献

1 CAS 100-00-5

2 EINECS 202-809-6
3 Beil.，**5**，243
4 The Merck Index. **13**，2170
5 张海峰主编. 危险化学品安全技术大典：第1卷. 北京：中国石化出版社，2010

898. 乙 醇 酸

hydroxyacetic acid

(1) 分子式 $C_2H_4O_3$。 相对分子质量 76.05。

(2) 示性式或结构式 $HOCH_2COOH$

(3) 外观 无色结晶，易潮解。

(4) 物理性质

沸点(101.3kPa)/℃	100	熔点/℃	80

(5) 溶解性能 溶于水、甲醇、乙醇、丙酮、乙酸和醚。

(6) 用途 溶剂、清洗剂。

(7) 使用注意事项 口服有毒。具有腐蚀性，能引起烧伤。对皮肤和黏膜略有刺激性，大鼠经口 LD_{50} 为 1950mg/kg。

参 考 文 献

1 CAS 79-14-1
2 EINECS 201-180-5
3 Beil.，**3**，228；**3**（4），571
4 The Merck Index. **10**，4362；**11**，4394；**12**，4508；**13**，4511

899. 乙二胺四乙酸

ethylene diamine tetraacetic acid [EDTA]

(1) 分子式 $C_{10}H_{16}O_8N_2$。 相对分子质量 292.24。

(2) 示性式或结构式 $(HOOCCH_2)_2NCH_2CH_2N(CH_2COOH)_2$

(3) 外观 白色结晶性粉末。

(4) 物理性质 250℃分解。

(5) 溶解性能 不溶于乙醇和一般有机溶剂，微溶于冷水，溶于氢氧化钠、碳酸钠和氨的水溶液中。其碱金属盐能溶于水。

(6) 用途 螯合剂、染色助剂、纤维处理剂、重金属的定量分析试剂、溶剂。

(7) 使用注意事项 无毒，无刺激性。小鼠腹腔注射 LD_{50} 为 0.25g/kg；大鼠腹腔注射 LD_{50} 为 0.39g/kg。对皮肤、眼睛和黏膜有轻微的刺激性。应避免食入、吸入及与皮肤、眼睛接触。

参 考 文 献

1 CAS 60-00-4
2 EINECS 200-449-4
3 Beil.，**4**（3），1187
4 The Merck Index. **13**，3546
5 张海峰主编. 危险化学品安全技术大典：第1卷. 北京：中国石化出版社，2010

900. 二甘醇二苯甲酸酯

di（ethylene glycol）dibenzoat［DEDB］

(1) 分子式　$C_{18}H_{18}O_5$。　　　相对分子质量　314.34

(2) 示性式或结构式

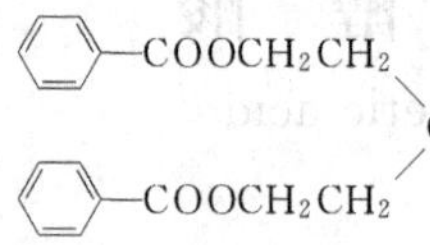

(3) 外观　无色油状液体。

沸点(0.933kPa)/℃	235～237	折射率(20℃)	1.5488
相对密度(20℃/4℃)	1.1751		

(4) 溶解性能　溶于有机溶剂，微溶于水。

(5) 用途　增塑剂、溶剂。

(6) 使用注意事项　毒性低，大鼠经口 LD_{50} 为 544mg/kg。

参　考　文　献

1　CAS 120-55-8

2　EINECS 204-407-6

3　Beil.，**9**（2），108

901. 甲基丙烯酸缩水甘油酯

glycidyl methacrytate［2,3-epoxypropyl methacrylate，GMA］

(1) 分子式　$C_7H_{10}O_3$。　　　相对分子质量　142.16。

(2) 示性式或结构式

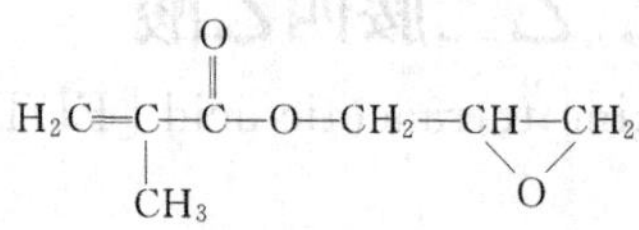

(3) 外观　无色液体。

(4) 物理性质

沸点(101.3kPa)/℃	189	折射率(20℃)	1.4494
相对密度(25℃/4℃)	1.073	闪点/℃	76

(5) 溶解性能　可溶于有机溶剂，不溶于水。

(6) 用途　溶剂、纤维处理剂、抗静电剂。

(7) 使用注意事项　参照丙烯酸-2-乙基己酯。对皮肤、黏膜有刺激性。

参　考　文　献

CAS 109-91-2

902. 磷酸三(2-氯乙基)酯

tri（2-chloroethyl）phosphate［TCEP］

(1) 分子式　$C_6H_{12}Cl_3O_4P$。　　　相对分子质量　285.49。

（2）示性式或结构式 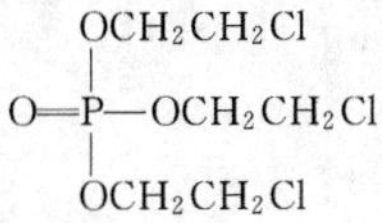

（3）外观　浅黄色油状液体。

（4）物理性质

沸点(101.3kPa)/℃	330	相对密度(20℃/4℃)	1.390
(1.33kPa)/℃	194	折射率(20℃)	1.4731
熔点/℃	−64	闪点/℃	232

（5）溶解性能　与乙醇、丙醇、氯仿、四氯化碳混溶，稍溶于水。微带奶油味。

（6）用途　阻燃剂、铀、钍、钚、锝等稀有金属的分离溶剂或萃取剂。

参 考 文 献

1 CAS 115-96-8

2 EINECS 204-118-5

3 Beil.，**1**（2），337

903. 邻氯苯酚［2-氯苯酚］

o-chlorophenol［2-chlorophenol］

（1）分子式　C_6H_5ClO。　　　相对分子质量　128.56。

（2）示性式或结构式 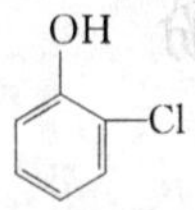

（3）外观　无色至黄棕色液体，有酚的气味。

（4）物理性质

沸点(101.3kPa)/℃	175	相对密度(15.5℃/4℃)	1.265
熔点/℃	8.7	折射率(25℃)	1.5565

（5）溶解性能　微溶于水，可溶于乙醇、乙醚、苛性钠溶液。

（6）用途　医药、染料及农药中间体。

（7）使用注意事项　致癌物。危险特性属第6.1类毒害品。危险货物编号：61703，UN编号：2021。对人的皮肤和眼睛有刺激性，其尘埃对人的呼吸系统也有刺激性。老鼠急性口服LD_{50}为0.67g/kg。属较低毒性物质。对水生物有毒，可对水环境引起不利的结果。

参 考 文 献

1 CAS 95-57-8

2 EINECS 202-433-2

3 Beil.，**6**，183

4 The Merck Index. **13**，2173

5《化工百科全书》编辑委员会，化学工业出版社《化工百科全书》编辑部编. 化工百科全书：第11卷，北京：化学工业出版社，1996

904. 间氯苯酚［3-氯苯酚］

m-chlorophenol［3-chlorophenol］

（1）分子式　C_6H_5ClO。　　　相对分子质量　128.56。

(2) 示性式或结构式 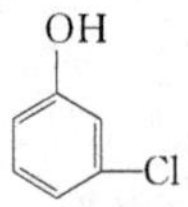

(3) 外观　白色结晶，有特殊刺激气味。

(4) 物理性质

沸点(101.3kPa)/℃	217	相对密度(45℃/4℃)	1.245
熔点/℃	32.8	折射率(40℃)	1.5571

(5) 溶解性能　微溶于水，易溶于乙醇、乙醚等。

(6) 用途　溶剂、医药、农药中间体。

(7) 使用注意事项　致癌物。危险特性属第6.1类毒害品。危险货物编号：61703，UN编号：2020。对人的皮肤和眼睛有刺激性，其尘埃对人的呼吸系统有刺激性。老鼠急性口服 LD_{50} 为0.57g/kg。属较低毒性物质。

参 考 文 献

1 CAS 108-43-0

2 EINECS 203-582-6

3 Beil., **6**, 185

4 The Merck Index, **13**, 2173

5 《化工百科全书》编辑委员会，化学工业出版社《化工百科全书》编辑部编. 化工百科全书：第11卷，北京：化学工业出版社，1996

905. 2,4-二氯苯酚

2,4-dichlorophenol

(1) 分子式　$C_6H_4Cl_2O$。　　　　相对分子质量　163.0。

(2) 示性式或结构式 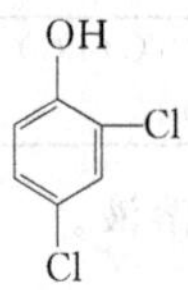

(3) 外观　白色针状结晶。

(4) 物理性质

沸点(101.3kPa)/℃	210	相对密度(65℃/20℃)	1.383
熔点/℃	45	闪点/℃	113.8

(5) 溶解性能　难溶于水，易溶于乙醇、乙醚、氯仿、苯等有机溶剂。

(6) 用途　用于农药、医药的中间体。

(7) 使用注意事项　危险特性属第6.1类毒害品。危险货物编号：61704。对人的皮肤和眼睛有刺激性，其尘埃对人的呼吸系统也有刺激性。属较低毒性物质。老鼠急性口服 LD_{50} 为0.58g/kg。具有腐蚀性，能引起烧伤。对水生物有毒。可能对水环境引起不利的结果。

参 考 文 献

1 CAS 120-83-2

2 EINECS 204-429-6

3 Beil., **6** (4), 885; **6**, 189

4 The Merck Index. **12**, 3122; **13**, 3098

5 《化工百科全书》编辑委员会，化学工业出版社《化工百科全书》编辑部编. 化工百科全书：第11卷，北京：化学工业出版社，1996

906. 邻溴苯酚

o-bromophenol

(1) 分子式　C_6H_5BrO。　　　　相对分子质量　173.02。

(2) 示性式或结构式

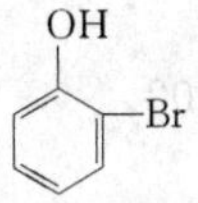

(3) 外观　黄色或橙红色油状液体，有酚味。

(4) 物理性质

沸点(101.3kPa)/℃	194	折射率(20℃)	1.5892
熔点/℃	6	闪点/℃	42
相对密度(20℃/4℃)	1.492		

(5) 溶解性能　微溶于水，易溶于乙醇、乙醚和氯仿。

(6) 用途　溶剂、药物中间体。

(7) 使用注意事项　危险特性属第6.1类毒害品。危险货物编号：61710。对皮肤、黏膜有刺激作用。

参 考 文 献

1 CAS 95-56-7
2 EINECS 202-432-7
3 Beil.，**6**，197
4 The Merck Index. **13**，1413
5 《化工百科全书》编辑委员会，化学工业出版社《化工百科全书》编辑部编. 化工百科全书：第18卷，北京：化学工业出版社，1998

907. 间溴苯酚

m-bromophenol

(1) 分子式　C_6H_5BrO。　　　　相对分子质量　173.02。

(2) 示性式或结构式

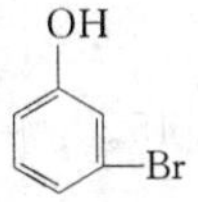

(3) 外观　无色晶体。

(4) 物理性质

沸点(101.3kPa)/℃	236	闪点/℃	>110
熔点/℃	32		

(5) 溶解性能　微溶于水，溶于乙醇、氯仿、乙醚、碱溶液。

(6) 用途　有机合成中间体、溶剂。

(7) 使用注意事项　危险特性属第6.1类毒害品。危险货物编号：61710。对皮肤、黏膜有刺激作用。

参 考 文 献

1 CAS 591-20-8
2 EINECS 209-706-5
3 Beil.，**6**，198

4 The Merck Index. **13**, 1413

908. 对溴苯酚

p-bromophenol

(1) 分子式 C_6H_5BrO。　　　　相对分子质量 173.02。

(2) 示性式或结构式

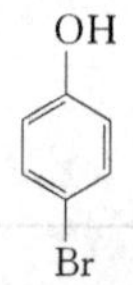

(3) 外观 黄色晶体，有强烈的臭味。

(4) 物理性质

沸点(101.3kPa)/℃	238	相对密度(80℃/4℃)	1.5875
熔点/℃	64		

(5) 溶解性能 微溶于水，溶于乙醇、氯仿、乙醚和冰醋酸。

(6) 用途 消毒剂、溶剂、有机合成中间体。

(7) 使用注意事项 危险特性属第 6.1 类毒害品。危险货物编号：61710。对皮肤和黏膜有刺激作用。

参 考 文 献

1 CAS 106-41-2
2 EINECS 203-394-4
3 Beil., **6**, 198
4 The Merck Index. **13**, 1413
5 《化工百科全书》编辑委员会，化学工业出版社《化工百科全书》编辑部编. 化工百科全书：第 18 卷，北京：化学工业出版社，1998

909. 2,4,6-三氯苯酚

2,4,6-trichlorophenol

(1) 分子式 $C_6H_3Cl_3O$。　　　　相对分子质量 197.45。

(2) 示性式或结构式

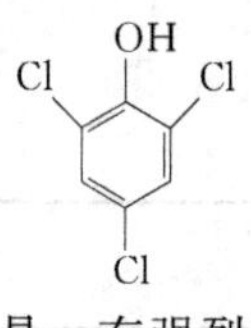

(3) 外观 黄色片状结晶，有强烈酚的气味。

(4) 物理性质

沸点(101.3kPa)/℃	246	相对密度(75℃/4℃)	1.4901
熔点/℃	69.5		

(5) 溶解性能 易溶于有机溶剂，微溶于水。溶解性 (g/100g)：丙酮 525，苯 113，四氯化碳 37，二丙酮醇 335，乙醚 354，甲醇 525，变性酒精 30400，松油 163，干洗溶剂 16，甲苯 100，松节油 37，水小于 0.1。

(6) 用途 聚酯纤维的溶剂。

(7) 使用注意事项 危险特性属第 6.1 类毒害品。危险货物编号：61705。口服有毒。对眼睛及皮肤有刺激性。对机体有不可逆损伤的可能性。对水生物极毒，能对水环境引起不利的结果。

参 考 文 献

1 CAS 88-06-2

2 EINECS 201-795-9

3 Beil., **6**, 190

4 The Merck Index. **12**, 9773; **13**, 9717

910. 2,4-二硝基氯苯

1-chloro-2,4-dinitrobenzene

(1) 分子式　$C_6H_3ClN_2O_4$。　　　　相对分子质量　202.55。

(2) 示性式或结构式

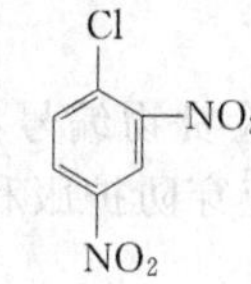

(3) 外观　黄色晶体

沸点(101.3kPa)/℃	315	折射率(60℃)	1.5857
熔点/℃	52～54	闪点/℃	186
相对密度(75℃/4℃)	1.4982		

(4) 溶解性能　不溶于水，溶于乙醚、苯、二硫化碳，易溶于热乙醇。

(5) 用途　染料、农药中间体、溶剂。

(6) 使用注意事项　危险特性属第 6.1 类毒害品。危险货物编号：61681，UN 编号：1577。对硝基氯苯/二硝基氯苯属高毒物品。工作场所空气中有毒物质时间加权平均容许浓度为 0.6mg/m³，短时间接触容许浓度为 1.8mg/m³。大鼠经口 LD_{50} 为 1.07g/kg。口服、吸入或与皮肤接触有毒，并具有蓄积性危害。对水生物极毒。可能对水环境引起不利的结果。

(7) 规格　HG/T 2553—2003　2,4-二硝基氯苯

项　目		优等品	一等品	合格品
外观			浅黄色至浅棕色熔铸体	
结晶点/℃	≥	48.5	47.5	47.0
纯度/%	≥	99.0	96.0	93.0
低沸物/%	≤	0.2	1.0	1.0
二硝基氯苯异构体/%	≤	1.0	3.0	6.0
高沸物/%	≤	0.05	0.1	0.1
水分/%	≤		0.5	

参 考 文 献

1 CAS 97-00-7

2 EINECS 202-551-4

3 Beil., **5**, 263

4 The Merck Index. **12**, 2187; **13**, 2155

5 张海峰主编. 危险化学品安全技术大典：第 1 卷. 北京：中国石化出版社，2010

911. 水杨醛［邻羟基苯甲醛］

salicylaldehyde ［*o*-hydroxybenzaldehyde］

(1) 分子式　$C_7H_6O_2$。　　　　相对分子质量　122.12。

(2) 示性式或结构式

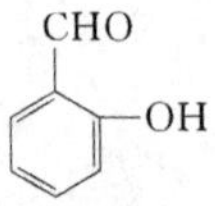

(3) 外观　无色至浅褐色油状液体。有类似杏仁的气味和辛辣味。

(4) 物理性质

沸点(101.3kPa)/℃	196～197	折射率(20℃)	1.5735
熔点/℃	−7	闪点/℃	76
相对密度(20℃/4℃)	1.167		

(5) 溶解性能　溶于乙醇、乙醚和苯，微溶于水。

(6) 用途　溶剂、香料及有机合成中间体。

(7) 使用注意事项　危险特性属第6.1类毒害品。危险货物编号：61599。吸入、口服或皮肤接触有毒。对眼睛、呼吸系统和皮肤有刺激性。使用时应穿防护服和戴手套。大鼠皮下注射最低致死量（MLD）为1g/kg。

参 考 文 献

1 CAS 90-02-8

2 EINECS 201-961-0

3 Beil.，**8**，31；**8**（4），176

4 The Merck Index. **10**，8185；**11**，8259；**12**，8478；**13**，8405

912. 对羟基苯甲醛

p-hydroxybenzaldehyde

(1) 分子式　$C_7H_6O_2$。　　　　相对分子质量　122.12。

(2) 示性式或结构式

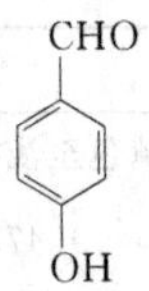

(3) 外观　无色针状结晶，有芳香味。空气中易升华。

(4) 物理性质

熔点/℃	115～116	相对密度(130℃/4℃)	1.129

(5) 溶解性能　易溶于乙醇、乙醚、丙酮、乙酸乙酯；在30.5℃水中溶解度为1.38g/100mL，在65℃苯中溶解度为3.68g/100mL。

(6) 用途　溶剂，医药、香料、液晶的中间体。

(7) 使用注意事项　对眼睛、呼吸系统及皮肤有刺激性。小鼠腹腔注射LD_{50}为500mg/kg。参照水杨醛。

参 考 文 献

1 CAS 123-08-0

2 EINECS 204-599-1

3 Beil., **8**, 64; **8** (4), 251
4 The Merck Index. **10**, 4722; **11**, 4741; **12**, 4856; **13**, 4836

913. *N*-亚硝基二甲胺

N-nitrosodimethylamine

(1) 分子式　$C_2H_6N_2O$。　　　相对分子质量　74.08。

(2) 示性式或结构式　$(CH_3)_2NNO$

(3) 外观　浅黄色油状液体。

(4) 物理性质

沸点(101.3kPa)/℃	151	折射率(20℃)	1.4368
相对密度(20℃/4℃)	1.0048	闪点/℃	61

(5) 溶解性能　易溶于水、醇、醚。

(6) 用途　溶剂、有机合成中间体。

(7) 使用注意事项　致癌物。危险特性属第6.1类毒害品。属高毒物品。危险货物编号：61735，UN编号：2810。吸入或接触皮肤有毒。

参　考　文　献

1 CAS 62-75-9
2 EINECS 200-549-8
3 Beil., **4**, 84
4 The Merck Index. **10**, 6483; **11**, 6558; **13**, 6671

914. 丙烯酰胺

acrylamide

(1) 分子式　C_3H_5NO。　　　相对分子质量　71.08。

(2) 示性式或结构式　$H_2C{=}CHCONH_2$

(3) 外观　白色片状结晶。

(4) 物理性质

沸点(0.26kPa)/℃	87	熔点/℃	84.5
(101.3kPa)/℃	192.6	相对密度(30℃/4℃)	1.1222
(3.33kPa)/℃	125		
(0.67kPa)/℃	103		

(5) 化学性质　丙烯酰胺中有酰氨基和双键两个反应中心。在酸或碱催化剂作用下很容易水解，分别生成丙烯酸盐和丙烯酸。双键可以发生加成反应及聚合反应。

(6) 溶解性能　易溶于水、乙醇、丙酮，稍溶于氯仿，微溶于苯。

(7) 用途　主要用于制造水溶性聚合物，溶剂。

(8) 使用注意事项　致癌物。属高毒物品。危险特性属第6.1类毒害品。危险货物编号：61740，UN编号：2074。容易通过皮肤和黏膜被人体吸收和累积，引起神经系统的症状，皮肤出现红斑、脱皮；呕吐，腹痛。中毒者肌动电流图和脑电图异常。工作场所空气中有毒物质时间加权平均容许浓度为$0.3mg/m^3$；短时间接触容许浓度为$0.9mg/m^3$。安全处理的要求是避免人体与丙烯酰胺接触，防止皮肤对其粉尘或蒸气的吸收。

(9) 规格　GB/T 24769—2009　工业用丙烯酸胺

项　　目		一等品	合格品
丙烯酰胺/%	≥	98.5	97.8
水/%	≤	0.4	0.8
色度(200g/L 水溶液)(Hazen 单位,铂-钴色号)	≤	10	20
阻聚剂/%		0.0003～0.0007	0.0003～0.001
电导率(400g/L 水溶液)/(μS/cm)	≤	10	30
铁/%	≤	0.0001	0.0001
铜/%	≤	0.0001	0.0002

(10) 附表

表 2-11-60　丙烯酰胺的溶解度

溶　剂	溶解度/(g/100mL)	溶　剂	溶解度/(g/100mL)
乙腈	39.6	二氧杂环己烷	30
丙酮	63.1	乙醇	86.2
苯	0.346	乙酸乙酯	12.6
乙二醇-丁醚	31	正庚烷	0.0068
氯仿	2.66	甲醇	155
1,2-二氯乙烷	1.50	吡啶	61.9
N,*N*-二甲基甲酰胺	119	水	215.5
二甲基亚砜	124	四氯化碳	0.038

参　考　文　献

1　CAS 79-06-1
2　EINECS 201-173-7
3　Beil., **2** (4), 1471
4　The Merck Index. **12**, 131; **13**, 131
5　《化工百科全书》编辑委员会，化学工业出版社《化工百科全书》编辑部编. 化工百科全书：第 1 卷，北京：化学工业出版社，1997
6　张海峰主编. 危险化学品安全技术大典：第 1 卷. 北京：中国石化出版社，2010

915. 水杨酸甲酯

methyl salicylate

(1) 分子式　$C_8H_8O_3$。　　　相对分子质量　152.14。

(2) 示性式或结构式

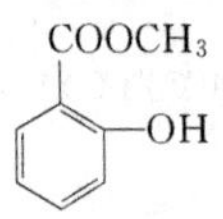

(3) 外观　无色液体，具有特殊的气味。

(4) 物理性质

沸点(101.3kPa)/℃	223.3	偶极矩(25℃,苯)/(10^{-30}C・m)	10.33
熔点/℃	−8.6	闪点(闭口)/℃	99
相对密度(24℃/4℃)	1.1831	燃点/℃	454
(25℃/4℃)	1.1782	蒸发热/(kJ/mol)	46.70
折射率(18.1℃)	1.53773	生成热/(kJ/mol)	112.63
(20℃)	1.5369	燃烧热(25℃)/(kJ/mol)	3777.3
介电常数(30℃)	9.41	比热容(15～30℃,定压)/[kJ/(kg・K)]	1.64
表面张力(30℃)/(mN/m)	38.82	沸点上升常数	0.057
表面张力(94℃)/(mN/m)	31.9	蒸气压(25℃)/kPa	0.015
(130℃)/(mN/m)	27.13		

(5) 化学性质　与水一起煮沸时部分水解游离出水杨酸，使氯化铁呈紫色。露置空气中易变色。为冬青油的主要成分。

(6) 精制方法　减压分馏，收集不含水和酸的中间馏分。

(7) 溶解性能　几乎不溶于水（0.074g/100mL 水），能与醇、醚相混溶。能溶解树脂和硝酸纤维素。

(8) 用途　用作食品（饮料）、牙膏、化妆品的香料。也用作硝酸纤维素漆的增塑剂，合成纤维助染剂。此外，水杨酸甲酯还用于制备止痛药、杀虫剂、擦光剂和油墨等。

(9) 使用注意事项　为可燃性物质，注意火源，置阴凉处贮存。对眼睛有刺激性，使用时注意保护眼睛。对小儿的平均致死量为 10mL，成人为 30mL。慢性中毒时引起恶心、呕吐、酸中毒症、呼吸器官疾病、昏睡以致死亡。豚鼠经口 LD_{50} 为 0.7g/kg。兔经口 LD_{50} 为 2.8g/kg。嗅觉阈浓度 0.0037mg/m^3。

(10) 附表

表 2-11-61　水杨酸甲酯的蒸气压

温度/℃	蒸气压/kPa	温度/℃	蒸气压/kPa	温度/℃	蒸气压/kPa	温度/℃	蒸气压/kPa
60	0.19	110	2.68	160	18.04	210	73.86
70	0.34	120	4.17	170	24.67	220	94.39
80	0.59	130	6.11	180	33.20	223.2	101.33
90	1.02	140	9.00	190	44.40		
100	1.71	150	12.88	200	57.33		

参 考 文 献

1 CAS 119-36-8
2 EINECS 204-317-7
3 A. Weissberger. Organic Solvents. 3rd ed. Wiley. 1971. 492
4 R. C. Weast. Handbook of Chemistry and Physics. 54th ed. CRC Press. 1973. C-186
5 Beilstein. Handbuch der Organischen Chemie. EⅢ，10-108
6 R. C. Weast. Handbook of Chemistry and Physics. 54th ed.. CRC Press. 1973. F-41
7 Assoc. Factory Insuranced Co. Ind. Eng. Chem. 1940，32：881
8 C. J. Pouchert. The Aldrich Library of Infrared Spectra. Aldrich Chemical Co. 1970. 760
9 K. Matsuno and K. Han. Bull. Chem. Soc. Japan. 1934，9：88
10 M. Hesse and F. Lenzinger. Advan. Mass Spectrometry. 1968，4：163
11 F. A. Bovey. NMR Data Tables for Organic Compounds. Vol. 1. Wiley. 1967. 210
12 L. F. Johnson and W. C. Jankowski. Carbon-13 NMR Spectra. Wiley. 1972. 293
13 T. E. Jordan. Vapor Prwssure of Organic Compounds. Wiley. 1954. 161

916. 水杨酸乙酯

ethyl salicylate［salicylic acid ethyl ester］

(1) 分子式　$C_9H_{10}O_3$。　　　　相对分子质量　166.17。

(2) 示性式或结构式

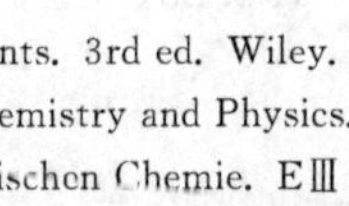

(3) 外观　带有香味的无色液体。

(4) 物理性质

沸点/℃	231～234	折射率(20℃)	1.5226
熔点/℃	1	介电常数(30℃)	7.99
密度(20℃)/(g/cm³)	1.131	表面张力(20.5℃)/(mN/m)	38.33

(5) 溶解性能 略溶于水，能与醇、醚等溶剂混溶。

(6) 用途 硝酸纤维素溶剂，香料原料。

(7) 使用注意事项 通常条件下使用无严重危害。可燃，注意防火，避光保存。

(8) 附表

表 2-11-62 水杨酸乙酯的蒸气压

温 度/℃	蒸气压/kPa	温 度/℃	蒸气压/kPa
70	0.21	170	17.33
100	1.08	180	24.80
110	1.80	190	33.20
120	2.80	210	56.80
140	6.29	220	72.93
160	13.04	233.75	101.33

参 考 文 献

1 CAS 118-61-6

2 EINECS 204-265-5

3 The Merck Index. **10**, 3795; **11**, 3804

917. 水杨酸丁酯

butyl salicylate

(1) 分子式 $C_{11}H_{14}O_3$。 相对分子质量 194.23。

(2) 示性式或结构式

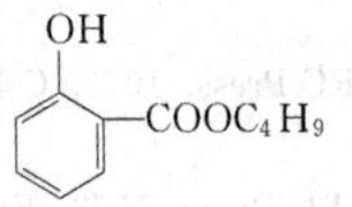

(3) 外观 无色或浅黄色液体。

(4) 物理性质

沸点(101.3kPa)/℃	259～260	相对密度(20℃/4℃)	1.068～1.074
熔点/℃	5.8～6.0	折射率(20℃)	1.511～1.512

(5) 溶解性能 与乙醇、乙醚混溶，不溶于水。

(6) 用途 溶剂、硝酸纤维素的溶剂、香料配制。

(7) 使用注意事项 对眼睛、黏膜和皮肤有一定刺激性。易燃。

参 考 文 献

1 CAS 2052-14-4

2 EINECS 218-142-9

918. 水杨酸戊酯

pentyl salicylate [pentyl 2-hydroxybenzoate]

(1) 分子式 $C_{12}H_{16}O_3$。 相对分子质量 208.26。

(2) 示性式或结构式

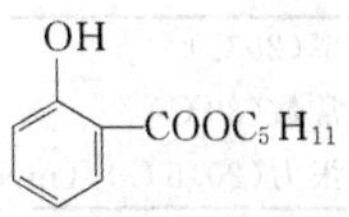

(3) 外观　无色或浅黄色液体，有香味。

(4) 物理性质

沸点(101.3kPa)/℃	276.5	相对密度(20℃/4℃)	1.2614
(1.6kPa)/℃	173	折射率(20℃)	1.497

(5) 溶解性能　溶于乙醚、乙酸，易溶于乙醇、丙酮、苯、四氯化碳，不溶于水。

(6) 用途　溶剂、皂用香精、有机合成原料。

(7) 使用注意事项　有一定毒性，对肠胃道有刺激作用。易燃。对狗静脉注射 LD_{50} 为500～800mg/kg。

参 考 文 献

1 CAS 2050-08-0
2 EINECS 218-080-2

919. 水杨酸异戊酯

isopentyl salicylate[isopentyl *o*-hydroxybenzoate]

(1)分子式　$C_{12}H_{16}O_3$。　　　　相对分子质量　208.26。

(2)示性式或结构式

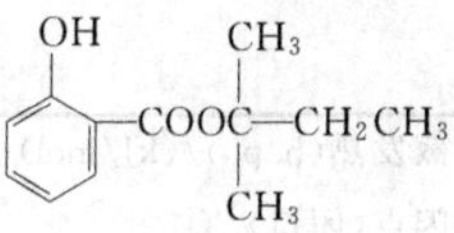

(3)外观　无色液体。似兰花气味。

(4)物理性质

沸点(98.82kPa)/℃	276～277	相对密度(20℃/4℃)	1.0535
(1.995kPa)/℃	151～152	折射率(20℃)	1.5080

(5) 溶解性能　溶于乙醇、乙醚、氯仿，不溶于水。

(6) 用途　溶剂、香料配制。

(7) 使用注意事项　对眼睛、皮肤、黏膜有刺激性。易燃。

参 考 文 献

1 CAS 87-20-7
2 EINECS 201-730-4

920. 水杨酸苄酯

benzyl salicylate [benzyl 2-hydroxybenzoate]

(1) 分子式　$C_{14}H_{12}O_3$。　　　　相对分子质量　228.25。

(2) 示性式或结构式

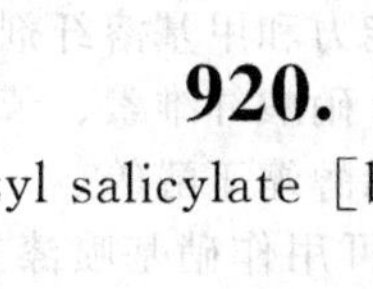

(3) 外观　稠厚液体或白色结晶。

(4) 物理性质

沸点(101.3kPa)/℃	320	相对密度(20℃/4℃)	1.1799
(3.33kPa)/℃	208	折射率(20℃)	1.5805
(1.33kPa)/℃	186～188	闪点/℃	167
熔点/℃	>24		

(5) 溶解性能　能与乙醇、乙醚混溶，微溶于水。

(6) 用途　香料、硝基麝香的溶剂、人造麝香和皂用香精的香剂。

(7) 使用注意事项　有毒，对胃肠道有刺激作用。

参考文献

1 CAS 118-58-1

2 EINECS 204-262-9

3 Beilstein. Handbuch der Organischen Chemie. E Ⅲ，10-132

4 The Merck Index. **10**，1153

921. 乙酸-2-甲氧基乙酯［甲基溶纤剂乙酸酯］

2-methoxyethyl acetate［ethylene glycol monomethyl ether acetate，(商) methyl cellosolve acetate，methyl glycol acetate］

(1) 分子式　$C_5H_{10}O_3$。　　相对分子质量　118.13。

(2) 示性式或结构式　$CH_3COOCH_2CH_2OCH_3$

(3) 外观　无色液体，微有芳香味。

(4) 物理性质

沸点(101.3kPa)/℃	144.5	蒸发热(b.p.)/(kJ/mol)	44.0
(101.3kPa)/℃	145.1	闪点(闭口)/℃	56
熔点(凝固点)/℃	−65.1	(开口)/℃	60
相对密度(20℃/4℃)	1.0049	比热容(30℃,定压)/[kJ/(kg·K)]	2.08
折射率(20℃)	1.4022	蒸气压(25℃)/kPa	0.67
(25℃)	1.4025	(42℃)/kPa	1.33
介电常数(20℃)	8.25	(71℃)/kPa	6.67
偶极矩(30℃)/(10^{-30}C·m)	7.10	爆炸极限(150℃,下限)/%(体积)	1.7
黏度(20℃)/mPa·s	1.08	(150℃,上限)/%(体积)	8.2
表面张力(20℃)/(mN/m)	31.8	体膨胀系数(10～30℃)/K^{-1}	0.00110

(5) 化学性质　具有脂肪族羧酸酯的一般性质。

(6) 精制方法　用氯化钙、无水碳酸钠干燥后减压蒸馏。

(7) 溶解性能　溶于水及其他有机溶剂。溶解能力和甲基溶纤剂相似，对油脂和树脂的溶解能力强，吸湿性小。能溶解氯化橡胶、醋酸纤维素、硝酸纤维素、苄基纤维素、乙基纤维素、聚苯乙烯、聚甲基丙烯酸甲酯、聚乙酸乙烯酯、聚乙烯醇缩丁醛等。

(8) 用途　乙酸-2-甲氧基乙酯的蒸发速度慢，可用作硝基喷漆及蒙皮漆用溶剂。也用作纤维制品、印刷用涂料和照相软片用醋酸纤维素的溶剂。

(9) 使用注意事项　危险特性属第3.3类高闪点易燃液体。危险货物编号：33570，UN编号：1189。对金属无腐蚀性，可用铁、软钢或铝制容器贮存。对皮肤和眼稍有刺激，长期接触可通过皮肤吸收。工作场所最高容许浓度 $120mg/m^3$。大鼠经口 LD_{50} 为 3.4g/kg。

(10) 附表

表 2-11-63　含乙酸-2-甲氧基乙酯的二元共沸混合物

第二组分	共沸点/℃	第二组分/%	第二组分	共沸点/℃	第二组分/%
水	97.1	51.8	丙酸	146.9	36
氯代乙酸乙酯	144.9	38	苯酚	183.6	82

(11) 附图

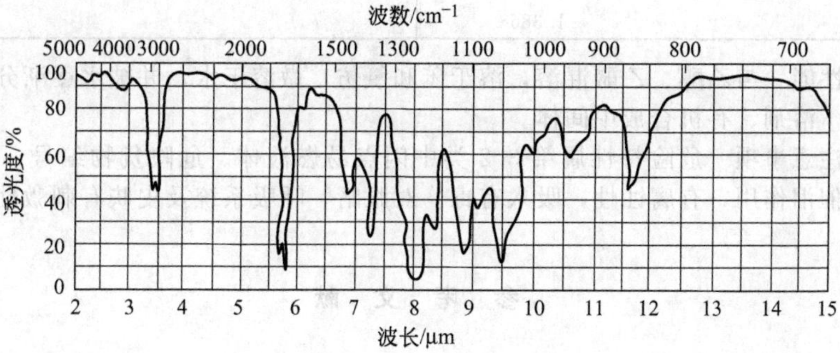

图 2-11-37 乙酸-2-甲氧基乙酯的红外光谱图

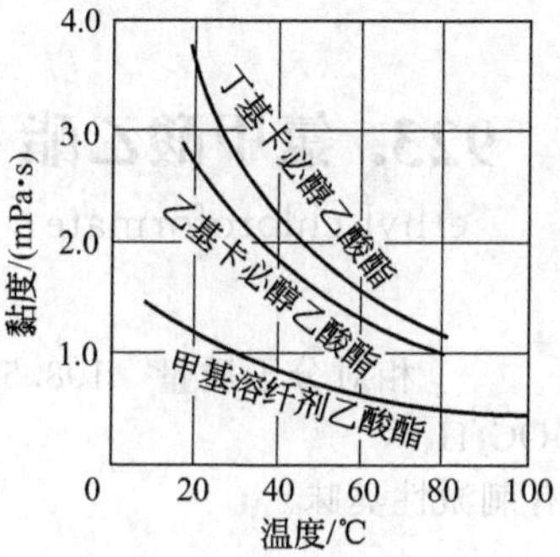

图 2-11-38 乙酸-2-甲氧基乙酯的黏度

参 考 文 献

1 CAS 110-49-6
2 EINECS 203-772-9
3 C. Marsden. Solvents Manual. Cleaver-Hume. 1954, 277
4 Methyl Cellosolve Acetate. Union Carbide Chemicals Corp. 1954
5 Physical Properties Synthetic Organic Chemicals. Union Carbide Chemicals Corp. 1965
6 W. L. H. Moll. Kollid-Beihefte. 1939. 49: 1
7 H. E. Hofmann and E. W. Reid. Ind. Eng. Chem. 1929, 21: 955
8 A. K. Doolitlle. The Technology of Solvents and Plasticizers. Wiley. 1954. 569
9 A. K. Dooltlle. Ind. Eng. Chem. 1935, 27: 1169
10 W. Lamprecht. Fette. Seifen. Anstrichmittel. 1956, 61: 96
11 Sadtler Standard IR Prism Spectra. No. 18327
12 L. Scheflan and M. Jacobs. Handbook of Solvents. Van Nostrand Reinhold. 1953. 511
13 F. A. Patty. Industrial Hygiene and Toxicology. 2nd ed. Vol. 2. Wiley. 1963

922. 氯甲酸甲酯

methyl chloroformate

(1) 分子式 $C_2H_3ClO_2$。 相对分子质量 94.50。

(2) 示性式或结构式 $ClCOOCH_3$

(3) 外观 无色透明液体，具有刺激性气味。具催泪性。

(4) 物理性质

沸点(101.3kPa)/℃	70	闪点/℃	17
相对密度(20℃/4℃)	1.2231	燃点/℃	504
折射率(20℃)	1.3868		

(5) 溶解性能　与乙醇、乙醚混溶，溶于苯和氯仿，微溶于水，并被水逐渐分解。

(6) 用途　溶剂、有机合成中间体。

(7) 使用注意事项　危险特性属第3.2类中闪点易燃液体。危险货物编号：32150，UN编号：1238。有催泪作用，有腐蚀性，吸入有毒。对眼睛、呼吸系统及皮肤有刺激性。参照氯乙甲酸乙酯。

参考文献

1 CAS 79-22-1
2 EINECS 201-187-3
3 Beil.，**3**，9
4 The Merck Index. **13**，6071

923. 氯甲酸乙酯

ethyl chloroformate

(1) 分子式　$C_3H_5ClO_2$。　　　相对分子质量　108.52。

(2) 示性式或结构式　$ClCOOC_2H_5$

(3) 外观　无色透明液体，有刺激性臭味。

(4) 物理性质

沸点(101.3kPa)/℃	93	蒸气压(20℃)/kPa	7.06
熔点/℃	−80.6	闪点(开口)/℃	27.8
相对密度(20℃/4℃)	1.1352	(闭口)/℃	18.3
折射率(20℃)	1.3974	燃点/℃	500

(5) 化学性质　能被水逐渐分解。

(6) 溶解性能　能与乙醇、乙醚、苯、氯仿混溶，不溶于水。

(7) 用途　照相工业作溶剂、有机合成中间体。

(8) 使用注意事项　属剧毒化学品。氯甲酸乙酯的危险特性属第3.2类中闪点易燃液体。危险货物编号：32151，UN编号：1182。吸入、食入或经皮肤吸收的中毒表现为眼睛及上呼吸道有刺激作用。高浓度时可发生肺水肿。遇明火、高热易引起燃烧并放出有毒气体。大鼠经口LD_{50}为50mg/kg。有腐蚀性。

参考文献

1 CAS 541-41-3
2 EINECS 208-778-5
3 Beilstein. Handbuch der Organischen Chemie. H，3-10；E Ⅳ，3-23
4 The Merck Index. **10**，3731；**11**，3742

924. 氯乙酸甲酯

methyl chloroacetate

(1) 分子式　$C_3H_5ClO_2$。　　　相对分子质量　108.52。

(2) 示性式或结构式　$ClCH_2COOCH_3$

(3) 外观　无色液体，有刺激性气味。

(4) 物理性质

沸点(101.3kPa)/℃	130～132	折射率(20℃)	1.4218
熔点/℃	−33	闪点/℃	50
相对密度(20℃/4℃)	1.2337		

(5) 溶解性能　溶于乙醇、乙醚、苯、丙酮，微溶于水。

(6) 用途　溶剂、有机合成中间体。

(7) 使用注意事项　氯乙酸甲酯的危险特性属第6.1类毒害品。危险货物编号：61102，UN编号：2295。蒸气有毒，吸入或口服有毒害。对眼睛、黏膜和皮肤有强烈刺激性。与氧化剂发生反应有燃烧危险。遇明火、高热能燃烧，受热分解放出有毒气体。

参 考 文 献

1 CAS 96-34-4

2 EINECS 202-501-1

3 Beilstein. Handbuch der Organischen Chemie. H，2-197；E Ⅳ，2-480

4 The Merck Index. **10**，5919；**11**，5965；**12**，6122

925. 氯乙酸乙酯

ethyl chloroacetate

(1) 分子式　$C_4H_7ClO_2$。　　相对分子质量　122.55。

(2) 示性式或结构式　$ClCH_2COOCH_2CH_3$

(3) 外观　无色透明液体，有辛辣的刺激性臭味。

(4) 物理性质

沸点(101.3kPa)/℃	144.2	折射率(20℃)	1.4215
熔点/℃	−26	闪点/℃	65
相对密度(20℃/4℃)	1.1585		

(5) 化学性质　在热水、碱中易分解。

(6) 溶解性能　溶于乙醇、乙醚、苯、丙酮，不溶于水。

(7) 用途　溶剂，有机合成中间体。

(8) 使用注意事项　氯乙酸乙酯的危险特性属第6.1类毒害品。危险货物编号：61102，UN编号：1181。对眼、皮肤、黏膜有刺激作用，其蒸气有麻醉性。易燃，遇明火、高热或氧化剂有引起燃烧爆炸危险。大鼠经口为 LD_{50} 50mg/kg。

参 考 文 献

1 CAS 105-39-5

2 EINECS 203-294-0

3 Beilstein. Handbuch der Organischen Chemie. H，2-197；E Ⅳ，2-48

4 The Merck Index. **10**，3730；**11**，3741；**12**，3830

926. 二氯乙酸乙酯

ethyl dichloroacetate

(1) 分子式　$C_4H_6Cl_2O_2$。　　相对分子质量　157.00。

（2）示性式或结构式　$Cl_2CHCOOCH_2CH_3$

（3）外观　无色液体。

（4）物理性质

沸点(101.3kPa)/℃	142.8	折射率(20℃)	1.4421
熔点/℃	−51.9	闪点/℃	80
相对密度(20℃/4℃)	1.3774		

（5）溶解性能　能与乙醇、乙醚混溶，不溶于水。

（6）用途　溶剂、医药合成中间体。

（7）使用注意事项　二氯乙酸乙酯的危险特性属第6.1类毒害品。危险货物编号：61613。有毒或蒸气有毒。口服、与皮肤接触有害，对眼睛、黏膜、皮肤有强烈刺激性。遇水形成腐蚀性物质。与氧化剂发生反应，遇明火、高热能燃烧并放出有毒气体。

参　考　文　献

1　CAS 535-15-9
2　EINECS 208-611-6

927．2-氯丙酸乙酯

ethyl 2-chloropropionate [2-chloropropionic acid ethyl ester]

（1）分子式　$C_5H_9ClO_2$。　　　　相对分子质量　136.58。

（2）示性式或结构式

$$CH_3\underset{\displaystyle Cl}{\overset{|}{C}}HCOOCH_2CH_3$$

（3）外观　无色液体，有香味。

（4）物理性质

沸点(101.3kPa)/℃	147～148
相对密度(20℃/4℃)	1.087
折射率(20℃)	1.418
闪点/℃	42

（5）溶解性能　与乙醇、乙醚混溶，不溶于水。

（6）用途　溶剂、有机合成中间体。

（7）使用注意事项　2-氯丙酸乙酯的危险特性属第3.3类高闪点易燃液体。危险货物编号：33604，UN编号：2935。易燃，遇明火、高热或与氧化剂反应能燃烧并放出有毒气体。

参　考　文　献

1　CAS 535-13-7
2　EINECS 208-610-0
3　The Merck Index. **12**，3832；**13**，3820
4　Beil.，**2**，248

928．3-氯丙酸乙酯

ethyl 3-chloropropionate [3-chloro propionic acid ethyl ester]

（1）分子式　$C_5H_9ClO_2$。　　　　相对分子质量　136.58。

（2）示性式或结构式　$ClCH_2CH_2COOC_2H_5$

(3) 外观　无色液体，有果香味。

(4) 物理性质

沸点(99.6kPa)/℃	163～165	折射率(20℃)	1.425
(4.0kPa)/℃	80～81	闪点/℃	61
相对密度(20℃/4℃)	1.107		

(5) 溶解性能　与乙醇、乙醚混溶，不溶于水。

(6) 用途　溶剂、有机合成中间体。

(7) 使用注意事项　3-氯丙酸乙酯的危险特性属第3.3类高闪点易燃液体。危险货物编号：33604。为二级有机毒害品。

参 考 文 献

1 CAS 623-71-2

2 EINECS 210-809-2

3 Beil., 2, 250

929. 溴乙酸甲酯

methyl bromoacetate

(1) 分子式　$C_3H_5BrO_2$。　　　　相对分子质量　152.98。

(2) 示性式或结构式　$BrCH_2COOCH_3$

(3) 外观　无色或浅黄色液体，有吸湿性。

(4) 物理性质

沸点(101.3kPa)/℃	144～145	折射率	1.4586
熔点/℃	<50	蒸气压(51℃)/kPa	2.00
相对密度(25℃/25℃)	1.655	闪点/℃	62

(5) 溶解性能　溶于乙醇、乙醚、苯、丙酮，不溶于水。

(6) 用途　杀虫剂、除霉剂的溶剂、有机合成中间体。

(7) 使用注意事项　溴乙酸甲酯的危险特性属第6.1类毒害品。危险货物编号：61103，UN编号：2643。受热分解放出有毒气体。对眼、黏膜或皮肤有强烈刺激性，对眼睛有催泪性，会造成严重烧伤。触及皮肤易经皮肤吸收，或误食、吸入蒸气、粉尘会引起中毒。遇明火能燃烧。空气中最高允许浓度为$100mg/m^3$。

参 考 文 献

1 CAS 96-32-2

2 EINECS 202-499-2

3 Beilstein. Handbuch der Organischen Chemie. H, 2-213; E Ⅳ, 2-527

930. 2-溴丙酸乙酯

ethyl 2-bromopropionate [2-bromopropionic acid ethyl ester]

(1) 分子式　$C_5H_9BrO_2$。　　　　相对分子质量　181.03。

(2) 示性式或结构式　$CH_3CHCOOC_2H_5$（CH 上连 Br）

$$\begin{array}{l}CH_3\underset{\displaystyle Br}{\underset{|}{C}}HCOOC_2H_5\end{array}$$

(3) 外观　无色液体，遇光变黄，有很强的刺激气味。

(4) 物理性质

沸点(101.3kPa)/℃	159～161(稍有分解)
相对密度(20℃/4℃)	1.4135
折射率(20℃)	1.4490
闪点/℃	51

(5) 溶解性能　能与乙醇、乙醚、氯仿混溶，不溶于水。

(6) 用途　溶剂、有机合成中间体。

(7) 使用注意事项　对眼睛、黏膜或皮肤有刺激性，能引起烧伤。具腐蚀性。遇明火、高热能燃烧分解放出有毒气体。

参 考 文 献

1 CAS 535-11-5

2 EINECS 208-609-5

3 Beilstein. Handbuch der Organischen Chemie. H，2-255；E Ⅳ，2-762

4 The Merck Index. **10**，3721；**11**，3731；**12**，3820

931. 丙烯酸-2-乙基己酯

2-ethylhexyl acrylate [isooctyl acrylate]

(1) 分子式　$C_{11}H_{20}O_2$。　　相对分子质量　184.28。

(2) 示性式或结构式　$CH_2{=}CHCOOCH_2CH(CH_2)_3CH_3$（CH 上连 C_2H_5）

$$\begin{array}{l} CH_2{=}CHCOOCH_2\underset{\displaystyle C_2H_5}{\underset{|}{C}H}(CH_2)_3CH_3 \end{array}$$

(3) 外观　无色透明液体。

(4) 物理性质

沸点(101.3kPa)/℃	213～215	蒸发热/(kJ/mol)	47.0
熔点/℃	－90	黏度(20℃)/mPa·s	1.54
相对密度(20℃/4℃)	0.884	闪点/℃	79
折射率(20℃)	1.4365		

(5) 溶解性能　能与乙醇、乙醚混溶，微溶于水。

(6) 用途　溶剂、有机合成中间体。

(7) 使用注意事项　对眼睛、呼吸系统和皮肤有刺激性。易燃，遇明火、高热能燃烧。

参 考 文 献

1 CAS 103-11-7

2 EINECS 203-080-7

3 Beilstein. Handbuch der Organischen Chemie. E Ⅲ，2-1229，EⅣ，2-1467

932. 丙二醇甲醚乙酸酯

propylene glycol-1-monoethyl ether-2-acetate

[1-methoxy-2-propyl acetate]

(1) 分子式　$C_6H_{12}O_3$。　　相对分子质量　132.16。

(2) 示性式或结构式　$CH_3COOCH(CH_3)CH_2OCH_3$

(3) 外观　无色透明液体。

(4) 物理性质

沸点(101.3kPa)/℃	145～146	折射率(20℃)	1.401～1.403
熔点/℃	-87	闪点/℃	42.2
相对密度(20℃/4℃)	0.9677	黏度(25℃)/mPa·s	1.10

(5) 溶解性能　溶于水与其他有机溶剂，溶解能力强。

(6) 用途　属多官能团非公害高级工业溶剂，广泛用于轿车、电视机、冰箱、飞机漆等高档涂料中。也用作油墨、纺织染料和油剂的溶剂。

(7) 使用注意事项　易燃。刺激性物质，避免刺激眼睛。

(8) 规格　HG/T 3940—2007　工业用丙二醇甲醚乙酸酯

项　目		指标	项　目		指标
丙二醇甲醚乙酸酯/%	≥	99.5	沸程(0℃,101.3kPa)/℃		143～149
2-甲氧基-1-丙醇乙酸酯/%	≤	0.4	色度(Pt-Co 色号)/黑曾单位	≤	10
水分/%	≤	0.05	密度(20℃)/(g/cm³)		0.965～0.975
酸度(以乙酸计)/(g/L)	≤	0.02	外观		无透明液体

参　考　文　献

1　CAS 108-65-6
2　EINECS 203-603-5

933. 乙酸-3-甲氧基丁酯

3-methoxybutyl acetate [3-methoxy-1-acetoxybutane]

(1) 分子式　$C_7H_{14}O_3$。　　相对分子质量　146.19。

(2) 示性式或结构式　$CH_3COOCH_2CH_2CH(OCH_3)CH_3$

(3) 外观　无色透明液体，微有芳香气味。

(4) 物理性质

沸点(101.3kPa)/℃	173	蒸发热/(kJ/mol)	40.40
相对密度(20℃/4℃)	0.956	蒸气压(30℃)/kPa	0.4
介电常数(20℃)	7.64	爆炸极限(下限)/%(体积)	2.3
黏度(20℃)/mPa·s	1.28	(上限)/%(体积)	15.0
表面张力(20℃)/(mN/m)	28.8	体膨胀系数(10～30℃)/K^{-1}	0.00100
闪点(闭口)/℃	60	蒸气相对密度(空气=1)	5.05
(开口)/℃	77		

(5) 化学性质　干燥时比较稳定。在苛性碱存在下容易水解，游离出乙酸。

(6) 精制方法　含有游离的酸和醇等杂质。精制时用碳酸氢钠或碳酸钠饱和水溶液洗涤，再用氯化钠水溶液洗涤，无水硫酸钠或硫酸镁干燥后蒸馏。

(7) 溶解性能　能与多种有机溶剂混溶。对松香、乙基纤维素、硝酸纤维素、聚苯乙烯、酚醛树脂、三聚氰胺树脂、醇酸树脂等都有良好的溶解能力。醋酸纤维素发生溶胀而不溶解。常温下在水中溶解 6.46%；水在乙酸-3-甲氧基丁酯中溶解 3.72%。

(8) 用途　用作硝酸纤维素、乙基纤维素等的溶剂，也可与稀释剂、喷漆用溶剂混合使用。

(9) 使用注意事项　危险特性属第 3.3 类高闪点易燃液体。危险货物编号：33571，UN 编号：2708。干燥时对金属无腐蚀性，可用铁、软钢或铝制容器贮存。属低毒类。大鼠在乙酸-3-甲氧基丁酯的浓蒸气中接触 8 小时不致死。

(10) 附表

表 2-11-64　含乙酸-3-甲氧基丁酯的二元共沸混合物

第二组分	共沸点/℃	乙酸-3-甲氧基丁酯/%	第二组分	共沸点/℃	乙酸-3-甲氧基丁酯/%
水	97.8	40	异戊酸异丁酯	170.35	47
α-萜品烯	168.9	65	己酸乙酯	167.4	约 10
戊二烯	169.6	78	乙二醇一丁醚	170.1	约 47
β-蒎烯	162.0	20	乙二醇	<171.0	>88
莰烯	<159.45	>5	苯酚	187.0	45
二异戊基醚	<170.2	>55	邻甲苯酚	194.1	32
苯乙醚	170.0	22	对甲苯酚	203.3	18
1,8-桉树脑	170.9	64	异戊酸	178.0	34
2-辛酮	171.3	65	乙酸己酯	170.7	49

参　考　文　献

1　CAS 4435-53-4

2　EINECS 224-644-9

3　Kirk-Othmer. Encyclopedia of Chemical Technology 1st ed., Vol. 5. Wiley. 826

4　Beilstein. Handbuch der Organischen Chemie. E Ⅲ. 2-315

5　石橋弘毅. 溶剤便覧. 槙書店. 1967. 472

6　有機合成化学協会. 溶剤ポケットブック. オーム社. 1967. 425

7　A. K. Doolittle. Ind Eng. Chem.. 1935, 27: 1173

8　C. Marsden. Solvents Manual. Cleaver-Hume, 1954. 240

9　N. I. Sax. Dangerous Properties of Industrial Material. Van Nostrand Reinhold. 1957. 874

10　Beilstein. Handbuch der Organischen Chemie. E Ⅲ. 2-314

934. 乙酸-2-乙氧基乙酯［乙基溶纤剂乙酸酯］

2-ethoxyethyl acetate [ethylene glycol monoethyl ether acetate, monoethyl glycol acetate, (商) cellosolve acetate]

(1) 分子式　$C_6H_{12}O_3$。　　　相对分子质量　132.16。

(2) 示性式或结构式　$CH_3COOCH_2CH_2OC_2H_5$

(3) 外观　无色液体，微有芳香味。

(4) 物理性质

沸点(101.3kPa)/℃	156.3	闪点(闭口)/℃	51
熔点(凝固点)/℃	−61.7	(开口)/℃	66
相对密度(20℃/4℃)	0.9730	蒸发热/(kJ/mol)	44.4
折射率(25℃)	1.4023	比热容(20℃,定压)/[kJ/(kg·K)]	2.07
(30℃)	1.4003	电导率/(S/m)	2×10^{-8}
介电常数(30℃)	7.567	爆炸极限(下限)/%(体积)	1.7
偶极矩(30℃)/(10^{-30} C·m)	7.50	蒸气压(20℃)/kPa	0.15
黏度(25℃)/mPa·s	1.025	(48℃)/kPa	1.33
表面张力(25℃)/(mN/m)	31.8	(81℃)/kPa	6.67
燃点/℃	379	体膨胀系数(10～30℃)/K^{-1}	0.00111

(5) 化学性质　具有脂肪族醚和乙酸酯的性质。

(6) 精制方法　减压蒸馏精制。

(7) 溶解性能　能与多种有机溶剂混溶，溶解能力比乙基溶纤剂大。能溶解油脂、松香、氯化橡胶、氯丁橡胶、丁二烯-丙烯腈橡胶、硝酸纤维素、苄基纤维素、乙基纤维素、醇酸树脂、聚氯乙烯、聚甲基丙烯酸甲酯、聚苯乙烯、聚乙酸乙烯酯等多种高分子物质。20℃时在水中溶解22.9%；水在乙酸-2-乙氧基乙酯中溶解6.5%。

(8) 用途　用作金属、家具喷漆用溶剂和刷涂漆用溶剂。

(9) 使用注意事项　危险特性属第 3.3 类高闪点易燃液体。危险货物编号：33570，UN 编号：1172。对金属无腐蚀性，可用铁、软钢或铝制容器贮存。不宜使用铜制容器，因酯水解放出的微量乙酸对铜有腐蚀性。高浓度蒸气刺激眼和鼻的黏膜，对皮肤的刺激不明显。工作场所最高容许浓度 540mg/m³。用含本品 50％的水悬液喂饲大鼠时，LD_{50} 为 5.10g/kg。

(10) 附表

表 2-11-65　树脂在各种溶纤剂乙酸酯中的溶解性能

单位：(0.5g 树脂/4.5mL 溶剂)

树　脂		甲基溶纤剂乙酸酯	乙基溶纤剂乙酸酯	丁基溶纤剂乙酸酯	甲基苄必醇乙酸酯
醋酸纤维素		S	SI・S	I	S
醋酸丁酸纤维素	17％	S	PS	I	SW(9.5g/9.5mL 溶剂)
	37％	S	S	S	S
醋酸丙酸纤维素	13％～15％	S	S	I	PS～G
	31％	S	S	SI・S	S
乙基纤维素		S	S	S	PS～G
聚苯乙烯		S	S	S	S
聚甲基丙烯酸甲酯		S	S	I	S
氯乙烯-乙酸乙烯酯共聚物		S	S	SI・S	S～G
聚乙酸乙烯酯		S	S	S	S
聚乙烯醇缩丁醛		G	G	I	SW

注：S—可溶；PS—部分可溶；SI・S—微溶；SG—可溶（凝胶化倾向）；G—凝胶化；SW—溶胀；I—不溶。

表 2-11-66　含乙酸-2-乙氧基乙酯的二元共沸混合物

第二组分	共沸点/℃	第二组分/％	第二组分	共沸点/℃	第二组分/％
水	97.5	54.5	丁酸	164.3	82
四氯乙烷	158.2	26	苯酚	185.0	72
溴苯	155.5	63	邻甲苯酚	191.5	91

(11) 附图

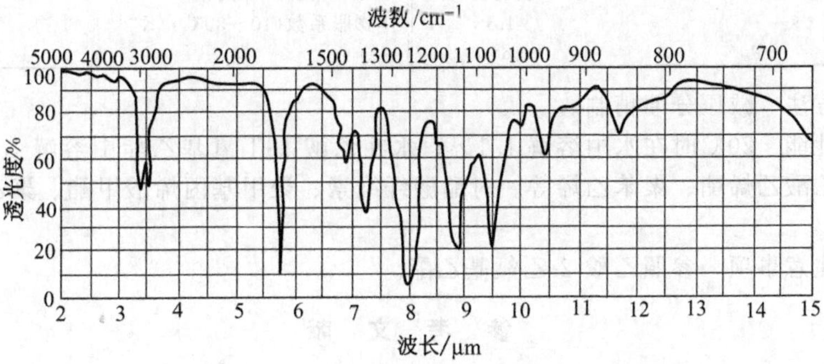

图 2-11-39　乙酸-2-乙氧基乙酯的红外光谱图

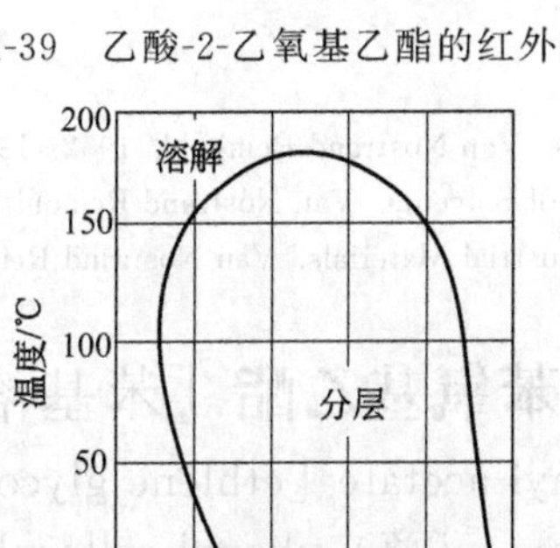

图 2-11-40　乙酸-2-乙氧基乙酯在水中的溶解度

参 考 文 献

1 CAS 111-15-9
2 EINECS 203-839-2
3 M. Beyaert. Matuur. Tijdschr. Gheut. 1937，19：197
4 Cellosolve Acetate. Union Carbide Chemicals Corp. 1957
5 Physical Properties Syntheric Organic Chemicals. Union Carbide Chemicals Corp. 1956
6 C. Marsden. Solvents Guide. 2nd ed.，Cleaver-Hume. 1963
7 S. R. Phadke and S. D. Gokhale. J. Indian Chem. Soc. 1945，22：235；Chem. Abstr. 1946，40：5310
8 A. K. Doolittle. The Technology of Solvents and Plasticizers. Wiley. 1954. 573
9 L. Scheflan and M. Jacobs. Hahdbook of Solvents. Van Nostrand Reinhold. 1953. 196
10 Sadtler Standard IR Prism Spectra. No. 2377
11 F. A. Patty. Industrial Hygiene and Toxicology. 2nd ed. Vol. 2. Wiley. 1963
12 有機合成化学協会. 溶剤ポケットブック. オーム社. 1977. 510

935. 乙酸-2-丁氧基乙酯［丁基溶纤剂乙酸酯］

2-butoxyethyl acetate［ethylene glycol monobutyl ether acetate，（商）butyl cellosolve acetate］

(1) 分子式　$C_8H_{16}O_3$。　　相对分子质量　160.21。

(2) 示性式或结构式　$CH_3COOCH_2CH_2OC_4H_9$

(3) 外观　无色液体。

(4) 物理性质

沸点(101.3kPa)/℃	191.5	蒸发热/(kJ/mol)	48.6
熔点(凝固点)/℃	−64.6	蒸气压(20℃)/kPa	0.04
相对密度(20℃/20℃)	0.9422	(76℃)/kPa	1.33
折射率(20℃)	1.4200	(109℃)/kPa	6.07
黏度(20℃)/mPa·s	1.8	体膨胀系数(10～30℃)/K^{-1}	0.00104
闪点(开口)/℃	88		

(5) 精制方法　减压分馏精制。

(6) 溶解性能　20℃时在水中溶解 1.1%；水在乙酸-2-丁氧基乙酯中溶解 1.6%。能溶解乙基纤维素、聚乙酸乙烯酯、聚苯乙烯等。对醋酸纤维素、聚甲基丙烯酸甲酯、聚乙烯醇缩丁醛等则不溶解。

(7) 使用注意事项　参照乙酸-2-乙氧基乙酯。

参 考 文 献

1 CAS 112-07-2
2 EINECS 203-933-3
3 G. O. Curme and F. Johnston. Glycols. Van Nostrand Reinhold. 1952. 138
4 L. Schaflan and M. Jacobs. Handbook of Solvents. Van Nostrand Reinold. 1953. 165
5 N. I. Sax. Dangerous Properties of Industrial Materials. Van Nostrand Reinhold. 1957. 402

936. 乙酸-2-苯氧基乙酯［苯基溶纤剂乙酸酯］

2-phenoxyethyl acetate［ethlene glycol monophenyl ether acetate，（商）phenyl cellosolve acetate］

(1) 分子式　$C_{10}H_{12}O_3$。　　相对分子质量　180.20。

(2) 示性式或结构式 $CH_3COOCH_2CH_2OC_6H_5$

(3) 外观 无色液体。

(4) 物理性质

沸点(101.3kPa)/℃	259.7	闪点(开口)/℃	143
熔点(凝固点)/℃	−2.7	蒸发热/(kJ/mol)	58.2
相对密度(20℃/20℃)	1.1084	蒸气压(20℃)/kPa	<0.00133
折射率(20℃)	1.5076	(131℃)/kPa	1.33
黏度(20℃)/mPa·s	9.4	(168℃)/kPa	6.67

(5) 溶解性能 醇、醚中可溶。

(6) 精制方法 减压分馏精制。

(7) 用途 它的挥发性低，可用作香料保留剂。

(8) 使用注意事项 参照乙二醇一丁醚。

参考文献

1 CAS 6192-44-5

2 G. O. Curme and F. Johnston. Glycols. Van Nostrand Reinhold. 1952. 138

937. 乙酸二甘醇一乙基醚酯［卡必醇乙酸酯］

diethylene glycol monoethyl ether acetate［2-(2-ethoxyethoxy) ethyl acetate，（商）carbitol acetate］

(1) 分子式 $C_8H_{16}O_4$。 相对分子质量 176.21。

(2) 示性式或结构式 $CH_3COOCH_2CH_2OCH_2CH_2OC_2H_5$

(3) 外观 无色液体。

(4) 物理性质

沸点(101.3kPa)/℃	217.4	闪点(闭口)/℃	107
熔点(凝固点)/℃	−25	(开口)/℃	110
相对密度(20℃/20℃)	1.0096	蒸发热/(kJ/mol)	91.3
折射率(20℃)	1.4213	比热容(定压)/[kJ/(kg·K)]	2.25
黏度(20℃)/mPa·s	2.8	蒸气压(20℃)/kPa	0.013
表面张力(20℃)/(mN/m)	31.1	体膨胀系数(20℃)/K^{-1}	0.00101

(5) 精制方法 减压分馏精制。

(6) 溶解性能 41.5℃以下与水混溶。能溶解油脂、橡胶、天然树脂、醋酸纤维素、聚乙酸乙烯酯、聚苯乙烯、聚甲基丙烯酸甲酯等。

(7) 用途 用作印刷油墨、印刷漆用溶剂。

(8) 使用注意事项 参照二甘醇一乙醚。用含本品50%的水溶液喂饲大鼠和豚鼠，LD_{50}分别为11.0g/kg和3.93g/kg。

参考文献

1 CAS 112-15-2

2 EINECS 203-940-1

3 Physical Properties Synthetic Organic Chemicals. Union Carbide Chemicals Corp. 1965

4 C. Marsden. Solvents Guide，2nd ed. Cleaver-Hume. 1963

5 A. K. Doolittle. The Technology of Solvents and Plasticizers. Wiley. 1954. 583

6 H. L. Wikoff and B. R. Cohen. Ind. Eng. Chem. Anal. Ed. 1940，12：92

7 L. Scheflan and M. Jacobs. Handbook of Solvents. Van Nostrand Reinhold. 1953. 190

938. 乙酸二甘醇一丁基醚酯［丁基卡必醇乙酸酯］

diethylene glycol monobutyl ether acetate［2-(2-butoxyethoxy) ethyl acetate，(商) butyl carbitol acetate］

(1) 分子式　$C_{10}H_{20}O_4$。　　　　相对分子质量　204.26。

(2) 示性式或结构式　$CH_3COOC_2H_4OC_2H_4OC_4H_9$

(3) 外观　无色液体，几乎无气味。

(4) 物理性质

沸点(101.3kPa)/℃	246.8	闪点(开口)/℃	116
熔点(凝固点)/℃	−32.2	蒸发热/(kJ/mol)	53.2
相对密度(20℃/20℃)	0.9810	比热容(定压)/[kJ/(kg·K)]	2.01
折射率(20℃)	1.4262	蒸气压(20℃)/kPa	<0.0013
黏度(20℃)/mPa·s	3.56	体膨胀系数(10～30℃)/K^{-1}	0.00094
表面张力(20℃)/(mN/m)	29.9		

(5) 精制方法　减压分馏精制。

(6) 溶解性能　20℃时在水中溶解 6.5%；水在乙酸二甘醇一丁基醚酯中溶解 3.7%。能溶解油脂、橡胶、硝酸纤维素、纤维素醚等。

(7) 用途　用作高沸点漆用溶剂。

(8) 使用注意事项　参照二甘醇一乙醚。大鼠经口 LD_{50} 为 11.92g/kg。豚鼠经口 LD_{50} 为 2.34g/kg。长时间反复接触兔或人的皮肤，可引起轻微红斑或脱屑。中毒剂量可经皮肤迅速吸收。兔经皮 LD_{50} 约 5.5mL/kg。

参 考 文 献

1 CAS 124-17-4
2 EINECS 204-685-9
3 A. K. Doolittle. The Technology of Solvents and Plasticizers. Wiley. 1954. 586
4 L. Scheflan and M. Jacobs. Handbook of Solvents. Van Nostrand Reinhold. 1953. 164

939. 乙酰乙酸甲酯

methyl acetoacetate

(1) 分子式　$C_5H_8O_3$。　　　　相对分子质量　116.12。

(2) 示性式或结构式

$$H_3C-\overset{O}{\overset{\|}{C}}-CH_2-\overset{O}{\overset{\|}{C}}-OCH_3 \rightleftharpoons H_3C-\overset{OH}{\overset{|}{C}}=CH-\overset{O}{\overset{\|}{C}}-OCH_3$$

(3) 外观　无色液体，有芳香气味。

(4) 物理性质

沸点(101.3kPa)/℃	171.7	闪点(闭口)/℃	82
熔点/℃	−80	蒸发热/(kJ/mol)	36.00
相对密度(20℃/4℃)	1.0747	燃烧热/(kJ/mol)	3155.2
折射率(20℃)	1.4186	蒸气压(25℃)/kPa	0.8
黏度(20℃)/mPa·s	1.704		

(5) 化学性质　遇三氯化铁呈深红色。与水一起煮沸分解成丙酮、甲醇和二氧化碳。

(6) 精制方法　除含有游离的酸和醇外，还含有丙酮等杂质。精制时用碳酸钾或无水硫酸钠干燥后减压蒸馏。

(7) 溶解性能　稍溶于水，易溶于有机溶剂。

(8) 用途　用作纤维素酯的混合溶剂。也可作农药、医药、有机合成等的中间体。

(9) 使用注意事项　为可燃性物质，应远离火源置阴凉通风处贮存。着火时可用水喷雾，或用粉末灭火剂、二氧化碳等灭火。对皮肤有侵蚀性，应注意保护皮肤。大鼠经口 LD_{50} 为 3.0g/kg。

参考文献

1 CAS 105-45-3

2 EINECS 203-299-8

3 D. Alelio and E. E. Reid. J. Amer. Chem. Soc. 1937，59：109

4 The Merck Index. 8th ed. 680

5 W. H. Perkin. J. Chem. Soc. 1894，815

6 K. V. Auwers. Chem. Ber. 1913，46：494

7 A. E. Dunstan and F. B. Thole. J. Chem. Soc. 1913. 127

8 International Critical Tables. Ⅴ-167. Ⅶ-216

9 J. Bielecki and V. Henri. Compt. Rend. 1913，156：1322

10 IRDC カード. No. 604

11 E. Stenhagen et al. Atlas of Mass Spectral Data. Vol. 1. Wiley. 1969. 417

12 J. L. Burdetle and M. T. Rogers. J. Amer. Chem Soc. 1964，86：2015

13 N. I. Sax. Handbook of Dangerous Materials. Van Nostrand Reinhold. 1951. 68

14 Beilstein. Handbuch der Organischen Chemie. H，3-632；E Ⅳ，3-1527

15 The Merck Index. **10**，5886；**11**，5933

940. 乙酰乙酸乙酯

ethyl acetoacetate [acetoacetic ethyl ester，ethyl-3-oxobutanoate，diacetic ether]

(1) 分子式　$C_6H_{10}O_3$。　　相对分子质量　130.14。

(2) 示性式或结构式

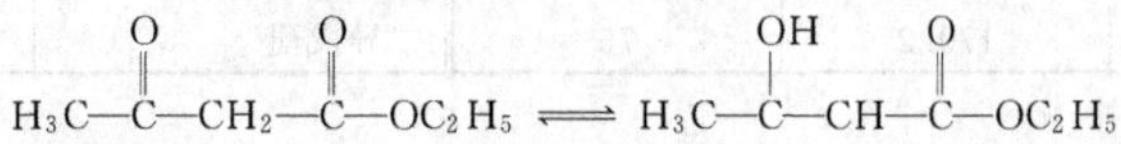

(3) 外观　无色液体，有芳香味。

(4) 物理性质

沸点(101.3kPa)/℃	180.8	表面张力(20℃)/(mN/m)	32.51
熔点(酮式)/℃	−39	闪点(闭口)/℃	84.4
(烯醇式)/℃	−44	燃烧热(25℃)/(kJ/mol)	3162.7
相对密度(25℃/4℃)	1.02126	比热容(24.5℃,定压)/[kJ/(kg·K)]	1.92
折射率(20℃)	1.4192	临界温度/℃	400
介电常数(22℃)	15.9	电导率(25℃)/(S/m)	1×10^{-7}
偶极矩(18.2℃)/(10^{-30} C·m)	10.74	蒸气压(40～41℃)/kPa	0.27
黏度(25℃)/mPa·s	1.5081	热导率(30℃)/[W/(m·℃)]	155.8×10^3

(5) 化学性质　遇三氯化铁呈紫色。用稀酸或稀碱水解时，生成丙酮、乙醇和二氧化碳。在强碱作用下，生成两分子乙酸和乙醇。催化还原时生成 β-羟基丁酸。新蒸馏的乙酰乙酸乙酯中，烯醇式占 7%，酮式占 93%。将乙酰乙酸乙酯的乙醇溶液冷却到−78℃时，析出结晶状态的酮式化合物。若将乙酰乙酸乙酯的钠衍生物悬浮于二甲醚中，在−78℃时通入略少于中和量的干燥氯化氢气体，可得到油状的烯醇式化合物。

(6) 精制方法　易含杂质有游离的酸、醇和丙酮。精制时用碳酸钾或无水硫酸钠干燥后减压蒸馏。

(7) 溶解性能　溶于有机溶剂。25℃时在水中溶解 12%；水在乙酰乙酸乙酯中溶解 4.9%。

(8) 用途　用作漆用溶剂，分析用试剂，以及医药、染料、塑料、有机合成等的原料。

(9) 使用注意事项　致癌物。为可燃性物质，应远离火源置阴凉通风处贮存。属低毒类。避免吸入蒸气和接触皮肤。大鼠经口 LD_{50} 为 4.0g/kg。

(10) 附表

表 2-11-67　乙酰乙酸乙酯的蒸气压

温度/℃	蒸气压/kPa	温度/℃	蒸气压/kPa
−5	0.013	106.0	8.00
28.5	0.13	118.5	13.33
54.0	0.67	138.0	26.66
67.3	1.33	158.2	53.33
81.1	2.67	181.0	101.33
96.2	5.33		

表 2-11-68　含乙酰乙酸乙酯的二元共沸混合物

第二组分	共沸点/℃	第二组分/%	第二组分	共沸点/℃	第二组分/%
六氯乙烷	172.5	51	辛酸甲酯	180.0	20
异戊酸	176.1	77	丁基苯	174.0	48
邻二氯苯	175.5	58	甲基异丙基苯	170.5	59
对二氯苯	172.65	71	莰烯	156.15	70
碘苯	178.0	52	*d*-苎烯	169.05	57
苯乙醚	169.8	76	*β*-蒎烯	159.3	>65
丁硫醚	<178.5	>22	*α*-水芹烯	165	约 60
异丁基硫醚	171.0	90	*α*-蒎烯	153.35	78
茚	177.15	32	*α*-萜品烯	166.6	60
1,3,5-三甲基苯	162.5	68	萜品烯	171.0	50
丙基苯	158.3	76	萜品油烯	172.2	45
1,2,4-三甲基苯	165.2	63	桉树脑	168.75	57
乙基苄基醚	175.5	<25	异戊酸异戊酯	179.5	77
丁酸异戊酯	174.5	40	2,7-二甲基辛烷	156.0	76
异丁酸异戊酯	169.0	80	二戊醚	174.5	30
异戊酸异丁酯	170.2	75	二异戊醚	167.4	60

参 考 文 献

1 CAS 141-97-7
2 EINECS 205-516-1
3 D. R. Stull. Ind. Eng. Chem. 1947, 39: 517
4 L. Knorr and O. Rothe. Chem. Ber. 1911, 44: 1138
5 Kirk-Othmer. Encyclopedia of Chemical Technology 1st ed., Vol. 5. Wiley. 846
6 F. Schwers. J. Phys. Chem. 1911, 9: 15
7 W. R. Mountcastle and D. F. Smith. J. Phys. Chem. 1960, 64: 1342
8 International Critical Tables. Ⅳ-454. Ⅴ-110. Ⅵ-91
9 M. Beyaert. Natuurw. Tijdschr. Ghent. 1937, 19: 197
10 A. E. Dunstan and J. A. Stubbs. J. Chem. Soc. 1908, 1919
11 M. S. Knarach. J. Res. Nat. Bur. Std. 1929, 2: 359
12 K. E. Calderband and R. J. W. TeFerre. J. Chem. Soc. 1949. 1462
13 Landolt-Börnstein 6th ed., Vol. Ⅱ-7, 19; Vol. Ⅱ-5, 86. Springer
14 L. H. Horsley. Advan. Chem. Ser. 1952, 6: 175
15 IRDC カード. No. 11
16 D. N. Shigorin. Zh. Fiz. Khim. 1953, 27: 689; Chem. Abstr. 1954, 48: 13633
17 J. H. Bowie and R. Grigg. J. Amer. Chem. Soc. 1966, 88: 1699
18 J. L. Burdette and M. T. Rogers. J. Amer. Chem. Soc. 1964, 86: 2105

19 N. I. Sax. Handbook of Dangerous Materials. Van Nostrand Reinhold. 1951. 159
20 The Merck Index 8th ed. 340
21 T. E. Jordan. Vapor Pressure of Organic Compounds. Wiley. 1954. 157
22 The Merck Index. **10**, 3707; **11**, 3714

941. 氰基乙酸甲酯

methyl cyanoacetate

(1) 分子式 $C_4H_5NO_2$。　　　　**相对分子质量** 99.09。

(2) 示性式或结构式 $NCCH_2COOCH_3$

(3) 外观 无色液体，微有芳香味。

(4) 物理性质

沸点(101.3kPa)/℃	205.09	黏度(20℃)/mPa·s	2.793
熔点/℃	−13.07	表面张力(20℃)/(mN/m)	42.32
相对密度(25℃/4℃)	1.1225	蒸发热(25℃)/(kJ/mol)	61.713
折射率(25℃)	1.41662	燃烧热(25℃)/(kJ/mol)	1992.1
介电常数(20℃)	29.30	电导率/(S/m)	4.49×10^{-7}

(5) 化学性质 氰基乙酸甲酯含有活性亚甲基，能生成钠的衍生物。与甲醛、乙醛或其他醛、酮类能发生缩聚反应。其酸性比苯酚弱。可用酸、水、碱进行水解。

(6) 精制方法 用碳酸钾或无水硫酸钠干燥后分馏。

(7) 溶解性能 微溶于水，能与醇、醚相混溶。能溶解多种盐类。

(8) 使用注意事项 危险特性属第6.1类毒害品。危险货物编号：61646。能经皮肤吸收，并能引起皮肤炎症。使用时应防止皮肤接触和吸入其蒸气。大鼠经口 LD_{50}<400mg/kg。

(9) 规格 GB/T 26606—2011　工业用氰乙酸甲酯

项　目		一等品	合格品	项　目	一等品	合格品
氰乙酸甲酯/%	≥	99.0	96.0	氰基丁二酸二甲酯/%	供需协商	
丙二酸二甲酯/%	≤	0.05	0.20	三甘氨酸三甲酯/%	供需协商	
酸度(以乙酸计)/%	≤	0.10	0.20	外观	无色至微黄色透明液体	
水分/%	≤	0.10	0.20			

参 考 文 献

1 CAS 105-34-0
2 EINECS 203-288-8
3 R. R. Dreisbach. Advan. Chem. Ser. 1961, 29: 448
4 P. Walden. Z. Physik. Chem. Leipzig. 1930, 46: 103; 1906, 55: 281; 1926, 124: 405
5 M. S. Kharasch. J. Res. Nat. Bur. Std. 1929, 2: 359
6 J. G. Grasselli. Atlas of Spectral Data and Physical Constants for Organic Compounds. CRC Press. 1973. B-640
7 A. Dadien and K. Kohlausch. Monatsh Chem. 1930, 55: 201; Chem. Abstr. 1903, 24: 3437
8 F. A. Patty Industrial Hygiene and Toxicology. 2nd ed. Vol. 2. Wiley. 1963. 2029

942. 氰基乙酸乙酯

ethyl cyanoacetate

(1) 分子式 $C_5H_7NO_2$。　　　　**相对分子质量** 113.12。

(2) 示性式或结构式 $NCCH_2COOC_2H_5$

(3) 外观 无色液体，微有芳香味。

(4) 物理性质

沸点(101.3kPa)/℃	206.0	表面张力(20℃)/(mN/m)	36.48
熔点/℃	−22.5	闪点(开口)/℃	110
相对密度(25℃/4℃)	1.0564	蒸发热(100～200℃)/(kJ/mol)	64.9
折射率(20℃)	1.41555	燃烧热(25℃)/(kJ/mol)	2659.0
介电常数(18℃)	26.7	电导率(25℃)/(S/m)	6.9×10^{-7}
偶极矩/(10^{-30} C·m)	6.73	溶解度(水)/%	25.9
黏度(20℃)/mPa·s	2.63		

(5) 化学性质 氰基乙酸乙酯含有活性亚甲基，与溴作用生成溴代氰基乙酸乙酯。与氨作用生成氰基乙酰胺。与乙醇-硫酸作用生成丙二酸二乙酯。酸性比苯酚弱。在酸、碱存在下能发生水解。此外，氰基乙酸乙酯能与甲醛、乙醛或其他醛、酮类发生缩聚反应。

(6) 精制方法 用碳酸钾或无水硫酸钠干燥后分馏。

(7) 溶解性能 溶于乙醇、乙醚、氨水和碱溶液中。能溶解多种盐类。

(8) 用途 用于合成染料、医药等。

(9) 使用注意事项 危险特性属第6.1类毒害品。危险货物编号：61646，UN编号：2666。属中等毒类。经皮肤吸收并引起皮肤炎症。使用时应防止接触皮肤和吸入其蒸气。小鼠吸入 LC_{50} 为 550mg/m³。实验动物在低浓度时表现呼吸急促、流泪、嗜睡、精神萎靡、反应迟钝。浓度较大时则呼吸极度困难，痉挛、挣扎跳跃之后死亡。大鼠经口 LD_{50} <400mg/kg。

(10) 附表

表 2-11-69 氰基乙酸乙酯的蒸气压

温度/℃	蒸气压/kPa	温度/℃	蒸气压/kPa
67.8	0.13	142.1	8.00
93.5	0.67	152.8	13.33
106.0	1.33	169.8	26.66
119.8	2.67	187.8	53.33
133.8	5.33	206.0	101.33

参 考 文 献

1 CAS 105-56-6
2 EINECS 203-309-0
3 D. R. Stull. Ind. Eng. Chem. 1947. 39：517
4 Kirk-Othmer. Encyclopedia of Chemical Technology. 1st ed. Vol. 9. Wiley. 369
5 D. M. Newitt and P. R. Linstead. J. Chem. Soc. 1937，876
6 A. Karvonen. Ann. Acad. Sci. Fennicae. 1924，20 (9) 9，18；Chem. Abstr. 1924，18：1981
7 P. Drude. Z. Physik. Chem. Leipzig. 1897，23：267
8 C. P. Smith. J. Amer. Chem. Soc. 1925，47：1894
9 D. Vorlander and R. Walter. Z. Physik. Chem. Leipzig. 1925，118：1
10 J. Timmermans and M. H. Roland. J. Chim. Phys. 1959，56：984
11 M. S. Kharasch. J. Res. Nat. Bur. Std. 1929，2：359
12 P. Walden. Z. Physik. Chem. Leipzig. 1906，54：129
13 F. K. V. Koch. J. Chem. Soc. 1928，269
14 J. Schurz and H. Zah. Z. Physik. Chem. Frankfurt. 1959，21：185
15 IRDC カード. No. 14390
16 J. G. Grasselli. Atlas of Spectral Data and Chemical Constants for Organic Compounds. CRC Press. 1973. B-640
17 F. A. Patty. Industrial Hygiene and Toxicology. 2nd ed. Vol. 2. Wiley. 1963. 2029
18 T. E. Jordan. Vapor Pressure of Organic Compounds. Wiley. 1954. 193

943. 氯 乙 酸

chloroacetic acid [monochloroacetic acid, chloroethanoic acid]

(1) 分子式 $C_2H_3O_2Cl$。 相对分子质量 94.50。

(2) 示性式或结构式 $ClCH_2COOH$

(3) 外观 无色潮解性晶体，有刺激性气味。

(4) 物理性质

沸点(101.3kPa)/℃	187.85	表面张力/(mN/m)	31.56
熔点(α 型)/℃	62.53	蒸发热(13.3kPa,130℃)/(kJ/mol)	54.4
(β 型)/℃	56.3	熔化热(61℃)/(kJ/mol)	19.3
(γ 型)/℃	50.2	(56℃)/(kJ/mol)	18.8
相对密度(60℃/4℃)	1.3764	(51℃)/(kJ/mol)	15.9
折射率(60℃)	1.4330	燃烧热(固)/(kJ/mol)	726.4
介电常数(20℃)	约 21	电导率(60℃)/(S/m)	1.4×10^{-6}
偶极矩/(10^{-30} C·m)	7.64	爆炸极限(下限)/%(体积)	8
黏度(65℃)/mPa·s	2.225	蒸气压(71.51℃)/kPa	0.67

(5) 化学性质 氯乙酸富有反应性，酸性比乙酸强（$K_a=1.4\times10^{-3}$）。其乙醇溶液在紫外线照射下分解成甲醇、乙醛和氯化氢。氯乙酸及其碱金属盐中的氯原子在水溶液中容易被取代。将氯乙酸水溶液回流时，逐渐发生水解生成乙醇酸。若有碱存在能加快水解速度。氯乙酸与氨、胺、肼或苯酚反应时，生成相应的 α-取代乙酸。与各种醇作用容易生成酯。与磷酰氯反应生成酰氯化合物。在碘存在下进行氯化反应时，生成二氯乙酸和三氯乙酸。

(6) 精制方法 用氯仿、四氯化碳、苯或水重结晶后，放入真空干燥器中用五氧化二磷或浓硫酸干燥。若需进一步纯化可在硫酸镁存在下蒸馏。馏出物熔化后分步结晶，产品在真空或干燥氮气中贮存。

(7) 溶解性能 易溶于水、醇、苯、氯仿和醚等。25℃时在 100g 水、甲醇、乙醚中氯乙酸的溶解度分别为 510g，350g，190g。

(8) 用途 由于氯乙酸中氯原子的反应性大，广泛用于有机合成，制备医药、染料、农药等多种化工产品。例如咖啡因、肾上腺素、氨基乙酸、靛蓝、萘乙酸、乐果、硫氰乙酸异莰酯、羧甲基纤维素等。

(9) 使用注意事项 属剧毒化学品。危险特性属第 8.1 类酸性腐蚀品。危险货物编号：81603，UN 编号：1750。属中等毒类。本品腐蚀性和刺激性强，有毒，附着皮肤上时能引起烧伤、坏疽、并伴有剧痛。接触本品酸雾引起眼部疼痛、流泪、羞明、结膜充血和上呼吸道刺激症状。大鼠经口 LD_{50} 为 76mg/kg。豚鼠经口 LD_{50} 为 80mg/kg。

(10) 规格 HG/T 3271—2000 工业用氯乙酸

项 目		优等品	一等品	合格品
氯乙酸($CH_2ClCOOH$)/%	≥	99.0	97.5	96.0
二氯乙酸($CHCl_2COOH$)/%	≤	0.5	1.5	2.5
乙酸(CH_3COOH)/%	≤	0.5	—	—
结晶点/℃	≥	60	—	—

(11) 附表

表 2-11-70 氯乙酸的蒸气压

温度/℃	蒸气压/kPa	温度/℃	蒸气压/kPa
71.51	0.67	148.34	26.66
83.09	1.33	168.32	53.33
95.78	2.67	189.10	101.33
118.59	8.00		

表 2-11-71　含氯乙酸的二元共沸混合物

第二组分	共沸点/℃	氯代乙酸/%	第二组分	共沸点/℃	氯代乙酸/%
苯乙烯	144.8	14	萜二烯	167.8	34
邻二甲苯	143.5	12	β-蒎烯	157.6	30
间二甲苯	139.05	7	癸烷	165.2	42
对二甲苯	138.35	4	2,7-二甲基辛烷	155.7	28
异丙基苯	150.8	21	1,3,5-三乙基苯	185.5	75
1,3,5-三甲基苯	162	17	1,2,3-三氯丙烷	154.5	10
1,2,4-三甲基苯	162.8	34	二溴苯	186.3	74
萘	187.1	78	碳酸异戊酯	192.5	40
邻二氯苯	170.8	28	α-氯代甲苯	173.8	25
对二氯苯	167.55	24.5	邻氯甲苯	156.8	12
溴苯	154.3	11	对氯甲苯	159.3	14
碘苯	175.3	约 35	二异戊基醚	171.95	16
α,α-二氯甲苯	189.1	97	富马酸甲酯	195.7	42
间溴甲苯	174	30	琥珀酸甲酯	197.0	28
邻溴甲苯	172.95	32	草酸二甲酯	190.25	70
对溴甲苯	174.1	34	马来酸乙酯	195.7	42
丁基苯	172.8	52	癸酸甲酯	187.5	67
甲基异丙基苯	169.0	42	异戊酸异戊酯	187.7	65
莰烯	~154.7	~15	戊酯	186.33	3

参 考 文 献

1　CAS 79-11-8
2　EINECS 201-178-4
3　Kirk-Othmer. Encyclopedia of Chemical Technology. 2nd ed. Vol. 8. Wiley. 415
4　Beilstein. Handbuch der Organischen Chemie. E-Ⅲ，2-428
5　日本化学会. 化学便覧. 基礎編. 丸善. 1966. 783，1029；1975. 715
6　Sadtler Stand IR Prism Spectra. No. 2094
7　F. A. Bovey. NMR Data Tables for Organic Compounds. Vol. 1. Wiley. 1967. 15
8　安全工学協会. 安全工学便覧. コロナ社. 1973. 221
9　The Merck Index. 8th ed. 238
10　L. H. Horsley. Advan. Chem. Ser. 1952，6，33，35，38，40，41
11　The Merck Index. **10**，2078；**11**，2111
12　张海峰主编. 危险化学品安全技术大典：第 1 卷. 北京：中国石化出版社，2010

944. 二 氯 乙 酸

dichloroacetic acid [dichloroethanoic acid]

(1) 分子式　$C_2H_2O_2Cl_2$。　　　相对分子质量　128.94。

(2) 示性式或结构式　$CHCl_2COOH$

(3) 外观　无色透明液体，有刺激性气味。

(4) 物理性质

沸点(101.3kPa)/℃	194.4	介电常数(20℃)	8.08
熔点(两种晶型)/℃	9.7	表面张力(20℃)/(mN/m)	38.6
/℃	−4	生成热(液)/(kJ/mol)	503.3
相对密度(20℃/4℃)	1.563	电导率(0℃)/(S/m)	4×10^{-8}
折射率(22℃)	1.4659	(25℃)/(S/m)	7×10^{-8}

(5) 化学性质　酸性比氯乙酸强（$K_a=5\times10^{-2}$）。对水解比较稳定，但氯原子比较容易被

取代。和氯乙酸一样能生成各种衍生物。

(6) 精制方法　将由乙酸氯化得到的粗制品用低级醇进行酯化，分馏后将酯皂化可得纯品。若需分离二氯乙酸和三氯乙酸的混合物，可用水解的方法。三氯乙酸水解后生成氯仿和二氧化碳，再用不溶于水的溶剂如乙醚萃取二氯乙酸。此外，也可用苯重结晶的方法精制。

(7) 溶解性能　能与水、醇、醚混溶。

(8) 用途　用作医药（氯霉素）及有机合成的中间体。也用作腐蚀剂。

(9) 使用注意事项　危险特性属第8.1类酸性腐蚀品。危险货物编号：81605，UN编号：1764。属低毒类。腐蚀性强，刺激皮肤和黏膜。受热分解时产生有毒的氯化物蒸气。与水或水蒸气反应产生有毒的腐蚀性气体。大鼠经口 LD_{50} 为4480mg/kg。大鼠吸入饱和蒸气8小时没有引起死亡，但产生严重的皮肤和眼睛损害。二氯乙酸具有强烈的角质剥脱作用。

(10) 附表

表 2-11-72　二氯乙酸的蒸气压

温度/℃	蒸气压/kPa	温度/℃	蒸气压/kPa
44	0.13	121.5	8.00
69.8	0.67	152.3	26.66
82.6	1.33	173.7	53.33
96.3	2.67	194.4	101.33

参 考 文 献

1 CAS 79-43-6
2 EINECS 201-207-0
3 Kirk-Othmer. Encyclopedia of Chemical Technology. 2nd ed. Vol. 8. Wiley. 417
4 The Merck Index. 8th ed. 349
5 Beilstein. Handbuch der Organischen Chemie. EⅢ，2-454
6 日本化学会. 化学便覧. 基礎編. 丸善. 1966. 833，1029；1975. 717
7 Sadtler Standard IR Prism Spectra. No. 2806
8 F. A. Bovey. NMR Data Tables for Organic Compounds. Wiley 1967. 13

945. 三氯乙酸

trichloroacetic acid

(1) 分子式　$C_2HO_2Cl_3$。　　相对分子质量　163.39。

(2) 示性式或结构式　CCl_3COOH

(3) 外观　无色晶体，有潮解性。

(4) 物理性质

沸点(101.3kPa)/℃	197.5	熔化热(59.1℃)/(kJ/mol)	5.9
熔点/℃	59.2	生成热(固)/(kJ/mol)	514.1
相对密度(61℃/4℃)	1.629	燃烧热(固)/(kJ/mol)	388.5
介电常数(60℃)	4.6	电导率(25℃)/(S/m)	3×10^{-9}
偶极矩(25℃,苯)/(10^{-30} C·m)	2.75	(60℃)/(S/m)	6.2×10^{-9}

(5) 化学性质　三氯乙酸为强酸（20℃时 $K_a=0.2159\sim0.2183$），其酸性可与盐酸相比。在水溶液中不稳定，分解成氯仿和二氧化碳。和氢氧化钠、碳酸钠一起加热时，也发生同样的分解。在过量的氢氧化钠作用下，产生甲酸钠。与甲醇、乙醇等能发生酯化作用。

(6) 精制方法　从它的熔融物分步结晶后，用干燥的苯反复重结晶精制。纯品应放在盛浓硫酸的真空干燥器中贮存。也可用氯仿或环己烷重结晶，用盛有五氧化二磷或高氯酸镁的真空干燥器干燥。三氯乙酸也可在硫酸镁存在下减压分馏精制。或在三氯乙酸中加入苯，先进行共沸蒸馏除去水分，再从残留的苯溶液中结晶精制。

(7) 溶解性能　25℃时在 100g 水、甲醇、乙醇中的溶解度分别为 1306g，2143g，617g。

(8) 用途　用作选择性除草剂（钠盐）、局部腐蚀剂、收敛剂、消毒剂、角质溶解剂、蛋白质沉淀剂及医药的原料等。

(9) 使用注意事项　危险特性属第 8.1 类酸性腐蚀品。危险货物编号：81606，UN 编号：1839，2564。属低毒类。腐蚀性强，能迅速侵蚀皮肤和黏膜，产生严重的组织灼伤。用 0.0035mL 滴入兔眼，立即引起严重的角膜凝固坏死。有潮解性，应密封在30℃以下贮存。其水溶液（特别是 33%以下者）贮存时发生分解。大鼠经口 LD_{50} 为 3320mg/kg。工作场所最高容许浓度 5mg/m^3（美国）。

(10) 附表

表 2-11-73　三氯乙酸的蒸气压

温度/℃	蒸气压/kPa	温度/℃	蒸气压/kPa	温度/℃	蒸气压/kPa	温度/℃	蒸气压/kPa
53.57	0.1333	88.67	1.3332	124.75	7.9993	175.96	53.3288
76.99	0.6666	101.52	2.6664	155.30	26.6644	197.59	101.325

表 2-11-74　含三氯乙酸的二元共沸混合物

第二组分	共沸点/℃	三氯乙酸/%	第二组分	共沸点/℃	三氯乙酸/%
六氯乙烷	181	15	碘苯	约 181	约 25
五氯乙烷	161.8	3.5	邻溴甲苯	180.0	约 18
对氯溴苯	<191.5	<47	α-氯甲基苯	约 178.2	约 14
对二氯苯	174.0	约 12	丁苯	181.3	20

参考文献

1 CAS 76-03-9
2 EINECS 200-927-2
3 Kirk-Othmer. Encyclopedia of Chemical Technology. 2nd ed. Vol. 8. Wiley. 418
4 The Merck Index. 8th ed. 1067
5 日本化学会. 化学便覧. 基礎編. 丸善. 1966. 784，813，834，1006，1029；1967. 722
6 Landolt-Börnstein. 6th ed. Vol. Ⅰ-3. Springer. 439
7 Sadtler Standard IR Prism Spectra. No. 36. 11346
8 H. A. Szymanski and R. E. Yelim. NMR Band Handbook. IFI-plenum. 1968. 300
9 L. H. Horsley. Advan. Chem. Ser. 1952，6：33，35
10 The Merck Index. **10**，9439；**11**，9539

946. 三氟乙酸

trifluoroacetic acid

(1) 分子式　$C_2HF_3O_2$。　　相对分子质量　114.02。

(2) 示性式或结构式　CF_3COOH

(3) 外观　无色液体，有强烈的刺激气味。

(4) 物理性质

沸点(101.3 MPa)/℃	71.78	表面张力(24℃)/(mN/m)	13.63
熔点/℃	−15.25	蒸发热(平均)/(kJ/mol)	36.31
相对密度(20℃/4℃)	1.4890	临界温度/℃	246
折射率(20℃)	1.2850	临界压力/MPa	4.05
介电常数(20℃)	8.55	蒸气压(25℃)/kPa	14.4
偶极矩(100℃,气)/(10^{-30} C·m)	7.61	NMR　^{19}F:δ+78.45×10^{-6}(外部 CCl_3F)	
黏度(20℃)/mPa·s	0.926		

(5) 化学性质 对热非常稳定，加热至400℃也不分解。在水中发生离子化，呈强酸性(25℃时，$K_a=0.588$)。能形成稳定的金属盐或酯。三氟乙酸与三氯乙酸不同，在酸、碱的作用下不被水解。

(6) 精制方法 在氮气流下蒸馏精制。或加五氧化二磷回流后蒸馏。进一步纯化可分步结晶后再蒸馏。

(7) 溶解性能 能与水、乙醇、乙醚、丙酮、苯、四氯化碳、己烷等混溶。能溶解多种脂肪族和芳香族化合物。三氟乙酸本身或与液态二氧化硫的混合物可溶解蛋白质。与20.6%的水形成二元共沸混合物，共沸点105.5℃。

(8) 用途 三氟乙酸用作反应溶剂有特殊的性质，可作甲苯磺化、硝化和烃的卤代反应溶剂。也用作树脂的溶剂和有机合成中间体等。

(9) 使用注意事项 危险特性属第8.1类酸性腐蚀品。危险货物编号：81102，UN编号：2699。属中等毒类。对皮肤、眼和黏膜有刺激作用，其刺激性比三氯乙酸强，对组织的穿透更明显。接触皮肤产生剧烈的疼痛和烧伤。豚鼠或大鼠皮肤接触20%或更高浓度的三氟乙酸溶液时，引起明显的凝固坏死或组织完全溶解。工作场所最高容许浓度0.025～0.05mg/L。

参 考 文 献

1 CAS 76-05-1
2 EINECS 200-929-3
3 A. Kreglewski. Bull. Acad. Polon. Sci. Ser. Sci. Chim. 1964，10：629
4 J. H. Simons and K. E. Lorentzen. J. Amer. Chem. Soc. 1950，72：1426
5 A. Weissberger. Organic Solvents. 3rd ed. Wiley. 1971. 499
6 F. E. Harris and C. T. O'konski. J. Amer. Chem. Soc. 1954，76：4317
7 J. H. Gibbs and C. P. Smyth. J. Amer. Chem. Soc. 1951，73：5115
8 E. A. Kauck and A. R. Diesslin. Ind Eng. Chem. 1951，43：2332
9 J. J. Jasper and H. L. Wedlick. J. Chem. Eng. Data. 1964，9：446
10 M. D. Taylor and M. B. Templeman. J. Amer. Chem. Soc. 1956，78：2950
11 Trifluoroacetic Acid (3FA). Product Data Sheet，Allied Chemical Corp. General Chemical Division. 1962
12 C. J. Pouchert. The Aldrich Library of Infrared Spectra. Aldrich Chemical Co.. 1970. 234B
13 R. Fonteyne. Natuurw. Tijdschr. Ghent. 1942，24：161
14 J. R. Majer. Advances in Fluorine Chemistry. 1961，2：70
15 J. W. Emsley et al. High Resolution Nuclear Magnetic Resonance Spectroscopy. Vol. 2. Pergamon. 1966. 873
16 J. J. Katz. Nature. 1954，174：509
17 G. I. Kheilo and S. N. Kremneva. Gigiena Trudai Prof. Zabolevaniya. 1966，10：13
18 The Merck Index. **10**，9490；**11**，9595

947. 三氟乙酸酐

trifluoroacetic anhydride

(1) 分子式 $C_4F_6O_3$。 相对分子质量 210.04。

(2) 示性式或结构式 $(CF_3CO)_2O$

(3) 外观 无色液体，易挥发，有刺激性气味。

(4) 物理性质

沸点(101.3kPa)/℃	39～40
熔点/℃	－65
相对密度(20℃/4℃)	1.511

(5) 化学性质 在碱性溶液中易水解，与水反应激烈。

(6) 溶解性能 与乙醇、乙醚混溶。

(7) 用途　溶剂、分析试剂。

(8) 使用注意事项　三氟乙酸酐的危险特性属第8.1类酸性腐蚀品。危险货物编号：81102。受高热或燃烧发生分解放出有毒气体。对眼睛、黏膜或皮肤有强烈刺激性，会造成严重烧伤。有强腐蚀性、催泪性。吸入蒸气或粉尘会引起中毒。

参 考 文 献

1 CAS 407-25-0

2 EINECS 206-982-9

3 Beil.，**2** (2)，186

948. 对氯苯酚［4-氯苯酚］

p-chlorophenol［4-chlorophenol］

(1) 分子式　C_6H_5ClO。　　　　相对分子质量　128.56。

(2) 示性式或结构式

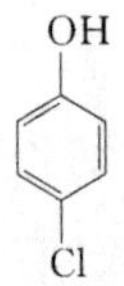

(3) 外观　白色晶体，有特殊刺激气味。

(4) 物理性质

沸点(101.3kPa)/℃	220	折射率(40℃)	1.5579
熔点/℃	42～44	闪点/℃	121
相对密度(20℃/4℃)	1.2651	蒸气压(49.8℃)/kPa	0.13

(5) 溶解性能　溶于苯、乙醇、乙醚、甘油、氯仿和苛性碱溶液，几乎不溶于水。

(6) 用途　溶剂、医药、染料中间体。

(7) 使用注意事项　对氯苯酚的危险特性属第6.1类毒害品。危险货物编号：61703，UN编号：2020。吸入、食入、经皮肤吸收，对眼睛、黏膜、呼吸道及皮肤有强烈刺激作用。遇明火、高热可燃，分解放出有毒的腐蚀性烟气。大鼠经口 LD_{50} 为670mg/kg。

参 考 文 献

1 CAS 106-48-9

2 EINECS 203-402-6

3 Beilstein. Handbuch der Organischen Chemie. H，6-186；E Ⅳ，6-820

4 The Merck Index. **10**，2126；**12**，2206

949. 巯基乙酸［硫代乙醇酸］

thioglycollic acid［mercaptoacetic acid］

(1) 分子式　$C_2H_4O_2S$。　　　　相对分子质量　92.32。

(2) 示性式或结构式　$HSCH_2COOH$

(3) 外观　无色透明液体，有令人不愉快气味。

(4) 物理性质

沸点(3.857kPa)/℃	123	熔点/℃	－16.5
相对密度(25℃/4℃)	1.300	折射率(20℃)	1.5030
(20℃/4℃)	1.3253	闪点/℃	128

(5) 溶解性能　与水、乙醇、甲醇、丙酮、乙醚、氯仿混溶。不溶于石油醚。

(6) 用途　聚氯乙烯、橡胶的稳定剂原料、冷烫发用药剂、医药中间体，检定铁、钼、铝、锡等作敏感性溶剂。

(7) 使用注意事项　巯基乙酸的危险特性属第 8.1 类酸性腐蚀品。危险货物编号：81611。UN 编号：1940。有毒、有腐蚀性。对皮肤有刺激作用。遇明火、高热能燃烧并放出有剧毒的硫化氢气体。大鼠经口 LD_{50} 为 0.15g/kg。

(8) 附表

表 2-11-75　巯基乙酸的蒸气压

温度/℃	蒸气压/kPa	温度/℃	蒸气压/kPa
60.0	0.13	123	3.86
87.7	0.67	131.8	5.33
101.5	1.33	142.0	8.0
115.8	2.67	154.0	13.33

参　考　文　献

1　CAS 68-11-1
2　EINECS 200-677-4
3　Beil.，**3**，245

950. 乙酰丙酸［4-羰基戊酸］

levulinic acid [4-oxo-penlanoic acid]

(1) 分子式　$C_5H_8O_3$。　　相对分子质量　116.12。

(2) 示性式或结构式　$CH_3COCH_2CH_2COOH$

(3) 外观　室温下为无色或白色晶体，吸湿。

(4) 物理性质

沸点(101.3kPa)/℃	245～246	折射率(25℃)	1.4796
熔点/℃	33～35	(20℃)	1.4396
相对密度(25℃/4℃)	1.1447	闪点/℃	138
(20℃/4℃)	1.1335	蒸发热(149.5℃)/(kJ/mol)	68.02
表面张力(25.5℃)/(mN/m)	39.7	熔融热/(kJ/mol)	9.23

(5) 化学性质　能发生酮的反应和酸的反应。与肼反应生成腙；与碱反应生成盐；与醇反应生成酯等。也能发生氧化、还原、卤代反应。

(6) 溶解性能　易溶于醇、酮、酯及芳香烃，不溶于松节油、卤化脂肪烃。

(7) 用途　树脂、医药、香料、涂料的原料和溶剂，芳香族化合物的萃取分离剂。

(8) 使用注意事项　乙酰丙酸对皮肤及黏膜有刺激性，避免与眼睛、皮肤接触。

参　考　文　献

1　CAS 123-76-2
2　EINECS 204-469-2
3　Beil.，**3**，671
4　The Merck Index. **12**，5498

951. 邻溴氯苯

o-bromo chlorobenzene [*o*-chloro bromobenzene]

(1) 分子式　C_6H_4BrCl。　　相对分子质量　191.46。

(2) 示性式或结构式 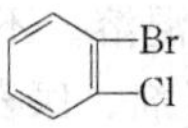

(3) 外观　无色液体。

(4) 物理性质

沸点(101.3kPa)/℃	204	折射率(20℃)	1.5804
熔点/℃	−12.3	闪点/℃	79
相对密度(25℃/4℃)	1.6387		

(5) 溶解性能　易溶于苯，不溶于水。

(6) 用途　溶剂、有机合成中间体。

(7) 使用注意事项　吸入或口服有害，对眼睛、皮肤和黏膜有刺激性，避免蒸气吸入。

参　考　文　献

1　CAS 694-80-4

2　EINECS 211-775-1

3　Beilstein. Handbuch der Organischen Chemie. H，5-209；E Ⅳ，5-680

952. 邻氯苯胺

o-chloroaniline

(1) 分子式　C_6H_6NCl。　　　　相对分子质量　127.57。

(2) 示性式或结构式

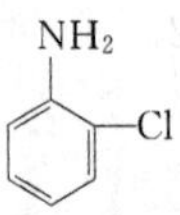

(3) 外观　浅黄色油状液体。具有特殊的气味。

(4) 物理性质

沸点(101.3kPa)/℃	208.84	偶极矩(25℃,苯)/(10^{-30} C·m)	5.90
熔点/℃	−1.94	黏度(20℃)/mPa·s	2.915
(α 型)/℃	−11.92	表面张力(20℃)/(mN/m)	43.66
(β 型)/℃	−1.78	蒸发热(b.p.)/(kJ/mol)	44.38
相对密度(20℃/4℃)	1.21251	熔化热/(kJ/mol)	11.89
折射率(20℃)	1.58807	蒸气压(25℃)/kPa	0.034
介电常数	13.4		

(5) 化学性质　由于芳香核上有氯取代，邻氯苯胺的碱性（25℃，$pK_a=2.636$）比苯胺（25℃，$pK_a=4.595$）弱得多。化学性质和苯胺相似，能与无机酸生成盐，但酰化反应和重氮化反应的速度较慢。

(6) 精制方法　邻氯苯胺是由邻氯硝基苯还原，再经真空蒸馏而得。若含有对位异构体，可用等量的硫酸溶解，再进行水蒸气蒸馏。对位异构体以硫酸盐的形式残留下来而达到分离的目的。也可以将其溶解在10%的热盐酸中，冷却后邻位异构体呈盐酸盐结晶析出。

(7) 溶解性能　可溶于大多数有机溶剂和酸。25℃时在水中溶解0.876%，19℃时水在邻氯苯胺中溶解0.56%。

(8) 用途　用作染料、农药、合成树脂等的中间体。

(9) 使用注意事项　危险特性属第6.1类毒害品。危险货物编号：61766，UN编号：2019。属中等毒类。容易被皮肤吸收，具有溶血作用。能损害肝脏和肾脏，引起膀胱癌。中毒症状和苯胺相似。小鼠经口 LD_{50} 为256mg/kg。

(10) 附表

表 2-11-76　邻氯苯胺的蒸气压

温度/℃	蒸气压/kPa	温度/℃	蒸气压/kPa	温度/℃	蒸气压/kPa	温度/℃	蒸气压/kPa
80	1.03	120	6.45	160	26.54	200	81.09
90	1.73	130	9.47	170	35.97	208.8	101.33
100	2.76	140	13.59	180	47.80	210	103.73
110	4.28	150	19.28	190	62.94		

参 考 文 献

1 CAS 95-51-2
2 EINECS 202-426-4
3 A. Weissberger. Organic Solvents. 3rd ed. Wiley. 1971. 500，875
4 Sadtler Standard IR Prism Spectra. No. 781
5 H. A. Szymanski and R. E. Yelin. NMR Band Handbook. IFI-Plenum. 1968. 332
6 1万3千種化学薬品毒性データ集成. 海外技術資料研究所. 1973. 49
7 T. E. Jordan. Vapor Pressure of Organic Compounds. Wiley. 1954. 194
8 Beil.，12. 597；12（4），1115
9 The Merck Index. **12**. 2169

953. 间氯苯胺

m-chloroaniline

(1) 分子式　C_6H_6ClN。　　　　相对分子质量　127.57。

(2) 示性式或结构式

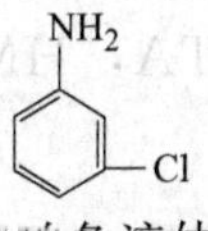

(3) 外观　无色至浅琥珀色液体，遇光或久贮颜色变深。

(4) 物理性质

沸点(101.3kPa)/℃	230.5	折射率(20℃)	1.5941
熔点/℃	−10.4	闪点/℃	123
相对密度(20℃/4℃)	1.2161		

(5) 溶解性能　不溶于水，溶于一般有机溶剂。

(6) 用途　溶剂，染料、医药、农药中间体。

(7) 使用注意事项　危险特性属第6.1类毒害品。危险货物编号：61766，UN编号：2019。参照邻氯苯胺。

参 考 文 献

1 CAS 108-42-9
2 EINECS 203-581-0
3 Beil.，**12**，602
4 The Merck Index. **13**，2136

954. 对氯苯胺

p-chloroaniline

(1) 分子式　C_6H_6ClN。　　　　相对分子质量　127.57。

(2) 示性式或结构式 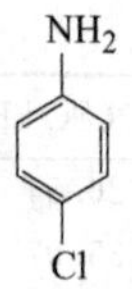

(3) 外观 白色或浅黄色棱晶体。

(4) 物理性质

沸点(101.3kPa)/℃	232	相对密度(77℃/4℃)	1.169
熔点/℃	72.5	折射率(85℃)	1.5546
相对密度(19℃/4℃)	1.429		

(5) 溶解性能 溶于热水，易溶于乙醇、乙醚、丙酮和二硫化碳。

(6) 用途 溶剂，医药、农药中间体。胶片成色剂、染料中间体。

(7) 使用注意事项 致癌物。危险特性属第6.1类毒害品。危险货物编号：61766，UN编号：2018。吸入、口服或与皮肤接触有毒。接触皮肤能引起过敏。使用前应穿防护服和戴手套。

参考文献

1 CAS 106-47-8
2 EINECS 203-401-0
3 Beil.，**12**，607；**12**（4），1166
4 The Merck Index. **12**，2169；**13**，2136

955. 六甲基磷酸三酰胺

hexamethylphosphoric triamide

[hexamethylphosphoramide，HMTA，HMPA]

(1) 分子式 $C_6H_{18}NOP$。 相对分子质量 179.20。

(2) 示性式或结构式 $[(CH_3)_2N]_3PO$

(3) 外观 无色透明液体，微有氨味。

(4) 物理性质

沸点(101.3kPa)/℃	233	运动黏度(20℃)/(m^2/s)	3.47×10^{-6}
熔点/℃	7.20	表面张力(20℃)/(mN/m)	33.8
相对密度(20℃/4℃)	1.0253	蒸发热/(kJ/mol)	57.07
折射率(20℃)	1.4582	熔化热/(kJ/mol)	16.96
介电常数(20℃)	29.6	蒸气压(30℃)/kPa	0.009
偶极矩(25℃)/(10^{-30}C·m)	13.34	闪点/℃	105

(5) 化学性质 六甲基磷酸三酰胺（简称HMTA）在碱性水溶液中非常稳定。例如在4mol/L氢氧化钠溶液中于100℃保持数小时几乎无变化，110℃以上才开始水解。但在酸性条件下较易水解。HMTA能与Lewis酸、含活泼氢的有机化合物、金属盐、有机金属化合物等形成结晶性的络合物。如HMTA·BF_3（熔点175℃），HMTA·$POCl_3$（熔点170～180℃），$(HMTA)_2\cdot C_6H_4(COOH)_2$，HMTA·$C_6H_5NH_2$，$(HMTA)_2\cdot C_6H_4(OH)_2$（熔点152℃）等。

(6) 精制方法 与氧化钙一起回流24小时后，在金属钠存在下于0.133Pa压力下蒸馏精制。

(7) 溶解性能 能溶于水、醇、醚、酯、酮、苯、烃、卤代烃等多种极性和非极性溶剂。与水可以混溶，但与氯仿等形成络合物。HMTA的偶极矩大，碱性强，为典型的极性非质子溶剂。能溶解碱金属和碱土金属。也能很好地溶解高分子化合物，如聚氯乙烯、聚偏二氯乙烯、聚丙烯腈、聚酯、聚醚、聚乙烯醇、聚酰胺、聚氨基甲酸酯、聚磺酰胺和硝酸纤维素等。

(8) 用途 HMTA为典型的非质子极性溶剂，对阳离子有很强的溶剂化作用，而对阴离子不发生溶剂化作用。其亲核能力强，因此可作碱性溶剂使用。例如用作 Grignard 反应的溶剂，电解还原溶剂以及耐热高分子的反应溶剂。液相色谱溶剂。

(9) 使用注意事项　致癌物。与皮肤接触 24 小时能引起炎症。和多种有机磷杀虫剂相比毒性较低，能引起昆虫不妊症。大鼠经口 LD_{50} 为 2650mg/kg（雄），3360mg/kg（雌）。

(10) 附图

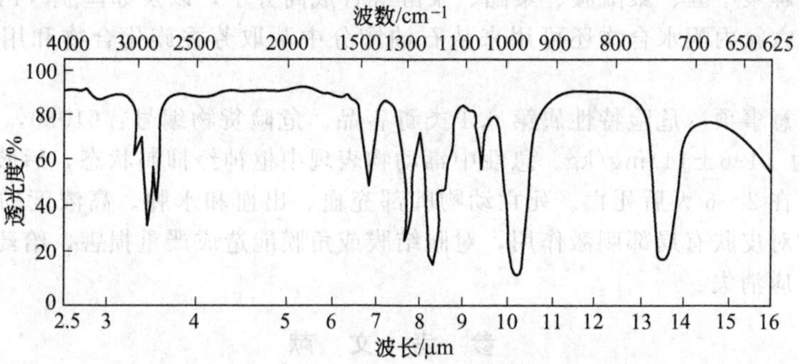

图 2-11-41　六甲基磷酸三酰胺的红外光谱图

参 考 文 献

1　CAS 680-31-9

2　EINECS 211-653-8

3　H. Normant. Angew. Chem. 1967，79：1029；Angew. Chem. Intern. Ed. Engl. 1967，6：1046

4　L. Robert. Chim. Ind. Genie Chim. 1967，97：337

5　J. Ducom and H. Normant. Compt. Rend. 1967，264：722

6　J. T. Donoghne and R. S. Drago. Inorg. Chem. 1962，1：866；1963. 2：572

7　J. R. Van Wazer and C. F. Callis. J. Amer. Chem. Soc. 1956，78：5715

8　S. C. Chang et al. Science. 1964，144：57；R. Kimbrough and T. B. Gaines. Nature. 1966，211：146

9　Beil.，4 (4)，2840

10　The Merck Index. **12**，4761

956. 六氟丙酮水合物

hexafluoroacetone hydrate [HFA hydrate]

(1) 分子式　C_3F_6O。　相对分子质量　166.03＋nH_2O。

(2) 示性式或结构式　$(CF_3)_2CO \cdot nH_2O$

(3) 外观　六氟丙酮为气体，其水合物常温下为液体。

(4) 物理性质（六氟丙酮）

沸点(101.3kPa)/℃	−27.4	比热容(液,0℃)/[kJ/(kg·K)]	1.61
熔点/℃	−122	(气)/[kJ/(kg·K)]	1.73
(＋H₂O)/℃	45.9	临界温度/℃	84.1
相对密度(23.3℃/4℃)	1.323	临界压力/MPa	2.83
蒸发热(25 ℃)/(kJ/kg)	128.5	蒸气压(21.1℃)/kPa	603.3
生成热/(kJ/mol)	1252	(54.4℃)/kPa	1468.6

(5) 化学性质　对热稳定，300℃长时间加热不发生分解。于 550～625℃才开始热解。六氟丙酮的反应性强，与水及许多亲核试剂发生激烈反应生成加合物。例如与等摩尔的水发生放热反应，生成 1 水合物。这是具有偕二醇结构的一种醇，在熔点以上存在下列平衡。

$$(CF_3)_2CO + H_2O \rightleftharpoons (CF_3)_2C(OH)_2$$

有过量水存在时形成稳定的水合物。六氟丙酮的水合物如 $(CF_3)_2CO \cdot 1.5H_2O$ 和 $(CF_3)_2CO \cdot 2H_2O$ 常温下为液体，在 50～100℃时比 $(CF_3)_2CO \cdot H_2O$ 稳定。

(6) 精制方法　先将六氟丙酮气体通过五氧化二磷干燥，再通过一个装有被浓硫酸润湿的 Pyrex 玻璃棉的管子除去乙烯。若需进一步精制可用低温蒸馏的方法。

(7) 溶解性能和用途　六氟丙酮水合物是一种优良的溶剂，溶解能力特别强。能与醚和胺形成氢键。可以溶解聚甲醛、聚酰胺、聚酯、聚醇等合成高分子，以及如丝朊（Fibroin）一类天然蛋白质，此外，六氟丙酮水合物还可用来从石油馏分中萃取芳香族化合物和用作合成药物的中间体。

(8) 使用注意事项　危险特性属第 6.1 类毒害品。危险货物编号：61080，UN 编号：2552。大鼠经口 LD_{50} 为 (196±14)mg/kg。急性中毒动物表现中枢神经抑制状态，后肢步态不稳，复位反射消失，多数在 2～6 天后死亡。死亡动物肺部充血、出血和水肿。高浓度的六氟丙酮能损害肝脏。其水合物对皮肤有局部刺激作用，对眼结膜或角膜能造成严重损害，给药 2 个月后角膜完全浑浊，对光反应消失。

参　考　文　献

1　CAS 13098-39-0

2　EINECS 211-644-9

3　G. G. Krespan and W. J. Middleton. Fluorine Chemistry Review. Vol. 1 Dekker. 1967. 145

4　Kirk-Othmer. Encyclopedia of Chemical Technology. 2nd ed. Vol. 9 Wiley. 754

957. 对称二氯四氟丙酮水合物［敌锈酮］

sym-dichlorotetrafluoroacetone hydrates［1,3-dichlorotetrafluoroacetone hydrates, perchlorofluoroacetone］

(1) 分子式　$C_3Cl_2F_4O$。　　　相对分子质量　$198.93+nH_2O$。

(2) 示性式或结构式　$(CClF_2)_2CO \cdot nH_2O$

(3) 外观　无色液体，吸湿性强。

(4) 物理性质（对称-二氯四氟丙酮）

沸点(101.3kPa)/℃	45.2	熔点($+2.5H_2O$)/℃	−8
($+2.5H_2O$)/℃	106	($+10H_2O$,不稳定)/℃	24
折射率(20℃)	1.3290	蒸发热(25 ℃)/(kJ/kg)	101.2

(5) 化学性质　对称-二氯四氟丙酮和六氟丙酮一样，与水反应放热。生成各种水合物。在碱作用下分解成一氧化碳和一氯二氟乙酸。

$$(CClF_2)_2CO+5NaOH \longrightarrow CClF_2COONa+CO+NaCl+2NaF+2H_2O$$

(6) 溶解性能和用途　对称-二氯四氟丙酮的水合物如 $(CClF_2)_2CO \cdot 2.5H_2O$ 为可以蒸馏的稳定液体，是一种优良的溶剂。但 $(CClF_2)_2CO \cdot 10H_2O$ 为不稳定的液体，蒸馏时分解为稳定的水合物和水。这些水合物是缩醛树脂、聚酰胺、聚丙烯腈、聚乙烯醇、聚酯等合成及天然高分子化合物的优良溶剂。

(7) 使用注意事项　属剧毒化学品。危险特性属第 6.1 类毒害品。危险货物编号：61082。毒理作用与六氟丙酮相似。大鼠经口 LD_{50} 为 (61±5)mg/kg。大鼠吸入 0.5 小时 LC_{50} 为 3483mg/m³。大鼠吸入 3 小时 LC_{50} 为 729mg/m³。

参　考　文　献

1　CAS 127-21-9

2　EINECS 204-829-0

3 Kirk-Othmer. Encyclopedia of Chemical Technology. 2nd ed. Vol. 9. Wiley. 754
4 C. J. Pouchert. The Aldrich Library of Infrared Spectra. No. 192G. Aldrich Chemical Co. 1970
5 J. R. Majer. Advances in Fluorine Chemistry. 1961, 2: 73

958. 三氟丙酮

trifluoroacetone [1,1,1-trifluoro-2-propanone]

（1）分子式　$C_3H_3F_3O$。　相对分子质量　112.05。

（2）示性式或结构式

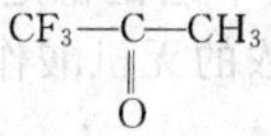

（3）外观　无色液体，有氯仿味。有催泪性。

（4）物理性质

沸点(101.3kPa)/℃	22	折射率(20℃)	<1.300
熔点/℃	−129	闪点/℃	−30
相对密度(20℃/4℃)	1.252		

（5）溶解性能　不溶于水。

（6）用途　溶剂、有机合成中间体。

（7）使用注意事项　极易燃。对眼睛、呼吸系统及皮肤有刺激性。

参考文献

1 CAS 421-50-1
2 EINECS 207-005-9
3 Beil., **1** (2), 717

959. 硅油

silicone oil [silicon fluids]

（1）结构　普通所称的硅油为聚合度较低的链状二甲基硅氧烷，是各种分子量的混合物。

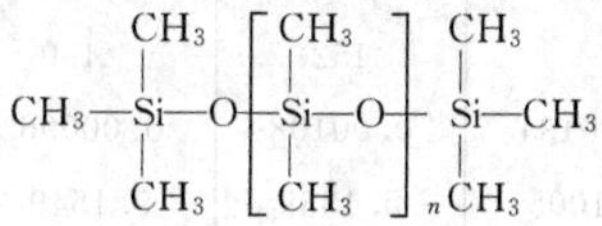

n: 0～2000（简写为 MD_nM）

（2）外观　无色无臭的透明油状液体。

（3）物理性质

沸点(参照表 2-11-76)	比热容(定压)/(kJ/(kg·K))1.34～1.55
熔点(参照表 2-11-76)	黏度(参照表 2-11-76)
相对密度(参照表 2-11-76)	闪点(参照表 2-11-76)
折射率(参照表 2-11-76)	燃点(参照表 2-11-76)
介电常数(参照表 2-11-76)	蒸气压 $\log P=6.28-\frac{1030}{T}+\left(0.443-\frac{360}{T}\right)n$
偶极矩(MD_nM, n=0～4)/(10^{-30}C·m)2.43～5.27　一般式 $\mu=0.70(n+1)^{1/2}$	($MD_{n-2}M$, n=5～11)
表面张力(参照表 2-11-76)	热导率(50℃)/[W/(m·K)](988.08～1616.10)×10^{-4}
蒸发热(MK_nM, n=5～11)/(kJ/mol)19.68+6.91n	体膨胀系数/K^{-1}(参照表 2-11-76)

硅油一般具有如下特性：

① 在很宽的温度范围内黏度变化小；

② 耐热性、耐酸性优良，化学性质稳定，沸点高，凝固点低，作为液体存在的温度范围广；
③ 耐水性、憎水性强；
④ 电性能好，特别是在各种频率范围内功率因素小；
⑤ 压缩率大；
⑥ 表面张力小；
⑦ 抗剪切性能优良；
⑧ 无色透明，无臭无味，对人体无害。

(4) 化学性质 硅油对脂肪酸、熔融硫、苯酚、液氨、石蜡等比较稳定。在3%过氧化氢水溶液、5%柠檬酸、氨水、无机酸水溶液及金属盐水溶液中也是稳定的。但与氯化铁、氯化铵一类固体盐作用时，黏度逐渐上升，最后发生凝胶化。在浓的无机酸作用下，因温度条件不同可发生解聚或凝胶化。

(5) 溶解性能 硅油一般溶于非极性溶剂，难溶于极性溶剂。溶解度随聚合度而不同，低分子量的硅油比高分子量的硅油容易溶解，且溶剂中微量水分的存在对溶解度影响极大。硅油与其他油脂缺乏互溶性，但可溶于如甲苯一类的芳香烃、低分子量脂肪烃及其卤化物。对高分子量的脂肪烃及其氧化物则难溶或不溶。

(6) 用途 由于硅油的黏度变化受温度影响小，耐热性好，凝固点低，闪点高，可用作润滑油、绝缘油和真空泵油。也可作轴承的润滑油。此外，还可用作汽车车身和家具的抛光剂，橡胶和塑料的金属模脱模剂，涂料、橡胶、树脂、清漆的添加剂以及消泡剂、防振剂、液压油、纤维憎水剂等。

(7) 使用注意事项 硅油一般对生理无作用，其中甲基系硅油无毒性，可用作化妆品、医药品的添加剂和食品的消泡剂。

(8) 附表

表 2-11-77 二甲基硅油的物理性质

黏度(25℃)/($10^{-6}m^2/s$)	0.65	10	100	1000	10000	100000
折射率(25℃)	1.375	1.399	1.403	1.404	1.404	1.404
相对密度(25℃/25℃)	0.759	0.940	0.968	0.974	0.975	0.978
黏度的温度系数①	0.31	0.57	0.60	0.61	0.61	0.61
流动点/℃	−68	−65	−55	−50	−46	−40
闪点/℃②	−1	165	300	315	315	315
燃点/℃③		452	>490	>490	>490	>490
体膨胀系数/K^{-1}	0.00134	0.00108	0.00096	0.00096	0.00096	0.00096
热导率/[W/(m·K)]	0.1005	0.1339	0.1549	0.1591	0.1591	0.1591
表面张力/(mN/m)	16	20	21	21	21	21
介电常数	2.20	2.60	2.75	2.75	2.75	2.75

① 黏度的温度系数$=1-\dfrac{98.89℃的运动黏度\ (\times10^{-6}m^2/s)}{37.78℃的运动黏度\ (\times10^{-6}m^2/s)}$。

② 开口，ASTM D 92。

③ ASTM D 286—30。

表 2-11-78 气体在二甲基硅油和水中的溶解度比较

气　体	溶解度（25℃，1mL液体中所溶气体的毫升数）	
	水	二甲基硅油
氮	0.0143	0.163～0.172
二氧化碳	0.759	1.00
空气	0.0171	0.168～0.190

表 2-11-79　二甲基硅油在各种溶剂中的溶解性能

溶　解	部分溶解	不 溶 解	溶　解	部分溶解	不 溶 解
苯	二噁烷	水	四氯化碳		乙二醇一乙醚
甲苯	丙酮	甲醇	三氯乙烯		二甘醇一乙醚
二甲苯	乙醇	环己醇	氯仿		石蜡油
乙醚	异丙醇	乙二醇	煤油		植物油
丁酮	丁醇	苯二甲酸二甲酯			

(9) 附图

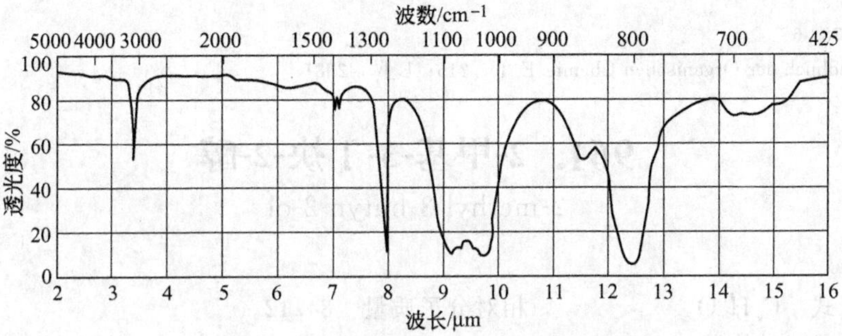

图 2-11-42　中黏度甲基硅油红外光谱图

参　考　文　献

1 CAS 63148-62-9
2 EINECS 203-492-7
3 R. O. Sauer and D. J. Mead. J. Amer. Chem. Soc. 1946，68：1794
4 D. F. Wilcock. J. Amer. Chem. Soc. 1946，68：691
5 O. K. Bates Ind. Eng. Chem. 1949，41：1966
6 C. A. Burkhard and E. H. Winslow. J. Amer. Chem. Soc. 1950，72：3276
7 L. J. Bellamy. The. Infrared Spectra of Complex Molecules. 2nd ed Methuen. 1958，334
8 W. Noll. Chemistry and Technology of Silicones. Academic. 1968. 671，677
9 A. J. Barry. J. Appl. Phys. 1946，17：1020
10 C. D. Hodgman. Handbook of Chemistry and Physics. 34th ed. CRC Press. 1952. 1706
11 F. M. Clark. Insulting Materials for Design and Engineering Practice Wiley. 1962. 243

960. 2-丁炔-1,4-二醇

2-butyne-1,4-diol

(1) 分子式　$C_4H_6O_2$。　　　　相对分子质量　86。

(2) 示性式或结构式　$HOCH_2C{\equiv}CCH_2OH$

(3) 外观　无色结晶，有醇香气味。

(4) 物理性质

沸点(0.13kPa)/℃	101	闪点(开杯)/℃	152
(1.33kPa)/℃	141	燃点/℃	248
(13.33kPa)/℃	194	溶解度(在水中,0℃)/(g/100mL 溶剂)	121
(101.3kPa)/℃	248	(在水中,25℃)/(g/100mL 溶剂)	374
熔点/℃	57.5	(在乙醇中,25℃)/(g/100mL 溶剂)	83
折射率(25℃)	α=1.450±0.002	(在丙酮中,25℃)/(g/100mL 溶剂)	70
	β=1.528±0.002	(在乙醚中,25℃)/(g/100mL 溶剂)	2.6
燃烧热/(kJ/kg)	2204	(在苯中,25℃)/(g/100mL 溶剂)	0.04

(5) 化学性质　与酸或酸酐反应生成单酯，能发生电解氧化，异构化，卤化等反应。

(6) 溶解性能　易溶于水及乙醇、丙酮，难溶于苯。

(7) 用途　生产丁二醇和丁烯二醇原料以及除莠剂的原料。

(8) 使用注意事项　危险特性属第 6.1 类毒害品。危险货物编号：61582，UN 编号：2716。对眼睛和呼吸系统有刺激性。对皮肤有刺激和致敏作用。对皮肤及黏膜有刺激作用，大鼠经口 LD_{50} 为 104.5mg/kg。注意吸湿。

参 考 文 献

1 CAS 110-65-6

2 EINECS 203-788-6

3 Beilstein. Handbuch der Organischen Chemie. E Ⅰ，216；E Ⅳ，2687

961. 2-甲基-3-丁炔-2-醇

2-methyl-3-butyn-2-ol

(1) 分子式　C_5H_8O。　　　　相对分子质量　84.12。

(2) 示性式或结构式

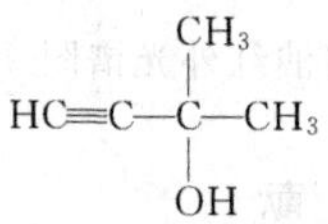

(3) 外观　无色液体，有芳香味。

(4) 物理性质

沸点(101.3kPa)/℃	103.6	蒸气密度/(g/cm³)	2.49
熔点/℃	2.6	蒸气压(20℃)/kPa	1.6
相对密度(20℃/4℃)	0.8614	(52℃)/kPa	10.7
折射率(20℃)	1.4211	闪点/℃	25
(25℃)	1.4184		

(5) 溶解性能　能与水、丙酮、苯、四氯化碳、乙酸乙酯、丁酮、脂肪酸、石油醚等混溶。

(6) 用途　溶剂，含氯溶剂的稳定剂。

(7) 使用注意事项　2-甲基-3-丁炔-2-醇的危险特性属第 3.3 类高闪点易燃液体。危险货物编号：33560。受高热、明火易燃烧爆炸。蒸气与空气形成爆炸性混合物，与氧化剂接触发生强烈反应。口服有害，对眼睛有严重烧伤的危害。

参 考 文 献

1 CAS 115-19-5

2 EINECS 204-070-5

3 The Merck Index. **12**，6113

962. 3-甲基-1-戊炔-3-醇

3-methyl-1-pentyn-3-ol

(1) 分子式　$C_6H_{10}O$。　　　　相对分子质量　98.08。

(2) 示性式或结构式

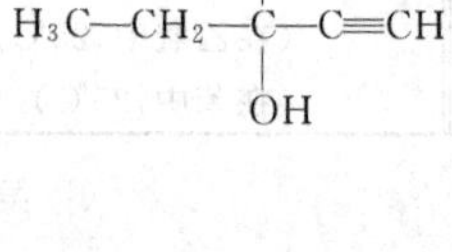

（3）外观　无色低黏度液体，有辛辣气味。

（4）物理性质

沸点(101.3kPa)/℃	121.4	折射率(20℃)	1.4318
熔点/℃	−30.6	闪点/℃	26
相对密度(20℃/4℃)	0.8721		

（5）溶解性能　与丙酮、苯、四氯化碳、环己酮等混溶，溶于水。

（6）用途　特种溶剂、医药合成中间体、酸蚀抑制剂、黏度稳定剂。

（7）使用注意事项　3-甲基-1-戊炔-3-醇的危险特性属第3.3类高闪点易燃液体。危险货物编号：33648。遇明火、高热或氧化剂易引起燃烧。口服有害。避免蒸气吸入。小鼠经口 LD_{50} 为0.7mL/kg。

参 考 文 献

1　CAS 77-75-8

2　EINECS 201-055-5

3　Beilstein. Handbuch der Organischen Chemie. E Ⅳ，1-2242

4　The Merck Index. **10**，5670；**11**，5731

963. 3,5-二甲基-1-己炔-3-醇［二甲基己炔醇］

3,5-dimethyl-1-hexyn-3-ol［dimethylhexynol］

（1）分子式　$C_8H_{14}O$。　　相对分子质量　126.20。

（2）示性式或结构式

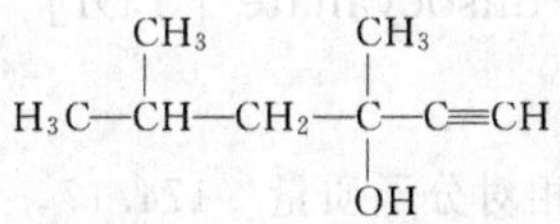

（3）外观　无色液体，有樟脑气味。

（4）物理性质

沸点(101.3kPa)/℃	150～151	相对密度(20℃/20℃)	0.8545
熔点/℃	−68	闪点/℃	44

（5）溶解性能　微溶于水。

（6）用途　溶剂、石蜡添加剂、湿润剂的中间体。

参 考 文 献

1　CAS 107-54-0

2　EINECS 203-500-9

3　Beilstein. Handbuch der Organischen Chemie. E Ⅱ，1-507

964. 异氰酸甲酯

methyl isocyanate［isocyanoto methane，MIC］

（1）分子式　CH_3NCO。　　相对分子质量　57.05。

（2）示性式或结构式　CH_3NCO

（3）外观　无色液体，有强烈刺激性气味，有催泪性。

（4）物理性质

沸点(101.3kPa)/℃	39	折射率(20℃)	1.3695
熔点/℃	−45	闪点/℃	−6
相对密度(20℃/4℃)	0.967		

(5) 化学性质　化学性质非常活泼，遇水能迅速水解。

(6) 溶解性能　能溶于丙酮、苯、四氯化碳、氯苯、硝基苯等溶剂。

(7) 用途　用于改进塑料、织物、皮革等防水性，鉴定醇、胺类的试剂。

(8) 使用注意事项　属剧毒化学品。危险特性属第3.2类中闪点易燃液体。危险货物编号：32164，UN编号：2480。无色有刺激性的有毒物质，易燃、易爆。其蒸气通过呼吸道及皮肤进入人体。刺激眼睛引起眼组织脱水发炎，损坏角膜；刺激皮肤，使皮肤灼伤、发硬、发黑引起炎症。刺激呼吸道，引起哮喘、肺水肿等。美国职业安全与健康管理局规定，空气中异氰酸甲酯的最大容许曝露浓度为0.05mg/m^3。

参 考 文 献

1 CAS 624-83-9

2 EINECS 210-866-3

3 Beil.，**4**，77

4 The Merck Index. **13**，6112

5 《化工百科全书》编辑委员会，化学工业出版社《化工百科全书》编辑部编. 化工百科全书：第19卷. 北京：化学工业出版社，1998

6 张海峰主编. 危险化学品安全技术大典：第1卷. 北京：中国石化出版社，2010

965. 甲苯-2,4-二异氰酸酯

toluene-2,4-diisocyanate [TDI]

(1) 分子式　$C_9H_6N_2O_2$。　　相对分子质量　174.17。

(2) 示性式或结构式

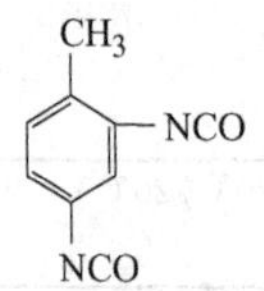

(3) 外观　无色或浅黄色透明液体，有刺激臭味。

(4) 物理性质

沸点(101.3kPa)/℃	251	相对密度(20℃/4℃)	1.2244
熔点/℃	19.5～21.5	闪点/℃	132
折射率(20℃)	1.567	爆炸极限(上限)/%(体积)	9.5
		(下限)%(体积)	0.9

(5) 化学性质　与水反应放出CO_2，具有光敏性。能与含羟基的化合物、水、胺和具有活泼氢原子的化合物反应生成氨基甲酸酯、脲、氨基脲等。

(6) 溶解性能　与乙醚、二甘醇、丙酮、四氯化碳、苯、氯苯、煤油、橄榄油混溶。

(7) 用途　制造聚氨酯软泡沫塑料、涂料、橡胶和胶黏剂的原料，溶剂。

(8) 使用注意事项　致癌物。属高毒物品。剧毒化学品。危险特性属第6.1类毒害品。危险货物编号：61111，UN编号：2078。对皮肤、眼睛和黏膜有强烈的刺激作用，长期接触可引起支气管炎，少数病例呈哮喘状态，支气管扩张甚至肺心病等。工作场所空气中有毒物质时间加权平均容许浓度为0.1mg/m^3；有毒物质短时间接触容许浓度为0.2mg/m^3。鼠经口LD_{50}为5.8g/kg。

(9) 规格　甲苯二异氰酸酯有2,4-TDI和2,6-TDI两种异构体。按两种异构体含量的不同，工业上有三种规格的产品：（1）TDI-65 含 2,4-TDI65%，2,6-TDI35%；（2）TDI-80 含 2,4-TDI80%，2,6-TDI20%，最为常见；（3）TDI-100 含 2,4-TDI100%。

（10）附表

表 2-11-80 工业品 TDI 规格

项目	T-100	T-80	T-65
密度(20℃)/(g/cm³)	1.22	1.22	1.22
沸点/℃	251	251	251
折射率(n_D^{25})	1.5654	1.5663	1.5666
蒸气压(20℃)/Pa	约 1.33	约 1.33	约 1.33
闪点/℃	127	127	127
燃点/℃	600	600	600
分解温度/℃	287	287	287
比热容(20℃)/[J/(g·K)]	1.54	1.55	1.57
蒸发热(150℃)/(J/g)	341	341	341
纯度/%	99.5	99.6	99.5
2,4-TDI/%	≥97.5	80±2	65±2
2,6-TDI/%	≤2.5	20±2	35±2
凝固点/℃	>20	12.0～13.4	5.7～6.5
黏度(25℃)/(mPa·s)	3	3	3
色度(APHA)	20	20	20
总氯量/%	0.01	0.01	0.01
水解氯/%	0.01	0.01	0.01
酸度(以 HCl 计)/%	0.004	0.01	0.01

参 考 文 献

1 CAS 584-84-9，91-08-7

2 EINECS 202-039-0；209-544-5

3 Beil.，**13**（4），243

4 The Merck Index. **12**，9668；**13**，9608

5 《化工百科全书》编辑委员会，化学工业出版社《化工百科全书》编辑部编. 化工百科全书：第 8 卷，北京：化学工业出版社，1994

966. 六亚甲基二异氰酸酯

hexamethylene diisocyanate [HDI]

（1） 分子式　$C_8H_{12}O_2N_2$。　　相对分子质量　168.20。

（2） 示性式或结构式　$OCN(CH_2)_6NCO$

（3） 外观　无色透明有强烈刺激性液体。

（4） 物理性质

沸点(101.3kPa)/℃	255	相对密度(20℃/4℃)	1.047
(1.33kPa)/℃	127	折射率(20℃)	1.4525
熔点/℃	−67	闪点/℃	140

（5） 化学性质　化学性质非常活泼，能与水、醇及胺等含活泼氢化合物反应。

（6） 溶解性能　能溶于丙酮、苯、四氯化碳、氯苯、硝基苯等溶剂。

（7） 用途　用以制造聚氨酯涂料和弹性体的原料。

（8） 使用注意事项　危险特性属第 6.1 类毒害品。危险货物编号：6111，UN 编号：2281。毒性参考异氰酸甲酯。鼠经口 LD_{50} 为 0.91mg/kg，鼠吸入 LC_{50} 为 310～350mg/m³。

参 考 文 献

1 CAS 822-06-0
2 EINECS 212-485-8
3 Beil.，**4** (2)，711
4 《化工百科全书》编辑委员会，化学工业出版社《化工百科全书》编辑部编. 化工百科全书：第 19 卷. 北京：化学工业出版社，1998

967. 全氯甲硫醇

perchloromethylmercaptan

(1) 分子式　CCl_4S。　　　相对分子质量　185.90。

(2) 示性式或结构式　Cl_3CSCl

(3) 外观　浅黄色油状液体，具有不愉快的臭味。

(4) 物理性质

沸点(101.3kPa)/℃	149	相对密度(20℃/4℃)	1.69
(3.33kPa)/℃	51		

(5) 溶解性能　不溶于水，在湿空气中微分解。

(6) 用途　溶剂，染料、农药合成中间体。

(7) 使用注意事项　危险特性属第 6.1 类毒害品。危险货物编号：61089，UN 编号：1670。对皮肤有强烈刺激性，摄入和吸入有高度毒性。

参 考 文 献

1 CAS 594-42-3
2 EINECS 209-840-4

968. 对硫磷［乙基 1605］

parathion

(1) 分子式　$C_{10}H_{14}NO_5PS$。　　　相对分子质量　291.27。

(2) 示性式或结构式

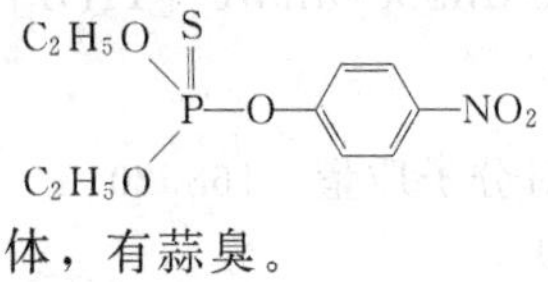

(3) 外观　无色油状液体，有蒜臭。

(4) 物理性质

沸点(101.3kPa)/℃	375	相对密度(25℃/4℃)	1.2656
(0.08kPa)/℃	157～162	折射率(25℃)	1.5370
熔点/℃	6	蒸气压(20℃)/kPa	5

(5) 化学性质　在碱性介质中迅速水解，在中性或微酸性溶液中较为稳定，对紫外光和空气都不稳定。

(6) 溶解性能　微溶于石油醚及煤油，可与多数有机溶剂混溶。

(7) 用途　杀虫剂、溶剂。

(8) 使用注意事项　属剧毒化学品。危险特性属第 6.1 类毒害品。危险货物编号：61874，UN 编号：2783。对温血动物毒性大，大鼠经口 LD_{50} 为 3.5～12.5mg/kg。

参 考 文 献

1 CAS 56-38-2
2 EINECS 200-271-7
3 The Merck Index. **10**，6897；**13**，7105
4 张海峰主编. 危险化学品安全技术大典：第 1 卷. 北京：中国石化出版社，2010

969. 四氢呋喃聚乙二醇醚

α-[(tetrahydro-2-furanyl)methyl]-ω-hydroxy-poly
(oxy-1,2-ethanediyl)[glycofurol-75]

(1) 分子式　$C_9H_{18}O_4$（平均）。　　　　相对分子质量　190.24（平均）。

(2) 示性式或结构式（四氢呋喃聚乙二醇醚 75）

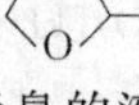—$CH_2(OCH_2CH_2)_nOH$　　$n=1\sim2$

(3) 外观　澄清、无色、无臭的液体，有苦味。

(4) 物理性质

沸点(101.3kPa)/℃	80～100	折射率(40℃)	1.4545
密度(20℃)/(g/cm³)	1.070～1.090	黏度(20℃)/mPa·s	8～18

(5) 溶解性能　以任意比例与乙醇、甘油、聚乙二醇 400、2-丙二醇、丙二醇、水混溶，与蓖麻油可混溶，与花生油、异丙醚、石油醚不能混溶。

(6) 用途　可作静脉注射或肌内注射的溶剂。

(7) 使用注意事项　未经稀释时具有刺激性，其耐受性与丙二醇基本相同。对肝功能可能有影响。应保存在充满氮气的密闭容器中，避光、阴凉、干燥处贮藏。

参 考 文 献

1 CAS 31692-85-0
2 EINECS 227-407-8
3 [英] R.C. 罗等编. 药用辅料手册. 郑俊民主译. 北京：化学工业出版社，2005

970. 盐酸氨基脲

semicarbazide hydro chloride

(1) 分子式　CH_6ClN_3O。　　　　相对分子质量　111.53。

(2) 示性式或结构式　$NH_2NHCONH_2 \cdot HCl$

(3) 外观　无色透明或白色晶体。

(4) 物理性质　熔点 175～177℃。

(5) 溶解性能　易溶于水，不溶于无水乙醇和乙醚。

(6) 用途　色谱分析试剂，分散激素和精油的溶剂。

(7) 使用注意事项　有毒。大鼠皮下注射 LD_{50} 为 2984mg/kg。对机体有不可逆损伤的可能性。使用时应穿防护服和戴手套。

参 考 文 献

1 CAS 563-41-7
2 EINECS 209-247-0
3 Beil.，**3**，98；**3** (4)，177
4 The Merck Index. **10**，8288；**11**，8396；**13**，8518

第十二章 无机溶剂

971. 水

water

(1) 分子式 H_2O。 相对分子质量 18.02。

(2) 外观 无色无臭无味的液体。

(3) 物理性质

沸点(101.3kPa)/℃	100	生成热(25℃,气体)/(kJ/mol)	−241.99
熔点/℃	0	(25℃,液体)/(kJ/mol)	−286.02
相对密度	见表 2-12-1	比热容(定压)/[kJ/(kg·K)]	见表 2-12-1
折射率	见表 2-12-1	临界温度/℃	374.2
介电常数	见表 2-12-1	临界压力/MPa	22.1
偶极矩/(10^{-30}C·m)	6.47	沸点上升常数	0.515
黏度	见表 2-12-1	电导率(25℃)/(S/m)	5.89×10^{-8}
表面张力	见表 2-12-1	蒸气压	见表 2-12-1
蒸发热/(kJ/mol)	44.23	热导率(30℃)/[W/(m·K)]	0.62802
熔化热/(kJ/mol)	6.01	体膨胀系数(20℃)/K^{-1}	2.07×10^{-4}

地球上水的总含量估计有 1.38×10^{18} m^3，大部分（97.51%）为海洋的盐水，淡水仅占 0.73%（其中大部分是地下水），冰占 1.75%，水蒸气为 0.001%。与一般液体相比水有许多异常的性质。例如和类似的化合物相比，沸点、熔点非常高，作为液体存在的温度范围广。蒸发热，蒸发的熵值变化异常地大，熔化时体积减小，比热容比一般液体高出 2～5 倍，介电常数，表面张力也很大。这些异常的性质意味着水的分子间的作用力很大，这是由于氢键所引起的特殊结构决定的。通常的水中含有约 0.015%的重水，重水的化学性质不如普通水活泼，对生物有毒性。海水为含有 3.5%盐类的电解质溶液。含盐分 35g/kg 的标准海水试样相对密度为 1.02478（20℃/4℃）；凝固点−1.910℃；渗透压 2.34MPa（0℃）。

(4) 化学性质 水在电解时分解为氢和氧。常温下能与金属钠、钙等发生反应，放出氢气。与非金属氧化物（如 SO_3 等）化合生成含氧酸（H_2SO_4），与金属氧化物（如 CaO 等）化合生成碱[$Ca(OH)_2$]。与酯、酰胺等作用发生水解。水本身部分发生电离，电离平衡为$[H^+][OH^-]=K[H_2O]\equiv K_w$。$K_w$ 为水的离子积，22℃时为 1.00×10^{-14}。水中氢离子浓度的负对数值称为 pH 值，pH=7 为中性，7 以下为酸性，7 以上为碱性。

(5) 精制方法 利用江河、湖泊、地下水作水源时，将水通过沉淀、凝聚、过滤等进行精制，再经氯气消毒后作自来水使用。水的进一步精制可通过蒸馏或离子交换树脂处理，得到无色、透明、无臭、无味的液体，残留物控制在 10×10^{-6} 以下，几乎不含有酸、碱、氯化物、硫酸盐、硝态氮、亚硝态氮、铵、重金属以及还原高锰酸钾物质等杂质。

(6) 溶解性能 水具有氢键结构和很大的介电常数，因此水对各种物质都具有亲和性，能形成弱的键，称为水合作用。水合的原因是由于水分子偶极的定向移动而形成的静电水合和氢键水合。对于过渡金属离子，则由氧原子配位形成如 $[Cr(H_2O)_6]^{3+}$ 一样的水合络离子。由于水具有显著的水合作用，介电常数大，使得异性离子间的静电引力减弱，因此水是无机盐类的优良溶剂。水对分子量较小的烃类，特别是苯一类芳香烃溶解能力小。苯在水中溶解时自由能变化值为正（18℃，17.04kJ^3/kg），焓的变化为零，且溶解度随温度的升高而减小。因此，烃类在水中溶解时熵值变化为正，即含有憎水基团的烃类分子难溶于水。这不是因为烃类与水的相互作用小，而是在憎水基团的周围水的氢键进行非常有规则的排列（称为“冰山”，iceberg）之故。这种

“冰山”的形成也可称为憎水性结构的水合作用。过量的烃在水面形成油滴，如果含有某些亲水性基团（COOH、OH、NH_2 等极性基团）时，则可以在水面上扩散开。即在 1 个分子中含有亲水性基团和憎水性基团时，在水-空气表面上倾向于聚集，从而使水的表面张力降低。含有较大的憎水性基团的称为表面活性剂。其水溶液在一定的浓度范围内如 50～100 个分子时，在憎水基团内侧和亲水基团外侧相互发生缔合，形成所谓胶束。

水还可以使各种胶体状物质浮游分散。大多数无机物都可以形成憎水性胶体。憎水性胶体之所以稳定是由于其表面具有电荷，加入少量电解质时使表面电荷被屏蔽而凝聚。添加的电解质的效果，随着与粒子电荷符号相反的离子价数的增高而增大（Schultz-Hardy 定律）。另一方面，亲水性胶体主要是具有高分子电解质等亲水性基团的有机物。在其周围具有发达的水合层，添加少量的电解质并不发生凝聚，只有加入大量的电解质时才能发生去水合作用，称为盐析。盐析作用的强度由去水合的强度而决定。阴离子的顺序是柠檬酸盐＞酒石酸盐＞硫酸盐＞乙酸盐＞盐酸盐＞硝酸盐＞氯酸盐，阳离子的顺序是 $Li^+ > Na^+ > K^+ > NH_4^+ > Mg^{2+}$，称为 Hofmeister 序列。

大多数溶剂中都含有水，因此在精制时进行脱水操作是很重要的。含有多量的水时可用分馏法除去，但通常采用共沸蒸馏法脱水。甲醇与水不形成共沸混合物，用分馏精制可达到含水量在 7.86～13.1mg/m^3 左右。乙醇形成其含量为 96%的共沸混合物，共沸点 78.174℃，和乙醇的沸点 78.325℃非常接近不易分离。此时可加入苯以形成共沸点为 64.86℃的三元共沸混合物，则容易除去水分，使水的含量在 0.01%以下。微量的水用脱水剂除去，常用的脱水剂有氢氧化钙、高氯酸镁、氯化钙、金属钠、硅胶、分子筛等。

(7) 规格 欧洲、美国的水质规格。

表 2-12-1 欧洲、美国的水质规格

欧洲药典，2000 补充		美国药典 24	
水，纯净的		纯净水	
监控项目	标准	监控项目	标准
大批纯净水		现场生产的用于制造的纯净水	
生产：			
总的活需氧菌计数	每毫升不大于 100 个微生物		
总有机碳	不大于 0.5mg/mL	参看测试	
电导率	不大于 4.3μs/cm	参看测试	
包装与贮存	防止微生物生长的条件下		
品质	清液、无色、无味		
测试：			
硝酸盐	不大于 0.2×10^{-6}	测试：	
重金属	不大于 0.1×10^{-6}	总有机碳	相符
铝	不大于 10μg/L	水电导率	相符
细菌内毒素	不大于每毫升 0.25 国际单位		
容器装净化水		工业用大批量装净化水	
品质	清液、无色、无味		
测试：			
硝酸盐	不大于 0.2×10^{-6}		
重金属	不大于 0.1×10^{-6}		
铝	不大于 10μg/L		
细菌内毒素	不大于每毫升 0.25 国际单位		
酸度或碱度	相符		
可氧化物质	相符	可氧化物质	相符
氯化物	相符	氯化物	相符
硫酸盐	相符	硫酸盐	相符
铵盐	不大于 0.2×10^{-6}	铵盐	相符
钙与镁	相符	钙	相符
蒸发残留物	不大于 0.001%		
微生物污染	每毫升不大于 100 个微生物		
		pH	5.0～7.0
		二氧化碳	相符
包装与储存	储存在保证微生物不生长的条件下	包装与储存	包装储存在合适而密闭条件下

(8) 附表

表 2-12-2　水的物理性质

温度/℃	密　度/(g/cm³)	折射率	介电常数	运动黏度/(mm²/s)	表面张力/(mN/m)	比热容/[kJ/(kg·K)]	蒸气压/kPa
0	0.9998396	1.3339492	87.740	1.7702	75.626	4.22	0.61
5	0.9999641	1.3338835	85.763	1.5108	74.860	4.20	0.87
10	0.9997000	1.3336902	83.832	1.3039	74.113	4.19	1.23
15	0.9991005	1.3333873	81.946	1.1374	73.350	4.19	1.71
20	0.9982058	1.3329880	80.103	1.0019	72.583	4.18	2.34
25	0.9970474	1.3325029	78.304	0.89025	71.810	4.18	3.14
30	0.9956504	1.3319405	76.546	0.79726	71.035	4.18	4.24
35	0.9940313	1.3313076	74.828	0.71903	70.230	4.18	5.62
40	0.9922191	1.3306096	73.151	0.65263	69.416	4.18	7.38
45	0.9902161	1.3298513	71.512	0.59716	68.592	4.18	9.58
50	0.9880382	1.3290364	69.910	0.54675	67.799	4.18	12.34
55	0.9856959	1.3281683	68.345	0.50415	66.894	4.18	15.74
60	0.9831980	1.3272495	66.815	0.46688	66.040	4.19	19.92
65	0.9805524		65.319	0.43407	65.167	4.19	25.01
70	0.9777657		63.857	0.40503	64.274	4.19	31.13
75	0.9748437		62.427	0.37918	63.393	4.19	38.55
80	0.971791		61.027	0.35604	62.500	4.20	47.36
85	0.968613		59.659	0.33524	61.587	4.20	57.81
90	0.965313		58.319	0.31647	60.684	4.21	70.11
95	0.961893		57.007	0.29945	59.763	4.21	84.53
100	0.958357		55.726	0.28395	58.802	4.22	101.33

表 2-12-3　水的离子积

温度/℃	$K_w/\times10^{14}$	$-\log K_w$	温度/℃	$K_w/\times10^{14}$	$-\log K_w$
0	0.1139	14.943	35	2.089	13.680
5	0.1846	14.734	40	2.919	13.535
10	0.2920	14.535	45	4.018	13.396
15	0.4505	14.346	50	5.474	13.262
20	0.6809	14.167	55	7.297	13.137
25	1.008	13.996	60	9.614	13.017
30	1.469	13.833			

表 2-12-4　水与有机溶剂的混合液在 20℃ 时的介电常数

水/%	20℃时水-有机溶剂混合液的介电常数					
	甲　醇	乙　醇	异 丙 醇	乙 二 醇	丙　醇	二噁烷
10	75.8	74.6	73.1	77.5	74.8	65.7
20	71.0	68.7	65.7	74.6	68.6	62.4
30	66.0	62.6	58.4	71.6	62.5	59.2
40	61.2	56.5	51.5	68.4	56.0	56.3
50	56.5	50.4	43.7	64.9	49.5	53.4
60	46.5	44.7	36.3	61.1	42.9	50.8
70	41.5	39.1	29.6	56.3	36.5	48.2
80	36.8	33.9	24.4	50.6	30.3	45.8
90	32.4	29.0	20.9	44.9	24.6	

表 2-12-5 各种温度下气体在水中的溶解度

气体	单位	温度/℃											
		0	5	10	15	20	25	30	40	50	60	80	100
氢	α	0.0215	0.0204	0.0195	0.0188	0.0182	0.0175	0.0170	0.0164	0.0161	0.0160	0.0160	
氦	α	0.0097		0.0099		0.0099		0.0100	0.012	0.0107			
氮①	α	0.0235	0.0209	0.0186	0.0168	0.0154	0.0143	0.0134	0.0118	0.0109	0.0102	0.0096	0.0095
氧	α	0.0489	0.0429	0.0380	0.0341	0.0310	0.0283	0.0261	0.0231	0.0209	0.0195	0.0176	0.0172
氯	I	4.610		3.148	2.680	2.299	2.019	1.799	1.438	1.225	1.023	0.683	0.000
	q			0.997	0.849	0.729	0.641	0.572	0.459	0.392	0.329	0.223	0.000
溴	α	60.5	43.3	35.1	27.0	21.3	17.0	13.8	9.4	6.5	4.9	3.0	
	q	42.9	30.6	24.8		14.9			6.3	4.1	2.9	1.2	
一氧化碳	α	0.0345	0.0315	0.0282	0.0254	0.0232	0.0214	0.0200	0.0177	0.0161	0.0149	0.0143	0.0141
二氧化碳	α	1.713	1.424	1.194	1.019	0.878	0.759	0.665	0.530	0.436	0.359		
	q	0.335	0.277	0.232	0.197	0.169	0.145	0.126	0.097	0.076	0.058		
一氧化二氮	α		1.048	0.878	0.738	0.629	0.544						
一氧化氮	α	0.0738	0.0646	0.0571	0.0515	0.0471	0.0432	0.0400	0.0351	0.0315	0.0295	0.0270	0.0263
氯化氢	I	507	491	474	459	442	426	412	386	362	339		
硫化氢	α	4.670	3.977	3.399	2.945	2.582	2.282	2.037	1.660	1.392	1.190	0.917	0.81
	q	0.707	0.600	0.511	0.411	0.385	0.338	0.298	0.286	0.188	0.148	0.077	0.00
二氧化硫	I	79.79	67.48	56.65	47.28	39.37	32.79	27.16	18.77				
	q	22.83	19.31	16.21	13.54	11.28	9.41	7.80	6.47				
氨	α	1176	1047 (4℃)	947 (8℃)	857 (12℃)	775 (16℃)	702 (20℃)	639 (24℃)	586 (28℃)				
	q	89.5	79.6 (4℃)	72.0 (8℃)	65.1 (12℃)	58.7 (16℃)	53.1 (20℃)	48.2 (24℃)	44.0 (28℃)				
甲烷	α	0.0556	0.0480	0.0418	0.0369	0.0331	0.0301	0.0276	0.0237	0.0213	0.0195	0.0177	0.0170
乙烷	α	0.0987	0.0803	0.0656	0.0550	0.0472	0.0410	0.0362	0.0291	0.0246	0.0218	0.0183	0.0172
乙烯	α	0.226	0.191	0.162	0.139	0.122	0.108	0.098					
乙炔	α	1.73	1.49	1.31	1.15	1.03	0.93	0.84					

① N_2+1.185%氩。

α——吸收系数，指在气体分压等于101.3kPa时，被一体积水所吸收的气体体积数（已折合成标准状况）。

I——是指气体在总压力（气体及水汽）等于101.3kPa时溶解于1体积水中的体积数。

q——是指气体在总压力（气体及水汽）等于101.3kPa时溶解于100g水中的气体克数。

参考文献

1 CAS 7732-18-5

2 EINECS 215-185-5

3 API Research Project 44. Selected Values of Properties of Hydrocarbons and Related Compounds. Table 2-1-d. Thermodynamic Research Center, Texas A & M Univ. 1967

4 L. W. Tilton and J. K. Taylor. J. Res. Nat. Bur. Std. 1938, 20: 419

5 C. G. Malmberg and A. A. Maryott. J. Res, Nat. Bur. Std. 1956, 56: 1

6 Gmelins Handbuch der Anorganischen Chemie. 8th ed. Verlag Chemie. 1963. 5

7 N. S. Osborne and H. F. Stimson. J. Res. Nat. Bur. Std. 1939, 23: 197

8 D. D. Wagman and J. E. Kilpatric. J. Res. Nat. Bur. Std. 1945, 34: 143

9 B. J. Zwolinski and R. C. Wilhoit. Heats of Formation and Heats of Combustion, Thermodynamic Research Center. Texas A and M Univ. 1968

10 D. C. Ginnings and G. T. Furukawa. J. Amer. Chem. Soc. 1953, 75: 522

11 G. E. Walrafen. Water (ed. F. Franks). Vol. 1. Plenum Press. 1972. 151

12 J. A. Glasel. Water (ed, F. Franks). Vol, 1. Plenum Press. 1972. 215

13 H. S. Harned and B. B. Owen. The Physical Chemistry of Electrolyte Solution. Van Nostrand Reinhold. 1958. 485

972. 液态二氧化碳

liquid carbon dioxide

(1) 分子式　CO_2。　　　　相对分子质量　44.01。

(2) 外观　无色无臭液体。

(3) 物理性质

沸点(升华)/℃	−78.5	生成热/(kJ/mol)	394.40
熔点(0.52MPa)/℃	−56.6	比热容(20℃,定压)/[kJ/(kg·K)]	2.8448
相对密度(0℃,54.90MPa)	1.066	临界温度/℃	31.0
(20℃,5.88MPa)	1.284	临界压力/MPa	7.15
折射率(12.5～24℃)	1.173～1.999	(三相点:517.79kPa,−56.6℃)	
介电常数(20℃)	1.60	溶解度(22.9℃,水)/%	<0.05
偶极矩	0	蒸气压(5.9～14.9℃)/MPa	4.05～5.07
黏度(21℃,5.92MPa)/mPa·s	0.0697	热导率(12～30℃)/[W/(m·K)]	100.48×10^{-3}～
表面张力(20℃)/(mN/m)	1.45		83.74×10^{-7}
蒸发热(升华)/(kJ/mol)	25.25	体膨胀系数(−50～0℃)/K^{-1}	0.00495
熔化热/(kJ/mol)	8.33	(0～20℃)/K^{-1}	0.00991

(4) 化学性质　在通常状态下，二氧化碳性质稳定，高温下分解成一氧化碳和氧气。与微量水共存时呈酸性。

(5) 精制方法　一般市售的液态二氧化碳纯度为99%。高纯度制品纯度达99.95%。特殊使用的场合下纯度为99.995%。精制时可将液态二氧化碳再次气化，依次通过三氯化钛溶液⟶碳酸氢钠溶液⟶硫酸铜溶液⟶浓硫酸⟶加热的铜（700℃）及加热的氧化铜（700℃）进行精制。

(6) 溶解性能　液态二氧化碳能溶解多种有机化合物，如乙醚、氯乙烷、甲醚、对二氯苯、二硫化碳、戊烷、戊烯、二甲苯等。异丁烯、甲醛、环氧乙烷、氯乙烯、乙烯等在高压下也可溶于液态二氧化碳。其他如萘、菲、碘仿、对二溴苯及硝基酚等也有不同程度的溶解。无机化合物如硅酸盐、磷酸盐、硼酸盐在高压下能部分溶解于液态二氧化碳。

(7) 用途　超临界状态作溶剂使用。二氧化碳无毒，不燃烧和价廉，作超临界溶剂在均相反应中得到广泛应用。应用于溶解非极性、非离子型和低分子量的化合物。温度高于31℃条件下的液态二氧化碳主要用于香水和食品工业中做调味品及香料的溶剂。

(8) 使用注意事项　危险特性属第2.2类不燃气体。危险货物编号：22020，UN编号：2187。使用时汽化的蒸气比空气重（相对密度1.53，以空气相对密度为1），在氧气不足时有窒息的危险。二氧化碳在低浓度时对呼吸中枢有兴奋作用，高浓度时有抑制作用，更高浓度时有麻醉作用。急性中毒时在几秒钟内迅速昏迷倒下，如不及时救出，很易发生危险，出现反射消失、瞳孔扩大或缩小，大小便失禁、呕吐等。更严重者还会出现呼吸停止或休克。工作场所最高容许浓度为9000mg/m^3。

参考文献

1 CAS 124-38-9
2 EINECS 204-696-9
3 日本化学会. 化学便覧. 基礎編. 丸善. 1966
4 L. Bleekrode. Proc. Roy. Soc. London. 1884，37：337
5 Lang' s Handbook of Chemistry. 11th ed. McGraw. 1973. 10
6 E. L. Ouinn and C. L. Jones. Carbon Dioxide. Van Nostrand Reinhold. 1936. 44
7 E. L. Ouinn. J. Amer. Chem. Soc. 1927，49：2704
8 C. F. Tenkin and D. R. Pye. Phil. Trans. Roy. Soc. London Ser. 1914，A. 213：67
9 H. H. Lowry and W. R. Erickson. J. Amer. Chem. Soc. 1927，49. 2729

10 G. Herzberg. Molecular Spectra and Molecula. Structure. Van Nostrand Reinhold. 1966. 500
11 R. Mecke and F. Langenbucher. Infrared Spectra of Selected Chemical Compounds. Serial No. 6. Heyden & Sons. 1965
12 G. Herzberg. Infrared and Raman Spectra. Van Nostrand Reinhold. 1945. 274
13 E. Stenhagen et al.. Atlas of Mass Spectrac Data. Vol. 1. Wiley. 1969. 11
14 N. I. Sax. Dangerous Properties of Industrial Materiais. 2nd ed. Van Nostrand Reinhold. 1965. 575
15 张海峰主编. 危险化学品安全技术大典：第 1 卷. 北京：中国石化出版社，2010

973. 液　氨

liquid ammonia

(1) 分子式　NH_3。　　　相对分子质量　17.03。

(2) 外观　易压缩成具有特殊的刺激性恶臭气味，无色透明的流动性液体。

(3) 物理性质

沸点(101.3kPa)/℃	−33.35	燃点/℃	651
熔点/℃	−77.7	蒸发热(b.p.)/(kJ/kg)	1369
相对密度(−33.4℃/4℃)	0.6825	熔化热/(kJ/kg)	341.2
折射率(−15℃,λ=0.5899)	1.325	/(kJ/kg)	351.2
介电常数(−60℃)	26.7	生成热(298.1 K)/(kJ/mol)	−46.22
(−50℃)	22.7	比热容(−30℃,定压)/[kJ/(kg·K)]	4.48
(−34℃)	22	(0℃,定压)/[kJ/(kg·K)]	4.61
(15℃)	17.8	(20℃,定压)/[kJ/(kg·K)]	4.71
(25℃)	16.9	临界温度/℃	132.3
偶极矩(20.5℃)/(10^{-30}C·m)	4.97	临界压力/MPa	11.3
黏度(−30℃)/mPa·s	0.2469	沸点上升常数	0.34
(0℃)/mPa·s	0.1746	电导率(−35℃)/(S/m)	2.97×10^{-7}
(20℃)/mPa·s	0.1440	热导率/[W/(m·K)]	539.678×10^{-3}
表面张力(0℃)/(mN/m)	26.46	/[W/(m·K)]	426.384×10^{-3}
(10℃)/(mN/m)	24.25	爆炸极限(下限)/%(体积)	15.5
(20℃)/(mN/m)	21.99	(上限)/%(体积)	27.7

(4) 化学性质　纯净的液氨化学性质稳定，可以长期贮存。在空气中不燃烧，但在氧气中能燃烧生成氮和氢，在催化剂存在下生成氧化氮。与卤素反应游离出氮气，与过量的氯反应生成氯化氮。

$$3Cl_2 + 8NH_3 \longrightarrow N_2 + 6NH_4Cl$$

$$NH_4Cl + 3Cl_2 \longrightarrow NCl_3 + 4HCl$$

液氨与 Cu、Cr、Ni、Co、铂族金属化合物生成加成化合物，与离子配位而形成络盐。络盐溶解于水呈碱性。液氨在水中以 NH_4OH 分子或离解成离子存在。

$$NH_3 + H_2O \rightleftharpoons NH_4OH$$

$$K\text{（平衡常数）}\approx 0.21$$

$$NH_4OH \rightleftharpoons NH_4^+ + OH^-$$

$$K \approx 8.6\times10^{-5}$$

(5) 精制方法　一般市售的液氨纯度很高，杂质主要是水。水是在钢瓶进行耐压试验时带入的。其次还有微量的氧化铁等。这些杂质通过重复进行脱水蒸馏可以完全除去。在钢瓶中事先放入金属钠时，可在真空耐压反应管中蒸馏液氨，水可以彻底除去。蒸馏时接受器要充分冷却。

(6) 溶解性能　液氨为无机质子性非水溶剂，有较大的介电常数、偶极矩和氢键键能。摩尔体积比水大，但比 HCN、H_2S、SO_2 等其他无机溶剂小，是一种自行离解小（$pK_a = 34$，−33℃）碱性强的溶剂。因此，液氨能很好地溶解强电解质。同时由于范德华力大，也能溶解碘离子、烯烃、芳香烃以及含有羟基和氨基的化合物。液氨最特殊的性质是能溶解碱金属和碱土金属，作为化学还原的溶剂用于多种有机化学反应。无机化合物如硝酸盐、亚硝酸盐、碘化物、溴化物、氰化物、硫氰化物等都可溶解。金属氧化物、氢氧化物、碳酸盐、硫酸盐则几乎不溶。烯烃可溶，烷烃不溶，芳香烃除苯、甲苯、二甲苯之外难溶或不溶。低级的醇、酚、羧酸铵盐可溶。低级羧酸甲酯和乙酯虽然可溶于液氨，但发生氨解。简单的醛、酮可溶，但醛与液氨发生反应。伯胺、酰胺、脒、吡啶、喹啉等含氮化合物以及硝基化合物可溶。糊精、旋复花粉、玉米朊、醋酸纤维素、硝化棉、聚乙烯醇、聚丙烯酰胺等高分子化合物也可溶解。

液氨和水一样能发生离解：$2NH_3 \rightleftharpoons NH_4^+ + NH_2^-$。$NH_4^+$ 是酸；NH_2^- 是碱，为强质子接受体。

(7) 用途　液氨可用作各种化学反应的溶剂。在无机化学工业中用于硝酸、氰化氢、肼、羟胺、硫胺、硝胺、磷胺、尿素等的制造。在有机化学工业中可将液氨与烷基氯或醇反应制备烷基胺，如1,2-二氯乙烷反应制取乙二胺，与己二腈反应制取己二胺，与丙烯反应制取丙烯腈等。其他还可用于吗啉、哌嗪、乌洛托品、皮考啉，2-甲基-5-乙烯基吡啶等的制造和用作冷冻剂等。

(8) 使用注意事项　属高毒物品。危险特性属第2.3类有毒气体。危险货物编号：23003，UN编号：1005。与皮肤接触立刻蒸发而引起冻伤。有水存在时腐蚀性大。急性毒性主要表现在对上呼吸道的刺激和腐蚀作用，浓度过高时可使中枢神经系统兴奋增强，引起痉挛。此外尚可通过三叉神经末梢的反射作用引起心脏停搏和呼吸停止。轻度中毒表现有鼻炎、咽炎、气管炎、支气管炎，出现咽灼痛、咳嗽、咳痰或咯血、胸闷等。严重中毒可出现喉头水肿，声门狭窄以及呼吸道黏膜脱落，造成气管阻塞，窒息。氨和氨水可使眼结膜水肿，角膜溃疡、虹膜炎，晶体浑浊，甚至角膜穿孔。工作场所最高容许浓度69.5mg/m³。

液氨在室温有0.4～1.22MPa的压力，有爆炸的危险。氨气与空气能形成爆炸性混合物，要注意通风。

(9) 附表

表 2-12-6　液氨的蒸气压，相对密度及容积变化

温度/℃	蒸气压/kPa	相对密度	容积变化	体膨胀系数	温度/℃	蒸气压/kPa	相对密度	容积变化	体膨胀系数
−80	5.067				40	1554.24	0.5811	1.0985	0.00285
−70	10.94				50	2032.48	0.5584	1.1355	0.00313
−60	21.89				60	2614.08	0.5404	1.1735	0.00338
−50	40.83	0.6955	0.9174		70	3312.01	0.5213	1.2164	0.00380
−40	71.74	0.6901	0.9248	0.00174	80	4143.59	0.5004	1.2673	0.00428
−30	119.56	0.6771	0.9427	0.00180	90	5119.55	0.4774	1.3281	0.00491
−20	190.19	0.6640	0.9611	0.00185	100	6259.76	0.4522	1.4021	0.00572
−10	290.80	0.6511	0.9798	0.00194	110	7592.28			
0	429.42	0.6382	1.0000	0.00204	120	9117.22			
10	614.94	0.6238	1.0241	0.00217	130	10902.57			
20	857.11	0.6101	1.0461	0.00234	132	11652.38			
30	1166.45	0.5960	1.0708	0.00257					

表 2-12-7　液氨的蒸发潜热

温度/℃	蒸发潜热/(kJ/g)	温度/℃	蒸发潜热/(kJ/g)	温度/℃	蒸发潜热/(kJ/g)
−40	1388.5	−10	1297.2	20	1188.0
−30	1359.6	0	1263.3	30	1146.5
−20	1329.5	10	1226.9	40	1101.3

表 2-12-8　液氨的黏度　　单位：mPa·s

压力/MPa \ 温度/℃	4.5	37.8	71.1	104.4
始沸点	188.0	130.6	74.8	
6.895	191.1	133.8	77.2	
13.789	194.0	136.7	82.2	30.4
30.685	300.4	142.7	91.0	39.0
41.369			100.0	46.8

表 2-12-9 液氨的溶解度

物质	溶解度/(g/100g 液氨)	温度/℃	物质	溶解度/(g/100g 液氨)	温度/℃	物质	溶解度/(g/100g 液氨)	温度/℃
锂	11.3	0	二苯甲酮	溶解		α-萘酚	溶解	
钠	23.1	0	甲酸	混溶		乙醛	反应	
钾	48.5	0	乙酸	混溶		多聚甲醛	不溶	
钙	29.4		硬脂酸	溶解		苯乙酮	溶解	
锶	溶解		硝酸锂	243.7	25	苯甲酸	82.0	
硫	溶解	0	硝酸银	86.0	25	对苯二甲酸	不溶	
黄磷	溶解		硝酸钙	80.2	25	乙醚	混溶	
氯化铵	102.5	25	硝酸锌	29.0	0	苯甲醚	混溶	
碘化铵	368.5	25	硫化铵	120.0	25	硝基苯	34.5	
溴化铵	57.96	0	己烷	6.5	20	邻硝基甲苯	55.7	−30
氯化钾	0.04	25	环己烷	6.2	20	甲胺	混溶	
甲苯	溶解	20	辛烯	6.7	0	苯胺	混溶	
二甲苯	微溶		环己烯	微溶	25	α-萘胺	溶解	
萘	8.9	20	1,3-环己二烯	微溶	25	β-萘胺	溶解	
碘甲烷	混溶		苯	溶解	20	乙腈	混溶、溶解	
氯化钠	3.02	25	苄腈	溶解		苯甲酰胺	54.0	
氯化钠	17.45	−10	乙酰胺	溶解		邻苯二甲酰亚胺	溶解	
碘化钠	161.9	25	N-乙酰苯胺	92.5		吡啶	混溶	
氯化银	0.83	25	尿素	溶解		吡咯	溶解	
碘化银	206.8	25	溴乙烷	溶解		噻吩	溶解	
氰化钾	4.55		氯苯	微溶		咔唑	溶解	
氰化钠	49.4	20	甲醇	混溶		葡萄糖	溶解	
氰化银	溶解	25	乙醇	混溶		曙红	溶解	
硫氰酸铵	312.0	25	乙二醇	混溶		靛蓝	溶解	
硝酸铵	390.0	25	苄醇	溶解				
硝酸钠	97.6	25	苯酚	溶解				

表 2-12-10 氨气对人的毒性

浓度/(mg/m^3)	时间/min	反应	浓度/(mg/m^3)	时间/min	反应
3500～7000		可即时死亡	140	30	眼和上呼吸道不适,恶心,头痛
1750～4500	30	可危害生命	70～140		可以正常工作
700		立即咳嗽	70		呼吸变慢,皮肤电阻逆转
553		强烈刺激现象,可耐受1¼ min	67.2	45	鼻咽有刺激感
175～350	28	鼻和眼刺激,呼吸和脉搏加速	9.8		无刺激作用
140～210		尚可工作,但有明显不适	<3.5		可以识别气味
			0.7		感觉到气味

参 考 文 献

1 CAS 7664-41-7

2 EINECS 231-635-3

3 L. F. Audrieth and J. Klinborg. Non-Aqueous Solvents. Wiley, 1953. 42

4 C. S. Crago et al. Sci. Pab. Bur. Std. 1931, 16: 26. 31; J. Amer. Chem. Soc. 1920. 42; 222. 227

5 A. Smito et al. J. Chim. 1929. 2723

6 A. Lange. Chem. Ind. 1898. 21; 191

7 J. A. Beattie and C. K. Lawrence. J. Amer. Chem. Soc. 1930. 52; 6

8 R. Overstreet and W. F. Giauque. J. Amer. Chem. Soc. 1937. 59; 254

9 L. Bleekrode. Proc. Roy. Soc. 1884. 37: 339

10 H. M. Grubb et al. J. Amer. Chem. Soc. 1936, 58: 776

11 藤代亮一ほか. 现代物理化学講座. 8卷. 東京化学同人. 1966. 148
12 H. Smith. Organic Reactions in Lipuid Ammonia. Vol. 2. Wiley. 1963. 9
13 菊地三郎. 工化. 1944，47：305；H. Lwasaki and M. Takahashi. Rew. Phys. Chem. Japan. 1968. 38：18
14 平山国彦. 乌海达郎. 非水研報告. 1961. 10：41
15 富永斉，今井清惠. 非水研報告. 1955，5：1
16 N. S. Osborn and M. S. Van Dusen. J. Amer. Chem. Soc. 1918，40：14
17 下光太郎. 液安有機化学. 技報堂，1957. 2
18 K. A. Kolbe and R. H. Harrison. Hydrocarbon Process. 1954. 33：11. 161
19 N. S. Osborn and M. S. Van Dusen. J. Amer. Chem. Soc. 1948. 40：1
20 K. Date. Rev. Phys. Chem. Japan. 1973，43：1. 17
21 天笠正孝. 合成と溶解のための溶媒（篠田耕三编）. 丸善. 1969. 331
22 W. Sellschopp. Z. Ver. Deut. Ing. 1935，79：69
23 P. G. Varlashkin and J. C. Thompson. J. Chem. Eng. Data. 1963，8：526
24 H. Blades and J. W. Hodgins. Can. J. Chem. 1955，33：411
25 R. H. Pierson et al. Anal. Chem. 1956，28：1223
26 G. Seiller et al. Methods Phys. Anal. 1968，4：388
27 会田高陽. 非水研報告. 1954，4：127
28 亘文雄，絹卷承. 非水研報告. 1961，10：1
29 K. Watanabe. J. Chem. Phys. 1957，26：542
30 日本化学会. 実験化学講座続. 14卷. 丸善. 1966. 663
31 J. W. K. Burrell et al. Proc. Chem. Soc. 1959. 263
32 D. Y. Curtin et al. Chem. Ind. London. 1958. 1205
33 R. A. Ogg and J. D. Ray. J. Chem. Phys. 1957，26：1515
34 A. L. Shatenshtein，E. A. Izrailevich and N. I. Ladyshnikova. Zhur. FizKim. 1949，23：497～499
35 张海峰主编. 危险化学品安全技术大典：第1卷. 北京：中国石化出版社，2010

974. 液态二氧化硫

sulfur dioxide liquefied [liquid sulfurous acid]

(1) 分子式　SO_2。　　相对分子质量　64.07。

(2) 外观　无色液体。气体有强烈的刺激气味。

(3) 物理性质

沸点(101.3kPa)/℃	−10.08	偶极矩/(10^{-30}C·m)	5.40
熔点/℃	−75.52	表面张力(−50℃)/(mN/m)	34.48
相对密度(−70℃/4℃)	1.60	(−18℃)/(mN/m)	27.73
(−30℃/4℃)	1.51	(50℃)/(mN/m)	16.43
(−10℃/4℃)	1.46	(100℃)/(mN/m)	7.60
折射率(13℃)	1.357	蒸发热(−10.08℃)/(kJ/mol)	24.95
介电常数(−69℃)	24.6	熔化热/(kJ/mol)	7.41
(−19℃)	17.4	生成热(25℃)/(kJ/mol)	297.01
(0℃)	15.4	临界温度/℃	157.50
黏度(0℃)/mPa·s	0.3936	临界压力/MPa	7.88
(−10.5℃)/mPa·s	0.4285	沸点上升常数	1.48
(−15℃)/mPa·s	0.4521	电导率/(S/m)	3×10^{-8}
(−33.5℃)/mPa·s	0.5508		

(4) 化学性质　液态二氧化硫比较稳定，不活泼。气态二氧化硫加热到2000℃不分解。不燃烧，与空气也不组成爆炸性混合物。化学性质极其复杂，不同的温度可表现出非质子溶剂、路易氏酸、还原剂、氧化剂、氧化还原试剂等各种作用。液态二氧化硫还可作自由基接受体。如在偶氮二异丁腈自由基引发剂存在下与乙烯化合物反应得到聚砜。

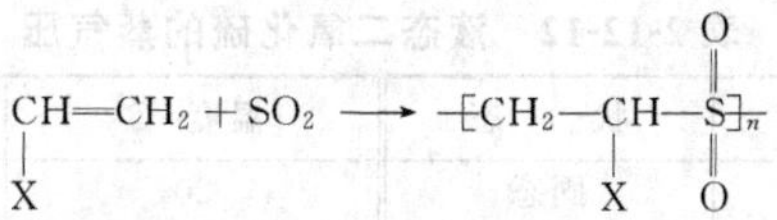

液态二氧化硫在光照下，可与氯和烷烃进行氯磺化反应，在氧存在下生成磺酸。

$$SO_2 + C_nH_{2n+2} + Cl_2 \longrightarrow C_nH_{2n+1} \cdot SO_2Cl$$
$$SO_2 + C_nH_{2n+2} + O_2 \longrightarrow C_nH_{2n+1} \cdot SO_3H$$

液态二氧化硫在低温表现出还原作用，但在 300℃以上表现出氧化作用。例如

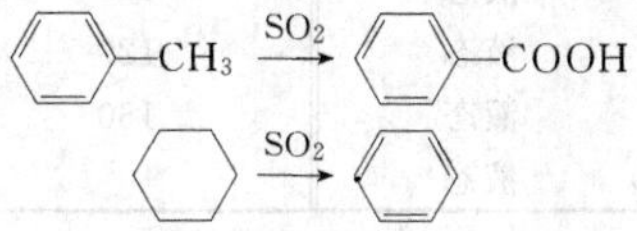

$$CH_2{=}CH{-}CH_3 \xrightarrow{SO_2} CH_2{=}CH{-}CHO$$

(5) 精制方法 液态二氧化硫中的杂质含有微量 SO_3、水、不挥发物质及空气成分（O_2、N_2、CO_2 等）。一般可直接作合成反应的溶剂使用。精制时可将液态二氧化硫气化，通入浓硫酸中以除去 SO_3，通入装有五氧化二磷的玻璃管或在盛有五氧化二磷的容器中进行蒸馏以除去水分。

(6) 溶解性能 液态二氧化硫能溶解如胺、醚、醇、苯酚、有机酸、芳香烃等有机化合物，多数饱和烃不溶解。有一定的水溶性，与水及水蒸气作用生成有毒及腐蚀性蒸气。无机化合物如溴、三氯化硼、二硫化碳、三氯化磷、磷酰氯、氯化碘以及各种亚硫酰氯化物都可以任何比例与液态二氧化硫混合。碱金属卤化物在液态二氧化硫中的溶解度按 $I^- > Br^- > Cl^-$ 的次序减小。金属氧化物、硫化物、硫酸盐等多数不溶于液态二氧化硫。

(7) 用途 主要用作硫酸的制造原料，也用作多种有机化学反应的溶剂。在液态二氧化硫中阳离子或阳碳离子与液态二氧化硫分子都能独立存在，而对阴离子的溶剂化作用强。因此液态二氧化硫作溶剂有利于阳离子作为反应中间体的化学反应，可加快反应速度。例如 Beckmann 重排反应，Wager-Meerwein 重排反应，酯化反应等。液态二氧化硫作溶剂也有利于阳离子聚合反应和顺反异构的异构化反应。此外液态二氧化硫还可用于熏蒸剂、杀虫剂、水果蔬菜防腐剂、杀菌剂、纤维漂白剂以及矿物油的精制、各种亚硫酸盐的制造、镁的冶炼等。

(8) 使用注意事项 危险特性属第 2.3 类有毒气体。危险货物编号：23013，UN 编号：1079。置阴凉通风处贮存，防止贮存容器受热和日光直射。属中等毒类，易被湿润的黏膜表面吸收而生成亚硫酸，其中部分氧化为硫酸，故对呼吸道和眼有强烈的刺激作用。轻度中毒时发生流泪、畏光、咳嗽、鼻、咽、喉部灼烧样痛、声音嘶哑，甚至呼吸短促、胸闷、胸痛。有时还会出现恶心、呕吐、上腹痛、头痛、头昏、全身无力等症状。严重中毒时于数小时内发生肺水肿、呼吸困难、紫绀、支气管痉挛而引起急性肺气肿。空气中的浓度为7.86～13.1mg/m³ 时人可感觉到，52.4mg/m³ 时刺激眼黏膜，1048～1310mg/m³ 时短时间即有生命危险。小鼠 1 小时 LC_{50} 为 1600mg/m³；6 小时 LC_{50} 为 890mg/m³。最高容许浓度为20mg/m³。

(9) 附表

表 2-12-11 液态二氧化硫的相对密度及体膨胀系数

温度/℃	相对密度(t℃/4℃)	体膨胀系数	饱和蒸气密度	温度/℃	相对密度(t℃/4℃)	体膨胀系数	饱和蒸气密度
−50	1.5572		0.0004	30	1.3556	0.00206	0.0073
−40	1.5331	0.00157	0.0007	40	1.3264	0.00223	0.0101
−30	1.5090	0.00160	0.0012	50	1.2957	0.00240	0.0140
−20	1.4846	0.00164	0.0020	60	1.2633	0.00261	0.0202
−10	1.4601	0.0016	0.0027	70	1.2289	0.00285	0.0287
0	1.4350	0.00175	0.0029	80	1.1920	0.00315	0.0318
10	1.4095	0.00182	0.0037	90	1.1524	0.00350	0.0479
20	1.3831	0.00192	0.0052	100	1.1100	0.00390	0.0678

表 2-12-12　液态二氧化硫的蒸气压

温度/℃	蒸气压/kPa	状　态	温度/℃	蒸气压/kPa	状　态
−90.1	0.33	固态	20	331.33	液态
−81.3	0.93	固态	33.5	486.36	液态
−72.9	2.13	固态	50	842.01	液态
−61.7	5.09	液态	77.5	1734.68	液态
−51.18	10.69	液态	80	1843.10	液态
−36.13	26.66	液态	100	2818.86	液态
−25	49.83	液态	120	4211.07	液态
−10	101.66	液态	150	7239.67	液态
0	154.01	液态			

表 2-12-13　液态二氧化硫的表面张力

温度/℃	表面张力/(mN/m)	温度/℃	表面张力/(mN/m)
−20	30.68	20	22.73
−10	28.59	30	20.73
5	25.58	40	18.77
15	23.64	50	16.85

表 2-12-14　液态二氧化硫的比热容

温度/℃	比热容/[kJ/(kg·K)]	温度/℃	比热容/[kJ/(kg·K)]
−20	1.32	110	1.85
0	1.33	120	1.97
40	1.42	140	2.60
90	1.69	155	3.35
100	1.77		

表 2-12-15　无机盐在液态二氧化硫中的溶解度（0℃）

单位：mmol/1000g 液态二氧化硫

离子	I^-	Br^-	Cl^-	F^-	SCN^-	CN^-	ClO_4^-	CH_3COO^-	SO_4^{2-}	SO_3^{2-}	CO_3^{2-}
Li^+	1490.0	6.0	2.82	23.0				3.48	1.55		
Na^+	1000.0	1.36	不溶	6.9	80.5	3.67		8.90	不溶	1.37	
K^+	2490.0	40.0	5.5	3.1	502.0	2.62		0.61	不溶	1.58	
Rb^+			27.2							1.27	
NH_4^+	580.0	6.0	1.67		6160.0		2.14	141.0	5.07	2.67	
Ti^+	1.81	0.60	0.292	不溶	0.915	0.522	0.43	285.0	0.417	4.96	0.214
Ag^+	0.68	0.159	<0.07	不溶	0.845	1.42		1.02	不溶		
Be^{2+}			5.8								
Mg^{2+}	0.50	1.3	1.47								
Ba^{2+}	18.15	不溶	不溶		不溶						
Zn^{2+}	3.45		11.75		40.4			不溶			
Cd^{2+}	1.17		不溶								
Hg^{2+}	0.265	2.06	3.80		0.632	0.556		2.98	0.338		
Pb^{2+}	0.195	0.328	0.69	2.16	0.371	0.386		2.46	不溶		
Co^{2+}	12.2		1.00		不溶						
Ni^{2+}	不溶		不溶					0.08	不溶		不溶
Al^{3+}	5.64	0.60	易溶								
Sb^{3+}	0.26	21.8	575.0	0.56							
Bi^{3+}		3.44	0.60								

表 2-12-16　水在液态二氧化硫中的溶解度

温度/℃	溶解度/(g/100g 液态二氧化硫)	温度/℃	溶解度/(g/100g 液态二氧化硫)	温度/℃	溶解度/(g/100g 液态二氧化硫)
30	2.68	5	1.50	−20	0.55
22	2.29	0	1.20	−30	0.37
15	1.88	−10	0.81	−50	0.22

表 2-12-17　有机化合物在液态二氧化硫中的溶解性能（室温）

化　合　物	溶解性能	化　合　物	溶解性能	化　合　物	溶解性能
苯	m	水杨醛	m	芪	s
甲苯	m	苯酚	28	二苯基甲烷	m
乙苯	m	苯乙酮	m	三苯基甲烷	16
异丙基苯	m	苄腈	m	苊	13
间二甲苯	m	蒎烯	s	邻硝基苯甲酸	i
硝基苯	50	莰烯	m	对氨基苯磺酸	i
二硝基苯	51	二甲基吡喃酮	i	邻苯二甲酸	i
对氯硝基苯	38	咔唑	3	富马酸	i
邻氯硝基苯	85	萘	23	马来酸	i
二硝基甲苯	40	四氢化萘	m	油酸	17
对二溴苯	s	十氢化萘	i	苯胺	s
对甲基异丙苯	m	六氯代苯	i	水杨酸戊酯	m
1,2,4-三甲基苯	m	α-硝基萘	s	乙酸苄酯	m
戊醇	m	间二甲基环己烷	s		
薄荷醇	m	芴	24		

注：表中数字用%表示。m—任何比例都可溶解；s—部分溶解；i—不溶。

(10) 附图

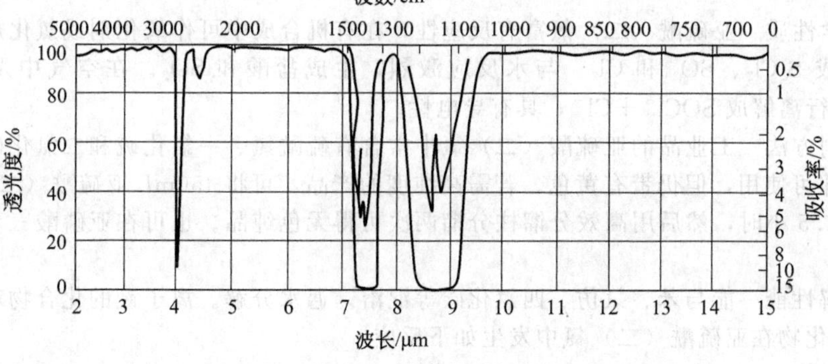

图 2-12-1　二氧化硫气体的红外光谱

参　考　文　献

1 CAS 7446-09-5
2 EINECS 231-195-2
3 W. F. Giauque and C. C. Stephenson. J. Amer. Chem. Soc. 1938，60：1389
4 Gmelins Handbuch der Anorganischen Chemie. System No. 9. Vol. B-1. Verlag Chemie. 1953. 208
5 J. D. Nickerson and R. McIntosh. Can. J. Chem. 1957，35：1325
6 R. J. W. Lefevre et al. J. Chem. Soc. 1950. 276
7 有機合成化学協会. 溶剤ポケットブック. オーム社. 1977. 742
8 W. F. Seyer and W. S. Peck. J. Amer. Chem. Soc. 1930，52：14
9 V. Schumaker and D. P. Stevensen. J. Amer. Chem. Soc. 1940，62：1270
10 N. N. Lichtin. Progr. Phys. Org. Chem. 1953，1：75
11 L. J. Andrews and R. M. Keefer. J. Amer. Chem. Soc. 1951，73：4169
12 H. Gerding and W. I. Nijveld. Nature. 1936，137：1070
13 H. Hoyer. Z. Electrochem. 1960，64：631
14 A. Anderson and R. Savoie. Can. J. Chem. 1965，43：2271
15 A. Anderson and S. H. Walmsley. Mol. Phys. 1966，10：391
16 H. Winde. Z. Physik. Chem. Leipzig. 1967

17 R. D. Shelton et al. J. Chem. Phys
18 L. F. Audrieth and J. Kleinberg. Non-Aqueous Solvents. Wiley. 1953. 210
19 H. H. Sisler. Chemistry in Non-Aqueous Solvents. Van Nostrond Reinhold. 1961. 86
20 张海峰主编. 危险化学品安全技术大典：第1卷. 北京：中国石化出版社，2010

975. 亚硫酰(二)氯［氯化亚砜］

thionyl chloride［sulfinyl chloride］

(1) 分子式　$SOCl_2$。　　　　相对分子质量　118.98。

(2) 外观　无色或黄色有刺激气味的液体。

(3) 物理性质

沸点(101.3kPa)/℃	76	蒸发热/(kJ/mol)	31.32
熔点/℃	−101	生成热/(kJ/mol)	206.0
相对密度(0℃/4℃)	1.675	电导率/(S/m)	2×10^{-6}
折射率(10℃)	1.527	蒸气压(20℃)/kPa	13.3
介电常数(20℃)	9.25	(50℃)/kPa	42.9
偶极矩(25℃,苯)/(10^{-30}C·m)	5.27	(70℃)/kPa	85.0
黏度(0℃)/mPa·s	0.80	(75℃)/kPa	99.5
(38℃)/mPa·s	0.545	体膨胀系数/K^{-1}	0.0010

(4) 化学性质　亚硫酰（二）氯富有反应性，在有机合成中可作氧化剂或氯化剂使用。在沸点以上分解成 S_2Cl_2、SO_2 和 Cl_2。与水反应激烈，生成盐酸和 SO_2。在空气中发烟。亚硫酰（二）氯能自行离解成 $SOCl^+ + Cl^-$，具有导电性。

(5) 精制方法　工业品的亚硫酸（二）氯中常含有硫酰氯、一氯化硫和二氯化硫等杂质，一般重蒸一次即可使用，但仍带有黄色。若需高纯度的产品，可将450mL亚硫酰（二）氯与12.5g硫加热回流4.5小时，然后用高效分馏柱分馏两次可得无色纯品。也可在亚磷酸三苯酯存在下进行蒸馏精制。

(6) 溶解性能　能与苯、氯仿、四氯化碳等混溶。遇水分解。离子键的化合物难溶于亚硫酰（二）氯，碘化物在亚硫酰（二）氯中发生如下反应。

$$2I^- + SOCl_2 \rightleftharpoons SOI_2 + 2Cl^-$$
$$2SOI_2 \rightleftharpoons SO_2 + S + 2I_2$$

(7) 用途　用作有机合成中的氯化剂和氧化剂，如制备酰基氯，有机酸酐等。也用作催化剂。

(8) 使用注意事项　危险特性属第8.1类酸性腐蚀品。危险货物编号：81037，UN编号：1836。遇水分解，在空气中发烟，故应防潮密封贮存。毒性比二氧化硫大，蒸气对呼吸道和眼结膜有明显的刺激作用。皮肤接触引起灼伤。工作场所最高容许浓度 24.15mg/m^3（空气中）。猫吸入 85mg/m^3 浓度的亚硫酰（二）氯蒸气，20分钟可引起死亡。

参 考 文 献

1 CAS 7719-09-7
2 EINECS 231-748-8
3 M. Schmidt and W. Siebert. Comprehensive Inorganic Chemistry (ed. J. C. Bailar et al.). Vol. 2. Pergamon. 1973. 857
4 Kirk-Othmer. Encyclopedia of Chemical Technology. 2nd ed. Vol. 19. Wiley. 397
5 R. C. Weast et al.. Handbook of Chemistry and Physics. 51st ed. CRC Press. 1970. D-70
6 K. C. Schreiber. Anal. Chem. 1949，21：1168
7 D. E. Martz and R. T. Lagemann. J. Chem. Phys. 1954，22：1193
8 R. Vogel-Hoger. Acta Phys. Austriaca. 1948，1：323

9 H. Minden. Z. Ges. Hyg. 1967, 13: 722

976. 硫酰氯［氯代硫酰］

sulfuryl chloride［sulfonyl chloride］

(1) 分子式　SO_2Cl_2。　　相对分子质量　134.98。

(2) 外观　无色或黄色液体。

(3) 物理性质

沸点(101.3kPa)/℃	69.1	黏度(0℃)/mPa·s	0.918
熔点/℃	−46	蒸发热(69.1℃)/(kJ/kg)	206.8
相对密度(20℃/4℃)	1.6674	生成热/(kJ/mol)	1226.5
折射率	1.443	比热容(定压)/[kJ/(kg·K)]	0.976
介电常数(22℃)	9.15	电导率/(S/m)	3×10^{-3}
偶极矩(气体)/(10^{-30}C·m)	6.04	体膨胀系数/K^{-1}	0.0012

(4) 化学性质　硫酰氯遇冷水逐渐分解，遇热水或碱则分解很快。水解时两个氯原子被羟基取代，生成硫酸和盐酸。与氨反应发生氨解，氯原子被氨基取代。硫酰氯在高温时分解成 SO_2 和 Cl_2。

(5) 精制方法　用樟脑为催化剂制得的硫酰氯含有微量的樟脑，可进行重复蒸馏除去。

(6) 溶解性能　能与苯和乙酸混溶，遇水分解。硫酰氯能自行离解。溶剂化作用的能力与亚硫酰（二）氯相似。

$$SO_2Cl_2 \rightleftharpoons SO_2Cl^+ + Cl^-$$

$$SbCl_3 + SO_2Cl_2 \rightleftharpoons SbCl_4^- + SO_2Cl^+$$

(7) 用途　在制药、染料、表面活性剂、橡胶、塑料、有机合成中用作氯化剂和磺化剂。也可用于处理羊毛织品。

(8) 使用注意事项　危险特性属第 8.1 类酸性腐蚀品。危险货物编号：81035，UN 编号：1834。遇水分解，应防潮密封贮存。遇强酸和醇类发生分解，应防止与这类物质接近。其蒸气对呼吸道有刺激作用，接触液体可引起灼伤。工作场所最高容许浓度 27.4mg/m³ 以下（空气中）。

参　考　文　献

1 CAS 7791-25-5
2 EINECS 232-245-6
3 Kirk-Othmer. Encyclopedia of Chemical Technology. 2nd ed. Vol. 19. Wiley. 401
4 R. C. Weast et al. Handbook of Chemistry and Physics. 51st ed. CRC Press. 1970. D-70
5 K. C. Schreiber. Anal. Chem. 1949, 21: 1168
6 D. E. Martz and R. T. Lagemann. J. Chem. Phys. 1954, 22: 1193
7 R. Vogel-Hoger. Acta Phys. Austriaca. 1948, 1: 323

977. 乙酸铅［铅糖］

lead acetate［sugar of lead］

(1) 分子式　$C_4H_6O_4Pb\cdot3H_2O$。　　相对分子质量　379.33。

(2) 示性式或结构式　$(CH_3COO)_2Pb\cdot3H_2O$

(3) 外观　白色单斜晶体，味甜。具风化性。

(4) 物理性质

最常用的乙酸铅含 3 个结晶水，加热至 200℃分解为乙酸铅。

三水合乙酸铅	白色单斜晶体	乙酸铅	白色晶体
相对分子质量	379.33	相对分子质量	325.28
熔点/℃	75	熔点/℃	280
相对密度(20℃/4℃)	2.55	相对密度(25℃/4℃)	2.55
折射率	1.567	(20℃/4℃)	3.25
溶解度(15℃)/%	45.6	溶解度(20℃)/%	44.3
(100℃)/%	200	(50℃)/%	221

(5) 溶解性能　溶于水，微溶于醇，易溶于甘油。

(6) 用途　重金属氰化过程的溶剂、化学分析试剂。

(7) 使用注意事项　乙酸铅的危险特性属第 6.1 类毒害品。危险货物编号：61853，UN 编号：1616。毒性较高，对循环系统有损害，气体经上呼吸道感染引起口干、咽喉发热、恶心、便秘等慢性中毒。大鼠腹腔注射 LD_{50} 为 200mg/kg。

参 考 文 献

1 CAS 301-04-2；6080-56-4；15347-57-6（三水合乙酸铅）

2 EINECS 206-104-4；239-379-4

3 Beilstein. Handbuch der Organischen Chemie. E Ⅳ，2-118

4 The Merck Index. **10**，5228；**11**，5268

978. 氰 化 氢

hydrogen cyanide [hydrocyanic acid]

(1) 分子式　HCN。　　相对分子质量　27.03。

(2) 示性式或结构式　HC≡N

(3) 外观　常压下－13.24℃冻结为固体；25.7℃沸腾为气体，介于两者之间为液体。

(4) 物理性质

沸点(101.3kPa)/℃	25.70	黏度(0.5℃)/mPa·s	0.2404
熔点/℃	－13.24	(5℃)/mPa·s	0.2323
相对密度(20℃/4℃)	0.6884	(10.8℃)/mPa·s	0.2160
蒸气密度(31℃)	0.947	(15.1℃)/mPa·s	0.2112
折射率(10℃)	1.2675	(20.2℃)/mPa·s	0.2014
表面张力(20℃)/(mN/m)	19.68	蒸气压(－29.5℃)/kPa	6.679
熔化热(－14℃)/(kJ/mol)	7.1×10^3	(0℃)/kPa	35.24
燃烧热/(kJ/mol)	667	(27.2℃)/kPa	107.6
临界温度/℃	183.5	燃点/℃	538
临界压力/MPa	5.4	爆炸极限(20℃)/%(体积)	6～41

(5) 化学性质　氰化氢能发生氧化反应和卤化反应得到氰酸和各种卤化物。水解生成 NH_3、HCOOH 等。能发生加成反应和聚合反应。

(6) 溶解性能　能溶解多种无机物和有机物。对盐的溶解比水小得多。易溶解碘和锡的卤化物。对中、低级的醇、醚、卤化物、胺等有机物也有很好的溶解能力。

(7) 用途　溶剂（呈现出与水相似的溶解能力）、有机合成中间体。

(8) 使用注意事项　属高毒物品。氰化氢的危险特性属第 6.1 类毒害品。危险货物编号：61003，UN 编号：1051。有毒。工作场所中有毒物质最高容许浓度为 $1mg/m^3$。

参 考 文 献

1 CAS 74-90-8

2 EINECS 200-821-6

3 张海峰主编. 危险化学品安全技术大典：第1卷. 北京：中国石化出版社，2010

979. 水 合 肼

hydrazine hydrate

(1) 分子式 $N_2H_4 \cdot H_2O$。 相对分子质量 50.06。

(2) 示性式或结构式 $H_2NNH_2 \cdot H_2O$

(3) 外观 无色液体，在空气中发烟，淡氨臭味。

(4) 物理性质

沸点(101.3kPa)/℃	119.4	表面张力(25℃)/(mN/m)	74.0
熔点/℃	−40	生成热/(kJ/mol)	−242.71
相对密度(20℃/4℃)	1.032	蒸气压(25℃)/kPa	0.67
折射率(20℃)	1.4284	闪点/℃	72.8
黏度(25℃)/mPa·s	1.5	凝固点/℃	−51.7

(5) 化学性质 具有强碱性与还原性，在空气中能吸收二氧化碳。与氧化剂接触能自燃自爆。

(6) 溶解性能 与水、乙醇任意混溶，不溶于乙醚、氯仿。

(7) 用途 溶剂、还原剂。

(8) 使用注意事项 水合肼［含肼≤64%］的危险特性属第8.2类碱性腐蚀品。危险货物编号：82020，UN编号：2030。吸入蒸气对上呼吸道、鼻有刺激性。接触皮肤过敏、具有腐蚀性，能引起烧伤，可能致癌。遇明火、高热可燃。大鼠经口 LD_{50} 为129mg/kg。

(9) 规格 HG/T 3259—2004 工业水合肼

项目	80			64	55	40	35
	优等品	一等品	合格品	合格品	合格品	合格品	合格品
外观	>55%水合肼为无色透明发烟液体，<55%水合肼为无色透明或微带浑浊的液体						
水合肼($N_2H_4 \cdot H_2O$)/%	80.0	80.0	80.0	64.0	55.0	40.0	35.0
肼(N_2H_4)/%	51.2	51.2	51.2	41.0	35.2	40.0	22.4
不挥发物/%	0.010	0.020	0.050	0.07	0.09	—	—
铁(Fe)/%	0.0005	0.0005	0.0005	0.005	0.009	—	—
重金属(以Pb计)/%	0.0005	0.0005	0.0005	0.001	0.002	—	—
氯化物(以Cl计)/%	0.001	0.003	0.005	0.01	0.03	0.05	0.07
硫酸盐(以SO_4计)/%	0.0005	0.002	0.005	0.005	0.005	0.005	0.01
总有机物(mg/L)	5						
pH值(1%水溶液)	10～11						

参 考 文 献

1 CAS 7805-57-8
2 EINECS 206-114-9
3 The Merck Index. **10**, 4671; **11**, 4691; **12**, 4810
4 张海峰主编. 危险化学品安全技术大典：第1卷. 北京：中国石化出版社，2010

980. 氟氯化硫酰

sulfuryl chloride fluoride［sulfonyl chloride fluoride］

(1) 分子式 SO_2ClF。 相对分子质量 118.51。

(2) 外观　无色强刺激性气体。

(3) 物理性质

沸点(101.3kPa)/℃	7.1
熔点/℃	−124.7
相对密度(0℃/0℃)	1.623

(4) 化学性质　氟氯化硫酰在酸性条件下稳定，用三氯化铝作催化剂与苯进行 Friedel-Crafts 反应时，只有极微量的氯苯生成，大部分的苯未参与反应。在自由基反应条件下（过氧化苯甲酰）与己烷、甲苯、苯酚、1,2-二氯乙烯等都不发生反应。但氟氯化硫酰与碱性物质容易发生反应。在水中逐渐水解生成 H_2SO_4、HCl 和 HF。此外，氟氯化硫酰还发生如下反应：

$$SO_2ClF+4NH_3 \xrightarrow{-78℃} SO_2(NH_2)_2+NH_4F+NH_4Cl$$

$$2SO_2ClF+4Et_2NH \longrightarrow Et_2NSO_2F+Et_2NSO_2Cl+Et_2\overset{+}{N}H_2Cl^-+Et_2\overset{+}{N}H_2F^-$$

$$SO_2ClF+EtONa \longrightarrow FSO_3Et+NaCl$$

$$SO_2ClF+MeOH \xrightarrow{\text{吡啶}} FSO_2Me+HCl$$

(5) 用途　氟氯化硫酰一般不作溶剂使用。由于对有机化合物的溶解能力强、熔点低、在酸性条件下稳定，故近年来常用作低温研究阴碳离子用溶剂。

参 考 文 献

1 CAS 13637-84-2
2 EINECS 237-126-2
3 F. Seel. Inorg. Syn. 1967, 9: 111
4 J. Cueilleron and V. Monteil. Bull. Soc. Chim. France. 1965. 2172

981. 铜氨溶液

cuprammonium solution [schweizer's reagent]

(1) 结构　铜氨溶液是指氢氧化铜[$Cu(OH)_2$]溶解在浓氨水中所得的深蓝色溶液，它是由氢氧化铜与氨反应生成的氢氧化四氨（络）铜与过量氨水组成的混合溶液。

$$Cu(OH)_2+4NH_3 \rightleftharpoons [Cu(NH_3)_4](OH)_2$$

(2) 外观　具有浓氨味的深蓝色液体。深蓝色是由于生成 $Cu(NH_3)_4^{2+}$ 络离子所致。

(3) 制备方法　实验室内可将铜粉（铜屑等）浸渍在浓度为 24% 的浓氨水中，保持低温 (20℃) 并吹入空气，在铜氧化的同时溶解于氨水中。

$$Cu+O+H_2O+4NH_4OH \longrightarrow [Cu(NH_3)_4](OH)_2+4H_2O$$

或者在加热（90℃）的硫酸铜溶液中加入碳酸钠溶液，生成 $CuSO_4 \cdot 3[Cu(OH)_2]$沉淀，将此沉淀用浓氨水溶解，再加氢氧化钠溶液也可得到铜氨溶液。

(4) 溶解性能　铜氨溶液能溶解纤维素，生成具有光学活性的络合物。其反应过程如下：

$$2C_6H_{10}O_5+[Cu(NH_3)_4](OH)_2 \rightleftharpoons (C_6H_9O_5)_2[Cu(NH_3)_4]+2H_2O$$

$$(C_6H_9O_5)_2[Cu(NH_3)_4]+[Cu(NH_3)_4](OH)_2 \rightleftharpoons [(C_6H_9O_5)_2Cu][Cu(NH_3)_4]+4NH_3+2H_2O$$

将纤维素放入铜氨溶液中时，首先发生膨胀，再行溶解。决定纤维素溶解量的是氢氧化四氨（络）铜的浓度。铜的浓度低，纤维素只发生膨胀而不溶解。溶解纤维素的铜的最低浓度为 2.6g/L。故一般随铜的浓度增加，纤维素的溶解量增大。

(5) 用途　工业上用作铜氨纤维制造用溶剂。由于铜氨溶液可以溶解纤维素和绢，但不能溶解羊毛，故可用来鉴别纤维。

(6) 使用注意事项　铜氨溶液受光、空气和热的作用时容易发生分解。特别对光敏感，逐渐分解变成氧化铜。故应放入褐色玻璃瓶中置阴凉处贮存。最好将溶液上面的空气用氢或氮气置换。用作纤维素的黏度测定或聚合度测定用的铜氨溶液，可加入蔗糖或葡萄糖作稳定剂。铜氨溶液含有浓的氨水，呈碱性。对眼睛和皮肤有刺激和腐蚀作用。

(7) 附图

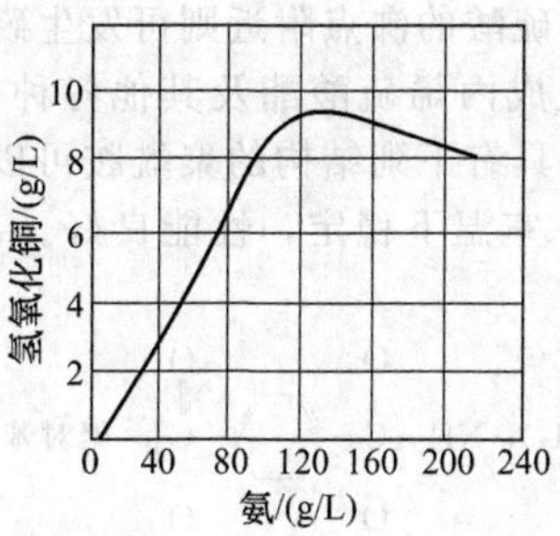

图 2-12-2 氢氧化铜在浓氨水中的溶解度

参 考 文 献

1 宋像英ニほか. 化学繊維. 丸善. 1956. 221

2 井上 敏ほか. 理化学辞典. 岩波書店. 1961. 611

3 E. Schweizer. J. Prakt. Chem. 1857, 72: 109. 344

4 荒木网男. 繊維素化学. 産業図書. 1953. 280

5 繊維学会. 化纤便覧. 丸善. 1963. 1101

6 石田仲彦. パルプ及び製紙工業実験法. 共立出版. 1950. 451

982. 硫　　酸

sulfric acid [oil of vitral]

(1) 分子式 H_2SO_4。　　**相对分子质量** 98.082。

(2) 外观 无色黏稠的油状液体。

(3) 物理性质

沸点(101.3kPa,98%)/℃	327	介电常数(20℃,浓)	>84
(101.3kPa,95%)/℃	297	比热容(16～20℃,100%)/[kJ/(kg·K)]	1.39
(101.3kPa,90.6%)/℃	259	蒸发热(326℃)/[kJ/(kg/mol)]	50.16
熔点(98%)/℃	3.0	生成热(SO_2·O·H_2O)/(kJ/mol)	224.00
(95.05%)/℃	−16.5	(SO_3·H_2O)/(kJ/mol)	89.26
(90.65%)/℃	−25	(H_2SO_4·H_2O)/(kJ/mol)	40.83
相对密度	参照表 2-12-17	压缩系数(18.2～22℃,63%,8.1 MPa)	0.0000242
折射率(94.11%)	1.42879	(18.2～22℃,91.7%,8.1 MPa)	0.0000250
(60.98%)	1.40998	电导率(18℃,30%)/(S/m)	0.7388
蒸气压	参照表 2-12-18,2-12-19	(18℃,85%)/(S/m)	0.098
黏度	参照表 2-12-21	(18℃,90%)/(S/m)	0.1102
表面张力(20℃,95.05%)/(mN/m)	57.76	(18℃,99.4%)/(S/m)	0.0085
(20℃,80.45%)/(mN/m)	66.32		

(4) 化学性质 硫酸加热到 290℃时开始分解，放出三氧化硫。317℃形成共沸混合物，转变成组成为 98.54%的水溶液。浓硫酸与水混合时产生大量的热。浓硫酸对多种化合物都有脱水作用。例如蔗糖、纸等都因脱水而游离出碳。乙醇与浓硫酸一起加热时脱水变成乙烯。一般有机化合物除发生脱水作用外，还可发生加成反应、氧化反应和磺化反应等。与金属反应时，因硫酸的浓度、反应温度、金属种类的不同，可以生成 H_2、H_2S、SO_2、S 以及金属硫化物等。硫酸与金属氧化物生成硫酸盐。冷的浓硫酸与铁、铝不作用。苯与浓硫酸煮沸 20～30 分钟生成苯磺酸。

醇类一般发生酯化反应，烯丙醇与60%硫酸作用生成烯丙醇硫酸酯。

(5) 溶解性能　与水混溶。浓硫酸对一些无机和有机化合物都有一定的溶解能力，虽然可作某些反应的溶剂使用，但是长时间在高温处于稳定状态的化合物很少。例如己烷、庚烷、辛烷等在室温下与硫酸不反应，但加热到硫酸的沸点附近则可发生磺化反应。乙烯被硫酸吸收后生成乙烯硫酸酯。丙烯更易被硫酸吸收生成丙烯硫酸酯及其他各种化合物。硫酸吸收乙炔后生成磺酸酯。浓硫酸可以溶解聚酰胺，例如具有下列结构的聚酰胺可以溶解在浓度为80%～100%的硫酸中，特别是在95%以上的硫酸中，室温下稳定，性能良好。甚至含6%～7% SO_3 的发烟硫酸也常用作这类聚合物的溶剂。

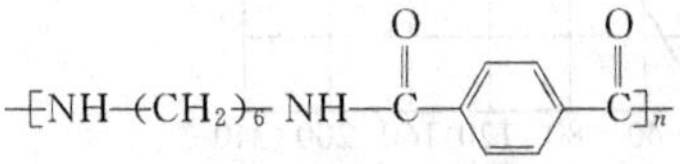
聚对苯二甲酰己二胺

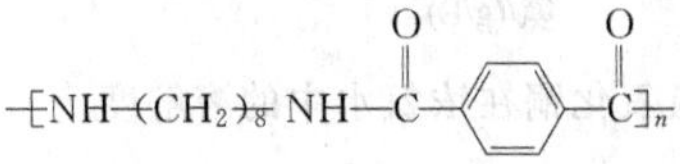
聚对苯二甲酰辛二胺

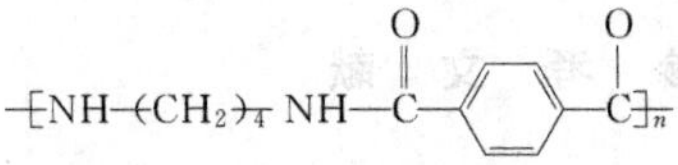
聚对苯二甲酰丁二胺

(6) 用途　硫酸在合成药物、合成染料、炸药、石油炼制、金属冶炼、合成洗涤剂、机械、农药、化肥等方面都有着广泛的应用。除作为强的无机酸使用外，还用作脱水剂、氧化剂、助硝化剂、酸洗剂、磺化剂和催化剂等。此外硫酸还可用作高熔点聚酰胺的溶剂，用于纺丝原液的制造。

(7) 使用注意事项　危险特性属第8.1类酸性腐蚀品。危险货物编号：81007，UN编号：1830。浓硫酸的吸水和脱水能力强，同时放出大量的热，故应防潮密封贮存。浓硫酸与可燃性物质接触有着火的危险。在沸点附近使用95%～100%的硫酸时，可选用含硅14.2%的高硅铸铁或玻璃、陶瓷等硅酸盐制品。使用温度在60℃以下可用Cr-Ni不锈钢，Ni-Cr-Cu-Mo合金等。使用60%硫酸，温度在60℃以下时，可用聚偏氯乙烯、酚醛树脂等高分子材料。50%的硫酸用聚乙烯树脂较为安全。冷的浓硫酸对铁、铝不作用，故可用铁或铝制容器贮存。稀释硫酸时，只能将浓硫酸逐渐加入到水中，切不可将水加入浓硫酸中以免发生危险。吸入高浓度硫酸酸雾能引起上呼吸道刺激症状，严重者发生喉头水肿，支气管炎，细支气管肺炎和肺水肿等。皮肤接触浓硫酸引起严重灼伤。溅入眼内引起结膜炎、水肿，角膜浑浊以至穿孔。口服浓硫酸1mL即可致死。TJ 36—79规定车间空气中最高容许浓度为 $2mg/m^3$。

(8) 规格

① GB/T 625—2007 硫酸（试剂）

名　　称	优级纯	分析纯	化学纯
含量(H_2SO_4)/%	95.0～98.0	95.0～98.0	95.0～98.0
色度/黑曾单位　≤	10	10	10
灼烧残渣(以硫酸盐计)/%　≤	0.0005	0.001	0.005
氯化物(Cl)/%　≤	0.00002	0.00003	0.00005
硝酸盐(NO_3)/%　≤	0.00002	0.00005	0.00005
铵盐(NH_4)/%　≤	0.0001	0.0002	0.001
铁(Fe)/%	0.00002	0.00005	0.0001
铜(Cu)/%	0.00001	0.00001	0.0001
砷(As)/%	0.000001	0.000003	0.000005
铅(Pb)/%	0.00001	0.00001	0.0001
还原高锰酸钾物质(以 SO_2 计)/%	0.0002	0.0005	0.001

② GB/T 534—2002 硫酸（工业品）

指标名称	浓硫酸			发烟硫酸		
	优等品	一等品	合格品	优等品	一等品	合格品
硫酸(H_2SO_4)/%　≥	92.5或98.0	92.5或98.0	92.5或98.0	—		

续表

指 标 名 称		浓硫酸			发烟硫酸		
		优等品	一等品	合格品	优等品	一等品	合格品
游离三氧化硫(SO_3)/%	≥	—	—	—	20.0 或 25.0	20.0 或 25.0	20.0 或 25.0
灰分/%	≤	0.02	0.03	0.10	0.02	0.03	0.10
铁(Fe)/%	≤	0.005	0.010	—	0.005	0.010	0.030
砷(As)/%	≤	0.0001	0.005	—	0.0001	0.0001	—
汞(Hg)/%	≤	0.001	0.01	—	—	—	—
铅(Pb)/%	≤	0.005	0.02	—	0.005	—	—
透明度/mm	≥	80	50	—	—	—	—
色度/mL	≤	2.0	2.0	—	—	—	—

(9) 附表

表 2-12-18 硫酸的浓度和相对密度

H_2SO_4 /%	温度/℃ 0	5	10	15	20	25	30	40	50	N
10	1.0735	1.0718	1.0700	1.0681	1.0661	1.0640	1.0617	1.0570	1.0517	2.178
20	1.1510	1.1481	1.1453	1.1424	1.1394	1.1365	1.1335	1.1275	1.1215	4.659
30	1.2326	1.2291	1.2255	1.2220	1.2185	1.2150	1.2115	1.2046	1.1978	7.476
40	1.3179	1.3141	1.3103	1.3065	1.3028	1.2991	1.2953	1.2879	1.2806	10.657
50	1.4110	1.4070	1.4030	1.3990	1.3951	1.3911	1.3872	1.3795	1.3719	14.264
55	1.4618	1.4577	1.4535	1.4494	1.4453	1.4412	1.4327	1.4203	1.4214	16.255
60	1.5154	1.5111	1.5067	1.5024	1.4982	1.4940	1.4898	1.4816	1.4735	18.382
65	1.5713	1.5668	1.5622	1.5578	1.5533	1.5490	1.5446	1.5361	1.5277	20.647
66	1.5828	1.5782	1.5736	1.5691	1.5464	1.5602	1.5558	1.5472	1.5388	21.117
67	1.5943	1.5896	1.5850	1.5805	1.5760	1.5715	1.5671	1.5584	1.5499	21.593
68	1.6058	1.6012	1.5965	1.5919	1.5874	1.5829	1.5784	1.5697	1.5611	22.075
69	1.6175	1.6128	1.6081	1.6035	1.5989	1.5944	1.5899	1.5811	1.5725	22.562
70	1.6293	1.6245	1.6198	1.6151	1.6015	1.6059	1.6014	1.5925	1.5838	23.054
71	1.6411	1.6363	1.6315	1.6268	1.6221	1.6175	1.6130	1.6040	1.5952	23.553
72	1.6529	1.6481	1.6433	1.6385	1.6339	1.6292	1.6246	1.6156	1.6067	24.057
73	1.6649	1.6600	1.6551	1.6503	1.6456	1.6409	1.6363	1.6271	1.6182	24.567
74	1.6768	1.6719	1.6670	1.6622	1.6574	1.6526	1.6480	1.6387	1.6297	25.082
75	1.6888	1.6838	1.6789	1.6740	1.6692	1.6644	1.6597	1.6503	1.6412	25.602
76	1.7008	1.6958	1.6908	1.6858	1.6810	1.6761	1.6713	1.6619	1.6526	26.126
77	1.7127	1.7077	1.7026	1.6976	1.6927	1.6878	1.6829	1.6734	1.6640	26.655
78	1.7247	1.7195	1.7144	1.7093	1.7043	1.6994	1.6944	1.6847	1.6751	27.188
79	1.7365	1.7313	1.7261	1.7209	1.7159	1.7108	1.7058	1.6959	1.6862	27.724
80	1.7482	1.7429	1.7376	1.7324	1.7272	1.7221	1.7170	1.7069	1.6971	28.621
81	1.7597	1.7542	1.7489	1.7435	1.7383	1.7331	1.7279	1.7177	1.7077	28.799
82	1.7709	1.7654	1.7599	1.7544	1.7491	1.7437	1.7385	1.7281	1.7180	29.336
83	1.7816	1.7759	1.7704	1.7549	1.7594	1.7540	1.7487	1.7382	1.7279	29.871
84	1.7916	1.7860	1.7804	1.7748	1.7693	1.7639	1.7585	1.7479	1.7375	30.401
85	1.8009	1.7953	1.7897	1.7841	1.7786	1.7732	1.7678	1.7571	1.7466	30.924
86	1.8095	1.8039	1.7983	1.7927	1.7872	1.7818	1.7763	1.7657	1.7552	31.438
87	1.8173	1.8117	1.8061	1.8006	1.7951	1.7897	1.7843	1.7736	1.7632	31.943
88	1.8243	1.8187	1.8132	1.8077	1.8022	1.7968	1.7915	1.7809	0.7705	32.438
89	1.8306	1.8250	1.8195	1.8141	1.8087	1.8033	1.7979	1.7874	1.7770	32.922
90	1.8361	1.8306	1.8252	1.8198	1.8144	1.8091	1.8038	1.7933	1.7829	33.397
91	1.8410	1.8356	1.8302	1.8248	1.8195	1.8142	1.8090	1.7986	1.7883	33.862
92	1.8453	1.8399	1.8346	1.8293	1.8240	1.8188	1.8136	1.8033	1.7932	34.318

续表

H_2SO_4 /%	温度/℃									N
	0	5	10	15	20	25	30	40	50	
93	1.8490	1.8437	1.8384	1.8331	1.8279	1.8227	1.8176	1.8074	1.7974	34.764
94	1.8520	1.8467	1.8415	1.8363	1.8312	1.8260	1.8210	1.8110	1.8011	35.199
95	1.8544	1.8491	1.8439	1.8388	1.8337	1.8286	1.8236	1.8137	1.8040	35.622
96	1.8560	1.8508	1.8457	1.8406	1.8355	1.8305	1.8255	1.8157	1.8060	36.030
97	1.8569	1.8517	1.8466	1.8414	1.8364	1.8314	1.8264	1.8166	1.8071	36.421
98	1.8567	1.8515	1.8463	1.8411	1.8361	1.8310	1.8261	1.8163	1.8068	36.791
99	1.8551	1.8498	1.8445	1.8393	1.8342	1.8292	1.8242	1.8145	1.8050	37.132
100	(1.8517)	(1.8463)	(1.8409)	(1.8357)	(1.8305)	(1.8255)	(1.8205)	(1.8107)	(1.8013)	(37.433)

表 2-12-19 硫酸水溶液的总压 单位：Pa

温度/℃	硫酸的浓度/%									
	95	90	80	70	60	50	40	30	20	10
0			1.91952	20.5282	91.4438	206.615	339.915	457.219	535.866	583.854
5		0.15729	3.0659	31.3255	137.299	301.258	491.877	658.502	782.471	839.79
10		0.26126	4.77214	45.5886	194.618	425.227	695.826	921.103	1073.07	1173.04
15		0.42389	7.39815	67.4498	273.265	599.85	969.091	1286.35	1506.29	1639.59
20		0.66250	11.1305	96.3759	382.571	826.46	1326.34	1759.56	2052.82	2212.78
25		1.01974	16.5292	137.299	529.201	1126.38	1799.55	2372.74	2772.64	2985.92
30		1.55961	24.3939	191.952	721.153	1506.29	2399.4	3172.54	3705.74	3999
35	0.19995	2.38607	32.3245	266.6	985.087	2052.82	3239.19	4252.27	4958.76	5345.33
40	0.31325	3.53245	50.7873	366.575	1313.01	2705.99	4238.94	5558.61	6478.38	7051.57
45	0.49321	5.26535	71.982	497.209	1732.9	3559.11	5465.3	7291.51	8437.89	9077.73
50	0.77314	7.7314	102.641	689.161	2332.75	4692.16	7184.87	9504.29	10957.26	11797.05
55	1.16904	11.1972	141.298	918.437	3025.91	6065.15	9197.7	12130.3	14129.8	15062.9
60	1.77289	15.996	195.951	1215.69	3865.7	7731.4	11637.1	15462.8	17728.9	19061.9
65	2.61268	22.5277	266.6	1359.66	5025.41	9824.21	14663	19328.5	22527.7	23727.4
70	3.83904	31.4588	277.264	2079.48	6398.4	12330.25	18395.4	23994	27593.1	29725.9
75	5.53195	43.5891	479.88	2705.99	8024.66	15329.5	22794.3	29592.6	34124.8	36524.2
80	8.07798	59.985	635.841	3465.8	10037.4	19061.9	28126.3	36390.9	41856.2	44922.1
85	11.71707	82.3794	846.455	4452.22	12570.19	23727.4	34791.3	44368.9	51320.5	55052.9
90	16.3959	109.705	1106.39	5665.25	15596.1	28926.1	42522.7	53853.2	62384.4	66383.4
95	22.9276	149.296	1439.64	7184.87	19195.2	35724.4	51987	65716.9	77314	81046.4
100	31.5921	198.617	1852.87	8931.1	23727.4	43455.8	63184.2	78647	90377.4	95976
105	42.7893	257.269	2346.08	10970.5	28392.9	52386.9	75714.4	93576.6	108239.6	
110	58.2521	335.916	2999.25	13729.9	34658	62784.3	90510.7			
115	78.647	430.559	3772.39	16795.8	41722.9	74914.6	106640			
120	105.040	558.527	4745.48	20394.9	50254.1	89311				
125	142.631	723.819	5958.51	25060.4	60251.6	106240.1				
130	189.286	929.101	7464.8	30659	72515.2					
135	249.271	1179.705	9197.7	36924.1	86245.1					
140	319.92	1492.96	11397.15	44255.6	101308					
145	414.563	1852.87	13863.2	52920.1						
150	535.866	2332.75	16929.1	62784.3						
155	683.829	2919.27	20928.1	75181.2						
160	862.451	3692.41	25060.4	88644.5						

续表

温度/℃	硫酸的浓度/%									
	95	90	80	70	60	50	40	30	20	10
165	1118.38	4425.56	30125.8							
170	1372.99	5305.34	35591.1							
175	1719.57	6451.72	42522.7							
180	2119.47	7864.7	50387.4							
185	2692.66	9490.96	5998.5							
190	3305.84	11330.5	71315.5							
195	4092.31	13596.6	84912.1							
200	4892.11	15996	97975.5							
205	6038.49	19061.9								
210	7331.5	22661								
215	8917.77	27059.9								
220	10637.34	31992								
225	12730.15	37190.7								
230	15329.5	43455.8								
235	18262.1	50654								
240	21861.2	59985								
245	25726.9	69316								
250	30525.7	80513.2								
255	35724.4	93310								
260	41856.2	106640								
265	48387.9									
270	57319									
275	66650									
280	77314									
285	90910.6									
290	105307									

表 2-12-20　硫酸水溶液上 H_2O 的分压　　单位：Pa

硫酸浓度/%	温度/℃									
	10	20	30	40	50	60	70	80	90	95
44	586.52	1133.05	2066.15	3745.73	6438.39					
46	533.2	1026.41	1932.85	3505.79	5918.52	10197.45				
48	493.21	946.43	1786.22	3185.87	5345.33	9197.7	14289.76			
50	439.89	866.45	1599.6	2852.62	4785.47	8171.29	12743.48	20261.6	31552.11	
52	399.9	773.14	1452.97	2519.37	4198.95	7178.2	11263.85	17488.96	27713.07	33524.95
54	346.58	666.6	1266.35	2199.45	3705.74	6291.76	9970.84	15476.13	24460.55	29592.6
56	293.26	573.19	1079.73	1892.86	3212.53	5545.28	8664.5	13449.97	21328	25993.5
58	253.27	466.55	959.76	1599.6	2719.32	4598.85	7384.82	11490.46	18462.05	22594.35
60	213.28	399.9	813.13	1333	2252.77	3825.71	6145.13	9637.59	15822.71	19461.8
62	186.62	346.58	666.5	1079.73	1852.87	3185.87	5025.41	7958.01	13423.71	16662.5
64	159.96	293.26	533.2	866.45	1452.97	2492.71	4038.99	6398.4	11157.21	13996.5
66	146.63	239.94	466.55	719.82	1186.37	2026.16	3225.86	5198.7	9331	11730.4
68	119.97	199.95	399.9	599.85	959.76	1639.59	2586.02	4185.62	7464.8	9597.6
70	106.64	173.29	333.25	506.54	786.47	1266.35	2066.15	3399.15	5918.52	7598.1
72	93.31	133.3	266.6	426.56	639.84	999.75	1599.6	2666	4492.21	5785.22

续表

硫酸浓度/%	温度/℃									
	10	20	30	40	50	60	70	80	90	95
74	66.65	79.98	226.61	346.58	519.87	799.8	1266.35	2052.82	3265.85	4198.95
76	53.32	66.65	186.62	379.93	399.9	639.84	999.75	1572.94	2466.05	2932.6
78	39.99	53.32	146.63	226.61	319.92	466.55	759.81	1133.05	1732.9	2106.14
80	26.66	39.99	106.64	173.29	253.27	386.57	546.53	826.46	1239.69	1466.3
82	13.33	26.66	66.65	119.97	186.62	266.6	359.91	519.87	746.48	906.44

表 2-12-21 发烟硫酸上 SO_3 的分压 单位：Pa

H_2SO_4 /%	SO_3 /%	温度/℃										
		20	25	30	35	40	45	50	60	70	80	90
102.0	83.265				53.32	79.98	133.3	213.28	506.54	1133.05	2426.06	4998.75
103.0	84.081				66.65	119.97	173.29	279.93	639.84	1399.65	2932.6	5918.52
104.0	84.897	26.66	39.99	66.65	106.64	173.29	266.6	399.9	893.11	1892.86	3865.7	7571.44
104.5	85.305	39.99	53.32	93.31	146.63	226.61	346.58	533.2	1186.37	2506.04	5052.07	9850.87
105.0	85.714	53.32	93.31	146.63	226.61	346.58	533.2	799.8	1746.23	3625.76	7211.53	13823.21
105.5	86.122	106.64	159.96	253.27	386.57	586.52	879.78	1306.34	2759.31	5611.93	10863.95	20408.23
106.0	86.530	186.62	279.93	426.56	653.17	973.09	1439.64	2092.81	4278.93	8397.9	15862.7	28952.76
106.5	86.938	319.92	479.88	733.15	1093.06	1599.6	2319.42	3332.5	6638.34	12730.15	22820.96	41576.27
107.0	87.364	533.2	799.8	1186.37	1732.9	2056.04	3585.77	5078.73	9864.2	18422.06	33218.36	57972.17
107.5	87.754	919.77	1333	1946.18	2759.31	3892.36	5425.31	7518.12	13943.18	22301.09	43149.21	73008.41
108.0	88.163		2119.47	2985.92	4185.62	5785.22	7918.02	10743.98	19221.86	33245.02		
108.5	88.571			4678.83	6371.74	8637.84	11583.77	15422.81	26580.02	44468.88		
109.0	88.979				8597.85	11543.78	15369.49	20274.93	34431.39	56652.5		
110.0	89.795				13396.65	17822.21	23474.13	30672.33	51120.55			
111.0	90.612			14023.16	18728.65	24753.81	32445.22	42162.79				
112.0	91.428	10144.13	13756.56	18462.05	24527.2	32311.92	42189.45	54639.67				
113.0	92.244	12916.77	17448.97	23340.83	30938.93	40643.17	52933.43	68369.57				
114.0	93.060	15876.03	21421.31	28646.17	37923.85	49760.89	64757.14	83565.77				
115.0	93.877	19221.86	22014.19	34551.36	45668.58	59825.04	77713.9	100134.96				

表 2-12-22 硫酸的黏度 单位：mPa·s

H_2SO_4 /%	温度/℃				H_2SO_4 /%	温度/℃			
	0	25	50	75		0	25	50	75
0.00	1.80	0.94	0.556	0.39	62.50	11.56	5.93	3.53	2.52
5.00	1.97	1.01	0.62	0.44	70.90	21.60	9.45	5.26	3.42
9.39	2.10	1.11	0.68	0.18	78.20	43.20	15.50	7.55	4.46
13.42	2.26	1.22	0.72	0.51	81.40	固体	19.00	8.57	4.90
17.42	2.42	1.34	0.78	0.56	83.50	固体	19.70	9.08	5.17
20.10	2.62	1.41	0.85	0.60	87.50	54.60	19.00	9.18	5.32
24.10	2.96	1.58	0.96	0.66	90.30	46.80	18.13	9.03	5.35
29.80	3.39	1.88	1.12	0.77	94.75	44.80	17.60	9.03	5.35
78.20	39.70	4.47	2.46	1.60	98.30	53.40	20.20	10.05	5.72
51.20	6.85	3.73	2.42	1.72	99.60		24.20	10.80	6.06

表 2-12-23　硫酸与空气接触时的表面张力

H_2SO_4/%	表面张力/(mN/m)							
	0℃	10℃	20℃	30℃	40℃	50℃	60℃	70℃
2.65	73.60	72.69	72.02	71.13	70.07	69.01		
11.87	74.75	74.10	73.48	72.58	71.52	70.45		
18.33	75.30	74.44	74.39	72.75	71.90	70.90	69.95	68.89
33.13	77.19	76.68	76.34	75.45	74.48	74.05	74.15	72.25
68.05	77.80	77.44	77.25	77.08	76.26	76.49	76.03	75.55
65.27	77.41	77.34	77.29	77.13	76.99	76.89	76.74	76.31
80.45	66.60	66.40	66.32	66.00	65.92	65.99	65.67	65.50
83.23	64.18	64.09	63.89	63.70	63.54	63.46	68.37	63.19
95.05	58.26	57.97	57.76	57.53	57.43	57.36	57.28	56.89

表 2-12-24　硫酸的比热容

H_2SO_4/%	比热容(16～20℃)	H_2SO_4/%	比热容(16～20℃)	H_2SO_4/%	比热容(16～20℃)
100.00	1.39	26.63	3.32	5.16	4.00
52.12	2.41	17.88	3.57	2.65	4.08
35.25	3.02	9.02	3.83	1.34	4.14

表 2-12-25　无机及有机化合物在硫酸中的溶解性能

化合物	溶解性	备　注	化合物	溶解性	备　注
氢	难溶	室温接触2～3日，硫酸被还原成SO_2，160℃加热明显生成SO_2		H_2SO_4(61.6%) 1.8mL/100mL H_2SO_4(35.8%)	
氟	部分分解	形成过硫酸	异丁烯	可溶	63% H_2SO_4，17℃时能很好地溶解
碘	微溶				
氯	可溶		四甲基乙烯	反应	和77% H_2SO_4 发生反应
溴	可溶				
氟化氢	可溶	−18℃以下混合，加热时无变化	二氧化硫	可溶	
			三氯代乙酸	微溶	
二硫化碳	反应	生成硫和碳	氯代乙酸	可溶	
硒	可溶	部分被氧化并生成SO_2	邻硝基酚	可溶	
碲	可溶		对甲酚	可溶	
甲烷	3.3mL/100mL H_2SO_4(95.6%) 1.4mL/100mL		二甲基吡喃酮	可溶	
			苯乙酮	可溶	

表 2-12-26　SO_2 在硫酸中的溶解度（20℃）

H_2SO_4/%	溶解度/(g/100gH_2SO_4)	H_2SO_4/%	溶解度/(g/100gH_2SO_4)	H_2SO_4/%	溶解度/(g/100gH_2SO_4)
55.1	5.13	84.2	2.88	95.5	3.69
61.6	4.82	85.8	2.80	96.5	3.83
68.9	4.16	88.1	2.90	98.5	4.03
74.1	3.63	92.8	3.21		
80.2	3.12	94.0	3.31		

表 2-12-27　HCl 在硫酸中的溶解度（25℃，101.3kPa）

H_2SO_4/%	HCl/%	H_2SO_4/%	HCl/%
76.43	0.3588	92.20	0.0996
81.87	0.1420	94.14	0.1082
86.76	0.0974	97.36	0.1432
89.31	0.0920	98.65	0.1971
90.69	0.0922	100.00	0.4015

表 2-12-28 NO 在硫酸中的溶解度

gH_2SO_4/100g 溶液	NO/mL		gH_2SO_4/100g 溶液	NO/mL	
	100g	100mL		100g	100mL
0	7.38	7.38	76.7	1.8	3.0
8.8	6.5	6.9	78.0	1.9	3.2
18.2	5.2	5.8	88.3	2.0	3.7
28.0	4.4	5.3	89.1	2.0	3.7
38.6	3.7	4.8	90.0	2.2	4.0
48.0	2.8	3.9	90.4	2.3	4.2
52.6	2.3	3.3	91.9	2.3	4.2
58.7	2.2	3.2	92.4	2.5	4.5
66.5	1.9	2.9	95.0	3.8	7.0
70.8	1.9	2.9	95.9	4.1	7.5

表 2-12-29 $PbSO_4$ 在硫酸中的溶解度

H_2SO_4/%	溶解度/(mg/L H_2O)			H_2SO_4/%	溶解度/(mg/L H_2O)		
	0℃	25℃	50℃		0℃	25℃	50℃
0	33.0	44.5	57.7	10	1.2	1.6	9.6
0.05	5.2	6.2	15.0	30	0.4	1.2	4.6
0.5	2.0	2.5	11.5	50	0.4	1.2	2.8
5.0	1.6	2.0	10.3	80	0.5	11.5	42.0

表 2-12-30 $FeSO_4$ 在硫酸中的溶解度

H_2SO_4		g/100g 溶液	
N	%	FeO	$FeSO_4$
2.25	10	10	19.03
10.2	39	5.414	10.30
12.46	45	3.816	7.26
15.15	52	2.11	4.015
19.84	63	0.08	0.152

表 2-12-31 $Fe_2(SO_4)_3$ 在硫酸中的溶解度

H_2SO_4		g/100g 溶液	
N	%	Fe_2O_3	$Fe_2(SO_4)_3$
2.25	10	9.99	25.02
6.685	27	5.82	14.58
19.84	63	0.02	0.05

(10) 附图

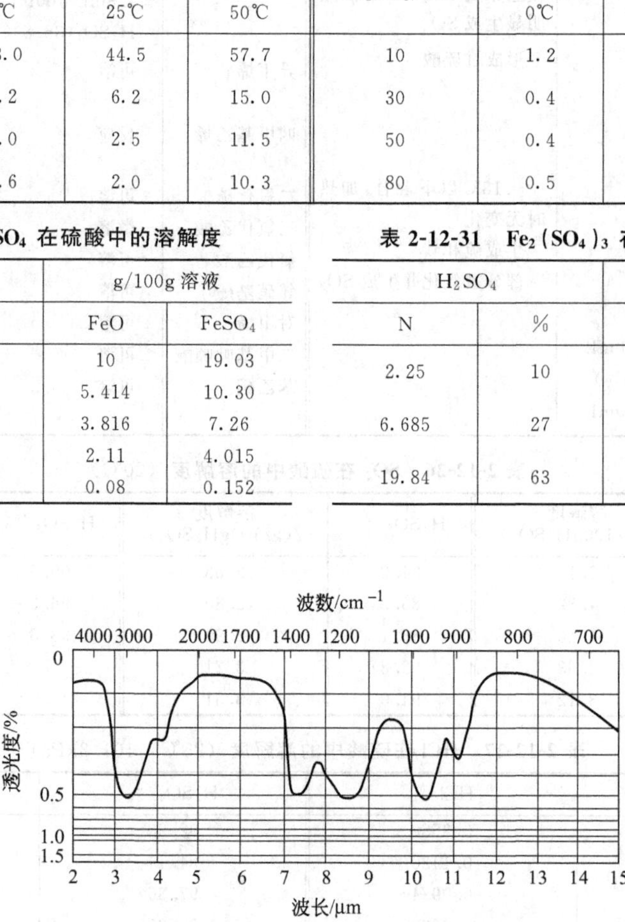

图 2-12-3 99.8%硫酸的红外光谱图

参 考 文 献

1 CAS 7664-93-9
2 EINECS 231-639-5
3 化学便覧. 応用編. 丸善. 37
4 P. Walden. Z. Phys. Chem.. 1903, 46: 103
5 有機合成化学協会編. 溶剤ポケットブック. オーム社. 1977. 757
6 J. Thomson. Ber. 1870, 3: 496; 1872, **5**: 172, 1016
7 J. H. Perry. Chemical Engineers' Handbook, McGraw-Hill, 1950
8 Landolt-Börnstein. Physikalisch-Chemische Tabellen. Bd. Ⅱ. Springer. 1923
9 Ibid. Bd. Ⅲ. 172
10 C. E. Livebarger. J. Am. Chem. Soc. 1900, 22: 5
11 Lunge. 1. 314
12 J. Chem. Phys. 1957, 27: 567
13 硫酸協会編. 硫酸工業便覧. 河出書房. 昭和 26
14 W. Manchot. J. König and S. Reimlinger. Ber. 1926; 69: 2677
15 Crockford, Browleg. J. Chem. Soc. 1934. 2600
16 A. Seidel. Solubility. 1940. 541
17 张海峰主编. 危险化学品安全技术大典: 第 1 卷. 北京: 中国石化出版社, 2010

983. 硝 酸

nitric acid

(1) 分子式 HNO_3。 相对分子质量 63.02。

(2) 外观 无色透明的油状液体，受光的作用或放置中渐渐变黄，在空气中发烟。

(3) 物理性质

沸点(101.3kPa,95%)/℃	85.5	(7.70%)/(mN/m)	59.36
(101.3kPa,90%)/℃	90.5	黏度	(参照表 2-12-32)
(101.3kPa,80%)/℃	112.0	比热容(98.15%)/[kJ/(kg·K)]	1.99
熔点(100%)/℃	−42.3	(90.33%)/[kJ/(kg·K)]	2.22
(47.49%)/℃	−19.0	(70.00%)/[kJ/(kg·K)]	2.56
相对密度	(参照表 2-12-34)	(40.00%)/[kJ/(kg·K)]	2.80
折射率(4.762%)	1.33905	电导率(30.42%, $K\times10^8$ Hg unit)/(S/m)	7008×2
(64.82%)	1.40325	(51.78%, $K\times10^8$ Hg unit)/(S/m)	5554.2
(98.67%)	1.39691	(78.96%, $K\times10^8$ Hg unit)/(S/m)	1945.1
蒸发热/(kJ/mol)	30.35	(98.50%, $K\times10^8$ Hg unit)/(S/m)	167.8
表面张力(7.25%)/(mN/m)	73.10	生成热(H. N. 30)/(kJ/mol)	173.79
(7.22%)/(mN/m)	71.48	(H. NO. 20)/(kJ/mol)	264.12
(7.37%)/(mN/m)	68.10	(NO_2. O. H)/(kJ/mol)	182.21
(7.50%)/(mN/m)	65.43		

(4) 化学性质 硝酸为强酸，遇光及空气部分发生分解。加热时分解生成一氧化氮和氧气。稀硝酸比较稳定，70%～90%硝酸在 0℃，阴暗处不发生分解。浓硝酸氧化性强，标准氧化电位 $NO+2H_2O \rightleftharpoons NO_3^- +4H^+ +4e-0.96$ V。

硫、磷经硝酸氧化可生成硫酸和磷酸。能溶解多种金属形成硝酸盐溶液。铁、铬、铝等金属在浓硝酸中处于钝态而不作用，但可溶于稀硝酸中。锡、锑、钼等生成不溶性氧化物，金、铂等不发生反应。硝酸能与多种有机化合物发生硝化或氧化反应，生成硝基化合物或氧化产物。

(5) 精制方法 硝酸中所含杂质大多为氮的氧化物。精制时添加少量硝酸钾进行蒸馏即可除去。

(6) 溶解性能　能与水混溶，对聚丙烯腈等难溶性高熔点的极性聚合物也有良好的溶解能力。

(7) 用途　硝酸除用作聚合物溶剂外，在医药、染料、农药、化肥、炸药、香料、电镀、照相制版、赛璐珞、人造丝、金属溶解、硫酸工业等方面都有着广泛的用途。除作为强的无机酸外，还用作硝化剂、氧化剂以及制备硝酸盐等。

(8) 使用注意事项　危险特性属第 8.1 类酸性腐蚀品。危险货物编号：81002，UN 编号：2031。有腐蚀性，70％以上的硝酸可用高硅铸铁、贵金属、钽、硅酸盐、铝及铝合金等耐腐蚀性材料的容器贮存。使用温度在 70℃以下，浓度在 70％以上的硝酸，可用奥氏体系的 Cr-Ni 不锈钢及特殊的 Cr-Fe-Ni 合金材料。高分子材料如偏氯乙烯可适用于 40％～50％硝酸，温度在 50℃左右。

硝酸与氨、硫化氢、二硫化碳等混合时有爆炸的危险。烃类及硝基化合物溶解在浓硝酸中能形成一种液体炸药，某些有机物遇到浓硝酸能引起燃烧。硝酸触及皮肤时有腐蚀性，皮肤由白色逐渐变成深黄色。由于硝酸在空气中容易分解为氮的氧化物，其中主要是二氧化氮，故吸入毒性与二氧化氮毒性一样。吸入较高浓度的二氧化氮时，引起咳嗽、呕吐、头昏无力、食欲减退、烦躁、失眠等，经过几小时到几十小时的潜伏期后出现肺水肿或化学性肺炎。严重者可在几小时内因严重的肺充血、肺水肿和休克而致危。

(9) 规格

① GB/T 337.1—2002 浓硝酸（工业品）

指标名称		98 级	97 级
外观		淡黄色透明液体	
硝酸(HNO_3)/％	≥	98.0	97.0
亚硝酸(HNO_2)/％	≤	0.50	0.10
硫酸(H_2SO_4)/％	≤	0.08	0.10
灼烧残渣/％	≤	0.02	0.02

② GB/T 337.2—2002　稀硝酸（工业品）

指标名称		68 级	62 级	50 级	40 级
外观		无色或浅黄色液体			
硝酸（HNO_3）/％	≥	68.0	62.0	50.0	40.0
亚硝酸（HNO_2）/％	≤	0.20	0.20	0.20	0.20
灼烧残渣/％	≤	0.02	0.02	0.02	0.02

(10) 附表

表 2-12-32　硝酸的最高沸点及组成

压力/kPa	HNO_3 的最高浓度/％	HNO_3 的最高温度/℃	压力/kPa	HNO_3 的最高浓度/％	HNO_3 的最高温度/℃
5.33	65.0	52.6	61.06	66.4	109.0
15.41	66.4	72.1	101.33	68.4	121.9
42.26	66.4	99.0	116.00	68.4	126.5

表 2-12-33　硝酸的黏度　　单位：mPa·s

HNO_3 /％	温度/℃				HNO_3 /％	温度/℃			
	−15	10	20	40		−15	10	20	40
10		1.005	1.035	1.075	70	0.0581	1.99	2.03	2.06
25	0.0272	1.14	1.20	1.28	80	0.0427	1.80	1.86	1.94
40	0.0353	1.46	1.56	1.63	90		1.27	1.35	1.48
50	0.0445	1.76	1.82	1.91	100		0.79	0.89	1.04
60	0.0562	2.00	2.03	2.07					

表 2-12-34 HNO_3-H_2O 的沸点及沸点时的蒸气组成

浓度	压力/kPa	沸点/℃	组成 液体 HNO_3	组成 液体 NO_2	组成 蒸气 HNO_3	组成 蒸气 NO_2
25% HNO_3	25.33	65.5	23.8	＜0.1	1.40	＜0.1
	31.60	72.0	24.0	＜0.1	1.71	＜0.1
	61.99	93.0	24.6	＜0.1	1.80	＜0.1
	75.46	100.0	24.0	＜0.1	2.20	＜0.1
	101.33	106.5	24.2	＜0.1	2.16	＜0.1
	115.99	115.5	25.2	＜0.1	1.6	＜0.1
34% HNO_3	5.33	40.2	36.0	＜0.1	5.2	＜0.1
	15.47	59.0	33.1	＜0.1	5.0	＜0.1
	42.40	87.5	33.2	＜0.1	4.95	＜0.1
	61.06	97.5	34.0	＜0.1	5.1	＜0.1
	75.99	104.0	33.0	＜0.1	5.3	＜0.1
	90.66	108.5	32.99	＜0.1	4.8	＜0.1
	101.33	112.0	33.0	＜0.1	5.9	＜0.1
50% HNO_3	5.33	45.8	51.0	＜0.2	21.2	＜0.2
	15.47	66.5	50.0	＜0.2	20.0	＜0.2
	42.26	95.0	49.2	＜0.2	18.5	＜0.2
	61.06	105.5	50.5	＜0.2	21.2	＜0.2
	75.99	111.0	49.8	＜0.2	16.0	＜0.2
	101.33	118.5	49.8	＜0.2	19.85	＜0.2
	115.99	124.2	50.2	＜0.2	15.2	＜0.2
60% HNO_3	5.33	52.0	60.1	＜0.2	21.2	＜0.2
	15.47	70.0	60.65	＜0.2	20.0	＜0.2
	42.26	98.5	61.0	＜0.2	18.5	＜0.2
	47.06	104.0	61.2	＜0.2	50.2	＜0.2
	61.73	109.5	60.98	＜0.2	50.4	＜0.2
	68.93	112.5	60.85	＜0.2	50.5	＜0.2
	73.73	113.5	61.2	＜0.2	51.0	＜0.2
	82.93	115.5	61.2	＜0.2	50.1	＜0.2
	89.33	117.5	60.95	＜0.2	50.02	＜0.2
	96.66	120.5	61.0	＜0.2	45.2	＜0.2
	101.73	121.6	61.0	＜0.2	41.0	＜0.2
65%～68% HNO_3	5.33	52.6	64.96	＜0.2	65.0	＜0.2
	15.47	72.6	64.96	＜0.2	65.9	＜0.2
	15.47	72.1	66.2	＜0.2	68.4	＜0.2
	43.20	102.0	64.0	＜0.2	50.50	＜0.2
	61.06	109.0	67.6	＜0.2	66.9	＜0.2
	61.99	110.1	65.6	＜0.2	64.95	＜0.2
	76.53	113.9	68.2	＜0.2	68.10	＜0.2
	101.35	121.9	68.4	＜0.2	68.4	＜0.2
	115.99	126.0	64.5	＜0.2	58.9	＜0.2
	115.99	126.3	66.62	＜0.2	65.10	＜0.2
	134.66	130.6	65.19	＜0.2	65.10	＜0.2
70% HNO_3	5.33	52.0	70.2	＜0.2	85.0	＜0.2
	15.47	71.5	70.0	＜0.2	86.2	＜0.2
	43.33	98.5	70.2	＜0.2	79.2	＜0.2
	66.39	104	69.9	＜0.2	80.2	＜0.2
	60.06	108	69.5	＜0.2	80.0	＜0.2
	75.99	113.5	69.9	＜0.2	77.2	＜0.2
	100.53	121	70.1	＜0.2	84.0	＜0.2
75% HNO_3	5.33	47.6	74.72	0.35	94.80	0.31
	15.47	67.0	74.52	0.35	90.77	0.31
	43.33	93.0	75.52	0.35	85.57	0.35
	54.40	103.0	74.62	0.35	86.56	0.35
	71.99	110.0	74.02	0.35	94.56	0.35
	101.33	118.0	75.12	0.35	91.50	0.35
80% HNO_3	5.33	43	79.81	0.21	97.78	≤0.2
	15.47	56	81.71	0.21	97.6	≤0.2
	61.06	91	81.71	0.21	97.98	≤0.2
	75.99	98	80.70	0.22	96.58	≤0.2
	101.33	112	79.73	0.22	96.7	≤0.2
	115.99	120.5	80.40	0.22	95.6	≤0.2
85% HNO_3	5.33	38	84.45	0.41	98.35	0.41
	15.47	52.5	85.45	0.40	98.75	0.51
	46.00	78	84.45	0.40	98.45	0.31
	60.06	84	84.65	0.40	98.65	0.2
	75.99	92	84.65	0.40	98.15	0.2
	101.33	99	84.65	0.40	97.45	0.2
90% HNO_3	5.33	32.5	89.52	0.5	99.84	0.1
	15.47	47.5	90.05	0.4	99.25	0.5
	42.00	63	90.95	0.5	99.59	0.23
	60.062	75	90.59	0.3	99.66	0.1
	75.99	80.3	90.69	0.3	99.63	0.2
	105.32	90.5	89.65	0.4	99.41	0.2
	115.99	100.0	91.6	0.4	98.5	0.2
95% HNO_3	5.33	29	94.52	0.35	99.43	0.4
	15.47	43.5	94.92	0.28	99.65	0.25
	60.06	69	94.67	0.31	99.62	0.2
	101.33	85.5	95.38	0.45	99.63	0.2
	115.99	90.5	95.0	0.45	99.69	0.2
98% HNO_3	5.33	27.5	97.60	0.28	99.47	0.31
	15.47	41.5	97.50	0.29	99.38	0.41
	42.00	59.0	97.64	0.41	99.47	0.38

表 2-12-35 硝酸的浓度和相对密度

浓度/%	相对密度(15℃/4℃)	浓度/%	相对密度(15℃/4℃)	浓度/%	相对密度(15℃/4℃)
1.06	1.0051	39.37	1.2470	74.79	1.4404
5.35	1.0290	43.47	1.2737	79.76	1.4593
9.85	1.0554	48.38	1.3057	83.55	1.4722
13.94	1.0798	52.35	1.3299	87.93	1.4857
18.16	1.1065	56.60	1.3545	91.56	1.4949
23.71	1.1425	60.37	1.3754	95.90	1.5037
26.52	1.1609	64.27	1.3951	97.76	1.5086
31.68	1.1953	68.15	1.4127	98.86	1.5137
34.81	1.2169	72.86	1.4327	99.70	1.5204

表 2-12-36 硝酸水溶液上 HNO_3 和 H_2O 的分压

单位：Pa

温度/℃	硝酸的浓度 HNO_3/%																
	20		30		40		50		60		70		80		90		100
	HNO_3	H_2O	HNO_3	H_2O	HNO_3	H_2O	HNO_3	H_2O	HNO_3	H_2O	HNO_3	H_2O	HNO_3	H_2O	HNO_3	H_2O	HNO_3
0		546.53		479.88		399.9		279.93	25.327	199.95	105.31	146.63	266.6		733.15		1466.3
5		759.81		666.5		559.86		3999.9	37.324	279.93	142.30	213.28	399.9		1066.4		1999.5
10		1066.4		946.43		773.14	15.996	559.86	54.653	399.9	210.61	293.26	533.2	159.96	1466.3		2932.6
15		1542.97		1293.01		1066.4	23.994	773.14	78.647	546.53	290.59	399.9	799.8	226.61	1999.5		3999
20		2026.16		1759.56		1439.64	35.991	1053.1	111.97	746.48	399.9	546.53	1066.4	319.92	2666		5998.6
25		2745.98		2372.74	15.996	1946.18	51.987	1426.3	161.29	1026.4	546.53	733.15	1399.65	426.56	3599.1	133.3	7598.1
30		3679.08		3172.54	22.661	2599.35	74.648	1919.52	221.28	1372.99	733.15	986.42	1866.2	533.2	4798.8	173.29	10264.1
35		4865.45		4145.63	33.325	3399.2	106.64	2532.7	303.92	1812.88	973.09	1306.34	2466.05	733.15	6265.1	239.94	13596.6
40		6331.75	14.663	5465.3	47.988	4465.6	150.63	3332.5	413.23	2412.73	1286.35	1706.24	3265.85	933.1	8264.6	319.92	17728.9
45		8264.6	22.661	7064.9	69.316	5731.9	209.28	4332.3	559.86	3159.21	1679.58	2226.11	4265.6	1266.5	10664	399.9	22661
50		10664	33.325	9197.7	99.975	7464.8	290.59	5665.3	757.14	4132.3	2199.45	2905.94	5465.3	1599.6	13729.9	533.2	28659.5
55	11.997	13330	46.655	11597.1	138.63	9464.3	39324	7198.2	993.09	5198.7	2799.3	3639.09	6931.6	1999.5	16929.1	666.5	34924.6
60	17.329	17062.4	67.983	15062.9	197.28	11997	539.87	9331	1319.67	6798.3	3612.43	4705.49	8931.1	2666	20928.1	866.45	42656
65	25.327	21594.6	94.643	18662	273.27	15196.2	727.82	11730	1732.9	8531.2	4598.85	5931.85	11330.5	3332.5	25593.6	1066.4	51320.5
70	35.991	26660	133.3	23194.2	373.24	19061.9	966.43	14663	2239.4	10797.3	5771.89	7464.8	14129.8	4132.3	30925.6	1333	61318
75	50.654	33325	183.95	28926.1	506.54	23727.4	1279.68	18395.4	2905.9	13596.6	7264.85	9331	17329	5065.4	37590.6	1732.9	71982
80	70.649	40923.1	249.27	35591.1	679.83	29059.4	1666.25	22661	3665.75	16795.8	8997.75	11463.8	21061.4	6398.4	45055.4	2132.8	83312.5
85	98.642	50387.4	337.25	43322.5	910.44	35724.4	2172.79	28126.3	4638.8	20794.8	11063.9	14263.1	25593.6	7998	53986.5	2666	95976
90	134.63	61051.4	450.55	52386.9	1199.7	43322.5	2785.97	34391.4	5825.2	25593.6	13729.9	17329	30659	9730.9	63984	3199.2	109306
95	182.62	73981.5	603.85	63717.4	1559.6	52520.2	3572.44	41989.5	7331.5	31058.9	16662.5	21061.4	37057.4	11863.7	75981	3865.7	
100	249.27	89977.5	806.47	77314	2066.2	63984	4558.86	51053.9	9264.3	37990.5	20261.6	25593.6	43989	14396.4	89977.5	4665.5	
105	466.55	106640	1053.07	91977	2666	76380.9	5731.9	61717.9	11263.8	45988.5	24393.9	30792.3	52253.6	17195.7	105307	5598.6	
110					3425.8	91710.4	7264.85	7464.8	13729.9	55586.1	29459.3	35991	61984.5	20661.5			
115					4332.3	107973	8931.1	88644.5	16795.8	66983.5	34924.6	43989	72648.5	24660.5			
120							11197.1	104640.5	20794.8	78647	41589.6	52386.9	85312	29192.7			
125									24927.1	93310	49587.6	62517.7					

参考文献

1 CAS 7697-37-2
2 EINECS 231-714-2
3 Pascal. Mén des Poudres. Tome，20. 38
4 Pascal. ibid. 20，17
5 J. H. Perry. Chemical Engineers' Handbook. McGraw-Hill. 1950
6 J. Dalton. Ann. Phil. 1817，9：186，1817，10：38. 83；A. Hantzsch，L. Wolf：Ber. 1925，58：B941
7 O. Jahnke. Bestimmungen der Oberflächenspannungen Wässeriger Salzlösungen nach der Methode der Schwingungen fallender Tropfen. Heidelberg. 1909
8 J. Thomson. Ber. 1872，5：181；6：697
9 M. Berthelof. Thermo Chimie Paris. 1897，2：107
10 V. H. Veley，J. J. Manley. Proc. Roy. Soc. 1898. 62：223；Phil. Trans.. 1898，191A：365；J. Chem. Soc. 1903. 88：1015
11 Lunge and Rey. Z. Angew. Chem. 4. 165
12 硫酸協会編. 硫酸工业便覧. 河出书房. 123
13 有機合成化学協会編. 溶剤ポケットブック. オーム社. 1977. 769
14 张海峰主编. 危险化学品安全技术大典：第1卷. 北京：中国石化出版社，2010

984. 氟 化 氢

hydrogen fluoride

(1) 分子式 HF。　　　　相对分子质量　20.01。

(2) 外观 室温下为无色透明的液体或气体，有强烈的刺激气味。

(3) 物理性质

沸点(101.3kPa)/℃	19.51	介电常数(−73℃)	175
熔点/℃	−89.37	(−27℃)	111
相对密度(−50℃)	1.1231	(0℃)	84
(−25℃)	1.0606	偶极矩/(10^{-30}C·m)	7.66
(0℃)	1.0002	生成热/(kJ/mol)	271.7
(25℃)	0.9546	电导率/(S/m)	约1×10^{-6}
折射率(25℃)	1.1574		

(4) 化学性质 氟化氢对热稳定，加热到1000℃仅稍有分解。还原性在卤化氢中最小。其分子由于形成氢键而有缔合现象，室温下氟化氢气体是$(HF)_2$和$(HF)_3$的混合物。其水溶液显弱酸性。许多金属氟化物可与氟化氢形成稳定的二氟氢盐如$NaHF_2$，KHF_2等。完全干燥的氟化氢对多数金属或金属氧化物不起反应，可是在与金属氧化物的反应中由于产生微量的水使反应自动加速，称自催化反应。和某些非金属氧化物也有同样的反应。浓硫酸与液态氟化氢发生如下反应：

$$MO+2HF \longrightarrow MF_2+H_2O$$

$$H_2SO_4+2HF \rightleftharpoons H_3O^{+}+HSO_3F^{-}+F^{-}$$

(5) 溶解性能 氟化氢极易溶解于水，并放出大量的热，在潮湿的空气中发烟。氟化氢的水溶液称氢氟酸。氟化氢与水形成共沸混合物，共沸点120℃，含氟化氢38%。氟化氢对多种有机物和无机物都有很好的溶解能力。在无机化合物中，一价金属和铵的氟化物、硝酸盐、硫酸盐易溶于液态氟化氢中，而Mg、Ca、Sr、Ba的盐类溶解较少。在Li-Cs盐和Mg-Ba盐的系列中，随元素金属性质的增加溶解度增大。碱金属和碱土金属的卤化物能够溶解于氟化氢，并分离出相应的卤化氢。重金属盐类不溶于氟化氢中。

(6) 用途　用来制备各种无机和有机的氟化物。如氟硼酸、氟硅酸、氟里昂（Freon）等。也用于合成高辛烷值汽油、清洗不锈钢，去除金属铸件上的型砂，蚀刻玻璃、提炼铍、铀等特种金属。在有机合成反应中用作催化剂和氟化剂。

(7) 使用注意事项属高毒物品。危险特性属第 8.1 类酸性腐蚀品。危险货物编号：81015，UN 编号：1052。低温时液态氟化氢不腐蚀玻璃，可使用玻璃容器，但在室温附近对玻璃的腐蚀性大，可使用氟树脂制造的容器和管道。也可用铂、银、铜或铅制容器。氟化氢属高毒类，$25mg/m^3$ 的浓度已使人感到刺激，$50mg/m^3$ 时刺激眼和鼻黏膜，出现流泪、流涕、喷嚏、鼻塞。长期接触低浓度氟化氢气体可引起牙酸蚀症、牙龈出血、干燥性鼻炎、咽喉炎等。氟化氢对指甲和牙特别有害，使钙在组织中沉淀出，引起骨骼脆性加大，易于骨折。工作场所空气中有毒物质最高容许浓度 $2mg/m^3$。豚鼠在 $40mg/m^3$ 浓度下 2 小时死亡；在 $25mg/m^3$ 浓度 6 小时也发生死亡。

参 考 文 献

1　CAS 7664-39-3
2　EINECS 231-634-8
3　R. J. Gillespie and T. E. Peel. Adv. Phys. Org. Chem.. 1971，9：1
4　村橋俊介，木神原俊平. 合成と溶解のための溶媒（篠田耕三编）. 丸善. 1969. 243
5　村橋俊介. 绪方宣夫. 极性溶媒应用ムる新しム有機合成（小田良平ほガ编）. 化学同人. 1971. 219
6　张海峰主编. 危险化学品安全技术大典：第 1 卷. 北京：中国石化出版社，2010

985. 多聚磷酸

polyphosphoric acid［PPA］

(1) 结构　多聚磷酸为线状结构，极少部分为环状结构，其结构式如下：

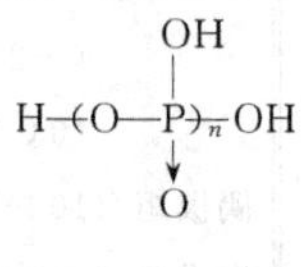

n=1 磷酸
n=2 焦磷酸
n=3 三聚磷酸
n=4 四聚磷酸

(2) 性状　多聚磷酸是由磷酸（H_3PO_4）加热脱水缩合而成。也可用五氧化二磷加入纯水后再加热缩合得到。室温下为无色透明的糖浆状物质。低温时为坚固的玻璃状，加热到 50～60℃出现流动性。易潮解，与水混溶并水解为磷酸。多聚磷酸的浓度有两种表示方法，一种用 P_2O_5%表示；一种以 H_3PO_4 为 100%，用多聚磷酸中 H_3PO_4 的含量来表示。含 $P_2H_5$80.0%的多聚磷酸，25℃时的相对密度为 1.987；84.0%为 2.052；86.0%为 2.084。多聚磷酸的酸性比硝酸、硫酸弱，且无氧化能力。

(3) 用途　多聚磷酸为质子酸，能溶解多种低分子及高分子有机化合物。用作缩合、环化、重排、取代等反应的催化剂或溶剂。也可作磷酸的代用品。

(4) 使用注意事项　危险特性属第 8.1 类酸性腐蚀品。危险货物编号：81505，UN 编号：1052 有腐蚀性。有吸湿性和易潮解。遇 H 发泡剂会引起燃烧。

参 考 文 献

1　CAS 8017-16-1
2　EINECS 232-417-0
3　村橋俊介. 緒方宣夫. 极性溶媒応用する新しい有機合成（小田良平ほか编）. 化学同人. 1971. 219
4　宇野敬吉. 合成と溶解ための溶媒（篠田耕三编）. 丸善. 1969. 135
5　F. D. Popp and. W. E. McEwen. Chem. Rew. 1958，58：321

6 Gmelins Handbuch der Anorganischen Chemie. Verlag Chemie. 1965. C-212

986. 超强酸

super acid

所谓超强酸是指比 100%硫酸还要强的酸。不论是强酸或超强酸都是危险性非常大的一类物质，使用时要特别注意。超强酸的废酸、废液要用石灰或其他碱处理，使形成固体钙盐或钠盐回收。

超强酸的物理性质如下：

项　　目	三氟甲磺酸	氟硫酸	魔酸
沸点(101.3kPa)/℃	162	162.7	149.5
(1.07kPa)/℃	54		
熔点/℃		−88.98	7
相对密度	(24.5℃/4℃),1.696	(25℃/4℃),1.726	(22.7℃/4℃)2.993
折射率(25℃)	1.325		
黏度(25℃)/mPa·s		1.56	
电导率(25℃)/(S/m)		1.085×10^{-4}	1.2×10^{-8}
IR/μm	7.85,8.5,9.7		

(1) 三氟甲磺酸

trifluoromethanesulfonic acid

分子式　CF_3SO_3H。　　相对分子质量　150.02。

三氟甲磺酸是具有强烈刺激气味的无色液体。吸湿性大，与空气中的湿气发生激烈反应而产生大量白烟，是一种最强的一元酸。对热极其稳定，350℃也不分解。以硝酸为标准将各种一元酸的强弱进行比较如下：

CF_3SO_3H 427，$HClO_4$ 397，HBr 164，
H_2SO_4 30，CH_3SO_3H 17，HCl 9
CF_3COOH1，HNO_3 1

三氟甲磺酸极易溶解在乙腈、二甲基甲酰胺、水、醇、酮等极性溶剂中。

三氟甲磺酸毒性不详，使用时应特别注意，绝对避免与之接触或吸入蒸气。与皮肤接触能引起炎症。贮存时不要与空气接触，软木塞、橡皮塞以及通常的塑料都易被侵蚀，可用特氟隆、不锈钢或铁制品。在封口的玻璃瓶中贮存时，封口部分必须使用氟化润滑脂或特氟隆密封材料。

(2) 氟硫酸

fluorosulfuric acid

分子式　FSO_3H。　　相对分子质量　100.07。

氟硫酸也称氟磺酸（fluorosulfonic acid)，为无色、有强刺激气味的液体，在空气中激烈地发烟。

氟硫酸蒸馏时，可用普通的玻璃器皿在常压或减压下蒸馏。但氟硫酸能侵蚀玻璃用的硅油润滑脂，故需要改用氟化润滑脂封口。

氟硫酸毒性比三氟甲磺酸大，应绝对避免与之接触或吸入。

氟硫酸熔点低，价廉，可用作低温下的 NMR 测定用溶剂。

氟硫酸的危险特性属第 8.1 类酸性腐蚀品。危险货物编号：81024，UN 编号：1777。

(3) 魔　酸

magic acid

分子式　$FSO_3H—SbF_5$。

当质子酸与路易氏酸混合时，其酸的强度增大。典型的代表是氟硫酸与五氟化锑两者以 1：1（mol）的混合体系，被称为魔酸。在室温下为无色透明的黏稠状液体，它是一种最强的酸。在魔酸中几乎所有的有机化合物都可以发生离子化。魔酸组成之一的 SbF_5 为无色黏稠状液体，与湿气接触产生白烟，是一种非常强的路易氏酸，能与多种化合物形成加成产物。

魔酸的使用、贮存注意事项以 CF_3SO_3H，FSO_3H 或 SbF_5 为准。

参　考　文　献

1 CAS 7789-21-1
2 EINECS 232-149-4
3 Technical Information. 3M Co. 1970
4 R. N. Haszeldine and J. M. Kidd. J. Chem. Soc. 1954. 4228
5 R. J. Gillespie. Accounts Chem. Res. 1968，1：202
6 The Merck Index. 8th ed. 90
7 A. A. Woolf and N. N. Greenwood. J. Chem. Soc. 1950. 2200

987. 氙

xenon

(1) 原子序数　54。　　　　相对原子质量　131.30。

(2) 外观　无色、无臭、无味的气体。

(3) 物理性质

沸点(101.3kPa)/℃	−107.1	临界压力/kPa	5840
熔点/℃	−111.9	汽化热/(kJ/mol)	12.640
密度/(kg/m³)		熔解热/(kJ/mol)	2.313
气体(101.3kPa,0℃)	5.8971	黏度/mPa·s	
气体(在正常沸点)	11	气体(25℃)	23.1
液体(在正常沸点)	3057	液体(在正常沸点)	528
临界温度/℃	16.74		

(4) 化学性质　化学性质极稳定，一般不产生化合物，但可和水分子及其他有机物形成包合物。

(5) 溶解性能　很难溶于水。

(6) 用途　超临界溶剂。在光谱学中，液氙是新型的、理想的惰性溶剂。它对于紫外光、可见光或红外辐射都是透明的，还能够溶解各色各样的分子，发生物理作用。此外，氙气作为麻醉剂，具有不燃性、化学惰性和容易被人体消除等优点。

(7) 使用注意事项　危险特性属第 2.2 类不燃气体。危险货物编号：22015［压缩的］，UN 编号：2036；危险货物编号：22016［液化的］，UN 编号：2591。

参　考　文　献

1 CAS 7440-63-3
2 EINECS 231-127-7

3 《化工百科全书》编辑委员会，化学工业出版社《化工百科全书》编辑部编. 化工百科全书：第6卷，北京：化学工业出版社. 1994
4 黄建彬主编. 工业气体手册. 北京：化学工业出版社. 2002

988. 一氧化氮

nitric oxide

(1) 分子式　NO。　　　相对分子质量　30.01。

(2) 外观　无色气体。液态一氧化氮呈蓝色，固态一氧化氮为无色雪花状。

(3) 物理性质

沸点(101.3kPa)/℃	−151.8	临界压力/MPa	6.47
熔点/℃	−163.6	相对密度(20℃/4℃)	1.3402
临界温度/℃	−94		

(4) 化学性质　温度高于520℃时，一氧化氮分解成氧化亚氮和氧。作为氧化剂，自身不燃烧但在高温下可以助燃，与氧化合生成黄色二氧化氮，与二氧化氮化合生成三氧化二氮。与浓硝酸作用，本身被氧化成二氧化氮。

(5) 溶解性能　稍溶于水，易溶于乙醇和硝酸。

(6) 用途　超临界溶剂。用于制造硝酸、亚硝基羧基化合物，人造丝的漂白。用于医学临床实验辅助诊断及治疗，有机反应的稳定剂。

(7) 使用注意事项　危险特性属第2.3类有毒气体。危险货物编号：23009，UN编号：1660。为非易燃的有毒气体。遇氢气易发生爆炸，与有机物如锯木、棉花接触会引起燃烧，属强氧化剂。一氧化氮能引起中枢神经麻痹和痉挛。人吸收一氧化氮会迅速氧化成有毒的二氧化氮。中毒症状和二氧化氮相同。空气中一氧化氮的最高容许浓度（折合成二氧化氮）居住区为0.15mg/m³，工作场所为5mg/m³。

(8) 附表

表 2-12-37　不同温度下一氧化氮的饱和蒸气压

温度/K	压力/Pa	温度/K	压力/Pa	温度/K	压力/MPa
88.6	133	104.2	7998	127.4	0.202
92.6	667	107.2	13330	137.4	0.505
95.0	1333	110.8	26660	145.8	1.01
97.5	2666	116.4	53320	156.4	2.02
101.4	5332	122.2	101325	170.0	4.04
				178.4	6.06

表 2-12-38　一氧化氮在水中的溶解度

温度/K	$\alpha\times10^2$/(mL/mL)	$q\times10^2$/(g/100g)	温度/K	$\alpha\times10^2$/(mL/mL)	$q\times10^2$/(g/100g)
273.15	7.381	0.9833	284.15	5.587	0.7393
274.15	7.184	0.9564	285.15	5.470	0.7233
275.15	6.993	0.9305	286.15	5.357	0.7078
276.15	6.809	0.9057	287.15	5.250	0.6930
277.15	6.632	0.8816	288.15	5.147	0.6788
278.15	6.461	0.8584	289.15	5.049	0.6652
279.15	6.298	0.8361	290.15	4.956	0.6524
280.15	6.140	0.8147	291.15	4.868	0.6400
281.15	5.990	0.7943	292.15	4.785	0.6283
282.15	5.846	0.7747	293.15	4.706	0.6173
283.15	5.709	0.7560	294.15	4.625	0.6059

续表

温度/K	$\alpha\times10^2$/(mL/mL)	$q\times10^2$/(g/100g)	温度/K	$\alpha\times10^2$/(mL/mL)	$q\times10^2$/(g/100g)
295.15	4.545	0.5947	308.15	3.734	0.4757
296.15	4.469	0.5838	313.15	3.507	0.4394
297.15	4.395	0.5733	318.15	3.311	0.4059
298.15	4.323	0.5630	323.15	3.152	0.3758
299.15	4.254	0.5530	333.15	2.954	0.3237
300.15	4.168	0.5435	343.15	2.810	0.2668
301.15	4.124	0.5324	353.15	2.700	0.1984
302.15	4.063	0.5252	363.15	2.65	0.113
303.15	4.004	0.5166	373.15	2.63	0.000

表 2-12-39　常温常压下一氧化氮在乙醇中的溶解度

温度/℃	0	5	10	15	20	24
溶解度①	0.3160	0.2998	0.2861	0.2748	0.2659	0.2606

① 溶解度为单位体积乙醇溶解一氧化氮气体的体积数（折合为0℃，0.101MPa）。

表 2-12-40　常压下一氧化氮的热导率

温度/K	热导率/[W/(m·K)]	温度/K	热导率/[W/(m·K)]
100	0.0090	450	0.0364
150	0.01345	500	0.0396
200	0.01776	600	0.0462
250	0.02188	700	0.0529
300	0.0259	800	0.0595
350	0.0296	900	0.0659
400	0.0331	1000	0.0723

表 2-12-41　一氧化氮在不同温度时的黏度

温度/℃	黏度/(μPa·s)	温度/℃	黏度/(μPa·s)	温度/℃	黏度/(μPa·s)
0	18.00	150	24.75	600	40.10
20	18.99	200	26.82	700	42.75
25	19.20	300	30.55	800	45.35
50	20.35	400	34.00	900	47.80
100	22.72	500	37.00	1000	50.75

参 考 文 献

1　CAS 10102-43-9
2　EINECS 233-271-0
3　黄建彬主编. 工业气体手册. 北京：化学工业出版社，2002

989. 氧化亚氮

nitrous oxide

(1) 分子式　N_2O。　　相对分子质量　44.01。

(2) 外观　无色有甜味的气体。液体无色、透明。固体为无色针状结晶。

(3) 物理性质

沸点(101.3kPa)/℃	−89.4	临界温度/℃	36.5
熔点/℃	−90.86	临界压力/MPa	17.28
相对密度(空气=1)	1.52	液体表面张力(20℃)/(mN/m)	1.75
(−89℃/4℃)	1.22	黏度(气体)/mPa·s	13.5

(4) 化学性质 室温下稳定，不和臭氧、卤素、碱金属反应。与氧混合加热至红热温度时也不发生反应。当温度超过 650℃，氧化亚氮热分解为氧和氮。在一定条件下氧化亚氮可作氧化剂，和许多金属、非金属均可发生反应。

(5) 溶解性能 可溶于乙醇、乙醚、浓硫酸，微溶于水。

(6) 用途 超临界溶剂。和氧气混合作为外科和牙科手术的麻醉剂。检漏剂、制冷剂，以及用作原子吸收光谱用的助燃剂。

(7) 使用注意事项 危险特性第 2.2 类不燃气体。危险货物编号：22017［压缩的］，22018［液化的］，UN 编号：1070，2201。不自燃，但遇易燃气体如有机蒸气引发的火灾时有助燃作用。吸入 90%以上浓度氧化亚氮和氧气混合气体时可引起深度麻醉。长时间吸入高浓度氧化亚氮时，有窒息危险。

(8) 规格

① GB/T 14600—93 中国电子工业用氧化亚氮技术质量指标

项 目		指 标	项 目		指 标
氧化亚氮纯度(φ_{N_2O})/10^{-2}	≥	99.9974	氮含量(φ_{N_2})/10^{-6}	≤	10
氨含量(φ_{NH_3})/10^{-6}	≤	5	氧含量(φ_{O_2})/10^{-6}	≤	2
二氧化碳含量(φ_{CO_2})/10^{-6}	≤	2	一氧化氮含量(φ_{NO})/10^{-6}	≤	1
一氧化碳含量(φ_{CO})/10^{-6}	≤	1	二氧化氮含量(φ_{NO_2})/10^{-6}	≤	1
烃 C_1～C_5(以甲烷计含量)(φ_{CH_4})/10^{-6}	≤	1	水含量(φ_{H_2O})/10^{-6}	≤	3

注：中华人民共和国国家标准《电子工业用气体 氧化亚氮》GB/T 14600—93。

② HG 2685—95 中国医用氧化亚氮气体技术质量指标

项 目		指 标	项 目		指 标
氧化亚氮纯度(φ_{N_2O})/10^{-2}	≥	99.0	易还原物		符合检验
一氧化碳含量(φ_{CO})/10^{-6}	≤	10.0	易氧化物		符合检验
二氧化碳含量(φ_{CO_2})/10^{-6}	≤	300.0	砷化氢、磷化氢		符合检验
气态酸和碱		符合检验	水含量/(g/m³)	≤	0.1
卤化物(以卤素计)		符合检验			

注：中华人民共和国化工行业标准《医用氧化亚氮》HG 2685—95。

(9) 附表

表 2-12-42 常压下氧化亚氮在水中的溶解度

温度/℃	5	10	15	20	25
溶解度 a	1.048	0.878	0.738	0.629	0.544

表 2-12-43 常压下氧化亚氮在不同相对密度硫酸中的溶解度

硫酸相对密度 d_4^{20}①	1.84	1.80	1.70	1.45	1.25
溶解度②	0.757	0.660	0.391	0.416	0.330

① 相对于 4℃水的密度（以水的密度为 1）。

② 溶解度为单位体积的硫酸溶解氧化亚氮的体积数。

表 2-12-44 氧化亚氮在乙醇中的溶解度

温度/℃	0	5	10	15	20	24
溶解度①	40.178	3.844	3.541	3.268	3.025	2.853

① 溶解度为单位体积乙醇溶解氧化亚氮的体积数。

表 2-12-45　氧化亚氮在单位体积不同溶剂中的溶解度

溶剂	溶解度	溶剂	溶解度	溶剂	溶解度
水	0.67	乙醇	2.99	苯甲醛	3.15
甲醇	3.223	异戊醇	2.47	苯胺	1.48
吡啶	3.58	丙酮	6.03	溴乙烯	2.81
氯仿	5.60	乙酸	4.85	乙酸戊酯	5.14

注：表中的溶解度单位为单位体积不同溶剂溶解氧化亚氮的体积数。

表 2-12-46　不同温度下氧化亚氮的饱和蒸气压

温度/K	压力/Pa	温度/K	压力/Pa	温度/K	压力/MPa
129.8	133	158.2	7998	196.4	0.202
139.8	667	162.8	13330	215.2	0.505
144.4	1333	169.6	26660	232.4	1.01
149.2	2666	178.0	53320	254.4	2.02
154.8	5332	187.6	101325	281.2	4.04
				300.6	6.06

表 2-12-47　氧化亚氮在不同温度时的黏度

温度/℃	黏度/(μPa・s)	温度/℃	黏度/(μPa・s)	温度/℃	黏度/(μPa・s)
0	13.60	100	18.22	300	26.49
20	14.60	150	20.42	400	30.30
25	14.82	200	22.45	500	33.75
50	15.95				

表 2-12-48　常压下氧化亚氮的热导率

温度/K	热导率/[W/(m・K)]	温度/K	热导率/[W/(m・K)]
200	0.00976	500	0.0341
250	0.01335	600	0.0418
300	0.01735	700	0.0492
350	0.0218	800	0.0566
400	0.0260	900	0.0638
450	0.0301	1000	0.0705

参　考　文　献

1　CAS 10024-97-2

2　EINECS 233-032-0

3　黄建彬主编．工业气体手册．北京：化学工业出版社，2002

4　《化工百科全书》编辑委员会，化学工业出版社《化工百科全书》编辑部编．化工百科全书：第 17 卷，北京：化学工业出版社，1998

990. 氢氧化铵

ammonium hydroxide

(1) 分子式　H_5NO。　　　　相对分子质量　35.05。

(2) 示性式或结构式　NH_4OH

(3) 外观　无色透明液体，有刺激性氨味。

(4) 物理性质

沸点(101.3kPa)/℃	34.5(28%NH_3)	相对密度(15℃/4℃)	0.879(28%NH_3)
熔点/℃	−77		

(5) 化学性质　呈弱碱性，能吸收空气中的二氧化碳。遇酸发生激烈反应，放热并生成铵盐。在氧气中燃烧生成氮气。

(6) 溶解性能　能与乙醇、乙醚相混溶。

(7) 用途　常用分析试剂，弱碱性溶剂。

(8) 使用注意事项　危险特性属第 8.2 类碱性腐蚀品。危险货物编号：82503，UN 编号：2672。本品有腐蚀性，能引起烧伤。对呼吸系统有刺激性。对水生物极毒。使用时应穿防护服。

参 考 文 献

1 CAS 1336-21-6

2 EINECS 215-647-6

3 The Merck Index. **13**，494

991. 六氟化硫

sulphur hexafluoride

(1) 分子式　SF_6。　　　　相对分子质量　146.06。

(2) 示性式或结构式

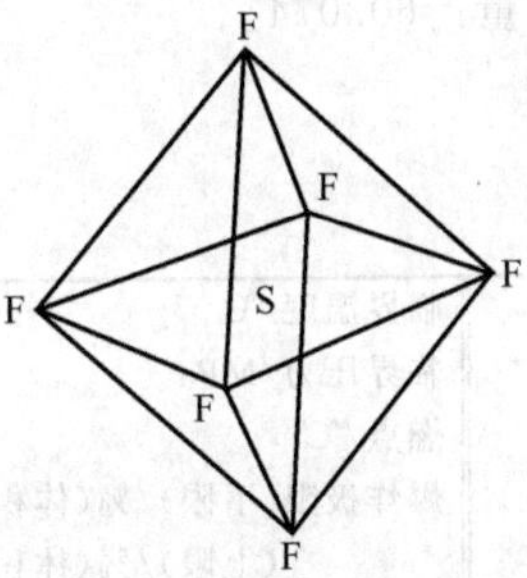

(3) 外观　无色、无味、无臭的气体。

(4) 物理性质

沸点(101.3kPa)/℃	−63.9(升华温度)	黏度(气体)/mPa·s	0.01576
熔点/℃	−50.8	(液体)/mPa·s	0.277
汽化热/(kg/mol)	23.59(升华热)	折射率(气体)	1.000783
熔化热/(kg/mol)	5.82	介电常数	1.00204
临界温度/℃	45.55	气体密度(0℃)/(kg/m³)	6.0886
临界压力/MPa	3.759		

(5) 化学性质　性质不活泼，非常稳定，在空气中不燃烧，也不助燃，其惰性与氮相似。与水、氨、碱及强酸均不反应。也不与氯、碘、氯化氢反应，但可与硫化氢作用，生成氟化氢和硫。

(6) 溶解性能　微溶于水及醇。

(7) 用途　用作电气绝缘介质和灭弧剂，测定大气污染程度的示踪剂。

(8) 使用注意事项　危险特性属第 2.2 类不燃气体。危险货物编号：22021，UN 编号：1080。六氟化硫在药理上是惰性气体，低毒但对人体有窒息作用。在生活或使用过程中会分解一些痕量的有毒硫的低氟化合物和氟氧化合物。美国职业安全与健康管理局规定空气中最大容许曝露浓度为 6000mg/m³。

(9) 规格 GB/T 12022—2006　六氟化硫

指标名称		指　标	指标名称		指　标
六氟化硫含量(以 SF_6 计)/%	≥	99.9	四氟化碳(CF_4)的质量分数/%		0.04
空气的质量分数/%	≤	0.04	水的质量分数/%	≤	0.005

续表

指标名称	指 标	指标名称	指 标
露点/℃	−49.7	矿物油的质量分数/% ≤	0.0004
酸度(以 HF 计的质量分数)/% ≤	0.00002	毒性	生物试验无毒
可水解氟化物(以 HF 计)/% ≤	0.00010		

参 考 文 献

1 CAS 2551-62-4

2 EINECS 219-854-2

3 《化工百科全书》编辑委员会，化学工业出版社《化工百科全书》编辑部编. 化工百科全书：第 5 卷，北京：化学工业出版社，1993

4 黄建彬主编. 工业气体手册. 北京：化学工业出版社，2002

992. 氧硫化碳

carbonyl sulfide

(1) 分子式 COS。 相对分子质量 60.074。

(2) 示性式或结构式 O═C═S

(3) 外观 无色无臭气体。

(4) 物理性质

沸点(101.3kPa)/℃	−50.2	临界温度/℃	105
熔点/℃	−138.8	临界压力/MPa	5.946
密度(−17℃)/(g/cm³)	1.028	燃点/℃	250
熔化热(−138.7℃)/(kJ/mol)	18.57	爆炸极限(下限)/%(体积)	12
蒸发热(−51℃)/(kJ/mol)	18.57	(上限)/%(体积)	28.5

(5) 化学性质 常温下稳定，可进行分解，水解、氧化及还原反应的产物通常为硫化氢和硫。

(6) 溶解性能 微溶于水，能迅速溶于醇、甲苯和碱。

(7) 用途 超临界溶剂。

(8) 使用注意事项 危险特性属第 2.3 类有毒气体。危险货物编号：23033，UN 编号：2204。剧毒。毒性机理可能与分解产物 H_2S 有关。作用于中枢神经系统而引起窒息死亡。

参 考 文 献

1 CAS 463-58-1

2 EINECS 207-340-0

3 《化工百科全书》编辑委员会，化学工业出版社《化工百科全书》编辑部编. 化工百科全书：第 10 卷. 北京：化学工业出版社，1996

993. 硅 烷

silane [silicon tetrahydride]

(1) 分子式 SiH_4。 相对分子质量 32.12。

(2) 示性式或结构式

```
     H
     |
  H—Si—H
     |
     H
```

(3) 外观　无色气体，有大蒜恶心气味。

(4) 物理性质

沸点(101.3kPa)/℃	−111.9	生成热/(kJ/mol)	32.6
熔点/℃	−185	比热容(25℃)/[kJ/(kJ·K)]	1.335
蒸发热/(kJ/mol)	12.5	临界温度/℃	−3.5
熔化热/(kJ/mol)	0.67	临界压力/MPa	4.864

(5) 化学性质　硅烷的化学性质比烷烃活泼得多，极易被氧化。在与空气接触时可发生自燃。25℃以下与氮不起作用，室温下与烃类化合物不起反应。与氧反应异常激烈，即使在−180℃温度下也会猛烈反应。

(6) 溶解性能　不溶于乙醇、乙醚、苯、氯仿和四氯化碳。不溶于水，但遇水会缓慢水解。

(7) 用途　超临界溶剂。是一种良好的半导体材料。

(8) 使用注意事项　危险特性属第2.1类易燃气体。危险货物编号：21050，UN编号：2203。有毒。能刺激皮肤、眼睛、黏膜和呼吸器官。吸入硅烷蒸气后能引起头痛、恶心、头晕、脉搏微弱直至陷入昏迷状态。硅烷与氟氯烃类灭火剂会发生激烈反应，所以不能用这类灭火剂灭火。爆炸极限为0.8%～98%。

参考文献

1 CAS 7803-62-5
2 EINECS 232-263-4
3 《化工百科全书》编辑委员会，化学工业出版社《化工百科全书》编辑部编．化工百科全书：第6卷．北京：化学工业出版社，1994
4 黄建彬主编．工业气体手册．北京：化学工业出版社．2002．3
5 张海峰主编．危险化学品安全技术大典：第1卷．北京：中国石化出版社，2010

994. 四甲基硅烷

tetramethylsilane

(1) 分子式　$C_4H_{12}Si$。　　　相对分子质量　88.23。

(2) 示性式或结构式　$(CH_3)_4Si$

(3) 外观　无色液体。易挥发。

(4) 物理性质

沸点(101.3kPa)/℃	26.5	折射率(20℃)	1.3580
熔点/℃	−99.5	闪点/℃	−27
相对密度(20℃/4℃)	0.6411		

(5) 溶解性能　能溶于多数有机溶剂，不溶于水。

(6) 用途　溶剂、核磁共振试剂。

(7) 使用注意事项　危险特性属第3.1类低闪点易燃液体。危险货物编号：31049，UN编号：2749。该品极易燃。使用时应避免吸入本品蒸气。着火时应使用化学干粉灭火剂，不能用水。

参考文献

1 CAS 75-76-3
2 EINECS 200-899-1
3 Beil.，**4**，625

995. 高氯酸

perchloric acid

(1) 分子式　$HClO_4$。　　　　相对分子质量　100.46。

(2) 示性式或结构式　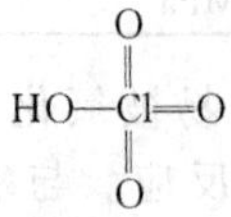

(3) 外观　无色透明发烟液体。

(4) 物理性质

沸点(101.3kPa)/℃	203	相对蒸气密度(空气=1)	3.5
熔点/℃	−122	临界压力/MPa	3.86
相对密度(水=1)(22℃)	1.768		

(5) 化学性质　与有机物、还原剂、氢气、金属粉末、硫、磷、醇、胺、肼、烃类等混合时有引起燃烧爆炸的危险。用水稀释时会放出大量热量。

(6) 溶解性能　与水混溶。

(7) 用途　用作氧化剂、催化剂、溶剂。

(8) 使用注意事项　具有强烈腐蚀性。危险特性属第 5.1 类氧化剂（50%＜含量≤72%）。危险货物编号：51015，UN 编号：1873。危险特性属第 8.1 类酸性腐蚀品（含量≤50%）。危险货物编号：81022，UN 编号：1802。高氯酸烟雾对皮肤和黏膜有刺激性，尤其侵蚀眼睛和鼻腔黏膜。大鼠经口 LD_{50} 1100mg/kg。对水生生物有害。

参 考 文 献

1　CAS 7601-90-3

2　EINECS 231-512-4

3　张海峰主编. 危险化学品安全技术大典：第 1 卷. 北京：中国石化出版社，2010

附 表

表 1　主要溶剂的沸点

溶剂名称	沸点(101.3kPa)/℃	溶剂名称	沸点(101.3kPa)/℃
液氨	−33.35	乙酸	118.1
液态二氧化硫	−10.08	乙二醇一甲醚	124.6
甲胺	−6.3	辛烷	125.67
二甲胺	7.4	乙酸丁酯	126.11
石油醚		吗啉	128.94
乙醚	34.6	氯苯	131.69
戊烷	36.1	乙二醇一乙醚	135.6
二氯甲烷	39.75	对二甲苯	138.35
二硫化碳	46.23	二甲苯	138.5～141.5
溶剂石脑油		间二甲苯	139.10
丙酮	56.12	乙(酸)酐	140.0
1,1-二氯乙烷	57.28	邻二甲苯	144.41
氯仿	61.15	*N*,*N*-二甲基甲酰胺	153.0
甲醇	64.51	环己酮	155.65
四氢呋喃	66	环己醇	161
己烷	68.7	*N*,*N*-二甲基乙酰胺	166.1
三氟代乙酸	71.78	糠醛	161.8
1,1,1-三氯乙烷	74.0	*N*-甲基甲酰胺	180～185
四氯化碳	76.75	苯酚	181.2
乙酸乙酯	77.112	1,2-丙二醇	187.3
乙醇	78.3	二甲亚砜	189.0
丁酮	79.64	邻甲酚	190.95
苯	80.10	*N*,*N*-二甲基苯胺	193
环己烷	80.72	乙二醇	197.85
乙腈	81.60	对甲酚	201.88
异丙醇	82.40	*N*-甲基吡咯烷酮	202
1,2-二氯乙烷	83.48	间甲酚	202.7
乙二醇二甲醚	85.2	苄醇	205.45
三氯乙烯	87.19	甲酚	210
丙腈	97.35	甲酰胺	210.5
庚烷	98.4	硝基苯	210.9
水	100	乙酰胺	221.15
硝基甲烷	101.2	六甲基磷酸三酰胺	233
二噁烷	101.32	喹啉	237.10
甲苯	110.63	乙二醇碳酸酯	238
硝基乙烷	114.0	二甘醇	244.8
吡啶	115.3	丁二腈	267
4-甲基-2-戊酮	115.9	环丁砜	287.3
乙二胺	117.26	甘油	290.0
丁醇	117.7		

表 2　主要溶剂的介电常数

溶剂名称	介电常数(测定温度)	溶剂名称	介电常数(测定温度)
戊烷	1.844(20℃)	辛烷	1.948(25℃)
己烷	1.890(20℃)	环己烷	2.052(20℃)
庚烷	1.924(25℃)	二噁烷	2.209(25℃)
四氯化碳	2.238(20℃)	乙二醇一甲醚	16.93(25℃)
甲苯	2.24(20℃)	丁醇	17.1(25℃)
邻二甲苯	2.266(20℃)	液态二氧化硫	17.4(−19℃)
对二甲苯	2.270(20℃)	环己酮	18.3(20℃)
苯	2.283(20℃)	异丙醇	18.3(25℃)
间二甲苯	2.374(20℃)	丁酮	18.51(20℃)
二硫化碳	2.641(20℃)	乙(酸)酐	20.7(19℃)
苯酚	2.94(20℃)	丙酮	20.70(25℃)
三氯乙烯	3.409(20℃)	液氨	22(−34℃)
乙醚	4.197(26.9℃)	乙醇	23.8(25℃)
氯仿	4.9(20℃)	硝基乙烷	28.06(30℃)
乙酸丁酯	5.01(19℃)	六甲基磷酸三酰胺	29.6(20℃)
N,*N*-二甲基苯胺	5.1(20℃)	乙二醇一乙醚	29.6(24℃)
二甲胺	5.26(25℃)	丙腈	29.7(20℃)
乙二醇二甲醚	5.50(25℃)	二甘醇	31.69(20℃)
氯苯	5.649(20℃)	1,2-丙二醇	32.0(20℃)
乙酸乙酯	6.02(20℃)	*N*-甲基吡咯烷酮	32.0(25℃)
乙酸	6.15(20℃)	甲醇	33.1(25℃)
吗啉	7.42(25℃)	硝基苯	34.82(25℃)
1,1,1-三氯乙烷	7.53(20℃)	硝基甲烷	35.87(30℃)
四氢呋喃	7.58(25℃)	*N*,*N*-二甲基甲酰胺	36.71(25℃)
三氟代乙酸	8.55(20℃)	乙腈	37.5(20℃)
喹啉	8.704(25℃)	*N*,*N*-二甲基乙酰胺	37.78(25℃)
二氯甲烷	9.1(20℃)	糠醛	38(25℃)
对甲酚	9.91(58℃)	乙二醇	38.66(20℃)
1,2-氯乙烷	10.45(20℃)	甘油	42.5(25℃)
1,1-二氯乙烷	10.9(20℃)	环丁砜	43.3(30℃)
甲胺	11.41(−10℃)	二甲亚砜	48.9(20℃)
邻甲酚	11.5(25℃)	丁二腈	56.6(57.4℃)
间甲酚	11.8(25℃)	乙酰胺	59(83℃)
吡啶	12.3(25℃)	水	80.103(20℃)
乙二胺	12.9(20℃)	乙二醇碳酸酯	89.6(40℃)
苄醇	13.1(20℃)	甲酰胺	111.0(20℃)
4-甲基-2-戊酮	13.11(20℃)	*N*-甲基甲酰胺	182.4(25℃)
环己醇	15.0(25℃)		

表 3　温度换算表

℃	中项	℉	℃	中项	℉	℃	中项	℉	℃	中项	℉
−273	−459.4		−234	−390		−196	−320		−162	−260	−436
−268	−450		−229	−380		−190	−310		−157	−250	−418
−262	−440		−223	−370		−184	−300		−151	−240	−400
−257	−430		−218	−360		−179	−290		−146	−230	−382
−251	−420		−212	−350		−173	−280		−140	−220	−364
−246	−410		−207	−340		−169	−273	−459.4	−134	−210	−346
−240	−400		−201	−330		−168	−270	−454	−129	−200	−328

续表

℃	中项	℉	℃	中项	℉	℃	中项	℉	℃	中项	℉
-123	-190	-310	-3.3	26	78.8	23.3	74	165.2	149	300	572
-118	-180	-292	-2.8	27	80.6	23.9	75	167.0	154	310	590
-112	-170	-274	-2.2	28	82.4	24.4	76	168.8	160	320	608
-107	-160	-256	-1.7	29	84.2	25.0	77	170.6	166	330	626
-101	-150	-238	-1.1	30	86.0	25.6	78	172.4	171	340	644
-96	-140	-220	-0.6	31	87.8	26.1	79	174.2	177	350	662
-90	-130	-202	0.0	32	89.6	26.7	80	176.0	182	360	680
-84	-120	-184	0.6	33	91.4	27.2	81	177.8	188	370	698
-79	-110	-166	1.1	34	93.2	27.8	82	179.6	193	380	716
-73	-100	-148	1.7	35	95.0	28.3	83	181.4	199	390	734
-68	-90	-130	2.2	36	96.8	28.9	84	183.2	204	400	752
-62	-80	-112	2.8	37	98.6	29.4	85	185.0	210	410	770
-57	-70	-94	3.3	38	100.4	30.0	86	186.8	216	420	788
-51	-60	-76	3.9	39	102.2	30.6	87	188.6	221	430	806
-46	-50	-58	4.4	40	104.0	31.1	88	190.4	227	440	824
-40	-40	-40	5.0	41	105.8	31.7	89	192.2	232	450	842
-34	-30	-22	5.6	42	107.6	32.2	90	194.0	238	460	860
-29	-20	-4	6.1	43	109.4	32.8	91	195.8	243	470	878
-23	-10	14	6.7	44	111.2	33.3	92	197.6	249	480	896
-17.8	0	32	7.2	45	113.0	33.9	93	199.4	254	490	914
			7.8	46	114.8	34.4	94	201.2	260	500	932
			8.3	47	116.6	35.0	95	203.0	266	510	950
-17.8	0	32	8.9	48	118.4	35.6	96	204.8	271	520	968
-17.2	1	33.8	9.4	49	120.2	36.1	97	206.6	277	530	986
-16.7	2	35.6	10.0	50	122.0	36.7	98	208.4	282	540	1004
-16.1	3	37.4	10.6	51	123.8	37.2	99	210.2	288	550	1022
-15.6	4	39.2	11.1	52	125.6	37.8	100	212.0	293	560	1040
-15.0	5	41.0	11.7	53	127.4	38	100	212	299	570	1058
-14.4	6	42.8	12.2	54	129.2	43	110	230	304	580	1076
-13.9	7	44.6	12.8	55	131.0	49	120	248	310	590	1094
-13.3	8	46.4	13.3	56	132.8	54	130	266	316	600	1112
-12.8	9	48.2	13.9	57	134.6	60	140	284	321	610	1130
-12.2	10	50.0	14.4	58	136.4	66	150	302	327	620	1148
-11.7	11	51.8	15.0	59	138.2	71	160	320	332	630	1166
-11.1	12	53.6	15.6	60	140.0	77	170	338	338	640	1184
-10.6	13	55.4	16.1	61	141.8	82	180	356	343	650	1202
-10.0	14	57.2	16.7	62	143.6	88	190	374	349	660	1220
-9.4	15	59.0	17.2	63	145.4	93	200	392	354	670	1238
-8.9	16	60.8	17.8	64	147.2	99	210	410	360	680	1256
-8.3	17	62.6	18.3	65	149.0	100	212	413.6	366	690	1274
-7.8	18	64.4	18.9	66	150.8	104	220	423	371	700	1292
-7.2	19	66.2	19.4	67	152.6	110	230	446	377	710	1310
-6.7	20	68.0	20.0	68	154.4	116	240	464	382	720	1328
-6.1	21	69.8	20.6	69	156.2	121	250	482	388	730	1346
-5.6	22	71.6	21.1	70	158.0	127	260	500	393	740	1364
-5.0	23	73.4	21.7	71	159.8	132	270	518	399	750	1382
-4.4	24	75.2	22.2	72	161.6	138	280	536	404	760	1400
-3.9	25	77.0	22.8	73	163.4	143	290	554	410	770	1418

续表

℃	中项	℉	℃	中项	℉	℃	中项	℉	℃	中项	℉
416	780	1436	682	1260	2300	949	1740	3164	1216	2220	4028
421	790	1454	688	1270	2318	954	1750	3182	1221	2230	4046
427	800	1472	693	1280	2336	960	1760	3200	1227	2240	4064
432	810	1490	699	1290	2354	966	1770	3218	1232	2250	4082
438	820	1508	704	1300	2372	971	1780	3236	1238	2260	4100
443	830	1526	710	1310	2390	977	1790	3254	1243	2270	4118
449	840	1544	716	1320	2408	982	1800	3272	1249	2280	4136
454	850	1562	721	1330	2426	988	1810	3290	1254	2290	4154
460	860	1580	727	1340	2444	993	1820	3308	1260	2300	4172
466	870	1598	732	1350	2462	999	1830	3326	1266	2310	4190
471	880	1616	738	1360	2480	1004	1840	3344	1271	2320	4208
477	890	1634	743	1370	2498	1010	1850	3362	1277	2330	4226
482	900	1652	749	1380	2516	1016	1860	3380	1282	2340	4244
488	910	1670	754	1390	2534	1021	1870	3398	1288	2350	4262
493	920	1688	760	1400	2552	1027	1880	3416	1293	2360	4280
499	930	1706	766	1410	2570	1032	1890	3434	1299	2370	4296
504	940	1724	771	1420	2588	1038	1900	3452	1304	2380	4316
510	950	1742	777	1430	2606	1043	1910	3470	1310	2390	4334
516	960	1760	782	1440	2624	1049	1920	3488	1316	2400	4352
521	970	1778	788	1450	2642	1054	1930	3506	1321	2410	4370
527	980	1796	793	1460	2660	1060	1940	3524	1327	2420	4388
532	990	1814	799	1470	2678	1066	1950	3542	1332	2430	4406
538	1000	1832	804	1480	2696	1071	1960	3560	1338	2440	4424
543	1010	1850	810	1490	2714	1077	1970	3578	1343	2450	4442
549	1020	1868	816	1500	2732	1082	1980	3596	1349	2460	4460
554	1030	1886	821	1510	2750	1088	1990	3614	1354	2470	4478
560	1040	1904	827	1520	2768	1093	2000	3632	1360	2480	4496
566	1050	1922	832	1530	2786	1099	2010	3650	1366	2490	4514
571	1060	1940	838	1540	2804	1104	2020	3668	1371	2500	4532
577	1070	1958	843	1550	2822	1110	2030	3688	1377	2510	4550
582	1080	1976	849	1560	2840	1116	2040	3704	1382	2520	4568
588	1090	1994	854	1570	2858	1121	2050	3722	1388	2530	4586
593	1100	2012	860	1580	2876	1127	2060	3740	1393	2540	4604
599	1110	2030	866	1590	2894	1132	2070	3758	1390	2550	4622
604	1120	2048	871	1600	2912	1138	2080	3776	1404	2560	4640
610	1130	2066	877	1610	2930	1143	2090	3794	1410	2570	4658
616	1140	2084	882	1620	2948	1149	2100	3812	1416	2580	4676
621	1150	2102	888	1630	2966	1154	2110	3830	1421	2590	4694
627	1160	2120	893	1640	2984	1160	2120	3848	1427	2600	4712
632	1170	2138	899	1650	3002	1166	2130	3866	1432	2610	4730
638	1180	2156	904	1660	3020	1171	2140	3884	1438	2620	4748
643	1190	2174	910	1670	3038	1177	2150	3902	1443	2630	4766
649	1200	2192	916	1680	3056	1182	2160	3920	1449	2640	4784
654	1210	2210	921	1690	3074	1188	2170	3938	1454	2650	4802
660	1220	2228	927	1700	3092	1193	2180	3956	1460	2660	4820
666	1230	2246	932	1710	3110	1199	2190	3974	1466	2670	4838
671	1240	2264	938	1720	3128	1204	2200	3992	1471	2680	4856
677	1250	2282	943	1730	3146	1210	2210	4010	1477	2690	4874

续表

℃	中项	℉	℃	中项	℉	℃	中项	℉	℃	中项	℉
1482	2700	4892	1527	2780	5036	1571	2860	5180	1616	2940	5324
1488	2710	4910	1532	2790	5054	1577	2870	5198	1621	2950	5342
1493	2720	4928	1538	2800	5072	1582	2880	5216	1627	2960	5360
1499	2730	4946	1543	2810	5090	1588	2890	5234	1632	2970	5378
1504	2740	4964	1549	2820	5108	1593	2900	5252	1638	2980	5396
1510	2750	4982	1554	2830	5126	1599	2910	5270	1643	2990	5414
1516	2760	5000	1560	2840	5144	1604	2920	5288	1649	3000	5432
1521	2770	5018	1566	2850	5162	1610	2930	5306			

说明

1. 进行温度换算时，先在上表的中项内查找需要换算的温度值，然后向左查得换算后的摄氏温度值（℃），或向右查得换算后的华氏温度值（℉）。

2. 温度换算公式如下：

$$℉=\frac{9}{5}t+32$$

$$℃=5/9（t-32）$$

$$t\text{K（开氏温度）}=t℃+273.16$$

3. 温度差的换算（℉→℃）可按下式进行：

1 ℉=0.56℃　　7 ℉=3.89℃
2 ℉=1.11℃　　8 ℉=4.44℃
3 ℉=1.67℃　　9 ℉=5℃
4 ℉=2.22℃　　10 ℉=5.56℃
5 ℉=2.78℃　　100 ℉=55.56℃
6 ℉=3.33℃　　1000 ℉=555.56℃

4. 如遇到待换算温度（如 2015℉）介于表内两数值（2010 及 2020）之间时，可借助上条中的温度差换算数值以外推法求出（即 2015℉=2010℉+5℉=1093.33℃-15℃=1078.33℃）。

表 4　一些计量单位的换算表

长度单位的换算

厘米 cm	米 m	公里 km	尺	里	英寸 in	英尺 ft	码 yd	英里 mill	海里 nmile
1	0.01		0.03		0.3937	0.0328			
100	1	0.001	3	0.002	39.37	3.2808	1.0936		
	1000	1	3000	2	39370	3280.8	1093.6	0.6214	0.5396
33.33	0.3333		1		13.123	1.0936	0.3645		
	500	0.5	1500	1		1640.4	546.8	0.3107	0.2698
2.54	0.0254		0.0762		1	0.0833	0.0278		
30.48	0.3048		0.9144		12	1	0.3333		
	0.9144		2.7432		36	3	1		
	1609.30	1.6093	4828	3.2187		5280	1760	1	0.8684
	1853	1.853	5559.6	3.7064		6080	2026.6	1.1515	1

密度单位换算表

密　度	克/厘米³ g/cm^3	公斤/米³ kg/m^3	磅/英寸³ lb/in^3	磅/英尺³ lb/ft^3	磅/加仑 lb/usgal
克/厘米³, g/cm^3	1	1000	0.03613	62.4283	8.34545
公斤/米³, kg/m^3	0.001	1	0.00003613	0.06243	0.008345
磅/英寸³, lb/in^3	27.6797	27679.7	1	1728	231
磅/英尺³, lb/ft^3	0.01602	16.0184	0.0005787	1	0.13368
磅/加仑, lb/usgal	0.11983	119.826	0.004329	7.48052	1

体积、容积单位的换算

厘米³ cm^3	米³ m^3	升 L	尺³	英寸³ in^3	英尺³ ft^3	美加仑 usgal	英加仑 ukgal
1				0.061			
	1	1000	27	61027	35.315	264.18	219.98
1000	0.001	1	0.027	61.027	0.035	0.264	0.220
	0.037	37.046	1	2260	1.308	9.784	8.1515
16.387		0.0164	0.0004	1	0.0006	0.0043	0.0036
	0.0283	28.317	0.7646	1728	1	7.4805	6.229
	0.0038	3.7853	0.1022	231	0.1337	1	0.8327
	0.0045	4.546	0.1227	277.42	0.1605	1.201	1

质量单位的换算

克 g	公斤 kg	吨 t	盎司 oz	磅 lb	美(短)吨 uston	英(长)吨 ukton
1	0.001		0.0353	0.0022		
1000	1	0.001	35.274	2.2046		
	1000	1	35274	2204.6	1.1023	0.9842
50	0.05		1.7637	0.1102		
500	0.5		17.637	1.1023		
	50	0.05	1763.7	110.23	0.0551	0.0492
28.35	0.0284		1	0.0625		
453.59	0.4536		16	1		
	907.19	0.9072		2000	1	0.8929
	1016	1.016		2240	1.12	1

CGS 中一些废除单位与法定计量单位的换算

废除单位	法定计量单位	废除单位	法定计量单位
压力	$1Pa=1N/m^2$	能、功单位	J/kg
1标准大气压,atm	101.325kPa	1千卡每千克,kcal/kg	4186.8 J/kg
1工程大气压,at	98066.5Pa	黏度单位	Pa·s
1千克力每平方厘米,kgf/cm^2	98066.5Pa	1泊,P	0.1Pa·s
1毫米汞柱,mmHg	133.322Pa	1厘泊,cP	10^{-3}Pa·s
1毫米水柱,mmH_2O	9.80665Pa	热量单位	J
1磅力每平方英尺,1 bf/ft^2	42.8803Pa	1卡,cal_{IT}	4.1868J
1磅力每平方英寸,1 bt/in^2	6894.76Pa	1卡,cal_{th}	4.1840J
1达因每平方厘米,dyn/cm^2	0.1Pa	力的单位	N
		1达因,dyn	10^{-5}N

表5 空气中有毒物质的浓度表示法的换算系数表

(mg/m^3 换算为 ppm 或 ppm 换算为 mg/m^3)(25℃,101.3kPa)

相对分子质量	$1mg/m^3$ ppm	1ppm mg/m^3	相对分子质量	$1mg/m^3$ ppm	1ppm mg/m^3	相对分子质量	$1mg/m^3$ ppm	1ppm mg/m^3
1	24.450	0.0409	13	1.881	0.532	25	0.978	1.022
2	12.230	0.0818	14	1.746	0.573	26	0.940	1.063
3	8.150	0.1227	15	1.630	0.614	27	0.906	1.104
4	6.113	0.1636	16	1.528	0.654	28	0.873	1.145
5	4.890	0.2045	17	1.438	0.695	29	0.843	1.186
6	4.075	0.2454	18	1.358	0.736	30	0.815	1.227
7	3.493	0.2863	19	1.287	0.777	31	0.780	1.268
8	3.056	0.327	20	1.223	0.818	32	0.764	1.309
9	2.717	0.368	21	1.164	0.859	33	0.741	1.350
10	2.445	0.409	22	1.111	0.900	34	0.719	1.391
11	2.223	0.450	23	1.063	0.941	35	0.699	1.432
12	2.038	0.491	24	1.019	0.982	36	0.679	1.472

相对分子质量	1mg/m^3 ppm	1ppm mg/m^3	相对分子质量	1mg/m^3 ppm	1ppm mg/m^3	相对分子质量	1mg/m^3 ppm	1ppm mg/m^3
37	0.661	1.513	89	0.275	3.64	141	0.1734	5.77
38	0.643	1.554	90	0.272	3.68	142	0.1722	5.81
39	0.627	1.595	91	0.269	3.72	143	0.1710	5.85
40	0.611	1.636	92	0.266	3.76	144	0.1698	5.89
41	0.596	1.677	93	0.263	3.80	145	0.1686	5.93
42	0.582	1.718	94	0.260	3.84	146	0.1675	5.97
43	0.569	1.759	95	0.257	3.89	147	0.1663	6.01
44	0.556	1.800	96	0.255	3.93	148	0.1652	6.05
45	0.543	1.840	97	0.252	3.97	149	0.1641	6.09
46	0.532	1.881	98	0.2495	4.01	150	0.1630	6.13
47	0.520	1.922	99	0.2470	4.05	151	0.1619	6.18
48	0.509	1.963	100	0.2445	4.09	152	0.1609	6.22
49	0.499	2.004	101	0.2421	4.13	153	0.1598	6.26
50	0.489	2.045	102	0.2397	4.17	154	0.1588	6.30
51	0.479	2.086	103	0.2374	4.21	155	0.1577	6.34
52	0.470	2.127	104	0.2351	4.25	156	0.1567	6.38
53	0.461	2.168	105	0.2329	4.29	157	0.1557	6.42
54	0.453	2.209	106	0.2307	4.34	158	0.1547	6.46
55	0.445	2.250	107	0.2285	4.38	159	0.1537	6.50
56	0.437	2.290	108	0.2264	4.42	160	0.1528	6.54
57	0.429	2.331	109	0.2243	4.46	161	0.1519	6.58
58	0.422	2.372	110	0.2223	4.50	162	0.1509	6.63
59	0.414	2.413	111	0.2203	4.54	163	0.1500	6.67
60	0.408	2.454	112	0.2183	4.58	164	0.1491	6.71
61	0.401	2.495	113	0.2164	4.62	165	0.1482	6.75
62	0.394	2.54	114	0.2145	4.66	166	0.1473	6.79
63	0.388	2.58	115	0.2126	4.70	167	0.1464	6.83
64	0.382	2.62	116	0.2108	4.74	168	0.1455	6.87
65	0.376	2.66	117	0.2090	4.79	169	0.1447	6.91
66	0.370	2.70	118	0.2072	4.83	170	0.1438	6.95
67	0.365	2.74	119	0.2055	4.87	171	0.1430	6.99
68	0.360	2.78	120	0.2038	4.91	172	0.1422	7.03
69	0.354	2.82	121	0.2021	4.95	173	0.1413	7.08
70	0.349	2.86	122	0.2004	4.99	174	0.1405	7.12
71	0.344	2.90	123	0.1988	5.03	175	0.1397	7.16
72	0.340	2.94	124	0.1972	5.07	176	0.1389	7.20
73	0.335	2.99	125	0.1956	5.11	177	0.1381	7.24
74	0.330	3.03	126	0.1940	5.15	178	0.1374	7.28
75	0.326	3.07	127	0.1925	5.19	179	0.1366	7.32
76	0.322	3.11	128	0.1910	5.24	180	0.1358	7.36
77	0.318	3.15	129	0.1895	5.28	181	0.1351	7.40
78	0.313	3.19	130	0.1881	5.32	182	0.1343	7.44
79	0.309	3.23	131	0.1866	5.36	183	0.1336	7.48
80	0.306	3.27	132	0.1852	5.40	184	0.1329	7.52
81	0.302	3.31	133	0.1838	5.44	185	0.1322	7.57
82	0.298	3.35	134	0.1825	5.48	186	0.1315	7.61
83	2.295	3.39	135	0.1811	5.52	187	0.1307	7.65
84	0.291	3.44	136	0.1798	5.56	188	0.1301	7.69
85	0.288	3.48	137	0.1785	5.60	189	0.1294	7.73
86	0.284	3.52	138	0.1772	5.64	190	0.1287	7.77
87	0.281	3.56	139	0.1759	5.69	191	0.1280	7.81
88	0.278	3.60	140	0.1746	5.73	192	0.1273	7.85

相对分子质量	1mg/m³ ppm	1ppm mg/m³	相对分子质量	1mg/m³ ppm	1ppm mg/m³	相对分子质量	1mg/m³ ppm	1ppm mg/m³
193	0.1267	7.89	229	0.1068	9.37	265	0.0923	10.84
194	0.1260	7.93	230	0.1063	9.41	266	0.0919	10.88
195	0.1254	7.98	231	0.1058	9.45	267	0.0916	10.92
196	0.1247	8.02	232	0.0154	9.49	268	0.0912	10.96
197	0.1241	8.06	233	0.1049	9.53	269	0.0909	11.00
198	0.1235	8.10	234	0.1045	9.57	270	0.0906	11.04
199	0.1229	8.14	235	0.1040	9.61	271	0.0902	11.08
200	0.1223	8.18	236	0.1036	9.65	272	0.0899	11.12
201	0.1216	8.22	237	0.1032	9.69	273	0.0896	11.17
202	0.1210	8.26	238	0.1027	9.73	274	0.0892	11.21
203	0.1204	8.30	239	0.1032	9.78	275	0.0889	11.25
204	0.1499	8.34	240	0.1019	9.82	276	0.0886	11.29
205	0.1193	8.38	241	0.1015	9.86	277	0.0883	11.33
206	0.1187	8.43	242	0.1010	9.90	278	0.0879	11.37
207	0.1181	8.47	243	0.1006	9.94	279	0.0876	11.41
208	0.1175	8.51	244	0.1002	9.98	280	0.0873	11.45
209	0.1170	8.55	245	0.0998	10.02	281	0.0870	11.49
210	0.1164	8.59	246	0.0994	10.06	282	0.0867	11.53
211	0.1159	8.63	247	0.0990	10.10	283	0.0864	11.57
212	0.1153	8.67	248	0.0986	10.14	284	0.0861	11.62
213	0.1148	8.71	249	0.0982	10.18	285	0.0858	11.66
214	0.1143	8.75	250	0.0978	10.22	286	0.0855	11.70
215	0.1137	8.70	251	0.0974	10.27	287	0.0852	11.74
216	0.1132	8.83	252	0.0970	10.31	288	0.0849	11.78
217	0.1127	8.88	253	0.0966	10.35	289	0.0846	11.82
218	0.1121	8.92	254	0.0963	10.39	290	0.0843	11.86
219	0.1116	8.96	255	0.0959	10.43	291	0.0840	11.90
220	0.1111	9.00	256	0.0955	10.47	292	0.0837	11.94
221	0.1106	9.04	257	0.0951	10.51	293	0.0834	11.98
222	0.1101	9.08	258	0.0948	10.55	294	0.0832	12.02
223	0.1096	9.12	259	0.0944	10.59	295	0.0829	12.07
224	0.1092	9.16	260	0.0940	10.63	296	0.0826	12.11
225	0.1087	9.20	261	0.0937	10.67	297	0.0823	12.15
226	0.1082	9.24	262	0.0933	10.72	298	0.0820	12.19
227	0.1077	9.28	263	0.0930	10.76	299	0.0818	12.23
228	0.1072	9.33	264	0.0936	10.80	300	0.0815	12.27

表 6　各种物质的气味阈限值　　单位：$\times 10^{-6}$（体积）

物　质	空气中气味阈限值	物　质	空气中气味阈限值
乙醛	0.050	烯丙基氯	1.2
乙酸	0.48	氨	5.2
乙酸酐	0.13	乙酸正戊酯	0.054
丙酮	13	乙酸仲戊酯	0.0020
乙腈	170	苯胺	1.1
乙炔	620	二氧化碳	74000
丙烯醛	0.16	二硫化碳	0.11
丙烯酸	0.094	一氧化碳	100000
丙烯腈	17	四氯化碳	96
烯丙醇	1.1	氯	0.31

物　质	空气中气味阈限值	物　质	空气中气味阈限值
二氧化氯	9.4	乙酰溴	3.1
α-氯乙酰苯	0.035	乙酰氯	4.2
氯苯	0.68	乙烯	290
氯溴甲烷	400	乙二胺	1.0
氯仿	85	1,2-二氯乙烷	88
三氯硝基甲烷	0.78	枯烯	0.088
β-氯丁二烯	15	环己烷	25
邻氯甲苯	0.32	环己醇	0.15
间甲酚	0.00028	环己酮	0.88
巴豆醛	0.12	环己烯	0.18
肿	0.5	环己胺	2.6
苯	12	环戊二烯	1.9
苄基氯	0.044	癸硼烷	0.060
联苯	0.00083	双丙酮醇	0.28
溴	0.051	乙硼烷	2.5
溴仿	1.3	邻二氯苯	0.30
1,3-丁二烯	1.6	对二氯苯	0.18
丁烷	2700	反-1,2-二氯乙烯	17
2-丁氧基乙醇	0.10	β,β-二氯乙醚	0.049
乙酸正丁酯	0.39	二聚环戊二烯	0.0057
丙烯酸正丁酯	0.035	二乙醇胺	0.27
正丁醇	0.83	二乙胺	0.13
仲丁醇	2.6	二乙氨基乙醇	0.011
叔丁醇	47	二乙基酮	2.0
正丁胺	1.8	乙酸异丙酯	2.7
乳酸正丁酯	7.0	异丙醇	22
正丁硫醇	0.00097	异丙胺	1.2
对叔丁基甲苯	6.0	异丙醚	0.017
樟脑	0.27	马来酐	0.32
二异丁酮	0.11	亚异丙基丙酮	0.45
二异丙胺	1.8	2-甲氧基乙醇	2.3
N-二甲基乙酰胺	47	乙酸甲酯	4.6
二甲胺	0.34	丙烯酸甲酯	0.0048
N-二甲基苯胺	0.013	甲基丙烯腈	7.0
N-二甲基甲酰胺	2.2	甲醇	100
1,1-二甲基肼	1.7	甲胺	3.2
1,4-二噁烷	24	甲基正戊酮	0.35
表氯醇	0.93	N-甲基苯胺	1.7
乙烷	120000	甲基正丁酮	0.076
乙醇胺	2.6	甲基氯仿	120
2-乙氧基乙醇	2.7	2-氰基丙烯酸甲酯	2.2
2-乙氧基乙酸乙酯	0.0056	甲基环己烷	630
乙酸乙酯	3.9	顺式-3-甲基环己醇	500
丙烯酸乙酯	0.0012	二氯甲烷	250
乙醇	84	甲基乙基酮	5.4
乙胺	0.95	甲酸甲酯	600
乙基正戊基酮	6.0	甲基肼	1.7
乙苯	2.3	甲基异戊酮	0.012

续表

物　质	空气中气味阈限值	物　质	空气中气味阈限值
环氧乙烷	430	甲基异丁烯酸酯	0.083
哌嗪	1.5	甲基正丙酮	11
乙醚	8.9	α-甲基苯乙烯	0.29
甲酸乙酯	31	吗啉	0.01
亚乙基降冰片	0.014	萘	0.084
乙硫醇	0.00076	羰基镍	0.30
N-乙基吗啉	1.4	硝基苯	0.018
硅酸乙酯	17	硝基乙烷	2.1
氟	0.14	二氧化氮	0.39
甲醛	0.83	硝基甲烷	3.5
甲酸	49	1-硝基丙烷	11
糠醛	0.078	2-硝基丙烷	70
糠醇	8.0	间硝基甲苯	0.45
卤代烷	33	壬烷	47
戊烷	150	辛烷	48
六氯环戊二烯	0.030	四氧化锇	0.0019
六氯乙烷	0.15	二氟化氧	0.10
己烷	130	臭氧	0.045
己二醇	50	戊硼烷	0.96
肼	3.7	戊烷	400
溴化氢	2.0	过氯乙烯	27
氯化氢	0.77	苯酚	0.040
氰化氢	0.58	二苯醚	0.0012
氟化氢	0.042	苯硫酚	0.00094
硒化氢	0.30	光气	0.90
硫化氢	0.0081	磷化氢	0.51
茚	0.015	邻苯二甲酸酐	0.053
碘仿	0.0050	丙烷	16000
乙酸异戊酯	0.025	邻甲苯胺	0.25
异戊醇	0.042	1,2,4-三氯苯	1.4
乙酸异丁酯	0.64	三氯乙烯	28
异丁醇	1.6	三氟氯甲烷	5.0
异佛尔酮	0.2	1,1,2-三氯-1,2,2-三氟乙烷	45
丙酸	0.16	三乙胺	0.48
乙酸正丙酯	0.67	三甲胺	0.00044
正丙醇	2.6	1,3,5-三甲基苯	0.55
丙烯	76	亚磷酸三甲酯	0.00010
二氯丙烯	0.25	正戊醛	0.028
丙二醇-1-甲醚	10	乙烯基乙酸酯	0.50
1,2-环氧丙烷	44	二氧化硫	1.1
硝酸正丙酯	50	1,1,2,2-四氯乙烷	1.5
吡啶	0.17	四氢呋喃	2.0
醌	0.084	甲苯	2.9
苯乙烯	0.32	甲苯-2,4-二异氰酸酯	0.17
甲基异丁基甲醇	0.070	氯乙烯	3000
甲基异丁基酮	0.68	1,1-二氯乙烯	190
甲基异氰酸酯	2.1	乙烯基甲苯	10
甲基异丙酮	1.9	间二甲苯	1.1
甲基硫醇	0.0016	2,4-二甲代苯胺	0.056

气味安全系数=26 表示 50%未注意察觉气味的人察觉到职业接触限值气味报警。在气味安全系数为 26 时，这些人中 99%都能察觉到职业接触限值。取决于各种因素，气味阈限值可能偏离很大。Amoore 两人从已知文献中进行了筛选并以合理的方式求取了平均值。因而，不使用其他渠道得到的气味阈限值来计算气味安全系数。更详尽情况请参见：Amoore. J. E. and Hautala、E. Journal of Applied Toxicology，1983，3（6）：272。

表 7　色谱溶剂

溶　剂	沸点/℃	溶剂强度参数		黏度 /mPa·s (20℃)	折射率 (20℃)	UV 截止波长 /nm
		$e^\circ(SiO_2)$	$e^\circ(Al_2O_3)$			
苯	80	0.25	0.32	0.65	1.501	280
苯胺	184		0.62	4.40	1.586	
吡啶	115		0.71	0.97	1.510	330
2-丙醇	82		0.82	2.50	1.377	210
1-丙醇	97		0.82	2.25	1.386	210
丙酮	56	0.49	0.56	0.32	1.359	330
2-丁酮	80		0.51	$0.42^{15℃}$	1.379	330
2-丁氧基乙醇	170	0.74	$3.15^{25℃}$	1.420	220	
二甲亚砜	189		0.62	2.47	1.478	265
二硫化碳	46	0.14	0.15	0.36	1.626	380
二氯甲烷	41		0.42	0.44	1.425	235
1,2-二氯乙烷	84		0.49	0.80	1.445	228
1,4-二氧六环	101	0.38	0.56	$1.44^{15℃}$	1.420	215
二乙胺	56		0.63	0.33	1.386	275
二乙基硫醚	92	0.26	0.38	0.45	1.443	290
二异丙醚	68		0.28	$0.38^{25℃}$	1.369	220
二异丁烯	101		0.06		1.411	
氟代烷		−0.25		1.25	210	
癸烷	174		0.04	0.93	1.412	210
环已烷	81	−0.05	0.04	0.98	1.426	210
环戊烷	49		0.05	0.44	1.407	210
已烷	69	0.0	0.0	0.31	1.375	215
甲苯	111		0.29	0.59	1.497	286
甲醇	65		0.95	0.59	1.328	210
甲基-2-戊酮	116		0.43	$0.42^{15℃}$	1.396	335
邻二甲苯	144		0.26	0.81	1.505	290
氯苯	132		0.40	0.80	1.525	
2-氯丙烷	35		0.29	0.33	1.378	225
1-氯丙烷	47		0.30	0.35	1.389	225
1-氯丁烷	78		0.26	0.43	1.402	220
氯仿	62		0.40	0.57	1.443	245
1-氯戊烷	98		0.26	0.58	1.412	225
2,2,3-三甲基戊烷	99		0.01	0.50	1.392	210
水	100		大	1.00	1.333	191
四氯化碳	77	0.14	0.18	0.97	1.466	285
四氢呋喃	66		0.45	0.55	1.407	220
1-戊醇	138		0.61	4.1	1.410	210
戊烷	36	0.0	0.0	$0.24^{15℃}$	1.358	210
1-戊烯	30		0.08	$0.24^{0℃}$	1.371	
2-硝基丙烷	131	0.47	0.53	$0.80^{25℃}$	1.402	380

续表

溶剂	沸点/℃	溶剂强度参数		黏度/mPa·s(20℃)	折射率(20℃)	UV截止波长/nm
		$e^\circ(SiO_2)$	$e^\circ(Al_2O_3)$			
硝基甲烷	101	0.50	0.64	0.67	1.394	380
溴乙烷	38		0.37	0.40	1.424	
乙醇	78		0.88	1.20	1.361	210
乙二醇	198		1.11	21.8	1.432	210
乙腈	82		0.65	0.37	1.344	190
乙醚	35	0.38	0.38	0.25	1.353	218
乙酸	118		大	1.23	1.372	260
乙酸甲酯	56	0.60	$0.48^{15℃}$	1.362	260	
乙酸乙酯	77		0.58	0.45	1.372	255

表 8　25℃下具有相同折射率和相同密度的溶剂

溶剂 1	溶剂 2	折射率		密度/(g/mL)	
		1	2	1	2
1-氨基-2-甲基-2-戊醇	2-丁基环己酮	1.449	1.453	0.904	0.901
苯乙醚	吡啶	1.505	1.507	0.961	0.978
丙苯	对二甲苯	1.490	1.493	0.858	0.857
丙苯	甲苯	1.490	1.494	0.858	0.860
1-丙醇	2-戊酮	1.383	1.387	0.806	0.804
1,3-丙二醇	马来酸二乙酯	1.438	1.438	1.049	1.064
丙二酸二乙酯	氰乙酸乙酯	1.412	1.415	1.051	1.056
2-丙基环己酮	4-甲基环己醇	1.452	1.454	0.923	0.908
丙酮	乙醇	1.357	1.359	0.788	0.786
丙烯酸乙酯	1-氯丙烷	1.382	1.386	0.888	0.890
丁胺	十二烷	1.399	1.400	0.736	0.746
2-丁醇	2,4-二甲基-3-戊酮	1.395	1.399	0.803	0.805
1-丁醇	3-甲基-2-戊酮	1.397	1.398	0.812	0.808
N-丁基二乙醇胺	环己醇	1.461	1.465	0.965	0.968
丁腈	2-甲基-2-丙醇	1.382	1.385	0.786	0.781
丁内酯	1,3-丙二醇	1.434	1.438	1.051	1.049
丁内酯	马来酸二乙酯	1.434	1.438	1.051	1.064
丁醛	丁腈	1.378	1.382	0.799	0.786
丁酸	2-甲氧基乙醇	1.396	1.400	0.955	0.960
丁酸甲酯	2-氯丁烷	1.392	1.395	0.875	0.868
丁酸异丁酯	1-氯丁烷	1.399	1.401	0.860	0.875
3-丁酮	丁醛	1.377	1.378	0.801	0.799
二丙胺	环戊烷	1.403	1.404	0.736	0.740
二丙二醇单乙醚	四氢呋喃甲醇	1.446	1.450	1.043	1.050
二丁胺	烯丙胺	1.416	1.419	0.756	0.758
2,2-二甲基丁烷	2-甲基戊烷	1.366	1.369	0.644	0.649
2,4-二甲基二噁烷	3-氯戊烯	1.412	1.413	0.935	0.932
2,4-二甲基二噁烷	己酸	1.412	1.415	0.935	0.923
二戊醚	2-辛酮	1.410	1.414	0.799	0.814
二乙二醇	二缩三乙二醇	1.445	1.447	1.128	1.134
二乙二醇	甲酰胺	1.445	1.446	1.128	1.129
二异丙醚	乙基丁基醚	1.379	1.380	0.753	0.746
2-呋喃甲醇	噻吩	1.524	1.526	1.057	1.059
4-庚酮	1-戊醇	1.405	1.408	0.813	0.810

续表

溶剂1	溶剂2	折射率		密度/(g/mL)	
		1	2	1	2
2-庚酮	1-戊醇	1.406	1.408	0.811	0.810
2-庚酮	2-甲基-1-丁醇	1.406	1.409	0.811	0.815
2-庚酮	二戊醚	1.406	1.410	0.811	0.799
1-己醇	辛腈	1.416	1.418	0.814	0.810
己腈	1-戊醇	1.405	1.408	0.801	0.810
己腈	2-甲基-1-丁醇	1.405	1.409	0.801	0.815
己腈	4-庚酮	1.405	1.405	0.801	0.813
2-己酮	1-丁醇	1.395	1.397	0.810	0.812
2-甲基-1-丙醇	2-己酮	1.394	1.395	0.798	0.810
2-甲基-1-丙醇	戊腈	1.394	1.395	0.798	0.795
3-甲基-1-丁醇	4-庚酮	1.404	1.405	0.805	0.813
2-甲基-1-丁醇	二戊醚	1.409	1.410	0.815	0.799
3-甲基-1-丁醇	己腈	1.404	1.405	0.805	0.801
3-甲基-2-庚酮	1-己醇	1.415	1.416	0.818	0.814
3-甲基-2-庚酮	辛腈	1.415	1.418	0.818	0.810
4-甲基-2-戊酮	1-丁醇	1.394	1.397	0.797	0.812
4-甲基-2-戊酮	戊腈	1.394	1.395	0.797	0.795
甲基丙烯酸甲酯	3-甲基-2-戊酮	1.398	1.398	0.795	0.808
2-甲基吗啉	1-氨基-2-丙醇	1.446	1.448	0.951	0.961
N-甲基吗啉	癸二酸二丁酯	1.436	1.440	0.924	0.932
2-甲基吗啉	环己酮	1.446	1.448	0.951	0.943
2-甲基戊烷	己烷	1.369	1.372	0.649	0.655
甲酸丁酯	丁酸甲酯	1.387	1.391	0.888	0.875
甲酸乙酯	乙酸甲酯	1.358	1.360	0.916	0.935
甲酸异丁酯	1-氯丙烷	1.383	1.386	0.881	0.890
甲酰胺	二缩三乙二醇	1.446	1.447	1.129	1.134
间甲酚	苯甲醛	1.542	1.544	1.037	1.041
1-氯-2-甲基丙烷	丁酸异丁酯	1.397	1.399	0.872	0.860
1-氯-2-甲基丙烷	乙酸戊酯	1.397	1.400	0.872	0.871
1-氯丙烷	甲酸丁酯	1.386	1.387	0.890	0.888
2-氯丁烷	丁酸异丁酯	1.395	1.399	0.868	0.860
1-氯丁烷	四氢呋喃	1.401	1.404	0.871	0.885
1-氯癸烷	氧化苯	1.441	1.442	0.862	0.850
2-氯甲基-2-丙醇	马来酸二乙酯	1.436	1.438	1.059	1.064
3-氯戊烯	辛酸	1.413	1.415	0.932	0.923
D-α-蒎烯	反十氢萘	1.464	1.468	0.855	0.867
三乙胺	2,2,3-三甲基戊烷	1.399	1.401	0.723	0.712
十二烷	二丙胺	1.400	1.400	0.746	0.736
水杨酸甲酯	1-丁硫醇	1.438	1.442	0.836	0.837
水杨酸甲酯	二乙基硫醚	1.438	1.442	0.836	0.831
四氯化碳	4,5-二氯-1,3-二氧戊环-2-酮	1.459	1.461	1.584	1.591
2-戊醇	3-异丙基-2-戊酮	1.407	1.409	0.804	0.808
2-戊醇	4-庚酮	1.404	1.405	0.804	0.813
1-戊醇	二戊醚	1.408	1.410	0.810	0.799
戊腈	2,4-二甲基-3-戊酮	1.395	1.399	0.795	0.805
烯丙胺	甲基环己烷	1.419	1.421	0.758	0.765
1-硝基丙烷	丙酸酐	1.399	1.400	0.995	1.007

续表

溶剂1	溶剂2	折射率		密度/(g/mL)	
		1	2	1	2
2-辛酮	1-己醇	1.414	1.416	0.814	0.814
3-辛酮	3-甲基-2-戊酮	1.414	1.416	0.830	0.818
2-辛酮	辛腈	1.414	1.418	0.814	0.810
乙醇	丙腈	1.359	1.363	0.786	0.777
乙酸丙酯	1-氯丙烷	1.382	1.386	0.883	0.890
乙酸丙酯	丙酸乙酯	1.382	1.382	0.883	0.888
乙酸丁酯	2-氯丁烷	1.392	1.395	0.877	0.868
乙酸戊酯	1-氯丁烷	1.400	1.400	0.871	0.881
乙酸戊酯	四氢呋喃	1.400	1.404	0.871	0.885
乙酸异丙酯	2-氯丙烷	1.375	1.376	0.868	0.865
2-乙氧基乙醇	戊酸	1.405	1.406	0.926	0.936
异戊酸	2-甲氧基乙醇	1.402	1.405	0.923	0.926
异戊酸异戊酯	烯丙醇	1.410	1.411	0.853	0.847

表9　气体和蒸气的极限浓度（TLV）

曝露极限（阈限值或TLV）是由美国职业安全与健康管理局提出的，它表示大多数工人能够曝露在这样的条件下而无不良影响。TLV值以在一个正常8小时工作日和40小时工作周内，空气中能够容许 的时间加权平均浓度来表示。

物　质	最大容许曝露浓度		毒　性
	ppm	mg/m^3	
2,4-D		10	
DDT		1	
Endrin—皮肤		0.1	
氨	25	18	有毒
八氯萘		0.1	
苯	10	32	致癌物
苯胺	2	7.6	致癌物
对苯二胺		0.1	
苯酚	5	19	
苯甲酰氯	0.5		
苯肼	0.1		致癌物
苯醌	0.1	0.4	
p-苯醌	0.1		
苯硫酚	0.5	2.3	
苯乙酮	10	49	
苯乙烯	50	213	致癌物
吡啶	5	15	
苄基氯	1		致癌物
1-丙醇	200	500	
2-丙醇	400	980	
β-丙内酯	0.05		致癌物
丙炔	1000	1650	
2-丙炔-1-醇	1	2.3	
丙酸	10	30	
丙酮	750	1780	
丙烷	1000	1800	低毒
丙烯腈	2	4.3	

物质	最大容许曝露浓度		毒性
	ppm	mg/m^3	
丙烯腈	2		致癌物
丙烯腈	20	45	
丙烯醛	0.1	0.23	
丙烯醛	0.1		
丙烯酸	2	5.9	
丙烯酸	2		
丙烯酸丁酯	10		
丙烯酸甲酯	10	35	
丙烯酸乙酯	5	20	
草酸		1	
臭氧	0.1	0.2	
狄氏剂		0.25	
碘	0.1	1	
碘化氢			剧毒
碘甲烷	2	12	
丁胺	5	15	
2-丁醇	50	152	
2-丁醇	100	303	轻微麻醉性,致癌物
1,3-丁二烯	2		
丁基缩水甘油醚	50	270	
丁硫醇	0.5	1.5	
1-丁硫醇	0.5	1.8	
2-丁酮	200	590	
丁烷	800	1900	轻微麻醉性
对硫磷		0.1	
二(2-氨乙基)胺	1		
二(2-氯甲基)醚	0.001		致癌物
二(2-氯乙基)醚	5	29	
2,2′-二氨基二乙胺	1	4.2	
二苯醚	1	7	
二丙二醇甲醚—皮肤	100	600	
二丙酮醇	50	238	
2-二丁氧基乙醇	25	121	
二氟化氧	0.05	0.1	
二甲胺	5	9.2	剧毒
o-二甲苯(同样 *m*…,*p*-)	100	434	
2,3-二甲苯胺(同样 2,4-,2,5-,2,6-, 3,4-,3,5-)	0.5	2.5	
2,6-二甲基-4-庚酮	25		
N,*N*-二甲基苯胺	5	25	
2,2-二甲基丙烷			可能有麻醉性
N,*N*-二甲基甲酰胺	10	30	
1-(1,1-二甲基乙基)-4-甲基苯	1	6.1	
N,*N*-二甲基乙酰胺	10	35	
1,1-二甲肼	0.5	1	致癌物
二甲醚			微毒,麻醉性
二甲氧基甲烷	1000	3110	
二硫化四甲基秋兰姆		5	
二硫化碳	10	31	
p-二氯苯	10	60	致癌物
o-二氯苯	25	150	
1,2-二氯丙烷	75	347	致癌物

续表

物质	最大容许曝露浓度		毒性
	ppm	mg/m^3	
1,3-二氯丙烯	1		致癌物
二氯二氟甲烷(氟里昂 12)	1000	4950	
二氯硅烷			剧毒
二氯甲烷	50	174	致癌物
1,2-二氯四氟乙烷(氟里昂 114)	1000	7000	
二氯一氟甲烷(氟里昂 21)	10	42	
二氯乙炔	0.1		
1,2-二氯乙烷	10	40	致癌物
1,1-二氯乙烷	100	405	
1,1-二氯乙烯	5	20	致癌物
二缩水甘油醚	0.5	2.8	
二硝基-*o*-甲酚		0.2	
二硝基苯	0.15	1	
二硝基甲苯		1.5	
1,2-二溴-2,2-二氯乙基磷酸二甲酯		3	
二溴二氟甲烷	100	860	
1,2-二溴乙烷			致癌物
二氧化氮	3		剧毒
二氧化硫	2		剧毒
二氧化氯	0.1	0.3	
二氧化碳	5000	9000	
二乙胺	5	15	
二乙醇胺	0.46		
二异丙胺	5	20	
二异丙醚	250	1040	
二异丁酮	25	150	
1,4-二噁烷	25	90	致癌物
反-1,2-二氯乙烯	200	793	
反-2-甲基环己醇	50	234	
反-3-甲基环己醇	50	234	
反-4-甲基环己醇	50	234	
反-巴豆醛	2	5.7	剧毒
2-呋喃甲醇	10	40	
2-呋喃甲醛(糠醛)	2	7.9	
氟	1	2	剧毒
氟化氢	3	2	剧毒
干洗溶剂汽油	100	575	
甘油		10	
高氯酰氟	3	14	
铬酸叔丁酯(以 CrO_3 计)		0.1	
铬酰氯(CrO_2Cl_2)	0.025		致癌物
2-庚酮	50	233	
3-庚酮	50	234	
庚烷	400	1640	
光气	0.1	0.4	剧毒
硅酸乙酯	100	850	
硅烷	5	7	剧毒
癸硼烷	0.05	0.3	
过氧化苯甲酰		5	
过氧化氢(90%)	1	1.4	
华法令		0.1	
环丙啶	0.05		致癌物

续表

物质	最大容许曝露浓度		毒性
	ppm	mg/m³	
环丙烷			麻醉性
环己胺	10	41	
环己醇	50	206	
环己酮	25	100	
环己烷	300	1030	
环己烯	300	1015	
1,3-环戊二烯	75		
环戊烷	600	1720	
2,3-环氧-1-丙醇(缩水甘油)	50	150	
环氧氯丙烷	2	7.6	致癌物
己二醇	25		
己内酰胺	5		
2-己酮	5	20	
己烷	50	176	
甲胺	5	6.4	剧毒
甲苯	50	188	
甲苯-2,4-二异氰酸酯	0.02	0.14	
邻甲苯胺(或间、对)	2	8.8	
甲醇	200	262	
邻甲酚(或间、对)	5	22	
2-甲基-1-丙醇	50	152	
3-甲基-1-丁醇	100	361	
2-甲基-2,4-戊二醇	25	121	
2-甲基-2-丙醇	100	303	
2-甲基-2-丙烯腈	1	2.7	
5-甲基-2-己酮	50	234	
4-甲基-2-戊醇	25	104	
4-甲基-2-戊酮	50	205	
邻甲基苯胺(或对)	2		致癌物
N-甲基苯胺	0.5	2.2	
m-甲基苯胺	2		
甲基丙烯腈	1		
甲基丙烯酸	20	70	
甲基丙烯酸甲酯	100	410	
1-甲基环己醇	50	234	
甲基环己烷	400	1600	
甲基环氧乙烷	20		致癌物
邻甲基苯乙烯(或间、对)	50		
甲基叔丁基醚	40		
甲基乙烯-丙二烯(MAPP)	1000	1800	
甲肼	0.01		
甲硫醇	0.5	1	剧毒
甲硫醇	0.5		
甲醛	0.3		致癌物
甲酸	5	9.4	
甲酸甲酯	100	250	
甲酸乙酯	100	300	
甲酰胺	10	18	
2-甲氧基苯胺(同样4-)	0.1		致癌物
2-甲氧基乙醇	5	16	
肼	0.01	0.1	致癌物
苦味酸—皮肤		0.1	

续表

物　　质	最大容许曝露浓度		毒　性
	ppm	mg/m^3	
联苯	0.2	1	
联苯	0.2		
邻苯二甲酸二(2-乙基己酯)		5	
邻苯二甲酸二丁酯		5	
邻苯二甲酸二甲酯		5	
邻苯二甲酸酐	1	6	
磷酸		1	
磷酸三邻(或间、对)甲苯酯	1000	0.1	
磷酸三苯酯		3	
磷酸三丁酯	0.2	2.2	
磷酰氯	0.1		
膦(磷化氢)	0.3	0.4	剧毒
硫化氢	10	15	剧毒
硫酸		1	
硫酸二甲酯	0.1	0.5	致癌物
硫酰氟	5	20	剧毒
六氟化碲	0.02	0.2	
六氟化硫	1000	6000	低毒
六氟化硒	0.05	0.4	
六甲基磷酰胺			致癌物
六氯-1,3-丁二烯	0.02		致癌物
六氯环己烷(六六六)		0.5	
六氯萘		0.2	
六氯乙烷	1		致癌物
氯	0.5	1.5	剧毒
2-氯-1,3-丁二烯	10		致癌物
3-氯-1-丙烯(烯丙基氯)	1	3	致癌物
1-氯-1-硝基丙烷	20	100	
氯苯	10	46	
α-氯代苯乙酮	0.05	0.3	
氯丹		0.5	
氯仿(三氯甲烷)	10	49	
氯化氢		7	剧毒
氯化氰	0.3		
o-氯甲苯	50	259	
氯甲烷	50	103	有毒,致癌物
2-氯乙醇	1	3.3	
氯乙醛	1	3	
氯乙烷	100	264	低毒
氯乙烯(乙烯基氯)	5	13	有毒,致癌物
氯乙酰氯	0.05		
马拉硫磷		10	
马来腈	0.05	0.4	
马来酸酐	0.25	1	
马钱子碱		0.15	
吗啉	20	70	
萘	10	50	
尼古丁		0.5	
4-羟基-4-甲基-2-戊酮	50	238	
氰	10	20	
氰化氢	4.7		剧毒
全氟丙酮	0.1		

物　质	最大容许曝露浓度		毒　性
	ppm	mg/m³	
全氯乙烯	100	670	
壬烷	200	1050	
三碘甲烷	0.6		
三氟化氮	10		
三氟化氯	0.1	0.4	剧毒
三氟化硼	1	3	剧毒
三氟化溴			剧毒
1,1,2-三氟三氯乙烷	1000	7600	
三氟三溴甲烷(氟里昂 13B1)	1000	6100	
三甲胺	5	12	剧毒
1,2,4-三甲基苯(假枯烯)	25	123	
1,3,5-三甲基苯莱	25	123	
1,2,3-三甲基苯	25	123	
三联苯	1	9	
1,2,4-三氯苯	5		
1,2,3-三氯丙烷	10	60	
三氯化磷	0.5	3	
三氯化硼			有毒
三氯甲基硫醇	0.1	0.8	
三氯甲烷		49	致癌物
1,1,2-三氯三氟乙烷	10		
三氯一氟甲烷	1000	5600	
1,1,2-三氯乙烷	10	55	致癌物
1,1,1-三氯乙烷	350	1910	
三氯乙烯	50	270	致癌物
三硝基甲苯(TNT)		1.5	
三溴化硼	1		
三溴甲烷	0.5	5.2	
三氧化氮	10	29	剧毒
三乙胺	1		
三乙醇胺	0.5		
胂(砷化氢)	0.05	0.2	剧毒
叔丁醇	100	300	
p-叔丁基甲苯	10		
顺-1,2-二氯乙烯	200	793	
顺-2-甲基环己醇	50	234	
顺-3-甲基环己醇	50	234	
顺-4-甲基环己醇	50	234	
四氟化硅			剧毒
四氟化硫	0.1	0.4	
四氟甲烷		590	
四甲基琥珀腈	0.5	3	
四甲基铅(以 Pb 计)		0.150	
1,1,2,2-四氯-1,2-二氟乙烷	500	4170	致癌物
1,1,1,2-四氯-2,2-二氟乙烷	500	4170	
四氯化碳	10	65	
四氯甲烷	5	31	
1,2,3,4-四氯萘		2	
四氯乙烷	1	6.9	致癌物
1,1,2,2-四氯乙烯	25	170	致癌物
四氢呋喃	200		
四硝基甲烷	1	8	

续表

物　质	最大容许曝露浓度		毒　性
	ppm	mg/m³	
四溴甲烷	0.1		
1,1,2,2-四溴乙烷	1	14	
四乙基铅(以 Pb 计)		0.100	低毒
松节油	100	560	
碳酰氟	2		有毒
碳酰氯	0.1		
羰基镍[$Ni(CO)_4$]	0.05	0.35	致癌物
锑化氢	0.1		
五氟化碘			剧毒
五氟化磷			剧毒
五氟化硫	0.01		
五氟化溴	0.1		剧毒
五硫化磷		1	
五氯苯酚		0.5	
五氯化磷		1	
五氯萘		0.5	
戊硼烷	0.005	0.01	
戊醛	50		
2-戊酮	200	700	
3-戊酮	200	700	
戊烷	600	1770	
烯丙醇	2	4.8	
烯丙基氯	1	3	
烯丙基缩水甘油醚	5	22	
硒化合物(以 Se 计)		0.2	
硒化氢	0.05	0.2	剧毒
硝化甘油	0.2	2	
硝基苯	1	5	
2-硝基丙烷	10	36	
1-硝基丙烷	25	90	
邻硝基甲苯(或间,对)	2		
硝基甲烷	100	250	
对硝基氯苯		1	
硝基乙烷	100	310	
硝酸	2	5	
硝酸丙酯	25	110	
硝酰氯			剧毒
辛烷	300	1450	
溴	0.1	0.7	
溴仿	0.5	5	
溴化氢	3	10	剧毒
溴甲烷	5	19	剧毒,致癌物
溴氯甲烷(哈龙 1011)	200	1060	
溴乙烷	5	22	致癌物
溴乙烯	5	22	微毒
亚丙基亚胺	2	5	致癌物
亚硫酰氯	1		
氧化丙烯	100	240	有毒
氧化氮	25	30	剧毒
氧化乙烯(环氧乙烷)	1		有毒,致癌物
氧化苯	15	60	

续表

物质	最大容许曝露浓度		毒性
	ppm	mg/m^3	
液化石油气	1000	1800	
一氟三氯甲烷(氟里昂 11)	1000	5600	
一氯二氟甲烷(CFC 22)	1000	3540	
一氯化硫	1	6	
一氯三氟乙烯			有毒
一氯五氟乙烷(CFC115)	1000	6320	
一氧化碳	25	28	有毒
乙胺	5	9.2	剧毒
乙苯	100	435	
乙醇	1000	1880	
乙醇胺	3	7.5	
1,2-乙二胺	10	25	
乙二醇	39		
乙二醇二硝酸酯	0.2		
乙腈	40	67	
乙硫醇	0.1	1	
乙硫醇	0.5		
乙醚	400	1210	
乙硼烷	0.1	0.1	
乙醛	25	45	致癌物
乙炔			轻微麻醉性
乙酸	10	25	
乙酸-2-甲氧基乙酯	5	24	
乙酸-2-乙氧基乙酯	5	27	
乙酸苄酯	10		
乙酸丙酯	200	835	
乙酸丁酯	150	710	
乙酸酐	5	21	
乙酸甲酯	200	610	
乙酸叔丁酯	200	950	
乙酸戊酯	100	530	
乙酸乙烯酯	10	35	致癌物
乙酸乙酯	400	1400	
乙酸异丙酯	250	1040	
乙酸异丁酯	150	700	
乙酸异戊酯	100	525	
乙酸仲丁酯	200	950	
乙酸仲己酯	50	300	
乙烯			麻醉性
乙烯基甲基醚			可能有麻醉性
乙烯酮	0.5	0.9	
2-乙氧基乙醇(溶纤剂)	5	18	
异丙胺	5	12	
异丙苯(枯烯)	50	246	
异丙基缩水甘油醚	50	240	
异丁醇	50	150	
异佛尔酮	5	28	
异氰酸甲酯	0.02	0.05	
异戊醇	100	360	
茚	10		
(+)-樟脑	2	12	
重氮甲烷	0.2		致癌物

注：选自［美］JA. 迪安主编的《兰氏化学手册》中表 11.49。

参 考 文 献

1 浅原照三，户倉仁一郎，大河原信，熊谿从，妹尾学．溶剤ハンドブック．東京：講談社，1976
2 有機合成化学協会．溶剤ポケットブック．オーム社，1977
3 A. Weissborger. Organic Solvents. 3rd ed. Wiley. 1971
4 I. Mellan. Industrial Solvents Handbook. Van Nostrand Reinhold. 1970
5 穆光照主编．实用溶剂手册．上海：上海科学技术出版社，1990
6 《化工百科全书》编委会，化学工业出版社《化工百科全书》编辑部编．化工百科全书（1～19卷）．北京：化学工业出版社，1990～1998
7 [捷] 瓦茨拉夫·谢迪维奇，扬·夫列克著．有机溶剂分析手册．吴贤澂等译．北京：化学工业出版社，1984
8 国家经贸委安全生产局等翻译．国际化学品安全卡手册．北京：化学工业出版社，1999
9 [加拿大] 伟丕主编．溶剂手册．范耀华等译．北京：中国石化出版社，2003
10 黄建彬主编．工业气体手册．北京：化学工业出版社，2002
11 全国危险品管理标准化技术委员会秘书处编．常用危险化学品包装储运手册．北京：化学工业出版社，2004
12 国家安全生产监督管理局安全科学技术研究中心编．危险化学品名录汇编．北京：化学工业出版社，2004
13 [美] J A 迪安主编．兰氏化学手册．第二版．尚久方等译．北京：科学出版社，2003
14 赵天宝主编．化学试剂．化学药品手册．第二版．北京：化学工业出版社，2006
15 [英] R. C. 罗等编．药用辅料手册，郑俊民等译．北京：化学工业出版社，2005
16 孙毓庆，胡育筑主编．液相色谱溶剂系统的选择与优化．北京：化学工业出版社，2008
17 张海峰编．危险化学品安全技术大典：第1卷．北京：中国石化出版社，2010
18 王道，程水源主编．环境有害化学品实用手册．北京：中国环境科学出版社，2007
19 刘光启等主编．化学化工物性数据手册：有机卷．增订版．北京：化学工业出版社，2013年
20 [美] 理查德 P. 波汉尼施等著，威利化学品禁忌手册．高映新等译．北京：化学工业出版社，2007

中文索引

（按拼音顺序）

C

D

E

F

G

H

J

K

M

N

P

Q

R

S

Y

Z

英文索引

A

B

C

D

E

F

G

H

I

N

O

P

U

V

W

X

分子式索引

元素周期表

IUPAC 2013

氧化态(单质的氧化态为0，未列入；常见的为红色)

以 $^{12}C=12$ 为基准的原子量(注✦的是半衰期最长同位素的原子量)

95	原子序数
Am	元素符号(红色的为放射性元素)
镅▲	元素名称(注▲的为人造元素)
$5f^77s^2$	价层电子构型
243.06138(2)✦	以 $^{12}C=12$ 为基准的原子量(注✦的是半衰期最长同位素的原子量)
+2 +3 +4 +5 +6	氧化态(单质的氧化态为0，未列入；常见的为红色)

s区元素　p区元素　d区元素　ds区元素　f区元素　稀有气体

族/周期	1 IA	2 IIA	3 IIIB	4 IVB	5 VB	6 VIB	7 VIIB	8 VIIIB(VIII)	9 VIIIB(VIII)	10 VIIIB(VIII)	11 IB	12 IIB	13 IIIA	14 IVA	15 VA	16 VIA	17 VIIA	18 VIIIA(0)	电子层
1	−1 +1 1 H 氢 $1s^1$ 1.008																	2 He 氦 $1s^2$ 4.002602(2)	K
2	+1 3 Li 锂 $2s^1$ 6.94	+2 4 Be 铍 $2s^2$ 9.0121831(5)											+3 5 B 硼 $2s^22p^1$ 10.81	−4 +2 +4 6 C 碳 $2s^22p^2$ 12.011	−3 −2 −1 +1 +2 +3 +4 +5 7 N 氮 $2s^22p^3$ 14.007	−2 −1 8 O 氧 $2s^22p^4$ 15.999	−1 9 F 氟 $2s^22p^5$ 18.998403163(6)	10 Ne 氖 $2s^22p^6$ 20.1797(6)	L K
3	−1 +1 11 Na 钠 $3s^1$ 22.98976928(2)	+2 12 Mg 镁 $3s^2$ 24.305											+3 13 Al 铝 $3s^23p^1$ 26.9815385(7)	−4 +2 +4 14 Si 硅 $3s^23p^2$ 28.085	−3 +1 +3 +5 15 P 磷 $3s^23p^3$ 30.973761998(5)	−2 +2 +4 +6 16 S 硫 $3s^23p^4$ 32.06	−1 +1 +3 +5 +7 17 Cl 氯 $3s^23p^5$ 35.45	18 Ar 氩 $3s^23p^6$ 39.948(1)	M L K
4	−1 +1 19 K 钾 $4s^1$ 39.0983(1)	+2 20 Ca 钙 $4s^2$ 40.078(4)	+3 21 Sc 钪 $3d^14s^2$ 44.955908(5)	−1 0 +2 +3 +4 22 Ti 钛 $3d^24s^2$ 47.867(1)	0 ±1 +2 +3 +4 +5 23 V 钒 $3d^34s^2$ 50.9415(1)	−3 0 ±1 ±2 +3 +4 +5 +6 24 Cr 铬 $3d^54s^1$ 51.9961(6)	−2 0 ±1 +2 +3 +4 +5 +6 +7 25 Mn 锰 $3d^54s^2$ 54.938044(3)	−2 0 ±1 +2 +3 +4 +5 +6 26 Fe 铁 $3d^64s^2$ 55.845(2)	0 ±1 +2 +3 +4 +5 27 Co 钴 $3d^74s^2$ 58.933194(4)	0 ±1 +2 +3 +4 28 Ni 镍 $3d^84s^2$ 58.6934(4)	+1 +2 +3 +4 29 Cu 铜 $3d^{10}4s^1$ 63.546(3)	+1 +2 30 Zn 锌 $3d^{10}4s^2$ 65.38(2)	+1 +3 31 Ga 镓 $4s^24p^1$ 69.723(1)	+2 +4 32 Ge 锗 $4s^24p^2$ 72.630(8)	−3 +3 +5 33 As 砷 $4s^24p^3$ 74.921595(6)	−2 +2 +4 +6 34 Se 硒 $4s^24p^4$ 78.971(8)	−1 +1 +3 +5 +7 35 Br 溴 $4s^24p^5$ 79.904	+2 +4 36 Kr 氪 $4s^24p^6$ 83.798(2)	N M L K
5	−1 +1 37 Rb 铷 $5s^1$ 85.4678(3)	+2 38 Sr 锶 $5s^2$ 87.62(1)	+3 39 Y 钇 $4d^15s^2$ 88.90584(2)	+1 +2 +3 +4 40 Zr 锆 $4d^25s^2$ 91.224(2)	0 ±1 +2 +3 +4 +5 41 Nb 铌 $4d^45s^1$ 92.90637(2)	0 ±1 ±2 +3 +4 +5 +6 42 Mo 钼 $4d^55s^1$ 95.95(1)	0 ±1 +2 +3 +4 +5 +6 +7 43 Tc 锝▲ $4d^55s^2$ 97.90721(3)✦	0 +1 +2 +3 +4 +5 +6 +7 +8 44 Ru 钌 $4d^75s^1$ 101.07(2)	0 ±1 +2 +3 +4 +6 45 Rh 铑 $4d^85s^1$ 102.90550(2)	0 +1 +2 +3 +4 46 Pd 钯 $4d^{10}$ 106.42(1)	+1 +2 +3 47 Ag 银 $4d^{10}5s^1$ 107.8682(2)	+1 +2 48 Cd 镉 $4d^{10}5s^2$ 112.414(4)	+1 +3 49 In 铟 $5s^25p^1$ 114.818(1)	+2 +4 50 Sn 锡 $5s^25p^2$ 118.710(7)	−3 +3 +5 51 Sb 锑 $5s^25p^3$ 121.760(1)	−2 +2 +4 +6 52 Te 碲 $5s^25p^4$ 127.60(3)	−1 +1 +3 +5 +7 53 I 碘 $5s^25p^5$ 126.90447(3)	+2 +4 +6 +8 54 Xe 氙 $5s^25p^6$ 131.293(6)	O N M L K
6	−1 +1 55 Cs 铯 $6s^1$ 132.90545196(6)	+2 56 Ba 钡 $6s^2$ 137.327(7)	57~71 La~Lu 镧系	+1 +2 +3 +4 72 Hf 铪 $5d^26s^2$ 178.49(2)	0 ±1 +2 +3 +4 +5 73 Ta 钽 $5d^36s^2$ 180.94788(2)	0 ±1 ±2 +3 +4 +5 +6 74 W 钨 $5d^46s^2$ 183.84(1)	0 ±1 +2 +3 +4 +5 +6 +7 75 Re 铼 $5d^56s^2$ 186.207(1)	0 +1 +2 +3 +4 +5 +6 +7 +8 76 Os 锇 $5d^66s^2$ 190.23(3)	0 ±1 +2 +3 +4 +5 +6 77 Ir 铱 $5d^76s^2$ 192.217(3)	0 +2 +4 +5 +6 78 Pt 铂 $5d^96s^1$ 195.084(9)	+1 +2 +3 +5 79 Au 金 $5d^{10}6s^1$ 196.966569(5)	+1 +2 +3 80 Hg 汞 $5d^{10}6s^2$ 200.592(3)	+1 +3 81 Tl 铊 $6s^26p^1$ 204.38	+2 +4 82 Pb 铅 $6s^26p^2$ 207.2(1)	−3 +3 +5 83 Bi 铋 $6s^26p^3$ 208.98040(1)	−2 +2 +4 +6 84 Po 钋 $6s^26p^4$ 208.98243(2)✦	±1 +5 +7 85 At 砹 $6s^26p^5$ 209.98715(5)✦	+2 86 Rn 氡 $6s^26p^6$ 222.01758(2)✦	P O N M L K
7	+1 87 Fr 钫▲ $7s^1$ 223.01974(2)✦	+2 88 Ra 镭 $7s^2$ 226.02541(2)✦	89~103 Ac~Lr 锕系	104 Rf 𬬻▲ $6d^27s^2$ 267.122(4)✦	105 Db 𬭊▲ $6d^37s^2$ 270.131(4)✦	106 Sg 𬭳▲ $6d^47s^2$ 269.129(3)✦	107 Bh 𬭛▲ $6d^57s^2$ 270.133(2)✦	108 Hs 𬭶▲ $6d^67s^2$ 270.134(2)✦	109 Mt 鿏▲ $6d^77s^2$ 278.156(5)✦	110 Ds 𫟼▲ 281.165(4)✦	111 Rg 𬬭▲ 281.166(6)✦	112 Cn 鿔▲ 285.177(4)✦	113 Nh 鿭▲ 286.182(5)✦	114 Fl 𫓧▲ 289.190(4)✦	115 Mc 镆▲ 289.194(6)✦	116 Lv 𫟷▲ 293.204(4)✦	117 Ts 鿬▲ 293.208(6)✦	118 Og 鿫▲ 294.214(5)✦	Q P O N M L K

★															
★ 镧系	+3 57 La★ 镧 $5d^16s^2$ 138.90547(7)	+2 +3 +4 58 Ce 铈 $4f^15d^16s^2$ 140.116(1)	+3 +4 59 Pr 镨 $4f^36s^2$ 140.90766(2)	+2 +3 +4 60 Nd 钕 $4f^46s^2$ 144.242(3)	+3 61 Pm 钷▲ $4f^56s^2$ 144.91276(2)✦	+2 +3 62 Sm 钐 $4f^66s^2$ 150.36(2)	+2 +3 63 Eu 铕 $4f^76s^2$ 151.964(1)	+3 64 Gd 钆 $4f^75d^16s^2$ 157.25(3)	+3 +4 65 Tb 铽 $4f^96s^2$ 158.92535(2)	+3 +4 66 Dy 镝 $4f^{10}6s^2$ 162.500(1)	+3 67 Ho 钬 $4f^{11}6s^2$ 164.93033(2)	+3 68 Er 铒 $4f^{12}6s^2$ 167.259(3)	+2 +3 69 Tm 铥 $4f^{13}6s^2$ 168.93422(2)	+2 +3 70 Yb 镱 $4f^{14}6s^2$ 173.045(10)	+3 71 Lu 镥 $4f^{14}5d^16s^2$ 174.9668(1)
★ 锕系	+3 89 Ac★ 锕 $6d^17s^2$ 227.02775(2)✦	+3 +4 90 Th 钍 $6d^27s^2$ 232.0377(4)	+3 +4 +5 91 Pa 镤 $5f^26d^17s^2$ 231.03588(2)	+2 +3 +4 +5 +6 92 U 铀 $5f^36d^17s^2$ 238.02891(3)	+3 +4 +5 +6 +7 93 Np 镎 $5f^46d^17s^2$ 237.04817(2)✦	+3 +4 +5 +6 +7 94 Pu 钚 $5f^67s^2$ 244.06421(4)✦	+2 +3 +4 +5 +6 95 Am 镅▲ $5f^77s^2$ 243.06138(2)✦	+3 +4 96 Cm 锔▲ $5f^76d^17s^2$ 247.07035(3)✦	+3 +4 97 Bk 锫▲ $5f^97s^2$ 247.07031(4)✦	+2 +3 +4 98 Cf 锎▲ $5f^{10}7s^2$ 251.07959(3)✦	+2 +3 99 Es 锿▲ $5f^{11}7s^2$ 252.0830(3)✦	+2 +3 100 Fm 镄▲ $5f^{12}7s^2$ 257.09511(5)✦	+2 +3 101 Md 钔▲ $5f^{13}7s^2$ 258.09843(3)✦	+2 +3 102 No 锘▲ $5f^{14}7s^2$ 259.1010(7)✦	+3 103 Lr 铹▲ $5f^{14}6d^17s^2$ 262.110(2)✦